焊接工程师手册

第 3 版

陈祝年　陈茂爱　编著

机 械 工 业 出 版 社

本书是焊接专业的综合性工具书，基本涵盖了焊接专业的技术内容。本版在保留第2版精华和特色的基础上添加了先进的工艺技术内容。全书共9篇58章。第1篇汇集了焊接工程师常用而又不易记忆的符号、公式和数据等资料；第2篇阐述了焊接过程中的物理行为和冶金行为，以及与金属焊接性密切相关的焊接裂纹问题；第3、4、5篇介绍了工程中的各种焊接方法及设备，包括电弧焊、电阻焊和其他特殊的焊接方法及其设备等；第6篇以焊条、焊丝和焊剂为重点介绍了焊接材料的性能参数及选用方法；第7篇介绍了各种金属材料的焊接性能及其焊接工艺；第8篇重点介绍了焊接应力与变形、结构强度和结构设计等；第9篇除介绍生产中遇到的焊接工艺过程设计、焊接工艺评定和焊接质量检验外，还介绍了与焊接过程机械化、自动化和柔性化有关的焊接工艺装备的设计和计算以及焊接机器人的应用等方面的内容。

本书主要供从事焊接结构设计、制造和管理的工程师使用，也可供与焊接技术相关的各类工程技术人员以及大专院校焊接专业师生参考。

图书在版编目（CIP）数据

焊接工程师手册/陈祝年，陈茂爱编著. —3版. —北京：机械工业出版社，2018.9（2025.1重印）

ISBN 978-7-111-61016-8

Ⅰ.①焊…　Ⅱ.①陈…②陈…　Ⅲ.①焊接-技术手册　Ⅳ.①TG4-62

中国版本图书馆CIP数据核字（2018）第221172号

机械工业出版社（北京市百万庄大街22号　邮政编码100037）
策划编辑：吕德齐　责任编辑：吕德齐　贺　怡　李含杨　王彦青
责任校对：刘志文　张晓蓉　王　延　封面设计：鞠　杨
责任印制：郜　敏
三河市宏达印刷有限公司印刷
2025年1月第3版第4次印刷
184mm×260mm · 86印张 · 3插页 · 2964千字
标准书号：ISBN 978-7-111-61016-8
定价：259.00元

凡购本书，如有缺页、倒页、脱页，由本社发行部调换

电话服务	网络服务
服务咨询热线：010-88361066	机 工 官 网：www.cmpbook.com
读者购书热线：010-68326294	机 工 官 博：weibo.com/cmp1952
	金 书 网：www.golden-book.com
封面无防伪标均为盗版	教育服务网：www.cmpedu.com

第3版前言

时隔9年，《焊接工程师手册》的第3版终于与大家见面了。我们本着“与时俱进，不断充实更新，服务于读者”的宗旨，努力把焊接工程师喜爱的这本手册修订好，今后也将定期地进行修订。

本次修订的总设想是：保留原书特色，继承第1、2版好的想法和好的写法；适当删去逐渐被淘汰的或已很少使用的内容，以减小全书的篇幅；增添近几年新发展并已用于生产中的焊接新材料、新工艺和新设备，紧跟时代的步伐，凸显本手册的先进性。

在第1版前言中指出了“便于查阅、简明扼要、适应性强和适当说理”的特色；在第2版前言中强调了“基本、常用同时兼顾先进性的取材原则”。可见本手册的性质是一本面向焊接工程师的内容系统、全面的综合性专业工具书，具有储存、实用和便查等功能，这些都是本次修订需要继承的。

我国现在已是世界上钢铁产量大国，大约有一半的钢材用于制造不同用途的焊接结构。焊接技术已广泛应用于航空航天、船舶、海洋工程、压力锅炉、化工容器、大型或重型机械装备，以及桥梁、建筑等钢结构的建造，焊接作为一种金属加工工艺方法在制造业中起着无法替代的作用。

当前在建造大型而复杂的焊接结构时所遇到的金属材料不仅是常规的金属材料，还有具有或耐高温、或耐低温、或抗氧化、或耐腐蚀等特殊性能的金属材料，焊件的厚薄差异很大；不仅焊接工作量大，而且焊接技术难度越来越大，对焊接质量的要求也越来越高。常规的焊接方法和普通工艺已经不适应新的需求了，同时生产方式也需要相应改变。为了适应焊接行业的现状和发展趋势，本次修订在内容取舍上做了一些调整。

本次修订增加的内容较多地体现在焊接生产数字化、自动化和柔性化方面，例如，增加了数字式弧焊电源，介绍了如何把数字控制技术引入到弧焊电源，实现了对电源输出波形及各种参数等的一体化调节与自适应控制，以满足特殊材料和特殊结构在焊接工艺过程中提出的各种特殊要求；考虑了航空航天工业和能源工业的发展需要，增加了轻金属镁合金焊接的内容，充实了焊接难度较大的细晶高强韧型马氏体耐热钢的焊接工艺；在目前应用最多的气体保护焊工艺中，增补了先进的波形控制焊接热输入的气体保护焊新技术；在焊接结构设计和生产设计方面增加了计算机技术辅助设计的篇幅和实现自动化、柔性化生产的内容，贯彻执行了如承压设备、建筑钢结构等建造的现行国家标准和规范。无损检测是保证焊接质量很重要的一环，这次修订增添了新的超声相控阵检测技术和衍射时差法超声检测（TOFD）技术，在焊接残余应力的测定方面增添了超声波法、压痕法等三种新方法。这些增补都符合当前国内工业生产大型化、高参数、高效率和高质量发展方向的需要。

我们在修订过程中参考和引用了许多专著和技术资料，在此特向被引用专著或资料的各位作者致以衷心感谢。由于我们能力有限，在修订中难免有错漏，希望各位读者批评指正。

编　者

第2版前言

《焊接工程师手册》出版已七年了，深受读者的欢迎。为了对广大读者负责，也为了使这本读者喜爱的书充满活力，保持其先进性和实用性，故决定进行本次修订。本次修订重点考虑3方面：①现代的科学技术飞速发展，焊接工艺技术发展日新月异，对于在工程建设第一线工作的焊接工程师使用的工具书——《焊接工程师手册》来说，也应与时俱进，及时地把当前最先进且成熟的焊接技术吸纳进来，供工程师们选用；②在每一项焊接工程建设中都须执行相关国家标准，本书初版时贯彻的是当时颁布实施的国家标准。而近年来为了与国际接轨，不少焊接的国家标准参照国际标准（ISO）已进行重新修订，或颁布了新的国家标准，同时也废止了一批旧的标准，本书也须作相应调整和更新；③初版经验不足，书中尚有欠缺和遗漏，需要通过这次修订进行更正和增补，使之更完善。

出版发行以来，读者来信和咨询表明本书之所以受到欢迎，其主要原因是本书内容系统全面，具有综合性，正是焊接工程师工作中所需要的；在焊接工程中所遇到的主要技术问题，无论是理论知识还是实际应用，基本上都能在本书中方便、快速查找到主要答案；取材的深度和广度，以及对问题的阐述比较符合焊接工程师这一层次读者的需求；焊接工程师在工作过程中常用而易忘的资料汇集得比较齐全，若案头上有了此书，则可以方便地查到，节省不少时间。这些都是本书的特色，这次修订仍给予保留。

基本、常用同时兼顾先进性是本书取材的基本原则。这次修订对过深、过细和过尖的技术问题，受篇幅限制没有过多编入，而是采取提及、点到为止，或采取推荐文献、提供来源出处的方式，让感兴趣的读者能进一步去求索。修订过程中仍着力于应用，使之更具操作性，适当考虑到理论与今后发展；阐述仍采取点面结合、突出关键的原则。对所引用的各种图表和数据，均经认真分析和核对，力求准确可靠。

在这次修订中，各篇修改的重点如下。

第1篇　综合资料。更换数学符号，更换新标准，并按新标准更新了焊接代号、增加焊缝工作位置符号、增加工程制图常用基础资料（含CAD）、增加钢铁产品牌号统一数字代号。

第2篇　焊接物理冶金。属基础部分，只增补拘束度概念及其计算和Z向钢性能测定等内容。

第3篇　弧焊方法及设备。强调弧焊电源发展方向；为适应“西气东输”管线建设需要，加强单面焊双面成形焊接技术介绍；氩弧焊加强薄板的焊接技术介绍；熔化极气体保护焊增补药芯焊丝及其应用内容，以及现代自动化焊接设备；现代高层钢结构建筑、造船、汽车制造大量采用螺柱焊，因此重写了螺柱焊这一章，增加了新内容。

第4篇　电阻焊方法及设备。这些年工艺和方法变化不大，只在设备控制方面的逐渐数字化上有一些新进展，内容上只增加些许。

第5篇　其他焊接方法及设备。为适应国内高层建筑钢结构焊接，增加管极电渣焊和压力电渣焊工艺和设备方面的内容；激光焊章已重写，充实激光产生的原理、特性与应用；为了熔化极气体保护焊机器人的顺利应用，发展了激光—电弧复合焊接技术，本篇增补了这方面的内容；搅拌摩擦焊出现，所以重写摩擦焊章，补充较多内容；钎焊章增加电子工业中新发展的表面组装连接新技术——再流钎焊的工艺和设备；高频焊完善了集肤效应描述；热切割增加精细等离子弧切割和数控切割设备的介绍。

第 6 篇　焊接材料。重点增加药芯焊丝方面的介绍，新标准对焊剂与焊丝的组合配套有新要求，适当作了介绍；增补焊带内容，以适应表面埋弧堆焊的需要。

第 7 篇　金属材料的焊接。删去一些已经废止焊接性试验方法的标准；增加了钢铁产品牌号统一数字代号介绍；原名为“合金结构钢的焊接”章改为“低合金钢的焊接”，分类方法按《钢的分类》标准，其中按供应状态分类，突出介绍近年发展最快的控轧控冷钢的焊接；建筑钢结构量大面广，颁布了用钢的新标准，且从焊接角度对钢规定了新要求，现已增补了这方面的内容；考虑“西气东输”管线建设和其他大型金属结构越来越多地采用 TMCP 钢，增加了其焊接工艺特点的介绍；耐热钢方面重点增补了在建设超临界锅炉中已得到大量应用的细精强韧型耐热钢的焊接内容，这类钢属于近年新发展的微合金细晶粒高强韧钢；不锈钢的焊接一章则指出新标准已改变了牌号的标记和部分成分的调整。

第 8 篇　焊接结构。焊接应力与变形章增补了数值分析方法的原理部分，以及减少薄板焊接应力与变形的新技术；焊接接头设计与计算介绍了新标准，更改建筑钢结构中连接计算部分；焊接结构设计方面按新标准重写了建筑结构设计的极限状态设计法；增补了结构设计基础和细部处理的内容。

第 9 篇　焊接结构生产。本篇各章近年均有一些新进展，这些新进展的技术含量高而复杂，且涉及学科多，在有限篇幅内只能从选用和应用角度作简要介绍。如焊接工艺过程设计可以采用现代的设计方法——计算机辅助工艺设计（CAPP）；焊接工艺评定按 2005 年国家颁布标准所规定 5 种方法中只重点介绍较成熟也具代表性的一种，它和目前在锅炉压力容器生产中已采用的基本相同；对于焊接生产机械化和自动化，近年主要在自动控制方面及焊接机器人使用方面很活跃，与之密切配合的辅助设备——焊接工装显得更为重要，但是这次修订只作了强调，而未展开介绍；焊接质量检验方面，无损检测有较多新技术已被应用，这次增补了实时成像检测技术、工业 CT 检测技术、金属磁记忆检测技术、红外热成像检测技术和声发射检测技术，重点介绍它们的特点和如何选用。

书末增加新参考文献；附录中焊接标准部分已重新整理，删去已废止的，更换新修订的，增加新颁布的；鉴于国际贸易的增多，增加了国内外不锈钢和耐热钢牌号对照表。

本人能够完成本书的编写，接着又完成了这次修订工作，得益于下列两个方面：一是有诸多焊接前辈的经验总结和论著（书后“参考文献”仅是其中主要部分），吸取了他们的精华和要点，汇编到本手册中来，所以才能形成这本理论性和实用性较强的专业工具书。因此我首先得感谢被我引用其论著的前辈们，是他们为我提供了丰富的素材。二是本书的读者和我的同行朋友热心的支持。本书第 1 版出版以来，受到了他们的支持和鼓励，有些素不相识的读者，通过各种途径找到我的地址和电话，向我提出书中的问题或提出好的建议，如江全昌高级工程师还把他多年搜集到的实用资料无偿寄给我，等等，都让我十分感动。这些意见、建议和资料许多已成为我这次修订的素材、依据和参考，在此我要向关心和支持我的读者和我的朋友表示衷心的感谢！

本人力求跟上时代步伐，精益求精，为满足广大读者的需要而进行了这次修订，但个人的知识和能力是有限的，难免还有错漏或不尽人意之处，殷切希望广大读者批评指正。

编　者

第 1 版前言

机械工业出版社计划出版 4 种关于热加工技术的“工程师手册”，本书是其中之一。

本书属中型的综合性焊接技术工具书。主要供焊接工程师查阅，也可供与焊接技术相关的各类工程技术人员以及大专学校焊接专业师生参考。

本手册是根据焊接工程师的工作特点和业务需要进行选材和编写的，力求实用、先进、简明和便查。为了充分发挥工具书的储存功能和备忘功能，本手册力图做到在有限的篇幅内含有尽可能多的技术信息，所以较全面地汇集了解决技术问题所需的基础理论、基本知识和最新的焊接工艺技术资料，并做了精选和合理的编排，供读者查用。

本书有以下特色。

1. 便于查阅

焊接工程师常用但不易记忆的资料，如符号、公式和数据等，通常都分散在各种文献中，需用时难以查找。本手册把使用频率最高的这些资料都收集在一起，编成第 1 篇“综合资料”，读者可随时查用以节约时间；其他篇章的编排均分出层次，且有大小标题，读者很容易查出所需要的资料。

2. 简明扼要

相对于现有大型焊接工具书，本手册较简明。在内容选择上是取其精华，摘其要点，深广度适中，以够用为度；在阐述上则以能揭示出事物本质、发展规律和关键之所在为限。力求简单、明确和扼要，以缩短查阅时间。

3. 适应性强

本手册与专用的焊接工具书相比，则是综合的和较为完整的。基本上涵盖了焊接学科的各个重要领域，如焊接方法、焊接工艺、焊接设备、焊接材料、焊接力学、焊接设计、焊接施工和焊接质量管理等。涉及了焊接结构在设计、制造和使用中常遇到的技术问题。基本上能满足焊接或与焊接相关的工程技术人员的需要，因而本书具有较强的适应性和实用性。

4. 适当说理

本手册在处理每一焊接的具体技术问题时，向读者交代解决问题的方法无疑是放在首位的。但是，并不简单地指出应该这样干，不应该那样干，而是还指出为什么要这样干。也即适度地引述一些与此问题有关的理论，尽量说清楚问题的来龙去脉，让读者既知其然，亦知其所以然，变被动为主动。

本手册编入“焊接物理冶金”篇的用意，不仅是为焊接工程师在处理焊接技术问题时提供分析问题的思路和解决问题的理论依据，而且也是为了适应那些改行从事焊接技术工作的工程师对焊接基础理论和基本知识的需求。

焊接工程师经常要进行工装设计，仅举几个典型工装结构例子是不够的。本手册编入“焊接机械装备及其设计”一章，较全面系统地介绍焊接工装设计与计算的原理和方法，以满足这方面的需要。

现代科学技术的发展日新月异，焊接技术领域中出现的新材料、新工艺和新设备，本手册在保证编入基本、常用的焊接技术的同时，也尽量把现阶段成熟的，并已用于生产的这些焊接先进技术编到手册中来。对那些尚未用于生产的新技术，手册中就作为发展趋势的信息来报道。编者已经注意到国家标准正处在向国际通行标准接轨，旧的标准不断修订，新的标准不断颁布，所以本手册努力把现行的最新国家焊接标准贯彻到手册中来，以跟上时代发展的步伐。

本书在编写过程中得到了有关工厂、科研单位和各大专院校的大力支持，提供了许多实用的数据和资料。此外，编者还参阅和引用了许多技术文献中的大量数据和资料，在此一并表示感谢。由于编者水平有限，错漏在所难免，尚望广大读者批评指正。

编　者

目　录

第1篇　综合资料

第2篇　焊接物理冶金

第3篇　弧焊方法及设备

第4篇　电阻焊方法及设备

第5篇　其他焊接方法及设备

第6篇 焊接材料

第7篇 金属材料的焊接

第 8 篇　焊 接 结 构

第9篇　焊接结构生产

第1篇

综合资料

第1章 符 号[⊖]

1.1 希腊字母（见表1-1-1）

表1-1-1 希腊字母（摘自GB 3101—1993）

正体		斜体		名称
大写	小写	大写	小写	（汉语拼音注音）
Α	α	A	α	alfa
Β	β	B	β	beita
Γ	γ	$\mathit{\Gamma}$	γ	gama
Δ	δ	$\mathit{\Delta}$	δ	delta
Ε	ε，∈	E	ε	epsilon
Ζ	ζ	Z	ζ	zita
Η	η	H	η	yita
Θ	θ，ϑ	$\mathit{\Theta}$	θ,ϑ	sita
Ι	ι	I	ι	yota
Κ	k，κ	K	κ	kapa
Λ	λ	$\mathit{\Lambda}$	λ	lamda
Μ	μ	M	μ	miu
Ν	ν	N	ν	niu
Ξ	ξ	$\mathit{\Xi}$	ξ	ksai
Ο	ο	O	o	omikron
Π	π	$\mathit{\Pi}$	π	pai
Ρ	ρ	P	ρ	rou
Σ	σ	$\mathit{\Sigma}$	σ	sigma
Τ	τ	T	τ	tao
Υ	υ	$\mathit{\Upsilon}$	υ	yupsilon
Φ	ϕ，φ	$\mathit{\Phi}$	ϕ,φ	fai
Χ	χ	X	χ	kai
Ψ	ψ	$\mathit{\Psi}$	ψ	psai
Ω	ω	$\mathit{\Omega}$	ω	omiga

1.2 标准代号

1.2.1 中国标准代号

（1）国家级标准代号（见表1-1-2）

（2）行业标准代号（见表1-1-3）

（3）地方标准代号（见表1-1-4）

地方标准代号中的地区代码（见表1-1-5）。

（4）企业标准代号（见表1-1-6）

表1-1-2 国家级标准代号

代号	含义
GB	国家标准（强制性）
GB/T	国家标准（推荐性）
GB/Z	国家标准（指导性）
GBn	国家内部标准
GBJ	国家工程建设标准（大部分已改为GB 50×××系列）
GBZ	国家职业卫生技术标准
GJB	国家军用标准
GHZB	国家环境质量标准
GWKB	国家污染控制标准
GWPB	国家污染排放标准
JJF	国家计量技术规范
JJG	国家计量检定规程

表1-1-3 行业标准代号

代号	含义（行业简称）	代号	含义（行业简称）
BB	包装	HB	航空
CB	船舶	HG	化工
CECS	工程建设	HJ	环境保护
CH	测绘	HS	海关
CJ	城镇建设	HY	海洋
CY	新闻出版	JB	机械（含电工、仪器仪表）
DA	档案	JC	建材
DB	地震	JG	建筑工业
DL	电力	JR	金融
DZ	地质矿产	JT	交通
EJ	核工业	JY	教育
FZ	纺织	LB	旅游
GA	公安	LD	劳动与劳动安全
GY	广播电影电视	LS	粮食

⊖ 本章所列符号只说明其含义和来源出处，供读者查询。使用时仍应按现行标准的规定。

（续）

代号	含义（行业简称）	代号	含义（行业简称）
LY	林业	SY	石油天然气
MH	民用航空	TB	铁路运输
MT	煤炭	TD	土地管理
MZ	民政	TY	体育
NB	能源	WB	物资管理
NY	农业	WH	文化
QB	轻工	WJ	兵工民品
QC	汽车	WM	外经贸
QJ	航天	WS	卫生
QX	气象	XB	稀土
SB	商业	YB	黑色冶金
SC	水产（渔船）	YC	烟草
SH	石油化工	YD	通信
SJ	电子	YS	有色金属
SL	水利	YY	医药
SN	商检	YZ	邮政

表 1-1-4 地方标准代号

序号	代号	含义
1	DB+地区代码（前两位）	强制性地方标准
2	DB+地区代码（前两位）/T	推荐性地方标准

表 1-1-5 省、自治区、直辖市行政区代码

名称	代码	名称	代码
北京市	110000	湖南省	430000
天津市	120000	广东省	440000
河北省	130000	广西壮族自治区	450000
山西省	140000	海南省	460000
内蒙古自治区	150000	重庆市	550000
辽宁省	210000	四川省	510000
吉林省	220000	贵州省	520000
黑龙江省	230000	云南省	530000
上海市	310000	西藏自治区	540000
江苏省	320000	陕西省	610000
浙江省	330000	甘肃省	620000
安徽省	340000	青海省	630000
福建省	350000	宁夏回族自治区	640000
江西省	360000	新疆维吾尔自治区	650000
山东省	370000	台湾省	710000
河南省	410000	香港特别行政区	810000
湖北省	420000	澳门特别行政区	820000

表 1-1-6 企业标准代号

代号	含义
Q/企业代号	企业标准代号

1.2.2 国外部分标准代号

（1）国际标准代号（见表 1-1-7）

表 1-1-7 国际标准代号

代号	含义
ISO	国际标准化组织发布的国际标准
IEC	国际电工委员会发布的国际标准
ISO/IEC	国际标准化组织与国际电工委员会联合发布的国际标准
ISO/TR	国际标准化组织登记公布的国际标准技术报告
IIW	国际焊接学会标准

（2）部分外国国家级标准代号（见表 1-1-8）

表 1-1-8 部分外国国家级标准代号

代号	含义
ANSI	美国国家标准
ES	英国标准
DIN	德国标准
NF	法国标准
JIS	日本工业标准
KS	韩国标准
CSA	加拿大标准
ГОСТ	俄罗斯国家标准
UNI	意大利标准
SIS	瑞典标准
SNV	瑞士标准
AS	澳大利亚标准
EN	欧洲标准化委员会标准

（3）外国学（协）会机构发布的标准代号（见表 1-1-9）

表 1-1-9 外国学（协）会机构发布的标准代号

代 号	含 义	代 号	含 义
ASTM	美国试验与材料学会标准	EIA	美国电子工业协会
ASME	美国机械工程师学会标准	MIL	美国军用标准
SAE	美国机动工程师学会标准	LR	英国劳氏船级社(船舶入级规范和条例)
AGMA	美国齿轮制造商协会标准	VDI	德国工程师学会规范
API	美国石油学会标准	VDR	德国电气工程师学会标准
NEMA	美国电气制造商协会标准	VDMA	德国机械制造业标准
WES	日本焊接标准		

1.3 数学符号（见表 1-1-10）

表 1-1-10 数学符号（摘自 GB 3102.11—1993）

杂类符号

符号	应用	意义或读法	符号	应用	意义或读法
=	$a=b$	a 等于 b	∞		无穷[大]或无限[大]
≠	$a\neq b$	a 不等于 b	~	$a\sim b$	数字范围
$\stackrel{\text{def}}{=}$	$a\stackrel{\text{def}}{=}b$	按定义 a 等于 b 或 a 以 b 为定义	.	13.59	小数点
$\triangleq$	$a\triangleq b$	a 相当于 b	$\dot{}\ \dot{}$	$3.12\dot{3}8\dot{2}$	循环小数
≈	$a\approx b$	a 约等于 b	%	5%～10%	百分率
∝	$a\propto b$	a 与 b 成正比	( )		圆括号
:	$a:b$	a 比 b	[ ]		方括号
<	$a<b$	a 小于 b	{ }		花括号
>	$b>a$	b 大于 a	〈 〉		角括号
≤	$a\leq b$	a 小于或等于 b	±		正或负
≥	$b\geq a$	b 大于或等于 a	∓		负或正
<<	$a<<b$	a 远小于 b	max		最大
>>	$b>>a$	b 远大于 a	min		最小

运算符号

符号,应用	意义或读法	符号,应用	意义或读法
$a+b$	a 加 b	$a^{1/2}$, $a^{\frac{1}{2}}$, $\sqrt{a}$, $\surd a$	a 的二分之一次方；a 的平方根
$a-b$	a 减 b		
$a\pm b$	a 加或减 b	$a^{1/n}$, $a^{\frac{1}{n}}$, $\sqrt[n]{a}$; $\sqrt[n]{}a$	a 的 n 分之一次方；a 的 n 次方根
$a\mp b$	a 减或加 b		
ab, $a\cdot b$, $a\times b$	a 乘以 b		
$\frac{a}{b}$, a/b, ab^{-1}	a 除以 b 或 a 被 b 除	$\lvert a\rvert$	a 的绝对值；a 的模
		sgn$a$	a 的符号函数
$\sum_{i=1}^{n}a_i$	$a_1+a_2+\cdots+a_n$	$\bar{a}$, $\langle a\rangle$	a 的平均值
		$n!$	n 的阶乘
$\prod_{i=1}^{n}a_i$	$a_1\cdot a_2\cdot\cdots\cdot a_n$	$\binom{n}{p}$, C_n^p	二项式系数；组合数
a^p	a 的 p 次方或 a 的 p 次幂	ent$a$, E(a)	小于或等于 a 的最大整数；示性 a

几何符号

符号,应用	意义或读法	符号,应用	意义或读法
$\overline{AB}$, AB	[直]线段 AB	⊙	圆
∠	[平面]角	⊥	垂直
$\overset{\frown}{AB}$	弧 AB	//, ‖	平行
π	圆周率	$\underline{\underline{//}}$	平行且相等
△	三角形	∽	相似
▱	平行四边形	≌	全等

（续）

函数符号

符号，应用	意义或读法
f	函数 f
$f(x)$ $f(x,y,\cdots)$	函数 f 在 x 或在 $(x,y,\cdots)$ 的值
$f(x)\mid_a^b$，$[f(x)]_a^b$	$f(b)-f(a)$
$g\cdot f$	f 与 g 的合成函数或复合函数
$x\to a$	x 趋于 a
$\lim\limits_{x\to a}f(x)$ $\lim_{x\to a}f(x)$	x 趋于 a 时 $f(x)$ 的极限
$\overline{\lim}$	上极限
$\underline{\lim}$	下极限
sup	上确界
inf	下确界
$\simeq$	渐近等于
$O(g(x))$	$f(x)=O(g(x))$ 的含义为 $\lvert f(x)/g(x)\rvert$ 在行文所述的极限中有上界
$o(g(x))$	$f(x)=o(g(x))$ 表示在行文所述的极限中 $f(x)/g(x)\to 0$
Δx	x 的［有限］增量
$\dfrac{\mathrm{d}f}{\mathrm{d}x}$ $\mathrm{d}f/\mathrm{d}x$ f'	单变量函数 f 的导［函］数或微商
$\left(\dfrac{\mathrm{d}f}{\mathrm{d}x}\right)_{x=a}$ $(\mathrm{d}f/\mathrm{d}x)_{x=a}$ $f'(a)$	函数 f 的导［函］数在 a 的值
$\dfrac{\mathrm{d}^nf}{\mathrm{d}x^n}$ $\mathrm{d}^nf/\mathrm{d}x^n$ $f^{(n)}$	单变量函数 f 的 n 阶导函数
$\dfrac{\partial f}{\partial x}$ $\partial f/\partial x$ $\partial_x f$	多变量 $x,y,\cdots$ 的函数 f 对于 x 的偏微商或偏导数
$\dfrac{\partial^{m+n}f}{\partial x^n\partial y^m}$	函数 f 先对 y 求 m 次偏微商，再对 x 求 n 次偏微商；混合偏导数
$\dfrac{\partial(u,v,w)}{\partial(x,y,z)}$	u,v,w 对 x,y,z 的函数行列式

符号，应用	意义或读法
$\mathrm{d}f$	函数 f 的全微分
δf	函数 f 的（无穷小）变分
$\int f(x)\,\mathrm{d}x$	函数 f 的不定积分
$\int_a^b f(x)\,\mathrm{d}x$ $\int_a^b f(x)\,\mathrm{d}x$	函数 f 由 a 至 b 的定积分
$\iint\limits_A f(x,y)\,\mathrm{d}A$	函数 $f(x,y)$ 在集合 A 上的二重积分
δ_{ik}	克罗内克 δ 符号
ε_{ijk}	勒维-契维塔符号
$\delta(x)$	狄拉克 δ 分布［函数］
$\varepsilon(x)$	单位阶跃函数；海维赛函数
$f*g$	f 与 g 的卷积

三角函数和双曲函数符号

符号，应用	意义或读法
$\sin x$	x 的正弦
$\cos x$	x 的余弦
$\tan x$	x 的正切；也可用 tg$x$
$\cot x$	x 的余切
$\sec x$	x 的正割
$\csc x$	x 的余割；也可用 cosec$x$
$\sin^m x$	$\sin x$ 的 m 次方
arcsin$x$	x 的反正弦
arccos$x$	x 的反余弦
arctan$x$	x 的反正切；也可用 arctg$x$
arccot$x$	x 的反余切
arcsec$x$	x 的反正割
arccsc$x$	x 的反余割；也可用 arccosec$x$
sinh$x$	x 的双曲正弦；也可用 sh$x$
cosh$x$	x 的双曲余弦；也可用 ch$x$
tanh$x$	x 的双曲正切；也可用 th$x$
coth$x$	x 的双曲余切
sech$x$	x 的双曲正割
csch$x$	x 的双曲余割；也可用 cosech$x$
arsinh$x$	x 的反双曲正弦；也可用 arsh$x$
arcosh$x$	x 的反双曲余弦；也可用 arch$x$
artanh$x$	x 的反双曲正切；也可用 arth$x$
arcoth$x$	x 的反双曲余切
arsech$x$	x 的反双曲正割
arcsch$x$	x 的反双曲余割；也可用 arcosech$x$

指数函数和对数函数符号

符号，表达式	意义或读法	符号，表达式	意义或读法
a^x	x 的指数函数（以 a 为底）	$\ln x$，$\log_e x$	x 的自然对数
e	自然对数的底	$\lg x$，$\log_{10}x$	x 的常用对数
e^x，$\exp x$	x 的指数函数（以 e 为底）	lb$x$，$\log_2 x$	x 的以 2 为底的对数
$\log_a x$	以 a 为底的 x 的对数		

复数符号

符号，表示式	意义或读法	符号，表示式	意义或读法
i，j	虚数单位，$i^2=-1$	arg z	z 的辐角；z 的相
Re z	z 的实部	z^*	z 的［复］共轭
Im z	z 的虚部	sgn z	z 的单位模函数
$\lvert z\rvert$	z 的绝对值；z 的模		

（续）

矩阵符号

符号，表达式	意义或读法
A $\begin{bmatrix} \boldsymbol{A}_{11} \cdots \boldsymbol{A}_{1n} \\ \vdots \quad \vdots \\ \boldsymbol{A}_{m1} \cdots \boldsymbol{A}_{mn} \end{bmatrix}$	$m \times n$ 型的矩阵 $\boldsymbol{A}$
$\boldsymbol{AB}$	矩阵 $\boldsymbol{A}$ 与 $\boldsymbol{B}$ 的积
$\boldsymbol{E}, \boldsymbol{I}$	单位矩阵
$\boldsymbol{A}^{-1}$	方阵 $\boldsymbol{A}$ 的逆
$\boldsymbol{A}^{\mathrm{T}}, \tilde{\boldsymbol{A}}$	$\boldsymbol{A}$ 的转置矩阵

符号，表达式	意义或读法
$\boldsymbol{A}*$	$\boldsymbol{A}$ 的复共轭矩阵
$\boldsymbol{A}^{\mathrm{H}}, \boldsymbol{A}^{+}$	$\boldsymbol{A}$ 的厄米特共轭矩阵
$\det \boldsymbol{A}$ $\begin{vmatrix} \boldsymbol{A}_{11} \cdots \boldsymbol{A}_{1n} \\ \vdots \quad \vdots \\ \boldsymbol{A}_{n1} \cdots \boldsymbol{A}_{nn} \end{vmatrix}$	方阵 $\boldsymbol{A}$ 的行列式
$\mathrm{tr}\boldsymbol{A}$	方阵 $\boldsymbol{A}$ 的迹
$\Vert \boldsymbol{A} \Vert$	矩阵 $\boldsymbol{A}$ 的范数

矢量和张量符号

符号，表达式	意义或读法
$\boldsymbol{a}$ $\overrightarrow{a}$	矢量或向量 $\boldsymbol{a}$
a $\vert \boldsymbol{a} \vert$	矢量 $\boldsymbol{a}$ 的模或长度，也可用 $\Vert \boldsymbol{a} \Vert$
$\boldsymbol{e}_a$	$\boldsymbol{a}$ 方向的单位矢量
$\boldsymbol{e}_x, \boldsymbol{e}_y, \boldsymbol{e}_z$ $\boldsymbol{i}, \boldsymbol{j}, \boldsymbol{k}$ $\boldsymbol{e}_i$	在笛卡儿坐标轴方向的单位矢量
a_x, a_y, a_z a_i	矢量 $\boldsymbol{a}$ 的笛卡儿分量
$\boldsymbol{a} \cdot \boldsymbol{b}$	$\boldsymbol{a}$ 与 $\boldsymbol{b}$ 的标量积或数量积；在特殊场合，也可用 $(\boldsymbol{a}, \boldsymbol{b})$
$\boldsymbol{a} \times \boldsymbol{b}$	$\boldsymbol{a}$ 与 $\boldsymbol{b}$ 的矢量积或向量积
∇ $\overrightarrow{\nabla}$	那勃勒算子或算符；也可用 $\frac{\partial}{\partial \boldsymbol{r}}$

符号，表达式	意义或读法
$\nabla \varphi, \mathbf{grad}\varphi$	φ 的梯度；也可用 $\mathrm{grad}\varphi$
$\mathrm{div}\boldsymbol{a}$, $\nabla \cdot \boldsymbol{a}$	$\boldsymbol{a}$ 的散度
$\nabla \times a$, $\mathbf{rot}\boldsymbol{a}$, $\mathbf{curl}\boldsymbol{a}$	$\boldsymbol{a}$ 的旋度；也可用 $\mathrm{rot}\boldsymbol{a}$, $\mathrm{curl}\boldsymbol{a}$
∇^2, Δ	拉普拉斯算子
$\Box$	达朗贝尔算子
$\boldsymbol{T}$	二阶张量 $\boldsymbol{T}$，也用 $\overrightarrow{\overrightarrow{T}}$
$T_{xx}, T_{xy}, \cdots, T_{zz}$ T_{ij}	张量 $\boldsymbol{T}$ 的笛卡儿分量
$\boldsymbol{ab}, \boldsymbol{a} \otimes \boldsymbol{b}$	两矢量 $\boldsymbol{a}$ 与 $\boldsymbol{b}$ 的并矢积或张量积
$\boldsymbol{T} \otimes \boldsymbol{S}$	两个二阶张量 $\boldsymbol{T}$ 与 $\boldsymbol{S}$ 的张量积
$\boldsymbol{T} \cdot \boldsymbol{S}$	两个二阶张量 $\boldsymbol{T}$ 与 $\boldsymbol{S}$ 的内积
$\boldsymbol{T} \cdot \boldsymbol{a}$	二阶张量 $\boldsymbol{T}$ 与矢量 $\boldsymbol{a}$ 的内积
$\boldsymbol{T} : \boldsymbol{S}$	两个二阶张量 $\boldsymbol{T}$ 与 $\boldsymbol{S}$ 的标量积

数理逻辑符号

符号	应用	符号名称	意义、读法及备注
$\wedge$	$p \wedge q$	合取	p 和 q
$\vee$	$p \vee q$	析取	p 或 q
$\neg$	$\neg\ p$	否定	p 的否定；不是 p；非 p
$\Rightarrow$	$p \Rightarrow q$	推断	若 p 则 q；p 蕴含 q；也可写为 $q \Leftarrow p$；有时也用 $\rightarrow$
$\Leftrightarrow$	$p \Leftrightarrow q$	等价	$p \Leftrightarrow q$ 且 $q \Leftrightarrow p$；p 等价于 q 有时也用 $\leftrightarrow$
$\forall$	$\forall x \in A, p(x)$ $(\forall x \in A) p(x)$	全称量词	命题 $p(x)$ 对于每一个属于 A 的 x 为真
$\exists$	$\exists x \in A p(x)$ $(\exists x \in A) p(x)$	存在量词	存在 A 中的元 x 使 $p(x)$ 为真

集合论符号

符号	应用	意义或读法
$\in$	$x \in A$	x 属于 A；x 是集合 A 的一个元[素]
$\notin$	$y \notin A$	y 不属于 A；y 不是集合 A 的一个元[素]也可用 $\not\in$ 或 $\bar{\in}$
$\ni$	$A \ni x$	集 A 包含[元] x
$\not\ni$	$A \not\ni y$	集 A 不包含[元] y 也可用 $\not\ni$ 或 $\bar{\ni}$
$\{,\cdots,\}$	$\{x_1, x_2, \cdots, x_n\}$	诸元素 $x_1, x_2, \cdots, x_n$ 构成的集

（续）

集合论符号		
符号	应用	意义或读法
{|}	$\{x \in A \mid p(x)\}$	使命题 $p(x)$ 为真的 A 中诸元[素]之集
card	card(A)	A 中诸元素的数目； A 的势（或基数）
$\varnothing$		空集
$\mathbb{N}$, N		非负整数集；自然数集
$\mathbb{Z}$, Z		整数集
$\mathbb{Q}$, Q		有理数集
$\mathbb{R}$, R		实数集
$\mathbb{C}$, C		复数集
[,]	$[a,b]$	$\mathbb{R}$ 中由 a 到 b 的闭区间
] ,] (,]	$]a,b]$ $(a,b]$	$\mathbb{R}$ 中由 a 到 b（含于内）的左半开区间
[, [[,)	$[a,b[$ $[a,b)$	$\mathbb{R}$ 中由 a（含于内）到 b 的右半开区间
] , [	$]a,b[$ (a,b)	$\mathbb{R}$ 中由 a 到 b 的开区间
$\subseteq$	$B \subseteq A$	B 含于 A；B 是 A 的子集
$\subsetneqq$	$B \subsetneqq A$	B 真包含于 A；B 是 A 的真子集
$\nsubseteq$	$C \nsubseteq A$	C 不包含于 A；C 不是 A 的子集 也可用 $\not\subset$
$\supseteq$	$A \supseteq B$	A 包含 B[作为子集]
$\supsetneqq$	$A \supsetneqq B$	A 真包含 B
$\nsupseteq$	$A \nsupseteq C$	A 不包含 C[作为子集] 也可用 $\not\supset$
$\cup$	$A \cup B$	A 与 B 的并集
$\cup$	$\bigcup_{i=1}^{n} A_i$	诸集 $A_1, \cdots, A_n$ 的并集
$\cap$	$A \cap B$	A 与 B 的交集
$\cap$	$\bigcap_{i=1}^{n} A_i$	诸集 $A_1, \cdots, A_n$ 的交集
$\setminus$	$A \setminus B$	A 与 B 之差；A 减 B
$\complement$	$\complement_A B$	A 中子集 B 的补集或余集
(,)	(a,b)	有序偶 a,b；偶 a,b
(, ⋯ ,)	$(a_1, a_2, \cdots, a_n)$	有序 n 元组
$\times$	$A \times B$	A 与 B 的笛卡儿积
Δ	Δ_A	$A \times A$ 中点对 (x,x) 的集，其中 $x \in A$； $A \times A$ 的对角集

坐标系符号①	
坐标	名称或意义
x, y, z	笛卡儿坐标 e_x, e_y 与 e_z 组成一标准正交右手系
ρ, φ, z	圆柱坐标 e_ρ, e_φ 与 e_z 组成一标准正交右手系
γ, θ, φ	球坐标 e_γ, e_θ 与 e_φ 组成一标准正交右手系

特殊函数符号②	
符号，表达式	意义或读法
$\mathrm{J}_l(x)$	[第一类]柱贝塞尔函数
$\mathrm{N}_l(x)$	柱诺依曼函数；第二类柱贝塞尔函数
$H_l^{(1)}(x)$ $H_l^{(2)}(x)$	柱汉开尔函数；第三类柱贝塞尔函数

（续）

特殊函数符号②	
符号,表达式	意义或读法
$I_l(x)$ $K_l(x)$	修正的柱贝塞尔函数
$j_l(x)$	[第一类]球贝塞尔函数
$n_l(x)$	球诺依曼函数;第二类球贝塞尔函数
$h_l^{(1)}(x)$ $h_l^{(2)}(x)$	球汉开尔函数;第三类球贝赛尔函数
$P_l(x)$	勒让德多项式
$P_i^m(x)$	关联勒让德函数
$Y_l^m(\theta,\varphi)$	球面调和函数,球谐函数
$H_n(x)$	厄米特多项式
$L_n(x)$	拉盖尔多项式
$L_n^m(x)$	关联拉盖尔多项式
$F(a,b;c;x)$	超几何函数
$F(a;c;x)$	合流超几何函数
$F(k,\varphi)$	第一类[不完全]椭圆积分
$E(k,\varphi)$	第二类[不完全]椭圆积分
$\Pi(k,n,\varphi)$	第三类[不完全]椭圆积分
$\Gamma(x)$	Γ(伽马)函数
$B(x,y)$	B(贝塔)函数
Eix	指数积分
erf$x$	误差函数
$\zeta(z)$	黎曼(泽塔)函数

① 如果为了某些目的，例外地使用左手坐标系时，必须明确地说出，以免引起符号错误。

② 行文中方括号内的文字表示可以略去或不读。

1.4 物理量名称及其符号（参见本篇第 2 章第 2.3 节）

1.5 化学元素符号（见表 1-1-11）

表 1-1-11 化学元素符号表（摘自 GB 3102.8—1993）

原子序数	元素名称		符　号
	英　文	中　文	
1	hydrogen	氢	H
2	helium	氦	He
3	lithium	锂	Li
4	beryllium	铍	Be
5	boron	硼	B
6	carbon	碳	C
7	nitrogen	氮	N
8	oxygen	氧	O
9	fluorine	氟	F
10	neon	氖	Ne
11	sodium(natrium)	钠	Na
12	magnesium	镁	Mg
13	aluminium	铝	Al

（续）

原子序数	元素名称		符　号
	英　文	中　文	
14	silicon	硅	Si
15	phosphrous	磷	P
16	sulfur	硫	S
17	chlorine	氯	Cl
18	argon	氩	Ar
19	potassium(kalium)	钾	K
20	calcium	钙	Ca
21	scandium	钪	Sc
22	titanium	钛	Ti
23	vanadium	钒	V
24	chromium	铬	Cr
25	manganese	锰	Mn
26	iron(ferrum)	铁	Fe
27	cobalt	钴	Co
28	nickel	镍	Ni
29	copper(cuprum)	铜	Cu
30	zinc	锌	Zn
31	gallium	镓	Ga
32	germanium	锗	Ge
33	arsenic	砷	As
34	selenium	硒	Se
35	bromine	溴	Br
36	krypton	氪	Kr
37	rubidium	铷	Rb
38	strontium	锶	Sr
39	yttrium	钇	Y
40	zirconium	锆	Zr
41	niobium	铌	Nb
42	molybdenum	钼	Mo
43	technetium	锝	Tc
44	ruthenium	钌	Ru
45	rhodium	铑	Rh
46	palladium	钯	Pd
47	silver(argentum)	银	Ag
48	cadmium	镉	Cd
49	indium	铟	In
50	tin(stannum)	锡	Sn
51	antimony(stibium)	锑	Sb
52	tellurium	碲	Te
53	iodine	碘	I
54	xenon	氙	Xe
55	caesium	铯	Cs
56	barium	钡	Ba
57	lanthanum	镧	La
58	cerium	铈	Ce
59	praseodymium	镨	Pr
60	neodymium	钕	Nd
61	promethium	钷	Pm

（续）

原子序数	元素名称		符　号
	英　文	中　文	
62	samarium	钐	Sm
63	europium	铕	En
64	gadolinium	钆	Gd
65	terbium	铽	Tb
66	dysprosium	镝	Dy
67	holmium	钬	Ho
68	erbium	铒	Er
69	thulium	铥	Tm
70	ytterbium	镱	Yb
71	lutecium	镥	Lu
72	hafnium	铪	Hf
73	tantalum	钽	Ta
74	tungsten(wolfram)	钨	W
75	rhenium	铼	Re
76	osmium	锇	Os
77	iridium	铱	Ir
78	platinum	铂	Pt
79	gold(aurum)	金	Au
80	mercury(hydrargyrum)	汞	Hg
81	thallium	铊	Tl
82	lead(plumbum)	铅	Pb
83	bismuth	铋	Bi
84	polonium	钋	Po
85	astatine	砹	At
86	radon	氡	Rn
87	francium	钫	Fr
88	radium	镭	Ra
89	actinium	锕	Ac
90	thorium	钍	Th
91	protactinium	镤	Pa
92	uranium	铀	U
93	neptunium	镎	Np
94	plutonium	钚	Pu
95	americium	镅	Am
96	curium	锔	Cm
97	berkelium	锫	Bk
98	californium	锎	Cf
99	einsteinium	锿	Es
100	fermium	镄	Fm
101	mendelevium	钔	Md
102	nobelium	锘	No
103	lawrencium	铹	Lr
104	unnilquadium	—	Unq
105	unnilpentium	—	Unp
106	unnilhexium	—	Unh
107	unnilseptium	—	Uns
108	unniloctium	—	Uno
109	unnilennium	—	Une

1.6　图形符号

1.6.1　机械图样中的常用符号

1. 标注尺寸的符号或缩写词（见表 1-1-12）

表 1-1-12　标注尺寸的符号或缩写词

（摘自 GB/T 4458.4—2003）

符号或缩写词	含　义
ϕ	直径
R	半径
$S\phi$	球直径
SR	球半径
t	厚度
EQS	均布
C	45°倒角
□	正方形
↧	深度
⌴	沉孔或锪平
⌵	埋头孔
⌒	弧长
∠	斜度
◁	锥度
	展开
Ø	圆形或圆管形
□	方形或空心方管形
▭	扁矩形或空心矩管形
L	角钢
T	T 型钢
I	工字钢
H	H 钢
[	槽钢
	Z 型钢
	钢轨
	球头角钢
	球扁钢

注：尺寸由尺寸界线、尺寸线、箭头和尺寸数字组成。标记时，表中符号位于尺寸数字的前方。

2. 图样边框上的符号（见表 1-1-13）

表 1-1-13　图样边框上的符号

（摘自 GB/T 14689-2008）

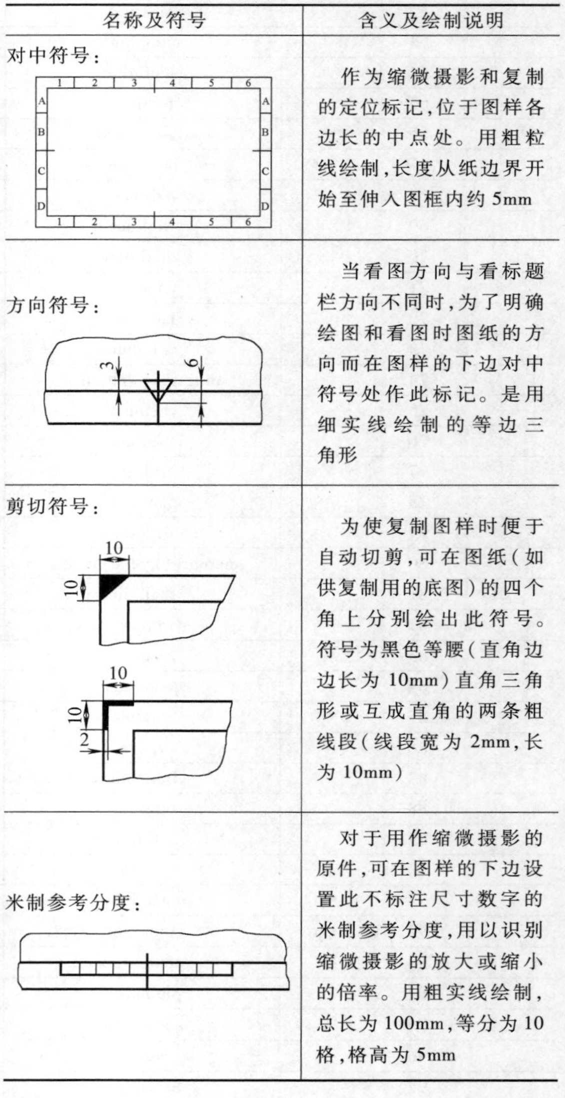

名称及符号	含义及绘制说明
对中符号：	作为缩微摄影和复制的定位标记，位于图样各边长的中点处。用粗粒线绘制，长度从纸边界开始至伸入图框内约 5mm
方向符号：	当看图方向与看标题栏方向不同时，为了明确绘图和看图时图纸的方向而在图样的下边对中符号处作此标记。是用细实线绘制的等边三角形
剪切符号：	为使复制图样时便于自动切剪，可在图纸（如供复制用的底图）的四个角上分别绘出此符号。符号为黑色等腰（直角边边长为 10mm）直角三角形或互成直角的两条粗线段（线段宽为 2mm，长为 10mm）
米制参考分度：	对于用作缩微摄影的原件，可在图样的下边设置此不标注尺寸数字的米制参考分度，用以识别缩微摄影的放大或缩小的倍率。用粗实线绘制，总长为 100mm，等分为 10 格，格高为 5mm

3. 剖面符号（见表 1-1-14）

4. 几何公差符号

（1）几何公差的几何特征及其符号（见表 1-1-15）

（2）几何特征的附加符号（见表 1-1-16）

5. 技术产品文件中表面结构的图形符号及其标注方法

当技术产品在文本或图样中对其表面结构有要求时，应按国家标准 GB/T 131—2006《产品几何技术规范（GPS）技术产品文件中表面结构的表示法》中规定的图形符号进行标注。

表 1-1-14　剖面区域用的剖面符号

（摘自 GB/T 4457.5—2013）

材　　料		符号
金属材料（已有规定剖面符号者除外）		
线圈绕组元件		
转子、电枢、变压器和电抗器等的叠钢片		
非金属材料（已有规定剖面符号者除外）		
型砂、填砂、粉末冶金、砂轮、陶瓷刀片、硬质合金刀片等		
玻璃及供观察用的其他透明材料		
木材	纵 断 面	
	横 断 面	
木质胶合板（不分层数）		
基础周围的泥土		
混凝土		
钢筋混凝土		
砖		
格网（筛网、过滤网等）		
液体		

注：1. 剖面符号仅表示材料的类别，材料的名称和代号必须另行注明。

2. 叠钢片的剖面线方向，应与束装中叠钢片的方向一致。

3. 液面用细实线绘制。

表 1-1-15　几何公差的几何特征及其符号

（摘自 GB/T 1182—2008）

公差类型	几何特征	符号	有无基准
形状公差	直线度	⏤	无
	平面度	⏥	无
	圆度	○	无
	圆柱度	⌭	无
	线轮廓度	⌒	无
	面轮廓度	⌓	无
方向公差	平行度	∥	有
	垂直度	⊥	有
	倾斜度	∠	有
	线轮廓度	⌒	有
	面轮廓度	⌓	有
位置公差	位置度	⌖	有或无
	同心度（用于中心点）	◎	有
	同轴度（用于轴线）	◎	有
	对称度	⌯	有
	线轮廓度	⌒	有
	面轮廓度	⌓	有
跳动公差	圆跳动	↗	有
	全跳动	⌰	有

表 1-1-16　几何特征的附加符号（摘自 GB/T 1182—2008）

说　明	符　号
被测要素	
基准要素	A　A
基准目标	φ2 / A1
理论正确尺寸	50
延伸公差带	Ⓟ
最大实体要求	Ⓜ
最小实体要求	Ⓛ
自由状态条件（非刚性零件）	Ⓕ
全周（轮廓）	
包容要求	Ⓔ
公共公差带	CZ
小径	LD
大径	MD
中径、节径	PD
线素	LE
不凸起	NC
任意横截面	ACS

（1）表面粗糙度图形符号（见表 1-1-17）

表 1-1-17　表面粗糙度图形符号（摘自 GB/T 131—2006）

序号	名称		图形符号	含义及说明
1	基本图形符号			用于未指定工艺方法的表面，当通过一个注释解释时可单独使用
2	扩展图形符号	去除材料的		用去除材料的方法获得的表面，如车、铣、钻、磨、剪切、抛光、电火花加工和气割等，仅当其含义是“被加工表面”时可单独使用
		不去除材料的		用不去除材料的方法获得的表面，如铸、锻、冲压、热轧、冷轧和粉末冶金等；也可表示上道工序形成的表面，不管这种状态是通过去除材料或不去除材料的方法形成的
3	完整图形符号			是在上面三个图形符号的长边上加一横线而成的，用于对表面结构有补充要求的标注，每个符号仍具原来含义
4	有相同要求的符号			是在完整图形符号上加一圆圈而成的，当对图形周边各面有相同的表面结构要求时采用

（2）表面结构补充要求的注写位置（见表 1-1-18）

表 1-1-18　表面结构补充要求的注写位置（摘自 GB/T 131—2006）

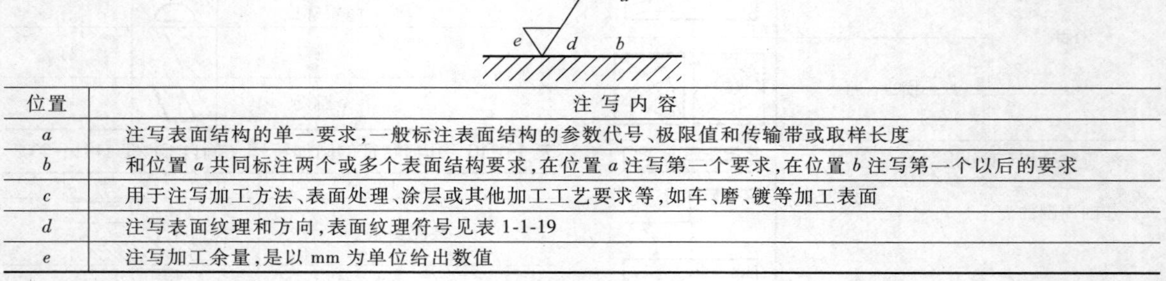

位置	注写内容
a	注写表面结构的单一要求，一般标注表面结构的参数代号、极限值和传输带或取样长度
b	和位置 *a* 共同标注两个或多个表面结构要求，在位置 *a* 注写第一个要求，在位置 *b* 注写第一个以后的要求
c	用于注写加工方法、表面处理、涂层或其他加工工艺要求等，如车、磨、镀等加工表面
d	注写表面纹理和方向，表面纹理符号见表 1-1-19
e	注写加工余量，是以 mm 为单位给出数值

（3）表面纹理及其方向的图形符号（见表 1-1-19）

表 1-1-19　表面纹理及其方向的图形符号（摘自 GB/T 131—2006）

符号	解释	示例
=	纹理平行于视图所在的投影面	= 纹理方向
⊥	纹理垂直于视图所在的投影面	⊥ 纹理方向
X	纹理呈两斜向交叉后与视图所在的投影面相交	X 纹理方向

（续）

符　号	解　释	示　例
M	纹理呈多方向	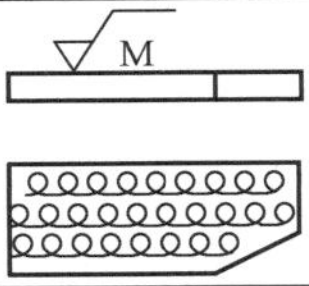 M
C	纹理呈近似同心圆且圆心与表面中心相关	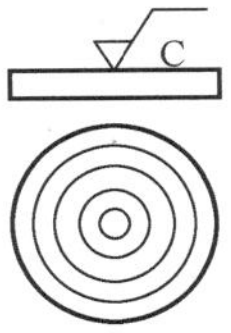 C
R	纹理呈近似放射状且与表面圆心相关	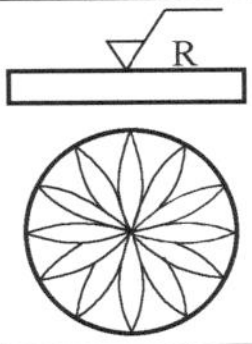 R
P	纹理呈微粒、凸起、无方向	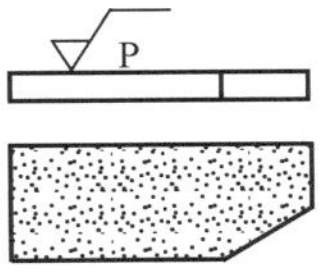 P

注：若表面纹理不能清楚地用这些符号表示，必要时，可在图样上加注说明。

（4）表面结构要求的标注示例（见表1-1-20）

表1-1-20　表面结构要求的标注示例

序号	符　号	含义及说明
1	0.008−0.8/*Ra* 3.2	表示去除材料，单向上限值，传输带0.008～0.8mm，*R*轮廓，算术平均偏差3.2μm，评定长度为5个取样长度（默认），“16%规则”（默认）
2	U *Ra* max 3.2 L *Ra* 0.8	表示不允许去除材料，双向极限值，且均使用默认传输带，*R*轮廓，上限值：算术平均偏差3.2μm，评定长度为5个取样长度（默认），“最大规则”；下限值：算术平均偏差0.8μm，评定长度为5个取样长度（默认），“16%规则”（默认）
3	铣 0.008−4/*Ra* 50 C　0.008−4/*Ra* 6.3	表示去除材料，双向极限值：上限值 *Ra*＝50μm，下限值 *Ra*＝6.3μm；均为“16%规则”（默认），两个传送带均为0.008～4mm，默认的评定长度为5×4mm＝20mm；表面纹理呈近似同心圆且圆心与表面中心相关；加工方法：铣削
4	磨 *Ra* 1.6 ⊥ −2.5/*Rz* max 6.3	表示去除材料，两个单向上限值： 1）*Ra*＝1.6μm；“16%规则”（默认），默认传输带，默认的评定长度（$5\times\lambda_c$）； 2）*Rz*≤6.3μm；最大规则，传输带−2.5μm，评定长度默认（5×2.5mm）；表面纹理垂直于视图的投影面；加工方法：磨削
5	Cu/Ep·Ni5bCr0.3r *Rz* 0.8	表示不去除材料。单向上限值：*Rz*＝0.8μm；“16%规则”（默认），默认传输带，默认的评定长度（$5\times\lambda_c$）；表面纹理没有要求；表面处理：钢件，镀镍或铬；表面要求对封闭轮廓的所有表面有效
6	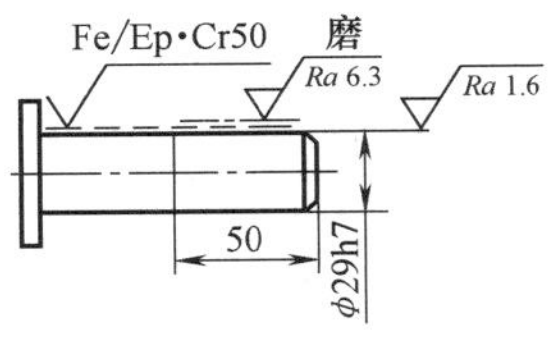 Fe/Ep·Cr50　磨 *Ra* 6.3　*Ra* 1.6 50　φ29h7	表面结构、尺寸和表面处理的标注，本例是三个连续的加工工序： 第一道工序：去除材料的工艺。单向上限值：*Rz*＝1.6μm；“16%规则”（默认），默认传输带，默认的评定长度（$5\times\lambda_c$）；表面纹理没有要求 第二道工序：镀铬，无其他表面结构要求 第三道工序：一个单向上限值，仅对长为50mm的图样表面有效，*Rz*＝6.3μm；“16%规则”（默认），默认传输带，默认的评定长度（$5\times\lambda_c$）；表面纹理没有要求；磨削加工工艺

注：表中 *Ra* 和 *Rz* 是表面结构参数代号，同属于 *R* 轮廓（粗糙度）参数，前者是平均值，后者是峰谷值。

（5）新旧标准标注方法对照示例（见表1-1-21）

表1-1-21　表面结构要求的图形符号新旧标准标注方法对照示例

序号	摘自GB/T 131—1993(旧标准)	摘自GB/T 131—2006(新标准)	说　明
1	1.6　1.6	Ra 1.6	Ra只采用“16%规则”
2	Ry 3.2　Ry 3.2	Rz 3.2	新的Rz即旧的Ry,原Ry的符号不再使用
3	1.6 max	Ra max 1.6	“最大规则”
4	1.6　0.8	−0.8/Ra 1.6	Ra加取样长度
5	Ry 3.2　0.8	−0.8/Rz 6.3	除Ra外其他参数及取样长度
6	1.6 Ry 6.3	Ra 1.6 Rz 6.3	Ra及其他参数

1.6.2　焊缝图形符号

1. 基本符号（见表1-1-22）

表1-1-22　基本符号（摘自GB/T 324—2008）

序号	名　称	图　示	符号
1	卷边焊缝（卷边完全熔化）	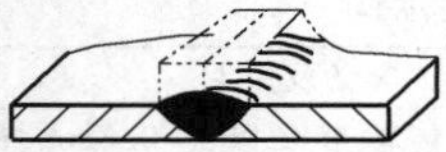	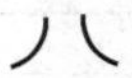
2	I形焊缝		
3	V形焊缝	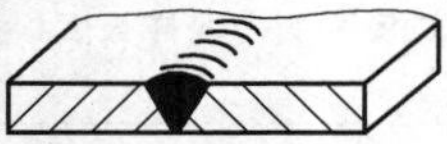	
4	单边V形焊缝		
5	带钝边V形焊缝		
6	带钝边单边V形焊缝		
7	带钝边U形焊缝		
8	带钝边J形焊缝	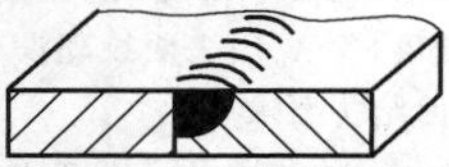	
9	封底焊缝	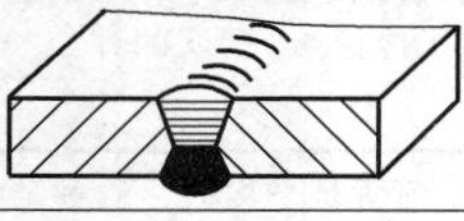	

序号	名　称	图　示	符号
10	角焊缝	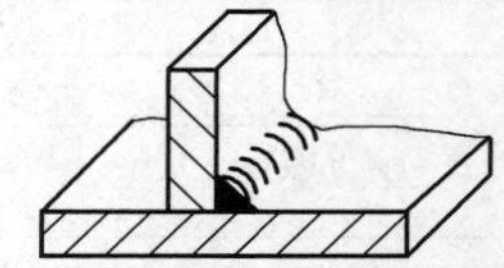	
11	塞焊缝或槽焊缝	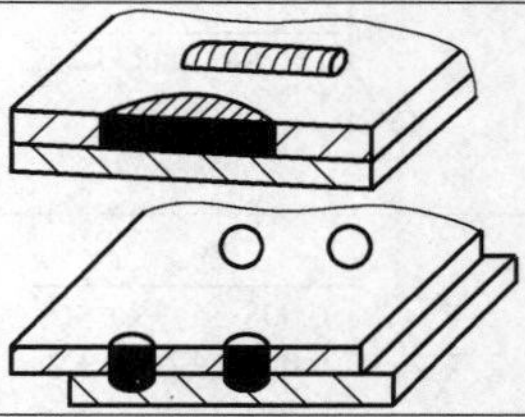	
12	点焊缝	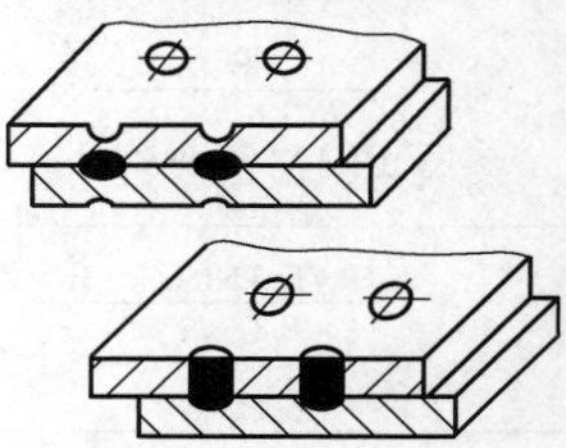	
13	缝焊缝	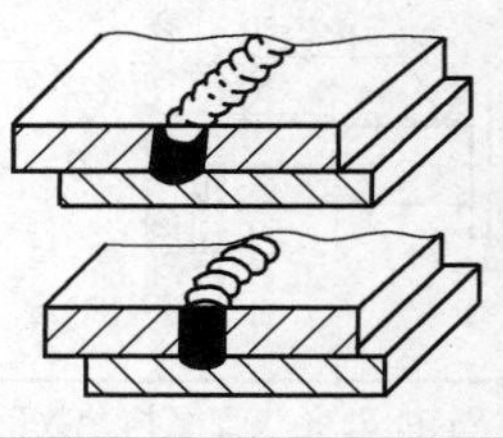	

（续）

序号	名称	图示	符号
14	陡边V形焊缝 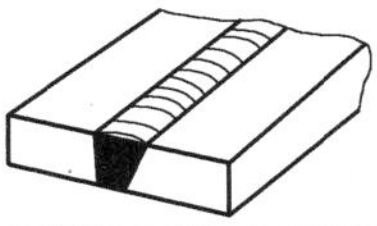   		
15	陡边单V形焊缝		
16	端焊缝		
17	堆焊缝		
18	平面连接（钎焊）		
  19	斜面连接（钎焊）	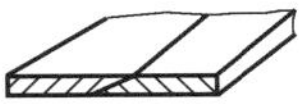	
20	折叠连接（钎焊）		

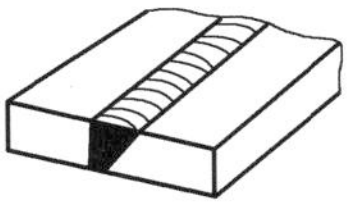

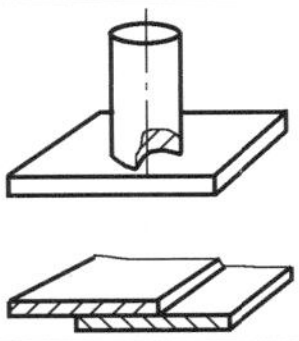

2. 基本符号的组合（见表1-1-23）

表1-1-23 基本符号的组合

序号	名称	图示	符号
1	双面V形焊缝（X焊缝）		
2	双面单V形焊缝（K焊缝）	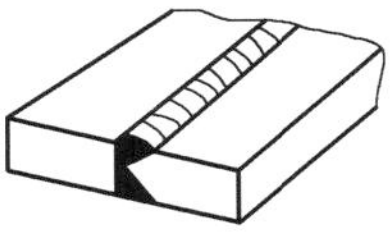	
3	带钝边的双面V形焊缝		
4	带钝边的双面单V形焊缝	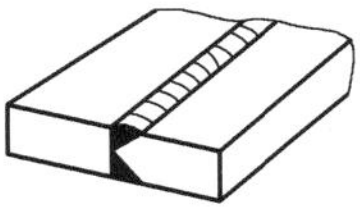	
5	双面U形焊缝		

3. 补充符号（见表1-1-24）

表1-1-24 补充符号

序号	名称	符号	说明
1	平面		焊缝表面通常经过加工后平整
2	凹面		焊缝表面凹陷
3	凸面		焊缝表面凸起
4	圆滑过渡		焊趾处过渡圆滑
5	永久衬垫	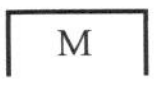 M	衬垫永久保留
6	临时衬垫	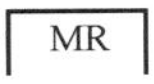 MR	衬垫在焊接完成后拆除
7	三面焊缝	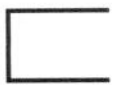	三面带有焊缝
8	周围焊缝		沿着焊件周边施焊的焊缝 标注位置为基准线与箭头线的交点处
9	现场焊缝		在现场焊接的焊缝
10	尾部		可以表示所需的信息

4. 尺寸符号（见表 1-1-25）

表 1-1-25　尺寸符号

符号	名　称	图　示
δ	焊件厚度	
α	坡口角度	
b	根部间隙	
p	钝边	
c	焊缝宽度	
R	根部半径	
l	焊缝长度	
n	焊缝段数	n=3
e	焊缝间距	
K	焊脚尺寸	
d	熔核直径	
S	焊缝有效厚度	
N	相同焊缝数量	N=3
H	坡口深度	
h	余高	
β	坡口面角度	

5. 焊缝符号的标注

（1）指引线（见表 1-1-26）

表 1-1-26　指引线

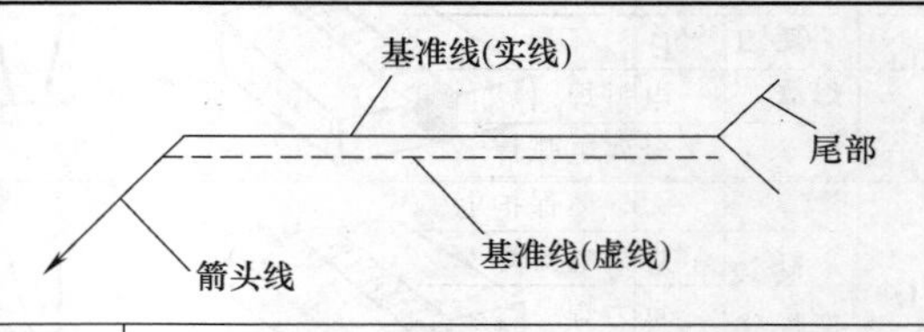

基准线	有一条实线和一条虚线，均应与图样底边平行，特殊情况允许与底边垂直。虚线可画在实线上侧或下侧，标注对称焊缝或双面焊缝时，可不画虚线
箭头线	可位于接头的上、下或左右任一侧。因此，单面焊时，焊缝可以在接头的箭头侧或非箭头侧。箭头应指向焊缝的正面或背面，对单边坡口焊缝箭头应指向有坡口一侧的焊件
尾部	一般省去。只有对焊缝有附加要求或说明时才加上尾部

（2）焊缝符号标注的原则和方法（见表 1-1-27）

表 1-1-27　焊缝尺寸和符号标注原则和方法

$\alpha \cdot \beta \cdot b$
$p \cdot H \cdot K \cdot h \cdot S \cdot R \cdot c \cdot d$　基本符号　$n \times l(e)$　N或
$p \cdot H \cdot K \cdot h \cdot S \cdot R \cdot c \cdot d$　基本符号　$n \times l(e)$
$\alpha \cdot \beta \cdot b$

$\alpha \cdot \beta \cdot b$
$p \cdot H \cdot K \cdot h \cdot S \cdot R \cdot c \cdot d$　基本符号　$n \times l(e)$　N
$p \cdot H \cdot K \cdot h \cdot S \cdot R \cdot c \cdot d$　基本符号　$n \times l(e)$
$\alpha \cdot \beta \cdot b$

基本符号	1）当焊缝在接头的箭头侧时，基本符号标在基准线的实线侧 2）当焊缝在接头的非箭头侧时，基本符号标在基准线的虚线侧 3）对称焊缝或双面焊缝在标注时，可不加虚线，基本符号标在基准线两侧
焊缝形状尺寸	1）焊缝截面尺寸，标在基本符号的左侧 2）焊缝长度尺寸，标在基本符号的右侧 3）坡口角度、根部间隙等，标在基本符号的上侧或下侧
其他	相同焊缝数量符号、焊接方法代号、检验方法符号、其他要求和说明等标在尾部右侧

6. 焊接及相关工艺方法代号

(1) 焊接及相关工艺方法代号（见表 1-1-28）

表 1-1-28　焊接及相关工艺方法代号（摘自 GB/T 5185—2005）

代　号	焊 接 方 法	代　号	焊 接 方 法
1	电弧焊	4	压焊
101	金属电弧焊	41	超声波焊
11	无气体保护电弧焊	42	摩擦焊
111	焊条电弧焊	44	高机械能焊
112	重力焊	441	爆炸焊
114	自保护药芯焊丝电弧焊	45	扩散焊
12	埋弧焊	47	气压焊
121	单丝埋弧焊	48	冷压焊
121	带极埋弧焊	5	高能束焊
123	多丝埋弧焊	51	电子束焊
124	添加金属粉末的埋弧焊	511	真空电子束焊
125	药芯焊丝埋弧焊	512	非真空电子束焊
13	熔化极气体保护电弧焊	52	激光焊
131	熔化极惰性气体保护电弧焊(MIG)	521	固体激光焊
135	熔化极非惰性气体保护电弧焊(MAG)	522	气体激光焊
136	非惰性气体保护的药芯焊丝电弧焊	7	其他焊接方法
137	惰性气体保护的药芯焊丝电弧焊	71	铝热焊
14	非熔化极气体保护电弧焊	72	电渣焊
141	钨极惰性气体保护电弧焊(TIG)	73	气电立焊
15	等离子弧焊	74	感应焊
151	等离子弧 MIG 焊	741	感应对焊
152	等离子弧粉末堆焊	742	感应缝焊
18	其他电弧焊接法	75	光辐射焊
185	磁激弧对焊	753	红外线焊
2	电阻焊	77	冲击电阻焊
21	点焊	78	螺柱焊
211	单面点焊	782	电阻螺柱焊
212	双面点焊	783	带瓷箍或保护气体的电弧螺柱焊
22	缝焊	784	短路电弧螺柱焊
221	搭接缝焊	785	电容放电螺柱焊
222	压平缝焊	786	带点火嘴的电容放电螺柱焊
225	薄膜对接缝焊	787	带易熔颈箍的电弧螺柱焊
226	加带缝焊	788	摩擦螺柱焊
23	凸焊	8	切割与气割
231	单面凸焊	81	火焰气割
232	双面凸焊	82	电弧切割
24	闪光焊	821	空气电弧切割
241	预热闪光焊	822	氧电弧切割
242	无预热闪光焊	83	等离子弧切割
25	电阻对焊	84	激光切割
29	其他电阻焊方法	86	火焰气刨
291	高频电阻焊	87	电弧气刨
3	气焊	871	空气电弧气刨
31	氧燃气焊	872	氧电弧气刨
311	氧乙炔焊	88	等离子气刨
312	氧丙烷焊	9	硬钎焊、软钎焊及钎接焊
313	氢氧焊	91	硬钎焊

（续）

代号	焊接方法	代号	焊接方法
911	红外线硬钎焊	944	浸渍软钎焊
912	火焰硬钎焊	945	盐浴软钎焊
913	炉中硬钎焊	946	感应软钎焊
914	浸渍硬钎焊	947	超声波软钎焊
915	盐浴硬钎焊	948	电阻软钎焊
916	感应硬钎焊	949	扩散软钎焊
918	电阻硬钎焊	951	波峰软钎焊
919	扩散硬钎焊	952	烙铁软钎焊
924	真空硬钎焊	954	真空软钎焊
93	其他硬钎焊	956	拖焊
94	软钎焊	96	其他软钎焊
941	红外线软钎焊	97	钎接焊
942	火焰软钎焊	971	气体钎接焊
943	炉中软钎焊	972	电弧钎接焊

旧标准（GB/T 5185—1985）中下列焊接方法在新标准（GB/T 5185—2005）中已被删除，但这些焊接方法仍可能用于特定场合，或出现在以前的各种文件中。

113 光焊丝电弧焊　322 空气丙烷焊
115 涂层焊丝电弧焊　43 锻焊
118 躺焊　752 弧光光束焊
149 原子氢焊　781 电弧螺柱焊
181 碳弧焊　917 超声波硬钎焊
32 空气燃气焊　923 摩擦硬钎焊
321 空气乙炔焊　952 刮擦软钎焊

（2）焊接方法代号标注举例（见表1-1-29）

表1-1-29 焊接方法代号标注举例

标注例	含义
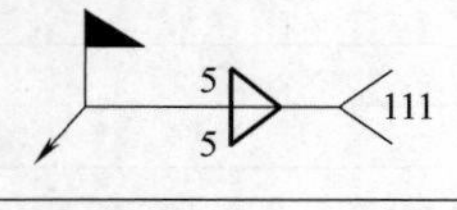 5 5 111	两面对称的焊脚尺寸为5mm的角焊缝，在工地上用焊条电弧焊施焊
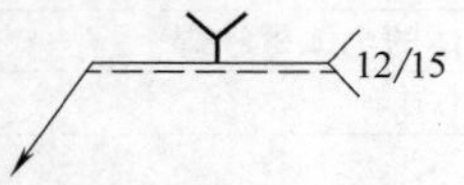 12/15	Y形焊缝，先用等离子弧焊打底，后用埋弧焊盖面

1.6.3 电工系统图常用图形符号（见表1-1-30）

表1-1-30 电工系统图常用图形符号

图形符号	说明	图形符号	说明
GB/T 4728.2—2005		N	中性
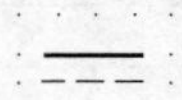 ⎓	直流	M	中间线
 ∼	交流	+	正极性
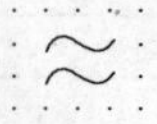 ≈	交流（中频）	−	负极性
		⏚	接地
	具有交流分量的整流电流		抗干扰接地

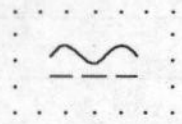

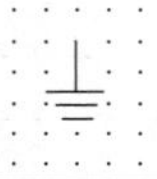

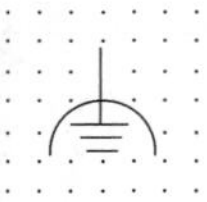

（续）

图形符号	说 明
	功能等电位联结
	故障
GB/T 4728.3—2005	
	连线
	连接点
	端子
	端子板
	T 型连接
	导线的双 T 连接
	导线的双 T 接连
	阴接触件
	阳接触件
GB/T 4728.4—2005	
	电阻器
	可调电阻器
	带滑动触点的电阻器
	带滑动触点的电位器
	电容器
	极性电容器

图形符号	说 明
	可调电容器
	预调电容器
	线圈;绕组
	带磁芯的电感器
	磁芯有间隙的电感器
	带固定抽头的电感器
	可变电感器
	铁氧体磁芯
GB/T 4728.5—2005	
	半导体二极管
	发光二极管(LED)
	隧道二极管
	双向二极管
	双向二极闸流晶体管;双向二极晶闸管
	三极闸流晶体管
	反向阻断三极闸流晶体管,N 栅(阳极侧受控)

（续）

图形符号	说　明	图形符号	说　明
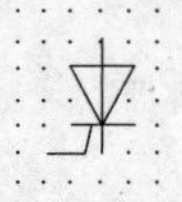	反向阻断三极闸流晶体管，P 栅（阴极侧受控）		GB/T 4728.6—2008
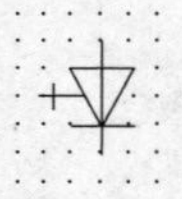	可关断三极闸流晶体管，未指定栅极		电机的一般符号 符号内的星号用下述字母之一代替： C—旋转变流机 G—发电机 GS—同步发电机 M—电动机 MG—能作为发电机或电动机使用的电机 MS—同步电动机
	PNP 晶体管		
	集电极接管壳的 NPN 晶体管		直线电动机
	具有 P 型双基极的单结晶体管		
	具有 N 型双基极的单结晶体管		步进电动机
	N 型沟道结型场效应晶体管		三相笼型异步电动机
	P 型沟道结型场效应晶体管		
	光敏电阻器（LDR）	形式1 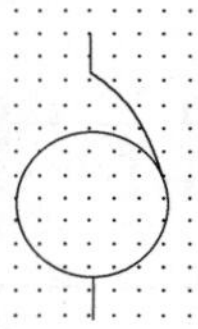 形式2 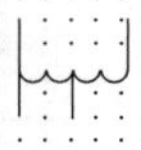	自耦变压器
	光电二极管		
	光生伏打电池		电抗器、扼流圈
	直热式阴极三极管		
	间热式阴极充气三极管（闸流管）	形式1 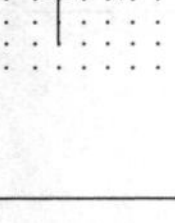　形式2 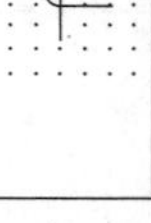	电流互感器

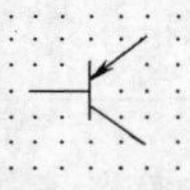

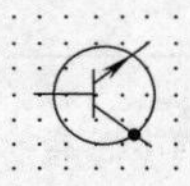

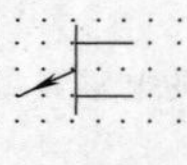

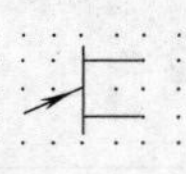

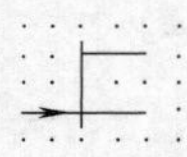

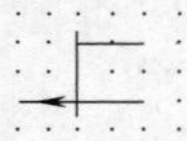

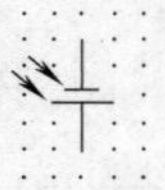

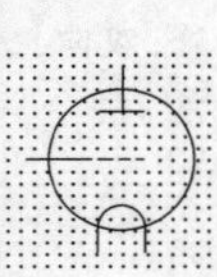

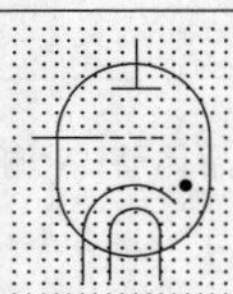

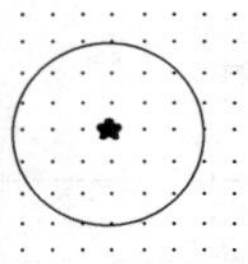

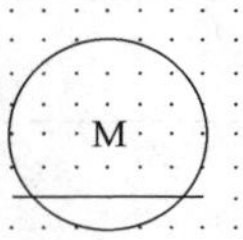

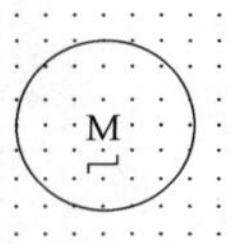

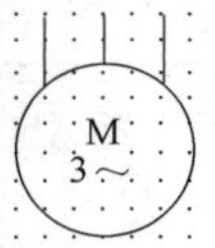

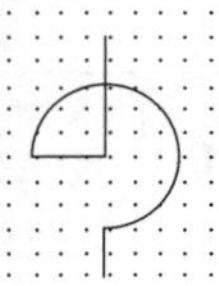

（续）

图形符号	说　明
形式1 形式2	绕组间有屏蔽的双绕组变压器
	三相感应调压器
	整流器
	桥式全波整流器
	逆变器
⊣⊢	原电池或蓄电池
GB/T 4728.7—2008	
形式1　形式2	动合（常开）触点
	动断（常闭）触点
	手动操作开关
	自动复位的手动按钮开关（不闭锁）

图形符号	说　明
	自动复位的手动拉拔开关（不闭锁）
	无自动复位的手动旋转开关（闭锁）
	带动合触点的位置开关
	带动断触点的位置开关
	多位开关，最多四位
	接触器（在非操作位置上触点断开）
	带自动释放功能的接触器
	接触器（在非操作位置上触点闭合）
	隔离开关
	星-三角起动器
形式1　形式2	驱动器件
	缓慢释放继电器线圈

（续）

图形符号	说　明
	缓慢吸合继电器线圈
	交流继电器线圈
	热继电器驱动器件
$I>$	延时过流继电器
	接触敏感开关（具有动合触点）
	接近开关（示出动合触点）
	熔断器
	火花间隙
GB/T 4728.8—2008	
*	指示仪表 ＊以该仪表测量单位的文字符号代替 V—电压表　A—电流表　Hz—频率计　cosφ—功率因数表
W	记录式功率表
	录波器
h	小时计（计时器）
Wh	电度表（瓦时计）

图形符号	说　明
形式1　形式2	热电偶
	灯 信号灯（RD 红色、YE 黄色、GN 绿色、BU 蓝色、WH 白色）
	闪光型信号灯
	电喇叭
	铃
	蜂鸣器
GB/T 4728.10—2008	
	放大器
	外部可调放大器
A	固定衰减器
A	可变衰减器
	削波器
～	滤波器
GB/T 4728.12—2008	
	逻辑非，示在输入端
	逻辑非，示在输出端
≥1	“或”元件（当且仅当一个或一个以上的输入处于其“1”状态时，输出才能处于“1”状态）
&	“与”元件（当且仅当所有输入处于其“1”状态时，输出才处于其“1”状态）

（续）

图形符号	说　明
≥m	逻辑门槛元件(当且仅当处于其“1”状态的输入数等于或大于限定符号中以m表示的数时,输出才处于其“1”状态)
=m	等于m元件(当且仅当处于其“1”状态的输入数等于限定符号中以m表示的数时,输出才处于其“1”状态)
=1	异或元件(若两个输入中的一个且只有一个处于其“1”状态时,输出才处于其“1”状态)
1	非门、反相器(当且仅当输入处于其外部“1”状态时,输出才处于其外部“0”状态)
1	反相器(在用逻辑极性限定符号表示器件的情况下)(当且仅当输入处于其H电平时,输出才处于其L电平)
X/Y	编码器、代码转换器(X和Y可分别用表示输入和输出信息代码的合适指示代替)
Σ	加法器
P–Q	减法器
Π	乘法器
COMP	数值比较器
Σ CO	半加器
S R	R-S触发器 R-S锁存器
I=0 S R	初始“0”状态的RS-双稳,在电源接通瞬间,输出处在其内部“0”状态
I=1 S R	初始“1”状态的RS-双稳,在电源接通瞬间,输出处在其内部“1”状态
	可重复触发单稳(当有脉冲输出期间)
G	非稳态元件(产生“0”和“1”交替序列的信号发生器)
ROM*	只读存储器
RAM*	随机存取存储器(读/写存储器)
GB/T 4728.13—1908	
∩	模拟输入
∩	模拟输出
#	数字输入
#	数字输出
f(x_1,…, x_n) x_1 x_n	函数—运算元件
f ▷ m a_1 w_1 m_1 u_1 a_n w_n m_k u_k	放大器
/	转换器
UREG m_1 m_K OV	电压调整器
*COMP	比较器

1.7　我国钢铁产品牌号及其统一数字代号中字母的含义

1. 钢铁产品牌号中字母的含义（见表 1-1-31）

表 1-1-31　我国钢铁产品牌号中字母的含义（摘自 GB/T 221—2008）

<table>
<tr><th colspan="2">名　称</th><th>汉字简称</th><th>采用符号</th><th>位　置</th></tr>
<tr><td colspan="2">炼铁用生铁</td><td>炼</td><td>L</td><td>牌号头</td></tr>
<tr><td colspan="2">铸造用生铁</td><td>铸</td><td>Z</td><td>牌号头</td></tr>
<tr><td colspan="2">球墨铸铁用生铁</td><td>球</td><td>Q</td><td>牌号头</td></tr>
<tr><td colspan="2">耐磨生铁</td><td>耐磨</td><td>NM</td><td>牌号头</td></tr>
<tr><td colspan="2">含钒生铁</td><td>钒</td><td>F</td><td>牌号头</td></tr>
<tr><td colspan="2">焊接气瓶用钢</td><td>焊瓶</td><td>HP</td><td>牌号头</td></tr>
<tr><td colspan="2">管线用钢</td><td>管线</td><td>L</td><td>牌号头</td></tr>
<tr><td colspan="2">船用锚链钢</td><td>船锚</td><td>CM</td><td>牌号头</td></tr>
<tr><td colspan="2">煤机用钢</td><td>煤</td><td>M</td><td>牌号头</td></tr>
<tr><td colspan="2">车辆车轴用钢</td><td>辆轴</td><td>LZ</td><td>牌号头</td></tr>
<tr><td colspan="2">机车车辆用钢</td><td>机轴</td><td>JZ</td><td>牌号头</td></tr>
<tr><td colspan="2">非调质机械结构钢</td><td>非</td><td>F</td><td>牌号头</td></tr>
<tr><td colspan="2">碳素工具钢</td><td>碳</td><td>T</td><td>牌号头</td></tr>
<tr><td colspan="2">高碳铬轴承钢</td><td>滚</td><td>G</td><td>牌号头</td></tr>
<tr><td colspan="2">钢轨钢</td><td>轨</td><td>U</td><td>牌号头</td></tr>
<tr><td colspan="2">冷镦钢</td><td>铆螺</td><td>ML</td><td>牌号头</td></tr>
<tr><td colspan="2">焊接用钢</td><td>焊</td><td>H</td><td>牌号头</td></tr>
<tr><td colspan="2">电磁纯铁</td><td>电铁</td><td>DT</td><td>牌号头</td></tr>
<tr><td colspan="2">原料纯铁</td><td>原铁</td><td>YT</td><td>牌号头</td></tr>
<tr><td colspan="2">锅炉和压力容器用钢</td><td>容</td><td>R</td><td>牌号尾</td></tr>
<tr><td colspan="2">锅炉用钢(管)</td><td>锅</td><td>G</td><td>牌号尾</td></tr>
<tr><td colspan="2">低温压力容器用钢</td><td>低容</td><td>DR</td><td>牌号尾</td></tr>
<tr><td colspan="2">桥梁用钢</td><td>桥</td><td>Q</td><td>牌号尾</td></tr>
<tr><td colspan="2">耐候钢</td><td>耐候</td><td>NH</td><td>牌号尾</td></tr>
<tr><td colspan="2">高耐候钢</td><td>高耐候</td><td>GNH</td><td>牌号尾</td></tr>
<tr><td colspan="2">汽车大梁用钢</td><td>梁</td><td>L</td><td>牌号尾</td></tr>
<tr><td colspan="2">高性能建筑结构用钢</td><td>高建</td><td>GJ</td><td>牌号尾</td></tr>
<tr><td colspan="2">低焊接裂纹敏感性钢</td><td>低焊接裂纹敏感性</td><td>CF</td><td>牌号尾</td></tr>
<tr><td colspan="2">保证淬透性钢</td><td>淬透性</td><td>H</td><td>牌号尾</td></tr>
<tr><td colspan="2">船用钢</td><td colspan="3">采用国际符号</td></tr>
<tr><td rowspan="11">碳素结构钢和低合金结构钢</td><td>强度</td><td>屈服强度</td><td>Q</td><td>牌号头</td></tr>
<tr><td rowspan="5">质量等级</td><td>—</td><td>A</td><td>牌号尾</td></tr>
<tr><td>—</td><td>B</td><td>牌号尾</td></tr>
<tr><td>—</td><td>C</td><td>牌号尾</td></tr>
<tr><td>—</td><td>D</td><td>牌号尾</td></tr>
<tr><td>—</td><td>E</td><td>牌号尾</td></tr>
<tr><td rowspan="4">脱氧方式</td><td>沸腾钢</td><td>F</td><td>牌号尾</td></tr>
<tr><td>半镇静钢</td><td>b</td><td>牌号尾</td></tr>
<tr><td>镇静钢</td><td>Z</td><td>牌号尾或省略</td></tr>
<tr><td>特殊镇静钢</td><td>TZ</td><td>牌号尾或省略</td></tr>
</table>

2. 钢铁产品牌号统一数字代号（ISC）中字母的含义（摘自 GB/T 17616—2013）

（1）统一数字代号的结构形式

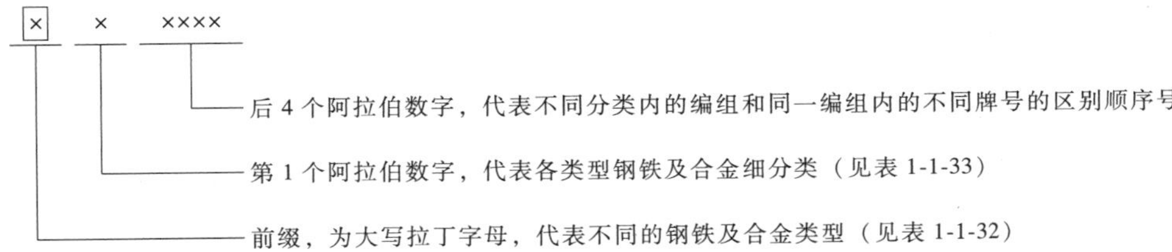

（2）前缀字母的含义（见表 1-1-32）

表 1-1-32　部分统一数字代号前缀字母所代表的钢铁及合金类型

钢铁及合金类型	前缀字母	统一数字代号	钢铁及合金类型	前缀字母	统一数字代号
合金结构钢	A	A×××××	杂类材料	M	M×××××
轴承钢	B	B×××××	粉末及粉末冶金材料	P	P×××××
铸铁、铸钢及铸造合金	C	C×××××	快淬金属及合金	Q	Q×××××
电工用钢和纯铁	E	E×××××	不锈钢和耐热钢	S	S×××××
铁合金与生铁	F	F×××××	工模具钢	T	T×××××
耐蚀合金和高温合金	H	H×××××	非合金钢	U	U×××××
金属功能材料	J	J×××××	焊接用钢及合金	W	W×××××
低合金钢	L	L×××××			

（3）各钢铁及合金类型的细分类（见表 1-1-33）

表 1-1-33　部分钢铁及合金类型的细分类（用第 1 个阿拉伯数字表示）

钢铁及合金类型	统一数字代号	细分类
合金结构钢	A0××××	Mn(X)、MnMo(X)系钢
	A1××××	SiMn(X)、SiMnMo(X)系钢
	A2××××	Cr(X)、CrSi(X)、CrMn(X)、CrV(X)、CrMnSi(X)、CrW(X)系钢
	A3××××	CrMo(X)、CrMoV(X)、CrMnMo(X)系钢
	A4××××	CrNi(X)系钢
	A5××××	CrNiMo(X)、CrNiW(X)、CrNiCoMo(X)系钢
	A6××××	Ni(X)、NiMo(X)、NiCoMo(X)、Mo(X)、MoWV(X)系钢
	A7××××	B(X)、MnB(X)、Si MnB(X)系钢
	A8××××	W 系钢
	A9××××	（暂空）
不锈钢和耐热钢	S1××××	铁素体型钢
	S2××××	奥氏体—铁素体型钢
	S3××××	奥氏体型钢
	S4××××	马氏体型钢
	S5××××	沉淀硬化型钢
	S6××××	（暂空）
	S7××××	（暂空）
	S8××××	（暂空）
	S9××××	（暂空）

钢铁及合金类型	统一数字代号	细分类
非合金钢	U0××××	（暂空）
	U1××××	非合金一般结构及工程结构钢（表示强度特性值的钢）
	U2××××	非合金机械结构钢（包括非合金弹簧钢，表示成分特性值的钢）
	U3××××	非合金特殊专用结构钢（表示强度特性值的钢）
	U4××××	非合金特殊专用结构钢（表示成分特性值的钢）
	U5××××	非合金特殊专用结构钢（表示成分特性值的钢）
	U6××××	非合金铁道钢
	U7××××	非合金易切削钢
	U8××××	（暂空）
	U9××××	（暂空）
焊接用钢及合金	W0××××	焊接用非合金钢
	W1××××	焊接用低合金钢
	W2××××	焊接用合金钢（不含 Cr、Ni 元素的钢）
	W3××××	焊接用合金钢（W2××××和 W4××××类除外）
	W4××××	焊接用不锈钢
	W5××××	焊接用耐蚀合金
	W6××××	焊接用高温合金
	W7××××	钎焊合金
	W8××××	（暂空）
	W9××××	（暂空）

1.8 焊接材料型号和牌号中的代号

焊接材料的型号和牌号一般是由一个或若干个缩写字母和数字组合而成。它们的编制原则、方法以及含义，在第5篇第10章和第6篇各章中有详述。为了便于识别，这里仅列出型号和牌号中的首位符号，它是型号或牌号的标识符，代表了焊接材料的类型或用途，简称代号。

表1-1-34所列为电弧焊和气焊用的焊接材料型号和牌号中的代号，表1-1-35所列为钎焊用的焊接材料型号和牌号中的代号。

表1-1-34　电弧焊和气焊用焊接材料型号和牌号中的代号

代　号	含　义	举　例	备　注
焊条型号			
E	非合金钢及细晶粒钢焊条	E4303、E5016	GB/T 5117—2012
	热强钢焊条	E5515、E7018	GB/T 5118—2012
	不锈钢焊条	E209-15、E308MoL-26	GB/T 983—2012
ED	堆焊焊条	EDPCrMo-A_2-16、EDCrNi-B-15	GB/T 984—2001
EZ	铸铁焊条	ENi6022	GB/T 10044—2006
ENi	镍及镍合金焊条	ENi-1、ENiCrFe-1-15	GB/T 13814—2008
ECu	铜及铜合金焊条	ECu、ECuZn-B	GB/T 3670—1995,旧标准为"TCu"
E	铝及铝合金焊条	E1100、E3003	GB/T 3669—2001
焊条牌号			
J(结)	结构钢焊条	J422(结422)、J506GM	我国20世纪70年代由焊条制造行业统一编制的焊条牌号,至今仍沿用。有些制造厂家在牌号前加上该生产厂的代号。 代号除用字母表示外,也有用汉字来表示,如"J422"写成"结422"。现不推荐使用
R(热)	钼及铬钼耐热钢焊条	R107(热107)、R817	
W(温)	低温钢焊条	W707(温707)、W907Ni	
G(铬)	铬不锈钢焊条	G202(铬202)、G217	
A(奥)	奥氏体不锈钢焊条	A102(奥102)、A307	
D(堆)	堆焊焊条	D172(堆172)、D547Mo	
Z(铸)	铸铁焊条	Z208(铸208)、Z308	
Ni(镍)	镍及镍合金焊条	Ni112(镍112)、Ni307B	
T(铜)	铜及铜合金焊条	T107(铜107)、T207	
L(铝)	铝及铝合金焊条	L109(铝109)、L309	
Ts(特)	特殊用途焊条	TS202(特202)、TS500	
钢焊丝牌号			
H(焊)	实心钢焊丝	H08(焊08)、H08MA2SiA、H0Cr19Ni9、H1Cr13	这是过去GB 1300—1977规定的符号。现已有GB/T 14957—1994规定
Y	药芯钢焊丝	YJ502-2、YJ507-1、YL-J507、YM-B102	药芯焊丝牌号在代号"Y"之后所接的符号尚未统一。多用表示用途的符号,表示方法与焊条牌号相同
钢焊丝型号			
ER	实心钢焊丝(气体保护焊用)	ER49-1、ER55-B3L、ER55-D2	用于焊接碳素钢和低合金钢GB/T 8110—2008
E	碳素钢用药芯焊丝	E501T-12M、E500T-3	GB/T 10045—2001
ERZ	铸铁用实心焊丝	ERZNi	GB/T 10044—2006
有色金属及其他焊丝牌号			
HS	堆焊硬质合金焊丝	HS101、HS112	—
	铜及铜合金焊丝	HS201、HS221	
	铝及铝合金焊丝	HS301、HS321	
	铸铁焊丝	HS401、HS402	
	高温合金焊丝	HSG1、HSG5	
	铜及铜合金焊丝	HSCu、HSCuZn-1	GB/T 9460—2008

（续）

代　号	含　义	举　例	备　注
SAl	铝及铝合金焊丝	SAl-2、SAlMg-3	GB/T 10858—2008
熔炼焊剂型号			
F	碳素钢埋弧焊用焊剂	F4A2-H08MnA	GB/T 5293—1999
F	埋弧焊用低合金钢焊丝和焊剂	F55A4-H08MnMoA-H8	GB/T 12470—2003
焊剂牌号			
HJ	熔炼焊剂	HJ431、HJ360	埋弧焊用
SJ	烧结焊剂	SJ101、SJ301	电渣焊用
气焊熔剂牌号			
CJ	不锈钢及耐热钢气焊熔剂	CJ101	—
	铸铁气焊熔剂	CJ201	
	铜及其合金气焊熔剂	CJ301	
	铝及其合金气焊熔剂	CJ401	

注：本表所列代号只说明其含义和来源出处，读者仍应按新标准规定的代号使用——编者注。

表 1-1-35　钎焊用焊接材料型号和牌号中的代号

代　号	含　义	举　例	备　注
钎料			
S	软　钎　料		
	锡铅钎料	S-Sn95PbA	GB/T 3131—1995
		S-Sn95PbA	GB/T 3131—2001
B	硬　钎　料		
	铜基钎料	BCu58ZnMn	GB/T 6418—1993
		BCu58ZnMn	GB/T 6418—2008
	银基钎料	B-Ag72Cu	GB/T 10046—2000
		BAg72Cu	GB/T 10046—2008
	铝基钎料	BAl89Si(Mg)	GB/T 13815—1992
		BAl89Si(Mg)	GB/T 13815—2008
	镍基钎料	BNi74CrSiB	GB/T 10859—1989
		BNi73CrFeSiB(C)	GB/T 10859—2008
	锰基钎料	BMn70NiCr	GB/T 13679—2016
HL	焊　　料		原机电工业部统一编号共 7 类
	铜基焊料	HL105(料 105)	
	银基焊料	HL308(料 308)	
	锡铅焊料	S-Sn60PbA	GB/T 3131—1988
		S-Sn60PbB	GB/T 3131—2001
DHL	电子器件用钎焊料	DHLAgCu28	SJ/T 10753—2015
ZHL	铸造锡铅焊料	ZHLSn90PbA	GB/T 8012—2013
HI	银基钎料	HIAgCu26-4	原冶金工业部编制的牌号，有各种系列
	铝基钎料	HIAlSi10	
钎剂			
FB	硬钎焊钎剂	FB101S	—
QJ	银基钎料钎焊用钎剂	QJ102	
	铝基钎料钎焊用钎剂	QJ201	

1.9　电焊机型号中的符号

1.9.1　电焊机型号的编制

按 GB/T10249—2010《电焊机型号编制方法》的规定电焊机型号的组成与排序如下：

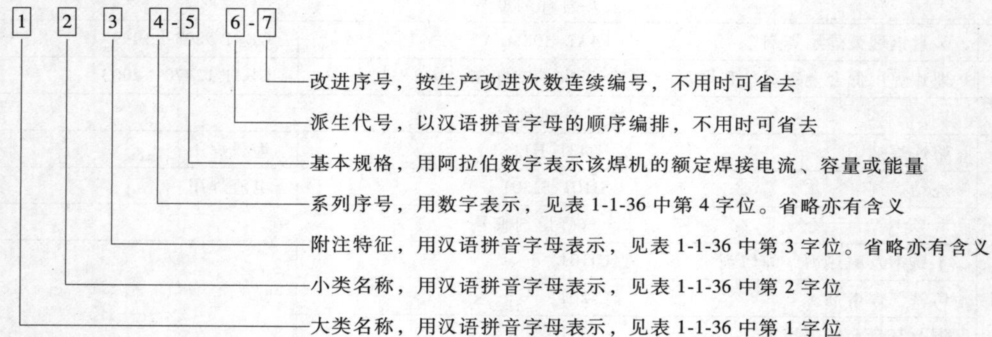

举例如下：

1）ZX7-200。逆变式具有下降特性的一般弧焊整流器，额定焊接电流为 200A。

2）NZM2-400。自动横臂式脉冲熔化极氩气及混合气体保护焊机，额定焊接电流为 400A。

3）UNG-125。固定式工频钢窗对焊机，额定容量为 125kVA。

1.9.2　电焊机型号中符号的含义（见表 1-1-36）

表 1-1-36　电焊机型号的代表字母（符号）（摘自 GB/T 10249—2010）

产品名称	第一字母		第二字母		第三字母		第四字母	
	代表字母	大类名称	代表字母	小类名称	代表字母	附注特征	数字序号	系列序号
电弧焊机	B	交流弧焊机（弧焊变压器）	X	下降特性			省略	磁放大器或饱和电抗器式
							1	动铁芯式
							2	串联电抗器式
			P	平特性	L	高空载电压	3	动圈式
							4	
							5	晶闸管式
							6	变换抽头式
	A	机械驱动的弧焊机（弧焊发电机）	X	下降特性	省略	电动机驱动	省略	直流
					D	单纯弧焊发电机	1	交流发电机整流
			P	平特性	Q	汽油机驱动	2	交流
					C	柴油机驱动		
			D	多特性	T	拖拉机驱动		
					H	汽车驱动		
	Z	直流弧焊机（弧焊整流器）	X	下降特性	省略	一般电源	省略	磁放大器或饱和电抗器式
							1	动铁芯式
					M	脉冲电源	2	
							3	动线圈式
			P	平特性	L	高空载电压	4	晶体管式
							5	晶闸管式
							6	变换抽头式
			D	多特性	E	交直流两用电源	7	逆变式
	M	埋弧焊机	Z	自动焊	省略	直流	省略	焊车式
							1	
			B	半自动焊	J	交流	2	横臂式
			U	堆焊	E	交直流	3	机床式
			D	多用	M	脉冲	9	焊头悬挂式

（续）

产品名称	第一字母 代表字母	第一字母 大类名称	第二字母 代表字母	第二字母 小类名称	第三字母 代表字母	第三字母 附注特征	第四字母 数字序号	第四字母 系列序号
电弧焊机	N	MIG焊机/MAG焊机（熔化极惰性气体保护弧焊机/活性气体保护弧焊机）	Z B D U G	自动焊 半自动焊 点焊 堆焊 切割	省略 M C	直流 脉冲 二氧化碳保护焊	省略 1 2 3 4 5 6 7	焊车式 全位置焊车式 横臂式 机床式 旋转焊头式 台式 焊接机器人 变位式
电弧焊机	W	TIG焊机	Z S D Q	自动焊 手工焊 点焊 其他	省略 J E M	直流 交流 交直流 脉冲	省略 1 2 3 4 5 6 7 8	焊车式 全位置焊车式 横臂式 机床式 旋转焊头式 台式 焊接机器人 变位式 真空充气式
电弧焊机	L	等离子弧焊机/等离子弧切割机	G H U D	切割 焊接 堆焊 多用	省略 R M J S F E K	直流等离子 熔化极等离子 脉冲等离子 交流等离子 水下等离子 粉末等离子 热丝等离子 空气等离子	省略 1 2 3 4 5 8	焊车式 全位置焊车式 横臂式 机床式 旋转焊头式 台式 手工等离子
电渣焊接设备	H	电渣焊机	S B D R	丝板 板极 多用极 熔嘴				
电渣焊接设备	H	钢筋电渣压力焊机	Y		S Z F 省略	手动式 自动式 分体式 一体式		
电阻焊机	D	点焊机	N R J Z D B	工频 电容储能 直流冲击波 次级整流 低频 逆变	省略 K W	一般点焊 快速点焊 网状点焊	省略 1 2 3 6	垂直运动式 圆弧运动式 手提式 悬挂式 焊接机器人
电阻焊机	T	凸焊机	N R J Z D B	工频 电容储能 直流冲击波 次级整流 低频 逆变			省略	垂直运动式
电阻焊机	F	缝焊机	N R J Z D B	工频 电容储能 直流冲击波 次级整流 低频 逆变	省略 Y P	一般缝焊 挤压缝焊 垫片缝焊	省略 1 2 3	垂直运动式 圆弧运动式 手提式 悬挂式
电阻焊机	U	对焊机	N R J Z D B	工频 电容储能 直流冲击波 次级整流 低频 逆变	省略 B Y G C T	一般对焊 薄板对焊 异形截面对焊 钢窗闪光对焊 自行车轮圈对焊 链条对焊	省略 1 2 3	固定式 弹簧加压式 杠杆加压式 悬挂式
电阻焊机	K	控制器	D F T U	点焊 缝焊 凸焊 对焊	省略 F Z	同步控制 非同步控制 质量控制	1 2 3	分立元件 集成电路 微机

（续）

产品名称	第一字母		第二字母		第三字母		第四字母	
	代表字母	大类名称	代表字母	小类名称	代表字母	附注特征	数字序号	系列序号
螺柱焊机	R	螺柱焊机	Z S	自动 手工	M N R	埋弧 明弧 电容储能		
摩擦焊接设备	C	摩擦焊机	省略 C Z	一般旋转式 惯性式 振动式	省略 S D	单头 双头 多头	省略 1 2	卧式 立式 倾斜式
		搅拌摩擦焊机	产品标准规定					
电子束焊机	E	电子束焊枪	Z D B W	高真空 低真空 局部真空 真空外	省略 Y	静止式电子枪 移动式电子枪	省略 1	二极枪 三极枪
光束焊接设备	G	光束焊机	S	光束			1 2 3 4	单管 组合式 折叠式 横向流动式
	G	激光焊机	省略 M	连续激光 脉冲激光	D Q Y	固体激光 气体激光 液体激光		
超声波焊机	S	超声波焊机	D F	点焊 缝焊			省略 2	固定式 手提式
钎焊机	Q	钎焊机	省略 Z	电阻钎焊 真空钎焊				
焊接机器人	产品标准规定							

1.10　焊接方法的英文缩写字母（见表 1-1-37）

表 1-1-37　焊接方法在英文文献中常用的缩写字母

缩写	中文名称	缩写	中文名称	缩写	中文名称
AAC	碳弧气割	CO_2W	二氧化碳气体保护焊	FLOW	浇焊
AAW	空气乙炔焊	CW	冷焊	FLS(P)	火焰喷涂
AB	电弧硬钎焊	CPW	冷压焊	FOC	化学熔剂切割
ABD	粘接	DB	浸渍硬钎焊	FOW	锻焊
AC	电弧切割	DFB	扩散硬钎焊	FRW	摩擦焊
AHW	原子氢焊	DFW	扩散焊	FS	炉内软钎焊
AOC	电弧氧切割	DS	浸渍软钎焊	FW	闪光焊;摩擦焊
AW	电弧焊	EAS(P)	电弧喷涂	FB	炉内硬钎焊
B	硬钎焊	EBC	电子束切割	FBW	闪光对焊
BB	热块硬钎焊	EBW	电子束焊接	FCAW	药芯焊丝电弧焊
BMAW	裸金属焊条电弧焊	EBW-MV	低真空电子束焊	FCAW-EG	药芯焊丝气电立焊
CAC	碳弧切割	EBW-HV	高真空电子束焊	GMAC	熔化极气体保护电弧切割
CAW	碳弧焊	EBW-NV	非真空电子束焊	GMAW	熔化极气体保护电弧焊
CAW-G	空气中碳弧焊	EGW	气电立焊	GMAW-EG	熔化极气电立焊
CAW-S	保护气氛中碳弧焊	ESW	电渣焊	GMAW-P	熔化极气体保护脉冲电弧焊
CAW-T	双碳极电弧焊	E(x)W	爆炸焊	GMAW-S	熔化极气体保护短路过渡电弧焊
CEW	挤压焊	FLB	浇流硬钎焊		

（续）

缩写	中文名称	缩写	中文名称	缩写	中文名称
GTAC	钨极气体保护电弧切割	MAW-P	熔化极脉冲氩弧焊	RSW	（电阻）点焊
GTAC-P	钨极气体保护脉冲电弧切割	MIG	熔化极惰性气体保护电弧焊	RW	电阻焊
				S	软钎焊
GTAW	钨极气体保护电弧焊	NCC	数控切割	SAW	埋弧焊
GTAW-P	钨极气体保护脉冲电弧焊	OFC-P	氧丙烷切割	SAW-S	双丝串联埋弧焊
		OFC-H	氧氢切割	SMAC	焊条电弧切割
HFRW	高频电阻焊	OFW	氧燃气焊	SMAW	（涂料焊条）焊条电弧焊
HPW	热压焊	OHW	氧氢气焊	SSW	固态焊
IB	感应硬钎焊	OC	氧气切割	SW	螺柱焊
INS	烙铁软钎焊	OFC	氧燃气切割	TAW	钨极氩弧焊
IRB	红外线硬钎焊	OFC-A	氧乙炔切割	TAW-P	脉冲钨极氩弧焊
IRS	红外线软钎焊	PAC	等离子弧切割	TB	火焰硬钎焊
IS	感应软钎焊	PAW	等离子弧焊	TC	热切割
IW	感应焊	PEW	冲击电阻焊	TCAB	双碳弧硬钎焊
LFC-N	氧天然气切割	PGW	压力气焊	THS(P)	热喷涂
LBC	激光切割	POC	金属粉末切割	TIG	钨极惰性气体保护电弧焊
LBW	激光焊	PS(P)	等离子弧喷涂	TS	火焰软钎焊
LC	激光切割	RB	电阻硬钎焊	TW	热剂焊
LOC	氧茅切割	ROW	辊压焊	USW	超声波焊
MAC	金属电弧切割	RPW	凸焊	UW	（电阻）对焊；超声波焊
MAG	熔化极活性气体保护电弧焊	RS	电阻软钎焊	WS	波峰软钎焊
		RSEW	（电阻）缝焊		

1.11 焊缝无损检测符（代）号（见表1-1-38）

表1-1-38 焊缝无损检测符（代）号（摘自GB/T 14693—2008）

	代号	名称	代号	名称	代号	名称
无损检测方法	NDT	无损检测	NRT	中子辐射检测	UT	超声检测
	AET(AT)	声发射检测	PRT	耐压试验	VT	目视检测
	LT	泄漏检测	PT	渗透检测		
	MT	磁粉检测	RT	射线检测		
辅助符号	全周检测：	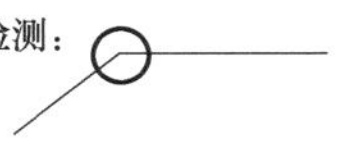	现场检测：	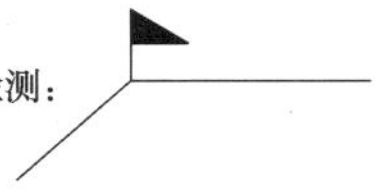	射线方向：	
图样标注示例	单独标注	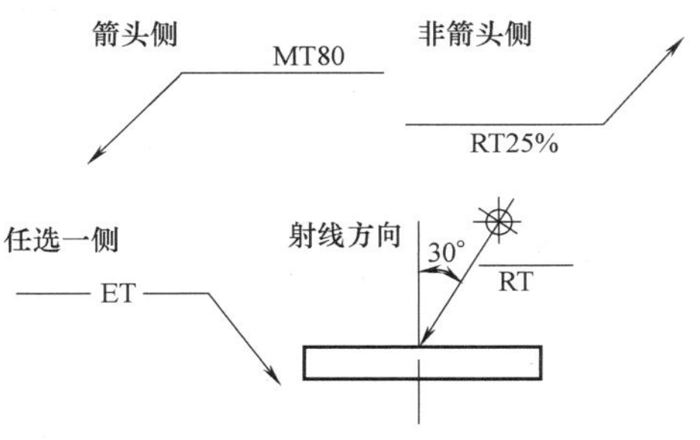 箭头侧 MT80；非箭头侧 RT25%；任选一侧 ET；射线方向 30° RT				

（续）

图样标注示例	与焊缝组合标注	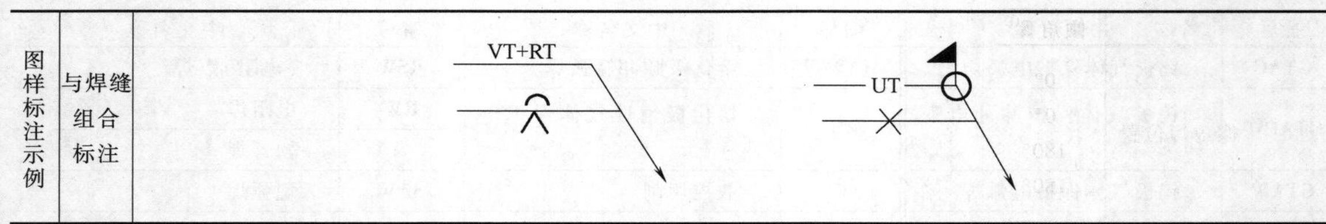

1.12　焊缝工作位置的符号

国家标准规定，用与周围结构环境无关的倾角和转角确定焊缝在空间相对水平基准面（一般平行于车间地面）的位置，并用符号来表示。

焊缝主要工作位置的符号见表 1-1-39，倾斜位置的符号除板材和管子的纵向焊缝参照表 1-1-39 外，管子环焊缝倾斜位置的符号见表 1-1-40。

表 1-1-39　焊缝主要工作位置的符号（摘自 GB/T 16672—1996）

主要位置简化视图

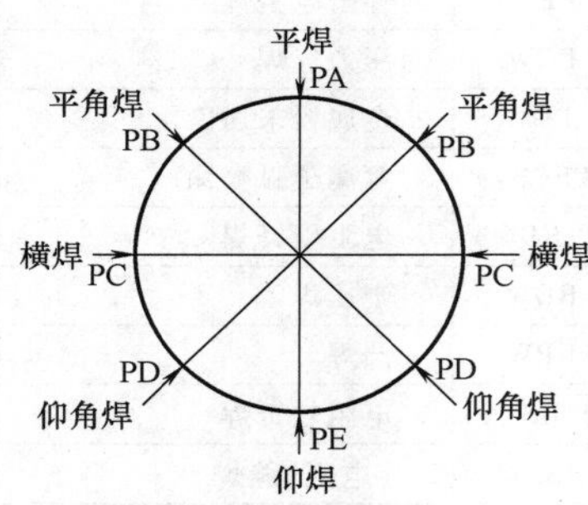

符号	名称	倾角 S①	转角 R②	图例	说明
PA	平焊位置	0° 180°	90° 90°		水平焊接，焊缝中心线③是垂直的，焊缝表面向上
PB	平角焊位置	0° 0° 180° 180°	45° 135° 45° 135°		水平焊接，焊缝表面向上
PC	横焊位置	0° 0° 180° 180°	0° 180° 0° 180°		水平焊接，焊缝中心线是水平的

（续）

符号	名称	倾角 S①	转角 R②	图例	说明
PD	仰角焊位置	0° 0° 180° 180°	225° 315° 225° 315°	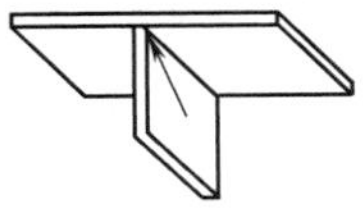	水平焊接，仰视，焊缝表面向下
PE	仰焊位置	0° 180°	270° 270°	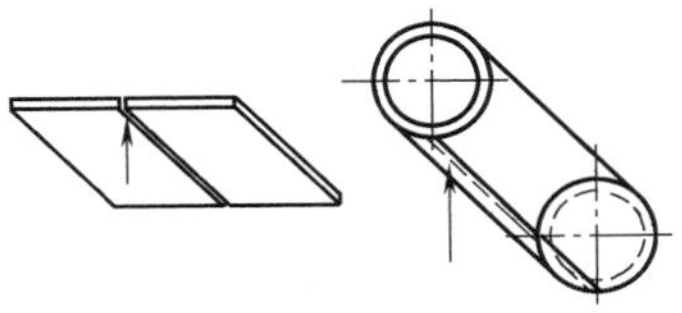	水平焊接，仰视，焊缝中心线是垂直的，焊缝表面向下
PF	向上立焊位置	90°	—	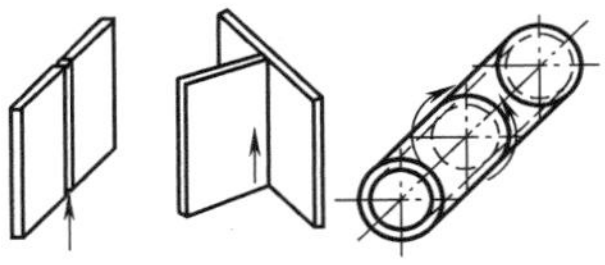	焊接方向由下向上
PG	向下立焊位置	270°	—	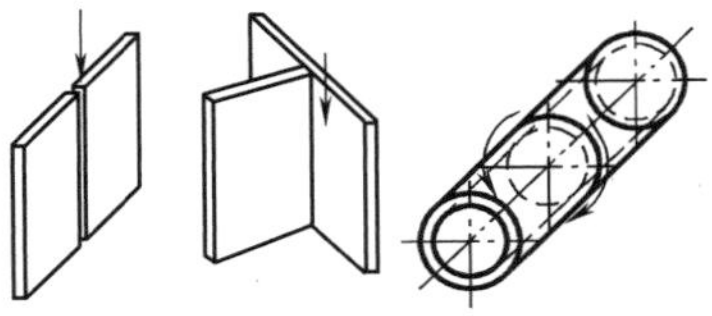	焊接方向由上向下

① 倾角是焊缝根部轴线与水平基准面 x 轴正方向之间的夹角，其方向按逆时针方向确定。

② 转角是焊缝截面中心线与 y 轴正方向或平行于 y 轴的直线之间的夹角。

③ 焊缝中心线是指焊缝根部和焊缝表面的中点连线。

表 1-1-40 管子环焊缝倾斜位置的符号

管子位置	焊接方向	图例	符号	说明
水平固定	向上立焊	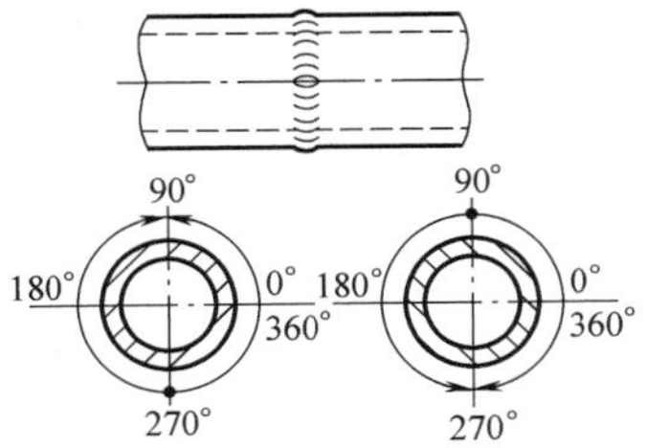	H	用字母表示焊接方向
	向下立焊		J	
	回转焊		K	
倾斜固定	向上立焊	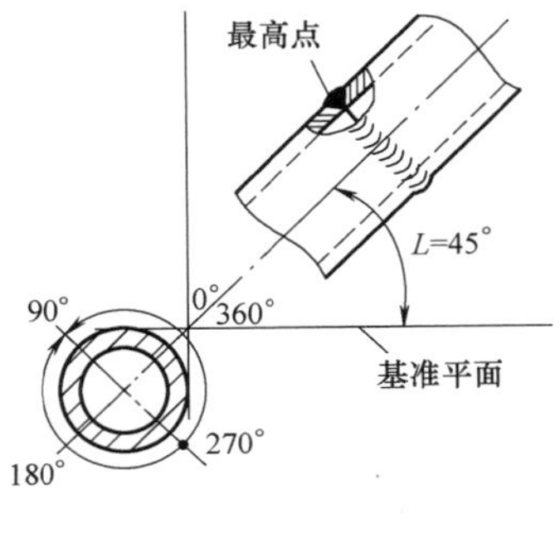	H-L045	倾斜角度为45°且焊接方向为“向上立焊”(H)的管子焊接位置，其转角用字母“L”表示

（续）

管子位置	焊接方向	图例	符号	说明
倾斜固定	向下立焊	最高点 L=60° 0° 360° 90° 270° 180° 基准平面	J-L060	倾斜角度为60°且焊接方向为“向下立焊”（J）的管子焊接位置，其转角用字母“L”表示

第 2 章　单位及其换算

2.1　单位与单位制

一个未知的量和一个定为标准的量作比较的过程称为计量。这个定为标准的量称为单位。单位有基本单位和导出单位，后者是前者按一定的物理关系推导出来的。

基本单位及其导出的单位组成了单位制。选取不同的一组基本单位为基础，就组成了不同的单位制。目前国际上广泛采用的单位制有米制和英制两大类，我国采用米制。有些外来技术资料中用的是英制。我国早已不使用市制，由于使用习惯，在某些场合可能仍会遇到。

米制中由于所选基本单位的不同，因而有表1-2-1所示 3 种单位制。

同一物理量可以用不同的单位制进行计量，若要统一到某一单位制上，就必须进行单位之间的变换。有关量、单位和符号的使用原则和方法应符合如下国家标准的规定：GB 3100—1993、GB 3101—1993 和 GB 3102. 1～13—1993。

表 1-2-1　SI、CGS 制与重力制单位及其对照

量的名称	SI	CGS 制	重力制
长度	m	cm	m
质量	kg	g	$kgf \cdot s^2 \cdot m^{-1}$
时间	s	s	s
加速度	$m \cdot s^{-2}$	Gal	$m \cdot s^{-2}$
力	N	dyn	kgf
应力	Pa 或 $N \cdot m^{-2}$	$dyn \cdot cm^{-2}$	$kgf \cdot m^{-2}$
压力	Pa	$dyn \cdot cm^{-2}$	$kgf \cdot m^{-2}$
能量	J	erg	$kgf \cdot m$
功率	W	$erg \cdot s^{-1}$	$kgf \cdot m \cdot s^{-1}$
温度	K	℃	℃

注：CGS 是厘米·克·秒单位制的缩写。

2.2　国际单位制及我国法定计量单位

2.2.1　国际单位制及其构成

国际单位制简称 SI。它是米制体系逐步趋于统一和简化的产物，它的构成如下：

国际单位制（SI）
- SI 单位
  - SI 基本单位（见表 1-2-2）
  - SI 导出单位
    - 包括 SI 辅助单位在内的具有专门名称的 SI 导出单位（见表 1-2-3 和表 1-2-4）
    - 组合形式的 SI 导出单位
- SI 单位的倍数单位（词头）（见表 1-2-5）

表 1-2-2　SI 基本单位（摘自 GB 3100—1993）

量的名称	单位名称	单位符号
长度	米	m
质量	千克(公斤)	kg
时间	秒	s
电流	安[培]	A
热力学温度	开[尔文]	K
物质的量	摩[尔]	mol
发光强度	坎[德拉]	cd

注：1. 圆括号中的公斤是千克的同义词。
2. 方括号中的字，在不致引起误解的情况下可以省略，下同。

表 1-2-3　SI 辅助单位（摘自 GB 3100—1993、GB 3101—1993）

量的名称	单位名称	单位符号
[平面]角	弧度	rad
立体角	球面度	sr

2.2.2　我国的法定计量单位

我国的法定计量单位以 SI 单位为基础，一切属于国际单位制的单位都是我国的法定计量单位，同时还选用了一些非国际单位制的单位。可与 SI 单位并用的我国法定计量单位见表 1-2-6。根据习惯，在某些情况下，表 1-2-6 中的单位还可以与 SI 单位构成组合单位。

表 1-2-4　具有专门名称的 SI 导出单位（摘自 GB 3101—1993）

量的名称	SI 导出单位			
	名　称	符　号	其他表示示例	
			用 SI 单位	用 SI 基本单位
频率	赫[兹]	Hz	—	s^{-1}
力,重力	牛[顿]	N	—	$m \cdot kg \cdot s^{-2}$
压力,压强,应力	帕[斯卡]	Pa	$N \cdot m^{-2}$	$m^{-1} \cdot kg \cdot s^{-2}$

（续）

量的名称	SI 导出单位			
	名称	符号	其他表示示例	
			用 SI 单位	用 SI 基本单位
能[量],功,热量	焦[耳]	J	N · m	$m^2 \cdot kg \cdot s^{-2}$
功率,辐[射能]通量	瓦[特]	W	$J \cdot s^{-1}$	$m^2 \cdot kg \cdot s^{-3}$
电荷[量]	库[仑]	C	—	s · A
电压,电动势,电位(电势)	伏[特]	V	$W \cdot A^{-1}$	$m^2 \cdot kg \cdot s^{-3} \cdot A^{-1}$
电容	法[拉]	F	$C \cdot V^{-1}$	$m^{-2} \cdot kg^{-1} \cdot s^4 \cdot A^2$
电阻	欧[姆]	Ω	$V \cdot A^{-1}$	$m^2 \cdot kg \cdot s^{-3} \cdot A^{-2}$
电导	西[门子]	S	$A \cdot V^{-1}$	$m^{-2} \cdot kg^{-1} \cdot s^3 \cdot A^2$
磁通[量]	韦[伯]	Wb	V · s	$m^2 \cdot kg \cdot s^{-2} \cdot A^{-1}$
磁通[量]密度,磁感应强度	特[斯拉]	T	$Wb \cdot m^{-2}$	$kg \cdot s^{-2} \cdot A^{-1}$
电感	亨[利]	H	$Wb \cdot A^{-1}$	$m^2 \cdot kg \cdot s^{-2} \cdot A^{-2}$
摄氏温度	摄氏度	℃	—	K
光通量	流[明]	lm	—	cd · sr
[光]照度	勒[克斯]	lx	$lm \cdot m^{-2}$	$m^{-2} \cdot cd \cdot sr$
[放射性]活度	贝可[勒尔]	Bq	—	s^{-1}
吸收剂量[指数],比授[予]能	戈[瑞]	Gy	$J \cdot kg^{-1}$	$m^2 \cdot s^{-2}$
剂量当量[指数]	希[沃特]	Sv	$J \cdot kg^{-1}$	$m^2 \cdot s^{-2}$

表 1-2-5　SI 单位的倍数单位（词头）（摘自 GB 3101—1993）

因数	词头名称		符号	因数	词头名称		符号
	英文	中文			英文	中文	
10^{18}	exa	艾[可萨]	E	10^{-1}	deci	分	d
10^{15}	peta	拍[它]	P	10^{-2}	centi	厘	c
10^{12}	tera	太[拉]	T	10^{-3}	mili	毫	m
10^9	giga	吉[咖]	G	10^{-6}	micro	微	μ
10^6	mega	兆	M	10^{-9}	nano	纳[诺]	n
10^3	kilo	千	k	10^{-12}	pico	皮[可]	p
10^2	hecto	百	h	10^{-15}	femto	飞[母托]	f
10^1	deca	十	da	10^{-18}	atto	阿[托]	a

表 1-2-6　可与 SI 单位并用的我国法定计量单位（摘自 GB 3101—1993）

量的名称	单位名称	单位符号	与 SI 单位的关系
时间	分	min	1min = 60s
	[小]时	h	1h = 60min = 3600s
	日,(天)	d	1d = 24h = 86400s
[平面]角	度	°	1° = (π/180) rad
	[角]分	′	1′ = (1/60)° = (π/10800) rad
	[角]秒	″	1″ = (1/60)′ = (π/64800) rad
体积,容积	升	L, l	$1L = 1dm^3 = 10^{-3}m^3$
质量	吨	t	$1t = 10^3kg$
	原子质量单位	u	$1u \approx 1.660540 \times 10^{-27}kg$
旋转速度	转每分	$r \cdot min^{-1}$	$1r \cdot min^{-1} = (1/60)s^{-1}$
长度	海里	n mile	1n mile = 1852m(只用于航行)
速度	节	kn	$1kn = 1n\ mile \cdot h^{-1} = (1852/3600)m \cdot s^{-1}$(只用于航行)
能	电子伏	eV	$1eV \approx 1.602177 \times 10^{-19}J$
级差	分贝	dB	—
线密度	特[克斯]	tex	$1tex = 10^{-6}kg \cdot m^{-1}$
面积	公顷	hm^2	$1hm^2 = 10^4m^2$

2.3 物理量的符号和单位

2.3.1 常用空间、时间和周期的量和单位（表 1-2-7）

表 1-2-7　常用空间、时间和周期的量和单位（摘自 GB 3102.1~2—1993）

量的名称	符号	法定计量单位		非法定计量单位	
		单位名称	单位符号	单位名称	单位符号
[平面]角	$\alpha,\beta,\gamma,\theta,\varphi$	弧度 度 [角]分 [角]秒	rad ° ′ ″	—	—
长度 宽度 高度 厚度 半径 直径 程长 距离 笛卡儿坐标 曲率半径	l,L b h d,δ r,R d,D s d,r x,y,z ρ	米 海里	m n mile	天文单位[距离] 秒差距 埃 英尺 英寸 英里 密耳	A pc Å ft in mile mil
面积	$A,(S)$	平方米 公顷	m^2 hm^2	公亩 平方英尺 平方英寸 平方英里	a ft^2 in^2 $mile^2$
体积	V	立方米 升	m^3 l,L	立方英尺 立方英寸	ft^3 in^3
时间 时间间隔 持续时间	t	秒 分 [小]时 日,(天) 年	s min h d a	—	—
角速度	ω	弧度每秒	$rad \cdot s^{-1}$	—	—
角加速度	a	弧度每二次方秒	$rad \cdot s^{-2}$	—	—
速度	v c u,v,w	米每秒 千米每小时 节	$m \cdot s^{-1}$ $km \cdot h^{-1}$ kn	英尺每秒 英寸每秒 英里每小时	$ft \cdot s^{-1}$ $in \cdot s^{-1}$ $mile \cdot h^{-1}$
加速度 自由落体加速度, 重力加速度	a g	米每二次方秒	$m \cdot s^{-2}$	伽 英尺每二次方秒	Gal $ft \cdot s^{-2}$
周期	T	秒	s	—	—
时间常数	τ	秒	s	—	—
频率	f,ν	赫[兹] 每秒	Hz s^{-1}	—	—
旋转频率	n	转每分 转每秒	$r \cdot min^{-1}$ $r \cdot s^{-1}$	—	—
角频率	ω	弧度每秒 每秒	$rad \cdot s^{-1}$ s^{-1}	—	—
波长	λ	米	m	埃	Å

2.3.2　常用力学的量和单位（表 1-2-8）

表 1-2-8　常用力学的量和单位（摘自 GB 3102.3—1993）

量的名称	符号	法定计量单位		非法定计量单位	
		单位名称	单位符号	单位名称	单位符号
质量	m	千克(公斤) 吨 原子质量单位	kg t u	磅 英担 英吨	lb cwt ton
体积质量 [质量]密度	ρ	千克每立方米 吨每立方米 千克每升	$kg \cdot m^{-3}$ $t \cdot m^{-3}$ $kg \cdot L^{-1}$	磅每立方英尺 磅每立方英寸	$lb \cdot ft^{-3}$ $lb \cdot in^{-3}$
相对体积质量 相对[质量]密度	d	—	1	—	—
质量体积 比体积	v	立方米每千克	$m^3 \cdot kg^{-1}$	立方英尺每磅 立方英寸每磅	$ft^3 \cdot lb^{-1}$ $in^3 \cdot lb^{-1}$
线质量 线密度	ρ_l	千克每米 特[克斯]	$kg \cdot m^{-1}$ tex	磅每英尺 磅每英寸	$lb \cdot ft^{-1}$ $lb \cdot in^{-1}$
动量	P	千克米每秒	$kg \cdot m \cdot s^{-1}$	达因秒 磅英尺每秒	$dyn \cdot s$ $lb \cdot ft \cdot s^{-1}$
动量矩 角动量	L	千克二次 方米每秒	$kg \cdot m^2 \cdot s^{-1}$	尔格秒 磅二次方英尺每秒	$erg \cdot s$ $lb \cdot ft^2 \cdot s^{-1}$
转动惯量 (惯性矩)	$J,(I)$	千克二次方米	$kg \cdot m^2$	磅二次方英尺 磅二次方英寸	$lb \cdot ft^2$ $lb \cdot in^2$
力 重量	F $W,(P,G)$	牛[顿]	N	达因 千克力 磅力	dyn kgf lbf
力矩 力偶矩 转矩	M M M,T	牛[顿]米	$N \cdot m$	千克力米 磅力英尺 磅力英寸	$kgf \cdot m$ $lbf \cdot ft$ $lbf \cdot in$
压力,压强 正应力 切应力	p σ τ	帕[斯卡]	Pa	巴 千克力每平方厘米 毫米水柱 毫米汞柱 托 工程大气压 磅力每平方英尺 磅力每平方英寸	bar $kgf \cdot cm^{-2}$ mmH_2O mmHg Torr at $lbf \cdot ft^{-2}$ $lbf \cdot in^{-2}$
线应变, (相对变形) 切应变 体应变	ε,e γ θ	—	1	—	—
泊松比 泊松数	μ,v	—	1	—	—
弹性模量 切变模量 刚量模量 体积模量 压缩模量	E G K	帕[斯卡]	Pa	达因每平方厘米	$dyn \cdot cm^{-2}$
[体积] 压缩率	κ	每帕[斯卡]	Pa^{-1}	每达因二次方秒	$dyn^{-1} \cdot s^2$

（续）

量的名称	符号	法定计量单位		非法定计量单位	
		单位名称	单位符号	单位名称	单位符号
截面二次矩 截面二次轴矩，（惯性矩） 截面二次极矩，（极惯性）	I_a,(I) I_p	四次方米	m^4	四次方英寸	in^4
截面系数	W,Z	三次方米	m^3	三次方英寸	in^3
动摩擦因数（摩擦系数） 静摩擦因数	μ,(f) μ_s,(f_s)	—	1	—	—
[动力]黏度	η,(μ)	帕[斯卡]秒	Pa·s	泊 厘泊 千克力秒每平方米 磅力秒每平方英尺 磅力秒每平方英寸	P,Po cP $kgf \cdot s \cdot m^{-2}$ $lbf \cdot s \cdot ft^{-2}$ $lbf \cdot s \cdot in^{-2}$
运动黏度	ν	二次方米每秒	$m^2 \cdot s^{-1}$	斯[托克斯] 厘斯[托克斯] 二次方英尺每秒 二次方英寸每秒	St cSt $ft^2 \cdot s^{-1}$ $in^2 \cdot s^{-1}$
表面张力	γ,σ	牛[顿]每米	$N \cdot m^{-1}$	达因每厘米	$dyn \cdot cm^{-1}$
能[量] 功 势能，位能 动能	E W,(A) E_p,(V) E_k,(T)	焦[耳] 瓦[特][小]时 电子伏	J W·h eV	尔格 千克力米 英尺磅力 卡 马力小时 英热单位	erg kgf·m ft·lbf cal Btu
功率	P	瓦[特]	W	千克力米每秒 英马力 英尺磅力每秒 千卡每小时	$kg \cdot m \cdot s^{-1}$ hp $ft \cdot lbf \cdot s^{-1}$ $kcal \cdot h^{-1}$
质量流量	q_m	千克每秒	$kg \cdot s^{-1}$	磅每秒 磅每小时	$lb \cdot s^{-1}$ $lb \cdot h^{-1}$
体积流量	q_V	立方米每秒	$m^3 \cdot s^{-1}$	立方英尺每秒 立方英寸每小时	$ft^3 \cdot s^{-1}$ $in^3 \cdot h^{-1}$

2.3.3　常用热力学的量和单位（表 1-2-9）

表 1-2-9　常用热力学的量和单位（摘自 GB 3102.4—1993）

量的名称	符号	法定计量单位		非法定计量单位	
		单位名称	单位符号	单位名称	单位符号
热力学温度	T,Θ	开[尔文]	K	—	—
摄氏温度	t,θ	摄氏度	℃	华氏度	℉
线[膨]胀系数 体[膨]胀系数 相对压力系数	a_l a_V,(a,γ) a_p	每开[尔文]	K^{-1}	—	—
压力系数	β	帕[斯卡]每开[尔文]	$Pa \cdot K^{-1}$	—	—
热，热量	Q	焦[耳]	J	尔格 卡	erg cal
热流量	Φ	瓦[特]	W	尔格每秒	$erg \cdot s^{-1}$

（续）

量的名称	符号	法定计量单位		非法定计量单位	
		单位名称	单位符号	单位名称	单位符号
面积热流量 热流[量]密度	q,φ	瓦[特]每平方米	$W \cdot m^{-2}$	—	—
热导率 （导热系数）	$\lambda,(\kappa)$	瓦[特]每米开[尔文]	$W \cdot (m \cdot K)^{-1}$	卡每厘米秒开[尔文] 千卡每米小时开[尔文]	$cal \cdot (cm \cdot s \cdot K)^{-1}$ $kcal \cdot (m \cdot h \cdot K)^{-1}$
传热系数 表面传热系数	$K,(k)$ $h,(\alpha)$	瓦[特]每平方米开[尔文]	$W \cdot (m^2 \cdot K)^{-1}$	卡每平方厘米秒开[尔文] 千卡每平方米小时开[尔文]	$cal \cdot (cm^2 \cdot s \cdot K)^{-1}$ $kcal \cdot (m^2 \cdot h \cdot K)^{-1}$
热绝缘系数	M	平方米开[尔文]每瓦[特]	$m^2 \cdot K \cdot W^{-1}$	—	—
热阻	R	开[尔文]每瓦[特]	$K \cdot W^{-1}$	—	—
热导	G	瓦[特]每开[尔文]	$W \cdot K^{-1}$	—	—
热扩散率	a	平方米每秒	$m^2 \cdot s^{-1}$	平方英尺每秒	$ft^2 \cdot s^{-1}$
热容	C	焦[耳]每开[尔文]	$J \cdot K^{-1}$	—	—
质量热容 比热容 质量定压热容 比定压热容 质量定容热容 比定容热容 质量饱和热容 比饱和热容	c c_p c_V c_{sat}	焦[耳]每千克开[尔文]	$J \cdot (kg \cdot K)^{-1}$	千卡每千克开[尔文] 热化学千卡每千克开[尔文]	$kcal \cdot (kg \cdot K)^{-1}$ $kcal_{th} \cdot (kg \cdot K)^{-1}$
质量热容比 等熵指数	γ κ	—	1	—	—
熵	S	焦[耳]每开[尔文]	$J \cdot K^{-1}$	—	—
质量熵 比熵	s	焦[耳]每千克开[尔文]	$J \cdot (kg \cdot K)^{-1}$	—	—
能[量] 热力学能 焓 亥姆霍兹自由能 吉布斯自由能	E U H A,F G	焦[耳]	J	—	—
质量能 比能 质量热力学能 比热力学能 质量焓 比焓 质量亥姆霍兹自由能 比亥姆霍兹自由能 质量吉布斯自由能 比吉布斯自由能	e u h a,f g	焦[耳]每千克	$J \cdot kg^{-1}$	—	—

2.3.4　常用电学及磁学的量和单位（表 1-2-10）

表 1-2-10　常用电学及磁学的量和单位（摘自 GB 3102.5—1993）

量的名称	符号	法定计量单位		非法定计量单位	
		单位名称	单位符号	单位名称	单位符号
电流	I	安[培]	A	—	—
电荷[量]	Q	库[仑] 安[培][小]时	C A · h	—	—
体积电荷 电荷[体]密度	$\rho,(\eta)$	库[仑]每立方米	$C \cdot m^{-3}$	—	—
面积电荷 电荷面密度	σ	库[仑]每平方米	$C \cdot m^{-2}$	—	—
电场强度	E	伏[特]每米	$V \cdot m^{-1}$	—	—
电位,(电势) 电位差,(电势差),电压 电动势	V,φ $U,(V)$ E	伏[特]	V	—	—
电通[量]密度,电位移	D	库[仑]每平方米	$C \cdot m^{-2}$	—	—
电通[量],电位移通量	ψ	库[仑]	C	—	—
电容	C	法[拉]	F	—	—
面积电流 电流密度	$J,(S)$	安[培]每平方米	$A \cdot m^{-2}$	—	—
线电流 电流线密度	$A,(a)$	安[培]每米	$A \cdot m^{-1}$	—	—
磁场强度	H	安[培]每米	$A \cdot m^{-1}$	奥斯特	Oe
磁位差(磁势差) 磁通势 磁动势	U_m F,F_m	安[培]	A	—	—
磁通[量]密度 磁感应强度	B	特[斯拉]	T	高斯	Gs,G
磁通[量]	Φ	韦[伯]	Wb	麦克斯韦	Mx
磁矢位(磁矢势)	A	韦[伯]每米	$Wb \cdot m^{-1}$	—	—
自感 互感	L M,L_{12}	亨[利]	H	—	—
磁导率 真空磁导率	μ μ_0	亨[利]每米	$H \cdot m^{-1}$	—	—
相对磁导率	μ_r	—	1	—	—
磁化率	$\kappa,(\chi_m,\chi)$	—	1	—	—
[面]磁矩	m	安[培]平方米	$A \cdot m^2$	—	—
磁化强度	$M,(H_i)$	安[培]每米	$A \cdot m^{-1}$	—	—
磁极化强度	$J,(B_i)$	特[斯拉]	T	—	—
体积电磁能 电磁能密度	w	焦[耳]每立方米	$J \cdot m^{-3}$	—	—
坡印廷矢量	S	瓦[特]每平方米	$W \cdot m^{-2}$	—	—
电磁波的相平面速度 电磁波在真空中的传播速度	c c,c_0	米每秒	$m \cdot s^{-1}$	—	—
[直流]电阻	R	欧[姆]	Ω	—	—
[直流]电导	G	西[门子]	S	—	—
[直流]功率	P	瓦[特]	W	—	—
电阻率	ρ	欧[姆]米	Ω · m	—	—
电导率	γ,σ	西[门子]每米	$S \cdot m^{-1}$	—	—
磁阻	R_m	每亨[利]	H^{-1}	—	—

（续）

量的名称	符号	法定计量单位		非法定计量单位	
		单位名称	单位符号	单位名称	单位符号
磁导	Λ,(P)	亨[利]	H	—	—
绕组的匝数 相数	N m	一	1	—	—
相[位]差,相[位]移	φ	弧度 一 [角]秒 [角]分 度	rad 1 ″ ′ °	—	—
阻抗,(复[数]阻抗) 阻抗模,(阻抗) 电抗 [交流]电阻	Z $\|Z\|$ X R	欧[姆]	Ω	—	—
导纳,(复[数]导纳) 导纳模,(导纳) 电纳 [交流]电导	Y $\|Y\|$ B G	西[门子]	S	—	—
损耗角	δ	弧度	rad	—	—
[有功]功率	P	瓦[特]	W	—	—
视在功率,(表观功率) 无功功率	S,P_s Q,P_Q	伏[特]安[培]	V·A	乏	var
[有功]电能[量]	W	焦[耳] 瓦[特][小]时	J W·h	—	—

2.3.5　常用光学及声学的量和单位（表1-2-11）

表1-2-11　常用光学及声学的量和单位（摘自GB 3102.6.7—1993）

量的名称	符号	法定计量单位		非法定计量单位	
		单位名称	单位符号	单位名称	单位符号
发光强度	I,(I_v)	坎[德拉]	cd	—	—
光通量	Φ,(Φ_v)	流[明]	lm	—	—
光量	Q,(Q_v)	流[明]秒 流[明][小]时	lm·s lm·h	—	—
光出射度	M,(M_v)	流[明]每平方米	$lm·m^{-2}$	—	—
[光]照度	E,(E_v)	勒[克斯]	lx	英尺烛光	$lm·ft^{-1}$
曝光量	H	勒[克斯]秒 勒[克斯][小]时	lx·s lx·h	—	—
[光]亮度	L,(L_v)	坎[德拉]每平方米	$cd·m^{-2}$	熙提	sb
折射率	n	一	1	—	—
静压 (瞬时)声压	p_s,(P_0) p	帕[斯卡]	Pa	—	—
声能密度	w,(e),(D)	焦[耳]每立方米	$J·m^{-3}$	—	—
声功率	W,P	瓦[特]	W	—	—
声强[度]	I,J	瓦[特]每平方米	$W·m^{-2}$	—	—
噪度	N_a	呐	(noy)	—	—

2.4　简易单位换算㊀

2.4.1　米制倍数与分数单位换算（表 1-2-12～表 1-2-21）

表 1-2-12　长度 1

名称	米	毫米	厘米	分米	千米
符号	m	mm	cm	dm	km
倍数	1	10^3	10^2	10	10^{-3}

表 1-2-13　长度 2

名称	毫米	微米	纳米	埃	皮米
符号	mm	μm	nm	Å	pm
倍数	1	10^3	10^6	10^7	10^9

注：中国惯称，百分之一毫米为一丝或一道。即 1 丝 = 1 道 = 0.01mm = 10μm 或 1mm = 100 丝（道）。

表 1-2-14　质量

名称	千克	毫克	克	分吨	吨
符号	kg	mg	g	dt	t
倍数	1	10^6	10^3	10^{-2}	10^{-3}

表 1-2-15　时间

名称	分	秒	毫秒	微秒	[小]时
符号	min	s	ms	μs	h
倍数	1	60	60×10^3	60×10^6	1.66×10^{-2}

表 1-2-16　速度

名称	毫米/秒	毫米/分	厘米/分	米/分	米/时
符号	$mm\cdot s^{-1}$	$mm\cdot min^{-1}$	$cm\cdot min^{-1}$	$m\cdot min^{-1}$	$m\cdot h^{-1}$
倍数	1	60	6	0.06	3.6

表 1-2-17　力

名称	牛	千牛	兆牛	[千克力]	[达因]
符号	N	kN	MN	[kgf]	[dyn]
倍数	1	10^{-3}	10^{-6}	0.102	10^5

表 1-2-18　压力与应力 1

名称	帕	巴	工程大气压	标准大气压	毫米汞柱
符号	Pa	bar	at	atm	mmHg
倍数	1	10^{-5}	1.02×10^{-5}	0.99×10^{-5}	0.0075

注：$1Pa = 0.102mmH_2O$；$1at = 1kgf\cdot cm^{-2}$。

表 1-2-19　压力与应力 2

名称	兆帕	帕	[乇]	[千克力/平方毫米]	[千克力/平方厘米]
符号	MPa	Pa	[Torr]	$[kgf\cdot mm^{-2}]$	$[kgf\cdot cm^{-2}]$
倍数	1	10^6	7.5×10^3	10.2×10^{-2}	10.2

表 1-2-20　功

名称	焦[耳]	千瓦时	[千克力米]	[千卡]	[马力小时]
符号	J	$kW\cdot h$	$[kgf\cdot m]$	[kcal]	[psh]
倍数	1	0.78×10^{-6}	0.102	0.239×10^{-3}	0.378×10^{-6}

注：$1J = 1N\cdot m$。

表 1-2-21　功率

名称	千瓦	瓦[特]	千克力米/秒	[千卡/时]	[马力]
符号	kW	W	$kgf\cdot m\cdot s^{-1}$	$[kcal\cdot h^{-1}]$	[ps]
倍数	1	1000	102	860	1.36

注：$1W = 1J\cdot s^{-1} = 1N\cdot m\cdot s^{-1}$。

2.4.2　英制与米制单位换算（表 1-2-22～表 1-2-41）

表 1-2-22　长度

名称	英尺	英寸	码	毫米	米
符号	ft	in	yd	mm	m
倍数	1	12	0.3333	304.8	0.3048

表 1-2-23　面积

名称	平方英尺	平方英寸	平方码	平方厘米	平方米
符号	ft^2	in^2	yd^2	cm^2	m^2
倍数	1	144	0.1111	929	0.0929

注：1 英亩 = $4046.856m^2$。

表 1-2-24　体积

名称	立方英尺	立方英寸	立方码	立方厘米	立方分米
符号	ft^3	in^3	yd^3	cm^3	dm^3
倍数	1	1728	0.037	28316	28.32

注：$1dm^3 = 1L$（或 l） = 1 升。

表 1-2-25　质量

名称	磅	盎司	克	千克	吨
符号	lb	oz	g	kg	t
倍数	1	16	453.6	0.4536	4.536×10^{-4}

㊀ 本节各表用法如下：以功率单位换算为例。

1）按表直接列出。即 $1kW = 1000W = 102kgf\cdot m\cdot s^{-1} = 860kcal\cdot h^{-1} = 1.36$ 马力

2）利用表中任两栏相等的关系算出。

因 $1000W = 860kcal\cdot h^{-1}$，所以 $1W = \frac{860}{1000}kcal\cdot h^{-1} = 0.86kcal\cdot h^{-1}$。

或 $1kcal\cdot h^{-1} = \frac{1000}{860}W = 1.1628W$。

表 1-2-26 密度

名称	磅/英寸^3	磅/立方英尺	磅/英加仑	磅/美加仑	克/立方厘米
符号	$lb \cdot in^{-3}$	$lb \cdot ft^{-3}$	$lb \cdot UKgal^{-1}$	$lb \cdot USgal^{-1}$	$g \cdot cm^{-3}$
倍数	1	1728	277.42	231.24	27.68

表 1-2-27 速度

名称	英寸/秒	英尺/秒	米/秒	米/小时	千米/小时
符号	$in \cdot s^{-1}$	$ft \cdot s^{-1}$	$m \cdot s^{-1}$	$m \cdot h^{-1}$	$km \cdot h^{-1}$
倍数	1	0.08333	0.0254	91.44	0.09144

注：$in \cdot min^{-1}$，英文缩写为 ipm，1ipm = 0.42mm·s^{-1}。

表 1-2-28 角速度

名称	转/分	转/秒	度/秒	弧度/秒	弧度/分
符号	$r \cdot min^{-1}$	$r \cdot s^{-1}$	$(°) \cdot s^{-1}$	$rad \cdot s^{-1}$	$rad \cdot min^{-1}$
倍数	1	0.016667	6	0.10472	6.28319

注：$r \cdot min^{-1}$，英文缩写为 rpm；$r \cdot s^{-1}$，英文缩写为 rps。

表 1-2-29 流量

名称	立方英尺/分	立方英尺/秒	立方英尺/时	升/分	升/时
符号	$ft^3 \cdot min^{-1}$	$ft^3 \cdot s^{-1}$	$ft^3 \cdot h^{-1}$	$L \cdot min^{-1}$	$L \cdot h^{-1}$
倍数	1	0.01667	60	28.32	1699.26

注：$ft^3 \cdot min^{-1}$，英文缩写为 cfm；$ft^3 \cdot s^{-1}$，英文缩写为 cfs；$ft^3 \cdot h^{-1}$，英文缩写为 cfh。

表 1-2-30 力

名称	磅力	磅达	达因	千克力	牛
符号	lbf	pdl	dyn	kgf	N
倍数	1	32.174	444822	0.4536	4.44822

表 1-2-31 力矩与转矩

名称	磅力·英尺	磅达·英尺	千克力·米	牛·米
符号	lbf·ft	pdl·ft	kgf·m	N·m
倍数	1	32.174	0.138255	1.35582

表 1-2-32 压力与应力

名称	磅力/平方英寸	磅力/平方英尺	千克力/平方厘米	牛/平方毫米	英寸水柱
符号	$lbf \cdot in^2$	$lbf \cdot ft^{-2}$	$kgf \cdot cm^{-2}$	$N \cdot mm^{-2}$(MPa)	inH_2O
倍数	1	144	0.07031	68.95×10^{-4}	27.68

注：$lbf \cdot in^{-2}$英文缩写为 psi；$klbf \cdot in^{-2}$缩写为 ksi。

表 1-2-33 功、能与热

名称	英尺·磅力	英马力·时	焦(耳)	千克力·米	千卡
符号	ft·lbf	hp·h	J	kgf·m	kcal
倍数	1	5.05×10^{-7}	1.356	0.138255	3.24×10^{-4}

表 1-2-34 功率

名称	英马力	英尺·磅力/秒	瓦	千克力·米/秒	千卡/时
符号	hp	$ft \cdot lbf \cdot s^{-1}$	W	$kgf \cdot m \cdot s^{-1}$	$kcal \cdot h^{-1}$
倍数	1	550	745.7	76.04	641.186

注：1hp = 1.01387 马力。

表 1-2-35 动力黏度

名称	磅力·秒/平方英尺	磅达·秒/平方英尺	帕·秒	厘泊	千克力·秒/米^2
符号	$lbf \cdot s \cdot ft^{-2}$	$pdl \cdot s \cdot ft^{-2}$	$Pa \cdot s^{-1}$	cP	$kgf \cdot s \cdot m^{-2}$
倍数	1	32.174	47.8803	47880.3	4.88243

表 1-2-36 运动黏度

名称	平方英尺/秒	平方英尺/秒	厘斯	平方米/秒	平方米/时
符号	$in^2 \cdot s^{-1}$	$ft^2 \cdot s^{-1}$	cSt	$m^2 \cdot s^{-1}$	$m^2 \cdot h^{-1}$
倍数	1	6.9444×10^{-3}	645.16	6.4516×10^{-4}	2.32258

表 1-2-37 比能

名称	英尺·磅力/磅	英热单位/磅	焦/千克	千卡/千克	热化学千卡/千克	千克力·米/千克
符号	$ft \cdot lbf \cdot lb^{-1}$	$Btu \cdot lb^{-1}$	$J \cdot kg^{-1}$	$kcal \cdot kg^{-1}$	$kcal_{th} \cdot kg^{-1}$	$kgf \cdot m \cdot kg^{-1}$
倍数	1	1.28507×10^{-3}	2.98907	7.13926×10^{-4}	7.14404×10^{-4}	0.3048

表 1-2-38 比热容与比熵

名称	英尺·磅力/(磅·℉)	英热单位/(磅·℉)	焦/(千克·开)	千卡/(千克·开)	热化学千卡/(千克·开)	千克力·米/(千克·开)
符号	$ft \cdot lbf \cdot (lb \cdot ℉)^{-1}$	$Btu \cdot (lb \cdot ℉)^{-1}$	$J \cdot (kg \cdot K)^{-1}$	$kcal \cdot (kg \cdot K)^{-1}$	$kcal_{th} \cdot (kg \cdot K)^{-1}$	$kgf \cdot m \cdot (kg \cdot K)^{-1}$
倍数	1	1.28507×10^{-3}	5.38023	1.28507×10^{-3}	1.28593×10^{-3}	0.54864

表 1-2-39 传热系数

名称	英热单位/(英尺^2·时·℉)	瓦/(米^2·开)	卡/(厘米^2·秒·开)	千卡/(米^2·时·开)
符号	$Btu \cdot (ft^2 \cdot h \cdot ℉)^{-1}$	$W \cdot (m^2 \cdot K)^{-1}$	$cal \cdot (cm^2 \cdot s \cdot K)^{-1}$	$kcal \cdot (m^2 \cdot h \cdot K)^{-1}$
倍数	1	5.67826	1.35623×10^{-4}	4.88243

表 1-2-40　热导率

名称	英热单位/(英尺·时·℉)	英热单位·英寸/(英尺·时·℉)	瓦/(米·开)	卡/(厘米·秒·开)	千卡/(米·时·开)
符号	$Btu\cdot(ft\cdot h\cdot ℉)^{-1}$	$Btu\cdot in\cdot(ft^2\cdot h\cdot ℉)^{-1}$	$W\cdot(m\cdot K)^{-1}$	$cal\cdot(cm\cdot s\cdot K)^{-1}$	$kcal\cdot(cm\cdot h\cdot K)^{-1}$
倍数	1	12	1.73037	4.13379×10^{-3}	1.48816

表 1-2-41　部分英寸与毫米对照

英寸(in)		毫米(mm)		英寸(in)		毫米(mm)	
分数	小数	精确	近似	分数	小数	精确	近似
1/64	0.015625	0.396875	0.4	3/8	0.375	9.525	9.5
1/32	0.03125	0.79375	0.8	7/16	0.4375	11.1125	11
1/16	0.0625	1.5875	1.6	1/2	0.5	12.70	12.70
3/32	009375	2.38125	2.4	9/16	0.5625	14.2875	14.4
1/8	0.125	3.175	3.2	5/8	0.625	15.875	16.0
5/32	0.15625	3.96875	4.0	11/16	0.6875	17.4625	17.5
3/16	0.1875	4.7625	5.0	3/4	0.75	19.05	19.0
1/4	0.25	6.35	6.4	7/8	0.875	22.225	22.2
5/16	0.3125	7.9375	8.0	1	1.000	25.400	25.4

注：其他单位：

1 密耳（mil）= 10^{-3}英寸 = 25.40μm。

1 英里（英）= 5280 英尺 = 1609m。

1 海里（英）= 6080 英尺 = 1852m。

1（英）长吨（tn）= 2240 磅 = 1016.05kg。

1（美）短吨（shtn）= 2000 磅 = 907.185kg。

1 光年 = 9.460730×10^{15}m，约等于 10 万亿公里。

1（英）吨重 = 2240 磅力 = 9.96MN。

1（美）吨重 = 2000 磅力 = 9.00MN。

1 英加仑（UKgal）= 1.2 美加仑 = 4.546dm^3。

1 美加仑（USgal）= 231 立方英寸 = 3.785dm^3。

1（美）桶（石油）= 9702 立方英寸 = 158.9873dm^3。

1 英担（cwt）= 112 磅力 = 498kN。

2.4.3　市制单位换算（表 1-2-42）

表 1-2-42　市制单位换算

类　别	名　称	对主单位的比	折合米制	备　注
长度	市尺	主单位	0.3333m	1 市尺 = $\frac{1}{3}$m
	市丈	10 市尺	3.333m	
	市里	1500 市尺	0.5km	
面积和地积	平方市尺	面积主单位	0.1111m^2	1 平方市尺 = $\frac{1}{9}m^2$
	市亩	地积主单位	666.7m^2	
	平方市里	375 市亩	0.25km^2	
体积和容积	市升	容积主单位	1L	—
	立方市尺	体积主单位	0.0370m^3	
	市石	100 市升	100L	
质量	市两	0.1 市斤	50g	—
	市斤	主单位	0.5kg	
	市担	100 市斤	50kg	

2.4.4　温度换算公式（表1-2-43）

表1-2-43　温度换算公式

开[尔文](K)	摄氏度(℃)	华氏度(℉)	兰氏度(°R)
K	K−273.15	$\frac{9}{5}$K−459.67	$\frac{9}{5}$K
℃+273.15	℃	$\frac{9}{5}$℃−32	$\frac{9}{5}$℃+491.67
$\frac{5}{9}$(℉+459.67)	$\frac{5}{9}$(℉−32)	℉	℉+459.67
$\frac{9}{5}$°R	$\frac{9}{5}$(°R−459.67)	°R−459.67	°R

第3章　常用公式、数据和资料

3.1　基本与常用物理常数（见表1-3-1）

表1-3-1　基本与常用物理常数

名　　称	符　　号	数　　值	单　　位
光速（在真空中）	c_0	2.99792458×10^{8}	$m\cdot s^{-1}$
电磁波速度（真空中）	c_0	2.99792458×10^{8}	$m\cdot s^{-1}$
电子电荷	e	1.6021892×10^{-19}	C
电子静止质量	m_e	9.109534×10^{-28}	g
标准重力加速度	g	9.80665	$m\cdot s^{-2}$
声速（在标准条件的空气中）	c	331.4	$m\cdot s^{-1}$
绝对零度	T_0	−273.15	℃
纯水三相的绝对温度	T	273.16	K
水的密度（4℃时）		0.999973	$g\cdot cm^{-3}$
水银的密度（0℃）时		13.5951	$g\cdot cm^{-3}$
干空气密度（标准条件下）		0.001293	$g\cdot cm^{-3}$
摩尔气体常数	R	8.31441	$J\cdot(mol\cdot K)^{-1}$
理想气体摩尔体积（标准状态下）	V_m	22.41383×10^{-3}	$m^3\cdot mol^{-1}$
标准大气压	atm	101325	Pa
热工当量	J	4.1868	$J\cdot cal^{-1}$
真空磁导率	μ_0	$4\pi\times10^{-7}$	$H\cdot m^{-1}$

3.2　化学元素周期表及各元素的物理性能

3.2.1　化学元素周期表（见表1-3-2）

3.2.2　各化学元素的物理性能（见表1-3-3）

表1-3-2 化学元素周期表

原子序数—92 U—元素符号
元素名称—铀
注*的是人造元素
$5f^36d^17s^2$—外围电子层排布
238.0—相对原子质量（加括号的数据为该放射性元素半衰期最长同位素的质量数）

族 周期	IA 1	IIA 2	IIIB 3	IVB 4	VB 5	VIB 6	VIIB 7	VIIIB 8	9	10	IB 11	IIB 12	IIIA 13	IVA 14	VA 15	VIA 16	VIIA 17	VIIIA 18	电子层	0·族 电子数
1	1 **H** 氢 $1s^1$ 1.01																	2 **He** 氦 $1s^2$ 4.00	K	2
2	3 **Li** 锂 $2s^1$ 6.94	4 **Be** 铍 $2s^2$ 9.01											5 **B** 硼 $2s^22p^1$ 10.81	6 **C** 碳 $2s^22p^2$ 12.01	7 **N** 氮 $2s^22p^3$ 14.01	8 **O** 氧 $2s^22p^4$ 16.00	9 **F** 氟 $2s^22p^5$ 19.00	10 **Ne** 氖 $2s^22p^6$ 20.18	L K	8 2
3	11 **Na** 钠 $3s^1$ 22.99	12 **Mg** 镁 $3s^2$ 24.31											13 **Al** 铝 $3s^23p^1$ 26.98	14 **Si** 硅 $3s^23p^2$ 28.09	15 **P** 磷 $3s^23p^3$ 30.97	16 **S** 硫 $3s^23p^4$ 32.07	17 **Cl** 氯 $3s^23p^5$ 35.45	18 **Ar** 氩 $3s^23p^6$ 39.95	M L K	8 8 2
4	19 **K** 钾 $4s^1$ 39.10	20 **Ca** 钙 $4s^2$ 40.08	21 **Sc** 钪 $3d^14s^2$ 44.96	22 **Ti** 钛 $3d^24s^2$ 47.87	23 **V** 钒 $3d^34s^2$ 50.94	24 **Cr** 铬 $3d^54s^1$ 52.00	25 **Mn** 锰 $3d^54s^2$ 54.94	26 **Fe** 铁 $3d^64s^2$ 55.85	27 **Co** 钴 $3d^74s^2$ 58.93	28 **Ni** 镍 $3d^84s^2$ 58.69	29 **Cu** 铜 $3d^{10}4s^1$ 63.55	30 **Zn** 锌 $3d^{10}4s^2$ 65.41	31 **Ga** 镓 $4s^24p^1$ 69.72	32 **Ge** 锗 $4s^24p^2$ 72.64	33 **As** 砷 $4s^24p^3$ 74.92	34 **Se** 硒 $4s^24p^4$ 78.96	35 **Br** 溴 $4s^24p^5$ 79.90	36 **Kr** 氪 $4s^24p^6$ 83.80	N M L K	8 18 8 2
5	37 **Rb** 铷 $5s^1$ 85.47	38 **Sr** 锶 $5s^2$ 87.62	39 **Y** 钇 $4d^15s^2$ 88.91	40 **Zr** 锆 $4d^25s^2$ 91.22	41 **Nb** 铌 $4d^45s^1$ 92.91	42 **Mo** 钼 $4d^55s^1$ 95.94	43 **Tc** 锝* $4d^55s^2$ 97.91	44 **Ru** 钌 $4d^75s^1$ 101.7	45 **Rh** 铑 $4d^85s^1$ 102.91	46 **Pd** 钯 $4d^{10}$ 106.42	47 **Ag** 银 $4d^{10}5s^1$ 107.87	48 **Cd** 镉 $4d^{10}5s^2$ 112.41	49 **In** 铟 $5s^25p^1$ 114.82	50 **Sn** 锡 $5s^25p^2$ 118.71	51 **Sb** 锑 $5s^25p^3$ 121.76	52 **Te** 碲 $5s^25p^4$ 127.60	53 **I** 碘 $5s^25p^5$ 126.90	54 **Xe** 氙 $5s^25p^6$ 131.29	O N M L K	8 18 18 8 2
6	55 **Cs** 铯 $6s^1$ 132.91	56 **Ba** 钡 $6s^2$ 137.35	57~71 **La~Lu** 镧系	72 **Hf** 铪 $5d^26s^2$ 178.49	73 **Ta** 钽 $5d^36s^2$ 180.95	74 **W** 钨 $5d^46s^2$ 183.84	75 **Re** 铼 $5d^56s^2$ 186.21	76 **Os** 锇 $5d^66s^2$ 190.25	77 **Ir** 铱 $5d^76s^2$ 192.22	78 **Pt** 铂 $5d^96s^1$ 195.08	79 **Au** 金 $5d^{10}6s^1$ 197.97	80 **Hg** 汞 $5d^{10}6s^2$ 200.59	81 **Tl** 铊 $6s^26p^1$ 204.38	82 **Pb** 铅 $6s^26p^2$ 207.21	83 **Bi** 铋 $6s^26p^3$ 208.98	84 **Po** 钋 $6s^26p^4$ 208.98	85 **At** 砹 $6s^26p^5$ 209.99	86 **Rn** 氡 $6s^26p^6$ 222.02	P O N M L K	8 18 32 18 8 2
7	87 **Fr** 钫 $7s^1$ 223.02	88 **Ra** 镭 $7s^2$ 226.03	89~103 **Ac~Lr** 锕系	104 **Rf** 𬬻* $6d^27s^2$ 261.11	105 **Db** 𬭊* $6d^37s^2$ 262.11	106 **Sg** 𬭳* 263.12	107 **Bh** 𬭛* 264.12	108 **Hs** 𬭶* 265.13	109 **Mt** 鿏* 266.13	110 **Os** 𫟼* (269)	111 **Rg** 𬬭* (272)	112 **Cn** 鿔* (277)	113 Uut * (278)	114 Uuq * (289)	115 Uup * (288)	116 Uuh * (289)		118 Uuo * (294)	Q P O N M L K	8 18 32 32 18 8 2

镧系	57 **La** 镧 $5d^16s^2$ 138.91	58 **Ce** 铈 $4f^15d^16s^2$ 140.12	59 **Pr** 镨 $4f^36s^2$ 140.91	60 **Nd** 钕 $4f^46s^2$ 144.24	61 **Pm** 钷 $4f^56s^2$ 144.91	62 **Sm** 钐 $4f^66s^2$ 150.36	63 **Eu** 铕 $4f^76s^2$ 152.96	64 **Gd** 钆 $4f^75d^16s^2$ 157.25	65 **Tb** 铽 $4f^96s^2$ 158.93	66 **Dy** 镝 $4f^{10}6s^2$ 162.50	67 **Ho** 钬 $4f^{11}6s^2$ 164.93	68 **Er** 铒 $4f^{12}6s^2$ 167.26	69 **Tm** 铥 $4f^{13}6s^2$ 168.93	70 **Yb** 镱 $4f^{14}6s^2$ 173.04	71 **Lu** 镥 $4f^{14}5d^16s^2$ 175.97
锕系	89 **Ac** 锕 $6d^17s^2$ 227.03	90 **Th** 钍 $6d^27s^2$ 232.04	91 **Pa** 镤 $5f^26d^17s^2$ 231.04	92 **U** 铀 $5f^36d^17s^2$ 238.03	93 **Np** 镎 $5f^46d^17s^2$ 237.05	94 **Pu** 钚 $5f^67s^2$ 244.06	95 **Am** 镅* $5f^77s^2$ 243.06	96 **Cm** 锔* $5f^76d^17s^2$ 247.07	97 **Bk** 锫* $5f^97s^2$ 247.07	98 **Cf** 锎* $5f^{10}7s^2$ 251.08	99 **Es** 锿* $5f^{11}7s^2$ 252.08	100 **Fm** 镄* $5f^{12}7s^2$ 257.10	101 **Md** 钔* $(5f^{13}7s^2)$ 258.10	102 **No** 锘* $(5f^{14}7s^2)$ 259.10	103 **Lr** 铹* $(5f^{14}6d^17s^2)$ 260.11

表 1-3-3 化学元素的物理性能

符号	名称	原子序数	密度 ρ(20℃) /g·cm^{-3}	熔点 (101kPa) /℃	沸点 (101kPa) /℃	比热容 C (20℃)/J·(g·K)$^{-1}$	比焓 l /J·g^{-1}	热导率 λ (20℃)/W·(m·K)$^{-1}$	线胀系数 α (0~100℃)/(10^{-6}·K^{-1})	电阻率 ρ(0℃) /(10^{-2}Ω·mm^2·m^{-1})	电阻温度系数 (0℃)/(10^{-3}·K^{-1})
Ac	锕	89	10.07	1050	3200	—	—	—	—	—	4.23
Ag	银	47	10.49	960.8	2210	0.234	104.67	418.7	19.7	1.59	4.29
Al	铝	13	2.6984	660.1	2500	0.900	396.09	221.9	23.6	2.655	4.23
Am	镅	95	11.7	≈1200	≈2500	—	—	—	50.8	145	—
Ar	氩	18	1.784×10^{-8}	-189.2	-185.7	0.523	28.05	0.017	—	—	—
As	砷	33	5.73	814(36atm)	613(升华)	0.343	370.55	—	4.7	35.0	3.9
Au	金	79	19.32	1063	2966	0.130	67.41	71.18	14.2	2.065	3.5
B	硼	5	2.34	2300	3675	1.293	—	—	8.3(40℃)	1.8×10^{12}	—
Ba	钡	56	3.5	710	1640	0.284	—	—	19.0	50	—
Be	铍	4	1.84	128.3	2970	1.884	1088.62	146.53	11.6(20~60℃)	6.6	6.7
Bi	铋	83	9.80	271.2	1420	0.123	52.34	8.374	13.4	106.8	4.2
Br	溴	35	3.12(液态)	-7.1	58.4	0.293	67.83	—	—	6.7×10^{7}	—
C	碳	6	2.25(石墨)	3727(高纯度)	4830	0.690	—	23.864	0.6~4.3	1375	0.6~1.2
Ca	钙	20	1.55	850	1440	0.648	217.72	125.60	22.3	3.6	3.33
Cd	镉	48	8.65	321.03	765	0.230	55.27	92.11	31.0	7.51	4.24
Ce	铈	58	6.77	804	3468	0.175	35.59	10.89	8.0	75.3(25℃)	0.87
Cl	氯	17	3.214×10^{-3}	-101	-33.9	0.485	90.44	0.007	—	1×10^{10}	—
Co	钴	27	8.9	1492	2870	0.414	244.52	69.08	12.4	5.06(α)	6.6
Cr	铬	24	7.19	1903	2642	0.460	401.95	66.99	6.2	12.9	2.5
Cs	铯	55	1.90	28.6	685	0.217	15.91	—	97	19.0	4.96
Cu	铜	29	8.96	1083	2580	0.385	211.86	393.56	17.0	1.67~1.68 (20℃)	4.3
Dy	镝	66	8.56	1407	2300	0.171	105.51	10.05	7.7	56.0	1.19
Er	铒	68	9.16	1500	≈2600	0.167	102.58	9.63	10.0	107	2.01
Eu	铕	63	5.30	≈830	≈1430	0.163	69.09	—	—	81.3	—4.30
F	氟	9	1.696×10^{-3}	-219.6	-188.2	0.753	42.29	—	—	—	—
Fe	铁	26	7.87	1537	2930	0.460	274.25	75.36	11.76	9.7(20℃)	6.0
Ga	镓	31	5.91	29.8	2260	0.330	80.22	29.31	18.3	13.7	3.9
Gd	钆	64	7.87	1312	≈2700	0.240	98.39	8.79	0.0~10.0	134.5	1.76
Ge	锗	32	5.323	958	2880	0.305	30.57	58.62	5.92	0.86×10^{6}~52×10^{6}	1.4
H	氢	1	0.0899×10^{-3}	-259.04	-252.61	14.445	62.80	0.17	—	—	—

（续）

符号	名称	原子序数	密度 ρ(20℃) /g·cm^{-3}	熔点 (101kPa) /℃	沸点 (101kPa) /℃	比热容 C (20℃)/J·(g·K)$^{-1}$	比焓 l /J·g^{-1}	热导率 λ (20℃)/W·(m·K)$^{-1}$	线胀系数 α (0~100℃)/(10^{-6}·K^{-1})	电阻率 ρ(0℃) /(10^{-2}Ω·mm^2·m^{-1})	电阻温度系数 (0℃)/(10^{-3}·K^{-1})
He	氦	2	0.1785×10^{-3}	−269.5(103atm)	−268.9	5.234	3.454	0.139	—	—	10^{21}(20℃)
Hf	铪	72	13.28	2225	5400	0.147	—	93.363	5.9	32.7~43.9	4.43
Hg	汞	80	13.546(液态)	−38.87	356.58	0.138	11.724	8.206	182	94.07	0.99
Ho	钬	67	8.8	1461	≈2300	0.163	104.256	—	—	87.0	1.71
I	碘	53	4.93	113.8	183	0.218	59.455	0.420	93	1.3×10^{15}	—
In	铟	49	7.31	156.61	2050	0.239	28.472	23.864	33.0	8.2	4.9
Ir	铱	77	22.4	2454	5300	0.135	—	58.614	6.5	4.85	4.1
K	钾	19	0.87	63.2	765	0.741	60.712	100.481	83	6.55	5.4
Kr	氪	36	3.743×10^{-3}	−157.1	−153.25	—	—	0.009	—	—	−0.39
La	镧	57	6.18	920	3470	0.201	72.435	13.816	5.1	56.8(20℃)	2.18
Li	锂	3	0.531	180	1347	3.308	436.295	71.174	56	8.55	4.6
Lu	镥	71	9.74	1730	1930	0.155	110.076	—	—	79.0	2.40
Mg	镁	12	1.74	650	1108	1.026	360.082	153.652	24.3	4.47	4.1
Mn	锰	25	7.43	1244	2150	0.482	267.55	4.602(−192℃)	37	185(20℃)	1.7
Mo	钼	42	10.22	2625	4800	0.276	292.252	142.348	4.9	5.17	4.71
N	氮	7	1.25×10^{-3}	−210	−195.8	1.034	25.96	0.0251	—	—	—
Na	钠	11	0.9712	97.8	892	1.235	113.258	52.334~133.974	71	4.27	5.47
Nb	铌	41	8.57	2468	5136	0.272	288.903	52.334~54.427	7.1	13.1~15.22	3.95
Nd	钕	60	7.00	1024	3180	0.188	49.323	12.979	7.4	64.3(25℃)	1.64
Ne	氖	10	0.8999×10^{-3}	−248.6	−246.0	—	—	0.046	—	—	—
Ni	镍	28	8.90	1453	2732	0.44	309.001	92.107	13.4	6.84	5.0~6.0
Np	镎	93	20.25	637	—	—	—	—	50.8	145(20℃)	—
O	氧	8	1.429×10^{-3}	−128.83	−182.97	0.913	13.817	0.0025	—	—	—
Os	锇	76	22.5	2700	5500	0.13	—	—	5.7~6.57	9.66	4.2
P	磷(白)	15	1.83	44.1	280	0.741	20.935	—	125	1×10^{17}	−0.456
Pa	镤	91	15.4	≈1230	≈4000	—	—	—	—	—	—
Pb	铅	82	11.34	327.3	1750	0.128	26.211	34.75	29.3	18.8	4.2
Pd	钯	46	12.16	1552	≈3980	0.245	143.195	70.337	11.8	9.1	3.79
Pm	钷	61	—	≈1000	≈2700	—	—	—	—	—	—
Po	钋	84	9.4	254	960	—	—	—	24.4	42±10(α) 44±10(β)	4.6(α) 7.0(β)
Pr	镨	59	6.77	≈935	3020	0.188	49.03	11.729	5.4	68(25℃)	1.71

Pt	铂	78	21.45	1769	4530	0.136	112.630	69.081	8.9	9.2~9.6	3.99
Pu	钚	94	19.0~19.8	639.5	3235	0.134	—	8.373	50.8	145(28℃)	-0.21
Ra	镭	88	5.0	700	1500	—	—	—	—	—	—
Rb	铷	37	1.53	38.8	680	0.355	27.216	—	90.0	11	4.81
Re	铼	75	21.03	3180	5900	0.138	—	71.176	6.7	19.5	1.73
Rh	铑	45	12.44	1960	4500	—	—	—	8.3	≈6.02	4.35
Rn	氡	86	9.960×10^{-3}	-71	-61.8	—	—	—	—	—	—
Ru	钌	44	12.2	2400	4900	0.239	—	—	9.1	7.157	4.49
S	硫	16	2.07	115	444.6	0.733	38.939	0.264	64	2×10^{23}(20℃)	—
Sb	锑	51	6.68	630.5	1440	0.205	160.362	18.841	8.5~10.8	39.0	5.1
Sc	钪	21	2.992	1539	2730	0.561	353.885	—	—	61(22℃)	—
Se	硒	34	4.808	220	685	0.322	68.669	0.293~0.766	37	12	4.45
Si	硅	14	2.329	1412	3310	0.678(0℃)	1808.784	83.736	2.8~7.2	10	0.8~1.8
Sm	钐	62	7.53	1052	1630	0.176	72.393	—	—	88.0	1.48
Sn	锡	50	7.298	231.91	2690	0.226	60.712	62.802	23	11.5	4.4
Sr	锶	38	2.60	770	1460	0.737	104.675	—	—	30.7	3.83
Ta	钽	73	16.67	2980	5400	0.142	159.106	54.428	6.55	13.1	3.85
Tb	铽	65	8.267	1356	2530	0.184	102.749	—	—	—	—
Tc	锝	43	11.46	≈2100	4600	—	—	—	—	—	—
Te	碲	52	6.24	450	990	0.197	133.984	5.862	17.0	$1\times10^{5}\sim2\times10^{5}$	—
Th	钍	90	11.724	1695	4200	0.142	82.986	37.681	11.3~11.6	19.1	2.26
Ti	钛	22	4.508	1677	3260	0.519	435.448	15.072(α)	8.2	42.1~47.8	3.97
Tl	铊	81	11.85	≈304	1457	0.130	21.102	38.937	28.0	15~18.1	5.2
Tm	铥	69	9.325	1545	1700	0.159	109.029	—	—	—	—
U	铀	92	19.05	1132	3930	0.115	—	29.726	6.8~14.1	79.0	1.95
V	钒	23	6.1	1910	3400	0.532	—	30.982	8.3	29.0	2.18~2.76
W	钨	74	19.3	3380	5900	0.142	184.228	166.216	4.6(20℃)	24.8~26	2.8
Xe	氙	54	5.495×10^{-3}	-112	-108	—	—	0.052	—	5.1	4.82
Y	钇	39	4.475	1509	≈3200	0.297	192.602	14.654	—	—	—
Yb	镱	70	6.966	824	1530	0.147	53.217	—	25	30.3	1.30
Zn	锌	30	7.134(25℃)	419.505	907	0.387	100.865	113.044	39.5	5.75	4.2
Zr	锆	40	6.507	1852±2	3580	0.285	≈251.22	88.341	5.85	39.7~40.5	4.35

注：1. 数据旁括号内的温度指该数据的特定温度。

2. 对于液体元素，线胀系数栏的数据为体胀系数。

3.3　工程制图常用基础资料

3.3.1　图纸幅面和格式（GB/T 14689—2008）

（1）图纸幅面及其尺寸（见表 1-3-4）

（2）图框格式、尺寸和标题栏位置（见表 1-3-5）

3.3.2　标题栏与明细栏（GB/T 10609.1—2008、GB/T 10609.2—2009）

（1）标题栏的内容、格式和尺寸（见图 1-3-1）

（2）明细栏的格式和尺寸（见图 1-3-2）

3.3.3　比例（GB/T 14690—1993）

比例见表 1-3-6。

表 1-3-4　图纸基本幅面尺寸　　（单位：mm）

基本幅面图	幅面代号	宽度×长度（$B\times L$）
841、420、210；297、594、1189；A_0、A_1、A_2、A_3、A_4	A0	841×1189
	A1	594×841
	A2	420×594
	A3	297×420
	A4	210×297

注：必要时，允许采用由基本幅面的短边成整数倍增加后得出的加长幅面尺寸。

表 1-3-5　图框格式、尺寸和标题栏位置

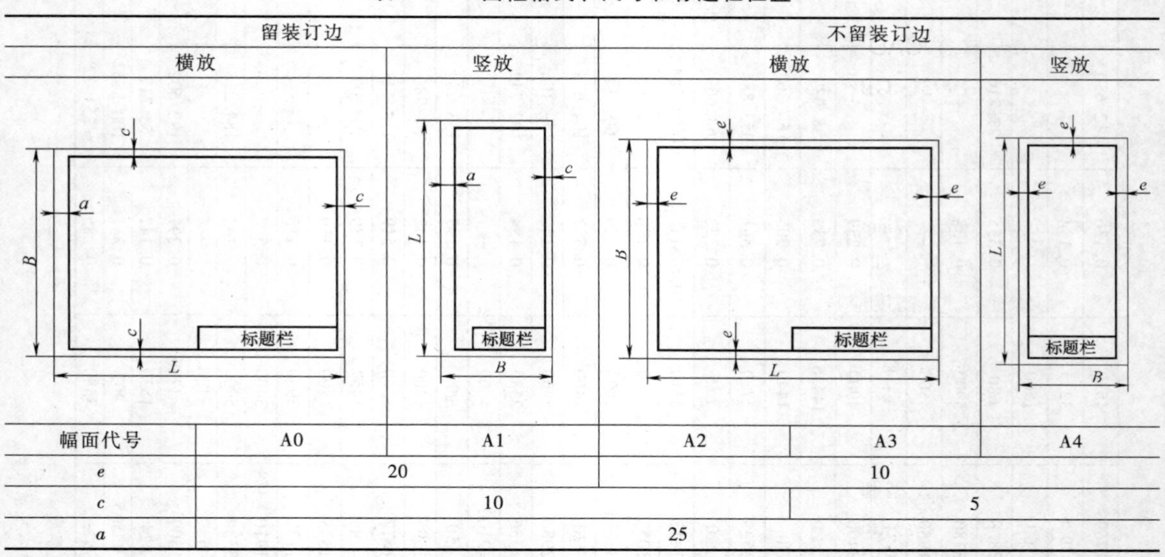

幅面代号	A0	A1	A2	A3	A4
	留装订边 横放	留装订边 竖放	不留装订边 横放	不留装订边 横放	不留装订边 竖放
e	20		10		
c	10			5	
a	25				

注：同一产品只能用留装订边与不留装订边两种格式中的一种。每种格式按需要可横放和竖放。图框线用粗实线绘制。标题栏位于图纸的右下角，看图的方向与看标题栏的方向一致。不一致时，需标方向符号。

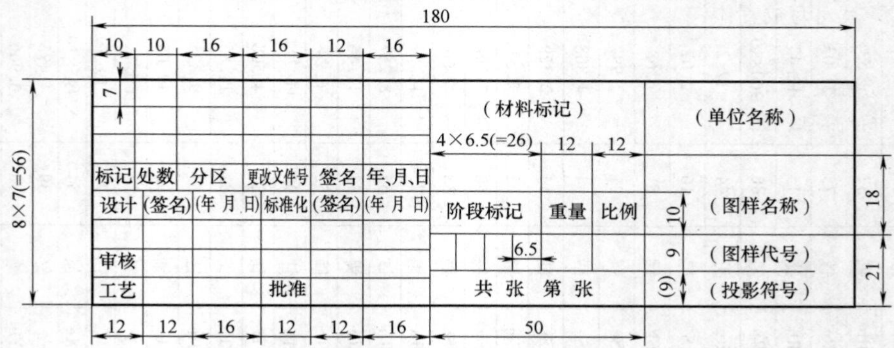

图 1-3-1　标题栏的内容、格式和尺寸（GB/T 10609.1—2008）

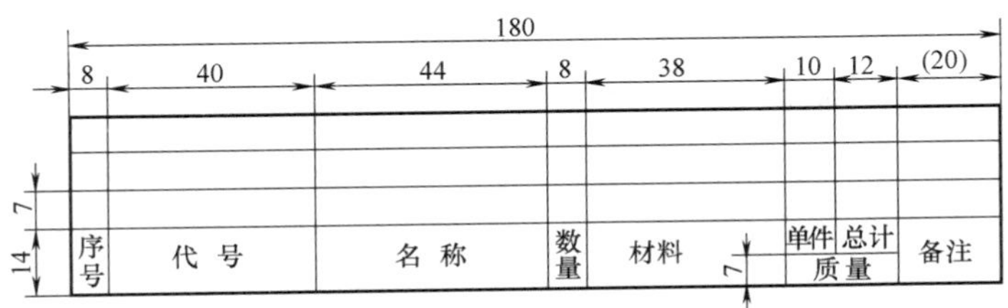

图 1-3-2　明细栏的格式和尺寸（GB/T 10609.2—2009）
（用于配置在装配图标题栏上方）

表 1-3-6　比例

种类	优先选用	允许选用
原值比例	1∶1	
放大比例	5∶1　2∶1 5×10^n∶1　2×10^n∶1　1×10^n∶1	4∶1　2.5∶1 4×10^n∶1　2.5×10^n∶1
缩小比例	1∶2　1∶5　1∶10 1∶2×10^n　1∶5×10^n　1∶1×10^n	1∶1.5　1∶2.5　1∶3　1∶4　1∶6 1∶1.5×10^n　1∶2.5×10^n　1∶3×10^n　1∶4×10^n　1∶6×10^n

注：n 为正整数。

3.3.4　字体及其在 CAD 制图中的规定（GB/T 14691—1993、GB/T 14665—2012）

1. 基本要求

（1）字体高度

字体高度（h）的公称尺寸系列为：1.8mm，2.5mm，3.5mm，5mm，7mm，10mm，14mm，20mm。字体号数即为它的高度，如 5 号字的高度就是 5mm。若要书写更大的字，其高度应按$\sqrt{2}$的比率递增。

（2）汉字

汉字应写成长仿宋体，用简化字。高度不应小于 3.5mm，字宽一般为 $h/\sqrt{2}$。

（3）字母和数字

字母和数字分为 A 型和 B 型两类，A 型字的笔画宽度（d）为字高（h）的 1/14，而 B 型为 1/10。在同一张图样上只许用一种形式的字体。

（4）书写

字母和数字均可写成直体（又称正体）和斜体。斜体的字头向右倾斜，与水平基准线成 75°。

下列情况应写成直体：

1）计量单位符号，如 A（安培）、N（牛顿）和 m（米）等。

2）单位词头，如 k（10^3，千）、m（10^{-2}，毫）和 M（10^6，兆）等。

3）化学符号，如 C、Mn、Fe 和 H_2SO_3等。

4）数学符号，如 sin、cos、lim 和 ln 等。

5）产品型号，如 ZX7-400（逆变式弧焊整流器）等。

下列情况应写成斜体：

1）图样中的如下字体：尺寸数字、视图名称、公差数值、基准符号、参数代号、各种结构要素代号、尺寸和角度符号，以及物理量的符号等。

2）技术文件中的上述内容。

3）用物理量符号作为下角标时，下角标用斜体。

4）用作指数、分数、极限偏差、注脚等的数字及字母，一般应用小一号的字体。

2. CAD 制图中字体的要求

1）汉字一般用正体输出，字母和数字一般用斜体输出。

2）小数点不占一个字位，并位于中间靠下处。

3）标点符号除省略号和破折号为两个字位外，其余均为一个符号一个字位。

4）字体高度与图纸幅面之间的选用关系见表1-3-7。

表 1-3-7　CAD 制图中字体与图幅之间的选用关系（GB/T 14665—2012）

（单位：mm）

字符类别	图幅				
	A0	A1	A2	A3	A4
	字体高度 h				
字母与数字	5		3.5		
汉字	7		5		

注：h=汉字、字母和数字的高度。

5）字体的最小字（词）距、行距以及间隔或基准线与字体之间的最小距离，见表 1-3-8。

表 1-3-8 CAD 制图中字距、行距等的最小距离

（单位：mm）

字体	最小距离	
汉字	字距	1.5
	行距	2
	间隔线或基准线与汉字的间距	1
字母与数字	字符	0.5
	词距	1.5
	行距	1
	间隔线或基准线与字母、数字的间距	1

注：当汉字与字母、数字混合使用时，字体的最小字距、行距等应根据汉字的规定使用。

3.3.5 图线及其在 CAD 制图中的规定（GB/T 4457.4—2002、GB/T 17450—1998、GB/T 18229—2000、GB/T 14665—2012）

1）线型。GB/T 14665—2012 中规定了 15 种基本线型，以及多种基本线型的变形和图线的组合，见表 1-3-9。

表 1-3-9 工程制图中常用的图线线型（GB/T 14665—2012）

标识号	描 述	图 例
01	粗实线	
02	细实线 波浪线 双折线	
03	粗虚线	
04	细虚线	
05	细点画线	
06	粗点画线	
07	细双点画线	
08	尺寸线，投影连线，尺寸终端与符号细实线，尺寸和公差	423±1
09	参考圆，包括引出线及其终端（如箭头）	
10	剖面符号	
11	文本（细实线）	ABCD
12	文本（粗实线）	KLMN
13,14,15	用户选用	

2）尺寸。所有线型的图线宽度（d）应按图样的类型和尺寸大小在下列数系中选择（数系的公比为 $\sqrt{2}$，单位为 mm）：0.13，0.18，0.25，0.35，0.5，0.7，1.0，1.4，2.0。粗线、中粗线和细线的宽度比率为 4∶2∶1，粗线宽度应按图的大小和复杂程度在 0.5~2.0mm 之间选择，同一图样同类图线的宽度应一致。

GB/T 4457.4—2002 规定，机械制图的图样只采用粗、细两种宽度的图线，它们之间的比率为 2∶1，当粗线宽度为 0.25mm，0.35mm，0.5mm，0.7mm，1.0mm，1.4mm 和 2.0mm 时，对应的细线宽度为 0.13mm，0.18mm，0.25mm，0.35mm，0.5mm，0.7mm 和 1.0mm。

为了保证图样清晰易读，便于缩微复制，图样上应避免采用线宽小于 0.18mm 的图线。

虚线和点画线的线素（点、间隔、画、长画、短画等）的长度，见表 1-3-10。

表 1-3-10 虚线和点画线的线素的长度

线素	线型	长度	示例
点	点画线，双点画线	≤0.5d	d、0.5d、24d、3d、12d、3d
短间隔	虚线，点画线，双点画线	3d	
画	虚线	12d	
长画	点画线，双点画线	24d	

注：d 为图线宽度。

3）颜色。CAD 制图在屏幕上显示图线，一般应按表 1-3-11 中规定的显示，并要求相同线形的图线应采用同样的颜色。

表 1-3-11 CAD 制图图线颜色的规定

（摘自 GB/T 14665—2012）

图线类型		屏幕上的颜色
粗实线	————	白色
细实线	————	绿色
波浪线	～～～～	
双折线	—∧—∧—	
细虚线	- - - - - - - -	黄色
粗虚线	- - - - - - - -	白色
细点画线	—·—·—	红色
粗点画线	—·—·—	棕色
细双点画线	—··—	粉红色

3.4 常用计算公式及运算

3.4.1 常用数学公式

1. 代数

（1）比例

$\frac{a}{b}=\frac{c}{d}$ 或 $a:b=c:d$

可以变为

$ad=bc$（交叉相乘）

$\frac{b}{a}=\frac{d}{c}$（反比）

$\frac{a}{c}=\frac{b}{d}$（更比）

$\frac{a+b}{b}=\frac{c+d}{d}$（合比）

$\frac{a}{b}=\frac{a+c}{b+d}=\frac{c}{d}$（等比）

（2）分式运算

1）约分或扩分。$\frac{a}{b}=\frac{am}{bm}=\frac{a/m}{b/m}$（$m\neq0$）

2）加减。$\frac{a}{b}\pm\frac{c}{d}=\frac{ad\pm bc}{bd}$

3）乘。$\frac{a}{b}\cdot\frac{c}{d}=\frac{ac}{bd}$

4）除。$\frac{a}{b}\Big/\frac{c}{d}=\frac{a}{b}\cdot\frac{d}{c}$

（3）不等式

若 $a>b$ 成立，则下列式均成立。

1）$a\pm c>b\pm c$

2）$ac>bc$（$c>0$）；$ac<bc$（$c<0$）

3）$\frac{a}{c}>\frac{b}{c}$（$c>0$）；$\frac{a}{c}<\frac{b}{c}$（$c<0$）

4）$\frac{1}{a}<\frac{1}{b}$

5）$a^s>b^s$（$s>0$，$a>0$，$b>0$）

6）$a^s<b^s$（$s<0$，$a>0$，$b>0$）

（4）幂和根

$pa^n\pm qa^n=(p\pm q)a^n$

$a^m a^n=a^{m+n}$

$\frac{a^m}{a^n}=a^{m-n}$

$(a^m)^n=a^{mn}$

$a^{-n}=\frac{1}{a^n}$

$\frac{a^n}{b^n}=\left(\frac{a}{b}\right)^n$

$p\sqrt[n]{a}\pm q\sqrt[n]{a}=(p\pm q)\sqrt[n]{a}$

$\sqrt[n]{ab}=\sqrt[n]{a}\sqrt[n]{b}$

$\frac{\sqrt[n]{a}}{\sqrt[n]{b}}=\sqrt[n]{\frac{a}{b}}=\left(\frac{a}{b}\right)^{\frac{1}{n}}$

$\sqrt[nx]{a^{mx}}=\sqrt[n]{a^m}$

$\sqrt[n]{a^m}=(\sqrt[n]{a})^m=a^{\frac{m}{n}}$

$\sqrt{-a}=i\sqrt{a}$

（5）对数

若 $a^x=N$（$a>0$，$a\neq1$，$N>0$），则 x 称为 N 以 a 为底的对数，记作 $x=\log_a N$，N 称为真数。

当 $a=10$ 时，即 $\log_{10}N$ 称为常用对数，简记为 $\lg N$。

当 $a=\mathrm{e}$ 时，即 $\log_{\mathrm{e}}N$ 称为自然对数，简记为 $\ln N$。

这里 $\mathrm{e}=\lim_{n\to\infty}\left(1+\frac{1}{n}\right)^n=2.71828183\cdots$

1）计算公式。

$\log_a(xy)=\log_a x+\log_a y$

$\log_a\frac{x}{y}=\log_a x-\log_a y$

$\log_a x^n=n\log_a x$

$\log_a\sqrt[n]{x}=\frac{1}{n}\log_a x$

2）对数变换（换底）。

$$\lg N=\frac{\ln N}{\ln 10}\approx 0.4343\ln N$$

$$\ln N=\frac{\lg N}{\lg e}\approx 2.3026\lg N$$

3）几个常用对数。

$\lg 0.01=-2$

$\lg 0.1=-1$

$\lg 1=0$

$\lg 10=1$

$\lg 100=2$

（6）一般代数式的展开

$(a\pm b)^2=a^2\pm 2ab+b^2$

$(a\pm b)^3=a^3\pm 3a^2b+3ab^2\pm b^3$

$$(a+b)^n=a^n+\frac{n}{1}a^{n-1}b+\frac{n(n-1)}{1\times 2}a^{n-2}b^2+\cdots+\frac{n(n-1)(n-2)}{1\times 2\times 3}a^{n-3}b^3+\cdots+b^n$$

$(a+b+c)^2=a^2+2ab+2ac+b^2+2bc+c^2$

$a^2-b^2=(a+b)(a-b)$

$a^3+b^3=(a+b)(a^2-ab+b^2)$

$a^n-b^m=(a-b)(a^{n-1}+a^{n-2}b+a^{n-3}b^2+\cdots+ab^{n-2}+b^{n-1})$

（7）一元二次方程求根

$ax^2+bx+c=0 \quad a\neq 0$

根：$x_{1,2}=\dfrac{-b\pm\sqrt{b^2-4ac}}{2a}$

根与系数关系：$x_1+x_2=-\dfrac{b}{a}$，$x_1x_2=\dfrac{c}{a}$

（8）阶乘、排列与组合

1）阶乘。$n!$ 称为 n 的阶乘，即自然数 1 到 n 的连乘积，且 $0!=1$。

$$n!=n(n-1)(n-2)\cdots 3\times 2\times 1$$

2）排列。从 n 个不同元素中选取 m（$<n$）个不同元素的排列总数为

$$P_n^m=\frac{n!}{(n-m)!}$$

当 $n=m$ 时，则 $P_n^m=n!$

3）组合。从 n 个不同元素中选取 m（$<n$）个元素的组合数为

$$C_n^m=\binom{n}{m}=\frac{n!}{m!\,(n-m)!}=\frac{n(n-1)\cdots(n-m+1)}{m!}$$

（9）行列式

1）二阶行列式。

$$\begin{vmatrix} a_{11} & a_{12} \\ a_{21} & a_{22} \end{vmatrix}=a_{11}a_{22}-a_{12}a_{21}$$

2）三阶行列式。$\begin{vmatrix} a_{11} & a_{12} & a_{13} \\ a_{21} & a_{22} & a_{23} \\ a_{31} & a_{32} & a_{33} \end{vmatrix}=a_{11}a_{22}a_{33}+a_{21}a_{32}a_{13}+a_{31}a_{23}a_{12}-a_{31}a_{22}a_{13}-a_{12}a_{21}a_{33}-a_{11}a_{32}a_{23}$

3）线性方程组的行列式解法。

有 $\begin{cases} a_1x+b_1y=r_1 \\ a_2x+b_2y=r_2 \end{cases}$

则有 $D=\begin{vmatrix} a_1 & b_1 \\ a_2 & b_2 \end{vmatrix}=a_1b_2-a_2b_1$

$$D_1=\begin{vmatrix} r_1 & b_1 \\ r_2 & b_2 \end{vmatrix}=r_1b_2-r_2b_1$$

$$D_2=\begin{vmatrix} a_1 & r_1 \\ a_2 & r_2 \end{vmatrix}=a_1r_2-a_2r_1$$

于是：$x=\dfrac{D_1}{D}$；$y=\dfrac{D_2}{D}$

（10）复数

$i=\sqrt{-1}$，$i^1=+i$，$i^2=-1$，$i^3=-i$，$i^4=1$

$i^{-1}=-i$，$i^{-2}=-1$，$i^{-3}=i$，$i^{-4}=1$，$i^{-5}=-1$

2. 三角函数

（1）角度与弧度

1）角度。圆周为 360 度（°），1 度=60 分（′），1 分=60 秒（″）。

2）弧度。

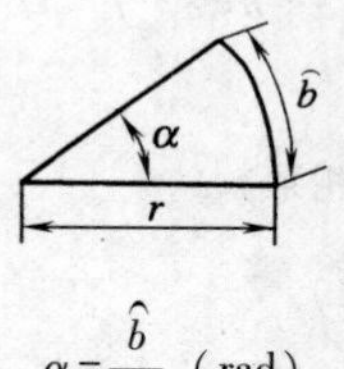

$$\alpha=\frac{\widehat{b}}{r}\ (\text{rad})$$

式中 rad——弧度单位。

3）角度与弧度的关系。（见表 1-3-12）

圆周为 $360°=2\pi$（rad）

或为 $1\text{rad}=\dfrac{360°}{2\pi}=57.2958°=57°17'45''$

表 1-3-12 角度与弧度的关系

角度 α	0°	30°	45°	60°	75°	90°	180°	270°	360°
弧度 /rad	0	$\frac{\pi}{6}$	$\frac{\pi}{4}$	$\frac{\pi}{3}$	$\frac{5}{12}\pi$	$\frac{\pi}{2}$	π	$\frac{3}{2}\pi$	2π
	0	0.52	0.79	1.05	1.31	1.57	3.14	4.71	6.28

（2）直角三角形

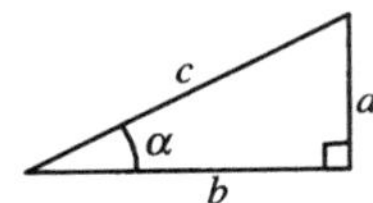

正弦　$\sin\alpha=\frac{a}{c}$

余弦　$\cos\alpha=\frac{b}{c}$

正切　$\tan\alpha=\frac{a}{b}$　余切　$\cot\alpha=\frac{b}{a}$

正割　$\sec\alpha=\frac{c}{b}$　余割　$\csc\alpha=\frac{c}{a}$

（3）一些重要的三角函数值（见表 1-3-13）

表 1-3-13　一些重要的三角函数值

角度 α	0°	30°	45°	60°	75°	90°	180°	270°	360°
sinα	0	0.500	0.707	0.866	0.966	1	0	-1	0
cosα	1	0.866	0.707	0.500	0.259	0	-1	0	1
tgα	0	0.577	1.00	1.732	3.732	∞	0	∞	0
cotα	∞	1.732	1.00	0.577	0.268	0	∞	0	∞

（4）基本恒等式

$\sin^2\alpha+\cos^2\alpha=1$ $\tan\alpha\cot\alpha=1$

$1+\tan^2\alpha=\frac{1}{\cos^2\alpha}$ $1+\cot^2\alpha=\frac{1}{\sin^2\alpha}$

$\tan\alpha=\frac{\sin\alpha}{\cos\alpha}$ $\csc^2\alpha-\cot^2\alpha=1$

（5）和角与差角公式

$\sin(\alpha\pm\beta)=\sin\alpha\cdot\cos\beta\pm\cos\alpha\sin\beta$

$\cos(\alpha\pm\beta)=\cos\alpha\cos\beta\mp\sin\alpha\sin\beta$

$\tan(\alpha\pm\beta)=(\tan\alpha\pm\tan\beta)/(1\mp\tan\alpha\tan\beta)$

$\cot(\alpha\pm\beta)=(\cot\alpha\cot\alpha\mp1)/(\cot\alpha\pm\cot\beta)$

（6）单角、倍角和半角函数

$\sin\alpha=\cos(90°-\alpha)=2\sin\frac{\alpha}{2}\cos\frac{\alpha}{2}=\sqrt{1-\cos^2\alpha}$

$\cos\alpha=\sin(90^2-\alpha)=\cos^2\frac{\alpha}{2}-\sin^2\frac{\alpha}{2}=\sqrt{1-\sin^2\alpha}$

$\tan\alpha=\cot(90^2-\alpha)=\frac{\sin\alpha}{\sqrt{1-\sin^2\alpha}}$

$\sin2\alpha=2\sin\alpha\cos\alpha$

$\cos2\alpha=\cos^2\alpha-\sin^2\alpha$

$\tan2\alpha=\frac{2\tan\alpha}{1-\tan^2\alpha}$

$\cot2\alpha=\frac{1}{2}\cot\alpha-\frac{1}{2}\tan\alpha$

$\sin\frac{\alpha}{2}=\pm\sqrt{\frac{1-\cos\alpha}{2}}$

$\cos\frac{\alpha}{2}=\pm\sqrt{\frac{1+\cos\alpha}{2}}$

$\tan\frac{\alpha}{2}=\frac{\sin\alpha}{1+\cos\alpha}=\frac{1-\cos\alpha}{\sin\alpha}$

$\cot\frac{\alpha}{2}=\frac{\sin\alpha}{1-\cos\alpha}=\sqrt{\frac{1+\cos\alpha}{1-\cos\alpha}}$

3. 导数与微分

（1）定义

1）导数。函数 $y=f(x)$ 在 x 处的导数为

$$y'=f'(x)=\frac{dy}{dx}=\lim_{\Delta x\to0}\frac{f(x+\Delta x)-f(x)}{\Delta x}$$

式中　Δx——x 的改变量。

2）微分。函数 $y=f(x)$ 在 x 处的微分为

$$dy=f'(x)dx$$

式中　dx——自变量的微分。

（2）导数公式（见表 1-3-14）

表 1-3-14　导数公式

函　数	导　数	函　数	导　数
$y=cx^n+c$	$y'=cnx^{n-1}$	$y=e^x$	$y'=e^x=y''=\cdots$
$y=u(x)\pm v(x)$	$y'=u'(x)\pm v'(x)$	$y=e^{-x}$	$y'=-e^{-x}$
$y=u(x)v(x)$	$y'=u'v+uv'$	$y=e^{ax}$	$y'=ae^{ax}$
$y=\frac{u(x)}{v(x)}$	$y'=\frac{u'v-uv'}{v^2}$	$y=a^x$	$y'=a^x\ln a$
		$y=\sin x$	$y'=\cos x$
$y=\sqrt{x}$	$y'=\frac{1}{2\sqrt{x}}$	$y=\cos x$	$y'=-\sin x$
		$y=\tan x$	$y'=\frac{1}{\cos^2\alpha}=1+\tan^2x=\sec^2x$
$y=u(x)^{v(x)}$	$y=u^v\left(\frac{u'v}{u}+v'\ln u\right)$	$y=\sin^nx$	$y'=n\sin^{n-1}x\cos x$
$y=f[u(x)]$	$y'=f'(u)u'(x)=\frac{dy}{dx}=\frac{dy}{du}\frac{du}{dx}$	$y=\cos^nx$	$y'=-n\cos^{n-1}x\sin x$
		$y=\tan^nx$	$y'=n\tan^{n-1}(1+\tan^2x)$

（续）

函　数	导　数	函　数	导　数
$y=\ln x$	$y'=\frac{1}{x}$	$y=\arccos x$	$y'=-\frac{1}{\sqrt{1-x^2}}$
$y=\log_a x$	$y'=\frac{1}{x\ln a}$	$y=\arctan x$	$y=\frac{1}{1+x^2}$
$y=\arcsin x$	$y'=\frac{1}{\sqrt{1-x^2}}$		

4. 积分

积分是微分的逆运算。要找出一个函数 $y=F(x)$，使得 $F(x)$ 的导数等于 $f(x)$。

$$\int f(x)\mathrm{d}x=F(x)+c$$

式中　c——未知常数。

（1）不定积分公式

1）基本公式。

$\int x^n\mathrm{d}x=\frac{x^{n+1}}{n+1}+c$　　式中 $n\neq-1$

$\int\frac{\mathrm{d}x}{x}=\ln x+c$

$\int[u(x)\pm v(x)]\mathrm{d}x=\int u(x)\mathrm{d}x\pm\int v(x)\mathrm{d}x$

$\int\frac{u'(x)}{u(x)}\mathrm{d}x=\ln u(x)+c$

$\int u(x)u'(x)\mathrm{d}x=\frac{1}{2}[u(x)]^2+c$

2）常用公式。

$\int a\mathrm{d}x=ax+c$　（a 为常数）

$\int \mathrm{e}^x\mathrm{d}x=\mathrm{e}^x+c$

$\int a^{bx}\mathrm{d}x=\frac{1}{b\ln a}a^{xb}+c$

$\int\sin x\mathrm{d}x=-\cos x+c$

$\int\cos x\mathrm{d}x=\sin x+c$

$\int\tan x\mathrm{d}x=-\ln\cos x+c$

$\int\ln x\mathrm{d}x=x\ln x-x+c$

$\int\frac{\mathrm{d}x}{x-a}=\ln(x-a)+c$

$\int\frac{\mathrm{d}x}{(x-a)^n}=\frac{-1}{(n-1)(x-a)^{n-1}}+c$

$\int\sqrt{x}\mathrm{d}x=\frac{2}{3}\sqrt{x^3}+c$

$\int\frac{\mathrm{d}x}{\sqrt{x}}=2\sqrt{x}+c$

（2）定积分公式

1）基本公式。

$\int_a^b f(x)\mathrm{d}x=F(x)\big|_a^b=F(b)-F(a)$

$F(x)$ 是 $f(x)$ 的任一原函数。

2）提出常数。

$\int_a^b kf(x)\mathrm{d}x=k\int_a^b f(x)\mathrm{d}x$（$k$ 为常数）

3）分项积分。

$\int_a^b[f(x)\pm g(x)]\mathrm{d}x=\int_a^b f(x)\mathrm{d}x\pm\int_a^b g(x)\mathrm{d}x$

4）分部积分。

$\int_a^b uv'\mathrm{d}x=uv\Big|_a^b-\int_a^b vu'\mathrm{d}x$

5）凑积分。

$\int_a^b f[\varphi(x)]\varphi'(x)\mathrm{d}x=\int_{\varphi(a)}^{\varphi(b)}f(u)\mathrm{d}u[u=\varphi(x)]$

6）分段积分。

$\int_a^b f(x)\mathrm{d}x=\int_a^c f(x)\mathrm{d}x+\int_c^b f(x)\mathrm{d}x(a<c<b)$

7）偶函数积分。

$\int_{-a}^a f(x)\mathrm{d}x=2\int_o^a f(x)\mathrm{d}x$　$[f(x)=f(-x)]$

8）奇函数积分。

$\int_{-a}^a f(x)\mathrm{d}x=0$　$[f(-x)=-f(x)]$

9）上、下限相等。

$\int_a^a f(x)\mathrm{d}x=0$

10）上、下限交换。

$\int_b^a f(x)\mathrm{d}x=-\int_a^b f(x)\mathrm{d}x$

11）不等式。

若 $g(x)\leqslant f(x)$

则 $\int_a^b g(x)\mathrm{d}x\leqslant\int_a^b f(x)\mathrm{d}x$

3.4.2　常用平面图形的计算公式（见表 1-3-15）

表 1-3-15　常用平面图形的计算公式

说　　明	图　　形	计 算 公 式
1. 三角形 ABC h—高 BD—AC 上的中线 a,b,c—边长 S—重心位置 l—三角形周长	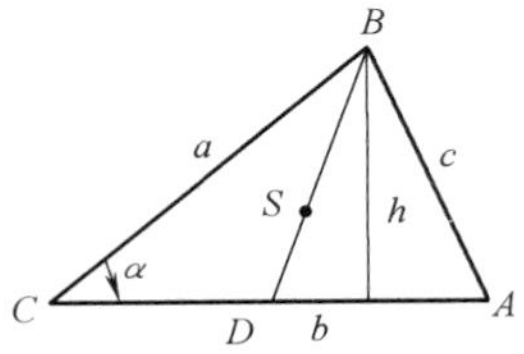	面积 $A=\frac{1}{2}bh=\frac{1}{2}ab\sin\alpha$ $=\sqrt{l(l-a)(l-b)(l-c)}$ 半周长 $\frac{l}{2}=\frac{1}{2}(a+b+c)$ $DS=\frac{1}{3}BD$
2. 直角三角形 ABC a,b—直角边 c—斜边 S—重心位置	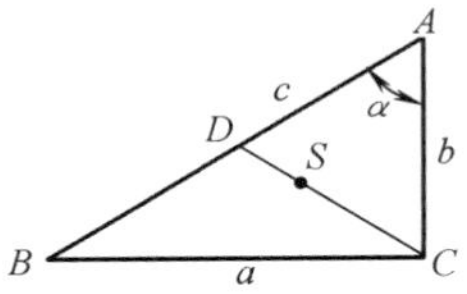	面积 $A=\frac{1}{2}ab=\frac{1}{4}c^2\sin2\alpha$ $SD=\frac{1}{3}DC$
3. 平行四边形 $ABCD$ a,b—邻边 h—对边距离 S—重心位置	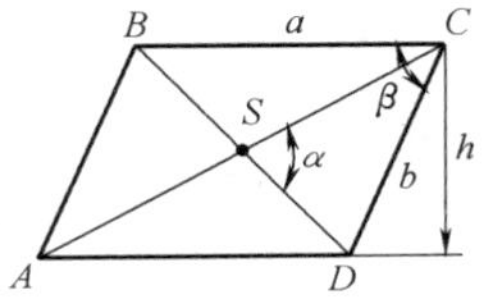	面积 $A=ah=ab\sin\beta=\frac{AC\times BD}{2}\sin\alpha$ 周长 $2l=2(a+b)$ S 在对角线 AC 和 BD 的交点
4. 四边形 $ABCD$ d_1,d_2—对角线 α—对角线夹角 h_1—$\triangle ABD$ 之高 h_2—$\triangle BCD$ 之高	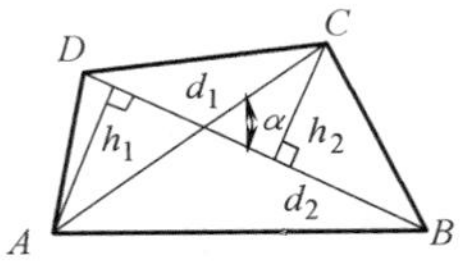	面积 $A=\frac{1}{2}d_2(h_1+h_2)=\frac{1}{2}d_1d_2\sin\alpha$
5. 梯形 $ABCD$ a—CD 之长 b—AB 之长 $CE=AB$ $AF=CD$ h—高 S—重心位置	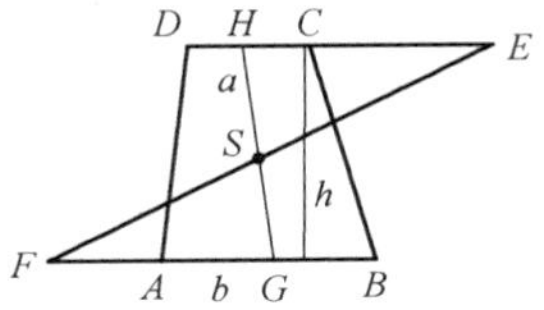	面积 $A=\frac{1}{2}h(a+b)$ 取 H 为 CD 之中点 G 为 AB 之中点 $HS=\frac{h}{3}\cdot\frac{a+2b}{a+b}$ $GS=\frac{h}{3}\cdot\frac{2a+b}{a+b}$
6. 菱形 a—边 α—夹角（锐） d_1,d_2—对角线	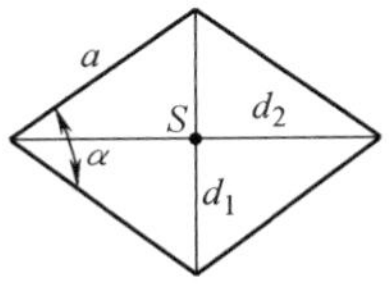	面积 $A=a^2\sin\alpha=\frac{1}{2}d_1d_2$ 重心 S 在对角线的交点
7. 正多边形 r—内切圆半径 R—外接圆半径 a—边长 n—边数 α—中心角之半	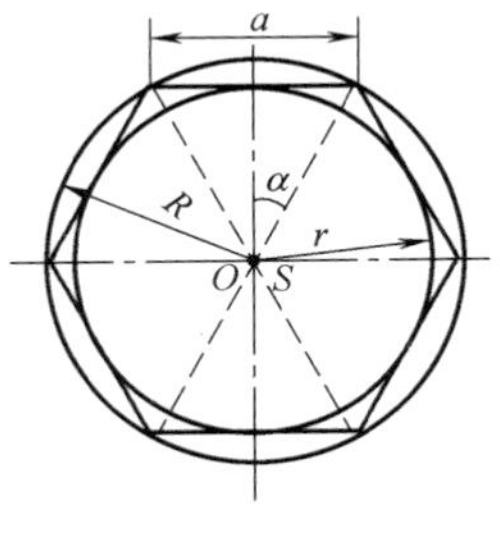	面积 $A=\frac{n}{2}\cdot R^2\sin2\alpha=\frac{1}{2}nar$ 重心 S 与圆心 O 重合

（续）

说明	图形	计算公式
8. 圆形 r—半径 d—直径 S—重心位置	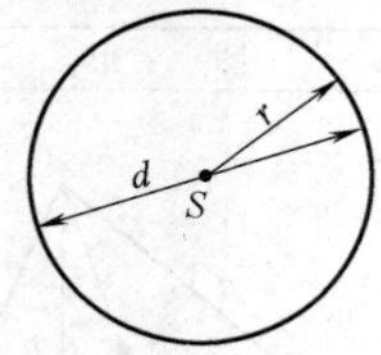	面积 $A=\pi r^2=\frac{\pi}{4}d^2$ 周长 $P=2\pi r=\pi d$ 重心 S 在圆心上
9. 圆环 D—外径 d—内径 S—重心位置	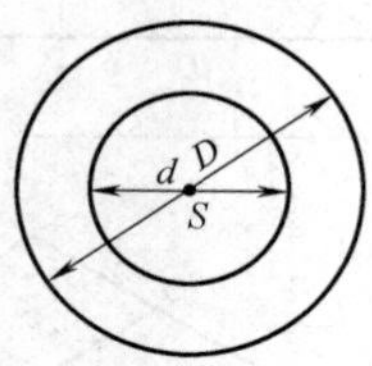	面积 $A=\frac{\pi}{4}(D^2-d^2)$ S 在圆心上
10. 弓形 r—圆半径 l—弧长 b—弦长 h—高 α—中心角(度数) S—重心位置	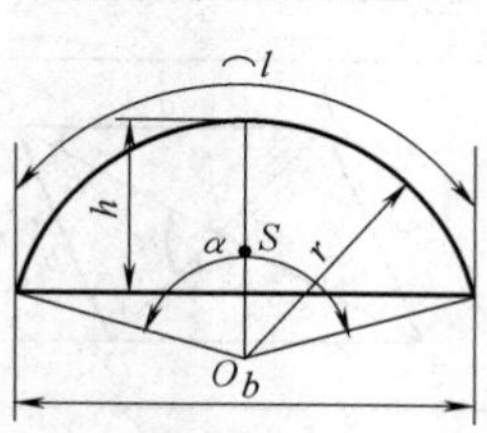	面积 $A=\frac{1}{2}[rl-b(r-h)]$ $b=2\sqrt{h(2r-h)}$ $SO=\frac{1}{12}\frac{b^3}{A}$ $A=\frac{1}{2}r^2\left(\frac{\alpha\pi}{180}-\sin\alpha\right)$ $h=r-\frac{1}{2}\sqrt{4r^2-b^2}$
11. 扇形 b—弦长 r—半径 l—弧长 α—中心角(度数) S—重心位置	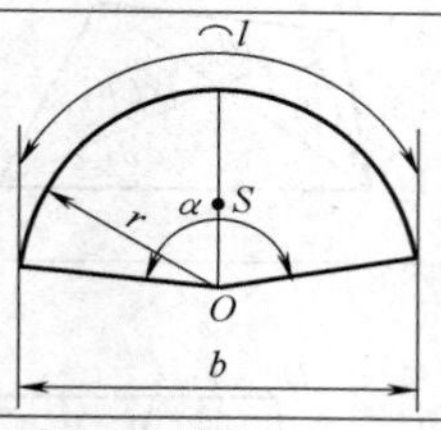	面积 $A=\frac{1}{2}rl$ $l=\frac{\alpha}{360}\cdot 2\pi r=\frac{\alpha}{180}\pi r$ $SO=\frac{2}{3}\frac{rb}{l}$
12. 椭圆形 a—长轴 b—短轴 S—重心位置	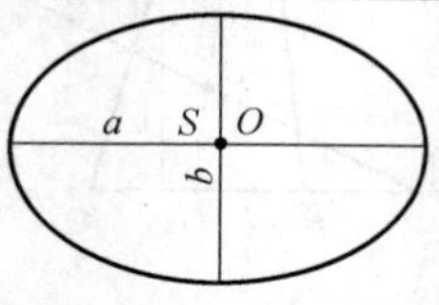	面积 $A=\frac{1}{4}\pi ab$ 重心位置 S 与 a 和 b 的交点 O 重合
13. 抛物线构成的平面 b—底 h—高 S—重心位置	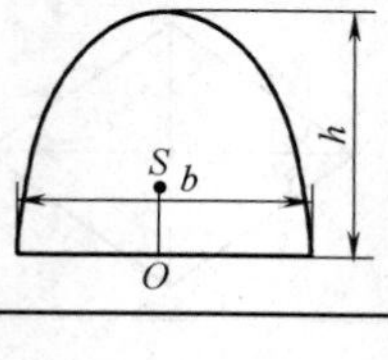	面积 $A=\frac{2}{3}bh$ $SO=\frac{2}{5}h$

3.4.3 常用几何体的计算公式（见表 1-3-16）

表 1-3-16 常用几何体的计算公式

说明	图形	计算公式
1. 立方体 a—边长 d—对角线 S—重心位置	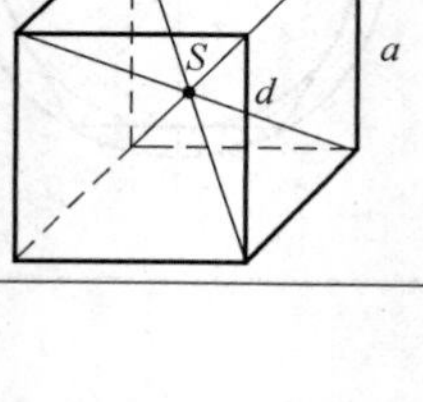	体积 $V=a^3$ 总面积 $A=6a^2$ 重心 S 在两对角线的交点上

（续）

说　明	图　形	计 算 公 式
2. 正六角柱 a—边长 h—高 S—重心位置 O—底面对角线交点		底面积 $F=\frac{3\sqrt{3}}{2}a^2$ 体积 $V=\frac{3\sqrt{3}}{2}a^2h$ $SO=\frac{1}{2}h$
3. 棱柱 n—侧面组合三角形数 f—每一组合三角形面积 F—底面积 h—高 S—重心位置		体积 $V=\frac{1}{3}hF$ 总面积 $A=nf+F$ $SP=\frac{1}{4}h$
4. 棱台 F_1、F_2—棱台两平行底面的面积 h—底面间的距离 f—每一组合梯形的面积 n—组合梯形数 S—重心位置		体积 $V=\frac{1}{3}h(F_1+F_2+\sqrt{F_1+F_2})$ 总面积 $A=nf+F_1+F_2$ $SP=\frac{1}{4}h\frac{F_1+2\sqrt{F_1F_2}+3F_2}{F_1+\sqrt{F_1F_2}+F_2}$
5. 圆环胎 D—胎平均直径 R—胎平均半径 d—环截面直径 r—环截面半径		体积 $V=2\pi^2Rr^2=\frac{\pi^2}{4}Dd^2$ 总面积 $A=4\pi^2Rr$ 重心 S 在环中心
6. 圆柱体 r—半径 h—高 S—重心位置		体积 $V=\pi r^2h$ 总面积 $A=2\pi r(r+h)$ $SO=\frac{1}{2}h$
7. 空间圆柱 R—外半径 r—内半径 h—高 t—柱壁厚度 S—重心位置		体积 $V=\pi h(R^2-r^2)$ 总面积 $A=2\pi h(R+r)+2\pi(R^2-r^2)=2\pi(R+r)(h+t)$ $SO=\frac{1}{2}h$
8. 斜截直圆柱 h_1—最大高度 h_2—最小高度 r—底面半径 α—斜截面与底面的夹角 S—重心位置		体积 $V=\pi r^2\frac{h_1+h_2}{2}$ 总面积 $A=\pi r(h_1+h_2)+\pi r^2\left(1+\frac{1}{\cos\alpha}\right)$ $SP=\frac{1}{4}(h_1+h_2)+\frac{1}{4}\frac{r^2}{h_1-h_2}\tan^2\alpha$ $SK=\frac{1}{2}\frac{r^2}{h_1+h_2}\tan\alpha$

（续）

说明	图形	计算公式
9. 圆锥体 r—底面半径 h—高 l—母线 S—重心位置		体积 $V=\frac{1}{3}\pi r^2 h$ $l=\sqrt{r^2+h^2}$ 总面积 $A=\pi r\sqrt{r^2+h^2}+\pi r^2=\pi r(\sqrt{r^2+h^2}+r)$ $SP=\frac{1}{4}h$
10. 截头圆锥 h—高 R—下底半径 r—上底半径 S—重心位置		体积 $V=\frac{1}{3}\pi h(R^2+r^2+Rr)$ 总面积 $A=\pi(R^2+r^2)+\pi(R+r)\sqrt{(R-r)^2+h^2}$ $SP=\frac{1}{4}h\frac{R^2+2Rr+3r^2}{R^2+Rr+r^2}$
11. 球体 r—半径		体积 $V=\frac{3}{4}\pi r^3$ 面积 $A=4\pi r^2$ 重心与球心重合
12. 球截体 r—球半径 h—截体高 S—重心位置		体积 $V=\pi h^2\left(r-\frac{h}{3}\right)$ 总面积 $A=\pi h(2r-h)+2\pi rh=\pi h(4r-h)$ $SO=\frac{3}{4}\cdot\frac{(2r-h)^2}{3r-h}$
13. 椭圆球 a—长轴之半 b—短轴之半		体积 $V=\frac{4}{3}\pi ab^2$ 重心在长轴与短轴的交点上

3.4.4 常用理论力学公式（见表 1-3-17）

表 1-3-17 常用理论力学公式

名称	符号	定义和公式	单位	备注
线速度	v	$v=\frac{ds}{dt}$，恒速时 $v=\frac{s}{t}$	$m\cdot s^{-1}(km\cdot h^{-1})$	
角速度，角频率	ω	$\omega=\frac{d\varphi}{dt}$，恒速时 $\omega=\frac{\varphi}{t}$	$rad\cdot s^{-1}(1\cdot s^{-1})$	
线加速度	a	$a=\frac{dv}{dt}=\frac{d^2s}{dt^2}$	$m\cdot s^{-2}$	s—移动距离(m) t—所需时间(s) φ—转动角度(rad)
角加速度	ε	$\varepsilon\frac{d\omega}{dt}=\frac{d^2\varphi}{dt^2}$	$rad\cdot s^{-2}(1\cdot s^{-2})$	
频率	f	$f=\frac{\text{振动的周期数目}}{\text{所需时间}}=\frac{\omega}{2\pi}$	Hz（赫兹），s^{-1}	
周期	T	$T=\frac{1}{f}=\frac{2\pi}{\omega}$	s（min，h）	
转速	n	$n=\frac{\text{轴的转动数}}{\text{所需时间}}=\frac{60\omega}{2\pi}$	$r\cdot min^{-1}$（转/分）	

（续）

名称		符号	定义和公式		单位	备注
动能		E	$E=\frac{1}{2}mv^2$（刚体移动） $=\frac{1}{2}I\omega^2$（刚体转动）		J	m—刚体质量(kg) I—刚体对转轴的转动惯量(kg·m²)
力		F	$F=ma$		N	g—重力加速度($g=9.81\mathrm{m\cdot s^{-2}}$) R—力臂(m) m_i—质量单元的质量(kg) r_i—质量单元到给定轴的距离(m) α—作用力 F 与位移方向的夹角(°)
重力		G	$G=mg$		N[kgf,lbf]	
力矩(转矩)		M	$M=FR$		N·m	
转动惯量		I	$I=\sum m_i r_i^2$		kg·m²	
回转(惯性)半径		ρ	$\rho=\sqrt{\frac{I}{m}}$		m	
功	常力	A	$A=FS\cos\alpha$		J(N·m)	
	转矩		$A=M\varphi$			
功率		P	力的功率	转矩的功率		
			$P=Fv\cos a$	$P=M\omega$	W	
			$P=\frac{Fv\cos\alpha}{735.5}$	$P=\frac{Mn}{7023.49}$	PS(米制马力)	
			$P=\frac{Fv\cos\alpha}{1000}$	$P=\frac{Mn}{9549.29}$	kW	

3.4.5 常用材料力学公式

1. 应力与变形计算的基本公式（见表 1-3-18）

表 1-3-18 应力与变形计算的基本公式

载荷	受力简图	定义与公式	说明
拉伸或压缩	拉伸: 压缩:	正应力 $\sigma=\frac{F}{A}$ 变形 $\Delta l=\frac{Fl}{EA}$ 纵向线应变 $\varepsilon=\frac{\Delta l}{l}=\frac{\sigma}{E}$ 横向线应变 $\varepsilon'=-\mu\varepsilon=-\mu\frac{\sigma}{E}$	σ—正应力[Pa(N·m⁻²)] F—纵向力(N) A—构件受纵向力的横截面积(m²) Δl—构件受纵向力引起的绝对伸长或缩短(m) l—构件长(m) E—材料的弹性模量(N·m⁻²) ε—纵向线应变 ε'—横向线应变 μ—泊松比
剪切		切应力 $\tau=\frac{Q}{A}$ 切应变 $r=\frac{\tau}{G}$	τ—切应力(N·m⁻²) Q—剪切力(N) A—受剪截面积(m²) r—切应变 G—剪切弹性模量(N·m⁻²)
横向平面弯曲	a) b)	弯曲应力(正应力) $\sigma=\frac{My}{I_x}$ 最大正应力 $\sigma_{\max}=\frac{M}{W_x}$	σ—距截面中性轴为 y 处的正应力[Pa(N·m⁻²)] M—所在截面上的弯矩(N·m) y—截面上任意一点至中性轴 x 的距离(m) I_x—截面对中性轴 x 的抗弯惯性矩(m⁴) $\sigma_{\max}$—截面受拉或受压一边的最大正应力(N·m⁻²) W_x—截面对中性轴 x-x 的抗弯截面模量(m³)

（续）

载荷	受力简图	定义与公式	说明
横向平面弯曲		梁的变形（挠度） $f=\frac{Pl^3}{CEI_x}$	f—梁的挠度（m） P—作用在梁上的横向集中力（N） l—梁的长度（m） C—与支承条件有关的常数。简图 a，$c=3$；简图 b，$c=48$ E—材料的弹性模量（$N \cdot m^{-2}$）
扭转		圆轴的切应力 $\tau=\frac{M_n \rho}{I_n}$ 最大切应力 $\tau_{max}=\frac{M_n}{W_n}$ 最大扭转角 $\varphi=\frac{M_n l}{GI_n}\times\frac{180}{\pi}$	τ—距轴心为 ρ 点的切应力（$N \cdot m^{-2}$） M_n—扭矩（N·m） ρ—截面上任一点至轴心 O 的距离（m） I_n—截面抗扭惯性矩（m^4） τ_{max}—圆轴表面上的最大切应力（$N \cdot m^{-2}$） W_n—截面抗扭截面模量（m^3） φ—轴的最大扭转角（变形）（°） l—等截面圆轴长（m） G—剪切弹性模量（$N \cdot m^{-2}$）

2. 弯曲、剪切、挤压、扭转许用应力与拉伸许用应力的近似关系（见表1-3-19）

表1-3-19 弯曲、剪切、挤压、扭转许用应力与拉伸许用应力的近似关系

变形情况	弯曲$[\sigma_w]$	剪切$[\tau_q]$	挤压$[\sigma_{jy}]$	扭转$[\tau]$
塑性材料	$(1.0\sim1.2)[\sigma]$	$(0.6\sim0.8)[\sigma]$	$(1.5\sim2.5)[\sigma]$	$(0.5\sim0.6)[\sigma]$
脆性材料	$1.0[\sigma]$	$(0.8\sim1.0)[\sigma]$	$(0.9\sim1.5)[\sigma]$	$(0.8\sim1.0)[\sigma]$

注：$[\sigma]$—拉伸许用应力。

3. 常用强度理论的相当应力及强度条件（见表1-3-20）

表1-3-20 常用强度理论的相当应力及强度条件

强度理论	相当应力	强度条件
第Ⅰ强度理论（最大拉应力理论）	$\sigma_{Ⅰ}=\frac{\sigma}{2}+\sqrt{\left(\frac{\sigma}{2}\right)^2+\tau^2}$	$\sigma_{Ⅰ}=\frac{1}{2W}(M+\sqrt{M^2+M_n^2})\leqslant[\sigma]$
第Ⅱ强度理论（最大伸长线应变理论）	$\sigma_{Ⅱ}=\frac{1-\mu}{2}\sigma+\frac{1+\mu}{2}\times\sqrt{\sigma^2+4\tau^2}$	$\sigma_{Ⅱ}=\frac{2}{2W}[(1-\mu)M+(1+\mu)\sqrt{M^2+M_n^2}]\leqslant[\sigma]$
第Ⅲ强度理论（最大切应力理论）	$\sigma_{Ⅲ}=\sqrt{\sigma^2+4\tau^2}$	$\sigma_{Ⅲ}=\frac{1}{W}\sqrt{M^2+M_n^2}\leqslant[\sigma]$
第Ⅳ强度理论（形状改变比能理论）	$\sigma_{Ⅳ}=\sqrt{\sigma^2+3\tau^2}$	$\sigma_{Ⅳ}=\frac{1}{W}\sqrt{M^2+0.75M_n^2}$
莫尔理论（修正后的第Ⅲ强度理论）	$\sigma_M=\frac{1-s}{2}\sigma+\frac{1+s}{2}\times\sqrt{\sigma^2+4\tau^2}$	$\sigma_M=\frac{1-s}{2W}M+\frac{1+s}{2W}\sqrt{M^2+M_n^2}\leqslant[\sigma]$

注：1. 塑性金属材料多用第Ⅲ和第Ⅳ强度理论，脆性材料用第Ⅰ强度理论。

2. 表中 σ—正应力，τ—切应力，M—弯矩，M_n—扭矩，W—抗弯截面模量，μ—泊松比，s—$(R_m)_{拉}/(R_m)_{压}$，$(R_m)_{拉}$—材料抗拉强度极限，$(R_m)_{压}$—材料抗压强度极限，$[\sigma]$—许用正应力。

4. 疲劳极限与静强度的近似关系（见表1-3-21）

表1-3-21 疲劳极限与静强度的近似关系

材料	变形形式	对称循环下的疲劳极限	脉动循环下的疲劳极限
结构钢	弯曲	$\sigma_{-1}=0.27(R_e+R_m)$	$\sigma_0=1.33\sigma_{-1}$
	拉伸	$\sigma_{-1l}=0.23(R_e+R_m)$	$\sigma_{0l}=1.42\sigma_{-1l}$
	扭转	$\tau_{-1n}=0.15(R_e+R_m)$	$\sigma_{0n}=1.50\tau_{-1n}$

（续）

材　料	变形形式	对称循环下的疲劳极限	脉动循环下的疲劳极限
铸铁	弯曲	$\sigma_{-1}=0.45R_m$	$\sigma_0=1.33\sigma_{-1}$
	拉伸	$\sigma_{-1l}=0.40R_m$	$\sigma_{0l}=1.42\sigma_{1-1l}$
	扭转	$\tau_{-1n}=0.36R_m$	$\sigma_{0n}=1.35_{-1n}$
铝合金	弯曲、拉伸	$\sigma_{-1}=\sigma_{-1l}=0.167R_m+73.5\text{MPa}$	$\sigma_0=\sigma_{0l}=1.50\sigma_{-1l}$
青铜	弯曲	$\sigma_{-1}=0.21R_m$	—

注：式中角标：l—拉伸，n—扭转，-1—对称循环，0—脉动循环。

5. 常用金属材料弹性模量、切变模量及泊松比（见表 1-3-22）

表 1-3-22　常用金属材料弹性模量 E、切变模量 G 及泊松比 μ

材　料	弹性模量 E/GPa	切变模量 G/GPa	泊松比 μ
碳素钢	196～205.8	79.38	0.24～0.28
合金钢	205.8	79.38	0.25～0.30
铸钢	171.5	—	0.3
灰铸铁	112.7～156.8	44.1	0.23～0.27
球墨铸铁	140～153.8	73～76	—
铜	110～125	44～46	0.35～0.36
冷拔黄铜	91.1～97	34.3～36.3	0.32～0.42
轧制锰青铜	107.8	39.2	0.35
铝	70～72	25～26	0.33～0.34
硬铝合金	69.6	26.46	—

6. 常用截面几何性质的计算公式（见表 1-3-23）

表 1-3-23　常用截面几何性质的计算公式

<table>
<tr><th>简　图</th><th>面积
A/cm^2</th><th>抗弯惯性矩
I_x、I_y/cm^4</th><th>抗弯截面模量
W_x、W_y/cm^3</th><th>抗扭惯性矩
I_n/cm^4</th><th>抗扭截面模量
W_n/cm^3</th><th>惯性半径
i_x、i_y/cm</th></tr>
<tr><td></td><td>$A=a^2$</td><td>$I_x=I_y=\frac{a^4}{12}$</td><td>$W_x=W_y=\frac{a^3}{6}$</td><td>$I_n=0.141a^4$</td><td>$W_n=0.208a^3$</td><td>$i=0.289a$</td></tr>
<tr><td>$\frac{h}{b}\geqslant 1$</td><td>$A=bh$</td><td>$I_x=\frac{bh^3}{12}$
$I_y=\frac{hb^3}{12}$</td><td>$W_x=\frac{bh^2}{6}$
$W_y=\frac{hb^2}{6}$</td><td colspan="2">$I_n=\alpha b^3 h$　　$W_n=\beta b^2 h$
<table><tr><td>h/b</td><td>1.5</td><td>2</td><td>3</td><td>4</td><td>6</td><td>8</td><td>∞</td></tr><tr><td>α</td><td>0.196</td><td>0.229</td><td>0.263</td><td>0.281</td><td>0.299</td><td>0.307</td><td>0.333</td></tr><tr><td>β</td><td>0.231</td><td>0.246</td><td>0.267</td><td>0.282</td><td>0.299</td><td>0.307</td><td>0.333</td></tr></table></td><td>$i_x=0.289h$
$i_y=0.289b$</td></tr>
<tr><td></td><td>$A=\frac{\pi}{4}d^2$</td><td>$I_x=I_y=\frac{\pi}{64}d^4$</td><td>$W_x=W_y=\frac{\pi}{32}d^3$
$=\frac{\pi}{4}r^3$
$\approx 0.1d^3$</td><td>$I_n=\frac{\pi}{32}d^4$
$=\frac{\pi}{2}r^4$
$\approx 0.1d^4$</td><td>$W_n=\frac{\pi d^3}{16}$
$=\frac{\pi r^3}{2}$
$\approx 0.2d^3$</td><td>$i=\frac{d}{4}$</td></tr>
<tr><td></td><td>$A=\frac{\pi}{4}$
(D^2-d^2)</td><td>$I_x=I_y=$
$\frac{\pi}{64}(D^4-d^4)$</td><td>$W_x=W_y$
$=\frac{\pi}{32}\frac{D^4-d^4}{D}$
$=\frac{\pi D^3}{32}(1-\alpha^4)$
$\alpha=\frac{d}{D}$</td><td>$I_n=\frac{\pi}{32}(D^4-d^4)$
$=0.1(D^4-d^4)$</td><td>$W_n=\frac{\pi}{16}\frac{(D^4-d^4)}{D}$</td><td>$i=\frac{1}{4}\sqrt{D^2+d^2}$</td></tr>
</table>

（续）

简图	面积 A/cm^2	抗弯惯性矩 I_x、I_y/cm^4	抗弯截面模量 W_x、W_y/cm^3	抗扭惯性矩 I_n/cm^4	抗扭截面模量 W_n/cm^3	惯性半径 i_x、i_y/cm
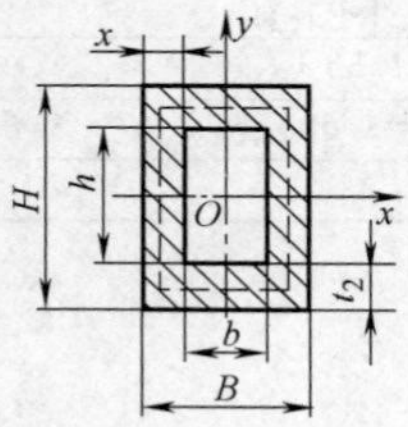	$A=BH-bh$	$I_x=\frac{BH^3-bh^3}{12}$	$W_x=\frac{BH^3-bh^3}{bh}$	$I_n=\frac{2t_1t_2(H-t_2)^2(B-t_1)^2}{Ht_1+Bt_2-t_1^2-t_2^2}$	长边中点 $W_n=2t_1(H-t_2)(B-t_1)$ 短边中点 $W_n=2t_2(H-t_2)(B-t_1)$	$i_x=\sqrt{\frac{I_x}{A}}$

3.4.6 常用电工学公式（见表 1-3-24）

表 1-3-24 常用电工学公式

名称	符号	定义和公式	单位	备注
1. 直流				
电阻	R	$R=\frac{U}{I}$	Ω(欧)	U—导体两端的电压(V) I—导体产生的电流(A)
电量	Q	$Q=I\cdot t$	C(库仑)	—
电容	C	$C=\frac{Q}{U}$	F(法拉)	—
功	A	$A=IUt=\frac{U}{R}t=I^2Rt$	J(焦)	t—通电时间(s)
功率	P	$P=UI=\frac{U^2}{R}=I^2R$	W(瓦)	—
2. 电磁				
磁通量	Φ	$\Phi=\frac{1}{N}\int u\mathrm{d}t$	Wb(韦伯)	N—线圈匝数 u—当穿过线圈的磁通量随时间变化时的感应电动势(V)
磁感应强度（磁通密度）	B	$B=\frac{\Phi}{A}$	T[特(斯拉)]	—
自感(电感)	L	$L=N\frac{\Phi}{I}$	H[亨(利)]	—
磁场强度	H	$H=\frac{B}{\mu}$	$A\cdot m^{-1}$(安/米)	μ—磁导率($H\cdot m^{-1}$)
磁动势	F_m	$F_m=N\cdot I$	A	N—线圈匝数 I—电流(A)
磁阻	R_m	$R_m=\frac{F_m}{\Phi}$	1/H	磁路欧姆定律
3. 交流				
阻抗	Z	$Z=\frac{U}{I}$	Ω	U—阻抗两端的电压(V) I—通过阻抗的电流(A)
感抗	x_L	$x_L=\omega L=2\pi fL$	Ω	ω—角频率($rad\cdot s^{-1}$) f—频率(Hz) L—自感(H)
容抗	x_C	$x_C=\frac{1}{\omega C}=\frac{1}{2\pi fC}$	Ω	ω—角频率(rad/s) f—频率(Hz) C—电容(F)
电抗	x	$x=Z\sin\varphi$	Ω	φ—相位差(°) Z—阻抗(Ω)

（续）

名　称	符号	定义和公式	单　位	备　注
电能	Q	$Q=R\int_0^t i^2\mathrm{d}t=\frac{1}{R}\int_0^t u^2\mathrm{d}t$	J	—
电功率	P	$P_{有}=UI\cos\varphi=I^2R$ $P_{无}=UI\sin\varphi=I^2x$ $P_{视}=UI=P_{有}^2+P_{无}^2=I^2Z$	W	$P_{有}$—有功功率(W) $P_{无}$—无功功率(W) $P_{视}$—视在功率(W) φ—电流 I 和电压 U 之间的相位差(°)，纯阻时 $\varphi=0°$，纯感时 $\varphi=90°$，纯容时 $\varphi=-90°$
功率因数	$\cos\varphi$	$\cos\varphi=\frac{P_{有}}{UI}=\frac{P_{有}}{P_{视}}$	(%)	—
线圈中的交变磁通量	ϕ	$\phi=\frac{E}{4.44N\cdot f}$	Wb	E—感应电势(V) N—线圈匝数 f—电流频率(Hz)

3.5　钢铁材料基础资料

3.5.1　钢铁及其热处理基础资料

1. 常见金属的晶体结构（见表 1-3-25）

2. 固态下金属间相互作用的特性（见表 1-3-26）

表 1-3-25　常见金属的晶体结构

晶体结构	体心立方晶胞	面心立方晶胞	密排六方晶胞
晶胞示意图（a,c 为晶格常数）			
单位晶胞原子数	2	4	6
原子半径	$\frac{\sqrt{3}}{4}a$③	$\frac{\sqrt{2}}{4}a$	$\frac{1}{2}\sqrt{\frac{a^2}{3}+\frac{c^2}{4}}$
配位数	8	12	12
致密度	$\frac{\sqrt{3}}{8}\pi=0.68$	$\frac{\sqrt{2}}{6}\pi=0.74$	$\frac{\sqrt{2}}{6}\pi=0.74$
晶体结构	体心立方晶胞	面心立方晶胞	密排六方晶胞
滑移面	{112}①，{123}	{111}，{110}	(0001)，$(10\bar{1}0)$
滑移方向	<111>②	<110>	$\langle 11\bar{2}0\rangle$
滑移系数目	48	12	3
金属元素	α-Fe、α-Cr、β-Ti、V、Nb、Mo、W、Ta	Cu、Ag、Au、Ni、Al、γ-Fe、Pt、Rh、Pb	α-Ti、Be、Mg、Zn、β-Cr、Cd、Zr

① 晶面指数一般放在（）内，立方晶胞的对称性，常用 {} 括起来，表示一个晶族。

② 晶向指数一般放在［］内，当一族原子排列情况相同时，用<>括起来表示一个晶向族。

③ 晶胞的棱边长度称为晶格常数，用 a 表示，可用 X 射线衍射测出。α-Fe 在室温时 $a=2.8664$Å（1Å=0.1nm）。

表 1-3-26 固态下金属间相互作用的特性

元素	温度/℃		晶格类型	原子半径 (10^{-10}m)	晶格参数 (10^{-10}m)	固溶体		化合物	共晶混合物	不起作用的元素
	熔点	晶型转变				无限	有限			
Fe	1536	910	α—体心立方 γ—面心立方	1.241	2.8608 3.564	α-V, α-Crγ-Mn, γ-Co, γ-Ni, γ-Pd, γ-Pt	Cu, Au, Al, C, Si, Ti, Zr, γ-V, Nb, Ta, γ-Cr, Mo, W(α、δ)-Mn, (α、δ)-Co, α-Ni, α-Pd, αPt	Ti, Zr, V, Nb, Ta, Cr, Mo, W, Mo, Co, Ni, Pd, Pt, Al, C, Si, Ge	C	Mg, Ag, Pb
Co	1485	417	α—稠密立方 β—面心立方	1.248	2.501 4.066 3.548	γ-Mn, γ-Fe, Ni, Pd, Pt	Mg, Ti, Zr, V, Nb, Ta, Cr, Mo, W, (α、β)-Mn, Cu, α-Fe, Au, Al, C, Si, Ge	Mg, Ti, Zr, V, Nb, Ta, Cr, Mo, W, Mn, Fe, Ni, Pt, Al, Ge	Ag	Pb
Ni	1453	—	面心立方	1.245	3.517	γ-Mn, γ-Fe, Co, Pd, Pt, Cu, Au	Mg, Ti, Zr, V, Nb, Ta, Cr, Mo, W, Al, α-βMn, Si, α-Fe, C	Mg, Ti, Zr, V, Nb, Ta, Cr, Mo, W, Mn, Fe, Co, Pt, Cu, Al, Si, C, Ge	—	Ag, Pb
Al	660	—	面心立方	1.431	4.0414	—	Ti, Zr, Nb, Mn, Cu, Ni, Mg, V, Ta, Cr, Mo, W, Fe, Co, Pd, Pt, Ag, Au, Si, Ge,	Mg, Ti, Zr, V, Nb, Ta, Cr, Mo, W, Mn, Fe, Co, Ni, Pd, Pt, Cu, Ag, Au, C	Sn	Pb
Mg	650	—	稠密立方	1.598	$a=3.203$ $c=5.2002$	—	Ti, Zr, Nb, Mn, Cu, Ni, Pd, Ag, Au, Al, Si, V	Cu, Ni, Pd, Pt, Ag, Au, Al, C, Si, Pb, Ge	—	Mo, W, Fe
Cu	1083	—	面心立方	1.278	$a=3.6077$	Mn, Ni, Pd, Pt	Mg, Ti, Zr, V, Nb, Cr, Fe, Co, Ag, Al, Si, Mn, Ge	Mg, Ti, Zr, Mn, Ni, Pd, Pt, Au, Al, Si, Ge	—	Ta, Mo, W, Pb
Cr	1875	—	体心立方	1.249	2.885	β-Ti, V, Mo, W, α-Fe	α-Ti, Zr, Nb, Ta, Mn, γ-Fe, Co, Ni, Pd, Pt, Cu, Ag, Au, Al, Si, Mo	Ti, Zr, Ta, Nb, Mn, Fe, Co, Ni, Pd, Pt, Al, Au, C, Si	Th	Pb, Sn

Mo	2620	—	体心立方	1.36	3.1466	β-Ti, V, Nb, Ta, Cr, W	α-Ti, Zr, Mn, Fe, Co, Ni, Pd, Pt, Au, Al, C, Si, Cr	Zr, Mn, Fe, Co, Ni, Pd, Pt, Al, C, Si, Ge	—	Mg, Cu, Ag
W	3380	—	体心立方	1.367	3.1648	V, Nb, Ta, Cr, W	Ti, Zr, Fe, Co, Ni, Pd, Pt, C, Si	Zr, Fe, Ni, Pt, Al, Si, C	Th	Mg, Mo, Cu, Ag, Zn, Pb
Si	1412	—	金刚石型	1.175	5.4198	Ge	Ti, Zr, V, Nb, Ta, Cr, Mo, W, Mn, Po, Co, Ni, Pt, Cu, Al	Mg, Ti, Zr, V, Nb, Ta, Cr, Mo, W, Mn, Fe, Co, Pt, Cu, Ni, Pd	Mg, Ag, C, Au	Zn
Mn	1245	α-β 742 β-γ 1095	α, β—体心立方 γ—面心立方 δ—体心立方	1.12	63 3.774 3.533 3.72	γ-Fe, γ-Co, γ-Ni, Cu,	Mg, Ti, Zr, V, Nb, Ta, Cr, Mo, (α, β)-Fe, (α, β)-Co, (α, β)-Ni, Pd, Pt, Ag, Au, Al, C, Si	Mg, Ti, Zr, V, Nb, Ta, Cr, Mo, W, Mn, Fe, Co, Ni, Pd, Pt, Cu, Ag, Au, C	—	W, Pb
V	1919	—	体心立方	1.316	3.0338	β-Ti, Nb, Ta, Cr, Mo, α-Fe, W	Zr, Mn, γ-Fe, Cu, Ni, Pd, Pt, Cr, Al, Au, C, Si, Ge	Cu, Ni, Pd, Pt, Ag, Au, Al, C, Si, Ge, Pb	—	Ag, Hg
Nb	2468	—	体心立方	1.426	3.2941	β-Ti, β-Zr, V, Mo, W, Ta	Mg, α-Ti, α-Zr, Cr, Mn, Fe, Co, Ni, Pd, Pt, Cu, Al, C, Si	Ti, Zr, Ta, Nb, Mn, Fe, Co, Ni, Pd, Au, Al, C, Si	—	—
Ti	1668	882	α—稠密立方	1.444	$a=2.9446$ $c=4.004$	α-Zr, βV, β-Nb, β-Ta, β-Cr, β-Mn	Mg, α-V, αNb, α-Ta, α-Cr, W, α-Mo, Mn, Fe, Co, Ni, Pd, Pt, Cu, Ag, Au, Al, Ge, Si, C, Pb	Mg, Zr, Mn, Ni, Pd, Pt, Au, Al, Si, Ge	—	—
			β—体心立方	—	$a=3.3132$					

注：括号中的α、β、γ、δ是指左边第一行元素的同素异构。

3. 钢中的合金元素

（1）合金元素在 α-Fe 和 γ-Fe 中的最大溶解度（表 1-3-27）

表 1-3-27　合金元素在 α-Fe 和 γ-Fe 中的最大溶解度

元素	在 α-Fe 中		在 γ-Fe 中	
	温度/℃	溶解度(%)	温度/℃	溶解度(%)
Al	1094	36	1150	0.625
As	841	11.0	1150	1.5
B	913	0.002	1161	0.021
Be	1165	7.4	1100	0.2
C	727	0.0218	1148	2.11
Co	600	76	—	无限
Cr	—	无限	≈1050	12.5
Cu	851	2.1	1096	≈9.5
Ge	<1250	25	1150	≈4
Hf	937±5	0.002	1332±5	1.61
In	920	≈0.9	1350	0.4
Ir	<400	>23	—	无限
Mn	<300	>3	—	无限
Mo	1450	37.5	≈1150	≈4
N	590	0.1	650	2.8
Nb	989	1.8	1220	2.6
Ni	≈415	7	—	无限
O	910	0.03	910~1390	0.002~0.003
P	1049	2.55	1152	0.3
Pb	816	6.1	—	无限
Pt	<600	>20	—	无限
Pu	908	≈1.6	1021	3.7
S	914	0.020	1370	0.065
Sb	1003	≈34	1154	2.5
Si	1275	13	≈1150	≈2
Sn	751	≈17.9	≈1100	≈1.5
Ta	973±3	1.92	1241±3	1.6
Ti	1291	9	1150	0.71
V	—	无限	1120	1.4
W	1554±6	35.5	1150	≈4
Zn	783	46	≈1100	8
Zr	926	0.8	1308	≈2

（2）合金元素在钢中的影响和作用

1）合金元素对钢的力学性能影响。在退火和正火状态下合金元素固溶于铁素体中起固溶强化作用，提高钢的硬度和强度，但同时使韧性和塑性降低，如图 1-3-3 和图 1-3-4 所示。

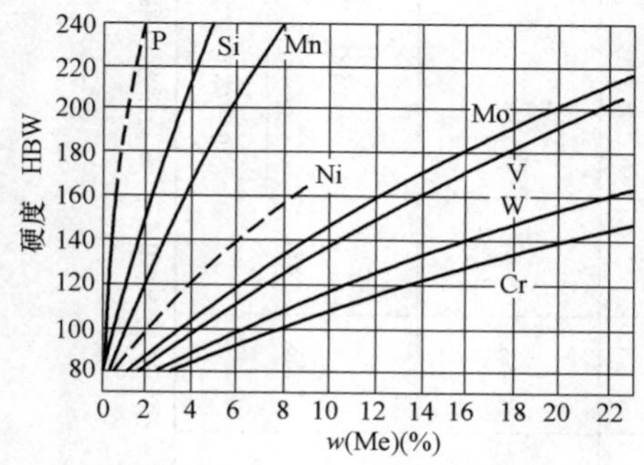

图 1-3-3　合金元素对铁素体固溶体强化的作用

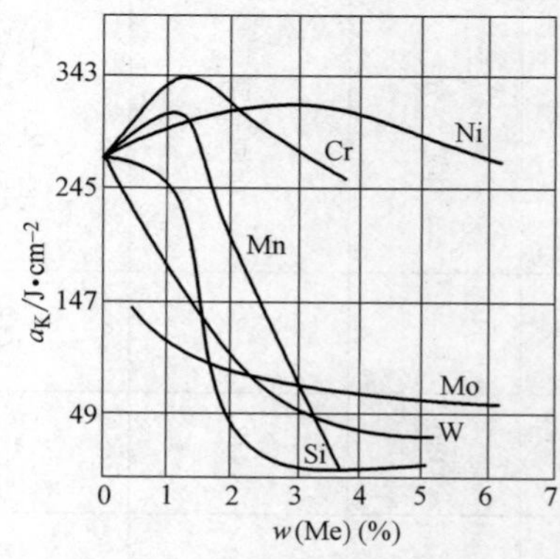

图 1-3-4　合金元素对铁素体冲击韧度的影响

合金元素对低碳钢和珠光体低合金钢在退火和正火状态下的影响，主要是对铁素体的强化和使珠光体细化。对钢的韧性和塑性，特别是脆性转变温度均有显著影响，如图 1-3-5 所示。

2）合金元素对钢的组织与性能的影响（见表 1-3-28）。

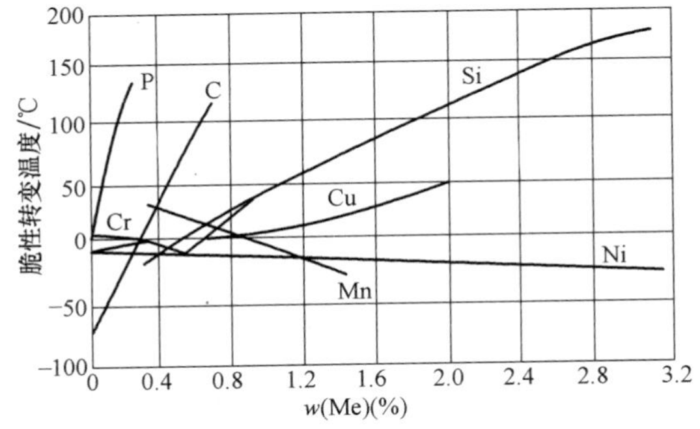

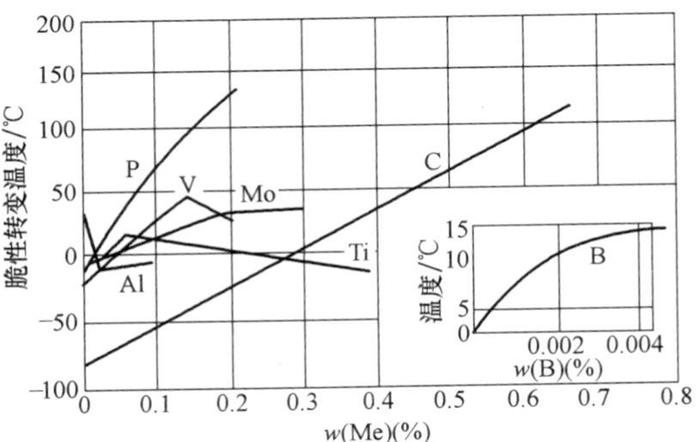

图 1-3-5　合金元素对脆性转变温度的影响

（以 w(C) = 0.3%，w(Mn) = 1.0%，w(Si) = 0.3%的钢的脆性转变为例）

表 1-3-28　合金元素对钢的组织与性能的影响（按元素符号字母排序）

元素名称	对组织的影响	对性能的影响
Al	缩小 γ 相区，形成 γ 相圈；在 α-Fe 及 γ-Fe 中的最大溶解度分别为 36%及 0.6%，不形成碳化物，但与 N 及 O 亲和力极强	主要用来脱氧和细化晶粒。在渗氮钢中能促使形成坚硬耐蚀的渗氮层。当含量高时，可以赋予钢高温抗氧化及耐氧化性介质、耐 H_2S 气体的腐蚀的能力。固溶强化作用大。在耐热合金中，与 Ni 形成 γ′相（Ni_3Al），从而提高其热强性。有促使石墨化倾向，对淬透性影响不显著
As	缩小 γ 相区，形成 γ 相圈；作用与 P 相似，在钢中偏析严重	当 w(As)不超过 0.2%时，对钢的一般力学性能影响不大，但增加回火脆性敏感性
B	缩小 γ 相区，但因形成 Fe_2B，不形成 γ 相圈。在 α-Fe 及 γ-Fe 中的最大溶解度分别为不大于 0.002%及 0.02%	微量 B 在晶界上阻抑铁素体晶核的形成，从而延长奥氏体的孕育期，提高钢的淬透性，但随钢中碳含量的增加，此种作用逐渐减弱以至完全消失
C	扩大 γ 相区，但因渗碳体的形成，不能无限固溶。在 α-Fe 及 γ-Fe 中的最大溶解度分别为 0.02%及 2.1%	随含量的增加，提高钢的硬度和强度，但降低其塑性和韧性
Co	无限固溶于 γ-Fe，在 α-Fe 中的溶解度为 76%。非碳化物形成元素	有固溶强化作用，赋予钢热硬性，改善钢的高温性能和抗氧化及耐腐蚀的能力，为超硬高速钢及高温合金的重要合金化元素。提高钢的 Ms 点，降低钢的淬透性
Cr	缩小 γ 相区，形成 γ 相圈；在 α-Fe 中无限固溶，在 γ-Fe 中的最大溶解度为 12.5%，中等碳化物形成元素，随铬含量的增加，可形成（Fe，Cr）$_3$C，（Cr，Fe）$_7$C$_3$ 及（Cr，Fe）$_{23}$C$_6$ 等碳化物	增加钢的淬透性并有二次硬化作用，提高高碳钢的耐磨性。当 w(Cr)超过 12%时，使钢有良好的高温抗氧化性和耐氧化性介质腐蚀的作用，并增加钢的热强性。为不锈耐酸钢及耐热钢的主要合金化元素。含量高时，易产生 σ 相和 475℃脆性
Cu	扩大 γ 相区，但不无限固溶；在 α-Fe 及 γ-Fe 中最大溶解度分别约 2%或 9.5%。在 724℃及 700℃时，在 α-Fe 中的溶解度剧降至 0.68%及 0.52%	当 w(Cu)超过 0.75%时，经固溶处理和时效后可产生时效强化作用。当含量低时，其作用与 Ni 相似，但较弱。当含量较高时，对热压力加工不利，如 w(Cu)超过 0.30%，在氧化气氛中加热，由于选择性氧化作用，在表面将形成一富铜层，在高温熔化并侵蚀钢表面层的晶粒边界，在热压力加工时导致高温铜脆现象。如果钢中同时含有超过铜含量 1/3 的 Ni，则可避免此种铜脆的发生，如果用于铸钢件则无上述弊病。在低碳低合金钢中，特别是与 P 同时存在时，可提高钢的抗大气腐蚀性能。当 w(Cu)为 2%～3%时在奥氏体不锈钢中可提高其对 H_2SO_4、H_3PO_4 及 HCl 等的耐腐蚀性及对应力腐蚀的稳定性

（续）

元素名称	对组织的影响	对性能的影响
H	扩大 γ 相区,在奥氏体中的溶解度远大于在铁素体中的溶解度;而在铁素体中的溶解度也随温度的下降而剧减	H 使钢易产生白点等缺陷,也是导致焊缝热影响区发生冷裂的重要因素。因此,应采取一切可能的措施降低钢中的氢含量
Mn	扩大 γ 相区,形成无限固溶体。对铁素体及奥氏体均有较强的固溶强化作用。为弱碳化物形成元素,进入渗碳体替代部分 Fe 原子,形成合金渗碳体	与 S 形成熔点较高的 MnS,可防止因 FeS 而导致的热脆现象。降低钢的下临界点,增加奥氏体冷却时的过冷度,细化珠光体组织以改善其力学性能,为低合金钢的重要合金化元素之一,并为无镍及少镍奥氏体钢的主要奥氏体化元素。提高钢的淬透性的作用强,但有增加晶粒粗化和回火脆性的不利倾向
Mo	缩小 γ 相区,形成 γ 相圈;在 α-Fe 及 γ-Fe 中的最大溶解度分别约 37.5%及 4%。强碳化物形成元素	阻抑奥氏体到珠光体转变的能力最强,从而提高钢的淬透性,并为贝氏体高强度钢的重要合金化元素之一。当 $w(Mo) \approx 0.5\%$时,能降低或抑止其他合金元素导致的回火脆性。在较高回火温度下,形成弥散分布的特殊碳化物,有二次硬化作用,提高钢的热强性和蠕变强度。当 $w(Mo)=2\% \sim 3\%$时能增加耐蚀钢抗有机酸及还原性介质腐蚀的能力
N	扩大 γ 相区,但由于形成氮化铁而不能无限固溶;在 α-Fe 及 γ-Fe 中的最大溶解度分别约为 0.1%及 2.8%。不形成碳化物,但与钢中其他合金元素形成氮化物,如 TiN,VN,AlN 等	有固溶强化和提高淬透性的作用,但均不太显著。由于氮化物在晶界上析出,可提高晶界高温强度,从而增加钢的蠕变强度。在奥氏体钢中,可以取代一部分 Ni。与钢中其他元素化合,有沉淀硬化作用;对钢耐蚀性的影响不显著,但在钢进行表面渗氮后,不仅能增加其硬度和耐磨性能,也能显著改善其耐蚀性。在低碳钢中,残余 N 会导致时效脆性
Nb	缩小 γ 相区,但由于拉氏相 $NbFe_2$ 的形成而不形成 γ 相圈;在 α-Fe 及 γ-Fe 中的最大溶解度分别约为 1.8%及 2.6%。是强碳化物及氮化物形成元素	部分元素进入固溶体,固溶强化作用很强。当固溶于奥氏体时,可显著提高钢的淬透性;但当以碳化物及氧化物微细颗粒形态存在时,却会细化晶粒并降低钢的淬透性。能增加钢的耐回火性,有二次硬化作用,微量 Nb 可以在不影响钢的塑性或韧性的情况下,提高钢的强度。由于细化晶粒的作用,提高钢的冲击韧度并降低其韧脆转变温度,有利于改善焊接性。当含量大于碳含量的 8 倍时,几乎可以固定钢中所有的碳,使钢具有很好的抗氢性能;在奥氏体钢中,可以防止氧化介质对钢的晶间腐蚀。由于固定钢中的碳和沉淀硬化作用,可以提高热强钢的高温性能,如蠕变强度等
Ni	扩大 γ 相区,形成无限固溶体,在 α-Fe 中的最大溶解度约 7%。不形成碳化物	固溶强化及提高淬透性的作用中等。细化铁素体晶粒,在强度相同的条件下,提高钢的塑性和韧性,特别是低温韧性,为主要奥氏体形成元素并改善钢的耐蚀性。与铬、钼等联合使用,提高钢的热强性和耐蚀性,为热强钢及奥氏体不锈耐酸钢的主要合金化元素之一
O	缩小 γ 相区,但由于 Fe_2O_3 的形成,不形成 γ 相圈;在 α-Fe 及 γ-Fe 中的最大溶解度分别约为 0.03%及 0.003%	固溶于钢中的数量极少,所以对钢性能的影响并不显著。超过溶解度部分的氧以各种夹杂的形式存在,对钢塑性及韧性不利,特别是对冲击韧度及韧脆转变温度极为不利
P	缩小 γ 相区,形成 γ 相圈;在 α-Fe 及 γ-Fe 中的最大溶解度分别为 2.5%及 0.25%。不形成碳化物,但含量高时易形成 Fe_3P	固溶强化及冷作硬化作用极强;与 Cu 联合使用,可提高低合金高强度钢的耐大气腐蚀性能,但会降低其冲压性能。与 S、Mn 联合使用,可增加钢的可加工性。在钢中偏析严重,会增加钢的回火脆性及冷脆敏感性
Pb	基本上不溶于钢中	当 $w(Pb)$在 0.20%左右并以极微小的颗粒存在时,能在不显著影响其他性能的前提下,改善钢的可加工性
RE	包括元素周期表ⅢB 族中的镧系元素及 Y 和 Sc,共 17 个元素。它们都能缩小 γ 相区,除 La 外,都由于中间化合物的形成而不形成 γ 相圈。它们在铁中的溶解度都很低,如 Ce 和 Nd 的溶解度都不超过 0.5%。他们在钢中,半数以上进入碳化物中,小部分进入夹杂物中,其余部分存在于固溶体中。它们和 O、S、P、N、H 的亲和力很强,和 As、Sb、Pb、Bi、Sn 等也都能形成熔点较高的化合物	有脱气、脱硫和消除其他有害杂质的作用。还能改善夹杂物的形态和分布,改善钢的铸态组织;从而提高钢的质量。$w(RE)$为 0.2%的加入量可以提高钢的抗氧化性、高温强度及蠕变强度;也可以较大幅度地提高不锈耐酸钢的耐蚀性

（续）

元素名称	对组织的影响	对性能的影响
S	缩小 γ 相区,因有 FeS 的形成,未能形成 γ 相圈。在铁中溶解度很小,主要以硫化物的形式存在	提高 S 和 Mn 的含量,可以改善钢的可加工性。在钢中偏析严重,会恶化钢的质量。如果以熔点较低的 FeS 的形式存在时,将导致钢的热脆。硫含量偏高,焊接时由于 SO_2 的产生,将在焊接金属内形成气孔和疏松
Si	缩小 γ 相区,形成 γ 相圈;在 α-Fe 及 γ-Fe 中的溶解度分别为 18.5% 及 2.15%。不形成碳化物	为常用的脱氧剂。对铁素体的固溶强化作用仅次于 P,可提高钢的电阻率,降低磁滞损耗,对磁导率也有所改善,为硅钢片的主要合金化元素。能提高钢的淬透性和耐回火性,对钢的综合力学性能,特别是弹性极限有利。还可增强钢在大气环境中的耐蚀性。为弹簧钢和低合金高强度钢中常用的合金元素。当含量较高时,对钢的焊接性不利,因为焊接时喷溅较严重,有损焊缝质量,并易导致冷脆;对中、高碳钢回火时易产生石墨化
Ti	缩小 γ 相区,形成 γ 相圈;在 α-Fe 及 γ-Fe 中的最大溶解度分别约为 9%及 0.7%,是最强的碳化物形成元素,与 N 的亲和力也极强	固溶强化作用极强,但同时会降低固溶体的韧性;固溶于奥氏体中提高钢淬透性的作用很强;但化合钛,由于其细微颗粒会形成新相的晶核从而促进奥氏体分解,降低钢的淬透性。能提高钢的耐回火性,并有二次硬化作用。当含量高时会析出弥散分布的拉氏相 $TiFe_2$,而产生时效强化作用。可提高耐热钢的抗氧化性和热强性,如蠕变极限和持久强度。在高 Ni 含 Al 合金中形成 γ′相[Ni_3(A1,Ti)],弥散析出,可提高合金的热强性。有防止和减轻不锈耐酸钢晶间腐蚀和应力腐蚀的作用。由于能细化晶粒和固定碳,因此对钢的焊接性有利
V	缩小 γ 相区,形成 γ 相圈,在 α-Fe 中无限固溶,在 γ-Fe 中的最大溶解度约为 1.35%。是强碳化物及氮化物的形成元素	固溶于奥氏体中可提高钢的淬透性;但以化合物状态存在的 V,由于这类化合物的细小颗粒会形成新相的晶核,将降低钢的淬透性。增加钢的耐回火性并有强烈的二次硬化作用。固溶于铁素体中有极强的固溶强化作用。有细化晶粒作用,所以对提高低温冲击韧性有利。VC 是金属碳化物中最硬最耐磨的,可提高工具钢的使用寿命。V 通过细小碳化物颗粒的弥散分布可以提高钢的蠕变强度和持久强度。当 V、C 含量比大于 5.7 时可防止或减轻介质对不锈耐酸钢的晶间腐蚀,并提高钢抗高温高压氢腐蚀的能力,但对钢高温抗氧化性不利
W	缩小 γ 相区,形成 γ 相圈,在 α-Fe 和 γ-Fe 中的最大溶解度分别为 35%及 4%。是强碳化物形成元素,WC 硬而耐磨	W 有二次硬化作用,能赋予钢热硬性,以及增加耐磨性。其对钢的淬透性、耐回火性、力学性能及热强性的影响均与 Mo 相似,但按质量分数比较,其作用较 Mo 为弱。对钢的抗氧化性不利
Zr	缩小 γ 相区,形成 γ 相圈;在 α-Fe 和 γ-Fe 中的最大溶解度分别约为 0.8%及 2%。是强碳化物及氮化物形成元素,其作用仅次于 Ti	在钢中的一些作用与 Nb、Ti、V 相似。少量的 Zr 有脱气、净化和细化晶粒的作用,对提高钢的低温韧性有利,并可消除时效现象,改善钢的冲压性能

（3）钢中合金元素规定的质量分数的界限值（见表 1-3-29）

表 1-3-29　钢中合金元素规定的质量分数的界限值

合金元素	合金元素规定的质量分数的界限值(%)		
	非合金钢	低合金钢	合金钢
Al	<0.10	—	≥0.10
B	<0.0005	—	≥0.0005
Bi	<0.10	—	≥0.10
Cr	<0.30	0.03~<0.50	≥0.50
Co	<0.10	—	≥0.10
Cu	<0.10	0.10~<0.50	≥0.50
Mn	<1.00	1.00~<1.40	≥1.40

（续）

合金元素	合金元素规定的质量分数的界限值（%）		
	非合金钢	低合金钢	合金钢
Mo	<0.05	0.05～<0.10	≥0.10
Ni	<0.03	0.03～<0.50	≥0.50
Nb	<0.02	0.02～<0.06	≥0.06
Pb	<0.40	—	≥0.40
Se	<0.10	—	≥0.10
Si	<0.50	0.50～<0.90	≥0.90
Te	<0.10	—	≥0.10
Ti	<0.05	0.05～<0.13	≥0.13
W	<0.10	—	≥0.10
V	<0.04	0.04～<0.12	≥0.12
Zr	<0.05	0.05～<0.12	≥0.12
镧系（每一种元素）	<0.02	0.02～<0.05	≥0.05
其他规定元素（S、P、C、N 除外）	<0.05	—	≥0.05

注：镧系元素的质量分数，也可为混合稀土总质量分数。

4. 铁碳相图及其特性点（见表 1-3-30）

表 1-3-30　铁碳相图及其特性点

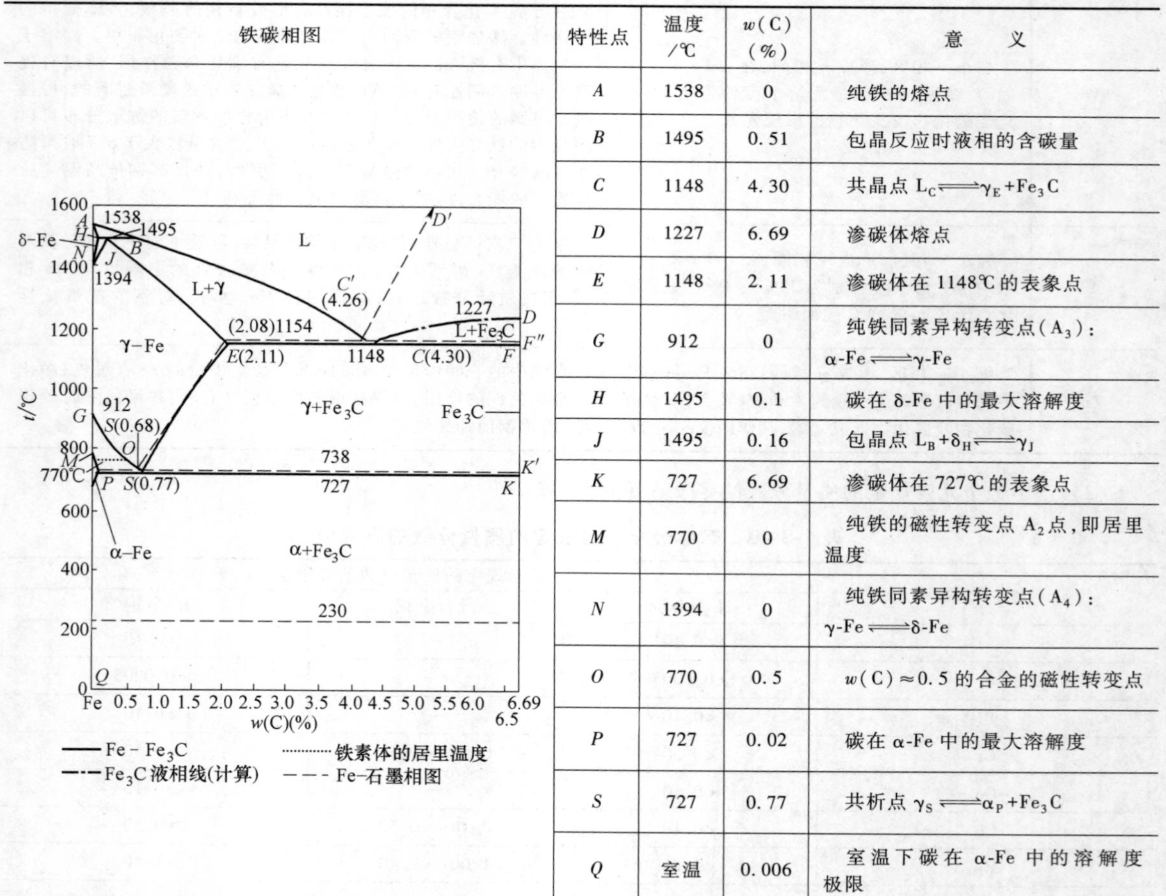

特性点	温度/℃	w(C)（%）	意　　义
A	1538	0	纯铁的熔点
B	1495	0.51	包晶反应时液相的含碳量
C	1148	4.30	共晶点 $L_C \rightleftharpoons \gamma_E + Fe_3C$
D	1227	6.69	渗碳体熔点
E	1148	2.11	渗碳体在 1148℃ 的表象点
G	912	0	纯铁同素异构转变点（A_3）：α-Fe $\rightleftharpoons$ γ-Fe
H	1495	0.1	碳在 δ-Fe 中的最大溶解度
J	1495	0.16	包晶点 $L_B + \delta_H \rightleftharpoons \gamma_J$
K	727	6.69	渗碳体在 727℃ 的表象点
M	770	0	纯铁的磁性转变点 A_2 点，即居里温度
N	1394	0	纯铁同素异构转变点（A_4）：γ-Fe $\rightleftharpoons$ δ-Fe
O	770	0.5	w(C)≈0.5 的合金的磁性转变点
P	727	0.02	碳在 α-Fe 中的最大溶解度
S	727	0.77	共析点 $\gamma_S \rightleftharpoons \alpha_P + Fe_3C$
Q	室温	0.006	室温下碳在 α-Fe 中的溶解度极限

5. **碳素钢的临界点**（见表 1-3-31）

表 1-3-31　碳素钢的临界点

临界点在铁碳相图上的位置	状态	符号	说　明
	平衡状态	A_1	平衡状态下奥氏体、铁素体、渗碳体共存的温度（下临界点）
		A_3	平衡状态下亚共析钢中奥氏体和铁素体共存的最高温度（亚共析钢的上临界点）
		A_{cm}	平衡状态下过共析钢中奥氏体和渗碳体共存的最高温度，过共析钢的上临界点
	加热状态	Ac_1	钢加热时开始形成奥氏体的温度
		Ac_3	亚共析钢加热时，铁素体全部转变为奥氏体的温度
		Ac_{cm}	过共析钢加热时渗碳体完全溶入奥氏体的温度
	冷却状态	Ar_1	钢经加热形成奥氏体后冷却时，奥氏体分解为铁素体和渗碳体的温度
		Ar_3	亚共析钢加热形成奥氏体后冷却时，析出先共析铁素体的实际温度
		Ar_{cm}	过共析钢加热形成奥氏体后冷却时，二次渗碳体开始析出的温度

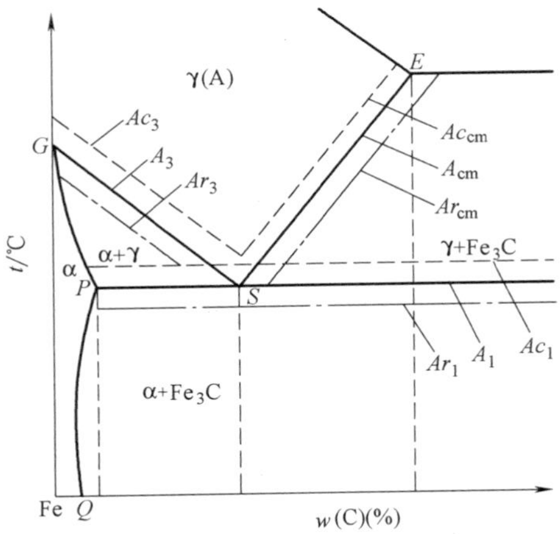

6. **钢的金相组织和特性**（见表 1-3-32）

表 1-3-32　钢的金相组织和特性

名称	组　织	特　性
铁素体（F）	碳在 α-Fe 中的固溶体	呈体心立方晶格。溶碳能力很小，w(C)最大为 0.02%；硬度和强度很低，在 80~120HBW 之间，R_m = 245MPa；而塑性和韧性很好，A = 50%，Z = 70%~80%。因此，含铁素体多的钢材（软钢）可用来做可压挤冲板与耐冲击振动的机件。这类钢有超低碳钢，如 06Cr13、12Cr13 和硅钢片等
奥氏体（A）	碳在 γ-Fe 中的固溶体	呈面心立方晶格。最高 w(C)为 2.06%，在一般情况下，具有高的塑性，但强度和硬度低，在 170~220HBW 之间，奥氏体组织除了在高温转变时产生以外，在常温时亦存在于不锈钢、高铬钢和高锰钢中，如奥氏体不锈钢等
渗碳体（C）	铁和碳的化合物（Fe_3C）	呈复杂的八面体晶格。w(C)为 6.67%，硬度很高，为 70~75HRC，耐磨，但脆性很大。因此，渗碳体不能单独应用而总是与铁素体混合在一起。碳在铁中的溶解度很小，所以在常温下，钢铁组织内大部分的碳都是以渗碳体或其他碳化物形式出现
珠光体（P）	铁素体片和渗碳体片交替排列的层状显微组织，是铁素体与渗碳体的机械混合物（共析体）	是过冷奥氏体进行共析反应的直接产物。其片层组织的粗细随奥氏体过冷程度不同，过冷程度越大，片层组织越细，性质也不同。奥氏体在约 600℃ 分解成的组织称为细珠光体（有的叫一次索氏体），在 500~600℃ 分解转变成用光学显微镜不能分辨其片层状的组织称为极细珠光体（有的叫一次屈氏体），它们的硬度较铁素体和奥氏体高，而较渗碳体低，其塑性较铁素体和奥氏体低而较渗碳体高。正火后的珠光体比退火后的珠光体组织细密，弥散度大，故其力学性能较好，但其片状渗碳体在钢材承受负荷时会引起应力集中，故不如索氏体
莱氏体（Ld）	奥氏体与渗碳体的共晶混合物	铁合金溶液中当 w(C)在 2.06%以上时，缓慢冷却到 1130℃ 便可凝固出莱氏体。当温度到达共析温度，莱氏体中的奥氏体转变为珠光体。因此，在 723℃ 以下莱氏体是珠光体与渗碳体的机械混合物（共晶混合物）。莱氏体硬（>700HBW）而脆，是一种较粗的组织，不能进行压力加工，如白口铸铁。在铸态含有莱氏体组织的钢有高速工具钢和 Cr12 型高合金工具钢等。这类钢一般有较高的耐磨性和较好的切削性

（续）

名称	组织	特性
淬火马氏体（M）	碳在α-Fe中的过饱和固溶体，显微组织呈针叶状	是淬火后获得的不稳定组织。具有很高的硬度，而且随含碳量的增加而提高，但当w(C)超过0.6%后硬度值基本不变，例如w(C)=0.8%的马氏体，硬度约为65HRC，冲击韧性很低，脆性很大，断后伸长率和断面收缩率几乎等于零。奥氏体晶粒越大，马氏体针叶越粗大，则冲击韧性越低；淬火温度越低，奥氏体晶粒越细，则得到的马氏体针叶非常细小，即无针状马氏体组织，其韧性最高
回火马氏体（M）	是与淬火马氏体硬度相近，而脆性略低的黑色针叶状组织	是淬火钢重新加热至150~250℃回火获得的组织。硬度一般只比淬火马氏体低1~3HRC，但内应力比淬火马氏体小
索氏体（S）	是由铁素体和较细的粒状渗碳体组成的组织	是淬火钢重新加热至500~680℃回火后获得的组织。与细珠光体相比，在强度相同的情况下塑性及韧性都高，随回火温度提高，硬度和强度降低，冲击韧性提高。硬度约为35HRC。综合力学性能比较好。索氏体有的叫二次索氏体或回火索氏体
屈氏体（T）	是由铁素体和更细的粒状渗碳体组成的组织	是淬火钢重新加热到350~450℃回火后获得的组织。它的硬度和强度虽然比马氏体低，但因其组织很致密，所以仍具有较高的强度和硬度，并有比马氏体好的韧性和塑性，硬度约为35~45HRC。屈氏体有的叫二次屈氏体或回火屈氏体
下贝氏体（B）	显微组织呈黑色针状形态，其中的铁素体呈针状，而碳化物则呈极细小的质点以弥散状分布在针状铁素体内	是过冷奥氏体在400~240℃等温转变后的产物。具有较高的硬度，约为40~55HBW，良好的塑性和很高的冲击韧性，其综合力学性能比索氏体更好；因此，在要求较大的塑性、韧性和强度相配合时，常以含有适当合金元素的中碳结构钢等温淬火，获得贝氏体以改善钢的力学性能，并减小内应力和变形
低碳马氏体（M）	碳在α-Fe中的过饱和固溶体，显微组织呈板条状	具有高强度与良好的塑性、韧性相结合的特点（R_m=1176~1568MPa，$\sigma_{0.2}$=980~1279MPa，$A_e \geqslant 10\%$，$Z \geqslant 40\%$，$a_K \geqslant 58.8 J/cm^2$）；同时还有低的韧脆转变温度（≤-60℃）；在静载荷、疲劳及多次冲击载荷下，其缺口敏感度和过载敏感性都较低。低碳马氏体状态的20SiMn2MoVA的综合力学性能，比中碳合金钢等温淬火获得的下贝氏体更好。保持了低碳钢的工艺性能，但切削加工较难

7. 钢的热处理方法、特点和应用（见表1-3-33）

表1-3-33 钢的热处理方法、特点和应用

名称	操作	特点	应用
退火	将焊件加热到Ac_1或Ac_3以上（发生相变），或Ac_1以下（不发生相变），保温后，缓冷下来，通过相变以获得珠光体型组织，或不发生相变以消除应力降低硬度的一种热处理方法	退火后的组织，硬度较低，便于加工。发生相变的退火的组织：亚共析钢→铁素体+珠光体；共析钢→珠光体；过共析钢→珠光体+二次渗碳体	退火的目的主要是： 1. 降低硬度，提高塑性，改善可加工性能和压力加工性能（对于不存在珠光体型转变的某些高合金钢，不能采用退火来软化，而要用正火后加高温回火来降低硬度，此时高温回火，也属于不发生相变的退火） 2. 细化晶粒，调整组织（限于有相变的退火），改善力学性能，为下一步工序作准备 3. 消除铸、锻、焊、轧、冷加工等所产生的内应力

碳素钢退火后的硬度

w(C)（%）	≤0.25	0.25~0.65	0.65~0.85	0.7~1.3（球化）
硬度HBW	≤150	150~220	220~229	187~217

名称	操作	特点	应用
退火：完全退火	将焊件加热到Ac_3以上30~50℃的温度，并在此温度保温后，缓冷下来	加热得到均一奥氏体组织后，再缓冷转变为珠光体组织	主要用于亚共析组织的各种碳素钢和合金钢的铸件、锻件及热轧型材，有时也用于焊接结构

（续）

<table>
<tr><th colspan="2">名称</th><th>操　　作</th><th>特　　点</th><th>应　　用</th></tr>
<tr><td rowspan="4">退火</td><td>扩散退火</td><td>将焊件或钢锭加热到约 1300℃，保温较长时间，然后缓冷下来</td><td>利用高温下原子扩散作用，来消除铸件内化学成分的不均匀性（即偏析）</td><td>主要用于使钢材成分均匀。由于这种退火耗时长，费用高，因此只在必要时用于高级优质合金钢。其工艺也属于完全退火</td></tr>
<tr><td>不完全退火</td><td>将焊件加热到高于 Ac_1 而低于 Ac_3 或 A_{cm} 的温度，并在此温度停留一定时间，然后缓冷下来</td><td>部分珠光体发生重结晶相变成奥氏体（完全退火是全部），冷却后又得到片层间距较大的珠光体，冷却速度快，珠光体层片薄，硬度高。冷却速度慢则珠光体层片较厚，硬度也较低，细化晶粒方面不如完全退火。但因其加热温度低，效率高，所以使用较广</td><td>主要用于过共析钢。但只有在锻造后，没有网状渗碳体析出或在消除了网状渗碳体之后，才可以采用。对亚共析钢来说，如果原始组织的晶粒已经很细小，只是为了消除锻轧而产生的内应力或降低硬度，也可采用</td></tr>
<tr><td>去应力退火</td><td>将焊件以缓慢的速度加热至 500～650℃，经适当保温，随炉缓冷却至 300～200℃ 以下出炉（又称软化退火）</td><td>由于退火温度 $<A_1$，因此，钢在去应力退火过程中并无组织变化，内应力主要是在保温后缓冷过程中消除的</td><td>用于消除铸件、锻件、焊接件、热轧件、冷拉件以及切削、冲压过程中所产生的内应力，对于严格要求减少变形的重要零件在淬火或渗氮后常增加去应力退火，亦称低温退火或高温回火</td></tr>
<tr><td>再结晶退火</td><td>将钢加热到再结晶温度以上 150～250℃（碳素钢再结晶退火温度即为 650～700℃），保温一定时间，然后缓慢冷却下来</td><td>通过加热，增加了钢中的原子扩散能力，使冷加工后钢中破碎和歪扭的晶粒发生再结晶，从而使金属的强度、硬度下降，而塑性升高</td><td>用于使经过冷加工，如冲压、冷拔、冷轧等发生加工硬化的钢材，降低硬度，提高塑性，以利于加工继续进行，因此，再结晶退火是冷压力加工后钢的中间退火。例如冲压薄板制造汽车覆盖件的主要工艺过程：热轧→正火→冷轧→中间退火（650～750℃）→冲成汽车覆盖件。中间退火即为消除加工硬化</td></tr>
<tr><td rowspan="2">正火（又称正常化或明火）</td><td colspan="2">将焊件加热到 Ac_3 或 A_{cm} 以上 30～50℃，保温一定时间，然后以稍大于退火的冷却速度冷却下来，如空冷、风冷、喷雾等，得到片层间距较小的珠光体组织（有的叫正火索氏体）</td><td>与退火相比，正火后的组织虽然同样是珠光体型的，但组织细，弥散度大，从而有较高的力学性能，还有生产周期短，设备利用率高，成本较低的优点，但劳动条件较差</td><td rowspan="2">正火的目的与退火相似，已如前述。具体应用如下：
1. 用于 w(C) 低于 0.25% 的低碳钢焊件，以代替退火，有利于钢的切削加工。此时，钢的正火温度应提高到 Ac_3+(100～150℃)为宜，通常称为高温正火
2. 用于消除过共析钢中的网状渗碳体，以利于球化退火。对于截面尺寸较大的过共析钢，应避免采用正火处理
3. 对于某些大型重型钢件以及形状复杂，截面有急剧变化的钢件应用正火处理来代替淬火处理，以免发生严重变形或开裂
4. 对于 w(C) 在 0.25%～0.5% 范围内的中碳钢，如 35、45 钢也适于用正火代替退火，但对同样含碳量的合金钢如 5CrMnMo 和 38CrMoAl 等在正火后还需进行去应力退火；
5. 对于性能要求不高的普通结构零件，可以用正火作为最终热处理，来提高力学性能</td></tr>
<tr><td colspan="3"><table><tr><th colspan="5">碳素钢正火后的硬度</th></tr><tr><td>w(C)(%)</td><td>≤0.25</td><td>0.25～0.65</td><td>0.65～0.85</td><td>0.7～1.3（球化）</td></tr><tr><td>硬度 HBW</td><td>≤156</td><td>156～228</td><td>230～280</td><td>229～341</td></tr></table></td></tr>
<tr><td>淬火</td><td colspan="2">将钢加热到相变温度以上，保温一定时间，而后快速冷却下来的一种热处理方法</td><td>淬火一般是为了得到高硬度的马氏体组织，但有时对于某些高合金钢，如不锈钢和耐磨钢淬火时，则是为了获得单一均匀的奥氏体组织，以分别提高其耐蚀性和耐磨性</td><td>淬火的目的是：
1. 提高硬度和耐磨性
2. 淬火加中或高温回火以获得良好的综合力学性能
应根据淬火零件的材料、形状、尺寸和所要求的力学性能的不同，采用不同的淬火方法
如果焊件只需局部提高硬度，则可进行局部淬火，以避免焊件其他部分发生变形和开裂</td></tr>
</table>

（续）

名称		操作	特点	应用
回火		将淬火后的焊件重新加热到Ac_1以下某一温度,保温一段时间,然后取出以一定方式冷却下来 常用回火方法如下	钢淬火后的组织是马氏体和部分残留奥氏体,处于亚稳定状态,回火是使其趋于稳定状态的处理。随着回火温度升高,硬度、强度下降,而塑性、韧性提高	回火的主要目的是: 1. 降低脆性,消除内应力,减少焊件的变形和开裂 2. 调整硬度,提高塑性和韧性,获得焊件所要求的力学性能 3. 稳定焊件尺寸
回火	低温回火	回火温度为150~250℃	回火后获得回火马氏体组织,但内应力消除不彻底,故应适当延长保温时间	目的是降低内应力和脆性,而保持钢在淬火后的高硬度和耐磨性。主要用于各种工具、模具、滚动轴承,以及渗碳或表面淬火的零件等
回火	中温回火	回火温度为350~450℃左右	回火后获得屈氏体组织,在这一温度范围内回火,必须快冷,以避免第二类回火脆性	目的是在保持一定韧性的条件下提高弹性和屈服强度,故主要用于各种弹簧、锻模、冲击工具及某些要求高强度的零件,如刀杆等
回火	高温回火	回火温度为500~680℃,回火后获得索氏体组织,淬火+高温回火称为调质处理,可获得强度、塑性和韧性都较好的综合力学性能,并可使某些具有二次硬化作用的高合金钢(如高速钢)二次硬化。其缺点是工艺较复杂,在提高塑性、韧性的同时,使强度、硬度有所降低		广泛地应用于各种较为重要的结构零件,特别是在交变负荷下工作的连杆、螺栓、齿轮及轴等。不但可作为这些重要零件的最终热处理,而且还常可作为某些精密零件如丝杠等的预备热处理,以减小最终热处理中的变形,并为获得较好的最终性能提供组织基础
调质				
时效处理	高温时效	加热到略低于高温回火的温度,保温后缓冷到300℃以下出炉	时效与回火有类似的作用,这种方法操作简便,效果也很好,但是耗费时间太长	时效的目的是使淬火后的焊件进一步消除内应力,稳定焊件尺寸 常用来处理要求形状不再发生变形的精密焊件,例如精密轴承、精密丝杠、床身和箱体等 低温时效实际上就是低温补充回火
时效处理	低温时效	将焊件加热到100~150℃,保温较长时间(约5~20h)		

3.5.2 常用钢材的品种及规格

1. 钢板的品种及常用规格（见表1-3-34）

表1-3-34 钢板的品种及常用规格

类别	品种	常用产品及规格举例	
		钢板名称	厚度/mm
普通钢板(包括普通钢和低合金钢钢板)	热轧普通厚钢板(厚度>4mm) 热轧普通薄钢板(厚度≤4mm) 冷轧普通薄钢板(厚度≤4mm)	桥梁用钢板 造船用钢板 汽车大梁用钢板 锅炉用钢板 压力容器用钢板 普通碳素钢钢板 低合金钢钢板 花纹钢板 镀锌薄钢板 镀锡薄钢板 镀铅薄钢板 彩色涂层钢板(带)	4.5~50 1.0~120 2.5~12 6~120 6~120 0.3~200 1.0~200 2.5~8.0 0.25~2.5 0.1~0.5 0.9~1.2 0.3~2.0
优质钢板	热轧优质钢厚钢板(厚度>4mm) 热轧优质钢薄钢板(厚度≤4mm) 冷轧优质钢薄钢板(厚度≤4mm)	碳素结构钢钢板 合金结构钢钢板 碳素和合金工具钢钢板 高速工具钢钢板 弹簧钢钢板 滚动轴承钢钢板 不锈钢钢板 耐热钢钢板	0.5~60 0.5~30 0.7~20 1.0~10 0.7~20 1.0~8 0.4~25 4.5~35
复合钢板		不锈复合厚钢板 塑料复合薄钢板 犁铧用三层钢板	4~60 0.35~2.0 5~10

2. **钢带的品种及常用规格**（见表 1-3-35）

表 1-3-35　钢带的品种及常用规格

类别	品　　种	常用产品及规格举例		
		钢带名称	厚度/mm	宽度/mm
普通钢带	热轧普通钢钢带 冷轧普通钢钢带	普通碳素钢钢带	2.6~2.0(热轧) 0.1~3.0(冷轧)	50~600 10~250
		镀锡钢带	0.08~0.6(冷轧)	—
		软管用钢带	0.25~0.7(冷轧)	4~25
优质钢带	冷轧优质钢钢带 热轧优质钢钢带	碳素结构钢钢带	2.5~5.0(热轧) 0.1~4.0(冷轧)	100~250 4~200
		合金结构钢钢带	0.25~3.0(冷轧) 2.75~7.0(热轧)	10~120 15~300
		碳素和合金工具钢钢带	0.05~3.0(冷轧)	4~200
		高速工具钢钢带	1~1.5(冷轧) 2.5~6.0(热轧)	50~100 60~180
		弹簧钢钢带	0.1~3.0(冷轧)	4~200
		热处理弹簧钢钢带	0.08~1.5(冷轧)	1.5~100
		不锈钢钢带	2.0~8.0(热轧) 0.05~2.5(冷轧)	15~1600 20~600

3. **钢管的品种及常用规格**（见表 1-3-36）

表 1-3-36　钢管的品种及常用规格

类别	品　　种	常用产品及规格举例	
		钢管名称	外径/mm
无缝钢管	热轧无缝钢管 冷拔(轧)无缝钢管 异形无缝钢管(包括方形、各种三角形、六角形、矩形、菱形、梯形、半圆形、椭圆形、梅花形、双凹形和双凸形等) 渗铝钢管	结构用无缝钢管	2~630(热轧) 6~200(冷拔)
		锅炉用无缝钢管	10~426(热轧) 10~194(冷拔)
		锅炉用高压无缝钢管	22~530(热轧) 10~108(冷拔)
		高压油管用无缝钢管	6~7(冷拔)
		不锈耐酸钢无缝钢管	54~480(热轧) 6~200(冷拔)
		滚动轴承钢无缝钢管	25~180(热轧) 25~180(冷拔)
		汽车半轴套管用无缝钢管	76~122(热轧)
		碳素结构钢毛细管	1.5~5(冷拔)
		渗铝钢管	20~90
焊接钢管	直缝电焊钢管	低压流体输送用焊接钢管	10~165(1/8~6in)①
	螺旋缝电焊钢管 炉焊钢管 异形电焊钢管	低压流体输送用镀锌钢管	10~165(1/8~6in)①
		直缝电焊钢管	5~508
		螺旋缝电焊钢管	168.3~2220

① 公称口径

4. **线材与钢丝品种及常用规格**（见表 1-3-37）

表 1-3-37　线材与钢丝的品种及常用规格

类别	品　　种	常用产品及规格举例	
		线材与钢丝名称	直径/mm
线材	热轧圆盘条	普通低碳钢热轧盘条	5.5~14
		碳素电焊条钢盘条	5.5~10
		制缆钢丝用盘条	5.5~19

（续）

类别	品种	常用产品及规格举例	
		线材与钢丝名称	直径/mm
钢丝	低碳钢钢丝	一般用途低碳钢钢丝	0.05~10
	结构钢钢丝	低碳结构钢钢丝	0.3~10
	易切结构钢钢丝	中碳结构钢钢丝	0.2~10
	弹簧钢钢丝	碳素弹簧钢钢丝	0.08~1
	铬轴承钢钢丝	高碳钢轴承钢丝	—
钢丝	工具钢钢丝	合金弹簧钢钢丝	0.5~14
	不锈耐酸钢钢丝	铬轴承钢钢丝	1.4~16
	电热合金丝	不锈耐酸钢钢丝	0.05~14
	预应力钢丝	碳素工具钢钢丝	0.25~10
	冷顶锻用钢丝	合金工具钢钢丝	1.0~12
	焊条用钢丝	银亮钢丝	1.0~10
	其他专用钢丝	冷顶锻用碳素钢钢丝	1.0~16
	异形钢丝	冷顶锻用合金钢钢丝	1.0~14

5. **钢轨与型钢的品种及常用规格**（见表1-3-38）

表1-3-38 钢轨与型钢的品种及常用规格

类别	品种	常用产品及规格举例	
		钢轨与型钢名称	型号、规格
钢轨	钢轨 钢轨配件	轻轨	9~30kg·m^{-1}
		重轨	38~60kg·m^{-1}
		起重机轨	QU—70/QU—120
普通型钢	型钢 条钢 螺纹钢 铆螺钢 锻材坯	普通工字钢	10~63号
		轻型工字钢	8~70号
		普通槽钢	5~40号
		轻型槽钢	5~40号
		等边角钢	2~20号
		不等边角钢	2.5/1.6号~20/12.5号
		方钢	5.5~200mm
		圆钢	ϕ5.5~250mm
		扁钢	3mm×10mm~60mm×150mm
		螺纹钢	10~40mm
		锻材坯	90mm×90mm~500mm×500mm
优质型钢	碳素和合金结构钢 易切结构钢 碳素和合金工具钢 高速工具钢 弹簧钢 滚动轴承钢 不锈耐热钢 中空钢 冷镦钢	碳素结构钢热轧材： 圆钢 方钢 六角钢 扁钢	 ϕ8~220mm 10~120mm 8~70mm 3mm×25mm~36mm×100mm
		碳素结构钢锻材： 圆钢 方钢 扁钢	 ϕ50~250mm 50~250mm 25mm×60mm~120mm×260mm
		碳素结构钢冷拉材： 圆钢 方钢 六角钢 扁钢	 ϕ7~80mm 7~70mm 7~75mm 5mm×8mm~30mm×50mm

3.5.3　钢铁材料的硬度及强度换算

1. 钢铁材料的硬度值换算及相应的抗拉强度（见表 1-3-39）

表 1-3-39　钢铁材料的硬度值换算及相应的抗拉强度（摘自 GB/T 1172—1999）

硬　度								抗拉强度 R_m/MPa								
洛氏		表面洛氏			维氏	布氏($F/D^2=30$)		碳素钢	铬钢	铬钒钢	铬镍钢	铬钼钢	铬镍钼钢	铬锰硅钢	超高强度钢	不锈钢
HRC	HRA	HR15N	HR30N	HR45N	HV	HBS	HBW									
20.0	60.2	68.8	40.7	19.2	226	225		774	742	736	782	747		781		740
20.5	60.4	69.0	41.2	19.8	228	227		784	751	744	787	753		788		749
21.0	60.7	69.3	41.7	20.4	230	229		793	760	753	792	760		794		758
21.5	61.0	69.5	42.2	21.0	233	232		803	769	761	797	767		801		767
22.0	61.2	69.8	42.6	21.5	235	234		813	779	770	803	774		809		777
22.5	61.5	70.0	43.1	22.1	238	237		823	788	779	809	781		816		786
23.0	61.7	70.3	43.6	22.7	241	240		833	798	788	815	789		824		796
23.5	62.0	70.6	44.0	23.3	244	242		843	808	797	822	797		832		806
24.0	62.2	70.8	44.5	23.9	247	245		854	818	807	829	805		840		816
24.5	62.5	71.1	45.0	24.5	250	248		864	828	816	836	813		848		826
25.0	62.8	71.4	45.5	25.1	253	251		875	838	826	843	822		856		837
25.5	63.0	71.6	45.9	25.7	256	254		886	848	837	851	831	850	865		847
26.0	63.3	71.9	46.4	26.3	259	257		897	859	847	859	840	859	874		858
26.5	63.5	72.2	46.9	26.9	262	260		908	870	858	867	850	869	883		868
27.0	63.8	72.4	47.3	27.5	266	263		919	880	869	876	860	879	893		879
27.5	64.0	72.7	47.8	28.1	269	266		930	891	880	885	870	890	902		890
28.0	64.3	73.0	48.3	28.7	273	269		942	902	892	894	880	901	912		901
28.5	64.6	73.3	48.7	29.3	276	273		954	914	903	904	891	912	922		913
29.0	64.8	73.5	49.2	29.9	280	276		965	925	915	914	902	923	933		924
29.5	65.1	73.8	49.7	30.5	284	280		977	937	928	924	913	935	943		936
30.0	65.3	74.1	50.2	31.1	288	283		989	948	940	935	924	947	954		947
30.5	65.6	74.4	50.6	31.7	292	287		1002	960	953	946	936	959	965		959
31.0	65.8	74.7	51.1	32.3	296	291		1014	972	966	957	948	972	977		971
31.5	66.1	74.9	51.6	32.9	300	294		1027	984	980	969	961	985	989		983
32.0	66.4	75.2	52.0	33.5	304	298		1039	996	993	981	974	999	1001		996
32.5	66.6	75.5	52.5	34.1	308	302		1052	1009	1007	984	987	1012	1013		1008
33.0	66.9	75.8	53.0	34.7	313	306		1065	1022	1022	1007	1001	1027	1026		1021
33.5	67.1	76.1	53.4	35.3	317	310		1078	1034	1036	1020	1015	1041	1039		1034
34.0	67.4	76.4	53.9	35.9	321	314		1092	1048	1051	1034	1029	1056	1052		1047
34.5	67.7	76.7	54.4	36.5	326	318		1105	1061	1067	1048	1043	1071	1066		1060

（续）

硬度								抗拉强度 R_m/MPa								
洛氏		表面洛氏			维氏	布氏（$F/D^2=30$）		碳素钢	铬钢	铬钒钢	铬镍钢	铬钼钢	铬镍钼钢	铬锰硅钢	超高强度钢	不锈钢
HRC	HRA	HR15N	HR30N	HR45N	HV	HBS	HBW									
35.0	67.9	77.0	54.8	37.0	331	323		1119	1074	1082	1063	1058	1087	1079		1074
35.5	68.2	77.2	55.3	37.6	335	327		1133	1088	1098	1078	1074	1003	1094		1087
36.0	68.4	77.5	55.8	38.2	340	332		1147	1102	1114	1093	1090	1119	1108		1101
36.5	68.7	77.8	56.2	38.8	345	336		1162	1116	1131	1109	1106	1136	1123		1116
37.0	69.0	78.1	56.7	39.4	350	341		1177	1131	1148	1125	1122	1153	1139		1130
37.5	69.2	78.4	57.2	40.0	355	345		1192	1146	1165	1142	1139	1171	1155		1145
38.0	69.5	78.7	57.6	40.6	360	350		1207	1161	1183	1159	1157	1189	1171		1161
38.5	69.7	79.0	58.1	41.2	365	355		1222	1176	1201	1177	1174	1207	1187	1170	1176
39.0	70.0	79.3	58.6	41.8	371	360		1238	1192	1219	1195	1192	1226	1204	1195	1193
39.5	70.3	79.6	59.0	42.4	376	365		1254	1208	1238	1214	1211	1245	1222	1219	1209
40.0	70.5	79.9	59.5	43.0	381	370	370	1271	1225	1257	1233	1230	1265	1240	1243	1226
40.5	70.8	80.2	60.0	43.6	387	375	375	1288	1242	1276	1252	1249	1285	1258	1267	1244
41.0	71.1	80.5	60.4	44.2	393	380	381	1305	1260	1296	1273	1269	1306	1277	1290	1262
41.5	71.3	80.8	60.9	44.8	398	385	386	1322	1278	1317	1293	1289	1327	1296	1313	1280
42.0	71.6	81.1	61.3	45.4	404	391	392	1340	1296	1337	1314	1310	1348	1316	1336	1299
42.5	71.8	81.4	61.8	45.9	410	396	397	1359	1315	1358	1336	1370	1370	1336	1336	1319
43.0	72.1	81.7	62.3	46.5	416	401	403	1378	1335	1380	1358	1392	1390	1357	1381	1339
43.5	72.4	82.0	62.7	47.1	422	407	409	1397	1355	1401	1380	1415	1415	1378	1404	1361
44.0	72.6	82.3	63.2	47.7	428	413	415	1417	1375	1424	1404	1439	1439	1400	1427	1383
44.5	72.9	82.6	63.6	48.3	435	418	422	1438	1398	1446	1427	1462	1462	1462	1450	1405
45.0	73.2	82.9	64.1	48.9	441	424	428	1459	1420	1469	1451	1444	1487	1445	1473	1429
45.5	73.4	83.2	64.6	49.5	448	430	435	1481	1444	1493	1476	1468	1512	1469	1496	1453
46.0	73.7	83.5	65.0	50.1	454	436	441	1503	1468	1517	1502	1492	1537	1493	1520	1479
46.5	73.9	83.7	65.5	50.7	461	442	448	1526	1463	1541	1527	1518	1563	1517	1544	1505
47.0	74.2	84.0	65.9	51.2	468	449	455	1550	1519	1566	1554	1542	1589	1543	1569	1533
47.5	74.5	84.3	66.4	51.8	475		463	1575	1546	1591	1581	1568	1616	1569	1594	1562
48.0	74.7	84.6	66.8	52.4	482		470	1600	1574	1617	1608	1595	1643	1595	1620	1592
48.5	75.0	84.9	67.3	53.0	489		478	1625	1603	1643	1636	1622	1671	1623	1646	1623
49.0	75.3	85.2	67.7	53.96	497		785	1653	1633	1670	1665	1649	1699	1651	1674	1655
49.5	75.5	85.5	68.2	54.2	504		494	1681	1665	1697	1695	1677	1728	1679	1702	1689
50.0	75.8	85.7	68.6	54.7	512		502	1710	1698	1724	1724	1706	1758	1709	1731	1725
50.5	76.1	86.0	69.1	55.3	520		510		1732	1752	1755	1735	1788	1739	1761	
51.0	76.3	86.3	69.5	55.9	527		518		1768	1780	1786	1764	1819	1770	1792	
51.5	76.6	86.6	70.0	56.5	535		527		1806	1809	1818	1794	1850	1801	1824	
52.0	76.9	86.8	70.4	57.1	544		535		1845	1839	1850	1825	1881	1834	1957	

52.5	77.1	87.1	70.9	57.6	552		544			1869	1883	1856	1914	1867	1892	
53.0	77.4	87.4	71.3	58.2	561		552			1899	1917	1888	1947	1901	1929	
53.5	77.7	87.6	74.8	58.8	569		561			1930	1951			1936	1966	
54.0	77.9	87.9	72.2	59.4	578		569			1961	1986			1971	2006	
54.5	78.2	88.1	72.6	59.9	587		577			1993	2022			2008	2047	
55.0	78.5	88.4	73.1	60.5	596		585			2026	2058			2045	2090	
55.5	78.7	88.6	73.5	61.1	606		593								2135	
56.0	79.0	88.9	73.9	61.7	615		601								2181	
56.5	79.3	89.1	74.4	62.2	625		628								2230	
57.0	79.5	89.4	74.8	62.8	635		616								2281	
57.5	79.8	89.6	75.2	63.4	645		622								2334	
58.0	80.1	89.8	75.6	63.9	655		628								2390	
58.5	80.3	90.0	76.1	64.5	666		634								2448	
59.0	80.6	90.2	76.5	65.1	676		639								2509	
59.5	80.9	90.4	76.9	65.6	687		643								2572	
60.0	81.2	90.6	77.3	66.2	698		647								2639	
60.5	81.4	90.8	77.7	66.8	710		650									
61.0	81.7	91.0	78.1	67.3	721											
61.5	82.0	91.2	78.6	67.9	733											
62.0	82.2	91.4	79.0	68.4	745											
62.5	84.5	91.5	79.4	69.0	757											
63.0	82.8	91.7	79.8	69.5	770											
63.5	83.1	91.8	80.2	70.1	782											
64.0	83.3	91.9	80.6	70.6	795											
64.5	83.6	92.1	81.0	71.2	809											
65.0	83.9	92.2	81.3	71.7	822											
65.5	84.1				836											
66.0	84.4				850											
66.5	84.7				865											
67.0	85.0				879											
67.5	85.2				894											
68.0	85.5				909											

2. 低碳钢的硬度值换算及相应的抗拉强度（表 1-3-40）

表 1-3-40　低碳钢的硬度值换算及相应的抗拉强度（摘自 GB/T 1172—1999）

洛　氏		表面洛氏		维　氏	布　氏		抗拉强度 R_m/MPa
HRB	HR15T	HR30T	HR45T	HV	HBW		
					$F/D^2=10$	$F/D^2=30$	
60.0	80.4	56.1	30.4	105	102		375
60.5	80.5	56.4	30.9	105	102		377
61.0	80.7	56.7	31.4	106	103		378
61.5	80.8	57.1	31.9	107	103		3814
62.0	80.9	57.4	32.4	108	104		382
62.5	81.1	57.7	32.9	108	104		384
63.0	81.2	58.0	33.5	109	105		386
63.5	81.4	58.3	34.0	110	105		388
64.0	81.5	58.7	34.5	110	106		390
64.5	81.6	59.0	35.0	111	106		393
65.0	81.8	59.3	35.5	112	107		395
65.5	81.9	59.6	36.1	113	107		397
66.0	82.1	59.9	36.6	114	108		399
66.5	82.2	60.3	37.1	115	108		402
67.0	82.3	60.6	37.6	115	109		404
68.5	82.5	60.9	38.1	116	110		407
68.0	82.6	61.2	38.6	117	110		409
68.5	82.7	61.5	39.2	118	111		412
69.0	82.9	61.9	39.7	119	112		415
69.5	83.0	62.2	40.2	120	112		418
70.0	83.2	62.5	40.7	121	113		421
70.5	83.3	62.8	41.2	122	114		424
71.0	83.4	63.1	41.7	123	115		427
71.5	83.6	63.5	42.3	124	115		430
72.0	83.7	63.8	42.8	125	116		433
72.5	83.9	64.1	43.3	126	117		437
73.0	84.0	64.4	43.8	128	118		440
73.5	84.1	64.7	44.3	129	119		444
74.0	84.3	65.1	44.8	130	120		447
74.5	84.4	65.4	45.4	131	121		451
75.0	84.5	654.7	45.9	132	122		455
75.5	84.7	66.0	46.4	134	123		459
76.0	84.8	66.3	46.9	135	124		463
76.5	85.0	66.6	47.4	136	125		467
77.0	85.1	67.0	47.9	138	126		471
77.5	85.2	67.3	48.5	139	127		475
78.0	85.4	67.6	49.0	140	128		480
78.5	85.5	67.9	49.5	142	129		484
79.0	85.7	68.2	50.0	143	130		489
79.5	85.8	68.6	50.5	145	132		493

（续）

洛氏		表面洛氏		维氏	布氏		抗拉强度 R_m/MPa
					HBW		
HRB	HR15T	HR30T	HR45T	HV	$F/D^2=10$	$F/D^2=30$	
80.0	85.9	68.9	51.0	146	133		498
80.5	86.1	69.2	51.6	148	134		503
81.0	86.2	69.5	52.1	149	1396		508
81.5	86.3	69.8	52.6	151	137		513
82.0	86.5	70.2	53.1	152	138		518
82.5	86.6	70.5	53.6	154	140		523
83.0	86.8	70.8	54.1	156		152	529
83.5	86.9	71.1	54.7	157		154	534
84.0	87.0	71.4	55.2	159		155	540
84.5	87.2	71.8	55.7	161		156	546
85.0	87.3	72.1	56.2	163		158	551
85.5	87.5	72.4	56.7	165		159	557
86.0	87.6	72.7	57.2	166		161	563
86.5	87.7	73.0	57.8	168		163	570
87.0	87.9	73.4	58.3	170		164	576
87.5	88.0	73.7	58.8	172		166	582
88.0	88.1	74.0	59.3	174		168	589
88.5	88.3	74.3	59.8	176		170	596
89.0	88.4	74.6	60.3	178		172	603
89.5	88.6	75.0	60.9	180		174	609
90.0	88.7	75.3	61.4	183		176	617
90.5	88.8	75.6	61.9	185		178	624
91.0	89.0	75.9	62.4	187		180	631
91.5	89.1	76.2	62.9	189		182	639
92.0	89.3	76.6	63.4	191		184	646
92.5	89.4	76.9	64.0	194		187	654
93.0	89.5	77.2	54.5	196		189	662
93.5	89.7	77.5	65.0	199		192	670
94.0	89.8	77.8	65.5	201		195	678
94.5	89.9	78.2	66.0	203		197	686
95.0	90.1	78.5	66.5	206		200	695
95.5	90.2	78.8	67.1	208		203	703
96.0	90.4	79.1	67.6	211		206	712
96.5	90.5	79.4	68.1	214		209	721
97.0	90.6	79.8	68.6	216		212	730
97.5	90.8	80.1	69.1	219		215	739
98.0	90.9	80.4	69.6	222		218	749
98.5	91.1	80.7	70.2	225		222	758
99.0	91.2	81.0	70.7	227		226	768
99.5	91.3	81.4	71.2	230		229	778
100.0	91.5	81.7	71.7	233		232	788

3.6　常用材料的物理性能

3.6.1　常用材料的线胀系数（见表 1-3-41）

表 1-3-41　常用材料的线胀系数　（单位：10^{-6}℃$^{-1}$）

材　料	温度范围/℃								
	20	20~100	20~200	20~300	20~400	20~600	20~700	20~900	70~1000
工程用铜		16.6~17.1	17.1~17.2	17.6	18~18.1	18.6			
黄铜		17.8	18.8	20.9					
青铜		17.6	17.9	18.2					
铸铝合金	18.44~24.5								
铝合金		22.0~24.0	23.4~24.8	24.0~25.9					
碳素钢		10.6~12.2	11.3~13	12.1~13.5	12.9~13.9	13.5~14.3	14.7~15		
铬钢		11.2	11.8	12.4	13	13.6			
30Cr13		10.2	11.1	11.6	11.9	12.3	12.8		
1Cr18Ni9Ti		16.6	17	17.2	17.5	17.9	18.6	19.3	
铸铁		8.7~11.1	8.5~11.6	10.1~12.1	11.5~12.7	12.9~13.2			
镍铬合金		14.5							17.6
砖	9.5								
水泥、混凝土	10~14								
胶木、硬橡胶	64~77								
玻璃		4~11.5							
赛璐珞		100							
有机玻璃		130							

注：1Cr18Ni9Ti 为旧标准牌号，仅供参考。

3.6.2　常用材料的熔点、热导率及比热容（见表 1-3-42）

表 1-3-42　常用材料的熔点、热导率及比热容

名　称	熔点/℃	热导率 λ/W·(m·K)$^{-1}$	比热容 c/kJ·(kg·K)$^{-1}$
灰铸铁	1200	58	0.532
碳素钢	1460	47~58	0.49
不锈钢	1450	14	0.51
硬质合金	2000	81	0.80
铜	1083	384	0.394
黄铜	950	104.7	0.384
青铜	910	64	0.37
铝	658	204	0.879
锌	419	110~113	0.38
锡	232	64	0.24
铅	327.4	34.7	0.130
镍	1452	59	0.64
聚氯乙烯		0.16	
聚酰胺		0.31	

注：表中的热导率及比热容数值指温度在 0~100℃ 范围内。

3.6.3　常用材料的密度（见表 1-3-43）

表 1-3-43　常用材料的密度

材 料 名 称	密度/g·cm^{-3}	材 料 名 称	密度/g·cm^{-3}
碳素钢	7.3~7.85	合金钢	7.9
铸钢	7.8	镍铬钢	7.9
高速钢[w(W)=9%]	8.3	灰铸铁	7.0
高速钢[w(W)=18%]	8.7	白口铸铁	7.55

（续）

材料名称	密度/g·cm^{-3}	材料名称	密度/g·cm^{-3}
可锻铸铁	7.3	皮革	0.4～1.2
纯铜	8.9	聚氯乙烯	1.35～1.40
黄铜	8.4～8.85	聚苯乙烯	0.91
铸造黄铜	8.62	有机玻璃	1.18～1.19
锡青铜	8.7～8.9	无填料的电木	1.2
无锡青铜	7.5～8.2	赛璐珞	1.4
轧制磷青铜、冷拉青铜	8.8	酚醛层压板	1.3～1.45
工业用铝、铝镍合金	2.7	尼龙 6	1.13～1.14
可铸铝合金	2.7	尼龙 66	1.14～1.15
镍	8.9	尼龙 1010	1.04～1.06
轧锌	7.1	橡胶夹布传动带	0.3～1.2
铅	11.37	木材	0.4～0.75
锡	7.29	石灰石	2.4～2.6
金	19.32	花岗石	2.6～3.0
银	10.5	砌砖	1.9～2.3
汞	13.55	混凝土	1.8～2.45
镁合金	1.74	生石灰	1.1
硅钢片	7.55～7.8	熟石灰、水泥	1.2
锡基轴承合金	7.34～7.75	黏土耐火砖	2.10
铅基轴承合金	9.33～10.67	硅质耐火砖	1.8～1.9
硬质合金(钨钴)	14.4～14.9	镁质耐火砖	2.6
硬质合金(钨钴钛)	9.5～12.4	镁铬质耐火砖	2.8
胶木板、纤维板	1.3～1.4	高铬质耐火砖	2.2～2.5
纯橡胶	0.93	碳化硅	3.10

3.6.4 材料的滑动摩擦因数（见表 1-3-44）

表 1-3-44 材料的滑动摩擦因数

材料名称	摩擦因数 f			材料名称	摩擦因数 f		
	静摩擦	动摩擦			静摩擦	动摩擦	
	无润滑剂	无润滑剂	有润滑剂		无润滑剂	无润滑剂	有润滑剂
钢-钢	0.15，0.1～0.12*	0.15	0.05～0.10	软钢-铝	—	0.36	—
				软钢-青铜	0.2	0.18	0.07～0.15
钢-软钢	—	0.2	0.1～0.2	软钢-铅基白合金	—	0.40	—
钢-铸铁	0.3	0.18	0.05～0.15	软钢-锡基白合金	—	0.30	—
钢-青铜	0.15，0.1～0.15*	0.15	0.1～0.15	软钢-镉镍合金	—	0.35	—
				软钢-油膜轴承合金	—	0.18	—
钢-巴氏合金	—	0.15～0.3	—	软钢-铝青钢	—	0.20	—
钢-铜铅合金	—	0.15～0.3	—	软钢-玻璃	—	0.51	—
钢-粉末金属	0.35～0.55	—	—	软钢-石墨	—	0.21	—
钢-橡胶	0.9	0.6～0.8	—	软钢-槲木	0.6，0.12*	0.4～0.6	0.1
钢-塑料	0.09～0.1*	—	—	软钢-榆木	—	0.25	—
钢-尼龙	—	0.3～0.5	0.05～0.1	硬钢-红宝石	—	0.24	—
钢-软木	—	0.15～0.39	—	硬钢-蓝宝石	—	0.35	—
软钢-软钢	—	0.40	—	硬钢-二硫化钼	—	0.15	—
软钢-铸铁	0.2	0.18	0.05～0.15	硬钢-电木	—	0.35	—
软钢-黄铜	—	0.46	—	硬钢-玻璃	—	0.48	—
软钢-铝合金	—	0.30	—	硬钢-硬质橡胶	—	0.38	—
软钢-铅	—	0.40	—	硬钢-石墨	—	0.15	—
软钢-镍	—	0.40	—	铸铁-铸铁	0.18*	0.15	0.07～0.12

（续）

材料名称	摩擦因数 f			材料名称	摩擦因数 f		
	静摩擦	动摩擦			静摩擦	动摩擦	
	无润滑剂	无润滑剂	有润滑剂		无润滑剂	无润滑剂	有润滑剂
铸铁-青铜	—	0.15~0.2	0.07~0.15	钛-钛	—	0.35~0.65	—
铸铁-橡皮	—	0.8	0.5	镍-石墨	—	0.24	—
铸铁-皮革	0.3~0.5，0.15*	0.6	0.15	青铜-槲木	0.6	0.3	—
				玻璃-玻璃	—	0.7	—
铸铁-层压纸板	—	0.3	—	玻璃-硬质橡胶	—	0.53	—
铸铁-槲木	0.65	0.3~0.5	0.2	金刚石-金刚石	0.1	—	—
铸铁-榆、杨木	—	0.4	0.1	尼龙-尼龙	0.2	—	0.1~0.2
青铜-青铜	0.1*	0.2	0.07~0.1	橡胶-纸	1.0	—	—
黄铜-黄铜	—	0.8~1.5	—	砖-木	0.6	—	—
铅-铅	—	1.2	—	皮革(外)-槲木	0.6	0.3~0.5	—
镍-镍	—	0.8	—	皮革(内)槲木	0.4	0.3~0.4	—
铬-铬	—	0.8~1.5	—	木材-木材	0.4~0.6，0.1*	0.2~0.5	0.07~0.15
锌-锌	—	0.35~0.65	—				

注：表中标有＊者表示有润滑剂的情况。

3.7 常用有机与无机化工产品及盐类的性质（见表1-3-45）

表 1-3-45 常用有机与无机化工产品及盐类的性质

名称	分子式	物态	密度 /$g \cdot cm^{-3}$	熔点/℃	沸点/℃	特点
盐酸	HCl	36%~38%水溶液	1.16~1.18	—	—	无色，有刺激性气味，强腐蚀性
硝酸	HNO_3	液	1.52	-42	86	无色或微黄，空气中冒烟，有刺激性气味，强氧化性
硫酸	H_2SO_4	液	1.84	—	290	无色油状液，强腐蚀和氧化性
硼酸	H_3BO_4	固	1.43	184	300	白色晶粒，有滑腻手感，无味，溶于水或醇
磷酸	H_3PO_4	固	1.84	22	261	斜方晶体，市售85%水溶液，为浆状稠液
明矾	$K(AlSO_4)_2 \cdot 12H_2O$	固	1.73	92.5	—	无色晶体，无臭，易溶于甘油和水，不溶于甲醇和乙醇
氢氧化钠	NaOH	固	2.13	318.4	1390	无色晶体，吸湿性强，易溶于水，对皮肤侵蚀性强
氢氧化钾	KOH	固	2.04	380	—	白色粒块，吸湿性强，易溶于水，对皮肤侵蚀性强
变色硅胶	$mSiO_2 \cdot nH_2O$	固	—	—	—	蓝白色透明颗粒，吸水后变粉红色，干后为蓝色
乙炔	C_2H_2	气	$1.17g \cdot L^{-1}$	-80.8	-84	无色，在氧气中燃烧，火焰温度达4000℃
甲烷	CH_4	气	$0.72g \cdot L^{-1}$	-182.5	-161.5	无色无味，可燃，可液化
丙烷	C_3H_8	气	$2.02g \cdot L^{-1}$	-190	-45	无色，可燃，可液化，不易发生化学反应
甲醇	CH_3OH	液	0.791	-97.8	64.7	易燃，有毒，能与水或乙醇混溶
乙醇	C_2H_5OH	液	0.798	-130	78.5	易燃，能与水及多种溶剂混溶，工业纯度≥95%
甘油（丙三醇）	$CH_2OH—CHOH—CH_2OH$	液	1.26	17.8	290	无色，甜味黏稠液体，能与水或乙醇混溶
丙酮	CH_3COCH_3	液	0.789	-94	56.5	无色，易燃，有微香，能与水或乙醇混溶

（续）

名称	分子式	物态	密度 /g·cm^{-3}	熔点/℃	沸点/℃	特　　点
醋酸	CH_3COOH	液	1.05	16.63	118	无色,有刺激性气味,能与水或乙醇混溶
草酸	$C_2H_2O_4 \cdot 2H_2O$	固	1.65	101~102	—	透明晶体,无味,有毒,能与水混溶
氯化钾	KCl	固	1.72	773	1500	白色结晶,易溶于水
氯化钠	NaCl	固	2.17	804	1413	四方形结晶或粉末,溶于水
氟化钾	KF	固	2.48	860	1505	白色结晶,有毒,易溶于水
氟化钠	NaF	固	2.78	993	1704	无色结晶,有毒,略溶于水
碳酸钙	$CaCO_3$	固	2.83	825℃分解		白色粉末或结晶,不溶于水
碳酸钾	K_2CO_3	固	2.29	891	—	白色颗粒或粉末,吸湿
碳酸钠	Na_2CO_3	固	2.53	851	—	白色粉末,溶于水
硝酸钾	KNO_3	固	2.11	333	—	强氧化剂,危险品
硝酸钠	$NaNO_3$	固	2.26	308	—	白色颗粒,强氧化剂
硝酸铵	NH_4NO_3	固	1.72	~155	400℃能引爆	白色微黄结晶,易溶于水
重铬酸钾	$K_2Cr_2O_7$	固	2.68	398	500℃分解	橙红色结晶,略溶于水
硼砂	$Na_2B_4O_7$	固	2.37	878	—	白色粉末,吸湿

第2篇

焊接物理冶金

第1章　焊接及其分类

焊接在机械制造中是一种十分重要的加工工艺。据工业发达国家统计，每年用于制造焊接结构的钢材占钢总产量的70%左右。

焊接不仅能解决各种钢材的连接问题，而且还能解决有色金属和钛、铬等特种金属材料的连接问题。焊接既能连接异种金属，又能连接厚薄相差悬殊的金属，因而已广泛地应用于机械、汽车、船舶、石油化工、电力、建筑、原子能、海洋工程、宇航工程和电子技术等工业部门。

随着现代工业生产的需要和科学技术的蓬勃发展，焊接技术进步很快，到现在焊接方法已发展到数十种之多。为了能正确选择和使用各种焊接方法，必须了解焊接的物理本质，它们的分类、基本特点和适用范围。

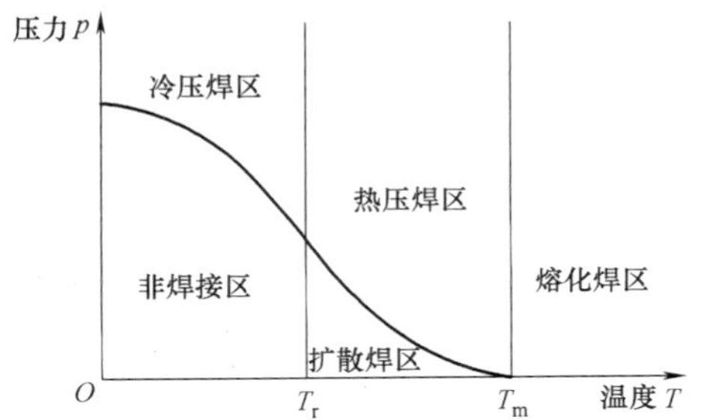

图 2-1-1　焊接时压力与温度的关系

T_r—金属再结晶温度　T_m—金属熔点

1.1　焊接过程的物理本质

焊接是两种或两种以上同种或异种材料通过原子或分子之间的结合和扩散连接成一体的工艺过程。

促使原子或分子之间产生结合和扩散的方法是加热或加压，或同时加热又加压。

两材料原子之间不能产生结合和扩散的主要原因是材料的连接表面有氧化膜、水和油等吸附层以及两材料原子之间尚未达到产生结合力（即形成金属键）的距离，对金属而言该距离约为0.3~0.5nm。焊接时，加压可以破坏连接表面的氧化膜，产生塑性变形以增加接触面，使原子间达到产生结合力和扩散的条件；加热的目的是使接触面的氧化膜破坏，降低塑性变形阻力，增加原子振动能，促进再结晶、扩散和化学反应等过程。一般情况下只需加热至达到塑性状态或熔化状态。对于金属材料而言，加热温度越高，实现焊接所需的压力越小，当达到熔化温度时，可以不需再加压。实现焊接所需加热的温度和压力之间存在着一定的关系，如图2-1-1所示。

1.2　焊接的分类

金属的焊接，按其工艺过程的特点分为熔焊、压焊和钎焊三大类，如图2-1-2所示。

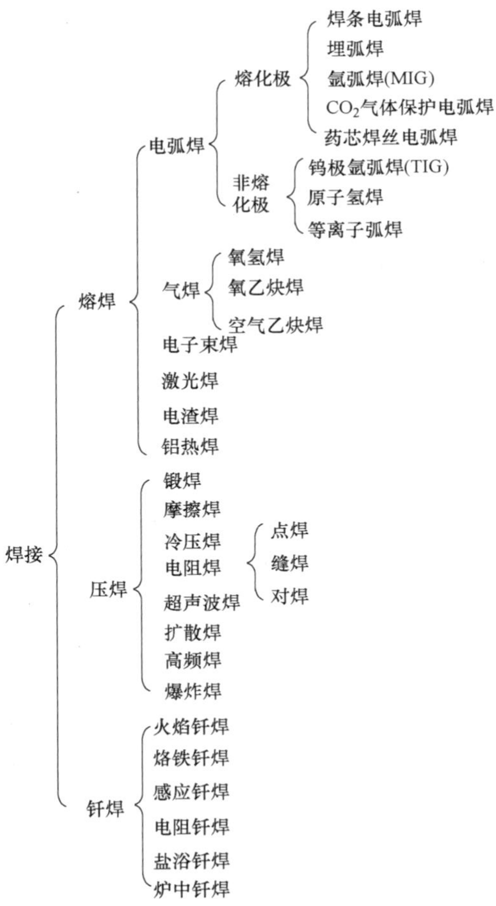

图 2-1-2　焊接方法按工艺过程的特点分类

熔焊在连接部位需加热至熔化状态，一般不加压；压焊必须施加压力，加热是为了加速实现焊接；钎焊时，母材不熔化，只熔化起连接作用的填充材料

（钎料）。熔化的钎料凝固后成为连接母材的钎缝。

从冶金角度看，熔焊属液相焊接，除了被连接的（同质或异质）母材外，还可以添加同质或异质的填充材料共同构成统一的液相物质，冷凝后形成起连接母材作用的焊缝。常用的填充材料是焊条或焊丝。压焊属固相焊接，若需加热，其温度通常低于母材的熔点，一般不使用填充材料。钎焊属固-液相焊接，待焊的（同质或异质）母材为固态，与处于中间的熔点低于母材的液相钎料之间存在两个固-液界面，彼此进行充分扩散而实现原子间结合。

焊接均需外加能量，故也可按能量分类，见表2-1-1。

1.3　各种焊接方法的基本特点与应用

表 2-1-2 所列为常用焊接方法的原理、特点及其适用范围，详细的焊接工艺及设备见第 3、4、5 篇。

表 2-1-1　按能量分类的焊接方法

类别	能源形式	焊接方法
电能	电弧	焊条电弧焊、埋弧焊、氩弧焊、CO_2气体保护焊、等离子弧焊
	电阻	电渣焊、点焊、缝焊、对焊、高频焊、盐浴钎焊、烙铁钎焊
	感应	感应焊
	能束	电子束焊
机械能	摩擦	摩擦焊
	热锻	锻接
	冷压	冷压焊
	真空压	扩散焊
化学能	火焰	氧乙炔焊、氧氢焰焊
	热剂	铝热焊
	炸药	爆炸焊
声能	超声波	超声波焊
光能	激光	激光焊
	太阳光	太阳能焊

表 2-1-2　常用焊接方法的原理、特点及其适用范围

焊接方法				原　理	特　点	适用范围
熔焊	气焊			利用可燃气体与氧气混合燃烧的火焰热熔化焊件和焊丝进行焊接	火焰温度和性质可调节，热量不够集中，热影响区较宽，生产率较低	用于薄板结构或小件的焊接。可焊钢、铸铁、铝、铜及其合金、硬质合金等
	电弧焊	焊条电弧焊		利用焊条与焊件间的电弧热熔化焊条和焊件进行焊接	机动、灵活、适应性强，可全位置焊接。设备简单耐用，维护费低。劳动强度大，焊接质量受工人技术水平影响，不稳定	在单件、小批生产和修理中最适用，可焊接 3mm 以上的碳素钢、低合金钢、不锈钢和铜、铝等有色金属，以及铸铁的补焊
		埋弧焊		利用焊丝与焊件间的电弧热熔化焊丝和焊件进行机械化焊接，电弧被焊剂覆盖而与外界隔绝	焊丝的送进与移动依靠机械进行，生产率高，焊接质量好且稳定，不能仰焊和立焊，劳动条件好	适于大批量生产中，长、直或环形焊缝焊接，可焊接碳素钢、合金钢、某些铜合金等中厚板结构，只能做平焊、横焊和水平角焊
		气体保护焊	氩弧焊	用惰性气体氩（Ar）保护电弧进行焊接。若用钨棒作电极，则为钨极氩弧焊，即 TIG 焊，若用焊丝作电极，则为熔化极氩弧焊，即 MIG 焊	对电弧和焊接区保护充分，焊缝质量好，表面无焊渣，热量较集中，热影响区较窄，明弧操作，易实现自动焊接，焊时须挡风	最适于焊接易氧化的铝、铜、钛及其合金，锆、钼、钽等稀有金属以及不锈钢、耐热钢等，可焊厚度在 0.5mm 以上
			CO_2气体保护焊	用 CO_2 保护，用焊丝作电极的电弧焊，简称 CO_2 焊	热量较集中，热影响区小，变形小，成本低，生产率高，易于操作。飞溅较大，焊缝成形不够美观，余高大，设备较复杂，须避风	适用于板厚在 1.6mm 以上由低碳钢、低合金钢制造的各种金属结构

（续）

焊接方法				原　理	特　点	适用范围
熔焊	电弧焊	气体保护焊	等离子弧焊	利用气体（多为 Ar）和特殊装置压缩电弧获得高能量密度的等离子弧进行焊接，电极有钨极和熔化极两种	具有氩弧焊的一些特点，但等离子弧温度很高，穿透能力强，可正面一次焊透双面成形，电弧挺度好可压缩成束状焊微型件	氩弧焊能焊的金属均能焊接，一次焊透厚度在 0.025～6.4mm，低碳钢在 8mm 以内，也适于焊接微小精密机件
熔焊	电渣焊			利用电流通过熔渣产生的电阻热熔化金属进行焊接，可熔化的金属电极有丝状和板状两种	直缝需立焊，任何厚度不开坡口一次焊成，生产率高，但热影响区宽、晶粒粗大，易生成过热组织，焊后需正火处理改善接头组织与性能	适于厚度在 25mm 以上的重大型机件的焊接。宜焊接碳素钢和合金钢
熔焊	电子束焊			利用加速和聚焦的电子束轰击置于真空中或非真空中的焊件所产生的热进行焊接	热能集中，熔深大，熔宽小，焊后几乎不变形，不需填充金属单面一次焊成，焊速快。需高压电源和防 X 射线辐射，设备复杂	主要用于要求高质量产品的焊接、还能焊易氧化、难熔金属和异种金属。可焊很薄的精密器件和厚度达 300mm 的构件
熔焊	激光焊			利用激光束聚焦后投射到焊件上使光能变为热能熔化金属进行焊接。有连续和脉冲两种激光源	热量高度集中，焊接时间短，热影响区小，熔深浅，能量可控制，光热转换效率低，设备功率小，可焊厚度有限	最适于进行精密微型器件的焊接，能焊接很多金属，特别能解决难焊金属和异种金属的焊接
压焊	电阻焊	点焊		焊件在电极压紧下通电使之产生电阻热，将焊件间接触面熔化后凝成焊缝，焊件上下用棒状电极每通电一次得一熔核为点焊；用轮状电极滚压焊件，同时通电得一条连续焊缝为缝焊	焊件须搭接，不需填充金属，用低电压、大电流，焊点在压力下快速熔化与凝固，生产率高，变形小，设备功率大，较复杂，易于自动化焊接，焊前焊接区须清理干净	最适于焊接低碳钢制的薄壁（<3mm）冲压结构，以及钢筋、钢网等，也可焊接铝、镁及其合金。适于大批量生产
压焊	电阻焊	缝焊				主要用于焊接要求密封的薄壁容器，可焊接碳素钢、低合金钢、不锈钢、铝、镍、镁及其合金
压焊	电阻焊	对焊		利用电流通过两对接焊件产生的电阻热，使接触面达塑性状态后顶锻而完成的焊接 先加压后通电的为电阻对焊；先通电使接触端面熔化闪光后加压为闪光对焊	对焊焊件断面形状、大小要一致，最好为紧凑断面，如棒、管对接。电阻对焊的待焊端面对清理要求高。而闪光对焊端面不需加工，但需留较大的闪光余量，焊后接头有毛刺需清除。闪光对焊的接头质量优于电阻对焊	电阻对焊适于断面简单，直径较小（<20mm）的碳素钢、铜和铝的对接 闪光对焊适用范围比电阻对焊大，大部分金属均可焊接，如碳素钢、合金钢及有色金属等。对接端面的面积从 $0.1mm^2$ 到 $100000mm^2$。可焊接刀具、钢筋、钢管和钢轨等，异种钢也可焊接
压焊	摩擦焊			利用机械摩擦产生的热量加热焊件结合面，挤压或顶锻后完成的焊接	两被焊焊件结合面之间必须通过旋转、搅拌或其他方式使之产生相对的摩擦运动、并产生强烈挤压塑性变形。不需填充金属，生产率高，耗电少，无环境污染	所有能热锻的金属均能焊接，最适合异种金属焊接，如铜和铝对接。多用于大批量的圆形焊件或平板对接
压焊	高频焊			利用高频（>100kHz）电流使焊件接合面加热达到塑性状态后加压而完成的焊接，分高频电阻焊和高频感应焊两种	热量集中，焊接速度达 $30m \cdot min^{-1}$，生产率高，成本较低，焊缝质量稳定。变形小，需按产品配备专用设备	适于高速连续生产，例如焊接有缝管的纵缝和螺旋缝。可焊接碳素钢、合金钢、铜、铝、钛、镍及异种金属

（续）

焊接方法		原　理	特　点	适用范围
压焊	扩散焊	紧密贴合焊件在真空保护气氛中，在一定温度和压力下靠原子互相扩散完成焊接	不需填充材料，对接合面光洁贴合要求很高，须有真空或保护装置。焊后不须再加工，变形小，生产周期较长	可焊接形状复杂厚薄相差大的零部件，焊件厚度不受限制，可焊各种金属和非金属材料，以及难溶金属或异种金属
	爆炸焊	利用炸药爆炸产生的能量使焊件以极高速度相互碰撞而完成的焊接	不需填充材料，不需复杂设备，工艺简单、成本低、接合强度高，只适于板与板、管与管、管与板焊接，须在野外露天进行，劳动条件差	最适合制造双层或多层复合材料，接合面积从 $6cm^2$ 到 $28m^2$，基体厚度不限，覆盖层厚度为 0.025～32mm。能焊接同种和异种金属
	超声波焊	焊件在较低压力下由声极发出的高频振动能使接合面产生强烈摩擦并加热到焊接温度而形成接头	焊件需搭接，不需焊剂和填充材料。可以进行点焊和连续缝焊，后者声极为滚盘。可焊厚度受设备输出功率的限制	同种或异种金属均能焊接，韧性金属，如铜、铝、金、银和铂等更易焊接，可焊接厚度为 0.004mm 箔片或直径为 0.013mm 的细丝
钎焊	软钎焊、硬钎焊	在一定温度下利用液态钎料填满固态焊件之间的间隙，发生原子间扩散和冷凝后形成接头。钎焊时使用熔点低于 450℃ 的钎料为软钎焊，高于 450℃ 的为硬钎焊	钎料熔点低于母材，焊时钎料熔化，母材不熔化。接头强度较低，焊时不需加压，焊前接合面的清理与装配的要求高，焊后应力变形小，母材性能受影响小。可用不同加热方式	用于焊接承载不大，常温工作的接头。最适于焊接精密、微型以及复杂多钎缝的机件。两焊件厚薄不受限制，任何金属组合或金属与非金属组合均可焊接

1.4　焊接方法的选择

通常按如下原则选择焊接方法，所选用的焊接方法必须能保证焊接质量，达到产品设计的技术要求；同时应能提高焊接生产率、降低制造成本和改善劳动条件。

选择焊接方法一般是针对产品的材料性能和结构特征，根据各种焊接方法的特点（如原理和适用范围等），结合产品的生产类型和生产条件等因素，作综合分析后选定。在这里，母材的性能和结构特征往往是决定性的。

1. 对母材性能的考虑

实际上是考虑母材对各种焊接方法的适应性。

1）母材的物理性能。必须注意母材的导热、导电和熔点等性能。对于热导率高的金属材料，如铜、铝及其合金，应选用热输入大，焊透能力强的焊接方法；对于铜和铝等电阻率低的金属，采用普通电阻焊显得十分困难；对于热敏感的材料，宜用热输入小的焊接方法，如激光焊或超声波焊；对于难熔的金属，如锆和钼等，应采用高能束的焊接方法，如电子束焊等。

2）母材的力学性能。主要指母材的强度、塑性、韧性和硬度等。既要看母材的力学性能是否易于实现金属之间的连接，又要看焊后接头的力学性能会不会发生改变，发生改变后会不会影响安全使用。对于塑性温度区窄的金属，如铝和镁等不宜用电阻焊，而低碳钢则因其塑性温度区宽，对电阻焊很适应；延性差的金属不宜用冷压焊，而铝具有很好的塑性变形能力，故可以用冷压焊；铜和铝之间很难用熔焊连接，但因它们都具有很好的塑性变形能力，所以用摩擦焊很易实现连接；只有延性和韧性好的材料才适于爆炸焊，因为在焊接时要求母材具有承受快速变形而不断裂的能力。

焊接总是希望接头的性能与母材相同或接近。熔焊接头由于焊接热的作用，焊缝金属和热影响区的组织和性能与母材有不同程度的差别。例如，电渣焊因其热输入大，冷却慢，焊缝和热影响区晶粒粗大，使接头冲击韧性降低，而电子束焊因能量高度集中，焊后焊缝和热影响区很窄，对接头的力学性能影响很小。固相焊接法，如冷压焊、扩散焊和爆炸焊等，对母材的性能几乎不产生影响。

3）母材的冶金性能。决定母材冶金性能的主要因素是它的化学成分。焊接结构中最为常用的普通碳素钢和低合金钢，几乎所有焊接方法都能选用，但随着碳含量或合金含量的增加，其焊接性能变差，可选择的焊接方法范围缩小。高碳钢或碳当量高的合金结构钢宜采用冷却速度缓慢的焊接方法，以减少热影响区开裂倾向；铝、镁、钛及其合金等极易氧化的金属，不宜选用 CO_2 气体保护焊和埋弧焊，而应采用惰性气体保护焊，如 TIG 焊或 MIG 焊；钛和锆等金属，因其对气体的溶解度高，焊后易变脆，可选用高真空电子束焊或扩散焊。对于冶金相容性较差的异种金属不宜采用熔焊，而应选择固相焊接法，如扩散焊和钎焊等。

推荐各种金属材料及其厚度的焊接方法见表2-1-3。

表 2-1-3　推荐各种金属材料及其厚度的焊接方法　（单位：mm）

焊接方法		碳素钢	低合金钢	不锈钢	铸铁	镍及其合金	铝及其合金	钛及其合金	铜及其合金	镁及其合金	难熔金属及其合金
电弧焊	原子氢焊	≤6.4	≤6.4	≤3.2	≥3.2	≤3.2	≤3.2	—	≤3.2	≤3.2	—
	光焊条电弧焊	≤6.4	—	—	—	—	—	—	—	—	—
	碳弧焊	≤6.4	≤6.4	—	3.2~19	—	—	—	—	—	—
	气体保护碳弧焊	≤6.4	≤6.4	—	3.2~19	—	—	—	—	—	—
	有保护碳弧焊	≤6.4	≤6.4	—	3.2~19	—	—	—	—	—	—
	双碳弧焊	≤6.4	≤6.4	—	3.2~19	—	—	—	—	—	—
	气电立焊	≤6.4	≤6.4	≤6.4①	—	≥6.4①	—	—	—	—	—
	药芯焊丝电弧焊	≥3.2	≥3.2	≥3.2	3.2~19	≤19	—	—	—	—	—
	熔化极气体保护焊	≥3.2	≥3.2	≥3.2	3.2~19	一切厚度	≤19	≤19	≤19	≤19	3.2~6.4
	脉冲熔化极气体保护焊	一切厚度	一切厚度	一切厚度	≥3.2	一切厚度	≤6.4	一切厚度	≤6.4	一切厚度	3.2~19
	短路过渡熔化极气体保护焊	≤6.4	≤6.4	≤6.4	—	≤6.4	—	—	—	—	—
	钨极氩弧焊（TIG）	≤6.4	≤6.4	≤6.4	—	≤6.4	≤19	≤19	≤3.2	≤6.4	≤3.2
	脉冲钨极氩弧焊	≤6.4	≤6.4	≤6.4	—	≤6.4	≤19	≤19	≤3.2	≤6.4	≤3.2
	等离子弧焊	—	—	≤19	—	≤19	≤3.2	≤19	≤6.4	—	≤6.4
	埋弧焊	一切厚度	一切厚度	一切厚度	≥6.4	≥6.4	—	—	—	—	—
	横列双丝串联埋弧焊	≤6.4	≥6.4	≥6.4	—	≥19	—	—	—	—	—
电阻焊	焊条电弧焊	一切厚度	一切厚度	一切厚度	一切厚度	一切厚度	—	—	—	—	—
	螺柱电弧焊	一切厚度	一切厚度	一切厚度	—	—	一切厚度	—	—	一切厚度	—
	闪光焊	一切厚度	一切厚度	一切厚度	—	一切厚度	一切厚度	一切厚度	一切厚度	≥3.2	≥3.2
	高频电阻焊	≤6.4	≤6.4	≤6.4	—	≤3.2	≤6.4	≤6.4	≤6.4	≤6.4	—
	冲击电阻焊	≤6.4	≤6.4	≤6.4	—	≤6.4	≤6.4	≤6.4	≤6.4	≤6.4	—
	凸焊	≤6.4	≤6.4	≤6.4	—	≤6.4	≤6.4	≤6.4	≤6.4	≤6.4	—
	电阻缝焊	≤6.4	≤6.4	≤6.4	—	≤6.4	≤6.4	≤6.4	≤6.4	≤6.4	—
	电阻点焊	≤6.4	≤6.4	≤6.4	—	≤6.4	≤6.4	≤6.4	≤6.4	≤6.4	—
	电阻对焊	≤6.4	≤6.4	≤6.4	—	≤6.4	≤6.4	≤6.4	≤6.4	≤6.4	—
固态焊接	冷压焊	≥6.4	—	—	—	—	≤19	—	≤6.4	≤6.4	—
	扩散焊	—	一切厚度	一切厚度	—	—	≤6.4	一切厚度	—	—	—
	爆炸焊	≤19	≤19	≤19	—	≤19	一切厚度	一切厚度	一切厚度	一切厚度	≤19
	锻焊	一切厚度	—	—	—	—	—	—	—	—	≥3.2
	摩擦焊	≥3.2	≥3.2	≥3.2	—	≥3.2	≥3.2	≥3.2	≥3.2	≥3.2	—
	热压焊	≥3.2	≥3.2	≥3.2	—	≥3.2	—	—	≥3.2	—	—
	超声波焊	≤3.2	≤3.2	≤3.2	—	≤3.2	≤19	≤3.2	≤3.2	≤3.2	≤3.2

（续）

焊接方法		碳素钢	低合金钢	不锈钢	铸铁	镍及其合金	铝及其合金	钛及其合金	铜及其合金	镁及其合金	难熔金属及其合金
气焊	空气乙炔焊	≤3.2	≤3.2	≤3.2	—	—	—	—	—	—	—
	氧乙炔焊	≤19	≤3.2	≤3.2	一切厚度	≤3.2	≤3.2	—	—	—	—
	氧氢焊	≤6.4	≤3.2	≤3.2	≤6.4	≤3.2	≤3.2	—	—	—	—
其他焊接方法	电子束焊	一切厚度	一切厚度	一切厚度	—	一切厚度	一切厚度	一切厚度	一切厚度	一切厚度	≤6.4
	电渣焊	≥19	≥19	≥19	—	≥19	—	—	—	—	—
	感应焊	≤3.2	—	—	—	—	—	—	—	—	—
	激光焊	≤19	≤19	≤19	—	≤19	≤6.4	≤19	—	≤19	—
硬钎焊	扩散硬钎焊	一切厚度	一切厚度	一切厚度	一切厚度	一切厚度	一切厚度	一切厚度	一切厚度	≤19	≤6.4
	浸渍硬钎焊	≤6.4	≤3.2	≤3.2	—	≤3.2	≤19	—	—	≤6.4	—
	炉中硬钎焊	一切厚度	一切厚度	一切厚度	一切厚度	一切厚度	一切厚度	≤19	一切厚度	≤19	≤6.4
	感应硬钎焊	≤19	≤19	≤19	≤6.4	≤6.4	≤3.2	≤3.2	≤3.2	—	≤3.2
	电阻硬钎焊	≤6.4	≤3.2	≤3.2	—	≤3.2	—	—	≤6.4	—	—
	火焰硬钎焊	≤19	≤19	≤19	≤6.4	≤19	≤19	—	≤19	—	≤6.4
软钎焊	浸渍软钎焊	≤3.2	≤3.2	≤3.2	—	≤3.2	≤3.2	—	≤3.2	—	—
	炉中软钎焊	≤3.2	≤3.2	≤3.2	—	≤3.2	≤3.2	—	≤3.2	—	—
	感应软钎焊	≤3.2	≤3.2	≤3.2	—	≤3.2	≤3.2	—	≤3.2	—	—
	烙铁软钎焊	≤3.2	≤3.2	≤3.2	—	≤3.2	≤3.2	—	≤3.2	—	—
	电阻软钎焊	≤3.2	≤3.2	≤3.2	—	≤3.2	≤3.2	—	≤3.2	—	—
	火焰软钎焊	≤3.2	≤3.2	≤3.2	—	≤3.2	≤3.2	—	≤3.2	—	—
	波峰软钎焊	≤3.2	≤3.2	≤3.2	—	≤3.2	≤3.2	—	≤3.2	—	—

① 适用于实心焊丝的气电立焊。

2. 对产品结构特征的考虑

反映焊接结构特征的是焊接结构的几何形状和尺寸、厚度、接头形式、焊缝长短及其所在位置等，根据这些特征去选择最易于实现的焊接方法。通常更多的是从焊接可达性方面去考虑，即该产品结构上所有的焊缝能否施焊或施焊时是否方便，能不能充分发挥和利用所选焊接方法的特长。

1）结构的几何形状和尺寸。主要考虑产品结构是否具有焊接时所需的操作空间和位置。大型的金属结构，如船体、海洋平台和储罐等的电弧焊，一般不存在操作空间困难的问题，但其体积过于庞大，焊件无法变位，就必须选用能全位置焊接的方法；中型的机件，如减速器箱体和机座等的焊接结构，焊缝大多为角焊缝，而且比较短，分布也不规则，这样的结构不宜选用埋弧焊，而应选用机动灵活的焊条电弧焊或半自动 CO_2 气体保护焊。若在流水作业线上大批量生产，可以采用焊接机器人操作；微型的电子器件，一般尺寸较小，多为细薄件之间的焊接，焊后不再加工，要求精密，宜选用热量小而集中的焊接方法，如电子束焊、激光焊或超声波焊等。

2）焊件厚度。每一种焊接方法都有一定的适用厚度范围，超出此范围难以保证焊接质量。对于熔焊而言，是以焊透而不烧穿为前提。可焊最小厚度是指在稳定状态下单面单道焊恰好焊透而不发生烧穿的厚度。显然，焊件越薄，越需注意烧穿问题；可焊最大厚度则决定于该焊接方法在最大热输入下单面单道焊的最大熔深。焊件越厚，越需注意焊透问题。如果该结构允许开坡口又能采用双面多层多道焊，则可焊的最大厚度在技术上不再有困难，这时的焊接方法由生产率和经济因素来决定。表 2-1-3 根据各种焊接方法推荐了其适用的厚度。

3）接头形式。焊接接头形式通常由产品结构形状、使用要求和材料厚度等因素决定。对接、搭接、T 形接和角接是最基本的形式。这些接头形式对大部分熔焊方法均能适应，有些搭接接头（如薄板搭接）常常是为了适应某些压焊（如点焊、缝焊、凸焊、超声波焊）或钎焊方法而设计。对于杆、棒和管子的对接，一般宜选用闪光对焊或摩擦焊等。

4）焊接位置。在不能变位的情况下，就要考虑因焊缝处在不同的空间位置而必须采用平焊、立焊、横焊、仰焊 4 种不同位置的焊接。一种焊接方法能进行这 4 种位置的焊接称可全位置焊的方法。就熔焊而言，埋弧焊只适于平焊位置，电渣焊和气电焊适于立焊。其他，如焊条电弧焊、气焊和各种气体保护电弧焊均能全位置焊。各种焊接方法中以平焊最容易操作，生产率高，焊接质量容易保证，而仰焊操作最困难，极易产生焊接缺陷。因此，有条件的情况下应使焊件变位，让焊缝都处在平焊位置。

常用焊接方法对结构的适应性见表 2-1-4。

表 2-1-4　常用焊接方法对结构的适应性

焊接方法		接头形式			板　厚			焊接位置				费　用		自动化程度
		对接	T 形接	搭接	薄板	厚板	超厚板	平焊	立焊	横焊	仰焊	设备费	焊接费	
熔焊	焊条电弧焊	A	A	A	B	A	B	A	B	B	C	少	少	差
	埋弧焊	A	A	A	C	A	A	A	D	B	D	中	少	好
	CO_2焊	A	A	A	B	A	A	A	A	B	C	中	少	好
	MIG 焊	A	A	A	C	A	A	A	B	C	C	中	中	好
	TIG 焊	A	A	A	A	B	C	A	B	B	C	少	中	好
	气焊	A	A	A	A	B	D	A	B	B	C	少	中	差
	电渣焊	A	A	B	D	C	A	C	A	D	D	大	少	好
	电子束焊	A	A	B	A	A	B	A	D	D	D	大	中	最好
压焊	点焊	D	C	A	A	C	D	A	B	B	C	中	中	好
	缝焊	D	D	A	A	C	D	A	D	D	D	中	中	好
	凸焊	C	C	A	A	C	D	A	D	D	D	中	中	稍好
	闪光对焊	A	C	D	C	A	C	A	C	D	D	中	中	好
	摩擦焊	A	C	D	C	A	C	A	C	D	D	中	少	好
	超声波焊	D	C	A	A	D	D	A	D	D	D	中	少	好
钎焊		C	C	A	A	B	D	A	D	D	D	少	中	稍好

注：A 为最佳，B 为佳，C 为差，D 为极差。

第2章 焊接物理

2.1 焊接热过程及其特点

2.1.1 概述

1. 焊接的一般过程

熔焊是应用最广的一类金属焊接方法，一般焊接部位须经历加热—熔化—冶金反应—凝固结晶—固态相变—形成接头等过程，如图 2-2-1 所示。亦可归纳成如下 3 个互相交错进行而又彼此联系的过程。

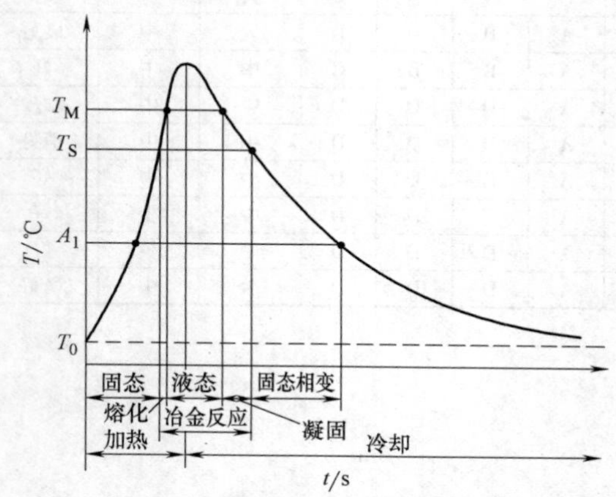

图 2-2-1 熔焊时焊缝区金属经历的过程

T_M—金属的熔化温度（液相线） T_S—金属的凝固温度（固相线） A_1—钢的 A_1变态点 T_0—初始温度

（1）焊接热过程

在焊接热源作用下金属局部被加热与熔化，同时出现热量的传播和分布的现象，而且这种现象贯穿整个焊接过程的始终，这就是焊接热过程。一切焊接物理化学过程都在这种过程中发生和发展，它直接影响着焊接的质量和生产率。

（2）焊接冶金过程

在高温下，熔化金属、熔渣和气相之间进行着一系列化学冶金反应，如金属的氧化、还原、脱硫、去磷、焊缝金属的氧化、渗合金与氢作用等，这些反应直接影响焊缝金属的成分、组织和性能。控制冶金过程是提高焊缝质量的重要措施之一。

（3）焊接时金属的结晶和相变过程

在焊接条件下，热源离开后被熔化的金属便快速连续冷却，并发生结晶和相变过程，最后形成焊缝。在这一过程中有可能在焊缝金属中产生偏析、夹杂、气孔、热裂纹、淬硬、脆化和冷裂纹等缺陷。控制和调整焊缝金属的结晶和相变是保证焊接质量的又一关键。

焊缝两侧的母材因热传导而受到热的作用，于是发生组织的变化，形成了焊接热影响区（HAZ），在该区可能导致缺陷或性能变坏。

2. 焊接热过程的特点

焊接热过程有两个基本特点。

（1）热作用的局部性

热作用的局部性即焊接热量集中作用在焊件连接部位，而不是均匀加热整个焊件。与金属热处理不同，不均匀加热是焊接过程的基本特征。

（2）热作用的瞬时性

焊接时，热源以一定速度移动，焊件上任一点受热的作用都具瞬时性，即随时间而变。在集中热源作用下，加热速度很快（电弧焊在 1500℃ $\cdot s^{-1}$以上），在很短时间内热量从热源传递到焊件上。随着热源向前移动，曾被加热达高温部位的金属迅速导出热量而冷却降温。焊件上各点受热温度不断变化，说明了这种传热过程不是稳定的。

3. 焊接热过程对焊接质量的影响

焊缝金属的内在质量、热影响区的组织与性能的变化、焊接接头上的应力状态以及焊接生产率等，直接受到热过程的影响。

焊接热过程决定着焊接熔池的温度和存在时间。温度高低和时间长短，直接影响着熔池金属的理化反应，若反应不完全，在焊缝金属中将会产生如偏析、气孔和夹杂等缺陷。

在焊接热过程中，由于热传导的作用，近缝区的母材金属将发生组织与性能的变化，这种变化与焊接热源性质、加热时间和冷却速度有关，受其影响在该区可能产生淬硬、脆化或软化现象。

焊接是不均匀加热和冷却的过程，在接头区发生不同程度的热弹塑性变化，焊后将产生不均匀的应力状态和各种变形，焊接应力与冶金因素共同起作用可能发生裂纹。

提高母材和填充材料的熔化速度是提高焊接生产率的重要途径，而熔化速度则决定于热的作用。故焊接热过程对焊接生产率产生影响。

研究焊接热过程要注意热源的特性和被焊金属

(母材)的传热特点，其中包括：各种焊接热源、焊接温度场、焊接传热基本规律、母材与焊材的加热与熔化，以及焊接热循环等。

2.1.2 焊接的热源

焊接需要外加能量，对于熔焊主要是热能。现代焊接发展趋势是逐步向高质量、高效率、低劳动强度和低能耗的方向发展。用于焊接的热量总是希望高度集中，能快速完成焊接过程，并能保证得到热影响区最窄及焊缝致密的接头。

熔焊热源的功率和密度须足以使焊件局部熔化，当加入填充金属时，还具有断续或连续地熔化填充金属的作用。各种热源产生热量的方式和方法不同，其功率密度或温度存在差别。热源输送的功率，即单位时间由热源向焊件输送的能量，一般用瓦或焦耳每秒（W 或 $J \cdot s^{-1}$）表示。功率密度是指热源和焊件之间有效接触的每单位面积上传送的功率，一般以每平方米或每平方厘米的瓦数（即 $W \cdot m^{-2}$ 或 $W \cdot cm^{-2}$）表示。功率密度是衡量“热度”的尺度，可作为各种焊接热源比较的指标。表 2-2-1 是各种焊接热源主要特性的比较。

1. 电弧焊的热源

很多焊接方法都用电弧作为热源，因电弧热可以有效地加以集中和控制。电弧功率可用下式计算

$$W_0 = UI^{\ominus} \tag{2-2-1}$$

式中 W_0——电弧功率（W）；

U——电弧电压（V）；

I——电弧电流（A）。

焊接时，电弧产生的热量并不全部被利用，有一部分热量损失于对流、传导、辐射和飞溅等，真正有效地用于焊接的功率为

$$W = \eta_0 W_0 = \eta_0 UI \tag{2-2-2}$$

式中 W——有效电弧功率（W）；

η_0——加热过程功率的有效系数，简称热效率。

热效率通常是从试验中测出，见表 2-2-2。

表 2-2-1 各种焊接热源主要特性的比较

热源	最小加热面积/cm^2	最大功率密度/$W \cdot cm^{-2}$	正常焊接条件下温度/K
氧-乙炔火焰	10^{-2}	2×10^3	3400~3500
焊条电弧	10^{-3}	10^4	6000
TIG 焊电弧	10^{-3}	1.5×10^4	8000
埋弧焊电弧	10^{-3}	2×10^4	6400
熔化极气体保护焊电弧	10^{-4}	10^4~10^5	—
等离子弧	10^{-5}	1.5×10^5	18000~24000
电子束	10^{-7}	10^7~10^9	—
激光束	10^{-8}	10^7~10^9	—
电渣焊熔渣	10^{-3}	10^4	2300

表 2-2-2 常用电弧焊接方法的热效率

焊接方法	碳弧焊	焊条电弧焊	埋弧焊	TIG 焊		MIG 焊		CO_2气体保护焊	电渣焊	电子束焊及激光焊
				交流	直流	钢	铝			
η_0	0.5~0.65	0.77~0.87	0.77~0.90	0.68~0.85	0.78~0.85	0.60~0.69	0.70~0.85	0.75~0.90	0.83	>0.90

应注意，影响热效率的因素很多，除焊接方法外，还与焊接参数、焊接材料、电流种类、极性和焊接位置等有关。

图 2-2-2 比较形象地给出了焊条电弧焊和埋弧焊时热量的大致分配及其有效利用率。

熔焊时，热源以一定速度移动。一般用热输入来衡量热源的热作用。热输入被定义为每单位长度焊缝从移动热源输入的能量。电弧焊时，热输入的表达式为

$$E = \frac{UI\eta_0}{v} \tag{2-2-3}$$

式中 E——热输入（$J \cdot cm^{-1}$）；

U——电弧电压（V）；

I——焊接电流（A）；

v——焊接速度，即电弧移动速度（$cm \cdot s^{-1}$）；

η_0——热效率，见表 2-2-2。

实际上，热输入是热源的总有效输入功率 W($J \cdot s^{-1}$) 与热源移动速度 v($cm \cdot s^{-1}$) 之比，它综合了

㊀ 该式为直流电焊接时用，若用交流电还须再乘上 $\cos\theta$，θ 为相位角。实际应用时，假定无功损耗忽略不计，则 $\cos\theta = 1$。

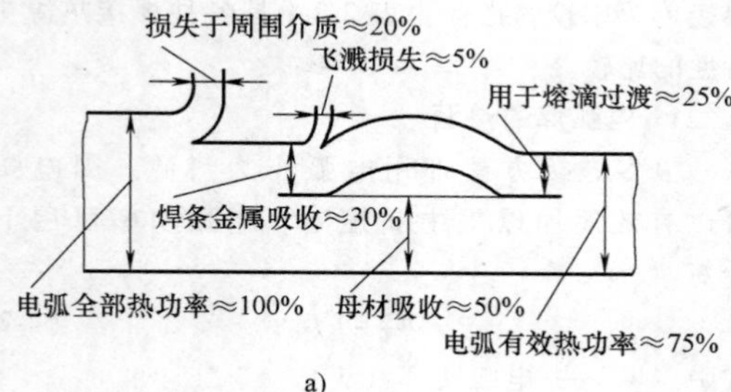

a)

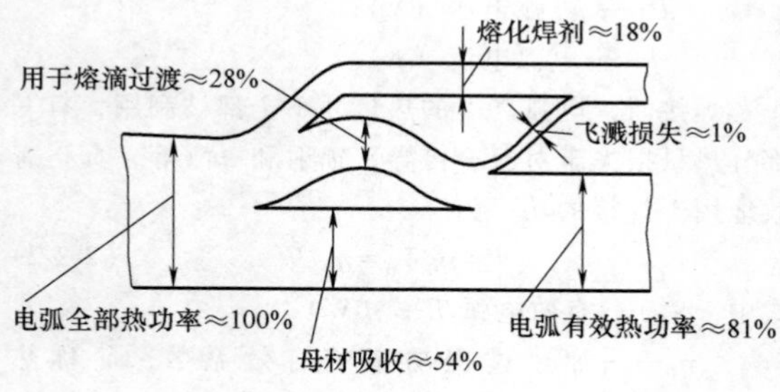

b)

图 2-2-2　电弧焊的热量分配

a）焊条电弧焊（I=150A～250A，U=35V）

b）埋弧焊（I=1000A，U=36V，v=36m/h）

焊接主要参数对焊件热的影响。从物理冶金角度看，希望用最小的热输入实现金属的熔焊。

2. 电阻焊的热源

电阻焊的热源是电流通过焊件时产生的电阻热。电阻热量按下式计算

$$Q=I^2Rt \tag{2-2-4}$$

式中　Q——产生的电阻热（J 或 W · s）；

I——焊接电流（A）；

R——焊接区总电阻（Ω）；

t——通电时间（s）。

电阻焊的电阻组成复杂，且受许多因素影响。电阻点焊时，起重要作用的电阻由下列几部分组成：

1）电极和焊件之间的接触电阻。

2）焊件之间的接触电阻。

3）焊件内部的电阻。

4）电极电阻。

接触电阻受表面状况影响，例如表面有油污、有氧化物或其他化合物、表面硬度和表面粗糙度等。此外，接触电阻是相互接触材料电阻率的函数，且和接触压力成反比，当表面状态均一时，接触压力就成为决定接触电阻的主要因素。

焊件内部的电阻与材料的电阻率及电流通路的长度成正比，而与电流通路的面积成反比。此外，电阻还随着温度升高而增大。

上述各项电阻的大小一般在 100μΩ 数量级。因此，焊接电流很大，但通电时间一般都很短。

各项电阻大小的详细计算可参照参考文献［31］。

3. 电渣焊的热源

电渣焊时，作为电极的焊丝送进能导电的熔渣池内，电流通过渣池时产生的电阻热将焊丝和母材金属熔化，冷凝后形成焊缝。渣池中产生的热量用下式表示

$$Q=UIt \tag{2-2-5}$$

式中　Q——电渣热（J）；

U——焊接电压（V）；

I——焊接电流（A）；

t——通电时间（s）。

可以用交流电或直流电（反接）焊接，使用交流电焊接比直流电焊接产生更多的热量，但是需要的电压较高。电渣焊热量损失于冷却滑块上，其热效率可达 80%以上。

4. 气焊的热源

气焊所需的热量来自燃料气体燃烧时火焰放出的热量。火焰温度须超过被焊金属的熔点。大部分燃料气体与氧气混合燃烧时，其火焰温度都超过 2700℃。最高温度时的火焰具有氧化性，会使焊缝金属氧化，不适于焊接。减少氧气数量可将火焰调节成中性，其温度明显降低，但适于焊接。表 2-2-3 为各种燃料气体的火焰温度。

表 2-2-3　氧-燃料气体的火焰温度

燃料气体	最高温度/℃	中性焰温度/℃
乙炔	3102	3100
甲基乙炔-丙二烯	2902	2600
丙烯	2857	2500
氢	2871	2390
丙烷	2777	2450
天然气(甲烷)	2742	2350

氧乙炔焊时，乙炔在氧气中的燃烧分两个阶段。第一阶段在焊炬端部小焰心内，发生乙炔分解反应，生成一氧化碳和氢气，释放出对焊接最有用的热，其总热量为 448kJ · mol^{-1}；第二阶段的反应是氢气燃烧成水蒸气，一氧化碳燃烧成二氧化碳，其释放热量为 812kJ · mol^{-1}，这些热量发生在外层火焰，对焊件预热有用，且降低了氧乙炔焊温度梯度和冷却速度。

常用中号氧乙炔焊炬，焊接时炬端一般只有 8.8kW 的热量，其熔化效率低，热功率密度一般为 1.6～16J · (mm^2 · s)$^{-1}$（即 160～1600W · cm^{-2}）。

5. 电子束焊的功率密度

电子束焊接时，经聚焦的电子束射击焊件而将能

量施于焊件。其功率密度为

$$PD=\frac{UI}{A} \tag{2-2-6}$$

式中 PD——功率密度（$W \cdot cm^{-2}$）；

U——电子枪的加速电压（V）；

I——电子束电流（A）；

A——在焊件上聚焦的电子束面积（cm^2）。

电子束焊因功率经聚焦而集中于一点，穿透力强，焊接时获得焊缝的深宽比大，能以较小的热输入来单道焊接厚件，其变形小，热影响区窄小。由于焊接是在真空中进行，所以其能量损失少，热效率在90%以上。

6. 激光焊的功率密度

利用高光谱纯度和低散射的激光，经各种透镜系统聚焦，获得功率密度很高的光束进行焊接。其功率密度为

$$PD=\frac{4P}{\pi(f\theta)^2} \tag{2-2-7}$$

式中 PD——功率密度（$W \cdot mm^{-2}$）；

P——输入功率（W）；

f——透镜的焦距（mm）；

θ——激光束最大散射角（°）。

激光焊接的热效率取决于焊件吸收光束能量的程度，光亮的金属表面在室温时具有很强的反射作用，其吸收率在 20% 以下，随着金属温度和激光束功率密度的增加，吸收率也提高。此外，激光波长、入射角及材料表面状态对吸收率也有影响。尽管如此，大部分被吸收的能量，也足以用来产生和维持连续的焊接熔池。

用激光来加热或熔化金属时，通常采用的控制参数是单位体积金属吸收的能量，即 $J \cdot mm^{-3}$，它是功率密度（PD）与焊接速度（v）的尺度，即 $PD/v = J \cdot mm^{-3}$。

2.1.3 焊接热传导

1. 焊接过程中热的传递方式

焊接过程中热的传递也和自然界中热的传递一样，有导热、对流和辐射三种基本方式。

导热又称热传导，是发生在物体内部和相互接触之间。有温差才能引起导热，热总是自动地从高温处传向低温处。对流发生在流体中，是流体因冷、热两部分密度不同而发生了相对位移，从而引起热的传递。辐射指的是热辐射，是物体通过电磁波传递能量的过程。物体可以向空间辐射能量，同时也吸收其他物体发来的辐射能量，辐射与吸收综合的结果完成热的传递。

焊接过程中，除电阻焊和摩擦焊外，热源传给焊件的热主要以辐射和对流方式为主，当焊件和焊条（或焊丝）获得热能后，热的传递则以导热为主。

研究焊接热过程主要是研究焊件获得热量后，热的传播和分布的规律，以导热为主，适当考虑对流和热辐射的作用。研究重点是温度在焊件上的分布及其随时间变化的规律，据此可以预测焊缝金属和热影响区的组织与性能，又可以预测焊接应力变形的状态和趋势。

2. 焊接温度场

（1）定义

焊接过程中某一瞬间焊件上各点的温度分布状态称为焊接温度场。它是空间位置与时间的函数，可用数学式表示

$$T=f(x,y,z,t) \tag{2-2-8}$$

式中 T——焊件上某点某时的温度，即焊件上某瞬时的温度分布（K）；

x，y，z——焊件上某点的空间直角坐标；

t——时间坐标。

（2）焊接温度场的特点

1）可用图形表示。焊接温度场可以通过热计算或热测量确定，其结果可用各种图形曲线表示。图 2-2-3表示了薄板在电弧焊时的一个典型温度场。图 2-2-3a 是用垂直于板平面的坐标表示其面上各点的温度分布；图 2-2-3b 表示距焊缝中心线在 y 向不同距离的温度分布；图 2-2-3d 表示在 x 方向距热输入点不同距离的温度分布；图 2-2-3c 为利用焊件上温度相同的点连成等温线来表示的温度分布，若在体积内则能连成等温面。

以上各种表示温度场的图形中以图 2-2-3c，即用等温线（或面）表示的最为常用。

2）等温线或等温面之间互不相交，有温度梯度。从图 2-2-3c 看出，各等温线或等温面之间存在温度差，故互不相交。在相邻等温线或等温面之间，在某一方向上单位距离的温度变化率称为温度梯度，它表示体积内温度变化的激烈程度。温度梯度是矢量，在等温线或等温面法线方向上的温度梯度最大，正值表示温度上升，负值表示温度下降。

在图 2-2-3c 中的 n—n 曲线是各等温线在 y 方向最外侧的点的连线，它实际上是焊件中温度上升及下降的分界的轨迹，在该曲线左侧的所有点都处在冷却过程中，而右侧的各点则都处在加热过程中。

图 2-2-4 中阴影线部分，习惯上是表示在该瞬时母材的屈服应力可以忽略不计的区域，对碳素钢大约在 600℃ 等温线内。

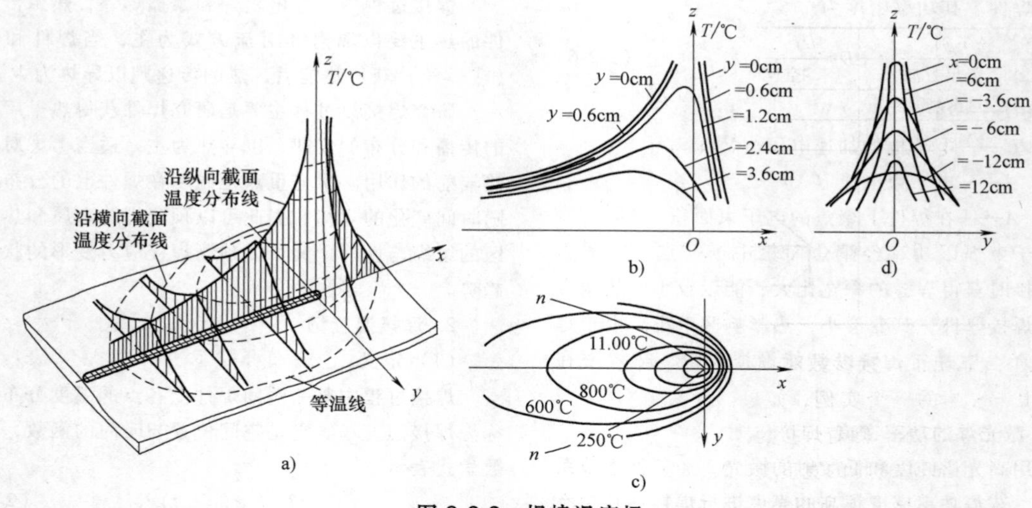

图 2-2-3　焊接温度场

a）三维（立体）温度分布　b）沿纵向截面温度分布　c）等温线　d）沿横向截面温度分布

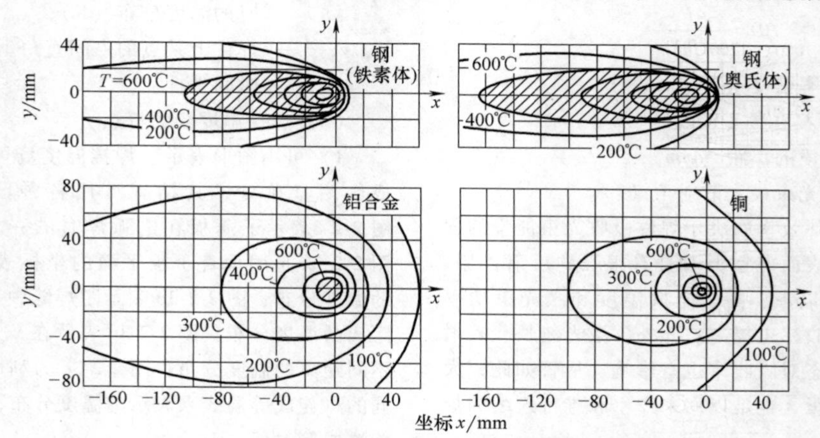

图 2-2-4　在热功率 q 和热源移动速度 v 相同的条件下，不同材料板上移动线热源周围的温度场

$q=4.19$kJ/s　$v=2$mm/s　$\delta=10$mm　$T_0=0$℃

3）可按与时间的关系分类。当温度场上各点的温度不随时间而变化时，为稳定温度场，否则为非稳定温度场。焊件上实际的温度场属不稳定温度场。但是，当使用恒定功率的热源，在一定尺寸的焊件上做匀速直线移动时，经一定时间后焊件上就会出现一个暂时稳定的温度场，称它为准稳定温度场。它跟随热源以同样速度向前移动。对于焊件上受热的每一个点的温度，仍然是随时间变化而经历一次热循环。

4）可按焊件内热传导方向分类。根据焊件尺寸大小和热源性质把温度场分成表 2-2-4 所列的一维、二维和三维等三类温度场。图 2-2-3c 所示为二维焊接温度场。

（3）影响焊接温度场的因素

焊件上各点的温度分布或者温度场的形状及大小，受到许多因素影响，主要有以下几点。

1）热源的种类及其热输入量。焊接热源有：电弧、气体火焰、电渣和电子束等，它们的功率和集中程度不同，在焊接相同焊件时，其温度场是不同的，气焊热源分散，其温度场的范围大，而电子束因热量很集中，故温度场范围窄小。

用同样的焊接方法焊同样焊件，由于热的输入量不同，其温度场的形状和大小也不同。热输入量由热源功率和焊接速度所决定，当功率相同时，随着焊接速度增加，其热输入减少，则温度场的宽度和长度都缩小。反之，若焊接速度相同，随着热功率增大，也因热输入量增加，其温度场的范围也随之扩大。

表 2-2-4　焊接温度场分类

温度场类别		三维温度场	二维温度场	一维温度场
特征	传热方向	空间传热（x,y,z 方向）	平面传热（x,y 方向）	单向传热（x 方向）
	热源性质	点状热源	线状热源	面状热源
	类似焊件	厚大件表面堆焊	一次熔透的薄板焊	细棒对接焊
	示意图			

图 2-2-5 示出了焊接参数对 10mm 厚低碳钢试件焊接温度场影响的一个实例，如果热源功率 q 为常数，如图 2-2-5a 所示，随着焊接速度 v 的增加，等温线的范围变小，即温度场的宽度和长度均变小，而宽度变小较长度变小显著，所以等温线的形状变得细长。相反，如果焊接速度 v 为常数，随着热源功率 q 的增大，等温线在焊缝横向变宽，在焊缝方向伸长，如图 2-2-5b 所示。如 q/v 保持定值，即热输入一定，即同比例改变 q 和 v，等温线会拉长，因而温度场的范围也拉长，如图 2-2-5c 所示。若热功率 q 和焊接速度 v 同为常数，增加焊件的预热温度 T_0，温度场中加热到某一温度以上的范围会增大。

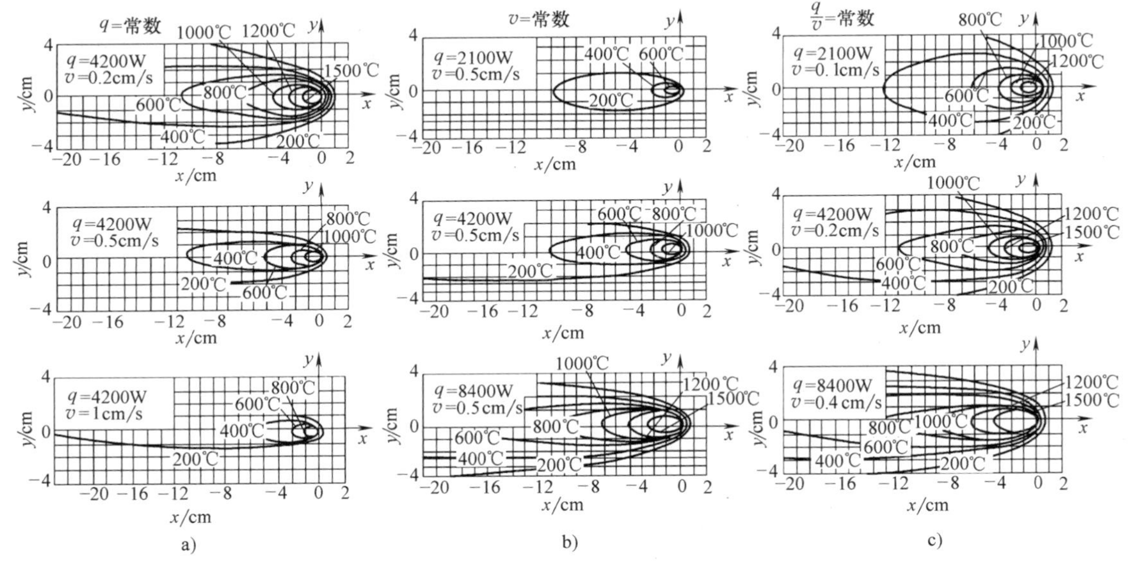

图 2-2-5　焊接参数对温度场分布的影响（10mm 厚的低碳钢板）

2）被焊金属的热物理性质。反映金属热物理性质的是各种热力学中的物理量，表 2-2-5 列出焊接工程中常用金属的热物理常量。从表中看出，各金属的热物理性质各不相同。特别是其中热导率和体积比热容差别大者，其焊接温度场有明显的区别。图 2-2-4 所示为用铁素体钢、奥氏体钢、铝合金和纯铜四种不同金属做成厚度同为 10mm 的试板，用同样的热输入（$E = 21\text{kJ} \cdot \text{cm}^{-1}$）焊接，测出的温度场。

从图中看出，焊接奥氏体钢的 600℃ 等温线范围比铁素体钢大，因为奥氏体钢导热性较差，热量不易传走。所以焊接奥氏体钢和耐热钢时，选用的热输入应比焊接铁素体钢时要小。相反，焊接导热性良好的铝合金或纯铜时，应选用比焊接铁素体钢时更大的热输入才能保证焊接质量。

金属的热物理量实际上都是随温度而变化的，表 2-2-5 中仅是取其一定温度范围的平均值。

3）焊件的形态。焊件的几何形状、尺寸大小以及所处的状态（如预热及环境温度等），对传热过程有很大影响，因而也影响温度场的分布。前面表 2-2-4已述及，随着焊件形状和尺寸不同，传热方向会发生改变，而热源的作用特性也相应发生变化。对于厚大焊件，做表面堆焊时，热沿 x，y，z 三个方

表 2-2-5　某些金属材料热物理常数的平均值

物理量名称	符号	单位	物理意义	焊接条件下选取的平均值			
				低碳钢、低合金钢	不锈钢	铝	铜
热导率	λ	$W\cdot(cm\cdot ℃)^{-1}$	沿法线方向，在单位时间内，单位距离相差 1℃时，经过单位面积所传过的热能	0.378~0.504	0.168~0.336	2.65	3.78
比热容	c	$J\cdot(g\cdot ℃)^{-1}$	1g 物质每升高 1℃时，所需的热能	0.652~0.756	0.42~0.50	1.0	1.22
体积比热容	$c\rho$	$J\cdot(cm^3\cdot ℃)^{-1}$	单位体积的物质每升高 1℃时，所需的热能	4.83~5.46	3.36~4.2	2.63	3.99
热扩散率	$a=\frac{\lambda}{cp}$	$cm^2\cdot s^{-1}$	传热过程中，温度传播速度	0.07~0.10	0.05~0.07	1.00	0.95
焓	H	$J\cdot g^{-1}$	在某温度下 1g 物质所含有的热能	（在 0~1530℃）1331.4	—	—	—
表面传热系数	h	$J\cdot(cm^2\cdot s\cdot ℃)^{-1}$	传热体表面与周围介质每相差 1℃时，通过单位面积在单位时间内所散失的热能	（在 0~1500℃）$(0.63\sim37.8)\times10^{-3}$	—	—	—

向传导，这时的热源属于点状热源，作用在 $z=0$ 的表面上，热的传播为半球形，呈现的是三维温度场；对于薄板做对接焊时，热沿 x，y 两个方向传导，沿板厚温度均匀，这时的热源属线状热源，形成的是二维温度场；对于细棒对接焊时，整个横截面温度均匀，属面状热源，只沿杆轴线一个方向传热，成为一维温度场。

此外，接头形式、坡口形状、间隙大小以及施焊工艺等都对温度的分布有不同程度的影响。

焊件周围环境的介质及其温度，以及焊前预热温度等对焊件温度场的影响更是不能忽视，在进行热计算时都应被作为初始条件和边界条件考虑进去。

4）热源的作用时间和移动速度。焊接过程热源按作用时间分为瞬时作用（如定位焊）热源和连续作用（如连续焊条电弧焊）热源两类。连续作用的热源又分为固定不动的热源（如缺陷补焊）、正常移动热源（如一般焊条电弧焊）和高速移动热源（如快速自动弧焊）。这些不同作用方式和状态的热源，同样会引起不同温度场的分布。

3. 焊接热过程计算

利用计算方法确定焊接过程中焊件上某点的温度及其随时间而变化的规律是相当复杂和困难的，因为影响焊接温度场的因素很多。目前有两类计算方法，即解析法和数值分析法，它们都是建立在传热理论的基础上。

（1）传热方程

1）导热的基本定律。物体内部的热总是从高温处传向低温处，假定物体是致密而且是连续的，同时通过某截面的热量任何时间都相同，则在单位时间内通过单位面积的热量与垂直该截面方向的温度梯度成正比，即

$$q=-\lambda\frac{\partial T}{\partial x} \tag{2-2-9}$$

式中　q——热流密度，单位时间内通过单位面积的热量（$W\cdot cm^{-2}$）；

$\frac{\partial T}{\partial x}$——垂直于导热截面方向的温度梯度（$℃\cdot cm^{-1}$）；

λ——比例系数，常称为热导率，反映材料的导热能力［$W\cdot(cm\cdot ℃)^{-1}$］。

上式右边的负号表示热流方向是指向温度降低的方向。

式（2-2-9）就是导热基本定律，又称为傅里叶定律，用于解决最简单的（如单向传热）问题是有效的，它是解决复杂传热问题的基础。

2）导热微分方程。焊接条件下普遍存在的二维和三维传热问题，需要有适合普遍情况的导热方程。根据导热基本定律和能量守恒定律对物体内微元的三维热传导进行分析，假定该物体材质均匀连续，各向同性，且与温度无关，就可建立出体内温度随空间位置和时间变化的关系，用直角坐标表示为

$$\frac{\partial T}{\partial t}=a\left(\frac{\partial^2 T}{\partial x^2}+\frac{\partial^2 T}{\partial y^2}+\frac{\partial^2 T}{\partial z^2}\right)=a\Delta^2 T \tag{2-2-10}$$

式中　$\frac{\partial T}{\partial t}$——给定点温度变化的瞬时速度；

Δ^2——拉普拉斯运算符号；

a——热扩散率（$cm^2 \cdot s^{-1}$）。

式（2-2-10）就是导热微分方程，又称为拉氏方程，它代表了无数导热现象的共同规律。二维的板材和一维的棒材可看成是三维物体的特例，因而这两者的导热微分方程，比式（2-2-10）简单。

求解导热问题，实质上就是对该导热微分方程求解。通过数学方法可以获得通解，但对实际工程问题要求获得的是特解，于是需给出定解条件。

一般非稳定导热问题的定解条件有：初始时刻温度分布的初始条件和物体边界上的温度或换热情况的边界条件。对于稳定导热问题则只有边界条件而无初始条件。

① 初始条件。是指焊件开始导热的瞬时（$t=0$）温度的分布。若按实际情况，初始温度就是环境温度或预热温度。通常为了简化，认为焊前焊件温度均匀，并假定初始温度为0℃（即$T_0=0$℃）。

② 边界条件。主要指焊件表面与周围介质热交换的情况。根据焊件的几何形状（厚大焊件、薄板和细杆）和初始条件，边界条件有以下三种：焊件表面有确定的温度，即给定了边界上的温度值；表面有确定的热流密度，即给定了边界上的热流密度值；表面向周围介质换热，即给定了边界上焊件与周围介质间的传热系数h及周围介质的温度。一般厚大焊件被视为半无限大体，它的表面积与体积之比相对很小，可以认为热的传播主要在焊件内部进行。但随着焊件厚度的减小，它的表面积与体积之比也随之增大，与周围介质的传热不能忽视。故薄板和细杆的焊接，一般都考虑边界换热问题。

总之，求解导热微分方程还必须同时给出初始条件和边界条件才能解决一个具体的导热问题。

（2）解析求解方法简介

20世纪30年代苏联科学院士H. H. 雷卡林在D. 罗中赛尔研究的基础上，针对焊接过程的特点运用数学解析方法求解导热微分方程，得出了一整套用函数形式表示的热计算公式，在文献［10］、［11］、［36］中都做了详细叙述。为了能正确地运用这些计算公式，必须知道在求解过程中对焊接实际情况所做的假定与简化，这些假定与简化决定了公式的适用范围及其精确性。

实际的焊接热过程十分复杂，受到多因素影响，为了解析求解，不得不对实际情况做如下假定和简化。

1）对被焊金属来说。假定是均质的，且各向同性，其热物理特征值λ、c、ρ或a等均认为是与温度无关的常量；无论在什么温度下金属都是固体，也不会发生相变。

2）对焊件的形状尺寸来说。简化成三类：①半无限大体，相当于焊接厚大焊件。热源集中作用于立方体表面中心，三维传热，呈半球形传播；②无限大板，焊件在长度和宽度方向无限伸展而厚度却很小。沿板厚方向温度认为是一样的，二维传热，相当于薄板对接焊；③无限长杆，杆的截面与杆长相比很小，在横截面上的温度分布认为是均匀的，一维传热，相当于细杆的对接焊。

3）对热源的形状来说。都简化为集中作用于一点、一线或一面上。于是把热源划分成：①点状热源，相当于在厚大焊件上堆焊，向三个方向传热；②线状热源，相当于薄板电弧对接焊，热源集中垂直于板平面，被看成是沿板厚的一条直线，向两个方向传热；③面状热源，相当于细棒对接焊或焊条端的电弧加热。热源在整个杆的横截面上是均匀的，以均温平面单向传热，见表2-2-4。

4）对热源的作用时间来说。分为瞬时作用和连续作用两类，前者是以热量Q（J）在某一瞬时导入焊件，相当于定位焊或补焊一个小缺陷；后者是以热功率q（$J \cdot s^{-1}$）恒定长时间地导入焊件，相当于正常连续施焊的过程。

5）对热源运动状态来说。归纳为固定不动的、正常速度移动的和高速移动的三种。像定位焊和缺陷补焊用的热源均视为固定的；普通手工焊条电弧焊的热源被视为正常速度移动的；快速自动弧焊的热源视为高速移动的。

对影响焊接温度场的各种因素作了上述的假定和简化，基本上就可以将电弧焊接的情况归纳成表2-2-6所列的传热问题，每个问题都可以通过给出边界条件求解导热微分方程得出相应的热计算公式。

解析求解法的优点是：在整个求解过程中，物理概念及逻辑推理清楚，求解所根据的数学基础有严格的证明，所得解能比较清楚地表示出各种因素，如物理、时间和边界等条件对热传导过程或温度分布的影响。

解析求解法的缺点是：只能求解比较简单的问题，对于复杂的情况，如热源不是集中于一点或一线，而是分布热源时；物体几何形状或边界形状不规则时；材料的物理性能随温度变化时；材料在固态下有相变时，用解析求解就很困难，甚至不可能。

（3）数值求解方法简介

焊接的实际问题多种多样，边界条件十分复杂，用解析法求解导热微分方程遇到的困难很多，于是可以采用近似计算的数值求解法。数值求解法是以离散

表 2-2-6　焊接电弧中的传热问题

电源类别			焊件类型	所属焊接情况
作用时间	形态特征	移动速度		
瞬时	点状	—	半无限大体	厚大焊件上引弧及补焊小缺陷
	线状	—	无限大体	薄板上定位焊(或电阻点焊)
	面状	—	无限大体	定位焊时,焊条或焊丝的加热
连续作用	点状	固定不动	半无限大体	厚大焊件上连续补焊大缺陷
		正常速度移动		厚大焊件上焊条电弧焊及焊条电弧堆焊
		高速移动		厚大焊件上快速自动弧焊
	线状	固定不动	无限大板	薄板上补焊缺陷
		正常速度移动		薄板上焊条电弧焊
		高速移动		薄板上快速自动弧焊
	面状	固定不动	无限长杆	细棒对接焊
		正常速度移动		正在焊接中的焊条或焊丝的加热

数学为基础，以计算机为工具的一种求解方法。其最大的优点是适应性强，可以处理上述各种复杂边界条件及非线性问题，特别是现代高速电子计算机的应用，一般稍为复杂的传热问题，几乎都采用数值法求解。目前已开发出了很多适于这方面分析求解的计算机软件，如 ANSYS 和 ABAQUS 等。

微分方程的数值求解法主要有：有限差分法和有限元法。

1）有限差分法。是从导热微分方程出发，把原来求解物体内随空间和时间连续分布的温度问题，转化为求在空间领域和时间领域内有限个离散点的温度值问题，再用这些离散点上的温度值去逼近连续的温度分布。近似地用差分和差商分别去代替微分和微商，建立以节点温度为未知量的线性代数方程组，然后求解得到各节点温度的近似值。

有限差分法的优点是对具有规则几何形状和材质均匀的焊件，差分法程序设计比较简单。此法的缺点是只局限于采用规则的差分网格（如正方形、矩形或正三角形网格），不够灵活，适应性差。

2）有限元法。是以变分原理为基础吸取有限差分法中离散处理的思想而发展起来的一种有效的数值解法。它将一个热传导问题转化为等价的变分问题，对物体进行有限元分割，把变分问题近似地表达为线性方程组，求解这些方程组，将所得的解作为热传导问题解的近似值。

有限元法最大的优点是具有很大的灵活性和适应性，所取单元比较任意因而适合于具有复杂形状和边界条件的物体。

关于焊接温度场的解析求解法和数值求解法以及具体应用的详细资料可参照参考文献［10］、［12］、［36］和［124］等。

通常，每一种计算结果都应用实际测量的温度来验证，常用方法是采用附着在焊件表面或者借助盲孔附着在焊件内部的热电偶测量其温度。

除了通过热计算确定焊接温度场外，近年还可以利用热象法测定焊接温度场，这是随着红外技术和计算技术的迅速进步而发展起来的新测温技术。参考文献［10］等对这一技术的原理及所用的仪器设备等都做了介绍。

2.1.4　焊接热循环

1. 热循环及其特征

在焊接过程中热源沿焊件移动时，焊件上某点的温度随时间由低到高达到最大值后又由高到低变化的过程称为焊接热循环。图 2-2-6 所示是电弧焊时在母材上距焊缝中心线远近不同的 5 个点的热循环曲线，它描述了焊接热源对母材金属各点热的作用的历程。由此可见，焊接是一个不均匀加热和冷却的过程，它给母材造成了不均匀的组织和不均匀的性能，又使焊件产生复杂的应变和应力。掌握近缝区的热循环，对于控制和提高焊接质量相当重要。

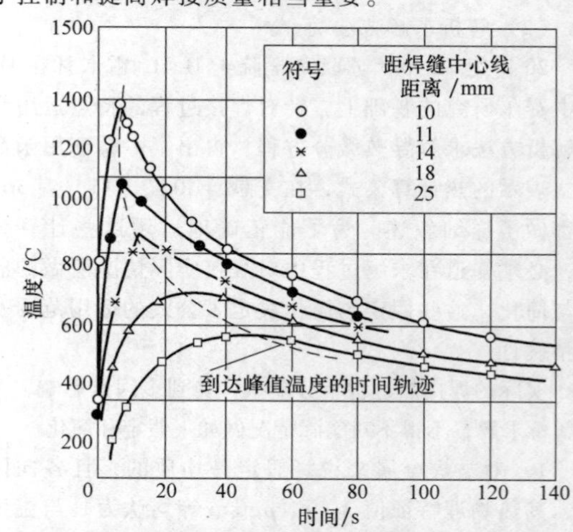

图 2-2-6　电弧焊热影响区中各指定点的热循环

从图 2-2-6 中看出焊接热循环有三个特征。

1）加热最高温度（即峰值温度）随着离焊缝中心线距离的增大而迅速下降（见图中虚线）。

2）达到峰值温度所需的时间随着离焊缝中心线距离的增大而增加。

3）加热速度和冷却速度都随着离焊缝中心线距离的增大而下降，即曲线从陡峭变为平缓。

2. 焊接热循环的特征参数

焊接热影响区上任一点的焊接热循环均可用如图 2-2-6 所示的温度—时间曲线表示。任取其中一条示于图 2-2-7，在该曲线上能够反映其热循环特征的，并对金属组织与性能发生影响的参数主要有：加热速度 ω_H、峰值温度 T_m、高温停留时间 t_H、在某一温度 T_C 时的瞬时冷却速度 ω_C 或某一温度区间的冷却时间 t_A 等。

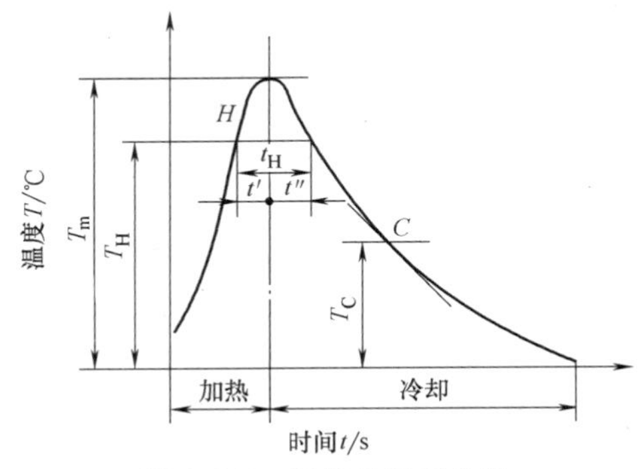

图 2-2-7 焊接热循环参数

1）加热速度（ω_H）。焊接的加热速度比普通的金属热处理条件下快得多，它受焊接方法、焊接热输入、板厚及几何尺寸和金属热物理性质的影响，见表 2-2-7。

表 2-2-7 低合金钢对接单道焊的热循环参数（焊缝旁的过热粗晶区）

焊接方法	δ/mm	$E/J \cdot cm^{-1}$	$\omega_H/℃ \cdot s^{-1}$	t_H/s		$\omega_C/℃ \cdot s^{-1}$	
				t′	t″	900	500
TIG 焊，不开坡口	2	1670	1200	0.6	1.8	120	38
埋弧焊，60°V 形坡口	10	19170	200	4	13	22	5
	25	104170	60	25	75	5	1
电渣焊，双丝	50	500000	4	162	336	1	0.3
	220	958333	3	144	396	0.8	0.25

注：ω_H 及 t_H 均指在 900℃ 以上时；t′—加热过程的高温停留时间，t″—冷却过程的高温停留时间；δ—板厚；E—热输入。

焊接钢材时，加热速度越快，钢中奥氏体的均质化和碳化物溶解就越不充分，必然影响到焊接热影响区冷却后的组织与性能。

2）峰值温度（T_m）。即加热最高温度，它决定着焊后母材热影响区的组织与性能，例如，接头熔合线附近的过热段，就是因为温度高，引起晶粒粗大，致使韧性下降。

3）高温停留时间（t_H）。是指在相变温度 T_H 以上停留的时间，该时间对于金属相的溶解、析出、扩散均质化以及晶粒粗化等影响很大。对于低碳钢和低合金钢，相变温度以上的停留时间是指 Ac_3 以上的停留时间，这时间越长，越有利于奥氏体的均质化和奥氏体晶粒长大。常把高温停留时间 t_H 分成加热过程的高温停留时间 t′ 和冷却过程的高温停留时间 t″，一般 $t'<t''$。

4）冷却速度（ω_C）和冷却时间（$t_{8/5}$ 或 t_{100}）。冷却速度或冷却时间是影响焊接热影响区组织与性能的主要因素。在热循环曲线上，每一温度下的瞬时冷却速度都不相同，各点的冷却速度可用该点切线的斜率表示。对于低合金钢，在连续冷却条件下，由于在 540℃ 左右组织转变最快，因此，最感兴趣的是熔合线附近冷却到 540℃ 左右的瞬时冷却速度。

因在实际条件下测定冷却速度比较麻烦，故近年来国内外常用某一温度范围内的冷却时间来研究热影响区内的组织与性能变化。对于不易淬火钢，常采用从 800℃ 冷却到 500℃ 的冷却时间 $t_{8/5}$；对于易淬火钢，常采用 800℃ 冷却到 300℃ 的冷却时间 $t_{8/3}$ 和从加热的最高温度 T_m 冷却到 100℃ 的冷却时间 t_{100} 等，如图 2-2-8 所示。

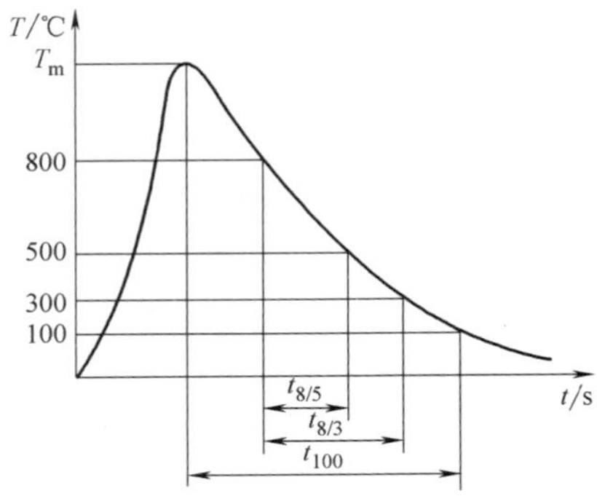

图 2-2-8 一定温度范围内的冷却时间

研究焊接热循环特征参数对于改善接头的组织与

性能、提高焊接质量具有重要意义，当知道这些参数时，就可以预测热影响区的组织性能和裂纹倾向；反之，根据对热影响区组织性能的要求，可以合理地选择热循环特征参数，并指导制定正确的焊接参数。

3. 冷却时间 $t_{8/5}$ 的计算

焊接热循环特征参数可以通过实测确定，也可根据焊接传热学理论导出计算公式来做近似计算。实测的方法目前多采用热电偶获取温度信息，配合 x-y 函数记录仪或多功能焊接参数测定仪绘制出热循环曲线，然后求出循环特征参数；关于上述各特征参数的近似计算的方法在参考文献［10］、［34］和［37］等中均有详细介绍。在此仅介绍其中冷却时间的近似计算，因为它是研究焊接热影响区组织性能和抗裂性的重要参数。对于应用最多的碳素钢和低合金钢来说，人们最关心的是由 Ac_3 到奥氏体最不稳定的温度或 M_s（马氏体开始转变温度）的冷却时间，它相当于采用 800℃冷却到 500℃的冷却时间 $t_{8/5}$；对于冷裂倾向较大的钢种有时采用 800℃冷却到 300℃的冷却时间 $t_{8/3}$。

（1）理论计算公式

根据焊接传热学理论推导得：

对于三维传热（厚板，即 $\delta>\delta_{cr}$时）

$$t_{8/5}=\frac{\eta E}{2\pi\lambda}\left(\frac{1}{500-T_0}-\frac{1}{800-T_0}\right) \tag{2-2-11}$$

对于二维传热（薄板，即 $\delta\leqslant\delta_{cr}$时）

$$t_{8/5}=\frac{\left(\dfrac{\eta E}{\delta}\right)^2}{4\pi\lambda c\rho}\left[\left(\frac{1}{500-T_0}\right)^2-\left(\frac{1}{800-T_0}\right)^2\right] \tag{2-2-12}$$

临界板厚：

$$\delta_{cr}=\sqrt{\frac{E}{2c\rho}\left(\frac{1}{500-T_0}+\frac{1}{800-T_0}\right)} \tag{2-2-13}$$

式中　η——电弧热效率，可按表 2-2-2 选用；

E——焊接热输入（$J\cdot cm^{-1}$），$E=\dfrac{UI}{v}$；

U——电弧电压（V）；

I——焊接电流（A）；

v——焊接速度（$cm\cdot s^{-1}$）；

δ——板厚（cm）；

T_0——焊件的初始温度（如预热温度或初始环境温度）（℃）；

λ——热导率［$W\cdot(cm\cdot ℃)^{-1}$］，一般取 $\lambda=0.29$；

$c\rho$——体积比热容［$J\cdot(cm^3\cdot ℃)^{-1}$］，一般取 $c\rho=6.7$。

注意：①在研究焊件尺寸对 $t_{8/5}$ 的影响中发现，当板厚大于某一临界板厚时，$t_{8/5}$ 与板厚无关，这时就属于半无限大体，即属三维传热情况。因此，令式（2-2-11）与式（2-2-12）恒等，得出了求临界板厚 δ_{cr} 的式（2-2-13），用 δ_{cr} 与实际板厚 δ 比较，以判别该用式（2-2-11）还是式（2-2-12）计算 $t_{8/5}$。

② 从理论上，当实际板厚 $\delta>\delta_{cr}$ 时属三维传热（厚大焊件），该用式（2-2-11）计算 $t_{8/5}$；当 $\delta\leqslant\delta_{cr}$ 时属二维传热（薄板），用式（2-2-12）计算 $t_{8/5}$。参考文献［10］认为，当 $\delta>0.75\delta_{cr}$ 时用式（2-2-11），当 $\delta\leqslant 0.75\delta_{cr}$ 时用式（2-2-12）较为准确。

（2）理论经验公式

德国钢铁学会于 1976 年，把乌威（D. Uwer）提出的 $t_{8/5}$ 计算公式纳入技术文件，并在工程中应用，公式的主要特点是把热物理常数，如 λ 和 $c\rho$ 等，在大量试验的基础上用数值表示，其次考虑了热源的效率和焊件的接头形式，因而使计算结果与实际接近。同样，先求出临界板厚 δ_{cr} 与实际板厚 δ 比较，以断定所用的计算公式：

对于三维传热（厚板，即 $\delta\geqslant\delta_{cr}$时）

$$t_{8/5}=(0.67-5\times10^{-4}T_0)\eta' E\times\left(\frac{1}{500-T_0}-\frac{1}{800-T_0}\right)F_3 \tag{2-2-14}$$

对于二维传热（薄板，即 $\delta<\delta_{cr}$时）

$$t_{8/5}=0.043-4.3\times10^{-5}T_0\left(\frac{\eta' E}{\delta}\right)^2\times\left[\left(\frac{1}{500-T_0}\right)^2-\left(\frac{1}{800-T_0}\right)^2\right]F_2 \tag{2-2-15}$$

临界板厚

$$\delta_{cr}=\sqrt{\frac{0.043-4.3\times10^{-5}T_0}{0.67-5.0\times10^{-4}T_0}\eta' E\times\sqrt{\left(\frac{1}{500-T_0}-\frac{1}{800-T_0}\right)}} \tag{2-2-16}$$

式中　η'——相对热效率（见表 2-2-8）；

F_3——三维传热时的形状系数（见表 2-2-9）；

F_2——二维传热时的形状系数（见表 2-2-9）。

表 2-2-8　焊接方法的相对热效率

焊接方法	相对热效率 η'
埋弧焊	1.0
钛型焊条电弧焊	0.9
碱性焊条电弧焊	0.8
CO_2 气体保护焊	0.85
熔化极氩弧焊	0.70
钨极氩弧焊	0.65

表 2-2-9　影响冷却时间的形状系数

焊接接头形式	形状系数	
	F_3（三维传热）	F_2（二维传热）
堆焊	1.0	1.0
T 形或十字接头的第一及第二层焊道	0.67	0.45~0.67
十字接头的第三及第四层焊道	0.67	0.30~0.67
角焊缝处的贴角焊缝	0.67	0.67~0.9
搭接接头的贴角焊缝	0.67	0.70
V 形坡口处的焊根焊道（60°坡口，间隙为 3mm）	1.0~1.2	~1.0
X 形坡口处的焊根焊道（60°坡口，间隙为 3mm）	0.7	~1.0
V 形及 X 形坡口处的中间焊道	0.80~1.0	~1.0
V 形及 X 形坡口处的盖面焊道	0.9~1.0	1.0
I 形对接单面焊双面成形	0.9~1.0	1.0

为了省去计算麻烦，可按式（2-2-14）、式（2-2-15）和式（2-2-16）中的关系作成计算图直接用图线来查出 $t_{8/5}$。

以低合金高强度结构钢埋弧焊为例，图 2-2-9 所示是按式（2-2-16）的关系作成的计算图，用以确定出三维或二维热传导的临界板厚 δ_{cr}；当忽略接头形状因素（如堆焊）时，按式（2-2-14）的关系作成图 2-2-10，用以确定三维热传导（厚大焊件）的 $t_{8/5}$；按式（2-2-15）的关系作成图 2-2-11，用以确定二维热传导（薄板）的 $t_{8/5}$。

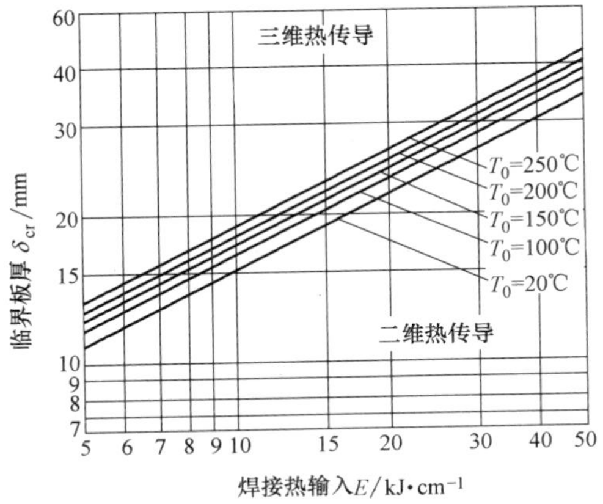

图 2-2-9　临界板厚 δ_{cr} 与热输入 E 的关系（埋弧焊）

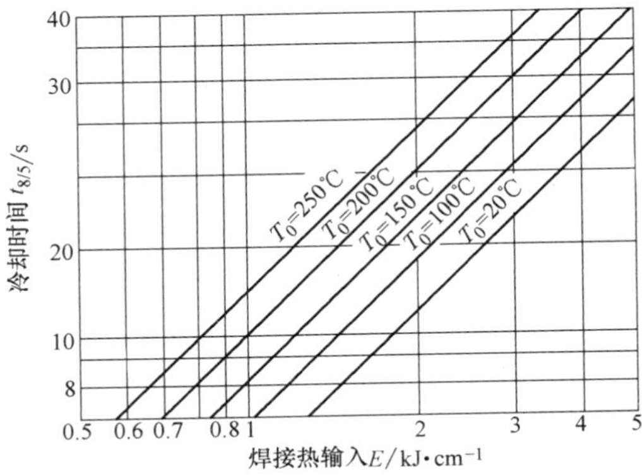

图 2-2-10　三维热传导计算图（埋弧焊）

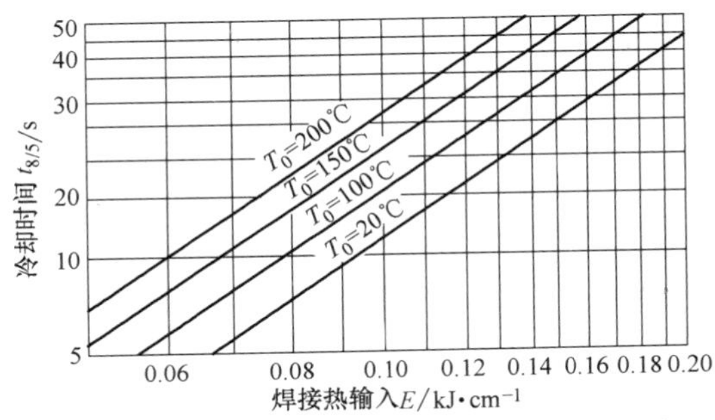

图 2-2-11　二维热传导计算图（埋弧焊）

实际运用时，首先用图 2-2-9 判断传热类型，看实际板厚 δ 和焊接热输入 E，如果落在图 2-2-9 相应的初始温度 T_0（预热或环境温度）斜线以上，则按图 2-2-10 去查出 $t_{8/5}$；如果落在该斜线以下，则按图 2-2-11 去查出 $t_{8/5}$。

同理，对于非埋弧焊接方法及各种形状接头的 $t_{8/5}$，必须考虑热效率 η' 以及形状系数 F_3 和 F_2。

（3）经验公式

日本稻垣道夫等人根据焊接传热理论和大量试验建立了不同焊接方法 $t_{8/5}$ 和 $t_{8/3}$ 的经验公式：

$$t=\frac{KE^n}{\beta(T-T_0)^2\left[1+\frac{2}{\pi}\tan^{-1}\left(\frac{\delta-\delta_0}{\alpha}\right)\right]} \quad (2\text{-}2\text{-}17)$$

式中　t——$t_{8/5}$ 或 $t_{8/3}$ 的冷却时间（s）；

E——焊接热输入（J·cm^{-1}），$E=\frac{60UI}{v}$；

I——焊接电流（A）；

U——电弧电压（V）；

v——焊接速度（cm·min^{-1}）；

K——焊接热输入系数；

n——焊接热输入指数；

T——冷却区间内平均冷却速度对应的温度（℃）；

T_0——被焊金属的初始温度（℃）；

δ——板厚（mm）；

δ_0——板厚补偿系数；

α——板厚修正系数；

β——接头系数。

不同焊接方法的 K、n、δ_0、α、T 和 β 等试验常数见表 2-2-10。

表 2-2-10　不同焊接方法计算冷却时间的各系数值

焊接方法	焊接热输入指数 n	800~500℃的冷却时间 $t_{8/5}$					800~300℃的冷却时间 $t_{8/3}$				
		K	δ_0	α	T	β	K	δ_0	α	T	β
焊条电弧焊	1.5	1.35	14.6	6	600℃	平焊 1 角焊 2	2	14.6	4.5	400℃	平焊 1 角焊 1.25
CO_2气体保护焊	1.7	$\frac{1}{2.9}$	13	3.5	600℃	—	1/2.5	14	5	400℃	—
埋弧焊	当 $\delta<32$ 时 $2.5\sim0.05\delta$	$\frac{9.5}{10^{(5-0.22\delta)}}$	12	3	600℃	—	$\frac{7.3}{10^{(5-0.22\delta)}}$	20	7	400℃	—
	当 $\delta\geqslant32$ 时 0.95	950					730				

因用式（2-2-17）计算较麻烦，故为了便捷而建立了不同条件下的线算图。图 2-2-12 和图 2-2-13 所示分别为焊条电弧焊时的 $t_{8/5}$ 和 $t_{8/3}$ 的线算图；图 2-2-14和图 2-2-15 所示分别为埋弧焊和 CO_2气体保护焊的 $t_{8/5}$的线算图。用法举例如下：

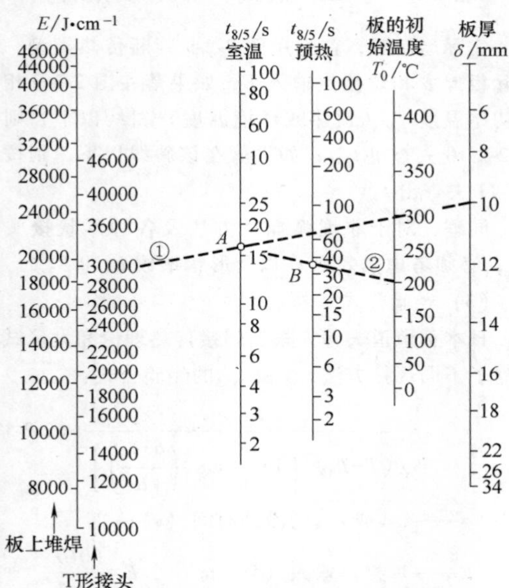

图 2-2-12　焊条电弧焊时 $t_{8/5}$的线算图

1）焊条电弧焊对接，板厚 δ 为 10mm，所用焊接热输入 E 为 18000J · cm^{-1}，求 $t_{8/5}$。过图 2-2-12 中 E 竖线上的“18000”点，δ 竖线上的“10”点作直线①，与 $t_{8/5}$室温竖线相交得交点 A。该点即为室温下从 800℃冷却到 500℃的时间 $t_{8/5}$，约为 16s。如果预热 200℃焊接，则再由 A 点与预热温度竖线上的“200℃”点连直线②，与 $t_{8/5}$预热竖线相交得交点 B。该点即为预热 200℃下焊接时，从 800℃冷却到 500℃的时间 $t_{8/5}$，约为 37s。

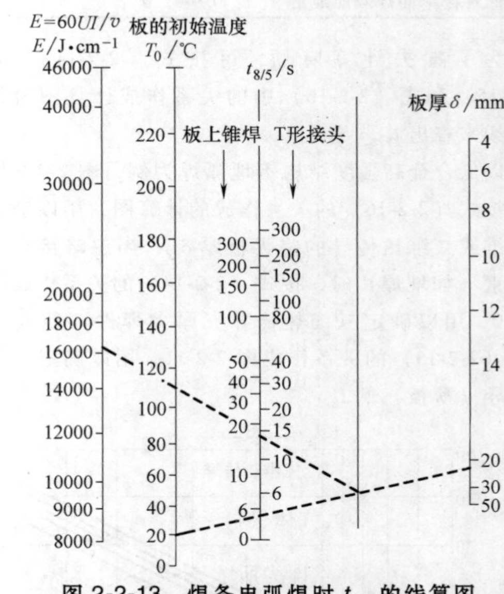

图 2-2-13　焊条电弧焊时 $t_{8/3}$的线算图

2）埋弧焊对接，板厚 δ 为 20mm，焊接热输入 E 为 40kJ · cm^{-1}，初始温度 T_0 = 20℃，求 $t_{8/5}$。先在图 2-2-14 中 E = 40kJ · cm^{-1}点与 δ = 20mm 点之间连线①，与辅助线交于 A 点，再在 δ = 20mm 点与 T_0 = 20℃点之间连线②，与另一条辅助线交于 C 点，连接 AC 线

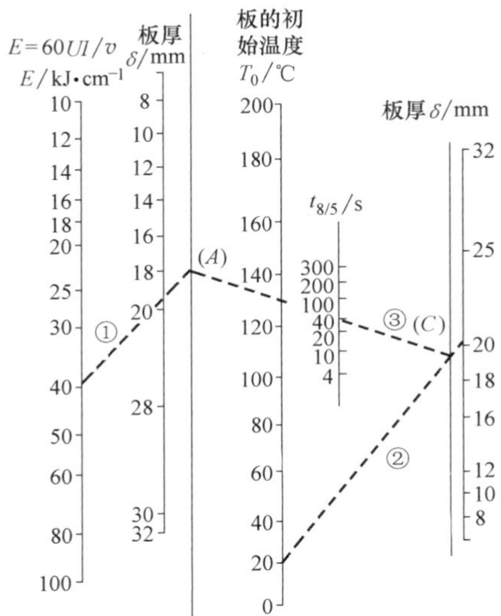

图 2-2-14　埋弧焊时 $t_{8/5}$ 的线算图

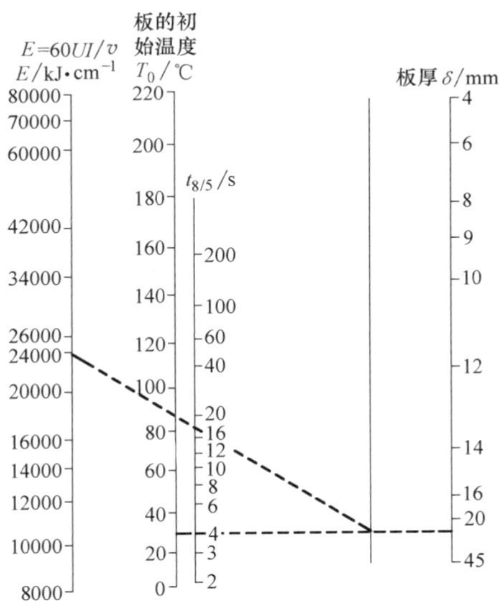

图 2-2-15　CO_2 气体保护焊时 $t_{8/5}$ 的线算图

③，与 $t_{8/5}$ 线相交的点即为所求的 $t_{8/5}$，约为 37s。

上述三套 $t_{8/5}$ 的计算公式是目前国内外应用较多的公式，参考文献［35］提供了对低碳钢和低合金钢的试验结果并与这些公式的计算结果进行对比，认为式（2-2-17）的计算值与实测值相比普遍偏低，当预热温度高于 280℃以后，理论经验公式式（2-2-14）和式（2-2-15）的计算精度降低，说明它仅适用于预热温度较低的情况。而理论公式式（2-2-11）和式（2-2-12）则适用的预热温度较宽，且计算精度也较高。

4. 多层焊热循环的特点

厚板电弧焊一般都采用多层多道焊。在多层焊时，后面施焊的焊缝对前层焊缝起着热处理的作用；而前面施焊的焊缝在焊件上已形成一定的温度分布，在开始焊接后一焊缝时，前一焊缝所具有的最低温度，称为层间温度。显然，它对后面施焊的焊缝起着焊前预热的作用，它就相当于预热温度。这种层间焊缝相互的热处理作用对于提高接头性能是有利的。

多层焊时，热影响区中的热循环比单层焊时复杂得多，而且与其施焊方法有关。采用“长段多层焊”和“短段多层焊”，其热循环有很大差别。

（1）长段多层焊接热循环

长段多层焊是指每施焊一条焊道的长度较长，在 1m 以上，在焊完第一层再焊第二层时，第一层基本上冷却到较低温度，多在 100～200℃以下。图 2-2-16 所示在热影响区上 a、c 两点的热循环变化，说明相邻各层之间有依次热处理作用，焊每一层时其冷却速度都较大，对于淬硬倾向较大的钢种，当其峰值温度 T_m 超过 Ac_3 时，在焊下一层之前，焊缝或热影响区就有产生裂纹的可能。对于这种钢最好采取焊前预热和控制层间温度。同时，为了防止最后一层发生淬火，可在焊后缓冷或多加焊一层回火焊道，以改变接头质量。

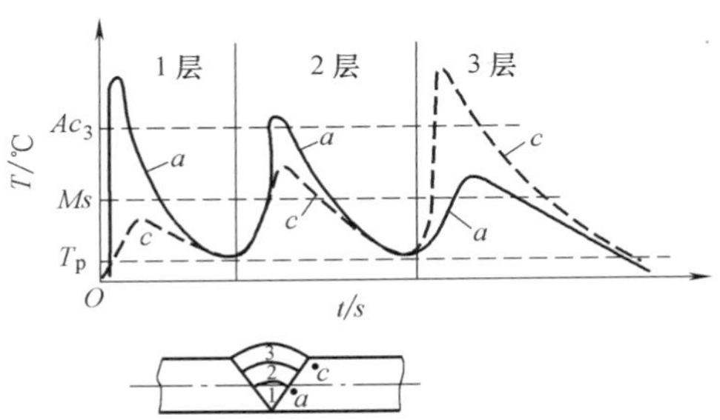

图 2-2-16　长段多层焊接热循环特性变化

（2）短段多层焊接热循环

短段多层焊是指每层焊缝较短（约 50～400mm），第一层尚未完全冷却，一般都在 Ms 以上，就开始施焊下一层。其热影响区上 a、c 两个点的热循环如图 2-2-17 所示。从图中看出，除第一层焊缝和最后一层焊缝的热影响区具有较高冷却速度外，中间各层焊缝施焊时，热影响区的冷却速度均较低。因此，短段多层焊只要控制第一层焊缝及最后一层焊缝不出现裂纹，在焊接中间各层焊缝时，也不会出现裂纹。这种施焊方法很适于焊接易淬硬钢。因为在 Ac_3 以上停留时间短，避免了晶粒长大；减缓了 Ac_3 以下的冷却速度，延长了在 Ms 点以上的停留时间，从而防止淬硬组织的产生。为了防止最后一层产生淬硬组织，可多焊一层回火焊道，以便增长奥氏体的分解时间，即由

t_B增至t'_B，如图 2-2-16b 所示。

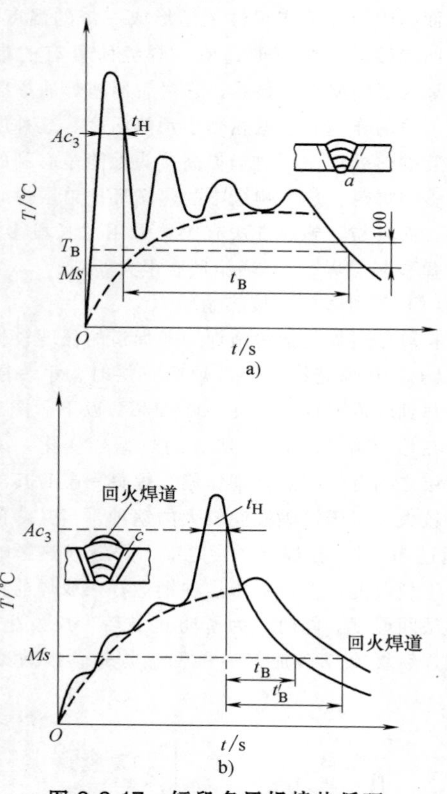

图 2-2-17 短段多层焊接热循环

a）a 点的热循环 b）c 点的热循环

t_B—由 Ac_3冷却至 Ms 的冷却时间（s）

短段多层焊操作工艺烦琐，生产率低，只适于特殊情况下采用。

2.2 焊接电弧及其特性

2.2.1 焊接电弧

电弧是各种弧焊方法的热源，是在两电极之间的气体介质产生强烈而持久的放电现象。通过电弧放电，将电能转换为热能、机械能和光能。电弧焊主要利用其热能来熔化焊接材料和母材，达到连接金属的目的。

气体放电主要依靠两电极间气体电离和阴极电子发射这两个物理过程来实现。

1. 电子发射

当阴极表面受外加能量作用，内部的自由电子能冲破电极表面的约束而飞出的现象称为电子发射。使一个电子从电极表面飞出所需的最小外加能量叫作逸出功，单位是电子伏（eV）。因电子电量 e 是常数，所以通常用伏特（V）表示。逸出功代表着电极材料发射电子的难易程度，它与金属材料的种类、性质和表面状态等因素有关。逸出功越大的材料，发射电子的能力越弱。常见导体材料的逸出功见表 2-2-11。

表 2-2-11 常见导体材料的逸出功

材 料	符 号	逸出功/V
锂	Li	2.1~2.9
碳	C	2.5~4.7
镁	Mg	3.1~3.7
铝	Al	3.8~4.3
钾	K	1.76~2.5
钙	Ca	2.24~3.2
钛	Ti	3.8~4.5
锰	Mn	3.8~4.4
铁	Fe	3.5~4.0
镍	Ni	2.9~3.5
铜	Cu	1.1~1.7
锆	Zr	3.9~4.2
钼	Mo	4.0~4.8
铯	Cs	1.0~1.6
钡	Ba	4.1~4.4
钨	W	4.3~5.3
氧化钙涂层	CaO	1.77
氧化锶涂层	SrO	1.27
氧化钡涂层	BaO	0.99
钨加铯	W-Cs	1.36
钨加钡	W-Ba	1.56
钨加氧加钡	W-O-Ba	1.34
钨加锆	W-Zr	3.14
钨加钍	W-Th	2.63

从表中看出碱金属、稀土元素及金属氧化物的逸出功较小。钨极氩弧焊用的钨极若加入钍或铈的氧化物，因其逸出功小，能提高电子发射能力，于是增加了钨极电流容量并能改善引弧性能。

外加能量形式不同，电子发射有热发射、电场发射、光发射和粒子碰撞发射 4 种形式。焊接电弧中主要是热发射和电场发射。

（1）热发射

热发射是指电极表面受热达很高温度后，电子获得足够能量而从电极表面逸出的过程。电极表面温度受其材料沸点限制，用钨或碳作电极时，其表面温度可达 3500K 以上，这种在高温下所产生的电弧叫热阴极电弧，电弧中的电子主要靠热发射来提供。若用钢、铜或铝作电极，因其沸点低，所产生的电弧叫冷阴极电弧，不可能通过热发射提供足够电子，而须靠其他形式发射电子予以补充。

（2）电场发射

当阴极附近有强电场存在，由电场力将电子从阴极表面强行拉出来的过程叫电场发射。阴极附近电场

强度 E（V·cm^{-1}）越大，电子越易被拉出来。当 E 达 10^6V·cm^{-1}时，即使在室温条件下也有显著的电子发射现象。

冷阴极电弧中的电子，主要是靠电场发射来补充。

2. 激励与电离

任何物质的原子均是由原子核和围绕着原子核旋转的电子所组成。不同物质的原子拥有的电子数目不同，但都严格按一定规则一层一层地分布在原子核周围，处在一定轨道上运动。越外层的轨道其能级越高，当吸收外界能量后，电子就可能产生两种情况：当外加能量不大时，电子只从里层轨道跳到外层轨道，但未摆脱原子核的引力控制，发生这种过程叫作激励；当外界供给足够大的能量时，电子可以摆脱原子核的引力控制而跑掉，于是导致原子分离成电子和正离子，发生这种过程称为电离。

使原子分离出一个外层电子所需的最小能量称为电离能，通常以电子伏（eV）为单位；若以伏特（V）表示，则为电离电压。表 2-2-12 是常见固体元素的沸点及其蒸气的最低激励电压和电离电压。表 2-2-13 为常见气体或化合物的电离电压。

表 2-2-12 常见固体元素的沸点及其蒸气的最低激励电压和电离电压

元素	沸点/℃	激励电压/V	电离电压/V
Li	1347	1.85	5.392
C	4827	1.26	11.260
Na	882.9	2.1	5.139
Mg	1090	2.709	7.646
Al	2467	3.14	5.986
Si	2355	0.78	8.151
K	774	1.61	4.341
Ca	1484	1.88	6.113
Ti	3287	0.81	6.820
Cr	2672	0.94	6.766
Mn	1962	2.11	7.432
Fe	2750	0.85	7.870
Ni	2732	0.42	7.635
Cu	2567	1.38	7.726
Zr	4327	0.52	6.835
Mo	4612	1.34	7.099
Cs	678.4	1.39	3.894
Ba	1640	1.13	5.212
Ta	5425	—	7.7
W	5660	0.37	7.98

从表中看出，K、Na、Ca 等碱金属的电离电压较低，容易电离，所以在焊条中用作稳弧元素，以利于引弧和稳弧。

表 2-2-13 常见气体或化合物的电离电压

元素或化合物	电离电压/V
Ar	15.760
H	13.598
H_2	15.43
He	24.588
F	14.478
N	14.534
N_2	15.58
O	13.618
O_2	12.07
CO	14.1
CO_2	13.77
NO	9.5
NO_2	11
OH	13.8
H_2O	12.59

电弧中气体粒子（分子或原子）的电离，按外加能量不同分热电离、电场电离和光电离三种形式。气体粒子获得热能而电离的称为热电离；在电场作用下，使带电粒子与中性粒子碰撞而产生的电离称为电场电离；中性气体粒子受到光辐射的作用而产生的电离，称为光电离。电弧焊时因弧柱温度很高，一般为 5000~30000K，所以弧柱产生的带电粒子主要是靠热电离。只有在电场强度很高的电弧阴极区和阳极区才有可能发生电场电离；在电弧中光电离的作用较为次要。

气体粒子在弧柱吸收各种形式的能量而被电离，其电离程度不仅决定于该种元素的电离能，而且与温度和气体压力等因素有关。图 2-2-18 所示为 Cs、K、Ca 和 Y 4 种元素在不同温度和弧柱气压下的电离度。从图中看出，在一定弧柱气压下，随着温度的升高，各元素的电离度增大；在一定的温度下，各元素的电离度随着弧柱气压的减小而增加；电离能小的元素，其电离度大。

3. 负离子的产生和带电粒子的复合

（1）负离子的产生

在一定条件下有些中性原子或分子能吸附电子而成为负离子。负离子的产生，使得电弧空间的电子数量减少。负离子虽然所带电荷量与电子相等，但因其质量比电子大得多，运动速度低，不能有效地担负传送电荷的任务，从而导致电弧导电困难，使电弧稳定性降低。如碱性焊条药皮中的 CaF_2，F 原子很容易吸附电子，而使电弧不稳，所以有人称 F 为“消电离”元素。

（2）带电粒子的复合

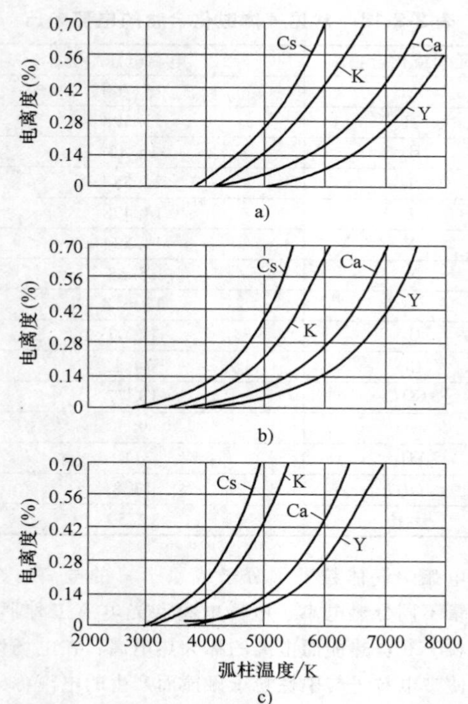

图 2-2-18　各种元素的电离度与温度和压力的关系
a）压力 = 101325Pa　b）压力 = 39996Pa　c）压力 = 13332Pa

电弧空间带正、负电的粒子（正离子、负离子和电子），在一定条件下相遇而结合成中性粒子，这种过程称为复合。复合时，将原有电离能和动能以辐射能和热能形式释放出来。由于负离子体积大，与正离子相遇机会多，所以易于发生复合过程。若带电粒子大量复合，电弧空间带电粒子就会减少，导致电弧导电困难，电弧稳定性降低。

事实上，当电弧稳定燃烧时，在电弧气氛中气体粒子发生电离过程的同时，也发生复合的过程，并在一定条件下达到平衡，所以说，气体在某一温度下的电离度，实际是电离与复合过程达到平衡时的电离度。当温度改变，这一平衡被破坏，电离复合过程在新的条件下又建立起新的平衡。

2.2.2　电弧的构造及其电压分布

当两电极之间产生电弧放电时，在电弧长度方向上的电场强度是不均匀的，图 2-2-19 所示是沿电弧长度方向实测的电压分布。从图中看出电弧是由三个电场强度不同的区域构成。在阳极附近的区域称阳极区，其长度约为 $10^{-3} \sim 10^{-4}$ cm，该区的电压 U_A 称为阳极电压降；在阴极附近的区域称阴极区，其长度约为 $10^{-5} \sim 10^{-6}$ cm，该区的电压 U_K 称为阴极电压降；中间部分称为弧柱区，该区的电压 U_C 称为弧柱电压降。两极端面之间的距离为电弧长度，由于阳极区和阴极区都很窄，因此可认为两电极间距离即为弧柱的长度。电弧这三个区域的电压降组成了总的电弧电压 U_a，用下式表示

$$U_a = U_K + U_C + U_A \tag{2-2-18}$$

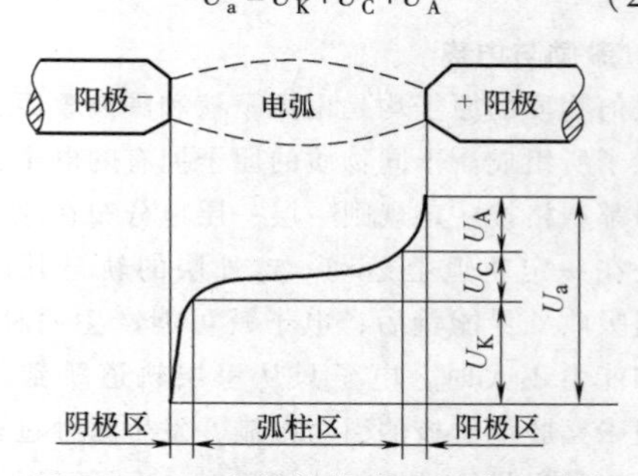

图 2-2-19　电弧的构成及其电压分布

电弧上三个区域电压降的大小与其导电机理密切相关。在电流和周围条件（电极材料、气体介质和散热等）一定的情况下，电弧稳定燃烧时，电弧的阴极电压降和阳极电压降基本上都是固定的数值，只有弧柱的电压降随弧柱长度的变化而变化。所以在这种情况下，总的电弧电压 U_a 决定于电弧的弧长。电弧越长，电弧电压越高。

2.2.3　焊接电弧的最小能量消耗特性

电弧是柔性导体，在导电过程中，带电粒子的产生与消失，产热与散热均处于动平衡状态。当电流和周围条件（如气体介质、温度和压力等）一定时，电弧将自动调节其导电断面来维持这种平衡。自动调节导电断面（其大小可用电弧直径来表示）所遵循的规律是：确保电弧单位长度上的能量损耗最小，亦即电弧具有保持最小能量消耗的特性。

单位长度电弧上产生的热量等于 IE（I—电弧电流，E—电弧电场强度），它与热消耗的能量相平衡。当电流一定时，电场强度的大小就代表了电弧产热量的大小。因此，能量消耗最小时的电场强度最低，也就是在固定弧长上的电压最小。所以又把电弧的这种特性叫作最小电压原理。

正因为电弧具有这一特性，使得电弧在一定条件下有一确定的断面直径，否则，电弧就无法处于稳定燃烧的动平衡状态。当电流一定而周围条件发生变化时，电弧将通过改变自身导电断面直径的大小来建立新的平衡。例如，在一定电流条件下对弧柱强迫冷却时，电弧将自动收缩其导电断面，以减少热损失。由于弧柱直径的减小就会引起弧柱电流密度的增大、电场强度增强、弧柱温度升高。其断面收缩至产热与热消耗相平衡时便不再继续收缩，使得在此条件下电场

强度增加得最小，又能使弧柱的能量输入与消耗在新的条件下达到新的平衡，仍保持着能量消耗最小的特性。

2.2.4 焊接电弧的热特性

1. 电弧的产热

电弧可看成是一个把电能转变为热能的柔性导体。由于组成电弧三个区域的导电机理不同，其产热机理也不相同。

（1）弧柱的产热

弧柱导电主要是靠电子在外加电场作用下的定向运动来实现的。外加电场使电子获得能量后并不都是从阴极直接跑向阳极，而大部分都在与正离子或中性粒子碰撞的过程中从阴极移向阳极，粒子之间在碰撞过程中便产生了热，从而把从电源吸取的电能大部分转换为热能。

前已述及单位长度弧柱的电能为 IE，它的大小就代表了弧柱产热量的大小。电弧稳定燃烧时，弧柱的产热与弧柱的热损失（对流传导和辐射等）处于动平衡状态。电流一定时，弧柱产热将因热损失的大小按最小电压原理，通过 E 的改变来自行调节。由于气体质量、导热性能、解离程度的不同，电弧在不同气氛中燃烧时，热损失各不相同，于是使得弧柱部分的电场强度 E 也不相同。如果弧柱电场强度值 E 升高，就意味着弧柱产热量增加，弧柱温度升高。

一般在电弧焊接过程中，弧柱部分的热量，对流损失约占 80% 以上，传导与辐射损失约占 10%，只有很小一部分能量通过辐射传给焊丝和焊件。

（2）阴极区的产热

阴极区存在两种带电粒子：电子和正离子，这两种带电粒子在不断产生、运动和消失，同时伴随着能量的转换与传递。由于弧柱中正离子流所占比例很小，它的产热对阴极区的影响很小，因此主要从电子在阴极区的能量平衡过程考察阴极区的产热。

阴极区提供弧柱的电子流与总电流 I 相近，这些电子在阴极压降 U_K 的作用下逸出阴极并被加速，获得的总能量为 IU_K，这是在阴极区由电能转换为热能的主要来源。电子从阴极表面逸出时，从阴极表面带走相当于逸出功的能量 IU_W，从而使阴极受到冷却。电子流离开阴极区进入弧柱时，将带走与弧柱温度相应的热能 IU_T（U_T 为弧柱温度等效电压）。根据电子流离开阴极区时的能量平衡，阴极区的产热可表达为

$$P_K = I(U_K - U_W - U_T) \tag{2-2-19}$$

式中 P_K——阴极区产热总能量；

U_K——阴极区压降；

U_W——逸出电压；

U_T——弧柱温度的等效电压；

I——电弧电流。

P_K 主要用于阴极的加热和阴极区的散热损失。在焊接过程中加热焊丝或焊件的热量主要由这部分能量提供。

（3）阳极区产热

阳极区的电流也包括电子流和正离子流，因正离子流比例很小，可认为阳极区的电流 I 等于电子流。电子到达阳极时被阳极电压降 U_A 加速而获得动能 IU_A；电子到达阳极时将放出电子发射时从阴极吸收的逸出功 IU_W；电子从弧柱进入阳极将带来与弧柱温度相应的热能 IU_T。所以阳极区产热总能量可表达为

$$P_A = I(U_A + U_W + U_T) \tag{2-2-20}$$

式中 P_A——阳极区产热总能量；

U_A——阳极区电压降。

P_A 主要用于阳极的加热和阳极区散热损失，是焊接过程中可以直接用于加热焊丝或焊件的能量。

2. 电弧的温度分布

电弧上的温度分布是不均匀的，沿电弧轴向的温度分布是两个电极上的温度较低，弧柱温度较高。在弧柱径向的温度分布是中心处温度最高，中心以外的温度逐渐降低。图 2-2-20 所示为在氩气中钨阴极与水冷铜阳极之间电弧的等温线。

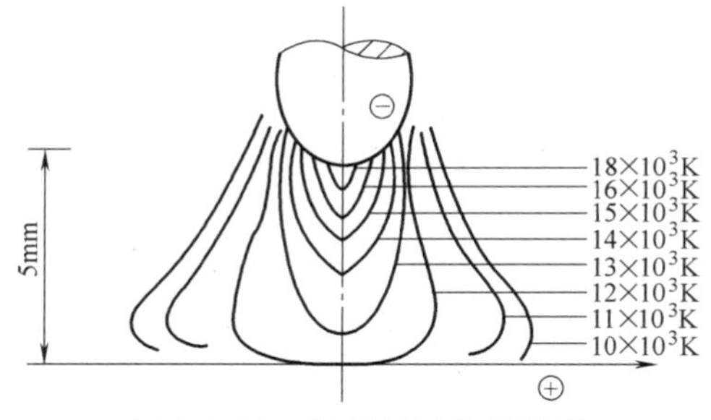

图 2-2-20 钨极氩弧的等温线

（I=200A，U=12.1V，P=2420W）

阴极和阳极的温度均受到电极材料沸点的限制，一般都不超过其沸点，故温度有限，表 2-2-14 列出不同电极材料的电弧温度分布。从表中看出，在电极材料相同时，阳极的温度，通常略高于阴极。当使用交流电弧焊时，由于电流周期性地改变极性，两个电极上的热量和温度的分布趋于一致，近似于它们的平均值。

弧柱中的介质通常是气体或金属蒸气，其加热温度不受沸点的限制，加上气体介质的导热性不如金属电极好，故可以加热到较高的温度。但是弧柱的温度受到电极材料、气体介质、电流大小，以及电弧周围

表 2-2-14　不同电极材料的电弧温度分布

电极材料	气体介质(0.1013MPa)	电极材料沸点/K	阴极温度/K	阳极温度/K
碳	空气	4830	3500	4200
铁	空气	3000	2400	2600
铜	空气	2595	2200	2450
镍	空气	2730	2370	2450
钨	空气	5950	3640	4250

环境（如拘束和散热）等因素的影响，在常压下当电流在 1～1000A 变化时，弧柱温度可在 5000～30000K 之间变化。因为电流大小直接改变了弧柱的能量密度，电流增大则弧柱温度增加。当两电极直径不同时，小直径一端电弧直径小，电流密度大，其温度也比直径大的一端高。在焊条中加入钾和钠等易于电离元素，其电弧温度最高约为 6000K，而在惰性气体中的电弧温度可高达 30000K。若在电弧周围有高速气体流动，由于气流的冷却作用，使弧柱电场强度提高，于是温度上升。当电弧周围气氛是多原子气体时，如 CO_2、O_2、N_2、H_2 和 H_2O 等，由于气体解离吸热，也使电弧温度升高。

3. 焊接电弧的热效率（详见本章 2.1.2）

2.2.5　焊接电弧的电特性

1. 电弧的静特性

在电极材料、气体介质和弧长一定的情况下，电弧稳定燃烧时，焊接电流与电弧电压变化的关系称为焊接电弧的静特性。表示这两者关系的曲线叫作电弧静特性曲线，如图 2-2-21 所示。该曲线呈 U 形，可分为三个区段：*ab* 段，电流密度较小，随着电流增加，电弧电压急剧下降，故称为下降特性，下降段电弧不稳定，一般不采用；*bc* 段，电流密度中等，随着电流增加电弧电压几乎保持不变，故称为平直特性。焊条电弧焊、埋弧焊和 TIG 焊在正常工艺参数焊接时，其电弧在此段稳定燃烧；*cd* 段，电流密度大，随着电流增加电弧电压也随之上升，故称为上升特性。熔化极气体保护焊时，因常用小直径焊丝，其电流密度较大，所以电弧多在此区段稳定燃烧。

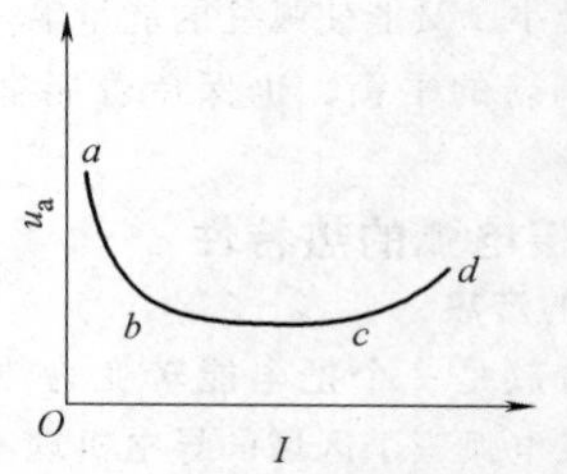

图 2-2-21　电弧的静特性曲线

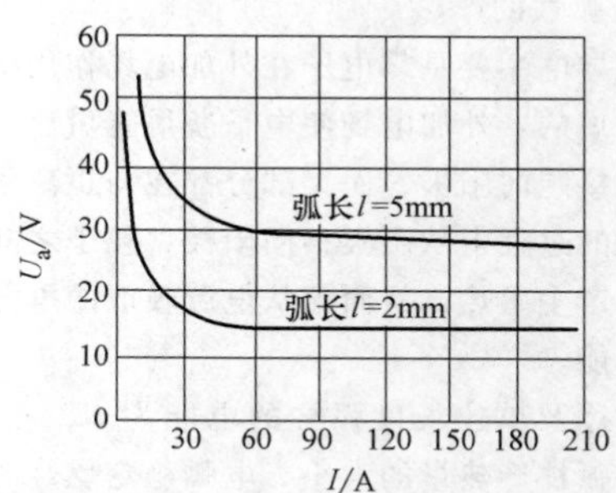

图 2-2-22　不同弧长的电弧静特性曲线

不同的电极材料、气体介质或电弧长度，对电弧静特性均有影响，在其他条件不变的情况下，弧长增加，电弧电压也升高，电弧静特性曲线的位置也相应升高，如图 2-2-22 所示。当电流一定时，电弧电压与弧长成正比。

2. 电弧的动特性

图 2-2-21 所示的电弧静特性曲线是在电弧稳定的状态下得到的，但是在某些焊接过程中，电流和电压都在高速变动，电弧达不到稳定状态。这里把在一定弧长下，当电弧电流以很快速度变化时，电弧电压瞬时值和电流瞬时值之间的关系称为电弧的动特性。表示这两者关系的曲线称为电弧动特性曲线。

图 2-2-23 中的 *abcd* 曲线为电弧静特性曲线，当电弧电流迅速从 I_a 增加到 I_d 时，由于电弧温度有热惯性，它达不到相应电流时稳定状态的温度，要维持电弧燃烧，电弧电压就必须比静特性时高，于是沿着 $ab'c'd$ 曲线变化。当电弧电流从 I_d 迅速减到 I_a 时，亦因热惯性，电弧空间温度来不及下降，对应于每一瞬间电弧电流的电弧电压也将低于静特性曲线，而沿 $db''c''a$ 变化。图中 $ab'c'd$ 和 $dc''b''a$ 曲线即为电弧的动特性曲线。

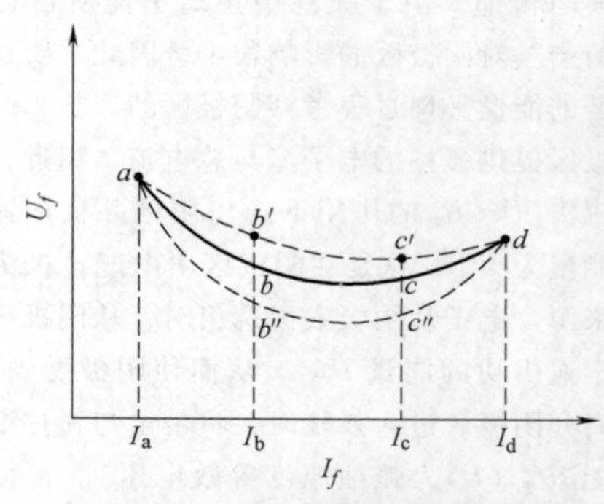

图 2-2-23　电弧的动特性曲线

若电弧电流按另一种规律迅速变化时，将得到另一种形状的动特性曲线。电流变化速度越小，静动特性曲线就越接近。

3. 交流电弧及其特点

交流电弧一般是以 50Hz 按正弦规律变化的电源供电，每秒钟的电流值为 100 次经过零点，其电弧放电的物理条件与直流电弧不同，其特点如下：

(1) 电弧周期性地熄灭和引燃

交流电流每经过零点并改变极性时，电弧中带电粒子进行复合，电弧就熄灭。过零点后电弧重新点燃叫作再引弧。再引弧所需的电压叫作再引弧电压，当它小于电源电压最大值时才能再引弧。电弧从熄灭到再引燃的时间叫作熄弧时间，该时间越长，电弧越不稳定。只有使熄弧时间减小至零时，才能使交流电弧连续燃烧。

(2) 电弧电压和电流波形发生畸变

由于电弧电压和电流是交变的，于是电弧空间和电极表面的温度也随之变化，因而电弧的电阻不是常数，而是随电流变化而变化的。当电源电压按正弦规律变化时，电弧的电压和电流并不完全按正弦规律变化，而是发生了波形畸变。熄弧时间越长，波形畸变就越明显，如图 2-2-24 所示。

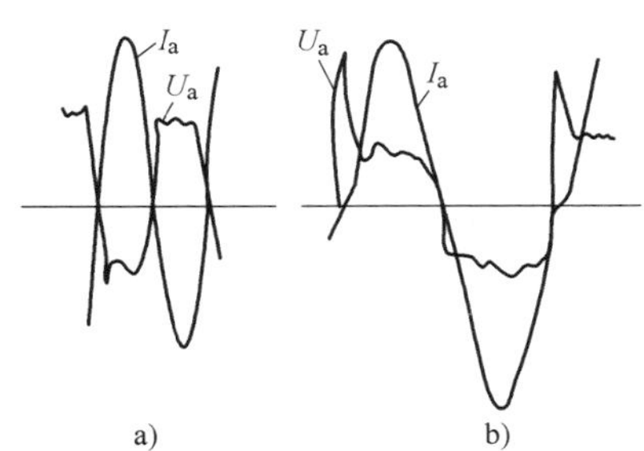

图 2-2-24 埋弧焊电弧的电压和电流波形

a) 连续燃烧波形图 b) 断续燃烧波形图

(3) 热惯性作用较明显

用交流电焊接时，电弧电压和电流都是高速交变的，由于热惯性作用，电和热的变化来不及达到稳定状态，使电弧的温度的变化落后于电的变化，所以电弧电流瞬时值与电压瞬时值之间的关系不能维持电弧静特性关系，而是动特性关系。图 2-2-25 所示为交流电弧的动特性曲线。其特点是电流增加时的电弧电压高于电流下降时的电弧电压。

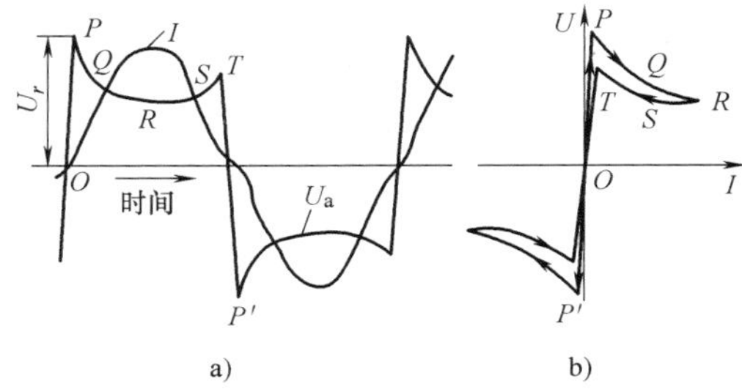

图 2-2-25 交流电弧的动特性

a) 电弧电压和电流波形图 b) 电弧动特性曲线

(4) 受电感的影响

在交流焊接回路中分别串入电阻和电感后，其电弧电压和电流的波形是有明显区别的，如图 2-2-26 所示。在电阻性电路中（见图 2-2-26a）当电源电压 U 低于电弧电压 U_a 时，电流 I 为零，电弧熄灭。当电源电压改变极性重新达到再引弧电压 U_r 时，电弧才再引燃，中间有熄弧时间，这时的电流是断续的，电弧不稳定；而在电感性电路中（见图 2-2-26b），则因电弧电流滞后于电源电压，当电流为零时，下半波电源电压瞬时值可能达到再引弧电压，这样电弧电流便可成为连续的，也就是熄弧时间可能减小至零，电弧燃烧稳定。

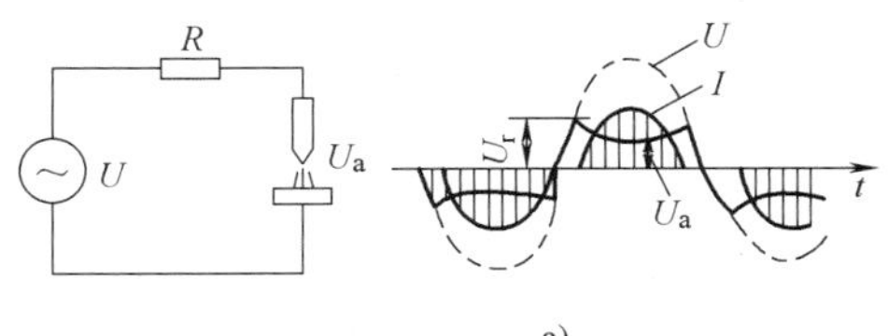

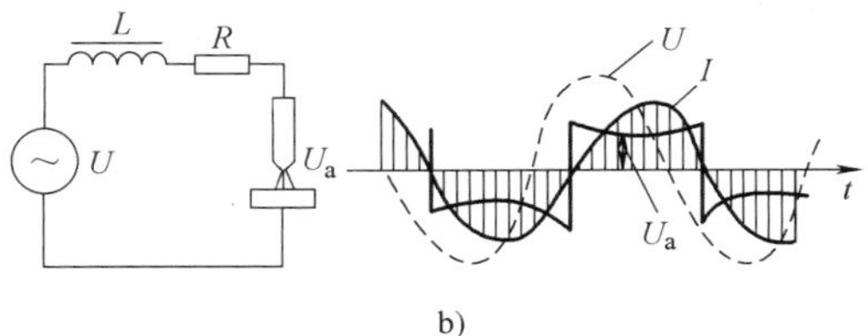

图 2-2-26 交流电源电弧电压和电流波形

a) 电阻性电路 b) 电感性电路

U_r—再引弧电压 U_a—电弧电压

2.2.6 焊接电弧的力学特性

在焊接过程中电弧既是热源，同时又是力源。把电弧所产生对熔滴、熔池的机械作用力，称为电弧力，它包括电磁收缩力、等离子流力、斑点力和短路爆破力等。这些电弧力对焊缝成形和焊接过程稳定有着重要影响。若控制不当，将破坏正常熔滴过渡，产生飞溅，甚至形成焊瘤、咬肉和烧穿等缺陷。

1. 电弧力的形成及其作用

1) 电磁收缩力。电磁收缩力是由磁压缩效应引起的，它的大小正比于电流的平方，方向垂直于电流线，有使导体截面收缩的趋势。若导体为液体或气体，其作用非常明显，对于等截面的液态或气态导体只产生径向作用，使导体变细，内压升高；对不等截面的液态或气态导体，则在截面扩张区既产生指向轴心的径向作用力，又产生轴向推力，推力的方向总是从小截面指向大截面，而与电流大小无关。

电磁收缩力往往是形成其他电弧力的力源。

电磁收缩力形成的轴向推力可以使电弧产生下面所述的等离子流力，也可以直接作用于熔池表面，使熔池下凹产生一定熔深。熔化极电弧焊时，轴向推力可促使熔滴过渡，电弧磁收缩力可束缚弧柱扩展，使弧柱能量集中，并提高电弧的刚直性（挺度）。由于电磁力径向分布不均匀，对熔池产生搅拌作用，有利于细化晶粒，排出气孔、夹杂，并改善焊缝力学性能。当弧根直径小于熔滴直径时，电磁收缩力形成的轴向推力推向熔滴，反而阻碍熔滴过渡，甚至会造成金属飞溅。

2）等离子流力。在焊接条件下，电弧是在小截面的焊条（丝）和大截面的焊件之间产生的，且呈圆锥形。在电磁收缩力作用下，形成了从焊条（丝）指向焊件的轴向推力，迫使靠近焊条（丝）端部的高温等离子气向焊件移动，随着高温等离子气的轴向移动，从电弧上方不断流入新空气，新空气在电弧高温下电离，并继续向焊件冲击，形成具有一定速度的连续气流，对熔池产生附加压力，这种由等离子体流动而引起的压力，即等离子流力，又称为电弧动压力。等离子流力能增大电弧的刚直性；促进熔滴过渡，减少金属飞溅；还可以增大熔深和对熔池的搅拌作用。但过大的等离子流力除可能造成液态金属排出熔池之外，还可能使焊缝成形变坏。气体保护焊时，当保护气流不足时，等离子流的高速流动会卷入空气，使保护效果变差。

3）斑点力。在电极端面的斑点上由于导电和导热过程的特点而产生的附加压力称为斑点力。它包括带电质点在电场作用下向两极冲击的力；电磁收缩力引起的轴向推力；以及斑点处由于电流密度大，局部高温引起金属强烈蒸发，形成蒸气流对斑点产生的反作用力。这些斑点力的方向与熔滴过渡方向是相反的，它们总是阻碍熔滴过渡。

4）爆破冲击力。当熔滴和熔池发生短路时，短路电流使液柱温度急剧升高，金属内部汽化而爆破，爆破引起的冲击力简称为爆破力。此外，弧间气体受高温加热迅速膨胀，也对熔池和熔滴形成冲击力。这些冲击力对熔滴过渡和焊缝成形不利，甚至会造成飞溅。

2. 影响电弧力的因素

为了发挥电弧力好的作用和避免它的不利影响，须了解影响电弧力的主要因素。

1）气体介质。具有导热性强的气体或多原子气体均能引起电弧收缩，导致电弧力增加；当增加气体流量或电弧间气体压力时，也会引起电弧收缩，使电弧力和斑点力增大。斑点力增大不利于熔滴过渡。

2）电流。电磁收缩力与电流成正比，电流增大，电磁收缩力和等离子流力也随之增大。

3）电弧电压。在一定条件下，电弧电压的升高，意味着电弧长度增加，则电弧力降低。

4）极性。一般情况下，电弧在阴极区的收缩程度比阳极区大。钨极氩弧焊的钨极接负（正接）时，形成锥度较大的电弧，产生较大的电弧力。熔化极气体保护焊时，若焊丝接负，则熔滴受到较大的斑点压力而阻碍熔滴过渡，不会形成较强的电弧推力和等离子流力，若焊丝接正时，则电弧力较大。

5）钨极端部几何形状。钨极氩弧焊时，钨极端部圆锥角越小（即越尖），则锥形电弧越明显，电磁收缩力越大，越有利于等离子流的形成，所以电弧力越大。

2.2.7 拘束电弧

电弧的截面可以进行压缩，使其能量密度和温度大为提高，等离子弧就是对电弧进行压缩的结果。当强迫电弧从直径很小的喷嘴孔道通过，其截面就被机械地压缩。若同时又在喷嘴内壁通入高速冷空气，则电弧进一步受到“热”压缩。这时电弧导电截面减小，电流密度增加，于是其电磁收缩效应增强，因而又受到径向电磁力的收缩。经此三重压缩，电弧就得到了 $10^5 \sim 10^6 W \cdot cm^{-2}$ 的能量密度，其温度高达 24000~50000K。

2.2.8 磁场对电弧的作用

电弧是载流导体，在其周围存在磁场时，必然受到磁场力的作用而产生各种形态的电弧。

1. 磁偏吹

当电弧周围磁场不均匀或电弧附近存在强铁磁体时，都会使电弧中心偏离电极轴线，这个现象称为磁偏吹，如图 2-2-27 所示。如图 2-2-27a 所示的接线进行电弧焊，电流流经焊件、电弧和焊条，都会在其周围空间产生磁场。在电弧左侧的磁力线是由流经焊件和电弧的电流所产生的磁力线相叠加，它多于电弧右侧自身所产生的磁力线。结果磁场密度大的一侧产生对电弧的推力，推向磁场密度小的一侧，使电弧向右侧偏离。图 2-2-27b 所示是在电弧的一侧放一块钢板，结果电弧偏向钢板一侧。这是因钢板是良好的导磁体，磁力线总是力求走磁阻最小的通路。它的存在就把电弧右侧空间的磁力线集中到钢板中，导致右侧磁力线密度低于左侧，于是，造成了磁偏吹。

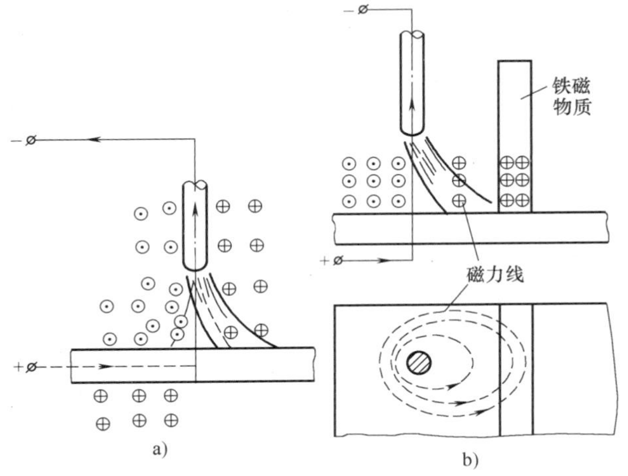

图 2-2-27　磁偏吹

a）由于接线位置而产生的磁偏吹　b）电弧一侧有铁磁物质而产生的磁偏吹

交流电弧周围空间也有磁场存在，只是磁场方向随着电流方向的变化而变化。如果这个磁场分布不均匀，也会引起磁偏吹，只不过交流电弧的磁偏吹比直流电弧弱得多，原因之一是交流在母材内感应引起涡流电流，该涡流电流有抵消磁场的作用，使上述磁力线叠加变弱。

严重的磁偏吹会使焊接过程不稳定，操作难以控制，使焊缝成形变坏，一般可以用下列方法消除或减少磁偏吹现象。

1）可能时，用交流电源代替直流电源。

2）尽量用短弧进行焊接，电弧越短偏离越小。

3）对于长的和大的焊件，可采用两端连接地线的方法。

4）避免周围铁磁物质的影响。

5）若焊件有剩磁，则焊前应退磁。

2. 外加磁场的作用

在电弧周围除了有电弧自身电流产生的磁场外，有时还有外加的磁场。任何外加磁场的作用总是由于它与自身磁场相互影响而产生。外加磁场通常可以进行控制，按磁力线和电弧轴线相对位置分，外加磁场有横向、同轴或其他形式的磁场，它们对电弧的形态和行为发生影响。

（1）外加横向磁场

所加磁场的磁力线垂直地通过电弧的轴线。如果加入的是直流横向磁场，则按左手法则，电弧偏向一侧，如图 2-2-28a 所示。如果能使电弧向移动方向的前方偏离，则会造成均匀的宽而浅的焊缝，很适于焊接薄板，即使提高焊接速度也不致引起咬边。如果电弧向后方偏离就会产生咬边和过大的焊缝余高。如果加入交流横向磁场，则电弧按同样交变频率作横向左右摆动，如图 2-2-28b 所示，这就相当于把电弧的加热区加宽。摆幅大小与外加磁场的强度成正比，摆幅越大，则焊缝熔宽越大，而熔深越浅，因此，常用此法去控制堆焊电弧。

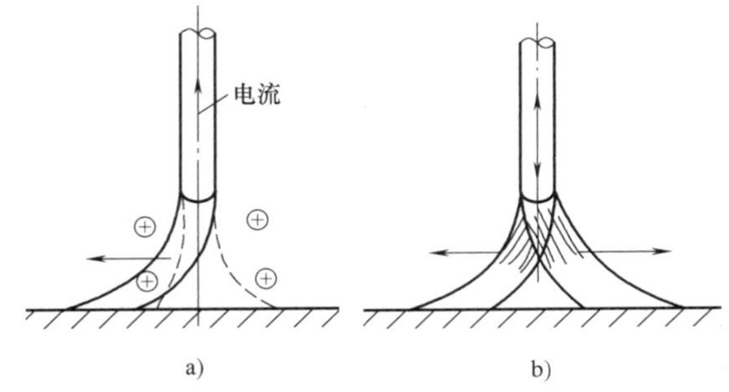

图 2-2-28　外加横向磁场对电弧的作用

a）外加直流横向磁场　b）外加交流横向磁场

（2）外加同轴磁场

所加磁场的磁力线平行于电弧轴线，如图 2-2-29 所示。如果电弧中带电粒子运动方向与轴线严格平行，这个同轴磁场对电弧不产生任何作用。如果带电粒子运动方向不与电弧轴线平行，它就受到外加同轴磁场的作用，使它绕电弧轴线做螺旋运动，磁场强度越大，螺旋半径越小。因此，外加同轴磁场，可以防止电弧向外扩张，使能量更集中，从而可增加熔深和提高电弧的刚性。

在实际生产中还有许多用外加磁场控制电弧的形式，通过改变磁场方向、强度、脉冲频率来控制电弧的形态和焊缝成形，还可以达到改变焊缝结晶及消除焊接缺陷的目的。

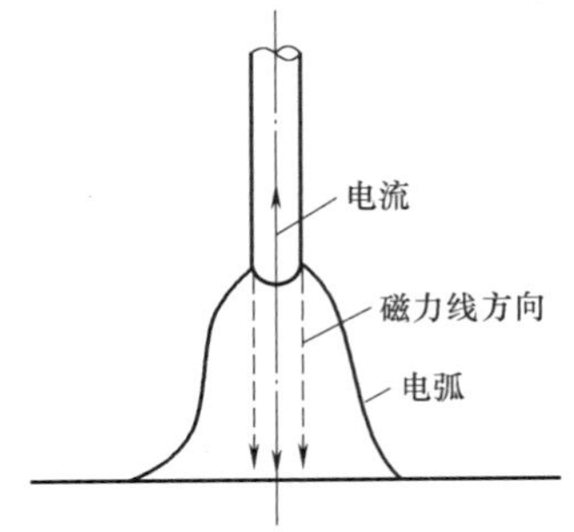

图 2-2-29　外加同轴磁场示意图

2.3　焊丝的加热、熔化与熔滴过渡

在熔化极电弧焊中焊丝的加热、熔化和熔滴过渡是十分重要的物理现象，它关系到焊接生产率和焊接质量。

2.3.1　焊丝的加热与熔化

1. 热源

熔化极电弧焊时，焊丝的加热与熔化主要靠电弧的阴极区（正接时）或阳极区（反接时）所产生的热量及焊丝自身的电阻热，弧柱区产生的热量对焊丝的加热与熔化作用较小；非熔化极弧电焊时，加热与熔化焊丝主要靠弧柱区产生的热量。

（1）电弧热

上节中式（2-2-19）和式（2-2-20）分别表示了电弧两个极区单位时间内产生的热量。研究表明，在一般情况下，当弧柱温度 ≥ 7000K，阳极温度 ≥ 2400K 时，弧柱温度等效电压 U_T 小于 1V；而阳极压降 U_A 一般在 2V 左右，当电流密度较大时，近似为零。因此式（2-2-19）和式（2-2-20）可简化为

$$P_K = I(U_K - U_W) \tag{2-2-21}$$

$$P_A = IU_W \tag{2-2-22}$$

从以上两式看出，两极区的产热量与焊接电流成正比。当电流一定时，阴极区的产热量决定于阴极压降 U_K 和电子逸出电压 U_W 的差值，阳极区的产热量决定于电子逸出电压 U_W。熔化极气体保护焊时，由于焊丝均为冷阴极材料，其 $U_K \gg U_W$，也即 $P_K > P_A$。因此，在条件相同的情况下，焊丝为阴极（正接）时的产热量比焊丝为阳极（反接）时的产热量多，即焊丝接负极要比接正极熔化快。

（2）电阻热

熔化极电弧焊时，在焊丝伸出长度上有焊接电流流过而产生电阻热，它对焊丝有预热和加速熔化作用，其值为

$$P_R = I^2 R_S \tag{2-2-23}$$

式中　P_R——焊丝伸出长度的电阻热（Q）；

R_S——焊丝伸出长度的电阻值（Ω），$R_s = \rho \dfrac{L_s}{A}$；

ρ——焊丝的电阻率（Ω · m）；

L_s——焊丝的伸出长度（m）；

A——焊丝的截面积（m^2）。

焊丝材料不同，其伸出长度部分所产生的电阻热不同，通常熔化极气体保护焊时，$L_s = 20 \sim 30$mm，对于导电良好的铝和铜等金属焊丝，其电阻热与两极区产热相比较小，可以忽略不计。而对于钢和钛等材料，因电阻率高，当伸出长度较大时，则不能忽略电阻热的作用。

2. 焊丝的熔化

（1）熔化速度与熔化系数

1）熔化速度。金属熔化的平均速度可以用单位时间内金属的熔化质量表示

$$v_m = \frac{G}{t} \tag{2-2-24}$$

式中　v_m——金属平均熔化速度（$g \cdot h^{-1}$）；

G——熔化金属的质量（g）；

t——加热熔化时间（h）。

对于焊条芯或焊丝而言，因其截面积不变，故它们的熔化速度常以单位时间内焊丝（芯）熔化的长度来表示，即

$$v_l = \frac{v_m}{F \cdot \rho_m} \tag{2-2-25}$$

式中　v_l——焊丝的熔化速度，即单位时间焊丝熔化的长度（$cm \cdot h^{-1}$）；

F——焊丝的截面积（cm^2）；

ρ_m——焊丝材料的密度（$g \cdot cm^{-3}$）。

2）熔化系数。试验证明，在正常焊接参数条件下，焊丝（芯）的平均熔化速度与焊接电流成正比，即

$$v_m = \alpha_m I \tag{2-2-26}$$

式中　I——焊接电流（A）；

α_m——焊丝（芯）的熔化系数，是在熔焊过程中，单位时间内通过单位电流时，焊丝（芯）的熔化量［$g \cdot (A \cdot h)^{-1}$］。

焊丝熔化速度决定于焊接电流和熔化系数，而熔化系数与焊丝材料的热物理性能、直径大小、气体介质，以及极性等因素有关。

（2）熔敷速度与熔敷系数

焊接过程中熔化的焊丝（芯）金属并非全部进入熔池形成焊缝金属，通常有一部分如飞溅、氧化和蒸发的损失。因此，把熔焊过程中，单位时间内熔敷在焊件上的金属质量称为平均熔敷速度，它同样与焊接电流成正比，即

$$v_D = \frac{G_D}{t} = \alpha_D I \tag{2-2-27}$$

式中　v_D——焊丝（芯）金属平均熔敷速度（$g \cdot h^{-1}$）；

G_D——熔敷到焊缝金属中焊丝（芯）金属的质量（g）；

t——电弧燃烧时间（h）；

I——焊接电流（A）；

α_D——焊丝（芯）熔敷系数，是单位时间内通过单位电流，焊丝（芯）熔敷在焊件上的金属量 $[g\cdot(A\cdot h)^{-1}]$。

（3）损失系数

在焊接过程中由于飞溅、氧化和蒸发损失的那一部分金属质量与熔化的焊丝（芯）质量之比称为损失系数，可表示为

$$\varphi=\frac{G-G_D}{G}=\frac{v_m-v_D}{v_m}=1-\frac{\alpha_D}{\alpha_m} \quad (2\text{-}2\text{-}28)$$

或

$$\alpha_D=(1-\varphi)\alpha_m \quad (2\text{-}2\text{-}29)$$

式中　φ——焊丝（芯）的损失系数。

由于考虑了实际损失，所以焊丝（芯）的熔敷速度或熔敷系数才是反映焊接生产率的指标。表2-2-15是几种国产焊条熔化系数与熔敷系数的实测数据。

表 2-2-15　几种焊条的 α_m 与 α_D

型号	牌号	$\alpha_m/g\cdot(A\cdot h)^{-1}$	$\alpha_D/g\cdot(A\cdot h)^{-1}$
E4303	J422	9.16	8.25
E4301	J423	10.10	9.70
E4320	J424	9.10	8.20
E4315	J427	9.50	9.00
E5015	J507	9.06	8.47

2.3.2　熔滴过渡

电弧焊时，焊丝（或焊条）端部形成熔滴通过电弧空间向熔池转移的过程，称为熔滴过渡。熔滴过渡对熔焊过程稳定、飞溅大小、焊缝成形优劣，以及产生焊接缺陷等有很大影响，掌握其规律，进行有效控制，对提高焊接质量和生产率十分重要。

1. 熔滴上的作用力

电弧焊时，焊丝端头熔化的金属熔滴除受到前面2.2.6节所述的电磁收缩力、等离子流力及斑点压力等作用外，还受到熔滴自身的表面张力和重力的作用。这些力对熔滴过渡的影响，应从焊缝空间位置、熔滴过渡形式、电弧形态、工艺条件等方面综合考虑。

1）表面张力。熔滴的表面张力总是阻碍熔滴从焊丝端头脱离，故不利于金属熔滴过渡。但是，当熔滴与熔池金属接触，并形成金属过桥时，由于熔池界面扩大，这时的表面张力，能把液体金属拉进熔池中而有利于熔滴过渡。

液体的表面张力与其表面张力系数成正比，表面张力系数与液体金属的成分、气体介质和温度有关。若熔滴上有少量表面活性物质或增加熔滴温度，就可降低其表面张力，改善熔滴过渡特性。如MIG焊不锈钢时，在氩气中加入少量的氧气，以减少熔滴表面张力，即可改善其熔滴过渡。

2）重力。熔滴的重力在平焊时是促进熔滴过渡的力，当它大于表面张力时，熔滴就脱离焊丝而落入熔池。当立焊和仰焊时，重力则使过渡的金属熔滴偏离电弧的轴线方向而阻碍熔滴的过渡。

焊丝端部在熔滴的形成和过渡过程中受到上述诸多力的作用，而这些力的大小及其作用方向随着焊接位置、电弧形态、熔滴的形状和大小以及焊接参数等不同而变化着，于是产生了下述各种不同的熔滴过渡形式。

2. 熔滴过渡类型

电弧焊的熔滴过渡大体上可归纳成自由过渡、接触过渡和渣壁过渡三种类型。表 2-2-16 是熔滴过渡的分类及其形态特征。

表 2-2-16　熔滴过渡分类及其形态特征

类型				形态	焊接条件
自由过渡	滴状过渡	大滴过渡	滴落过渡		高电压、小电流 MIG 焊
			排斥过渡		高电压、小电流 CO_2 焊，以及正接、大电流 CO_2 焊
		细颗粒过渡			较大电流的 CO_2 焊

（续）

类型			形态	焊接条件
自由过渡	喷射过渡	射滴过渡	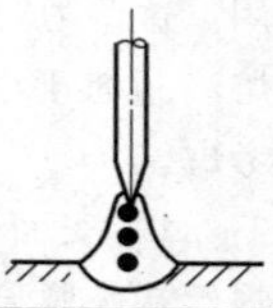	铝 MIG 焊及脉冲焊
		射流过渡	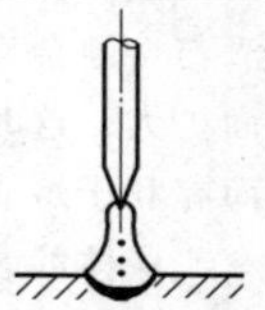	钢 MIG 焊
		旋转射流	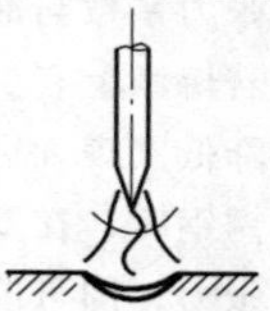	特大电流 MIG 焊
	爆炸过渡		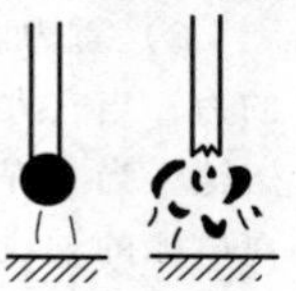	焊丝含挥发成分的 CO_2 焊
接触过渡	短路过渡		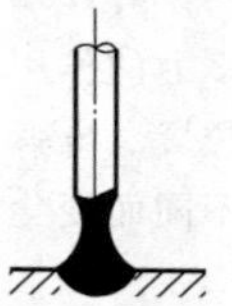	CO_2 焊
	搭桥过渡			非熔化极填丝焊
渣壁过渡	沿渣壳过渡		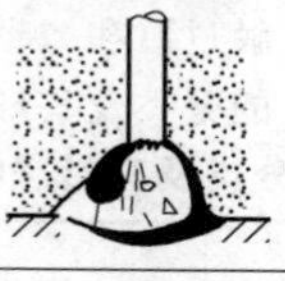	埋弧焊
	沿套筒过渡		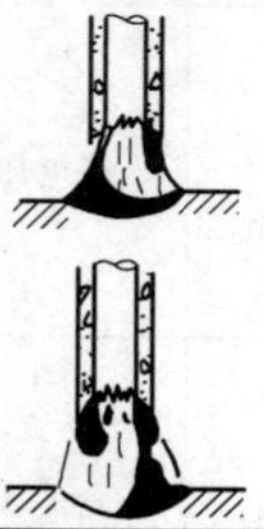	焊条电弧焊

(1) 自由过渡

熔滴从焊丝端部脱落后，经电弧空间自由地飞行而落入熔池，焊丝端头和熔池之间不发生接触。按过渡形态不同分成滴状过渡、喷射过渡和爆炸过渡。

1）滴状过渡。当电流较小时，电弧力作用小，随着焊丝熔化，熔滴逐渐长大，当熔滴的重力能克服其表面张力的作用时，就以较大的颗粒脱离焊丝，落入熔池实现滴落过渡。如果有斑点压力作用且大于熔滴的重力（如在 CO、N_2 和 H_2 等多原子气氛中）熔滴在脱离焊丝之前就偏离了焊丝轴线，甚至上翘，脱离之后不能沿焊丝轴向过渡时，称为排斥过渡。这两种过渡的熔滴都较大，一般大于焊丝直径，属大滴过渡。

大滴过渡的熔滴大，形成时间长，影响电弧稳定性，焊缝成形粗糙，飞溅较多，生产中很少采用。当电流较大时，电磁收缩力较大，熔滴的表面张力减小，熔滴细化，其直径一般等于或略小于焊丝直径，熔滴向熔池过渡频率增加，飞溅少，电弧稳定，焊缝成形较好，这种过渡形式称为细颗粒过渡，在生产中被广泛应用。

2）喷射过渡。随着焊接电流的增加，熔滴尺寸变得更小，过渡频率也急剧提高，在电弧力的强制作用下，熔滴脱离焊丝沿焊丝轴向飞速地射向熔池，这种过渡形式称为喷射过渡。根据熔滴大小和过渡形态又分为射滴过渡和射流过渡。前者的熔滴直径和焊丝直径相近，过渡时有明显熔滴分离，后者在过渡时焊丝末端呈“铅笔尖状”以小于焊丝直径的细小熔滴快速而连续地射向熔池。

喷射过渡焊接过程稳定，飞溅小，熔深大，焊缝成形美观。平焊位置、板厚大于 3mm 的焊件多采用这种过渡形式，但不宜焊接薄板。

熔滴从滴状过渡转变成喷射过渡的最小电流值称为临界电流，大于这个电流，熔滴体积急剧减小而熔滴过渡频率急剧上升，如图 2-2-30 所示。临界电流与焊丝成分、直径、伸出长度及保护气体成分等因素有关。

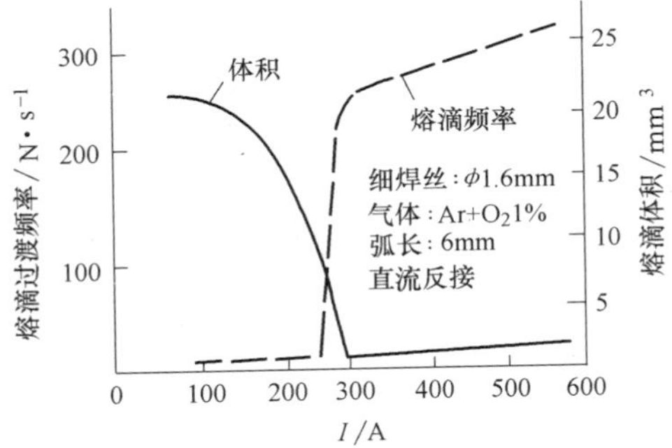

图 2-2-30 熔滴过渡频率和体积与电流的关系

如图 2-2-31 所示是 MIG/MAG 焊中熔滴自由过渡形式的转变及其临界电流。

3）爆炸过渡。是指熔滴在形成、长大或过渡过程中，由于激烈的冶金反应，在熔滴内部产生 CO 气体，使熔滴急剧膨胀爆裂而形成的一种金属过渡形式。在 CO_2 气体保护焊和焊条电弧焊中有时会出现这种熔滴过渡，爆炸时会引起飞溅，恶化工艺。

（2）接触过渡

熔滴在未脱离焊丝之前就与熔池接触形成金属过桥，在其表面张力及其他力共同作用下向熔池过渡的过程称为接触过渡，有以下两种形式。

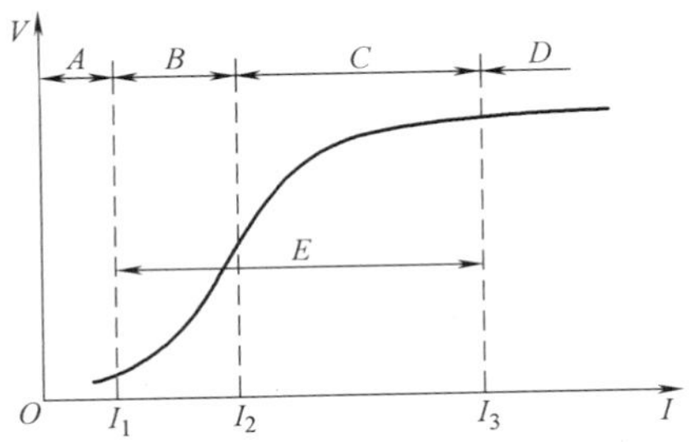

图 2-2-31 MIG/MAG 焊中熔滴自由过渡形式的转变及其临界电流

A—滴状过渡 B—射滴过渡 C—射流过渡 D—旋转射流过渡 E—喷射过渡（B+C）

1）短路过渡。在小电流低电压焊接时，熔滴在未脱离焊丝前就与熔池接触形成液态金属短路，使电弧熄灭，当液桥金属在电磁收缩力、表面张力作用下，脱离焊丝过渡到熔池中去，这时电弧复燃，又开始下一周期过程，这种过渡形式称为短路过渡。图 2-2-32所示为短路过渡过程的电弧电压和电流动态波形图。

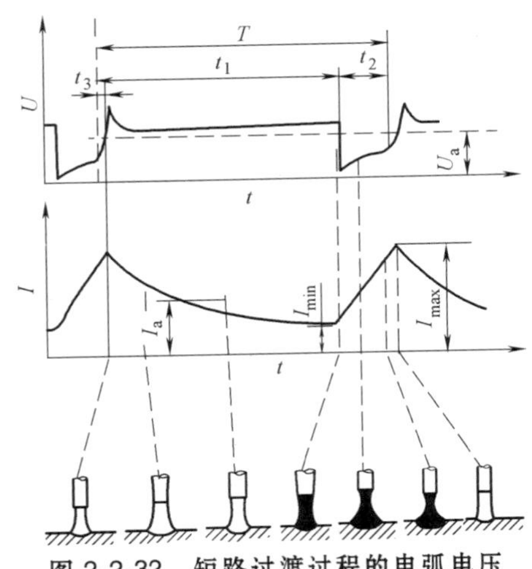

图 2-2-32 短路过渡过程的电弧电压与电流动态波形图

t_1—燃弧时间 t_2—短路时间 t_3—电压恢复时间 T—短路周期 I_{max}—最大电流（短路峰值电流） I_{min}—最小电流 I_a—平均电流 U_a—平均电弧电压

短路过渡有利于薄板或全位置焊接，这是因为使用的焊接电流（平均值）较小，而短路时的峰值电流又为平均电流的几倍，这样既可以避免焊件焊穿又能保证熔滴顺利过渡，况且短路过渡一般采用细焊丝，焊接电流密度大，焊接速度快，对焊件热的输入量低；此外焊接时，电弧短，热量集中，因而可减小接头热影响区和焊件的变形。但是，当焊接参数选择不当，或焊接电源动特性不佳时，短路过渡将伴随着大量金属飞溅而使过渡过程变得不稳定。

短路过渡频率越高，每秒钟内熔滴过渡次数越多，则在焊丝端部形成的熔滴尺寸越小，过渡过程就越稳定，飞溅也越小，可以提高生产效率。一般气体保护电弧焊时，为获得短路过渡最高频率，有一个最佳的电弧电压值，对于直径在 ϕ1.2mm 以下的焊丝，该值约为 20V。

增大电弧电压、减小焊接电流或送丝速度，都会使熔滴经较长时间才能与熔池接触短路。这样燃弧时间长、熔滴尺寸大、短路频率低，将降低电弧的稳定性和增大飞溅。但当电弧电压过低或送丝速度过快时，则会造成在熔滴尚未脱离焊丝时，焊丝未熔化部分就可能已插入熔池，造成固态短路，并产生大段爆断，使飞溅增大。

在电源方面，不仅要求电源有合适的静特性，同时还要求有合适的动特性。

① 对不同直径和参数，要有合适的短路电流上升速度 $\frac{dI}{dt}$。如果 $\frac{dI}{dt}$ 过小，短路时电流不能及时增到相应数值，则熔滴不能及时过渡，熄弧时间拉长，电弧空间温度下降过多，造成电弧复燃困难。此外，在等速送丝条件下，还可能引起固态焊丝插入熔池而破坏电弧稳定。甚至使焊接无法进行。如果 $\frac{dI}{dt}$ 过大，则短路峰值电流也过大，造成短路过程不稳定，引起大量飞溅。

② 要有适当的短路峰值电流 I_{max}，一般 I_{max} 为平均电流 I_a 的 2~3 倍。过大会引起飞溅，过小则对引弧不利。

③ 短路结束之后，空载电压恢复速度快，以保证电弧及时复燃，避免断弧现象。

短路电流上升速度及短路峰值电流主要靠串联在焊接回路中的电感来调节。电感大时短路电流上升速度慢，短路时间长，同时短路峰值电流也较小；电感小时，短路电流上升速度快，短路时间短，短路峰值电流大，短路频率增加，如图 2-2-33 所示。通常细焊丝熔化快，熔滴过渡周期短，要求短路电流上升速度快些；粗一些的焊丝熔化较慢，熔滴过渡周期较长，短路时间也长，故要求短路电流上升速度慢一些。表 2-2-17 给出了 CO_2 气体保护焊不同焊丝直径合适的短路电流上升速度及直流回路上合适的电感值。

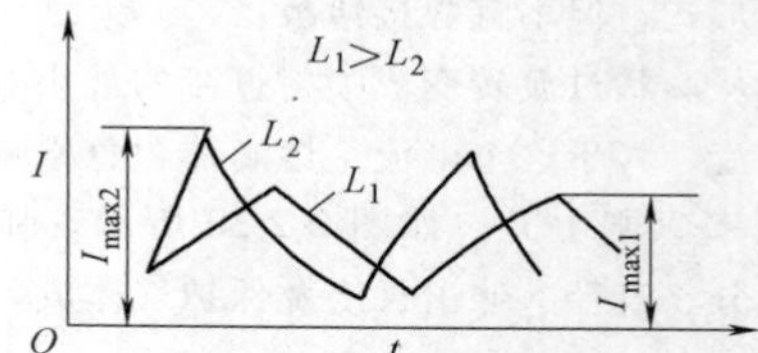

图 2-2-33　不同电感时短路电流波形示意图

L_1，L_2—电感

表 2-2-17　不同焊丝直径合适的短路电流上升速度及直流回路上合适的电感值

焊丝直径 /mm	送丝速度 /cm · min^{-1}	电弧电压/ V	焊接电流 /A	电感 /mH	短路电流上升速度 /10^3A · s^{-1}
0.8	500	18	100	0.01~0.08	50~150
1.2	250	19	130	0.01~0.16	40~130
1.6	175	20	160	0.30~0.70	20~75
2.0	125	21	175	—	8~20

2）搭桥过渡。在非熔化极电弧焊或气焊中，填充焊丝的熔滴过渡与上述的短路过渡过程相似，同属接触过渡，只是填充焊丝不通电，故不称短路过渡而称搭桥过渡，又称桥接过渡。

（3）渣壁过渡

渣壁过渡是埋弧焊和焊条电弧焊时的熔滴过渡形式之一。埋弧焊时，电弧在熔渣形成的空腔内燃烧，熔滴中大部分是通过渣壳的内壁溜向熔池，这种过渡形式称为沿渣壁过渡；焊条电弧焊时焊条的熔滴过渡形式，参考文献［108］中作了较多研究，认为焊条金属熔滴过渡形态由焊芯和药皮的类型、成分及药皮厚度决定，除了有前述的大熔滴过渡、喷射过渡及爆炸过渡等类型外，也有渣壁过渡。焊条熔滴渣壁过渡的特点是熔滴总是沿着焊条套筒内壁的某一侧滑出套筒，并在没有脱离套筒边缘之前，已脱离焊芯端部而和熔池接触（不构成短路），然后向熔池过渡，故又称为沿套筒过渡，如图 2-2-34 所示。渣壁过渡电弧稳定，飞溅小，综合工艺性能优良，是理想的过渡形式。细熔滴和深套筒是焊条熔滴渣壁过渡形式的基本条件，使熔滴和熔渣表面张力减小，或焊条药皮厚度增大，使套筒变长，都有利于渣壁过渡。

综上所述，熔滴过渡形式主要决定于电弧形态，而电弧形态受许多因素影响，如焊接参数（主要是焊接电流和电弧电压）、保护气体成分、焊丝（芯）成分与直径、药皮厚度及其熔渣成分等。不同熔滴过渡形式有不同的工艺特点，大熔滴过渡适于平焊位

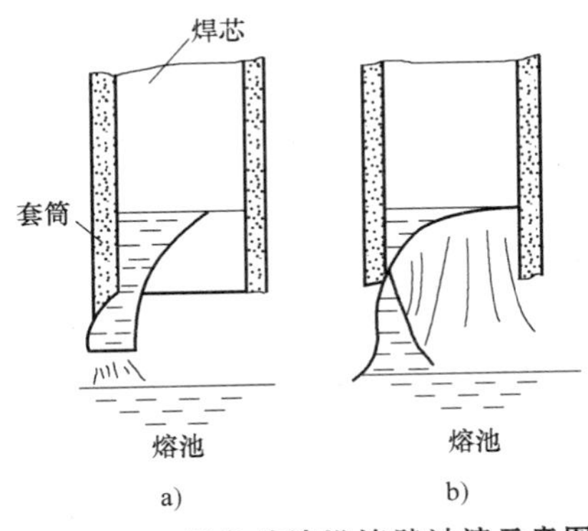

图 2-2-34 焊条熔滴沿渣壁过渡示意图

a）熔滴沿套筒一侧滑出套筒

b）熔滴与焊芯端部脱离向溶池过渡

置；喷射过渡可以进行平焊和横焊，可获得较大熔深；短路过渡可以进行薄板和全位置的焊接。

2.4 母材的熔化与焊缝的形成

2.4.1 母材的熔化与熔池的形成

电弧焊时，在电弧热的作用下，填充金属（焊丝或焊条）熔化的同时，母材也发生局部熔化，母材局部熔化所需热量主要依靠电弧中阳极区（正接时）或阴极区（反接时）析出的那一部分，大约占电弧总热量的50%以上，如图 2-2-2 所示。

在母材上由熔化的填充金属与局部熔化的母材共同组成一个具有一定几何形状的液态金属区，称为熔池。如果是不加填充金属的钨极氩弧焊或等离子弧焊，则熔池仅由局部熔化的母材组成。

熔池的形成是热与力共同作用的结果。母材在被加热的同时也伴随着散热，热传导使母材上出现温度场。在母材上只有加热达到其熔点温度以上的那一部分金属才发生熔化，因此，在温度场上母材熔点的等温面便是熔池与固体母材的界面。该等温面的空间形状和尺寸，也就是熔池的轮廓形状和尺寸。另一方面熔池除受到 2.2.6 节所述的电磁收缩力和等离子流力等电弧力的作用外，还受到熔滴过渡的冲击力、液体金属的重力和表面张力等的作用，这些力都在不同程度上改变着熔池的形状和尺寸。所以，影响母材温度场和各种作用力的因素，都对熔池的形成及其尺寸产生影响。

2.4.2 熔池的形状与焊缝的形成

1. 熔池的形状

熔池的形状、尺寸、温度、存在时间及池内液体金属的流动状态，对熔池中的冶金反应、结晶方向、晶体结构、夹杂物的数量和分布，以至于焊接缺陷的产生均有极重要的影响。它直接决定着焊缝的成形、焊缝的外观和内在质量。

平焊情况下当焊接热源固定时，如电弧点焊，其熔池一般呈半球形；当热源做直线移动时，熔池多呈半椭球形。图 2-2-35 所示是半椭球形熔池的示意图，熔池的宽度 c 和深度 S 沿 x 轴是变化的。熔池底部的曲面正好就是母材上温度等于其熔点的等温面，它可以通过热计算或实测等手段进行确定。

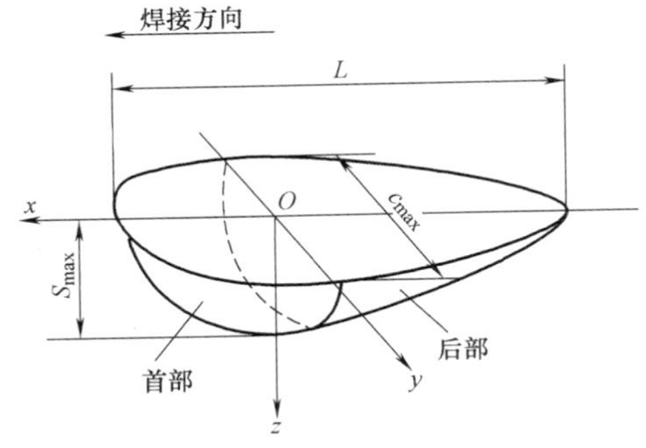

图 2-2-35 熔池的一般几何形状

L—熔池长度 c_{max}—最大熔宽 S_{max}—最大熔深

熔池的温度分布不均匀，如图 2-2-36 所示。

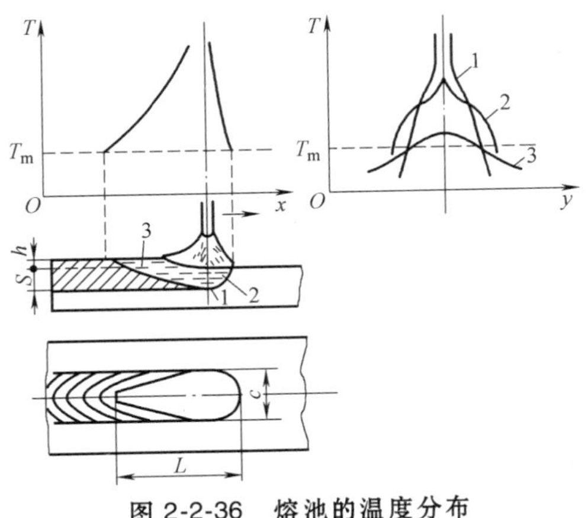

图 2-2-36 熔池的温度分布

1—熔池中部 2—前部 3—后部

L—熔池长度 S—熔深 c—熔宽 h—余高 T_m—熔点

根据温度分布把熔池分成前部和后部，前部为升温区，温度梯度陡升；后部为降温区，其梯度缓降。随着电弧的移动，电弧下方母材不断熔化，熔池与电弧同步地前移。由于熔池后部受电弧加热作用减弱，输入热量小于散失热量，于是降温。当温度降至熔点 T_m 以下时，便凝固结晶形成焊缝。焊缝的横截面形状和尺寸与熔池具有最大熔化宽度 c_{max} 的横截面形状和尺寸基本一致，如图 2-2-35 所示的 yoz 截面。

2. 熔池形状对焊缝的影响

熔池形状对焊缝的影响主要表现在对焊缝成形、焊缝金属化学成分和焊缝结晶结构的影响。

（1）对焊缝成形的影响

熔池冷凝后便形成了焊缝的外形，焊缝横截面的形状和尺寸反映了熔池的最大横截面的轮廓形状和尺寸。通常用熔宽 c、熔深 S 和余高 h 三个基本参数及它们之间的比例表示焊缝横截面（也是熔池最大横截面的特征），如图 2-2-36 和图 2-2-37 所示。

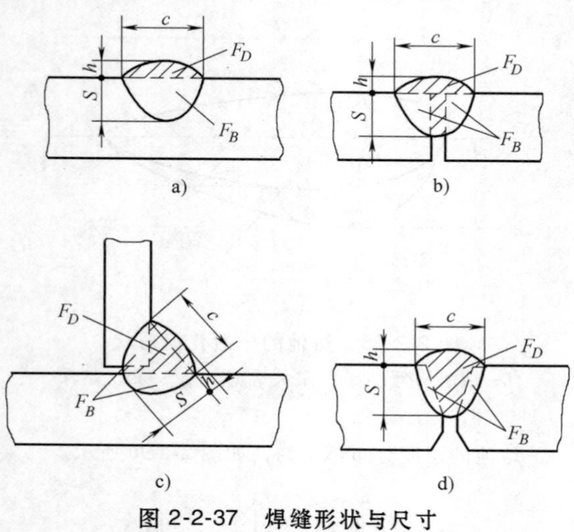

图 2-2-37　焊缝形状与尺寸

a）堆焊焊缝　b）对接 I 形坡口焊缝
c）角焊缝　d）对接 V 形坡口焊缝

1）焊缝成形系数 φ。单道焊缝横截面上熔宽 c 与熔深 S 之比值称为焊缝成形系数，即

$$\varphi=\frac{c}{S} \tag{2-2-30}$$

φ 越小，表示熔池窄而深，这种熔池有利于熔透，热影响区域小，并能提高焊接热效率。但要获得窄而深的焊缝，须提高热源功率密度，这并不是所有焊接方法都能做到。对于普通电弧焊，φ 一般都大于 1，等离子弧焊的 φ 接近于 1；电子束焊和激光焊因功率密度高，所以 φ 远小于 1。另一方面，窄而深的焊缝易出现裂纹和气孔等缺陷。因此，从冶金角度来看，φ 不宜过小。对于埋弧焊，一般要求 φ 大于 1.3。

2）余高系数 ϕ。焊缝的余高 h 与宽度 c 的比值（即 $\phi=\frac{h}{c}$）称为余高系数，又称增高系数，它反映焊缝外表面凸出的程度。余高是由液体金属在熔池中的质量和流动情况决定，一般是通过改进工艺参数、操作工艺和施焊位置等来控制。无余高而又不内凹的对接焊缝最为理想，但一般在工艺上难以做到，故余高在实际上作为一种工艺公差，而得以保留。

余高在静载下有一定加强作用，但过大的余高会使在焊趾处的应力集中系数增加，对承受动载荷的结构不利。一般控制在 $\phi=1/4$ 以内。对于特别重要的结构，焊后需把焊缝表面磨平。角焊缝也不希望有余高，在动载结构上的角焊缝呈凹形最理想，这样在焊趾处焊缝向母材能平滑过渡。

（2）对焊缝金属化学成分的影响

熔焊时，从焊接材料过渡到母材上的熔化金属称为熔敷金属。熔敷金属的合金元素含量是由焊接材料的合金元素含量考虑了合金过渡系数（见本篇第 3 章 3.1.5 节）后决定的。当熔敷金属与母材上熔化的金属混合并凝固后，便形成焊缝。焊缝金属的合金元素含量就取决于两者之间的混合比例，这个比例与熔池的形状尺寸密切相关。

1）熔合比 γ。单道焊时（见图 2-2-37），把被熔化的母材部分在焊缝金属中所占的比例称为熔合比。即

$$\gamma=\frac{F_B}{F_B+F_D}=\frac{F_B}{F_W} \tag{2-2-31}$$

式中　F_B——母材熔化部分的横截面积；

F_D——熔敷金属在焊缝横截面上所占面积（图 2-2-37 中阴影线部分）；

F_W——焊缝总横截面积，$F_W=F_B+F_b$。

从图 2-2-37 中看出，对于不同的接头形式，改变焊接参数或采用不同的坡口形状等，都能引起熔合比 γ 的变化。例如，板厚为 2～14mm 的碳素钢焊条电弧焊，若不开坡口对接，其熔合比约在 0.4～0.6 之间，如果开 V 形坡口，则随板厚增加，其熔合比是下降的，低达 0.2～0.3。角接头或搭接接头的熔合比一般不高，在 0.2～0.4 之间。而埋弧焊因其熔深较大，对接接头的熔合比约在 0.45～0.75 之间。所以，当母材与焊接材料选定后，通过改变熔合比就可以达到调节焊缝金属化学成分与性能的目的。

2）稀释与稀释率。焊接时，熔敷金属受母材或先前焊道的熔入而引起化学成分含量降低的现象，称为稀释。常用稀释率的大小来表示熔敷金属被稀释的程度，而稀释率可用母材金属或先前焊道的焊缝金属在整个焊道中所占质量比来确定，一般用熔合比来表达。也就是说，随着母材金属熔入到焊缝中所占的比例增大（即熔合比 γ 增大）熔敷金属的稀释率也增大。显然，在表面上进行堆焊时，熔深越大，熔敷金属被稀释得越严重。凡是开坡口的焊缝，其稀释率都较低，约为 20%。I 形坡口（见图 2-2-37b）对接或薄板焊接，因所需熔敷金属量少，故稀释率高。多层

堆焊时，最末层稀释率最小，甚至为零。

必须指出，熔合比是说明母材在焊缝金属中所占的比例，而稀释率是说明熔敷金属的合金元素含量被母材稀释的程度，两者概念不同。当两者密度没明显差别时，在数值上稀释率可用熔合比来表达。若两者合金元素含量已知，就可以用熔合比 γ 来计算焊缝金属合金元素的含量，即

$$w(C_W)=\gamma w(C_B)+(1+\gamma)w(C_d) \quad (2\text{-}2\text{-}32)$$

式中　$w(C_W)$ ——焊缝金属中某合金元素的质量分数；

$w(C_B)$——母材金属中某合金元素的质量分数；

$w(C_d)$——熔敷金属中某合金元素的质量分数。

（3）对焊缝结晶结构的影响

熔池金属的冷凝结晶是从熔池与固体母材的交界面（即母材熔点等温面）开始的，晶粒生长的方向与熔池散热方向相反，基本上是垂直该交界面的方向生长。因此，熔池的形状会对焊缝金属的结晶方向产生影响。图 2-2-38 表示熔深不同的焊缝，其横截面上的结晶方向。窄而深（即 $\varphi<1$ 时）的焊缝晶粒生长到最后在焊缝中线处汇交，低熔点夹杂物聚集在汇交面上，就容易产生裂纹、气孔和夹杂物等缺陷。在相同条件下，改变焊接速度也会引起熔池横截面形状的变化。高速焊时，熔池变长，这时焊缝金属结晶的方向几乎垂直地向焊缝中心线生长，冷凝后，最容易在该处产生纵向裂纹。详见本篇第 3 章 3. 2. 4 节。

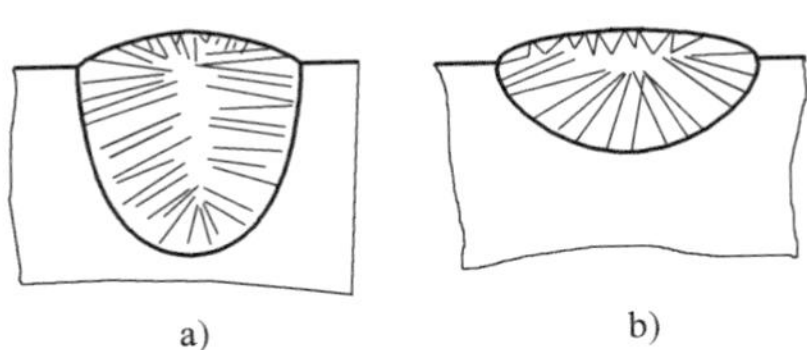

图 2-2-38　熔池横截面形状与结晶方向

a）$\varphi<1$　b）$\varphi>1$

第3章 焊接冶金

焊接冶金过程是指熔焊时焊接区的母材和填充材料从固体熔化成液体（熔池）后，又从液体凝固成固体（焊缝）所发生的冶金反应过程。大致上可划分成：液相冶金、凝固冶金和固相冶金三个阶段。每一阶段发生的物理化学反应，都对焊接质量发生着重要的影响。

3.1 液相冶金

熔焊时，熔滴和熔池的表面充满大量气体，有时还覆盖着熔渣。这些气体和熔渣在焊接高温条件下与液体金属发生着一系列复杂的物理化学反应，如元素的氧化与还原，气体的溶解与析出，有害杂质的去除等。这种在高温下焊接区内液体金属与各种物质之间相互作用的过程称为焊接液相冶金过程，又称焊接化学冶金过程。

液相冶金过程对焊缝金属的成分、性能、焊接质量以及焊接工艺性能都有很大影响。研究与掌握在各种工艺条件下，这种冶金反应与焊缝金属成分、性能之间的关系及其变化规律，对于合理选择焊接材料、正确控制和调整焊缝金属的成分与性能具有重要意义。

3.1.1 液相冶金过程的特点

熔焊的过程是金属在焊接条件下的再熔炼过程，与普通钢铁冶炼的过程没有本质区别。但是，在冶炼条件等方面却有很大不同。焊接液相冶金的最主要特点如下：

1）焊接时，不同的焊接方法对焊接区金属采用着不同的方式进行保护。如气体保护，熔渣保护、气-渣联合保护和真空保护等。

2）焊接的冶金反应是在上述这些保护条件下分区域（或分阶段）连续地进行的。例如，焊条电弧焊时有药皮反应区、熔滴反应区和熔池反应区等。

3）反应区温度高，但不均匀；熔化金属与气相、熔渣接触面积大，反应时间短，见表 2-3-1。因而冶金反应速度快而强烈，同时增加了合金元素的烧损与蒸发。

4）熔池尺寸小（焊条电弧焊时熔池质量一般不到 5g，埋弧焊也不超过 100g），在各种力的作用下发生强烈运动。熔池运动状态受到焊接方法、参数、焊接材料成分、电极直径及其倾斜角度、馈电位置的影响。

表 2-3-1 钢焊接时液相冶金反应的物理条件

		比表面积/$m^2 \cdot kg^{-1}$	温度/℃	相间接触时间/s
电弧焊	熔滴	$(1\sim10)\times10^{-3}$	1800~2400	0.01~1.0
	熔池	$(0.25\sim1.1)\times10^{-3}$	1770±10	6~40
炼钢		$(1\sim10)\times10^{-6}$	1600~1700	$(1.8\sim9)\times10^3$

5）焊接区的不等温条件，使焊接化学冶金系统多数没达到平衡，但接近平衡。气相中的反应几乎达到平衡。

6）化学冶金反应受到焊接工艺条件的影响。当焊接方法或焊接参数改变时，必然引起冶金反应的条件（如反应物的数量、浓度、温度和反应时间等）变化。

3.1.2 焊接时对金属的保护

1. 保护的必要性

在空气中无保护的情况下用光焊丝对低碳钢进行电弧焊接时，结果焊缝金属中氮含量比焊丝高 20~45 倍，氧含量高 7~35 倍。同时，锰、碳等有益合金元素因烧损和蒸发而大量减少。焊缝金属的强度虽变化不大，但其塑性和韧性却急剧下降，见表 2-3-2。这样的劣质焊缝，在工程上是不能接受的。

为了避免焊接过程中焊缝金属被空气污染及有益合金元素被烧损，焊接冶金的首要任务就是对焊接区金属加强保护。

表 2-3-2 无保护焊接低碳钢时焊缝与母材性能比较

	性能指标			
	R_m/N·mm^{-2}	A(%)	α/(°)	a_K/J·cm^{-2}
母材	390~440	25~30	180	>147
焊缝	334~390	5~10	20~40	4.9~24.5

2. 保护方式

几乎每一种熔焊方法都是为了加强对焊接区保护而发展和完善起来的。表 2-3-3 归纳了目前熔焊方法中采用的几种保护方式。除自保护外，其余都是把空气与焊接区机械地隔离开来。

3. 保护效果

保护效果决定于隔离有害气体的程度，它和焊接方法的工艺特点及焊接条件有关。

表 2-3-3　熔焊过程中的保护方式

保护方式	焊 接 方 法
气体保护	气焊、TIG、MAG、MIG、等离子弧焊
熔渣保护	埋弧焊、电渣焊
气-渣联合保护	具有造气剂的焊条或药芯焊丝的电弧焊
真空保护	真空电子束焊
自保护	焊丝中含有脱氧、退氮剂的自保护电弧焊

真空电子束焊的保护效果最理想。因为焊件是在真空室内施焊，熔化金属既不与空气接触也不与熔渣接触，故可焊出很纯净的焊缝金属。常用于重要的焊件或活性金属的焊接。影响其保护效果的主要因素是焊接室的真空度，真空度越高，其保护效果就越好，但是，大型焊接真空室，要实现高真空在技术和经济上都将遇到困难。

电渣焊和埋弧焊均用熔渣保护。从隔离空气角度看，熔渣的保护效果也很好。影响电渣焊保护效果的主要因素是渣池的深度，而埋弧焊的保护效果则受到焊剂的粒度、结构和堆高等诸多因素影响，故不及电渣焊。由于焊剂、熔渣及熔池受重力作用，这两种焊接方法的应用范围受到焊接位置限制。电渣焊只适于厚件、直缝和在立焊位置焊接，埋弧焊主要用于平焊和角缝横焊。

焊条电弧焊和药芯焊丝电弧焊多用气-渣联合保护，具有可见性和适应性，操作自如，可进行全位置焊接。但保护效果受到较多因素的影响，其中最主要是受到焊工操作技术的影响，如果弧长、焊接速度、焊条倾角和运条等不正常或不稳定都会降低保护效果。所以这两种焊接方法的保护效果不及埋弧焊。

气体保护焊的保护效果取决于保护气体的性质和纯度、焊炬的结构、气流的特性，以及焊工的操作技术等。惰性气体（氩气和氦气等）的保护效果较好，常用于合金钢和活性金属的焊接。

自保护焊是利用特制的实心或药芯光焊丝在空气中焊接的一种方法。它不是用机械地隔开空气的办法来保护焊接区的金属，而是在焊丝或药芯中加入脱氧和退氮剂，通过冶金反应来减少进入熔池金属中的氧和氮含量的方法，故称为自保护焊。目前实心自保护焊丝的保护效果欠佳，焊缝金属的塑性和韧性还不令人满意，故生产上应用不广。

3.1.3　焊接冶金反应区及其反应条件

焊接冶金过程是分区域（或分阶段）连续进行的，不同的焊接方法有不同的反应区。焊条电弧焊有三个反应区：药皮反应区、熔滴反应区和熔池反应区，如图 2-3-1 所示。熔化极气体保护焊只有熔滴和熔池两个反应区；无填充金属的气焊、钨极氩弧焊和电子束焊只有一个熔池反应区。

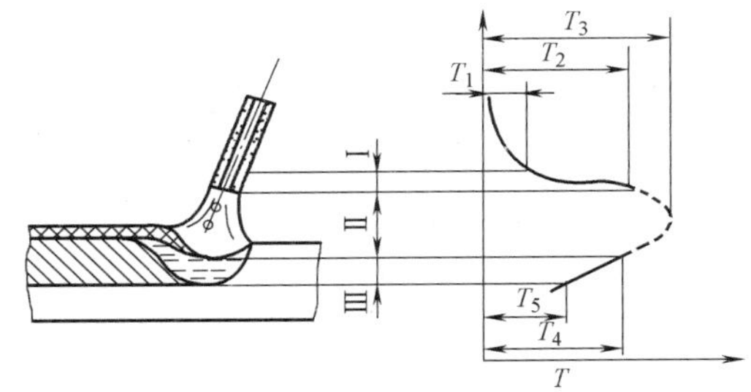

图 2-3-1　焊条电弧焊冶金反应区及其温度分布

Ⅰ—药皮反应区　Ⅱ—熔滴反应区　Ⅲ—熔池反应区
T_1—药皮开始反应温度　T_2—焊条端溶滴温度
T_3—弧柱区熔滴温度　T_4—熔池最高温度
T_5—熔池凝固温度

1. 药皮反应区

该区反应温度范围从 100℃ 至药皮的熔点（钢焊条的药皮约为 1200℃）。主要物化反应是水分蒸发、某些物质分解和铁合金的氧化。

当加热温度超过 100℃ 时，药皮中的水分就开始蒸发。再升高到一定温度，药皮中的有机物（如木粉、纤维素和淀粉等）、碳酸盐（如大理石 $CaCO_3$ 和菱苦土 $MgCO_3$ 等）和高价氧化物（如赤铁矿 Fe_2O_3 和锰矿 MnO_2 等）等将逐步发生分解，析出 H_2、CO_2 和 O_2 等气体。这些气体既对焊接区金属有机械保护作用，又对被焊金属和药皮中的铁合金（如锰铁、硅铁及钛铁等）产生很大氧化作用，使气相的氧化性大大下降，此即先期脱氧过程，详见本章 3.1.5 节。

2. 熔滴反应区

该区包括熔滴形成、长大并过渡到熔池中去的整个阶段。从反应条件看有如下特点。

1）熔滴温度高。电弧焊接钢材时熔滴最高温度约为 2800℃，平均在 1800～2400℃ 的范围内。其过热度很大，可达 300～900℃。

2）熔滴与气体和熔渣接触面积大。因为熔滴尺寸小，在正常情况下其比表面积可达 10^{-4}～$10^{-3}m^2 \cdot kg^{-1}$，比炼钢时约大 1000 倍，见表 2-3-1。

3）各相之间的反应时间短。熔滴在焊条末端停留时间约为 0.01～0.1s，向熔池过渡速度快，经弧柱区的时间只有 0.0001～0.001s。在这个区内各相接触的平均时间约为 0.01～1.0s，反应时间很短，主要在焊条末端进行。

4）熔滴与熔渣发生强烈混合。熔滴在形成、长大和过渡过程中受到电磁力、气体吹力等外界因素作用，便与熔渣发生强烈的混合，既增加彼此接触面积，也加速反应进行。

由于有上述特点，所以熔滴反应区是冶金反应最激烈的部位，在此区进行的物化反应主要有：气体的分解与溶解，金属的蒸发，金属及其合金成分的氧化与还原，以及焊缝金属的合金化等。

3. 熔池反应区

熔滴与熔渣落入熔池后就开始熔池区的冶金反应，直至金属凝固形成焊缝为止。在这个区域内熔滴、熔渣与熔化的母材相互混合与接触，继续各相之间的物理化学反应。从反应条件看该区有如下特点。

1）熔池的温度分布极不均匀。它的前部温度高，处于升温阶段，进行着金属熔化、气体吸收，有利于吸热反应；它的后部温度低，处于降温阶段，发生气体逸出、金属凝固，有利于放热反应。因此，同一个反应在熔池的前后部可以向相反的方向进行。

2）熔池的平均温度比熔滴低（约为 1600～1900℃），反应时间稍长。焊条电弧焊时熔池存在的时间为 3～8s，埋弧焊为 6～25s。

3）由于受电弧力、气流和等离子流等因素作用，熔池发生搅动。加上熔池温度分布不均，也造成了熔池的对流运动。这有助于熔池成分的均匀化和加大冶金反应速度，有利于气体或非金属夹杂物从熔池中外逸。

4）熔池反应阶段中反应物的含量与平衡含量之差比熔滴阶段小，故在相同条件下，熔池中的反应速度比熔滴阶段中的要小。

5）当药皮的重量系数 K_b（单位长度焊条药皮与焊芯质量之比）较大时，由于部分熔渣不与熔滴作用而直接流入熔池中，因而与熔池金属作用的熔渣数量大于与熔滴金属作用的熔渣数量。所以增加焊条药皮厚度能够加强熔池阶段的冶金反应。

6）熔池反应区的反应物质是不断更新的。新熔化的母材、焊芯和药皮不断进入熔池的头部，而凝固的焊缝金属和熔渣不断从后部退出。在焊接参数恒定的情况下，这种物质的更替过程可达稳定状态，从而获得成分均匀的焊缝金属。

从上述特点可以看出，熔池阶段的反应速度、合金元素被氧化的程度均比熔滴阶段小，采用大厚度药皮的焊条焊接时，熔池中的反应可获得加强。

总之，焊接化学冶金过程是分区域连续进行的。在熔滴阶段进行的反应多数在熔池阶段继续进行，但也有反应停止甚至改变反应方向的。各阶段冶金反应的综合结果，就决定了焊缝金属的最终化学成分。

3.1.4 气相对金属的作用

1. 焊接区内的气体

焊接时，焊接区内气相成分主要有 CO、CO_2、H_2O、N_2、H_2、O_2、金属和熔渣的蒸气以及它们的分解物和电离物等。其中对焊接质量影响最大的是 N_2、H_2、O_2、CO_2 和 H_2O 等，必须对其加以控制。

（1）来源

焊接区内气体来源于：①焊接材料，如焊条的药皮、焊剂和药芯中的造气剂、高价氧化物和水分等；②热源周围的空气；③焊丝和焊件表面存在铁皮、铁锈、油漆和吸附水等；④母材和填充金属自身因冶炼而残留的气体。

焊接区内的气体除了外界侵入或人为直接输入气体外，一般都是通过如下物化反应产生。

1）有机物的分解和燃烧 如焊条药皮中常用淀粉、纤维素和糊精等有机物作造气剂和增塑剂，受热后将发生热氧化分解反应，产生 CO、CO_2、H_2 和 H_2O 等。

2）碳酸盐和高阶氧化物的分解。在焊接冶金中常使用碳酸盐，如 $CaCO_3$ 和 $MgCO_3$ 等，用来造气和造渣，也有利于稳定电弧。当加热超过一定温度时，就开始发生分解，产生 CO_2 气体。例如

$$CaCO_3 = CaO + CO_2$$

高阶氧化物主要有 Fe_2O_3 和 MnO_2 等，在焊接过程中将产生逐级分解，生成大量 O_2 和低价氧化物。例如

$$6Fe_2O_3 = 4Fe_3O_4 + O_2$$

$$2Fe_3O_4 = 6FeO + O_2$$

3）材料的蒸发。在焊接过程中，除焊材中水分蒸发外，金属元素和熔渣中各种成分在电弧高温下也会蒸发成为蒸汽。沸点越低的物质越容易蒸发，从表 2-3-4 看出金属元素 Zn、Mg、Pb 和 Mn 的沸点较低。因此，在熔滴形成和过渡过程中最易蒸发。氟化物也因沸点低而易于蒸发。

表 2-3-4 合金元素和氧化物的沸点

（单位：℃）

物质	沸点	物质	沸点
Zn	907	Ti	3127
Mg	1126	C	4502
Pb	1740	Mo	4804
Mn	2097	AlF_3	1260
Cr	2222	KF	1500
Al	2327	LiF	1670
Ni	2459	NaF	1700
Si	2467	BaF_2	2137
Cu	2547	MgF_2	2239
Fe	2753	CaF_2	2500

有用元素蒸发不仅造成了合金元素的损失，影响焊接质量，还增加了焊接烟尘，污染环境，影响焊工健康。

（2）气体分解

焊接区内的气体是以分子、原子及离子等状态存在。一般以分子状态存在的气体须先分解成原子或离子后才能溶解到金属中。

在焊接冶金中常见的气体有简单气体和复杂气体两类，前者是由同种原子组成分子的气体，如 N_2、H_2和 O_2等，多为双原子气体；后者是由不同原子组成分子的气体，如 CO_2 和 H_2O 等。气体受热后其原子获得足够高的能量后就会分解为单个原子或离子及电子。表 2-3-5 列出一些常见气体分解的反应式，它们均为吸热反应。从表中的数字（在标准状态下的热效应 ΔH^0_{298}）反映出各种气体分解的难易程度。在焊接温度（5000K）下，H_2和 O_2的分解大都以原子状态存在，而 N_2 分解很少，基本上以分子状态存在。CO_2的分解随温度升高而增加，在焊接温度下几乎完全分解。H_2O 分解比较复杂，在不同温度下可按表 2-3-5 中编号 7～10 的反应式分解成 H_2、O_2、H 和 O 等，图 2-3-2 给出了水蒸气分解形成的气相成分与温度的关系。

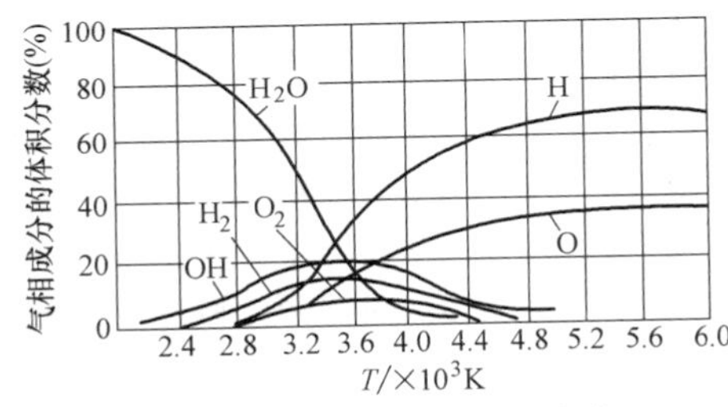

图 2-3-2　水蒸气分解形成的气相成分与温度的关系

单原子气体及复杂气体的分解物在高温下还可以进一步电离，电离所需能量比分解的还要大。

（3）分布

焊接时，焊接区内气相的成分和数量与焊接方法、参数和焊接材料的种类有关。焊条电弧焊时，气相的氧化性较大。用碱性焊条焊接，因气相中 H_2和 H_2O 的含量很少，故称为低氢型焊条；埋弧焊和中性焰气焊时，气相中 CO_2和 H_2O 的含量很少，因而气相的氧化性也很小。各种气体的分子、原子和离子在焊接区内的分布与温度有关，而电弧的温度无论是轴向或径向分布都不均匀，所以它们在电弧中的分布也是不均匀的。由于测试上的困难，目前尚未了解其分布规律。

表 2-3-5　气体分解反应式

编号	反　应　式	ΔH^0_{298}/kJ · mol^{-1}
1	$F_2=F+F$	−270
2	$H_2=H+H$	−433.9
3	$H_2=H+H^++e$	−174.5
4	$O_2=O+O$	−489.9
5	$N_2=N+N$	−711.4
6	$CO_2=CO+\frac{1}{2}O_2$	−282.8
7	$H_2O=H_2+\frac{1}{2}O_2$	−483.2
8	$H_2O=OH+\frac{1}{2}H_2$	−532.8
9	$H_2O=H_2+O$	−977.3
10	$H_2O=2H+O$	−1808.3

2. 氢对金属的作用及其控制

（1）氢对金属的作用

氢几乎可与所有金属发生作用，按其作用特点可将金属划分为两类。

1）能形成稳定氢化物的金属。如 Zn、Ti、V、Ta 和 Nb 等。这些金属吸收氢的特点是放热反应，随温度的升高吸氢量减少，如图 2-3-3 所示。当吸氢量较多时，形成稳定氢化物。当温度超过氢化物保持稳定的临界温度时，氢化物发生分解，氢则扩散逸出；当吸氢量少时，这些金属可与氢形成固溶体。焊接这类金属时，要注意防止在固态时吸入大量的氢，否则将影响焊接质量。

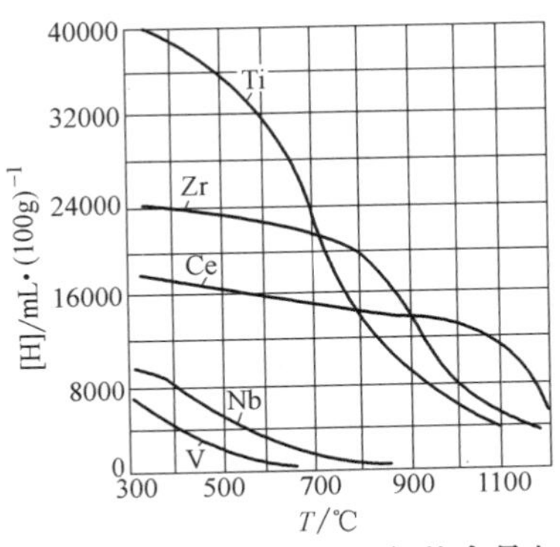

图 2-3-3　部分金属吸收氢的含量与温度的关系（P_{H_2}=101kPa，1atm）

2）不能形成稳定氢化物的金属。如 Al、Fe、Ni、Cu、Cr 和 Mo 等。但它能溶于这类金属及其合金中，其溶解反应属吸热反应，故溶解量随温度的升高而增大。图 2-3-4 所示为氢在铁中的溶解度与温度的关系，图 2-3-5 所示为氢在 Al、Cu 和 Ni 中的溶解度与温度的关系，它们的溶解度曲线具有相类似的特征。

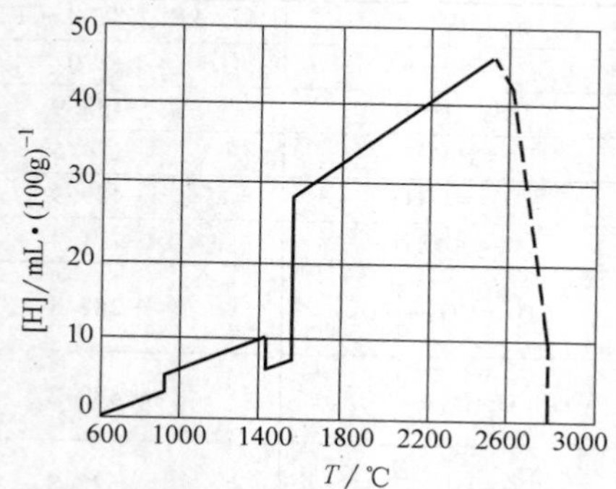

图 2-3-4　氢在铁中的溶解度与温度的关系

($P_{H_2}+P_{金}=101kPa$, 1atm)

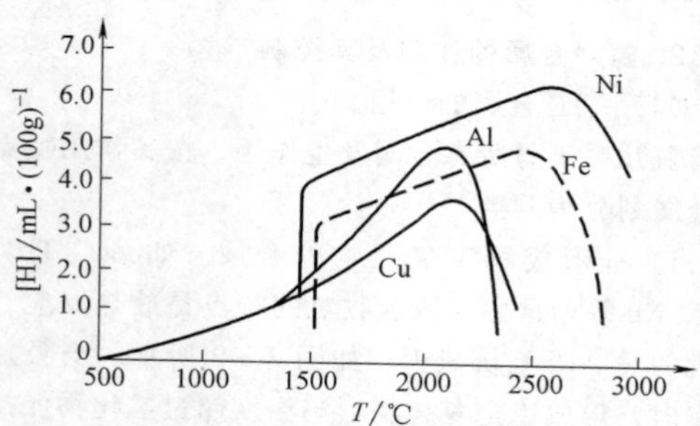

图 2-3-5　氢在金属中的溶解度与温度的关系

($P_{H_2}+P_{金}=101kPa$, 1atm)

氢可通过气相和熔渣向金属中溶解。当氢通过气相向金属中溶解时，分子状态的氢必须分解为原子或离子状态（主要是 H^+）才能向金属中溶解；当通过熔渣向金属中溶解时，氢或水蒸气首先溶于熔渣中，主要以 OH^- 离子形式存在，其溶解度取决于气相中水蒸气的分压、熔渣的碱度、氟化物的含量和金属中的含氧量等因素。

氢在铁中的溶解度（见图 2-3-4 曲线）随温度升高而增大，当温度约为 2400℃时，溶解度达最大值 [43mL · (100g)$^{-1}$]，说明在熔滴阶段吸收的氢比熔池阶段多。继续增加温度，金属的蒸气压急剧增加，使氢的溶解度迅速下降。在金属达沸点温度时，氢的溶解度为零。从图中可看出，在钢的变态点氢的溶解度发生突变，因为氢在固态钢中的溶解度和组织结构有关。氢在面心立方晶格的奥氏体钢中溶解度大，而在体心立方晶格的珠光体中溶解度小。当发生固态相变时，就出现了溶解度的突变。这种现象是引起气孔、裂纹等焊接缺陷的重要原因。

合金元素对氢原子在 1600℃ 铁液中的溶解度的影响如图 2-3-6 所示。C、Al 和 B 会引起氢的溶解度急剧下降，O 是表面活性物质，可减少金属对氢的吸附，因而也能有效地降低氢在液态铁中的溶解度。Ti、Zr、Nb 及某些稀土元素可以提高氢的溶解度，而 Mn、Ni、Cr 和 Mo 等则影响不大。

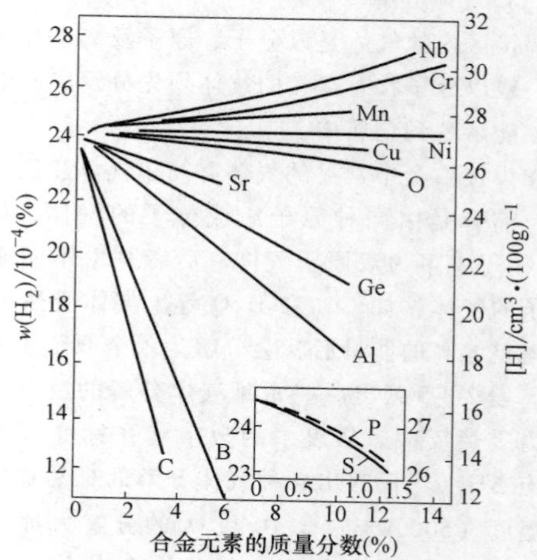

图 2-3-6　合金元素对氢原子在 1600℃铁液中的溶解度的影响

（2）焊缝金属中的氢

焊接熔池处于液态时吸收的氢，因凝固结晶速度很快，来不及逸出而被留在固态的焊缝金属中。在钢焊缝中的氢是以原子和离子的形式存在，它们与焊缝金属形成间隙固溶体。由于氢原子及离子的半径很小，它们可以在焊缝金属的晶格中自由扩散，这一部分氢被称为扩散氢。当氢扩散到金属的晶格缺陷、显微裂纹或非金属夹杂物边缘的微小空隙中时，可以结合成氢分子，由于氢分子的半径大而不能自由扩散，故称这部分氢为残余氢。因铁与氢不形成稳定氢化物，所以铁内扩散氢约占总氢量的 80%~90%，它对焊接接头性能的影响比残余氢大。

焊缝金属的含氢量是随焊后放置时间而变化的。其规律是：焊后放置时间越长，扩散氢越少，残余氢越多，而焊缝中总氢量在下降。这是因为氢的扩散运动，使一部分扩散氢从焊缝中逸出，而另一部分转变为残余氢。

熔敷金属的扩散氢可以用甘油法、气相色谱法、水银法和排液法测定。我国 GB/T 3965—2012《熔敷金属中扩散氢测定方法》中规定使用前三种方法。

不同焊接方法熔敷金属的含氢量并不相同。表 2-3-6为焊接碳素钢时熔敷金属中的含氢量。从表中可以看出，所有焊接方法都使熔敷金属增氢。焊条电弧焊时只有用低氢型焊条的扩散氢含量最少。CO_2 气体保护焊的扩散氢含量极少，是一种超低氢的焊接方法。

表 2-3-6 焊接碳素钢时熔敷金属中的含氢量

焊接方法		扩散氢量 /mL·$(100g)^{-1}$	残余氢量 /mL·$(100g)^{-1}$	总氢量 /mL·$(100g)^{-1}$	备注
焊条电弧焊	纤维素型	36.8	6.3	42.1	—
	钛型	39.1	7.1	46.2	
	钛铁扩型	30.1	6.7	36.8	
	氧化铁型	32.3	6.5	38.8	
	低氢型	4.2	2.6	6.8	
埋弧焊		4.40	1~1.5	5.90	在40~50℃停留48~72h测定扩散氢，真空加热测定残余氢
CO_2气体保护焊		0.04	1~1.5	1.54	
氧乙炔气焊		5.00	1~1.5	6.50	

氢在焊接接头中的扩散和分布很复杂。从图2-3-7中氢在接头横断面上的分布特点可以看出，它与母材成分、组织和焊缝金属的类型等因素有关。值得注意的是，氢向近缝区扩散，并且扩散深度较大，这是热影响区产生延迟裂纹的主要原因。

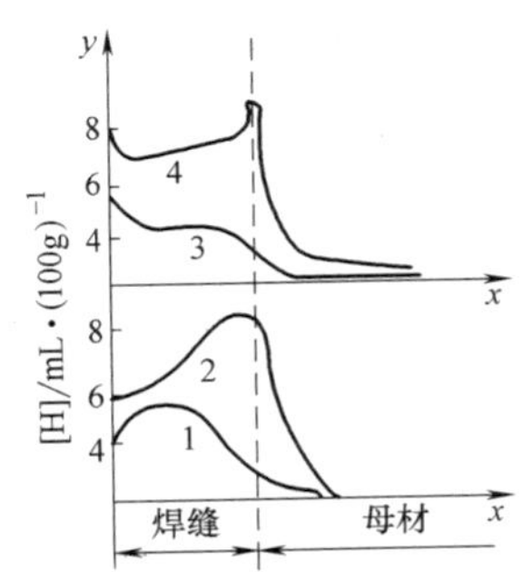

图 2-3-7 氢在焊接接头横断面上的分布

1—低碳钢、碱性焊条 2—低碳钢、钛型焊条
3—30CrMnSi钢堆焊铁素体焊缝
4—30CrMnSi奥氏体焊缝

(3) 氢对焊接质量的影响

氢对许多金属及其合金的焊接质量是有害的。对结构钢焊接的有害作用如下：

1) 形成气孔。熔池高温时吸收了大量的氢，结晶时氢的溶解度突然下降，使氢在焊缝中处于过饱和状态，并发生2［H］→H_2的反应。当氢来不及逸出时，会残留在焊缝金属中形成气孔。

2) 形成冷裂纹。冷裂纹是焊接接头冷却到较低温度下（在*Ms*以下）产生的一种裂纹，氢是促使这种裂纹形成的原因之一，详见本篇第4章4.4节。

3) 形成氢脆。氢在室温附近使钢的塑性发生严重下降的现象称为氢脆。一般认为是氢原子扩散聚集在金属晶体缺陷内（如位错和空位等），结合成氢分子，造成局部高压区，阻碍塑性变形而造成氢脆。在较高温度时，氢的扩散速度大可以迅速逸出；在很低温度时，氢的扩散速度小，氢聚集不起来，这两种情况下都不会引起氢脆。只有在室温或稍低于室温的情况下才会发生氢脆。金属中晶格缺陷越多，氢脆倾向就越大。

4) 形成白点。在碳素钢和低合金钢焊缝中，如果含有较多的氢，在焊后不久进行力学性能试验时，在试件断口上常出现光亮圆形的白点，其直径约为0.1~2mm。由于白点中心含有微细气孔或夹杂物，好像鱼眼一样，故又称“鱼眼”。白点产生于金属塑性变形过程，其成因是氢的存在及其扩散运动。当在外力的作用下金属产生塑性变形时，会促使氢扩散并聚集于小气孔或小夹杂物等缺陷处。白点对焊缝强度影响不大，但对塑性、韧性有较大的影响。碳素钢及用Cr、Ni和Mo合金化的焊缝，较容易出现白点。

(4) 氢的控制

氢对焊缝金属有不利影响，必须加以消除和控制。首先要减少氢的来源，其次在焊接过程中利用冶金手段加以去除，然后根据需要做焊后消氢处理。

1) 限制氢的来源。主要措施有以下几点。

① 限制焊接材料中的含氢量。在制造焊条、焊剂及药芯焊丝中使用的各种原材料都在不同程度上含有吸附水、结晶水、化合水或溶解氢等，设计配方时应尽量选用不含或少含氢的原材料。制造焊接材料时，应按技术要求进行烘焙以降低成品的含水量。焊条和焊剂成品长期存放会吸潮，因此，用前应进行烘干。一般含有机物的焊条其烘干温度为150~200℃；低氢型焊条为350~450℃，烘干时间不小于2h。烘干后应立即使用，或放在保温筒内随用随取。

② 清除气体介质中的水分。进行气体保护电弧焊时，保护气体Ar和CO_2中常含水分，用前应有去水或干燥等措施。

③ 清除焊件及焊丝表面上的油污和杂质。焊件待焊面和焊丝表面的铁锈、油污、吸附水分及其他含氢物质都是使焊缝增氢的主要原因之一，焊前应认真

清除。

2）冶金处理。通过焊接材料的冶金作用，使气相中的氢转化为稳定的氢化物、降低氢的分压，以达到减少氢在焊缝金属中的溶解度的目的。

HF 和 OH 都是高温下较稳定的氢化物，而且不溶于钢中。因此，只需适当调整焊接材料成分，促使气相中的氢转变成 HF 和 OH，即可减少焊缝中的含氢量。

在药皮或焊剂中加入氟化物，焊接时在气相中能使氢转变成 HF。最常用的氟化物是 CaF_2，其去氢作用为

$$CaF_2(气)+H_2O(气)=CaO(气)+2HF$$

$$CaF_2(气)+2H=Ca(气)+2HF$$

在高硅高锰焊剂中加入适当比例的 CaF_2 就可以显著降低焊缝的含氢量。

如果能增强气相中的氧化性或增加熔池中的含氧量，都能使氢转变成 OH，达到减少焊缝金属中氢溶解的目的。CO_2 气体具有氧化性，故在进行 CO_2 气体保护焊时，CO_2 能减少焊缝中的含氢量；焊条电弧焊时低氢型焊条药皮中碳酸盐受热分解出的 CO_2 也起同样的作用，其去氢反应为

$$CO_2+H=CO+OH$$

氩弧焊时，为了解决气孔问题，常在 Ar 中加入体积分数在 5%左右的 O_2，增加了气相中的氧化性，降低氢的分压，使之按下式进行脱氢反应

$$O+H=OH$$

$$O_2+H_2=2OH$$

此外，在药皮或焊丝中加入微量的稀土元素如 Y、Te、Se 等，也可以降低扩散氢含量。

3）控制焊接参数。焊条电弧焊时，焊接电流增加使熔滴变细，增大了氢向熔滴金属溶解的机会，又由于电流增大，电弧和熔滴温度升高，引起氢和水蒸气分解度增大，使熔滴吸氢量增加。进行气体保护焊时，当电流超过临界值，熔滴转变为射流过渡，这时熔滴温度接近金属沸点，金属蒸气急剧增大而氢的分压显著降低，同时熔滴过渡频率高，速度快，与空气接触时间短，因而可减少熔滴的含氢量。

电源性质和极性对氢在焊缝中的含量也有影响。直流电正接时，因 H^+ 向阴极运动，有利于向高温熔滴溶解，故氢在焊缝中的含量比直流反接时高；用交流电焊接时，因弧柱温度周期性变化，引起周围气氛的体积也相应发生周期性胀与缩的变化，增加了熔滴与气氛的接触机会，故焊缝含氢量比直流焊接时高。

4）焊后脱氢处理。焊件焊后经过特定的热处理可以使氢扩散外逸，减少接头中的含氢量。图 2-3-8 说明加热温度越高，脱氢所需时间越短。对于普通钢一般用 350℃，保温 1h，就可去除大部分氢。对于奥氏体钢接头进行脱氢处理效果不大，因氢在奥氏体组织中的溶解度大，而扩散速度小。

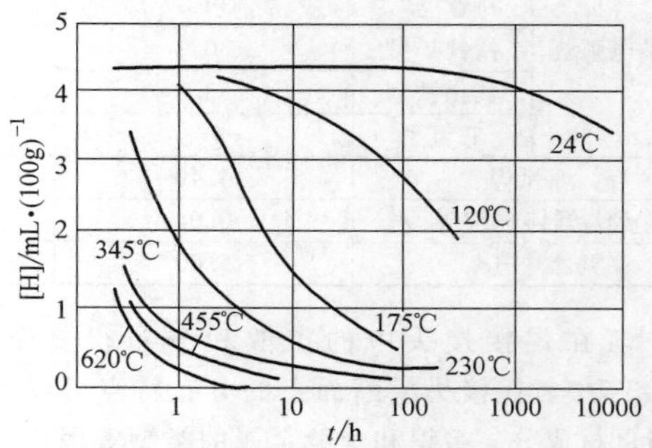

图 2-3-8 焊后脱氢处理温度与时间对焊缝含氢量的影响

3. 氮对金属的作用及其控制

（1）氮对金属的作用

空气是氮的主要来源，焊接区一旦受到空气侵入，便会发生氮与金属的反应。有些金属如铜、镍和银等与氮不发生作用，即使在高温熔化状态也不溶解氮或与氮生成氮化物。因此焊接这类金属时，可用氮气作保护气体。铁、锰、钛和铬等金属既能溶解氮，又能与氮形成稳定的氮化物。因此，焊接这类金属及其合金时，必须防止焊缝金属的氮化。

氮在金属中的溶解反应为

$$N_2=2[N]$$

氮在金属中的溶解度与平衡时该气体的分压的平方根成比例。在气相中氮的分压越大，其溶解度越大。因此，降低气相中氮的分压可有效地减少氮在金属中的含量。

氮在纯铁中的溶解度与温度的关系如图 2-3-9 所示，从图中看出，除 γ-Fe 外，氮在铁中的溶解度随温度升高而增大，因这种溶解属吸热反应。在

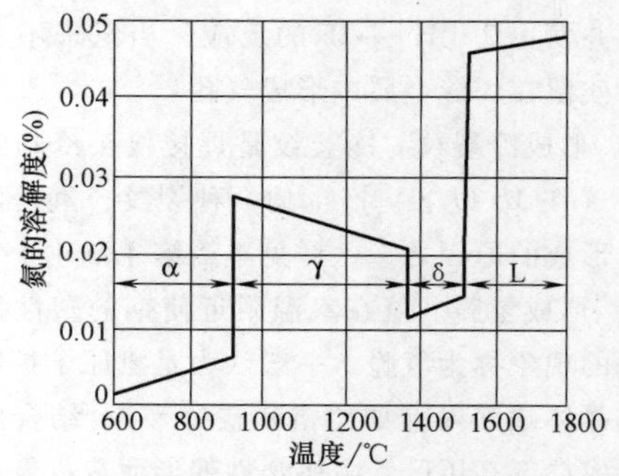

图 2-3-9 氮在纯铁中的溶解度与温度的关系

2200℃时溶解度最大，达 $47cm^3 \cdot (100g)^{-1}$。当温度升至铁的沸点附近时溶解度急剧降低，甚至为零。这是因金属大量蒸发，使气相中氮的分压显著下降所致。铁从液态转变为固态时，氮的溶解度突然下降70%~80%，析出的氮是形成焊缝中气孔的重要原因之一。

在铁熔液中加入 C、Si 和 Ni 会减少氮的溶解度，而加入 V、Mn 和 Cr 会增加氮的溶解度，如图 2-3-10 所示。

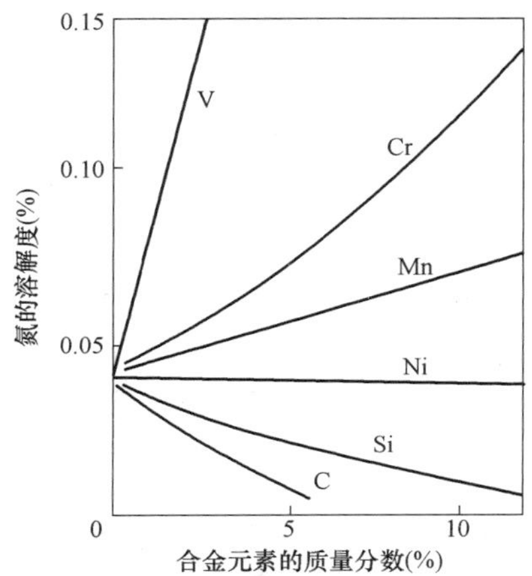

图 2-3-10　1600℃时各种元素对氮在铁中的溶解度的影响

（2）氮对焊接质量的影响

对于碳素钢焊缝，氮是有害杂质，其不利影响有：

1）形成气孔。这是由于液态金属在高温时可溶解大量氮，凝固结晶时氮的溶解度突然下降，过饱和的氮以气泡形式从熔池中逸出，当焊缝金属结晶速度大于氮逸出的速度时，就形成气孔。

2）使焊缝金属时效脆化。焊缝金属中过饱和的氮处于不稳定状态，随着时间的延长，过饱和的氮逐渐析出，形成稳定的针状氮化物 Fe_4N，因而使焊缝金属的强度增高，塑性和韧性下降，特别是低温韧度急剧下降，如图 2-3-11 和图 2-3-12 所示。

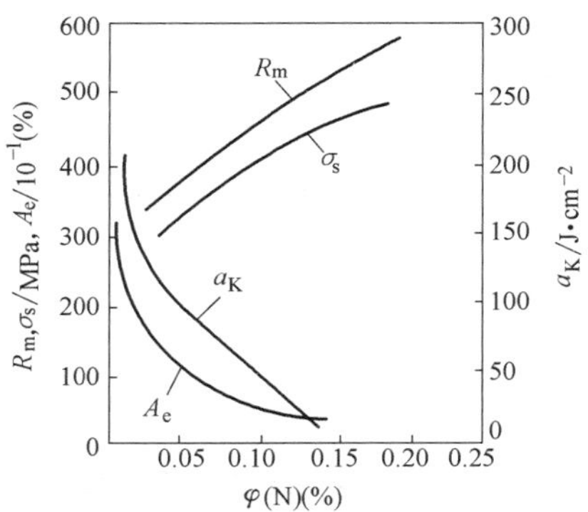

图 2-3-11　氮对焊缝金属常温力学性能的影响

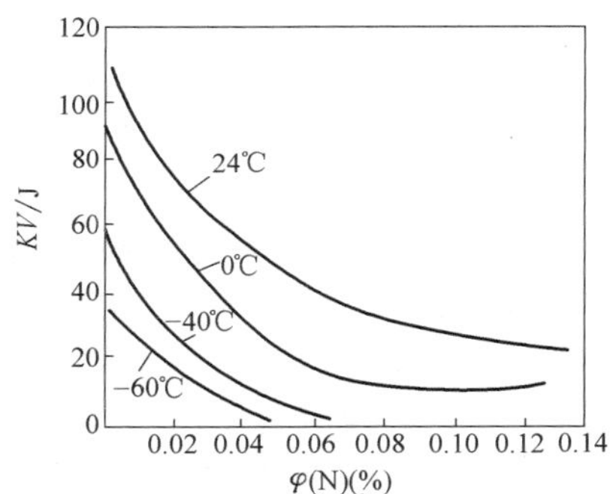

图 2-3-12　氮对低碳钢焊缝低温冲击吸收能量的影响

（3）氮的控制

1）加强焊接区的保护。氮来自空气，故控制氮的主要措施是加强对焊接区的保护，防止空气与液态金属发生接触。目前生产上对焊接区的保护措施主要有：气体保护、熔渣保护、气渣联合保护和抽真空等。表 2-3-7 为用不同焊接方法焊接低碳钢时焊缝的含氮量，说明了各自对氮的保护效果。

表 2-3-7　焊接低碳钢时焊缝金属中的含氮量

焊接方法		φ(N)(%)	焊接方法	φ(N)(%)
焊条电弧焊	光焊丝	0.08~0.228	埋弧焊	0.002~0.007
	钛型焊条	0.015	CO_2气体保护焊	0.008~0.015
	钛铁矿型焊条	0.014	MIG 焊	0.0068
	低氢型焊条	0.010	药芯焊丝明弧焊	0.015~0.040
气焊		0.015~0.020	实心焊丝自保护焊	<0.12

2）控制焊接参数。在进行焊条电弧焊时，电弧电压增大，说明电弧被拉长，空气侵入焊接区并与熔滴的接触机会加大，从而使焊缝金属含氮量增大，如图 2-3-13 所示。因此，采用短弧焊对减少含氮量有利。

增大焊接电流，可增加熔滴过渡频率，缩短了熔

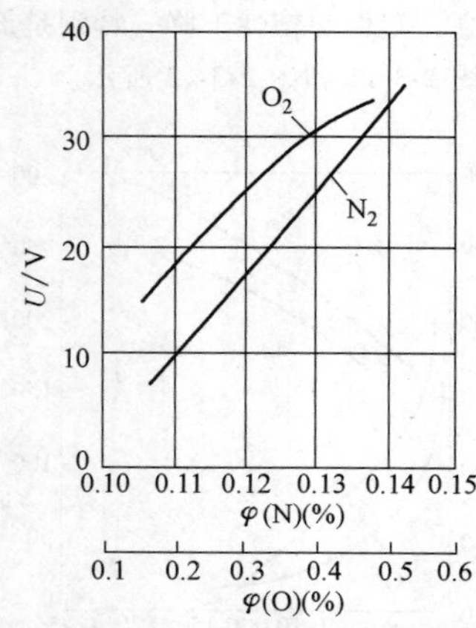

图 2-3-13　焊条电弧焊时电弧电压对焊缝含氧量和含氮量的影响

滴与空气的作用时间，因而可减少焊缝中的含氮量。用直流反接时，可减少焊缝含氮量，这与减少氮离子的熔滴溶解有关。在相同工艺条件下，增大焊丝直径可使焊缝含氮量减少，这和熔滴变粗与空气接触面减少有关。

3）冶金处理。对已入侵焊缝中的氮，若能使其转化为稳定的氮化物，就可以降低其有害作用。Ti、Al、Zr 和稀土元素对氮有较大的亲和力，易形成稳定的氮化物，而且这些氮化物不溶于铁液而进入熔渣中。自保护焊丝就是基于这种原理，在焊丝中加入这一类合金元素进行退氮和脱氧的。

从图 2-3-10 中可以看出，C 可降低氮在铁中的溶解度，故可以在焊丝或药皮中增加碳含量、以减少焊缝中的含氮量。此外，C 氧化生成的 CO 和 CO_2，可加强焊接区的保护作用和降低氮的分压。C 氧化时会引起熔池沸腾，也有利于氮的逸出。

4. 氧对金属的作用及其控制

（1）氧对金属的作用

在焊接区的氧来自周围空气以及焊接材料或焊件中的高价氧化物、水分和铁锈等的分解物。氧的化学性质很活泼，在焊接高温下可与许多金属元素作用，不仅会使焊缝金属中有益合金元素被烧损，而且所形成的氧化物又夹杂在焊缝中，使焊缝金属的力学性能严重下降。

根据氧与金属作用的特点，把金属分为两类，一类是不能溶解氧，但在焊接时发生激烈氧化的金属，如 Mg 和 Al 等；另一类是能有限地溶解氧，同时焊接时也发生氧化的金属，如 Fe、Ni、Cu 和 Ti 等，这类金属氧化后生成的氧化物能溶解于相应的金属中。现介绍氧对铁的作用：

1）氧在金属中的溶解。氧是以原子氧和氧化亚铁 FeO 两种形式溶解在液态铁中的。这种溶解为吸热过程，其溶解度随温度升高而增大，如图 2-3-14 所示。当液态铁凝固时氧的溶解度急剧下降，在 2000℃ 时为 0.8%；刚凝固（约 1520℃）时为 0.16%；当 δ-Fe 转变为 γ-Fe 时下降到 0.05% 以下；在室温的 α-Fe 中几乎不溶解（<0.001%）。因此，焊缝金属中的氧几乎全部以氧化物（FeO、SiO_2、MnO、Al_2O_3）和硅酸盐夹杂物的形式存在。通常所说的焊缝含氧量是指总含氧量，既包括溶解氧也包括非金属夹杂物中的氧。

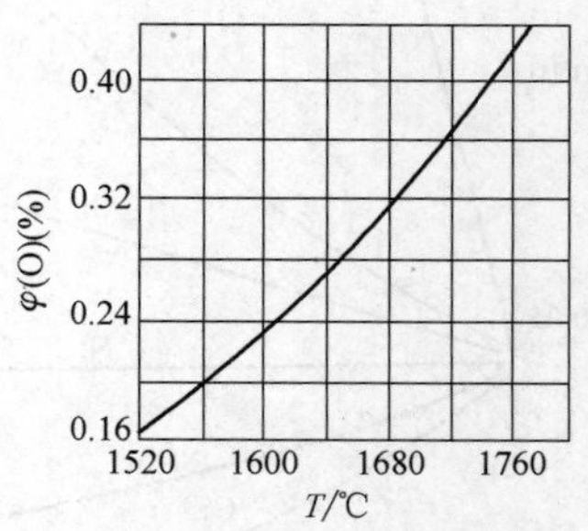

图 2-3-14　液态铁中氧的溶解度与温度的关系

在液态铁中，随着合金元素量的增加，氧的溶解度下降，如图 2-3-15 所示。元素与氧的亲和力越强，氧的溶解度越小。

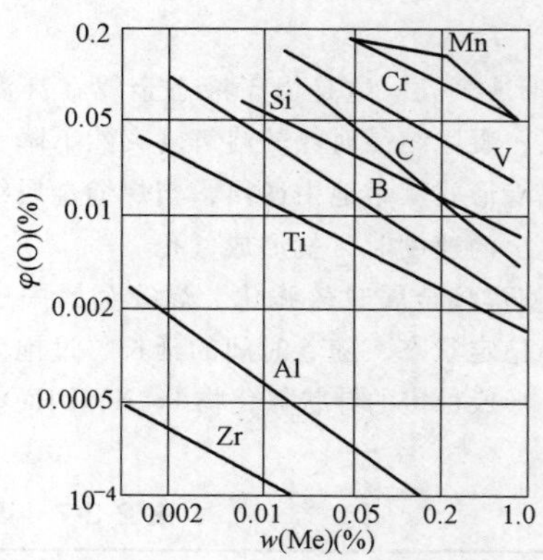

图 2-3-15　合金元素中 w（Me）对液态铁中氧的溶解的影响（1600℃）

氧在焊缝金属中，无论是单独存在还是以氧化物存在都是有害的，会使焊缝金属的强度、塑性和韧性明显下降。

2）氧对金属的氧化。焊接时氧对金属的氧化除自由氧直接与金属发生作用外，其余都是在各个反应区内通过氧化性气体（如 CO_2 和 H_2O 等）或活性熔渣与金属相互作用实现的。关于活性熔渣对金属的氧化会在后面3.15节介绍。

① 自由氧对金属的氧化。电弧焊时，空气中的氧总是或多或少地侵入电弧内，焊接材料中的高阶氧化物等物质也因受热而分解产生 O_2。这样使气相中自由氧的分压大于氧化物的分解压，金属就被氧化。对铁而言，其氧化反应为

$$[Fe]+\frac{1}{2}O_2=FeO+26.97(kJ/mol)$$

$$[Fe]+O=FeO+515.76(kJ/mol)$$

从反应的热效应看，原子氧对铁的氧化比分子氧更激烈。

焊接钢材时，除铁发生氧化外，钢液中其他对氧亲和力比铁大的合金元素也会发生氧化，例如

$$[C]+\frac{1}{2}O_2=CO\uparrow$$

$$[Si]+O_2=(SiO_2)$$

$$[Mn]+\frac{1}{2}O_2=(MnO)$$

② CO_2 对金属的氧化。在高温下 CO_2 对液态铁和其他许多金属来说是活泼的氧化剂。当温度高于3000K时，CO_2 的氧化性超过了空气。所以在焊接高温条件下，用 CO_2 作保护气体只能防止空气中的氮，而不能防止金属的氧化。焊接钢材时，铁被氧化，其他合金元素也将被烧损，碳的氧化在焊缝中可能产生气孔。故用 CO_2 气体保护焊时，必须采用含硅、锰高的焊丝（如H08Mn2Si）或药芯焊丝，以利于脱氧。同理在含碳酸盐的药皮中也须加入脱氧剂。

③ H_2O（气）对金属的氧化，气相中的水蒸气不仅会使焊缝增氢，而且还会使铁和其他合金元素氧化，与铁的反应如下

$$H_2O+[Fe]=[FeO]+H_2$$

温度越高，H_2O（气）的氧化性越强。因此，为了保证焊接质量，当气相中含有较多水分时，在去氢的同时，也须进行脱氧。例如低氢型焊条的药皮中，须含有较多的脱氧剂。

④ 混合气体对金属的氧化。焊条电弧焊时，气相不是单一气体，而是多种气体的混合，高温下它们对铁是有氧化性的，故在焊条的药皮中须加入脱氧剂；气体保护焊时，为了改善电弧的电、热和工艺性能，常采用混合气体保护，如 $Ar+O_2$、$Ar+CO_2$、$Ar+CO_2+O_2$ 和 CO_2+O_2 等。在惰性气体（Ar）中随着加入氧化性气体 O_2 和 CO_2 的增多，合金元素的烧损量、焊缝中非金属夹杂物和氧的含量都会增加，这将对焊缝金属的力学性能产生不利影响，特别是低温韧性明显下降，甚至可能产生气孔。故采用含氧化性的混合气体焊接时，应按其氧化能力大小选择含有合适脱氧剂的焊丝。

（2）氧对焊接质量的影响

氧在焊缝中无论是以溶解状态还是氧化物夹杂形式存在，对焊缝的性能都有很大影响。随着焊缝含氧量的增加，其强度、塑性和韧性显著下降，如图2-3-16所示。特别是焊缝金属的低温冲击韧性急剧下降，如图2-3-17所示。此外，还引起热脆、冷脆和时效硬化。

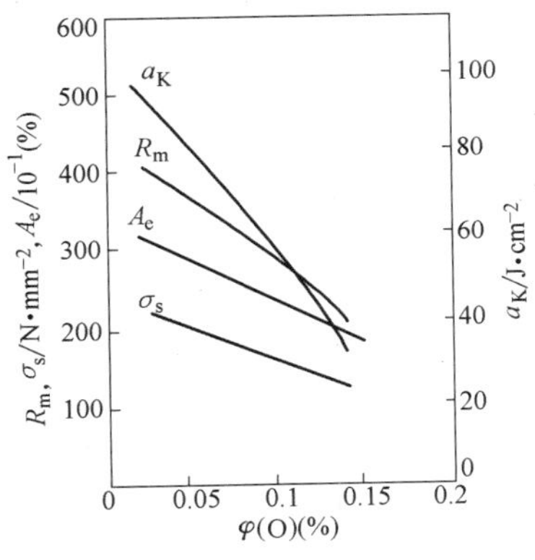

图2-3-16 氧（以FeO形式存在）对低碳钢常温力学性能的影响

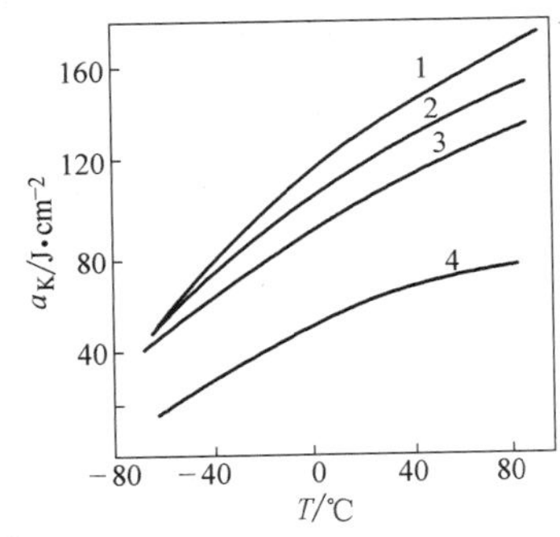

图2-3-17 低碳钢埋弧焊时硅酸盐夹杂物对焊缝冲击韧性的影响

含夹杂物（质量分数）：

1—0.028%~0.30% 2—0.034%~0.053%

3—0.104%~0.110% 4—0.196%

溶解在熔池中的氧和碳发生反应，生成不溶于金属的CO，熔池凝固时，CO气泡来不及逸出就会引起气孔；熔滴中含氧和碳多时相互作用生成的CO受热膨胀，使熔滴爆炸，造成飞溅，影响焊接过程的稳定性。

在焊接过程中氧能烧损钢中的有益合金元素，从而使焊缝金属性能变坏。

以上是氧的有害影响，但在某些情况下使焊接材料具有氧化性是有利的。例如，为了减少焊缝含氢量，改进电弧的特性，获得必要的熔渣物理化学性能，有时在焊接材料中故意加入一定量的氧化剂；铸铁冷焊时，为了烧去多余的碳，常在焊条药皮中加入氧化剂。

（3）氧的控制

1）控制焊接材料的含氧量。尽量减少氧的来源。在焊接活泼金属及其合金时，或焊接某些含有对氧亲和力较大合金元素的金属材料时，应尽量采用不含氧或少含氧的焊接材料。例如，用高纯度的惰性气体作保护气体；在真空中焊接；采用低氧或无氧的焊条、焊剂。此外还必须清除焊件和焊丝表面上的铁锈、氧化皮以及烘干焊接材料等。

2）控制焊接参数。焊条电弧焊时电弧电压对焊缝含氧量的影响如图 2-3-13 所示。增加电弧电压，意味着拉长电弧，使空气易于入侵且与熔滴接触时间变长，致使焊缝含氧量增大，故宜采用短弧焊接。此外，焊接方法、电流种类和极性，以及熔滴过渡形式等都有一定影响。

3）脱氧。利用冶金处理进行脱氧，详见下节。

3.1.5 熔渣及其对金属的作用

1. 焊接熔渣

焊接过程中焊条药皮或焊剂熔化后，在熔池中参与化学反应的熔融状态的非金属物质称为焊接熔渣。熔渣与液体金属接触发生的一系列物理化学反应，决定着焊缝金属的成分和性能。

（1）焊接熔渣的作用

在焊接过程中熔渣的作用有以下几点。

1）机械保护作用。焊接时液态熔渣覆盖在熔滴和熔池表面，把液态金属与空气隔开，能够保护液态金属不被氧化和氮化。熔渣凝固后形成渣壳覆盖在焊缝金属上也可使高温焊缝金属不受空气侵害。

2）冶金处理作用。在高温下熔渣与液态金属接触便产生一系列冶金反应，从而影响焊缝金属的成分，改善焊缝的性能。通过熔渣可以去除焊缝中的有害杂质，如脱氧、脱氢、去硫、去磷等，还可通过熔渣向焊缝金属过渡有益的合金元素。

3）改善焊接工艺性能作用。在熔渣中加入低电离电位物质，可使电弧容易引燃、稳定燃烧，减少飞溅；适当调整熔渣成分，以获得合适的熔渣黏度和脱渣性，使焊接操作更方便，改善焊缝成形等。

（2）熔渣的成分与分类

焊接熔渣按其成分及性质可分成三大类，见表 2-3-8。

实际的熔渣是多种化合物组成的复杂系统，表 2-3-9 列出典型焊接熔渣的化学成分。为了研究方便，往往把复杂系统中含量少，影响小的次要成分舍去，简化成由含量多、影响大的成分组成的渣系。表 2-3-9 中低氢型焊条的熔渣就简化为 $CaO—SiO—CaF_2$ 三元渣系。

表 2-3-8 焊接熔渣类型

类型	主要组成物	渣系①举例	熔渣特点	主要用途
盐型	氟酸盐、氯酸盐和不含氧的化合物	$CaF_2—NaF_2$ $CaF_2—BaCl_2—NaF_2$ $KCl—NaCl—NaAlF_6$	氧化性很小	用于焊接铝、钛和其他活性金属及其合金
盐-氧化物型	氟化物和强金属氧化物	$CaF_2—CaO—Al_2O_3$ $CaF_2—CaO—SiO_2$ $CaF_2—MgO—Al_2O_3$	氧化性较小	用于焊接高合金钢及高温合金
氧化物型	各种金属氧化物	$MnO—SiO_2$ $FeO—MnO—SiO_2$ $CaO—TiO_2—SiO_2$	氧化性较强	用于低碳钢和低合金钢的焊接

① 渣系（slag system）是指构成焊接熔渣主要组元的物质系统。

表 2-3-9 典型焊接熔渣的化学成分

焊条和焊剂类型	熔渣化学成分(质量分数)(%)										熔渣碱度		熔渣类型
	SiO_2	TiO_2	Al_2O_3	FeO	MnO	CaO	MgO	Na_2O	K_2O	CaF_2	B_1	B_2	
钛铁矿型	29.2	14.0	1.1	15.6	26.5	8.7	1.3	1.4	1.1	—	0.88	-0.1	氧化物型
钛型	23.4	37.7	10.0	6.9	11.7	3.7	0.5	2.2	2.9	—	0.43	-2.0	氧化物型
钛钙型	25.1	30.2	3.5	9.5	13.7	8.8	5.2	1.7	2.3	—	0.76	-0.9	氧化物型

（续）

焊条和焊剂类型	熔渣化学成分(质量分数)(%)										熔渣碱度		熔渣类型
	SiO_2	TiO_2	Al_2O_3	FeO	MnO	CaO	MgO	Na_2O	K_2O	CaF_2	B_1	B_2	
纤维素型	34.7	17.5	5.5	11.9	14.4	2.1	5.8	3.8	4.3	—	0.60	-1.3	氧化物型
氧化铁型	40.4	1.3	4.5	22.7	19.3	1.3	4.6	1.8	1.5	—	0.60	-0.7	氧化物型
低氢型	24.1	7.0	1.5	4.0	3.5	35.8	—	0.8	0.8	20.3	1.86	+0.9	盐-氧化物型
HJ430	38.5	—	1.3	4.7	43.0	1.7	0.45	—	—	6.0	0.62	-0.33	氧化物型
HJ251	18.2 ~ 22.0	—	18.0 ~ 23.0	≤1.0	7.0 ~10.0	3.0 ~ 6.0	14.0 ~ 17.0	—	—	23.0 ~ 30.0	1.15 ~ 1.44	+0.048 ~ 0.49	盐-氧化物型

（3）熔渣的结构

熔渣的物理化学性质及与金属的作用，和熔渣内部结构有关。目前有两种熔渣结构理论，简介如下：

1）分子理论。该理论是以对凝固焊渣的相分析和化学成分分析的结果为依据提出的，它认为：

① 液态熔渣是由不带电的化合物的分子组成，如氧化物分子有 CaO_2 和 SiO_2 等，复合物分子有 MnO、SiO_2，以及氟化物和硫化物分子等。

② 氧化物及其复合物处于平衡状态。升温时的反应使氧化物含量增加，熔渣活性增大。降温时则相反，其复合物含量增加。复合物的稳定性用它们自身生成热效应来衡量，生成热效应的值越大，这种复合物就越稳定。

③ 只有自由氧化物才能参与和液态金属的反应，复合物中的氧化物不能参与反应。

分子理论建立较早，因它简单明了、能定性地解释熔渣与金属的冶金反应而被运用至今。但所假定的熔渣结构与实际的结构不符，有些重要的现象，如熔渣的导电性无法解释。

2）离子理论。是在研究熔渣电化学性质的基础上提出来的，它认为：

① 液态熔渣是由阴、阳离子组成的电中性溶液。熔渣中离子的种类和存在形式取决于熔渣的成分和温度。一般负电性大的元素以阴离子形式存在，如 F^-、O^{2-} 和 S^{2-} 等；负电性小的元素形成阳离子，如 K^+、Na^+、Ca^{2+}、Mg^{2+}、Fe^{2+} 和 Mn^{2+} 等；而负电性比较大的元素，如 Si、Al 和 B 等，其阴离子往往不能独立存在，而与氧离子形成复杂的阴离子，如 SiO_4^{4-} 和 $Al_3O_7^{5-}$ 等。

② 离子的分布和相互作用取决于它们的综合矩。离子的综合矩 $=\dfrac{Z}{\gamma}$，Z 为离子的电荷（静电单位），γ 为离子的半径（10^{-1}nm）。离子综合矩越大，与其他离子的作用力也越大。互相作用力大的异号离子彼此接近而形成集团，其他相互作用力小的异号离子也形成集团，这样就造成了熔渣化学成分微观上的不均匀。综合矩与温度有关，当温度升高时，离子半径增大，综合矩则减小。

③ 熔渣与金属作用是熔渣中的离子与金属原子交换电荷的过程。例如硅还原和铁氧化的过程就是铁原子和硅离子在两相界面上交换电荷的过程，即 $(Si^{4+})+2[Fe]=2(Fe^{2+})+[Si]$，反应的结果是硅进入液态金属，铁变成离子进入熔渣中。

离子理论比分子理论更合理，但目前还不够完善。

（4）熔渣的性质

焊接过程的保护效果、工艺性能和化学冶金反应与熔渣的性质（如碱度、活性、黏度和表面张力等）密切相关。

1）熔渣的碱度。熔渣的碱度是表征熔渣碱性强弱程度，是熔渣的重要化学性质之一。它既对熔渣的冶金性质产生影响，也对熔渣其他性质如活性、黏度和表面张力等有影响。不同的熔渣结构理论，对碱度的定义和计算方法是不同的。

① 分子理论的表达式。熔渣分子理论将焊接熔渣中的氧化物性质分为以下三类。

酸性氧化物。按酸性由强至弱的顺序有：SiO_2、TiO_2 和 P_2O_5 等。

碱性氧化物。按碱性由强至弱的顺序有：K_2O、Na_2O、CaO、MgO、BaO、MnO 和 FeO 等。

中性氧化物。主要有：Al_2O_3、Fe_2O_3 和 Cr_2O_3 等，这些氧化物在强酸性渣中常呈弱碱性，在强碱性渣中常呈弱酸性。

分子理论对熔渣碱度 B 的定义为

$$B=\frac{\sum 碱性氧化物摩尔分数}{\sum 酸性氧化物摩尔分数} \qquad (2\text{-}3\text{-}1)$$

碱度 B 的倒数为酸度。理论上，当 $B>1$ 时为碱性渣；$B<1$ 时为酸性渣；$B=1$ 时为中性渣。实际上按式（2-3-1）计算并不准确，根据经验，当 $B>1.3$ 时，熔渣才是碱性的。这是因为式中没有考虑各氧化物酸、碱性的强弱程度，也没有考虑酸、碱性氧化物的复合情况，故只能做粗略计算并加以修正。下面为经修正后比较精确的计算公式。

$$B_1=\frac{0.018CaO+0.015MgO+0.006CaF_2}{0.017SiO_2+0.005\ (Al_2O_3+TiO_2+ZrO)}+\frac{0.014(Na_2O+K_2O)+0.007(MnO+FeO)}{0.017SiO_2+0.005\ (Al_2O_3+TiO_2+ZrO)} \qquad (2\text{-}3\text{-}2)$$

式（2-3-2）中各成分均以质量分数计，当 $B_1>1$ 时为碱性渣；当 $B_1=1$ 时为中性渣；当 $B_1<1$ 时为酸性渣。用此式计算表 2-3-9 中低氢型焊条和 HJ251 焊剂的熔渣是碱性的，符合实际情况。

② 离子理论的表达式。离子理论把熔渣中自由氧离子（即游离状态的氧离子）的含量（或氧离子的活度）定义为碱度，用 B_2 表示。熔渣中自由氧离子的含量越大，其碱度越大。最常用的碱度表达式为

$$B_2=\sum_{i=1}^{n}a_iM_i \qquad (2\text{-}3\text{-}3)$$

式中 M_i——熔渣中第 i 种氧化物的摩尔分数；

a_i——熔渣中第 i 种氧化物的碱度系数，见表 2-3-10。

一般当 $B_2>0$ 时为碱性渣；当 $B_2=0$ 时为中性渣；当 $B_2<0$ 时为酸性渣。

表 2-3-10 氧化物的碱度系数 a_i 及相对分子质量

氧化物	K_2O	Na_2O	CaO	MnO	MgO	FeO	Fe_2O_3	Al_2O_3	ZrO	TiO_2	SiO_2
碱度系数 a_i	9.0	8.5	6.05	4.8	4.0	3.4	0	−0.2	−0.2	−4.97	−6.31
相对分子质量	94.2	62	56	71	40.3	72	159.7	102	123	80	60
分类	碱性						中性			酸性	

从表 2-3-9 中所列熔渣的 B_1 和 B_2 值可以看出，熔渣的碱度因焊条药皮或焊剂类型的不同而异。其中只有低氢型焊条和 HJ251 焊剂的熔渣是碱性，其他熔渣均为酸性，故可把熔渣归纳为两大类，即酸性渣和碱性渣，与之相应的焊条和焊剂也分为酸性和碱性两大类，由于熔渣的酸、碱性不同，其冶金性能、工艺性能和焊缝金属的化学成分与性能也有显著差别。

2）熔渣的黏度。黏度是液体内部发生相对运动时所产生的摩擦力。它反映了质点在液体内部移动的难易程度。焊接熔渣的黏度对焊接工艺性能和化学冶金反应有很大影响。

熔渣的黏度取决于熔渣的结构，结构越复杂，离子尺寸越大，熔渣质点移动越困难，其黏度就越大。影响熔渣结构的因素是熔渣的成分和温度。

① 熔渣成分对黏度的影响。在熔渣中加入能促使形成粗大阴离子的物质，可使黏度增大；加入阻碍形成粗大阴离子的物质可以降低熔渣的黏度。

SiO_2 易与 O^{2-} 结合形成粗大阴离子，故在酸性渣中加入 SiO_2 会迅速提高熔渣黏度。若加入能产生 O^{2-} 的碱性氧化物，如 CaO、MgO、MnO 和 FeO 等，就能破坏 Si—O 离子键，使阴离子尺寸变小，因而可降低黏度。在碱性渣中若加入高熔点的碱性氧化物，如 CaO，则因出现未熔化的固体质点而使渣的流动阻力增大，使熔渣黏度升高。这时若加入 SiO_2，它与 CaO 形成低熔点的硅酸盐，又可使熔渣的黏度下降。

CaF_2 能促进 CaO 的熔化，它所产生的 F^- 又能起到产生 O^{2-} 的作用，使阴离子尺寸变小，所以把它加到酸性渣或碱性渣中都可降低黏度。

② 温度对熔渣黏度的影响。升高温度熔渣的黏度下降，如图 2-3-18 所示。但碱性渣和酸性渣下降的趋势不同。在含 SiO_2 较多的酸性渣中，有较多的复杂 Si—O 离子，随着温度升高，Si—O 极性键逐渐断开，出现尺寸较小的 Si—O 离子，因而黏度逐渐下降。碱性渣中离子尺寸小，易于移动。当温度高于液相线时，黏度迅速下降，当温度低于液相线时，渣中出现细小的晶体，其黏度迅速增大。从图 2-3-18 可以看出，当两种渣的黏度都变化 $\Delta\eta$ 时，含 SiO_2 多的酸性渣对应的温度变化 ΔT_2 大，即凝固时间长，故称长渣。这种渣不适于仰焊。而碱性渣对应的 ΔT_1 小，即凝固时间短，故称短渣。这种渣适于全位置焊接。在 1500℃ 左右时，焊接钢材用的熔渣黏度为 0.1～0.2Pa · s 比较合适。

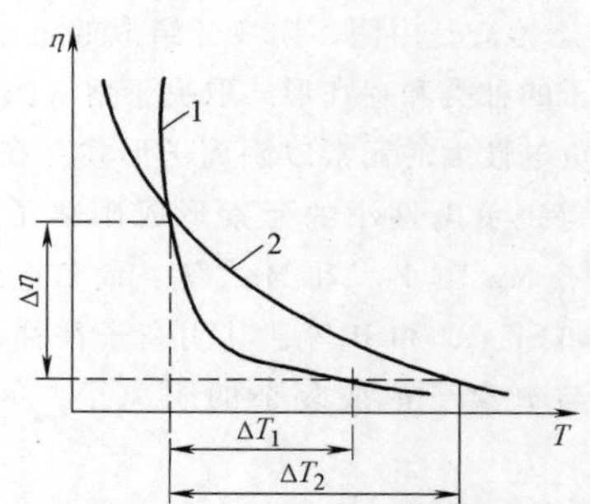

图 2-3-18 熔渣黏度与温度的关系

1—碱性渣 2—含 SiO_2 多的酸性渣

3）熔渣的表面张力。焊接熔渣的表面张力指的是气相与熔渣之间的界面张力，它对熔滴过渡、焊缝成形、脱渣性以及冶金反应都有重要影响。

熔渣的表面张力主要取决于熔渣组元质点间化学键的性质和温度。键能越大，其表面张力也越大。金属键的键能最大，故液体金属的表面张力最大；具有离子键的物质，如 CaO、MgO、FeO 和 MnO 等键能比较大，它们的表面张力也较大；具有共价键的物质，如 TiO_2、SiO_2和 P_2O_3等键能小，其表面张力也小。

在熔渣中加入酸性氧化物，如 TiO_2 和 SiO_2 等，能使表面张力减小；加入碱性氧化物如 CaO、MgO 和 MnO 等，可增加表面张力。此外，CaF_2也能降低熔渣的表面张力。

温度升高可使熔渣表面张力下降，因为高温离子半径增大，综合矩减小，同时也增大了离子之间的距离，减弱了离子之间的相互作用力。

4）熔渣的熔点。焊接时，焊条药皮或焊剂被加热到开始熔化并形成熔渣的温度称为焊条药皮或焊剂的熔点，又称造渣温度。熔渣冷却时，开始凝固的温度称为熔渣的熔点，药皮或焊剂的熔点越高，其熔渣的熔点也越高。

焊接熔渣的熔点对焊接工艺性能和焊接质量有很大影响，当熔渣的熔点过高时，它会比熔池金属过早开始凝固而不能均匀覆盖于熔池金属表面，导致保护效果下降，焊缝成形差，甚至形成夹杂。若熔渣熔点过低，熔池金属开始凝固时，熔渣仍处于流动状态，也无法保证焊缝表面成形。因此，焊接熔渣的熔点要与焊丝和母材的熔点相匹配，控制在合适的范围。焊钢时，熔渣的熔点应在 1150~1350℃之间。

熔渣的熔点取决于组成物的种类、数量和颗粒度。当熔渣中的低熔点组成物含量高，其熔点就低。当高熔点组成物含量多，颗粒度越大时，其熔点也越高。根据渣系相图、调整组成成分的种类和配比，使之形成低熔点共晶或化合物，可降低其熔点。

5）熔渣的导电性。固态熔渣不导电，液态熔渣有导电性，且取决于熔渣的成分和温度。一般，碱性氧化物如 CaO 和 MgO 等，可增加熔渣的电导率，而酸性氧化物如 SiO_2和 Al_2O_3等，可降低电导率。由于温度升高会使渣中离子的尺寸变小，活动能力增强，故会使熔渣的电导率增大。

2. 活性熔渣对焊缝金属的氧化

活性熔渣对焊缝金属的氧化有两种基本形式，即扩散氧化和置换氧化。

（1）扩散氧化

焊接钢时，FeO 既溶于渣中，又溶于液态钢中，在一定温度下达到平衡时，FeO 在两相中的含量符合分配定律

$$L=\frac{(\mathrm{FeO})}{[\mathrm{FeO}]} \qquad (2\text{-}3\text{-}4)$$

式中 L——分配常数；

(FeO)——FeO 在熔渣中的含量；

[FeO]——FeO 在液态钢中的含量。

分配定律是指各个物质在两个溶媒中的分配一定要使得它在溶媒中的含量的比值保持不变。

若温度不变，当熔渣中的 FeO 增多时，它将向液态钢中扩散，从而使焊缝金属含氧量增加。焊接低碳钢试验证明，焊缝中的含氧量随着熔渣中 FeO 含量的增加成直线增加。

FeO 的分配常数 L 与熔渣的性质和温度有关。无论是酸性渣还是碱性渣，温度升高时，L 减小，即在高温时 FeO 向液态钢中分配，所以扩散氧化主要在熔滴阶段和熔池的头部（高温区）进行。

在同样温度下，FeO 在碱性渣中比在酸性渣中更容易向焊缝金属中分配，也即在熔渣中 FeO 含量相同时，用碱性渣的焊缝金属含氧量比用酸性渣时多。因此，在碱性焊条药皮中一般不加入含 FeO 的物质，并要求焊前清除焊件表面上的氧化皮的铁锈，否则会使焊缝金属增氧。

（2）置换氧化

当熔渣中含有较多的易分解的氧化物时，可能与液态钢发生置换反应，使铁氧化，而该氧化物中的元素被还原。例如，用低碳钢焊丝配用高硅高锰焊剂（HJ431）埋弧焊钢时，因熔渣中含有高温下易分解的 SiO_2和 MnO，发生如下反应

$$(\mathrm{SiO_2})+2[\mathrm{Fe}]\rightleftharpoons[\mathrm{Si}]+2\underset{\displaystyle\downarrow\atop\displaystyle[\mathrm{FeO}]}{\overset{\displaystyle(\mathrm{FeO})\atop\displaystyle\uparrow}{\mathrm{FeO}}}$$

$$(\mathrm{MnO})+[\mathrm{Fe}]\rightleftharpoons[\mathrm{Mn}]+\underset{\displaystyle\downarrow\atop\displaystyle[\mathrm{FeO}]}{\overset{\displaystyle(\mathrm{FeO})\atop\displaystyle\uparrow}{\mathrm{FeO}}}$$

结果是焊缝增加硅和锰，同时铁被氧化，生成的 FeO 大部分进入熔渣，小部分溶于液态钢中，使焊缝增氧。

上述反应的方向和限度取决于温度及反应物的活度和含量等。通常升高温度，反应向右进行，说明置换氧化主要发生在熔滴阶段和熔池前部高温区。在熔池后部，因温度下降，上述反应向左进行，已还原的硅和锰有一部分又被氧化，生成的 SiO_2和 MnO 往往

在焊缝金属中形成非金属夹杂物。

用 SiO_2 和 MnO 含量高的焊接材料焊接时，上述置换氧化会使焊缝的含氧量增加。但在焊接低碳钢或低合金钢时，因焊缝中硅和锰的含量也同时增加，接头性能不仅不受影响，反而得到局部改善，所以高硅高锰焊剂配合低碳钢焊丝焊接低碳钢及低合金钢得到了广泛应用。但这种配合关系不能用于中、高合金钢和合金的焊接，因为氧和硅会显著降低焊缝金属的抗裂性能和力学性能，尤其是低温冲击韧性。

某些强氧化物，如 B_2O_3、Al_2O_3 和 TiO_2 也会在一定条件下发生置换氧化，使焊缝增 B、Al、Ti 和 O，而同时其他元素，如 Si 等被烧损。

3. 焊缝金属的脱氧

氧无论以何种形式存在于焊缝金属内都是有害的。因此，在焊接时如何防止金属的氧化，以及如何去除或减少焊缝金属中的含氧量，是保证焊接质量的重要问题。防止金属氧化的有效措施是减少氧的来源，而对已进入焊缝金属的氧，则必须通过冶金脱氧来去除。脱氧的目的就是要减少焊缝中的含氧量。

脱氧是一种冶金处理措施，它是通过在焊丝、焊剂或焊条药皮中加入某些对氧亲和力较大的元素，使其在焊接过程中夺取气相或氧化物中的氧，从而减少焊缝金属的氧化及焊缝含氧量。用于脱氧的元素或合金叫作脱氧剂。

焊接化学冶金反应是分阶段或区域进行的，脱氧反应也是分阶段和区域连续地进行的，其方式有先期脱氧、沉淀脱氧和扩散脱氧。

（1）选择脱氧剂的原则

1）在焊接温度下脱氧剂对氧的亲和力应比被焊金属对氧的亲和力大。焊接铁基合金时，Al、Ti、Si 和 Mn 等均可作脱氧剂。在生产中常用它们的铁合金或金属粉末，如锰铁、硅铁、钛铁和铝粉等。元素对氧的亲和力越大，脱氧能力就越强。

2）脱氧的产物应不溶于液态金属，其密度也应小于液态金属的密度。这样可加快脱氧产物上浮到熔渣中去，减少焊缝金属中的夹杂物。

3）须综合考虑脱氧剂对焊缝成分、性能及焊接工艺性能的影响。

4）在满足技术要求的前提下，注意成本。

（2）先期脱氧

焊条电弧焊时，在焊条药皮加热阶段，固体药皮中进行的脱氧反应叫作先期脱氧，其特点是脱氧过程和脱氧产物与熔滴不发生直接关系，脱氧主要发生在焊条端部反应区，如图 2-3-1 中的Ⅰ区所示。

含有脱氧剂的药皮被加热时，药皮中的高价氧化物或碳酸盐分解出氧和二氧化碳后，便和脱氧剂发生反应。以锰为例，其先期脱氧反应如下

$$Fe_2O_3+Mn=MnO+2FeO$$

$$FeO+Mn=MnO+Fe$$

$$CaCO_3+Mn=CaO+CO+MnO$$

反应的结果使气相的氧化性减弱。

先期脱氧的效果取决于脱氧剂对氧的亲和力、它的粒度、脱氧剂和氧化剂的比例，以及焊接电流密度等因素。由于药皮加热阶段温度低，先期脱氧并不完全，所以尚需进一步脱氧。

（3）沉淀脱氧

沉淀脱氧是在熔滴和熔池内进行的。是利用溶解在熔滴和熔池中的脱氧剂与［FeO］直接反应，把铁还原，使脱氧产物转入熔渣而被清除出去，这是对减少焊缝含氧量具有决定意义的一环。最常用的是锰、硅或硅锰联合进行沉淀脱氧。

1）锰的脱氧反应。在药皮中加入适当锰铁或使焊丝中含有较多的锰作为脱氧剂，其反应如下

$$[Mn]+[FeO]=[Fe]+(MnO)$$

沉淀脱氧的效果不仅与锰在金属中的含量有关，而且与脱氧产物 MnO 在熔渣中的活性有关，而熔渣中 MnO 的活性与熔渣的性质有关。增加锰在金属中的含量可提高脱氧效果。在含有 SiO_2 和 TiO_2 较多的酸性渣中因脱氧产物可转变成 $MnO\cdot SiO_2$ 和 $MnO\cdot TiO_2$ 复合物，减小了 MnO 的活度，所以脱氧效果较好。而碱性渣中 SiO_2 和 TiO_2 的含量少，因而 MnO 的活度大，不利于锰的脱氧。故酸性焊条多用锰脱氧，但要注意，加入过多的锰会形成固态产物，易造成焊缝夹杂。

2）硅的脱氧反应。硅对氧的亲和力比锰大，其脱氧反应为

$$[Si]+2[FeO]=2[Fe]+(SiO_2)$$

提高金属的含硅量和熔渣的碱度，可提高硅的脱氧效果。但生成的 SiO_2 熔点高、黏度大，不易从液态钢中分离，易造成夹杂，故一般不单独用硅脱氧。

3）硅锰联合脱氧。硅和锰均能脱氧，而且脱氧产物能结合成熔点较低、密度不大的复合物进入熔渣。因此，把硅和锰按适当比例加入金属中进行联合脱氧，可以得到较好的脱氧效果。实践证明，当 $[Mn]/[Si]=3\sim7$ 时，脱氧产物可形成硅酸盐 $MnO\cdot SiO_2$ 浮到熔渣中去，减少焊缝中的夹杂物，降低焊缝中的含氧量。在进行 CO_2 气体保护焊时，就是根据硅锰的联合脱氧原理，在焊丝中加入适当比例的锰和硅。表 2-3-11 是用国产焊丝对低碳钢进行 CO_2 气体保护焊时的分析结果。

表 2-3-11 用 CO_2 气体保护焊焊接低碳钢时焊缝、熔渣的成分和夹杂物

焊丝	焊缝成分（质量分数）(%)				熔渣的成分（质量分数）(%)				焊缝夹杂物（质量分数）(%)
	[Mn]/[Si]	C	Mn	Si	MnO	SiO_2	FeO	S	
H08MnSiA	2.6	0.13	0.78	0.29	38.7	48.2	10.6	0.016	0.014
	1.7	0.14	0.82	0.47					
H08Mn2SiA	2.74	0.12	0.85	0.31	47.6	41.9	8.5	0.050	0.009
	3.1	0.14	0.72	0.23					

其他焊接材料也可利用硅锰联合脱氧，例如在碱性焊条药皮中加入锰铁和硅铁进行联合脱氧，效果较好。

（4）扩散脱氧

扩散脱氧是在液态金属与熔渣界面上进行的。利用氧化物能溶解于熔渣的特性，通过扩散使它从液态金属中进入熔渣，从而降低焊缝的含氧量。

扩散脱氧是以分配定律为基础，前已述及（见式 2-3-4），当温度下降时，FeO 在熔渣中的分配常数 L 增大，液态钢中的 FeO 向熔渣扩散，从而使熔池中的 FeO 含量减小。说明扩散脱氧是在熔池的后部低温区进行的，即处在熔池凝固阶段。

除温度外，扩散脱氧还取决于 FeO 在熔渣中的活度。在温度不变的条件下，FeO 在熔渣中的活度越低，脱氧效果越好。当熔渣中含有较多的强酸氧化物 SiO_2 和 TiO_2 时，因其易与 FeO 形成复合物而使熔渣中 FeO 的活度减小，故为了保持分配常数，液态金属中的 FeO 便不断向熔渣中扩散。所以酸性熔渣有利于扩散脱氧，相比之下，碱性渣的扩散脱氧能力较差。

4. 焊缝金属的硫、磷控制

（1）焊缝金属中硫、磷的危害性

硫和磷是钢中的有害杂质。通常母材和焊丝（芯）的含硫、磷量都很低，对焊缝金属不会带来危害。但是焊条药皮或焊剂的某些原材料中常含有相当数量的硫和磷，若其在焊接过程中过渡到焊缝金属中就会造成危害。

1）硫的危害 硫在钢中主要以 FeS 和 MnS 的形式存在，其中 FeS 的危害性最大。因为它与液态铁几乎无限互溶，而在室温下即在固态铁中的溶解度很小，w（FeS）仅为 0.015%～0.02%，如图 2-3-19 所示。熔池凝固时它容易偏析，以低熔点共晶 Fe+FeS（熔点为 985℃）或 FeS+FeO（熔点为 940℃）的形式呈片状或链状分布于晶界。因此增加了焊缝金属结晶裂纹的倾向，同时还会降低冲击韧性和抗腐蚀性。钢中含有镍时，硫的有害作用严重，因硫与镍形成 NiS，而 NiS 又与 Ni 形成熔点更低（664℃）的共晶 NiS+Ni，产生结晶裂纹的倾向更大。当钢焊缝中含碳量增加时，会促进硫的偏析，增加硫的危害性。

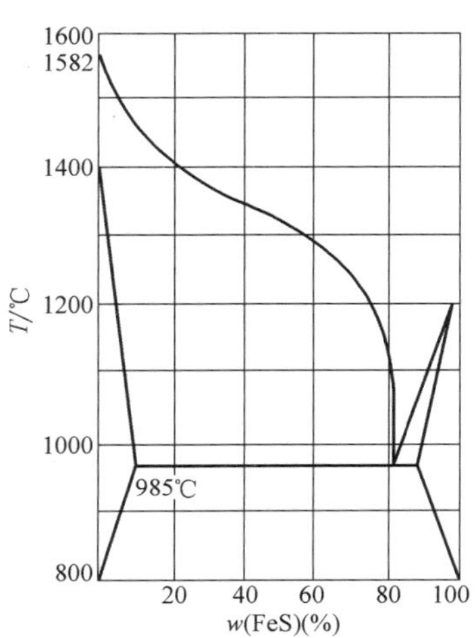

图 2-3-19 Fe-FeS 相图

2）磷的危害。磷在液态铁中溶解度很大，并以 Fe_2P 和 Fe_3P 的形式存在，但磷在固态铁中的溶解度只有千分之几。磷与铁和镍可形成低熔点共晶，如 Fe_3P+Fe（熔点为 1050℃），如图 2-3-20 所示，以及 Ni_3P+Fe（熔点为 880℃）。当熔池快速凝固时，磷易发生偏析。磷化铁常分布于晶界，减弱了晶粒间的结

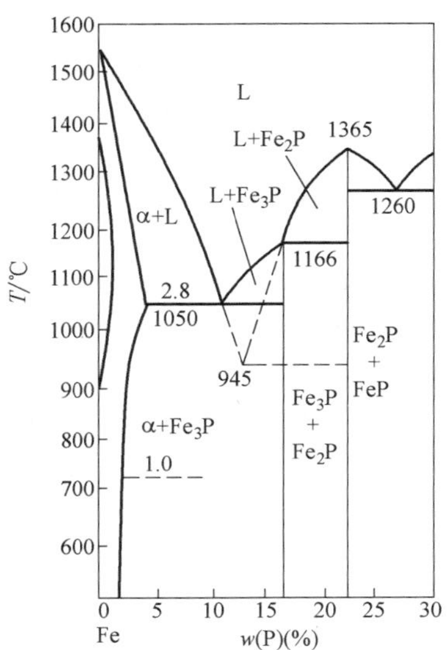

图 2-3-20 Fe-P 相图

合力，而且它本身既硬又脆，增加了焊缝金属的冷脆性，即使冲击韧性降低、脆性转变温度升高。

（2）硫的控制

主要从两方面着手：先是采取工艺措施限制硫的来源，然后再采取冶金措施把焊缝金属中的硫通过熔渣排出去。

1）限制焊接材料中的含硫量。焊缝中的硫来自母材、焊丝、药皮和焊剂。母材含硫量一般较低，所以须限制的主要是焊丝、药皮或焊剂中的含硫量。

低碳钢及低合金钢焊丝的 $w(S)$ 应小于0.03%～0.04%；合金钢焊丝的 $w(S)$ 应小于0.025%～0.03%；不锈钢焊丝的 $w(S)$ 应小于0.02%。

药皮、药芯或焊剂用的原材料，如锰矿、赤铁矿、钛铁矿和锰铁等均含有一定量的硫。

尽量选用含硫量低的原材料，当必须使用含硫量过高的材料时，应预先进行处理，如采用焙烧的办法，将含硫量降低到要求范围内。

2）用冶金方法脱硫。选择对硫亲和力比铁大的元素进行脱硫。最常用的脱硫剂是锰，其脱硫反应为

$$[FeS]+[Mn]=(MnS)+[Fe]$$

反应产物 MnS 不溶于钢液，故大部分进入熔渣，少量残留在焊缝中，以点状弥散分布、危害较小。熔池温度降低、平衡常数 K 增大，有利于脱硫。但温度低的熔池后部，冷却快，反应时间短，却不利于去硫，故需增加熔池中的含锰量才能取得较好的去硫效果。

熔渣中的碱性氧化物，如 MnO 和 CaO 等也能脱硫，其反应为

$$[FeS]+[MnO]=(MnS)+[FeO]$$

$$[FeS]+[CaO]=(CaS)+[FeO]$$

生成的 CaS 和 MnS 不溶于钢液而进入熔渣，增加熔渣中的 MnO 和 CaO 的含量，减少 FeO 的含量，有利于脱硫。在熔渣中加入 CaF_2 能降低熔渣的黏度，有利于 S^{2-} 扩散，同时形成易挥发物 SF_6，也有利于脱硫。

增加熔渣的碱度可提高脱硫能力，目前常用焊条药皮和焊剂的碱度都不高（一般 $B<2$），其脱硫能力有限，焊接普通钢能满足要求，用于焊接 $w(S)<0.014\%$ 的精练钢，则需提高药皮或焊剂的碱性。

（3）磷的控制

也和控制硫一样，首先限制磷的来源，然后再用冶金方法去磷。母材和焊丝（芯）经过冶炼一般磷含量都较低，都在有关标准的规定范围内，所以关键在于限制制造焊条药皮、药芯或焊剂中所用原材料的含磷量。锰矿是焊缝增磷的主要来源，通常 $w(P)=0.22\%$，其存在形式为 $(MnO)_3 \cdot P_2O_5$。

磷一旦进入液态金属，应采用冶金脱磷，第一步 FeO 将磷氧化生成 P_2O_5，第二步使之与熔渣中的碱性氧化物生成稳定的磷酸盐，其反应如下

$$2[Fe_3P]+5(FeO)=P_2O_5+11[Fe]$$

$$P_2O_5+3(CaO)=[(CaO)_3 \cdot P_2O_5]$$

$$P_2O_5+4(CaO)=[(CaO)_4 \cdot P_2O_5]$$

增加熔渣的碱度可减少焊缝的含磷量，但当碱度 $B>2.5$ 时，则影响很小。在碱性渣中加入 CaF_2 有利于脱磷，因 CaF_2 在熔渣中形成 Ca^{2+}，使熔渣中 P_2O_5 的活度下降。此外，CaF_2 会降低熔渣的黏度，有利于物质扩散。但是，由于焊接熔渣的碱度受焊接工艺性能制约而不能过分增大，同时碱性渣不允许含有较多的 FeO，否则会使焊缝增氧，不利于脱硫，所以碱性渣脱磷的效果并不理想。酸性渣虽含有较多的 FeO，有利于磷的氧化，但因碱度低，其脱磷能力更不如碱性渣。总之，焊接时脱磷比脱硫更难，要控制焊缝含磷，主要是严格限制焊接材料中的含磷量。

5. 合金过渡

合金过渡是把所需的合金元素通过焊接材料过渡到焊缝金属（或堆焊金属）中去的过程，又称为焊缝金属合金化。

（1）过渡目的

1）补偿焊接过程中由于蒸发和氧化等原因造成的焊缝中合金元素的损失。

2）消除焊接缺陷，改善焊缝组织与性能。如提高焊缝金属的抗裂性能和细化晶粒等。

3）获得具有特殊性能的堆焊金属。例如，切削刀具，热锻模、轧辊、阀门等工具或机件，要求表面具有耐磨、热硬、耐热和耐蚀等性能，用堆焊方法，过渡 Cr、Mo、W 和 Mn 等合金元素，即可在零件表面上获得具有上述性能的堆焊层。

（2）过渡的方法

过渡的方法又称焊缝金属合金化的方式。

1）通过填充金属过渡。在冶炼填充金属时就把所需的合金元素加入，然后根据焊接工艺要求轧制成实心丝状、管状或带（板）状，配合使用碱性药皮或者使用低氧或无氧焊剂，或者在惰性气体保护下进行焊接或堆焊，从而把合金元素过渡到焊缝或堆焊层中去。此法可靠，焊缝成分均匀、稳定，合金损失少。但是，填充金属炼制工艺复杂、成本高，对于脆硬材料，因轧制和拉丝困难，不能采用此方法。

2）通过药皮、药芯或焊剂过渡。把所需要的合金元素以铁合金或纯金属粉末（通常称为合金剂）的形式加入到药皮、药芯或焊剂中。药皮和药芯分别

与普通填充金属制成焊条或药芯焊丝。焊条用于焊条电弧焊，药芯焊丝用于气体保护焊或自保护焊。焊剂一般制成黏结焊剂，配合普通焊丝进行埋弧焊。这种方法的最大优点是药皮、药芯或焊剂中的合金成分的配比可以任意调整，因此可以获得任意成分的焊缝或堆焊金属。除药芯焊丝制造较复杂、成本较高外，药皮和黏结焊剂都制造容易、成本低。但这种过渡方法中合金元素的氧化损失较大，并有一部分合金元素残留在熔渣中，故合金利用率较低，而且焊缝合金成分不够稳定和均匀。

3）直接用合金粉末涂敷过渡。把所需要的合金元素按比例配制成一定粒度的合金粉末，焊接时把它输送到焊接区，或直接涂敷在焊件表面或坡口内，在热源作用下与母材熔合后就形成合金化的堆焊金属。此法的优点是合金成分的比例调配方便、对电极（焊丝）无须特意制作，合金损失小。但制粉工艺较复杂，堆焊金属的合金成分均匀性较差。

上述过渡方法可以根据具体条件和要求选择，有时可以两种方法同时配合使用。

（3）合金过渡系数

当合金元素向焊缝金属（或堆焊金属）中过渡时，常因蒸发和氧化而损失一部分、在熔渣中可能残留一部分，因而没有全部过渡到熔敷金属中去。这里引入合金过渡系数概念去反映合金元素的利用率。合金元素的过渡系数 η 等于它在熔敷金属中的实际含量与它原始含量之比，即

$$\eta=\frac{C_d}{C_e} \qquad (2\text{-}3\text{-}5)$$

式中 C_d——某合金元素在熔敷金属中的实际含量；

C_e——某合金元素在熔敷金属中的原始含量。

焊条电弧焊时，须考虑药皮质量系数 K_b[㊀] 的影响。这时，C_e 为

$$C_e=C_{ew}+K_bC_{eo} \qquad (2\text{-}3\text{-}6)$$

式中 C_{ew}——某合金元素在焊芯中的含量；

C_{eo}——某合金元素在药皮中的含量。

将式（2-3-6）代入式（2-3-5）得

$$\eta=\frac{C_d}{C_{ew}+K_bC_{eo}} \qquad (2\text{-}3\text{-}7)$$

若是通过焊剂或药芯焊丝过渡，式（2-3-7）也适用，但前者须用焊剂熔化率 K_f[㊁] 取代 K_b，而后者用焊芯与药粉的质量比代入 K_b。式（2-3-7）是总的合金过渡系数，它不能说明合金元素从焊丝和从药皮各自过渡的情况。实际上这两种过渡形式的过渡系数并不相等，由于药皮的氧化性较强，而且还有残留在熔渣的损失，一般情况下通过药皮过渡的过渡系数较小。为了简化计算，常采用总合金过渡系数。

合金元素的损失系数为 $1-\eta$。

有了合金元素过渡系数 η 后，若再知道母材的稀释率 γ 以及母材和焊材中的合金元素含量 C_b 和（$C_{ew}+C_{eo}$），就可以按下式计算焊缝金属中合金元素的平均含有量 C_w。

$$C_w=\gamma C_b+(1+\gamma)\eta(C_{ew}+K_bC_{eo}) \qquad (2\text{-}3\text{-}8)$$

（4）影响合金过渡系数的因素

为了有效地控制焊缝金属的成分，必须了解影响合金过渡系数的因素。焊接过程中的合金元素主要损失于蒸发、氧化和残留在熔渣中。只要减少这方面的损失，就能提高其过渡系数。

1）合金元素的物理化学性质。合金元素的沸点越低，焊接时的蒸发损失就越大，其过渡系数就越小，例如锰的沸点仅为2027℃，在焊接高温下极易蒸发，故其过渡系数小。

合金元素对氧的亲和力越大，则越易因氧化而损失，过渡系数就越小。在1600℃时，各种合金元素对氧的亲和力由小到大排顺序如下：

Cu、Ni、Co、Fe、W、Mo、Cr、Mn、V、Si、Ti、Zr、Al

焊接钢时，位于Fe左侧的元素几乎无氧化损失，只有残留损失，故过渡系数大；位于Fe右侧且靠近铁的元素，其氧化损失较小，而远离Fe的元素，如Ti、Zr和Al因对氧的亲和力很大，所以氧化损失严重。除非采用无氧焊剂或惰性气体保护焊，一般很难过渡到焊缝中去。

当用几个合金元素同时过渡时，其中对氧亲和力大的元素被氧化，就能减少其他合金元素的氧化，从而提高了它们的过渡系数。例如在碱性药皮中加入Al和Ti，可提高Si和Mn的过渡系数。

2）合金元素的含量。试验表明，随着药皮或焊剂中合金元素含量的增加，其过渡系数逐渐增加，最后趋于一个定值。

3）合金元素的粒度。粒度越小，表面积越大，与氧作用的机会越多，合金损失就越大。因此，适当提高合金元素的粒度，可减少因氧化而造成的损失，使过渡系数增大。但是，合金元素粒度过大，又会因其不易熔化而使残留损失增大，过渡系数反而减小。

㊀ K_b——药皮质量系数，是单位长度焊条上，药皮的质量与焊芯的质量之比。

㊁ K_f——焊剂熔化率，同一时间内熔化焊剂的质量与熔化焊丝的质量之比。

4）药皮或焊剂的成分。氧化损失是导致合金过渡系数下降的主要原因之一。如果在药皮或焊剂中增加高价氧化物和碳酸盐等，不仅使气相的氧化性增大，而且也使熔渣的氧化性增大，结果导致过渡系数减小。

当合金元素及其氧化物在药皮或焊剂中共存时，由质量作用定律可知，能够提高该元素的过渡系数。

若其他条件相同，合金元素的氧化物与熔渣的酸碱性相同时，则有利于提高过渡系数。若性质相反，则会降低其过渡系数。例如 SiO_2 是酸性的，随着熔渣碱度的增加，硅的过渡系数减小；MnO 是碱性的，随着熔渣碱度的增加，锰的过渡系数增大。

5）药皮的质量系数 K_b。试验表明，在焊条药皮中合金剂含量相同的情况下，K_b 增加，过渡系数减小。一般认为随着药皮厚度增加，合金剂进入金属所经路程增大，从而使氧化和残留损失加大。

6）焊接方法。不同焊接方法因对焊接区保护的方式以及所用的保护介质各不相同，即使用含有同样合金元素的填充金属，其过渡系数也各不相同，见表 2-3-12。

影响合金元素过渡的因素很多，表 2-3-12 提供的各种合金元素的过渡系数都是在特定条件下通过试验测出来的。

表 2-3-12 合金元素的过渡系数 η

焊接方法	焊接材料		过渡系数 η								
	焊丝	药皮或焊剂	C	Si	Mn	Cr	W	V	Nb	Mo	Ti
空气中无保护焊	H70W10Cr3Mn2V	—	0.54	0.75	0.67	0.99	0.94	0.85	—	—	—
氩弧焊			0.80	0.79	0.88	0.99	0.99	0.98	—	—	—
CO_2 气体保护焊			0.29	0.72	0.60	0.94	0.96	0.68	—	—	—
埋弧焊		HJ251	0.53	2.30	0.59	0.83	0.83	0.78	—	—	—
		HJ431	0.33	2.25	1.13	0.80	0.80	0.77			
焊条电弧焊	H08A	钛钙型	—	0.71	0.38	0.77	—	0.52	0.80	0.60	0.125
		氧化铁型	—	0.14～0.27	0.08～0.12	0.64	—	—	—	0.71	—
		低氢型	—	0.14～0.27	0.45～0.55	-0.72～0.82	—	0.59～0.64	—	0.83～0.86	—

3.2 凝固冶金

3.2.1 焊接熔池凝固的特点

焊接溶池的凝固过程与铸钢锭的凝固过程基本相同，都是形核和晶核长大的过程，但焊接熔池的凝固有其特点。

1）熔池凝固是在连续冷却条件下的非平衡结晶。熔池体积小，焊条电弧焊的熔池体积约为 10～30cm^3，其质量仅为 6～100g，而铸钢锭的熔池质量可达几吨至几十吨。熔池周围被冷的母材金属所包围，其冷却速度很大，平均约为 4～100℃ · s^{-1}，而铸钢锭的平均冷却速度约为（3～150）×10^{-4}℃ · s^{-1}，两者相差 10000 倍左右。

由于熔池体积小，冷却速度大，又处在无限大的母材上，所以，熔池的凝固过程是在连续冷却条件下的非平衡结晶过程。

2）熔池金属处于过热状态。焊接熔池中各点的温度不同，熔池中心部分过热，温度高。其中电极斑点处温度最高，过热度很大。在低碳钢和低合金钢电弧焊时，熔池平均温度可达（1700±100）℃，而一般铸钢锭的温度很少超过 1550℃。所以，熔池金属处于过热状态。

由于熔池体积小，中间温度很高而边缘低（只有母材的熔点温度），所以熔池的温度梯度很大。

3）熔合线上局部熔化的母材晶粒成为熔池结晶的核心，形成了焊缝金属与母材金属长合在一起的“联生结晶”。

4）熔池在运动状态下凝固。钢液浇入铸模后是在静止状态下凝固的，而一般熔焊时熔池随热源等速移动，熔池前半部进行着熔化过程，后半部分进行着凝固过程。由于熔池温度前部高而后部低，会促使液态金属从低温区向高温区流动，而形成对流；加之焊接条件下焊条或焊丝的摆动、电弧的吹力、熔滴过渡和熔池内气体逸出等，都对熔池有搅拌作用。熔池就是在这种运动状态下凝固结晶的。焊缝凝固时，各点的最大温度梯度的方向不断地变化，晶体长大的方向也随之改变。

正是由于焊接熔池凝固过程有上述特点，使其在液态金属形核、晶粒长大和结晶形态等方面，均与一般铸造状态有所不同。

3.2.2　熔池结晶的一般规律

焊接时，熔池金属的结晶与一般金属的结晶一样，也是生（形）核和以核为心长大的过程。但是，由于熔池凝固有上述特点，其结晶过程也有其特殊的规律。

1. 熔池中晶核的形成

结晶过程必须在过冷的条件下进行，生成晶核（简称形核）的热力学条件是过冷度所造成的自由能降低，进行结晶过程的动力条件是自由能降低的程度。过冷度越大，自由能降低得越多，就更有利于凝固（结晶）的进行。

根据结晶理论，形核方式有两种：自发形核和非自发形核。这两种形核均需消耗一定的能量。自发形核的晶坯尺寸必须超过某一临界值 r_k 才能稳定存在，否则又要重新熔回液态金属中去。过冷度越小，r_k 值越大，就越不容易形核。由于熔池金属处于过热状态，在凝固初始阶段过冷一般不会太大，自发形核可能性极小，在过热度最大的熔池中心区域尤其困难。在熔池边缘区域，有现成的固相界面存在，正是非自发形核的良好位置，又因非自发形核所需的形核能量比自发形核低。因此，在此处非自发形核容易进行，而自发形核的可能性很小。所以，对于焊接熔池结晶来说，非自发形核起了主要作用。

在焊接条件下，熔池中存在有两种现成固相界面：一是合金元素或杂质的悬浮质点；另一是熔合区附近加热到半熔化状态的母材晶粒表面，非自发晶核就依附在这个表面上以柱状晶的形态向熔池中心成长，形成所谓交互结晶，或称为联生结晶，如图 2-3-21所示。

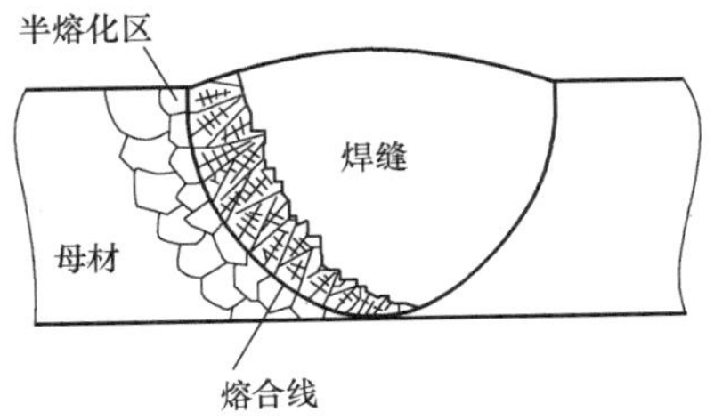

图 2-3-21　熔合区的联生结晶

2. 熔池中晶体的长大

1）晶体长大的条件　晶核形成后立即开始长大，而晶体长大同样伴有体积自由能的降低和表面自由能的增加，因此晶体长大也必须在液相过冷的条件下才能进行，只是长大所需的过冷度比形核所需的过冷度小得多。对金属来说，过冷度越大，长大速率越快。

2）晶体长大的宏观形态　由于晶体长大时液相不断转化为固相，将释放出结晶潜热，使晶体周围的液相温度升高，只有当这部分热量散去，使晶体前沿的液相处于过冷的条件时，晶体才能继续长大，如果散热有方向性，则晶体沿散热最快方向的反方向（即最大温度梯度方向）的长大速度最快。另外，晶体具有各向异性，它在某一定的方向上最容易长大，即有优先成长方向，它是由母材金属晶格类型所决定的。对于立方晶格类型的金属，最易长大的方向是<100>。

当晶体最易长大的方向与散热最快方向的反方向（或最大温度梯度的方向）一致时，该晶体就最利于成长，于是它便优先发展长大，只要最大温度梯度的方向不变，它长大的方向也不变，一直伸向熔池中心，形成粗大的柱状晶。有些晶体由于它的有利长大方向与散热反方向不一致，因而不易成长。焊缝中晶体的这种长大方式称为柱状晶选择长大。

如果晶核的周围都是过冷区，散热可以沿四面八方各个方向进行，则晶体沿各个方向长大的速率都差不多，就形成了等轴晶。焊缝中通常见到的主要是柱状晶，但在一定条件下，在焊缝中心也会出现等轴晶。

由于焊缝凝固是在热源不断移动的情况下进行的，随着熔池向前推进，最大的温度梯度方向在不断地改变，因此柱状晶长大的有利方向也随之变化。

一般情况下，熔池呈椭圆形，柱状晶垂直于熔池边缘弯曲地长大，如图 2-3-22 所示。

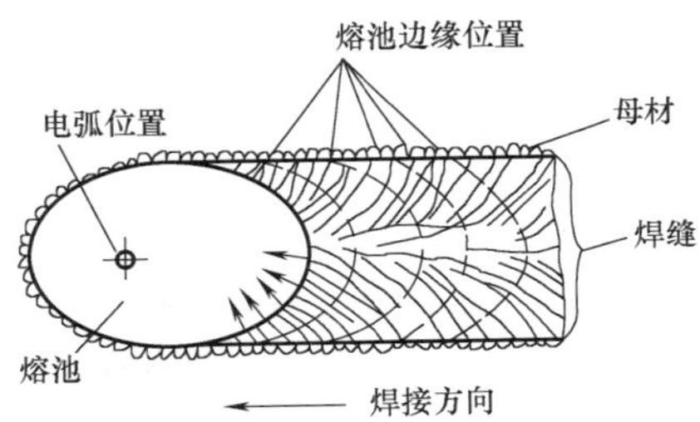

图 2-3-22　椭圆形熔池柱状晶长大形态

（熔池中的箭头表示最大温度梯度方向）

3.2.3　熔池结晶的线速度

熔池结晶方向和结晶速度对焊接质量的影响很大，是导致裂纹、夹杂和气孔等缺陷的主要因素。

大量试验证明，熔池在结晶过程中晶粒成长的方向与晶粒成长的平均线速度及焊接速度等有如下关系

$$R=v\cdot\cos\theta$$

式中 R——晶粒成长的平均线速度；

v——焊接速度；

θ——R 与 v 方向之间的夹角。

θ 决定于等温线的形状，该形状与焊接参数和母材的热物理性质有关，可通过焊接传热学求出。

在焊接速度 v 恒定下，晶粒成长的平均线速度 R 便由 θ 决定。显然，在移动热源后方的焊缝中心线上晶体生长得最快（$\theta=0$），它等于焊接速度，而在焊缝边缘上生长得最慢（$\theta=90°$）。说明了晶粒成长的方向和平均线速度都是在变化的，如图 2-3-23 所示。

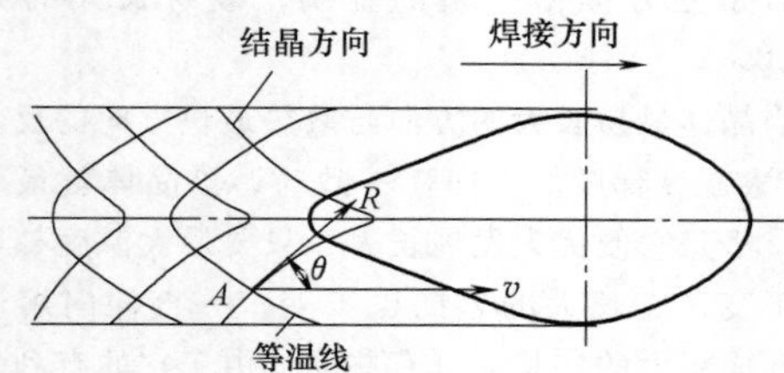

图 2-3-23 结晶线速度分析图

3.2.4 熔池结晶的形态

宏观观察到焊缝中的晶体形态主要是柱状晶和少量等轴晶。若进行微观分析，则在每个柱状晶内还有不同的结晶形态，如平面晶、胞晶和树枝状晶等，而等轴晶内一般都呈树枝晶。这些柱状晶或等轴晶内部的微观形状称为亚晶。

焊接熔池结晶时形成的不同亚晶形态与液-固相金属成分、熔池中的温度梯度和结晶速度有关，可以用成分过冷结晶理论来解释。

1. 纯金属的结晶形态

在液相金属结晶过程中，晶核的形成和长大均受过冷度控制。在最简单的纯金属结晶时，因固-液相中均无成分含量变化，在整个液相中的凝固点温度是恒定的。过冷度的大小取决于液相中的实际温度梯度。

1）当液相中存在正温度梯度（$G_L>0$）时，即当液相温度高于固相温度，且距结晶界面越远，液相温度越高时，如图 2-3-24a 所示。在结晶界面上只能形成平滑状晶面并向前推移，从而形成平面晶，其结晶速度决定于散热速度，结晶过程缓慢，如图 2-3-24b 所示。

2）当液相中存在负温度梯度（$G_L<0$）时，这时的液相温度比界面低，存在较大过冷度 ΔT，如图 2-3-25a所示。在结晶界面上生长的微凸晶胞将很快生长而伸入液相中，除主干之外，还在两侧生成分枝，形成树枝晶，如图 2-3-25b 所示。

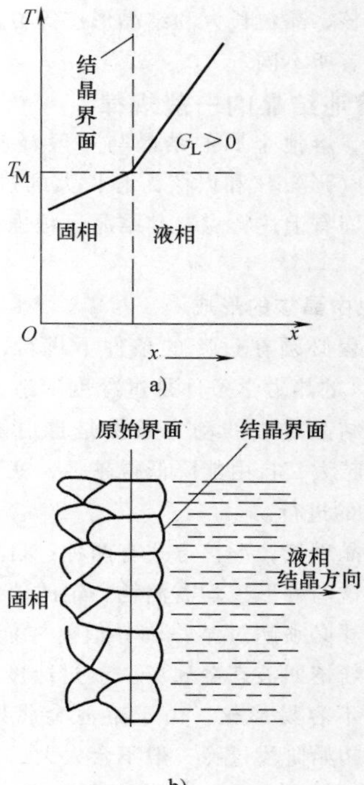

图 2-3-24 纯金属结晶时平面晶的形成

a）形成条件 b）平面晶形成

G_L—温度梯度 T_M—纯金属的熔化温度

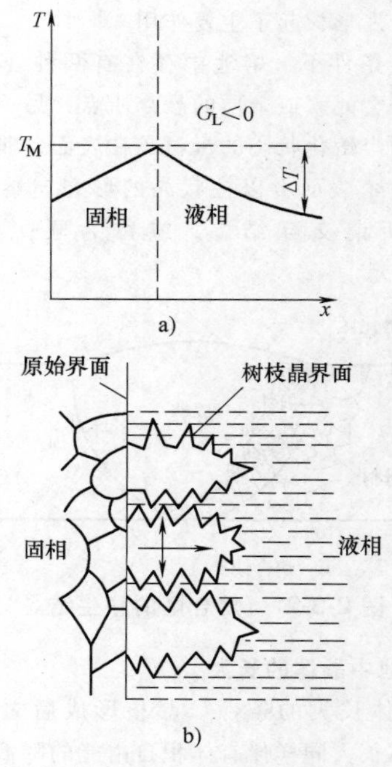

图 2-3-25 纯金属结晶时树枝晶的形成

a）形成条件 b）树枝晶形成

2. 固溶体合金的结晶形态

（1）成分过冷

从相图可知，合金的结晶温度与成分密切相关，先结晶与后结晶的固-液相成分各不相同，于是造成了固-液界面一定区域的成分不均匀，以致液相中各处的凝固温度不一样，因此，合金凝固时，除了由于实际温度降低造成的过冷—— 温度过冷外，还存在由于固-液界面处成分变化造成的附加过冷—— 成分过冷。所以合金结晶时不需很大的过冷就可以出现树枝晶，而且随着过冷程度不同，晶体的成长也出现不同的结晶形态。

研究表明对于一定的合金，成分过冷的大小主要决定于液相内的温度梯度 G_L 和晶体的成长速度 R（即界面推移速度），如图 2-3-26 所示。G_L 越大，即降温所造成的温度分布线的斜率越大，与液相线温度分布曲线相交的范围越小，成分过冷的区域和程度越小，反之则越大。当晶体长大速度 R 越大时，界面前方液体内的溶质来不及扩散均匀，故界面前方液体中的含量变化越大，相应的液相线温度分布曲线也越陡，与温度梯度相交的区域越大，成分过冷越大。

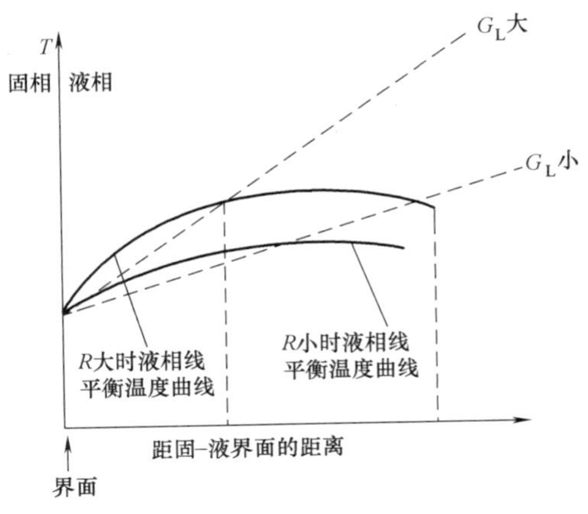

图 2-3-26　温度梯度 G_L 和晶体成长速度 R 对成分过冷的影响

（2）成分过冷对结晶形态的影响

按成分过冷理论，过冷程度不同，就会使焊缝组织出现不同的形态。根据大量的试验工作进行分析和归纳，大致可分成 5 种结晶形态，见表 2-3-13。

表 2-3-13　熔池的 5 种结晶形态（恒速成长条件，即 R 为定值时）

名称	过冷条件	结晶形态示意图	说　明
平面晶	T；G_L；T_L；离固-液界面距离	凝固方向；母材；已凝固相；液相；晶粒1；(100)易长方向；晶粒2；(100)易长方向；相界面位置	液相的正温度梯度 G_L 很大，与液相线平衡温度曲线 T_L 不相交，不出现成分过冷，结晶界面缓慢向前推移，界面平齐 多发生在高纯度的焊缝金属和焊接熔池边缘
胞状晶	T；x；G_L；T_L；离固-液界面距离	焊缝金属；母材；液相；A；晶粒1 (100)；晶粒2 (100)；亚晶；A—A	当固-液界面前沿存在较小成分过冷度时，结晶面处于不稳定状态，凝固界面长出许多平行束状芽胞伸入过冷的液体内，其断面为六角形的胞状结晶形态 x—成分过冷区

（续）

名称	过冷条件	结晶形态示意图	说明
胞状树枝晶	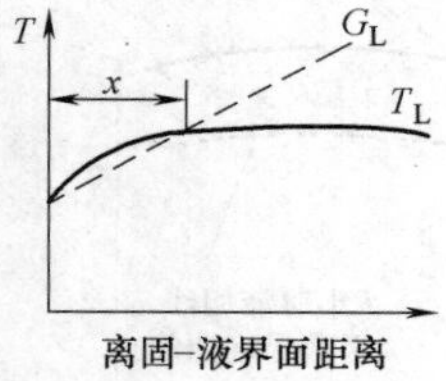 T　G_L　x　T_L　离固-液界面距离	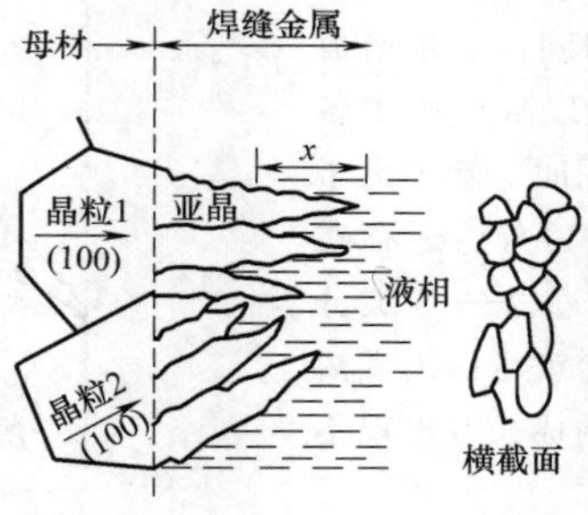 母材　焊缝金属　x　晶粒1 (100)　亚晶　液相　晶粒2 (100)　横截面	成分过冷较大，结晶面上形成深入液相中较长距离的凸起，同时凸起部分又向周围排出溶质，横向也形成成分过冷，生出短小的二次横枝，构成了特殊的胞状树枝晶形态 x—成分过冷区
柱状树枝晶	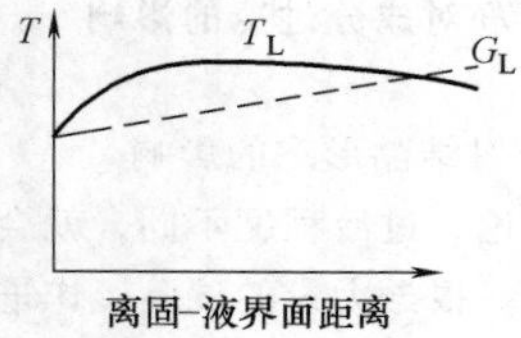 T　T_L　G_L　离固-液界面距离	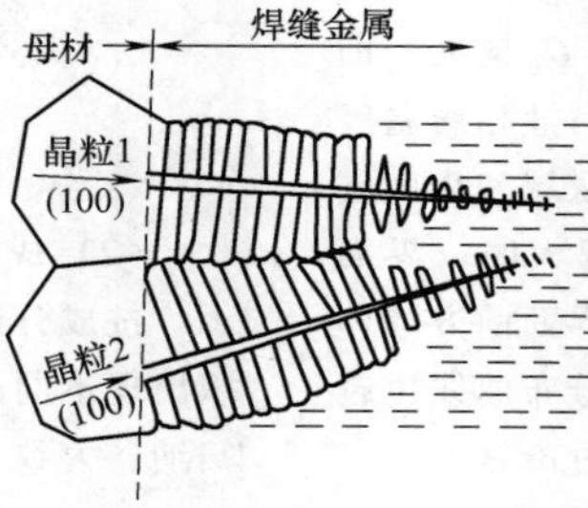 母材　焊缝金属　晶粒1 (100)　晶粒2 (100)	成分过冷度更大时，结晶面上的凸起部分可向液相中生长很长，形成很长的主干，并向四周生成较长的二次横枝。形成了明显的树枝状结晶
等轴晶	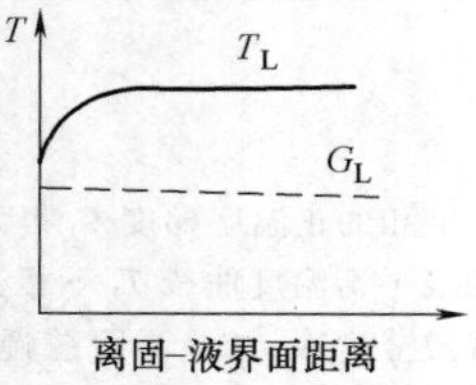 T　T_L　G_L　离固-液界面距离	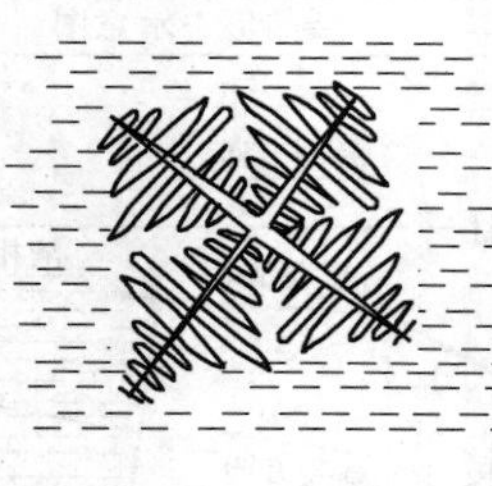	液相中温度梯度 G_L 很小，能在液相中形成很宽的成分过冷区，此时不仅在结晶前沿形成树枝晶，同时也能在液相内部生核，产生新晶粒且向四周自由生长，形成等轴晶形态

表 2-3-13 中所列 5 种结晶形态的形成主要取决于成分过冷的程度，而成分过冷程度又与溶质质量分数 w(O)、结晶成长速度 R 和液相中的温度梯度 G_L 有关，是它们综合作用的结果。w(O) 和 R 越大结晶界面前沿液相中的溶质浓度分布曲线越陡，成分过冷也越大。而当温度梯度 G_L 增大时，成分过冷度将减小。根据成分过冷理论，w(O)、R 和 G_L 对结晶形态的影响大致如图 2-3-27 所示，说明了当合金成分一定时，决定晶体形态的最主要因素是液相内的温度梯度 G_L 的大小，结晶速度 R 只是平方根的影响。

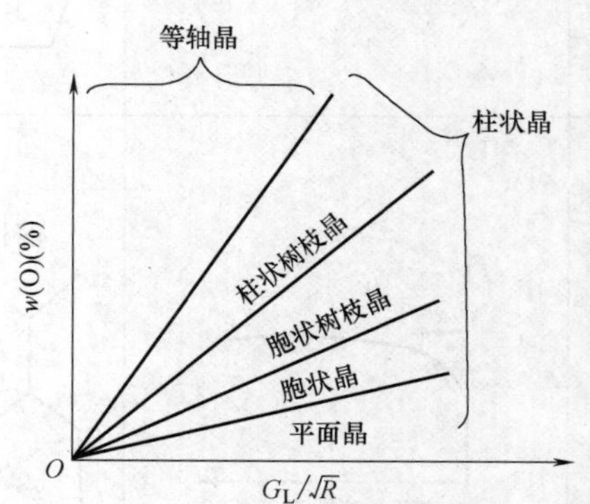

图 2-3-27　w(O)、R 和 G_L 对结晶形态的影响

（3）焊接条件下的结晶形态

1）焊缝金属凝固时的结晶形态。焊接熔池中成分过冷的分布在焊缝的不同部位是不同的，因此会出现不同的结晶形态。熔池凝固时，晶体首先在与母材

相接壤的熔化边界处连续地长大，该处接壤的是温度较低的母材金属，温度梯度 G_L 很大，而结晶速度 R 较小，因此 $G_L/\sqrt{R}$ 值很大，其成分过冷接近于零，所以该处平面晶得到发展。随着远离熔化边界向焊缝中心过渡时，温度梯度 G_L 逐渐变小，而结晶速度 R 逐渐增大，所以结晶形态就由平面晶向胞状晶、胞状树枝晶、柱状树枝晶，直到等轴晶发展，图 2-3-28 表示了焊缝金属凝固时，晶体成长形态的变化。

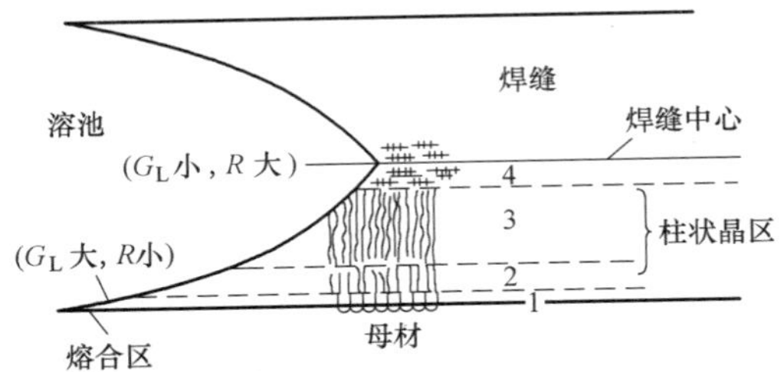

图 2-3-28 焊缝金属凝固时晶体成长形态的变化

1—平面晶 2—胞状树枝晶 3—柱状树枝晶 4—等轴晶

2）焊接条件对晶体成长形态的影响。

① 焊接速度的影响。焊接速度影响熔池形状，改变温度梯度 G_L 的方向，从而影响柱状晶长大的方向和宏观形态。图 2-3-29 所示为 TIG 焊单相金属时，不同焊接速度对熔池形状及晶体成长形态的影响。

低速焊接时熔池呈椭圆形（接近圆形），如图 2-3-29a所示，柱状晶沿运动热源（电弧）所形成的温度梯度方向成长，晶粒是从母材向电弧外延成长，由于最大温度梯度方向在不断改变，从与焊缝边界约 90°的 A 点变到与焊缝轴线几乎平行的 B 点。因此晶粒的成长必然是从 A 点开始不断偏转变向，但一直是指向运动电弧所在的位置。

随着焊接速度的增高，焊接熔池形状将逐渐拉长，如图 2-3-29b 所示。最大温度梯度方向在 A 点和 B 点，都是与焊缝界面垂直，但由于焊接熔池滞后于电弧很大一段距离，B 点的温度梯度已不再明显指向电弧，故柱状晶的偏转变向程度不像近似圆形熔池那样大。

当高速焊接时，焊接溶池呈雨滴状，熔池在电弧后方被拉得很长，如图 2-3-29c 所示，以致 A 点和 B 点的最大温度梯度方向只有很小变化，使柱状晶最后都相遇在焊缝中心线上。这样的晶体成长形态使焊缝中心线抗热裂性能最差，因为低熔点杂质及其他低熔点组分易在焊缝的中心线偏析。

对于有些合金，当焊接速度很高时，熔池中心的温度梯度值很快减小，有可能获得足够大的成分过冷

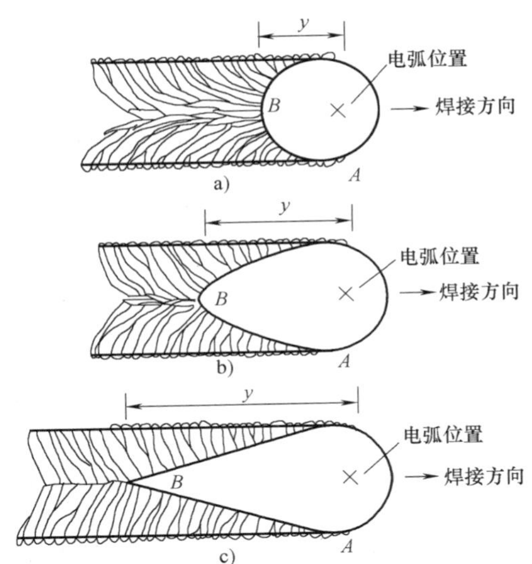

图 2-3-29 焊接速度对熔池形状及晶体成长形态的影响

a）焊接速度低 b）焊接速度中等 c）焊接速度高

区，从而在焊缝中心处出现等轴树枝晶。

② 焊接电流的影响。焊接电流较小时，因输入热量少，与焊缝接壤的母材过热程度小，温度较低。故焊缝结晶时的温度梯度 G_L 较大，从而形成胞状晶。随着焊接电流增大，输入热量增加，母材过热程度增大，温度梯度 G_L 减少，得到的是胞状树枝晶。若母材过热使热影响区晶粒粗化，则焊缝中的树枝晶也粗大。

③ 弧坑（火口）的凝固组织。弧坑中大多出现等轴树枝晶，因为断弧时熔池中心处在没有热源的条件下凝固，中心温度低，在弧坑内凝固时的温度梯度很小，形成很大的成分过冷，故形成粗大的等轴树枝晶组织。由于是最后凝固，在树枝晶间容易产生裂纹。

3.2.5 焊缝金属的化学成分不均匀性

由于熔池凝固是非平衡结晶，冷却速度很大，在结晶过程中，化学成分来不及扩散，合金元素的分布是不均匀的，出现偏析现象。在焊缝的边界处，即熔合区，成分不均匀更为明显，成为焊接接头的薄弱地带。

在焊缝金属中往往含有较多的杂质，这些杂质主要是由焊条药皮或焊剂在熔池中冶金反应产生的氧化物、氮化物和硫化物等。

焊缝中化学成分不均匀和夹杂均对焊缝性能造成不良影响，严重的偏析和夹杂常常是导致气孔、热裂纹和冷裂纹等缺陷的重要原因。

1. 焊缝金属中的偏析

在焊缝金属中，将溶质元素偏离其平均浓度的不

均匀分布，称为偏析。一般焊缝金属中的偏析主要有：显微偏析、区域偏析和层状偏析。

（1）显微偏析

将在一个晶粒内部或晶粒之间的化学成分不均匀现象称为显微偏析。钢在凝固过程中液、固两相的合金成分是变化的。通常是先结晶的固相含溶质的含量较低，后结晶的固相含溶质的含量较高，并富集了较多的杂质。由于焊接过程冷却较快，固相内的成分来不及扩散，于是，这种因先后结晶而造成的化学不均匀性被保留下来，便形成了显微偏析或晶间偏析。

当焊缝结晶的固相呈胞状晶长大时，在胞状晶中心，含溶质的含量最低，而在胞状晶相邻的边界上，溶质的含量最高；当固相呈树枝晶长大时，先结晶的树干含溶质的含量最低，后结晶的树枝含溶质含量略高，最后结晶的部分，也即树枝晶和树枝晶之间的晶界上，溶质的含量最高。

利用电子探针测定溶质原子在晶界和晶内的分布时，就会发现在焊缝的晶界，晶内的亚晶界和树枝晶之间都存在着不同程度的显微偏析。

影响显微偏析的因素主要有：晶胞的间距、溶质的分配系数和扩散系数、冷却速度和实际的含量变化，以及溶质的总含量等。晶胞间距越小，相邻晶胞间的晶界越稠密，溶质元素在晶界上的富集相对分散，均可使偏析减小，故焊缝金属中希望得到细晶粒的胞状晶。分配系数或扩散系数越小，则产生偏析倾向越大。如果冷却速度缓慢，溶质原子有充分时间进行扩散，则显微偏析可以减轻。如果冷却速度极大时成分均匀的液相被瞬间冷却下来，固相金属中的偏析就会很小。

（2）区域偏析

由于焊接熔池是在运动状态下凝固，在熔池中存在着剧烈的搅拌作用，以及熔池在不断向前移动。因此，结晶后宏观的区域偏析不像铸锭那样严重。但是，在焊缝凝固时，由于柱状晶长大和推移，会把溶质和杂质“赶”向熔池中心，于是熔池中心的溶质和杂质含量升高，致使最后凝固的部位产生较严重的区域偏析。

当焊接速度很大时（见图 2-3-29c）或焊缝的深宽比很大时（见图 2-2-38a）成长的柱状晶主轴几乎垂直于熔合线，它会把杂质“赶”到焊缝中心部位，形成区域性偏析，在应力作用下就可能产生焊缝纵向裂纹。此外，在焊缝末端的弧坑处，因不再有新的液体金属补充，在最后凝固的弧坑部位积累了较多杂质，亦属区域偏析，该处容易形成弧坑裂纹。

（3）层状偏析

焊缝横断面经浸蚀后，能看到颜色深浅不一的层状线，这些层状线是层间化学成分不均匀性所致，故称为层状偏析。焊缝中的结晶层状线具有下列特征。

① 层状线的形状与熔合线相似，但层间距离不等，靠近熔合线较密而且较明显，在焊缝中部间距较大，变得不太明显。

② 层状线与树枝晶主轴方向近乎垂直，它不影响树枝晶生长。

③ 每一结晶层的溶质含量分布也不均匀，初始区溶质富集，溶质浓度高于平均含量；中间区为平均含量区，溶质成分较均匀；结尾区为溶质贫化区，溶质含量低于平均浓度。

层状偏析是因焊缝凝固时结晶过程周期性变化导致化学成分分布不均所造成。在焊接过程中，由于电流脉动输入到熔池的热量也是脉动的，高温熔滴周期地落入熔池，以及固-液界面凝固时还要放出结晶潜热等，都会引起溶池结晶前沿温度发生周期性变化。

当结晶前沿温度升高时，晶粒的成长速度减慢，有利于溶质与杂质的扩散，减轻偏析；当结晶前沿温度降低时，晶粒成长速度加快，结晶前沿的富集层来不及均匀化而被“冻结”就造成了溶质和杂质较多的结晶层。

试验证明，层状偏析常集中一些有害元素，如碳、硫和磷等，因而缺陷也常出现在偏析层中，如产生气孔、裂纹、耐蚀性下降、力学性能不均匀和断裂韧性降低等。

2. 熔合区的化学不均匀性

焊接接头中，焊缝与热影响区相互过渡的区域称为熔合区。该区是整个接头中的薄弱地带，其特征是化学成分不均匀，组织缺陷多，如冷裂纹、再热裂纹和脆性相等常起源于此区。

（1）熔合区的形成

多晶体受热熔化的特点是在一个温度范围内进行的，这个温度范围是液相线和固相线之间的垂直距离。熔焊时，母材上的固-液界面就处于这两个等温面之间，如图 2-3-30 所示。处于这两等温面之间的晶粒，由于各向异性，晶粒的导热方向彼此不同，结果有的熔化快，有的熔化慢，于是在固-液界面形成起伏不平的椭球面，所以母材与焊缝交界处不是一条线，而是一个区，称为熔合区。熔合区的晶粒在焊接加热时是处于部分熔化的状态，冷却时成了柱状晶的基底。

熔合区的宽度决定于材料的固、液相线之间的温度范围、被焊材料的热物理性质和组织状态。对于碳素钢和低合金钢在电弧焊条件下，熔合区的宽度约为

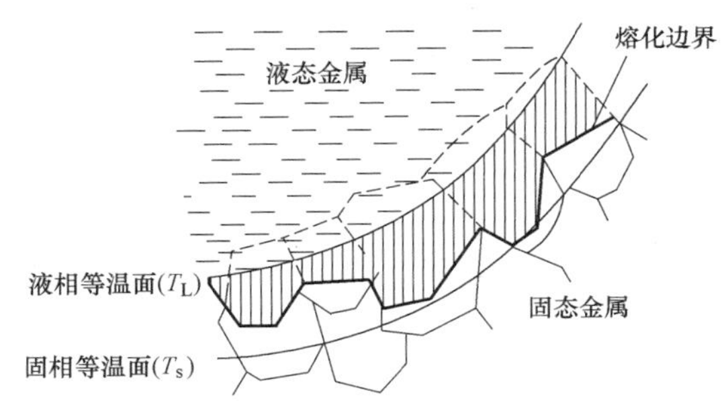

图 2-3-30 熔合区的形成

注：阴影线表示熔合区内晶粒部分被熔化。

0.133~0.50mm；而奥氏体不锈钢约为 0.06~0.12mm

（2）熔合区的成分分布

对于大多数钢材而言，同一合金元素在液相中的溶解度大于在固相中的溶解度。熔合区是固、液两相的交界处，溶质原子就会自固相向液相扩散。理论分析和试验均证明，在固-液界面上溶质浓度的分布如图 2-3-31 所示。熔合区中元素（溶质）浓度的分布决定于该元素在固、液相中的分配系数和扩散系数。碳、硫和磷等元素在熔合区中的偏析现象比较严重。在熔合区完全凝固后的冷却过程中，元素将发生相反的扩散过程，即元素由焊缝向母材迁移。同种钢焊接时，由于碳在铁中的扩散能力强，故高温下来得及均匀化，而硫和磷在熔合区的改变甚少，故不均匀化程度严重。

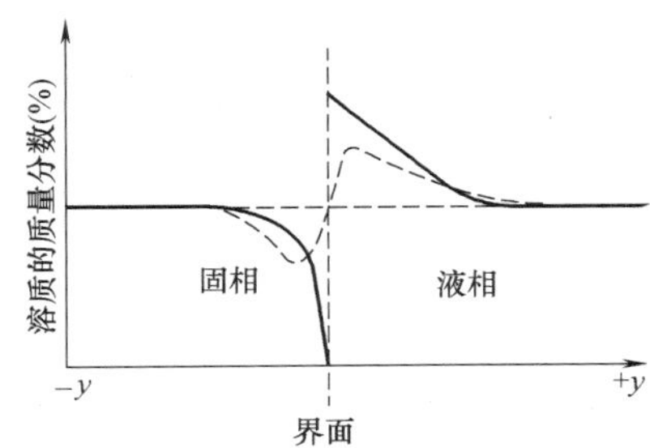

图 2-3-31 固-液界面的溶质浓度的分布

实线—固、液相共存时 虚线—冷凝后

由于熔合区存在着化学不均匀性，也就导致了物理不均匀性，因此，熔合区在组织和性能上都是不均匀的，成为焊接接头中的薄弱部位。

3.2.6 焊缝一次结晶组织的改善

直接自液态熔池中凝固而得的焊缝固相金属组织称为一次结晶组织。在焊缝继续冷却过程中一次结晶组织经固态相变所得的组织称为二次结晶组织。焊缝一次结晶的主要形态及其影响因素已如前述。对于没有固态相变的奥氏体钢或奥氏体合金，其焊缝断面呈现的就是一次结晶的形态，它具有明显的联生结晶特征；对于具有固态相变的结构钢，室温下从显微镜所观察到的是二次结晶组织，一次结晶组织已被二次结晶组织掩盖了。

1. 一次结晶形态对性能的影响

焊缝的一次组织在大多数情况下具有明显的方向性的粗大柱状晶，这种结晶形态不仅对结晶过程中裂纹的产生有影响，而且对焊缝的力学性能，特别是韧性，也有决定性影响。

高速埋弧焊时，容易在焊缝中心出现纵向裂纹，就是因为这种焊缝成长的柱状晶主轴几乎垂直于熔合线，把杂质“赶”到焊缝中心部位，形成区域性偏析，在焊接应力作用下就可能产生这种纵向裂纹。柱状晶的粗细对于一般低碳钢的影响还不甚严重，但对于高温合金和高强度不锈钢等材料就严重了。因为粗大柱状晶在高温下的塑性很差，如图 2-3-32 所示为不锈钢焊件中不同的晶粒大小对伸长率的影响。说明细化焊缝晶粒甚为重要。

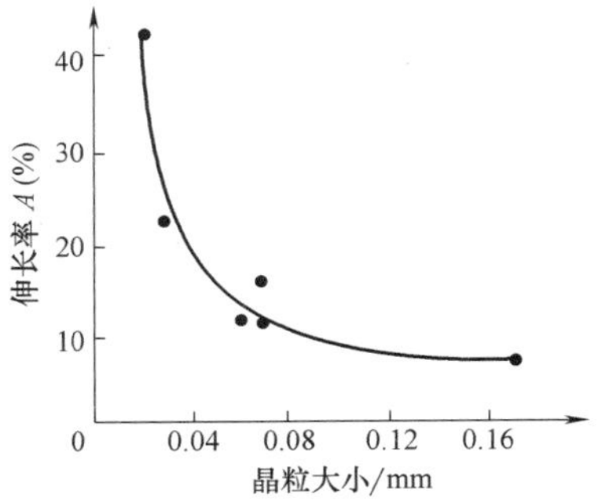

图 2-3-32 不锈钢焊缝晶粒大小尺寸伸长率的影响

在柱状晶的晶界处往往是熔点较低、在结晶过程中最后凝固的液态金属留存的部位，是晶间偏析杂质富集的地方。这种状况对于纯奥氏体焊缝来说，不仅对热裂纹倾向十分敏感，而且对其抗晶间腐蚀也极为不利，所以必须采取措施改善这种不利的结晶形态，以提高其抗热裂性能和耐晶间腐蚀性能。

2. 改善焊缝一次结晶组织的途径

对于焊后不再进行热处理的焊接结构，都应尽可能保证一次结晶后能得到良好的焊缝组织，通常改善焊缝一次结晶组织的基本方法是控制凝固过程中的形核及其长大方式，以达到打乱柱状晶的方向性、细化晶粒和改善化学均匀性的目的。

（1）变质处理

这是改善焊缝一次结晶的有效方法之一。它是向焊接熔池中过渡少量合金元素或化合剂（统称为变质剂），以控制熔池的结晶过程，得到细小晶粒的方法。变质处理在铸造生产中已广泛应用，在焊接材料研制方面也有成功采用。变质剂的主要作用如下：

1）增加了新相形核的核心，减小新相形核功，从而增加晶核数量。

2）可以吸附在正在生长中的晶界面上，阻碍其长大。同时也有助于在原始晶界面上形成新相核心，生长新相晶粒。

有两类变质剂：一类主要是高熔点金属元素或化合物，它们在熔池中呈微细的固相颗粒弥散分布，成为新相的依附表面，从而增加晶粒数目；另一类是表面活性物质，它们不易溶于金属溶液，而易于吸附在正在生长的晶体表面，从而改变固-液界面张力，阻碍晶粒长大，并促使新相在晶体表面上生长。这类变质剂一般只在有微量元素加入时才有效。

近年通过焊接材料（焊条、焊丝或焊剂等）向熔池加入细化晶粒的元素有：Mo、V、Ti、Nb、Zr、Al、B、N 和 RE 等。它们都可改变结晶形态，细化焊缝晶粒，既可提高强度和韧性，又可改善抗裂性能。

（2）振动结晶

焊接时，对熔池施加一定的振动去打乱枝晶的生长方向，破坏正在成长的粗大晶粒，增加形核中心，从而得到细晶组织。目前正在研究和发展中的振动结晶方法有以下几个：

1）低频机械振动。振动频率在 10kHz 以下，通过机械方法，使熔池中产生振动，振动器附在焊丝或焊件上，振幅都在 2mm 以下。振动所产生的能量可使熔池中成长的晶粒破碎，同时也使熔池金属产生强烈搅拌，不仅能使成分均匀，也能使气体或夹杂等快速上浮，从而改善了焊缝金属的性能。

2）高频超声振动。利用超声波发生器向熔池引入 20kHz 以上的振动频率，振幅为 10^{-4}mm。超声振动可使焊接熔池中正在结晶的金属承受拉、压交替的应力作用，使正在成长的晶粒破坏，增加结晶中心，改善结晶形态和细化晶粒。

3）电磁振动。利用强的交变磁场使熔池中的液态金属产生强烈搅拌，让成长着的晶粒不断受到摩擦和冲刷作用，既可细化晶粒，又可打乱结晶方向，改变结晶形态。此外，电磁振荡还有消除残余应力的作用。

与变质处理相比，振动结晶需使用复杂设备，成本高，效率低，在生产中推广使用尚有困难。

（3）调整焊接参数

通过调整焊接参数去控制熔池的形状和尺寸、熔池中液相的温度梯度和晶粒成长的速度等。因为这些都是决定一次结晶形态的主要因素，如图 2-3-27 所示。

焊接时，若采用小热输入或提高焊缝冷却速度，就可以使熔池尺寸减小、液相金属的温度梯度加大；而熔池体积小、冷却快，也加大了晶粒的成长速度。这些都有利于形成细小的胞状晶组织，而抑制了柱状晶的形成。相反，若加大焊接电流或降低焊缝冷却速度，则熔池大而冷却缓慢，于是，有利于柱状晶的形成和长大。

注意，提高冷却速度时要考虑对焊缝二次结晶过程和热影响的影响。对于易淬火的相变重结晶钢，冷却速度过高会使焊缝和热影响区中产生淬火组织，甚至导致产生冷裂纹等缺陷。

3.2.7　焊缝的固态相变组织

具有固态相变的结构钢焊接时，熔池凝固所得的是一次结晶组织。在继续冷却过程中一次结晶组织将发生组织转变（即固态相变），转变后得到的是二次结晶组织，又称固态相变组织。在室温下用显微镜观察焊缝金属所见到的即是这种组织。

焊缝金属固态相变的机理与一般钢铁凝固后的固态相变机理是一致的。多数情况下焊接钢材时获得的一次结晶组织是呈柱状的奥氏体（有时焊缝中心为等轴的奥氏体晶粒），奥氏体进一步转变成什么组织则需根据焊缝的成分和冷却的条件来具体分析。

1. 低碳钢焊缝的固态相变组织

低碳钢的焊缝金属因含碳量较低，故固态相变后的组织大部分是铁素体加少量珠光体。由于铁素体一般首先沿原奥氏体晶界析出，视冷却条件的不同，有片状或块状形态。往往勾画出一次结晶组织的柱状轮廓，故又称柱状铁素体，其晶粒十分粗大。此外，焊缝中的一部分铁素体还具有魏氏组织的形态。

当焊缝化学成分相同时，在不同的冷却速度下，低碳钢焊缝中铁素体和珠光体的比例有很大差别，见表 2-3-14。冷却速度越大，焊缝中的珠光体越多、越细，同时焊缝的硬度越高。

低碳钢焊缝经过再次加热后，例如在多层焊或焊后热处理后可以使粗大柱状晶破坏，得到细小的铁素体和珠光体组织。使钢中柱状晶消失的临界温度一般在 A_3 点以上约 20～30℃。试验证明，低碳钢约在 900℃以上短时间加热，可使柱状组织被破坏消失，使晶粒细化，大大改善焊缝的力学性能，特别是冲击韧性。当超过 1100℃时，则发生晶粒粗化。当在 500～600℃时，则由于焊缝金属中碳、氮元素发生时效而使冲击韧性下降。

表 2-3-14 冷却速度对低碳钢焊缝组织的影响

冷却速度 /℃·s^{-1}	焊缝组织		焊缝硬度 HRB	冷却速度 /℃·s^{-1}	焊缝组织		焊缝硬度 HRB
	φ(铁素体)(%)	φ(珠光体)(%)			φ(铁素体)(%)	φ(珠光体)(%)	
1	82	18	83	35	61	39	90
5	79	21	83	50	40	60	91
10	65	35	88	110	38	62	96

2. 低合金钢焊缝的固态相变组织

低合金钢焊缝固态相变（即二次结晶）后的组织比低碳钢焊缝的组织复杂和多样。它随焊缝金属合金成分和冷却速度的不同而变化。由于焊缝金属含碳量一般总低于母材，故多数焊缝仍以铁素体和珠光体组织为主。对于合金化程度较高的高强度钢，在冷却速度很大时，焊缝中可能出现贝氏体和马氏体组织。此外，在焊缝中氧气和氮气等气体的含量比母材高很多，其中氧含量可达 10^{-6} 数量级，它们不仅影响焊缝性能，还影响组织转变。

根据低合金钢焊缝化学成分和冷却条件的不同，可能出现下述 4 种组织转变。

（1）铁素体转变

低合金钢中的铁素体形态比较复杂，根据形成条件不同，大体上可分成表 2-3-15 中所列的几种组织形态。

表 2-3-15 低合金钢焊缝中铁素体的基本形态

组织名称	形成条件 /℃	特征
先共析铁素体(PF) 又称粒界铁素体	770～680	从奥氏体晶界优先析出，并向奥氏体晶内生长。在晶界的形态一般呈细条状分布，有时也呈块状
侧板条铁素体(FSP)	700～550	也从奥氏体晶界析出，但是以板条状向晶内生长
针状铁素体(AF)	约 500	在奥氏体内形成，以某些质点（主要是氧化物杂质）为核心，放射性生长，呈针状分布
细晶铁素体(FGF) 又称贝氏铁素体	<500	在奥氏体晶粒内形成，通常都有细化晶粒元素如 Ti 和 B 等存在，属于铁素体和贝氏体之间的过渡产物。若在更低温度（450℃）转变时，可得上贝氏体(Bu)

焊接条件下影响焊缝组织的因素多而复杂，表 2-3-15中所列铁素体的基本形态在焊缝中往往同时存在，有时还可能得到珠光体、贝氏体甚至马氏体组织。而且这几种铁素体在低碳钢焊缝中也会出现，只是所占比例不同。

（2）珠光体转变

在焊接条件下低合金钢焊缝的固态相变很少能得到珠光体，除非在很缓慢的冷却条件下，如预热、缓冷和后热等，才有少量珠光体组织存在。这是因为珠光体转变属扩散型转变。在接近平衡状态下，大约在 Ar_1～550℃之间才能发生这种转变，这时的碳和铁原子的扩散都比较容易进行。但是，在焊接条件下，焊缝都是处在非平衡状态下凝固和固态相变的。

珠光体是铁素体和渗碳体的层状混合物，随着转变温度的降低，珠光体的层状结构越来越薄而密。按其层片细密程度又分成表 2-3-16 中的几种。

（3）贝氏体转变

贝氏体转变属中温转变，转变温度约在 550℃～*Ms* 之间，此时合金元素已不能扩散，只有碳还能扩散。在焊接条件下焊缝金属中的贝氏体转变极其复杂，会出现多种非平衡条件下的过渡组织。表 2-3-17 是根据它们形成的温度区间及其特征进行区分的。

应当指出，表 2-3-17 所列几种贝氏体转变温度没有明确的界限，大体上粒状贝氏体的形成温度在上贝氏体的上部，接着是上贝氏体和下贝氏体。它们的形态也是逐渐过渡，没有鲜明的区分，主要根据铁素体的形态和碳化物在贝氏体中的分布状态加以区别。

此外，粒状贝氏体的基本特征是富碳奥氏体小岛由于冷却条件不同而有各种形式分布于无碳铁素体内。一种是部分或全部分解为铁素体和碳化物；一种是转变为 M-A 组元；再一种是富碳奥氏体被全部保留下来，成为残留奥氏体岛。M-A 组元是由孪晶马氏体和残留奥氏体组成，其中的碳含量是母材的 7～40倍，其形态为带棱角的块状，如三角形、方形或长条形等。M-A 组元性脆而硬，增大焊缝金属中 M-A 组元的组成百分比，熔敷金属的冲击韧性将急剧下降，且抗裂性能变坏。

表 2-3-16　珠光体转变产物

组织名称	形成温度范围/℃	大致层片间距/μm	硬度　HBW	特征
粗珠光体	670 以上	400 以上	220~250	在一般光镜下，可分辨出层片
索氏体	670~600	300~400	约 300	需在高倍光镜下才能分辨其层片(>1000 倍)
屈氏体	600~500	100~300	约 400	在光镜下为黑团状，需在电镜下才能分辨其层片

表 2-3-17　贝氏体的各种组织形态

组织名称	形成条件	特征
无碳贝氏体	低碳或低碳合金钢<550℃转变	在原始奥氏体晶界成核，向晶内平行生长的铁素体片，片粗而短，片间为奥氏体或它的过冷转变产物。一般在晶内产生，片内和片间无碳化物
粒状贝氏体	在稍高于上贝氏体的温度下形成	在铁素体的基体上分布着粒状或块状的富碳奥氏体小岛，该奥氏体小岛还可进一步转变为富碳马氏体与残留奥氏体岛(即 M-A 组元)，其细节用光镜无法分辨
上贝氏体	约在 550~450℃间转变	是成束片状铁素体从原始奥氏体晶界向晶内成长，铁素体片间分布着碳化物。因组织极细，在光镜下只能看到晶界上的羽毛状组织，在电镜下才能见到片状铁素体和碳化物
下贝氏体	约在 450~*Ms* 之间转变	组织极细，在光镜高倍放大只能看到呈一定角度分布的黑色针状组织。在电镜下才能见到针状铁素体内分布着与铁素体长轴呈 55°方向平行排列的细小碳化物

贝氏体的形态对钢的性能有重要影响。总的来说，贝氏体组织的强度是介于马氏体和铁素体-加珠光体混合组织之间。随着转变温度的降低，所得的贝氏体强度变高。因为转变温度越低，贝氏体中的铁素体条越细，而且与铁素体内单位面积的碳化物数量增加及碳化物的弥散度增大有关。贝氏体硬度也随含碳量的增加而增高。上贝氏体的韧性最差，主要因上贝氏体中碳化物断续平行地分布于铁素体条间，裂纹易沿条间扩展。而下贝氏体韧性最好，又有较高的强度。这和针状铁素体呈一定交角，且碳化物弥散分布在铁素体内，裂纹不易穿过有关。粒状贝氏体在较高温度转变，其强度较低，但韧性较好。

有人把魏氏组织也列入贝氏体的范畴。魏氏组织的出现，主要是钢焊接时过热引起的。它使奥氏体晶粒严重长大，冷却时首先沿奥氏体晶界析出粗大的铁素体针，然后富碳的奥氏体转变为珠光体。铁素体沿奥氏体晶界析出后，还顺着奥氏体内某习惯面上不断长大，形成粗大的魏氏组织。这种组织强度较低，特别是冲击韧性很低。一般在焊缝中很少出现魏氏组织，主要出现在低碳钢和低合金钢热影响区的过热区域内。

(4) 马氏体转变

当低合金钢焊缝中含碳量偏高或合金元素较多时，在快速冷却条件下，奥氏体过冷到 *Ms* 温度以下将发生马氏体转变。由于转变温度已很低，铁和碳原子已失去扩散能力，所以马氏体转变是属无扩散型转变。它是碳在 α-Fe 中的过饱和固溶体，(或单相的过饱和固溶碳的铁素体) 根据含碳量不同，有两种形态的马氏体。

1) 板条马氏体。在低碳低合金钢焊缝中，当冷却速度很快时，常会出现这种马氏体。其特征是在奥氏体晶粒内形成条束状平行排列的板条组织，板条束间有一定角度 (大致呈 60°)。在电镜下观察，板条束中存在有很高的位错密度，约为 $(3\sim9)\times10^{11}\cdot cm^{-2}$，故片状马氏体又称位错型马氏体。由于这种马氏体的含碳量低，故又称低碳马氏体。

低碳马氏体不仅具有较高的强度，同时也具有良好的韧性。这是因为板条马氏体有发生“自回火”现象。由于板条马氏体含碳量低，*Ms* 温度高，刚形成的过饱和碳的固溶体很不稳定，在这样的高温下，过饱和的碳尚能扩散聚集，以细小碳化物的形式弥散地析出于马氏体内。于是低碳马氏体既具有高的强度，又有良好的韧性。

2) 片状马氏体。又称高碳马氏体，常出现在 $w(C)>0.4\%$ 的低合金钢焊缝中。其特征是呈片状或竹叶状分布于原始奥氏体晶粒内，马氏体片互不平行，初始形成的马氏体片较粗大，往往贯穿整个奥氏体晶粒，使以后形成的马氏体片受阻，故同一视域内片状马氏体的大小不一。

透射电镜观察薄膜试样表明，片状马氏体内部的亚结构存在许多细小平行的条带，称为孪晶带，故片状马氏体又称为孪晶马氏体。由于孪晶亚结构，使得片状马氏体只有和孪晶面及孪晶方向一致的滑移才能起到塑性变形作用，于是滑移系大大减少。所以，片状马氏体虽然有极高的强度，但韧性却很差，又硬又脆，我们不希望焊缝中出现这种组织。因此，焊接时，都要尽可能降低焊缝中的碳含量，一般 $w(C)$ 不超过 0.2%。

试验表明，$w(C)>1.0\%$的马氏体全为片状马氏体，$w(C)<0.2\%$的马氏体几乎全是板条马氏体；而 $w(C)=0.2\%\sim0.4\%$则以板条马氏体为主（占80%以上）；而当 $w(C)>0.4\%$时，片状马氏体所占比例迅速增加。

总之，低合金钢焊缝组织比较复杂，随着化学成分和强度级别不同，以及冷却条件不同，可能出现不同的组织，一般情况下都是几种组织混合存在。

3.2.8 焊缝中的气孔与夹杂

气孔和夹杂是焊缝中经常遇到的两种缺陷，它们都是在熔池金属结晶过程中产生的。它们的存在不仅削弱了焊缝的有效截面，而且也带来了应力集中，显著降低了焊缝金属的强度和韧性，对动载强度和疲劳强度更为不利，有些情况下还会引起裂纹或影响焊缝的气密性，必须引起重视。

1. 焊缝中的气孔

（1）气孔的类型及其分布特征

焊缝中的气孔按其所在位置可分为表面气孔和内部气孔，内部气孔必须通过无损探伤才能发现；按气孔的分布状态可分为单个存在的和密集成堆的，有贯穿整个焊缝的和弥散分布在焊缝内部的；按形成气孔的气体可分为氢气孔、氮气孔和CO气孔，它们的来源各不相同，但都是由于在焊缝凝固过程中来不及逸出而形成的。

1）氢气孔和氮气孔。对于低碳钢和低合金钢，氢气孔大多数出现在焊缝表面，气孔断面呈螺旋状，内壁光滑，并在焊缝表面呈喇叭形开口。在个别情况下也会出现在焊缝内部，如焊条药皮中含有较多结晶水，使焊缝中含氢量过高，焊缝凝固时来不及上浮而残留在焊缝内部。

在本章3.1.4中已述及氢在高温熔池和熔滴的溶解度很高，所以在液体金属中吸收了大量氢气。冷却时氢在金属中的溶解度急剧下降，却因熔池冷却快，氢气来不及逸出，就在焊缝中生成气孔。

氮气孔的形成与氢气孔在机理上是相似的。也多出现在焊缝表面，但很多情况下是成堆出现，与蜂窝相似。在焊接生产中由氮气引起的气孔较少，主要是因焊接过程保护不良，有较多空气侵入熔池所致。

2）CO气孔。

各种结构钢中均含有碳，焊接时将引起如下冶金反应而产生大量CO。

$$[C]+[O]=CO$$

$$[FeO]+[C]=CO+Fe$$

$$[MnO]+[C]=CO+Mn$$

$$[SiO_2]+[2C]=2CO+Si$$

CO气体不溶于钢，在熔池处于高温时，可以以气泡的形式从熔池中逸出，不会形成气孔。但是在熔池凝固阶段，一方面由于成分偏析使液相中局部区域［FeO］和［C］含量提高，促使CO生成。另一方面，温度降低，金属熔池黏度加大，在快速结晶下CO来不及逸出便形成气孔。

（2）焊缝中气孔形成机理

对焊缝中气孔形成机理的研究表明，气孔的形成大致经历形核、长大和上浮三个阶段。气泡形核必须具备两个条件，即液态金属中需有过饱和的气体，形核时需有能量。如果在金属熔液中存有现成固相表面时，金属熔液中的气体可以依附在固相表面上析出，其形核所需能量便大为减小。因此，在结晶过程中树枝晶二次支晶臂根部凹陷处，气泡生核所需能量最小处是气泡核最易形成的部位。气泡得以长大的条件是气泡内部压力大于其外部压力。外部压力包括大气压力、液态金属和熔渣的压力以及表面张力引起的附加压力。若气泡核附着在一固相表面时，表面张力引起的附加压力将减小，气泡便易于长大。当气泡长大到一定程度，便会脱离所附着的表面上浮，金属熔液的密度越大，其黏度就越小，则气泡上浮速度也越大，气孔就不易生成。如果熔池结晶速度大于气泡上浮速度，则气泡就难于逸出，残留在焊缝中便成为气孔。

（3）影响气孔形成的因素及防止措施

影响焊缝中生成气孔的因素很多，现归纳如下两个方面。

1）冶金因素。主要指焊接材料的成分及其冶金反应，熔渣的化学性质，保护气体的气氛，铁锈和水分等因素对产生气孔的影响。

① 熔渣氧化性的影响。熔渣氧化性的大小对焊缝的气孔敏感性影响很大，表2-3-18是不同类型焊条试验结果。从表中可以看出，在无论是用酸性焊条还是用碱性焊条焊的焊缝中，当熔渣的氧化性增大时，由CO引起气孔的倾向增加，而由氢气引起气孔的倾向减小；相反，当熔渣的还原性增大时，则氢气孔的倾向增大，而CO气孔的倾向减小。因此，适当调整熔渣的氧化性，可以有效地防止焊缝中这两类气孔。

一般常用［C］×［O］来表示焊缝中的CO气孔

倾向。但在不同渣系中，产生 CO 气孔的［C］×［O］值却有较大差别，表 2-3-18 中在酸性渣中产生 CO 气孔的［C］×［O］值较高（31.36×10^{-4}）也未出现气孔。而在碱性渣中［C］×［O］值较低（27.30×10^{-4}）就可产生较多 CO 气孔。这是因渣系中［FeO］的活度不同所致。

表 2-3-18　不同类型焊条的氧化性对气孔倾向的影响

焊条类型	焊缝中含量			氧化性	气孔倾向
	[O]（质量分数）(%)	[C]×[O]（质量分数）/10^{-4}(%)	[H]/mL·(100g)$^{-1}$		
J 424—1	0.0041	4.37	8.80		较多气孔(氢)
J 424—2	—	—	6.82		个别气孔(氢)
J 424—3	0.0271	23.03	5.24	↓	无气孔
J 424—4	0.0448	31.36	4.53	增	无气孔
J 424—5	0.0743	46.07	3.47	加	较多气孔(CO)
J 424—6	0.1113	57.88	2.70		更多气孔(CO)
J 507—1	0.0035	3.32	3.80		个别气孔(氢)
J 507—2	0.0024	2.16	3.17		无气孔
J 507—3	0.0047	4.04	2.80	↓	无气孔
J 507—4	0.0160	12.16	2.61	增	无气孔
J 507—5	0.0390	27.30	1.99	加	更多气孔(CO)
J 507—6	0.1680	94.08	0.80		密集大量气孔(CO)

② 药皮和焊剂冶金反应的影响。以低碳钢和低合金钢焊接用的焊条和焊剂为例，说明其影响。一般碱性焊条的药皮中均含有一定量的氟石（CaF_2），焊接时直接与氢发生如下反应

$$CaF_2+H_2O=CaO+2HF$$

$$CaF_2+H=CaF+HF$$

$$CaF_2+2H=Ca+2HF$$

埋弧焊用的 HJ431 焊剂中也含有一定量的 CaF_2 和较多的 SiO_2，焊接时它们将发生如下反应

$$2CaF_2+3SiO_2=SiF_4+2CaSiO_3$$

$$SiF_4+2H_2O=4HF+SiO_2$$

$$SiF_4+3H=3HF+SiF$$

$$SiF_4+4H+O=4HF+SiO$$

上述所有反应均吸收了大量的 H，并生成稳定性很高且不溶于金属溶液的 HF，从而有效地降低氢气孔的倾向。

此外，在药皮和焊剂中适当增加氧化物的含量，如 FeO 和 MnO 等，对于消除氢气孔也有利。因它们能与［H］反应生成 OH，也不溶于液体金属；在碱性焊条药皮中除含 CaF_2 外，常加入一定量碳酸盐（如 $CaCO_3$ 和 $MgCO_3$ 等），焊接时分解产生大量 CO_2，它是一种氧化性气体，在高温下也能与氢反应生成 OH 和 H_2O，同样具有防止氢气孔的作用。但 CO_2 氧化性过强，当还原不足时，则会导致生成 CO 气孔。

③ 铁锈及水分的影响。焊件表面的铁锈、油污和水分，以及焊接材料不洁常是导致焊缝中气孔的重要原因。

铁锈是极为有害的杂质，它的成分是 $mFe_2O_3\cdot nH_2O$，含有较多的 Fe_2O_3（铁的高级氧化物）和结晶水，对溶池既起氧化作用，又析出大量的氢，加热时的反应如下

$$3Fe_2O_3=2Fe_3O_4+O$$

$$2Fe_3O_4+H_2O=3Fe_2O_3+H_2$$

$$Fe+H_2O=FeO+H_2$$

由于增加了氧化作用，在焊缝结晶时，就会生成 CO 气孔。铁锈中的结晶水（H_2O）在高温时分解出 H_2，从而增加生成氢气孔的可能。

钢板表面的氧化皮虽无结晶水，但对生成 CO 气孔也有影响。

焊条焊剂受潮或烘干不足而残存水分，以及由于空气潮湿都会增加气孔倾向。所以对焊接材料在焊前必须进行烘干，对碱性焊条烘干温度为 350～450℃，酸性焊条为 200℃，时间为 2h。

2）工艺因素。主要是指焊接参数和操作技巧等方面对产生气孔的影响。

① 焊接参数的影响。焊接时，增大焊接热输入会延长熔池存在时间，有利于气体逸出而减少气孔。通常是靠降低焊接速度而不过分地增大焊接电流和电弧电压来增大热输入，因为增大焊接电流会使电弧温度升高，使氢的分解度增大；另外熔滴变细，其比表面积增大，高温下有利于吸收更多的氢，反而增大气孔倾向。特别是当焊接电流过大时，焊条芯电阻热增大，药皮发红，造气剂提前分解，气孔倾向更大。用奥氏体不锈钢焊接时就是因焊芯电阻率高，发热导致

药皮失效。故应采用较小的焊接电流焊接。

埋弧焊时，增大焊接电流，则熔深加大，气泡逸出路径长，故其气孔倾向比焊条电弧焊时大。焊条电弧焊时，随着电弧电压的升高，或电弧长度拉长，则熔滴过渡时间增长，溶氢量增大，氢气孔倾向增加。此外，电弧拉长，空气中的氮将侵入而出现氮气孔。

提高焊接速度往往因结晶速度加快，使气体来不及逸出而出现气孔。

② 电流种类及极性的影响。在焊接生产中发现，用交流电弧焊较直流电弧焊的气孔倾向大，而直流反接时较正接时的气孔倾向小。产生这种现象的原因如下。

氢是以质子的形式向液态金属中溶解的。在电弧高温下，氢原子获得足够能量后便释放出一个电子而形成质子。

$$H \rightarrow [H^+] + e$$

形成的质子和电子在电场作用下将分别向正、负极运动。

直流反接时，焊件接负极，熔池表面的电子过剩，不利于产生氢质子的反应（上述反应向左进行），阻碍了氢向熔池金属中溶解，因而气孔倾向最小。当直流正接时，焊件接正极，在溶池表面容易发生氢形成质子的反应，这时一部分氢质子溶入熔池，另一部分在电场作用下飞向负极，所以其气孔倾向比直流反接时要大。当用交流焊接时，电流通过零点瞬间无电场作用，氢质子可以顺利地溶入熔池，故其气孔的倾向增加。

③ 工艺操作的影响。因工艺操作不当而引起气孔的例子很多，应特别注意如下几点：

a. 焊前仔细清除焊件、焊丝上的铁锈、油污等杂质。

b. 焊条、焊剂用前应按规定烘干，最好在烘干后放在保温筒内，随用随取。

c. 焊接参数要保持稳定，用低氢型焊条时应尽量采取短弧焊，适当配合摆动，以利于气体逸出。

d. 直流焊接时，应防止磁偏吹，磁偏吹会破坏电弧的稳定性，也使保护效果变坏；定位焊时常因冷却过快或保护不良，而产生气孔。

e. 埋弧焊时，焊剂粒度对产生气孔也有影响。当粒度小时透气性不好，使产生的气体不易逸出。当粒度大时，透气性太好保护效果变坏，容易使空气侵入熔池，也易形成气孔。粒度在 0.6~1.2mm 时，抗气孔性最好。

f. 气体保护焊时，必须注意防风。尤其在野外施工时，应设置防风棚等措施。

2. 焊缝中的夹杂物

由焊接冶金反应产生的、焊后残留在焊缝金属中的微粒和非金属杂质，如氧化物、硫化物等，统称为夹杂物，简称夹杂。

焊接时，由于熔池的结晶速度较快，一些脱氧、脱硫产物来不及聚集逸出就残存在焊缝中而形成这种夹杂。

（1）夹杂物的种类及其危害

焊缝中常见的夹杂物有氧化物、硫化物和氮化物三类。

1）氧化物夹杂。在用焊条电弧焊和埋弧焊焊接钢材时，焊缝中的氧化物夹杂主要是 SiO_2，其次是 MnO、TiO_2和 Al_2O_3等，一般多以硅酸盐形式存在。这种氧化物夹杂主要在熔池冶金反应中产生，若熔池中的脱氧反应越充分，则焊缝中的氧化物夹杂就越少。此外，在焊接过程中由于工艺操作不当，也可能使溶渣混入焊缝造成夹杂。

焊缝中的氧化物夹杂如果以密集的块状或片状分布时，常引起热裂纹。

2）硫化物夹杂。硫化物夹杂主要来源于焊条药皮或焊剂。此外，母材和焊丝中含硫量偏高，也会造成硫化物夹杂。硫化物夹杂主要以 FeS 和 MnS 的形式存在。由于硫在高温时，在 δ-Fe 中的溶解度为 0.18%，而在 γ-Fe 中的溶解度只有 0.05%，于是在冷却过程中硫将从过饱和固溶体中析出，形成 FeS 和 MnS 夹杂。MnS 一般呈小颗粒状弥散分布于焊缝金属中，对焊缝性能影响不大。而 FeS 则多在晶界析出，并与 Fe 或 FeO 形成低熔点（988℃）共晶，从而为产生热裂纹创造了条件。因此，焊接时应尽可能限制母材和焊接材料中的硫含量。

近年对硫化物夹杂的危害有不同看法，从试验中发现，当钢中含硫量极低时［$w(S) \approx 0$］，反而引起裂纹。当有微量硫化物弥散分布于金属中时，则具有溶氢作用，使氢不易聚集，降低了氢的有害作用，因而提高了抗裂性。

3）氮化物夹杂。在焊接低碳钢和低合金钢时，若保护不良，大气中的氮会溶解到液态金属熔滴和熔池中，当熔池结晶速度很快时，氮来不及析出而呈过饱和状态，固溶于焊缝金属中。然后在时效过程中以 Fe_4N 的形式析出，并以针状分布在晶粒上或贯穿晶界。Fe_4N 是一种脆硬化合物，当其含量较高时，会使焊缝的硬度提高，使塑性和韧性急剧下降。当低碳钢中 $w(C)=0.15\%$时，其伸长率只有 10%。

但氮化物具有强化作用，可把氮作为合金元素加入钢中。例如，当钢中含有 Mo、V、Nb 和 Ti 等合金元素时，若能与氮形成弥散状的氮化物，就可以在不过多损失韧性的条件下，大幅度地提高强度。经过正火热处理后，可使钢材具有良好的综合力学性能，如 15MnVN 钢和 06AlNbCuN 钢等。

（2）防止焊缝中夹杂物的措施

防止焊缝中产生夹杂物的措施：一是控制其来源，严格控制母材和焊材中杂质的含量；二是正确选择焊条或焊剂，以保证能充分地脱氧和脱硫；三是注意工艺操作。

在工艺操作方面要注意如下几点：

1）选用合适的焊接参数，保证熔渣和杂质的浮出。

2）多层焊时，注意清除前层焊道的熔渣。

3）焊条电弧焊时，注意使焊条做适当摆动，以利于熔渣与夹杂物上浮。

4）加强对熔池的保护、防止空气侵入。

3.3　固相冶金

焊接固相冶金又称物理冶金。主要研究焊缝完全凝固后，焊缝金属和热影响区金属的组织及性能变化的规律。研究对象主要是那些有固态相变的金属。

应用最为广泛的钢属于固态相变金属，在固态范围内会因加热和冷却而发生组织和性能的变化。钢的热处理就是建立在这种固态相变规律的基础上发展起来的。就焊接而言，在焊接热循环作用下，焊缝金属是先熔化后凝固，在完成一次结晶后继续冷却时发生固态相变；而热影响区则是被加热到某一峰值温度（最高者已接近熔点）后，连续冷却时发生固态相变。焊接热影响区的固态相变过程实质上就是一个特殊热处理过程。钢在热处理过程中发生的固态相变规律仍然是分析焊接接头组织变化的依据。但是，必须注意，焊接热循环具有加热温度高、时间短，以及加热与冷却速度快的特点，整个焊接接头的组织在连续冷却下是非平衡组织，它不再遵守平衡条件下的相变规律。其组织的变化除与材料的化学成分有关外，还和焊接工艺条件密切相关。

3.3.1　焊缝金属的固态相变

见本章 3.2.7 节。

3.3.2　焊接热影响区的固态相变

1. 焊接热影响区的形成

（1）形成

焊接接头是由焊缝和热影响区两部分组成。焊接热影响区是指在焊接过程中母材因受热的影响（但未熔化）而发生金相组织和力学性能变化的区域，常简称热影响区，其英文缩写为 HAZ。

从本篇第 2 章第 1 节焊接热过程及其特点中可知，焊接是一个不均匀加热和冷却的过程，距焊缝不同距离的点上经历着不同的焊接热循环，这些经历着不同热循环的各点，实质上都受到一次特殊的热处理。和一般金属热处理一样，每个点都引起不同的组织转变，于是就形成了一个在组织和性能上不均匀的焊接热影响区。在这个区中，有些部位的组织和性能可能是优于也可能劣于母材焊前的组织和性能；显然，劣于母材的部位便成为焊接接头中最薄弱的环节。

研究和分析焊接热影响区的组织转变的目的在于找出引起不良组织转变的原因和防止或减少它的不利影响。

（2）影响因素

研究影响热影响区形成的因素须从形成热影响区的内因和外因去分析。

1）母材自身的冶金特性。这里指的是被焊金属在焊接热循环作用下有无固相转变，有固相转变的是单相合金还是多相合金，发生的是扩散型的相变还是无扩散型的相变等。金属的这些特性是形成热影响区的依据，是内因。例如，焊接无固相转变的金属，在热影响区上主要出现的是晶粒粗大现象，有时也有再结晶现象。焊接有固相转变的金属，如果是焊接碳钢，那么其热影响区上不仅有过热和再结晶现象，还有重结晶和淬火等现象。

2）母材焊前的状态。同一种金属材料，焊前状态不同，焊后热影响区的组织和性能也是不同的。例如，焊前经过冷作硬化或热处理强化的金属，焊后热影响内就会出现回火软化区。对于易淬火钢，若焊前处于退火状态，则焊后会出现淬火硬化区。也即焊接热循环改变了母材焊前的状态，焊后在热影响区内就可能出现不希望的硬化、软化或脆化现象。

3）焊接方法及其参数。实质上是焊接温度场和焊接热循环的特征参数对热影响区的范围大小，以及范围内各部位的组织和性能的影响。因为不同的焊接方法其热源集中程度不同，通过参数的选择又可以获得不同的热输入，这两者基本上就确定了焊接温度场的分布和场上各点热循环曲线的特征。温度场分布影响着热影响的宽窄，而热循环曲线的特征参数，如加热速度、高温停留时间和冷却速度等直接影响着组织和性能的变化。这些都是形成热影响区的条件，是外因。

图 2-3-33 所示为在不同焊接工艺下，钢材单道焊时热影响区过热区的典型热循环曲线。从图中可以看出，焊接工艺条件不同，热循环曲线上各项特征参

数，如高温（Ac_3以上）停留时间和冷却速度等差别很大。从表2-3-19中看出，能量密度高的电子束焊时，高温停留时间最短，冷却速度最大，其热影响区最窄；而能量密度低的电渣焊，其高温停留时间最长，冷却速度最慢，其热影响区最宽。若用电子束焊接低合金结构钢，在热影响区内就会出现淬火组织；若用电渣焊这种钢，就会出现过热的魏氏组织，而不是淬火组织。

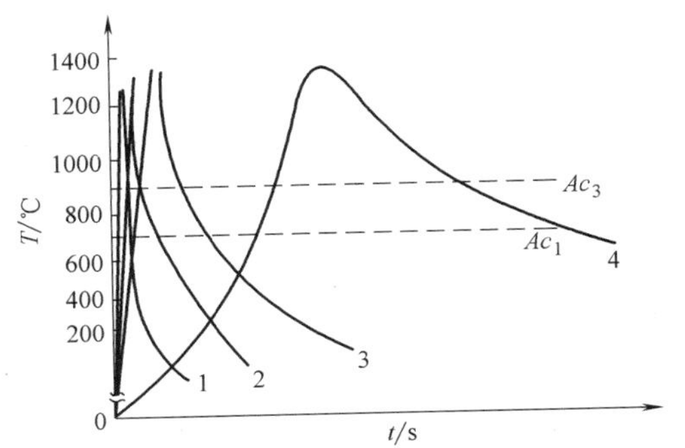

图2-3-33 不同焊接工艺下钢材单道焊时热影响区过热区的热循环曲线

1—CO_2气体保护焊（δ=1.5mm） 2—埋弧焊（δ=8mm） 3—埋弧焊（δ=15mm） 4—电渣焊（δ=100mm）

2. 焊接热影响区固态相变的特点

（1）焊接热影响区加热和冷却过程的特点

在分析钢材焊接热影响区各点的组织转变时，须注意它与一般钢热处理中的加热和冷却过程的下列区别。

1）加热温度高。一般热处理加热温度都不超过Ac_3以上100~200℃，而焊接时，近缝区熔合线附近的峰值温度已接近钢的熔点。对于低碳钢和低合金钢，一般都在1350℃左右，比热处理的高很多。

2）加热速度快。焊接热源集中，其加热速度比一般热处理快几十倍甚至几百倍。

3）高温停留时间短。焊接热循环特征之一是在Ac_3以上停留时间很短，一般焊条电弧焊约为4~20s，埋弧焊约为30~100s，而热处理可以根据需要任意控制保温时间，常在min、h数量级。

4）在自然条件下连续冷却。热处理可按需要控制冷却速度或在冷却过程的不同阶段进行保温。而焊接时，大多数是在现场的自然条件下连续冷却，只有个别情况才进行焊后缓冷或焊后热处理。

5）局部加热。热处理时，工件是在炉中整体加热，而焊接时，是对焊件进行局部集中加热，且热源不断向前移动，在焊接区形成一个复杂的应力应变场，组织转变是在这种复杂应力场下进行的。

表2-3-19 用不同工艺焊接结构钢时热影响区过热区的热循环参数

焊接方法	热输入/kJ·cm^{-1}	高温(Ac_3以上)停留时间/s	下列温度时的冷却速度/℃·s^{-1}		过热区的宽度/mm
			900℃	500℃	
电子束焊	—	1.5	65	—	1.2
CO_2气体保护焊	4.6	1.8	55	16.8	1.4
	7.5	2.1	50	15.7	1.6
	12.1	3.5	31	7.2	2.0
埋弧焊	12.6	6.2	30	7.5	3.0
	20.9	15	23	4.5	3.5
	41.9	28	10	2.5	6.5
电渣焊	50.4	490	1.1	0.4	18
	1046.7	540	0.7	0.25	20

由于有上列区别，必然使热影响区的组织转变有着与一般金属热处理不同的规律，所以不能完全根据金属热处理的理论去解决焊接接头的固态相变问题。

（2）焊接热影响区过冷奥氏体的转变特点

1）奥氏体化是在连续加热和冷却条件下而不是在等温条件下进行的，并且连续加热和冷却的速度是变化的。焊接热影响区的组织转变是一个不平衡过程。

2）焊接近缝区的各点加热峰值温度及到达峰值温度的时间均不相同，也即奥氏体化温度不同（从Ac_3到固相线间），奥氏体化开始及结束时间不同。表明近缝区各点的相变过程并不同步，存在着相变的不均匀性。最后发生相变的部位是在已完成相变部位的约束下进行的，必然出现由相变所引起的应力。

（3）加热过程组织转变特点

焊接时，由于加热速度很快（见表2-3-20），使热影响区组织转变有如下特点。

1）相变温度提高了。对于低碳钢和低合金钢，其相变点Ac_1和Ac_3均提高了，而且两者之间的温差也大了。加热速度越快，这种现象就越明显。如果钢中含有碳化物形成元素（Cr、W、Mo、V、Nn和Ti）时，这种现象更明显。这和在加热时，由珠光体、铁素体转变为奥氏体的过程是扩散性重结晶过程并需要有孕育期有关。快速加热时，来不及完成扩散过程所需的孕育期，必会引起相变温度提高和两相变点温差加大。

表 2-3-20　不同焊接方法的加热速度

焊接方法	板厚 /mm	加热速度 /℃ · s^{-1}
电弧焊(包括 TIG 焊)	5～1	200～1000
单层埋弧焊	25～10	60～200
电渣焊	200～50	3～20

2）奥氏体均质化程度低。奥氏体刚转变完成后，其成分并不均匀，仍需通过扩散使成分趋于一致。由于焊接时加热速度快和相变点（Ac_3）以上停留时间短，都不利于扩散过程，所以奥氏体均质化程度低。

（4）冷却过程组织转变特点

焊接热影响区熔合线附近是整个焊接接头的薄弱环节，该处冷却过程的组织转变极为关键，它最终决定热影响区的组织与性能。

在熔合线附近冷却时，组织转变既与钢材的化学成分及冷却速度有关，还和加热过程的特点有关。以 40Cr 钢为例，如果焊接和热处理采用同样的冷却速度，则焊接热影响区金属的淬硬倾向要比一般热处理的小。因为 40Cr 钢中的 Cr 是形成碳化物元素，对于一般热处理，在加热过程中 Cr 有充分时间向奥氏体内溶解，使奥氏体的稳定性增强，因而其淬硬倾向加大；而焊接时，因加热速度快，高温停留时间短，Cr 不能充分溶解到奥氏体内，奥氏体均质化程度差，降低了奥氏体的稳定性，因而淬火倾向比热处理的小。如果是 45 钢，由于没有形成碳化物元素，不存在碳化物向奥氏体内溶解的过程，在焊接的高温条件下奥氏体晶粒易长大，均质化程度较高。因此，冷却时奥氏体稳定性较强，与一般热处理相比，焊接 45 钢的淬硬倾向大。

3. 焊接热影响区的组织

用于焊接的结构钢，按其热处理特性可分成不易淬火钢和易淬火钢两类。前者在焊接条件下淬火倾向很小，如低碳钢和含合金元素很少而强度级别较低的低合金钢（如 Q355 和 Q390 等）；后者是含碳量较高或含合金元素较多的钢，具有较高的淬透性，能通过热处理强化。如中碳钢，低、中碳调质合金钢等。这两类钢的淬火倾向不同，因而焊接热影响区组织变化也不同。

（1）不易淬火钢热影响区组织

这类钢焊前多为热轧状态。今以 20 钢为例，分析其焊后热影响区各部位的组织变化。通常是把热影响区上各点被焊接热循环加热到最高温度的分布曲线与铁碳相图对照进行分析，如图 2-3-34 所示。从图中可以看出，低碳钢焊接热影响区大致按其组织基本相同而性能相近划分为：熔合区、过热区（粗晶区）、重结晶区（细晶区）和不完全重结晶区（部分相变区）等 4 个区域。

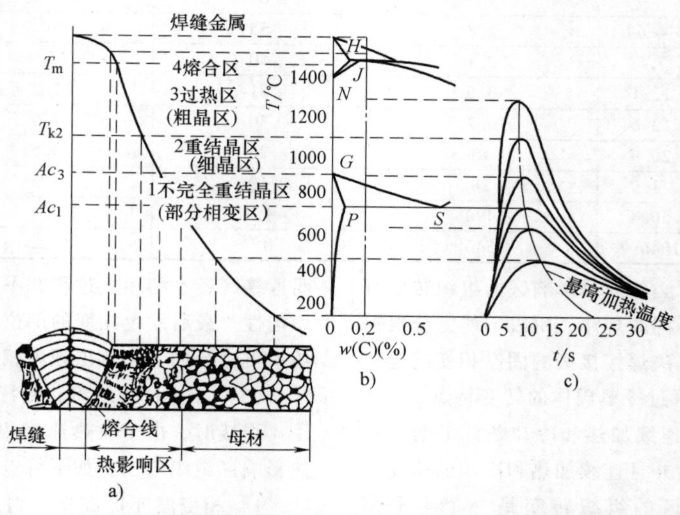

图 2-3-34　焊接热影响区各部分被加热的温度范围和铁碳相图的关系

a）热影响区各部分组织示意图　b）铁碳相图（低碳部分）　c）焊接热循环曲线

1）熔合区。在焊缝与母材相邻部位，又称半熔化区。温度处于固相线和液相线之间。焊缝与母材产生不规则结合，形成了参差不齐的分界面。该区晶粒十分粗大，化学成分和组织极不均匀，冷却后为过热组织。区域很窄，金相观察难以区分，但对接头强度和韧性却有很大影响，常是产生裂纹和脆性破坏的发源地。

2）过热区。又称粗晶区，此区的温度范围在固相线以下到1100℃左右。加热温度高，金属处于过热状态，于是奥氏体晶粒严重长大。粗大的奥氏体在较快速度冷却下就形成一种特殊的过热组织——魏氏组织。魏氏组织实质上是在一个粗大的奥氏体晶粒内生成许多平行的铁素体片，在铁素体片之间的剩余奥氏体最后转变为珠光体。这种魏氏组织不仅晶粒粗大，而且晶内有大量铁素体片所形成的脆弱面，故其韧性低。这是不易淬火钢焊接接头变脆的一个主要原因。魏氏组织的形成与焊接热影响区过热区的过热程度有关，也即与金属在高温停留时间有关。从如图2-3-35所示的过热区热循环曲线可看出，焊条电弧焊时的高温停留时间最短，晶粒长大并不严重，而电渣焊时的高温停留时间最长，晶粒长大最严重。故电渣焊比电弧焊容易出现粗大的魏氏组织。对于同一种焊接方法，热输入越大，高温停留时间就越长，过热越严重，奥氏体晶粒长得就越粗大，就越容易得到魏氏组织，接头的韧性就越差。所以，电渣焊时，为了改善焊接接头的性能，消除其严重的过热组织，常须在焊后做正火热处理。

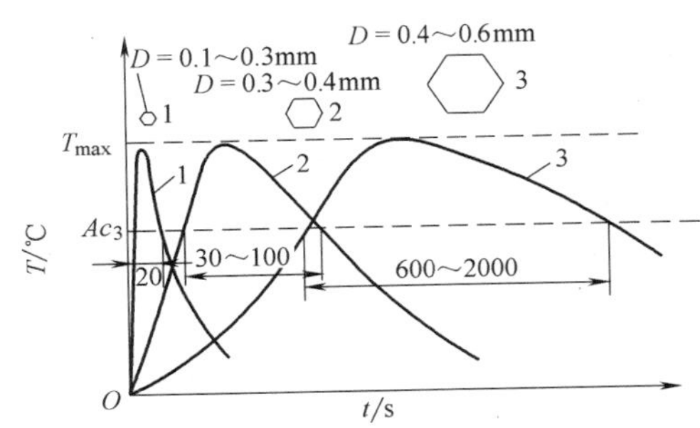

图2-3-35 焊接方法对过热区高温停留时间和晶粒大小的影响

1—焊条电弧焊（$\delta \leqslant 10$mm） 2—埋弧焊（$\delta = 15 \sim 25$mm） 3—电渣焊（$\delta = 100 \sim 200$mm）

3）重结晶区。又称正火区或细晶区。该区加热到峰值温度的范围，在Ac_3到晶粒开始急剧长大以前的温度之间，对于低碳钢约在900～1100℃之间。加热时，铁素体和珠光体全部转变为奥氏体，由于加热速度快，高温停留时间短，奥氏体晶粒还未十分长大，接着冷却就得到了均匀细小的铁素体+珠光体，它相当于热处理时的正火组织。由于该区组织细化，故其塑性和韧性都比较好，甚至优于母材。

4）不完全重结晶区。又称不完全正火区或部分相变区。该区加热到的峰值温度在Ac_1到Ac_3之间，低碳钢约为750～900℃。其特点是只有部分金属经受了重结晶相变，其余部分为没发生相变的原始铁素体晶粒。因此，该区是一个粗晶粒和细晶粒的混合区。在粗大原始铁素体晶粒之间分布着经重结晶后的细小铁素体+珠光体的群体。由于该区晶粒大小不均匀，所以其力学性能也不均匀。

必须指出，如果焊前母材受过冷加工变形或由于焊接应力而引起塑性应变，则在加热到Ac_1以下的温度时将发生再结晶过程和应变时效过程。由于没有发生相变，故在金相组织上有时看不到明显的变化。但是，对于那些焊前经冷作硬化的钢材，焊后发生了再结晶，其强度和硬度都低于焊前，而塑性则显著增加。对那些应变时效敏感的钢材，处于Ac_1～300℃左右的热影响区将发生热应变脆化现象，表现出硬度和强度提高而塑性和缺口韧性下降。

（2）易淬火钢热影响区组织

易淬火钢是指在焊接空冷条件下容易淬火形成马氏体的钢种，如中碳钢（40、45、50钢），低碳［$w(C) \leqslant 0.25\%$］调质高强度钢（$\sigma_s = 450 \sim 1000$MPa）和中碳［$w(C) = 0.25\% \sim 0.45\%$］调质高强度钢等。这些钢由于化学成分不同，其淬火倾向有差别，但在热影响区内的组织变化规律基本相似。

1）当母材焊前是正火或退火状态时焊后其热影响区分为以下两个。

① 完全淬火区。该区的加热温度处于固相线到Ac_3之间，相当于不易淬火钢的过热区和正火区。由于这类钢淬透性高，焊后冷却很易获得淬火组织（马氏体）。在相当于过热区的部位为粗大马氏体，而在相当于正火区的部位得到的是细小马氏体。根据冷却速度不同，区内还可能出现贝氏体、屈氏体等与马氏体混合的组织。

② 不完全淬火区。该区的加热温度在Ac_3～Ac_1之间，相当于不易淬火钢中的不完全重结晶区。加热时，珠光体（或贝氏体、索氏体）转变为奥氏体，铁素体很少溶入奥氏体。在随后快冷时，奥氏体转变为马氏体。原铁素体保持不变，但晶粒有不同程度的长大。最后形成马氏体和铁素体的混合组织，故称为不完全淬火区。如果母材含碳量或合金元素含量不高或冷却速度较慢时，也可能出现贝氏体、索氏体和珠光体。

2）当母材焊前是淬火+回火状态时，焊后母材热影响区上除了有上述的完全淬火区和不完全淬火区之外，还存在一个回火区，它位于加热温度低于Ac_1

以下区域。在回火区内组织和性能发生的变化程度决定于焊前母材的回火温度 T_t，如果在该区加热的峰值温度低于 T_t，其组织与性能不发生变化；如果高于此温度，则该区组织与性能将发生变化，出现了软化现象。它的强度和硬度均低于焊前母材的水平。这一软化区如果焊后不再进行重新淬火+回火处理是无法消除的，而且随着钢材强度级别的提高，这个软化问题就越突出。

综上所述，焊接热影响区的组织和性能不仅与母材的化学成分有关，同时也与焊前的热处理状态有关。图 2-3-36 综合了两类钢焊接热影响区的分布特征。

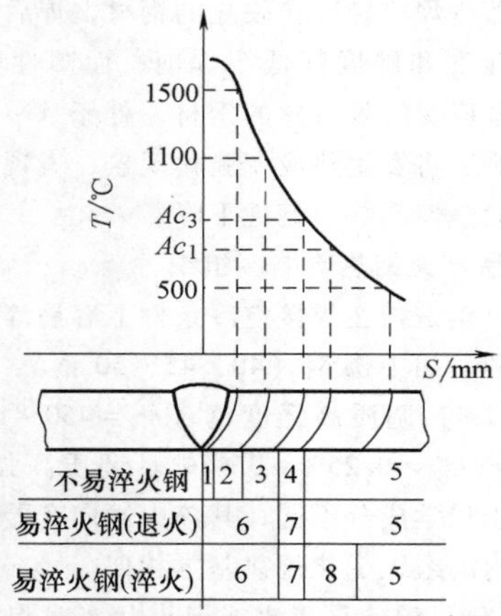

图 2-3-36　钢焊接热影响区的分布特征

1—熔合区　2—过热区　3—正火区　4—不完全重结晶区　5—母材　6—完全淬火区　7—不完全淬火区　8—回火区

4. 焊接热影响区的性能

对于一般焊接结构，热影响区的性能主要指力学性能，如强度、塑性、韧性和硬度等。在特殊情况下还包括耐蚀性、耐热性和抗疲劳性等。在焊接热循环的作用下，在焊接热影响区内不可避免地发生不同于母材的组织与性能变化。若这些变化仍然满足结构使用要求，则是允许的。下面着重介绍结构钢焊接可能出现在热影响金属上的硬化、脆化和软化等问题。

(1) 焊接热影响区的硬化

指焊后热影响区的硬度已超出母材的水平。硬度是金相组织与性能的综合反映，热影响区上组织和性能的变化，必然表现在硬度的变化上。

一般地，随着金属硬度的增加，其强度也增加，塑性和韧性则下降，其冷裂倾向也增大。因此，常常通过测定焊接热影响区的硬度分布，间接地去估计热影响区上各部位的力学性能，而且还可以大致判断其抗裂性。

图 2-3-37 所示为 20Mn 低合金钢单道焊时热影响区的硬度分布。从图中可以看出，熔合线附近的硬度最高，远离熔合线，硬度迅速降低至接近母材的硬度水平，说明该钢焊后热影响区出现了硬化。

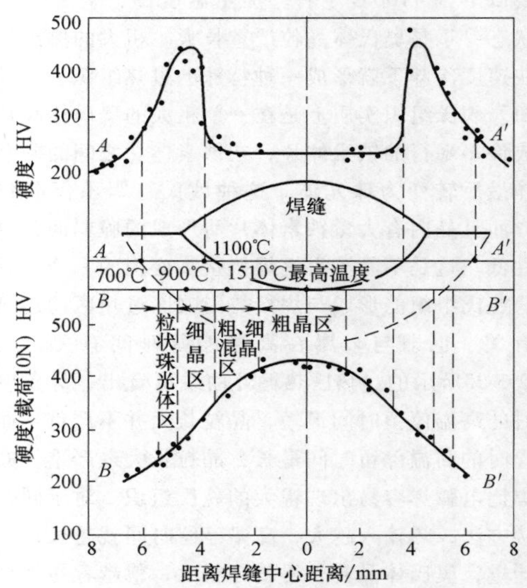

图 2-3-37　20Mn 低合金钢焊接时热影响区的硬度分布

注：$w(C)=0.2\%$，$w(Mn)=1.38\%$，$w(Si)=0.23\%$，$\delta=20mm$，$I=150A$，$U=25V$，$v=150mm\cdot min^{-1}$。

热影响区上的硬度分布实际上也反映了各部位的金相组织。表 2-3-21 给出了一般低合金钢不同比例混合组织的宏观维氏硬度和相应金相组织的显微硬度。从表中可以看出，随着含马氏体（M）的比例增加，其硬度增加。至于马氏体的硬度，也随含碳量的增加而增大，如低碳马氏体的硬度在 350HV 左右，而高碳马氏体可达 600HV。因此，从硬度看，可以推断出图 2-3-37 中 20Mn 钢热影响区熔合线附近可能出现较多的低碳马氏体。

在相同焊接条件下，碳是影响钢热影响区硬度的最主要因素。其他合金元素也在不同程度上产生影响。因此，在研究钢化学成分对焊接热影响区最高硬度的影响时，常引入碳当量的概念，并把碳当量和热影响区的最高硬度值的关系联系起来，用以间接地判断母材的焊接性。

必须指出，从热影响区硬度分布只能推断但不能完全确定金属是什么金相组织，通常必须与母材的化学成分和具体焊接工艺条件结合起来分析，或者利用该钢种焊接热影响区的连续冷却转变图（详见本章 3.3.3 节）配合分析，才比较准确。必要时，通过金相分析进行确定。

表 2-3-21 不同混合组织及金相组织的硬度

金相组织(体积分数)(%)				显微硬度 HV				宏观维氏硬度 HV
铁素体 F	珠光体 P	贝氏体 B	马氏体 M	铁素体 F	珠光体 P	贝氏体 B	马氏体 M	
10	7	83	0	202~246	232~249	240~285	—	212
1	0	70	29	216~258	—	273~336	245~383	298
0	0	19	81	—	—	293~323	446~470	384
0	0	0	100	—	—	—	454~508	393

（2）焊接热影响区的脆化

当焊后热影响区的韧性低于母材焊前的水平时，说明该热影响区已发生脆化。反映材料脆化的常用指标是脆性转变温度 T_{cr}或冲击吸收能量 KV 等。焊接热影响区发生的脆化有如下类型：

1）粗晶脆化。通常金属晶粒越粗，其脆性转变温度就越高，其脆性就越大。在焊接热影响区中熔合线和过热区处一般都发生晶粒长大，所以出现了不同程度的粗晶脆化。

晶粒长大受许多因素影响，其中钢种的化学成分、组织状态、加热温度及时间的影响最大。低碳钢和低碳低合金钢焊接时，热影响区发生脆化的主要原因是过热区的奥氏体晶粒长大，冷却后形成粗大的魏氏组织所致。如果钢中含有氮、碳化物的合金元素，如 Ti、Nb、Mo、V、W 和 Cr 等，它们能阻止或抑制晶粒长大，则不易产生粗晶脆化；此外，如果焊接热输入过大，则加热温度高而且高温停留时间长，晶粒就容易长大，产生粗晶脆化。所以采用小热输入焊接有利于防止粗晶脆化。

2）组织脆化。焊后热影响区出现了脆性组织的现象称为组织脆化。常遇到的有下列几种组织脆化。

① 淬硬脆化。焊接含碳量和合金元素较多的易淬火钢（如 45 钢和 30CrMnSi 钢等）时，在热影响区的过热区内因形成了脆硬的孪晶马氏体而脆化。为了避免出现脆硬的马氏体组织，通常是降低冷却速度。例如，焊接时采用较大的焊接热输入，必要时还用预热、后热等措施配合。出现后可以通过高温回火等热处理方法来改善其韧性。

② M-A 组元脆化。M-A 组元属脆性相，若热影响区内 M-A 组元增多，其脆性转变温度会显著升高，使热影响区脆化。焊接某些低合金高强度钢时，在热影响区上处于上贝氏体转变温度区间，出现含碳量低的铁素体并逐渐长大，而碳大部分富集于被铁素体包围的岛状奥氏体中［w(C)可达 0.5%~0.8%］。这些中、高碳奥氏体在中等冷却速度条件下就会形成孪晶马氏体（M）和残留奥氏体（A）的混合物，即 M-A 组元。

除冷却条件外，影响 M-A 组元形成还与合金化程度有关。合金化程度较高时，奥氏体的稳定性较大，因而不易分解形成 M-A 组元。

实践证明，低温回火（<250℃）有助于 M-A 组元的分解而改善韧性。若中温回火（450~500℃）则改善效果更显著。

③ 析出相脆化。有些金属或合金，在焊接的冷却过程中，或者是在焊后回火过程中，以及时效过程中，从过饱和固溶体中析出氮化物、碳化物或金属间化合物时，引起金属或合金脆性增大的现象，称为析出相脆化。

析出物是金属中各类碳化物和氮化物的沉淀相，它的分布、形态和尺寸对脆化都有影响。例如，AlN 在晶界析出，TiC 和 TiN 在晶内析出，而且都呈块状，这种形态的第二相会严重阻碍位错运动，从而导致脆化。如果 Fe_3C 沿晶界呈薄膜状析出，或形成粗大的碳化物，也会导致脆化。如果在快速冷却条件下，碳化物和氮化物来不及析出，则在焊后回火或时效过程中也可能产生脆化，如回火脆性等。

如果析出物以细小颗粒均匀弥散分布在晶内和晶界上，则不但不发生脆化，反而有利于改善韧性。应当指出，杂质元素（如 S、P、Sn 和 Sb 等）在晶界偏析也会严重损害韧性，钢中这些杂质元素越多、脆性越严重。

④ 遗传脆化。在厚板多层焊时，按一般的规律是当第一焊道热影响区的粗晶区位于第二焊道的正火区（即重结晶区）时，该粗晶区的组织将得到细化，从而可改善第一焊道粗晶区的性能。但对某些钢种实际未得到改善，仍保留粗晶形貌和结晶学的位向关系，这种现象称为组织遗传。如果由于这种遗传而导致脆化，就称为遗传脆化。

研究表明，组织遗传主要发生在有淬硬倾向的调质钢中，并在快速加热和快速冷却的非平衡组织中才能产生。组织遗传引起韧性恶化的原因，普遍认为是由于保留了原粗晶区的晶粒。此外，近期研究表明，一些调质钢焊接热影响区的非平衡组织，经二次热循环后在奥氏体边界出现等轴晶和 M-A 组元。说明热影响区的这种脆化不仅是粗晶再现，而且也有组织上的变化。

3）热应变时效脆化。钢材经冷塑性变形后，其强度和硬度随时间会进一步增加，而塑性和韧性则继续下降的脆化现象，称为应变时效。产生应变时效的原因是钢经冷塑性变形后，晶体中的位错密度大量增加，使钢中的碳、氮等间隙原子向位错周围偏聚，妨碍位错的移动，使晶体进一步变形难于进行而导致钢的硬化和脆化。

钢材在 400~200℃附近的蓝脆温度区间进行塑性变形也会产生同样的时效脆化，这种现象称为热应变时效。在焊接低碳钢和 C-Mn 钢的冷却过程中，如果在热影响区内由焊接应力而引起塑性变形，就会出现这种热应变时效脆化。因此，要注意焊前在近缝区上不应有能引起应力集中的缺陷存在；因为焊接时，应力集中点就是产生严重热应变时效脆化的部位。

在焊接生产中，焊前对焊件的下料、冲剪、冷弯和锤击等冷作加工引起了塑性变形，如果与焊接热循环的作用（约 600~200℃）叠加，也会产生热应变时效脆化。为了防止时效脆化，首先在选材上控制氮的含量，最好母材中有能固定碳、氮原子的铝、钛和钒等元素，以降低其时效敏感性。此外，焊前应注意对坡口边缘的处理，如清除缺陷或应用刨削方法去除加工硬化层后再焊接等。

还有，在热影响区内还可能引起氢脆化现象，详见本章 3.1.4 节。

（3）焊接热影响区的软化

焊前经过冷作硬化或热处理强化的金属或合金，焊后在热影响区将发生不同程度的软化或失强现象。如果焊后不再进行强化处理，这种现象是无法清除的。通常焊前强化程度越大的金属，焊后软化程度就越严重。软化程度常用失强率 p_{sd} 表示，即

$$p_{sd}=\frac{\sigma_B-\sigma_J}{\sigma_B}\times 100\%$$

式中　σ_B—— 母材强度；

σ_J—— 接头强度。

调质钢焊接时热影响区的软化程度与母材焊前的热处理状态有关，如图 2-3-38 所示。若母材焊前为退火状态，则焊后无软化问题；若母材焊前为淬火+高温回火，则软化程度较低；若焊前为淬火+低温回火，则软化程度最大，即失强率最大。通常，软化或失强最严重的部位是在热影响区中峰值加热温度为 Ac_1附近。此外，在 Ac_1 ~ Ac_3之间也较严重，这与不完全淬火过程有关。因在该区内铁素体和碳化物并未完全溶解，形成的奥氏体远未达到饱和浓度，冷却后得到粗大铁素体、粗大碳化物和低碳奥氏体的分解产物。这些组织抗塑性变形能力很小，因而强度和硬度都较低。

调质钢焊后热影响区出现软化不可避免，其软化区的宽度受到焊接方法和焊接热输入的影响。通常，焊接热源越集中，采用的热输入越小，软化区就越窄。

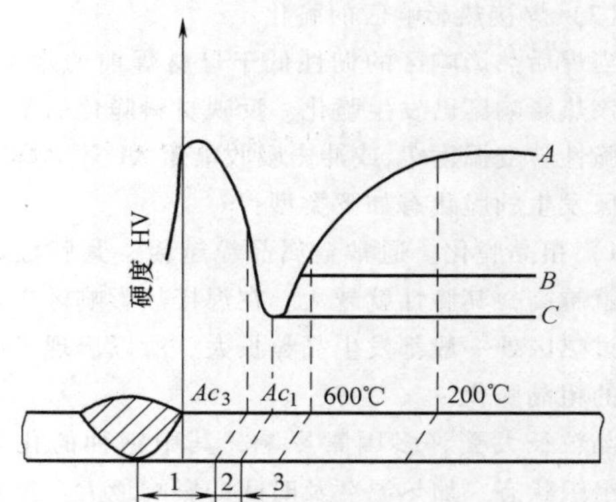

图 2-3-38　调质钢焊接热影响区的硬度分布

A—焊前淬火+低温回火

B—焊前淬火+高温回火　C—焊前退火

1—淬火区　2—不完全淬火区　3—回火区

应指出，在焊接接头中，若软化区只是很窄的一层，并处在强体之间（即硬夹软），则它的塑性变形受到相邻强体的约束，受力时将会产生应变强化效应。

如果软化区很宽，失强率较大，只有焊后进行调质处理才能从根本上消除此软化区。

3.3.3　焊接连续冷却转变图及其应用

1. 概述

连续冷却转变图（continuous cooling transformation diagram）是研究钢在热处理和焊接时各种条件下，在连续冷却过程中的相变行为的转变图，简称为 CCT 图。

焊接连续冷却转变图简称焊接 CCT 图，它揭示了焊接热影响和焊缝金属连续冷却时固态相变的规律，已成为研究钢焊接接头固相冶金的重要手段。是分析与推断焊接接头组织与性能，进而评定钢材焊接性的重要工具。

参考文献［37］对焊接 CCT 图的建立和应用作了详细的阐述，并提供典型钢种焊缝金属和焊接热影响区的 CCT 图图谱。参考文献［43］和［46］提供了国产钢材的焊接 CCT 图图谱和资料。本节仅从应用角度对焊接 CCT 图做简要介绍。

焊接 CCT 图分为模拟热影响区 CCT 图（即 SH-CCT 图）和模拟焊缝金属 CCT 图（即 SW-CCT 图）。前者一般是模拟最高加热温度 1350℃ 的焊接热循环所得到的 CCT 图，可以方便地推测出靠近热影响区熔合线部分的组织与性能。而后者是对焊缝金属模拟熔化热循环所得到的 CCT 图，适用于对焊缝金属的组织与性能的分析。由于焊缝金属的 CCT 图很少应用，以至于在文献中遇到的焊接 CCT 图多指焊接热影响区 CCT 图。

建立钢材焊接 CCT 图的方法，当前主要采用焊接热模拟技术（详见第 7 篇第 1 章 1.3.4 节）。利用焊接热模拟试验装置，模拟实际的焊接热循环，对所研究的钢材试件进行加热和冷却。同时利用各种相变测定仪器（如自动快速膨胀仪等）测出该试件冷却过程发生的各种相变，以及试件冷却到室温的维氏硬度值。最后把测定结果制作成能反映该种钢焊缝金属或焊接热影响区（一般是指熔合线附近）金属在各种连续冷却条件下，转变开始温度和终了温度，转变开始时间和终了时间以及转变组织、室温硬度与冷却速度之间关系的曲线图。

必须指出，焊接热影响区 CCT 图只适用于热影响区特定的部分，如果没有说明，一般是指熔合线附近。因此，它不能概括整个焊接热影区的组织与性能的变化。只研究熔合线附近的金属（其最高加热温度一般接近其熔点）的原因是该部位的晶粒很粗大，硬化程度最严重，在许多情况下是产生裂纹和局部脆性破坏的发源地，是人们最关心的部位。

2. 焊接 CCT 图的含义

以低碳锰钢［相当于 Q355（16Mn）］焊接 CCT 图为例（见图 2-3-39）说明图中各种符号及其含义。

（1）坐标

图 2-3-39 中纵坐标表示温度（℃），横坐标表示时间（s）的对数值。冷却时间是从 A_3（该钢为 806℃）开始计测。此图只适用于该钢热影响区上最高加热温度为 1350°的区域。

（2）区域

图 2-3-39 中划分如下各金属组织转变区：

A——奥氏体组织区；

F——铁素体组织转变区，若标 A→F，则表示奥氏体转变为铁素体；

P——珠光体组织转变区，A→P 表示奥氏体转变为珠光体；

B——各种贝氏体组织转变区，A→B 表示奥氏体转变为各种贝氏体；

M——马氏体组织转变区，A→M 表示奥氏体转变为马氏体。

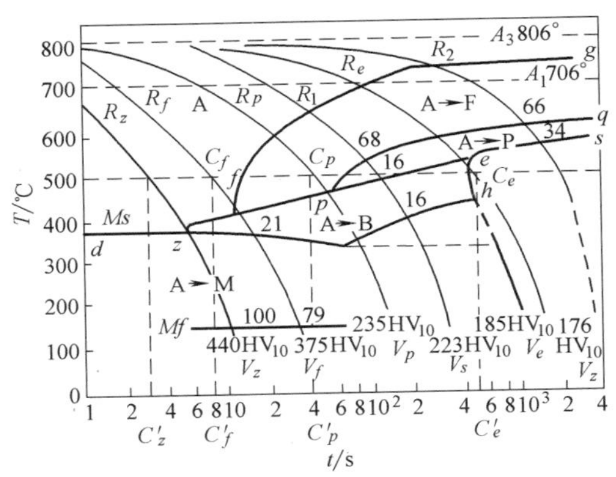

图 2-3-39　低碳锰钢焊接 CCT 图

注：最高加热温度为 1350℃。

（3）曲线

上述各区由下列各曲线进行划分。

f-g 线：从奥氏体中开始析出铁素体的曲线；

p-q 线：从奥氏体中开始析出珠光体的曲线，同时也是铁素体析出结束的曲线；

e-s 线：从奥氏体中析出珠光体结束的曲线；

z-f-p-e 线：从奥氏体中开始析出贝氏体的曲线，其中：*f-p* 也是铁素体析出结束的曲线；*p-e* 也是珠光体析出结束的曲线；*d-z-h*（Ms）线：马氏体开始转变曲线，其中 *z-h* 也是贝氏体转变结束的曲线；

Mf 线：为马氏体转变结束曲线。

R_z、R_f、R_p、R_e、R_1、R_2 等为连续冷却曲线，分别表示以 A_3 作为时间计算起点的不同冷却过程。图中左边曲线的冷却速度大于右边曲线的冷却速度。

（4）数字

在每条连续冷却曲线与组织转变结束曲线相交的地方，若标注有数字，则表示在该冷却曲线的冷却条件下，形成这种组织在金属中的体积分数。在冷却曲线上各交点的数字总和应为 100。

在每条连续冷却曲线的末端，若标注有数字，则表示在该冷却条件下金属在室温时的平均维氏硬度值。有时旁边还注有 HV_{10}，表示载荷约为 10N（1kgf = 9.80665N 下同）的维氏硬度。

举例：若按 R_1 曲线冷却时，首先与 *f-g* 曲线相交，奥氏体开始转变为铁素体；冷却至与 *p-q* 线相交，这时铁素体转变结束，形成铁素体的体积分数 φ(F) = 68%，同时奥氏体开始向珠光体转变；冷却至与 *p-e* 线相交，这时珠光体转变结束，其体积分数 φ(P) = 16%，同时奥氏体开始向贝氏体转变；冷却至与 *z-h* 线相交，贝氏体转变结束，其体积分数 φ(B) =

16%，这时奥氏体全部转变完了。室温时所研究部位的组织为铁素体+珠光体+贝氏体，没有出现马氏体。其平均维氏硬度为 223HV_{10}。

若按 R_2 曲线缓慢冷却，室温下得到 φ(F) = 66% 和 φ(P) = 34%的混合组织，其平均硬度为 176HV_{10}。若按 Rz 曲线冷却，室温时将得到 φ(M) = 100%，其硬度值为 440HV_{10}。

可看出，冷却速度越快，室温硬度就越高。

(5) 临界值

图 2-3-39 中有若干特殊点，其含义如下：

1) z、f、p 分别表示贝氏体、铁素体、珠光体开始转变的最低温度点（即临界点）。

2) 过 z、f、p、e 各点的冷却曲线称为临界冷却曲线，通过这些点的冷却速度：V_e、V_p、V_f、V_z，均为临界冷却速度，它们之间 $V_e<V_p<V_f<V_z$。当实际的冷却速度 $V_{实}>V_z$ 时，该部位金属中将产生 φ(M) = 100%的组织。

3) 各临界冷却曲线与 500℃ 温度作的水平线的交点为 C_e、C_p、C_f 和 C_z，它们在时间坐标上的投影点为 C'_e、C'_p、C'_f 和 C'_z，分别表示从 A_3（806℃）冷却至 500℃ 的临界冷却时间。临界冷却时间具有实用意义。

3. 组织硬度图

组织硬度图是焊接连续冷却转变图的一个补充，它可以更直观地了解在一定的冷却时间下组织的体积分数和硬度值，如图 2-3-40 所示。它是在如图 2-3-39 所示的焊接 CCT 图基础上作出的。纵坐标有两个：一个表示各种组织的体积分数，另一个表示平均维氏硬度值 HV_{10}；横坐标表示从 A_3（Ac_3）冷却到 500℃ 所需时间的对数值。图中：

1——马氏体组织比例曲线；

2——贝氏体组织比例曲线；

3——珠光体组织比例曲线；

4——平均维氏硬度（载荷为 10N）曲线。

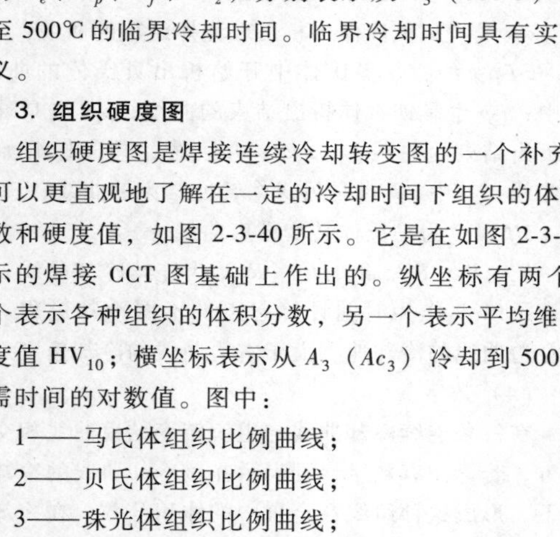

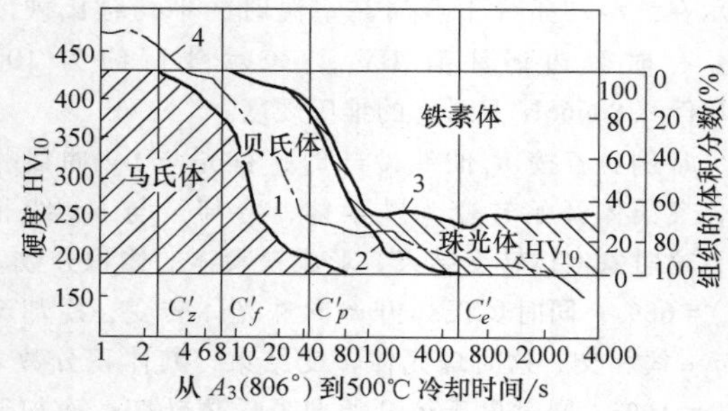

图 2-3-40 组织硬度图

4. 焊接 CCT 图的应用

设计人员在选用母材时，最为关心的是母材在各种焊接条件下热影响区的组织和性能的变化，会不会出现不希望的淬硬、脆化、软化或各种裂纹等问题；工艺人员最为关心的是应采用什么样的焊接参数和措施，才能确保该母材焊后接头符合技术要求。显然，应用焊接 CCT 图最为直观和方便。所以，目前许多国家每生产出一种新钢种都制定出该钢种的焊接热影响区 CCT 图，供设计和工艺人员使用，见参考文献［43］和［44］等。

今以相当于 16Mn 钢的焊接热影响区 CCT 图（见图 2-3-39）为例说明其应用。

(1) 比较钢材间的焊接性

钢材本身的化学成分决定其焊接 CCT 图形，以此就可以估计出焊接热影响区的淬硬倾向。但是必须每个钢材的焊接 CCT 图的模拟焊接热循环的基本条件相同，否则不能进行比较。只需将各种钢材的临界点做比较即能判别它们焊接性的优劣。

例如，临界冷却时间 C'_z、C'_f 和 C'_p 等越小的钢材就具有更好的焊接性能。相当于 CCT 图向左移；Ms 点越高的钢材，越易产生回火马氏体，可以改善马氏体组织的综合性能，不易产生裂纹，焊接性能就越好。

(2) 预先推断焊接热影响区的组织与性能

只要知道焊接热影响区所研究部位的实际冷却时间 $t_{8/5}$（见本篇第 2 章 2.1.4 节），就可以去与该钢种的焊接 CCT 图的临界冷却时间相比较，即能判断所研究部位的组织和硬化倾向，从图 2-3-39 中可以知道以下几点：

1) 当 $t_{8/5}<C'_z$ 时，在焊接热影响区熔合线附近可完全得到马氏体，其硬度大于 440HV_{10}；

2) 当 $C'_z<t_{8/5}<C'_f$ 时，在焊接热影响区熔合线附近可得马氏体+贝氏体组织，其维氏硬度在 375～440HV_{10}之间。

3) 当 $C'_f<t_{8/5}<C'_p$ 时，可得到马氏体+贝氏体+铁素体，其维氏硬度在 235～375HV_{10}之间。

4) 当 $C'_p<t_{8/5}<C'_e$ 时，可得到马氏体+贝氏体+铁素体+珠光体，其维氏硬度在 185～235HV_{10}之间。

5) 当 $t_{8/5}>C'_e$ 时，在焊接热影响区熔合线附近仅得到铁素体+珠光体，其维氏硬度小于 185HV_{10}。

根据 $t_{8/5}$ 也可以在图 2-3-40 中很快查出相应的硬度值和组织的体积分数值。

(3) 评定焊接热影响的冷裂倾向

目前对于低合金高强度钢提出下列冷裂倾向的判据。

1）临界冷却时间判据。较为常用的是：以开始出现铁素体的临界冷却时间作为焊接热影响区冷裂倾向的判据。即当 $t_{8/5}<C_f'$ 时可能产生冷裂纹，否则不产生裂纹。

2）临界组织含量判据。认为用低氢焊条焊接低合金高强度钢，热影响区熔合线附近不产生根部裂纹的临界组织含量如下：

① 对于 $R_m=600MPa$ 的钢，铁素体和贝氏体组织的体积分数要大于40%；

② 对于 $R_m=700MPa$ 的钢，贝氏体组织的体积分数要大于25%；

③ 对于 $R_m=800MPa$ 的钢，贝氏体组织的体积分数要大于10%。

根据焊接的实际冷却速度，从该钢的焊接热影响区CCT图或组织硬度图中查出产生的组织百分比与上述临界组织的值比较，即能大致判断焊接接头产生根部裂纹的可能性。

3）临界硬度值判据。一些国家根据钢的强度级别定出焊接热影响区允许的最高硬度值 H_{max}。如果按实际焊接条件从该钢种焊接热影响区CCT图中查出其平均硬度值 H_{CCT}，两者比较，当 $H_{CCT}\leqslant H_{max}$ 时则不裂。否则，有冷裂倾向。

必须指出，上述三个判据只能是对冷裂倾向的粗略估计，因为每一种判据都忽略了引起冷裂纹的其他因素。

（4）合理制定焊接参数

我们根据设计上对某钢种焊接热影响区组织与性能的要求，从该钢种的焊接CCT图中确定出合适的 $t_{8/5}$，然后根据 $t_{8/5}$ 与焊接热输入的关系（见本篇第2章2.1.4节）确定出初步的焊接参数。再经工艺评定合格后，即可作为焊接该钢种的合理参数。

综上所述，焊接热影响区CCT图是评定金属焊接性的重要工具，也是合理制定焊接参数的重要依据，而且使用十分方便。但是，由于CCT图不是直接从实际焊接热影响区中测定后而建立起来的，而是运用模拟试验技术制定出来的，忽略了实际焊接过程中许多复杂的影响因素。因此，在工程实际工作中还应配合其他试验方法进行综合评定。

第4章 焊接裂纹

4.1 概述

在焊接接头中由于焊接所引起的各种裂纹，统称为焊接裂纹。焊接裂纹在焊缝金属和热影响区中都可能产生，是焊接凝固冶金和固相冶金过程中产生的最为危险的一种缺陷。焊接结构产生的破坏事故大部分都是由焊接裂纹所引起的。

4.1.1 裂纹的危害

焊接裂纹种类繁多，产生的条件和原因各不相同。有些裂纹在焊后立即产生，有些在焊后延续一段时间才产生，甚至在使用过程中，在一定外界条件诱发下才产生。裂纹既出现在焊缝和热影响区表面，也产生在其内部。它对焊接结构的危害有以下几点：

1）减少了焊接接头的工作截面，因而降低了焊接结构的承载能力。

2）构成了严重的应力集中。裂纹是片状缺陷，其边缘构成了非常尖锐的切口。具有高的应力集中，既降低结构的疲劳强度，又容易引发结构的脆性破坏。

3）造成泄漏。用于承受高温高压的焊接锅炉或压力容器，用于盛装或输送有毒的、可燃的气体或液体的各种焊接储罐和管道等，若有穿透性裂纹，必然发生泄漏，在工程上是不允许的。

4）表面裂纹能藏垢纳污，容易造成或加速结构的腐蚀。

5）留下隐患，使结构变得不可靠。延迟裂纹产生的不定期性，以及微裂纹和内部裂纹易于漏检。漏检的裂纹即使很小，在一定条件下也会发生扩展，这些都增加了焊接结构在使用中的潜在危险。若无法监控便成为极不安全的因素。

正是由于上述危害，从焊接工艺应用的早期（20世纪40年代）到近代，在国内外屡屡发生过由焊接裂纹引起的重大事故。例如，焊接桥梁坍塌、大型海轮断裂和各种类型压力容器爆炸等恶性事故。

随着现代钢铁、石油化工、船舰和电力等工业的发展，在焊接结构方面都趋向大型化、大容量和高参数方向发展。有的在低温、深冷和腐蚀介质下工作，都广泛采用各种低合金高强度钢，中、高合金钢，超高强度钢，以及各种合金材料，而这些金属材料通常对裂纹十分敏感。这些重大焊接结构发生事故，往往是灾难性的，必须十分重视。

4.1.2 焊接裂纹的分类及其特点

1. 焊接裂纹的分类

焊接裂纹可以从不同角度进行分类。这里仅从裂纹的分布形态及其产生机理两方面划分。

1）按裂纹的分布形态分。在裂纹产生的区域上可分为焊缝裂纹和热影响区裂纹；在相对于焊道的方向上可分为纵向裂纹和横向裂纹，前者裂纹的走向与焊缝轴线平行，后者与焊缝轴线基本垂直；在裂纹的尺寸大小上可分为宏观裂纹（通常肉眼可见）和微观裂纹；在裂纹的分布上可分为表面裂纹、内部裂纹和弧坑（火口）裂纹；相对于焊缝断面的位置上可分为焊趾裂纹、根部裂纹、焊道下裂纹和层状撕裂等。图2-4-1所示是焊接接头裂纹的分布形态示意图。

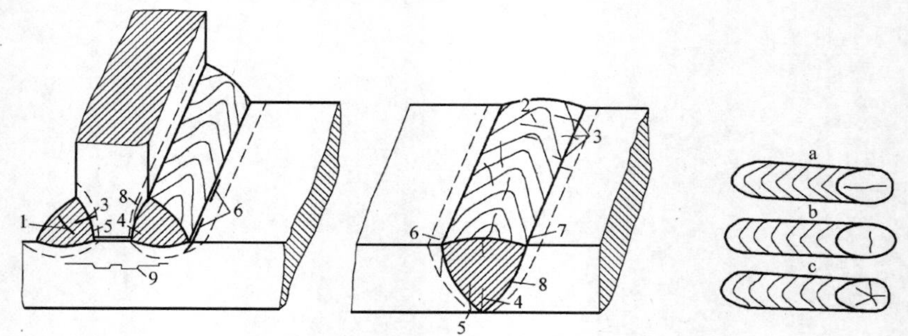

图2-4-1 焊接接头裂纹的分布形态示意图

a—纵向裂纹　b—横向裂纹　c—星形裂纹

1—焊缝中的纵向裂纹与弧形裂纹（多为结晶裂纹）　2—焊缝中的横向裂纹（多为延迟裂纹）
3—熔合区附近的横向裂纹（多为延迟裂纹）　4—焊缝根部裂纹（延迟裂纹、热应力裂纹）
5—近缝区根部裂纹（延迟裂纹）　6—焊趾处纵向裂纹（延迟裂纹）　7—焊趾处纵向裂纹（液化裂缝、再热裂纹）
8—焊道下裂纹（延迟裂纹、液化裂纹、高温低塑性裂纹、再热裂纹）　9—层状撕裂

2）按裂纹产生的机理分。按裂纹产生机理分类能反映裂纹的成因和本质。现归纳为：热裂纹（包括结晶裂纹、液化裂纹和多边化裂纹）、冷裂纹（包括延迟裂纹、淬硬脆化裂纹和低塑性脆化裂纹等）、再热裂纹和层状撕裂和应力腐蚀裂纹 5 类。

2. 焊接裂纹的基本特点

每一类裂纹的主要特征、产生的温度区间、产生的位置、裂纹走向和易于产生的材料，见表 2-4-1。

表 2-4-1 各种裂纹的分类及其基本特点

裂纹分类		基本特征	敏感的温度区间	母材	位置	裂纹走向
热裂纹	结晶裂纹	在结晶后期，由于低熔点共晶形成的液态薄膜削弱了晶粒间的连接，在拉伸应力作用下发生开裂	在固相线温度以上稍高的温度（固液状态）	杂质较多的碳素钢、低中合金钢、奥氏体钢、镍基合金及铝	焊缝上，少量在热影响区	沿奥氏体晶界
	多边化裂纹	已凝固的结晶前沿，在高温和应力的作用下，晶格缺陷发生移动和聚集，形成二次边界，它在高温处于低塑性状态，在应力作用下产生的裂纹	固相线以下再结晶温度	纯金属及单相奥氏体合金	焊缝上，少量在热影响区	沿奥氏体晶界
	液化裂纹	在焊接热循环最高温度的作用下，在热影响区和多层焊的层间发生重熔，在应力作用下产生的裂纹	固相线以下稍低温度	含 S、P 和 C 较多的镍铬高强钢、奥氏体钢和镍基合金	热影响区及多层焊的层间	沿晶界开裂
再热裂纹		在厚板焊接结构消除应力处理的过程中，当热影响区的粗晶区存在不同程度的应力集中时，由于应力松弛所产生附加变形大于该部位的蠕变塑性，则发生再热裂纹	600 ~ 700℃ 回火处理	含有沉淀强化元素的高强钢、珠光体钢、奥氏体钢和镍基合金等	热影响区的粗晶区	沿晶界开裂
冷裂纹	延迟裂纹	在淬硬组织、氢和拘束应力的共同作用下而产生的具有延迟特征的裂纹	在 *Ms* 点以下	中、高碳钢，低、中合金钢以及钛合金等	热影响区，少量在焊缝	沿晶或穿晶
	淬硬脆化裂纹	主要是由淬硬组织，在焊接应力作用下产生的裂纹	*Ms* 点附近	含碳的 NiCrMo 钢、马氏体不锈钢及工具钢	热影响区，少量在焊缝	沿晶或穿晶
	低塑性脆化裂纹	在较低温度下，由于母材的收缩应变，超过了材料本身的塑性储备而产生的裂纹	在 400℃ 以下	铸铁、堆焊硬质合金	热影响区及焊缝	沿晶及穿晶
层状撕裂		主要是由于钢板的内部存在有分层的夹杂物（沿轧制方向），在焊接时产生的垂直于轧制方向的应力，致使在热影响区或稍远的地方，产生“台阶”式层状开裂	约 400℃ 以下	含有杂质的低合金高强度钢厚板结构	热影响区附近	沿晶或穿晶
应力腐蚀裂纹（SCC）		某些焊接结构（如容器和管道等），在腐蚀介质和应力的共同作用下产生的延迟开裂	任何工作温度	碳素钢、低合金钢、不锈钢和铝合金等	焊缝和热影响区	沿晶或穿晶开裂

4.2 焊接热裂纹

在焊接过程中，焊缝和热影响区金属冷却到固相线附近的高温区时所产生的焊接裂纹称为热裂纹。焊接热裂纹可分成结晶裂纹、液化裂纹和多边化裂纹三类。

4.2.1 结晶裂纹

结晶裂纹又称凝固裂纹，是在焊缝凝固过程的后期形成的裂纹。它是生产中最为常见的热裂纹之一。

1. 一般特征

结晶裂纹只产生在焊缝中，多呈纵向分布在焊缝中心，也有呈弧形分布在焊缝中心线两侧，而且这些弧形裂纹与焊波呈垂直分布（见图 2-4-2）。通常纵向裂纹较长、较深，而弧形裂纹较短，较浅。弧坑裂纹亦属结晶裂纹，它产生于焊缝收尾处。

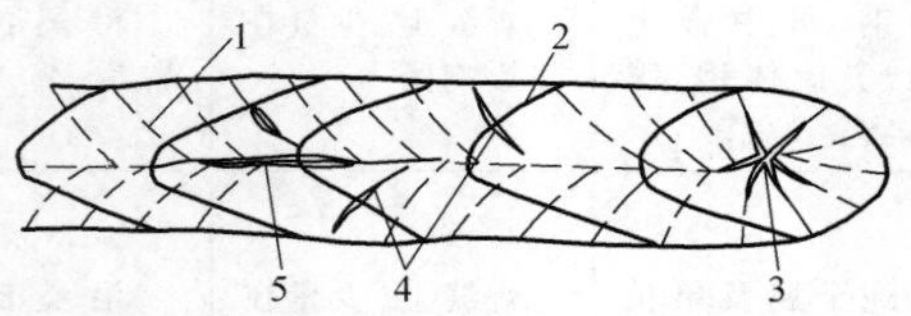

图 2-4-2　结晶裂纹的位置、走向与焊缝结晶方向的关系

1—柱状晶界　2—焊缝表面焊波　3—弧坑裂纹
4—焊缝中心线两侧的弧形结晶裂纹
5—沿焊缝中心线的纵向结晶裂纹

这些结晶裂纹尽管形态、分布和走向有区别，但都有一个共同特点，即所有结晶裂纹都是沿一次结晶的晶界分布，特别是沿柱状晶的晶界分布。焊缝中心线两侧的弧形裂纹是在平行生长的柱状晶晶界上形成的。在焊缝中心线上的纵向裂纹恰好是处在从焊缝两侧生成的柱状晶的汇合面上。

多数结晶裂纹的断口上可以看到氧化的色彩，说明了它是在高温下产生的。在扫描电镜下观察结晶裂纹的断口具有典型的沿晶开裂特征，断口晶粒表面圆滑。

2. 形成机理

从焊接凝固冶金得知，焊缝结晶时先结晶部分较纯，后结晶的部分合杂质和合金化元素较多，这种结晶偏析造成了化学不均匀。随着柱状晶长大，杂质合金化元素就不断被排斥到平行生长的柱状晶交界处或焊缝中心线处，它们与金属形成低熔相或共晶（例如钢中含硫量偏高时，则生成 FeS，便与铁形成熔点只有 985℃的共晶 Fe-FeS)。在结晶后期已凝固的晶粒相对较多时，这些残存在晶界处的低熔相尚未凝固，并呈液膜状态散布在晶粒表面，割断了一些晶粒之间的联系。在冷却收缩所引起的拉伸应力作用下，这些远比晶粒脆弱的液态薄膜承受不了这种拉伸应力，就在晶粒边界处分离形成了结晶裂纹。图 2-4-3 所示是在收缩应力作用下，在柱状晶晶界上和在焊缝中心处两侧柱状晶汇合面上形成结晶裂纹的示意图。

3. 影响因素

影响结晶裂纹的因素可从冶金和力学两方面进行分析。

（1）冶金因素的影响

1）结晶温度区间状态的影响。试验研究表明，合金图中结晶温度区间（即合金相图中液相线到固相线之间的距离）越大，脆性温度区间也越大，产生结晶裂纹倾向越大。在二元合金中，随着第二组元质量分数增加，结晶温度区间及脆性温度区间是增大的，当增大到达某一最大点时，产生裂纹的倾向最大。当第二组元进一步增加时，该结晶温度区间和脆性温度区间反而减小，于是产生结晶裂纹的倾向反而降低了。

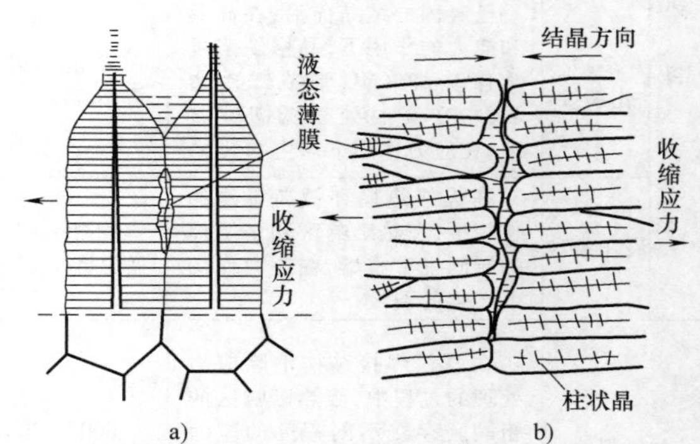

图 2-4-3　收缩应力作用下结晶裂纹形成示意图

a）柱状晶晶界形成裂纹　b）焊缝中心线上形成裂纹

2）合金元素的影响。合金元素对结晶裂纹的影响十分复杂又很重要，而且多种元素相互影响要比单一元素的影响更复杂。

① 硫和磷在各类钢中几乎都会增加结晶裂纹的倾向。在钢的各种元素中硫和磷的偏析系数最大（见表 2-4-2)，所以在钢中都极易引起结晶偏析。同时硫和磷在钢中还能形成多种低熔点化合物或共晶。例如化合物 FeS 和 Fe_3P 的熔点分别为 1190℃ 和 1166℃；它们与 FeO 形成的共晶 FeS-Fe（熔点为 985℃）和 Fe_3P-Fe（熔点为 1050℃）等，它们在结晶期极易形成液态薄膜，故对各种裂纹都很敏感。

表 2-4-2　钢中各元素的偏析系数 *K*（%）

元素	S	P	W	V	Si	Mo	Cr	Mn	Ni
K	200	150	60	55	40	40	20	15	5

② 碳也是影响结晶裂纹的主要元素，并能加剧其他元素的有害作用。由铁碳相图可知，由于含碳增加，初生相可由 δ 相转为 γ 相，而硫、磷在 γ 相中的溶解度比在 δ 相中低很多，硫低 3 倍，磷低约 10 倍。如果初生相或结晶终了前是 γ 相，硫和磷就会在晶界析出，使结晶裂纹倾向增大。

③ 锰具有脱硫作用，能置换 FeS 为球状的高熔点的 MnS（熔点为 1610℃），因而能降低热裂倾向。

为了防止硫引起的结晶裂纹，随着钢中含碳量的增加，则 Mn/S 的比值也应随之增加。当

$w(C)\geqslant 0.1\%$时，Mn/S≥22；

$w(C)=0.11\%\sim 0.125\%$时，Mn/S≥30；

$w(C)=0.126\%\sim 0.155\%$时，Mn/S≥59。

锰、硫、碳在焊缝和母材中常同时存在，在低碳钢中对结晶裂纹的共同影响有如下规律：在一定含碳量的条件下，随着含硫量的增高，裂纹倾向增大；随着含锰量的增多，裂纹倾向下降；随着含碳量的增加，硫的作用加剧。

④ 硅是 δ 相形成元素，少量硅有利于提高抗裂性能。但当 $w(Si)$ 超过 0.4%时，会因形成硅酸盐夹杂而降低焊缝金属的抗裂性能。

⑤ 镍是促进热裂纹敏感性很高的元素，因镍是强烈稳定 γ 相的元素，降低硫的溶解度。此外，如果形成 NiS 或 NiS-Ni，其熔点很低（分别为 920℃ 和 645℃），有利于形成热裂纹。因此，含镍的钢对硫的允许含量要求比普通碳素钢更低。例如，对质量分数为 4%的镍钢要求 $w(S+P)<0.01\%$。

⑥ 最近发现，钛、锆和镧、铈等稀土元素能形成高熔点的硫化物。例如，钛的硫化物 TiS 的熔点约为 2000~2100℃，铈的硫化物 CeS 熔点为 2400℃，它们的效果比锰还好（MnS 熔点为 1610℃），故有消除结晶裂纹的良好作用。

总之，合金元素对结晶裂纹的影响很复杂，为了判断多种化学元素共存时对结晶裂纹的影响，建立了一些定量判据，如临界应变增长率（CST）和热裂纹的敏感系数（HCS）等作为热裂纹倾向的相对判断。详见第 7 篇第 1 章。

3）组织形态的影响。是指一次结晶的组织形态对结晶裂纹的影响。

如果焊缝一次结晶组织的晶粒度越大，结晶的方向性越强，就越容易促使杂质偏析，在结晶后期就越容易形成连续的液态共晶薄膜，增加结晶裂纹的倾向。如果在焊缝或母材中加入一些细化晶粒元素，如：Mo、V、Ti、Nb、Zr、Al 和 RE 等，一方面能使晶粒细化，增加晶界面积，减少杂质的集中。另一方面又打乱了柱状晶的结晶方向，破坏了液态薄膜的连续性，从而提高抗裂性能。

如果一次结晶组织仅仅是与结晶主轴方向大体一致的单相奥氏体（γ），结晶裂纹倾向就很大。如果一次结晶组织为铁素体（δ），或者 γ+δ 同时存在的双相组织，则结晶裂纹的倾向就很小。因为 δ 相有两点良好作用：它比 γ 相能固溶更多的有害杂质而减少有害杂质的偏析；它在 γ 相中的分散存在，可使 γ 相枝晶支脉发展受到限制，从而产生一定的细化晶粒和打乱结晶方向的作用。所以在焊接 18-8 型不锈钢时，可以通过调整母材或焊接材料的成分，使焊缝中存在体积分数约为 5%的 δ 相，形成 γ+δ 双相组织，从而提高焊缝金属的抗裂性能。

（2）力学因素的影响

焊接结晶裂纹具有高温沿晶断裂性质。发生高温沿晶断裂的条件是金属在高温阶段晶间塑性变形能力不足以承受当时所发生的塑性应变量，即

$$\varepsilon \geqslant \delta_{min}$$

式中 ε——高温阶段晶间发生的塑性应变量；

δ_{min}——高温阶段晶间允许的最小变形量。

δ_{min}反映了焊缝金属在高温时晶间的塑性变形能力。金属在结晶后期，即处在液相线与固相线温度附近，有一个所谓“脆性温度区”，在该区域范围内其塑性变形能力最低，参考文献［6］和［119］对此有详细论述。脆性温度区的大小，及区内最小的变形能力 δ_{min}由前述的冶金因素所决定。

ε 是焊缝金属在高温时受各种力综合作用所引起的应变，它反映了焊缝当时的应力状态。这些应力主要是由于焊接的不均匀加热和冷却过程而引起，如热应力、组织应力和拘束应力等。详见第 8 篇第 1 章。与 ε 有关的因素有以下几个。

1）温度分布。若焊接接头上温度分布很不均匀，即温度梯度很大，同时冷却速度很快，则引起的 ε 就很大，极易发生结晶裂纹。

2）金属的热物理性能。若金属的热膨胀系数越大，则引起的 ε 也越大，越易开裂。

3）焊接接头的刚性或拘束度。当焊件越厚或接头受到拘束越强时，引起的 ε 也越大，结晶裂纹也越易发生。

4. 防治措施

防治结晶裂纹可从下列两方面着手。

（1）冶金方面

1）控制焊缝中硫、磷和碳等有害杂质的含量。这几种元素不仅能形成低熔相或共晶，而且还能促使偏析，从而增大结晶裂纹的敏感性。为了消除它们的有害作用，应尽量限制母材和焊接材料中硫、磷和碳的含量。按当前的标准规定：$w(S)$ 和 $w(P)$ 都应小于 0.03%~0.04%。用于低碳钢和低合金钢的焊丝，其 $w(C)$ 一般不得超过 0.12%。用于高合金钢时，$w(S+P)$ 必须控制在 0.03%以下，焊丝中的 $w(C)$ 也要严格限制，甚至要求用超低碳［$w(C)=0.03\%\sim 0.06\%$］焊丝。

重要的焊接结构应采用碱性焊条或焊剂。

2）改善焊缝结晶形态。在焊缝或母材中加入一些细化晶粒元素，如 Mo、V、Ti、Nb、Zr、Al 和 RE 等元素，以提高其抗裂性能；焊接 18-8 型不锈钢时，通过调整母材或焊接材料的成分，使焊缝金属中能获得 γ+δ 的双相组织，通常 δ 相的体积分数控制在 5% 左右。既能提高其抗裂性，又能提高其耐腐蚀性。

3）利用“愈合”作用。晶间存在易熔共晶是产生结晶裂纹的重要原因，但当易熔共晶增多到一定程度时，反而使结晶裂纹倾向下降，甚至消失。这是因较多的易熔共晶可在已凝固晶粒之间自由流动，填充了晶粒间由于拉应力所造成的缝隙，即所谓“愈合”作用。焊接铝合金时就是利用这个道理来研究和选用焊接材料的。通用的 SAlSi—1 焊丝用来焊接铝合金就具有很好的愈合作用。

但须注意，晶间存在过多低熔相常会增大脆性，影响接头性能，故要控制适量。

（2）工艺方面

主要指从焊接参数、预热、接头设计和焊接顺序等方面去防治结晶裂纹。

1）合理的焊缝形状。焊接接头形式不同，将影响到接头的受力状态，结晶条件和热的分布等，因而结晶裂纹的倾向也不同。

表面堆焊和熔深较浅的对接焊缝抗裂性较好，如图 2-4-4a、b 所示。熔深较大的对接焊缝和角焊缝抗裂性能较差，如图 2-4-4c、d、e、f 所示。因为这些焊缝的收缩应力基本垂直于杂质聚集的结晶面，故其结晶裂纹的倾向大。

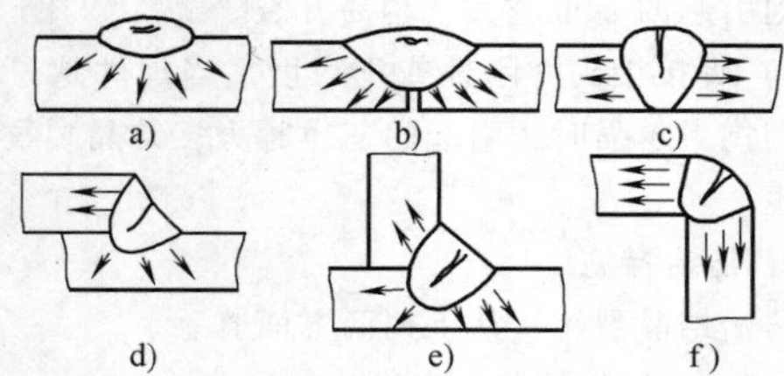

图 2-4-4 焊接接头形式对裂纹倾向的影响

实际上，结晶裂纹和焊缝的成形系数 $\varphi=\dfrac{c}{S}$（如宽深比，c 为熔宽，S 为熔深）有关，如图 2-4-5 所示。

一般，提高焊缝成形系数 φ 可以提高焊缝的抗裂性能。从图中可以看出，当焊缝含碳量提高时，为防止裂纹，应相应提高宽深比。要避免采用 $\varphi<1$ 的焊缝截面形状。

为了控制成形系数，必须合理调整焊接参数。平焊时，焊缝成形系数随焊接电流增大而减少，随电弧

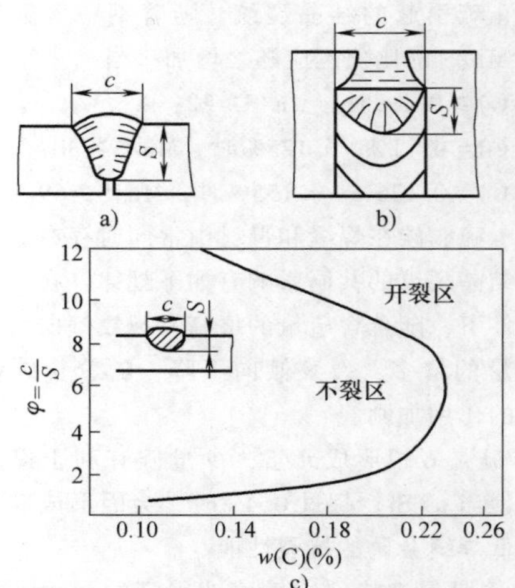

图 2-4-5 焊缝成形系数 φ 对焊缝结晶裂纹的影响

a）电弧焊缝 b）电渣焊缝

c）碳素钢结晶裂纹与成形系数 φ 的关系

[Mn/S≥18，w(S)=0.02%~0.35%]

电压的增大而增大。

焊接速度提高时，不仅焊缝成形系数减小，而且由于熔池形状改变（见图 2-3-29），焊缝的柱状晶呈直线状，从熔池边缘垂直地向焊缝中心生长，最后在焊缝中心线上形成明显的偏析层，增大了结晶裂纹倾向。

2）预热以降低冷却速度。一般冷却速度升高，焊缝金属的应变速率也增大，容易产生热裂纹。为此，应采取缓冷措施。预热对于降低热裂纹倾向比较有效，因为预热改变了焊接热循环，能减慢冷却速度；增加焊接热输入也能降低冷却速度，但提高焊接热输入却促使晶粒长大，增加偏析倾向，其防裂效果不明显，甚至会适得其反。

形成弧坑裂纹的主要原因是它比焊缝本体具有更大的冷却速度；因为它处在焊缝末尾，是液源和热源均被切断的位置。在工艺上填满弧坑和衰减电流收弧能减少弧坑裂纹。

3）降低接头的刚度和拘束度。为了减小结晶过程的收缩应力，在接头设计和装焊顺序方面应尽量降低接头的刚度和拘束度。例如，设计上减小结构的板厚，合理地布置焊缝；在施工上合理安排构件的装配顺序和每道焊缝的焊接先后顺序，尽量避免每条焊缝处在刚性拘束状态焊接，设法让每条焊缝有较大的收缩自由。图 2-4-6 所示为由三块平板用 A、B 两条对接焊缝拼接成一整块板的例子。为了减少焊接应力，防止产生结晶裂纹，最好的装配焊接顺序应当是：先 1 板与 2 板装配，接着焊接 A 缝，然后再装配 3 板，

焊接 B 缝。这样焊接过程三块板不受拘束。最不理想的装配焊接顺序是：先把三块板装配好，并定位焊，然后先焊 B 缝，后焊 A 缝，这种焊接顺序，先焊的 B 缝已把三块板牢牢地固定了，待焊 A 缝时，A 缝的横向收缩就不自由，在 A 缝终端会产生很大的拘束应力而极易出现纵向结晶裂纹。

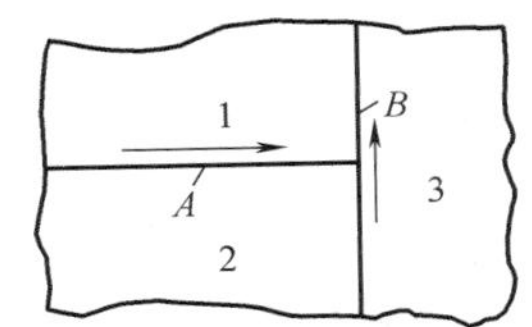

图 2-4-6 具有交叉焊缝的平板拼接

注：箭头表示焊接方向。

用单面自动埋弧焊焊长焊缝时，常产生终端裂纹，其原因与上述例子相似。通常长缝对接焊时，为了防止焊接过程因变形使装配间隙改变和保证焊缝终端的内在质量，焊前在终端处焊有引出板，如图 2-4-7a所示。在这里引出板对焊件起着刚性拘束作用。焊后在焊件终端的焊缝上出现较大的横向拘束应力，导致产生终端裂纹。只需改变引出板的结构和尺寸，如图 2-4-7b 所示，焊前在引出板两侧各开一条通槽再用两段短焊缝连接在焊件终端上，构成弹性拘束，从而缓解了横向拘束应力，避免了焊缝终端开裂。

4.2.2 液化裂纹

1. 基本特征

在母材近缝区或多层焊的前一焊道因受热作用而液化的晶界上形成的焊接裂纹称为液化裂纹。因为是在高温下沿晶断裂，所以它是热裂纹之一。

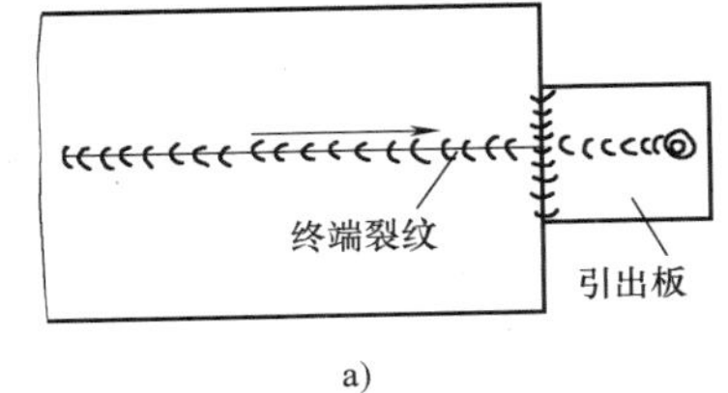

a)

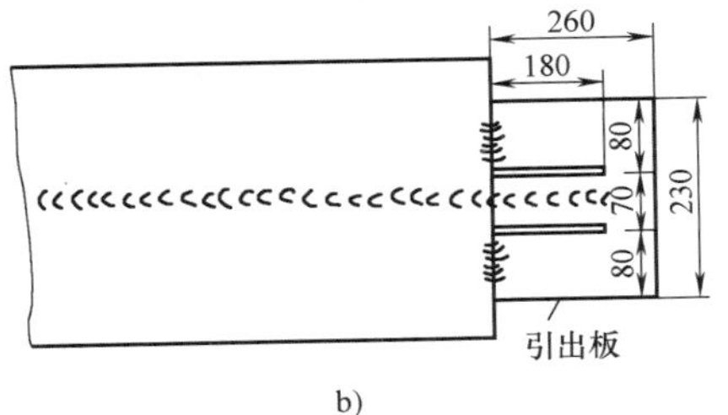

b)

图 2-4-7 引出板与终端裂纹

与结晶裂纹不同，液化裂纹产生的位置是在母材近缝区或多层焊的前一焊道上，如图 2-4-8 所示。近缝区上的液化裂纹多发生在母材向焊缝凹进去的部位，该处熔合线向焊缝侧凹进去而过热严重。液化裂纹多为微裂纹，尺寸很小，一般在 0.5mm 以下，个别达 1mm。主要出现在含有铬和镍等合金元素较多的高强度钢、不锈钢和耐热合金的焊件中。

2. 形成机理

液化裂纹的形成机理在本质上与结晶裂纹相同，都是由于晶间有脆弱低熔相或共晶，在高温下承受不了力的作用而开裂。区别仅在于结晶裂纹是液态焊缝金属在凝固（或结晶）过程中形成的，而液化裂纹则是固态的母材受热循环的峰值温度作用下使晶间层重新熔化后形成的。因此，如果在母材近缝区上或多层焊的前一焊道上，其奥氏体晶界处有元素偏聚，或已形成低熔相或共晶，则在重新受热条件下，这些晶间物体便发生熔化。如果这时受到力的作用就很容易形成液化裂纹。

3. 影响因素与防治措施

对结晶裂纹产生影响的因素也同样对液化裂纹有影响，同样有冶金因素和力学因素。

冶金方面主要是合金元素的影响，对于易出现液化裂纹的高强度钢、不锈钢和耐热合金的焊件，除了硫、磷和碳的有害作用外，也有镍、铬和硼元素的影响。镍是这些钢的主加元素，但它既是强烈的奥氏体形成元素，可显著降低有害元素（硫和磷）的溶解度，引起偏析，又是易与许多元素形成低熔点共晶的元素，故易于引起液化裂纹；当铬的含量不高时，没有不良影响，但当含量高时，也会因不平衡的加热和冷却，在晶界产生偏析，如 Ni-Cr 共晶，熔点为 1340℃，也能增加热裂倾向；硼在铁和镍中的溶解度很小，但只要有微量的硼［如 $w(B)=0.003\%\sim0.005\%$］就能产生明显的晶界偏析。除能形成硼化物和硼碳化物外，还与铁和镍形成低熔点共晶，如 Fe-B 为 1149℃、Ni-B 为 1140℃或 990℃，所以微量硼存在就可能引起液化裂纹。

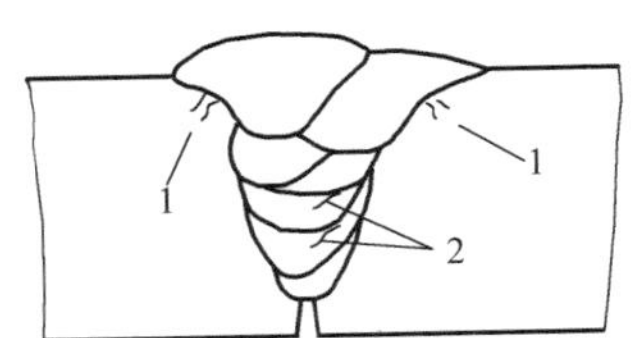

图 2-4-8 液化裂纹出现的位置

1—母材上，位于熔合线凹区 2—多层焊层间过热区

力学方面主要决定于作用在近缝区处热循环的特点以及接头的刚性或拘束度等。具有陡变的温度梯度和能引起快速热应变的条件，是极易引起液化裂纹的。

防治液化裂纹的措施与防治结晶裂纹的一致。最主要的是尽可能降低母材金属中硫、磷、硅和硼等低熔共晶组成元素的含量。如果裂纹发生在多层焊的前一焊道上，则须严格控制焊接材料中上述元素的含量。

在焊接工艺方面不能随便加大焊接热输入，因为热输入越大，输入热量越多，晶界低熔相的熔化越严重，晶界处于液态的时间就越长，液化裂纹的倾向就越大。此外，要通过改变工艺参数去调整和控制焊缝形状，如埋弧焊和气体保护焊，往往因电流密度过大，易得到“蘑菇状”的焊缝，这种焊缝的熔合线呈凹陷状，凹进部位因过热而易形成液化裂纹。

4.2.3 多边化裂纹

1. 主要特征

焊接时在金属多边化晶界上形成的一种热裂纹称为多边化裂纹。它是由于在高温时塑性很低而造成的，故又称为高温低塑性裂纹。这种裂纹多发生在纯金属或单相奥氏体焊缝中，个别情况下也出现在热影响区中。其特点如下：

1）在焊缝金属中裂纹的走向与一次结晶并不一致，常以任意方向贯穿于树枝状结晶中。

2）裂纹多发生在重复受热的多层焊层间金属及热影响区中，其位置并不靠近熔合区。

3）裂纹附近常伴随有再结晶晶粒出现。

4）断口无明显的塑性变形痕迹，呈现高温低塑性开裂的特征。

2. 形成机理

多边化裂纹多发生在焊缝中。焊缝金属结晶时在结晶前沿已凝固的晶粒中萌生出大量晶格缺陷（如空位和位错等），在快速冷却下因不易扩散便以过饱和状态保留在焊缝金属中。在一定温度和应力条件下，晶格缺陷由高能部位向低能部位转化，即发生迁移和聚集，形成了二次边界，又叫多边化边界。对于母材热影响区在焊接热循环作用下，由于热应变，金属中的畸变能增加，也会形成多边化边界。一般情况下，二次边界并不与一次结晶晶界重合，在焊后的冷却过程中，因其热塑性降低，在一定的应力状态下沿多边化的边界产生裂纹。所以，多边化裂纹的走向总是沿高温下点阵迁移形成的新晶界扩展。

3. 影响因素及防治措施

对多边化裂纹形成机理及影响因素目前还缺乏深入研究。初步认为影响多边化裂纹的主要因素是合金成分、应力状态和温度，它们的影响主要表现在形成多边化过程所需的时间上，如果导致多边化的时间越短则裂纹倾向就越大。

研究表明，在 Ni-Cr 系的单相合金中，向焊缝加入 Mo、W、Ti 和 Ta 等元素可有效阻止多边化过程。此外，高温 δ 相存在时，也能阻碍位错移动，故可作为阻止二次边界形成的组织成分，这说明双相金属具有良好的抗多边化裂纹性能。有应力存在能加速多边化的过程，因此，增大应力是不利的。温度越高，形成多边化过程的时间就越短，就越会增加裂纹倾向。

因此，焊接多边化裂纹倾向比较大的金属或合金时，应采用小焊接热输入，尽量加快冷却速度，减小高温停留时间。

4.3 焊接再热裂纹

4.3.1 再热裂纹的发生及其特点

焊后，焊件在一定温度范围内再次受热而产生的裂纹称为再热裂纹。下列两种情况下出现的裂纹都属再热裂纹：

1）有些金属焊后并未发现裂纹，而在焊后消除应力的热处理过程中才出现裂纹。这种裂纹又称消除应力处理裂纹，简称 SR 裂纹。

2）有些焊接结构焊后没有裂纹，而在一定温度条件下长期工作才产生的裂纹。

从裂纹形态、发生部位和发生条件等方面看，再热裂纹有如下特点。

1）只发生在某些金属内。再热裂纹仅在含有一定沉淀强化元素的金属焊件中产生。为了增加钢材的室温或高温强度，常常加入一些沉淀强化元素，如 Cr、Mo 和 V 等，于是这类钢材一般都有再热裂纹倾向。而一般的低碳钢和固溶强化类的低合金高强度钢，如 Q355（16Mn）钢，均无再热裂纹倾向。

2）只发生在某一温度区间。再热裂纹与再热温度和再热时间有关，存在一个再热裂纹的敏感温度区间。对于一般的低合金钢，这温度区间在 500～700℃之间；对于奥氏体不锈钢和一些高温合金钢，在 700～900℃之间，随材料不同而变化。

3）只发生在热影响区粗晶区的晶界上。再热裂纹都发生在焊接热影响区的粗晶部位，裂纹走向是沿熔合线母材侧的奥氏体粗晶晶界扩展，呈晶间开裂。裂纹并不一定连续，有时断续出现，遇到细晶就停止扩展。在母材、焊缝和热影响区的细晶部位均不产生再热裂纹。

4）在焊接区必须同时存在有残余应力和不同程

度的应力集中。

因此，在大拘束焊件或应力集中部位最容易产生再热裂纹。

4.3.2　再热裂纹的形成机理

研究认为，再热裂纹的产生是由于高温下晶界强度低于晶内强度，晶界优先于晶内发生滑移变形，使变形集中在晶界上。当晶界的实际变形量超过了它的塑性变形能力时，就会产生裂纹，即

$$\varepsilon > \varepsilon_c$$

式中　ε——局部晶界的实际塑性变形量；

ε_c——局部晶界的塑性变形能力。

实际的塑性应变主要由焊接接头的残余应力在再加热过程中发生应力松弛而引起，它与接头的拘束度和应力集中有关。而晶界的塑性变形能力，则取决于晶界性质、晶内抗蠕变能力及晶粒大小等因素。由于杂质在晶界偏析而导致晶界塑性变形能力的减弱，将使接头的再热裂纹倾向增大；而当晶内存在沉淀相时，由于晶内抗蠕变能力增大，促使塑性变形更易集中在晶界发展，从而再热裂纹倾向也相应增加。也即再热裂纹的产生是晶界相对弱化或晶内相对强化所造成的。

目前对再热裂纹的机理存在不同理论，各自强调了自己试验范围内所得的结论。如晶界杂质析集弱化理论、晶内二次强化理论和蠕变开裂理论等，还有人认为再热裂纹与回火脆性具有相同机理。

1. 晶界杂质析集的弱化作用

对一些低合金高强度钢再热裂纹的试验研究表明，杂质在晶界析集对产生再热裂纹具有重要作用。在焊接接头再加热到 500～600℃ 的过程中，钢中的 P、S、Sb、Sn 和 AS 等元素都会向晶界析集，大大降低了晶界的塑性变形能力，图 2-4-9 表示了这些元素对钢的塑性变形能力的影响。

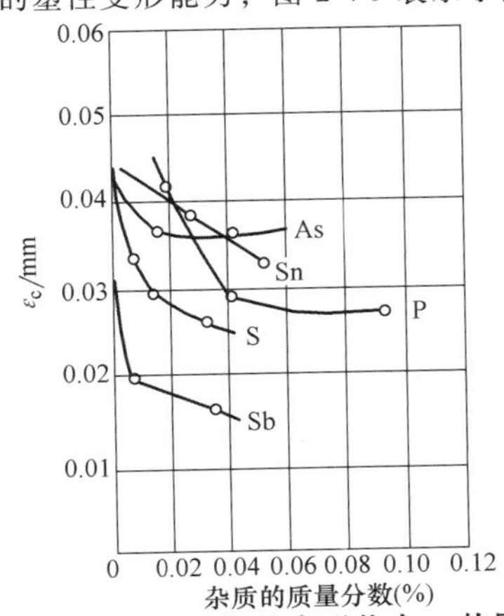

图 2-4-9　杂质对塑性变形能力 ε_c 的影响

（HT80 钢，再热温度为 600℃）

近年国内对 14MnMoNbB 钢的研究发现：微量的硼能明显地提高 Mn-Mo-Nb 系钢的再热裂倾向，这是因碳硼化合物沿晶界析出和聚集，并构成析出网络的结果。它不仅降低晶界的聚合强度和蠕变延性，还为 SR 裂纹提供了形核的核心和裂纹的扩展通道。

2. 晶内沉淀的强化作用

沉淀强化元素 Cr、Mo、V、Ti 和 Nb 等的碳、氮化合物在一次焊接热（高于 1100℃ 时）作用下而固溶，在焊后冷却时来不及充分析出。在二次加热时，这些元素的碳、氮化合物就在晶内沉淀析出，使晶内强化。由于晶内强化的提高，使变形更困难，于是应力松弛引起的塑性变形便集中到晶界上，当晶界的塑性储备不足时，就产生了再热裂纹。

根据晶内强化的观点，人们建立了一些按合金元素的质量分数定量地评估某些低合金钢再热裂纹倾向的经验公式，例如

$$\Delta G = Cr + 3.3Mo + 8.1V - 2$$

当 $\Delta G > 0$ 时，易裂。

$$\Delta G_1 = Cr + 3.3Mo + 8.1V + 10C - 2$$

当 $\Delta G > 2$ 时易裂；当 $\Delta G_1 < 1.5$ 时不易裂。

$$P_{SR} = Cr + Cu + 2Mo + 5Ti + 7Nb + 10V - 2$$

当 $P_{SR} > 0$ 时，易裂。

4.3.3　再热裂纹的影响因素及其防治

1. 冶金因素

主要是钢中的化学成分的影响，其次是晶粒度。

1）化学成分对再热裂纹的影响。各种合金元素对钢的再热裂纹倾向的影响较复杂，随钢种的不同而有差别。图 2-4-10、图 2-4-11、图 2-4-12 和图 2-4-13 所示分别为 Cr、Mo、Cu、V、Nb、Ti 和 C 等元素对不同钢种再热裂纹倾向的影响。

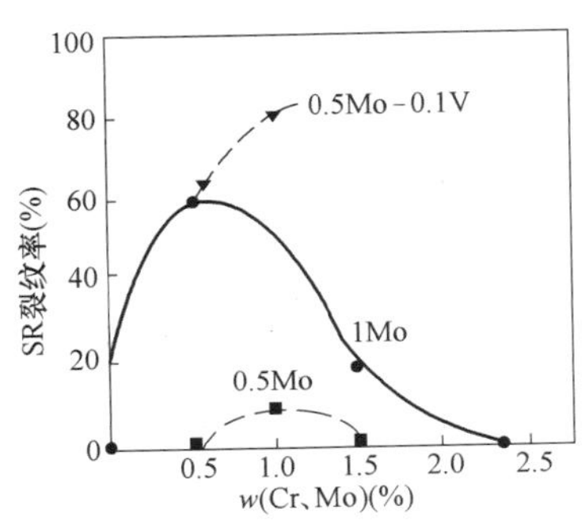

图 2-4-10　钢中 Cr、Mo 含量对 SR 裂纹的影响（620℃，2h）

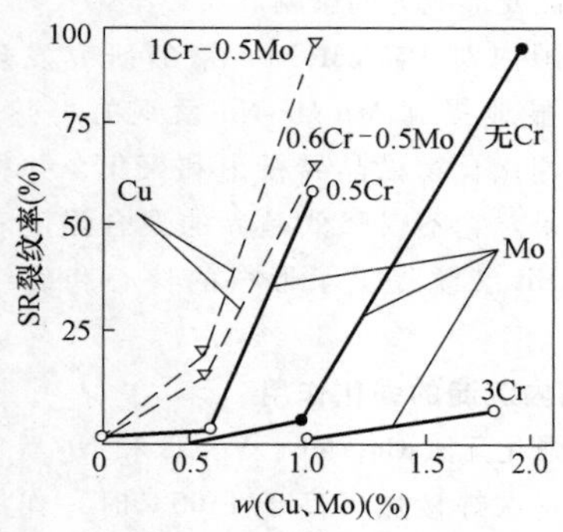

图 2-4-11 钢中 Mo、Cu 对 SR 裂纹的影响（600℃，2h 炉冷）

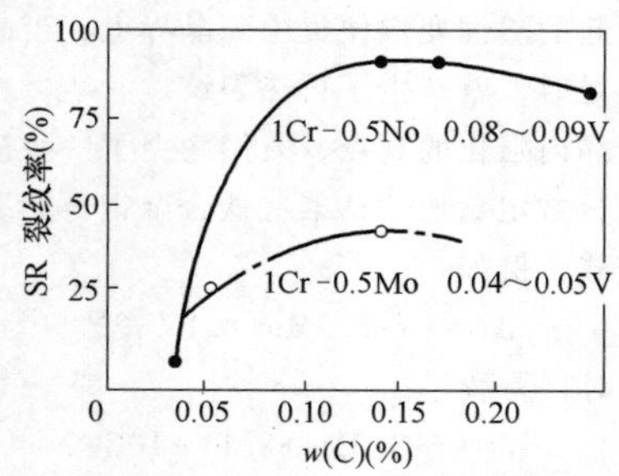

图 2-4-12 钢中 C 对 SR 裂纹的影响（600℃，2h 炉冷）

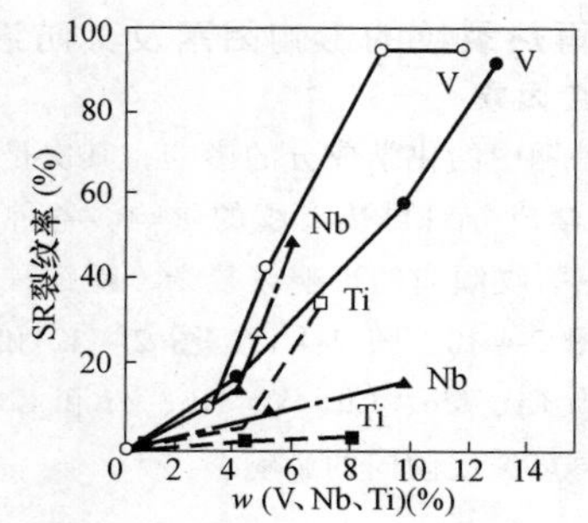

图 2-4-13 钢中 V、Nb、Ti 对 SR 裂纹的影响（600℃，2h 炉冷）

注：1. ●▲■分别表示 0.6Cr-0.5Mo 钢中 V、Nb、Ti 对 SR 裂纹的影响。

2. ○△□分别表示 1Cr-0.5Mo 钢中 V、Nb、Ti 对 SR 裂纹的影响。

从这些图中可以看出：

① 随着钢中沉淀强化元素 Cr、Mo、Cu、V、Nb 和 Ti 等的增加，钢的再热裂纹倾向增大；

② 从图 2-4-10 看出，Cr 的影响较复杂，当铬含量超过一定值后，再热裂纹倾向反而降低；

③ V 对再热裂纹倾向影响最大，如图 2-4-13 所示；

④ 各沉淀强化元素之间的交互作用，会改变某些元素的影响作用，如图 2-4-10 所示，钢中 w(Mo) 越大，Cr 对再热裂纹倾向的影响也越大；

⑤ 碳对再热裂纹倾向影响很大，随着 w(C) 增加，再热裂倾向增大，但达到一定数量后即达饱和就不再增大，如图 2-4-12 所示。

2）钢晶粒度的影响。试验表明高强度钢的晶粒度越大则晶界开裂所需的应力越小，也就越容易产生再热裂纹。此外，钢中的杂质（Sb）越多，也会降低晶界开裂所需的应力。

3）焊接接头不同部位对再热裂纹的影响。对 HT80 钢的焊接接头进行试验，把缺口分别开在不同位置，经 600℃、2h 后再热处理后。发现只有缺口开在粗晶区的接头才发生再热裂纹，而开在母材、焊缝和细晶区等处的均未发现再热裂纹。

2. 工艺因素

1）焊接方法及热输入的影响。焊接方法和热输入对再热裂纹的影响主要表现在增大还是减小过热粗晶区。显然采用焊接热影响区窄的焊接方法，如气体保护焊或等离子弧焊等因其热影响区窄，有的甚至不存在过热粗晶区，则是有利的。大的焊接热输入会使过热区的晶粒粗大，其中电渣焊最为严重。对于一些晶粒长大敏感的钢种，埋弧焊的再热裂纹敏感性比焊条电弧焊时大，但对一些淬硬倾向较大的钢种，焊条电弧焊反而比埋弧焊时的再热裂纹倾向大。

2）焊接材料的影响。选用低匹配的焊接材料，适当降低焊缝金属的强度以提高其塑性变形能力，从而可以减轻近缝区塑性应变集中的程度，缓和焊接接头的受力状态，有利于降低再热裂纹的敏感性。

3）预热和后热的影响。预热是防止再热裂纹的有效措施之一，通常有再热裂纹倾向的钢种也有冷裂纹倾向，所以预热具有同时防止两种裂纹的双重作用。但是为了防止再热裂纹应采取比单纯防止冷裂纹更高的预热温度或配合后热才有效。例如焊接 14MnMoNbB 钢，预热 200℃ 可以防止冷裂纹，但经 600℃、6h 消除应力热处理后便产生了再热裂纹。如果预热温度提高到 270～300℃ 或预热 200℃ 后立即进行 270℃、5h 的后热，这两种裂纹均可防止。

表 2-4-3 为上述常用压力容器用钢防止再热裂纹的预热与后热温度。

4）残余应力和应力集中的影响。焊件若存在较大残余应力，在进行消除应力热处理之前，接头粗晶区就可能存在有微裂纹。在这种情况下，消除应力处理过程中会加速产生再热裂纹。应力集中对再热裂纹影响十分明显，随着应力集中系数的增大，再热裂纹倾向就越大。减少焊接残余应力和消除应力集中源是减少再热裂纹的重要措施。

表 2-4-3　常用压力容器用钢防止再热裂纹的预热与后热温度

试验钢种	板厚/mm	防止冷裂纹的预热温度/℃	防止再热裂纹的预热温度/℃	防止再热裂纹的后热参数
14MnMoNbB	50	200	300	270℃，5h
14MnMoNbB	28	180	300	250℃，2h
18MnMoNb	32	180	220	180℃，2h
18MnMoNbNi	50	180	220	180℃，2h
$2\frac{1}{4}$Cr-Mo	50	180	200	—
BHW35	50	160	210	—

① 改进结构设计，减小接头刚度和消除应力集中因素，必要时，要求焊后在进行消除应力处理之前先消除焊缝余高以减少焊趾的应力集中；

② 提高焊接质量，减少焊接缺陷，防止咬边和未焊透等缺陷；

③ 合理地安排装配和焊接顺序，以减少接头的拘束度，降低残余应力水平；

④ 必要时对焊缝表面重熔，即焊后在消除应力处理之前，利用钨极氩弧焊（TIG）对焊缝表层进行重熔，可以减小接头的残余应力，以降低再热裂纹倾向。

4.4　焊接冷裂纹

4.4.1　冷裂纹的基本特征及其分类

1. 基本特征

焊接接头冷却到较低温度下（对于钢来说，在 *Ms* 温度以下）产生的焊接裂纹统称为冷裂纹。它是焊接中、高碳钢，低合金高强度钢，某些超高强度钢，工具钢，钛合金，以及铸铁等材料易出现的一种工艺缺陷。

冷裂纹可以在焊后立即出现，有时却要经过一段时间，如几小时，几天，甚至更长时间才出现。开始时少量出现，随时间增长逐渐增多和扩展。对于这类不是在焊后立即出现的冷裂纹也称为延迟裂纹，它是冷裂纹中较为常见的一种形态。

冷裂纹多数出现在焊接热影响区，但一些厚大焊件和超高强度钢及钛合金也出现在焊缝上；裂纹的起源多发生在具有缺口效应的焊接热影响区或物理化学不均匀的氢聚集的局部地带；裂纹有时沿晶界扩展，有时是穿晶前进，这要由焊接接头的金相组织、应力状态和氢的含量等决定。较多的是以沿晶为主兼有穿晶的混合形断裂。

裂纹的分布与最大应力方向有关。纵向应力大，则出现横向裂纹；横向应力大，则出纵向裂纹。

2. 分类

焊接生产中由于采用的钢种、焊接材料不同，结构的类型、刚度以及施工的条件不同，可能出现不同形态的冷裂纹。大致上可分为以下几类：

1）淬硬脆化裂纹。又称淬火裂纹，一些淬硬倾向很大的钢种，焊接时即使没有氢的诱发，仅在拘束应力作用下就能导致开裂。焊接含碳量较高的 Ni-Cr-Mo 钢、马氏体不锈钢、工具钢，以及异种钢等都有可能出现这种裂纹。它完全是由于冷却时发生马氏体相变而脆化所造成的，与氢关系不大，基本上没有延迟现象。焊后常立即出现，在热影响区和焊缝上都可产生。

通常采用较高的预热温度和使用高韧性焊条，基本上可防止这类裂纹。

2）低塑性脆化裂纹。它是某些塑性较低的材料，冷却至低温时，由于收缩而引起的应变超过了材料本身所具有的塑性储备或材质变脆而产生的裂纹。例如，铸铁补焊、堆焊硬质合金和焊接高铬合金时，就易出现这类裂纹。通常也是焊后立即产生，无延迟现象。

3）延迟裂纹。已如上述，它是焊后不立即出现，有一定孕育期（又叫潜伏期），具有延迟现象。它决定于钢种的淬硬倾向、焊接接头的应力状态和熔敷金属中扩散氢的含量。氢在这里起着非常特殊的作用。这类裂纹在生产中经常遇到，是本节的重点介绍对象。延迟裂纹按其发生和分布位置的特征可分为三类。

① 焊趾裂纹。裂纹起源于母材与焊缝交界的焊趾处，并有明显应力集中的部位（如咬肉处）。裂纹从表面出发，往厚度的纵深方向扩展，止于近缝区粗晶部分的边缘，一般沿纵向发展，如图 2-4-14 所示。

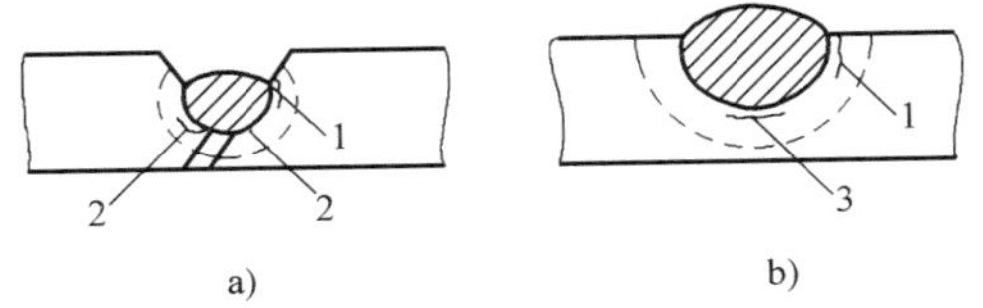

图 2-4-14　三种冷裂纹分布示意图

1—焊趾裂纹　2—根部裂纹　3—焊道下裂纹

② 根部裂纹或称焊根裂纹。裂纹起源于坡口的根部间隙处，视应力集中源的位置与母材及焊接金属的强度水平的不同，裂纹可以起源于母材的近缝区金

属，在近缝区中大体平行于熔合线扩展，或再进入焊缝金属中，也可以起源于焊缝金属的根部，在焊缝中扩展，如图 2-4-14a 所示。

③ 焊道下裂纹。裂纹产生在靠近焊道之下的热影响区内部，距熔合线约 0.1～0.2mm 处，该处常常是粗大马氏体组织。裂纹走向大体与熔合线平行，一般不显露于焊缝表面，如图 2-4-14b 所示。

4.4.2　冷裂纹的形成机理

1. 产生延迟裂纹的三个基本要素

生产实践与理论研究证明：钢材的淬硬倾向、焊接接头中的氢含量及其分布，以及焊接接头的拘束应力状态是形成延迟裂纹的三大要素。当这三大要素共同作用达到一定程度时，在焊接接头上就形成了冷裂纹。

对每一既定成分组合的母材和焊缝金属，其塑性储备是一定的。延迟裂纹产生有一个孕育期，这一时期的长短，决定于焊缝金属中扩散氢的含量与焊接接头所处的应力状态的交互作用。在处于某一应力状态时，焊缝金属中含氢量越高，裂纹的孕育期越短，裂纹倾向就越大；反之，含氢量越低，裂纹孕育期越长，裂纹倾向就越小。当应力状态恶劣，拉应力水平高时，即使含氢量比较低，经过不长的孕育期，也会有裂纹产生。决定延迟裂纹的产生与否，存在一个临界含氢量与临界应力值。当氢低于临界含氢量时，只要拉应力低于强度极限，孕育期将无限长，实际上不会产生延迟裂纹；同样，当拉应力低于临界值，孕育期也无限长，即使含氢量相当高，也不易产生延迟裂纹。

对于淬硬倾向低的钢材，它的塑性储备高，对应力集中不敏感，诱发裂纹所需的临界含氢量与临界应力值都高，所以延迟裂纹的孕育期长，裂纹倾向低。反之，对于淬硬倾向高的钢材，由于塑性变形能力低，金属中容易在缺陷处产生应力集中，诱发延迟裂纹，不仅所需的临界应力低，而且临界含氢量也低，所以裂纹倾向大。

2. 三大要素的作用

上面说明了三大因素之间的有机联系和相互影响。它们各自的作用如下：

(1) 氢的作用

氢是引起高强度钢焊接冷裂纹的重要因素之一，并具有延迟的特征。把由氢而引起的延迟裂纹称为氢致裂纹（hydrogen induced crack）。

氢在钢中分为残余的固溶氢和扩散氢，只有扩散氢对钢的焊接冷裂纹起直接影响。氢在形成冷裂纹过程中的作用与它下面的动态行为有关。

1）氢在焊缝中的溶解。在焊接电弧的高温作用下，焊接材料中的水分、焊件坡口上的油污、铁锈以及空气中的水分，都会分解出氢原子或氢离子，并大量溶入焊接熔池中。从图 2-3-4 中可知氢在铁中的溶解度随温度变化很大，并在凝固点发生突变。由于熔池体积小、冷却快，很快由液态凝固，多余的氢来不及逸出，结果就以过饱和状态存在于焊缝中。

2）氢在焊接区的浓度扩散。焊缝中过饱和状态的氢处于不稳定状态，在含量差的作用下会自发地向周围热影响区和大气中扩散。这种浓度扩散的速度与温度有关，温度很高时，氢很快从焊接接头扩散出去；温度很低时，氢的活动受抑制，因此都不会产生冷裂纹。只有在一定温度区间（约为 -100～100℃）氢的作用才显著，如果同时有敏感组织和应力存在，就会产生冷裂纹。

在预热条件下焊接时，由于在冷裂纹敏感温度区间之上停留时间（t_{100}）较长，大部分氢已在高温下从焊接区逸出，降至较低温度时，残留的扩散氢已不足以引起冷裂纹，这就是预热可防止冷裂纹的原因之一。

3）氢的组织诱导扩散。氢在不同组织中的溶解和扩散能力是不同的，如图 2-4-15 所示。在奥氏体（γ）中氢具有较大的溶解度，但扩散系数较小；在铁素体（α）中氢却具有较小的溶解度和较大的扩散系数。

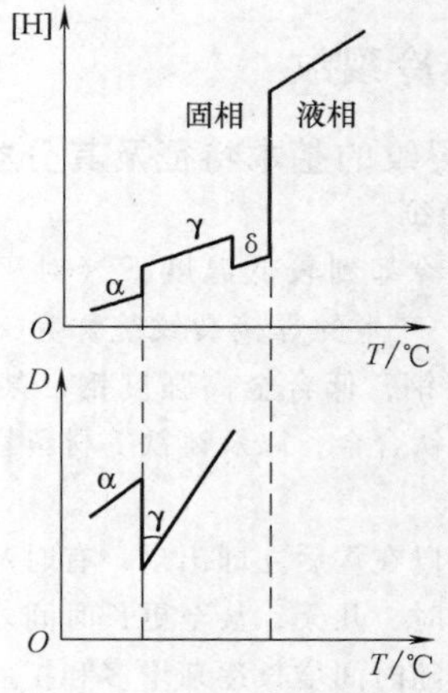

图 2-4-15　氢在钢中的溶解度 [H] 与扩散系数 D 随温度的变化

在焊接过程中，氢原子从焊缝向焊接热影响区扩散的情况如图 2-4-16 所示。通常焊接高强度钢时焊缝金属的含碳量总是控制在低于母材，因此焊缝金属在较高温度（T_{AF}）下就产生相变，即由奥氏体（A）

分解为铁素体（F）和珠光体（P）。此时，热影响区金属因含碳量较高，相变尚未进行，仍为奥氏体（A），当焊缝金属产生相变时，氢的溶解度会突然下降，而氢在铁素体、珠光体中具有较大的扩散系数（见表2-4-4）。因此氢将很快从焊缝向仍为奥氏体的热影响区金属扩散（图2-4-16中的箭头）。奥氏体中氢的扩散系数很小，却有较大的溶解能力，氢的进入就在熔合线附近形成富氢带。当热影响区金属进行相变（T_{AM}）时，即奥氏体（A）向马氏体（M）转变，氢便以过饱和状态残存在马氏体中，促使该处金属进一步脆化而导致冷裂纹。

4）氢的应力诱导扩散。氢在金属中的扩散还受到应力状态的影响，它有向三向拉应力区扩散的趋势。常在应力集中或缺口等有塑性应变的部位产生氢的局部聚集，使该处最早达到氢的临界含量，这就是氢的应力诱导扩散现象。应力梯度越大，氢扩散的驱动力也越大，也即应力对氢的诱导扩散作用越大。

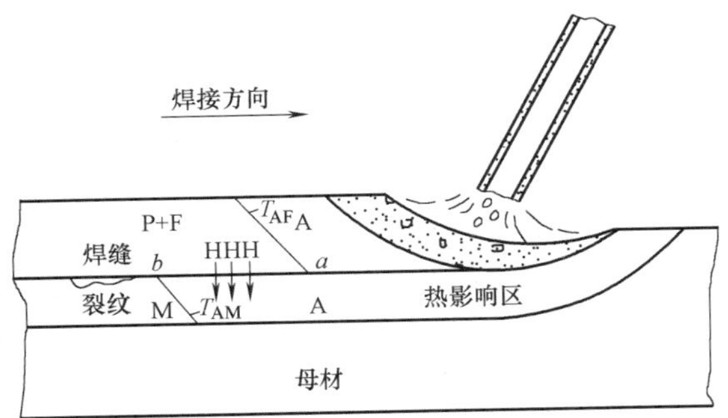

图2-4-16　高强度钢热影响区延迟裂纹的形成过程（箭头表示原子氢扩散方向）

T_{AF}—焊缝奥氏体相变等温面　T_{AM}—热影响区奥氏体相变等温面　a，b—熔合线

表2-4-4　氢在不同组织内的扩散系数 D

参数	铁素体、珠光体	索氏体	屈氏体	马氏体	奥氏体
扩散系数 $D/cm^2 \cdot s^{-1}$	4.0×10^{-7}	3.5×10^{-7}	3.2×10^{-7}	7.5×10^{-7}	2.4×10^{-11}
表面饱和浓度 $Co/cm^3 \cdot (100g)^{-1}$	40	32	26	24	—

综上所述，焊接接头金属中氢的扩散行为，从高温到低温受不同机理控制。在液相与固相并存时期存在着含量扩散；在焊后冷却过程中不同温度范围存在着应力诱导扩散；以及在冷却转变时存在着组织诱导扩散。使氢向热影响区的熔合线附近，特别是向其中的应力集中部位扩散、聚集。当这些部位的氢含量达到一定的临界含量值时，就会诱发冷裂纹。氢的扩散有一定速度，聚集到临界含量就需要时间，这就是在宏观上表现为焊后到产生冷裂纹要有一定的潜伏期（孕育期），即冷裂纹具有延迟开裂的特征。

（2）组织的作用

钢材的淬硬倾向越大或马氏体数量越多，越容易产生冷裂纹。这是因为马氏体是碳在α-Fe中的过饱和固溶体，它是一种硬脆组织，发生断裂只需消耗较低的能量。但是不同化学成分和形态的马氏体组织的冷裂敏感性不同，如果出现的是板条状低碳马氏体，则因其 Ms 点较高，转变后有自回火作用，它既有较高的强度又有足够的韧性，其抗裂性能优于含碳量较高的片状孪晶马氏体。孪晶马氏体不仅硬度很高，韧性也很差，对冷裂纹特别敏感。

经大量试验获得各种组织对冷裂纹的敏感性由小到大排列的顺序如下：

铁素体（F）—珠光体（P）—下贝氏体（B_L）—低碳马氏体（M_L）—上贝氏体（B_u）—粒状贝氏体（B_g）—岛状M-A组元—高碳孪晶马氏体（M_u）。

冷裂纹常起源于热影响区的粗晶区域，这是由于晶粒粗大，能显著降低相变温度，同时也使晶界上偏析物增多，因而使该区冷裂倾向增大。此外，在淬硬组织中具有更多的晶格缺陷，如空位和位错等。在应力作用下这些缺陷会发生移动和聚集，当它们汇集到一定尺寸，就会形成裂纹源，并进一步扩展成宏观裂纹。

因此，组织对冷裂纹敏感性的影响可归结为：粗大孪晶马氏体的形成、晶界夹杂物的聚集，以及高的晶格缺陷密度均促使冷裂纹倾向增大。

（3）应力的作用

焊接接头的应力状态是引起冷裂纹的直接原因，而且还影响到氢的分布，加剧氢的不利影响。焊接接头的应力状态是由热应力、组织应力和拘束应力叠加的结果。

1）热应力。是由焊接不均匀加热及冷却过程产生的。在接头上不同位置的热应力其方向与大小是随焊接热循环而变化，加热时的应力是由局部金属膨胀所引起，冷却时则是因局部金属收缩所引起。冷却后在接头上留存着残余应力，它的大小及分布决定于母材和填充金属的热物理性质、温度场以及结构的刚度等，其最大值可达母材的屈服强度 σ_s，详见第8篇第1章。

2）组织应力。又叫相变应力，是因金属发生局部相变而引起。高强度钢奥氏体分解时，析出铁素体、珠光体和马氏体等组织，由于它们具有不同的膨胀系数（见表 2-4-5），引起了局部体积变化，从而产生组织应力。

表 2-4-5　钢的不同组织的物理性质

物理性质	组织类别				
	奥氏体	铁素体	珠光体	马氏体	渗碳体
比体积/$cm^3 \cdot g^{-1}$	0.123~0.125	0.127	0.129	0.127~0.131	0.130
线胀系数/$10^{-6} \cdot ℃^{-1}$	23.0	14.5	—	11.5	12.5
体胀系数/$10^{-6} \cdot ℃^{-1}$	70.0	43.5	—	35.0	37.5

3）拘束应力。这里指的是接头受到外部刚性拘束，焊件收缩不自由而引起的应力。它的大小与结构的厚度和拘束度等有关。

拘束度就是焊接接头（或结构）焊接变形受阻的程度。为建立外拉伸拘束度的概念，日本焊接学者用两端固定的对接接头进行焊接，以此作为力学模型（见图 2-4-17a），对其进行受力分析。

如果该接头两端不固定，即在没有外拘束下焊接，则焊完冷却后接头将有 S 的横向收缩变形。当在两端被刚性固定下焊接时，则焊完冷却后就不可能出现 S 的收缩变形，于是接头内单位焊缝长度上引起反作用力 P。P 使接头拉伸，其拉伸变形量就等于 S，它包括母材的伸长 λ_b 和焊缝的伸长 λ_w（见图 2-4-17b），即

$$S=\lambda_b+\lambda_w$$

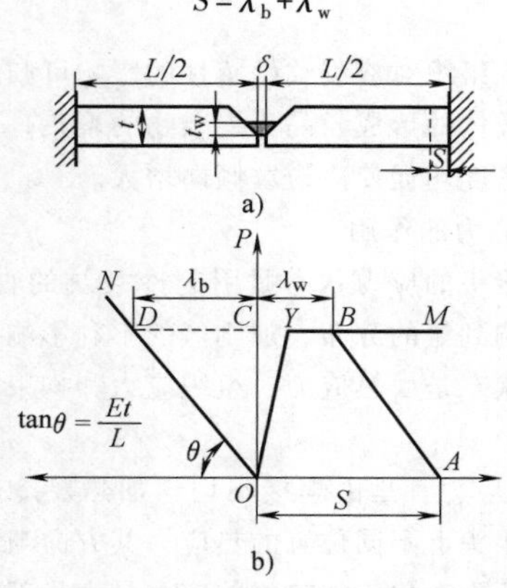

图 2-4-17　对接接头受拉伸拘束的力学模型

a）两端固定的对接接头　b）拘束力与变形的关系

当板厚 t 相对于焊缝厚度 t_w 相当大时，即使是焊缝中的平均反作用应力 σ_w 超过了它的屈服极限 σ_{ws}，母材仍会处于弹性范围内。因此，按图 2-4-17b 所示拘束力和变形之间的关系可得

$$\tan\theta=\frac{OC}{DC}=\frac{P}{\lambda_b}$$

因　$$\frac{P}{t}=E\frac{\lambda_b}{L}$$

所以　$$\frac{P}{\lambda_b}=E\frac{t}{L}$$

于是　$$\tan\theta=E\frac{t}{L}=R \qquad (2\text{-}4\text{-}1)$$

式中　R——母材对反作用的刚度，即拘束度（N/mm · mm）；

E——母材的弹性模量（MPa）；

t——焊件厚度（mm）；

L——接头的拘束距离（mm）。

由式（2-4-1）所表达的关系可知，拘束度的定义是，单位长度焊缝的根部间隙产生单位长度的弹性位移所需的力。它与板厚 t 成正比，而与拘束距离 L 成反比，即拘束距离越小和板厚越大时，则拘束度 R 的值就越大。当 R 值大到某一程度，就产生裂纹，此时的拘束度称为临界拘束度 R_{cr}。

受到拉伸拘束力作用的接头，必然产生拘束应力，其大小与拘束度密切相关。在许多情况下，两者成直线关系，如图 2-4-18 所示。据此，可以整理出如下简单的表达式

$$\sigma=mR \qquad (2\text{-}4\text{-}2)$$

式中　σ——厚板对接接头的拘束应力（$N \cdot mm^{-2}$）；

m——拘束系数，它与材料热物理性能、接头的坡口形式等因素有关。对于常用的低碳钢和普通低合金高强度钢焊条电弧焊，$m=3\sim5\times10^{-2}$。只要求出接头的拘束度，就可以按式（2-4-2）大致估计焊接接头的拘束应力水平。

图 2-4-18 表示了接头的拘束度与拘束应力的关

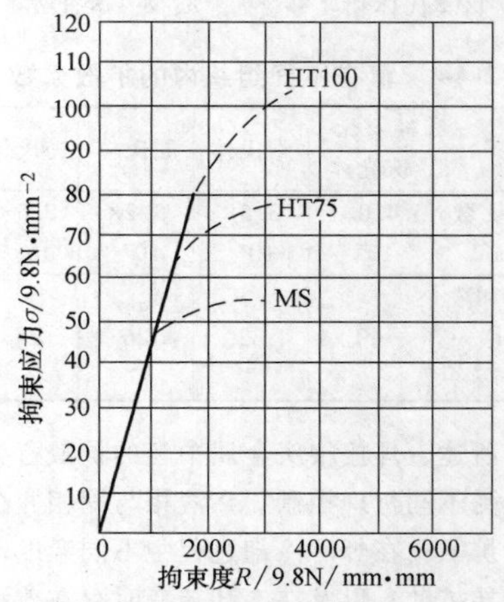

图 2-4-18　几种钢拘束度 R 与拘束应力 σ 的关系

系，从图中可以看出，在弹性范围内，拘束应力和拘束度成正比。也可把热应力和组织应力看成是内拘束应力，因为它们都是焊件内部自相制衡而产生的应力，它们和外拘束应力共同对冷裂纹的形成产生影响。

3. 三大要素综合影响的评定

在实际焊接中需要有反映出材料淬硬组织（或化学成分）、扩散氢和应力三大要素同时对冷裂纹发生影响的定量关系。国内外学者通过大量插销试验，建立了临界断裂应力计算公式，这些公式较好地反映了这三大要素之间的联系和对冷裂纹的影响。这里的临界断裂应力实质上就是临界拘束应力，所以还可用此临界断裂应力作为是否产生冷裂纹的判据。

（1）日本溶接学会推荐公式

$$\sigma_{cr}=(86.3-211P_{cm}-28.2([H]+1)+2.73t_{8/5}+9.7\times10^{-3}t_{100})\times9.8 \quad (2\text{-}4\text{-}3)$$

其中 $P_{cm}=w(C)+\frac{w(Si)}{30}+\frac{w(Mn+Cu+Cr)}{20}+\frac{w(Ni)}{60}+\frac{w(Mo)}{15}+\frac{w(V)}{10}+5w(B)$

式中 σ_{cr}——插销试验的临界断裂应力（MPa）；

P_{cm}——合金元素的裂纹敏感系数（%）；

[H]——按日本标准甘油法测定的扩散氢含量 $[mL\cdot(100g)^{-1}]$；

$t_{8/5}$——熔合区附近从800℃到500℃的冷却时间（s）；

t_{100}——熔合区附近从最高温度（约为1350℃）到100℃的冷却时间（s）。

（2）天津大学张文钺等人推荐公式

$$\sigma_{cr}=[132.3-27.5\lg([H]+1)-0.216HV+0.0102t_{100}]\times9.8 \quad (2\text{-}4\text{-}4)$$

式中 [H]——按GB/T 3965—2012中所述的甘油法测定的扩散氢含量 $[mL\cdot(100g)^{-1}]$；

HV——热影响区的平均最大维氏硬度。

以上两个计算公式的应用范围见表2-4-6。

表2-4-6 两个临界断裂应力公式的应用范围

参 数	式(2-4-3)	式(2-4-4)
$[H]/mL\cdot(100g)^{-1}$	1~5	0.55~11.0
P_{cm}(%)	0.16~0.28	0.238~0.336
HV	—	300~475
t_{100}	—	40~1420
相关系数 R	0.91	0.97

如果能通过试验或计算得出实际焊接结构（如船舶、桥梁和压力容器等）焊接接头的拘束应力 σ，就可以与由式（2-4-3）或式（2-4-4）计算出的临界断裂应力 σ_{cr} 作比较。当 $\sigma_{cr}>\sigma$ 时，不裂。

4.4.3 冷裂倾向的判据

如何根据焊接结构的材料、结构和工艺特点去判断其冷裂倾向或其敏感性，是焊接工作者最关心的问题，因为它是评定金属材料焊接性的重要依据。

许多学者根据生产经验和各自试验研究的结果，总结出许多用于评估金属材料焊接冷裂倾向的判据。归纳起来有单因素判据和综合性判据两类。单因素判据只强调某主要方面的影响因素，如主要考虑钢材化学成分影响的碳当量法，主要考虑焊接热影响区淬硬程度的最高硬度法，以及焊接接头产生冷裂纹时的临界冷却时间（或速度）法、临界含氢量法和临界拘束度法等。这些方法使用起来较为简便，但往往不够全面。综合判据则同时考虑多种因素的影响，如临界拘束应力法和临界冷裂纹敏感性指数法等。综合判据虽能较全面地反映实际情况，但应用和计算较为复杂。这里简单介绍下面几种，无论哪一种判据都是在一定范围内适用。

1. 单因素的判据

（1）碳当量（CE）

钢材的淬硬倾向越大或马氏体组织数量越多，越容易产生冷裂纹。钢中的碳元素是引起淬硬组织的关键合金元素，因此根据钢材化学成分与焊接热影响区淬硬性的关系，把钢中合金元素（包括碳）的含量，按其作用换算成碳的相当含量（以碳的作用系数为1）作为粗略地评定钢材的冷裂倾向的一个参考指标。有各种碳当量计算的经验公式，这里介绍国际焊接学会（IIW）推荐的计算公式。

$$CE_{IIW}=w(C)+\frac{w(Mn)}{6}+\frac{w(Cr+Mo)}{5}+\frac{w(Ni+Cu)}{15}$$

此式适用于中高强度（$R_m=500\sim900$MPa级）非调质高强度钢。当 $CE_{IIW}<0.45\%$ 时，厚度在25mm以内的钢板焊接时不预热，也不会裂。

与此类似，还有美国和日本等焊接学会推荐的碳当量计算公式，详见第七篇第1章1.3.1。

（2）临界冷却时间 C_f'

前面第3章第3.3.3节曾提出在热影响区熔合线附近从 A_3 冷却至500℃开始出现铁素体组织的临界时间 C_f' 可以作为焊接热影响区冷裂倾向的判据，即

当 $t_{8/5}<C_f'$ 时，可能产生冷裂纹

C_f' 可利用所研究的钢种的焊接热影响区CCT图确定，也可利用下列经验公式进行估算

$$\log C_f'=5.8CE_F-0.83$$

式中

$$CE_F = w(C) + \frac{w(Si)}{295} + \frac{w(Mn)}{14} + \frac{w(Ni)}{67} + \frac{w(Cr)}{16} + \frac{w(Mo)}{6} + \frac{w(V)}{425}$$

上式适用于强度 $R_m = 500 \sim 600\text{MPa}$ 的低碳钢和低合金钢，其成分范围为：$w(C) = 0.07\% \sim 0.20\%$，$w(Si) = 0.01\% \sim 0.54\%$，$w(Mn) = 0.37\% \sim 1.49\%$，$w(Ni) = 0\% \sim 3.58\%$，$w(Cr) = 0\% \sim 1.58\%$，$w(Mo) = 0\% \sim 0.55\%$，$w(V) = 0\% \sim 0.18\%$，$w(B) = 0\% \sim 0.005\%$。

$t_{8/5}$ 是该钢种焊接热影响区内从 800℃冷却到 500℃的冷却时间，可通过实测或按本篇第 2 章 2.1.4 计算。

(3) 临界含氢量 $[H]_{cr}$

延迟裂纹与接头中的含氢量关系很大，高强度钢焊接接头中的含氢量越多，则裂纹倾向越大。当由于氢扩散、聚集，使接头中局部地区的含氢量达到某一数值而产生裂纹时，则此含氢量即为产生冷裂纹的临界含氢量 $[H]_{cr}$。

临界含氢量 $[H]_{cr}$ 与钢的化学成分、刚度、预热温度，以及接头的冷却条件等有关，如图 2-4-19 所示是钢的碳当量与临界含氢量的关系，临界含氢量随着钢中碳当量的增加而减小。

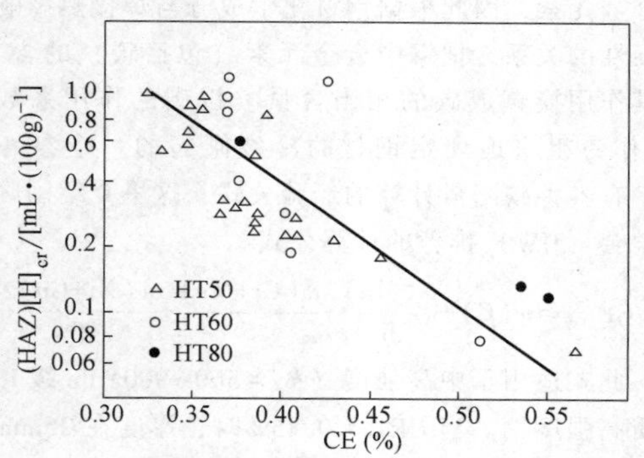

图 2-4-19 碳当量与临界含氢量的关系

当实际热影响区的含氢量 $[H]$ 大于或等于 $[H]_{cr}$ 时，就可能产生冷裂纹。

(4) 临界拘束度 R_{cr}

前已述及，对接接头的拘束度 R 随板厚 t 增加而增大，随拘束距离 L 的增大而减小。当拘束度增大到某一数值时，接头出现裂纹，此时的拘束度 R 值称为临界拘束度 R_{cr}。焊接接头的临界拘束度 R_{cr} 值越大，说明该接头的冷裂敏感性越小。如果实际结构的拘束度为 R，则不产生冷裂纹的条件是

$$R_{cr} > R$$

表 2-4-7 为几种结构钢的临界拘束度（RRC 试验的结果），从表中看出，随着钢种强度级别的提高，其临界拘束度降低，产生冷裂的倾向大。

表 2-4-7 几种结构钢的临界拘束度（RRC 试验）

钢种	CE(%)	P_{cm}(%)	R_{cr}(N/mm·mm)
低碳钢	0.35	—	11400~14000
HT50	0.37	0.210	10000~11000
HT60	0.38	0.214	8460~9400
HT70	0.68	0.343	7000~7600

注：$CE = w(C) + \frac{w(Mn)}{6} + \frac{w(Si)}{24} + \frac{w(Ni)}{40} + \frac{w(Cr)}{5} + \frac{w(Mo)}{4} + \frac{w(V)}{14}$。

2. 综合性判据

(1) 临界拘束应力 σ_{cr}

已如上节所述，冷裂纹的产生实际上是钢材的化学成分、接头的扩散氢含量及接头拘束度三方面的因素综合作用的结果。临界拘束应力 σ_{cr} 就是评定冷裂倾向的一种综合性判据，当 $\sigma_{cr} > \sigma$ 时，不裂。

临界拘束应力 σ_{cr} 通过后面第 7 篇第 1 章所述的 TRC、RRC 或插销试验测定，也可用经验公式（2-4-3）或式（2-4-4）估算；焊接接头实际的拘束应力 σ 可通过试验或按式（2-4-2）来确定。

(2) 冷裂纹临界敏感性指数 P_{cr}

日本伊藤等人对强度 $R_m = 500 \sim 1000\text{MPa}$ 的钢种进行大量斜 Y 形坡口裂纹试验，建立了上述三方面因素与根部裂纹敏感性的关系式，即

$$P_c = P_{cm} + \frac{[H]}{60} + \frac{\delta}{600} \text{（适用于斜 Y 形坡口试样）}$$

$$P_w = P_{cm} + \frac{[H]}{60} + \frac{R}{400000} \text{（适用于较大的焊接结构）}$$

其中 $$P_{cm} = w(C) + \frac{w(Si)}{30} + \frac{w(Mn)}{20} + \frac{w(Cu)}{20} + \frac{w(Ni)}{60} + \frac{w(Cr)}{20} + \frac{w(Mo)}{15} + \frac{w(V)}{10} + 5w(B)$$

式中 P_c，P_w——裂纹敏感性指数；

P_{cm}——裂纹敏感性系数，又称钢材合金元素的碳当量（%）；

$[H]$——JIS 测氢法的熔敷金属扩散氢含量 $[\text{mL} \cdot (100\text{g})^{-1}]$；

δ——板厚（mm）；

R——拘束度（$\text{N} \cdot \text{mm}^{-2}$），可按表 2-4-8 查得。

公式适用范围：$w(C) = 0.07\% \sim 0.22\%$，$w(Si) < 0.60\%$，$w(Mn) = 0.40\% \sim 1.40\%$，$w(Cr) < 1.20\%$，$w(Cu) < 0.50\%$，$w(Ni) \leqslant 1.20\%$，$w(Mo) \leqslant 0.70\%$，$w$

(V) ≤0.12%，w(B) ≤0.005%，w(Ti) ≤0.05%，w(Nb) ≤0.04%，δ=19~50mm，[H]=1.0~5.0 mL·$(100g)^{-1}$。

如果其结构产生冷裂纹的临界敏感指数为 P_{cr}，则可作为冷裂倾向判据，当 P_c（或 P_w）< P_{cr} 时，不裂。

表 2-4-8　实际结构焊接接头拘束度

接头位置		板厚 δ/mm	拘束系数 K_1/N·mm^{-3}	拘束度 R/N·mm^{-2}	备　注
船体体构	横隔板	16	1000	16072	焊缝长 l=80mm，断续定位焊
	纵隔板	13.5	911	12348	
	船侧外板	20	431	8624	
	船底板	28	274	7644	
上甲板		32	392	12544	—
下甲板		32	372	11956	
船体体构	甲板	30	284	8624	连续焊
	纵桁	30	176	5390	
	横桁	30	127	3724	
桥梁箱型梁角缝		50~75	157	8820	焊缝长 l=100mm，断续焊
		50~75	676	33732	
		50~75	666	33516	
		50~75	392	19404	
球形容器	赤道带纵缝	32	392	12740	焊缝长 l=80mm，断续定位焊
	赤道带环缝	32	304	9800	连续焊
	两极带环缝	32	794	25480	
	极板	32	647	20580	

4.4.4　防止冷裂纹的措施

主要是对影响冷裂纹的三大要素进行控制，如改善接头组织、消除一切氢的来源和尽可能降低焊接应力。常用措施主要是控制母材的化学成分、合理选用焊接材料和严格控制焊接工艺，必要时采用焊后热处理等。

1. 控制母材的化学成分

从设计上首先应选用抗冷裂性能好的钢材，把好进料关。尽量选择碳当量 CE 或冷裂纹敏感系数 P_{cm} 小的钢材，因为钢种的 CE 或 P_{cm} 越高，淬硬倾向越大，产生冷裂纹的可能性越大。碳是对冷裂纹倾向影响最大的元素，所以近年来各国都在致力于发展低碳、多元合金化的新钢种。例如发展了一些无裂纹钢（CF 钢），这些钢具有良好的焊接性，对中、厚板的焊接也无须预热。

2. 合理选择和使用焊接材料

主要目的是减少氢的来源和改善焊缝金属的塑性和韧性。

（1）选用低氢和超低氢焊接材料

碱性焊条每百克熔敷金属中的扩散氢含量仅为几毫升，而酸性焊条可高达几十毫升，所以碱性焊条的抗冷裂纹性能大大优于酸性焊条。对于重要的低合金高强度钢结构的焊接，原则上都应选用碱性焊条。

可以把焊条按扩散氢含量划分为控氢焊条和非控氢焊条两大类，控氢焊条又分成中氢、低氢和极低氢三种，见表 2-4-9。

表 2-4-9　焊条按扩散氢含量分类

焊条分类		扩散氢含量/mL·$(100g)^{-1}$	
		$[H]_{ISO}$	相当于 $[H]_{JIS,GB}$
非控氢焊条	高氢	>15	>9
控氢焊条	中氢	≤15，但>10	≤9，但>5.5
	低氢	≤10，但>5	≤5.5，但>2
	极低氢	≤5	≤2

注：$[H]_{ISO}$——按国际标准水银法测定的扩散氢含量；
$[H]_{JIS,GB}$——按日本和中国标准甘油法测定的扩散氢含量；
$[H]_{JIS,GB}=0.64[H]_{ISO}-0.93$[mL·$(100g)^{-1}$]。

我国对碳素钢和低合金钢用焊条的熔敷金属扩散氢含量已作出规定，见表 2-4-10。生产焊条的厂家出产的焊条都应符合此标准的规定，含量越低越好。对于重要的焊接结构，尽量选用扩散氢含量小于 2mL·$(100g)^{-1}$ 的超低氢焊条。

（2）严格烘干焊条或焊剂

焊条和焊剂要妥加保管，不能受潮。焊前必须严格烘干，使用碱性焊条更应如此。随着烘干温度升高，焊条扩散氢含量明显下降，如图 2-4-20 所示。

表 2-4-10　焊条药皮含水量与熔敷金属扩散氢含量国家标准的规定

焊条型号		药皮含水的质量分数(%)	熔敷金属扩散氢含量 /mL · (100g)$^{-1}$
碳素钢焊条（GB/T 5117—2012）	E××15,E××16,E5018,E××28,E5048	≤0.6	≤8
低合金钢焊条（GB/T 5118—2012）	15—× E5016—× 18—×	≤0.3	≤6
	15—× E5516—× 18—×	≤0.3	≤6
	15—× E6016—× 18—×	≤0.15	≤4
	15—× E7016—× 18—×		
	15—× E8516—× 18—×		≤2
	E8518—M1	0.10	≤4.0（色谱法或水银法）

注：扩散氢含量未注明的均按 GB/T 3965—2012，《熔敷金属中扩散氢测定方法》中的甘油法进行测定。

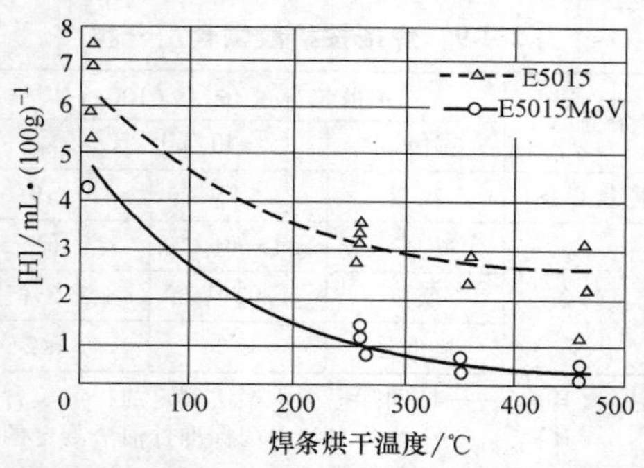

图 2-4-20　焊条烘干温度与扩散氢含量的关系

通常加热到 400℃左右扩散氢已接近最低点。为了防止温度过高引起药皮变质。一般低氢焊条在 350℃烘干 2h，超低氢焊条在 400℃烘干 2h 比较合适。

在现场使用经烘干的焊条，宜放在焊条保温筒内，随用随取，以防吸潮。

（3）选用低匹配焊条

选择强度级别比母材略低的焊条有利于防止冷裂纹，因强度较低的焊缝不仅本身冷裂倾向小，而且由于它较易塑性变形，从而降低了接头的拘束应力，使焊趾、焊根等部位的应力集中效应相对减小，改善了热影响区的冷裂倾向。日本在 HT80 钢厚壁承压水管焊接件的制造和应用中，认为当焊缝强度为母材强度的 0.82 时，可以达到等强度要求。笔者在 HQ130+QJ63 高强度钢焊接时采用低匹配（500MPa 级）焊材焊接，也避免了冷裂，而接头强度已接近 QJ63（R_m=800MPa）水平。

此外，还可采用“软层焊接”的方法去制造一些高强度钢的球形容器和反应堆外壳。即用抗裂性能好的焊条作底层，内层采用与母材等强度的焊条，而表层 2~6mm 采用强度稍低于母材的焊条，这样可增加焊缝金属的塑性储备，降低焊接接头的拘束应力，从而提高其抗裂性能。

（4）选用奥氏体焊条

实践证明，采用奥氏体焊条焊接淬硬倾向较大的低、中合金高强度钢能很好地避免冷裂纹。因为奥氏体焊缝可以溶解较多的氢，同时奥氏体的塑性好，可以减小接头的拘束应力。但必须注意：奥氏体焊缝强度低，对承受主应力的焊缝，只有在接头强度允许的情况下才能使用；在使用时要采用小的焊接电流，使熔合比减小。如果焊接电流大，熔合比的增大将使焊缝边界过渡层的铬和镍稀释，在过渡层中可能出现淬硬的马氏体组织，而增大冷裂倾向。使用奥氏体焊条焊接高强度钢时，仍然要限制含氢量，否则，当焊缝与近缝区氢的含量变化大时，仍会通过熔合线向近缝区扩散，导致冷裂纹出现。

（5）提高焊缝金属的韧性

通过焊接材料在焊缝中增加某些微量合金元素，如钛、铌、钼、钒、硼、碲和稀土等来韧化焊缝，也能减小冷裂纹倾向。因为在拘束应力作用下，利用焊缝足够的塑性储备，可以减轻热影响区的负担，从而提高整个接头的抗裂性。

3. 正确制订焊接工艺

包括合理选定焊接热输入、预热及层间温度、焊后热处理和正确的施焊顺序等。目的在于改善热影响区和焊缝组织、促使氢的逸出，以及减少焊接拘束应力。

（1）严格控制焊接热输入

高强度钢对焊接热输入较为敏感。热输入取得过大，会使热影响区奥氏体晶粒粗化，接头韧性下降，降低其抗裂性能；热输入取得过小，则冷却速度大，易淬硬而增大其冷裂倾向。合理的作法应当是在充分保证焊接接头韧性的前提下，适当加大焊接热输入。这样可以增大冷却时间（$t_{8/5}$或 t_{100}）、减小热影响区的淬硬倾向和有利于氢的扩散逸出，达到防止冷裂纹产生的目的。对每种钢经工艺试验或评定合格的焊接热输入，都应严格执行，不能随意变动。

（2）合理选择预热温度

预热是防止冷裂纹的有效措施。预热的主要目的是增大热循环的低温参数 t_{100}，使之有利于氢的充分扩散逸出。预热温度的选择须视施焊环境温度、钢材强度等级、焊件厚度或坡口形式，以及焊缝金属中扩散氢含量等因素而定。有许多确定预热温度的方法，下面介绍其中几种。

1）根据钢材碳当量和板厚确定预热温度，如图 2-4-21 和表 2-4-11 所示。碳当量按美国焊接学会（AWS）提出的公式确定（见 4.3）。

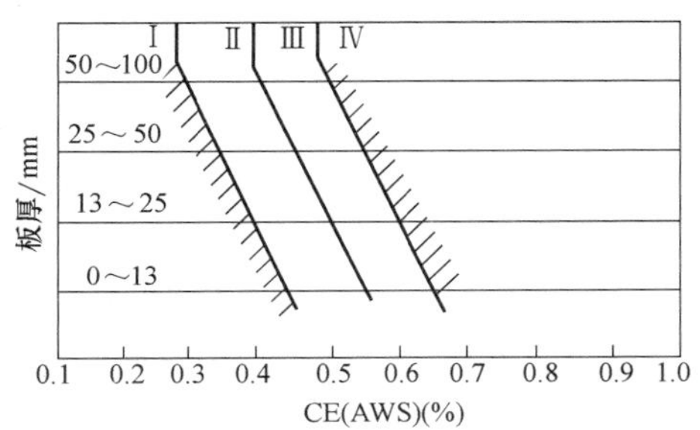

图 2-4-21　施焊条件与碳当量

表 2-4-11　不同焊接性等级的钢材应采用的施焊条件

焊接性等级	酸性焊条	低氢焊条	消除应力	敲击处理
Ⅰ(优良)	不需预热	不需预热	不需	不需
Ⅱ(较好)	预热 40～100℃	-10℃以上气温不需预热	任意	任意
Ⅲ(尚好)	预热 150℃	预热 40～100℃	希望	希望
Ⅳ(可)	预热 150～200℃	预热 100℃	必需	希望

图 2-4-21 中按碳当量和板厚大致划分为焊接性不同的四个等级，然后在表 2-4-11 中规定其预热温度及其他工艺条件。

2）根据碳当量与钢材强度等级确定预热温度，见表 2-4-12。表中碳当量是按日本 WES 推荐的公式（见 4.4.3）确定。

表 2-4-12　按钢材强度等级与碳当量确定预热温度

钢材强度等级 R_m/MPa	碳当量 CE_{WES}(%)	预热温度/℃
500	0.46	不预热
600	0.52	25℃
700	0.52	100℃
800	0.62	150℃

3）按化学成分、板厚和扩散氢含量确定的预热温度。

① 由斜 Y 形坡口的铁研式抗裂试验所建立的经验公式

$$T_0 = 1440P_c - 392$$

式中　T_0——预热温度（℃）；

P_c——冷裂纹敏感指数。

上式适用于 $w(C) \leqslant 0.17\%$ 的低合金钢，适用范围为：$[H] = 1 \sim 5mL \cdot (100g)^{-1}$，$\delta = 19 \sim 50mm$。

② 国产低合金钢在插销试验条件下确定的经验公式

$$T_0 = 324P_{cm} + 17.7[H] + 0.14R_m + 4.72\delta - 214$$

式中　R_m——被焊金属的抗拉强度（MPa）；

P_{cm}——裂纹敏感系数（见 4.4.3）；

$[H]$——熔敷金属的扩散氢含量 $[ml \cdot (100g)^{-1}]$（GB/T 3965—2012 中的甘油测氢法）；

δ——被焊件厚度（mm）。

按上述公式确定的是整体预热温度。对于大型焊接结构，采用整体预热有困难，常采用局部预热。通常是在焊缝两侧各 100～200mm 范围内进行。局部预热温度不宜过高，否则要产生附加应力。最好采用履带式电热器或火焰加热器进行局部预热。

预热温度基本确定之后，尚须根据下列情况做适当调整：①当施焊环境温度较低时，如-10℃，预热温度应适当提高；②采用低氢的焊接方法时，如 CO_2 气体保护焊或氩弧焊等，其预热温度可适当降低；③采用低匹配的焊接材料焊接时，也可以降低预热温度；④坡口根部所造成的应力集中越显著时，其预热温度就应适当提高；⑤如焊后采取紧急后热（见后所述），也可以适当降低预热温度。

注意，预热对防止冷裂纹有效，但毕竟是一种消极措施。更不是预热温度越高越好。预热温度过高不仅恶化工人劳动条件，而且浪费能源。如果是局部预热，还会引起附加应力，反而促使冷裂纹的产生。所以选择预热温度时的确定要慎重。

（3）紧急后热

因冷裂纹存在潜伏期，一般在焊后一段时间后才产生。所以，如果在裂纹产生之前能及时进行加热处理，即所谓紧急后热，也能达到防止冷裂纹的目的。紧急后热工艺的关键在于及时，一定要在热影响区冷却到产生冷裂纹的上限温度 T_{uc}（一般在 100℃ 左右）之前迅速加热，加热的温度也应高于 T_{uc}，并且需保温一定时间。

后热的作用是使扩散氢在温度 T_{uc} 以上便能充分

扩散逸出。若焊后间隔时间较长，在裂纹已经产生才后热就失去了意义。选用合适的后热温度，可以适当降低预热温度或代替某些重大焊件的中间热处理，达到改善劳动条件等目的。例如 HT80 高强度钢由于采用后热（200℃，1h）可以降低预热温度近 100℃。后热不仅能消氢，也能韧化热影响区和焊缝组织，特别对于一些淬硬倾向较大的中碳调质钢，效果更明显。

最低后热温度可参考下列经验公式确定

$$T_{pc}=455.5CE_p-114$$

式中　T_{pc}——后热的下限温度（℃）；

CE_p——确定后热下限温度的碳当量（%）。

$$CE_p=w(C)+0.2033w(Mn)+0.0473w(Cr)+0.1288w(Mo)+0.0292w(Ni)-0.0792w(Si)+0.0359w(Cu)-1.595w(P)+1.692w(S)+0.844w(V)$$

从上式可以看出，钢的碳当量越高，后热所需温度也越高。避免冷裂纹的后热温度及后热时间如图 2-4-22 所示，后热温度越高则所需后热时间就越短。

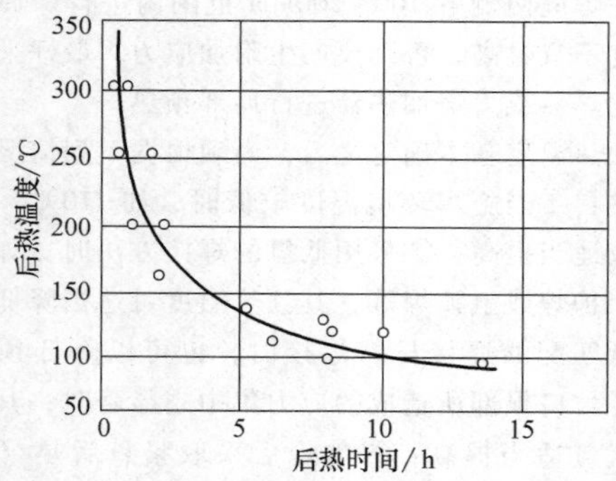

图 2-4-22　避免冷裂纹的后热温度及时间（焊前预热 130℃）

（4）充分利用多层焊的有利影响

多层焊时，后层对前层有消氢和改善热影响区组织的作用，前层焊道的余热又相当于对后层焊道进行了预热。因此，多层焊时的预热温度可比单层焊时适当降低。要使多层焊发挥消氢作用关键在于控制层间温度不能低于预热温度。因此，条件允许，应尽量采用短段多层焊，使每一焊道的间隔时间不宜过长。但间隔时间也不宜过短，因为层间温度过高，又会引起接头过热脆化。

4. 加强工艺管理

许多焊接裂纹事故并不是由于母材或焊材选择不当或结构设计不合理引起的，更多的是由于施工质量差所造成。因此要防止冷裂纹，在施工中应注意以下几点。

1）彻底清理焊接坡口。焊前对焊接坡口及其两侧约 10mm 的范围应用砂轮等工具仔细清理，去除锈迹、油污和水分等。并防止已清理过的坡口被再次污染。

2）保证焊条或焊剂的烘干。未经烘干的焊条或焊剂不得使用。若条件允许，每位焊工都应配备焊条保温筒，保证用前焊条处于干燥状态。

3）提高装配质量。避免出现过大错边或过大的装配间隙，以免造成未焊透、夹渣或焊缝成形不良等缺陷；尽量不使用夹具进行强制装配，以免造成过大的装配应力和拘束应力，这些都会增加冷裂纹倾向。

4）保证焊接质量。对于重要焊接结构，如压力容器等，严格焊工持证上岗制度，一定按工艺规程操作，防止发生气孔、夹渣、未焊透和咬边等工艺缺陷，这些缺陷会构成局部应力集中，成为氢的富集场所，从而增加了冷裂纹倾向。

5）注意施工环境。避免在阴雨潮湿的天气中施工，冬天在室外焊接时，要有防风雪措施，以免焊缝过快的冷却。

4.5　层状撕裂

4.5.1　层状撕裂的特征与危害

当焊接大型厚壁结构时，如果在钢板厚度方向受到较大的拉伸应力，就可能在钢板内部出现沿钢板轧制方向发展的具有阶梯状的裂纹，这种裂纹称为层状撕裂。

层状撕裂常出现在 T 形接头、角接头和十字接头中，如图 2-4-23 所示。对接接头很少出现。但当在焊趾和焊根处由于冷裂纹的诱导也会出现层状撕裂，

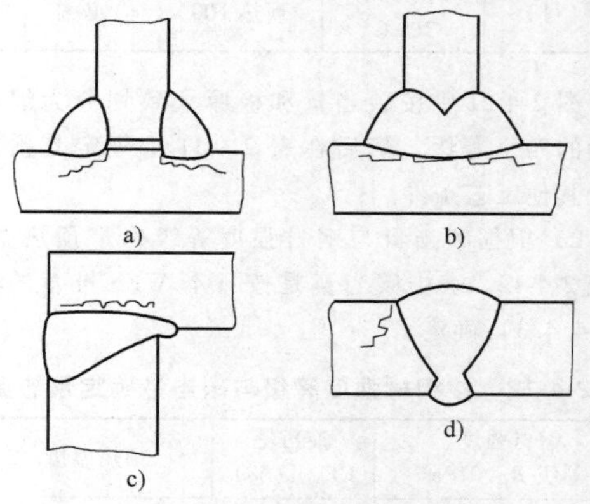

图 2-4-23　层状撕裂示意图

a）焊根处层状撕裂　b）、c）焊道下层状撕裂　d）焊趾处层状撕裂

如图 2-4-23d 所示。

层状撕裂不发生在焊缝上，只产生于热影响区或母材金属的内部，一般在钢表面上难以发现。由焊趾或焊根冷裂纹诱发的层状撕裂，有可能在这些部位显露于金属表面。从焊接接头断面上可以看出，层状撕裂和其他裂纹的明显区别是呈阶梯状形态，裂纹是由基本平行轧制表面的平台和大体垂直于平台的剪切壁两部分组成。

层状撕裂与钢种强度级别无关，主要与钢中夹杂物的数量及其分布状态有关，在撕裂平台上常发现不同种类的非金属夹杂物。当沿钢的轧制方向有较多的片状 MnS 时，层状撕裂才以阶梯状形态出现。如果是以硅酸盐夹杂为主，则常呈直线状。若以 Al_2O_3 夹杂为主，则呈不规则的阶梯状。

层状撕裂之所以危险在于它的隐蔽性，外观上没有任何迹象，现有的无损检测手段难以发现。即使发现了，修复起来也相当困难，且成本很高。更为严重的是，发生层状撕裂的结构多为大型厚壁的重要结构，如海洋采油平台、核反应堆压力容器及潜艇外壳等。这些结构因层状撕裂而造成的事故是灾难性的。因此，须在设计选材和施焊工艺中加以预防。

4.5.2 层状撕裂的形成机理

厚板结构焊接时，尤其是T形或角接头，在强制拘束的条件下，焊缝收缩会在母材厚度方向（常简称为 Z 向）产生很大的拉伸应力和应变，当应变超过母材金属的塑性变形能力时，夹杂物与金属基体之间就会发生分离而生成微裂纹，在应力的连续作用下，裂纹就沿夹杂所在平面上扩展，形成了“平台”。平台产生于多处且相互平行。它们起先并不连贯，待相邻平台扩展到彼此接近，再受到剪切应力作用，发生剪切断裂，形成了剪切壁。连接这些平台和剪切壁，就构成了层状撕裂所特有的阶梯形态。

在这里，造成层状撕裂的冶金原因是钢材中存在较多夹杂物，而在轧制过程中形成平行于轧制方向（常简称为 L 向）的带状夹杂物，造成了钢材力学性能的各向异性。例如，一般低合金钢 Z 向的伸长率比 L 向低 30%~40%。再加上在 Z 向作用着较大的拘束拉伸应力，所产生的应变超过了材料 Z 向的塑性变形能力，这就是层状撕裂的力学原因。

4.5.3 影响层状撕裂的因素

应从冶金和力学两方面因素进行分析。

1. 冶金因素

最主要的是钢材中非金属类夹杂物的种类、数量及其分布形态。任何夹杂物的变形能力都远小于基体金属，它与基体金属的结合力也远小于金属本身的强度。因此在拉伸应力作用下，或夹杂物破断或它与基体金属分离，而形成层状撕裂。钢中常见的夹杂物有硫化物、各种硅酸盐和铝酸盐等。铝酸盐夹杂物多呈球形分布，对层状撕裂敏感性稍小，而硫化物和硅酸盐多呈片状或条状分布，这样夹杂的承载面积大，再加上片状物尖端又构成应力集中，所以对层状撕裂敏感性影响较大。

试验证明，钢材 Z 向的断面收缩率 ψ，随夹杂物的体积比和累积长度的增加而显著下降。

氢不是造成层状撕裂的直接原因，但它容易促成冷裂纹，再由冷裂纹诱发层状撕裂。发生在焊趾和焊根处的层状撕裂，往往是由氢致裂纹诱发产生的。

2. 力学因素

凡是导致沿板厚方向（即 Z 向）产生拉伸应力的各种因素，都能促成层状撕裂。如结构的拘束应力、焊接应力和载荷引起的应力等。这些应力越大，越容易产生层状撕裂。

4.5.4 防止层状撕裂的措施

层状撕裂出现后就难以修复。因此，必须以预防为主。首先从选材方面来考虑，然后再从结构设计和施焊工艺方面采取有效措施。

1. 选材

应选用具有抗层状撕裂的钢材，这是治本的办法。评定钢材抗层状撕裂的指标主要是 Z 向断面收缩率 ψ_Z 和钢材的含硫量。通常将对抗层状撕裂的钢称为 Z 向钢，又称厚度方向性能钢。国家标准 GB/T 5313—2010《厚度方向性能钢板》中将 Z 向钢划分为三个等级，每个等级规定了板厚方向（即 Z 向）拉伸时的断面收缩率 ψ_Z（%）和相应硫的质量分数（%），见表 2-4-13。生产 Z 向钢的企业必须符合这个标准的规定，用户则按焊接结构的工作环境和重要性等因素来选用。例如，国家标准 GB 50011—2010《建筑抗震设计规范》规定，板厚 40mm 以上的钢结构应采用 Z15 级的 Z 向钢；行业标准 JGJ 99—2015《高层民用建筑钢结构技术规程》要求，当板厚大于 50mm 时，板厚方向性能不得小于 Z15，等等。

表 2-4-13 厚度方向性能钢的级别及其性能与含硫量（GB/T 5313—2010）

级别	平均断面收缩率 ψ_Z(%)	w(S)(%)
Z15	≥15	≤0.01
Z25	≥25	≤0.007
Z35	≥35	≤0.005

对于材料厚度方向的性能——即 Z 向断面收缩率 ψ_Z 的测定方法，标准 GB/T 5313—2010 有明确规定，是通过对钢板厚度方向做拉伸试验来确定。制作

圆棒状拉伸试样时其轴线应垂直于钢板表面，当板薄不能直接在板厚方向上加工试样时，可采用焊接有夹持端的全厚度拉伸试样，即带延伸部分的试样，如图 2-4-24a 所示。若板厚足够则可由整个板厚加工而成，即不带延伸部分的试样，如图 2-4-24b 或 c 所示。有关试样的制备、尺寸确定和断面收缩率 ψ_Z 的计算等按标准的规定执行即可。

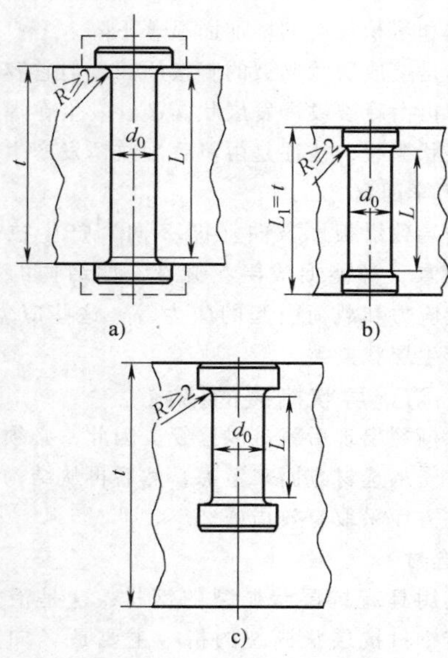

图 2-4-24　钢板厚度方向性能试样的制备和类型

a）带两个延伸部分的试样　b）、c）不带延伸部分的试样

其实，要提高钢材的抗层状撕裂性能，应在冶金方面降低钢中的夹杂物（特别是硫）和控制夹杂物的形态。精炼钢可炼出 w（S）只有 0.003%～0.005%，甚至更低的超低硫钢，其 Z 向断面收缩率可达 23%～45%，有些高达 60%～75%。选这些钢用于大型重要焊接结构，完全可以解决层状撕裂的问题。此外，如果在冶炼时加入能把钢中的 MnS 变成其他元素硫化物的元素，使其在热轧时难以伸长，从而可减轻材料的各向异性，提高其抗层状撕裂性能。目前广泛采用添加元素钙和稀土等的方法。经此处理，其 Z 向断面收缩率可达 50%以上，足以抗层状撕裂。

所以，提高钢材的冶炼水平是最根本的方法。

2. 结构设计与施焊工艺

引起层状撕裂的除了冶金因素外，还有力学因素。选用 Z 向钢是从冶金方面消除其影响，力学因素方面就得从结构设计和制造工艺方面减轻或消除其不利影响。尤其是当没有 Z 向钢供应，而必须由非 Z 向钢材代用时，更应该从结构设计和制造的工艺角度去防止层状撕裂产生。

应尽量采用能避免或减轻沿板厚方向承受拉伸应力的结构设计或接头设计。由于制造过程所产生的应力与焊接工艺密切相关，因此，有了正确的设计还需有合理的焊接工艺相配合。

图 2-4-25 所示为十字接头，图 2-4-25a 中为不合理的设计，因为单向承载的接头完全可以采用图中 2-4-25b 那样使焊缝和板厚方向不承载的设计。如果是双向承载，对于极为重要的结构可以采用图 2-4-25c 或 d 的设计，镶入没有层状撕裂的附加件，这样能避免沿板厚方向承载，而且这样的接头应力集中小。图 2-4-26 所示为角接头，显然图 2-4-26a 中的设计使板厚方向受拉，易产生层状撕裂。只需改变坡口形式，就可以避免沿板厚受拉的情况，如图 2-4-26b 和 c 所示。图 2-4-27 所示为 T 形接头防止层状撕裂的几种工艺措施。图 2-4-27a 中因坡口角过大，焊脚尺寸过小，易产生层状撕裂。应适当减小坡口角，增大焊脚尺寸，使焊缝受力面积增大，也就等于降低板厚方向的应力值，如图 2-4-27b 所示。如果上述的改变也难以奏效，只要强度允许就可以利用塑性好的软焊缝施焊，以缓解母材在厚度方向上的应力。图 2-4-27c 为在待焊面上堆焊上一层软质焊缝的过渡层，图 2-4-27d 为在先焊侧焊一道软质焊缝。

防止由冷裂纹诱发的层状撕裂，可以采用与防止冷裂纹相同的措施，如适当预热、控制层间温度和降低含氢量等，均能防止层状撕裂。

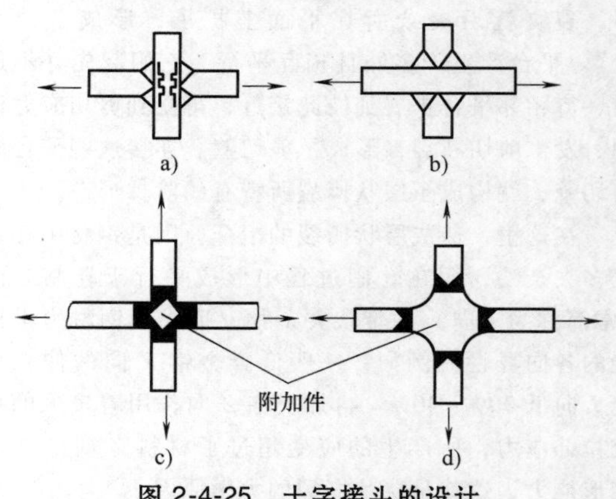

图 2-4-25　十字接头的设计

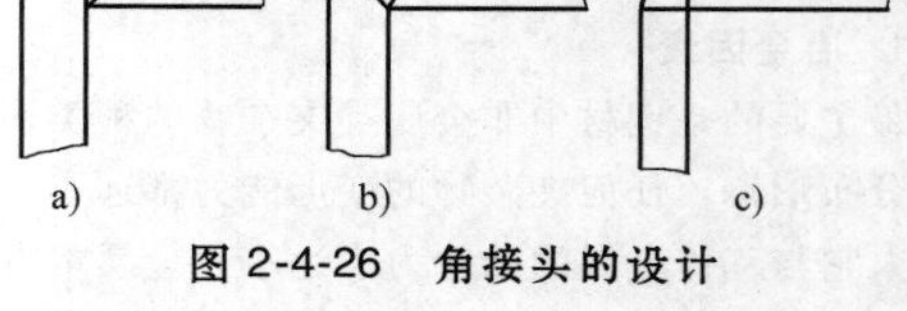

图 2-4-26　角接头的设计

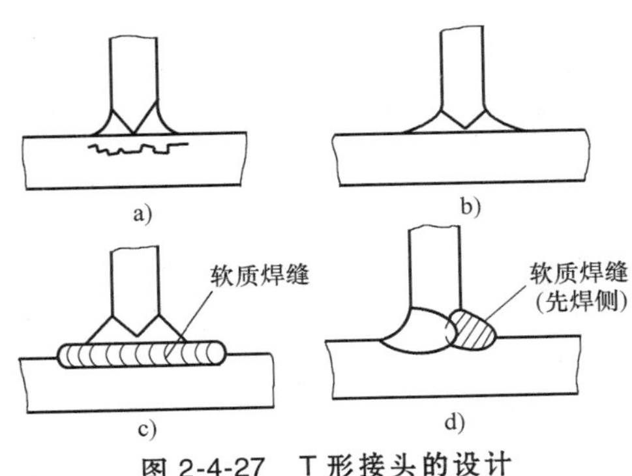

图 2-4-27 T 形接头的设计

4.6 应力腐蚀裂纹

4.6.1 应力腐蚀裂纹的特征与形成条件

金属材料（包括焊接接头）在一定温度下受腐蚀介质和拉伸应力共同作用而产生的裂纹称为应力腐蚀裂纹，简称 SCC（stress corrosion cracking）。在石油、化工、冶金、能源和海洋工程中许多焊接结构都是在各种腐蚀介质下长期工作，而这些结构焊后常有较大的残余应力，在工作过程中工作应力也较大，最容易产生应力腐蚀裂纹。据日本 1965～1975 年化工设备所发生的破坏事故的统计，有将近一半是属于应力腐蚀开裂，其中不锈钢的应力腐蚀开裂占 60% 以上。我国用低合金高强度钢制作的球罐，在 1975～1979 年，发生破坏的 20 台球罐中有 40% 是由于应力腐蚀裂纹引起的。由应力腐蚀而引起的断裂是在没有明显宏观变形、无任何征兆的情况下发生的，破坏具有突发性。裂纹往往深入到金属内部，一旦发生，很难修复，有时只好整台设备报废。因此，必须高度重视。由于应力腐蚀裂纹原因复杂，涉及许多学科领域，到目前为止，尚有许多问题没搞清楚。

1. 应力腐蚀裂纹的基本特征

从宏观形态看，应力腐蚀裂纹只产生在与腐蚀介质接触的金属表面，然后由表面向内部延伸，表面看呈直线状、树枝状、龟裂状或放射状等多种形态，但都没有明显塑性变形，裂纹走向与所受拉应力垂直。平焊缝上多为垂直焊缝的横向裂纹；而管材焊缝上多为平行于焊缝的裂纹；U 形、蛇形或其他冷弯管部位，多为横向裂纹；管子与管板胀接部位也多为横向裂纹。从微观形态看，深入金属内部的应力腐蚀裂纹呈干枯的树根状，“根须”细长而带有分支，如图 2-4-28所示，裂纹断口为典型的脆性断口。一般情况下，低碳钢、低合金钢、铝合金、α 黄铜和镍合金等多为沿晶断裂，β 黄铜呈穿晶断裂。对于奥氏体不锈钢的断裂性质因腐蚀介质不同而不同，在硝酸和硝酸盐中为沿晶断裂，在硫化氢水溶液中呈穿晶断裂，在硫酸和亚硫酸中呈穿晶+沿晶断裂，在海水、河水及碱溶液中呈穿晶或穿晶+沿晶断裂。

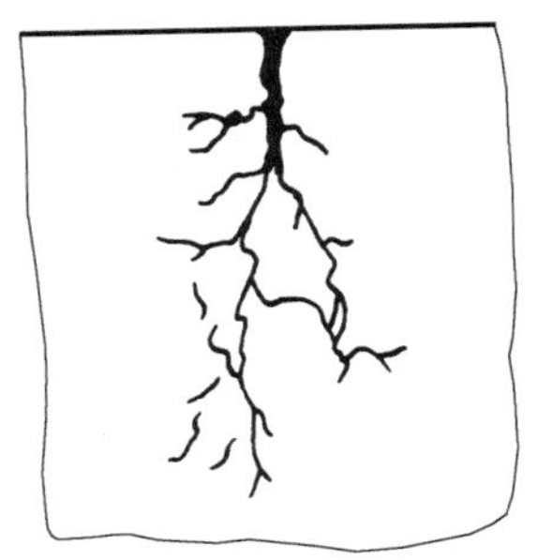

图 2-4-28 应力腐蚀裂纹的典型形态

2. 应力腐蚀裂纹的形成条件

形成应力腐蚀裂纹的基本条件是：

1）材质必须是合金，也包括含微量元素的合金。纯金属一般不发生应力腐蚀开裂。

2）材质与介质相匹配。并非金属材料与任何介质都发生应力腐蚀裂纹，而是有一定的匹配关系。表 2-4-14 给出了最易产生应力腐蚀裂纹的环境匹配示例。

3）必须存在拉应力。

拉应力可以是工作应力和残余应力。焊接残余应力通常在焊缝及近缝区为拉伸应力，有时高达材料的屈服强度。所以，对于焊接结构，即使不承受载荷，当材质与介质符合表 2-4-14 中的匹配关系时，就会引起应力腐蚀裂纹。

表 2-4-14 最易产生应力腐蚀裂纹的环境匹配示例

材料	腐蚀介质
低碳钢	NaOH 水溶液（沸腾），硝酸盐水溶液，海水等
低合金钢	NaOH+$NaSiO_3$ 水溶液（沸腾），HNO_3 水溶液（沸腾），H_2S 水溶液，H_2SO_4+HNO_3 水溶液，HCN 水溶液，NH_4Cl 水溶液，海洋气氛，海水，液氨等
奥氏体不锈钢	氯化物水溶液，海洋气氛，海水，H_2SO_4+氯化物水溶液，H_2S 水溶液，水蒸气，NaOH 水溶液（高温），H_2SO_4+$CuSO_4$ 水溶液，Na_2CO_3+0.1%NaCl，高温水，NaCl+H_2O_2水溶液等
铁素体不锈钢	高温高压水，H_2S 水溶液，NH_3水溶液，海水，海洋气氛，高温碱溶液，NaOH+H_2S 水溶液等
沉淀硬化不锈钢	海洋气氛、H_2S 水溶液
黄铜	NH_3，NH_3+CO_2，水蒸气等
铝合金	氯化物，海洋气氛，NaCl+H_2O_2水溶液等
镁合金	海洋气氛，工业大气等
钛合金	HNO_3，HF 等
镍合金	HF，H_2SiF_6，NaOH 等

4.6.2 应力腐蚀开裂的机理

应力腐蚀裂纹的形成机理涉及电化学、力学及金属物理等多方面学科，有许多论点，但至今也没得到满意的解释。这里仅介绍其中较为公认的看法，即认为应力腐蚀开裂是由电化学腐蚀和拉应力下金属局部的机械破坏两者共同作用的结果。

按电化学研究结果，金属在腐蚀介质中有以下两种电化学作用。

1）阳极溶解腐蚀开裂，简称 APC。

2）阴极氢脆开裂，简称 HEC。

这两个腐蚀过程如图 2-4-29 所示。在应力作用下，阳极上发生金属的溶解，以离子状态溶入介质中，即

$$M \rightarrow M^{+} + e$$

此即 APC 型的 SCC 过程；与此同时，电子 e 在金属内部直接从阳极流向阴极，即金属表面。如果金属表面与含有 H^{+} 的介质接触时，那么电子 e 与 H^{+} 结合成氢原子 H，即

$$H^{+} + e \rightarrow H$$

这种氢原子将向金属中扩散，造成脆化，此即 HEC 型的 SCC 过程。

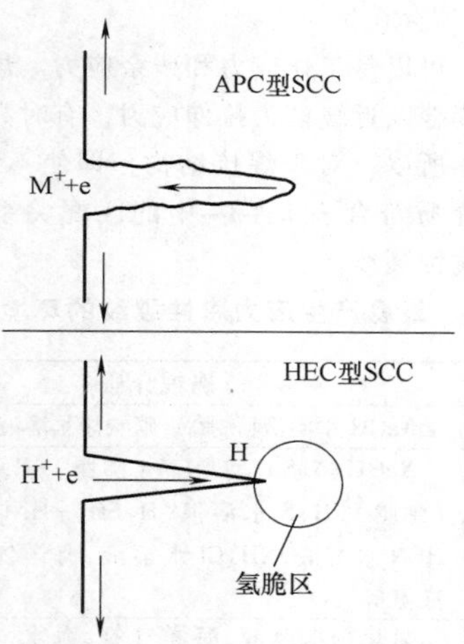

图 2-4-29 APC 和 HEC 的应力腐蚀过程示意图

通常情况下上述两过程是同时进行的。究竟哪一种过程在应力腐蚀中起主导作用，则依金属和介质的不同而有所区别。大量试验表明，一般奥氏体不锈钢的应力腐蚀开裂，往往是属 APC 型；而低碳钢、低合金高强度钢和超高强度钢多属 HEC 型，又称氢致开裂（氢脆）。

此外，研究还表明，18-8 型不锈钢的应力腐蚀与拉应力作用下引起金属表面氧化膜的破坏有关。应力的作用下，金属在局部将产生不同程度的塑性变形，这种变形大到一定程度就会发生“滑移台阶”。当滑移台阶的高度大于氧化膜的厚度时，就会使氧化膜破裂，出现断层而暴露出新鲜的金属，如图 2-4-30 所示。在腐蚀介质作用下，无保护的金属就被快速溶解从而发生 APC 型的应力腐蚀开裂。

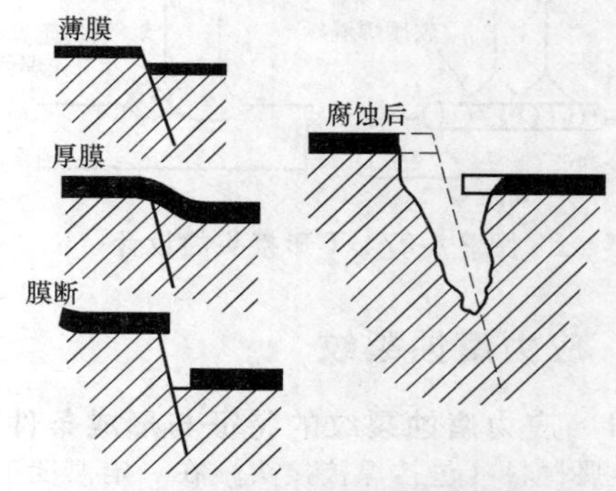

图 2-4-30 塑性变形引起的滑移台阶

4.6.3 防治应力腐蚀裂纹的途径

影响应力腐蚀裂纹的因素有很多，防治的途径应是多方面的，如图 2-4-31 所示。这里着重强调下列几点。

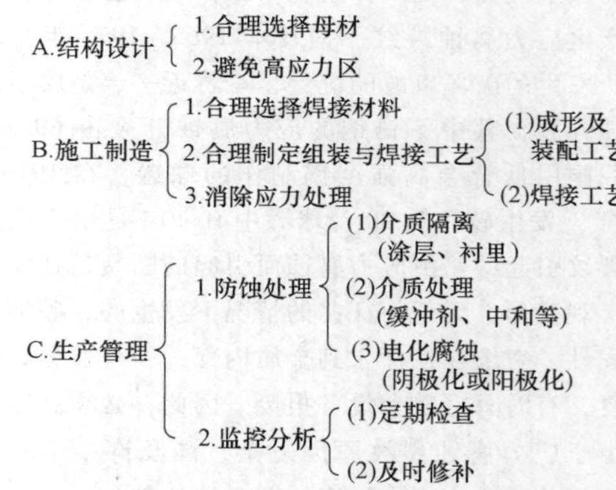

图 2-4-31 防治应力腐蚀裂纹的途径

1. 合理选择母材

选用抗应力腐蚀能力好的母材是防止应力腐蚀裂纹的根本措施之一。当前以高铬铁素体不锈钢、双相钢、高镍不锈钢或高镍合金有较好的耐应力腐蚀性能，可以根据工作条件参考表 2-4-15 的资料进行选择。

2. 焊接材料的选择

焊缝金属必须具有与母材相同的抗应力腐蚀裂纹的能力。因此，焊缝的化学成分应尽可能与母材一致。

许多试验表明，在高温水中工作的 18-8 型不锈钢，抗应力腐蚀裂纹的性能随着含碳量的增加而降低，所以选用焊接材料时以低碳或超低碳为好。

表 2-4-15 不锈钢和高镍合金的选择

序号	介质条件				可考虑选用的不锈钢和合金类型
	种类	温度	Cl^-和OH^-情况	浓缩或富集条件	
1	高浓氯化物	沸腾温度	高含量Cl^-	无	高硅 Cr-Ni 不锈钢 铁素体不锈钢 高镍不锈钢和合金
2	含Cl^-水溶液	≤60℃	低含量Cl^-	无	普通 18-8、18-12-Mo2 不锈钢 019Cr19Mo2NbTi 铁素体不锈钢 18-5-Mo 等双相不锈钢
		≤60℃	低含量Cl^-	有	019Cr19Mo2NbTi 等铁素体不锈钢 18-5-Mo 等双相不锈钢
		≤60℃	高含量Cl^-	有	00Cr26Mo1 等铁素体不锈钢 含 Cr22%～25%的含 Mo 双相不锈钢，高 Cr、Mo 的高镍不锈钢，如 00Cr20Ni25Mo4.5Cu
		60～150℃	低含量Cl^-	有	019Cr19Mo2NbTi、00Cr26Mo1 等铁素体不锈钢 18-5 和 22-5、25-5 型双相含 Mo 不锈钢 高 Cr、Mo 的高镍不锈钢，如 00Cr20Ni25Mo4.5Cu
		150～200℃	低含量Cl^-	有	019Cr19Mo2NbTi 等铁素体不锈钢，18-5 等双相含 Mo 不锈钢，高 Cr、Mo 的高镍不锈钢 Cr20Ni32Fe 等铁-镍基合金
		200～350℃	低含量Cl^-	有	Cr20Ni32Fe 等铁-镍基合金 00Cr30Ni60Fe10 等镍基合金
3	$H_2S_xO_6$	室温	无Cl^-	无	含 Ti、Nb 的 18-8 不锈钢并经稳定化处理
		室温	有Cl^-	有	Cr20Ni32Fe 等铁-镍基合金
4	含H_2S水溶液	≥60℃	无	无	18-12-Mo 型 Cr-Ni 不锈钢
		≥60℃	低含量Cl^-	有	18-5-Mo、22-5-Mo-N 和 25-5-Mo-N 型双相不锈钢
		≥60℃	高含量Cl^-	有	00Cr20Ni25Mo4.5Cu 等高镍不锈钢
		<60℃	高含量Cl^-	无	00Cr20Ni25Mo4.5Cu 等高镍不锈钢
5	含 NaOH 水溶液	≤120℃	NaOH≤20% 无Cl^-	无	18-8 或 18-12-Mo Cr-Ni 不锈钢
		85℃	NaOH 50% NaCl 2.5%	—	超低碳 18-8、00Cr26Mo1、06Cr25Ni20 不锈钢
		85℃	NaOH 15%～25% NaCl 10%～15%	—	超低碳 18-8、00Cr26Mo1、06Cr25Ni20 不锈钢
		140℃	NaOH 45% NaCl 5%	—	00Cr26Mo1、008Cr30Mo2、1Cr15Ni75Fe8
		300～350℃	NaOH<10% 无Cl^-	—	Cr20Ni32Fe 等铁-镍基合金
		300～350℃	NaOH>10% 无Cl^-	有	1Cr15Ni75Fe8、00Cr30Ni60Fe10 等合金

3. 组装与焊接工艺

零、部件的成形加工到组装都可能引起残余应力，而残余应力是引起应力腐蚀裂纹原因之一，因此必须严格控制组装质量，首先应保证各零部件下料尺寸精确，避免进行强力组装。成形加工和组装过程中应避免出现各种伤痕，如拉筋、Π形铁和支撑等所留下的痕迹，应用砂轮磨去，以减少裂纹源。在焊接工艺方面主要防止焊接热影响区硬化和晶粒粗大，以及防止产生过大的残余应力和应力集中。可以通过焊接热输入和焊接顺序等来调节。对于奥氏体钢，因无淬硬问题，因此，主要是防止晶粒粗大，焊时适当采用小的焊接热输入。对于易淬硬的钢则应适当增大焊接热输入。根据结构特点，制订出焊接应力最小的焊接顺序。

4. 焊后消除应力处理

在腐蚀介质中工作的焊接结构，焊后都应消除应力处理。

有各种消除焊接结构残余应力的方法，如整体热处理、局部热处理、机械拉伸、温差拉伸、爆炸法和锤击法等，其中以整体消除应力热处理效果最好，应用最多。尤其对碳素钢和低合金高强度钢来说，热处理不仅可以防止应力腐蚀裂纹，而且还可以降低冷裂和脆断倾向以及改善焊接接头的组织与性能。通常在炉中加热 650℃ 保温 20~40h（视板厚而定），基本上可消除全部残余应力。对于大型压力容器，如球罐等，近年发展了一种在施工现场上进行内部加热、外部保温的整体热处理方法，已被广泛采用。

局部消除应力热处理适用于无法进行整体消除应力热处理或要求不高的焊件。其效果不及整体热处理。通常是利用火焰或红外线感应加热。

对不同钢种进行热处理清除应力时，要慎重选择加热温度和时间，防止可能产生再热裂纹和再热脆性。其余消除应力方法详见第 8 篇第 1 章。

5. 表面改质

近年来表面工程的应用范围日益扩大，用于防止应力腐蚀裂纹方面也取得满意效果。作法是在与腐蚀介质接触的一侧，采用喷涂耐蚀金属层、塑料涂层及表面堆焊不锈钢等。

6. 监控与及时修补

监控是为了保证结构在正常工况条件下运行和及时检查结构腐蚀破坏的情况，当发现裂纹等缺陷时要及时修补。近年国内对球罐采取定期开罐检查、及时地修补所发现的应力腐蚀裂纹的措施，这对球罐的安全运行是十分必要的。

第3篇

弧焊方法及设备

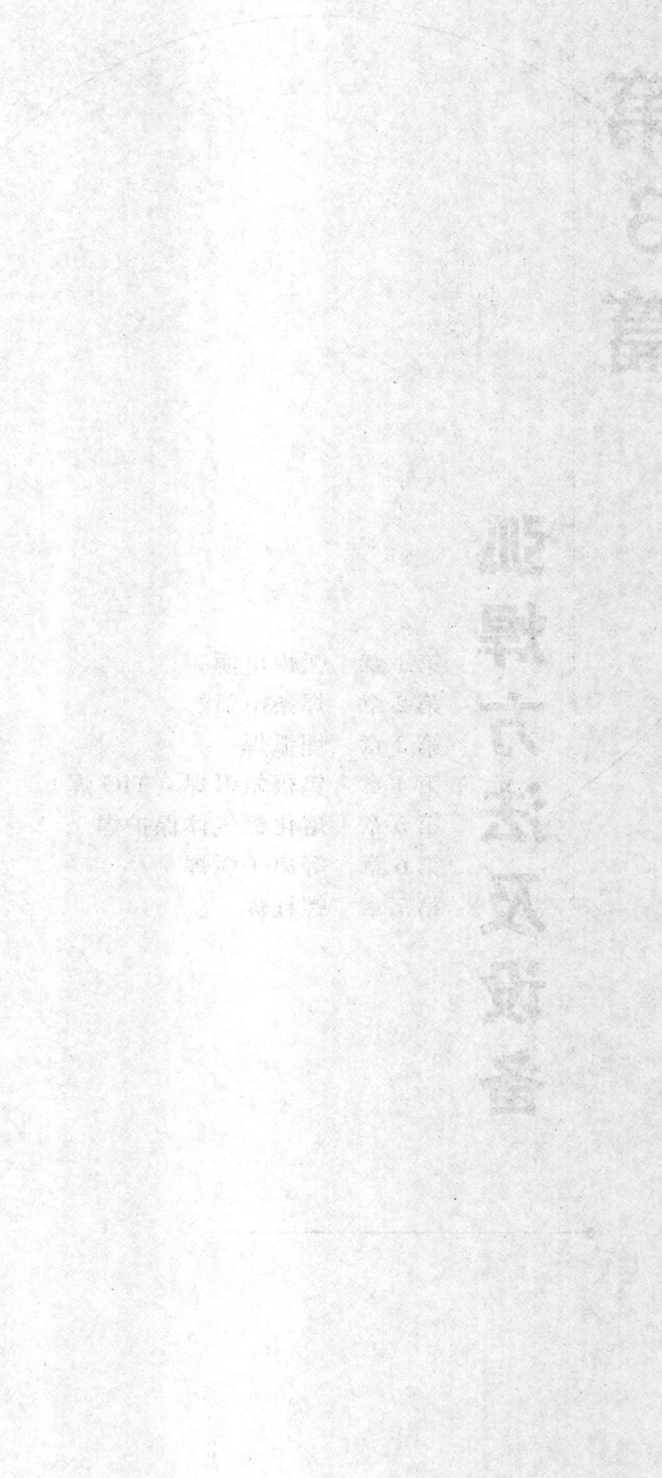

第1章 弧焊电源

弧焊电源为焊接电弧提供电能，是电弧焊机中的核心部分。由于其负载是电弧，弧焊电源必须具有弧焊工艺所要求的电气性能，如合适的空载电压、一定形状的外特性，以及良好的动特性和调节特性等。

1.1 弧焊电源的类型、基本特点及其适用范围

1.1.1 弧焊电源的类型

弧焊电源有多种分类方法：按输出电流的种类可分为直流、交流和脉冲三大类型；按输出外特性特征可分为恒流（垂直下降）外特性、恒压（平）外特性和介乎这两者之间的缓降外特性三大类型；按外特性和动特性的控制技术可分为机械控制型、电磁控制型、电子控制型和数字化控制型四大类。

按输出电流的种类进行分类，比较便于选用，在每一大类中又按其工作原理、结构特征或使用的关键不同细分成若干种形式，如图 3-1-1 所示。

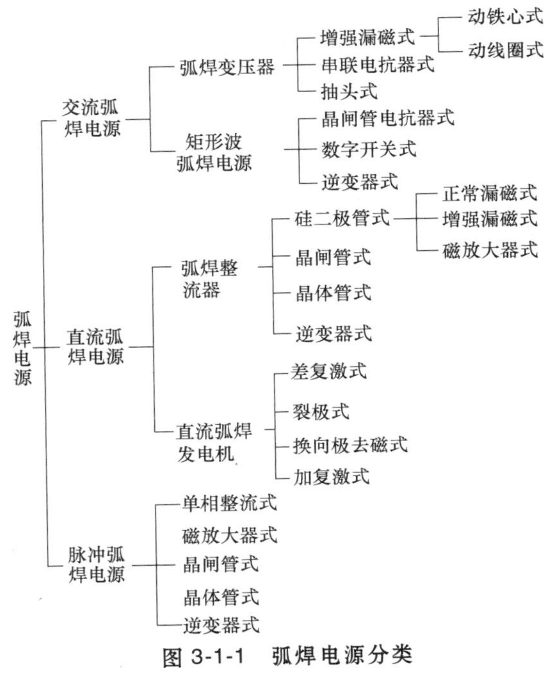

图 3-1-1 弧焊电源分类

1.1.2 弧焊电源的基本特点和适用范围

弧焊电源的基本特点和适用范围见表 3-1-1。

表 3-1-1 弧焊电源的基本特点和适用范围

类型		特点	适用范围
交流弧焊电源	弧焊变压器	把网路电压(220V 或 380V)的交流电变成适于弧焊的低压交流电。结构简单,易造易修,耐用,成本低,磁偏吹小,空载损耗小,噪声小。但其电流波形为正弦波,电弧稳定性较差,功率因数低	酸性焊条电弧焊、埋弧焊和TIG 焊
	矩形波(方波)弧焊电源	网路电压降压后通过半导体控制技术获得矩形波交流电。电流过零点极快,其电弧稳定性好,可调节参数多,功率因数高,设备较复杂,成本较高	碱性焊条电弧焊、埋弧焊和TIG 焊
直流弧焊电源	直流弧焊发电机	由柴(汽)油发动机驱动发电机而获得直流电。输出电流脉动小,过载能力强,但空载损耗大,效率低,噪声大	主要用于野外施工时的焊条电弧焊和气体保护焊
	弧焊整流器	把网路交流电经降压和整流后获得直流电。与直流弧焊发电机相比,制造方便,省材料,空载损耗小,节能,噪声小。由电子控制的近代弧焊整流器的控制与调节灵活方便,适应性强,技术和经济指标高	各种弧焊
脉冲弧焊电源		焊接电流的大小周期性变化,效率高,可调参数多,调节范围宽。热输入可精确控制,设备较复杂,成本高	TIG、MIG、MAG 焊和等离子弧焊

1.2 对弧焊电源的基本要求

1.2.1 对弧焊电源外特性的要求

1. 弧焊电源的外特性

在稳定状态下弧焊电源的输出电压 U_y 和输出电流 I_y 之间的关系曲线—— $U_y=f(I_y)$ 称为弧焊电源的外特性。对于直流电源，U_y 和 I_y 为平均值，对于交流电源为有效值。

弧焊电源外特性曲线的形状对焊接过程电弧稳定燃烧和焊接参数的稳定有重要的影响，它必须与电弧静特性曲线相适应。

2. 电源-电弧系统的稳定工作条件

弧焊电源与电弧构成供电、用电系统，是供求关系。为了保证焊接电弧能稳定燃烧和焊接参数的稳

定，系统必须有一个稳定的工作点。稳定工作点的条件如下：

1）电源的外特性曲线 $U_y=f(I_y)$ 与电弧静特性曲线 $U_f=f(I_f)$ 必须相交。这时供求平衡。即 $U_y=U_f$，$I_y=I_f$。

2）相交点处电弧外特性曲线斜率与电源外特性斜率之差称为稳定系数 K_w，应满足：

$$K_w=\left(\frac{\partial U_f}{\partial I}-\frac{\partial U_y}{\partial I}\right)>0$$

即电弧静特性曲线在相交点的斜率$\left(\frac{\partial U_f}{\partial I}\right)$必须大于电源外特性曲线在此点的斜率$\left(\frac{\partial U_y}{\partial I}\right)$。如图 3-1-2 所示，$A$ 点不能满足此条件，一旦出现瞬间干扰，电弧不是熄灭，就是移到 B 点燃烧，故不是稳定工作点；而 B 点满足 $K_w>0$ 的条件，外界干扰从出现到消失，电弧工作点均能随之恢复到 B 点，故是稳定工作点。

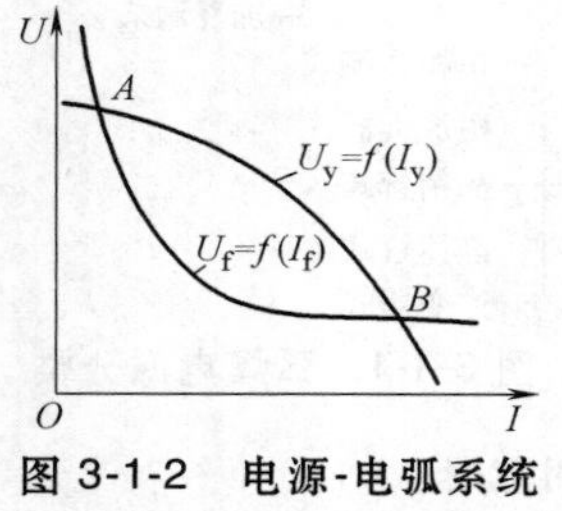

图 3-1-2　电源-电弧系统

3. 对电源外特性曲线形状的要求

根据上述电源-电弧系统稳定工作的条件，如果电弧静特性曲线工作部分的斜率$\left(\frac{\partial U_f}{\partial I}\right)<0$，则弧焊电源的外特性曲线必须是下降的；如果电弧静特性工作部分的斜率$\left(\frac{\partial U_f}{\partial I}\right)>0$，则电源外特性可以是上升的，也可以是平的。

不同形状的电弧静特性对电源外特性形状有不同的要求，既要满足系统的稳定条件，又要保证焊接参数值波动量小。此外，电源外特性形状还影响到引弧性能、熔滴过渡过程和使用的安全性等。为了适应各种弧焊工艺的要求，已研制出具有各种外特性形状的弧焊电源，表 3-1-2 列出几种典型的弧焊电源外特性形状及其适用范围。

4. 对弧焊电源空载电压的要求

弧焊电源空载电压 U_0 越高越容易引弧。对于交流电源，高的空载电压还能使电弧燃烧更稳定。但是空载电压高，则设备额定容量大，体积增加，重量大，功率因数低，不经济，而且不安全。故确定空载电压的原则是在确保引弧容易，燃弧稳定的前提下，尽可能用较低的空载电压。

5. 对弧焊电源稳态短路电流的要求

在弧焊电源外特性上，当 $U_f=0$（即短路）时，对应的电流为稳态短路电流 I_{wd}。在电弧引燃和短路过渡电弧焊过程中，经常会发生短路。如果稳态短路电流 I_{wd} 过大，则会引起很大的飞溅；过小则不易引弧，而短路过程中会因电磁收缩力不足而导致熔滴过渡困难。为此，对于具有下降特性的弧焊电源，要求其稳态短路电流 I_{wd} 与焊接电流 I_f 的比值范围为

$$1.25<\frac{I_{wd}}{I_f}<2$$

对于焊条电弧焊，最理想的是使用具有恒流带外拖外特性的弧焊电源，当垂直到一定值（约 10V 左右）之后，即转入外拖（见表 3-1-2 中的曲线）。

借助现代的大功率电子元件和电子控制技术，可以对外特性短路区段的拐点和外拖的斜率进行任意控制，以达到控制引弧过程、熔滴过渡和减少金属飞溅的目的。

表 3-1-2　几种典型的弧焊电源外特性形状及其适用范围

类型		图　形	特　征	一般适用范围
下降特性	恒流	U, O, I	在运行范围内 $I_f\approx$ 常数，又称垂直下降特性或恒流特性	TIG 焊，非熔化极等离子弧焊
	缓降	U, O, I	$U=f(I)$ 图形接近 1/4 椭圆，又称缓降特性，当弧长变化时，电流变化较恒流特性大	焊条电弧焊，变速送丝埋弧焊

（续）

类型		图　形	特　征	一般适用范围
下降特性	斜降	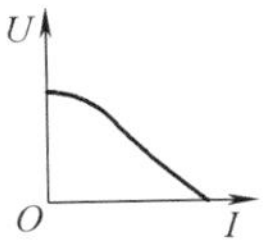	在运行范围内 $U=f(I)$ 图形接近一斜线，又称斜降特性	焊条电弧焊，尤其适合立焊、仰焊粗丝 CO_2 焊，埋弧焊
	恒流带外拖	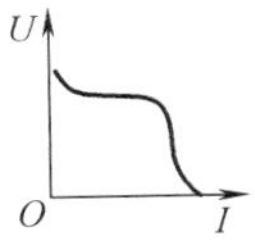	在运行范围内恒流带外拖，外拖的斜率和拐点可调节	焊条电弧焊
平特性	平或稍下降	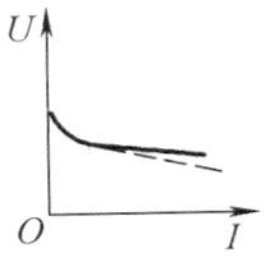	在运行范围内 $U\approx$ 常数，又称恒压特性，有时电压稍有下降	等速送丝的粗、细丝气体保护焊和细丝（直径<3mm）埋弧焊
	上升	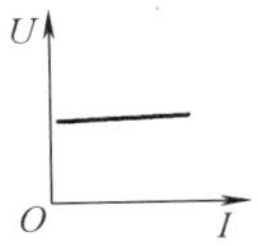	在运行范围内随电流增加电压稍有增高，有时称上升特性	等速送丝的细丝气体保护焊（包括水下焊）
双阶梯形特性		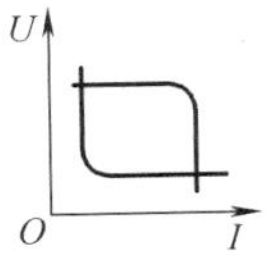	由 L 形和⅂形外特性切换而成的双阶梯外特性，又叫双阶梯形外特性	脉冲熔化极气体保护弧焊，计算机控制的脉冲自动弧焊

1.2.2　对弧焊电源调节特性的要求

焊接时须按焊件材质、厚度、坡口形式和焊接位置等选用不同的焊接参数。与弧焊电源有关的焊接参数主要是电弧的工作电压 U_f 和电流 I_f，弧焊电源应能保证在所需的宽度范围内均匀而又方便地调节这两个参数，并能满足电弧稳定、焊缝成形好的工艺要求。

1. 调节范围

具有下降特性的弧焊电源可调参数是焊接电流，而平特性电源的可调参数是负载电压。负载电压包括了电弧电压和焊接回路电缆压降等在内。为了保证一定的电弧电压，要求负载电压随工作电流增大而增大。

2. 弧焊电源的负载持续率与额定值

弧焊电源使用过程中会产生温升，温升过高会破坏电源的绝缘，甚至烧毁电气元器件。为此，国家标准在电焊机中对不同绝缘级别规定了温升极限值。

弧焊电源的温升取决于焊接电流的大小和电源的负荷状态。电源负荷状态用负载持续率 FS 表示，即

$$FS=\frac{\text{负载运行持续时间}}{\text{负载运行持续时间+休息时间}}\times 100\%$$

$$=\frac{t}{T}\times 100\%$$

式中　T——弧焊电源的工作周期，是负载运行持续时间 t 与休息时间之和。

国家标准规定工作周期为 10min 与连续两种，同时还规定了五种额定的负载持续率，即 20%、35%、60%、80%和 100%。

通常焊条电弧焊电源的工作周期定为 5min，额定负载率一般为 60%；而自动或半自动弧焊电源的工作周期定为 20min、10min 和 5min，额定负载持续率为 100%或 60%。

负载持续率是弧焊电源设计和使用的重要参数，在弧焊电源的铭牌上规定的额定焊接电流 I_e 就是指在规定的额定负载持续率 FS_e 下的允许输出电流，由此而引起的温升不会超过限值。

在电源的电流调节范围内，按不同负载持续率 FS 工作时，不超过温升限值的许用焊接电流 I_f 是不同的，可按下式确定

$$I_f=\sqrt{\frac{FS_e}{FS}}\times I_e$$

1.2.3　对弧焊电源动特性的要求

弧焊电源的动特性是指弧焊电源输出电压和电流对电弧负载状态突然变化的响应能力，可以用弧焊电

源的输出电压和电流对时间的关系，即 $U_f=f(t)$ 和 $I_f=f(t)$ 来表示，它表征弧焊电源对负载瞬变的适应能力。

弧焊电源动特性对电弧稳定性、熔滴过渡、飞溅及焊缝成形等有很大影响，因此对于电弧状态周期性变化的短路过渡电弧焊的电源，必须考虑动特性要求。对于其他电弧焊，由于焊接时电弧状态基本不变，因而对弧焊电源特性没有特殊要求。

1. 焊条电弧焊电源动特性

一般需考虑从空载至短路和从负载至短路两种情况，这两种情况都出现了瞬时短路电流峰值，如图3-1-3所示。焊接过程要求瞬时短路电流峰值大小要适当。从空载至短路的瞬时短路电流峰值 I_{sd} 若太小，则不利于热发射和热电离，使引弧困难；若太大，则造成飞溅甚至烧穿。从负载至短路的瞬时短路电流峰值 I_{fd} 若太小，则电弧功率不足，熔滴过渡困难；若太大，则熔滴飞溅严重，焊缝成形变坏。所以对焊条电弧焊用的弧焊整流器一般都规定了动特性指标，见表 3-1-3。

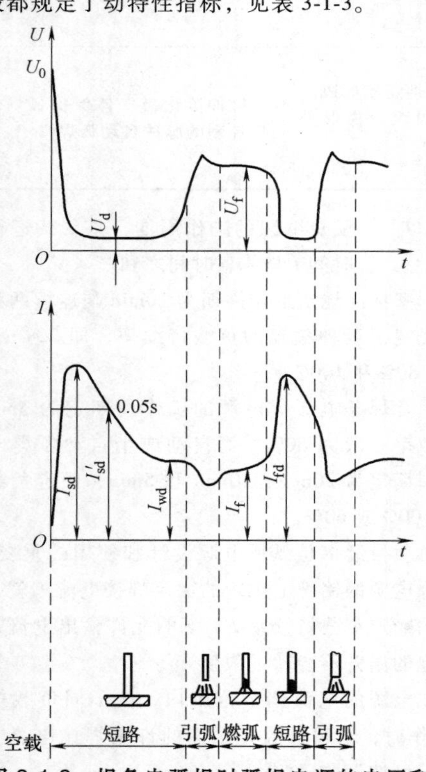

图 3-1-3　焊条电弧焊时弧焊电源的电压和电流的变化曲线

I_{sd}—由空载至短路的瞬时短路电流峰值　I_{fd}—由负载至短路的瞬时短路电流峰值　I_{wd}—稳态短路电流　I'_{sd}—经 0.05s 后的瞬时短路电流　U_d—阻抗电压　U_f—电弧电压　I_f—负载电流

弧焊变压器因电磁惯性小，其动特性一般能满足要求，故不必考虑。

表 3-1-3　弧焊整流器动特性指标

		额定电流	25%额定电流
整定值	电流/A	额定电流	25%额定电流
	电压/V	$U=20+0.04I$	$U=20+0.04I$
动特性要求	空载至短路 I_{sd}/I_f	≤3	≤5.5
	负载至短路 I_{fd}/I_f	≤2.5	≤3

2. 短路过渡 CO_2 气体保护焊电源动特性

焊接过程对电源的短路电流峰值的要求与焊条电弧焊相同。图 3-1-4 所示为 CO_2 焊接短路过渡过程中电流和电压的波形图。在短路时，短路电流上升率 $\frac{di}{dt}$ 是影响熔滴过渡是否平稳、飞溅的大小，以及焊接过程是否稳定的重要因素。若 $\frac{di}{dt}$ 过小，则短路金属小桥难断开，导致短路时间过长，过渡频率减小，焊丝成段爆断，产生大量大颗粒金属飞溅；严重时会造成焊丝插入熔池，电弧无法复燃。若过大，则造成大量小颗粒金属飞溅，焊缝成形不好，金属损耗严重。表 3-1-4 推荐了按焊丝直径取合适的 $\frac{di}{dt}$ 值。

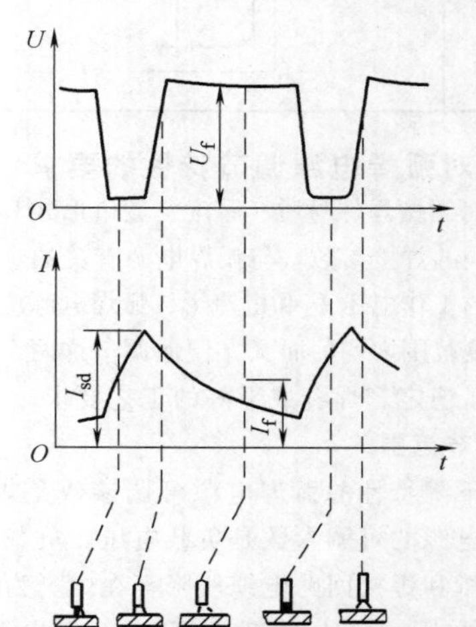

图 3-1-4　CO_2 气体保护焊短路过渡过程中电流和电压的波形图

I_{sd}—短路电流峰值　I_f—平均焊接电流

表 3-1-4　推荐的短路电流上升率 $\left(\frac{di}{dt}\right)$

焊丝直径/mm	0.8	1.2	1.6
短路电流上升率 $\frac{di}{dt}$/kA·s^{-1}	50~150	40~130	20~75

熔滴过渡后电弧复燃，电源电压恢复速度越快越好。对于细丝 CO_2 气体保护焊，采用平特性弧焊整流

器，容易实现快速复燃。

显然，在熔化极气体保护焊中，只有在短路过渡或滴状过渡过程中出现短路，才有动特性的要求，而射流过渡则无动特性要求。

综上所述，对弧焊电源动特性的要求，实际上就是对电源的短路电流增长速度、空载电压恢复速度和短路电流峰值的要求。

1.2.4 对弧焊电源的其他要求

弧焊电源作为焊接生产设备之一，除了应具有能满足上述的焊接工艺所要求的各种技术性能外，还应满足生产制造和操作使用等方面提出的各种要求，详细参见国家标准 GB/T 8118—2010《电弧焊机通用技术条件》。

1.3 交流弧焊电源

交流弧焊电源输出的电流波形有两种：一种是近似正弦波，即普通工频交流电的波形，其电源称为弧焊变压器；另一种是矩形波，又称方波，其电源称为矩形波（又称方波）交流弧焊电源，它是近年发展起来的新型电源。

1.3.1 弧焊变压器

弧焊变压器是用近似正弦波的交流电形式向焊接电弧输送电能的设备。主要用于焊条电弧焊、埋弧焊和 TIG 焊，一般都具有下降的外特性。

1. 弧焊变压器的工作原理

弧焊变压器实际上是一种特殊的变压器，它把网路电压（一般为 220V 或 380V）降至安全而又能满足引弧所需的空载电压（60~70V），并具有焊接工艺所要求的下降外特性和调节焊接参数的性能。降压原理和一般电力变压器相同，如图 3-1-5 所示，变压器绕组匝数与输入和输出电压及电流之间的关系是

$$\frac{N_1}{N_2}=\frac{E_1}{E_2}=\frac{I_2}{I_1}$$

式中 N_1——变压器一次绕组的匝数；

N_2——变压器二次绕组的匝数；

E_1——输入电压；

E_2——输出电压；

I_1——输入电流；

I_2——输出电流。

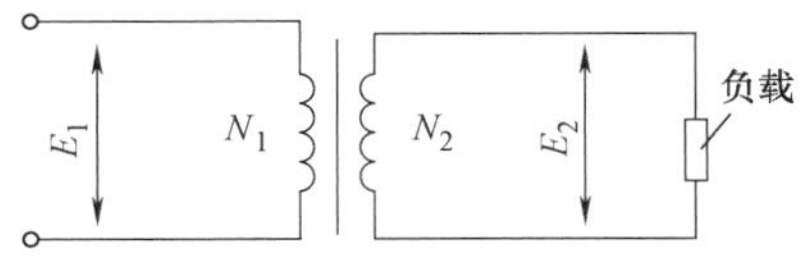

图 3-1-5 变压器工作原理

减少二次绕组匝数，输出电压可降低，从而可以控制焊接所需的空载电压和获得较大的焊接电流。

2. 弧焊变压器外特性的控制与调节

获得下降外特性的方法是在变压器输出回路中增加阻抗。图 3-1-6 所示为交流弧焊的等效电路。该电路有如下关系。

$$U_f=\sqrt{U_0^2-(I_fX_z)^2}$$

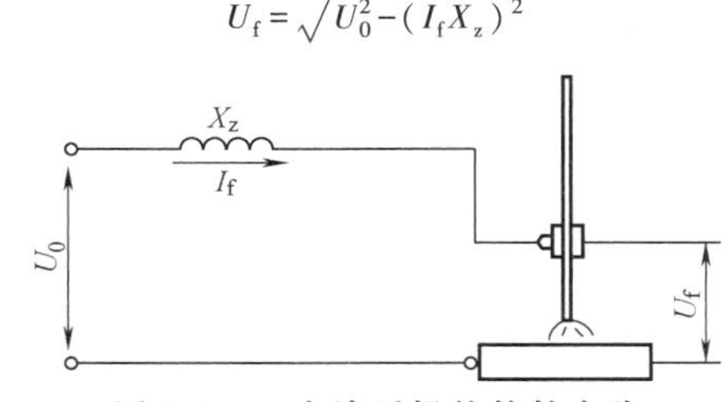

图 3-1-6 交流弧焊的等效电路

U_0—弧焊变压器的空载电压 U_f—电弧电压

X_z—弧焊变压器的内阻抗 I_f—电弧电流

按此关系可得出如图 3-1-7 所示的下降外特性。

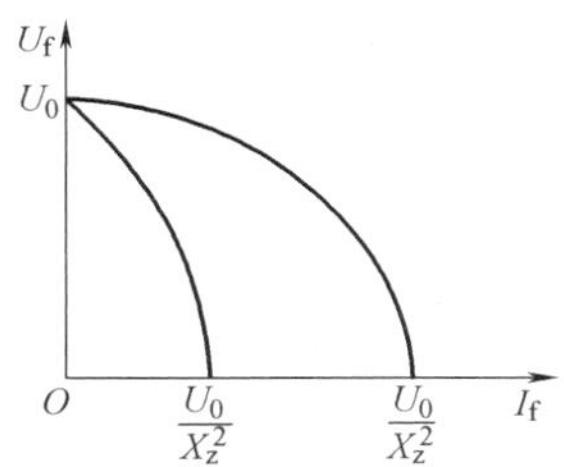

图 3-1-7 弧焊变压器的下降外特性

说明该弧焊电源的下降外特性是依靠弧焊变压器的内阻抗 X_z 实现的。为了能调节焊接电流，X_z 必须是可调节的（即 X_z^1、X_z^2……）。

变压器的结构不同，调节 X_z 的方法也有所不同。普通弧焊变压器中多采用串联阻抗式（BX2 系列）与增强漏磁式（BX1 系列）两种。

（1）串联阻抗式

在变压器主回路上串联阻抗，如图 3-1-8 所示。阻抗两端的电压降 E_x 随着负载电流升高而增大，于是引起负载电压 E_f 大幅度下降，从而获得下降外特性。调节阻抗值也即改变电压降 E_x，可实现对焊接负载电压和电流的调节。

串联的阻抗是电阻器或电抗器。因电阻器在使用中要消耗能量而很少采用；电抗器在使用中仅有铁损和铜损，能量消耗少，故被广泛采用。况且电抗器的另一优点是在交流电中所产生的相位差，改善了在给定空载电压下交流电弧的稳定性，这对于焊条电弧焊和 TIG 焊很有利。

（2）增强漏磁式

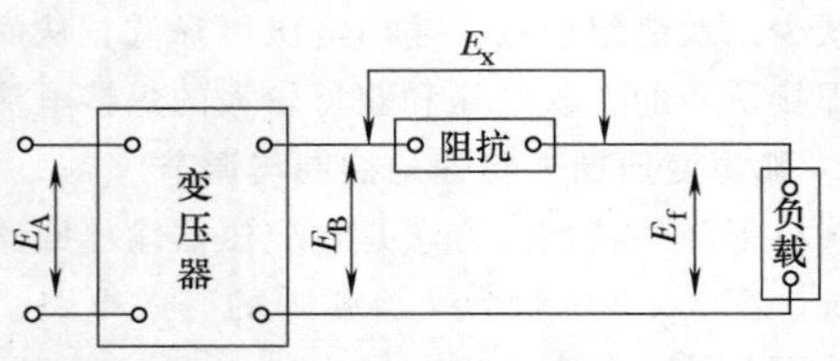

图 3-1-8　串联阻抗式弧焊变压器

E_A—交流输入电压　E_B—输出电压

E_x—阻抗两端的电压降　E_f—负载电压

在变压器中人为地增大自身的漏抗，来控制输出外特性。做法是通过一个线圈相对于另一个线圈的移动（动圈式）或采用可动的磁分路（动铁式）来实现。这种线圈之间磁耦合不紧密而有很强漏磁，由此产生的漏抗就足以得到下降外特性。改变线圈之间的距离或改变磁分路就可以调节焊接参数。

无论是串联阻抗式还是增强漏磁式弧焊变压器，都是通过某种调节机构去改变阻抗或漏磁，从而实现焊接参数的调节与控制，故弧焊变压器属于机械控制型的弧焊电源。

3. 弧焊变压器的种类、特点与用途（见表 3-1-5）

表 3-1-5　弧焊变压器的种类、特点与用途

种类		结构特征		特性与用途	产品型号例
		示　意　图	说　　明		
串联电抗器式	分体式		由一平特性变压器和一可调气隙动铁心电抗器组成。前者获得所需空载电压，后者获得下降外特性并用以调节焊接电流	易于搬动，可用一个主变压器附上若干个电抗器构成多头式焊条电弧焊机 电抗器铁心有振动，小电流焊接时，电弧稳定性差，结构不紧凑，消耗材料多。用于焊条电弧焊	单头式已不再生产 多头（站）式有 BP-3-500 型可供 12 个焊工同时焊接
串联电抗器式	同体式		原理同分体式，但变压器和电抗器结成一体，有一公共磁路	与分体式相比，结构紧凑、节省材料、提高效率、降低电能消耗、占地面积小，但较笨重，移动困难。因小电流焊接时，电弧不够稳定，故宜做成大、中容量的电源。主要用于自动与半自动埋弧焊。一般设有遥控的电流调节装置	BX2 系列：BX2-500，BX2-700，BX2-1000 型配 MZ1-1000 型自动焊机，BX2-2000 型配 MZ2-1500 自动焊机
增强漏磁式	动铁式		靠增强自身漏抗获得下降外特性，在一、二次绕组之间设一可移动的铁心构成磁分路。移动铁心改变漏抗以调节焊接电流。动铁心有矩形和梯形，梯形的电流调节范围比矩形的宽而均匀，故多采用	小电流时空载电压较高，引弧容易；不必使用电抗器，节省材料，结构简单，体积小，易制造，较经济。有两个空气隙，附加损耗大，宜做成中小容量焊机 主要用于焊条电弧焊	BX1 系列： BX1-135 BX1-300
增强漏磁式	动圈式		在“口”形铁心两侧有一、二次绕组，彼此之间的距离可改变，两绕组因耦合不紧密而有很强的漏磁，利用漏抗获得下降外特性。改变绕组之间的距离，即改变漏抗大小以调节焊接电流。当距离大时，漏抗增大，输出电流减小	没有活动铁心，可避免因振动而引起的电弧不稳，噪声较小，小电流焊接时电弧较稳定。但要靠改变绕组匝数来实现焊接电流的粗调，此方式操作不方便，消耗电工材料多，经济性较差，因绕组移动距离受限，故适于做成中等容量的焊条电弧焊电源。空载电压高的可用于 TIG 焊	BX3 系列： BX3-120 BX3-200 BX3-300 BX3-500

（续）

种类		结构特征 示意图	结构特征 说明	特性与用途	产品型号例
增强漏磁式	抽头式	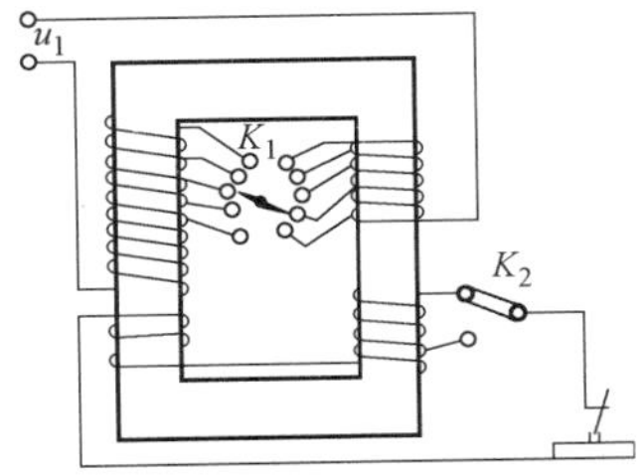 u_1 K_1 K_2	一、二次绕组绕在两个铁心柱上，用变换抽头的方法改变空载电压及漏磁，以调节焊接电流	结构简单，体积小，耗料少，易于制造，无活动部分，无振动。使用可靠、成本低。但电流调节是有限的，调节性能欠佳且不方便。一般做成小容量低负载持续率的焊条电弧焊电源，适用于农村及修配站使用	BX6系列：BX6-120

1.3.2 矩形波交流弧焊电源

矩形波交流弧焊电源简称方波电源，它输出交流电的波形是矩形，其特点是电流过零点时的上升速度非常快，即使不用稳弧装置，焊接时电弧也非常稳定。利用矩形波交流电源进行铝、镁及其合金的TIG焊时不仅电弧的稳定性可显著提高，而且还可通过调节极性比来调节阴极雾化作用。另外，即使使用碱性焊条、高氟焊剂或碱性焊剂，方波交流电源也能很好地保证电弧的稳定性和良好的焊缝成形。因此，目前焊条电弧焊、TIG焊和埋弧焊已大量采用矩形波交流电源代替正弦波交流电源。

矩形波交流弧焊电源属于电子控制类型的弧焊电源。按获得矩形波交流电流的原理和使用主要器件不同，目前主要有晶闸管式和逆变器式两种。

1. 矩形波弧焊电源工作原理

表3-1-6列出了晶闸管式和逆变器式矩形波交流弧焊电源的工作原理。

表3-1-6 晶闸管式和逆变器式矩形波交流弧焊电源的工作原理

	晶闸管式	逆变器式
原理框图	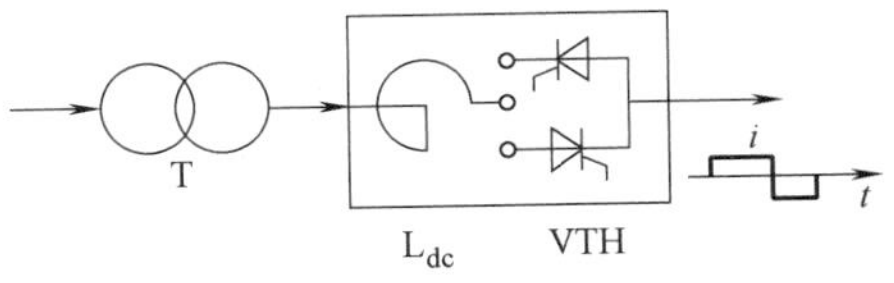 T L_{dc} VTH i t	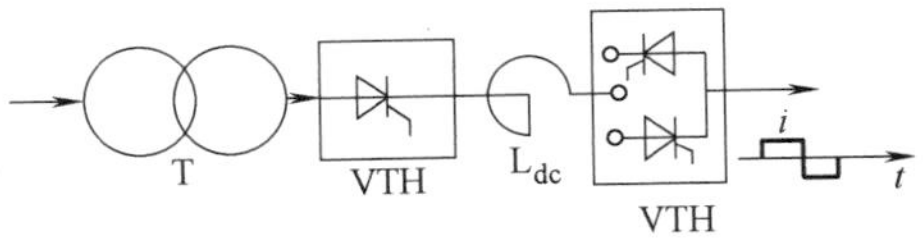 T VTH L_{dc} VTH i t
主电路图与输出电流波形图	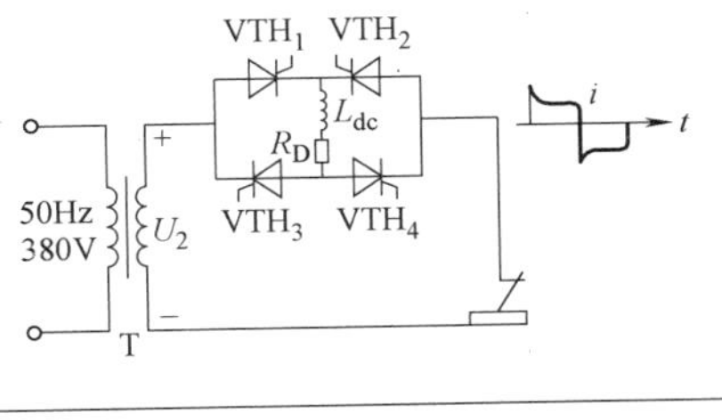 VTH_1 VTH_2 L_{dc} R_D VTH_3 VTH_4 50Hz 380V U_2 T i t	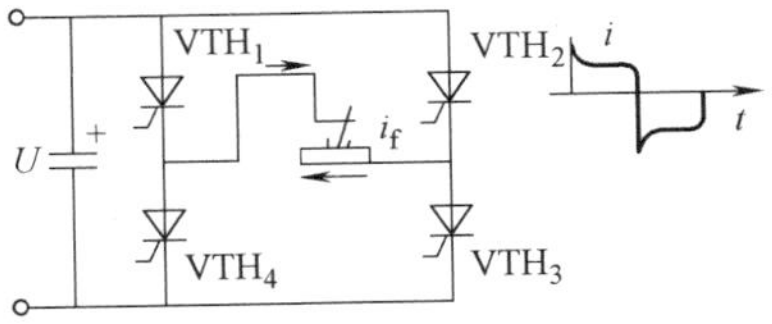 VTH_1 VTH_2 U i_f VTH_4 VTH_3 i t （输入变压整流部分没示出）
主电路组成	由变压器、晶闸管桥和直流电抗器组成	由变压器、晶闸管整流器和晶闸管逆变器组成。实质上是由晶闸管弧焊整流器和晶闸管逆变器组成
工作原理	两对晶闸管组VTH_1、VTH_2和VTH_3、VTH_4的门极由控制电路轮流触发后导通，经过电抗器L_{dc}的滤波，可在输出端获得矩形波交流电	单相或三相50Hz交流电经变压器降压整流后即得到直流电压U，再借助晶闸管组VTH_1、VTH_3和VTH_2、VTH_4的轮流导通而获得矩形波交流电
控制与调节	借助闭环反馈电路控制可获得所需外特性，改变控制电路中的给定信号值，即得一族外特性，达到调节焊接参数的目的 焊接铝、镁及其合金时，可以通过调节两对晶闸管的触发延迟角达到消除直流分量的目的 频率为50Hz，不可调	外特性的控制与调节是通过晶闸管弧焊整流器来实现的。它也是利用闭环反馈电路来控制的。输出矩形波交流电流的幅值是通过改变晶闸管的导通角进行调节的。正负半波通电时间比和频率是通过改变逆变器中晶闸管导通的时间来调节的，频率可调的范围较大

2. 矩形波弧焊电源的特点与应用

(1) 特点

1) 由于矩形波电流过零点的上升和下降极快，因此再引弧非常容易，电弧稳定，用于 TIG 焊接铝、镁及其合金时，可不必外加稳弧的高压脉冲装置。

2) 正、负半波通电时间比和电流比值均可调，可确保阴极雾化作用、获得最佳熔深和提高生产率；可以调节焊接热输入以满足某些弧焊工艺的特殊需要；焊接铝、镁及其合金时不必采用消除直流分量的隔直装置。

3) 外特性形状因由电子电路来控制，故可根据焊接工艺需要任意调节。

4) 具有网路电压补偿，无级调节和遥控等功能，易于实现交、直流两用。

(2) 应用

矩形波弧焊电源主要用于铝、镁及其合金的交流钨极气体保护焊。也可代替普通直流弧焊电源用于碱性焊条电弧焊、碱性焊剂或高氟焊剂埋弧焊、双丝或多丝埋弧焊和等离子弧焊等。

1.4 直流弧焊电源——弧焊发电机

直流弧焊发电机是由旋转的原动机（电动机和内燃机等）驱动弧焊发电机而发出适于焊接用的直流电。原动机为弧焊发电机提供机械能，而弧焊发电机则把机械能转变成焊接所需的电能。直流弧焊发电机主要用于焊条电弧焊、埋弧焊和 TIG 焊，故需具有下降的外特性。

电力驱动的直流弧焊发电机因能耗大，已停止生产，由内燃机驱动的弧焊发电机在无电供应场合尚在使用。

和一般发电机一样，直流弧焊发电机是靠电枢上的电导体切割磁极和电枢之间空气隙内的磁力线而感应生电的。一般发电机的外特性是平的，为了获得焊接要求的下降外特性，可采用在电枢电路中串联镇定电阻或改变磁极磁通的方法。弧焊发电机的外特性和调节特性是通过电磁进行控制的，因此归类于电磁控制型弧焊电源。

有关直流弧焊发电机的类型、构造、工作原理及其应用范围可查阅参考文献［1］和［15］等。

1.5 直流弧焊电源——弧焊整流器

弧焊整流器是将交流电经过变压和整流后获得直流电输出的弧焊电源。它随着大容量高性能的整流元件和控制元件的发展而发展。因具有易于制造、便于维修、节省能源和材料、重量轻、成本低和效率高等优点，所以在有电供应的条件下，已取代了电动式直流弧焊发电机。

1.5.1 弧焊整流器的分类

按供电可分为单相和三相两类，以三相供电者居多。

按主回路所用的整流与控制元器件不同可分为硅弧焊整流器、晶闸管弧焊整流器、晶体管弧焊整流器和逆变式弧焊整流器。

按弧焊整流器的外特性特征可分为

1) 下降外特性弧焊整流器。属 ZX 系列，按其下降程度不同又可分成缓降、斜降和垂直下降（恒流）等种类。主要用于焊条电弧焊、埋弧焊、TIG 焊和等离子弧焊等。

2) 平（恒压）外特性弧焊整流器。属 ZP 系列，主要用于熔化极气体保护焊，如细丝 CO_2焊、MIG 焊和 MAG 焊等。

3) 多特性弧焊整流器。属 ZD 系列，其外特性可根据焊接工艺需要改变成缓降、恒流或恒压的形状，故适用范围广，几乎所有焊接方法均可使用，很适合修理部门或实验室等使用。

1.5.2 硅弧焊整流器

1. 硅弧焊整流器的基本原理

硅弧焊整流器是以大功率硅二极管作为整流器件，将交流电整流成直流电的弧焊电源，其基本原理图如图 3-1-9 所示，利用降压变压器 T 把 50/60Hz 的单相或三相交流网路电压降为焊接所需的空载电压。经硅整流器 Z 整流和输出电抗器 L_{dc}滤波，从而获得供焊接用的直流电。

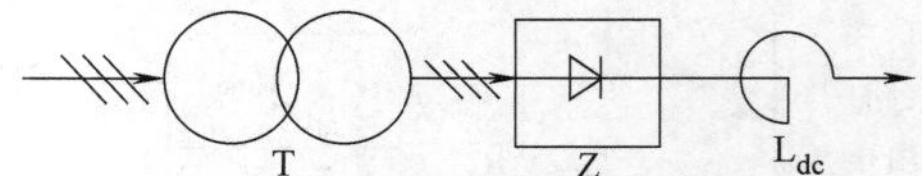

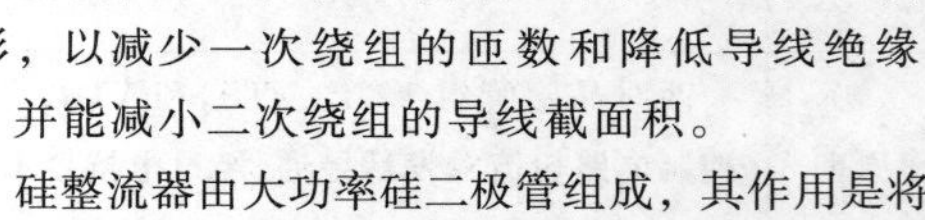

图 3-1-9 硅弧焊整流器基本原理图

降压变压器以三相者居多，因可使网路供电平衡，其输出脉动比单相小。其一、二次绕组一般采用 Y/D 连接，即一次绕组接成星形，二次绕组接成三角形，以减少一次绕组的匝数和降低导线绝缘的要求，并能减小二次绕组的导线截面积。

硅整流器由大功率硅二极管组成，其作用是将交流电变成直流电，其电路多为单相或三相桥式整流电路。

输出电抗器是接在直流回路中一个带铁心并有气隙的电感线圈，起滤波和改善动特性的作用，可使电弧燃烧稳定和减少飞溅。

为了获得焊接所要求的外特性和进行电弧电压和电流的调节，硅弧焊整流器中设有外特性调节机构。有机械和电磁两种控制与调节方式，前者是利用机械方法改变降压变压器一、二次绕组之间的距离（如动圈式），或改变绕组匝数（如抽头式）进行控制与调节；后者是利用接在降压变压器和硅整流器之间的磁饱和电抗器（又叫磁放大器）进行电磁控制与调节。

2. 硅弧焊整流器的种类、特点和应用

硅弧焊整流器是按其外特性调节机构的作用原理分类，见表 3-1-7。各类硅弧焊整流器的特点与应用见表 3-1-8。

从表 3-1-8 中可以看出，磁放大器式硅弧焊整流器属于电磁控制型直流弧焊电源，而动圈式（或动铁式）和抽头式硅弧焊整流器则属机械控制型直流弧焊电源。

表 3-1-7　硅弧焊整流器的种类

种　　类			外　特　性	国产产品型号举例
磁放大器式	无反馈		恒流	ZX-100、ZX-500
	内反馈	全部	恒压	ZP-400，ZP-1500
		部分	平、下降	ZD-1000
动圈式（或动铁式）			下降	ZX3-160，2X3-400
抽头式			平	ZP6-250

表 3-1-8　各类硅弧焊整流器的特点与应用

种类	外特性	国产产品型号举例
磁放大器式硅弧焊整流器	主电路图和外特性曲线图	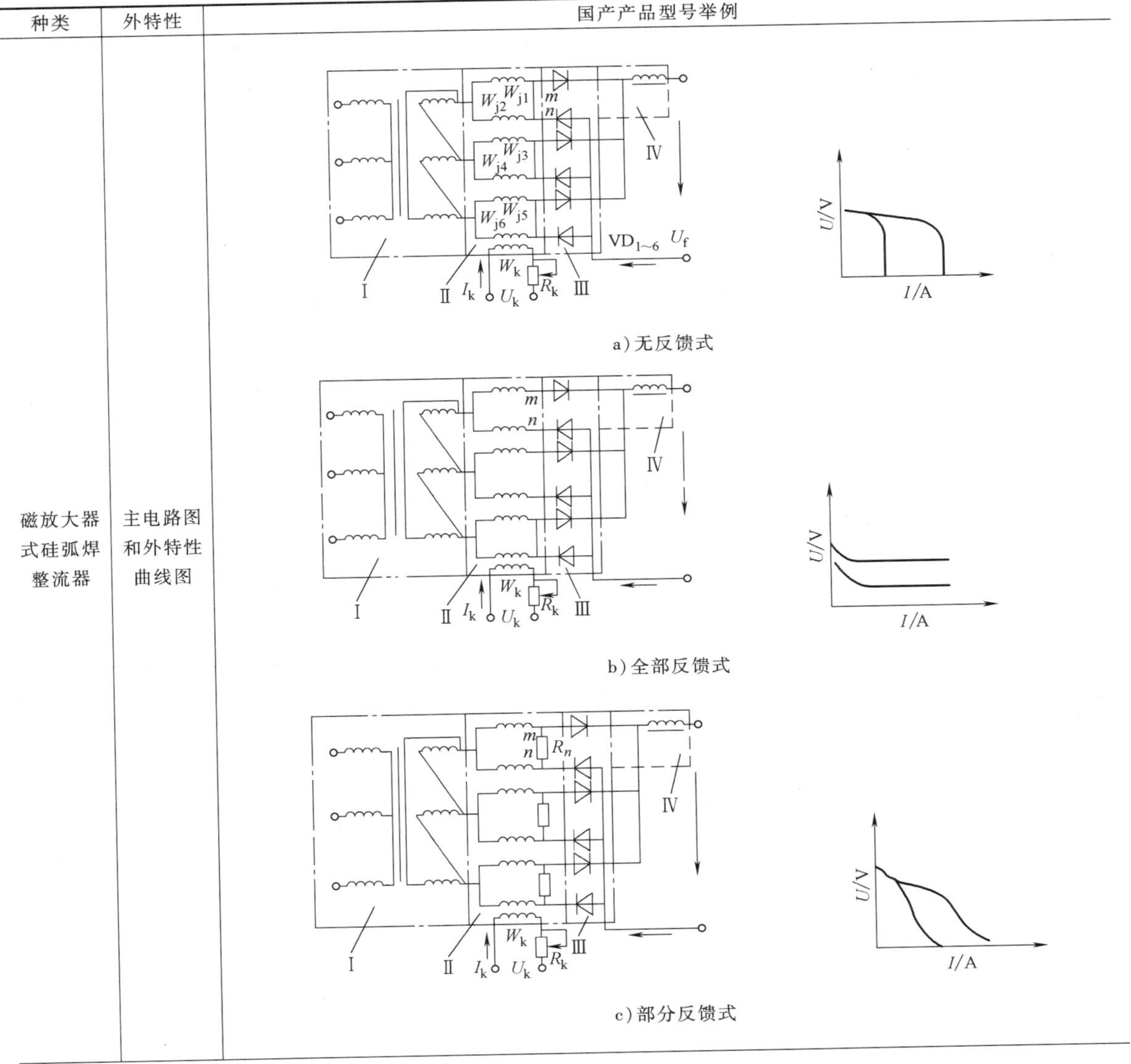

a）无反馈式

b）全部反馈式

c）部分反馈式

（续）

种类	外特性	国产产品型号举例
磁放大器式硅弧焊整流器	结构特征	由三相正常漏磁降压主变压器Ⅰ、三相磁放大器Ⅱ，三相桥式全波整流器Ⅲ和输出电抗器Ⅳ组成。磁放大器可单独位于变压器和整流器之间或与降压变压器做成一体。多为三心柱式，在铁心上绕有交流绕组（工作绕组）W_j 和控制绕组（直流绕组）W_k。引入不同反馈控制系统以获得所需各种外特性。m、n 两点短接为无反馈式，m、n 不接线为全部内反馈式，m、n 两点间接一电阻（$R_n=0.01\sim0.1\Omega$）为部分内反馈式（又叫内桥内反馈式）
	控制与调节	利用无反馈式的磁放大器可获得恒流外特性；利用全反馈式可获得恒压外特性；用部分内反馈的可得下降外特性 调节控制绕组 W_k 的直流电流大小（通过改变 R_k）可实现焊接电流的调节
	优、缺点与应用	可获得各种形状外特性以适应各种焊接方法需要。能遥控且控制方便，但结构复杂，重量大，用料多，且磁惯性大，调节速度慢，已逐渐被淘汰 下降或恒流外特性的硅弧焊整流器用于焊条电弧焊、埋弧焊和 TIG 焊等；恒压外特性的用于 MIG/MAG 焊
动圈式硅弧焊整流器	主电路原理图和外特性曲线图	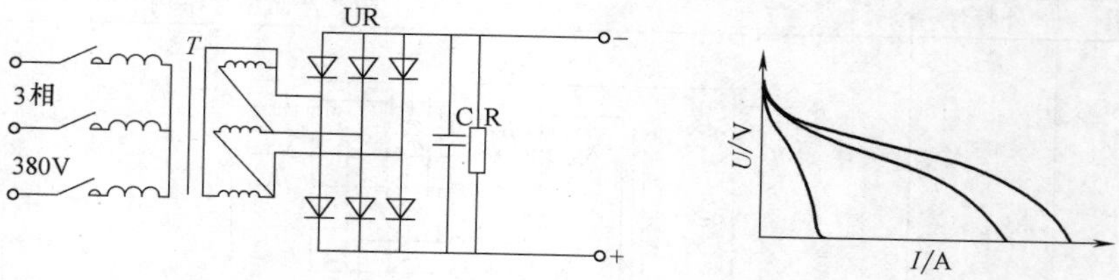 a) 主电路图　　b) 外特性曲线图
	结构特征	由增强漏磁的三相动圈式弧焊变压器 T 和三相桥式整流器 UR 组成，变压器铁心为三个心柱和上下轭构成三棱柱形。每相二次绕组安置在心柱下方，固定不动。一次绕组安置在心柱上方并通过手动的螺栓传动机构使其沿螺杆上下移动
	控制与调节	一、二次绕组耦合不紧密，漏抗很大，故可获得下降外特性。调节一、二次绕组的距离即可改变漏抗大小，从而调节电流。当距离增加，漏抗也增加，导致电流减少
	优、缺点与应用	结构及线路简单，节省材料，重量轻，动特性好，飞溅少，一般不用输出电抗器，其输出电流和电压受电网电压和温升的影响较小，但是线圈可动，使用时有轻微振动和噪声，不易实现遥控，不能补偿电网电压的波动。适用于不需远距离调节焊接参数场合下的焊条电弧焊，TIG 焊和等离子弧焊
抽头式的弧焊整流器	主电路图与外特性曲线	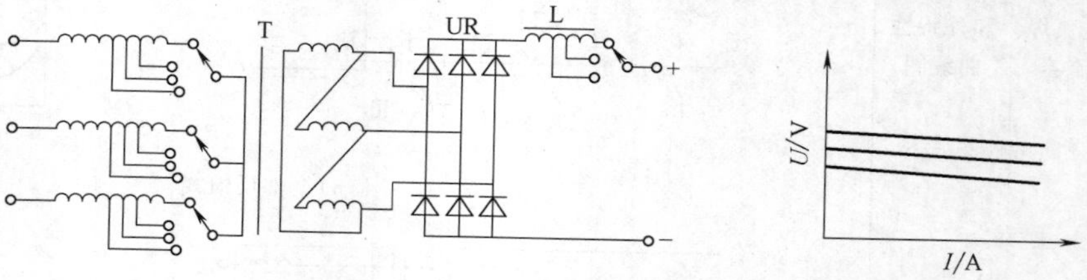 a) 主电路图　　b) 外特性曲线图
	结构特征	由抽头式弧焊变压器 T、整流器 UR 和输出电抗器 L 组成。变压器为正常漏磁三相降压变压器，一次绕组上设有许多抽头，有些在二次绕组也有抽头，用以改变绕组的匝数达到参数的调节 输出电抗器利用抽头或变动铁心气隙以调节电感量
	控制与调节	外特性为平的或稍微下降的。通过改变一、二次绕组匝数来调节空载电压和电流。由输出电抗器滤波和调节动特性，以控制电流的上升速度，减少金属飞溅
	优、缺点及其应用	结构简单，可靠和实用，成本低，噪声小，电弧稳定。但不能遥控及补偿电网电压波动，电流调节不方便 用于等速送丝的自动或半自动焊，如细丝 CO_2 焊等

1.5.3 晶闸管式弧焊整流器

晶闸管式弧焊整流器是以晶闸管为整流器件的弧焊直流电源。得益于晶闸管本身具有良好的可控性，这种电源的外特性的控制及焊接参数的调节均可通过改变晶闸管的导通角来实现，无需磁放大器，因此它属于电子控制型的弧焊电源。

1. 晶闸管式弧焊整流器的基本原理

晶闸管式弧焊整流器的基本原理图如图 3-1-10 所示。三相 50/60Hz 网路电压由降压变压器 T 降为几十伏的电压，借助晶闸管 VTH 的整流和控制，经输出电抗器 L_{dc}滤波和调节动特性，从而输出所需的直流电弧电压和电流。

利用电子触发控制电路和闭环反馈系统来控制外特性及实现电弧电压和电流的无级调节。图 3-1-10 中 M 为电流、电压反馈检测电路；G 为给定电压电路；K 为运算放大电路，它把反馈电压信号和给定电压比较后的电压进行放大并送到脉冲移相电路，从而实现对外特性的控制和工艺参数的调节。

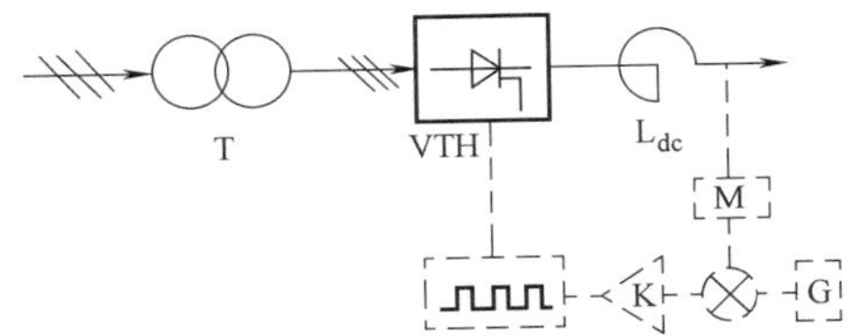

图 3-1-10　晶闸管式弧焊整流器的基本原理图

2. 晶闸管式弧焊整流器的主电路

图 3-1-11 所示是晶闸管式弧焊整流器的两种典型主电路原理图。

图 3-1-11a 由三相降压主变压器 T、晶闸管整流器 $VTH_1 \sim VTH_6$、维弧电路 $VD_{1\sim6}$、R_1、R_2、电抗器 L_{dc}和控制电路 GO 组成。外特性和参数调节是通过对晶闸管整流器 $VTH_1 \sim VTH_6$的控制而获得的。因为使用通用的变压器，故易于制造。输出电压每周期有 6 个波峰，脉动较小，所需配用的输出电感量也较小。但需用 6 只晶闸管和 6 套触发电路，使电路复杂，增加了调试和维修难度。

图 3-1-11b 中 T_{11}和 T_{12}为三相降压主变压器，二次侧有两组绕组，各以相反极性联成星形，故称“双反星形”。它们和 6 个晶闸管连接组成正极性和反极性两组三相半波整流电路，通过平衡电抗器 PDK 并联在一起。PDK 的作用是维持两组三相半波电路互不干扰，各自正常工作，在 PDK 上有中心抽头，抽头两侧线圈匝数相等。其余维弧电路、控制电路与三相桥式全控整流电路与图 3-1-11a 大体相同。这种整流电路的整流变压器和整流元器件利用率较高，触发电路比三相桥式全控整流电路简单，输出电压每周期也有 6 个波峰，脉动小，但需使用平衡电抗器。两组整流电路的参数要求对称，给变压器制造和元器件的挑选增添了困难。

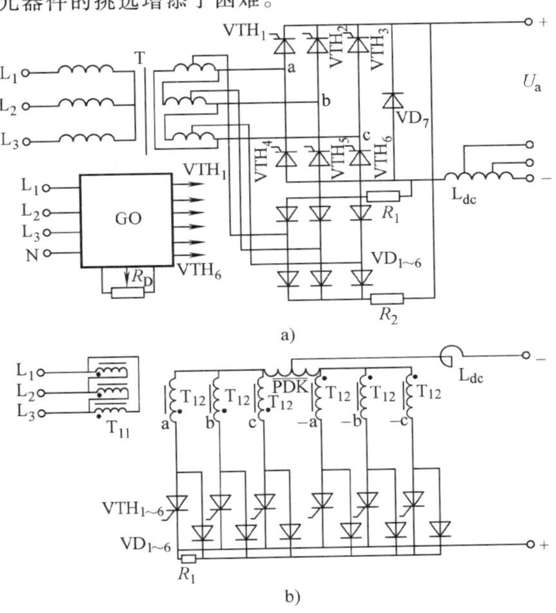

图 3-1-11　晶闸管式弧焊整流器主电路原理图

a）三相桥式全控制整流电路

b）带平衡电抗器双反星形可控整流电路

3. 晶闸管式弧焊整流器的触发电路

晶闸管需要触发才能导通，触发电路必须保证其触发脉冲具有足够的功率，还要与加于晶闸管的电源电压同步，并且能移相。表 3-1-9 只列出了它们的主要特点和适用范围。

4. 晶闸管式弧焊整流器外特性的控制电路

晶闸管式弧焊整流器的不同外特性形状是通过不同反馈方式控制晶闸管导通角来实现的，而导通角的大小又是由触发电路的输入电压 U_k值确定，故只要以不同方式确定 U_k，就可以获得不同形状的外特性。通常是采用如图 3-1-12 所示的电压、电流反馈闭环控制系统来实现。图中有电压负反馈，输出电压 u_f 经采样环节（常用电位器分压）得到与其成正比的反馈量 mU_f；还有电流负反馈，输出电流 I_f 经电流采样环节（常用分流器）得到与其成正比的反馈量 nI_f。mU_f和 nI_f又分别经过比较放大环节与给定量的 U_{gu}和 U_{gi}比较及放大，于是各自输出 $K_1(U_{gu}-mU_f)$ 和 $K_2(U_{gi}-nI_f)$。最后，经综合、放大得到控制电压 U_k，再输入触发电路，以控制触发脉冲的相位。于是有

$$U_k = K_3[K_1(U_{gu}-mU_f)+K_2(U_{gi}-nI_f)]$$

式中　K_1、K_2和 K_3—— 为放大环节的放大倍数。

表 3-1-9　晶闸管常用触发电路的特点与适用范围

电路名称	单晶体管式触发电路	晶体管式触发电路		数字式触发电路
		同步电压为正弦波	同步电压为锯齿波	
主要特点	结构简单，有一定抗干扰能力，输出脉冲前沿较陡，但触发功率小，脉冲较窄。单结晶体管参数分散性大，调试困难	电路较简单，调整较容易，当网压波动时，有一定补偿作用	电路比正弦波复杂，但不易受网压波动和波形畸变的影响，工作较稳定	几乎不受电网电压波动的影响，触发脉冲对称，易保证三相平衡而且抗干扰能力强，但电路较复杂，成本高
适用范围	一般只用于直接触发 50A 以下的晶闸管	触发功率较大，可用于大、中功率的整流器中，但不宜在网压波动大的场合下使用	适用于要求较高、功率较大的整流器中	适用于要求较高的场合

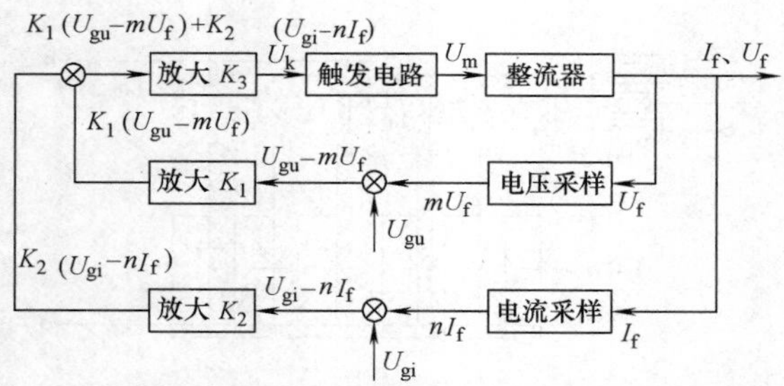

图 3-1-12　晶闸管弧焊整流器闭环控制系统示意图

图 3-1-13 是用上述闭环控制系统以不同的反馈方式而获得的各种外特性。如只用电压负反馈时，可得恒压外特性；只用电流负反馈时，可得恒流外特性，控制方便。

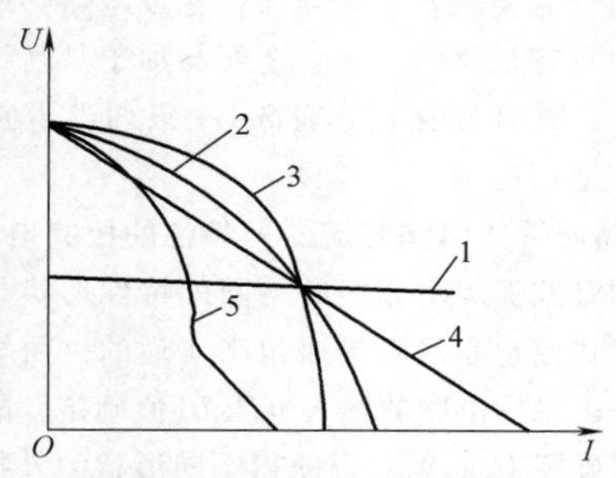

图 3-1-13　闭环控制所获得的外特性

1—只用电压负反馈时　2—只用电流负反馈时　3—只用电流截止负反馈时　4—电压、电流负反馈始终同时使用时　5—电压高时只有电流负反馈，电压低时同时用电压和电流负反馈

5. 晶闸管式弧焊整流器的特点与应用

与磁放大器等硅弧焊整流器及弧焊发电机相比，晶闸管弧焊整流器有如下优点。

1）结构简单。因晶闸管桥除了起整流和控制调节作用外，还具有开闭电源回路的功能，从而使元器件数减少，结构简化。

2）易获得多种外特性并对其进行无级调节。

3）动特性好，电磁惯性小，反应速度快，整个系统时间常数只有十几毫秒，而磁放大器式则达 150~200ms。

4）电路输入功率小，没有机械损耗，效率和功率因数高，故节能。

5）电流、电压调节范围大。

6）能较好地补偿电网电压波动和周围温度的影响。

7）对于较慢的焊接过程可采用计算机控制。

其缺点是波纹系数较大，对电弧稳定性有一定影响，电路较复杂，电子元件多，对调试和维修的技术水平要求高。

具有平特性的晶闸管弧焊整流器可用于熔化极气体保护焊、埋弧焊以及对控制性能要求较高的数控焊机，并可作为弧焊机器人用的弧焊电源。

下降特性的晶闸管弧焊整流器，除用于焊条电弧焊外，还可用于 TIG 焊和等离子弧焊。

1.6　脉冲弧焊电源

为焊接电弧提供周期性脉冲式电流的电源称为脉冲弧焊电源。一般输出两种电流，即基本电流（又称维弧电流）和脉冲电流。焊接时，焊接电流从基值（低）到峰值（高）重复地变化。

脉冲电流有正弦半波、矩形波和三角波三种最基本的电流波形。由于电子技术、集成电路和大功率晶闸管、晶体管和场效应晶体管的发展，出现了许多新型脉冲弧焊电源。特别是晶体管弧焊电源，它与集成电路和计算机控制配合，通过软硬件的合理设计，可以得到任意多种脉冲电流波形，以适应不同焊接工艺的需要。

脉冲弧焊电源的工艺性能非常好，可调工艺参数多，能精确地控制电弧功率和焊接熔池的形状和尺寸，故很适合用于质量要求高、精度要求严的焊件焊接。

1.6.1　脉冲弧焊电源的基本原理

脉冲弧焊电源可以由两个电源分别提供基本电流和脉冲电流，也可以由一个电源提供幅值大小交替变化的电流。

通常采用大功率电子开关元器件，通过阻抗变换或脉冲给定值等来获得脉冲电流。表 3-1-10 列出了获得脉冲电流的几种方式。

表 3-1-10　获得脉冲电流的几种方式

方式		原理框图	输出波形		说　明
利用硅二极管的整流作用		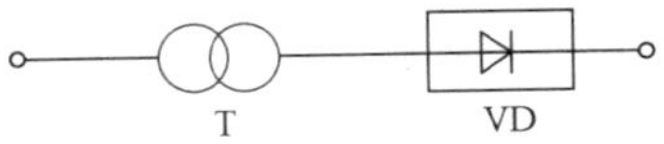 T　VD		50Hz 或 100Hz	网路电压经 T 降压后借助硅二极管 VD 进行半波或全波整流，从而获得 50Hz 或 100Hz 正弦波的脉冲电流
利用电子开关作用	开关设在直流侧	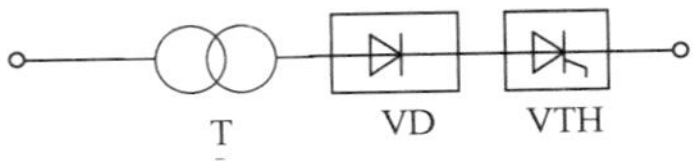 T　VD　VTH	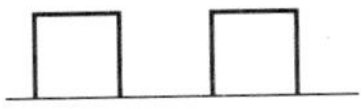	10Hz 以下	在直流弧焊电源的直流侧或交流侧接上晶闸管组 VTH 组成直流或交流断续器，借助它们的开关作用获得脉冲电流
	开关设在交流侧	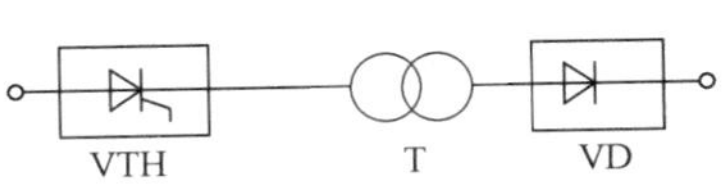 VTH　T　VD	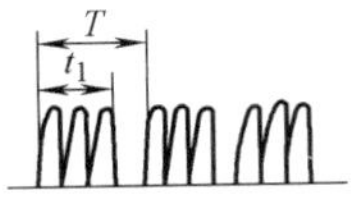 T　t_1	100、50、33、25Hz	
利用阻值变换作用	变换交流侧的电抗值	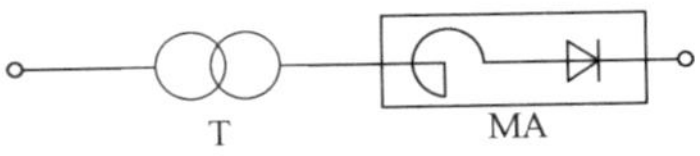 T　MA		10Hz 以下	在三相磁放大器 MA 中使每相阻抗不相等或使其励磁电流为脉冲形式均可获得脉冲电流
	变换直流侧的电阻值	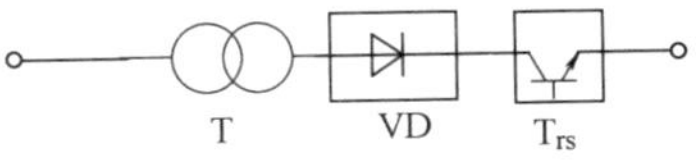 T　VD　T_{rs}		0.1～1000Hz	网路电压经 T 降压和 VD 整流后，借助晶体管组 T_{rs} 变换电阻值获得脉冲电流
采用给定信号变换作用		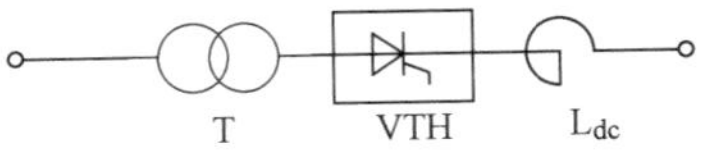 T　VTH　L_{dc}	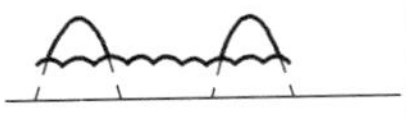	10Hz 以下	在晶闸管式、晶体管式或逆变式弧焊电源的控制电路中把脉冲信号指令送到给定值电路，从而在主电路上获得脉冲电流
		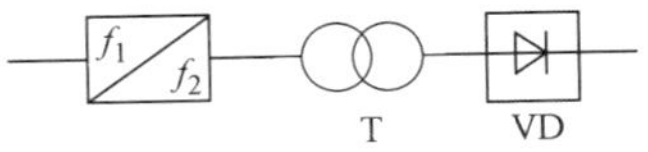 f_1　f_2　T　VD		0.1～1000Hz	
利用电流截止反馈作用		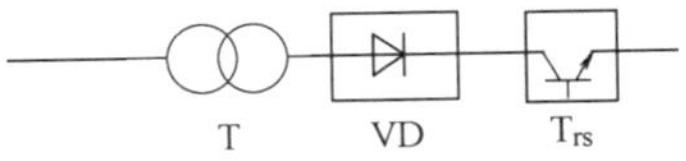 T　VD　T_{rs}		0.1～1000Hz	借助周期性变化的电流截止反馈信号，使晶体管弧焊电源获得脉冲电流输出

1.6.2　脉冲弧焊电源的种类、特点与应用

1. 种类

若按获得脉冲电流的主要器件分，可分为以下几类。

1）单相整流式脉冲弧焊电源。

2）磁放大器式脉冲弧焊电源。

3）晶闸管式脉冲弧焊电源。

4）晶体管式脉冲弧焊电源。

5）逆变器式脉冲弧焊电源。

若按脉冲电源和基本电源的组合分，可分为以下几类。

1）单电源（或一体）式脉冲弧焊电源。

2）双电源（或并联）式脉冲弧焊电源。

2. 特点

上述各类脉冲弧焊电源有如下几个共同特点。

1）提供周期性变化的脉冲式焊接电流，可以精确地控制电弧功率及焊接熔池的形状和尺寸。

2）可调节的焊接参数多，如基本电流大小，脉冲电流的幅值、脉冲的频率、脉冲电流的宽度、电流上升速度和下降速度等，均可无级调节。

3）可以利用普通弧焊电源改造而成。

3. 应用

脉冲弧焊电源适用范围广，有下列几个方面。

1）适用于各种气体保护焊、等离子弧焊、焊条电弧焊等。

2）可以焊接厚度仅几十微米的超薄金属板，也可以借助窄间隙脉冲气体保护焊焊接厚度为 150mm 的大焊件；厚薄相差悬殊的两焊件也能焊接。

3）除可用于焊接普通金属及低合金材料外，还适合用于普通电弧焊难以胜任的对热输入敏感的高合金钢或稀有金属的焊接。

4）用于全位置自动焊，例如，工程中固定管道对接环缝的自动焊最为适用。

脉冲电流调制方式和所用的开关器件对脉冲弧焊电源的特点具有重要的影响。

这里重点介绍晶闸管式和晶体管式脉冲弧焊电源，因为用这两种半导体器件制作脉冲电源更能体现其优越性，可以很灵活方便地进行调节与控制。

1.6.3　晶闸管式脉冲弧焊电源

是利用晶闸管的电子开关作用而获得脉冲电流的弧焊电源。有给定值式和断续器式两种类型。

1. 晶闸管给定值式脉冲弧焊电源

（1）原理

主电路和控制电路的原理与晶闸管弧焊整流器的基本相同，如图 3-1-11 所示。区别在于控制电路中比较环节的给定值是脉冲电压，而不是整流器的直流电压，因而在主电路上获得脉冲电流输出。通过调节脉冲给定电压的脉冲宽度和脉冲间歇时间，即可实现输出电流脉冲宽度比和脉冲频率的调节。

（2）特点与应用

输出波形为矩形波或带前沿尖峰的矩形波；用一个电源即能供给脉冲电流和基本电流；脉冲频率、电流幅值和脉冲宽度比等均可无级调节；脉冲频率调节范围小，一般为 0.1～10Hz。易实现一机多用，适用于 TIG 脉冲焊。

2. 晶闸管断续器式脉冲弧焊电源

它是由直流弧焊电源和晶闸管断续器两部分组成，断续器起着开关作用，它把直流弧焊电源供给的连续直流电流切断变成周期性间断的脉冲电流。按晶闸管断续器结构形式不同分成交流断续器和直流断续器两类，前者断续器是位于脉冲主电路的交流侧，后者是位于直流侧。采用交流断续器式的晶闸管脉冲电源能保证在电流过零时自行可靠地关断，工作稳定可靠，但是获得的是由正弦半波组成的脉冲电流，其波形的脉动很大，施焊工艺效果不理想；而且基本电流需另一直流电源提供，电源的功率得不到充分利用，故很少采用。这里仅介绍采用直流断续器式的晶闸管脉冲弧焊电源。

采用直流断续器的晶闸管脉冲弧焊电源，其断续器接在脉冲电源的直流侧，起着开关作用。按一定周期触发和关断晶闸管即可得到近于矩形波的脉冲电流。按供电方式又分为双电源式和单电源式两种类型。

（1）双电源直流断续器式脉冲电源

如图 3-1-14 所示，它由两台并联工作的直流电源供电，脉冲电流由直流弧焊电源和晶闸管断续器相串联或并联组成的电源装置提供，基本电流由额定电流较小的直流电源提供。这种电源的特点是输出电流容量大，两个电源可分别调节参数。

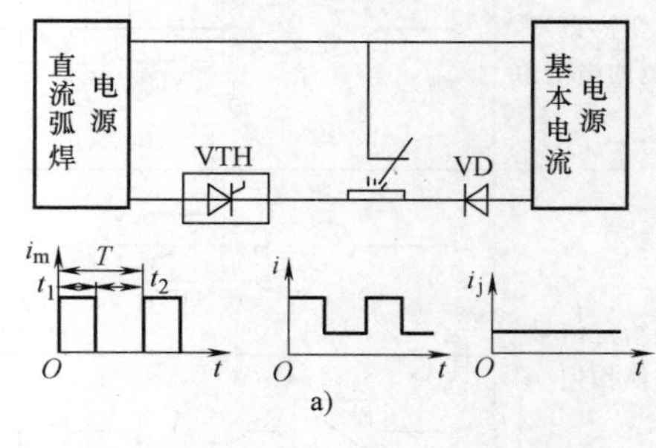

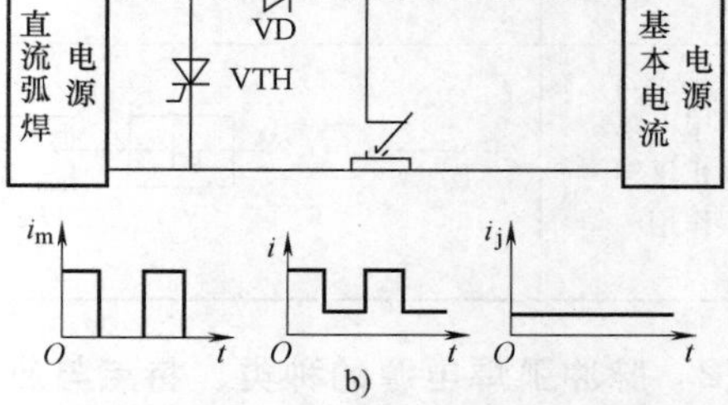

图 3-1-14　双电源直流断续器式晶闸管脉冲弧焊电源示意图

a）串联式　b）并联式

（2）单电源直流断续器式脉冲电源

如图 3-1-15 所示，它主要由直流弧焊电源、晶闸管直流断续器 S 和电阻箱 R_1组成。脉冲电流和基本电流由直流弧焊电源分别通过断续器 S 和电阻 R_1提供。当 S 断开时，电流通过 R_1对电弧提供基本电流；当 S 闭合，可提供较大的脉冲电流。改变开关 S 的断开和闭合周期即可控制脉冲电流的频率，控制 S 的延迟断开时间 t_1，可调节脉冲宽度比；基本电流和脉冲电流的幅值分别通过 R_1和直流弧焊电源进行调节。这种电源只需一台直流弧焊电源，它兼供脉冲电流和基本电流，简化了结构和控制系统，提高了电源利用率，故成本低，应用较多。但基本电流调节不太方便，可调参数范围较小，且因有电阻 R_1，故电能损耗较大。

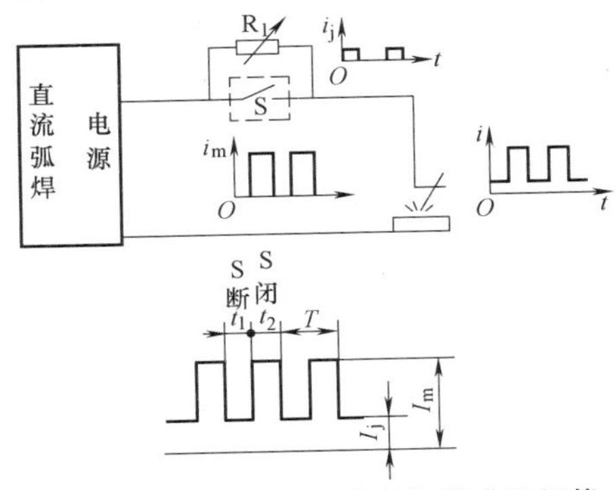

图 3-1-15　单电源直流断续器式晶闸管脉冲弧焊电源示意图

采用直流断续器式晶闸管脉冲弧焊电源的主要特点是电流的通断容量可达数百安，频率调节范围广；电流波形近似矩形波，对焊接有利，可在较高频率下工作，能较精确地控制熔滴过渡。适用于熔化与不熔化极氩弧焊、等离子弧焊和微束等离子弧焊，以及全位置窄间隙焊等。

1.6.4　晶体管式脉冲弧焊电源

利用大功率晶体管组作为主要功能器件而制成的弧焊电源称为晶体管弧焊电源。它有不同的电流波形输出，若输出的是脉冲电流，则称为晶体管式脉冲弧焊电源；若输出的是直流电流，则称为晶体管弧焊整流器。因此只要弄清晶体管式脉冲弧焊电源的工作原理，同时就可知道晶体管弧焊整流器的工作原理。

由于大功率晶体管组在弧焊电源主电路中既可以起着线性放大调节器的作用，也可以起着电子开关的作用，故按其工作方式不同，把前者称为模拟式晶体管弧焊电源，后者称为开关式晶体管弧焊电源。

1. 模拟式晶体管脉冲弧焊电源

（1）基本原理

如图 3-1-16 所示。其主电路由三相变压器 T、整流器 VD、电容器组 C、大功率晶体管组 VT、分流器 RS 等组成。大功率晶体管组是由几十至几百只管子并联而成，整个管组串联在焊接主回路内起线性放大调节器作用，借以控制外特性形状，调节焊接参数和控制电流的波形。其控制电路采用电流和电压负反馈的闭环控制系统。从分流器 RS 取得电流反馈信号 $-nI_f$，从电位器 RP_1上取得与电弧电压 U_f成正比的反馈量 $-mU_f$，分别送入运算放大器 N_1、N_2各自与给定量 U_{gu}、U_{gi}进行比较放大，最后经比例加法器 N_3综合放大，输出控制电压 U_k去控制晶体管组的基极电流大小。当只有电流负反馈时，可得近于恒流外特性；当只有电压负反馈时，得近于恒压外特性；当电压、电流负反馈兼用时，可得缓降外特性。按焊接工艺的需要可以灵活控制。

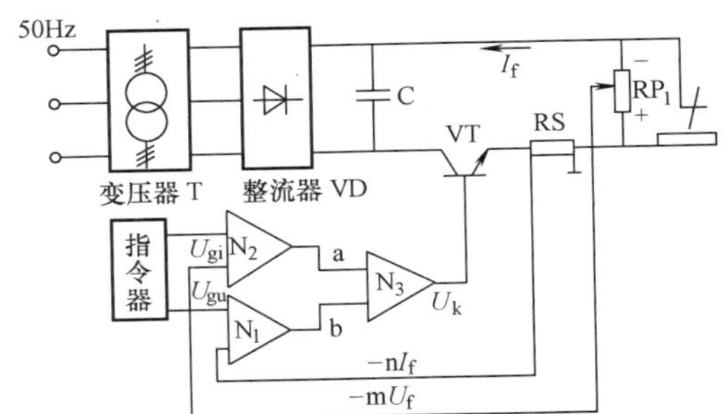

图 3-1-16　模拟式晶体管脉冲弧焊电源基本原理示意图

晶体管反应灵敏，便于精确控制，通过它可以获得各种焊接电流的波形。因晶体管电源的输出量受控于控制电路中指令器给出的给定电压 U_{gi}，而 U_{gi}的波形决定了大功率晶体组基极电流的波形，从而获得与之相同波形的焊接电流。

若给定电压 U_{gi}为直流形式，则主电路输出直流电流，而成为晶体管弧焊整流器；若 U_{gi}为脉冲形式，则主电路输出脉冲电流，而成为晶体管脉冲电源。

晶体管弧焊电源的动特性是通过电子线路的积分和微分运算来控制短路电流增长率$\frac{di_{sd}}{dt}$而进行无级调节，能最大限度地减少焊接飞溅。

（2）特点与应用

模拟式晶体管脉冲电源的主要特点如下：

1）它是一个带反馈的大功率放大器，可在很宽的频率范围内获得任意电流波形。

2）控制灵活，对计算机控制适应性好，便于实现一机多用。

3）借助简单的无级调节，电子线路很方便调节动特性以减少焊接短路过渡时出现的飞溅。

4）耗电量大，效率低。大功率晶体管组是工作在放大状态，作为可变电阻用。

适用于熔化极和非熔化极气体保护焊、等离子弧焊、埋弧焊等多种焊接方法，也可用于机器人焊接。

2. 开关式晶体管脉冲弧焊电源

开关式晶体管脉冲弧焊电源是一种让大功率晶体管组运行在开关状态的晶体管脉冲弧焊电源。按开关频率给定的方式分为有指令式和电流截止反馈式两种类型，这里重点介绍指令式的开关式晶体管脉冲电源。

图 3-1-17 所示是指令式开关晶体管脉冲电源的原理简图。主电路由三相变压器 T、整流器 VD、滤波器 C、开关晶体管组 VT 及分流器 RS 等组成。50Hz 三相交流电源整流滤波后得直流电压，其波形如图 3-1-17b①所示。另一方面，从控制电路中指令器发出 10Hz 至几万赫的指令信号，经电子控制电路和驱动器放大后，用以推动开关晶体管组，使其随着不断饱和与截止，从而使电源输出与指令信号相同频率的矩形波，其波形如图 3-1-17b②所示。如果对指令给定值进行低频脉冲调制，即可获得频率 $f=0.1\sim1000\text{Hz}$ 的脉冲电流。

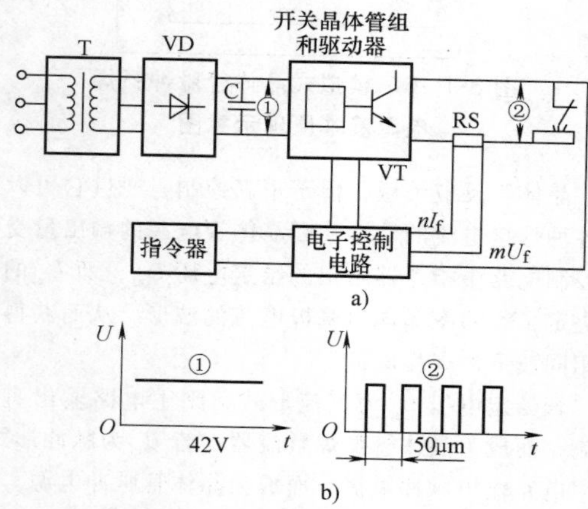

图 3-1-17 开关式晶体管脉冲电源（指令式）原理简图

a）原理简图 b）波形图

开关式晶体脉冲电源工艺参数的调节是采用“定频率调脉冲宽度”（PWM）的控制调节方式，通过改变给定电压 U_g 即可实现。当输出长脉冲短间歇时，焊接平均电流大；输出短脉冲长间歇时，焊接平均电流小。采用平均电压、电流反馈与电子控制电路配合来自动调节占空比，即可获得所需的外特性。当用电流负反馈时，输出电流增加到一定值后，脉冲占空比急速变小，使输出电压垂直下降而获得恒流特性；若用电压负反馈，则得恒压外特性。若按一定比例取电压反馈和电流反馈信号，就可得一定斜率的下降特性。

开关式晶体管脉冲弧焊电源的主要特点如下：

1）大功率晶体管组工作在开关状态，功耗小，效率高，且单位电流所用管子少，造价低。

2）采用“定频率调脉宽”的方式调节参数和控制外特性形状。

3）通常输出矩形波，若用低频调制获得低频脉冲时，有较大内脉动。

开关式晶体管脉冲弧焊电源主要适用于 TIG 焊，因为这种焊接方法没有熔滴过渡，对电流波形的要求不高。但也可用于 MIG 焊和 MAG 焊。

1.7 逆变式弧焊电源

逆变式弧焊电源简称弧焊逆变器，是逆变技术在焊接领域中的具体应用，目前已成为应用最广泛的一种新型弧焊电源。它具有高效节能、重量轻、体积小和良好弧焊工艺性能等独特优点。

1.7.1 逆变式弧焊电源的基本原理及组成

1. 基本原理

图 3-1-18 所示是逆变式弧焊电源的基本原理图。把网路单相或三相 50Hz 工频交流电整流成直流电，再借助大功率电子开关器件（如晶闸管、场效应晶体管等），把直流电变换成几千至几万赫的中频交流电，后经中频变压器降压和输出整流器整流，最后经电抗器滤波即得所需的电弧电压和电流。输出电流可以是直流或交流，因而有两种逆变系统。输出交流的，其变流顺序为工频交流—直流—中频交流。即 AC—DC—AC 系统；输出直流的，其变流顺序是工频交流—直流—中频交流—直流，即 AC—DC—AC—DC 系统。通常多用 AC—DC—AC—DC 系统。

2. 基本组成

从图 3-1-18 中看出，逆变弧焊电源主要由主电路和控制电路两大部分构成。主电路是从网路将电能传递给负载的电路，它包括输入整流滤波、逆变器和输出整流滤波三个组成部分；控制电路主要是用来控制大功率开关器件以获得弧焊工艺所需的外特性、调节特性、动特性，以及电压和电流波形等的各种电路，如电子控制电路和电流、电压反馈闭环控制电路等。

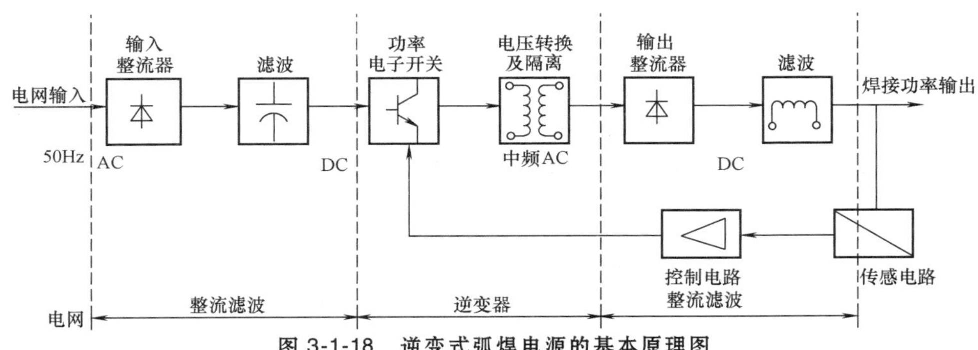

图 3-1-18　逆变式弧焊电源的基本原理图

1.7.2　逆变式弧焊电源的分类、特点及应用范围

1. 分类

目前主要按所用的大功率开关电子器件进行分类和命名。按其发展先后顺序，已有表 3-1-11 所列 4 种。

各类逆变式弧焊电源的逆变原理是相同的，仅由于所用的大功率开关器件不同，因而在主电路和控制电路上略有差别。

表 3-1-11　逆变式弧焊电源的种类

序号	种 类 名 称	所用的大功率开关器件	工作频率/kHz
1	晶闸管式逆变弧焊电源	快速晶闸管(FSCR)	0.5~5
2	晶体管式逆变弧焊电源	开关晶体管(GTR)	可达 50
3	场效应晶体管式逆变弧焊电源	功率场效应晶体管(MOSFET)	20
4	绝缘栅双极晶体管式逆变弧焊电源	绝缘栅双极晶体管(IGBT)	10~30

2. 特点

各类逆变式弧焊电源有如下共同特点。

1) 体积小、重量轻和节省材料。弧焊电源的体积和重量的 70%~80%取决于变压器和电抗器，而变压器和电抗器铁心截面积与工作频率成反比，工作频率越高，所需截面积越小，逆变弧焊电源的中频变压器工作频率比工频高 40~60 倍，故所需截面积远比工频变压器小。

2) 高效节能。由于中频变压器和输出电抗器的体积和重量大为减小，它们的铜损、铁损也随之减少。此外，开关控制比模拟控制功率损耗小，而且逆变器电路中均有起储能作用的电容器，可明显减少无功损耗，故其效率可高达 80%~90%，功率因数可达 0.99，节能效果显著。

3) 具有良好的动特性和弧焊工艺性能。属电子控制型弧焊电源，采用电子控制电路，可根据不同焊接工艺要求，获得最合适的外特性形状。又因频率提高，可以减少输出端滤波电感，进而减小焊接回路的时间常数，有利于获得良好的动特性，保证良好的焊接工艺性能。

4) 调节速度快。传统弧焊电源工作频率(50Hz) 有限，其控制周期长，晶闸管弧焊整流器最短也只有 3.3ms，而 30kHz 的逆变式弧焊电源中控制周期缩短为 33μs，两者相差两个数量级。使整机具有很高的动态响应，能进行高速控制，对所有焊接参数都可无级调节。

5) 可实现计算机或单旋钮控制与调节。

6) 制造技术要求较高，对大功率开关电子器件质量要求严格。

3. 应用范围

逆变式弧焊电源可以输出交流（包括矩形波交流）、直流和脉冲电流，可以根据焊接工艺需要而调节到所希望的外特性，因而可以取代传统的各种弧焊电源，用于焊条电弧焊、各种气体保护焊、等离子弧焊、埋弧焊和药芯焊丝电弧焊等。由于金属飞溅少，很适于作机器人的弧焊电源。

逆变式弧焊电源具有更新换代的意义，目前尚在不断发展，其应用将越来越广。

1.7.3　逆变式弧焊电源的基本电路

逆变式弧焊电源主要由主电路和控制电路构成。此外，为了安全可靠地运行还设置有保护电路等。

1. 逆变式弧焊电源的主电路

(1) 输入整流滤波电路

输入整流滤波电路由整流器和滤波器两部分组成，其功能是将网路单相或三相 50Hz 工频交流电整流滤波获得直流电。整流器多为硅二极管桥式整流；三相桥式整流的滤波电路主要采用电容滤波，单相桥式整流的滤波电路除用电容滤波外，有时还用电感滤波。

设计输入整流滤波电路时须防止合闸浪涌电流和抗干扰问题。

（2）逆变器

逆变器是逆变式弧焊电源的核心部件，是由大功率开关器件和中频变压器组成的逆变功率转换电路，简称逆变电路。其功能是将直流电转换成比电网交流频率高得多的中频交流电。

1）逆变器的工作原理。逆变电路通常是根据焊接方法、容量大小、直流输入电压和工作频率等各种参数来选择和设计的。今以晶体管作功率开关器件的串联半桥对称式逆变电路为例（见图 3-1-19）说明其工作原理。

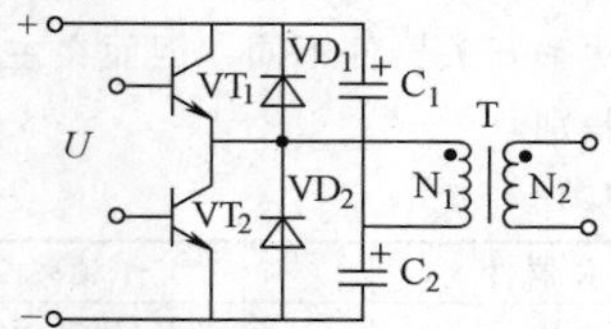

图 3-1-19 晶体管串联半桥对称式逆变电路简图

单相或三相交流电经桥式整流器而获得直流电压 U 的输入，借助电解电容 C_1、C_2 把 U 分成两半（U/2）分别对功率开关晶体管 VT_1、VT_2 和中频变压器 T 供电，两个功率晶体管的基极输入相差 180° 的矩形波脉冲，驱动 VT_1、VT_2 使之交替导通。当 VT_1 导通，VT_2 截止时，C_1 经 VT_1，N_1 放电，输入整流器（在图中左面没示出）经 VT_1、N_1 给 C_2 充电，于是在变压器 T 的绕组 N_1 流过正半波电流；当 VT_2 导通，VT_1 截止时，C_2 经 VT_2、N_1 放电，输入整流器经 VT_2、N_1 给 C_1 充电，在变压器 T 的绕组 N_1 流过负半波电流。这样交替驱动 VT_1 和 VT_2，变压器 T 二次侧即得到矩形波交流输出，实现了直流变交流的过程。每秒钟驱动晶体管的次数就决定了逆变器的工作频率，晶体管 VT_1、VT_2 的通断受控于电子控制电路。

2）逆变电路常用形式。有各种形式的逆变电路，图 3-1-19 仅是其中的一种。表 3-1-12 列出了常用的几种逆变电路形式，均以晶体管为例，其他功率开关管则类同。

表 3-1-12 常用的逆变电路形式

形式	逆变电路简图	工作特点	适用范围
单端通向式开关电路	+ − U_{sr} N_1 N_3 N_2 U_f	中频变压器的磁路仅工作在磁滞回线的第一象限。为限制集电极、发射极的电压尖峰，设有去磁线圈的二极管钳位电路，使 U_{ce} 不超过 $2U_{sr}$ 正负半波晶体管不会同时导通	可用于焊接电流较小的场合
串联半桥对称式电路	+ − U_{sr} U_f	晶体管集电极、发射极间电压为电源电压 U_{sr}，中频变压器承受的电压为 $\frac{1}{2}U_{sr}$。通过集电极电流为 $2I_c$，抗不平衡能力强。即正负半波电压宽度和幅值容易达到相等	适用于中等焊接电流（200 ~ 315A）的场合
串联全桥式电路	+ − U_{sr} U_f	晶体管集电极、发射极间电压为电源电压 U_{sr}。中频变压器上施加的电压也为 U_{sr}，集电极电流为 I_c，抗不平衡能力较弱。 用四个高压开关管，需四组彼此绝缘驱动的电路，电路复杂，元器件多，驱动功率成倍增加，但功率开关管耐压要求低	适用于大焊接电流的场合
并联（推挽）式电路	U_{st} U_f	晶体管集电极、发射极间和中频变压器分别承受 $2U_{sr}$ 和 U_{sr} 的电压，对管子耐压要求高，集电极电流为 I_c 只用两只功率开关管，即获得较大功率输出，两晶体管发射极相连，两组基极驱动电路无须绝缘，控制电路较简单	适用于较大焊接电流场合

注：U_{ce} 为集射极间电压；U_{sr} 为电源电压；I_c 为集电极电流；U_f 为输出电压。

3）大功率电子开关器件。逆变器的技术性能取决于所使用的大功率电子开关器件的特性。随着电子技术不断发展，用于弧焊逆变电源的新型大功率电子开关器件不断出现，而且正在向着高压大容量化、集成化、全控化、高频化及多功能化方向发展。已先后用于制作弧焊逆变电源的电子开关器件有表 3-1-13 中的几种。分别简介如下：

① 晶闸管（FSCR）。晶闸管在逆变弧焊电源中最早被用作开关器件，主要用快速晶闸管。其最大优点是生产技术成熟，管子容量大，制造成本低，目前尚在使用。但缺点是工作频率低，开关速度慢，关断困难。从发展观点看，其应用日趋减少。

② 晶体管（GTK）。使用的是电力晶体管，因是双极型全控器件，具有控制方便，开关时间短，高频特性好，通态压降低等优点，是继晶闸管之后成功用于制作逆变弧焊电源的开关器件。但存在二次击穿问题且需驱动器驱动。因管子容量有限，常需并联使用，控制电路复杂，故进一步发展受到限制。

③ 场效应晶体管（MOSFET）。场效应晶体管又叫功率场效应晶体管。开关时间很短，为纳秒数量级，典型值为 20ns。因属电压型器件，控制方便，且具有负温度系数，因而有良好的电流自动调节能力，热稳定性好，无二次击穿现象，抗干扰能力强，开关损耗小，故近年获得很大发展，是继晶体管之后又成功用于逆变弧焊电源的开关器件。其不足是导通压降高，管子容量小，目前只用于小功率（50～315A）的逆变弧焊电源中。

④ 绝缘栅双极晶体管（IGBT）。又叫绝缘门栅极晶体管。是 20 世纪 80 年代研制出来的新型电子开关器件。它是将场效应晶体管（MOSFET）和晶体管（GTR）集成在一个芯片上，故是一种复合型全控器件，它综合了这两种管子的优点，既可作放大器用，又可作开关用。具有工作速度快，输入阻抗高，热稳定性好，以及驱动简单等优点，很适合作弧焊逆变器的电子开关用。近年发展非常迅速，单管容量已达 1000A/1200V，可用于制作大、中容量的逆变器，其应用日趋广泛。

复合型器件很有发展前景，如将晶闸管和场效应晶体管复合成 MOS 晶闸管（MCT），就兼备了两者的优点，具有高电压、大电流、低通态压降、高电流密度、高输入阻抗、低驱动功率和高开关速度等特点而成为更加理想的电力开关器件。预期在逆变焊接电源中将获得应用。

表 3-1-13　大功率电子开关器件及其主要特性

器件名称	（快速）晶闸管	（电力）晶体管	（功率）场效应晶体管	绝缘栅双极晶体管
英文缩写代号	FSCR	GTR	MOSFET	IGBT
器件符号	A K G	C θ E	D G S N沟　D G S P沟	C G E
类型	双极型半控器件	双极型全控	单极型主控	复合型全控
开关频率/kHz	2～5	20	40～50	10～30
控制方式	电流	电流	电压	电压
单管容量	大	小	小	大
过载能力	强	不好	好	好
并联使用	一般不用	较易	易	易
饱和压降	—	极低	高	低
安全工作区	大	小	大	大
制造工艺	容易	复杂	较复杂	很复杂
其他	关断困难	有二次击穿现象	无二次击穿现象	有擎柱现象

4）中频变压器及所用磁性材料。中频变压器主要作用是电压变换（降压）、功率传递和实现输入、输出之间的隔离。其工作频率为 2～30kHz 或更高，传递的是矩形交替脉冲电流。中频变压器的设计方法和程序与普通电力变压器相仿，但为了降低中频变压器的能耗，减小其体积和重量，应选用饱和磁感应强度 B_s、电阻率 ρ 及脉冲磁导率均较大，且带材厚度小的磁性材料。普通硅钢片的电阻率小，高频损耗大，一般不适于中频变压器使用。晶闸管式逆变电源的工作频率较低（0.5～5kHz），尚可使用超薄硅钢片，更高频率的逆变电源，其变压器宜选用铁氧体或非晶态合金作磁性材料。非晶态合金是近年发展起来的新材料，易磁化，磁感应强度高，电阻率大，对涡流阻力大，矫顽力小，能耗低，是一种很理想的磁性材料。

表 3-1-14 列出几种用于逆变电源变压器和电抗器的磁性材料性能比较。

表 3-1-14　几种磁性材料性能比较

材料	性能		
	饱和磁感应强度 B_s/T	磁化强度 H_c/A · m^{-1}	电阻率 ρ/μΩ · cm
非晶态合金	1.6	40	130
铁氧体	0.4	16	1000000
超薄硅钢	1.8	36	57

(3) 输出整流滤波

由整流与滤波两部分组成，其作用是将中频变压器二次矩形波电压整流成单向脉动直流，并将其平滑成设计所要求的低波纹直流电压。常用的有如图 3-1-20 所示两种类型。在中心抽头全波整流电路中，两个开关整流二极管 VD_1、VD_2将中频变压器 T 正负对称的矩形电压整流成断续的单向矩形波电压，经 LC 滤波器滤波后获得连续的直流电压输出。单端正激整流滤波电路只用一个整流二极管 VD_1，另设一个续流二极管 VD_2，其作用是为电感 L 向负载释放所储能量时提供通路。全波整流电路中（见图 3-1-20a）两个整流二极管在不整流期间已兼有续流功能，而不需另设续流二极管。

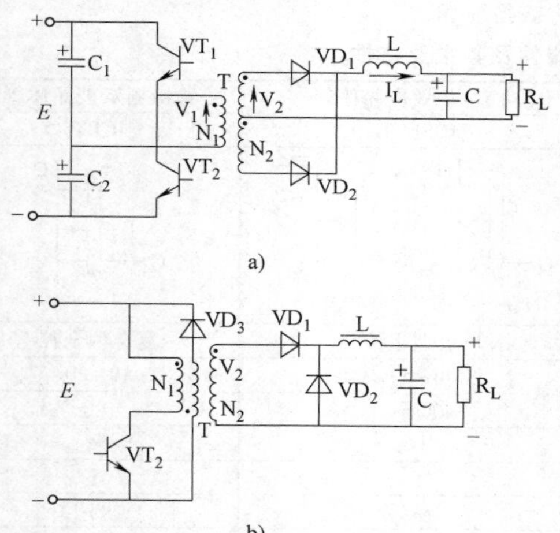

图 3-1-20　逆变弧焊电源输出整流滤波电路

a) 中心抽头全波整流滤波　b) 单端正激整流滤波

2. 逆变式弧焊电源的控制电路

逆变式弧焊电源可按各种弧焊工艺方法的需要，通过电子控制电路和电弧电压、电流反馈的闭环控制来获得各种形状的外特性和实现焊接参数的无级调节。

(1) 控制与调节的方式

对逆变式弧焊电源的控制与调节是通过改变逆变器的功率电子开关器件的接通时间，即脉冲宽度（t_{on}）和工作周期（T）的比例，亦即改变其脉冲占空比（t_{on}/T）来实现的。因此有以下三种控制调节方式。

1）定频率调脉宽（PWM）方式，又称脉宽调制方式。保持脉冲电流频率（或 T）不变，通过改变逆变器开关脉冲宽度（t_{on}）来进行控制与调节。因周期恒定，滤波电路设计容易，但开关管导通宽度有最小值，故调节范围受到限制。目前用全控型功率开关器件（如晶体管和场效应晶体管等）制作的逆变器，多用这种控制方式。

2）定脉宽调频率（PFM）方式，又称调频控制方式。脉冲电流宽度不变，通过改变逆变器的开关频率来进行控制与调节。其调节范围较上述方式大，但滤波电路要能适应较宽的频段，在工作频率低时，滤波器体积大。目前用晶闸管作功率开关器件的逆变器采取这种控制方式。

3）混合调制方式，即调频率和调脉宽相结合，适用于要求调节范围大的逆变弧焊电源。

(2) 控制电路的组成

各类逆变弧焊电源的控制电路大体相似，今以晶体管式逆变弧焊电源为例，如图 3-1-21 所示。它的控制电路主要由驱动电路、电子控制电路、反馈检测电路、给定电路、比较电路、放大器、稳压电源等组成。

驱动电路位于大功率开关器件和电子控制电路之间，主要作用是功率放大，将电子控制电路输出的 PWM 脉冲放大到足以驱动开关器件导通的功率。大功率开关晶体管属电流控制型，管子电流放大倍数小，需使用驱动电路。

电子控制电路的主要功能是输出脉冲信号，以控制功率开关器件的通断。过去是采用分立元器件组成，现在多采用单片集成芯片进行控制。例如，国产的 W3420/3520 脉宽调制开关电源集成控制器，就是专为采用脉宽调制（PWM）式的桥式、单端等逆变电源提供全部控制电路系统的控制集成芯片。

电子控制电路借助反馈检测电路、给定电路、比较电路和放大器等构成电压、电流反馈闭环调节系统，就可以实现外特性与焊接参数的控制调节。

(3) 输出特性的控制与调节

输出特性的控制与调节与所采用的控制调节方式有关。

晶闸管式逆变弧焊电源采用 PFM 方式控制，所需的输出外特性是通过控制逆变器工作频率来达到的，而工作频率的控制是借助反馈闭环调节系统来实现的。如果要输出恒流外特性，只需利用电流负反馈，使该系统能在电弧长度发生变化或网压波动引起焊接电流变化时，使逆变频率自动改变，让焊接电流保持在恒定范围内，从而获得恒流外特性；若需输出平（恒压）特性，改用电压负反馈的闭环控制即可获得。

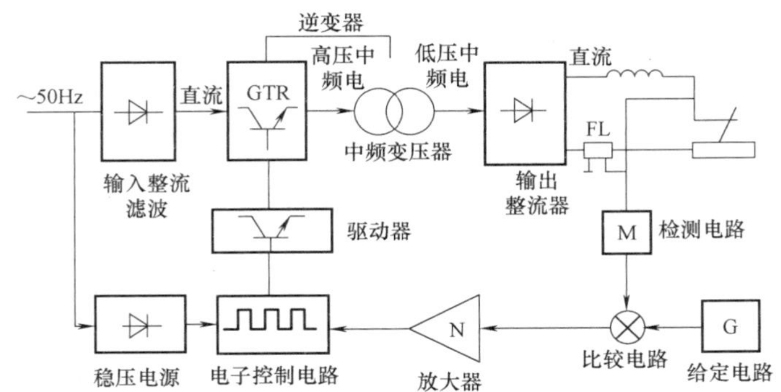

图 3-1-21　晶体管式逆变弧焊电源原理图

改变逆变器工作频率的大小，即可实现焊接电流的调节。工作频率越大，输出焊接电流也越大。

用晶体管、场效应晶体管或 IGBT 等全控型开关器件制作的弧焊逆变器多用 PWM 方式控制，即通过改变脉冲宽度来实现控制与调节，为了制作容易和使用可靠，现已广泛采用 PWM 调制器，在电弧电压、电流反馈及给定值共同作用下获得所需的外特性。欲得到恒流外特性，只用电流负反馈，随着焊接电流增大，系统就能使逆变器的脉冲宽度迅速减小，使电流降下来而获得恒流外特性，若只用电压负反馈即得恒压外特性。

通过改变脉冲宽度，就可以实现焊接参数的无级调节。

3. 逆变式弧焊电源的保护电路

为了保证逆变弧焊电源安全运行，功率开关器件都应在它的安全工作区内工作，出现过电流、过电压和过功率都是不允许的。此外，变压器和其他电器元件也不能发生过热。因此，须设置过电流、过电压、过功率和过热等保护措施。

通常在合闸或断电时，会有电网浪涌冲击，工作期间有负载波动或短路等情况，须有过电流、过电压和过负载等保护，对功率开关器件的开通和关断也须保护。如晶闸管须防止开通时因 $\frac{\mathrm{d}i}{\mathrm{d}t}$ 过量而烧坏管子、关断时因 $\frac{\mathrm{d}u}{\mathrm{d}t}$ 过量而误导通，故须设缓冲（吸收）保护。参考文献［63］对不同类型的逆变弧焊电源提供了详尽的具体保护措施。

4. 逆变弧焊电源的计算机应用

逆变弧焊电源工作频率高、动态响应特性好，具有发展多种功能的潜力，很适合用计算机控制。应用计算机控制后可以使焊机具有多种功能，控制电路简化，焊机制造、维修方便，提高焊机使用的可靠性和适应性，因而产品的综合成本下降而质量提高。例如，我国在晶闸管（半桥串联式）逆变弧焊电源中利用 MCS-51 八位单片机进行控制。使电源具有恒流、恒流带外拖、恒压、恒压截流 4 种外特性可供选择；在 TIG 焊和焊条电弧焊时，能进行直流和脉冲两种方式焊接，具有基本电流、脉冲电流、脉冲频率和脉宽比均可单独调节等功能。与之相配合的软件系统，有初始化及空载程序、恒流及恒流外拖焊接程序、恒压控制焊接程序和中继服务程序等。

1.7.4　各类逆变式弧焊电源的比较

由于大功率电子开关元件之间存在表 3-1-13 所列的区别，因而分别用于制作的逆变弧焊电源除具有前述的共同特点外，还各具特点。

1. 晶闸管式逆变弧焊电源

晶闸管式逆变弧焊电源的逆变器，使用的是快速晶闸管，属于双极型半控器件。一般采用 PFM 调制方式控制。其逆变频率仅为 2~5kHz。优点是单管容量大，过载能力强，管子生产技术成熟，造价较低。其缺点是工作频率低，体积比其他逆变弧焊电源大，关断困难，电弧有噪声。

选用快速晶闸管时要注意：其额定电压值应比实际工作时的可能最大电压大 2~3 倍；其额定电流是实际最大电流的 1.5~2 倍，使其有一定电流裕量。使用时，需有散热器。

2. 晶体管式逆变弧焊电源

晶体管式逆变弧焊电源逆变器使用的是大功率开关晶体管，属于双极型全控器件，一般采用 PWM 调制方式控制，其逆变频率一般在 16kHz 以上。管子开关时间短，有自关断能力。优点是工作频率高，有利于减轻重量和体积，控制方便，容易获得任意外特性和无级调节参数，无关断困难。缺点是管子容量小，需多管并联使用，管子有负温度系数，需解决均流问题，热稳定性不理想；其过载能力弱，有二次击穿问题；属于电流控制型，需设驱动电路，电路较复杂，制造与维修技术难度大。

对开关晶体管的要求是高电压、大电流、适当增益和低功耗了。

3. 场效应晶体管式逆变弧焊电源

场效应晶体管式逆变弧焊电源逆变器使用的是功率场效应晶体管，属单极型全控器件，一般采用PWM 调制方式控制。其工作频率在 40～50kHz 左右，优点是管子过载能力强，有正温度系数，能自动调节电流的均衡。热稳定性好；属于电压控制型，控制电路简单，没有关断困难和二次击穿现象。缺点是管子容量小，需并联工作，一般在小电流逆变弧焊电源中使用，成本较高。

4. 绝缘栅双极晶体管（IGBT）式逆变弧焊电源

IGBT 式逆变弧焊电源的逆变器使用 IGBT，属复合型全控器件。一般采用 PWM 控制，其工作频率为 10～30kHz。优点是管子电流密度高，载流容量大，为晶体管的 1.5 倍，为场效应晶体管的 5～10 倍；开关损耗小，仅为晶体管的 1/3 左右，其安全工作区宽，无二次击穿现象；属电压驱动，驱动功率小，输入阻抗高，可降低对门极驱动电路的要求，高的开关速度，控制灵活方便。缺点是输入阻抗高，对静电放电敏感，需有预防措施，有擎柱现象。

1.8　数字式弧焊电源

弧焊电源的发展以外特性和动特性控制方式的改进为主要特征，早期的弧焊电源为机械调节型和电磁控制型，后来发展为电子控制型，而现在又发展到数字控制型。数字控制的弧焊电源称为数字式弧焊电源，其主要标志为主电路和控制驱动电路均采用了数字控制技术。

1.8.1　数字式弧焊电源的基本结构

数字式弧焊电源主电路均采用逆变电路，因为逆变器主电路的功率开关管工作在“开”和“关”两个状态，本身就是数字化的。而控制系统则利用 MCU（微控制单元或单片机）、DSP（数字信号处理器）或 MCU+DSP 代替模拟式硬件控制电路；通过软件实现各种控制。最初的数字式弧焊电源采用 MCU 作为控制核心，而目前的数字式弧焊电源大都采用 DSP 或 MCU+DSP 双处理器系统。

与 MCU 相比，DSP 具有数据处理能力强、运算速度快、能实时完成复杂计算、单周期多功能指令、PWM 分辨率高及采样周期短等优点，其数字信号处理和通信能力比 MCU 有优势。而 MCU 在人机接口和综合控制等方面有较大优势。

1. 基于 DSP 的数字式弧焊电源

图 3-1-22 给出了基于 DSP 的数字式熔化极气体保护焊电源的结构图。数字控制系统的核心是 DSP，其外围电路有键盘输入电路、液晶显示电路、焊接电参数检测及反馈回路、主电路开关管的驱动电路、送丝电动机驱动电路及送丝电动机电枢电压反馈回路等。

DSP 控制信号采集、信号处理和运算，PWM 控制信号产生，送丝电动机驱动信号产生和显示信号的产生。输入键盘通常为软键盘或触摸显示屏上的虚拟键盘，用于调用专家程序或输入焊接参数。专家程序的主要焊接参数或输入的焊接参数以及实时焊接参数均可显示在显示屏上。

电流传感器和电压传感器检测的信号经过滤波和放大处理后，由 A/D 转换器转换为数字信号，然后输入到 DSP；DSP 将收到的反馈信号与给定信号进行比较，根据一定的控制策略和算法进行运算，产生 PWM 控制信号并发送给逆变器功率开关管的驱动电路，控制开关管的通断，获得所需的外特性。

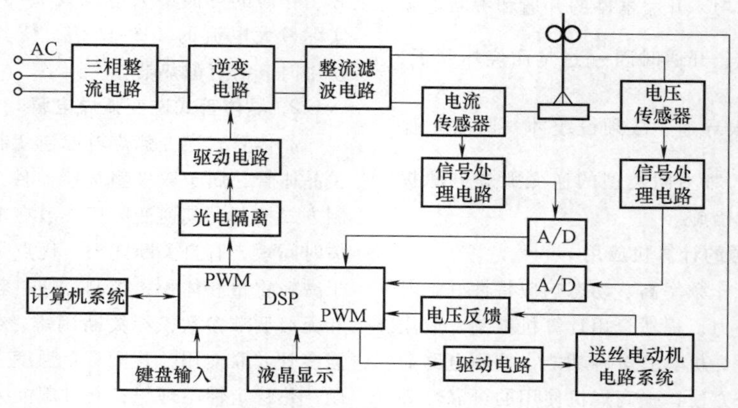

图 3-1-22　基于 DSP 的数字式熔化极气体保护焊电源结构图

数字式焊机的送丝电动机电枢供电回路采用 PWM 控制的场效应晶体管斩波电路，采用 DSP 进行控制，其控制原理与逆变器主电路的 DSP 控制类似。对于等速送丝系统，检测回路将检测并放大的送丝电机电枢电压信号送入 DSP，经 A/D 转换器转换为数字信号后与给定控制信号比较。DSP 根据一定的控制策略和算法进行运算，向场效应晶体管斩波电路输出控制送丝电动机的 PWM 信号。

数字式弧焊电源的动特性也采用软件控制。DSP 根据检测的焊接过程电流信号和电压信号判断焊接电弧状态，采用一定的电源动态算法比较电流和电压信号的实时值和给定值，得到数字控制信号，控制 PWM 波形变化规律，得到所需的动特性。

2. 基于 MCU+DSP 的数字式弧焊电源

图 3-1-23 给出了基于 MCU+DSP 的数字式弧焊电源的结构图。电源的主电路为三相供电的 IGBT 全桥逆变电路。数字化控制电路的核心由 MCU（单片机）+DSP 共同承担。MCU 的事件管理能力强，但总线数量少、运行速度慢；而 DSP 正好相反，运算能力强、运算速度快、总线宽度大，而事件管理能力较弱。两者结合起来，充分发挥各自的特点，显著提高了数字化电源的综合处理能力、存储专家数据库的能力和控制速度。

MCU 和 DSP 以主从结构协同工作，MCU 为主机，DSP 为从机。主机控制从机的运行、复位和挂起，从机在主机的控制下执行其擅长的工作。两者通常通过并行通信方式按照一定的协议进行通信。

键盘输入和显示屏输出所需的速度较慢，但对事件的管理能力要求较高，因此用 MCU 直接管理和控制。专家参数数据库占用内存空间较大，而且需要通过键盘调用，需要通过显示屏显示，也采用 MCU 直接管理。而焊接过程电信号采集、信号处理和运算、PWM 控制信号产生、送丝电动机驱动信号产生、电源外特性和动特性控制等采用通信速度和运算速度快的 DSP 控制。

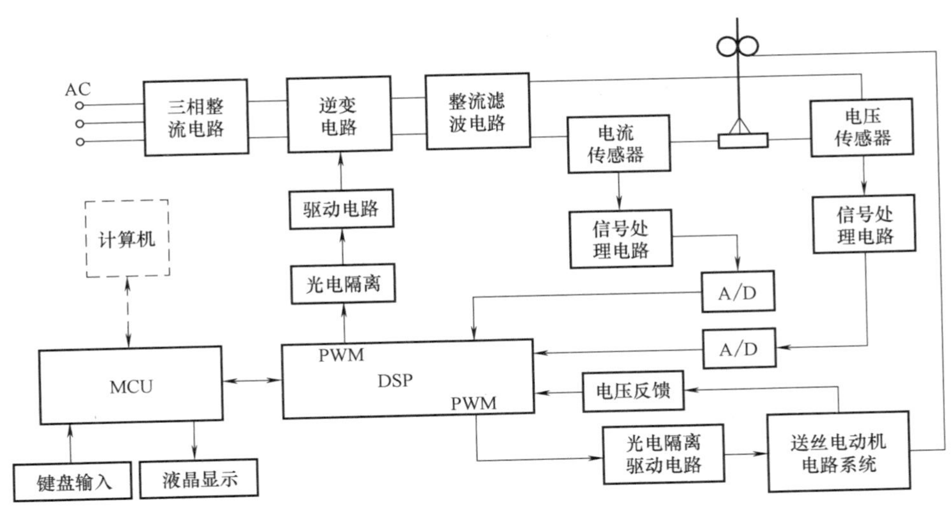

图 3-1-23 基于 MCU+DSP 的数字式弧焊电源的结构图

1.8.2 数字式弧焊电源的特点

由于可通过软件编程进行控制，因此，数字式弧焊电源具有下列特点。

（1）柔性好

同一台电源，仅仅通过改变或写入不同的程序即可用于不同电弧焊工艺，用于不同条件下的焊接。而模拟控制式电源的硬件参数一旦确定，其功能就被限定。

（2）便于实现焊接过程的网络监控和管理

由于采用了 DSP 或 MCU，数字式弧焊电源及送丝机接口与 PC、机器人控制器之间具有很好的兼容性，可与现有的网络信息系统无缝对接，便于实现焊接过程的网络监控和管理。

（3）具有更好的稳定性

模拟控制系统中的信号处理是通过电阻、电容等元器件构成的电子回路进行的，电阻和电容的参数偏差、温度漂移等会影响电源输出特性的稳定性和一致性。而数字式弧焊电源的信号处理及控制是由程序运算完成的，具有很高的稳定性和一致性。

（4）控制精度高

模拟控制系统的控制精度受电子元器件参数误差的影响较大，而且多级处理后误差逐渐累积放大，因此控制精度较低。而数字式控制的精度仅仅受模数转换的量化误差和 DSP（或 MCU）系统字长的影响，因此可达到很高的精度。

（5）具有友好的人机界面

数字式弧焊电源装有软键盘或触摸式显示屏，用于实现专家程序的调用、参数的设置、指令的发出和实时参数的显示，具有很好的便捷性、直观性、可靠性和一致性等。

（6）配有丰富的专家程序库

数字式弧焊电源控制原理本质上与计算机控制极为相似，易于安装并存储由专家优化的焊接工艺做成的数据库。可存储几十甚至上百个专家程序，供焊接时直接调用，实现了更高等级的“一元化”调节。其操作非常简单，类似于傻瓜照相机的“傻瓜”式操作。

（7）通用性强，便于升级

数字式弧焊电源的软件可通过网络进行升级，而其硬件系统是模块化、标准化设计，更换起来也很方便。这显著降低了焊机的维护和维修成本。

1.9 弧焊电源的选择、使用与维修

1.9.1 弧焊电源的选择

1. 选择原则

一般应遵循下述原则选择。

1）必须满足焊接工艺与技术提出的要求。每一种弧焊方法都有其工艺特点，对电源的空载电压、输出电流的类型、外特性形状、动特性和参数的调节范围等有着不同的要求，只有满足这些要求才能确保焊接过程的顺利进行并取得好的焊接质量。

2）应能获得好的经济效果。在满足工艺要求的前提下应选择高效节能、结构轻巧灵便、维修容易且造价低廉的弧焊电源。

3）应符合现场的使用条件。新选用的弧焊电源必须能适应现场的工作环境、水与电供应条件、机械化与自动化水平，以及操作人员的技术素质等情况。

上述选择三原则强调了技术、经济和现实三个基本方面。此外在选购新弧焊电源时，还应考虑先进性原则。即购买具有当代科技特征的品质优良且能获得最佳的社会和经济效益的弧焊电源。具体表现在：功能完备，能满足弧焊工艺的各种性能要求；适应能力强，与其他软件或硬件配合容易实现轻便灵活、机械化、自动化或数控化焊接；符合当代节能、高效和环保方面的要求。

2. 选择方法

通常选择弧焊电源是在焊接方法确定之后进行的，选择者事前应充分掌握各种弧焊方法对电源的基本要求以及各类弧焊电源的基本特点（主要是输出特点和运行特点），务必使供求协调一致。此外，还要综合考虑焊件的材料与结构的特点及对焊接质量的要求。下面从技术角度简述不同电弧焊方法的弧焊电源的选用。

（1）焊条电弧焊

焊条电弧焊既可用交流弧焊电源也可用直流弧焊电源，要求具有下降外特性（包括缓降、恒流或恒流加外拖等）。空载电压有效值在 80V 以下，额定工作电流一般为 50～500A，额定负载持续率为 35% 或 60%。

当用酸性焊条焊接一般钢结构时，可选用交流弧焊电源—— 弧焊变压器，即 BX 系列产品；用碱性焊条焊接较重要的钢结构时，可选用直流弧焊电源，如弧焊整流器，即 ZX 系列产品；在没电供应的野外作业，可选用柴（汽）油直流弧焊发电机。

每一系列产品中，由于工作原理、内部构造不同，又分为若干具有不同输出特性的类型，前面各节已分别介绍了它们的特点和适用范围，可按实际需要从本手册提供的资料或产品样本中选用。

（2）埋弧焊

选择埋弧焊用的弧焊电源必须考虑填充焊丝直径的粗细、自动送丝方式和焊接电流大小这三个因素。若用细焊丝（如 $\phi1.6\sim\phi3$mm）且采用等速送丝方式，宜选用平特性的弧焊电源；若用粗焊丝（如 $\phi\geqslant$ 4mm），最好采用以电压反馈的变速送丝方式，这时，宜采用缓降外特性的弧焊电源。小电流（300～500A）焊接可用直流弧焊电源或矩形波交流弧焊电源；中等电流（600～1000A）可用交流或直流弧焊电源，如晶闸管式弧焊整流器和弧焊逆变器等；大电流（1200～2500A）宜用交流弧焊电源。小电流焊接时空载电压为 65～75V，大电流焊接时空载电压为 80～100V；额定负载持续率为 60% 和 100%。

（3）TIG 焊和等离子弧焊

影响这两种弧焊方法电弧稳定燃烧的主要参数是焊接电流。为了减小焊接过程中弧长变化对焊接电流大小的影响，宜用下降（最好是恒流的）外特性的弧焊电源。TIG 焊铝、镁及其合金时，宜用弧焊变压器（需要配有隔直装置），最好采用矩形波交流弧焊电源。焊接其余金属均用直流弧焊电源，如晶闸管式弧焊整流器，弧焊逆变器等。空载电压为 65～80V。小容量的焊接电流一般为 5～100A，中等容量为 100～500A。微束等离子弧焊最小达0.1～20A。

（4）熔化极气体保护焊。

细焊丝（$\phi \leqslant 1.6$mm）用等速送丝系统，宜用平特性直流弧焊电流；焊丝直径较粗（$\phi > 1.6$mm）时宜用变速送丝系统和缓降特性的直流弧焊电源。平特性弧焊电源的空载电压常在 40～50V，缓降特性弧焊电源的空载电压可高达 60～70V。额定电弧电压为 20～40V，额定焊接电流为 160～500A，额定负载持续率为 60%和 100%。

采用短路熔滴过渡形式的熔化极气体保护焊时，要求弧焊电源的输出电抗器的电感量可调，最好能无级调节。

铝、镁及其合金熔化极氩弧焊时，可用矩形波交流弧焊电源。

（5）脉冲弧焊

无论是熔化极、非熔化极脉冲气体保护焊，脉冲等离子弧焊还是脉冲焊条电弧焊，如果用于一般要求的场合都可选用单相整流式或磁放大器式脉冲弧焊电源，如果用于要求高的场合，则应选用电子控制的逆变式脉冲弧焊电源或数字式弧焊电源。其外特性可以是平的、下降的或双阶梯（框）形的，可根据不同弧焊方法的要求而定。其空载电压一般为 50～60V，额定脉冲电流一般在 500A 以下，额定负载持续率为 35%、60%和 100%。

表 3-1-15 是根据各种弧焊方法的特点再结合各类弧焊电源的输出特性归纳而成的，可供选择弧焊电源时参考。各焊接设备生产厂家的产品样本也是选择弧焊电源的重要依据。

表 3-1-15　弧焊电源种类及其应用范围一览表

弧焊电源			弧焊方法								弧焊机器人	
类型		外特性	焊条电弧焊		钨极氩弧焊		熔化极气体保护焊		埋弧焊		电流	要求
			电流	要求	电流	要求	电流	要求	电流	要求		
机械控制型	抽头式：弧焊变压器 弧焊整流器	下降	≈	低	≈	低	—	—	≈	低	—	—
		平	—	—	—	—	=	低	—	—	—	—
	动铁式、动圈式：弧焊变压器 弧焊整流器	下降	≈	低	≈	低	—	—	≈	低	—	—
		平	—	—	—	—	—	—	—	—	—	—
电磁控制型	磁放大器式弧焊整流器	下降	=	中	（1）	中	=	中	=	中	—	—
		平	—	—	—	—	=	中	=	中	—	—
	柴（汽）油弧焊发电机	下降	=	中	=	中	=	中	=	中	—	—
		平	—	—	—	—	=	中	=	中	—	—
电子控制型	晶闸管式弧焊电源	下降	=	高	（1）	高	（1）	高	=	高	（1）	高
		平	—	—	—	—	（1）	高	=	高	（1）	高
	晶体管式弧焊电源	下降	=	高	（1）	高	（1）	高	—	—	（1）	高
		平	—	—	—	—	（1）	高	—	—	（1）	高
	晶闸管 晶体管 弧焊逆变器 场效应晶体管	下降	=	高	≈	高	（1）	高	=	高	（1）	高
		平	—	—	—	—	（1）	高	=	高	（1）	高
	矩形交流弧焊电源	下降	（2）	高	（2）	高	（2）	高	（2）	高	（2）	高
		平	—	—	—	—	（2）	高	（2）	高	（2）	高

注：1. 电流："="表示直流；"∽"表示交流；"≈"表示交、直流；（1）表示直流或脉冲；（2）表示直流或交流矩形波。
2. 要求：高、中、低分别为对焊接工作要求高、中、低的不同场合。

若从经济角度考虑选择弧焊电源，则应在满足焊接工艺要求的前提下，选择能取得最大经济效益的电源。通常是从电源的通用性和专用性，以及从操作的机械化和自动化水平之间进行选择。前者取决于企业生产的产品品种和生产规模，如果是多品种单件或小批量生产，则宜选择通用的或功能较全的弧焊电源，尽可能一机多用；后者取决于企业对产品的生产率和劳动强度的要求，如果产品是单一大批量生产，特别是流水线生产，则宜选择专用的、机械化和自动化程度较高的弧焊电源，以提高产量和降低劳动强度。

1.9.2　弧焊电源的安装、使用及维修

1. 弧焊电源的安装

弧焊电源的安装必须遵守相关的各种法规、规程和制造商的建议。并应注意以下几个问题。

1）应避免安装在高温度、高湿度，以及含有灰尘、腐蚀液或烟尘的环境中。

2）确保电网电压与弧焊电源的一次侧电压一致。

3）弧焊电源与电网之间一般通过低压断路器连接，需检查低压断路器容量是否与电源相符。

4）对于三相输入，确保相序正确。

5）确保电源安全接地。

2. 使用与维护注意事项

正确使用和经常维护弧焊电源，才能正常发挥其工作性能和延长其使用寿命。一般应当注意以下几点。

1）每次使用前都应检查一下动力线和焊接电缆接线有无异样，所有接线柱接触是否良好和紧固，机壳是否接地等。

2）注意弧焊电源的工作环境，气温不得超过40℃，相对湿度不得超过85%。

3）应在空载下启动、调节焊接电流和变换极性。

4）弧焊电源启动后空载运行时，应观、听有无异常现象，正常后再操作使用。例如，弧焊整流器的冷却风扇是否转动，转动速度和方向是否正确等。

5）使用时焊接电流和连续工作时间应符合弧焊电源的规范要求，通常是按照相应的负载持续率来确定。焊接过程中不能长时间短路或过载运行，发现过热应及时停歇。待冷却后再继续操作，以免被烧坏。

6）弧焊电源应在通风、干燥、不靠近高温和空气中粉尘多的地方运行；若露天使用，要防雨防晒；搬移时，不应使电源受剧烈振动，特别对弧焊整流器更要小心；严防铁屑、螺钉、螺母、焊剂和焊条头等落入弧焊电源内部，工作过程中不得随意移动或打开外壳顶盖等。

7）弧焊电源应建立操作规程和定期维修制度，重要的或复杂的弧焊电源应有专人管理和使用。经常保持各种接头或接线柱接触良好牢靠；经常检查易磨损件，经常保持弧焊电源的清洁，定期用干燥的压缩空气吹净内部的灰尘，工作完毕或临时离开工作场地时，必须及时切断电源，下班时应整理和打扫场地，保护环境的整洁。

8）发现故障，应立即切断电源，分析原因，及时排除或修理。

3. 弧焊电源的故障与检修

当弧焊电源不能正常运行时，应停机检查原因并加以排出。弧焊电源故障诊断与维修应该由受过培训并有资质的人员来完成。新型的弧焊电源都装备有故障指示灯，用来指示故障类型。故障诊断最好由了解待修电源运行情况的焊工和熟悉该电源工作原理的维护人员一起来进行。大多数弧焊电源带有详尽的使用及维护手册，维护手册一般有故障诊断与维修说明，并附有可能遇到的各种问题和潜在的解决办法。

要特别注意的是，很多情况下，问题往往是由电缆连接不良、设备工作模式设置不正确或焊接参数选择不当引起的，特别是当焊工使用不熟悉的设备或第一次使用某种焊接方法时，这种情况更容易发生。因此首先要区分是设备问题还是其他问题。

如果诊断表明弧焊电源确实存在故障，那么应该断电后检修；如果诊断表明是控制电路或印刷电路板的问题，那么应该向设备供应商购买电路板或部件，而部件或电路板的更换应由专业人员完成。

第2章　焊条电弧焊

2.1　概述

2.1.1　定义与工作原理

焊条电弧焊是用手工操纵焊条进行焊接的一种电弧焊方法。

这种方法利用焊条与焊件之间燃烧的电弧热熔化焊条端部和焊件的局部，焊条端部迅速熔化的金属以细小熔滴经弧柱过渡到焊件已经局部熔化的金属中，并与之融合一起形成熔池，随着电弧向前移动，熔池的液态金属逐步冷却结晶而形成焊缝。焊接过程中，焊条钢芯是焊接电弧的一个电极，并在熔化后填充到熔池，最后成为焊缝的组成部分；焊条的药皮在电弧高温作用下分解出气体并形成熔渣，气体和熔渣保护熔滴、熔池不被大气污染，而熔渣还具有特定的冶金作用。

电弧中心的温度在5000℃以上，电弧电压在16~40V的范围内，焊接电流在20~500A之间。

图3-2-1所示是焊条电弧焊焊接装置组成，如图3-2-2所示为焊接电弧区的示例。

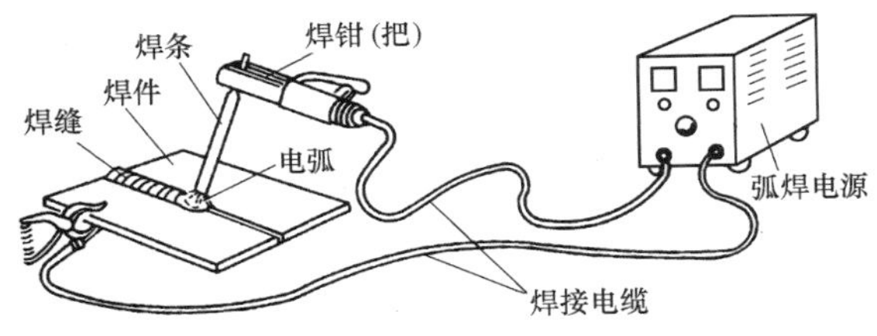

图3-2-1　焊条电弧焊装置组成

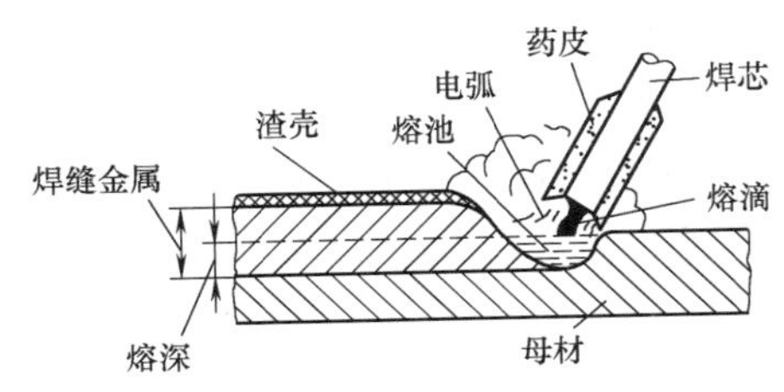

图3-2-2　焊接电弧区

2.1.2　工艺特点

1）焊条电弧焊的设备简单，操作灵活方便，适应性强，可达性好，不受场地和焊接位置的限制，在焊条能达到的地方一般都能施焊。

2）可焊金属材料广，除难熔或极易氧化的金属外，大部分工业用的金属均能焊接。

3）待焊接头装配要求较低，但对焊工操作技术要求高，焊接质量在一定程度上取决于焊工的操作水平。

4）劳动条件差，熔敷速度慢，生产率低。焊条直径为1.6~5mm，长度为200~450mm，焊接电流一般在500A以下。不但熔敷效率低，熔深浅，而且焊条焊到一定长度后必须更换，焊后还须清渣等，故生产率低。由于残留下一截焊条头未被利用，因此材料利用率也低。

2.1.3　适用范围与局限性

1. 可焊焊件的厚度范围

1mm以下的薄板不宜用焊条电弧焊；采取坡口多层焊时厚度虽不受限制，但效率低，填充金属量大，其经济性下降，所以一般大多用在3~40mm。

2. 可焊金属范围

可焊的金属有：碳素钢、低合金钢、不锈钢、耐热钢、铜、铝及其合金；可焊但可能需预热、后热或两者兼用的金属有：铸铁、高强度钢和淬火钢等。

3. 最合适的产品结构和生产性质

结构复杂的产品，在结构上具有很多短的或不规则的、具有各种空间位置及其他不易实现机械化或自动化焊接的焊缝，最宜采用焊条电弧焊；单件或小批量的焊接产品多采用焊条电弧焊；在安装或修理部门因焊接位置不定，焊接工作量相对较小，亦宜采用焊条电弧焊。

2.2　焊接设备

从图3-2-1中看出，焊条电弧焊的焊接设备主要有弧焊电源、焊钳和焊接电缆。此外，还有（图3-2-1中没示出）面罩、敲渣锤、钢丝刷和焊条保温筒等，后者统称为辅助设备或工具。

2.2.1　弧焊电源

焊条电弧焊既可采用直流电源，又可采用交流电源，额定电流一般在500A以下，外特性为陡降外特性。有时也采用有陡降外特性的脉冲弧焊电源。

焊条电弧焊电源的选用原则见本篇第1章1.8节，在具体选用时还须考虑如下因素。

1. 对电流种类的选择

选择电流种类时，应综合考虑下列情况：

1）电压降。交流电在焊接电缆中电压降较小，若焊接在远离电源处进行，宜选用交流电。但要注意，传导交流电的电缆不应盘绕，否则会产生感应电流而减少电流输出。

2）电流大小。直流电具有较好的操作性能，它易引弧和稳弧，故当使用小直径焊条和低的焊接电流时，宜选用直流电。

3）电弧长度。需要采用短弧焊工艺时（如用碱性焊条施焊时），因为电弧电压低，所以用直流电比交流电更容易实现。

4）电弧偏吹。用交流电源焊接时磁偏吹要比直流小得多，这是因为磁场每秒钟 100 次不断地变换极性。

5）焊接位置。进行立焊和仰焊时，常用较低的焊接电流，用直流电焊接略优于交流电。若用交流电，则须使用可以进行全位置焊接的交、直两用的焊条。

6）焊条类型。各类焊条均可用直流电焊接，在药皮中含有稳弧剂的焊条才可用交流电焊接，有极性要求的焊条，必须采用直流电焊接。

2. 对外特性的选择

焊条电弧焊时，应选用有恒流（或陡降）外特性的弧焊电源，因为在恒流电源中，弧长发生变化时，电流只产生很小的变化。当用于焊接非平焊位置的焊缝或装配间隙大小不均的接头根部焊道时，宜采用具有缓降外特性的弧焊电源。这样，焊工可以利用弧长变化在特定的范围内调整焊接电流，以控制焊缝成形。如果为了提高引弧性能和电弧熔透能力，而须增加焊接短路电流时，可以选用更为理想的恒流加外拖的外特性。

焊条电弧焊电源要具有一定的空载电压是为了易于引弧，一般在 50~100V 之间。引燃后的电弧电压（即工作电压）在 16~40V 之间。该电压由电弧长度和所用焊条类型决定。

2.2.2　辅助器具

1. 焊钳

焊条电弧焊用来夹持焊条进行焊接的工具称为焊钳。除起夹持焊条作用外，还起传导焊接电流的作用。对焊钳的要求是导电性能好、外壳应绝缘、重量轻、装换焊条方便、夹持牢固和安全耐用等。

电接触不良和超负荷使用是焊钳发热的原因，不许用浸水的方法去冷却焊钳。

2. 面罩与护目镜

面罩是防止焊接时的飞溅、弧光及其他辐射对焊工面部及颈部损伤的一种遮蔽工具。有手持式和头盔式两种，对面罩的要求是质轻、坚韧、绝缘性和耐热性好。

面罩正面安装有护目滤光片，即护目镜，起减弱弧光强度、过滤红外线和紫外线的作用。镜片有各种颜色，从人眼对颜色的适应性来看，墨绿、蓝绿和黄褐色较好。颜色有深浅之分，应根据焊接电流大小、焊接方法，以及焊工的年龄与视力情况选用，要改正不论电流大小均使用一块滤光片的陋习。

表 3-2-1 为推荐使用的遮光号。在护目滤光片外侧，应加一块尺寸相同的一般玻璃，防止滤光片被金属飞溅的污染。

表 3-2-1　焊条电弧焊护目滤光片推荐使用的遮光号

遮光号	颜色深浅	适用焊接电流范围/A
8	较浅	<100
10	中等	100~350
12	较深	>350

现已开发出一种光电式镜片，它是利用光电转换原理制成的新型护目滤光片。它在起弧前是透明的，在起弧后迅速变黑，起滤光作用。这样可以观察焊接操作的全过程，杜绝电弧“打眼”和消除因盲目引弧而产生的焊接缺陷。

3. 焊条保温筒

焊条保温筒是装载已烘干的焊条，且能保持一定温度以防止焊条受潮的一种筒形容器。有立式和卧式两种，内装焊条 2.5~5kg，焊工可随身携带到现场，随用随取。通常是利用弧焊电源二次电压对筒内加热，温度一般在 100~450℃之间，能维持焊条药皮含水率不大于 0.4%。

在用碱性低氢型焊条焊接重要结构时，如压力容器等产品，焊工每人应配备一个。

国产 TRB-5（立式）和 TRB-5W（卧式）焊条保温筒可装焊条 5kg，使用电压为 25~80V，加热功率为 100W，恒温温度为（135±15）℃。

2.3　焊接材料——焊条

详见本书第 6 篇第 1 章。

2.4　焊条电弧焊接头的设计与准备

2.4.1　接头的设计与选用

焊接接头设计在第 8 篇第 2 章中有详细叙述，这里就适于焊条电弧焊的接头在设计与选用方面需注意的问题进行阐述。

1. 接头的基本形式

表 3-2-2 给出了焊条电弧焊常用的接头基本形式

及其主要特点，每一种接头的基本形式，都可根据焊件的实际情况和需要，设计出不同的构造形状。设计或选用接头形式时，主要是根据产品结构特点和焊接工艺要求，并综合考虑承载条件、焊接可达性、焊接应力与变形，以及经济成本等因素。

2. 焊缝坡口的基本形式

坡口是根据设计或工艺需要，在焊件的待焊部位加工成一定几何形状的经装配后构成的沟槽。预制坡口（俗称开坡口）的主要目的是获得设计所要求的熔透深度和焊缝形状，通常当焊条电弧焊板厚≥3mm时，才考虑开坡口。表 3-2-3 列出了焊条电弧焊最为常用的几种接头焊缝坡口的基本形式及其主要特点。设计或选用坡口形式要综合考虑如下因素。

1）达到设计所需的熔深和焊缝成形。这是保证焊接接头工作性能的主要因素。

2）具有可达性。即焊工能按工艺要求自如地进行运条，顺利地完成焊缝金属的熔敷，获得无工艺缺陷的焊缝。

表 3-2-2　焊条电弧焊常用的接头焊缝坡口的基本形式及其主要特点

名　称	简　图	基本特点
对接接头	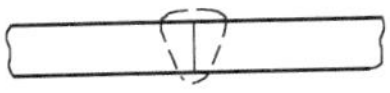	在同一平面上的两个被焊焊件相对而焊接起来所形成的接头 受力合理、应力集中程度较小，两对接焊件的厚度很少受限制，厚板为了焊透可采用坡口对接焊对接接头对对接边缘的加工和装配质量要求严格
搭接接头	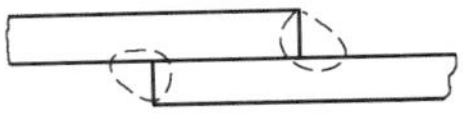	两个被焊焊件部分地重叠在一起（或外加专门的搭接件）用角焊缝或塞（槽）焊缝连接起来的接头 接头工作应力分布不均匀，受力不合理，疲劳强度低、不节省金属，是不理想的接头形式。但因其焊前准备和装配工作简单，在不重要的结构上仍有采用
T 形（十字）接头	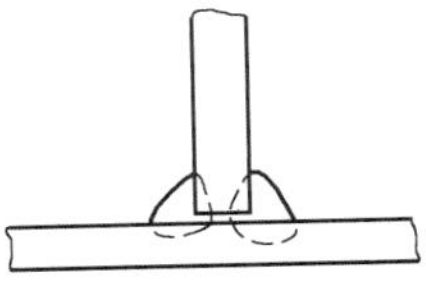	一个焊件的端面与另一个焊件的平面构成直角或近似直角的接头。通常用角焊缝连接 能承受各方面的力和力矩。应力分布较对接接头复杂，应力集中较大。熔透的 T 形接头强度按对接接头计算，其动载强度也较高
角接接头	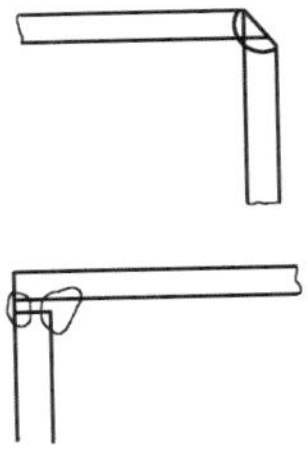	两被焊件端面间构成大于 30°，小于 135°夹角的接头 接头的承载能力较差，单独使用时（特别是抗弯）能力很弱，改进连接处的构造后，其性能有所改善。主要用于箱形结构

表 3-2-3　焊条电弧焊常用坡口的基本形式

坡口名称	坡口形式							
	I 形	单边 V 形	Y 形	双 V 形	单边 J 形	双 J 形	U 形	双 U 形
对接接头				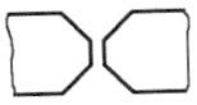			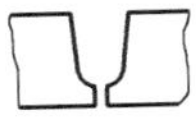	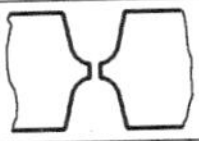
T 形接头	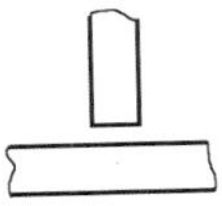		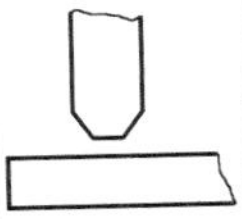 （K 形）	—	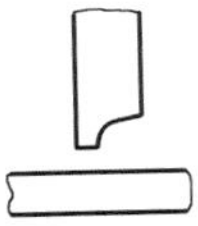		—	—

（续）

坡口名称	坡口形式							
	I形	单边V形	Y形	双V形	单边J形	双J形	U形	双U形
角接接头			(K形)	—				—
符号			(K形)					

3）有利于控制焊接变形和焊接应力。这是为了避免焊接裂纹和减少焊后矫形的工作量。

4）经济。要综合坡口加工费用和填充金属量消耗的大小。

I形、V形和U形是坡口的基本形式，其余都是它们的变化形式。

以对接接头为例，I形坡口适用于厚度<6mm的平板对接，采用的是单面或双面焊接。端平面之间的距离叫装配间隙，它是保证熔深所必需的。它由焊件厚度和背面有无衬垫来决定，背面无衬垫，一般在0~3mm之间。间隙过小不能熔透，间隙过大第一道焊缝成形难、焊接速度慢。

V形坡口适用于反面施焊有困难或根本无法施焊的中厚钢板对接。两斜面之间的夹角称为坡口角，其作用是保证焊条端头能到达焊缝根部和提供足够的运条空间，以使坡口两侧面熔合良好。坡口角小则可达性差且运条困难，不易保证焊缝质量；坡口角过大，则填充金属量大，不经济且效率低。V形坡口一般在40°~60°之间。坡口根部的直边称为钝边，其作用是避免烧穿，一般在1~4mm之间。随着对接板厚增加，V形坡口的焊缝填充金属量就急剧增加，如果可以正反面施焊，宜设计成X形坡口，这样可节省填充金属，又因正反两面施焊，可以减少角变形。厚板对接，在同样厚度情况下U形坡口要比V形坡口节省填充金属，这是因为有根部半径，坡口角可很小（约1°~8°）。双U形坡口要比X形坡口节省填充金属，但是U形坡口加工的费用较V形高。

若不等厚度对接，当厚度差超过表3-2-4中的规定值时，则须把厚板接边处单面或双面削薄，使之变成等厚板对接，再按等厚板对接来选择坡口形式，如图3-2-3所示。

坡口的基本形式和尺寸，已经标准化。无特殊要求均应按GB/T 985.1—2008《气焊、焊条电弧焊、气体保护焊和高能束焊的推荐坡口》中选用。

表3-2-4 不等厚板对接的允许厚度差

（单位：mm）

较薄板厚度δ_1	≥2~5	>5~9	>9~12	>12
允许厚度差($\delta-\delta_1$)	1	2	3	4

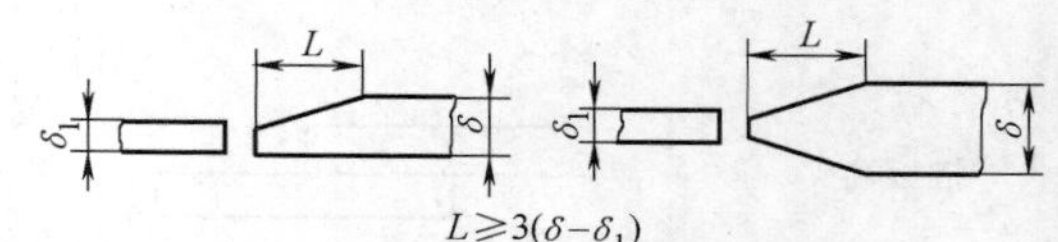

图3-2-3 不同厚度钢板的对接接头设计

2.4.2 坡口的制备

坡口的制备包括坡口形状的加工和坡口两侧的清理工作。根据焊件结构形式、板厚和材料的不同，坡口制备的方法也不同。图3-2-4所示列出了无须加工的坡口和须要加工的坡口。常用的坡口加工方法有以下几种。

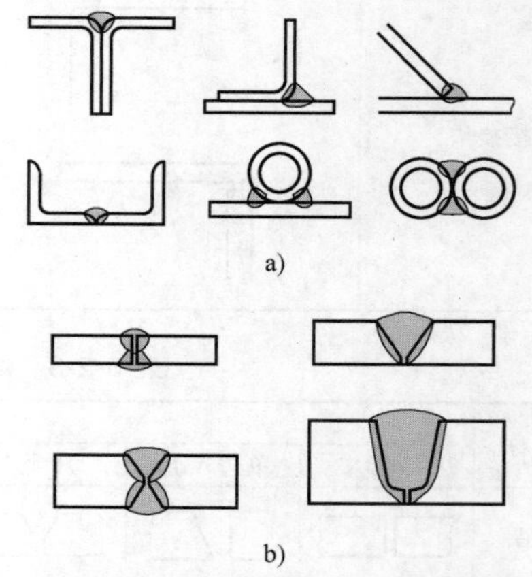

图3-2-4 无须加工和必须加工的坡口

a）带自然坡口的接头 b）必须加工的坡口

1. 剪切

用于I形坡口（即不开坡口）的薄钢板的边缘加工。

2. 刨削

用刨床或刨边机加工直边的坡口，能加工任何形状的坡口，加工后的坡口平直、精度高。薄钢板 I 形坡口的加工可以多层钢板叠在一起，一次刨削完成，可提高效率。

3. 车削

圆管、圆柱体、圆封头或圆形杆件的坡口均可在车床上车削加工。

4. 专用坡口加工机加工

有平板直边坡口加工机和管接头坡口加工机，可分别加工平钢板边缘或管端的坡口。

5. 热切割

普通钢的坡口加工应用最广泛的是氧乙炔焰切削，不锈钢采用等离子弧切割。能切割各种角度的直边坡口和各种曲线状焊缝的坡口，尤其适用切割厚钢板。

6. 碳弧气刨

目前主要用于多层焊背面清焊根和开坡口。为了防止焊缝渗碳，焊前必须用砂轮把碳弧气刨的坡口表面打磨，以消除坡口表面渗碳层。

经坡口加工后的待焊边缘，若受到油锈等污染，焊前须清除干净，简易方法有火焰烧烤或砂轮打磨。

2.4.3 焊接位置

熔焊时，焊缝所处的空间位置称为焊接位置。图 3-2-5 表示了焊条电弧焊焊接对接和角接接头的几种焊接位置。尽管焊条电弧焊可焊接任何位置的焊缝，但只要条件允许，都尽可能地在平焊位置（对于角焊缝又叫“船形”位置）进行焊接，因为此位置重力有利于焊接，焊缝成形好，操作最容易，对技能要求较低，焊接质量易于保证；可以使用较大的焊条直径和较高的焊接电流，因而可获得较高的熔敷率。在立焊和仰焊位置，劳动条件差，要求焊工有较高的技能来控制焊接熔池才能保证焊接质量。为此，必须使用可全位置焊的焊条，且直径要适当减小和降低焊接电流，故生产率较低。

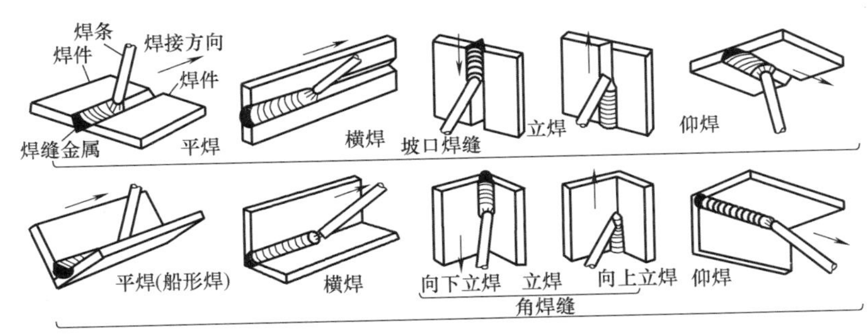

图 3-2-5　焊条电弧焊的焊接位置

2.4.4 焊接衬垫与引出板

1. 焊接衬垫

背面施焊有困难而又要求焊透的接头，可采用焊接衬垫。使用焊接衬垫是为了避免在施焊第一层熔敷金属时，该层熔化金属从接头根部穿漏。同理，若带坡口的焊件，当装配间隙过大时，为了防止烧穿也常采用衬垫。

常用的衬垫有衬条、铜衬垫、打底焊缝和非金属衬垫等。

（1）衬条

衬条是放在接头背面的金属条，如图 3-2-6 所示。衬条须采用与母材和焊条在冶金上相匹配的材料制成，焊前衬条应和坡口表面一样洁净，以免在焊缝中产生气孔和夹渣。衬条的装配要正确，与母材紧贴。否则熔化金属可能从接头根部流到衬条和母材之间的任何间隙内。

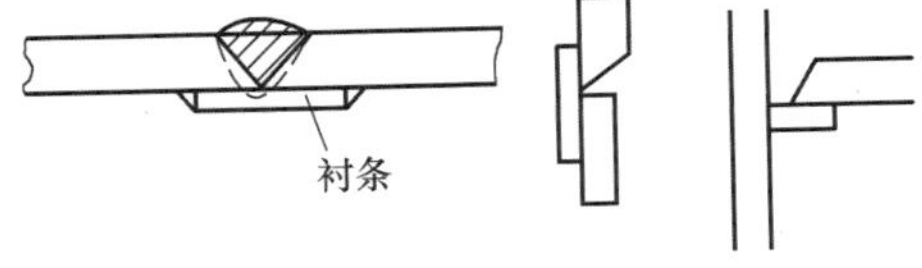

图 3-2-6　利用衬条作焊接衬垫

如果衬条不妨碍接头的使用性能，则可保留在原位置上；否则，衬条用后必须拆除掉。若从背面无法拆除，则须改用其他方法来焊接根部焊道，如采用单面焊背面成形焊接工艺。

（2）铜衬垫

焊接钢材时，采用铜作焊接衬垫是利用它的高热导率，可防止焊缝金属与衬垫熔合。这样，铜衬垫可以作为一种工具反复使用。但铜衬垫的体积应足够大，足以防止熔敷第一条焊道时发生熔化。批量生产中，可在衬垫中通水冷却，以带走连续焊接所积累的热量。铜衬垫可加工出沟槽，以控制焊缝背面的形状和余高。在任何情况下都不允许电弧接触铜衬垫，因为铜一旦熔化，焊缝金属即被污染。

（3）打底焊道（缝）

焊接开坡口多层焊的接头时，在接头根部焊接的第一条焊缝称为打底焊道（缝），如图 3-2-7 所示。

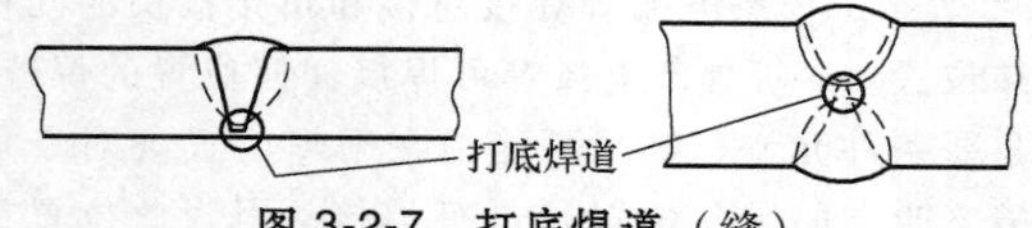

图 3-2-7 打底焊道（缝）

打底焊道可以采用焊条电弧焊方法或 TIG 焊方法焊接，如果采用焊条电弧焊打底，则应使用与其余焊缝焊接相同牌号的焊条：如果采用 TIG 焊；所用焊丝应使焊缝金属的化学成分与焊条电弧焊的焊缝金属的化学成分相近。打底焊道的尺寸应足够大，足以承受后面施工中可能施加的载荷，因为焊完打底焊道后常须打磨或刨削接头的根部。

（4）非金属衬垫

非金属衬垫最常用的是颗粒状焊剂，亦有用难熔材料制成的非金属衬垫。焊剂的作用主要是支托焊缝金属和使焊缝根部成形，其用法与埋弧焊的焊剂垫相同，见第 3 章埋弧焊。难熔衬垫是一种专门制作的可伸缩的成形件，用夹具或粘贴带贴在接头的背面，其使用方法和焊接参数须按衬垫制造厂的使用说明进行。

2. 引出板

结构上重要的焊缝最好使用引出板，它是为了填满焊缝两端的坡口而须使用的金属附件，实际上引出板是为了使坡口延长到焊件接缝以外，如图 3-2-8 所示。引出板的材料最好与母材相同，这样不会引起焊缝成分的变化，引出板用后须拆除掉。使用引出板，就可以把引弧和收弧时最易产生的缺陷引到引出板上，从而保证了焊缝两端的质量。

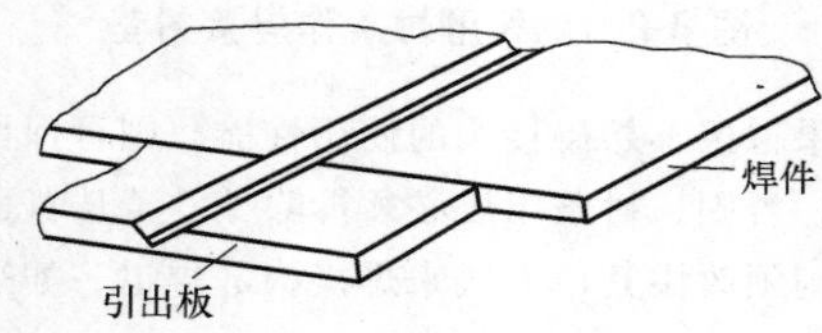

图 3-2-8 焊条电弧焊用引出板

2.4.5 装配与定位焊

1. 装配

接头焊前的装配主要是使焊件定位对中，以及达到规定的坡口形状和尺寸。装配工作中，两焊件接边之间的距离称为间隙，它的大小和沿接头长度上的均匀程度对焊接质量、生产率及制造成本影响很大，这一点在焊接生产中往往被忽视。

接头设计采用间隙是为了使焊条很好地接近母材及接头根部。带坡口的接头，为了熔透根部，必须注意坡口角度和间隙的关系。减少坡口角度时，必须增加间隙。当坡口角度一定时，若间隙过小，则熔透根部比较困难，容易出现根部未焊透和夹渣缺陷，加大背面清根工作量。如果采用直径较小的焊条，就得减慢焊接过程。若间隙过大，则容易烧穿，难以保证焊接质量，并需要较多的焊缝填充金属，这就增加了焊接成本和焊件变形。如果沿接缝根部间隙不均匀，则在接头各部位的焊缝金属量就会变化。结果，收缩和由此引起的变形也就不均匀，使变形难以控制。

沿焊缝根部的错边可能在某些区域引起未焊透或焊根表面成形不良，或两者同时产生。

所以，焊件坡口加工质量、精度及装配的质量，直接影响到焊接质量、产量和制造成本，须引起重视。

2. 定位焊

经装配各焊件的位置确定之后，可以用夹具或定位焊缝把它们固定起来，然后进行正式焊接。定位焊的质量直接影响焊缝的质量，它是正式焊缝的组成部分。又因它焊道短，冷却快，比较容易产生焊接缺陷，若缺陷被正式焊缝所掩盖而未被发现，则将造成隐患。对定位焊有如下要求。

（1）焊条

定位焊用的焊条应和正式焊接用的相同，焊前同样进行再烘干。不许使用废旧焊条或不知型号的焊条。

（2）定位焊的位置

双面焊且背面须清根的焊缝，定位焊缝最好布置在背面；形状对称的构件，定位焊缝也应对称布置；有交叉焊缝的地方不设定位焊缝，至少离开交叉点 50mm。

（3）焊接工艺

施焊条件应和正式焊缝的焊接相同，由于焊道短，冷却快，焊接电流应比正常焊接的电流大 15%～20%。对于刚度大或有淬火倾向的焊件，应适当预热，以防止定位焊缝开裂；收弧时注意填满弧坑、防止该处开裂。在允许的条件下，可选用塑性和抗裂性较好而强度略低的焊条进行定位焊。

（4）焊缝尺寸

定位焊缝的尺寸视结构的刚性大小而定，掌握的原则是：在满足装配强度要求的前提下，尽可能小一些。从减小变形和填充金属考虑，可缩小定位焊的间距，以减少定位焊缝的尺寸。

表 3-2-5 给出了一般金属结构定位焊缝的参考尺寸。

表 3-2-5　一般金属结构定位焊缝的参考尺寸

（单位：mm）

焊件厚度	焊缝高度	焊缝长度	间　距
≤4	<4	5~10	50~100
4~12	3~6	10~20	100~200
>12	6~8	15~30	100~300

2.5　焊条电弧焊的焊接工艺

2.5.1　焊前准备

1. 焊条烘干

焊前对焊条烘干的目的是去除受潮焊条中的水分，减少熔池和焊缝中的氢，以防止产生气孔和冷裂纹。不同药皮类型的焊条，其烘干工艺不同，详见第 6 篇第 1 章 1.3.3 节或遵照焊条产品使用说明书中指定的工艺进行。

2. 焊前清理

焊前清理是指焊前对接头坡口及其附近（约 20mm 内）表面的油、锈、漆和水等污染的清除。用碱性焊条焊接时，清理要求严格和彻底，否则极易产生气孔和延迟裂纹。酸性焊条对锈不很敏感，若铁锈较少，而且对焊缝质量要求不高时，可以不清除。

3. 预热

预热是指焊前对焊件整体或局部进行适当加热的工艺措施，其主要目的是减小接头焊后的冷却速度、避免产生淬硬组织和减小焊接应力与变形。它是防止产生焊接裂纹的有效办法。是否需要预热和预热温度的高低，取决于母材特性、所用的焊条和接头的拘束度。对于刚性不大的低碳钢和强度级别较低的低合金高强度钢的一般结构，一般不需预热。但对刚性大的或焊接性差而容易产生裂纹的结构，焊前需预热。

焊接热导率很高的材料，如铜、铝及其合金，有时需要预热，这样可以减小焊接电流和增加熔深，也有利于焊缝金属与母材熔合。必须指出，预热焊接不仅使能源消耗、生产率低，而且劳动条件差。只要可能都应不预热或低温预热焊接。采用低氢型焊条可以降低预热温度，因其抗裂性能好，但焊条的含水量必须很低。只要允许，可按低组配的原则选用焊条，即采用熔敷金属的强度低于母材，而塑性和韧性优于母材的焊条施焊，这样可以降低预热温度或不预热。各种金属材料焊接所需的预热温度详见第 7 篇各章。

2.5.2　焊接参数

焊条电弧焊的参数包括：焊条直径、焊接电流、电弧电压、焊接速度和热输入等。过去又称焊接规范。

1. 电流种类

焊条电弧焊既可用交流电也可用直流电，用直流电焊接的最大特点是电弧稳定、柔顺、飞溅少，容易获得优质焊缝。此外直流电弧有极性和明显磁偏吹现象。因此，在下列情况常采用直流电进行焊条电弧焊。

1）使用低氢钠型焊条时，因这种焊条的稳弧性差。

2）薄板焊接时，因用的焊接电流小，电弧不稳。

3）立焊、仰焊及短弧焊，而又没有适于全位置焊接的焊条时。

4）有极性要求时，如为了加大焊条熔化速度用正接（焊件接正极）；为了加大熔深用反接（焊件接负极）；需要减熔深则用正接；使用碱性焊条时，为了焊接电弧稳定和减少气孔，要求用直流反接等。

用交流电作焊条电弧焊电弧稳定性差，特别是在小电流焊接时对焊工操作技术要求高，但交流电焊接有两大优点：一是电源成本低；二是电弧磁偏吹不明显。因此，除上述的特殊情况外，一般都选用交流电作焊条电弧焊，特别是用铁粉焊条在平焊位置焊接可选较大的焊条直径，较高的焊接电流，以提高生产率。

2. 焊条直径

焊条直径大小对焊接质量和生产率影响很大。通常是在保证焊接质量的前提下，应尽可能选用大直径焊条以提高生产率。如果从保证焊接质量来选焊条直径时，则须综合考虑：焊件厚度、接头形式、焊接位置、焊道层次和允许的热输入等因素。

厚焊件可以采用大直径焊条及相应大的焊接电流，这样有助于焊缝金属在接头中完全熔合和获得适当的熔深，其熔敷速度也高于小直径焊条，表 3-2-6 是按板厚来选用焊条直径。

表 3-2-6　焊条直径的选择

（单位：mm）

板厚	≤4	4~12	>12
焊条直径	不超过焊件厚度	3.2~4	≥4

带斜坡口需多层焊的接头，第一层焊缝应选用小直径焊条，这样，在接头根部容易操作，有利于控制熔透和焊波形状，以后各层可用大直径焊条以加大熔深和提高熔敷率，可快速填满坡口。

在横焊、立焊和仰焊等位置焊接时，由于重力作用，熔化金属易从接头中流出，应选用小直径焊条，因为小的焊接熔池，便于控制。在“船形”位置上焊接角焊缝时，焊条直径应不大于角焊缝的尺寸。对某些金属材料要求严格控制焊接热输入时，只能选用小直径的焊条。

3. 焊接电流

焊接电流是焊条电弧焊的主要参数，它直接影响焊接质量和生产率。总的原则是在保证焊接质量的前提下，尽量用较大的焊接电流以提高焊接生产率。但是，要避免如下情况。

1）焊接电流过大，焊条末端发红，药皮失效或崩落，保护效果变差，造成气孔和飞溅，出现焊缝咬边、烧穿等缺陷。此外，还使接头热影响区晶粒粗大，接头的韧性下降。

2）焊接电流过小，则电弧不稳，易造成未焊透、未熔合、气孔和夹渣等缺陷。

确定焊条电弧焊焊接电流大小要依据焊条类型、焊条直径、焊件厚度、接头形式、焊接位置、母材性质和施焊环境等因素。其中最主要的是焊条直径和焊接位置。有三种方法可确定焊接电流。

① 经验公式。一般碳素钢焊接结构是根据焊条直径按下式来确定焊接电流

$$I=kd$$

式中　I——焊接电流（A）；

d——焊条（即焊芯）直径（mm）；

k——经验系数，可按表 3-2-7 确定。

根据上面经验公式计算出的焊接电流，只是大概的参考数值，在实际使用时还应根据具体情况灵活掌握。例如板厚较大时，或 T 形接头和搭接接头时，施焊环境温度低时，均因导热快，焊接电流必须大一些；立焊、横焊和仰焊时，为了防止熔化金属从熔池中流淌，须减小熔池面积以便于控制焊缝成形，须采用较小一些的焊接电流，一般比平焊位置小 10%～20%。焊接不锈钢，使用不锈钢焊条时，为了减小晶间腐蚀，以及减少焊条发红，焊接电流应小一些。

表 3-2-7　经验系数

焊条直径/mm	ϕ1.6	ϕ2～ϕ2.5	ϕ3.2	ϕ4～ϕ6
k	20～25	25～30	30～40	40～50

② 查焊接参数表。根据长期生产积累的经验总结出实用的表格，从表中根据焊接位置、板厚和焊条直径等直接查出焊接电流。表 3-2-8 可供参考。

③ 由焊接工艺试验确定。对于普通结构，利用经验公式或查表确定焊接电流一般已足够。但是对于某些金属材料如合金钢焊接或重要的焊接结构如锅炉压力容器的焊接等，焊接电流必须通过试验加以确定。对热输入敏感的金属材料，必须根据试验得出的许用热输入来确定焊接电流范围。总之，重要金属结构必须按焊接工艺评定合格后的工艺来确定焊接电流。

表 3-2-8　焊条电弧焊用的焊接参数

焊缝空间位置	焊缝横断面形式	焊件厚度或焊脚尺寸/mm	第一层焊缝		其他各层焊缝		盖面焊缝	
			焊条直径/mm	焊接电流/A	焊条直径/mm	焊接电流/A	焊条直径/mm	焊接电流/A
平对接焊缝		2	2	55～60	—	—	2	55～60
		2.5～3.5	3.2	90～120	—	—	3.2	90～120
		4～5	3.2	100～130	—	—	3.2	100～130
			4	160～200	—	—	4	160～210
			5	200～260	—	—	5	220～250
		5～6	4	160～210	—	—	3.2	100～130
							4	180～210
		≥6	4	160～210	4	160～210	4	180～210
					5	220～280	5	220～260
		≥12	4	160～210	4	160～210	—	—
					5	220～280	—	—
立对接焊缝		2	2	50～55	—	—	2	50～55
		2.5～4	3.2	80～110	—	—	3.2	80～110
		5～6	3.2	90～120	—	—	3.2	90～120
		7～10	3.2	90～120	4	120～160	3.2	90～120
			4	120～160				
		≥11	3.2	90～120	4	120～160	3.2	90～120
			4	120～160	5	160～200		
		12～18	3.2	90～120	4	120～160	—	—
			4	120～160				
		≥19	3.2	90～120	4	120～160	—	—
			4	120～160	5	160～200		

（续）

焊缝空间位置	焊缝横断面形式	焊件厚度或焊脚尺寸/mm	第一层焊缝		其他各层焊缝		盖面焊缝	
			焊条直径/mm	焊接电流/A	焊条直径/mm	焊接电流/A	焊条直径/mm	焊接电流/A
横对接焊缝		2	2	50~55	—	—	2	50~55
		2.5	3.2	80~110	—	—	3.2	80~110
		3~4	3.2	90~120	—	—	3.2	90~120
			4	120~160	—	—	4	120~160
	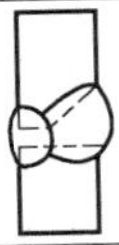	5~8	3.2	90~120	3.2	90~120	3.2	90~120
					4	140~160	4	120~160
		≥9	3.2	90~120	4	140~160	3.2	90~120
			4	140~160			4	120~160
		14~18	3.2	90~120	4	140~160	—	—
			4	140~160				
		≥19	4	140~160	4	140~160	—	—
仰对接焊缝		2	—	—	—	—	2	50~65
		2.5	—	—	—	—	3.2	80~110
		3~5	—	—	—	—	3.2	90~110
							4	120~100
		5~8	3.2	90~120	3.2	90~120	—	—
					4	140~160		
		≥9	3.2	90~120	4	140~160	—	—
			4	140~160				
	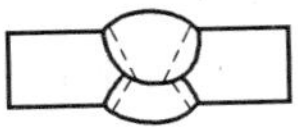	12~18	3.2	90~120	4	140~160	—	—
			4	140~160				
		≥19	4	140~160	4	140~160	—	—
横角接焊缝	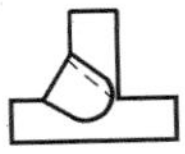	2	2	55~65	—	—	—	—
		3	3.2	100~120	—	—	—	—
		4	3.2	100~120	—	—	—	—
			4	160~200	—	—	—	—
		5~6	4	160~200	—	—	—	—
			5	220~280	—	—	—	—
		≥7	4	160~200	5	220~230	—	—
			5	220~280			—	—
	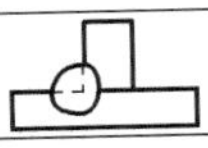	—	4	160~200	4	160~200	4	160~220
					5	220~280		
立角接焊缝	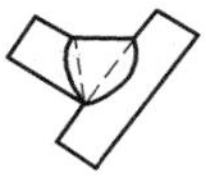	2	2	50~60	—	—	—	—
		3~4	3.2	90~120	—	—	—	—
		5~8	3.2	90~120	—	—	—	—
			4	120~160				
		9~12	3.2	90~120	4	120~160	—	—
			4	120~160				
	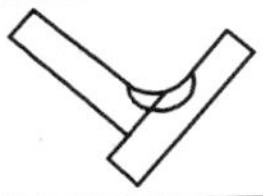	—	3.2	90~120	4	120~160	3.2	90~120
			4	120~160				
仰角接焊缝	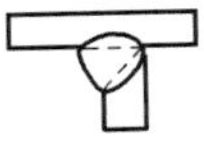	2	2	50~60	—	—	—	—
		3~4	3.2	90~120	—	—	—	—
		5~6	4	120~160	—	—	—	—
		≥7	4	140~160	4	140~160	—	—
	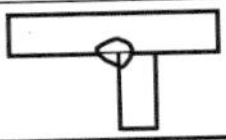	—	3.2	90~120	4	140~160	3.2	90~120
			4	140~160			4	140~160

4. 电弧长度

焊条电弧焊中电弧电压不是焊接工艺的重要参数，一般无需确定。电弧电压是由电弧长度来决定的，电弧长则电弧电压高，反之则低。

电弧长度是焊芯的熔化端到焊接熔池表面的距离。它的长短控制主要取决于焊工的知识、经验、视力和手工技巧。在焊接过程中，电弧长短直接影响着焊缝的质量和成形。如果电弧太长，则电弧飘移、燃烧不稳定、飞溅增加、熔深减少、熔宽加大、熔敷速度下降，而且外部空气易侵入，造成气孔和焊缝金属被氧或氮的污染，焊缝质量下降。若弧长太短，熔滴过渡时可能经常发生短路，使操作困难。正常的弧长是小于或等于焊条直径，即所谓短弧焊。超过焊条直径的弧长为长弧焊，在使用酸性焊条时，为了预热待焊部位或降低熔池的温度和加大熔宽，有时将电弧稍微拉长进行焊接。碱性低氢型焊条，应用短弧焊以减少气孔等缺陷。

5. 焊接层数

厚板焊接常是开坡口采用多层焊或多层多道焊，如图 3-2-9 所示。层数增多对提高焊缝的塑性和韧性有利，因为后焊道对前焊道有回火作用，使热影响区显微组织变细，尤其对易淬火钢效果明显。但随着层数增多，生产效率下降，往往焊接变形也随之增加。层数过少，每层焊缝厚度过大，接头易过热引起晶粒粗化，反而不利。一般每层厚度以不大于 5mm 为好。

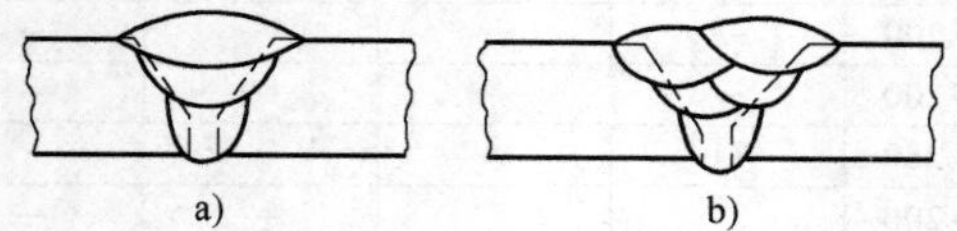

图 3-2-9　多层焊与多层多道焊

a）多层焊　b）多层多道焊

2.5.3　后热与焊后热处理

1. 后热

焊接后立即对焊件的全部（或局部）进行加热和保温，并使其缓冷的工艺措施称为后热。后热的主要目的是使扩散氢从焊缝中逸出，从而防止产生氢致裂纹。

对冷裂倾向较大的低合金高强度钢和大厚度的焊接结构焊接时，为了使其扩散氢从焊缝金属中逸出，降低焊缝和热影响区中的氢含量，防止冷裂，焊后应立即将焊件加热到 250～350℃ 温度范围，保温 2～6h 后空冷，即进行所谓去氢处理。

2. 焊后热处理

焊后为了改善焊接接头的组织和性能或消除残余应力而进行的热处理，称为焊后热处理。

对于易产生脆性破坏和延迟裂纹的重要结构，尺寸稳定性要求很高的结构，有应力腐蚀的结构等都应考虑焊后进行消除应力的热处理。

消除应力热处理一般采用低温退火，就是把焊件整体或局部（接头区）均匀地加热到临界温度以下，保温一定时间（视板厚而定），然后冷却。退火温度由材料性质决定，碳素钢一般在 500～650℃ 范围内。对于锅炉、压力容器等重要结构，有规程规定不必进行消除应力热处理的最大厚度和规定进行热处理的工艺参数，如加热速度、加热温度，保温时间和冷却速度等。

为了改善焊接接头的组织与性能而进行的焊后热处理，需由母材性质决定其热处理方法。例如，对于易淬火的低合金高强度钢和耐热钢，焊后需进行高温回火，以获得回火组织；为了细化电渣焊接头的粗晶组织而需进行正火处理；对于奥氏体不锈钢，为了改善其接头的抗晶间腐蚀性能，焊后可进行固溶处理（加热温度在 1050～1080℃ 之间，加热后急冷，使铬的碳化物来不及析出，减少贫铬层）；含有 Ti 和 Ni 的奥氏体不锈钢，焊后可进行稳定化处理（加热温度为 850～900℃，保温 2～4h 后空冷），使之析出 Ti 和 Ni 的碳化物，稳定 Cr，从而提高其抗腐蚀性能。

在后面第 7 篇各种金属材料焊接的有关章节中，将详述各种热处理工艺。

必须指出，去氢处理的加热温度较低，不能起到消除焊接应力作用。但是，焊后立即进行消除应力热处理的结构，能同时起到去氢作用，故不需另作去氢处理。同理，当改善组织性能热处理的温度高于消除应力热处理的温度时，在改善性能热处理过程中也起到消除应力的作用。

此外，某些含有 Cr、Mo、V、Nb 和 Ca 等元素的珠光体耐热钢，消除焊接应力热处理时，可能产生消除应力裂纹，即再热裂纹，须引起注意。

第3章 埋 弧 焊

3.1 概述

3.1.1 基本原理

埋弧焊是利用在焊剂层下燃烧的电弧进行焊接的一种工艺方法。图3-3-1所示为最常见的埋弧焊焊接装置的示意图。各组成部分的作用是：焊剂漏斗1在焊接区前方不断输送焊剂8于焊件9的表面上；送丝机构2由电动机带动送丝滚轮，保证焊丝3不断地向焊接区输送；弧焊电源7输出的电流经导电嘴5传至焊丝和电弧。通常情况下，焊剂漏斗、送丝机构和导电嘴等安装在一个焊接机头或小车上（图中没示出），通过机头或小车上的行走机构以一定的焊接速度向前移动，控制箱（盒）6对送丝速度和机头行走速度以及焊接参数等进行控制与调节，小型的控制盒常设在小车上，大型的控制箱则作为配套部件而独立设置。

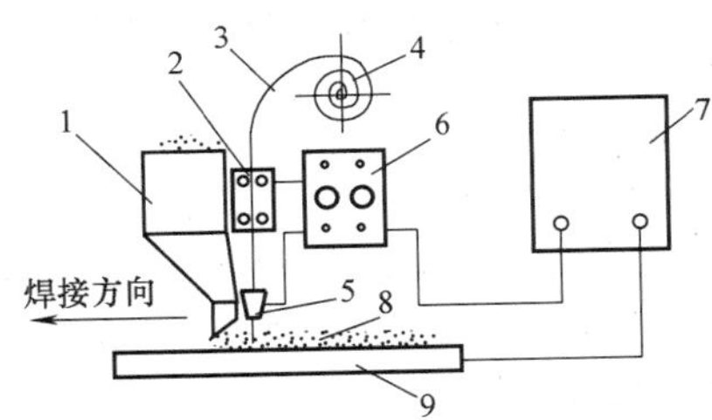

图3-3-1 埋弧焊焊接装置示意图

1—焊剂漏斗 2—送丝机构 3—焊丝 4—焊丝盘
5—导电嘴 6—控制箱（盒）
7—弧焊电源 8—焊剂 9—焊件

埋弧焊的基本原理如图3-3-2所示。其焊接过程是：焊接电弧1是在焊剂3层下的焊丝4与母材2之间产生，电弧热使其周围的母材、焊丝和焊剂熔化以致部分蒸发，金属和焊剂的蒸发气体形成一个气泡，电弧就在这个气泡内燃烧。气泡的上部被一层熔化了的焊剂——熔渣7构成的外膜所包围，这层外膜以及覆盖在上面的未熔化焊剂共同对焊接起隔离空气、绝热和屏蔽光辐射的作用。焊丝熔化的熔滴落下与已局部熔化的母材混合而构成金属熔池8，部分熔渣因密度小而浮在熔池表面。随着焊丝向前移动，电弧力将熔池中熔化金属推向熔池后方，在随后的冷却过程中，这部分熔化金属凝固成焊缝10。熔渣凝固成渣壳9，覆盖在焊缝金属表面上。在焊接过程中，熔渣除了能对熔池和焊缝金属进行机械保护外，还与熔化金属发生冶金反应（如脱氧、去杂质和渗合金等），从而影响焊缝金属的化学成分。

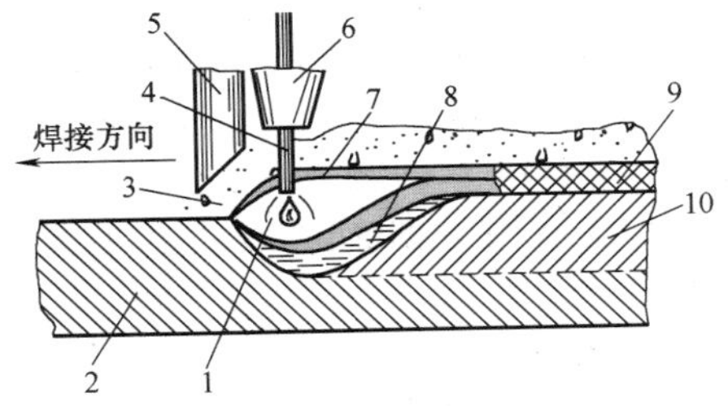

图3-3-2 埋弧焊的基本原理

1—电弧 2—母材 3—焊剂 4—焊丝
5—焊剂漏斗 6—导电嘴 7—熔渣
8—金属熔池 9—渣壳 10—焊缝

3.1.2 优缺点

与焊条电弧焊或其他焊接方法比较有如下优缺点。

1. 优点

1）生产率高。埋弧焊时，焊丝从导电嘴伸出的长度短，可以提高许用焊接电流（或电流密度），一般可提高4~5倍。因此，熔透能力和焊丝熔敷率大大提高，一般不开坡口单面一次焊，熔深可达20mm；另一方面，由于焊剂和熔渣的隔热作用，电弧热散失少、飞溅少，故热效率高，可提高焊接速度。厚度为8~10mm的钢板对接，单丝埋弧焊的焊接速度可达30~50m·h^{-1}，而焊条电弧焊不超过6~8m·h^{-1}。

2）焊缝质量高。埋弧焊时，焊剂和熔渣能有效地防止空气侵入熔池而免受污染，还可以降低焊缝冷却速度，从而可以提高接头的力学性能；由于焊接参数可以通过自动调节保持稳定，故焊缝表面光洁平直，焊缝金属的化学成分和力学性能均匀而稳定；对焊工技术水平要求不高。

3）节省焊接材料和能源。较厚的焊件不开坡口也能熔透，从而使焊缝中所需填充金属——焊丝量显著减少，省去了开坡口和填充坡口所需的能源和时间；熔渣的保护作用避免了金属元素的烧损和飞溅损失；不像焊条电弧焊那样，有焊条头的损耗。

4）劳动条件好。由于焊接过程的机械化和自动化，焊工劳动强度大大降低；没有弧光对焊工的有害作用；焊接时放出的烟尘和有害气体少，改善了焊工的劳动条件。

2. 缺点

1）埋弧焊是靠颗粒状焊剂堆积覆盖而形成对焊接区的保护条件，故主要适用于平焊和横焊位置焊接。其他位置埋弧焊因装置过于复杂而未能应用。

2）最适于长焊缝的焊接。其适应性和灵活性不如焊条电弧焊，特别是短焊缝埋弧焊的效率低。不适于焊接厚度小于 1mm 的薄板，因为小电流焊接电弧不稳定。

3）焊接时用的辅助装置较多。如焊剂的输送和回收装置、焊接衬垫、引弧板、引出板和去渣装置等，绝大多数情况下还需使用焊接工装。因此，焊接设备占地面积较大。

3.1.3　分类

埋弧焊按焊接过程机械化程度分，有自动埋弧焊和半自动埋弧焊。前者从引弧、送丝、焊丝移动和保持焊接参数稳定，到停止送丝熄弧等过程全部实现自动化；后者仅焊丝向前移动由焊工通过焊枪来操作，其余均由机械操作。

按焊丝的数目分有单丝埋弧焊和多丝埋弧焊。前者只使用一根焊丝，在生产中应用最普遍；后者则采用双丝、三丝或更多焊丝，目的是提高生产率和改善焊缝成形。大多数情况是每一根焊丝由一个电源来供电。有些是沿着同一焊道多根焊丝以纵向前后排列，一次完成一条焊缝。有些是横向平行排列，同时一次完成多条焊缝的焊接，如电热锅炉生产中的水冷壁（膜式壁）焊缝的焊接。

按送丝方式分有等速送丝埋弧焊和变速送丝埋弧焊两大类，前者焊接过程中焊丝的送进速度恒定，适用于细焊丝、高电流密度焊接的场合；要求配备具有缓降的、平的或稍为上升的外特性弧焊电源。后者焊接过程中焊丝的送进速度随电弧电压变化而变化，适用于粗焊丝、低电流密度焊接场合；要求配备具有陡降的或恒流的外特性弧焊电源。

按电极形状分有丝极埋弧焊和带极埋弧焊，后者作为电极的填充材料为卷状的金属带，它主要用于耐磨、耐蚀合金表面堆焊。

此外，还有提高熔敷率的热丝埋弧焊和高效节材的厚板窄间隙埋弧焊等。

3.2　适用范围

3.2.1　材料范围

材料范围是指被焊金属——母材的范围。埋弧焊最广泛用于 $w(C)$ 小于 0.30%，$w(S)$ 小于 0.05% 的低碳钢的焊接生产。其次是用于低合金钢和不锈钢的焊接。对高、中碳钢和合金钢不常使用埋弧焊，因为这些材料焊接时通常需要采用比较复杂的工艺措施。

埋弧焊可以在普通结构钢基体的表面上堆焊覆层，使其具有耐蚀性或其他性能。

3.2.2　厚度范围

埋弧焊最适于焊接中厚以上的钢板，这样能发挥大电流高熔深的优点。随着厚度增加，在待焊部位开适当坡口以保证焊透和改善焊缝成形。表 3-3-1 列出了埋弧焊焊接的厚度范围。

表 3-3-1　埋弧焊焊接的厚度范围　（单位：mm）

	0.13	0.4	1.6	3.2	4.8	6.4	10	12.7	19	25	51	102	205
单层无坡口				⟷	⟷	⟷	⟷	⟷					
单层带坡口							⟷	⟷	⟷	⟷	⟷		
多层焊	⟷	⟷	⟷	⟷	⟷	⟷							

3.3　埋弧焊的自动调节系统

3.3.1　实现焊接过程自动化的一般要求

电弧焊接过程包括引燃电弧、焊接和熄弧三个阶段，若要实现焊接过程自动化，则这三个阶段的动作须通过机电控制系统自动地来完成。

焊前先使焊丝与焊件轻微接触，铺撒焊剂。按下启动按钮后，焊丝与焊件接触部位被电阻热预热，然后焊丝立即自动向上回抽而引燃电弧。

电弧引燃后，要求焊机能自动地按预先选定的焊接参数，如焊接电流、电弧电压和焊接速度等进行焊接，并能保证这些参数在整个焊接过程中保持稳定。

焊接即将结束时，要求焊机能先停止送丝，再切断焊接电源（熄弧），这样既能填满弧坑，又不至于使焊丝与焊件粘住。

显然，引燃电弧和熄弧的自动过程比较简单，在实际中也容易实现。但是，要保证在焊接过程中使所选定的焊接参数保持稳定，却困难和复杂得多，因为在实际生产中受到许多因素干扰而使参数发生变化。

焊接电流是影响焊缝成形的最主要参数。在熔化极电弧焊的焊接过程中，焊接电流容易受到弧长变化的影响，而弧长的变化多是受到诸如送丝速度波动、焊件表面不平、焊接接头坡口加工不规则，以及在焊道上有定位焊缝等外界因素所干扰，而这些因素在生产中往往难以避免。因此，保持弧长稳定是保证焊缝成形均匀一致的前提，是自动化成功用于生产的关键。因此，要求在焊接过程中当弧长因受到干扰而变化时，电弧本身或自动焊设备能够使弧长立即恢复到原来的长度，这个过程称为弧长自动调节。

目前，自动焊设备采用的电弧弧长自动调节系统有两种，即电弧自身调节系统（又称等速送丝调节系统）和电弧电压反馈调节系统（又称电弧电压反馈调节系统）。

电弧稳定燃烧时，弧长及导电嘴到焊件的距离均维持不变，而且焊丝送进速度 v_f 等于焊丝的熔化速度 v_m，即

$$v_f = v_m$$

3.3.2　电弧自身调节系统

在等速送丝的条件下，利用弧长变化时焊丝熔化速度的变化（即利用熔化速度作为调节量）来调节弧长，使之回复到原来长度，从而达到焊接过程稳定，这种调节作用称为电弧自身调节作用。这种调节系统主要适用于直径在 3.0mm 以下的细丝，粗丝焊接时，自调节作用很弱，不能保证弧长稳定。

1. 电弧自身调节系统的静特性

电弧自身调节系统的静特性曲线如图 3-3-3 所示。它是一根接近垂直水平坐标（I 轴）的曲线，又称等熔化速度曲线，该曲线有如下特点。

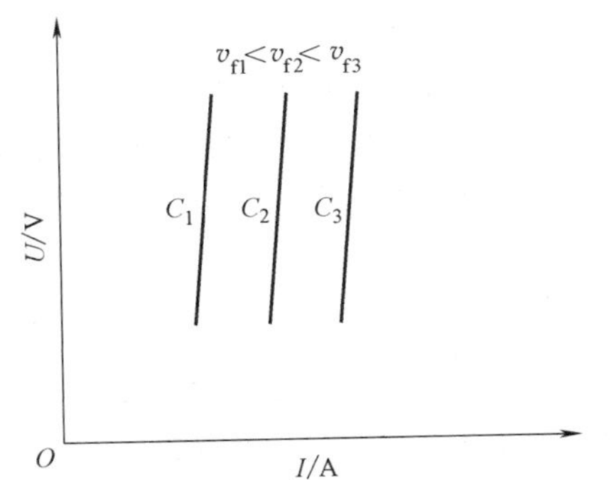

图 3-3-3　电弧自身调节系统的静特性曲线

1）在这条线任一点上，每一种 I 和 U 组合的条件下，焊丝的熔化速度都等于给定的送丝速度，即 $v_m = v_f$。

2）在给定的送丝速度下，电弧在该曲线以外任何点工作时，$v_m \neq v_f$，若在曲线右边的点工作，则电弧的实际电流大于维持稳定燃烧的电流，于是焊丝的熔化速度就大于焊丝的送进速度；若电弧在曲线左边的点工作，情况则相反。

当其他条件不变时，给定的送丝速度增大，则曲线向右平行移动；给定的速度减小，则向左平行移动。减小焊丝直径（加大焊接电流密度）则曲线向左移动；增大焊丝伸出长度时，曲线也向左移动。

2. 自身调节作用

等速送丝埋弧焊弧长恒定时的稳定工作点应该是在如图 3-3-4 所示的三条特性曲线的交点 O_0 上，即给定的电源的外特性曲线 A，给定 v_f 的等熔化速度曲线 C 和上述平衡条件所确定弧长为 l_0 的电弧静特性曲线的相交点。电弧在该交点的参数燃烧时，焊丝的熔化速度等于焊丝的送进速度，焊接过程稳定。若有某种外界干扰因素使弧长变短为 l_1，并与电源外特性曲线 A 交于 O_1 点，则电弧暂时移至此点工作，O_1 点在 C 曲线的右面，如前所述，此时的焊丝熔化速度大于焊丝送进速度（暂态电流增加，$I_1>I_0$），因而弧长逐渐增加，直到恢复至 l_0 为止，这时电弧工作点又回到 O_0，焊丝熔化速度又等于其送丝速度，焊接过程重又恢复稳定。这种由焊丝熔化速度随弧长变动而引起消除弧长波动的自动调节作用是一切熔化极等速送丝电弧系统所固有的内部反馈作用，故称之为电弧自身调节的作用。

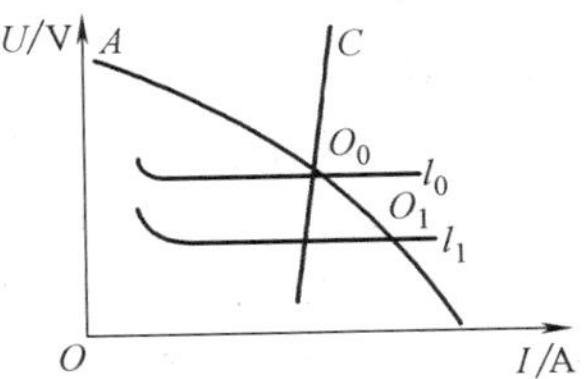

图 3-3-4　电弧自身调节系统的作用原理

须指出，电弧自身调节系统的调节能力并不能消除电网波动对焊接参数的影响。这是因为电网电压的变化引起电源外特性变化，促使电弧工作点移动，除非电网电压恢复原先的值，否则电弧工作点就不能恢复到原先的稳定点。为了减小电网电压波动的影响并提高电弧自身调节作用的调节速度，这种系统宜选用具有缓降或略为上升外特性的弧焊电源。

此外，焊丝直径越细或电流密度越大，电弧自身调节作用就越灵敏。

3. 电流、电压参数调节特征

等速送丝埋弧焊一般是配用缓降外特性电源，而电弧自身调节静特性又是一条接近平行于垂直轴的直线。因此，主要是通过调节送丝速度来调节焊接电流。随着送丝速度加大，焊接电流随之增加，而电弧电压有所下降；电弧电压的调节主要是通过调节电源外特性来实现，外特性上移则电弧电压增加，而焊接电流略有增加，如图3-3-5所示。阴影区域为电流和电压的调节范围。通过改变送丝速度，从 $v_{f\min} \sim v_{f\max}$，即调整了焊接电流 $I_{a\min} \sim I_{a\max}$；通过改变电源外特性 $U_{0\min} \sim U_{0\max}$，即调整了 $U_{a\min} \sim U_{a\max}$。

3.3.3　电弧电压反馈调节系统

1. 基本原理

这是借助电弧电压来控制焊丝送进速度的自动调节系统。当外界干扰使弧长发生变化时，电弧电压随之而变。若电弧变长，则电弧电压升高，这时系统强迫送丝速度加快；若电弧变短，则电弧电压减小，这时系统就强迫送丝速度减慢，从而使弧长干扰得到补偿，恢复原来的电弧长度。这是一种以电弧电压为反馈信号，以送丝速度为操作量的闭环控制系统，又称电压反馈闭环控制系统，其原理框图如图3-3-6所示。

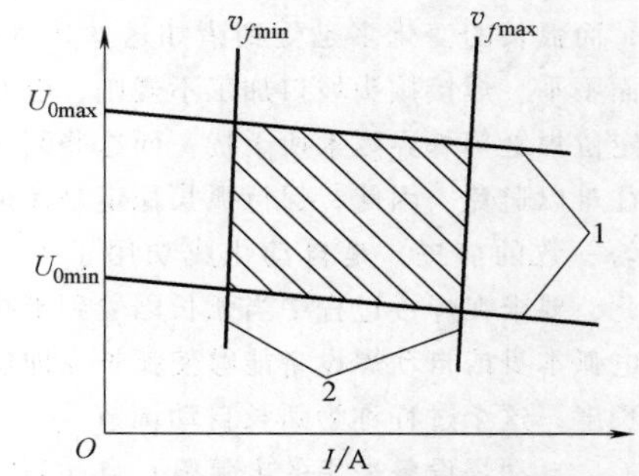

图3-3-5　等速送丝系统焊接电流、电弧电压的调节方法

1—电源外特性曲线　2—等熔化速度曲线

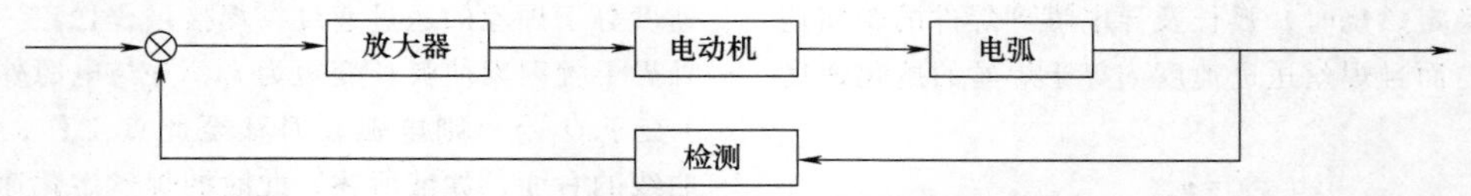

图3-3-6　电弧电压反馈调节系统控制原理

由于整个调节过程送丝速度是随电弧电压的变动而变动的，故又称变速送丝的自动调节系统或均匀调节系统。这种系统适用于粗焊丝、低电流密度的埋弧焊，因为在这种条件下，前述的电弧自身调节作用较弱，已不能保证焊接过程的稳定。

2. 电弧电压反馈调节系统静特性

电弧电压自动调节系统调节静特性曲线如图3-3-7所示。电弧以 C 线上的任一点的参数燃烧时，焊丝的熔化速度等于焊丝送进速度，焊接过程稳定。当电弧在 C 线下方燃烧时，焊丝的熔化速度大于其送丝速度；在 C 线上方燃烧时，焊丝的熔化速度小于其送进速度。C 线与纵坐标的截距取决于给定电压值 U_g。焊接过程中系统不断地检测电弧电压 U 并与给定电压 U_g 进行比较，只有当电弧电压与给定电压使电弧工作点落在 C 线上时，电弧电压自动调节系统才不起作用。而当电弧电压高于维持 C 曲线关系所需值时，系统便会按比例加大送丝速度；反之，系统便自动减慢送丝速度。

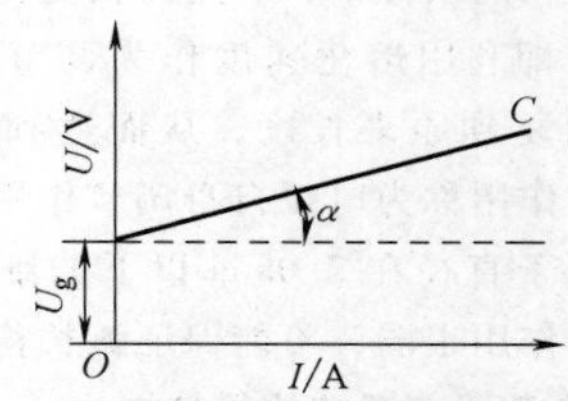

图3-3-7　电弧电压自动调节系统静特性曲线

3. 自动调节作用

(1) 弧长波动时

变速送丝自动埋弧焊时，电弧的稳定长度 l_0 将由上述调节系统静特性曲线和电源外特性曲线交点 O_0 的电压数值确定，如图3-3-8所示。这时，焊丝的熔化速度等于其送进速度，焊接过程稳定。当外界干扰，弧长突然变短为 l_1 后，电弧电压相应地由 U_0 降至 U_1，电弧静特性曲线与 C 曲线的交点也由 O_0 移至 O_2，焊丝送进速度由原来对应 U_0 的值降至对应 U_1 的值。送丝速度的降低，使弧长得以迅速恢复。再加上弧长为 l_1 时，电弧工作点为 O_1 点，而 O_1 点在 C 曲线的下方，该点的焊丝熔化速度大于送丝速度。两种作用叠加后，弧长恢复为 l_0，又回到 O_0 点工作，焊接过程又趋稳定。

(2) 电网电压波动时

如图3-3-9所示，当电网电压波动时，焊接电源外特性曲线也随之产生相应的变化，从 A 变为 A'。电弧工作点随之移至 O_1 点，因 O_1 点在 C 线的上方，它不是稳定工作点，电弧在 O_1 处工作时，焊丝送进速度大于其熔化速度，因此电弧工作点沿曲线 A' 移

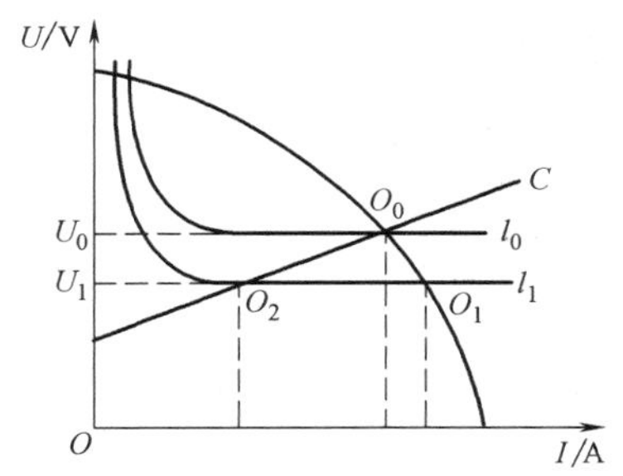

图 3-3-8 电弧电压自动调节系统的调节作用

动，最终到达与 C 线相交的 O_2 点上，电弧在新的稳定状态下燃烧，O_2 点为新的稳定工作点。与 O_0 点相比，电弧电压和电流均有不同程度的降低，说明除非电网电压波动恢复为原来值，否则电弧电压自动调节系统不能使电弧恢复到原来的稳定状态 O_0 点工作。

从图 3-3-9 可以看出，网络电压波动引起焊接电流波动的大小与电源外特性曲线的形状有关。若为陡降外特性曲线时，则电流波动小；反之，若为缓降外特性曲线时，则电流波动大。为了防止焊接电流波动过大，采用这种调节系统的埋弧焊机，宜配用具有陡降（恒流）外特性的弧焊电源。

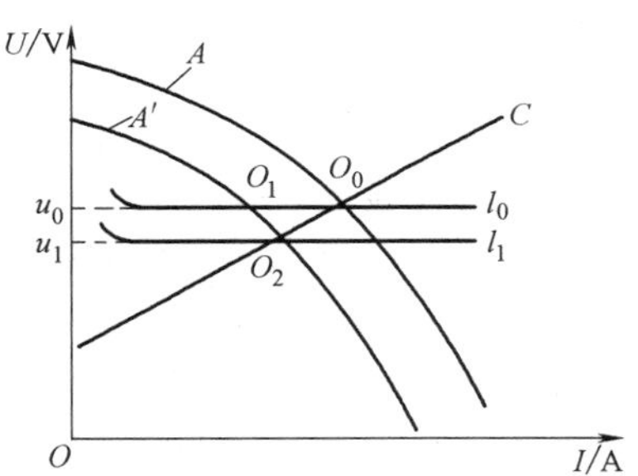

图 3-3-9 电网电压波动时对电弧电压自动调节系统的影响

同时为了易于引弧和电弧燃烧稳定，弧焊电源应有较高的空载电压。

4. 电流、电压参数的调节特征

上已述及，变速送丝式埋弧焊通常采用陡降外特性的弧焊电源，电弧电压自动调节静特性是一条接近水平的直线（见图 3-3-7）。因此，焊接电流的调节是通过调节弧焊电源外特性来实现的，而电弧电压是通过调节给定电压 U_g 来实现的，如图 3-3-10 所示。阴影区域即为参数调节范围。

3.3.4 等速与电弧电压反馈送丝系统性能的比较

等速与弧压反馈送丝系统的性能特点见表 3-3-2。等速送丝系统只能用于细丝，而细丝埋弧焊已经基本被熔化极气体保护焊取代，因此这种送丝系统目前主要用于熔化极气体保护焊。电弧电压反馈送丝系统只适用于粗丝，目前主要用于埋弧焊和大厚度铝合金的 MIG 焊。

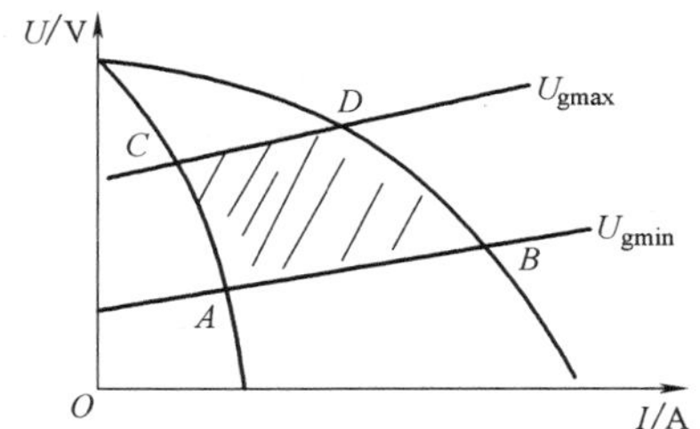

图 3-3-10 变速送丝式埋弧焊电弧参数的调整

表 3-3-2 等速与电弧电压反馈送丝系统的性能比较

项目	送丝方式	
	等速送丝	电弧电压反馈送丝
控制电路及机构	简单	复杂
适用弧焊电源的特性	平特性、缓降特性	陡降特性、恒流特性
适用焊丝直径/mm	$\phi0.8 \sim \phi3.0$	$\phi3.0 \sim \phi6.0$
焊接电流调节方法	改变送丝速度	改变弧焊电源外特性
电弧电压调节方法	改变弧焊电源外特性	改变送丝控制系统给定电压
弧长变化时间调节效果	好	好
网络电压波动时的影响	产生静态电弧电压误差	产生静态焊接电流误差

3.4 埋弧焊机

3.4.1 组成与分类

1. 组成

完整的埋弧焊机一般由焊接电源、送丝机构、控制系统、焊剂漏斗、焊机本体（指焊机承载机构）和电缆等组成。在生产中根据现场条件和实际焊接工艺需要，以及为了扩大埋弧焊的使用范围，常需配备相应的工装和辅助设置。

2. 分类

按前述的埋弧焊的分类，就有相应的埋弧焊机类型，而且还可以根据用途和结构特征再细分，如表 3-3-3 和图 3-3-11 所示。

3.4.2 埋弧焊机的电源

有关弧焊用的电源在本篇第 1 章中已做了全面阐述，这里是根据埋弧焊工艺的特点介绍如何选配埋弧焊机的电源。

表 3-3-3　埋弧焊机的分类

分类法	名称	代表型号
按焊丝数目或电极形状分	单丝埋弧焊机	MZ-1000，MZ1-1000
	多丝埋弧焊机	MZ-2-1000（双丝），MZ8-2×1500（双丝）
	带极埋弧焊机	MU1-1000-1，MU2-1000
按送丝方式分	等速送丝式埋弧焊机（目前已较少使用）	MZ1-1000，MZ2-1500，MB-400，MU2×300
	电弧电压反馈送丝式埋弧焊机	MZ-1000，MZ-1-1000，MU1-1000
按用途分	通用埋弧焊机	MZ-1000，MZ1-1000，MZ-400
	专用埋弧焊机	MBL-1000（螺柱焊专用） MLL-2×300（火车车轮缘堆焊专用） MZ8-1500（螺旋管焊接专用）
按结构特征分	焊车式埋弧焊机	MZ-1000，MZ1-1000 MZ-2×1600
	自行机头式埋弧焊机	MZ2-1500
	悬臂式埋弧焊机	MZ9-1000，MU_2-1000
	机床式	—
	门架式	—

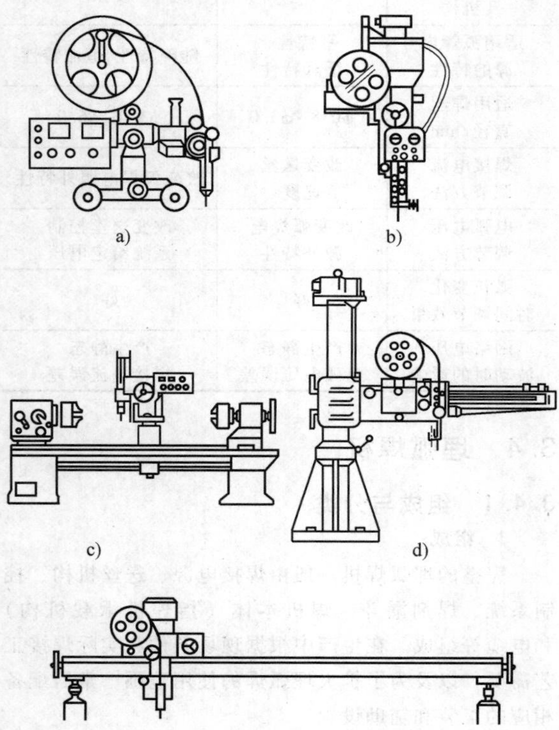

图 3-3-11　几种不同结构特征的埋弧焊机

a）焊车式　b）悬挂式　c）车床式　d）悬臂式　e）门架式

埋弧焊用的电源主要是根据焊接电流类型、电流大小和送丝方式等因素进行选用。

1. 关于电流类型

在埋弧焊中，使用交流电源和直流电源都能获得满意的效果，但在实际应用中却各有优缺点。选定时首先是考虑技术方面的因素，即与焊接质量和产量有关的焊接电流大小、焊丝数目、焊接速度和焊剂类型等因素；其次是考虑经济方面的因素。

（1）单丝埋弧焊

单丝埋弧焊常用的电流类型可参照表 3-3-4 选定。小焊接电流时宜用直流电源，而大焊接电流时则用交流电源。因为小电流焊接时交流电弧不如直流电弧稳定。但是，大电流焊接时，除焊接工艺方面有特殊要求外，选用弧焊变压器能获好的经济效益。而且，交流电弧不存在直流电弧的磁偏吹现象，在某些特殊场合（如窄间隙埋弧焊接），为了避免磁偏吹现象，也需选用交流弧焊电源。目前常用的交流电源为晶闸管式或逆变器式的矩形波交流电源，弧焊变压器也有少量使用。

表 3-3-4　单丝埋弧焊常用的电流类型

焊接电流/A	焊接速度/$cm \cdot min^{-1}$	电流类型
300～500	>100	直流
600～900	3.8～75	交流或直流
1000	12.5～38	交流

注：$1cm \cdot min^{-1} = 0.6m \cdot h^{-1}$。

考虑到被焊材料和所用焊接材料，对于普通结构钢埋弧焊，通常选用高锰高硅酸性焊剂和低碳钢焊丝，可以选用成本较低的交流电源，即弧焊变压器；而对于低合金高强度钢、耐热钢和高合金钢的埋弧焊，选用低锰中硅或无锰低硅的碱性焊剂和相应的合金焊丝，在这种情况下，就必须选用直流弧焊电源或方波交流电源，才能建立稳定的电弧并形成美观的焊缝。

（2）多丝埋弧焊

为了加大熔深和提高生产率，多丝埋弧焊越来越多地在工业中应用。目前应用最多的是双丝埋弧焊，其次是三丝埋弧焊。多丝埋弧焊的电源可用直流或交流，也可交、直流联用。使用交流电源时，可将焊丝之间的磁偏吹减到最小。根据焊接工艺的需要，电源的选用与连接有各种组合方式，如图 3-3-12 所示为两台或三台电源的组合方式。关于多丝埋弧焊的焊接工艺，见本章 3.6 节。

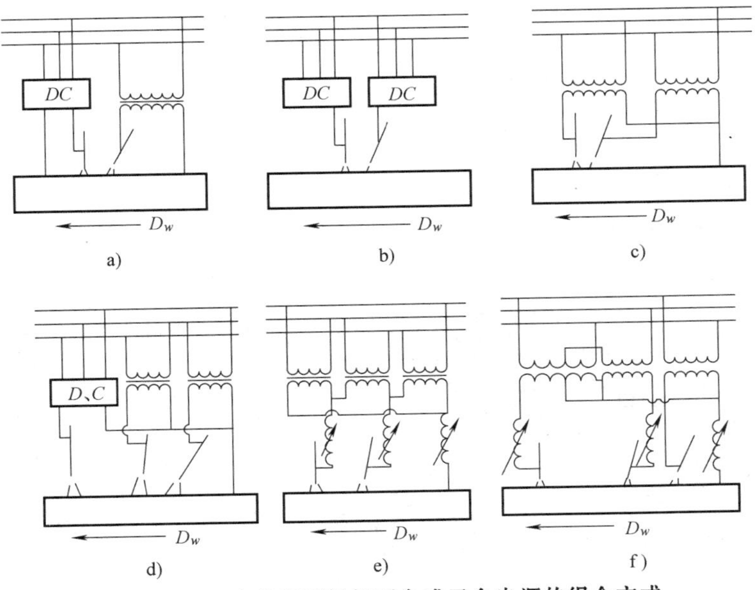

图 3-3-12　多丝埋弧焊机两台或三台电源的组合方式

a)、b)、c) 两台电源组合　d)、e)、f) 三台电源组合

2. 关于焊接电流大小

焊接电流的选择实际上是对埋弧焊机容量的选择。我国生产的标准弧焊电源，在型号上标出的焊接电流值是指该弧焊电源在额定负载持续率下许用的焊接电流(或称额定焊接电流)。因此，一般是按产品在 100%负载持续率下焊接时所使用的最大电流值等于或略小于电源的额定焊接电流值的原则去选择电源。

3. 关于输出特性

埋弧焊电源输出特性的选择取决于埋弧焊机的送丝方式，目前埋弧焊机焊接时焊丝有等速送进和变速送进两种方式。等速送丝系统，弧长的稳定依靠电弧自身调节作用，故要求选用输出特性是缓降的电源；而变速送丝系统由于有电弧电压反馈调节作用，故要求选用输出特性是陡降的电源，以增加电流的稳定性。焊机的送丝系统动态响应速度越快，则所选配的埋弧焊电源的输出特性越陡，焊接电流将更稳定。但无论用何种送丝系统，都要求短路电流大些，以利于起弧。

4. 关于电源结构类型

选择埋弧焊电源除了要考虑以上诸技术因素外，还应从电源使用过程中的经济、环保和维修等方面进行综合考虑。这些因素与电源的构造有关。在交流埋弧焊电源中，普通弧焊变压器有增强漏磁式和串联阻抗式两种，前者比后者噪声小，电流调节范围大，体积小，但后者的结构简单，维修方便；矩形波交流弧焊电源的技术性能大大优于普通弧焊变压器，但其价格较高。在直流埋弧焊电源中，目前广泛选用晶闸管式弧焊整流器和弧焊逆变器。每一种弧焊电源都有优缺点，选用时须结合企业的实际情况和技术水平，从技术和经济两方面综合分析来确定。

3.4.3　送丝与行走机构

埋弧焊机送丝和行走机构的结构形式与焊机的类型有关。这里仅介绍通用型埋弧焊机中最为常见的焊车式埋弧焊机的送丝和行走机构，这类埋弧焊机将送丝机构和行走机构都安装在一台四轮的小车上，即 MZ-1000 型。

MZ-1000 型埋弧焊机是根据电弧电压的自动调节原理而设计的，属于变速送丝式埋弧焊机，其焊接小车如图 3-3-13 所示。在该小车上送丝机构和行走机构分别由直流电动机驱动，利用晶闸管整流电路调速，调速比为 10∶1。图 3-3-14 是其传动系统。送丝机构的电动机正反转以及转速的调节与控制均通过自动控制系统来实现。

在该系统中需引入电弧电压反馈控制信号，目前国内常见的电路结构是晶闸管整流变速送丝系统。

如图 3-3-15 所示，图中电动机由晶闸管整流电源供电，需要在晶闸管触发电路中加入电弧电压反馈信号 U_a，它从电位器 RP_{13} 的中点取出，该反馈控制信号跟从电位器 RP_1 中点取出的给定控制信号 U_g 反极性串联后加在晶闸管触发输入端晶体管 VT_1 的基极，使晶体管 VT_1 的基极电流、VT_2 的集电极电流、晶闸管的导通角，以及送丝电动机的转子电压和转速都将正比于（U_a-U_g），即同样有 $v_f \approx k$（U_a-U_g）的关系，k 为总变换系数，它反映调节系统的灵敏度，此系统的缺点是电动机的正反转需通过另外的继电器触点转换，因而反抽引弧可靠性及使用寿命会受到一定影响。但其制造成本低。

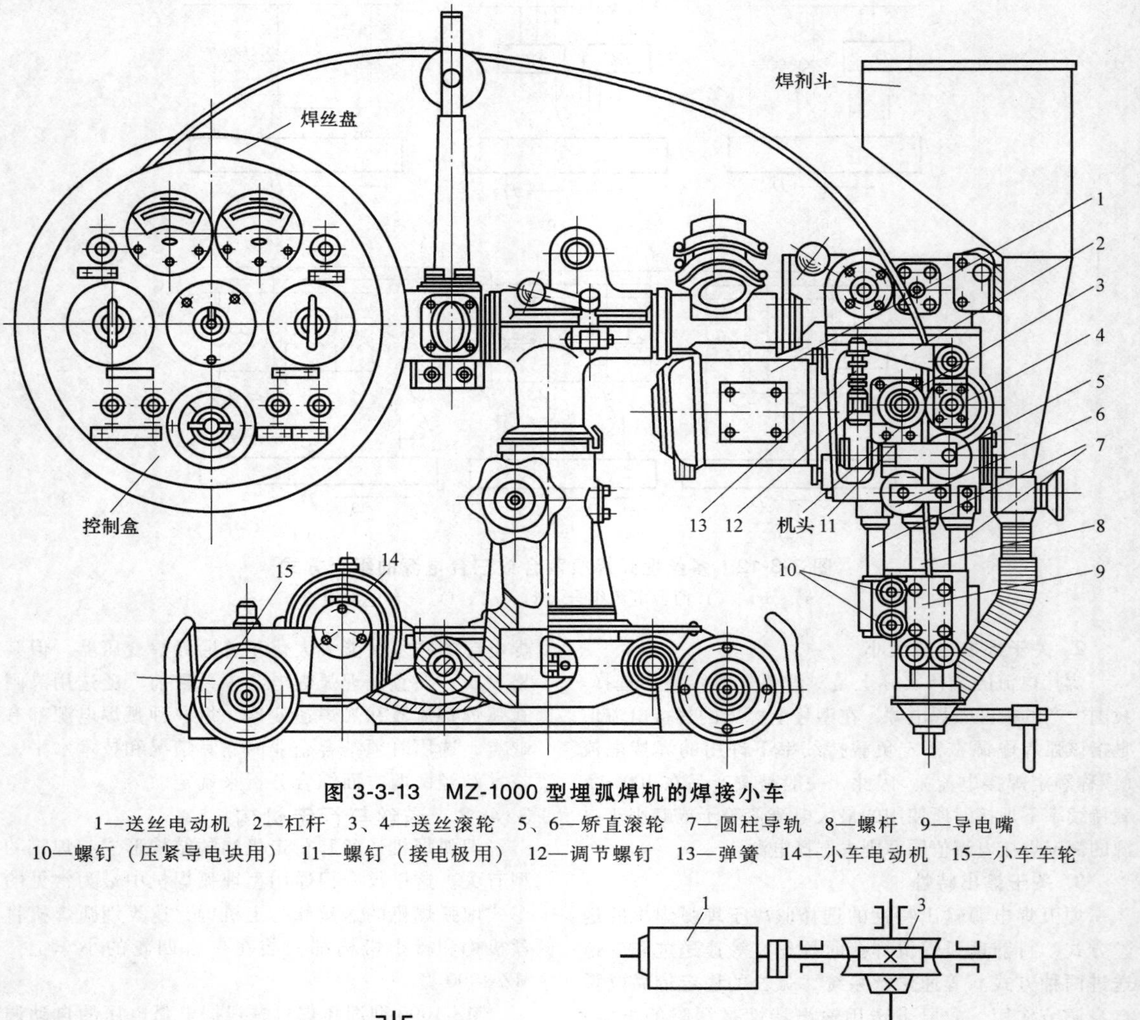

图 3-3-13　MZ-1000 型埋弧焊机的焊接小车

1—送丝电动机　2—杠杆　3、4—送丝滚轮　5、6—矫直滚轮　7—圆柱导轨　8—螺杆　9—导电嘴　10—螺钉（压紧导电块用）　11—螺钉（接电极用）　12—调节螺钉　13—弹簧　14—小车电动机　15—小车车轮

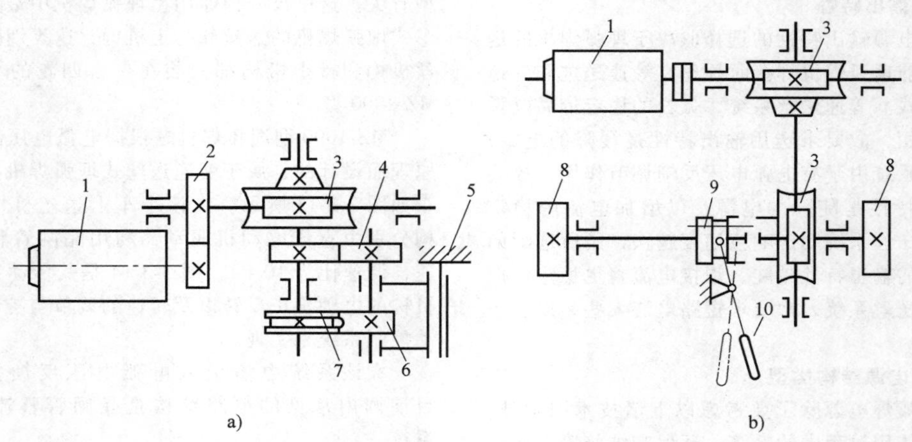

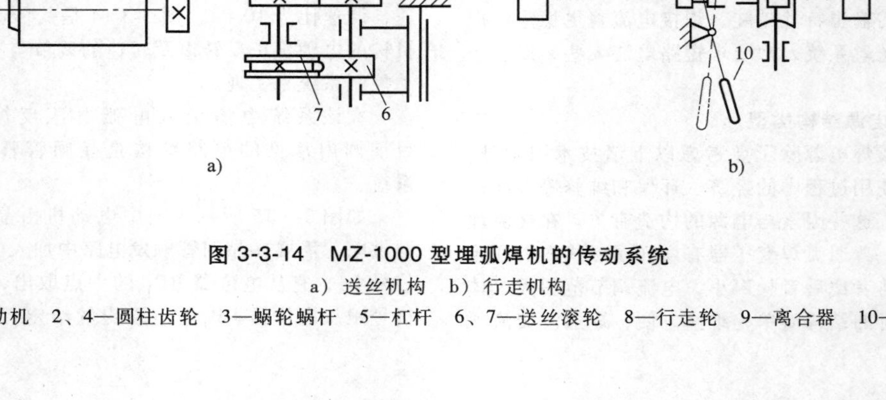

图 3-3-14　MZ-1000 型埋弧焊机的传动系统

a）送丝机构　b）行走机构

1—电动机　2、4—圆柱齿轮　3—蜗轮蜗杆　5—杠杆　6、7—送丝滚轮　8—行走轮　9—离合器　10—手柄

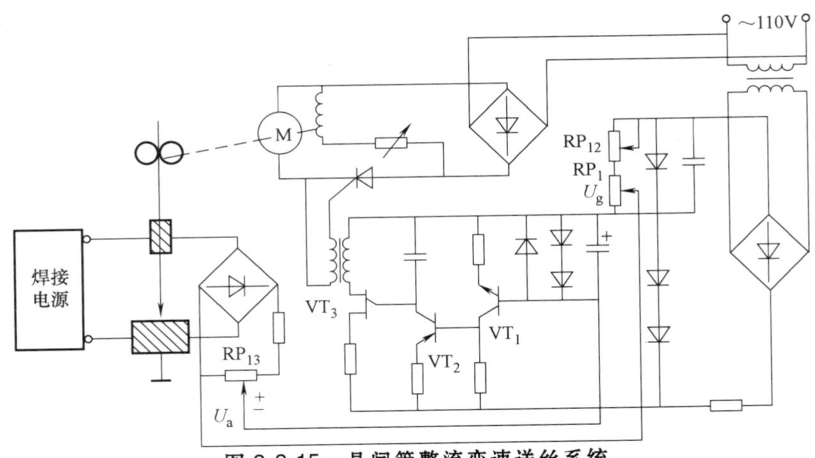

图 3-3-15 晶闸管整流变速送丝系统

3.4.4 焊接机头调整机构

为了能方便地焊接各种类型焊缝，并使焊丝能准确地对准施焊位置，要求焊接机头在空间 4~5 个自由度上有一定调节范围。以 MZ-1000 型埋弧焊机焊接小车为例，如图 3-3-16 所示。焊头可绕 z 轴正反转各 90°，沿 y 轴共可上下移动 80mm、沿 x 轴向左或右共可移动 60mm，绕 x 轴做向里偏转 15°向外偏转 45°；绕 y 轴向左或右各偏转 90°，通过小车走轮使机头沿 z 轴前后移动。实现这些动作的机构多为丝杆和螺母或带锁紧的轴套和转轴等由手动进行调节。

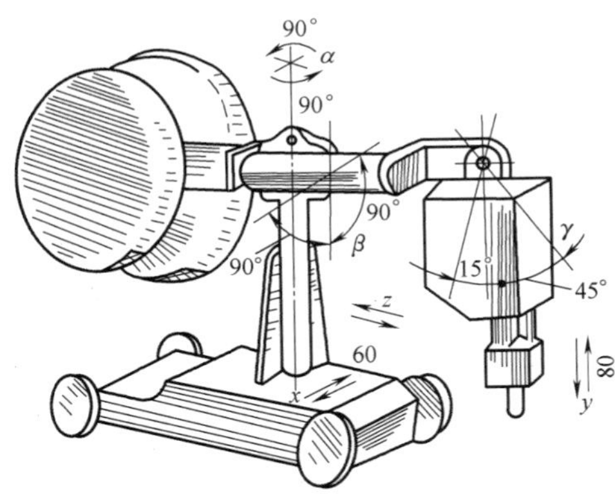

图 3-3-16 MZ-1000 型埋弧机焊接小车可调部件示意图

3.4.5 易损件及辅助装置

这里指的是埋弧焊机上已配套的易损件和辅助装置。易损件常配备一定数量的备件，如导电嘴等，不够用时需购买或自制。

1. 导电嘴

有管式、滚轮式和瓦片式三种结构形式，如图 3-3-17所示。

ϕ2mm 以下细焊丝常用管式导电嘴，它由导电杆和导电嘴组成，两者不在一个同心度上，因此通过导电杆的焊丝在导电嘴的端头中受到弯曲，依靠焊丝的弹性在端头出口处形成必要的接触压力而导电。

ϕ2mm 以上焊丝宜用滚轮式或瓦片式。滚轮式导电嘴由装在导电板上的两个耐磨铜滚轮组成；焊接电缆接在导电板上，为了使接触导电良好，焊丝靠弹簧的推力夹紧在两滚轮之间。瓦片式导电嘴由两个带槽的铜夹瓦组成，两夹瓦之一用两个带弹簧的螺钉压向另一夹瓦，以保证夹瓦与焊丝之间良好接触导电。焊接电缆用螺栓接在固定夹瓦上。为了延长使用寿命，可在夹瓦的沟槽中对不同直径的焊丝去更换衬瓦，这样的导电嘴可很好地导引焊丝的方向，并允许有较大的磨损。

上述三种导电嘴中直接与焊丝发生摩擦的导电零件最好采用铬铜类耐磨铜合金制成。

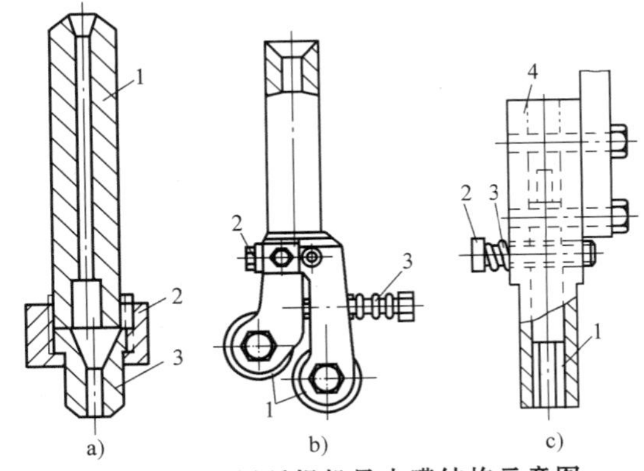

图 3-3-17 埋弧焊机导电嘴结构示意图

a）管式
1—导电杆 2—螺母 3—导电嘴
b）滚轮式
1—导电滚轮 2—旋紧螺钉 3—弹簧
c）瓦片式
1—可换衬瓦 2—旋紧螺钉 3—弹簧 4—接触瓦片

2. 送丝滚轮

有单主动和双主动两种结构。单主动滚轮适用于

ϕ2mm 以下的细焊丝，滚轮表面是平的，也可开 V 形槽，如图 3-3-18 所示；双主动滚轮，适用于 ϕ2mm 以上的粗焊丝，两个滚轮由同体齿轮彼此啮合，以增大送进力。滚轮的表面常铣出高度为 0.8～1mm，顶角为 80°～90°的齿，表面硬度为 50～60HRC，如图 3-3-18a、b 所示。

3. 焊丝盘

有内盘式和外盘式两种结构，如图 3-3-19 所示。ϕ3～ϕ6mm 焊丝一般都采用内盆式，这种焊丝盘在盘装焊丝时从外周向中心进行，使用时则从内周开始，既便于盘绕，又不会自松；大于 ϕ6mm 或小于 ϕ3mm 的焊丝都采用外盘式。

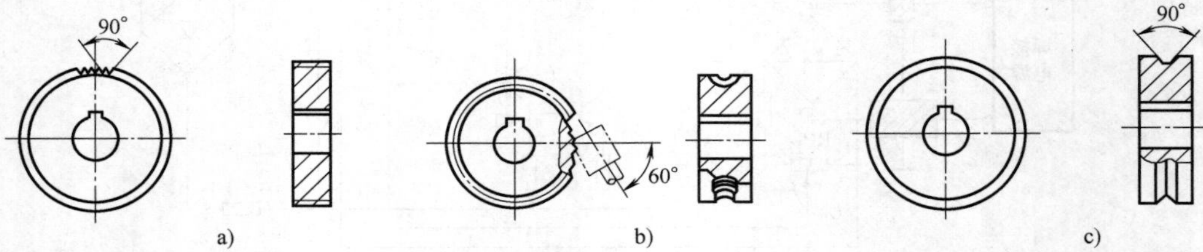

图 3-3-18　埋弧焊机送丝滚轮

a）60 齿平顶　b）45 齿带弧形槽　c）无齿带 V 形槽

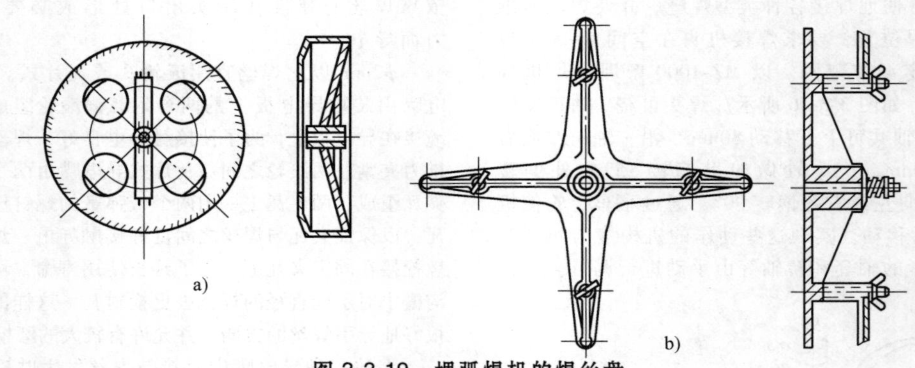

图 3-3-19　埋弧焊机的焊丝盘

a）内盘式　b）外盘式

3.5　焊接材料——焊丝与焊剂

埋弧焊时使用的焊接材料为焊丝和焊剂。与焊条电弧焊所用焊条的中焊芯和药皮一样，焊丝与焊剂直接参与焊接过程中的冶金反应，它们的化学成分和物理特性都会影响焊接的工艺过程，并通过焊接过程对焊缝金属的化学成分、组织和性能产生影响。正确地选择焊丝并与焊剂配合使用是埋弧焊接技术的一项关键内容。

与埋弧焊用的焊丝和焊剂有关的详细资料，见第 6 篇第 2 章。

3.6　埋弧焊接工艺与技术

埋弧焊接工艺是指围绕着获得优质高效的焊缝这个目标所采取的各种工艺方法和技术措施。它是以焊件材料的牌号和规格、焊件的形状和结构，以及焊接位置和对焊接接头性能的技术要求为依据，以在保证接头质量的前提下取得最大的经济效益为原则而进行编制的。大体上包括以下内容：

根据焊件的材质和结构特点确定焊接方法，如确定是单丝焊还是多丝焊，是悬空焊还是焊剂垫焊，是单面焊还是双面焊，是单层焊还是多层焊等；根据焊件结构特点、焊接位置和焊缝特征选用相应的焊接工艺装备；根据焊件厚度和埋弧焊工艺特点等因素进行接头的坡口设计与准备；根据焊件的材质和产品对焊缝技术性能的要求，选定焊接材料，即选择焊丝及与之匹配的焊剂；根据获得良好的焊缝外形和内在质量的要求，确定焊接参数，同时要确定对焊件焊前和焊后的处理措施等。

下面重点介绍获得良好焊缝成形的工艺技术问题。

3.6.1　焊缝形状与尺寸及影响因素

焊缝横断面形状与尺寸的基本表征参数为熔深 S、熔宽 c 和余高 h。而焊缝成形系数 φ 和余高系数 ϕ 对焊缝的横断面形状特点、承载能力及质量也具有重要影响。当 φ 小时，说明焊缝窄而深，这样的焊缝往往在熔池金属冷凝过程中，因气体难以逸出而容易产生气孔，同时熔池的结晶方向有利于裂纹的生成。另一方面，这样的焊缝说明其焊接热量较集中，其接头的热影响区较小。当 φ 大时，说明焊缝浅而宽，这样的焊缝根部不易焊透。因此，焊缝成形系数应有一个合适的范围，对于埋弧焊焊缝通常应将 φ 控制在 1.3~1.5。余高系数 ϕ 反映焊缝外表面凸出的程度，当 ϕ 大时，说明焊缝余高较大，对静载下有一定的加强作用，但过大的余高，将使在焊趾处的应力集中系数增加，对承受动载荷的结构不利。对于埋弧焊焊缝通常应将 ϕ 控制在 1/4 以内，ϕ 越小接头的疲劳强度越高。

焊缝熔合比 $\gamma=F_B/(F_B+F_D)$ 描述了被熔化的母材在焊缝金属中所占的体积分数。它随着坡口和熔池的形状和尺寸的改变而改变，在焊接中碳钢、合金钢和有色金属时，可以通过改变熔合比的大小来调整焊缝的化学成分和组织，这是防止焊缝产生冶金缺陷、提高焊缝力学性能的有效途径。

可以看出，控制了焊缝断面基本形状的尺寸 c、S 和 h，也就控制了上述焊缝的成形系数 φ、余高系数 ϕ 和熔合比 γ，达到了调整和控制焊缝成形和内在质量的目的。所以必须进一步了解在埋弧焊接过程中影响焊缝形状和尺寸的主要因素，以便采取各种相应的工艺措施来实现对焊缝成形的控制。

（1）焊接参数

埋弧焊接的参数主要是焊接电流、电弧电压和焊接速度等。

1）焊接电流。对于平板堆焊，其他条件不变时，焊接电流对焊缝形状及尺寸的影响如图 3-3-20 所示。

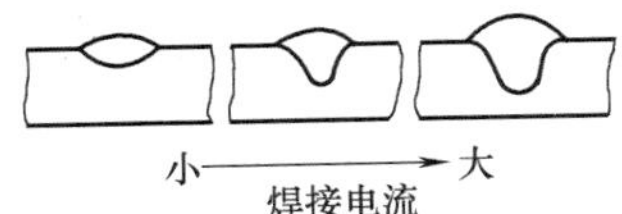

a)

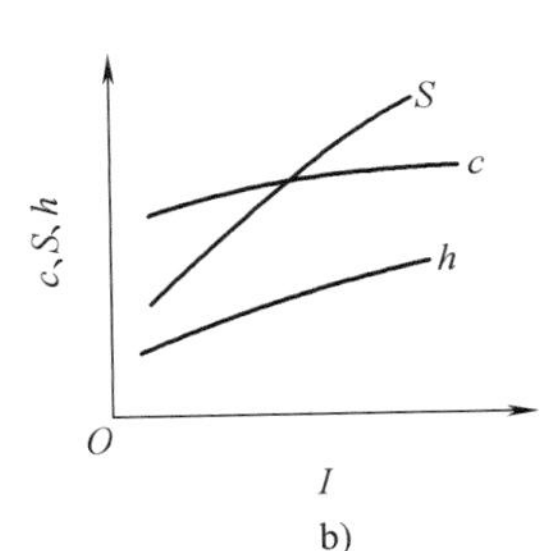

b)

图 3-3-20 焊接电流对焊缝形状及尺寸的影响

a）焊缝截面的形态图 b）焊缝形状与焊接电流的关系图

c—熔宽 S—熔深 h—余高

$S=K_mI$

熔深 S 几乎与焊接电流成正比，即

$$S=K_mI$$

K_m 为熔深系数，它随电流种类、极性、焊丝直径，以及焊剂化学成分而异。对 ϕ2mm 和 ϕ5mm 焊丝实测的 K_m 值分别为 1.0~1.7 mm/100A 和 0.7~1.3mm/100A，这些数据可作为按熔深要求初步估算焊接电流的出发点。其余条件相同时，减小焊丝直径，可使熔深增加而熔宽减小。为了获得合理的焊缝成形，通常在提高焊接电流的同时，相应地也提高电弧电压。

2）电弧电压。在其他条件不变的情况下，电弧电压对焊缝形状及尺寸的影响如图 3-3-21 所示。电弧电压与电弧长度成正比关系，埋弧焊接过程中为了电弧燃烧稳定总要求保持一定的电弧长度，若弧长比稳定的弧长偏短，意味着电弧电压相对于焊接电流偏低，这时焊缝变窄而余高增加；若弧长过长，即电弧电压偏高，这时电弧出现不稳定，熔宽变大，余高变小，甚至出现咬边。在实际生产中电弧电压和焊接电流有如图 3-3-22 所示的关系，表示在焊接电流增加时，电弧电压也相应增加，或在熔深增加的同时，熔宽也相应增加。但是，在每一档焊接电流上约有 10V 左右的电弧电压变动范围，较低的电弧电压将焊出窄焊道，而较高的电弧电压将焊出宽焊道，超出 10V 的工作范围焊缝金属的质量下降。

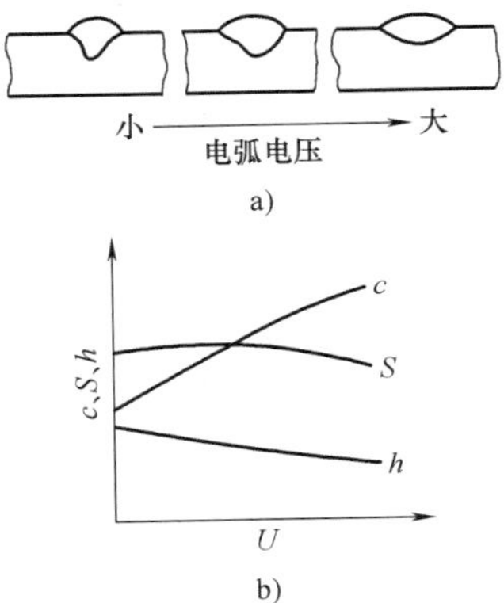

a)

b)

图 3-3-21 电弧电压对焊缝形状及尺寸的影响

a）焊缝横截面的轮廓图 b）焊缝形状与电弧电压的关系图

3）焊接速度。在其他条件不变的情况下，焊接速度对焊缝形状及尺寸的影响如图 3-3-23 所示。提高焊接速度则单位长度焊缝上输入热量减小，加入的填充金属量也减少，于是熔深减小、余高降低和焊道变窄。过快的焊接速度减弱了填充金属与母材之间的熔合并加剧咬边、电弧偏吹、气孔和焊道形状不规则的倾向。较慢的焊接速度使气体有足够时间从正在凝固的熔化金属中逸出，从而减少气孔倾向。但过低的焊接速度又会形成易裂的凹形焊道，在电弧周围流动着大的熔池，引起焊道波纹粗糙和夹渣。

实际生产中为了提高生产率，在提高焊接速度的同时必须加大电弧的功率（即同时加大焊接电流和电弧电压保持恒定的热输入量），才能保证稳定的熔深和熔宽。

（2）工艺因素

主要指焊丝倾角、焊件斜度和焊剂层的宽度与厚度等对焊缝成形的影响。

1）焊丝倾角。通常认为焊丝垂直水平面的焊接为

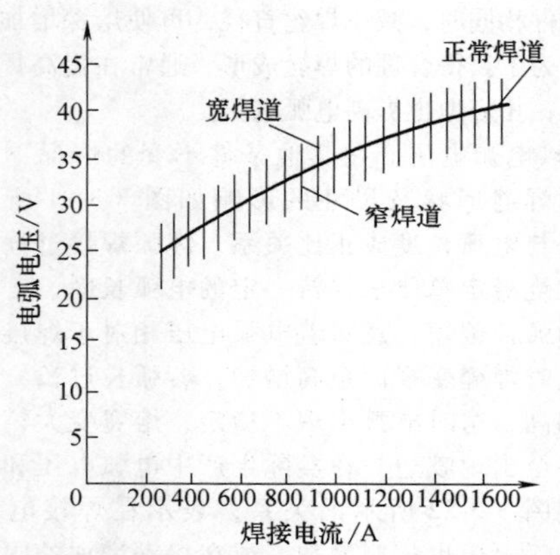

图 3-3-22　埋弧焊实际生产中的电弧电压与焊接电流的关系

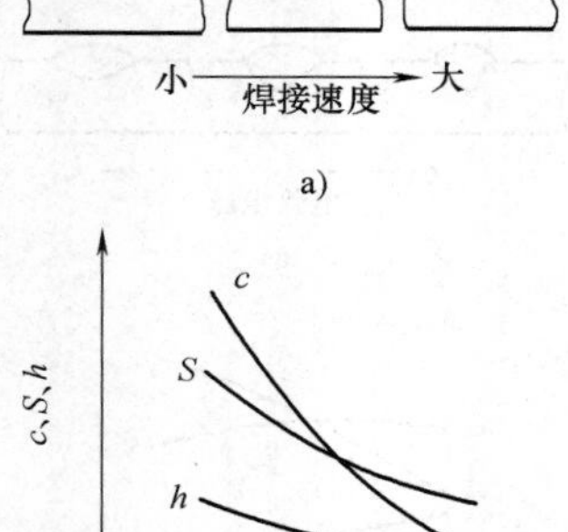

图 3-3-23　焊接速度对焊缝形状及尺寸的影响
a）焊缝截面的形态图　b）焊缝形状与焊接速度的关系图

正常状态，若焊丝在前进方向上偏离垂线，如产生前倾或后倾，其焊缝形状是不同的，后倾焊熔深减小，熔宽增加，余高减少，前倾恰好相反，如图 3-3-24 所示。

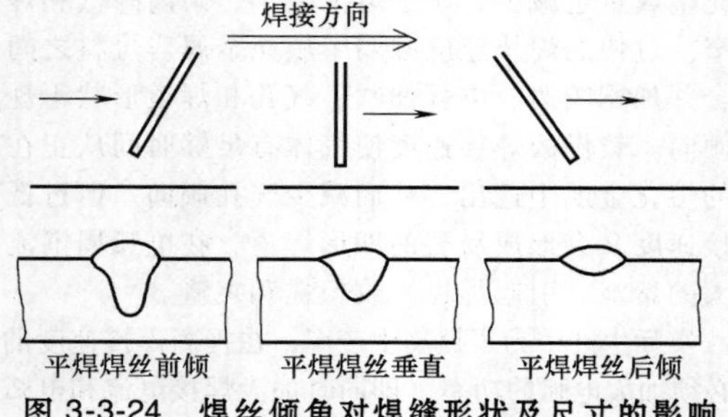

图 3-3-24　焊丝倾角对焊缝形状及尺寸的影响

2）焊件斜度。是指焊件倾斜后使焊缝轴线不处在水平线上，出现了俗称的上坡焊或下坡焊。上坡焊随着斜角 β 增加，重力引起熔池向后流动，母材的边缘熔化并流向中间，熔深和熔宽减小，余高加大。当倾斜度 β 角>12°时，则余高过大，两边出现咬边，成形明显恶化，如图 3-3-25a 所示。应避免上坡焊，或限制倾角小于 6°（约 1∶10）。下坡焊效果与上坡焊相反，若 β 过大，焊缝中间表面下凹，熔深减小，熔宽加大，就会出现未焊透、未熔合和焊瘤等缺陷，如图 3-3-25c 所示。在焊接圆筒状焊件的内、外环缝时，一般都采用下坡焊，以减少烧穿的可能性，并改善焊缝成形。厚 1.3mm 薄板高速焊接，β = 15°～18°下坡焊效果好。随着板厚增加，下坡焊斜角相应减小，以加大熔深。侧面倾斜也会对焊缝形状造成影响，如图 3-3-26 所示。一般侧向倾斜度应限制在 3°（或 1∶20）内。

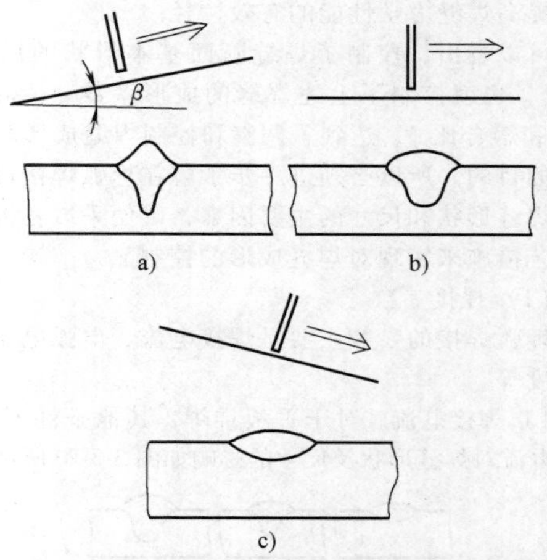

图 3-3-25　焊件倾斜对焊缝形状及尺寸的影响
a）上坡焊　b）平焊　c）下坡焊

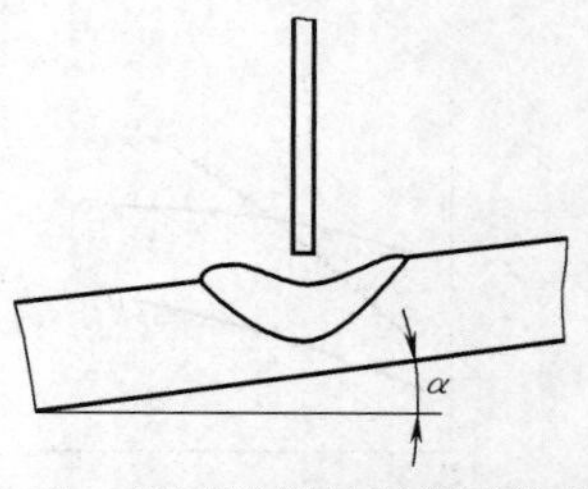

图 3-3-26　侧面倾斜对焊缝形状的影响

3）焊剂层厚度。在正常焊接条件下，被熔化焊剂的重量约与被熔化的焊丝的重量相等。焊剂层的厚度对焊缝外形与熔深的影响如图 3-3-27 所示。焊剂层太薄时，则电弧露出，保护不良，焊缝熔深浅，易产生气孔和裂纹等缺陷。过厚则熔深大于正常值，且出现峰形焊道。

在同样条件下，用烧结焊剂焊接的熔深浅，熔宽大，其熔深仅为熔炼焊剂的 70%～90%。

4）焊剂粗细。当焊剂粒度增大时，熔深和余高略减，而熔宽略增，即焊缝成形系数 φ 和余高系数 ϕ 减小，而熔合比 γ 稍减。

5）焊丝直径。在其他参数不变的情况下，减小焊丝直径，意味着焊接电流密度增加，电弧直径减小因而焊缝熔深增加，宽深比减小，如图 3-3-28 所示。

6）极性。直流正极性（焊件接正极）焊缝的熔深和熔宽比直流反接的小，而交流电介乎两者之间。

综合上述各焊接参数对焊缝形状的影响见表 3-3-5。

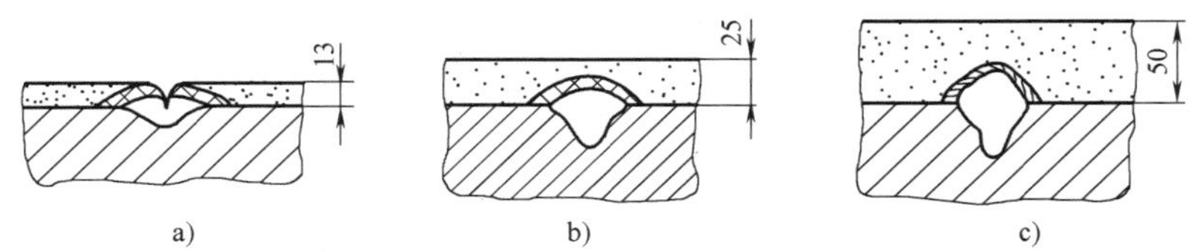

图 3-3-27 焊剂层的厚度对焊缝外形与熔深的影响

a）焊剂层太薄 b）正常 c）焊剂层太厚

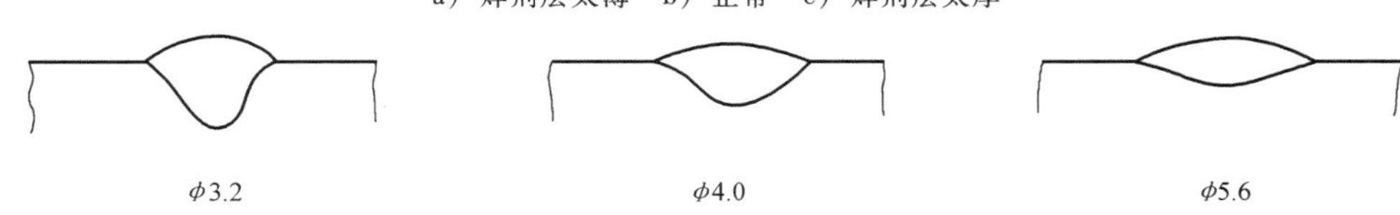

图 3-3-28 焊丝直径对堆焊焊缝形状及尺寸的影响

注：碳素钢埋弧焊，$U=30\text{V}$，$I=600\text{A}$，$v=76\text{cm}\cdot\text{min}^{-1}$。

表 3-3-5 工艺参数对焊缝形状和焊缝组成比例的影响（交流电焊接）

焊缝特征	下列各项值增大时焊缝特征的变化										
	焊接电流≤1500A	焊丝直径	电弧电压		焊接速度		焊丝后倾角度	焊件倾斜角		间隙和坡口	焊剂粒度
			自 22~24 至 32~34V	自 34~36 至 50~60V	10~40 $\text{m}\cdot\text{h}^{-1}$	40~100 $\text{m}\cdot\text{h}^{-1}$		下坡焊	上坡焊		
熔深 S	剧增	减	稍增	稍减	几乎不变	减	剧减	减	稍增	几乎不变	稍减
熔宽 c	稍增	增	增	剧增（但直流正接时例外）	减		增	增	稍减	几乎不变	稍增
余高 h	剧增	减	减		稍 增		减	减	增	减	稍减
焊缝成形系数 $\varphi=c/S$	剧减	增	增	剧增（但直流正接时例外）	减	稍减	剧减	增	减	几乎不变	增
余高系数的倒数（即 c/h）	剧减	增	增	剧增（但直流正接时例外）	减		剧增	增	减	增	增
母材熔合比 γ	剧增	减	稍增	几乎不变	剧增	增	减	减	稍增	减	稍减

注：1. 坡口深度和宽度都不超过在板上堆焊时的深度和宽度。

2. 当其他条件相同时，在浮石状焊剂下焊成的焊缝与在玻璃状焊剂下焊成的焊缝比较，具有较小的熔深和较大的熔宽。焊剂中含易电离的物质越多，熔深越大。

3. 用直流电源反接施焊时，焊缝尺寸和形状的变化特征与用交流电焊接时相同，但直流反接与直流正接相比，反接的熔深比正接的大。

（3）结构因素

结构因素主要指接头形式、坡口形状、装配间隙和焊件厚度等对焊缝形状和尺寸的影响。表 3-3-6 列出其他焊接条件相同情况下坡口形状和装配间隙对对接接头焊缝形状的影响。

表 3-3-6 坡口形状与装配间隙对对接接头焊缝形状的影响

坡口名称	表面堆焊	I 形 坡 口			V 形 坡 口	
结构状况	平面	无间隙	小间隙	大间隙	小坡口角	大坡口角
焊缝形状						

通常是增大坡口深度或宽度时，或增大装配间隙时，则相当于焊缝位置下沉，其熔深略增，熔宽略减，余高和熔合比则明显减小。因此，可以通过改变坡口的形状、尺寸和装配间隙来调整焊缝金属成分和控制焊缝余高。留或不留间隙与开坡口相比，两者的散热条件有些不同，一般开坡口的结晶条件较为有利。

对 T 形接头和搭接接头的角焊缝，若处在船形位置平焊，其焊缝形状就与开 90°角的 V 形坡口对接焊缝的形状相同。若水平横焊，角焊缝的形状还要受到焊丝的角度、速度和方式的影响。

焊件厚度 t 和散热条件对焊缝形状也有影响，当熔深 $S \leqslant (0.7 \sim 0.8)t$ 时，则板厚与焊件散热条件对熔深影响很小，但散热条件对熔宽及余高有明显影响。用同样的参数在冷态厚板上施焊时，所得的焊缝比在中等厚度板上施焊时的熔宽较小而余高较大。当熔深接近板厚时，底部散热条件及板厚的变化对熔深的影响变得明显。焊缝根部出现热饱和现象而使熔深增大。

3.6.2　焊接接头设计与坡口加工

1. 焊接接头设计

埋弧焊的接头应是根据结构特点（主要是焊件厚度）、材质特点和埋弧焊工艺特点综合考虑后进行设计。最常用的接头形式是对接接头、T 形接头、搭接接头和角接头。每一种接头的焊缝坡口的基本形式和尺寸现已标准化，对于碳素钢和低合金钢埋弧焊焊接接头的坡口是按焊件的不同厚度从标准 GB/T 985.2—2008《埋弧焊的推荐坡口》中选用。为了正确地选用或者由于特殊的需要而必须自行设计接头坡口形式和尺寸时，应掌握如下要点。

1）根据埋弧焊熔深大的特点，最经济的是不开坡口设计，又叫 I 形坡口的接头设计。这样的接头如果采用单道焊接的话，通过调节装配间隙和背面加或不加衬垫，就可焊接不同厚度范围的钢板。

如果不留间隙和背面不加衬垫进行单面单道焊，一般可焊到厚度为 8mm 的钢板，最高厚度可达 14mm；进行双面单道焊一般可焊厚度达 16mm 的钢板。如果留一定间隙且背面采用某种形式的衬垫，单面单道焊的厚度可达 12mm 以上，随间隙加大，一次可焊厚度也随之增加。

2）接头开坡口的目的主要是使焊丝很好地接近接头根部，保证熔透。此外，还可改善焊缝成形、调整母材的熔合比和焊缝金属结晶形态等。若结构只能作单面焊，则开 V 形或 U 形坡口；若可作两面施焊，可开双 V（或 X 形）或双 U 形坡口。在同样厚度下 V 形坡口较 U 形坡口消耗较多的填充金属，板越厚，消耗越多。但 U 形坡口加工费较高。

一般情况下，板厚为 12～30mm 时，开单 V 形坡口；30～50mm 时可开双面 V 形（即 X 形）坡口；20～50mm时可开 U 形坡口，50mm 以上可开双面 U 形坡口。

3）无论是坡口焊缝还是角焊缝的焊接，在装配时一般都给定装配间隙，主要是为了保证根部熔透和改善焊缝外形。确定装配间隙时，要考虑坡口形状和尺寸以及背面有无衬垫等情况。如果所开坡口的角度较小，则须加大装配间隙。但是，过大的间隙易烧穿，还需较多的焊缝填充金属，增加焊接成本和焊件的变形。通常装配间隙不应大于焊丝直径。如果间隙过小，则在焊缝根部易发生未焊透或夹渣。双面焊时就会增加背面清根的工作量。

对多道焊在施焊第一焊道时，如果背面有焊接衬垫，其间隙可以加大，坡口角可相应减小。

钝边主要是用来补充金属的厚度，可避免烧穿的倾向，如果采用永久性焊接衬垫单面焊时，建议不用钝边。

4）双面单道开坡口对接接头焊接时，如果先焊面与后焊面采用同样的参数，则其坡口形状和尺寸要作适当调整，如图 3-3-29 所示的实例。

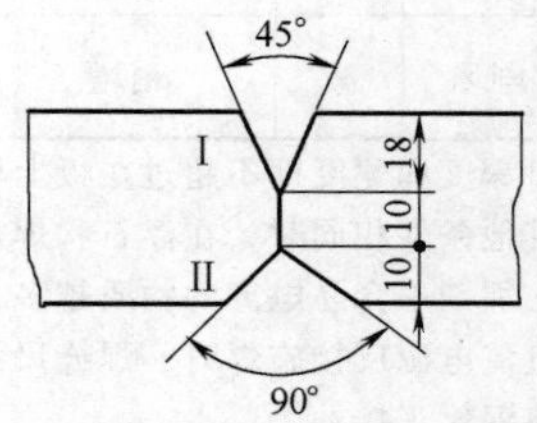

图 3-3-29　双面单道开坡口对接接头的设计

注：Ⅰ（先焊面），$I=1250\text{A}$，$U=38\text{V}$，$v20\text{cm}\cdot\text{min}^{-1}$。

Ⅱ（后焊面），$I=1250\text{A}$，$U=38\text{V}$，$v20\text{cm}\cdot\text{min}^{-1}$。

2. 坡口加工

坡口的加工可以用机械方法和热切割方法进行。机械加工的坡口，加工后坡口处要去油污，热切割后要去渣。埋弧焊的坡口要求加工精度较高，坡口角度的公差一般 ≤ ±5°，钝边高 ≤ ±1mm，间隙为 0.5～1.0mm。

3.6.3 组装与定位焊

1. 接头组装

接头组装是指组合件或分组件的装配，它直接影响焊缝质量、强度和变形。当厚板埋弧焊时需严格控制组装质量，接头必须均匀地对准，并具有均匀的根部间隙，应严格控制错边和间隙的公差。当出现局部间隙过大时，可用性能相近的焊条电弧焊修补。不允许随便塞进金属垫片或焊条头等。

2. 定位焊

定位焊是为装配和固定焊件接头的位置而进行的焊接。通常由焊条电弧焊来完成，使用与母材性能相接近而抗裂、抗气孔性能好的焊条。焊缝的位置一般在第一道埋弧焊缝的背面，板厚<25mm 的定位焊缝长 50～70mm，间距为 300～500mm；板厚大于 25mm 时，其定位焊焊缝长 70～100mm，间距为 200～300mm。施焊时注意防止钢板变形，对高强度钢、低温钢易产生焊缝裂纹，焊前要预热，焊后需清渣。有缺陷的定位焊缝在埋弧焊前必须除掉，还必须保证埋弧焊也能将定位焊缝完全熔化。

3.6.4 引弧板与引出板

为了在焊接接头始端和末端获得正常尺寸的焊缝形状尺寸，和焊条电弧焊一样，焊前在直的接缝始、末端装配一块金属板，开始焊接用的板称为引弧板，结束焊接用的板称为引出板，用后再把它们割掉，如图 3-2-8 所示。

通常始焊和终焊处最易产生焊接缺陷，诸如焊瘤、弧坑等，使用引弧板和引出板就是把焊缝两端向外延长，避免这些缺陷落在接头的始、末端，从而保证了整条焊缝质量的稳定均匀。

引弧板和引出板宜用与母材同质的材料，以免影响焊缝的化学成分，其坡口形状和尺寸也应与母材相同。平板长对接缝由于有定位焊拘束存在等原因，施焊时易产生终端裂纹，对于板厚在 25mm 以下的焊件，推荐采用开槽的引出板，如图 3-3-30 所示。引弧板和引出板尺寸的确定，是在长度方面要足以保证焊件的焊缝金属在接头的两端有合适的形状，宽度方面足以支托所需的焊剂。

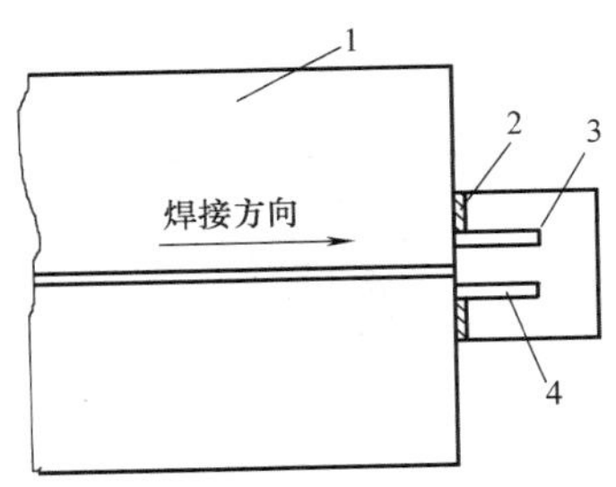

图 3-3-30 开槽引出板及其连接方式

1—焊件 2—连接焊缝 3—引出板 4—通槽

3.6.5 焊接衬垫与打底焊道

1. 焊接衬垫

为了防止烧穿、保证接头根部焊透和焊缝背面成形，沿接头背面预置的衬托装置称为焊接衬垫。埋弧焊接用的衬垫有可拆性和永久性两种，前者属临时性衬垫，焊后须拆除掉；后者与接头焊成一体，焊后不拆除。

（1）永久衬垫

永久衬垫是用与母材相同的材料制成的板条或钢带，简称垫板。在装配间隙过大时，如安装现场，最后合拢的接缝其间隙不易控制的情况下，可采用这种衬垫，目的是为了防止施焊时烧穿，附带作用是便于装配；在单面焊时，焊后无法从背面拆除衬垫的情况下也可采用。垫板的厚度视母板厚度而定，一般在 3～10mm 之间，其宽度在 20～50mm 之间。为了固定垫板，须采用短的断续定位焊；垫板与母材板边须紧贴，否则根部易产生夹渣。不等厚板对接时可用锁边坡口，如图 3-3-31 所示，其作用与垫板相同。

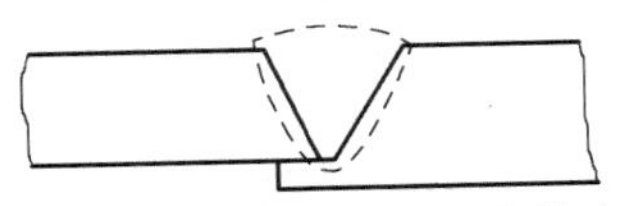

图 3-3-31 带锁边坡口的接头

永久衬垫成为接头的组成部分使接头应力分布复杂化，主要在根部存在应力集中。垫板与母材之间存在缝隙，易积垢纳污引起腐蚀，重要的结构一般不用。

（2）可拆衬垫

根据用途和焊接工艺而采用各种形式的可拆衬垫，平板对接时应用最多的是焊剂垫和焊剂-铜垫，其次是移动式水冷铜衬垫和热固化焊剂衬垫。

1）焊剂垫。双面埋弧焊焊接正面第一道焊缝时，在其背面常使用焊剂垫以防止烧穿和泄漏。如图 3-3-32 所示是其中两种结构形式，适用于批量较大，厚度在 14mm 以上的钢板对接。单件小批生产时，可使用较为简单的临时性工艺垫，如图 3-3-33 所示。进行反面焊时须把临时工艺垫去掉。

单面焊用的焊剂垫必须既要防止焊接时烧穿，又要保证背面焊道强制成形。这就要求焊剂垫上托力适当且沿焊缝分布均匀，否则会出现如图 3-3-34 所示的缺陷。

2）焊剂-铜垫。是单面焊背面成形埋弧焊工艺常

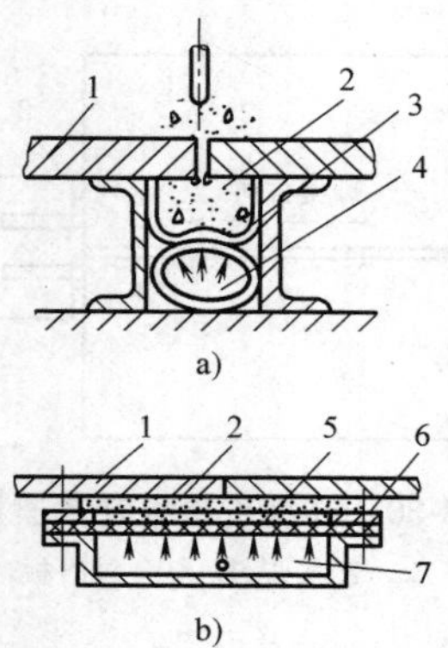

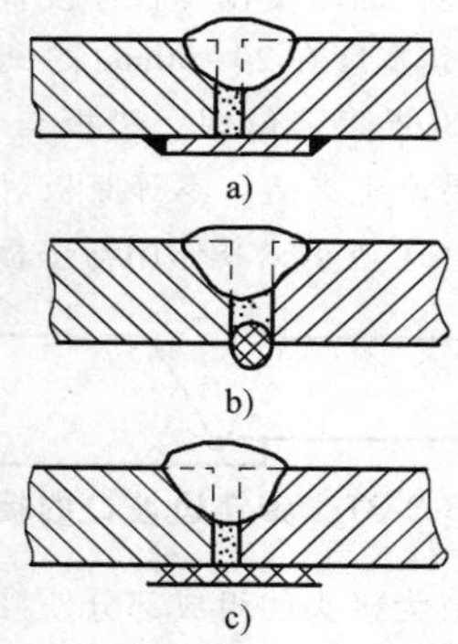

图 3-3-32　焊剂垫
a）软管式　b）气槽式
1—焊件　2—焊剂　3—帆布　4—充气软管
5—橡皮膜　6—气槽压板　7—气槽

a)
b)
c)

图 3-3-33　简易焊剂垫
a）薄钢带　b）石棉绳　c）石棉板

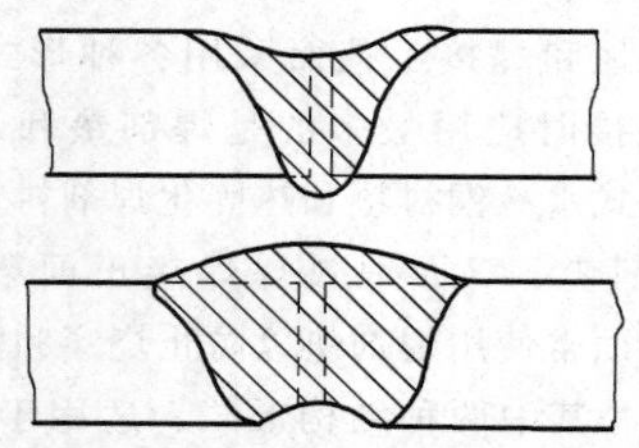

图 3-3-34　焊剂垫上托力不正常引起的缺陷

使用的衬垫之一，是在铜垫表面撒上一层约 3～8mm 厚的焊剂，如图 3-3-35 所示。铜垫应带沟槽，其形状和尺寸见表 3-3-7。沟槽起强制焊缝背面成形的作用，而焊剂起保护铜垫的作用，其颗粒宜细些，成分与正式焊缝焊接用的焊剂相同。这种装置对焊剂上托力均匀与否不甚敏感。

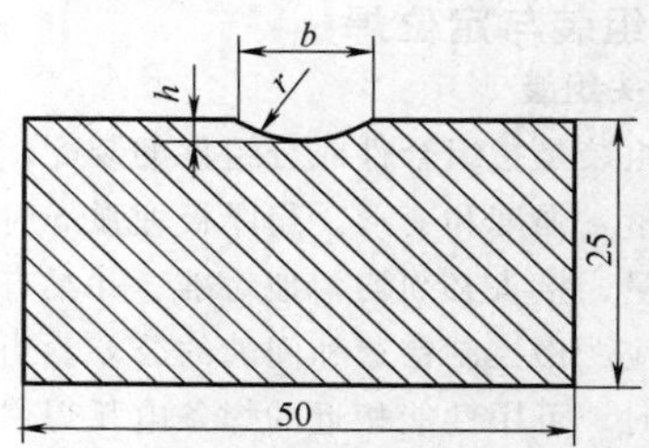

图 3-3-35　焊剂-铜垫的横截面

表 3-3-7　铜垫横截面尺寸

（单位：mm）

铜板厚度	槽宽 b	槽深 h	槽曲率半径 r
4～6	10	2.5	7.0
6～8	12	3.0	7.5
8～10	14	3.5	9.5
12～14	18	4.0	12

3）水冷铜垫。铜热导率较高，有利于防止焊缝金属与衬垫熔合。为了防止熔化并提高使用寿命，铜衬垫中通常设有冷却水路，利用冷却水进行冷却。铜衬垫上可以开成形槽以控制焊缝背面的形状和余高。不管有无水冷却，焊接时不许电弧接触铜衬垫。长焊缝焊接可以做成移动式的水冷铜垫，如图 3-3-36 所示。它是一短的水冷铜滑块，其长度以焊接熔池底部能凝固不焊漏为宜，把它装在焊件接缝的背面，位于电弧下方，利用焊接小车上的弹簧拉紧，通过焊件的装配间隙（一般在 3～6mm 之间）将其强制紧贴在焊缝背面。随同电弧一起移动，强制焊缝背面成形。这种装置适于焊接 6～20mm 板厚的平对接接头。其优点是一次焊成双面成形，使生产效率提高，缺点是铜衬垫磨损较大，填充金属消耗多。

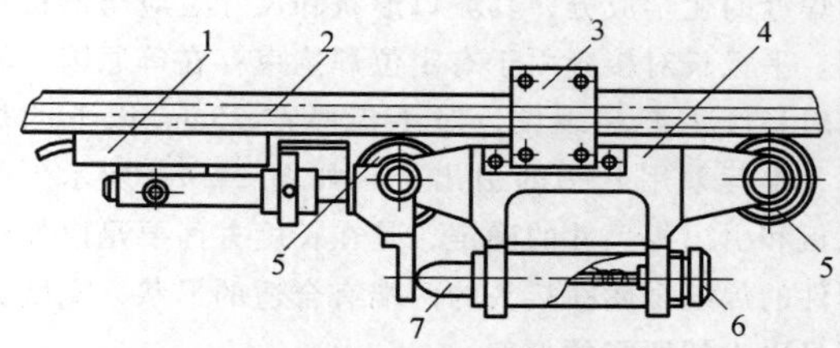

图 3-3-36　移动式水冷铜垫的结构
1—铜滑块　2—钢板　3—拉片　4—拉紧滚轮架
5—滚轮　6—夹紧调节装置　7—顶杆

4）热固化焊剂衬垫　热固化焊剂衬垫实际上就是在一般焊剂中加入一定比例的热固化物质做成具有一定刚性但可挠曲的板条，适用于具有曲面的板对接焊。使用时把它紧贴在接缝的底面，焊接时一般不熔化，故对熔池起着承托作用并帮助焊缝成形。

图3-3-37a是这种衬垫的构造，每一条衬垫长度约为600mm，图3-3-37b是衬垫的承托装置示意图，利用磁铁夹具进行固定。

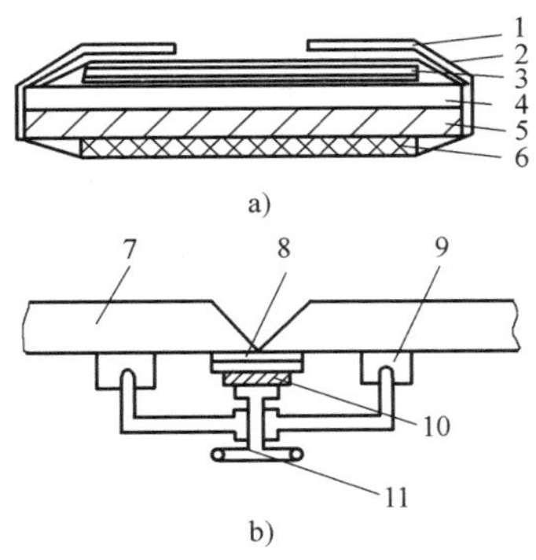

图3-3-37　热固化焊剂衬垫

a）热固化焊剂衬垫的结构　b）衬垫的承托装置
1—双面黏接带　2—热收缩薄膜　3—玻璃纤维布
4—热固化焊剂　5—石棉布　6—弹性垫　7—焊件
8—热固化焊剂垫　9—磁铁　10—托板　11—调节螺钉

此外，还可利用陶瓷焊垫，其主要成分为氧化硅和氧化铝，呈中性，既不会被熔池熔化，也不与焊缝金属发生反应。

2. 打底焊道

当焊接有坡口的对接接头时，在接头根部焊接的第一条焊道称为打底焊道。使用打底焊道的主要目的是保证埋弧焊能焊透而又不至于烧穿。其作用与焊接衬垫基本相同。通常是在难以接近、接头熔透或装配不良、焊件翻转困难而又不便使用其他衬垫方法时使用。焊接方法可以是焊条电弧焊、等离子弧焊或TIG焊等。使用的焊条或填充焊丝必须使其焊缝金属具有相近于埋弧焊焊缝金属的化学成分和性能。打底焊道尺寸应足够大，以承受住施工过程中所施加的任何载荷。焊完打底焊道之后，须打磨或刨削接头根部，以保证在无缺陷的清洁金属上熔敷第一道正面埋弧焊缝。

如果打底焊道的质量符合要求，则可保留作为整个接头的一部分。当焊接质量要求高时，可在埋弧焊缝完成之后用氧气切割、碳弧气刨或机械加工方法将此打底焊道除掉。然后再焊上永久性的埋弧焊缝。

3.6.6　焊前与层间的清理

在焊接前须将坡口和焊接部位表面的锈蚀、油污、氧化皮、水分及其他对焊接有害物质清除干净，方法可以是手工清除，如用钢丝刷、风动或电动的手提砂轮或钢丝轮等；也可用机械清除，如喷砂（丸）等，或用气体火焰烘烤法（将母材表面加热到200~315℃之间）。在大批量生产情况下，常安排焊前预热处理工序。

在熔敷下一焊道之前，必须将前一焊道的焊渣、表面缺陷、弧坑以及焊接残余物，用刷、磨、锉和凿等方法去除掉。

3.6.7　自动埋弧焊的常规工艺与技术

熔深大是自动埋弧焊接的基本特点，若不开坡口不留间隙对接单面焊，一次能熔透14mm以下的焊件，若留5~6mm间隙就可熔透20mm以下的焊件。因此，可按焊件厚度和对焊透的要求决定是采用单面焊还是双面焊，是开坡口焊还是不开坡口焊。

1. 对接焊缝单面焊

当焊件翻转有困难或背面不可达而无法进行施工的情况下须作单面焊。无须焊透的焊接工艺最为简单，可通过调节焊接参数、坡口形状与尺寸以及装配间隙大小来控制所需的熔深，是否使用焊接衬垫则由装配间隙大小来决定。要求焊透的单面焊必须使用焊接衬垫，使用焊接衬垫的方式与方法前面已述及，应根据焊件的重要性和背面可达程度而选用。

表3-3-8归纳了对接焊缝单面焊的各种工艺方法。

表3-3-9、表3-3-10和表3-3-11给出了常用工艺方法的焊接参数，供参考。

表3-3-8　对接焊缝单面弧焊的工艺方法

基本要求	工艺措施		基本特点	适用范围
	方　案	示意图		
无须熔透	悬空焊		背面不必加焊接衬垫，装配必须良好，间隙小于1mm	所需熔深不超过板厚的$\frac{2}{3}$的场合
	用焊剂垫		背面使用焊剂垫是为了防止焊剂、铁液或熔渣流淌并避免烧穿 对焊剂垫的承托力要求不高	适于大批量生产

（续）

基本要求		工艺措施		基本特点	适用范围
		方　案	示意图		
无须熔透		用临时工艺垫	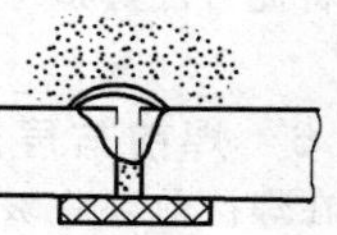	背面用临时性工艺垫，材料可为厚3~4mm、宽30~50mm的薄钢带或石棉板等，如图3-3-37所示。起防烧穿和防流淌的作用，焊后须拆掉	适用于单件小批量生产
须焊透	保留衬垫	用带锁边坡口		开V形带锁边的坡口，可不留钝边	两板厚度均较大（>10mm）但不相等，背面不可达的场合
		用永久衬垫	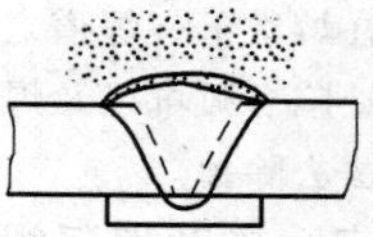	用与母材材质相同的板条作衬垫，预先用断续焊接固定，务必与母材贴紧。焊后与接头结成整体	板厚相同（在10mm以下）背面不可达的场合
		用打底焊道	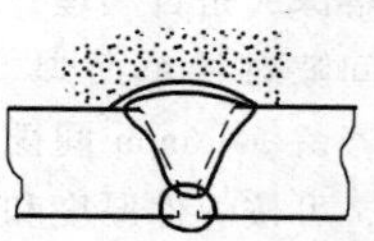	在焊正式埋弧焊前，用焊条电弧焊、TIG焊或等离子弧焊等方法，采用单面焊背面一次成形的工艺完成打底焊道	厚度较大、背面不可达的重要焊接结构，如容器、管道等
	背面强制成形	用焊剂垫	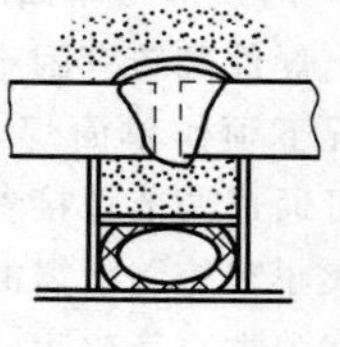	背面用焊剂垫，其承托压力沿缝要均匀可靠	焊件背面可达，但翻转有困难的焊件
		用焊剂-铜垫	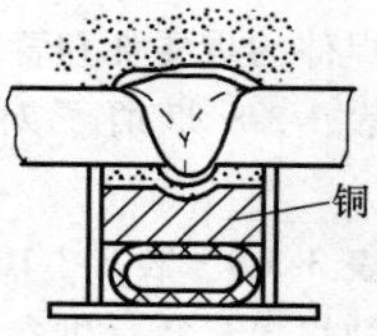 铜	用带沟槽铜垫，上面敷撒一层厚3~8mm焊剂。铜散热快，沟槽强制焊缝背面成形	焊件背面可达，但翻转有困难的焊件
		热固化焊剂垫	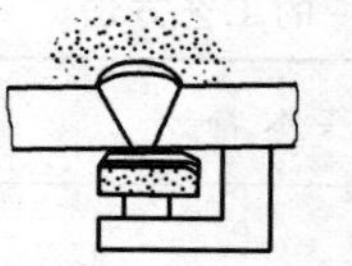	背面使用热固化焊剂垫，用后须拆除掉	适于平面和曲面对接如船体甲板等
		用水冷铜块作垫	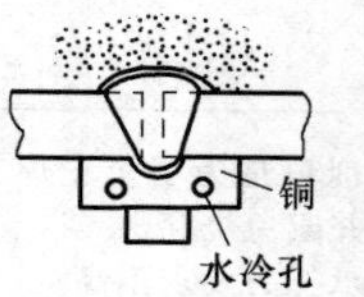 铜 水冷孔	背面用水冷铜块作垫，铜垫上带沟槽强制焊缝金属冷却与成形，间隙较大。铜垫可设计成移动式的	焊件背面可达但翻转不便

表 3-3-9 焊剂垫上单面焊双面成形的埋弧焊焊接参数

钢板厚度/mm	装配间隙/mm	焊丝直径/mm	焊接电流/A	电弧电压/V	焊接速度/m·h^{-1}	焊剂垫压力/MPa
2	0~1.0	ϕ1.6	120	24~28	43.5	0.08
3	0~1.5	ϕ2 ϕ3	275~300 400~425	28~30 25~28	44 70	0.08
4	0~1.5	ϕ2 ϕ4	275~400 525~550	28~30 28~30	40 50	0.10~0.15
5	0~2.5	ϕ2 ϕ4	425~450 575~625	32~24 28~30	35 46	0.10~0.15
6	0~3.0	ϕ2 ϕ4	475 600~650	32~34 28~32	30 40.5	0.10~0.15
7	0~3.0	ϕ4	650~700	30~34	37	0.10~0.15
8	0~3.5	ϕ4	725~775	30~36	34	0.10~0.15

表 3-3-10 焊剂-铜垫单面焊双面成形的埋弧焊焊接参数

钢板厚度/mm	装配间隙/mm	焊丝直径/mm	焊接电流/A	电弧电压/V	焊接速度/m·h^{-1}
3	2	ϕ3	380~420	27~29	47
4	2~3	ϕ4	450~500	29~31	40.5
5	2~3	ϕ4	520~560	31~33	37.5
6	3	ϕ4	550~600	33~35	37.5
7	3	ϕ4	640~680	35~37	34.5
8	3~4	ϕ4	680~720	35~37	32
9	3~4	ϕ4	720~780	36~38	27.5
10	4	ϕ4	780~820	38~40	27.5
12	5	ϕ4	850~900	39~41	23
14	5	ϕ4	880~920	39~41	21.5

表 3-3-11 热固化焊剂垫的埋弧焊焊接参数

钢板厚度/mm	V 形坡口		焊件倾斜/(°)		焊道顺序	焊接电流/A	电弧电压/V	金属粉末高度/mm	焊接速度/m·h^{-1}
	坡口角/(°)	间隙/mm	垂直	横向					
9	50	0~4	0	0	1	720	34	9	18
12	50	0~4	0	0	1	800	34	12	18
16	50	0~4	3	3	1	900	34	16	15
19	50	0~4	0	0	1 2	850 810	34 36	15 0	15
19	50	0~4	3	3	1 2	850 810	34 36	15 0	15
19	50	0~4	5	5	1 2	820 810	34 34	15 0	15
19	50	0~4	7	7	1 2	800 810	34 34	15 0	15
19	50	0~4	3	3	1	960	40	15	12
22	50	0~4	3	3	1 2	850 850	34 36	15	15 12
25	50	0~4	0	0	1	1200	45	15	12
32	45	0~4	0	0	1	1600	53	25	12
22	40	2~4	0	0	前 后	960 810	35 36	12	18
25	40	2~4	0	0	前 后	990 840	35 38	15	15
28	40	2~4	0	0	前 后	990 900	35 40	15	15

注：采用双丝焊时，“前、后”为焊丝顺序。

2. 对接焊缝双面焊

焊件厚度超过14mm的对接接头，通常采用双面埋弧焊，不开坡口可焊到厚20mm左右，若预留间隙，厚度可达50mm。

焊接第一面时，所用的埋弧焊工艺和技术与前述不要求焊透的单面焊相似，有悬空焊、在焊剂垫上焊和在临时工艺垫上焊等方法。

(1) 悬空焊

一般不留间隙或留不大于1mm的间隙，若双面只焊一道并要求焊透的话，第一面焊接的熔深约为焊件厚度的一半，反面焊接的熔深要求达到焊件厚度的60%~70%，以保证完全焊透。不开坡口对接接头悬空双面埋弧焊的焊接参数可参照表3-3-12。

表3-3-12　不开坡口对接接头悬空双面埋弧焊的焊接参数

焊件厚度/mm	焊丝直径/mm	焊接顺序	焊接电流/A	电弧电压/V	焊接速度/cm·min^{-1}
6	4	正	380~420	30	58
		反	430~470	30	55
8	4	正	440~480	30	50
		反	480~530	31	50
10	4	正	530~570	31	46
		反	590~640	33	46
12	4	正	620~660	35	42
		反	680~720	35	41
14	4	正	680~720	37	41
		反	730~770	40	38
15	5	正	800~850	34~36	63
		反	850~900	36~38	43
17	5	正	850~900	35~37	60
		反	900~950	37~39	43
18	5	正	850~900	36~38	60
		反	900~950	38~40	40
20	5	正	850~900	36~38	42
		反	900~1000	38~40	40
22	5	正	900~950	37~39	53
		反	1000~1050	38~40	40

(2) 在焊剂垫上焊

焊接第一面时，采用预留间隙不开坡口的方法最经济，应尽量采用。所用的焊接参数应保证第一面的熔深超过焊件厚度的60%~70%，待翻转焊件焊反面焊缝时，采用同样的焊接参数即能保证完全焊透。焊反面焊缝前是否对正面焊缝清根，视其焊缝质量要求而定。表3-3-13列出不开坡口焊缝预留间隙双面埋弧焊的焊接参数。表3-3-14为开坡口双面埋弧焊的焊接参数。

(3) 在临时工艺垫上焊

通常是单件或小批生产时，而不开坡口预留间隙对接双面焊时使用临时性工艺垫。若正反面采用相同焊接参数，为了保证焊透则要求每一面焊接时熔深达板厚的60%~70%。反面焊之前应清除间隙内的焊剂和焊渣。

表3-3-13　不开坡口焊缝预留间隙双面埋弧焊的焊接参数

焊件厚度/mm	装配间隙/mm	焊丝直径/mm	焊接电流/A	电弧电压/V	焊接速度/cm·min^{-1}
14	3~4	5	700~750	34~36	50
16	3~4	5	700~750	34~36	45
18	4~5	5	750~800	36~40	45
20	4~5	5	850~900	36~40	45
24	4~5	5	900~950	38~42	42
28	5~6	5	900~950	38~42	33
30	6~7	5	950~1000	40~44	27
40	8~9	5	1100~1200	40~44	20
50	10~11	5	1200~1300	44~48	17

注：采用交流电，HJ431焊剂，第一面在焊剂垫上焊接。

表 3-3-14 开坡口焊件双面埋弧焊的焊接参数①

焊件厚度/mm	坡口形式	焊丝直径/mm	焊接顺序	坡口尺寸 α/(°)	坡口尺寸 h/mm	坡口尺寸 g/mm	焊接电流/A	电弧电压/V	焊接速度/cm · min⁻¹
14	70°, h, g	5	正	70	3	3	830~850	36~38	42
			反				600~620	36~38	75
16		5	正	70	3	3	830~850	36~38	33
			反				600~620	36~38	75
18		5	正	70	3	3	830~860	36~38	33
			反				600~620	36~38	75
22		6	正	70	3	3	1050~1150	38~40	30
		5	反				600~620	36~38	75
24	70°, h, g	6	正	70	3	3	1100	38~40	40
		5	反				800	36~38	47
30		6	正	70	3	3	1000	36~40	30
			反				900~1000	36~38	33

① 第一面在焊剂垫上焊接。

3. 角焊缝的埋弧焊接工艺

焊接 T 形接头、搭接接头和角接接头的角焊缝时，最理想的焊接方法是船形焊，其次是平角焊。

(1) 船形焊

船形焊是把角焊缝处于平焊位置进行焊接的方法，相当于开 90° V 形坡口平对焊，如图 3-3-38 所示，通常采用左右对称的平焊（角焊缝两边与垂线各成 45°）适于焊脚尺寸大于 8mm 的角焊缝的埋弧焊接。一般间隙不超过 1~1.5mm，否则必须利用衬垫来防烧穿或金属液和熔渣流失。表 3-3-15 为角焊缝船形焊的焊接参数。

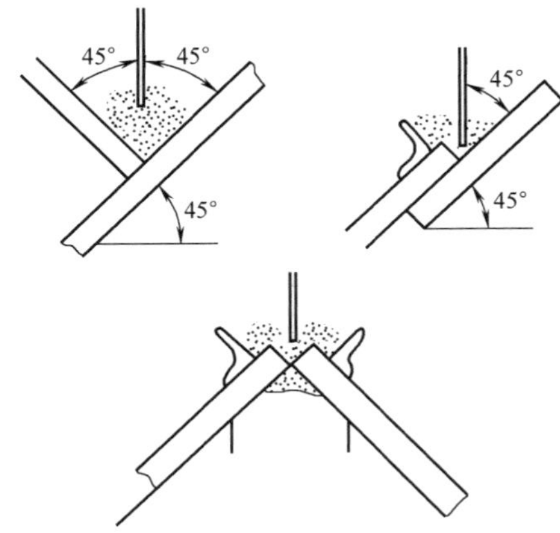

图 3-3-38 角焊缝的船形焊

(2) 平角焊

当焊脚尺寸小于 8mm 时可采用平角焊，或者当焊件的角焊缝不可能或不便于采用船形焊时，也可采用平角焊，如图 3-3-39 所示。这种焊接方法有装配间隙也不会引起液态金属或熔渣的流淌，但焊丝的位置对角焊缝成形和尺寸有很大影响。一般偏角 α 在 30°~40°之间，每一道平角焊缝截面积一般不超过 40~50mm²。相当于焊脚尺寸不超过 8mm×8mm，否则会产生金属液溢流和咬边。大焊脚尺寸的焊缝须用多道焊，图 3-3-40 为双道焊的工艺。表 3-3-16 和表 3-3-17 分别为 T 形接头和搭接接头角焊缝横焊的焊接参数。

表 3-3-15 船形焊焊接参数①

焊脚长度/mm	焊丝直径/mm	焊接电流/A	电弧电压/V	焊接速度/cm · min⁻¹
6	2	450~475	34~36	67
8	3	550~600	34~36	50
	4	575~625	34~36	50
10	3	600~650	34~36	38
	4	650~700	34~36	38
12	3	600~650	34~36	25
	4	725~775	36~38	33
	5	775~825	36~38	30

① 采用交流电焊接。

表 3-3-16 T 形接头角焊缝横焊的焊接参数

焊脚尺寸/mm	焊丝直径/mm	层数	焊接电流/A	电弧电压/V	焊接速度/m · h⁻¹
4	4	—	550	30	48
5	4	—	600	32	42
6	4	—	600	32	36
7	5	—	600	33	27
8	5	—	600	33	21
10	5	1	800	34	30
		2	500	33	30
12	5	1	800	34	27
		2	600	34	36

表 3-3-17　搭接接头角焊缝横焊的焊接参数

板厚 /mm	焊丝直径 /mm	层数	焊接电流 /A	电弧电压 /V	焊接速度 $/\mathrm{m \cdot h^{-1}}$
4.5	4	—	550	35	54
6	4	—	550	35	48
9	5	1	650	36	24
		2	550	36	24
12	5	1	800	36	30
		2	600	36	30

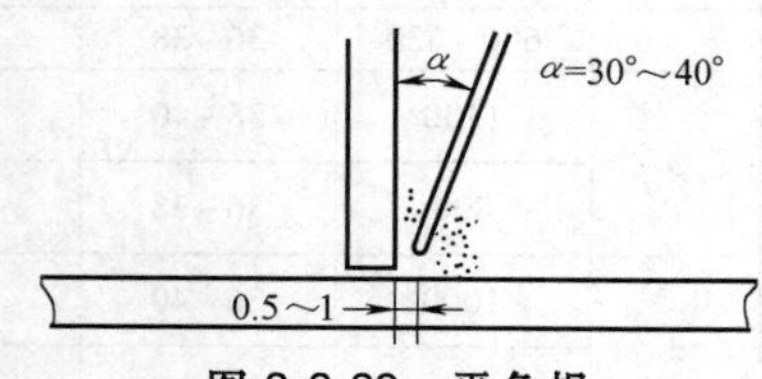

图 3-3-39　平角焊

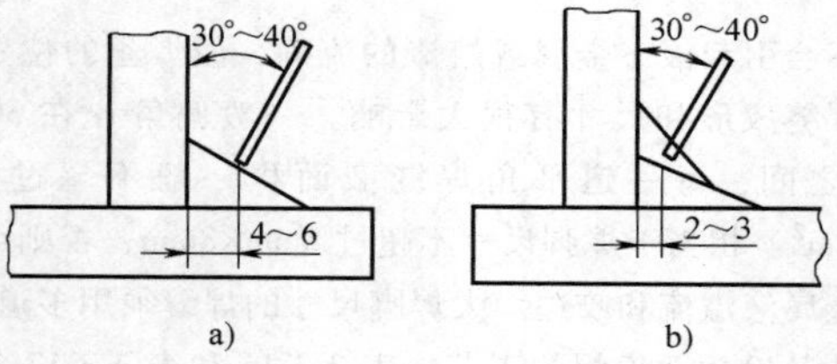

图 3-3-40　双道角焊缝横焊工艺

a）焊第一道　b）焊第二道

4. 筒体对接环缝焊

锅炉、压力容器和管道等多为圆柱形筒体，筒体之间对接的环焊缝常采用自动埋弧焊来完成，一般都要求焊透。

若双面焊，则先焊内环缝后焊外环缝。焊接内环缝时，焊接接头须在筒体内部施焊，在背（外）面采用焊剂垫，如图 3-3-41 所示。在焊接外环缝之前，必须对已焊内环缝清根，最常用的方法是碳弧气刨，既可清除残渣和根部缺陷，还开出沟槽，像坡口一样保证熔透和改善焊缝成形。外环缝的焊接是机头在筒体外面上方进行，无需焊接衬垫，如图 3-3-42 所示。为了保证内外环缝成形良好和焊透，使焊接熔池和熔渣有足够的凝固时间，焊接时，焊丝都应根据筒体直

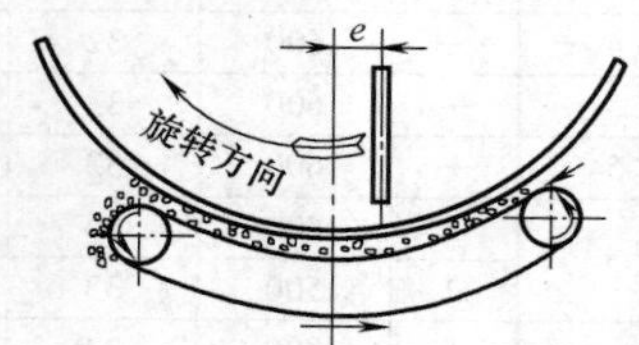

图 3-3-41　埋弧焊接内环缝装置示意图

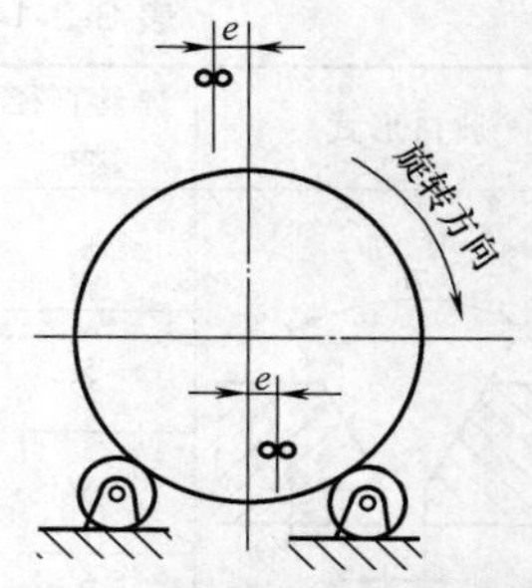

图 3-3-42　埋弧焊焊接处环缝示意图

径大小，在逆着筒体旋转方向偏移其形心垂线一个距离 e。偏移距离 e 可参考表 3-3-18 选用。

表 3-3-18　筒体环缝埋弧焊焊丝的偏移距离 e

（单位：mm）

筒体直径	≥219～426	800～1000	<1500	<2000	<3000
偏移距离 e	10～20	15～25	30	35	40

5. 薄板埋弧焊

当焊件厚度小于 3mm 时，采用埋弧焊困难较大，主要是要求焊接的电弧功率小，电弧燃烧不稳定。因此，必须使用细焊丝和直流反接电源。为了防止烧穿须使用焊接衬垫如永久衬垫或焊剂-铜垫等，此外要严格控制装配间隙和焊接参数，表 3-3-19 为供参考的焊接参数。

表 3-3-19　薄板自动埋弧焊的焊接参数

钢板厚度/mm	装配间隙/mm	焊丝直径/mm	焊接电流/A	电弧电压/V	焊接速度 $/\mathrm{m \cdot h^{-1}}$
1	0～0.2	ϕ1	85～90	26	50
1.5	0～0.3	ϕ1.6	110～120	26	50～60
2	0～1	ϕ1.6	130	28	50
3	0～1.5	ϕ3	400～425	25～28	70

薄板容易变形，定位焊的点距要适当短些。产量大时最好使用焊接夹具（如电磁平台）在刚性固定下施焊。

3.6.8　高效埋弧焊接工艺与技术

1. 多丝埋弧焊

同时使用两根及以上焊丝完成同一条焊缝的埋弧焊称为多丝埋弧焊。它既能保证获得合理的焊缝成形和良好的焊缝质量，又可大幅度地提高焊接生产率。目前工业上应用最多的是双丝和三丝埋弧焊，在特殊情况下可用到十几根焊丝的埋弧焊。

根据焊丝的数量、焊丝之间的相对排列方式以及

焊接电源的连接方式的变化，就可以获得不同技术与经济效果的多丝埋弧焊接系统。

（1）双丝埋弧焊

两根焊丝之间的排列有横列式和纵列式两种，如图3-3-43所示。横列式双丝焊的两根焊丝构成的平面垂直于焊接方向，如图3-3-43a所示，它可以焊出较宽的焊缝，适用于坡口宽度不均匀或装配不良的接头焊接或表面堆焊；纵列式双丝焊的两根焊丝沿着焊接方向一前一后向前移动，适用于高速焊接，不易产生咬边、未熔合和气孔等缺陷。

纵列式双丝埋弧焊较常用。当两焊丝靠得较近（一般在10～30mm）时，两电弧共同形成一个大熔池，其体积大，存在时间长，冶金反应充分，有利于气体逸出，冷凝过程不易产生气孔等缺陷，如图3-3-44a所示；当前后焊丝远离（一般大于100mm）时，两熔池则分离，如图3-3-44b所示，后随电弧不是作用在基体金属上，而是作用在前导电弧已熔化而又凝固的焊道上。同时后随电弧必须冲开已被前一电弧熔化而尚未凝固的熔渣层，若前后焊丝使用不同的焊接电流和电弧电压，就可以控制焊缝成形。通常使前导电弧获得足够大的熔深，使后随电弧获得所需的熔宽。这种方法很适合水平位置平板拼接的单面焊背面成形工艺，对于厚板大熔深的焊接也十分有利。

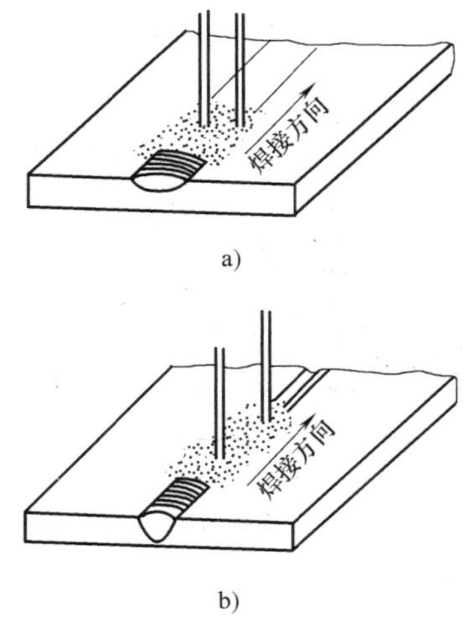

图3-3-43 双丝埋弧焊焊丝排列方式

a）横列式 b）纵列式

双丝埋弧焊可以由一个电源同时供给两根焊丝用电，如图3-3-45所示。这种情况通常采用较小直径的焊丝，从一个共用导电嘴送出。两根焊丝靠得较近，形成一个长形熔池，以改善熔池的形状特征，在保持适当的焊道外形的情况下可以加快焊接速度。这种焊接工艺可以进行角焊缝的平角焊和船形焊，以及

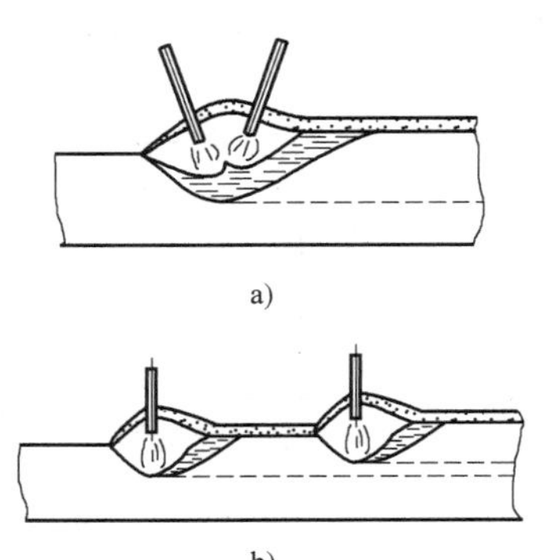

图3-3-44 纵列式双丝埋弧焊的示意图

a）单熔池 b）双熔池（分列电弧）

对接坡口焊缝焊，其熔敷率比一般单丝埋弧焊高40%以上，其薄件焊接速度比单丝埋弧焊高25%以上，厚件焊接速度比单丝埋弧焊高50%～70%；由于焊接热输入小，可以减小焊接变形，对热影响区韧性要求高而对热敏感的高强度钢的焊接很有利。

只用一个电源为两根焊丝供电时，连接方法有两种，图3-3-45是并联连接，而图3-3-46则为串联连接。并联连接的双丝是从各自的焊丝盘通过单一的焊接机头送出，而串联连接的两根焊丝既可以分别由两个送丝机构送进，也可以由同一个送丝机使两焊丝同步进出，焊接电源输出的两电缆分别接到每根焊丝上。焊接时，电流从一根焊丝通过焊接熔池流到另一根焊丝。焊件与电源之间并不连接，几乎所有焊接能量都用于熔化焊丝，而很少进入焊件中。因此，这种连接很适于在母材上熔敷具有很小稀释率的堆焊层。

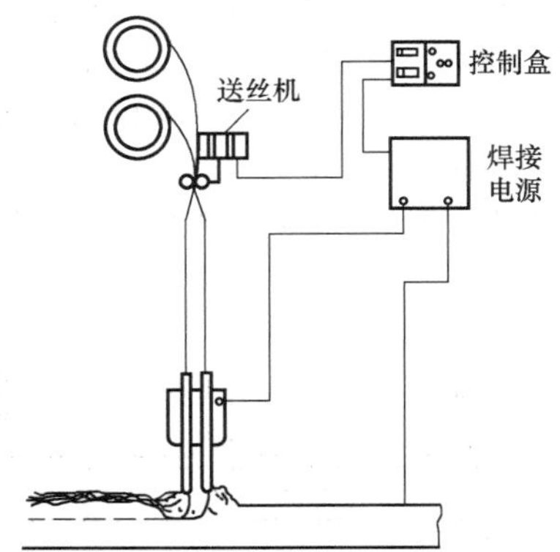

图3-3-45 单电源的双丝埋弧焊（并联）

每一根焊丝都对应有一台焊接电源供电的多丝埋弧焊属于多电源连接，这时每根焊丝有各自的送丝机构、电压控制机构和焊丝导电嘴。这样的焊接系统，可调节的参量多，如焊丝排列方式与相互位置、电弧电压、焊接电流和电流类型等都可以根据需要进行调

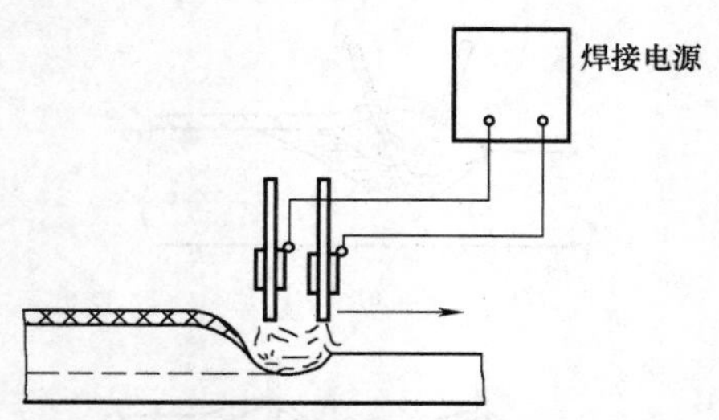

图 3-3-46　单电源的双丝埋弧焊（串联）

节，因而可以获得最理想的焊缝形状和最高的焊接速度。弧焊电源可采用 DCRP（直流反接）+DCRP 组合、DCRP+AC（交流）组合或 AC+AC 组合。使用 DCRP+AC（交流）组合或 AC+AC 组合可使焊丝之间的磁偏吹减到最小。目前最常用的组合是前导焊丝用直流电，后随焊丝用交流电。

为了保证起弧和收弧处的焊缝成形，对两根焊丝的起弧和收弧要进行时序控制，常用的时序如图 3-3-47所示。开始焊接时，前丝提前一定的时间引弧；结束焊接时，后丝电弧滞后一定时间熄弧。前丝提前引弧时间和后丝滞后熄弧时间一般等于焊丝间距除以焊接速度。

（2）三丝埋弧焊

三丝埋弧焊通常也是前导焊丝用直流电，后随焊丝用交流电，即 DCRP—AC—AC 组合方式。交流电源最好采用方波交流。两个后续交流电弧的电流相位要进行合适的匹配，以减弱电弧间的电磁相互作用。如果相位差为 0°，则两个交流电弧之间发生强烈的相互吸引；如果相位差为 180°，则两个交流电弧间发生强烈的相互排斥；如果相位差为 90°，则两个交流电弧之间的相互作用最弱，是最佳相位差。采用 AC—AC—AC 组合方式时，三个交流电弧间的相位差应控制在 120°。

表 3-3-20 为双丝和三丝埋弧焊的焊接参数（单面焊）。

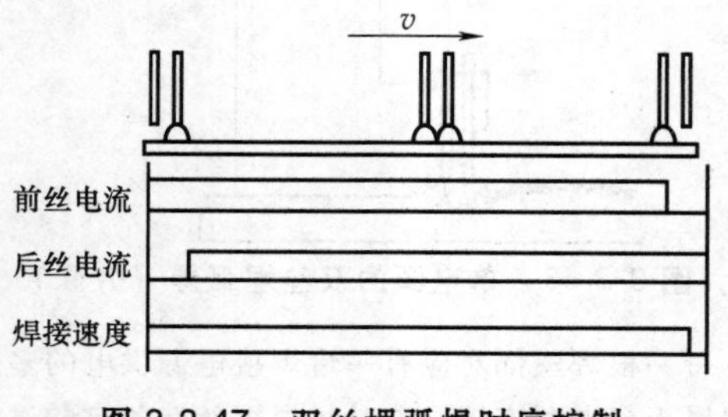

图 3-3-47　双丝埋弧焊时序控制

（3）四丝埋弧焊

四丝埋弧焊通常采用 DCRP+AC+AC+AC 的组合方式，三个交流电弧之间的相位差控制在 120°。第一根焊丝采用最大的电流，决定熔深和余高；第二和第三根焊丝起填充坡口作用，对熔深和余高影响较小。所有焊丝的电弧电压对熔宽和焊缝余高均有显著影响。焊丝间距和倾斜角对焊接过程稳定性和焊缝余高有重要的影响。焊丝要严格对齐，并沿着焊缝中心线行走，否则会导致咬边、焊道弯曲等缺陷。目前，四丝埋弧焊主要用于 X70 钢输气管道焊接，表 3-3-21 给出了四丝埋弧焊的常用焊接参数。

用不同的焊接电流和电弧电压，就可以控制焊缝成形。通常使前导电弧获得足够大的熔深，使后随电弧获得所需的熔宽，对于厚板大熔深的焊接十分有利。

总之，多丝埋弧焊可以通过调节焊丝之间的排列方式与间距、各焊丝的倾角和电弧功率等，就可以获得所需的焊缝形状和尺寸。焊接生产率随焊丝的增加而提高。

2. 带极埋弧焊

带极埋弧焊是利用金属带作电极的一种埋弧焊接方法，其主要目的是提高焊缝金属的熔敷率和改善焊缝成形。熔敷速度高达 60~70kg · h^{-1}，熔化系数可达 60g ·（A · h）$^{-1}$，比丝极埋弧焊高 2~3 倍。宽的金属带用于表面堆焊，如图 3-3-48 所示。窄的金属带多用于接缝的焊接。

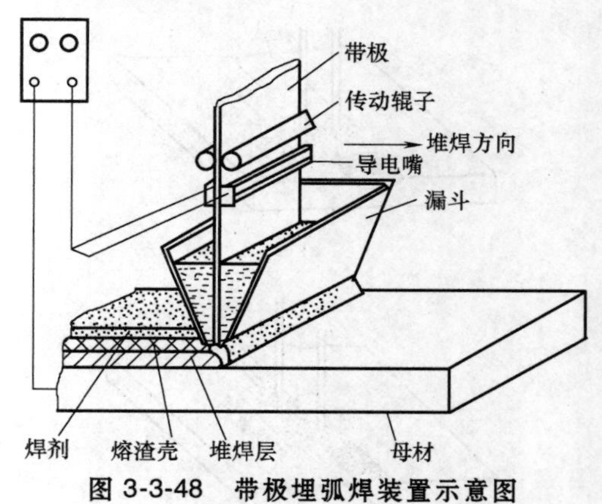

图 3-3-48　带极埋弧焊装置示意图

（1）特点

1）与丝极埋弧焊对比，可使用更大的焊接电流。用丝极焊时，电流加大则熔深增加而熔宽变窄，即焊熔成形系数减小，容易产生裂纹。用带极焊时，电弧在电极端面上往返快速运动，使热量分散，焊缝成形系数得以提高，焊缝抗裂纹能力强。

2）熔深浅、稀释率低，熔敷率高，熔敷面积大，焊缝边缘平整，熔合线整齐、焊剂耗量小等，很适于表面堆焊。

表 3-3-20 双丝和三丝埋弧焊的焊接参数（单面焊）

焊接方法	焊丝数量	层数	板厚与坡口形状/mm	焊接工艺参数						备注
				焊丝位置	焊丝直径/mm	焊接电流/A	电弧电压/V	焊丝间距/mm	焊接速度/cm·min^{-1}	
背面用焊剂-铜衬垫焊	2	1		前丝	4.8	1170	38	110	52	前丝前倾角 13°,交流电
				后丝		870	43			后丝交流电
	3	1		前丝	4.8	1400	35	35	43	前丝前倾 15°,交流电
				中丝		1170	42			中丝交流电
				后丝	6.4	1230	48	110		后丝交流电
背面焊剂垫法	2	1		前丝	4.8	900	28	110	40	前丝前倾 10°,直流反接
				后丝	6.4	1720	38			后丝交流电
	3	1		前丝	4.8	1400	28	80	55	前丝前倾 10°,直流反接
				中丝	6.4	1200	40			中丝后倾 5°,交流电
				后丝		1250	50	100		后丝后倾 5°,交流电
热固化焊剂垫	2	1		前丝	4.8	960	35	70	23	前、后丝交流电
				后丝	6.4	840	38			

表 3-3-21 四丝埋弧焊的焊接参数（双面焊）

板厚及坡口形状/mm	焊层	焊丝序号	电流种类及极性	焊丝直径/mm	焊丝伸出长度/mm	焊丝间距/mm	焊丝倾角/(°)	焊接电流/A	电弧电压/V	焊接速度/m·min^{-1}
38°，3°，35°；T=17.5mm，W=6mm，H=6mm	内层	1	DCRP	4	28	18 19 18	后倾 14	960	32	1.84
		2	AC	4	25		后倾 2	850	34	
		3	AC	4	30		前倾 4	730	38	
		4	AC	4	28		前倾 14	725	38	
	外层	1	DCRP	4	26	19 20 17	后倾 14	1000	32	2.1
		2	AC	4	24		后倾 2	850	34	
		3	AC	4	24		前倾 4	750	36	
		4	AC	4	26		前倾 14	600	38	
38°，3°，35°；T=21mm，W=7mm，H=8mm	内层	1	DCRP	4	30	15 17 20	后倾 14	990	32	1.6
		2	AC	4	32		后倾 2	700	37	
		3	AC	4	28		前倾 4	600	40	
		4	AC	4	27		前倾 14	500	41	
	外层	1	DCRP	4	31	17 18 19	后倾 14	1050	32	1.9
		2	AC	4	32		后倾 2	760	37	
		3	AC	4	30		前倾 4	660	39	
		4	AC	4	31		前倾 14	500	43	
38°，3°，35°；T=26.2mm，W=8mm，H=10mm	内层	1	DCRP	4	30	15 17 20	后倾 15	1050	32	1.53
		2	AC	4	30		后倾 4	890	36	
		3	AC	4	30		前倾 7	760	37	
		4	AC	4	28		前倾 13	740	38	
	外层	1	DCRP	5	28	17 18 19	后倾 15	1170	33	1.4
		2	AC	5	26		后倾 4	910	35	
		3	AC	4	26		前倾 7	750	36	
		4	AC	4	25		前倾 13	635	40	

3）焊接时，熔融的金属与电极宽度方向成直角流动，如图3-3-49所示，将电极偏转一个角度，就可使焊道移位，用此法可控制焊道的形状和熔深。在坡口中多层焊时，交替地和对称地改变电极偏转角θ，有可能获得均匀分布的焊缝。

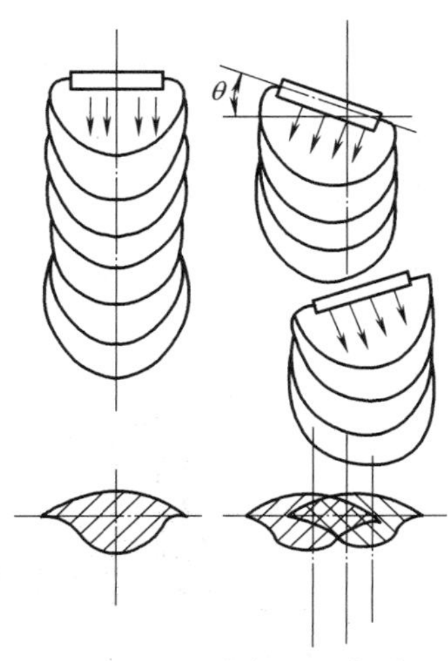

图3-3-49 带极埋弧焊熔融金属的流动方向

（2）设备

带极埋弧焊所用设备与丝极埋弧焊几乎相同，只需对送丝装置、导电嘴等做适当修改，以适于带极输送和导电。可以使用直流或交流焊接电源，用直流电焊接时多用直流平特性电源，利用反接以减少夹渣和咬边等缺陷，但有磁偏吹问题。使用交流电时，电弧不太稳定，但磁偏吹小。

（3）带极堆焊工艺

1）焊接材料堆焊用带极的厚度一般为0.4～1.0mm，宽度为25～100mm，亦有用到150mm以上的。带极材料由堆焊层的化学成分和性能要求决定，而且要和焊剂合理组配。带极埋弧堆焊主要采用烧结焊剂，因为烧结焊剂可以很容易地加入堆焊层所需的合金元素，焊接时再通过焊剂过渡到堆焊层中去。带极材料与焊剂组配原则与丝极埋弧焊相同。

2）堆焊工艺参数。表3-3-22给出了不锈钢带极埋弧堆焊典型的焊接参数。从表中可以看出各种电极尺寸除电流外，其余焊接参数大体相同，焊接电流由带极的宽度来决定，电流过高熔深增加；反之，过低则发生未焊透等缺陷。焊接速度随堆焊厚度而变化。大厚度，在重叠部位易产生未焊透；小厚度则易产生咬边。每层厚度可控制在3～5.5mm，以3.5～4.5mm为最好。带极堆焊焊道宽度大，由于磁偏吹会产生焊道偏移，为此，可采用多位置连接焊接地线等办法解决。发生咬边现象主要是熔池涡流电所产生的磁场力作用的结果，可以采取磁控法解决。

焊接位置采用微上坡焊较为理想。若升角太大，则焊道凸起，边缘易咬边。反之，用下坡焊则会因熔渣流失而引起未焊透缺陷。

（4）接缝的带极埋弧焊工艺

主要用于普通碳素钢和低合金结构钢的坡口焊缝和角焊缝的埋弧焊接。带极的厚度一般为1.0～2.0mm，宽度为8～25mm。随着带极厚度增加，熔深加大，熔宽减小；而熔宽随带极宽度的增加而增宽。其焊接电流按带极尺寸确定，可参照表3-3-23。表3-3-24为对接接头的焊接参数。角焊缝在船形位置焊，一次可焊焊缝厚度（喉部厚度）为4～16mm。

3. 粉末埋弧焊

粉末埋弧焊是通过特定方式将金属粉末或碎焊丝送入焊接区，以提高熔敷速度和熔敷效率的一种高效埋弧焊。合金粉末的送入方式有三种，即预先铺撒式、焊丝吸附式和直接送入式，如图3-3-50所示。预先铺撒式具有结构简单的特点，但金属粉末的送入量难以精确控制，熔敷效率较低；焊丝吸附式通过电磁力将金属粉末吸附到焊丝上，随着焊丝进入电弧和熔池，具有过渡温度和焊缝成形好的特点；直接送入式通常用于双丝埋弧焊，通过送粉管将金属粉末送入到两根焊丝之间，这样前丝可采用更大的电流，形成更深的熔深，随着后丝熔化的金属粉末流入熔池中改善焊缝成形，这种方式可显著降低焊剂的消耗量。

表3-3-22 不锈钢带极埋弧堆焊典型的焊接参数

带极尺寸/mm	焊接电流/A(直流反接)	电弧电压/V	焊接速度/cm·min^{-1}	焊道重叠度/mm	带极伸出长度/mm
0.4×25	350～450	24～28	15～23	5～10	35～45
0.4×37.5	550～650	24～28	15～23	5～10	35～45
0.4×50	750～850	23～28	15～23	5～10	35～45
0.4×75	1200～1300	24～28	15～23	5～10	35～45

表3-3-23 带极埋弧焊的适用焊接电流

带极尺寸/mm	1.2×8	1.2×11	1.2×15	1.2×20	1.2×25
焊接电流/A	500～800	700～1200	800～1700	1100～2000	1200～2200

表 3-3-24 带极埋弧焊对接接头的焊接参数

板厚 /mm	坡口形状与尺寸				焊道	焊接电流 /A	电弧电压 /V	焊接速度 /cm · min^{-1}
	坡口示意图	A/mm	N/mm	B/mm				
16	90° A N B 90°	7	4	5	①	1200	32	50
					②	1040	31	55
24		8	8	8	①	1400	33	50
					②	1300	32	50
32		10	12	10	①	1500	34	42
					②	1500	35	42

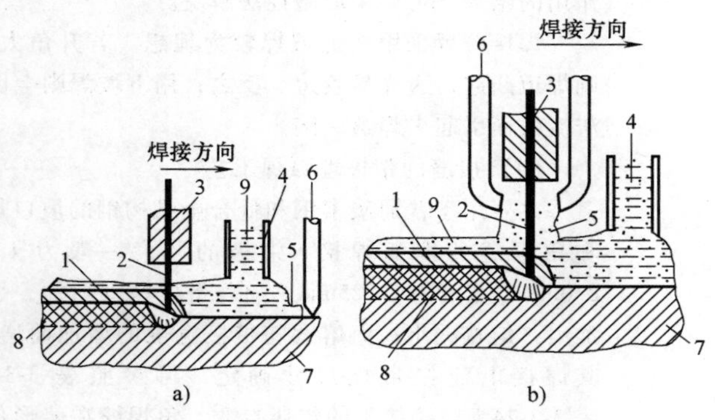

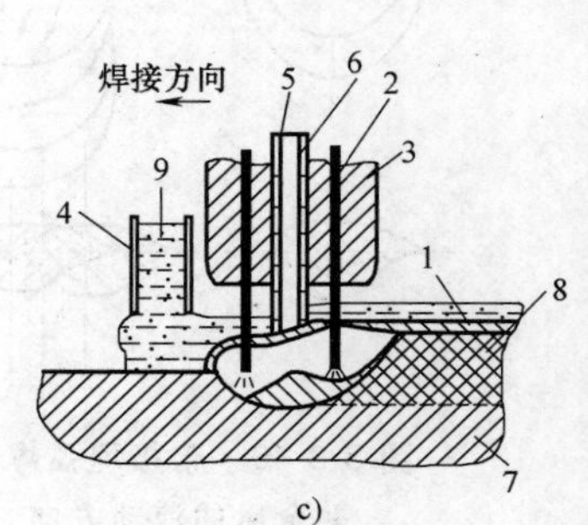

图 3-3-50 合金粉末的送入方式

a）预先铺撒式 b）焊丝吸附式 c）直接送入式

1—熔渣 2—焊丝 3—导电嘴 4—焊剂输送管 5—金属粉末 6—粉末输送管 7—焊件 8—焊缝 9—焊剂

粉末埋弧焊具有如下特点：

（1）熔敷效率高，熔合比小，特别适合表面堆焊和坡口内填充焊层的焊接。

（2）熔敷速度和焊接速度快，生产效率高。

（3）焊剂消耗量比普通埋弧焊少。

（4）可通过在金属粉末添加合金元素来改善焊接性，或改善焊缝组织和性能。

（5）金属粉末的熔化吸收了电弧热量，降低了传到熔池之外焊件上的热量，减小了焊接热影响区及其晶粒尺寸。

表 3-3-25 给出了粉末埋弧焊常用的焊接参数。

表 3-3-25 粉末埋弧焊常用的焊接参数

板厚 /mm	坡口形式	焊层	焊丝直径/mm	焊接电流 /A	电弧电压 /V	焊接速度 /cm · min^{-1}	金属粉末加入量 /g · min^{-1}
18	70° 8	正面	6.4	1050	36	35	1.8
		背面	6.4	900	38	35	—
38	70° 7 16 70°	正面	6.4	1250	38	25	2.6
		背面	6.4	1300	38	27	2.9

4. 窄间隙埋弧焊

窄间隙埋弧焊是由窄间隙气电立焊演变而成，是近年发展起来的一种高质、节省焊接材料的厚板焊接方法。焊接时，采用I形或接近I形坡口单面焊，其间隙在10~40mm之间，与普通埋弧焊所采用的U形或双U形坡口相比，可节省大量填充金属。

这种焊接方法的优点是节省焊接材料、焊接热输入小、接头韧性高、焊接变形小、焊接质量高。但是，窄间隙埋弧焊要求高的焊接技能，对装配质量要求高，要有精确的焊丝位置（能自动对中）。对焊剂的脱渣性要求高，当出现缺陷时，进行焊接修补困难。

目前工业上大型和重要的焊接结构，如厚壁容器和管道的焊接以及重型机械中的厚板结构的焊接，常常因焊件背面不可达，或者翻转有困难要求单面焊，此时就可以采用这种焊接方法。

窄间隙埋弧焊使用的是普通埋弧焊机，但需安装一套特殊的导电嘴，它能插入到窄间隙中去，和一套能自动监控的跟踪装置保证焊丝的位置与对中。

采用窄间隙埋弧焊要注意解决好如下几个关键技术：

1）在窄而深的坡口中进行多层埋弧焊，脱渣是个重要问题。一般须采用具有良好脱渣性的焊剂。

2）每层焊缝是采用单焊道或是双焊道，都要保证焊道与间隙侧壁的良好焊透。因此，要保持焊丝端部与侧壁的距离一定，以及焊丝伸出长度一定。这就要求焊机应具有横向及高度方向的跟踪系统，以保证焊丝的精确定位。通常是使用传感器。目前，接触式的机械-电气系统传感器较可靠。

3）在筒体环缝焊接时，为保证焊接热输入一致，随着焊接层次的增加，焊件转速应能自动地降低；同时要严格控制焊件的轴向窜动，例如使用具有反馈控制系统的防轴向窜动的滚轮架。

4）焊接中途发现缺陷，要有适当的清除和修补缺陷的手段。

窄间隙埋弧焊常用的坡口形式与焊缝背面清根的可能性有关，如图3-3-51所示是常用的几种形式。图中a和b为带固定衬垫和陶瓷衬垫的坡口，主要用于直缝对接；容器环缝多采用c和d的坡口。装配时，对坡口两侧壁的距离沿缝要均匀一致，公差不应超过3mm，否则很难保证焊缝的高质量。

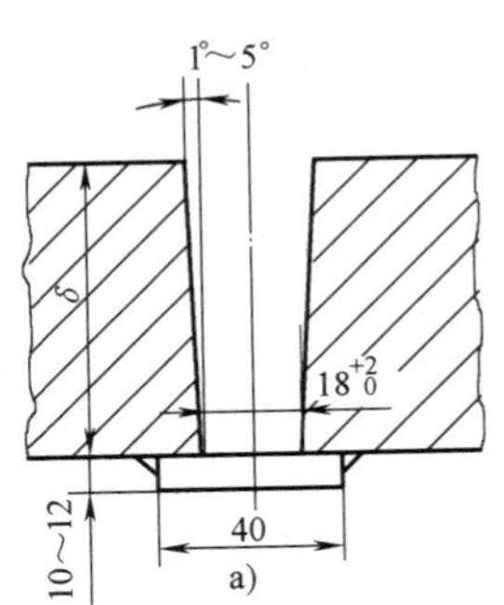

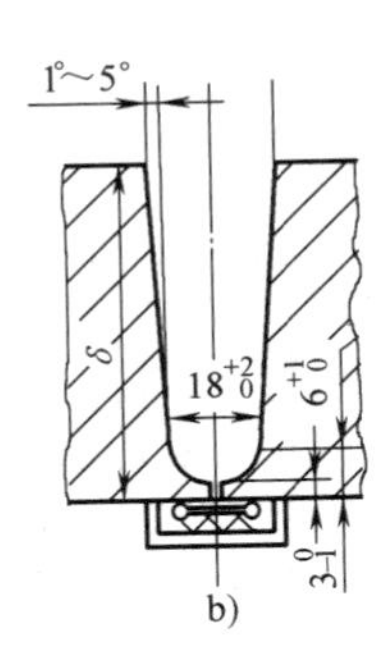

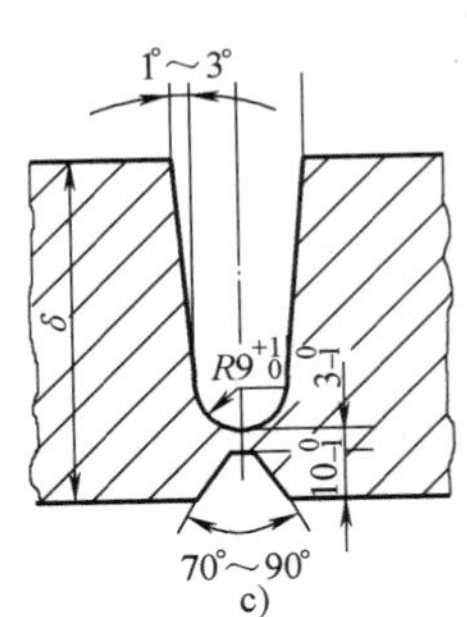

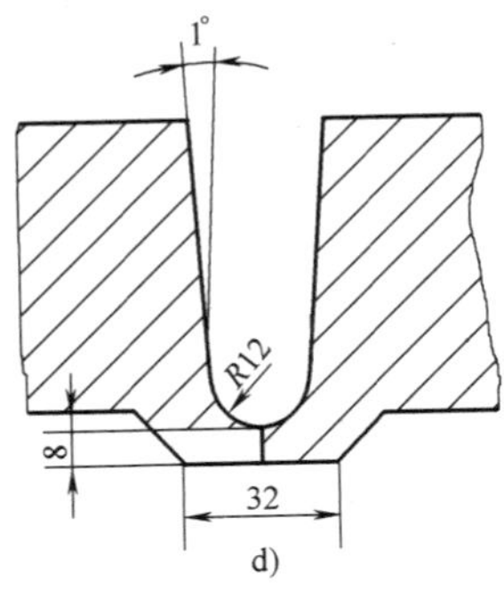

图3-3-51 窄间隙埋弧焊常用的几种坡口形式

上述接头根据板厚不同，有三种不同焊接工艺方案，如图3-3-52所示。

每层单道焊（见图3-3-52a）适用于板厚为70~150mm的焊件，但须严格控制坡口精度和焊接参数，否则焊道根部易产生热裂纹。特别是当焊接含碳量较高的钢材时，宜用较低的焊接电流和焊接速度，以获得较大的焊缝宽深比。

每层双道焊（见图3-3-52b）适用于板厚150~300mm的焊件，双道焊易焊透也易清渣，焊接参数允许范围大，热输入小，因而焊缝韧性更好。板厚>300mm宜用每层三道焊（见图3-3-52c）。

丝壁间距是影响焊缝质量与性能的重要参数，通常最佳丝壁间距等于所用焊丝的直径，公差为±0.5mm。为此，须采用高精度的机头跟踪装置，焊环缝时须严格控制轴向窜动。

表3-3-26为窄间隙埋弧焊的焊接参数。

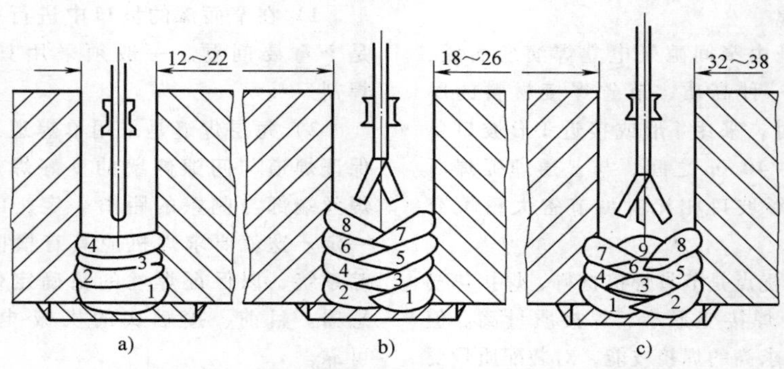

图 3-3-52 窄间隙埋弧焊的三种焊接工艺方案

a）每层单道焊 b）每层双道焊 c）每层三道焊

表 3-3-26 窄间隙埋弧焊的焊接参数

方法	焊道数	焊丝数		焊接电流/A	电弧电压/V	焊接速度/cm · min^{-1}	热输入/kJ · cm^{-1}
中心单道焊	1	单丝		500	33	30	33.0
	≥2	单丝		500～550	33～34	25～30	33.0～44.9
	≥2	双丝	前丝	500	26	40～50	31.2～42.9
			后丝	500	26	40～50	31.2～42.9
每层双道焊	1.2	单丝		500	27	25	32.4
	≥2	双丝	前丝	550	29	50	36.9
			后丝	550	27	50	36.9

3.7 埋弧焊常见的缺陷及消除

埋弧焊常见的缺陷有焊缝成形不良、咬边、未熔合、未焊透、气孔、裂纹和夹渣等，它们产生的原因及其消除方法见表 3-3-27。

表 3-3-27 埋弧焊常见的缺陷产生的原因及其消除方法

缺陷名称		产生原因	消除方法
焊缝表面成形不良	宽度不均匀	1）焊接速度不均匀 2）焊丝给送速度不均匀 3）焊丝导电不良	防止：1）找出原因排除故障 2）更换导电嘴衬套（导电块） 消除：酌情部分用焊条电弧焊补焊修整并磨光
	堆积高度过大	1）电流太大而电压过低 2）上坡焊时倾角过大 3）环缝焊接位置不当（相对于焊件的直径和焊接速度）	防止：1）调节焊接速度 2）调整上坡焊倾角 3）相对于一定的焊件直径和焊接速度，确定适当的焊接位置 消除：去除表面多余部分，并打磨圆滑
	焊缝金属满溢	1）焊接速度过慢 2）电压过大 3）下坡焊时倾角过大 4）环缝焊接位置不当 5）焊接时前部焊剂过少 6）焊丝向前弯曲	防止：1）调节焊接速度 2）调节电压 3）调整下坡焊倾角 4）相对一定的焊件直径和焊接速度，确定适当的焊接位置 5）调整焊剂覆盖状况 6）调节焊丝矫直部分 消除：用碳弧气刨去除后再用风铲进行适当刨槽并重新焊接
	中间凸起而两边凹陷	焊接漏斗出口过低并有黏渣，焊接时熔渣被黏渣拖压	防止：提高焊接漏斗出口，使焊剂覆盖高度达 30～40mm 消除：1）提高焊接漏斗出口，去除黏渣 2）适当补焊或去除重焊

（续）

缺陷名称	产生原因	消除方法
咬边	1)焊丝位置或角度不正确 2)焊接参数不当	防止:1)调整焊丝 2)调节焊接参数 消除:去除夹渣补焊
未熔合	1)焊丝未对准 2)焊缝局部弯曲过大	防止:1)调整焊丝 2)精心操作 消除:去除缺陷部分后补焊
未焊透	1)焊接参数不当(如电流过小,电弧电压过高) 2)坡口不合适 3)焊丝未对准	防止:1)调整焊接参数 2)修正坡口 3)调节焊丝 消除:去除缺陷部分后补焊,严重的需整条退修
内部夹渣	1)多层焊时,层间清渣不干净 2)多层分道焊时,焊丝位置不当	防止:1)层间清渣彻底 2)每层焊后若发现咬边或夹渣则必须清除修复 消除:去除缺陷补焊
气孔	1)坡口及其附近未清理干净 2)焊剂潮湿 3)焊剂(尤其是焊剂垫)中混有杂质 4)焊剂覆盖层厚度不当或焊剂漏斗阻塞 5)焊丝表面清理不够 6)电压过高	防止:1)坡口及其附近必须清理干净 2)焊剂按规定烘干 3)焊剂必须过筛、吹灰、烘干 4)调节焊剂覆盖层高度,疏通焊剂漏斗 5)焊丝必须清理,清理后应尽快使用 6)调整电压 消除:去除缺陷后补焊
裂纹	1)焊件、焊丝和焊剂等材料配合不当 2)焊丝中含碳、硫量较高 3)焊接区冷却速度过快而致热影响区硬化 4)多层焊的第一道焊缝横截面尺寸过小 5)焊缝成形系数太小 6)角焊缝熔深太大 7)焊接顺序不合理 8)焊件刚度大	防止:1)合理选配焊接材料 2)选用合格焊丝 3)适当降低焊接速度以及焊前预热和焊后缓冷 4)焊前适当预热或减小电流,降低焊接速度(双面焊适用) 5)调整焊接参数和改进坡口 6)调整焊接参数和改变极性(直流) 7)合理安排焊接顺序 8)焊前预热及焊后缓冷 消除:去除缺陷后补焊
焊穿	焊接参数及其他工艺因素配合不当	防止:选择适当规范 消除:缺陷处修整后补焊

第 4 章　钨极氩弧焊（TIG 焊）

4.1　概述

4.1.1　原理与分类

1. 原理

在惰性气体的保护下，利用钨电极与焊件之间产生的电弧热熔化母材和填充焊丝的焊接方法称为钨极惰性气体保护焊，英文简称 TIG（tungsten inert gas）焊。TIG 焊的原理示意图如图 3-4-1 所示。

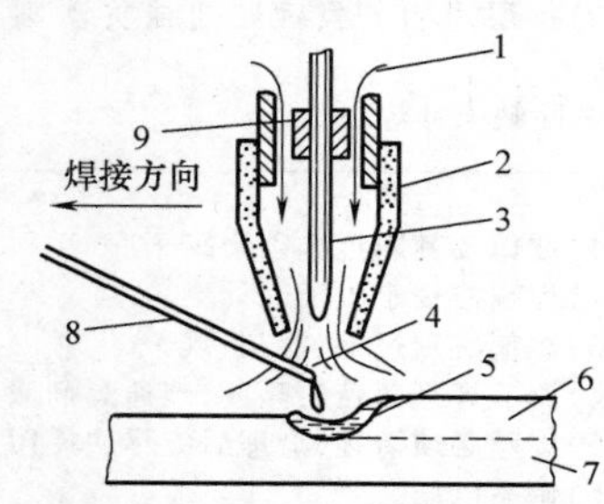

图 3-4-1　TIG 焊原理示意图

1—惰性气体　2—喷嘴　3—钨电极
4—电弧　5—熔池　6—焊缝金属　7—母材
8—焊丝（填充金属）　9—导电嘴

使用的惰性气体是氩气（Ar）、氦气（He）或氩、氦混合气体，在某些场合下可采用氩气加少量氢气。不同气体的保护作用相同，但在电弧特性方面有区别，因氦气的价格比氩气贵很多，故在工业上主要用氩弧焊。

2. 电弧的静特性

TIG 焊电弧的静特性与所用的惰性气体有关，图 3-4-2 表示分别用氩气和氦气作保护气体时的两组静特性曲线。从图中可以看出，在任何给定的电流和电弧长度下，氩弧电压较氦弧低。这和氩气的电离电压（15.7V）低于氦气（24.5V）有关，说明了氩弧比氦弧容易引燃而稳定。这两种电弧的电压也都随电弧长度的增加而提高，如图 3-4-3 所示。氩气保护具有较低电弧电压的特性，有利于薄板焊条电弧焊，可减少烧穿倾向，也有利于立焊和仰焊。

3. 分类

按钨极氩弧焊工艺的基本特征可进行如下分类。

（1）按焊接电流的类型分。

1）直流氩弧焊。

2）交流氩弧焊。按交流电的波形又分为正弦波氩弧焊和矩形（方形）波氩弧焊两种。

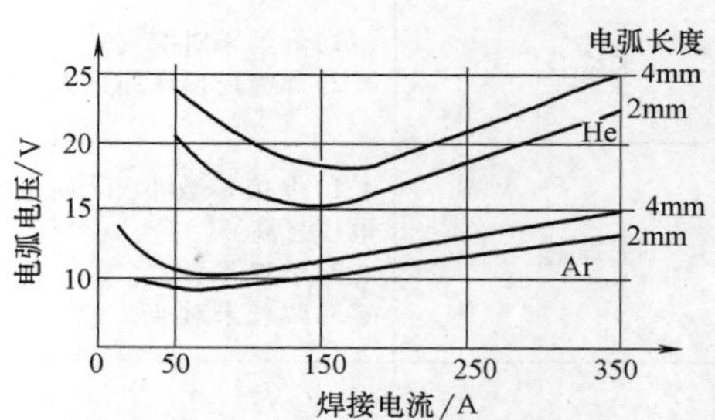

图 3-4-2　TIG 焊电弧的静特性

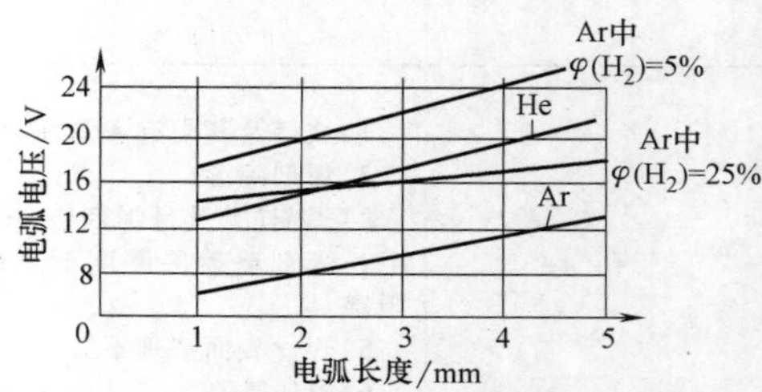

图 3-4-3　电弧电压与电弧长度的关系

3）脉冲氩弧焊。按脉冲频率的大小又分为低频（0.1～10Hz）氩弧焊、中频（10～1kHz）氩弧焊和高频（>20kHz）氩弧焊三种。

（2）按填充焊丝的状态分

1）冷丝焊。

2）热丝焊。

3）双丝焊。

（3）按操作方式分

1）手工氩弧焊。焊枪手工操作，手工送丝或机械送进。

2）自动氩弧焊。焊枪和送丝机构安装在小车上，行走和送丝自动进行。

4.1.2　TIG 焊的优缺点

1. 优点

1）可焊接几乎所有的金属；特别适于焊接化学活性强和形成高熔点氧化物的铝、镁及其合金。

2）电弧燃烧稳定，无飞溅，而且焊接过程中钨棒不熔化，弧长变化干扰因素相对较少，因此焊接过程非常稳定。

3）焊缝成形美观，焊缝质量好。

4）即使是用几安培的小电流，钨极氩弧仍能稳定燃烧，而且热量相对较集中，因此可焊接 0.3mm 的薄板；采用脉冲钨极氩弧焊电源，还可进行全位置焊接、热敏感材料焊接及不加衬垫的单面焊双面成形焊接。

5）钨极氩弧焊的电弧是明弧，焊接过程参数稳定，易于检测及控制，是理想的自动化乃至机器人化的焊接方法。

2. 缺点

1）钨极载流能力有限，加之电弧热效率系数低，因此熔深浅，熔敷速度低，焊接生产率较低。

2）钨极氩弧焊利用气体进行保护，抗侧向风的能力较差。在有侧向风的情况下焊接时，需采取防风措施。

3）对焊件清理要求较高。由于采用惰性气体进行保护，无冶金脱氧或去氢作用，为了避免气孔、裂纹等缺陷，焊前必须严格去除焊件上的油污和铁锈等。

4.1.3　适用范围

1. 可焊的材料

钨极氩弧焊几乎可焊接所有的金属和合金，但因其成本较高，生产中主要用于焊接不锈钢和耐热钢以及有色金属（铝、镁、钛和铜等）及其合金。

2. 适用的焊接接头和位置

TIG 焊主要用于对接、搭接、T 形接、角接等接头的焊接，薄板对接时（≤2mm）可采用卷边对接接头。适用于所有焊接位置，只要结构上具有可达性均能焊接。

3. 适用的板厚与产品结构

表 3-4-1 给出了 TIG 焊焊件厚度的适用范围，若从生产率考虑则以 3mm 以下的薄板焊接最适宜。

表 3-4-1　TIG 焊焊件厚度的适用范围

厚度/mm	0.13	0.4	1.6	3.2	4.8	6.4	10	12.7	19	25	51	102
不开坡口单道焊	←	—	—	→								
开坡口单道焊			←	—	→							
开坡口多层焊				←	—	—	—	- -	- -	- -	- -	→

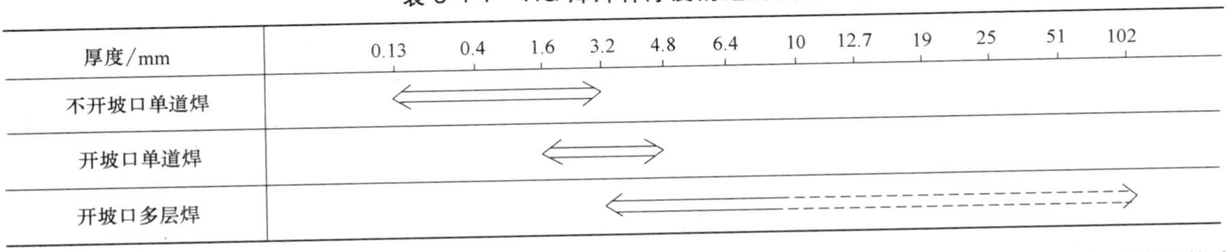

薄壁产品如箱体、箱格、隔膜、壳体、蒙皮、喷气发动机叶片、散热片、鳍片、管接头及电子元器件的封装等均可采用 TIG 焊生产。

重要厚壁构件如压力容器、管道和汽轮机转子等对接焊缝的根部熔透焊道或其他结构窄间隙焊缝的打底焊道，为了保证焊接质量，有时采用 TIG 焊。

手工 TIG 焊宜用于结构形状较复杂的焊件和难以接近的部位或间断的短焊缝的焊接；自动 TIG 焊适于焊接长焊缝，包括纵缝、环缝和曲线焊缝。

4.2　不同电流与极性的 TIG 焊的工艺特点

4.2.1　直流钨极氩弧焊

直流钨极氩弧焊采用直流电源。焊接时有两种接法：直流反接及直流正接。

1. 直流正接（DCSP）TIG 焊的工艺特点

直流正接时，焊件接电源的正极，钨棒接电源的负极，又称直流正极性接法。具有如下工艺特点：

1）钨极的电流容量大，使用寿命长。由于钨极通过热发射产生大量的电子，热发射对钨极有强烈的冷却作用，因此同样直径的钨棒就可允许通过较大的电流。

2）在同样的焊接电流下，直流正接可采用较小直径的钨极，电弧集中程度高，电流密度增大，电弧稳定性好，并在焊件上形成窄而深的熔池。

3）焊件接阳极，而钨极氩弧焊时阳极区的产热占 70%，因此熔深大、焊接变形小、热影响区小。

4）没有阴极清理作用。

在实际生产中，这种接法广泛用于除铝、镁及其合金以外的其他金属的焊接。

2. 直流反接（DCRP）TIG 焊的工艺特点

直流反极接时，焊件接电源的负极，钨棒接电源的正极，又称直流反极性接法。具有如下工艺特点：

1）电弧引燃后，电子从焊件的熔池表面发射，经过电弧加速撞向电极，易使钨极过热，钨极寿命低。

2）与直流正接相比，同样直径的钨极，允许使用的电流显著减小（降低大约 90%左右）。

3）电流一定时，不得不选用直径较粗的钨极，电弧不稳定、熔深浅、热影响区大。

4）直流反接时，焊件表面受到质量较大的正离子的冲击，迅速将表面氧化膜打碎并清理掉，这种现象称为“阴极清理作用”。

当母材为阴极时，电弧中质量较大的正离子高速向母材表面撞击，就像喷砂的作用一样，把母材表面的氧化膜打碎并清除掉，这种现象称为阴极清洗作用，又称阴极破碎作用。图 3-4-4 所示是铝的 TIG 焊焊缝外观的示意图。焊缝周围的白边，就是因清洗作用把母材表面氧化膜去除的痕迹。只有直流反接和交流负半周期内才会有这种清理作用。清理范围是在惰性气体充分包围的地方。惰性气体流量不足，其作用范围也显著减少。

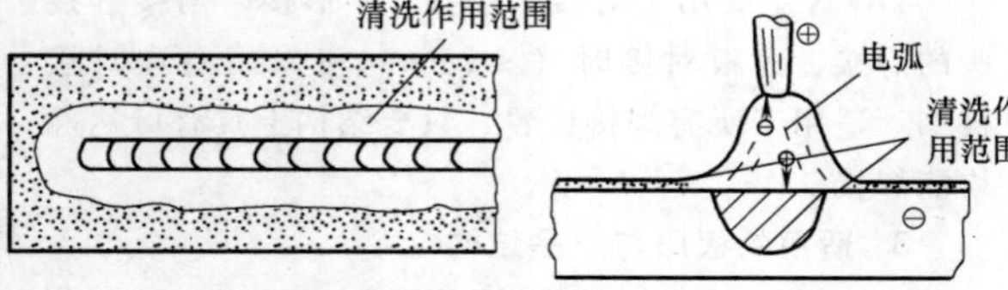

图 3-4-4　铝的 TIG 焊焊缝外观示意图

阴极清洗作用对于焊接极易氧化的轻金属很有意义，因为这些金属表面生成的氧化膜熔点远高于母材，不清除是无法进行焊接的。交流 TIG 焊之所以能成功地焊接铝、镁及其合金，就是充分利用了阴极清洗的作用。焊接时不需外加焊剂就自动地把氧化膜清除掉，从而获得纯净的焊缝金属。

交流 TIG 焊的阴极清洗作用不如直流反接的显著，但交流的综合效果好（在熔深能力、钨极寿命和生产率等方面）而广为应用于铝、镁等轻合金的焊接。

4.2.2　交流钨极氩弧焊

1. 交流 TIG 焊的工艺特点

交流钨极氩弧焊分为正弦波交流及方波交流两种。利用交流钨极氩弧焊焊接时，焊接电弧的极性发生周期性变化，因此，工艺上兼有直流正接及直流反接的特点。在交流负半波（焊件为负极）时，氩弧对焊件产生阴极雾化作用；在交流正半波时，电弧的热量主要集中于焊件上，不但使钨极得以冷却，还使焊缝得到足够的熔深。

交流钨极氩弧焊广泛用于铝、镁及其合金的焊接。

表 3-4-2 比较了不同电流种类及接法的 TIG 焊的工艺特点。从表中可以看出，使用直流电源焊接时，对于绝大多数金属应采取正接法。但是，正接法没有阴极清洗作用，无法焊接那些容易被氧化的铝、镁及其合金。虽然直流反接法具有阴极清洗作用，能够焊接铝、镁及其合金，但是直流反接的焊缝熔深浅、熔宽大，且钨极载流能力低，故这类金属多采用交流 TIG 焊。利用交流 TIG 焊焊接铝、镁等轻金属，主要是因它具有阴极清洗作用，但是在焊接电路中又出现直流分量问题和电弧不稳定问题，前者削弱了阴极清洗作用并恶化了焊接变压器的工作条件，因此，需要有消除直流分量的装置。后者需使用当电流过零时，能使电弧再引燃的稳弧装置。

表 3-4-2　不同电流种类及接法的 TIG 焊的工艺特点

电流种类	直流		交流对称波形
	正接	反接	
示意图	− +	+ −	~
两极热量的近似比例	焊件 70%，钨极 30%	焊件 30%，钨极 70%	焊件 50%，钨极 50%
焊缝形状特征	深而窄	浅而宽	中等
钨极许用电流	最大（ϕ3.2mm，400A）	较小（如 ϕ6.4mm，120A）	较大（如 ϕ3.2mm，225A）
稳弧措施	不需要	不需要	需要①
阴极清洗（破碎）作用	无	有	有（当焊件为负半周时）
消除直流分量装置	不需要	不需要	需要①
适用材料	氩弧焊：除铝、镁及其合金，以及铝青铜外的其余金属。氦弧焊：几乎所有金属	一般不采用	铝、镁及其合金，铝青铜等

① 若使用方波电源，则不需要。

2. 交流 TIG 焊的直流分量

在交流 TIG 焊接过程中，正负半波的导电特性不对称导致电流波形和电弧电压波形不对称，在焊接电路上将出现直流分量现象。正负半波的导电特性不对称是由电极和母材的电、热物理性能以及几何尺寸等方面存在差异引起的。在焊接铝、镁及其合金的情况下，正半波时（见图 3-4-5），钨极为阴极，电子热发射强，引弧电压低，引燃容易，电流大，导电时间长；负半波时则相反，焊件为阴极，散热快，其电子热发射弱，引弧困难，需高的电压，电流小而导电时间短。于是在交流电路中就出现了直流分量。焊件的热导率越高，这种现象越严重。焊接回路上因负半波（焊件为阴极时）电流小、导电时间短而产生的直流分量。其结果，就削弱了阴极的清洗作用（后面将详述），而且这种波形不对称，也使弧焊变压器的工作条件变坏，电弧燃烧不稳定。故用交流电焊接铝、镁等热导率高的金属时，须设法消除直流分量的不利影响。

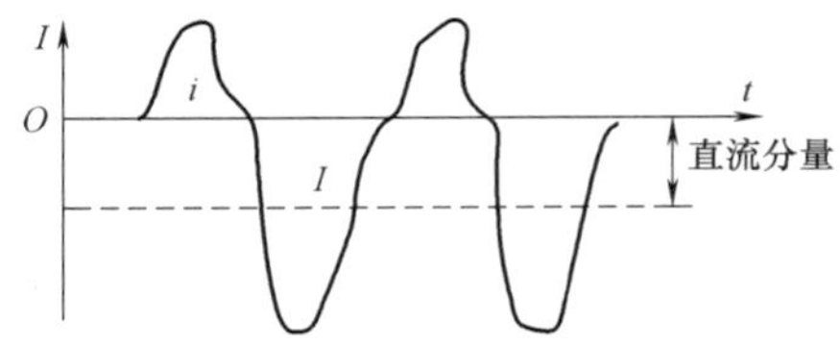

图 3-4-5　正弦波交流 TIG 焊的直流分量

正弦波交流 TIG 焊通常采用在焊接回路中串联一个大容量的无极性电容器来消除直流分量的方法，如图 3-4-6 所示。通过电容的隔直流通交流的作用，完全消除直流分量。电容器 C 的容量为每安培焊接电流 300～400μF。在完全消除直流分量后，焊接电流波形变成对称，阴极清洗作用得到加强。但同时两极发热量随之变化，焊件发热量减小，钨极发热量增大，同样大小直径的钨极的载流能力将降低。

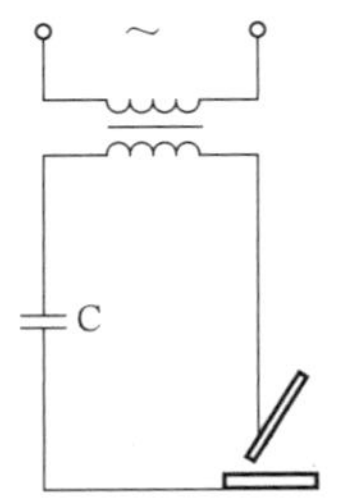

图 3-4-6　正弦波交流 TIG 焊直流分量的消除

方波交流 TIG 焊的焊接电流波形如图 3-4-7 所示，设 K_R 表示正、负半波通电时间的比例，则一般 K_R 可在 10%～50% 的范围内调节。当 K_R 增大时，阴极清洗作用加强，但母材热量减少，熔深变得较浅，熔宽加大，钨极烧损加快；反之，当 K_R 减小时，对两极热量分配有利，而阴极清洗作用减弱。通常是选择最小而必要的反极性时间以去除氧化膜，余下的正极性时间可以加速母材的熔化，便于进行深熔透的高速焊。这种两个半波参数可作非对称式变化和调节的电源被称为变极性的电源，是方波交流电源的一个特点。

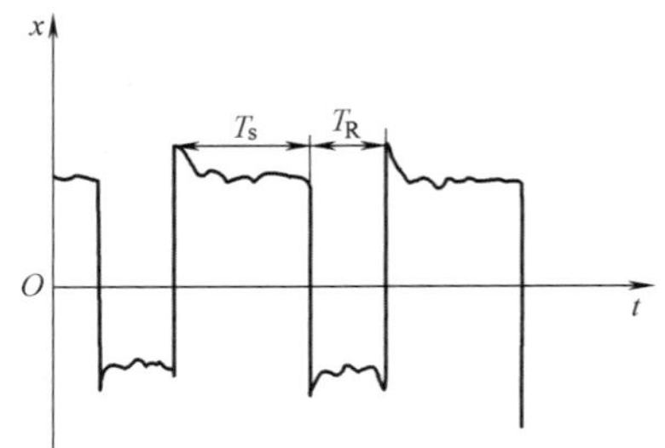

图 3-4-7　方波交流 TIG 焊的焊接电流波形图

$$K_R = \frac{T_R}{T_R + T_S} \times 100\%$$

式中　K_R——交流方波正负半波宽度可调值，又称占空比；

T_R——一周期中负半波时间；

T_S——一周期中正半波时间。

与普通正弦波交流电源相比，方波电源具有如下优点。

1）方波电流过零后增长快，再引燃容易，大大提高了稳弧性能，如空载电压在 70V 以上，不需再外加稳弧装置，可使电流 10A 以上的电弧稳定燃烧。

2）可以根据焊接条件选择最小而必要的 K_R，使其既能满足清除氧化膜的需要，又能获得可能的最大熔深和最小的钨极损耗。

3）由于采用电子电路控制，焊接铝、镁及其合金时，无须另加消除直流分量的装置。

有关方波电源的工作原理，详见本篇第 1 章弧焊电源。国产方波 TIG 焊的焊机多做成交、直流两用的手工 TIG 焊机，它可以进行交流方波的 TIG 和焊条电弧焊，也可进行直流的 TIG 焊和焊条电弧焊。

4.2.3　脉冲钨极氩弧焊

脉冲钨极氩弧焊的焊接电流是脉冲直流或脉冲交流，其波形图如图 3-4-8 所示。焊接电流参数衍变为如下几个参数：基值电流 I_b、脉冲电流 I_p、脉冲持续时间 t_p、脉冲间歇时间 t_b、脉冲频率 f、脉幅比 F（$=I_p/I_b$）和脉宽比 K（$=t_p/t_b$）。

根据电流的种类，脉冲钨极氩弧焊可分为直流脉冲钨极氩弧焊及交流脉冲钨极氩弧焊两种，前者用于焊接不锈钢，后者主要用于焊接铝、镁及其合金。根据脉冲频率范围，脉冲钨极氩弧焊可分为高频脉冲钨极氩弧焊、中频脉冲钨极氩弧焊及低频脉冲钨极氩弧焊三种。不同的频率决定了不同的工艺特点。

1. 低频脉冲钨极氩弧焊

电流的频率范围为0.1~15Hz。这是目前应用最广泛的一种脉冲钨极氩弧焊。在脉冲电流持续期间，焊件上形成点状熔池；在脉冲电流停歇期间，基值电流仅能维持电弧的稳定燃烧，输入焊件的热量显著下降，熔池金属凝固形成焊点。因此焊缝事实上是由一系列焊点组成的。

为了获得连续、气密的焊缝，两个脉冲焊点之间必须有一定的相互重叠，这要求脉冲频率f与焊接速度v_w之间必须满足下式：

$$f=\frac{v_w}{60L_d}$$

式中　L_d——相邻两焊点的最大允许间距，mm；

f——脉冲频率，Hz；

v_w——焊接速度，mm · min^{-1}。

低频脉冲钨极氩弧焊具有如下特点：

（1）电弧稳定、挺度好

当电流较小时，一般钨极氩弧焊易飘弧，而脉冲钨极氩弧焊的电弧挺度好，稳定性好，因此这种焊接方法特别适于薄板焊接。

（2）电弧热输入低

脉冲电弧对焊件的加热集中，热效率高，因此焊透同样厚度的焊件所需的平均电流比一般钨极氩弧焊低20%左右，从而减小了热输入，这有利于缩小热影响区和减小焊接变形。

（3）易于控制焊缝成形

焊接熔池凝固速度快，高温停留时间短，所以既能保证一定熔深，又不易产生过热、流淌或烧穿现象，有利于实现不加衬垫的单面焊双面成形及全位置焊接。

（4）焊缝质量好

脉冲钨极氩弧焊的焊缝由焊点相互重叠而成，后续焊点的热循环对前一焊点具有热处理作用。同时，由于脉冲电流对点状熔池具有强烈的搅拌作用，且熔池的冷却速度快，高温停留时间短，因此焊缝金属组织细密，树枝状晶不明显。这些都使得焊缝性能得以改善。

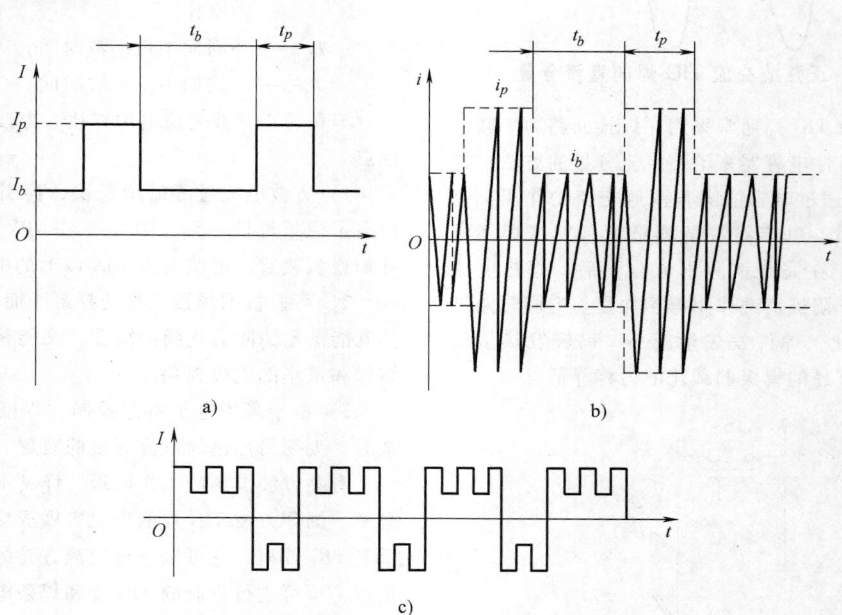

图3-4-8　脉冲钨极氩弧焊的焊接电流波形图

a）直流脉冲钨极氩弧焊电流波形　b）正弦波交流脉冲钨极氩弧焊电流波形

c）方波交流脉冲钨极氩弧焊电流波形

I_b—直流钨极氩弧焊基值电流　I_p—直流钨极氩弧焊脉冲电流

t_p—脉冲持续时间　t_b—脉冲间歇时间

i_b—交流钨极氩弧焊基值电流　i_p—交流钨极氩弧焊脉冲电流

2. 中频钨极氩弧焊

电流的频率范围为10～1000Hz，其特点是小电流下电弧非常稳定，且电弧力不像高频钨极氩弧焊那样高，因此它是手工焊接0.5mm以下薄板的理想方法。

3. 高频钨极氩弧焊

电流的频率范围为10～20kHz。这种方法的工艺特点是：

（1）适合于高速焊

高频脉冲电弧的电磁收缩效应大，电弧刚性好，高速焊时可避免因阳极斑点的黏着作用而造成的焊道弯曲或不连续现象；避免咬边和背面成形不良等缺陷。因此，特别适用于薄板的高速自动焊。

（2）熔深大

电弧压力大，能力密度大，因此电弧熔透能力显著增大；

（3）焊缝质量好

熔池受到超声波振动，其流动性增加，焊缝的物理冶金性能得以改善，有利于焊缝质量的提高；

（4）适合于大坡口焊缝

直流钨极氩弧焊时，如果填充焊丝较多，熔池与坡口侧面的熔合不良，焊道凸起，并偏向一侧。在焊接下一个焊道时，焊道两侧的熔化不良，易于导致熔合不良或未焊透，而高频脉冲钨极氩弧焊可很好地克服这种缺陷。

高频钨极氩弧焊的许多特性介于一般钨极氩弧焊及等离子弧焊之间，见表3-4-3。

表3-4-3 高频钨极氩弧焊工艺性能与一般钨极氩弧焊及等离子弧焊的比较

电弧参数	焊接方法		
	高频TIG	一般TIG	等离子弧焊
电弧刚性	好	不好	好
电弧压力	中	低	高
电弧电流密度	中	小	大
焊炬尺寸	小	小	大

4.3 钨极氩弧焊焊机

4.3.1 TIG焊接过程的一般程序

为了获得优质焊缝，无论是手工TIG焊还是自动TIG焊，必须有序地进行。通常有如下要求。

1）起弧前必须用焊枪向始焊点提前1.5～4s送气，以驱赶管内和焊接区的空气。灭弧后应滞后一定时间（约5～15s）停气，以保护尚未冷却的钨极与熔池。焊枪须待停气后才离开终焊处，从而保证焊缝始末端的质量。

2）在接通焊接电源的同时，起动引弧装置。电弧引燃后即进入焊接，焊枪的移动和焊丝的送进也同时协调地进行。

3）在焊接即将结束时，焊接电流应能自动地衰减，直至电弧熄灭，以消除和防止弧坑裂纹。

4）用水冷式焊枪时，送水与送气应同步进行。

图3-4-9a、b分别表示手工和自动TIG焊接的一般控制程序，焊接时由工人和焊机的控制系统配合完成。

4.3.2 TIG焊机的组成

典型的手工TIG焊机是由焊接电源及控制系统、焊枪、供气系统和供冷却水系统等部分组成，如图3-4-10所示。

交流TIG焊机所需的引弧和稳弧装置、隔直装置（图中没示出）和控制系统通常也安装在电源中。

自动TIG焊机比手工TIG焊机多了一个焊枪移动装置和一个送丝机构，通常两者结合在一台可行走的焊接机头（小车）上。图3-4-11所示为自动TIG焊焊枪与导丝嘴的调节。

专用自动TIG焊接机头是根据用途和产品结构而设计的，如管子-管板孔口环缝自动TIG焊机，以及管子对接内环缝或外环缝自动TIG焊机等。

4.3.3 焊接电源

为了稳定焊接电流，获得均匀的焊缝成形，要求电源具有陡降（恒流）外特性。钨极氩弧焊机的电源有直流、交流和脉冲电源三种。钨极氩弧焊机所用电源的空载电压一般要比手工电弧焊电源的空载电压高。大部分TIG焊电源是焊条电弧焊、TIG焊两用电源。目前常用的直流电源有晶闸管式弧焊整流器和弧焊逆变器等两种。弧焊逆变器式TIG电源通常带有低频脉冲功能。

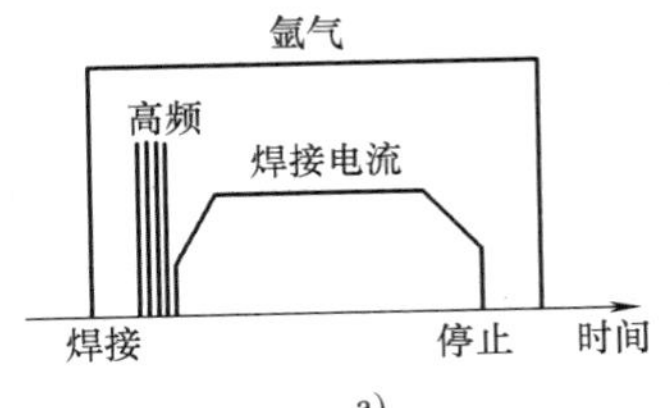

a)

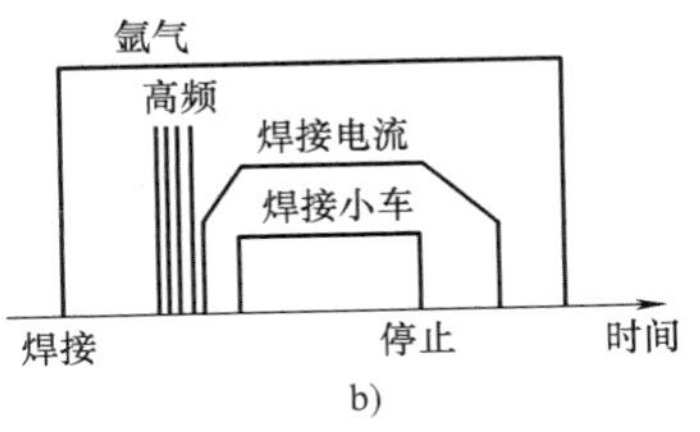

b)

图3-4-9 TIG焊的一般控制程序
a）手工TIG焊 b）自动TIG焊

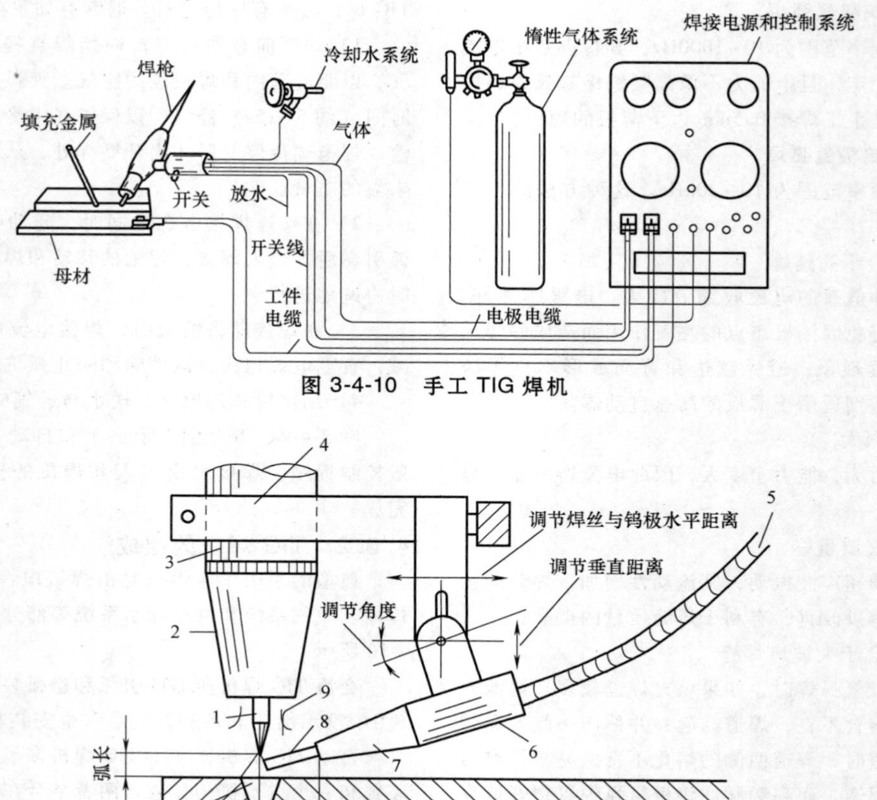

图 3-4-10　手工 TIG 焊机

图 3-4-11　自动 TIG 焊焊枪与导丝嘴的调节
1—钨极　2—喷嘴　3—焊枪体　4—焊枪夹　5—焊丝导管
6—导丝装置　7—导丝嘴　8—焊丝　9—保护气流　10—熔池

交流 TIG 焊电源有正弦波交流电源及方波交流电源两种。正弦波交流电弧不如直流电弧稳定，故实际应用的正弦波交流 TIG 焊机还需另外配备引弧和稳弧装置（后面将详述）。如前所述，正弦波交流 TIG 焊接时在焊接回路上出现比较严重的直流分量，对阴极清理作用和弧焊变压器工作不利，故还需有消除直流分量装置配套使用。正弦波交流 TIG 焊可采用弧焊变压器和弧焊逆变器，而方波交流 TIG 焊可采用晶闸管式方波电源和弧焊逆变器式方波电源。近年迅速发展的数字化弧焊逆变器逆变式（WSME 系列）不仅兼具焊条电弧焊、交/直流 TIG 和交/直流脉冲 TIG 焊的功能，而且能提供三角波、正弦波和方波等多种交流波形。

结束焊接时，收弧处容易因熔池得不到足够的填充金属而形成弧坑，并产生弧坑裂纹、气孔等缺陷。为了防止这种缺陷的产生，专用钨极氩弧焊电源一般具有电流衰减功能。如果使用没有这种功能的电源进行焊接，应在操作上进行适当的控制，比如，采用逐渐拉长电弧并多填充一些焊丝的方法。

4.3.4　引弧和稳弧装置

TIG 焊时宜用非接触式引弧，其中交流 TIG 焊引弧后还希望能稳弧，目前应用最多的是高频振荡式和高压脉冲式的引弧和稳弧装置。交流 TIG 焊要求稳弧是因为焊接电流在正负半波交替时过零反向，电弧空间发生消电离和重新引弧过程，转向负半波时所需重新引弧的电压很高，电源的空载电压不足以维持电弧连续燃烧，这时就需要有能使电弧重新引燃的稳弧装置，以使电弧继续引燃并达到连续稳定燃烧。

1. 高频引弧和稳弧装置

利用高频振荡器产生的高频高压电击穿钨极与焊件之间（约 3mm）的气体而引燃电弧。高频振荡器的电气原理及焊接回路的连接方法如图 3-4-12 所示。

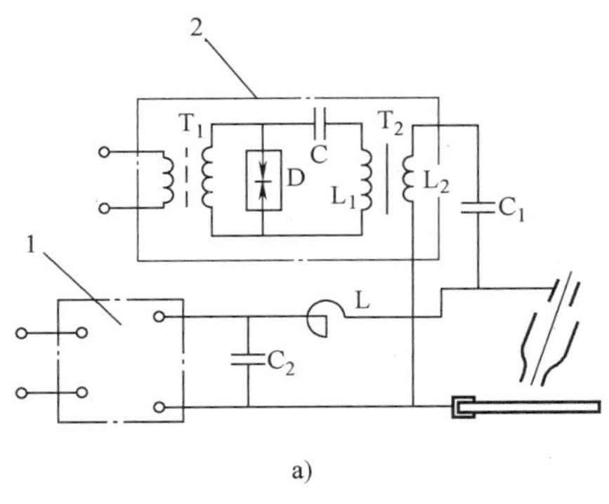

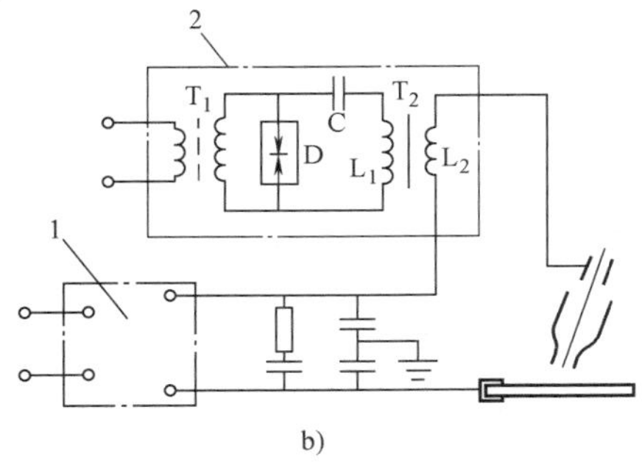

图 3-4-12　高频振荡器的电气原理及焊接回路的连接方式

a）并联式　b）串联式

1—焊接电源　2—高频振荡器　D—放电器　T_1—高压高漏抗变压器　T_2—高频变压器

当高频振荡器的输入端接通电源后，交流电源经高压变压器 T_1 升压并对电容器 C 充电，因而放电器 D 端电压逐渐升高，最后被击穿。从而一方面使 T_1 的二次回路短路而中止对 C 充电，另一方面使已经充电的电容 C 与电感 L_1 组成振荡回路。所产生的高频高压电经 T_2 输入焊接回路，其振荡频率 $f=1/2\pi\sqrt{L_1C}$。当电源为正弦波时，每半周振荡一次，振荡是衰减的，每次能维持 2～6ms。高频振荡器输出的电压一般为 2500～3000V，频率为 150～260Hz，功率约 100～200W。可以与焊接回路并联或串联使用。其中并联引弧效果较差，故多用串联连接（见图 3-4-12b）。

高频振荡器一般用于直流 TIG 焊接开始时的引弧，引燃后自动关闭。由于相位难以准确控制，高频振荡器一般不用于稳弧。

2. 脉冲引弧和稳弧装置

在钨极与焊件之间加一高压脉冲电，使两极间气体介质电离而引弧。在交流 TIG 焊时，既用高压脉冲来引弧又用它来稳弧。图 3-4-13 为 NSA-500 型焊机中应用的高压脉冲发生器的电路。T_1 是与焊接变压器同步的升压变压器，在正半周时经 VD_1 及 R_1 对 C_1 充电，在负半周的 $\pi/2$ 处，由引弧信号电路触发晶闸管 VTH_1 及 VTH_2，C_1 立即向高压脉冲变压器 T_2 放电，T_2 的二次绕组产生 2～3kV 的高压电，它串接在焊接回路中，使钨极与焊件之间的气隙击穿而引燃电弧。电弧引燃后，每当交流电从正半波向负半波过渡瞬间，即过零点，电弧熄灭须再次引燃时，由焊接电流产生信号，触发 VTH_1 及 VTH_2，高压脉冲发生器又发出高压脉冲，使电弧重新引燃而起到稳弧作用。

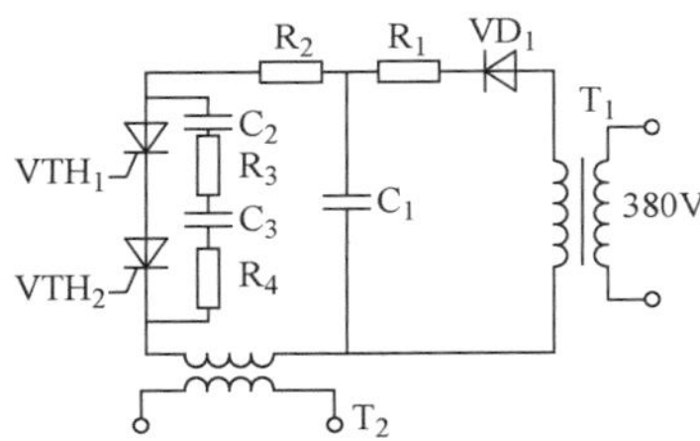

图 3-4-13　高压脉冲发生器电路

利用高压脉冲代替高频振荡引弧和稳弧，避免了高频电对人体的危害和对电子元器件及无线电的干扰。但必须使所输送的高压脉冲与焊接电流严格同步，即正好焊接电流过零点的瞬间送给电弧，才能起到稳弧的作用。

4.3.5　焊接电流衰减装置

焊接电流衰减装置的作用是当停止焊接时，使焊接电流逐渐减小，以填满弧坑，降低熔化金属在凝固时的冷却速度，避免焊缝结尾处出现弧坑裂纹等缺陷。

电流衰减的方法与所用的弧焊电源类型有关。磁放大器式弧焊整流器是利用控制绕组中的电流衰减来实现焊接电流的衰减，图 3-4-14 是其中之一。图中 Q 为控制绕组，在正常焊接时，JC_1 合上，电容 C_1 充电，停止焊接时，JC_1 断开，电容 C_1 放电，使 VT_1、VT_2 保持导通，流过 Q 的电流按 C_1 的放电过程成指数曲线下降，达到衰减焊接电流的目的。

对于晶闸管式直流弧焊电源，是通过改变晶闸管整流桥触发延迟角的大小来实现焊接电流的衰减。

4.3.6　焊枪

1. 作用与要求

焊枪的作用是夹持钨极、传导焊接电流和输送并喷出保护气体。它应满足下列要求。

1）喷出的保护气体具有良好的流动状态和一定的挺度，以获得可靠的保护。

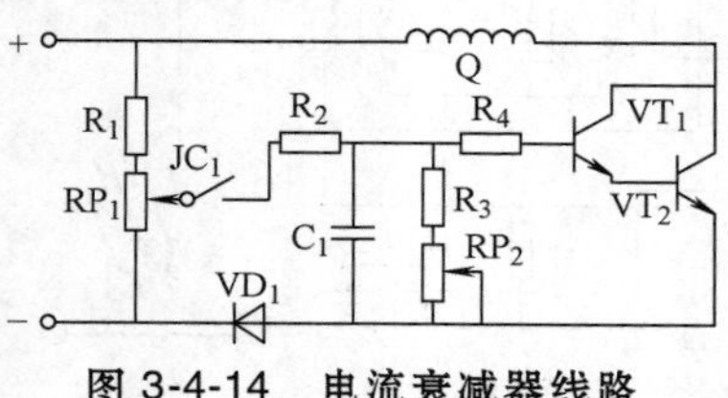

图 3-4-14　电流衰减器线路

2）有良好的导电性、气密性和水密性（用水冷时）。

3）充分冷却，以保证能持久工作。

4）喷嘴与钨极之间绝缘良好，以免喷嘴和焊件接触发生短路、打弧。

5）重量轻，结构紧凑，可达性好，装拆维修方便。

2. 类型与结构

焊枪分气冷式和水冷式两种，前者用于小电流（一般小于等于 150A）焊接。其冷却作用主要是由保护气体的流动来完成，重量轻，尺寸小，结构紧凑，价格比较便宜；后者用于大电流（一般大于等于 150A）焊接，其冷却作用主要由流过焊枪内导电部分和焊接电缆的循环水来实现，结构比较复杂，比气冷式重，而且价格高。图 3-4-15 所示为手工 TIG 焊用 PQI-350-1 型水冷式焊枪。

焊枪的各种规格是按它能采用的最大电流来划分的，它们将适应不同规格的电极和不同类型与尺寸的喷嘴。焊枪头部的倾斜角度，即电极与手柄之间的夹角（见图 3-4-15）在 0°~90°之间。

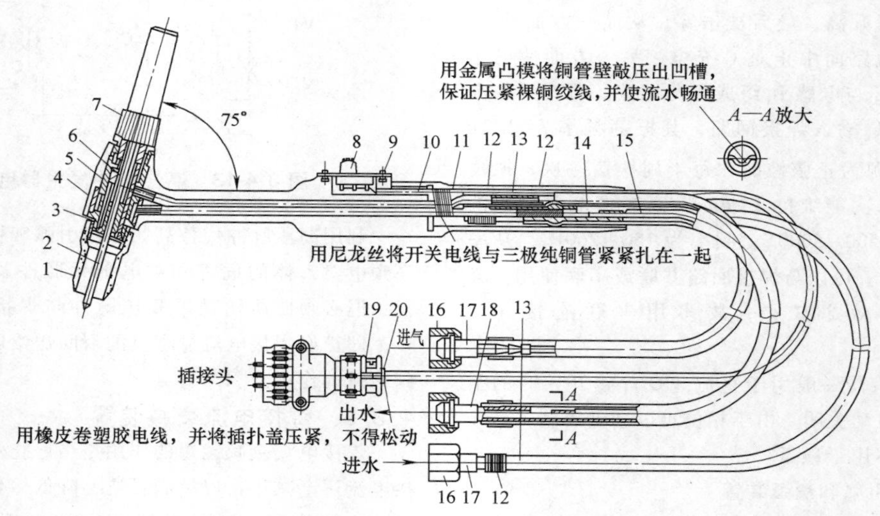

图 3-4-15　PQI-350-1 型水冷式焊枪

1—陶瓷喷嘴　2—钨电极　3—4mm×26mm 封环　4—外壳　5—枪体塑料压制件　6—轧头套筒　7—绝缘帽　8—KB-1 型拨动式波段开关　9—M2mm×6mm 球面圆柱螺钉　10—2×23/0.15mm² 双股并联塑胶线　11—手柄　12—ϕ 为 0.5mm 尼龙线　13—长 5m、内径为 ϕ5mm 的聚氯乙烯半透明塑料管　14—长 5m、内径为 ϕ10mm 的聚氯乙烯半透明塑料管　15—长 5m 的 400 根 36 号镀锡裸绞线　16—螺母　17、18—管接头　19—直式电缆插头（阳插头）　20—厚度为 2mm 软橡皮 20mm×60mm

自动 TIG 焊用的为笔直的水冷式焊枪，往往是大电流连续工作，其内部结构和手工 TIG 焊焊枪一样。

3. 喷嘴

喷嘴的形状和尺寸对气流的保护效果影响很大，为了取得良好的保护效果，通常使出口气体处获得较厚的层流层，在喷嘴下部为圆柱形通道，通道越长保护效果越好，通道直径越大，保护范围越宽。但可达性变差，且影响视线。通常圆柱通道内径 D_n（mm）、长度 l_0（mm）和钨极直径 d_w（mm）之间的关系约为

$$D_n = (2.5 \sim 3.5) d_w$$

$$l_0 = (1.4 \sim 1.6) D_n + (7 \sim 9)$$

有时在气流通道中加设多层铜丝网或多孔隔板（气筛）以限制气体横向运动，有利于形成层流。喷嘴内表面应保持清洁，若喷孔沾有其他物质，将会干扰保护气柱或在气柱中产生紊流，影响保护效果。

有些金属如钛等在高温下对空气污染很敏感，焊接时应使用带拖罩的喷嘴。

实用的喷嘴材料有陶瓷、纯铜和石英等三种。高温陶瓷喷嘴既绝缘又耐热，应用广泛，但焊接电流一般不超过 300A；纯铜喷嘴使用的电流可达 500A，需用绝缘套与导电部分隔离；石英喷嘴透明，钨极可见度好，但较贵。

4.3.7　供气系统与水冷系统

1. 供气系统

由高压气瓶、减压阀、浮子流量计、软管和电磁气阀等组成，如图 3-4-16 所示。减压阀将高压气瓶中的气体压力降至焊接所要求的压力，流量计用来调节和标示气体流量的大小，电磁阀控制气流的通断。

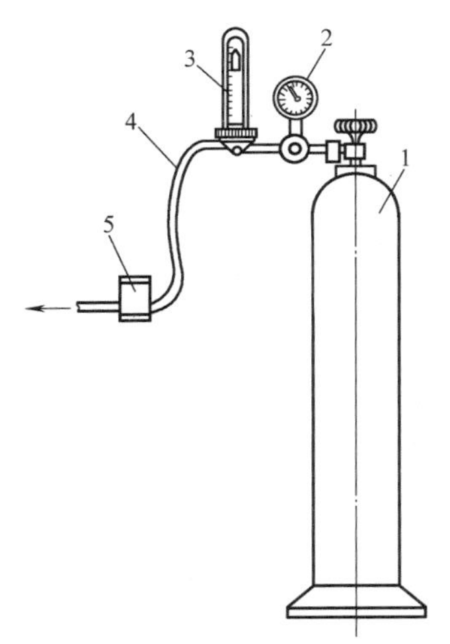

图 3-4-16　供气系统

1—高压气瓶　2—减压阀　3—浮子流量计　4—软气管　5—电磁气阀

氩气瓶与氧气瓶一样，其标称容量为 40L，满瓶压力为 15.2MPa，气瓶外涂灰色，并标以“氩气”字样；减压阀和流量计常组合成一体，这样使用方便可靠。

电磁气阀有交流和直流两种，通常采用 6V、110V 交流电磁气阀或 24V、36V 直流电磁气阀，它的开与关受控制系统控制。输送保护气体的软管建议采用聚氯乙烯塑料软管。要严防水、水气及其他污染物进入气路系统内。

2. 水冷系统

用水冷式焊枪时，需有供冷却水的系统。对于手工水冷式焊枪，通常将焊接电缆装入通水的软管中做成水冷电缆（见图 3-4-15 中的 14、15），这样可大大提高电流密度、减轻电缆重量，使焊枪更轻便。在水路中串接水压开关，保证冷却水接通并达到一定压力后才启动焊机。常用的 LF 型水压开关，其最高水压为 0.5MPa。动作的最小流量为 $1L \cdot min^{-1}$，水管直径为 ϕ 6.35mm。

4.3.8　送丝机构和焊接小车

自动 TIG 焊机需配备焊丝送进机构，和携带焊枪移动的行走小车（或机头）。对于小车或自动 TIG 焊机，当焊接参数确定后，焊接过程的送丝速度和焊枪移动速度（即焊接速度）是恒定的，所以其传动机构与等速送进埋弧焊机相似。

4.4　焊接材料

4.4.1　钨极

钨极是 TIG 焊焊枪中的易耗材料。钨（W）的熔点为 3400℃，是熔点最高的金属，其电子逸出功为 4.54eV（$1eV = 1.602 \times 10^{-19}J$，下同），与铁相当。但因其熔点比其他金属高，在高温时有强烈的电子发射能力，故是目前最好的一种不熔化电极材料。

钨的纯度约为 99.5%（质量分数），当在钨中加入微量逸出功较小的稀土元素时，如钍（Th）、铈（Ce）和锆（Zr）等，或它们的氧化物，如氧化钍（ThO_2）和氧化铈（CeO）等，则能显著地提高电子发射能力，铈钨极的逸出功为 2.4eV，钍钨极为 2.7eV。既易于引弧和稳弧，又可提高其电流的承载能力。钨极的载流能力除了与它们的成分有关外，还和焊接时的极性有很大关系，而且还受到焊枪类型、电极粗细、电极从焊枪中伸出的长度、保护气体性质等的影响。直流 TIG 焊时，大约有 2/3 的热量产生在阳极上，1/3 产生在阴极上。因此，钨极接负极（即正极性）时，在不过热的条件下，可以承载的电流比电极接正极（即负极性）时大得多（约 10 倍），而且也比交流 TIG 焊时载流能力大。表 3-4-4 和表 3-4-5 分别列出了国产钨电极的种类化学成分和载流能力。由于电极的最大载流能力取决于很多因素，所以只能给出一个近似电流范围。

表 3-4-4 国产钨电极的种类与化学成分

种类与牌号		化学成分(质量分数,%)						
		ThO_2	CeO	SiO_2	$Fe_2O_3+Al_2O_3$	CaO	Mo	W
纯钨极	W	—	—	0.06	0.02	0.01	0.01	余量
钍钨极	WTh—7	0.7~0.99	—					
	WTh—10	1.0~1.49						
	WTh—15	1.5~2.0						
	WTh—30	3.0~3.5						
铈钨极	WCe—5	—	0.50	<0.1				余量
	WCe—13	—	1.30					
	WCe—20	—	2.00					

表 3-4-5 国产钨电极的载流能力 (单位：A)

电极直径/mm	直流正接			直流反接	交流
	纯钨	钍钨	铈钨	纯钨	
1.0	20~60	15~80	20~80	—	—
1.6	40~100	70~150	50~160	10~30	20~100
2.0	60~150	100~200	100~200		
3.0	140~180	200~300	—	20~40	100~160
4.0	240~320	300~400	—	30~50	140~220
5.0	300~400	420~520	—	40~80	200~280
6.0	350~450	450~550	—	60~100	250~300

钨极价格不太昂贵，一般用于不太严格的情况下。用交流电时，载流能力较低且抗污染性能差。钍钨极载流能力较好，寿命比较长，抗污染性能较好，易引弧，电弧较稳。手工 TIG 时，其消耗量只有纯钨极的 10%~20%。

我国发展了铈钨极，与钍钨极相比有如下优点：铈钨极的弧束细长，热量集中，可提高电流密度 5%~8%，烧失率低，寿命长，采用直流电时，阴极电压降低 10%，易引弧；用直流小电流焊接金属箔时，起弧电流可减少 50%且电弧稳定。

4.4.2 保护气体

1. 氩气与氦气及其电弧性能的比较

TIG 焊用的保护气体是氩气（Ar）、氦气（He）或氩、氦混合的惰性气体。其他如氖、氙、氪等惰性气体因太稀贵而不用于焊接。焊接不锈钢时在氩气或氦气中加入少量氢气，主要是为了提高焊接速度；焊接铜及其合金时，有些情况在氩气中加入些氮气。

氩气和氦气均为单原子气体，前者相对原子质量为 40，后者为 4.0，氩气比氦气重 10 倍，也比空气重 1.4 倍；氩气的电离电压为 15.7V，而氦气为 24.5V，说明氩弧比氦弧容易引燃而且平稳，氩弧和氦弧气电弧特性如图 3-4-2 和图 3-4-3 所示。图 3-4-2 表示各自的电压与电流的关系，说明在任何给定的电流和电弧长度下，氩弧电压较氦弧低，而产生的热量也较氦弧小，只有氦弧的 2/3。图 3-4-3 表示各自的电弧电压与弧长的关系及其焊缝形状的比较，说明电弧电压均随弧长的增加而提高。氦弧比氩弧具有较大的熔透性。因此，用氩气保护有利于薄板焊条电弧焊，即使弧长发生较大变化，其热输入量的变化也较小，从而可以减少烧穿倾向，也有利于立焊和仰焊。氩弧的阴极清洗作用比氦弧大，故更适于焊接铝、镁及其合金；对于厚板、热导率高或熔点较高的材料，用氦气更为有利。而且在同样电弧功率的情况下，氦弧焊可以使用比氩弧焊更高的焊接速度（约高 30%~40%）而不会产生咬边现象。但是氦气比氩气昂贵，而且它比氩气轻，焊接时，要获得同样的保护效果，氦气的流量必须是氩气的 2~3 倍，显然成本很高，限制了它在工业上的应用。

2. 混合气体的运用

（1）氩-氦混合气体

氩气电弧稳定而柔和，阴极清洗作用好；氦气电弧发热量大而集中，具有较大的熔深。如果两者混合使用就同时具有两者的优点。按体积分数计算，以氦气占 75%~80%、氩气占 25%~20%比较有效。

当用氩气保护焊接铝时，为了获得较大熔深，而加入氦气，随氦气的加入量增加，熔深也增加，在实际使用时，是加至达到所需熔深为止。

（2）氩-氢混合气体

氩-氢混合气体只用于焊接不锈钢和镍基合金，不适用于低碳钢或低合金钢的焊接。使用氩-氢混合气体的目的是提高焊接速度（因电弧电压有所提高）和有助于控制焊缝金属成形，使焊道更均匀美观，一般 $\varphi(H_2)\leqslant 15\%$，当用 $Ar+15H_2$ 焊接厚度为 1.6mm 以下的不锈钢对接接头时，焊接速度比用纯氩气焊接时快 50%。氢气添加量过多会引起气孔，手工 TIG 焊时以 $\varphi(H_2)=5\%$ 为好。

3. 保护气体的纯度要求

惰性气体的纯度越高，保护效果越好，但其价格也越昂贵，通常在 99.99%以上的属高品位，只用于对焊缝质量要求更高、更精密的焊接或极易氧化和难熔的金属的焊接。普通金属焊接对纯度要求，可适当降低，表 3-4-6 可供参考。

表 3-4-6　TIG 焊时材质对氩气纯度的要求

金属材料	铜、铜合金、铬镍不锈钢	铝、镁及其合金	钛、难熔金属
氩气纯度(%)	≥99.7	≥99.9	≥99.98

4. 保护气体的选择

氩气、氦气或者它们的混合气均能成功地应用于各种金属材料。一般说来，氩气产生的电弧比较平稳、较容易控制而且穿透性不强。此外，氩气的成本较低，而且流量要求较小。因此，从经济上考虑应优先选用氩气。当焊接热导率高的原材料（如铝、铜）时，可以考虑选用有较高热穿透性的氦气。

表 3-4-7 为常用金属材料 TIG 焊用保护气体。

4.4.3　填充金属

厚板的 TIG 焊常采用带坡口的接头，焊接时需使用填充金属。一般要求填充金属的化学成分与母材相同，这是因为在惰性气体保护下焊接不会发生金属元素烧损，填充金属熔化后其成分基本不变。因此，在对焊缝金属没有特殊要求的情况下，可以采用以母材剪下的一定规格的条料或采用成分与母材相当的标准焊丝作填充金属材料。

手工 TIG 焊用的填充金属应是直棒（条），其直径范围为 0.8～6mm；长度在 1m 以内，焊接时用手送向焊接熔池。自动 TIG 焊用的是盘状焊丝，其直径最细为 ϕ0.5mm，大电流或堆焊用的可达 ϕ5mm。

表 3-4-7　常用金属材料 TIG 焊用保护气体

金属材料	厚度/mm	采用的保护气体①和电源	
		手工 TIG 焊	自动 TIG 焊
铝及其合金	<3.2	Ar(高频交流)	Ar(高频交流)或 He②
	>3.2	Ar(高频交流)	Ar-He(高频交流)或 He②
碳素钢	<3.2	Ar②	Ar②
	>3.2	Ar②	Ar-He②或 He②
不锈钢	<3.2	Ar②	Ar-He②或 $Ar+H_2$②
	>3.2	Ar-He②	He②
镍合金	<3.2	Ar②	Ar-He②或 He②
	>3.2	Ar-He②	He②
铜	<3.2	Ar-He②	Ar-He②
	>3.2	He②	He②
钛及其合金	<3.2	Ar②	Ar②或 Ar-He②
	>3.2	Ar-He②	He②

① Ar-He 含有体积分数为 75%的 He。$Ar-H_2$ 含有体积分数为 15%的 H_2。

② 直流正接。

为了满足特殊接头尺寸形状的需要而专门设计的可熔夹条（又称接头插入件），由于焊接时夹条也熔入熔池并成为焊缝的组成部分，故亦视为填充金属。实质上使用可熔夹条是对接接头单面焊背面成形工艺中采取的一种特殊措施。焊前把它放在接头根部，焊接时它被熔透从而获得良好的背面成形，在管子对接中常采用。图 3-4-17 表示各种可熔夹条的断面形状及焊前放置在两管件之间的示意图，有些兼起定位作用。

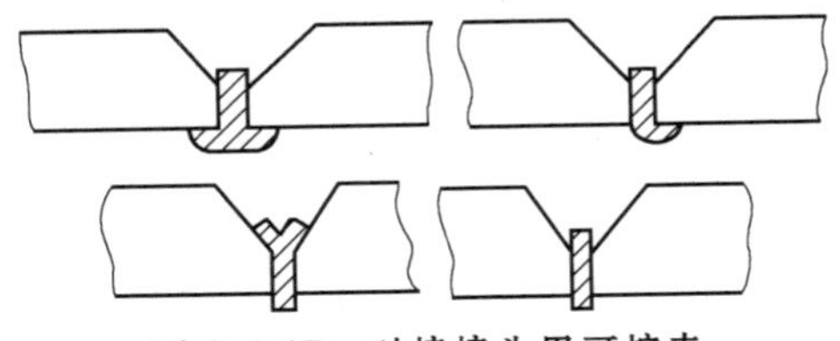

图 3-4-17　对接接头用可熔夹条常用断面形式

可熔夹条的材质与母材相同，其断面形状由用途决定，有些已规格化而专门制造。表 3-4-8 为标准可熔夹条（插入件）的尺寸与公差要求。

表 3-4-8　标准的可熔夹条（插入件）

型式	断面图	标称尺寸/mm	尺寸与公差/mm		
			W	H	T
A	T, H, W	2.4	2.36±0.10	1.12±0.13	0.74±0.13
		3.2	3.18±0.10	$1.40^{+0.30}_{-0.05}$	$1.19^{+0.05}_{-0.30}$
		4.0	3.96±0.13	$1.60^{+0.36}_{-0.08}$	$1.60^{+0.08}_{-0.36}$

（续）

型式	断面图	标称尺寸/mm	尺寸与公差/mm		
			W	H	T
B		3.2	2.18±0.28	$1.40^{+0.30}_{-0.05}$	$1.19^{+0.05}_{-0.30}$
		4.0	$2.79^{+0.03}_{-0.25}$	$1.60^{+0.36}_{-0.08}$	$1.50^{+0.08}_{-0.36}$
C		1.2×2.4	1.20±0.03	2.40±0.07	—
		1.6×3.2	1.59±0.04	3.18±0.07	—
		3.2×4.0	3.18±0.04	3.97±0.07	—

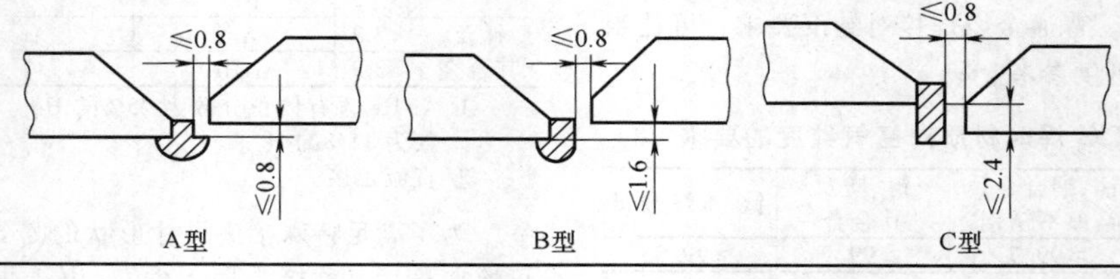

4.5　焊接工艺

4.5.1　接头形式与坡口

适于 TIG 焊的接头有对接、T 字接、角接、搭接和端接 5 种基本类型。焊前须根据焊件的材料、厚度和焊作要求预先制作出适当形状的坡口，对于碳素钢和低合金钢的焊接接头的坡口形式和尺寸可按 GB/T 985.1—2008《气焊、焊条电弧焊、气体保护焊和高能束焊的推荐坡口》选用。对于铝及铝合金手工 TIG 焊接头的坡口形状与尺寸可按 GB/T 985.3—2008《铝及铝合金气体保护焊的推荐坡口》选用。奥氏体不锈钢、钛及其合金的 TIG 焊接对接接头和 T 形接头的坡口形式与尺寸，可参考文献［4］选用。

4.5.2　焊前清理

TIG 焊在焊接过程中对污染极为敏感，因此，焊前必须对焊件、焊丝、包括需使用的工艺衬垫等进行清理。须清除的污染物有油脂、油漆、涂层、加工时用的润滑剂、尘土和氧化膜等。清理表面污染的方法有化学清理和机械清理两类。

1. 化学清理

主要用于去油脱脂及清除氧化膜。清理的对象主要是铝、镁、钛及其合金。清理方法视材质而不同。化学清理大焊件时，必须使用盛放熔液的大容器。所以化学清理只有在大批量生产时，或者在小焊件及焊丝等体积不大的清理时采用。

（1）铝及铝合金表面清理

主要清除表面的油脂和氧化膜，通常先清洗油脂，按表 3-4-9 的清洗液配方和工艺进行；后脱氧处理，按表 3-4-10 的处理程序进行。

（2）钛合金的表面清理（见表 3-4-11）

（3）镁及其合金的表面清理（见表 3-4-12）

2. 机械清理

当金属表面的氧化膜较厚，化学清理又难以清除，或者化学清理局部不彻底的，（例如剪切有氧化膜的金属时，氧化膜可能嵌入切口边缘，用化学清洗难以清除）常用机械清理。

机械清理的方法主要是打磨、刮削和喷砂等。对于不锈钢可用砂布打磨；对于铝合金有用钢丝或电动

表 3-4-9　表面去脂清洗液的配方及清洗工艺

配　方	温　度	清洗时间	清水冲洗		干　燥
			热　水	冷　水	
Na_3PO_4 50g; Na_2CO_3 50g; Na_2SiO_3 30g; H_2O 100g	60℃	5~8min	30℃	室温	用布擦干

表 3-4-10　铝及其合金表面的脱氧处理工艺

工艺程序	碱洗			冲洗	光化			冲洗	干燥
	Na_2O（质量分数，%）	温度/℃	时间/min		HNO_3（质量分数，%）	温度/℃	时间/min		
铝	15	室温	10～15	纯净冷水	30	室温	≤2	纯净冷水	100～110℃烘干，再低温干燥
	4～5	60～70	1～2		30	室温	≤2		
铝合金	8	50～60	5～10		30	室温	≤2		

表 3-4-11　钛合金的表面清洗液配方与工艺

配方号	组分	浸洗时间	冲洗
A	$HCl350mL\cdot L^{-1}$，$HNO_3 60mL\cdot L^{-1}$，$NaF50mL\cdot L^{-1}$，H_2O 余量	室温下 3min	纯净冷水
B	HF10%，$HNO_3$30%，H_2O60%	室温下 1min	

表 3-4-12　镁及其合金的表面清洗液配方及工艺

清理内容	配方	浸洗时间	冲洗
去油污	20%～50%HNO_3 溶液	1～2min	70～90℃热水
去氧化膜	150～200g·L^{-1} H_2CrO_4 溶液	7～15min	50℃热水

钢丝轮（用直径小于 0.15mm 的不锈钢丝或直径小于 0.1mm 的钢丝刷）打磨及用刮刀刮。用刮刀清除铝合金表面的氧化膜较有效，用锉刀则不能清除彻底。

清理工作量较大的宜用喷砂处理。

通常清理后宜立即施焊，为防止再次沾上油污，通常焊前需再用酒精或丙酮在坡口处擦一遍。

4.5.3　装配

用 TIG 焊焊接的产品多为薄壁结构，控制焊接变形和保证熔透而不烧穿是制造中的两大技术关键。以薄板对接为例，对装配工作的基本要求是严格控制装配间隙和错边量，并尽可能使接头能处在刚性固定下施焊。焊件越薄，制造难度越大；而自动 TIG 焊对装配要求比手工 TIG 焊更严格。薄板（≤1mm）对接不加填充金属 TIG 焊，一般是单面焊背面成形，沿缝不留装配间隙（或者<0.15mm）不能出现错边。通常是借助装配夹具来实现。手工 TIG 焊时装配后允许用定位焊临时固定，板越薄焊点需越密。自动 TIG 焊时，不能用定位焊，而需要采用如图 3-4-18 所示的装置，接头背面使用铜衬垫在夹紧状态下焊接。铜压块位于焊缝两侧，且沿缝均匀分布，板越薄压块应越多越密，像琴键一样。背面铜衬垫保证焊件对齐，无错边，必要时利用液压涨圈等装置使铜衬垫与焊件紧密贴合，以保证熔透而不烧穿。铜垫表面上位于焊缝处常开槽，这是为了控制焊缝背面成型。为了保证背面焊缝不被空气污染，焊接时向槽内通上保护气体。

薄板通常在剪板机上剪切后即可装配焊接，不再需端面加工，如果遇到切边上有斜切口，装配时应注意正反向，如图 3-4-19 所示。

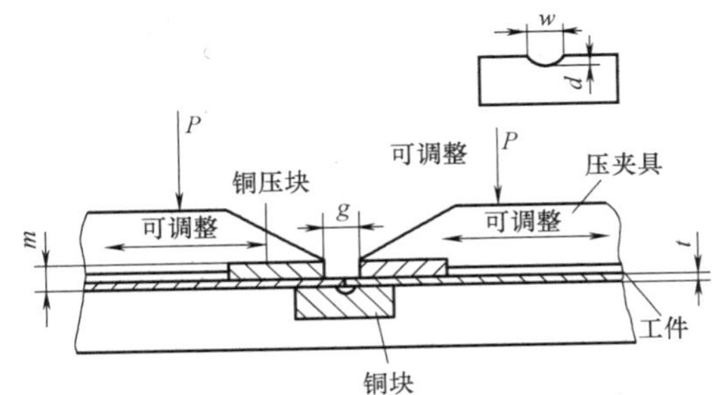

t/mm	g/mm
0.08～0.5	0.08～2.0
0.5～2.0	2～4
>2.0	(1.5～2)t
t/mm	P/N·mm^{-1}
<0.1	10
1.0<t<3.0	20
>3.0	更高的力

$w=2t$

$d=0.25$ 或 t 最小者

$m=(1.5\sim2.0)t$

图 3-4-18　琴键式薄板对接焊的夹紧装置

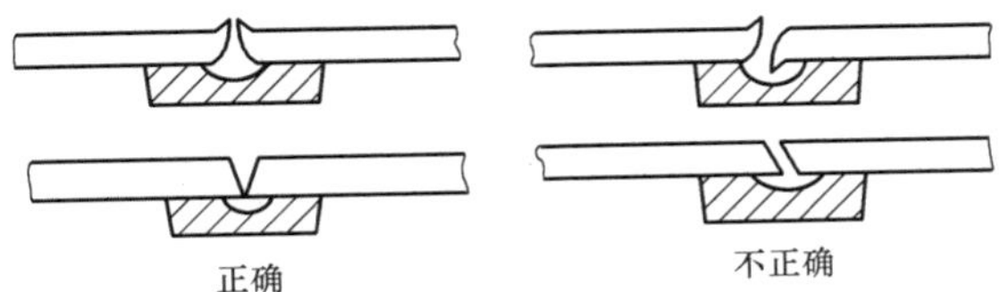

图 3-4-19　薄板对接剪切边的装配

4.5.4　电流类型与极性选择

铝、镁及其合金采用交流进行焊接，而其他金属优先选用直流正接（DCSP）进行焊接，参见

表 3-4-2。薄板焊接尽量采用脉冲电流进行焊接，铝、镁及其合金通常采用方波交流脉冲，而其他金属薄板利用直流脉冲。

4.5.5 钨极的选择与使用

1. 钨极的直径

钨极的直径及形状是重要的钨极氩弧焊焊接参数之一。通常根据电流的种类、极性及大小来选择。钨极直径的选择原则是，在保证钨极许用电流大于所用焊接电流的前提下，尽量选用直径较小的钨极。钨极的许用电流取决于钨极直径、电流的种类及极性。钨极直径越大，其许用电流越大；直流正接时，钨极许用电流最大，直流反接时钨极许用电流最小，交流时钨极许用电流居于直流正接与反接之间。交流焊时，电流的波形对钨极许用电流也具有重要的影响。不同条件下各种钨极的许用电流见表 3-4-5。

脉冲钨极氩弧焊时，由于在基值电流期间钨极受到冷却，所以直径相同的钨极的许用电流值明显提高，见表 3-4-13。

2. 钨极的端部形状

正确使用钨极可以获得电弧稳定，延长钨极使用寿命的效果。当钨极种类选定之后，使用时，它的形状和尺寸成为了关键。

钨极末端形状对电弧稳定性有影响，若端面凹凸不平、则产生的电弧不集中又不稳定。使用前必须磨尖，如图 3-4-20 所示。磨尖程度（圆锥角）与焊丝直径和使用的电流大小有关。在焊接薄板和小焊接电流时，可用小直径钨极，末端磨得尖些，这样电弧容易引燃和稳定，但当电流较大时，会因电流密度过大而使末端过热熔化使烧损增加，同时电弧斑点也会扩展到钨极末端的锥面上，使弧柱扩散或飘摆不稳。故圆锥角要适当加大或做成带有平顶的锥形。表 3-4-13 是推荐的钨极末端的形状和使用的电流范围。

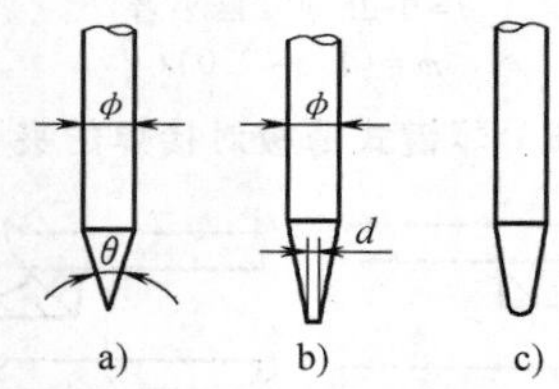

图 3-4-20 TIG 焊钨极末端的形状

a）圆锥状 b）平顶的锥状 c）圆头的锥状

当采用交流 TIG 焊时，一般将钨极末端磨成半圆球状，随着电流增加，球径也随之增大，最大时等于钨极的半径（即不带圆锥角）。

随着钨极末端圆锥角 θ 的增大，弧柱扩散倾向减小，而熔深增大，熔宽减小，焊缝横断面积基本不变。电流越大，上述现象越明显。

表 3-4-13 钨极末端的形状与使用的电流范围

电极直径 ϕ/mm	尖端直径 d/mm	圆锥角 θ /(°)	直流正接	
			恒定电流范围 /A	脉冲电流范围 /A
1	0.125	12	2~15	2~25
	0.25	20	5~30	5~60
1.6	0.5	25	8~50	8~100
	0.8	30	10~70	10~140
2.4	0.8	35	12~90	12~180
	1.1	45	15~150	15~250
3.2	1.1	60	20~200	20~300
	1.5	90	25~250	25~300

4.5.6 焊接参数的选择

TIG 焊焊接参数主要是：焊接电流、保护气体流量、电弧电压（弧长）和焊接速度。此外，还有钨极伸出长度、喷嘴与焊件之间相对位置等。TIG 焊焊接时序图如图 3-4-21 所示。

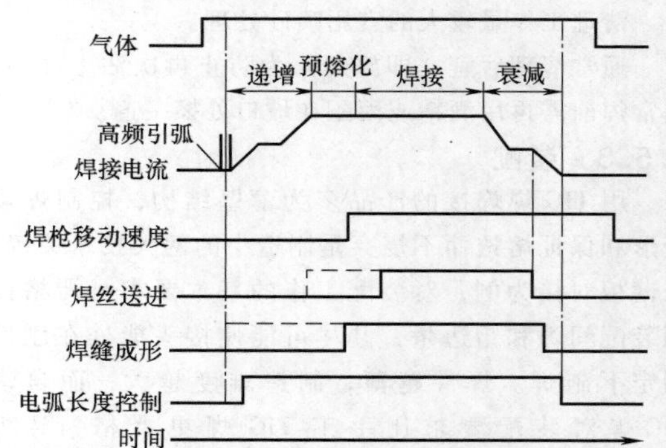

图 3-4-21 各 TIG 焊的焊接参数与时间的相互关系

确定各焊接参数的程序可以是：先选定焊接电流大小，然后选定钨极直径大小，再选定保护气体流量，最后确定焊接速度。在施焊过程中，适当调整钨极外伸长度和喷嘴与焊件的相对位置。在专业手册和有关文献中，一般都会提供各焊接参数，但都是在一定条件下的经验数据，使用时须根据实际情况做适当调整，必要时，通过工艺评定来确定。

1. 焊接电流

焊接电流是决定焊缝熔深的最主要参数，一般是按焊件材料、厚度、接头形式和焊接位置等因素来选定，先确定电流的类型和极性，再确定电流的大小。

对于脉冲钨极氩弧焊，焊接电流衍变为基值电流 I_b、脉冲电流 I_p、脉冲持续时间 t_p、脉冲间歇时间 t_b、脉冲周期 $T=t_p+t_b$、脉冲频率 $f=1/T$、脉冲幅比 $F(=I_p/I_b)$ 和脉宽比 $K\ (=t_p/t_b+t_p)$ 等参数。这些参数的选择原则如下：

（1）脉冲电流 I_p 及脉冲电流持续时间 t_p

脉冲电流与脉冲电流持续时间之积 $I_p t_p$ 被称为通电量，通电量决定了焊缝的形状和尺寸，特别是熔深，因此，应首先根据被焊材料及板厚选择合适的脉冲电流及脉冲电流持续时间。不同材料及板厚的焊件可根据图 3-4-22 选择脉冲电流及脉冲电流持续时间。

当焊接厚度低于 0.25mm 的板时，应适当降低脉冲电流幅值并相应地延长脉冲电流持续时间。当焊接厚度大于 4mm 的板时，应适当增大脉冲电流幅值并相应地缩短脉冲电流持续时间。

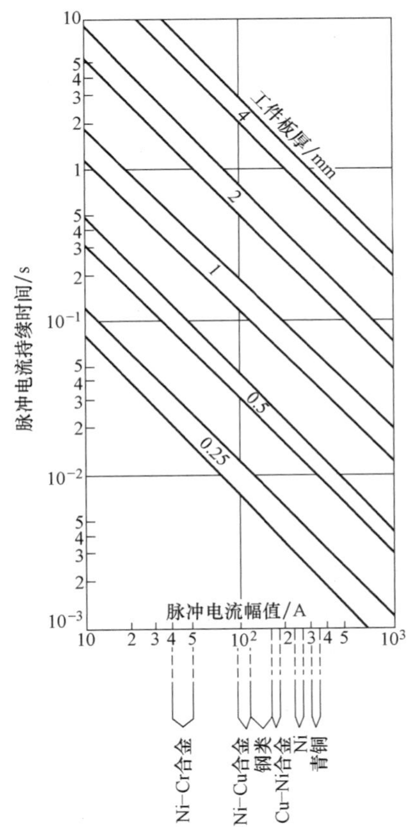

图 3-4-22　不同板厚及材料 TIG 焊的脉冲电流及脉冲电流持续时间

（2）基值电流 I_b

基值电流的主要作用是维持电弧的稳定燃烧，因此在保证电弧稳定的条件下，应尽量选择较低的基值电流，以突出脉冲钨极氩弧焊的特点。但在焊接冷裂倾向较大的材料时，应将基值电流选得稍高一些，以防止火口裂纹。

基值电流一般为脉冲电流的 10%～20%。

（3）脉冲间歇时间 t_b

脉冲间歇时间对焊缝的形状尺寸影响较小。但过长时会显著降低热输入，形成不连续焊道。

（4）脉冲幅比 F 及脉宽比 K

脉宽比越小，脉冲焊特征越明显。但太小时，熔透能力会降低，电弧稳定性差，且易产生咬边。因此，脉宽比一般取 20%～80%。空间位置焊接时或焊接热裂倾向较大的材料时应选得小一些，平焊时应选得大一些。

脉冲幅比越大，脉冲焊特征越明显。但过大时，焊缝两侧易出现咬边。因此，脉冲幅比一般取 5～10。空间位置焊接时或焊接热裂倾向较大的材料时，脉冲幅比应选得大一些，平焊时选得小一些。

2. 保护气体流量

（1）保护气体流量

在一定条件下气体流量与喷嘴直径有一个最佳配合范围，此时的保护效果最好，有效保护区最大。一般手工 TIG 焊的喷嘴内径范围为 5～20mm，流量范围为 5～25L · min^{-1}，一般以排走焊接部位的空气为准。若气体流量过低，则气流挺度不足，排除空气能力弱，影响保护效果；若流量太大，则易形成紊流，使空气卷入，也降低保护效果。当气体流量一定时，喷嘴过大，气流速度过低，挺度小，保护不好，而且影响焊工视野。

（2）加强气体保护的措施

对氧化、氮化非常敏感的金属和合金（如钛及其合金等）或散热慢、高温停留时间长的材料（如不锈钢等）进行 TIG 焊时，一般都要求加强保护。

1）保护效果的评定

可以通过观察焊接区正反面的颜色大致评定。表 3-4-14 和表 3-4-15 分别表示不锈钢和钛合金焊接区的颜色与保护效果的关系。

表 3-4-14　不锈钢焊接区的颜色与保护效果的关系

焊接区颜色	保护效果
银白，金，黄	最好
蓝	良好
红灰	较好
灰	不良
黑	最坏

表 3-4-15　钛合金焊接区的颜色与保护效果的关系

焊接区颜色	保护效果
亮银白色	最好
橙黄色	良好
蓝紫色	较好
青灰色	不良
白色氧化钛粉末	最坏

对于铝及铝合金 TIG 焊，可通过焊缝两侧阴极清洗区的宽度（见图 3-4-4）所反映的有效保护范围大小来评定其保护效果。

2）加强保护的措施

通常是从焊缝正面和背面来加强保护，正面加强保护是在焊枪后面附加通有保护气体的尾罩，目的是使处在 400℃ 以上的焊缝和热影响区仍处于保护之下，如图 3-4-23a、b 所示。背面的保护是在焊缝背面通上惰性气体，其方式有气体保护垫板（图 3-4-23c 中 5）、气体保护罩（图 3-4-23c 中 2）和焊件内部密闭气腔（由图 3-4-23c 中 4 封闭起来的空间）充气。

图 3-4-23c 中的压板 6、垫板 5 和挡板 4 通常用阴极铜制成，有时在垫板内通冷却水，它们之间除起夹紧焊件以防止变形的作用外，还起到加速焊缝和热影响区冷却，以缩短其高温停留时间的作用。在垫板上开槽，既起背面成形的承托焊缝作用，也是为了能从背面充进保护气体。

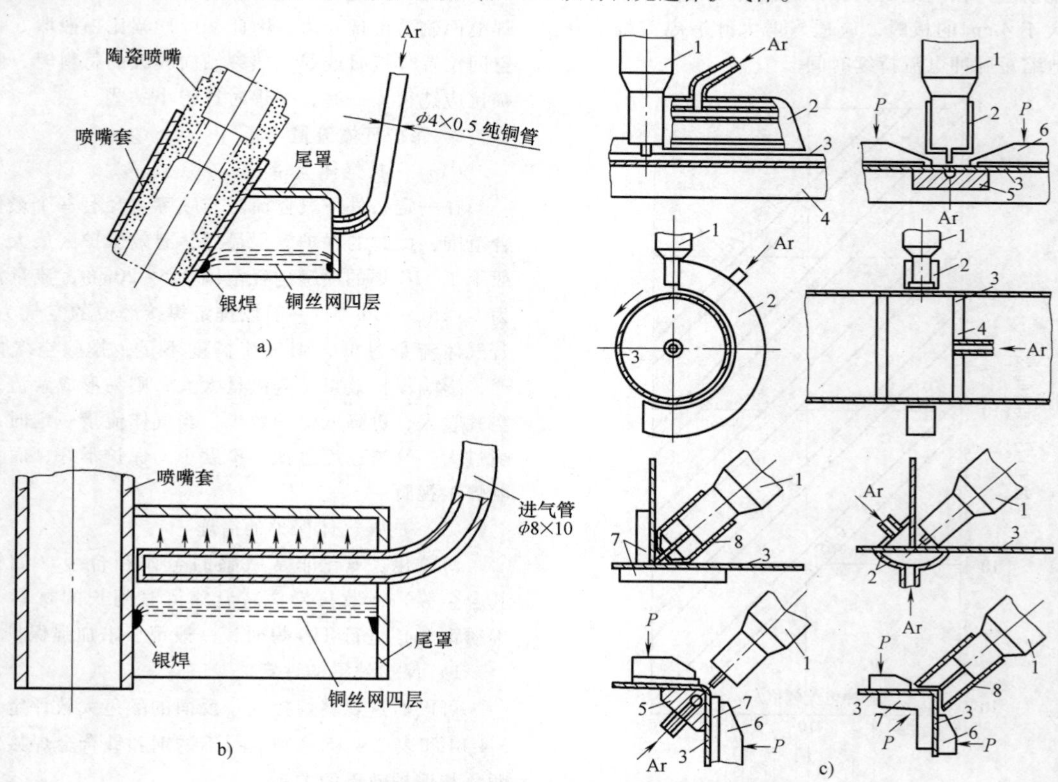

图 3-4-23　钨极氩弧焊的焊炬尾罩和局部保护装置

a）手工钨极氩弧焊的焊炬尾罩　b）自动钨极氩弧焊的焊炬尾罩　c）氩弧焊的局部保护装置

1—焊炬　2—气保护罩　3—焊件　4—挡板　5—气体保护垫板　6—压板　7—冷却块　8—玻璃罩

焊接密闭容器外焊缝时或管道对接焊外环缝时，在内部充入惰性保护气体之前，应把空气抽出（约 0.133Pa），否则影响保护效果。

3. 电弧电压

电弧电压主要影响熔宽，它由电弧长度决定。增加弧长会降低气体保护效果，一般控制弧长在 1～5mm 为宜，应视钨极直径与末端形状及填充焊丝的粗细而灵活掌握。

4. 焊接速度

当焊接电流确定后，焊接速度决定着单位长度焊缝所输入的能量（即热输入）。提高焊接速度则熔深和熔宽均减小。反之，则增大。因此，若要保持一定的焊缝成形系数，焊接电流和焊接速度应同时提高或减小。

低频脉冲钨极氩弧焊时，焊接速度与脉冲频率间要满足下式，以保证形成连续致密的焊缝

$$f=\frac{v_w}{60L_d}$$

式中　L_d——相邻两焊点的最大允许间距（mm）；

f——脉冲频率（Hz）；

v_w——焊接速度（$\mathrm{mm\cdot min^{-1}}$）。

表 3-4-16 给出了低频直流脉冲钨极氩弧焊的常

用脉冲频率范围。

表 3-4-16　低频直流脉冲钨极氩弧焊的常用脉冲频率范围

焊接方法	焊条电弧焊	自动焊接速度/cm · min^{-1}			
		20	28	36	50
频率/Hz	1~2	≥3	≥4	≥5	≥6

5. 电极伸出长度

电极伸出长度是指钨极从喷嘴孔伸出的距离，如图 3-4-24 所示。通常电极伸出长度主要取决于焊接接头的外形。内角焊缝要求电极伸出长度最长，这样电极才能达到该接头根部，并能看到较多焊接熔池。卷边焊缝只需很短的电极伸出长度，甚至可以不伸出。常规的电极伸出长度一般在 1~2 倍钨极直径。要求短弧焊时，其伸出长度宜比常规的大些，以给焊工提供更好的视野，并有助于控制弧长。但是，外伸过长，势必加大保护气体流量，才能维持良好的保护状态。

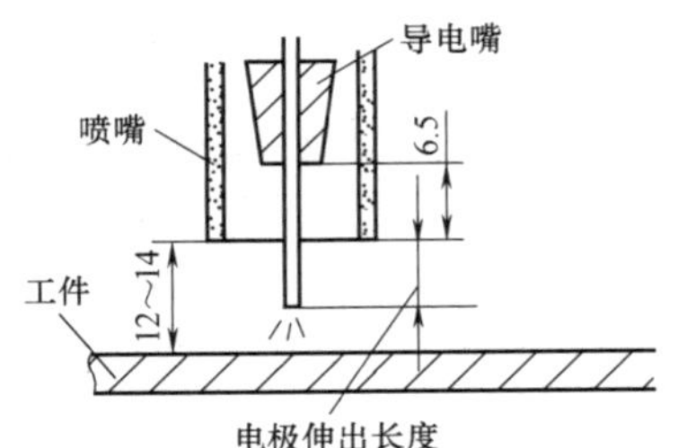

图 3-4-24　电极伸出长度

6. 典型 TIG 焊接参数

1）不锈钢和某些碳素钢对接手工 TIG 平焊的焊接参数见表 3-4-17。

表 3-4-17　不锈钢和某些碳素钢对接手工 TIG 平焊的焊接参数（直流正接，平焊）

接头形状与尺寸			焊接参数						消耗		
示意图	厚度/mm	层数	喷嘴直径/mm	焊丝直径/mm	钨极直径/mm	氩气流量/L·min^{-1}	焊接电流/A	焊接速度/m·h^{-1}	焊丝/kg·h^{-1}	氩气/L·m^{-1}	燃弧时间/min·m^{-1}
	0.25	1	6.4 或 9.5	—	0.8	2	8	23	—	5.2	2.6
	0.35	1		—	0.8	2	10~12	23	—	5.2	2.6
	0.56	1		1.2	1.2	3	15~20	23~18	0.013	7.8 或 9.9	2.6 或 3.3
	0.9	1	6.4 或 9.5	1.2 或 1.6	1.2 或 8.6	3	25	15	0.015	12	4.0
	1.2	1	9.5	1.6	1.6	3	35	15	0.018	12	4.0
	1.6	1	9.5	1.6	1.6	4	50~60	12	0.022	20	5.0
	2.0	1	9.5	1.6 或 2.4	1.6	4	25	12	0.037	20	5.0
	2.6	1	9.5 或 12.7	2.4	1.6	4	85~90	9	0.045	27	6.7
	3.3	1	9.5 或 12.7	2.4 或 3.2	1.6 或 2.4	5	125	9	0.074	67	13.4
60°　1.6	3.3	2	9.5 或 12.7	2.4 或 3.2	1.6 或 2.4	5	一层 125 二层 90	9	0.074	6.7	13.4
	4.8	2	12.7	3.2	2.4	5	一层 100 二层 125	9	0.30	6.7	13.4
	6.4	3	12.7	3.2	2.4	5	一层 100 二层 150	9	0.45	100	20.1
60°　1.6　60°	6.4	3	12.7	3.2	2.4	5	一层 125 二层 150	9	0.30	100	20.1

2）不锈钢和某些碳素钢角焊缝手工 TIG 横焊的焊接参数见表 3-4-18。

3）钛金属对接焊缝手工 TIG 焊的焊接参数见表 3-4-19。

4）纯铝手工 TIG 焊的焊接参数见表 3-4-20。

5）脉冲 TIG 焊典型焊接参数

表 3-4-21～表 3-4-23 分别列出了不锈钢、钛及钛合金，以及铝合金薄板脉冲 TIG 焊的焊接参数。

表 3-4-18　不锈钢和某些碳素钢角焊缝手工 TIG 横焊的焊接参数（直流正接，横焊）

接头形状和尺寸		焊接参数							消耗		
示意图	焊脚尺寸 L/mm	层数	喷嘴直径 /mm	焊丝直径 /mm	钨极直径 /mm	氩气流量 /L·min⁻¹	焊接电流 /A	焊接速度 /m·h⁻¹	焊丝 /kg·m⁻¹	氩气 /L·m⁻¹	焊丝弧时间 /min·m⁻¹
	0.56	1	6.4	1.2	1.2	2	15～20	15	0.018	8	4
	0.9	1	6.4	1.2	1.2	2	25～30	14	0.024	8.6	4.3
	1.2	1	9.5	1.6	1.6	3	35～40	14	0.046	12.9	4.3
	1.6	1	9.5	1.6	1.6	3	50～60	11	0.06	15.4	5.5
	2.0	1	9.5	1.6	1.6	3	65～75	11	0.074	15.4	5.5
	2.6	1	9.5	2.4	1.6	4	85～90	9	0.116	26.6	6.7
	3.3	1	9.5	3.2	2.4	4	110～130	8	0.141	30	7.5
	4.8	1	12.7	3.2	2.4	5	130～170	8	0.15	37.5	7.5
	6.4	1	12.7	3.2	2.4	5	170～200	8	0.22	37.5	7.5

表 3-4-19　钛金属对接焊缝手工 TIG 焊的焊接参数（直流正接）

接头形状和尺寸		焊接参数						消耗		
示意图	厚度 /mm	层数	焊丝直径 /mm	钨极直径 /mm	氩气流量 /L·min⁻¹	焊接电流 /A	焊接速度 /m·h⁻¹	焊丝 /kg·m⁻¹	氩气 /L·m⁻¹	燃弧时间 /min·m⁻¹
	0.35	1	—	0.8	7	10～15	21～24	—	18	2.5
	0.45	1	—	0.8	7	15～20	21～24	—	18	2.5
	0.56	1	—	1.2	9	20～25	18～21	—	25	2.8
	0.70	1	—	1.2	9	25～30	18～21	—	25	2.8
	0.9	1	—	1.2	9	25～30	15～18	—	30	3.3
	1.2	1	1.6	1.6	9	30～40	15	0.014	36	4.0
	1.6	1	1.6	1.6	9	50～75	15	0.014	36	4.0
	3.3	1	2.4	2.4	12	100～140	12～15	0.029	48	4.0
70°～80°	6.4	2	3.2	2.4	12	1 层 60～80	15	0.046	108	90
						2 层 120～180	9～12			
	9.5	2	3.2	2.4	12	1 层 60～80	15	0.046	108	90
						2 层 120～180	9～12			

注：1. 用大喷嘴带尾罩气体保护。
2. 双层焊的第一层不需填充焊丝。

表 3-4-20　纯铝手工 TIG 焊的焊接参数（交流，平焊位置）

接头形状与尺寸		焊接参数							消耗		
示意图	厚度 /mm	层数	喷嘴直径 /mm	焊丝直径 /mm	钨极直径 /mm	氩气流量 /L·min⁻¹	焊接电流 /A	焊接速度 /m·h⁻¹	焊丝 /kg·m⁻¹	氩气 /L·m⁻¹	燃弧时间 /min·m⁻¹
	0.9	1	9.5	1.6	1.6	5	45～60	21	0.007	14	2.8

（续）

接头形状与尺寸			焊接参数						消耗		
示意图	厚度 /mm	层数	喷嘴直径 /mm	焊丝直径 /mm	钨极直径 /mm	氩气流量 /L·min⁻¹	焊接电流 /A	焊接速度 /m·h⁻¹	焊丝 /kg·m⁻¹	氩气 /L·m⁻¹	燃弧时间 /min·m⁻¹
	1.2	1	9.5	2.4	2.4	5	60~70	18	0.018	17	3.3
	1.6	1	9.5	2.4	3.2	5	75~90	18	0.024	17	3.3
	2.0	1	12.7	2.4	3.2	5	90~110	18	0.028	17	3.3
	2.6	1	12.7	3.2	3.2	6	110~120	18	0.034	20	3.3
	3.3	1	12.7	3.2	3.2	6	135~150	17	0.047	21	3.5
60°，≤1.6	4.8	1	12.7	3.2	4.8	7	150~200	15	0.09	28	4.0
	6.4	1	16	4.8	4.8	7	200~250	15	0.13	28	4.0
	9.5	2	16	4.8	6.4	8	270~320	10~12	0.22	87	10.9
60°，1.6，1.6，60°	12.7	2	16	6.4	8.0	9	320~380	9~10	0.28	108	12.0

表 3-4-21　不锈钢脉冲 TIG 焊的焊接参数（直流正接）

板厚/mm	电流/A		持续时间/s		脉冲频率 /Hz	弧长/mm	焊接速度 /cm · min⁻¹
	脉冲	基值	脉冲	基值			
0.8	20~22	5~8	0.06~0.08	0.06	8	0.6~0.8	50~60
0.5	55~60	10	0.08	0.06	7	0.8~1.0	55~60
0.8	85	10	0.12	0.08	5	0.8~1.0	80~100

表 3-4-22　钛及钛合金脉冲 TIG 焊的焊接参数（直流正接）

板厚 /mm	钨极直径 /mm	电流/A		持续时间/s		电弧电压 /V	弧长/mm	焊接速度 /cm · min⁻¹	氩气流量 /L · min⁻¹
		脉冲	基值	脉冲电流时	基值电流时				
0.8	2	55~80	4~5	0.1~0.2	0.2~0.3	10~11	1.2	30~42	6~8
1.0	2	66~100	4~5	0.14~0.22	0.2~0.34	10~11	1.2	30~42	6~8
1.5	3	120~170	4~6	0.16~0.24	0.2~0.36	11~12	1.2	27~40	8~10
2.0	3	160~210	6~8	0.16~0.14	0.2~0.36	11~12	1.2~1.5	23~37	10~12

表 3-4-23　5A03 和 5A06 铝合金脉冲 TIG 焊的焊接参数

材料	板厚/mm	焊丝直径 /mm	电流/A		脉宽比 (%)	频率/Hz	电弧电压 /V	气体流量 /L · min⁻¹
			脉冲	基值				
5A03	2.5	2.5	95	50	33	2	15	5
5A03	1.5	2.5	80	45	33	1.7	14	5
5A06	2.0	2	83	44	33	2.5	10	5

4.6　管子 TIG 焊

4.6.1　固定管全位置 TIG 焊

在锅炉、石油化工、电力和原子能等工业部门的管道制造与安装过程中，许多情况下，管道不能转动，它们的对接环焊缝必须进行包括平焊、立焊和仰焊在内的全位置单面熔透焊接。技术的关键是保证环缝根部全熔透且反面成形良好而均匀。TIG 焊具有热输入调节方便、熔深易于控制和熔池容易保持等优点，是全位置单面焊反面成形的最理想的焊接方法，如果采用脉冲 TIG 焊并采取焊接参数程序控制（即根据焊接时的不同位置自动改变焊接参数），就可以获得全熔透且均匀成形的环焊缝。现在已经有固定管子全位置自动 TIG 焊专用机，焊接机头可绕管子旋转，根据需要有填丝的和不填丝的两种。

通常管壁厚≤3mm 的不锈钢管子全部环缝都采用 TIG 焊。碳素钢、低合金钢和耐热钢的厚管子环缝从经济考虑，通常打底焊道用 TIG 焊，其余用焊条电弧焊。

1. 坡口形式

根据管子壁厚和生产条件的不同，对接环缝的坡口可采用多种形式，表 3-4-24 所列为不锈钢管子对接的各种坡口。

2. 焊接工艺

管子全位置焊的焊接顺序有三种，如图 3-4-25 所示。表 3-4-25 给出了各种焊接顺序的优缺点。通常采用如图 3-4-25c 所示的左右两边分别焊接的方式进行焊接。在 6 点半附近引弧后，先逆时针方向焊接到 11 点半附近。然后沿着顺时针方向焊接另一侧。焊接过程中要注意随着位置变化调节焊枪角度和焊接电流，还要根据坡口和间隙大小选择填丝和运弧的方式。

表 3-4-24　不锈钢管子对接的坡口形式

坡口形式	焊接方法	坡口尺寸				坡口图
		δ/mm	b/mm	α/mm	p/mm	
I 形	加填充丝钨极氩弧焊	≤1.5	≤1.0	—	—	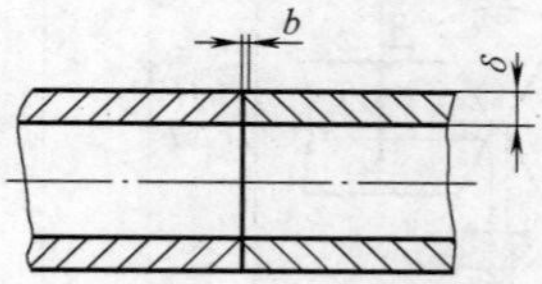
扩口形	无填充丝钨极氩弧焊	≤2	≤1.0	60°±10°	—	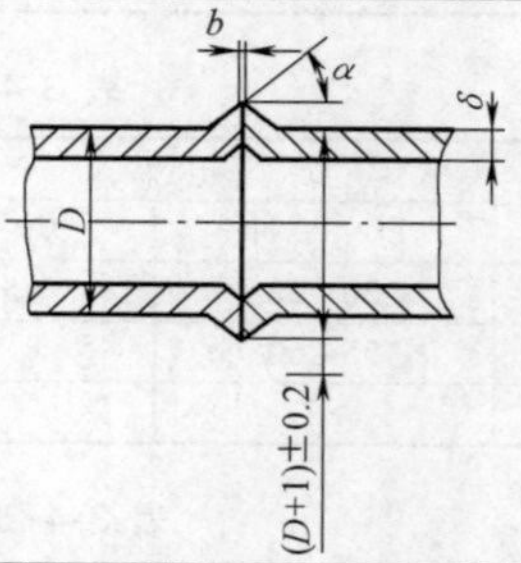
V 形	钨极氩弧焊或钨极氩弧焊封底加焊条电弧焊	2~10	≤1.0	80°	0.1~1.0	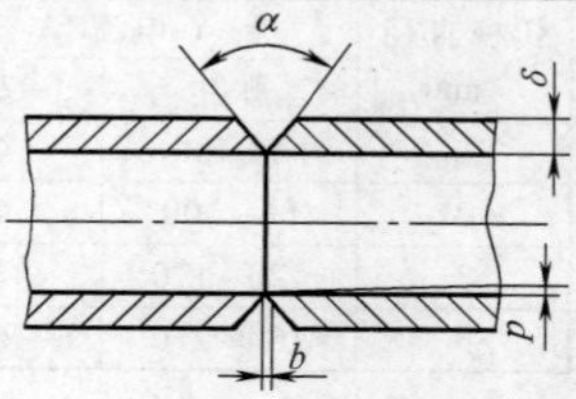
V 形	衬有可熔垫圈的钨极氩弧焊	≥2	<0.2	50°	0.1~1.0	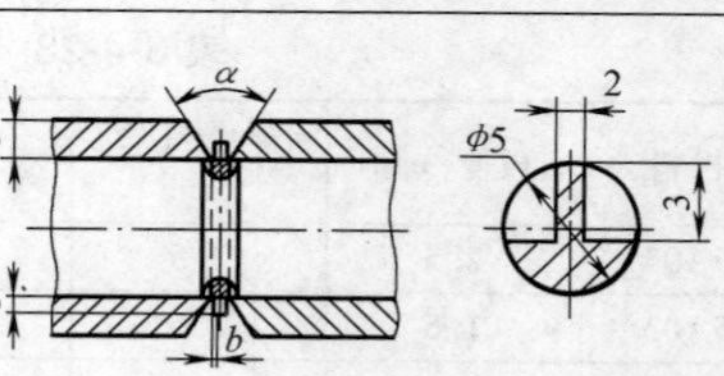
U 形	钨极氩弧焊或钨极氩弧焊封底加焊条电弧焊	12	≤0.1	15°	0.1~1.0	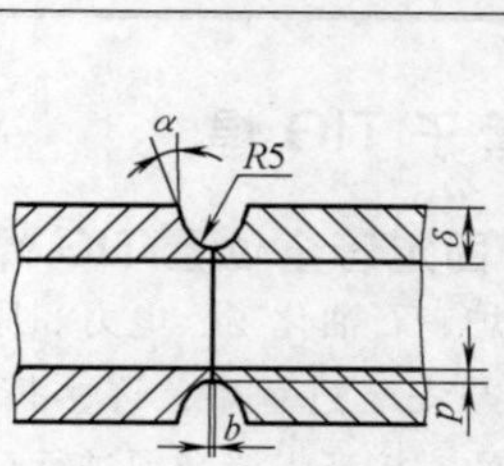
U 形	钨极氩弧焊或钨极氩弧焊封底加焊条电弧焊	20	≤0.1	13°	0.1~1.0	

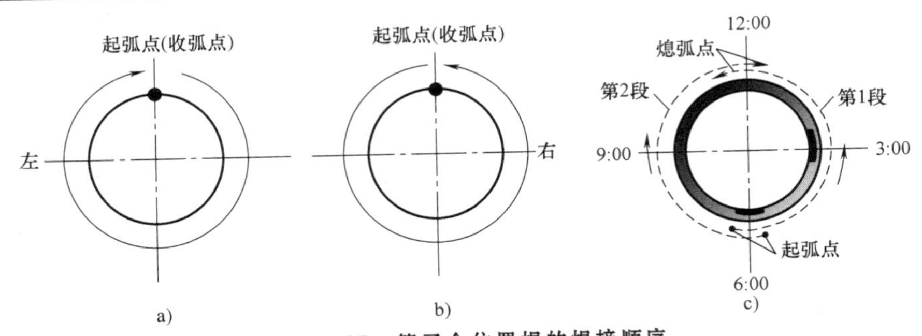

图 3-4-25　管子全位置焊的焊接顺序

表 3-4-25　管子全位置焊不同焊接顺序的优缺点

焊接顺序	图 3-4-25a	图 3-4-25b	图 3-4-25c
优点	焊缝只有一个接头点	焊缝只有一个接头点	焊缝成形美观，不易出现缺陷
缺点	左侧和上侧焊缝易出现熔合不良、烧穿和气孔等缺陷	右侧和上侧焊缝易出现熔合不良、烧穿和气孔等缺陷	焊缝有两个接头点

在对不锈钢管子进行 TIG 对接焊时，管内需通入氩气，以对焊缝的反面进行保护。图 3-4-26 所示为管内通气装置的示意图，等管内空气排清，充满氩气后才施焊。采用全位置脉冲自动 TIG 焊时，为了保证环缝起焊处的根部完全熔透和环缝尾部能平滑地与起焊处接合，应当采用如图 3-4-27 所示的自动控制程序，按不同的位置（图中 1~7）自动地改变焊接电流、焊接速度和送丝速度，以获得高质量的环状焊缝。

表 3-4-26 和表 3-4-27 分别列出了不锈钢管子对接全位置脉冲自动 TIG 焊和各种材料管子对接全位置脉冲自动 TIG 焊的焊接参数。

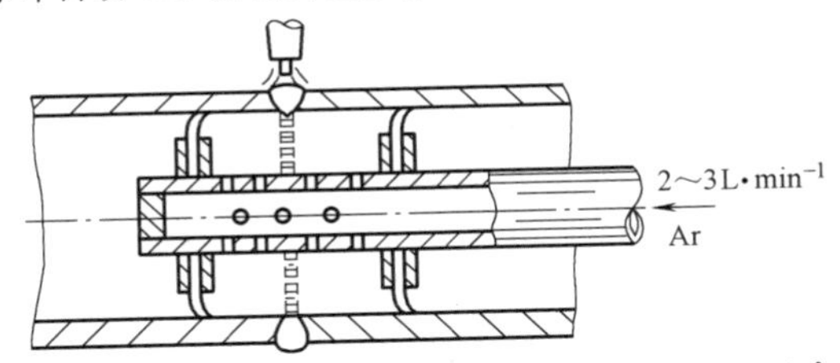

图 3-4-26　不锈钢管 TIG 焊时管内通气装置示意

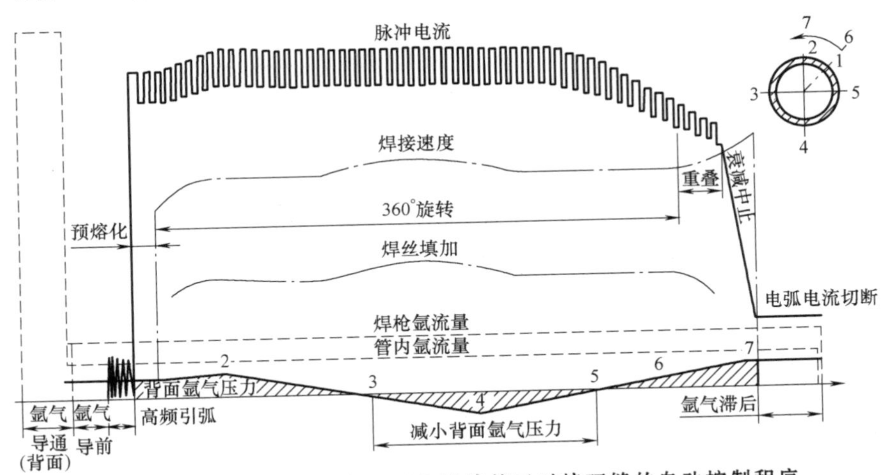

图 3-4-27　全位置脉冲自动 TIG 焊接管子对接环缝的自动控制程序

表 3-4-26　1Cr18Ni9Ti 不锈钢管子对接全位置脉冲自动 TIG 焊的焊接参数（直流正接）

管子尺寸/mm	坡口形式	层数	钨极直径/mm	填充丝直径/mm	焊接电流/A	电弧电压/V	焊接速度(s/周)	送丝速度/cm·min^{-1}	氩气流量/L·min^{-1} 喷嘴	氩气流量/L·min^{-1} 管内
ϕ18×1.25	管子扩口	1	ϕ2	—	60~62	9~10	12.5~13.6	—	8~10	1~3
ϕ32×1.5	管子扩口	1	ϕ2	—	54~59	8~9	18.5~22.0	—	10~13	1~3
ϕ32×3	V 形	1	ϕ2~ϕ3		110~120	10~12	24~28	—	8~10	4~6
ϕ32×3	V 形	2~3	ϕ2~ϕ3	0.08	110~120	12~14	24~28	76~80	8~10	4~6

注：1Cr18Ni9Ti 为旧标准牌号，仅供参考。

表 3-4-27　各种材料管子对接全位置脉冲自动 TIG 焊的焊接参数

材料	管子尺寸/mm	电流/A		持续时间/s		弧长/mm	焊接速度/$cm\cdot min^{-1}$	氩气流量/$L\cdot min^{-1}$
		脉冲	基值	脉冲电流时	基值电流时			
Q235A	$\phi25\times2$	80～70	20～25	0.5	0.5	1～1.2	15～17	8～10
06Cr18Ni10Ti	$\phi30\times2.7$	120～100	25～30	0.4	0.5	1.2～1.5	8～10	8～10
Q235A	$\phi32\times3$	140～120	25～30	0.7	0.8	1.2～1.5	8～10	8～10
12Cr1MoV①	$\phi42\times3.5$	170～130	35～40	1.0	1.0	2	8～10	10～15
12Cr1MoV①	$\phi42\times5$	190～140	40～45	1.2	1.2	2～2.5	6～7	10～15

① 进口材料，中国宝武钢铁集团有限公司也有生产，非国际型号。

厚壁管子对接环缝通常打底焊道用 TIG 焊，其余用焊条电弧焊，表 3-4-28 给出了 TIG 焊打底焊道的焊接参数。

4.6.2　管板焊接

1. 接头形式

石油、化工和电站等设备中使用的管壳式换热器，在制造中的管子和板之间的连接有胀接、胀接加焊接和焊接等方式。如果采用焊接，则有端面焊接和内孔焊接两种结构类型。图 3-4-28 所示为这两类结构的各种接头形式。端面焊接应用最广，因这类接头有焊接方便、外观检查与维修容易等优点，但管子与管板之间有缝隙，在使用过程中，易积存介质和污垢，容易产生腐蚀；内孔焊接的接头形式制造工艺复杂，管板加工、装配、焊接和维修都较困难，成本较高。但克服了端面焊接接头的缺点，接头全熔透，没有缝隙，接头应力集中小，抗应力腐蚀和疲劳强度高。故在高温高压、强腐蚀性介质及核反应堆等特殊工作条件下的换热器中采用。

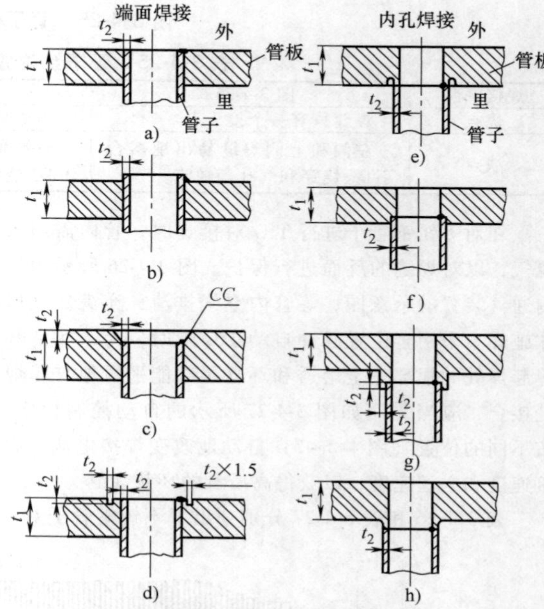

图 3-4-28　管板的各种接头形式

2. 焊接工艺

（1）端面焊接

尽可能处在平焊位置施焊管板的端面焊缝，这样操作工艺简单，焊缝内外质量均匀良好、外形美观。可以用手工 TIG 焊，也可用自动 TIG 焊。如果是处在立（横）焊位置（管板呈立面）则宜用脉冲 TIG 焊。专用管板 TIG 焊机通常配备有四种焊枪，分别进行水平端面焊、水平端面填丝焊、立面端面焊和内孔焊。

不同材料和接头形式采用的焊接参数略有区别，表 3-4-29 给出了管板开槽，材料为 06Cr18Ni10Ti 不锈钢管与管板 TIG 焊的焊接参数。

表 3-4-28　TIG 焊打底焊道的焊接参数

焊丝直径/mm	钨极直径/mm	极性	焊接电流/A	电弧电压/V	焊接速度/$cm\cdot min^{-1}$	运条方法	保护气体		
							种类	流量/$L\cdot min^{-1}$	管内保护
1.6①～2.4	1.6①～2.4	直流正接	50～130	9～16	4～12	半横向摆动	Ar②	8～15	焊不锈钢管时，必须有保护

① 适于壁厚在 6mm 以下的薄壁管子和小口径管子焊接。
② Ar 气纯度高于 99.9%（体积分数）。

表 3-4-29　不锈钢管与管板 TIG 焊的焊接参数

焊接方法	管子尺寸/mm	钨极直径/mm	焊接电流/A		频率/Hz	脉宽比率(%)	焊接速度/$m\cdot h^{-1}$	氩气流量/$L\cdot min^{-1}$
			基值	脉冲				
恒流 TIG 焊	$\phi13\times1.25$	2	65	—	—	—	11	7
	$\phi18\times1.25$	2	90	—	—	—	11	7
脉冲 TIG 焊	$\phi13\times1.25$	2	8	70～80	3～4	50	15～22	8～10
	$\phi25\times2$	2	25	100～130	3～4	50～75	17～18	8～10

（2）内孔焊接

需使用专门设计的内孔焊枪，图 3-4-29 所示为使用这种焊枪焊接内孔焊缝的局部示意图。

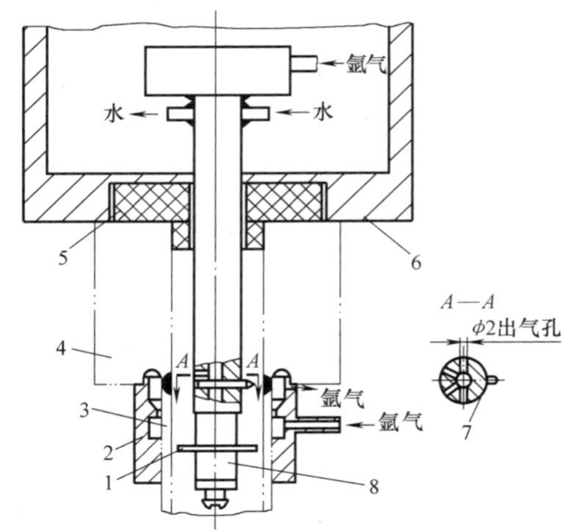

图 3-4-29　管—管板内孔焊接

（管子为 25mm×2mm）

1—氩气挡板　2—外部保护套　3—管　4—管板　5—定位块　6—定位套　7—钨极（ϕ3mm）　8—石英绝缘

4.7　工艺缺陷及其产生原因与防止措施

TIG 焊接产生的工艺缺陷如咬边、烧穿、未焊透和表面成形不好等，同一般电弧焊方法相似，产生的原因也大体相同。而特有的工艺缺陷及其产生的原因和防止措施见表 3-4-30。

4.8　特殊 TIG 焊技术

4.8.1　TIG 点焊

1. 工艺特点与适用范围

钨极氩弧点焊的原理如图 3-4-30 所示，焊枪的喷嘴将搭叠在一起的两块焊件压紧，然后靠钨极与焊件之间的电弧将上层焊件熔穿，再将下层焊件局部熔化并熔合在一起，凝固后即成熔核。喷嘴压紧焊件是使连接处不出现过大间隙，并能保持弧长恒定，喷嘴由金属制成，端部有供氩气流出的小孔。

表 3-4-30　钨极氩弧焊特有的工艺缺陷

缺　陷	产生原因	防止措施
夹钨	1）接触引弧 2）钨电极熔化	1）采用高频振荡器或高压脉冲发生器引弧 2）减小焊接电流或加大钨电极直径，旋紧钨电极夹头和减小钨电极伸出长度 3）调换有裂纹或撕裂的钨电极
气体保护效果差	氢气、氮气、空气、水汽等有害气体污染	1）采用纯度为 99.99%（体积分数）的氩气 2）有足够的提前送气和滞后停气时间 3）正确连接气管和水管，不可混淆 4）做好焊前清理工作 5）正确选择保护气流量、喷嘴尺寸和电极伸出长度等
电弧不稳	1）焊件上有油污 2）接头坡口太窄 3）钨电极污染 4）钨电极直径过大 5）弧长过长	1）做好焊前清理工作 2）加宽坡口，缩短弧长 3）去除污染部分 4）使用正确尺寸的钨电极及夹头 5）压低喷嘴距离
钨极损耗过快	1）气体保护效果不好，钨电极氧化 2）反极性连接 3）夹头过热 4）钨电极直径过小 5）停焊时钨电极被氧化	1）清理喷嘴，缩短喷嘴距离，适当增加氩气流量 2）增大钨电极直径或改为正接法 3）磨光钨电极，调换夹头 4）调大直径 5）增加滞后停气时间，不少于 0.1s/A

与电阻点焊比较，TIG 点焊有如下优点。

1）可从单面进行点焊，方便灵活。特别适用于只能从单面接近的接头的焊接。

2）可焊接厚度相差悬殊的焊件，也可将多层叠接。

3）熔核尺寸易于控制，焊接强度可在较大范围内调节。

4）所施压力小，无须加压装置。

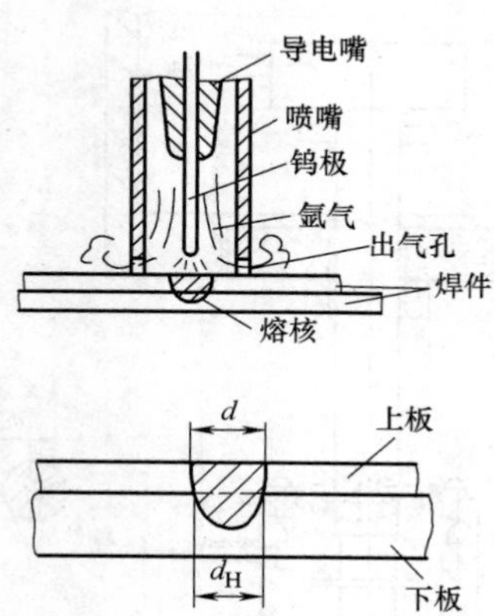

图 3-4-30　钨极氩弧点焊的原理

d—焊点直径　d_H—熔核直径

5）设备费用低，耗电量少。

缺点是：焊接速度慢，需消耗氩气，焊接费用较高。

适用于双层金属板的焊接，如制作衬里等。上层板厚多≤2mm，若上层板厚>3mm 则熔核直径不稳定。材料可以是铝、钛及其合金和不锈钢等。

2. 设备

TIG 点焊所用设备与普通 TIG 焊的设备区别在于控制系统和焊枪结构。控制系统除能自动确保提前送氩气、通水、引弧外，还具有控制焊接时间、自动衰减电流和滞后断氩气等功能。焊枪通常制成带按钮和便于对焊件施压的结构，根据容量和负载持续率的大小，采用水冷或气冷方式。采用金属喷嘴应与焊枪内导电部分绝缘。

也可以对普通 TIG 焊机进行改装，只需增加焊接时间控制器和更换喷嘴。

3. 焊接工艺

决定熔核强度的主要因素是熔核直径，而影响熔核直径的焊接参数是电弧长度、钨极及其末端形状、焊接电流、通电时间和装配间隙等。

1）电弧长度。电弧越短，熔深越大，焊点截面呈圆柱形，熔核直径 d_H 接近焊点直径 d；电弧越长，熔深越，焊点截面变成圆锥形，上大下小，熔核直径 d_H 减小，故上板较厚时宜用短弧焊。

2）钨极及其末端形状。建议采用铈钨极，末端形状若为圆锥尖顶状则焊点直径 d 大，而熔深浅；形状若为圆锥平顶状，则 d 小而熔深大，故推荐钨极末端圆锥角为 30°，平顶直径为 1.5mm。

3）焊接电流和通电时间。两者决定熔核的热输入，两者增加都使熔核直径增加，过大会引起烧穿或熔核过热。

4）装配间隙。待焊的上下板之间最好没有间隙，否则会出现熔核凹陷，熔核直径减小，或者液体金属流向周围缝隙与下板不熔合。通常 TIG 点焊由于手工加压，故上板的厚度受到限制。例如上板厚为 2~3mm 的不锈钢，其间隙不得大于 0.3mm，靠手工加压很困难。

TIG 点焊可能出现的问题是弧坑裂纹和焊点凹陷，用电流衰减法或二次电流脉冲法有利于克服弧坑裂纹，但裂纹与材质的关系较大。例如焊接不锈钢，若熔核为纯奥氏体组织，或铁素体的体积分数低于 5%就易出现弧坑裂纹，凹陷与上述装配间隙有关。

表 3-4-31 和表 3-4-32 为 TIG 点焊的焊接参数。

表 3-4-31　碳素钢和不锈钢 TIG 点焊的焊接参数（直流正接）

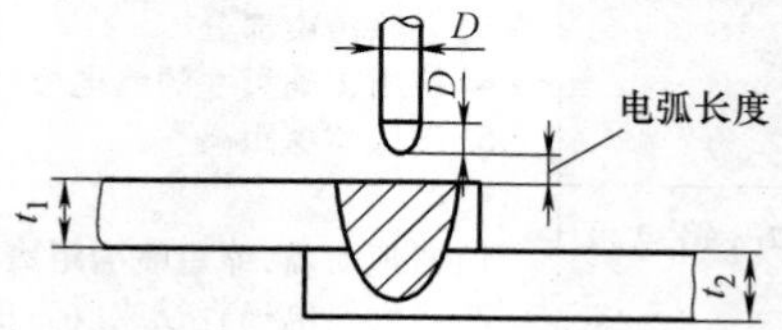

t_1/mm	焊接参数 $\frac{焊接电流/A}{燃弧时间/s}$							喷嘴内径/mm	钨极直径/mm	氩气流量/L · min^{-1}
	t_2/mm									
	0.56	0.71	0.91	1.21	1.62	3.2	6.4			
0.56	50~55 / (0.8)	55 / (0.8)	55 / (0.8)	55~60 / (0.8)	60 / (0.8)	60~65 / (0.8)	65 / (1.0)	9.5	1.6	2~6（按喷嘴直径而定）
0.71	—	75 / (0.8)	75~80 / (0.8)	80~85 / (0.8)	85~90 / (0.8)	90 / (1.0)	95 / (1.0)	9.5	2.4	

（续）

t_1/mm	焊接参数 焊接电流/A 燃弧时间/s t_2/mm							喷嘴内径/mm	钨极直径/mm	氩气流量/L·min^{-1}
	0.56	0.71	0.91	1.21	1.62	3.2	6.4			
0.91	—	—	85~90 (1.0)	85~90 (1.0)	85~90 (1.0)	95~100 (1.0)	100~105 (1.0)	12.7	2.4	2~6(按喷嘴直径而定)
1.21	—	—	—	140~150 (1.0)	160 (1.0)	160 (1.5)	160 (2)	12.7	2.4	
1.62	—	—	—	—	17.5 (1.5)	180~190 (2)	200~220 (2)	12.7	2.4	

注：电弧长度：对于厚度为 0.9mm 的板为 0.6mm，对于厚度为 1.6mm 的板为 0.9mm。

表 3-4-32　钛、铝及其合金 TIG 点焊的焊接参数（直流正接）

材料	板厚/mm	喷嘴直径/mm	钨极直径/mm	焊接电流/A	燃弧时间/s	氩气流量/L·min^{-1}	备　注
钛及其合金	0.9+0.9	9.5	2.4	90	0.5	2~6	电弧长度：对于厚度为 0.9mm 的板为 0.6mm，对于厚度为 1.6mm 的板为 0.9mm
	1.21+1.21	9.5	2.4	140	1.5		
	1.62+1.62	12.7	2.4	180	2.5		
铝及其合金	0.9+0.9	9.5	3.2	135	0.7	2~6	钨极端部磨尖，锥长约等于钨极直径
	1.21+1.21	9.5	3.2	160	1.0		
	1.62+1.62	12.7	3.2	225	1.3		

4.8.2　热丝 TIG 焊

TIG 焊受钨极载流能力的限制，电弧功率小，熔透能力小，焊接速度低。为了克服这一缺陷，提出了许多新技术，如活性 TIG 焊、旋转电弧 TIG 焊和热丝 TIG 焊等，其中热丝 TIG 焊是应用最多的一种新技术。

1. 热丝 TIG 焊的原理

热丝 TIG 焊的原理如图 3-4-31 所示。利用一专用电源对填充焊丝进行加热，该电源称为焊丝加热电源。送入熔池中的焊丝载有低压电流，该电流对焊丝进行有效预热，因此，进入熔池的焊丝具有很高的温度，接触熔池后迅速熔化，提高了熔敷速度。另外，高温焊丝降低了对电弧热的消耗，提高了焊接速度。因为热丝必须始终与熔池接触并保持一定的角度，以导通预热电流，因此这种焊接方法只能采用自动操作方式。

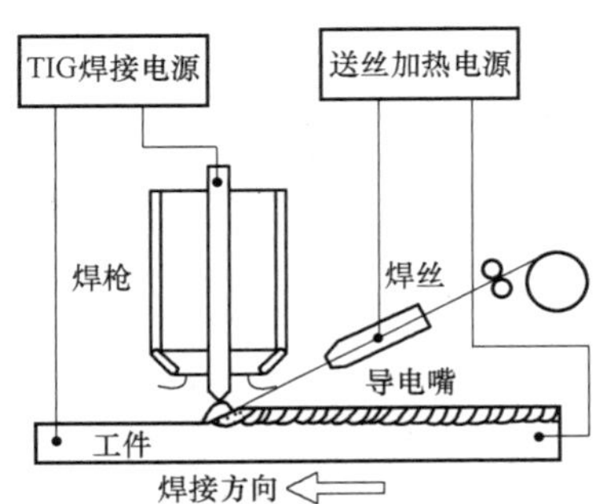

图 3-4-31　热丝 TIG 焊的原理图

焊丝中的加热电流产生的磁场容易导致磁偏吹，为了避免这种偏吹，应采用如下几个措施：① 焊丝与钨极之间的夹角要控制在 40°~60°。② 热丝电流和焊接电流都采用脉冲电流，并将两者的相位差控制在 180°。当焊接电流为峰值电流时，热丝电流为零，不产生磁偏吹，电弧热量用来加热焊件，形成熔池；当焊接电流为基值电流时，热丝电流为峰值电流，电弧在焊丝磁场的吸引下偏向焊丝。尽管此时产生磁偏吹，但基值电弧主要起维弧作用，对熔深和熔池行为的影响很小。

2. 热丝 TIG 焊的特点

与传统 TIG 焊相比，热丝 TIG 焊具有如下优点：

1）熔敷速度大。在相同电流条件下，熔敷速度最多可提高 60%，如图 3-4-32 所示。

2）焊接速度大。在相同电流条件下，焊接速度最多可提高 100%。

3）熔敷金属的稀释率低，最多可降低 60%。

4）焊接变形小。由于用热丝电流预热焊丝，在同样熔深下所需的焊接电流小，有利于降低热输入，

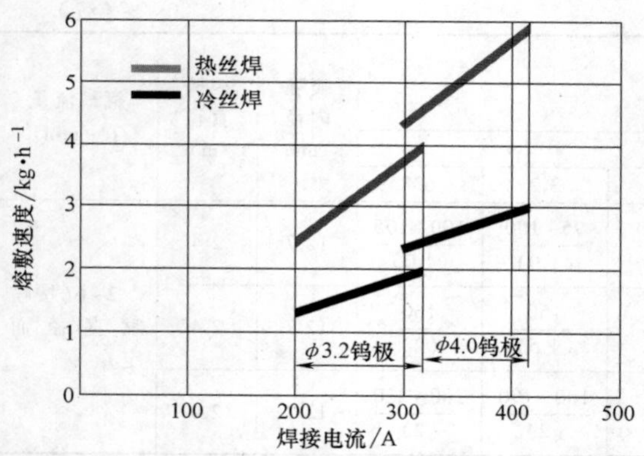

图 3-4-32 热丝 TIG 焊和冷丝 TIG 焊的熔敷速度比较

减小焊接变形。

5）气孔敏感性小，热丝电流的加热使得焊丝在填入熔池之前就达到了很高的温度，有机物等污染物提前挥发，使焊接区域中氢气含量降低。

6）合金元素烧损少。在同样熔深下所需热输入小，降低了熔池温度，减少了合金元素的烧损。

3. 热丝 TIG 焊的应用

热丝 TIG 焊适用于碳素钢、合金钢、不锈钢、镍基合金、双相或多相钢、铝合金和钛合金等薄板及中厚板的焊接。特别适用于钨铬钴合金系表面堆焊。

表 3-4-33 给出了不锈钢热丝 TIG 焊的典型焊接参数。

表 3-4-33 不锈钢热丝 TIG 焊的典型焊接参数

接头及坡口形式	焊接位置	焊道	焊接电流				热丝电流/A	电弧电压/V	送丝速度/m·min^{-1}	焊接速度/m·min^{-1}
			峰值电流/A	基值电流/A	脉冲持续时间/s	脉冲间隙时间/s				
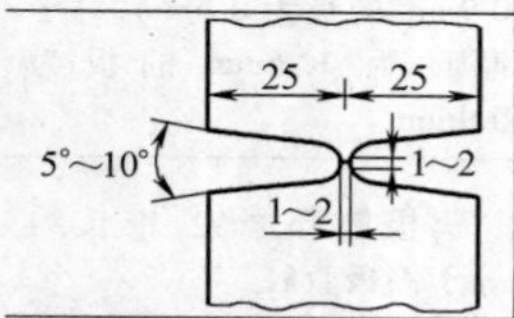 25, 25, 5°~10°, 1~2, 1~2	横焊	1	160	120	0.3	0.5	—	10	0.5	0.09
		2	280	200	0.5	0.7	—	12	0.9	0.13
		其余	220	160	0.4	0.4	90~120 (2~4V)	10	0.8	0.11
			380	330	0.6	0.6		12	1.8	0.15
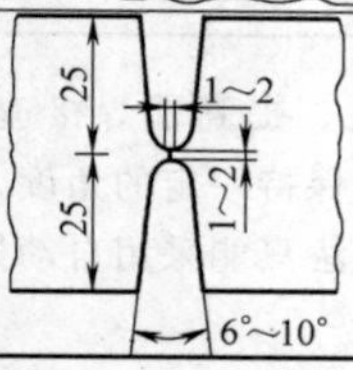 25, 25, 1~2, 1~2, 6°~10°	立焊	1	200	70	0.3	0.3	—	11	0.5	0.06
		2	280	100	0.5	0.6	—	12	0.9	0.10
		其余	220	160	0.4	0.4	90~120 (2~4V)	11	0.8	0.08
			380	230	0.6	0.6		12	1.8	0.13

4.8.3 TOPTIG 焊

1. TOPTIG 焊的原理及特点

TOPTIG 焊是法国 Air Liquid 公司开发的一种新型焊接技术。与普通 TIG 焊的主要区别是送丝嘴直接集成在焊枪喷嘴上，如图 3-4-33 所示。焊丝直接从喷嘴上的送丝嘴送到钨极端部附近，焊丝与喷嘴之间的夹角保持在 20°左右。控制钨极端部形状，使焊丝相邻的钨极锥面基本平行于焊丝轴线。焊丝通过送丝嘴时被高温喷嘴预热，然后进入电弧中温度最高的区域（钨极端部附近），因此其熔化速度和电弧热效率系数显著提高。熔化的焊丝金属以连续接触过渡或滴状过渡方式进入熔池中，过渡方式取决于送丝速度。连续接触过渡主要出现在焊接电流大、送丝速度快的焊接条件下；而滴状过渡出现在焊接电流较小、送丝速度较慢的情况下。一定电流下，送丝速度对熔滴过渡的影响如图 3-4-34 所示。

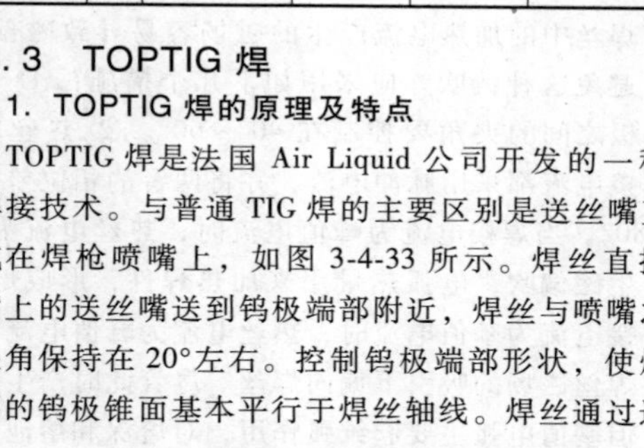

图 3-4-33 TOPTIG 焊的焊接过程

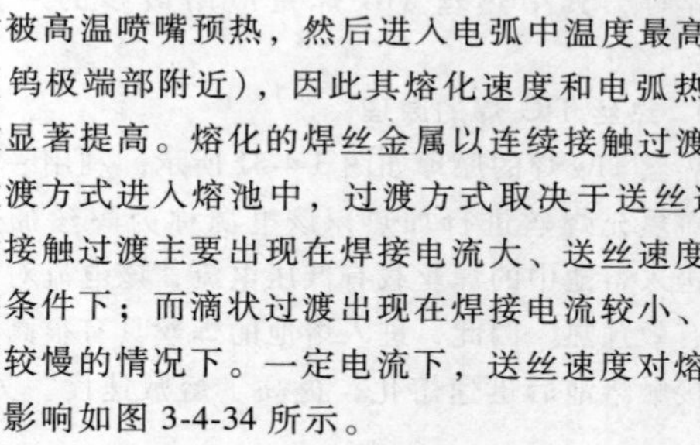

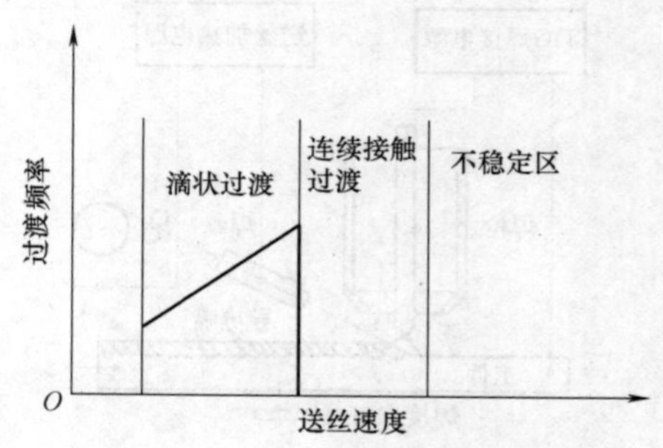

图 3-4-34 送丝速度对熔滴过渡的影响

2. TOPTIG 焊的优缺点及应用

（1）TOPTIG 优点

1）与普通填丝 TIG 焊相比，操作方便灵活，因为不需要控制焊丝的送进方向。

2）焊接速度快，能量利用率高，焊丝的加热利用钨极附近电弧高温区的热量，而普通 TIG 焊时这部分热量是无法利用的，这样显著提高了电弧热量的利用率，提高了熔敷速度和焊接速度。

3）与 MIG/MAG 焊相比，焊缝质量好，没有飞溅，噪声小。

4）钨极到焊件的距离对焊接质量的影响不像普通 TIG 焊那样大，拓宽了工艺窗口。

（2）TOPTIG 焊的缺点

TOPTIG 焊对钨极端部形状的要求极其严格，因此只能采用直流正极性接法进行焊接，不能采用交流电弧。

（3）应用

TOPTIG 焊可用来焊接镀锌钢、不锈钢、钛合金和镍合金等，焊接薄板时效率高于 MIG 和 MAG 焊。由于不能采用交流电流，因此这种方法一般不用于铝、镁等活泼金属及其合金的焊接。

3. TOPTIG 焊的工艺

TOPTIG 焊的主要工艺参数有丝极间距（钨极到焊丝端部的距离）、钨极直径、焊丝直径、焊接电流、送丝速度和焊接速度等。丝极间距一般取焊丝直径的 1～1.5 倍。常用的钨极直径为 2.4mm 和 3.2mm，电流上限分别为 230A 和 300A。常用的焊丝直径为 0.8mm、1.0mm 和 1.2mm 三种。主要焊接参数对焊缝成形的影响规律见表 3-4-34。表 3-4-35 给出了几种材料的典型焊接参数。

表 3-4-34　主要焊接参数对焊缝成形的影响规律

参数	变化趋势	焊缝成形变化趋势		
		熔深	熔宽	余高
焊接电流	增大	增大	增大	减小
	减小	减小	减小	增大
电弧电压	增大	减小	增大	减小
	减小	增大	减小	增大
送丝速度	增大	减小	减小	增大
	减小	增大	增大	减小
焊接速度	增大	减小	减小	减小
	减小	增大	增大	增大

表 3-4-35　几种材料的典型焊接参数

焊件		接头形式	焊丝		焊接电流 /A	焊接速度 /m · min^{-1}	保护气体	
材料	厚度/mm		牌号	直径/mm			类型	流量/L · min^{-1}
镀锌板	1.0	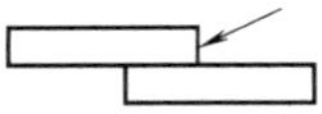	HSCuAl	1.0	180	1.75	Ar	15
	0.8		HSCuSi	1.0	80	1.3	Ar	15
	1.0	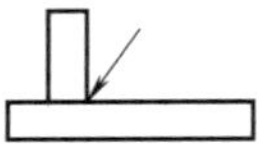	HSCuSi	1.2	155	1.0	Ar	15
	1.0		HSCuSi	1.2	140	1.0	Ar	15
	1.5		HSCuSi	1.0	130	1.0	Ar	15
022Cr19Ni10（304L）不锈钢	1.0	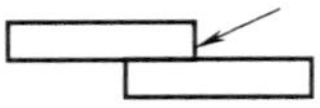	S308L	0.8	150	1.0	Ar	15
	2.0		S308L	1.2	210	1.5	Ar	15
	2.0	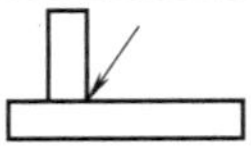	S308L	1.2	200	0.7	Ar	15
	2.0	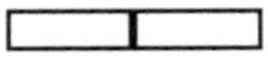	S308L	1.2	200	1.0	Ar	15

4.9　安全技术

凡是焊条电弧焊所需的防护措施，同样适用于 TIG 焊。由于 TIG 焊接过程有其自身特点，因此，对操作者还应注意如下的安全问题。

1）采用高频引弧时，产生高频电磁场，其强度在 60～110V · m^{-1}之间，超过参考卫生标准（20V · m^{-1}）数倍。若高频引弧后就立即关掉，则属短时间作用，对人体影响不大。若频繁引弧或把高频振荡器作为稳弧装置在焊接过程中连续使用，则这种高频电磁场对人体有不利影响。所以，尽量不用高频振荡器做稳弧装置。

2）TIG 焊时，弧柱温度高，紫外线辐射强度远大于一般电弧焊，因此，在焊接过程中会导致周围空气中出现臭氧和氧氮化合物，当臭氧的体积分数超过 $0.1\times10^{-4}\%$时，会对人体产生有害作用。所以焊接区必须有良好的通风设备。

3）用 TIG 焊接黄铜时，锌大量蒸发将会导致焊工锌中毒，其他铜合金中含有的砷、锑、铅、碲和铍等都是有毒有害元素，焊接时应加强焊接区的通风，在不能进行通风的密闭空间施焊，焊工应戴上能供给新鲜空气的面罩或防毒面具才能操作。

4）装有高频振荡引弧装置的焊机，要注意焊枪的绝缘可靠。虽然小功率的高频高压电不会电击操作者，但当绝缘不良时，高频电会灼伤操作者手的表皮，很难治愈。

第 5 章　熔化极气体保护焊

5.1　概述

5.1.1　基本原理

熔化极气体保护焊是以可熔化的金属焊丝作为电极，并用气体进行保护的一种电弧焊，其焊接过程如图 3-5-1 所示。熔化极气体保护焊的操作方式有自动和半自动两种。作为填充金属的焊丝，有实心焊丝和药芯焊丝两类。实心焊丝一般含有脱氧用的和焊缝金属所需要的合金元素；药芯焊丝的药芯成分及作用与焊条的药皮相似。

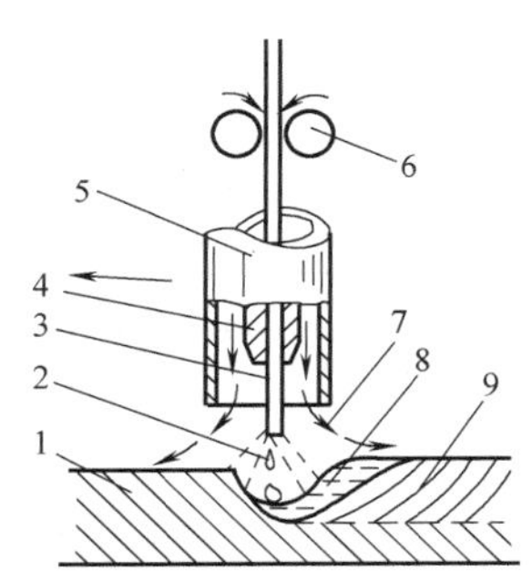

图 3-5-1　熔化极气体保护电弧焊

1—母材　2—电弧　3—焊丝　4—导电嘴　5—喷嘴　6—送丝轮　7—保护气体　8—熔池　9—焊缝金属

5.1.2　分类

按使用保护气体和焊丝的种类不同，熔化极气体保护焊的分类如下：

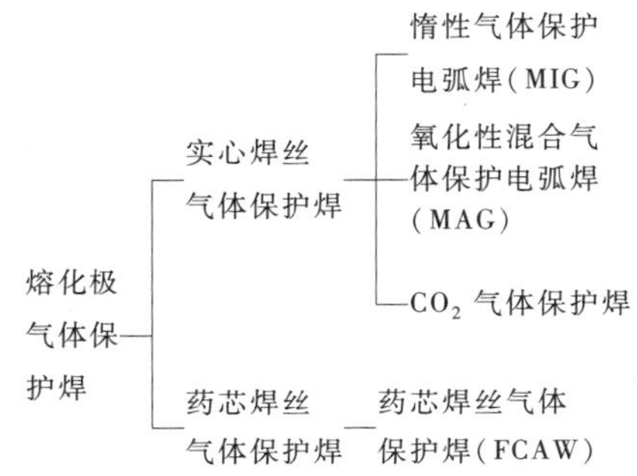

5.1.3　优缺点

1. 优点

与焊条电弧焊相比，熔化极气体保护焊的主要优点如下：

1）焊接效率高。因连续送丝，没有更换焊条的工序，焊道之间无须清渣，节省时间；因为通过焊丝的电流密度大，所以提高了熔敷速度。

2）可以获得氢含量较焊条电弧焊更低的焊缝金属，一般氢含量在 5mL/100g 以下。

3）在相同电流下，熔深比焊条电弧焊的大。

4）焊接厚板时，可以用较低的焊接电流和较快的焊接速度，其焊接变形小。

5）烟雾少，可以减轻对通风的要求。

与埋弧焊相比，熔化极气体保护焊的优点如下：

1）明弧焊接，焊工可以观察到电弧和熔池的状态和行为。

2）可以进行全位置焊接。不像埋弧焊只能处在平焊位置焊接。

3）无须清渣，可以用更窄的坡口间隙，实现窄间隙焊接，节省填充金属，提高生产率。

2. 缺点

1）受环境制约。为了确保焊接区获得良好的气体保护，在室外操作需有防风装置。

2）半自动焊枪比焊条电弧焊枪重，操作灵活性较差，焊枪可达性差。

5.1.4　适用范围

1. 适焊的材料

被焊金属材料的范围受保护气体性质、焊丝供应和制造成本等因素的影响。MIG 焊使用惰性气体，主要用于铝及其合金、铜及其合金、钛及其合金，以及不锈钢、耐热钢的焊接。MAG 焊和 CO_2 气体保护焊主要用于焊接碳素钢及低合金高强度钢。MAG 焊常用来焊接较为重要的金属结构，CO_2 气体保护焊则广泛用于普通的金属结构。

2. 焊接位置

熔化极气体保护焊的适应性较好，可以进行全位置焊接，其中以平焊位置和横焊位置的焊接效率最高，其他焊接位置的效率也比焊条电弧焊高。

3. 可焊厚度

表 3-5-1 给出了熔化极气体保护焊适用的厚度范围。原则上开坡口多层焊的厚度是无限的，它仅受经济因素的限制。

表 3-5-1　熔化极气体保护焊适用的厚度范围

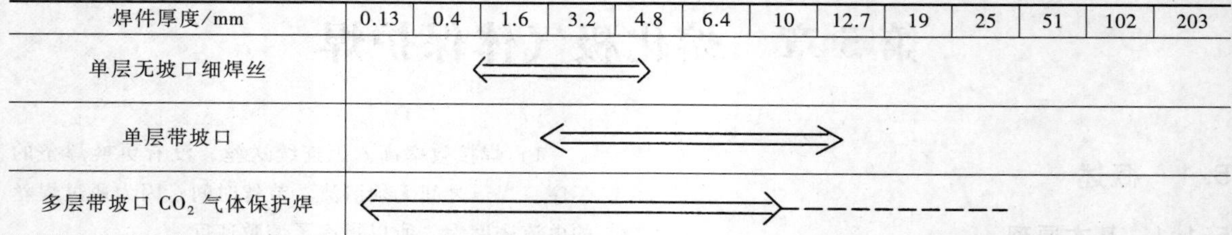

焊件厚度/mm	0.13	0.4	1.6	3.2	4.8	6.4	10	12.7	19	25	51	102	203
单层无坡口细焊丝													
单层带坡口													
多层带坡口 CO_2 气体保护焊													

5.2　保护气体和焊丝

5.2.1　保护气体

在熔化极气体保护电弧焊中采用保护气体的主要目的，是防止熔融的焊缝金属被周围气氛污染和损害。目前常用的保护气体有单一气体，如氩（Ar）、氦（He）和二氧化碳（CO_2）等气体。熔化极气体保护焊常用气体的物理性能见表 3-5-2。

表 3-5-2　熔化极气体保护焊常用保护气体的物理性能

性　能	Ar	He	CO_2	CO	H_2	N_2
相对分子质量	39.95	4.00	44.00	28.00	2.00	28.00
密度(101.3kPa,21.1℃)/(kg·m^{-3})	1.66	0.17	1.83	—	0.08	1.17
热导率(3000~5000K)/W·(m·K)$^{-1}$	0.17	1.50	5. 10^{-2}	6.70·10^{-2}	2.00	0.23
电离能/10^{-19}J	25.25	39.39	22.06	22.59	24.72	23.36
解离能/10^{-19}J	—	—	8.81 (1000~4000K)	16.02 (5000~11000K)	7.05	15.70
比热容/J·(kg·k)$^{-1}$(定压)	521	5192	847	—	1490	—

通常情况下，为了改善焊缝成形，熔化极气体保护焊通常采用混合气体，如 Ar+He、Ar+H_2、Ar+O_2、Ar+N_2、Ar+CO_2、Ar+CO_2+O_2和 CO_2+O_2等。两种不同气体按一定比例混合来使用的称为二元混合气体保护焊，三种不同气体混合使用的称为三元混合气体保护焊。目前最多用到四元（Ar+He+CO_2+O_2）混合气体保护焊。使用混合保护气体的主要目的是为了适应不同金属材料和焊接工艺的需要，促使获得最佳的保护效果、电弧特性、熔滴过渡特性、焊缝成形和质量等。例如在用熔化极脉冲氩弧焊焊接合金结构钢或不锈钢时，如果在氩气中加入少量的 O_2或 CO_2，在直流反接条件下，这种氧化气体能使熔池表面产生轻微的氧化作用，以稳定阴极斑点，改善电子发射能力，减小电弧飘荡。此外，还可降低熔滴和溶池的表面张力，易于获得稳定的脉冲喷射过渡，改善焊缝成形。

又如采用四元（Ar+He+CO_2+O_2）混合气体作保护时，在大电流下焊接能获得稳定的熔滴过渡，于是出现了大电流、高熔敷率的熔化极气体保护焊工艺，简称 TIME 焊。

常用保护气体适用的焊接工艺方法和焊件材料及其厚度范围见表 3-5-3。

表 3-5-3　常用保护气体适用的焊接工艺方法和焊件材料及其厚度范围

保护气体成分（体积分数）	适用焊接方法	常用焊丝直径/mm	适用的金属材料	焊件厚度/mm	施焊方式	焊接位置	备　注
纯 Ar	TIG 焊	—	有色金属,奥氏体不锈钢,高温合金	—	手工、自动	—	—
	MIG 焊,喷射过渡	0.8~1.6		3~5	半自动、自动	全位置	向下立焊
		1.6~5.0		5~40		平焊	—
	MIG 焊,脉冲喷射过渡	0.8~2.0		1.5~5		全位置	向下立焊
		1.6~5.0		6~40		平焊	—
纯 He	TIG 焊	—	有色金属,奥氏体不锈钢,高温合金	—	手工、自动	—	—
	MIG 焊,喷射过渡	0.8~1.0		4~6	半自动、自动	全位置	向下立焊
		1.2~4.0		6~40	自动	平焊	—
	MIG 焊,脉冲喷射过渡	0.8~1.2		2~5	半自动、自动	全位置	向下立焊
		2.0~4.0		8~40	自动	平焊	—

（续）

保护气体成分（体积分数）	适用焊接方法	常用焊丝直径/mm	适用的金属材料	焊件厚度/mm	施焊方式	焊接位置	备　注
纯 N_2	MIG 焊，滴状+短路过渡	0.8~1.2	铜及其合金，用氮合金化的奥氏钢	3~5	半自动	全位置	向下立焊
		1.6~4.0		5~30	自动	平焊	—
纯 CO_2	MAG 焊，短路过渡	0.5~1.6	碳素钢，合金结构钢	0.5~5	半自动	全位置	向下立焊
	MAG 焊，滴状+短路过渡	1.6~4.0		4~10	自动	平焊	—
Ar+≤75%He	TIG 焊	—	铝及其合金，钛及其合金	—	手工、自动	—	—
	MIG 焊，喷射过渡	1.6~4.0		8~40	自动	平焊	
Ar+5%~15%H_2	TIG 焊	—	不锈钢，镍基合金	—	手工、自动	—	—
Ar+1%~5%O_2	MAG 焊、脉冲 MAG 焊	0.8~1.6	不锈钢、耐热钢	1~10	半自动、自动	全位置	—
Ar+5%CO_2 或 Ar+20%CO_2	MAG 焊、脉冲 MAG 焊	0.8~1.6	低碳钢、低合金钢	1~10	半自动、自动	全位置	—
Ar+20%CO_2+5%O_2	MAG 焊、脉冲 MAG 焊	0.8~1.6	低碳钢、低合金钢	1~10	半自动、自动	全位置	—

5.2.2　焊丝

熔化极气体保护焊用的焊丝包括实心焊丝和药芯焊丝。焊接时，焊丝既作为填充金属又作为导电的电极。在焊接过程中，焊丝的化学成分与保护气体相配合，影响焊缝金属的化学成分，而焊缝金属的化学成分又决定着焊件接头的化学成分和力学性能。所以在选用焊丝时，首先是考虑母材的化学成分和力学性能，其次是要与所用保护气体相配合。

通常焊丝与母材的成分应尽可能相近，并具有良好的焊接工艺性能和焊缝的物理化学性能。有时为了能满意地进行焊接和获得所希望的焊缝金属性能，会适当改变焊丝的化学成分。例如，常在焊丝中添加脱氧剂或其他净化元素，是为了通过与氧、氮或氢的反应使焊缝中的气孔减到最少或保证焊缝的力学性能。这些有害气体可能来自保护气体或偶尔从周围的气氛侵入焊接区内。采用含氧的保护气体焊接时，在焊丝中应添加适当的脱氧剂。

在钢焊丝中，最常使用的脱氧剂是锰、硅和铝；对于铜合金可使用钛、硅或磷作脱氧剂；在镍合金中常使用钛和硅作脱氧剂。

熔化极气体保护焊用的焊丝直径较小，一般为 1.0~1.6mm，常制成焊丝卷或焊丝盘供使用。所用焊接电流却比较大，所以焊丝的熔化速度很高，一般为 40~340mm · s^{-1}。

焊丝表面必须是清洁的，受污染的焊丝严禁使用。

焊丝的具体选用在第 6 篇第 2 章和第 7 篇中详细介绍。

5.3　熔化极气体保护焊的熔滴过渡

熔化极气体保护焊时，焊丝端头的液态金属经电弧向熔池过渡的过程称为熔滴过渡。熔滴过渡对电弧稳定性、焊缝成形和金属飞溅等有直接影响。在第 2 篇第 2 章中对熔滴过渡的类型、形态特征和成因等已做了详细介绍，本节从应用的角度分析在气体保护条件下常见的几种熔滴过渡形式及其转化规律，以便于读者正确掌握与运用。

在普通熔化极气体保护焊中，熔滴过渡常见的形式有短路过渡、滴状过渡、细颗粒过渡和喷射过渡。大滴过渡一般出现在电弧电压较高、焊接电流较小的情况下。由于利用这种过渡的工艺很不稳定，而且焊接的焊缝易出现熔合不良、未焊透和余高过大等缺陷，因此在实际焊接中一般不用。

5.3.1　短路过渡

采用细丝（焊丝直径一般不大于 1.6mm），并配以小电流及小电压进行焊接时，熔滴过渡为短路过渡。这种过渡工艺通常产生一体积小、凝固速度快的熔池，因此适合于薄板焊接及全位置焊接，这是 CO_2 气体保护焊经常采用的一种过渡方法，MAG 焊和 MIG 焊较少使用。在进行薄板焊接时，MIG 焊和 MAG 焊通常采用脉冲喷射过渡。

由于电弧电压小，弧长短，熔滴在长大过程中就与熔池发生短路。短路后，熔滴金属在表面张力及电磁收缩力的作用下流散到熔池中，形成短路小桥，同时短路电流以一定的速度（di/dt）上升。短路小桥在不断增大的短路电流作用下快速缩颈，缩颈处的局部电阻迅速增大，在较大的短路电流作用下产生较大的电阻热。当短路小桥达到临界缩颈状态时，电阻热使缩颈部位汽化爆断，将熔滴推向熔池，完成一次过渡，如图 3-5-2 所示为短路过渡焊接时电弧电流及电压的变化规律。短路过渡的稳定性取决于短路周期和熔滴的尺寸，短路周期越短（短路频率越大），熔滴尺寸越小，过渡越稳定。

短路过渡是一个电弧周期性地“燃烧-熄灭”的动态过程，为了保证该动态过程的稳定性并减少飞溅，CO_2 焊电源的动特性应满足如下要求：①电源的空载电压上升速度要快，以保证过渡完成后，电弧能够顺利引燃；②短路电流上升速度 di/dt 要适当。短路小桥的位置及爆破能量直接决定了飞溅的大小。

当 di/dt 过小时，在很长的时间内短路小桥达不到临界缩颈状态，继续送进的焊丝与熔池底部的固态金属短路，导致焊丝弯曲爆断，形成大颗粒飞溅，甚至是固体焊丝飞溅；当 di/dt 过大时，熔滴与熔池短路后，短路电流迅速增长到一个很大的数值，使缩颈产生在熔滴与熔池的接触部位，该部位的爆破力使大部分熔滴金属飞溅出来。di/dt 可通过在焊接回路中加一适当的电感来调节。

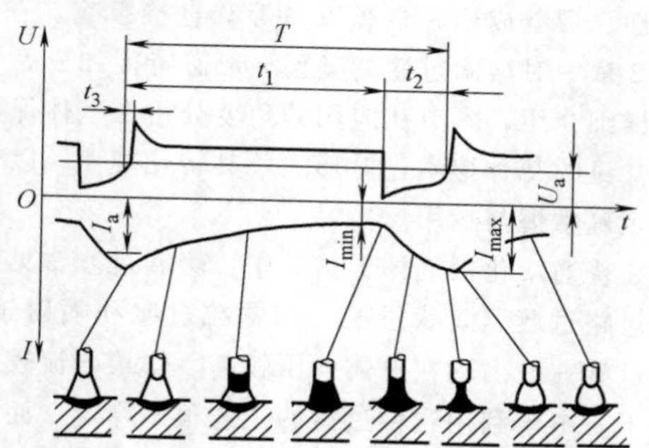

图 3-5-2 短路过渡焊接时电弧电流及电压的变化规律

注：T 为短路过渡周期；t_2 为短路时间；t_1 为燃弧时间；t_3 为空载电压恢复时间；U_a 为电弧电压；I_{min} 为最小电流；I_{max} 为最大电流

5.3.2 细颗粒过渡

采用粗丝（焊丝直径一般不小于 1.6mm），并配以大电流及大电压进行 CO_2 气体保护焊时，熔滴过渡为细颗粒过渡。这种方法的特点是，电弧大半潜入或深潜入焊件表面之下（取决于电流的大小），熔池较深，熔滴以较小的尺寸、较大的速度沿轴向过渡到熔池中，如图 3-5-3 所示。由于没有短路过程，对电源的动特性没有特殊要求。所以这种过渡主要用于中等厚度及大厚度板材的水平位置焊接。

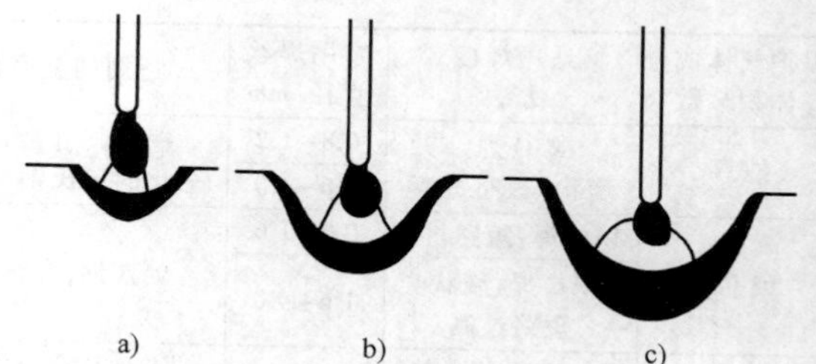

图 3-5-3 细颗粒过渡

a）半潜弧状态 b）临界潜弧状态 c）深潜弧状态

5.3.3 喷射过渡

当焊接电流由小到大变化，熔滴过渡形式就从滴状过渡转变为喷射过渡。图 3-5-4 所示为用 ϕ1.6mm 钢焊丝焊接时的滴量过渡转化过程。随着电流增大，熔滴由粗变细，每秒过渡的熔滴数量由少变多。这里存在着一个由滴状过渡到射流过渡的临界电流 I_{cr}。当焊接电流小于 I_{cr} 时则为滴状过渡，当焊接电流大于 I_{cr} 时为射流过渡。在临界电流 I_{cr} 附近是滴状过渡向射流过渡的过渡区，其熔滴的过渡形式介于两者之间，把它称为射滴过渡（或亚射流过渡），有人把它和射流过渡合并统称为喷射过渡。对于铝及铝合金来说，当电流大于临界电流时，喷射过渡是一滴一滴地进行的，这种过渡称为射滴过渡。

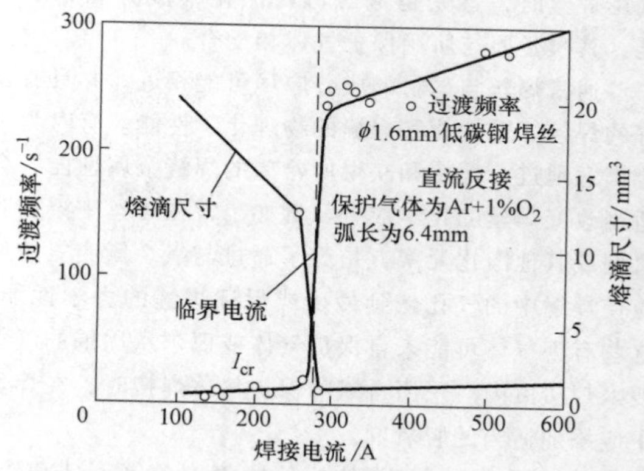

图 3-5-4 用 ϕ1.6mm 钢焊丝焊接时的熔滴过渡转化过程

临界电流取决于电弧气氛、焊丝种类和焊丝直径等。

1. 气体成分的影响

在纯 Ar 保护下，在电流不大的情况下就能获得熔滴尺寸小而单位时间过渡的数量大的喷射过渡；而在 CO_2 气体保护下焊接要获得细颗粒过渡，就必须使用较大的焊接电流，如图 3-5-5 所示。焊钢时，如果 Ar 中加入少量 O_2，钢的表面张力会降低，过渡阻力减少，从而使得射流过渡的临界电流降低，更易获得射流过渡；但加入 O_2 量过大，因解离吸热使弧柱电场强度提高，电弧收缩，临界电流反而会提高，如图 3-5-6 所示。当 Ar 中加入 CO_2 时，因 CO_2 能提高弧柱的电场强度，也使临界电流急剧增加，因而要形成射流过渡比较困难。

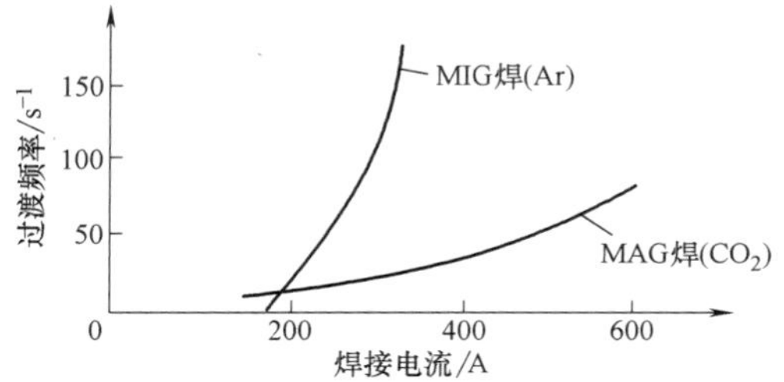

图 3-5-5　不同保护气体对熔滴过渡的影响

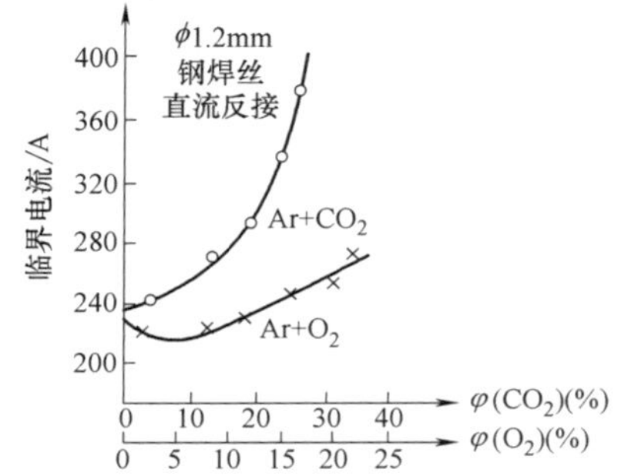

图 3-5-6　气体成分对射流过渡临界电流的影响

在 CO_2 气体保护焊中采用短路过渡时，若加入体积分数为 20%～25% 的 Ar，就会使得焊接过程更为稳定并能减少飞溅。

2. 焊丝材料与直径的影响

在直流反接条件下，当焊丝材料的导热性能较强时，焊丝端头不易形成铅笔状的液体金属柱，即不易获得射流过渡。例如铝焊丝惰性气体保护焊，当其电流超过临界电流时，熔滴尺寸并不发生突变，而是逐渐减少，从滴状过渡转变为射滴过渡。所以 MIG 焊用铝及其合金为焊丝，就存在一个从滴状过渡转变为射滴过渡的临界电流。而用钢焊丝，则存在一个从滴状过渡转变为射流过渡的临界电流。

不同焊丝直径也影响熔滴的过渡形式，焊丝直径越小，临界电流越低，越容易得到稳定的射流过渡。

3. 焊丝伸出长度的影响

焊丝伸出长度增加，则加强了焊丝的电阻热作用，促进熔滴过渡，可降低临界电流，获得稳定的射流过渡。但过大的伸出长度会引起伸长部分软化，使电弧不稳定。所以在一般情况下，伸出长度的适用范围为 12～25mm。

5.3.4　亚射流过渡

亚射流过渡是介于短路过渡与射流过渡之间的一种过渡形式，是铝及铝合金焊接中特有的一种熔滴过渡方式。它产生于弧长较短、电弧电压较小的情况下。由于弧长较短，尺寸细小的熔滴在即将以射滴形式过渡到熔池中时发生短路，然后在电磁收缩力的作用下完成过渡。在利用亚射流过渡工艺进行焊接时，电弧具有很强的固有自调节作用，采用等速送丝机配恒流特性的电源即可保持弧长稳定。

这种过渡形式主要用于平焊及横焊位置的铝及铝合金焊接。其优点是焊接过程稳定、焊缝外形及熔深非常均匀，且可避免指状熔深。

5.3.5　脉冲喷射过渡

脉冲喷射过渡仅产生在熔化极脉冲氩弧焊中。只要脉冲电流大于临界电流时，就可产生喷射过渡。根据脉冲电流及其维持时间的不同，熔化极脉冲氩弧焊有三种过渡形式：一个脉冲过渡一滴（简称一脉一滴）、一个脉冲过渡多滴（简称一脉多滴）及多个脉冲过渡一滴（多脉一滴）。熔滴过渡方式主要取决于脉冲电流及脉冲持续时间，如图 3-5-7 所示。三种过渡方式中，一脉一滴的工艺性能最好，多脉一滴是工艺性能最差的一种过渡形式。然而，一脉一滴的工艺范围很窄，焊接过程中难以保证，因此，目前主要采用的是一脉多滴及一脉一滴的混合方式。

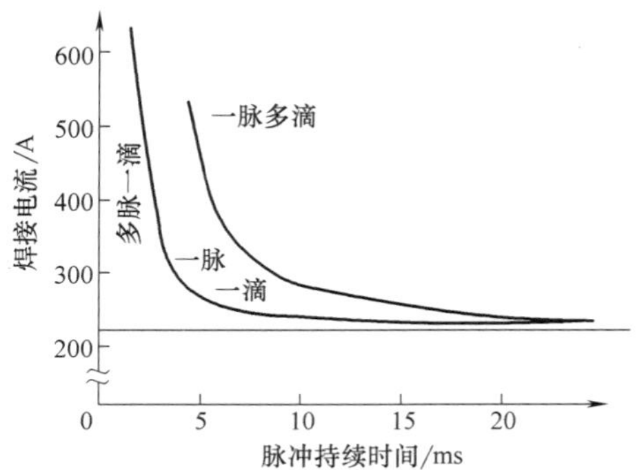

图 3-5-7　熔滴过渡方式与脉冲电流及脉冲持续时间之间的关系

脉冲喷射过渡工艺具有如下优点：

1）焊接参数的调节范围增大。能在高至几百安培，低至几十安培的电流范围内获得稳定的喷射过渡。表 3-5-4 给出了不同焊丝脉冲喷射过渡的最小电流值。这一范围覆盖了一般熔化极氩弧焊的短路过渡及射流过渡的电流范围，因此熔化极脉冲氩弧焊利用射流过渡工艺既可焊厚板，又可焊薄板。

表 3-5-4　脉冲喷射过渡的最小电流值

（总电流平均值）　（单位：A）

焊丝材料	焊丝直径/mm			
	1.2	1.6	2.0	2.5
钢	20~25	25~30	40~45	60~70
5A06 铝镁合金	25~30	30~40	50~55	75~80
铜	40~50	50~70	75~85	90~100
1Cr18Ni9Ti 不锈钢	60~70	80~90	100~110	120~130
钛	80~90	100~110	115~125	130~145
08Mn2Si 低合金钢	90~110	110~120	120~135	145~160

注：1Cr18Ni9Ti 为旧标准牌号，仅供参考。

2）可有效地控制热输入。熔化极脉冲氩弧焊的可控参数较多，电流参数 I 由原来的 1 个变为 4 个：基值电流 I_b、脉冲电流 I_p、脉冲维持时间 t_p 和脉冲间歇时间 t_b。通过调节这 4 个参数可在保证焊透的条件下，将焊接热输入控制在较低的水平，从而减小了焊接热影响区及焊件的变形。这对于热敏感材料的焊接是十分有利的。

3）有利于实现全位置焊接。由于可在较小的热输入下实现喷射过渡，熔池的体积小，冷却速度快，因此熔池易于保持，不易流淌。而且焊接过程稳定，飞溅小，焊缝成形好。

4）焊缝质量好。脉冲电弧对熔池具有强烈的搅拌作用，可改善熔池的结晶条件及冶金性能，有助于消除焊接缺陷，提高焊缝质量。

不同的熔滴过渡方式适用于不同的实际生产条件，表 3-5-5 给出了不同熔滴过渡工艺的应用情况。

表 3-5-5　不同熔滴过渡工艺的应用情况

工艺	Ar 或 Ar+He	Ar+O_2、Ar+CO_2 或 Ar+CO_2+O_2	CO_2
短路过渡	一般不使用	宜用	最宜使用
射流/射滴过渡	最宜使用	最宜使用	宜使用
脉冲喷射过渡	最宜使用	最宜使用	不使用
滴状过渡	不使用	不使用	不使用
亚射流过渡	Al 焊丝时最宜使用	不使用	不使用

5.4 熔化极气体保护电弧焊的设备

熔化极气体保护电弧焊可分为半自动熔化极气体保护焊和自动熔化极气体保护焊两类。图 3-5-8 所示为半自动熔化极气体保护焊全套设备的组成图，主要由焊接电源、焊枪、送丝系统、供气系统、水冷系统和控制系统组成。自动熔化极气体保护焊设备，则增加了行走机构，它往往和焊枪及送丝机组合成焊接小车（机头）。

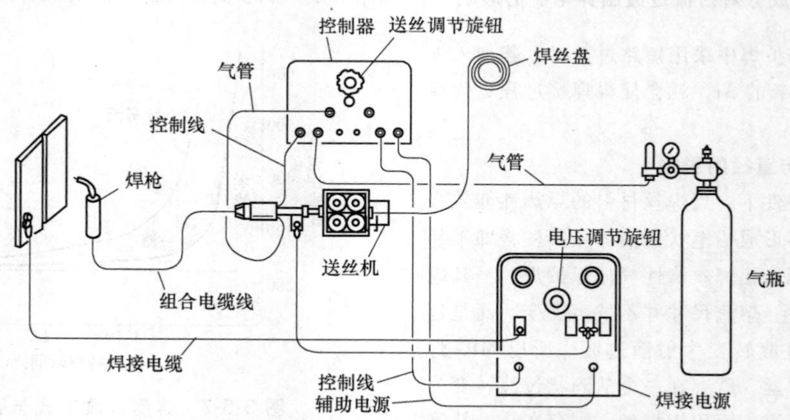

图 3-5-8　半自动熔化极气体保护电弧焊设备组成图

5.4.1 焊接电源

1. 电流类型

熔化极气体保护焊一般采用直流电源。直流弧焊发电机和各种类型的弧焊整流器均可采用。通常焊接电流为 15~500A，特种应用达 1500A。空载电压为 55~80V，负载持续率为 60%~100%。

2. 电源外特性

与埋弧焊相类似，需根据焊丝直径选择。

焊丝直径小于 1.6mm 的焊接，采用等速送丝系统配平外特性电源，要求输出电压的下降率小于 8V/100V。在这样的配合下，通过改变电源外特性来调节电弧电压，通过改变送丝速度来调节焊接电流。

焊丝直径大于 2mm 的焊接，采用电弧电压反馈送丝系统匹配陡降外特性电源。在这样的配合下，通过改变电源外特性来调节焊接电流，通过改变送丝系统的给定信号来调节电弧电压。

3. 电源动特性

CO_2气体保护焊时电弧负载不断变化，对焊接电源动特性具有一定的要求。为了提高焊接过程的稳定性和减少飞溅，对电源动特性有较高的要求。既要具有合适的短路电流增长速度 di/dt、短路峰值电流 I_{max} 和电弧电压恢复速度 dv/dt，又要根据焊丝成分和直径不同能对短路电流增长速度 di/dt 进行调节。对于具有平特性的整流式 CO_2 气体保护焊的焊接电源来说，通常在直流回路上串联可调电感。回路中电感值越大，di/dt 就越小。反之，di/dt 就越大。对于电弧电压的恢复速度，一般要求从短路到恢复到 25V 所需的时间不得超过 0.05s。

5.4.2　焊枪

1. 焊枪的分类

按照操作方式，将熔化极气体保护焊的焊枪分为自动焊枪和半自动焊枪两类。

半自动焊枪又分为鹅颈式焊枪及手枪式焊枪两类，如图 3-5-9 所示为这两种焊枪的典型结构。按照冷却方式，熔化极气体保护焊焊枪可分为气冷式焊枪和水冷式焊枪两种，额定电流在 400A 以下的焊枪通常为气冷式焊枪，适用于细丝熔化极气体保护焊。额定电流在 400A 以上的通常为水冷式焊枪，适用于粗丝熔化极气体保护焊。对于大电流 MIG 焊或 MAG 焊，为了节省保护气体并提高保护效果，有时会采用有双层保护气流的焊枪。

当用自保护药芯焊丝进行焊接时，因不需保护气体，故无须喷嘴，可采用如图 3-5-10 所示的简单的焊枪结构。该焊枪为了提高焊丝的熔化效率，采用较大的焊丝伸出长度。此时，为了确保焊丝的指向性稳定，在导电嘴外附加了一个绝缘外伸导管。

2. 焊枪的结构

熔化极气体保护焊的焊枪由焊枪本体和软管组件（包括送丝软管、送气管、焊接电缆、控制线等）组成。其作用是送丝、导通电流并向焊接区输送保护气体等。

（1） 焊枪本体

焊枪本体的主要组成部件是导电嘴、喷嘴、焊枪体、帽罩及冷却水套等，其中最重要的部件为喷嘴和导电嘴，如图 3-5-9 所示。

1） 喷嘴。保护气体通过喷嘴流出，确保能形成一良好的保护气罩，覆盖在熔池及电弧上面。喷嘴通过绝缘套装在枪体上，所以即使它碰到焊件也不会造成打弧。使用过程中应随时检查喷嘴是否被堵塞。

2） 导电嘴。主要作用是将电流导入焊丝，由纯铜或耐磨铜合金制成。导电嘴的孔径应比对应的焊丝直径稍大（大 0.1~0.2mm）。喷嘴在焊接过程中不断与焊丝摩擦，因此容易受到磨损。磨损过大时会导致电弧不稳，应及时更换。导电嘴安装后，其前端应缩至喷嘴内 2~3mm。

（2） 送丝软管

有两种送丝软管，一种是用弹簧钢丝绕制的，另一种是用四氟乙烯或尼龙等制成。前者适用于不锈钢、碳素钢和合金钢焊丝，后者适用于铝及铝合金焊丝。

对于推丝式送丝机构，送丝软管长度一般为 3~4m，个别可达到 6m。弹簧管在使用过程中会被焊丝磨损和被铜屑等杂质污染，使送丝不稳定，应定期清理，必要时应更换。

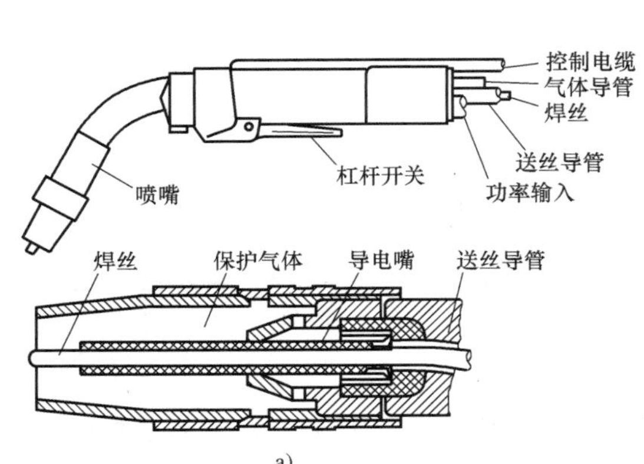

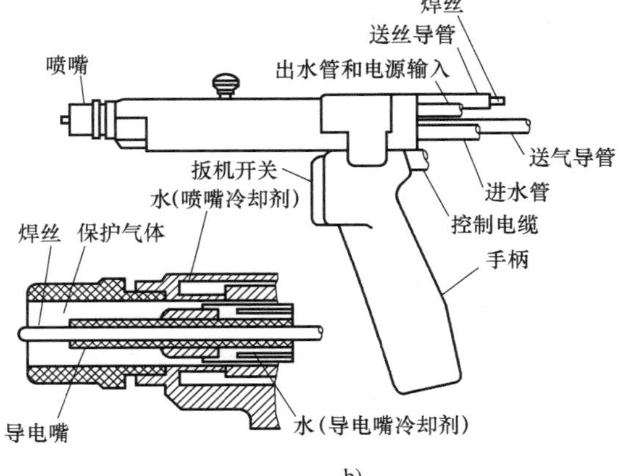

图 3-5-9　熔化极气体保护焊的半自动焊枪

a） 鹅颈式（气冷）　b） 手枪式（水冷）

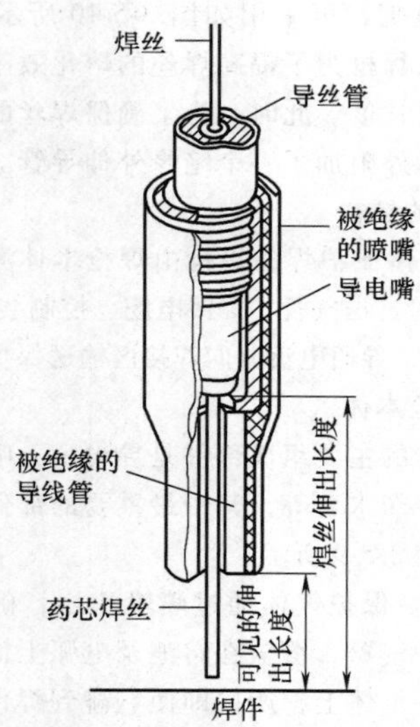

图 3-5-10　自保护药芯焊丝用的自动焊枪结构

5.4.3　送丝系统

1. 组成

送丝系统的组成与送丝方式有关，应用最广的推丝式送丝系统是由焊丝盘、送丝机构（包括电动机、减速器、校直轮和送丝轮等）和送丝软管组成。工作时，盘绕在焊丝盘上的焊丝先经矫直轮矫直后，再经过安装在减速器输出轴上的送丝轮，最后经过送丝软管送至焊枪。

2. 送丝方式

目前在熔化极气体保护电弧焊中应用的送丝方式有推丝式、拉丝式和推拉丝式三种，如图 3-5-11 所示。

（1）推丝式（见图 3-5-11a）

这种送丝方式的焊枪结构简单、轻便，操作维修都比较容易。但焊丝进入焊枪前要经过一段较长的软管，阻力较大。随着软管的加长，送丝的稳定性变差，特别是对于较细或较软材料的焊丝更是如此。故送丝软管不能太长，一般在 3～5m 范围内。

（2）拉丝式（见图 3-5-11b、c、d）

有三种不同形式，图 3-5-11b 所示结构是将送丝电动机安装在焊枪上，焊丝盘与焊枪通过送丝软管连接，图 3-5-11c 所示结构是将焊丝盘直接安装在焊枪上。这两种送丝方式主要用于细丝（$\phi \leqslant 0.8$mm）半自动熔化极气体保护焊。前者操作较轻便，后者去掉了送丝软管，增加了送丝的可靠性和稳定性，适用于铝或较软的细丝的输送。但后者自重较大（其中焊丝盘质量约 0.5～1kg），加大了焊工的劳动强度。拉丝电动机一般为微型直流电动机，功率在 10W 左右。图 3-5-11d 所示为一种焊丝盘与焊枪分开，送丝电动

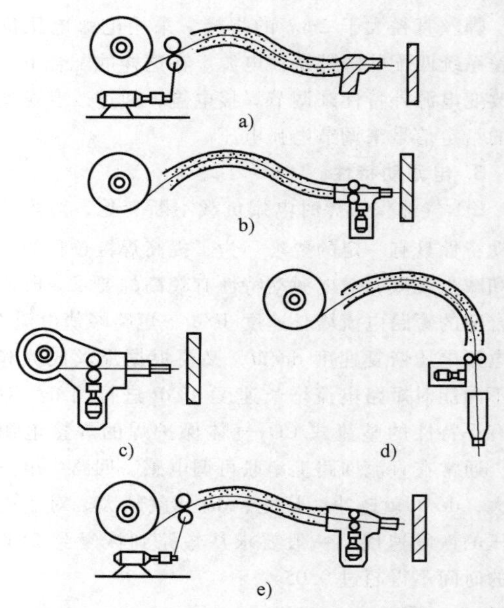

图 3-5-11　送丝方式示意图

a）推丝式　b）、c）、d）拉丝式　e）推拉丝式

机也与焊枪分开的结构。这种送丝方式通常用于自动熔化极气体保护焊。

（3）推拉丝式（见图 3-5-11e）

推拉丝式是对焊丝采取后推前拉，在两个力的共同作用下可以克服软管的阻力，从而可以扩大半自动熔化极气体保护焊的操作距离，其送丝软管的最大距离可达 15m 左右。推丝和拉丝两个动力在调试过程中要有一定的配合、尽量做到同步，但以拉为主，使焊丝在软管内处于拉直状态。

3. 送丝机构

送丝系统中核心部分是送丝机构，通常是由动力部分（电动机）、传动部分（减速器）和执行部分（送丝轮）等组成。目前常用的送丝机构是平面式送丝机构，基本特点是送丝滚轮旋转面与焊丝输送方向在同一平面上，如图 3-5-12 所示。

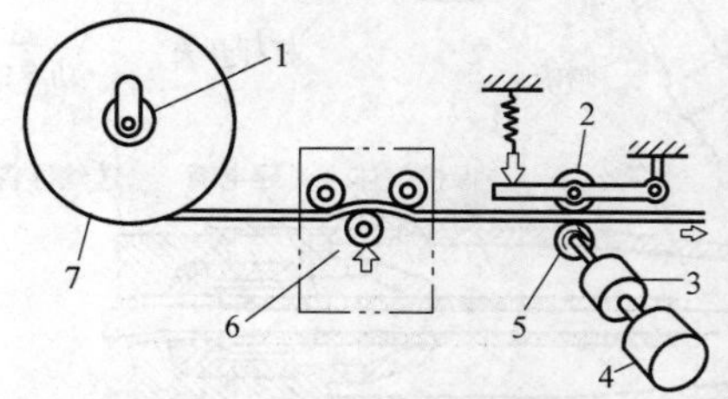

图 3-5-12　平面式送丝机构示意图

1—焊丝盘转轴　2—送丝滚轮（压紧轮）　3—减速器　4—电动机　5—送丝滚轮（主动轮）　6—焊丝矫直机构　7—焊丝盘

从焊丝盘出来的焊丝，经矫直轮矫直后进入两只送丝滚轮之间，滚轮由电动机驱动，靠滚轮与焊丝间的摩擦力驱动焊丝沿切线方向移动。根据焊丝的直径和材质，送丝滚轮可以是 1 对，也可以是 2～3 对。每对滚轮又可分单主动和双主动（见图 3-5-13），前者的缺点是从动轮易打滑，送丝不够稳定；后者靠齿轮啮合而转动，送进力较大，焊丝偏摆小，焊丝指向性强，因而送丝稳定性好；但两主动轮的尺寸必须相等，否则焊丝会打滑。送丝滚轮的表面形状有多种，如图 3-5-14 所示。其中，轮缘压花且带 V 形槽的形状能有效地防止焊丝打滑和增加送进力，但易压伤焊丝表面，增加送丝阻力和导电嘴的磨损。滚轮材料常用 45 钢，滚轮制成后淬火后硬度要达到 45～50HRC，以增强耐磨性。送丝电动机常用国产 S 系列的直流伺服电动机。

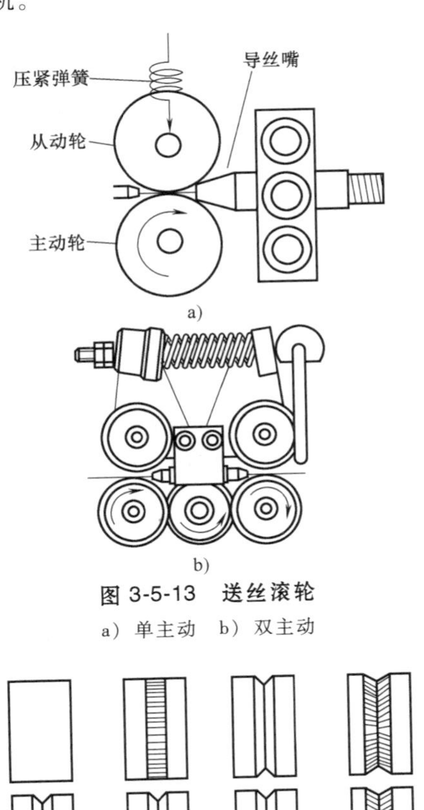

图 3-5-13　送丝滚轮

a）单主动　b）双主动

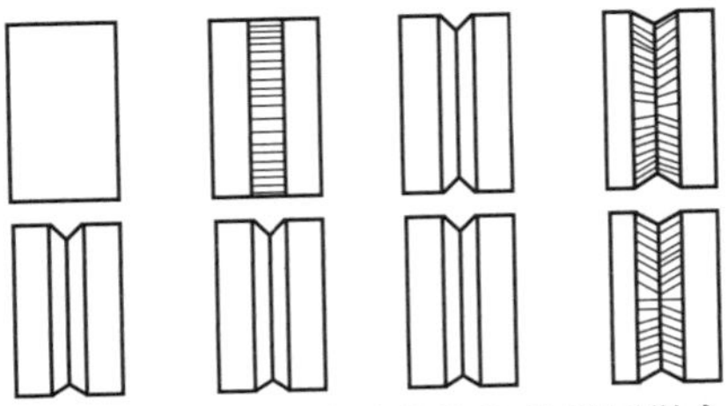

图 3-5-14　V 形槽送丝滚轮的不同组合

5.4.4　供气与水冷系统

1. 供气系统

MIG 焊的供气系统与钨极氩弧焊的基本相同，不过，采用混合气体时需要采用配比器。但对于 CO_2 气体保护焊一般还需在 CO_2 气瓶出口处安装预热器和高压干燥器，前者用以防止 CO_2 从高压降至低压时吸热而引起气路结冰堵塞，后者用以去除气中的水分，有时在减压之后再安装一个低压干燥器，再次吸收气体中的水分，以防止焊缝中产生气孔，如图 3-5-15 所示。

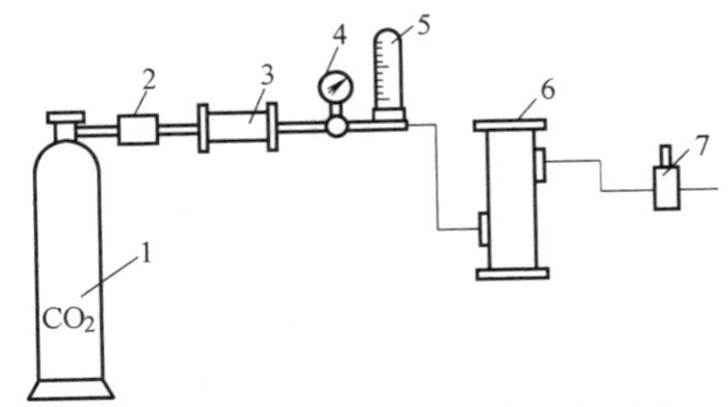

图 3-5-15　CO_2 气体保护焊供气系统

1—气瓶　2—预热器　3—高压干燥器　4—气体减压阀　5—气体流量计　6—低压干燥器　7—气阀

为了紧凑，常把预热和干燥结合在一起组成预热干燥器，如图 3-5-16 所示。预热是由电阻丝加热，一般用 36V 交流电，功率为 75～100W。干燥剂常用硅胶或脱水硫酸铜。吸水后其颜色会发生变化，经加热烘干后可重复使用。

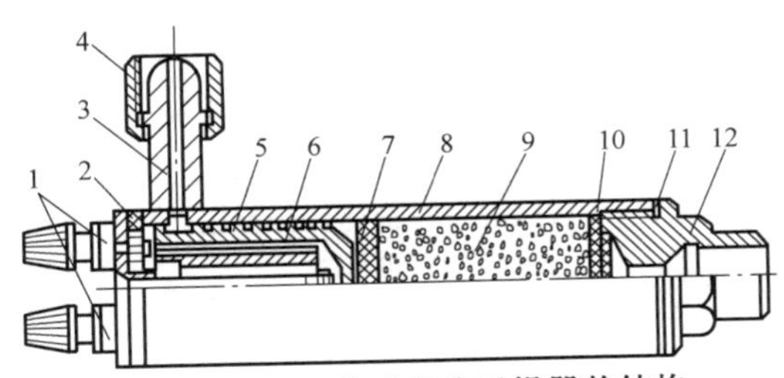

图 3-5-16　一体式预热干燥器的结构

1—电源接线柱　2—绝缘垫　3—进气接头　4—接头螺母　5—电热器　6—导气管　7—气筛垫　8—壳体　9—硅胶　10—毡垫　11—铅垫圈　12—出气接头

2. 水冷系统

水冷式焊枪必须有水冷系统，它一般由水箱、水泵和冷却水管及水压开关组成。其水路与 TIG 焊水冷系统相同。冷却水可循环使用。水压开关的作用是保证当冷却水没流经焊枪时，焊接系统不能启动，以达到保护焊枪的目的。

5.4.5　控制系统

熔化极气体保护电弧焊的控制系统由基本控制系统和程序控制系统两部分组成。前者，如焊接电源输出调节系统、送丝速度调节系统、小车（或工作台）行走速度调节系统和气体流量调节系统等的作用主要是在焊前或焊接过程中调节焊接参数；后者的主要作用是对整套设备的各组成部分按照预先拟好的焊接工艺程序进行控制，以便协调而又有序地完成焊接。

图 3-5-17a、b 所示分别为半自动和自动 CO_2 气体保护焊的焊接程序。早期的焊机大部分用分立元器件实现对焊接过程中各项程序的控制，近年来逐渐采用单板机或计算机来实现全过程的控制，大大提高了可靠性。

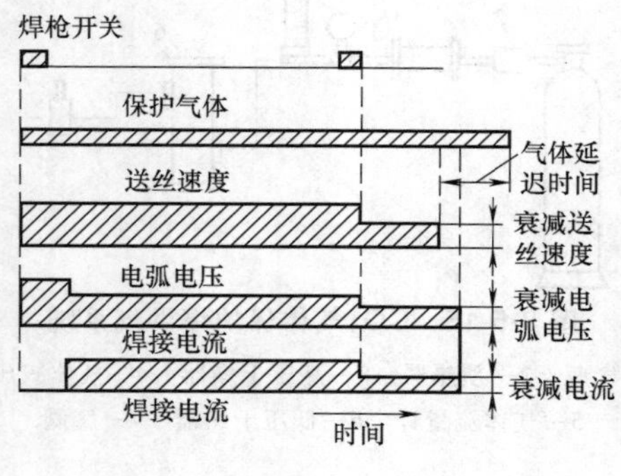

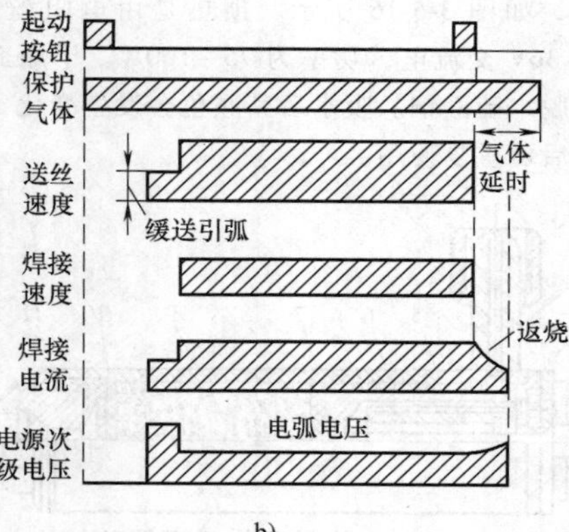

图 3-5-17　CO_2 气体保护焊的焊接程序

a）半自动 CO_2 气体保护焊的焊接程序

b）自动 CO_2 气体保护焊的焊接程序

5.5　MIG/MAG 焊的焊接工艺

MIG 焊目前主要用于焊接铝、镁及其合金。MAG 焊主要用于焊接不锈钢、低碳钢和低合金钢等。熔滴过渡主要采用喷射过渡形式，短路过渡已被脉冲喷射过渡替代，滴状过渡在生产中不采用。利用 MIG 焊焊接铝时，亚射流过渡是一种最理想的过渡方法，因为其阴极雾化区大，熔池保护效果好，且焊缝成形好、缺陷少。脉冲熔化极气体保护焊可以焊接薄板和全位置焊接。一般都采用直流反接，这样电弧稳定、熔滴过渡均匀、飞溅少，并且焊缝成形好。

5.5.1　焊接材料的选择

1. 保护气体

在实际应用中一般不推荐使用纯 Ar，因为采用纯 Ar 容易产生指状熔深。MIG 焊通常采用 Ar 与 He 的混合气体。图 3-5-18 所示为 MIG 焊（长弧）焊接铝合金时，Ar 和 He 的不同混合比例对焊缝形状的影响。

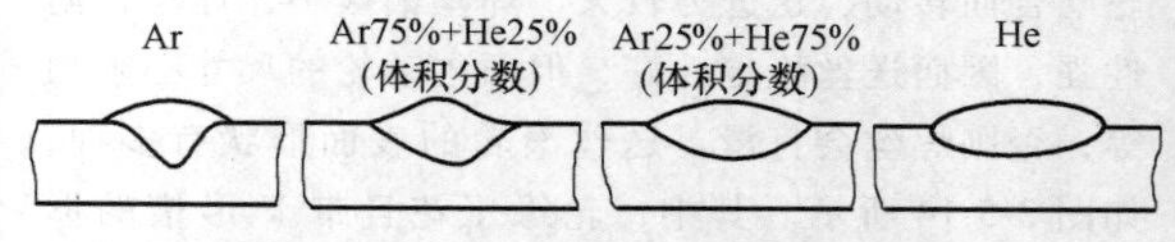

图 3-5-18　Ar 和 He 的不同混合比例对焊缝形状的影响

MAG 焊通常采用 Ar+ O_2、Ar+CO_2 或 Ar+CO_2+O_2 混合气体。

在 Ar 中加入 O_2 会降低临界电流，细化熔滴尺寸，改善过渡性能。具有氧化性的保护气体能稳定和控制电弧阴极斑点的位置，因而使电弧燃烧和熔滴过渡稳定，焊缝成形好。但是焊接不锈钢时，O_2 的加入量不能高，一般控制在 $\varphi(O_2)=1\%\sim5\%$ 的范围内，否则合金元素氧化烧损多，会引起夹渣和飞溅等问题。焊接低碳钢和低合金钢时，在 Ar 中 O_2 的加入量可达 $\varphi(O_2)=20\%$。

CO_2 是氧化性气体，在 Ar 中加入 $\varphi(CO_2)\leqslant15\%$ 的 CO_2 时，其作用与在 Ar 中加入 $\varphi(O_2)=2\%\sim5\%$ 的 O_2 相似。若加入 $\varphi(CO_2)>25\%$ 的 CO_2，其工艺特征就接近纯 CO_2 气体保护焊，但飞溅相对较少，可以改善焊缝横截面形状，并减少气孔的生成。Ar+CO_2 混合气体主要用于焊接碳素钢和合金结构钢。但要注意，CO_2 气体热导率高，阳极弧根的扩展受到限制，而且在电弧热作用下将发生强烈的吸热反应，所以在 Ar 中加入 CO_2 会提高临界电流，其熔滴过渡特性随着 CO_2 量的增加而恶化，飞溅也增大。通常 CO_2 的加入量一般控制在 $\varphi(CO_2)=5\%\sim30\%$ 的范围内。此外，加入 CO_2 气体对母材有渗碳作用，因此，一般不用于不锈钢的焊接。

在 Ar 中加入适量的 CO_2 和 O_2 焊接低碳钢和低合金钢，比采用上述两种混合气体作气体保护焊接时的焊缝成形、接头质量、金属熔滴过渡和电弧稳定性好。

2. 焊丝

MIG 焊使用的焊丝化学成分通常应与母材的相同，在某些情况下使用稍微不同于母材化学成分的焊丝是为了改善焊缝金属的力学性能和焊接工艺性能。

焊丝直径通常在 0.8～2.4mm 的范围内，使用前须经严格的化学或机械清理。生产厂家最好以一定规格缠绕成盘状，经密封包装后供用户直接使用。

MAG 焊随着 Ar 中 O_2或 CO_2含量的增加，其氧化性增强。如果是焊接碳素钢、低合金钢和不锈钢，则钢中的脱氧元素 Si 和 Mn 的烧损也随之增加，使焊缝强度下降。因此，对用氧化性强的混合气体焊接时，应采用高锰高硅焊丝；而对富氩混合气体，可用低锰低硅焊丝。

5.5.2　焊接参数

MIG/MAG 焊的焊接参数有焊接电流、电弧电压、焊接速度、焊丝直径、焊丝伸出长度、焊丝的位置、焊接位置和极性等。此外，还有保护气体及其流量的大小等，它们都影响着焊接工艺的性能、熔滴过渡形式、焊缝的几何形状和焊接质量。

1. 焊接电流

通常是根据焊件的厚度确定焊丝直径，然后按所需的熔滴过渡形式确定焊接电流。

对于 MIG 焊，直径≤1.6mm 的焊丝属于细焊丝，直径>1.6mm 的焊丝属于粗焊丝。焊丝直径不同，熔滴过渡形式和使用焊接电流的范围也不同，主要根据具体工艺要求而定。图 3-5-19 所示为不同直径的铝焊丝和不锈钢焊丝的熔滴过渡形式及其使用电流范围。从图中可看出以下几点。

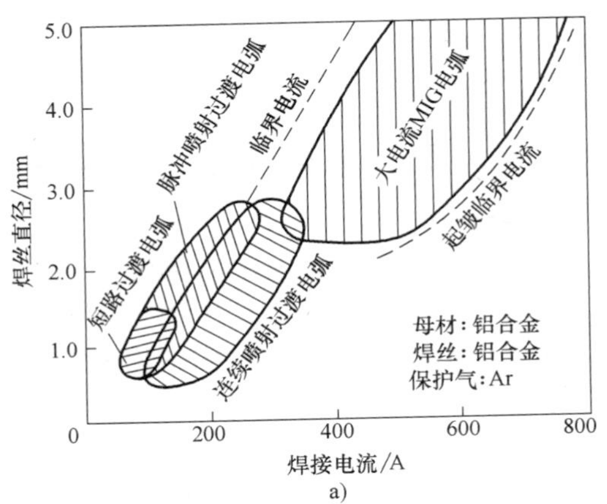

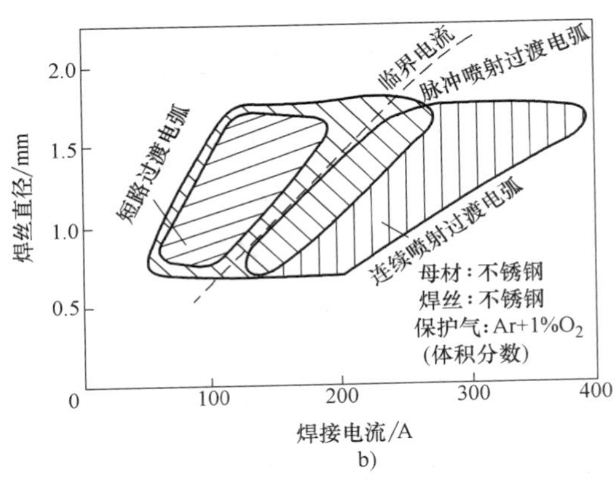

图 3-5-19　MIG 焊中不同熔滴过渡形式对应的焊丝直径及其使用电流范围

a）铝合金焊接　b）不锈钢焊接

1）焊丝直径一定时，要获得连续喷射过渡，其电流必须超过某一临界值。若焊丝直径增大其临界值亦增加。

2）焊丝直径一定时，可以通过选用不同的焊接电流范围以获得不同的熔滴过渡形式。

3）不同的熔滴过渡形式的使用电流范围有一部分是相互重叠的。

4）短路过渡和脉冲喷射过渡采用的电流较小，因此，对母材的热输入都较小。

5）对铝合金粗焊丝大电流的连续喷射过渡其稳定区电流范围的上、下限是由两个临界电流值决定的，一个是产生喷射过渡的临界电流，另一个是焊缝产生起皱现象的临界电流，该起皱临界电流也随焊丝直径的增大而增加。

表 3-5-6 是 5A06 铝合金和 18-18Ti 不锈钢 MIG 焊时，不同熔滴过渡形式所用的焊接电流范围。表 3-5-7 为 MIG 焊碳素钢使用的焊接电流范围。

表 3-5-6　MIG 焊 5A06 铝合金和 18-18Ti 不锈钢时不同熔滴过渡形式所用的焊接电流范围（直流反接）

焊丝材料	熔滴过渡形式	在下列焊丝直径时采用的电流范围/A		
		0.8mm	1.2mm	1.6mm
5A06	短路过渡	—	50～100	60～135
	连续喷射过渡	—	105～230	140～350
	脉冲喷射过渡	—	20～150	35～250
18-8Ti 钢	短路过渡	50～150	80～200	100～200
	连续喷射过渡	150～200	190～310	240～450
	脉冲喷射过渡	40～190	60～250	80～320

表 3-5-7　MIG 焊碳素钢时使用的焊接电流范围

熔滴过渡形式	焊丝直径/mm	焊接电流范围/A
短路过渡	1.0	40~150
	1.2	80~180
连续喷射过渡	1.2	220~35
	1.6	270~500
脉冲喷射过渡	1.2	80~220
	1.6	100~270

在稳定焊接过程中，其他条件不变情况下，焊接电流增加，焊丝熔化速度增加，会使焊缝的熔深和余高明显增加，而熔宽略有增加，如图 3-5-20 所示。

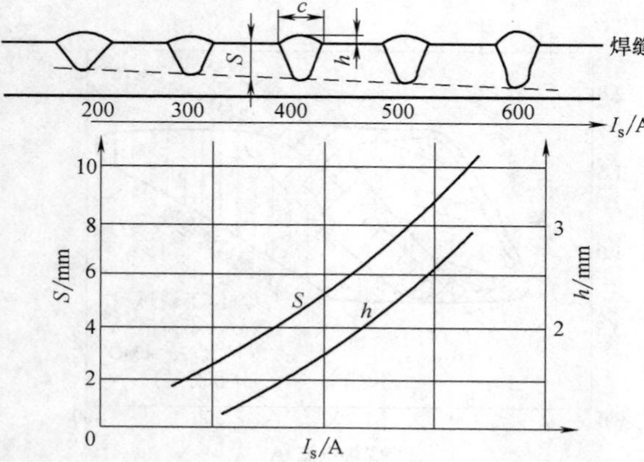

图 3-5-20　焊接电流对焊缝形状的影响

2. 电弧电压

焊丝直径一定时，要获得稳定的熔滴过渡，除了要选用与之相适应的焊接电流外，同时还须匹配合适的电弧电压。如图 3-5-21 所示为三种基本熔滴过渡形式的最佳电弧电压和焊接电流的范围，超出此范围，容易使工艺性能变坏而产生焊接缺陷。如果电弧电压过高，则可能产生气孔和飞溅；如果电压过低，则可能导致电弧短路。

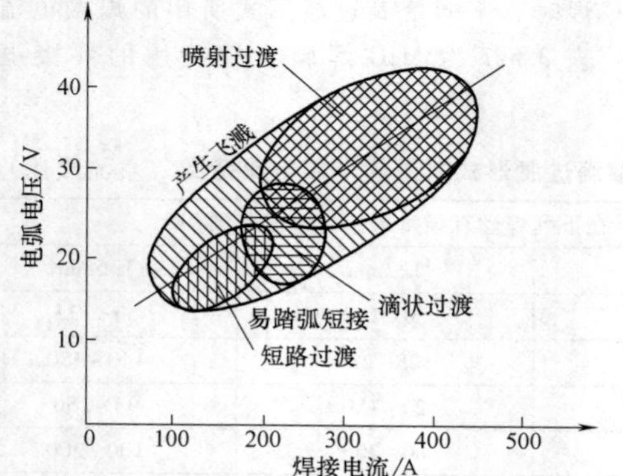

图 3-5-21　MIG 最佳的电弧电压与焊接电流的范围

在稳定焊接的过程中，其他条件不变时，随着电弧电压的增加，熔深和余高减小，而熔宽增大，如图 3-5-22 所示。

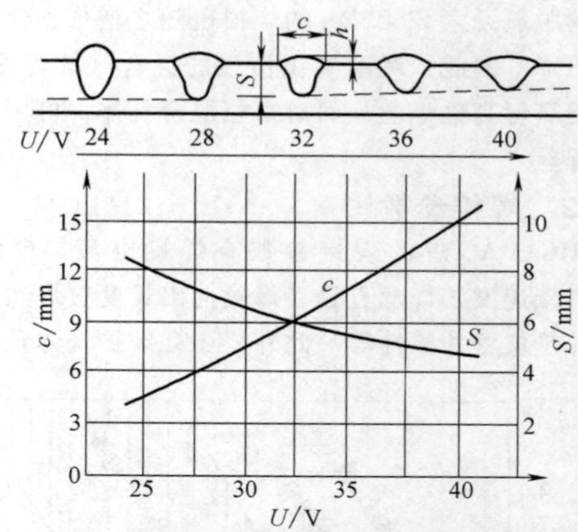

图 3-5-22　电弧电压对焊丝形成的影响

3. 焊接速度

即焊枪沿焊缝中心线方向相对移动的速度。当其他条件不变时，提高焊接速度，则单位长度上电弧传给母材的热量显著减少，母材熔化速度减慢，其熔深和熔宽则减小。若速度过高，就会引起咬边；若焊接速度过低，会使单位长度上的熔敷量增加，熔池体积增大，熔深反而减小而熔宽增加，其变化规律如图 3-5-23所示。

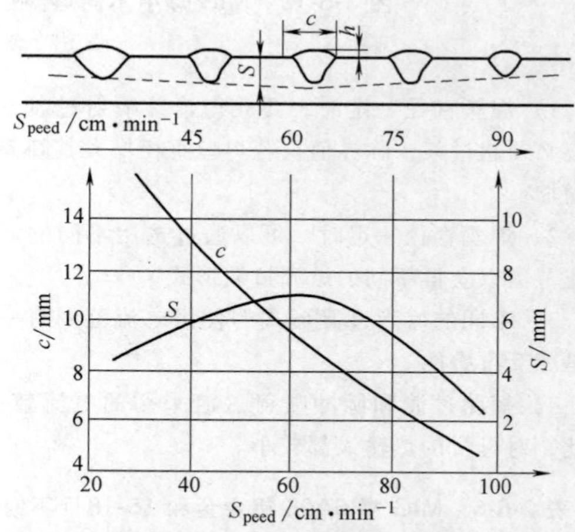

图 3-5-23　焊接速度的影响

4. 焊丝伸出长度

焊丝伸出长度是指导电嘴端部到焊丝端头的距离。焊丝伸出长度越长，焊丝的电阻热越大、其熔化速度越快。若伸出过长，则导致电弧电压下降，熔敷金属过多，焊缝成形不良，熔深减小，电弧不稳定；若伸出过短，则电弧易烧毁导电嘴，且金属飞溅，易堵塞喷嘴。一般对于短路过渡来说，焊丝伸出长度以

6.4～13mm 较为合适。而其他形式的熔滴过渡，推荐伸出长度在 13～25mm 范围内。

5. 焊丝的位置

焊丝轴线相对于焊缝轴线的角度和位置会影响焊缝的形状和熔深。

当焊丝轴线和焊缝轴线在一个平面内，则它们相互之间的夹角称为行走角，如图 3-5-24 所示。焊丝向前进方向倾斜的焊接方式称为前倾焊法，焊丝向与前进相反的方向倾斜的焊接方式称为后倾焊法；焊丝轴线与焊缝轴线垂直的焊接方式称为正直焊法。这三种焊接方法对焊缝形状和熔深的影响如图 3-5-25 所示。当其他条件不变时，焊丝从垂直位置变为前倾时其熔深增加，而焊道变窄，余高增大。当拖角在 15°～20°之间的熔深最大，这时一般不推荐拖角大于 25°。

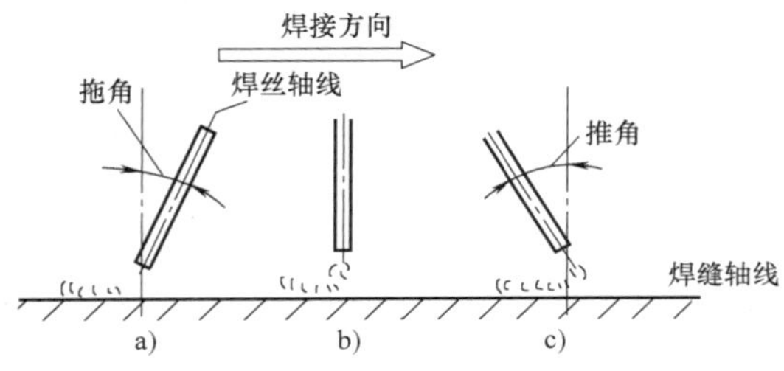

图 3-5-24　焊丝位置示意图

a）前倾焊法（右焊法）　b）正直焊法

c）后倾焊法（左焊法）

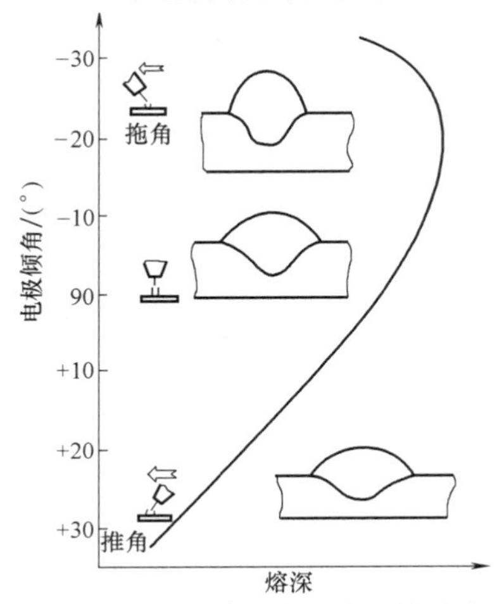

图 3-5-25　焊枪倾角对熔深的影响

6. 焊接位置

喷射过渡焊接适用于平焊而不适用于立焊和仰焊。平焊时，焊件相对于水平面的斜度对焊缝成形、熔深和焊接速度有影响。图 3-5-26 所示为上坡焊和下坡焊的两种情况。若用下坡焊（夹角≤15°），则焊缝余高和熔深减小，焊接速度可以提高，有利于焊接薄板。若用上坡焊，则重力会使液态金属后流，使熔深和余高增加，而熔宽减小。

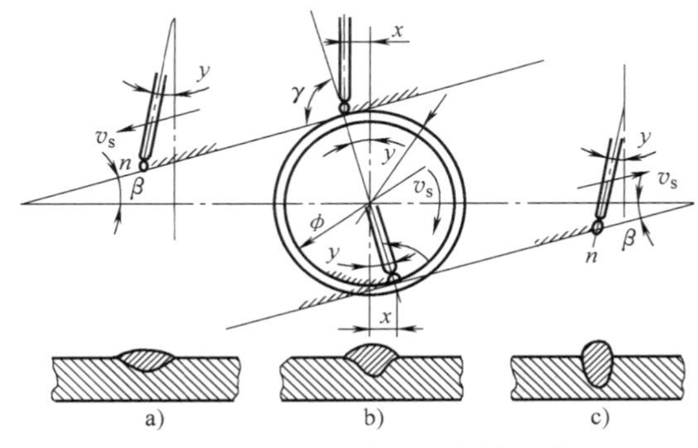

图 3-5-26　倾斜坡焊的焊缝形状

a）下坡焊　b）平焊　c）上坡焊

短路过渡的焊接可用于薄板的平焊和全位置焊接。

圆柱形筒体内外环缝平焊时（焊件旋转），为了获得良好的焊缝成形，焊丝应逆旋转方向偏一定距离，如图 3-5-27a 所示；若偏移量过大，则熔深变浅而熔宽增加（见图 3-5-27b）；若偏移方向反了（见图 3-5-27c）则熔深和余高增加而熔宽变窄。

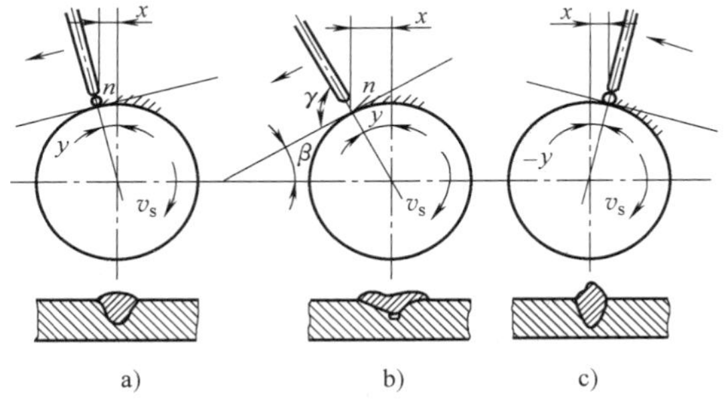

图 3-5-27　筒体外环缝焊接焊丝偏移位置

a）正确　b）偏移量过大　c）偏反了方向

7. 极性

采用直流电源焊接时，极性对焊缝熔深有影响。直流反接（焊丝接正极）时熔深大于直流正接（焊丝接负极）。而采用交流电焊接时是介乎两者之间，如图 3-5-28 所示。

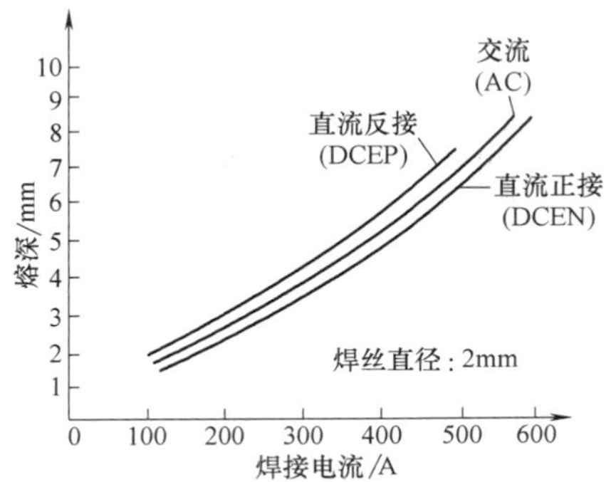

图 3-5-28　极性对熔深的影响

综合了上述各焊接参数对焊缝形状尺寸及焊接生产率的影响，给出了表3-5-8所示的调整焊缝几何形状及熔敷速度的方法。

表3-5-8　调整焊缝几何形状及熔敷速度的方法

要求		电弧电压	焊接电流	焊接速度	焊丝倾角	焊丝伸出长度	焊丝直径	说　明
熔深 S	深些	—	①增加	—	③拖角 最大25°	②减小	④小*	*假定调整送丝速度而焊接电流恒定 ①表示第一选择 ②表示第二选择 ③表示第三选择 ④表示第四选择
	浅些	—	①减少	—	③推角	②增加	④大*	
余高 h	大些	—	①增大	②减少	—	③增大*	—	
	小些	—	①减少	②增大	—	③减少*	—	
熔宽 c	凸且窄	①减小	—	—	②拖角	③增大	—	
	平且窄	①增大	—	—	②90°	③减小	—	
熔敷速度 v	快些	—	①增大	—	—	②增大*	③小	
	慢些	—	①减小	—	—	②减小*	③大	

5.5.3　典型MIG焊的焊接参数

1. 铝及铝合金的MIG焊工艺

铝及其合金的焊接通常采用直流反接，焊接薄板和中厚板时用纯Ar保护，厚大件的工件焊接时采用Ar+50%～60%He（体积分数）或纯He保护。根据板厚和接头形式的不同可以采用射流过渡焊接法、脉冲喷射过渡焊接法和大电流MIG焊接法进行焊接。

（1）射流过渡焊接法

这是铝及其合金MIG焊最常用的焊接方法，焊接电流须大于其临界电流才能稳定焊接。ϕ1.2mm、ϕ1.6mm和ϕ2.4mm焊丝的相应临界电流分别为130A、170A和220A。图3-5-29所示为对接焊缝的焊接电流和焊接速度的范围，表3-5-9所列是典型的焊接参数。采用恒压电源与等速送丝机构相配合，利用电源电弧自身的调节作用，维持稳定的射流过渡。

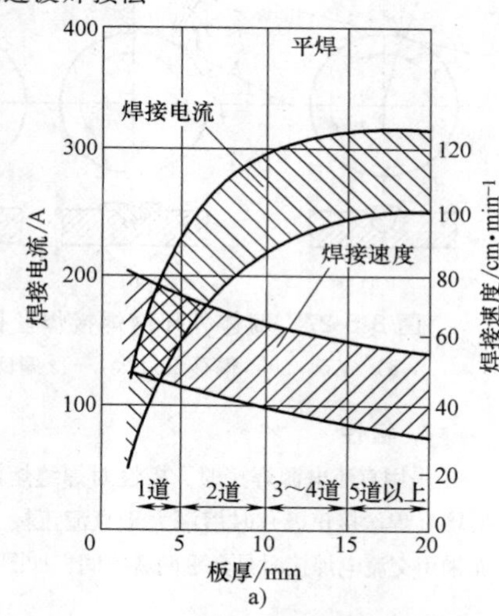

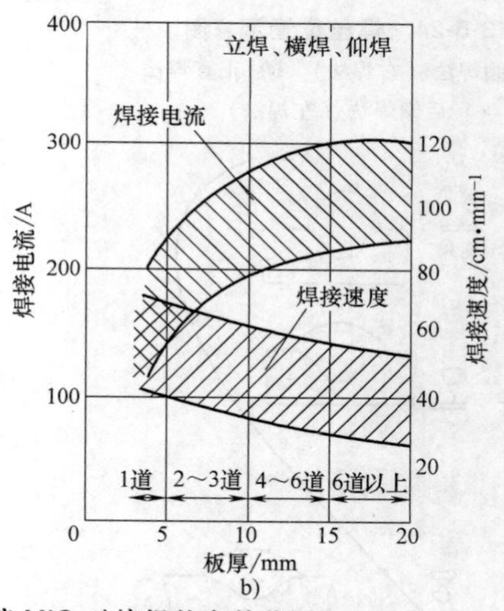

图3-5-29　铝合金射流过渡MIG对接焊的参数范围

a）平焊　b）立焊、横焊、仰焊

表3-5-9　铝合金射流过渡MIG焊的典型焊接参数

板厚/mm	坡口形状及尺寸/mm	焊接位置	焊道顺序	焊接参数 电流/A	焊接参数 电压/V	焊接参数 焊接速度/mm·min⁻¹	焊丝 直径/mm	焊丝 送丝速度/m·min⁻¹	氩气流量/L·min⁻¹	备注
6	α, c, 0～2, α=60°	平	1	200～250	24～27	400～500	1.6	5.9～7.7	20～24	使用垫板
		横、立、仰	1 2(背)	170～190	23～26	60～70		5.0～5.6		

（续）

板厚/mm	坡口形状及尺寸/mm	焊接位置	焊道顺序	焊接参数			焊丝		氩气流量/L·min^{-1}	备注
				电流/A	电压/V	焊接速度/mm·min^{-1}	直径/mm	送丝速度/m·min^{-1}		
8	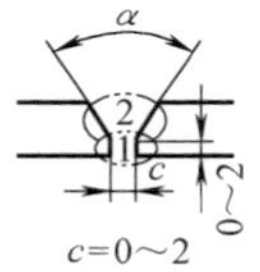 c=0～2 α=60°	平	1 2	240～290	25～28	450～600	1.6	7.3～8.9	20～24	使用垫板。仰焊时增加焊道
		横、立、仰	1 2 3～4	190～210	24～28	600～700		5.6～6.3		
12	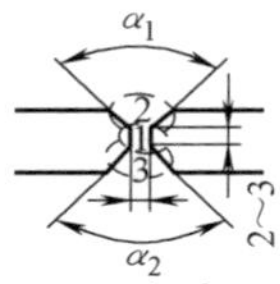 c=1～3 α_1=60°～90° α_2=60°～90°	平	1 2	230～300	25～28	400～700	1.6 或 2.4	7.0～9.3	20～28	仰焊时增加焊道数
			3(背)					3.1～4.1		
		横、立、仰	1 2 3 1～8(背)	190～230	24～28	300～450	1.6	5.6～7.0	20～24	
16	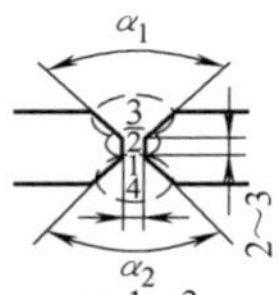 c=1～3 α_1=90° α_2=90°	平	4 道	310～350	26～30	300～400	2.4	4.3～4.8	24～30	焊道数可适当增加或减少 正反两面交替焊接，以减少变形
		横、立	4 道	220～250	25～28	150～300	1.6	6.6～7.7		
		仰	10～12 道	230～250	25～28	400～500	1.6	7.0～7.7		
25	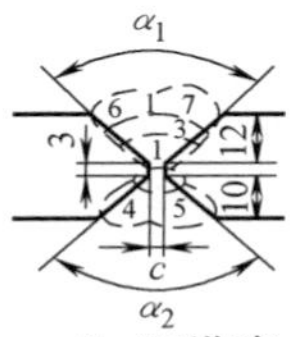 c=2～3(7道时) α_1=90° α_2=90°	平	6～7 道	310～350	26～30	400～60	2.4	4.3～4.8	2.4～30	
		横、立	6 道	220～250	25～28	150～300	1.6	6.6～7.7		
		仰	约 15 道	240～270	25～28	400～500	1.6	7.3～8.3		

（2）脉冲喷射过渡焊接法

焊接厚度较小的铝合金、热敏感性强的热处理强化铝合金或空间位置的接头时，最好选择脉冲喷射过渡工艺。铝合金熔化极脉冲氩弧焊的典型焊接参数见表 3-5-10。

（3）大电流 MIG 焊接法

为提高厚铝板的焊接生产率可以采用大电流 MIG 焊接法。某一直径焊丝所选用的焊接电流必须大于其

表 3-5-10　铝合金熔化极脉冲氩弧焊的典型焊接参数

板厚/mm	接头形式	焊接位置	焊丝直径/mm	焊接电流/A	电弧电压/V	焊接速度/cm·min^{-1}	气体流量/L·min^{-1}
3	对接	水平	1.4～1.6	70～100	18～20	21～24	8～9
		横	1.4～1.6	70～100	18～20	21～24	13～15
		立向下	1.4～1.6	60～80	17～18	21～24	8～9
		仰	1.2～1.6	60～80	17～18	18～21	8～10
4～6	角接	水平	1.6～2.0	180～200	22～23	14～20	10～12
		立向上	1.6～2.0	150～180	21～22	12～18	10～12
		仰	1.6～2.0	120～180	20～22	12～18	8～12
14～25	角接	立向上	2.0～2.5	220～230	21～24	6～15	12～25
		仰	2.0～2.5	240～300	23～24	6～12	14～26

喷射过渡临界电流，才能获得稳定的喷射过渡。但当电流超过某一定值（即起皱临界电流）时，又会出现焊缝起皱的现象。这是因为当电流更大时，阴极斑点不能扩张，被限制在熔池凹坑内而失去阴极清理作用，同时在强大而又集中的电弧力（如等离子流力和斑点力）的直接作用下，使熔池和电弧相继失稳，熔池中的液态金属会从弧坑底部被猛烈地挖出来，这种剧烈扰动，破坏了气体保护，使液态金属与周围空气接触而产生严重的氧化和氮化，于是造成焊缝表面出现起皱现象。要防止这种现象通常是加强和改善气体保护效果，如采用双层气流保护，以及增大焊丝直径，降低电流密度以减小电弧电压。图 3-5-30 所示为铝合金大电流 MIG 焊的焊接电流范围。表 3-5-11 为铝合金大电流 MIG 焊的焊接参数。板厚较大时采用 Ar+He 混合气体保护，主要是因为纯 Ar 焊时其焊缝横截面呈蘑菇状（见图 3-5-18），对厚板焊接极易造成冶金缺陷，故当板厚超过一定范围时，通常在 Ar 中加入适量的 He。

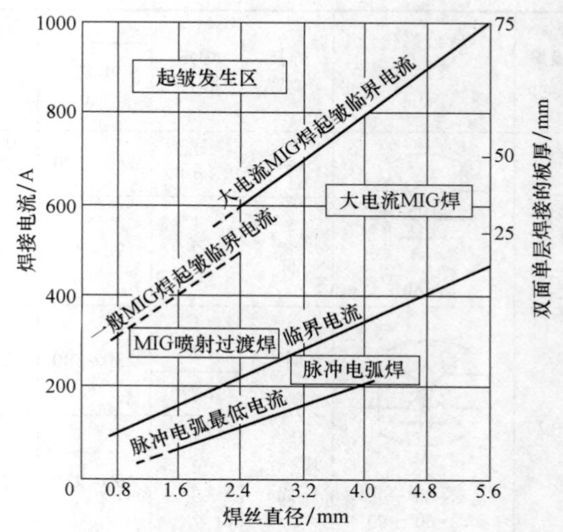

图 3-5-30 铝合金大电流 MIG 焊的焊接电流范围

表 3-5-11 铝合金大电流 MIG 焊的焊接参数

板厚/mm	坡口形状	坡口参数			焊接材料		层数	焊接参数			
		θ/(°)	a/mm	b/mm	焊丝直径/mm	气体①		焊接电流/A	电弧电压/V	焊接速度/mm·min⁻¹	气体流量/L·min⁻¹
25		90	—	5	3.2	Ar	2	480~530	29~30	30	100
25		90	—	5	4.0	Ar+He	2	560~610	35~36	30	100
38		90	—	10	4.0	Ar	2	630~660	30~31	25	100
45		60	—	13	4.8	Ar+He	2	780~800	37~38	25	150
50		90	—	15	4.0	Ar	2	700~730	32~33	15	150
60		60	—	19	4.8	Ar+He	2	820~850	38~40	20	180
50		60	30	9	4.8	Ar+He	2	760~780	37~38	20	150
60		80	40	12	5.6	Ar+He	2	940~960	41~42	18	180

① Ar+He（体积分数）：内喷嘴 50%Ar+50%He；外喷嘴 100%Ar。

2. 不锈钢的 MAG 焊工艺

用纯 Ar 进行不锈钢焊接，因存在着液体金属黏度和表面张力大的问题，容易生成气孔，且阴极斑点飘移而电弧不稳。所以，最好在 Ar 中加入氧化性气体 O_2或 CO_2，这样工艺性能将大为改善。

焊接时，可采用射流过渡或脉冲喷射过渡等形式。通常用直流反接，这样可获得较大的熔深。直流正接主要用于堆焊。

（1）射流过渡焊接

采用大电流高电压，对于直径为 0.8mm、1.2mm 和 1.6mm 的焊丝，射流过渡的临界电流分别为 110A、180A 和 220A。在保护气体 Ar 中加入比短路过渡少一些的氧化性气体。

射流过渡熔深大，熔敷率高，熔池极易流动，故主要用于平焊和横焊。焊接不锈钢的最小厚度约为 3mm，焊丝直径≤1.6mm。

表 3-5-12 为典型射流过渡半自动焊接不锈钢的焊接参数。

表 3-5-12 射流过渡半自动焊接不锈钢的焊接参数

接头形式	板厚 t/mm	焊丝直径 /mm	层 数	焊接电流/A (直流反接)	送丝速度 /m · min^{-1}	焊接速度 /m · min^{-1}
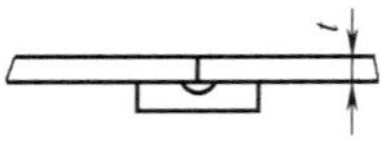	3.2	1.6	1	225	3.6	0.48~0.53
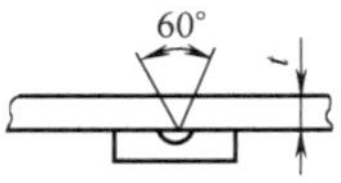 60°	6.4	1.6	2	275	4.5	0.48~0.53
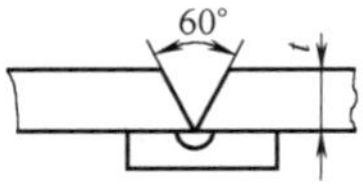 60°	9.5	1.6	2	300	5.1	0.38~0.43
	12.7	1.6	4	325	5.7	0.38~0.43

注：保护气体为 Ar+1%O_2（体积分数），流量为 16.5L · min^{-1}。

焊接时，为了防止产生蘑菇状熔深，焊丝可作较小的横向摆动。为了提高耐蚀性，应尽可能提高冷却速度。如果是双面焊，与腐蚀介质相接触的工作面应最后焊接。

（2）脉冲射流过渡焊接

表 3-5-13～表 3-5-15 分别列出了不锈钢对接焊缝、角焊缝以及单面焊双面成形的脉冲 MIG 焊的焊接参数。

表 3-5-13 对接焊缝脉冲 MIG 焊的焊接参数

板厚 /mm	接头形式	焊丝直径 /mm	脉冲频率 /Hz	平均焊接电流 /A	电弧电压 /V	气体流量			力学性能	
						Ar /L · min^{-1}	O_2 /mL · min^{-1}	CO_2 /mL · min^{-1}	σ_s /MPa	弯曲角 /(°)
4	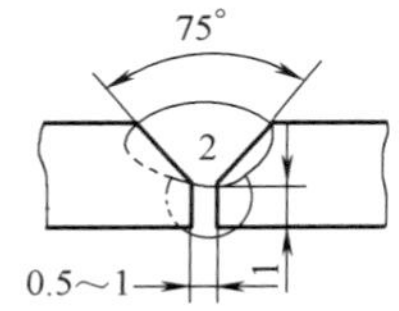 75°, 2, 0.5～1, 1	6	50	104	24	25	250	—	>600	180
				140	24					
6	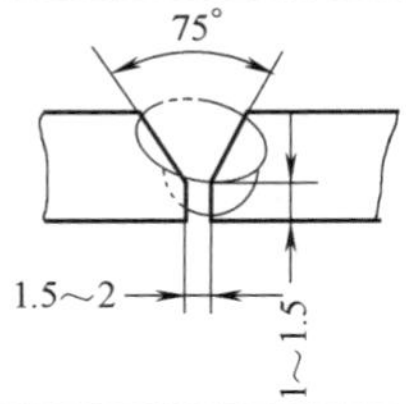 75°, 1.5～2, 1～1.5	1.6	100	200	28	25	250	—	>600	180
				210	28					
6	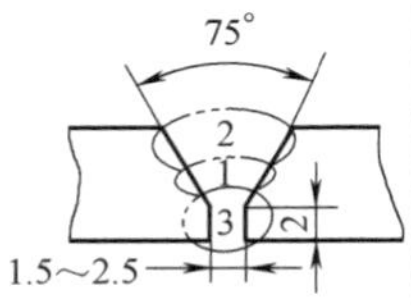 75°, 2, 3, 2, 1.5～2.5	1.6	100	180~190	26~27	25	250	—	>600	180
				200~210	27~28					
				220	28~29					
8	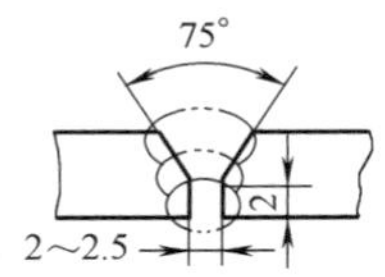 75°, 2, 2～2.5	1.6	100	210	26~27	25	250	—	>600	180
				220~230	27~28					
				200~210	28~29					
8	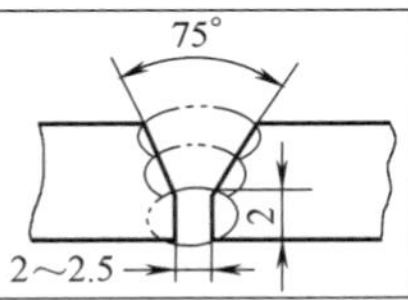 75°, 2, 2～2.5	1.6	100	200	30	25	—	1	>600	180

（续）

板厚/mm	接头形式	焊丝直径/mm	脉冲频率/Hz	平均焊接电流/A	电弧电压/V	气体流量			力学性能	
						Ar/L·min^{-1}	O_2/mL·min^{-1}	CO_2/mL·min^{-1}	σ_s/MPa	弯曲角/(°)
16	75°、2、9、90°	1.6	100	230	29	25	30	—	>600	180
				245	30					
				250	31					
				260	31					

表 3-5-14 角焊缝脉冲 MIG 焊的焊接参数

板厚/mm	焊脚 K/mm	焊接位置	焊丝直径/mm	焊丝伸出长度/mm	焊接平均电流/A	电弧电压/V	氩气流量/L·min^{-1}	焊接方向
1.5~2.0	2~3	平焊	1.2	8~12	65~130	18~20.5	10~12	自上而下
		立焊	1.2	8~12	60~100	18~19.0	10~12	
		仰焊	1.2	8~12	60~120	18~19.0	10~12	
3	3~4	平焊	1.2~1.6	10~14	90~140	19.0~21.5	12~14	自上而下
		立焊	1.2~1.6	10~14	80~110	18.5~19.5	12~14	
		仰焊	1.2~1.6	10~14	90~130	18.5~19.5	12~14	
4	4	平焊	1.6	14~17	130~170	19.6~22	14~16	自上而下
		立焊	1.6	14~17	120~140	19~20	14~16	
		仰焊	1.6	14~17	130~160	19~20	14~16	
5~6	5	平焊	1.6~2.0	16~20	160~210	20.0~22.5	16~18	自下而上
		立焊	1.6~2.0	16~20	140~160	19.0~20.5	16~18	
		仰焊	1.6~2.0	16~20	140~160	19.5~20.5	16~18	
7~8	5~6	平焊	2.0	18~22	200~280	20.5~23	18~20	自下而上
		立焊	2.0	18~22	150~180	20.0~21.0	18~20	
		仰焊	2.0	18~22	180~250	19.5~20.5	18~20	

注：脉冲频率为50Hz，焊丝材料为06Cr19Ni10。

表 3-5-15 单面焊双面成形的脉冲 MIG 的焊接参数

板厚/mm	坡口尺寸	焊丝直径/mm	脉冲电流/A	基值电流/A	电弧电压/V	脉冲频率/Hz	焊接速度/mm·min^{-1}	焊丝伸出长度/mm	保护气体流量/L·min^{-1}
4	90°、2	1.4	130~140	30	24	50	360	10	6/10
5		1.4	180	30	25	100	400~420	12	6/9
6		1.4	210	20	26	100	290	12	5/9
		1.6	160~180	50~55	26	50	250	12	9/16

3. 低碳钢及低合金钢的焊接

表3-5-16、表3-5-17和表3-5-18分别给出了短路过渡、射流过渡和脉冲喷射过渡熔化极氧化性混合气体保护焊的焊接参数。

表 3-5-16 短路过渡熔化极氧化性混合气体保护焊参数

母材厚度/mm	焊丝直径/mm	焊接电流(DC)/A	电弧电压/V	送丝速度/m·h^{-1}	焊接速度/m·h^{-1}	保护气体流量/L·min^{-1}
0.6	0.8	30~50	15~17	130~152	18~30	7~9
0.8	0.8	40~60	15~17	137~198	27~35	7~9
0.9	0.9	55~85	15~17	107~183	53~61	7~9
1.3	0.9	70~100	16~19	152~244	53~61	7~9
1.6	0.9	80~110	17~20	183~274	46~53	9~12

（续）

母材厚度 /mm	焊丝直径 /mm	焊接电流（DC）/A	电弧电压/V	送丝速度 /m · h⁻¹	焊接速度 /m · h⁻¹	保护气体流量 /L · min⁻¹
2.0	0.9	100～130	18～20	244～335	38～46	9～12
3.2	0.9	120～160	19～22	320～442	30～38	9～12
3.2	1.1	180～200	20～24	320～366	41～49	9～12
4.7	0.9	140～160	19～22	320～442	21～29	9～12
4.7	1.1	180～205	20～24	320～373	27～34	9～12
6.4	0.9	140～160	19～22	366～442	17～23	9～12
6.4	1.1	180～225	20～24	320～442	18～27	9～12

注：1. 焊接位置为平焊和船形焊。立焊或仰焊时焊接电流降低 10%～15%。

2. 角焊缝尺寸等于母材厚度，坡口焊缝的装配间隙等于板厚的 1/2。

3. 保护气体为 75%Ar+25%CO_2（体积分数）。

表 3-5-17　射流过渡熔化极氧化性混合气体保护焊的焊接参数

母材厚度 /mm	接头形式	层数	焊丝直径 /mm	焊接电流 (DC)/A	电弧电压 /V	送丝速度 /m · h⁻¹	焊接速度 /m · h⁻¹	保护气体流量 /L · min⁻¹
3.2	I 形坡口对接或角接	1	1.6	300	24	251	53	19～24
4.8	I 形坡口对接或角接	1	1.6	350	25	351	49	19～24
6.4	角接	1	1.6	350	25	351	49	19～24
6.4	角接	1	2.4	400	26	152	49	19～24
6.4	V 形坡口对接	2	1.6	375	25	396	37	19～24
6.4	V 形坡口对接	1	2.4	325	24	320	49	19～24
9.5	V 形坡口对接	2	2.4	450	29	182	43	19～24
9.5	角接	2	1.6	350	25	351	30	19～24
12.7	V 形坡口对接	3	2.4	425	27	168	46	19～24
12.7	角接	3	1.6	350	25	351	37	19～24
19.1	双面 V 形坡口对接	4	2.4	425	27	168	37	19～24
19.1	角接	5	1.6	350	25	351	37	19～24
24.1	角接	6	2.4	425	27	168	40	19～24

注：1. 上列参数只用于平焊和船形焊。

2. 保护气体是 Ar+1%～5%O_2（体积分数）。

表 3-5-18　脉冲喷射过渡熔化极氧化性混合气体保护焊的焊接参数

母材厚度 /mm	焊丝直径 /mm	平均电流 /A	峰值电流 /A	基值电流 /A	电弧电压 /V	送丝强度 /V	焊接速度 /m · h⁻¹	保护气体流量 /L · min⁻¹
0.8	0.9	50	150	20	16	114	45.6	9
0.9	0.9	60	160	20	17	138	45.6	9
1.3	0.9	70	180	20	18	174	45.6	9
1.6	1.2	80	200	25	19	120	30	12
2.0	1.2	90	250	35	21	180	30	12
3.2	1.2	120	250	150	22	300	22.5	12
4.8	1.2	150	250	200	23	350	15	12
6.4	1.3	120	270	90	24	330	13.5	12
9.5	1.3	150	350	150	26	450	12	12

5.6　CO_2气体保护焊

CO_2气体保护焊是目前焊接钢铁材料的重要熔焊方法之一，在许多金属结构的生产中已逐渐取代了焊条电弧焊和细丝埋弧焊。

5.6.1　工艺特点

1）CO_2气体保护焊电弧的穿透力强，厚板焊接时可增加坡口的钝边和减小坡口，焊接电流密度大（通常为 100～300A · mm^{-2}），故焊丝熔化率高；焊后一般不需清渣，所以 CO_2气体保护焊的生产率比焊条电弧焊高约 1~3 倍。

2）纯 CO_2 气体保护焊在一般工艺范围内不能达到射流过渡，实际上常用短路过渡和滴状过渡，加入混合气体后才有可能获得射流过渡。

3）采用短路过渡技术可以用于全位置焊接，而且对薄壁构件的焊接质量高，焊接变形小。因为电弧热量集中，受热面积小，焊接速度快，且 CO_2 气流对焊件起到一定的冷却作用，故可防止薄件烧穿并减少焊接变形。

4）抗锈能力强，焊缝含氢量低，焊接低合金高强度钢时冷裂纹的倾向小。

5）CO_2 气体价格便宜，焊前对焊件清理可从简，其焊接成本只有埋弧焊和焊条电弧焊的 40%~50%。

6）焊接过程中金属飞溅较多，特别是当焊接参数匹配不当时，更为严重。

7）电弧气氛有很强的氧化性，不能焊接易氧化的金属材料。抗风能力较弱、室外作业需有防风措施。

8）焊接弧光较强，特别是大电流焊接时，要注意对操作人员进行防弧光辐射保护。

5.6.2　冶金特点

CO_2 是一种氧化性气体，在电弧高温下会发生分解，具有强烈的氧化作用，易导致合金元素烧损、气孔和飞溅。

1. CO_2 的氧化性

CO_2 气体高温分解

$$CO_2 \rightleftharpoons CO+\frac{1}{2}O_2$$

三者同时存在，CO 气体在焊接中不溶于金属，也不与之发生作用，CO_2 和 O_2 则使 Fe 和其他元素氧化烧损。在熔滴过渡或在熔池中的氧化反应如下：

（1）直接氧化

与 CO_2 作用

$$Fe+CO_2 = FeO+CO$$

$$Si+CO_2 = SiO+CO$$

$$Mn+CO_2 = MnO+CO$$

与高温分解的氧原子作用

$$Fe+O = FeO$$

$$Si+2O = SiO_2$$

$$Mn+O = MnO$$

FeO 可熔于液体金属内成为杂质或与其他元素发生反应，SiO_2 和 MnO 会成为熔渣浮出，生成的 CO 会从液体金属中逸出。

（2）间接氧化

与氧结合能力比 Fe 大的合金元素把 Fe 从 FeO 中置换出来而自身被氧化，其反应如下

$$Si+2FeO = SiO_2+2Fe$$

$$Mn+FeO = MnO+Fe$$

$$C+FeO = CO+Fe$$

生成的 SiO_2 和 MnO 会成为熔渣浮出，其结果是液体金属中的 Si 和 Mn 被烧损而减少。一般 CO_2 气体保护焊时，焊丝中约有 $w(Mn)=50\%$ 和 $w(Si)=60\%$ 被氧化烧损，生成的 CO 在电弧高温下急剧膨胀，使熔滴爆破而引起金属飞溅。在熔池中的 CO，若不能逸出，便在焊缝中形成气孔。

所以直接和间接氧化的结果造成了焊缝金属力学性能降低，产生气孔和金属飞溅。

解决 CO_2 气体保护焊氧化性的措施是脱氧。具体做法是在焊丝中（或在药芯焊丝的药芯中）加入一定量的脱氧剂，它们是与 O 的亲和力比 Fe 大的合金元素，如 Al、Ti、Si 和 Mn 等。实践表明，采用 Si-Mn 联合脱氧的效果最好，可以焊出高质量的焊缝，所以目前国内外广泛应用 H08Mn2Si 焊丝。加入到焊丝中的 Si 和 Mn，在焊接过程中一部分被直接氧化和蒸发掉，一部分就用于 FeO 的脱氧，其余部分留在焊缝金属中起着提高焊缝力学性能的作用。焊接碳素钢和低合金钢用的焊丝，一般 $w(Si)$ 为 1%左右，经烧损和脱氧后剩下约 0.4%~0.5%在焊缝金属中，在焊丝中 $w(Mn)$ 一般为 1%~2%左右；C 与 O 的亲和力比 Fe 大，为了防止气孔、减少飞溅及降低焊缝中产生裂缝的倾向，焊丝中 $w(C)$ 一般都限制在 0.15%以下。

2. 气孔问题

在熔池金属内部存在有溶解不了的或过饱和的气体，当这些气体来不及从熔池中逸出时，便随熔池的结晶凝固，而留在焊缝内形成气孔。

CO_2 气体保护焊时气流对焊缝有冷却作用，又无熔渣覆盖，故熔池冷却快。此外，由于所用的电流密度大，焊缝窄而深，气体逸出路程长，于是增加了产生气孔的可能性。

可能产生的气孔主要有三种：一氧化碳气孔、氢气孔和氮气孔。

产生一氧化碳气孔的原因主要是焊丝中脱氧元素不足，使熔池中熔入较多的 FeO，它和 C 发生强烈的碳还原铁的反应，便产生 CO 气体。因此，只要焊丝中有足够的脱氧元素 Si 和 Mn，以及限制焊丝中 C 含量，就能有效地防止一氧化碳气孔。

产生氮气孔的原因主要是 CO_2 保护不良或 CO_2 纯度不高。只要加强 CO_2 的保护和控制 CO_2 的纯度，即可防止。造成保护效果不好的原因一般是过小的气体

流量，喷嘴被堵塞、喷嘴距焊件过大，电弧电压过高，电弧不稳或作业区有风等。

产生氢气孔是由于在高温时溶入了大量 H_2，结晶过程中不能充分排出，而留在焊缝金属中。电弧区的 H_2主要来自焊丝、焊件表面的油污和铁锈，以及 CO_2气体中所含的水分，前者易防止和消除，故后者往往是引起 H_2气孔的主要原因。因此对 CO_2气体进行提纯与干燥是必要的，但因 CO_2气体具有氧化性，H_2和 CO_2会发生化合反应，故出现氢气孔的可能性相对较小，这就是 CO_2 气体保护焊被认为是低氢焊接方法的原因。

3. 飞溅问题

金属飞溅是 CO_2气体保护焊接的主要问题，特别是粗丝大电流焊接时飞溅更为严重，有时飞溅损失达焊丝熔化量的 30%～40%。飞溅增加了焊丝及电能的消耗，降低了焊接生产率，增加了焊接成本。飞溅金属粘到导电嘴和喷嘴内壁上，会造成送丝和送气不畅而影响电弧稳定和降低保护作用，恶化焊缝成形；粘到焊件表面上又会增加焊后清理工序。

引起金属飞溅的原因有很多，大致有下列几个方面。

1）由冶金反应引起。焊接过程中熔滴和熔池中的碳被氧化生成 CO 气体，随着温度升高，CO 气体膨胀引起爆破，产生细颗粒飞溅。

2）作用在焊丝末端电极斑点上的压力过大。当用直流正接长弧焊时，焊丝为阴极，电极斑点压力较大，焊丝末端易形成粗大且非轴向的熔滴过渡，从而出现大颗粒飞溅。

3）由于熔滴过渡不正常而引起。在短路过渡时由于焊接电源的动特性选择与调节不当而引起金属飞溅。减小短路电流的上升速度或减少短路峰值电流都可以减少飞溅。一般是在焊接回路内串入较大的不饱和直流电感即可减少飞溅。

4）由于焊接参数选择不当而引起。主要是因为电弧电压升高，电弧变长，易引起焊丝末端熔滴长大，产生无规则的晃动，而出现飞溅。

减少飞溅的措施有以下几点。

1）选用合适的焊丝材料或保护气体。例如选用含碳量低的焊丝，减少焊接过程中产生 CO 气体；选用药芯焊丝，药芯中加入脱氧剂、稳弧剂及造渣剂等，造成气-渣联合保护；长弧焊时，加入 Ar 的混合气体保护，使过渡熔滴变细，甚至得到射流过渡，改善过渡特性。

2）在短路过渡焊接时，合理选择焊接电源特性，并匹配合适的可调电感，以便当采用不同直径的焊丝时，能调得合适的短路电流增长速度。

3）采用直流反接进行焊接。

4）当采用不同熔滴过渡形式焊接时，要合理选择焊接参数，以获得最小的飞溅。

5.6.3 焊接材料

1. 保护气体——CO_2

用于焊接的 CO_2 气体，其纯度要求 > 99.5%。CO_2有固态、液态和气态三种状态。气态无色，易溶于水，密度为空气的 1.5 倍，沸点为 -78℃。在不加压力下冷却时，气体将直接变成固体（称为干冰）；增加温度，固态 CO_2又直接变成气体。CO_2气体受压力后变成无色液体，其相对密度随温度而变化。当温度低于 -11℃ 时，比水重；当温度高于 -11℃ 时，则比水轻。在 0℃ 和一个大气压下，1kg 重的 CO_2液体可蒸发出 509L CO_2气体。

供焊接用的 CO_2气体，通常是以液态装于钢气瓶中，容量为 40L 的标准钢气瓶可灌入 25kg 的液态 CO_2，25kg 液态 CO_2约占钢气瓶容积的 80%，其余 20%左右的空间充满了汽化的 CO_2。钢气瓶压力表上所指的压力值，即是这部分汽化气体的饱和压力，该压力大小与环境温度有关，当室温为 20℃ 时，气体的饱和压力约为 57.2×10^5 Pa。注意，该压力并不反映液态 CO_2的储量，只有当瓶内液态 CO_2全部汽化后，瓶内气体的压力才会随 CO_2气体的消耗而逐渐下降。这时压力表读数才反映瓶内气体的储量。故正确估算瓶内 CO_2储量是采用对钢气瓶质量进行称量的办法。

一瓶 25kg 的液化 CO_2，若焊接时的流量为 20L · min^{-1}，则可连续使用 10h 左右。

CO_2 气体的钢气瓶外表涂黑色并写有黄色 “CO_2” 字样。

瓶装液态 CO_2可溶解约占 0.05%（质量分数）的水，其余的水则成自由状态沉于瓶底。这些水分在焊接过程中随 CO_2一起挥发，以水蒸气的形式混入 CO_2气体中，影响 CO_2气体的纯度。水蒸气的蒸发量与瓶中压力有关，瓶压越低，水蒸气含量越高，故当瓶压低于 980kPa 时，就不宜继续使用，需重新灌气。

2. 焊丝

CO_2气体保护焊用的焊丝对化学成分有特殊要求，主要有以下几点。

1）焊丝内必须含有足够数量的脱氧元素，以减少焊缝金属中的氧含量和防止产生气孔。

2）焊丝的碳含量应较低，通常要求 w（C）< 0.11%，以减少气孔和飞溅。

3）要保证焊缝具有满意的力学性能和抗裂

性能。

此外，若要求得到更为致密的焊缝金属，则焊丝应含有固氮元素如 Al 和 Ti 等。

目前国内常用 CO_2 焊丝的直径为 0.6mm、0.8mm、1.0mm、1.2mm、1.6mm、2.0mm 和 2.4mm。近年又开发出直径为 3~4mm 的粗焊丝。

焊丝应保证有均匀外径，其公差为 0~-0.025mm，还应具有一定的硬度和刚度，一方面是为防止焊丝被送丝滚轮压扁或压出深痕，另一方面是因为焊丝从导电嘴送出后要有一定的挺直度。因此，无论是何种送丝方式，都要求焊丝以冷拔状态供应，不能使用退火焊丝。

保存时，为了防锈，常采取在焊丝表面镀铜或涂油的方法。在焊前则应把油污清除。

合金钢用的焊丝冶炼和拔制困难，故 CO_2 气体保护焊用的合金钢焊丝逐渐向药芯焊丝方向发展。

5.6.4　CO_2 气体保护焊的焊接参数

CO_2 气体保护焊的焊接参数与 MIG 焊基本相同，只是用短路过渡时，在直流焊接回路中多了短路电流峰值 I_{max} 和短路电流增长速度 di/dt 这两个动态参数。而这两个参数可通过调节附加在直流回路上的电感来实现。自由过渡时，则无此要求。

1. 短路过渡焊接

在 CO_2 气体保护焊中，短路过渡焊接的应用最广泛，主要在焊接薄板及全位置焊接时用。焊接的参数有电弧电压、焊接电流、焊接回路电感、焊丝伸出长度、气体流量、焊接速度和电源极性等。

（1）电弧电压及焊接电流

对于一定的焊丝直径及焊接电流（亦即送丝速度），必须匹配合适的电弧电压，才能获得稳定的、飞溅最小的短路过渡过程。图 3-5-31 所示为 4 种直径焊丝适用的电弧电压和焊接电流范围。

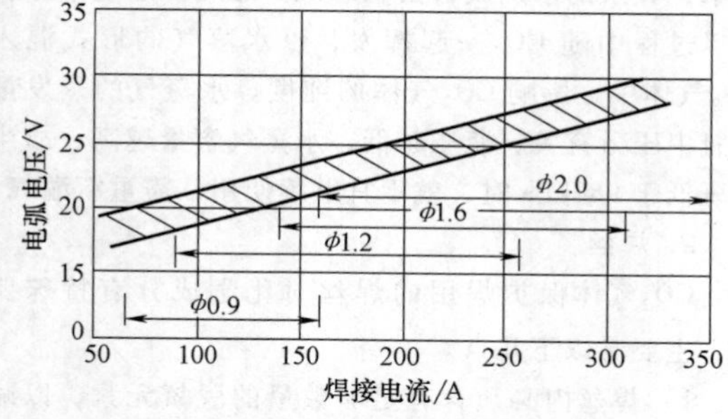

图 3-5-31　短路过渡焊接时适用的电弧电压和焊接电流范围

（2）焊接回路的电感

短路过渡焊接要求焊接回路中有合适的电感量，用以调节短路电流增长速度 di/dt，使焊接过程的飞溅最小。通常，细丝 CO_2 气体保护焊的焊丝熔化速度快、熔滴过渡周期短，需要较大的 di/dt。反之，粗丝要求 di/dt 小些。表 3-5-19 给出了不同直径焊丝的焊接回路电感参考值。此外，通过调节电感，还可以调节电弧的燃烧时间，进而控制母材的熔深。增大电感则过渡频率降低，燃弧时间增加，熔深增大。

表 3-5-19　CO_2 气体保护焊短路过渡的焊接回路电感参考值

焊丝直径 /mm	焊接电流 /A	电弧电压 /V	电感 /mH
φ0.8	100	18	0.01~0.08
φ1.2	130	19	0.02~0.20
φ1.6	150	20	0.30~0.70

（3）焊丝伸出长度

短路过渡焊接所用的焊丝较细，若焊丝伸出过长，则该段焊丝的电阻热大，易引起成段熔断，且喷嘴至焊件的距离增大，气体保护效果差，飞溅严重，焊接过程不稳定，熔深浅，气孔增多；若伸出过小，则喷嘴至焊件的距离减小，喷嘴会挡着视线，使焊工看不见坡口和熔池的状态；飞溅的金属易引起喷嘴堵塞，从而增加导电嘴和喷嘴的消耗。故一般焊丝伸出长度约在 10~20mm 范围内。

（4）气体流量

细丝（直径≤1.6mm）短路过渡焊接时的气体流量一般为 5~15L·min^{-1}，粗丝（直径>1.6mm）焊接时气体流量在 10~20L·min^{-1}之间，如果焊接电流较大、焊接速度较快、焊丝伸出长度较长或在室外作业，气体流量应适当加大，以保证气流有足够挺度，加强保护效果，可参考表 3-5-20 喷嘴距离与气体流量的数据。但是，气流量过大，会引起外界空气卷入焊接区，反而降低保护效果。在室外作业时，风速一般不应超过 1.5~2.0m·s^{-1}。风速的界限与喷嘴直径及气体流量的大小有关，见表 3-5-21。

表 3-5-20　CO_2 气体保护焊喷嘴距离与气体流量

焊丝直径 /mm	焊接电流 /A	喷嘴距离 /mm	气体流量 /L·min^{-1}
1.2	100	10~15	15~20
	200	15	20
	300	20~25	20
1.6	300	20	20
	350	20	20
	400	20~25	20~25

表 3-5-21　CO_2气体流量与风速界限

喷嘴直径 /mm	CO_2气体流量 /L · min^{-1}	风速界限 /m · s^{-1}
16	25	2.1
	30	2.5
	35	3.0
22	25	1.1
	30	1.4
	35	1.7

注：焊接方式为平焊，喷嘴到焊件的距离为 10mm，焊接电流为 450A，电弧电压为 35V，焊接速度为40cm · min^{-1}。

（5）焊接速度

焊接移动过快，易引起焊缝两侧咬边，而且保护气体向后拖，影响保护效果；但焊接速度过慢，则易产生烧穿和焊缝组织变粗的缺陷。

（6）电源极性

CO_2气体保护焊一般都应采用直流反接，可以获得飞溅小，电弧稳定，母材熔深大，焊缝成形好，而且焊缝金属含氢量低的效果。

2. 细颗粒过渡焊接

CO_2气体保护的细颗粒过渡焊接，又称 CO_2长弧焊接。对于一定直径的焊丝，当增大焊接电流并配以较高电弧电压时，焊丝熔化以颗粒状态非短路形式过渡到熔池中。这种颗粒过渡的电弧穿透力强，熔深大，适用于中厚板或大厚板焊接。

图 3-5-32 中的 Ⅱ 为达到细颗粒过渡的焊接电流和电弧电压的范围。

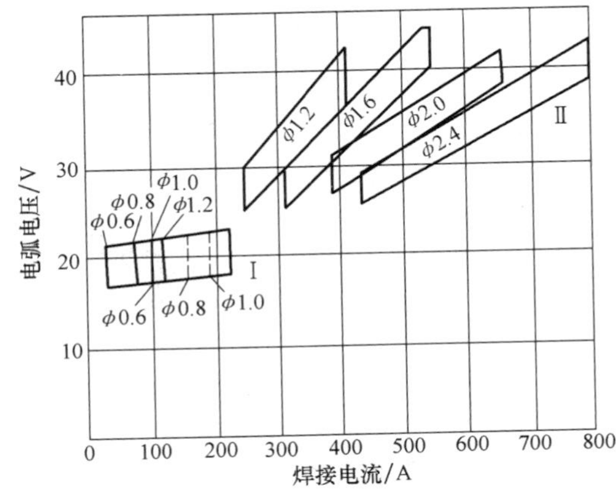

图 3-5-32　CO_2焊丝短路过渡与颗粒过渡的焊接电流与电弧电压的匹配关系

注：Ⅰ 为短路过渡；Ⅱ 为大颗粒（大滴）过渡；ϕ 为焊丝直径（mm）。

3. 典型焊接参数

表 3-5-22 和表 3-5-23 分别列出了细丝半自动和自动 CO_2气体保护焊的焊接参数，表 3-5-24 为粗丝自动 CO_2气体保护焊的焊接参数，表 3-5-25 为半自动 CO_2+O_2气体保护焊的焊接参数。

表 3-5-22　细丝半自动 CO_2气体保护焊的焊接参数

材料厚度 /mm	接头形式	装配间隙 c/mm	焊丝直径 /mm	电弧电压 /V	焊接电流 /A	气体流量 /L · min^{-1}
≤1.2 1.5		≤0.5	0.6 0.7	8~19 19~20	30~50 60~80	6~7 6~7
2.0 2.5	70°　0.5　c	≤0.5	0.8 0.8	20~21	80~100	7~8
3.0 4.0		≤0.5	0.8~1.0	21~23	90~115	8~10
≤1.2 1.5 2.0 2.5 3.0 4.0	c	≤0.3 ≤0.3 ≤0.5 ≤0.5 ≤0.5 ≤0.5	0.6 0.7 0.7~0.8 0.8 0.8~1.0 0.8~1.0	19~20 20~21 21~22 22~23 21~23 21~23	35~55 65~85 80~100 90~110 95~115 100~120	6~7 8~10 10~11 10~11 11~13 13~15

注：当进行立焊、横焊和仰焊时，电弧电压应取表中下限值。

表 3-5-23　细丝自动 CO_2气体保护焊的焊接参数

钢板厚度 /mm	接 头 形 式	装配间隙 c/mm	焊丝直径 /mm	电弧电压 /V	焊接电流 /A	焊接速度 /m · h^{-1}	气体流量 /L · min^{-1}	备注
1.0	c	≤0.5	0.8	20~21	60~65	30	7	垫板厚 1.5mm

（续）

钢板厚度 /mm	接头形式	装配间隙 c/mm	焊丝直径 /mm	电弧电压 /V	焊接电流 /A	焊接速度 /m · h⁻¹	气体流量 /L · min⁻¹	备注
1.5	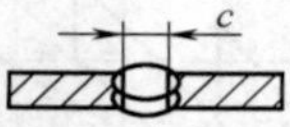 c	≤0.5	0.8	19~20	55~60	31	7	双面焊
1.5	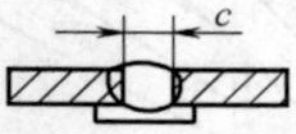 c	≤1.0	1.0	22~23	110~120	27	9	垫板厚 2mm
2.0	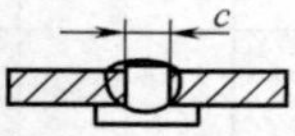 c	≤1.0	0.8	20~21	75~85	25	7	单面焊双面成形（反面放铜垫）
2.0	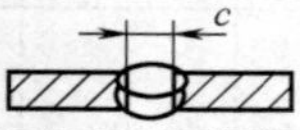 c	≤1.0	0.8	19.5~20.5	65~70	30	7	双面焊
2.0	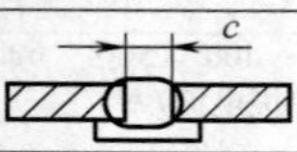 c	≤1.0	1.2	21~23	130~150	27	9	垫板厚 2mm
3.0	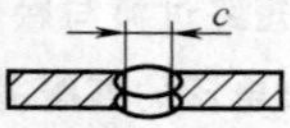 c	≤1.0	1.0~1.2	20.5~22	100~110	25	9	双面焊
4.0		≤10	1.2	21~23	110~140	30	9	

表 3-5-24　粗丝自动 CO_2 气体保护焊的焊接参数

钢板厚度 /mm	焊丝直径 /mm	坡口形式	焊接电流 /A	电弧电压 /V	焊接速度 /m · h⁻¹	气体流量 /L · min⁻¹	备　注
3~5	1.6	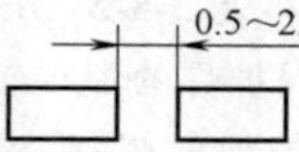 0.5~2.0	140~180	23.5~24.5	20~26	≤15	—
			180~200	28~30	20~22	≤15	焊接层数为 1~2 层
6~8	2.0	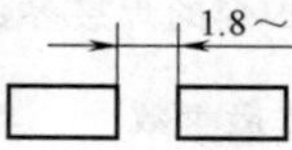 1.8~2.2	280~300	29~30	25~30	16~18	焊接层数为 1~2 层
8	1.6	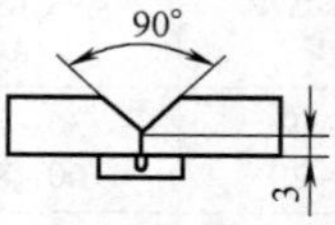 90°　3	320~350	40~42	≤24	16~18	—
		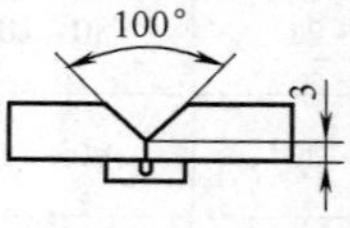 100°　3	450	≤41	29	16~18	用铜垫板，单面焊双面成形
		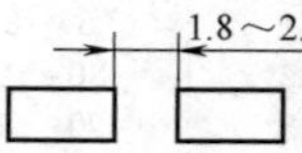 1.8~2.2	280~300	28~30	16~20	18~20	焊接层数为 2~3 层
	2.0	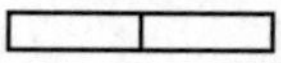	400~420	34~36	27~30	16~18	—
		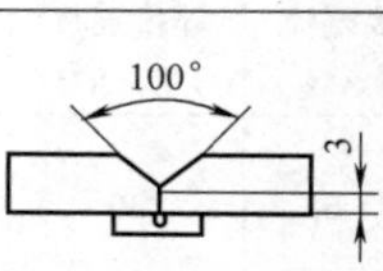 100°　3	450~460	35~36	24~28	16~18	用铜垫板，单面焊双面成形

（续）

钢板厚度 /mm	焊丝直径 /mm	坡口形式	焊接电流 /A	电弧电压 /V	焊接速度 $/m\cdot h^{-1}$	气体流量 $/L\cdot min^{-1}$	备　注
8	2.5	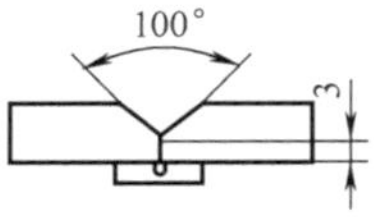 100°，3	600~650	41~42	24	≤20	用铜垫板，单面焊双面成形
3~12	2.0	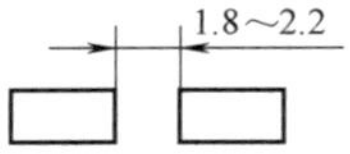 1.8~2.2	280~300	28~30	16~20	18~20	焊接层数为 2~3 层
16	1.6	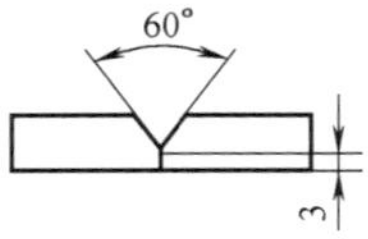 60°，3	320~350	34~36	≤24	≤20	—
22	2.0	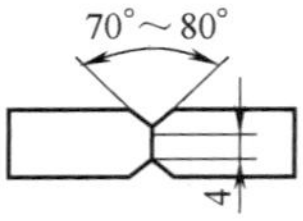 70°~80°，4	380~400	38~40	24	16~18	双面分层焊
32	2.0	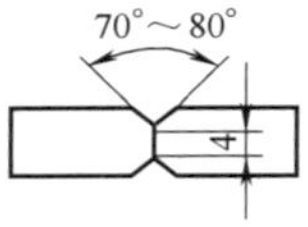 70°~80°，4	600~650	41~42	24	≤20	—
34	4.0	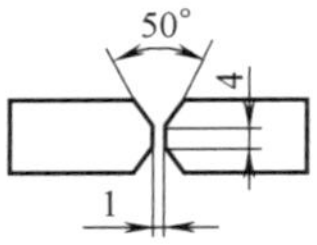 50°，4，1	850~900（第一层）950（第二层）	34~36	20	35~40	—

注：当焊接电流<350A 时，可采用半自动焊。

表 3-5-25　半自动 CO_2+O_2 气体保护焊的焊接参数

(1) 对接平焊

板厚 /mm	接头形状	层数	气外流量 $/L\cdot min^{-1}$ CO_2	气外流量 $/L\cdot min^{-1}$ O_2	焊丝直径 /mm	焊接电流 /A	电弧电压/V	焊接速度 $/cm\cdot min^{-1}$
3.2	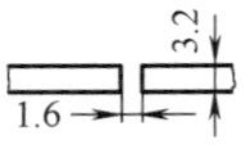 3.2，1.6	1	15	5	1.0	110	19~21	20
4.5	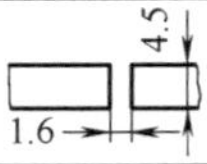 4.5，1.6	2	15	5	1.0	110	19~21	20
6.0	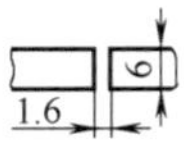 6，1.6	2	15	5	1.0	130~140	20~22	6~7
					1.2			10~12
8.0	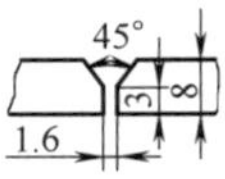 45°，3，8，1.6	2	15	5	1.0	130~150	20~22	6~7
					1.2			10~12
10	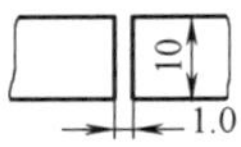 10，1.0	2	15	5	1.6	350~380	35~37	80
						400~430	36~38	80

（续）

板厚 /mm	接头形状	层数	气外流量 /L · min^{-1}		焊丝直径 /mm	焊接电流 /A	电弧电压/V	焊接速度 /cm · min^{-1}
			CO_2	O_2				
10		2	15	5	1.2	300~320	37~39	70
						300~320	37~39	70
16		2	18	5	1.6	400~430	36~38	50~60
						400~430	36~38	50~60
20		2	20	5	1.6	400~430	36~38	35~45
						400~430	36~38	35~45
25		2	20	5	1.6	440~480	37~39	30~40
						440~480	37~39	30~40

（2）角焊

焊脚尺寸 /mm	层数	气体流量/L · min^{-1}		焊丝直径 /mm	焊接电流 /A	电弧电压 /V	焊接速度 /cm · min^{-1}
		CO_2	O_2				
6	1	15	5	1.2	300~320	36~38	80~85
9	2	15	5	1.2	300~320	36~38	70~80 100~120
12	3	15	5	1.2	300~320	36~38	50~60 70~80 100~120
15	3	15	5	1.2	300~320	36~38	25~30 60~70 90~100

（3）向下立角焊

焊脚尺寸 /mm	有无摆动	气体流量/L · min^{-1}		焊丝直径 /mm	焊接电流 /A	电弧电压 /V	焊接速度 /cm · min^{-1}
		CO_2	O_2				
6	无	15	5	1.2	300~320	37~39	80~85
9	无或有	18	5	1.2	320~340	37~40	35~40
12	有	18	5	1.6	400~430	36~38	28~32
15	有	20	5	1.6	400~430	36~38	19~21

5.6.5 CO_2气体保护焊的常见缺陷及其产生原因

CO_2气体保护焊的常见缺陷及其产生原因见表 3-5-26。

表 3-5-26　半自动 CO_2气体保护焊的常见缺陷及其产生原因

缺　陷	产 生 原 因
气孔	1）CO_2气体不纯或供气不足 2）焊接时卷入空气 3）预热器不起作用

（续）

缺　陷	产生原因
气孔	4）风大、保护不完全 5）喷嘴被飞溅物堵塞、不通畅 6）喷嘴与焊件的距离过大 7）焊接区表面被污染，油、锈和水分未清除 8）电弧过长、电弧电压过高 9）焊丝含硅量、含锰量不足
咬边	1）电弧太长，电弧电压过高 2）焊接速度过快 3）焊接电流太大 4）焊丝位置不当，没对中 5）焊丝摆动不当
未焊透	1）焊接电流太小，送丝不均匀 2）电弧电压过低或过高 3）焊接速度过快或过慢（在坡口内） 4）坡口角度小，间隙过小 5）焊丝位置不当，对中不好
焊缝成形不良	1）焊接参数不合适 2）焊丝位置不当，对中差 3）送丝滚轮的中心偏移 4）焊丝矫直机构调整不当 5）导电嘴松动
梨形裂纹	1）焊接电流太大 2）坡口过窄 3）电弧电压过低 4）焊丝位置不当，对中不好
电弧不稳定	1）导电嘴松动、已磨损或直径过大（与焊丝比） 2）焊丝盘转动不均匀，送丝滚轮的沟槽已经磨损，加压滚轮紧固不良，以及导丝管阻力大等 3）焊接电流过低，电弧电压波动 4）焊丝伸出长度过大 5）焊件上有锈、油漆和油污 6）地线放的位置不当
飞溅	1）短路过渡时电感量不适当，过大或过小 2）焊接电流和电弧电压配合不当 3）焊丝和焊件清理不良

5.7　药芯焊丝气体保护电弧焊

利用药芯焊丝作为熔化极的电弧焊称为药芯焊丝电弧焊，英文简称 FCAW。有两种焊接形式：一种是焊接过程中使用外加保护气体（一般是纯 CO_2 或 CO_2 +Ar）的焊接，称为药芯焊丝气体保护电弧焊，它与普通熔化极气体保护电弧焊基本相同；另一种是不用外加保护气体，只靠焊丝内部的药芯燃烧与分解所产生的气体和渣作保护的焊接，称为药芯焊丝自保护电弧焊。自保护电弧焊与焊条电弧焊相似，不同的是使用盘状的焊丝，连续不断送到电弧中。

本节重点介绍药芯焊丝气体保护电弧焊，因它是一种很有发展前景，而且已经在工程中使用的焊接方法。

5.7.1　药芯焊丝气体保护电弧焊的工艺特点

1. 工作原理

药芯焊丝气体保护电弧焊与实心焊丝气体保护焊的主要区别是所用焊丝的构造不同。药芯焊丝是在焊丝内部装有焊剂或金属粉末混合物（称为药芯），焊接时（见图 3-5-33），在电弧热的作用下熔化状态的药芯、焊丝金属、母材金属和保护气体相互之间发生冶金作用，同时形成一层较薄的液态熔渣包覆熔滴并覆盖熔池，对熔化金属构成又一层保护。所以实质上这是一种气渣联合保护的焊接方法。

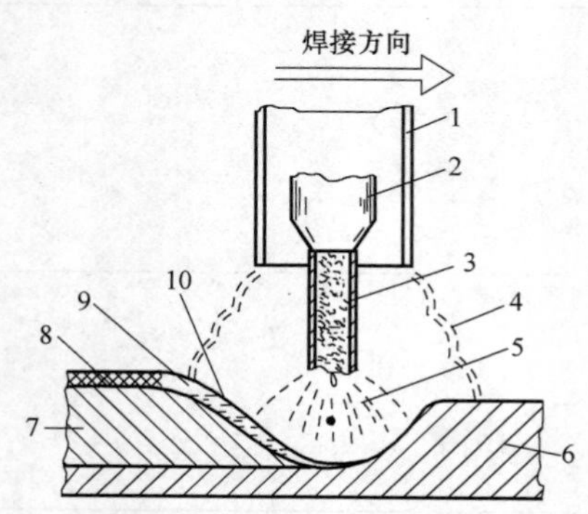

图 3-5-33　药芯焊丝电弧焊

1—喷嘴　2—导电嘴　3—药芯焊丝　4—保护气体　5—电弧　6—母材　7—焊缝金属　8—渣壳　9—熔渣　10—液态金属

2. 工艺特点

药芯焊丝气体保护电弧焊综合了焊条电弧焊和 CO_2 气体保护焊的工艺特点。

1）由于药芯成分改变了纯 CO_2 电弧气氛的物理、化学性质，因而飞溅少，且颗粒细，易于清除。又因熔池表面覆盖有熔渣，焊缝成形类似于焊条电弧焊，焊缝外观比实心焊丝 CO_2 气体保护焊的美观。

2）与焊条电弧焊相比，热效率高，电流密度比焊条电弧焊大（可达 $100A \cdot mm^{-2}$），生产率为焊条电弧焊的 3~5 倍。既节省了填充金属又提高了焊接速度。

3）与实心焊丝 CO_2 气体保护焊相比，通过调整药芯的成分就可以焊接不同钢种，适应性强，若研制适用于同样钢种的实心焊丝在技术上将遇到许多困难。

4）对焊接电源无特殊要求，交流和直流均可使用，对平特性和陡降特性都能适应，因为药芯成分能改变电弧特性。

但是，药芯焊丝 CO_2 气体保护焊也有不足，主要是送丝比实心焊丝困难，药芯易吸潮，须对药芯焊丝严加保存和管理。

5.7.2　药芯焊丝（详见第 6 篇第 2 章 2.1.3 节）

5.7.3　药芯焊丝气体保护焊的工艺

1. 接头设计与准备

凡是适用于焊条电弧焊的接头形式同样适用于药芯焊丝气体保护焊。但是，药芯焊丝气体保护焊的熔深比焊条电弧焊大，因此在适用厚度范围（见表 3-5-27）和坡口设计上有些差别，可采用比焊条电弧焊的坡口角度更小、根部间隙更窄和钝边更大的坡口，这样能减少填充金属量。但必须保证在叠层焊时焊丝伸出长度保持不变和根部可达（见图 3-5-34），且在焊接过程中能灵活操纵焊丝。在平焊或横焊位置上焊接的角焊缝，其焊脚尺寸可比焊条电弧焊减小 2~3mm，这是因其熔深大于焊条电弧焊，并不因此影响接头强度，如图 3-5-35 所示。

表 3-5-27　药芯焊丝气体保护焊的适用厚度范围

厚度/mm	0.13	0.4	1.6	3.2	4.8	6.4	10	12.7	19	25	51	102	203
单层无坡口	⇐	⇒											
单层带坡口			⇐	═	═	═	⇒						
多层	⇐	═	═	═	═	- - -							

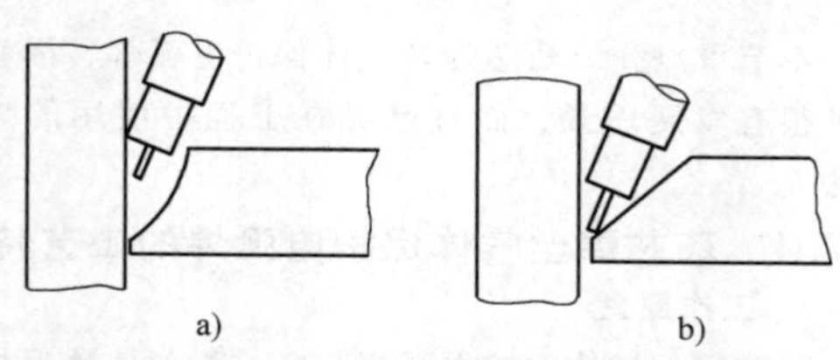

图 3-5-34　焊丝可达坡口根部的接头设计

a）不可达　b）可达（可接近）

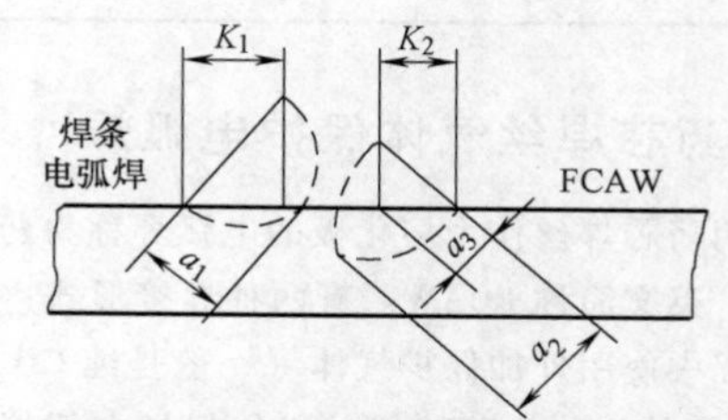

图 3-5-35　焊条电弧焊和 FCAW 的角焊缝

注：$K_1>K_2$，$a_1 \approx a_2$；a_1、a_2 为计算厚度；K_1、K_2 为焊脚尺寸。

2. 焊接参数

药芯焊丝气体保护电弧焊的焊接参数主要有：焊接电流、电弧电压、焊丝伸出长度、焊接速度、保护气体流量和焊丝位置等。

（1）焊接电流

当其他条件不变时，焊接电流与送丝速度成正比。图 3-5-36 所示是采用药芯焊丝 CO_2 气体保护焊焊接低碳钢的送丝速度与焊接电流的关系。表 3-5-28 中不同直径的药芯焊丝都有一使用电流范围，可以根据不同的焊接位置，参照表 3-5-29 进行选定。当焊丝直径给定，焊接电流的增减有如下影响。

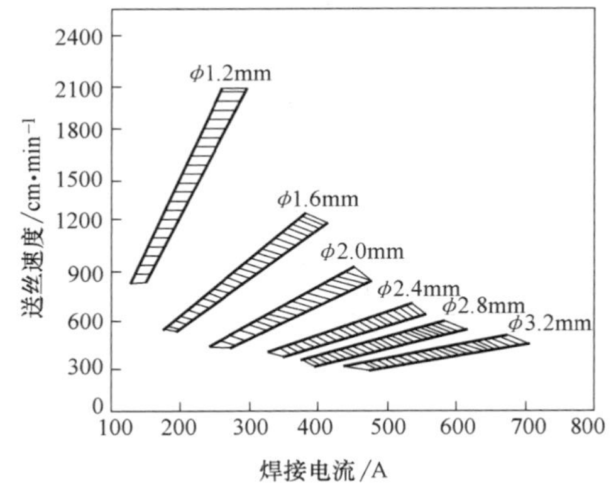

图 3-5-36　采用药芯焊丝 CO_2 气体保护焊焊接低碳钢的送丝速度与焊接电流的关系

电流增大，焊丝的熔敷速度提高，熔深加大；若电流过大，则会产生凸形焊道，使焊丝外观变坏；若电流过小，则会产生颗粒熔滴过渡，且飞溅严重。

（2）电弧电压

为了获得良好的焊缝成形，当改变送丝速度来提高或减小焊接电流时，电源的输出电压也应随之改变，以保持电弧电压与电流的最佳关系。但是在焊接过程中电弧电压与弧长密切相关，如果电弧电压太高，即弧长过长，则会造成大的飞溅，使焊道变宽、成形不规则；如果电弧电压太低，则会产生窄的凸状焊道，飞溅也会变大，熔深变浅。

（3）焊丝伸出长度

焊丝伸出长度是指超出导电嘴的未熔化的焊丝长度。它被电阻加热，其电阻热与伸出长度成正比。当伸出长度太长时，会产生不稳定的电弧和大的飞溅；当伸出长度太短时，飞溅物易堆积在喷嘴上，影响气体流动或堵塞，使保护不良而引起气孔等。通常焊丝伸出长度为 19～38mm，而喷嘴端到焊件的距离约为 19～25mm。

（4）焊接速度

焊接速度影响焊缝熔深和形状。其他因素不变时，低焊接速度的熔深比高焊接速度的大；大电流焊时，低焊接速度可能引起焊缝金属过热，焊接速度过快将引起焊缝外观不规则。一般焊接速度在 30～76cm · min^{-1}之间。

（5）保护气体流量

若流量不足则对熔滴过渡和焊接熔池保护不良，引起焊缝气孔和氧化；流量过大，可能造成紊流、把空气卷入，同样引起焊缝金属氧化和产生气孔。正确的流量由焊枪喷嘴形式和直径、喷嘴到焊件的距离，以及焊接环境决定。通常在静止空气中焊接时流量约在 16～21L · min^{-1}的范围内，若在流动空气环境中或喷嘴到焊件距离较长时，流量应加大，可能达26L · min^{-1}。

表 3-5-29 为药芯焊丝 CO_2 气体保护焊焊接碳素钢的焊接参数。

表 3-5-28　药芯焊丝 CO_2 气体保护焊的焊接电流和电弧电压的选定

焊丝直径/mm	平焊		横焊		立焊	
	电流/A	电压/V	电流/A	电压/V	电流/A	电压/V
1.2	150～225	22～27	150～225	22～26	125～200	22～25
1.6	175～300	24～29	175～275	25～28	150～200	24～27
2.0	200～400	25～30	200～375	26～30	175～225	25～29
2.4	300～500	25～32	300～450	25～30	—	—
2.8	400～525	26～33	—	—	—	—
3.2	450～650	28～34	—	—	—	—

注：气体流量为 16.5L · min^{-1}。

表 3-5-29　药芯焊丝 CO_2 气体保护焊焊接碳素钢的焊接参数

接头示意图		板厚 t/mm	根部间隙 g/mm	总焊层数	焊丝直径 /mm	焊接电流 /A	电弧电压 /V	焊接速度 /cm · min^{-1}
平焊	t, g	3.2	0.8	1	2.4	325	24～26	142
		4.8	1.6	1	2.4	350	24～26	122

（续）

接头示意图	板厚 t/mm	根部间隙 g/mm	总焊层数	焊丝直径 /mm	焊接电流 /A	电弧电压 /V	焊接速度 /cm · min^{-1}
平焊	6.4	0	1	2.4	375	25~27	104
	12.7	0	2	3.2	550	27~30	46
	19	0	3	3.2	550	27~30	46
	25	0	6	3.2	550	27~30	28
	16	3.2~4.8	第一层	3.2	575	31	36
			第二层	3.2	600	32.5	41
	19	3.2~4.8	第一层	3.2	575	32.5	48
			第二层	3.2	600	32.5	46
			第三层	3.2	600	32.5	38
	3.2	0	1	2.4	300	24~26	135
	6.4	0	1	2.4	400	24~26	61
		0	1	3.2	500	25~27	64
	13	0	2	2.4	525	30~32	41
		0	2	3.2	525	30~32	41
横焊	3.2	0	1	2.4	350	24~26	152
	6.4	0	1	2.4	400	24~26	61
		0	1	3.2	450	25~27	64
	13	0	3	2.4	400	24~26	51
		0	3	3.2	450	25~27	46
立焊	9.5	0	1	1.1	180	21	7.6~10

注：保护气体流量为 17L/min。

5.8　窄间隙熔化极气体保护电弧焊

5.8.1　基本特征

窄间隙熔化极气体保护电弧焊是一种用熔化极气体保护焊焊接厚板对接焊缝的特种技术。它具有如下特征。

1）焊件开的是窄而深的I形坡口或坡口角很小的V形坡口。坡口角大小，影响焊接变形量，与板厚无关。可焊板厚在30~300mm之间，接头间隙在6~15mm之间。

2）采用多层焊，从下而上各层焊道的数目相同，通常为1或2道。焊丝主要用实心焊丝，也有用药芯焊丝。保护气体多用具有氧化性的混合气体，如$Ar+O_2$或$Ar+CO_2$，亦有用纯CO_2，视材质与工艺要求而定。

3）采用小或中等的焊接热输入，可以进行全位置焊接。但实际应用最多的是平焊和横焊。焊接是从钢板的一侧自动地完成的。

5.8.2　优缺点及适用范围

（1）优点

1）焊接生产率高，可以节约焊接材料，减少清渣时间，综合成本低。板越厚，此优点越突出。

2）焊缝截面小，对焊件热输入小，故能减小焊接热影响区和焊接应力与变形，改善了接头韧性。

3）可降低对焊件预热或焊后热处理的要求，因是低热输入多层多道焊，故能使焊道经受再回火。不像厚板电渣焊焊后通常要求正火处理。

（2）缺点

1）对设备的可靠性要求很高，目前这样的设备昂贵。

2）对电弧的任何不稳定现象都很敏感，而且焊丝位置（即对中）要求很准确。

装配质量要求高，装配时间较长。

3）操作人员要具有较高的业务知识和操作技能。

4）容易产生缺陷，当产生缺陷后，焊接修补困难。

（3）适用范围

可以焊接钢铁材料和有色金属，当前主要用于焊接低碳钢、低合金高强度钢、高合金钢和铝、钛合金等。

可以应用于平焊、立焊、横焊和全位置焊。

应用领域以锅炉、石油化工行业的压力容器为最多，其次是机械制造和建筑结构，再次是管道、海洋构造、船舶和桥梁等。

5.8.3 焊接工艺

1. 焊接形式

窄间隙熔化极气体保护焊目前常用的有细丝窄间隙焊和粗丝窄间隙焊两种形式，如图 3-5-37 所示。两者区别在于前者的焊丝直径为 0.8～1.2mm，坡口间隙在 6～9mm 之间，导电嘴插在坡口的间隙内，可进行单道或双道焊接；后者的焊丝直径为 2～3mm，坡口间隙在 10～15mm 之间，喷嘴始终在坡口外，焊丝直接插入间隙的底部，并对准焊缝中轴线进行单道多层焊。

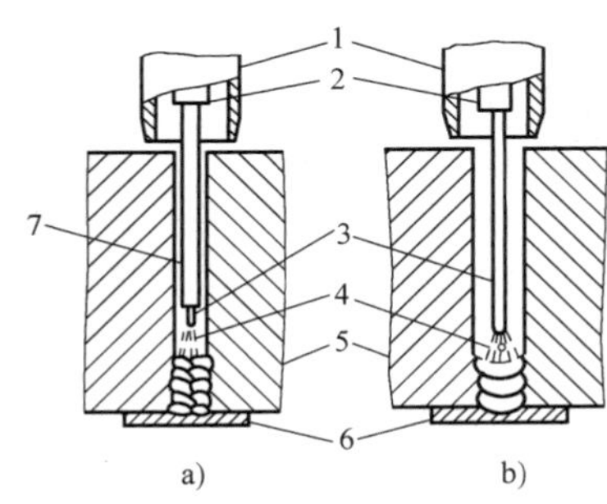

图 3-5-37 窄间隙焊接的方法

a）细丝 b）粗丝

1—喷嘴 2—导电嘴 3—焊丝 4—电弧

5—焊件 6—衬垫 7—绝缘导管

窄间隙焊接的热输入较小，焊接时最大的难题是如何防止未焊透等缺陷。为此，要求焊丝能准确定位，使坡口两侧壁能充分受热，保证完全熔合和焊缝根部彻底熔透。

对于细丝窄间隙焊，由于焊丝细且软，就必须采用特殊的能插入坡口的水冷导电嘴把焊丝输送到焊接部位，以及能向窄而深的坡口输送保护气体的装置。

图 3-5-38 所示为可以使坡口两侧壁熔合和改善焊缝成形的几种送丝方式。

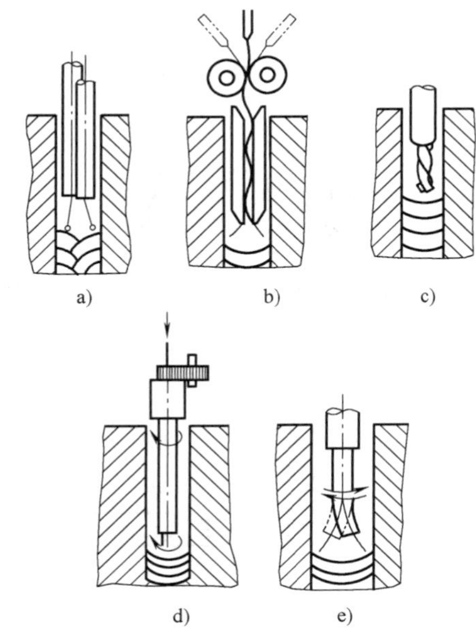

图 3-5-38 窄间隙焊接中几种送丝方式

a）双丝纵列定向法 b）波状焊丝法 c）麻花状焊丝法

d）偏心旋转焊丝法 e）导电嘴倾斜法

1）双丝纵列定向法（见图 3-5-38a）。两根焊丝和两个导电嘴一前一后，每根焊丝指向固定，直接对着各自侧壁从而保证了侧壁的熔透能力。

2）波状焊丝法。使焊丝变成波浪形后进入导电嘴，波浪焊丝从导电管出来后不断烧熔，电弧就从坡口一侧向另一侧摆动，从而保证两侧壁均匀受热而熔透，属于单道多层焊。把焊丝弯成波浪形有两种方法：一种是周期性地受摆动板的弯曲作用和送丝滚轮的牵引产生塑性变形而形成波浪形（见图 3-5-38b）；另一种是设计专门的焊丝成形齿轮代替一般送丝滚轮的装置，焊丝通过该对齿轮即产生塑性变形而变成波浪焊丝。图 3-5-39 所示分别为这两种方法的实用装置工作原理图。

3）麻花状焊丝法（见图 3-5-38c）。把两根焊丝绞扭成麻花状进行焊接，麻花焊丝垂直向坡口中心输送，当每根焊丝熔化时，电弧就自动地绕麻花焊丝的中心轴线旋转，使两侧壁对称均匀受热而熔合。此法不需附加特殊摆动机构，结构简单，但必须解决麻花焊丝的供应问题。图 3-5-40 所示为实用装置的示意图。

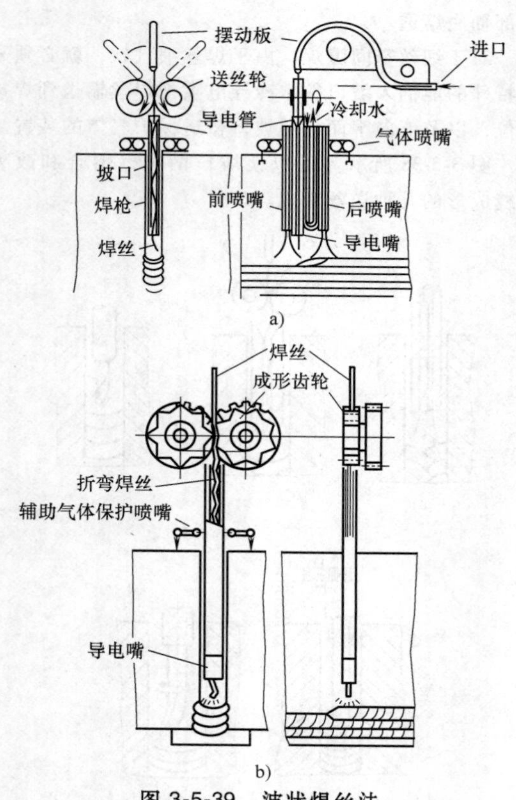

图 3-5-39　波状焊丝法

a）摆动板弯丝法　b）成形齿轮弯丝法

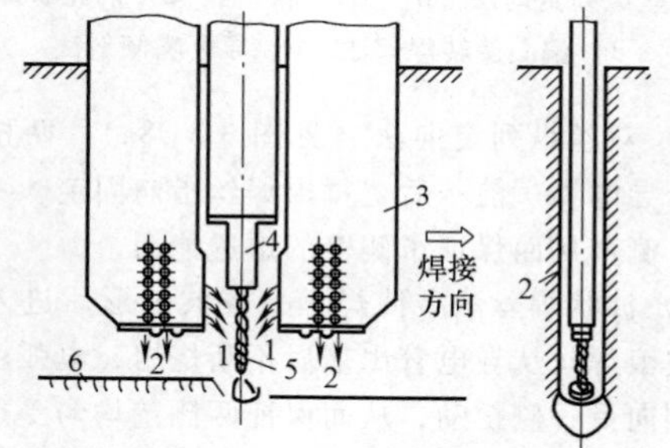

图 3-5-40　麻花状焊丝法

1—内保护气体　2—外保护气体　3—插入式保护喷嘴　4—导电管　5—麻花状焊丝　6—焊道

4）偏心旋转焊丝法（见图 3-5-38d）。焊丝从导丝嘴中心送入，经导电嘴的偏心孔使焊丝偏心送出，导电嘴作高速旋转，于是焊丝端部的电弧以导电嘴孔的偏心量为半径在熔池上方旋转。这种焊接方法的装置如图 3-5-41 所示，它使焊道形状变得扁平，四周熔深增加。

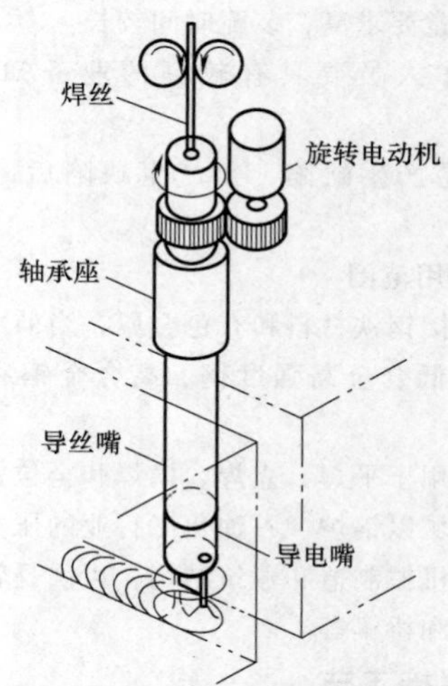

图 3-5-41　偏心旋转焊丝法

粗丝窄间隙焊的导电嘴有时位于坡口外，这时焊丝伸出长度较大，而且随着板厚的增加而延长，气体保护效果也随板厚的增加而变坏，所以可焊厚度受到一定限制，一般厚度小于 150mm。又因熔池体积较大，空间位置焊好有困难，故主要在平焊位置使用。

2. 焊接参数

对于每一种窄间隙焊接技术其焊接参数都必须根据它的工艺特点、母材性质、焊接位置、焊接热输入、焊缝性能和焊接变形控制等进行选择。表 3-5-30 列出了钢材窄间隙 MAG 焊的典型焊接参数。

窄间隙焊可以使用脉冲电源，但最常用的还是普通直流电源，采用反接，喷射过渡。如果是全位置焊接，那么焊接速度要快，应提供低的热输入以获得小的焊接熔池。

表 3-5-30　钢材窄间隙 MAG 焊的典型焊接参数

送丝方式		摆弯送丝	折弯送丝	造麻花焊丝	偏转送丝	列送双丝	摆动送丝
送丝装置		图 3-5-38b	图 3-5-39b	图 3-5-38c	图 3-5-38d	图 3-5-38a	图 3-5-38e
焊接位置		平	平	平	平	横	横角
焊接材料	焊丝种类	实心	实心	实心	实心	实心	实心
	焊丝直径/mm	1.2	1.2	2.0×2	1.2	1.2,1.6	1.6
	保护气体（体积分数）	$Ar+CO_2$（20%）	$Ar+CO_2$（20%）	$Ar+CO_2$（10%～20%）	$Ar+CO_2$（20%）	$Ar+CO_2$（20%）	CO_2

（续）

送丝方式		摆弯送丝	折弯送丝	造麻花焊丝	偏转送丝	列送双丝	摆动送丝
焊接电源		DC（脉冲）	DC（脉冲）	DC（下降特性）	DC（脉冲）	DC（脉冲）	DC（下降特性）
焊接参数	坡口形状（间隙）	I 形（9mm）	V 形（1°~4°）	I 形（14mm）	I 形（16~18mm）	I 形（10~14mm）	I 形（13mm）
	极性	DC（反接）	DC（反接）	DC（反接）	DC（反接）	DC（反接）	DC（反接）
	焊接电流/A	280~300	260~280	480~550	300	前丝 170 后丝 140	320~380
	电弧电压/V	28~32	29~30	30~32	33	21~23	32~38
	焊接速度 /$cm \cdot min^{-1}$	22~25	18~22	20~35	25	18~20	25~35
	摆动	—	250~900 次/min	—	最大 150Hz	—	45 次/min
备注		利用摆板使焊丝成波浪形	通过送丝轮折弯焊丝成波浪形	双丝绞成麻花状	焊丝偏离导电嘴轴心高速旋转	前丝对下侧壁后丝对上侧壁用低脉冲电流	导电嘴机械波动，使焊丝在双重气体保护中摆动

5.9 CO_2电弧点焊

5.9.1 特点与应用

CO_2电弧点焊是利用 CO_2电弧为热源，将两块相叠焊件熔化形成点状焊缝的一种方法。在焊接设备上与普通 CO_2气体保护焊的区别在于焊枪上装有一个支撑喷嘴，其端面形状和焊件表面形状相适应，以便在焊接时能将焊枪垂直压紧在焊件表面上，如图 3-5-42 所示。焊接时，焊枪固定不动，利用焊丝和焊件之间燃烧的电弧热将上焊件整个厚度熔化，下焊件局部厚度熔化，形成铆钉状的焊点而把上下两板连接起来。每焊好一个焊点移动一次，焊接下一个焊点。每个焊点的燃弧时间可自动控制，故在焊接设备上须有燃弧定时装置。

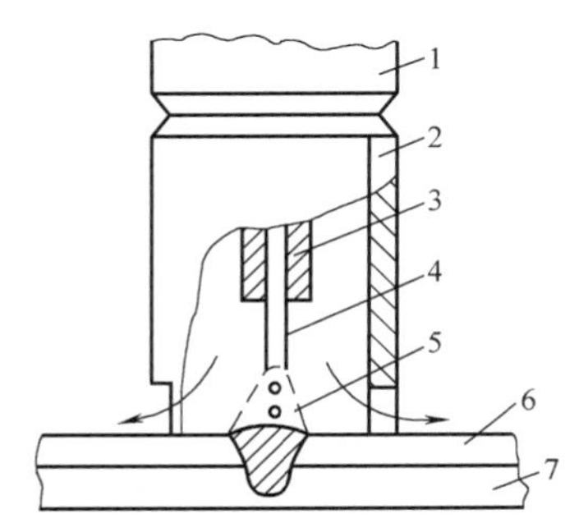

图 3-5-42　CO_2电弧定位焊过程示意图

1—焊枪　2—支撑喷嘴　3—导电嘴　4—焊丝　5—焊接电弧　6—上板　7—下板

在接头形式上与电阻点焊相同，效果也大体相近。但从工艺过程看两者有本质区别，与电阻点焊比，CO_2电弧点焊的优点如下。

1）不需要大功率的焊机和特殊的加压装置，是一种只从单面施焊的焊接方法。

2）焊枪轻便、灵活，不受结构形状和场地限制。

3）不受板厚和焊点距离限制，可以焊接厚度相差较大的焊件，且能进行多层点焊和全位置点焊，适应性强。焊点尺寸容易控制，其强度可以在较大范围内调节。

4）对上下板之间的装配精度要求不需像电阻点焊那样严格。

其主要缺点是生产率较低，每个焊点的强度和尺寸的一致性不如电阻点焊好，需要消耗焊丝。

CO_2电弧点焊主要用于焊接低碳钢和低合金钢，在车辆制造、农业机械制造以及船舶制造中多用于焊接桁架结构、车辆蒙皮、薄壳结构及各类箱体结构等。

5.9.2 常用接头形式

CO_2电弧点焊常用的接头形式如图 3-5-43 所示。当向着电弧一侧的零件等于或薄于另一侧的零件时，可

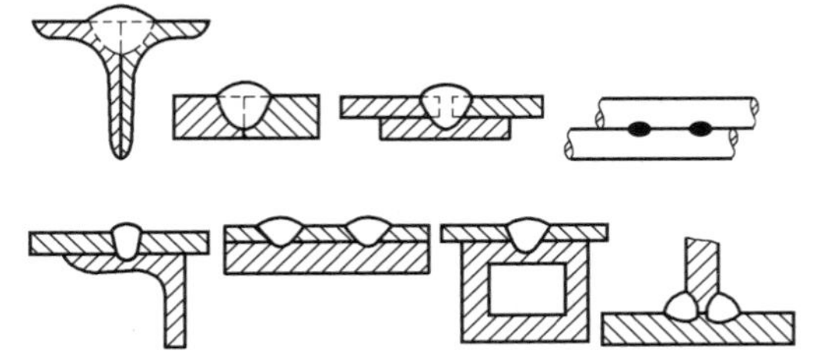

图 3-5-43　CO_2电弧点焊的接头形式

以获得最佳焊接结果，当上板厚度较厚（26mm）或上板厚于下板，而熔透所需的电流又不足时，可以先将上板开一锥孔，变成塞焊。为了防止下板过分熔透，其背面可使用铜垫板。

5.9.3 焊接工艺

CO_2电弧点焊的每个焊点焊接都是自动进行的，其程序如下：

$$\text{提前送气}\xrightarrow{(1\sim2\text{s})}\text{送丝同时通电}\xrightarrow{\text{点焊计时}}\text{停止送丝}\xrightarrow[(0.1\text{s})]{\text{焊丝回烧}}\text{停电}\xrightarrow[(2\sim3\text{s})]{\text{气体延时}}\text{停气}$$

因此要求点焊设备能准确地控制电弧燃烧时间。焊丝回烧的作用是防止焊丝与焊点粘接，回烧时间要控制得当。时间过长，焊丝末端会形成大熔滴，下次引弧会变得困难，还可能引起大颗粒的飞溅。一般回烧时间可控制在 0.1s 左右。

CO_2电弧点焊用的焊接电源和送丝机构与普通CO_2气体保护焊的焊机相同，电源的空载电压应选择高些（约 70V 左右），以保证频繁引弧时能稳定可靠。

操作的要点如下：

1）上下焊件之间的装配间隙越小越好，一般在 0.5mm 以下。

2）焊接电流和电弧电压比普通CO_2气体保护焊的大，焊丝直径可用 0.8mm、1.2mm、1.4mm 和 1.6mm。若要加大焊丝直径提高生产率，可以适当增加焊接电流和电弧电压，相当于延长焊接时间。

3）仰焊时，当上板很薄（<2mm）则焊接参数与平焊相同，为了防止液体金属下落，尽可能采用大电流、短时间和大的气流量。

表 3-5-31 为典型CO_2电弧定位焊的焊接参数。

表 3-5-31 典型CO_2电弧定位焊的焊接参数

类别	板厚/mm		焊丝直径/mm	焊接时间 $/\left(\frac{1}{60}\text{s}\right)$	焊接电流/A	电弧电压/V	保护气体流量/$L\cdot min^{-1}$		单点抗剪强度/(N/点)	焊点尺寸			焊点直径
	上板	下板					CO_2	O_2		熔深/mm	熔宽 W/mm	D/W (%)	D/mm
水平点焊	1.2	3.2	1.6	54	440	31~32	20	1	18200	2.3	15.0	39.6	5.9
	1.2	4.5	1.6	54	460	31~32	20	1	18700	3.2	15.0	47.7	7.2
	1.6	3.2	1.6	59	400	31~32	20	1	19000	1.9	15.3	40.9	6.3
	1.6	4.5	1.6	70	400	31~32	20	1	21000	2.3	14.4	42.1	6.5
	2.3	3.2	1.6	70	400	31~32	20	1	20400	1.8	16.1	42.8	6.9
	2.3	4.5	1.6	70	420	31~32	20	1	21000	2.2	14.6	43.0	6.2
	3.2	4.5	1.6	80	480	33	20	1	23400	2.4	16.0	54.3	8.7
立式点焊	1.6	3.2	1.2	47	360	31~32	24	1	18000	2.1	12.2	51.9	6.3
	1.6	4.5	1.2	47	360	31~32	24	1	18800	2.2	12.2	51.7	6.1
	2.3	3.2	1.2	88 42	410	31~32	24	1	23500	2.4	12.2	54.0	6.8
	2.3	4.5	1.2	88 42	410	31~32	24	1	26300	2.5	12.2	54.0	6.6

注：表中电源的频率为 $60Hz\cdot s^{-1}$。

5.10 气电立焊

气电立焊是利用熔化极气体保护电弧焊自动地对厚板对接焊缝进行立焊的一种方法。它是从普通熔化极气体保护焊和电渣焊发展而来。在机械系统和操作应用上与电渣焊方法相似，但焊接的热源是电弧热而不是电渣的电阻热。起保护作用的主要是气体。

5.10.1 操作原理

如图 3-5-44 所示，将厚板立焊接头的坡口挡上铜制滑块，构成封闭坡口，实心的或药芯的焊丝从坡口的上方向坡口内送进，电弧在焊丝和接头底部的起焊板之间引燃，电弧热使焊丝和坡口表面熔化并汇流到电弧下面的熔池中，熔池凝固便成为焊缝金属。焊丝可沿接头整个厚度作横向摆动，使热量分布均匀并熔敷焊缝金属。随着坡口空间逐渐填充，滑块随焊接机头向上移动，便可从下而上一次完成整条垂直焊缝的焊接。虽然焊缝轴线和焊接行走方向都是垂直的，但却是从下而上做平焊位置的焊接。如果用实心焊丝，则需使用外加气体作为保护；如果用药芯焊丝，则其药芯的成分可提供全部或部分保护。铜滑块内通常用水冷却。

5.10.2 优缺点

气电立焊的运用方式与电渣焊相同，均可进行厚板立焊，但在工艺上各具特点，两者比较，气电立焊的优点如下：

1）重新启动焊接很容易。

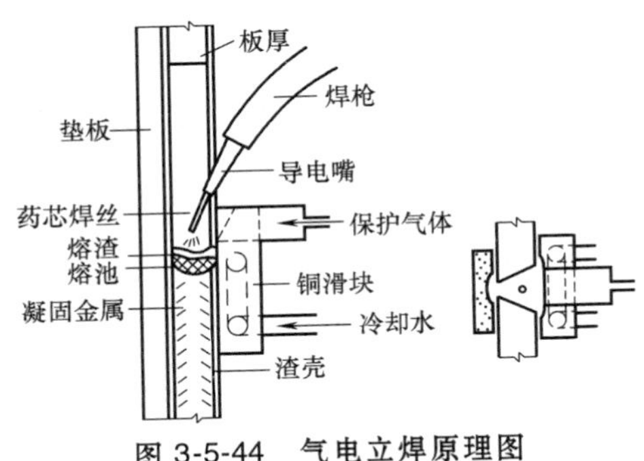

图 3-5-44　气电立焊原理图

2）焊接熔池可见。

3）焊后有可能不进行热处理，因而可以在现场施工，降低制造成本。

4）热输入小，焊缝冲击韧性得到改善。

缺点如下：

1）接头不够清洁，有金属飞溅。

2）缺陷较多，尤其是气孔。

3）随着板厚的增加，气体保护效果变差。

5.10.3　适用范围

（1）可焊金属

主要用于碳素钢和合金钢焊接，但也适用于焊接奥氏体不锈钢、其他金属和合金。

（2）可焊材料厚度

可焊厚度为 10～100mm 的钢板，最适于焊接的厚度在 13～76mm 的范围内。厚度小于 13mm 的钢板采用立焊不如采用焊条电弧焊和普通熔化极气体保护焊。厚度大于 76mm 的钢板最好采用电渣焊，因为板过厚会使气体保护不再充分。

（3）可焊的接头形式

传统电渣焊接的接头形式基本适用于气电立焊。对于 X 形坡口，则需双程焊接且需特殊形状的滑块。

（4）可焊的产品结构

接头越长的结构，其生产效率越高。因此，很适于大型金属结构，如船舶壳体、桥梁、储罐、沉箱、海洋钻采设备和高层建筑等结构。也可用于大直径管道和筒式压力容器纵缝的焊接。

5.10.4　焊接设备

气电立焊用的设备，主要有焊接电源、焊枪及其摆动机构、水冷滑块、送丝系统和送气系统。除电源外，其余都组合在一起，焊接时整机以焊接速度向上移动。

1. 焊接电源

与普通熔化极气体保护焊相同，通常用直流反接（焊丝接正极），可用垂降或平特性的弧焊整流器，在野外施工可用内燃机驱动的弧焊发电机。采用垂降特性电源时，可以通过电弧电压反馈来控制垂直行走机构以保持焊丝伸出长度不变和电弧电压稳定；采用平特性电源时，可采用手动控制或利用检测熔池上升高度来控制垂直行走速度。因焊缝较长，焊接电源需长时间连续工作，故其负载持续率为 100%，额定输出电流在 750～1000A 之间。

2. 焊枪及其摆动机构

气电立焊用的焊枪其作用与普通熔化极气体保护焊相同，只是因它必须插入到两被焊钢板之间的窄间隙内，并且能在两滑块之间作横向摆动以及垂直向上移动而不会触及被焊钢板，所以焊枪的尺寸有一定限制。如果最小间隙为 17mm，则焊枪的宽度常限制在 10mm 左右。焊接厚板时，可用大号焊枪，用水冷或加绝缘套隔绝焊接熔池的热量。

焊接厚度小于 32mm 的板材时，通常不需横向摆动。有时薄板焊接时，为了控制母材熔透深度，有时亦做横向摆动。有各种类型的焊枪摆动机构，如图 3-5-45所示仅为其中的一种。

3. 送丝装置

常采用推丝式送丝。整个装置由焊丝盘、送丝轮、送丝软管和焊丝校直机构组成。因焊接时，焊丝伸出长度为 38mm 或更长，对焊丝的平直度要求较高，故需配备良好的矫直机构。送丝速度取决于焊丝的规格与类型，一般在 10～14m · min^{-1}的范围内。焊前要储备足够的焊丝量，保证不停地送丝完成焊接。

4. 水冷滑块和气罩

两个铜制水冷滑块焊接时随焊接装置垂直向上移动。可做成凹形，使焊缝两侧形成适当余高。也可用一个固定铜垫板代替其中一个滑块（见图 3-5-45）。

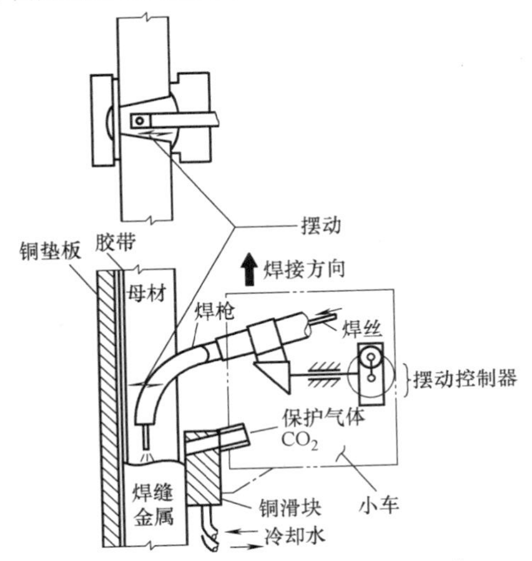

图 3-5-45　气电立焊焊枪摆动机构

气电立焊对气体保护的效果要求较高，除为电焊枪经喷嘴提供保护气体外，还通过安装在水冷滑块上的气罩提供一定流量的辅助保护气体，以加强对焊丝、电弧和熔池的保护。

5. 控制系统

气电立焊设备的控制系统除垂直行走和焊枪摆动控制外，其余和普通熔化极气体保护焊的设备相同。

为了焊接时维持固定的弧长及平稳的电弧电压，需严格控制垂直方向的移动。控制方法取决于所用焊接电源的类型。对于垂降特性焊接电源，可通过电弧电压的变化来控制垂直移动。如果标准电压为 35V（在焊机上调节），那么在电压下降低于 35V 之前，整个焊接装置不会开始移动；当到了 35V 时，移动机构即自动工作，使焊接装置向上移动。对于平特性焊接电源，则采用监测传感器，通过监控焊接熔池的上升高度来控制向上移动的速度。

5. 10. 5　焊接材料

1. 焊丝

气电立焊既可用实心焊丝，又可用药芯焊丝。实心焊丝常用的直径为 1.6mm、2.0mm 和 2.4mm，药芯焊丝常用的直径为 1.6~3.2mm。选用原则与普通熔化极气体保护焊相同，主要根据母材及其厚度决定。但气电立焊用的药芯焊丝，其药芯中的造渣剂比率应低于标准药芯焊丝。焊接时在液体金属表面上浮有熔渣薄层，亦在冷却滑块或垫板之间能形成一层薄的熔渣，使焊缝表面光滑。若熔渣过多会造成电弧熄灭。

2. 保护气体

对于钢的药芯焊丝气电立焊，通常用 CO_2 作保护气体。其流量在 14~66L · min^{-1} 的范围之间；若用实心焊丝焊接，通常用具有氧化性的混合气体，如 80%Ar+20%CO_2（体积分数）。

5. 10. 6　焊接工艺

1. 装配

图 3-5-46 所示为典型的装配方案。是否需用图中所示的起焊槽和引出板取决于板厚以及允许的返修焊接工作量，厚度小于 25mm 的钢板通常不用引出板，起焊槽也可用引弧板代替。起焊槽的深度和引出板的高度有 13mm 足够，随着板厚增加适当增加。

通常需采用较多的定位铁将钢板位置固定以获得必要的刚性。定位铁内留出的空间应能容纳背面挡块沿接头做向上移动。

I 形坡口接头的装配间隙不是随板厚而变化，而是由焊嘴的结构与尺寸而定，典型间隙在 16~19mm 之间，其他坡口形式的间隙不受其影响，如图 3-5-47 所示。当允许使用永久性垫板时，可用如图 3-5-47c 所示的接头。

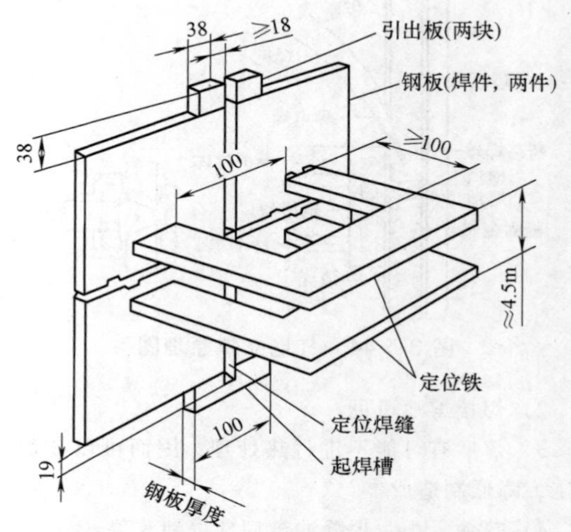

图 3-5-46　两钢板气电立焊装配方案

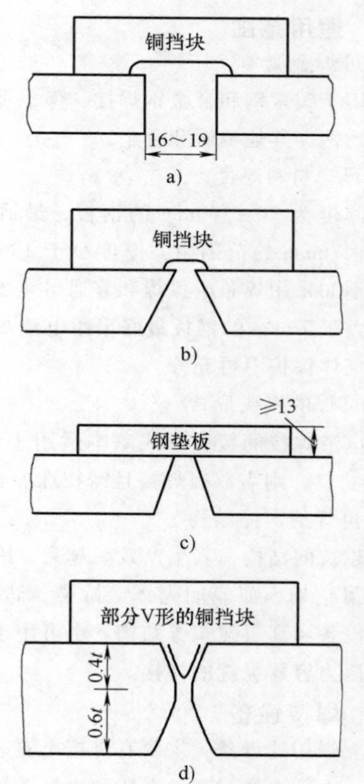

图 3-5-47　气电立焊用的接头构造及其装配

a）典型的 I 形坡口对接接头　b）带铜挡块的 V 形坡口接头　c）带钢垫板的 V 形坡口接头　d）X 形坡口接头，用于两条焊道的焊接

注：t 为板厚。

2. 焊接参数

气电立焊的焊接参数与电渣焊类似，每个参数对焊缝形状的影响亦和电渣焊相同。但注意，因为普通电弧焊的焊缝熔深与焊丝轴线方向为同一方向，所以熔深随焊接电流的增加而增加，而气电立焊焊缝的熔深是在接头的两个侧面，它与焊丝轴线成直角。熔深随着焊接电流的增加（或送丝速度的增加）而减小，即焊缝的宽度减小。

当焊接电流提高时，送丝速度、熔敷率和接头的填充速度（即焊接速度）将提高。对于给定的焊接条件，过高的焊接电流或送丝速度，会引起熔宽或熔深减小；过低的焊接电流或送丝速度，会引起熔宽增加，降低生产率，使焊缝组织粗大。通常焊接电流在 750~1000A 的范围内。

随着电弧电压增高，熔深增大，即熔宽增加，通常电弧电压在 30~55V 之间。

焊丝伸出长度约为 40mm，较普通熔化极气体保护焊更长，由于受电阻加热，故焊丝熔化速度较高。

板厚大于 30mm 的焊件一般要作横向摆动，摆动速度约为 7~8mm · s^{-1}，导电嘴在距每一冷却滑块约 10mm 处停下，并稍为停留 1~3s，以抵消水冷滑块的激冷作用，使焊缝表面完全熔合。

表 3-5-32 为气电立焊的焊接参数举例。

表 3-5-32 气电立焊的焊接参数举例

板厚 /mm	坡口	焊接电流 /A	电弧电压 /V	焊接速度 /cm · min^{-1}	焊接热输入 /kJ · cm^{-1}	摆动		保护气体流量 /L · mm^{-1}
						频率/次 · min^{-1}	宽度/mm	
12.7	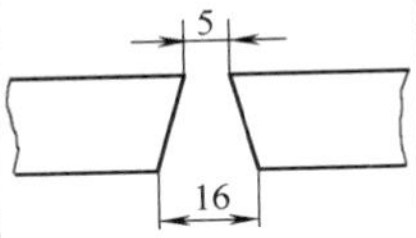 5, 16	340	36~38	14.5	53.1	—	—	25~30
16		380	38~40	15.0	63.2	50~100	0~4	
25		420	40~42	12.0	88.2	50~100	8~12	
32		420	40~42	9.5	108.2	50~100	15~20	
25	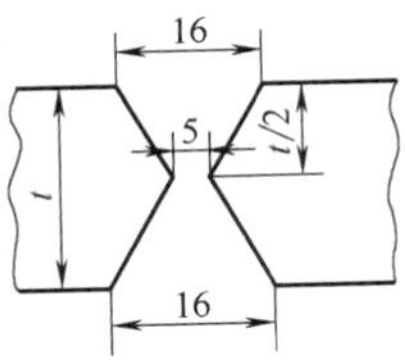 16, 5, $t/2$, t, 16	340	37~39	14.5	54.9	50~100	0~2	—
		340	37~39	15.5	51.3	50~100	0~2	
36		400	40~42	14.0	72.0	50~100	2~6	
		400	40~42	15.0	67.2	50~100	2~6	

注：t 为板厚，单位为 mm。

5.11 先进熔化极气体保护焊

先进工业国家常规熔化极气体保护焊的应用比率已达全部焊接工作量的 1/3~2/3。但其效率与埋弧焊相比，尚有差距，而且难免有较大的飞溅，因而阻碍了应用范围的扩大。因此，现代的熔化极气体保护焊主要是向着提高效率和减少飞溅的方向发展。下面简要介绍近几年推出的几种新的焊接工艺。

5.11.1 冷金属过渡（CMT）焊

1. CMT 焊的基本原理

CMT 为冷金属过渡（cold metal transfer）的英文缩写，这是福尼斯公司在 2002 年开发的一种 GMAW 无飞溅短路过渡技术。它是一种基于先进数字电源和送丝机的“冷态”焊接新技术。通过监控电弧状态，协同控制焊接电流波形及焊丝抽送，在很低的热输入下实现稳定的短路过渡，完全避免飞溅。

图 3-5-48 所示为 CMT 焊接过程中焊接电流波形与抽送丝的配合。电弧燃烧时，焊接回路中通以正常的焊接电流，焊丝送进，随着熔滴的长大和焊丝送进，熔滴与熔池短路，焊接回路中的电流被切换为接近零的小电流，短路小桥处于冷态，此时焊丝回抽，将短路小桥拉断，熔滴在冷态下过渡到熔池中。短路完成后，立即在焊接回路中通以较大的电流，将电弧引燃，焊丝送进；在熔滴长大到足够的尺寸后，将焊接电流降低为一个较小的值。焊接过程中利用焊丝送进-回抽的频率能够可靠地控制短路过渡频率。焊丝的送进-回抽频率高达 80 次 · s^{-1}。熔滴过渡时电压和电流几乎为零，利用焊丝回抽的机械拉力实现熔滴过渡，完全避免了飞溅。整个焊接过程就是高频率的热-冷-热转换的过程，大幅降低了热输入量。

2. CMT 焊的优点及应用

（1）优点

冷金属过渡焊具有如下优点：

1）电弧噪音小，熔滴尺寸和过渡周期的大小都很均匀，真正实现了无飞溅的短路过渡焊接和钎焊。

2）精确的弧长控制，通过机械式监控和调整来调节电弧长度，电弧长度不受焊件表面不平度和焊接速度的影响；这使得 CMT 焊的电弧更稳定，即使在很高的焊接速度下也不会出现断弧。

3）引弧的速度是传统熔化极电弧焊引弧速度的两倍（CMT 焊为 30ms，MIG 焊为 60ms），在非常短的时间内即可熔化母材。

4）焊缝表面成形均匀、熔深均匀、焊缝质量高、可重复性强。结合 CMT 技术和脉冲电弧可控制热输入量并改善焊缝成形，如图 3-5-49 所示。

5）低的热输入量，小的焊接变形，如图 3-5-50 所示比较了不同熔滴过渡形式的熔化极电弧焊的焊接参数使用范围，可看到，CMT 焊用最小的焊接电流和电弧电压进行焊接。

6）更高的间隙搭桥能力，如图 3-5-51 所示，比较了 CMT 焊和 MIG 焊的间隙搭桥能力。

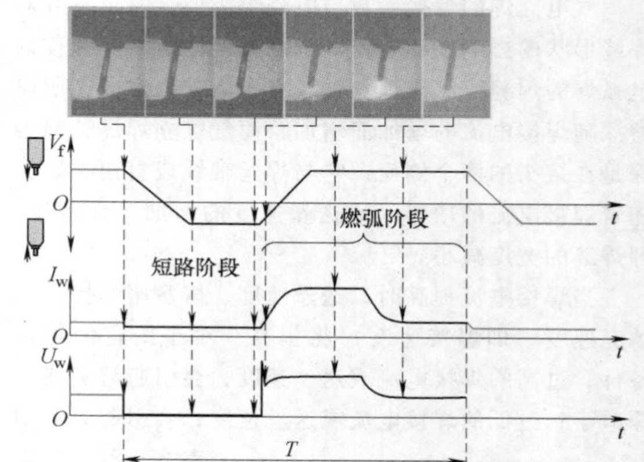

图 3-5-48　CMT 焊接过程中焊接电流波形与抽送丝的配合

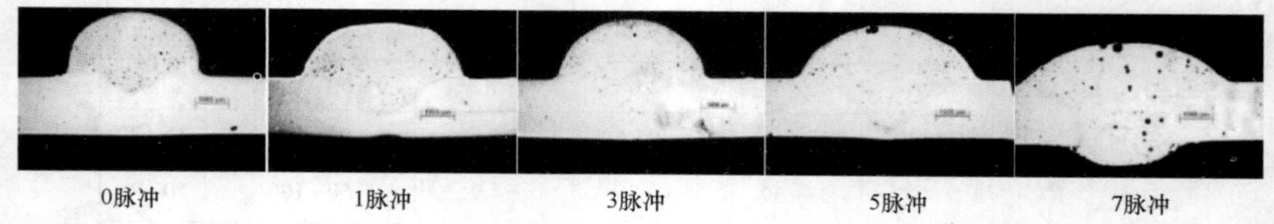

图 3-5-49　脉冲对焊缝成形的影响

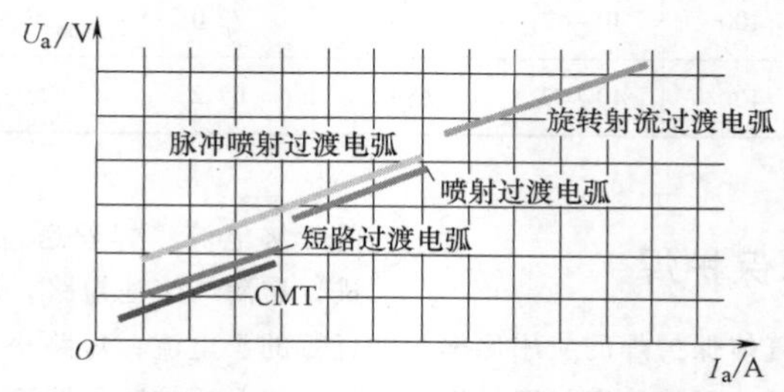

图 3-5-50　不同熔滴过渡形式的熔化极电弧焊的焊接参数使用范围比较

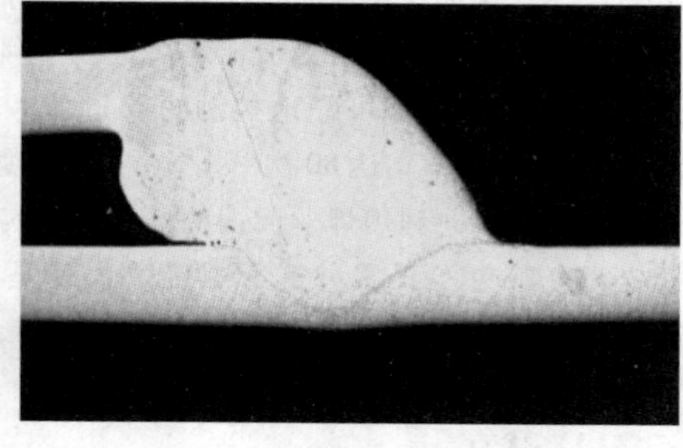

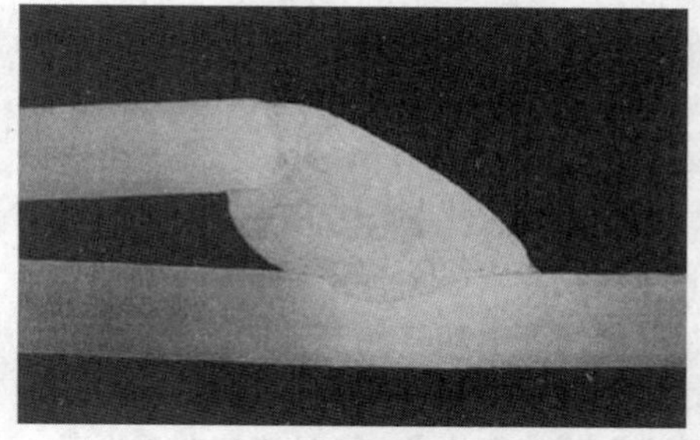

图 3-5-51　CMT 焊和 MIG 焊的间隙搭桥能力比较

（2）应用

1）CMT 焊适用的材料有：

① 铝、钢和不锈钢薄板或超薄板的焊接（厚度为 0.3～3mm），无须担心塌陷和烧穿；

② 可用于电镀锌板或热镀锌板的无飞溅 CMT 钎焊；

③ 用于镀锌钢板与铝板之间的异种金属连接，接头和外观合格率达到 100%。

2）CMT 焊适用的接头形式有：搭接、对接、角接和卷边对接，如图 3-5-52 所示。

3）CMT 焊适用的焊接位置有：平焊、横焊、仰焊和立焊等，如图 3-5-53 所示。

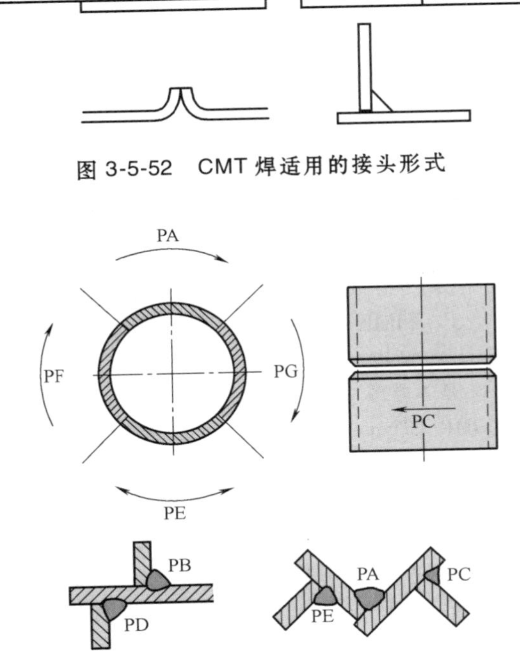

图 3-5-52　CMT 焊适用的接头形式

图 3-5-53　CMT 焊适用的焊接位置

注：PA 为平焊；PB 为平角焊；PC 为横焊；PD 为仰角焊；PE 为仰焊；PF 为向上立焊；PG 为向下立焊

3. CMT 焊的设备

CMT 焊通常采用自动操作方式或机器人操作方式，也可采用手工操作方式。采用机器人操作方式的 CMT 焊机由数字化焊接电源、专用 CMT 送丝机、带拉丝机构的 CMT 焊枪、机器人、机器人控制器、机器人接口、冷却水箱、遥控器、专用连接电缆，以及焊丝缓冲器等组成，如图 3-5-54 所示。

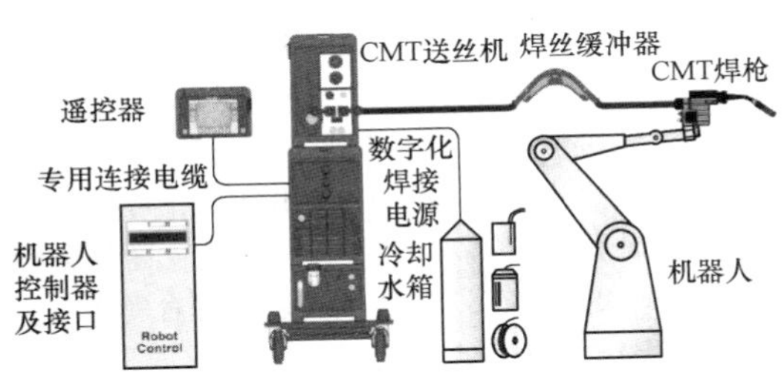

图 3-5-54　CMT 焊机的组成

5.11.2　表面张力过渡（STT）焊

1. STT 焊的基本原理

短路过渡广泛用于薄板和空间位置焊接。图 3-5-55所示为这种过渡形式焊接电流和电弧电压的波形图和示意图。从图中可以看出，短路过渡过程中经历短路—再引燃—燃弧的重复过程。焊丝端部和母材在电弧燃烧热的作用下熔化形成熔滴，随着焊丝不断地送进，与熔池发生接触而短路，形成液桥；在表面张力和电磁收缩力的作用下，发生缩颈直至液桥破断；接着电弧又重新引燃，新的熔滴又开始形成。如此周期性地不断重复，便构成了熔滴短路过渡过程。

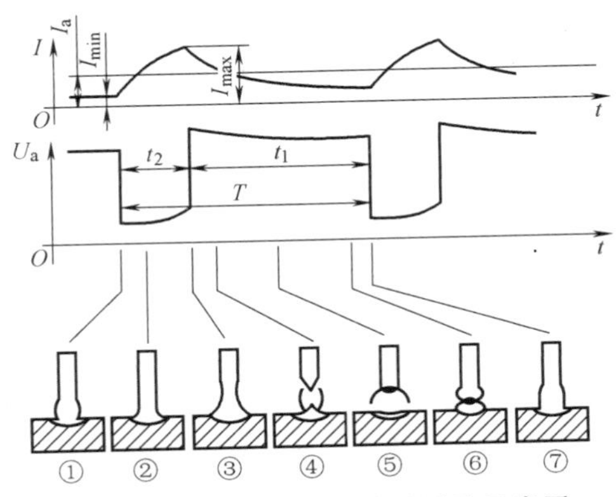

图 3-5-55　短路过渡的波形图及示意图

一般认为，焊接飞溅主要产生在两个时期，一为短路初期，当熔滴与熔池接触时，如果短路电流增长速度过快，由于较大电流产生的电磁收缩力作用在接触小桥处，将排斥熔滴进入熔池，甚至产生强烈的爆断和大滴飞溅。另一时期为短路后期，由于在短路小桥处形成缩颈，并随着短路电流的增大，缩颈急剧变细，同时缩颈金属迅速被加热，最后导致小桥金属发生汽化爆炸和引起金属飞溅。这时飞溅的大小与爆炸能量有关。此能量主要是在小桥破断之前的 100～150μs 内聚集起来的，它由这个时间内的短路电流大小决定。所以减少飞溅的主要途径是在液桥爆破前 150μs 内将短路电流迅速降下来。传统方法是在主回路串联电抗器限制短路电流的上升速度 dI/dt 和 I_m 的方式，有一定效果，但控制不够精细，还不能做到少飞溅甚至无飞溅焊接。

STT 焊接技术通过焊接电流和电弧电压波形控制法来减小飞溅，如图 3-5-56 所示。在熔滴过渡的不同时刻迅速进行相应的控制，满足过渡熔滴的受力和受热的不同需要，这样才能既保证过渡过程又可最大限度地减少飞溅。在熔滴刚刚与熔池短路时，降低焊接电流，使熔滴与熔池可靠短路在缩颈形成过程，提高电流上升速度，促进缩颈形成；而在短路过程后期，降低电流，使液桥在低的爆炸能量下完成，就可获得无飞溅的短路过渡过程。

STT 焊短路过渡过程分为以下几个阶段：

1）T_0—T_1为燃弧阶段。在该阶段，焊丝在电弧热量的作用下熔化，形成熔滴。控制该阶段电流的大小，防止熔滴直径过大。

2）T_1—T_2为液桥形成阶段。熔滴刚刚接触熔池后，迅速将电流切换为一个接近零的数值，熔滴在重力和表面张力的作用下流散到熔池中，形成稳定的短路，形成液态小桥。

3）T_2—T_3为缩颈阶段。小桥形成后，焊接电流按照一定速度增大，使小桥迅速缩颈，当达到一定缩颈状态后进入下一阶段。

4）T_3—T_4为液桥断裂阶段。当控制装置检测到小桥达到临界缩颈状态时，电流在数微秒时间内降到较低值，防止小桥爆破，然后在重力和表面张力作用下，小桥被机械拉断，基本上不产生飞溅。

5）T_4—T_7为电弧重燃弧阶段和稳定燃烧阶段。电弧重燃，电流线上升到一个较大值，等离子流力一方面推动脱离焊丝的熔滴进入熔池，并压迫熔池下陷，以获得必要的弧长和燃弧时间，保证熔滴尺寸，另一方面保证必要的熔深和熔合。然后电流下降为稳定值。

从图 3-5-56 中可以看出，在液桥形成段和液桥断裂段两个阶段，电流均将降低到一个较小的数值，不会产生熔滴爆炸过程，在 T_3—T_5阶段缩颈依靠表面张力拉断，焊接过程基本上无飞溅。

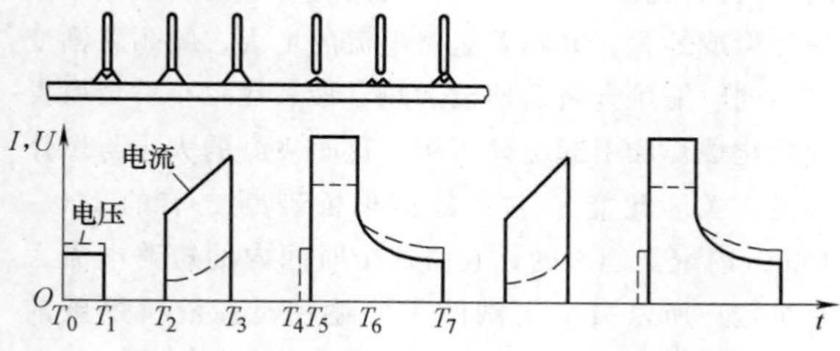

图 3-5-56 STT 焊的熔滴过渡形态和电流、电压的波形图

2. STT 焊的特点及应用

（1）优点

1）飞溅率显著下降，最低可控制在 0.2%左右，焊后无须清理焊件和喷嘴，节省了时间，提高了效率。

2）焊缝成形美观，焊缝质量好，能够保证焊缝根部可靠的熔合，因此特别适用于薄板的各种位置的焊接以及厚板或厚壁管道的打底焊。在管道焊接中可替代 TIG 焊进行打底焊，具有更高的焊接速度。

3）在同样的熔深下，热输入比普通 CO_2 气体保护焊低 20%，因此焊接变形小，热影响区小。

4）具有良好的搭桥能力，例如，焊接 3mm 厚的板材，允许的间隙可达 12mm。

（2）缺点

1）只能焊接薄板，不能焊接厚板。

2）获得稳定焊接过程和质量的焊接参数范围较窄。例如，直径为 1.2mm 的焊丝，焊接电流的适用范围仅仅为 100~180A。

（3）应用

从可焊接的材料来看，STT 焊的适用范围广，不仅可用 CO_2 气体焊接非合金钢，还可利用纯 Ar 焊接不锈钢，也可焊接高合金钢、铸钢、耐热钢和镀锌钢等。广泛用于薄板的焊接以及油气管线的打底焊。

5.11.3 TIME 焊（四元混合气体熔化极保护焊）

1. 基本原理

TIME（Tranferred Ionized Molten Energy）焊是由加拿大 Weld Process 公司发明的一种高速 MAG 焊方法，这种方法利用大干伸长度、高送丝速度和特殊的四元混合气体进行焊接，可获得极高的熔敷速度和焊接速度。TIME 工艺对焊接设备具有很高的要求，需要使用高性能逆变电源、高性能送丝机及双路冷却焊枪。

TIME 高速焊使用的气体为 0.5% O_2 + 8% CO_2 + 26.5%He+65%Ar。也可采用如下几种气体：

Corgon He 30：30%He+ 10% CO_2+60% Ar

Mison 8：8% CO_2+92% Ar +300ppm NO

TIME Ⅱ：2% O_2 + 25% CO_2 + 26.5% He + 46.5% Ar

2. TIME 高速焊设备

TIME 高速焊机由逆变电源、送丝机、中继送丝机、专用焊枪、带制冷压缩机的冷却水箱和气体混合装置等组成。专用焊枪带有 up/down 功能，可在线调节焊接电流。由于焊接电流和干伸长均较大，TIME 焊工艺对喷嘴冷却和导电嘴均有严格要求，具有双路冷却系统和可调节导电嘴，如图 3-5-57 所示。混气装置可以准确混合 TIME 工艺所需的多元混合气，每分钟可以提供 200L 的备用气体，可供应至少 15 台焊机使用。若某种气体用尽混气装置便会终止使用，同时指示灯闪。与传统气瓶比可省气 70%。

3. TIME 焊的特点及应用

（1）优点

图 3-5-57 TIME 高速焊专业焊枪的水冷系统示意图

1）熔敷速度大。同样的焊丝直径，TIME 高速焊可采用更大的电流，以稳定的旋转射流过渡进行焊接，因此送丝速度高，熔敷速度大。平焊时熔敷速度可达 10kg/h，非平焊位置也可达 5kg/h。

2）熔透能力强，焊接速度快。

3）适应性强。TIME 焊的焊接工艺范围很宽，可以采用短路过渡、射流过渡和旋转射流过渡等熔滴过渡形式，适用于各种厚度的焊件和各种焊接位置。

4）稳定的旋转射流过渡有利于保证侧壁熔合，He 的加入提高了熔池金属的流动性和润湿性，焊缝成形美观。TIME 焊的保护气体降低了焊缝金属的氢、硫和磷含量，提高了焊缝的机械性能，特别是低温韧性。

5）生产成本低。由于熔透能力强，所以可使用较小的坡口尺寸，节省了焊丝用量。而高的熔敷速度和焊接速度又节省了劳动工时，因此生产成本显著降低。与普通 MIG/MAG 焊相比，成本可降低 25%。

（2）应用

TIME 高速焊适用于碳素钢、低合金钢、细晶粒高强钢、低温钢、高温耐热钢、高屈服强度钢及特种钢的焊接。应用领域有船舶、钢结构、汽车、压力容器、锅炉制造业及军工企业。

5.11.4 Time Twin GMAW（相位控制的双丝脉冲 GMAW）

1. Time Twin GMAW 的基本原理及设备

（1）基本原理

双丝焊 MIG/MAG 是采用两根焊丝和两个电弧进行焊接的一种 GMAW 方法。两根焊丝按一定的角度放在一个专门设计的焊枪里（见图 3-5-58），两根焊丝分别各由一台独立的电源供电，形成两个可独立调节所有参数的电弧，两个电弧形成一个熔池，如图 3-5-59所示。通过适当的匹配，可有效地控制电弧和熔池，得到良好的焊缝成形质量，并可显著提高熔敷速度和焊接速度。

焊接时，两个电弧可同时引燃，也可先后引燃，其焊接效果是相同的。与单丝焊相比，影响熔透能力的参数除了焊接电流、电弧电压、焊接速度、保护气体、焊枪倾角、干伸长度和焊丝直径以外，焊丝之间的夹角及距离也具有重要的影响。

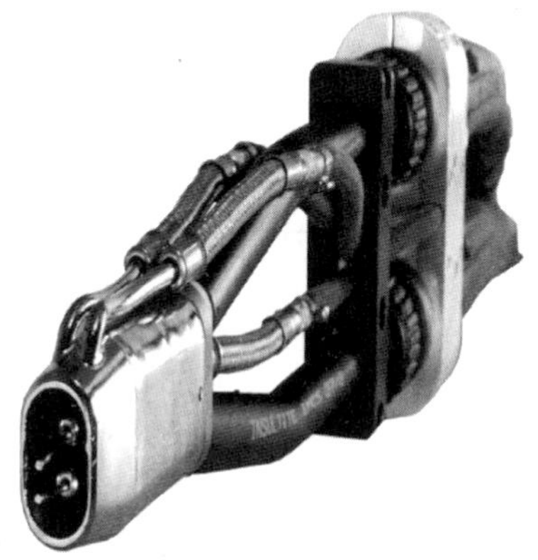

图 3-5-58 典型双丝焊的焊枪

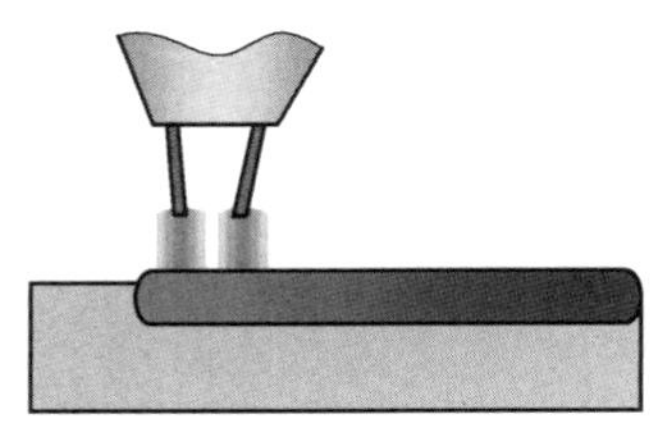

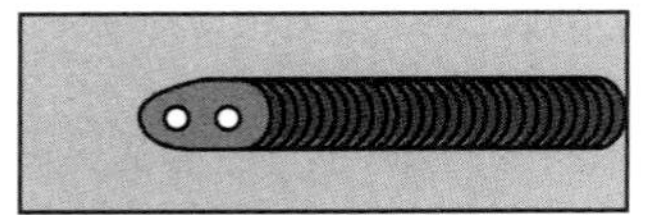

图 3-5-59 双丝焊的示意图

（2）双丝 GMAW 焊机

相位控制的双丝脉冲 GMAW 焊机目前主要有两类，一类是德国克鲁斯公司生产的 TANDEM 双丝焊机；另一类是奥地利福尼斯公司生产的 TWIN 双丝焊机。两种焊机的组成基本相同，如图 3-5-60 所示。

无论是 TANDEM 还是 TWIN 双丝焊机均使用两台完全独立的数字化电源和一把双丝焊枪。双丝焊枪采用紧凑型导电嘴结构和特殊设计的焊丝输送结构，确保两路焊丝分别以精确的角度进入连接为一体但相互绝缘的两只导电嘴中，保证电流精度。TWIN 双丝焊机使用两台独立的电源和送丝装置单独送丝，采用脉冲电流，通过同步器 SYNC 进行协调控制，协调脉冲相位，保证焊接过程更加稳定。较大电流下通常采用 180° 相位差，当一个电弧作用在脉冲状态下时，另一个电弧正处于基值状态，两个电弧之间的作用力较小，减少了双弧间的干涉现象，如图 3-5-60 所示。而采用较小电流焊接时，两个电弧应具有相同的相位，防止基值电弧在峰值电弧吸引下因拉长而熄灭。另外，焊机配有带制冷压缩机的专用冷却水箱，用于焊枪及电源的冷却。

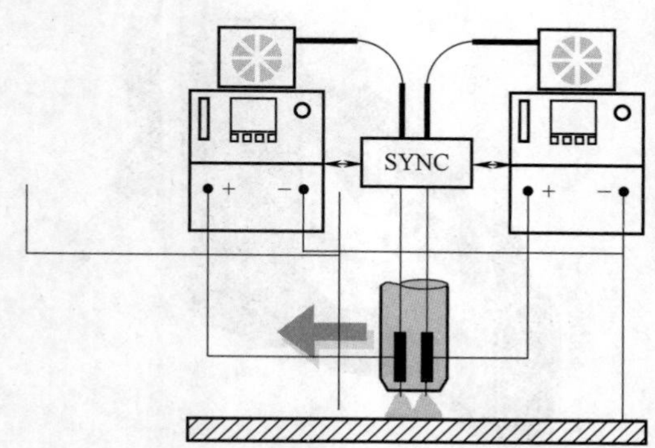

图 3-5-60 相位控制的双丝脉冲 GMAW 焊机的组成框图

2. Time Twin GMAW 的优点及应用

（1）优点

双丝焊由于具有两个可独立调节的电弧，而且两个电弧之间的距离可调，因此工艺可控性强，其优点如下：

1）显著提高了焊接速度和熔敷速度。两个电弧的总焊接电流最大可达 900A，焊薄板时可显著提高焊接速度，焊厚板时熔敷速度高，可达 30kg/h。焊接速度比传统单丝 GMAW 可提高 1~4 倍。

2）焊接一定板厚的焊件时，所需的热输入低于单丝 GMAW，焊接热影响区小，残余变形量小。

3）电弧极其稳定，熔滴过渡平稳，飞溅率低。

4）焊枪喷嘴孔径大，保护气体覆盖面积大，保护效果好，焊缝的气孔率低。

5）适应性强。多层焊时可任意定义主丝和辅丝，焊枪可在任意方向上焊接。

6）能量分配易于调节。通过调节两个电弧的能量参数，可使能量合理地分配，适合于不同板厚和异种材料的焊接。

（2）应用

双丝 GMAW 可焊接碳素钢、低合金高强钢、Cr-Ni 合金，以及铝及铝合金。在汽车及汽车零部件、船舶、锅炉及压力容器、钢结构、铁路机车车辆制造领域具有显著的经济效益。

第 6 章　等离子弧焊

6.1　概述

6.1.1　等离子弧及其形成

等离子弧实际上是一种压缩的钨极氩弧。经压缩后，电弧温度显著提高，中性原子全部或大部分发生电离，其气氛主要是由等量的正离子和负离子组成，因此称为等离子弧或等离子体。等离子体是物质的第四种状态。等离子弧的压缩是依靠水冷铜喷嘴的拘束作用实现的，如图 3-6-1 所示。钨极内缩到喷嘴内部，喷嘴中通以等离子气体，电弧在通过直径很小的喷嘴压缩孔道时受到以下三种压缩作用：

1）机械压缩。水冷铜喷嘴孔径限制了弧柱截面积的自由扩大，对电弧起着机械拘束作用，这种作用称为机械压缩。

2）热压缩。喷嘴中的冷却水使喷嘴内壁附近形成了一层冷气膜，进一步减小了弧柱的有效导电断面积；另外，冷却水通过冷气膜对电弧进行冷却，也会使电弧收缩。这两种作用称为热压缩。

3）电磁压缩。由于以上两种压缩效应，使得电弧电流密度增大，电弧电流自身磁场产生的电磁收缩力增大，使电弧又受到进一步的压缩。电磁收缩力引起的压缩称为电磁压缩。

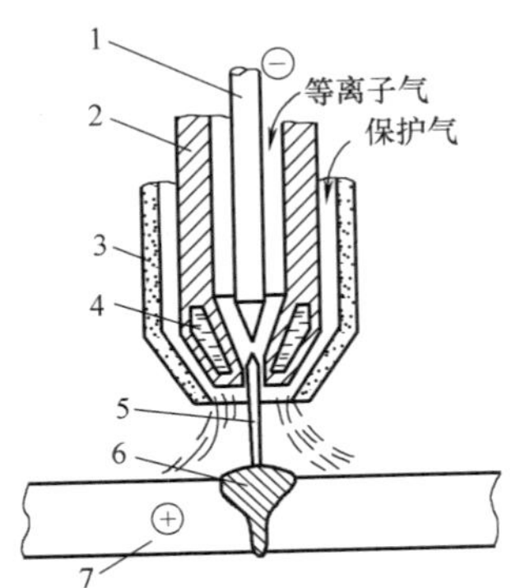

图 3-6-1　等离子弧的形成

1—钨极　2—压缩喷嘴　3—保护罩
4—冷却水　5—等离子弧
6—焊缝　7—焊件（母材）

6.1.2　等离子弧的特性

与钨极氩弧相比较，等离子弧有如下特性。

1. 等离子弧的能量特性

等离子弧的能量密度可达 10^5 ~ 16^6 W · cm^{-2}，比钨极氩弧（在 10^5 W · cm^{-2} 以下）高，其温度可达 18000 ~ 24000K，远高于电弧（约为 5000 ~ 8000K）。图 3-6-2 所示比较了两种电弧的温度分布，左侧为钨极氩弧，右侧为等离子弧。

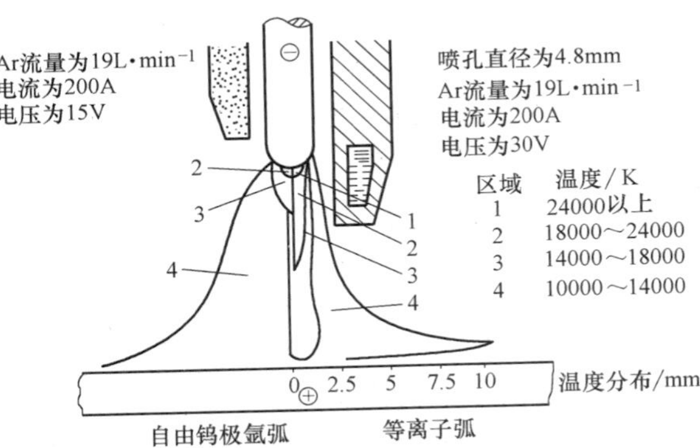

图 3-6-2　钨极氩弧与等离子弧温度分布

2. 等离子弧的静特性

由于弧柱被强烈压缩，其电场强度明显增大，因此，等离子电弧电压比普通的钨极氩弧高。此外，在小电流时，钨极氩弧的静特性为负阻特性，易失稳。而等离子弧则为缓降或平的，易与电源外特性相交建立稳定工作点，如图 3-6-3 所示。

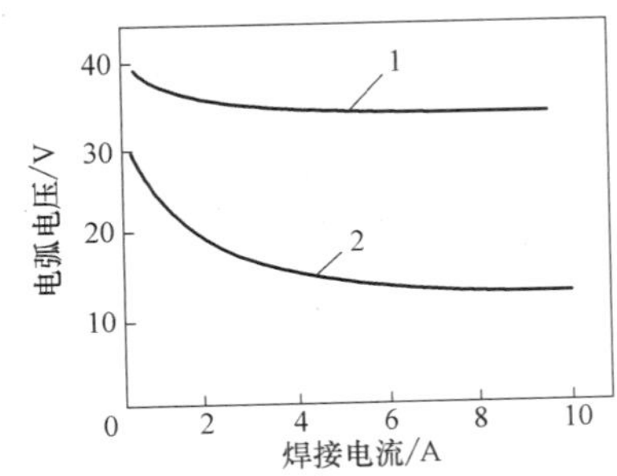

图 3-6-3　小电流钨极氩弧与等离子弧静特性的比较

1—等离子弧，弧长为 6.4mm，喷嘴孔径为 0.76mm
2—自由钨极氩弧，弧长为 1.2mm，钨极直径为 1mm

3. 等离子弧的形态

图 3-6-4 所示给出了等离子弧与钨极氩弧的形态区别。等离子弧呈圆柱形，扩散角约为 5°左右，焊接时，当弧长发生波动时，母材的加热面积不会发生

明显变化，而钨极氩弧呈圆锥形，其扩散角约为 45°，对工作距离变化敏感性大。

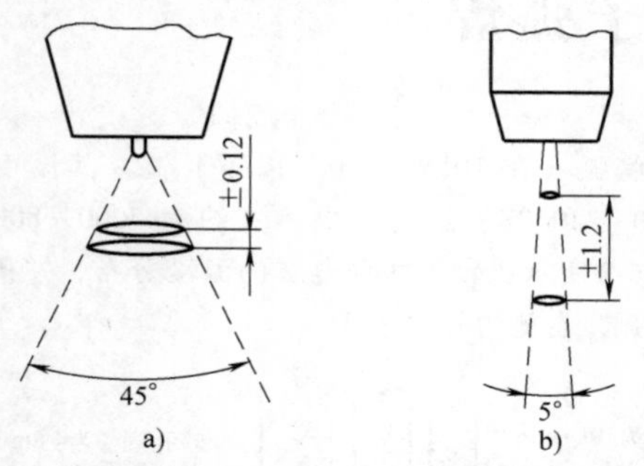

图 3-6-4　钨极氩弧与等离子弧形态区别

a）钨极氩弧　b）等离子弧

4. 等离子弧的挺度

由于等离子弧是钨极氩弧经压缩而成，故其挺度比钨极氩弧好，焰流速度大，可达 300m · s^{-1} 以上，因而指向性好，喷射有力，其熔透能力强。

6.1.3　等离子弧的类型

按电源连接方式和形成等离子弧的过程不同来分，等离子弧有非转移型、转移型和联合型三种类型，如图 3-6-5 所示。

1）非转移型。焊接时电源正极接水冷铜喷嘴，负极接钨极，焊件不接到焊接回路上，如图 3-6-5a 所示。非转移型等离子弧燃烧在钨极与喷嘴之间，依靠高速喷出的等离子气体将电弧弧柱的热量带出，用于加热并熔化焊件，这种电弧适用于焊接或切割较薄的金属及非金属。

2）转移型。喷嘴和焊件通过继电器的触点接电源正极，钨极接电源负极，如图 3-6-5b 所示。引弧时接通喷嘴与钨极间的焊接回路，先通过高频振荡器引燃钨极与喷嘴间的非转移弧，然后，通过继电器动作将电源的正极从喷嘴切换到焊件，把电弧转移到钨极与焊件之间。在正常焊接过程中，转移型等离子弧燃烧在钨极与焊件之间，用阳极区的热量直接加热焊件，因此这种等离子弧用于焊接较厚的金属。

3）联合型。喷嘴和焊件同时连接电源正极，钨极接电源负极，如图 3-6-5c 所示。焊接时，转移弧及非转移弧同时存在。联合型等离子弧主要用于小电流（微束）等离子弧焊接和粉末堆焊。

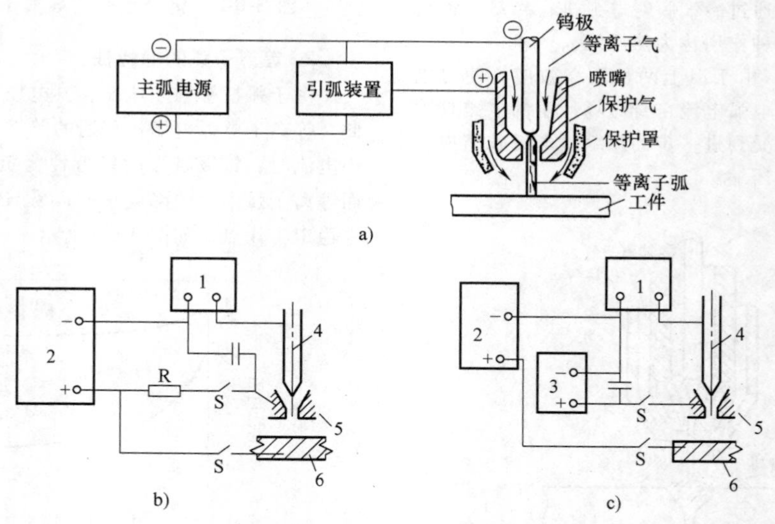

图 3-6-5　等离子弧的类型

a）非转移型　b）转移型　c）联合型

1—高频引弧器　2—弧焊电源　3—维弧电源　4—钨极　5—喷嘴　6—焊件

6.2　等离子弧焊的工艺特点与适用范围

6.2.1　工艺特点

等离子弧焊目前在不锈钢、钛及其合金和薄板焊件中取代了 TIG 焊。它与 TIG 焊相比有如下特点。

1）等离子弧由于弧柱温度高，能量密度大，因而对焊件加热集中，熔透能力强，一次可焊透的厚度见表 3-6-1，在同样熔深下其焊接速度比 TIG 焊高，故可提高焊接生产率。

此外，等离子弧对焊件的热输入较小，焊缝横截面形状较窄，深宽比大，呈“酒杯”状，如图 3-6-6

所示。热影响区窄，焊接变形也小。

表 3-6-1 穿孔型等离子弧焊一次可焊透的厚度

（单位：mm）

材料	不锈钢	钛及其合金	镍及其合金	低合金钢	低碳钢	铜及其合金
焊接厚度范围	≤8	≤12	≤6	≤8	≤8	≈2.5

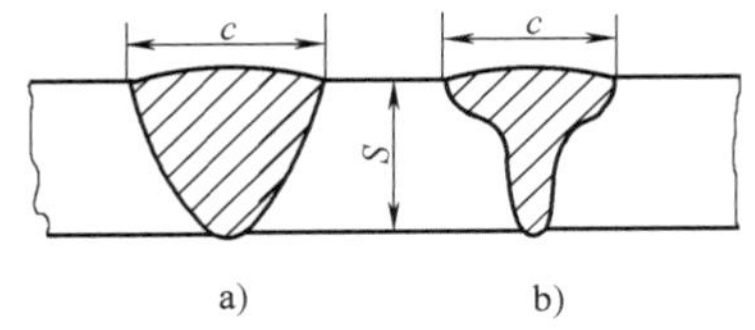

图 3-6-6 等离子弧焊缝横截面形状与 TIG 焊比较

a) TIG 焊缝（$S/c=0.5\sim1$）
b) 等离子弧焊缝（$S/c=1\sim2$）

2）由于等离子弧呈圆柱形（见图 3-6-4b），扩散角小，挺度好，所以焊接熔池形状和尺寸受弧长波动的影响小，因而容易获得均匀的焊缝成形，而 TIG 焊随着弧长的增加，其熔宽增大，而熔深减小。

3）由于等离子弧的压缩效应及热电离充分，所以电弧稳定，特别是当用联合型等离子弧小电流（0.1A）焊接时，仍具有较平的静特性（见图 3-6-3）配用恒流（垂降）电源，能保证焊接过程非常稳定，故可以焊接超薄构件。

4）由于钨极内缩到喷嘴孔道里，故可以避免钨极与焊件的接触，消除了焊缝的夹钨缺陷。同时喷嘴至焊件的距离可以变长，焊丝进入熔池容易。

5）采用穿孔型焊接技术，能实现单面焊双面成形焊接工艺。但穿孔型焊接技术所能焊接的最大厚度受到一定限制，一般能稳定焊接的厚度在 3~8mm 的范围内，很少超过 13mm。

6）等离子弧焊用的焊枪结构复杂，直径较粗，操作过程的可达性和可见性较 TIG 焊差。

7）等离子弧焊设备（如电源、电气控制线路和焊枪等）较复杂，设备费用较高，焊接时虽对焊工的操作水平要求不是很高，但是要求焊工具有更多的焊接设备方面的知识。

6.2.2 适用范围

一般 TIG 焊能焊接的大多数金属，均可用等离子弧焊焊接，如碳素钢、低合金钢、不锈钢、铜合金、镍及其合金，以及钛及其合金等。低熔点和低沸点的金属如铅、锌等，不适用于等离子弧焊。

手工等离子弧焊可全位置焊接，自动等离子弧焊通常是在平焊和横焊位置上进行。

等离子弧焊很适合于焊接薄板，不开坡口，背面不加衬垫，单面焊一次能焊透金属的厚度，见表 3-6-1。最薄的可焊 0.01mm 厚的金属薄片。

超过 8mm 厚的金属，从经济上考虑不宜用等离子弧焊。通常是在质量要求较高的厚板，及要求单面焊反面成形的封底焊缝的焊接时采用。其余各层焊缝仍宜采用熔敷率更高更经济的焊接方法。

6.3 等离子弧焊的类型

1. 穿孔型等离子弧焊

通过选择较大的焊接电流及等离子气体的流量，焊件被完全熔透并在等离子流力的作用下形成一个贯穿焊件的小孔，熔化金属被排挤在小孔周围，如图 3-6-7 所示。等离子弧通过小孔从背面喷出，被熔化的金属在电弧吹力、液体金属重力和表面张力的相互作用下保持平衡。随着焊枪前移，小孔也跟随前移，熔化金属因表面张力作用而依附在等离子弧周围的固体金属壁面上，并在电弧的作用下不断地沿着小孔周围向后流动，随即填满原先的小孔而凝结成均匀的焊缝，这种效应称为小孔效应。稳定的小孔效应既需要合适的焊接电流大小，又要求合适的等离子气体的流量大小。流量过大就会把熔化金属吹走而变成金属切割，过小则不能形成小孔。

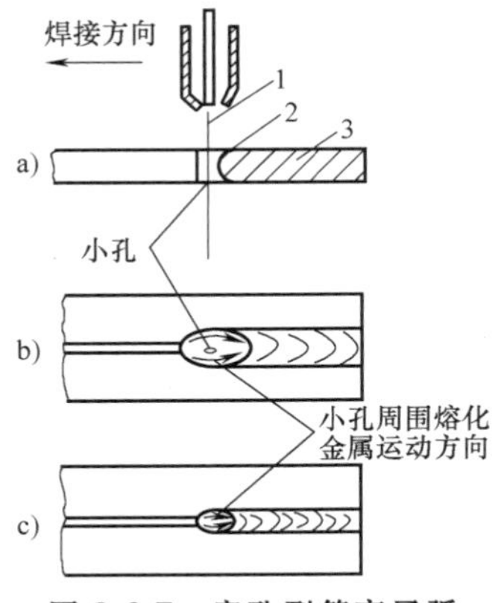

图 3-6-7 穿孔型等离子弧

a）焊接过程 b）焊缝正面 c）焊缝背面
1—等离子弧 2—熔池 3—焊缝金属

随着板厚增加，所需的能量密度也增加，而等离子弧能量密度的提高有一定限制，故穿孔型等离子弧焊只能在有限板厚内进行。

2. 熔入型等离子弧焊

这是一种只熔化焊件而不产生小孔的一种焊接技术。当等离子气体的流量较小时，等离子流力不足以形成小孔，其焊接过程就和一般TIG焊相似，靠母材热传导形成熔池。此法多用于薄板焊接、卷边焊接头或厚板多层焊的第二层及以后各层的焊接。

3. 微束等离子弧焊

焊接电流不大于30A的熔入型等离子弧焊称为微束等离子弧焊。为了保持小电流时电弧的稳定，通常采用联合型电弧。即焊接时存在两个电弧，一个是燃烧于电极与喷嘴之间的非转移弧，另一个是燃烧于电极与焊件间的转移弧。前者起着引弧和维弧作用，使转移弧在电流小至0.5A时仍非常稳定；后者用于熔化焊件。

4. 脉冲电流焊

穿孔型、熔入型和微束等离子弧焊均可采用脉冲电流进行焊接。与一般等离子弧焊相比，脉冲等离子弧焊的焊接过程更加稳定、焊接热影响区和焊接变形更小、裂纹的敏感性更小。

5. 变极性等离子弧焊

变极性等离子弧焊本质上是一种不对称方波交流等离子弧焊，主要用于铝及铝合金的高效焊接。正负半波的电流幅值及持续时间可独立调节，常用的焊接工艺是正半周时电流幅值小而持续时间长，负半周时电流幅值大而持续时间短。当负半周电流持续时间低于2ms时，焊缝易出现气孔；而当负半周电流持续时间超过6ms时，不但钨极烧损严重，而且还易出现双弧。让负半周电流大于正半周电流，则是因为它不仅起到清理焊件氧化膜的作用，同时还使压缩喷嘴孔径表面得到清理。一般负半周电流可以比正半周电流大30~80A。变极性等离子弧的焊接电流波形如图3-6-8所示。

采用穿孔型向上立焊焊接铝合金可获得良好的焊缝成形，又能促进氢气析出，减少气孔缺陷，提高焊缝质量。变极性等离子弧焊的可焊厚度比TIG焊大得多，铝合金平板对接时，平焊位置下的一次性可焊厚度可达8mm，而立焊位置可达15.9mm，采用特殊控制措施，一次性熔透厚度可达25.4mm。

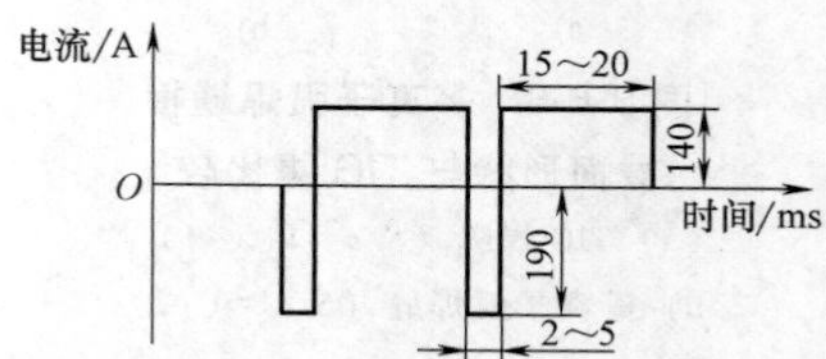

图3-6-8　变极性等离子弧的焊接电流波形

6.4　等离子弧焊设备

6.4.1　设备的组成

和TIG焊相似，手工等离子弧焊设备由焊接电源、焊枪、控制系统、气路和水路系统等部分组成，如图3-6-9所示。

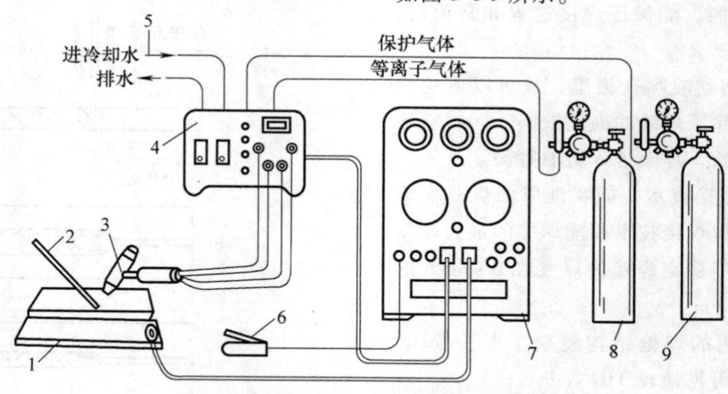

图3-6-9　手工等离子弧焊设备

1—焊件　2—填充焊丝　3—焊枪　4—控制系统　5—水冷系统　6—启动开关（常安在焊枪上）　7—焊接电源　8、9—供气系统

6.4.2　焊接电源

等离子弧焊用的电源原则上与用于TIG焊的电源相同，应具有陡降或垂直下降的恒流特性，最好还具有电流递增和衰减等功能，以满足起弧和收弧的工艺需要。目前最常用的有直流、方波交流和脉冲等三种类型的电源。

电源的空载电压视所用等离子气体而定，若用纯Ar或Ar+H_2[$\varphi(H_2)<7\%$]混合气体作等离子气体，空载电压通常在80V左右或再稍高一些，可达120V；若用纯He或其他混合气体，为了可靠地引弧，则空载电压还需更高。

一般焊接电流大于25A的等离子弧焊都采用转移型电弧，即先在钨极与喷嘴之间引燃非转移弧，然后再在钨极与焊件之间建立转移弧，转移弧形成后随即切除非转移弧，两个电弧不同时存在。因此，可以合用一个电源，在电路上非转移电弧的电流低一些（通常是串联电阻 R），其焊接主电路如图 3-6-5b 所示。电流在 25A 以下的微束等离子弧焊都采用联合型弧，非转移型弧和转移型弧同时存在，故采用两个独立电源，其主电路如图 3-6-5c 所示。当使用的最小焊接电流≥5A 时，可以不用维弧电源。

电弧引燃通常采用非接触式，和 TIG 焊一样，在焊接回路中叠加一个高频振荡器或小功率的高压脉冲引弧装置，靠高频火花或高压脉冲在钨极与喷嘴之间引燃非转移弧。

6.4.3　焊枪

焊枪是等离子弧焊设备中的关键组成部分，须通过焊枪产生高能量密度的等离子弧。其结构设计是否合理与完善，安装与使用是否正确，直接影响焊枪的使用性能和寿命、焊接过程稳定性及焊缝成形质量等。

1. 对焊枪的性能要求

1）便于引燃电弧并保证使用过程稳定可靠。

2）钨极和喷嘴的对中要求十分精确，装配、调节和更换喷嘴要简便，具有可靠的绝缘、密封和冷却性能。

3）须有离子气体和保护气体的单独通道，保证喷出的保护气流具有良好的保护作用。

4）外形尺寸应具有良好的可达性和可见性，以便焊接时能接近焊件并能观察到熔池和焊缝的情况。

2. 焊枪的结构

（1）组成

等离子弧焊枪的结构大体上是由上枪体、下枪体、钨极和喷嘴几个主要部分组成。喷嘴和钨极是两个关键部件，对焊接工艺过程和焊接质量具有很大的影响。

（2）压缩喷嘴

压缩喷嘴的结构类型和尺寸以及与钨极的相互位置对等离子弧的性能起决定性作用。如图 3-6-10所示为钨极、喷嘴与焊件的相互位置及主要尺寸。

1）喷嘴孔径 d_n。d_n的大小决定着等离子弧柱的直径和能量密度，应根据焊接电流和等离子气体的流量来确定。对于给定的电流和等离子气体的流量，d_n越大压缩作用越小，若 d_n过大，则无压缩效果；若 d_n 过小，则会引起双弧现象（详见后述），破坏了等离子弧的稳定性。表 3-6-2 给出了等离子弧电流与喷嘴孔径的关系，随着 d_n的增加，等离子气体的流量也相应增加。

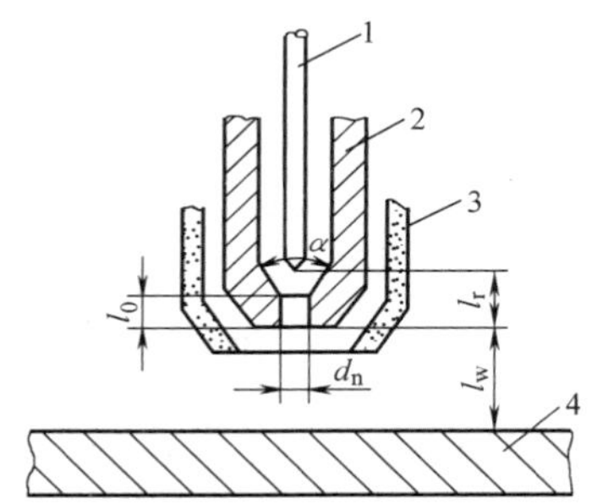

图 3-6-10　钨极、喷嘴与焊件的相互位置及主要尺寸

d_n—喷嘴孔径　l_0—喷嘴孔道长度　l_r—钨极内缩长度　l_w—喷嘴到焊件距离　α—压缩角
1—钨极　2—压缩喷嘴　3—保护罩　4—焊件

表 3-6-2　等离子弧电流与喷嘴孔径之间的关系

喷嘴孔径 d_n /mm	等离子弧电流/A	等离子气体(Ar)的流量/L · min^{-1}
0.8	1~25	0.24
1.6	20~75	0.47
2.1	40~100	0.92
2.5	100~200	1.89
3.2	150~300	2.36
4.8	200~500	2.83

2）喷嘴孔道长度 l_0。在喷嘴孔径 d_n确定后，l_0的增大对等离子弧的压缩作用增大。常以孔道比（l_0/d_n）表示喷嘴孔道的压缩特征，常用的孔道比见表 3-6-3。孔道比超过一定值将导致双弧产生。

表 3-6-3　等离子弧焊喷嘴的孔道比

等离子弧类型	喷嘴孔径 d_n /mm	孔道比 l_0/d_n	压缩角 α
联合型	0.6~1.2	2.0~6.0	25°~45°
转移型	1.6~3.5	1.0~1.2	60°~90°

3）压缩角 α。α 对电弧的压缩有一定影响，α 小时，能增强对电弧的压缩作用。但须与钨极末端的形状配合。若 α 小于钨极末端尖锥角，则可能在两锥面之间产生打弧现象，使等离子弧不稳定。常用的 α 约为 60°~75°。当等离子气体的流量和 l_0/d_n较小时，α 可在 30°~75°之间选取。

4）喷嘴结构类型。喷嘴按孔的数量分为单孔和三孔喷嘴；按孔道的形状分为圆柱形孔、收敛扩散型孔或两者的组合，如图 3-6-11 所示。

中、小电流等离子弧焊的焊枪多采用单孔喷嘴。三孔喷嘴是在中心主孔两侧各有一个对称的小孔，三孔同时喷出的气流使等离子弧产生的圆形温度场变成椭圆形。当椭圆形温度场的长轴平行于焊接方向时，可提高焊接速度和减小焊接热影响区的宽度。另外，三孔喷嘴可增大等离子气体的流量，能加强对钨极末端的冷却作用，故大电流等离子弧焊枪多用这种喷嘴。

孔道为圆柱形的喷嘴应用广泛。扩散形孔道减弱了压缩电弧的作用，但可以采用更大的焊接电流而很少产生双弧现象。故扩散形喷嘴适用于大电流、厚板的焊接。

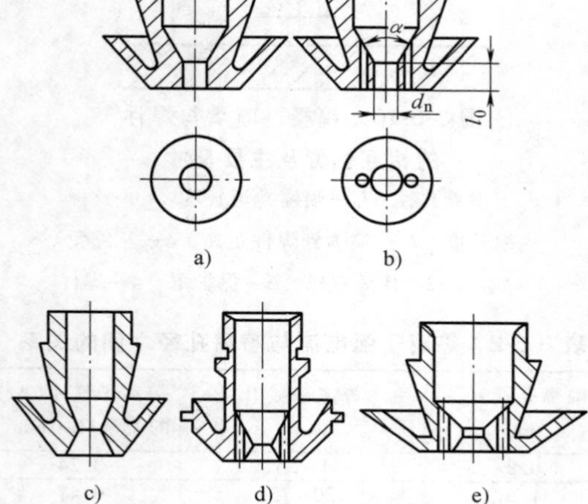

图 3-6-11 等离子弧焊常用的喷嘴结构类型

a）圆柱单孔型 b）圆柱三孔型 c）收敛扩散单孔型 d）收敛扩散三孔型 e）有压缩段的收敛扩散三孔型

d_n—喷嘴孔径 l_0—喷嘴孔道长度 α—压缩角

5）喷嘴材料及冷却。喷嘴材料应具备良好的导电性和导热性，一般用纯铜。大电流等离子弧焊的喷嘴必须用水冷，为提高冷却效果，一般壁厚不宜大于2～2.5mm。

（3）电极

1）电极材料。等离子弧焊用的电极与TIG焊相同，国内主要采用钍钨或铈钨电极。表3-6-4给出了等离子弧焊钨极的许用电流，也可供铈钨电极参考。

表 3-6-4 等离子弧焊钨极的许用电流（直流正接）

电极直径/mm	0.25	0.5	1.0	1.6	2.4	3.2	4.0
电流范围/A	≤15	5～20	15～80	70～150	150～150	250～400	400～500

2）电极端部形状。钨电极必须完全是圆柱形并且同心。为便于引弧和提高电弧的稳定性，电极顶端应磨成尖锥状，其夹角在20°～60°之间。随着电流增大，其尖锥可稍微磨平或变成锥球形、球形等以减慢电极的烧损，如图3-6-12所示。

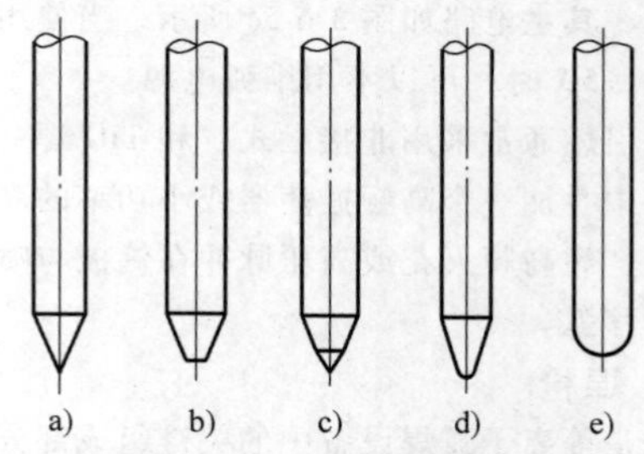

图 3-6-12 电极端部形状

a）尖锥形 b）圆台形 c）圆台尖锥形 d）锥球形 e）球形

3）同轴度与内缩长度。电极与喷嘴的同轴度是一个很重要的参数，电极偏心使等离子弧偏斜，影响焊缝成形和喷嘴使用寿命，也是造成双弧的一个主要原因。要保证同轴度，除了在焊枪设计与制造过程中保证所要求的尺寸公差外，对钨电极的圆度和直线度也应有要求，顶端磨尖也应对称。在使用过程中可以通过观测高频引弧的火花在电极四周分布的情况来检查同轴度，如图3-6-13所示。一般高频火花布满四周75%～80%以上，其同轴度才满足要求。

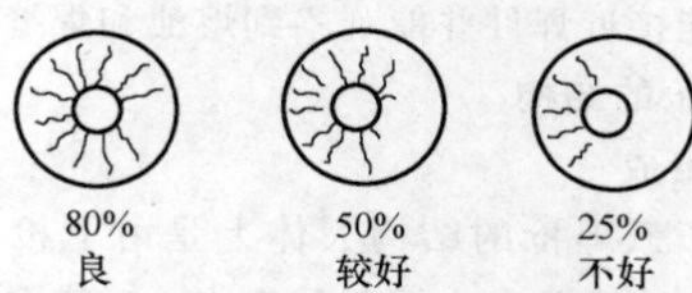

图 3-6-13 电极同轴度及高频火花在电极四周分布的情况

钨极的内缩长度 l_g（见图3-6-14），对电弧压缩的作用有影响。l_g增大时，压缩作用大，但l_g过长易引起双弧。一般取 $l_g = l_0 \pm 0.2 \sim 0.5$mm。

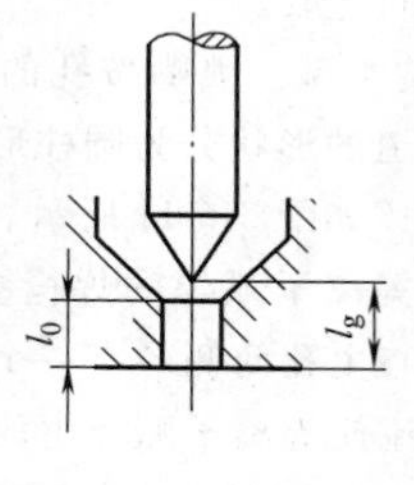

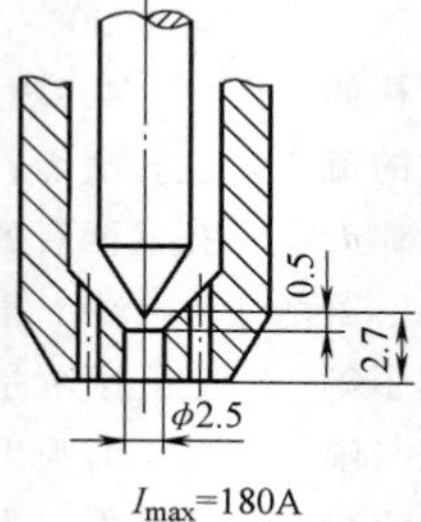

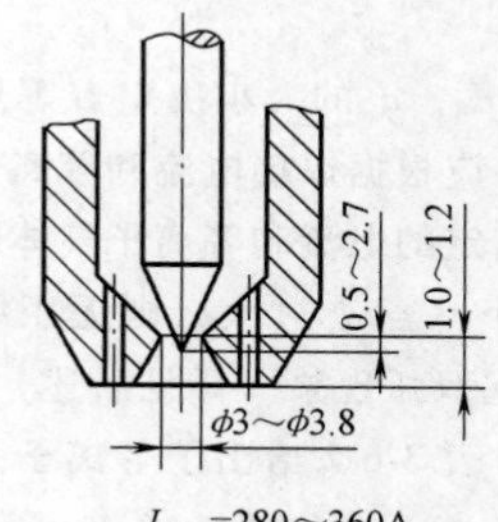

图 3-6-14 等离子弧焊钨极的内缩长度

6.5　等离子弧焊的双弧问题

当采用转移型等离子弧焊接时，由于某些原因在已经存在的转移弧（主弧）以外，又在喷嘴与焊件之间以及电极与喷嘴之间同时形成了两段串列电弧，这种现象称为双弧，如图 3-6-15 所示。图中弧 2 和弧 3 串联后再与主弧 1 并联。

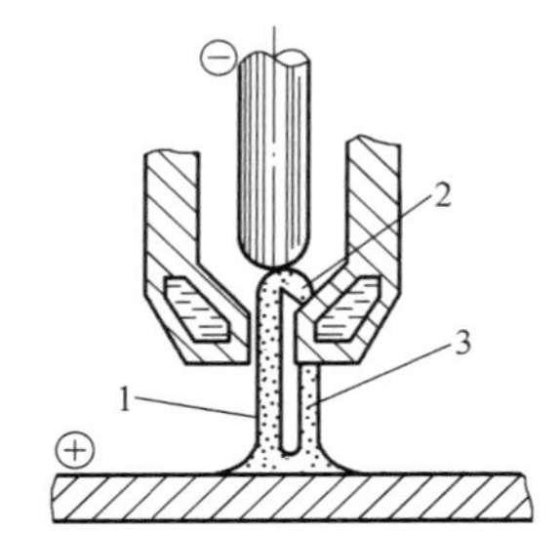

图 3-6-15　等离子弧焊的双弧现象
1—主弧　2—双弧的上半段　3—双弧的下半段

出现双弧时，往往电弧电压降低，焊接电流突然增加，而主弧电流却降低，电弧飘忽不定，破坏了正常的焊接过程。喷嘴本身既是弧 2 的阳极斑点，又是弧 3 的阴极斑点，因此喷嘴在双弧出现后的很短时间内就被烧损。所以双弧现象危害很大。

产生双弧的原因较复杂，影响因素很多，除了焊接参数外，还与喷嘴结构的形状尺寸、传热条件、气体成分与流量大小等因素有关。多数人认为，产生双弧的主要原因是正常电弧与喷嘴之间的冷气膜被击穿而造成。例如，当其他因素一定时，增加焊接电流，于是弧柱直径增大，从而使弧柱和喷嘴之间的冷却气流层减薄，达到一定限度后，便可能被击穿而引燃电弧。又如当等离子气体的成分对弧柱有较强冷却作用时，或者喷嘴水冷效果很好时，则热收缩作用增强，会使弧柱截面积缩小，相对地就增大了冷气层的电阻和热阻厚度，可减小形成双弧的机会。增大等离子气体的流量，也能增强对等离子弧的热收缩作用，使弧柱直径变细，有利于防止双弧现象。

因此，可以通过以下措施来防止产生双弧。

1）正确选择电流和等离子气体的流量。

2）喷嘴孔道不要太长。

3）电极和喷嘴应尽可能对中。

4）电极内缩量不要太大。

5）喷嘴至焊件的距离不要太近。

6）加强对喷嘴和电极的冷却。

7）减少转移电弧时的冲击电流。

6.6　等离子弧焊工艺

6.6.1　焊接接头

等离子弧焊的通用接头是对接接头，当板厚≤8mm 时采用 I 形坡口，随着厚度增加，可采用单面 V 形或 U 形及双面 V 形和 U 形坡口，从一侧或两侧进行单道或多道焊。此外，也适用于角接头和 T 形接头的焊接。

当焊件厚度 S 在 0.05～1.6mm 之间时，通常用微束等离子弧焊与熔入型焊接技术。图 3-6-16 所示为常用的接头形式。对于厚度为 0.05～0.25mm 的焊件一般用卷边接头。卷边高度 h 与厚度有关，见表 3-6-5。

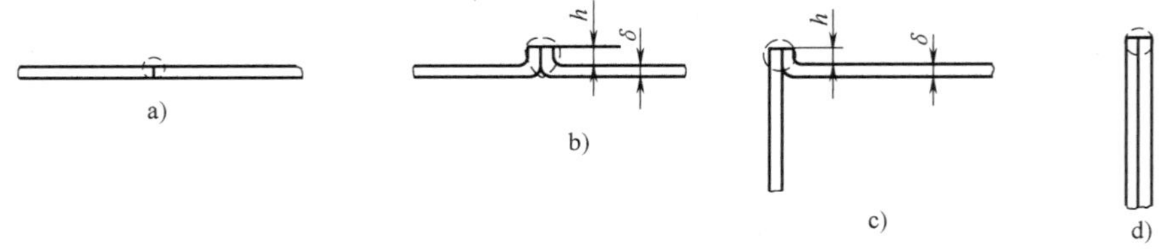

图 3-6-16　薄板（≤1.6mm）等离子弧焊接头
a）I 坡口对接　b）卷边对接　c）卷边角接　d）端接

表 3-6-5　超薄板卷边高度

（单位：mm）

板厚 δ	0.05	0.13	0.25
卷边高度 h	0.10～0.25	0.25～0.64	0.51～30

当焊件厚度在 1.6～3mm 之间时，推荐采用 TIG 焊。

厚度大于 3mm 但小于表 3-6-1 所列厚度的焊件，可用 I 形坡口以穿孔型焊接技术单面一次焊成。对于密度较小，或在液态下表面张力较大的金属，如钛合金等，穿孔型技术能焊接更厚的截面（可达 15mm）。

当厚度较大（>8mm）的焊件采用开坡口对接焊时，因等离子弧焊的熔深比 TIG 焊大，故其接头的钝边可加大，图 3-6-17 所示为碳素钢和低合金钢的接头坡口，第一道焊缝采用穿孔型焊接技术，其余填充焊道用熔入型焊接技术来完成。

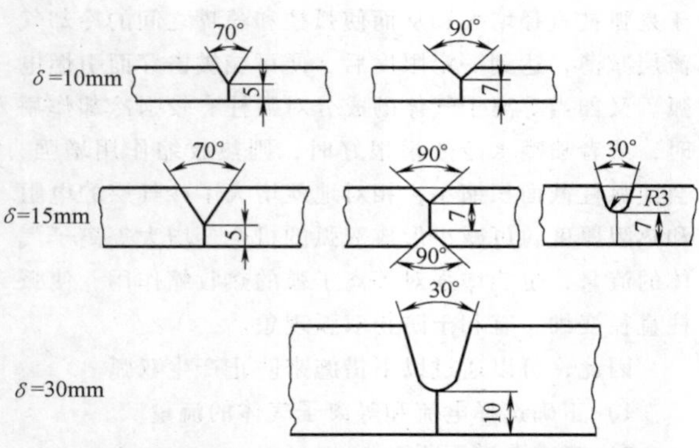

图 3-6-17　厚板对接接头的坡口形状

（第一道焊缝采用等离子弧焊的穿孔型单面焊）

6.6.2　装配与夹紧

薄板小电流等离子弧焊接时，接头装配要求与 TIG 焊相同。起弧处坡口边缘必须紧密接触，其间隙不应超过金属厚度的 10%。若难以保证此公差，则须添加填充金属。

图 3-6-18 和表 3-6-6 为厚度 t 小于 0.8mm 的薄板 I 形坡口对接和卷边对接的装配与夹紧要求。

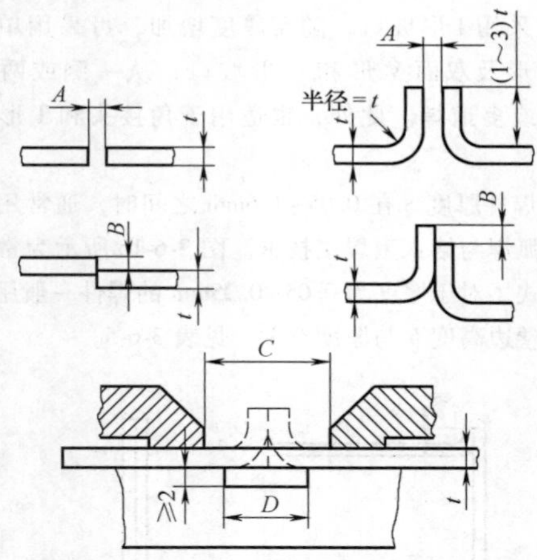

图 3-6-18　厚度小于 0.8mm 的薄板对接接头的装配与夹紧要求

注：数据见表 3-6-6。

表 3-6-6　厚度小于 0.8mm 的薄板对接接头的装配与夹紧要求（图 3-6-18）

（单位：mm）

接头形式	间隙	错边	压板间距 C		垫板凹槽宽[①] D	
	A_{max}	B_{max}	C_{min}	C_{max}	D_{min}	D_{min}
I 形坡口对接	0.2t	0.4t	10t	20t	4t	16t
卷边对接[②]	0.6t	1t	15t	30t	4t	16t

① 背面用 Ar 或 He 保护。

② 板厚小于 0.25mm 的对接接头推荐采用卷边对接。

图 3-6-19 所示为端面接头的装配要求。

用穿孔型焊接时，焊接熔池是靠液态金属的表面张力支托，它可以不需要起激冷作用和支托作用的衬垫，但为了保护底层熔化金属不受大气污染，尤其是焊接不锈钢时，一般在焊缝背面要求用保护气体进行保护。图 3-6-20 为常用的衬垫，它有一较深的通气槽，两边可以支托焊件使之对齐，槽内通入对焊缝背面起保护作用的气体。这也是为等离子体射流提供一个排出空间。

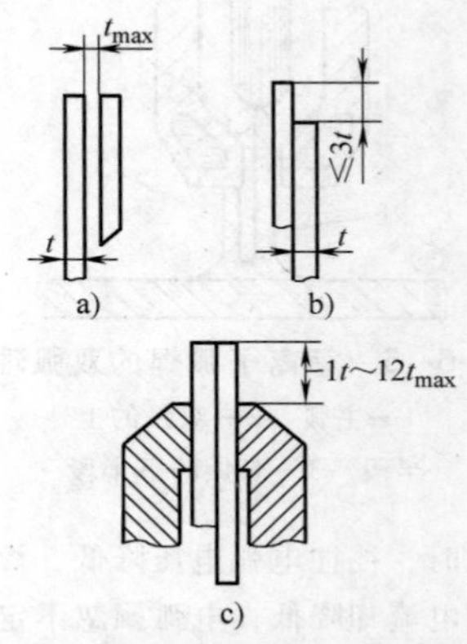

图 3-6-19　厚度小于 0.8mm 的薄板端面接头的装配要求

a）间隙　b）错边　c）夹紧距离

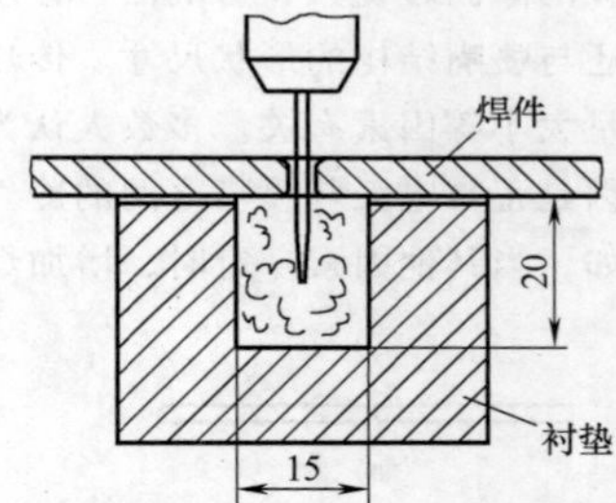

图 3-6-20　穿孔型焊接对接接头常用的衬垫

6.6.3　等离子弧焊气体的选择

等离子气体应用最广的是 Ar，因它引弧较容易而且适用于所有金属。为了增加输入焊件热量、提高焊接速度和改善接头质量，对不同金属可在 Ar 中加入 H_2 或 He。例如焊接不锈钢和镍合金，通常加入少量［$\varphi(H_2)\approx 5\%\sim 7\%$］的 H_2；焊接活性金属，如钛、钽及锆合金等，则加入 50%～75%的 He；焊接铜时，甚至只用 He。

大电流等离子弧焊时，保护气体通常与等离子气体相同，否则电弧稳定性会受到影响。表 3-6-7 为大电流等离子弧焊各种金属时推荐用的气体，其流量一般在 15～30L · min^{-1}之间。

表 3-6-7　大电流等离子弧焊气体的选择①

母材	厚度/mm	焊接技术	
		穿透法	熔透法
碳钢	<3.2	Ar	Ar
	>3.2		25%Ar+75%He
低合金钢	<3.2	Ar	Ar
	>3.2		25%Ar+75%He
不锈钢	<3.2	Ar，92.5%Ar+7.5%H_2	Ar
	>3.2	Ar，95%Ar+5%H_2	25%Ar+75%He
铜	<2.4	Ar	25%Ar+75%He，He
	>2.4	不推荐②	He
镍合金	<3.2	Ar，95.5%Ar+7.5%H_2	Ar
	>3.2	Ar，95%Ar+5%H_2	25%Ar+75%He
活性金属	<6.4	Ar	Ar
	>6.4	Ar+He（50%～75%He）	25%Ar+75%He

① 等离子气体和保护气体相同。
② 因底部焊道成形不良，只能用于铜锌合金焊接。

小电流等离子弧焊时，一般都用 Ar 作等离子气体，这样非转移弧（维弧）容易引燃和燃烧稳定。而保护气体不一定与等离子气体相同。表 3-6-8 为小电流等离子弧焊推荐用的保护气体，其流量一般在 10～15L·min^{-1}之间。此外，在焊接碳素钢、低合金钢时，亦有用 Ar+CO_2的混合气体作保护气体的，因为加入 CO_2有利于消除焊缝内的气孔和改善焊缝成形。但不能加入过多，否则会使熔池下塌，飞溅增加，一般 CO_2的加入量在 $\varphi(CO_2)=5\%\sim20\%$之间。焊接铜时，可用纯 N_2 作保护气体。

6.6.4　焊接参数

1. 穿孔型等离子弧焊的焊接参数

大电流等离子弧焊通常采用穿孔型焊接技术。获得优良焊缝成形的前提是确保在焊接过程中熔池上形成稳定的穿透小孔，影响小孔形成与稳定的焊接参数主要有喷嘴孔径、焊接电流、等离子气体的流量和焊接速度。此外，还有喷嘴到焊件的距离和保护气体成分等。

（1）喷嘴孔径

表 3-6-8　小电流等离子弧焊的保护气体的选择①

母材	厚度/mm	焊接技术	
		穿透法	熔透法
铝	<1.6	不推荐	Ar，He
	>1.6	He	He
碳钢	<1.6	不推荐	Ar，75%Ar+25%He
	>1.6	Ar，25%Ar+75%He	Ar，25%Ar+75%He
低合金钢	<1.6	不推荐	Ar，He，Ar+H_2[$\varphi(H_2)$为 1%～15%]
	>1.6	Ar+H_2[$\varphi(H_2)$为 1%～15%]，25%Ar+75%He	Ar，He，Ar+H_2[$\varphi(H_2)$为 1%～15%]
不锈钢	所有厚度	Ar，25%Ar+75%He Ar+H_2[$\varphi(H_2)$为 1%～15%]	Ar，He，Ar+H_2[$\varphi(H_2)$为 1%～15%]
铜	<1.6	不推荐	75%Ar+25%He，25%Ar+75%He，He
	>1.6	25%Ar+75%He，He	He
镍合金	所有厚度	Ar，25%Ar+75%He Ar+H_2[$\varphi(H_2)$为 1%～15%]	Ar，He，Ar+H_2[$\varphi(H_2)$为 1%～15%]
活性金属	<1.6	Ar，25%Ar+75%He，He	Ar
	>1.6	Ar，25%Ar+75%He，He	Ar，25%Ar+75%He

① 所有情况下等离子气体均为 Ar。

喷嘴孔径是选择与匹配其他焊接参数的前提，应首先选定。在焊接生产中总是根据焊件厚度初步确定焊接电流的大致范围，然后按此范围参照表 3-6-2 确定喷嘴孔径，同时也按表 3-6-4 确定钨极的直径大小。实际使用的焊接电流，待与其他焊接参数进行匹配与调试后才能最后确定。

（2）焊接电流、等离子气体的流量和焊接速度

在喷嘴结构形状和尺寸确定后，焊接电流、等离子气体的流量和焊接速度三个焊接参数之间需合理匹配，才能获得最佳效果。当它们单独变化时会产生如下影响：

当其他焊接条件不变的情况下，等离子气体的流量增加时，可提高等离子流的吹力和穿透能力。因此，须有足够的等离子气体的流量才能使熔池形成小孔。但若流量过大，则小孔直径扩大，焊缝难以成形，甚至熔化金属会被吹走而变成切割。

当其他条件不变、焊接电流增加时，则电流密度增加，等离子弧的穿透能力也随之增大。因此，生产

中总是按焊件厚度或熔透的要求来选定焊接电流。随着焊件厚度的增加，焊接电流须相应增大。若电流不足，则小孔不能形成，难以保证焊透；若电流过大，则弧柱变粗，熔池的小孔直径变大，液态金属下漏，焊缝不能成形，并且易发生双弧。

当其他焊接条件不变、焊接速度增加时，则焊接热输入减小，熔池的小孔直径也随之减小，甚至消失。反之若焊接速度太低，则母材过热，熔池金属下坠，焊缝成形不好。

研究表明，在一定喷嘴结构和尺寸及其他条件不变的情况下，焊接电流、等离子气体的流量和焊接速度三者在一定范围内可采用多种匹配组合，即改变某一焊接参数，另一参数也作相应调整，也能使焊接熔池中出现小孔效应，获得满意的焊缝成形。它们相互之间有如下匹配的规律。

在焊接电流一定时，增加等离子气体的流量，就必须相应增加焊接速度，如图 3-6-21 所示；在等离子气体的流量一定时，增加焊接速度也必须相应增大焊接电流，如图 3-6-22 所示；在焊接速度一定时，增加等离子气体的流量也应相应减小焊接电流，如图 3-6-23 所示。

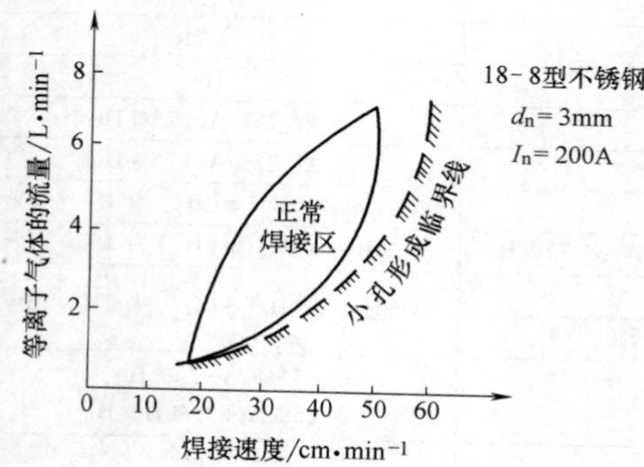

图 3-6-21 等离子气体的流量与焊接速度匹配

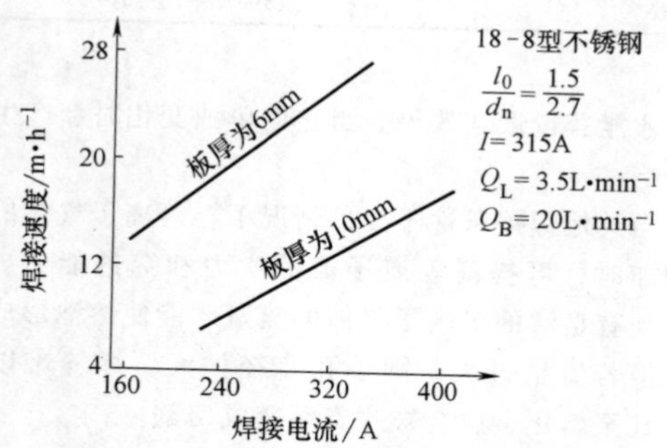

图 3-6-22 焊接速度与焊接电流匹配

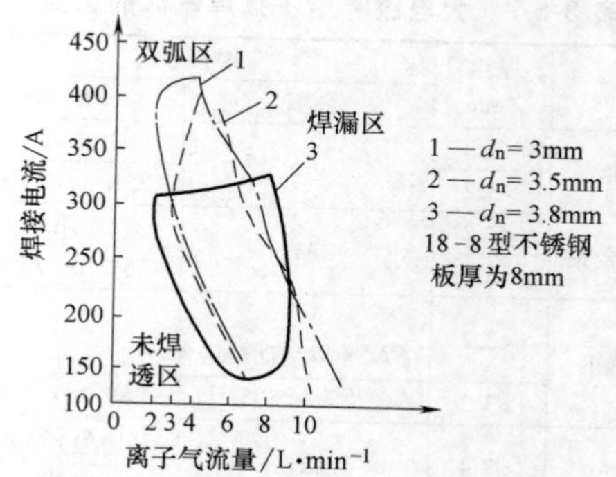

图 3-6-23 焊接电流与等离子气体的流量匹配（用多孔喷嘴）

因此，按上述规律总可以调试（优选）到既保证小孔形成，又无双弧出现，且焊接生产率最高的匹配方案。

（3）其他焊接参数

1）喷嘴距离。喷嘴端面到焊件之间的距离变化对焊接质量的影响和 TIG 焊相比不大敏感，但其影响大体相同。当距离过大时，熔透能力降低，易产生未焊透和降低保护效果；当距离过小时，焊接过程影响对熔池的观察，易诱发双弧，还会造成喷嘴被飞溅物粘污，一般取 3~8mm。

2）保护气体流量。保护气体的流量比等离子气体的流量大得多，但应与等离子气体的流量有一恰当比例，若保护气体流量过大，会造成紊流，影响等离子弧的稳定和保护效果，一般在 15~30L · mim^{-1}范围内。

3）极性。等离子弧焊对许多金属材料的焊接多采用直流正接法，即钨极接负极。而直流反接法则主要是在铝、镁合金焊接时采用。

4）填丝速度及位置。对不留间隙的 I 形坡口对接接头进行等离子弧焊，一般可不加填充焊丝。若要求有余高或开坡口或留间隙，则应填充焊丝。由于等离子弧焊多为自动焊，故采用自动送丝方式。若送入的是“冷丝”则从焊接熔池的前沿把焊丝送入熔池；若送入的是经过预热的“热丝”，则焊丝从熔池的后沿送入熔池。“热丝”是在焊丝与焊件之间另外加一个预热电源，靠电流流经焊丝产生的电阻热来预热，目的是提高熔敷速度。

送丝速度影响余高的大小，过快可能会出现焊丝从弧柱中穿过而没完全熔化的现象，一般 ϕ1.0~ϕ1.6mm 的焊丝，其送丝速度为 0.1~0.2m · min^{-1}。

自动送丝装置，不仅送丝速度能调节，送丝角度、位置和伸出长度等均能调节。

（4）焊接的一般程序

厚板（>3mm）焊接时，焊缝起焊处和终焊处的质量难以保证。常在焊缝的两端使用引弧板和引出板。但对于环焊缝无法使用引弧板，若要保证起弧处充分穿透和防止出现气孔等缺陷，最好采用焊接电流和等离子气体流量递增式的起弧控制；为了保证环缝终焊处的搭接质量，也应采用电流和气流衰减控制来闭合小孔。图 3-6-24 所示属于这种控制的典型程序。

焊接过程若发生中断故障，小孔会留在焊件上，填满的方法是将焊枪重新放在小孔后面一定距离处，重新起焊，焊经原小孔处就会将该小孔填满。

（5）典型焊接参数

表 3-6-9 给出几种不同材料采用穿孔型等离子弧焊的焊接参数。

2. 熔入型等离子弧焊的焊接参数

中、小电流（微束）等离子弧焊一般都采用熔入型焊接技术。其焊接参数项目与小孔型等离子弧焊相同。由于焊接时在熔池上形成穿透小孔，只需考虑保证熔深和熔宽，故选定焊接参数的原则，大体与 TIG 焊相同。

表 3-6-10 是熔入型等离子弧焊的焊接参数。

表 3-6-11 为自动微束等离子弧焊的焊接参数。

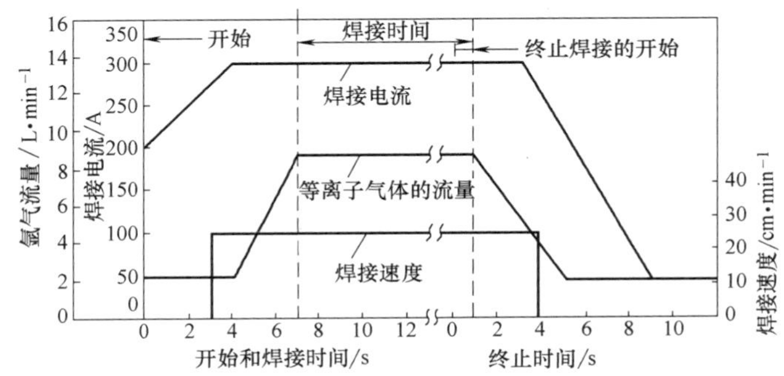

图 3-6-24　厚度为 9.5mm 的钢板环缝穿孔型等离子弧焊的焊接参数控制程序

表 3-6-9　穿孔型等离子弧焊的焊接参数

材料	焊件厚度/mm	焊接电流/A	电弧电压/V	焊接速度/mm·min⁻¹	等离子气体的流量/L·min⁻¹		保护气体的流量/L·min⁻¹			孔道比 l/d_n /mm·mm⁻¹	钨极内缩尺寸/mm	备注
					基本气流	衰减气	正面	尾罩	反面			
低碳钢	3	140	29	260	3	—	14+1	—	—	3.3/2.8	3	保护气体为 $Ar+CO_2$
	5	200	28	190	4		14+1			3.5/3.2	3	
	8	290	27	180	4.5		14+1			3.5/3.2	3	
30CrMnSiA	3.5	140	28	326	1.7	2.3	17	—	—	3.2/2.8	3	喷嘴带两个 ϕ0.8mm 小孔，间距为 6mm
	6.5	240	30	160	1.3	3.3	17			3.2/2.8	3	
	8	310	30	190	1.7	3.3	20			3.2/3	3	
不锈钢	3	170	24	600	3.8	—	25	8.4	—	3.2/2.8	3	
	5	245	28	340	4.0	—	27			3.2/2.8	3	
	8	280	30	217	1.4	2.9	17			3.2/2.9	3	
	10	300	29	200	1.7	2.5	20			3.2/3	3	

表 3-6-10　熔入型等离子弧焊的焊接参数

材料	焊件厚度/mm	焊接电流/A	电弧电压/V	焊接速度/mm·min⁻¹	等离子气体的流量/L·min⁻¹		保护气体的流量/L·min⁻¹			孔道比 l/d_n /mm·mm⁻¹	钨极内缩/mm	备注
					基本气流	衰减气	正面	尾罩	反面			
低碳钢	1	105	—	700	2.5	—	7	—	—	2.5/2.5	1.5	悬空焊
	1.5	85	—	270	0.5		3.5			2.5/2.5	1.5	
	2	100	—	270	1.2		4			3/3	2	
	2.5	130	—	270	1.2		4			3/3	2	
不锈钢	1	60	—	270	0.5	—	3.5	—	—	2.5/2.5	1.5	

表 3-6-11 自动微束等离子弧焊的焊接参数

材料	焊件厚度/mm	接头形式	焊接电流/A	电弧速度/mm·min^{-1}	电弧电压/V	等离子气体的(Ar)流量/L·h^{-1}	保护气体的流量(体积分数)/L·h^{-1}	喷嘴孔径/mm
碳钢	0.3	对接	8	200	22	25	0	1.0
	0.8	对接	25	250	20	25	100	1.5
	1.0	对接	30	210	20	25	100	1.5
不锈钢	0.025	卷边	0.3	127	—	14.2	566(Ar99%+$H_2$1%)	0.8
	0.08	卷边	1.6	152	—	14.2	566(Ar99%+$H_2$1%)	0.8
	0.13	端接	1.6	381	—	14.2	560(Ar99%+$H_2$1%)	0.8
	0.25	对接	6.5	270	24	36	360(Ar)	0.8
	0.50	对接	18	300	24	36	660(Ar)	1.0
	0.75	对接	10	127	25	14.2	330(Ar99%+$H_2$1%)	0.8
	1.0	对接	27	275	25	36	660(Ar)	1.2
钛	0.08	卷边	3	152	—	14.2	566(Ar50%+He50%)	0.8
	0.2	对接	5	127	26	14.2	566(Ar50%+He50%)	0.8
	0.3	端接	15~20	240	—	16	150(Ar)	1.0
	0.55	对接	10	178	—	14.2	566(He75%+Ar25%)	0.8
镍铜	0.15	对接	5	300	22	24	300(Ar)	0.6
	0.08	卷边	10	152	—	14.2	566(He75%+Ar25%)	0.8

3. 脉冲等离子弧焊的焊接参数

脉冲等离子弧焊的过程与脉冲 TIG 焊相似，每一次脉冲电流在焊件上都会形成一个焊点，每个焊点相互重叠一部分便连成焊缝。一般采用方波或梯形波直流脉冲焊接电源。

脉冲等离子弧焊的焊接参数见表 3-6-12。

表 3-6-12 脉冲等离子弧焊的焊接参数

母材	焊件厚度/mm	基值电流/A	脉冲电流/A	脉冲频率/Hz	λ_t (t_p/t_b)	焊接速度/mm·min^{-1}	等离子气体的流量/L·min^{-1}	喷嘴孔道比 l_0/d_n
不锈钢	3	70	100	2.4	12/9	400	5.5	3.2/2.8
	4	50	120	1.4	21/14	250	6.0	3.2/2.8
钛板	6	90	170	2.9	10/7	202	6.5	4/3
	3	40	90	3	10/6	400	6.0	3.2/2.8
不锈钢波纹管膜片	0.05+0.05 内圆	0.12	0.5	10	2/3	45	0.6	3.2/2.8
	0.05+0.05 内圆	0.12	1.2	10	2/3	45	0.6	1.5/0.6
	0.05+0.05 外圆	0.12	0.55	10	2/3	35	0.6	1.5/0.6

4. 变极性等离子弧的焊接参数

主要用于铝及铝合金的焊接。在平焊位置，当铝及铝合金的厚度小于 3mm 时，可利用熔入型变极性等离子弧焊进行焊接；当厚度为 3~6mm 时，可用穿孔型等离子弧焊进行焊接。在立焊位置，穿孔型等离子弧焊的厚度可达 15.9mm。

(1) 喷嘴孔径和压缩比

喷嘴压缩比应根据板厚来选择，板厚越大，喷嘴孔径应越大，压缩比越小。表 3-6-13 给出了不同板厚的铝合金推荐用的喷嘴孔径和压缩比。

(2) 喷嘴到焊件的距离和钨极内缩量

喷嘴到焊件的距离一般控制在 1.5~4mm，并随着板厚的增大而增大。钨极内缩量控制在 3.5~4.5mm。

表 3-6-13 不同板厚的铝合金推荐用的喷嘴孔径和压缩比

板厚/mm	4	6	8	10
喷嘴孔径/mm	2.5	4.0	4.0	4.0
最大压缩比	2.0	1.1	0.9	0.7

(3) 焊接电流、等离子气体流量和焊接速度

与直流等离子弧焊相同，要保证稳定的小孔效应，焊接电流、等离子气体的流量和焊接速度之间必须保证合适的匹配。图 3-6-25 所示给出了 6mm 厚 LY12 合金穿孔型焊接时焊接电流、等离子气体的流量和焊接速度的匹配区间。

表 3-6-14 为不同厚度 2A14 铝合金穿孔型变极性等离子弧焊的焊接参数（向上立焊）。

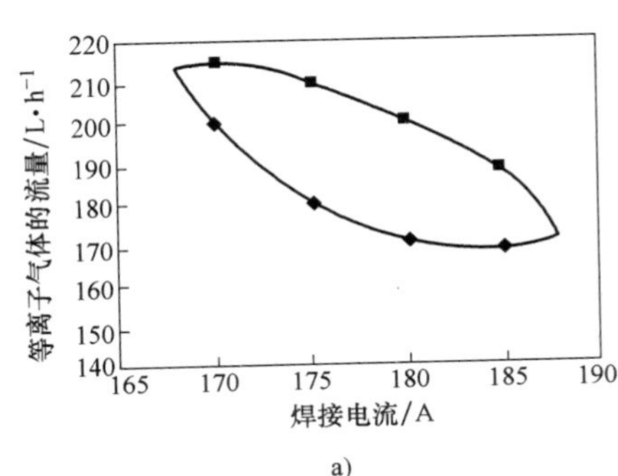

a)

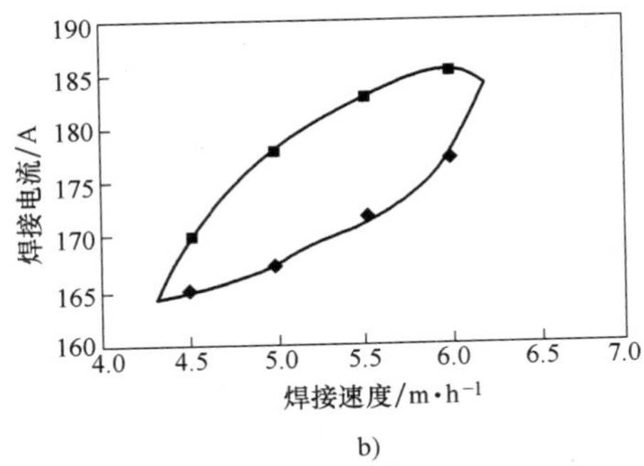

b)

图 3-6-25　6mm 厚 LY12 合金穿孔型焊接时焊接电流、等离子气体流量和焊接速度的匹配区间

a）等离子气流量与焊接电流匹配　b）焊接电流与焊接速度匹配

表 3-6-14　不同厚度 2A14 铝合金穿孔型变极性等离子弧焊的焊接参数

板厚/mm	焊接电流/A		持续时间/s		等离子气体的(Ar)流量/L·min⁻¹	保护气体的流量/L·min⁻¹	喷嘴孔径/mm	钨极直径/mm	焊接速度/mm·min⁻¹	送丝速度/m·min⁻¹(直径为 1.6mm 的 BJ-380A 焊丝)
	正极性半波	反极性半波	正极性半波	反极性半波						
4	100	160	19	4	1.86	13	3.0	3.2	160	1.4
6	156	206	19	4	2.0	13	3.2	3.2	160	1.6
8	165	225	19	4	2.5	13	3.2	3.2	160	1.7

6.7　等离子弧焊的常见缺陷及其产生原因

等离子弧焊最常见的缺陷是气孔和咬边。

气孔多见于焊缝的根部，引起气孔的原因有：①焊件清理不彻底；②焊接速度过高，小孔焊接时甚至会产生贯穿焊缝的长气孔；③电弧电压过高，弧长过长；④填充焊丝送进过快；⑤起弧和收弧处焊接参数配合不当等。

咬边多发生在不加填充焊丝的焊接过程，有单边咬边和双边咬边。产生咬边的原因有：①焊接参数选择不当，主要是等离子气体的流量过大、焊接电流过大和焊接速度过快；②操作不当，焊枪向一侧倾斜；③装配质量不高，有错边或坡口两侧边缘高低不平，高的一侧易产生咬边；④电极与喷嘴不同心，或采用多孔喷嘴时，两侧辅助孔位置偏斜；⑤焊接磁性材料时，出现磁场变化导致磁偏吹等。

焊前彻底清理焊件，提高装配质量，正确选择焊接参数，及时调整电极对中和焊枪的焊接位置等都是防止产生气孔和咬边的有效措施。

第7章 螺 柱 焊

7.1 概述

将螺柱状金属件垂直地焊到平面或曲面焊件上的焊接方法称为螺柱焊。螺柱焊的接头形式为T形接头，接头处是全断面焊合。实现螺柱焊接的方法有电弧焊、电阻焊和摩擦焊等，其中电弧螺柱焊生产率最高、应用最广，已广泛用于汽车制造、建筑钢结构、锅炉制造、造船工业、金属容器制造、装饰行业和钣金加工等部门。本章介绍的是电弧螺柱焊。

按操作过程不同，电弧螺柱焊分为拉弧式螺柱焊和电容放电螺柱焊两类。前者的电弧由具有下降特性的直流弧焊电源供电，螺柱与焊件之间通过短路引弧方式引燃电弧，电弧燃烧一段时间后通过加压将端部熔化的螺柱压入熔池中，通过结晶形成焊缝；后者由电容器供电，焊接时螺柱与焊件在相互接触（或接近）的瞬间放电燃弧，完成焊接。

拉弧式螺柱焊分为瓷环（或气体）保护拉弧式螺柱焊和短周期拉弧式螺柱焊。后者的电弧存在时间短，空气来不及侵入与污染，故焊接区无须保护。电容放电螺柱焊的放电时间更短（0.8～3ms），也不需要采取保护措施。根据焊接过程采用不同的操作程序来引发电容器放电，而把电容放电螺柱焊分成预接触式、预留间隙式和拉弧式三种。

7.2 拉弧式螺柱焊

7.2.1 瓷环保护拉弧式螺柱焊

1. 焊接过程及工艺特点

瓷环保护拉弧式螺柱焊的焊接设备如图3-7-1所示。焊接过程如图3-7-2所示。

焊接时，先将螺柱放入焊枪的夹头里并套上瓷环，使螺柱尖端与焊件接触（见图3-7-2a)；按下开关接通电源，枪体中的电磁线圈通电并将螺柱拉起，引燃电弧（见图3-7-2b)；电弧热使螺柱端部及与母材熔化，燃弧时由时间控制器控制（见图3-7-2c)；达到预定时间后，电磁线圈断电，通过焊枪内的压紧弹簧把螺柱压入母材熔池而熄弧，进行有电顶锻，挤出液态金属（见图3-7-2d)，实现螺柱端面与板面连接；被挤出的液态金属凝固于接缝的周围而成为焊缝的一部分（又称焊缝余高），最后完成整个焊接过程（见图3-7-2e)。

焊接碳素钢时使用陶瓷套环，其作用：①施焊时将电弧热集中于焊接区；②阻止空气进入焊接区；③将熔化的金属限定在焊接区内；④遮挡弧光。瓷环通常是一次性使用。焊接易氧化的金属，如铝、镁及其合金和不锈钢等时，不宜采用瓷环，应采用惰性气体保护的方法，这种情况被称为气体保护拉弧式螺柱焊。

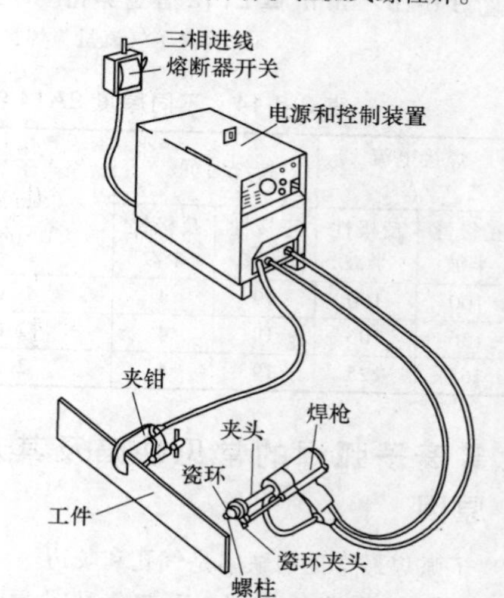

图3-7-1 瓷环保护拉弧式螺柱焊的焊接设备

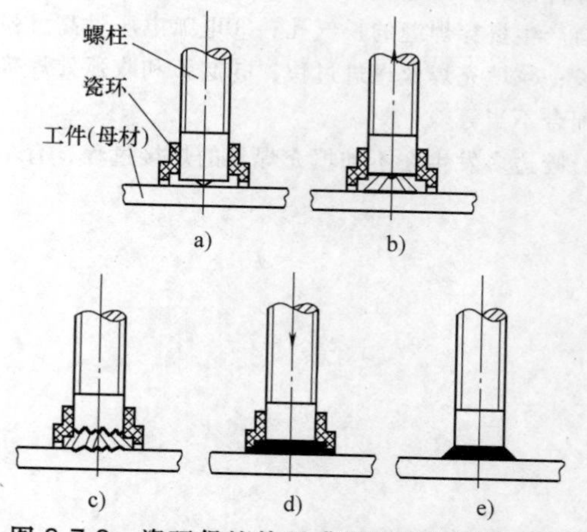

图3-7-2 瓷环保护拉弧式螺柱焊的焊接过程

图3-7-3所示为在完成一个螺柱焊的焊接过程中，主要焊接参数的时序图（又称焊接循环图）。

综上所述，瓷环保护拉弧式螺柱焊工艺的主要特点是接触式引弧，燃弧的时间较长，焊接时对焊接区需用瓷环或气体进行保护。

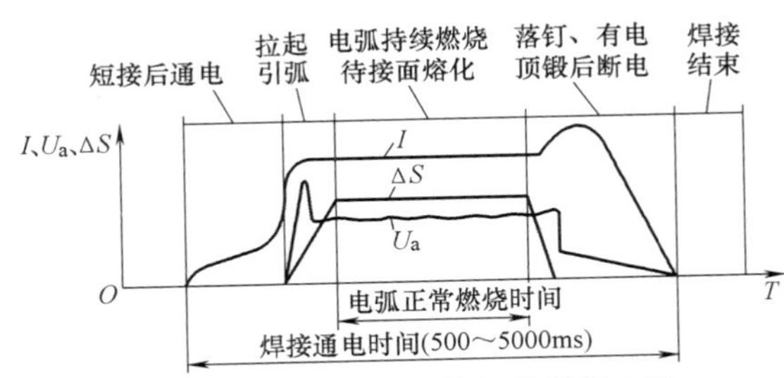

图 3-7-3　瓷环保护螺柱焊的焊接电流、电弧电压和螺柱位移的时序图

注：I 为焊接电流，U_a为电弧电压，ΔS 为螺柱位移。

2. 适用范围

（1）焊件材料

螺柱和被焊的板材（这里称为焊件）可以是相同或不相同的金属材料，适用范围取决于彼此间的焊接性。电弧螺柱焊常用的螺柱与母材的材料组合见表 3-7-1。瓷环保护拉弧式螺柱焊主要用于碳素钢的焊接。若用于不锈钢或铝、镁及其合金焊接，则必须采用惰性气体保护。

表 3-7-1　电弧螺柱焊常用的螺柱与母材的材料组合

螺柱	母材
低碳钢、奥氏体不锈钢	低碳钢、耐热钢、奥氏体不锈钢
铝合金	铝合金

（2）焊件尺寸范围

可焊接的螺柱直径一般为 6～30mm，母材厚度为 3～30mm。母材可焊的最小厚度 δ 与螺柱直径 d 有关，为了充分利用紧固件（即螺柱）的强度，防止烧穿和减少变形，建议母材厚度不小于螺柱端部直径的 1/3。当强度不作为主要要求时，最薄不能小于螺柱端部直径的 1/5。表 3-7-2 所列为钢板和铝板的最小推荐值。

表 3-7-2　钢板和铝板电弧螺柱焊时的最小推荐值　（单位：mm）

螺柱底端直径	钢(无垫板)	铝合金	
		无垫板	有垫板
4.8	0.9	3.2	3.2
6.4	1.2	3.2	3.2
7.9	1.5	4.7	3.2
9.5	1.9	4.7	4.7
11.1	2.3	6.4	4.7
12.7	3.0	6.4	4.7
15.9	3.8	—	—
19.1	4.7	—	—
22.2	6.4	—	—
25.4	9.5	—	—

注：加金属垫板是为了防止烧穿。

（3）应用部门

主要应用于建筑、造船、电力、高速公路护栏、化工及热能炉窑等生产部门。

3. 焊接工艺

（1）螺柱的设计与制备

螺柱的外形必须能满足焊枪夹持并顺利地进行焊接的要求，其端部直径受母材厚度的限制，见表 3-7-2。螺柱待焊底端多为圆形，也有用方形或矩形的。矩形端的宽厚比不应大于 5。螺柱的长度必须大于 20mm，它包括夹持长度、瓷环高度和焊接过程产生的缩短量。这个长度缩短量主要是由于焊接时螺柱和母材金属熔化，随后的顶锻使熔化金属从接头处被挤出而引起，所以螺柱焊后总长度要缩短。表 3-7-3 给出了长度缩短量的典型值。

表 3-7-3　电弧螺柱焊时螺柱焊后典型的长度缩短量　（单位：mm）

螺柱直径	5～12	16～22	≥25
长度缩短量	3	5	5～6

为了焊接时易于引弧，螺柱底端设计不是完全平底，而是在平底中心处凸出一个引弧结，以实现短接时是点接触。引弧结的形状可以是小半球形、小圆柱形或尖锥形。

（2）瓷环

焊接碳素钢时需采用瓷环。焊前套在螺柱待焊端处，由焊枪上的卡钳使其保持适当位置。

瓷环有消耗型瓷环和半永久型瓷环两种。前者为一次性使用，多用陶质材料（如镁-铝酸盐和部分氧化铝等）制成，成本低，焊后易于破碎去除。后者可在一定次数上重复使用，直到焊接质量不符合要求。一次性使用的瓷环焊后不需经螺柱体滑出，故螺柱的外形不受限制，因而被广泛应用。

瓷环为圆柱形，底面与母材待焊表面相配并做成锯齿形，以便焊接区排出气体，其内部形状和尺寸应能容纳被挤出的熔化金属而使之在螺柱底端形成焊缝余高。

常用的电弧螺柱焊的螺柱和磁环形状和尺寸均已标准化，详见 GB/T 902.2—2010《电弧螺柱焊用焊接螺柱》、GB/T 10432.1—2010《电弧螺柱焊用无头焊钉》、GB/T 10433—2010《电弧螺柱焊用圆柱头焊钉》及 ISO 13918：2008《焊接 电弧螺栓焊用螺栓和瓷环》。

（3）焊接参数

电弧螺柱焊需要足够的能量，该能量的大小取决于螺柱焊的焊端直径（或断面积）。输入能量与焊接电流、电弧电压及燃弧时间有关。电弧电压取决于设定的螺柱提升高度。当提升高度设定后，电弧能量就由焊接电流和焊接时间决定。

相同的输入能量可由不同的焊接电流和焊接时间组合而成。各种直径螺柱焊的焊接电流与焊接时间的关系如图 3-7-4 所示。对于某一给定的螺柱尺寸，均存在一个相当宽的工艺参数范围，通常须根据具体情况，在此范围内选定最佳焊接电流和焊接时间。

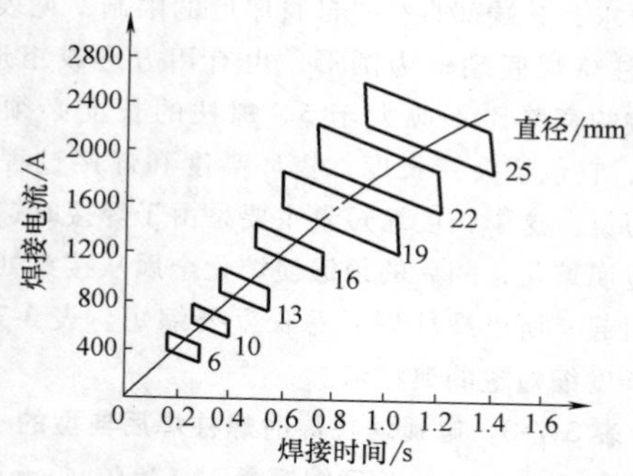

图 3-7-4　低碳钢瓷环保护拉弧式螺柱焊的焊接电流和焊接时间的关系

焊接钢材时，螺柱通常接电源的负极，焊件接正极，即采用直流正接法。焊接铝合金或黄铜等材料时，通常采用直流反接法。

引弧时必须提升螺柱，其提升高度不能过大，否则容易产生电弧漂移和偏吹；但也不能过小，否则容易产生短路断弧。提升高度随螺柱直径的增大而增大，瓷环保护焊时控制在 1.5~7.0mm，气体保护焊时控制在 1.0~4.0mm。

碳素钢螺柱焊时要注意碳含量和母材厚度，一般当 $w(\mathrm{C}) \leqslant 0.3\%$ 时，不必预热焊接。若母材厚度 <3mm，即使 $w(\mathrm{C})>0.3\%$，也可不预热。随着碳含量的增加，为了防止产生焊接裂纹，要适当预热。特别是对高碳钢[$w(\mathrm{C})>0.45\%$]，必须焊前预热焊后热处理，预热温度为 200~300℃，热处理温度为 650℃。对于低合金高强度钢，当 $w(\mathrm{C})>0.15\%$ 时，也要进行适当的预热，以提高接头的韧性。不锈钢螺柱焊到低碳钢母材上时，螺柱中的铬会被母材稀释而使焊缝金属变硬，特别是当母材 $w(\mathrm{C})>0.2\%$ 时，这种情况更为严重。这时宜用镍、铬含量更高的不锈钢螺柱。铝合金电弧螺柱焊时需氩气保护，和钢螺柱焊相比，要求用较长的电弧、较长的焊接时间和较小的焊接电流。

（4）焊接工艺要点

焊接时应注意以下几点：

1）焊件表面清理。螺柱和焊件待焊面应清洁，无漆层和油水污垢等，但允许有少量锈迹。

2）定位。根据螺柱预定用途和要求确定定位方法，当精度要求很高时，推荐采用特殊定位夹具或固定式螺柱焊设备。用手提式螺柱焊枪时，最简单和最常用的定位方法是在焊件上用样板画线或打中心冲孔，然后把螺柱尖端对准其位置。此法的定位误差可保证在±1.2mm。若螺柱数量大，可直接用样板的孔进行定位焊接，而不必在焊件上打标记。因瓷环本身有制造误差，故螺柱定位的误差一般在±0.8mm。

3）不同焊接位置，可焊的最大螺柱直径是不同的。对于瓷环保护焊平焊时，可焊螺柱直径达 25mm；而横焊或仰焊时，可焊直径要小一些，为 20mm。对于气体保护螺栓焊，平焊时最大可焊直径为 16mm；仰焊时，最大可焊直径为 10mm；横焊时，最大可焊直径为 8mm。对于自动气体保护螺柱焊，当直径超过 8mm 时，就不推荐采用横焊位置了。

4）拉弧式螺柱焊也有电弧磁偏吹现象，即电弧周围电磁场不均衡导致弧柱轴线偏离了螺柱轴线的现象。电弧磁偏吹会造成连接面加热不均，对焊接质量产生不利影响。焊接过程中可通过改变接线卡或铁磁物质的位置来防止或抑制电弧磁偏吹。

4. 焊接设备

拉弧式螺柱焊用的设备有通用机和专用机之分，前者由焊枪、控制系统和电源等组成，后者则常把控制器和电源合成一体。

1）焊枪。拉弧式螺柱焊用的焊枪有手持式焊枪和固定式焊枪两种，其工作原理相同。手持式焊枪应用较为普遍，图 3-7-5 所示为其中的一种结构。固定式焊枪是为某特定产品而专门设计的，被固定在支架上，在一定工位上完成焊接。

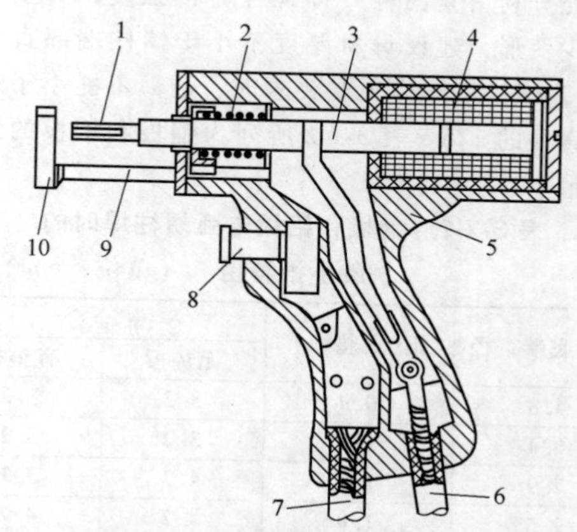

图 3-7-5　拉弧式螺柱焊焊枪的结构

1—夹头　2—弹簧　3—铁心　4—电磁线圈　5—枪体　6—焊接电缆　7—控制电线　8—按钮　9—支杆　10—脚盖

焊枪机械部分由夹持机构、提升机构和弹簧加压机构三部分组成。如果采用气体保护，还有气体喷嘴和气路。电器部分由焊接开关、电磁铁、控制电缆和焊接电缆等组成。焊枪上可调参数有：螺柱提升高度、螺柱外伸长度和螺柱与瓷环夹头的同轴度等。螺柱的提升是通过电磁线圈实现的；枪体内的弹簧可用于将螺柱压入熔池并挤出熔化金属而完成焊接。有些焊枪为了减缓螺柱压入（即落钉）速度，减少飞溅，枪内装有阻尼机构。

2）电源。拉弧式螺柱焊对电源的要求：①用直流电源来获得稳定电弧；②较高的空载电压（70~100V）；③具有陡降的外特性和良好的动特性；④能在短时间内输出大电流并迅速达到设定值。

3）控制系统。图3-7-6所示为一个典型的电弧螺柱焊机的控制系统，它由驱动电路、反馈及给定电路、螺柱提升电路、时序控制电路，以及并联于焊接回路的引弧电路组成。驱动电路提供晶闸管同步电压脉冲信号，调节晶闸管的导通角，从而调节焊接电流；反馈及给定电路是从输出回路中取出电压信号及电流信号，与给定信号比较后作为输入信号进入触发电路，从而获得焊接电源的下降特性；螺柱提升电路是给焊枪中的电磁线圈提供一个70~80V的直流电，接通时电磁力吸引衔铁从而提升螺柱，引燃电弧进入焊接；时序控制电路是由多个延时电路与继电器组成，作用是控制前述三个电路和引弧电路工作的顺序和延时。通过该时序控制电路使焊机输出得到如图3-7-7所示的控制时序和参数。

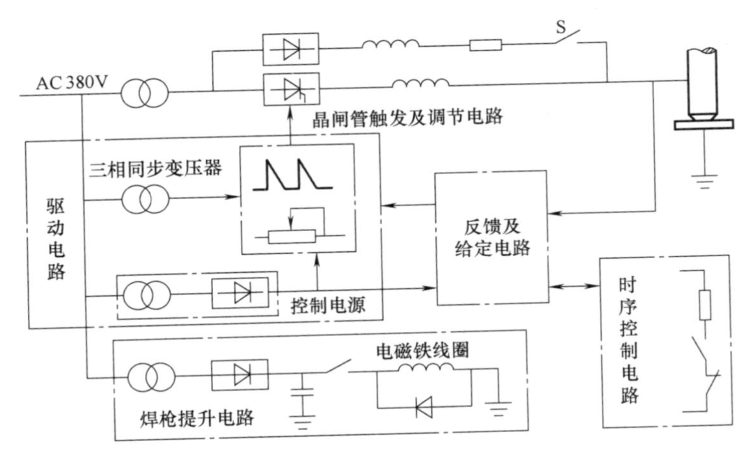

图3-7-6 电弧螺柱焊机的控制系统

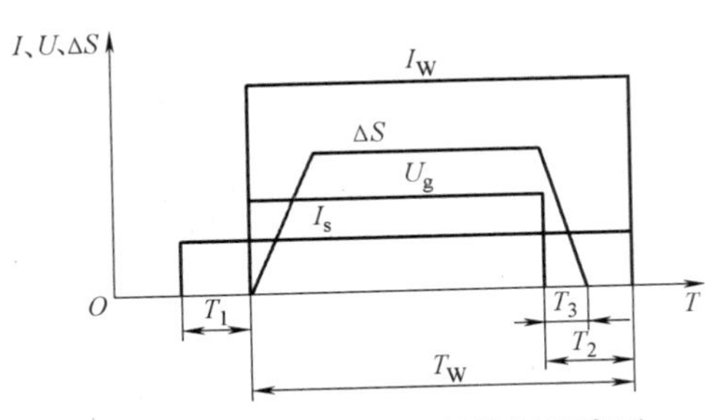

图3-7-7 电弧螺柱焊机的控制时序图

注：I_W 为焊接电流（25~2500A）；I_s 为引弧电流（10~50A）；U_g 为电弧电压（70~80V）；ΔS 为螺柱位移（1~5mm间调节）；

T_1 为引弧电流短路时间（5~10ms）；

T_2 为焊接电流短路延时时间（20ms±2ms）；

T_3 为有电顶锻时间（≤10ms）；

T_W 为焊接时间（100~5000ms内均匀可调）。

7.2.2 短周期拉弧式螺柱焊

1. 焊接过程及工艺特点

短周期拉弧式螺柱焊和瓷环拉弧式螺柱焊一样，焊接时要有短接→提升→焊接→顶锻等操作过程，区别在于焊接时对焊接电流进行了波形控制，使焊接周期大为缩短（小于100ms），从而不必再用瓷环或气体保护。图3-7-8所示为完成一个螺柱焊的工作循环。

（1）焊接过程及焊接参数

焊接过程大体上分如下步骤：

1）螺柱落下与焊件短路。启动焊枪开关，螺柱与焊件接触通电，构成短路。

2）螺柱提升，引燃小电弧（拉弧）。此时的电流很小，称为先导电流 I_P。利用小电弧清扫螺柱端面和焊件表面，也起到对待焊面预热的作用。

3）自动接通大电流，焊接电弧燃烧。此大电流称为焊接电流 I_W，使螺柱与焊件待接面进一步加热达到熔化温度。

4）螺柱落下浸入溶池（落钉）。焊枪电磁铁释放，螺柱落下与焊件短路，电弧熄灭。

5）有电顶锻，形成接头。此时有短路电流，利用焊枪内的弹簧压力使螺柱向焊件挤压，完成焊接。

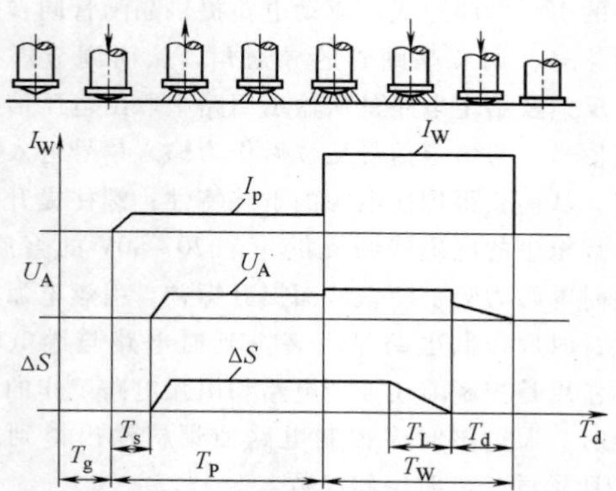

图 3-7-8　短周期螺柱焊焊接循环

注：I_P为先导电流（A）；I_W为焊接电流（A）；U_A为电弧电压（V）；ΔS为螺柱位移（mm）；T_g为焊枪延时时间（ms）；T_s为短路电流时间（ms）；T_P为先导电流时间（ms）；T_W为焊接电流时间（ms）；T_L为落钉时间（ms）；T_d为有电顶锻时间（ms）。

通常主要焊接参数控制在如下范围：拉弧时螺柱提升高度 ΔS 在 0.8～1.5mm 之间，一般取 1.2mm；先导电流 I_P（小电弧的电流）在 30～100A 之间，一般取 40A 左右；而焊接电流 I_W 比先导电流大很多，取决于螺柱直径，通常按 $I_W=100d$（单位为 A）确定，d 为螺柱焊端直径（单位为 mm）；先导电流时间 T_P（即小电弧燃弧时间）在 40～100ms 之间调节；焊接时间 T_W（即通大电流时间）在 5～100ms 之间，一般取 20ms，其中包括有电顶锻时间 T_d（约 5～10ms）；焊接一个周期总时间一般不超过 100ms，比瓷环保护螺柱焊所需总时间（约 100～2000ms）短，故被称为短周期螺柱焊。

（2）工艺特点

从上述焊接过程可看出如下工艺特点：

1）焊接时间比瓷环保护螺柱焊短十分之一到几十分之一，焊接时周围的空气还来不及侵入焊接区，焊接即已完成，故可以不采用瓷环或气体进行保护。

2）螺柱端面一般设计成外凸锥面，且有比螺柱直径略大的肩（法兰），前者是为了将焊接电弧稳定在端部中心，后者是为了增加接合面积使接头具有较大的承载能力。

常用的短周期拉弧螺柱焊的螺柱形状和尺寸均已标准化，详见 GB/T 902.4—2010《短周期电弧螺柱焊用焊接螺柱》、GB/T 10432.2—2016《短周期电弧螺柱焊用无头焊钉》及 ISO 13918：2017《焊接 电弧螺柱焊用螺柱和瓷环》。

3）螺柱直径 d 与被焊焊件壁厚 δ 之比（d/δ）可达 8～10，即比瓷环保护螺柱焊能焊更薄的板壁，最薄达 0.6mm。

4）由于焊接开始前有小电流电弧清扫焊件待焊表面，故可以焊接有涂层的金属板，如镀锌薄板等。

5）焊接电流经过波形调制，其幅值和时间可调，因而适用性广，并容易实现自动化焊接。

2. 焊接设备

短周期螺柱焊通常采用自动操作方式，设备一般包括电源、控制装置、送料机和焊枪等，其中电源和控制装置是装在同一箱体内的。

1）电源及其控制。短周期螺柱焊目前一般采用逆变器电源。这种电源可调制出不同大小的电流，分别为先导电弧和焊接电弧供电。先导电流 I_P 一般为 30～100A，先导电流时间 T_P 为 30～100ms，焊接电流 I_W 的调节范围为 200～1000A，焊接电流时间 T_W 为6～100ms。

2）焊枪和自动送料机。短周期螺柱焊用的焊枪有两种，手动焊枪和半自动（或自动）焊枪。焊枪的基本结构与瓷环保护螺柱焊所用的相似，也是由螺柱夹持机构、提升机构和弹簧压钉机构组成。手动焊枪需要装有接近开关，以保证只有当螺柱与焊件可靠接触时才能提取起动电压信号。半自动或自动焊枪是在手动焊枪的基础上多了一个装钉用的气缸。当螺柱在送料机中被压缩空气通过送料软管吹送到焊枪落钉槽中后，气缸活塞衔铁将螺柱推入导电夹中。此外，还有气路、送钉开关和送钉锁定开关等。

在进行半自动和自动焊接时，需配置螺柱自动送料机，其结构通常由滚筒装料器和分选器等组成。焊接时，滚筒旋转将螺柱送入滑动导轨，经分选器，由专供送料用的分离机构逐个送料，实现装载循环。根据螺柱直径的不同应配用不同的送料软管、软管离合器、导轨和分选器。

7.3　电容放电螺柱焊

利用电容器中的电能瞬时放电产生的电弧热来连接螺柱与焊件的方法，称为电容放电螺柱焊。根据引燃电弧的方式不同，分为预接触式电容放电螺柱焊、预留间隙式电容放电螺柱焊和拉弧式电容放电螺柱焊三种方法。

7.3.1　电容放电螺柱焊的焊接过程

1. 预接触式电容放电螺柱焊

焊前螺柱与焊件预先接触，然后通电，由电容器放电完成焊接。整个焊接过程如图 3-7-9a 所示，图 3-7-9b所示则是与焊接过程对应的焊接电流和电弧电压波形。为了增加接头承载能力，将螺柱焊接端设计成法兰状以增加接合面积，同时为了使电容放电顺利和加热均衡，在端面设计成凸锥，中心处设置一小凸台。其操作步骤如下：

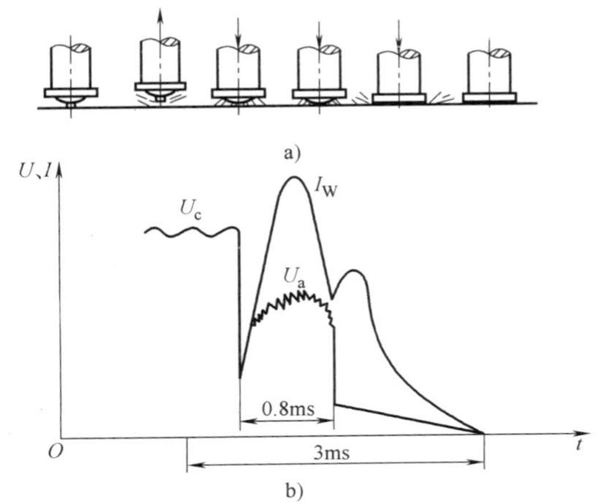

图 3-7-9　预接触式电容放电螺柱焊的焊接过程及焊接电流和电压波形图

注：U_c为空载电压；U_a为电弧电压；I_W为焊接电流。

1）定位，螺柱端部凸台与焊件接触。

2）按开关，电容放电，凸台熔化、汽化、形成电弧空间。

3）电弧发生，待焊面被加热熔化。

4）落钉，在焊枪弹簧压力作用下螺柱压向焊件，熄弧的同时熔化金属被挤出。

5）有电顶锻，实现金属再结晶连接。

6）焊接结束，焊枪提起。

由于电容放电是在瞬间完成，故整个焊接过程时间很短，为 2～3ms。这个时间比短周期螺柱焊短得多，所以焊接过程也不需任何保护。

2. 预留间隙式电容放电螺柱焊

焊前螺柱与焊件之间不接触，而是预留一定间隙，待通电后再接近焊件，电容器在接近焊件的瞬间即放电而完成焊接。整个焊接过程如图 3-7-10a 所示，图 3-7-10b 所示则是与焊接过程对应的焊接电流和电弧电压波形。所用螺柱及电源与预接触式电容放电螺柱焊相同。

预留间隙式电容放电螺柱焊的一般操作步骤如下：

1）定位。螺柱端部凸台对准焊件待焊部位。

2）提升螺柱。扣动焊枪扳机，自动提升 3～4mm 的间隙并接通电源。

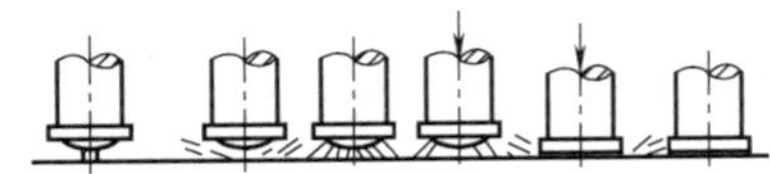

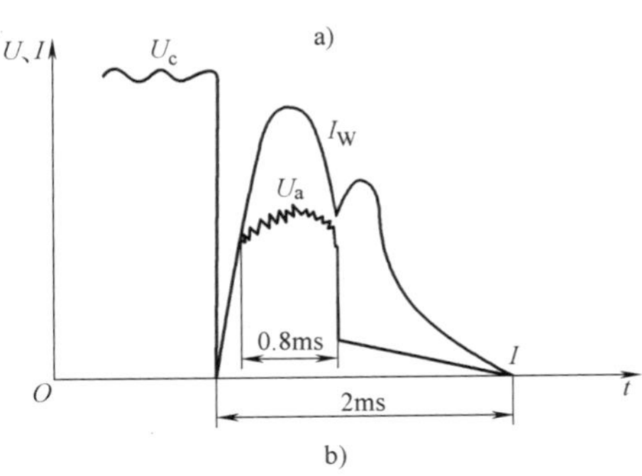

图 3-7-10　预留间隙式电容放电螺柱焊的焊接过程及焊接电流和电压波形图

注：U_c为空载电压；U_a为电弧电压；I_W为焊接电流。

3）落钉。带电螺柱下落，接近焊件时被高压场强引发电弧，对待焊面加热使之熔化。

4）短路。在焊枪弹簧压力作用下螺柱压向焊件，短路而熄弧。

5）有电顶锻。在短路电流条件下挤出熔化金属而实现金属再结晶连接。

6）焊接结束，焊枪提起。

上述过程从扣动扳机开始，到焊接结束，均由控制系统控制焊枪自动地完成。整个焊接过程的时间比预接触式电容放电螺柱焊还要短，为 1～2ms。

3. 拉弧式电容放电螺柱焊

焊接时的电弧可分为先导电弧和焊接电弧，先导电弧由整流电源供电，焊接电弧由电容器组供电。焊接过程与预接触式电容放电螺柱焊相似，均有提升螺柱引弧的动作，但螺柱待焊端无须设计小凸台，只需加工成锥形或略凸的球面。整个焊接过程如图 3-7-11a 所示，图 3-7-11b 所示则是相应焊接参数的时序。

焊接操作步骤如下：

1）定位，螺柱端部与焊件接触并通电。

2）提升螺柱起弧，这时的电弧为小电流的先导电弧，其先导电流 I_P 约为 30～100A，燃弧时间 T_P 约为 40～100ms，螺柱提升高度 ΔS 在 0.8～1.5mm 之间。

3）落钉、引燃大电弧，螺柱下降使小电弧长度减小导致电容器组放电而引燃大电弧（即焊接电弧）。

4）大电弧持续燃烧，对两待焊面加热使其熔化，时间为 4～6ms。

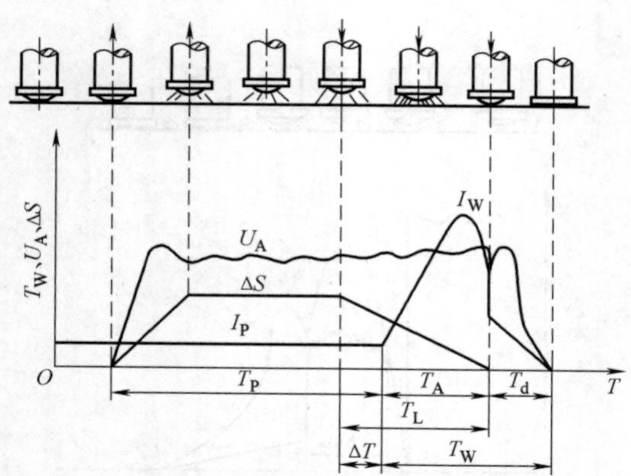

图 3-7-11　拉弧式电容放电螺柱焊的焊接过程及相应焊接参数的时序图

注：I_P为先导电流（A）；I_W为焊接电流（A）；U_A为电弧电压（V）；ΔS为螺柱位移（mm）；T_P为先导电流时间（ms）；T_L为落钉时间（ms）；ΔT为延时时间（ms）；T_A为焊接电弧燃烧时间（ms）；T_d为有电顶锻时间（ms）；T_W为焊接电流时间（ms）。

5）有电顶锻，在弹簧压力下螺柱继续下降与焊件接触短路而熄弧，进行有电（维持 3~5ms）挤压，实现再结晶连接。

6）焊接结束，焊枪提起。

与前述两种电容放电螺柱焊相比，整个焊接时间长很多（长达 100ms）。由于具有先导电弧的清扫和预热功能，因而扩大了螺柱焊的应用范围，如能对镀锌薄板进行焊接等。

7.3.2　电容放电螺柱焊的设备

电容放电螺柱焊的设备由电源、控制系统和焊枪三部分组成。电源和控制系统一般装在同一箱体内，有手提式和固定式两种，图 3-7-12 所示为手提式电容放电螺柱焊的全套设备。

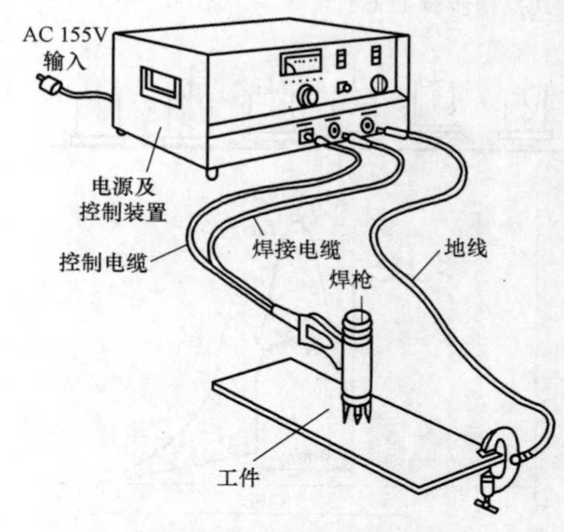

图 3-7-12　手提式电容放电螺柱焊的全套设备

1. 焊枪

焊枪由于电容放电螺柱焊的焊接程序不同，因此内部机构各异。

预接触式焊枪的结构简单，由螺柱夹持机构和将螺柱压入熔池的弹簧压下机构组成；预留间隙式焊枪则需增加提升螺柱的机构，通常是采用电磁线圈，施焊前线圈通电触发，使螺柱悬在焊件上方，施焊时线圈断电，由弹簧使螺柱压向焊件；拉弧式电容放电螺柱焊的焊枪内部结构与拉弧式电弧螺柱焊的焊枪相似，图 3-7-13 所示为拉弧式手持电容放电螺柱焊的焊枪结构。

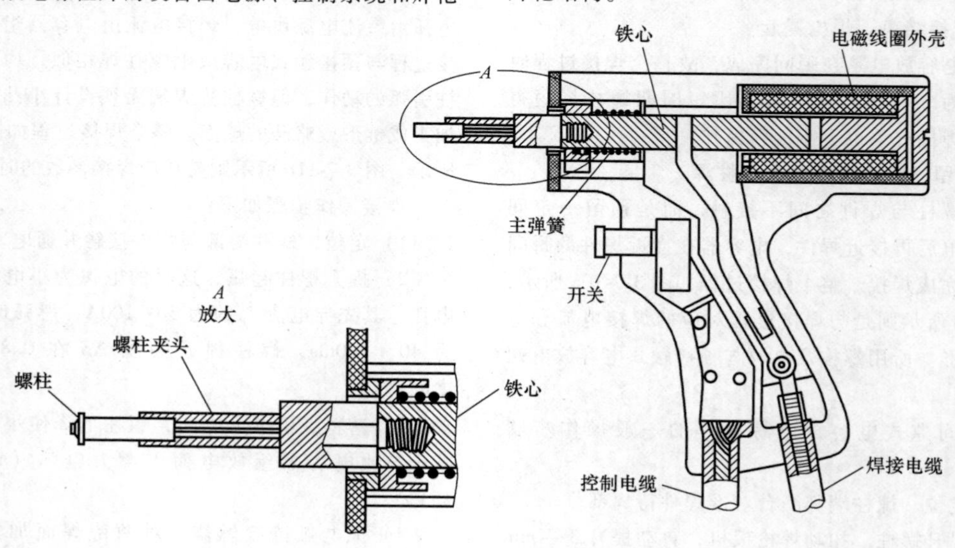

图 3-7-13　拉弧式手持电容放电螺柱焊的焊枪结构

2. 电源

预接触式电容放电螺柱焊和预留间隙式电容放电螺柱焊的电源是相同的，可以通用。由于工艺程序上的差别，所以只在控制程序和焊枪结构上有区别。电源主要由电容器的充电电路、充电电压调节电路、电容器的放电电路和复位电路等组成。输出参数主要有额定储存容量、电容电压调节范围等。

由于拉弧式电容放电螺柱焊焊接时的电弧是由先导电弧与焊接电弧两部分组成的，故需有两个电源供电。通常先导电弧由整流电源供给，而焊接电源则由电容器组供给。

7.3.3　电容放电螺柱焊的焊接工艺

电容放电螺柱焊对母材和螺柱待焊表面清理、装配和定位的要求与拉弧式螺柱焊相同，焊接钢质焊件时，采用直流正极性接法，即螺柱接负极、焊件接正极；而焊接铝和铜合金焊件时则采用直流反极性接法。

1. 螺柱的设计与制备

电容放电螺柱焊用的螺柱，其本体与前述的瓷环保护的或短周期的拉弧式螺柱焊的并无大的区别，区别仅在于焊接端头的设计上。预接触式和预留间隙式电容放电螺柱焊用的螺柱端部结构相同，都有直径比柱径大 1.5～2mm 的法兰，其目的是扩大连接面，因为焊接时间短，焊接处的缺陷经常占 30%～40%的法兰平面。同时为了使电容放电顺利和加热均衡，将端面设计成凸锥状，在中心处设置一小凸台。

常用的电容储能螺柱焊的螺柱形状和尺寸均已标准化，详见 GB/T 902.3—2008《储能焊用焊接螺柱》、GB/T 10432.3—2010《储能焊用无头焊钉》及 ISO 13918：2017《焊接 电弧螺栓焊用螺栓和瓷环》。

2. 焊接参数

电容放电螺柱焊的焊接质量取决于焊接能量，该能量由焊接时的放电电流和放电时间决定。而放电电流随充电电压而变化，放电时间由设备本身设定。

通常电容放电螺柱焊是根据螺柱材质、直径和所选定的焊接方法确定工艺要求，从而确定充电电压值。由于设备内电容器的容量已确定，所以调节好充电电压也就调节了焊接能量。螺柱直径越大，需要的放电电流也越大，则所需的充电电压值就越大。

当螺柱材质与直径相同时，不同的焊接方法所需的电流值也不相同，这和各种焊接方法的焊接时间有关。图 3-7-14 所示为将直径 6.4mm 的钢螺柱焊接到厚度为 1.6mm 的低碳钢板上时，三种焊接方法的电流与时间的关系。电流变化范围为 600～2500A，其中预接触式和预留间隙式的焊接电流为 2500～25000A，焊接时间为 3～6ms；拉弧式的焊接电流为 600～3000A，焊接时间约为 6～12ms。

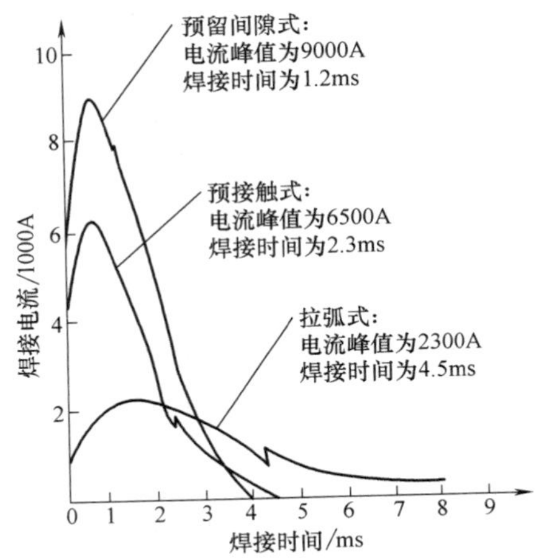

图 3-7-14　三种电容放电螺柱焊方法的电流与时间的关系

3. 焊接工艺要点

普通电容放电螺柱焊的焊接质量控制较电弧螺柱焊困难，因为既看不到电弧也听不到电弧的声音，而仅从焊后接头外观难以判断焊接质量。先进的焊接设备通常由计算机控制电容放电，可以通过螺柱焊机的测量和监视功能及时获得每个螺柱焊接质量的信息。用普通电容放电螺柱焊机焊接时，生产前应先进行焊接工艺评定，严格按照评定合格焊接工艺进行生产，并在生产过程中每隔一定时间抽检一次焊接质量。此外，还须注意以下几点。

1）螺柱形式。螺柱端有法兰，其直径比螺柱直径大 1.5～2mm，其目的是弥补由于焊接时间短常在焊接处产生的占 30%～40%法兰平面面积的缺陷。

2）螺柱长度。一般焊后约减少 0.5mm，这里不包括凸台高度和凸锥高度，故焊接缩短量少。

3）焊接时的定位。手动焊枪焊接的精度约在 ±1mm，数控自动螺柱焊机上的定位精度约在 ±0.2mm以内。

4）焊接位置。电容放电螺柱焊可在任何位置焊接，但在横焊或仰焊时，用稍小的落钉速度才能达到平焊的效果。

5）表面涂层。原则上焊前须将施焊部位的涂层彻底清除。因为带涂层的焊件焊时需较高的焊接能量，而高焊接能量焊接时可能破坏有涂层钢板的背面、引起焊接飞溅或由于涂层燃烧熏黑焊件表面。

对镀锌钢板，如果焊接时间太短，锌的烟雾和蒸气会在焊接熔化区内形成气孔，因此，当镀锌层厚度为 5μm 时，优先选用直接接触式电容螺柱焊。焊接镀层厚度为 15~25μm 的热镀锌钢板时，只有螺柱直径不大于 6mm 时才可用直接接触式电容螺柱焊，但接头的质量已不大稳定了。

若钢材表面有薄矿物油层，适当调节焊接参数仍能用电容放电螺柱焊；对具有铝阳极发蓝处理涂层或带聚合物固态有机涂层的钢板，则不宜用电容放电螺柱焊，因为前者绝缘不能引燃电弧，后者焊接时放出的氢易生成气孔。

6）表面印痕。在厚度小于 2mm 的不锈钢和铝板上焊接时，即使用电容放电螺柱焊也不可避免在背面产生焊接变形印痕。对 0.5~0.6mm 厚的钢板，焊后在背面螺柱中心线位置，会因熔化金属收缩产生一个凹坑。若厚度超过此值，就会在背面产生一个凸包，其大小取决于焊接时间和焊枪的弹簧压力。

7.4 螺柱焊材料的组合及其焊接性

由于在电容放电螺柱焊过程中两金属的连接面发生了熔化，因此宜按熔焊的原理来考察其焊接性。目前在焊接工程中常遇到的螺柱和母材所用的材料，主要是普通结构钢、奥氏体不锈钢和耐热钢及其组合。还有部分是有色金属，其中主要是铝及其合金和铜及其合金等。由于工程的需要，螺柱焊时螺柱和母材可能是同种金属相焊，也可能是异种金属相焊，显然焊接后者比前者要困难得多，不同的螺柱焊接方法，由于操作工艺不同，就会对不同的金属组合表现出不一样的适应性。

ISO 14555：2017《焊接 金属材料的电弧螺柱焊接》把制作螺柱的钢材分成结构钢、耐热钢和奥氏体不锈钢三类，其化学成分见表 3-7-4；而制作螺柱的有色金属（目前只有铝合金和铜合金）的化学成分见表 3-7-5。

螺柱焊用母材分成若干组，其中 1、2、3、4、9、21 和 22 组的化学成分与性能列于表 3-7-6。

再根据不同材料的螺柱与不同组别的母材进行各种可能组合，并给出这些组合焊接性的评价。对用于瓷环或气体保护和短周期的拉弧螺柱焊的螺柱材料与母材典型组合的焊接性见表 3-7-7；对用于电容放电螺柱焊的螺柱材料与母材典型组合的焊接性见表3-7-8。

注意，不在表 3-7-7 和表 3-7-8 内的螺柱材料和母材组合的焊接性，应根据结构设计要求通过工艺试验确定。

表 3-7-4 钢螺柱的化学成分

类别	型号	化学成分(质量分数,%)								
		C	Si	Mn	P	S	Cr	Mo	Ni	其他
结构钢	Q235	≤0.17	≤0.03	≤1.4	≤0.045	≤0.045	—	—	—	N≤0.07
	16Mo3	0.12	0.35	0.4/0.9	0.025	0.025	—	0.25~0.35	—	Cu≤0.3 Al≤0.5
耐热钢	X10CrA118	0.12	0.8~1.5	1.0	0.04	0.03	17~19	—	—	Al:0.7
	X10CrA124	0.12	0.7~1.4	1.0	0.04	0.03	23~26	—	—	Al:0.7
	X10CrNiSi25-4	0.1~0.2	0.8~1.5	2.0	0.04	0.03	24~27	—	3.5~5.5	—
奥氏体不锈钢	X5CrNi18-10	0.07	1	2	0.045	0.03	17~19	—	8.5~10.5	—
	X5CrNi18-12	0.07	1	2	0.045	0.03	17~19	—	11~13	—
	X5CrNiMo17-12	0.07	1	2	0.045	0.03	16.5~18.5	—	10.5~13.5	—
	X6CrNiTi18-10	0.08	1	2	0.045	0.03	17~19	—	9~12	Ti>5 w(C)≤0.8
	X6CrNiMoTi 17-12-2	0.08	1	2	0.045	0.03	16.5~18.5	—	10.5~13.5	Ti>5w(C)≤0.8

注：表中钢的型号为德国工业标准欧洲标准（DIN EN）的型号。

表 3-7-5 有色金属螺柱的化学成分

螺柱材料	化学成分(质量分数,%)								
	Si	Fe	Cu	Mn	Mg	Cr	Zn	Al	杂质
ISO 290-1 AlMg3	0.04	0.04	0.10	0.50	2.6	0.30	0.20	其余	—
ISO 290-1 AlMg5	0.04	0.05	0.10	0.10/0.60	4.5	0.20	0.20	其余	—
ISO 290-1 Al99.5	0.25	0.04	0.05	0.05	0.05	—	0.07	99.5	—
ISO 290-1 CrZn37	—	—	60.5	—	—	—	—	—	0.5

注：表中材料型号为 ISO 标准的型号。

表 3-7-6 母材各组的成分与性能

材料组别	材料的成分与性能
组 1	普通结构钢，保证最小屈服强度 $R_{eL} \leq 360MPa$，材料的 $w(C) \leq 0.20\%$、$w(Si) \leq 0.60\%$、$w(Mn) \leq 1.6\%$、$w(P) \leq 0.045\%$、$w(S) \leq 0.045\%$、$w(Mo) \leq 0.70\%$
组 2	正火或热处理的细晶粒钢，保证最小屈服强度 $R_{eL} > 360MPa$
组 3	热处理细晶粒结构钢，保证最小屈服强度 $R_{eL} > 500MPa$
组 4	钢材，$w(Cr)$ 最大为 0.75%、$w(Mo)$ 最大为 0.6%、$w(V)$ 最大为 0.5%
组 9	奥氏体不锈钢
组 21	纯铝，杂质的最大质量分数为 1.5%
组 22	非热时效硬化 AlMg 合金，$w(Mg) \leq 3.5\%$

表 3-7-7 用于瓷环或气体保护和短周期拉弧螺柱焊的螺柱材料与母材典型组合的焊接性

螺柱材料种类	母材组别			
	组 1 和组 2③	组 3 和组 4	组 9	组 21 和组 22
结构钢	1	2	2②	0
耐热钢	3	3	3	0
奥氏体不锈钢	2①	2	1	0
铝及其合金	0	0	0	2

注：0 为不适合焊接；1 为高焊接性，用于任何用途，如力传递；2 为用于力传递，但焊接性受限制；3 为仅用于热传递，但焊接性受限制。

① 螺柱直径到 10mm 为止，且用保护气体在平焊位置焊接。

② 仅用于短周期拉弧螺柱焊。

③ 最大屈服强度 $R_{eL} > 460MPa$。

表 3-7-8 电容放电螺柱焊的螺柱材料与母材典型组合的焊接性

螺柱材料	母材				
	组 1、2、3、4 和 $w(C) \leq 0.30\%$ 的碳素钢	组 1、2、3、4 和镀锌以及金属镀层钢板，镀层厚度最大为 25μm	组 9	铜和铜合金（如 CuZn37）	组 21 和组 22
S235	1	2	1	2	0
1.4301 1.4303	1	2	1	2	0
CuZn37	2	2	2	1	0
Al99.5	0	0	0	0	2
AlMg3	0	0	0	0	1

注：表中焊接性数字符号的含义同表 3-7-7。表中材料型号为 ISO 标准的型号。

7.5 螺柱焊方法的选择与应用

7.5.1 螺柱焊方法的选择

为了正确地选择与使用螺柱焊，必须考虑这种工艺方法的基本特点和它的适用范围。

1. 螺柱焊的优点和局限性

（1）优点

1）焊接时间短，不需填充金属，生产率高；热输入小，焊缝金属和热影响区窄，焊接变形很小，焊后不需修整，通常背面没有印痕。

2）只需单面焊，还可以全位置焊。安装组件时，不必钻孔、攻螺纹或铆接。

3）可以焊接小螺柱和薄母材，可进行异种金属焊接，也可把螺柱焊到有金属涂层的母材上。如电容放电拉弧螺柱焊和短周期拉弧螺柱焊都具有清除金属表面涂料层的效果。

4）对焊件的清理要求不是很高。若用短周期螺柱焊和电容放电螺柱焊焊接非铁金属和不锈钢等，不必采用瓷环或气体保护，节约成本。

（2）局限性

1）螺柱的形状和尺寸受焊枪夹持、电源容量和焊接位置等因素限制，螺柱底端尺寸受母材厚度限制。

2）焊后只能从外观来判断焊接质量，无法进行内部检测。

3）目前能相互焊接的金属材料还很有限。

2. 不同螺柱焊接方法之间的比较

根据前述各种螺柱焊接方法的基本特征，在表 3-7-9 中归纳了它们之间的主要区别，据此再结合现实条件就能选择出最为合适的螺柱焊接方法。

3. 选择螺柱焊方法的要点

在选择过程中比较关键的是必须根据被焊焊件的厚度、材质和紧固件（螺柱）的尺寸等因素综合考虑。

（1）螺柱直径 d

螺柱直径大于 8mm 的一般是受力接头，适合采用电弧螺柱焊的方法来焊接。虽然电弧螺柱焊可以焊直径为 3~30mm 的螺柱，但当螺柱直径在 8mm 以下时采用其他焊接方法焊接，如电容放电螺柱焊或短周期螺柱焊更为合适。

表 3-7-9 各种螺柱焊接方法之间的区别

焊接方法		焊接过程	螺柱直径 d/mm	峰值电流/A	焊接时间 /ms	焊缝与熔深	螺柱端部制备	保护方法	电源要求	可焊材料	板面镀锌层	最小板厚 /mm
拉弧式螺柱焊	瓷环或气体保护螺柱焊	短接，起弧后加压	3~25	3000	100~2000	焊缝厚，熔深大	球锥状或带引弧结	用瓷环或保护气体	焊接整流器	碳素钢、不锈钢、铝合金	不可焊	瓷环焊为 $d/4$，气体焊为 $d/8$，但不小于 1mm
	短周期螺柱焊	先引燃小电弧，后引燃大电弧再加压	3~12	1500	5~100	焊缝薄，熔深浅	有法兰的球锥状	无保护或气体保护	焊接整流器	钢铁材料	镀锌层厚度为 15~25μm 的可焊	$d/8$，但不小于 0.6mm
电容放电螺柱焊	预接触式电容放电螺柱焊	先接触，通电起弧后加压	钢 3~8 铝 2~6	10000	1~3	焊缝薄，熔深很浅	有法兰的球锥状，顶有小凸台	无保护	电容储能器	钢铁材料、铝	镀锌层小于等于 5μm 的可焊	$d/10$，但不小于 0.5mm
	预留间隙式电容放电螺柱焊	先通电，落钉起弧后加压	钢 3~8 铝 2~6	10000	1~3	焊缝薄，熔深很浅	有法兰的球锥状，顶有小凸台	无保护	电容储能器	钢铁材料、铝	镀锌层小于等于 5μm 的可焊	$d/10$，但不小于 0.5mm
	拉弧式电容放电螺柱焊	拉起，引燃小电弧，放电转为大电弧后加压	钢 3~8	5000	3~10	焊缝薄，熔深很浅	有法兰的球锥状，顶无小凸台	无保护	焊接整流器和电容储能器	钢铁材料、铝、铜	镀锌层为 15~25μm 的可焊	$d/10$，约 0.5mm

（2）焊件厚度 δ

焊件厚度 δ 和螺柱直径 d 有个比例关系，对于电弧螺柱焊，$d/\delta=3\sim4$，对于电容放电螺柱焊和短周期螺柱焊这个比例可达 8～10，所以当板厚在 3mm 以下时最好采用电容放电螺柱焊或短周期螺柱焊，而不宜采用电弧螺柱焊。

（3）材料性质

对于碳素钢、不锈钢及铝合金，电弧螺柱焊、电容放电螺柱焊及短周期螺柱焊都可以焊接，但对于铝合金、铜合金及涂层钢板或异种金属材料最好选用电容放电螺柱焊。电容放电螺柱焊有三种焊接方法，选用时要注意，它们对不同金属材料适应的程度略有区别。

1）预接触式焊接法仅适用于移动式设备，而且主要用于焊接碳素钢和把碳素钢螺柱焊到镀层钢板上。

2）预留间隙式焊接法适用于手提式或固定式设备，可用于焊接碳素钢、不锈钢、铝合金，以及异种金属材料。在焊接铝合金的过程中可以不用惰性气体保护。

3）拉弧式焊接法所能焊接的材料和预留间隙式相同，但螺柱待焊端不需特制凸台，此法最适用于带自动送料系统的批量焊接，但焊接铝及其合金时需要惰性气体保护。

4）对于厚度在 1.0mm 以下的薄板，若要求焊后背面没有凸痕，则只有预留间隙式焊接法可以做到。

7.5.2　螺柱焊的应用

螺柱焊只能用于棒料（螺柱）垂直于板件的 T 形连接。适用于螺柱焊的螺柱种类很多，它包括螺柱紧固件、普通销钉和开口销钉、内螺纹紧固件、扁头紧固件，以及各种镦粗的销钉。螺柱可作为夹样器、固定器、导热元器件、绝缘支撑，以及其他用于紧固用途的零件来使用。

在钢甲板上或框架上安装木制地板，在储罐及其他容器内固定衬里或保温层，人孔盖的卡紧等情况下均需要采用螺柱。高炉、铁合金炉内各种锚固件的焊接，桥式起重机导轨压板螺柱焊接，大型建筑钢结构上为制造钢筋混凝土而需的 T 形钉的焊接，电力变压器上盖压紧螺柱，船舶、桥梁等一些紧固螺栓和埋设件，原子能电站反应堆钢壳圆柱螺钉等也需要采用螺柱焊。

螺柱焊还可将手柄和支脚紧固在器具上，用于建筑（泥瓦）工具的抹子、压子或砌铲等工具的制造。电容放电螺柱焊还用于固定铭牌、电子仪器面盘和汽车装潢的压制等。

第4篇

电阻焊方法及设备

第1章　电阻焊基础

1.1　概述

电阻焊是将焊件组合后通过电极施加压力，利用电流流过接头的接触面及邻近区域产生的电阻热进行焊接的一种方法。

电阻焊有两大显著特点：一是焊接的热源是电阻热，故称为电阻焊；二是焊接时需施加压力，故属于压焊。

1.1.1　电阻焊的分类

1. 按工艺特点分类

按工艺特点分，电阻焊有点焊、凸焊、缝焊、电阻对焊和闪光对焊五类。图4-1-1所示为这五类电阻焊的原理。

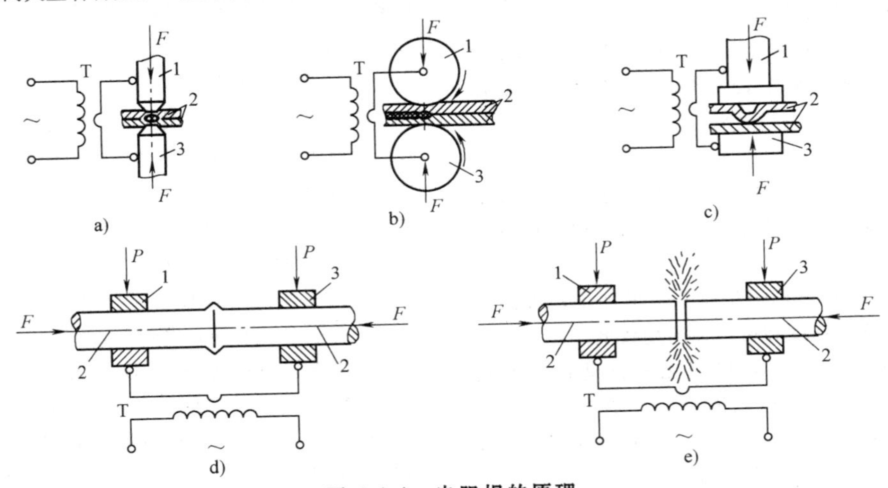

图4-1-1　电阻焊的原理

a）点焊　b）缝焊　c）凸焊　d）电阻对焊　e）闪光对焊

1、3—电极　2—焊件

F—电极压力（顶锻力）　*P*—夹紧力　T—电源（变压器）

2. 按接头形式分类

按接头形式可把电阻焊归纳为搭接接头电阻焊和对接接头电阻焊两大类。点焊、凸焊和缝焊属于搭接接头电阻焊，电阻对焊和闪光对焊属于对接接头电阻焊。

根据上述两种分类法，便可综合为图4-1-2所示的电阻焊的分类。

3. 按焊接电流种类分类

按电阻焊使用的电流分，有交流电阻焊、直流电阻焊和脉冲电阻焊三类。交流电阻焊又分为工频交流电阻焊、低频交流电阻焊、中频交流电阻焊和高频交流电阻焊等几种。应用最多的是工频（50Hz）交流电阻焊；低频交流电阻焊使用3~10Hz的交流，主要用于大厚度或大断面焊件的点焊和对焊；中频交流电阻焊使用150~300Hz的交流；高频交流电阻焊使用2.5~450kHz的交流，中频、高频交流电阻焊通常都用于焊接薄壁管。

直流电阻焊使用二次侧整流的直流电源，这样可以用小的功率焊接较厚大的焊件，具有节能等技术经济效果。

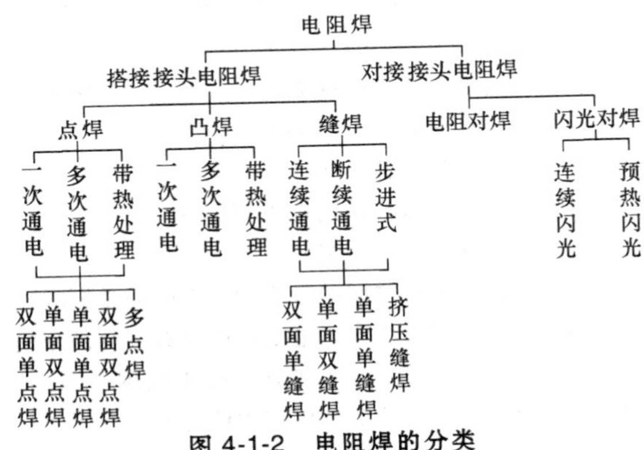

图4-1-2　电阻焊的分类

脉冲电阻焊有电容储能焊和直流脉冲焊（又称直流冲击波焊）等。其特点是通电时间短、电流峰值高、加热和冷却很快，因此适于导热性好的金属，如轻金属和铜合金的焊接。

1.1.2　电阻焊的优缺点

1. 优点

1）两金属是在压力下从内部加热完成焊接的，无论是熔核的形成过程还是结合面的形成过程，其冶金问题都很简单。因此，焊接时无须焊剂或气体保护，也不需要使用焊丝、焊条等填充金属，便可获得质量较好的焊接接头，其焊接成本低。

2）由于热量集中，加热时间短，故热影响区小，变形和应力也小。通常焊后不必考虑矫正或热处理。

3）操作简单，易于实现机械化和自动化生产，无噪声及烟尘，劳动条件好。

4）生产率高。在大批量生产中，电阻焊可以与其他制造工序一起编到组装生产线上，只有闪光对焊因有火花喷溅需要做适当隔离。

2. 缺点

1）目前尚缺乏可靠的无损检测方法，焊接质量只能依靠工艺试样和破坏性试验来检查，以及依靠各种监控技术来保证。

2）点焊和缝焊需用搭接接头，增加了构件的自重，其接头的抗拉强度和疲劳强度均较低。

3）设备功率大，而且机械化和自动化程度较高，故设备投资大，维修较困难。大功率焊机（可达 1000kVA）对电网影响大，若是单相交流焊机，则对电网的正常运行有不利的影响。

1.2　电阻焊的热量及其影响因素

1.2.1　电阻焊的热量

电阻焊时，电流通过焊件产生的热量由式（4-1-1）确定：

$$Q = I^2 Rt \tag{4-1-1}$$

式中　Q——产生的热量（J）；

I——焊接电流（A）；

R——两电极之间的电阻（Ω）；

t——通电时间（s）。

焊接电流、两极之间的电阻和通电时间是影响电阻焊热量大小的三大因素。电阻热中仅有一少部分用来形成焊缝（焊点），而大部分散失于周围金属中。形成一定体积的焊缝所需的电流大体与通电时间的平方根成反比，因此如果通电时间很短，则焊接所需的电流就非常大。

两电极之间的电阻 R 随着焊接方法不同而不同。例如，点焊的电阻 R 是由焊件本身电阻 R_w、它们之间的接触电阻 R_c，以及电极与焊件之间的接触电阻 R_{cw} 组成，如图 4-1-3 所示。即

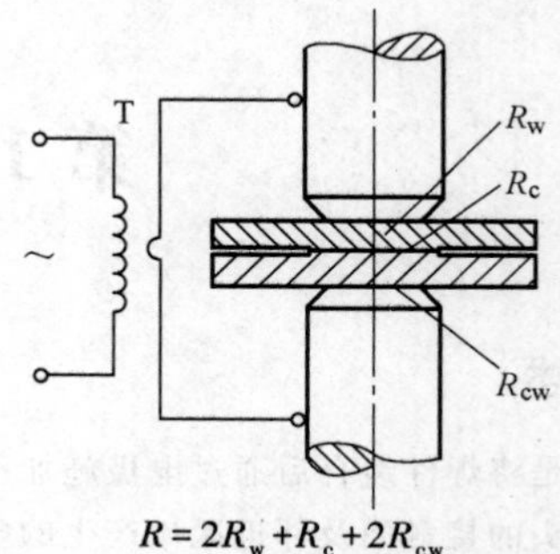

图 4-1-3　点焊时电阻的分布

1.2.2　影响焊接热量的因素

1. 电阻

（1）焊件的电阻值 R_w

对于点焊，焊件的电阻值 R_w 就是电流流经两电极直径所限定的金属圆柱体内的电阻，该电阻和焊件厚度、材料的电阻率成正比，与电极和焊件间接触面的直径的平方成反比。当焊件和电极确定后，电阻 R_w 就取决于焊件材料的电阻率。

各种金属材料的电阻率与温度有关，如图 4-1-4 所示。随着温度升高，电阻率也增大，而且金属熔化时的电阻率比熔化前还高；另一方面，随着温度的升高金属塑性变形更加容易，其压溃强度降低，使焊件与焊件、焊件与电极之间的接触面积增大，从而导致焊件电阻减小。于是，在焊接过程中，焊件的电阻实际上是按图 4-1-5 所示的曲线变化的，即开始时增加，然后又逐渐下降。对于铝合金，这种变化并不明显，说明焊接铝合金时，R_w 的作用不大，而主要是焊件之间的接触电阻 R_c 起作用。

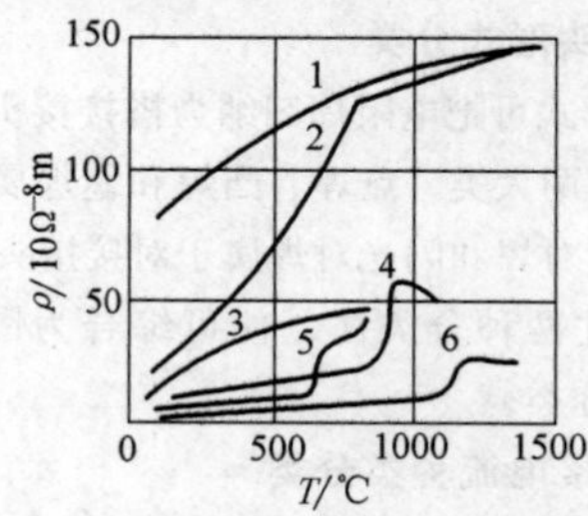

图 4-1-4　金属的电阻率 ρ 与温度 T 的关系

1—不锈钢　2—低碳钢　3—镍　4—黄铜　5—铝　6—纯铜

（2）焊件间的接触电阻 R_c

两平面接触时，从微观看都只能在个别凸出点上发生接触，电流需沿这些接触点通过，电流流线在该点附近产生弯曲，于是构成了接触电阻；另一方面，焊件和电极表面有高电阻率的氧化物或油污层，也使电流受到阻碍，也构成接触电阻，而过厚的氧化物或油污层甚至不能通过电流。

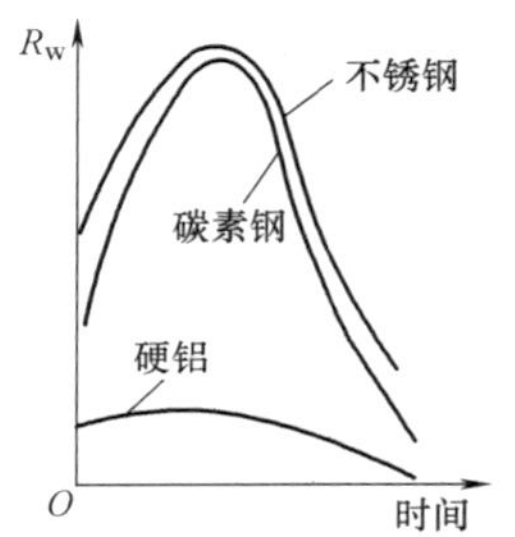

图 4-1-5　焊接过程中焊件电阻的变化曲线

接触电阻的大小与电极压力、材料性质、表面状态及温度有关。随着电极压力的增大，焊件表面凸点被压溃，氧化膜也被破坏，接触点数量和面积随之增加，于是接触电阻相应减小。

若材质较软，则压溃强度低，接触面增加，也使接触电阻减小。表面状态除上述有氧化物等存在改变了接触电阻外，表面加工的粗糙程度也影响着接触电阻。表面越粗糙，则凸点越少，于是接触面积越小，导致接触电阻越大。因此，焊件表面质量的稳定性就影响着接触电阻的稳定性。

在焊接过程中，随着温度升高，接触点的金属压溃强度逐渐下降，接触面积急剧增加，接触电阻将迅速下降。对钢焊件而言，当温度为 873K 时，对铝合金而言，当温度为 623K 左右时，其接触电阻几乎完全消失。所以，除闪光对焊外，其他电阻焊接方法的接触电阻在焊接过程中随温度升高而很快消失。如果在常规焊接条件下进行点焊，其接触电阻产生的热量与总热量之比不超过 10%，即占熔核形成所需热量的比例不大，但在很短的时间内完成的点焊，如电容储能点焊，接触电阻对于产生的热量起着决定性作用。在这种情况下，保持接触电阻的稳定十分重要，所以必须保证焊件表面准备良好。

(3) 电极与焊件间的接触电阻 R_{cw}

电阻 R_{cw}的存在对焊接不利。若 R_{cw}过大，容易使焊件和电极间过热而降低电极的使用寿命，甚至使电极和焊件接触表面被烧坏。由于电极材料通常使用铜合金，其电阻率和硬度一般都比焊件小，所以 R_{cw} 比 R_c 小，（一般可按 $R_{cw} \leqslant \frac{1}{2}R_c$ 估算），对于点焊，R_{cw}对熔核的形成影响很小。

(4) 点焊过程的动态电阻

电阻焊时影响焊接区电阻的因素很多，错综复杂，而且在焊接过程中，焊件与焊件、焊件与电极的接触状态、焊接温度场及电场都在不断地变化，也会引起焊接区的电阻不断变化。

描述焊接过程中电阻变化的曲线称为动态电阻曲线，图 4-1-6 所示为低碳钢点焊的动态电阻曲线。从图 4-1-6 中可以看出，焊接开始时，接触电阻较大，随着焊接区加热温度的升高，接触面积增大，使接触电阻减小，其作用远大于电阻率增大的影响。所以，曲线迅速下降，直到 A 点。随着温度的升高，材料塑性增加，这时接触电阻的作用为次要，电阻率随温度升高而增大起主导作用，于是电阻上升，直到 B 点。随着温度进一步上升，熔核的出现、长大，导电面积增大，又使电阻有所下降，并渐趋平稳。

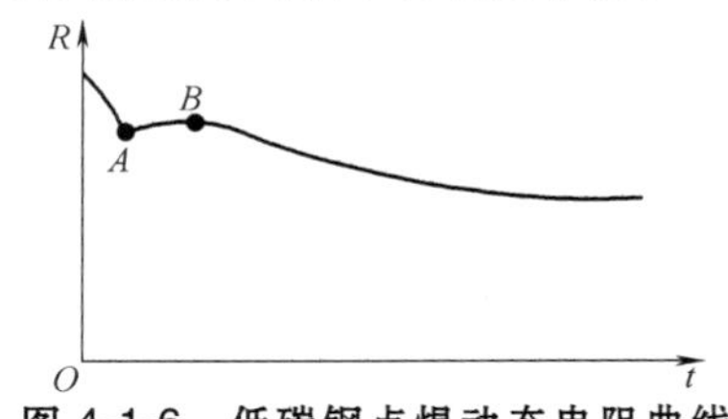

图 4-1-6　低碳钢点焊动态电阻曲线

点焊的动态电阻标志着焊接区加热和熔核长大的特征，故常用来作为监控焊点质量的物理参量。

2. 焊接电流

电阻焊的焊接电流对产生热量的影响比电阻和通电时间都大（与电流的二次方成正比），因此是必须严格控制的重要参数。引起电流变化的原因主要是电网电压波动和弧焊变压器二次回路阻抗的变化，这是由于回路的几何形状变化，或在二次回路中引入了不同量的磁性金属。对于阻焊整流器，二次回路阻抗的变化对电流无明显影响。

随着焊接电流的增大，点焊熔核尺寸和接头的抗剪强度将增大，图 4-1-7 所示为典型焊点接头抗剪强度与焊接电流的关系。图 4-1-7 中的 AB 段相当于未熔化焊接，BC 段相当于熔化焊接。接近 C 点，抗剪强度增加缓慢，说明电流的变化对抗剪强度影响较小，故点焊时应选用接近 C 点的焊接电流；超过 C 点后，由于出现飞溅或焊件表面压痕过深，抗剪强度明显下降。电流过大还会导致母材过热、电极迅速损耗等。

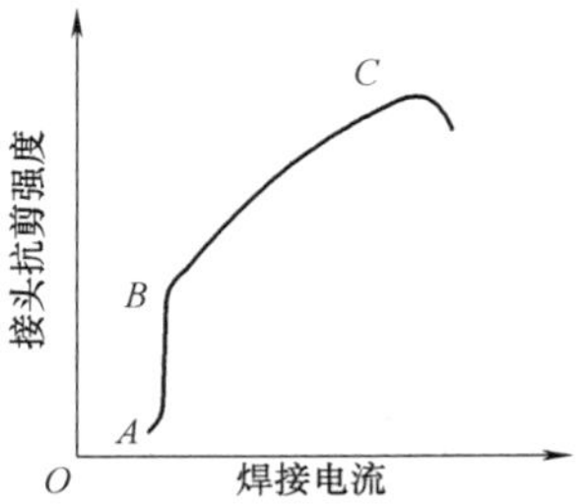

图 4-1-7　焊点接头抗剪强度与焊接电流的关系

除电流总量外，电流密度对加热也有显著影响。增大电极接触面积，或凸焊时凸点尺寸过大，都会降低电流密度和焊接热量，从而使接头强度下降。反之，电流密度过大，将导致焊缝金属飞溅，导致空腔、焊缝开裂及力学性能降低等后果。

3. 通电时间

电阻点焊时，为了保证熔核尺寸和熔核强度，焊接时间和焊接电流在一定范围内可以互为补充，总热量既可通过调节电流来改变，也可通过调节焊接时间来改变。为了获得一定强度的熔核，可以采用大电流和短时间，即所谓硬规范；也可以采用小电流和长时间，即所谓软规范。在生产中，选用硬规范还是软规范，取决于金属的性质、厚度和所用焊接电源的功率。例如，点焊导热性好的铝合金，若采用小电流和长时间，则产生的热量可能大部分被传向周围而无法成核。因此，一定厚度的特定金属可用的焊接电流和通电时间有上、下限限值，超过限值将无法形成合格的熔核。

4. 电极压力

电极压力过大或过小都会使接头强度降低。电极压力过大，引起界面接触面积增大，总电阻和焊接电流密度减小，所以熔核强度总是随电极压力的增大而降低。为了使焊接热量达到原有水平，保持熔核强度不变，在增大电极压力的同时，也适当增大焊接电流或延长焊接时间以弥补电阻减小的影响。若电极压力过小，将引起金属飞溅，也会引起熔核强度下降。在确定电极压力时，还必须考虑到备料或装配质量，如果焊件已经变形，以致焊接区不能紧密接触，则需采用较高的电极压力以克服这种变形。

5. 其他因素的影响

（1）电极形状及其材料

电极的接触面积决定着电流密度和熔核的大小，电极材料的电阻率和导热性关系着热量的产生和散失。电极必须有合适的强度和硬度，不至于在反复加压过程中发生变形和损耗，使接触面积加大，接头强度下降。

（2）焊件表面状况

焊件表面上带有氧化物、铁锈或其他杂质等不均匀覆层时，会因接触电阻的不一致，各个焊点产生的热量就会不一致，从而引起焊接质量的波动。所以，焊前彻底清理待焊表面是获得优质焊接接头的必备条件。

（3）金属成分

被焊金属的电导率直接影响焊接时的电阻加热。高电导率的金属即使在很高电流密度下产热也很少，而且会迅速传到周围母材和电极中去。金属成分决定了自身的比热容、熔点、熔化潜热和热导率，这些特性与熔化金属和随后形成焊缝所需的热量有关，将单位质量的金属加热至熔化所需的热量对大多数金属几乎是一样的。例如，不锈钢和铝，两者点焊特性差别很大，但加热到熔点时每千克金属所需热量相同，而铝的电导率和热导率差不多是不锈钢的 10 倍，因此铝向周围母材和电极散热比不锈钢多，焊接铝所需电流要比焊接不锈钢大得多。

1.3　热平衡及温度分布

1.3.1　热平衡

点焊时，焊接所产生的热量一部分用来加热焊接区金属，形成足够尺寸的熔核；另一部分用来补偿向周围物质传导、辐射的热损失，以形成焊接过程的动态热平衡。其平衡方程为

$$Q = Q_1 + Q_2 \tag{4-1-2}$$

式中　Q——产生总热量；

Q_1——形成熔核的有效热量；

Q_2——损失的热量，包括电极散失热量和向焊接区周围散失热量。

有效热量 Q_1 可用式（4-1-3）表示：

$$Q_1 = Vc\gamma(T-273) \tag{4-1-3}$$

式中　V——焊接区的体积（mm^3）；

c——焊接金属的比热容 $[J\cdot(g\cdot K)^{-1}]$；

γ——焊接金属的密度（$g\cdot mm^{-3}$）；

T——焊接区的平均温度（K）。

从式（4-1-2）和式（4-1-3）中看出，焊接区所需热量与加热时间无关，仅与焊件几何尺寸和金属材料的物理性能有关。但是通过热传导向焊接区周围和电极散失的热量不仅与焊件的几何尺寸和物理性能有关，还与焊接时间有关，如图 4-1-8 所示。

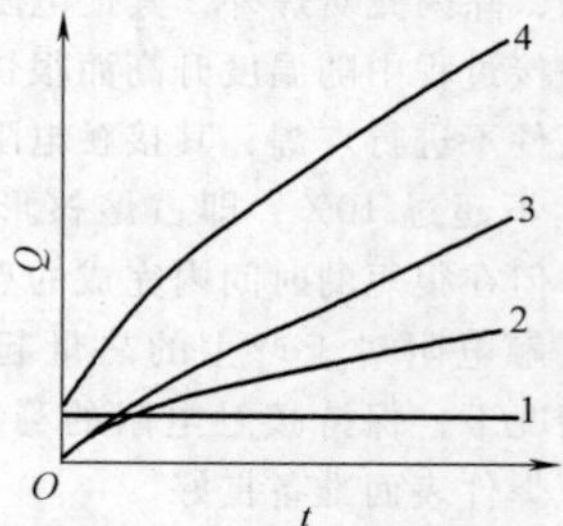

图 4-1-8　点焊热量分配与焊接时间的关系

1—加热焊接区所需热量　2—焊接区向周围散发热量　3—电极散发热量　4—总热量 Q

粗略估算，有效热量 Q_1 占总热量 10%~30%，铝、铜等导热性好的金属仅占 10%左右，导热性略差的金属，如低碳钢等，所占比例会高些。焊接时，Q_1 必须得到保证，这是获得应有熔核强度的必要热量。

向熔核周围金属传导的热损失，随金属材料热导率不同而不同，一般占总热量的 20%左右。向电极传导的热损失一般占总热量的 30%~50%，是热量损失最多的部分。这部分热损失与电极材料、形状及冷却条件有关，也和焊接条件有关，用强条件（即硬规范）比弱条件（即软规范）焊接的热损失少。由焊件表面辐射的热损失很小，一般不超过总热量的 5%。

1.3.2　温度分布

焊接区的温度场是产热与散热综合的结果，点焊的温度分布如图 4-1-9 所示。轴向温度梯度较大，最高温度总是在焊接区中心处，其原因是焊件接触面上的电阻大，电流集中、密度大，吸热强烈，而且远离电极，散热条件最差。当该处温度超过被焊金属熔点 T_m 时，部分便形成熔化核心，熔核中熔化金属强烈搅拌，使熔核温度和成分均匀化，限制了熔核内部的温升。一般熔核温度比金属熔点 T_m 高 300~500K。由于电极散热作用，熔核沿轴向成长速度慢于径向成长速度，故呈椭球状。焊件与电极接触表面的温度通常不超过 $(0.4 \sim 0.6)T_m$。

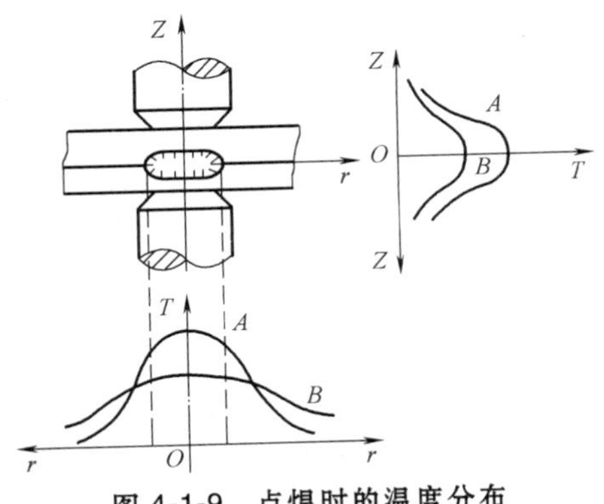

图 4-1-9　点焊时的温度分布

A—焊钢时　*B*—焊铝时

缝焊的温度分布与点焊略有不同，由于熔核不断形成，对已焊部位起到后热作用，对未焊部位起到预热作用，故温度分布要比点焊平缓；又因已焊部位有分流加热，以及盘状电极离开后散热条件变坏，故沿焊件前进方向的温度分布有前后不对称性，即刚从盘状电极下离开的一方温度较高。焊接速度越快，这种不对称性越明显。采用强条件（硬规范）或步进式缝焊，能改善此现象，已接近点焊的温度分布。温度分布曲线越平缓，接头热影响区越大，焊件表面易过热，电极越易磨损。因此，在焊接功率允许条件下宜采用强条件焊接。

1.4　焊接循环

在电阻焊过程中，完成一个焊点或焊缝所包含的全部程序称为焊接循环。一般点焊和凸焊的焊接循环由预压、通电加热、维持和休止四个基本阶段组成，如图 4-1-10 所示。

1）预压时间 t_1：从电极开始下降到焊接电流开始接通的时间。这一时间是为了确保在通电之前电极压紧焊件，使焊件间有适当的压力，建立良好的接触，以保持接触电阻稳定和导电通路。

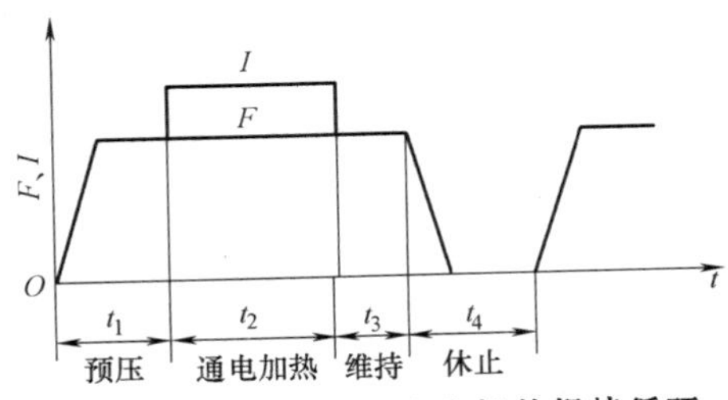

图 4-1-10　一般点焊和凸焊的焊接循环

I—焊接电流　*F*—电极压力　*t*—时间

2）通电加热时间 t_2：焊接电流通过焊件并产生熔核的时间。

3）维持时间 t_3：焊接电流切断后，电极压力继续保持的时间。在此时间内，熔核冷却并凝固。

4）休止时间 t_4：从电极开始提起到电极再次下降，准备下一个待焊点并压紧焊件的时间。此时间只适用于焊接循环重复进行的场合。是电极退回、转位、卸下焊件或重新放置焊件所需的时间。

在点焊和凸焊过程中，通电加热必须在电极压力达到满值且稳定后进行，否则可能因压力过小，接触电阻太大而引起强烈飞溅；或因压力前后不一致，影响加热，造成熔核强度的波动。电极提起也必须在电流全部切断之后，否则电极与焊件之间会引起火花，甚至烧穿焊件。在直流冲击波焊机上尤需注意。图 4-1-11 所示为点焊过程加压与通电加热时间配合不当的焊接循环。开始时，电极压力不足就过早通电；结束时，电流尚未切断就提起电极。

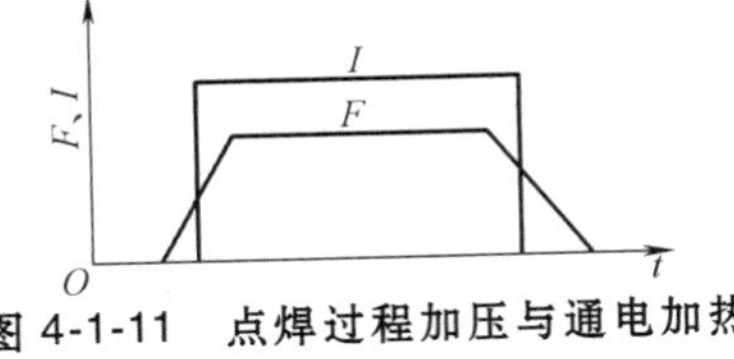

图 4-1-11　点焊过程加压与通电加热时间配合不当的焊接循环

最简单的焊接循环是在整个焊接过程中供给均匀恒定的焊接电流和压力。在实际生产中，为了改善接头的性能，有时采用递增或递减的控制。例如，对于厚度大或刚性大的焊件，常采用加大预压力的办法，以保证焊件接触紧密，创造良好的导电条件，一般选择预压力 $F_P = (1.5 \sim 2.5)F_w$（F_w 为焊接压力）。为了提高生产率，在保证预压力达到稳定的前提下，尽量缩短预压时间。点焊时，熔核四周被高温塑性金属封闭，冷却结晶不能自由收缩，在熔核中容易形成缩孔、气孔或裂纹，为了防止和减少这类缺陷的产生，熔核冷却结晶期间必须在电极压力作用下进行。当焊接较厚的焊件（铝合金大于 1.5~2mm，钢大于 5~6mm）时，因熔核四周的固态壳体较厚，常采用加大电极压力的点焊循环，如图 4-1-12 所示。顶锻力的时间需在断电后 0~0.2s 范围内，提前加压会把熔化金属挤出，引起飞溅；加压太晚，熔核凝固，就起不到锻压的作用。

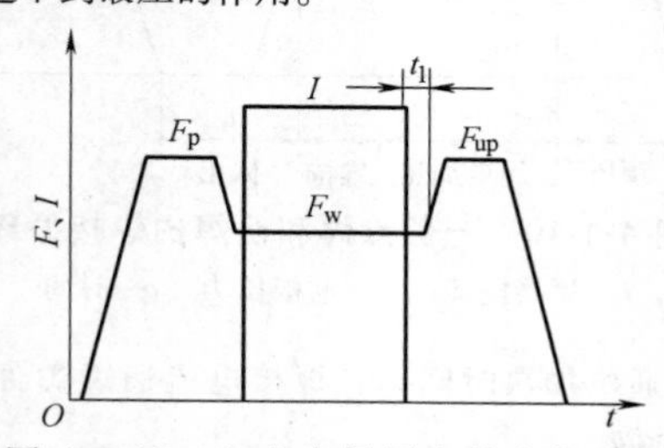

图 4-1-12 加大电极压力的点焊循环

F_p—预压力 F_w—焊接压力 F_{up}—顶锻力

在焊接过程中，可根据需要去控制焊接电流，使之递增或递减。电流递增是使焊接电流从低值经数个周波增到所需的电流值，它适用于大电流焊接，以及有氧化皮的材料和大多数镀层金属的焊接。电流递减是使焊接电流逐步降到低值，这有助于延长冷却时间，对某些可热处理的金属能焊成优质熔核，故适用于焊接限制冷却速度的钢。如淬火钢的点焊或凸焊，不仅需要缓冷，有时还需要焊后热处理以细化晶粒，这时常在焊后再用一低值电流进行热处理，还可加大电极压力配合。

有些铝合金焊接性较差，需要采用较复杂的焊接循环。图 4-1-13 所示为在直流脉冲焊机上点焊 2A12-T3 铝合金的焊接循环。铝合金的电导率和热导率较高，必须采用较大电流和较短时间，才能有足够的热量形成熔核，又能减少表面过热，避免电极黏附及电极铜向铝表面层扩散，降低接头耐腐蚀性能；铝合金的塑性温度范围窄，线胀系数大，必须采用较大的电极压力，尤其像 2A12-T3 等裂纹倾向大的铝合金，更应加大顶锻力，使熔核凝固时有足够的塑性变形，从而减少拉应力，以避免裂纹产生。对于厚度大于 2mm 的铝合金，一般还需像图 4-1-13 中虚线所示增加预压力和缓冷脉冲电流。

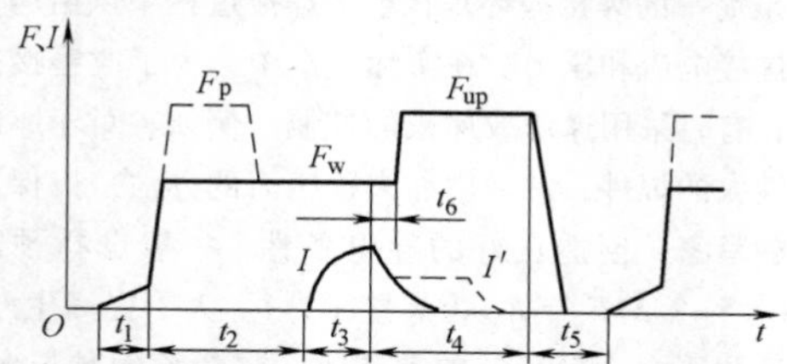

图 4-1-13 2A12-T3 铝合金的点焊循环

F_p—预压力 F_w—焊接压力 F_{up}—顶锻力

I—焊接电流脉冲 I′—缓冷电流脉冲 t_1—电极落下时间

t_2—预压时间 t_3—焊接时间 t_4—锻压时间

t_5—休止时间 t_6—锻压滞后时间

1.5 金属材料电阻焊的焊接性及其影响因素

影响金属电阻焊焊接性的因素主要是它的物理性能和力学性能。常用金属材料的热物理性能见表 4-1-1。

1. 材料的导电、导热性

基本规律是导电好的材料其导热性也好。材料的导电性、导热性越好，在焊接区产生的热量越小，散失的热量也越多，焊接区的加热就越困难。点焊时，就要求有大容量的电源，采用大电流、短时间的硬规范施焊，并使用导电性好的电极材料。

2. 材料的高温、常温强度

这是决定焊接区金属塑性变形程度与飞溅倾向大小的重要因素之一。材料的高温、常温强度越高，焊接区的变形抗力越大，焊接中产生必要塑性变形所需的电极压强就越高。因此，必须增大焊机的机械能力和机架刚性。电极应具有较高的高温强度。为了提高焊接区金属塑性变形程度，可以采用软规范双脉冲等参数进行焊接。

3. 材料的线胀系数

材料的线胀系数越大，焊接区的金属在加热和冷却过程中体积变化就越大。当焊接时，加压机构不能迅速地适应金属体积的变化，则在加热熔化阶段可能因金属膨胀受阻而使熔核上的电极压力增大，甚至挤破塑性环而产生飞溅；在冷却结晶阶段，熔核体积收缩时，由于加压机构的摩擦力抵消一部分电极压力，使电极压力减小，结果使熔核内部产生裂纹、缩孔等缺陷。此外，结构焊后翘曲变形也加大。

4. 材料对热的敏感性

有淬火倾向的金属、经变形强化或调质处理的材料，热敏感性都比较大，在焊接热循环作用下，不同程度上使接头的力学性能发生变化。例如，易淬火钢会产生淬火组织，严重时产生裂纹；经冷作强化的材料易产生软化等，使接头承载能力下降。因此，对热敏感的材料其焊接性较差。

5. 材料的熔点

熔点越高的金属材料，其焊接性越差，因焊接时电极与材料接触面的温度较高，容易使电极头部受热变形并加速磨损。

此外，材料塑性温度范围的宽窄对焊接性也有影响。例如，铝合金的塑性温度范围较窄，对焊接参数的波动非常敏感，它要求使用能精确控制焊接参数和随动性能好的电阻焊机；低碳钢则因其塑性温度区间宽，其焊接性很好；极易氧化的金属，其焊接性一般都较差，因为这些金属表面形成的氧化物熔点和电阻一般都较高，给焊接带来困难。

表 4-1-1 常用金属材料的热物理性能

金属材料		电阻率 ρ /$10^{-8}\Omega\cdot m$	热导率 λ /$W\cdot(cm\cdot K)^{-1}$	比热容 c① /$J\cdot(g\cdot K)^{-1}$	密度 ρ① /$g\cdot cm^{-3}$	热扩散率 a① /$cm^2\cdot s^{-1}$	线胀系数 α /$10^{-6}K^{-1}$	熔点 T_m/K	对热敏感性	氧化物熔点/K	氧化膜致密程度	高温屈服强度 /MPa
材料	型号											
铝及铝合金	Al	2.7	2.0	0.88	2.8	0.73	—	931	小	2303 (Al_2O_3)	大	—
	5A06	7.1	1.04	0.82	2.78	0.45	22	893	小			27(673K)
	3A21	4.2	1.58	0.82	2.8	0.65	23.2	927	小			17(673K)
	2A12	7.3	1.25	0.9	2.78	0.5	22.7	906	中			22(673K)
铜及铜合金	Cu	1.75	3.6	0.38	8.9	1.05	—	1356	小	1508 (Cu_2O)	中	50(873K)
	H62	8	1.08	0.38	8.5	0.33	20.6	1178	小			
低碳钢、合金钢	08F	13	0.63	0.46	7.8	0.15	11.5	1803	小	1693 (FeO), 2303 (Cr_2O_3)	中	70(873K)
	30CrMnSiA	21	0.39	0.48	7.85	0.104	12.3	1753	中		大	500(823K)
	1Cr18Ni9Ti②	75	0.16	0.46	7.86	0.04	16.1	1713	小		大	70(1173K)
高温合金	GH3044	120	0.12	0.44	8.9	0.025	12.3	1663	中	2303 (Cr_2O_3)	大	—
	GH1140	—	0.15	—	8.09	—	12.7	1593	中			—
钛合金	TA6	100	0.075	0.54	4.59	0.025	8.0	1973	小	2110	大	170(873K)
镁合金	MA2-1	12	0.96	1.04	1.78	0.52	—	905	小	3070	小	—
钼	Mo	5.5	1.7	0.25	10.22	0.5	—	2895	小	1050 (MoO_3)	小	2340(1273K)

① 在 293K 条件下。

② 1Cr18Ni9Ti 为非标在用材料，仅供参考。

第 2 章　电阻焊设备

2.1　概述

2.1.1　分类

电阻焊设备指利用电阻加热原理进行焊接的设备。按焊接工艺特点分，电阻焊设备可分为点焊机、凸焊机、缝焊机和对焊机四类；按供能方式分，可分为单相工频电阻焊机、二次整流电阻焊机、三相低频电阻焊机、储能电阻焊机和逆变式电阻焊机等。逆变式电阻焊机已逐渐成为应用广泛的一种。

2.1.2　电阻焊设备的型号编制方法

电阻焊机及控制器等产品型号编制的原则与方法见 GB/T 10249—2010《电焊机型号编制方法》。电阻焊机的技术要求见 GB 15578—2008《电阻焊机的安全要求》、GB/T 8366—2004《阻焊　电阻焊机　机械和电气要求》和 GB/T 25298—2010《电阻焊机控制器　通用技术条件》等标准。

2.1.3　电阻焊机的技术指标

电阻焊机的主要技术指标如下：

1）额定功率、额定焊接电流、额定输入电压、电网频率、一次电流、短路电流、连续焊接电流和焊接变压器的级数。

2）最大、最小及额定电极压力或顶锻力、夹紧力。

3）额定最大、最小电极臂伸长和臂间开度（指点焊机、凸焊机、缝焊机）。

4）额定负载持续率。

5）短路时的最大功率及最大允许功率，额定级数下的短路功率因数。

6）冷却水及压缩空气耗量。

7）适用的焊件材料、厚度或断面尺寸。

8）缝焊机最大、最小焊轮的线速度。

9）焊机质量、焊机生产率、可靠性指标、寿命及噪声等。

10）焊机的各种控制功能。

每一台电阻焊机产品的技术经济指标，通常在产品的技术文件中给出。

2.1.4　电阻焊设备的基本构成

电阻焊设备一般由电源、机械装置和控制装置三个主要部分组成。

1. 电源

电源又称供电装置或主电力电路，包括从电网开始的所有一、二次主电流所流经的路程组件。图 4-2-1 所示为各类电阻焊机主电力电路的电气原理框图和输出的电流波形。

（1）单相工频电阻焊电源

单相工频电阻焊电源功率一般为 0.5～500kVA。380V 的网路电压（小功率焊机也可用 220V）通过电力开关元件和级数换接器输入到阻焊变压器的一次侧，在二次侧及二次回路中便获得一个正弦波或接近正弦波的焊接电流，如图 4-2-1a 所示。

阻焊变压器的基本结构、工作原理和设计方法与一般变压器类似，但由于电阻焊工艺有特殊要求，使它具有如下特点：

1）电流大、电压低。焊接电流一般为 1～100kA，常用 2～40kA，更大的可达 200kA。因焊接回路电阻为微欧数量级，故变压器二次电压不高。固定式焊机的二次电压通常在 10V 以内，悬挂式焊机因焊接回路长、范围宽，二次电压达 24V 左右。由于要求焊接电流大而电压低，所以变压器二次绕组通常为 1 匝，悬挂式或长臂焊机有时用两匝，其尺寸较大，要求强制冷却。

2）功率大，可调节。因焊件电阻小，焊接电流大，而二次回路电抗压降大，故视在功率大。一般变压器容量都大于 50kVA，大的可达 1200kVA。

焊接时，按焊件材质、断面尺寸和分流情况要求不同的焊接功率，由于阻焊变压器二次绕组只有一匝或两匝，所以只能通过改变一次绕组的匝数实现焊接功率的调节。一般将一次绕组匝数分成 4、8、16、20 等不同功率级数，其中倒数第二级为额定功率级，而最后一级留作网压不足时补偿用。

3）工作不连续、无空载运行。除闪光对焊外，所有电阻焊在一次绕组接入网路前，焊件已被电极压紧，即焊接回路已闭合。一旦接通电源，变压器便在负载状态下运行，一般无空载状态，所以阻焊变压器通电工作时间多是断续的。在工作间断时，变压器得以冷却。

（2）电容储能电阻焊电源

以储能电容器组放电，向焊接提供能量的电阻焊电源，称为电容储能电阻焊电源。网路单相或三相交流电经变压、整流装置整流后对储能电容器组充电。焊接时，电子开关导通，储能电容器组对阻焊变压器一次绕组放电，在二次一侧获得一峰值大、时间短的脉冲焊接电流，如图 4-2-1b 所示。极性换向器作转换电流变换方向用，以防止变压器单向通电而产生磁饱和。

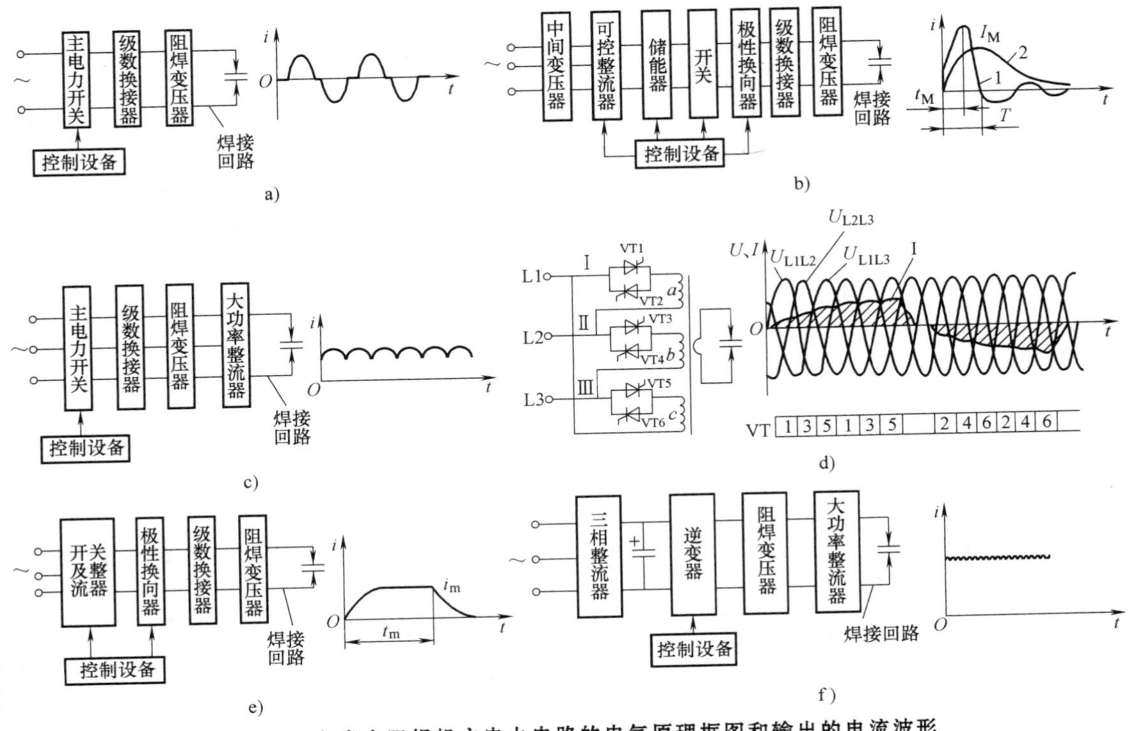

图 4-2-1　各类电阻焊机主电力电路的电气原理框图和输出的电流波形

a) 单相工频交流电阻焊机　b) 电容储能电阻焊机　c) 二次整流电阻焊机
d) 三相低频电阻焊机　e) 直流冲击波电阻焊机　f) 逆变式电阻焊机

与单相工频电阻焊电源相比，电容储能电阻焊电源的优点如下：

1）焊机焊前从网路吸取能量，以较小的电流和较长的时间对储能电容器组充电储存。焊接过程中则停止电网供电，避免了像工频电阻焊机那样对电网造成电流冲击，因此可降低对电网供电容量的要求。当焊机输出功率要求较大时，采用三相电源供电，使电网负荷均匀。

2）在焊接过程中，储能电容器组放电迅速，波形陡峭，能量集中，没有交流电过零的间歇过程，焊接热效率高，易于调节与控制，因而能焊接物理性能或厚度相差很大的结构。

电容储能电阻焊电源的缺点如下：

1）在储能电容器组充放电过程中，充电回路要消耗较大的电能，所以能量转换效率比其他类型焊机低。

2）储能电容器组及阻焊变压器体积庞大，电力部分复杂，焊机制造成本高。

3）储能电容器组经常快速充放电、寿命短，尤其是使用电解电容器，一般 1~2 年即需更换。

4）焊接电流波形陡升、陡降，时间短、焊接规范硬，一般不宜用于低碳钢焊接。

电容储能电阻焊电源可以在点焊、缝焊和对焊中使用，对焊时，可不用变压器而直接放电。由于这类焊机缺点较多，因此目前中、大功率的储能焊机已逐渐被二次整流或其他类型焊机代替。

（3）二次整流电阻焊电源

二次整流电阻焊电源是通过大功率整流器把阻焊变压器二次侧交流电整流，以直流电的形式供焊接用的一种电阻焊电源，如图 4-2-1c 所示。一般二次整流焊接电源有单相全波整流、三相半波整流和三相全波整流三种类型。

二次整流输出的电流并非平直直流，而是有交流分量，为了抑制交流分量，增加直流分量，焊接回路中应保持一定的感抗。

二次整流电阻焊电源与其他类型电源相比，具有如下特点：

1）输入功率及线电流小。因二次电流为直流，电抗几乎为零，损耗少，用很低的二次电压便可得到相当大的焊接电流。在相同焊接效果条件下，这种焊机所需视在功率只有普通工频交流焊机的 1/5～1/3。线电流小，从而使网路波动减小，焊接电流稳定。

2）功率因数高。单相交流电阻焊电源因焊接回路电抗大，功率因数为 40%左右，而二次整流电阻焊电源因频率几乎近于零，其输出功率接近有功功率，功率因数高达 95%。

3）结构紧凑，控制线路简单。阻焊变压器本身仍为交流工频变压器，不像低频式或电容储能式电阻焊电源需用大型变压器。况且因功率减小，变压器容量小，所以重量轻、体积小。控制线路和一般交流工频电源相近，比较简单，容易实现机械化和自动化焊接。

4）焊接回路内及附近的磁性物质无不利影响，因此不必担心铁磁物质伸入或靠近焊接回路，使焊接电流减小，影响焊接质量。可以使用钢制机架，提高焊机刚性和降低焊机制造成本。

5）具有电流自动补偿作用。二次整流电阻焊的焊接回路阻抗非常低，几乎是纯电阻，只有几十 μΩ，可看作稳定电源，电流可按焊件电阻的变化自动调整。例如，当间距小时会引起分流，但并联的分流电阻减小了电极间电阻，提高了电流，结果使焊接处电流得到自动补偿。当工件表面接触电阻过大与电极发生黏附时，电流会略降低而防止飞溅。

从焊接工艺看，二次整流电阻焊电源还具有如下特点：

1）焊接电流不过零值，焊接区温度上升快，故特别适用于导热性好的轻金属焊接。

2）直流加热，避免了交流电幅值下降时冷却所造成的热量损失，提高了热效率，所需的焊接电流比交流小，即保证了焊接所必需的能量，又防止因峰值电流过大而引起的飞溅。

3）缝焊时焊接速度可以大为提高，不受交流频率的限制。

4）直流电通过强磁性金属时，产生的磁场与电流无相位差，也无集肤效应。电流在该磁场作用下具有集束效应，同样大小的电流，采用直流时焊点的电流密度高，且集中流过焊接中心部位，故在同样情况下所需电流比交流电阻焊电源低 25%～30%。集束效应使焊点成形好、穿透力强，对多层钢板点焊有利。

5）两电极臂间在焊接时无交流电阻焊机通电时产生的交变电磁力，故电极压力稳定。

6）二次整流电阻焊电源相当于直流电源，主要受回路电阻影响。随着电阻变化（增大），电流也随之变化（减小），这一过程特点很适合凸焊工艺的需要。凸焊开始时，接触面小、电阻大，电源自动限制电流，焊接过程继续；电极下压，接触面增大、电阻减小，焊接电流随之增大；当焊接结束时，焊接区加热，电阻变大，使焊接电流略有减小，避免了飞溅。

7）闪光对焊时，二次整流电阻焊电源的电流不过零点，故闪光稳定，闪光颗粒细小，焊接质量好，并可降低闪光电压。与工频交流电源相比，闪光电压可减小 50%左右，从而使电源容量大为减小。对于非紧凑断面的焊件进行闪光对焊时，电流分布均匀。

8）对于二次整流悬挂式点焊机，当焊钳与变压器为分体式时，不必采用粗大的低阻抗电缆；又由于电缆间无交流电所产生的变压电磁冲击力作用，可提高电缆寿命，减轻劳动强度。

由于二次整流电阻焊电源的上述特点，其应用范围也很广泛。

1）适用的金属材料多，除能焊接碳素钢外，还能焊接高强度铝合金、不锈钢、钛、钼、镁及其超级合金等。目前主要用于大型制品的点焊、凸焊和缝焊，尤其是铝合金、钛合金的点焊与缝焊，低碳钢的凸焊和大型展开断面的对焊。

2）用于多点焊机，能利用一个总直流电源代替普通多点焊机所需的多个变压器，从而简化焊机结构。

3）用于悬挂式点焊机，能在不增加功率的情况下，明显地增加焊钳电极的臂伸和开度。

二次整流电阻焊电源是很有发展前途的一种电阻焊电源，目前主要是造价还较高，约为工频交流电阻焊电源的两倍，但从适用范围广、运行过程中又能节约大量电能，其综合技术经济效果还是很好的。

（4）三相低频电阻焊电源

三相低频电阻焊电源是一种由特殊的、具有三相一次绕组和单相二次绕组的阻焊变压器构成的电源，如图 4-2-1d 所示。

三相电源通过 VT_1～VT_6 六只晶闸管与变压器的三个一次绕组相连。焊接时，先轮流触发标号为单数的晶闸管（即 VT_1、VT_3、VT_5）导通，此时一次绕组Ⅰ、Ⅱ、Ⅲ依次通过相同方向的电流，在二次绕组和二次回路中得到一个单向电流。VT_1、VT_3、VT_5 在预定时间到达后切断，而晶闸管 VT_2、VT_4、VT_6 按相同于 VT_1、VT_3、VT_5 的顺序和时间导通，于是在三个一次绕组和二次回路中得到反向电流。反复进行，可在二次回路中得到如图 4-2-1b 右侧所示波形的低频焊接电流。

三相低频电阻焊电源与单相工频电阻焊电源相比，有如下优点：

1）三相电源供电，电网负荷均匀。

2）功率因数大大提高，接近 0.9~0.95，比单相工频焊电源提高一倍以上。焊接同样焊件，焊机的功率可降低 2/3~3/4。

3）焊接电流波形和频率改变方便，能适应各种金属、不同焊接工艺的要求，可焊的金属材料种类多，如焊接铝合金、钛合金、低碳钢、不锈钢和耐热合金等，均能获得较好的焊接质量。

4）当二次回路进入大量铁磁物质时，回路阻抗很少变化，不影响焊接质量。

但是低频电阻焊电源生产率低，点焊时，每分钟 2~30 点左右，变压器尺寸大、笨重，目前主要用于大厚度钢件与有色金属的点焊，以及大断面零件的闪光对焊。

（5）直流冲击波电阻焊电源

电网电压经整流后通过极性换向器输入到阻焊变压器一次侧，阻焊变压器二次侧输出图 4-2-1e 所示的直流冲击波。直流冲击波电流的特征参数是脉冲峰值电流和持续时间，上升部分可对工件预热，而下降部分可对工件缓冷。特别适合大厚度工件焊接，有利于避免缩孔和裂纹。直流冲击波电阻焊电源的优点是三相负荷均衡、焊接工艺性好、功率因数高，缺点是设备尺寸大、通电时间短、电流波形不能快速改变。

直流冲击波电阻焊电源主要用于点焊、滚点焊和步进缝焊。

（6）逆变电阻焊电源

逆变电阻焊电源的基本结构与逆变弧焊整流器类似，由工频三相交流电先经三相整流器滤波变换成波纹率低的直流电，再经功率开关器件逆变器逆变成中频方波电供给阻焊变压器，经变压器降压后再大功率整流器整流成脉动较小的直流电供给焊接用，如图 4-2-1f所示。逆变器通常采用电流反馈脉宽调制方法获得稳定的恒流输出。

逆变直流点焊电源有如下特点。

1）阻焊变压器小型、轻量化。这是提高变压器输入频率的结果，它使变压器铁心截面大幅度减小，其体积和质量达到小型和轻量化。有资料表明，逆变直流点焊机整机质量为同容量普通工频点焊机的 1/5~1/3。

变压器小型、轻量化的结果，就可以实现点焊钳和变压器连同二次整流器一体化，可用于点焊机器人，使点焊生产达到高度自动化和无人化。

2）高速精密控制。因逆变直流点焊机的逆变频率是工频（50Hz）的 20 倍左右，整个反馈系统的响应速度和控制分解能力比工频点焊机优越很多，从而有利于焊接质量的控制。同时，逆变整流方式可使焊接时间不受工频频率的限制，使焊接时间控制更为精确，还可以方便地实现更精密的焊接电流幅值控制。

3）输出低脉动率的直流电。输出的焊接电流是直流电，在工艺上所具有的特点与二次整流电阻焊机一样，如形成稳定熔核的电流范围宽、电极寿命长、铁磁物影响小、无集肤效应、电流相对集中、分流小和热效率高等。

4）三相平衡负载，功率因数高，节能经济。

在国外，逆变式电阻焊机主要用于汽车制造和精密电子元件的点焊，在轻工家电产品、农机具等行业中也有应用。在我国电阻焊机市场上，交流工频焊机仍为主导产品，其次是二次整流和电容储能式焊机，精密型逆变式电阻焊机在我国近年来得到较快发展，因它具有焊接时间短、热效率高、节能、焊接质量好，不易产生飞溅，以及焊接变压器体积小、重量轻等优点，将会成为电阻焊机的主流产品。

2. 电阻焊机的机械装置

电阻焊机的机械装置包括机架、电极加压机构、夹紧机构、顶锻机构、电极握杆及传动机构等。

电极加压机构有杠杆传动、电动凸轮传动、气压传动及气-液传动等多种形式，可以使电极做直线或弧线运动，但以直线运动为好。焊前应能调节压力和施焊位置，加压要快速（惯性小，随动性好）、摩擦力小，当焊件厚度有变化时，压力应无显著变化。

夹紧机构有弹簧、偏心凸轮、螺旋、气压、液压及气-液压等多种形式，要求有足够的夹紧力和接触面积，夹紧过程快速而平稳，顶锻时焊件不能滑动，钳口的距离和对中应能调节。

顶锻机构有弹簧、杠杆-弹簧、电动凸轮、气压、液压及气-液压等形式，均应保证有足够的顶锻力和顶锻速度。

缝焊机焊轮的传动机构一般经蜗杆副、齿轮副减速，也可用谐波减速装置。一般横向缝焊机的下焊轮为主动轮；纵向缝焊机的上焊轮为主动轮。也可采用差动齿轮，使上、下焊轮均为主动轮。

3. 电阻焊设备的控制装置

电阻焊设备的控制装置是用以实现焊接电流、电极压力、夹紧力及顶锻力等焊接参数的调节与控制，保证焊接循环中各阶段参数的动态波形相互匹配及时间控制。对要求严格控制焊接质量的焊机，可实现参数的自动调整和质量监控。

焊接电流的控制最简单的是采用电磁接触器，精确的有离子开关（引燃管或闸流管），现已被电子开关取代。电子开关控制分同步、半同步和非同步，现在越来越多地采用同步控制，它能使焊接电流在电网电压的固定相位接通或断开，还能用移动相位角实现热量控制。

电极压力的控制是通过控制气缸等加压器的电磁阀来实现。

各循环程序的控制通常由程序转换电路和定时电路组合的控制单元实现，目前已采用晶体管控制，并逐渐推广集成电路控制。定时电路多采用计数器控制。

电阻焊机控制器已越来越多地采用计算机控制，可以实现电网电压补偿、电流斜率控制、功率因数自适应、恒电流及自动补偿电极端面增大等功能，还可以设定数种焊接参数，对参数进行监控、记录，以及多台焊机的群控等。

2.2　点焊机

点焊机按机械结构分为四种基本类型：摇臂型点焊机、直压型点焊机、移动型点焊机和多点型点焊机。

2.2.1　摇臂型点焊机

摇臂型点焊机是最简单的固定式点焊机，它利用杠杆原理由上电极臂施加电极压力，上、下电极臂为长的圆柱形构件，用于传递电极压力和焊接电流。上电极绕上极臂的支承轴做圆弧运动，当上、下电极与焊件接触加压时，上、下电极臂必须处于平行位置，才能获得良好的加压状态。电极臂通常有足够刚度，以防止电极间发生滑移，引起熔核飞溅。

这种点焊机有三种操作方法：脚踏、气动和电动机-凸轮。

1. 脚踏式摇臂型点焊机

图 4-2-2 所示为脚踏式摇臂型点焊机。摇臂杆 3 能绕支承轴 2 转动，当踩踏板 1 时，上电极向下压向下电极，施加到踏板上的力由弹簧 4 传递到摇臂杆上，电极压力通过螺母 5 对弹簧 4 压缩的程度进行调节。通电的开关由掣子 6 触发，通电时间长短由焊工掌握。焊后由复位弹簧 7 使上电极退出、复位。

脚踏式摇臂型点焊机的进深为 30~1200mm，变压器容量为 10~300kVA，适于小批量生产的加工车间用。

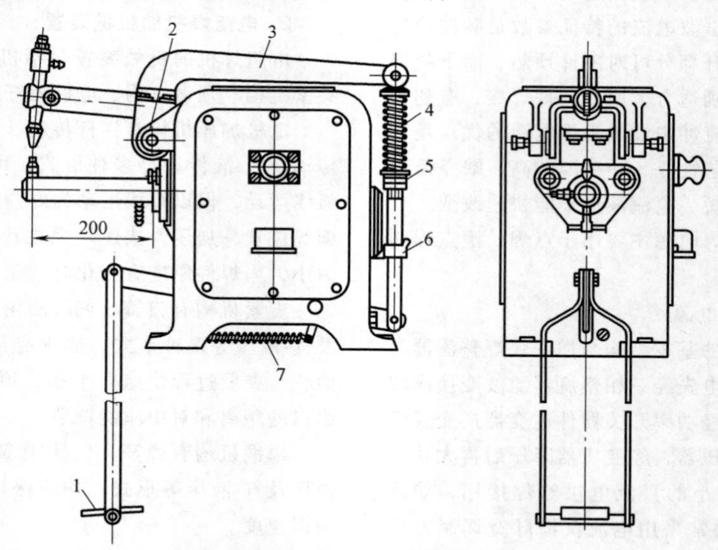

图 4-2-2　脚踏式摇臂型点焊机

1—踏板　2—支承轴　3—摇臂杆　4—弹簧　5—螺母　6—掣子　7—复位弹簧

2. 气动式摇臂型点焊机

气动式摇臂点焊机用气缸代替脚踏式摇臂型点焊机的脚踏板、连杆和弹簧，它实际上是用气压力代替人的脚踏力，如图 4-2-3 所示。气缸行程与机臂空间 B 成比例，气缸直径与所需电极压力和进深 A 成比例。由气缸提供的焊接压力与空气压力成正比，并由减压器控制。

这类点焊机适于需要较短装配时间的中、大批生产用。国产焊机容量为 60~100kVA，一般配用 KD7 型控制器，可焊接 2.5mm+2.5mm 钢板。

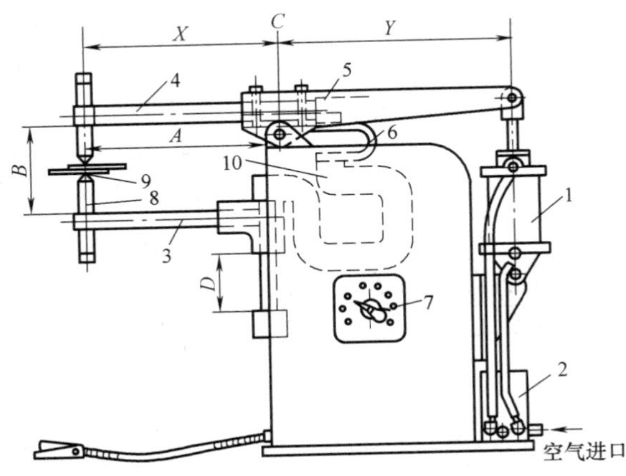

图 4-2-3　气动式摇臂型点焊机

A—进深　B—机臂空间　C—摇臂中心线　D—下机臂调整量
1—气缸　2—气阀　3—下机臂　4—上机臂　5—摇臂
6—二次柔性导线　7—电流调节器（抽头转换器）
8—电极夹头　9—电极　10—变压器

3. 电动机-凸轮式摇臂型点焊机

电动机-凸轮式摇臂型点焊机如图 4-2-4 所示，杠杆 7 由电动机 1 驱动的凸轮 6 代替脚踏力或气缸压力来推动而进行焊接。机臂的空间由焊接凸轮升量和进深决定。焊接压力取决于弹簧 8 的压缩量与杠杆力臂比。图 4-2-4 中 3 为离合器，由踏板 4 控制，电流由卡爪 9 拨动接触器 10 而导通。这类点焊机的准备和调节比脚踏式和气动式困难，适用于大批量生产，或没有压缩气源的场合。

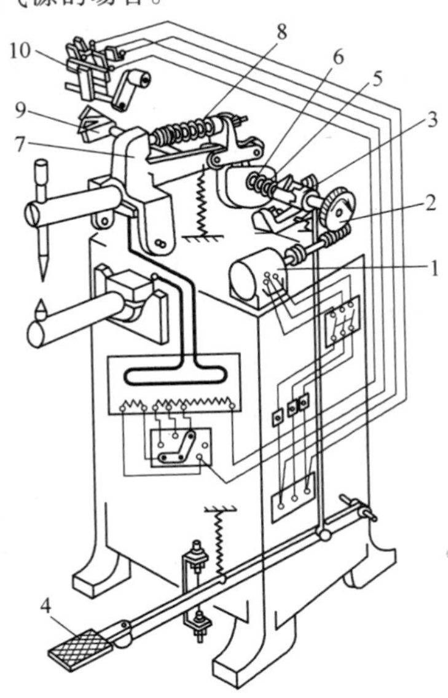

图 4-2-4　电动机-凸轮式摇臂型点焊机

1—电动机　2—蜗轮蜗杆　3—离合器　4—踏板　5—弹簧
6—凸轮　7—杠杆　8—弹簧　9—卡爪　10—接触器

2.2.2　直压型点焊机

直压型点焊机的上电极在导向机构的控制下做直线运动，电极压力由气缸或液压缸直接作用产生。图 4-2-5 所示为直压型点焊机，主要由机身、阻焊变压器、加压机构、上电极、下电极和控制器等组成。

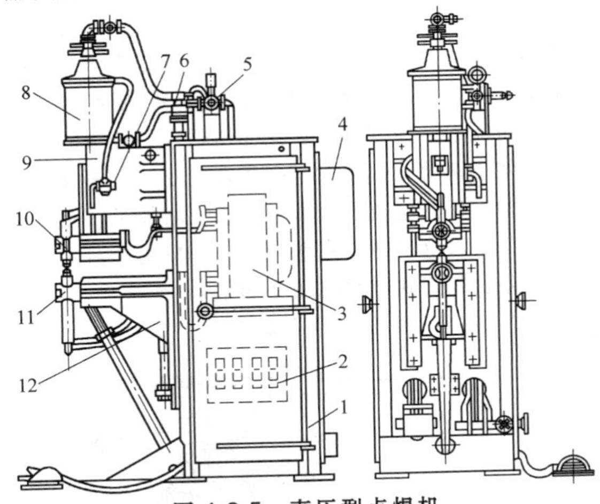

图 4-2-5　直压型点焊机

1—机身　2—级数调节插座　3—阻焊变压器
4—控制器　5—减压器　6—电磁气阀　7—手动三通气阀
8—气缸　9—悬臂　10—上电极　11—下电极　12—支臂

为了提高焊机加压系统的随动性，提高对熔核胀缩反应的灵敏度，这种焊机的加压机构多采用薄膜式气缸及滚柱式导轨，以降低摩擦力。

当焊机加压空间位置受限制或要求结构紧凑时，多采用液压或气-液压的加压机构。液压加压机构压力稳定，液压缸尺寸小，但需配置液压泵、油箱及较精密的液压元件，维修复杂，其加压随动性不如气压式好，通常只在大容量直压型点焊机上采用。

直压型点焊机的电极臂长一般为 200~800mm，最长达 1200mm，电源容量一般为 5~600kVA，小容量直压型点焊机的电极压力机构用手工操作，中等容量直压型点焊机用气缸操作，大容量（如 500kVA 以上）直压型点焊机用液压缸操作。

2.2.3　移动型点焊机

移动型点焊机分为悬挂式移动型点焊机和便携式移动型点焊机两类，前者质量较大，须悬挂在一定空间位置，使用时可在一定范围内移动，主要用于焊接一般固定式点焊机不能或不便焊接的低碳钢焊件，这些焊件多是大型或较重的制品，如汽车车身或建筑工地上的钢筋网等；后者可随身携带，但其额定功率很小，主要用于维修工作。

1. 悬挂式移动型点焊机

悬挂式移动型点焊机由阻焊变压器、气压装置、气动点焊钳、弹簧平衡器、通水电缆、吊架及控制箱等组成。容量较大的普通悬挂式移动型点焊机，其阻焊变压器与焊钳是分离的。容量较小的或部分逆变式点焊机，因阻焊变压器体积小，常与焊钳连成整体；焊接时，焊钳上两电极夹紧焊件，然后通电，完成一个焊点的焊接。

1）图 4-2-6 所示为阻焊变压器与焊钳分离的悬挂式移动型点焊机。阻焊变压器 1 和焊钳 7 分别悬挂在吊架 4 上。气压装置，如电磁气阀 3、变换器 2 等附在变压器上，控制箱可放在变压器上，较多的是放在地面便于调节。焊接时，变压器通过水冷软电缆 5 向焊钳输送焊接电流。因软电缆长，增加了二次回路的阻抗，所以这种悬挂式移动型点焊机变压器的二次空载电压比固定式点焊机高 2~4 倍。

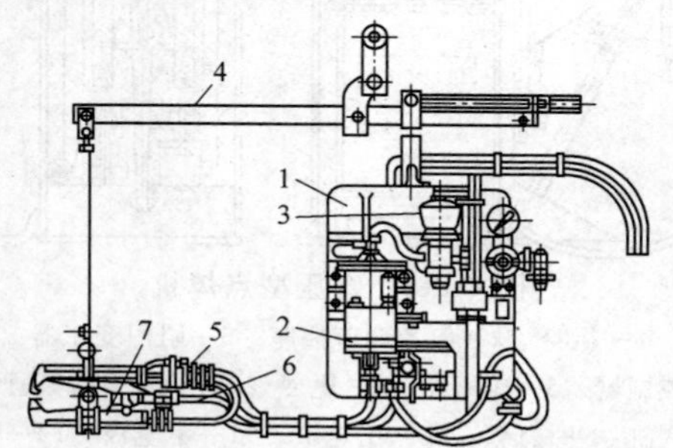

图 4-2-6　阻焊变压器与焊钳分离的悬挂式移动型点焊机

1—阻焊变压器　2—变换器　3—电磁气阀　4—吊架　5—水冷软电缆　6—气管　7—焊钳

2）图 4-2-7 所示为阻焊变压器与焊钳连成一体的悬挂式移动型点焊机。变压器、气缸和焊钳三者结合得很紧凑，气缸的压力经过三点式杠杆系统传递给电极。有些焊机可配用不同形状和长度的焊臂，以适用不同需要的焊接。由于没有二次长电缆阻抗的影响，二次空载电压与固定式点焊机相同，其焊接质量稳定。此外，使用和维修方便。这类点焊机的额定功率为 2.5~110kVA，可焊钢板厚度（短臂时）从 1.5mm+1.5mm 到 6mm+6mm，电极压力（气压 0.6MPa）短臂时为 1.8~6kN。

2. 便携式移动型点焊机

便携式移动型点焊机又称手提式点焊机，主要用于维修工作中的薄钢板焊接。这类焊机的容量小，阻焊变压器体积小、重量轻。目前较多的是把焊钳（或焊枪）与阻焊变压器组合成整体，而阻焊变压器采用空气自然冷却。为了简化结构和减轻重量，电极压力一般由操作者施加。

图 4-2-8 所示分别为两种不同形式的便携式移动型点焊机的外形。图 4-2-8a 适于双面单点焊，图 4-2-8b 适于单面双（单）点焊，它可以对一般悬挂式伸不到位的大面积薄板加薄板或薄板加厚板进行点焊，不受面积、方位、角度和形状的影响。如果将其中一个电极换成大面积接触面作为导电体，就成为单面单点焊。

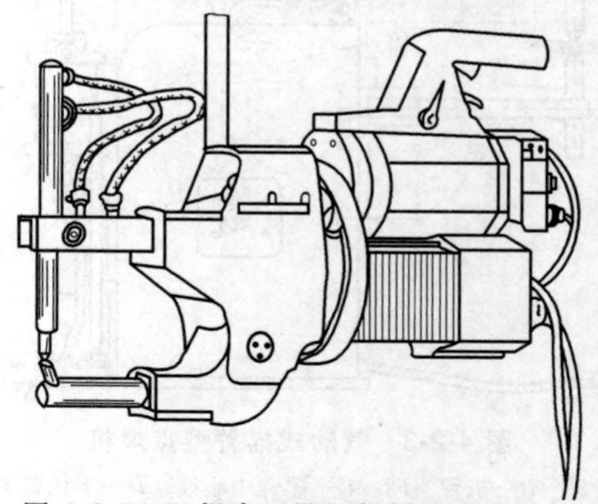

图 4-2-7　阻焊变压器与焊钳连成一体的悬挂式移动型点焊机（KT-826）

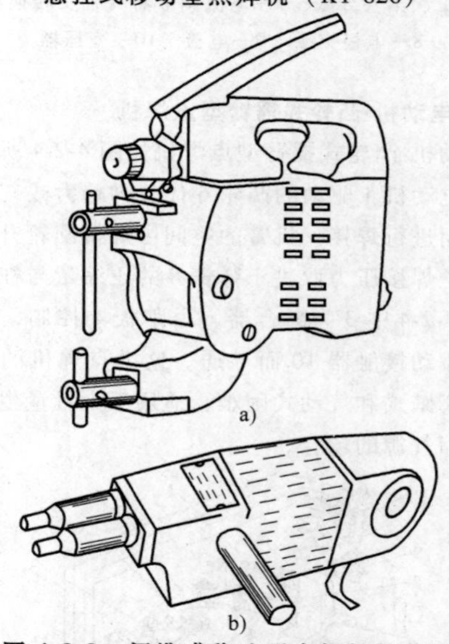

图 4-2-8　便携式移动型点焊机的外形

a）钳式（KT-218）　b）枪式（GT224-A）

2.2.4　多点型点焊机

（1）特点

多点型点焊机是大批量生产中的专用设备，有如下特点：

1）一次焊接四个至数十个熔焊，甚至多达一百多个，生产率高，要比普通点焊机快数倍至数十倍。

2）焊接过程中，按不同要求可分为半自动程序控制或自动程序控制。

3）设备专业性强，一般一种多点焊机只适用于焊接一种类型的焊件。

4）焊接变压器的二次绕组通常为双二次式，电极的导电方式一般为单面馈电，焊件一面有压痕。

（2）基本结构与组成

多点型点焊机通常由机身、阻焊变压器、焊枪、工作台、加压系统、冷却系统和控制系统等组成。其机身结构、阻焊变压器和焊枪的数量与分布取决于被焊焊件的形状和尺寸、所需熔核的数量，以及完成这些熔核的工艺程序。因此，这种焊机一般需要根据客户要求进行专门定制。

2.3　其他电阻焊机

2.3.1　凸焊机

凸焊是点焊的变种，其焊接过程和原理与点焊相同，因此所用的凸焊机与点焊机基本相同，主要区别有以下几点：

1）上、下电极不是圆棒状而是平板状，其工作面为平面，通常都开有标准的 T 形槽，用以安装螺栓。

2）焊机所需功率和电极压力较大，这取决于同时施焊的凸点数或凸环的面积。

3）一般电极加压只适于直压型，即上电极沿垂直于工作面移动。

凸焊机有通用的，也有专用的；若在通用凸焊机的上、下电极上添加点焊附件，就变成凸焊和点焊组合焊机，如图 4-2-9 所示。凸焊机电源多为工频交流，近年逐渐采用二次整流电源，这样可以保证各熔核质量均匀而稳定。

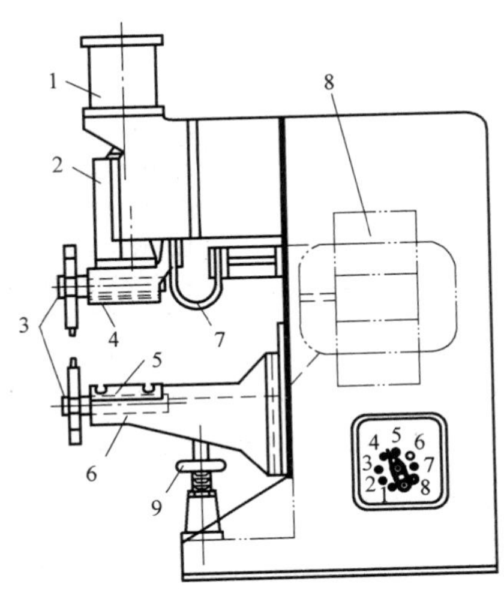

图 4-2-9　凸焊和点焊组合焊机

1—气缸或液压缸　2—压头　3—点焊附件
4—上台面　5—下台面　6—升降台
7—柔性导线　8—阻焊变压器　9—升降台支撑

2.3.2　缝焊机

缝焊机除电极及其驱动机构外，其他如机身、阻焊变压器、气缸和压头等基本上与点焊机相同。

缝焊机的电极是两个（有时只用一个）可以滚动的滚轮，故称滚轮电极，又称滚盘或焊轮。焊接时，一个或两个滚轮电极由电动机通过传动机构使其转动。

因所需电极压力比较小，缝焊机很少采用液压缸。为了补偿电极磨损，可在活塞杆和压头之间采用可调连接，或采用可调行程的气缸。下极的位置及其固定结构一般是可调节的，以适应焊接所需的操作高度。

薄板的缝焊多采用连续驱动的系统，对于较厚的工件和某些金属材料（如铝合金）的焊接，必须采用步进式（即间歇式）驱动系统，以便在焊缝熔核凝固时保持电极压力。

缝焊机按滚轮电极相对于电极臂位置的布置可分为横向缝焊机、纵向缝焊机和通用缝焊机三种类型。

1. 横向缝焊机

滚轮的轴线与电极臂平行或同轴，焊接时形成焊缝的走向与焊机的电极臂垂直。这种焊机用于焊接平板的长焊缝及圆周环形焊缝，图 4-2-10a 所示为焊接筒体的横缝。

2. 纵向缝焊机

滚轮的轴线与电极臂垂直，焊接时形成焊缝的走向与电极臂平行。这种焊机用于焊接平板的短焊缝及圆筒形容器的纵向焊缝，图 4-2-10b 所示为焊接圆筒体的纵缝。

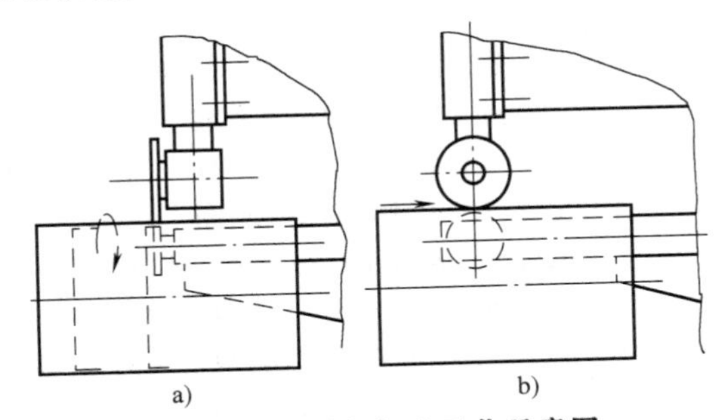

图 4-2-10　缝焊机头工作示意图

a）横焊　b）纵焊

3. 通用缝焊机

这种焊机的电极可做 90°旋转，而下电极臂和下电极有两套，一套用于焊接横向焊缝，另一套用于焊接纵向焊缝，根据需要而互换。

按电源供电种类分，缝焊机可分为工频交流缝焊机、三相低频交流缝焊机、二次整流缝焊机和电容储能缝焊机等，以工频交流缝焊机应用广泛，其余用于特殊场合。

2.3.3 对焊机

对焊机的典型组成如图 4-2-11 所示。可归纳为机架（座）、导向机构、固定夹座、可动夹座、夹紧机构、送进机构、电源（变压器）和调节与控制系统等部分。

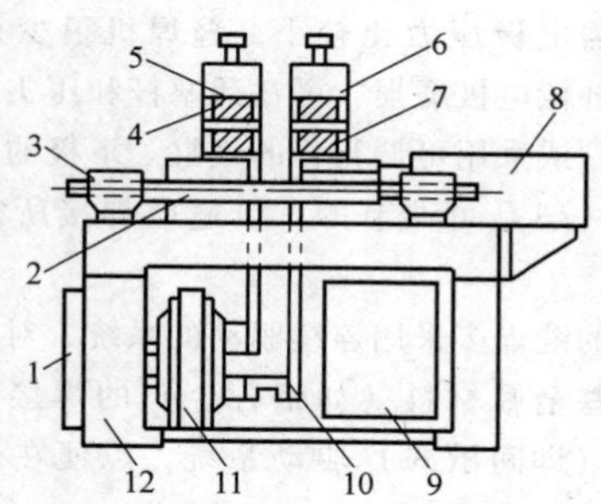

图 4-2-11　对焊机的典型组成

1—级数调节器　2—导轨　3—导轨衬套
4—上电极　5—固定夹座（带夹钳）
6—可动夹座（带夹钳）7—下电极（钳口）
8—闪光及顶锻的送进机构　9—控制面板
10—软铜导体　11—变压器　12—焊机机架

固定夹座 5 安装在机架工作台面的固定位置上，但在某些焊机中则留出有限调节量，以便电极和焊件对中。可动夹座 6 安装在机架工作台面的导轨 2 上，并与闪光及顶锻的送进机构 8 相连接。夹持焊件和向焊件传送电流的上电极 4、下电极（钳口）7 安装在夹座上。一般将阻焊变压器 11 装在焊机机架 12 内，用软铜导体 10 与夹座连接。

对焊机按工艺方法分为闪光对焊机和电阻对焊机两大类，两者的构造相似，主要区别在于焊接时可动夹座的运动和传递这个运动的机构不同。闪光对焊机又分连续闪光对焊机和预热闪光对焊机。

按送进机构分，对焊机可分为弹簧式对焊机、杠杆式对焊机、电动凸轮式对焊机、气压送进液压阻尼式对焊机和液压式对焊机等；按夹紧机构分，有偏心式对焊机、杠杆式对焊机和螺栓式对焊机，而杠杆式和螺栓式对焊机又分手动式对焊机和机械传动式对焊机。按机械传动方式分，则有电动对焊机、气动对焊机、液动对焊机或气液联动对焊机；按自动化程度分，有手动对焊机、半自动对焊机和自动对焊机；按用途分，则有通用对焊机和专用对焊机等。

2.4 电阻焊机的控制器

2.4.1 控制器的功能

电阻焊机控制器的主要功能如下：

1）用于控制焊接循环自动进行。

2）用于调节焊接参数。

3）进行故障监视和处理。

此外，根据焊接工艺的要求，控制器中还可以增加一些其他功能，如点焊或凸焊某些特殊金属时，希望在焊接循环中有预热、焊接、回火等三个通电脉冲，因而需要有对预热、焊接、回火等脉冲进行调节的调制器；为了防止焊接开始时的飞溅，焊接脉冲还具有电流递增控制，使焊接电流从较小值逐渐上升到指令值；有些焊机还有网压自动补偿装置或各种类型的闭环控制，保证输出热量稳定或焊接熔核质量稳定；当同时使用几台焊机时，还可以进行联锁控制或群控，必要时能实现同一个时间内只有一台焊机通电焊接，避免同时焊接使网压降低过多而影响焊接质量等。

控制装置通常由程序转换定时器、相位控制器、断续器及电网负荷分配器等组成。程序转换定时器用于控制电阻焊焊接循环中各个程序段的时间；相位控制器用于完成焊接功率的均匀控制，实现网压自动补偿、恒流、电流递增、电流衰减、预热及后热等功能；断续器用于接通和切断阻焊电压器与电网的连接；电网负荷分配器用于使各台焊机分时工作，使电网负荷更加合理。

2.4.2 控制器的分类、特点和选用

1. 分类

电阻焊控制器可以按焊接工艺或按主控单元进行分类，如图 4-2-12 所示。

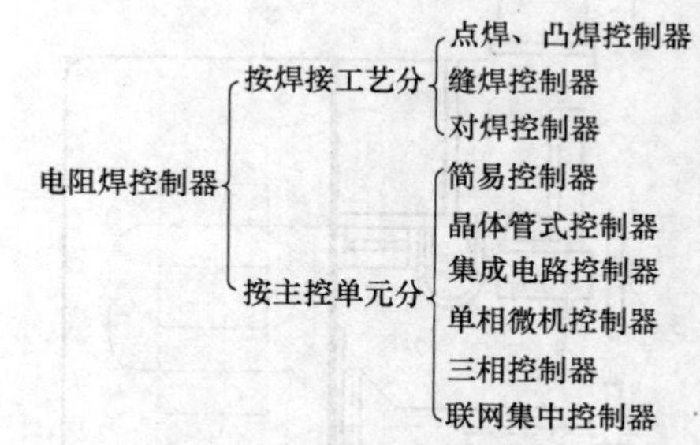

图 4-2-12　电阻焊控制器的分类

2. 特点和选用

对于按焊接工艺来分类的控制器来说，其特点如下：

1）点焊、凸焊控制器。目前这类控制器最多分成 8 段主程序进行控制，焊接性好的焊件只需 4 段程序（预压、焊接、维持和休止），而焊接耐热合金钢则用多段程序。这些程序如下：

① 焊接电流缓升和缓降控制，主要是控制焊接热量。电流缓升能有效防止初期飞溅，适于焊接镀层

钢板和某些有色金属；电流缓降能降低焊接区的冷却速度，减少产生裂纹的可能性。

② 预热及回火电流的控制。

③ 锻压程序是在焊接程序结束之前或焊接程序结束后加入此程序，通常是在点焊厚度为 2mm 以上的铝合金或不锈钢板时使用。

④ 多脉冲电流控制，即对焊接热量设定值（如几个周期）进行控制。用于焊接较厚焊件时的控制。

2）缝焊控制器又可分成以下两种：

① 交流工频断续缝焊控制器。控制的程序是：焊接开始时，滚轮电极下压→滚动→通电；焊接结束时，断电→滚轮停转→撤压抬起。焊接时的电流脉冲时间和脉冲间隔时间分别可调，如果是连续缝焊时，将间隔时间选为零。

② 步进缝焊控制器。它的焊接循环相当于电极不抬起、焊件相对移动和停止的连续点焊控制器。

3）对焊控制器。除程控部分不同于点焊、缝焊控制器外，其余的热量调节和断续器控制部分没有大的区别。由于对焊机夹紧夹具和驱动方式多，造成程序转换有时间及位移监测两个影响因素。此外，质量控制参数也比点焊、缝焊多，故难以做到通用性强的规范模式。

对于按主控单元来分类的控制器来说，其特点如下：

1）晶体管式控制器。主要通过采用二极管、晶体管、晶闸管等半导体器件和阻容元件等，控制电流变化及各种开关的动作，以实现焊接程序。这类控制器多为我国早期定型产品，元件多，线路较复杂。但价格较低，定时精度和热量控制及网压补偿精度均较好，适用于一般应用场合。

2）集成电路控制器。其主控元件是 CMOS、TTL 型计数器、译码器、触发器和时基电路等集成元件，以及专用触发器和阻容、开关元件等。这类控制器标准型号为 KD2 型，既有通用的，也有专用的。能控制 DN3、DZ3、DN、DZ、TN、TZ、FN、FZ 等系列 250kVA 以下的通用点焊机、凸焊机、缝焊机及相应容量的专用焊机。

3）单相微机控制器。这类控制器既可作通用控制器，又可作专用控制器，其标准型号为 KD3。通常是按有无阶梯功能内容进行选择。

① 无阶梯（单一主循环）的单相微机控制器比集成电路型应用范围更广，定时精度可以做到无误差。当热量及网压补偿精度为±15%时，静态补偿可做到±3%之内。控制器硬件线路简单，元器件少，由于软、硬件都有抗干扰措施，因此可靠性高。具有晶闸管、水流量等故障报警功能，适用于对焊接质量要求高的场合。

② 有阶梯功能的单相微机控制器属于功能较齐全的先进控制器，它具有以下特点：

a. 具有 00~15 存储规范套数（程序序列）的选择功能，多次脉冲加热，电流缓升与缓降功能，对单个或多个电磁气阀的控制功能。

b. 一般可设置 5~7 个阶梯，各阶梯有熔核数、热量及其相应的检测手段。

c. 具有恒压、恒流及其他质量监控方式的选择、程序锁定及焊机间的连锁等功能。

d. 具有多种故障报警功能，如电流上、下限；电流递增器阶梯数接近或达到极限；电压、电流补偿极限；晶闸管过热、单管导通、短路、断路；存储器数据出错；电池电压太低；熔核熔粘检查等。

这类控制器属于智能化控制器，自诊断能力很强，对生产运行中的故障都可以通过显示屏的提示内容去处理，故很适于在自动化程度较高的场合或者点焊机器人生产线上应用。

4）三相控制器。这类控制器主要与三相二次侧整流及三相低频点焊机、凸焊机、缝焊机相配。有 CMOS 集成电路型和微机型两种，前者采用拨码开关调节程序时间，焊接电流值一般通过电位器来给定。后者较为先进，有取代前者的趋势。以前焊接一次主回路有多种形式，现在趋向于三相线电压晶闸管反向并联接法。焊接循环有多个程序，具备可选择的三种或六种压力曲线。微机型三相控制器还可存储多套焊接参数规范。一般都具有网压波动补偿功能，个别具有动态功率因数补偿功能。

5）联网集中控制器。在各台电阻焊机都采用微电子技术控制的基础上，焊接车间对所有焊机（或某一区域的焊机）实行集中管理和群控。各焊机控制器通过总线与中心计算机（群控计算机）联机。

群控的功能如下：

① 监视前沿各焊机的工作情况，巡回检测焊接参数、熔核质量参数、自动记录和报警。

② 统计、分析和处理焊接工艺、质量以及产量等数据。

③ 采用负荷分配系统对各焊机进行统一调度，综合管理。例如，某台焊机在投入实际焊接前一瞬间向中心计算机申请负荷，计算机综合平衡后发出何时可投入焊接的指令，从而有效地限制了网路电压的波动，有利于保证焊接质量。与此同时，又可使车间供电设施与车间设备用电的负荷和频率之间获得良好匹配，既节能又节省供电设施。

2.5　点焊机器人

2.5.1　点焊机器人的组成

随着机器人技术的日益成熟，以及工艺生产质量和效率要求的提高，点焊机器人在工业生产，特别是汽车、摩托车、农业机械等行业中应用越来越广泛。点焊机器人一般由机器人本体、控制系统、示教系统和点焊系统几部分组成，如图 4-2-13 所示。通常还需要配备一定的工装胎具使用。

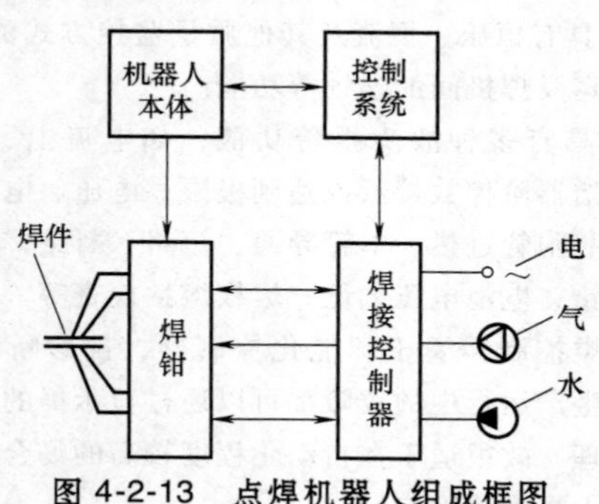

图 4-2-13　点焊机器人组成框图

1. 机器人本体

点焊通常采用全关节型机器人本体，其技术指标主要有自由度、驱动方式、工作空间、各个自由度的运动范围和最大运动速度，以及腕部负载能力、控制方式和重复精度、点焊速度等。

1）自由度。点焊要求五个以上自由度即可，目前使用较多是具有六个自由度机器人本体，这六个自由度是腰转、大臂转、小臂转、腕转、腕摆及腕捻。

2）驱动方式。点焊机器人的驱动方式有液压驱动和电气驱动两种，其中电气驱动由于具有维护方便、能耗低、速度快、精度高及安全性好等优点，因此应用较为广泛。

3）工作空间。需选用工作空间符合实际工作要求的机器人，通常根据焊点位置和数量来选择，要求工作空间不小于 $5m^3$。

4）各个自由度的运动范围和最大运动速度。表 4-2-1 列出了点焊机器人在各个自由度上的运动范围和最大运动速度。

5）腕部负载能力。由于点焊钳较重，所以点焊机器人的负载能力较大，一般可达 50~120kg。

6）控制方式和重复精度。点焊过程中主要控制焊点的位置，因此可采用点位控制方式（PTP），其定位精度应小于±5mm。

7）点焊速度。点焊机器人的点焊速度较快，一般在 60 点/min 以上。选择点焊机器人时应注意单点焊接时间要与生产线物流速度相匹配。

表 4-2-1　点焊机器人在各个自由度上的运动范围和最大运动速度

自由度	运动范围/(°)	最大运动速度/°·s^{-1}
腰转	±135	50
大臂转	前 50,后 30	45
小臂转	上 40,后 20	40
腕转	±90	80
腕摆	±90	80
腕捻	±170	80

2. 控制系统

控制系统包括机器人控制器和点焊控制器。

机器人控制器通常由计算机硬件、软件和一些专用控制电路组成，其软件包括控制器系统软件、机器人专用语言、机器人运动学、动力学软件、机器人控制软件、机器人自诊断及自保护功能软件等，它处理机器人工作过程中的全部信息，并发出控制命令，控制机器人系统的全部动作自动进行。在示教过程中，操作者的误操作或焊接过程中出现故障，报警系统均会自动警报并停机，同时显示错误或故障信息。

点焊控制器的功能是完成焊接参数输入、焊接程序存储、进行简单或复杂的点焊时序控制，进行电流波形控制，提供故障诊断和保护，实现与机器人控制器及手控示教盒的通信联系。

根据点焊控制器和机器人控制器的相互关系，点焊机器人的控制系统分为三种结构形式：

1）中央控制型。由主计算机统一进行管理、协调和控制，焊接控制器作为整个控制系统的一个模块，安装在机器人控制器的机柜内。这种控制方式的优点是设备集成度高。

2）分散控制型。焊接控制器与机器人控制器彼此相对独立，分别控制焊接过程和焊接机器人本体的动作，二者通过“应答”方式进行通信。开始焊接时，机器人控制器给出焊接启动信号，焊接控制器接到该信号后自行控制焊接程序的进行，并在焊接结束后向机器人控制器发送结束信号；机器人控制器收到结束信号后操作机器人末端移位，进行下一个焊点的焊接。其焊接循环如图 4-2-14 所示。

3）群控系统。以群控计算机为中心，将多台点焊机器人连接网络，对这些机器人进行群控。每台点焊机器人均设有“焊接请求”及“焊接允许”信号端口，与群控计算机相连，以实现网内焊机的分时交错焊接。这种控制方法的优点是可优化电网瞬时负载、稳定电网电压、提高焊点质量。

3. 示教系统

示教系统是机器人与人的交互接口，利用示教系

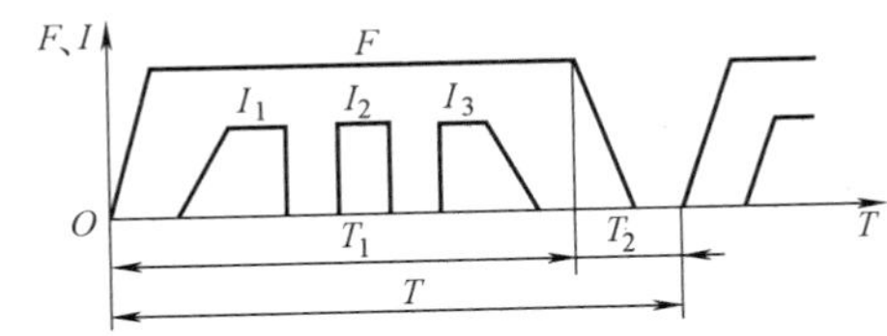

图 4-2-14　分散控制型点焊机器人的焊接循环

T_1—焊接控制器控制　T_2—机器人主控计算机控制

T—焊接周期　F—电极压力　I—焊接电流

统将机器人末端的位姿、轨迹、各个重要节点全部动作及焊接参数，通过程序写入控制器存储器中，焊接过程中调用该程序，执行焊接过程。它实质上是一个专用的智能终端。

4. 点焊系统

点焊系统由阻焊变压器、点焊钳、点焊控制器，以及水、电、气等辅助系统等组成。

点焊钳是点焊机器人的末端操作器，有 C 形点焊钳和 X 形点焊钳两种。C 形点焊钳用于点焊垂直及近于垂直的焊点，X 形点焊钳则主要用于点焊水平及近于水平位置的焊点。根据焊钳钳体与阻焊变压器的连接关系，点焊钳分为三种：一体式点焊钳、分离式点焊钳和内藏式点焊钳，如图 4-2-15 所示。

一体式点焊钳的阻焊变压器和钳体组装为一体，然后安装在机器人操作机手臂末端，如图 4-2-15a 所示。其优点是无须采用粗大的二次电缆及悬挂变压器的工作架，结构简单、维护费用低、节能省电（与分离式相比，可节能 2/3），其缺点是操作机末端承受的负载较大（一般为 60kg）、焊钳可达性较差。

分离式点焊钳的特点是钳体和阻焊变压器相互分离，钳体安装在机器人操作机手臂末端，而阻焊变压器悬挂在机器人的上方悬梁式轨道上，并可在轨道上随着焊钳移动，二者之间用电缆相连，如图 4-2-15b 所示。其优点是机器人操作机手臂末端的负载较小、运动速度快、造价便宜，其缺点是电力损耗较大、能源利用率低、工作空间和焊接位置受限，维护成本高（连接电缆需要定期更换）。

内藏式点焊钳的阻焊变压器安放在机器人手臂内靠近钳体的位置，如图 4-2-15c 所示。其优点是二次电缆短、变压器容量小，缺点是使机器人本体的设计结构复杂。

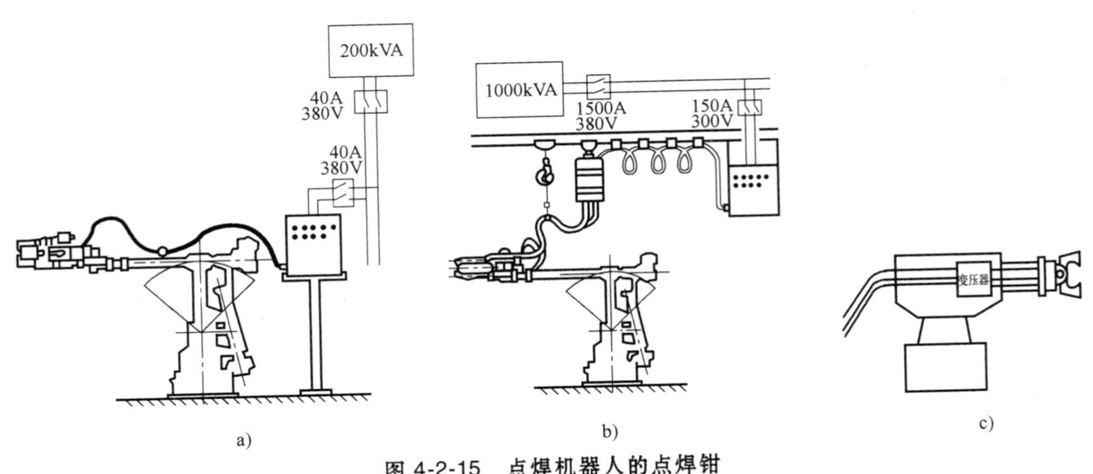

图 4-2-15　点焊机器人的点焊钳

a）一体式　b）分离式　c）内藏式

2.5.2　点焊机器人的优点

点焊机器人具有如下优点：

1）焊接过程完全自动化，焊接产品质量显著提高，而且质量稳定性和均一性好。

2）焊接生产率高；持续工作时间长，一天可 24h 连续生产。

3）工人劳动条件好，劳动强度低，对工人操作技术要求显著降低。

4）柔性好，既适合大批量生产，又适合小批量产品生产。

5）易于实现群控，进一步提高生产率。

第3章　点焊工艺

3.1　熔核的形成及对其质量的一般要求

3.1.1　熔核的形成

点焊过程可分为彼此相连的三个阶段：预压、通电加热和顶锻。

1. 预压

预加压力为了使焊件在焊接处紧密接触。若压力不足，则接触电阻过大，导致焊件烧穿或将电极工作面烧损。因此，通电前电极压力应达到预定值，以保证电极与焊件、焊件与焊件之间的接触电阻保持稳定。

2. 通电加热

在预加压力下通电，则在两电极之间的金属圆柱体内有最大的电流密度，通过焊件之间的接触电阻和焊件自身的电阻，产生相当大的热量，使温度迅速升高。焊件连接部位的接触面及其附近首先熔化，形成熔核。电极与焊件之间的接触电阻也产生热量，但大部分被水冷的铜合金电极带走，正常情况下此处是达不到熔化温度的。在圆柱体周围的金属因电流密度小，温度不高，其中靠近熔核的金属温度相对较高，达到塑性状态，在压力作用下发生塑性变形和再结晶，形成一个塑性环，紧密地包围着熔核，对熔化金属进行保护，同时防止熔化金属向外溢出。当预加力过小时，熔核周围不能形成塑性环，会导致喷溅。如果加热时间过长，熔核过大，在电极压力作用下，塑性环发生崩溃，熔化金属也会从焊件之间或焊件表面喷出。

3. 顶锻

顶锻是在切断焊接电流后，电极继续对熔核挤压的过程，对熔核起压实作用。断电后，熔核是在封闭的金属“壳”内开始冷却结晶的。如果不施加顶锻力，结晶后的焊点中易出现缩孔和裂纹，影响焊点强度；如果有电极挤压，产生的挤压变形使熔核收缩自由并变得密实。因此，电极压力必须在断电后继续维持到熔核金属全部凝固之后才能解除。顶锻持续时间视焊件厚度而定。对于厚度为1~8mm的钢板，一般为0.1~2.5s。

当焊件厚度较大（铝合金为1.6~2mm，钢板为5~6mm）时，因熔核周围金属壳较厚，常需增加顶锻力。加大顶锻力的时间须控制好。过早，会把熔化金属挤出来变成飞溅；过晚，熔化金属已凝固而失去作用。一般断电后在0~0.2s内加大顶锻力。

在实际生产中，往往根据不同材料、结构以及对焊接质量的要求，采用一些特殊的工艺措施。例如，对热裂纹倾向较大的材料，可采用附加缓冷脉冲的点焊工艺，以降低熔核的凝固速度；对调质材料的焊接，可在两电极之间做焊后热处理，以改善因快速加热、冷却而产生的脆性淬火组织；在加压方面，可以采用马鞍形、阶梯形或多次阶梯形等电极压力循环，以满足不同质量要求的零件焊接。

3.1.2　对熔核质量的一般要求

点焊接头的强度取决于熔核的几何尺寸及其内外质量。熔核的几何尺寸如图4-3-1所示，一般要求熔核直径随板厚增加而增大。

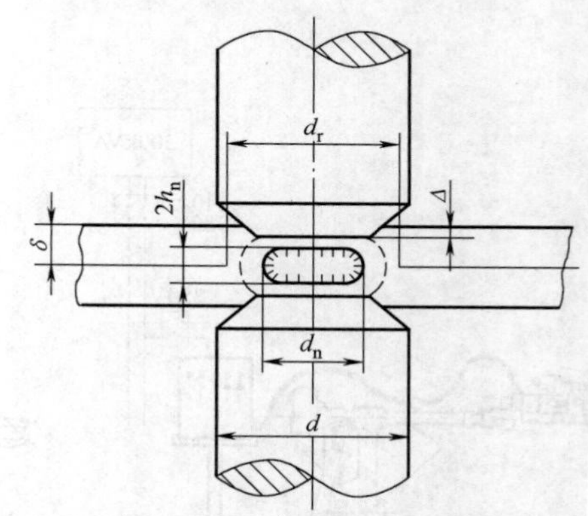

图4-3-1　熔核的几何尺寸

δ—焊件厚度　d—电极直径　d_n—熔核直径

d_r—塑性环外径　h_n—熔核高度　Δ—压痕深度

通常用式（4-3-1）表示：

$$d_n = 5\sqrt{\delta} \tag{4-3-1}$$

式中　d_n——熔核直径（mm）；

δ——焊件最薄板厚（mm）。

或用式（4-3-2）表示：

$$h_n = (0.2 \sim 0.8)(\delta - \Delta) \tag{4-3-2}$$

式中　h_n——熔核高度（mm）；

Δ——焊件表面压痕深度，一般 $\Delta = (0.1 \sim 0.15)\delta$（mm）。

熔核在单板上的熔化高度 h_n 对板厚度 δ 的百分比称为焊透率 A，即

$$A=\frac{\text{单板上的熔化高度 } h_n}{\text{板厚 } \delta}\times 100\%$$

通常规定 A 为 20%～80%。试验表明，当熔核直径符合要求时，取 $A\geqslant 20\%$ 便可保证熔核的强度。A 值过大，熔核接近焊件表面，使表面金属过热，晶粒粗大，易出现飞溅或在熔核内产生缩孔、裂纹等缺陷，接头承载能力下降。一般不许 $A>80\%$。

焊件表面压痕的深度过深将影响焊件表面美观和光滑，减小该处断面尺寸，造成过大的应力集中，使焊点强度下降。当电极压力越大、焊接时间越长，或焊接电流越大时，压痕就越深。为了减小压痕深度，可采用较硬的规范及较大的电极端面尺寸。

3.2　点焊方法的种类

点焊方法很多，按供电方向和在一个焊接循环中所能形成焊点数可归纳为表 4-3-1 所列的种类。

表 4-3-1　点焊方法的种类及其特点与应用

种类		示意图	特点与应用
双面点焊	双面单点焊	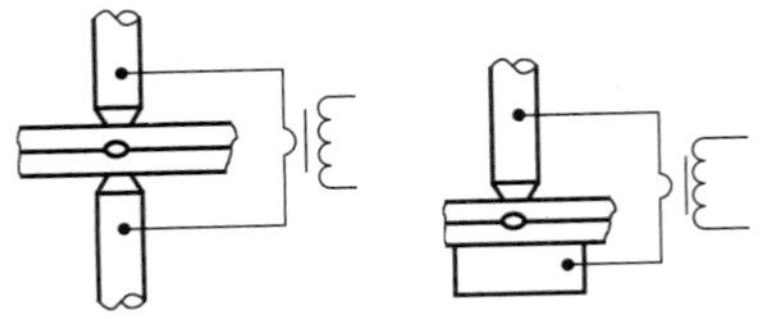	两电极从两面向焊件馈电，焊接电流集中通过焊接区，可减小焊件受热体积和提高焊接质量，应优先选用。缺点是焊件两面有印痕。右图表示用大面积导电板作为下电板
双面点焊	双面双点焊	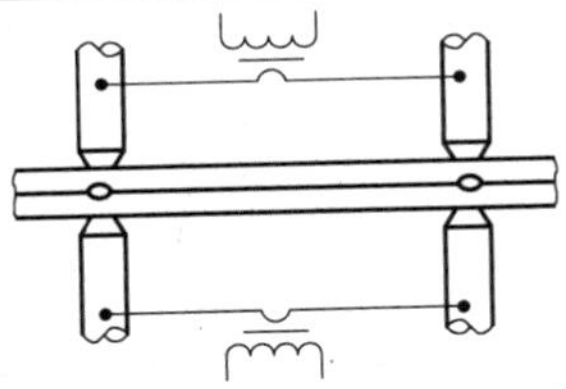	两台变压器分别对焊件两侧成对电极供电，在一个循环中同时形成两个熔核。电源在同一瞬间的极性相反，相当于双面单点焊。比单面双点焊分流小，焊接质量高，但需专用焊机。适于大型工件的大量生产
双面点焊	双面多点焊	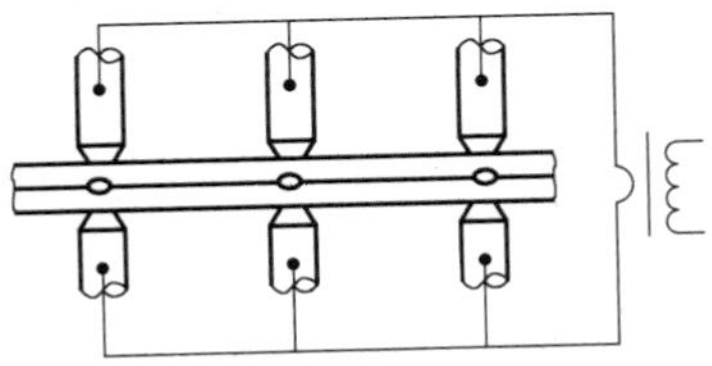	用一台电源从两侧供电，同时熔接两个或多个熔核，各电极并联。要求所有电流通路的阻抗必须基本相等，才能使每个熔核上电流分配均匀，且每个熔核所处的表面状态、厚度及电极压力要相同
双面点焊	双面多点焊	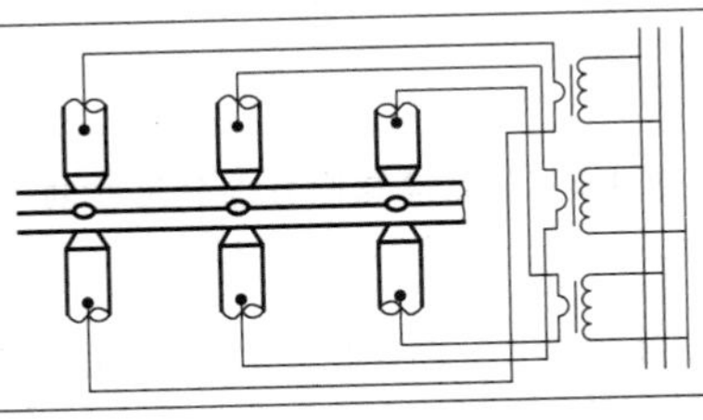	用多台电源分别从两侧供电，同时进行多点焊。若三点为一组，可以做到电网负荷均衡，没有每个电流通路阻抗必须相等的要求，需专用焊机，生产率高。适用于大型工件、大批量生产
单面点焊	单面双点焊	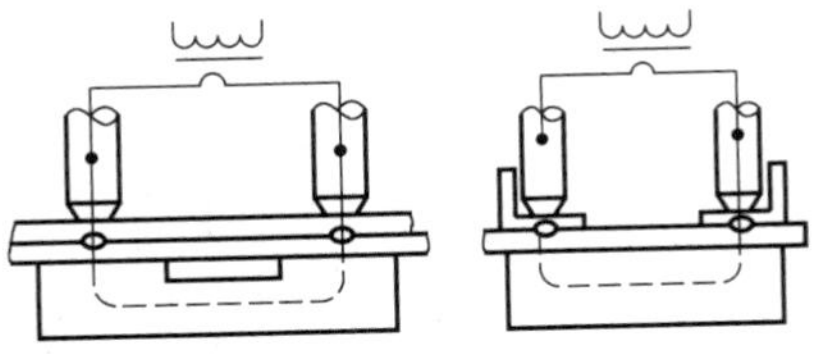	两个电极安放在焊件同一侧，同时焊接两个点，生产率高。适用于大型、移动有困难的焊件。为了减少流经上面焊件的分流，在焊件下面放置导电铜垫板，此法背面无电极压痕
单面点焊	单面单点焊	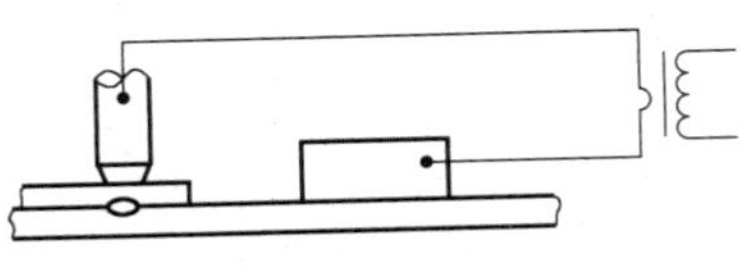	两电极放在焊件同一侧，其中一个电极工作面较大，以减小其电流密度，不形成熔核。通常使用移动式点焊机（配用焊枪）。主要用于不能双面点焊的结构

（续）

种类		示意图	特点与应用
单面点焊	单面多点焊	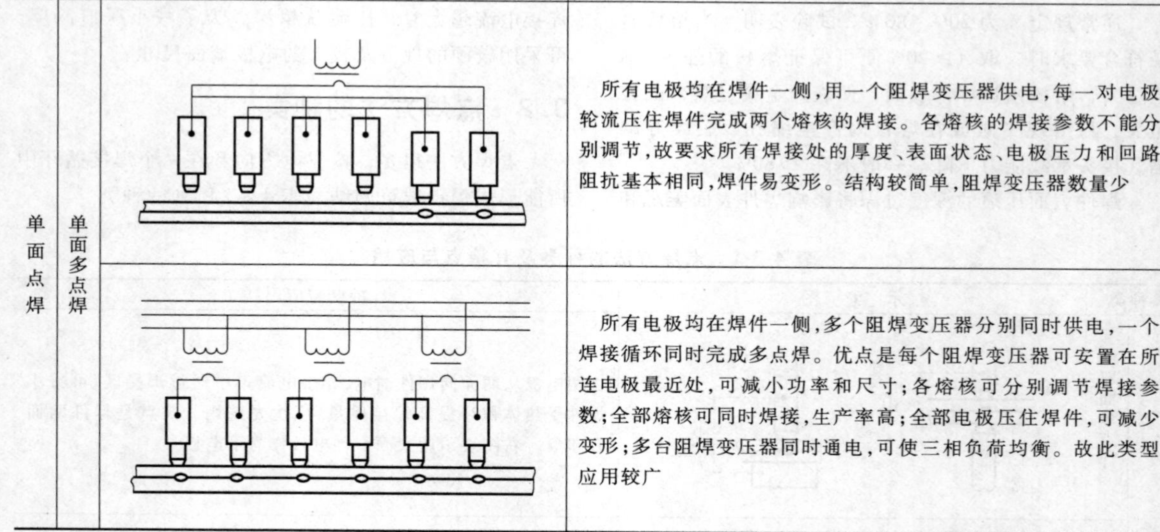	所有电极均在焊件一侧，用一个阻焊变压器供电，每一对电极轮流压住焊件完成两个熔核的焊接。各熔核的焊接参数不能分别调节，故要求所有焊接处的厚度、表面状态、电极压力和回路阻抗基本相同，焊件易变形。结构较简单，阻焊变压器数量少
			所有电极均在焊件一侧，多个阻焊变压器分别同时供电，一个焊接循环同时完成多点焊。优点是每个阻焊变压器可安置在所连电极最近处，可减小功率和尺寸；各熔核可分别调节焊接参数；全部熔核可同时焊接，生产率高；全部电极压住焊件，可减少变形；多台阻焊变压器同时通电，可使三相负荷均衡。故此类型应用较广

3.3 点焊接头的设计

点焊接头必须采用搭接形式，由两个或两个以上等厚度或不等厚度的焊件组成，如图 4-3-2 所示。设计点焊接头时应考虑下列因素。

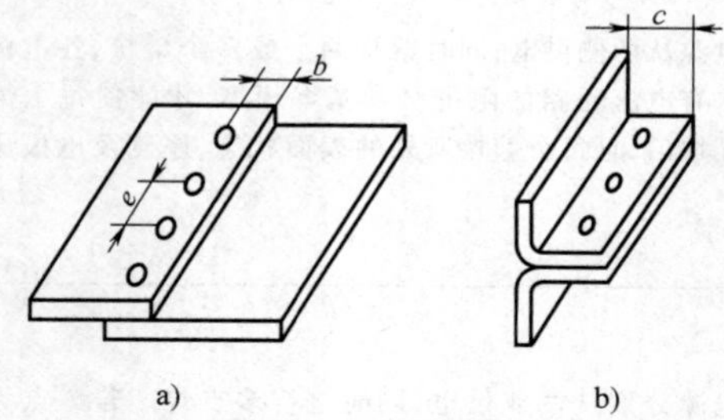

图 4-3-2 点焊接头的基本形式

a）搭接接头 b）卷边接头

b—边距 e—点距 c—搭接量

1. 焊接结构设计的合理性

焊接结构应保证电极能够达到待焊部位。图 4-3-3所示为常见点焊结构各部分尺寸的一般范围。如果焊接结构无法满足要求，可考虑采用专用电极或电极握杆。

2. 边距与搭接量

边距指从熔核中心到板边的距离。若边距过小，则边缘处母材过热并向外挤压，减弱对熔核的拘束，还可能导致飞溅，如图 4-3-4 所示。最小边距取决于被焊金属的种类、厚度、电极面形状和焊接条件。对于屈服强度高的金属、薄件，或用硬规范焊接时，可取较小值。

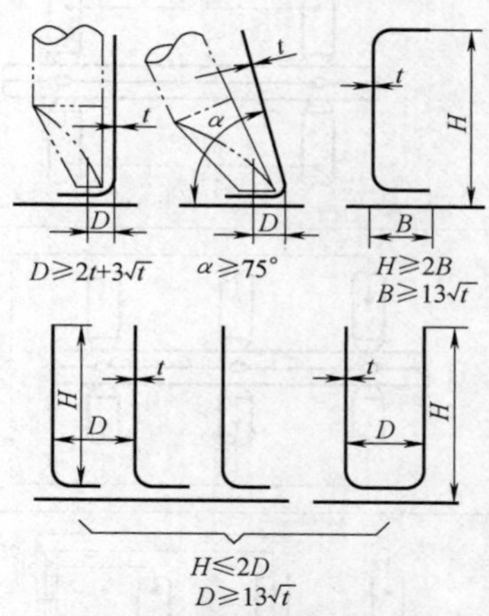

图 4-3-3 点焊结构各部分尺寸的一般范围

t—焊件厚度

搭接量指接头重叠部分的尺寸。最小搭接量通常为最小边距的两倍。点焊接头的最小搭接量见表 4-3-2。

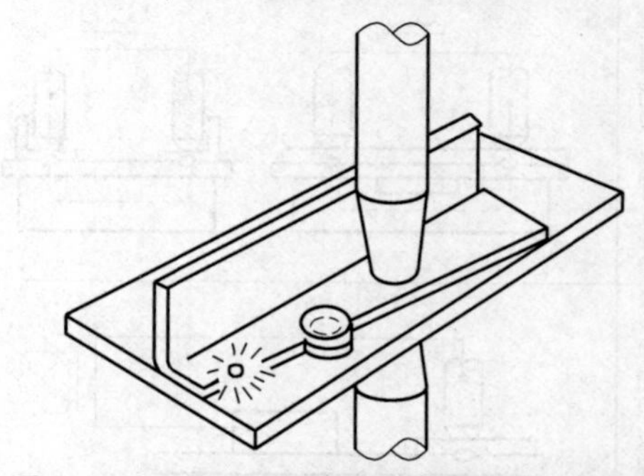

图 4-3-4 不正确的边距和搭接量的不良影响

表 4-3-2　点焊接头的最小搭接量

（单位：mm）

板件最薄厚度	单排焊核			双排焊核		
	结构钢	不锈钢及高温合金	轻合金	结构钢	不锈钢及高温合金	轻合金
0.5	8	6	12	16	14	22
0.8	9	7	12	18	16	22
1.0	10	8	14	20	18	24
1.2	11	9	14	22	20	26
1.5	12	10	16	24	22	30
2.0	14	12	20	28	26	34
2.5	16	14	24	32	30	40
3.0	18	16	26	36	34	46
3.5	20	18	28	40	38	48
4.0	22	20	30	42	40	50

3. 点距

点距指相邻两熔核的中心距离。规定点距最小值主要是考虑分流的影响。该最小值与被焊金属的厚度、导电率、表面清洁度以及熔核直径有关。点焊接头的最小点距见表 4-3-3。

表 4-3-3　点焊接头的最小点距

（单位：mm）

板件最薄厚度	被焊金属		
	结构钢	不锈钢及高温合金	轻金属
0.5	10	8	15
0.8	12	10	15
1.0	12	10	15
1.2	14	12	15
1.5	14	12	20
2.0	16	14	25
2.5	18	16	25
3.0	20	18	30
3.5	22	20	35
4.0	24	22	35

4. 装配间隙

必须严格控制焊件间隙。过大的间隙会引起严重飞溅，过紧的装配会导致分流，许用间隙通常为0.1~2mm。实际间隙取决于焊件刚性和厚度，刚性与厚度越大，间隙越小。

5. 厚度比

点焊两个或更多个不同厚度的同种金属时，有一个能有效焊接的最大厚度比，它是根据外侧焊件的厚度决定的。

当点焊两种厚度的碳素钢时，最大厚度比为4∶1；点焊三种厚度的接头时，外侧两板的厚度比不得大于2.5∶1。如果厚度比大于此数，则须从工艺方面采取措施（如改变电极形状或成分等）来保证外侧焊件的焊透率。通常薄板的焊透率不能小于10%，厚板的焊透率应达到20%~30%。

点焊三层板件时，推荐的最小点距比点焊两块较厚外侧板的点距大30%。

3.4　点焊电极与电极握杆

3.4.1　点焊电极

点焊电极是点焊机中重要但又易损耗的零件，它的材质、结构形状直接影响焊接质量、生产成本和劳动生产率，也对自身使用寿命有影响。有关点焊电极材料，详见本书第6篇第4章第4.3节“电阻焊用铜电极”。

1. 点焊电极的分类

点焊电极的形式和种类较多，在生产中大量采用标准电极，特殊情况下需要采用特殊形状的专用电极。电极按其结构形式分为整体式电极、分体式电极和复合式电极三大类。整体式电极指构成电极的头部、杆部和尾部用同一材料制成整体；分体式电极只包括其中的两部分，通常是头部与杆部分开；复合式电极指头部用特殊极材料制成，并镶嵌到杆部上。

2. 点焊电极的结构

（1）构造

点焊直电极的构造及各部分名称如图 4-3-5所示。

头部是电极与焊件接触进行焊接的部分，焊接参数中的电极直径指此接触部分的工作面直径。

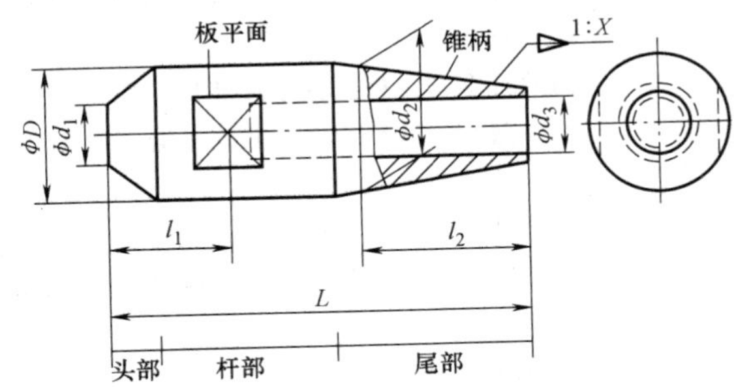

图 4-3-5　点焊直电极的构造及各部分名称

D—电极直径　d_1—工作面直径

d_2—基面直径　d_3—冷却水孔直径

l_1—工作长度　l_2—插入长度　L—电极长度

杆部是电极的基体，多为圆柱体，其直径在加工中简称它为电极直径 D，是电极的基本尺寸，其长度由焊接工艺需要决定。

尾部是电极与握杆或直接与电极臂配合（连续）的接触部分，必须保证顺利传输焊接电流和电极压力。接合面的接触电阻要小，密封而不漏水。

（2）头部形状

点焊标准直电极的头部形状有尖头、圆锥、球面、弧面、平面和偏心等六种，其形状、特点与适用场合见表 4-3-4。

表 4-3-4　点焊标准直电极头部的形状特点与适用场合

头部名称	形状示意图	特点与适用场合
尖头		圆锥尖顶。适用于电极垂直运动的点焊机。其点焊位置比较狭窄，上、下电极须同轴。可焊接各种低碳钢和低合金钢
圆锥		圆锥平顶。适用于电极垂直运动的点焊机。安装时，要求保证上、下电极同轴，端面平行。可焊接低碳钢、低合金钢和镀锌钢板
球面		半圆球形。可提高电极强度，散热较好，电极对中方便，易于修整维护。常用于摇臂式点焊机和悬挂式钳状点焊机。可焊接低碳钢、低合金钢等一般焊件
弧面		在较高电极压力下变形小，修整方便。广泛用于铝及铝合金的焊接
平面		电极工作面较大，端面平整，主要用于要求焊件表面无印痕的场合
偏心		电极工作面与杆体不同心。用于焊接靠近边缘弯曲等地方。焊接时，电极压力不通过电极轴线，电极压力过大时，会发生弯曲变形

（3）尾部形状

点焊电极的尾部形状取决于它与握杆的连接形式。在电极与握杆的连接中，最常用的是锥柄连接，其次是直柄连接和螺纹连接。与之相应，电极尾部的形状就有锥柄、直柄和螺旋三种。

如果锥柄的锥度与握杆孔的锥度相同，则电极的装拆简单，不易漏水，适用于压力较高场合。直柄连接具有快速拆卸的特点，也适用于压力较高的焊接，但电极尾部要求足够好的尺寸精度，以便与握杆孔紧密相配，使导电良好。螺纹连接的电接触性能较差，其使用寿命不如锥柄电极。

3. 点焊电极的基本尺寸

（1）标准直电极的基本尺寸

直电极的应用面广、量大，其基本尺寸已标准化，表 4-3-5 列出了 JB/T 3158—1999《电阻点焊直电极》中规定的图 4-3-5 所示的标准直电极的基本尺寸。这种电极适用于焊接低碳钢、低合金钢、不锈钢和铝及铝合金。

（2）弯电极的基本尺寸

直电极无法焊接的部位采用弯电极进行焊接。

弯电极的缺点是焊接时承受偏心力矩，易出现挠曲，使上、下电极工作面对中不良，因此允许的电极压力比直电极小。另外，它的加工较复杂、成本高。

用冷弯压成的弯电极有单弯和双弯两种，如图 4-3-6所示。其基本尺寸分别见表 4-3-6 和表 4-3-7。特殊弯电极需专门设计。

（3）电极的基本尺寸

电极由电极帽和电极接头组成，表 4-3-8 和表 4-3-9分别列出了它们的形式及尺寸。

表 4-3-5　标准点焊直电极的基本尺寸（摘自 JB/T 3158—1999）　（单位：mm）

D	d_1	d_2	$d_3{}^{+0.5}_{0}$	l_1	$l_2\pm0.5$	$L\pm0.5$	1 : X
10	4	9.8	5.5	14	13	29~63	
13	5	12.7	8	15	16	32~79	
16	6	15.5	10	16	20	40~100	1 : 10
20	8	19.5	12	17	25	50~105	
25	10	24.5	14	18	32	57~112	

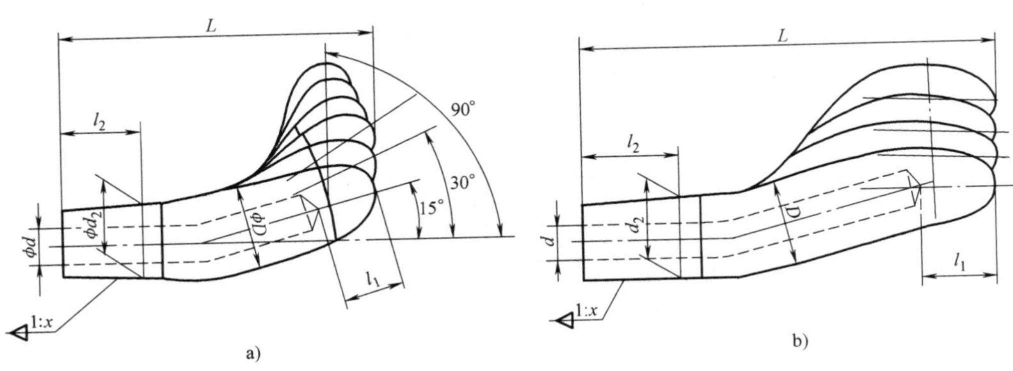

图 4-3-6　常用弯电极

a）单弯　b）双弯

表 4-3-6　点焊用单弯电极的基本尺寸　（单位：mm）

D	d_2	l_2	d	l_1	1：x	L					
						90°	75°	60°	45°	30°	15°
13	12.7	16	8	8	1：10	34～64	38.5～68.5	42～72	45～75	48～78	44～79
16	15.5	20	10	10		43～84	47.5～84.5	51～88	54～91	44～94	45～95
20	19.0	25	13	12		38～75	42.5～79.5	46～83	49～86	52～89	40～110

表 4-3-7　点焊用双弯电极的基本尺寸　（单位：mm）

D	d_2	l_2	d	l_1	1：x	e	L
16	15.5	20	10	10	1：10	12 18 24	80
20	19.0	25	13	12			100

表 4-3-8　点焊用电极帽的形式及尺寸（摘自 JB/T 3948—1999）　（单位：mm）

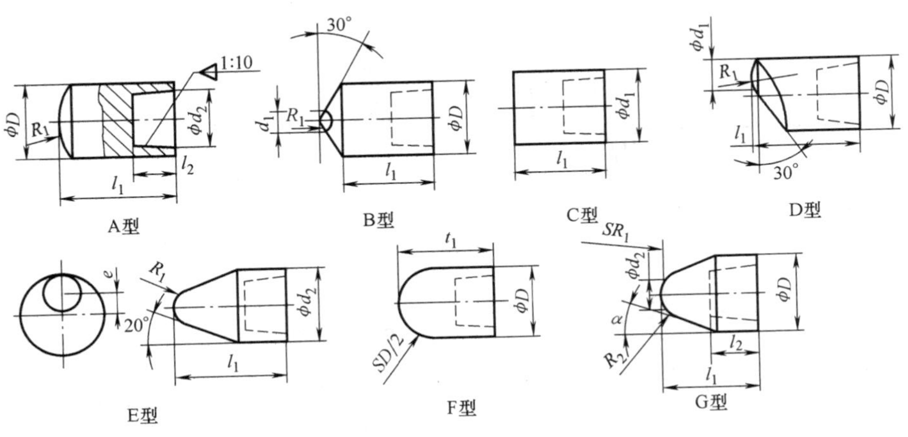

D h_{11}	d_1	d_2	l_1	l_2±0.5	e	R_1	R_2	α	电极压力 F_{max}/kN
13	5	10	18	8	3	32	5	—	2.5
16	6	12	20	9.5	4	40	6	15°	4
20	8	15	22	11.5	5	50	8	22.5°	6.3

表 4-3-9　点焊用电极接头的形式及尺寸（摘自 JB/T 10255—2001）　（单位：mm）

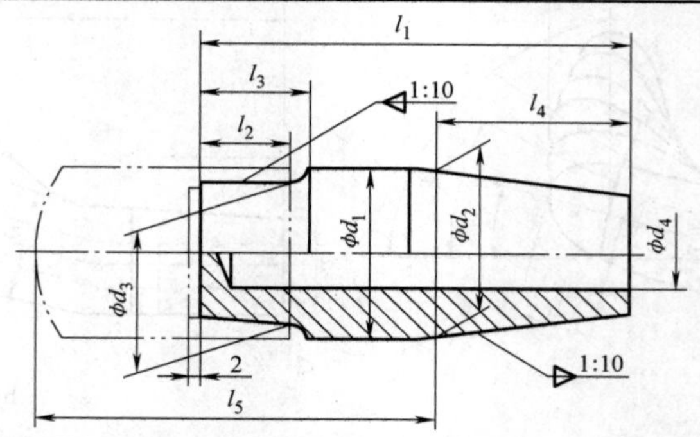

d_1 d_{11}	d_2	d_3	d_4 ±0.5	l_2	l_3	l_4 ±0.5	l_1 当 l_5= 31.5	40	50	63	80	100	125	(140)	160	(180)	200
13	12.7	10	6.5	6.5	10	16	36.5	14.5	54.5	67.5	84.5	104.5	129.5	—	—	—	—
16	15.5	12	8	8	13	25	—	18	58	71	88	108	133	148	168	—	—
20	19	15	10.5	10	15	25	—	—	63	76	93	113	138	153	173	193	213

注：括号内的数值为非优选值。

3.4.2　电极握杆

电极握杆又称电极夹头，用于固定点焊电极。其功能是向电极传输焊接电流、电极压力和冷却水，此外可以通过调整电极与焊件之间的相对位置，均能使电极到达待焊焊点。

常用的电极握杆结构是直握杆，其次是弯握杆，如图 4-3-7 所示。直握杆适用于各种容量的标准点焊机，电极不经常拆卸，拆卸时需用扳手。握杆与电极的配合有锥面连接、螺纹连接和直柄连接三种，用得最多的为锥面连接。表 4-3-10 列出了点焊电极握杆的形式及尺寸。

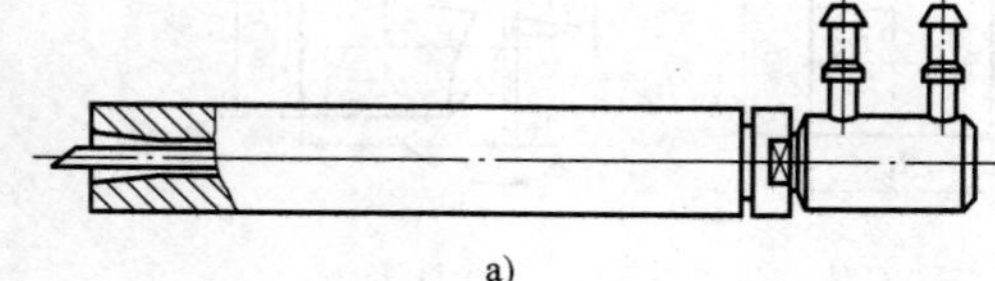
a)

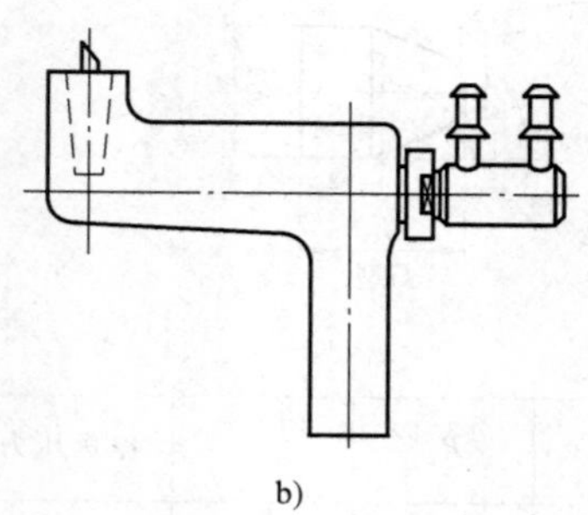
b)

图 4-3-7　常用的电极握杆
a）直握杆　b）弯握杆

表 4-3-10　点焊电极握杆的形式及尺寸
（单位：mm）

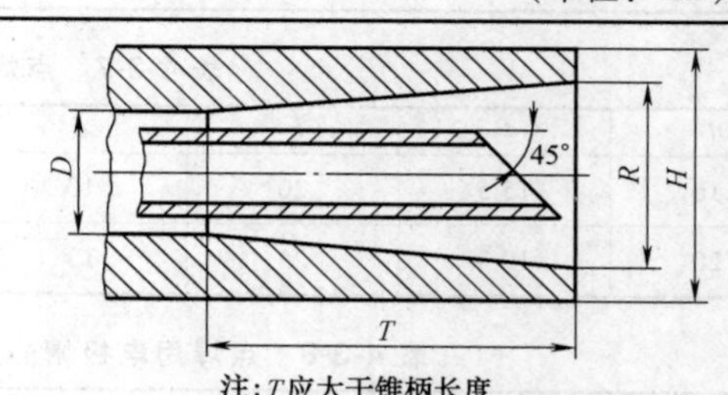

注：T应大于锥柄长度

握杆直径 H	电极直径	R	冷却水孔直径 D 最小尺寸	最大尺寸	锥度
20	13	12.7	9	10	1 : 10
25	16	15.5	11	12	
31.5	20	19.0	14	15	
40	25	24.5	16	19	
50	31.5	31.0	16	18	1 : 5
60	40.0	39.0	22	24	

注：电极握杆一般都用强度高、导电性好的铜合金制造。

3.5　点焊工艺

3.5.1　焊前焊件的表面清理

为保证焊接接头质量，点焊（包括凸焊和缝焊）前必须对工件表面的油污、水分、油漆及氧化膜等进行清理。清理方法分为机械清理法和化学清理法两种，机械清理法有喷砂、喷丸、抛光及磨光等，化学清理法常用的是酸洗或其他化学制品。

表 4-3-12 列出了几种常用金属材料化学腐蚀用的溶液及组成。

表 4-3-11 几种常用金属材料化学腐蚀用的溶液及组成

金属材料	腐蚀用溶液	中和用溶液	R 允许值/μΩ
低碳钢	1）每升水中 $H_2SO_4$200g、NaCl 10g、缓蚀剂六次甲基四胺 1g，温度 50~60℃ 2）每升水中 HCl 200g、六次甲基四胺 10g，温度 30~40℃	每升水中 NaOH 或 KOH50 ~ 70g，温度 20~25℃	600
结构钢、低合金钢	1）每升水中 $H_2SO_4$100g、HCl150g，六次甲基四胺 10g，温度 50~60℃ 2）在 0.8L 水中 $H_3PO_4$65~98g、$Na_3PO_4$35~50g、乳化剂 OP25g、硫脲 5g	同上 每升水中 $NaNO_3$5g，温度 50~60℃	800
不锈钢、高温合金	在 0.75L，水中 $H_2SO_4$110g、HCl 130g、$HNO_3$10g、温度 50~70℃	10%的苏打溶液、温度 20~25℃	1000
钛合金	在 0.6L 水中 HCl 416g、$HNO_3$70g、HF50g	—	1500
铜合金	1）每升水中 $HNO_3$280g、HCl 1.5g、炭黑 1~2g、温度 15~25℃ 2）每升水中 $HNO_3$100g、$H_2SO_4$180g、HCl1g、温度 15~25℃	— —	300
铝合金	每升水中 $H_3PO_4$110~155g、$K_2Cr_2O_7$ 或 $Na_2Cr_2O_7$ 1.5~0.8g，温度 30~50℃	每升水中 $HNO_3$15~25g，温度 20~25℃	80~120
镁合金	在 0.3~0.5L 水中 NaOH300~600g、$NaNO_3$40~70g、$NaNO_2$150~250g，温度 70~100℃	—	120~180

注：成分中酸的质量浓度，硫酸为 1.84（$g \cdot cm^{-3}$，下同），硝酸为 1.40，盐酸为 1.19，正磷酸为 1.6。

1. 钢铁材料焊前的表面清理

低碳钢和低合金钢出厂前一般采用抗蚀油保护，若涂油表面未被污染，在电极压力的作用下，油膜很容易被挤开，不影响接头质量。对未经酸洗过的热轧钢板，焊前必须清除氧化皮；对有镀层的钢板，一般不用特殊清理就可以进行焊接；对镀铝钢板，则需要用钢丝刷或化学腐蚀清理。

不锈钢、高温合金点焊时，需保持焊件表面高度清洁。若有油、尘土、油漆物存在，有增加脆化的可能，需用抛光、喷丸或化学腐蚀方法进行清理。

2. 非铁金属材料焊前的表面清理

对铝及铝合金表面清理要求严格。铝对氧的化学亲和力极强，刚清理过的表面很快又会被氧化，形成氧化膜，故清理后须尽快焊接。

对铝及铝合金表面的氧化膜，主要采用化学清理法。为了减缓新膜的成长速度和填充新膜孔隙，在腐蚀的同时进行钝化处理，最常用的钝化剂是重铬酸钾和重铬酸钠。钝化处理后，便不会造成新表面过分氧化。腐蚀后应进行冲洗，然后在硝酸溶液中进行亮化处理，接着再次进行冲洗。冲洗后在温度为 75℃ 的干燥室内干燥，或用热空气吹干。

这种清理方法，可以在焊前保持 72h。为了确保焊接质量稳定，往往在焊前再用钢丝刷清理焊件搭接部分的内表面。对铝合金，也可采用机械清理法，如用 0~00 号砂布，或用电动或风动钢丝刷等，但为了防止损伤焊件表面，所用钢丝直径不得超过 0.2mm，长度不得小于 40mm，刷子压紧焊件的力不大于 15~20N，而且清理后须不晚于 2~3h 内进行焊接。

对镁合金，一般采用化学清理法，腐蚀后再在铬酐溶液中钝化，这样处理后可保护 10 天；镁合金也可用钢丝刷清理。铜合金一般也采用化学清理法。

3.5.2 点焊的焊接参数

点焊的焊接参数主要有焊接电流 I_w、焊接时间 t_w、电极压力 F_w 和电极工作面尺寸 d_e 等。

1. 焊接电流

焊接电流越大，熔核的尺寸或焊透率 A 越大。焊接区的电流密度应有一个合理的上、下限。低于下限时，热量过少，不能形成熔核；高于上限时，加热速度过快，会发生飞溅，使焊点质量下降。而且，随着电极压力的增大，产生飞溅的焊接电流上限值也增大。在生产中，当电极压力给定时，通过调整焊接电流，使其稍低于飞溅电流值，便可获得最大的点焊强度（见图 4-1-7）。

焊接电流的波形、脉冲数量对焊接质量有一定的影响。从工艺上看，焊接电流波形的陡升与陡降，会因加热和冷却速度过快而引起飞溅或熔核内部产生收缩性缺陷；具有缓升与缓降的电流脉冲和波形，则有预热与缓冷作用，可有效地减少或防止飞溅及内部收缩性缺陷。因此，调节脉冲的形状、大小和数量，都可以改善接头的组织与性能。

各类点焊机的电流波形如图 4-2-1 所示。表 4-3-12列出了点焊工艺过程中各种电流脉冲形式的特点及应用范围。

表 4-3-12　点焊工艺过程中各种电流脉冲形式的特点及应用范围

工艺名称	电流脉冲形式与温度变化	特　点	应用范围	备　注
1)预热	温度、电流 核心中心温度 电流 t_g 时间	$I_y=40\%\sim50\%I_w$ $t_g=0$ 或较小 $T_m>T_r$ $T_y>T_s$ 平压力或马鞍形压力循环	板件厚度大 结构刚性大，不易贴合 板件表面有较厚的氧化膜 零件粗糙，硬度大，不易变形 材料宜缓慢加热，以免出现飞溅与淬硬组织	电流波形可以是交流移相，或直流脉冲、直流调制等 T_m—最高温度 T_r—熔化温度 T_y—预热温度 T_s—塑性温度 t_g—间隔时间
2)缓冷	温度、电流 核心中心温度 熔化温度 电流 时间	$I_f=70\%I_w$ $t_g=0$ 或较小 $T_m>T_r$ $T_y>T_s$ 平压力、阶梯形压力或马鞍形压力	板件厚度大 合金结构钢易产生淬火组织 塑性温度区窄并易出现热裂纹的材料 焊接合金钢时，为避免严重偏析不用阶梯形(无间隙)缓冷电流脉冲	I_f—附加电流 T_h—缓冷温度
3)多脉冲	温度、电流 核心中心温度 电流 时间	t_g 保证电极冷却 $T_m>T_r$ 电流幅值也可变化 平压力或阶梯形压力	要求电极冷却好、寿命长时 可缓慢加热、缓慢冷却 厚度大，用小电流获得大核心 可用小功率焊接较厚的工件	
4)热处理	温度、电流 核心中心温度 熔化温度 重结晶温度 马氏体转变温度 时间	$I_f=50\%\sim60\%I_w$ t_g 大，保证冷却至马氏体淬火组织以下 $T_m>T_r$ $T_m<T_1<T_2$ $T_{min}<T_m$	淬火硬化钢，避免淬火脆性组织并将接头塑性改善，不降低接头性能 避免淬火裂纹	* T_m—马氏体转变温度 T_1—回火温度 T_2—重结晶温度
5)复杂工艺	温度、电流 核心中心温度 电流 时间	$I_y=40\%I_w$ $I_f=70\%I_w$ $T_y=T_s$ $T_m>T_r$ $T_h\geqslant T_s$ $T_m<T_1<T_2$ $T_{min}<T_m$ 平压力或复杂压力循环	大厚度、高强度合金结构钢 质量要求很高	—

2. 焊接时间

焊接时间对熔核尺寸的影响与焊接电流的影响基本相似，焊接时间延长，熔核尺寸随之扩大，但过长的焊接时间就会引起焊接区过热、飞溅和搭边压溃等缺陷。

图 4-3-8 所示为几种典型材料的点焊，焊件厚度与焊接电流和焊接时间的关系。

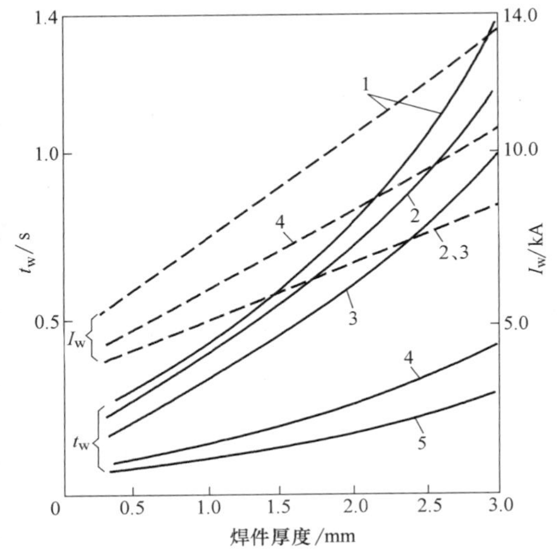

图 4-3-8　焊件厚度与焊接电流和焊接时间的关系

1—低、中合金钢　2—特殊高温合金　3—高温合金　4—不锈钢　5—铜合金

3. 电极压力

电极压力影响电阻热的大小与分布、电极散热量、焊接区塑性变形及焊点的致密程度。当其他参数不变时，若电极压力过大，则接触电阻减小，散热加强，因而总热量减少，熔核尺寸减小，焊透率显著下降，甚至出现未焊透；若电极压力过小，则焊件接触不良，其接触电阻虽大却不稳定，甚至出现飞溅和烧穿等缺陷。

由于电极压力对焊接区金属塑性环的形成、防止焊接缺陷及改善金属组织有较大的作用，因此若焊机容量足够大，可采用大电极压力、大焊接电流工艺来提高焊接质量的稳定性。

对某些常温或高温强度较高、线胀系数较大、裂纹倾向较严重的金属材料，或刚性大的结构焊接时，为了避免产生焊前飞溅和熔核内部收缩性缺陷，需要采用阶梯形或马鞍形的电极压力，如图 4-3-9b、c 所示。

4. 电极工作面的形状和尺寸

电极端面和电极本体的结构形状、尺寸及其冷却条件影响着熔核几何尺寸和焊点强度。对于常用的圆锥形电极，其电极本体越大，电极头的圆锥角 α 越大，则散热越好。若 α 过大，其端面不断受热磨损后，电极工作面直径 d_e 迅速增大；若 α 过小，则散热条件差，电极表面温度高，更易变形磨损。为了提高点焊质量的稳定性，要求焊接过程中电极工作面直径 d_e 变化尽可能小。为此，α 一般为 90°~140°。对于球面形电极，因头部体积大，与焊件接触面扩大，电流密度降低及散热能力加强，其结果是焊透率会降低，熔核直径会减小，但焊件表面的压痕浅，且为圆滑地过渡，不会引起大的应力集中；而且焊接区的电流密度与电极压力分布均匀，熔核质量易保持稳定。此外，上、下电极安装时对中要求低，稍有偏斜，对熔核质量影响小。显然，焊接热导率低的金属，如不锈钢焊接，宜使用电极工作面较大的球面形或弧面形电极。

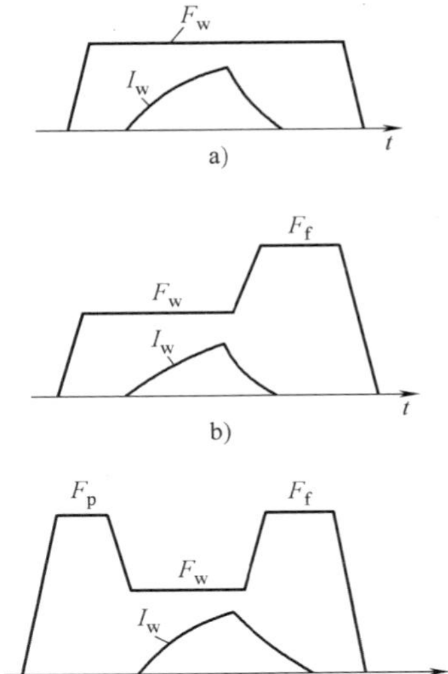

图 4-3-9　各种电极压力的循环形式

a）平电极压力　b）阶梯形电极压力　c）马鞍形电极压力
I_w—焊接电流　F_w—电极压力　F_f—顶锻力　F_p—预压力

5. 各焊接参数间的相互关系

实际上，各焊接参数对焊接质量的影响是相互制约的。焊接电流 I_w、焊接时间 t_w、电极压力 F_w 和电极工作面直径 d_e 都会影响焊接区的发热量，其中 F_w 和 d_e 直接影响散热，而 t_w 和 F_w 与熔核塑性区大小有密切关系。增加 I_w 和 t_w，降低 F_w，使析出热量增多，可以增大熔核尺寸，这时若散热不良（如 d_e 小）就可能发生飞溅、过热等现象；反之，则熔核尺寸小，甚至出现未焊透。

增加 I_w 或 t_w 都会使熔核尺寸和焊透率增大，提高熔核的抗剪强度。如果对这两个焊接参数进行不同的配合调节，就会得出加热速度快慢不同的两种焊接条件，即硬规范和软规范。

硬规范是焊接电流大、焊接时间短，其效果是加热速度快，焊接区温度分布陡、加热区窄，接头表面质量好、过热组织少、接头的综合性能好，生产率高。因此，只要焊机功率允许，各焊接参数控制精确，均应采用这种方式。但由于加热速度快，这就要求加大电极压力和散热条件与之配合，否则易出现飞溅等缺陷。

软规范是焊接电流小而焊接时间长，其效果是加热速度慢、焊接区温度分布平缓、塑性区宽，在压力作用下易变形。在点焊机功率较小、工件厚度大、变形困难或易淬火等情况下，常采用软规范进行焊接。

3.5.3 点焊时电流的分流

焊接时不通过焊接区而流经焊件其他部分的电流称为分流。同一焊件上已焊的熔核对正在焊的熔核就能构成分流；焊接区外焊件间的接触点也能引起分流，如图 4-3-10 所示。

电流分流有如下不利影响：

1）使实际焊接电流减小，析热不足而使熔核尺寸减小，导致熔核强度下降。

2）分流电流使得电极与焊件接触处内侧密度过密（见图 4-3-10b），该处因局部过热易引起飞溅、焊件或电极烧伤、熔核偏斜等，因此必须防止分流。

电流分流的大小取决于焊接区的总电阻与分路阻抗之比，分路阻抗越小，则分流就越大。减小分流的常用措施有：

1）选择合适的点距。为了减小分流，通常按焊件材料的电阻率和厚度规定点距的最小值。材料的电阻率越小，板厚越大，焊件层数越多，则分流越大，所允许的最小点距越大。

2）焊前清理焊件表面。焊件表面上存在有氧化膜、油垢等物时，焊接区总电阻增大，使分流增大。

3）提高装配质量。待焊处装配间隙大，其电阻增加，使分流增大。因此，结构刚性较大或多层板进行组装时，应提高装配质量，尽量减小装配间隙。

4）适当增大焊接电流，以补偿分流的影响。由于结构设计需要或其他原因，分流不可避免时，为了保证熔核具有足够的几何尺寸，应加大焊接电流，以补偿分流的损失。例如，当进行不锈钢与高温合金连续点焊时，采用的焊接电流应比正常点焊大 40%~60%。

5）其他特殊措施。对于厚度相等的焊件，因分路阻抗小于焊接区的总电阻，故分流大于焊接区通过的电流。为了减小分流，通常在焊件下方衬以电阻率较小的金属板，如图 4-3-11a 所示；对于厚度不同或材料不同的焊件，应尽量将两电极放在分路电阻较大

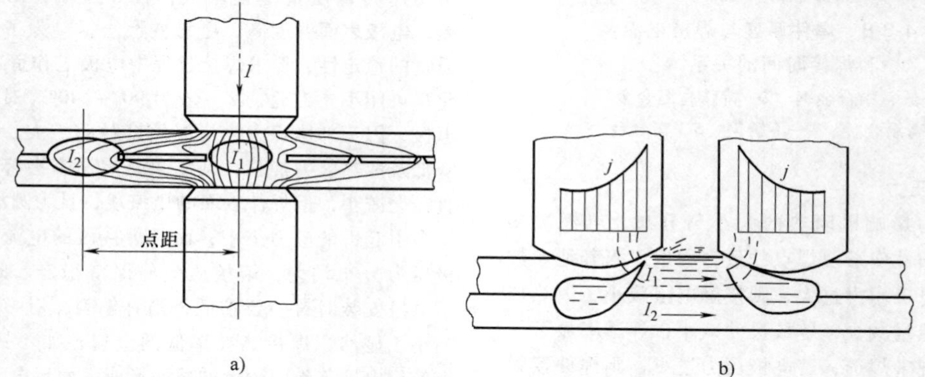

图 4-3-10 点焊电流分流

a）双面单点焊 b）单面双点焊

I_1—分流电流 I_2—焊接电流 j—电流密度

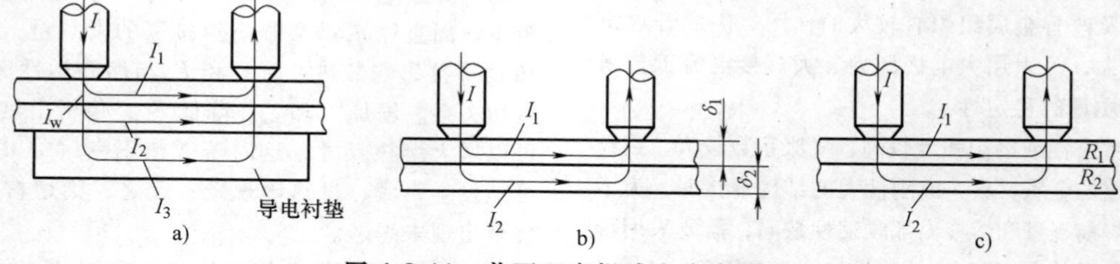

图 4-3-11 单面双点焊减小分流措施

a）等厚同种材料点焊 b）不等厚同种材料点焊（$\delta_1>\delta_2$） c）等厚异种材料点焊（$R_1>R_2$）

I_1—分流电流 I_2—通过下焊件流过的焊接电流 I_3—通过导电衬垫流过的电流

I_w—焊接电流 δ_1、δ_2—上、下焊件厚度 R_1、R_2—上、下焊件电阻

的一侧，即放在较薄板件或导电性差的材料的一侧，如图 4-3-11b、c 所示。

3.5.4　不等厚或异种材料的点焊

1. 不等厚焊件的点焊

当材料相同而厚度不等的焊件点焊时，若用相同尺寸的电极，则由于接合面与强烈散热的两电极距离不同，使上、下两焊件散热条件不同，所以其温度场分布不对称，熔核偏向厚度大的焊件，如图 4-3-12 所示。

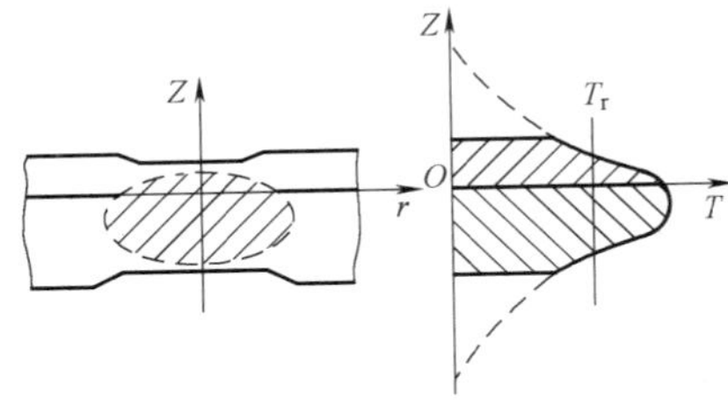

图 4-3-12　不等厚度焊件点焊时沿 Z 轴温度分布及熔核的位置

偏移结果使接合面上熔核尺寸减小，降低了熔核强度，严重时会造成未焊合。熔核的偏移随两焊件厚度比增大而加剧；焊接规范越软，其散热作用越强，偏移也越大。

为了保证接头强度，一般要求薄件一侧的焊透率不小于 10%，厚件侧应达到 20%～30%。通过控制焊接区产热和散热条件，使加热最高温度区接近焊件的接合面可防止熔核偏移，具体措施如下：

1）提高接触面上的电流密度，增大产热。如图 4-3-13 所示，在薄件或零件上预制凸点，或在接触面上放工艺垫片，使接触面上电流密度增大，析热集中于接触面附近，从而使熔核形成在接合面上。凸点尺寸可参考本书第 4 篇第 4 章中凸焊接头设计部分；垫片材料、厚度由薄件厚度和材质而定，一般用厚为 0.2～0.3mm 的箔片。导热性差而熔点较高的不锈钢箔可用于焊接铜或铝合金；坡莫合金箔片可用于焊接耐热合金。

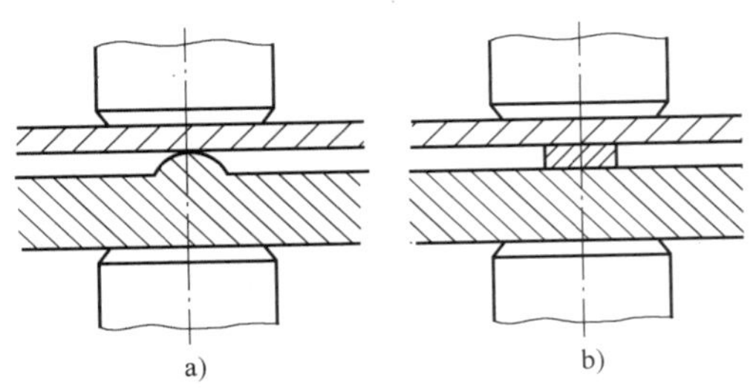

图 4-3-13　提高接触面上电流密度

a）预制凸点　b）放工艺垫片

2）调节点焊散热条件。尽量使接触面两侧散热均衡。可以采用不同直径的电极，在厚件一侧用较大直径的电极以增大厚件的散热，在薄件一侧用小直径电极以减少薄件的散热，如图 4-3-14 所示；或者上、下电极采用不同的电极材料，在薄件一侧用热导率 λ 较厚件侧更小的电极材料，或者增加薄件侧电极端面至其内部冷却水孔底部的距离，均能起到减小薄件的散热条件的作用，使熔核恰好在接合面上形成。

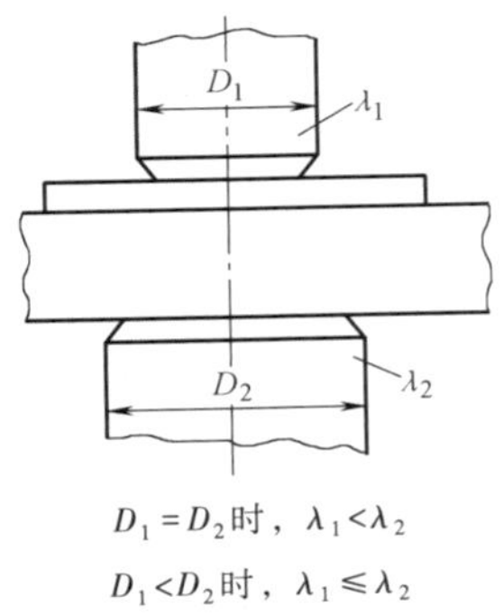

$D_1=D_2$时，$\lambda_1<\lambda_2$

$D_1<D_2$时，$\lambda_1\leqslant\lambda_2$

图 4-3-14　调节点焊散热条件

3）采用硬规范焊接。硬规范是电流大、通电时间短，能充分利用接合面处接触电阻的集热作用，而且加热时间短，热损失相对较少，使接合面上的温度较高，核心偏移较小。所以，电容储能点焊不同厚度焊件时，其熔核偏移小。

表 4-3-13 列出了不同厚度焊件点焊的焊接参数。

表 4-3-13　不同厚度焊件点焊的焊接参数

材料	厚度/mm	焊接电流/kA	通电时间/s	电极压力/kN	电极端面直径/mm		备　注
					薄件一侧	厚件一侧	
1Cr18Ni9Ti①	0.2+1.0	6	0.1	1.7	5	10	用厚度为 0.1 ～ 0.2mm 的 1Cr18Ni9Ti① 钢垫片
	1.0+14	7.5	0.1	1.7	5	10	
	0.2+14	7.5	0.1	1.7	5	10	
黄铜	0.8+6.5	10	0.1	1.0	5	7	用厚度为 0.1～0.2mm 的黄铜垫片
	0.8+20	11	0.1	1.0	5	7	
	0.15+8	12	0.1	1.0	5	10	
	0.15+8	7.5	0.1	2.2	5	5	用厚度为 0.2mm 不锈钢垫片
	0.15+6.5	10	0.1	0.7	5	7	用厚度为 0.1～0.2mm 黄铜垫片

（续）

材料	厚度/mm	焊接电流/kA	通电时间/s	电极压力/kN	电极端面直径/mm		备　注
					薄件一侧	厚件一侧	
2A12	0.5+2	12	0.1	1.0	5	10	—
	1.0+4.0	18	0.1	1.5	6	12	—

① 1Cr18N19Ti 为非标在用材料，仅供参考。

2. 异种材料点焊

当焊接两种导电和导热性能不同的金属材料时，焊接区热量的产生、散失与不同厚度焊件点焊特点类似。当厚度相同时，导热性好而电阻率低的材料就相当于薄件，熔核总是偏向导热性差、电阻率大的材料一侧。因此，调整熔核偏移所采取的措施与上述板厚度不等的点焊类似。

如果是不等厚的异种材料点焊，则导热性差的材料为薄件时，熔核偏移可得到一定改善；导热性差的材料为厚件时，熔核偏移就更为严重，就必须采取措施。

对异种材料点焊，还需要注意材料的冶金焊接性问题。两种材料能否很好地熔合在一起；是否会形成金属间化合物；在室温与高温下塑性变形能力如何；在同一焊接工艺条件下，高熔点材料与低熔点材料能否获得大致相当的塑性变形等，都需综合考虑解决。一般应把注意力放在使接合面两边金属的温度及变形程度接近，并能互溶且生成固溶体，形成良好的交互结晶而无脆性金属间化合物。当两者性能相差很远难以组合时，可用中间材料作为过渡层，以避免产生脆性金属间化合物。例如，铝合金和低合金钢组合点焊时，可以在低合金钢待焊面预先镀上一层（厚度以μm计）铜或银；低碳钢与黄铜组合点焊时，可在低碳钢表面先镀一层锡等。

表4-3-14列出了部分异种金属材料点焊的焊接参数。

表4-3-14　部分异种金属材料点焊的焊接参数

材　料	板厚/mm	电极端面直径/mm		电极压力/kN	通电时间/周波	焊接电流/kA
		导电性差侧	导电性好侧			
镍铬合金+不锈钢	1.0+1.0	7	5	2.5	5	5
不锈钢+低碳钢	1.0+1.0	10	5	2.0	5	6
不锈钢+黄铜	1.0+0.8	7	5	1.8	5	9
低碳钢+黄铜	1.0+0.8	7	5	1.0	5	7

注：1周波=0.02s。

3.5.5　常用金属材料的点焊工艺要点

1. 低碳钢的点焊

低碳钢的电阻率和热导率适中，所需的焊机功率不大；塑性温度区宽，易获得所需的塑性变形而不必使用很大的电极压力；碳当量低（不大于0.25%），一般不产生淬火组织或夹杂物；结晶温度区间窄、高温强度低、线胀系数小，裂纹倾向小。因此，具有很好的点焊焊接性。

低碳钢可以在通用交流点焊机上焊接，采用简单焊接循环；获得满意焊接质量的工艺窗口很宽。

表4-3-15列出了低碳钢板点焊的焊接参数（单相工频交流电）。

2. 易淬火钢的点焊

易淬火钢碳含量较高，快速冷却时易产生马氏体组织，因此其焊接性较差。由于点焊冷却速度很快，焊接这类钢时必然会产生硬脆的马氏体组织；当应力较大时，就会产生裂纹。为了消除淬火组织、改善接头性能，通常采用电极间焊后回火的双脉冲点焊工艺，见表4-3-12中第4条。采用双脉冲点焊工艺时应注意，两脉冲之间的间隔时间一定要保证使熔核冷却到马氏体转变点 *Ms* 温度以下；回火电流脉冲的幅值要适当，以避免焊接区的金属重新超过奥氏体相变点而引起二次淬火。

易淬火钢不宜采用单脉冲点焊，因单脉冲点焊虽然可以采用长的焊接时间延缓冷却速度，但仍不能避免产生淬火组织。

表4-3-16列出了中碳钢板点焊的焊接参数，表4-3-17列出了25CrMnSiA和30CrMnSiA钢双脉冲点焊的焊接参数。

3. 镀层钢板的点焊

（1）焊接特点

镀层钢通常指表面镀锌或镀铝的钢板。点焊这类钢板有如下特点：

1）表层极易损坏而失去镀层的保护作用。

2）电极易与镀层黏附，使用寿命缩短。

3）与低碳钢点焊相比，适用的焊接参数范围较

表 4-3-15 低碳钢板点焊的焊接参数（单相工频交流电）

板厚/mm	电极端面直径		最小点距/mm	最小搭接量/mm	最佳条件(A类)					中等条件(B类)					普通条件(C类)				
	最大 d_1 /mm	最小 D /mm			电极压力/kN	焊接时间/周波	焊接电流/kA	熔核直径/mm	抗剪强度(±14%)/kN	电极压力/kN	焊接时间/周波	焊接电流/kA	熔核直径/mm	抗剪强度±17%/kN	电极压力/kN	焊接时间/周波	焊接电流/kA	熔核直径/mm	抗剪强度(±20%)/kN
0.4	3.2	10	8	10	1.15	4	5.2	4.0	1.8	0.75	8	4.5	3.6	1.6	0.40	17	3.5	3.3	1.25
0.5	4.8	10	9	11	1.35	5	6.0	4.3	2.4	0.90	9	5.0	4.0	2.1	0.45	20	4.0	3.6	1.75
0.6	4.8	10	10	11	1.50	6	6.6	4.7	3.0	1.00	11	5.5	4.3	2.8	0.50	22	4.3	4.0	2.25
0.8	4.8	10	12	11	1.90	7	7.8	5.6	4.4	1.25	13	6.5	4.8	4.0	0.60	25	5.0	4.6	3.55
1.0	6.4	13	18	12	2.25	8	8.8	5.8	6.1	1.50	17	7.2	5.4	5.1	0.75	30	5.6	5.3	5.3
1.2	6.4	13	20	14	2.70	10	9.8	6.2	7.8	1.75	19	7.7	5.8	6.8	0.85	33	6.1	5.5	6.5
1.6	6.4	13	27	16	3.60	13	11.5	6.9	10.6	2.40	25	9.1	6.7	10.0	1.15	43	7.0	6.3	9.25
1.8	8.0	16	31	17	4.10	15	12.5	7.4	13.0	2.75	28	9.7	7.1	11.8	1.30	48	7.5	6.7	11.00
2.0	8.0	16	35	18	4.70	17	13.3	7.9	14.5	3.00	30	10.3	7.6	13.7	1.50	53	8.0	7.1	13.05
2.3	8.0	16	40	20	5.80	20	15.0	8.6	18.5	3.70	37	11.3	8.4	17.7	1.80	64	8.6	7.9	16.85
3.2	9.5	16	50	22	8.20	27	17.4	10.3	31.0	5.00	50	12.9	9.9	28.5	2.60	88	10.0	9.4	26.60

注：工频 50Hz，1 周波 = 0.02s。

表 4-3-16　中碳钢板点焊的焊接参数

板厚 /mm	电极端面直径 /mm	工艺参数						熔核直径 /mm	最小拉剪力 /kN
		电极力/kN	焊接		冷却时间 /ms	回火			
			时间/ms	电流/kA		时间/ms	电流/kA		
0.5	3.8	1.9	60	12.9	140	60	10.8	3	2.5
0.8	4.8	3.9	80	13.6	220	80	11.6	4.2	4.5
1.0	5.8	5.35	100	13.9	340	100	12.0	5.1	6.9
1.2	6.8	6.85	120	14.3	500	160	12.2	5.9	9.75
1.6	8.6	9.65	180	15.1	860	360	12.8	7.5	16.75
2.0	10.5	12.5	320	16.3	1460	500	13.9	9.2	25.3
2.6	13.5	16.8	560	18.9	2760	1020	16.0	11.6	39.3
2.9	14.2	18.8	640	20.6	3420	1260	17.4	12.9	48.8
3.5	15.8	21.7	880	24.3	4740	1840	20.4	15.3	64.5
4.0	16.0	23.0	1060	26.3	5860	2420	21.0	17.3	77.5

注：中碳钢中 w(C) 为 0.15%~0.60%。

表 4-3-17　25CrMnSiA 和 30CrMnSiA 钢双脉冲点焊的焊接参数

板厚 /mm	电极端面直径/mm	电极压力 /kN	焊接时间 /周波	焊接电流 /kA	间隙时间 /周波	回火时间 /周波	回火电流 /kA
1.0	5~5.5	1~1.5	22~32	5~6.5	25~30	60~70	2.5~4.5
1.5	6~6.5	1.8~2.5	24~35	6~7.2	25~30	60~80	3~5
2.0	6.5~7.0	2~2.8	25~37	6.5~8	25~30	60~85	3.5~6
2.5	7.0~7.5	2.2~3.2	30~40	7~9	30~35	60~90	4~7

注：按工频 50Hz，1 周波 = 0.02s。

窄，特别对焊接电流的波动极为敏感。

4）镀层金属的熔点通常低于钢板，加热时先熔化的镀层金属使两板间的接触面扩大，电流密度减小。因此，焊接电流应比无镀层钢板时大；为了将已熔化的镀层金属排挤于接合面，电极压力应比无镀层钢板时大。

（2）镀锌钢板的点焊

镀锌钢板大致分为电镀锌钢板和热浸镀锌钢板，前者的镀层较后者薄。

镀锌钢板点焊比低碳钢点焊困难，除上述一些特点外，锌层黏附到电极上锌原子易向电极扩散，使铜电极合金化，使电极的导电、导热性能变坏。当连续点焊时，电极头将迅速过热变形，熔核强度逐渐降低，直至产生未焊透。

推荐采用锥头平面电极，用本书第 6 篇表 6-4-3 中 A 组 2 类电极材料制成；当对熔核外观要求高时，可采用表6-4-3中 A 组 1 类电极材料。电极锥角为 120°~140°，考虑到装配等特殊情况时，也可采用较小的锥角。电极端面直径为两焊件中薄件厚度的 4~5 倍。若使用焊钳时，建议采用端面球半径为 25~50mm 的球面形电极。为了延长电极的使用寿命，可采用嵌有钨块的复合电极，以 2 类电极材料作为电极基体，如图 4-3-15所示。

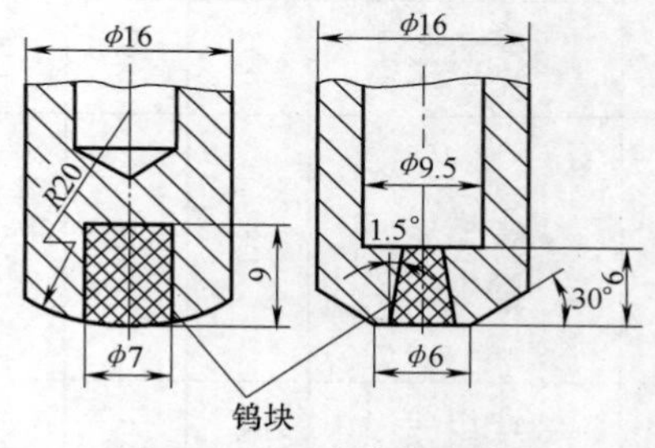

图 4-3-15　嵌钨复合电极

镀锌钢板的焊接电流比无镀锌层低碳钢板增大约 50%，镀层越厚，越不均匀，所需电流也越大。焊接时间也应延长 25%~50%，以使两焊件间的熔化锌层能均匀地挤于焊接区周围。焊后锌层均布于熔核周围，仍可保持原有的保护作用。

由于采用较大的焊接电流和较长的通电时间，为了避免产生飞溅，可增大电极压力。较大的电极压力还有利于把熔化的镀层挤到焊接区周围。一般电极压力应增大 10%~25%。

表 4-3-18 列出了镀锌钢板点焊的焊接参数。

（3）镀铝钢板的点焊

镀铝钢板有两种，一种是以耐热为主，表面镀有一层厚度为 20~25μm 的 Al-Si 合金的钢板，可耐 640℃高温；另一种是以耐腐蚀为主，表面为纯铝镀层，其厚度为前者的 2~3 倍。点焊这两种镀铝钢板都可获得强度满意的熔核。由于镀层的导电性、导热

表 4-3-18　镀锌钢板点焊的焊接参数

镀层种类		电镀锌			热浸镀锌		
镀层厚/μm		2～3	2～3	2～3	10～15	15～20	20～25
焊接参数	级别	板厚/mm					
		0.8	1.6	2.0	0.8	1.6	2.0
电极压力/kN	A	2.6	4.7	5.9	2.3	4.6	5.8
	B	1.8	3.6	4.5	2.0	3.9	4.9
焊接时间/周波	A	11	22	28	11	22	28
	B	16	32	40	16	32	40
焊接电流/kA	A	10.5	14.8	16.5	11.2	15.8	17.7
	B	8.5	12.0	13.4	9.2	13.0	14.6

性好，故需用较大的焊接电流，并应采用硬铜合金的球面电极。

表 4-3-19 列出了耐热镀铝钢板点焊的焊接参数。如果焊接耐蚀镀铝钢板时，由于镀层较厚，应采用较大的电流和较小的电极力。

表 4-3-19　耐热镀铝钢板点焊的焊接参数

板厚/mm	电极球面半径/mm	电极压力/kN	焊接时间/周波	焊接电流/kA	抗剪强度/kN
0.6	25	1.8	9	8.7	1.9
0.8	25	2.0	10	9.5	2.5
1.0	50	2.5	11	10.5	4.2
1.2	50	3.2	12	12.0	6.0
1.4	50	4.0	14	13.0	8.0
2.0	50	5.5	18	14.0	13.0

4. 不锈钢的点焊

在点焊结构上用得最多的是奥氏体不锈钢，其次为马氏体不锈钢。

奥氏体不锈钢的电阻率大（常温时约为低碳钢的 5 倍）、热导率小（仅为低碳钢的 1/3），具有很好的焊接性，可采用较小的焊接电流、较短的通电时间。由于电阻率大，减少了通过已焊焊点的分流，故可适当减小点距。不锈钢的线胀系数大，焊接薄壁结构时，易产生翘曲变形。不锈钢的高温强度高，故需提高电极压力，否则会出现缩孔及结晶裂纹。推荐采用表 6-4-3 中硬度较高的 A 组 3 类电极材料，以延长电极的使用寿命。若加热时间延长，热影响区扩大并有过热时，则近缝区晶粒粗大，甚至出现晶界熔化现象；冷轧钢板则出现软化区，易使接头性能降低，故宜采用偏硬的焊接条件。表 4-3-20 列出了奥氏体不锈钢板点焊的焊接参数。

马氏体不锈钢多在淬火+低温或高温回火状态下使用。这种钢点焊后将再次淬硬，使接头塑性下降。为了改善接头的力学性能，应采用带有回火电流脉冲的双脉冲点焊工艺。一般不采用外部水冷的电极，以免因淬火而产生裂纹。表 4-3-21 列出了马氏体不锈钢板双脉冲点焊的焊接参数。

表 4-3-20　奥氏体不锈钢板点焊的焊接参数

材料厚度/mm	电极直径/mm	焊接时间/s	电极压力/N	焊接电流/kA
0.3+0.3	3.0	0.04～0.06	800～1200	3～4
0.5+0.5	4.0	0.06～0.08	1500～2000	3.5～4.5
0.8+0.8	5.0	0.10～0.14	2400～3600	5～6.5
1.0+1.0	5.0	0.12～0.16	3600～4200	5.8～6.5
1.2+1.2	6.0	0.14～0.18	4000～4500	6.0～7.0
1.5+1.5	5.5～6.5	0.18～0.24	5000～5600	6.5～8.0
2.0+2.0	7.0	0.22～0.26	7500～8500	8～10
2.5+2.5	7.5～8	0.24～0.32	8000～10000	8～11
3.0+3.0	9～10	0.26～0.34	10000～12000	11～13

注：点焊 20Cr13Mn9Ni4 不锈钢时，电极压力应比表中的值大 50%～60%。

表 4-3-21　马氏体不锈钢（20Cr13、13Cr11Ni2W2MoV）板双脉冲点焊的焊接参数

薄件厚度/mm	焊接		脉冲间隔时间/s	回火处理		电极压力/N
	电流/kA	时间/s		电流/kA	时间/s	
0.3	5～5.5	0.06～0.08	0.08～0.18	3～4	0.08～0.1	1500～2000
0.5	4.5～5	0.08～0.12	0.08～0.2	2.5～3.7	0.1～0.16	2500～3000

（续）

薄件厚度/mm	焊接		脉冲间隔时间/s	回火处理		电极压力/N
	电流/kA	时间/s		电流/kA	时间/s	
0.8	4.5~5	0.12~0.16	0.1~0.24	2.5~3.7	0.14~0.2	3000~4000
1	5~5.7	0.16~0.18	0.12~0.28	3~4.3	0.18~0.24	3500~4500
1.2	5.5~6	0.18~0.2	0.18~0.32	3.2~4.5	0.22~0.26	4500~5500
1.5	6~7.5	0.2~0.24	0.2~0.32	4~5.2	0.2~0.3	5000~6500
2	7.5~8.5	0.26~0.3	0.24~0.42	4.5~6.4	0.3~0.34	8000~9000
2.5	9~10	0.3~0.34	0.28~0.46	5.8~7.5	0.34~0.44	10000~11000
3	10~11	0.34~0.38	0.3~0.5	6.5~9	0.42~0.5	12000~14000

5. 高温合金的点焊

高温合金分铁基合金（GH1140、GH1035 等）和镍基合金（GH3030、GH3044、GH3128 等），常温下多为奥氏体组织。

高温合金具有比奥氏体不锈钢更大的电阻率、更小的热导率和更高的高温强度，故可采用较小的焊接电流、较高的电极压力进行焊接。多数高温合金对硫、磷、铅、锡等杂质非常敏感，因这些元素在铁、镍中的溶解度极小，易形成低熔点共晶，产生热裂纹。杂质较多、晶粒大小均匀度差的高温合金（特别是铁基合金）对裂纹更为敏感。大多数耐热钢及高温合金在熔化区与近缝区易产生“胡须”状的不均匀组织。为了防止裂纹，点焊时要减少过热和加强散热，还要注意表面清理和保证有大的电极压力。

表 4-3-22 列出了 GH3044、GH4033 高温合金点焊的焊接参数。

表 4-3-22　GH3044、GH4033 高温合金点焊的焊接参数

薄件厚度/mm	焊接		间隔时间/s	预热		电极压力/N	顶锻力/N	顶锻力开始时间/s
	电流/kA	时间/s		电流/kA	时间/s			
0.3	5~6	0.14~0.2	—	—	—	4000~5000	—	—
0.5	4.5~5.5	0.18~0.24	—	—	—	5000~6000	—	—
0.8	5~6	0.22~0.34	—	—	—	6500~8000	—	—
1	6~6.5	0.32~0.4	—	—	—	8000~10000	—	—
1.2	6.2~6.8	0.38~0.48	—	—	—	10000~12000	—	—
1.5	6.5~7	0.44~0.62	—	—	—	12500~15000	—	—
2	7~7.5	0.58~0.76	—	—	—	15500~17500	—	—
2.5	7.5~8.2	0.78~0.96	—	—	—	18500~19500	—	—
3	8~8.8	1~1.3	—	—	—	20000~21500	—	—
2	7~7.5	0.58~0.76	0.24~0.4	5.5~7	0.5~0.6	14000~15000	—	—
2.5	7.5~8.2	0.78~0.96	0.3~0.46	6~7.5	0.54~0.76	15000~16000	—	—
3	8~8.8	1~1.3	0.34~0.52	6.5~8	0.6~0.8	16000~17000	—	—
1.5	6.2~6.8	0.7~0.8	0.06~0.1	4.2~4.6	0.6~0.8	11000~12500	19000~20000	0.86~1
2	6.6~7.2	0.8~0.9	0.1~0.12	4.4~4.9	1~1.2	13000~15000	20000~22000	1~1.1
2.5	7.2~8	1.1~1.2	0.12~0.16	4.9~5.5	1.2~1.4	14000~15000	24000~28000	1.4~1.52
3	7.8~8.6	1.24~1.42	0.16~0.24	5.3~6	1.5~1.7	16000~18000	30000~32000	1.4~1.6

6. 铝合金的点焊

焊接结构用铝合金一般是变形铝合金。它分为冷作强化和热处理强化两大类。冷作强化铝合金主要有 5A02、5A03、3A21 等；热处理强化铝合金主要有 2A11、2A12、7A04 等。

与钢铁材料相比，铝合金具有导电、导热性好、线胀系数大、表面易氧化而形成较大的接触电阻等特点，焊接性较差，其主要工艺特点如下：

1）因电阻率小、热导率大，故要求采用硬规范。焊接电流约为同等厚度的低碳钢点焊的 4~5 倍，因此需使用大功率焊机。

2）表面易过热，导致电极铜离子向纯铝包覆层扩散，降低了保护作用；也容易引起电极与焊件相互黏结，加剧电极磨损，使熔核表面质量下降。

3）焊接时易产生飞溅。由于表面极易氧化而形成较高的接触电阻，瞬间通以强大电流就会使接触面上局部电流密度过大，瞬时熔化而产生早期飞溅；由于线胀系数大，在加热过程中熔核形成并不断扩大，若这时焊机加压机构的随动性不好，则易造成后期飞溅，影响熔核质量和电极使用寿命。

4）塑性温度区窄，易于出现缺陷。对于硬铝合金，裂纹倾向大，因含有铜，铜与铝生成低熔点共晶分布于晶界上。在熔核冷凝结晶时，如果没有足够的电极压力，则易形成较大的收缩变形和应力，使熔核产生热裂纹。因此，宜采用阶梯形或马鞍形的电极压力。

5）接头强度波动大。其原因主要是焊件表面氧化膜清理不彻底或清理后存放时间过长，又重新产生不均匀的氧化薄膜。

鉴于铝合金点焊的上述特点，所用的点焊机必须具有如下特性：

1）能在短时间内提供大电流。

2）电流的波形最好有缓升缓降的特点。

3）能提供阶梯形或马鞍形的电极压力。

4）机头的惯性和摩擦力小，电极的随动性好。

5）能精确控制焊接参数，且不受电网电压波动的影响。

铝合金点焊使用最多的是容量为300~600kVA的直流脉冲焊机、三相低频焊机和二次整流焊机，个别容量高达1000kVA。单相交流焊机仅用于不重要的铝合金焊件。

应采用导电、导热性好的球面形电极，以利于压固熔核和散热。由于电流密度大和不可避免有氧化膜存在，焊接时电极容易黏着，故需经常修整电极。通常情况下，点焊纯铝时焊5~10点修整一次，焊接5A06、2A12时为25~30点。

按材料电阻率和高温屈服强度的不同，通常把铝合金分成A、B两类。A类铝合金具有较高的电阻率和高温屈服强度，如5A06，2A12T3、T4及7A04T6等，焊接时产生裂纹和飞溅的倾向大，焊接性较差，通常要求采用缓升缓降的电流波形和较高的顶锻力；B类铝合金的电阻率和高温屈服强度较低，如5A03O、3A21O、2A12O、7A04O等，焊接性稍好，当焊接厚度不大的焊件时，可不用提高顶锻力。

采用阶梯形电极压力时，顶锻力滞后于断电的时间很重要，通常为0~2周波。若加得过早，就等于增大了焊接压力，影响加热、导致焊点强度下降；若加得过晚，则熔核在冷却结晶时早已形成裂纹，加压已无济于事。

表4-3-23列出了交流焊机点焊铝合金的焊接参数；表4-3-24列出了用直流脉冲焊机点焊铝合金的焊接参数。

表4-3-23　交流焊机点焊铝合金的焊接参数

材料厚度/mm	A类合金			B类合金		
	电极压力/N	焊接电流/kA	焊接时间/s	电极压力/N	焊接电流/kA	焊接时间/s
0.5+0.5	2200	17	0.08	1300	16	0.08
0.8+0.8	3500	19	0.10	1900	18	0.10
1.0+1.0	4500	24	0.12	2500	22	0.12
1.5+1.5	6500	30	0.16	3500	27	0.14
2.0+2.0	8000	35	0.20	5000	32	0.18

表4-3-24　直流脉冲焊机点焊铝合金的焊接参数

材料厚度/mm	参数特点	A类铝合金								B类铝合金				
		加压方式	电极压力参数			电流				加压方式	F_w/N	焊接电流/kA	焊接时间/s	F_f/N
						主脉冲		缓冷脉冲						
			F_w/N	F_f/N	t_f/s	I_w/kA	t_w/s	I_{po}/kA	t_{po}/s					
0.8+0.8	硬规范	Ⅱ	3500	5000	0.06	26	0.04	—	—	Ⅰ	2000	25	0.04	$F_f=22000$，$t_f=0.2$s
1.0+1.0			4000	8000	0.06	29	0.04				2500	29	0.04	
1.5+1.5			5000	14000	0.08	41	0.06				3500	35	0.06	
2.0+2.0			7000	19000	0.12	51	0.10				5000	45	0.10	
2.5+2.5			9000	26000	0.16	59	0.14				65000	49	0.14	
3.0+3.0			12000	32000	0.20	64	0.16				8000	57	0.18	
0.5+0.5	硬规范	Ⅱ	2000	—	—	20	0.02	12	0.04	—	—	—	—	—
0.8+0.8			3000	7000	0.06	25	0.04	15	0.08					
1.0+1.0			4000	8000	0.08	29	0.04	18	0.08					
1.5+1.5			5000	11000	0.12	40	0.06	20	0.12					
2.0+2.0			8000	18000	0.14	55	0.08	25	0.16					
2.5+2.5			12000	28000	0.18	64	0.10	32	0.2					
3.0+3.0			15000	36000	0.20	73	0.12	37	0.24					

（续）

材料厚度/mm	参数特点	A类铝合金								B类铝合金				
		加压方式	电极压力参数			电流				加压方式	F_w/N	焊接电流/kA	焊接时间/s	F_f/N
			F_w/N	F_f/N	t_f/s	主脉冲		缓冷脉冲						
						I_w/kA	t_w/s	I_{po}/kA	t_{po}/s					
1.5+1.2	软规范	Ⅱ	4000	10000	0.16	31	0.12	—	—	—	—	—	—	—
2.0+2.0			6000	16000	0.24	34	0.20							
2.5+2.5			8000	22000	0.28	40	0.24							
3.0+3.0			10000	30000	0.34	45	0.28							

注：1. 加压方式Ⅰ为不变压力；Ⅱ为阶梯形变化的压力。
2. F_f—顶锻力，t_f—顶锻时间。

为了最大限度减小分流的影响，铝合金点焊熔核的最小间距一般不小于板厚的8倍，表4-3-25列出了铝合金点焊的最小搭边宽度、点距和排间距离。

表 4-3-25　铝合金点焊的最小搭边宽度、点距和排间距离

（单位：mm）

板厚	最小搭边宽度	最小点距	排间最小距离
0.8	9.5	9.5	6
1.0	13	13	8
1.6	19	16	9.5
2.0	22	19	13
3.2	29	32	16

7. 铜合金的点焊

纯铜、无氧铜、磷脱氧铜的电阻率很小，焊接性很差；黄铜焊接性一般，青铜和白铜焊接性较好。

铜合金的点焊要求使用具有足够容量和适当电极压力的点焊机。由于这类合金的塑性范围窄，故最好使用机头惯性小的焊机，而且须精确控制焊接电流和通电时间。最好采用硬规范进行焊接，以防止飞溅和电极与焊件的粘连。当焊接高电阻率的黄铜、青铜和铜镍合金时，可采用2类电极材料作电极；当焊接低电阻率的黄铜（如铜锌合金等）和青铜（如铬青铜等）时，可采用1类电极材料，也可采用镶嵌钨块的复合电极，以减少向电极散热。

表4-3-26列出了H75黄铜点焊的焊接参数，表4-3-27列出了0.9mm厚各种铜合金点焊的焊接参数。

表 4-3-26　H75 黄铜点焊的焊接参数

板厚/mm	电极压力/kN	焊接时间/周波	焊接电流/kA	拉剪力/N
0.8	3	6	23	1500
1.2	4	8	23	2300
1.6	4	10	25	2900
2.3	5	14	26	5300
3.2	10	16	43	8500

表 4-3-27　0.9mm 厚各种铜合金点焊的焊接参数

牌号	名称	电极压力/kN	焊接时间/周波	焊接电流/kA
H85	85黄铜	1.82	5	25
H80	80黄铜	1.82	5	24
H70	70黄铜	1.82	4	23
QSn7-0.2	7-0.2锡青铜	2.12	5	19.5
QAl10-3-1.5	10-3-1.5铝青铜	2.32	4	19.0
QSi1-3	1-3硅青铜	1.82	5	16.5
QSi3-1	3-1硅青铜	1.82	5	16.5
HMn58-2	58-2锰黄铜	1.82	5	22
HAl77-2	77-2铝黄铜	1.82	4	22

注：用ISOA组1类电极材料制作电极，锥角为30°，锥形平面，电极端面直径为5mm。

8. 钛合金的点焊

钛合金的焊接性与不锈钢相似，点焊的焊接参数也大致相同。焊前一般不需特别清洗，有氧化膜时可酸洗。钛合金的热敏感性强，即使采用较强的焊接条件，晶粒长大也会很严重。由于钛合金的高温强度高，最好使用2类电极材料制作电极，电极端面为球形。

表4-3-28列出了TC4（Ti6Al4V）钛合金点焊的焊接参数。

表 4-3-28　TC4（Ti6Al4V）钛合金点焊的焊接参数

板厚/mm	电极压力/kN	焊接时间/周波	焊接电流/kA	焊点强度/kN	
				正拉	剪切
0.9	2.7	7	5.5	2.7	7.8
1.5	6.8	10	10.5	4.5	22
1.8	7.5	12	11.5	8.4	28
2.3	11.0	16	12.5	9.5	38

第4章 凸焊工艺

4.1 概述

4.1.1 凸焊的工艺特点

凸焊是在一焊件的接合面上预先加工出一个或多个凸起点，使其与另一焊件表面相接触、加压并通电加热，凸起点压溃后，使这些接触点形成焊点的电阻焊方法。它可以代替点焊将小零件互相焊接或将小零件焊到大件上。

1. 凸焊点的形成过程

在热机联合作用下，凸点部位通过预压、通电加热及冷却结晶三个阶段形成焊点，如图 4-4-1 所示。

（1）预压阶段

电极压力以一定速度施加，凸点高度显著降低。当电极压力达到预定值以后，凸点高度下降到原来的50%左右。氧化膜在凸点变形过程中被破碎，而且凸点与下板贴合面积增大，焊接区导电通路稳定。

（2）通电加热阶段

该阶段包括两个过程。

1）凸点压溃过程：通电后，电流将集中流过凸点贴合面。在预热电流作用下，凸点被缓慢压溃，随着焊接电流的通过，凸点彻底被压平。

2）形核过程：凸点压溃、两板贴合后形成较大的加热区。随着加热的进行，由个别接触点的熔化逐步扩大，形成足够尺寸的熔核和塑性环。

（3）冷却结晶阶段

焊接电流切断，熔核在压力作用下开始冷却结晶，其过程与点焊熔核的结晶过程基本相似。

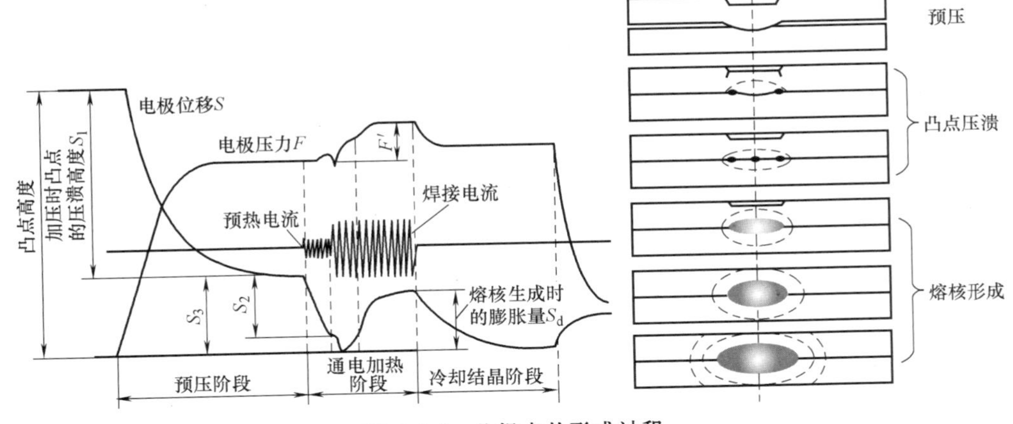

图 4-4-1 凸焊点的形成过程

2. 凸焊接头的基本形式

凸焊接头的形式有搭接接头、T 形接头和十字接头。搭接接头主要用于工件之间的面接，如图 4-4-2 所示。当零件的端部与板件表面连接时，采用 T 形接头，如图 4-4-3 所示。当丝、棒或管子之间需交叉连接时，则采用十字接头，如图 4-4-4 所示。

3. 凸点的形状

搭接接头的凸点可以是圆形、长圆形和环形。环形凸点焊后能形成环状强固的密封接头。凸点通常通过冲压或挤压方法来制备。当在焊件上制备凸点有困难时，可以通过在焊件之间加嵌块的方法代替凸点，如图 4-4-2e、f 所示。若使用特殊成分的合金嵌块，

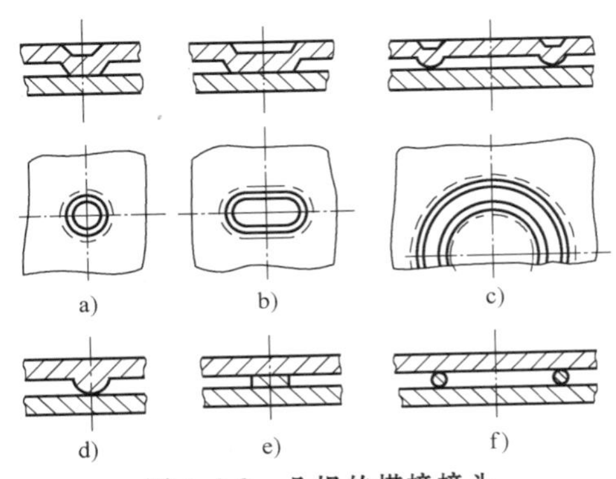

图 4-4-2 凸焊的搭接接头

a）圆形 b）长圆形 c）环状 d）挤压凸点 e、f）加嵌块

就可获得合金化的接头，以提高接头的力学性能。T 形接头的凸点在待连接端面上制备，一般用机械加工方法加工成 V 形、半球形或凸环形，也可充分利用零件原有的型面、倒角、孔洞等构成点或线接触，如图 4-4-3e 所示。十字交叉接头也是利用了焊件外型面之间的点或线接触形成焊接所需的凸点。

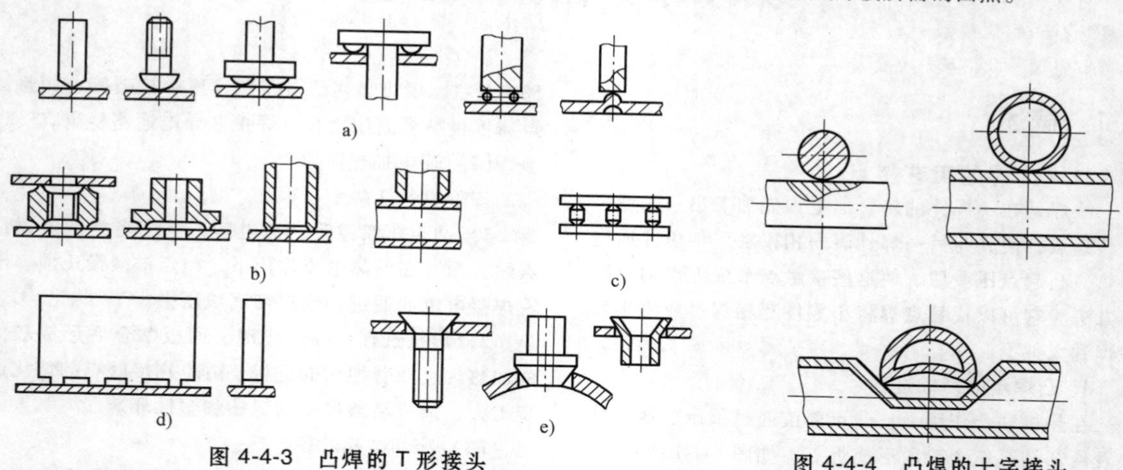

图 4-4-3　凸焊的 T 形接头

a) 板-柱 T 形接头　b) 管-板 T 形接头　c) 板-柱-板 T 形接头　d) 板-板 T 形接头　e) 孔端-锥面 T 形接头

图 4-4-4　凸焊的十字接头

4.1.2　凸焊的优缺点

1. 优点

1）在一个焊接循环内可同时焊接多个焊点，焊件的变形小。

2）由于焊接电流集中在凸点上，并且不存在相邻焊点的分流问题，所以可以采用较小的搭接量和较小的点距。

3）凸焊点的位置比点焊焊点的位置更精确，而且由于凸点大小均匀，所以凸焊焊点质量更稳定，因此凸焊焊点的尺寸可比点焊焊点小。

4）由于可以将凸点设置于一个零件上，所以可以最大限度地减轻另一零件外露表面的压痕。

5）采用平面大电极，其受热和磨损程度比点焊电极小得多，延长了电极的使用寿命，因而节省了修整和拆换电极时间，并降低了电极保养费用。

6）可有效克服熔核偏移，因而可焊焊件的厚度比高达 6∶1。

2. 缺点

1）预制一个或多个凸点需要额外工序，增加了成本。

2）在用同一电极同时焊数个焊点时，焊件的对准和凸点的尺寸（尤其是高度）必须保持高精度公差，以保证各焊点质量均匀一致。

3）当同时焊接多个焊点时，需使用大的电极压力、高机械精度的大功率焊机，其加压机构应有较高的随动性。

4.1.3　凸焊的适用范围

凸焊主要用于焊接低碳钢、低合金钢和低合金高强度钢，也适于焊接奥氏体不锈钢和镀锌钢等，但不宜用于焊接如铝、铜、镍等软金属。

凸焊最适于焊接厚度为 0.5～3.2mm 的板件。当焊接厚度为 0.25～0.5mm 的板件时，必须对凸点做严格设计，并使用能够快速随动的低惯性凸焊焊机。对厚度小于 0.25mm 的焊件，一般不宜采用凸焊。对板厚大于 3.2mm 的焊件，不仅需要大功率焊机，而且易产生缩孔和喷溅等缺陷。

4.2　凸焊工艺

凸焊时，电极必须随着凸点被压溃而迅速下降；当进行多点凸焊时，各点的压力和电流应均衡。为此，要求上、下电极平行度好，各凸点的形状和尺寸（尤其是高度）应均匀一致；焊接参数需协调配合，务必使焊件接触点两侧达到热平衡。

4.2.1　凸焊的接头设计

根据结构需要，凸焊接头可以设计成搭接接头、T 形接头和十字接头。

1. 搭接接头

凸点的设置一般要考虑材料的性质、凸点加工的难易程度和外观要求等。若从热平衡角度考虑，当焊接同种金属时，最好将凸点设置在较厚的焊件上；当焊接异种金属时，将凸点设置在电导率较高的焊件上；当一个焊件的表面质量要求较高时，凸点应设置在另一焊件上。

需将螺母、螺栓等紧固件凸焊到焊件上时，凸点的数量必须足以承受设计载荷。

凸点形状以圆球形和圆锥形为主，如图 4-4-5a、b 所示。圆锥形可提高凸点刚性，预防凸点过早被压溃，还可以减少因电流线过于密集而发生飞溅。为了防止挤出的金属残留在凸点周围而形成板间间隙，可采用带环形溢出槽的凸点，如图 4-4-5c 所示。凸焊的凸点尺寸见表 4-4-1。

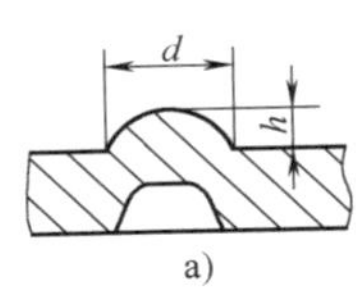

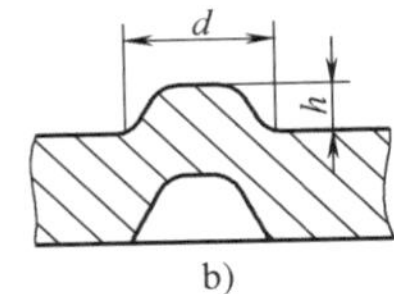

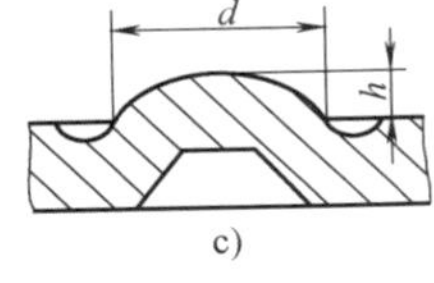

图 4-4-5　凸点的形状

a）圆球形　b）圆锥形　c）带环形溢出槽形

d—凸点直径　*h*—凸点高度

表 4-4-1　凸焊的凸点尺寸　（单位：mm）

凸点所在板厚		0.5		1.0		2.0		3.2		4.0		6.0	
平板厚		0.5	2.0	1.0	3.2	1.0	4.0	1.0	5.0	2.0	6.0	3.0	6.0
凸点尺寸	直径 *d*	1.8	2.3	1.8	2.8	2.8	4.0	3.5	4.5	6.0	7.0	7.0	9.0
	高度 *h*	0.5	0.6	0.5	0.8	0.7	1.0	0.9	1.1	1.2	1.5	1.5	2.0

多点凸焊时，凸点高度不一致将引起各点电流不平衡，使接头强度不稳定。因此，凸点高度的极限偏差应不超过±0.12mm。若采用预热电流，则公差可以适当增大。凸点直径的极限偏差可取±0.2mm。

为了提高接头强度，而需增大熔核尺寸，可以设计成长圆形（近似椭圆形）的凸点或环形凸点，此时凸点与平板为线接触。其接头如图 4-4-2b、c 所示。

2. T 形接头

凸焊的 T 形接头，其接合处按结构的不同和需要可以设计成凸点或凸环，如图 4-4-3a、b 所示。螺母和螺栓的凸点或凸环多是在零件锻压时一次成形。冲压件可以冲成凸环或利用板孔的边缘作凸环，以获得密封焊缝，如图 4-4-3b、e 所示。焊件上凸环的截面形状通常设计成等腰三角形，其顶角一般为 60°~90°。

T 形接头难于形成塑性环，熔化金属难于保持在接头中，故常是塑性焊接。

3. 十字接头

线材、管材等交叉焊在一起时采用十字接头。两圆柱体表面正交接触点作为凸点。如果是两圆管相焊，则接头抗弯、抗扭强度都很低，如图 4-4-6a 所示。因此，通常先将两管被连接的局部压成 U 形，然后再进行焊接，如图 4-4-6b。这样，一个接头上将至少有四个凸焊点，接头强度可得以提高。

4.2.2　凸焊的电极

为了尽量减少焊件上的划痕或压痕，用于单点凸焊的电极头直径应大于凸点直径的两倍。常用平面或球面电极，有时还需要按零件形状加工成特殊形状的专用的电极，如图 4-4-7 所示。

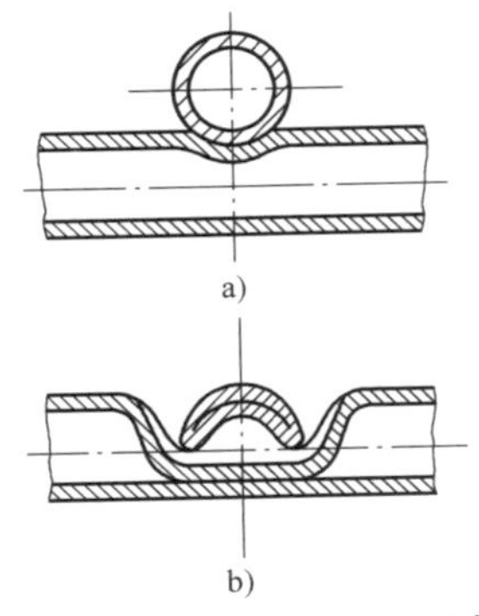

图 4-4-6　管子十字交叉凸焊

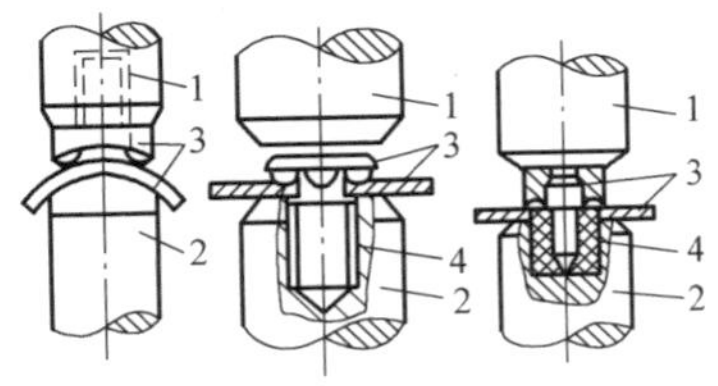

图 4-4-7　单点凸焊专用电极

1—上电极　2—下电极　3—焊件　4—绝缘层

多点凸焊电极的结构形式较多，可在一块导电的底座板上安装若干个单点凸焊电极，或用一定形状的电极块焊接几个凸焊点，该电极块能覆盖住全部焊点，并能使各焊点电流和压力均匀。当电极因不均匀磨损或焊件有局部变形，造成电极与焊件接触不良时，则不能用整体的电极块，而应改用能对焊件均匀加压的平衡式电极结构。

电极平板是凸焊机上的重要部件，它一般不直接焊接零件，主要是作为安装电极、夹具或电极底座板的基础，但它需向焊件传输电流和压力。电极平板的尺寸已标准化，但主要是限于平板上的 T 形槽，T 形槽用于安装电极或夹具的螺钉，槽的数量取决于焊机的容量，最少两条，大容量焊机则有 3~4 条槽。在凸焊机的上、下电极平板上，T 形槽应相互垂直布置。

4.2.3　凸焊的焊接参数

凸焊的焊接参数主要有电极压力、焊接电流和焊接时间。

1. 电极压力

电极压力应使凸点在熔核形成前刚好被完全压溃。电极压力过大会使凸点过早被压溃，失去凸点的固有作用，导致电流密度减小，接头强度降低；电极压力过小则会引起严重飞溅，甚至烧穿。另外，电极压力的施加速度也应合适，需平稳而无冲击。

2. 焊接电流

每个凸焊焊点所需的电流比点焊时小，但应保证在凸点完全被压溃之前凸点开始熔化。随着焊接电流的增大，熔核尺寸和接头强度增大，但这种影响比点焊时小。多点凸焊时，总的焊接电流大约为每个凸点所需电流乘以凸点数，然后根据凸点的公差、焊件形状以及焊机二次回路阻抗等因素做适当调整。

3. 焊接时间

当焊件材料和厚度给定后，焊接时间由焊接电流和凸点刚性决定。对于焊接性能较好的低碳钢或低合金钢，与电极压力和焊接电流相比，焊接时间是次要的。通常是确定合适的电极压力和焊接电流之后，再调节焊接时间，直至达到满意为止。基本规律是随着焊接时间增长，熔核尺寸和接头强度增大，但这种增大是有限的，因熔核增大会引起后期飞溅，使接头质量下降。一般凸焊的焊接时间比普通点焊长；多点凸焊的焊接时间稍长于单点凸焊，以减少因凸点高度不一致而引起各点加热上的差异。

凸焊时，产生早期飞溅倾向大，通常不用过硬的参数；过软的参数对电流的波动较敏感，易出现软化区过宽、组织过热现象。所以，应选择软硬适中的焊接参数。

当焊接参数选择不当或焊机加压机构随动性不良时，将发生凸点位移现象。为了避免产生这种现象，除设法改善机头的随动性外，可适当增大点距，或在保证足够熔核直径 d_n 的条件下减小焊接电流。

4.3　常用金属材料的凸焊要点

1. 低碳钢的凸焊

低碳钢焊接性很好。薄油层一般不会造成不良结果，但过多的油污、氧化皮，以及厚而不均匀轧制的鳞皮应预先清除。焊前，焊件剪切边缘或冲孔边缘的飞边也应清除，否则在凸点被压溃时，这些飞边将形成电流和电极压力的分布，影响焊点质量。单相交流等厚度低碳钢板凸焊的焊接参数见表 4-4-2。

低碳钢螺母凸焊时，宜采用较短时间，否则会使螺纹变色并降低精度；电极压力不能过小，否则会引起凸点位移。

低碳钢丝交叉凸焊的焊接参数主要取决于金属丝直径和金属丝被压到一起的压下率（压下率 = 交叉点焊前和焊后的高度差/钢丝直径×100%）。接头强度随着压下率增加而提高。低碳钢冷拔丝与热拔丝交叉凸焊的焊接参数见表 4-4-3。

表 4-4-2　单相交流等厚度低碳钢板凸焊的焊接参数

板厚 /mm	凸点高 H/mm	凸点直径 D/mm	最小点距 /mm	最小搭边量/mm	通电时间/ms			电极压力/(kN/点)			焊接电流/(kA/点)			拉剪力/(kN/点)		
					A	B	C	A	B	C	A	B	C	A	B	C
0.23	无	无	8	6.5	80	—	—	0.38	—	—	4.9	—	—	0.6	—	—
0.29			8	6.5	100			0.52			5.2			0.9		
0.40			8	6.5	100			0.80			5.3			1.4		
0.50			8	6.5	100			1.05			5.4			1.9		
0.60	0.62	2.3	10	6.5	60	100	100	0.7	0.7	0.4	4.5	3.9	3.0	1.7	1.5	1.3
0.80	0.75	2.6	12	8.0	60	120	160	0.93	0.8	0.57	6.2	4.9	3.5	3	2.4	1.9
1.00	0.90	2.9	14	9.5	80	160	240	1.3	0.93	0.7	7.7	5.7	3.95	4.4	3.5	2.7
1.2	1.00	3.3	16.5	11	120	240	300	1.75	1.2	0.9	8.8	6.4	4.5	5.6	4.6	3.7
1.6	1.15	3.9	20	13	160	340	460	2.65	1.75	1.5	10.6	7.8	5.5	6.4	7.2	5.9
2.0	1.25	4.7	24	14.5	240	460	600	4.45	2.5	2.2	12.2	9.0	6.5	11.4	10	8.4
2.3	1.30	5.3	27.5	16.5	260	540	720	4.45	3.0	2.7	13.2	9.7	7.2	14.1	12.3	10.5

（续）

板厚/mm	凸点高 H/mm	凸点直径 D/mm	最小点距/mm	最小搭边量/mm	通电时间/ms A	B	C	电极压力/(kN/点) A	B	C	焊接电流/(kA/点) A	B	C	拉剪力/(kN/点) A	B	C
2.6	1.40	5.9	30.5	22	300	600	820	5.4	3.6	3.2	13.9	10.4	8.0	16.8	14.8	12.6
3.2	1.50	7.2	37.5	22.5	400	760	1040	7.1	4.7	4.4	15.1	11.5	9.4	23.0	19.8	17.1
4.0	1.65	8.8	45	23.5	260/1060	260/1060	260/1060	9/19	6.5/12.5		15.8	11.3		34.5	24	
	1.55	6.9	41	20.5												
5.0	2.15	10.9	52	27.5	360/1760	360/1760	360/1760	14/26	7.5/14.5		19.2	14.0		52.0	36	
	1.80	8.6	45.5	23.5												
6.0	2.7	13	61	32.5	480/2340	480/2340	480/2340	12/34	9.5/17.8		22.6	16.7		75.0	51	
	2.2	10.1	51.5	27												

注：1. 凸点尺寸可随板材强度有较大变化。

2. A为仅1个凸点时，B为有2个凸点时，C为有3个以上凸点时。

3. 板厚大于4.0mm时，采用渐增电流及加大顶锻力参数，如右图所示。这里，t_1为电流上升时间，t_2为电流稳定时间，P_1为焊接压力，P_2为顶锻力。

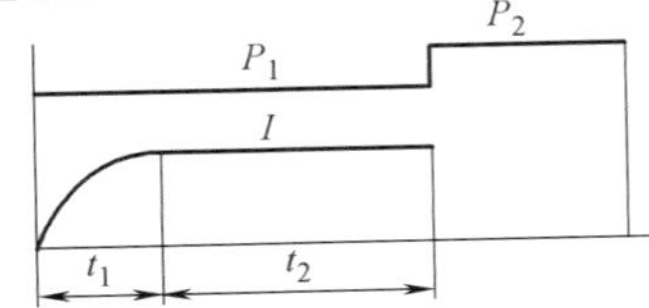

表4-4-3 低碳钢冷拔丝与热拔丝交叉凸焊的焊接参数

钢丝直径/mm	焊接通电时间/周波	15%压下率 电极压力/N	焊接电流/A	焊点强度/N	30%压下率 电极压力/N	焊接电流/A	焊点强度/N	50%压下率 电极压力/N	焊接电流/A	焊点强度/N
冷拔丝										
1.6	5	450	600	2000	670	800	2220	890	1000	2450
3.2	10	560	1800	4340	1160	2650	5000	1160	3400	5560
4.8	17	1600	3300	8900	2670	5000	10700	3340	6000	11100
6.4	23	2580	4500	16500	3780	6700	18700	5520	8600	19600
7.9	30	3670	6200	22700	6450	9300	27100	8900	11400	28900
9.5	40	4890	7400	29800	9160	11300	37100	13300	14400	39100
11.1	50	6230	9300	42700	12900	13800	50300	19800	17400	52900
12.7	60	7560	10300	54300	15100	15800	60500	23600	21000	64900
热拔丝										
1.6	5	450	600	1560	670	800	1780	890	1000	2000
3.2	10	560	1850	3340	1160	2770	3780	1160	3500	4000
4.8	17	1600	3500	6670	2670	5100	7560	3340	6300	8000
6.4	23	2580	4900	12500	3780	7100	13300	5520	9000	13800
7.9	30	3670	6600	20500	6450	9600	22200	8900	12000	23600
9.5	40	4890	7700	27600	9160	11800	30300	13300	14900	32000
11.1	50	6230	10000	39100	12900	14800	42700	19800	18000	45400
12.7	60	7560	11000	51200	15100	16500	55200	23600	22000	57800

2. 镀层钢板的凸焊

与点焊相比，镀层钢板的凸焊更易于实现。原因是凸焊的平面电极接触面大、电流密度小，镀层物对电极的黏附较小。镀锌钢板凸焊的焊接参数见表4-4-4。

3. 不锈钢板的凸焊

焊前，焊件表面应清洁，去除表面氧化膜、油漆、油脂和油污等。凸焊时，需用比低碳钢大的电极压力，凸点的间距不宜过小，以免产生熔核移位现象。不锈钢板凸焊的焊接参数见表4-4-5。

表4-4-4 镀锌钢板凸焊的焊接参数

凸点所在板厚/mm	平板板厚/mm	凸点尺寸/mm 直径 d	高度 h	电极压力/kN	焊接时间/周波	焊接电流/kA	熔核直径/mm	抗剪强度/kN
0.7	0.4	4.0	1.2	0.5	7	3.2	—	—
	1.6	4.0	1.2	0.7	7	4.2		

（续）

凸点所在板厚/mm	平板板厚/mm	凸点尺寸/mm		电极压力/kN	焊接时间/周波	焊接电流/kA	熔核直径/mm	抗剪强度/kN
		直径 d	高度 h					
1.2	0.8	4.0	1.2	0.35	10	2.0	—	—
	1.2	4.0	1.2	0.6	6	7.2		
1.0	1.0	4.2	1.2	1.15	15	10.0	3.8	4.2
1.6	1.6	5.0	1.2	1.8	20	11.5	6.2	9.3
1.8	1.8	6.0	1.4	2.5	25	16.0	6.2	14
2.3	2.3	6.0	1.4	3.5	30	16.0	7.5	19
2.7	2.7	6.0	1.4	4.3	33	22.0	7.5	22

表4-4-5 不锈钢板凸焊的焊接参数

板厚/mm	凸点尺寸/mm		电极压力/kN	焊接时间/周波	焊接电流/kA
	直径 d	高度 h			
0.5	1.75	0.5	2	8	4
0.8	2.5	0.6	3.2	12	5.6
1.0	3.0	0.7	4.0	13	6.6
1.5	4.0	0.9	6.0	18	9.0
2.0	4.75	1.0	8.0	21	11.0
2.5	5.5	1.0	10	23	12.5
3.0	7.0	1.5	12	24	14.0

第5章　缝焊工艺

5.1　概述

5.1.1　缝焊的基本形式及其工艺特点

缝焊是利用滚轮电极施加压力，依靠电流通过焊件所产生的电阻热形成连续焊缝的一种电阻焊方法。缝焊焊缝实质上是由一连串重叠的焊点组成的，故具有气密性和液密性。焊缝上这些焊点的形成过程与点焊相同，也分加压、通电加热和冷却结晶三个阶段。

缝焊按其滚轮电极的滚动和馈电方式不同，有如下三种形式：

1）连续缝焊。焊接时滚轮电极连续旋转，焊件在两滚轮电极之间等速移动，焊接电流连续地通过焊接部位。这种缝焊的优点是焊接速度快，效率高。缺点是滚轮电极易发热和磨损；滚轮前易发生飞溅，滚轮后焊缝易产生收缩性缺欠；焊件表面易过热，焊接变形较大。

2）断续缝焊。焊接时焊件连续移动，而焊接电流断续通过。这种缝焊的滚轮电极和焊件都有冷却的机会，从而克服连续缝焊易过热的缺点，故被广泛应用。但是，在熔核冷却时，滚轮电极已有一部分离开，因而熔核不能获得充分的锻压过程，焊缝仍有生成收缩性缺欠的倾向。

3）步进缝焊。焊接时焊件断续移动，电流在焊件静止时通过。由于熔核形成和结晶的整个过程是在滚轮电极固定不动的条件下完成的，所以焊接过程与点焊过程完全相同，每点的焊接质量都能获得保证，但焊接速度较慢。

图4-5-1所示为缝焊的基本形式。根据接头形式，缝焊可分为搭接缝焊、压平缝焊、圆周缝焊、垫箔对接缝焊和铜线对接缝焊等几种类型。而搭接缝焊又有双面单缝焊、单面单缝焊、单面双缝焊、小直径圆周缝焊等几种形式。

5.1.2　缝焊的优缺点

与点焊或凸焊相比较，缝焊优缺点明显。

1. 优点

1）可以获得气密或液密的焊接接头。

2）缝焊的焊缝宽度比点焊或凸焊的焊点直径窄，因而缝焊的搭边宽度（或边距）较小。

2. 缺点

1）由于点距小，其焊接电流的分流比点焊大。若不采用步进式缝焊，焊接时每个焊点形成过程中的压力是变化的。这是由于滚轮电极连续滚动而引起。

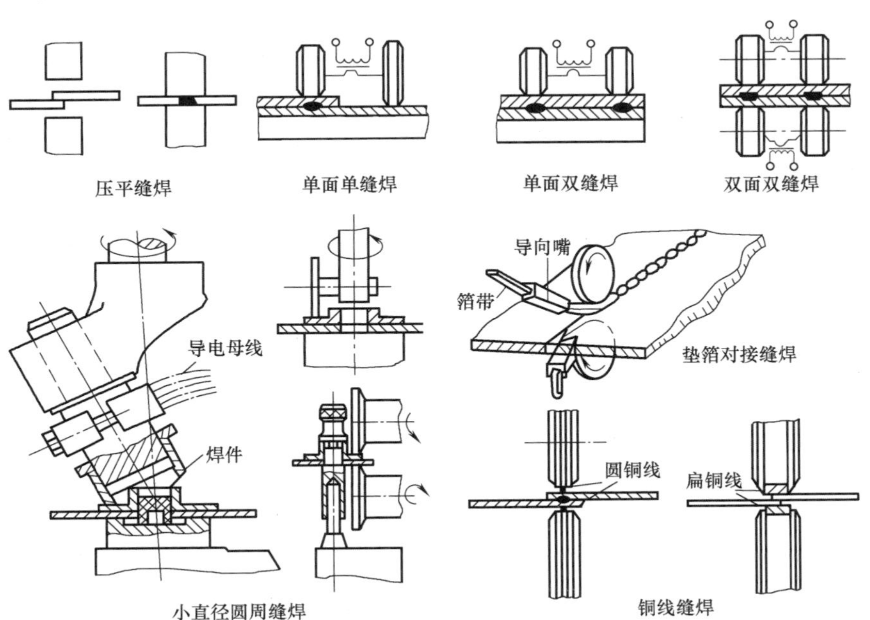

图4-5-1　缝焊的基本形式

2）一般需在一条直线上或在曲面的曲线上进行焊接。

3）在焊件上沿滚轮电极行走的路径必须没有障碍，否则需改变滚轮电极的设计等特殊措施，才能实现焊接。

4）利用纵向缝焊机焊接的接头，其长度受到电极臂长（又称进深）的限制。

5.1.3 缝焊的应用

1. 可焊的金属

可焊接低碳钢、低合金钢、不锈钢、镀层钢、铝及铝合金、镍及镍合金和镁合金等，也可焊接异种金属。铜和铜合金一般不用缝焊焊接。

2. 可焊接的厚度

主要用于 0.1～2.5mm 厚焊件的焊接。厚度大于 3mm 的焊件较难缝焊，但通过对滚轮电极进行适当改造和布置，并采用一些辅助装置，也可实现缝焊。

3. 可焊接的产品

一般多用于对气密性或液密性要求较高的薄壁金属结构的焊接，如油箱、水箱、火焰筒和锥体等，在汽车、拖拉机、食品罐头包装、喷气式发动机等行业被广泛应用。

5.2 缝焊用电极

5.2.1 电极的形状

一般采用圆盘状滚轮电极，其工作表面有平面形、单边倒角平面形、双边倒角平面形、圆弧形和薄圆弧形等几种，如图 4-5-2 所示。平面形滚轮电极常用于焊接厚度小于 2mm 的低碳钢板或薄板挤压焊缝。单边倒角或双边倒角的平面形滚轮电极有较高的强度，能在较高电极压力下焊接而不变形，常用于焊接镀锌钢板。圆弧形滚轮电极焊出的焊缝外观较好，焊接时散热容易，压痕过渡均匀，常用于焊接轻合金，如铝及其合金等。薄圆弧形滚轮电极的厚度只有普通电极的 1/3，焊接时可提高电流密度、加快焊接速度并减少电极消耗。

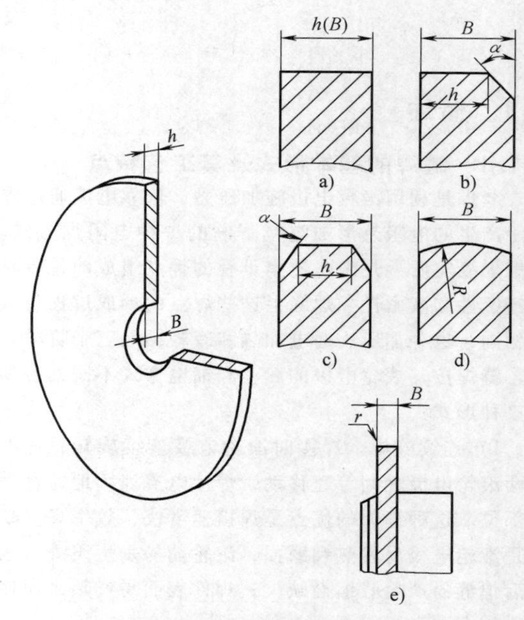

图 4-5-2　缝焊滚轮电极的形状

a）平面形　b）单边倒角平面形　c）双边倒角平面形　d）圆弧形　e）薄圆弧形

5.2.2 电极的尺寸

滚轮电极的基本尺寸是轮直径、厚度 B 及工作面宽度 h。滚轮直径取决于缝焊机的尺寸和焊件结构，一般为 50～600mm，常用尺寸为 90～350mm。滚轮的厚度 B 和工作面宽度 h 一般按经验公式确定，见表 4-5-1。为了避免板材在焊接时过度变形，工作面宽度不得小于 3mm。

表 4-5-1　缝焊滚轮电极形状与尺寸　　（单位：mm）

<table>
<tr><th colspan="2">平面形</th><th>单边或双边倒角平面形</th><th>圆弧形</th><th>薄圆弧形</th></tr>
<tr><td colspan="2"></td><td></td><td></td><td></td></tr>
<tr><td>等厚焊件</td><td>$B=h=2\delta+2$</td><td rowspan="2">$\alpha=30°\sim60°$；
$h=2\delta+2$；
$B=4\delta+2$</td><td rowspan="2">焊接铝及铝合金，
当 $\delta=0.5\sim1.5$ 时，
$R=50$(mm)；
当 $\delta=1.5\sim2.0$ 时，
$R=75$(mm)</td><td rowspan="2">$B=4\sim6$；
$r=B/2$</td></tr>
<tr><td>不等厚焊件
($\delta_1<\delta_2$)</td><td>$B_1=h_1=2\delta_1+2$；
$B_2=h_2=2\delta_1+2$</td></tr>
</table>

注：δ 为焊件厚度，单位为 mm。

若焊后焊件上压痕过深，可以将滚轮的工作面宽度在表 4-5-1 计算值的基础上加大 50%。

5.2.3　电极的材料

缝焊滚轮电极用的材料主要根据焊件材料性质选用。1 类电极材料（详见第 6 篇第 4 章第 4.3 节）用于缝焊铝和镁合金、镀锌钢板或镀锡钢板，这类电极材料的电导率和热导率很高，适当冷却就可以避免与母材发生粘连。低碳钢和低合金钢一般采用 2 类或 3 类电极材料进行大批量的缝焊。3 类电极材料比 2 类具有较高的力学性能和较低的电导率，适合于电极压力和工件电阻都较大的应用场合。因为这时滚轮电极的抗变形能力比电导率更为重要。

5.3　缝焊的焊接参数及其对焊接质量的影响

合格焊缝的标准是熔核尺寸符合焊缝强度要求，且内部无缩孔，表面状况良好。为了保证焊接接头的气密性或液密性，熔核重叠量应大约为熔核长度的 15%～20%，平均焊透率为最薄件的 45%～50%，一般应在 30%～70%范围内。

1. 焊接电流

因点距小、分流大，故缝焊的焊接电流应比相同条件下的点焊增大 20%～60%。随着焊接电流的增大，熔核的熔透率和重叠率增大，接头强度也提高。但在电流超过最佳值后，再增大电流不仅不会使接头强度提高，而且还可能导致压痕过深、烧穿及电极严重损耗。

2. 电极压力

滚轮电极的原理作用不如柱状电极充分、稳定，因此缝焊电极压力应比点焊增大 20%～50%。当电极压力较小时，焊接电流的微小变化都会对焊缝质量有很大影响。因此，电极压力应足够高，以便能有较宽的电流许用范围。此外，电极压力不足还会导致收缩性缺陷、电极烧损和喷溅，而电极压力对焊缝率影响较小。

3. 滚轮电极尺寸

滚轮电极尺寸主要指滚轮的直径和工作面宽度，两者都影响焊接区的电流分布和散热条件，也影响电极自身的使用寿命。

滚轮电极工作面的宽度根据要求的焊缝宽度来选取，而焊缝的宽度由焊件的厚度来确定；滚轮直径的大小决定于焊件的厚度和材质，选择原则与点焊电极尺寸的选择相同，即保证焊接区的最高温度位于两焊件的接合面上，防止发生熔核偏移。表 4-5-2 列出了不同情况下滚轮电极的选择原则。

表 4-5-2　滚轮电极的选择原则

接头特征	焊缝	平面上直线缝焊		
	材料[①]	相同	相同	不同
	板厚	$\delta_{上}=\delta_{下}$	$\delta_{上}<\delta_{下}$	$\delta_{上}=\delta_{下}$
滚轮电极的选择	上、下轮直径	$d_{上}=d_{下}$	$d_{上}<d_{下}$	$d_{上}>d_{下}$
	示意图	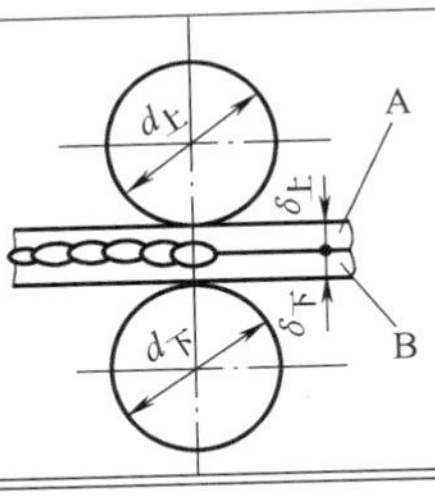 A、B、$d_{上}$、$d_{下}$、$\delta_{上}$、$\delta_{下}$	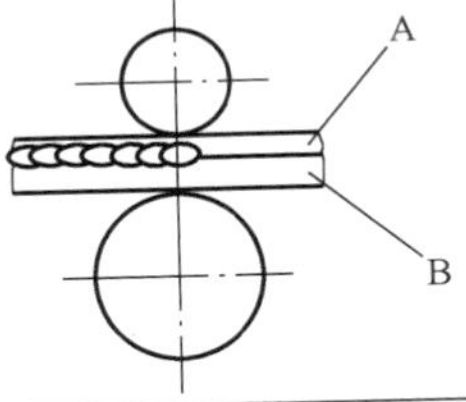 A、B	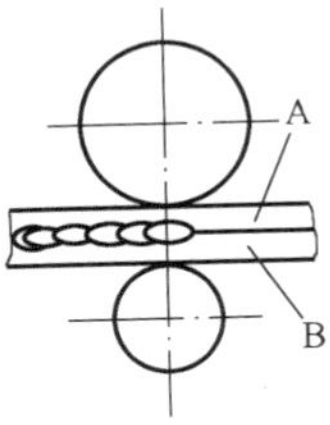 A、B

接头特征	焊缝	曲面上曲线缝焊				
	材料[①]	相同	不同	不同	不同	不同
	板厚	$\delta_{上}=\delta_{下}$	$\delta_{上}<\delta_{下}$	$\delta_{上}<\delta_{下}$	$\delta_{上}=\delta_{下}$	$\delta_{上}=\delta_{下}$
滚轮电极的选择	上、下轮直径	$d_{上}>d_{下}$	$d_{上}=d_{下}$	$d_{上}>d_{下}$	$d_{上}\gg d_{下}$	$d_{上}=d_{下}$
	示意图	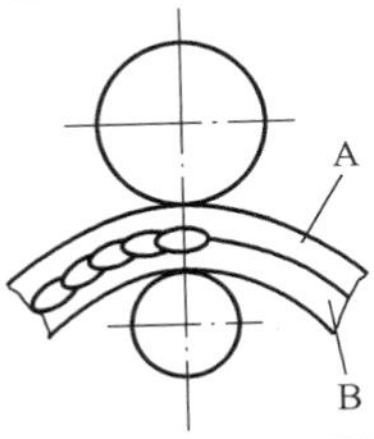 A、B	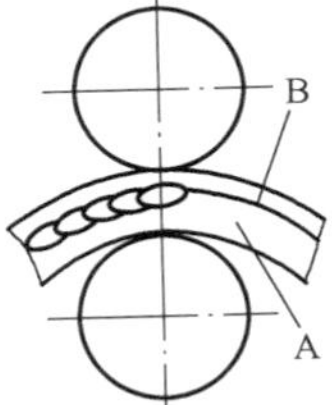 B、A	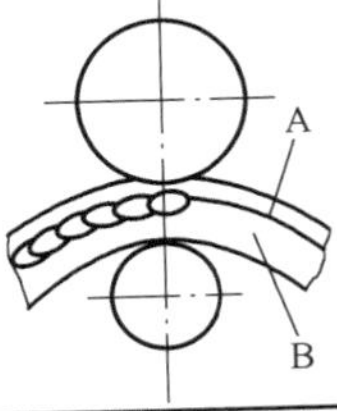 A、B	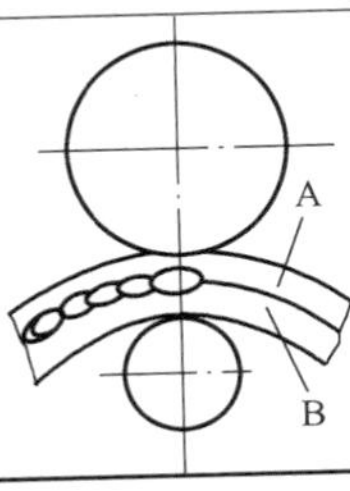 A、B	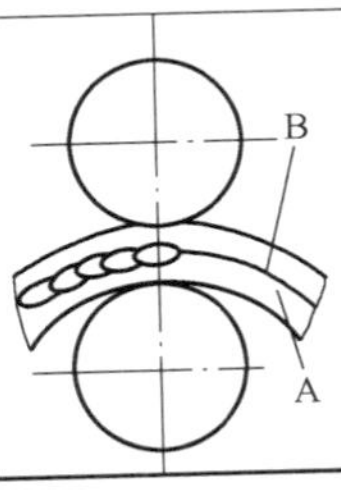 B、A

① A 材料的电导率和热导率小于 B 材料。

4. 加热时间和冷却时间

缝焊时主要是通过加热时间控制熔核尺寸，用冷却时间和焊接速度控制熔核重叠率。在焊接速度较低时，加热时间与冷却时间之比为 1.25：1～2：1，可获得最好的结果。随着焊接速度的加快，其点距的加快，甚至焊点不再重叠。为了获得熔核重叠的气密接头，这时加热时间与冷却时间的比例也相应增大，故在焊接速度较高时，加热时间与冷却时间之比为3：1或更高。

5. 焊接速度

缝焊速度影响加热时间、冷却时间以及电极压力的作用效果。通常情况下，接头强度随着焊接速度的加快而下降；电流较小时，这种下降更严重。为了保证焊透率和重叠率，要提高焊接速度，就必须提高焊接电流和延长加热时间，但是这种焊速的提高是有限的，因为增加焊接电流会使焊件表面被烧损和产生电极粘连，反而会降低焊缝强度和缩短电极使用寿命。较低的焊接速度，可以增加电极对焊点的作用时间，电极压力的作用效果会更好，同时可减少飞溅、裂纹和缩孔倾向。因此，宜选用较低的焊接速度，尤其是焊接厚度大、高温强度高的焊件时。

5.4　缝焊的接头设计

缝焊最适用的接头是搭接接头，搭接接头有图 4-5-3所示的三种基本形式。平板搭接接头在焊接时，焊接部位以外的部分焊件有时也会进入焊接回路内，这影响了焊接参数的稳定；而卷边搭接接头可避免这种现象，整个长度上的焊缝质量能保持一致。

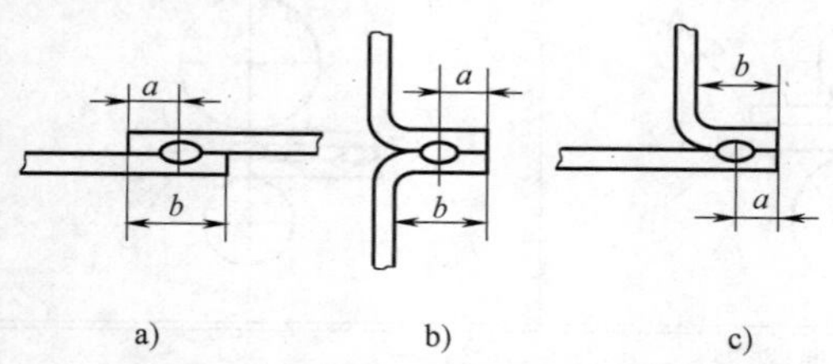

图 4-5-3　缝焊的三种搭接接头

a）平板搭接　b）卷边搭接　c）平板-卷边搭接

a—边距　b—搭接量

设计搭接接头时需注意以下两点：

1）充分考虑缝焊的焊接可达性，使滚轮电极能达到焊接部位，并在焊接过程中通行无阻。

2）要留出合适的搭接量 b，它除了保证所需的焊缝宽度外，还要保证适当的边距 a，以防止电极压力挤坏母材边缘，影响产品质量。但又不能留得过大，否则夹缝易积累油污和水分，为随后的加工和使用带来不利，而且还增加材料消耗和零件自重。搭接量 b 的大小目前主要按焊件厚度凭经验确定，一般不小于焊件厚度的 5 倍。

板厚超过 3mm 的搭接一般不再采用缝焊。

5.5　常用金属材料的缝焊工艺要点

各种金属材料对缝焊的适应性与点焊相似，焊接时产生的问题也基本相同。

5.5.1　低碳钢的缝焊

低碳钢碳含量低，且有很好的塑性与适中的导电、导热性能，故具有很好的焊接性，在通用交流缝焊机上，采用简单的焊接循环就可获得满意的焊接质量。

表 4-5-3 所列为低碳钢搭接缝焊的焊接参数，表中给出了三种焊接速度，高速焊适用于设备容量足够大的自动焊；当设备容量不够，需降低速度才能保证所需的熔宽和熔深时，宜选用低速焊；当手动移动焊件时，为了便于对准预定位置，多用中速焊。当没气密性要求时，焊接速度可以提高。如果采用薄电极缝焊，则电极压力和焊接电流均可相应减小，焊接速度可适当提高。低碳钢缝焊时，需注意以下几点。

1）低碳钢属铁磁性材料，当焊件逐渐伸入电极臂窗口时，回路感抗将逐渐增大，焊接电流逐渐减小，导致熔核尺寸减小，严重时会产生未焊透。为了防止由此产生的焊接质量问题，可采取下列措施：

① 把焊缝分成两段，每段都从中间焊至两端。

② 把长缝分成几段，逐段调整焊接电流去抵消焊接电流的变化。

③ 采用二次整流式缝焊机。

④ 采用具有恒流控制动能的控制箱。

2）随着板厚的增大，焊件刚性增大，焊接区难以紧密贴合，分流增大，使作用在焊接区的电流和电极压力减小。此外，由于熔核尺寸增大，冷却结晶时产生收缩性缺欠的倾向也增大。因此，随着板厚的增大，焊接电流和电极压力要适当增大，而焊接速度要适当降低，焊接时间适当延长。

3）碳含量偏高的低碳钢缝焊时，为了避免产生淬火组织，不宜采用过硬的焊接条件和过强的外部水冷。

5.5.2　镀层钢板的缝焊

镀层钢板缝焊时，不仅要保证接头强度，还要保持镀层的功能。按强度要求，缝焊工艺与无镀层钢板是相似的。考虑到镀层要求，则需对焊接参数做必要的调整，这时要考虑镀层对接触电阻的影响、允许的压痕深度、镀层与母材金属形成合金的倾向，以及与电极发生粘连等因素。

表 4-5-3　低碳钢搭接缝焊的焊接参数（气密性接头）

板厚/mm	滚盘尺寸/mm			电极压力/kN		最小搭接量/mm		高速焊接				中速焊接				低速焊接			
	b 最小	b 标准	B 最大	最小	标准	b 最小	b 标准	焊接时间/周波	休止时间/周波	焊接电流/kA	焊接速度/cm·min⁻¹	焊接时间/周波	休止时间/周波	焊接电流/kA	焊接速度/cm·min⁻¹	焊接时间/周波	休止时间/周波	焊接电流/kA	焊接速度/cm·min⁻¹
0.4	3.7	5.3	11	2.0	2.2	7	10	2	1	12.0	280	2	2	9.5	200	3	3	8.5	120
0.6	4.2	5.9	12	2.2	2.8	8	11	2	1	13.5	270	2	2	11.5	190	3	3	10.0	110
0.8	4.7	6.5	13	2.5	3.3	9	12	2	1	15.5	260	3	2	13.0	180	2	4	11.5	110
1.0	5.1	7.1	14	2.8	4.0	10	13	2	2	18.0	250	3	3	14.5	180	2	4	13.0	100
1.2	5.4	7.7	14	3.0	4.7	11	14	2	2	19.0	240	4	3	16.0	170	3	4	14.0	90
1.6	6.0	8.8	16	3.6	6.0	12	16	3	1	21.0	230	5	4	18.0	150	4	4	15.5	80
2.0	6.6	10.0	17	4.1	7.2	13	17	3	1	22.0	220	5	5	19.0	140	6	6	16.5	70
2.3	7.0	11.0	17	4.5	8.0	14	19	4	2	23.0	210	7	6	20.0	130	6	6	17.0	70
3.2	8.0	13.6	20	5.7	10	16	20	4	2	27.5	170	11	7	22.0	110	6	6	20.0	60

注：*b* 为滚盘接触面宽度，*B* 为滚盘厚度。

镀锌钢板是常用的镀层钢板。镀锌层的熔点低（约 419℃），在焊接过程中镀锌层首先熔化，在滚轮电极与焊件及焊件与焊件的接触面上流布，使接触面积增大，电流密度减小，而电极与焊件接触面的锌层熔化后，黏结在电极工作面，使铜电极合金化（生成 CuZn），其导电、导热性能变差。锌的沸点为 906℃，当温度超过此温度时，锌发生蒸发，在熔核内引起气孔或裂纹，扩散到热影响区则导致接头脆化，在应力作用下可能产生裂纹。试验证明，焊透率越小（10%～26%），裂纹缺欠就越少；当缝焊速度高时，散热条件差，表面过热且熔深大，则易产生裂纹。所以，在保证熔核直径和接头强度的条件下，应尽量选用小电流、低焊速和强烈的外部冷却。对滚轮电极宜采用压花钢轮传动，以便随时修整滚轮电极尺寸并清理其表面。

各种镀锌钢板缝焊的焊接参数见表 4-5-4。

表 4-5-4　各种镀锌钢板缝焊的焊接参数

镀层种类及厚度	板厚/mm	滚盘宽度/mm	电极压力/kN	时间/周波 焊接	时间/周波 休止	焊接电流/kA	焊接速度/cm·min⁻¹
热镀锌钢板（15～20μm）	0.6	4.5	3.7	3	2	16	250
	0.8	5.0	4.0	3	2	17	250
	1.0	5.0	4.3	3	2	18	250
	1.2	5.5	4.5	4	2	19	230
	1.6	6.5	5.0	4	1	21	200
电镀锌钢板（2～3μm）	0.6	4.5	3.5	3	2	15	250
	0.8	5.0	3.7	3	2	16	250
	1.0	5.0	4.0	3	2	17	250
	1.2	5.5	4.3	4	2	18	230
	1.6	6.5	4.5	4	1	19	200
磷酸盐处理防锈钢板	0.6	4.5	3.7	3	2	14	250
	0.8	5.0	4.0	3	2	15	250
	1.0	5.0	4.5	3	2	16	250
	1.2	5.5	5.0	4	2	17	230
	1.6	6.5	5.5	4	1	18	200

利用垫金属箔法和铜丝电极法可提高镀锌钢板的缝焊质量，如图 4-5-4 所示。图 4-5-4a 所示为垫金属箔法，在电极和焊件表面垫上金属箔，并对焊接区喷洒冷却水，冷却电极并洗掉锌的氧化物，使这种导电不良的锌氧化物不致粘连在滚轮电极工作面上。图 4-5-4b所示为采用两根直径约为 2mm 的铜丝 2 分别嵌

入上、下滚轮 1 的中间槽内，用铜丝压紧焊件。当滚轮旋转时，借压力和摩擦力带动铜丝和焊件前进，同时进行缝焊。使用过的铜丝，清除其表面上黏结的锌垢后可继续使用。

镀铝耐热耐蚀钢板和镀铅钢板（镀层成分为 75Pb25Sn）焊接时出现的问题及采取的措施与焊接镀锌钢板时相似，同样需要保持电极处于良好的工作状态和保证电极充分冷却等。表 4-5-5 和表 4-5-6 所列分别为镀铝钢板和镀铅钢板缝焊的焊接参数。

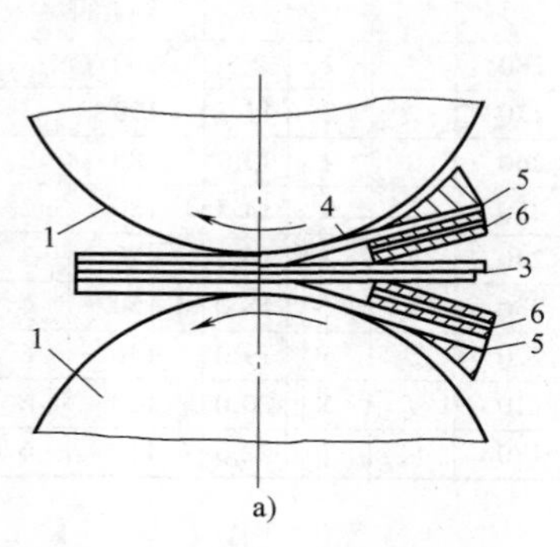

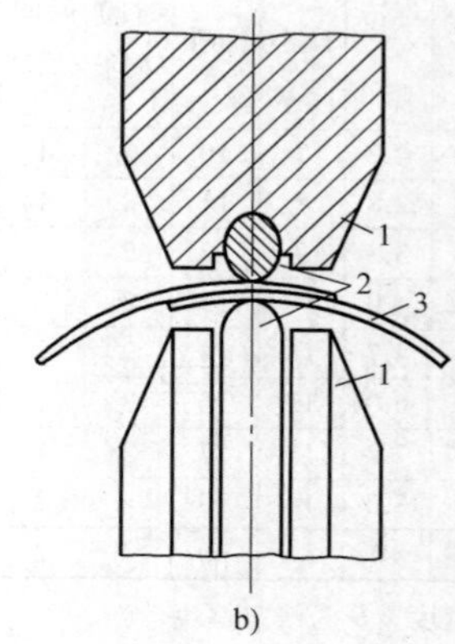

图 4-5-4　镀锌板缝焊方法示意图

a）垫金属箔法　b）铜丝电极法

1—滚轮　2—铜丝　3—焊件　4—金属箔　5—供金属箔的嘴子　6—供冲洗液的嘴子

表 4-5-5　镀铝钢板缝焊的焊接参数

板厚/mm	滚盘宽度/mm	电极压力/kN	时间/周波		焊接电流/kA	焊接速度/cm · min^{-1}
			焊接	休止		
0.9	4.8	3.8	2	2	20	220
1.2	5.5	5.0	2	2	23	150
1.6	6.5	6.0	2	2	25	130

表 4-5-6　镀铅钢板缝焊的焊接参数

板厚/mm	滚盘宽度/mm	电极压力/kN	时间/周波		焊接电流/kA	焊接速度/cm · min^{-1}
			焊接	休止		
0.8	7	3.6~4.5	3	2	17	150
			5	2	18	250
1.0	7	4.2~5.2	2	1	17.5	150
			5	1	18.5	250
1.2	7	4.5~5.5	2	1	18	150
			4	1	19	250

5.5.3　不锈钢与高温合金的缝焊

1. 不锈钢的缝焊

缝焊结构用得最多的不锈钢是奥氏体不锈钢，它的焊接性很好，但由于它的电导率和热导率均较小，故缝焊时宜采用小的焊接电流和短的焊接时间；其高温强度高，需采用较大的电极压力和中等的焊接速度。由于它的线胀系数比低碳钢大，必须注意防止焊接变形。为了避免由于过热引起碳铬化合物析出，宜采用偏硬的焊接规范，同时加强外部水冷电极。

奥氏体不锈钢缝焊的焊接参数见表 4-5-7。

2. 高温合金的缝焊

高温合金分铁基合金和镍基合金，常温下多为奥氏体组织，其合金元素含量大，具有较高的高温强度和热稳定性。这类合金具有比奥氏体钢更大的电阻率，更小的热导率和更高的高温强度，因此缝焊时应采用小的焊接电流和较高的电极压力。多数高温合金对 S、P、Pb、Sn 等杂质极为敏感，它们在镍、铁中的溶解度极小，易形成低熔点共晶，造成热裂纹的倾向大。由于高温合金材料的电阻率大，在缝焊的重复加热下，很容易产生结晶偏析和过热组织。为了防止产生裂纹，缝焊时焊接速度不宜过大，以提高电极压力的作用，用较长的休止时间以利散热。

部分高温合金缝焊的焊接参数见表 4-5-8。

表 4-5-7 奥氏体不锈钢缝焊的焊接参数

焊件厚度/mm	焊轮宽度/mm	焊接时间/s	间隔时间/s	焊接电流/kA	电极压力/N	焊接速度/m · min⁻¹
0.3+0.3	3.0~3.5	0.02~0.04	0.02~0.04	4.5~5.5	2500~3000	1.0~1.5
0.5+0.5	4.5~5.5	0.02~0.06	0.04~0.06	6.0~7.0	3400~3800	0.8~1.2
0.8+0.8	5.0~6.0	0.04~0.10	0.06~0.08	7.0~8.0	4000~5000	0.6~0.8
1.0+1.0	5.5~6.5	0.08~0.10	0.06~0.08	8.0~9.0	5000~6000	0.6~0.7
1.2+1.2	6.5~7.5	0.08~0.12	0.06~0.10	8.5~10	5500~6200	0.5~0.6
1.5+1.5	7.0~8.0	0.10~0.14	0.10~0.14	9.0~12	6000~7000	0.4~0.6
2.0+2.0	7.5~8.5	0.14~0.16	0.12~0.18	10~13	7000~8000	0.4~0.5

表 4-5-8 部分高温合金（GH4033、GH1035、GH3039、GH3044）缝焊的焊接参数

板厚/mm	电极压力/kN	时间/周波		焊接电流/kA	焊接速度/cm · min⁻¹
		焊接	休止		
0.3	4~7	3~5	2~4	5~6	60~70
0.5	5~8.5	4~6	4~7	5.5~7	50~70
0.8	6~10	5~8	8~11	6~8.5	30~45
1.0	7~11	7~9	12~14	6.5~9.5	30~45
1.2	8~12	8~10	14~16	7~10	30~40
1.5	8~13	10~13	19~25	8~11.5	25~40
2.0	10~14	12~16	24~30	9.5~13.5	20~35
2.5	11~16	15~19	28~34	11~15	15~30
3.0	12~17	18~23	30~39	12~16	15~25

5.5.4 铝合金的缝焊

由于铝合金电导率大，缝焊时分流严重，焊接电流要比点焊时提高 15%~50%，电极压力提高 5%~10%。通常采用三相供电的直流脉冲或二次整流步进式缝焊机进行焊接。为了加强散热，一般采用球面滚轮电极，并需外部水冷，还要适当增加滚轮修整次数。

用 FJ-400 型直流脉冲缝焊机缝焊铝合金的焊接参数见表 4-5-9。

5.5.5 钛合金的缝焊

钛合金的缝焊特点与奥氏体不锈钢比较接近，其电阻率约为 1Cr18Ni9Ti㊀ 的 2 倍，热导率约为 1Cr18Ni9Ti 的 1/2，故可以采用小容量焊机进行焊接；其线胀系数小（约为 1Cr18Ni9Ti 的 1/2），焊接时变形较易控制；由于它的高温强度稍低，焊接时的电极压力比焊接不锈钢小，常用电极压力为 100~150MPa。对于高强度钛合金，为了消除熔核内的疏松与缩孔，电极压力可适当提高 20%~25%。因为钛合金热导率小，表面不易过热，而且线胀系数小，即使焊透率高达 90%以上，也不易发生飞溅。钛合金 TC2 缝焊的焊接参数见表 4-5-10。

表 4-5-9 用 FJ-400 型直流脉冲缝焊机缝焊铝合金的焊接参数

板厚/mm	滚轮的球面半径/mm	步距（点距）/mm	3A21、5A03、5A06				2A12T3、T4、7A04T6			
			电极压力/kN	焊接时间/周波	焊接电流/kA	每分钟点数	电极压力/kN	焊接时间/周波	焊接电流/kA	每分钟点数
1.0	100	2.5	3.5	3	49.6	120~150	5.5	4	48	120~150
1.5	100	2.5	4.2	5	49.6	120~150	8.5	6	48	120~150
2.0	150	3.8	5.5	6	51.4	100~120	9.0	6	51.4	80~100
3.0	150	4.2	7.0	8	60.0	60~80	10	7	51.4	60~80

㊀ 1Cr18Ni9Ti 为在用非标准材料，仅供参考。

表 4-5-10　钛合金 TC2 缝焊的焊接参数

薄件厚度/mm	焊接电流/kA	焊接时间/s	间隔时间/s	电极压力/kN	缝焊速度/m · min^{-1}
0.5	5~6	0.1~0.12	0.14~0.18	2~2.5	0.9~1.0
1.0	6~6.5	0.12~0.14	0.18~0.24	3.5~4.0	0.7~0.8
1.5	8~9	0.18~0.2	0.30~0.36	4.5~5.5	0.6~0.7
2.0	9~10	0.20~0.22	0.32~0.40	5.5~6.5	0.5~0.6
2.5	10~11	0.24~0.26	0.32~0.44	6.5~8.5	0.4~0.5
3.0	11~12.5	0.28~0.30	0.34~0.48	9.0~11.0	0.3~0.4

第6章 对焊工艺

6.1 电阻对焊工艺

6.1.1 接头的形成与所需的基本条件

1. 接头的形成

电阻对焊是通过将两对接焊件待焊端面始终压紧，利用电阻热加热至塑性状态，然后迅速施加顶锻力而完成焊接的一种方法。与电阻点焊一样，焊接过程有预压、通电加热和顶锻三个阶段。与点焊不同的是，在接合面处不熔化，而仅仅加热至高温塑性状态，通过塑性变形使接合面之间的原子接近晶格间距的距离，实现冶金结合。

2. 形成良好接头的基本条件

要获得优质的电阻焊接头，必须满足如下基本条件。

1）整个焊件接合面加热要均匀，温度要适当，且沿焊件轴线方向有合适的温度分布。一般最高加热温度为熔点的 80%～90%。若温度过高，则产生过热，晶粒粗大，降低接头性能；若温度过低，母材不易产生塑性变形，形不成良好冶金结合。为了保证加热均匀，接合面应尽量做到平整对齐，否则会产生局部未焊合。

2）焊前必须将连接表面的氧化物或其他污染物彻底清理干净，并尽量减少或防止在高温时接合面受到空气侵蚀而氧化。对于重要焊件，可以采用惰性气体保护措施。

3）被焊两金属应具有良好的高温塑性，以保证在顶锻时能使两焊件的焊接端产生足够的、大体一致的塑性变形。

6.1.2 电阻对焊的特点与适用范围

1. 特点

电阻对焊具有接头光滑、毛刺小，焊接过程简单、无弧光和飞溅、易于操作等优点，但是接头的力学性能较差，焊前对接头待焊面的准备要求较高，特别是大断面的对焊尤为困难。

2. 适用范围

主要适用于对接直径小于 20mm 的棒材或线材，不适于大断面对接和薄壁管子对接。可焊的金属材料有碳素钢、不锈钢、铜合金和大多数铝合金等。对于低碳钢焊件，其直径宜小于 16mm，个别可达 25mm 左右。

6.1.3 焊接工艺

1. 焊前准备

焊前主要是端面的加工和清理。待焊面应平整光洁并垂直于顶锻力的方向；焊前应把待焊面清洗，除去尘土、油污、氧化物和其他污染物。图 4-6-1 所示为电阻对焊可用的接头端面形式，图 4-6-1a 所示为平端面接头，这种端面容易制作，但只适用于小直径焊件；直径较大的焊件宜采用图 4-6-1b 和 4-6-1c 所示的具有平锥面或尖锥面的接头端面，这样不仅加热均匀，而且容易去除加热过程中产生的氧化物。此外，焊后接头处的鼓起量也比较小。图 4-6-1d 所示为带凸缘的接头端面，焊接开始时凸缘先焊合，使内部与空气隔离，起到保护作用。

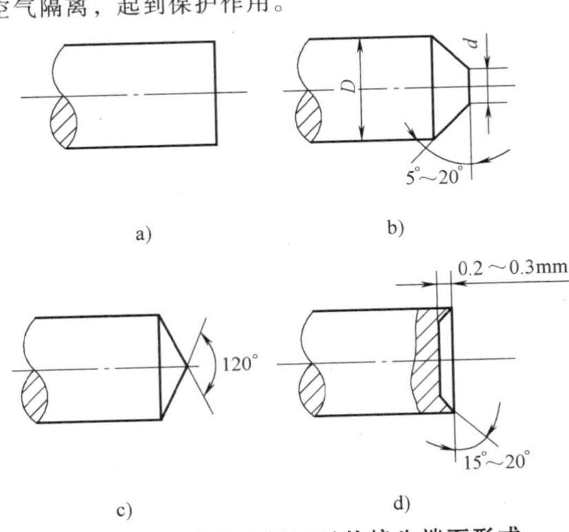

图 4-6-1 电阻对焊可用的接头端面形式

a）平端面 b）平锥面 c）尖锥面 d）带凸缘端面

小直径金属丝对接焊时，其端部可做成双面坡口状，这种端部在用切丝工具切断时即可形成。在焊机上安装时，应使凿形端接触并互成 90°，如图 4-6-2 所示。

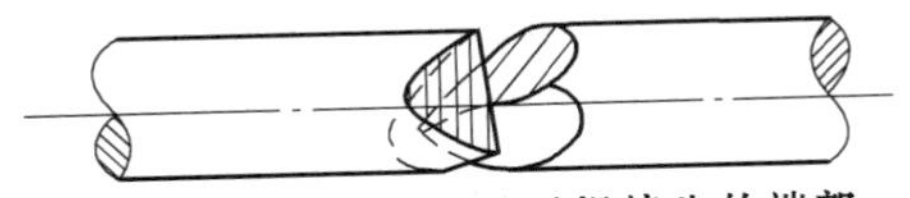

图 4-6-2 金属丝电阻对焊接头的端部

2. 焊接循环与焊接参数

（1）焊接循环

电阻对焊的焊接循环有图 4-6-3 所示的两种。等压式焊接循环的对焊机，其加压机构简单，易于实现；变压式焊接循环通过在加热后期加大顶锻力来提高焊接质量，故焊机的加压机构比较复杂，主要用于合金钢、有色金属及其合金的焊接。

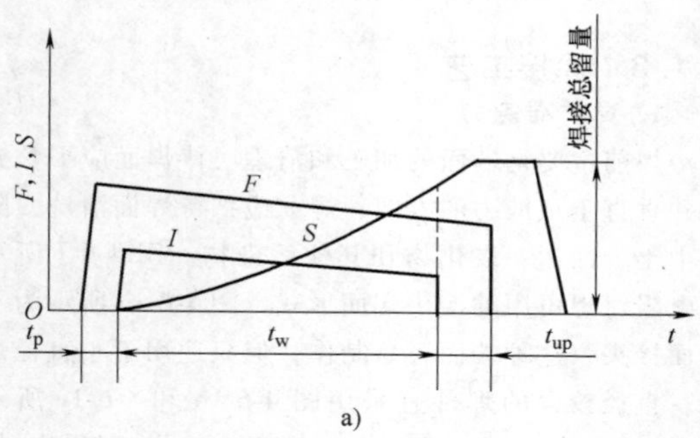

a)

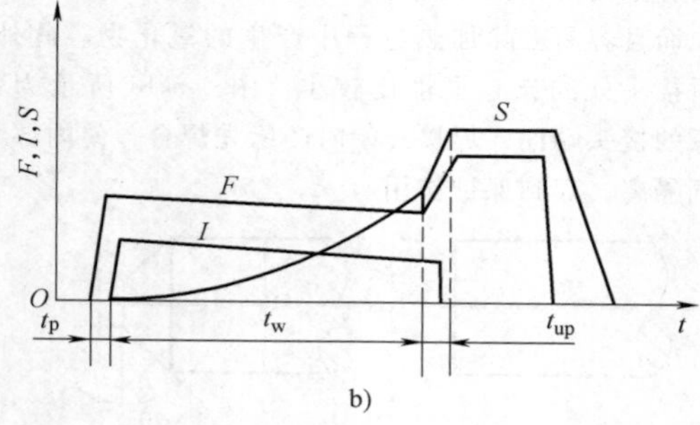

b)

图 4-6-3　电阻对焊的焊接循环

a）等压式　b）变压式

F—压力　I—电流　S—焊件缩短量（动夹钳的位移）　t_p—预压时间　t_w—焊接时间　t_{up}—预锻时间

（2）焊接参数

电阻对焊的主要焊接参数有焊件调伸长度，焊接电流（或焊接电流密度）和通电时间，焊接压力和顶锻力，以及焊接留量等。

1）焊件调伸长度指焊件伸出夹钳电极端面的长度。选择焊件调伸长度时，需考虑两个因素；两焊件的热平衡和顶锻时的稳定性。随着焊件调伸长度的加长，温度场梯度降低，塑性温度区变宽。若焊件调伸长度过长，则接头金属在高温区停留时间较长，接头易过热，顶锻时易失稳而侧弯；若焊件调伸长度过短，则由于钳口的散热增强，使焊件冷却过于强烈，温度梯度变大，塑性温度区变窄，增加了塑性变形的难度。

一般碳素钢电阻对焊的焊件调伸长度 $l_0=(0.5\sim1)d$，d 为圆料的直径或方料的边长；铝和黄铜 $l_0=(1\sim2)d$。相同材料、相同截面形状与尺寸的两焊件，其焊件调伸长度应相等；若截面大小不同，则截面大的焊件调伸长度应适当加长。如果焊接异种金属，则采用不等量的焊件调伸长度，导电性、导热性和熔点较高的金属的伸出长度相对要长些，以调节接合面两侧的温度分布。

2）焊接电流和通电时间。在电阻对焊中，焊接电流常以电流密度表示。焊接电流和通电时间是决定焊件析热的两个主要参数，二者要合适匹配。如果焊接调节过硬（大电流密度、短时间），则加热不均匀或加热区变窄、塑性变形困难，容易产生未焊透缺陷；如果过软（小电流密度、长时间），则会使接合面严重氧化，接头区晶粒粗大，影响接头的力学性能。表 4-6-1 列出了根据不同碳素钢棒截面面积选择最大焊接电流密度和最短的加热时间的资料。

表 4-6-1　碳素钢电阻对焊的电流密度和加热时间

钢棒截面面积 /mm^2	电流密度 /$A\cdot mm^{-2}$, max	加热时间 /s, min
25	200	0.6
50	160	0.8
100	140	1.0
250	90	1.5

3）焊接压力和顶锻力。焊接压力影响接触面的析热强度，顶锻力影响塑性变形。等压式焊接循环的顶锻力等于焊接压力，一般多用于碳含量较低钢的焊接；变压式焊接循环采用较小的焊接压力，以充分利用焊件间接触电阻集中析热，顶锻时用较大的压力，使接头产生较大的塑性变形，故多用于焊接合金钢、有色金属及其合金等。但焊接压力不能取得过低，否则会形成飞溅、接合面氧化及疏松等缺陷。

采用等压式焊接循环时，钢铁材料的焊接压力可取压强为 20~40MPa，非铁金属材料取 10~20MPa；采用变压式焊接循环时，钢铁材料的焊接压力可取 10~15MPa，非铁金属材料取 1~8MPa。顶锻力一般都超过焊接压力的十几倍至几十倍。例如，焊接合金钢时，顶锻力为 100 ~ 500MPa，焊接铜时为 300~500MPa。

4）焊接留量。焊接留量为加热留量和顶锻留量之和。

线材对焊时，合适的加热留量为：低碳钢为 $(0.5\sim1)d$，d 为线材直径；铝和黄铜为 $(1\sim2)d$；纯铜为 $(1.5\sim2)d$。顶锻时的顶锻留量一般为加热留量的 30%~40%，若带电顶锻则取 $0.05d$。

截面较大的低碳钢电阻对焊时，加热留量和顶锻留量大体相等。随着截面面积的增大，加热留量也相应增加，表 4-6-2 列出了低碳钢电阻对焊加热留量与截面的关系。淬火钢焊接的加热留量应增加 15%～20%。对截面面积大于 300mm^2 的焊件，一般应在保护气体中焊接。

表 4-6-2　低碳钢电阻对焊加热留量与截面关系

焊件截面面积/mm^2	25～100	250	500～1000
加热留量/mm	0.8～1.0	1.5～1.8	2.0～2.5

5）其他工艺参数

易淬火钢凸焊接头易产生硬化和脆化，为了保证接头性能，必须进行焊后热处理。通常是直接在凸焊机上用小电流进行加热退火处理。例如，对小直径易淬火钢，在电极间距等于焊件直径的 5～20 倍条件下对接头通电加热，采用的热处理电流密度为焊接电流密度的 60%～80%。

异种金属电阻对焊时，由于两焊件的电阻率、热导率和熔点的不同，难以同时达到焊接温度。为了调整热平衡，除采取不同的调伸长度外，有时还需要对热导率高的材料进行预热。图 4-6-4 所示为利用桥式辅助电极在同一焊机上对热导率高的材料进行预热的示意图。辅助电极材料为纯铜。

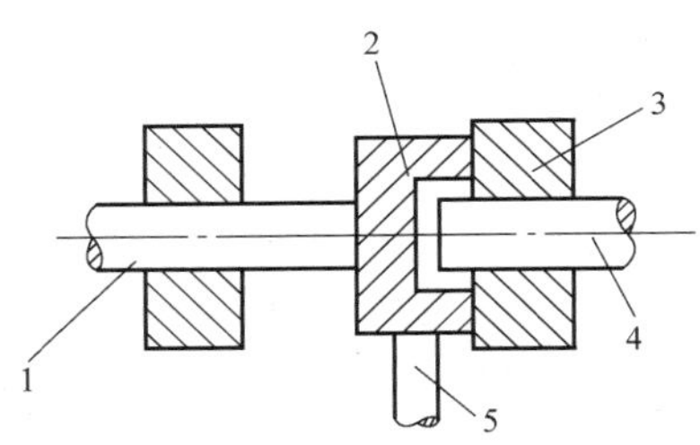

图 4-6-4　用辅助电极预热焊件示意图

1—被预热焊件　2—辅助电极　3—夹钳电极　4—焊件　5—手把

6.2　闪光对焊工艺

6.2.1　闪光对焊的工作原理

闪光对焊有连续闪光对焊和预热闪光对焊两种。前者焊接过程仅有闪光阶段和顶锻阶段，后者是在闪光阶段之前加一个预热阶段。

闪光对焊的工作原理如图 4-6-5 所示。两焊件未接触前被两个夹钳电极夹紧并接通电源，然后移动可动夹钳电极。当两焊件端面轻轻接触时，接触点通电加热，因加热剧烈而形成液态金属过梁并发生爆破，喷射出火花，形成闪光。随着可动夹夹钳电极的连续移动，闪光也连续发生。闪光使焊件两端面获得加热，当达到焊接温度时，可动夹夹钳电极突然加速，以很大的压力使两焊件端面互相挤压，随即切断焊接电流。这时焊接区发生强烈的塑性变形，在挤出熔化金属的同时，接合面上产生交互结晶，便形成了焊接接头。

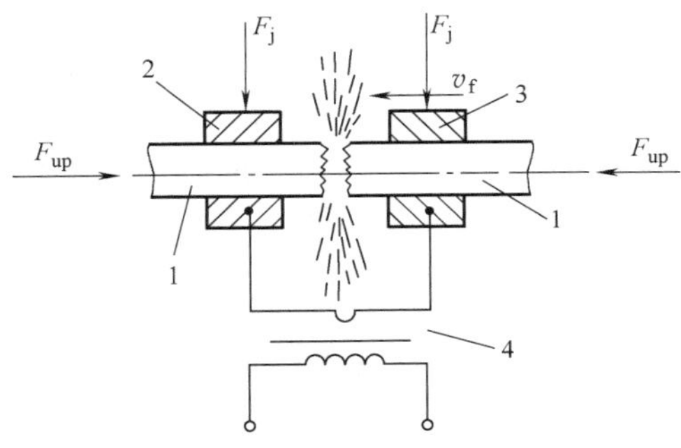

图 4-6-5　闪光对焊的工作原理

1—焊件　2—固定夹钳电极　3—可动夹钳电极　4—焊接变压器　F_{up}—顶锻力　F_j—夹紧力　v_f—闪光速度

可以看出，闪光对焊的基本特征是先闪光后顶锻。

1. 闪光的形成及其作用

当两焊件端面轻微接触时，只有少数点真正接触短路，这些接触点在电阻热的作用下熔化，在两端面之间形成液态金属过梁。由于金属过梁电流密度很大，很快便发生蒸发和爆破。随着可动夹钳电极的缓缓推进，过梁得以不断生成又不断爆破。在蒸气压力和电磁力作用下，爆破的液态金属微粒不断从接口处向外喷射，形成闪光的火花。闪光时，金属蒸气和微粒发生强烈氧化；在接口间隙中，气体介质的含氧量将减少，防止了焊缝金属的氧化。

在闪光过程中，接触面上的平均电阻远大于焊件本身的电阻，接触面上的析热就成为整个闪光对焊的主要热源，所以连续不断的闪光过程就是对焊接部位的加热过程。随着端面温度升高，过梁爆破速度加快，这时可动夹钳电极的推进速度也需逐渐加快。在闪光过程结束前，整个待焊端面必须形成一薄的液态金属层，并在一定深度上使金属达到塑性温度，为后面顶锻实现焊接创造条件。

要求闪光过程稳定而强烈，中间不发生断路或短路。如果闪光过程发生中断、短路或强烈度降低，则接口处的这种自保护作用将减弱。

2. 顶锻及其作用

在闪光结束后，两焊件快速靠拢，液态金属及氧化物在凝固前被挤出接合面，洁净的塑性金属紧密接触，并在顶锻力作用下产生一定的塑性变形，以促进再结晶，形成共同晶粒而获得牢固的接头。

顶锻的时机、速度和顶锻力的大小是获得优质接头的关键。顶锻要及时而快速，否则接口间隙受氧化程度增加。而且在顶锻过程中不能过早地切断电流，否则间隙气体介质的自保护作用将消失，端面金属将被强烈氧化。另外，如果电流过早切断，焊接端面金属会迅速冷却，使得氧化物难以挤出而形成夹渣。

3. 预热及其作用

在闪光之前对焊件进行预热有以下几个目的：

1）减小需用功率。可以在小容量焊机上焊接断面较大的焊件，因为预热能激发闪光过程。

2）降低焊后冷却速度。有利于防止易淬火钢接头在冷却时产生淬火组织和裂纹。

3）缩短闪光时间。既提高生产率又可减少闪光留量的消耗，这对贵重金属焊接更有意义。

预热直接在对焊机上进行，有电阻预热和闪光预热两种方法。前者是将两焊件端面紧密接触后进行脉冲通电，后者是通电后再把两焊件端面交替地接触和分开，每接触一次要激起短暂的闪光过程，故又称断续闪光预热。

预热闪光对焊延长了焊接周期，降低了生产率，也使焊接过程自动化更加复杂；预热控制难度大，尤其对展开型截面，如薄板或薄壁管等的焊接，很难得到均匀的预热。若预热程度不一致，则会降低接头质量的稳定性。

6.2.2　闪光对焊的特点与适用范围

1. 闪光对焊的特点

与电阻对焊相比，闪光对焊具有下列优缺点：

（1）优点

1）适用范围比电阻对焊宽。同种或异种金属都可焊，展开截面或紧凑截面的零件也可焊，可焊的截面面积也比电阻对焊大得多。

2）接合面上的熔化金属层或氧化物在顶锻时被挤出，起到清除接合面杂质的作用。因此，接头可靠性高，强度比电阻对焊大。

3）闪光对焊对焊件待焊面的准备和清理要求不严。

4）接头热影响区比电阻对焊窄很多，如图 4-6-6 所示。

（2）缺点

1）焊接时喷射出的熔融金属颗粒有造成火灾的危险，还可能导致人员和设备损伤。

2）焊后在接头处形成毛刺（飞边），需用专门设备去除，这增加了制造成本。管子内壁上的毛刺如果不去除会妨碍流体流动，降低接头疲劳强度，而且

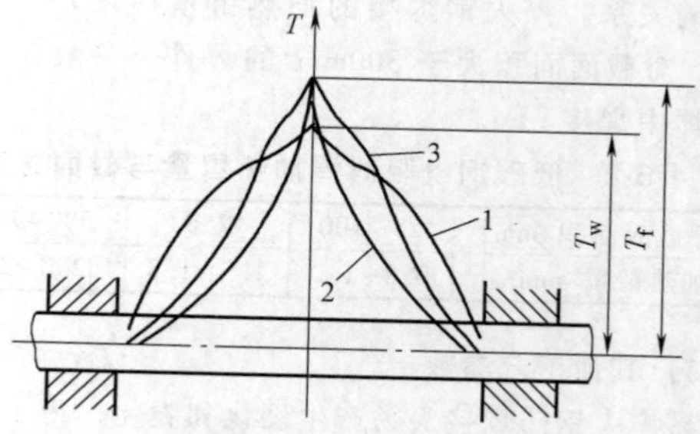

图 4-6-6　对焊加热结束时的温度分布

1—电阻对焊　2—连续闪光对焊

3—预热闪光对焊

T_f—被焊金属的熔点

T_w—电阻对焊的焊接温度

易产生腐蚀或污垢集中。而去除内壁上的焊接毛刺是相当困难的，特别是小直径管子。

2. 闪光对焊的适用范围

（1）可焊的金属材料

凡是可以锻造的金属，原则上都可以进行闪光对焊。碳素钢、低合金钢、不锈钢、铝合金、镍合金、铜合金和钛合金等均可进行闪光对焊。钛合金焊接时最好用惰性气体进行保护，以免接头塑性下降；高淬硬性碳素钢和合金钢的热影响区性能与母材差别较大，通常焊后需进行热处理。

对异种金属，只要它们之间的闪光和顶锻特性相近，也可采用闪光对焊。焊接时可以通过合理的焊件设计，调整焊件调伸长度、闪光量和其他焊接参数等措施来克服它们之间的差别。

表 4-6-3 列出了可用闪光对焊的母材组合。

（2）可焊的结构和产品

1）接头形式。主要用于两个断面形状和尺寸基本相同的焊件对接，两焊件的轴线可在一条直线上，也可成一个角度，如图 4-6-7 所示。

2）截面形状。只要两个焊件截面形状相同，无论是圆形的还是非圆形的、实心的或空心的、紧凑的或展开的截面均可进行闪光对焊，如扁钢、带钢、钢筋、管子、方钢、角钢及工字钢等均。薄件（包括薄平板、薄壁杆件和薄壁管子）受到一定限制，主要原因是对中困难和顶锻时容易发生屈曲失稳。具有封闭形状截面或复杂截面的焊件，焊后内部或隐蔽处的毛刺难以清除。

如果两圆棒的直径 d、方形件的边长 b 或管件的壁厚 δ 的大小差值不超过 10%~15%，则可以采用闪光对焊。

图 4-6-8 所示为一些闪光对焊典型应用实例。

表 4-6-3　可用闪光对焊的母材组合

母　材	铝合金	铜合金	镁合金	钼	镍合金	碳素钢、合金钢	不锈钢	工具钢	钼	钛合金	钨
铝合金	○	○	○	—	○	—	—	—	—	—	—
铜合金	○	○	○	—	○	○	○	○	—	○	—
镁合金	○	○	○	—	—	—	—	—	—	—	—
钼	—	○	—	○	○	○	○	○	—	—	—
镍合金	○	○	—	○	○	○	○	○	○	—	○
碳素钢与合金钢	—	○	—	○	○	○	○	○	○	○	○
不锈钢	—	○	—	○	○	○	○	○	○	○	○
工具钢	—	○	—	○	○	○	○	○	○	—	○
钼	—	○	—	—	○	○	○	○	○	—	—
钛合金	—	○	—	—	—	○	○	—	—	○	—
钨	—	—	—	—	○	○	○	○	—	—	—

注：○表示可以组合；—表示难以组合。

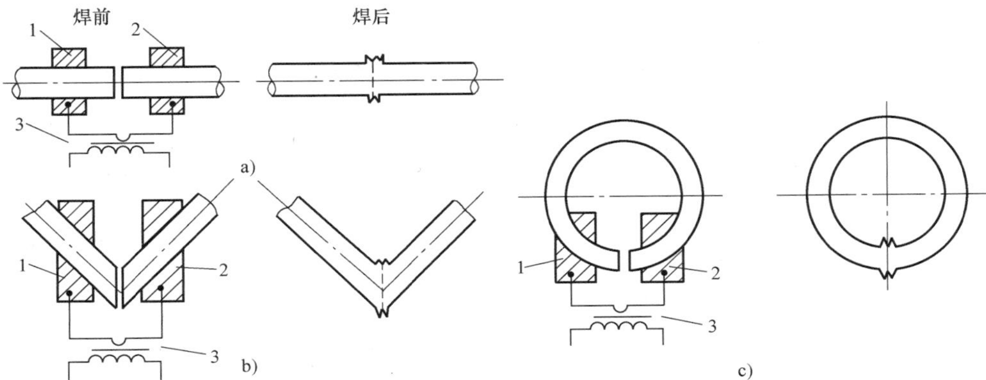

图 4-6-7　闪光对焊接头形式

a）直线对接　b）角对接　c）圆环对接
1—固定夹钳电极　2—可动夹钳电极　3—变压器

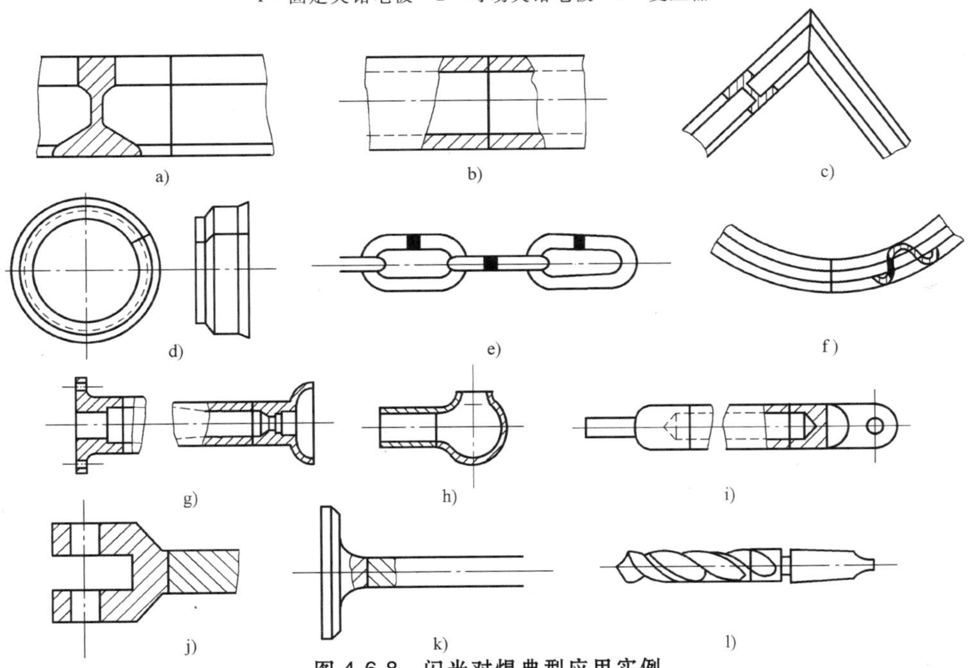

图 4-6-8　闪光对焊典型应用实例

a）钢轨　b）管道　c）窗框　d）轮辋　e）链环　f）车圈　g）汽车方向轴外壳
h）管接头　i）拉杆　j）连杆　k）气阀　l）刀具

6.2.3　焊接工艺

1. 焊前准备

(1) 接头的设计与制备

要获得优良的闪光对焊质量，两焊件的加热和塑性变形程度应一致。由于闪光对焊时，在两焊件上施加着相同的焊接电流和顶锻力，因此要求两焊件的截面形状、对接面积和轮廓尺寸应相等或相近似。

图 4-6-9 所示为圆形截面闪光对焊的接头设计。图中右边的设计是合理的，因为在接头附近的横截面和接触面积是相等的。图中左边的设计不合理，因为较厚的或实心的一侧散热快、升温慢，很难使两焊件达到焊接要求具有大致相同的塑性。

对截面面积有少量差异的两焊件，可以通过适当的夹钳电极的设计或调伸长度的调整来获得接头两侧的热平衡。

被焊端部应制成可使闪光物从接头中排出，并使闪光过程从端部的中心或中央区域开始。因此，当焊接大截面焊件时，最好将一个焊件的端部倒角，如图 4-6-10 所示。待焊端部倒角还起到引发闪光的作用，这样可以不用预热或不用高于通常电压进行初期闪光。

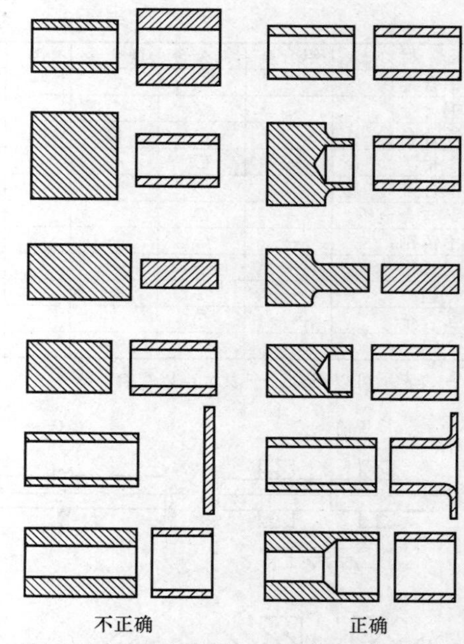

图 4-6-9　圆形截面闪光对焊的接头设计

角对接接头的接合面不垂直于焊件轴线，如图 4-6-11所示。在角对接的顶点 B 处金属体积最小，于

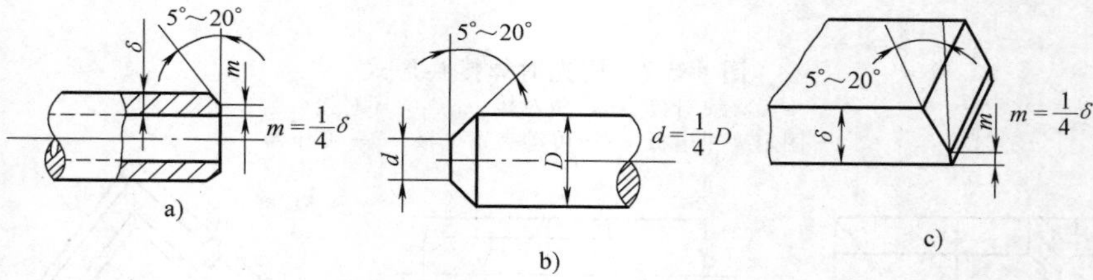

图 4-6-10　大截面焊件端部倒角尺寸

a) 管材　b) 棒材　c) 板材

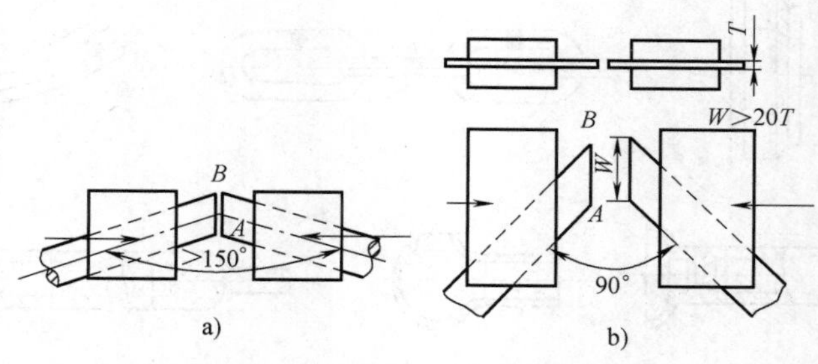

图 4-6-11　闪光对焊的角对接接头

a) 棒材或管材　b) 板材

是在整个端面上热量不平衡。因此，方棒或圆棒的角对接角度不应小于 150°；薄板角对接角度应大于 90°，否则顶角 B 处焊接质量很差，而内角 A 处可能未焊透。

由于闪光和顶锻过程中有金属损耗，因此备料时，必须留出闪光的和顶锻的余量，即把这两方面的损耗长度加到所备焊件的长度中去，使焊后组件的长度符合设计要求。

(2) 清理

焊件表面和导电钳口表面的铁锈、氧化物，以及其他污染物必须清理干净，否则，会因电接触不良而破坏闪光过程的稳定性和接头质量，而且工件与钳口之间会因局部过热点而导致烧伤，顶锻过程发生滑动。

清理方法与点焊和缝焊基本相同，可以用机械清理方法或化学清理方法。机械清理方法主要采用砂纸、砂轮、钢丝刷等，化学清理方法主要采用各种洗涤剂、腐蚀剂擦洗或浸洗。大批量生产时用化学法进行清理比较经济。各种金属材料化学清理用腐蚀液的配方和工艺见表 4-3-14。

(3) 装配

装配工作中的关键是保证两焊件对中。如果对中不良，闪光只能在相对接的区域发生，端面加热不均匀，顶锻时焊件会发生滑移，形成如图 4-6-12a 所示的接头。焊件截面的宽厚比越大，对中问题越重要。需从焊件设计、焊件备料公差及夹钳电极工作状态等多个方面综合解决这类问题。

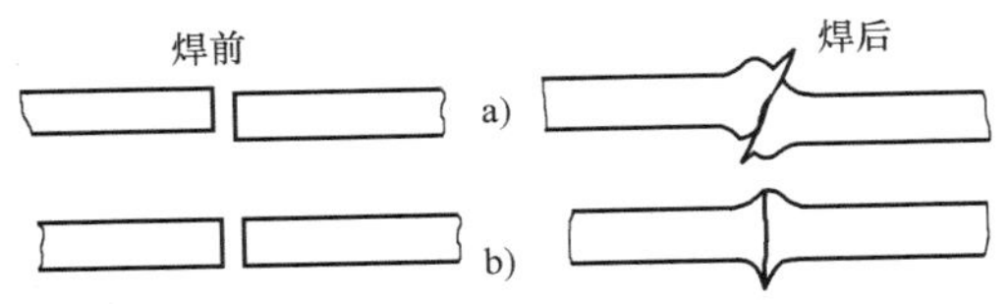

图 4-6-12　焊件对中对接头形状的影响

a) 对中不良　b) 对中良好

2. 焊接循环与焊接参数

(1) 焊接循环

图 4-6-13 所示为闪光对焊的典型焊接循环。它描述了整个焊接过程中各个阶段的起止程序，是进行焊接过程自动控制的基本依据。

(2) 焊接参数

闪光对焊的焊接参数主要有焊件调伸长度、焊接电流密度（常用二次空载电压表示）、闪光留量、闪光速度、顶锻力、顶锻留量（包括有电及无电顶锻留量）及顶锻速度，预热闪光对焊还包括预热温度等。

1) 焊件调伸长度与留量。焊件调伸长度俗称伸出长度，指焊件从夹钳电极中伸出的长度。焊件调伸长度除了保证焊接所需的各种留量外，还起调节焊接温度场的作用。

闪光对焊的焊件调伸长度与留量的关系如图 4-6-14 所示。与电阻对焊一样，焊件调伸长度影响沿焊件轴线上的温度分布和接头的塑性变形。随着焊件调伸长度的加长，温度分布趋缓，塑性温度区变宽，但焊接回路阻抗及所需设备容量增大，闪光稳定性下降。若焊件调伸长度过长，顶锻时易失稳而侧弯；若焊件调伸长度太短，则焊接区温度梯度变大，塑性温度区变窄，致使顶锻变形困难。

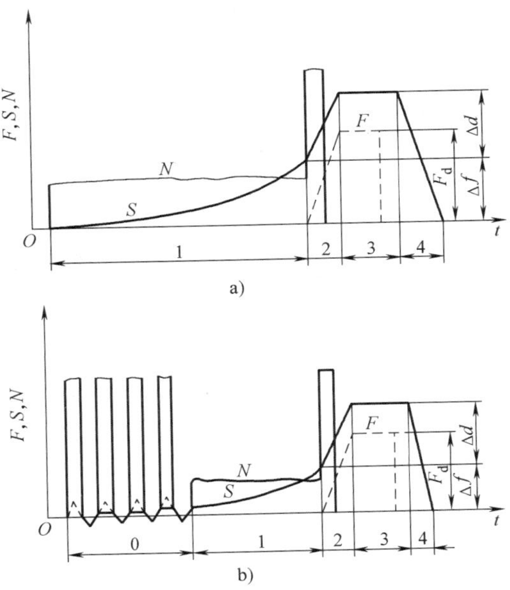

图 4-6-13　闪光对焊的典型焊接循环

a) 连续闪光对焊　b) 预热闪光对焊

0—预热阶段　1—闪光阶段　2—顶锻阶段　3—维持顶锻阶段　4—复位阶段

S—可动夹钳电极移动距离　F_d—顶锻力　N—接头处功率　Δf—闪光留量　Δd—顶锻留量

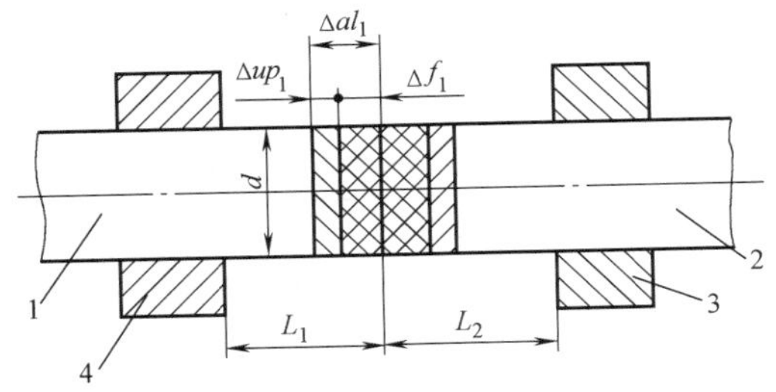

图 4-6-14　闪光对焊的焊件调伸长度与留量的关系

1、2—焊件　3—静夹钳电极　4—动夹钳电极

L_1、L_2—焊件调伸长度　Δf_1—闪光留量

Δup_1—顶锻留量　Δal_1—总留量

补偿焊件因闪光烧化缩短而预留长度称为闪光留量。它是保证焊件加热深度的参数，通常是按焊件截面选择。闪光留量太小，则加热深度不足，不能形成合适的液态金属层和塑性区；闪光留量太大，则浪费金属和电能。一般闪光留量 Δf 占总

留量的 70%～80%，而预热闪光对焊比连续闪光对焊小30%～50%。

补偿焊件因顶锻引起焊件缩短而预留长度称为顶锻留量。顶锻留量的大小影响液态金属的挤出和塑性变形程度，通常也是按焊件截面选择。顶锻留量太小，液态金属不能全部被挤出，残留在接合面中，易形成缩孔、疏松、夹杂物和裂纹等缺陷，使接头冲击韧性下降。一般顶锻留量约占总留量的 20%～30%。顶锻留量分为有电流顶锻留量和无电流顶锻留量，前者约为后者的 50%～100%。焊接小截面或薄壁铝质焊件时，为了避免过热，有电顶锻时间常限制在 0.01～0.06s 内。

表 4-6-4 和表 4-6-5 分别列出了不同条件下闪光对焊的焊件调伸长度与留量典型值。

表 4-6-4 实心钢棒材闪光对焊的焊件调伸长度与留量典型值

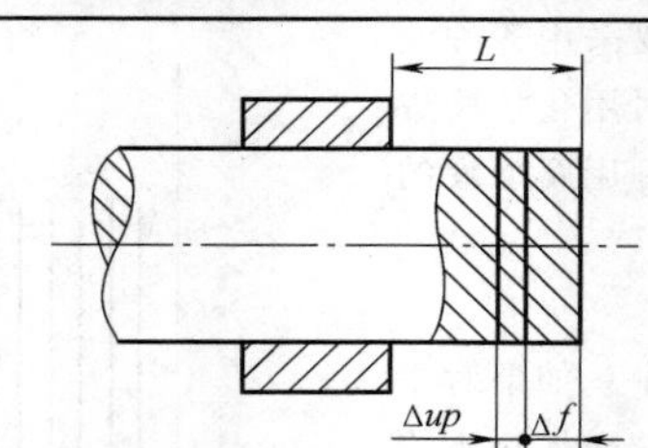

棒材直径 d/mm	尺寸典型值/mm			闪光时间 /s
	L	Δf	Δup	
1.3	1.3	0.5	0.1	0.4
2.5	2.3	0.8	0.3	0.75
5.1	4.4	1.4	0.5	1.50
7.6	6.5	1.9	0.8	2.25
10.2	8.7	2.6	1.0	3.25
12.7	10.8	3.2	1.3	4.25
15.2	13.0	3.9	1.5	5.50
20.3	17.0	5.1	1.8	9.00
25.4	21.1	6.4	2.0	13
30.5	25.1	7.6	2.3	20
33.0	27.2	8.3	2.4	25
40.6	33.3	10.2	2.8	45
45.7	37.3	11.4	3.1	63
50.8	41.4	12.7	3.3	90

表 4-6-5 管材或板材闪光对焊的焊件调伸长度与留量典型值

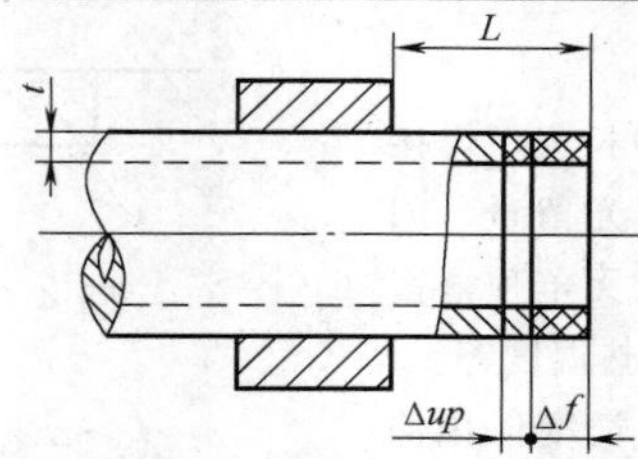

管材壁厚或板厚 t/mm	尺寸典型值/mm			闪光时间/s
	L	Δf	Δup	
0.3	1.4	0.5	0.3	0.4
0.5	2.8	1.0	0.5	0.8
1.0	5.5	2.1	0.8	1.75
1.5	7.9	3.0	1.1	2.75
2.0	10.2	4.0	1.5	4.00
2.5	12.3	4.8	1.8	5.00
3.0	14.5	5.6	2.2	6.25

（续）

管材壁厚或板厚 t/mm	尺寸典型值/mm			闪光时间/s
	L	Δf	Δup	
4.1	18.7	7.1	2.7	9.00
5.1	22.4	8.3	3.2	12.00
10.2	33.50	11.8	4.6	33.00
12.7	37.00	13.0	5.0	45
15.2	39.8	13.8	5.3	56
20.3	44.8	15.4	5.9	83
25.4	48.3	16.5	6.4	110.00

如果没有经验数据资料可参考，可利用经验公式初步选定焊件调伸长度，经试验修正后，方可用于生产。对于同种金属的棒材或厚壁管材闪光对焊时（见图 4-6-14），焊件调伸长度可取为

$$L_1 = L_2 = (0.75 \sim 1)d \tag{4-6-1}$$

式中 d——棒材或厚壁管材时为直径，方形时为边长。

厚度 $\delta = 1 \sim 4$mm 的薄板闪光对焊时，为了顶锻时不失稳，一般取

$$L_1 = L_2 = (4 \sim 5)\delta \tag{4-6-2}$$

异种金属闪光对焊时，为了使两焊件温度分布一致，通常 $L_1 \neq L_2$，导电性和导热性较差的金属，其焊件调伸长度应小些，表 4-6-6 列出了异种金属闪光对焊焊件调伸长度的参考值。

表 4-6-6 异种金属闪光对焊焊件调伸长度的参考值（见图 4-6-14）（单位：mm）

金属种类		焊件调伸长度	
在 L_1 侧	在 L_2 侧	L_1	L_2
低碳钢	奥氏体钢	1.2d	0.5d
中碳钢	高速钢	0.75d	0.5d
钢	黄铜	1.5d	1.5d
钢	纯铜	2.5d	1.0d

2）闪光电流和顶锻电流。闪光电流取决于焊件的截面面积和闪光所需的电流密度，而电流密度可选范围较宽，表 4-6-7 列出了截面面积为 200 ~ 1000 mm^{2}焊件闪光对焊的闪光电流密度和顶锻电流密度参考值。具体大小根据焊件材料类型、焊件截面形状、是否预热和闪光速度等因素来选择。对于导热性好、展开截面的焊件或连续闪光对焊，电流密度取大值；对大截面焊件或预热闪光焊，则取小值。

在实际生产中，通常选择的不是焊接电流，而是焊接变压器的二次空载电压 U_{20}。通过改变二次空载电压来调节焊接电流。U_{20}调节范围为 1.5 ~ 14V，U_{20}太低，闪光不稳定，容易发生短路而中止闪光；U_{20}太高，不仅热效率低、消耗的功率大，而且端面上留

表 4-6-7 闪光对焊闪光电流密度和顶锻电流密度参考值（单位：A · mm^{-2}）

金属材料	闪光电流密度		顶锻电流密度
	平均值	最大值	
低碳钢	5 ~ 15	20 ~ 30	40 ~ 60
高合金钢	10 ~ 20	25 ~ 35	35 ~ 50
铝合金	15 ~ 25	40 ~ 60	70 ~ 150
铜合金	20 ~ 30	50 ~ 80	100 ~ 200
钛合金	4 ~ 10	15 ~ 25	20 ~ 40

注：适用于截面面积为 200 ~ 1000mm^2 的焊件。

下较深的火坑，顶锻时不能完全封闭，易形成夹渣、缩孔等缺陷。因此，在保证维持稳定闪光的条件下，尽量选用较低的二次空载电压。通过焊件端部倒角或预热可降低能维持稳定闪光的最小二次空载电压。

预热温度按焊件截面和材料选择，低碳钢一般不超过 1000℃，大截面焊件可适当提高。

3）闪光速度。闪光速度是加热参数，用动夹钳电极的瞬时进给速度来表示。闪光速度过快，则加热区变窄，塑性变形困难，所需焊机功率也增大；闪光速度过慢，不仅保护效果不好，而且在端面上很难获得均匀分布的液态金属层。为了闪光稳定，闪光速度在闪光过程中不断调整，尤其是大截面焊件连续闪光对焊时。在闪光刚开始时，因焊件温度低而不易形成闪光，故初始闪光速度应慢些，这有利于焊件加热；到闪光后期，为了防止产生氧化物，在即将进入顶锻前应采用较高的闪光速度。注意，在一般资料中给出的闪光速度均指平均速度。

选择闪光速度时需考虑被焊材料的成分和性能，对含有易氧化元素多的或导电、导热性好的材料，闪光速度宜快些，例如，焊接奥氏体不锈钢或铝合金时，闪光速度应比焊接低碳钢快；预热易激发闪光，故有预热的闪光对焊可用较快的闪光速度。

低碳钢连续闪光对焊时，平均闪光速度一般为 0.8 ~ 1.5mm · s^{-1}，顶锻前闪光速度为 4 ~ 5mm · s^{-1}；预热闪光对焊时，平均闪光速度为 1.5 ~ 2.5mm · s^{-1}。

4）顶锻速度。顶锻速度越快，焊接区液态金属排除及塑性变形越容易，接合面金属氧化越容易避免。最小顶锻速度取决于金属的性能，奥氏体钢的最小顶锻速度约为珠光体钢的两倍。导热性好的金属需要更快的顶锻速度。低碳钢的初始顶锻速度为 15～30mm · s^{-1}，铝合金为 150～300mm · s^{-1}。焊接区温度梯度越大，因其冷却速度越快，所需的顶锻速度也越快。

5）顶锻力。通常用施加到焊件端面单位面积上的压力表示。顶锻力应保证能排出焊接区的液态金属并产生所需的塑性变形。顶锻力过小，则变形不足，接头强度下降；顶锻力过大，则变形量过大，晶纹弯曲严重，接头的韧性下降。选择顶锻力时，要考虑焊件的金属性能、温度分布特点，以及顶锻留量和顶锻速度、焊件端面形状等因素。高温强度大的金属，要求大的顶锻力；温度梯度大的接头也应增大顶锻力。表 4-6-8 列出了各种金属材料闪光对焊顶锻力的参考值。

表 4-6-8　各种金属材料闪光对焊顶锻力的参考值（单位：MPa）

材　料	连续闪光		预热闪光
	额定值	生产用值	
低碳钢	50～80	90～100	40～60
中碳钢	60～90	100～110	40～60
高碳钢	70～100	110～120	40～60
铸　铁	60～80	80～100	40～60
低合金钢	50～100	100～110	40～60
铁素体钢	80～150	100～180	60～80
奥氏体钢	120～200	150～220	100～140
铜	—	250～400	—
钛	—	30～60	30～40
黄　铜	—	140～250	—
青　铜	—	140～250	—

6）预热温度。在预热闪光焊时还需考虑预热温度和时间。预热温度根据材料性能和工件截面选择。焊接低碳钢时一般不超过 700～900℃，随着焊件截面面积的增大，预热温度也要相应提高。

预热时间取决于所需的预热温度，它与焊机功率、焊件断面大小及金属性能有关，可以在较大范围内选取。

预热时间过长和预热温度过高会使接头过热、冲击韧性和塑性下降。

7）夹紧力。电极夹钳对工件的夹紧力必须保证顶锻时不打滑。其大小可按下式计算：

$$F_j \geqslant \frac{F_{up}}{f_1+f_2}(N) \text{ 或 } F_j \geqslant k_j F_{up} \qquad (4\text{-}6\text{-}3)$$

式中　F_j——夹紧力（N）；

F_{up}——顶锻力（N）；

k_j——夹紧系数，$k_j=\frac{1}{f_1+f_2}$；

f_1、f_2——分别为焊件与电极及焊件与钳口之间的摩擦因数。

摩擦因数与电极、焊件的材料以及其表面状态有关。当用镍青铜电极焊接厚度 $\delta=3\sim4$mm 的热轧钢板时，$k_j=2.3$；焊接厚钢板时，$k_j=2.6\sim2.7$；焊接酸洗钢板时，k_j应提高 10%～15%。焊接铝合金板时，在自由变形情况下 $k_j=2.7$；当强迫成形并附加切除毛刺时，$k_j=1.7$。钢质钳口上带有刻痕时，$k_j=0.8\sim1.0$。

如果在夹具上设有阻止焊件轴向移动的挡铁，夹紧力可降低为 $F_j=0.5F_{up}$。

8）焊机容量。闪光对焊所需的焊机容量根据焊件材料、断面大小和焊接方法而定。低碳钢连续闪光对焊时，单位面积所需的容量为 0.15～0.3kVA · mm^{-2}，预热闪光对焊时为 0.05～0.1kVA · mm^{-2}。

3. 常用金属材料的闪光对焊

（1）金属材料的性能对闪光对焊工艺的影响

1）材料的导电性和导热性。导电性、导热性越好的金属，焊接时析热越少，散热越快。为了获得沿焊件轴向良好的温度分布，焊接这类金属必须选用较大的焊机容量（功率），以及较快的闪光速度和顶锻速度。

2）材料的高温强度。高温强度越高的材料，其塑性变形阻力越大，顶锻时必须用较大的压力。为了减小顶锻力，可以通过调节闪光参数，减小端面附近的温度梯度，拓宽高温塑性区。

3）材料结晶温度区间的宽窄。该区间越宽，说明固、液共存区越宽，顶锻时，只有采用较大的顶锻留量和顶锻力，才能把这半熔化状态的金属完全挤出，否则易形成缩孔、疏松等缺陷。

4）材料的热敏感性。焊接淬火钢时，焊后接头产生淬火组织，使接头硬度增加、塑性下降，严重时会产生淬火裂纹。因此，这类钢宜采用预热闪光对焊，或采用焊后缓冷和回火处理等工艺措施。焊接经过热处理强化或冷作强化的金属材料时，焊后在接合面和热影响区会发生软化，使硬度和强度下降，因此必须采用较快的闪光速度和较大的顶锻力，尽量减小软化区和减轻软化程度。

5）材料的氧化性。如果母材生成的氧化物熔点低于被焊金属，其流动性较好，顶锻时易被排挤出；如果生成的氧化物熔点高于被焊金属，如 SiO_2、

Al_2O_3、Cr_2O_3等，它们呈固态分布在焊件端面的液态金属中，顶锻时就必须连同液态金属一起排除在接合面之外，否则将残留在接合面中，接头的质量将降低。因此，在焊接含有铬、铝、硅等易生成高熔点氧化物元素的合金钢时，要制订严格的工艺规程，如加快闪光速度、顶锻速度和增大顶锻力等，以减少端面氧化，并彻底排除这些氧化物。重要零件宜在保护气体下进行闪光对焊。

（2）常用金属材料闪光对焊的特点

1）碳素钢和铸铁的闪光对焊。碳素钢具有较大的电阻率，加热时碳元素的氧化为接口提供保护性气氛 CO 和 CO_2，以及不含有生成高熔点氧化物的元素等优点，因而属于焊接性较好的金属材料。碳素钢中，低碳钢［$w(C)=0.05\%\sim0.25\%$］具有较高的高温塑性，而且不易淬火，所以最容易闪光对焊。随着钢中碳含量的增加，电阻率增大、热导率减小、结晶区间变宽、高温强度增大，淬火倾向也增大，因此焊接中碳钢和高碳钢时，常需增大顶锻力和顶锻留量。为了防止接头产生淬火组织，常采用预热闪光对焊，焊后缓冷及回火等措施。

碳素钢闪光对焊时，碳元素向加热端面扩散并被强烈氧化；顶锻时，半熔化区内碳含量高的熔化金属被挤出，于是在接头处易形成碳含量低的脱碳层——呈白色的亮带。该脱碳层的宽度随着碳含量的增加、预热时间的加长而变宽，采取加大顶锻量和减少氧化等措施能够减小脱碳层。另外，采用长时间的热处理，可以改善或消除该脱碳层。

铸铁一般采用预热闪光对焊，连续闪光对焊时容易产生白口。预热温度为700～800℃时可得到性能良好的接头。铸铁的碳含量很高，闪光时产生大量 CO 和 CO_2保护气体，自保护作用较强，接合面上很少有氧化夹杂物。

2）合金钢的闪光对焊。

① 低合金钢。低合金钢闪光对焊的特点与中碳钢相似，具有淬火倾向，焊后会使热影响区的硬度增高、冲击韧性下降。为了改善接头性能，焊后应进行相应的热处理。这类钢的高温强度比低碳钢大，因此所需的顶锻力要比低碳钢增大25%～50%。为了防止合金元素被氧化，应加快闪光速度和顶锻速度。

② 高碳合金钢。因碳含量高，结晶温度区间宽，于是在接口处的半熔化区较宽，需要有足够的顶锻力，才能把半熔化区内的液态金属挤出并产生所需的塑性变形量。另外，因含有合金元素，会形成高熔点氧化物，故需较快的闪光速度和顶锻速度，以及较大的顶锻力和顶锻留量。

③ 奥氏体不锈钢。与低碳钢比，奥氏体不锈钢具有高温强度高、导电性和导热性差，以及熔点低的特点，而且含有大量易生成高熔点氧化物的合金元素铬，这就要求闪光稳定而强烈、顶锻迅速，以及焊接区产生的塑性变形足够大。因此，宜采用较快的闪光速度和顶锻速度，以及较大的顶锻力。顶锻力为120～140MPa，有时高达250MPa。

各类钢闪光对焊主要焊接参数的参考值见表4-6-9。

表 4-6-9 各类钢闪光对焊主要焊接参数的参考值

类别	平均闪光速度/$mm\cdot s^{-1}$		最大闪光速度/$mm\cdot s^{-1}$	顶锻速度/$mm\cdot s^{-1}$	顶锻力/MPa		焊后热处理
	预热闪光	连续闪光			预热闪光	连续闪光	
低碳钢	1.5～2.5	0.8～1.5	4～5	15～30	40～60	60～80	不需要
中碳钢及低合金钢	1.5～2.5	0.8～1.5	4～5	≥30	40～60	100～110	缓冷、回火
高碳钢	≤1.5～2.5	≤0.8～1.5	4～5	15～30	40～60	110～120	缓冷、回火
珠光体高合金钢	3.5～4.5	2.5～3.5	5～10	30～150	60～80	110～180	回火、正火
奥氏体不锈钢	3.5～4.5	2.5～3.5	5～8	50～160	120～140	150～220	一般不需要

3）非铁金属材料的闪光对焊。

① 铝及铝合金。这类材料具有导电、导热性好，熔点低，易氧化且氧化物熔点高、塑性温度区间窄等特点，给闪光对焊带来困难。焊接时需采用较快的闪光速度和顶锻速度，大的顶锻留量和强迫成形的顶锻方式，即迫使在顶锻过程中焊接界面附近处于三向受压状态。焊接所需功率也比钢件大得多。

② 铜及铜合金。纯铜的闪光对焊很困难，因为铜的导电、导热性比铝还好，焊接时端面上很难形成薄的液态金属层，甚至很难加热到适当的塑性温度区。因此，必须采用比铝的闪光对焊更快的顶锻速度和较慢的平均闪光速度，以及更大的顶锻力。铜棒材闪光对焊的平均闪光速度为8 $mm\cdot s^{-1}$，最高闪光速度为20$mm\cdot s^{-1}$，顶锻速度为200$mm\cdot s^{-1}$，顶锻力为200～400MPa。

黄铜和青铜闪光对焊比纯铜容易。焊接黄铜时，由于锌的蒸发而使接头的性能下降。为了减少锌的蒸发，需采用较低的闪光速度和较高的顶锻速度。

表4-6-10列出了铜、铝及其合金闪光对焊的焊接参数参考值。

表 4-6-10　铜、铝及其合金闪光对焊的焊接参数参考值

参　数	材 料 尺 寸/mm															
	铜			黄铜(H60)		黄铜(H59)		青铜(QSn6.5-1.5)带材厚度		铝				铝合金		
	棒材 $d=10$	管材 9.5×1.5	板材 44.5×10	棒材直径						棒材直径				2A50 板材厚度		5A06 板材厚度
				6.5	10	6.5	10	1～4	4～8	20	25	30	38	4	6	4～7
空载电压/V	6.1	5.0	10.0	2.17	4.41	2.4	7.5	—	—	—	—	—	—	6	7.5	10
最大电流/kA	33	20	60	12.5	24.3	13.5	41	—	—	58	63	63	63	—	—	—
伸出长度/mm	20	20	—	15	22	18	25	25	40	38	43	50	65	12	14	13
闪光留量/mm	12	—	—	6	8	7	10	15	25	17	20	22	28	8	10	14
闪光时间/s	1.5	—	—	2.5	3.5	2.0	2.2	3	10	1.7	1.9	2.8	5.0	1.2	1.5	5.0
平均闪光速度/mm·s^{-1}	8.0	—	—	2.4	2.3	3.5	3.5	5	2.5	11.3	10.5	7.9	5.6	5.8	6.5	2.8
最高闪光速度/mm·s^{-1}	20	—	—	—	—	—	—	12	16	—	—	—	—	15.0	15.0	6.0
顶锻留量/mm	8	—	—	9	13	10	12	—	—	13	13	14	15	7.0	8.5	12.0
顶锻速度/mm·s^{-1}	200	—	—	200～300	200～300	200～300	200～300	125	125	150	150	150	150	150	150	200
顶锻力/MPa	380	290	224	—	230	—	250	—	60～150	64	170	190	120	180～200	200～220	130
有电流顶锻留量/mm	—	—	—	—	—	—	—	—	—	6.0	6.0	7.0	7.0	3.0	3.0	6～8
比功率/kV·A·mm^{-2}	2.6	2.66	1.35	0.9	1.35	0.95	2.7	0.5	0.25	—	—	—	—	0.4	0.4	—

③ 钛及钛合金。钛及钛合金具有较差的导电、导热性能，闪光对焊的最大问题是淬火倾向，以及吸收氢、氧和氮等气体使接头塑性下降。钛合金的淬火倾向与加入的合金元素有关，若加入稳定 β 相元素，则淬火倾向增大；若加入稳定 α 相元素，则淬火倾向小。钛及钛合金在氩气保护下闪光对焊，接头质量良好，其焊接参数与焊接低碳钢大体相同，只是闪光留量应稍大一些。如果连续闪光对焊的闪光速度非常快，不加保护气体也可以获得满意的接头。闪光时单位面积的容量为 0.05～0.2kV·A·mm^{-2}。当采用预热闪光对焊时，预热到 1000～1200℃时再开始闪光。

4）异种金属的对焊。闪光对焊的重要优点是能把异种金属材料焊在一起，但必须充分考虑两种材料物理性能上的差异，以及不同成分在接合处的扩散问题。应采用合适的焊接工艺措施，保证接合处加热均匀，并使两焊件在焊接区有足够的塑性变形范围。

① 铜和铝的闪光对焊。由于两者的电导率、热导率和熔点相差较大，焊接过程中铝的烧损量比铜大十几倍，因此焊接时，铝的焊件调伸长度是铜的 10 倍左右。铜-铝闪光对焊时，可能形成金属间化合物 $CuAl_2$，使接头变脆。因此，必须在顶锻时尽量将 $CuAl_2$ 从接合面中挤出。表 4-6-11 列出铜与铝闪光对焊的焊接参数参考值。

表 4-6-11　铜与铝闪光对焊的焊接参数参考值

参　数		焊接断面面积/mm^2			
		棒材直径		带　材	
		20	25	40×50	50×10
电流/kA,最大值		63	63	58	63
焊件调伸长度/mm	铜	3	4	3	4
	铝	34	38	30	36
烧化留量/mm		17	20	18	20
闪光时间/s		1.5	1.9	1.6	1.9
闪光平均速度/mm·s^{-1}		11.3	10.5	11.3	10.5
顶锻留量/mm		13	13	6	8
顶锻速度/mm·s^{-1}		100～120	100～120	100～120	100～120
顶锻力/MPa		190	270	225	268

② 奥氏体钢和珠光体钢闪光对焊。由于奥氏体钢的导热性差，在预热闪光对焊时，其焊件调伸长度应比珠光体钢小，其余焊接参数可按奥氏体钢来确定。这两种金属的线胀系数相差悬殊，焊后无论是否热处理，接头中总有残余应力存在。

如果这两种钢焊后在高温下工作，其接头组织是否稳定，取决于珠光体钢与奥氏体钢的化学成分。如果珠光体钢中的碳没有形成稳定的碳化物，碳就会向奥氏体钢中扩散，在珠光体钢侧有脱碳现象，使其硬度下降，而奥氏体钢侧就会有增碳层，使其硬度上升。如果奥氏体钢中镍的含量较高，则会阻止碳从珠光体

钢中向奥氏体钢中扩散。所以，在高温工作的焊件，希望珠光体钢具有稳定的碳化物，而奥氏体钢具有较高的含镍量。

6.2.4 闪光对焊新技术

闪光对焊的最大优点是焊接接头质量可靠，生产率高，因此应用日益广泛。但随着焊件断面增大，将遇到如下技术困难：

1）需要增大焊机容量。大容量焊机的制造比较困难，而且使用中供电也有问题，因为大容量单相供电，会使供电网产生严重的三相负载失衡。

2）需要较高的二次空载电压。二次空载电压低，难以引起闪光，而提高二次空载电压，会导致加热不均匀和降低热效率。

3）需采用预热闪光对焊。焊接区易过热而使接头质量下降，而且生产率低。

针对上述困难，近年发展了许多高效、低功率的闪光对焊新技术，下面介绍其中的两种。

1. 程序降低电压闪光对焊

其特点是：闪光开始阶段采用较高的二次空载电压，以利于激发闪光；当端面温度升高后，再采用低电压闪光，并保持闪光速度不变，以提高热效率。当接近顶锻时，再次提高二次空载电压，使闪光强烈，以增强自保护作用。图4-6-15所示为这种程序降低电压的闪光对焊过程图。降低电压的方法有电磁接触器分级调节电压法和晶闸管无级调节电压法。

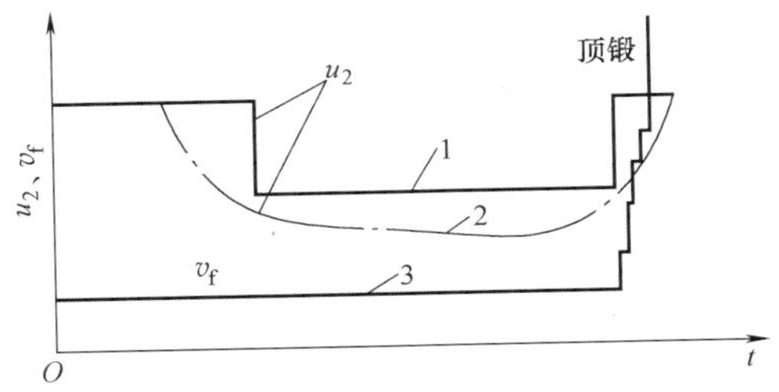

图4-6-15 程序降低电压的闪光对焊过程图
1—分级调节电压变化曲线 2—无级调节电压变化曲线 3—闪光速度变化曲线
u_2—二次电压 v_f—闪光速度

程序降低电压闪光对焊具有焊接时间短、生产率高、需用功率低及加热均匀等优点，现已在型材和钢轨对焊中得到使用。表4-6-12列出了几种大断面焊件程序降低电压连续闪光对焊的焊接参数。

表4-6-12 几种大断面焊件程序降低电压连续闪光对焊的焊接参数

焊件		材料	厚度/mm	面积/mm^2	开始电压/V	最低电压/V	最后电压/V	闪光留量/mm	最后闪光速度/$mm \cdot s^{-1}$	顶锻留量/mm	焊接时间/s	焊机容量/kV·A
宽200~400mm板材		B_1	22~28	—	7.0	4.0	5.5	30	1.2	9	140	150
			45~50	—	7.0	5.0	5.8	34	0.9	10	170	275
轧制型材		低碳钢	—	100×100	7.0	5.5	5.8	34	0.9	10	170	75~80
			—	200×200	7.5	5.5	7.0	40	0.8	15	300	280
钢轨	50	中碳钢	—	—	7.0	4.0	5.0	30	0.9	10	120	65
	65		—	—	7.0	4.5	5.8	32	0.9	12	150	70
	75		—	—	7.0	4.8	5.8	36	0.9	12	170	80

2. 脉冲闪光对焊

此方法的特点是：在动夹钳电极送进行程上通过液压振动装置叠加一个往复振动行程，其振幅为0.25~1.2mm，频率为3~35Hz，且均匀可调。由于振动使焊件端面交替地短路和拉开，从而产生脉冲闪光。

与普通闪光对焊相比，脉冲闪光对焊因没有过梁的自发爆破，喷溅的微粒小、火口浅，因而热效率可提高一倍以上；闪光留量约为普通闪光对焊的1/5，故金属消耗少；由于加热均匀，顶锻留量可减小1/2；闪光时间也缩短1/3~1/2，提高了生产率。焊接需用的容量变化范围较大，大约在0.003~0.2kVA·mm^{-2}之内，既可用硬规范焊接，也可用软规范焊接。

脉冲闪光对焊已在大断面的碳素钢、合金钢及有色金属零件对接中得以应用，如方钢、钢轨、钢管及轧制的铝型材等的对接焊。

第5篇

其他焊接方法及设备

第1章 电 渣 焊

1.1 概述

1.1.1 电渣焊的基本原理

电渣焊是利用电流通过熔渣所产生的电阻热进行焊接的一种熔焊方法。图 5-1-1 所示为电渣焊过程。焊前，先把焊件 1 垂直放置，在两焊件之间留有约 20~40mm 的间隙，在焊件下端装有起焊槽 10，上端装有引出板 7，并在焊件两侧表面装有强迫焊缝成形的水冷成形装置（滑块）6。开始焊接时，使焊丝 5 与起焊槽短路起弧，不断加入少量焊剂，利用电弧的热量使之熔化，形成熔渣，待渣池 3 达到一定深度时，加快焊丝送进速度，并降低焊接电压，使焊丝插入渣池，电弧熄灭，转入电渣焊接过程。由于液态熔渣具有较大的电阻率，当焊接电流从焊丝端部经过渣池流向焊件时，在渣池内产生大量的电阻热，其温度可达 1600~2000℃，将焊丝 5 和焊件边缘熔化，熔化的金属沉积到渣池下面形成金属熔池 2。在焊接过程中，熔渣始终浮于金属熔池上部，不仅保证了电渣焊过程的顺利进行，而且对金属熔池起到了良好的保护作用；随着熔池底部焊缝 9 的形成，渣池和熔池表面以一定速度升高，为了使焊丝端部与熔池表面的距离保持稳定，焊丝送进机构和水冷成形滑块也以同样的速度上升。安装在被焊焊件上端的引出板是为了把渣池引出，同时将焊缝尾端（该部位易产生缩孔和裂纹）引到焊件之外。焊件下端的起焊槽除了起造渣作用外，还将焊缝始端（此处易产生未熔合缺陷）留在起焊槽内。焊后将引出板和起焊槽割除。

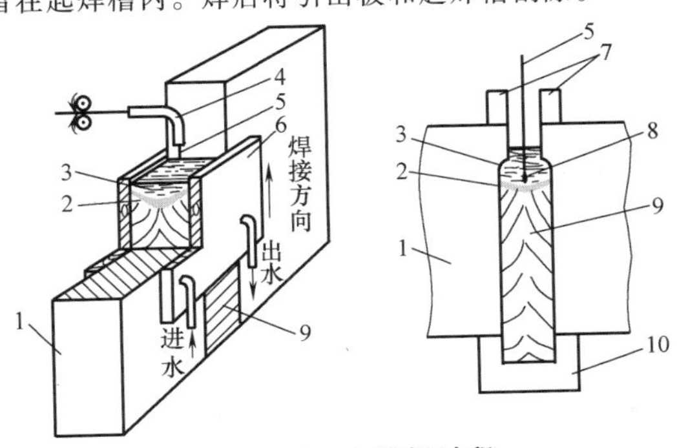

图 5-1-1 电渣焊过程

1—焊件 2—金属熔池 3—渣池 4—导电嘴
5—焊丝 6—水冷成形滑块 7—引出板
8—熔滴 9—焊缝 10—起焊槽

1.1.2 电渣焊的特点

与其他熔焊方法相比，电渣焊具有下列优点：

1）可一次焊接很厚的焊件，焊接生产率高。理论上能焊接的板厚是无限的，但实际上要受到设备、电源容量和操作技术等方面限制，常焊的板厚为 13~500mm。

2）厚大焊件不需开坡口，只需留有一定装配间隙即可，因而可以节约大量填充金属和加工时间。

3）由于处在立焊位置，金属熔池上始终覆盖着高温渣池，气体和杂质较易析出，故一般不易形成气孔和夹渣等缺陷。热源的热量集中程度低，加热和冷却速度缓慢，焊接易淬火钢时近缝区不易产生淬火裂纹。焊接中碳钢和低合金钢时均可不预热。

4）母材熔深较易调整和控制，所以焊缝金属中的填充金属和母材金属的比例可在很大范围内进行调整，这对于调整焊缝金属的化学成分及降低有害杂质具有特殊意义。

电渣焊的缺点是焊缝金属和近缝区的高温（1000℃以上）停留时间长，易导致晶粒粗大和过热组织，造成焊接接头冲击韧度降低。焊后一般都要求进行正火或回火热处理，这对于大型焊件来说是比较困难的。

1.1.3 电渣焊的种类

按电极的形状分类，电渣焊分为丝极电渣焊、熔嘴电渣焊（含管状电渣焊和棒状电渣焊）和板极电渣焊三种。

1）丝极电渣焊

丝极电渣焊用焊丝作为电极，如图 5-1-2 所示。焊丝通过不熔化的导电嘴 4 送入渣池 5，安装导电嘴的焊机机头 2 随金属熔池 6 的上升而向上移动。焊接较厚的焊件时，可以采用两根、三根或多根焊丝，还可使焊丝在接头间隙中往复摆动，以获得较均匀的熔宽和熔深。

这种焊接方法由于焊丝在接头间隙中的位置及焊接参数容易调节，因而熔宽与熔深易于控制，所以适用于焊缝较长的焊件和环焊缝的焊接，也适合高碳钢、合金钢对接和 T 形接头的焊接。

2）熔嘴电渣焊

熔嘴电渣焊是焊丝和熔嘴（导电嘴）共同作为熔化电极的一种电渣焊，如图 5-1-3 所示。熔嘴是由

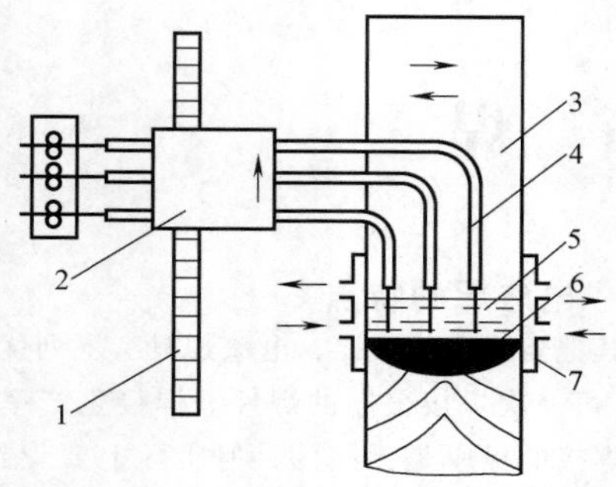

图 5-1-2　丝极电渣焊

1—导轨　2—焊机机头　3—焊件　4—导电嘴　5—渣池　6—金属熔池　7—水冷成形滑块

一根或数根导丝钢管与钢板组成，它不仅起导电嘴的作用，而且熔化后便成为焊缝金属的一部分。根据焊件厚度，可采用一个、两个或多个熔嘴。熔嘴电极的形状通常设计为类似于焊件断面的形状。通过控制熔嘴及焊丝的化学成分可方便地调整焊缝的化学成分。

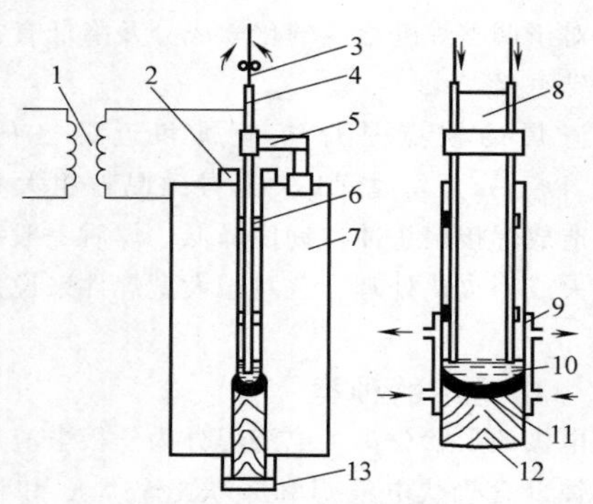

图 5-1-3　熔嘴电渣焊

1—电源　2—引出板　3—焊丝　4—熔嘴钢管　5—熔嘴夹持架　6—绝缘块　7—焊件　8—熔嘴钢板　9—水冷成形滑块　10—渣池　11—金属熔池　12—焊缝　13—起焊槽

熔嘴电渣焊的设备简单、体积小、操作方便，目前已成为对接焊缝和T形焊缝的主要焊接方法。焊接时，焊接机头位于焊缝上方，故适用于梁体等复杂结构的焊接。由于可采用多个熔嘴，且熔嘴固定于接头间隙中，不易产生短路等故障，所以适用于大断面焊件的焊接。熔嘴可做成各种曲线或曲面形状，以适应具有曲线或曲面焊缝的焊接。

当被焊焊件较薄（如 20～60mm）时，熔嘴可简化为一根或两根管子，在管子外面涂上绝缘涂料，如图 5-1-4 所示。这种方法称为管极熔嘴电渣焊，简称管极电渣焊，它是熔嘴电渣焊的特殊形式。

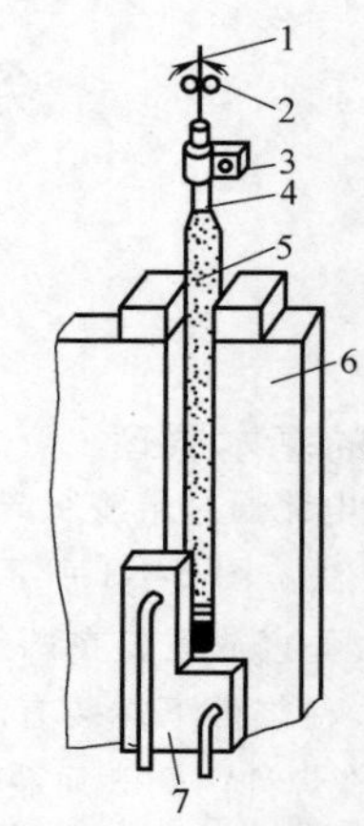

图 5-1-4　管极熔嘴电渣焊

1—焊丝　2—送丝滚轮　3—管极夹持机构　4—管极钢管　5—管极涂料　6—焊件　7—水冷成形滑块

管极外表面的涂料起着绝缘作用，焊接时即使与焊件接触也不会短路，因此可采用较小的装配间隙，这样可以节省焊接材料并提高焊接生产率；又由于薄板焊接可以只用一根管极，操作简便，而管极易于弯成各种曲线形状，所以管极电渣焊多用于薄板及曲线焊缝的焊接。另外，还可以通过管极涂料向焊缝金属中渗入合金元素，以达到调整化学成分或优化焊缝晶粒的目的。

3）板极电渣焊

熔化电极为金属板条的电渣焊称为板极电渣焊，如图 5-1-5 所示。根据焊件厚度，可采用一块或数块

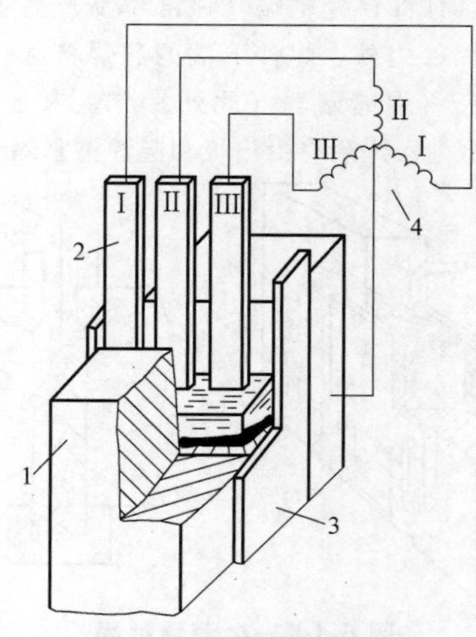

图 5-1-5　板极电渣焊

1—焊件　2—板极　3—强迫成形装置　4—电源

金属板条进行焊接。焊接时，通过送进机构将板极连续不断地向熔池中送进，板极不需做横向摆动。

为了填满焊缝，板极长度一般为焊缝长度的三倍以上。因此，板极电渣焊的使用受板极送进长度和自身刚度的限制，只能用于大断面短焊缝的焊接。板极比丝极容易制备，对于某些难以拔制成焊丝的合金钢，就可以铸造或轧制成板极，采取板极电渣焊。板极电渣焊目前主要用于模具堆焊和轧辊堆焊。

1.1.4　电渣焊的适用范围

1）可焊接的金属。主要用于低碳钢和中碳钢的焊接。由于冷却缓慢，也适于焊接高碳钢和铸铁。采取适当措施也可以焊接低合金钢、不锈钢和镍基合金等。

2）可焊接的厚度。一般宜焊接板厚大于 30mm 的焊件。丝极电渣焊一般可焊板厚达 400mm，更大厚度则用板极电渣焊和熔嘴电渣焊。

3）可焊接的接头。等厚板之间的对接接头最易焊接，也最常用；其次是 T 形接头、角接头和十字接头。

4）可焊接的结构。应用最多的是厚板结构，其次是大断面结构、圆筒形结构和变断面结构（包括具有曲线或曲面焊缝的结构）。这些结构在机器制造、重型机械、锅炉压力容器、船舶及高层建筑等行业中经常遇到。

1.2　电渣焊设备

电渣焊设备主要由电源、机头和成形装置等组成。

1.2.1　丝极电渣焊设备

1. 电源

电渣焊可采用交流或直流电源，一般多采用交流电源。为了保证电渣焊过程稳定和减少网路电压波动的影响，并避免出现电弧放电或弧-渣混合过程，电渣焊用的电源必须是空载电压低、感抗小的平特性（即恒压）电源。由于焊接时间长，中途不停顿，故其负载持续率一般为 100%，每根焊丝的额定电流不应小于 750A，以 1000A 居多。

2. 机头

机头包括送丝机构、摆动机构、行走机构、导电嘴和控制系统等。

1）送丝机构和摆动机构。送丝机构的主要功能是将焊丝从焊丝盘以恒定的速度经导电嘴送向渣池。当每根焊丝所占焊件厚度超过 70mm 时，送丝机还应使焊丝做横向摆动，以扩大单根焊丝所焊的工件厚度。焊丝的摆动是由做水平往复摆动的机构，通过整个导电嘴的摆动来完成的。摆动的幅度、摆动的速度以及摆至两端的停留时间均可调节。

2）行走机构。电渣焊机的行走机构用来带动整个机头和滑块沿接缝做垂直移动。行走速度应能无级调节和精确控制，因为焊接时，整个机头要随熔池的升高而自动地沿焊缝向上移动。

3）导电嘴。丝极电渣焊机上的导电嘴是将焊接电流传递给焊丝的关键部件，而且对焊丝进行导向并把它送入熔渣池。通常是由钢质焊丝导管和铜质导电嘴组成，前者导向，后者导电。铜质导电嘴的引出端位置靠近熔渣，一般用具有较高高温强度的铍青铜制作。整个导电嘴都缠上绝缘带，以防止它与工件短路。

4）控制系统。电渣焊焊接过程中的焊丝送进速度、导电嘴横向摆动距离和停留时间，以及行走机构的垂直移动速度等参数均采用电子开关线路控制和调节。其中比较复杂又较困难的是行走机构上升速度的自动控制和熔渣池深度的自动控制，目前都是通过传感器检测渣池位置来进行控制。

3. 成形装置

为了防止熔渣和熔池金属流失，焊件两侧必须装有强迫成形装置。这种装置有两类，一类是随机头一起移动的水冷铜滑块，另一类是固定的水冷铜块，也可利用焊件两侧的钢板作为成形装置。

使用铜滑块的优点是便于观察熔池和渣池，易于调整焊丝位置，缺点是滑块沿着焊件长度方向移动，对焊件表面光滑度和平整度要求高。当焊缝较长时，固定式水冷铜块只能安装在一侧，另一侧用铜滑块，或者分段使用较短的固定式水冷铜块，以使导电嘴能伸入间隙并便于检测渣池深度。图 5-1-6、图 5-1-7、

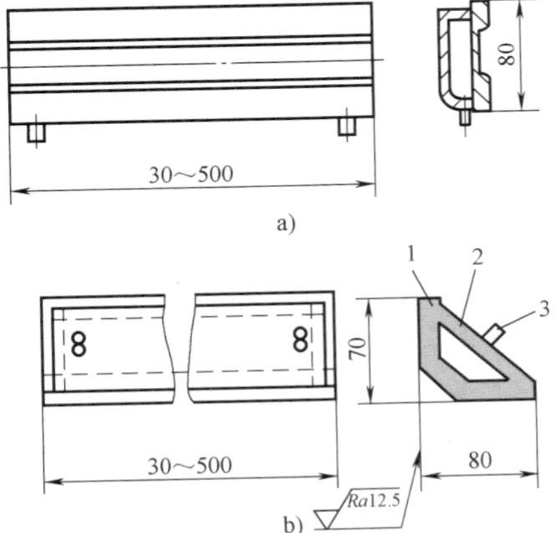

图 5-1-6　固定式水冷成形装置

a）对接接头用　b）T 形接头用

1—铜板　2—水冷罩壳　3—管接头

图 5-1-8 所示分别为几种成形装置。

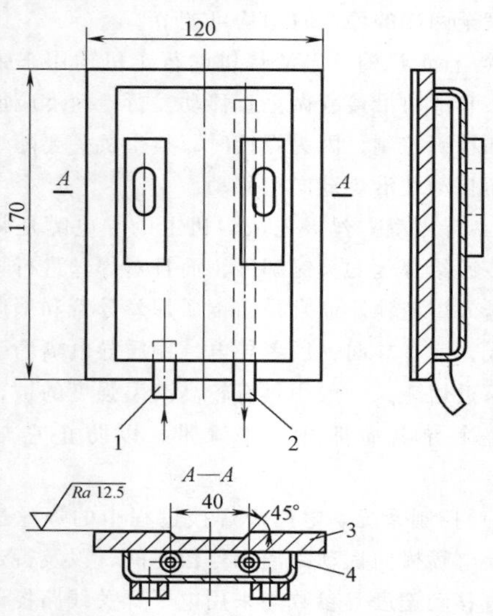

图 5-1-7　移动式水冷成形装置

1—进水管　2—出水管　3—铜板　4—水冷罩壳

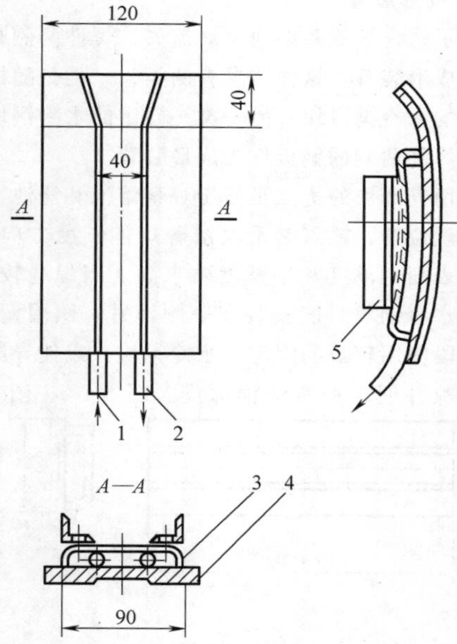

图 5-1-8　环缝电渣焊内成形滑块

1—进水管　2—出水管　3—薄钢板外壳　4—铜板　5—角铁支架

1.2.2　熔嘴电渣焊设备

熔嘴电渣焊设备由电源、送丝机构、熔嘴夹持机构、挡板及机架等组成。其中电源与丝极电渣焊电源相同。由于熔嘴电渣焊主要用于焊接大断面焊件，故需采用大功率的焊接电源。

1）送丝机构。送丝机构由直流电动机、减速箱、焊丝给送装置和机架等组成。送丝速度一般在 45~200m · h^{-1}范围内无级调节。一般是用一台直流电动机送进单根或多根焊丝，每一根焊丝都有一个单独的焊丝给送装置。多丝焊时，各焊丝同步给送。

2）熔嘴夹持机构。熔嘴夹持机构主要是保证在焊缝间隙内的熔嘴板固定不动，同时在装配和焊接过程中能随时调节熔嘴的位置，使它处于缝隙中间。对熔嘴夹持机构的要求是：具有足够刚性，且便于安装；能保证熔嘴处在间隙中间，并调节方便；熔嘴与焊件以及熔嘴之间的绝缘必须可靠。

1.3　电渣焊工艺

1.3.1　焊接材料

电渣焊所用的焊接材料有电极（包括焊丝、熔嘴、板极、管极等）、焊剂和管极涂料等。

1. 电极

由于渣池温度较低、冶金反应缓慢，而且焊剂用量很少，所以电渣焊焊缝金属的化学成分一般是通过电极而不是通过焊剂向焊缝金属过渡合金元素。

丝极电渣焊用的焊丝有实心和药芯两种，目前国内主要使用实心焊丝。在碳素钢和低合金高强度钢焊接中，常用钢材电渣焊焊丝见表 5-1-1。最常用的焊丝直径为 2.4mm 和 3.2mm。

表 5-1-1　常用钢材电渣焊焊丝

品种	母材钢号	焊丝牌号
钢板	Q235A、Q235B、Q235C、Q235R	H08A、H08MnA
	Q245R	H08Mn2Si、H10MnSi
	Q355	H10Mn2、H08MnMoA
	Q390（15MnV、15MnTi、16MnNb）	H10Mn2MoVA
	14MnMoV、14MnMoVN	H10Mn2MoVA
	15MnMoVN、18MnMoNb	H10Mn2NiMoA
铸锻件	15、20、25、35	H10Mn2、H10MnSi
	20MnMo、20MnV	H10Mn2、H10MnSi
	20MnSi	H10MnSi

熔嘴和管极电渣焊用焊丝、熔嘴板，以及板极电渣焊用板极的选择原则与上述相同。在焊接低碳钢和低合金结构钢时，通常用 09Mn2 钢板作板极和熔嘴板；熔嘴板的厚度一般为 10mm，熔嘴管一般用 ϕ10mm×2mm 的 20 无缝钢管。熔嘴板的宽度及板极尺寸应按接头的形状和焊接工艺需要确定。

管极电渣焊用电极是表面涂有药皮的管状焊条。钢管的材料一般用 10、15 或 20 冷拔无缝钢管，按接

头形状尺寸可在 ϕ14mm × 2mm、ϕ14mm × 3mm、ϕ12mm×4mm、ϕ12mm×3mm 等多种规格中选用。

板极电渣焊用板极的厚度一般为 8~16mm。焊接大断面时，可以用更厚的板。板极的宽度一般为 70~110mm。太宽，使熔宽不均匀，且焊接电流易波动；太窄，当焊接大断面时，板极数目过多，造成设备和操作上的困难。板极长度应足以填满装配间隙，形成完整的焊缝金属。

2. 焊剂

电渣焊对所用焊剂的基本要求是：能迅速和容易地形成电渣过程，并保证电渣过程稳定。为此，焊剂熔化形成的熔渣必须能导电，并具有相当的电阻以产生焊接所需的热量。

常用电渣焊剂的类型、碱度和用途见表 5-1-2。焊剂运输与存放必须有良好的包装，防止受潮，一般用前宜重新烘干。开始焊接时必须添加一定量焊剂，以建立电渣过程；在随后焊接过程中，由于在焊缝两表面凝成薄层渣，而使渣池的熔渣有所减少，必须及时向渣池中添加焊剂，以保持渣池深度。通常约每 9kg 熔敷金属使用 0.5kg 焊剂。

表 5-1-2 电渣焊用焊剂的类型、碱度和用途

焊剂类型及牌号	碱度 B_1	用　途	粒度/目	适用电流种类
无锰低硅中氟 HJ140	2.53	焊接高合金钢	10~60	直流
无锰低硅高氟 HJ170	2.30	固态导电焊剂	10~60	直流
无锰低硅高氟 HJ171	4.85	焊接高合金钢	10~60	直流
无锰低硅高氟 HJ172	2.65	焊接高铬铁素体钢、马氏体钢及奥氏体不锈钢	10~60	直流
低锰中硅中氟 HJ252	1.56	焊接碳素钢、高强度钢	10~60	直流
低锰中硅中氟 HJ253	1.52	焊接碳素钢、高强度钢	10~60	直流
中锰高硅中氟 HJ360	0.94	焊接低碳钢、低合金结构钢、高强度钢	10~60	交流、直流
高锰高硅低氟 HJ431	0.83	焊接低碳钢、低合金结构钢	8~40	交流、直流
高锰中硅中氟 HJ450	1.26	焊接低合金结构钢、高强度钢	10~60	直流
低锰中硅中氟 HJ251	1.10	焊接碳素钢、高强度钢	10~60	直流
无锰中硅中氟 HJ107NbHJ107	0.72	奥氏体不锈钢带极水平电渣堆焊	10~60	直流
高碱度烧结焊剂 SJ15SJ15B	2.5~2.8	奥氏体不锈钢带极水平电渣堆焊	10~60	直流

3. 管极涂料（药皮）

管极电渣焊用的管极表面需涂有 2~3mm 的药皮，药皮的作用主要是：①具有一定绝缘性能，以防止管极与焊件发生电接触；②熔化后可以自动地补充焊接所需的熔渣；③可以通过药皮对焊缝渗入一定量的合金元素，以细化晶粒，改善焊缝力学性能，尤其是提高焊缝的抗热裂性能。

对涂料的要求与电渣焊用的焊剂相同，因为它熔化后就成为补充电渣焊所需的熔渣。为了保证电渣焊过程稳定进行，药皮的熔点应比钢的熔点低 200~300℃，药皮的具体成分应根据材质而定，表 5-1-3 所列的管极涂料配方可供参考。

表 5-1-3 管极涂料（药皮）参考配方

母　材	焊　丝	药皮成分(质量分数,%)						
		锰矿粉	滑石粉	石英粉	萤石粉	金红石	钛白粉	白云粉
Q355	H08A	36	21	19	14	3	5	2
Q390(15MnV)	H08MnA	36	21	14	19	3	5	2

1.3.2 焊接接头设计

电渣焊的基本接头形式为对接接头，也可采用其他的接头形式，如T形接头、角接头、端接头等；这些接头大部分都采用I形坡口。对于特殊的接头形式，则需设计专用的滑（挡）块。

电渣焊接头主要用I形坡口，所以坡口加工比较简单，只需在坡口每个面上加工成直边即可。一般钢板经热切割并清除氧化物后即可进行焊接。

对于焊后需进行机械加工的面，焊前应留有一定的加工余量。余量的大小取决于焊接变形量和热处理变形量。对焊缝少的简单构件，加工余量可取 10~20mm；对焊缝较多的复杂构件，加工余量可取 20~30mm。

1.3.3 丝极电渣焊工艺

1. 直缝丝极电渣焊工艺

（1）焊前准备

1）焊件准备。厚度小于 200mm 的焊件通常用自动气割机进行边缘加工，割口最大偏斜不得超过 4mm，表面粗糙度控制在 2~3mm。厚度大于 200mm 的焊件用刨削方式加工。装配前，应将焊接端面和表面两侧各 50mm 范围内的铁锈、油污等清除干净。焊接端面两侧表面各 70mm 范围内也应保持平整光滑，以便冷却滑块能紧贴焊件，并能顺利地滑行。

2）焊件装配。装配时，应根据接头设计和工艺要求留出装配间隙和上、下端间隙的差值（反变形量）。首先应算出设计间隙，实际间隙通常大于设计间隙，以补偿焊缝的横向收缩量。表 5-1-4 列出了不同厚度焊件装配间隙的经验数据。

表 5-1-4　不同厚度焊件装配间隙的经验数据

（单位：mm）

焊件厚度	50～80	80～120	120～200	200～400	400～1000	>1000
对接接头装配间隙	28～30	30～32	31～33	32～34	34～36	36～38
T 形接头装配间隙	30～32	32～34	33～35	34～36	36～38	38～40

由于沿焊缝高度方向焊缝横向收缩量不同，焊缝上端装配间隙应比下端大。当焊件厚度小于 150mm 时，其差值约为焊缝长度的 0.1%；当厚度为 150～400mm 时，为焊缝长度的 0.1%～0.5%；当厚度大于 400mm 时，为焊缝长度的 0.5%～1%。装配间隙用焊上定位板来固定，图 5-1-9 所示为常用接头的装配图。定位板的形状如图 5-1-10 所示。由于丝极电渣焊在焊件一侧需要安放电渣焊机头，并向间隙送进焊丝，只能在焊件另一侧焊上定位板。定位板的分布，距焊件两端为 200～300mm，较长焊缝的中间要设数个定位板，其间距一般为 1～1.5m。定位板厚度视焊件厚度而定，一般为 50mm，对于厚度大于 400mm 的大断面焊件，可选 70～90mm，其余尺寸也相应加大。

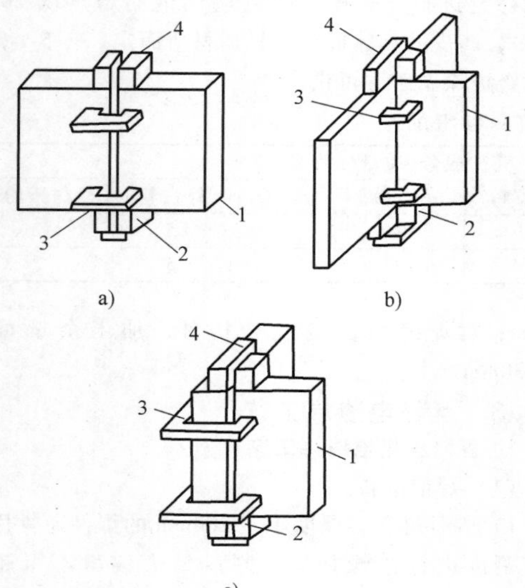

图 5-1-9　常用接头的装配图

a）对接接头　b）T 形接头　c）角接接头

1—焊件　2—起焊槽　3—定位板　4—引出板

焊件装配时应尽量减少错边，一般直缝不得超过 ±2mm。

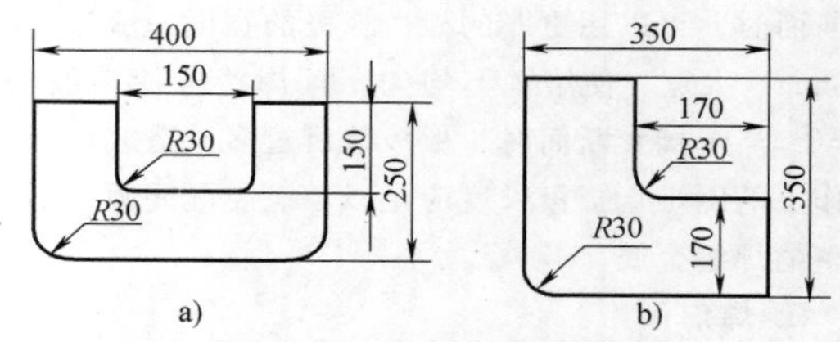

图 5-1-10　定位板的形状

a）对接接头定位板　b）T 形接头定位板

在焊件下端焊上起焊槽，上端焊上引出板。起焊槽的槽宽与下端装配间隙相同，槽深约 100mm，槽壁厚一般为 50mm 左右；引出板的高度约为 80mm，其厚度大于 50mm。对于环焊缝对接焊，则采用特殊的起焊和引出技术。

3）成形装置的准备。每次焊前均需对水冷成形铜滑块（或固定式铜块）进行认真检查。首先检查并校平水冷铜块，使之与焊件之间无明显缝隙，以保证焊接过程不漏渣；其次要保证冷却水不渗漏；第三，应检查进、出水方向，确保从铜块下端进水，上端出水，以防止焊接时在水冷成形滑块内产生蒸汽，造成爆渣的伤人事故。

4）其他准备。焊丝的准备是计算好焊丝用量，焊好焊丝的接头，对焊丝进行脱脂、除锈等工作；对电气设备、机械设备、工装等进行认真检查。必要时，进行空载试车，因为中途出现停焊事故，返工很麻烦，必须保证连续焊完整条焊缝。

（2）焊接操作

1）引弧造渣。当采用不导电焊剂时，需要利用电弧建立渣池。引弧在起弧槽内进行。为了便于引弧，可在槽内预先放入一些铁屑，再撒上 15～20mm 厚的一层焊剂，然后通电并送进焊丝引弧。为了易于引弧和加速造渣过程，造渣阶段应采用较高的电压（一般比正常焊接电压高 2～4V）和电流，以及较低的送丝速度（一般为 100～120m · h^{-1}）。操作时要注意：焊丝伸出长度以 40～50mm 为宜，太长易引起爆断，过短溅起的熔渣易堵塞导电嘴。引出电弧后，要逐步加入焊剂将电弧压住，以防飞溅。当陆续加入的焊剂熔化并使渣池达到一定深度时，即可将焊接电压和送丝速度调到正常值，并开动焊机，进入正常焊接过程。

若使用固态导电焊剂造渣，则开始时只需将焊丝与焊剂短路，通电后借助电阻热把焊剂熔化而形成渣池。整个过程无电弧产生。

2）正常焊接。在正常电渣焊接过程中，需始终保持焊接参数的恒定，才会获得稳定的焊接过程并形成高质量的焊缝金属。为此，在操作中应注意以下几点：

① 经常测量渣池深度，严格按照工艺进行控制，以保持稳定的电渣过程。一旦发生漏渣，必须迅速降低送丝速度，并立即逐步加入适量焊剂，以恢复到预定的渣池深度。

② 在整个焊接过程中，不要随意改变焊接电流和电压等参数，保持渣池温度恒定。

③ 经常调整焊丝，使之处于装配间隙的中心位置，并使焊丝与滑块的距离符合焊艺要求，以保证焊件焊透，熔宽均匀，焊缝成形良好。

④ 经常检查水冷成形滑块的出水温度及流量。

3）收尾操作。焊缝收尾处最易产生缩孔、裂纹及有害杂质等，故必须在引出板处进行收尾。一般是采取逐渐减小电流和电压直至断电。断电后不能立即放掉渣池，以免产生裂纹，但又要及时切除引出板及引出部分的焊缝金属，以避免引出部分产生裂纹而扩展至正式焊缝金属上。

4）焊后工作。焊后应立即割去定位板、起焊槽和引出板等，并仔细检查焊缝上有无表面缺陷，对表面缺陷要立即用气割或碳弧气刨清除，然后补焊，并尽快入炉进行热处理。若入炉过晚，则由于电渣焊后焊接应力很大会产生冷裂纹。

（3）丝极电渣焊的焊接参数

1）焊接参数的影响。直缝丝极电渣焊的焊接参数主要有焊接电压、焊接电流（送丝速度）、渣池深度及装配间隙。此外，还有焊丝根数、焊丝伸出长度、焊丝的摆动幅度、摆动速度、摆至两端的停留时间、摆至焊件边缘的距离及冷却水的温度等。

表 5-1-5 列出了焊接参数对电渣过程稳定性、焊缝质量和生产率的影响。

表 5-1-5　焊接参数对电渣过程稳定性、焊缝质量和生产率的影响

焊接参数	对电渣过程稳定性的影响	对焊缝质量的影响	对焊接生产率的影响
送丝速度 v_f 或焊接电流 I	v_f 过快，焊丝和金属熔池短路，造成熔渣飞溅；过慢，焊丝易在渣池表面产生电弧	v_f 加快，金属熔池变深，对焊缝结晶方向不利，抗热裂性能降低。随着 v_f 加快，开始熔宽增大，但超过某一定值反而减小	v_f 加快，生产率明显提高
焊接电压 U	U 过小，渣池温度降低，焊丝易与金属熔池短路，发生熔渣飞溅；过高，则渣池过热，焊丝在渣池表面产生电弧	U 增大，熔宽增加，母材在焊缝中的百分比增大；焊缝收缩应力增大；U 过小，易产生未焊透	无影响
渣池深度 b	b 过浅，焊丝在渣池表面产生电弧；过深，则渣池温度低，焊丝易与金属熔池短路，发生熔渣飞溅	b 过浅，熔宽增大；过深，易形成未焊透、未熔合等缺陷	无影响
装配间隙 c	c 增大，便于操作，渣池易于稳定；过小，则渣池难于控制，电渣过程稳定性差	c 增大，熔宽增加，应力变形增大，热影响区也增大，晶粒易粗大；c 过小，焊丝易与工件接触短路，操作困难，易产生缺陷	c 增大，生产率降低
焊丝直径 d	d 过小，电渣过程稳定性差	d 增大，熔宽增加，但焊丝刚性大，操作困难，易产生缺陷	d 增大，生产率提高
焊丝数目 n	影响很小	n 增多，熔宽均匀性好	n 增多，生产率高，但操作复杂，准备工作时间长
焊丝间距	影响很小	对熔宽均匀性影响大，选取不当，易形成裂纹或未焊透缺陷	无影响
焊丝伸出长度 l	l 过短，导电嘴距渣池近，易变形和磨损，渣池飞溅时易堵塞导电嘴	l 过长，电流略有减小，有时用改变 l 来少量调节焊接电流。l 过短，则降低焊丝在间隙中位置的准确性，从而影响熔宽的均匀性，严重时会形成未焊透的缺陷	无影响

（续）

焊接参数	对电渣过程稳定性的影响	对焊缝质量的影响	对焊接生产率的影响
焊丝摆动速度	影响很小	焊丝摆动速度加快，熔宽略有减小，但熔宽均匀性好	无影响
焊丝与水冷成形滑块距离	与水冷成形滑块过近，易产生电弧，影响渣池稳定性	过远，易形成未焊透缺陷；过近，易与水冷成形滑块产生电弧，严重时会击穿、漏水，中断焊接	无影响
焊丝在水冷成形滑块处停留时间	影响很小	停留时间长，焊缝表面成形好，易焊透	无影响

2）焊接参数的选择。选择焊接参数的一般步骤如下：

① 确定装配间隙 c。根据接头形式和工件厚度按表 5-1-4 确定。

② 确定送丝速度 v_f。当焊丝直径为 3mm 时，按式（5-1-1）进行计算：

$$v_f=\frac{0.14\delta(c-4)v_w}{n} \quad (5\text{-}1\text{-}1)$$

式中　v_f——送丝速度（$m \cdot h^{-1}$）；

δ——焊件焊接处的厚度（mm）；

c——装配间隙（mm）；

v_w——焊接速度（$m \cdot h^{-1}$）可按表 5-1-6 的经验数据选定；

n——焊丝数量，可按表 5-1-7 选定。

计算出送丝速度后，可从图 5-1-11 中查出相应的焊接电流。

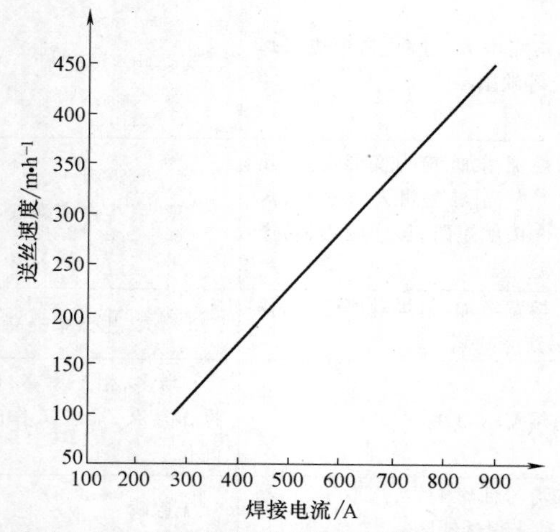

图 5-1-11　电渣焊送丝速度与焊接电流的关系（焊丝直径为 3mm）

③ 确定焊接电压。根据生产经验，要保证焊件良好焊透和有稳定的电渣过程，焊接电压需根据接头形式、焊接速度和每根焊丝所焊厚度按表 5-1-8 确定。

④ 确定渣池深度。通常根据焊丝送进速度由表 5-1-9确定保持电渣过程稳定的渣池深度。

⑤ 确定焊丝间距 B（见图 5-1-12）。可按经验公式（5-1-2）确定

$$B=\frac{\delta+10}{n} \quad (5\text{-}1\text{-}2)$$

式中　B——焊丝间距（mm）；

δ——焊件厚度（mm）；

n——焊丝根数。

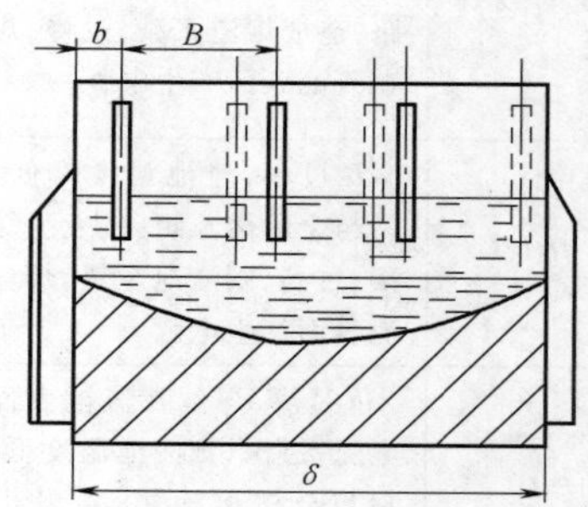

图 5-1-12　多丝电渣焊示意图

⑥ 其他焊接参数的选定。焊丝的伸出长度一般选 50~60mm；焊丝摆动速度选 $1.1m \cdot s^{-1}$；焊丝与水冷成形滑块的距离 b 一般取 8~10mm；焊丝在水冷成形滑块旁边的停留时间一般为 3~6s，常用 4s。

3）几种金属材料直缝的丝极电渣焊的焊接参数见表 5-1-10。

2. 环缝丝极电渣焊工艺

厚壁筒体对接环缝丝极电渣焊与直缝丝极电渣焊在工艺上的主要区别是：①焊件在施焊过程中连续转动；②焊缝首尾要封闭，因而开始焊接和收尾工作较复杂；③焊件绕自身轴线旋转时，沿厚度方向上各点线速度不同，金属熔池有径向外流现象；④水冷滑块分置于外圆和内圆表面上。由于上述这些特点，在工艺上需采取一些特殊技术措施。

表 5-1-6 各种材料和焊接厚度推荐的电渣焊焊接速度

焊件状态	材 料	焊接厚度/mm	焊接速度 v_w/m · h^{-1}
非刚性固定	Q235、Q355、20	40～60	1.5～3
		60～120	0.8～2
	25、20MnMo、20MnSi、20MnV	≤200	0.6～1.0
	35	≤200	0.4～0.8
	45	≤200	0.4～0.6
刚性固定	Q235、Q355、20	≤200	0.4～0.6
	34、45	≤200	0.3～0.4
大断面	25、35、45、20MnMo、20MnSi	200～450	0.3～0.5

表 5-1-7 焊件厚度与焊丝数量

焊丝数量	可焊最大焊件厚度/mm		焊丝摆动时推荐的焊件厚度/mm
	不摆动	摆动	
1	50	150	50～120
2	100	300	120～240
3	150	450	240～450

注：焊丝不摆动，焊接熔宽不易均匀，抗裂性能较差，目前已很少采用。

表 5-1-8 丝极电渣焊焊接电压的确定 （单位：V）

接头形式	焊接速度/m · h^{-1}	每根焊丝所焊厚度/mm				
		50	70	100	120	150
对接接头	0.3～0.6	38～42	42～46	46～52	50～54	52～56
对接接头	1～1.5	43～47	47～51	50～54	52～56	54～58
T 形接头	0.3～0.6	40～44	44～46	46～50	—	—

表 5-1-9 送丝速度与渣池深度的关系

送丝速度/m · h^{-1}	60～100	100～150	150～200	200～250	250～300	300～450
渣池深度/mm	30～40	40～45	45～55	55～60	60～70	65～75

表 5-1-10 直缝的丝极电渣焊的焊接参数①

焊件材料	焊件厚度/mm	焊丝数量/根	装配间隙/mm	焊接电流/A	电弧电压/V	焊接速度/m · h^{-1}	送丝速度/m · h^{-1}	渣池深度/mm
Q235、Q355、20	50	1	30	520～550	43～47	≈1.5	270～290	60～65
	70	1	30	650～680	49～51	≈1.5	360～380	60～70
	100	1	33	710～740	50～54	≈1	400～420	60～70
	120	1	33	770～800	52～56	≈1	440～460	60～70
25、20MnMo、20MnSi、20MnV	50	1	30	350～360	42～44	≈0.8	150～160	45～55
	70	1	30	370～390	44～48	≈0.8	170～180	45～55
	100	1	33	500～520	50～54	≈0.7	260～270	60～65
	120	1	33	560～570	52～56	≈0.7	300～310	60～70
	370	3	36	560～570	50～56	≈0.6	300～310	60～70
	400	3	36	600～620	52～58	≈0.6	330～340	60～70
	430	3	38	650～660	52～58	≈0.6	360～370	60～70
	450	3	38	680～700	52～58	≈0.6	380～390	60～70
35	50	1	30	320～340	40～44	≈0.7	130～140	40～45
	70	1	30	390～410	42～46	≈0.7	180～190	45～55
	100	1	33	460～470	50～54	≈0.6	230～240	55～60
	120	1	33	520～530	52～56	≈0.6	270～280	60～65
	370	3	36	470～490	50～54	≈0.5	240～250	55～60
	100	3	36	520～530	50～55	≈0.5	270～280	60～65
	430	3	38	560～570	50～55	≈0.5	300～310	60～70
	450	3	38	590～600	50～55	≈0.5	320～330	60～70

（续）

焊件材料	焊件厚度/mm	焊丝数量/根	装配间隙/mm	焊接电流/A	电弧电压/V	焊接速度/$m \cdot h^{-1}$	送丝速度/$m \cdot h^{-1}$	渣池深度/mm
45	50	1	30	240～280	38～42	≈0.5	90～110	40～45
	70	1	30	320～340	42～46	≈0.5	130～140	40～45
	100	1	33	360～380	48～52	≈0.4	160～180	45～50
	120	1	33	410～430	50～54	≈0.4	190～210	50～60
	370	3	36	360～380	50～54	≈0.3	160～180	45～55
	400	3	36	400～420	50～54	≈0.3	190～210	55～60
	430	3	38	450～460	50～55	≈0.3	220～240	50～60
	450	3	38	470～490	50～55	≈0.3	240～260	60～65

① 焊丝直径为 3mm，接头形式为对接接头。

（1）焊前准备

筒体对接环缝采用I形坡口，其制备和清理与前述直缝丝极电渣焊的焊前准备相同。装配时，通常把焊件的外圆先划分 8 等分，如图 5-1-13 所示；然后按图示位置焊上起焊槽及定位塞铁，再将另一段焊件装配好，并与起焊槽及定位塞铁焊牢。为了保证焊接过程不产生漏渣，两段焊件内圆、外圆的平面度应小于 1mm。由于环焊缝各点横向收缩不均匀，故应装配成反变形，其反变形量以不等装配间隙来控制，见表 5-1-11。

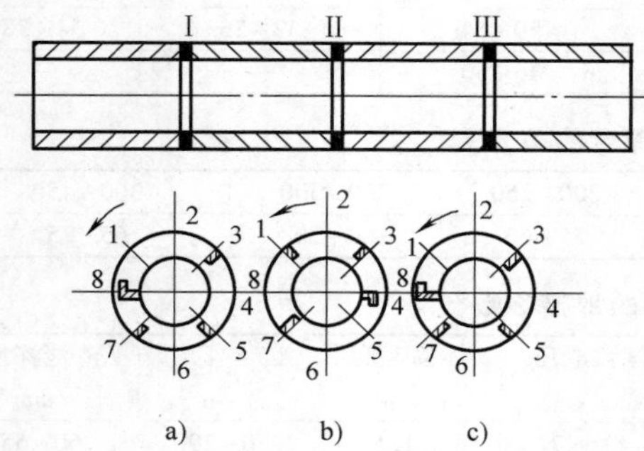

图 5-1-13　环焊缝装配时各个接头起焊槽及定位塞铁布置图

a）接头Ⅰ　b）接头Ⅱ　c）接头Ⅲ

当有多条环焊缝的焊件装配时，为了减少挠曲变形，相邻焊缝起焊槽的位置应错开 180°。装配好的焊件要吊放在滚轮架上。为了确保转动时安全、平稳，两滚轮间距应使它们的圆心与焊件圆心连线之间的夹角在 60°～90°之间，每个滚轮架放置在每段焊件的中心处并固定在刚性大的平台上。焊件放在滚轮架上后，需用水平仪检测焊件是否处于水平，并转动几周以确定其轴向窜动的方向，面对该窜动方向放置一止推滚轮，以防止产生轴向窜动。

在焊接环焊缝时，焊件转动，渣池和金属熔池基本保持在固定位置，所以内、外圆水冷成形滑块必须固定不动。图 5-1-14 所示为环焊缝内、外圆水冷成形滑块支撑装置示意图。焊前通过调节螺钉及其伸出的长短，以及调节夹紧架 2 的高低，使固定钢管 3 的中心线与焊件 4 的中心线重合，以保证焊件转动时内圆水冷成形滑块 12 始终贴紧焊件内圆；通过调节滑块上下移动机构 13 的高低，使外圆水冷成形滑块 11 的中心线与焊件中心线重合；通过调节滑块前后移动机构 14，使滑块能贴紧在焊件的外圆上。

装配好后，应使焊件转动一周，检查焊件的转动是否正常和平衡，是否产生轴向窜动，内、外圆水冷成形滑块是否紧贴焊件等。

（2）焊接操作

当焊件厚度小于 100mm 时，环焊缝引弧造渣可以采用平底的起焊槽。当厚度大于 100mm 时，常采用斗式起焊槽，以减少起焊部分将来的切削工作量。图 5-1-15 所示为环焊缝斗式起焊槽引弧造渣过程示意图。开始先用一根焊丝引弧造渣；渣池形成后，逐渐转动焊件，渣-液面扩大，放入第 1 块起焊定位塞铁，塞铁和装配间隙中的焊件侧面定位焊牢；随着焊件不断转动，渣-液面不断扩大，送入第 2 根焊丝，再随渣-液面进一步扩大，依次放入第 2 块起焊定位塞铁并实位焊牢。安上外圆水冷成形滑块，逐步摆动焊丝，进入正常焊接。

表 5-1-11　环焊缝的装配间隙　（单位：mm）

8 等分线号	焊件厚度/mm				
	50～80	80～120	120～200	200～300	300～450
8 号线	29	32	33	34	36
5 号线	31	34	35	36	40
7 号线	30	33	34	35	37

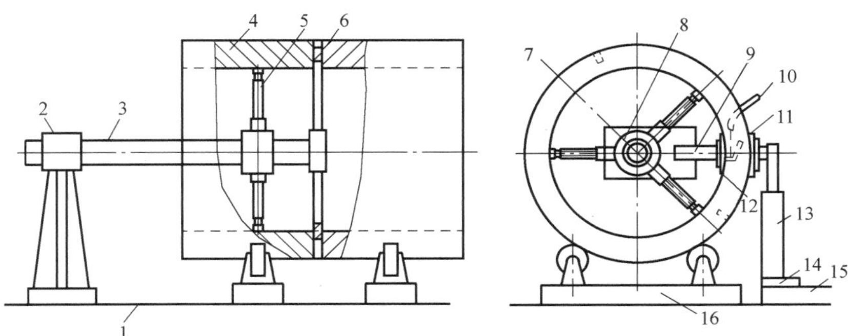

图 5-1-14　环焊缝内、外圆水冷成形滑块支撑装置示意图

1—焊接平台　2—夹紧架　3—固定钢管　4—焊件　5—可调节螺钉　6—装配定位塞铁　7—固定板　8—滚珠轴　9—滑块顶紧装置　10—导电嘴　11—外圆水冷成形滑块　12—内圆水冷成形滑块　13—滑块上下移动机构　14—滑块前后移动机构　15—焊机底座　16—滚轮架

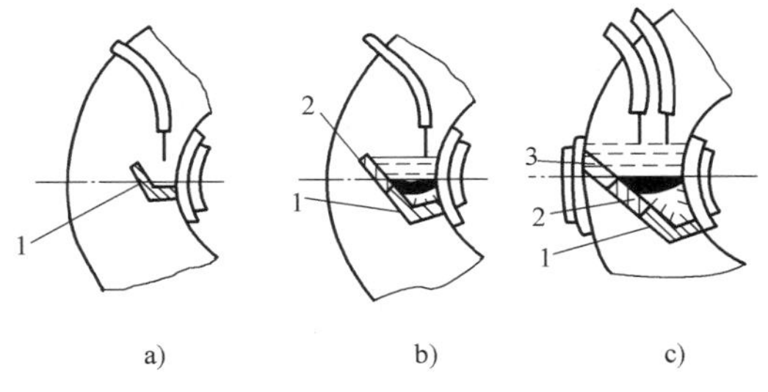

图 5-1-15　环焊缝斗式起焊槽引弧造渣过程示意图

a) 斗式起焊槽引弧造渣　b) 随渣池的形成，焊件转动，放入第 1 块起焊定位塞铁　c) 随渣-液面的进一步扩大，放入第 2 块起焊定位塞铁

1—斗式起焊槽　2—第 1 块起焊定位塞铁　3—第 2 块起焊定位塞铁

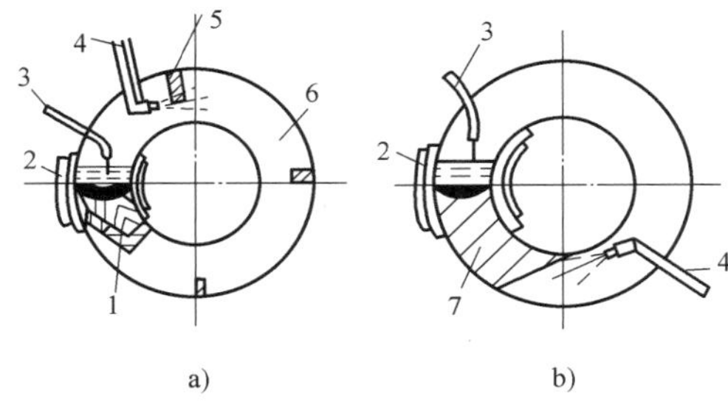

图 5-1-16　环缝丝极电渣焊焊接过程操作示意图

a) 用气割割去起焊定位塞铁　b) 气割起焊部分

1—起焊槽　2—水冷成形滑块　3—导电嘴　4—气割炬　5—起焊定位塞铁　6—焊件　7—焊缝金属

正常焊接过程中的一些注意事项：除与前述直缝丝极电渣焊一样外，还要注意，随着焊件的不断转动，要依次用气割割去焊件间隙中的定位塞铁，并沿内圆切线方向割掉起焊部分，以形成引出部分的侧面，如图 5-1-16 所示。

(3) 收尾操作

环缝丝极电渣焊收尾的引出操作方法较多，目前多在引出处焊上“⊓”形引出板，将渣池引出焊件，如图 5-1-17 所示。当“⊓”形引出板 5 转至与地面垂直时，焊件停止转动，此时焊件内切割好的引出部分也与地面垂直（见图 5-1-17b)。随着渣池上升，逐步放置外部挡板 3，机头随之上升。这时要注意，要使焊丝尽量靠近内壁，以保证与内壁焊透，但又要防止导电嘴与内壁发生短路。待渣池已全部引出焊件后，逐渐降低焊接电流和焊接电压。

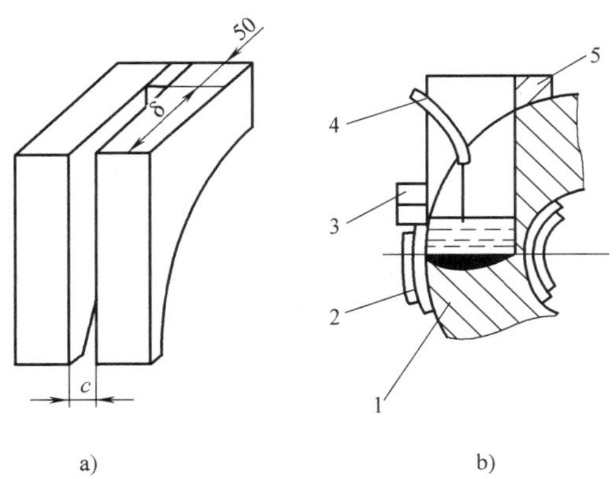

图 5-1-17　环缝丝极电渣焊引出部分操作示意图

a)“⊓”形引出板　b) 引出过程示意图

1—焊缝金属　2—水冷成形滑块　3—外部挡板　4—导电嘴　5—“⊓”形引出板

(4) 焊接参数

焊接参数的选择原则和方法，以及焊后的工作与前述直缝丝极电渣焊相同。

几种常用材料环缝丝极电渣焊的焊接参数见表 5-1-12。

表 5-1-12　几种常用材料环缝丝极电渣焊的焊接参数①

焊件材料	焊件外圆直径/mm	焊件厚度/mm	焊丝数量/根	装配间隙/mm	焊接电流/A	电弧电压/V	焊接速度/$m \cdot h^{-1}$	送丝速度/$m \cdot h^{-1}$	渣池深度/mm
25	ϕ 600	80	1	33	400~420	42~46	≈0.8	190~200	45~55
		120	1	33	470~490	50~54	≈0.7	240~250	55~60
	ϕ1200	80	1	33	420~430	42~46	≈0.8	200~210	55~60
		120	1	33	520~530	50~54	≈0.7	270~280	60~65
		160	2	34	410~420	46~50	≈0.7	190~200	45~55
		200	2	34	450~460	46~52	≈0.7	220~230	55~60
		240	2	35	470~490	50~54	≈0.7	240~250	55~60
	ϕ2000	300	3	35	450~460	46~52	≈0.7	220~230	55~60
		340	3	36	490~500	50~54	≈0.7	250~260	60~65
		380	3	36	520~530	52~56	≈0.6	270~280	60~65
		420	3	36	550~560	52~56	≈0.6	290~300	60~65
35	ϕ600	50	1	30	300~320	38~42	≈0.7	120~130	40~45
		100	1	33	420~430	46~52	≈0.6	200~210	55~60
		120	1	33	450~460	50~54	≈0.6	220~230	55~60
	ϕ1200	80	1	33	390~410	44~48	≈0.6	180~190	45~55
		120	1	33	460~470	50~54	≈0.6	230~240	55~60
		160	2	34	350~360	48~52	≈0.6	150~160	45~55
		240	2	35	450~460	50~54	≈0.6	220~230	55~60
		300	3	35	380~390	46~52	≈0.6	170~180	45~55
	ϕ2000	200	2	35	390~400	48~54	≈0.6	180~190	45~55
		240	2	35	420~430	50~54	≈0.6	200~210	55~60
		280	3	35	380~390	46~52	≈0.6	170~180	45~55
		380	3	36	450~460	52~56	≈0.5	220~230	45~55
		400	3	36	460~470	52~56	≈0.5	230~240	55~60
		450	3	38	520~530	52~56	≈0.5	270~280	60~65
45	ϕ600	60	1	30	260~280	38~40	≈0.5	100~110	40~45
		100	1	33	320~340	46~52	≈0.4	135~145	40~45
	ϕ1200	80	1	33	320~340	42~46	≈0.5	130~140	40~45
		120	2	34	320~340	46~52	≈0.4	135~145	40~45
		240	2	35	350~360	50~54	≈0.4	155~165	45~55
	ϕ2000	340	3	35	350~360	52~56	≈0.4	150~160	45~55
		380	3	36	360~380	52~56	≈0.3	160~170	45~55
		420	3	36	390~400	52~56	≈0.3	180~190	45~55
		450	3	38	410~420	52~56	≈0.3	190~200	45~55

① 焊丝直径为 3 mm。

1.3.4　熔嘴电渣焊工艺

熔嘴电渣焊按焊件断面形状分为等断面熔嘴电渣焊和变断面熔嘴电渣焊两种。前者用的熔嘴结构简单，均为等断面，因而可以焊接很厚的焊件，故又称为大断面熔嘴电渣焊；后者用的熔嘴形状必须随焊件断面的改变而改变，其焊接工艺较为复杂。

1. 大断面熔嘴电渣焊工艺

(1) 熔嘴的准备

熔嘴电渣焊通常选用直径为 3mm 的焊丝，熔嘴的典型结构形式如图 5-1-18 所示。较多的是用 4~6mm 的钢管焊到熔嘴板上，作为导丝管，焊丝从管内向熔池输送；也有用 1mm 薄板定位焊到熔嘴板上构成导线管，或用冲压方法把钢板压出半圆导丝槽再焊到熔嘴板上等。

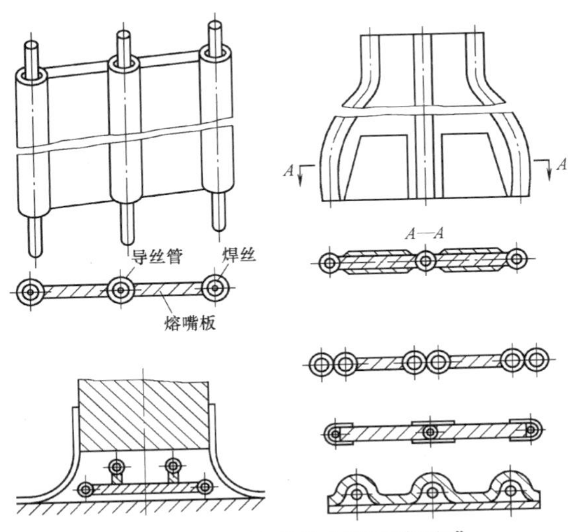

图 5-1-18 熔嘴的典型结构形式

熔嘴是作为焊缝填充金属的一部分，故熔嘴材料的选择应按焊缝金属化学成分的要求和焊丝一起综合考虑，以保证焊缝金属与母材成分相近。

熔嘴板的厚度一般为装配间隙的 30%左右，熔嘴板的宽度和数量则由焊缝厚度（即焊件断面大小）来决定。当焊件厚度为 160~200mm 时，多采用单熔嘴焊接；当厚度大于 200mm 时，宜采用多熔嘴焊接。熔嘴数目最好是 3 的倍数，以便采用跳极接线法保证三相电流平衡。

(2) 焊前准备

焊件的安装与丝极电渣焊的方法类似，首先按一定的装配间隙将焊件与“п”形铁装在一起，并装好起焊槽和引出板；然后把熔嘴安装在间隙中心并固定在夹持机构上，夹持机构应使熔嘴与焊件绝缘。为了防止焊接过程中熔嘴因受热变形而与焊件短路，故需在熔嘴两边放置绝缘物。绝缘物有熔化的和不熔化的两种，熔化的绝缘物常用玻璃纤维，先把玻璃纤维卷成条状，放在水玻璃（硅酸钠溶液）中浸透，晾干后再放入烘箱烘干；然后切成块，把它塞在熔嘴板两边，各绝缘块尽量不要放在同一水平面上，而是互相错开，以免较多绝缘块同时溶入渣池。不熔化的绝缘物可以是耐高温的水泥石棉板或竹楔条等，它能随熔池上升而自由向上移动。

熔嘴电渣焊的焊缝强制成形装置一般采用固定式水冷成形板，高度为 200~350mm，以便于观察焊接过程和测量渣池深度为宜。对于长焊缝，每侧可采用两块水冷成形板，交替使用。

安装完毕，应送入焊丝，检查熔嘴是否通畅，检查冷却水系统是否正常，设备一般要做空载试车。

(3) 引弧造渣

当熔嘴数目不多时，可以采用平底的起焊槽进行起焊造渣；当熔嘴数目较多时，就很难做到同时送丝引弧，因此建议采用如图 5-1-19 所示的阶梯形或斜面形起焊槽起焊造渣。操作时先送入焊件两侧焊丝，引弧后形成渣池；随着熔渣向中间流动，再依次送进其他的焊丝，由此逐渐建立渣池。

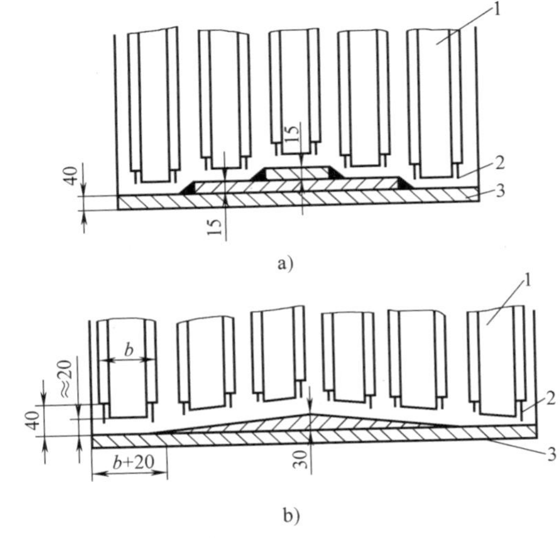

图 5-1-19 大断面熔嘴电渣焊起焊槽

a) 阶梯形起焊槽 b) 斜面形起焊槽

1—熔嘴 2—焊丝 3—起焊槽底板

引弧电压一般为 45~50V，送丝速度为 100~120m · h^{-1}，待渣池深度达到要求时，再逐步降低电压和加快送丝速度，进入正常焊接。

(4) 正常焊接与收尾

熔嘴电渣焊进入正常焊接和收尾时的注意事项及操作方法与丝极电渣焊基本相同。在收尾时，焊丝送进速度必须减慢，而焊接电压可稍微提高些；在切断电源后，还需短时间断续送进焊丝，以填满缩孔，防止产生裂纹缺陷。

(5) 典型焊接参数

表 5-1-13 列出了几种材料熔嘴电渣焊接的典型焊接参数。

表 5-1-13　几种材料熔嘴电渣焊的典型焊接参数[①]

结构形式	焊件材料	接头形式	焊件厚度 /mm	熔嘴数目 /个	装配间隙 /mm	电弧电压 /V	焊接速度 /m · h⁻¹	送丝速度 /m · h⁻¹	渣池深度 /mm
非刚性固定结构	Q235A Q355 20	对接接头	80	1	30	40~44	≈1	110~120	40~45
			100	1	32	40~44	≈1	150~160	45~55
			120	1	32	42~46	≈1	180~190	45~55
		T 形接头	80	1	32	44~48	≈0.8	100~110	40~45
			100	1	34	44~48	≈0.8	130~140	40~45
			120	1	34	46~52	≈0.8	160~170	45~55
	25 20MnMo 20MnSi	对接接头	80	1	30	38~42	≈0.6	70~80	30~40
			100	1	32	38~42	≈0.6	90~100	30~40
			120	1	32	40~44	≈0.6	100~110	40~45
			180	1	32	46~52	≈0.5	120~130	40~45
			200	1	32	46~54	≈0.5	150~160	45~55
		T 形接头	80	1	32	42~46	≈0.5	60~70	30~40
			100	1	34	44~50	≈0.5	70~80	30~40
			120	1	34	44~50	≈0.5	80~90	30~40
	35	对接接头	80	1	30	38~42	≈0.5	50~60	30~40
			100	1	32	40~44	≈0.5	65~70	30~40
			120	1	32	40~44	≈0.5	75~80	30~40
			200	1	32	46~50	≈0.4	110~120	40~45
		T 形接头	80	1	32	44~48	≈0.5	50~60	30~40
			100	1	34	46~50	≈0.4	65~75	30~40
			120	1	34	46~52	≈0.4	75~80	30~40
刚性固定结构	Q235A Q345 20	对接接头	80	1	30	38~42	≈0.6	65~75	30~40
			100	1	32	40~44	≈0.6	75~80	30~40
			120	1	32	40~44	≈0.5	90~95	30~40
			150	1	32	44~50	≈0.4	90~100	30~40
		T 形接头	80	1	32	42~46	≈0.5	60~65	30~40
			100	1	34	44~50	≈0.5	70~75	30~40
			120	1	34	44~50	≈0.4	80~85	30~40
大断面结构	35 20MnMo 20MnSi	对接接头	400	3	32	38~42	≈0.4	65~70	30~40
			600	4	34	38~42	≈0.3	70~75	30~40
			800	6	34	38~42	≈0.3	65~70	30~40
			1000	6	34	38~44	≈0.3	75~80	30~40

① 焊丝直径为 3 mm，熔嘴板厚为 10mm，熔嘴管尺寸为 ϕ10mm×2mm。

2. 变断面熔嘴电渣焊工艺要点

当焊件为非规则断面或断面弯曲度过大时，必须将焊接断面制成矩形后再进行焊接，如图 5-1-20 所示。这时的焊接工艺与前述等断面熔嘴电渣焊相同。

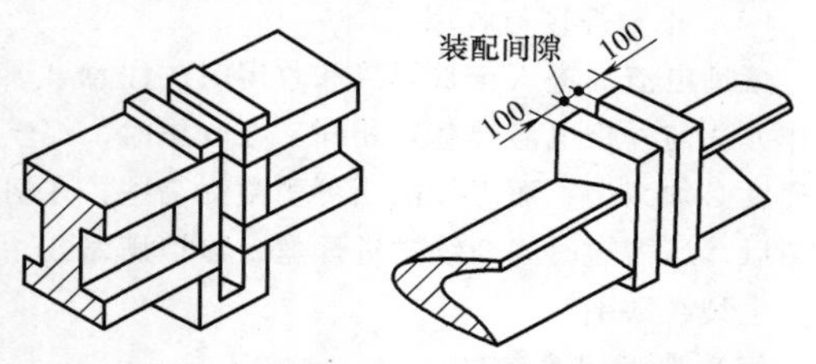

图 5-1-20　特殊断面形状焊件电渣对焊的装配

若断面变化规则且弯曲度不大，则采用变断面的熔嘴电渣焊，其熔嘴的形状与焊件截面是相似的。当导丝管需弯曲时，常采用由钢丝绕制的密排螺旋管作为导丝管并焊到熔嘴板上，如图 5-1-21 所示。若焊件厚度变化范围很大，焊接时需大幅度改变焊接电流，这时必须通过改变熔嘴内焊丝数目来实现。当焊件厚度小于 50mm 时，采用单丝焊；当厚度为 50~200mm 时，采用双丝焊；当厚度大于 200mm 时，采用多丝或多熔嘴焊。

为了获得稳定的电渣过程、均匀的母材熔深和良好的抗裂性能，在焊接过程中，随着焊接厚度的变化，一方面要调整熔渣数量，以维持渣池深度基本不变；另一方面要调整送丝速度，以维持焊接热输入基本不变。

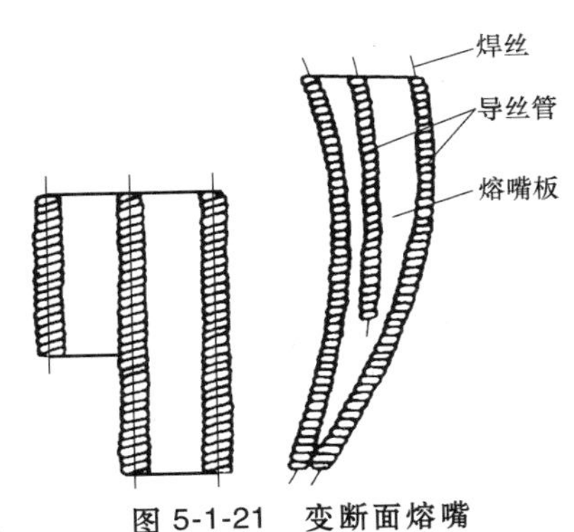

图 5-1-21 变断面熔嘴

3. 管极电渣焊工艺

（1） 装配

在保证焊透的前提下，减小装配间隙可使焊接速度加快，从而降低焊接热输入，有利于提高接头的力学性能，但过小的装配间隙，会因渣池太小而影响电渣过程稳定。常用的装配间隙为 20~35mm，上部间隙比下部稍大，一般每米的间隙差为 1.5mm 左右。装配间隙用 “П” 形铁固定，然后装上起焊槽和引出板，再将管极夹持装置固定在焊件上或固定在焊件上端的固定板上。若一根管极不够长，可将几根焊在一起接长后使用。管极用铜夹头夹紧，以利于导电。管极在装配间隙中的位置可以利用管极夹持装置调整对中。管极一般距引弧板 15~25mm。在焊接长焊缝时，为了避免管极电压降过大和防止管极因自身电阻热而熔断，可以沿着管极长度方向设置几个导电点。

（2） 引弧造渣

其过程与一般电渣焊相似，但为了防止因渣池上升太快而产生起始端未焊透，在造渣过程中应采用较低的送丝速度，如 200m · h^{-1}左右。引弧电压应高一些，因管状熔嘴上电压降较大（每米约为 3V），一般应保持在 48~50V。当渣池接近焊件时，逐步将送丝速度调整到正常送丝的范围。

（3） 焊接操作

为了保证电渣过程的稳定和焊缝质量，应保持渣池电压和渣池深度基本不变。电压表指示的电压值为渣池电压和管极压降之和，而管极压降较大，所以为了使渣池电压变化尽量小，应随着管极长度的熔短而适当减小焊接电压。焊接电流根据管极钢管断面面积大小选择，如果过大，会使管极温升过高，药皮可能达到熔化状态而失去绝缘效能，一旦与焊件接触起弧，会造成管极熔断，使焊接过程中断；如果过小，会产生未熔合缺陷，并且焊接速度慢，接头晶粒长大严重。表 5-1-14 列出了管极钢管断面面积与承受焊接电流的范围。送丝速度比一般电渣焊高一些，这有利于改善接头的力学性能，但也不能太高，否则焊缝表面粗糙，并可能出现裂纹，常用 200~300m · h^{-1}。熔渣的深度应比一般电渣焊略深一些，这是因为管极电渣焊的渣池体积小，不易稳定，通常为 35~55mm。表 5-1-15 列出了管极电渣焊常用的焊接电流和电弧电压。

（4） 收尾

与一般电渣焊一样，收尾时应适当降低电压，断电后仍需继续送焊丝以填满 “熔坑”。

（5） 焊接参数

表 5-1-16 列出了常用材料管极电渣焊的典型焊接参数。

表 5-1-14 管极钢管断面面积与承受焊接电流的范围

钢管规格/mm	ϕ 14×4	ϕ 14×3	ϕ 12×4	ϕ 12×3	ϕ 10×3
截面面积/mm²	126	104	100	85	65
电流范围/A	630~820	520~700	500~650	425~550	320~420

表 5-1-15 管极电渣焊常用的焊接电流和电弧电压

板厚/mm	钢管规格/mm	钢管截面积/mm²	焊丝直径/mm	电弧电压/V	焊接电流/A
20~24	ϕ 12×4	100	3.0~3.2	42~40	500~550
25~50	ϕ 12×4	100	3.0~3.2	46~40	500~600
50~100	ϕ 12×4	100	3.0~3.2	55~45	500~600

表 5-1-16 常用材料管极电渣焊的典型焊接参数[①]

结构形式	焊件材料	接头形式	焊件厚度/mm	管极数目/根	装配间隙/mm	电弧电压/V	焊接速度/m · h^{-1}	送丝速度/m · h^{-1}	渣池深度/mm
非刚性固定结构	Q235A、Q355、20	对接接头	40	1	28	42~46	≈2	230~250	50~60
			60	2	28	42~46	≈1.5	120~140	40~45
			80	2	28	42~46	≈1.5	150~170	45~55

（续）

结构形式	焊件材料	接头形式	焊件厚度 /mm	管极数目 /根	装配间隙 /mm	电弧电压 /V	焊接速度 /m·h^{-1}	送丝速度 /m·h^{-1}	渣池深度 /mm
非刚性固定结构	Q235A、Q355、20	对接接头	100	2	30	44~48	≈1.2	170~190	45~55
			120	2	30	46~50	≈1.2	200~220	55~60
		T 形接头	60	2	30	46~50	≈1.5	80~100	30~40
			80	2	30	46~50	≈1.2	130~150	40~45
			100	2	32	48~52	≈1.0	150~170	45~55
刚性固定结构	Q235A、Q355、20	对接接头	40	1	28	42~46	≈0.6	60~70	30~40
			60	2	28	42~46	≈0.6	60~70	30~40
			80	2	28	42~46	≈0.6	75~80	30~40
			100	2	30	44~48	≈0.6	85~90	30~40
			120	2	30	46~50	≈0.5	95~100	30~40
		T 形接头	60	2	30	46~50	≈0.5	60~65	30~40
			80	2	30	46~50	≈0.5	70~75	30~40
			100	2	32	48~52	≈0.5	80~85	30~40

① 管极采用无缝钢管，尺寸为 ϕ12mm×3mm 或 ϕ14mm×4mm。

1.3.5　板极电渣焊工艺

1. 装配

在保证母材熔深、造渣过程稳定、板极与焊件不发生短路及起弧情况下，应尽可能减小装配间隙，以提高焊接生产率。板极与焊件之间的距离一般为 7~10mm，板极厚度加上两侧距离即为装配间隙。安装时，装配间隙应是上大下小。

板极的数目根据焊件的厚度和板极宽度而定。单板极可焊厚度为 110~150mm，更厚的焊件宜采用多个板极。为了使电源三相负荷均匀，板极数目尽可能为 3 的倍数。板极应置于装配间隙的中心线上，多板极的极间距离一般为 8~13mm。板极电渣焊时，通常采用带有深槽的冷却成形板，其槽深为 10~15mm，因此板极外侧边缘与焊件表面应对齐或突出不大于 5mm，但是当板极很厚时，也可凹入焊件表面。

其余装配工作和要求与一般电渣焊相同。

2. 引弧造渣

由于板极断面面积大，引弧造渣比丝极困难。为此，常将板极 2 的端部切成 60°~90°尖角，也可切成或焊上宽度较小的板条，如图 5-1-22 所示。造渣方法除采用铁屑引弧造渣或导电焊剂无弧造渣外，还可以采用注入熔渣法。在进行多板极焊接时，所有板极同时向下送进，各板极端部形状和尺寸相同，端面在同一水平面上。当焊接较厚焊件时，为了便于造渣，可以利用厚度为 2mm 的钢板在起焊槽的底板上焊成引弧槽 4，如图 5-1-22 所示。

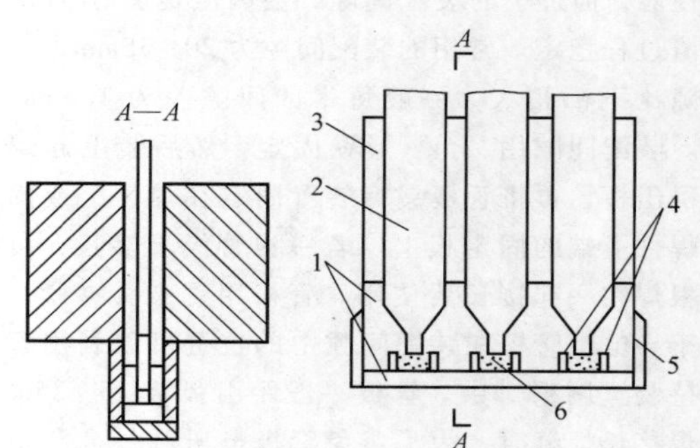

图 5-1-22　利用引弧槽造渣示意图

1—起焊槽　2—板极　3—焊件待焊面　4—引弧槽　5—冷却成形装置　6—焊剂

3. 焊接操作

在正常焊接过程中，主要监控焊接电流（板极送进速度）、焊接电压和渣池深度。焊接电流按板极断面面积确定，一般板极的电流密度为 0.4~0.8 A·mm^{-2}；当焊件厚度较小时，可增加到 1.2~1.5 A·mm^{-2}。由于板极电渣焊的焊接电流波动范围大，难于准确测量和控制，所以可根据试焊时测得的焊接电流与板极送进速度之间的比例关系，正确地控制板极送进速度，一般取 0.5~2m·h^{-1}，常用 1m·h^{-1}。焊接电压常用 30~40V，焊接电压过高，则板极末端插入渣池过浅，而且母材熔深过深，增加了母材在焊缝中比例，降低了抗裂性能。渣池的深度一般为 30~35mm，若过深，则母材熔深变浅，可能焊缝成形不良或产生未焊透；若过浅，电渣过程不稳。板极送进速度越大或工件厚度越大，渣池的深度也应越大。

4. 收尾

焊缝收尾方法除同样可采用间断送进板极，逐渐减小焊接电流和电压外，还可以采用间断供电办法，即停电约 5~15s，依次增加；供电时间为 10~15s，依次减小，这样重复进行 5~7 次。

1.3.6 焊后处理

电渣焊自身具有自预热作用，焊接时所产生的热会传到焊缝前方的母材，所以焊前不需预热。由于焊后的冷却速度非常缓慢，一般也不需要后热。

多数电渣焊的应用，特别是焊接结构钢，不要求焊后热处理。通常电渣焊缝在焊后状态会产生一种有益的残余应力分布，即焊缝表面及热影响区为压应力，而焊缝中心为拉应力。若进行焊后热处理，这种有益的残余应力会消失掉，但是进行细化晶粒的焊后热处理，对改善热影响区缺口韧性是有益的，而且对焊缝金属也有好处，所以在锅炉与压力容器的一些设计规程中，对制造厚度大于 38mm 的碳素钢（大于 34mm 的 16MnR 钢及大于 32mm 的 15MnVR 钢）要求进行焊后热处理。处理方式通常是奥氏体化后空冷（正火处理）、正火及回火处理或调质处理。一般不采用退火处理，因为这种处理必然降低强度。经过调质处理的钢，必须在电渣焊后重新进行调质处理，以恢复热影响区的性能。对于大型或形状不规则的经调质处理的结构钢，一般是不允许用电渣焊焊接的，因这种结构很难做焊后再调质处理。

此外，管极电渣焊多用于焊接厚度较小的钢板，同时又采用较快的焊接速度。焊接时，焊缝金属熔池的冷却速度较快，焊件高温停留时间较短，其热影响区较小；而且在管极的药皮中通常又加入一定数量的钛铁，可使焊缝金属晶粒细化，所以焊后接头的力学性能，特别是韧性比其他电渣焊方法高，可以不进行热处理也能符合一般产品的设计要求。这种工艺在我国大型高炉和大型建筑钢结构中已广泛使用。

1.3.7 电渣焊接头的缺陷

电渣焊接头常见缺陷、产生原因及预防措施见表 5-1-17。

表 5-1-17 电渣焊接头常见缺陷、产生原因及预防措施

缺陷	特征	产生原因	预防措施
热裂纹	1）热裂纹一般不伸展到焊缝表面，外观检查不能发现，多数分布在焊缝中心，呈直线状或放射状，也有的分布在等轴晶区和柱状晶区交界处 热裂纹表面多呈氧化色，有的裂纹中有熔渣 2）裂纹产生于焊接结束处或中间突然停止焊接处	1）焊丝送进速度过快造成熔池过深，是产生热裂纹的主要原因 2）母材中的 S、P 等杂质元素含量过高 3）焊丝选用不当 4）引出结束部分的裂纹主要是由于焊接结束时，焊丝送进速度没有逐步减缓	1）减缓焊丝送进速度 2）降低母材中 S、P 等杂质元素含量 3）选用抗热裂纹性能好的焊丝 4）金属件冒口应远离焊接面 5）焊接结束前应逐步减缓焊丝送进速度
冷裂纹	冷裂纹多存在于母材或热影响区，也有的由热影响区或母材向焊缝中延伸 冷裂纹在焊接结构表面即可发现，开裂时有响声，裂纹表面有金属光泽	冷裂纹是由于焊接应力过大，金属较脆，因而沿着焊接接头处的应力集中处开裂（缺陷处） 1）复杂结构，焊缝很多，没有进行中间热处理 2）高碳钢、合金钢焊后没及时进炉热处理 3）焊接结构设计不合理，焊缝密集，或焊缝在板的中间停焊 4）焊缝有未焊透、未熔合缺陷，又没有及时清理 5）焊接过程中断，咬边没有及时补焊	1）设计时，结构上避免密集焊缝及在板中间停焊 2）对焊缝很多的复杂结构，焊接一部分焊缝后，应进行中间去应力热处理 3）高碳钢、合金钢焊后应及时进炉，有的要采取焊前预热及焊后保温措施 4）焊缝上缺陷要及时清理，停焊处的咬边要趁热焊补 5）当室温低于零度时，电渣焊后要尽快进炉，并采取保温措施
未焊透	焊接过程中母材没有熔化，与焊缝之间形成一定缝隙，内部有熔渣，在焊缝表面即可发现	1）焊接电压过低 2）焊丝送进速度太慢或太快 3）渣池太深 4）电渣过程不稳定 5）焊丝或熔嘴距水冷成形滑块太远，或在装配间隙中位置不正确	1）选择适当的焊接参数 2）保持稳定的电渣过程 3）调整焊丝或熔嘴，使其与水冷成形滑块的距离及在焊缝中的位置符合工艺要求

（续）

缺陷	特　征	产 生 原 因	预 防 措 施
未熔合	焊接过程中母材已熔化，但焊缝金属与母材没有熔合，中间有片状夹渣，未熔合一般在焊缝表面即可发现，但也有不延伸至焊缝表面的情况	1）焊接电压过高，送丝速度过慢 2）渣池过深 3）电渣过程不稳定 4）熔剂熔点过高	1）选择适当的焊接参数 2）保持电渣过程稳定 3）选择适当的熔剂
气孔	氢气孔在焊缝断面上呈圆形，在纵断面上沿焊缝中心线方向生长，多集中于焊缝局部地区	主要是有水分进入渣池 1）水冷成形滑块漏水 2）耐火泥进入渣池 3）熔剂潮湿	1）焊前仔细检查水冷成形滑块 2）熔剂应烘干
	一氧化碳气孔在焊缝横断面上呈密集的蛹形 在纵断面上沿柱晶方向生长，一般整条焊缝都有	1）采用无硅焊丝焊接沸腾钢，或含硅量低的钢 2）大量氧化铁进入渣池	1）焊接沸腾钢时采用含硅焊丝 2）焊件焊接面应仔细清除氧化皮，焊接材料应去锈
夹渣	常存在于电渣焊缝中或熔合线上，常呈圆形，中间有夹渣	1）电渣过程不稳定 2）熔剂熔点过高 3）熔嘴电渣焊时，采用玻璃丝棉绝缘时，绝缘块进入渣池数量过多	1）保持稳定电渣过程 2）选择适当熔剂 3）不采用玻璃丝棉的绝缘方式

1.4　电渣压焊

电渣压焊又称为接触电渣焊，主要用于建筑工程施工中的钢筋焊接，所以又称为钢筋电渣压焊。

1.4.1　电渣压焊的焊接过程

图 5-1-23 所示为钢筋电渣压焊的焊接过程。大体上可分为引弧过程、电弧过程、电渣过程和顶锻过程四个阶段，每个阶段焊接电压和焊接电流的波形图如图 5-1-24 所示。

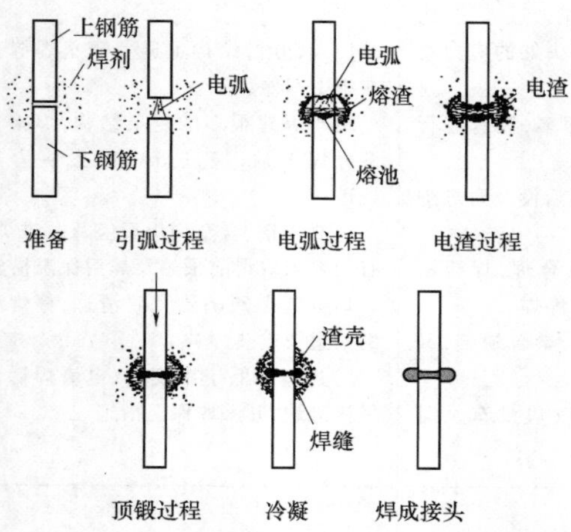

图 5-1-23　钢筋电渣压焊的焊接过程

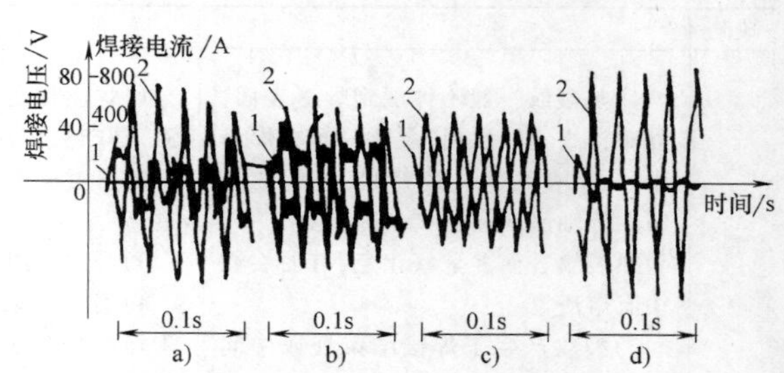

图 5-1-24　钢筋电渣压焊焊接过程各阶段的焊接电压与焊接电流波形图

a）引弧过程　b）电弧过程　c）电渣过程　d）顶锻过程
1—焊接电压　2—焊接电流

1. 引弧过程

上、下钢筋分别与弧焊电源的两输出端连接，两钢筋的待焊端埋于焊剂之中，端面之间留一定间隙。通电后使两待焊端面轻微接触再拉开，即能引燃电弧；或者在通电前，在两端面间隙之间预填入金属丝或金属屑作为引弧媒介，通电后即引燃电弧。

2. 电弧过程

稳定燃烧的电弧热将周围焊剂和两钢筋的待焊端面熔化，不久在下钢筋端面处形成金属熔池，熔渣则覆盖在金属熔池周围而起着隔绝空气的保护作用。随着电弧的燃烧，上、下钢筋端部逐渐熔化。为了保持电弧的稳定，上钢筋要不断下送，下送速度应与钢筋熔化速度相适应。

3. 电渣过程

随着电弧继续燃烧，焊剂和钢筋端部熔化量增加，熔池和熔渣加深，待到一定深度后加快上钢筋下送速度，使其端部直接和渣池接触，这时电弧熄灭，因熔渣是导电的，所以就从电弧过程变为电渣过程。这时电流流过熔渣产生的电阻热（达1600~2000℃）使钢筋两端部继续加热熔化。

4. 顶锻过程

待电渣过程产生的电阻热使上、下钢筋端面已均匀熔化时，迅速将上钢筋向下顶压，把液态金属和熔渣全部挤出，随即切断电源，焊接结束。待冷凝后打掉渣壳，在连接处露出金属光泽的焊包，就完成了一个完整的钢筋对接接头的焊接。

在焊接过程中，液态金属和熔渣进行了氧化、还原、渗合金、脱氧等一系列化学冶金反应，两钢筋端部经受了电弧过程和电渣过程的热循环作用。焊后焊缝外部凸出部分呈树枝状结晶，具有熔焊的特征，而焊缝中部是在液态金属被挤去后产生的塑性再结晶连接，具有压焊的特征。

1.4.2　电渣压焊的特点与适用范围

电渣压焊焊接的焊件一般是具有较大断面面积的两个棒状构件，接头是对接形式。焊接时焊件呈轴线竖向或斜向（倾斜度在4：1范围内）。对接的两断面通常是相同的，可以是圆形、方形或异形的截面。焊件的材料目前主要是碳素钢和低合金钢。

当前，电渣压焊主要用于建筑工程中圆形钢筋的对接连接。

1.4.3　电渣压焊设备

电渣压焊设备由焊接电源、焊接夹具和控制箱三部分组成。如果按操作方式分，电渣压焊机有手动式的和自动式两种。

钢筋电渣压焊可以采用容量较大（额定焊接电流为500A或以上）的弧焊电源，通常采用晶闸管弧焊整流器或弧焊逆变器。焊机的容量根据所焊钢筋直径选定。

竖向钢筋电渣压焊用的夹具有手动的和自动的两类，通常是由立柱、传动机构、上下夹钳和焊剂罐等组成，其上面安装有监控器，如控制开关、二次电压表、时间显示器等。夹具应具有如下技术性能：

1）对上、下钢筋能准确定位，上、下同心，且能牢固夹紧。

2）能移动上钢筋，且方便灵活。

3）能传导焊接电流，且接触良好。

4）焊剂罐直径应与钢筋直径相适应，装卸焊剂要方便，能防止焊接过程中焊剂罐被烧毁和焊剂泄漏。

5）具有足够的强度和刚度，结实耐用。在最大允许载荷下移动灵活，调整与操作便利。

6）通过所装监控器能准确地控制各项焊接参数。

1.4.4　电渣压焊用焊剂

原则上，普通电渣焊用的焊剂都可以用于电渣压焊，HJ431焊剂是最常用焊剂。有些设计规范规定，焊接Ⅰ级钢筋用F5004焊剂，焊Ⅱ级钢筋用F6004焊剂，两者均属硅锰型焊剂，还有一种YD40—ⅢR钢筋电渣压焊专用焊剂，该焊剂具有起弧容易，燃烧稳定，电渣过程平稳等优点。

1.4.5　电渣压焊的焊接工艺

1. 焊前准备

钢筋的端头必须调直，以保证钢筋连接的同心度。焊剂不能受潮，必要时应烘干后使用，否则会引起气孔；焊剂装填要均匀，以保证焊包圆且正。垫焊剂的石棉垫应垫好，防止在施焊过程中焊剂漏掉或跑浆。装配时，焊接夹具的上、下钳口应夹紧于上、下钢筋的适当位置，钢筋一经夹紧，严防晃动，以免上、下钢筋错位和夹具变形。

2. 焊接

非自动焊时，应先引弧，进行电弧过程；然后转变为电渣过程。密切注意电弧电压的高低，及时调整钢筋的下送速度，以保证电弧电压在25~45V之间。当出现焊剂熔化往上翻时，表明焊接即将完成。最后，在断电的同时，迅速下压上钢筋，以挤出熔化金属和熔渣。所施加的顶压力为0.4~0.5MPa。

钢筋电渣压焊的焊接参数主要是焊接电流、焊接电压和焊接通电时间，表5-1-18所列参数可供参考。

3. 结束

卸压后不久应松开上钳口，让整个接头处在无拘束条件下冷却；停歇适当时间后，再回收焊剂并卸下焊接夹具；敲去渣壳后焊接过程结束。正常情况下，接头为表面光滑的圆环状焊包，其凸出的高度应大于4mm。

1.4.6　焊接的质量与检验

1. 焊接缺陷及消除措施

钢筋电渣压焊常见的焊接缺陷及其消除措施见表5-1-19。

2. 接头的力学性能

研究表明，合格的电渣压焊焊接接头在其拉伸试验时断在母材上，且抗振性能良好，但焊缝金属的冲击韧性比母材低，约为母材的43.6%，其综合性能仍能满足一般工程的使用要求。

表 5-1-18 钢筋电渣压焊的主要焊接参数

钢筋直径/mm	电弧电压/V		焊接电流/A	焊接通电时间/s	
	电弧过程	电渣过程		电弧过程	电渣过程
14	35~45	22~27	200~220	12	3
16			200~250	14	4
18			250~300	15	5
20			300~350	17	5
22			350~400	18	6
25			400~450	21	6
28			500~550	24	6
32			600~650	27	7
36			700~750	30	8
40			850~900	33	9

表 5-1-19 钢筋电渣压焊常见的焊接缺陷及其消除措施

焊接缺陷	消除措施
轴线偏移	1)矫直钢筋端部 2)正确安装夹具和钢筋 3)避免过大的顶压力 4)及时修理和更换夹具
弯折	1)矫直钢筋端部 2)注意安装与调整上钢筋 3)避免过早卸夹具 4)修理和更换夹具
咬边	1)减小焊接电流 2)缩短焊接时间 3)注意上钳口的起始点,确保上钢筋顶压到位
未焊合	1)增大焊接电流 2)适当增加焊接时间 3)检修夹具,保证上钢筋下送自如
焊包不均匀	1)钢筋端面力求平整 2)填装焊剂尽量均匀 3)适当延长焊接时间,以增加熔化量
气孔	1)按规定焊前烘干焊剂 2)清除钢筋焊接端部的油污和铁锈 3)确保钢筋埋入焊剂的深度
烧伤	1)钢筋导电处去锈,使之与电极夹具良好接触 2)尽量夹紧钢筋
焊包下淌	1)彻底封堵焊剂罐的漏孔 2)避免焊后过快回收焊剂

3. 接头的质量检验

在生产现场对焊接接头只能进行外观检查，其力学性能试验是按批随机抽查其抗拉强度。对外观质量有以下几点要求：

1）焊包周围匀称，凸出钢筋表面高度应大于或等于4mm。

2）电极与钢筋接触处，无明显烧伤缺陷。

3）接头的弯折角不大于4°。

4）接头处轴线偏移不超过钢筋直径的1/10，同时不大于2mm。

拉伸试验是在建筑现场中以300个同级别钢筋接头作为一批，不足300个接头的也作为一批，随机选取3个试件进行拉伸试验，这3个试件的抗拉强度均不得低于该级别钢筋的抗拉强度。若有一个不合格，则再取6个试件进行复验，复验中若仍有一个不合格，则判定该批接头为不合格。

第2章 电子束焊

2.1 概述

2.1.1 电子束焊的工作原理

利用高能量密度的电子束，轰击置于真空或非真空中的焊件所产生的热能进行焊接的方法称为电子束焊。

当电子束撞击到焊件表面时，电子的动能就转变为热能，如果能量密度很高（大于 $10^5 W \cdot cm^{-2}$），焊件金属不仅会迅速熔化，而且会剧烈蒸发，产生的高压金属蒸气将熔化的金属排开，电子束就能继续撞击深处的固态金属，很快在焊件上“钻”出一个深熔的小孔，如图 5-2-1 所示。小孔的周围被液态金属包围，随着电子束与焊件相对运动，液态金属沿小孔周围流向熔池后部逐渐冷却，凝固形成了深宽比很大的焊缝。当电子束的能量密度不高时（小于 $10^5 W \cdot cm^{-2}$），焊件金属仅仅发生熔化，熔合过程和电弧焊相似，焊缝熔深较浅。

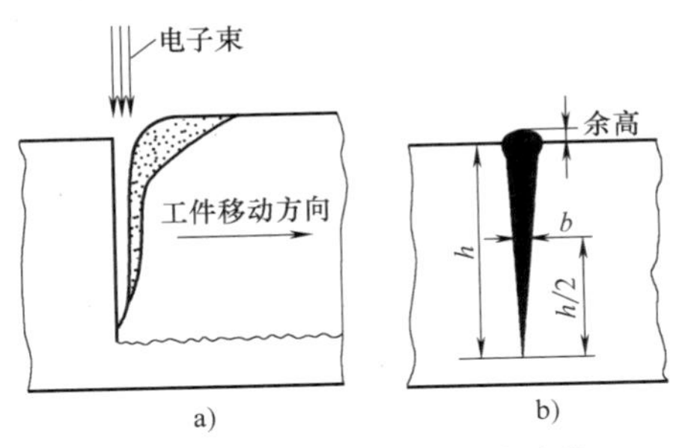

图 5-2-1 电子束焊缝形成过程

a）深熔孔的形成 b）焊缝横截面（深宽比 $= \frac{h}{b}$）

2.1.2 电子束焊的特点

电子束作为焊接的热源具有以下两个特点：

1）功率密度高。电子束焊接时，加速电压范围为 30~150kV，电子束流为 20~1000mA，电子束焦点直径为 0.1~1mm，这样的电子束其功率密度可达 $10^6 W \cdot cm^{-2}$以上。

2）精确、快速和可控。由于电子具有极小的质量并带一个负电荷，通过电场、磁场可对电子束进行快速而精确地控制。

基于电子束的上述特点，利用它在真空条件下进行焊接，因而使这种焊接方法具有下列优缺点。

1. 优点

1）可获得窄而深的穿透型熔化焊缝，其深宽比可达 50∶1。焊接厚板时可不开坡口，不添加填充金属，实现一次焊成，比电弧焊可节省辅助材料和能源消耗。

2）焊接速度快，对材料热输入少，故热影响区窄，焊接变形小。即使紧密部件，焊后也无须加工。

3）在真空中进行焊接，可以将氢、氧、氮等有害气体对金属污染程度降至最低，且有利于焊缝金属的除气和净化，因而很适于焊接活泼金属，也可用于内部保持真空度和密封件的焊接。

4）电子束在真空中可以传到较远（约 500mm）的位置上进行焊接，因而可以焊接难以接近部位的焊缝。

5）可以准确地控制焊接参数，以保持焊接的重现性；通过控制电子束的偏移，可以实现复杂接缝的自动焊接；可以通过电子束扫描熔池去消除缺陷，提高接头的质量。

6）利用电子束的穿透性，对多层薄板可进行叠合一次焊成。

2. 缺点

1）设备较复杂、价格昂贵。

2）电子束对接缝的对中要求严格，对得不准，极易焊偏。为此，焊前对接头的加工、装配要特别注意，必须保证接头位置精确，间隙小而且均匀。

3）真空电子束焊接的焊件尺寸和形状受到焊接工作室空间限制。

4）电子束易受杂散电磁场干扰，影响焊接质量，所用的焊接夹具须用非磁性材料制作。

5）电子束焊接时产生的 X 射线对人体有害，需严加防护。

6）真空电子束焊接时，其真空容积随焊件尺寸增大而增大，抽真空的时间也随之延长，故焊接生产率较低。

7）非真空电子束焊接的焊件形状和尺寸虽然不受工作室容积限制，但电子枪体下端至焊件间的有效工作距离不能太大，目前为 50mm，其熔深也有限，可达 30mm。

2.1.3 电子束焊的适用范围

除含有大量高蒸气压元素的材料外，电子束焊可焊接几乎所有可熔焊的金属。此外，还可以焊接熔点、热导率、溶解度相差很大的异种金属，也可焊接非金属陶瓷等。

电子束焊既可焊薄件又可焊厚件，最薄可焊 0.025mm 厚的金属箔；碳素钢单道焊接厚度可超过 100mm，铝合金可焊厚度超过 400mm，也可焊厚薄相差悬殊的焊件。

电子束焊可焊接精密部件、结构复杂部件及靠近热敏元件的部件；可以同时施焊具有两层或多层接头的焊件，这种接头层与层之间可以有几十毫米的空间间隔。

2.2　焊接设备与装置

2.2.1　电子束焊机的组成

典型的真空电子束焊机由电子枪、供电系统、真空系统、传动系统、电气控制系统及焊接台等部分组成，如图 5-2-2 所示。

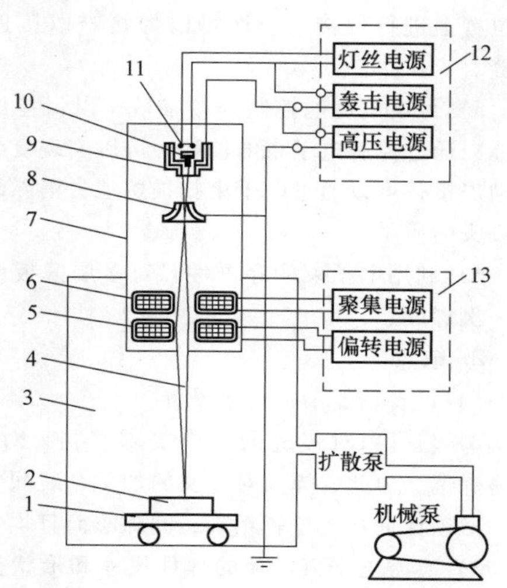

图 5-2-2　真空电子束焊机的组成

1—焊接台　2—焊件　3—真空室　4—电子束　5—偏转线圈　6—聚焦线圈　7—电子枪　8—阳极　9—聚束极　10—阴极　11—灯丝　12—高压电源系统　13—控制系统

1. 电子枪

电子枪是发射、形成和汇聚电子束流的装置。按加速电压高低分，有高压枪、中压枪和低压枪三种；按工作状态分，有固定式和移动式两种。高压枪一般是固定式的，通常固定在真空室上方，移动式电子枪多为中压和低压枪，根据需要安放在真空室内，可以移动。

电子枪包括静电和电磁两部分。静电部分由阴极、聚束极和阳极组成。阴极的作用是发射电子，阴极与阳极之间的高压加速电压使电子被加速到 0.3~0.7 倍的光速；聚束极相对于阴极可接负偏压，以控制通过阳极孔束流的强度，所以聚束极又称控制极。

电子枪的电磁部分主要由聚焦线圈与偏转线圈组成。聚焦线圈作用是对电子束进行聚焦，由静电透镜汇聚的电子束流，发射后由电磁透镜重新聚焦到焊件的焊缝上，这样既增加了电子束焊接的工作距离，又易于对其控制和调节；偏转线圈作用是使电子束发生偏转，偏转的目的是使电子束的束斑对准焊件的接缝上（静偏转），或在焊缝区做有规则的周期性运动（动偏转）。偏转方向和偏转量可通过改变偏转线圈中的电流方向及大小来调节。

2. 供电系统

电子束焊机的供电系统包括高压电源、灯丝电源、聚焦电源及偏转电源等。

1）高压电源：施加在阴极与阳极之间，用来加速电子。

2）灯丝电源：又称阴极加热电源用于向阴极加热供电。

3）聚焦电源：供给聚焦线圈稳定的励磁电流。

4）偏转电源：为偏转线圈供电。

3. 真空系统

真空系统由机械泵、扩散泵、真空阀门、管道和工作室等组成，用来将工作室抽成真空。工作室的设计应满足承受大气压所必需的强度和刚度指标，以及 X 射线防护要求。低压型电子束焊机（加速电压 ≤60kV）依靠工作室的钢板厚度和合理结构设计来防止 X 射线的透漏，高压型电子束焊机的电子枪和工作室的外壁上必须设置严密的铅板防护层。

4. 传动系统

真空电子束焊机的传动系统包括焊接工作台传动装置和电子束枪传动装置，其作用是带动焊件或电子枪做相对运动，以实现焊缝的焊接。多数电子束焊机采用固定式电子枪，通过焊件做直线移动或旋转运动来实现焊接；若采用移动式电子枪，则焊件可以不动，通过驱动电子枪进行焊接。

5. 电气控制系统

电子束焊机的电气控制系统主要是完成电子枪供电、真空系统阀门的程序启闭、传动系统的恒速运动、焊接参数的闭环控制以及焊接过程的程序控制等功能。

2.2.2　电子束焊机的分类

1. 按真空度分

按工作室的真空度分为高真空电子束焊机、低真空电子束焊机和非真空电子束焊机三种。

1）高真空电子束焊机。其真空度为 10^{-4}~10^{-1} Pa，适用于活性金属、难熔金属和质量要求高的焊件焊接，但焊件尺寸受真空室容积限制，焊接每一条焊缝的时间太长，因而生产率较低。

2）低真空电子束焊机。其真空度为 10^{-1}~10Pa，其焊接质量和大多数材料的高真空焊相似。抽真空时间显著缩短，生产率提高，适用于批量大的焊件焊接。

3）非真空电子束焊机。电子束仍在真空条件（≤10^{-1}Pa）下产生，但焊接在大气的压力下进行。由于电子束在大气中会发生严重散射，因此其穿透性降低，焊缝的深宽比减小。若电子枪的工作距离限制在 20~50mm，其深宽比只能达到 5∶1。这样的熔深仍较大，可达 30mm。因不需真空工作室，故可焊接大型尺寸的焊件，生产率高。

2. 按加速电压分

按加速电压的高低可分为高压电子束焊机、中压电子束焊机和低压电子束焊机三种。

1）高压电子束焊机。其加速电压>60kV。在相同功率下，高压电子束焊接所需的束流小，容易得到直径小、功率密度大的电子束斑点和深宽比大的焊缝。适合厚度大的板材的单道焊，以及难熔金属和热敏感性强的材料的焊接。电子枪一般是固定的。

2）中压电子束焊机。其加速电压为 30~60kV。因加速电压相对较低，其电子束斑点较大，能满足一般焊接的要求，可焊板厚达 70mm 左右。电子枪可以做成固定的或移动的。

3）低压电子束焊。其加速电压<30kV。电子束流大，束流汇聚较困难，其电子束斑点直径≥1mm，功率也限于 10kW 以内，所以只适用于对焊缝深宽比要求不大的薄板焊接。电子枪可做成小型移动式。

2.3 焊接工艺

2.3.1 接头设计

电子束焊接的接头形式有对接接头、角接头、T形接头、搭接接头和端接接头，而且均可进行无坡口全熔透或给定熔深的单道焊。

1. 对接接头

图 5-2-3 所示为典型电子束焊对接接头与焊缝。图 5-2-3 中 a、b、c 所示的接头最易制备，适于部分或全熔透焊。不等厚板对接尽量采用平齐接（见图 5-2-3b）。台阶接头（见图 5-2-3c）需采用较宽的电子束施焊，且焊接角度必须精确控制，否则极易焊偏，甚至脱焊。图 5-2-3 中 d~g 所示均为自定位接头，在环焊、周边焊和其他特定焊缝中可以自行紧固，其中图 e 和图 f 所示接头具有锁底（自衬垫）作用，但焊缝根处会留下未焊的接缝。图 5-2-3g 和图 5-2-3h 的母材可用作填充金属，焊缝成形得到改善。斜对接头（见图 5-2-3i）可增大焊缝金属面积，但装夹定位比较困难，只用于受结构条件或其他原因限制的场合。

2. 角接头

图 5-2-4 所示为电子束焊角接头与焊缝。图 5-2-4a留有未焊合的接缝，承载能力差；图 5-2-4h 所示的卷边角接头主要用于薄件，其中一个焊件必须精确预弯边 90°；其他几种接头都易于装配与对齐。

3. T 形接头

图 5-2-5 所示为电子束焊 T 形接头与焊缝。图 5-2-5a有未焊合的缝隙，接头强度差，且有缺口和腐蚀敏感性；图 5-2-5b 所示为较好的接头，焊接时焊缝易于收缩，拘束应力小。图 5-2-5c 所示为双面焊的 T 形接头，用于板厚大于 25mm 的场合。当焊接第二面时，先焊的第一面焊缝起拘束作用，有开裂倾向。

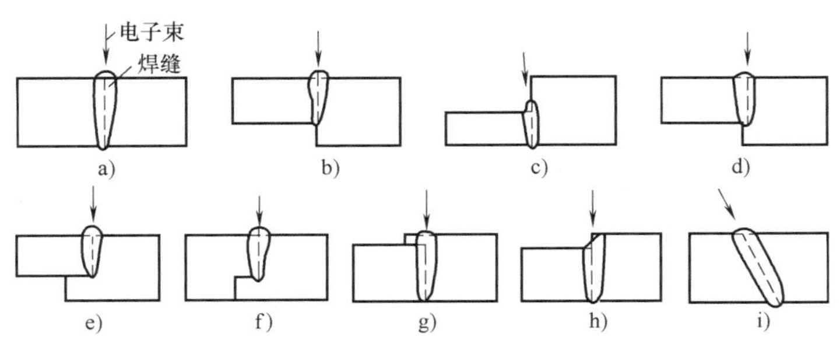

图 5-2-3　典型电子束焊对接接头与焊缝

a）对接　b）平齐接　c）台阶接　d）自定位嵌接　e）背衬嵌接　f）背衬双嵌接　g）边填充对接　h）肩填充对接　i）斜对接

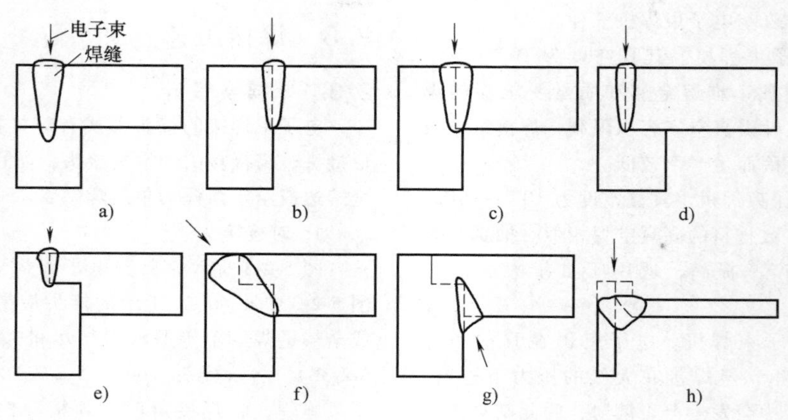

图 5-2-4　电子束焊角接头与焊缝

a）熔透焊缝　b）正常角接　c）锁口自定位角接　d）锁底定位角接　e）双边锁底角接　f）双边锁底斜熔透角接　g）双边锁底斜焊角接　h）卷边角接

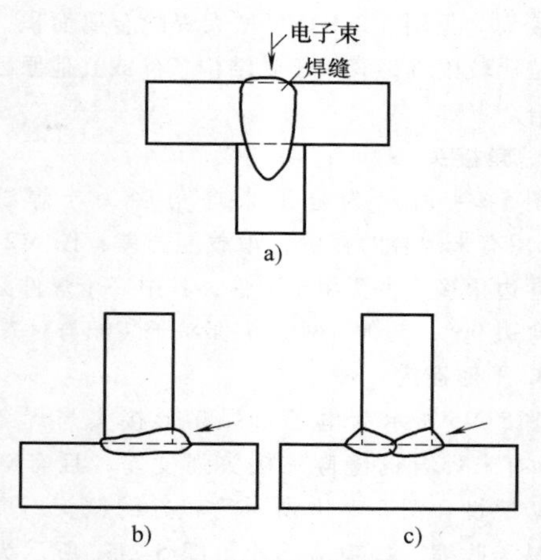

图 5-2-5　电子束焊 T 形接头与焊缝

a）熔透焊缝　b）单面焊　c）双面焊

4. 搭接接头

常用于厚度小于 1.6mm 的焊件，图 5-2-6 所示为其中常用三种接头形式。图 5-2-6 中 a 和 b 均有未焊的缝隙。熔透型接头主要用于板厚小于 0.2mm 的场合，有时需采用散焦电子束或电子扫描以增加熔合区宽度。当厚板搭接时，需填充焊丝以增加填角尺寸，有时也采用散焦电子束以加宽焊缝，并形成平滑的过渡。

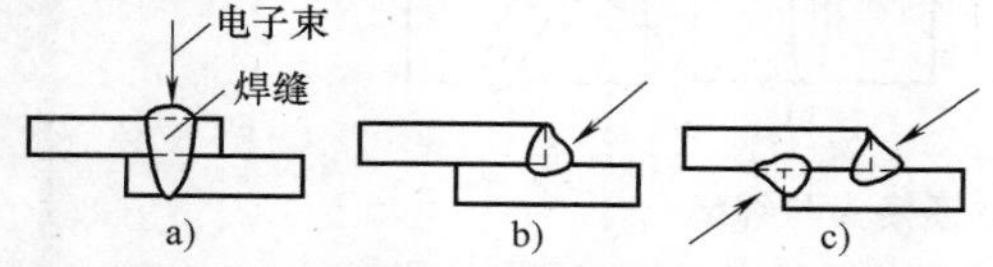

图 5-2-6　电子束焊搭接接头与焊缝

a）熔透焊缝　b）单面焊　c）双面焊

5. 端接接头

图 5-2-7 所示为三种典型的电子束焊端接接头与焊缝。厚板端接采用大功率深熔透焊，薄件或不等厚件常用小功率或散焦电子束进行焊接。

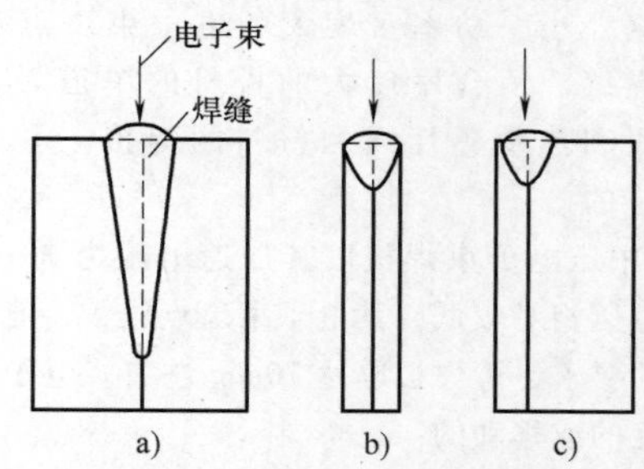

图 5-2-7　电子束焊端接接头与焊缝

a）厚板和厚板　b）薄板和薄板　c）薄板和厚板

2.3.2　焊前准备

1. 接合面的加工与清理

电子束焊焊接头属于紧密配合，不留间隙、不开坡口，故一般不添加填充金属；对于异种金属或合金的电子束焊，如果确有必要，也可使用填充金属。要求接合面经机械加工，其表面粗糙度需控制在 1.5~25μm，具体数值视被焊材料、接头设计而定。

焊前必须对焊件表面进行严格清理，否则会产生气孔等缺陷。对于真空电子束焊，表面油污还影响抽气时间和焊枪运行的稳定性。清理方法最好用丙酮，若使用含有氯化烃类的溶剂，则随后必须将焊件放在丙酮中彻底清洗。清理完毕后不得用手或工具触及接头区，以免污染。

2. 接头装配

电子束焊对装配间隙、错边及电子束束流位置偏差要求极其严格。如果这些尺寸过大，则会产生过量收缩、咬边、白点及漏焊等缺陷。图 5-2-8 所示为不同焊件厚度对装配精度的要求。

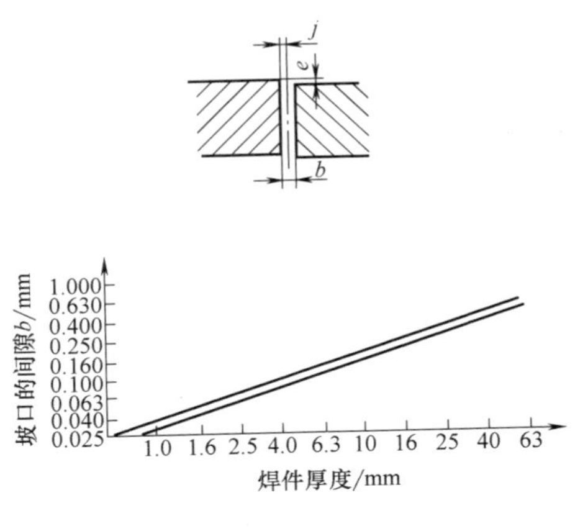

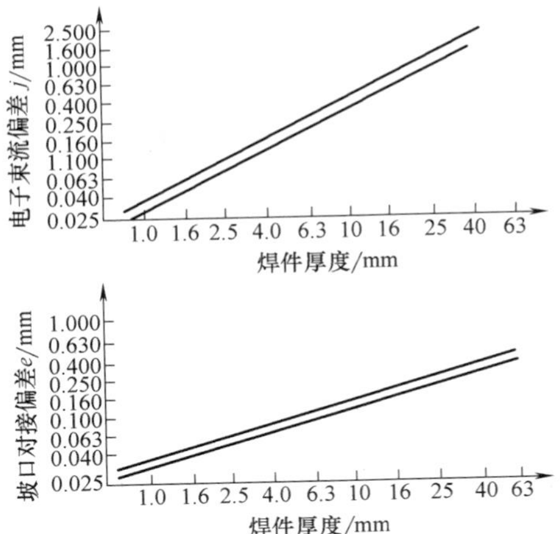

图 5-2-8　不同焊件厚度对装配精度的要求

3. 夹紧

电子束焊采用机械或自动操作方式。如果零件不是设计成自紧式的，则必须利用夹具进行定位与夹紧，然后通过移动工作台或电子枪体来完成焊接。

必须使用无磁性金属制造所有夹具和工具，以免电子束发生磁偏转。非真空电子束焊可用一般焊接变位机械，其定位、夹紧都较为简便。

4. 退磁

带剩磁的焊件在焊前应加以退磁。剩磁可能因磁粉探伤、电磁卡盘或电化加工等造成，即使剩磁不大，也足以引起电子束偏转。焊件退磁可放在工频感应磁场中，靠慢慢移出进行退磁，也可用磁粉探伤设备进行退磁。

2.3.3　焊接参数

电子束焊的基本焊接参数是加速电压、电子束流、焊接速度、聚焦电流和工作距离（枪体至焊件之间）等。这些参数直接影响到熔深和焊缝的几何形状。前三个参数决定了焊接时的热输入，即

$$E=\frac{60E_bI_b}{v}=\frac{60P_b}{v} \tag{5-2-1}$$

式中　E——热输入（$J \cdot cm^{-1}$）；

E_b——加速电压（V）；

I_b——电子束流（A）；

P_b——电子束功率（$J \cdot min^{-1}$）；

v——焊接速度（$cm \cdot min^{-1}$）。

图 5-2-9 所示为全熔透电子束焊热输入、电子束功率、焊接速度与被焊材料和板厚的关系。利用这关系就可以按工件材料和厚度，初步确定所需焊接功率。然后就可以选定电子束加速电压和电子束流以获得所需的焊接功率。这些初选参数还须经过实验修正后，才可作为实际使用的焊接参数。

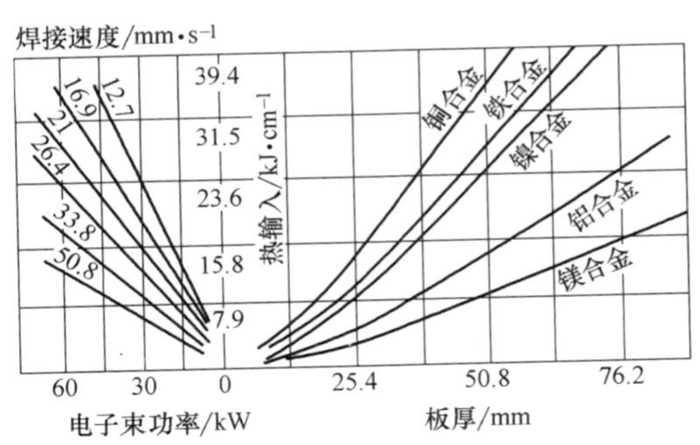

图 5-2-9　全熔透电子束焊热输入、电子束功率、焊接速度与被焊材料和板厚的关系

焊件表面的电子束束斑直径与加速电压、聚焦线圈电流和工作距离有关。为保持焊件表面上选定的电子束斑点直径，当加速电压提高时，必须相应地加大聚焦线圈的电流。如果加速电压保持恒定，而电子枪与焊件间的距离增大，就必须相应减小聚焦线圈的电流。

在工艺调试时需注意，每一焊接参数都影响电子束束斑直径，从而改变焊缝的几何形状。随着加速电压或电子束流的增加，熔深即随之增大，加速电压与电子束流的乘积即电子束功率决定了给定投射时间内熔化的金属量；随着焊接速度加快，如其他参数不

变，则熔深和相应的熔宽减小。如果焊接速度保持不变，改变任何其他基本参数，而使电子束斑点增大，则束斑强度减弱，即电子束功率密度降低，从而使熔深减小、熔宽增大。

电子束聚焦对焊缝形状和熔深也产生影响，如图 5-2-10 所示。无论是聚焦过度或聚焦不足都会引起电子束散焦，都会增大有效电子束直径而降低电子束的功率密度，产生浅的或 V 形的焊缝。只有聚焦准确才能形成深宽比大的平行焊缝。

常用材料电子束焊的焊接参数见表 5-2-1。

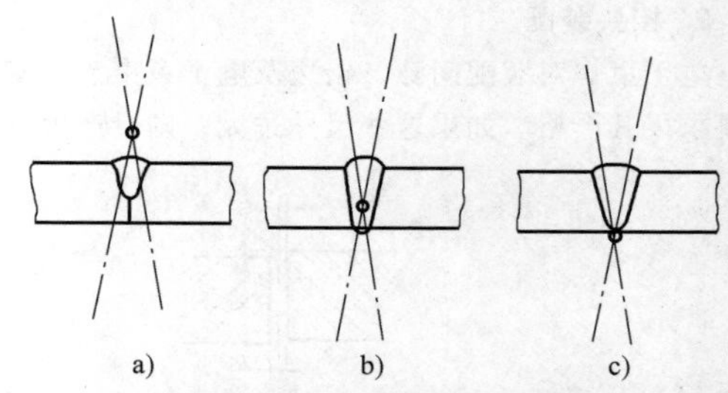

图 5-2-10　电子束聚焦对焊缝形状和熔深的影响

a）聚焦不足　b）聚焦准确　c）聚焦过度

表 5-2-1　常用材料电子束焊的焊接参数

材　质	板厚/mm	加速电压/kV	电子束流/mA	焊接速度/cm · min^{-1}
低合金钢、低碳钢	3	28	120	100
		50	130	160
	12	50	80	30
	15	30	350	83
不锈钢	1.3	25	28	50.6
	2.0	55	17	170
	5.5	50	140	250
	8.7	50	125	100
奥氏体钢	15	30	140	33.3
		30	230	83.3
		30	330	133.3
纯钛	0.13	5.1	18	40
	3.2	18	80	20
钛合金(Ti-6Al-4V)	6.4	40	180	152
	12.7	45	270	127
	19.1	50	500	127
	25.4	50	330	114
铝及铝合金	6.4	35	95	89
	12.7	25.9	235	70
		40	150	102
	19.1	40	180	102
	25.4	29	250	20
		50	270	152
纯铜	10	50	190	70
	18	55	240	22
钨	1.52	23	250	35
	2.54	150	16	50
钼	0.13	30	260	100
	1.0	21	130	40
钼 0.5 钛	0.76	25	57	45
	2	90	45	154
	2.54	135	12	68
	3	90	60	154
铌	2.5	28.2	170	55
钽 0.1 钨	3.2	30	250	30

2.4 常用金属材料的电子束焊要点

2.4.1 钢的电子束焊

1. 碳素钢的电子束焊

低碳镇静钢具有最佳的焊接性。由于电子束加热与冷却速度快，焊缝和热影响区的晶粒尺寸比电弧焊小得多。低碳沸腾钢则因脱氧不彻底，电子束焊时易产生强烈的熔池反应、飞溅及气孔；焊接时可以在接头间隙处加一厚度为0.2~0.3mm的铝箔，以保证脱氧作用。降低焊接速度和加宽熔池也有利于消除气孔。

中碳钢也适于电子束焊，但其焊接性随碳含量的增高而变差。$w(C)>0.5\%$的高碳钢用电子束焊时开裂倾向比电弧焊小，但仍需预热和后热。

2. 合金钢的电子束焊

$w(C)<0.30\%$的低合金钢用电子束焊时，可不预热或后热，但在高拘束条件下，为防止开裂应预热，预热温度为260~300℃。经热处理强化的钢材，焊后热影响区的硬度会下降，采取焊后回火处理（略低于母材回火温度）可使其硬度回升。

对$w(C)>0.30\%$的高强度合金钢，无论是退火、正火或淬火后回火状态，均可进行电子束焊接。但退火与正火状态下的焊接性更好。当厚度大于6mm时，应焊前预热和焊后缓冷，以免产生裂纹。

3. 工具钢的电子束焊

与其他方法相比，电子束焊无须进行退火等热处理就可直接对工具钢进行高速施焊。

4. 不锈钢的电子束焊

电子束焊焊接的奥氏体不锈钢接头具有较高抗晶间腐蚀能力，因为高的冷却速度有助于抑制碳化物析出。马氏体不锈钢可在任何热处理状态下进行电子束焊接，但热影响区易形成淬硬的马氏体，随着碳含量和冷却速度的提高，其硬度和裂纹敏感性也增大。

用电子束焊焊接的沉淀硬化不锈钢接头，具有较好力学性能，但含磷较高的沉淀硬化不锈钢的焊接性较差。

2.4.2 有色金属的电子束焊

1. 铝及铝合金的电子束焊

纯铝及非热处理强化铝合金很容易进行电子束焊接，接头具有与母材退火状态相似的力学性能。热处理强化铝合金进行电子束焊时，可能出现不同程度的裂纹、气孔等缺陷，但只要焊接参数选择适当，可以减少缺陷并保证接头不会出现退火软化区。当铝合金中含有较多强化元素镁和锌时，低速电子束焊会造成这些元素的大量蒸发。若提高焊接速度则焊缝成形恶化，并出现严重气孔。无锌的铝合金宜用高加速电压、小电子束流的高速焊。

2. 铜及铜合金的电子束焊

纯铜用电子束焊是最理想的方法，纯铜在真空条件下加热时蒸发比较严重，所以电子束流的能量密度不宜选得太高，以防止过量蒸发和飞溅，导致焊缝断面减小；又由于纯铜导热性好，焊接所需电子束功率要比焊接合金钢大（见表5-2-1)。不含锌的铜合金可以用电子束焊，而含锌的铜合金不宜采用电子束焊。例如，黄铜含锌，焊接时锌会蒸发而阻碍焊接。

电子束焊焊接铜及铜合金的主要缺陷是气孔，防止措施是增大装配间隙，焊前预热和重复施焊等。

3. 钛及钛合金的电子束焊

工业钛及其合金都可采用真空电子束焊焊接，因为可有效地避免有害气体污染，而且电子束的能量密度大、焊接速度快，焊缝中不出现粗大的片状α相，因而焊接接头的有效系数可达到100%。焊接时，为了防止晶粒长大，宜采用高加速电压、小电子束流的焊接参数（见表5-2-1)。

2.4.3 难熔金属的电子束焊

电子束焊是难熔（熔点高于2000℃）金属极佳的焊接方法，用最小的热输入就可获得性能良好的接头。

钼和钨焊接的困难不仅是因其熔点高，还在于熔化和再结晶会使这两种金属的韧性转变温度提高到室温以上。电子束焊的高温停留时间短，晶粒长大及其他能提高转变温度的反应可减至最小。在焊接过程中，需注意避免或减小接头受到拘束。为了降低拘束，可设计成凸缘对接或卷边对接，并在近缝区设置应力缓和槽以调节其弹塑性。此外，预热焊接区可以降低开裂的敏感性。在钼中加入钛、铝等元素，能中和氧、氮和碳的有害作用，提高焊缝韧性。

钽、铌等难熔金属比较易焊。

2.4.4 异种金属的电子束焊

电子束功率密度大，能有效地调节热输入和精确控制加热范围，因此可克服不同材料热物理性能差异导致的焊接困难，还能把金属间脆性化合物生成量降到最小，提高接头的力学性能。

表5-2-2列出了异种金属各种组合电子束焊的焊接性。

对于不能互溶的两种金属的电子束焊，可以通过嵌放或预置与两种金属兼容的过渡金属。例如，铜与铝的电子束焊，为了避免生成脆性金属间化合物，可以加锌箔或银箔；铜与软钢的焊接使用镍片作过渡金属；钛合金与镍基合金使用铌薄片和铜薄片等作过渡金属。

表 5-2-2 异种金属各种组合电子束焊的焊接性

铝	2																
金	1	5															
铍	5	2	5														
钴	3	5	2	5													
铜	2	2	1	5	2												
铁	3	5	2	5	2	2											
镁	5	2	5	5	5	5	3										
钼	3	5	2	5	5	3	2	2									
铌	4	5	4	5	5	2	5	4	1								
镍	2	5	1	5	1	1	2	5	5	5							
铂	1	5	1	5	1	1	1	5	2	5	1						
铼	3	4	4	5	1	3	5	4	5	5	3	2					
锡	2	2	5	3	5	2	5	5	3	5	5	5	3				
钽	5	5	4	5	5	3	5	4	1	1	5	5	5	5			
钛	2	5	5	5	5	5	5	3	1	1	5	5	5	5	1		
钨	3	5	4	5	5	3	5	3	1	1	5	1	5	3	1	2	
锆	5	5	5	5	5	5	5	3	5	1	5	5	5	5	2	1	5
	银	铝	金	铍	钴	铜	铁	镁	钼	铌	镍	铂	铼	锡	钽	钛	钨

注：1—形成固溶体，焊接性好；2—形成复杂组织，焊接性尚可；3—数据不足，谨慎使用；4—无数据，特别慎用；5—形成金属间化合物，焊接性差。

2.5 焊接缺陷

电子束焊常见缺陷有气孔和飞溅、缩孔、裂纹、咬边、未填满、偏焊、未熔合等。随着焊件厚度的增加，这些缺陷更易产生。

1. 气孔和飞溅

电子束焊冷却速度很快，如果焊件熔化后有气体析出，则易形成气孔。气体和金属蒸气迅速逸出时则易于导致飞溅。防止气孔和飞溅的措施是：①降低焊接速度；②采用摆动电子束焊接；③改用多道焊，添加含脱氧剂的填充金属；④对非热处理强化的材料可进行重熔焊接。

2. 裂纹

在电弧焊时易产生冷裂或热裂的金属，在电子束焊时也可能产生这类裂纹。用低电子束能量、高速焊接可以使热裂纹减至最小；冷裂纹可以通过接头设计以消除应力集中，减小拘束应力或改变焊接工艺以减少诱发裂纹的起源——气孔来避免。对于可淬硬钢，预热到合适的温度可以控制焊接区内马氏体的形成，也可防止裂纹。不加填充材料的真空电子束焊无氢的来源，故不会产生氢致裂纹。

3. 缩孔

缩孔一般产生于焊缝金属中心的树枝状结晶之间。当电子束焊缝的两侧熔合线基本平行时，结晶是从母材金属向焊缝中心均匀进行的，若金属的凝固收缩较大，而焊缝顶部和根部表面又先于中心凝固，就会造成缩孔。降低焊速或摆动电子束可以改变焊缝成形和减慢结晶速度，防止或减少缩孔的产生。

4. 咬边

因电子束焊一般不添加填充金属，在焊道两侧很容易出现咬边缺陷。在厚板焊接和薄板高速焊时，尤为严重。降低焊接速度，或添加能降低表面张力和提高流动性的金属，可以防止产生咬边。对于咬边缺陷，可以采用小功率电子束重熔进行补焊。

5. 塌陷

对接缝单面电子束焊时，因材料表面张力不足以支撑熔融焊缝金属的自重，就会出现焊缝根部金属过多而上表面下塌现象。当电子束能量过高或熔融焊缝金属过宽时，就容易造成这种塌陷。可以通过调节焊接参数使之减小，但最有效的办法是采用背面加衬垫或用锁底接头。此外，还可以采用电子束摆动或脉动电子束焊以加速背面熔融金属的凝固速度。

如果在最佳电子束操作下仍未能填满，则必须添加填充金属。

6. 焊偏

产生焊偏的原因是电子束轴线没能自始至终对准

接头接合面的中央，在发生偏离的部位就出现焊偏。引起电子束偏离的原因：①设备不良，传动系统和监察系统不完善，使对中不准确可靠；②焊件发生变形；③静电力和磁力干扰使电子束发生偏离。从设备方面，应提高传动系统精度，改善观察系统或采用自动对中的控制系统；提高对焊件夹持的刚性。从工艺方面，焊前将所有铁磁焊件退磁并采用非磁性材料夹具。当磁性材料和非磁性材料焊接时，磁性材料中残余的或感应产生的磁性会使电子束偏离，从而形成接头根部未熔合，这点应引起注意。

7. 未熔透

这是由电子束功率过小、焊接速度过快或电子束聚焦不当而引起的，可以通过调整焊接参数和采用焊接参数闭环自动控制系统来解决。

2.6　安全技术

电子束焊有四种潜在危险，即电击、X 射线辐射、烟气和可见光辐射。无论是在设备设计还是安装运行时，均需采取防护措施及遵守有关安全操作事项。

1. 电击

无论是低压型或高压型的电子束焊机，在运行时都带有足以致命的高电压。因此，焊机中一切带有高电压的系统，都必须采取有效的安全防护措施。

2. X 射线辐射

焊接时，高速运动的电子束与焊件撞击会产生 X 射线；在枪体和工作室内，电子束与气体分子或金属蒸气相撞时，也会产生相当数量的 X 射线。对于小于 60kV 电子束焊机的真空室，采用足够厚的钢板就能起防护 X 射线的作用。高压的电子束焊机的真空室则需采用铅板进行防护。无论是高压或是低压电子束系统都使用铅玻璃窗口。焊机则安装在用高密度混凝土建造的 X 射线屏蔽室内，并备有在焊机运行时防止误入或被关闭在屏蔽室内的安全措施，操作者可以通过光学观察系统或工业电视系统在屏蔽室外监控。要定期对电子束设备作 X 射线辐射剂量检测，以确保设备操作场所始终符合有关 X 射线辐射防护的规定。

3. 烟雾与气体

电子束焊时会产生有害的金属蒸气、烟雾、臭氧及氧化氮等，因此要有通风或排气措施，以确保真空室内和工作场所的有害气体含量降低到安全水准以下。

4. 可见光辐射

直接观察熔化金属发射的可见光对视力和皮肤有害，应采取防护眼睛及脸部受损伤的安全措施，如佩戴滤光眼镜等。

第3章 激 光 焊

3.1 概述

3.1.1 激光焊及其特点

激光是通过使工作介质受激而产生的一种单色性高、方向性好及亮度大的光，经透镜或反射镜高度聚焦后获得很大的功率密度，可用于焊接、切割或材料表面处理等。

激光焊是以聚焦的激光束辐射焊件所产生的热量进行焊接的一种方法。与一般焊接方法相比，激光焊具有以下几个特点：

1）聚焦后，激光光斑直径可小到 0.01mm，具有很高的功率密度（高达 $10^{13}W\cdot m^{-2}$），焊接多以穿孔方式进行。

2）激光加热范围小（<1mm），在相同功率和焊件厚度条件下，其焊接速度快，最高可达 $10m\cdot min^{-1}$以上。

3）焊接热输入低，故焊缝和热影响区窄、焊接残余应力和变形小，可以焊接精密零件和结构，焊后不必进行矫正和机械加工。

4）通过光导纤维或棱镜改变激光传输方向，可进行远距离焊接或一些难以接近部位的焊接。由于激光能穿透玻璃等透明体，适合用于在密封的玻璃容器里焊接铍合金等剧毒材料。

5）可以焊接一般焊接方法难以焊接的材料，如高熔点金属、陶瓷及有机玻璃等。

6）与电子束焊相比，激光焊不需要真空室，不产生 X 射线，光束不受电磁场作用。但可焊厚度比电子束小。

7）激光的电光转换及整体运行效率都很低。此外，激光会被光滑金属表面部分反射或折射，影响能量向焊件传输，所以焊接一些高反射率的金属还比较困难。

9）设备投资大，特别是高功率连续激光器的价格昂贵。此外，焊件的加工和组装精度要求高；工夹具精度要求也高。只有高生产率才能显示其经济性。

3.1.2 激光焊的分类

按激光器的工作方式分为脉冲激光焊和连续激光焊两类，前者焊接时形成一个个圆形焊点并相互叠合成缝，后者在焊接过程中形成一条连续焊缝。根据焊接时激光束功率密度的大小，又分为熔入（传导）型激光焊和小孔型激光焊两种。当激光束的功率密度小于 $10^5W\cdot cm^{-2}$时，焊件表面温度不超过材料的沸点，焊件吸收的光能转变为热能后，通过热传导将焊件熔化，其焊接过程和非熔化极电弧焊相似，这种方式的焊接称为熔入型激光焊。当功率密度大于 $10^5W\cdot cm^{-2}$时，焊件表面温度上升到沸点，激烈蒸发形成的蒸气压力排斥已熔化的液态金属而形成小孔，使激光束能深入到材料内部进行加热，这种方式称为穿孔型激光焊。

3.1.3 激光焊的主要应用

固体激光焊或脉冲气体激光焊可焊接铜、铁、锆、钽、铝、钛、铌等金属及其合金，也可焊接石英、玻璃、陶瓷、塑料等非金属材料。连续 CO_2 气体激光焊可焊接大部分金属与合金，但难以焊接铜、铝及其合金（因为这两种金属的激光反射率高、吸收率低）。

激光焊已广泛用于航天、航空、电子仪表、精密仪器、汽车制造、游艇及医疗器械等行业，既可用来焊接由金属丝或金属箔构成的精密小零件，也可用于焊接厚度较大的金属结构件。

激光焊还能与电弧热、电阻热、摩擦热等热源复合起来进行复合焊，例如，激光-MIG 复合焊、激光-HRFW 复合焊等，能大大地提高焊接质量和效率，降低制造成本。

3.2 激光焊设备

激光焊设备主要由激光器、光束传输和聚焦系统、焊枪、工作台、电源及控制装置、气源、水源、操作盘和数控装置等组成，如图 5-3-1 所示。

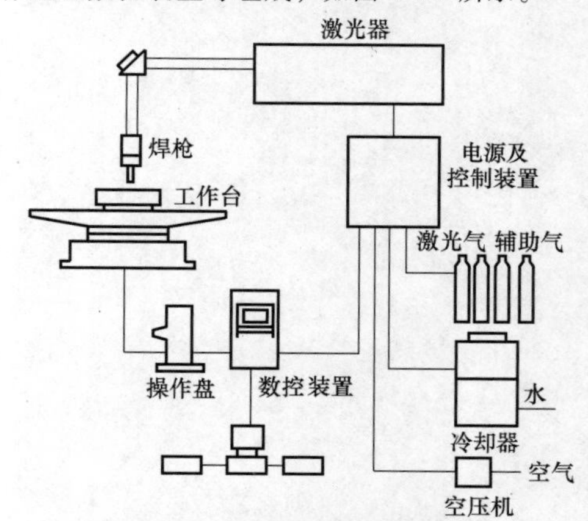

图 5-3-1 激光焊设备组成

3.2.1 激光器

1. 激光器的构造

产生激光的装置称为激光器，它必须具备以下三个基本条件：①要具有适当能级结构的工作介质；②要有谐振腔反射镜以维持光振荡；③要有合适的激励能源，以供给能量。图 5-3-2 所示为具有这三个基本条件的激光器的基本模型。激光工作介质有固体、液体和气体三类，焊接激光器用的主要是固体（如红宝石和掺钕钇铝石榴石等）激光器和气体（如 CO_2 等）激光器。激励能源有光能、电能和化学能，目前主要使用前两者，以光照射和放电方式为最多。

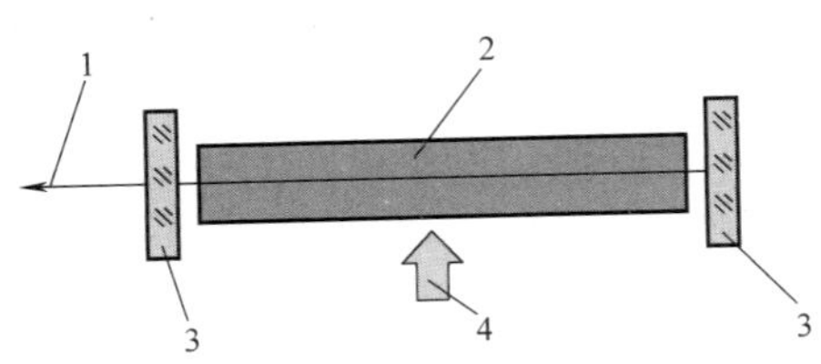

图 5-3-2 激光器的基本模型

1—激光束 2—激光工作介质 3—谐振腔反射镜 4—激励（泵浦）能量

2. 激光器的类别

（1）固体激光器

固体激光器主要由激光工作介质（红宝石、YAG 或钕玻璃棒等）、聚光器、谐振腔（全反射镜和部分反射镜）、泵灯、高压电源及储能电容等组成，如图 5-3-3 所示。高压电源 1 对储能电容 2 充电，在触发电路 3 控制下向泵灯（氙灯）4 放电，泵灯即发出，集中照在激光工作介质 5 上。激光工作介质被激励而产生激光，激光在谐振腔中经振荡放大后通过部分反射镜的窗口输出。调节储能电容上的电压，激光器即可输出不同能量的激光。固体激光可通过光纤传输。

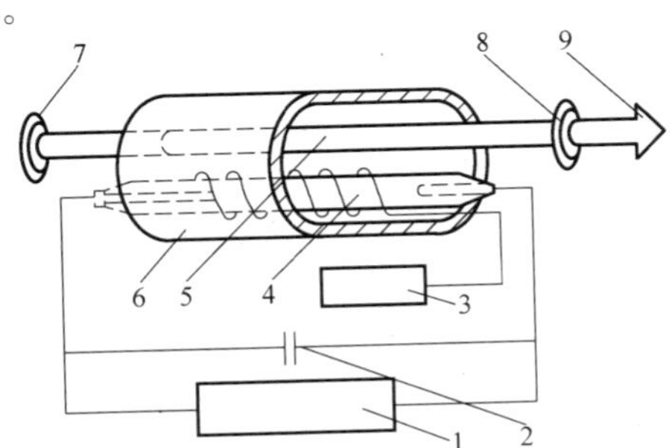

图 5-3-3 固体激光器组成示意图

1—高压电源 2—储能电容 3—触发电路 4—泵灯 5—激光工作介质 6—聚光器 7—全反射镜 8—部分反射镜 9—激光

固体激光的波长与工作介质有关，红宝石为 0.69μm，YAG（钇铝石榴石）为 1.06μm。

工业用脉冲 Nd：YAG 激光器输出的平均功率较小，但峰值功率却是平均功率的 15 倍；连续 Nd：YAG 激光器的输出功率大于 5kW，故比脉冲的具有更快的加工速度。

使用氙灯作为激励器件的固体激光器称为灯泵浦激光器。采用激光二极管作为激励器件的固体激光器称为二极管泵浦激光器。二极管泵浦 Nd：YAG 激光器的波长较短，为 0.85 ~ 1.65μm；功率为 550 ~ 4400W 的激光器即可用于焊接与切割。

（2）气体激光器

气体激光器多为 CO_2 激光器，采用 CO_2、N_2 和 He 的混合气体为工作介质，其体积比为 7：33：60。CO_2 激光的波长为 10.6μm，是固体（Nd：YAG）激光的 10 倍。焊接和切割常用的 CO_2 激光器有快速轴流式 CO_2 激光器和横流式 CO_2 激光器两种。

1）快速轴流式 CO_2 激光器。图 5-3-4 所示为快速轴流式 CO_2 激光器的结构示意图。它由放电管、谐振腔（全反射镜）、罗茨风机以及换热器等组成。气体在放电管 7 内以接近声速的速度流动，同时也带走激光腔体内的废热。在放电管内可有多个放电区（图中为 4 个），高压直流电源在其间形成均匀的辉光放电。这类激光器的输出模式为 TEM_{00} 模式和 TEM_{01} 模式，适于焊接与切割使用。

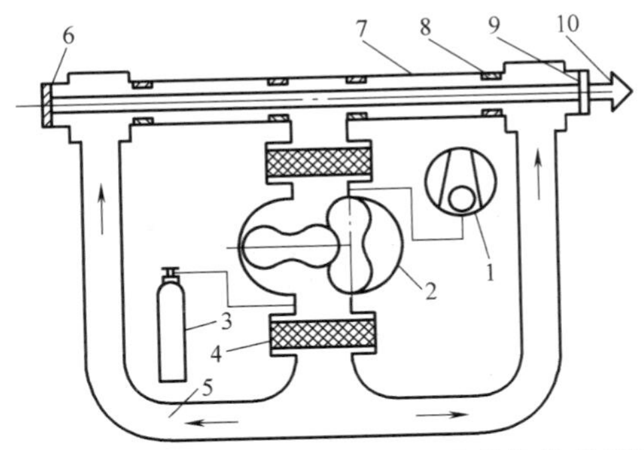

图 5-3-4 快速轴流式 CO_2 激光器的结构示意图

1—真空系统 2—罗茨风机 3—激光工作气源 4—换热器 5—气管 6—全反射镜 7—放电管 8—电极 9—输出窗口 10—激光束

2）横流式 CO_2 激光器。图 5-3-5 所示为横流式 CO_2 激光器的结构示意图。高速压气机 1 使混合气体在放电区 8 中做垂直于激光束的流动，其速度一般为 $50m \cdot s^{-1}$。气体直接与换热器 3 进行热交换，因而冷却效果较好。一般能获得 2kW 的输出功率。调节放电电流的大小即可调节激光器的输出功率。

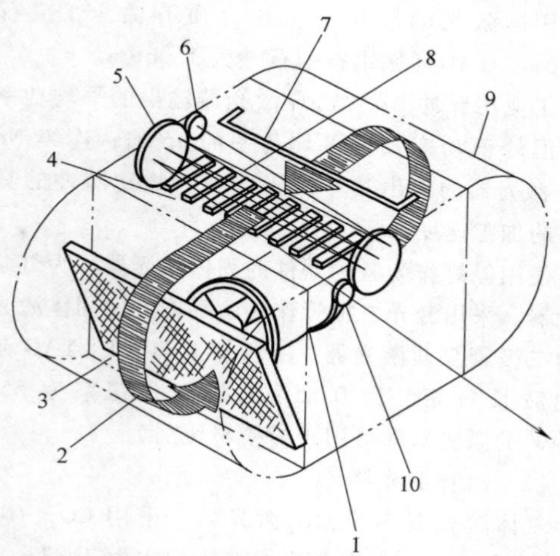

图 5-3-5　横流式 CO_2 激光器的结构示意图

1—压气机　2—气流方向　3—换热器　4—阳极板　5—折射镜　6—全反镜　7—阴极管　8—放电区　9—密封钢外壳　10—半反镜（窗口）

（3）激光模式

激光束能量密度沿横截面的分布是不均匀的，有多种分布模式。常用 TEM 和下标 *mn* 来表示，*m* 和 *n* 分别为横截面坐标的阶数。图 5-3-6 所示为圆形共焦腔低阶横模光斑和能量分布。其中，TEM_{00} 称为基横模或基模，其能量分布是高斯曲线，极易聚焦，且束斑直径最小，是最实用的一种光模。模式越低，聚焦后的光斑越小，功率密度就越大，所以焊接与切割要求激光器输出基模或低阶模（即 $m=0$，$n=1$ 或 $m=1$，$n=0$ 的模式）。

TEM_{00}

TEM_{01}

TEM_{10}

TEM_{11}

图 5-3-6　圆形共焦腔低阶横模光斑和能量分布

3. 激光器的选择

目前焊接与切割用的激光主要是 YAG 激光和 CO_2 激光，两者性能比较见表 5-3-1。

表 5-3-1　YAG 激光和 CO_2 激光性能比较

激光类型	YAG 激光	CO_2 激光
波长/μm	1.06	10.6
输出功率等级/kW	0.1~5	0.5~45
脉冲能力/kHz	DC-60	DC-5
光束模式	多模	TEM_{00}~多模
光束传播系数/*K*	≤0.15	0.1~0.8

Nd：YAG 激光器的优点是：①大多数金属对 Nd：YAG 激光的吸收率比 CO_2 激光大；②Nd：YAG 激光能通过光纤传播，有利于实现机器人焊接；③Nd：YAG 激光容易对中、转换和分光；④激光器和光束传输系统所占空间较小。因此，在三维激光焊接领域中有着广泛的应用。

CO_2 激光器的优点是：①输出功率较大、电-光转换效率高、聚焦能力好、运行费用和安全防护成本低；②焊接对 CO_2 激光波长反射率较低的材料时可获得较快的焊接速度，同时焊接熔深也较大。

3.2.2　光束传输与聚焦系统

光束传输和聚焦系统又称为外部光学系统，是用来把光束传输并聚焦在焊件上，在其端部安装提供保护或辅助气流的焊枪或割枪。图 5-3-7 所示为激光传输和聚焦系统的示意图。平面反射镜用于改变光束的方向，球面反射镜或透镜用于聚焦。在固体激光器中，常用光学玻璃制造反射镜和透镜。对于 CO_2 激光器，由于激光波长较长，常用铜或反射率高的金属制成反射镜，用 GaAs 或 ZnSe 制成透镜。透射式聚焦用于中小功率的激光器，而反射式聚焦用于大功率激光器。

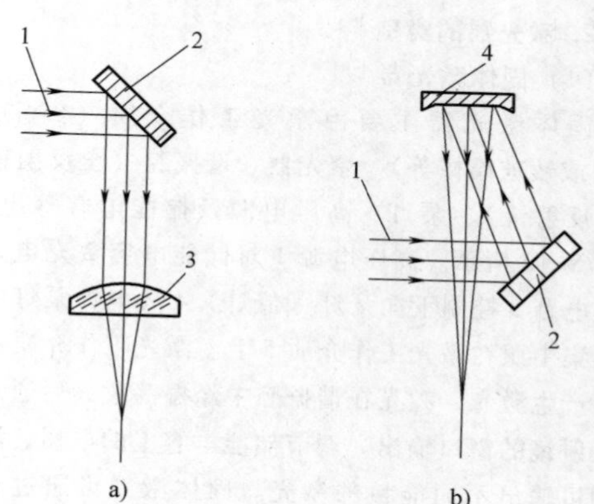

图 5-3-7　激光传输和聚焦系统示意图

a）透射式聚焦　b）反射式聚焦

1—激光束　2—平面反射镜　3—透镜　4—球面反射镜

3.3　激光焊接原理

3.3.1　激光与材料间的相互作用

激光照射到材料表面时，在不同的功率密度下，材料将发生不同的物理变化，如表面温度升高、熔化、汽化、形成小孔及产生等离子体等，这些物理现象不同程度地影响材料的焊接性。随着激光功率密度的增大和对金属材料作用时间的延长，金属材料将会发生如图 5-3-8 所示的几种物态变化。

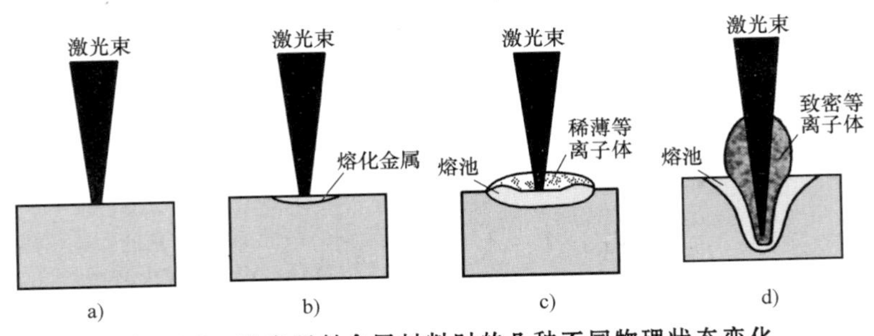

图 5-3-8 激光照射金属材料时的几种不同物理状态变化
a）固态加热 b）表层熔化 c）形成稀薄等离子体 d）形成匙孔及致密等离子体

当激光功率密度较小（$<10^4 W \cdot cm^{-2}$）、辐射时间较短时，金属吸收激光的能量只能引起材料从表及里的温度升高，这种物理过程主要用于零件的表面热处理。

随着激光功率密度的增大（$10^4 \sim 10^6 W \cdot cm^{-2}$）和辐射时间的延长，材料表层逐渐熔化，且液-固相分界面逐渐向材料深处移动。这种物理过程主要用于金属表面重熔、合金化、熔敷和熔入型焊接。

当激光功率密度$>10^6 W \cdot cm^{-2}$时，材料表面不仅熔化，而且发生蒸发，金属蒸气聚集在材料表面附近并弱电离，这种电离度较低的金属蒸气称为弱等离子体，它有利于焊件对激光的吸收。金属蒸气的反作用力还使熔池金属表面凹陷。这种物理过程主要用于熔入型焊接。

当激光功率密度$>10^7 W \cdot cm^{-2}$时，材料表面剧烈蒸发，形成较高电离度的等离子体，这种致密的等离子体可以逆着光束入射的方向传输，对激光有屏蔽作用，大大降低了激光入射到材料内部的能量密度。在较大的蒸气反作用下，在熔化金属内部形成一个小孔，又称匙孔。该孔的出现却有利于材料对激光的吸收。这种物理过程可用于穿孔型焊接、材料切割和打孔等。

产生上述不同物理现象的功率密度的具体数值会因环境条件、激光波长和焊件材料的不同而有所变化。

3.3.2 金属材料的激光吸收率及其主要影响因素

金属材料对激光的吸收与激光波长、材料性质、温度、表面状态及偏振特性等一系列因素有关。

随着激光波长的缩短，金属材料的反射率降低，对激光的吸收率提高。图 5-3-9 所示为室温下波长对金属材料激光吸收率的影响。

随着温度升高，金属材料的激光吸收率增大，因

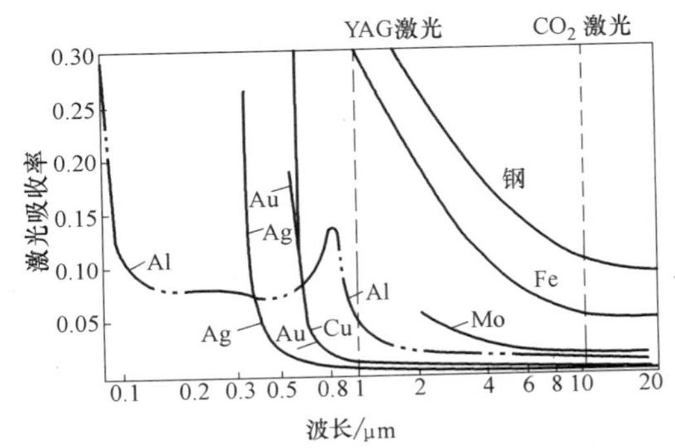

图 5-3-9 室温下激光波长对金属材料激光吸收率的影响（垂直入射）

此当激光束的功率密度增大到某个值时，激光吸收率也急剧增大，如图 5-3-10 所示。

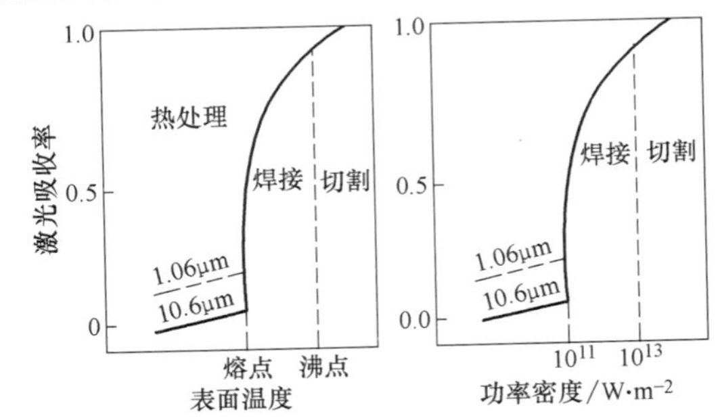

图 5-3-10 激光吸收率和材料表面温度及功率密度的关系

当光束照射到清洁、磨光的金属表面时，一般都存在强烈的反射，但在高温下，金属表面形成的氧化膜会使激光吸收率显著提高。对钢材而言，10.6μm 波长的 CO_2 激光的激光吸收率随其表面氧化膜厚度的增加而增大，如图 5-3-11 所示。利用各种表面涂层也是增加金属表面对激光的吸收率的有效办法。不同涂层的激光吸收率见表 5-3-2。

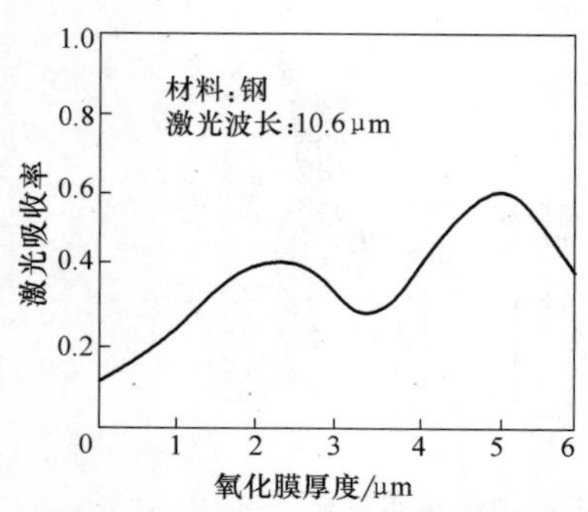

图 5-3-11　钢的氧化膜厚度与 CO_2 激光的激光吸收率之间的关系

表 5-3-2　不同涂层的激光吸收率

涂层材料	吸　收　率	涂层厚度/mm
磷酸盐	>0.90	0.25
氧化锆	0.9	—
氧化钛	0.89	0.2
炭黑	0.79	0.17
石墨	0.63	0.15

当激光束垂直入射时，激光吸收率与激光束的偏振无关，但当激光束倾斜入射时，偏振对激光吸收率的影响就不能忽视。采用圆偏振镜将激光器输出的线偏振光转换为圆偏振光，这样，吸收率就与焊件的加工方向无关了。

3.3.3　焊接过程中的几种效应

1. 等离子体的负面效应

激光焊接时，被焊材料不仅熔化、蒸发，而且还会和保护气体一起被电离，在熔池上方形成等离子云。激光入射到等离子云时，会产生折射、反射、吸收，极端情况下甚至会产生全反射，无法实现焊接。因此，必须消除等离子体。常用的方法有以下几种：

1）侧向吹气法。即在熔池上方，沿侧下方吹送保护气体，一方面吹散电离气体，另一方面对熔化金属起保护作用。在大功率焊接时，一般吹送氦气，因它电离势高，不易电离。

2）同轴吹气法。与侧向吹气法不同的是，轴向吹送的保护气体把等离子体压入熔池的小孔内，增强对熔池的加热。

3）吹送双层气体法。喷嘴由两个同轴圆管组成，外管通氦气，内管通氩气。外管的氦气有利于减弱等离子体及保护熔池，内管的氩气可将等离子体抑制在蒸发沟槽内。此法适用于中等功率的 CO_2 激光焊。

4）光束纵向摆动法。主要是利用光束的移动来避开等离子体。

5）侧向吸气法。把吸管置于激光束与焊件作用点附近，且与焊件表面成一定角度；吸管接抽气机，使焊件表面形成局部低压，这样减少了等离子体的体积和电荷数量。

6）外加电场法。在熔池上方的等离子体区域两侧，加一直流电场，使等离子体内的正、负电荷向两侧运动，减小它对激光的散射和吸收作用。

2. 焊缝金属的净化效应

金属中一般都含有 S、P、O、N 等非金属杂质。受到激光照射时，由于非金属对激光的激光吸收率远大于金属，故这些杂质随温度迅速上升而逸出熔池，结果是减少了焊缝中的有害元素和杂质，提高了焊缝金属的纯度，增加其塑性和韧性。

3. 孔壁聚焦效应

激光穿孔型焊接时，由于熔池产生小孔，激光深入到小孔内部，小孔壁对激光多次反射，使得激光就像黑体那样被吸收，如图 5-3-12 所示。

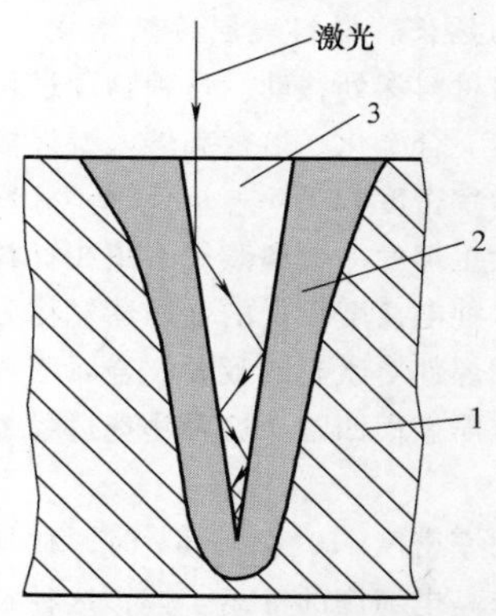

图 5-3-12　激光束在小孔内被多次反射、吸收示意图

1—焊件　2—熔池　3—小孔

3.4　连续激光焊工艺

3.4.1　连续激光焊熔池的特点

根据所用光束功率密度的大小，连续激光焊分为熔入型激光焊接和穿孔型激光焊接两种形式。熔入型激光焊接的熔池行为和焊接工艺过程与普通电弧焊类似。

穿孔型激光焊接的最大特点是有小孔效应。小孔周围是熔融的液态金属，由于壁聚效应，这个充满蒸气的小熔孔就像“黑体”一样，几乎全部吸收入射的激光能量。焊接时，光束与焊件相对移动，因金属剧烈蒸发产生的强驱动力使小孔前沿的熔化金属沿某一角度得到加速，绕小孔流向后方，形成如图 5-3-13 所示的涡流。此后，小孔后方的液态金属因热传导的作用，温度降低，逐渐凝固而形成焊缝。

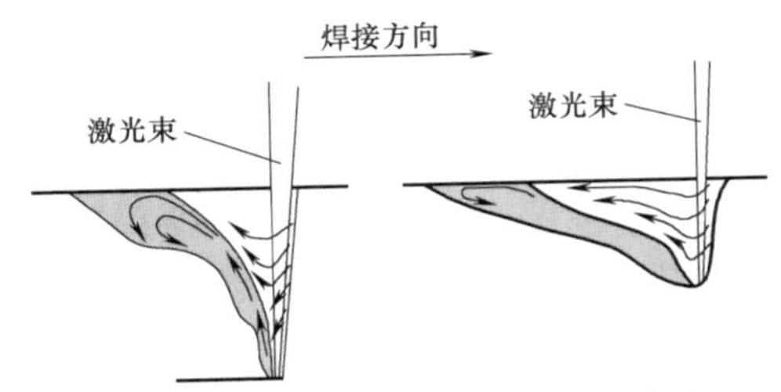

图 3-5-13 小孔周围液态金属的流动

当功率密度较大时，产生的小孔能穿透整个焊件的厚度，可以获得全熔透的焊缝，如图 5-3-14 所示。

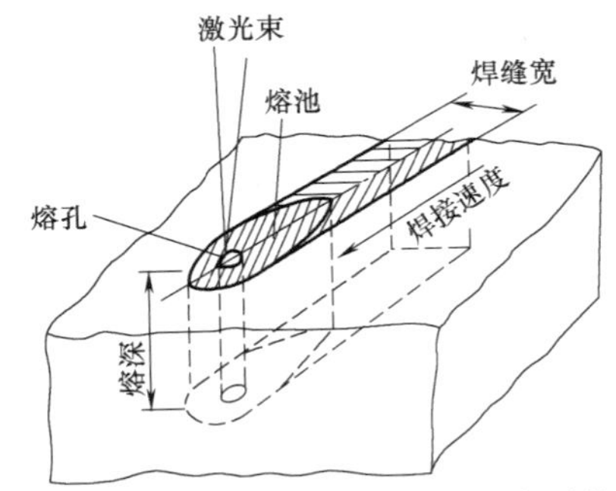

图 5-3-14 激光穿孔型焊接焊缝成形特点

3.4.2 连续激光焊的接头设计

图 5-3-15 所示为连续激光焊的接头形式。其中最为常用的是对接和搭接，一般不需填充金属。由于激光经聚焦后的光束直径很小，因此对接头的装配精度要求很高。

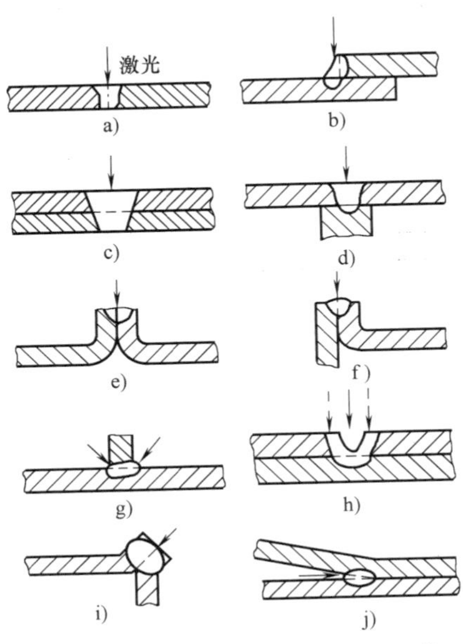

图 5-3-15 连续激光焊的接头形式

a）对接 b）搭接 c）点焊（叠接相同尺寸） d）点焊（不同尺寸） e）卷边焊 f）端接 g）T形焊 h）塞焊 i）卷边角焊 j）吻焊

对接时，装配间隙应小于材料厚度的 15%，焊件间的错位和平面度不大于 25%，如图 5-3-16a 所示。激光焊接时变形虽小，但仍需用夹具夹紧。图 5-3-16a 中的数据适用于钢铁和镍合金等材料。对于导热性能好的材料，如铜合金、铝合金等，还应将误差控制在更小的范围内。此外，不添加材料焊接时，间隙大小影响到焊缝的凹陷程度。

搭接时，其装配间隙不得大于焊件中较薄者厚度的 25%，如图 5-3-16b 所示。若过大，则导致上片烧穿而下片未熔合。

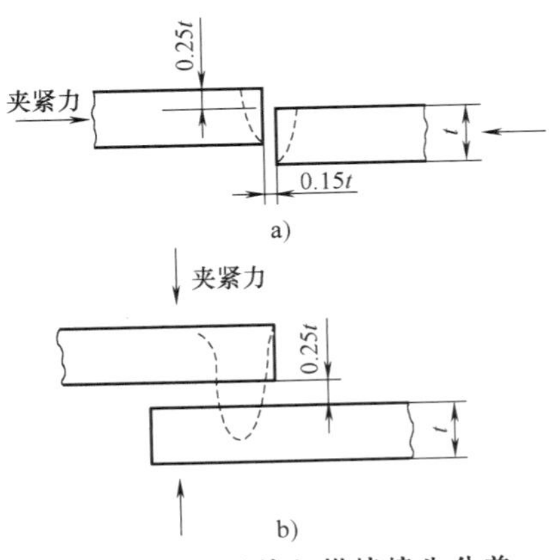

图 5-3-16 对接与搭接接头公差

图 5-3-15i 所示的卷边角焊接头刚性最好，斜角卷边焊缝起到加强肋的作用。利用图 5-3-17 所示的装置，选择适当的焊接参数，熔化金属正好填满间隙，内角外缘双面成形。这种接头既省工又省料，常用于家用电器的金属壳体制造中。

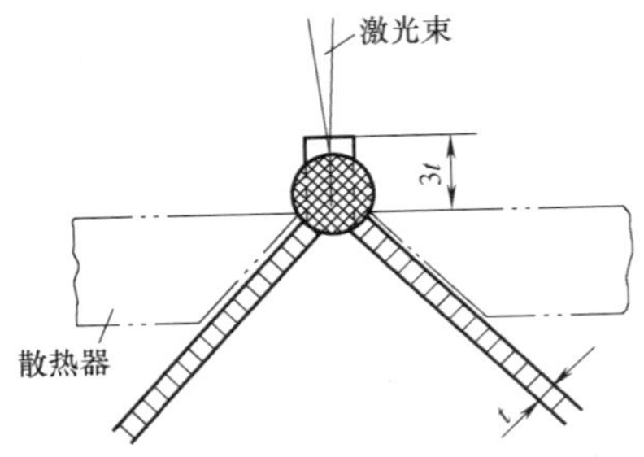

图 5-3-17 斜角卷边角接头激光焊

图 5-3-15j 所示的接头称为吻焊接头，因熔池正好在两边吻合处形成，并呈小夹角，更有利于能量吸收。施焊中稍加压力即可，但装配必须良好。

3.4.3 影响连续激光焊接质量的主要因素

1. 材料的激光焊接性

影响材料激光焊焊接性的因素除了材料本身的冶

金特性外，还包括材料的激光吸收能力。吸收能力强的材料易于焊接，而吸收能力差（即激光反射率大）的材料，如铜或铝等金属，焊接较为困难。此外，含有易发挥合金元素（如 S、P、Zn）的材料容易形成气孔等缺陷。

1）碳素钢和低合金结构钢。这类材料具有较好的焊接性，但要注意，由于激光焊的焊接速度快，冷却速度也快，当碳含量或碳当量大于 0.3%（质量分数）时，冷裂倾向大，尤其是焊接较厚板材时。

镀锌钢板的搭接接头一般很难采用激光焊，因为锌的沸点（903℃）比钢的熔点（1535℃）低很多，焊接时产生的锌蒸气从熔池中大量排出，并带出部分熔化金属，易形成气孔和咬边等缺陷。在汽车制造行业中进行镀锌钢板激光焊时，可通过严格控制脉冲频率和焊接速度来解决此问题，或采用双光束焊接，前导光束用于形成锌蒸气逸出通道，后续光束用于焊接。

2）不锈钢。激光焊的热输入小，焊接速度快，很适于奥氏体不锈钢的焊接。由于不锈钢的热导率只有碳素钢的 1/3，激光吸收率比碳素钢略高，故在同样的功率下焊接，其熔深比普通碳素钢深 5%～10%。Cr/Ni 当量比大于 1.6 的奥氏体不锈钢较适合激光焊，而小于 1.6 的则易产生热裂纹。Cr、Ni 当量按式 5-3-1 计算。

$$Cr_{eq} \approx w(Cr)+w(Mo)+0.7w(Nb)+3w(Ti)$$
$$Ni_{eq} \approx w(Ni)+35w(C)+20w(N) \qquad (5\text{-}3\text{-}1)$$

铁素体不锈钢激光焊接头的韧性和塑性通常都比其他焊接方法高，产生冷、热裂纹敏感性也比奥氏体钢和马氏体钢小。马氏体不锈钢的焊接性较差，接头硬而脆，并易产生冷裂纹。焊接含碳量（质量分数）大于 0.1%的不锈钢时，利用预热、缓冷和回火等措施可以降低产生冷裂和脆化的倾向。

3）铜、铝及其合金。黄铜、纯铜和铝通常不能采用激光焊接。黄铜主要是含有大量锌，焊接时易产生锌蒸气，形成气孔、虚焊等缺陷。纯铜的 CO_2 激光反射率很高，很难用普通的 CO_2 激光束进行焊接，但利用功率或功率密度很大的激光束，或采用峰值能量很大的脉冲激光束也可实现纯铜的焊接。

铝及铝合金的激光反射率高（约 90%～98%），且热导率大，激光焊时需要较大的能量密度，一般应大于 $4\times10^6 W \cdot cm^{-2}$。另外，液态铝的黏度和表面张力都较小，焊接时熔池金属易溢淌。通过合理的接头设计或非熔透焊可解决这一问题。

焊接前，需清除铝及铝合金表面的氧化膜。焊接时需用氩气或氦气保护，加入填充金属可以避免产生热裂纹、咬边和焊缝不连续等缺陷，而且可以降低对接头装配精度的要求。采用等离子弧和激光复合热源进行焊接，不仅可以加快焊接速度，减少因冷速过快而产生的裂纹，而且可获得平滑而美观的焊缝。

4）钛及钛合金。钛及钛合金具有很好的激光焊焊接性，但钛很活泼，焊前需进行严格的表面清理，焊接过程中要用惰性气体进行保护，以控制焊缝中氧、氮和氢等元素含量，否则会使焊缝强度显著提高，塑性和韧性急剧降低，气孔敏感性变差，氢还易使热影响区产生冷裂纹。

5）其他金属材料。激光束能量集中，焊接钨、钼、钽、锆等难熔的金属并不困难。此外，还可以对多种金属实现异种金属焊接，图 5-3-18 所示为异种金属激光焊的接头比较。

Sn	Pb	Cd	Zn	Al	Mg	Ag	Au	Cu	Pd	Ni	Pt	Fe	Be	Ti	Co	Cr	Mo	Ta	W	
	C	D	D	D	D	C	C	D	C	D	C	D	D	D	D	D	D	D	D	Sn
		D	D	D	D	D	D	D	D	D	D	D		D	D	D	D		D	Pb
			D	D	A	B	C	D	C	C	C	D		D	D	D				Cd
				C	D	B	C	B	C	C	D	C	D	D	C	D	D		D	Zn
					C	C	C	C	D	C	D	C	D	C	C	D	D	D	D	Al
						C	C	C	D	D	D	D	D	D	D	D	D		D	Mg
							A	C	A	D	C	D	D	C	D	D	D	D	D	Ag
								A	A	A	A	C	C	C	D	C	D			Au
									A	A	A	C	C	C	C	D	D	D	D	Cu
										A	A	B	C	C	A	B	B	B	C	Pd
											A	B	C	C	A	B	C	B	C	Ni
												B	D	C	A	B	B	C	B	Pt
													C	C	A	A	B	C	C	Fe
														D	C	D	D	D	D	Be
															C	B	A	A	C	Ti
																B	C	D	C	Co
																	A	D	A	Cr
																		A	A	Mo
																			A	Ta
																				W

A — 优秀
B — 良好
C — 较好
D — 差
□ — 无数据

图 5-3-18　异种金属激光焊的接头比较

2. 入射光束功率

入射光束功率主要影响焊接熔深。当束斑直径保持不变时，增加入射光束功率可提高焊接速度和增大焊接熔深。入射光束功率、焊接速度和焊接熔深之间的基本关系如图 5-3-19 所示。

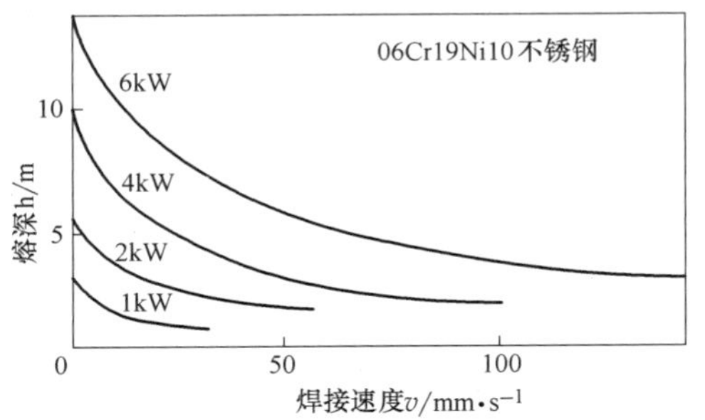

图 5-3-19 入射光束功率、焊接速度和焊接熔深之间的基本关系

3. 光斑直径和离焦量

聚焦激光束的特性如图 5-3-20 所示。按照光的衍射理论，平行光束发散角 θ(rad) 为

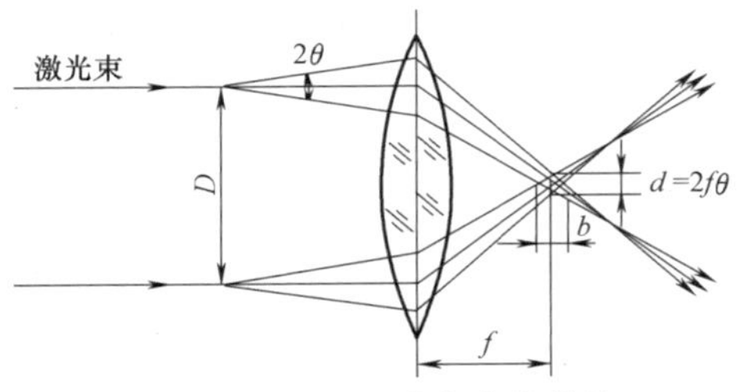

图 5-3-20 聚焦激光束的特性

$$\theta=1.22\frac{\lambda}{D} \tag{5-3-2}$$

聚焦光束的最小光斑直径 d(mm) 为

$$d=2f\theta \tag{5-3-3}$$

焦点的焦深 b(mm) 为

$$b=16\left(\frac{f}{D}\right)^2\lambda \tag{5-3-4}$$

焦平面上光束的平均功率密度 P_0 ($\mathrm{W \cdot mm^{-2}}$) 为

$$P_0=\frac{E}{\pi f^2\theta^2 t}=\frac{W}{\pi f^2\theta^2} \tag{5-3-5}$$

式中 λ——激光波长 (μm)；

f——透镜的焦距 (mm)；

D——激光束直径 (mm)；

E——脉冲输出激光的能量 (J)；

t——脉冲输出持续时间 (ms)；

W——连续激光输出功率 (W)。

光斑直径除与激光器的发散角有关外，还与透镜焦距有关，可以通过缩短焦距使光斑直径 d 变小，但这样会导致焦点深度 b 变小，光束的有效区间变窄。所以，当焊接或切割厚度较大的材料时，为获得较大的焦点深度，宜选用焦距较长的透镜。各种厚度的被焊材料都存在一个最佳焦距。

离焦量是焊件表面与激光焦点的距离，常以 ΔF 表示。焊件表面在焦点以内时为负离焦，与焦点的距离为负离焦量，反之为正离焦，如图 5-3-21 所示。离焦量不仅影响焊件表面激光斑的大小，而且影响光束的入射方向，因而对熔深和焊缝形状有较大的影响。当 $|\Delta F|$ 很大时，熔深很浅，属于热导型熔焊；当 $|\Delta F|$ 小到某一定值后，熔深增加，属于小孔型熔焊。

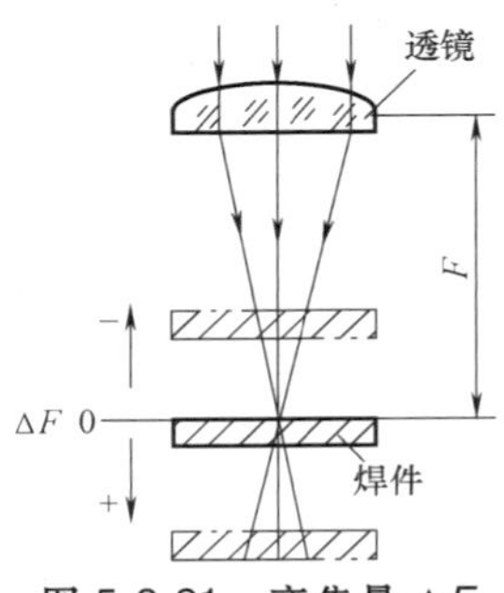

图 5-3-21 离焦量 ΔF

4. 激光吸收率

被焊材料对激光能量的激光吸收率直接影响焊接熔深。前已述及，材料对激光能量的吸收受很多因素影响，为提高其激光吸收率或减少激光反射率，必须从诸多影响因素中寻找对策。

1) 波长。材料对短波长的激光具有更小的激光反射率，故 YAG 激光优于 CO_2 激光。

2) 尽管大多数金属在室温时对 10.6μm 波长光束的激光吸收率一般都小于 0.2，但一旦熔化、汽化、形成小孔以后，对光束的激光吸收率将急剧增加。因此，采用较大的功率密度，加速被焊材料表面熔化、汽化或形成小孔将有利于提高激光吸收率。此外，选用能量比较集中的光模，如基模或低阶模也是有利的。

3) 材料表面涂覆涂层、增加表面的粗糙度可有效提高其激光吸收率（见表 3-5-2）。此外，使用活性气体也能提高材料对激光的吸收率，如在保护气体氩中加入 10% 的氧气，可使熔深增加一倍。

4) 采用衰减式脉冲调制，焊接开始时用高脉冲功率使金属迅速加热熔化，降低其激光反射率。

5) 用电弧等热源进行预热，即与激光构成双热源进行焊接。

6）在焊接接头设计上，采用光收集式的接头设计，如图 5-3-22 所示。

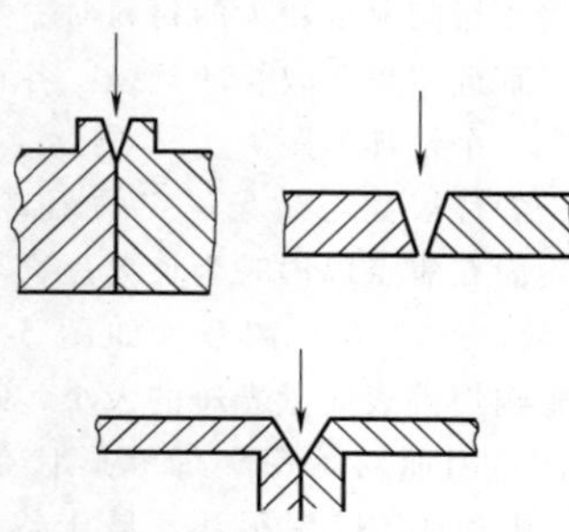

图 5-3-22　光收集式的接头设计

5. 焊接速度

焊接速度影响焊接熔深和熔宽。穿孔型激焊接时熔深几乎与焊接速度成反比（见图 5-3-19）。在一定的功率条件下，一定的熔深需要合适的焊接速度，过快的焊接速度会形成未焊透或咬边等缺陷；过慢的焊接速度会导致熔宽急剧增加，甚至形成塌陷或烧穿缺陷。

6. 保护气体的成分和流量

焊接时使用保护气体，一是为了保护被焊部位免受氧化，二是为了抑制大功率焊接时产生等离子云的负面效应。

氦气可显著改善激光的穿透力，这是因氦气的电离势高，不易产生等离子体；而氩气的电离势低，易产生等离子体。若在氦气中加入 1%（体积分数）的具有更高电离势的氢气，则会进一步改善激光束的穿透力，增大熔深。空气和 CO_2对光束穿透力的影响介于两者之间。

随着流量的增加，熔深增大，但超过一定值后，熔深基本上维持不变。因为流量从小变大时，保护气体去除熔池上方等离子体的作用是逐渐加强的，从而减小了等离子体对光束的吸收和散射作用。一旦流量达到一定值后，仅靠吹气去抑制等离子体负面效应的作用已不明显，即便再增加流量，对熔深的影响已不大。此外，过大的流量也会引起焊缝表面凹陷和气体的过多消耗。

3.4.4　焊接参数

表 5-3-3 列出了连续 CO_2激光焊的焊接参数。

表 5-3-3　连续 CO_2激光焊的焊接参数

材　料	厚度/mm	焊速/mm · s^{-1}	缝宽/mm	深宽比	功率/kW
对接焊缝					
321(美)不锈钢 (06Cr18Ni11Ti)	0.13 0.25 0.42	38.1 14.8 4.7	0.45 0.71 0.76	全焊透 全焊透 部分焊透	5 5 5
301(美)不锈钢 (12Cr17Ni7)	0.13	46.5	0.45	全焊透	5
302(美)不锈钢 (12Cr18Ni9)	0.13 0.20 0.25 6.35 8.9 12.7 20.3 6.35	21.2 12.7 4.2 21.4 12.7 42 21 84.7	0.50 0.50 1.00 0.70 1.00 1.00 1.00 —	全焊透 全焊透 全焊透 7 3 5 5 6.5	5 5 5 3.5 8 20 20 16
因康镍 600 合金 (GH3600)	0.10 0.25	63.5 16.9	0.25 0.45	全焊透 全焊透	5 5
镍合金 200 (N5)	0.13	14.8	0.45	全焊透	5
蒙乃尔合金 400 (NCu28-1-1)	0.25	6.0	0.60	全焊透	5
工业纯钛	0.13 0.25	59.2 21.2	0.38 0.55	全焊透 全焊透	5 5
低碳钢	1.19	3.2		0.63	0.65
搭接焊缝					
镀锡钢	0.30	8.5	0.76	全焊透	5

（续）

材　　料	厚度/mm	焊速/mm·s^{-1}	缝宽/mm	深宽比	功率/kW
搭接焊缝					
302 不锈钢	0.40 0.76 0.25	74.5 12.7 6.0	0.76 0.60 0.60	部分焊透 部分焊透 全焊透	5 5 5
角焊缝					
321 不锈钢	0.25	8.5			5
端接焊缝					
321 不锈钢	0.13 0.25 0.42	36.0 10.6 6.0			5 5 5
17-7PH 不锈钢（07Cr17Ni7Al）	0.13	19.0			5
因康镍合金 600	0.1 0.25 0.42	67.7 14.8 10.6			5 5 5
镍合金 200	0.13	7.6			5
蒙乃尔合金 400	0.25	10.6			5
Ti-6Al-4V 钛合金	0.50	11.4			5

注：括号内牌号为相当于我国的材料牌号。

3.5　脉冲激光焊

脉冲激光焊时，每一个激光脉冲在金属上形成一个焊点，主要用于微型、精密元件和一些微电子元件的焊接。

1. 接头形式

脉冲激光焊的加热斑点小，用于薄片（0.1mm 厚）、薄膜（几微米至几十微米）和金属丝（直径小至 0.02mm）的焊接。如果让焊点重合，还可以进行一些零件的封装焊。图 5-3-23 所示为金属丝脉冲激光焊的接头形式。图 5-3-24 所示为金属丝与块状零件脉冲激光焊的接头形式。

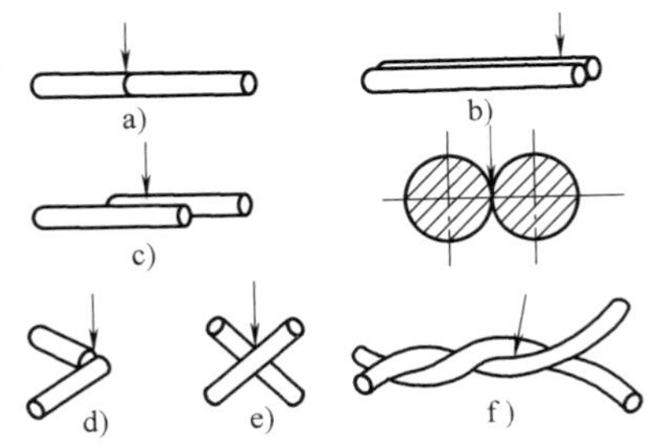

图 5-3-23　金属丝脉冲激光焊的接头形式

a）对接　b）并联　c）搭接　d）端接
e）十字接　f）铰接（箭头表示激光）

2. 脉冲激光焊的焊接参数

1）脉冲能量和宽度。脉冲激光焊时，脉冲能量主要影响金属的熔化量，脉冲宽度则影响熔深。不同

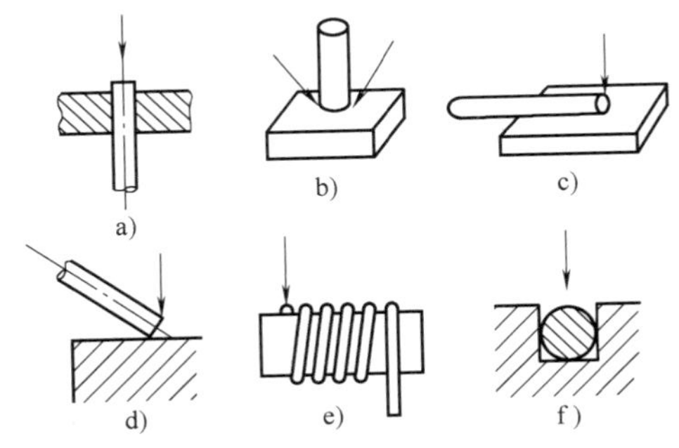

图 5-3-24　金属丝与块状零件脉冲激光焊的接头形式

a）插接　b）T 形接　c）躺接
d）斜接　e）绕接　f）埋接

材料各有一个最佳脉冲宽度，使熔深最大。例如，焊铜时脉冲宽度为 $(1\sim5)\times10^{-4}$s，焊铝时脉冲宽度为 $(0.5\sim2)\times10^{-2}$s，焊钢时脉冲宽度为 $(5\sim8)\times10^{-3}$s。适当调节这两个参数，使被焊材料熔化即可达到焊接目的。

表 5-3-4 列出了部分典型脉冲激光焊的焊接参数。

2）功率密度。脉冲激光焊接时的功率密度由式 5-3-5 确定。

焊点直径和熔深完全由热传导决定。当功率密度达到 10^6W·cm^{-2}时，将产生小孔效应，形成深宽比大于 1 的焊点，金属略有汽化。功率密度过大，金属汽化激烈，在焊点中就会形成不能被液态金属填满的小孔，而不能形成牢固焊点。通常板厚一定时，焊接所需功率密度也一定，它随着焊接厚度增加而增大。

表 5-3-4　部分典型脉冲激光焊的焊接参数

焊件接头形式	材料	直径与厚度/mm	输出数量/J	脉冲宽度/ms
导线与导线的对接、搭接、端接和十字接	不锈钢	ϕ0.38	8	3.0
		ϕ0.76	10	3.4
	铜	ϕ0.38	10	3.4
	钽	ϕ0.64	11	3.6
	铜与钽	ϕ0.38	10	3.4
导线与金属薄板的搭接	镍铬丝与铜片	ϕ0.1	1	3.4
		0.45		
	镍铬丝与不锈钢片	ϕ0.1	0.5	4
		0.145		
	硅铝丝与不锈钢片	ϕ0.1	1.4	3.2
		0.145		
薄板与薄板的搭接	镀金磷青铜与铝	0.3	3.5	4.3
		0.2		
	磷青铜与磷青铜	0.145	2.3	4
		0.145		
	不锈钢与不锈钢	0.145	1.21	3.7
		0.145		
	纯铜与纯铜	0.05	2.3	4
		0.05		
	不锈钢与纯铜	0.145	2.2	3.6
		0.08		

3. 应用

脉冲激光焊除可焊接一般金属材料外，还可焊接钨、钼、钽、锆等难熔金属。此外，脉冲激光焊可以对多种金属实现异种金属焊接。

脉冲激光焊的加热和冷却速度极快，热影响区和焊接变形极小，所以脉冲激光焊广泛用于微电子元器件及仪器仪表制造业中，如焊接集成电路内外引线、彩色显像管中的阴罩、磁控管中钨钼材料的灯丝组件、汽车发动机用火花塞中心杆，以及小直径铠装热电偶和仪表游丝组件等。

3.6　激光与其他热源复合焊接技术

利用两种或两种以上不同的热源共同实现焊接的技术称为热源复合焊技术，其目的是充分发挥各个热源的优点并克服某些不足，通过取长补短以达到优质高效的焊接效果。

激光焊接具有焊接速度快、变形小、热影响区窄、易于实现自动化，以及焊接质量可以精确控制的优点，但也具有焊接成本高、焊件装配精度（间隙、错边、不等厚度等）要求高、控制过程（焦点波动、光束对中等）难度高，以及吸收率低、产生气孔和裂纹的敏感性高等缺点。为了弥补激光焊接的不足，推广其工程应用，近年对激光与其他热源复合焊接技术日益重视。

目前以激光与电弧、电阻和摩擦等热源复合焊接技术的研究较多，有些已经得到实际应用。例如，激光与电弧复合焊就发展了激光-TIG 复合焊、激光-MIG 复合焊和激光-PAW（等离子弧）复合焊三种。其中以激光-TIG 复合焊技术研究最多，技术也较为成熟。激光-电阻复合焊目前主要是激光与高频感应加热复合，激光-摩擦复合焊主要是激光与搅拌摩擦热复合。图 5-3-25 所示为激光与几种热源复合焊的原理。

激光-电弧复合焊具有如下的特点：

1）更有效地利用激光能量。一般金属材料处于固态时，对激光的激光吸收率很小，而熔化后可高达 0.5~1。采用复合焊技术时，电弧先将母材熔化，紧接着用激光照射，从而增加母材对激光的吸收率。

2）增加熔深和熔宽。在电弧的作用下，母材熔化形成熔池，而激光束又作用在电弧形成的熔池底部，加之液态金属对激光束的激光吸收率高，因而复合焊接比单纯激光焊的熔深大；电弧的加热斑点大，其熔宽也比单纯激光焊的熔宽大得多，因而可以降低对焊件装配条件的要求。

3）稳定电弧。单独采用电弧焊时，焊接电弧有时不稳定，特别是在小电流情况下，当焊接速度提高到一定值时会引起电弧飘移，使焊接无法进行，而进行激光-电弧复合焊时，激光产生的等离子体有助于稳定电弧。

激光-高频感应加热复合焊目前主要用于中碳钢管或板对接纵缝的焊接，高频感应加热起预热的辅助作用，使激光焊后减缓焊缝冷却速度，防止快速焊接时焊缝产生裂纹和气孔等缺陷。

激光-搅拌摩擦热复合焊中的激光起着为搅拌摩擦焊预热的作用，激光对焊件表面预热可以减小焊件夹紧力和转矩，从而减小搅拌摩擦焊对夹具硬度的要求。当焊接高熔点合金时，激光预热可加快焊接速度，减小搅拌头的磨损。

表 5-3-5 列出了激光与其他热源复合焊的特点和应用范围。

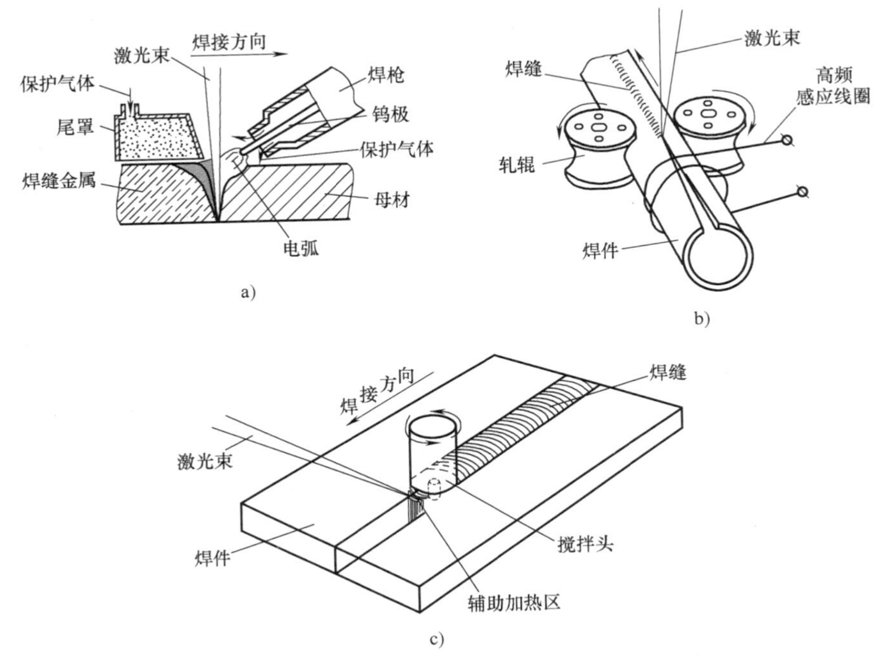

图 5-3-25　激光与几种热源复合焊的原理

a）激光-TIG 复合焊　b）激光-高频感应加热复合焊　c）激光-搅拌摩擦热复合焊

表 5-3-5　激光与其他热源复合焊的特点和应用范围

<table>
<tr><th colspan="2">热源复合类型和名称</th><th>原理示意图</th><th>特点</th><th>应用范围</th></tr>
<tr><td rowspan="2">激光与电弧热源复合</td><td>激光-TIG 焊</td><td>见图 5-3-25a</td><td>利用激光防止 TIG 焊电弧飘移，稳定电弧，同时利用 TIG 焊电弧增加激光的激光吸收率，以及降低激光焊对接头装配间隙的要求，大大提高了焊接速度。匙孔直径比单一激光焊的要大，有利于气体逸出，减少了焊缝中气孔的产生。激光束与电弧可以是同轴也可以是旁轴布置</td><td>薄板焊接，尤其适于焊接高热导率的金属</td></tr>
<tr><td>激光-MIG 焊</td><td></td><td>可以降低对焊缝对中的要求，增强焊接适应性，提高焊缝熔深，调节焊缝的化学成分，改善焊缝成形，减少气孔、咬边等缺陷的形成。由于存在送丝问题和熔滴过渡问题，激光与 MIG 电弧的复合大都采用旁轴复合方式</td><td>适于中厚板，以及铝合金等难焊金属的焊接</td></tr>
</table>

（续）

热源复合类型和名称		原理示意图	特点	应用范围
激光与电弧热源复合	激光-DA 焊	见图 5-3-25a 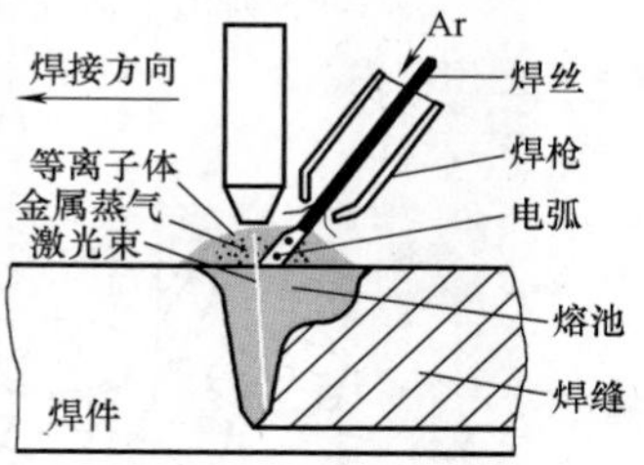	将激光与两个 MIG 电弧同时复合在一起组成的焊接工艺。在无间隙接头焊接时，激光-双电弧复合热源的焊接速度比一般激光-MIG 电弧复合热源快 33%，单位长度的能量输入减少 25%，间隙余度可达 2mm，且焊接过程非常稳定，远远超过激光-MIG 电弧复合热源的焊接能力。自动化程度较激光与单一 MIG 电弧更好。焊接装置只比激光-MIG 电弧复合焊（左图）多一个 MIG 焊枪	适于中厚板，以及铝合金、双相钢等难焊金属的焊接
	激光-PAW 焊	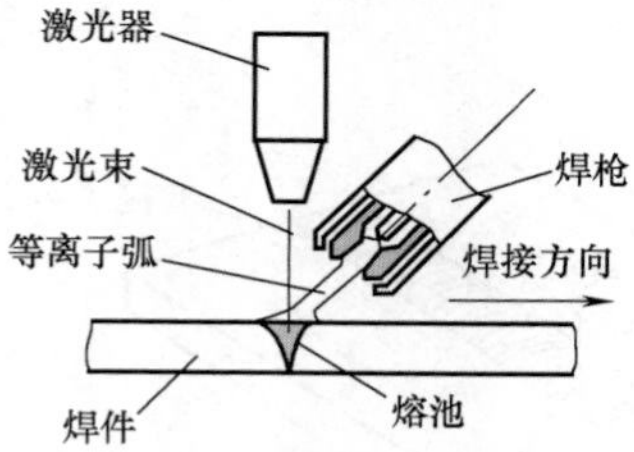	等离子弧的预热效果可增加焊件对激光的吸收率，激光也有压缩、引导等离子弧的作用，使等离子弧向激光的热作用区聚集。与激光-电弧热源复合焊不同，激光-等离子弧复合焊接时，等离子体是热源，它吸收激光光子能量并向焊件传递，反而使激光能量利用率提高。此外，只有起弧时才需要高频高压电流，等离子弧稳定，电极不暴露在金属蒸气中	适于薄板对接、镀锌板搭接、钛合金、铝合金等高激光反射率和高热导率材料的焊接与切割、表面合金化等
激光与电阻热源复合	激光-HRFW 焊	见图 5-3-25b	利用高频感应热源对焊件进行预热，在焊件达到一定温度后再用激光对焊件进行焊接。激光-高频感应加热复合焊接与单纯激光焊接相比，可以起到改善接头组织性能，降低裂纹、气孔倾向，以及进一步提高焊接效率的效果。此外，高频感应热源与激光具有非接触环保型加热的特点	适于容易出现焊接裂纹的高碳钢、高合金钢的管状或棒状焊件的焊接
激光与搅拌摩擦热源复合	激光-FSW 焊	见图 5-3-25c	在搅拌头搅拌前利用激光能量预热焊件，可获得较低的搅拌头磨损，较快的焊接速度，减少能量消耗	适于铝合金、镁合金等高激光反射率材料的焊接，以及大型件的焊接

3.7 激光安全知识

3.7.1 激光对人体的危害

激光具有很大的功率密度和能量，其亮度比太阳光、电弧光要高数十个数量级，而且激光设备中有数千伏至数万伏的高压激励电源，这些都会对人体产生伤害，必须加以安全防护。

1. 对眼睛的伤害

由于激光的加热效应，眼睛受激光直接照射就会造成视网膜烧伤，可瞬间使人致盲。即使是小功率激光，如数毫瓦的 He-Ne 激光，也由于人眼的光学聚焦作用，也容易导致眼底组织的损伤。

激光加工时，由于焊件表面对激光的反射，强反射光具有同样的危险，漫反射光会使眼睛受慢性伤害，引起视力下降。

2. 对皮肤的伤害

皮肤受激光直接照射会造成烧伤，若受到经聚焦后的激光照射，伤害力更大，这种灼伤很难愈合。长时间受紫外光、红外光漫反射的作用，会发生皮肤老化、炎症和皮肤癌等病变。

3. 电击

激光设备中的高压电源及大电容储能装置等有可能使人体受到电击。

4. 有害气体

激光焊时，材料受激烈加热而蒸发、汽化，产生各种有毒的金属烟尘，大功率激光加热时形成的等离子体会产生臭氧，对人体有一定损害。

3.7.2 激光的安全防护

1. 对激光设备的安全防护

1）电气系统外罩的所有维修门应有适当的互锁装置，而且外罩应有相应措施，以便在进入维修门之前使电容器组放电。设备应有良好接地。

2）在设备上应设有明显的危险警告标识或信号，如“激光危险”“高压危险”等字样。

3）激光光路系统尽可能全封闭，使激光在金属管中传递，以防对人体直接照射；若不可能全封闭，则光路应设于较高位置，使光束避开人的头部等重要器官，从高处通过。

4）激光加工工作台应采用玻璃等防护装置，防止反射光。

5）激光加工场地应设安全标识，并设置栅栏、隔墙、屏风等，防止无关人员误入危险区。

2. 对人身的保护

1）现场操作人员必须配备激光防护眼镜。

2）操作人员应穿白色工作服，以减少漫反射的影响。

3）只允许有经验的工作人员进行操作。

4）焊接区应配备有效的通风或排风装置。

第4章 摩 擦 焊

4.1 概述

4.1.1 摩擦焊的基本原理

摩擦焊是在压力作用下，利用金属材料待焊面之间或与专用工具之间的相对摩擦运动所产生的热，使其达到热塑化状态，通过塑性流动、扩散和再结晶实现连接的一种焊接的方法。

图 5-4-1 所示为两根圆棒的摩擦对接焊过程。首先要使其中一根圆棒以其中心线为轴高速旋转（见图 5-4-1a）；然后对另一根圆棒施加轴向压力 F_1 并使其移向旋转棒，使两待焊面接触并摩擦生热（见图 5-4-1b）。当达到所需的摩擦时间或规定的摩擦变形量（这时接头已加热到焊接温度）时（见图 5-4-1c），立即停止转动，同时施加更大的轴向压力 F_2，进行顶锻（见图 5-4-1d），完成焊接。整个焊接过程只需几秒的时间。

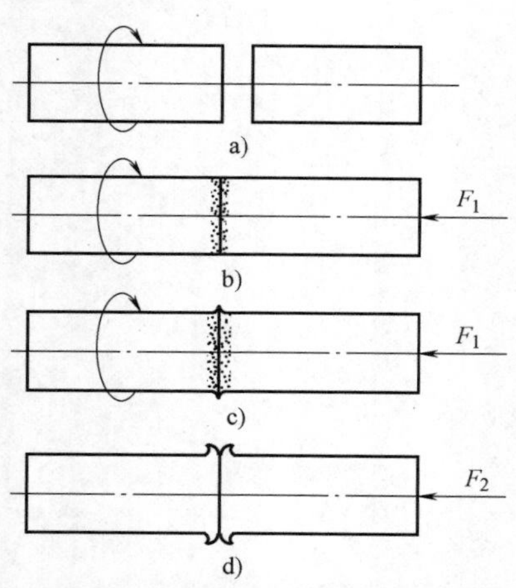

图 5-4-1 两根圆棒的摩擦对接焊过程

两焊件待焊面之间在压力作用下的高速相对摩擦运动将产生两个重要效果：一是加热，二是塑性变形和机械挖掘。热塑性变形和机械挖掘作用破坏了接合面上的氧化膜及其他污染层，通过热塑性流动将破碎的氧化物和部分塑性层挤出接合面之外成为飞边，留下的纯净金属直接相互接触，通过黏结、原子扩散和金属再结晶实现冶金结合。

从焊接过程可以看出，摩擦焊的接头是在被焊材料的熔点以下形成的，所以摩擦焊属于固相焊接方法。由于焊接过程需加压，故属于压焊类型。

4.1.2 摩擦焊的种类及其工艺特点

根据焊件在焊接过程中相对运动的方式，摩擦焊分为焊件转动的摩擦焊、焊件移动的摩擦焊和焊件不动的摩擦焊三大类，而每类摩擦焊还可以细分，如图 5-4-2 所示。

1. 焊件转动的摩擦焊

焊接过程中至少有一个焊件绕对称轴旋转的摩擦焊属于焊件转动的摩擦焊。这类摩擦焊主要用于具有圆形断面焊件的焊接，是目前应用广泛、形式也多的摩擦焊。在这类摩擦焊中，按焊接过程机械能的输入方式又分为连续驱动摩擦焊和储能（惯性）摩擦焊两类，而连续驱动摩擦焊按相对旋转方式的不同又进行了细分，如图 5-4-2 所示。

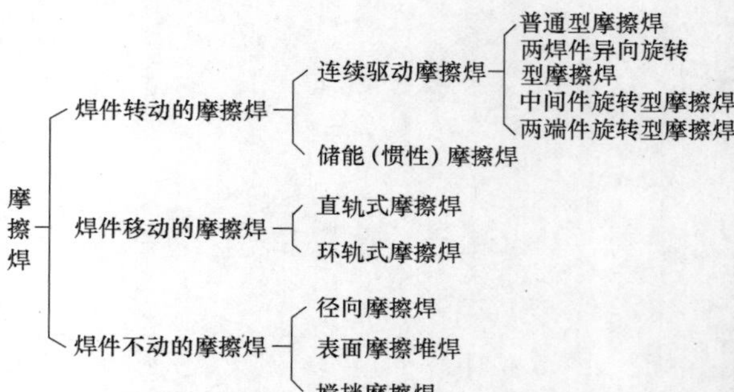

图 5-4-2 摩擦焊按焊件间相对运动形式的分类

（1）连续驱动摩擦焊

旋转焊件通过传动系统由电动机直接匀速驱动的一种方法。按焊件相对转动方式又分为图 5-4-3 所示的不同摩擦焊类型。

1）普通型摩擦焊（见图 5-4-3a）。所需的焊接设备简单，易于实现，是应用广泛的一种摩擦焊接方法，也被称为传统摩擦焊。其焊接过程大致分为摩擦加热和顶锻焊接两个阶段。相对运动的特点是，焊接时一个焊件旋转，另一焊件保持不动，在轴向压力作用下使两焊件待焊面接触摩擦生热，实现焊接。

2）两焊件异向旋转型摩擦焊（图 5-4-3b）。焊接时，两焊件在同一轴线上做反方向旋转而摩擦生热。此法是为了提高焊件的摩擦速度，适用于小直径焊件的焊接，因为直径越小的焊件，其实现焊接所需的转速越高。

3）中间件旋转型摩擦焊（图 5-4-3c）。在两个不

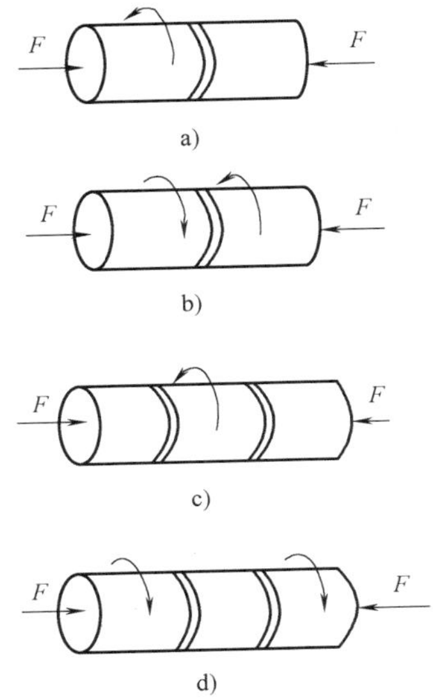

图 5-4-3 焊件相对转动的摩擦焊类型

旋转的焊件中间镶入一个可以旋转的中间件。焊后中间件将成为焊件的组成部分，所以要求中间件的材料应和两头焊件具有相同或相近的焊接性。此法很适于焊接两根很长或形状很复杂，难以或不可能旋转的场合。

4）两端件旋转型摩擦焊（图 5-4-3d）。与中间件旋转型恰好相反，焊接时中间焊件不动，两端的焊件绕轴线同向或异向旋转。端部焊件应是能旋转的小件，其材质可以和中间件同质或异质，若异质则应和中间焊件具有良好的焊接性。适用于中间的焊件过长、过大，或结构过于复杂难以实现旋转的情况，或者需在焊件两端焊上小件的情况。

（2）储能摩擦焊

又称惯性摩擦焊，焊前用电动机将夹持着焊件的惯性飞轮加速到一定的速度，焊接时切断电动机的电源，利用惯性飞轮储存的能量带动焊件旋转进行焊接的一种方法。用连续驱动摩擦焊能够焊接的大多数焊件也可用储能摩擦焊来焊接。图 5-4-4 所示为储能摩擦焊的焊接过程示意图。图中左边为旋转飞轮及其夹持的可旋转焊件，右边焊件不旋转但可沿轴线移动。

储能摩擦焊的特点是：焊接时控制参数少，便于实现自动控制；参数稳定性好，接头质量很稳定；能在短时间释放较大能量，适于焊接大断面结构；焊接周期短，热影响区窄；不需制动装置，焊机结构简单。

2. 焊件移动的摩擦焊

焊件移动的摩擦焊又称为轨道式摩擦焊。焊接时，两焊件沿接合面上某一轨迹做相对移动，使一焊件接合面上的每一点都相对另一焊件的接合面上做同样轨迹和幅度的摩擦运动。根据运动的轨迹，又可分为直轨式摩擦焊和环轨式摩擦焊两种。

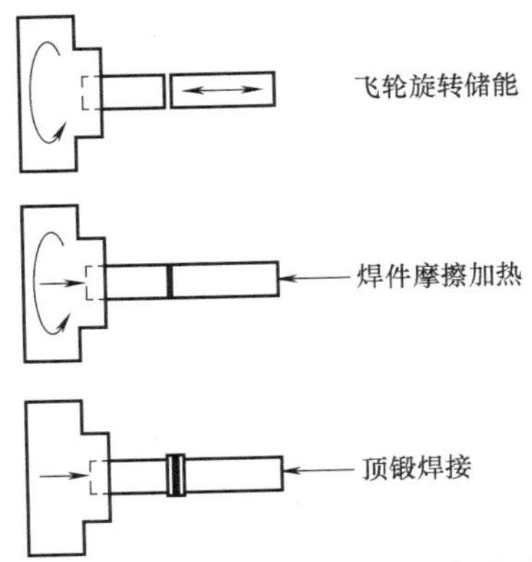

图 5-4-4 储能摩擦焊的焊接过程示意图

1）直轨式摩擦焊。焊接时，一个焊件被往复机构驱动，相对于另一个被固定的焊件表面做直线的摩擦运动，在垂直于往复运动方向的压力作用下摩擦生热，如图 5-4-5 所示。当摩擦表面的材料热塑化到一定程度时，停止往复运动，加大垂直压力进行顶锻而完成焊接。该方法可以将具有方形、多边形等非圆断面的金属材料或塑料焊接到较大的平面上。

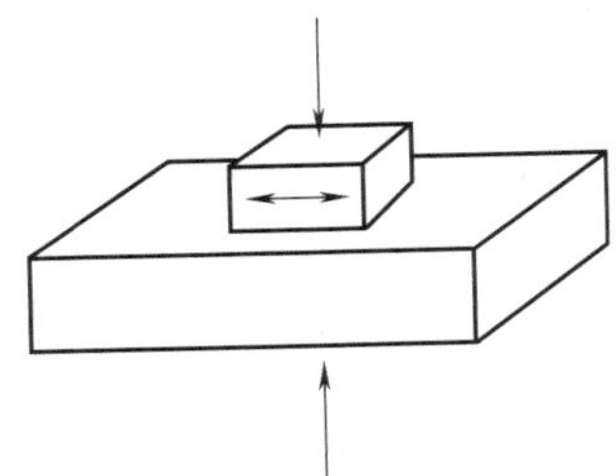

图 5-4-5 直轨式摩擦焊的工作原理图

2）环轨式摩擦焊。焊接时，两个焊件接触面在压力的作用下，沿着预定轨迹做相对的摩擦运动以产生焊接所需的热；当摩擦到预定的时间或变形量时，停止运动并加大压力进行顶锻即完成焊接，如图 5-4-6所示。图 5-4-6a、b、c 和 d 分别表示四个不同时刻两焊件的相对位置。焊接时两个焊件都不旋转，仅其中一个焊件端面按圆形轨迹相对另一个焊件端面进行摩擦运动。环轨式摩擦焊主要用于有相位控制要求的非圆断面焊件的焊接。

3. 焊件不动的摩擦焊

这类摩擦焊指利用特制工具或特制的钎料与焊接部位相对摩擦产生的热量和塑性变形进行焊接的一种方法，这类焊接方法有下述三种。

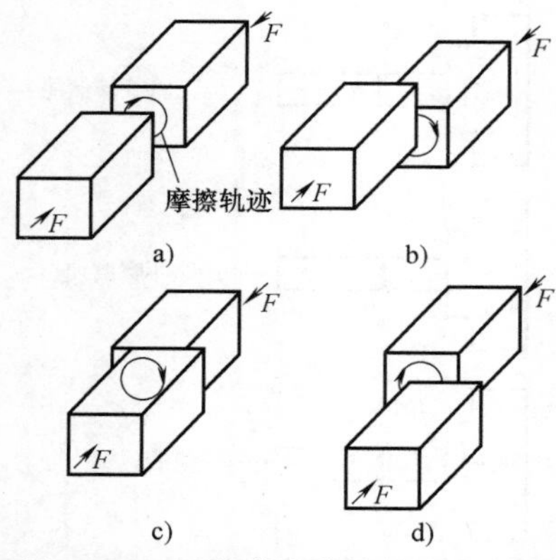

图 5-4-6　环轨式摩擦焊的工作原理

1）径向摩擦焊（见图 5-4-7）。将待焊的两管件接头端部开出坡口，在坡口中放入一个具有与管件相似成分的整体圆环，该圆环带有锥面。焊前，使锥面与坡口底部紧密接触；焊接时，两管件固定不动，使圆环高速旋转并向两管端部施加径向压力，锥面与坡口面即摩擦生热。当达到焊接温度时圆环停止转动，立即向圆环施加径向顶锻力，圆环即与两管端部焊牢，圆环成为焊接接头的组成部分。通常焊前在管接头内衬有一芯棒，可防止管壁产生内凸变形和内飞边。此法适于焊件不能旋转的现场管道安装。

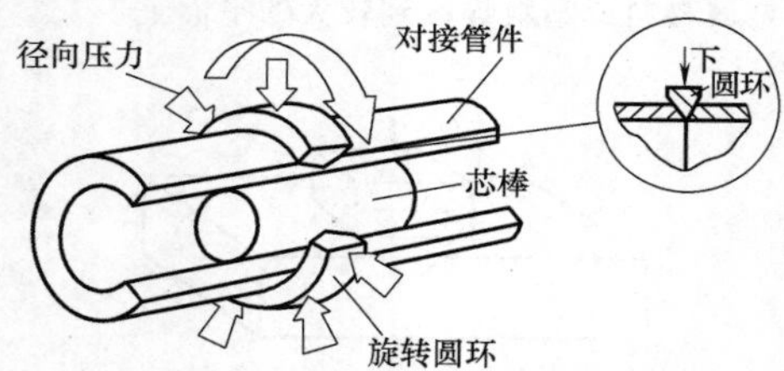

图 5-4-7　径向摩擦焊的工作原理

2）表面摩擦堆焊（见图 5-4-8）。高速旋转的金属棒在一定的轴向压力下与静止的焊件表面发生摩擦而生热，在接触面上产生塑性金属层。由于金属棒散热慢于焊件，其端部热塑化程度高于焊件表面，当金属棒与焊件发生相互摩擦时，塑化程度高的堆焊金属就“黏”到焊件的表面上，从而形成堆焊金属层。此法可用于在具有平面或圆柱表面的金属构件上堆焊防蚀层或耐磨层。

3）搅拌摩擦焊（见图 5-4-9）。将高速旋转的搅拌头旋入已装配好并固定不动的两焊件待焊部位，搅拌头高速旋转，与待焊部位摩擦生热，将待焊区加热到热塑性状态，该塑性区在搅拌头的搅拌和挤压下先后流动，经扩散和再结晶便形成焊缝。不停转动的搅拌头沿待焊部位移动，形成连续的一条焊缝。搅拌头

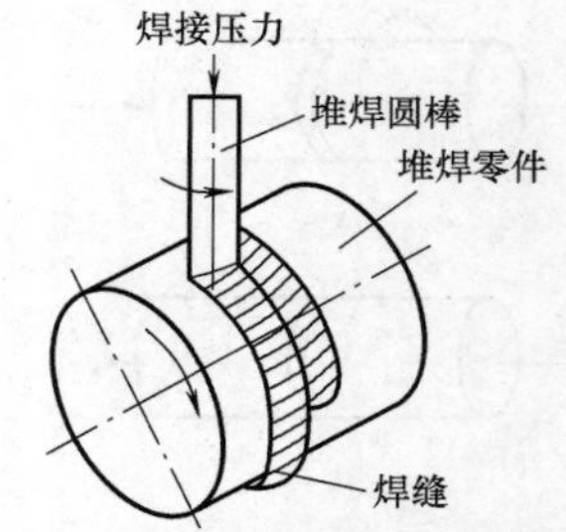

图 5-4-8　表面摩擦堆焊的工作原理

仅仅是一个焊接工具，其外形如图 5-4-10 所示。焊接过程的热量主要是搅拌针与焊件、轴肩与焊件表面之间的摩擦热，以及搅拌针附近焊件材料塑性变形所产生的热量。搅拌摩擦焊主要用于焊接板件，图 5-4-11 所示为搅拌摩擦焊常用的接头形式。

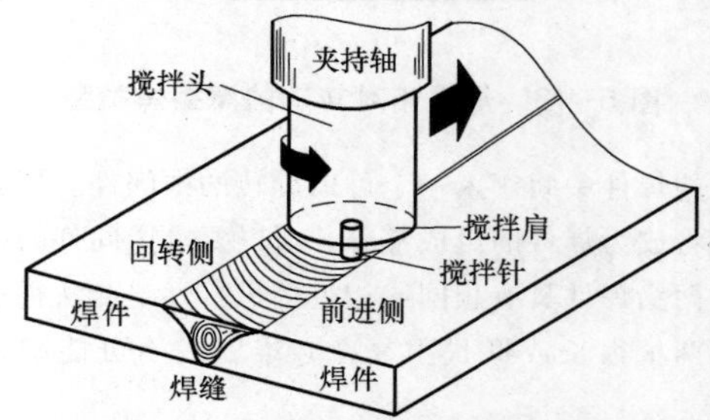

图 5-4-9　搅拌摩擦焊的工作原理

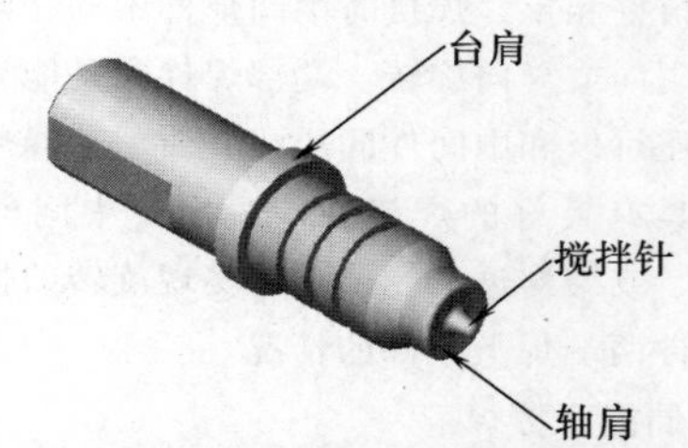

图 5-4-10　搅拌摩擦焊搅拌头的外形

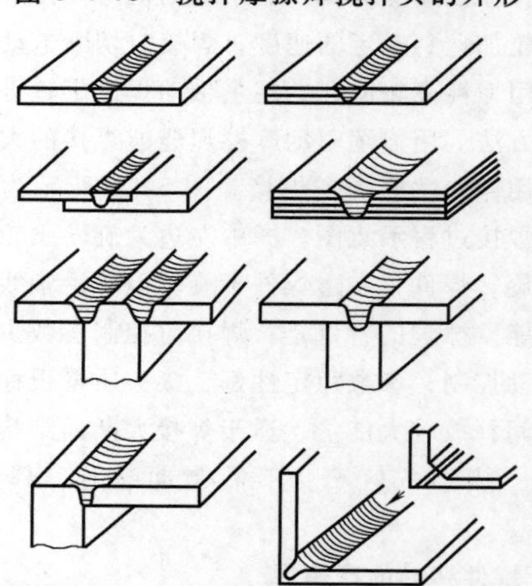

图 5-4-11　搅拌摩擦焊常用的接头形式

搅拌摩擦焊目前主要用于塑性比较好的铝合金、镁合金、铜合金及钛合金等非铁金属材料的焊接上，在钢铁材料的焊接中应用还不多。随着技术的不断发展和成熟，其应用范围将会进一步扩大。

4.1.3　摩擦焊的特点

1. 摩擦焊的优点

1）接头质量高。摩擦焊属于固态焊接，不会产生与材料熔化和凝固相关的缺陷，如气孔、偏析和夹杂等。接头各个区域的晶粒细、组织致密、夹杂物弥散分布。接头性能好、质量稳定、重复性好。

2）适合异种材料的连接。既可用于焊接普通异种钢，也可用于焊接性能差别很大的异种材料，如铝-钢、铝-铜、钛-铜、金属间化合物-钢及陶瓷-铝等，还可以焊接铸造材料、粉末金属材料以及金属基复合材料。

3）生产率高。通常比其他焊接方法高 1~100 倍，非常适合批量生产。例如，锅炉蛇形管对接，用闪光对焊生产率约每小时 20 件，而用摩擦焊则为每小时 120 件。

此外，摩擦焊工艺对焊件的焊接面要求较低，通常机械加工、锯割甚至剪切的表面都能满足焊接要求，大大缩短了焊前焊件准备时间。

4）焊接尺寸精度高。摩擦焊可以实现高精度焊接，专用机可以保证焊后长度公差为 0.2mm，偏心度为 0.2mm。

5）设备易于机械化、自动化，操作简单。整个焊接过程多数由焊机控制，可以避免操作人员造成人为因素缺陷，而且焊接质量不依赖于操作人员的技术水平。

6）生产成本低。摩擦焊不需填充材料，绝大多数金属材料焊接也不需保护气体，焊件留余量少，焊前无须特殊清理，焊后接头有时也无须去飞边，与电弧焊相比，成本可降低 30%左右。

7）环境清洁。焊接时不会产生烟尘、弧光辐射以及其他有害物质，因而无须安装排烟、换气装置。

8）节约能源。与闪光焊相比，其耗电量仅为其 8%~10%，功率消耗仅为传统电焊工艺的 20%。

2. 摩擦焊的缺点和局限性

1）焊件转动的摩擦焊，对焊件的接头形式和断面形式有所限制，对非圆断面焊件、盘状焊件或薄壁管件的焊接较为困难；受摩擦焊机功率和压力的限制，焊件转动的摩擦焊不能焊接大断面的焊件，目前能焊接焊件的最大断面面积为 $200mm^2$。

目前的搅拌摩擦焊仅适于轻金属材料（如铝、镁合金等）的对接和搭接焊，对于高强度材料，如钢、钛合金以及粉末冶金材料焊接尚有困难。

2）焊接设备相对较为复杂，一次性投资较大，只有在大批量生产时才能降低生产成本。

4.1.4　摩擦焊的适用范围

1. 适用的金属材料

大多数同种或异种金属都可以进行摩擦焊接，不同的摩擦焊方法对各种不同金属组合的焊接性表现略有差别，表 5-4-1、表 5-4-2 和表 5-4-3 列出了各种金属组合的三类摩擦焊的焊接性情况。

表 5-4-1　金属材料连续驱动摩擦焊的焊接性

材料	铝	铝合金	黄铜	青铜	氧化镉	铸铁	陶瓷	钴	铜	铜镍合金	烧结铁	镁	镁合金	钼	蒙乃尔合金	镍	镍基合金	莫尼克合金	铌	铌合金	银	银合金	普通碳素钢	耐热合金钢	马氏体时效钢	不锈钢	钽	钍	钛	钨	烧结碳化钨	铀	钒	锆合金
铝	■	■	■				■		■			×	■			■							■	■		■			■					■
铝合金	■	■					■					×	×										△			×								
黄铜	■		×						×																									
青铜																							×	×										
氧化镉									△																									
铸铁																							×											
陶瓷	■	■																																
钴								×																										
铜	■		×	△					×												■		■			■								
铜镍合金										■																								
烧结铁																							■											
镁	×	×										×	×																×					
镁合金	■	×										×	×													×								
钼														×													×		×					
蒙乃尔合金															■									■		■								
镍	■																																	
镍基合金																■																		
莫尼克合金																	■						■	■		■								

（续）

材料	铝	铝合金	黄铜	青铜	氧化镉	铸铁	陶瓷	钴	铜	铜镍合金	烧结铁	镁	镁合金	钼	蒙乃尔合金	镍	镍基合金	莫尼克合金	铌	铌合金	银	银合金	普通碳素钢	耐热合金钢	马氏体时效钢	不锈钢	钽	钍	钛	钨	烧结碳化钨	铀	钒	锆合金
铌																										×								×
铌合金																			■															
银									■																				×					
银合金																						△												
普通碳素钢	■								■		■												■	■	■	■			×		△			
耐热合金钢	■																						■	■	■	■								
马氏体时效钢																							■	■	■	■								
不锈钢	■	×							■				×		■			■	×				■	■	■	■	×		△				×	△
钽														×												×			■					
钍																												△						
钛	■							×				×		×							×		×			△	■		■					
钨																														△				
烧结碳化钨																							△											
铀																															△			
钒																										×								
锆合金	■																		×							△								

注：■—接头质量好；×—不能焊接；△—脆性接头；□—未做试验。

表 5-4-2　金属材料储能摩擦焊的焊接性

材料	铝及其合金	黄铜	青铜	碳化物渗碳合金	钴合金	铌	铜	铜镍	铅	镁合金	钼	镍合金	合金钢	碳素钢	易切削钢	马氏体时效钢	烧结钢	不锈钢	工具钢	钽	钛合金	钨	阀门材料	锆合金
铝及其合金	■						▲						▲	▲				▲						
黄铜		■																						
青铜			■											■										
碳化物渗碳合金														■					■					
钴合金													■	■										
铌						■																		
铜	▲						■							■										■
铜镍								■						■				■						
铅									■															
镁合金										■														
钼											■													
镍合金												■	■	■		■		■						
合金钢	▲				■							■	■	■	▲	■		■	■				■	
碳素钢	▲		■	■	■		■	■				■	■	■	▲		■	■	■				■	
易切削钢													▲	▲	▲									
马氏体时效钢												■	■											
烧结钢														■			■							
不锈钢	▲							■				■	■	■				■						
工具钢													■	■					■					
钽																				■				
钛合金													▲	▲				▲			■			
钨																						■		
阀门材料													■	■										
锆合金							■																	■

注：■—接头金属有足够的强度（在某些情况下需要进行焊后热处理才能达到足够的强度）；▲—可以焊接，但是部分或全部接头不能达到足够的强度；□—到目前为止大部分没有进行试验，大多数金属被认为是可焊的。

表 5-4-3　金属材料搅拌摩擦焊的焊接性

材料组合		热塑性材料	粉末铝合金	铝基纤维材料	铅	钴	钽	钼	钨	镁及其合金	钛及其合金	镍及其合金	白铜	青铜	黄铜	纯铜	锻铝	硬铝	防锈铝	纯铝	铸钢	球墨铸铁	可锻铸铁	灰铸铁	高温合金	耐热钢	不锈钢	其他工具钢	高速钢	弹簧钢	高强度钢	纯铁及碳素钢
纯铁及碳素钢																																■
合金钢	高强度钢																															
合金钢	弹簧钢																															
合金钢	高速钢																															
合金钢	其他工具钢																															
合金钢	不锈钢																×	×	×								■					
合金钢	耐热钢																															
合金钢	高温合金																															
铸造合金	灰铸铁																							◢								
铸造合金	可锻铸铁																×	×	×				■									
铸造合金	球墨铸铁																					◢										
铸造合金	铸钢																				◢											
铝及其合金	纯铝		◢	◢						◢			◢	◢	◢	■	■	■	■	■												
铝及其合金	防锈铝		◢	◢						◢			◢	◢	◢	◢	■	■	■													
铝及其合金	硬铝		◢	◢						◢			◢	◢	◢	◢	■	■														
铝及其合金	锻铝		◢	◢						■			◢	◢	◢	◢	■															
铜及其合金	纯铜		×	×									■	■	■	■																
铜及其合金	黄铜												■	■	■																	
铜及其合金	青铜												■	■																		
铜及其合金	白铜												◢																			
镍及其合金												◢																				
钛及其合金											◢																					
镁及其合金			×	×						■																						
钨																																
钼																																
钽							×																									
钴						×																										
铅					■																											
粉末合金	纤维增强合金			◢																												
粉末合金	粉末铝合金		◢																													
塑料	热塑性材料	■																														

注：■—摩擦焊焊接性良好；◢—摩擦焊焊接性一般；×—摩擦焊焊接性较差；□—不建议使用搅拌摩擦焊。

1）高温时，塑性良好的同种金属，以及能够互相固溶和扩散的异种金属都具有良好的焊接性，能够获得强度高和塑性好的焊接接头。

2）焊接能产生脆性合金的异种金属，若不设法防止脆性合金层增厚，如降低焊接温度，或缩短加热时间等，则很难保证接头的强度和塑性，如铝-铜、铝-钢、钛-钢等的摩擦焊。

3）高温强度高、塑性低、导热性好的材料不容易焊接。两种金属的高温力学性能和物理性能差别越大，越不容易焊接，如不锈钢-铜、硬质合金-钢等。

4）活性金属（如钛、锆等）、淬硬性好的钢材、表面氧化膜不易破碎或有镀膜、渗层等，以及摩擦因数太小（如铸铁、黄铜等）的金属很难进行焊接。

2. 适用的产品结构

焊件转动的摩擦焊最基本的要求是两焊件中至少要有一个是可以实现旋转的，该旋转件具有对称的轴线，且能绕自身轴线高速旋转。其接头形式基本上是对接，如棒与棒、管与管、管与棒、棒与板或管与板之间的焊接。钢棒直径为 $\phi1 \sim \phi175$mm 均可采用摩擦焊；可焊的管件直径比实心棒大，而且壁厚越小，可焊直径越大。

搅拌摩擦焊适于平直板材或型材的拼接，其他形式的接头也能焊接。目前，单道焊可焊金属厚度为 0.8~30mm，有些铝合金板材能达到 100mm。由于焊接时焊件被固定不动，所以产品的形状和尺寸不受限制，如大型船体上的焊缝都可以利用搅拌摩擦焊进行焊接。

4.2　摩擦焊设备

4.2.1　旋转式摩擦焊机

旋转式摩擦焊机有两种，一种是连续驱动摩擦焊机，其结构如图 5-4-12 所示；另一种是惯性（储能）摩擦焊机，其结构如图 5-4-13 所示。它们都是由主轴系统、加压系统、机身，以及夹具及辅助装置、控制系统等组成，两者最大区别是储能摩擦焊机上设有一个供储存机械能用的飞轮。

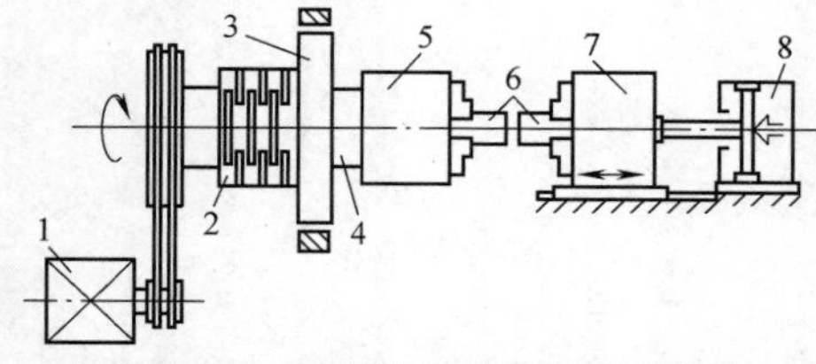

图 5-4-12　连续驱动摩擦焊机的结构

1—主轴电动机　2—离合器　3—制动器　4—主轴　5—旋转夹头　6—焊件　7—移动夹头　8—轴向加压液压缸

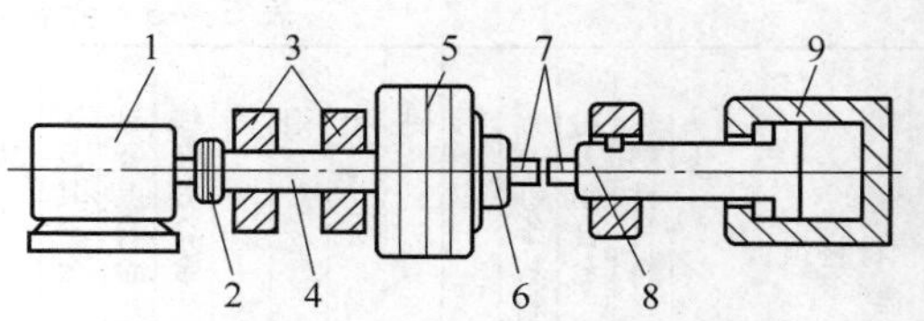

图 5-4-13　惯性摩擦焊机的结构

1—主轴电动机　2—离合器　3—止推轴承　4—主轴　5—惯性飞轮　6—旋转夹具　7—焊件　8—夹头　9—液压缸

1. 主轴系统

主轴系统包括主轴电动机、离合器、飞轮（惯性焊机用）、主轴和轴承等，主要作用是传递功率和转矩，飞轮则是储存和释放焊接所需的机械能量。

2. 加压系统

加压系统包括加压机构和受力机构两部分。

加压系统采用液压系统，不仅要提供足够大的轴向压力，而且要求调节范围大、调节方便。另外还要求顶锻力施加速度快，以保证在接头温度降低之前就得到所需的顶锻变形量。

受力机构主要是用来平衡摩擦压力、顶锻力以及摩擦转矩。小型摩擦焊机可利用机身及安装在机身上的导轨来平衡，要求机身刚度要足够大；大型摩擦焊机常设计拉杆机构来平衡轴向压力和转矩。

3. 机身

机身用以支承和固定摩擦焊机上的主轴箱、导板、加压液压缸和受力拉杆等部件，多为卧式结构。

4. 夹具及辅助装置

摩擦焊机上装有旋转夹头和移动（或固定）夹头，它们必须能夹紧焊件，能承受摩擦压力、顶锻力和转矩的综合作用，避免焊接过程焊件打滑旋转或后退，并不发生振动。旋转夹头常用自定心弹簧夹头和三爪夹头；移动夹头或固定夹头常用液压虎钳，钳口用 V 形，以适应直径有一定变化的圆形焊件，并易于保证同心度。

辅助装置包括自动送料装置和自动切除飞边装置等，后者就是一台能自动进给的车刀架。

5. 控制系统

控制系统包括焊机操作程序控制和焊接参数监控等。焊机操作程序控制包括按预先规定的动作顺序，完成从送料、夹紧焊件、摩擦加热、顶锻焊接、切除飞边到退出焊件的全过程。焊接参数控制主要包括时间控制、摩擦加热功率峰值控制、变形量控制和综合参数控制等，时间和功率的控制主要是控制摩擦焊加热过程；变形量控制除控制摩擦加热过程外，还控制顶锻焊接过程；综合参数控制主要是对焊接参数的监控、报警、显示记录，参数波动时能自动调节。

4.2.2 搅拌摩擦焊机

因搅拌摩擦焊时两被焊焊件不转动，需要转动的是搅拌头，故实现搅拌头转动的传动机构比较简单。图 5-4-14 所示为搅拌摩擦焊机传动系统的工作原理，主要由主轴电动机、变速器、主轴箱、搅拌头和夹持器组成。实现搅拌头相对于焊件在 x、y、z 三个坐标方向运行的机构则较为复杂，z 轴为搅拌头提供焊接压力和焊接深度控制，通过改变搅拌头与焊件之间的距离可以实现；x、y 轴的运动是使焊机具有直纵缝焊接和平面曲线焊缝焊接的能力，通常是借助支撑搅拌头传动机构的机架与支撑并夹紧焊件的工作台之间的相对运动来实现。

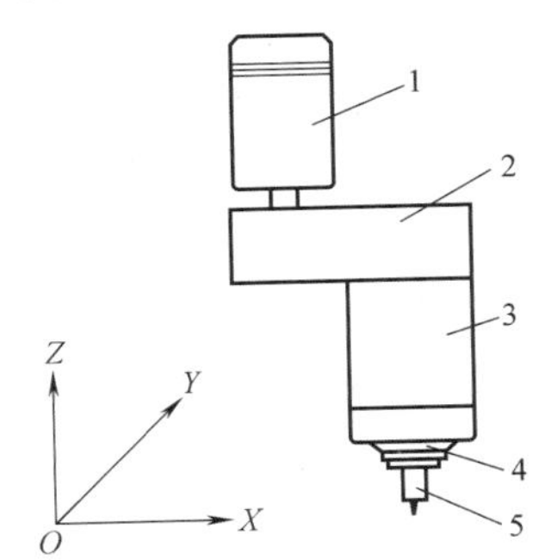

图 5-4-14 搅拌摩擦焊机传动系统的工作原理

1—主轴电动机 2—变速器 3—主轴箱 4—夹持器 5—搅拌头

按机身结构的形状，常规搅拌摩擦焊设备可分为 C 型焊机、龙门式（Π 型）焊机和悬臂式（Γ 型）焊机等三种。焊机主体床身、立柱、工作台等大件一般是焊接结构，个别焊机为了抗振而采用铸铁件。

图 5-4-15 和图 5-4-16 所示分别为静龙门式搅拌摩擦焊机和动龙门式搅拌摩擦焊机，用于焊接大型、大厚度焊件。图 5-4-17 所示为悬臂式搅拌摩擦焊机的结构图。

此外，还有专用于焊接立焊缝的各种立式搅拌摩擦焊机，专用于焊接大直径筒体环焊缝的落地式搅拌摩擦焊机，专用于焊接超长筒体纵缝的水平横焊式的搅拌摩擦焊机，焊接三维空间曲线焊缝的焊接机器人及数控搅拌摩擦焊机等。

4.3 摩擦焊工艺

4.3.1 焊件转动摩擦焊工艺

1. 焊接接头的设计

焊件转动摩擦焊只能对垂直于转轴平面或同心于转轴锥面进行对接，其中以平端面对接接头最为常见。图 5-4-18 所示为最常用的接头形式，图中 a、b、c 属典型对接接头，d、e、f、g 可看成 T 形接头，h 和 i 为锥面接头。

设计焊件转动摩擦焊接头时，需注意以下几点：

1）被焊两焊件中，旋转件最好是圆形的且可绕轴线作高速旋转。

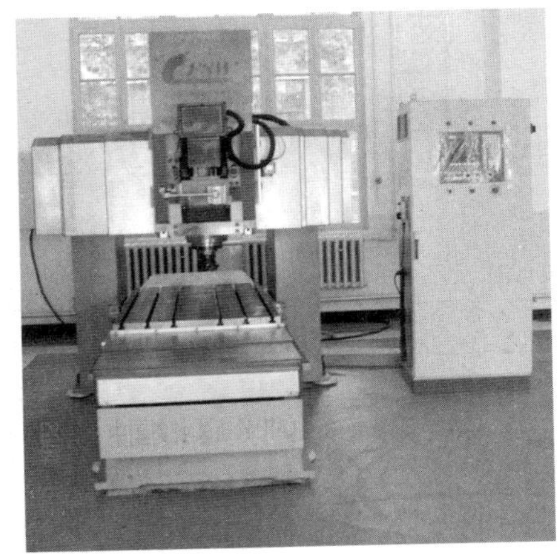

图 5-4-15 静龙门式搅拌摩擦焊机

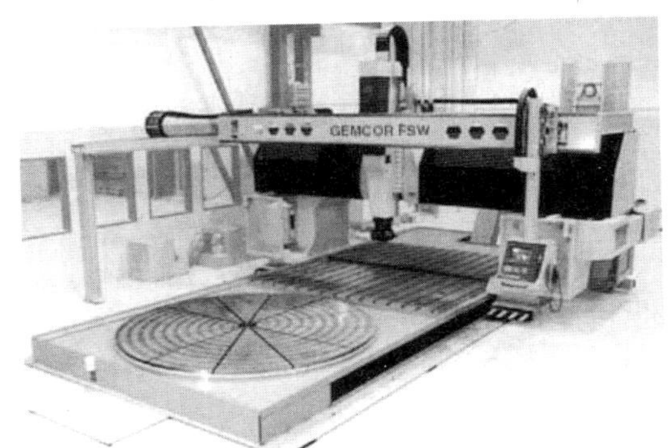

图 5-4-16 动龙门式搅拌摩擦焊机

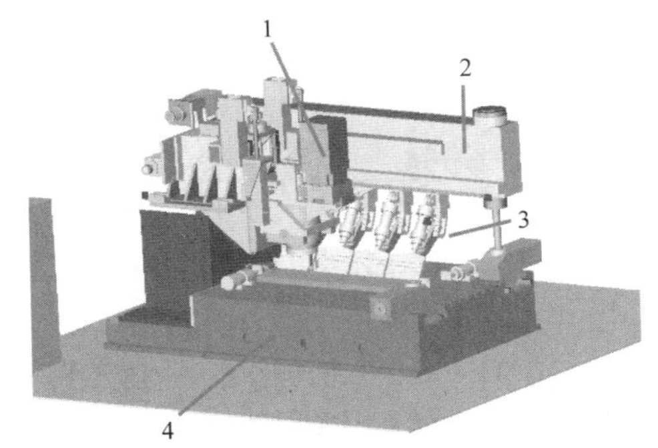

图 5-4-17 悬臂式搅拌摩擦焊机

1—主轴头 2—悬臂 3—液压夹具 4—床身

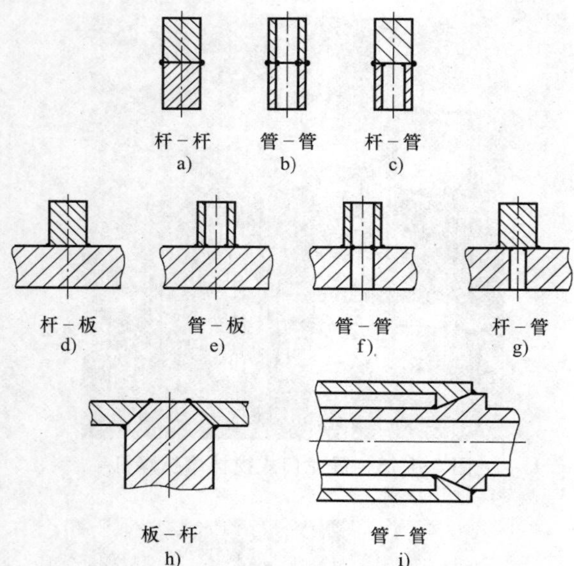

图 5-4-18　焊件转动摩擦焊常用接头形式

2）应尽量避免设计薄壁接头，以保证焊件的刚度，防止在压力作用下失稳，并方便夹持。

3）为了使两焊件摩擦表面温度分布均匀、变形量相等，应尽量使两接合面面积相等。图 5-4-18a、b 容易办到，有困难时可以设计成图 5-4-19 所示的接头，但这类接头成本较高。

如果必须采用图 5-4-18c、d、e、f、g 所示接头，则需采用强规范进行焊接。

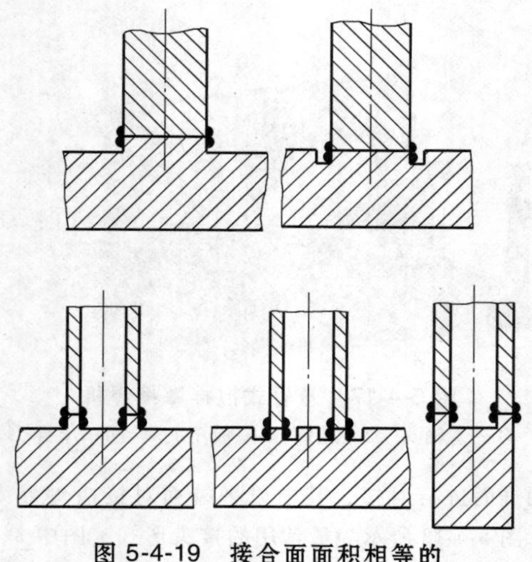

图 5-4-19　接合面面积相等的焊件转动摩擦焊接头

4）锥面接头是为增大焊接面积，使接头加热均匀或满足结构或工艺上的特殊要求而设计的，如图 5-4-18h、i所示。一般接合面与旋转轴成 45°~90°，强度低的金属，角度要大一些，以能够承受施加的轴向力。当异种金属采用焊件转动的摩擦焊时，通常强度（或硬度）较高的焊件宜制作成凸锥面，如图 5-4-20 所示。

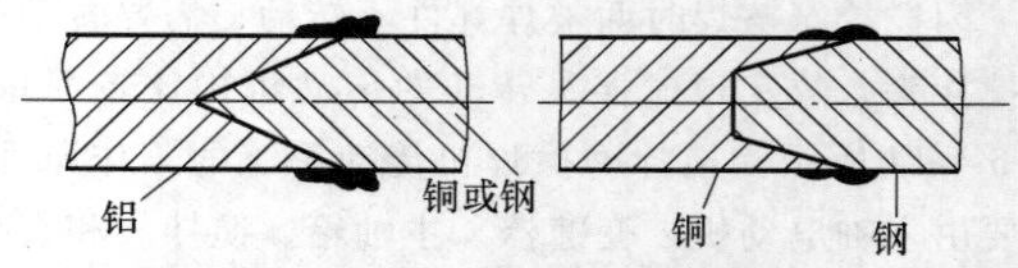

图 5-4-20　异种金属焊件转动摩擦焊接头

5）焊接大断面接头时，为了减小摩擦加热功率峰值，可采用将焊件端面倒角的方法，如图 5-4-21 所示。使摩擦表面逐渐增大，到达稳定摩擦阶段后，整个焊接断面才全部接触摩擦。

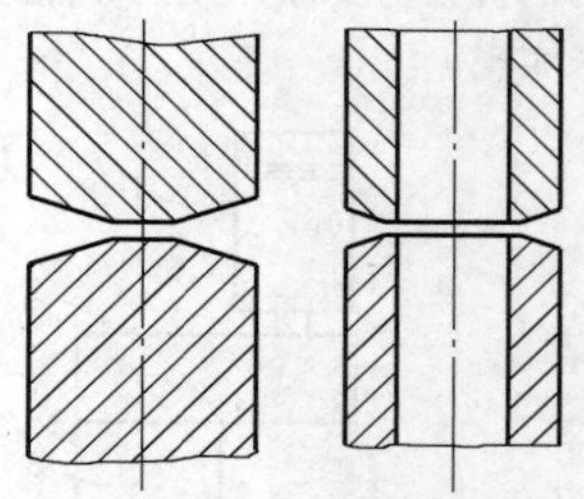

图 5-4-21　端面倒角的焊接接头

6）要注意飞边的流向，让它在焊接时不受阻碍地被挤出。在无法切除飞边或者要降低飞边切除费用的情况下，可设计成带飞边槽的接头，如图 5-4-22 所示。

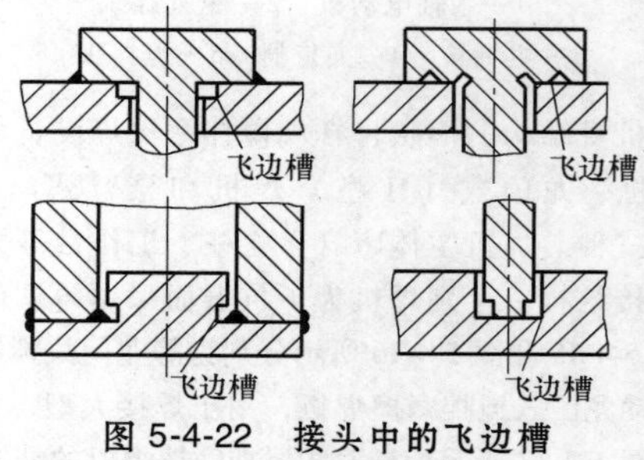

图 5-4-22　接头中的飞边槽

2. 接头表面准备

1）焊件的摩擦端面应平整，中心部位不能有凹面或中心孔，以防止焊缝中包藏空气或氧化物。而切断刀留下的中心凸台有助于中心部位加热，是有益的。

2）端面垂直度一般不超过直径的 1%，否则会产生径向力，影响产品的同轴度。

3）接合面上有较厚的氧化层、镀铬层、渗碳层或渗氮层时应在焊前清除。

4）摩擦焊对焊件接合面的表面粗糙度、清洁度要求并不严格，如果允许有较大的焊接变形量（摩擦变形量和顶锻变形量），则气割、冲剪、砂轮磨削和锯断的表面均可直接采用。

3. 焊接参数

（1）连续驱动摩擦焊的焊接参数

连续驱动摩擦焊接的焊接参数包括转速、摩擦压力、摩擦（加热）时间、顶锻力及顶锻变形量等。

1）转速。实心圆棒接合面的平均摩擦速度用2/3半径处的摩擦线速度表示。为了使变形层加热到所需的焊接温度，平均摩擦速度必须高于最低摩擦速度，否则，会因接合面温度过低而形不成良好的冶金结合。例如，低碳钢的最低摩擦速度为 $0.3\mathrm{m \cdot s^{-1}}$ 左右，故其平均摩擦速度的选用范围为 $0.6 \sim 3\mathrm{m \cdot s^{-1}}$。

选用较高的转速时，应严格控制轴向压力和加热持续时间，以防焊接区过热。异种金属焊接时，低转速可以减小脆性金属间化合物的形成。

2）摩擦压力。为了产生足够热量并保证摩擦表面的全面接触，摩擦压力不能太小。钢的可选压力范围较宽，低碳钢和低合金钢为41～83MPa，中、高碳钢为41～103MPa。如果需要通过预热来降低冷却速度，则可采用多级摩擦压力；采用大约20MPa的压力进行短时预热，然后再将压力增到焊接所需的压力。采用预热可降低对焊机容量的要求。

3）摩擦（加热）时间。它决定接头摩擦加热的程度，直接影响焊接温度、温度分布和接头质量。加热时间不足，则加热不均匀，温度梯度过陡，接合面上的氧化夹杂物挤不干净；加热时间过长，则高温区过热、缩短量过大、飞边量增加，既耗材又耗能，还降低了生产率。

用强规范焊接时加热时间短达1～2s，弱规范焊接时，加热时间长达40s。

4）顶锻力和顶锻变形量。施加顶锻力是为了能挤碎和排出变形层中的金属氧化物和其他有害杂质，并使接头金属得到锻造、结合紧密、晶粒细化，以提高接头性能。顶锻就会产生顶锻变形量。良好的摩擦焊接头，需要有一定的顶锻变形量来保证。当焊接高温强度高的材料时，需要较大的顶锻力；当接头的温度高、变形层厚时，采用较小的顶锻压力就可以达到所要求的顶锻变形量。

通常顶锻力约为摩擦压力的2～3倍，当摩擦压力较小时，取的倍数较大。对低碳钢和低合金钢，一般顶锻力为70～150 MPa，中、高碳钢的顶锻力为103～414 MPa。对于耐热合金，如不锈钢和镍基合金则要求较高的顶锻力。

顶锻变形量为1～6mm，顶锻速度一般为 $10 \sim 40\mathrm{mm \cdot s^{-1}}$。

5）强规范与弱规范

在连续驱动摩擦焊时，转速、摩擦压力和加热时间的不同组合，便形成了不同的焊接加热条件。其中最为常用的两种组合是：①强规范，即转速较低、摩擦压力大、摩擦时间短（只几秒钟）；②弱规范，即转速高、摩擦压力小、摩擦时间长（长达40s）。前者加热功率较大，但能耗较少，接头的温度区较窄；而后者则相反，加热功率小，但能耗较大，适于易淬火钢的焊接，因为其冷却速度较缓慢。当碳素钢或低合金钢焊件的焊接断面不等时，因其导热条件不同，在连接表面上的温度和变形层厚度不同，这会影响焊接质量。为了得到较均匀的温度分布和相近厚度的变形层，这时需采用强规范进行焊接。

表5-4-4列出了各种金属材料连续驱动摩擦焊的典型焊接参数。

表5-4-4 各种金属材料连续驱动摩擦焊的典型焊接参数

材 料	直径/mm	转速/$\mathrm{r \cdot min^{-1}}$	摩擦压力/MPa	摩擦时间/s	顶锻力/MPa
碳素钢+碳素钢	13	3000	34	7①	34
碳素钢+碳素钢	16	2000	60	1.5	120
碳素钢+碳素钢	25	1500	52	15①	52
高速钢+碳素钢	25	2000	120	13	240
20CrMnTi+35钢	20	2000	34	4.5	130
耐热合金+低合金钢	16.5	2700	77.4	4	225
WC50CrMo+C12MoV	16	2000	320	4.5	400
W18Cr4V+ W18Cr4V	19	4000	103	10①	137
12Cr17Ni7+碳素钢	19	3000	52	10①	103
12Cr17Ni7+12Cr17Ni7	25	2000	80	10①	200
不锈钢+铜	25	1750	34	40	240
不锈钢+铝	25	1000	50	3	100
铜+铝	25	208	280	6	400

（续）

材　料	直径/mm	转速/r · min^{-1}	摩擦压力/MPa	摩擦时间/s	顶锻力/MPa
铜+铜	25	6000	34	18①	68
20 钢+20 钢	ϕ32×4	1430	100	1.3	200
合金钢+碳素钢	ϕ114×16	3000	38	26①	110
合金钢+碳素钢	ϕ45×6.5	6800	17	42①	41
35CrMo+40Mn2	ϕ141×20	530	54	30～35	127
06Cr19Ni10+06Cr19Ni10	ϕ140×13	800	137	35①	137
30CrMnSi-30CrMnSi	ϕ83×5.5	1500	80	6	160

① 摩擦焊总时间。

（2）惯性摩擦焊的焊接参数

惯性摩擦焊的焊接参数主要有三个：飞轮的转动惯量、飞轮转速和轴向压力。前两个参数决定焊接总能量，轴向压力大小根据被焊材质和接合面的面积来选择。

飞轮的能量可由式（5-4-1）确定：

$$E=55\times10^{-4}I\cdot n^2 \tag{5-4-1}$$

式中　E——能量（J）；

I——飞轮系统转动惯量（kg · m^2），$I=m\cdot r^2$；

m——飞轮系统的质量（kg）；

r——回转半径（m）；

n——瞬时转速（r · min^{-1}）。

从式（5-4-1）可以看出，改变飞轮的转动惯量或改变其转速都可以改变焊接能量。

在焊接过程中，飞轮因释放其所储能量而降低速度，待飞轮停止，飞轮的能量就全部传递给焊件接合面而转变为热能。在轴向压力共同作用下便在接合面上形成焊缝。

焊接能量、转速和轴向压力对摩擦焊缝成形的影响如图 5-4-23 所示。

1）飞轮的转动惯量。在一定转速和轴向压力下，焊接能量与飞轮的转动惯量成正比。增大飞轮的转动惯量（如增加其质量或扩大其尺寸），焊接能量增大，接合处呈塑性状态的金属量增加，顶锻和接合面挤出的金属也增加，且加热状态变得十分均匀，但能量过大将造成过量的飞边。图 5-4-23a 所示为用低、中、高焊接能量的对接缝断面形状的影响。

顶锻开始时，飞轮剩余能量影响顶锻量。在焊接能量相同的情况下，大而慢的飞轮产生较大的顶锻变形量，小而快的飞轮产生较小的顶锻变形量。

2）飞轮的转速。对每种金属材料都存在一个能使接头具有最佳性能的外圆周速度。对于实心钢棒，推荐的焊件初始外圆周速度范围为 2.5～7.6m · s^{-1}。如果速度太低，中心部分的热量不足，难以使整个截面形成结合，而且飞边也粗糙不均，如图 5-4-23b 所示；若在中等转速，从 1.5～4.1m · s^{-1}变化时，接合面的加热状态从呈细腰状逐渐变得较平坦。过高的转速时，焊缝呈鼓形，中心处比外围厚。

3）轴向压力。轴向压力对接合面加热状态的影响与转速的影响恰好相反，当轴向压力较低时，焊缝呈鼓形，中心处厚；当压力过大时，在接头中心处结合不良，且焊缝顶锻量大，焊缝呈细腰形，如图 5-4-23c所示。对中碳钢圆棒焊接，有效的轴向压力范围为 150～210MPa。

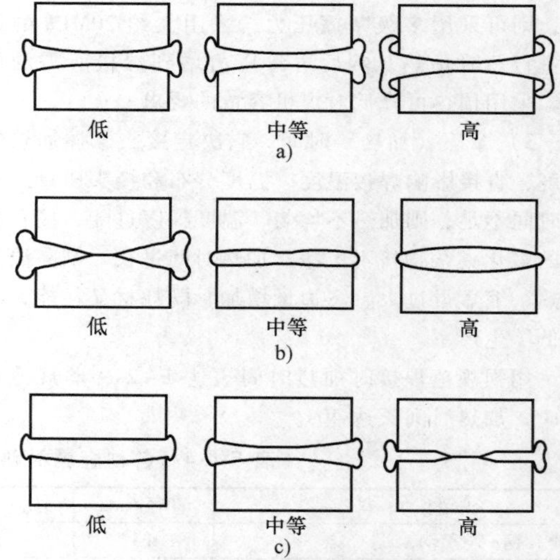

图 5-4-23　焊接参数对摩擦焊缝成形的影响

a）能量的影响　b）速度的影响　c）压力的影响

4）焊接参数举例。表 5-4-5 列出了各种金属材料惯性摩擦焊的典型焊接参数。

4.3.2　搅拌摩擦焊工艺

1. 接头形式及其焊前准备

搅拌摩擦焊接头的形式如图 5-4-11 所示。这些接头都不需要开坡口，可以直接对剪裁板件进行装配和焊接。对接时，最大允许间隙为 0.1t（t 为板厚）。

表 5-4-5　各种金属材料惯性摩擦焊的典型焊接参数

材料	形式	d/mm	n/r · min^{-1}	P/MPa	I/kg · cm^2	E[①]/kJ
20 钢+20 钢	棒-棒	25	4600	82	0.282	32.6
45 钢+45 钢	棒-棒	50	2950	211	2.486	118.3
微合金钢+35 钢	棒-棒	20	2000	133	0.674	14.7
40CrMo+40CrMo	棒-棒	20	2500	159	0.674	23.0
12Cr13+12Cr13	棒-棒	25	3000	124	0.844	41.5
12Cr17Ni7+12Cr17Ni7	棒-棒	25	3500	124	0.591	39.6
12Cr17Ni7+20 钢	棒-棒	25	3000	124	0.844	41.5
12Cr17Ni7+铝合金	棒-棒	25	5500	35	0.165	27.2
W6Mo5Cr4V2+45 钢	棒-棒	25	3000	276	1.130	55.6
铜+碳素钢	棒-棒	25	8000	35	0.059	20.7
45 钢+45 钢[①]	棒-板	25	1850	19	6.33	118
Pb5120+Pb5120(美)	管-板	ϕ47.6×5.5	2800	19.4	0.45	19.3
40Cr+45 钢	管-板	ϕ50×6	3500	188	1.517	101.6
40Mn2+40Mn2	管-管	ϕ73×5	2500	301	2.486	85
37Mn5+37Mn5(DIN)	管-管	ϕ88.9×13	1800	130	20.48	362

① 用低速大飞轮。

焊接结束时，抽出搅拌针后就会留下一个小孔，称为尾孔。当焊接直缝时，在终焊端附加引出板将尾孔引到焊件之外，焊后再把它切除。当焊接环焊缝时，尾孔可采用一些特殊技术进行处理，如采用搅拌针能伸缩的搅拌头，或者焊后用搅拌摩擦塞焊或熔焊等方法来处理。

2. 焊接参数

搅拌摩擦焊的焊接参数有搅拌头的倾角、旋转速度、插入深度、插入速度、插入停留时间、焊接速度、焊接压力、回抽停留时间和回抽速度等。

1）搅拌头的倾角。搅拌摩擦焊时，搅拌头通常需向后倾斜一定角度，以便焊接时搅拌头肩部的后沿能够对焊缝施加一定的顶锻力。对于焊接厚度为 1~6mm 的薄板，搅拌头倾角通常选 1°~2°；对于大于 6mm 的中厚板，一般取 3°~5°。

2）旋转速度。搅拌头的转速需要与焊接速度相匹配。对于任何材料，一定的焊接速度对应着一定的旋转速度适用范围，在此范围内可获得高质量的接头。

根据搅拌头的旋转速度，搅拌摩擦焊可以分为冷规范、弱规范和强规范，各种铝合金材料焊接规范的分类见表 5-4-6。

表 5-4-6　铝合金材料焊接规范的分类

规范类别	搅拌头旋转速度 /r · min^{-1}	适合的铝合金材料
冷规范	<300	2024、2214、2219、2519、2195、7005、7050、7075
弱规范	300~600	2618、6082
强规范	>600	5083、6061、6063

3）插入深度。搅拌头的插入深度一般指搅拌针插入被焊材料的深度，但是考虑到搅拌针的长度一般为固定值，所以搅拌头的插入深度也可以用轴肩后沿低于板材表面的深度表示。对于薄板材料，一般为 0.1~0.3mm；对中厚板材料，此深度一般不超过 0.5mm。

4）插入速度。指搅拌针在插入焊件过程中所用的旋转速度。根据搅拌针类型和板厚选择合适的数值。若插入过快，在被焊材料尚未完全达到热塑性状态的情况下会对设备主轴造成极大损害；若插入过慢，则会造成温度过热而影响焊接质量。

当搅拌针为锥形时，插入速度为 15~30mm · min^{-1}；当搅拌针为柱形时，插入速度应适度降低，为 5~25mm · min^{-1}。当焊焊接厚板（>12mm）时，插入速度为 10~20mm · min^{-1}；当焊接薄板（厚度为 0.8~12mm）时，插入速度为 15~30mm · min^{-1}。

5）插入停留时间。指搅拌针插入焊件达预定深度后，搅拌头开始横向移动之前的这段时间，根据焊件材料及板厚选择。若停留时间过短，焊缝温度尚未达到平衡状态就开始横向移动，则会形成隧道形孔洞缺陷；若停留时间过长，则被焊材料过热，易形成成分偏聚、焊缝表面渣状物、“S” 形黑线缺陷等。

对于薄板、塑性流动好的材料，或者对热敏感的材料，插入停留时间宜短一些，一般为 5~20s。

6）焊接速度。指搅拌头与焊件之间沿接缝移动的速度，主要根据焊件厚度来确定。此外，还需考虑生产效率及搅拌摩擦焊工艺柔性等因素。

表 5-4-7 列出了不同厚度铝合金材料搅拌摩擦焊时的焊接速度。

表 5-4-7　不同厚度铝合金材料搅拌摩擦焊时的焊接速度

板材厚度 /mm	焊接速度 /mm · min^{-1}	适用材料
1~3	30~2500	5083、6061、6063
3~6	30~1200	6061、6063
6~12	30~800	2219、2195
12~25	20~300	2618、2024、7075
25~50	10~80	2024、7075

7）焊接压力。焊接时搅拌头向焊缝施加的轴向顶锻力，通常根据焊件的强度和刚度、搅拌头的形状、搅拌头压入深度等选择。搅拌摩擦焊的焊接压力在正常焊接时一般是保持恒定的。

8）回抽停留时间。指搅拌头横向移动停止后，搅拌针尚未从焊件中抽出的停留时间。若停留时间过短，焊接部位热塑性流动尚未完全达到平衡状态，将会在焊缝尾孔附近出现孔洞；若停留时间过长，则焊缝过热易发生成分偏聚，影响焊缝质量。

9）回抽速度。指搅拌针从焊件抽出的速度，其数值主要根据搅拌针的类型及母材厚度选择。若回抽过快，母材上的热塑性金属会随搅拌针回抽而形成惯性向上运动，从而造成焊缝根部的金属缺失，出现孔洞。

对于锥形搅拌针，回抽速度通常为 15~30mm · min^{-1}；对于圆柱形搅拌针，回抽速度应适度降低，为 5~25mm · min^{-1}。

3. 焊接热输入

搅拌摩擦焊时输入焊件的总热功率可用式（5-4-2）计算：

$$Q=\pi n\mu F(r_0^2+r_0r_i+r_i^2)/45(r_0+r_i) \qquad (5\text{-}4\text{-}2)$$

式中　Q——输入焊件总的热功率（W）；

r_0——搅拌头肩部半径（mm）；

r_i——搅拌针的半径（mm）；

n——搅拌头转速（r · min^{-1}）；

F——焊接压力（N · mm^{-2}）；

μ——摩擦因数。

假如 $r_i=0$，则式（5-4-2）变为

$$Q=\pi n\mu Fr_0/45 \qquad (5\text{-}4\text{-}3)$$

于是，单位长度上的热输入量，即焊接热输入可表示为

$$E=\pi n\mu Fr_0/45v \qquad (5\text{-}4\text{-}4)$$

式中　E——焊接热输入（W · mm^{-1}）；

v——焊接速度，即搅拌头向前移动速度（mm · min^{-1}）。

从式（5-4-4）可知，焊接过程中，焊接热输入取决于 r_0、F、μ 和 n/v。当采用某一搅拌头进行焊接时，其肩部直径和搅拌针直径均为定值，如果焊接压力保持不变，则焊接热输入就由 n/v 决定。n/v 是搅拌头的旋转速度与焊接速度之比，单位为 r · mm^{-1}。在一定条件下，它的大小反映了焊接的热输入量，故 n/v 又被称为热输入因子。

焊接时，如果转速过低或焊接速度过高都会导致 n/v 降低，即焊接热输入减小，这时热量不足以使焊接区金属达到热塑性状态，因而焊缝成形不好，甚至焊缝表面出现沟槽；随着转速的提高或焊接速度的降低，n/v 逐渐增加，当达到一定比值，即焊接热输入逐渐增加到某一合理的水平时，就能获得质量优良的焊缝。反之，如果转速过高或焊接速度过慢，焊缝金属则会过热，焊缝成形及内在质量也会变差。所以，在一定焊接条件下存在一个最佳 n/v 取值范围。例如，当厚度为 3mm 工业铝合金用轴肩为 9mm 的搅拌头进行搅拌摩擦焊时，旋转速度为 1800~2000r · min^{-1}、焊接速度为 1. 22~1. 85mm · s^{-1}时，即 n/v 比值在 16. 2~27. 5r · mm^{-1}范围内，即能焊出质量较好的焊缝，其平均强度系数达到了 80%。

4. 4　摩擦焊接的质量及其控制

4. 4. 1　焊件转动的摩擦焊接的质量及其控制

1. 焊接缺陷及产生原因

同种钢和异种钢摩擦焊的常见缺陷及其产生原因见表 5-4-8。

2. 质量控制

当被焊材料、接头形式和焊接参数确定之后，摩擦焊接的质量主要取决于焊件毛坯的准备、装夹与对中、焊机的调整以及焊接参数的控制。

连续驱动摩擦焊的焊接参数控制有表 5-4-9 所列的几种方法。

惯性摩擦焊的焊接参数较少，一般只控制施加轴向推力时的旋转速度和轴向推力的大小。这两个参数可用一般的通用仪器监测。

尽管监控设备和装置日趋完善，但仍难以确保焊接质量，因此焊后尚需进行无损检测。可用超声波检测内部缺陷，用着色法或荧光渗透法检测表面缺陷，用磁粉检验法检测铁磁材料表面或皮下缺陷。进行这些检测前要将飞边清除掉。

4. 4. 2　搅拌摩擦焊接的质量及其控制

1. 搅拌摩擦焊接的缺陷及其产生的原因

搅拌摩擦焊接主要有未焊透、孔洞和黑线三种缺陷，分述如下。

表 5-4-8 焊接转动摩擦焊的常见的缺陷及其产生原因

缺陷名称	产生原因
接头偏心	焊机刚性不足;夹头偏心;焊件端面倾斜或从夹头外伸量太长
飞边不封闭	转速高;摩擦压力太大或太小;摩擦时间太长或太短,以致顶锻前接头中变形层和高温区太窄,停车慢
未焊透	焊前接合面清理不良;转速低;摩擦压力太大或太小;摩擦时间短;顶锻力小
接头组织扭曲	转速低;压力大;停车慢
接头过热	转速高;压力小;摩擦时间长
接头淬硬	焊接易淬火钢时摩擦时间短;冷却速度快
焊接裂纹	当焊接淬火钢时摩擦时间短;冷却速度快
氧化灰斑	焊件清理不良;焊机振动;压力小;摩擦时间短;顶锻前接头中变形层和高温区窄
脆性合金层	焊接能产生脆化合金化合物的异种金属时,加热温度高;摩擦时间长;压力小

表 5-4-9 连续驱动摩擦焊的焊接参数控制方法

控制的参数	控制内容与主要方法
时间控制	主要是对加热(摩擦)时间的控制,要求摩擦时间保持恒定。通常是使用时间继电器进行定时控制,这种控制要求毛坯准备完全一致,其他焊接参数稳定
功率峰值控制	实质上是一种焊接能量和温度的控制。当摩擦加热功率超过峰值而下降到稳定值附近时立即停车,顶锻焊接
温度控制	利用光电继电器的光电头对接头的加热温度进行实测。当温度升高到要求值后,继电器起动,立即停车,顶锻焊接
轴向变形量控制	主要控制焊件的摩擦缩短量,使其等于某选定值后立即停车顶锻焊接。该变形量在一定程度上反映了接头加热和塑性变形的情况。当摩擦缩短量一定时,摩擦加热的轴向变形量和摩擦(加热)时间成正比,所以变形量控制实际上是代替了时间的控制
综合参数控制	同时对功率、变形量和焊接过程各阶段的时间进行综合控制。目前常用计算机进行这种控制。当这些参数超过规定值时,立即反馈报警,并进行自动控制和调整,同时也显示出转速,压力和变形量等主要参数,并记录它随时间变化的曲线

1）未焊透的主要原因是搅拌针与被焊板材厚度不匹配，搅拌针距离背面垫板太远，该处不能完全被热塑化和填充。此外，焊接参数控制精度差、工装夹具及设备设计结构刚度不足也是造成未焊透的原因。

2）焊缝孔洞有单孔洞和群疏松孔洞等多种形式，大多数情况下表现为隧道孔洞。产生的主要原因是采用的搅拌头形状不合理，焊接过程中热塑化金属材料不能均匀地过渡和填充焊缝，从而形成孔洞缺陷。此外，焊接过程中焊接参数设定不合理，如焊接速度过快、焊接压力和搅拌头后沿压入量不够等，也会形成孔洞。

3）焊缝黑线是焊缝金属内存在面状或带状夹杂物，在焊缝的横截面上呈现出的是一条连续黑线。这是搅拌摩擦焊中最隐蔽和危险的一种缺陷，其产生的主要原因是焊件表面氧化层太厚，焊接过程中搅拌头未能对氧化皮完全破碎和弥散化，密集的氧化皮颗粒在焊缝中呈面状或带状分布。此外，还要有合理的搅拌头的设计，否则无法把氧化皮搅碎和弥散化。值得注意的是，焊缝黑线往往出现在焊后热处理过程中，因此这种缺陷的产生还与焊缝在热处理过程中的脆化相析出有关。

2. 搅拌摩擦焊接质量控制

如果采用专用焊接设备和优化的焊接参数进行焊接，焊接质量一般都能得到保证。为了控制焊接质量，应注意以下几个要素：

1）焊机必须具有足够的结构刚度和制造精度。开始焊接时，旋转的搅拌头是在冷状态下插入焊件的，当搅拌头做横向移动时还要持续向焊缝金属施加足够大的顶锻力，因此要求搅拌摩擦焊机必须具有足够的结构刚度和强度。与普通机械加工用的铣床相比，其承载能力要增大 4~5 倍。同时，要求焊机制造精度至少要达到 0.01mm 的动态精度。

2）搅拌头与背面垫板的距离应保持恒定。搅拌摩擦焊时，焊件背面必须有刚性支撑和垫板，同时还应能对搅拌头到背面垫板的距离进行精确位置恒值控制，否则会产生未焊透缺陷。

3）焊件应被刚性固定和夹紧。搅拌摩擦焊时没有外部填充材料，因此焊前装配间隙应尽可能小，且沿整个接缝的间隙应大小均匀。由于焊接时焊件将受到很大的轴向顶锻力和侧向分力，如果焊接时焊件没有被刚性固定和夹紧，则会引起间隙变化，无法保证焊缝质量。

4）搅拌头能实现恒压控制。在实际生产中，当对筒体环缝进行搅拌摩擦焊时，由于焊件预加工和装配总是有偏差的，以及焊接过程中搅拌头插入深度调节等因素，很难对搅拌头到背面垫板之间的距离按焊接工艺要求进行精确控制；在长焊缝焊接中，由于焊机的刚性问题，焊接时产生较大的挠度变形会形成未焊透等缺陷。考虑这些情况，就要求焊机对搅拌头实施恒压控制。

5）焊件厚度要均匀。搅拌针选定后其长度是固定的，在焊接过程中，轴肩到背面垫板的距离就会随焊件厚度变化而变化，如果焊件沿整个接缝处的厚度不均匀，就会形成未焊透缺陷。

6）选用合适的搅拌头。搅拌头的材料、几何形状和尺寸对焊接质量有重要影响，需要按被焊材料的种类、焊件的结构和板材厚度来选择。

7）优化焊接参数。搅拌摩擦焊的焊接参数多，对焊接质量有着交互影响，因此任何金属材料在焊接之前，都应进行工艺试验以确定出最佳的焊接参数。

8）焊机的控制系统必须能对所有主要参数进行精确的传感和控制，这样才能保证焊接质量。

4.4.3　摩擦焊接质量的检测

摩擦焊接头的质量检验的方法仍然分破坏性的和非破坏性的两类。由于焊件转动的摩擦焊接头多为棒状对接接头，其破坏性检验主要是拉伸、弯曲、断口分析和金相分析等；在实际生产中，通常采用按批量的百分比进行抽检。非破坏性检验主要是外观检测，检查接头飞边的状态是否匀称和正常，有无裂纹和未焊透等外部缺陷。

由于搅拌摩擦焊接头主要是板材接头，其连接焊缝是连续线状焊缝，与熔焊接头无原则区别，故其检验方法也和熔焊结构类似。

4.5　摩擦焊安全技术

焊件旋转的摩擦焊机就像普通车床一样，“床头”夹持着焊件做高速旋转，其“床尾”像压力机一样夹持另一焊件并施加轴向压力从而实现焊接，因此车床和压力机的安全措施和操作规则也适合这类摩擦焊。焊件不动的搅拌摩擦焊机就像普通铣床或钻床一样，机头（主轴）夹持着焊具——搅拌头做高速旋转实现焊接，因此铣床、钻床的安全技术和操作规则也适用于搅拌摩擦焊。

防止人身事故和设备事故的重点是对旋转件夹牢，并设置护栏等装置以防止操作人员受伤和设备损伤。对于连续生产的摩擦焊机一定要注意各个动作之间的联锁及保护。例如，对焊件旋转的摩擦焊只有当旋转夹头夹紧焊件后，才可以驱动主轴旋转，否则焊件容易飞出伤人；当主轴旋转与停车时，要注意离合器和制动器的联锁保护；要防止出现两夹头相撞和主轴电动机的过载与过热现象；只有当主轴停止旋转且旋转夹头松开以后，移动夹头才可退回原位，然后退出焊件和继续上料。

焊机主轴停止旋转和停止加压的急停按钮要安装在醒目且便于操作的位置；操作者要穿工作服、佩戴安全帽和护目眼镜。

第5章 扩 散 焊

5.1 概述

5.1.1 扩散焊的原理

扩散焊是两焊件紧密贴合，处于真空或保护气体中，在一定温度和压力下保持一段时间，使接触面之间的原子相互扩散完成焊接的一种压焊方法。

温度、压力、时间和真空等为实现金属间的原子扩散与金属键的结合创造了条件，其扩散焊缝的形成可用图5-5-1所示的模型进行描述，共分三个阶段。在室温下，焊接表面无论焊前如何加工处理，贴合时只限于极少数凸出点接触，如图5-5-1a所示。进入第一阶段，在温度和压力作用下，粗糙表面上首先在微观凸起点接触的部位开始塑性变形，并在变形中挤碎了表面氧化膜，于是导致该接触点的面积增加和被挤平，界面接触处便形成金属键连接，其余未接触部分就形成微孔（空隙）残留在界面上，如图5-5-1b所示。第二阶段，原子持续扩散，使界面上许多微孔消失；与此同时，界面处的晶界发生迁移而离开原始界面，但仍有许多小微孔遗留在晶粒内，如图5-5-1c所示。第三阶段，继续扩散，界面与微孔最后消失形成新的晶界，达到冶金结合，接头的成分趋于均匀，如图5-5-1d所示。在焊接过程中，表面氧化膜除受到塑性变形的破坏作用外，还受到溶解和球化聚集作用而被去除或减薄。氧化物的溶解是原子通过间隙向母材金属中扩散而发生，而氧化物的球化聚集是借助氧化物薄膜过多的表面能造成的扩散而实现的。这两者均需要一定温度和时间的扩散过程。

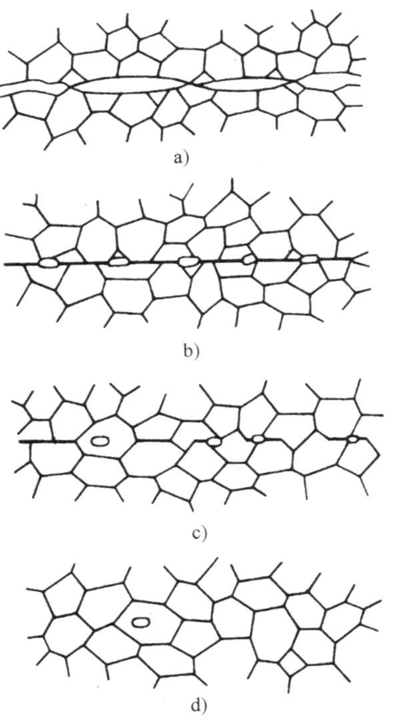

图5-5-1 扩散焊缝形成的三阶段模型

a）凹凸不平的初始接触 b）第一阶段：变形和交界面的形成 c）第二阶段：晶界迁移和微孔消除 d）第三阶段：体积扩散，微孔消除

在扩散焊缝形成的三个阶段中，温度决定了第一阶段中接触面的大小，也决定了第二、三阶段中消除微孔的扩散速度；压力主要在第一阶段起作用，它能使接触面加大。而形成接头所需的时间，则取决于所加的温度和压力，随着温度的升高和压力的增加，时间可缩短。

扩散焊接头按被焊材料不同有图5-5-2所示的四种组合类型。同类材料组合的扩散焊过程是建立在被焊材料原子自扩散的基础上；不同类材料（包括加中间扩散层）组合的扩散焊过程，除自扩散外，还充分利用了某些元素，特别是某些容易扩散元素（称为扩散剂）的异类材料扩散和反应扩散（指引起化合物的产生与分解的扩散）的规律，大大加速了扩散过程。如果焊接过程中，中间层发生熔化，就变成过渡液相扩散焊，又大大加速了扩散焊接过程。

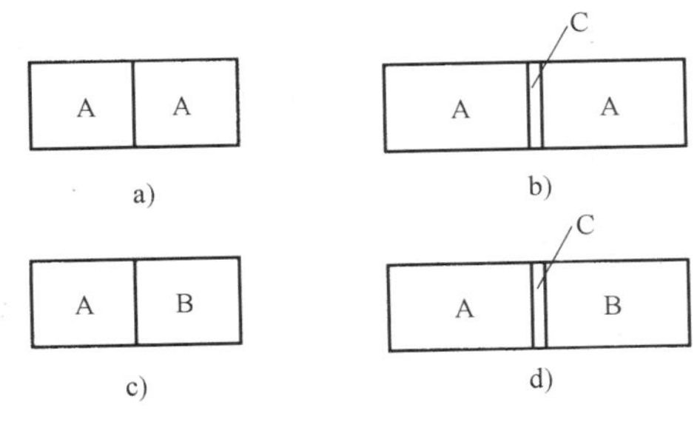

图5-5-2 扩散焊接头材料组合类型

a）同类材料 b）同类材料加中间扩散层 c）不同类材料 d）不同类材料加中间扩散层

5.1.2 扩散焊的工艺特点

1）与熔焊相比，扩散焊时母材并不发生熔化，属固态焊接，又由于焊接过程需加压，故又是压焊的一种。

2）焊接时不需填充材料和熔剂，但对于某些难于互溶的材料有时需加中间扩散层。

3）与热压焊（如热轧焊和锻焊）相比，扩散焊用的压力较小，焊接表面发生的塑性流变量也很小，只限制在微观范围内，而热压焊的压力很大，产生相当大的塑性变形，而且是在很短时间内完成焊接的。

4）与冷压焊相比，扩散焊需加热，所加压力较小，依靠结合面间的原子扩散而形成接头，而冷压焊不需加热，所加压力超过被焊材料的压缩屈服强度的压力，使焊接表面产生大量塑性变形，其变形量达30%~90%，是利用原子间力的作用而形成牢固接头的。

5）与钎焊相比，扩散焊是在完全没有液相或仅有极小量的过渡液相参加下，经过扩散而形成接头。接头成分和组织与基体均匀一致，接头内不残留任何铸态组织，原始界面完全消失，而钎焊焊缝则由液态钎料冷凝而成，是铸造组织。

6）为了防止焊接表面被污染，焊前必须对待焊表面彻底清理，焊时还需在真空或保护气体中进行。

总之，扩散焊是一种固态焊接的方法，在工艺上的基本特点是：加热温度不高，所加压力不大，但需在清洁环境下用较长的时间使金属之间的原子充分扩散才能形成焊接接头。

5.2 扩散焊的优缺点

1. 优点

1）扩散焊接时因基体不过热也不熔化，因此几乎可以在不损坏被焊材料性能的情况下焊接一切金属和非金属（如陶瓷、石墨等），特别适于焊接一般焊接方法难以焊接，或虽可焊接但性能和结构在焊接过程中容易遭到严重破坏的材料。例如，塑性差或熔点高的同种材料，或者相互不溶解，或者熔焊时会产生脆性金属间化合物的那些异种材料，或者是弥散强化的高温合金、纤维强化的硼-铝复合材料等的焊接。

2）扩散焊接接头质量好，其显微组织和性能与母材接近或相同，在焊缝中不存在熔焊缺陷，也不存在具有过热组织的热影响区。焊接参数（主要是温度、压力、时间、表面状态和气氛等）易于控制，故在批量生产时接头质量较稳定。

3）焊件变形小。因焊接时所加压力较小，焊件多是整体加热，随炉冷却，故焊件整体塑性变形很小，焊后的焊件一般不再进行加工。

4）可以焊接大断面的接头。因焊接所需压力不大，故大断面焊接所需的设备的吨位不高，易于实现。如果采用气体等静压扩散焊，很容易对两板材做叠合扩散焊。

5）可以焊接结构复杂、接头不易接近的以及厚薄相差较大的焊件。能对组装件中许多接头同时进行焊接。

6）可以根据需要，使接头的成分、组织与性能完全与基体相同，从而减小由于接头区成分和组织不均匀而引起的局部腐蚀和应力腐蚀裂纹的危险。

2. 缺点

1）对焊件待焊表面的制备和装配要求较高。

2）焊接热循环时间长，生产率低。每次焊接时间快则几分钟，慢则几十小时。对某些金属可能会引起晶粒长大。

3）设备投资大，因需在真空或保护气体的环境下同时加热和加压，需使用专用设备。焊件的尺寸受到设备容量限制。

4）目前尚缺少能保证焊接质量的无损检测技术。

5.3 扩散焊的种类

按被焊材料的组合和加压的方式，扩散焊可以分为表 5-5-1 所列的几种类型。

扩散焊是一种正在不断发展的特殊焊接技术，有关其机理、设备和工艺都在不断完善和向前发展。表中所列仅是主要一些焊接类型。

表 5-5-1 扩散焊的主要类型及简介

类　型	简　介
同种材料扩散焊	指不加中间层的同种金属直接接触的一种扩散焊。对待焊表面制备质量要求高，焊时要求施加较大的压力。焊后接头组织与母材基本一致 对氧溶解度大的金属，如 Ti、Cu、Fe、Zr、Ta 等最易焊，而对容易氧化的铝及其合金，含铝、铬、钛的铁基及钴基合金则难焊

（续）

类　　型	简　　介
异种材料扩散焊	指异种金属或金属与陶瓷、石墨等非金属之间直接接触的扩散焊。由于两种材质上存在物理和化学等性能差异，焊时可能出现： 1）因线胀系数不同，导致结合面上出现热应力 2）由于冶金反应在结合面上产生低熔点共晶或形成脆化金属间化合物 3）因扩散系数不同，导致接头中形成扩散孔洞 4）因电化学性能不同，接头可能产生电化学腐蚀
加中间层的扩散焊	指在待焊界面之间加入中间层材料的扩散焊。该中间层材料通常以箔、电镀层、喷涂或气相沉积层等形式使用，其厚度小于 0.25mm。中间层的作用是：降低扩散焊的温度和压力，提高扩散系数，缩短保持时间，防止形成金属间化合物等。中间层经过充分扩散后，其成分逐渐接近于母材。冷却后，在金相照片中不存在单独的一层。此法可以焊接很多难焊的或在冶金上不相容的异种材料
过渡液相扩散焊（TLP 法）	是一种具有钎焊过程特点的扩散焊。在焊件待焊面之间放置熔点低于母材的中间层金属，在较小压力下加热，使中间层金属熔化、润湿并填充整个接头间隙成为过渡液相，通过扩散和等温凝固，然后再经一定时间扩散均匀化处理，从而形成焊接接头的方法，又叫扩散钎焊
热等压扩散焊（HIP）	是利用热等静压技术完成焊接的一种扩散焊。焊接时，将待焊件安放在密封的真空盒内，将此盒放入通有高压惰性气体的加热釜中，通过电热元件加热，利用高压气体与真空盒中的压力差对焊件施以各向均衡的等静压力，在高温与高压共同作用下完成焊接过程 此法因加压均匀，不易损坏构件，故很适于脆性材料的扩散焊。可精确地控制焊接构件的尺寸
超塑成形扩散焊（SPF-DB 法）	是一种将超塑性成形与扩散焊接组合起来的新工艺，适用于具有超塑性的材料，如钛、铝及其合金等的焊接。薄壁零件可先超塑性成形然后焊接，也可相反进行，次序取决于零件的设计。如果先成形，则使接头的两个配合面对在一起，以便焊接；如果两个配合面原来已经贴合，则先焊接，然后用惰性气体充压使零件在模具中成形

5.4　扩散焊工艺

5.4.1　扩散焊的接头形式

扩散焊接头的基本形式有对接接头、T 形接头和搭接接头，其中搭接接头较为适用，因而应用较多。为了提高对接接头的承载能力，有时采用斜面对接或曲面对接，这样就可以增加接合面面积。必要时也采取对接接头局部搭接。图 5-5-3 所示为典型的扩散焊接接头。

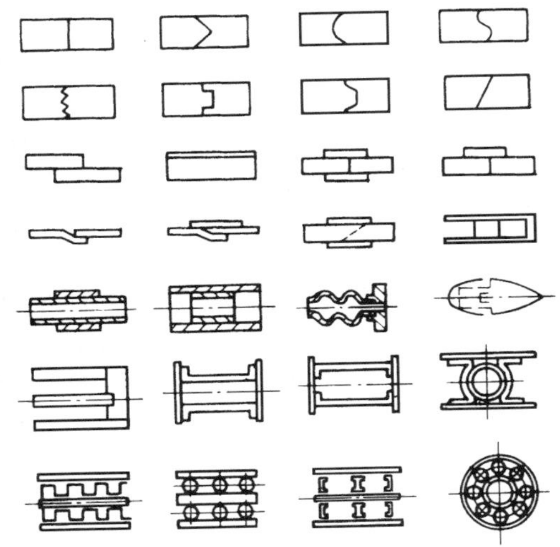

图 5-5-3　典型的扩散焊接接头

5.4.2　扩散焊待焊表面的制备与清理

待焊表面的状态对扩散焊接过程和接头质量的影响很大，特别是固态扩散焊，必须在装焊前进行仔细制备和清理。

1. 表面机械加工

待焊面要求达到平整光滑，使焊接间隙最小，微观接触点尽可能多。一般要求表面粗糙度在 *Ra*3.2μm 以下。用精车、精刨（铣）、磨削、研磨、抛光等方法都可以加工出所需的表面平直度和表面粗糙度。若是加入软中间层的扩散焊或过渡液相扩散焊，则表面粗糙度可以放宽。

2. 表面净化处理

目的是清除氧化膜、油和吸附物。去除表面氧化物多用化学腐蚀方法，腐蚀剂可参考金相腐蚀剂的配方。但要注意，腐蚀速度不能过快，以防止产生腐蚀坑。当腐蚀至露出金属光泽时，就立即用水冲净和烘干。除油可用乙醇、三氯乙烯、四氟化碳、丙酮、洗涤剂或其他清洁剂，也可以在真空中加热去除焊件表面的有机物、水或气吸附层。

某些金属，如锆、钛、钽、铌的氧化物，在高温真空条件下会分解或溶解于母材金属中，从而除去表面氧化膜。

经清洗干净的待焊件应尽快组装焊接，如需长时间放置，则应对待焊表面加以保护，如放在高纯度的惰性气体中或置于真空容器内。

5.4.3　扩散焊中间层材料的选择

当两种材料难以焊接或焊接效果较差时，可以采用加入中间层的扩散焊的方法。中间层应起到如下作用：

1）改善表面接触，以降低对待焊表面制备的要求和降低焊接所需压力。

2）改善扩散条件，加速扩散过程，以降低加热温度和缩短焊接时间。

3）改善冶金反应，避免或减少金属间形成脆性化合物和不希望的共晶组织。

4）避免和减小焊接热应力或扩散孔洞等缺陷。

为此，在选择中间层材料时要注意以下几点：

1）材料塑性好，易变形。

2）含有容易向基体扩散的或能降低中间层熔点的元素，如硼、铍、硅等。

3）不与母材产生不良的冶金反应，如不产生脆性层或不希望的共晶组织。

4）不会在接头上引起电化学腐蚀问题。

中间层材料可以是纯金属，如钛、镍、铜、铝等，也可以是含有上述能活化扩散的或能降低熔点的元素，而成分与母材相似的合金。许多标准的钎焊合金常被用来作中间层材料。

中间层的厚度一般从 1μm 到数百微米。过厚，焊后使接头成分和组织均匀化所需的扩散处理时间就越长；过薄，则影响接头的形成，常常通过具体试验来确定，总的原则是宜薄不宜厚。

中间层可预先加工成箔片，然后夹在接头中间，也可以通过真空蒸镀、电镀、等离子喷涂及粉状糊料涂敷等方法加到待焊表面上。

使用中间层可以焊接一般焊接方法不能焊的某些特殊材料，因而具有极广阔的发展前景。

5.4.4　扩散焊止焊剂的应用

在扩散焊接过程中，为了防止压头、夹具或工作台等与焊件之间、焊件与焊件某些区域之间产生焊接，而需使用止焊剂。止焊剂可以是箔片或粉状，它应具有如下性能：

1）其熔点或软化点应高于焊接温度。

2）具有较好的高温化学稳定性，在高温下不与焊件、夹具压头等产生化学反应。

3）高温下不释放出气体而污染待焊表面，也不降低真空度或破坏保护气体环境。

当钢与钢扩散焊时，可以选用人造云母片与压块等隔离；当钛与钛扩散焊时，可涂一层氮化硼或氧化钇粉等。

5.4.5　扩散焊焊接参数

1. 温度

加热温度是扩散焊最重要的焊接参数。在一定温度范围内，温度越高，扩散过程越快，所获得的接头强度也越高，但是它又受到被焊材料、夹具的高温强度、焊件的相变、再结晶等冶金特性的限制。而且当温度高于某一定值后，再提高对接头质量提高不多，甚至会下降，原因是晶粒会长大。

对许多金属和合金，扩散焊温度为 $0.6 \sim 0.8T_m$（K），T_m为母材的熔点。

对于过渡液相扩散焊，加热温度比中间层材料熔点或共晶反应温度稍高一些，待液相填充间隙后，等温凝固和均匀化扩散温度可略为下降。

总之，扩散焊接加热温度的选择应保证在短的时间内获得最好的焊接质量，达到完全的冶金结合。在不使接头及母材发生不希望的冶金反应的情况下，可尽可能用高些。

2. 压力

焊接压力的主要作用在于使焊接表面产生微观塑性变形，以达到最大的紧密接触，形成金属键和建立原子相互扩散的条件。在某些情况下，压力还有利于防止扩散孔洞的产生。所以，当其他参数固定时，较高的压力可以提高接头强度。实际应用的压力范围很宽，但一般不许超过材料在焊接温度下的总体屈服强度，其压力的上限还受到接头的几何形状和设备吨位的限制，高压力需要使用昂贵的设备和更好的控制方式，还要有更复杂的夹持焊件的方法。

除热等静压扩散焊外，通常扩散焊压力在 0.5~50MPa 之间选用。对于过渡液相扩散焊，可选低一些的压力，若过大可能导致液态金属被挤出，使接头成分失控。

加压方式有恒载加压、阶梯式加压、脉冲式加压和滚压等。由于扩散焊压力对第二、第三阶段影响较小，所以在固态扩散焊后期允许将压力减小，以减小焊件变形。

3. 时间

扩散焊接所需的保温扩散时间与温度和压力等焊接参数密切相关，同时也与中间层厚度和对接头的成分、组织均匀度的要求有关。研究表明，原子扩散走过的平均距离与扩散时间的平方根成正比，要求接头成分均匀化的程度越高，保温扩散的时间将以平方的关系增长。所以，扩散焊时间若过短，接头强度将达不到稳定的、与母材相等的强度；若过长，成分均匀化程度虽提高了，但接头强度不再提高，却会因高温持续时间长而使晶粒长大，或形成脆性金属间化合物，而影响接头的性能。

目前，在扩散焊工艺中，保温时间一般是几分钟到几小时，有达几十小时的。从生产率角度考虑，在不影响接头质量的前提下，焊接时间越短越好，要缩短焊接时间就必须相应提高温度和压力。

4. 保护气体

扩散焊一般是在真空中或保护气体中进行。真空度、漏气率、保护气体纯度、流量和压力等均会影响扩散焊接头的质量。

真空度越高、净化作用越强，焊接效果越好，但过高会增加生产成本。常用的真空度为（1～20）×10^{-3}Pa。

常用的保护气体是氩气，对某些材料可采用高纯度的氮气、氢气或氦气。

5. 几种常用材料组合扩散焊接的焊接参数（见表5-5-2）

表5-5-2　几种常用材料组合扩散焊的焊接参数

被焊材料	中间层材料	温度/℃	压力/MPa	时间/min	真空度/Pa
Al+Al	Si	580	10	1	1.333×10^{-3}
5A05+5A05	无	500	15	10	1.333×10^{-3}
L4+TU1	无	400	8	20	1.333×10^{-1}
Al+Ni	无	500	10	30	1.333×10^{-3}
5A06+不锈钢	无	550	14	15	1.333×10^{-2}
Cu+Cu	无	850	5	5	1.333×10^{-3}
Cu+Mo	无	850	20	10	1.333×10^{-2}
Cu+Ti	无	860	5	15	1.333×10^{-3}
Mo+Mo	无	1100	160～400	5	1.333×10^{-2}
Mo+Mo	Ti	915	70	20	1.333×10^{-2}
Mo+Mo	Ta	915	67	20	1.333×10^{-2}
TA6+TA6	无	900	2	60	1.333×10^{-1}
Nb+Nb	无	1200	70～100	180	1.333×10^{-4}
Nb+Nb	In	985	1	60	1.333×10^{-4}
W+W	Nb	927	70	20	1.333×10^{-2}
Ni+Ni	无	1580	62	45	1.333×10^{-2}
Ta+Ta	Ti	870	70	10	1.333×10^{-2}
Zr-2+Zr-2	Cu	1040	0.21	90	1.333×10^{-3}

5.5　扩散焊设备

扩散焊机一般包括加热焊件的加热系统、向焊件施加压力的加压系统，以及在加热加压过程中保护焊件不被氧化污染的真空或可控气氛的保护系统三大部分组成。此外，还必须配备有冷却系统和控制系统，前者是为了防止设备在高温下损坏，对扩散泵、感应加热线圈、电阻加热电极及辐射加热的炉体等应按要求通冷却水；后者是对温度、压力、时间和真空度等焊接参数进行测量和控制的监控系统。现代生产的扩散焊机其监控系统多采用计算机编程自动控制，可以实现焊接参数显示、存储和打印等功能。

1. 加热系统

对加热系统的要求是加热速度快，焊件受热均匀，可按不同工艺要求进行精确调控温度。此外，焊件不被发热元件本身的蒸发所污染。

加热方式有间接式和直接式两类，前者是靠外部热源通过辐射和传导加热，如用镍铬电阻丝加热等，适用于任何材料的焊接；后者是将电流直接通过焊件本身进行加热，如利用焊件本身的电阻加热，或利用电磁感应加热（频率为50～2×10^6Hz）。非金属材料或无电磁感应的材料不适用此种加热方式。

目前应用最多的是感应加热和电阻辐射加热两种。

2. 加压系统

根据焊件的形状及材料特点可以用不同的加压方式。常用的有以下几类：

1）液压、气压或机械压杆加压。此法应用最广，压力大小可按工艺要求进行控制与调节。

2）膨胀加压。利用被焊材料本身或与夹具材料的热膨胀差所产生的热应力来加压。图5-5-4所示为奥氏体不锈钢管与Zr-2合金管的扩散焊。因不锈钢的线胀系数约为Zr-2合金的3倍，所以在整个加热过程中，接合面上始终保持有一定压力，控制焊接面的装配间隙即可调节压力的大小。

3）压力差加压。利用真空与高压力气体的压力差进行加压。这种加压方式使焊接面受到均匀的等静压力，因而可以用于一些形状复杂、焊接面很多及某些脆性陶瓷材料，如换热器，核燃料元件等的焊接。

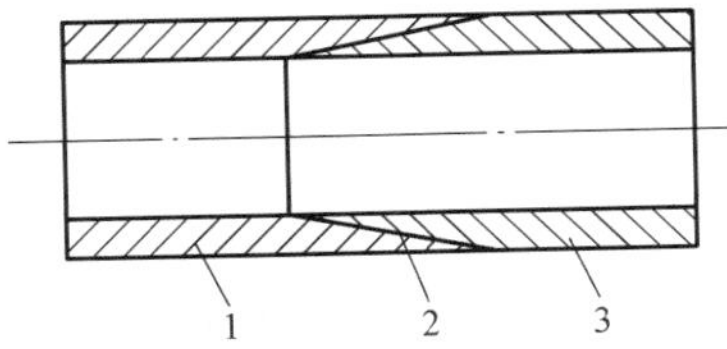

图5-5-4　奥氏体不锈钢管与Zr-2合金管的扩散焊

1—Zr-2合金管　2—焊接面　3—奥氏体不锈钢管

3. 保护系统

防止焊接表面在加热和加压整个焊接过程中被氧化和污染的最有效措施是真空保护。低真空（133.3Pa）的保护性能比$\varphi(O_2)$为0.05%、$\varphi(N_2)$为0.23%的工业用氩气要好，而13.33Pa的真空保护则比特级纯氩气要好。因此，目前在生产中多采用真空保护。真空度一般为13.3×10^{-3}Pa即可。

4. 典型扩散焊设备

目前生产中使用的扩散焊机种类较多，这里介绍其中的三种。

图 5-5-5 所示为适于实验室使用的小型杠杆加压式真空高频感应扩散焊机。真空室为双层壁（内通冷却水）圆柱筒体，立式工作。杠杆加压机构简单，用增减砝码来调节焊接压力。采用高频感应加热。

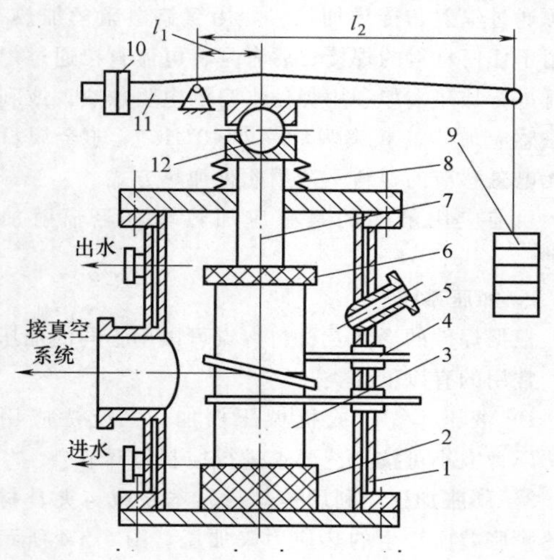

图 5-5-5　杠杆加压式真空高频感应扩散焊机

1—真空室　2、6—陶瓷垫　3—焊件　4—高频感应圈　5—观察孔　7—压杆　8—波纹管　9—砝码　10—平衡坨　11—杠杆　12—钢球

($l_1/l_2=10$，最大压力 = 3000N，真空度 = 1×10^{-3}Pa)

图 5-5-6 所示为一种通用性较好的液压式真空高频感应扩散焊机。除加压系统外，其他如真空系统、加热系统和温度控制系统与真空钎焊加热炉相似。利用液压可使焊接压力获得较精确的控制。

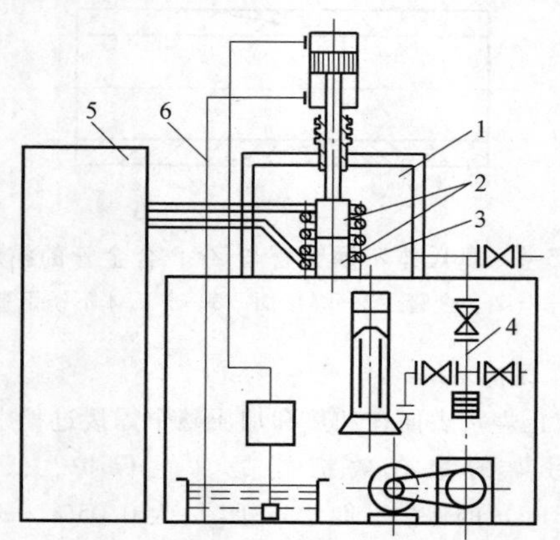

图 5-5-6　液压式真空高频感应扩散焊机

1—真空室　2—被焊零件　3—高频加热线圈　4—真空抽气系统　5—高频电源　6—加压系统

图 5-5-7 所示为超塑成形-扩散焊设备的一种。它是由压力机和专用加热炉两大部分组成，压力机的平台置于加热炉内，平台由耐高温合金或耐热陶瓷制成。为加速升温，有时在平台内安装加热元件。扩散焊时，以反复抽真空-充氩方式使待焊表面周围气氛中氧的分压下降。高压氩气经气体调压阀向装有焊件的模腔内或袋式毛坯内供气，以获得均匀可调的扩散焊压力和超塑性成形压力。

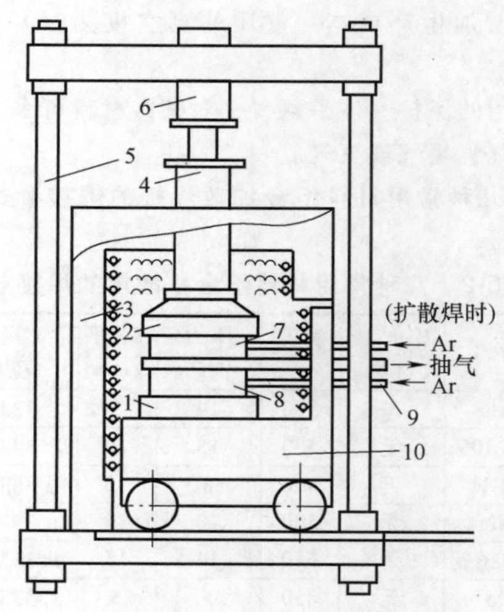

图 5-5-7　超塑成形-扩散焊设备

1—下金属平台　2—上金属平台　3—炉壳　4—导筒　5—立柱　6—液压缸　7—上模具　8—下模具　9—气管　10—活动炉底

图 5-5-8 所示为利用上述设备对钛进行超塑成形-扩散焊的例子。图中仅示出焊件装入模具内的过程（见图 5-5-8a），并把上、下模具合上再放在上下平台（压板）之间的情形（见图 5-5-8b）。

表 5-5-3 列出了三种真空扩散焊机的主要技术数据。

表 5-5-3　真空扩散焊机主要技术数据

类　　型		ZKL-1	ZKL-2	超高真空扩散焊机
加热区尺寸/mm		ϕ 600～ϕ800	ϕ300～ϕ400	ϕ300×ϕ350
真空度/Pa	冷态	3×10^{-3}	3×10^{-3}	1.33×10^{-6}
	热态	5×10^{-3}	5×10^{-3}	1.33×10^{-5}
加压能力/kN		最大 245	最大 58.8	50
最高炉温/℃		1200	1200	1350
炉温均匀度/℃		1000±10	1000±5	—

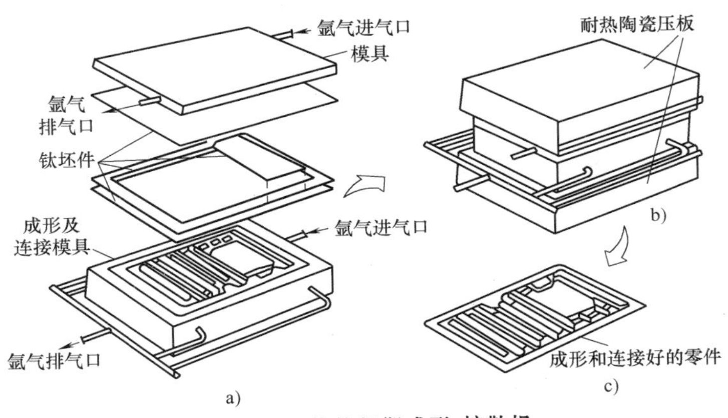

图 5-5-8 钛的超塑成形-扩散焊

5.6 扩散焊的应用

扩散焊很适于焊接特殊的材料或特殊的结构，这样的材料和结构在宇航、核能、电子工业中很多，因而扩散焊在这些工业部门中应用很广泛。宇航、核能等工程中的很多零部件是在极恶劣的环境下工作，如要求耐高温、耐辐射，其结构形状一般又较特殊，如采用空心轻型结构（如蜂窝结构等），它们之间的连接又多是异种材料的组合。扩散焊接方法成为制造这些零部件的优先选择。

钛合金具有耐腐蚀、比强度高的特点，因而在飞机、导弹、卫星等飞行器的结构中被大量采用。用扩散焊较容易制造这样的结构。

铝及铝合金具有很好的传热与散热性能，利用扩散焊可以制成铝换热器、太阳能热水器及家用电冰箱蒸发器等。

扩散焊可以焊接多种耐热钢和耐热合金，可制成高效率燃气轮机的高压燃烧室、发动机叶片、导向叶片和轮盘等。

用扩散焊可把有色金属与钢铁材料焊在一起，如用 Ti 和 CoCrWNi 耐热合金制成汽轮机，高导无氧铜和不锈钢制成火箭发动机燃烧室的通道等。

用扩散焊可将陶瓷、石墨、石英和玻璃等非金属与金属材料焊接。例如，钠离子导电体玻璃与铝箔或铝丝焊接成电子工业元件等。

第6章 冷 压 焊

6.1 概述

6.1.1 冷压焊的原理

冷压焊是在不加热的条件下，通过对焊件施加压力，使焊件金属产生塑性变形，从而实现固态焊接的一种方法。因焊接过程是以产生塑性变形为特征，故又称为变形焊。

塑性变形量要足够大，以破坏并挤出结合界面上的氧化膜，同时克服界面的不平度，使洁净的焊件表面达到原子间距 $(4\sim6)\times10^{-8}$cm，形成金属键结合。

冷压焊按接头形式分为对接冷压焊和搭接冷压焊两类。其焊接过程分别如图 5-6-1 和图 5-6-2 所示。

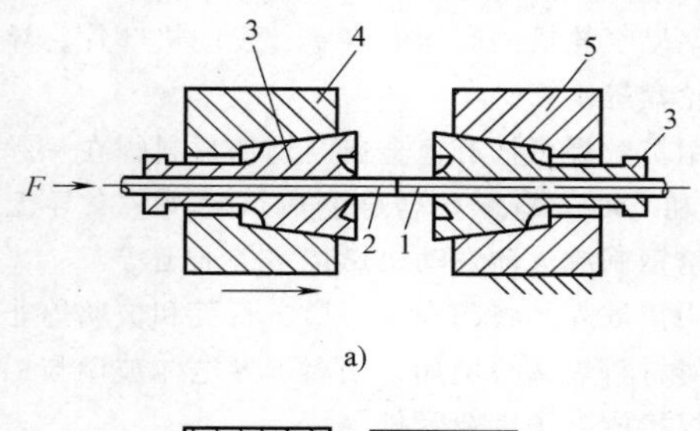

a)

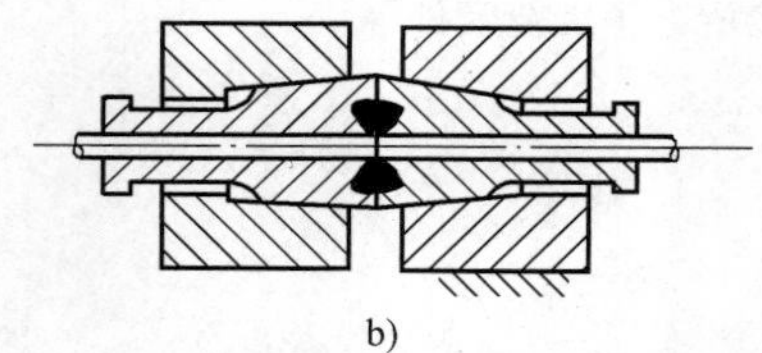

b)

图 5-6-1 对接冷压焊过程

a）焊接开始（顶锻前） b）焊接后期（顶锻后）

1、2—焊件 3—钳口 4—活动夹具 5—固定夹具

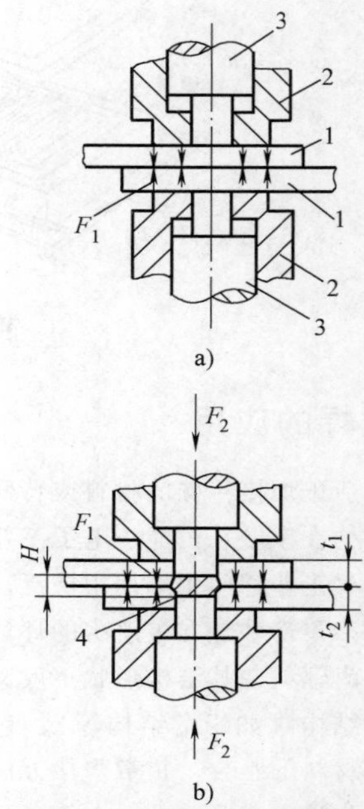

图 5-6-2 搭接冷压点焊过程

a）预压 b）顶锻

1—焊件 2—预压模具 3—压头 4—焊缝

t_1、t_2—焊件厚度 H—焊缝厚度 F_1—焊件间的压力 F_2—压头施加的压力

6.1.2 冷压焊的优缺点

1）异种金属中无论它们互溶或不互溶，都可以进行冷压焊。

2）接头上不存在焊接热影响区，不会产生软化区和脆性金属间化合物。因此，接头的导电性、耐蚀性等性能优良。

3）焊接过程产生变形硬化而使接头强化，因此同种金属接头强度不低于母材的强度，而异种金属接头的强度不低于强度较低的金属的强度。

4）焊接工艺及设备都很简单，易于掌握、操作和维护。劳动和卫生条件好。

5）冷压焊接局部变形量大，搭接接头有压坑。

6）对某些异种金属，如 Cu 和 Al 焊后形成的焊缝在高温下会因扩散作用而产生脆性的化合物，使其塑性和导电性明显下降，这类金属组合的冷压焊接头只宜在较低温度下工作。

7）由于受焊机吨位限制，冷压焊焊件的搭接板厚和对接的断面不能过大；焊件的硬度也受模具材质的限制而不能过高。

6.1.3 冷压焊的适用范围

1）特别适于异种金属和热焊法无法实现的一些金属材料的焊接。在模具强度允许的前提下，很多不会产生快速加工硬化或未经严重硬化的塑性金属，如 Cu、Al、Ag、Au、Ni、Zn、Cd、Ti、Sn、Pb 及其合金都适于冷压焊。它们之间的任意组合，包括液相、固相不相容的非共晶金属的组合，也可进行冷压焊。

当焊接塑性较差的金属时，可在焊件间放置厚度大于 1mm 塑性好的金属垫片，作为过渡材料进行冷压焊，其接头强度等于变形硬化后的垫片强度。

2）对接冷压焊可焊接的最小断面面积为0.5mm²（用手动焊钳），最大断面面积可达1500mm²（用液压机）。其断面形状为简单的线材、棒料、板材、管材或异型材。通常用于材料的接长或制造双金属过渡接头。

3）搭接冷压焊可焊接的厚度为0.01～20mm的箔材、带材或板材。搭接点焊常用于电气工程中的导线或母线的连接；搭接缝焊可用于气密性接头，如容器类产品。套压焊多用于电器元件的封装焊等。

4）适用于焊接不允许升温的产品。有些金属材料必须避免焊接时引起母材软化和退火，例如，HL1型高强度变形时效铝合金导体，当温升超过150℃时，其强度成倍下降，这种金属材料宜用冷压焊；某些铝管外导体通信电缆或铝皮电力电缆，在焊接铝管之前已经装入绝缘材料，其焊接温度不允许高于120℃，也宜用冷压焊。

6.2 冷压焊工艺

室温下不加热、不加焊剂的冷压焊，其质量主要取决于焊前焊件的状态和焊件被焊部位塑性变形的大小。焊接界面清洁和足够的压力是冷压焊的必要条件。

6.2.1 冷压焊焊接界面的清理

对搭接冷压焊，待焊表面上的油膜、水膜及其他有机杂质，无论塑性变形多大都无法将其彻底挤出界面，因此焊前必须进行清除。

清理的方法有化学溶剂、超声波、机械加工、烘烧等，效果最好、效率最高的是用钢丝刷或钢丝轮清理。钢丝轮的丝径为0.2～0.3mm，材质最好是不锈钢丝，其旋转线速度以1000m·min^{-1}为宜。用钢丝刷或轮刷刷光之前应先去除表面油脂，以免污染刷子。钢丝轮清理后不允许表面留有残渣或氧化膜粉屑，常用负压吸取装置把它清除掉。清理后的表面不准用手触摸及再被污染，必须尽快施焊。对铝来说，清理后必须在约30min之内完成焊接。

对接冷压焊的待焊端面同样也要清洁，但要求不如搭接冷压焊高，通常从焊件端部切去一段，以露出新的清洁表面即可上机焊接。所用裁切刀具必须无油或无别的金属残屑，以防止切口污染。

6.2.2 冷压焊焊接参数

1. 焊接压力

压力是冷压焊过程中唯一的外加能量，通过模具传递到待焊部位，使被焊金属产生塑性变形。焊接压力是根据材料种类、状态及选用的工艺方案按式（5-6-1）确定：

$$F = pA \qquad (5\text{-}6\text{-}1)$$

式中 F——焊接压力（N）；

p——单位面积压力（MPa），见表5-6-1；

A——焊件的横截面面积（mm²），对于对接冷压焊，A为焊件的横截面积；对于搭接冷压焊，A为压头端面面积。

在冷压焊过程中，由于焊件的加工硬化和模具对焊件的拘束力，会使变形阻力显著增大，通常要比被焊材料的σ_s大许多倍。对接冷压焊时，焊件随变形而被镦粗，使焊件的名义截面面积不断增大，焊接末期所需的焊接压力比焊接初始时的焊接压力大得多。因此，选择合适的焊接压力应以焊接末期最大的焊接压力为准。

表5-6-1 几种常用金属单位面积冷压焊所需压力

（单位：MPa）

材料名称	搭接焊	对接焊
铝与铝	750～1000	1800～2000
铝与铜	1500～2000	>2000
铜与铜	2000～2500	2500
铜与镍	2000～2500	2500
HLJ型铝合金	1500～2000	>2000

2. 变形程度

冷压焊接头获得最大强度所需要的最小变形量称为冷压焊的变形程度，它是判断材料冷压焊接性的重要参数，所需的变形程度越小，焊接性也越好。

冷压焊接头形式不同，其变形程度表示方法也不同。搭接的变形程度用压缩率ε表示，即

$$\varepsilon = \frac{(t_1+t_2)-H}{t_1+t_2} \times 100\% \qquad (5\text{-}6\text{-}2)$$

式中 t_1、t_2——焊件厚度（mm），如图5-6-2所示；

H——压缩后剩余厚度（mm），如图5-6-2所示。

各种材料搭接点焊的最小压缩率见表5-6-2。

表5-6-2 各种材料搭接点焊的最小压缩率ε

材料名称	压缩率(%)	材料名称	压缩率(%)
纯铝	60	铜	86
工业纯铝	63	铝与铁	88
w(Mg)=2%的铝合金	70	锡	88
钛	75	镍	89
硬铝	80	铁	92
铅	84	锌	92
镉	84	银	94
铜与铝	84	铁与镍	94
铜与铅	85	锌与金	95
铜与银	85		

注：1. 表中的压缩率是在材质相同、厚度相等、冷压焊条件下测得。
2. 生产中为保证满意焊合率，并考虑到各种误差，选用压缩率时常比表中数据大5%～15%。

对接冷压焊的变形程度用总压缩量 L 表示，即

$$L=n(l_1+l_2) \tag{5-6-3}$$

式中 l_1——活动钳口一侧焊件的每次伸出长度；

l_2——固定钳口一侧焊件的每次伸出长度；

n——挤压次数。

总压缩量是保证对接冷压焊接头质量重要参数。对于塑性好、形变硬化不强烈的金属，焊件的伸出长度通常小于或等于其直径或厚度，可一次顶锻焊成；对硬度较大、形变硬化较强烈的金属，其伸出长度通常等于或大于焊件的直径或厚度，需要多次顶锻才能焊成。对于大多数材料，顶锻次数一般不大于三次。

常用几种材料对接冷压焊的最小总压缩量 L 见表 5-6-3。

表 5-6-3 常用几种材料对接冷压焊的最小总压缩量

材料名称	每一焊件的最小总压缩量		顶锻次数
	圆形件（直径 d）	矩形件（厚度 t）	
铝与铝	$(1.6\sim2.0)d$	$(1.6\sim2.0)t$	2
铝与铜	铝$(2\sim3)d$，铜$(2\sim3)d$	铝$(2\sim3)t$，铜$(2\sim3)t$	3
铜与铜	$(3\sim4)d$	$(3\sim4)t$	3
铜与镍	铜$(3\sim4)d$，镍$(3\sim4)d$	铜$(3\sim4)t$，镍$(3\sim4)t$	3~4
铝与银	铝$(2\sim3)d$，银$(3\sim4)d$	铝$(2\sim3)t$，银$(3\sim4)t$	3~4

为了减少顶锻次数，总希望伸出长度尽可能大些，但容易失稳弯曲。当同种材料相焊时，通常取伸出长度为（0.8~1.3）d 或（0.8~1.3）t，断面小的焊件取下限，大者取上限；当异种材料相焊时，各自的伸出长度以弹性模量 E 值选取，较软的伸出长度应取小些。

6.3 冷压焊用模具

冷压焊是通过模具对焊件加压、使待焊部分产生塑性变形完成的，模具的结构和尺寸决定了接头的尺寸和质量。不同焊接类型其模具各异，对接冷压焊模具为钳口，搭接冷压焊点焊的模具为压头，缝焊的模具为压轮等。

6.3.1 对接冷压焊的钳口

钳口分固定和活动两组，各由两个相互对称的半模组成，各夹持一个焊件。钳口的作用除夹紧焊件外，主要是传递压力，控制塑性变形大小和切掉飞边。

钳口端头结构有槽形钳口、尖形钳口、平形钳口和复合钳口等形式，其中尖形钳口有利于金属的流动，能挤掉飞边，所需焊接压力较小，但它易崩刃口。为此，常在刃口外设置护刃环和溢流槽（容纳飞边），图 5-6-3 所示为应用广泛的尖形复合钳口示意图。

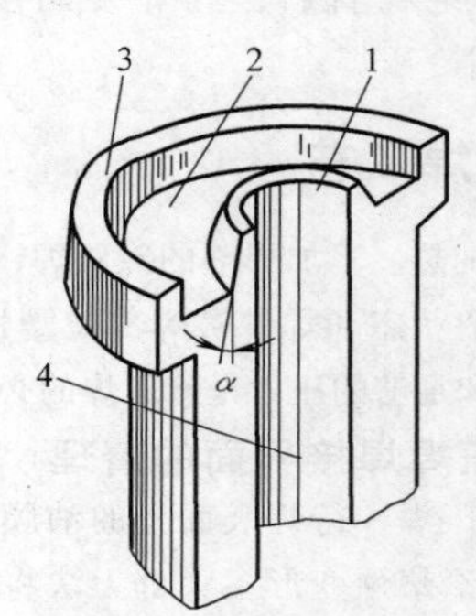

图 5-6-3 尖形复合钳口示意图

1—刃口 2—飞边溢流槽 3—护刃环 4—模膛

α—刃口倒角（不大于 30°）

为了防止顶锻过程中焊件在钳口内打滑，除有足够夹紧力外，还需增加钳口内腔的摩擦因数，通常是在内腔表面加工深度不大的螺纹沟槽。内腔的形状、尺寸应与焊件相适应，焊件规格有变化，则需更换钳口。

刃口是关键部位，其厚度一般为 2mm 左右，楔角为 50°~60°，该处须进行磨削加工以减小顶锻时变形金属流动的阻力，不至卡住飞边；钳口工作部位的硬度控制在 45~55HRC。

6.3.2 搭接冷压焊模具

1. 搭接点焊压头

冷压点焊分单点点焊和多点点焊，单点焊又分双面点焊和单面点焊。点焊用的压头形状有圆形（实心或空心）、矩形、菱形和环形等。

压头尺寸按焊件厚度 t 确定。圆形压头直径 d（见图 5-6-4）和矩形压头的宽度 b 要适当，典型压头尺寸为 $d=(1.0\sim1.5)t$，或 $b=(1.0\sim1.5)t$。矩形压头的长边取（5~6）b。如果属不等厚点焊，则压头尺寸 $d=2t_1$ 或 $b=2t_1$，t_1 为薄件厚度。

冷压点焊的压缩率由压头压入深度来控制，通常是设计带轴肩的压头，如图 5-6-4 所示。从压头端头至轴肩的长度即为压入深度，以此控制准确的压缩率，同时起到防止焊件翘起的作用。图 5-6-2 所示为在轴肩外圆加设套环预压装置，又称预压模具套环，

通过弹簧对焊件施加预压力，该预压力控制在 20~40MPa。

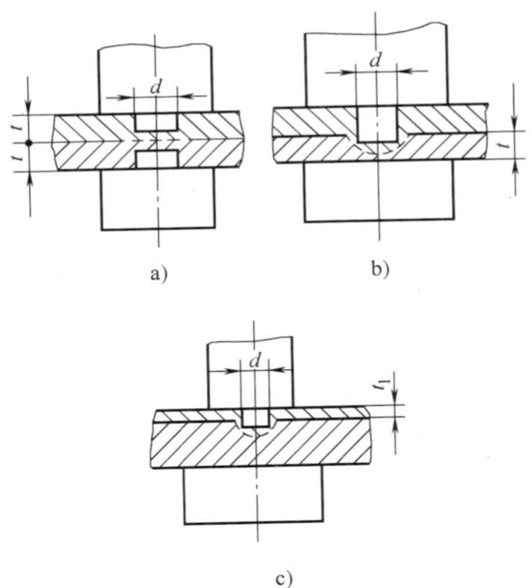

图 5-6-4 冷压点焊用带轴肩压头

a）单点双面变形 b）单点单面变形

c）不等厚单点单面变形

t—焊件厚度 t_1—较薄件厚度 d—压头直径

为了防止压头切割被焊金属，其工作面周边应加工成 $R=0.5$mm 的圆角。

2. 搭接缝焊模具

冷压缝焊有冷滚压焊、冷套压焊和冷挤压焊等形式，各使用不同的模具。

1）冷滚压焊压轮。冷滚压焊时，被焊的搭接件在一对滚动的压轮间通过，并同时被加压焊接，即形成一条密闭性焊缝，图 5-6-5 所示为其焊接示意图。从图 5-6-5 可以看出，单面滚压焊的两压轮中一个带工作凸台，另一个不带工作凸台；而双面滚压焊则两个压轮均带凸台。

压轮的直径 D 从减小焊接压力考虑越小越好，但过小的压轮会造成焊件不能自然送入焊机。焊件能自然入机的条件是 $D \geqslant 175t\varepsilon$，式中，$t$ 为焊件总厚度 $(t=t_1+t_2)$，ε 为最小压缩率。所以，选用压轮直径时，首先满足焊件自然入机条件，然后尽可能选用小的压轮直径。

压轮工作凸台的高与宽的作用与冷压点焊压头作用相似，工作凸台两侧设轮肩，起控制压缩率和防止焊件边缘翘起的作用。

合理的凸台高度 h 由下式确定

$$h=\frac{1}{2}(\varepsilon t+C) \tag{5-6-4}$$

式中 C——主轴间弹性偏差量，通常 $C=$ 0.1~0.2mm。

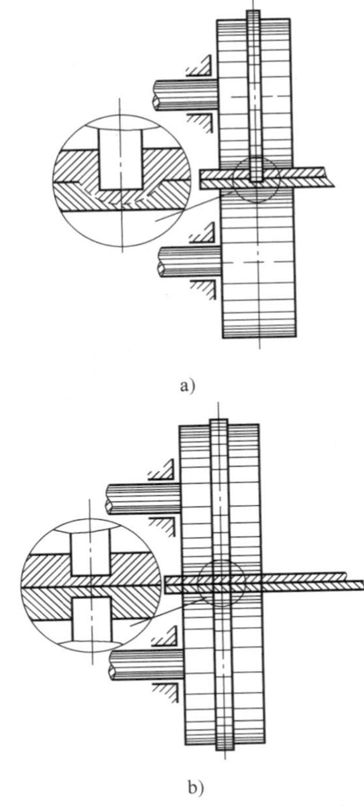

图 5-6-5 搭接冷压缝焊示意图

a）单面滚压焊 b）双面滚压焊

合理的凸台宽度 B 取为

$$\frac{1}{2}H<B<1.25t \tag{5-6-5}$$

式中 H——焊缝厚度；

t——焊件总厚度 $(t=t_1+t_2)$。

2）冷套压焊模具。以铝罐封盖冷压焊为例，如图 5-6-6 所示。根据焊件的形状和尺寸设计相应尺寸的上模和下模，下模 4 由模座 2 承托，上模 1 与压力机的上夹头连接，为活动模。上、下模工作凸台的设计与冷滚压焊压轮的工作凸台相当，同样也应设计台肩。由于焊接面积大，所需焊接压力比滚压焊大很多，故此种方法只适用于小件封焊。

3）冷挤压焊模具。以铝质电容器封头焊接为例，如图 5-6-7 所示。按内、外帽形焊件的形状尺寸设计相应的阴模（固定模）和阳模（动模）。阳模 1 与压力机的上夹头相连接，阴模 4 的内径 $D_{阴}$ 与阳模的外径 $D_{阳}$ 之差与焊件总厚度 t 和变形程度 ε 的关系为

$$D_{阴}-D_{阳}=t(1-\varepsilon) \tag{5-6-6}$$

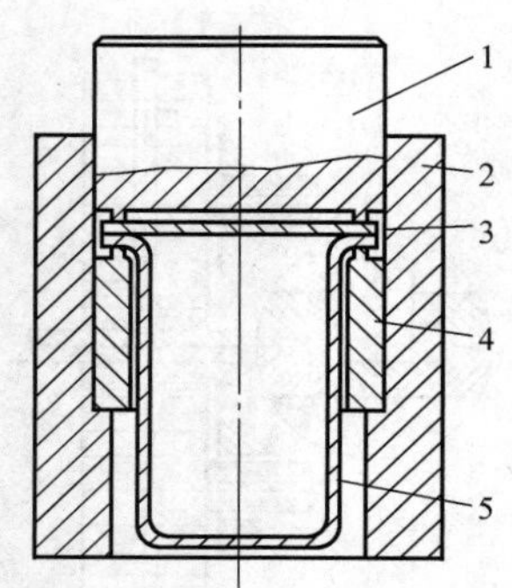

图 5-6-6　冷套压焊示意图

1—上模　2—模座　3—焊件封头
4—下模　5—焊件帽套

阴模与阳模的工作周边需制成圆角，以免产生剪切。

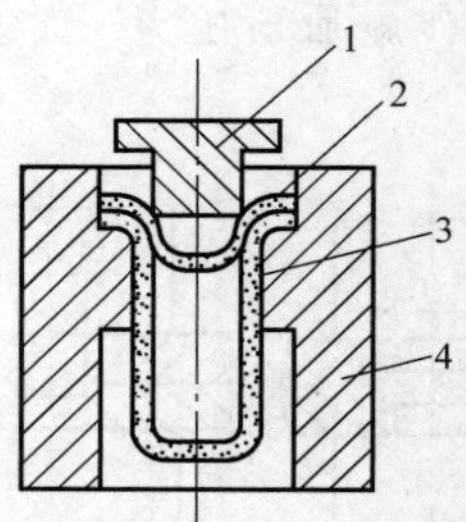

图 5-6-7　冷挤压焊（铝质电容器封焊）

1—阳模　2—焊件（盖）　3—焊件（壳体）　4—阴模

6.3.3　模具材料

冷压焊各种模具用的材料其工作部位应有足够的硬度，一般控制在 45～55HRC。硬度过高、韧性差、易崩刃；硬度过低，刃口易变形，影响焊接精度。

第7章 爆 炸 焊

7.1 爆炸焊的原理

7.1.1 爆炸焊的焊接过程

爆炸焊是利用炸药爆炸产生的冲击力，造成焊件的迅速碰撞而实现焊接的一种压焊方法。焊缝是在两层或多层同种或异种金属材料之间，在零点几秒之内形成的。焊接时不需填充金属，也不必加热。

按初始安装方式不同，爆炸焊接有平行法爆炸焊和角度法爆炸焊两种基本形式。图 5-7-1 所示为平行法爆炸焊焊接过程。要把覆材 2 焊到基材 1 上，基材 1 需要放置到质量较大的基础 3（如钢钻座、沙、土或水泥平台等），覆材与基材之间平行放置且留有一定间距 g，在覆材上面平铺一定量的炸药 5，为了缓冲和防止爆炸时烧坏覆材表面，常在炸药与覆材之间放上缓冲保护层 4，如橡胶、沥青、润滑脂等。此外，还需选择适当起爆点放置雷管 6，用以引爆（见图 5-7-1b）。

爆炸从雷管处开始并以 v_D 爆轰速度向前发生，在爆炸力作用下，覆材以 v_p 速度向基材碰撞（见图 5-7-1c），在碰撞点 S 处产生复杂的结合过程；随着爆炸逐步向前推进，碰撞爆炸逐步向前推进，碰撞点以 v_{cp}速度（这时与 v_D 同步）向前移动。炸药全部爆炸，整块覆材即被焊到基材上（见图 5-7-1d）。

用角度法进行爆炸焊时，覆材与基材之间要形成一个预置角 α（见图 5-7-2）。这种方法只用于小件复合，对于大面积复合不能采用，因为间距随爆炸点位置而变化。

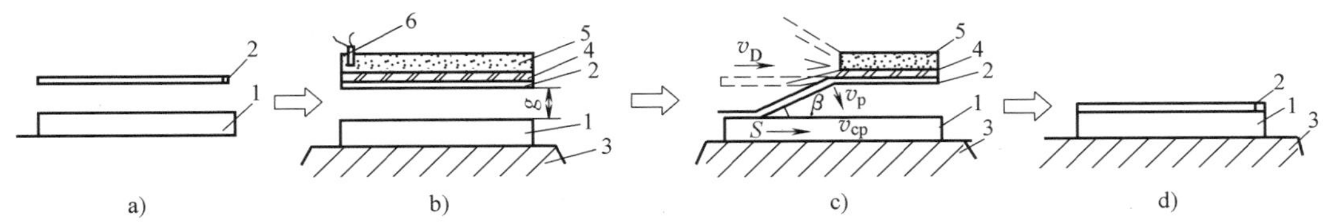

图 5-7-1 爆炸焊焊接过程（平行法）

a）基材与覆材 b）焊前安装 c）爆炸过程某瞬间 d）完成焊接

1—基材 2—覆材 3—基础 4—缓冲保护层 5—炸药 6—雷管

β—碰撞角 S—碰撞点 v_D—炸药爆轰速度 v_p—覆材速度 v_{cp}—碰撞点速度 g—间距

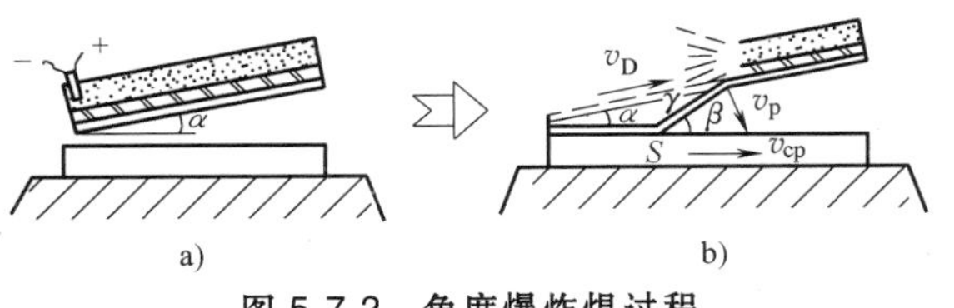

图 5-7-2 角度爆炸焊过程

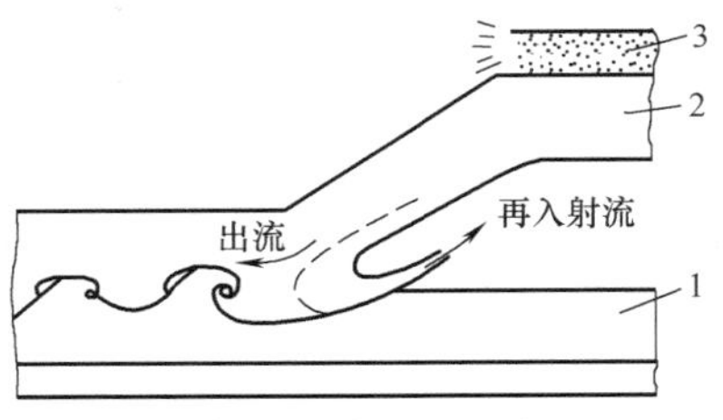

图 5-7-3 爆炸焊波状结合面的形成

1—基材 2—覆材 3—炸药

7.1.2 爆炸焊的基本原理

爆炸焊是一种动态焊接过程。焊接时，炸药爆轰驱动覆材做高速运动，并以适当的碰撞角 β 和碰撞速度 v_{cp}与基材发生倾斜碰撞，如图 5-7-3 所示。在碰撞点前方产生金属喷射，称为再入射流，它有清除表面污染的“自清理”作用；然后在高压下纯净的金属表面产生剧烈的塑性流动，从而实现金属表面间的牢固冶金结合。

射流对冶金结合质量具有重大影响。射流的形成取决于两焊件的碰撞角、碰撞速度、覆材速度和碰撞点压强，以及被焊两焊件的物理和力学性能等。只有当碰撞速度接近两焊件中的声速时才能产生射流和随后的结合。表 5-7-1 列出了各种金属材料的声速。碰撞角 β 存在一个最小值，低于此值，不管碰撞速度如何，都不产生射流。平行法复合（见图 5-7-1）的碰撞角 β 取决于两焊件间的间距，而角度法复合（见图 5-7-2）则由预置角 α 和间距共同决定。

表 5-7-1　各种金属材料的声速　（单位：m · s⁻¹）

材料	铁	钢	铜	铝	银	镁	镍	钼	钛	锆	铌	铅	不锈钢	锌
声速	4800	5100	3970	5370	2600	4493	4667	5173	4780	3771	4500	200～230	4550	3100

7.1.3　结合面形态与结合性质

根据爆炸时产生的碰撞速度和角度不同，两金属材料之间的结合面形态也不同，大致分为图 5-7-4 所示的三种。

形成直线结合与波状结合之间有一个临界碰撞速度。当碰撞速度低于这个临界速度时，结合面就呈直线结合状态，直线结合面上不发生熔化（见图 5-7-4a）。这种结合形式未得到实际应用，因为当碰撞条件发生微小变化时就会产生未结合缺陷。

当碰撞速度高于临界值时，就形成波状结合（见图 5-7-4b），其力学性能比直线结合好，而且焊接参数可选范围宽。整个界面是由直线结合区和漩涡区组成，当基材和覆材密度相近时，波峰两侧均有漩涡；若密度相差较大，仅在波峰一侧出现漩涡。焊接过程中漩涡内部发生熔化，因此又称为熔化槽，呈铸态组织。前漩涡以基材成分为主，后漩涡以覆材成分为主。如果漩涡内形成固溶体则呈韧性；如果形成金属间化合物则呈脆性。

如果结合面上的波纹均匀细小、熔化槽不连续，则冶金结合良好。当撞击速度和角度过大，就会产生大漩涡，甚至形成一个连续的熔化层（即中间层，见图 5-7-4c）。这种大漩涡或熔化层如果是固熔体，一般不会对接头强度带来损害；如果形成脆性金属间的化合物，则接头就会变脆，而且在其内部常常含有大量缩孔和其他缺陷。所以，应避免形成连续熔化层。

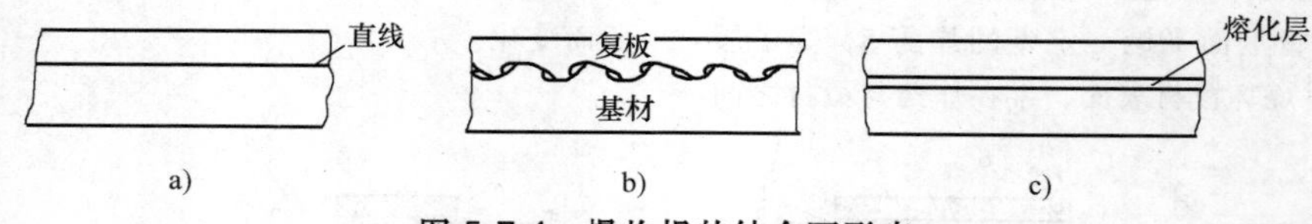

图 5-7-4　爆炸焊的结合面形态
a）直线结合　b）波状结合　c）连续熔化层结合

7.2　爆炸焊的分类

按接头形式和结合面的形状不同分类，爆炸焊可分为点焊、线焊和面焊三种类型，面焊是爆炸焊的主要类型。

按爆炸焊实施位置分为地面爆炸焊、地下爆炸焊、空中爆炸焊、水下爆炸焊和真空中爆炸焊。

按产品形状分为板-板爆炸焊、管-管爆炸焊、管-管板爆炸焊、管-棒爆炸焊、金属粉末-板爆炸焊等。

此外，按爆炸的次数分为一次爆炸焊、二次爆炸焊或多次爆炸焊，因而有双层和多层爆炸焊之分；按布药特点分为单面和双面爆炸焊，或从内、外或内外同时进行的爆炸焊；按焊件是否预冷或预热分为冷爆炸焊和热爆炸焊等㊀。

7.3　爆炸焊的优缺点

1. 优点

1）既可焊接同种金属，又可焊接异种金属。当焊接异种金属时，不易产生脆性化合物层，或者能把它减少至最低限度。例如，Ta、Zr、Al、Ti、Pb 等与碳素钢、合金钢、不锈钢难以用其他焊接方法焊接，用爆炸焊则很容易。

2）可以焊接尺寸范围很宽的各种零件。可焊截面面积为 $13mm^2$～$28m^2$。焊接时，若基板固定不动，则其厚度不受限制；覆材的厚度为 0.03～32mm，即所谓包覆比很高。

3）可以进行双层、多层复合板的焊接，也可以用于各种金属的对接、搭接和缝焊与点焊。

4）爆炸焊工艺比较简单，不需复杂设备，投资少，应用方便。

5）焊接表面清理要求低，只需去除厚的氧化物、氧化皮和去除油脂。

2. 缺点

1）被焊的金属材料必须具有足够的韧性和抗冲击能力以承受爆炸力和碰撞。高强合金（屈服强度大于 690MPa）难于进行复合。

2）因爆炸焊时，被焊金属间高速射流呈直线喷射，故爆炸焊一般只用于平面或柱面结构的焊接，如

㊀ 对常温塑性好的金属（如铅）置于液氮中冷硬后，立即取出进行爆炸焊接的工艺方法称为冷爆炸焊；对常温韧性低的材料，加热到韧脆转变温度以上后立即进行爆炸焊接的工艺方法称为热爆炸焊。

板与板、管状构件、管与管板等的焊接，复杂形状的构件受到限制。

3）大多在野外露天作业，机械化程度低、劳动条件差，也受气候条件限制。

4）基材宜厚不宜薄，若在薄的基材上施焊，需附加支托，从而增加制造成本。

5）炸药爆炸时，产生噪声和气浪，对周围有一定影响，虽然可以进行水下、真空或埋在沙子中进行爆炸，但要增加成本。

7.4　爆炸焊适用范围

爆炸焊被广泛用于石油、化工、造船、核能、宇航、冶金、运输和机械制造等工业部门。在具体应用上可以用于金属包覆，使其表面具有某种特殊性能；也可以用于制造各种过渡接头，使其具有优良的力学性能、导电性能或耐蚀性等。

7.4.1　可焊接的金属材料

任何具有足够强度与塑性并能承受爆炸工艺过程所要求的快速变形的金属都可以进行爆炸焊。通常要求金属的伸长率≥5%（在 50mm 标距长度上），夏比 V 型缺口试样的冲击吸收能量 $KV \geqslant 13.5\mathrm{J}$。工程上能用爆炸焊接的常用金属与合金的组合见表 5-7-2。

注意，爆炸焊使焊接区受到强烈的塑性变形，某些金属的力学性能和硬度可能发生重要变化，通常是焊后金属的强度和硬度增高，而塑性降低，常常需采用热处理消除这种硬化现象。

表 5-7-2　工程上爆炸焊接的常用金属组合

	锆	锌	镁	钴	钯	钨	铅	钼	金	银	铂	铌	钽	钛及合金	镍及合金	铜及合金	铝及合金	低合金钢	普通碳素钢	铁素体不锈钢	奥氏体不锈钢
奥氏体不锈钢	●			●		●		●	●	●		●	●	●	●	●	●	●	●	●	●
铁素体不锈钢								●						●	●	●	●	●	●	●	
普通碳素钢	●	●	●	●			●	●	●	●		●	●	●	●	●	●	●	●		
低合金钢	●	●	●	●			●	●	●			●	●	●	●	●	●	●			
铝及合金			●							●		●	●	●	●	●	●				
铜及合金								●	●	●		●	●	●	●	●					
镍及合金			●					●	●		●		●	●	●						
钛及合金	●		●			●				●	●	●	●	●							
钽								●	●		●	●	●								
铌					●			●			●	●									
铂											●										
银										●											
金									●												
钼								●													
铅							●														
钨						●															
钯					●																
钴				●																	
镁			●																		
锌		●																			
锆	●																				

注：●表示可焊的组合。

7.4.2　可焊接的产品结构

可焊接的产品多是结合面具有平面或圆柱面的简单结构。

1. 复合平板

爆炸焊的主要工业应用是生产复合板。可以进行双层或多层复合，通常焊接时基材固定不动，其厚度不受限制，但覆材需要被爆炸加速，故其厚度受限制。复合平板常是焊后状态供货的，由于爆炸复合平板时，一般都会发生一些扭曲变形，所以焊后需进行校平。如果在结合界面处发生显著硬化，则焊后需进行热处理。

2. 圆柱（锥）体的内或外包覆

对圆棒或实心圆锥体可以进行外包覆，对圆管或筒体之类产品可以根据需要进行内或外包覆，以获得具有特殊性能（如耐蚀、耐高温、耐磨等）的包覆表面。这种爆炸焊工艺可以生产双金属机件，也可用作修复易损机件。

3. 生产过渡接头

爆炸焊为两种在冶金上不相容的金属之间实现高强度的冶金结合提供了一种良好的方法。首先利用爆炸焊接方法把两种不相容金属焊在一起，使之形成过渡接头，以此过渡接头为基础，采用普通熔焊方法，分别与产品上同种金属或焊接性相近的金属（母材）进行焊接。

4. 管子与管板焊接

换热器中管子与管板之间的焊接，可以采用内圆柱面包覆爆炸焊工艺进行生产，如图 5-7-5 所示。

5. 其他应用

利用爆炸焊焊接复杂的曲面，这时往往是爆炸焊与爆炸成形同时完成。图 5-7-6 所示为其中的两种的示意图。图 5-7-6a 所示的基材（焊件）本身就相当于成形模具。图 5-7-6b 需要使用模具。前者是先成形后焊接，后者是先焊接后成形。

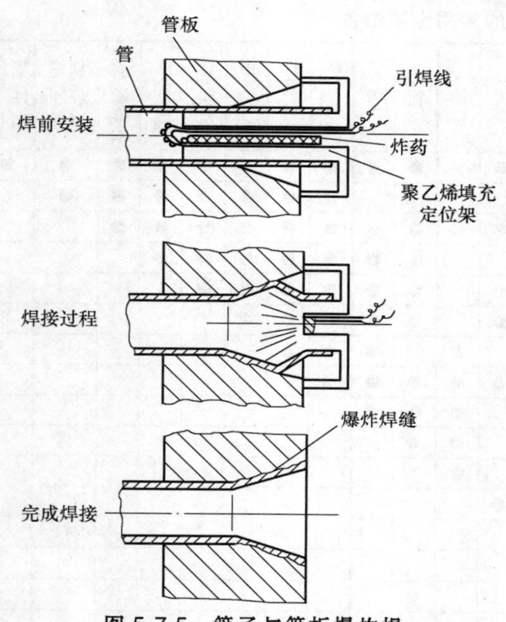

图 5-7-5 管子与管板爆炸焊

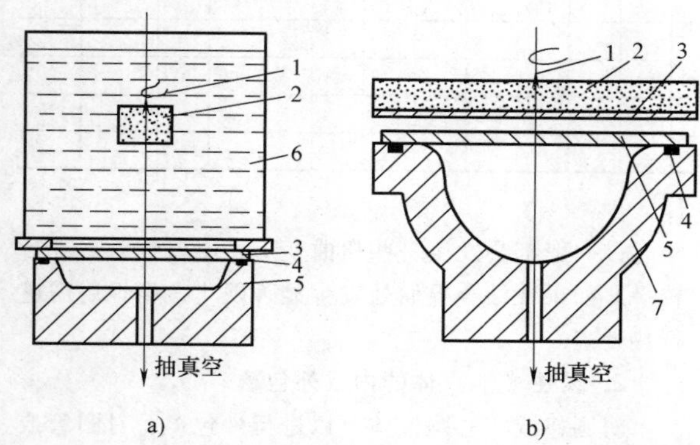

图 5-7-6 爆炸焊接-爆炸成形工艺示意图

1—雷管 2—炸药 3—覆材 4—真空橡胶圈 5—基材（焊件） 6—传压介质（水） 7—模具

另一种特殊应用是利用爆炸焊制造铜的六角形蜂窝结构。做法是：在铜管内同时爆炸、压紧和焊接一束镀铜的铝丝，焊后用化学方法把铝芯从结构中溶解掉，最后留下的便是铜六角形蜂窝结构。

7.5 爆炸焊工艺

平板包复是爆炸焊的主要工业应用。图 5-7-7 所示为其一般工艺流程。

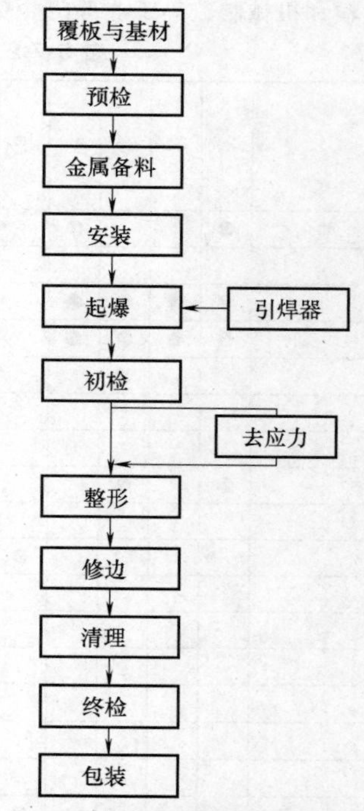

图 5-7-7 平板包复爆炸焊工艺流程

7.5.1 爆炸焊的接头准备

1. 基覆比

基材厚度 $t_{基}$ 与覆材厚度 $t_{覆}$ 之比称基覆比，或称厚度比，以 k 表示，即 $k=t_{基}/t_{覆}$。k 值越大，则覆合越容易，覆合质量易保证。一般要求 $k>2$。

2. 表面状态

爆炸焊的接头需具有几何形状相同的重叠或紧密配合的结合面。该结合面必须平、光、净。在平板覆合前，应先矫平并检查结合表面上是否有缺陷，其表面粗糙度的要求取决于被焊金属，其值越小越好，一般要求 $Ra\leqslant 12.5\mu m$。

虽然爆炸焊时形成的金属射流能清除金属的氧化

膜，但其清除薄膜厚度只有几微米至几十微米，更厚的锈蚀和污层，焊前仍需清除。常用的方法有以下几种：

1）砂轮打磨。主要用于钢材表面清理。

2）喷砂或喷丸。用于要求不高的钢材表面清理。

3）化学清洗。铜及铜合金、钛合金等主要用酸洗做表面清理；铝及铝合金主要用碱洗清理。

4）砂布或钢丝刷打磨。用于不锈钢等表面清理。

5）机械加工法。如车、铣、刨、磨等，用于要求较高的厚钢板、钢锻件或特殊表面的清理。

清理后当天就应进行爆炸焊，若当天不能进行焊接，则应进行油封，焊前再用丙酮等擦拭干净。

7.5.2 爆炸焊用炸药

选用炸药的原则是爆炸速度合适、稳定、可调，使用方便、价格便宜、货源广及安全无毒。研究表明，炸药的最大爆炸速度一般不应超过被焊材料内部最高声速的 120%，以便产生喷射并防止材料被冲击损伤。

表 5-7-3 列出了爆炸焊常用的炸药，表中列出的低爆速和中爆速炸药一般都在爆炸焊所需的爆炸速度范围之内，并广泛用于大面积材料焊接的场合。使用时需要很少的缓冲层或不需要缓冲层。

表 5-7-3 爆炸焊常用的炸药

爆炸速度范围	炸药名称
高爆速炸药 $4572 \sim 7620\text{m} \cdot \text{s}^{-1}$	TNT、RDX（三甲撑三硝基胺）、PETN（季戊炸药） 复合料 B 复合料 C4 Deta 薄板 Prima 绳索
低爆速和 中爆速炸药 $1524 \sim 4572\text{m} \cdot \text{s}^{-1}$	硝酸铵 过氯酸铵 阿马图炸药（w（硝酸铵）= 80%，w（三硝基甲苯）= 20%） 硝基胍 黄色炸药（硝化甘油） 稀释 PETN（季戊炸药）

使用高爆速炸药时，需采用专门的设备和工艺措施，如在基-覆层之间加缓冲材料（如聚异丁烯酸树脂、橡胶等）。特殊情况下，可以制造或混合专用的炸药。

炸药的爆炸速度由炸药的厚度、填充密度或者混合在炸药中的惰性材料的数量所决定，配制焊接用的炸药一般都是为了降低其爆炸速度。

7.5.3 爆炸焊的安装工艺

不同的爆炸焊方法有不同的安装工艺。进行平板复合爆炸焊时应注意以下几点：

1）爆炸大面积复合板时应采用平行法，若用角度法，则在间隙较大处的覆材过分加速，与基材碰撞时能量过大，会扩大边部打伤或打裂的范围，减少复合板有效面积，增加金属损耗。

2）在安装大面积覆材时，安放后中部会下垂或翘曲，甚至于会与基材表面接触。为了保证覆材下垂部位与基材表面保持一定间隙，可在该处放置一个或几个稍小于应有间隙尺寸的金属片。当基材较薄时，需用一个质量大的砧座均匀地支托，以减小挠曲。

3）采用合适的起爆方法，如端部引爆、边缘线引爆、中心引爆和四周引爆等，以保证整个界面获得良好的结合。对于大面积板进行复合时，最好用中心引爆炸药法或者从长边中部引爆，这样可以使间隙中气体的排出路程最短，有利于覆材和基材的撞击，减少结合区金属熔化的面积和数量。

4）为了引爆低爆速炸药和减少雷管区的面积，常在雷管下放置一定数量的高爆速炸药。

5）为了将边部缺陷引出复合板之外和保证边部质量，常使覆材的长、宽尺寸比基材大 20～50mm。管与管板爆炸焊时，管材也应有类似的额外伸出量。

6）为了防止烧伤、压痕、起皮、撕裂等缺陷，常用橡胶、油灰、软塑料、有机玻璃、黄板纸、卷材等作为炸药与覆材之间的缓冲层。

7.5.4 焊接参数

爆炸焊的焊接参数分为初始参数、动态参数和结合区参数，三者相互关联。当初始参数确定后，动态参数和结合区参数（指波形的高和长）就相应确定了。合理的焊接参数应满足三点要求：①在碰撞时产生射流；②在结合区呈现波形；③消除或减少结合区内的熔化。

爆炸焊的初始参数包括单位面积炸药量和间距，前者表示输入焊接界面的能量，后者用来保证覆材加速的空间和便于排除再入射流。

爆炸焊是一个动态过程，其动态参数有 v_p、v_{cp} 和 β 等，如图 5-7-1 所示。v_p 决定焊接界面的碰撞压力；v_{cp}决定焊接界面的形态，当 v_{cp} 小于临界碰撞点速度时，界面无波形，呈平直状态；碰撞角 β 合适的范围为 5°～25°，超过此范围将不能产生结合，若过小则作用力过大，会撕裂结合部位。

1. 炸药量

引爆速度由炸药的厚度、填充密度或混合在炸药中的惰性填料的数量决定。一般密度大，爆速高。当密度给定时，厚度大则爆速高。通常要求爆速接近覆材金属的声速。爆速过高则碰撞角β变小，造成结合区撕裂；爆速过低，则不能维持足够的碰撞角，也不能获得好的结合。如果沿整个装药层各处密度和厚度不均匀，则上述三个动态参数v_p、v_{cp}和β将不稳定，从而导致结合区的波形参数变化，连接质量没有保证。

单位面积炸药量W_g（$g \cdot cm^{-2}$）可用式（5-7-1）估算：

$$W_g = K_0(\delta\rho)^{\frac{1}{2}} \tag{5-7-1}$$

式中 K_0——系数$K_0=0.9\sim1.4$；

δ——覆材的厚度（cm）；

ρ——覆材的密度（$g \cdot cm^{-3}$）。

2. 间距g

通常根据覆材加速至所要求的碰撞速度确定间距g值。覆材密度不同，适用的g值在覆材厚度的0.5~2.0倍之间，实用的最小g值与炸药厚度δ_e和覆材厚度δ有关，见式（5-7-2）。

$$g = 0.2(\delta_e + \delta) \tag{5-7-2}$$

g增大则β增大，若g过大，则波形尺寸将减小。

3. 预置角α

当采用高爆速炸药时，炸药爆速比连接金属的声速高得多，采用预置角α可以满足保持碰撞点速度低于连接金属声速。当覆材速度v_p达最大值时，可按式（5-7-3）估算碰撞点速度v_{cp}。

$$v_{cp} = \frac{v_p}{\sin(\alpha+\beta)} \tag{5-7-3}$$

式中 β——碰撞角；

$\alpha+\beta$一般取5°~25°。

根据估算出的初始参数，进行一组小型复合板试验，通过试验来调整和确定满足技术要求的生产用焊接参数。

7.6 爆炸焊的缺陷和检验

7.6.1 爆炸焊的缺陷

宏观缺陷主要有以下几种：

1）结合不良。指爆炸焊后，覆材与基材之间全部或大部分没有结合，或者即使结合但强度很低。解决措施是选用低爆速炸药、使用足够的炸药量和适当的间隙距离，另外，还应选择好起爆位置，使之能缩短间隙排气路程，创造有利排气的条件。

2）鼓包。在复合板上局部位置有凸起，其间充满气体，敲击时发出“梆梆”声。要消除鼓包除选择合适炸药量和间距外，主要要注意创造良好的排气条件。

3）大面积熔化。即在结合面上产生大面积熔化，多发生在双金属爆炸焊。其主要原因是间隙内未及时排出的气体在高压下被绝热压缩，气体温度迅速升高，使周围的一薄层金属熔化。防止措施是采用低爆速炸药和中心起爆法，以创造良好的排气条件。

4）表面烧伤。指复材受爆炸热氧化烧伤。防止措施是使用低爆热的炸药，采用润滑脂、水玻璃或沥青等保护层，置于炸药与覆材之间。

5）爆炸变形。指爆炸焊后复合板在长、宽、厚三个方向上发生不规则的宏观变形。这种变形很难避免，但可通过一些措施减轻，如增加基础的刚度。

6）爆炸脆裂。多出现在常温冲击性能很低、强度或硬度很高的材质上。只能采用热爆炸焊工艺（即爆前对焊件预热）才能消除。

7）雷管区未结合。在雷管引爆的部位，由于能量不足和排气不畅而引起该区未结合。通常采用在该处增加炸药量或将其引出复合面积之外的办法来避免。

8）边部打裂。在复合板的周边或复合管（棒）的前端，由于边界效应而使覆层被打伤、打裂的现象，产生的主要原因是周边或前端能量过大。防止措施是减少边部或前端的炸药量，增加覆板或覆管的尺寸，或在厚板的待结合面之外的周边刻槽等。

9）爆炸打伤。由于炸药结块或分布不均匀，使局部能量过大，或者炸药内混有固态硬物，它撞击覆材表面而出现的麻坑、凹陷或小沟等，影响表面质量。主要防止措施是细化和净化炸药和布药均匀。

7.6.2 爆炸焊质量检验

1. 非破坏性检验

1）表面质量检验。主要是对复合表面及其外观进行检查，如有无打伤、打裂、氧化、烧伤及翘曲变形等。

2）轻敲检验。用锤子对覆层各个位置逐一轻敲，以其声响判断其结合情况。

3）超声检验。利用超声波检测结合情况和定量测定结合面积。

2. 破坏性检验

GB/T 6396—2008《复合钢板力学及工艺性能试验方法》对各种方法生产的复合钢板规定了力学和工艺性能的试验方法，包括拉伸、剪切、弯曲、结合度、冲击、粘接和硬度试验。

7.7 爆炸焊安全技术

爆炸焊使用的炸药和爆炸元件是危险品，若运输、贮存和使用不当，发生爆炸会造成人员和财产损失。

炸药品种繁多，性质各异，必须分类贮存。一切爆炸用品严禁与氧化剂、酸、碱、盐类、易燃物、可燃物、金属粉末和铁器等同库贮存。敏感度高的起爆药和起爆器材不能与敏感度高的炸药和点火器同库贮存。安定性能变坏了的炸药及爆炸器材，严禁与合格品同库贮存。胶质炸药保管期一般不超过八个月，普通胶质炸药贮存温度不得低于15℃。耐冻胶质炸药不得低于其凝固点。仓库需防雷击，安装防爆式照明灯以防火。仓库场地选择和存放量应符合安全要求。

雷管、导爆索、炸药等禁止用拖车运输，运输车辆上应有规定的警戒标识，特别注意安全使用起重机类设备，运输和贮存场地需防潮，严禁明火和吸烟。

爆炸品领取、加工必须符合安全规定，以防发生爆炸和中毒事故。安置炸药、接线、插入雷管和起爆只允许爆炸工人操作，其他人员退到安全区内。操作过程中要小心谨慎，药包不得受冲击，不得抛掷，在大雾、雷雨天禁止操作。起爆前，起爆端导线保持短路，起爆电源开关设在安全区并锁闭。爆炸场所不能靠近电磁辐射源，以防引爆雷管。起爆前应发出信号，等全体人员退到安全区后方可引爆。爆炸后待3min，按信号进入爆炸区。发现“哑火”时应由专人去处理。

爆炸焊过程中的废药，未爆完的残余炸药、废雷管等不得任意抛弃。必须在专门辟出的安全地点用爆炸法、烧毁法或熔剂破坏法等予以销毁。

此外，爆炸焊生产中通常使用低爆速的混合炸药，如铵盐和铵油炸药。前者是硝酸铵和一定比例的食盐组成，后者由硝酸铵和一定比例的柴油组成。仅用少量TNT作为引爆炸药。硝酸铵是一种常见的化肥，非常稳定，它与食盐或柴油混合后，惰性更大。颗粒状硝酸铵和鳞片状的TNT可用球磨机破碎成粉末而不会爆炸，只有在TNT等高爆速炸药的引爆下才能稳定爆炸。TNT炸药还需靠雷管来引爆，而雷管中的高爆炸药只有在起爆器发生数百伏高电压下才会爆炸。所以，在现场操作中，只要严格控制好雷管和起爆器，通常是不会出现严重的安全事故的。

第8章 超声波焊

8.1 概述

8.1.1 超声波焊的原理

超声波焊是利用超声波的高频振荡能量，在压力作用下使焊件接触表面产生强烈的摩擦作用，以清除表面氧化物并加热而实现焊接的一种压焊方法。

超声波焊接方法的原理如图5-8-1所示。焊件5被夹持在上声极4和下声极6之间。上声极用来向焊件输入超声振动能量，而下声极则用来施加静压力。上声极所传输的超声波能量是通过一系列能量转换及传递环节而产生的。超声波发生器1将工频电流转变为超声波频率（16~18kHz）的振荡电流，换能器2利用“磁致伸缩效应”转换为图中D方向弹性机械振动能，聚能器3用来放大振幅并耦合负载。换能器、聚能器、上声极等共同构成声学系统，该系统中各个组元的自振频率按同一个频率设计。当超声波发生器的振荡电流频率与声学系统的自振频率一致时，系统即产生谐振（共振），并向焊件输出弹性振动能。焊件就是在静压力及弹性振动能的共同作用下，将弹性机械振动能转变为焊件间的摩擦功、形变能和温升，从而在固态下实现焊接。

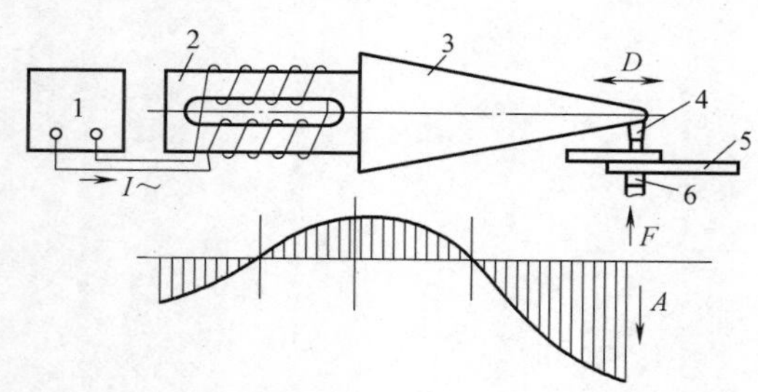

图5-8-1 超声波焊接方法的原理图

1—超声波发生器 2—换能器 3—聚能器
4—上声极 5—焊件 6—下声极
I—振荡电流及直流磁化电流 F—静压力
D—弹性振动方向 A—振幅的分布

目前超声波焊接所用的振动能量由几瓦到25kW，使用的振动频率为16~18kHz。导入焊件表面的位移振幅值为10~40μm，施加到焊件上的静压力由几百牛至5kN。

8.1.2 超声波焊接头形成机理

超声波焊接过程中两焊件结合面之间发生了复杂的物理或化学交互作用，主要有：

1）机械嵌合。当金属与非金属焊接时，在结合面上发生犬牙交错的机械嵌合，对接头连接强度起到非常有利的作用。

2）物理冶金反应。在金属材料之间的焊接过程中，由摩擦造成焊件间发热（温升达被焊材料熔点的35%~50%）和强烈塑性流动，引起了物理冶金反应，在结合面上有公共晶粒发生，有再结晶、扩散、相变或金属化合物析出的现象，是一种冶金结合。

3）金属键合。在摩擦功作用下，强烈的塑性流动，为纯净金属表面之间的接触创造了条件，当达到原子间距时，即产生金属键合过程。

另外，结合面上还可能会产生微区熔化现象。

8.1.3 超声波焊的分类

超声波焊采用搭接接头，按焊缝的形式分为超声波点焊、超声波缝焊、超声波环焊和超声波线焊几种类型。

1. 超声波点焊

采用圆柱状的上、下声极压紧焊件进行焊接，如图5-8-2所示。按能量传递方式分类，超声波点焊分为单侧式超声波点焊和双侧式超声波点焊两类。当超声振动能量只通过上声极导入时为单侧式超声波点焊；分别从上、下声极导入时为双侧式超声波点焊。双侧式导入的振动方向可以是平行的，也可以是相互垂直的，其频率和功率可以不同。目前应用广泛的是单侧导入式超声波点焊。按振动系统分类，超声波点焊分为采用纵向振动系统超声波点焊和弯曲振动系统超声波点焊两种类型，前者如图5-8-1所示，聚能器的纵向振动能量直接通过固定在其端部的上声极传递给焊件；后者如图5-8-3所示，由聚能器2所传递的纵向振动，首先转变为传振杆3的振动，再通过上声极4导至焊件，传振杆同时用来传递静压力。

纵向振动系统主要用于小功率超声波点焊机，弯曲振动系统主要用于大功率超声波点焊机。当采用两个同步换能器做联合驱动时，其输出功率即可提高。

2. 超声波缝焊

焊接时，焊件夹持在盘状上、下声极之间，可获得密封的连续焊缝，如图5-8-4所示。与超声波点焊类似，振动能量可从单侧导入，也可从双侧导入。除了能采用纵向振动系统和弯曲振动系统外，还可以采

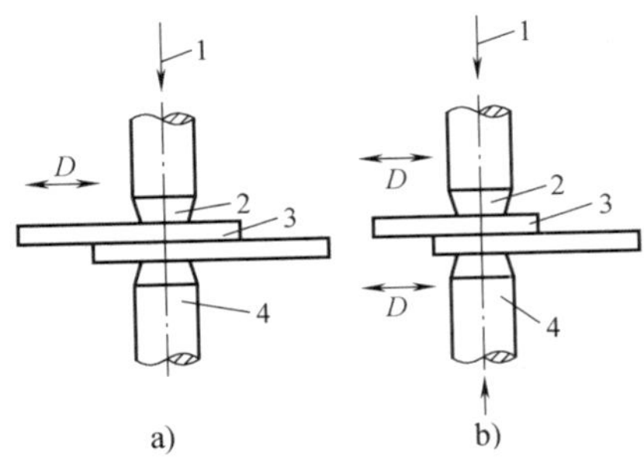

图 5-8-2　超声波点焊

a）单侧式　b）双侧式

1—静压力　2—上声极　3—焊件　4—下声极

D—振动方向

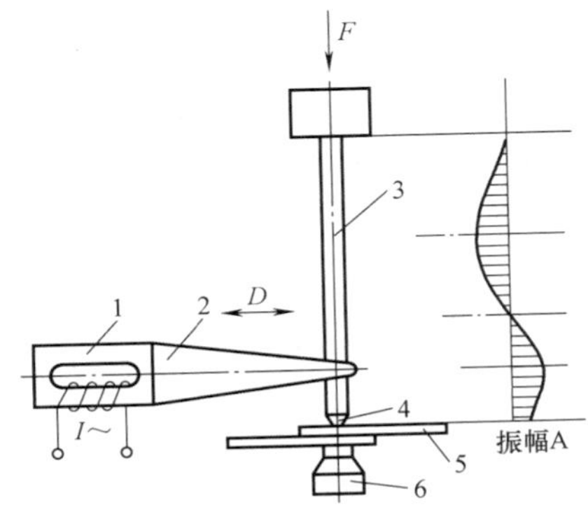

图 5-8-3　超声波点焊的弯曲振动系统

1—换能器　2—聚能器　3—耦合杆（传振杆）

4—上声极　5—焊件　6—下声极（砧座）

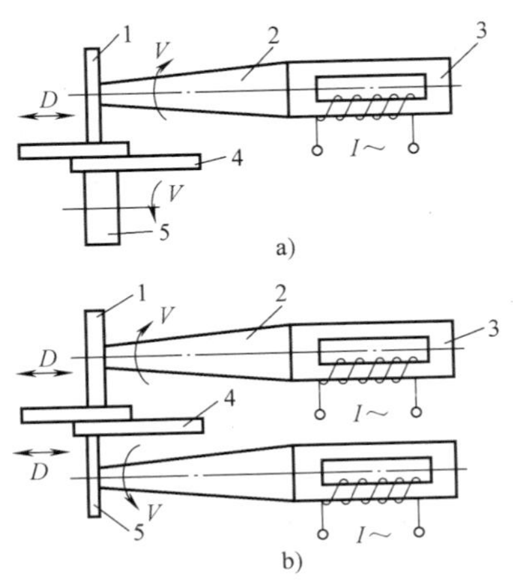

图 5-8-4　超声波缝焊的工作原理图

a）单侧导入　b）双侧导入

1—盘状上声极　2—聚能器　3—换能器

4—焊件　5—盘状下声极

D—振动方向　V—旋转方向　I—超声波振荡电流

用扭转振动系统，如图 5-8-5c 所示。扭转振动系统中振动方向与焊接方向平行。实际生产中以弯曲振动系统应用广泛，因为其工艺及技术性能更好。

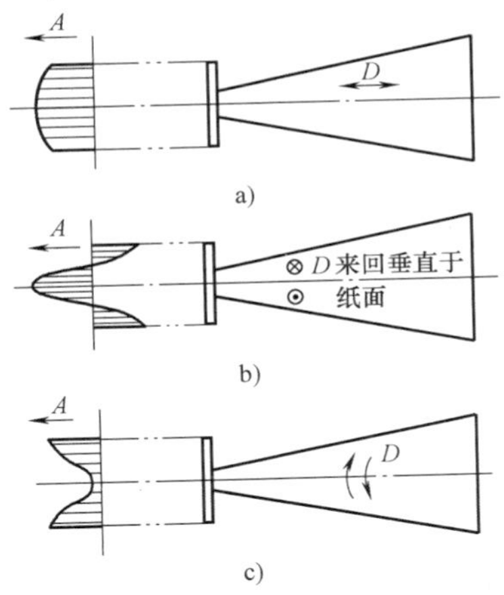

图 5-8-5　超声波缝焊的振动系统形式

a）纵向振动　b）弯曲振动　c）扭转振动

A—焊盘上的振幅分布　D—聚能器上的振动方向

在特殊情况下，可以采用平板式下声极。

3. 超声波环焊

焊件被夹持在环形上声极与下声极之间，静压力沿轴向施加到焊件上，一次焊成封闭状的焊缝，如图 5-8-6 所示。采用两个反相同步换能器 2 及聚能器 3 的扭转振动系统，传振杆 1 在两个切向输入的相位差为 180°的纵向振动驱动下，一推一拉从而产生扭转振动。上声极 4 轴心区的振幅为零，而边缘振幅最大。这种方法特别适于微电子器件的封装。

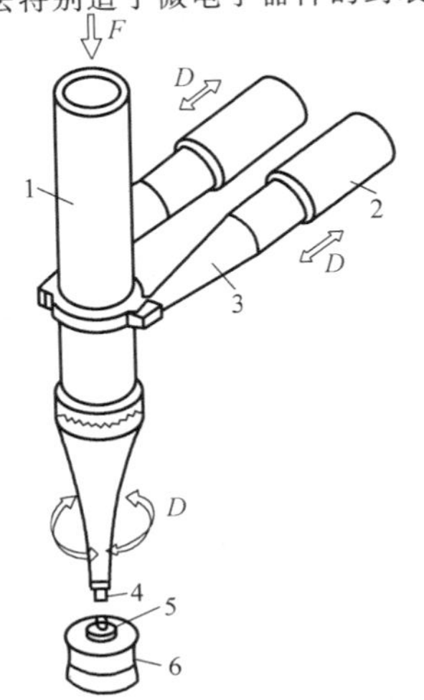

图 5-8-6　超声波环焊的工作原理

1—传振杆　2—换能器　3—聚能器

4—上声极　5—焊件　6—下声极

F—静压力　D—振动方向

4. 超声波线焊

超声波线焊是超声波点焊的变型，使用的是线状上声极，一次可以焊出 150mm 长的线状焊缝。适用于需要线状封口的箔片焊件。

图 5-8-7 所示为超声波线焊的工作原理。

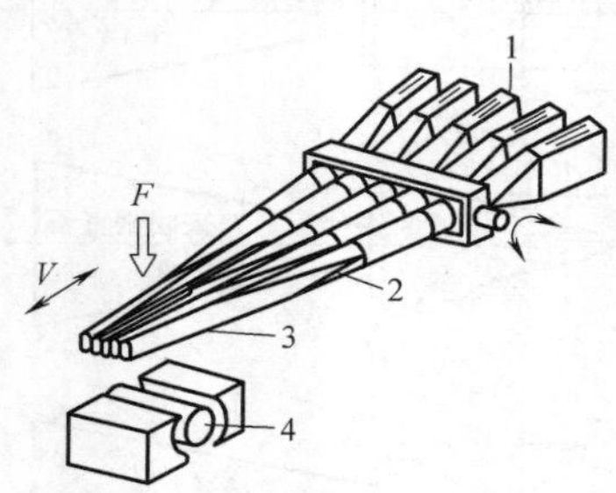

图 5-8-7 超声波线焊的工作原理

1—换能器 2—聚能器 3—125mm 长焊接声极头 4—周围绕放罐形坯料的心轴

8.1.4 超声波焊的优缺点及其应用

1. 优点

1）能实现同种金属、异种金属、金属与非金属以及塑料之间的焊接。图 5-8-8 所示为可以用超声波焊接的各种金属材料的组合。

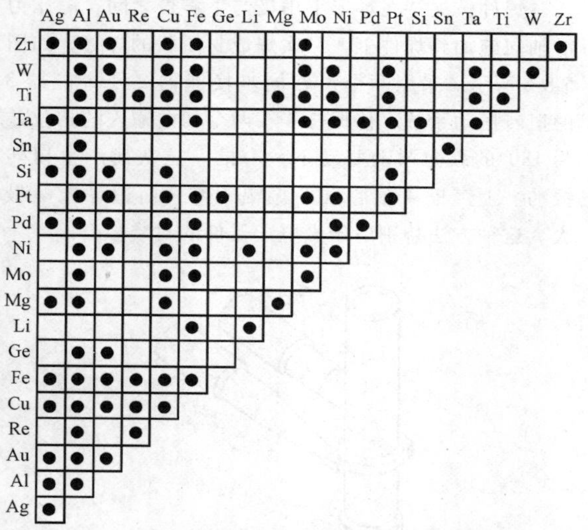

	Ag	Al	Au	Re	Cu	Fe	Ge	Li	Mg	Mo	Ni	Pd	Pt	Si	Sn	Ta	Ti	W	Zr
Zr	●	●	●		●	●				●									●
W		●	●		●	●				●	●		●			●	●	●	
Ti		●	●	●	●	●			●	●	●		●			●	●		
Ta	●	●			●	●				●	●	●	●	●		●			
Sn		●													●				
Si	●	●	●		●								●						
Pt		●	●		●	●	●			●	●		●						
Pd	●	●	●		●	●					●	●							
Ni		●	●		●	●		●		●	●								
Mo		●			●	●				●									
Mg	●	●			●				●										
Li						●		●											
Ge		●	●																
Fe	●	●	●	●	●	●													
Cu	●	●	●	●	●														
Re		●		●															
Au	●	●	●																
Al	●	●																	
Ag	●																		

图 5-8-8 能进行超声波焊接的金属材料组合

●—代表可以互相焊接的组合

2）特别适用于金属箔片、细丝以及微型器件的焊接。能够焊接厚度只有 0.002mm 的金箔及铝箔。因为不会高温氧化、污染和损伤微电子器件，所以适用半导体硅片与金属丝（Au、Ag、Al、Pt、Ta 等）的精密焊接。

3）可用于厚度差大的焊件以及多层箔片的焊接。超声波焊接所需的功率仅由上焊件厚度及物理性能确定，而对下焊件的厚度几乎不受限制。因此，特别适用于厚薄相差较大的接头形式，如热电偶丝、电阻应变片引线及电子管的灯丝的焊接等。

4）适于焊接高热导率、高电导率的材料，如铝、铜、银等。

5）与电阻点焊相比，耗用电功率小、焊件变形小、接头强度高且稳定性好。以铝板为例，焊接厚度为 1.0~1.5mm 铝板，所用电能仅为电阻点焊的 5%，而焊点的抗剪强度却高出 15%~25%。

6）对焊件表面的清理要求不高，允许少量氧化膜及油脂存在。因为超声波焊接具有对焊件表面氧化膜破碎和清理作用，焊接表面状态对焊接质量影响较小，甚至可以焊接涂有油漆或塑料薄膜的金属。

2. 缺点

1）由于焊接所需的功率随焊件厚度及硬度的提高而呈指数增加，而大功率的超声波点焊机的制造困难且成本很高。因此，目前仅限于焊接丝、箔、片等细薄件。

2）接头形式目前只局限搭接接头。

3）焊点表面边缘容易因高频机械振动而发生疲劳破坏，对焊接硬而脆的材料不利。

4）目前尚缺乏对焊接质量进行无损检测的方法和设备，故大批量生产困难。

3. 应用领域

基于超声波焊的上述特点，现已广泛应用于下列领域。

1）电子工业。主要用于微电子器件的连接。例如，将细铝、金引线焊到晶体管、二极管和其他半导体元器件上；在集成电路板上焊上一层铝箔或金箔，以提供一个随后焊接导线的表面。

2）电器工业。可焊接可靠的低电阻接头，而且对零件没有污染，也不产生热变形。例如，可焊接异种金属的热电偶接头。

3）包装工业。用超声波环焊、缝焊和直线焊能焊成气密性封装结构，如铝制罐及挤压管的密封，食品、药品和医疗器械等无污染包装，以及精密仪器部件和雷管的包装等。

4）塑料工业。用于塑料的焊接、金属与塑料的连接及聚酯织物的缝纫等。

5）其他应用。超声波连续缝焊用于加长箔片、焊装波纹状换热器及过滤筛网的焊接。宇宙辐射计数器的铍窗可采用超声波环焊焊到不锈钢框架上；在宇宙飞船的核电转换装置中，用来焊接铝与不锈钢的膜合组件；在太阳能硅光电池的制造中，将硅片（0.15~0.2mm）焊接到 0.2mm 厚的铝导体上等。

8.2　超声波焊的焊接工艺

8.2.1　超声波焊的接头设计

超声波焊接的接头形式目前只限于搭接。以超声波点焊接头为例，由于焊接过程中母材不发生熔化、所需的压力小、没有电流分流问题，因此点距 s、边距 e 和行距 r 等参数的设计要比电阻点焊自由得多，如图 5-8-9 所示。

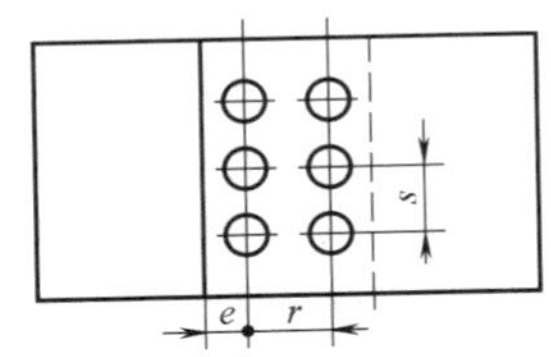

图 5-8-9　超声波点焊接头设计

1）边距 e。电阻点焊时为了防止熔核溢出而要求 $e>6t$（t 为板厚）。超声波点焊不受此限制，只要声极不压碎或穿破薄板的边缘，就采用更小的 e，以节省母材，减轻重量。

2）点距 s。因无电流分流问题，焊点可疏可密，甚至可以重叠；s 越小，接头承载能力越高。

3）行距 r。和点距一样，可任意选择。

有时焊件会受超声系统的激励而发生共振，严重的共振会导致已焊焊缝断裂，或焊件开裂，抑制共振的措施是改变焊件尺寸或其在焊机中的方向，对于小焊件，可用重夹具增加其动刚度或阻尼。

8.2.2　超声波焊的表面准备

薄的氧化膜并不影响焊接，因为焊接时这些氧化膜易破碎和弥散，因此未严重氧化的常见金属（如铝、铜与黄铜等）可在轧制状态下进行焊接。若严重氧化或表面已有锈皮，则需利用机械磨削或化学腐蚀法清除。

也可透过表面保护膜或绝缘层进行超声波焊接，但需要稍高的超声波功率。

8.2.3　超声波焊的焊接参数

超声波焊接的主要焊接参数是焊接功率、振动频率、振幅、静压力和焊接时间等。这些参数需通过试验验证来确定。

1. 焊接功率

焊接所需功率主要取决于被焊材料的性能和厚度。一般说来，所需的功率随焊件的厚度和硬度的增大而增大。图 5-8-10 所示为几种材料超声波焊所需功率与板厚的关系。

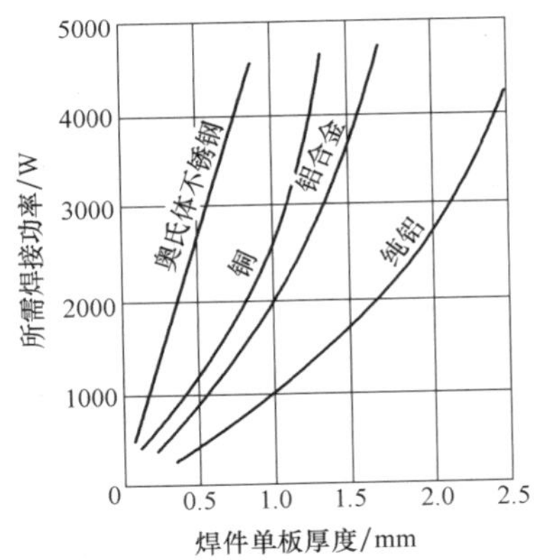

图 5-8-10　几种材料超声波焊所需功率与板厚的关系

2. 振动频率

振动频率通常根据焊件厚度及物理性能来选择。薄件宜选用高的振动频率，因为在输入功率相等的条件下，提高振动频率可以降低所需的振幅，而低振幅可减轻薄件因交变应力而可能导致的疲劳破坏。小功率超声波焊机（100W 以下）一般选用 25～80kHz 的谐振频率。功率越小，选用的频率越高，但随着频率提高，振动能量在声学系统中的损耗将增大。所以，大功率焊机一般选择 16～20kHz 较低的谐振频率。

3. 振幅

振幅决定摩擦功的大小、表面氧化膜的清理程度、塑性流动状态以及结合面的加热温度等。超声波焊机的振幅在 5～25μm 的范围内，根据焊件厚度和材质选择。随着材料厚度及硬度提高，所需振幅增大。振幅增大，焊接时间缩短，但振幅增大到某一数值后，接头强度会下降，这与金属内部及表面的疲劳破坏有关。振幅的大小通常通过调节发生器输出电参数来调节。

4. 静压力

静压力用来向焊件传递超声振动能量，是直接影响功率输出及焊件变形的重要因素。通常根据材料厚度、硬度、接头形式和所用超声功率来选择。当静压力过低时，在上声极与焊件表面间的摩擦消耗的振动能量增大；当静压力过大时，焊件易被压溃，焊点强度降低，表面变形增大。表 5-8-1 列出了各种功率超声波焊机的压力范围。

表 5-8-1　各种功率超声波焊机的压力范围

焊机功率/W	压紧力范围/N	焊机功率/W	压紧力范围/N
20	0.04～1.7	1200	270～2670
50～100	2.3～6.7	4000	1100～14200
300	22～800	8000	3560～17800
600	310～1780		

5. 焊接时间

焊接时间指超声波能量输入焊件的时间。随着焊接时间的延长，接头强度增大，增大到某一特定值时，接头强度不再增大。若焊接时间过长，则因焊件受热加剧，声极陷入焊件，焊点截面减小，接头强度降低。振动时间过长会导致接头的疲劳破坏。

焊接时间根据材料性质、厚度及其他焊接参数来选择，高功率、短时间的焊接质量通常优于低功率、长时间的焊接质量。当静压力、振幅增大或材料厚度减小时，焊接时间可取较小的数值。对于细丝或薄箔，焊接时间为0.01~0.1s，对于厚板，焊接时间也不会超过1.5s。

超声波缝焊用焊接速度来控制能量输入，其选择原则与超声波点焊相同。硬而薄的金属的焊接速度低至1.5m·min^{-1}，而0.025mm厚的铝箔的焊接速度可高达150m·min^{-1}。

8.2.4 超声波焊的其他工艺因素

1. 上声极

上声极是传递超声波振动能量的最后一个环节，其所用的材料、端面形状和表面状况等会影响到焊点的强度和稳定性。首先，要求上声极具有尽可能大的摩擦因数，以保证上声极与焊件间的摩擦力大于焊件间的摩擦力，否则将造成振动能量严重耗损。在生产中常用砂纸打磨声极的端部以提高其摩擦因数。其次，要求上声极材料具有足够的硬度和耐磨性，尤其希望具有良好的高温强度和疲劳强度，以提高声极的使用寿命，保证焊点强度稳定。目前多用高速钢、滚动轴承钢作为焊接铝、铜、银等较软金属的声极材料。沉淀硬化型镍基超级合金等材料的上声极则适用于钛、锆、高强度钢及耐磨合金的焊接。

平板搭接超声波点焊用上声极的端部一般应制成球面形，其球面半径对焊点尺寸及抗剪强度有明显影响，应根据焊件厚度及硬度确定。该半径一般为焊件（与上声极接触的焊件）厚度的50~100倍，材料越薄倍数越大，材料越软倍数越小。球面半径过大，会在焊点中心附近产生脱焊区；球面半径过小，会形成过深的印痕。下声极应是平面状。

若将丝材焊到板上，则需使用带槽的声极头。如果丝材很细，类似连接半导体装置那样，则声极头部尺寸和表面粗糙度应十分精确。

2. 焊机的机械精度

上声极与焊件的垂直度对焊点质量具有较大影响，随着上声极垂直度变差，接头强度将急剧下降。上声极横向弯曲和下声极或砧座的松动，会引起过大的焊缝畸变。

3. 焊接气体

一般情况下，超声波焊无须对焊件进行气体保护，只有在特殊应用场合下，如钛的焊接、锂与钢的焊接等可用氩气保护。有些包装应用场合，则可能需在干燥箱内或无菌室内进行焊接操作。

表5-8-2列出了几种典型材料超声波焊的焊接参数。

表5-8-2 几种典型材料超声波焊的焊接参数

材料		厚度/mm	焊接参数			上声极材料
名称	牌号		压力/N	时间/s	振幅/μm	
铝及铝合金	1050A	0.3~0.7	200~300	0.5~1.0	14~16	45钢
		0.8~1.2	350~500	1.0~1.5	14~16	
	5A03	0.6~0.8	600~800	0.5~1.0	22~24	
	5A06	0.3~0.5	300~500	1.0~1.5	17~19	
	2A11	0.3~0.7	300~600	0.15~1.0	14~16	
	2A12	0.3~0.7	300~600	0.15~1.0	18~20	轴承钢GCr15
		0.8~1.0	700~800	1.0~1.5	18~20	
纯铜	T2	0.3~0.6	300~700	1.5~2	16~20	45钢
		0.7~1.0	800~1000	2~3	16~20	
钛及钛合金	TA3	0.2	400	0.3	16~18	上声极头部堆焊硬质合金60HRC
		0.25	400	0.25	16~18	
		0.65	800	0.25	22~24	
	TA4	0.25	400	0.25	16~18	
		0.5	600	1.0	18~20	
非金属	树脂68	3.2	100	3	35	钢
	聚氯乙烯	5	500	2.0	35	橡胶

8.3 焊接设备

超声波焊机通常由图5-8-11所示的超声波发生器（A）、声学系统（B）、加压机构（C）和程控装置（D）四部分组成。按焊件的接头形式分为超声波点焊机、超声波缝焊机、超声波环焊机和超声波线焊机四种基本类型。此外还有用于塑料焊接的超声波焊机。

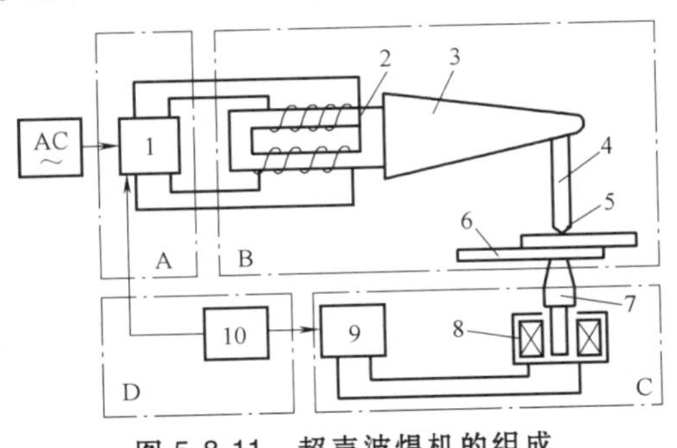

图 5-8-11　超声波焊机的组成

1—超声波发生器　2—换能器　3—聚能器
4—耦合杆　5—上声极　6—焊件　7—下声极
8—电磁加压装置　9—控制加压电源　10—程控装置

8.3.1　超声波发生器

超声波发生器用来将工频（50Hz）电流变换为15~60kHz的振荡电流，并通过输出变压器与换能器相耦合。超声波发生器的负载是焊机的机电耦合系统，即声学系统。焊接压力的改变以及焊件几何尺寸和物理性能的不同，都会引起负载的变化和声学系统自振频率的偏离。为了确保焊接质量的稳定，一般都在发生器内设置输出自动跟踪装置，使发生器与声学系统之间维持谐振状态以及恒定功率的输出。

8.3.2　声学系统

超声波焊机的声学系统由换能器、聚能器、耦合杆和上声极组成，主要作用是传输弹性振动能量给焊件，以实现焊接。

1. 换能器

换能器是用来将超声发生器的电磁振荡信号转换为相同频率的机械振动信号。常用的换能器有磁致伸缩式换能器和压电式换能器两种。

磁致伸缩换能器的工作原理是磁致伸缩效应。处于交变磁场中的铁磁材料在长度方向上发生同步宏观伸缩现象称为磁致伸缩效应。常用的铁磁材料为镍片和铁铝合金，其工作稳定可靠，但换能效率只有20%~40%，主要用于大功率超声波焊机。

压电换能器的工作原理是逆压电效应。当压电晶体在压电轴方向馈入交变电场时，则晶体就会沿一定方向发生同步的伸缩，这种现象称为逆压电效应。压电换能器的缺点是比较脆，主要用于小功率超声波焊机。

2. 聚能器

聚能器又称变幅杆，起放大换能器输出的振幅并耦合传输到焊件的作用。聚能器通常采用指数锥形杆结构。聚能器承受疲劳载荷，应选用疲劳强度高和可减少振动内耗的材料制作，常用的是45钢、30CrMnSi钢、T8钢、蒙乃尔合金或钛合金等。

3. 耦合杆

耦合杆又称传振杆，主要是用来改变振动形式，一般是将聚能器输出的纵向振动转换为弯曲振动，如图5-8-3所示。当声学系统中含有耦合杆时，它就起到振动能量的传输及耦合的作用。其结构简单，通常为圆柱杆，选用与聚能器相同的材料制作，两者用钎焊连接。

4. 声极

声极是超声波焊机直接与焊件接触的声学部件，分为上声极和下声极。上声极与耦合杆连接，其端部制成球面形；下声极又称砧座，用以支撑焊件并承受所加压力的反作用力。设计时应选择反谐振状态，从而使振动能可以在下声极表面反射以减少能量损失。超声波缝焊机的上、下声极通常为一对滚盘，或者上声极是滚盘而下声极是平板。无论哪一种声极，设计上都应考虑整个声学系统的谐振问题。

8.3.3　加压机构

加压机构用于向焊接部位施加静压力，主要有液压、气压、电磁加压和弹簧杠杆加压等几种方式。大功率超声波焊机多采用液压；小功率超声波焊机多采用电磁加压和弹簧杠杆加压。

8.3.4　程序控制器

超声波点焊的典型程序如图5-8-12所示。向焊件输入超声波之前需有一个预压时间 t_1，用来施加静压力，这样既可防止因振动而引起焊件切向错位，以保证焊点尺寸精度，又可以避免因加压过程中动压力与振动复合而引起焊件疲劳破坏。在 t_3 内静压力 F 被解除，但超声波振幅 A 继续存在，上声极与焊件之间将发生相对运动，从而可以有效地清除上声极与焊件之间可能发生的粘连现象，这种粘连现象在焊接Al、Mg及其合金时容易发生。

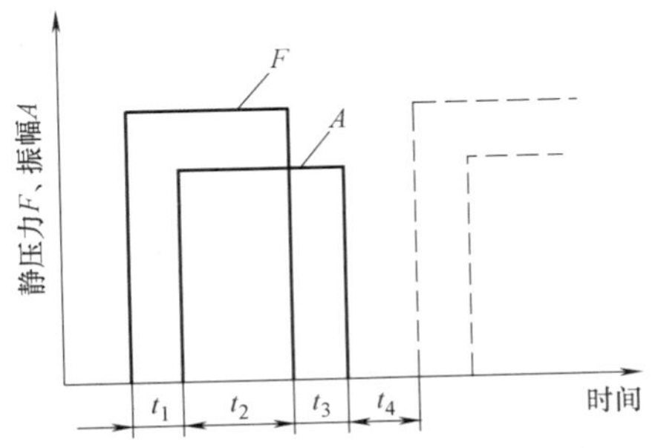

图 5-8-12　超声波点焊的典型程序

t_1—预压时间　t_2—焊接时间
t_3—消除粘连时间　t_4—休止时间

第9章　气　　焊

9.1　概述

气焊是利用可燃气体燃烧产生的火焰作热源的一种焊接方法。可燃气体有乙炔、液化石油气（丙烷）、煤气、天然气和氢气等，助燃气体为氧气。其中，氧乙炔焰应用最多，因其火焰温度最高、加热速度快、适用范围宽。如不加特别说明，气焊一般指氧乙炔焊。目前，火焰作为一种热源，在焊接中应用已经较少，主要用于切割、预热及后热 。

9.1.1　气焊的特点

1. 优点

气焊不需要电源，具有设备简单、移动方便、适用性强的特点，可在没有电源的野外施工。适于薄件、小件焊接和熔点较低的金属焊接。

2. 缺点

与电弧相比，气体火焰温度低、热量分散，因此生产率低、焊接变形大、热影响区宽、显微组织粗大、接头性能较差。对焊工有较高技能和技巧要求，劳动条件差。

9.1.2　气焊的适用范围

1. 可气焊的金属

绝大多数的钢铁材料和非铁金属材料都可焊接。用氧乙炔焰可以焊接碳素钢、铸铁、合金钢、铜合金、镍合金及铝合金等。用氢、天然气、丙烷等其他可燃气体时，可以焊接熔点较低的金属和贵重金属，如铝、镁、锌及铅等。高熔点金属，如铌、钽、钼和钨等以及活泼金属，如钛和锆等不宜采用气焊。

2. 主要用途

最适于焊接薄板或薄壁管子。随着板厚的增加，焊接越不经济。由于生产率低，故适用于小批生产、野外焊接、修理和改建等场合。

9.2　气体

9.2.1　氧气

氧在常温常压下为无色无味气体，在标准状态下（0℃ 和 101.325kPa 压力），$1m^3$ 氧气的质量为 1.43kg，比空气重（空气为 1.29kg）。氧气本身不能燃烧，但它是很活泼的助燃气体，能与很多元素化合生成氧化物。

氧气的纯度对气焊的效率和质量影响很大。气焊用氧的纯度应在 99.5%以上。

高压氧严禁与油脂和易燃物接触，以免由于激烈氧化而导致自燃，甚至引起爆炸。

9.2.2　可燃气体

焊接用可燃气体有乙炔、液化石油气、氢气、天然气和煤气等，焊接中主要使用乙炔，而其他几种气体因火焰温度低、传播速度慢，只能用于焊接低熔点的金属和钎焊中。

1. 乙炔

乙炔分子式为 C_2H_2，常温常压下为无色气体。工业用乙炔因含有硫化氢（H_2S）及磷化氢（PH_3）等杂质，故常有特殊臭味。在标准状态下比空气轻。乙炔能溶解于水、丙酮等液体中，尤其在丙酮中溶解度很大。在 15℃、0.1MPa 时，1L 丙酮可溶解 23~25L 乙炔；当压力增大到 1.42MPa 时，1L 丙酮能溶解约 400L 乙炔。

乙炔在纯氧中燃烧的火焰，温度可达 3100℃左右，热量较集中，故可用于一般金属焊接，也是其他火焰加工的重要热源。

乙炔属易爆、易燃气体，其爆炸性表现如下：

1）温度超过 300℃或压力超过 0.15MPa 时，遇火就会爆炸。

2）与空气或氧混合时，爆炸浓度范围非常大。乙炔体积比在 2.2%~80%（与空气混合）或 2.8%~93%（与氧气混合）范围内，混合气体中任何部分达到自燃温度（约 300℃左右）或遇到火星时，常压下就会发生爆炸。

3）乙炔溶解在液体里会降低其爆炸性。

4）乙炔的爆炸性与贮存容器的形状、大小有关。容器直径越小，越不易爆炸。乙炔贮存在有毛细管物质的容器中，即使压力增高到 2.65MPa 时，也不会发生爆炸。贮运乙炔的气瓶就是根据乙炔的这种特性进行的。

5）乙炔与铜、银等合金长期接触时，能生成乙炔铜和乙炔银爆炸物质。因此，供乙炔用的器具（除焊炬和割炬外）不能用银或铜含量大于 70%（质量分数）的铜合金制造。

2. 液化石油气

液化石油气是裂化石油的副产品，其主要成分是丙烷（C_3H_8）、丁烷（C_4H_{10}）、丙烯（C_3H_6）、丁烯

(C_4H_8) 和少量乙烷 (C_2H_6)、乙烯 (C_2H_4)、戊烷 (C_5H_{12}) 等碳氢化合物的混合物。

在常温常压下，液化石油气以气态存在，在 0.8~1.5MPa 压力下变为液态。气态时是略带臭味的无色气体。在标准状态下的密度为 1.8~2.5kg · m^{-3}，比空气重。

液化石油气中的几种主要成分与空气或氧的混合气体也有爆炸性，但爆炸混合比值的范围较小，如在空气中含有 2.5%~10% 的丙烷遇到火星才会爆炸。所以，使用液化石油气比使用乙炔安全一些。

液化石油气的火焰温度比乙炔的火焰温度低，在 2000~2800℃ 之间。液化石油气在氧中燃烧的速度慢，例如，丙烷的燃烧速度只有乙炔的 1/4。因此，液化石油气在熔焊中未能实用，但在气割中完全可以代替乙炔作为预热火焰。在钎焊或其他加热工艺中获得应用。

3. 氢

氢作为可燃气体主要用于焊接如铝、镁和铅等熔点较低的金属，由于氢的火焰温度低，热值只有乙炔的 1/5，以致不能很好地熔化金属，所以不适于焊接一般厚度的钢板，但用于焊接较薄的板有一定好处，也可用于钎焊。氢属于无污染的可燃气体。

9.3　气焊设备

气焊设备由氧气瓶、减压器、乙炔瓶、回火保险器、焊炬（枪）和橡胶管等组成，如图 5-9-1 所示。

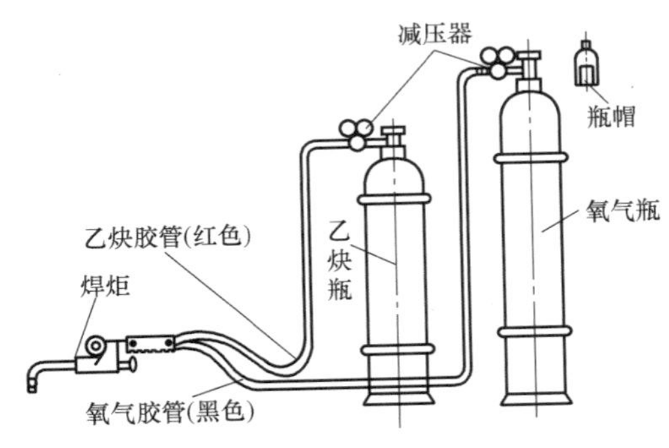

图 5-9-1　气焊设备的组成

9.3.1　氧气瓶

工业用氧气瓶是用优质碳素钢或低合金钢冲压拉深、收口而成的圆柱形无缝容器，头部装有瓶阀并配有瓶帽，瓶体上必须装两道橡胶防振圈。氧气瓶外表应涂成天蓝色，并用黑漆标以“氧气”字样。目前，我国生产的氧气瓶最常用的容积为 40L，在 15MPa 压力下，可贮存 6m^3的氧气。

9.3.2　减压器

减压器是将气瓶中高压气体的压力降到气焊、气割所需压力的一种调节装置。减压器不但能降低压力、调节压力，而且能使输出的低压气体的压力保持稳定，不会因气源压力降低而降低。

气焊用的减压器有氧气减压器、乙炔减压器和丙烷减压器等，不同气体的减压阀不能混用。

9.3.3　乙炔瓶

乙炔瓶的构造比氧气瓶复杂，它由瓶体、瓶颈、瓶阀和瓶座，以及充满瓶体内的多孔物质（填料）和溶剂、可熔安全塞等组成，如图 5-9-2 所示。

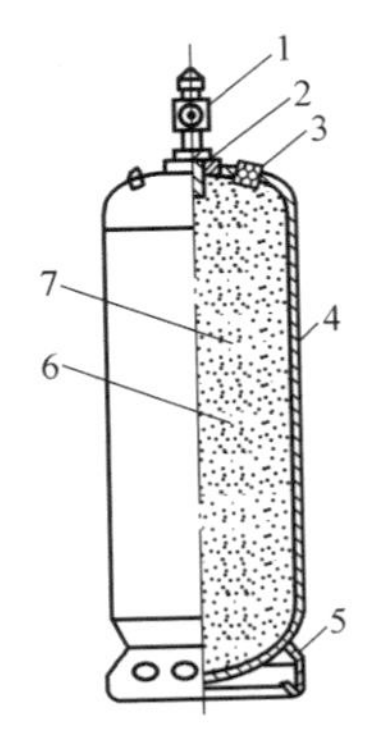

图 5-9-2　乙炔瓶构造图

1—瓶阀　2—瓶颈　3—可熔安全塞　4—瓶体　5—瓶座　6—溶剂　7—多孔物质

可熔安全塞的作用是防止瓶中压力过高，当乙炔瓶受热温度超过 100±5℃时，该安全塞熔化并被瓶内受热已升压的乙炔吹开，使乙炔缓慢向大气逸出，不致压力过高。

多孔物质（填料）通常用质轻而多孔的活性炭、木屑、浮石和硅藻土等合制而成，其孔隙率应为 90%~92%。乙炔溶剂在国内主要使用一级工业丙酮，国外也采用二甲基甲酰胺作溶剂。对新制乙炔瓶，每千克丙酮充装乙炔量的标准值为 0.5kg，最低不小于 0.47kg。

乙炔瓶的规格在 GB/T 11638—2011 中有规定，见表 5-9-1。钢瓶须经试压合格后才能使用，乙炔瓶的工作压力为 1.55MPa，水压试验压力为 5.2MPa。瓶外表面应涂白色，并刷以红色的“乙炔”和“火不可近”字样。

使用乙炔瓶须配备乙炔减压器，以便调节乙炔的压力。乙炔瓶只能直立，不能横躺卧放，否则，丙酮会从瓶口流出来。

瓶内气体严禁全部用完，根据气温必须保持一定的剩余压力：①-5~0℃时不低于 0.05MPa；②0~

表5-9-1　乙炔瓶的规格

公称容积/L	2	4	8	10	14	25	40	60
公称直径/mm	102	120	152	152、160	180	210	250	300

15℃时不低于0.098MPa；③15～25℃时不低于0.196MPa；④25～35℃时不低于0.294MPa。

9.3.4　回火及回火保险器

1. 回火

回火是气体火焰进入喷嘴内逆向燃烧的现象，有逆火和回烧两种情况。逆火是火焰向喷嘴孔逆行，并瞬时自行熄灭，同时伴有爆鸣声；回烧是火焰向喷嘴孔逆行，并继续向混合室和气体管路燃烧。这种回烧可能烧毁焊炬、管路以及引起可燃气体源的爆炸。

发生回火的根本原因是混合气体从焊炬的喷嘴孔内喷出的速度小于混合气体的燃烧速度，即喷得慢而烧得快。混合气体的燃烧速度一般是不变的，因此造成气体喷射速度降低的各种因素都有可能引起回火现象。例如，输气软管太细、太长、曲折太多；软管内壁和焊炬的气体通道上黏附有各种杂质微粒；焊嘴被飞溅物堵塞等都会增加气流阻力而降低流速。另外，连续工作时间过长或焊嘴离焊件太近，使焊嘴温度升高，喷嘴内气体压力增高，也使气体流动阻力增大，喷射速度降低。

为了防止因回火而发生严重事故，在气焊工作中，一方面在操作上不要使用过长、过细的输气软管，也不要使软管曲折，同时经常把焊炬浸入冷水中冷却，并用捅针疏通喷嘴孔和清除黏附的金属微粒等；另一方面必须在乙炔软管与乙炔气瓶的中间设置专门用来防止回火的装置——回火保险器。

2. 回火保险器

回火保险器是装在燃料气体系统上防止向气源回烧的保险装置。回火保险器按使用压力有低压回火保险器和中压回火保险器之分；按阻火介质有水封式回火保险器（又称湿式）和干式回火保险器之分。其中，干式回火保险器应用较多。

干式回火保险器与水封式回火保险器相比，优点是不受气候条件限制，适用于各种场合；阻火效果好，安全可靠；体积小，重量轻；使用和维护简单方便。但是结构复杂，成本较高，使用时要根据乙炔的工作压力和流量选用合适型号，要注意气体的进出口，以免装倒；使用一年后发现气体流量不能满足要求时，应及时更新。

9.3.5　焊炬

焊炬是气焊时用于控制气体混合比、流量和火焰并进行焊接的工具。通常按可燃气体与氧气在焊炬中的混合方式分为射吸式焊炬和等压式焊炬两种，以射吸式焊炬应用广泛。

1. 射吸式焊炬

图5-9-3所示为射吸式焊炬的结构原理。打开氧气阀5后，具有一定压力的氧气经氧气导管6进入喷嘴4，并以高速喷入射吸管3，使喷嘴4周围空间形成真空；打开乙炔阀8，便将乙炔气从乙炔导管7吸入射吸管，经混合管2充分混合后，由焊嘴1喷出，点燃即成为焊接火焰。

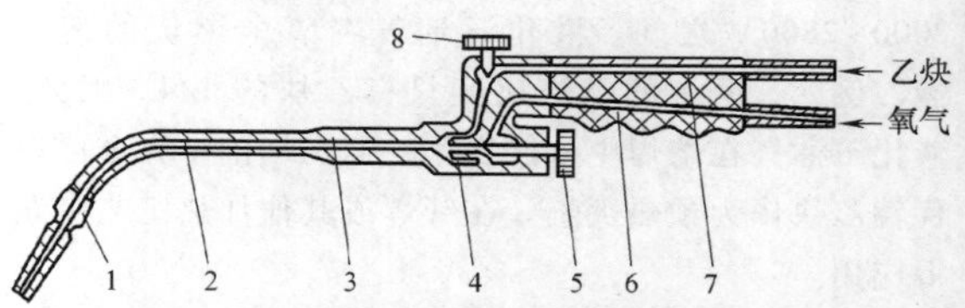

图5-9-3　射吸式焊炬的结构原理

1—焊嘴　2—混合管　3—射吸管　4—喷嘴　5—氧气阀　6—氧气导管　7—乙炔导管　8—乙炔阀

射吸式焊炬的优点是乙炔的流动主要靠氧气的射吸作用，因此不论使用低压乙炔或中压乙炔，均能保证焊炬正常工作。缺点是焊接过程中焊炬温度升高，混合管内的气体温度和压力也升高，引起喷嘴周围真空度降低，使乙炔流入量减少，造成氧乙炔混合比增加，火焰变成氧化焰。为此，常需重新调节火焰，或把焊嘴和混合管浸入水中冷却。

2. 等压式焊炬

图5-9-4所示为等压式焊炬的构造和工作原理。它是由压力相近的氧气和乙炔同时进入混合室，自然混合后从焊嘴喷出，点燃即成火焰。由于氧气和乙炔压力相等或相近，故混合均匀，火焰稳定，不受焊炬温度影响，而且由于乙炔压力较高，回火可能性比射吸式焊炬小，但它必须使用中压或高压乙炔。

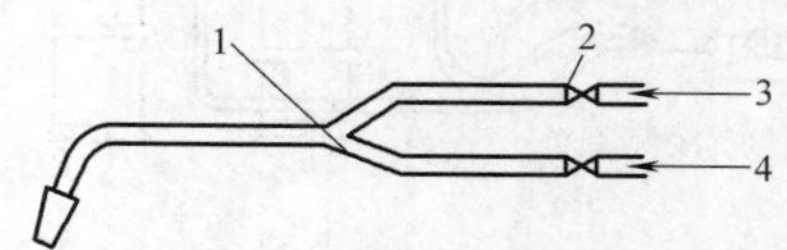

图5-9-4　等压式焊炬的构造和工作原理

1—混合室　2—调节阀　3—氧气　4—乙炔

3. 使用注意事项

1）对射吸式焊炬，使用前应先检查其射吸性能。方法是：首先接通压力为0.1～0.4MPa的氧气，不接乙炔管。然后打开氧气阀和乙炔阀，用手指按住乙炔进气口，若感到内部有足够吸力，则表示射吸能力正常；若无吸力，甚至有氧气流出，说明必须检修后才能使用。

2）用前应检查各气阀和连接处有无漏气。方法是：关紧各气阀，把焊炬插入水中，然后分别通入氧气和乙炔，水中不出现气泡就证明气密性良好。

3）氧气软管必须与焊炬连接牢固，而乙炔软管则不要接得过紧，以不漏气并容易插上和拔下为准。

4）点火时，先开氧气阀，再开乙炔阀；点火后，应立即调整到所需的火焰。停止使用时，应先关乙炔阀，再关氧气阀，以防止火焰倒流和产生烟灰。当发生回火时，应迅速关闭氧气阀，然后再关乙炔阀。

5）焊炬管路必须通畅，严禁在氧气阀和乙炔阀都已开启时用手或其他物体堵住焊嘴，以防止氧气倒流入乙炔发生器。

9.3.6　气焊辅助工具

1. 护目镜

必须保护焊工眼睛不受火焰亮光刺激，以便能观察焊接熔池，又可防止飞溅金属微粒溅入眼内。一般宜用 3~7 号的黄绿色镜片。

2. 点火枪

用手枪式点火枪最安全。严禁采用普通（吸烟用）打火机点火，也不应使用火柴点火。必须采用火柴点火时，应把划着了的火柴从焊炬后面送到焊嘴上，以免手被烧伤。

3. 橡胶管

橡胶管即软胶管。现行规定，氧气管为红色，乙炔管为黑色。氧气管内径为 8mm，乙炔管内径为 10mm。两种管子强度不同，氧气管允许工作压力为 1.5MPa，试验压力为 3MPa；乙炔管为 0.5MPa 或 1MPa。每一根橡胶管只能用一种气体，不能互相代用。禁止有油脂和漏气，并防止烫坏和焊伤。已老化的不能使用，必须更新。管长不能小于 5m，太长又会增加气流阻力，一般以 10~15m 为宜。

4. 常用工具

常用工具有钢丝刷、锤子、锉刀、手钳、活扳手及捅针等。

9.4　焊接材料

9.4.1　焊丝

气焊用的填充焊丝，无论是钢铁材料还是非铁金属材料，其化学成分基本上与被焊金属相同，有时为了使焊缝有较好的质量，在焊丝中加入适量的其他合金元素。我国对焊丝已标准化和系列化，可按焊件化学成分选择成分和类型相同的焊丝。

在第 6 篇第 2 章中表 6-2-1，表 6-2-4 ~ 表 6-2-12 分别列出了供气焊用的各种钢用焊丝、铸铁焊丝、铜及铜合金焊丝、铝及铝合金焊丝、镍基焊丝、高温合金焊丝和硬质合金焊丝等的型号、牌号及化学成分。

9.4.2　熔剂

气焊时用以去除焊接过程中形成的氧化物、改善熔池的湿润性的粉状物质称为气焊熔剂，又称气剂或焊粉。气焊低碳钢时，由于气体火焰能充分保护焊接区，一般不需使用熔剂，但在焊接非铁金属材料（如铜、铝及其合金）、铸铁和不锈钢等材料时，必须采用熔剂。一般是在焊前把熔剂直接撒在焊件坡口上，或者蘸在气焊丝上加入到熔池内。

对熔剂的要求主要有以下几点：

1）应具有强的反应能力，能迅速溶解某些氧化物，或与某些高熔点化合物作用后生成新的低熔点和易挥发的化合物。

2）熔剂熔化后黏度要小、流动性要好，产生的熔渣熔点要低、密度小，容易浮于熔池表面。

3）能减少熔化金属的表面张力，使熔化的填充金属与焊件更容易熔合。

4）熔剂不应对焊件有腐蚀作用，生成的熔渣要易于清除。

国内定型的气焊熔剂的牌号以字母 CJ 表示，其后第一位数字表示熔剂的用途类型，“1”为不锈钢及耐热钢气焊用，“2”为铸铁气焊用，“3”为铜及铜合金气焊用，“4”为铝及铝合金气焊用。第二、三位数字表示同一类型熔剂的不同编号。

表 5-9-2 列出了常用气焊熔剂的牌号、组成及用途。

表 5-9-2　常用气焊熔剂的牌号、组成及用途

牌号	名称	熔点/℃	组成（质量分数,%）	用途及性能	焊接注意事项
CJ101	不锈钢及耐热钢气焊熔剂	≈900	瓷土粉 30,大理石 28,钛白粉 20,低碳锰铁 10,硅铁 6,钛铁 6	焊接时有助于焊丝的润湿作用,能防止熔化金属被氧化,焊后覆盖在焊缝金属表面的焊渣易去除	1)焊前对施焊部分擦刷干净 2)焊前将熔剂用密度 1.3 的水玻璃均匀搅拌成糊状 3)用刷子将调好的熔剂均匀地涂在焊接处反面,厚度不小于 0.4mm,焊丝上也涂上少许熔剂 4)涂完后约隔 30min 施焊

（续）

牌号	名称	熔点/℃	组成（质量分数，%）	用途及性能	焊接注意事项
CJ201	铸铁气焊熔剂	≈650	$H_3BO_3=18$ $Na_2CO_3=40$ $NaHCO_3=20$ $MnO_2=7$ $NaNO_3=15$	有潮解性，能有效地驱除铸铁在气焊过程中产生的硅酸盐和氧化物，有加速金属熔化的功能	1）焊前将焊丝一端煨热蘸上熔剂，在焊接部位红热时撒上熔剂 2）焊接时不断用焊丝搅动，使熔剂充分发挥作用，则使焊渣容易浮起 3）如熔渣浮起过多，可用焊丝将熔渣随时拨去
CJ301	铜气焊熔剂	≈650	$H_3BO_3=76\sim79$ $Na_2B_4O_7=16.5\sim18.5$ $AlPO_4=4\sim5.5$	纯铜及黄铜气焊或钎焊助熔剂，能有效地溶解氧化铜和氧化亚铜，焊接时呈液体熔渣覆盖于焊缝表面，防止金属氧化	1）焊前将施焊部位擦刷干净 2）焊接时将焊丝一端煨热，蘸上熔剂即可施焊
CJ401	铝气焊熔剂	≈560	$KCl=49.5\sim52$ $NaCl=12.7\sim30$ $LiCl=13.5\sim15$ $NaF=7.5\sim9$	铝及铝合金气焊熔剂，起精炼作用，也可用作气焊铝青铜熔剂	1）焊前将焊接部位及焊丝洗刷干净 2）焊丝涂上用水调成糊状的熔剂，或焊丝一端煨热蘸取适量干熔剂立即施焊 3）焊后必须将焊件表面的熔剂残渣用热水洗刷干净，以免引起腐蚀

9.5　气焊工艺

9.5.1　气焊的接头设计

气焊接头有对接、搭接、T 形接、端接和角接等形式，如图 5-9-5 所示。搭接接头和 T 形接头焊接难度较大，一般很少采用。薄板（<1mm）的对接和角接常采用卷边接头（见图 5-9-5 中 f、g）。板厚小于 5mm 的对接用 I 形坡口单面焊；板厚为 5~8mm 的对接 I 形坡口需两面焊，并对第一焊道清焊根。板厚大于 5mm 的对接单面焊需开坡口。坡口的形状和尺寸原则上与电弧焊相同，为了便于操纵焊炬和焊丝，坡口角度一般较大。必须指出，气焊虽然也可焊接厚板，但由于它的热量分散，生产率低。板越厚，用气焊就越不经济。

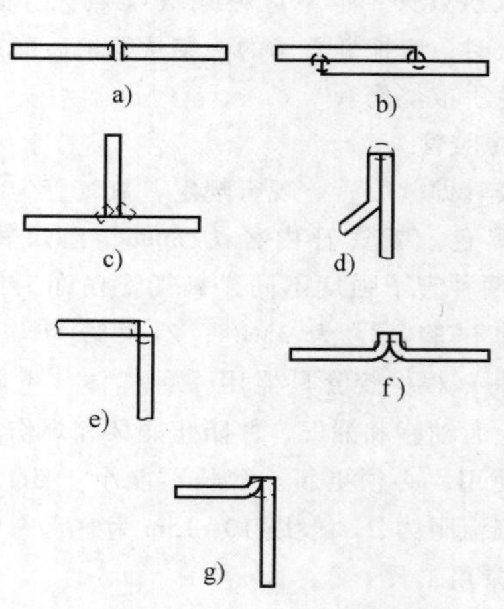

图 5-9-5　气焊的接头形式
a）对接　b）搭接　c）T 形接
d）端接　e）角接　f）卷边对接　g）卷边角接

9.5.2　气焊火焰

气焊火焰是由可燃气体与氧气混合燃烧而形成的。常用的气焊火焰由乙炔与氧气混合燃烧所形成的火焰，故称为氧乙炔焰。

氧乙炔焰的外形、构造及火焰温度分布与氧气和乙炔的混合比（O_2/C_2H_2）大小有关。根据氧气与乙炔混合比大小不同，可得到表 5-9-3 所列四种性质不同的火焰。图 5-9-6 所示为氧乙炔中性焰的构成及温度分布。从表 5-9-3 和图 5-9-6 中看出，中性焰既无过剩的氧又无过剩的乙炔，因此它没有氧化焰的氧化性，不会对合金元素产生烧损；又不像碳化焰那样，对焊缝金属有渗碳作用，而且火焰的温度适中，所以应用广泛。氧化焰虽然温度最高，由于它的氧化性而很少被采用，它只适于气焊黄铜、镀锌铁皮等，可以减少锌的蒸发。此外，在中性焰的一次火焰内含有高温 CO 和原子态氢，在碳化焰的一次火焰内含有游离碳和氢均具有还原性，且后者强于前者。

表 5-9-3　氧乙炔焰的种类、焊接特性及应用举例

火焰种类	O_2/C_2H_2	焊接特性	操作条件	可焊接的金属举例
碳化焰（焰芯 内焰 外焰）	<1	乙炔过剩，火焰中有游离碳和多量的氢，焊接低碳钢时，熔池沸腾，且不清澈，焊缝有渗碳现象（最高温度2700~3000℃）	用离焰芯 3~5mm 部位进行焊接	镍、高碳钢、高速钢、硬质合金、蒙乃尔合金、司太立合金、碳化钨、合金铸铁、铸铁（焊后保温）等
轻微碳化焰（还原焰）（焰芯 内焰 外焰）	≈1	乙炔稍多，但不产生渗碳现象，焊接时与中性焰一样，不需搅拌（最高温度2930~3040℃）		低碳钢、低合金钢、灰铸铁、球墨铸铁、铝及铝合金等
中性焰（内焰（轻微闪动） 焰芯 外焰）	1~1.2	无乙炔和氧过剩，熔池不沸腾、清澈且洁净，液态金属易流动（3050~3150℃）	用离焰芯 2~4mm 的部位进行加热	低碳钢、低合金钢、铬镍不锈钢、纯铜、灰铸铁、锡青铜、铝及铝合金、铅、锡、镁合金等
氧化焰（焰芯（短而尖））	>1.2	氧过剩，具有氧化性，使熔池中的合金元素烧损（3100~3300℃）	用离焰芯 3~10mm 的部位进行焊接	黄铜、青铜等

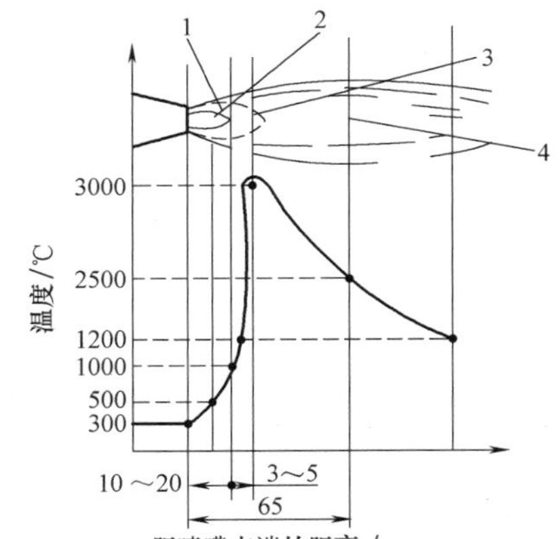

图 5-9-6　氧乙炔中性焰的构成及温度分布

1—内焰　2—焰芯，此处为 C_2H_2 与 O_2 混合气，实际混合比为 1∶1.05~1.1

3—此处混合气体中乙炔与氧发生第一次反应（即 1 次燃烧），其反应式为

$C_2H_2+O_2 \rightarrow 2CO+H_2$

（温度 3100~3480℃）

4—此处由 1 次燃烧生成的 CO 和 H_2 与空气中的氧发生反应（即 2 次燃烧），其反应式为

$2CO+H_2+\frac{3}{2}O_2 \rightarrow 2CO_2+H_2O$（温度约 2500℃）

焊嘴孔径：1.9mm　乙炔流速：$130m \cdot s^{-1}$

乙炔流量：$678L \cdot h^{-1}$　氧气流量：$678L \cdot h^{-1}$

9.5.3　左焊法与右焊法

气焊的操作习惯上是左手持填充焊丝，右手持焊炬。按焊炬和焊丝移动的方向（即焊接方向）可分为左焊法和右焊法两种，它们对焊缝质量和焊接生产率有影响。

1. 左焊法

如图 5-9-7a 所示，焊接方向从右向左，焊接火焰指向焊件未焊部分，焊炬跟着焊丝向前移动。

此法的优点是火焰指向未焊部分，起到预热作用，焊薄板时生产率高；操作方便，易于掌握，故应用极普遍。缺点是焊缝易氧化，冷却较快。适于较薄和熔点较低的焊件焊接。

2. 右焊法

如图 5-9-7b 所示。焊接方向从左向右，火焰指向已焊好的焊缝，焊炬在焊丝前面向前移动。

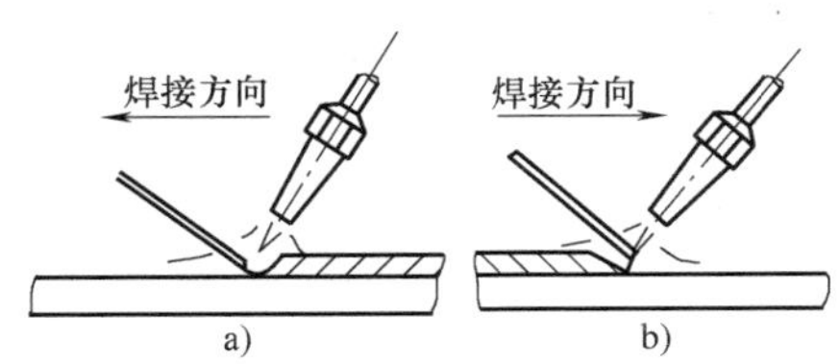

图 5-9-7　左焊法与右焊法

a）左焊法　b）右焊法

此法的特点是：焊接过程中火焰指向熔池并始终笼罩着已焊的焊缝金属，使熔池冷却缓慢，有助于改善焊缝金属组织，减少气孔和夹渣的产生。此外，还具有热量集中、熔深大的优点，因此适于焊接厚度较大、熔点较高的焊件。

9.5.4　气焊的焊接参数

气焊焊接参数主要有火焰性质、火焰能率、焊丝直径以及焊嘴与焊件间的倾斜角度等。通常是根据焊件的材质、形状大小、厚薄和焊接位置等情况来确定。

1. 火焰能率

火焰能率以每小时混合气体的消耗量（$L\cdot h^{-1}$）来表示，但在实际生产中，火焰能率则是由焊炬型号及焊嘴号的大小来决定。焊炬型号和焊嘴号（即孔径）越大，火焰能率也越大。因此，当焊接厚度较大、熔点较高、导热性好的焊件时，需用大的火焰能率。

2. 焊丝直径

焊丝直径是根据焊件厚度来选择的。选得过细，则焊丝熔化快于母材，易形成未熔合或焊波高低不平等缺陷；选得过粗，焊丝加热时间长，使焊件过热，扩大热影响区。气焊碳素钢时可参考表 5-9-4 来选择焊丝直径。对开坡口焊件，第一层、第二层焊接宜用较细的焊丝，以后各层用较粗焊丝。右焊法用焊丝可比左焊法粗一些。

表 5-9-4　气焊碳素钢焊丝直径选择

工件厚度/mm	1~2	2~3	3~5	5~10	10~15	>15
焊丝直径/mm	1~2	2	2~3	3~4	4~6	6~8

3. 焊嘴的倾斜角度

焊嘴倾角指焊嘴与焊件平面间小于 90°的夹角。焊嘴倾角大，则火焰集中，热量损失小，焊件加热快，温度高；倾角小，则火焰分散，热量损失大，焊件受热量小，升温慢。因此，焊嘴倾角大小可按焊件厚度、火焰大小、焊件加热温度和材质等确定。原则上，当焊接厚度较大、熔点较高、导热性好的焊件时，焊嘴倾角可大些；反之，则要小些。开始焊接时，为了快加热，焊嘴倾角可大些；焊接结束时，温度已相当高，为了填满焊坑又不致烧穿和过热，倾角要减小。图 5-9-8 所示为气焊一般碳素钢时，焊嘴倾角 α 与焊件厚度的关系。焊接导热性强的纯铜时，其焊接倾角应比图 5-9-8 所示的大，焊接熔点低的铝及铝合金时，倾角相应要减小。

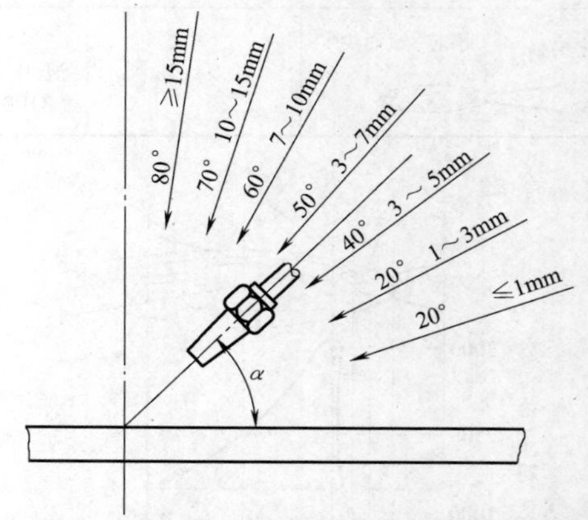

图 5-9-8　气焊碳素钢时焊嘴倾角与焊件厚度的关系

第10章　钎　　焊

10.1　概述

10.1.1　钎焊的特点、类型和适用范围

1. 特点

钎焊是采用比母材熔点低的金属材料作钎料，将母材与钎料加热到高于钎料熔点、低于母材熔点的温度，利用液态钎料润湿母材、填充间隙并与母材相互扩散作用实现焊接的一种方法。图5-10-1所示为钎焊过程。

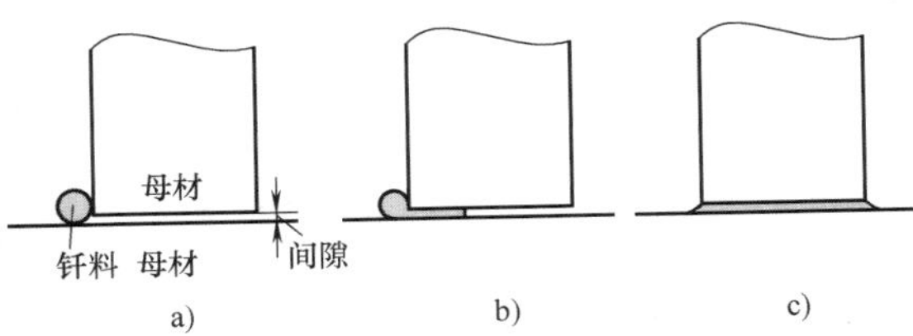

图5-10-1　钎焊过程

a）放置钎料，并对钎料和母材加热

b）钎料熔化，并开始流入接头间隙

c）钎料填满间隙，凝固后形成钎焊接头

与熔焊相比，钎焊有如下特点：

1）钎焊温度低，焊接热循环对母材组织和性能影响小。

2）钎焊时，焊件整体加热或钎缝周围大面积均匀加热，因此焊件变形量及残余应力都比熔焊小得多，易于保证焊件的尺寸精度。

3）可以同时或连续钎焊多条钎缝或批量焊件，生产率很高。钎焊过程受焊件结构的开敞性和可达性的影响较小。

4）适于异种金属、金属与非金属、非金属与非金属的焊接。

5）钎缝的强度和耐热性都比母材金属低。为了弥补强度不足，常采用增大搭接面积来提高承载能力。因而钎焊接头较多地采用搭接接头，这使结构的质量增大，耗材增多。

2. 类型

按所用钎料熔点分类，钎焊分为硬钎焊（Brazing）和软钎焊（Soldering）两大类。硬钎焊使用熔点（液相线温度）在450℃以上的硬钎料；软钎焊使用熔点在450℃以下软钎料。

按钎焊加热的方法分类，钎焊分为铬铁钎焊、火焰钎焊、电阻钎焊、感应钎焊、浸渍钎焊和炉中钎焊等。

3. 适用范围

钎焊适用范围极广，可以钎焊的材料有同种金属、异种金属、金属与非金属、非金属与非金属。

钎焊适于薄件、小件、精密件或形状复杂而多钎缝的焊件的焊接。宜于采用搭接接头的结构形式，因为钎缝强度较母材低，通常通过扩大搭接面积来提高接头的承载能力。

钎焊广泛应用于航天、航空、能源、机电制造、电子和仪表制造业等领域。

10.1.2　钎焊的基本原理

钎焊接头的形成包括两个过程：一是钎料填满接头间隙，简称填隙过程；二是钎料与母材之间的相互作用，即结合过程。

1. 液态钎料的填隙过程

良好的润湿性和毛细管作用是钎料填隙的最基本条件。

（1）润湿性

润湿性指液态钎料浸润和附着母材的能力，它反映了液态钎料在固态焊件表面上的铺展性。润湿性用润湿角来表示，如图5-10-2所示。图中θ称为润湿角，δ_{gq}、δ_{yq}、δ_{yg}分别表示固-气、液-气、液-固间的界面张力。当液滴铺展停止时，在O点处三力平衡，即

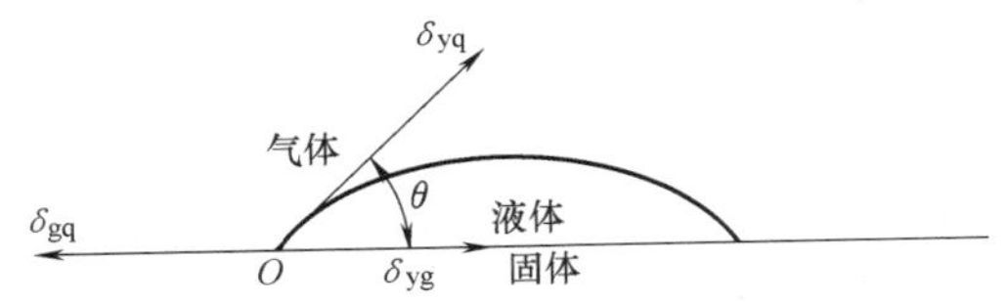

图5-10-2　液滴在固体表面的润湿

$$\delta_{gq}=\delta_{yg}+\delta_{yq}\cos\theta$$

$$\cos\theta=\frac{\delta_{gq}-\delta_{yg}}{\delta_{yq}} \tag{5-10-1}$$

θ越小润湿性越好，$\theta=0°$表示液固完全润湿；180°表示完全不润湿。从式（5-10-1）可以看出，当δ_{gq}和δ_{yq}为定值时，δ_{yg}与θ有某种正比关系，δ_{yg}越小，θ也越小，即液固间界面张力越小，润湿性越好。

钎焊时，希望钎料的润湿角小于20°。

（2）影响润湿性的因素

1）钎料和母材的成分。如果液态钎料与固态母材不发生任何物理和化学作用，则它们之间的润湿性很差；若钎料与母材之间相互溶解或形成化合物，则润湿性较好。

2）温度。随着温度升高，润湿性提高，但温度过高，润湿性太好，又会发生钎料流散、母材熔蚀等现象。

3）金属表面氧化物。氧化物的表面张力通常比母材金属的表面张力低得多，造成 $\delta_{gq}<\delta_{yg}$，导致不润湿现象。因此，钎焊前必须彻底清除钎料和母材表面的氧化物，以改善其润湿性。

4）钎剂。钎剂，一方面可以清除钎料和母材金属表面的氧化物，改善润湿性；另一方面可以减小它与液态钎料的界面张力，相当于减小了 δ_{yq}，有助于提高液态钎料的润湿性。

5）母材表面状态。研究表明，若钎料与母材间相互作用较弱，母材表面较粗糙可以改善润湿性。因为较粗糙表面上的纵横交错的细槽对液态钎料起着毛细作用，促进了钎料沿母材表面的铺展。若钎料与母材之间相互作用较强，表面粗糙则不起作用。

（3）毛细作用

钎焊时，液态钎料之所以能自动地填满接头的间隙，主要是依靠毛细管作用而在缝隙中流动。根据毛细管作用原理，要使液态钎料能填满接头间隙，首先必须使液态钎料对母材具有良好的润湿性，润湿性越好，毛细作用就越强。其次，钎焊接头设计和装配必须保证有小的间隙，间隙越小，毛细作用就越强。实用上间隙并不能过小，因为钎焊时温度升高，金属受热膨胀，间隙变得更小甚至消失，而间隙内的气体和钎剂难以排出，反而影响钎焊接头的强度。一般需根据钎料和母材特点确定一个最佳的间隙。

2. 液态钎料与固态母材的相互作用

钎焊时，液态钎料与固态母材将发生两种相互作用：一是母材向液态钎料溶解；二是液态钎料向母材扩散。

（1）母材向液态钎料溶解

若钎料和母材在液态下能互溶，则钎焊时，母材会向液态钎料溶解。适量的溶解有利于提高润湿性，同时对钎料起着合金化作用，可提高钎焊接头的强度。但母材过度溶解会使液态钎料的熔点和黏度提高、流动性降低，进而使毛细作用变差、填隙困难。另外，还会使母材表面出现溶蚀缺陷（即在加钎料处或圆角处的母材金属表面产生凹陷），严重时甚至出现溶穿。

母材向钎料溶解作用的大小取决于母材和钎料的成分、钎焊温度、保温时间和钎料的数量。温度越高，保温时间越长，钎料量越多，溶解作用也越激烈。

（2）钎料向母材金属扩散

钎焊过程中，钎料向母材金属的扩散以两种方式进行：一种是向母材晶粒内扩散，其结果是形成固溶体层，这对钎焊接头性能的不良影响很小；另一种是向母材晶粒边界扩散，结果在晶界上形成了钎料组分与母材金属的共晶体，其熔点低于钎焊温度。共晶体比较脆，对接头性能不利。当钎料组分在母材金属中达到饱和溶解度后才形成共晶体。

上述相互作用的结果，改变了界面两侧的成分。若在接头上形成的是固溶体，则接头一般都具有较高的强度、塑性和韧性；如果接头上形成一些共晶体，一般接头性能有所降低，但其结合也令人满意。最不利的是在接头上形成脆性化合物（即脆性相），其不利的影响取决于形成的数量、形态和分布特征等。

10.1.3 钎焊接头的构成

由于钎料与母材成分不同，而且焊接过程中钎料与母材之间发生相互作用，因此钎焊接头的成分及组织是不均匀的，大致分为三个区域，如图 5-10-3 所示。

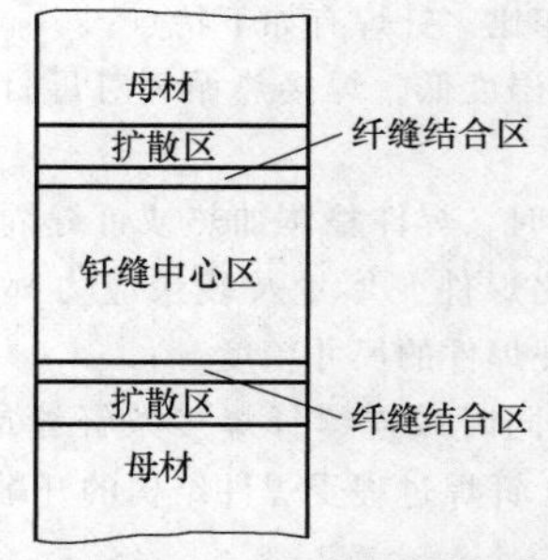

图 5-10-3 钎焊接头的构成

1）钎缝中心区。该区域是由熔化的钎料结晶形成的，但由于母材原子的溶入、钎料组分向母材扩散以及钎缝结晶时产生的偏析，因此该区组织和结构不均匀且有别于钎料原始组织。

2）钎缝结合区。也称过渡区，是由母材与液态钎料相互作用后冷却形成的，它一般是固溶体或金属间化合物。接合区的形成建立了钎缝与零件表面之间的结合关系，是实现钎焊连接的关键部位。该区的组织对钎焊接头的性能影响很大。

3）扩散区。扩散区是同结合区相连的母材边界层，由于钎料向母材中的扩散使得该层的化学组成和微观结构与母材相比都发生了变化。

10.2　钎焊材料

10.2.1　钎料

1. 对钎料的基本要求

钎焊时用的填充金属称为钎料。为了获得高质量的钎焊接头，钎料必须满足下列基本要求：

1）应具有合适的熔点。钎料的熔点至少应比母材的熔点低 40~50℃，以免母材过热或局部熔化。

2）应具有良好的润湿性，能充分填满接头间隙。

3）与母材发生适当的物理化学作用，保证形成良好的冶金结合。

4）成分稳定。钎焊过程中不会有大量的元素损耗；少用或不用稀贵金属。

5）满足钎焊接头物理、化学和力学性能的要求。

2. 钎料的分类、牌号和供应状态

（1）分类

钎料按其熔化温度范围分为软钎料和硬钎料两大类。前者熔点小于 450℃，后者熔点大于 450℃。根据所含的基体元素，又可细分为各种基的钎料。

软钎料有铋基、铟基、锡基、铅基、镉基和锌基等钎料。

硬钎料有铝基、银基、铜基、锰基、镍基、金基和钛基等钎料。它们的熔化温度范围如图 5-10-4 所示。

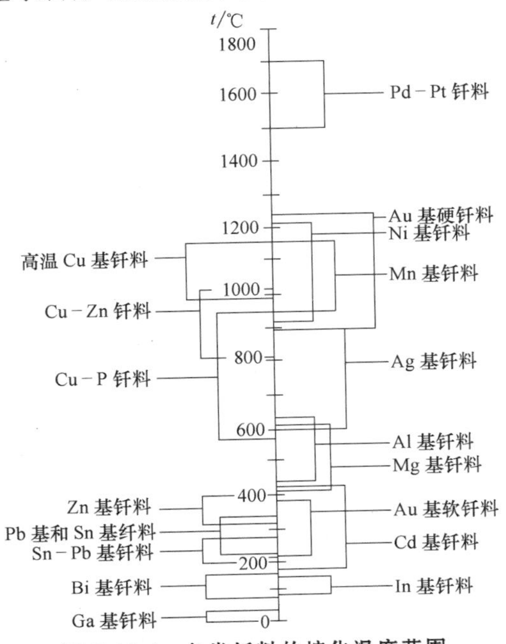

图 5-10-4　各类钎料的熔化温度范围

（2）型号与牌号的编制方法

GB/T 6208—1995《钎料型号表示方法》规定，钎料型号由两部分组成，这两部分用线“-”分开：第一部分用一个大写英文字母表示钎料的类型，“S”表示软钎料，“B”表示硬钎料；第二部分由主要合金组分的化学元素符号组成，最多可标出六个元素符号。其中第一个化学元素符号表示该钎料的基体组分，它的后面标出其公称质量分数（取整数），其他化学元素符号按其质量分数由大到小顺序列出。对公称质量分数小于 1%的元素，在型号中不必标出，若是关键元素须标出时，在型号中将该元素的化学符号用括号括起来。标准 GB/T 6208—1995《钎料型号表示方法》已于 2005 年废止，目前尚无新的替代标准。

GB/T 6418—2008《铜基钎料》和 GB/T 10046—2008《银钎料》等标准的钎料型号编制方式与 GB/T 6208—1995《钎料型号表示方法》基本一致，主要区别是型号中第一部分和第二部分之间不用线“-”分开。新标准要求，标记时在型号前注出标准号，如：

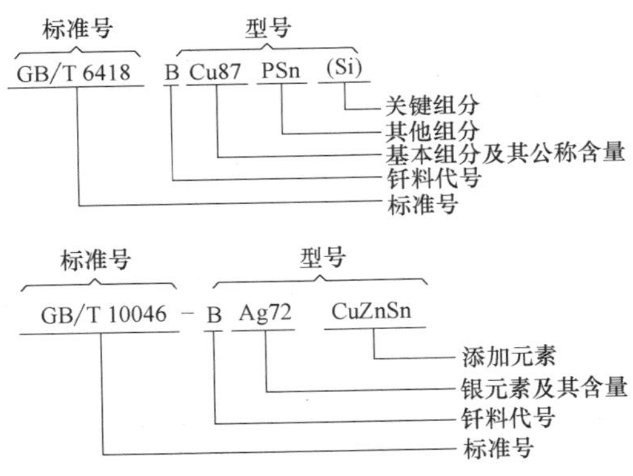

GB/T 8012—2013《铸造锡铅焊料》仍把钎料称为焊料（HL），如含 $w(\mathrm{Sn})=89.5\%\sim90.5\%$，其余为 Pb，品质为 A 级的铸造锡铅焊料表示为 ZHL-Sn90PbA。

GB/T 3131—2001《锡铅钎料》把锡铅钎料分为无钎剂实心钎料和树脂芯丝状钎料两大类，后者又分为纯树脂芯钎料（R 型）、中等活性树脂芯钎料（RMA 型）和活性树脂芯钎料（RA 型）。钎料的品质分为 AA、A、B 三个品级。钎料牌号仍采用 GB/T 6208—1995 的表示方法。例如，具有 A 级品质的含 $w(\mathrm{Sn})=95\%$ 的锡铅钎料的牌号标记为：S-Sn95PbA；若制成直径为 2mm 实心丝状钎料，则标记为：丝 S-Sn95PbA $\phi2$ GB/T 3131—2001。用 S-Sn63PbB 制造的、直径为 2mm 的、钎剂为 R 型树脂单芯（三芯、五芯）丝状钎料，则标记为：丝 S-Sn95PbB $\phi2$-R-1

(3、5) GB/T 3131—2001。

(3) 钎料供应状态

钎料通常有丝、棒、带（箔）、铸条、粉及膏状供应。为便于生产，还可以做成圈、环、片等。铝钎料还可以与母材预制成双金属板，即铝钎焊板。

3. 软钎料

(1) 锡基钎料

锡基钎料中以锡铅钎料应用最广。在 Sn-Pb 合金中，当 $w(\mathrm{Sn})$ 为 61.9%时，即形成熔点为 183℃的共晶。在锡中加入铅可提高强度。在共晶点成分附近，强度和硬度最高，但电导率却随铅的增加而降低。在锡铅钎料加入少量锑 [$w(\mathrm{Sb})<3\%$]，可减轻钎料在液态时的氧化，提高接头的热稳定性。

锡铅钎缝的工作温度一般不高于 100℃，有冷脆性。低温工作的接头应采用含锡量低的钎料。

锡铅钎料有实芯丝、松香芯丝、棒状、扁带状等几种形式。松香芯焊丝去膜能力强，焊点光亮，钎剂残渣的腐蚀性小。

其他锡基钎料有含银、锌、锑、铜的，其熔化温度和工作温度较高，有较好的耐蚀和抗蠕变性能。

表 5-10-1 列出了部分锡铅钎料和锡银钎料的牌号、化学成分、主要性能及用途。

表 5-10-1　锡铅钎料和锡银钎料的牌号、化学成分、主要性能及用途

牌号	化学成分(质量分数,%)				熔化温度/℃		电阻率/μΩ·m	用途
	Sn	Sb	Pb	杂质	固相线	液相线		
S-Sn5PbA	4.0~6.0	—	余量	<0.5	245	265	—	锡含量低,脆性大,只用于钢的镀覆和钎焊不受冲击的零件,以及卷边或销口的钎焊
S-Sn18PbSbA	17.0~19.0	1.5~2.0	余量	<0.5	183	277	0.220	锡含量低,力学性能差,可用于钎焊铜、黄铜、镀锌铁皮等强度要求不高的场合,以及钎焊低温工作的焊件
S-Sn30PbSbA	29.0~31.0	1.5~2.0	余量	<0.5	183	256	0.182	是应用较广的钎料,润湿性较好,用于钎焊铜、黄铜、钢、锌板、白铁皮和散热器、仪表、无线电器械、电动机匝线及电缆套等
S-Sn40PbSbA	39.0~41.0	1.5~2.0	余量	<0.5	183	235	0.170	是应用广泛的钎料,润湿性好,用于钎焊铜及铜合金、钢、镀锌铁皮等,可得到光洁表面。常用于钎焊散热器、无线电及电气开关设备、仪表零件等
S-Sn50PbSbA	49.0~51.0	0.3~0.8	余量	<0.5	183	210	0.156	钎焊散热器、计算机零件、铜和黄铜、镀锌铁皮等
S-Sn55PbA	54.0~56.0	—	余量	<0.5	183	200	—	—
S-Sn60PbSbA	59.0~61.0	0.3~0.8	余量	<0.5	183	185	0.145	熔点低,适于钎焊不能受高温和能充分填充窄毛细间隙的地方,如电子器件、电气开关零件、计算机零件、易熔金属制品和淬火钢件等
S-Sn90PbA	89.0~91.0	—	余量	<0.3	183	222	0.120	可钎焊大多数钢、铜及铜合金以及其他金属材料。由于钎料含铅少,特别适于钎焊食品器皿和医疗器材
S-Sn96Ag	95~97	—	—	Ag: 3~4	221	230	—	无铅钎料,抗耐蚀性好,工作温度可达 100℃,适于钎焊纯铜、黄铜和铝青铜等

(2) 铅基钎料

铅基钎料耐热性能比锡铅钎料好，但对铜的润湿性较差。为提高其润湿性，可加入一些锡。多以丝状供应。

表 5-10-2 列出了部分铅基钎料的牌号、化学成分、性能及用途。

表 5-10-2　铅基钎料的牌号、化学成分、性能及用途

牌　号	化学成分(质量分数,%)				熔化温度范围/℃	电阻率/μΩ·m	用　途
	Pb	Ag	Sn	杂质			
HLAgPb97	96~98	2.7~3.3	—	<0.5	300~305	0.20	钎焊铜及铜合金，工作温度<150℃
HLAgPb92-5.5	92	2.5	5.5	<0.5	295~305	—	
HLAgPb65-30-5	65	5	30	—	225~235	—	
HLAgPb83.5-15-1.5	83.5	1.5	15	<0.5	265~270	—	

(3) 镉基钎料

在软钎料中镉基钎料耐热性最好，并具有较好的抗腐蚀性。主要是镉银合金，含银量 $w(Ag) \leqslant 5\%$。加入锌可降低熔化温度、减轻液态钎料的氧化并提高钎料强度。用于钎焊铜时，钎缝界面上易生成铜镉脆性化合物，应采用尽量低的钎焊温度、尽量短的加热时间。镉基钎料多以丝状供应。

表 5-10-3 列出了镉基钎料的牌号、化学成分、性能与用途。

表 5-10-3　镉基钎料的牌号、化学成分、性能和用途

牌　号	化学成分(质量分数,%)			熔化温度/℃	抗拉强度/MPa	用　途
	Cd	Ag	Zn			
HL503	95	5	—	338~393	112.8	钎焊工作温度较高的铜和铜合金,如散热器及电机整流子。工作温度<250℃
HLAgCd96-1	96	3	1	300~325	110.8	
Cd79ZnAg	79	5	16	270~285	200	
HL508	92	5	3	320~360	—	

(4) 锌基钎料

锌的熔点为 419℃，在锌中加入锡和镉能降低熔点，加入银、铜、铝等元素可提高其抗腐蚀性。多数锌基钎料强度低、延性差，对钢、铜及铜合金润湿性差，主要用于钎焊铝及铝合金。

表 5-10-4 列出了部分锌基钎料的牌号、化学成分、性能和用途。

表 5-10-4　锌基钎料的牌号、化学成分、性能和用途

牌号	化学成分(质量分数,%)						熔化温度/℃		用　途
	Zn	Sn	Pb	Cd	Al	Cu	固相线	液相线	
HL501	56~60	38~42	—	—	—	1.5~2.5	200	350	用于铝芯线的刮擦钎焊,也可钎焊铝、铝合金与铜接头
HL502	58~62	—	—	38~42	—	—	266	335	润湿性好,可钎焊铝及铝合金,铝与铜,耐蚀性尚好
HL607	8~10	29~33	49~53	8~10	—	—	150	210	钎焊铝芯电缆接头,接头耐蚀性差,表面需用保护措施
HL505	70~75	—	—	—	25~30	—	430	500	用于铝及铝合金钎焊,接头耐蚀性好

注：多以铸条供应。

4. 硬钎料

(1) 铝基钎料

铝基钎料主要用于钎焊铝及铝合金。成分以铝硅合金为基，有时加入铜、锌、锗等元素以满足工艺性能要求。在加入 $w(Mg)=1\%\sim1.5\%$ 的镁铝硅合金可用于铝合金的真空钎焊。

表 5-10-5 列出了部分铝基钎料的型号、化学成分、性能及用途。

铝基钎料可直接覆层到母材上，即在基体金属两侧复合 5%~10%板厚的钎料（称为铝钎焊板）。用于钎焊大面积或接头密集的焊件，如各种冷却器等。

表 5-10-6 列出了铝钎焊板的性能。

(2) 银钎料

银钎料是应用广泛的一类硬钎料，其熔点适中，具有良好的工艺性、润湿性、强度、塑性、导热性、导电性和耐蚀性，可用于钎焊低碳钢、结构钢、不锈钢、铜及铜合金、可伐合金（铁镍钴合金）和难熔金属等。银钎料主要是银铜和银铜锌合金。表 5-10-7列出了银钎料的型号、化学成分及熔化温度范围。

表 5-10-5 部分铝基钎料的型号、化学成分、性能及用途

分类	型号	化学成分(质量分数,%)								熔化温度/℃		性能及用途
		Al	Si	Fe	Cu	Mn	Mg	Zn	其他元素	固相线	液相线	
铝硅	BAl95Si	余量	4.5~6.0	≤0.6	≤0.30	≤0.15	≤0.20	≤0.10	Ti≤0.15	575	630	
	BAl92Si		6.8~8.2	≤0.8	≤0.25	≤0.10	—	≤0.20	—	575	615	流动性差,对铝的溶蚀小。制成片状用于炉中钎焊和浸渍钎焊
	BAl90Si		9.0~11.0	≤0.8	≤0.30	≤0.05	≤0.05	≤0.10	Ti≤0.20	575	590	制成片状用于炉中钎焊和浸渍钎焊,钎焊温度比BAl92Si低
	BAl88Si		11.0~13.0	≤0.8	≤0.30	≤0.05	≤0.10	≤0.20	—	575	585	是一种通用钎料,适用于各种钎焊方法,具有极好的流动性和耐蚀性
铝硅铜	BAl86SiCu	余量	9.3~10.7	≤0.8	3.3~4.7	≤0.15	≤0.10	≤0.20	Cr≤0.15	520	585	适用于各种钎焊方法,钎料的结晶温度间隔较大,易于控制钎料流动
铝硅镁	BAl89SiMg	余量	9.5~10.5	≤0.8	≤0.25	≤0.10	1.0~2.0	≤0.20		555	590	
	BAl89SiMg(Bi)		9.0~10.5	≤0.8	≤0.25	≤0.10	1.0~2.0	≤0.20	Bi:0.02~0.20	555	590	
	BAl89Si(Mg)		9.5~11.0	≤0.8	≤0.25	≤0.10	0.20~1.0	≤0.20	—	559	591	
	BAl88Si(Mg)		11.0~13.0	≤0.8	≤0.25	≤0.10	0.10~0.50	≤0.20	—	562	582	
	BAl87SiMg		11.5~13.0	≤0.8	≤0.25	≤0.10	1.0~2.0	≤0.20	—	559	597	
铝硅锌	BAl87SiZn	余量	9.0~11.0	≤0.8	≤0.30	≤0.05	≤0.05	0.50~3.0	—	576	588	
	BAl85SiZn		10.5~13.0	≤0.8	≤0.25	≤0.10	—	0.50~3.0	—	576	609	

注:1. 所有型号钎料中,$w(Cd) \leqslant 0.10\%$,$w(Pb) \leqslant 0.0025\%$。
2. 其他每个未定义元素的最大含量(质量分数)为0.05%,未定义元素的总含量(质量分数)不应大于0.15%。

表 5-10-6　铝钎焊板的性能

基体金属	包覆层	包覆层熔化温度/℃	钎焊温度/℃
3A21	Al11~12.5Si	577~582	582~604
3A21	Al6.8~8.2Si	577~612	600~615

真空钎焊用的银钎料不能含有磷、镉、锌、镁、锂等易挥发元素，否则会影响钎焊过程和钎焊质量。表 5-10-8 列出了真空钎焊用银钎料 BAg72Cu 的杂质含量要求、性能及用途。

（3）铜基钎料

铜基钎料主要有纯铜、铜锌合金、铜锌硅合金、铜磷合金。表 5-10-9 列出了铜锌钎料的型号、化学成分及熔化温度范围。表 5-10-10 列出了主要铜磷钎料的型号、化学成分及温度参数。

用铜锌钎料进行钎焊时，锌容易挥发，结果使钎料熔点升高，接头中易产生气孔。此外，锌蒸气有毒，不利于工人健康。为减少锌的挥发可在铜锌钎料中加入少量的硅。

铜磷钎料钎焊铜及铜合金时既能填充接头间隙，又能起钎剂作用，故把这种钎料称自钎剂钎料。

在铜中加入镍和钴可提高其耐热性能，而成为铜基高温钎料。表 5-10-11 列出了高温铜基钎料的牌号、化学成分、性能和用途。

（4）锰基钎料

锰基钎料用于钎焊较高温度下工作的焊件。其主要合金元素是镍，为了提高锰基钎料的高温抗氧化性和热强性，常加入铬、钴、铁、硼等元素，而且还能降低其熔点，改善其工艺性能。

锰基钎料塑性好，可制成各种形状，它对不锈钢、高温合金的润湿性和填隙能力都很好，对不锈钢没有强烈的溶蚀作用和晶间渗入作用。锰基钎料适于在保护气体中钎焊，要求气体纯度较高。不适于火焰钎焊和高真空钎焊。表 5-10-12 列出了锰基钎料的型号、化学成分、性能及用途。

（5）镍基钎料

镍基钎料用于钎焊高温下工作的零件，其主要合金成分为铬、硅、硼、磷、铁等。铬是主要元素，用于提高抗氧化、耐蚀能力及接头的高温强度；硅可降低熔点并改善流动性，室温下硅在镍中溶解度为 6% 左右，超过此浓度便形成脆性相，使合金变脆；硼与镍形成低熔共晶，可显著提高钎料高温强度，改善润湿性，但硼不溶于镍，却形成一系列化合物，使合金变脆，也使钎料对母材溶蚀性增大；磷能大大降低镍的熔点，流动性好。当 $w(P)=11\%$ 时，形成熔点为 880℃ 的共晶，也不溶于镍而形成一系列脆性相；碳也能降低镍的熔点，但碳对钎料的高温强度及溶蚀性有不良影响。

表 5-10-13 列出了镍基钎料的型号、化学成分及熔化温度。

表 5-10-7　银钎料的型号、化学成分及熔化温度范围

分类	型号	化学成分(质量分数,%)								熔化温度范围/℃	
		Ag	Cu	Zn	Cd	Sn	Si	Ni	Mn	固相线	液相线
银铜	BAg72Cu[①a]	71.0~73.0	27.0~29.0	—	0.010	—	0.05	—	—	779	779
银锰	BAg85Mn	84.0~86.0	—	—	0.010	—	0.05	—	14.0~16.0	960	970
银铜锂	BAg72CuLi	7 1.0~73.0	余量	Li:0.25~0.50						766	766
银铜锌	BAg5CuZn(Si)	4.0~6.0	54.0~56.0	38.0~42.0	0.010	—	0.05~0.25	—	—	820	870
	BAg12CuZn(Si)	11.0~13.0	47.0~49.0	38.0~42.0	0.010	—	0.05~0.25	—	—	800	830
	BAg20CuZn(Si)	19.0~21.0	43.0~45.0	34.0~38.0	0.010	—	0.05~0.25	—	—	690	810
	BAg25CuZn	24.0~26.0	39.0~41.0	33.0~37.0	0.010	—	0.05	—	—	700	790
	BAg30CuZn	29.0~31.0	37.0~39.0	30.0~34.0	0.010	—	0.05	—	—	680	765
	BAg35CuZn	34.0~36.0	31.0~33.0	31.0~35.0	0.010	—	0.05	—	—	685	775
	BAg44CuZn	43.0~45.0	29.0~31.0	24.0~28.0	0.010	—	0.05	—	—	675	735
	BAg45CuZn	44.0~460	29.0~31.0	23.0~27.0	0.010	—	0.05	—	—	665	745
	BAg50CuZn	49.0~51.0	33.0~35.0	14.0~18.0	0.010	—	0.05	—	—	690	775
	BAg60CuZn	59.0~61.0	25.0~27.0	12.0~16.0	0.010	—	0.05	—	—	695	730
	BAg63CuZn	62.0~64.0	23.0~25.0	11.0~15.0	0.010	—	0.05	—	—	690	730
	BAg65CuZn	64.0~66.0	19.0~21.0	13.0~17.0	0.010	—	0.05	—	—	670	720
	BAg70CuZn	69.0~71.0	19.0~21.0	8.0~12.0	0.010	—	0.05	—	—	690	740
银铜镍	BAg56CuNi	55.0~57.0	29.0~31.0	—	0.010	—	0.05	1.5~2.5	—	600	730

（续）

分类	型号	化学成分（质量分数,%）								熔化温度范围/℃	
		Ag	Cu	Zn	Cd	Sn	Si	Ni	Mn	固相线	液相线
银铜锌锡	BAg25CuZnSn	24.0~26.0	39.0~41.0	31.0~35.0	0.010	1.5~2.5	0.05	—	—	680	760
	BAg30CuZnSn	29.0~31.0	35.0~37.0	30.0~34.0	0.010	1.5~2.5	0.05	—	—	665	755
	BAg34CuZnSn	33.0~35.0	35.0~37.0	25.5~29.5	0.010	2.0~3.0	0.05	—	—	630	730
	BAg38CuZnSn	37.0~39.0	35.0~37.0	26.0~30.0	0.010	15~2.5	0.05	—	—	650	720
	BAg40CuZnSn	39.0~41.0	29.0~31.0	26.0~30.0	0.010	1.5~2.5	0.05	—	—	650	710
	BAg45CuZnSn	44.0~46.0	26.0~28.0	23.5~27.5	0.010	2.0~3.0	0.05	—	—	640	680
	BAg55CuZnSn	54.0~56.0	20.0~22.0	20.0~24.0	0.010	1.5~2.5	0.05	—	—	630	660
	BAg56CuZnSn	55.0~57.0	21.0~23.0	15.0~19.0	0.010	1.5~2.5	0.05	—	—	620	655
	BAg60CuZnSn	59.0~61.0	22.0~24.0	12.0~16.0	0.010	2.0~4.0	0.05	—	—	620	685
银铜锌镉	BAg20CuZnCd	19.0~21.0	39.0~41.0	23.0~27.0	13.0~17.0	—	0.05	—	—	605	765
	BAg21CuZnCdSi	20.0~22.0	34.5~36.5	24.5~28.5	14.5~18.5	—	0.3~0.7	—	—	610	750
	BAg25CuZnCd	24.0~26.0	29.0~31.0	25.5~29.5	16.5~18.5	—	0.05	—	—	607	682
	BAg30CuZnCd	29.0~31.0	26.5~28.5	20.0~24.0	19.0~21.0	—	0.05	—	—	607	710
	BAg35CuZnCd	34.0~36.0	25.0~27.0	19.0~23.0	17.0~19.0	—	0.05	—	—	605	700
	BAg40CuZnCd	39.0~41.0	18.0~20.0	19.0~23.0	18.0~22.0	—	0.05	—	—	595	630
	BAg45CuZnCd	44.0~46.0	14.0~16.0	14.0~18.0	23.0~25.0	—	0.05	—	—	605	620
	BAg50CuZnCd	49.0~51 0	14.5~16.5	14.5~18.5	17.0~19.0	—	0.05	—	—	625	635
	BAg40CuZnCdNi	39. 0~41.0	15.5~16.5	14.5~18.5	25.1~26.5	—	0.05	0. 1~0.3	—	595	605
	BAg50CuZnCdNi	49.0~51.0	14.5~16.5	13.5~17. 5	15.0~17.0	—	0.05	25~3.5	—	635	690
银铜锌铟	BAg40CuZnIn	39.0~41.0	29.0~31.0	23.5~26.5	In:4.5~5.5					635	715
	BAg34CuZnIn	33.0~35.0	34.0~36.0	28.5~31.5	In:0.8~1.2					660	740
	BAg30CuZnIn	29.0~31.0	37.0~39.0	26.5~28.5	In:4.5~5.5					640	755
	BAg56CuZnInNi	55.0~57.0	26.25~28.25	—	In: 13.5~15.5			2.0~2.5	—	600	710
银铜锌镍	BAg40CuZnNi	39.0~41.0	29.0~31.0	26.0~30.0	0.010	—	0.05	1.5~2.5	—	670	780
	BAg49CuZnNi	49.0~50.0	19.0~21.0	26.0~30.0	0.010	—	0.05	1.5~2.5	—	660	705
	BAg54CuZnNi	53.0~55.0	37.5~42. 5	4.0~6.0	0.010	—	0.05	0.5~1.5	—	720	855
银铜锡镍	BAg63CuSnNi	62.0~64.0	27.5~29.5	—	0.010	5.0~7.0	0.05	2.0~3.0	—	690	800
银铜锌镍锰	BAg25CuZnMnNi	24.0~26.0	37.0~39.0	31.0~35.0	0.010	—	0.05	1.5~2.5	1.5~2.5	705	800
	BAg27CuZnMnNi	26.0~28.0	37.0~39.0	18.0~22.0	0.010	—	0.05	5.0~6.0	8.5~10.5	680	830
	BAg49ZnCuMnNi	48.0~50.0	15.0~17.0	21.0~25.0	0.010	—	0.05	4.0~5.0	7.0~8.0	680	705

注：1. 单值均为最大值。

2. 所有型号钎料的杂质最大含量（质量分数,%）为：A10.001，Bi0.030，P0.008，Pb0.025；杂质总量为 0.10；BAg60CuSn 和 BAg72Cu 钎料的杂质总量为 0.15；BAg25CuZnMnNi、BAg49ZnCuMnNi 和 BAg85Mn 钎料杂质总量为 0.30

① 真空钎焊用银钎料杂质元素成分要求见表 5-10-8。

表 5-10-8　真空钎焊用银钎料 BAg72Cu 的杂质含量要求、性能及用途

等级	杂质含量最大值（质量分数,%）								熔化温度/℃		用　途
	C①	Cd	P	Pb	Zn	Mn④	In④	500℃下，蒸气压大于 1.3×10^{-5}Pa 的元素③	固相线	液相线	
1	0.005	0.001	0.002	0.002	0.001	0.001	0.002	0.001	779	779	电真空器件钎焊中应用最广的一种钎料。多级钎焊时用作中间级钎料或末级钎料
2	0.005	0.002	0.002②	0.002	0.002	0.002	0.003	0.002			

① 更为严格的含碳量要求可由供需双方商定。

② 对于 BAg72Cu（见表 5-10-7），最大含量为 0.02%（质量分数）。

③ 这些元素有 Ca、Cs、K、Li、Mg、Na、Rb、S、Sb、Se、Sr、Te、Ti，对于这些元素（包括 Cd、Pb 和 Zn），总含量≤0.010%（质量分数）。

④ 除此之外，按表 5-10-7 中的规定。

表 5-10-9　铜锌钎料的型号、化学成分及熔化温度范围

型号	化学成分(质量分数)/%								熔化温度范围/℃(参考值)	
	Cu	Zn	Sn	Si	Mn	Ni	Fe	Co	固相线	液相线
BCu48ZnNi(Si)	46.0~50.0	余量	—	0.15~0.20	—	9.0~11.0	—	—	890	920
BCu54Zn	53.0~55.0	余量	—	—	—	—	—	—	885	888
BCu57ZnMoCo	56.0~58.0	余量	—	—	1.5~2.5	—	—	1.5~2.5	890	930
BCu58ZnMn	57.0~59.0	余量	—	—	3.7~4.3	—	—	—	880	909
BCu58ZnFeSn(Si)(Mn)	57.0~59.0	余量	0.7~1.0	0.05~0.15	0.03~0.09	—	0.35~1.20	—	865	890
BCu58ZnSn(Ni)(Mn)(Si)	56.0~60.0	余量	0.8~1.1	0.1~0.2	0.2~0.5	0.2~0.8	—	—	870	890
BCu58Zn(Sn)(Si)(Mn)	56.0~60.0	余量	0.2~0.5	0.15~0.20	0.05~0.25	—	—	—	870	900
BCu59Zn(Sn)	57.0~61.0	余量	0.2~0.5	—	—	—	—	—	875	895
BCu60ZnSn(Si)	59.0~61.0	余量	0.8~1.2	0.15~0.35	—	—	—	—	890	905
BCu60Zn(Si)	58.5~61.5	余量	—	0.2~0.4	—	—	—	—	875	895
BCu60Zn(Si)(Mn)	58.5~61.5	余量	≤0.2	0.15~0.40	0.05~0.25	—	—	—	870	900

注：表中钎料最大杂质含量（质量分数）：Al0.01、As0.01、Bi0.01、Cd0.010、Fe0.25、Pb0.025、Sb0.01；最大杂质总量（Fe除外）0.2。

表 5-10-10　铜磷钎料的型号、化学成分及温度参数

型号	化学成分(质量分数)/%				熔化温度范围/℃(参考值)		最低钎焊温度①/℃(指示性)
	Cu	P	Ag	其他元素	固相线	液相线	
BCu95P	余量	4.8~5.3	—	—	710	925	790
BCu94P	余量	5.9~6.5	—	—	710	890	760
BCu93P-A	余量	7.0~7.5	—	—	710	793	730
BCu93P-B	余量	6.6~7.4	—	—	710	820	730
BCu92P	余量	7.5~8.1	—	—	710	770	720
BCu92PAg	余量	5.9~6.7	1.5~2.5	—	645	825	740
BCu91PAg	余量	6.8~7.2	1.8~2.2	—	643	788	740
BCu89PAg	余量	5.8~6.2	4.8~5.2	—	645	815	710
BCu88PAg	余量	6.5~7.0	4.8~5.2	—	643	771	710
BCu87PAg	余量	7.0~7.5	5.8~6.2	—	643	813	720
BCu80AgP	余量	4.8~5.2	14.5~15.5	—	645	800	700
BCu76AgP	余量	6.0~6.7	17.2~18.0	—	643	666	670
BCu75AgP	余量	6.6~7.5	17.0~19.0	—	645	645	650
BCu80SnPAg	余量	4.8~5.8	4.5~5.5	Sn:9.5~10.5	560	650	650
BCu87PSn(Si)	余量	6.0~7.0	—	Sn:6.0~7.0,Si:0.01~0.04	635	675	645
BCu86SnP	余量	6.4~7.2	—	Sn:6.5~7.5	650	700	700
BCu86SnPNi	余量	4.8~5.8	—	Sn:7.0~8.0,Ni:0.4~1.2	620	670	670
BCu92PSb	余量	5.6~6.4	—	Sb:1.8~2.2	690	825	740

注：表中钎料的最大杂质含量（质量分数）：Al0.01、Bi0.030、Cd0.010、Pb0.025、Zn0.05、Zn+Cd 0.05；最大杂质总量0.25。
① 多数钎料只有在高于液相线温度时才能获得满意流动性，多数铜磷钎料在低于液相线某一温度钎焊时就能充分流动。

5. 钎料的选用

选用钎料时需遵循以下原则：

1）能润湿母材、填充缝隙，与母材形成良好的冶金结合，但不发生不利的冶金反应。例如，铜磷钎料不能钎焊钢和镍，因在界面上会生成极脆的磷化物相。

2）满足工件的工作要求，如力学性能、工作温度、耐蚀性和导电性等。若接头强度要求低、工作温度不高，则宜选用软钎料；低温工作的接头应使用含锡量低的钎料；对高温强度和抗氧化性要求高的接头，宜选用镍基钎料；硼能吸收中子，故含硼的钎料不能用于核领域。

对于要求导电性好的电气零件，应选用含锡量高的锡铅钎料或含银量高的银钎料；真空密封接头应采

表 5-10-11 高温铜基钎料的牌号、化学成分、性能及用途

钎料牌号	化学成分(质量分数,%)						熔化温度范围/℃	钎焊温度范围/℃	用途
	Cu	Ni	Si	B	Fe	其他			
HLCu-2	余量	17~19	1.6~1.9	0.15~0.25	0.8~1.2	Co=4.5~5.5 Mn=6~7	1027~1070	1080~1100	用途与 HLCuNi30-2-0.2 钎料相同,但钎焊温度较低,可避免母材晶粒长大和麻面等缺陷 HLCu-2a 因含锰量较低,火焰钎焊时的工艺性优于 HLCu-2
HLCu-2a	余量	17~19	1.6~1.9	0.15~0.25	0.8~1.2	Co=4.5~5.5 Mn=4.5~5.5	1050~1080	1090~1100	
QCu-4	余量	—	—	—	—	Co=10±1 Mn=31.5±1	940~950	1000~1050	主要用于气体保护钎焊不锈钢,钎焊接头工作温度可达 538℃,钎焊马氏体不锈钢时可将钎焊与淬火处理合并进行,简化工艺过程
HLCuNi-30-2-0.2	余量	27~30	1.5~2	≤0.2	<1.5	—	1080~1120	1150~1200	该钎料在 600℃以下几乎与 1Cr18Ni9Ti 不锈钢等强度,主要用于不锈钢的钎焊,钎料熔点高,容易引起母材晶粒长大和近缝区麻面缺陷

表 5-10-12 锰基钎料的型号、化学成分、性能及用途

型号	化学成分(质量分数,%)							熔化温度范围/℃	钎焊温度范围/℃	用途
	Mn	Ni	Cr	Cu	Co	Fe	其他			
BMn70NiCr	余量	25.0±1.0	5.0±0.5	—	—	—	—	1035~1080	1150~1180	使用很广的一种锰基钎料,具有良好的润湿作用和填充间隙的能力,对母材的溶蚀作用小,可满足不锈钢波纹板夹层结构换热器的低真空钎焊的要求
BMn40NiCrFeCo	余量	41.0±1.0	12.0±1.0	—	3.0±0.5	4.0±0.5	—	1065~1135	1180~1200	钎料的高温性能和抗腐蚀性稍高于 BMn70NiCr 钎料,但钎焊温度更高,为避免母材晶粒长大,必须严格控制钎焊温度
BMn68NiCo	余量	22.0±1.0	—	—	10.0±1.0	—	—	1050~1070	1120~1150	高温性能好,钎焊温度低于前两者,适于钎焊工作温度较高的薄件
BMn50NiCuCrCo	余量	27.5±1.0	4.5±0.5	—	4.5±0.5	—	—	1010~1035	1060~1080	钎料熔化温度较低,能填充较大的接头间隙,特别适宜于在氩气保护下高频钎焊不锈钢接头
BMn65NiCoFeB	余量	16.0±1.0	—	—	16.0±1.0	2.5~3.5	B:0.2~1.0	1010~1035	1060~1085	钎料在不锈钢上的润湿作用较差,可用于钎焊毛细管等易被钎料堵塞的场合
BMn45CuNi	余量	20.0±1.0	—	35±1.0	—	—	—	920~950	1000	钎料熔点低,以适应分步钎焊及补钎的要求

表 5-10-13　镍基钎料的型号、化学成分及熔化温度

牌　号	化学成分(质量分数,%)													熔化温度/℃	
	Ni	Co	Cr	Si	B	Fe	C	P	W	Cu	Mn	Mo	Nb	固相线	液相线
BNi73CrFeSiB(C)	余量	≤0.1	13.0~15.0	4.0~5.0	2.75~3.50	4.0~5.0	0.60~0.90	≤0.02	—	—	—	—	—	980	1060
BNi74CrFeSiB	余量	≤0.1	13.0~15.0	4.0~5.0	2.75~3.50	4.0~5.0	≤0.06	<0.02	—	—	—	—	—	980	1070
BNi81CrB	余量	≤0.1	13.5~16.5	—	3.25~4.0	≤1.5	≤0.06	≤0.02	—	—	—	—	—	1050	1050
BNi82CrSiBFe	余量	≤0.1	6.0~8.0	4.0~5.0	2.75~3.50	2.5~3.5	≤0.06	≤0.02	—	—	—	—	—	970	1000
BNi78CrSiBCuMoNb	余量	≤0.1	7.0~9.0	3.8~4.8	2.75~3.50	≤0.4	≤0.06	≤0.02	—	2.0~3.0	—	1.5~2.5	1.5~2.5	970	1080
BNi92SiB	余量	≤0.1	—	4.0~5.0	2.75~3.50	≤0.5	≤0.06	≤0.02	—	—	—	—	—	980	1040
BNi95SiB	余量	≤0.1	—	3.0~4.0	1.50~2.20	≤1.5	≤0.06	≤0.02	—	—	—	—	—	980	1070
BNi71CrSi	余量	≤0.1	18.5~19.5	9.75~10.5	≤0.03	—	≤0.06	≤0.02	—	—	—	—	—	1080	1135
BNi73CrSiB	余量	≤0.1	18.5~19.5	7.0~7.5	1.0~1.5	≤0.5	≤0.10	≤0.02	—	—	—	—	—	1065	1150
BNi73CrSiBFe	余量	≤1.0	14.5~15.5	7.0~7.5	1.1~1.6	≤1.0	≤0.06	≤0.02	—	—	—	—	—	1030	1125
BNi63WCrFeSiB	余量	≤0.1	10.0~13.0	3.0~4.0	2. 0~3.0	2.5~4.5	0. 40~0. 55	≤0.02	15.0~17.0	—	—	—	—	970	1105
BNi67WCrFeSiB	余量	≤0.1	9.0~11.75	3.35~4.25	2.0~3.1	2.5~4.0	0.30~0.50	≤0.02	11.5~12.75	—	—	—	—	970	1095
BNi89P	余量	≤0.1	—	—	—	—	≤0.06	10.0~12.0	—	—	—	—	—	875	875
BNi76CrP	余量	≤0.1	13.5~15.0	≤0.10	≤0. 02	≤0.2	≤0.06	9.7~10.5	—	—	—	—	—	890	890
BNi65CrP	余量	≤0.1	24.0~26.0	≤0.10	≤0.02	≤0.2	≤0. 06	9.0~11.0	—	—	—	—	—	880	950
BNi66MnSiCu	余量	≤0.1	—	6.0~8.0	—	—	≤0.06	≤0.02	—	4.0~5.0	21.5~24.5	—	—	980	1010

注：表中钎料最大杂质含量（质量分数,%）：Al0. 05，Cd0. 010，Pb0. 025，S0. 02，Se0. 005，Ti0. 05，Zr0. 05，最大杂质总量 0. 50。如果发现除表和表注中之外的其他元素存在时，应对其进行测定。

用真空级钎料；对要求抗腐蚀性好的铝钎焊接头，应采用铝硅钎料。

3）满足所用钎焊方法及钎焊性需要。炉中钎焊不宜选用含易挥发元素（如锌、镉）的钎料；真空钎焊要求钎料不含高蒸气压元素；钎焊经调质处理的20Cr13 钢焊件时，可选用 BAg40CuZnCd 钎料，其钎焊温度低于 700℃，不致引起焊件发生退火；钎焊冷作硬化铜材时，应选用钎焊温度不超过 300℃ 的钎料，以免钎焊后母材软化。

4）成本低。在性能相同的情况下应选用价格便宜钎料。

具体选用时需注意以下几点：

1）尽量选择主成分与母材主成分相同的钎料。

2）钎料的液相线要低于母材固相线至少 40～50℃。

3）钎料的熔化区间要尽量小，否则工艺性差。熔化区间过大还易引起熔析。

4）钎料的主要成分和母材的主成分在元素周期表中的位置应尽量靠近，以提高抗电化学腐蚀性能。

5）在钎焊温度下，钎料具有较高的化学稳定性，即具有较低的蒸气压和低的氧化性，以免钎焊过程钎料成分发生变化。

6）钎料本身应具有良好的成形加工性能，可以根据工艺需要做成丝、棒、片、箔及粉等型材。

表 5-10-14 列出了各种金属材料组合所适用的钎料，供选用参考。

表 5-10-14　各种金属材料组合适用的钎料

材料	铝及铝合金	铍、钒、锆及其合金	铜及铜合金	钼、铌、钽、钨及其合金	镍及镍合金	钛及钛合金	碳素钢及低合金钢	铸铁	工具钢	不锈钢
铝及铝合金	Al-[1] Sn-Zn Zn-Al Zn-Cd									
铍、钒、锆及其合金	不推荐	无规定								
铜及铜合金	Sn-Zn Zn-Cd Zn-Al	Ag-	Ag- Cd- Cu-P Sn-Pb							
钼、铌、钽、钨及其合金	不推荐	无规定	Ag-	无规定						
镍及镍合金	不推荐	Ag-	Ag- Au- Cu-Zn	Ag- Cu Ni-	Ag-Ni- Au-Pd- Cu-[2] Mn-					
钛及钛合金	Al-Si	无规定	Ag-	无规定	Ag-	无规定				
碳素钢及低合金钢	Al-Si	Ag-	Ag-Sn-Pb Au Cu-Zn Cd	Ag- Cu Ni-	Ag-Sn-Pb Au- Cu- Ni-	Ag-	Ag-Cu-Zn Au-Ni- Cd-Sn-Pb Cu			
铸铁	不推荐	Ag-	Ag-Sn-Pb Au- Cu-Zn Cd-	Ag- Cu Ni-	Ag- Cu Cu-Zn[3] Ni-	Ag-	Ag- Cu-Zn Sn-Pb	Ag- Cu-Zn Ni- Sn-Pb		
工具钢	不推荐	不推荐	Ag- Cu-Zn Ni-	不推荐	Ag- Cu Cu-Zn Ni-	不推荐	Ag- Cu Cu-Zn Ni-	Ag- Cu-Zn Ni-	Ag- Cu Cu- Ni-	
不锈钢	Al-Si	Ag-	Ag-Cd- Au-Sn-Pb Cu-Zn	Ag- Cu Ni-	Ag-Ni- Au-Pb- Cu-Sn-Pb Mn-	Ag-	Ag-Sn-Pb Au- Cu- Ni-	Ag- Cu- Ni- Sn-Pb	Ag- Cu Ni-	Ag-Ni- Au-Pd- Cu-Sn-Pb Mn-

① 元素符号后面跟有"-"的表示为该元素基的钎料，如"Ag-"表示银钎料。

②"Cu"表示纯铜钎料。

③ 两个元素符号用"-"隔开的，表示由这两种元素组成的钎料，如"Cu-Zn"为铜锌钎料。

10.2.2　钎剂

钎焊时使用的熔剂称为钎剂。其主要作用是清除钎料和母材表面的氧化物、保护焊件和液态钎料在钎焊过程中免受氧化，以及改善液态钎料对焊件的润湿性。

1. 对钎剂的要求

1）钎剂应能很好地溶解或破坏钎焊件和钎料表面的氧化膜。

2）钎剂的熔点和最低活化温度应稍低于钎料的熔化温度（低 10~30℃）。

3）在钎焊温度下应黏度小、流动性好，能很好地润湿钎焊金属和减小液态钎料的界面张力。

4）钎剂及其生成物的密度要小，能够以薄层状覆盖在钎料和母材上面，有效地隔绝空气。焊后应易于排除，不会导致夹渣。

5）钎剂及其残渣对母材和钎缝的腐蚀性要小，其挥发物应无毒。

2. 钎剂的组成与分类

（1）组成

钎剂可以是单一物质，如广泛使用的硼砂，也可以是多组分合成的复杂物质。复杂组分的钎剂一般由基质、去膜剂和界面活性剂组成。

基质是钎剂的主成分，它控制着钎剂的熔点，熔化后覆盖在焊点表面起隔绝空气作用，又是其他功能组元的溶剂。基质大多数采用热稳定性好的金属盐或金属盐系统，如硼化物、碱金属和碱土金属，在软钎剂中还采用高沸点的有机溶剂。

去膜剂的作用是通过物理化学过程除去、破碎或松脱母材表面氧化膜，使得熔化的钎料能润湿纯净的母材表面。碱金属和碱土金属的氟化物具有溶解金属氧化物的能力，常用作钎剂的去膜剂，如 KF、NaF、LiF、AlF_3 和 CaF_2 等。

活性剂的作用是加速氧化膜的清除和改善钎料的铺展。常用的活性剂有重金属卤化物（如氯化锌）和氧化物（如硼酸）等。

（2）分类

通常把钎剂分为软钎剂、硬钎剂、铝用钎剂和气体钎剂四类。

3. 型号与牌号的表示方法

（1）硬钎剂的型号及表示方法

JB/T 6045—2017《硬钎焊用钎剂》规定，钎剂型号由五部分组成，第一部分用字母“FB”表示硬钎焊用钎剂；第二部分用数字 1~5 表示钎剂主要组分分类代号；第三部分用 01~05 等表示辅助分类代号（见表 5-10-15）；第四部分用大写字母 S（粉状）、P（膏状）、L（液态）表示钎剂形态；第五部分用数字或者字母表示厂家代号。

表 5-10-15　钎剂分类代号

主要组分分类代号（X_1）	辅助分类代号（X_2）	主要组分（质量分数）和特性（不包括膏状）	钎焊温度/℃（参考）
1		硼酸+硼酸盐+卤化物≥90%	
1	01	主要组分不含卤化物	565~850
	02	卤化物≤45%	565~850
	03	卤化物≥45%	550~850
	04	显碱性	565~850
	05	钎焊温度高	760~1200
2		卤化物≥80%，含有氧化物	
2	01	含有重金属卤化物	450~620
	02	不含有重金属卤化物	500~650
3		硼酸+硼酸盐+氟硼酸盐≥80%	
3	01	硼酸+硼酸盐≥60%	750~1100
	02	氟硼酸盐≥40%	565~925
4		硼酸三甲酸≥30%	
4	01	硼酸三甲酯≥30%~45%	750~950
	02	硼酸三甲酯≥45%~60%	750~950
	03	硼酸三甲酯≥60%~65%	750~950
	04	硼酸三甲酯≥65%	750~950
5		氟铝酸盐≥80%	
5	01	氟铝酸钾≥80%	540~620
	02	氟铝酸铯或氟铝酸铷≥10%	450~620

硬钎剂型号示例：

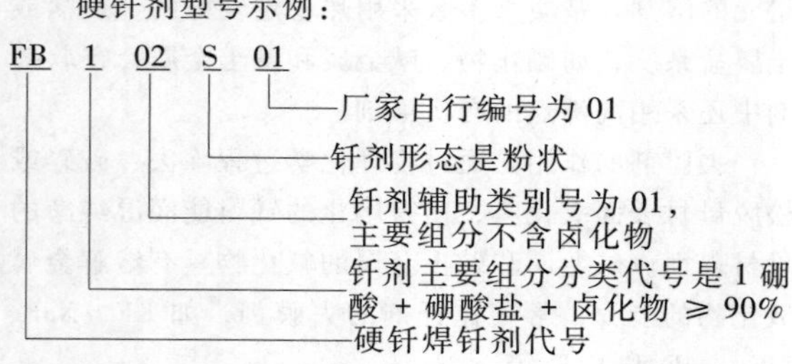

行业中使用的牌号表示方法是：用“QJ”表示钎剂，后接三个数字，第一位数字表示钎剂用途，如 1 为银钎料用的钎剂，2 为铝及铝合金用的钎剂等；第二、第三位数字为序列号。常用钎剂的牌号及其用途见表 5-10-16。

举例：

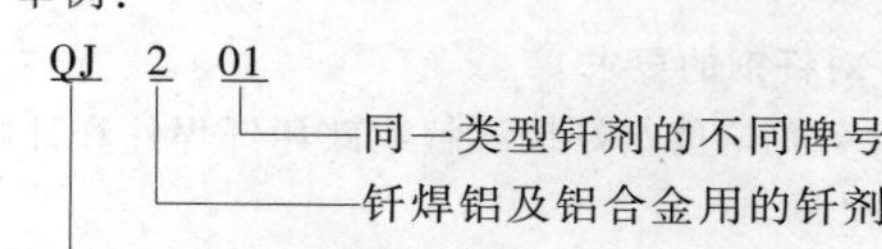

表 5-10-16　常用钎剂的牌号及其用途

牌　号	名　称	钎焊温度/℃	用　途
QJ101	银钎焊钎剂	550～850	钎焊各种铜及铜合金、钢和不锈钢
QJ102	银钎焊钎剂	600～850	钎焊各种铜及铜合金、钢和不锈钢，活性极强
QJ103	特制银钎焊钎剂	550～750	钎焊各种铜及铜合金、钢和不锈钢
QJ104	银钎焊钎剂	650～850	钎焊各种铜及铜合金、钢和不锈钢
QJ201	铝钎焊钎剂	450～620	钎焊铝及铝合金、活性极强
QJ203	铝电缆钎焊钎剂	270～380	钎焊铝及铝合金、铜及铜合金、钢等
QJ207	高温铝钎焊钎剂	560～620	钎焊铝及铝合金

（2）软钎剂的型号及表示方法

GB/T 15829—2008《软钎剂　分类与性能要求》规定，软钎焊型号中用“FS”标识软钎焊用钎剂，后面的三位阿拉伯数字分别标识钎剂类型、主要组分及活性剂，最后面的英文字符标识钎剂形态，见表 5-10-17。例如，FS321C 表示磷酸活性无机膏状钎剂。

表 5-10-17　钎剂分类及其代码

钎剂类型	主要组分	活性剂	形态
1 树脂类	1 松香（松脂）	1 未加活性剂 2 加入卤化物活性剂 3 加入非卤化物活性剂	A 液态 B 固态 C 膏状
	2 非松香（树脂）		
2 有机物类	1 水溶性		
	2 非水溶性		
3 无机物类	1 盐类	1 加入氯化铵 2 未加入氯化铵	
	2 酸类	1 磷酸 2 其他酸	
	3 碱类	铵及（或）氯类	

4. 软钎剂

钎焊温度低于 450℃ 时所用的钎剂称为软钎剂。根据钎剂残渣的性质，可将软钎剂分为：腐蚀性软钎剂、弱腐蚀性软钎剂和无腐蚀性软钎剂三大类。软钎剂由成膜物质、活化物质、助剂、溶剂与稀释剂组成，其组成结构见表 5-10-18。

（1）腐蚀性软钎剂

腐蚀性软钎剂由无机酸和无机盐组成，具有强的活性，能有效去除母材表面的氧化物，促进钎料的润湿和铺展，但残渣具有强烈的腐蚀性，钎焊后必须彻底清除干净。无机盐主要是氯化锌，无机酸主要是正磷酸。表 5-10-19 列出了典型腐蚀性软钎剂的组分和应用范围。

这类钎剂去氧化物能力强，热稳定性好，适应钎焊温度范围宽，材料种类多，一般的钢铁材料、有色金属、不锈钢、耐热钢等都可采用。广泛用于汽车散热器、空调器、制冷设备等的钎焊。

（2）弱腐蚀性软钎剂

弱腐蚀性钎剂的主要成分为有机酸、有机卤化物、胺和酰胺等，它们在钎焊过程中均能去除氧化膜。这类钎剂残渣有一定腐蚀性，钎焊后仍应清除掉。

表 5-10-20 列出了典型弱腐蚀软钎剂的组分和用途。

（3）非腐蚀性软钎剂

这类钎剂的主要成分为松香，它是一种天然树脂，含有约 80% 松香酸（$C_{19}H_{29}COOH$），其余为海松酸、左旋海松酸和松脂油等，起去膜作用的主要是松香酸。松香去除氧化物能力较差，通常加入活化物质而配成活性松香钎剂，以提高其去氧化物的能力。松香钎剂只能在低于 300℃ 时使用，超过 300℃ 时，松香炭化而失效。钎剂残渣不腐蚀母材和钎缝，不吸潮，并有良好的电绝缘性能，特别适于钎焊无线电和弱电器中的导电元件。表 5-10-21 列出了典型非腐蚀性软钎剂的组分和应用范围。

表 5-10-18　软钎剂的组成结构

	钎剂的组成		典型原材料
不挥发性物质	成膜物质	矿脂	矿物油、凡士林、石脂等
		天然树脂	松香
		合成树脂	改性酚醛树脂、聚氨基甲酸酯 改性丙烯酸树脂、聚合松香 改性环氧树脂等
	活化物质	无机酸	盐酸、正磷酸、氢氟酸、氟硼酸等
		无机金属盐	$ZnCl_2$、$SnCl_2$、$CdCl_2$、$CuCl_2$、$PbCl_2$、NaCl、氟硼酸镉、氟硼酸锌等
		有机酸	乳酸、硬脂酸、柠檬酸、松香酸、苯二甲酸、水杨酸、谷氨酸、油酸、苯甲酸(苯甲酸)、草酸、月桂酸等
		有机卤化物	溴化水杨酸、溴化肼、盐酸联胺、盐酸苯胺、盐酸乙二胺、盐酸谷氨酸、氢溴酸肼、盐酸肼、十六烷基溴化吡啶、溴化胺、十六烷基三甲基溴化胺、二乙基二甲基十六烷溴化胺等
		胺、酰胺及其他	乙二胺、三乙醇胺、苯胺、联胺、磷酸苯胺、磷酸联胺、环乙烷二胺、环丁烷二胺、二乙烯肼、二乙烯三胺、甘油、脲、氟碳等
	助　剂		乳剂、甘油、润湿剂等
挥发物质	溶剂与稀释剂		水、乙醇、丙三醇、甲醇、异丙醇、聚乙二醇、乙醚、松节油等

表 5-10-19　典型腐蚀性软钎剂的组分和应用范围

编号	组分(质量分数,%)	应用范围
RJ1	氯化锌 40,水 60	钎焊钢、铜、黄铜和青铜
RJ2	氯化锌 25,水 75	钎焊铜和铜合金
RJ3	氯化锌 40,氯化铵 5,水 55	钎焊钢、铜、黄铜和青铜
RJ4	氯化锌 18,氯化铵 6,水 76	钎焊铜和铜合金
RJ5	氯化锌 25,盐酸(比重 1.19)25,水 50	钎焊不锈钢、碳素钢、铜合金
RJ6	氯化锌 6,氯化铵 4,盐酸(比重 1.19)5,水 85	钎焊钢、铜和铜合金
RJ7	氯化锌 40,二氯化锡 5,氯化亚铜 0.5,盐酸 4.5,水 50	钎焊钢、铸铁,钎料在钢上的铺展性有改进
RJ8	氯化锌 65,氯化钾 14,氯化钠 11,氯化铵 10	钎焊铜和铜合金
RJ9	氯化锌 45,氯化钾 5,二氯化锡 2,水 48	钎焊铜和铜合金
RJ10	氯化锌 15,氯化铵 1.5,盐酸 36,变性酒精 12.8,正磷酸 2.2,氯化铁 0.6,水余量	钎焊碳素钢
RJ11	正磷酸 60,水 40	不锈钢、铸铁
剂 205	氯化锌 50,氯化铵 15,氯化镉 30,氯化钠 5	铜和铜合金,钢

注：剂 205 是原先各厂制订的牌号。

表 5-10-20　典型弱腐蚀软钎剂的组分和用途

编　号	成　分	用　途
1	盐酸谷氨酸 540g,尿素 310g,水 4L	适于钎焊铜、黄铜、青铜
2	一氢溴化肼 280g,水 2550g,非离子润湿剂 1.5g	适于钎焊铜、黄铜、青铜
3	乳酸(85%)260g,水 1190g,润湿剂 3g	适于钎焊铍青铜

表 5-10-21　典型非腐蚀性软钎剂的组分和应用范围

牌号	组成(质量分数,%)	应用范围
—	松香 40,盐酸谷氨酸 2,酒精余量	铜及铜合金的钎焊
—	松香 40,三硬脂酸甘油酯 4,酒精余量	
—	松香 40,水杨酸 2.8,三乙醇胺 1.4,酒精余量	

（续）

牌号	组成(质量分数,%)	应用范围
—	松香 70,氯化铵,溴酸	铜、锌、镍的钎焊
—	松香 24,盐酸二乙胺 4,三乙醇胺 2,酒精余量	
201	树脂 A20,溴化水杨酸 10,松香 20,酒精余量	用于波峰焊、浸渍焊
201-2	溴化水杨酸 10,松香 20.5,甘油 0.5,酒精余量	
202-B	溴化肼 8,甘油 4,松香 20,水 20,酒精余量	引线搪锡
SD-1	改性酚醛 55,松香 30,溴化水杨酸 15	
HY-3B	溴化水杨酸 12,松香 20,改性丙烯酸树脂 1.3,缓蚀剂 0.25,酒精余量	印刷电路板波峰焊、浸渍焊,引线搪锡
氟碳 B	氟碳 0.23,松香 23,异内醇 76.7	
—	聚丙二醇 40~50,正磷酸 10~20,松香 35,二乙胺盐酸 5	镍铬丝的钎焊
RJ11	工业凡士林 80,松香 15,氯化锌 4,氯化铵 1	铜及铜合金的钎焊
RJ12	松香 30,氯化锌 3,氯化铵 1,酒精余量	铜及铜合金、镀锌铁皮的钎焊
RJ13	松香 25,二乙胺 5,三胫乙基胺 2,酒精余量	铜及铜合金、钢的钎焊
RJ14	凡士林 35,松香 20,硬脂 20,氯化锌 15,盐酸苯胺 3,水 7	铜及铜合金、钢的钎焊
RJ15	蓖麻油 26,松香 34,硬脂酯 14,氯化锌 7,氯化铵 8,水 11	铜合金及镀锌板的钎焊
RJ16	松香 28,氯化锌 5,氯化铵 2,酒精 65	黄铜挂锡
RJ18	松香 24,氯化锌 1,酒精 75	铜及铜合金的钎焊
RJ19	松香 18,甘油 25,氯化锌 1,酒精 56	
RJ21	松香 38,正磷酸(比重 1.6)12,酒精 50	铬钢、镍铬不锈钢的挂锡和钎锡
RJ24	松香 55,盐酸苯胺 2,甘油 2,酒精 41	铜及铜合金的钎焊

5. 硬钎剂

钎焊温度高于 450℃时用的钎剂称为硬钎剂。现有硬钎剂主要是以硼砂、硼酸及它们的混合物作为基体。为了得到合适的熔点和增强它的去氧化物能力，再添加各种碱金属或碱土金属的氟化物、氟酸盐等。它们去除氧化膜的反应如下：

硼酸（H_3BO_3）加热时分解形成硼酐 B_2O_3

$$2H_3BO_3 \longrightarrow B_2O_3+3H_2O\uparrow$$

硼酐的熔点为 580℃，它能与铜、锌、镍和铁的氧化物形成易熔的硼酸盐

$$MeO+B_2O_3 \longrightarrow MeO \cdot B_2O_3$$

以渣的形式浮在钎缝表面，既可去膜，又能起机械保护作用。

硼砂（$Na_2B_4O_7 \cdot 10H_2O$）含结晶水，需脱水后使用。硼砂在 741℃熔化，液态下分解为硼酐和偏硼酸钠

$$Na_2B_4O_7 \longrightarrow B_2O_3+2NaBO_2$$

硼酐与金属氧化物形成易熔的硼酸盐，而偏硼酸钠又与硼酸盐形成熔点更低的复合化合物。

$$MeO+2NaBO_2+B_2O_3 \longrightarrow (NaBO_2)_2 \cdot Me(BO_2)_2$$

容易浮到钎缝表面。因此，硼砂去氧化物能力比硼酸强，但其熔点较高、黏度大、流动性差。

硼砂-硼酸钎剂配合银钎料使用时，其熔点仍太高、黏度太大。为进一步降低其熔点，提高去氧化物能力并降低表面张力，需要加入氟化钾（KF）或氟硼酸钾（KBF_4）。硬钎剂残渣有腐蚀性，焊后必须进行清洗。

表 5-10-22 列出了典型硬钎剂的组分及用途。

表 5-10-22　典型硬钎剂的组分及用途

牌号	组分(质量分数,%)	作用温度/℃	用途	备注
FB101	硼酸 30,氟硼酸钾 70	550~850	银钎料钎剂	QJ101
FB102	无水氟化钾 42,氟硼酸钾 23,硼酐 35	600~850	应用最广的银钎料钎剂	QJ102
FB103	氟硼酸钾>95,碳酸钾<5	550~750	用于银铜锌镉钎料	QJ103
FB104	硼砂 50,硼酸 35,氟化钾 15	650~850	银钎料炉中钎焊	QJ104
FB105	硼酸 80,脱水硼砂 14.5,氟化钙 5.5	850~1150	铜基钎料钎焊不锈钢	201 号

6. 铝用钎剂

(1) 铝用软钎剂

按其去除氧化膜的方式分为有机钎剂和反应钎剂两类。

1）有机钎剂。主要组分是三乙醇胺，为了提高活性可加入氟硼酸或氟硼酸盐，主要依靠生成的有机

氟硼化物去除氧化膜。这类钎剂热稳定性差，长时间加热会失去活性，温度超过 275℃时钎剂炭化失效。钎剂活性差，钎料不易流入接头间隙，但残渣腐蚀性低。

2）反应钎剂。主要组分是锌、锡等重金属氯化物。为提高其活性，添加少量锂、钠、钾等卤化物。一般都含有氯化铵或溴化铵，以改善润湿性及降低熔点。

反应钎剂一般以粉末状及溶在有机溶剂（乙醇、甲醇等）中使用。粉末状钎剂吸湿性大，吸水后形成氯氧化物而失去活性，应密封保存。

表 5-10-23 列出了铝用软钎剂的组分及特性。

表 5-10-23　铝用软钎剂的组分及特性

类别	牌号	组分（质量分数，%）	钎焊温度/℃	腐蚀性	导电性	
					钎剂	残渣
有机钎剂	剂 204	$Cd(BF_4)_2$ 10，$Zn(BF_4)_2$ 2.5，NH_4BF_4 5，三乙醇胺 82.5	180~275	小	中	低
反应钎剂	剂 203	$ZnCl_2$ 55，$SnCl_2$ 28，NH_4Br 15，NaF 2	280~350	大	高	高
		$SnCl_2$ 88，NH_4Cl 10，NaF 2	300~340	大	高	高
		$ZnCl_2$ 88，NH_4Cl 10，NaF 2	330~385	大	高	高

（2）铝用硬钎剂

铝用硬钎剂是以碱金属或碱土金属的氯化物的二元或三元低熔混合物作为基体组分，加入氯化锂，可显著提高钎剂去膜能力，且铺展性好、黏度小、熔点低，但氯化锂价格昂贵，成本高。加入 NaF 或 KF 也可提高去膜能力，但量过多会使钎剂熔点升高，使钎料铺展性变差；加入氯化锌、氯化亚锡等重金属氯化物可提高钎剂活性。

这类钎剂利用钎剂对铝的电化学腐蚀作用来剥脱附着在铝上的氧化膜。含氯化锌的钎剂有很强的溶蚀作用，只适于火焰钎焊，而不适于炉中钎焊和盐浴浸渍钎焊。这类钎剂具有强烈的腐蚀作用，焊后必须彻底清除残渣。

表 5-10-24 列出了典型铝用硬钎剂的组分及用途。

表 5-10-24　典型铝用硬钎剂的组分及用途

牌号	组分（质量分数，%）	钎焊温度/℃	用　　途
QJ201	KCl 50，LiCl 32，$ZnCl_2$ 8，NaF 10	450~620	火焰钎焊、炉中钎焊
QJ202	KCl 28，LiCl 42，$ZnCl_2$ 24，NaF 6	450~620	火焰钎焊、炉中钎焊
QJ206	KCl 32，LiCl 25，$ZnCl_2$ 8，SnCl 25，LiF 10	550~620	火焰钎焊、炉中钎焊
YJ17	KCl 51，LiCl 41，KF 3.7，AlF_3 4.3	>560	浸渍钎焊
129A	KCl 49.5，LiCl 11.8，NaCl 33，LiF 1.9，$ZnCl_2$ 1.6，$CdCl_2$ 2.2	550	炉中钎焊
171B	KCl 48.7，LiCl 24.2，NaCl22.1，LiF 2.0，TiCl 3	490	炉中钎焊，用于 2A12，5A02
H701	KCl 46，LiCl 12，NaCl 26，$KFAlF_3$共晶 10，$ZnCl_2$ 1.3，$CdCl_2$ 4.7	>560	火焰钎焊、炉中钎焊
1712B	KCl 47，LiCl 23.5，NaCl 21，AlF_3 3，$ZnCl_2$ 1.5，$CaCl_2$ 2，TiCl 2	>500	火焰钎焊、炉中钎焊，用于 2A12，5A02
QF	$KF \cdot 2H_2O$ 42~44，$AlF_3 \cdot 31/2H_2O$ 56~58	>570	炉中钎焊

7. 气体钎剂

气体钎剂又称气态钎剂，它可能本身即为气体，也可能是低沸点的液态物质或低升华点的固态物质的汽化产物。气体钎剂主要用于炉中钎焊和火焰钎焊。其优点是焊后一般没有固态残渣，不需作焊后清洗。

在炉中钎焊用的气体钎剂中，活性气体有氯化氢、氟化氢和三氟化硼，前两者对母材有腐蚀作用，通常添加在惰性气体中使用。三氟化硼可显著提高润湿性，对母材腐蚀性小。低沸点液态三氯化硼和三氯化磷等的汽化产物加入惰性气体中可以在 300~1000℃钎焊铜及铜合金、碳素钢及不锈钢、铝及铝合金等。低升华点的氟化铵、氟硼酸铵和氟硼酸钾等可直接放入钎焊炉中使用，它们分别在 600~800℃、850~950℃和 800~900℃完全分解（升华），生成 HF、BF_3、KF 和 H_2等汽化产物，能很好地去除母材表面的氧化物。因其分解温度高，故主要用于钢的硬钎焊。

火焰钎焊常采用硼有机化合物的蒸气作气体钎剂，如硼酸甲酯、硼甲醚等的蒸气。可把这些蒸气加在燃气中，它们在火焰中与氧反应生成硼酐，靠硼酐与母材金属氧化物形成易熔的硼酸盐而被清除掉。

使用气体钎剂需要采取相应的安全措施，因为所有用作气体钎剂的汽化产物都有毒性。

8. 钎剂的腐蚀性

按钎剂残渣对钎焊接头的腐蚀作用可分为腐蚀性钎剂、弱腐蚀性钎剂和非腐蚀性钎剂三类。

软钎剂中的无机软钎剂均为腐蚀性钎剂，有机软钎剂则属于弱腐蚀性或非腐蚀性这两类。

无机软钎剂中的氯化锌钎剂在钎焊时易发生飞溅，在母材的被溅射处引起腐蚀，还可能析出有害气体。为了解决上述问题并方便使用，通常用凡士林混制成膏状。

有机软钎剂中的有机酸和有机胺盐两类钎剂的残渣有一定的腐蚀性，属于弱腐蚀性钎剂。因此，钎焊后应清除残渣，而铵及酰胺类钎剂的残渣腐蚀性不大。

活性松香钎剂的去氧化物能力及促进钎料铺展的作用都比松香钎剂好，其钎剂残渣一般有轻微的腐蚀性，钎焊后应予清除。

硬钎剂中硼砂和硼酸的残渣对金属的腐蚀作用虽然不大，但易在接头表面形成玻璃状硬壳，它不溶于水，也很难用机械方法清除干净。硬钎剂的残渣均有腐蚀性，焊后必须清除。

注意，含氟量高的钎料在熔化状态下能与母材强烈作用，也会引起腐蚀。

钎焊铝及铝合金时常采用氯化锌含量较大的钎剂，这类钎剂对母材有强烈的腐蚀作用，因而钎焊后要彻底清除钎剂残渣。氟化物基硬钎剂及其残渣均不溶于水，也不吸潮、不水解。因此，对铝没有腐蚀作用，甚至其残渣对母材还有一定保护作用。

10.3 钎焊方法

根据热源的性质及其加热的方式来分类，钎焊有烙铁钎焊、火焰钎焊、浸渍钎焊、电阻钎焊、感应钎焊、炉中钎焊、波峰钎焊和再流钎焊等几种。

10.3.1 烙铁钎焊

使用烙铁进行加热的软钎焊称为烙铁钎焊。烙铁加热方式一种是用外热源（如煤炭、气体火焰）加热，一种是电阻热加热，即电烙铁，前者已基本淘汰。钎焊时，将加热了的烙铁端头先蘸上钎剂，熔化后再蘸上钎料，再将烙铁端头与焊件接触，热量迅速地由烙铁传到焊件，达到钎焊温度，液态钎料即填满钎缝而完成焊接。

烙铁钎焊属手工操作，烙铁的电功率有限，温度低、传热慢，故只能钎焊小零件。由于设备简单、机动灵活、节约材料等优点，非常适用于无线电、仪表工业部门和电器修理部门使用。

10.3.2 火焰钎焊

使用可燃气体燃烧的火焰进行加热的钎焊称为火焰钎焊。火焰钎焊可用通用气焊炬，也可用专用钎焊炬。专用钎焊炬的火焰比较分散，加热较均匀、范围大。焊接大焊件时还可采用装有多焰喷嘴的专用钎焊炬。

火焰钎焊所用的可燃气体有乙炔、丙烷、石油气、雾化汽油及煤气等，最常用的是氧乙炔焰，其最高温度达 3100℃，钎焊所需温度比此温度低（很少超过 1200℃），常用外焰区来加热，因该区火焰温度较低而体积较大，加热均匀。一般使用中性焰或轻微过乙炔焰，以防止母材和钎料过分氧化。使用黄铜钎料时，为了在钎料表面形成一层氧化锌薄膜，以防止锌的蒸发，可采用轻微氧化焰。氧乙炔焰主要用于铜和钢的钎焊。

当对加热温度要求不高时，可用压缩空气代替氧，用丙烷、石油气、雾化汽油等代替乙炔。这些火焰温度较低，适用于钎焊小件、薄件和铝及铝合金。使用软钎料时，还可以采用喷灯加热。

火焰钎焊需用钎剂去膜，膏状钎剂和钎剂溶液较为方便，加热前可均匀地涂于钎焊表面；粉钎剂则先把钎料棒端加热，蘸上钎剂再送到加热了的钎焊表面。钎焊时，应先均匀加热焊件，使其达到钎焊温度再送进钎料，否则钎料不能均匀填充间隙。对于预置钎料的接头，应先加热焊件，避免火焰直接与钎料接触，使其过早熔化。

10.3.3 浸渍钎焊

将焊件或装配好钎料的焊件整体或局部浸沉在钎料浴槽或盐浴槽中进行加热的钎焊称为浸渍钎焊。浸渍钎焊过程中可同时进行淬火、渗碳、氰化等热处理。

按所用液体介质不同，浸渍钎焊分为盐浴（盐液）钎焊和金属浴（熔化钎料）钎焊两类。

1. 盐浴钎焊

盐浴钎焊是将装配好钎料的焊件浸沉在盐浴槽中加热而进行的浸渍钎焊，主要用于硬钎焊。盐液在钎焊中起着加热和保护焊件的作用。常用盐液有以下几类：

1）中性氯盐。它可防止焊件表面氧化。除用铜钎焊低碳钢外，用铜基钎料和银钎料进行钎焊时，需在焊件上预置钎剂。钎剂可以用刷涂、浸渍或喷洒到焊件上。

2）在中性氯盐中加入少量钎剂。通常加入硼砂，以提高盐浴的去氧化物能力。这样在焊件上就不必预先施加钎焊。但为了保持盐液的去氧化物能力，应定时补充加入钎剂。

3）渗碳和氰化盐。这些盐本身就具有钎剂作用，这样在钎焊钢时，就可对钢表面起渗碳和渗氮作用。

表 5-10-25 列出了盐浴钎焊钢和低合金钢用的盐液组分和钎焊温度。

表 5-10-25 盐浴钎焊钢和低合金钢用的盐液组分和钎焊温度

盐类	组分(质量分数,%)	钎焊温度/℃	适用钎料
中性	$BaCl_2$ 100	1100~1150	铜
中性	$BaCl_2$ 95, NaCl5	1100~1150	铜
中性	$BaCl_2$ 80, NaCl20	670~1000	黄铜
中性	NaCl100	850~1100	黄铜
含钎剂	$BaCl_2$ 80, NaCl20, 硼砂 1	900~1000	黄铜
中性	$BaCl_2$ 50, KCl50	730~900	银钎料
中性	$BaCl_2$ 55, NaCl25, KCl20	620~870	银钎料
氰化	Na_2CO_3 20~30, KCl 20~30, NaCN30~40	650~870	银钎料
渗碳	NaCl30, KCl30, 碳酸盐 20, NaCN15~20, 活性剂余量	900~1000	黄铜

盐浴钎焊的主要设备为盐浴槽，其加热方式有外热式和内热式两种，前者是在槽外用电阻丝加热，应用不广；后者是靠电流通过盐液产生电阻热进行自身加热，被广泛应用。图 5-10-5 所示为内热式盐浴槽的结构。当电流流过盐液时由于电磁场的搅拌作用，使整个盐液的温度均匀，可控制在±3°范围内。

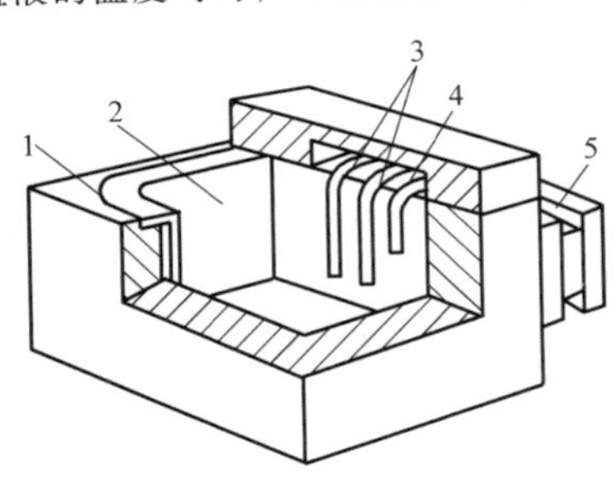

图 5-10-5 内热式盐浴槽的结构

1—炉壁 2—盐浴槽 3—电极 4—热电偶 5—变压器

操作时应注意，一切要接触盐浴的焊件和器具均需预热除水，以免接触盐浴时引起盐液猛烈喷溅。通常是用电炉预热。长、大焊件切勿水平浸入盐浴，而应以一定倾角逐渐浸入与取出，这样可保证盐液能均匀地浸入和流出。

盐浴钎焊的优点是温度可精确控制、加热均匀，一次可完成大量、多种钎缝的焊接生产率高、易实现机械化和大批量生产。缺点是焊后清洗焊件上的残余钎剂十分费事，盐浴蒸气和废水容易引起污染、耗电量大等。

2. 金属浴钎焊

金属浴钎焊是将焊件浸沉在覆盖有钎剂的钎料浴槽中加热的浸渍钎焊。通常是将熔化的钎料当作加热介质，进行恒温加热。装配好的焊件在被液态钎料加热的同时，钎料也渗入接头间隙而完成钎焊。其优点是加热均匀、温度控制精确、装配比较容易（不必安放钎料和钎剂）、生产率高，而且一次能完成大量多种和复杂钎缝的钎焊，如蜂窝式换热器、散热器等。缺点是焊件表面除非做了阻焊处理，否则将全部搪满钎料，增加了钎料消耗。

10.3.4 电阻钎焊

电阻钎焊是利用电流流过焊件或加热板产生的电阻热进行的钎焊。有两种加热方式，如图 5-10-6 所示。

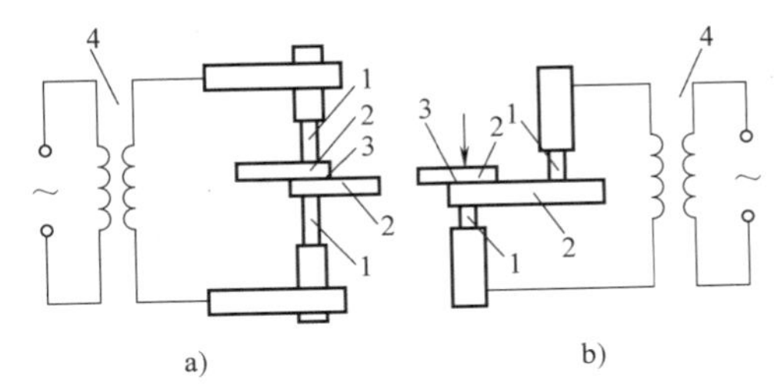

图 5-10-6 电阻钎焊的原理

a）直接加热法 b）间接加热法

1—电极 2—焊件 3—钎料 4—变压器

直接加热法的电流通过钎焊面和钎料，靠钎焊界面的电阻热加热到钎焊温度，加热速度很快。这种方法要求焊件钎焊面紧密贴合；不能使用固体钎剂（因其不导电），最好使用自钎剂钎料，如磷铜钎料等。必须使用钎剂时，应以水溶液或酒精溶液形式使用。

间接加热法的电流或只通过一个焊件，或根本不通过焊件，而是通过另外一块石墨板或耐热合金板，将焊件置于该板上，全部靠该板的电阻热传导到焊件来实现钎焊。这种方法可使用固体钎剂，对焊件配合要求不太高。间接加热电阻钎焊的优点是便于钎焊热物理性能差别大的材料或厚度相差悬殊的焊件，避免加热中心（熔核）偏离钎焊面，但加热速度慢，只适用于小件钎焊。

电阻钎焊适于采用箔状钎料，若用丝状钎料，需等钎焊面加热到钎焊温度后，再把钎料丝末端送到钎缝间隙旁以填满缝隙。

电阻钎焊可在通用电阻焊机上进行，也可采用专门为电阻钎焊而设计的设备。

电阻钎焊优点是加热迅速、生产率高、劳动条件好，但加热温度控制不精确，接头尺寸不能太大，形状也不能复杂。

主要用于刀具、带锯、导线端头、电触头、电机的定子线圈以及集成电路块元器件的连接等。

10.3.5 感应钎焊

利用高频、中频或工频交流电感应加热进行的钎焊称为感应钎焊。图 5-10-7 所示为感应钎焊的工作原理。钎焊时，将焊件置于感应圈产生的交流磁场中，焊件即产生感应电流（涡流）而被加热。焊件内的感应电流与交流电的频率成正比。随着所用交流电频率的提高，感应电流增大，焊件的加热变快。所以，感应钎焊用的多数是高频交流电，一般多在 10kHz 以上。但是，频率越高，交流电的集肤效应越明显，即加热深度越浅。焊件内部只能靠表面层向内部导热来加热，这样加热不易均匀。

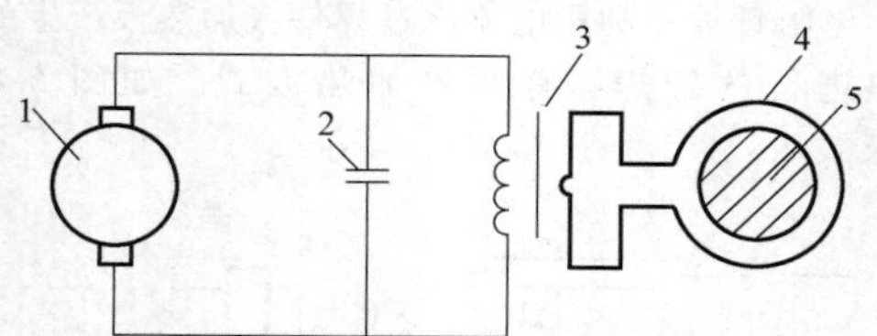

图 5-10-7 感应钎焊的工作原理

1—交流电源 2—电容 3—变压器 4—感应圈 5—焊件

焊件表面电流渗透的深度与焊件材料的电阻率和磁导率有关，电阻率越大，电流渗透深度越深，表面效应越小；磁导率越小，电流渗透深度则越大。因此，电阻率大的金属比电阻率小的金属加热速度快；磁性金属比非磁性金属加热速度快。钢的电阻率较大，表面效应较小，可以采用较高的交流频率；铜和铝的磁导率虽小，但电阻率比钢要小得多，因此宜采用较低的频率和较大的功率进行钎焊。

感应钎焊设备主要有交流电源、感应圈以及定位与夹紧焊件用的夹具等。感应圈（又叫感应器）的结构设计关系到钎焊的质量和产量。正确设计和选用感应圈的原则是：保证焊件加热迅速，均匀和高效率。除交流电源的工作频率和输出功率外，下列因素也影响感应圈的磁场和焊件加热区形状：①感应圈的形状；②感应圈的匝数；③每匝之间的间距；④感应圈与焊件之间的距离（空气隙）。

图 5-10-8 所示为这些因素对加热区形状的影响。

感应圈一般用纯铜管制作，工作时管内通水冷却。对小功率电源，铜管直径可小到 3mm；对 20~50kW 的电源，直径一般为 5~6mm。铜管壁厚应不小于电流渗透深度，一般为 1~1.5mm；只要水流冷却足够充分，可以用薄壁小管，一般进口水温为 20~35℃，出口水温应低于 66℃。

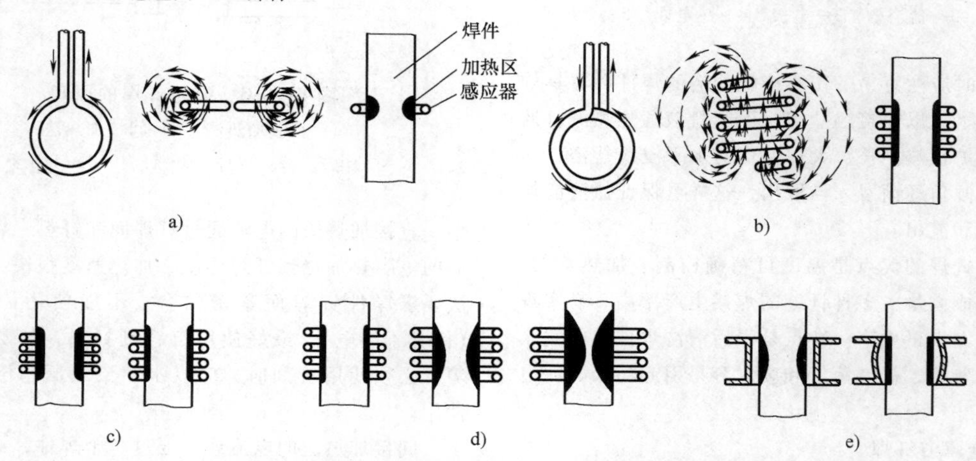

图 5-10-8 感应器（圈）设计要素对加热区形状的影响

a）单匝感应器的影响 b）多匝感应器的影响 c）感应圈匝间距离的影响 d）感应圈与焊件之间距离的影响 e）单匝感应器形状的影响

感应圈应有与焊件相似的外形，与焊件之间的距离（空气隙）一般为 1.5~3mm，过大会降低热效率。感应圈的匝间距离一般也为 1.5~3mm。调节空气隙和匝间距离可以获得多种多样的加热区形状，如图 5-10-8b和图 5-10-8d 所示。

图 5-10-9 所示为高频感应钎焊感应器的基本设计与用例。

感应钎焊时，焊件放在感应圈内，无法进给钎料，故必须在装配时预先把钎料和钎剂放好。可使用箔状、丝状、粉末状和膏状的钎料。图 5-10-10 所示为感应钎焊用的典型钎料预制件。

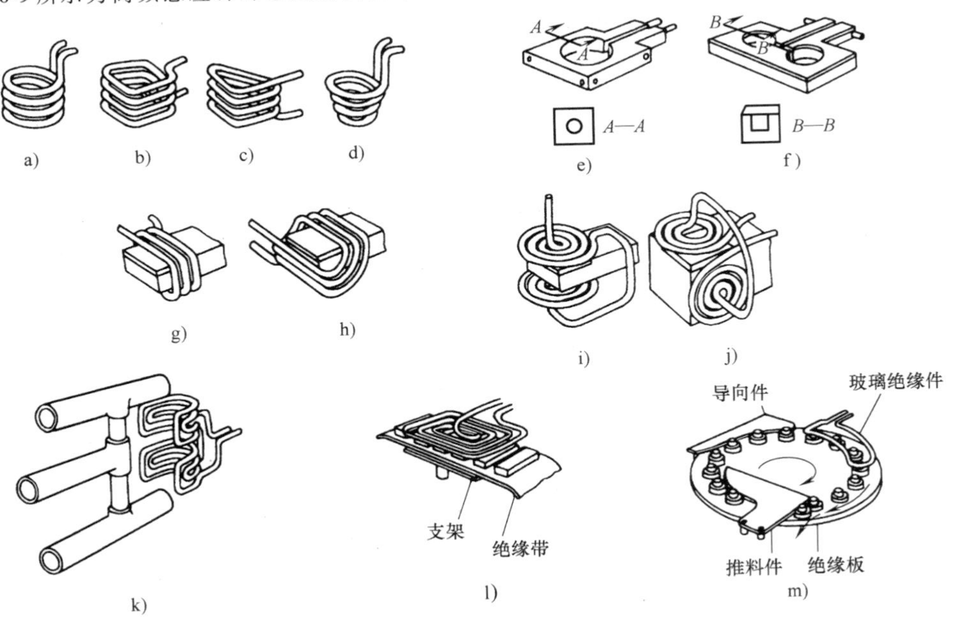

图 5-10-9　高频感应钎焊感应器的基本设计与用例

a)、b)、c)、d) 多匝式感应器　e)、f) 单匝式单工位和双工位感应器　g)、h) 多匝感应器钎焊刀头　i)、j) 扁盘式感应器钎焊刀头　k) 特殊外形感应器　l) 传送型扁盘式感应器（用于传送带上钎焊）　m) 传送型发卡式感应器（用于回转台上连续钎焊）

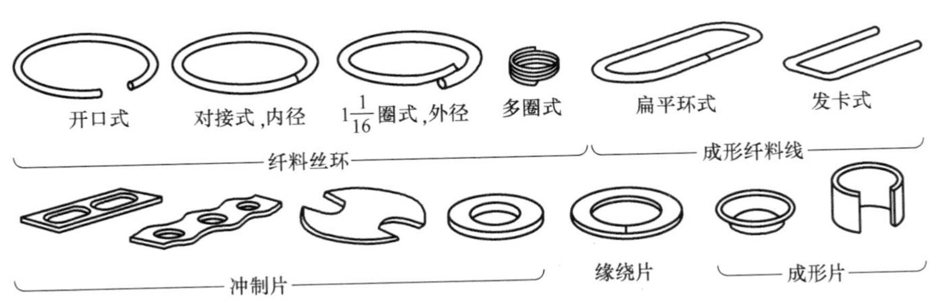

图 5-10-10　感应钎焊用的典型钎料预制件

感应钎焊广泛用于钎焊钢、铜及铜合金、高温合金等具有对称形状的焊件。异种金属也可以使用感应钎焊，但在钎焊磁性金属与非磁性金属时，必须用特殊的技术来补偿它们在加热速度上的差异和线胀系数上的差异。铝、镁及其合金硬钎焊，由于温度不易控制，很少使用感应钎焊。

10.3.6　炉中钎焊

将装配好钎料的焊件放在炉中加热所进行的钎焊称为炉中钎焊。根据钎焊过程焊件所处的气体不同分为空气炉中钎焊、还原性气体炉中钎焊、惰性气体炉中钎焊和真空炉中钎焊。炉中钎焊的特点是焊件整体加热，加热均匀，焊件变形小；加热速度慢，通常是采取一炉同时钎焊多件来提高生产率，或采取连续传送方式进行大批量生产。

炉子的加热方法有火焰加热和电加热两种，后者较为常用。

1. 空气炉中钎焊

在空气炉中进行的钎焊称为空气炉中钎焊。需要利用钎剂去除氧化膜。这种方法成本低，但加热速度慢，焊件加热易氧化，因此较少使用，主要用于铝及铝合金的钎焊。

2. 保护气体炉中钎焊

按所用气体性质分为还原性气体炉中钎焊和惰性气体炉中钎焊。

所用的还原性气体的主要组分是氢和一氧化碳，它们不仅能防止空气侵入，还能还原工件表面的氧化物，有助于钎料对母材润湿。表 5-10-26 列出了炉中钎焊用的还原性气体及其用途。

表 5-10-26 炉中钎焊用的还原性气体及其用途

气体	主要成分(体积分数,%)				露点	用途		备注
	H_2	CO	N_2	CO_2	/℃	钎料	母材	
放热气体	14~15	9~10	70~71	5~6	室温	铜、铜磷、黄铜、银	碳素钢、无氧铜、镍、蒙乃尔	脱碳性
	15~16	10~11	73~75	—	-40		无氧铜、碳素钢、镍、镍基合金、高碳钢	渗碳性
吸热气体	38~40	17~19	41~45	—	-40			
氢气	97~100	—	—	—	室温		无氧铜、碳素钢、镍、高碳钢、镍基合金、不锈钢	脱碳性
干燥氢气	100	—	—	—	-60	铜、铜磷、黄铜、银、镍基		
分解氨	75	—	25	—	-60			

在还原性气体炉中钎焊时，最常用的钎料是铜和镍基钎料，因它们不含易发挥元素。钎料中锌的含量应低，以减少锌的挥发；钎焊铜时，必须是无氧铜。

惰性气体炉中钎焊用的是氩气，只起保护作用，其纯度高于 99.99%。通常焊件放在容器内，在流动氩气中钎焊。此钎焊方法，安全可靠，但成本较高。

3. 真空炉中钎焊

真空炉中钎焊是将装配好钎料的焊件置于真空炉中加热所进行的钎焊，简称真空钎焊。在高真空条件下，一些金属表面的氧化物在高温时发生挥发。如果采用连续抽气保持真空，则可以清除硬钎焊时释放出的挥发物质。钢中的碳在真空中加热对氧化物有还原作用，因此在钎焊含有铬、钛、铝等元素的合金钢、高温合金、钛合金、铝合金及难熔金属时，无须使用钎剂。

真空钎焊的主要优点是钎焊质量高，可以钎焊其他方法无法钎焊的材料，但由于在真空中金属易蒸发，因此不宜采用锌、镉、锂、锰、镁和磷等元素含量多的钎料，也不适于钎焊含有大量这些元素的母材。

10.3.7 波峰钎焊和再流钎焊

1. 波峰钎焊

波峰钎焊是熔融的液态钎料借助泵的作用，在钎料槽液面形成特定形状的钎料波形，在特定的角度和浸入深度下，插装的线路板底部穿过钎料波峰而形成焊点的焊接。图 5-10-11 所示为电子组装技术中的波峰钎焊。

波峰钎焊用的焊接设备主要由传送系统、软钎剂涂布区、预热区、锡炉（焊接）区、冷却区和排气系统等组成，如图 5-10-12 所示。

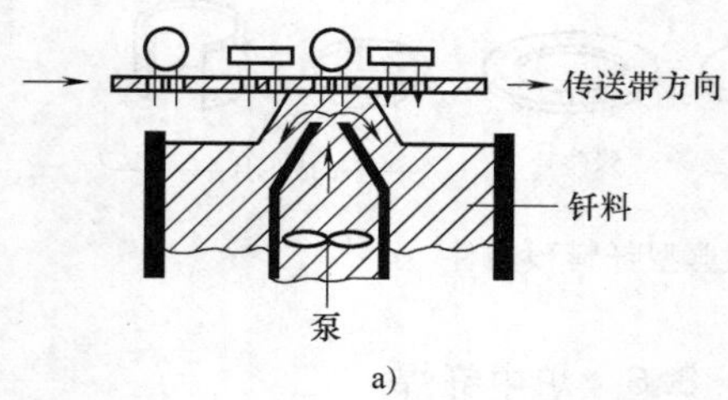

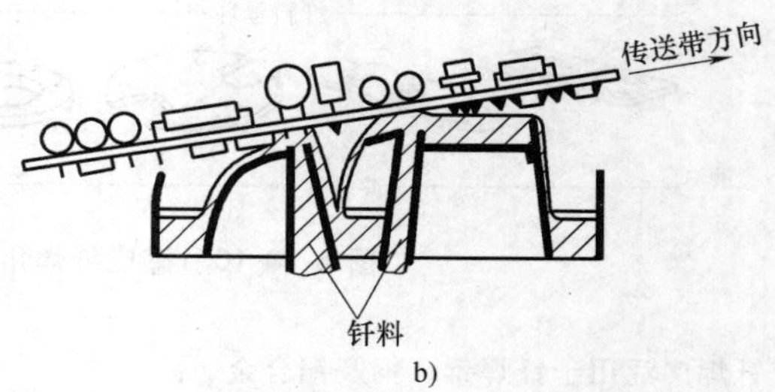

图 5-10-11 电子组装技术中的波峰钎焊

a）单波峰焊 b）双波峰焊

2. 再流钎焊

（1）再流钎焊的原理和方法

再流钎焊简称再流焊或回流焊。再流焊的基本过程是：焊前，在一个焊件的待焊面上预先涂覆好钎

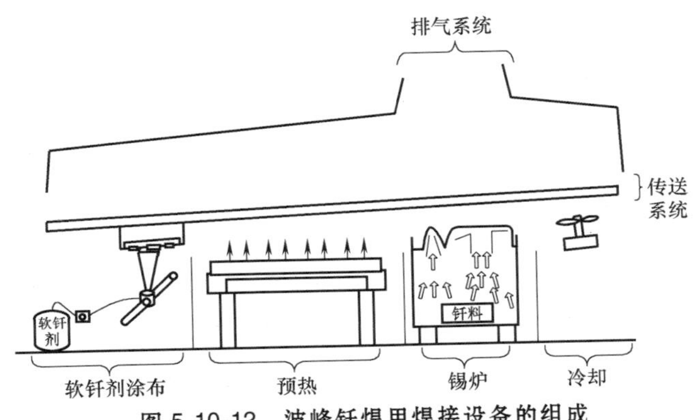

图 5-10-12　波峰钎焊用焊接设备的组成

料，再将另一焊件的待焊面贴在该钎料之上，然后对焊接部位加热使钎料熔化（即再次流动），冷凝后便实现两焊件间的连接。

再流焊广泛用于在精密电子印制电路板（PCB）表面上贴装元器件。通常采用膏状钎料。焊前需通过印制或滴注等方法将钎料膏涂覆在电路板的焊盘上，再用专用贴片机在上面放置表面贴装元件（SMC/SMD），然后通过一定方式进行预热和加热，钎料再流实现焊接。

按所用的热源和加热方式，再流焊有红外再流焊、热风再流焊、气相再流焊和激光再流焊等几种。

（2）红外再流焊

红外再流焊是利用红外线辐射能进行加热的再流焊方法，是目前应用较广泛的表面组装（SMT）焊接工艺。图 5-10-13 所示为红外再流焊的原理示意图。

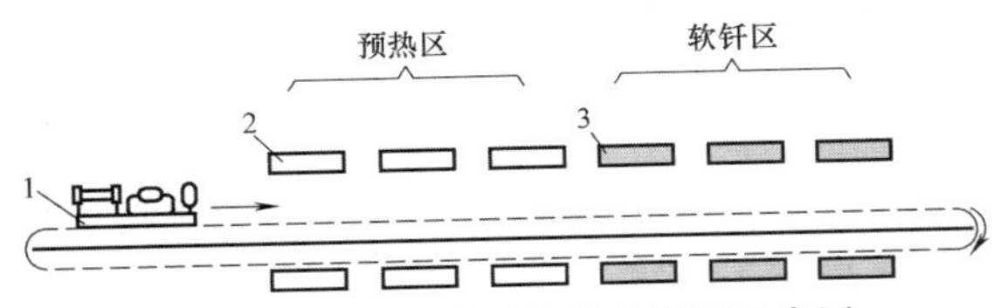

图 5-10-13　红外再流焊的原理示意图

1—已涂钎料膏和放置元器件的印制电路板　2—预热区红外线辐射元件　3—软钎区红外线辐射元件

红外再流焊中采用波长为 1~7μm 的红外线，以实现均匀加热。图 5-10-14 所示为红外再流焊热循环曲线。预热升温和保温是为了控制温升不要过快从而使钎剂激活并充分发挥作用，使印制电路板上的温度均匀。升温速度控制在 1~4℃ · s^{-1}。绝大多数软钎剂的活性温度为 145℃，故保温温度取 150℃，最高不超过 180℃；保温时间以 1~3min 为宜。再流阶段最理想的温度是超过钎料合金熔点 30~40℃。保温时间一般为 30~90s，过短将导致润湿不良，过长会导致焊点界面金属间化合物层过厚而降低焊点的可靠性，最好控制在 60s 以内。温度梯度应在 2.5~3 ℃ · s^{-1}之间。冷却速度一般应控制在 3~4℃ · s^{-1}之间。

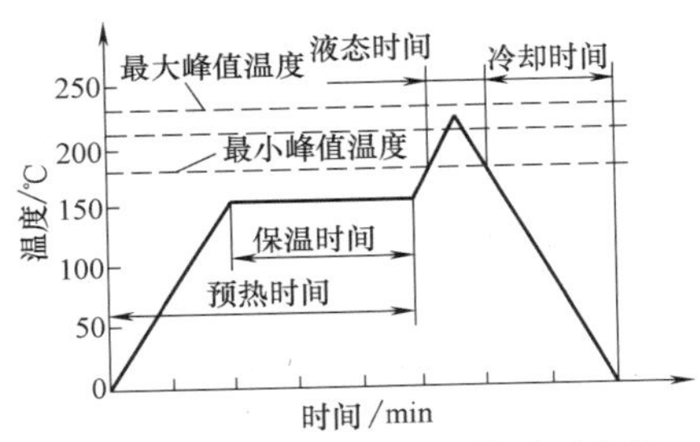

图 5-10-14　红外再流焊热循环曲线

红外再流焊一般采用隧道加热炉，适用于流水线大批量生产。

（3）热风对流再流焊

热风对流再流焊是利用受热空气对流传热实现再流焊的一种方法，简称热风再流焊。受热空气在鼓风机的驱动下在炉中形成对流，对焊件进行加热，加热温度比红外再流焊更为均匀。实际生产中多采用红外与热风相结合的加热方式。

在再流焊炉内，一般在传送方向上设置若干个温区，以获得温度控制精确的再流焊热循环，图 5-10-15所示为 Sn63Pb37 钎料膏再流焊的热循环，分为预热区、保温区、再流区、冷却区等四个阶段。

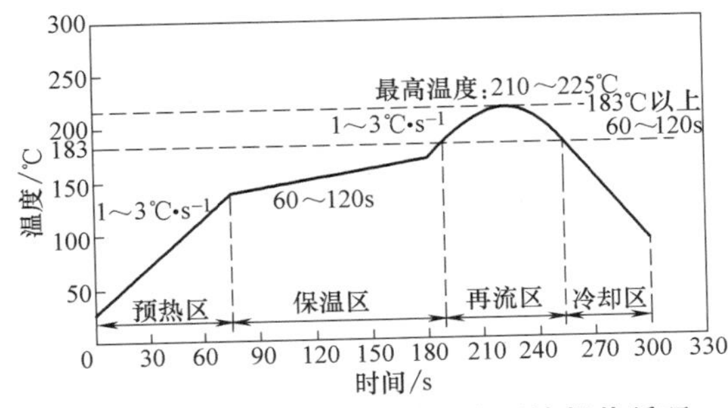

图 5-10-15　Sn63Pb37 钎料膏再流焊热循环

(4) 气相再流焊

气相再流焊是利用饱和蒸汽的汽化潜热来实现加热的一种再流焊方法。图 5-10-16 所示为这种方法的基本原理。焊件放置在充满饱和蒸汽的氛围中，蒸汽与焊件接触时冷凝并放出汽化潜热使钎料膏熔化。

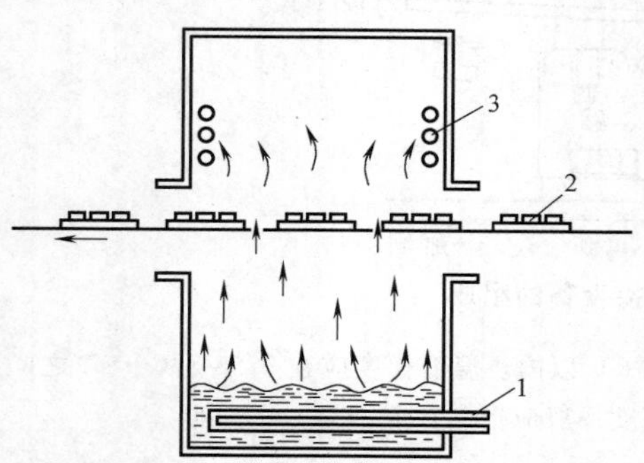

图 5-10-16　气相再流焊的基本原理

1—加热器　2—焊件　3—冷却管

气相再流焊的优点是整体加热、温度均匀且控制精度高，不会发生过热现象。此外，饱和蒸汽起到清洗作用，可去除钎剂和钎剂残渣。缺点是必须用其他方法预热，如红外辐射等。此外，溶剂价格昂贵，生产成本高；操作不当，溶剂受热分解会产生有毒气体。

(5) 激光再流焊

激光再流焊是利用激光辐射能进行加热的一种再流焊。激光再流焊属点焊工艺，采用局部加热进行逐点焊接，很适于窄间距的微电子元器件外引线的焊接。其优点是钎焊时间短（200~500ms）、热影响区小、热应力小、焊点显微组织细密及抗热疲劳性好。但用于印制电路板表面组装时需要复杂的控制系统，目前还局限在引线间距为 0.65~0.5mm 的高密度组装应用。

(6) 钎料膏

再流焊所用的钎料是由钎料合金粉末和钎剂均匀混合而成的膏状物，称为钎料膏。钎料膏中的钎料为粉末状，约占总质量 85%~90%（质量分数）。

对钎焊膏的基本要求是：

1）良好的印制性能。通过印制设备很容易涂敷到印制电路板表面，且可连续印制。

2）具有一定黏性。在再流焊前可以固定在待焊的电子元器件上。

3）具有较好的流变性能。在放置或预热时不产生坍塌或桥连现象。

4）具有良好的焊接性。不会发生钎料球飞溅而引起短路。在再流焊的过程中可去除金属氧化物并润湿母材表面，形成可靠连接。焊后残余物具有较高的绝缘电阻，清洗容易或免清洗。

5）贮存时间长。长时间存放性质没有变化，一般在 0~5℃下可保存 3~6 个月。印制后放置时间长，一般在常温下能放置 12~24h。

6）无毒、无臭和无腐蚀。

Sn-Pb 钎料具有优良的物理、机械、电气和冶金性能，适合于印制电路板的组装焊接，但是铅是一种有毒性的元素，长期与铅物质接触将对人体健康造成危害。因此，已有很多国家立法来限制铅的使用。1986 年禁止在饮用水供应系统中使用 Sn-Pb 钎料，1993 年禁止电子产品中使用含铅钎料；欧盟从 2006 年 7 月 1 日起禁止在电子电气产品使用含铅钎料。我国也从 2006 年 7 月 1 日起禁止在国家重点监管目录内的电子信息产品中含有铅、汞、镉、六价铬、聚合溴化联苯（PBB）或聚合溴化联苯乙醚（PBDE）等有害物质。无铅化已经成为电子产品发展的必然趋势。

目前，用于电子组装的无铅软钎料合金以 Sn 为基体，添加 Ag、Cu、Sb、In、Bi、Zn 等其他合金元素，而 w（Pb）控制在 0.1%~0.2%。无铅钎料大部分为专利保护产品，其详细成分尚未公开。表 5-10-27列出了常用的无铅钎料合金系。

表 5-10-27　常用的无铅钎料合金系

无铅钎料		熔点(熔化范围)/℃	主要特点
Sn-Ag 系列	Sn-2Ag	221~226	成本低
	Sn-3.5Ag	221	成本、熔点偏高,抗蠕变能力强
	Sn-3.5Ag-1Zn	217	力学性能好,抗蠕变能力强
	Sn-3.33Ag-4.83Bi	212	抗剪强度高,润湿性好
	Sn-1Ag-1Sb	222~232	成本低
	Sn-25Ag-10Sb	233	强度高
	Sn-Ag-Cu-Sb	210~215	成本低,热循环疲劳性能好
Sn-In 系列	Sn-35In	120~162	成本高
	In-48Sn	118	成本高,延展性好,抗蠕变能力强
	Sn-20In-2.8Ag	178.5~189.1	成本高,总体性能好

（续）

无铅钎料		熔点（熔化范围）/℃	主要特点
Sn-Zn 系列	Sn-9Zn	198	易形成夹渣，力学性能好
	Sn-9Zn-5In	188	熔点接近 Sn-37Pb，易形成渣，易腐蚀
	Sn-9Zn-10In	178	同 Sn-9Zn-5In，且成本高
	Sn-8.55Zn-0.45Al	199	—
Sn-Bi 系列	Bi-43Sn	138	延展性差
	Sn-Bi-Zn	193~200	仅能用于惰性气氛
	Sn-7.5Bi-2Ag	207	熔点比 Sn-Ag 低

目前，在印制电路板组装中使用无铅钎料的主要问题是：①其熔点与过去用的 Sn-Pb 钎料相差较大，难以与传统的软钎焊焊接参数兼容；②超电势问题，无铅钎料中一些合金元素对 H、Cl 的超电势很低，引起钎焊区残留的 H、Cl 离子迁移产生电极反应，易导致集成电路元器件的短路。

无铅钎料膏中的钎剂主要由活性剂、溶剂和添加剂三部分组成。主要有水溶性软钎剂、免清洗钎剂、无挥发性有机物（VOC）钎剂等几种，这些新型钎剂均不含氟利昂等不利于环境保护的物质。

水溶性软钎剂指钎焊后钎剂残渣可溶于水的钎剂。它主要是采用有机酸、有机胺等作为活化剂，但因残渣有腐蚀性，导电性也较好，故焊后必须彻底清洗。

免清洗钎剂是一种无卤化物、多组元配方、低固态含量的溶剂型钎剂，其钎剂残渣量很少且无腐蚀性，因而可免去印制电路板组装中的清洗工序。表 5-10-28列出了国内外有关低固态免清洗钎剂较公认的技术指标。

表 5-10-28　国内外低固态免清洗钎剂的技术指标

项目	标准
外观	无色透明
密度/$g \cdot cm^{-3}$	0.8~0.81
固体含量（%）	<3
Cl^-（%）	0
扩展性（%）	≥80
铜镜腐蚀性	通过
绝缘电阻（焊后）/Ω	$>10^{11}$
离子污染物 NaCl/$\mu m \cdot cm^{-3}$	1 级<1.5；2 级<1.5~3；3 级<3~5

无挥发性有机物（VOC）钎剂是一种不使用松香而使用极少量有机物的钎剂，它不用有机溶剂而使用水作溶剂，这种 VOC 钎剂才是理想的环保型钎剂，目前其配方多属技术专利。

10.3.8　钎焊方法的选择

钎焊方法很多，上述仅是较为常用的几类。在选择钎焊方法时，必须综合地考虑：焊件的材料、形状和尺寸，以及所用的钎料和钎剂、生产批量大小、成本和各种钎焊方法特点等因素。

表 5-10-29 列出了各种钎焊方法的特点与应用范围，仅供参考。

表 5-10-29　各种钎焊方法的特点与应用范围

钎焊方法	特点	应用范围
烙铁钎焊	温度低	1）适用于钎焊温度低于 300℃ 的软钎焊（用锡铅或铅基钎料） 2）钎焊薄件、小件。需钎剂
火焰钎焊	设备简单，通用性好，生产率低（手工操作时），要求操作技术高	1）适用于钎焊某些受焊件形状、尺寸及设备等的限制而不能用其他方法钎焊的焊件，适于无电场合 2）可采用火焰自动钎焊 3）可焊接钢、不锈钢、硬质合金、铸铁、铜、银、铝等及其合金 4）常用钎料有铜锌、铜磷、银、铝基及锌铝钎料
电阻钎焊	加热快，生产率高，操作技术易掌握	1）可在焊件上通低压电，由焊件上产生的电阻热直接加热，也可用碳电极通电，由碳电阻放出的电阻热间接加热焊件 2）钎焊接头面积为 65~380mm² 时，经济效果最好 3）特别适用于钎焊某些不允许整体加热的焊件 4）最宜钎焊铜，使用铜磷钎料可不用钎剂；也可用于钎焊银合金、铜合金、钢、硬质合金等 5）使用的钎料有铜锌、铜磷、银。常用于钎焊刀具、电器触头、电动机定子线圈、仪表元件、导线端头等

（续）

钎焊方法	特点	应用范围
感应钎焊	加热快，生产效率高 可局部加热，焊件变形小，接头洁净，易满足电子电器产品的要求 受焊件形状及大小的限制	1）钎料需预置，一般需用钎剂，否则应在保护气体或真空气氛中钎焊 2）因加热时间短，宜采用熔化温度范围小的钎料 3）适用于除铝、镁外的各种材料及异种材料的钎焊。特别适宜于焊接形状对称的管接头，法兰接头等 4）钎焊异种材料时，应考虑不同磁性及线胀系数的影响 5）常用的钎料有银、铜基
浸渍钎焊	加热快，生产率高 当设备能力大时，可同时焊多件、多缝，宜大量连续生产，如制氧机铝制大型板式换热器，单件或非连续生产	1）在熔融的钎料槽内浸渍钎焊 软钎料用于钎焊钢、铜及铜合金，特别适用于钎焊焊缝多的复杂焊件，如换热器、电动机电枢导线等 硬钎料主要用于钎焊小件。缺点是钎料消耗量大 2）在熔盐槽中浸渍钎焊：焊件需预置钎料及钎剂，钎焊焊件浸入熔盐中预置钎料，在熔融的钎剂或含钎剂的熔盐中钎焊 所有的熔盐不仅起到钎剂的作用，而且能在钎焊的同时向焊件渗碳、渗氮 3）适用于钎焊钢、铜及铜合金、铝及铝合金，使用铜基、银、铝基钎料 4）波峰钎焊主要应用于电子行业中印制电路板上电子元器件通孔插装技术（THT）的连接
炉中钎焊	炉内气氛可控，炉温易控制准确、均匀，焊件整体加热，变形量小，可同时钎焊多件，多缝，适于大量生产，成本低 焊件尺寸受设备大小的限制	1）在空气炉中钎焊，如用软钎料钎焊钢和铜合金。铝基钎料焊铝合金，虽用钎剂，焊件氧化仍较严重，故很少应用 2）在还原性气体如氢、分解氨的保护气氛中，不需焊剂，可用铜基、银钎料钎焊钢、不锈钢、无氧铜 3）在惰性气体如氩的保护气氛中，不用钎剂，可用含锂的银钎料钎焊钢、不锈钢，银铜钎料钎焊铜、镍；或少用钎剂，以银钎料钎焊钢，铜钎料钎焊不锈钢；使用钎剂时，可用镍基钎料钎焊不锈钢、高温合金、钛合金，用铜钎料钎焊钢 4）在真空炉中钎焊，不需钎剂，以铜、镍基钎料钎焊不锈钢、高温合金（尤以含钛、铝高的高温合金为宜；用银铜钎料钎焊铜、镍、可伐合金、银钛合金；用铝基钎料钎焊铝合金、钛合金
再流钎焊	加热方式和方法多样，对焊件有些可以整体加热，有些可局部很窄区域加热 焊件用作表面组装，处于水平位置焊接 适合流水线作业、大批量生产	1）适于在平板表面上焊接多个小焊件，特别适合精密电子印制电路板表面贴装元器件的连接 2）钎料为膏状，焊前需预置 3）需要整体均匀加热时，宜用热红外线、热风或气相加热，但气相加热的温度不能调节和控制 4）窄间距微电子元器件外引线的焊接宜采用激光辐射加热

10.4 钎焊接头的设计

10.4.1 钎焊接头的基本形式

钎焊接头的基本形式有对接、搭接、T形接、角接和卷边接等。由于钎料的强度大多比母材强度低，它只能获得低组配的接头，为了提高接头的承载能力，必须扩大钎焊接头的连接面积。对接接头难以有效扩大连接面积，而且也很难保证最佳钎缝间隙；搭接接头上易于控制毛细作用所需的间隙，也容易扩大连接面积。因此，设计钎焊的对接、T形接和角接等接头时，尽可能使局部构造“搭接化”。图5-10-17所示为按此原则设计的接头示例。

搭接接头的缺点是浪费材料，增加结构重量，受力不合理，应力集中较大。

10.4.2 钎焊接头搭接长度计算

搭接接头是钎焊常用接头，为了保证与母材具有相同的承载能力，理论上可按式（5-10-2）计算搭接长度 L（见图5-10-18）。

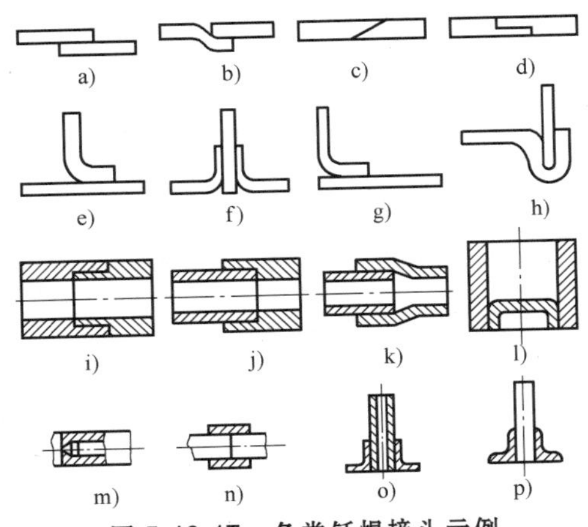

图 5-10-17　各类钎焊接头示例

a)、b）普通搭接接头　c)、d）对接接头局部搭接化
e)、f)、g)、h）T 形接头和角接接头的局部搭接化
i)、j)、k）管件的套接接头　l）管与底板的接头形式
m)、n）杆件连接的接头形式
o)、p）管或杆与凸缘的接头形式

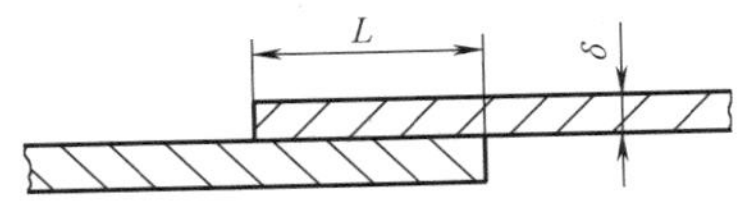

图 5-10-18　搭接长度计算

$$L = A\frac{R_m}{\tau}\delta \tag{5-10-2}$$

式中　L——搭接长度（mm）；

R_m——强度较低或较薄母材的抗拉强度（MPa）；

τ——钎焊接头的抗剪强度（MPa），见表5-10-30；

δ——母材厚度（mm）；

A——安全系数。

在实际生产中，搭接长度常取母材厚度的 2～3 倍，对于薄壁件可取 4～5 倍；但搭接长度很少超过 15mm。

表 5-10-30　常用金属钎焊搭接接头的合适间隙和接头抗剪强度

钎焊金属	钎料	间隙/mm	抗剪强度 τ/MPa
碳素钢	铜	0. 00～0. 05	100～150
	黄铜	0. 05～0. 20	200～250
	银钎料	0. 05～0. 15	150～240
	锡铅钎料	0. 05～0. 20	38～51
不锈钢	铜	0. 02～0. 07	—
	铜镍钎料	0. 03～0. 20	370～500
	银钎料	0. 05～0. 15	190～230
	镍基钎料	0. 05～0. 12	190～210
	锰基钎料	0. 04～0. 15	≈300
铜及铜合金	铜锌钎料	0. 05～0. 13	—
	铜磷钎料	0. 02～0. 15	100～180
	银钎料	0. 05～0. 13	160～220
	锡铅钎料	0. 05～0. 20	21～46
	镉基钎料	0. 05～0. 20	40～80
铝及铝合金	铝基钎料	0. 10～0. 30	60～100
	钎焊铝用软钎料	0. 10～0. 30	40～80

10. 4. 3　钎焊接头的间隙

间隙的大小影响毛细作用和钎缝的致密性，因此影响接头强度。间隙太小，妨碍钎料流入，造成钎缝内夹渣或未钎透；间隙过大，破坏毛细作用，钎料不能填满间隙。表 5-10-30 列出了常用金属钎焊搭接接头的间隙范围。

在具体选用接头间隙时还需考虑下列几个因素：

1）钎剂的影响。使用矿物型钎剂时，接头间隙应选得大些。因钎焊时熔化的钎剂先流入间隙，当钎料熔化并由毛细作用流入间隙时，必须排开钎剂。若接头间隙过小，钎剂可能留在间隙中不能被钎料置换而形成夹渣。使用气体型钎剂或真空钎焊时，不存在排渣问题，接头间隙可取得小些。

2）母材与钎料相互作用影响。若母材与钎料相互作用小，间隙可取得小些，如用铜钎焊碳素钢或不锈钢时可取小间隙；母材与钎料相互作用强烈，如用铝基钎料钎焊铝时，间隙应大些。因为母材的溶解会使钎料熔点升高，流动性降低。

3）钎料的流动性影响。采用易流动的钎料或自钎剂钎料时，接头间隙应小些；而采用流动性差的钎料时，接头间隙可大些。

4）搭接长度。搭接长度越长，间隙应越大，尤其是当钎料与母材相互作用较大时，更应如此。因此，在保证接头强度下尽可采用最短的接头。

5）间隙位置。垂直位置的接头间隙应小些，以免钎料流出；水平位置的接头间隙可以大些。

6）线膨胀系数的影响。采用均匀加热的钎焊方法时，如果焊件为同种材料，钎焊过程中间隙一般不会有明显变化；如果焊件为异种材料或截面不等，间隙可能变化较大，特别是对于套接类型接头，线膨胀系数的差异影响最大。如果套接内件材料比外件材料的线膨胀系数大，则加热时间隙变小；反之，间隙增大。因此，当钎焊异种金属，或厚度相差很大的同种金属时，必须保证在钎焊温度下的间隙，而不是室温装配时的间隙。

7）预置钎料。如果在两板之间预先放置箔片钎料，则不必考虑间隙大小，但钎焊时应施加一定压力，保证钎料填充到粗糙界面上的空隙中。

10.4.4　钎焊接头的工艺性设计

钎焊接头设计不要保证其使用性能，还要保证其工艺性能，即避免出现未钎透、气孔、夹渣及钎料流失等工艺缺陷。

1. 考虑钎料在接头上的安置

火焰钎焊和烙铁钎焊的钎料通常是边钎焊边送进的，而其他钎焊方法则需要预先把钎料安置在接头上。安置的原则如下：

1）充分利用钎料重力和毛细作用。

2）钎料填缝时，间隙中的气体或钎剂有排出通道。

3）钎料应安置在不易润湿及加热中温度较低的焊件上。

4）安置要牢靠，以防在钎焊过程中因意外干扰而变动位置。

图 5-10-19 所示为环状钎料的常见安置方法。箔状钎料应以与钎缝相同的形状、相近的大小，直接置于接头间隙内，钎焊时施以一定压力压紧钎缝以保证填满间隙，如图 5-10-20 所示。

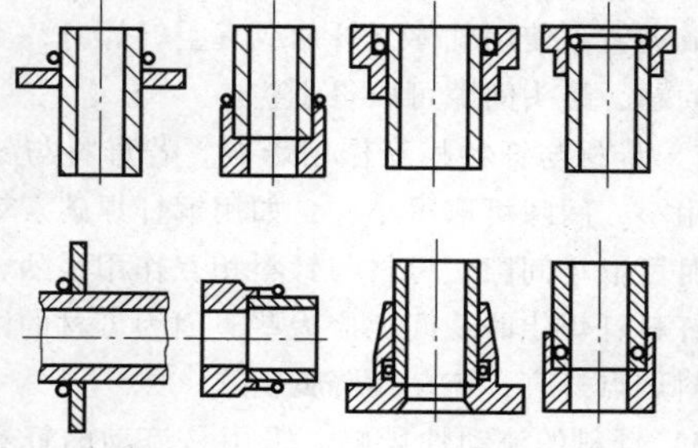

图 5-10-19　环状钎料的常见安置方法

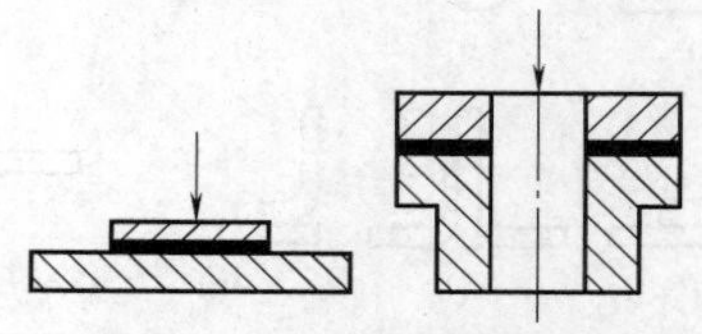

图 5-10-20　箔状钎料的安置方法

2. 考虑焊件的装配与定位

设计的钎焊接头应保证装配与定位简便、精确。图 5-10-21 所示为定位钎焊接头示例，这些接头都具有“自保持”特点。

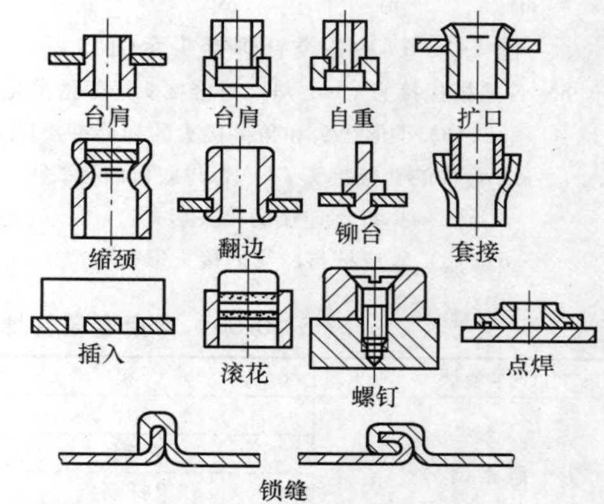

图 5-10-21　“自保持”定位钎焊接头示例

对于尺寸较大或结构复杂的焊件，一般采用专用夹具来定位与夹紧。所用夹具应具有足够的强度和刚性，还要求耐高温、抗氧化等。

3. 考虑工艺孔

工艺孔指在接头上或焊件上为满足工艺要求而设计的孔或洞。例如，钎焊接头处的盲孔和封闭的空间是不允许存在的，必须有排气或排出残留钎剂的通道。

在大面积搭接的情况下，为防止中心围阱和夹渣，如果设计允许，可以在上面一片板料上打若干小孔，以利气体和残余钎剂排出。

图 5-10-22 所示为封闭型容器和接头的工艺孔示例。

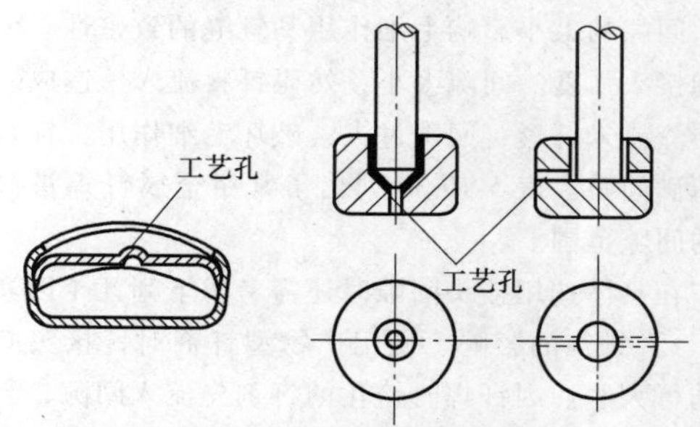

图 5-10-22　封闭型容器和接头的工艺孔示例

10.5　钎焊工艺

10.5.1　焊件的清理与表面准备

为了确保钎料对母材的润湿性，焊前必须清除焊件表面的油脂、氧化物；对于某些母材，有时还需要在表面镀覆金属。

1. 清除油脂

常用有机溶剂去除油脂，如酒精、汽油、三氯乙烯、四氯化碳等。小批量生产可把焊件浸在有机溶剂中清洗，大批量生产常在有机溶剂蒸气中脱脂。有些材料可在热的碱溶液中洗清，如钢制焊件可浸入 70~80℃的 10%（质量分数）苛性钠溶液中脱脂；铜及铜合金焊件可在 50g 碳酸钠、50g 碳酸氢钠加 1L 水的溶液中清洗，溶液温度为 60~80℃。

在浴槽中清洗时，可采用机械搅拌或超声波振动以提高清洗作用。脱脂后需用水清洗。

2. 清除氧化物

零件表面氧化物的清除按材料、生产条件和批量，可在机械方法、化学浸蚀和电化学浸蚀等方法中选择。

机械方法清除氧化物可用锉刀、金属刷、砂纸、砂轮及喷丸等。单件生产用锉刀或砂纸清理，批量生产宜用砂轮、金属刷、喷砂等方法。铅、钛及其合金表面不宜用机械方法清理。

化学浸蚀清除表面氧化物适于批量生产，生产率高。浸蚀液的选择取决于母材及其表面氧化物的性质和状态。表 5-10-31 列出了适用于不同金属的化学浸蚀液的组分及处理温度。

电化学浸蚀法适于大批量生产及需快速清除氧化物的情况，表 5-10-32 列出了用于不锈钢和碳素钢清除氧化物的电化学浸蚀液的组分及处理工艺参数。

经化学浸蚀或电化学浸蚀后，还需进行见表处理或中和处理（见表 5-10-33）。随后在冷水或热水中洗净并干燥。

表 5-10-31　化学浸蚀液的组分及处理温度

适用的母材	浸蚀液组分(体积分数)	处理温度/℃
铜及铜合金	10%H_2SO_4,余量水	50~80
	12.5% H_2SO_4+1%~3%Na_2SO_4,余量水	20~77
	10% H_2SO_4+10%$FeSO_4$,余量水	50~80
	0.5%~10%HCl,余量水	室温
碳素钢与低合金钢	10% H_2SO_4+缓蚀剂,余量水	40~60
	10%HCl+缓蚀剂,余量水	40~60
	10% H_2SO_4+10%HCl,余量水	室温
铸铁	12.5% H_2SO_4+12.5%HF,余量水	室温
不锈钢	16%H_2SO_4,15%HCl,5%HNO_3,余量水	100
	25%HCl+30%HF+缓蚀剂,余量水	50~60
	10% H_2SO_4+10%HCl,余量水	50~60
钛及钛合金	2%~3%HF+3~4HCl,余量水	室温
铝及铝合金	10%NaOH,余量水	50~80
	10% H_2SO_4,余量水	室温

表 5-10-32　电化学浸蚀液的组分及处理工艺参数

组分(体积分数)	时间/min	电流密度/A·cm^{-2}	电压/V	温度/℃	用　途
正磷酸 65% 硫酸 15% 铬酐 5% 甘油 12% 水 3%	15~30	0.06~0.07	4~6	室温	用于不锈钢
硫酸 15g 硫酸铁 250g 氯化钠 40g 水 1L	15~30	0.05~0.1	—	室温	零件接阳极,用于有氧化皮的碳素钢

（续）

组分（体积分数）	时间 /min	电流密度 /A · cm^{-2}	电压 /V	温度 /℃	用　途
氯化钠 50g 氯化铁 150g 盐酸 10g 水 1L	10～15	0.05～0.1	—	20～50	零件接阳极，用于有薄氧化皮的碳素钢
硫酸 120g 水 1L	—	—	—	—	零件接阴极，用于碳素钢

表 5-10-33　光亮处理或中和处理

成分（体积分数）	温度/℃	时间/min	用途
$HNO_3$30%溶液	室温	3～5	铝、不锈钢
$Na_2CO_3$15%溶液	室温	10～15	铜及铜合金
$H_2SO_4$8%，$HNO_3$10%溶液	室温	10～15	铸铁

3. 母材表面镀覆金属

在母材表面镀覆金属主要是为了：①改善一些材料的钎焊性；②增加钎料对母材的润湿能力；③作为预置钎料层，以简化装配和提高生产率。常用镀覆金属的方法有：电镀、化学镀、熔化钎料中热浸及轧制包覆等。

表 5-10-34 列出了几种母材镀覆的材料及方法。

表 5-10-34　几种母材镀覆的材料及方法

母材	镀覆材料	方　法	功　用
铜	银	电镀、化学镀	用作钎料
铜	锡	热浸	提高钎料的润湿作用
不锈钢	铜、镍	电镀、化学镀	提高钎料的润湿作用，铜又可用作钎料
钼	铜	电镀、化学镀	提高钎料的润湿作用
石墨	铜	电镀	使钎料容易润湿
钨	镍	电镀	提高钎料润湿作用
可伐合金	铜、镍	电镀、化学镀	防止母材开裂
钛	钼	电镀	防止界面产生脆性相
铝	镍、铜、锌	电镀、化学镀	提高钎料润湿作用，提高接头抗腐蚀性
铝	铝硅合金	包覆	用作钎料

10.5.2　预置钎剂和阻流剂

有些钎焊方法需要预先放置钎剂和阻流剂。

预置的钎剂多数为软膏状，以确保均匀涂覆在覆焊件表面上。黏度小的钎剂可以采用浸渍、手工喷涂或自动撒布方式。黏度大的钎剂需先将其加热到 50～60℃再涂覆。

使用气体钎剂的炉中钎焊，使用自钎剂钎料的钎焊、火焰钎焊及真空钎焊无须预置钎剂。

阻流剂是用来阻止钎料泛流的一种辅助材料，主要用于气氛炉中钎焊和真空炉中钎焊。阻流剂主要由稳定的氧化物（如氧化铝、氧化钛、氧化镁等）和黏结剂组成。焊前把糊状阻流剂涂覆在不需要钎焊的母材表面或夹具表面上。钎焊后需将阻流剂清除。

10.5.3　装配、定位与放置钎料

施加钎剂后，应在它尚未干燥和剥离前将钎焊部件装配起来。最好的装配方法是部件能自定位和自支承，如图 5-10-21 所示。此外，可以使用夹具进行定位与夹紧。所用的夹具必须具有足够的高温强度和刚性以及耐热和抗氧化能力；不因热膨胀不同而引起定位不精确；高温下不致与焊件接触处发生作用。火焰钎焊时，夹具不应妨碍火焰和钎料接近接头；感应钎焊时，夹具一般用陶瓷材料制成，以免外来金属进入感应圈的电场中。

需要预先安置钎料的，在装配的同时把钎料放到

预定的位置，详见本章 10.4.4 节。

10.5.4 焊接参数

钎焊的焊接参数包括钎焊温度、升温速度、保温时间和冷却速度等，其中钎焊温度和保温时间是关键。

钎焊温度通常选择高于钎料液相线温度 25~60℃范围内，以保证钎料能填满间隙。某些钎料的固相线和液相线的温度相隔较远，在液相线温度以下就已有相当数量的液相存在，具有一定的流动性，其钎焊温度可以等于或稍低于钎料的液相线温度。对于某些钎料，如镍基钎料，希望它与母材发生充分的反应，钎焊温度可能高于钎料液相线温度 100℃以上。

温度太高，容易产生溶蚀缺陷，即在接头上钎料流入端留下一凹坑。

升温速度和冷却速度要综合考虑母材的性质、焊件的形状和尺寸，以及钎料与母材的相互作用。对于性质较脆、热导率较低和尺寸较厚的焊件，不宜升温过快，因为大多数钎焊加热是靠环境热源的辐射与对流传入，提高升温速度只能靠提高热源温度来达到，这就容易引起焊件内、外很大的温度梯度，应力和变形则不可避免，增加了开裂的倾向。当使用亚共晶钎料钎焊时，宜使用较快的升温速度，以减少熔析的产生；快速冷却有利于钎缝组织细化，可提高其力学性能，但对于性质较脆、热导率低和厚度较大的焊件，过快冷却易产生裂纹。

钎焊保温时间视焊件大小和钎料与母材相互作用的剧烈程度而定。大件的保温时间应长些，以保证加热均匀；钎料与母材作用强烈的，保温时间要短些。适当的保温时间有利于钎料与母材之间的相互扩散，形成牢固的接头，但过长的保温时间将导致溶蚀等缺陷发生。

10.5.5 钎焊后处理

钎焊后处理包括清除对接头有腐蚀作用的残余钎剂、阻流剂，或影响钎缝外形的堆积物。有些钎焊件需要热处理，有些钎焊件还要进行焊后镀覆处理。

1. 钎剂的清除

钎剂残渣多数对钎焊接头有腐蚀作用，且妨碍对钎缝质量的检查，焊后应清除干净。

非活性松香软钎剂因无腐蚀性，焊后不必清洗，但含松香的活性钎剂残渣有腐蚀性，可用异丙醇、酒精、汽油或三氯乙烯等有机溶剂清除。

由有机酸及盐组成的钎剂，一般都溶于水，可用热水洗涤。由凡士林调制的膏状钎剂，可用有机溶剂去除。

由无机酸组成的软钎剂溶于水，可用热水洗涤；含碱金属及碱土金属氯化物的钎剂，可用 2%盐酸溶液洗涤，再用含少量 NaOH 的热水洗涤，以中和盐酸；对于用凡士林调成的、含氯化锌的钎剂，应先用有机溶剂清除残留油脂后，再用上述方法洗涤。

以硼砂和硼酸为基的硬钎剂残渣基本上不溶于水，通常用喷砂法去除，最好焊后在焊件尚处于热态时放入水中急冷，使残渣开裂后再去除。对不能急冷的焊件，可在 70~90℃的 2%~3%重铬酸钾溶液中进行长时间清洗。

2. 阻流剂的清除

对于分离剂型的阻流剂，很容易用钢丝刷、压缩空气或冲水等机械方法清除。对于表面反应型阻流剂，用热硝酸-氢氟酸酸洗，最容易清除，但对含铜和银的合金不适用。用氢氧化钠（苛性钠）或二氟化铵溶液清除，可适用于任何场合。对于少数阻流剂，可用 5%~10%硝酸或盐酸溶液浸洗，而硝酸也不能用于含铜或银的合金。

清除阻流剂后，最后需用清水洗涤干净。

10.6 各种金属材料的钎焊

10.6.1 钎焊性

钎焊性指材料对钎焊加工的适应性，它反映材料在一定的钎焊条件下，获得优质接头的难易程度。可以从下列几方面对材料的钎焊性进行评估。

1）从钎料与母材之间相互作用的结果来评估。在钎焊条件下，若两者通过溶解和扩散形成固溶体，则钎焊性是好的；若形成脆性化合物，则钎焊性差。显然，正确选择钎料是改善钎焊性的关键。当钎料与母材具有同一类型的结晶点阵和相近的原子半径时，两者溶合凝固将形成固溶体，如用铜钎焊镍；当钎料与母材具有相同基体时，也能形成固溶体，如用铜基钎料钎焊铜，铝基钎料钎焊铝及铝合金。用镉基钎料钎焊黄铜或用银钎料钎焊钛合金时，因接头中出现金属间化合物，而使接头强度比钎料本身的强度低得多。

2）从材料表面形成及去除氧化物的难易程度来评估。妨碍钎焊顺利进行的是母材和钎料表面上的氧化膜。铜和铁表面氧化物的稳定性差，易去除，故钎焊性好。而铬和铝易形成氧化物，而且稳定性高，去除困难，所以含铬的合金、铝及铝合金的钎焊性差。

3）从钎料对母材的润湿作用来评估。大多数钎料对铜、钢的润湿作用都比较好，而对钼、钨则差，因此铜、钢的钎焊性要比钼、钨等难熔金属好。

4）从钎焊热过程对母材的组织和性能的影响来评估。母材固相线温度是钎焊操作不可逾越的界限，否则母材将产生过烧。硬铝（如 2Al2）的固相线温度低（502℃），用目前的钎料进行硬钎焊就很难避免过烧问题，所以硬铝钎焊性能差。另外，非热处理强化铝合金，冷作强化后钎焊将受到退火而软化；热处理强化铝合金，钎焊后不经热处理，也可能引起热影响区性能下降。

10.6.2　碳素钢与低合金钢的钎焊

碳素钢表面的氧化物很容易被钎剂去除，也易被还原性气体还原，所以碳素钢，尤其是低碳钢的钎焊性很好。钎焊加热对碳素钢性能影响不大。含铬、锰、铝等元素较高的低合金钢应选用活性较大的钎剂或露点较低的保护气体。

1. 软钎焊

软钎焊最常用的是锡铅钎料，要求耐热性时可用镉基钎料。使用锡铅钎料时，钎焊温度不宜高，钎焊保温时间不宜长，以免界面上形成过厚的金属间化合物层。需使用腐蚀性钎剂时，因氧化铁不溶于无腐蚀性和弱腐蚀性钎剂，因此焊后要清除钎剂残渣。

2. 硬钎焊

硬钎焊可以采用火焰钎焊、电阻钎焊、感应钎焊、浸渍钎焊和炉中钎焊。主要采用铜、铜基钎料和银钎料。

用纯铜作钎料时因熔点高，需在气氛炉或真空炉中进行钎焊。铜流动性好，接头间隙应小于 0.07mm。

用铜锌钎料时，为防止锌的挥发，宜采用快速加热的火焰钎焊、感应钎焊和浸渍钎焊。

调质钢应采用尽量低的钎焊温度，以防止热影响区发生退火软化。可选用熔点低的银钎料及加热速度快的感应或浸渍加热方法，银钎料最合适的接头间隙为 0.025~0.13mm。

10.6.3　铸铁的钎焊

常见的是灰铸铁和球墨铸铁的硬钎焊。其主要困难是：①铸铁中的石墨妨碍钎料对母材的润湿，难以获得良好结合，故焊前必须充分去除铸铁表面的石墨；②是当加热温度高于 800℃ 而冷却速度又快时，析出和形成渗碳体和马氏体脆性组织的倾向大。因此，钎焊宜在 800℃ 以下进行。

清除铸铁表面石墨最经济的方法是氧乙炔焰法，即用氧化性的氧乙炔焰加热铸铁，烧掉铸铁表面石墨，然后用还原性氧炔焰加热，还原先前加热时形成的氧化铁。此外，也可用化学或电化学处理，但比较复杂。

可使用银或铜基钎料，银钎料中最好选含镍的钎料，如 BAg40CuZnCdNi 钎料，能提高其结合强度，熔点较低，工艺性能好，特别适于焊接球墨铸铁。

必须使用钎剂，如 FB101 或硼砂和硼酸的混合物等。用铜基钎料钎焊大铸件一般要预热。先涂上钎剂，然后在炉中加热或用焊枪加热，待加热接近钎焊温度再补加钎剂，继续加热到钎焊温度进行钎焊。焊后要缓冷。

10.6.4　不锈钢的钎焊

1. 不锈钢钎焊的主要问题

1）表面氧化膜难以去除。其中 Cr_2O_3 和 TiO_2 相当稳定。在空气中钎焊时，必须采用活性强的钎剂；在气氛炉中钎焊时，必须采用低露点的高纯度的还原气氛；真空钎焊则要求真空度低于 10^{-2}Pa 和足够高的温度。

2）加热对母材的影响。单相组织不锈钢的钎焊温度不宜过高，保温时间不宜过长，否则过热而晶粒粗化。奥氏体不锈钢应避免在 1150℃ 以上长时间加热。对于不含稳定化元素钛或铌而含碳又较高的奥氏体不锈钢，如 12Cr18Ni9，17Cr18Ni9 等，应避免在敏化温度范围（500~750℃）内进行钎焊。因碳化铬将沿晶界析出，造成晶界贫铬，在腐蚀介质中使用极易产生晶间腐蚀。马氏体不锈钢是在淬火回火状态下使用的，为了避免钎焊温度对焊后性能的影响，可用的钎焊温度有两个区间，例如，钎焊 12Cr13 和 20Cr13 不锈钢，一个是相当于其淬火温度的 1000~1050℃，焊完后快速冷却进行淬火，然后再回火；另一个是低于其回火温度（700℃）的低温区间（如 650℃），这样焊时不会造成热影响区软化。

3）应力腐蚀。所有镍铬不锈钢与液态钎料接触时都有应力腐蚀倾向，与液态黄铜接触更为明显。为了避免应力腐蚀，焊前应对焊件退火，在消除内应力下进行钎焊。钎焊时尽量使加热均匀。

2. 软钎焊

对接头强度要求不高时可采用软钎焊，因钎焊温度低，对母材性能影响极小。主要采用锡铅钎料，以含锡量高的为宜，如 S-Sn63Pb、S-Sn60Pb 等。必须选用活性强的钎剂去除表面氧化膜，如正磷酸水溶液或氯化锌盐酸水溶液。钎焊时应快速加热，以免钎剂失去活性，钎焊温度不宜过高。钎剂残渣腐蚀性强，焊后必须清除干净。

3. 硬钎焊

1）银钎料。常用银铜锌和银铜锌镉钎料。为提高接头在潮湿环境下的耐蚀性能，可采用含镍的银钎料。钎焊马氏体不锈钢时选用钎焊温度在 650℃ 以下的钎料，如 BAg40CuZnCd 等，可防止母材发生退火。含锂的银钎料（如 BAg72CuLi）适于在保护气氛中钎焊不锈钢，因锂具有自钎剂作用，能提高钎料对不锈钢的润湿能力。

银钎料钎焊的不锈钢接头的抗拉强度在 380~430MPa 之间，抗剪强度在 190~220MPa 之间，且不能在>400℃下工作，因接头强度随温度升高而急剧下降。

2）铜基钎料。纯铜钎料可用于不锈钢的气体保护钎焊和真空钎焊。黄铜钎料不推荐用于钎焊不锈钢，因有应力腐蚀倾向。

钎焊马氏体不锈钢时，可用高温铜基钎料如 BCu58MnCo，其钎焊温度高，可与不锈钢淬火处理合并进行，能满足 400~600℃的工作温度要求。由于钎料中含锰量高，它易氧化又易发挥，故不适于火焰钎焊和真空钎焊，主要用于气氛炉中钎焊。

3）锰基钎料。工作温度高于 600℃的不锈钢接头宜用锰基钎料，但锰基钎料的蒸气压高，不能用于高真空钎焊；而锰又易氧化，又不适用于火焰钎焊。因此，主要用于氩气保护的炉中钎焊、感应钎焊或低真空钎焊。

4）镍基钎料。高温工作的不锈钢接头应采用镍基钎料。镍基钎料需要高的钎焊温度，因此多在真空或保护气氛的炉中钎焊。为了降低镍钎料的熔点，钎料中加入较多的硼、硅、磷等，而这些元素能形成脆性相。为了避免和减少钎缝中产生脆性相，常采用小间隙，适当提高钎焊温度和延长钎焊保温时间等方法，让这些易形成脆性相元素充分向母材扩散，从而降低它们在钎缝中的浓度。磷不易向母材扩散，因此含磷的镍基钎料接头间隙应更小，以缩短其扩散距离。

不锈钢表面的氧化物必须采用活性强的钎剂。用铜基钎料时应使用 201 号硬钎剂；用银钎料时宜用 QJ102 钎剂。用氢气作保护气体钎焊 12Cr13 等马氏体不锈钢时，在 1000℃钎焊温度下所要求的气体露点应低于-40℃，在 1150℃钎焊 1Cr18Ni9Ti㊀奥氏体不锈钢时露点应低于-40℃。真空钎焊的真空度应低于 1.3×10^{-2}Pa。

10.6.5　铜及铜合金的钎焊

1. 铜及铜合金的钎焊性

铜及铜合金的种类繁多，其成分和性能差别很大，因而其钎焊性表现各异。

锰青铜、硅青铜和铍铜表面形成的氧化锰、氧化硅和氧化铍容易去除，钎焊性较好；但是铝青铜因含铝较多（达 10%），表面形成的氧化物难于去除，即使在保护气氛和真空中加热也无法去除，必须采用专门的钎剂。所以铝青铜钎焊相当困难，钎焊性差。

黄铜钎焊性很好，但不宜在保护气氛和真空中钎焊，因锌的蒸气压高（907℃时达 10^5Pa），在保护气氛或真空中钎焊时锌发生挥发，表面变红，影响材料性能。铅黄铜、硅青铜和白铜对热裂敏感，因此钎焊时加热温度要均匀，尽量减少热应力。铍铜常用于零件要求具有弹性的场合，为了保证这种性能，要求钎焊温度或者低于它的时效温度（300℃）或者与它的淬火温度相匹配，焊后再进行时效处理。

表 5-10-35 列出了常用铜及铜合金钎焊性的比较。

表 5-10-35　常用铜及铜合金钎焊性比较

合金	纯铜 T1	无氧铜	黄铜			锡黄铜	锰黄铜	锡青铜		铅黄铜
		TU1	H95	H68	H62	HSn62-1	HMn58-2	QSn6.5-0.1	QSn4-3	HPb59-1
焊接性	优	优	优	优	优	优	良	优	优	良

合金	铝青铜		铍铜		硅青铜	铬铜	镉铜	锌白铜	锰白铜
	QAl9-2	QAl10-4-4	TBe2	TBe1.7	QSi3-1	TCr0.5	TCdl	BZn15-20	BMn40-1.5
焊接性	差	差	良	良	良	良	优	良	困难

2. 铜及铜合金的软钎焊

可用的软钎料有锡基钎料、铅基钎料和镉基钎料，其中应用最广的是锡铅钎料，其工作温度不超过 100℃。当工作温度高于 100℃时，可选用 S-Sn96Ag 或 Sn96Sb。当工作温度高于 200℃时，宜选用铅基钎料，如 HLAgPb97 和 HLAgPb97.5-1.0，后者加入了少量的锡以改善润湿性。当工作温度高于 250℃时，可选用耐热性好的镉基钎料，这种钎料还具有较好的耐蚀性能，如 HL503、HLAgCa96-1，但用镉基钎料时，在界面上极易形成脆性铜镉化合物，因此必须采用加热速度快的方法，如电阻钎焊等，还要注意防止过热，缩短钎焊保温时间。镉蒸气有毒，钎焊时必须通风。

软钎焊铍铜时，钎焊温度不宜高于 300℃，以免发生软化。

钎剂可按母材选用，例如，黄铜、青铜和铍铜钎

㊀ 1Cr18Ni9Ti 为在用非标准材料，仅供参考。

焊用活性松香和 $ZnCl_2+NH_4Cl$ 水溶液；铝黄铜、铬铜和硅青铜钎焊用氯化锌盐酸溶液；锰白铜钎焊用磷酸溶液。也可按所用钎料选用，如用锡铅钎料时，可用松香酒精溶液，也可用活性松香和 $ZnCl_2+NH_4Cl$ 水溶液；用铅基钎料时可选氯化锌水溶液；用镉钎料时用 QJ205 等。

3. 铜及铜合金的硬钎焊

铜及铜合金硬钎焊通常采用铜锌、铜磷和银钎料。用含磷的钎料钎焊纯铜时，可以不用钎剂。钎焊含锌量大的黄铜时，宜用银钎料和铜磷钎料。

银稀缺而价高，除重要钎焊接头外，应尽量选用低银和无银钎料。如用 BCu91PAg（低银）、HlCuP6-3（无银）代替银钎料钎焊铜和铜合金，也能取得与银钎料钎焊等强的接头，仅韧性稍差。

表 5-10-22 所列硬钎剂均可用于铜及铜合金钎焊。铝青铜表面氧化膜比较难去除，一般是在常用钎剂中加入 10%～20% 硅氟酸钠或加入 10%～20% 铝钎剂。

大多数钎焊方法均可用于钎焊铜和铜合金，但除无氧铜外，普通纯铜不能在氢气炉中钎焊，以免发生氢脆；黄铜的锌易蒸发，一般不宜在保护气体或真空炉钎焊，否则要在焊件表面预镀铜；钎焊硅青铜、磷青铜和铜镍合金时不宜快速加热，以免产生应力腐蚀；用银钎料焊铝青铜时，为防止铝向银钎料扩散，加热时间应尽量短，或焊件表面镀铜或镍；对淬火时效状态镀青铜软钎焊时，应选用熔化温度低于 300℃ 的钎料，如 S-Sn63Pb 共晶钎料，配合弱腐蚀性钎剂进行；硬钎焊时最好与固溶处理同时进行，例如，用 BAg72Cu 钎料在 800℃ 下用 FB104 钎剂进行钎焊，钎料凝固后立即在水中淬火，再在 300℃ 进行时效，以达到母材最佳性能。

10.6.6 铝及铝合金的钎焊

1. 铝及铝合金的钎焊性

铝极易氧化形成致密而稳定的 Al_2O_3 氧化膜，它是钎焊的主要障碍之一。特别是 $w(Mg)>3\%$ 的铝合金，目前尚无很好去除表面氧化膜的方法。

硬钎焊铝及铝合金时，硬钎料熔化温度与母材熔化温度相差不大，因此要求严格控制钎焊温度。铝合金加热过程中颜色不随温度发生变化，手工火焰钎焊时给焊工带来困难；对热处理强化铝合金，加热不当可能发生退火或过时效软化，降低接头性能。

钎焊接头耐蚀性差。铝用钎剂均具有强的腐蚀性，故焊后必须立即清除干净。

表 5-10-36 列出了铝及铝合金钎焊性比较。

表 5-10-36 铝及铝合金钎焊性比较

类别	牌号	熔化温度范围/℃	软钎焊性	硬钎焊性
纯铝	1060～8A06	约 600	优	优
防锈铝(非热处理强化)	3A21	643～654	优	优
	5A02	627～652	困难	良
	5A03	627～652	困难	差
	5A05	568～638	困难	差
硬铝	2A11	515～641	差	差
	2A12	505～638	差	差
锻铝	6A02	593～651	良	良
	2B50	约 550	良	困难
超硬铝	7A04	477～638	差	差
铸造铝合金	ZL102	577～582	差	困难
	ZL202	549～582	良	困难
	ZL301	525～615	差	差

2. 铝及铝合金的软钎焊

铝及铝合金很少进行软钎焊，主要问题是钎焊接头耐蚀性能差。因为钎料与母材的电极电位相差很大，接头极易产生电化学腐蚀。提高钎料中锌含量，有助于提高耐蚀性。若在铝表面预镀铜或镍，再用通常的锡铅钎料钎焊，则界面处不会发生腐蚀。

表 5-10-37 列出了铝及铝合金钎焊用软钎料的特性。当使用钎焊温度低于 275℃ 的 S-Sn60Pb 和 90Sn—10Zn 等钎料时，可用有机软钎剂；当用钎焊温度高于 275℃ 的 Zn 基钎料时，必须用反应钎剂，见表 5-10-23。其中以 $ZnCl_2$ 88、NH_4Cl 10、NaF 2 钎剂性能最好。

表 5-10-37　铝及铝合金钎焊用软钎料的特性

钎料	熔化温度/℃	钎料组成	润湿性	强度	耐蚀性	操作	对母材影响
低温软钎料	150~260	Sn-Zn 系 Sn-Pb 系 Sn-Pb-Cd 系	较好 较差 较好	低	差	容易	无
中温软钎料	260~370	Zn-Cd 系 Zn-Sn 系	优 良	中等	中	中等	对热处理强化合金有软化现象
高温软钎料	370~430	Zn-Al 系	良	好	较好	较难	对热处理强化合金有软化现象

常用软钎焊方法有：烙铁、火焰、刮擦钎焊和超声波钎焊，有时也用炉中及浸渍钎焊。当采用刮擦钎焊和超声波钎焊时，不必使用钎剂，因这些方法具有机械去膜作用。

3. 铝及铝合金的硬钎焊

铝及铝合金的硬钎焊应用很广。使用的是铝基钎料见表 5-10-5。它们的钎焊温度、钎焊方法和可钎焊的铝及铝合金见表 5-10-38。

表 5-10-38　铝及铝合金硬钎焊时钎料的选用

钎料牌号	钎焊温度/℃	钎焊方法	可钎焊的金属
BAl92Si	599~621	浸渍、炉中	1060~8A06,3A21
BAl90Si	588~604		
BAl88Si	582~604	浸渍、炉中、火焰	1060~8A06,3A21,5A02,6A02
BAl86SiCu	585~604		
BAl89SiMg	588~604	真空炉中	1060~8A06,3A21,6A02
BAl87SiMg	582~604		

铝及铝合金硬钎焊时，通常使用 QJ201 钎剂，这种钎剂具有较好的活性，能充分去除氧化物，保证钎料铺展，特别适于火焰钎焊。在炉中钎焊时，宜用 QJ206、129A、171B 等钎剂（见表 5-10-24）；使用氟化物型无腐蚀钎剂，如 QF 型，焊后不必清除钎剂残渣。真空钎焊为无钎剂钎焊，但需采用镁作为活化剂。镁可以加在铝硅钎料中，也可以让它单独蒸发成蒸气引入钎焊室。

10.6.7　钛及钛合金的钎焊

钛和钛合金对氧的亲和力很大，加热过程中会吸收氢、氮，使合金脆化、延性下降。为防止加热区的氧化、氢化、渗氮和脆化，钛及钛合金钎焊必须在真空或惰性气体保护下进行。选用钎料、钎剂时，必须考虑钎焊温度与钛及钛合金的热处理温度相匹配，并尽量减少钛与钎料中的金属形成脆性化合物。

钛及钛合金可以用镉基和锌基钎料（如 HL501、HL502 等）、锡铅钎料等进行软钎焊，但接头抗拉强度低（30~50MPa），故很少采用。

钛及钛合金硬钎焊主要采用银、钛基与钛锆基和铝基钎料，其中银钎料可靠性较好。

纯银可作钎料，银与钛形成的化合物 TiAg 不很脆，但熔点偏高，强度也不够，且接头耐蚀性低。银钎料中银铝钎料性能较好，银中加入铝可降低熔化温度，钛与铝形成的化合物也不很脆，例如，用 Ag-5Al-0.5Mn 钎料，在 900~925℃ 的钎焊温度下钎焊，具有很好的润湿性，加入 $w(\mathrm{Mn})\approx0.5\%$，可显著提高耐蚀性。此外，含锂（Li）的银钎料适用于惰性气氛中钎焊；用 Ag-9Pd-9Cd 钎料钎焊时，其流动性很好。

钛基与钛锆基钎料，如 Ti-48Zr-4Be 和 Ti-15Cu-15Ni 钎料，具有较好的耐热性能，良好的耐盐、硝酸及硫酸耐蚀性能，但在钎焊时钎料中的合金元素会浸蚀和扩散到母材中去，形成脆性的扩散区。因此，不利于薄壁结构钎焊。因钎料加工性能差，一般以粉末状态使用。

铝基钎料如 Al-1.2Mn 等，其钎焊温度较低，钎焊时不会发生钛及钛合金的 β 相变。在真空或氩气中钎焊时润湿性好，与母材无明显溶蚀和扩散，界面形成化合物倾向小，接头强度虽不高，但塑性较好。

表 5-10-39 列出了典型的钛及钛合金钎焊用钎料。

表 5-10-39　典型钛及钛合金钎焊用钎料

类别	牌号	主要组分(质量分数,%)	熔化温度/℃	钎焊温度/℃
银钎料	Ag85Cu	Ag85,Cu15	779~840	920
	BAg85Mn	Ag85,Mn15	960~971	980
	Ag95Al	Ag95,A15	780~850	900
	Ag94.5Al5Mn	Ag94.5,Al5,Mn0.5	780~825	840~903
钛基钎料	Ti72Cu14Ni	Ag72,Cu14,Ni14	900~940	960~980
	Ti48Zr48Be	Ag48,Zr48,Be4	890~900	940~1050
铝基钎料	Al91Si48Cu	Al91,Si4.8,Cu3.8,Fe0.2,Ni0.2	643~654	610~685
	3A21	Al97,Mn1.3		666~685

钛及钛合金一般是使用惰性气体（氩或氦）或真空的感应钎焊和炉中钎焊。真空钎焊要求真空度为 1.33×10^{-2} Pa 或更高。在钎焊温度为 760~927℃时，为防止钛变色，保护气体的露点必须是 -54℃或更低。

钛表面厚的氧化物应用机械方法去除，或在熔化盐浴槽中去除；薄的氧化膜可用含 20%~40%（质量分数）硝酸加 2%（质量分数）氢氟酸溶液清除。当表面有油脂时，应使用非氯化物的溶剂，如丙酮、酒精等。

为了获得延性和强度更好的钛合金接头，可以采用扩散钎焊。其方法是将一薄层 Cu、Ag、Ni 或 Co 放在接头间，加热到钎焊温度，依靠钛和这些金属的接触反应形成共晶体；然后再保温一段时间，使这些化合物向母材扩散，从而使接头具有接近母材的性能。

10.6.8　工具钢与硬质合金的钎焊

工具钢和硬质合金的共同特点是碳和合金元素含量高，并具有高硬度、高耐磨性和高脆性，用于制作刀具时通常作为镶嵌件钎焊到强度、韧性好的基体上。基体一般采用 $w(\mathrm{C})0.4\%\sim0.6\%$ 的碳素钢（如 45 钢）或合金结构钢（如 40Cr，30CrMnSi）等。

钎焊工具钢时，要注意防止组织和性能受到钎焊热循环的影响，如退火、高温氧化及脱碳等。对高速钢，要求钎焊温度能与钢的淬火温度相适应，以便切削时能保持最大的硬度和耐磨性；对硬质合金，由于它的线胀系数仅为钢材的 1/3~1/2，接头上线胀系数的差异在钎焊冷却过程将产生很大热应力，可能会引起硬质合金开裂。硬度越高的硬质合金，越易开裂。

工具钢及硬质合金钎焊常用的钎料是纯铜和铜基钎料。在氢还原气氛中，纯铜对各种硬质合金均有良好润湿性；钎焊温度为 1093~1149℃；接头抗剪强度约为 150MPa，塑性较高。但当温度高于 320℃时，接头强度降低，故不适于高温下工作的接头。另外，由于用纯铜钎焊时温度高，接头热应力大，裂纹倾向增大。铜基钎料的熔化温度比纯铜低，其中应用最多的是黄铜。为了提高强度和润湿性，常加入锰、镍、铁等。例如，在 BCu58ZnMn 中加入 $w(\mathrm{Mn})\approx4\%$，若在此基础上再加入少量 Co，可进一步细化钎缝晶粒并增加 α 相，使接头组织和性能进一步提高。用铜基钎料进行钎焊时，主要用脱水硼砂或硼砂和硼酸的混合物作为钎剂。钎焊含 TiC 高的硬质合金时，因表面有稳定的 TiO_2 氧化膜，可用含氟化物（KF、NaF、CaF_2 等）的钎剂，如 FB301、FB302 和 FB105 等进行钎焊。

普通铜基钎料的熔化温度低于高速钢的淬火温度。为使钎焊温度与淬火温度接近，钎焊高速钢时可采用专用钎料。例如，含有 Ni12（质量分数，后同）、Fe13、Mn2.5、Si1 的特殊铜基钎料，其熔化温度约为 1280℃，由于其收缩量比锰铁型钎料减少近 2/3，故钎焊后不易产生裂纹，接头的抗拉强度可达 300MPa 以上。

银钎料都可以钎焊工具钢和硬质合金，其熔点较低，接头产生热应力较小，钎焊硬质合金时接头不易开裂。加有 Zn、Mn、Ni 等元素的银钎料可改善对硬质合金的润湿性，提高钎缝强度和接头的工作温度，如 BAg50NiZnCdCu 钎料等。对于工作温度高于 500℃、接头强度要求较高的硬质合金，可选用锰基和镍基钎料，如 BMn50NiCuCrCo、BNi74CrFeSiB 等。用银钎料钎焊时，可配合使用 QJ102 钎剂。

工具钢和硬质合金常用火焰、感应、炉中、电阻和浸渍等方法进行钎焊，其中火焰钎焊适于小批或单件生产，浸渍钎焊、感应钎焊、炉中钎焊和电阻钎焊生产率高，且质量比较稳定，适合于大批量生产。钻探工具常用浸渍钎焊。

钎焊高速钢刀具宜用焦炭炉加热，当钎料熔化后取出焊件，立即加压，挤出多余钎料，再进行油淬，然后在 550~570℃回火。

钎焊硬质合金刀具时，为了减小钎焊应力和防止开裂，应采取下列措施：

1）合理设计接头。基体金属与硬质合金的厚度比以 3∶1 为宜，这样可减小硬质合金中出现拉伸应力；应尽量避免采用封闭式的刀槽形式，减少不在一个平面上的钎焊面，以减小硬质合金的拘束度，改善其应力状态；对于大面积硬质合金钎焊接头，应在基体上开一些工艺槽，既可以排渣，又可以把钎焊面积分割成若干小块，以减小钎焊应力，如图 5-10-23 所示。

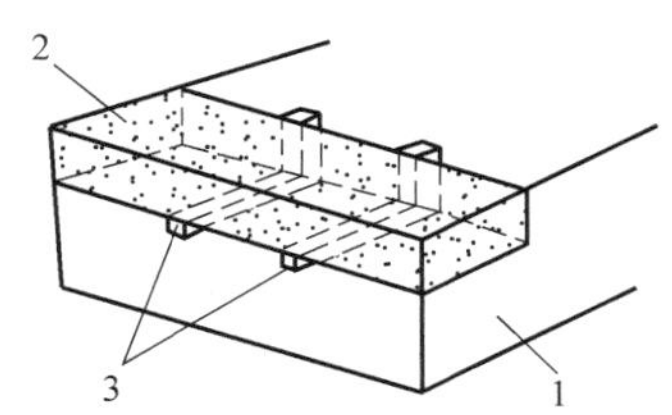

图 5-10-23　在基体上开工艺槽的接头

1—基体　2—硬质合金　3—工艺槽

2）在钎缝中加入补偿垫片。如图 5-10-24 所示，利用补偿垫片的塑性变形，疏散接头中的钎焊应力。当用铜和铜基钎料钎焊时，因钎焊温度高，采用蒙乃尔合金作补偿垫片材料；当用银钎料时，可用纯铜、康铜等材料作补偿垫片。补偿垫片的厚度一般为 0.3~0.5mm；对大面积钎焊接头，补偿垫片厚度应大些。

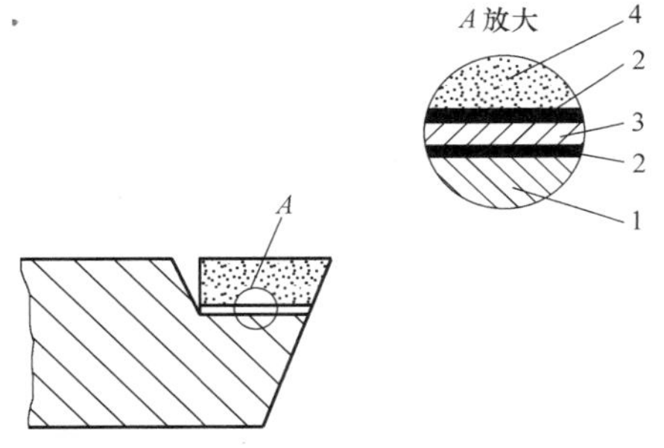

图 5-10-24　加补偿垫片的接头

1—基体金属　2—钎料　3—补偿垫片　4—硬质合金

3）控制加热和冷却速度。为了避免由于硬质合金表层与内部温差过大而引起裂纹，在钎焊时应控制加热和冷却速度。表 5-10-40 列出了几种硬质合金的许用加热速度。YT 类硬质合金的裂纹敏感性比 YG 类硬质合金大，其加热和冷却速度更应比 YG 类低。钎焊后的冷却速度一般是加热速度的 1/10~1/8。钎焊后在 320~350℃ 保温回火 6h，一般可以减小和消除接头中的残余应力，防止裂纹的产生。

表 5-10-40　几种硬质合金允许的加热速度

合金片长度/mm	许用加热速度/℃ · s^{-1}			
	YG8	YT5	YT15	YT30
<20	80~100	60~80	50~60	30~40
20~40	20~30	15~20	12~15	10~12

第11章　高　频　焊

11.1　概述

11.1.1　高频焊的工作原理

高频焊是利用 10~500kHz 高频电流流经金属连接面而产生电阻热，并施加（或不施加）压力达到金属结合的一种焊接方法。高频焊分为高频电阻焊（HFRW）和高频感应焊（HFIW）两种。高频电阻焊时，电流是通过电极触头直接接触导入焊件进行焊接的，故又称接触高频焊；高频感应焊是通过外部的高频感应线圈在焊件内部产生感应电流进行焊接的，电源与焊件没有电接触。

高频焊是利用高频电流的集肤效应和邻近效应两大特性来实现焊接的。

1. 趋肤效应

趋肤效应是高频电流倾向于在金属导体表面流动的一种现象。通常用电流的穿透深度来度量，其值越小，表示趋肤效应越显著。电流的透入深度 Δ 与电流频率 f、材料的电阻率 ρ 及磁导率 μ_T 有关，其关系式为

$$\Delta = 5030\sqrt{\frac{\rho}{\mu_T f}} \qquad (5\text{-}11\text{-}1)$$

可见，随着电流频率的增加，电流透入深度减少，趋肤效应显著。不同的金属材料有不同的磁导率和电阻率，而且它们都与温度有关。图 5-11-1 所示为几种金属材料的电流穿透深度与温度、频率的关系。

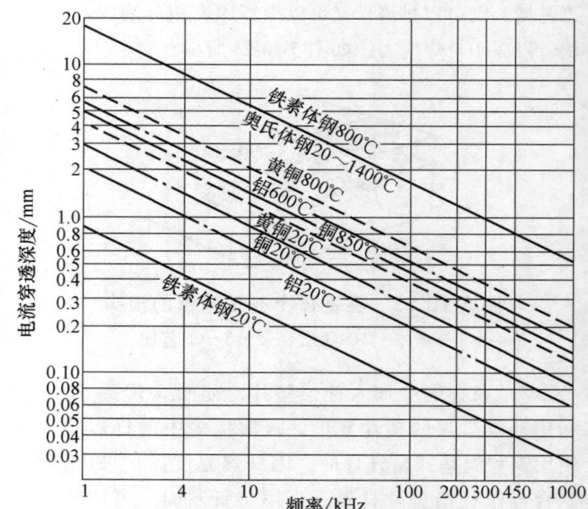

图 5-11-1　几种金属材料的电流穿透深度与温度、频率的关系

2. 邻近效应

当高频电流在两导体中彼此反向流动或在一个往复导体中流动时，就会出现电流集中流动于导体邻近侧表面的现象，此现象称为邻近效应。

邻近效应随频率增加而增大，随邻近导体与焊件之间距离越小而越强烈，因而使电流更为集中，加热程度更显著。若在邻近导体周围加一磁心，则高频电流将会更窄地集中于焊件表层，如图 5-11-2 所示。

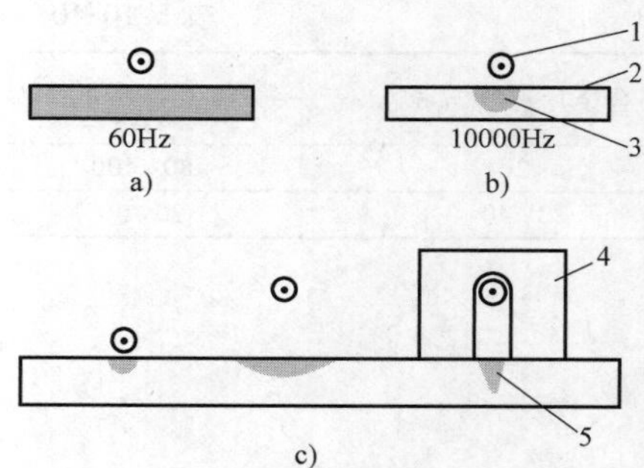

图 5-11-2　邻近导体附近的电流深度和分布

a）低频，电流通过整个截面　b）高频，电流被约束在窄区内　c）邻近导体的位置和磁性物对 10000Hz 电流的影响

1—邻近导体　2—钢板　3—钢板中的电流　4—磁性物　5—最窄电流区

11.1.2　高频焊的焊接过程

高频焊对焊件加热是借助高频电流的集肤效应把高频电流集中于待焊的表层，利用高频电流的邻近效应控制高频电流流动的路线、位置和范围，使电流只流过焊件中需要加热的区域。

图 5-11-3 所示为长度较小焊件的高频焊原理。无论是对接还是 T 形接，其待焊端面彼此平行且留有一定间隙，高频电流从接触子导入，沿箭头方向流动，两端面就构成了往复导体。高频电流的趋肤和邻近两效应使电流集中从待焊端面的表层流过而被迅速加热到焊接温度，经加压后即形成焊接接头。

如果焊件很长，则需采用连续高频焊。为了有效地利用高频电流的趋肤和邻近效应，焊件的待接面都要制成 V 形开口结构，如图图 5-11-4 所示。V 形开

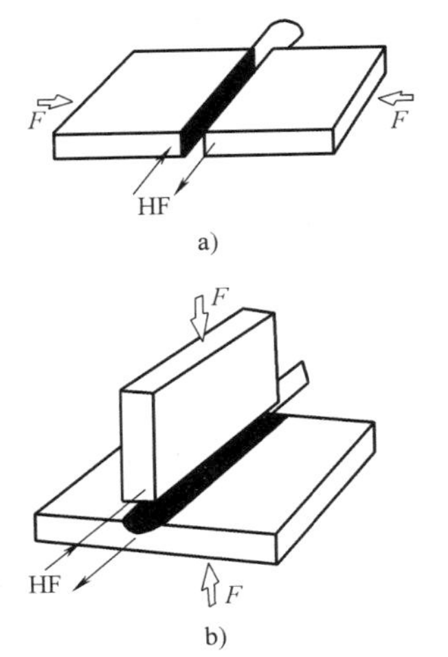

图 5-11-3　长度较小焊件的高频焊原理

a）对接　b）T 形接

HF—高频　F—压力

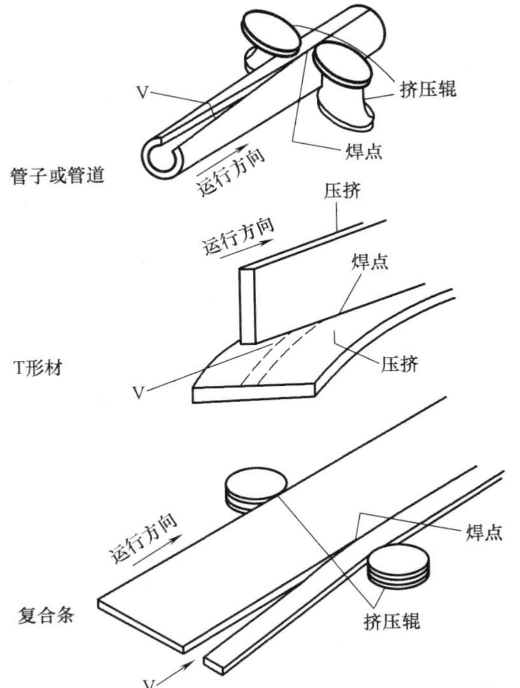

图 5-11-4　用 V 形开口制成的三种类型的产品

口结构的形状对形成良好的焊缝很重要，如图 5-11-5 所示。两待焊面之间构成了 V 形会合角 α。高频焊时，通过置于焊件边缘的电极触头，向焊件导入高频电流。由于趋肤效应，电流由一个电极触头沿焊件待焊面表层流经会合角顶点再流到另一电极触头（如虚线箭头所示），形成了高频电流的往复回路。由于邻近效应，越接近顶点，两边缘之间的距离越小，产生的邻近效应越强，表层温度也越高，甚至达到金属的熔点而形成液体金属过梁。随着焊件连续不断向前移动，待焊面受到挤压，把液态金属和氧化物挤出去，纯净金属便在固态下相互紧密接触，通过塑性变形和再结晶形成牢固的焊缝。

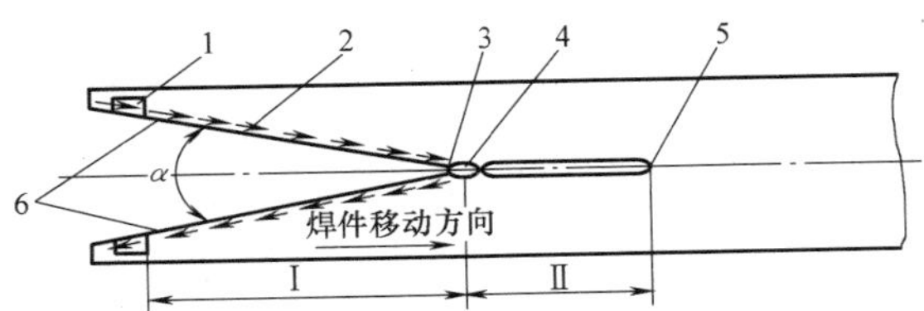

图 5-11-5　V 形开口两边加热及熔化过程

Ⅰ—加热段　Ⅱ—熔化段　α—会合角

1—电极触头　2—电流方向　3—会合点　4—液体过梁　5—焊合点　6—V 形会合面

V 形会合角 α 一般为 4°~7°。如果会合角过小，则会合点处易打弧，而变得不稳定；会合角过大，则边缘被拉长，焊后易起皱。

11.1.3　高频焊的优缺点及基本应用

1. 优点

1）焊接速度快。因高频电流的趋肤效应和邻近效应，使电流高度集中于焊接区，加热速度快，一般焊接速度为 150~200m · min^{-1}。

2）焊接热影响区小。焊接速度快，热输入小，热量集中在很窄的连接表面上，而且焊件的自冷作用强，所以热影响区一般都很窄。

3）焊前对焊件可以不清理。因为高频电的电压很高，能击穿表面氧化膜，且焊接时还能把它们从接缝中挤出去。

4）焊接同样的管子所需的功率比用工频电阻焊时小，且可以焊接厚度为 0.75mm 的薄壁管子。

2. 缺点

1）焊接时对接头装配质量要求高，尤其是连续高频焊接型材时，装配和焊接都是自动化的，任何因素造成 V 形开口形状的变化都会引起焊接质量问题。

2）电源回路中高压部分对人身和设备的安全有威胁，要有特殊保护措施。

3）高频焊设备在无线电广播频率范围工作。易造成辐射干扰。

3. 基本应用

可焊接碳素钢、合金钢、不锈钢、铜、铝、镍、锆及其合金等，也可进行异种金属焊接。

目前广泛应用于管材制造方面，如有缝管、异型管、螺旋散热片管、鳍管及电缆套管等，还能生产各种截面的型材、双金属板和一些机械产品，如汽车轮圈、工具钢和碳素钢组成的锯条等。

图 5-11-6 所示为高频焊的基本应用。图 5-11-6 中只有 b、h 和 i 用高频感应焊，这种焊接方法只能用于能在焊件内部形成闭合回路的场合。

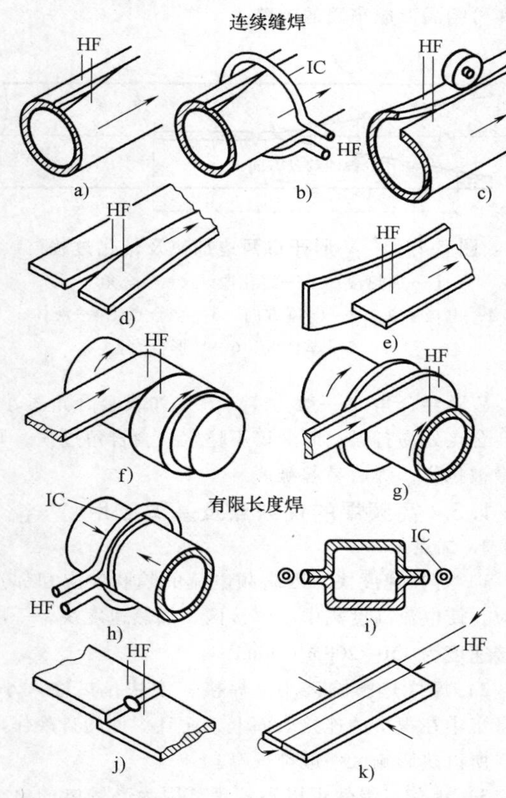

图 5-11-6　高频焊的基本应用

a)、b)、h) 管子对接缝　c) 管子滚压焊　d) 板条对接　e) T形接头　f) 螺旋管　g) 螺旋管散热片　i) 端接焊　j) 熔化点焊　k) 板条对接

HF—高频　IC—感应圈

11.2　高频焊设备

高频焊的核心设备是高频发生器及其输出装置，其余都是根据产品（焊件）结构特点和生产的机械化与自动化程度而配置一些辅助设施。

1. 高频发生器

高频发生器是高频焊的电源。对于 3000～10000Hz 频率范围的高频电源，一般是电动机驱动的高频发电机或半导体逆变器。100～500kHz 的连续高频电源通常采用真空管高频振荡器。应用广泛的是真空管高频振荡器，其输出功率为 1～600kW。

2. 电极触头

电极触头又称接触子，是用来向焊件传导高频电流的部件。要求其具有高的电导率、热导率、耐磨性、高温强度和硬度，通常是用铜合金制造，或用铜或银为基体镶入硬且耐热的铜钨、银钨或锆钨等合金制成。由于触头承受相当高的电流，一般需对触头及其支座增设水冷装置。

触头加到焊件上的压力一般很小。对于连续焊，挤压压力为 20～200N，对于断续焊为 20～400N。触头的尺寸视传输电流大小和焊件形状而定，一般为宽 4～7mm，高 6.5～7mm，长 15～20mm，而传输电流一般为 500～5000A。

3. 感应线圈

感应线圈又称感应器，其作用是利用高频交流在焊件周围产生交流电磁场，进而在焊件待焊表面感应出加热所用的高频电流。通常是用铜管、铜棒或铜片制成单匝或 2～4 匝的金属环，其内部通冷却水。

单匝感应线圈一般不需绝缘物，而多匝感应线圈为防止匝间起弧常缠上玻璃丝带再浇灌环氧树脂以绝缘。

焊管用的感应线圈与管间的间隙对效率有影响，通常取 3～5mm。过大会造成效率急剧下降，过小易造成与管坯之间放电或易被撞坏。感应线圈的宽度根据管子外径 D 来确定，通常单匝感应线圈的宽度 $b=1\sim1.5D$。取得过大或过小，效率都会降低。用 2～4 匝感应线圈时，因其效率较高，其宽度可以适当小些。

4. 阻抗器

在管材或筒形件的焊接中，无论是高频电阻焊还是高频感应焊都有一定的电流围绕着管子或筒内表面流动，这部分电流对焊接没有贡献。为了减小这部分电流，通常在管子内焊接区段放置磁铁棒，即阻抗器。阻抗器通常由一种或多种铁氧体组成，必须进行水冷，以使其工作温度低于其丧失磁性的居里温度。

11.3　典型焊接工艺

11.3.1　连续高频焊

1. 金属管纵缝连续高频焊

有缝金属管材的制造既可用高频电阻焊，也可以用高频感应焊。

（1）高频电阻焊制管原理

在挤压辊挤压下，待焊面会合成 V 形的会合角，如图 5-11-7 所示。高频电流由会合角两侧的一对滑动电极触头 2 导入焊件，由一个触头沿 V 形边缘流经会合点传回到另一触头，于是在 V 形会合角两边的表层形成往复回路。在邻近效应作用下，越靠近会合点，电流密度越大，此处产生很大的电阻热，将会合角两边和会合点表层加热到焊接温度或熔化温度。有时在会合点附件会产生连续的金属火花喷溅。在挤压辊 5 的压力作用下，氧化物和杂质被挤出，两待焊面间产生强烈顶锻，使金属原子之间牢固地结合在一起。焊接机组前边的刨刀将挤出的氧化物及镦粗部分的金属刨削掉，再用定径和校直装置将管材定径和校直。

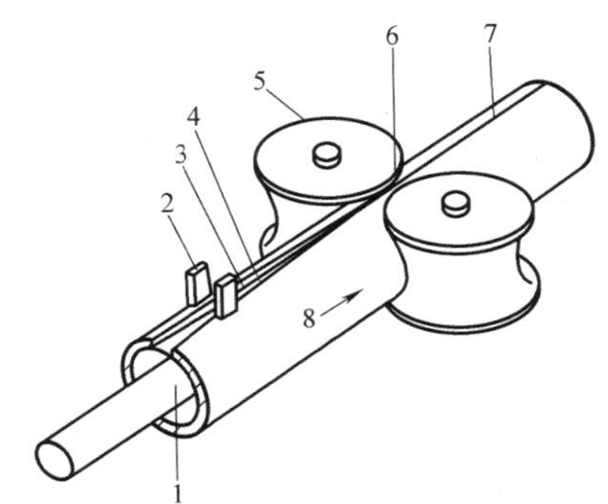

图 5-11-7　连续高频电阻焊制管过程原理

1—阻抗器　2—电极触头　3—V 形接口　4—电流通道　5—挤压辊　6—焊点　7—焊缝　8—送料方向

高频电阻焊可用于焊接直径小于 1200mm、壁厚小于 15mm 的管材。

（2）高频感应焊制管原理

与高频电阻焊唯一不同的是，高频电流不是用电极触头直接导入焊件，而是采用套在管坯上的感应圈产生的高频磁场在焊件待焊表面上感应出高频电流，如图 5-11-8 所示。

高频感应焊可用于焊接直径小于 220mm、壁厚小于 11mm 的各种规格的管材。

（3）焊接参数

1）电源频率。高频焊可用的频率范围很宽。频率越高，趋肤效应和邻近效应越大，连接面表层的能量越集中，加热速度越快，因此焊接效率越高。有色金属管材焊接用的频率要比碳素钢管材的高些，因前者热导率大，需要利用更快的焊接速度焊接，以保证能量更为集中。此外，焊接薄壁管宜选用高一些的频率，厚壁管材用低一些的频率，这样易保证接缝两边

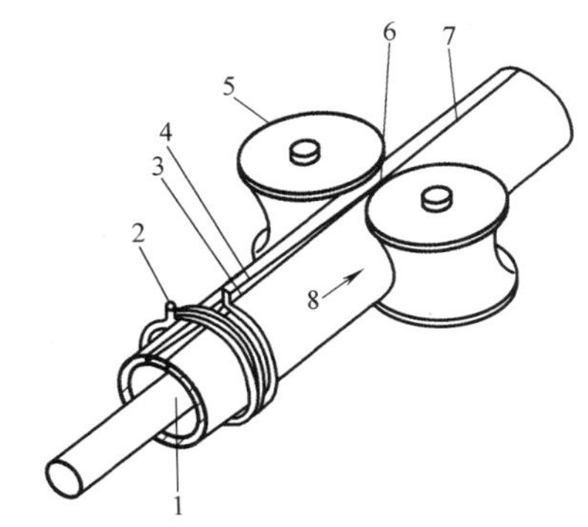

图 5-11-8　连续高频感应焊制管原理

1—阻抗器　2—感应器　3—V 形接口　4—电流通道　5—挤压辊　6—焊接点　7—焊缝　8—送料方向

加热宽度适中，沿厚度方向加热易均匀。

焊接碳素钢管材时多采用 350～450kHz 的频率。

2）会合角。V 形开口的会合角 α 对焊接过程的稳定性、焊缝质量、焊接效率有很大影响。焊管通常取 $\alpha=2°\sim6°$。会合角小，邻近效应显著，有利于提高焊接速度，但过小，则闪光过程不稳定，接缝易产生深坑或针孔等缺陷。若会合角过大，邻近效应减弱，焊接效率下降，功率消耗增加。此外，边缘易产生折皱。

3）管坯坡口形状。薄壁管的管坯坡口采用 I 形坡口即可；厚壁管若采用 I 形坡口，坡口横截面中心部位加热不足，而上、下边缘加热过度。因此，厚壁管宜采用 X 形坡口，使整个截面加热均匀。

4）电极触头、感应线圈和阻抗器的安放位置。

①电极触头位置。电极触头的位置应尽可能靠近挤压辊，以提高效率。它与两挤压辊中心连线的距离一般为 20～150mm。焊接铝管时取下限，焊接壁厚大于 10mm 的低碳钢管时取下限，且随管径增大而适当增大，表 5-11-1 列出了电极触头位置的数据。通常，两电极触头间的电压为 50～200V，焊接电流为 1000～3000A。

② 感应线圈位置。感应线圈应与管坯同心放置；其前端与两挤压辊中心连线的距离也影响焊接质量和效率，表 5-11-2 列出了感应线圈位置的数据。

表 5-11-1　电极触头位置的数据（低碳钢）　（单位：mm）

管外径	16	19	25	50	100
与两挤压辊中心连线的距离	25	25	30	30	32

表 5-11-2　感应线圈位置的数据（低碳钢）　（单位：mm）

管外径	25	50	75	100	125	150	175
与两挤压辊中心连线的距离	40	55	65	80	90	100	110

③ 阻抗器位置。阻抗器也应与管坯同轴安放，其头部与两挤压辊中心连线重合或离开中心连线 10~20mm，以获得较高的焊接效率。阻抗器与管壁之间的间隙一般为 6~15mm，间隙小可提高效率，但不能太小。

5）输入功率。焊接所需的输入功率必须能在较短时间内使连接面加热到焊接温度。与工频电阻焊一样，焊接所需功率取决于管材的材质和壁厚。铝管所需功率要比钢管大，厚壁管所需功率比薄壁管大。若输入功率过小，则管坯坡口面加热不足，达不到焊接温度而产生未焊合；若输入功率过大，则管坯坡口面加热温度高于焊接温度而会发生过热或过烧，甚至击穿焊缝，造成熔化金属严重喷溅，形成针孔和夹渣等缺陷。高频焊管机的额定功率目前有 100kW、200kW、400kW 三挡。

6）焊接速度。提高焊接速度，管坯坡口面挤压速度随着提高，有利于把被加热到熔化状态的两边金属层和氧化物挤出，从而获得优质焊缝；同时还能缩短坡口面加热时间，使形成氧化物的时间变短和热影响区变窄。如果降低焊接速度，则热影响区变宽，坡口面熔化金属层和氧化物层变厚，挤压出的毛刺增多，焊缝质量下降。

但是在输出功率一定的情况下，不能无限地提高焊接速度，否则会因达不到焊接温度而产生未焊合。表 5-11-3 列出了高频电阻焊制造不同壁厚管材的焊接速度。

表 5-11-3 高频电阻焊制造不同壁厚管材的焊接速度（电源：160kW，400kHz）

壁厚/mm	焊接速度/mm · s^{-1}	
	钢	铝
0.75	4500	5000
1.5	2500	3000
2.5	1500	1800
4	875	1120
6.4	500	620

7）焊接压力。压力通过两旁挤压辊轮施加，一般焊接压力以 100~300MPa 为宜。有些焊机不是控制焊接压力，而是控制管坯被挤压量。通过改变挤压辊的间距来调节控制挤压量，挤压量通常根据管壁厚度选择，见表 5-11-4。

表 5-11-4 管材高频焊挤压量的经验值

管壁厚 δ/mm	≤1.0	1.0~4.0	4.0~6.0
挤压量/mm	δ	$2\delta/3$	$\delta/2$

（4）常用金属管的焊接要点

1）碳素钢和低合金高强度钢管的焊接。通常用碳当量评估其焊接性。计算材料碳当量的公式为

$$CE = w(\mathrm{C})\% + \frac{1}{4}w(\mathrm{Si})\% + \frac{1}{4}w(\mathrm{Mn})\% + 1.07w(\mathrm{P})\% + 0.13w(\mathrm{Cu})\% + 0.05w(\mathrm{Ni})\% + 0.23w(\mathrm{Cr})\%$$

当材料的碳当量小于 0.2%时，其焊接性好，焊后不需进行热处理；当碳当量大于 0.65%时，焊接性差，焊缝硬脆易裂，禁止焊接；当碳当量为 0.2%~0.65%的材料时，焊接性尚可，但焊后需立即进行正火热处理，以使焊缝硬度与母材料一致。通常是在线正火处理，即在焊接和切去钢管外飞边之后，在通水冷却和定径之前，用中频感应加热法对焊接区进行热处理。

2）不锈钢管的焊接。由于不锈钢导热性差、电阻率高，焊接同样直径和壁厚的管材，所需热功率比其他钢管小，而在相同输入功率情况下，能更快达到焊接温度，可以用较快的速度进行焊接。不锈钢管坯易产生冷作硬化，且回弹大，故需正确设计辊系机件，恰当调整辊轮之间的间隙，并需加大挤压力。与低碳钢管相比，一般应增大 40~50MPa。

此外，热影响区的耐蚀性会因碳化铬的析出而降低，通常采用焊前固溶处理、高的焊接速度和焊后急冷等措施来解决这一问题。

3）铝及铝合金管的焊接。铝及铝合金熔点低、易氧化，为了缩短铝及铝合金在液态温度下的停留时间，保证母材能在固相线温度以上焊合，并减少散热所引起温度降低，通常采用比钢管更快的焊接速度和挤压速度。

铝合金是非导磁体，高频电流穿透深度较大，因此应选用更高的频率。此外，要求高频电源的电压和功率具有较高的稳定性。

4）铜及铜合金管的焊接。铜及铜合金也是非导磁材料，且又导热性好，故焊接时也需采用较高的频率和较快的焊接速度，以使电能更集中于接合面以减少热量散失。焊接黄铜时，接合面加热到熔化时锌易氧化和蒸发，故也需快速加热和挤压，把熔化的和氧化的金属挤出去。

2. 散热片与管的连续高频焊

为了增加散热器用管的散热表面积，常用高频焊在管外表面焊上螺旋状的散热片或纵向的散热片，俗称翅（鳍）片管。

图 5-11-9 所示为螺旋翅片与管的高频电阻焊。0.3~0.5mm 厚的薄翅片可在焊接前轧制成各种形状，

也可在成形的同时连续进行焊接。焊接时，管子做前进与回转运动；散热片以一定角度送向管壁，并由挤压辊轮挤到管壁上；当散热片与管壁上的电极触头通有高频电时，会合角边缘金属被加热，经挤压而焊接起来。

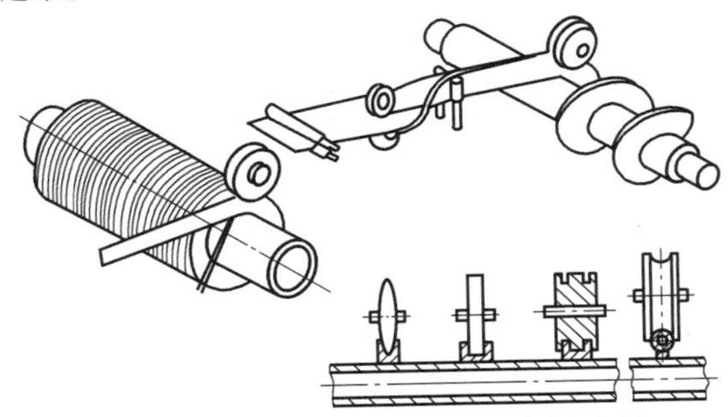

图 5-11-9　螺旋翅片与管的高频电阻焊

图 5-11-10 所示为纵向鳍片与管的高频焊。鳍片的厚度、高度与其相焊的管材壁厚有关，一般小于 6mm。管材必须能承受加在鳍片上的挤压而无明显变形。为了防止管材焊后产生弯曲变形，应同时在管材两侧焊接两条鳍片。

散热片与管高频焊接的速度非常快，其速度为 $50\sim150\text{m}\cdot\text{min}^{-1}$。可焊管材直径为 16～254mm。可焊材料很多，低碳钢散热片一般用于低合金钢管，不锈钢散热片可焊到碳素钢或不锈钢管上。此外，还有铝散热片与铜镍合金管、锆锡合金散热片与锆锡合金管的焊接等。

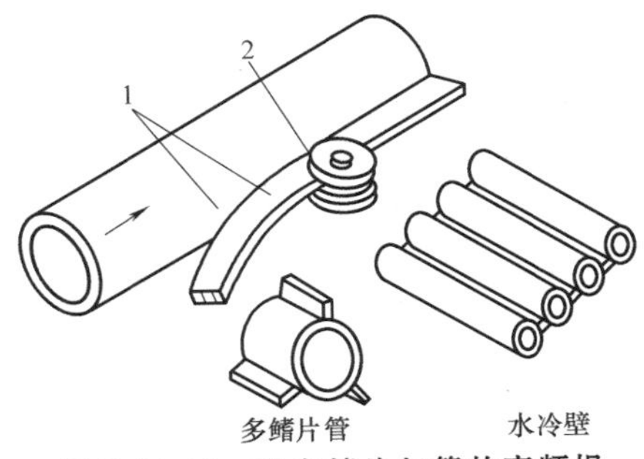

图 5-11-10　纵向鳍片与管的高频焊

1—电极　2—压力辊

3. 型钢的连续高频电阻焊

高频电阻焊也用于结构型钢的生产，如 T 形、I 形和 H 形梁的生产。图 5-11-11 所示为用高频电阻焊生产 I 形或 H 形梁的生产线。可生产腹板高度达 500mm，厚度达 9.5mm。生产时，将三卷带钢送入焊接滚轧机，由两台高频电阻焊机同时将腹板和两个翼板间的 T 形接头焊成，其焊接速度为 $125\sim1000\text{mm}\cdot\text{s}^{-1}$。图 5-11-11 中右下方所示为焊接挤压辊和矫直辊工作的局部放大图。

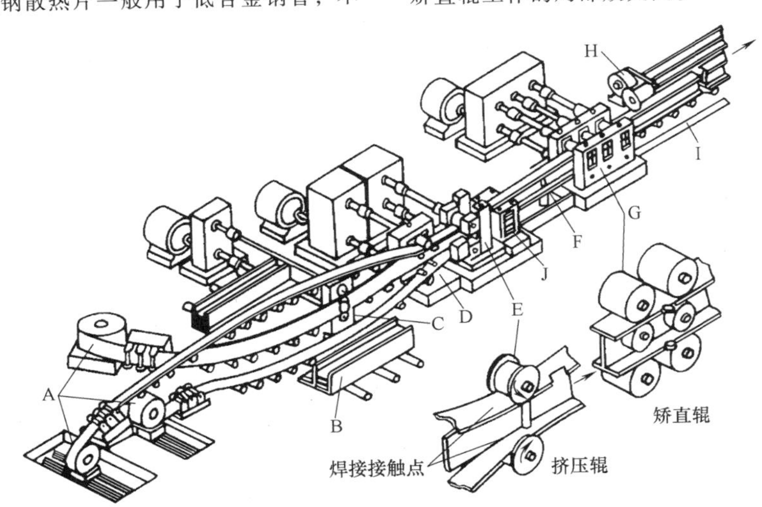

图 5-11-11　用高频电阻焊生产 I 形或 H 形梁的生产线

A—开卷机和校平机　B—翼板送料器　C—腹板镦粗机　D—翼板预弯机　E—焊接工位　F—冷却区　G—纵向和翼板矫直机　H—切断锯　I—送出并运走　J—表面缺陷清除工位

连续高频焊还可以用于生产螺旋管、电缆套管（纵缝焊接）。

11.3.2　断续高频焊

当焊件接缝长度有限时，宜采用断续高频焊，如管子环缝的对接焊，板件的对接或 T 形接焊。

1. 锅炉钢管断续高频对焊

将两根待焊管子固定在夹头（图 5-11-12 中未示出）上，并使之相互接触。感应线圈套在管接头的外围。当感应线圈通有高频电流时，接头处便产生感应电流，使两管端头很快加热到焊接温度（不熔化）。然后施加顶锻力即完成焊接，如图 5-11-12 所示。

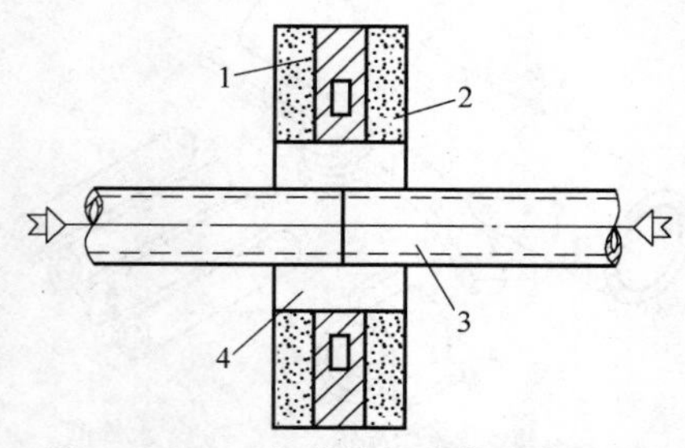

图 5-11-12　锅炉管的断续高频对焊

1—感应线圈　2—导磁环　3—待加热的管子　4—间隙

这种方法焊接的接头内侧没有飞边，只有轻微的凸起，对管内液体阻力小，故适于锅炉钢管对接。可焊接壁厚小于 10mm、直径为 25～320mm 的钢管。所需焊接时间为 10～60s。

2. 平板断续高频对焊

当长度较短的平板连接时，可采用图 5-11-13 所示的方法。将两待焊板（带）材的端头放在铜制的条形平台 4 上，并使之相互接触，同时置邻近感应器 2 对于接缝 5 的上方，将其一端与条形平台相连，另一端及条形平台的另一端分别接到高频电源 3 的输出端。当高频电流通过时，接缝区便在邻近效应作用下迅速被加热到焊接温度（不熔化），然后加以顶锻力即完成焊接。

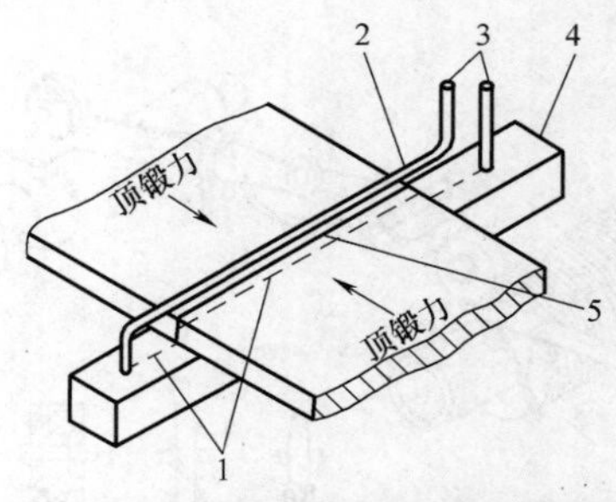

图 5-11-13　平板断续高频电阻焊原理图

1—电流通道　2—邻近感应器　3—高频电源　4—条形平台　5—对接缝

通过改变高频频率，可以调节电流的穿透深度，使焊缝沿厚度方向加热均匀。与闪光对焊相比，此法焊接无烟尘或金属飞溅，损耗金属量少，焊缝厚度与焊件厚度相近，飞边少。适于 0.6～5mm 厚、76～900mm 宽（缝长）的低碳钢、低合金钢、不锈钢及镀锌扁钢板材的焊接。3mm 厚、191mm 宽的低碳钢板材对接高频焊仅需 1.1s 的时间。

第 12 章　热　切　割

12.1　切割及其分类

使固体材料分离的方法称为切割。切割是焊接的前道工序，用来获得所需形状和尺寸的工件。

切割可分为冷切割和热切割两大类。冷切割是在常温下利用机械能使材料分离，最常见的是剪切、锯切（如条锯、圆片锯、砂片锯等）和铣切，也包括近年发展的水射流（水刀）切割；热切割是利用热能使材料分离。

在现代焊接生产中，钢材的切割主要采用热切割。热切割的种类很多，如图 5-12-1 所示。

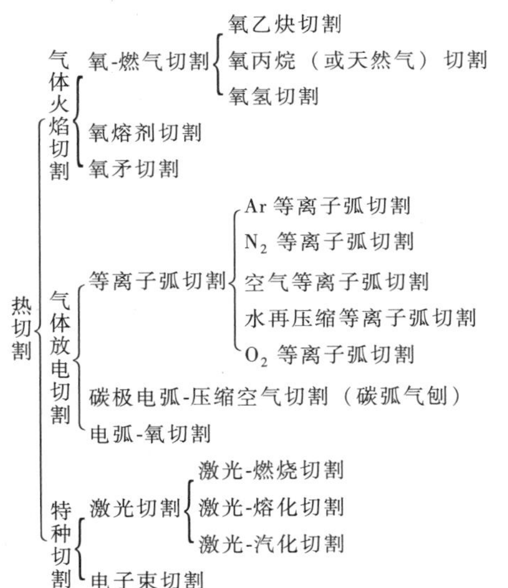

图 5-12-1　热切割的分类

12.2　气体火焰切割

利用气体火焰的热能将金属材料分离的方法称为气体火焰切割法，简称气割。气割除必须使用氧气外，还需使用可燃气体，如乙炔、丙烷（液化石油气）、甲烷（天然气）或氢等。因此，按所用的可燃气体不同分类，气体火焰切割有氧乙炔切割、氧丙烷切割、氧甲烷切割和氧氢切割等。

12.2.1　氧乙炔切割

1. 切割原理

用氧乙炔预热火焰把金属表面加热到燃点，然后打开切割氧，使金属氧化燃烧并放出热量，同时将燃烧生成的氧化熔渣从切口吹掉，形成割缝，如图 5-12-2所示。

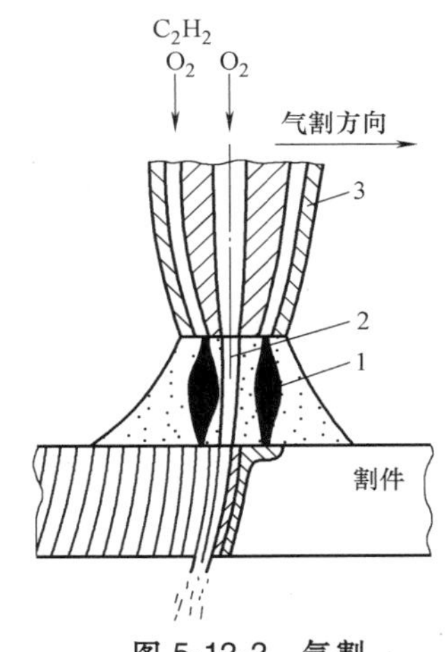

图 5-12-2　气割

1—预热火焰　2—切割氧流　3—割嘴

2. 金属的气割性

只有满足以下条件的金属才能实现高质量的气割：

1）金属的燃点低于它的熔点。只有这样才能使金属在固体状态下燃烧，以保证切口平整。若熔点低于其燃点，则金属首先熔化，液态金属流动性大，熔化边缘不齐，难以获得平整的切口。

2）金属能与氧发生剧烈的燃烧反应并放出足够的反应热。这种燃烧热除补偿辐射、导热和排渣等热散失外，还必须保证将切口前缘和下层金属迅速且连续地预热到燃点。

3）金属燃烧生成的氧化物（熔渣）的熔点应低于该金属的熔点，且流动性好。若熔渣的熔点高，就会在切割表面形成固态氧化薄膜，阻碍氧与金属之间持续进行燃烧反应，使气割过程不能正常进行。

铁的熔点略低于其氧化物的熔点，但氧化反应热大，尤其熔渣黏度低，流动性好，易于为切割氧排除，故其气割性良好。铜及铜合金因氧化反应热很少，而热导率又很高，故不可气割。铝虽然氧化反应热很高，但其氧化物 Al_2O_3的熔点高出其熔点两倍以上，且燃点接近熔点，也属不可气割的金属。铬和镍的氧化物熔点都很高，难以气割，而必须采取特殊措施，如氧-熔剂工艺才能进行切割。

一般结构钢因主要成分是铁，故其气割性良好，但随着碳和其他合金元素的增加，其气割性将变差。表 5-12-1 按钢的碳当量对钢的气割特性作了划分。

3. 气割的质量要求

切割的质量要求主要包括气割面的质量要求和割件尺寸精度的要求。气割面总的要求是平整光洁。具体的质量要素如图 5-12-3 所示（δ 为切口厚度），它包括割纹深度、表面粗糙度、平面度、缺口、上缘熔化和挂渣等。

表 5-12-1 碳素钢和合金钢的气割性

钢的碳当量①(%)	气割特性	牌号举例
<0.6	无工艺上限制,不需要预热	08、10、20、25、Q195、Q215、Q235、15Mn、20Mn、10Mn2、15NiMo
0.6~0.8	夏季允许无预热情况下切割,冬季在切割厚钢材和形状复杂零件时需加热至 150℃	35、40、45、30Mn、35Mn、40Mn、30Mn2、15Cr、20Cr、15CrMn、12CrNi3A、20CrNi3A
0.8~1.1	为防止淬火裂纹,需预热或随同切割加热到 200~300℃	50、60、70、50Mn、60Mn、65Mn、70Mn、35Mn2、40Mn2、45Mn2、50Mn2、30Cr、40Cr、50Cr、12CrMo、15CrMo、20CrMo、30CrMo、35CrMo、20CrMn、40CrMn、40CrNi、45CrNi、50CrNi、12Cr2Ni4、20Cr2Ni4、40CrVA、15CrNiMo、35CrMoVA
>1.1	为避免出现裂纹,需预热至 300~450℃或更高温度,并随后缓冷(放入炉中或者用隔热材料保温)。碳的质量分数大于 1.2%的碳素钢难以气割	25CrMnSi、30CrMnSi、35CrMnSi、38CrSi、37CrNi3A、25Cr2Ni4WA、38CrMoAlA、40CrMnMo、45CrNiMoVA、50CrMnA、50CrAlA

① 碳当量计算式：$CE=w(C)+0.16w(Mn)+0.3w(Si+Mo)+0.4w(Cr)+0.2w(V)+0.04w(Ni+Cu)$。

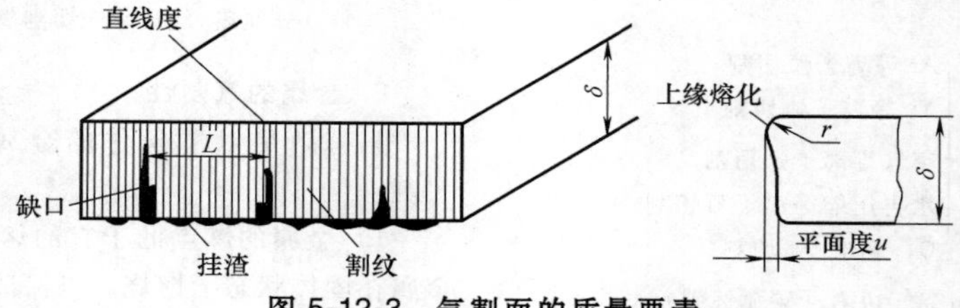

图 5-12-3 气割面的质量要素

割纹深度 h 指在沿切割方向 20mm 长的切割面上，以理论切割线为基准的轮廓波峰与波谷之间的距离，它是切割质量主要指标之一；平面度 u 指过所测部位切割面上的最高点和最低点、按切割面方向所作的两条平行线的间距，也是切割质量的主要指标；上缘熔化指切割过程中切口上边缘烧塌的现象，简称熔塌，常用 r 表示；缺口指在切割面局部区域形成的宽度、深度及形状不规则的缺陷，使均匀的切割面产生中断，也是切割质量指标之一，常用缺口间的最小间距 L 进行质量评定。

气割精度主要包括割件尺寸和坡口尺寸偏差以及板边直线度等，通常是根据割件的用途和性能要求在图样和技术文件中作出规定。气割质量评定方法见 JB/T 10045—2007《热切割 质量和几何技术规范》。

4. 影响气割过程的工艺因素

对于可气割的金属材料，影响其气割过程（包括切割质量和切割速度）的工艺因素主要有以下几点：

1） 切割氧的纯度。纯度越高，燃烧反应速度越快，表面粗糙度越低、切割速度越快、耗氧量越少，如图 5-12-4 所示。一般认为，氧气纯度低于 95%（体积分数）就不能气割。若要获得无挂渣气割，则氧气纯度需高于 99.6%（体积分数）。

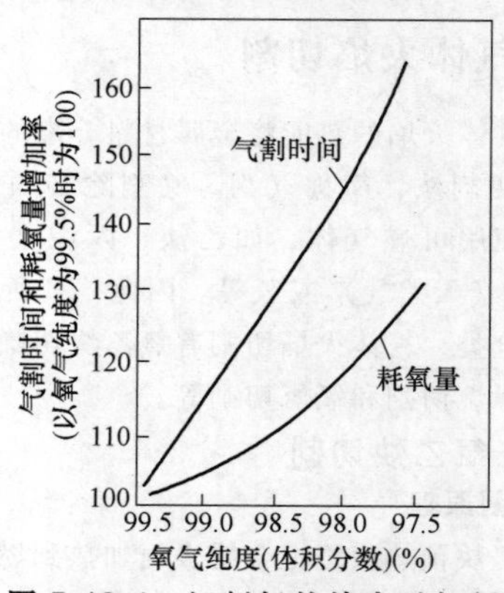

图 5-12-4 切割氧的纯度对气割时间和耗氧量的影响

2）切割氧的流量。向气割反应区供给足量的氧气是实现切割必要条件。若氧气量不足，则金属燃烧不完全，渣的黏度增大，会造成挂渣；若氧气量过大，会使金属冷却，甚至造成切割中断。理论上，燃烧 1g 铁全部生成 Fe_3O_4 时需要 0.27L 氧气，或燃烧 $1cm^3$ 铁需要 2.12L 氧气，但在实际气割中，单位质量铁的切割氧耗量还同时与被割材料的厚度有关，切割厚度小于 40mm 的钢材时，切割氧耗量高于理论值，而厚度大于 40mm 时，则低于理论值。一般来说，切割氧流量稍高于理论值，其切割速度可提高 10%～20%，但切割面略显粗糙。实用氧流量是由割嘴号来选定，号码越大，氧流量越大。

3）切割氧的压力。为了能把金属整个厚度割透，并能快速向前切割，要求切割氧具有较大的流速和动量，这就需要切割氧具有一定的压力。普通气割时，压力增大，氧流量相应也增加，能切割的厚度和速度也随之增大，但当氧气压力超过 0.3MPa 以后，切割速度从最高值开始下降，而且切口加宽，切割面变得粗糙。

4）切割氧流的形状。切割氧射流（通常称风线）形状对气割过程有明显影响。风线越长，越挺直有力，则切割效果越好。一般要求风线尽可能细长，且保持圆柱形，同时边界线应清晰。这样可保证沿厚度方向上的切口宽度均匀一致。切割面的表面粗糙度和切割精度也能提高。切割氧流形状取决于割嘴氧孔形状的设计和孔道面的表面粗糙度。

5）切割氧流的攻角。切割氧流的攻角又称割嘴的倾角。直线切割时，割嘴向切割方向后倾一定角度可以大大加快切割速度并改善切割质量。割嘴后倾一定角度后（见图 5-12-5），切割氧流动量的水平分量 v_x 使切口前缘的熔渣层减薄，且切口前缘金属获得充分预热，从而加速了气割速度。随着后倾角 α 的增大，氧流动量垂直分量 v_y 随之减少，使厚度方向的切割能力降低，切割速度反而降低，因此后倾角有一极限值，它与割嘴种类和割件厚度有关。

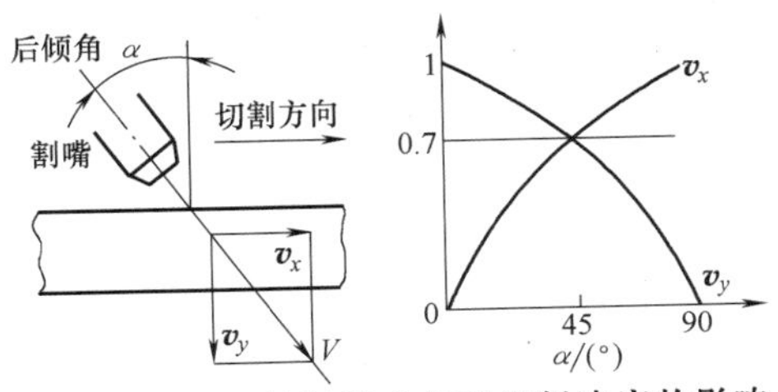

图 5-12-5 切割氧流攻角对切割速度的影响

6）钢材表面状态和初始温度。钢材表面存在较厚的氧化皮、铁锈及各种污染物都会影响切割质量和速度，因此气割前应予以清除。钢材表面预涂底漆也影响切割速度和质量，这和漆的类型及厚度有关。高锌型底漆难于切割，其漆膜厚宜控制在 15μm 左右，最好是在切割前进行钢板表面抛光预处理。

钢材的初始温度越高，则加热到燃点的时间越短，可加快气割进程，切割速度也可加快。

5. 割炬与割嘴

手工气割用的设备和器具如图 5-12-6 所示。从中可以看出，除割炬外，其余如氧气瓶、氧气减压器、乙炔瓶、乙炔减压器和回火保险器等均与气焊用的相同。如果把割炬安装在行走小车上或机械手上，就变成半自动或自动气割。因此，从气焊变成气割，一般只需用割炬代替焊炬即可。

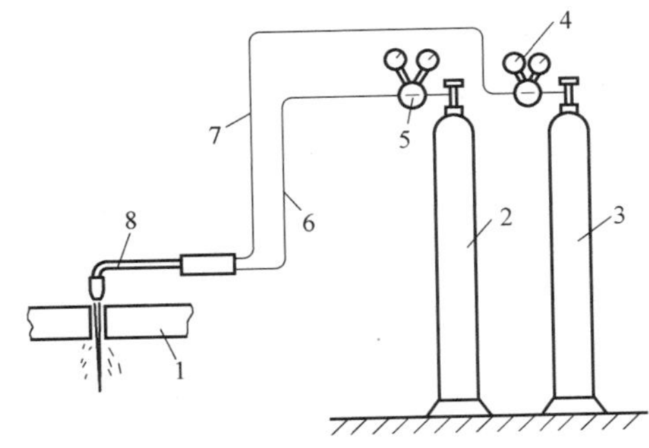

图 5-12-6 手工气割用设备和器具

1—工件 2—乙炔瓶 3—氧气瓶 4—氧气减压器 5—乙炔减压器 6—乙炔气管 7—氧气管 8—割矩

割炬又称割枪或割把，其功能是向割嘴稳定地供送预热用气体和切割氧，并能控制这些气体的压力和流量，调节预热火焰的能率和特性等。对割炬的要求是简单、轻便、易于操作，使用安全可靠。

割炬按乙炔气体和氧气混合的方式不同可分为射吸式割炬和等压式割炬两种，射吸式割炬主要用于手工切割，等压式割炬多用机械切割。国内两种割炬均有产品。

1）射吸式割炬。射吸式割炬的结构原理如图 5-12-7所示。它以射吸式焊炬为基础，增加了切割氧的气路和阀门，并采用了专门的割嘴。由于乙炔压力低，流速慢，它需靠预热火焰用的氧气射入射吸管 3 使喷嘴 4 周围空间形成真空，而将乙炔导管中的乙炔吸入射吸管，经混合气管 2 与氧充分混合后由割嘴喷出，点燃即成预热火焰。割嘴中心是切割氧的通道，预热火焰均匀地分布在它的周围。

进行气割时，先开启预热氧气阀和乙炔阀，点燃并调节预热火焰到中性焰，将被切割金属加热到燃点，随即开启切割氧气阀，氧气从割嘴中心孔喷出，即进行切割。

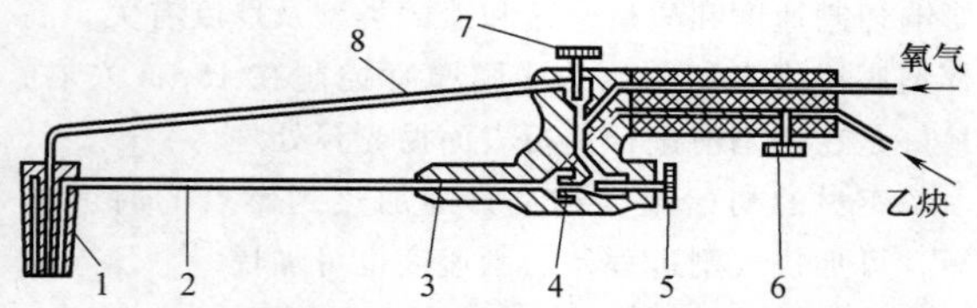

图 5-12-7　射吸式割炬的结构原理

1—割嘴　2—混合气管　3—射吸管　4—喷嘴　5—预热氧气阀　6—乙炔阀　7—切割氧气阀　8—切割氧气管

在割炬上用的割嘴结构有图 5-12-8 所示的两种。其中，环形割嘴由内嘴和外套两部分组成，制造容易，但火焰稳定性差，气体消耗量较大，在安装内嘴和外套时，必须保证同心，否则预热火焰偏向一侧，使切口质量变坏；梅花形割嘴没有这些缺点，且火焰力量较大，但制造较困难。

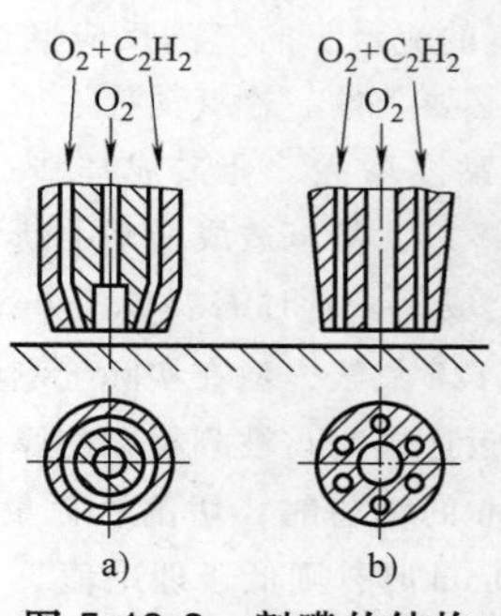

图 5-12-8　割嘴的结构

a）环形　b）梅花形

射吸式割炬可用于中压乙炔切割，也可用于低压乙炔切割，国产标准射吸式手工割炬及割嘴的规格和性能参数见表 5-12-2。

表 5-12-2　国产标准射吸式手工割炬及割嘴的规格和性能参数

型号	割嘴号码	割嘴形式	切割范围/mm	切割氧孔径/mm	气体压力/MPa		气体消耗量	
					氧气	乙炔	氧气/$m^3 \cdot h^{-1}$	乙炔/$L \cdot h^{-1}$
G01-30	1	环形	2~10	0.9	0.2	0.001~0.1	0.8	210
	2		10~20	0.9	0.25	0.001~0.1	1.4	240
	3		20~30	1.1	0.3	0.001~0.1	2.2	310
G01-100	1	梅花形	10~25	1.0	0.3	0.001~0.1	2.2~2.7	350~400
	2		25~50	1.3	0.4	0.001~0.1	3.5~4.3	460~500
	3		50~100	1.6	0.5	0.001~0.1	5.5~7.3	550~600
G01-300	1	梅花形	100~150	1.8	0.5	0.001~0.1	9.0~10.8	680~780
	2		150~200	2.2	0.65	0.001~0.1	11~14	800~1100
	3	环形	200~250	2.6	0.8	0.001~0.1	14.5~18	1150~1200
	4		250~300	3.0	1.0	0.001~0.1	10~26	1250~1600

2）等压式割炬。这种割炬的预热火焰是按等压式焊炬的原理设计的。预热氧和切割氧分别由单独的管道进入割嘴（其压力相当），在割嘴内混合，喷出后点燃即产生预热火焰。

这种割炬配有专用的割嘴，结构简单，预热火焰燃烧稳定，回火现象比射吸式少。因此，现在各种气割机上大都采用这种割炬。

图 5-12-9 所示为国产 G02 型等压式手工割炬。

国产等压式手工割炬及割嘴的规格与性能参数见表 5-12-3。

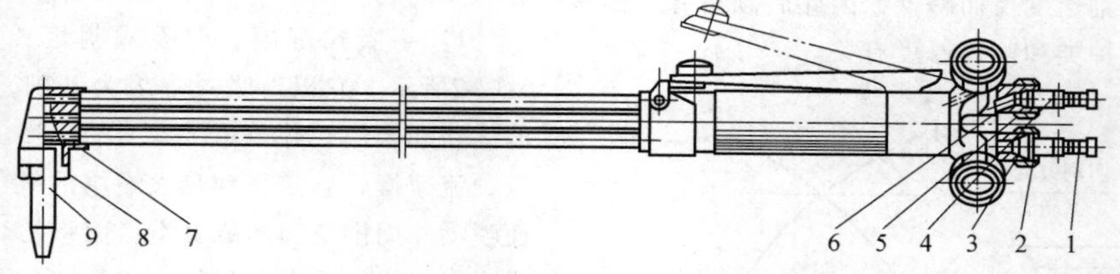

图 5-12-9　G02 型等压式手工割炬

1—乙炔软管接头　2—乙炔螺母　3—乙炔接头螺纹　4—氧气软管接头　5—氧气螺母　6—氧气接头螺纹　7—割嘴接头　8—割嘴螺母　9—割嘴

6. 气割工艺要点

(1) 参数选择

一般情况下，根据割件厚度选择割炬的型号，用同一型号的割炬切割不同厚度的钢材时，也要根据厚度选用不同号码的割嘴。当割炬型号和割嘴号码基本确定后，就该选择气割时的切割参数了，主要包括切

表 5-12-3　国产等压式手工割炬及割嘴的规格和性能参数

型号(名称)	割嘴号码	切割氧孔径/mm	切割范围/mm	气体压力/MPa		气体消耗量	
				氧气	乙炔	氧气/$m^3 \cdot h^{-1}$	乙炔/$L \cdot h^{-1}$
G02-100 等压式割炬	3	1.1	10~25	0.3	0.5	2.2~2.7	350~400
	4	1.3	25~50	0.4	0.5	3.5~4.3	400~500
	5	1.6	50~100	0.5	0.6	5.5~7.3	500~600
G02-300 等压式割炬	7	2.2	150~200	0.65	0.7	15~20	1000~1500
	8	2.6	200~250	0.8	0.8	20~25	1500~2000
	9	3.0	250~300	1.8	0.9	25~30	1800~2200
G04-12/100 等压式焊割两用炬	1	0.7	5~20	0.2	0.4	1.5~2.5	250~400
	3	1.1	20~50	0.3	0.5	3.5~4.5	400~500
	5	1.6	50~100	0.5	0.6	5.0~6.4	500~600

割氧压力、切割速度、预热火焰的能率，以及割嘴与割件之间相对位置等。

1）切割氧压力。氧气压力可以获得切割所需的流速和动量，是实现切透整个厚度并快速向前切割的保证。普通气割时，随着割件厚度增大，选择的割嘴号码应增大，这时使用的氧气压力也应相应地增大。当用同一割嘴时，氧气压力增大则氧流量增加，能切割的厚度也随之增大，或切割速度可加快。但在氧气压力增大到某一定值后，效果恰相反，不仅切割厚度不增大，速度不加快，反而会下降，而且切口宽而粗糙。应按表 5-12-2、表 5-12-3 选用切割氧压力。

2）切割速度。切割速度与割件厚度和使用的割嘴形状有关。割件越厚，气割速度越慢；反之，割件越薄，则气割速度应越快。合适的切割速度应是火焰和熔渣以接近于垂直的方向喷向工件的底面，这样的切口质量最好，也就是说，根据切割的后拖量大小判断切割速度的合适与否。后拖量指切割时，在同一条割纹上沿切割方向的上端与下端间的距离，如图 5-12-10所示。后拖量现象不可避免，因为切割时沿板厚方向氧的纯度和能量有差别。割件越厚，若切割速度越快，后拖量就越显著。若切割速度过快，来不及将底层金属氧化，会使后拖量加大，甚至工件割不透；若切割速度过慢，会使切口上部边缘熔化，切口过宽。若是薄板切割，会产生较大变形，同时也浪费气体。一般应根据切割质量要求来确定切割速度，切割质量要求高时，切割速度宜低一些。

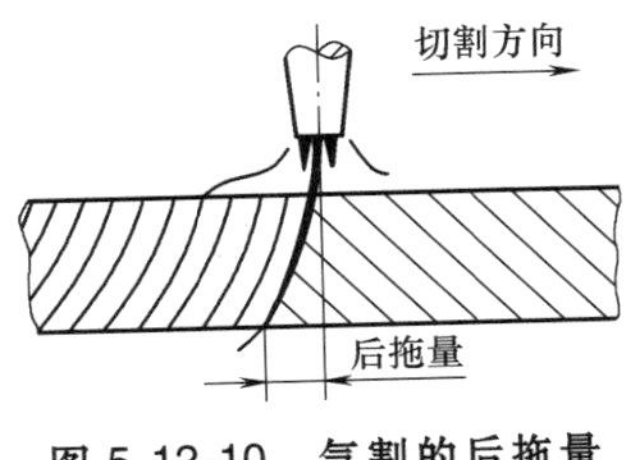

图 5-12-10　气割的后拖量

3）预热火焰能率。气割时，预热火焰必须提供足够热量使切割区很快达到燃点。显然，随着割件厚度的增大，火焰的能率需相应增大。通常是选用较大的割炬或割嘴尺寸来实现，但预热火焰不能过大，否则会使切口上缘熔塌，切割面变粗糙，切口下缘出现挂渣等；过小的火焰能率，则热量供应不足，迫使切割速度放慢，易发生回火和增大后拖量，甚至切割中断。预热火焰应为中性焰，不能用碳化焰，以免割件边缘增碳。

4）割嘴与工件表面的距离。预热火焰一般应离开割件表面 2~4mm。当割件厚度较大时，由于预热火焰能率已增大，割嘴与割件的距离可适当大一些，以免因割嘴过热和喷溅的熔渣堵塞割嘴而引起回火。

5）割嘴的倾角。直线切割时，割嘴后倾一定角度有利于提高切割速度和减小后拖量，例如，手工切割厚度小于 20mm 的钢板，后倾角取 20°~30°，可提高切割速度，但当割件厚度大于 20mm、做直线切割或曲线切割时，割嘴应垂直于割件表面。

普通碳素钢手工氧乙炔气割的切割参数可根据割件厚度按表 5-12-2 和表 5-12-3 选用。而低碳钢气割的切割参数可参考表 5-12-4 选用。

（2）割前准备

1）气割用的气体易燃易爆，因此割前首要的是检查乙炔发生器、回火保险器等设备是否正常，工作现场是否符合安全生产要求。

2）利用钢丝刷或火焰加热清除割件表面切口两侧 30~50mm 范围内的铁锈、油漆、尘垢等杂质，以保证割件表面能顺利地被预热到燃点。当大批量生产时，割前宜采用喷丸等进行表面预处理。

3）割件应尽量垫平，并在下面留出一定空隙，以利于把切割产生的熔渣从切口下部吹出。切忌把割件放在水泥地上切割，因水泥遇高温熔渣后会崩裂。正规生产的割件一般是放在格栅或切割台上切割。

表 5-12-4　低碳钢气割的切割参数

板厚/mm	切割氧孔径/mm	氧气压力/MPa	切割速度/cm · min⁻¹	气体消耗量/L · min⁻¹	
				氧气	乙炔
3	0.5～1.0	0.10～0.21	56～81	8.3～26.7	2.3～4.3
6	0.8～1.5	0.11～0.24	51～71	16.7～43.3	2.8～5.2
9	0.8～1.5	0.12～0.28	48～66	21.7～55	2.8～5.2
12	0.8～1.5	0.14～0.38	43～61	30～58.3	3.8～6.2
19	1.0～1.5	0.17～0.35	38～56	55～75	5.7～7.2
25	1.2～1.5	0.19～0.38	35～48	61.7～81.7	6.2～7.5
38	1.7～2.1	0.16～0.38	30～38	86.7～113	6.5～8.5
50	1.7～2.1	0.16～0.42	25～35	86.7～123	7.5～9.5
75	2.1～2.2	0.21～0.35	20～28	98.3～157	7.5～10.8
100	2.1～2.2	0.28～0.42	16～23	138～182	9.8～12.3
125	2.1～2.2	0.35～0.45	14～19	163～193	10.8～13.7
150	2.2～2.5	0.31～0.45	11～17	188～232	12.3～15.2
200	2.2～2.5	0.42～0.63	9～12	240～265	14.7～18.3
250	2.5～2.8	0.49～0.63	7～10	288～353	17.5～21.2
300	2.8～3.0	0.49～0.74	6～9	340～415	19.8～24.5
350	2.8～3.0	0.58～0.74	5～8	392～493	30.7～27.8
400	3.2～4.0	0.62～0.77	4.5～7.5	442～643	27～33.3
450	3.7～4.0	0.68～0.84	4.3～7.5	493～795	30.7～39.2
500	4.0～5.0	0.72～0.95	3.8～7.5	547～970	36.8～46.7

4）为减少气割变形，支点必须放在割件内。当切割大件时，特别要注意支持可靠，防止由于自重而产生过大的变形。

（3）薄板切割工艺要点

切割厚度小于 4mm 的钢板时，因板薄受热快而散热慢，极易引起切口上边缘熔化，下边缘挂渣和割后变形大。若切割速度稍慢，预热火焰控制不当，则会造成前面割开而后面又熔合在一起的现象。为了克服上述缺陷，常采取下列措施：

1）选用 G01-30 型割炬及小号割嘴：

2）用小的预热火焰能率控制乙炔流量大小。

3）割嘴向后倾角度加大到 30°～45°。

4）割嘴与割件间距加大到 10～15mm。

5）切割速度尽可能快。

当成批生产时，为了提高生产率，可采取多层气割法，即把薄钢板叠成 25～50 层，用气割一次切开。这样不仅生产率高，而且切割质量也比单层切割好。切割的关键是割前需把钢板表面的铁锈、污物清除干净，然后把经平整的薄板叠好并用夹具夹紧，使各层钢板紧密地相贴，否则传热不好，容易使切割中断。为了保证上、下表面两张薄板不致被烧熔，可用两块 6～8mm 的钢板作为上、下盖板叠在一起，如图 5-12-11 所示。为使开始切割顺利，可将上、下钢板端面错开，叠成 3°～5°斜角。

（4）厚钢件切割工艺要点

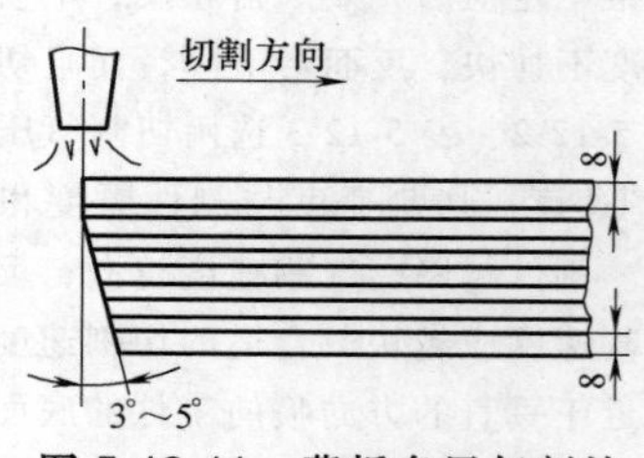

图 5-12-11　薄板多层气割法

1）厚钢件气割的主要困难：割件厚度超过预热火焰长度，导致沿割件厚度预热不均匀，下部金属燃烧比上部金属慢，切割后拖量大，甚至割不透；厚件需用较大的氧气压力，而高压氧流对割件冷却作用增加，降低切口温度，使切割速度缓慢；熔渣多，切割氧流的排渣能力被减弱，容易造成切口底部熔渣堵塞。克服上述困难的主要方法是选用大号割炬和大号割嘴，或采用特殊设计的割嘴。由于耗气量大，通常氧气和乙炔分别采用汇流排，即将数瓶氧气（或乙炔）汇集一起供应；乙炔也可由乙炔总站供应。

2）因易回火，所以大厚度钢件的切割不宜使用射吸式割炬，而应使用等压式割炬，因其预热火焰集中，温度高，割件的预热和起割时间较短。预热的可燃气有乙炔、液化石油气（丙烷）和天然气，大厚度钢件切割以使用液化石油气和天然气为好。

表 5-12-5 列出了大厚度低碳钢氧燃气切割的主

要参数。表 5-12-6 列出了大厚度低合金钢氧天然气切割的主要参数，供参考。

表 5-12-5 大厚度低碳钢氧燃气切割的主要参数

钢板厚度/mm	割嘴切割氧孔径/mm	割炬处切割氧压力/kPa	切割氧流量/L · min⁻¹
305	3.74~5.61	228~386	472~708
406	4.32~7.36	172~372	614~944
508	4.93~8.44	152~359	803~1180
610	5.61~8.44	200~331	944~1416
711	6.35~9.53	179~283	1087~1652
813	6.35~9.53	207~352	1274~1888
914	7.37~10.72	179~276	1416~2120
1016	7.37~10.72	207~317	1605~2360
1118	7.37~11.90	179~352	1792~2600
1219	8.44~11.90	193~276	1888~2830

3）厚钢件氧切割应选择割件的直角边缘部位作为起割点，在起割点预热火焰务必使整个起割端上、下预热均匀。当钢件很厚时，可在割件底部附加热源，补充加热，以促使起割时顺利割透。

4）当割嘴的切割能力不够、又急需切割较厚的工件时，可采用分区手工切割方法，如图 5-12-12 所示。这样每次切割的实际厚度减小了。

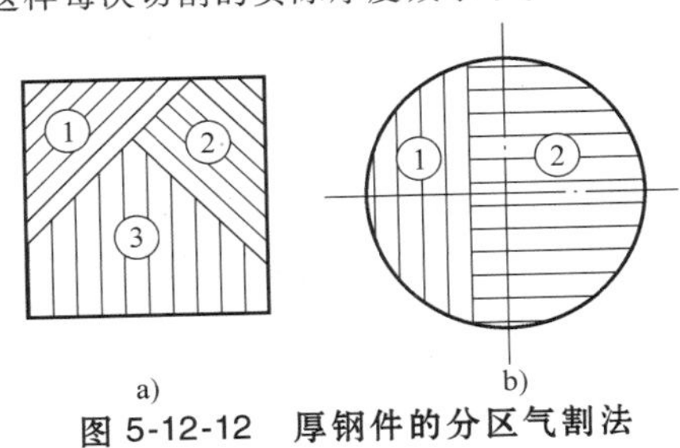

图 5-12-12 厚钢件的分区气割法

a）方钢 b）圆钢

注：①、②、③为切割分区和顺序。

表 5-12-6 大厚度低合金钢氧天然气切割的主要参数

钢材厚度/mm	割嘴高度/mm	气体压力/MPa			切割速度/mm · min⁻¹	切口宽度/mm
		切割氧	预热氧	天然气		
200~300	80~100	0.4~0.5	0.3~0.4	0.03	220~180	20~25
300~400	100~150	0.5~0.6	0.3~0.4	0.03	150~120	20~25
400~500	100~150	0.5~0.6	0.3~0.4	0.03	120~80	20~25
500~700	100~150	0.5~0.6	0.4~0.5	0.03~0.07	80~70	25~30
700~1000	100~150	0.6~0.7	0.4~0.5	0.03~0.07	70~65	25~30

注：割嘴为扩散形，切割厚度小于 500mm 钢材时，切割氧出口直径为 3.5~5.5mm；切割厚度为 500~1000mm 钢材时，切割氧出口直径为 6.5~8.5mm。

12.2.2 氧丙烷切割

预热火焰为氧丙烷焰的气割，称为氧丙烷切割。丙烷是液化石油气的主要成分，故又称氧液化石油气切割。

氧丙烷切割比氧乙炔切割成本低 30%以上，切口表面光洁、棱角整齐，清渣容易，切口表面硬度和碳含量低，切割薄板时变形小；丙烷便于瓶装贮存，运输保管和使用方便而且较安全。但氧丙烷切割预热时间稍长，氧气消耗量大，点火困难，需用明火点燃。

氧丙烷切割用割炬和割嘴的参数见表 5-12-7。

表 5-12-7 氧丙烷切割用割炬和割嘴的参数

割炬型号	G07-100	G07-300
割嘴号码	1~3	1~4
割嘴孔径/mm	1~1.3	2.4~3.0
切割厚度/mm	<100	<300
可换割嘴个数	3	4
氧气压力/MPa	0.7	1.0
丙烷压力/MPa	0.03~0.05	0.03~0.05

切割时，预热火焰开始用氧化焰（氧、丙烷混合比为 5∶1），以缩短预热时间；正常切割时转用中性焰（混合比为 3.5：1）。切割速度比氧乙炔切割稍慢，但厚件切割速度则相近。直线切割时，适当使割嘴后倾，可提高切割速度和切割质量。

12.2.3 氧甲烷切割

预热火焰为氧甲烷焰的气割，称为氧甲烷切割。甲烷是天然气的主要成分，故又称氧天然气切割。

甲烷（天然气）比丙烷（液化石油气）燃烧的温度更低，更需要强化预热火焰。点火和调整火焰时，更易灭火。

氧甲烷切割的预热时间比氧丙烷切割稍长，割速更慢，但切割质量仍然较好。预热时，氧和天然气的混合比为 2∶1，以提高火焰温度。切割时混合比为 1.5∶1。切割较厚钢板时混合比为 1∶1。

12.2.4 氧熔剂切割

氧熔剂切割是在切割氧流内加入纯铁粉或其他熔剂的一种切割方法，利用纯铁粉或其他熔剂的燃烧热和除渣作用改善切割质量或提高切割速度。它适用于普通氧燃气难以切割的金属，如不锈钢、铜和铸铁等，与等离子弧切割比较，氧熔剂切割的优势在于能切割更厚（如厚度>100mm）的金属材料。

氧熔剂切割所用的设备与器材比普通氧燃气切割多了熔剂及输送熔剂所需的送粉装置。当切割厚度小于 300mm 的不锈钢时，可以使用一般气割用的割炬和割嘴（包括低压扩散形割嘴）；当切割更厚的工件时，则需使用特别割炬和割嘴。

氧熔剂切割按熔剂向切割区的送进方式分为内送粉式和外送粉式两种，如图 5-12-13 所示。内送粉式的熔剂由切割氧输送并通过割嘴 2 的切割氧气通道、喷入切割反应区；外送粉式的熔剂由压缩空气（或氮气）通过与割嘴分离的送粉孔送入切割反应区。内送粉式氧熔剂切割的切割能力有限，通常只能切割厚度小于 500mm 的工件，效率也较低。故大厚度钢件常用外送粉式氧溶剂切割。

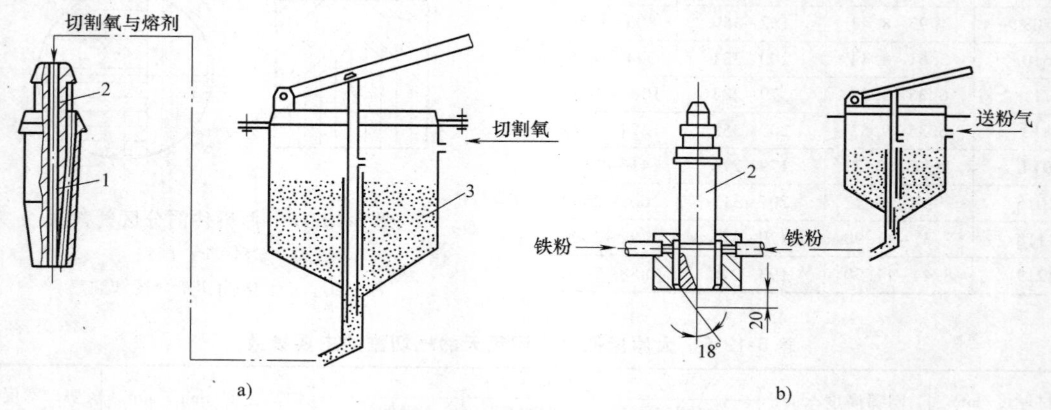

图 5-12-13 氧熔剂切割的送粉方式

a）内送粉式 b）外送粉式

1—氧气通道 2—割嘴 3—长隙式送粉罐

对切割用熔剂的要求：在氧中燃烧时发热量大，燃烧产物的熔点低，流动性好或具有一定的冲刷作用。最常用的是纯铁粉，其粒度宜为 0.11mm 或更细，以利于在切割反应区中充分燃烧。为提高切割效率，改善切割质量，尤其在切割有色金属时，也采用在铁粉中加铝粉或其他金属粉末作熔剂。

表 5-12-8 和表 5-12-9 所列分别为氧熔剂切割不锈钢的切割参数。

表 5-12-8 氧熔剂切割 1Cr18Ni9Ti① 不锈钢的切割参数（内送粉工艺）

参数	板厚/mm					
	10	20	30	40	70	90
割嘴号码	1	1	2	2	3	3
氧气压力/kPa	440	490	540	590	690	780
每米切割长度的氧气耗量/m^3	1.1	1.3	1.6	1.75	2.3	3.0
每米切割长度的燃气(天然气)耗量/m^3	0.11	0.13	0.15	0.18	0.23	0.29
每米切割长度的铁粉耗量/kg	0.7	0.8	0.9	1.0	2.0	2.5
切割速度/$mm \cdot min^{-1}$	230	190	180	160	120	90
切口宽度/mm	10	10	11	11	12	12

① 为非标在用材料，仅供参考。

表 5-12-9 氧熔剂切割 18-8 型不锈钢的切割参数（外送粉工艺）

参数	板厚/mm				
	5	10	30	90	200
氧气压力/kPa	245	315	295	390	490
氧气耗量/$m^3 \cdot h^{-1}$	2.64	4.68	8.23	14.9	23.7
乙炔压力/kPa	20	20	25	25	40
乙炔耗量/$m^3 \cdot h^{-1}$	0.34	0.46	0.73	0.9	1.48
铁粉耗量/$kg \cdot h^{-1}$	9	10	10	12	15
切割耗量/$mm \cdot min^{-1}$	416	366	216	150	50

注：铁粉粒度为 0.1~0.05mm。

12.3 等离子弧切割

12.3.1 等离子弧切割的切割原理

利用等离子弧热量实现切割的方法称为等离子弧切割，其切割原理如图 5-12-14 所示。利用高速、高温和高能的等离子气流来加热和熔化被切割材料，并借助内部的或外部的高速气流（或水流）将熔化材料排开，直至等离子气流束穿透工件背面而形成切口。

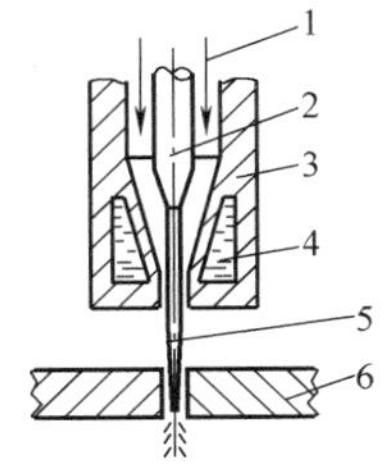

图 5-12-14　等离子弧的切割原理

1—等离子气　2—电极　3—喷嘴
4—冷却水　5—等离子弧　6—工件

等离子弧切割过程不是依靠氧化反应，而是靠熔化来切割材料，因而其适用范围比氧切割大得多，能切割绝大部分金属和非金属。其切口窄，切割面的质量较好，切割速度快，可切割厚度为 150~200mm。

随着空气等离子弧技术的发展，利用空气等离子弧切割厚度小于 20mm 的碳素钢和低合金钢时，由于切割速度快，其综合效益已赶上或超过氧乙炔切割。

有关等离子弧的形成、特性及类型，见第 3 篇第 6 章。

12.3.2　等离子弧切割的种类

按等离子弧的类型分类，等离子弧切割分为转移型等离子弧切割和非转移型等离子弧切割两大类，后者还可用于切割非金属材料；按所用的工作气体（即离子气）不同分类，分为氩等离子弧切割、氮等离子弧切割、氧等离子弧切割和空气等离子弧切割等；按对电弧压缩情况分类，分为普通等离子弧切割和水再压缩等离子弧切割两类。

1. 普通等离子弧切割

普通等离子弧切割的原理如图 5-12-14 所示。一般不用保护气体，所以工作气体和切割气体从同一喷嘴内喷出。引弧时，通以小流量的等离子气体；正常切割时，则通以大流量的等离子气，以吹除熔化的金属。

当切割金属材料时，通常采用转移型等离子弧，等离子弧挺度好，可以切割较厚的板材。当切割薄金属板材时，可以采用微束等离子弧切割，以获得更小的切口。常用氮、氩或两者的混合气体作等离子气。

2. 水再压缩等离子弧切割

水再压缩等离子弧切割的原理如图 5-12-15 所示，在铜喷嘴与陶瓷（或其他绝缘材料）喷嘴之间的小孔中喷出经过处理的高压水，对等离子弧再次进行压缩（即水再压缩）。同时，由于高温电弧使水迅速汽化，这一汽化层在等离子弧外围形成一个温度梯度很大的“套筒”，进一步加强了热收缩效应，使电弧能量密度大大提高，进而使温度、挺度和等离子流速也显著提高。部分水在高温下分解为 H_2 和 O_2，它们与等离子气共同组成切割气体，使等离子弧具有更高的能量。

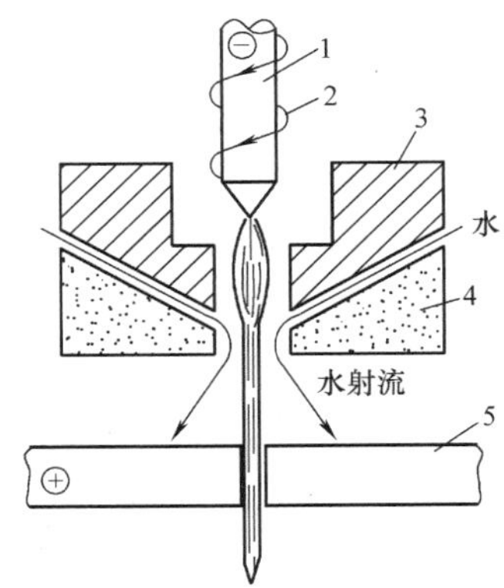

图 5-12-15　水再压缩等离子弧切割的原理

1—电极　2—工作气体　3—铜　4—陶瓷　5—工件

通常将氧、氮和空气作为等离子气。若采用压缩空气，就成为水再压缩空气等离子弧切割。

水再压缩等离子弧切割的水喷溅严重，一般在水槽中进行，工件位于水面下 200mm 左右。水能够使切割噪声降低 15dB（A）左右，并能吸收切割过程中所形成的强烈弧光、金属颗粒、烟尘和紫外线等，大大地改善劳动条件。由于水的冷却作用，使割口平整、割后变形小及割口宽度窄。

由于水再压缩等离子弧具有很好的切割性能，所以既能切割不锈钢和铝，又可切割碳素结构钢。

3. 空气等离子弧切割

空气等离子弧切割有两种形式，其切割原理如图 5-12-16 所示。

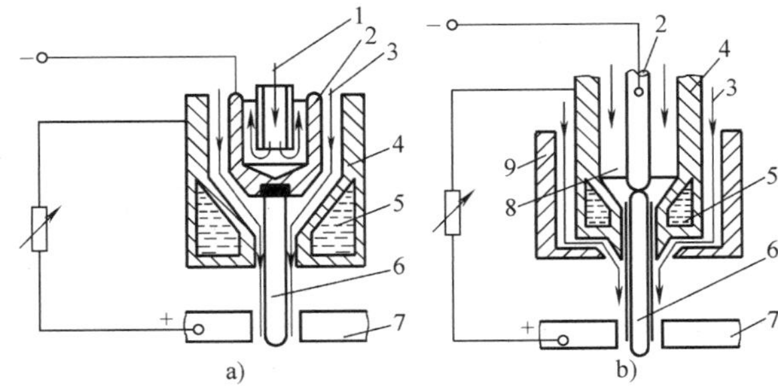

图 5-12-16　空气等离子弧的切割原理

a）压缩空气等离子弧切割　b）双层气流等离子弧切割
1—电极冷却水　2—镶嵌式电极　3—压缩空气　4—压缩喷嘴
5—压缩喷嘴冷却水　6—等离子弧　7—工件
8—工作气体　9—外喷嘴

（1）压缩空气等离子弧切割（见图 5-12-16a）　将压缩空气作为等离子气和切割气的切割方法称

为压缩空气等离子弧切割。压缩空气在电弧中受热后分解并电离，生成的氧与被切割金属产生化学放热反应，提供附加热量，加快了切割速度；充分电离了的空气等离子体，焓值高、能量大，因此可提高切割速度。此法特别适合切割厚度小于 30mm 的碳素钢，也可切割铜、不锈钢、铝和其他材料。空气等离子弧切割时，电极受到强烈氧化，不能采用纯钨电极或氧化钨电极，一般采用镶嵌式纯锆或纯铪电极，即使这样，电极的工作寿命一般只有 5~10h。

(2) 双层气流等离子弧切割（见图 5-12-16b）

双层气流等离子弧切割采用内外双孔道的压缩喷嘴，内孔道通入工作气体，外孔道通入切割气体。内层气体一般采用氩或氮，主要用于产生等离子体并保护电极不被氧化烧损；外层气体可以采用压缩空气、氧气、氮气或二氧化碳气等，除用于排除熔化金属外，还起着再压缩电弧和屏蔽作用。采用活性气体，可以提高电弧的能量，有助于电弧稳定，易于去除切口背面的氧化渣，并改善切口质量。这种切割方法通常采用机械化、自动化和机器人操作方式，生产率高，具有 100%负载持续率。

4. 水下等离子弧切割

水下等离子弧切割指在深水下进行的等离子弧切割。水下等离子弧切割有以下困难：

1) 引弧困难，电弧的效能降低，切割厚度减小。因水的阻力使等离子弧刚性减弱，弧长变短，热效降低，切割速度降低。

2) 电弧稳定性差。为了克服水的阻力和压力，切割时必须加大气体压力和流量，使得电弧稳定性变差。

3) 操作困难。人潜在水下进行切割，不易观察，操作不方便。

要实现水下切割，必须克服上述困难，一般采取下列措施：

1) 引弧方面。由于水的阻隔，等离子弧难以在电极和工件之间形成，必须利用高频或直接接触方式首先在电极和喷嘴之间引燃引导电弧，然后再转移过渡到电极和工件之间。需增大引弧电流，一般增大到 70~100A。若用高频引弧，则需提高高频击穿能力，如增加高频振荡器的二次线圈数，用两台一次并联、二次串联等。

2) 电源方面。需增大电源功率。经验表明，切割相同厚度的金属材料，水下切割比陆上切割时电弧电压提高 20%~50%，切割电流增加 1 倍以上。例如，在水深 5~8m 处切割 10~100mm 的不锈钢时，需用如下参数：电流为 450~945A、电弧电压为 250V，空载电压为 500~1000V。

3) 改进割炬。与陆上切割割炬不同，需增设一个屏蔽喷嘴，喷出的气体（或水）围绕等离子弧形成屏蔽层，保护等离子弧不受水的干扰，同时对等离子弧也起一定压缩作用，使其能量进一步集中。也可采用双层保护，如水-气联合保护等。

如果是在海水中切割，因海水有导电性，割炬的外部必须用绝缘材料包起来，使负极不与海水接触，防止漏电和电化学腐蚀。

5. 精细等离子弧切割

精细等离子弧切割又称高精度等离子弧切割（high tolerance plasma arc cutting，HTPAC）。其切割精度和切割表面质量优于普通的等离子弧切割，且割缝窄（≤0.8mm）、热影响区小；切割下料的零件一般无须后续加工，省料、省钱、省时。能切割的厚度已超过 20mm，切割厚度为 8mm 的材料的运行成本还低于激光切割，这种方法可用来部分替代激光切割，特别适于激光吸收率低的材料，如不锈钢、铝、铜等，而且它的切割性能良好。

高精度等离子弧切割的原理是在割炬中设有特殊结构的涡流环，把等离子气旋转加速，形成超高速的涡流状气流，从而将等离子弧强烈地压缩，显著增强其能量密度，同时旋转磁场进一步提高等离子弧的稳定性。这种稳定的、细窄而挺直的等离子弧就称为精细等离子弧。图 5-12-17 所示为精细等离子弧的切割原理。

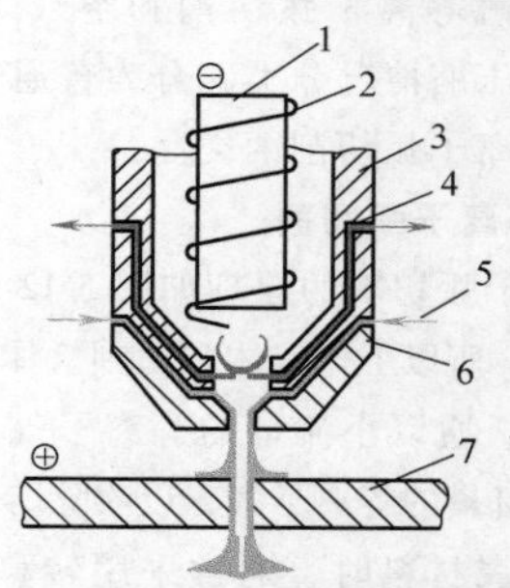

图 5-12-17 精细等离子弧的切割原理

1—电极 2—切割气体 3—喷嘴 4—等离子气体排出口 5—屏蔽气体 6—屏蔽罩 7—工件

精细等离子弧的电流密度高达 93A · mm^{-2}，具有更高的稳定性和挺直度。用它切割时，其割缝小而精度高，切口光洁、垂直、无挂渣，可省去二次加工。

这种切割方法通常采用机械化、自动化和机器人操作方式，生产效高，具有 100%负载持续率。

12.3.3 等离子弧切割设备

等离子弧切割设备由电源、割炬、控制系统、气路系统和冷却系统等组成。如果是机械化和自动化切割，还需配备能实现切割动作的小型切割机、数控切割机或切割机器人。

1. 电源

等离子弧切割一般都选用陡降外特性的直流电源，采用直流正接（电极接负）。电源的空载电压一般高于150V。水再压缩空气等离子弧切割电源的空载电压甚至高达600V。空载电压需根据采用电流大小和工作气体种类来选定。电流越大，空载电压应越高。当将双原子气体和空气作为等离子气，或将高压喷射水作为工作介质时，切割电源的空载电压要高一些。当采用转移型等离子弧切割时，转移等离子弧和非转移等离子弧可以共用一套电源，也可分别采用独立电源。当采用一套电源时，喷嘴串接一个可调电阻器后与电源的正极连接。无论是用一套电源还是两套电源，待转移等离子弧引燃后，都要将非转移等离子弧的电路及时切断。

2. 控制系统

对等离子弧切割设备的控制系统要求如下：

1）切割前提前接通工作气体，切割完成后滞后切断工作气体，以保护电极不被氧化烧损。

2）接通高频发生器引燃非转移弧，并在主电弧建立后自动断开。

3）控制工作气体的流量，随切割电弧的形成而逐步增大，以保证稳定可靠地点燃主电弧。

4）当冷却水未接通、切割过程中断水或水流量不足时，切割机能自动停止工作，以保护割炬不致烧坏。

5）高频激发、气体通断以及切割小车（或切割机）行走能单独试车或调节。

6）当切割完毕或因其他原因使电弧熄灭时，控制线路能自动断开。

7）当切割电源短路或电流过大时，切割电源中的过电流保护装置自动切断电源，控制线路也能随时断开。

图5-12-18所示为典型的等离子弧切割程序控制循环。

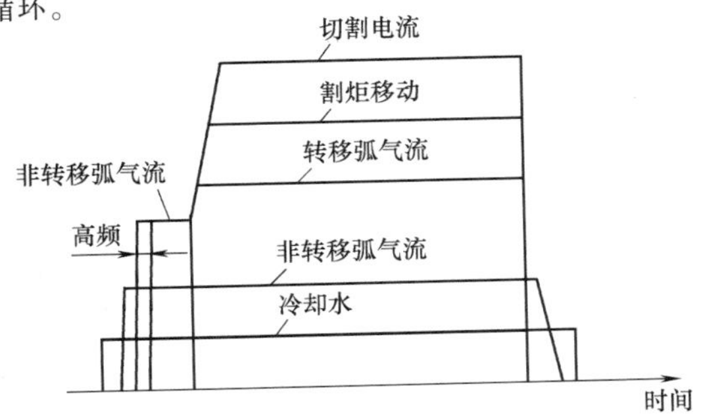

图5-12-18 典型的等离子弧切割程序控制循环

3. 割炬

等离子弧割炬（或割枪）基本上与等离子弧焊的焊枪相同，一般由电极、电极夹头、喷嘴、冷却水套、中间绝缘体、气室、水路，气路及馈电体等组成，是产生等离子弧并进行切割的关键部件。

割炬中工作气体的送入可以是轴向吹入、切线旋转吹入或轴向和切线旋转组合吹入。切线旋转吹入式送气对等离子弧的压缩效果更好，是最常用的一种。

割炬中的电极要与喷嘴同心。通常有两种结构形式来保证同心度。一种结构为中心不可调式，它完全靠割炬各零件的加工精度来保证电极与喷嘴的同心度，这种结构较简单，但加工精度要求高；另一种结构为中心可调式，靠设计的调节机构来保证同心度，这种结构复杂，加工精度要求低。喷嘴的结构和尺寸是割炬设计的关键，它对等离子弧的压缩及稳定有直接影响，进而影响切割能力、切割面质量和喷嘴的寿命。图5-12-19所示为喷嘴的基本形状和尺寸，表5-12-10列出了等离子弧切割用喷嘴的主要几何参数。

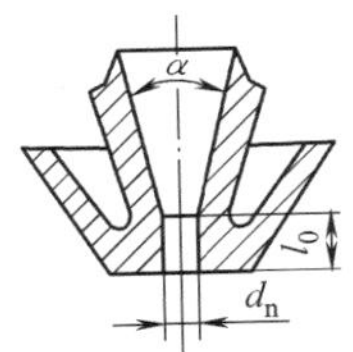

图5-12-19 喷嘴的形状和主要尺寸

表5-12-10 等离子弧切割用喷嘴的主要几何参数

喷嘴孔径 d_n/mm	孔道比 l_0/d_n	压缩角 α/(°)
0.8~2.0	2.0~2.5	30~45
2.5~5.0	1.5~1.8	30~45

割炬中的电极可用纯钨棒、钍钨棒、铈钨棒，应优先用铈钨棒。空气等离子切割则宜采用镶嵌式锆或铪电极。电极端面形状与等离子弧焊接用电极相同。

12.3.4 等离子弧切割工艺

1. 气体选择

形成等离子弧的工作气体有氩、氮、氢、氧、空气及某些混合气体等。氩是单元子气体，易电离，电离度高，电弧稳定。因为是惰性气体，高温下不会与金属产生化学反应，故氩对电极和喷嘴有一定保护作用，但它的热导率低、携热性差、弧柱较短，故切割能力较低，现在已不单一使用，通常与H_2或N_2混合使用。

N_2是双原子气体，热压缩效应好、动能大，但引弧和稳弧性差，要求电源具有较高的空载电压。由于N_2等离子弧的弧柱长，切割能力大，故常单独用作工作气体。N_2 在高温时会与金属产生反应，对电极有侵蚀作用，还会使切割面渗氮。因此，宜加入 Ar 或 H_2。

O_2 也是双原子气体，离解热高，携热性好，在切割时投入工件的热量多，故可单独用作工作气体。O_2 具有氧化性，当切割铁基金属时，既发生高温等离子的熔割过程，又有铁氧燃烧放热过程，增加热量，加速切割进程，但钨极烧损快，故需使用特殊电极材料或割炬结构。

空气中含约 80% 的 N_2 和约 20% 的 O_2（质量分数），因此它的特性与氮接近，又具有氧化性，故应用较多，但空气兼有 N_2 和 O_2 气切割的缺点，易使金属渗氮并使电极氧化。

表 5-12-11 列出了各种气体在等离子弧切割中的适用性。

表 5-12-11 各种气体在等离子弧切割中的适用性

气体	主要用途	备注
Ar、Ar + H_2、Ar + N_2、Ar + N_2 + H_2	切割不锈钢、有色金属及其合金	Ar 仅用于切割薄金属
N_2、N_2 + H_2		N_2 作为水再压缩等离子弧的工作气体，也可用于切割碳素钢
O_2，空气	切割碳素钢和低合金钢，也用于切不锈钢和铝	重要的铝合金结构件一般不用

等离子弧切割对工作气体纯度的要求：Ar，工业纯度；N_2，99%；H_2，工业用氢；O_2，大于 80%；空气，除去水分和油分的干燥压缩空气。

2. 切割参数的选择

1）切割电流。切割电流主要受喷嘴孔径和电极直径限制。因为切割电流过大，极易烧损电极和喷嘴，且易产生双弧。对于非氧化性气体等离子弧切割，可按式（5-12-1）选用。

$$I = (70 \sim 100)d \tag{5-12-1}$$

式中 I——切割电流（A）；

d——喷嘴孔径（mm）。

2）空载电压。空载电压越高，越易于引弧。当切割大厚件和采用双原子气体时，空载电压应相应提高。当采用手工切割时，高空载电压存在安全问题，要注意防护。

3）气体流量要与喷嘴孔径相适应。气体流量大有利于压缩电弧，使等离子弧能量更为集中，对提高切割速度和及时吹走熔化金属有利，但气体流量过大从电弧中带走的热量过多，使切割能力降低，切割面质量下降，也不利于电弧稳定。

4）切割速度主要受切割质量制约。一般都希望用高的切割速度，但速度过快，切口下缘和切割面上会挂渣，后拖量大甚至割不透；速度过慢，不仅切割效率降低，而且切口变宽，切割面倾斜度加大，切口下缘会挂渣。通常是根据割件的材质和厚度选用工作电流合适的割炬，在切割时以切口下缘无黏渣或少量挂渣时的切割速度为宜，稍有后拖量是允许的。

5）喷嘴距工件的高度。在电极内缩量一定（常为 2~4mm）时，喷嘴距工件的高度一般为 6~8mm。空气等离子弧切割和水再压缩等离子弧切割的喷嘴距工件高度可略小。

表 5-12-12、表 5-12-13、表 5-12-14 和表 5-12-15 分别列出了常用金属材料采用不同切割方法时的切割参数参考值。

表 5-12-12 一般等离子弧切割的参数参考值

材料	工件厚度 /mm	喷嘴孔径 /mm	空载电压 /V	切割电压 /V	切割电流 /A	氮气流量 /$L \cdot min^{-1}$	切割速度 /$cm \cdot min^{-1}$
不锈钢	8	3	160	120	185	32~36	75~83
	20	3	160	120	220	35~38	53~67
	30	3	230	135	280	42	58~61
	45	3.5	240	145	340	45	34~42
铝及铝合金	12	2.8	215	125	250	73	130
	21	3.0	230	130	300	73	125~130
	34	3.2	240	140	350	73	58
	80	3.5	245	150	350	73	17
碳素钢	50	7	252	110	300	17.5	17
	85	10	252	110	300	20.5	8

表 5-12-13 水再压缩等离子弧切割的参数考值

材　料	工件厚度/mm	喷嘴孔径/mm	空载电压/V	切割电压/A	压缩水流度/L·min⁻¹	氮气流量/L·min⁻¹	切割速度/cm·min⁻¹
低碳钢	3	3	145	260	2	52	500
	3	4	140	260	1.7	78	500
	6	3	160	300	2	52	380
	6	4	145	380	1.7	78	380
	12	4	155	400	1.7	78	250
	12	5	160	550	1.7	78	290
	51	5.5	190	700	2.2	123	60
不锈钢	3	4	140	300	1.7	78	500
	19	5	165	575	1.7	78	190
	51	5.5	190	700	2.2	123	60
铝	3	4	140	300	1.7	78	572
	25	5	165	500	1.7	78	203
	51	5.5	190	700	2	123	102

表 5-12-14 小电流空气等离子弧切割的参数参考值

材料	工件厚度/mm	喷嘴孔径/mm	空载电压/V	切割电压/V	切割电流/A	压缩空气流量/L·min⁻¹	切割速度/cm·min⁻¹
不锈钢	8	1	210	120	30	8	20
	6	1	210	120	30	8	38
	5	1	210	120	30	8	43
碳素钢	8	1	210	120	30	8	24
	6	1	210	120	30	8	42
	5	1	210	120	30	8	56

表 5-12-15 水下等离子弧切割的参数参考值

材料	厚度/mm	电流/A	电压/V	喷嘴孔径/mm	切割速度/m·h⁻¹	气体流量/m³·h⁻¹	水深/m
在 淡 水 中							
不锈钢	10	450	90	3.5	21.9	2.2	5
	20	460	120	4.0	17.4	2.2	5
	40	495	200	7	9	5.5	5
	80	765	240	7.4	6.0	6.3	8
	100	945	240	8	4.5	7	6.5
在 海 水 中							
不锈钢	20	540	115	4.5	8.15	2.2	10
	40	580	120	5.0	3.4	2.2	10
碳素钢	40	500	140	4.5	3	2.2	10

12.4 碳弧气刨

12.4.1 碳弧气刨的原理、特点与应用范围

1. 原理

碳弧气刨是使用碳棒或石墨棒与工件间产生电弧熔化金属，并用压缩空气将液态金属吹除的一种表面沟槽加工方法。在焊接生产中，主要用来刨槽、清除焊缝缺陷和背面焊根。

2. 特点

碳弧气刨与风铲、砂轮加工相比，有如下特点：

1）手工碳弧气刨时，灵活性很好，可达性好，可进行全位置操作。

2）清除焊缝的缺陷时，在电弧下可清楚地观察到缺陷的形状和深度，用风铲或砂轮则难以达到。

3）噪声小、效率高。用自动碳弧气刨时，具有较高的精度，减轻了劳动强度。

4）碳弧气刨的缺点是碳弧有烟雾、粉尘污染和弧光辐射。此外，操作不当容易引起槽道增碳。

3. 应用范围

1）双面焊时，用于清除背面焊根。

2）清除焊缝中的缺陷。

3）加工焊缝坡口。自动碳弧气刨用于加工较直的直缝和环缝的坡口；手工碳弧气刨用于加工单件的或不规焊缝的坡口。

4）切割高合金钢，铝、铜及其合金。

5）清除铸件的飞边、飞翅、浇冒口和铸件中的

缺陷。

12.4.2　碳弧气刨用的设备与材料

碳弧气刨用设备主要有电源、气刨枪、电缆、气管和空气压缩机等，使用的材料是碳棒（电极），如图 5-12-20 所示。

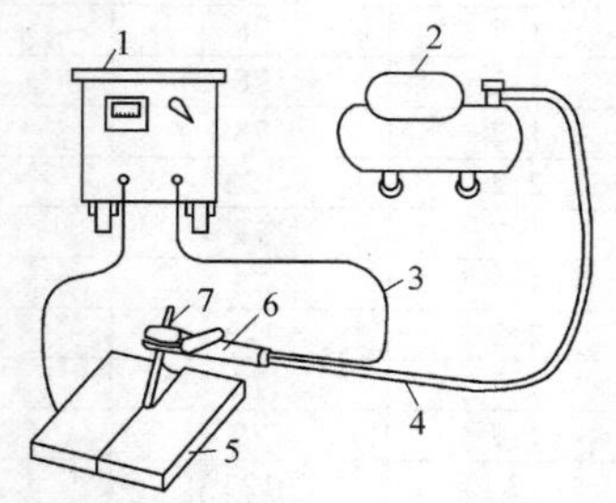

图 5-12-20　碳弧气刨设备的组成

1—电源　2—空气压缩机（0.5~0.7MPa）
3—电缆　4—气管　5—工件　6—气刨枪　7—碳棒

1. 电源

碳弧气刨使用具有陡降外特性的直流电焊机，其额定电流应大于碳弧气刨所需的电流。例如，采用 $\phi6$ 的碳棒，其额定工作电流为 325A，宜选用额定工作电流大于 400A 的直流电源。

2. 气刨枪

气刨枪是碳弧气刨的主要工具。要求导电良好、夹持电极牢靠、更换电极方便，外壳绝缘良好，压缩空气喷射集中而准确，轻巧灵便。

气刨枪按压缩空气喷射方式分为侧面送风式气刨枪和圆周送风式气刨枪两种，手工气刨的刨枪结构与焊条电弧焊焊钳基本相似，但增加了压缩空气的进气管道和喷嘴。图 5-12-21 所示为钳式侧面送风式气刨枪的典型结构。它用钳口夹持碳棒，在钳口的下颚处装有一个既供导电又供送压缩空气的铜质钳头，钳头上有两个喷压缩空气的小孔。气刨时，压缩空气沿碳棒下部喷出并吹向电弧后部，把熔化的金属液吹走而刨出沟槽。这种刨枪外壳绝缘好，各种直径的圆碳棒和矩形碳棒均适用。缺点是只能向左或向右单向刨削，操作不方便。当钳头上两个喷孔的喷射面不够宽时，可以多钻若干个孔，根据需要这些孔可扇形排列或平排单列（用于矩形碳棒），如图 5-12-21b、c 所示。

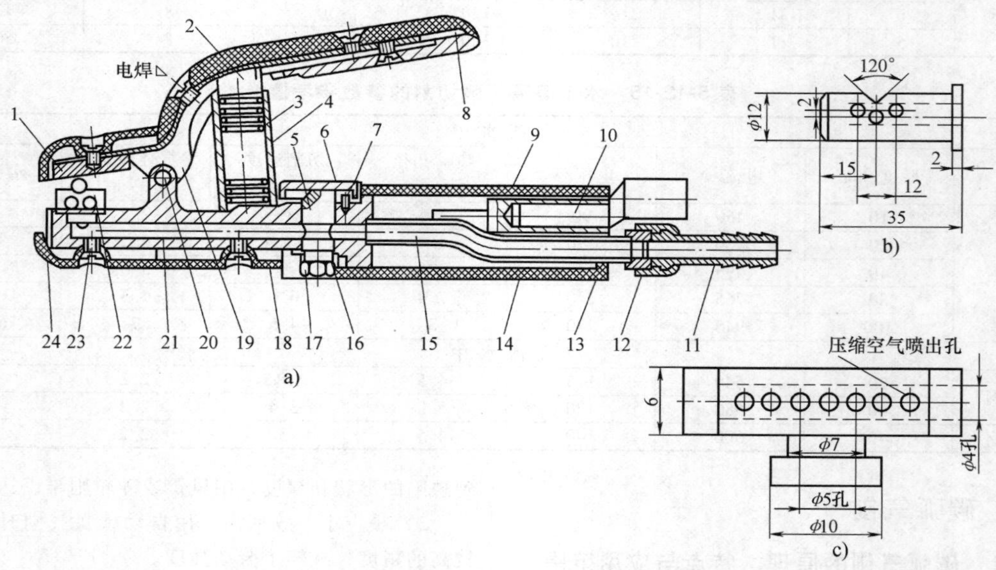

图 5-12-21　钳式侧面送风式气刨枪的典型结构

a）刨枪结构　b）扇形喷气孔　c）带转动轴的 7 孔钳头

1—上钳口　2—凸座　3—弹簧　4—保护套管　5、23—平头螺钉　6—旋塞　7—定位销　8—绝缘盖
9—导电杆　10—电缆接头　11—风管接头　12—风管螺母　13—加固环　14—手把　15—风管　16—垫圈
17—螺母　18—下钳把护套　19—上钳把　20—销钉　21—下钳把　22—钳头　24—钳口紧固板

图 5-12-22 所示为电极夹头可以旋转的侧面送风式气刨枪的结构。该气刨枪对不同尺寸的圆碳棒或扁碳棒备有不同的黄铜喷嘴，喷嘴在连接套中可 360°回转。连接套与主体采用螺纹连接，并可适当转动。因此，这种气刨枪可转到需要的位置进行气刨。

圆周送风式气刨枪的典型结构如图 5-12-23 所示。枪头设有瓣状弹性夹头，起夹紧碳棒、导电和送风作用。该夹头沿圆周开有 4 条长方形出风口，压缩

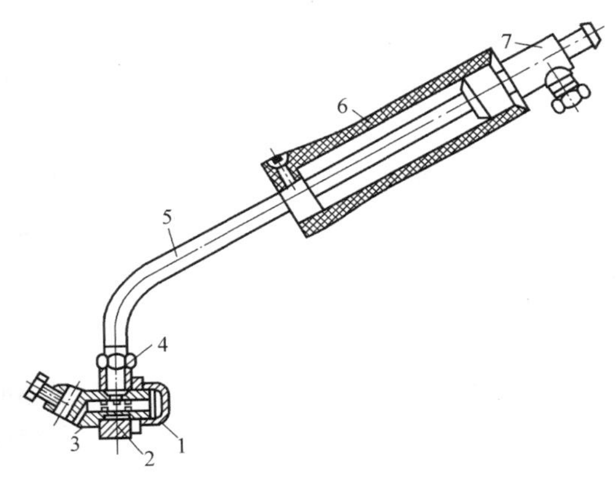

图 5-12-22　电极夹头可旋转的侧面送风式气刨枪的结构

1—锁紧螺母　2—连接套　3—喷嘴组件　4—螺母　5—枪杆　6—手柄　7—气电接头

空气沿碳棒四周喷流，既均匀冷却碳棒又能使熔渣沿刨槽的两侧排出，槽的前端不堆积熔渣，便于看清刨削部位。枪头可任意转动到所需的操作位置。配有各种规格的碳棒夹头以适应不同尺寸的圆或扁碳棒。因其结构紧凑，质量小、绝缘好、送风量大、适应性强而被广泛采用。

3. 碳棒

焊接生产常用的碳棒有圆碳棒和矩形（扁）碳棒两种。前者主要用于焊缝清根、背面开槽及清除焊接缺陷等，后者用于刨除焊件上残留的临时焊道和焊疤、清除焊缝余高和焊瘤，有时也用作碳弧切割。

对碳棒的要求是导电良好、耐高温、不易折断和价格低廉等。一般采用镀铜实心碳棒，镀铜层厚为 0.3~0.4mm。碳棒的质量和规格由国家标准规定。表 5-12-16 列出了碳棒的型号和规格，表 5-12-17 列出了各种规格碳棒操作额定电流。

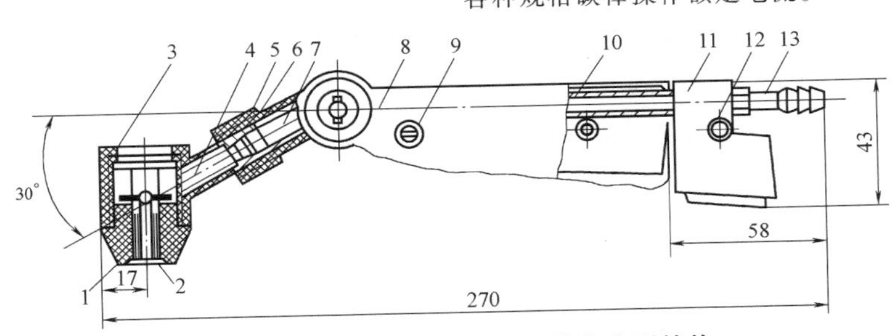

图 5-12-23　圆周送风式气刨枪的典型结构

1—绝缘喷嘴　2—碳棒弹性夹头　3—腔体　4—下枪体连接件　5—连接螺钉　6—玻璃纤维嵌铜心螺母　7—上枪体连接件　8—手柄　9—平头螺钉　10—进气管　11—电缆接头　12—固定螺钉　13—进气管接头

表 5-12-16　碳棒的型号和规格（摘自 JB/T 8154—2006）

型　号	截面形状	规格尺寸/mm			
		直　径	截　面		长　度
B504~B516	圆形	4~16	—		305 355
BL508~BL525	圆形	8~25	—		355、450、510
B5412~B5620	矩形	—	4×12	5×10	305 355
			5×12	5×15	
			5×18	5×20	
			5×25	6×20	

表 5-12-17　碳棒操作额定电流值（摘自 JB/T 8154—2006）

圆形碳棒规格/mm	4	5	6	7	8	9	10	11	12	13	14	16	19	25
额定电流值/A	180	225	325	350	400	500	600	700	850	900	1000	1100	1400	1800
矩形碳棒规格/mm	4×12	5×10	5×12	5×15	5×18	5×20	5×25	—	6×20	—	—	—	—	—
额定电流值/A	200	250	300	350	400	450	500	—	600	—	—	—	—	

注：1. 操作时的实际电流不超过额定值的±10%。
2. 操作时的空气压力为 0.5~0.6MPa。

根据各种刨削工艺需要，可以采用特殊的碳棒。　如用管状碳棒可扩宽槽道底部；用多角形碳棒可获得较深或较宽的槽道；用于自动碳弧气刨的头尾可以自动接续的自动气刨碳棒；加有稳弧剂的碳棒可用于交流电气刨。

12.4.3　碳弧气刨的参数选择、质量控制及其对工件材质的影响

1. 气刨参数选择

1）碳棒直径。一般按工件厚度来确定，但也要考虑到槽宽的需要。通常碳棒直径宜比所要求刨槽宽度小 2~4mm，见表 5-12-18。

表 5-12-18　碳棒直径的选择

（单位：mm）

工件厚度	碳棒直径
4~6	4
>6~8	5~6
>8~12	6~7
>12~18	7~10
>18	10

2）电源极性。碳弧气刨碳素钢和合金钢时采用直流反接，这样气刨时电弧稳定、刨削速度均匀，刨槽宽窄一致，表面光洁。反之，则电弧不稳。

3）气刨电流。增大气刨电流，刨槽宽度增加，槽深也增加，而且可提高切割速度和获得光滑的刨槽，但电流过大，碳棒易发红，镀铜层易脱落。因此，气刨电流受碳棒直径制约。气刨电流既可按表 5-12-17来确定，也可以参照式（5-12-2）选定。

$$I=(30\sim50)d \qquad (5\text{-}12\text{-}2)$$

式中　I——气刨电流（A）；

d——碳棒直径（mm）。

4）刨削速度。刨削速度影响刨槽尺寸、表面质量和刨削过程的稳定。刨削速度加快，刨槽深度减小。但刨削速度太快，会造成碳棒与金属相碰，使碳黏在刨槽顶端，形成“夹碳”的缺陷。一般刨削速度以 0.5~0.1m · min^{-1}为宜。

5）压缩空气压力。压缩空气压力直接影响刨削速度和刨槽表面质量。当压力低于 0.4MPa 时，熔融金属难以全部吹除，影响刨削正常进行，效率明显降低，而且槽道面粗糙，渗碳层增厚；提高压缩空气压力，切削能力增强，可提高切割速度和刨槽表面质量。一般根据需要压力在 0.4~0.6MPa 之间调节。大电流气刨时，金属熔化量增加，要求压缩空气压力和流量也相应增加。

6）碳棒外伸长度指碳棒从导电钳头到燃弧端的长度。手工操作时，外伸长度过大，压缩空气喷嘴离电弧太远，造成风力不足，难以吹走熔渣，碳棒易发红和折断。一般外伸长度以 80~100mm 为宜。但由于碳棒不断被烧损，当外伸长度减少到 30~40mm，就必须重新调整。

7）碳棒与工件倾角。倾角 α（见图 5-12-24）的大小对刨槽深度和刨削速度有影响。α 增大，刨槽深度增加但刨削速度下降。一般 α 为 45°左右比较适宜。

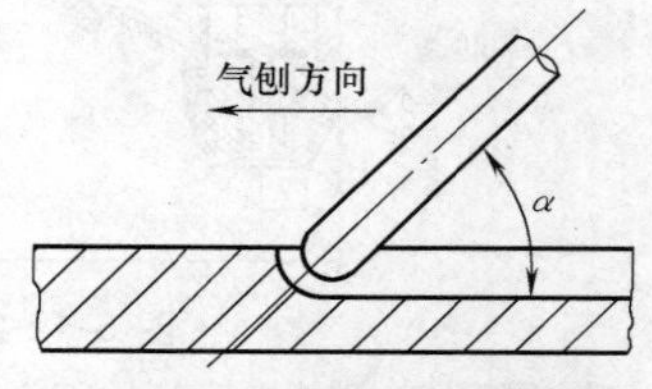

图 5-12-24　碳棒与工件倾角 α

8）电弧长度。碳弧气刨时，弧长过大，电弧不稳定，易熄弧或使槽道不整齐，一般弧长为 1~2mm。弧长短一些有利于提高生产率，但弧长过短又易引起“夹碳”缺陷。表 5-12-19 所列的碳弧气刨的气刨参数仅供参考。

表 5-12-19　碳弧气刨的气刨参数

类别	碳棒规格尺寸 /mm	电流/A	碳弧气刨速度 /m · min^{-1}	槽的形状 /mm	使用范围
圆碳棒	ϕ5	220	—	6.5　4	用于厚度为 4~7mm 的钢板
	ϕ6	280~300	—	8　4	
	ϕ7	300~350	1.0~1.2	10　5	

（续）

类别	碳棒规格尺寸/mm	电流/A	碳弧气刨速度/$m \cdot min^{-1}$	槽的形状/mm	使用范围
圆碳棒	$\phi 8$	350~400	0.7~1.0	12, 5	用于厚度为 8~24mm 的钢板
	$\phi 10$	450~500	0.4~0.6	14, 6	—
扁碳棒	4×12	180~200	0.8~1.2	—	
	5×20	430~450	0.8~1.2		
	5×25	450~500	0.8~1.2		

2. 碳弧气刨常见缺陷及防止措施（见表 5-12-20）

表 5-12-20　碳弧气刨常见缺陷产生原因及防止和消除措施

缺　陷	产 生 原 因	防止和消除措施
夹　碳	刨削速度太快 碳棒进给过速	正确掌握刨削速度 注意碳棒进给 立即停止刨削，在夹碳处的前部反方向刨除缺陷，或用角形砂轮把夹碳段磨去
黏　渣	压缩空气压力低 刨削速度太慢 碳棒角度过小	调整压缩空气压力 注意掌握刨削速度和碳棒角度 产生的黏渣应清除干净（如用风铲或砂轮打磨）
槽道歪斜和深浅不匀	碳棒偏向一侧 操作过程中碳棒上下波动或角度变动	注意碳棒与工件的相对位置 提高操作熟练程度
刨　偏	未看清刨槽目标 熔渣堆积于槽前方 注意力不集中	操作时集中注意力 采用合适的碳刨枪 提高操作熟练程度
铜　斑	电流过大 镀铜层质量差	采用合适的电流 选用质量合格的碳棒 用钢丝刷或砂轮清除铜斑

3. 碳弧气刨对工件材质的影响

金属碳弧气刨后，在刨槽表面不同程度上存在增碳层。增碳层对不同的材料有不同的影响。随着钢中碳和合金元素含量的增加，热影响区宽度和表面层硬度都增大。低碳钢的刨槽表面约有深度为 0.54~0.72mm 的硬化层，其 w(C) 增加约 0.07%，该薄层对焊接接头性能没影响；Q355（16Mn）钢碳弧气刨的情况与此类似，不过硬化层厚度为 0.5~1.2mm，该薄层对焊接接头性能也没影响。但对重要的低合金钢构件，则不能忽视这种增碳层和淬硬层，一般焊后应用砂轮仔细打磨约 1mm 左右；对于强度级别高的、对冷裂纹十分敏感的低合金钢，最好不采用碳弧气刨，而采用氧乙炔割炬或机械加工方法开槽。

除非操作不当，不锈钢碳弧气刨槽表面一般不会明显增碳，但槽边的黏渣增碳较多。因此，对有耐蚀要求的不锈钢，刨后应用砂轮把黏渣清除掉。

12.5　激光切割

利用激光束的能量对材料进行热切割的方法称为激光切割。它可以切割金属材料和非金属材料，是一种多功能切割工艺方法。

12.5.1　激光切割的类型及原理

1. 激光汽化切割

当高能密度的激光束照射到材料表面时，材料在极短时间内被加热到汽化点，并以气体蒸发的形式从切割区逸散掉而形成割缝。材料的汽化热很大，切割金属材料需激光的功率密度约为 $10^8 W \cdot cm^{-2}$，故激光汽化切割多用于极薄金属材料以及纸、布、木材、塑料等非金属材料的切割。

2. 激光熔化切割

利用激光束加热工件使之达到熔化，借助喷射非氧化性气体，如氩、氦、氮等，排除熔融物质而形成割缝。大多数金属材料的切割都属于这一类，切割时所需激光的功率密度约为 $10^7 W \cdot cm^{-2}$，只有激光汽化切割的 1/10。

3. 激光燃烧切割

利用激光束加热工件使之达到燃点，再用活性气体（如氧气或空气）使其燃烧，并排除燃烧物而形成割缝。其原理类似于普通的氧燃气切割，只是利用激光作为预热的热源。此法所需激光的功率密度只有激光汽化切割的 1/20。主要用于切割钢、铝、钛等金属材料。

12.5.2　激光切割的特点

1. 切割质量好

由于激光光斑小，因而切缝细，一般碳素钢的切缝宽度为 0.1~0.2mm；切口两边平行并与表面垂直；切割零件的尺寸精度可达±0.05mm；切割表面光洁美观，其表面粗糙度为 Ra10μm 级，一般割后不必进行机械加工，即可直接使用；材料经激光切割后，热影响区仅有 0.01~0.1mm 的范围，其性能不受影响，而且变形很小。

2. 能切割材料的种类多

凡是能吸收激光能量的金属或非金属材料，均可以进行激光切割。普通气割仅限于切割铬含量少的低碳钢、中碳钢和合金钢。在等离子弧切割中，使用非转移等离子弧虽然也能切割金属和非金属材料，但喷嘴易坏、寿命短。而使用转移等离子弧，则只能切割金属材料。

3. 切割效率高

可以实现高速切割，尤其是薄板，切割速度可达每分钟数米至数十米；由于变形很小，切割时工件不必用工夹具固定；可以多位操作，即一台激光器可供几个工作台切割。

4. 无接触切割

切割时割炬与工件无接触，不存在工具磨耗问题；对不同材料或不同零件切割，不需更换任何零部件，易于实现无人化自动切割；噪声小，振动小，对环境基本上无污染。

5. 设备昂贵，一次性投资大。

目前因受激光器功率和设备体积的限制，只能切割中、小厚度的材料，而且随着工件厚度的增大，切割速度明显下降。

12.5.3　材料的激光切割性

理论上激光可切割金属材料和非金属材料，但实际上不同材料自身的热物理性能及对激光的吸收率不同，表现出不同的激光切割适应性，见表 5-12-21。

表 5-12-21　各种材料的激光（CO_2激光器）切割性

<table>
<tr><th colspan="3">材　料</th><th>对激光的吸收性能</th><th>切割性能</th></tr>
<tr><td colspan="2" rowspan="3">金属</td><td>Au、Ag、Cu、Al</td><td>对激光的吸收量极小</td><td>一般来说，较难加工，厚度为 1~2mm 的 Cu 板和 Al 板可激光切割</td></tr>
<tr><td>W、Mo、Cr、Ta、Zr、Ti（高熔点材料）</td><td rowspan="2">对激光的吸收量大</td><td>若用低速加工，薄板能进行切割。但 Ti、Zr 等金属需用 Ar 作辅助气体</td></tr>
<tr><td>Fe 系、Ni、Pb、Sn 等其他材料</td><td>比较容易加工</td></tr>
<tr><td rowspan="4">非金属</td><td rowspan="2">有机材料</td><td>丙烯酰、聚乙烯、聚丙烯、聚酯、聚四氟乙烯</td><td>可透过白热光</td><td>大多数材料都能用小功率激光器进行切割，但因这些材料是可燃的，切割面易被炭化</td></tr>
<tr><td>皮革、木、布、橡胶、纸、玻璃、环氧树脂、酚醛塑料</td><td>透不过白热光</td><td>丙烯酰、聚四氟乙烯不易炭化。一般可用氮气或干燥空气作辅助气</td></tr>
<tr><td rowspan="2">无机材料</td><td>玻璃、玻璃纤维</td><td>热膨胀大</td><td rowspan="2">玻璃、陶瓷、瓷器等在加工过程中或加工后易发生开裂。对石英玻璃，当厚度小于 2mm 时，切割性良好</td></tr>
<tr><td>陶瓷、石英玻璃、石棉、云母、瓷器</td><td>热膨胀小</td></tr>
</table>

影响金属材料对激光吸收的因素除了材料的性质外，还有温度、激光波长以及材料的表面状态。一般金属材料对激光吸收率随其电阻率的增大而增大，随激光波长的增大而减小，随温度的上升而增大。CO_2激光由于其波长较大（10.6μm），所以切割一些高电导率材料，如 Cu、Ag 和 Au 较困难。此外，表面经过抛光的金属材料，因其对激光产生反射，影响能量吸收而使切割变得困难。

12.5.4　激光切割设备

激光切割设备与激光焊接设备（见本篇第 3 章 3.2 节）基本类似，都包括激光器光学偏转聚焦系统、控制系统和工作台等，区别是焊接需使用激光焊枪，切割需使用激光割炬（又叫割枪）。与激光焊接一样，激光切割大都采用 CO_2激光器。图 5-12-25 所示为二维 CO_2激光切割设备的基本组成。激光器由激光电源提供高压电源，产生的激光经反射镜 12 把激光导向所需的方向。实现切割的主要部件是割炬（枪）9，它由枪体、聚焦透镜 10 和辅助气体喷嘴等组成，割炬由伺服电动机 7 通过丝杆 11 等传动件驱动，按控制程序沿 x 轴和 z 轴（上、下）方向运动；

切割工作台8用于安放割件，由伺服电动机驱动，按控制程序做水平方向移动。激光器所需补充的工作气体和切割用的辅助气体一般由气瓶供给。激光切割设备必须水冷却，因 CO_2 气体激光器的转换效率只有20%左右，余下80%的能量变为热量，需使用冷却水把热量带走，以保证激光器正常工作。

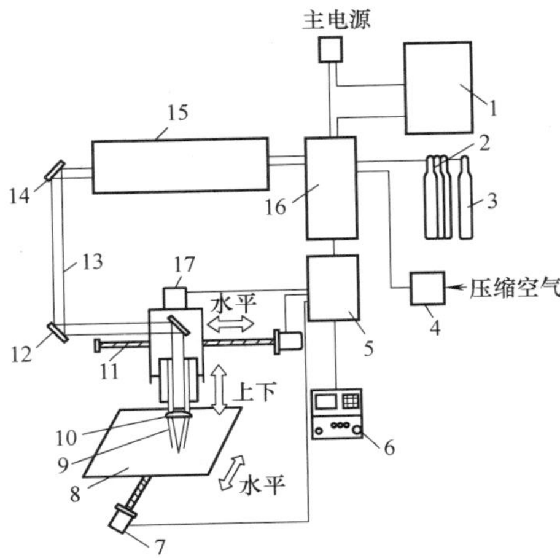

图 5-12-25　二维 CO_2 激光切割设备的基本构成

1—冷却水装置　2—激光气体瓶　3—辅助气体瓶　4—空气干燥器　5—数控装置　6—操作盘　7—伺服电动机　8—切割工作台　9—割炬　10—聚集透镜　11—丝杆　12—反射镜　13—激光束　14—反射镜　15—激光振荡器　16—激光电源　17—伺服电动机和割炬驱动装置

图5-12-26所示为激光切割炬的结构。切割采用基模激光束，这种光束经聚焦后的光斑直径最小，功率密度最高。喷嘴6用于向切割区喷射辅助气体，其结构形状对切割效率和质量有一定影响。图5-12-27所示为常见几种切割喷嘴的结构，喷孔的形状有圆柱形、锥形和缩放形等。一般根据切割工件材质、厚度、辅助气体压力等再经试验后确定。

上述激光切割设备适用于平板（即二维）切割。若使用工业机器人就可以实现立体（即三维）工件的切割。

12.5.5　激光切割工艺

1. 激光切割的切割参数

这里仅介绍金属材料 CO_2 气体连续激光切割的切割参数。

1）激光功率对切割厚度、切割速度和切口宽度等有很大影响。激光功率增大，所能切割的板厚也增大，切割速度也快。图5-12-28所示为功率0.5～1.4kW的 CO_2 连续激光切割低碳钢时，激光功率与切割厚度和切割速度的关系。此外，随着功率的增大，

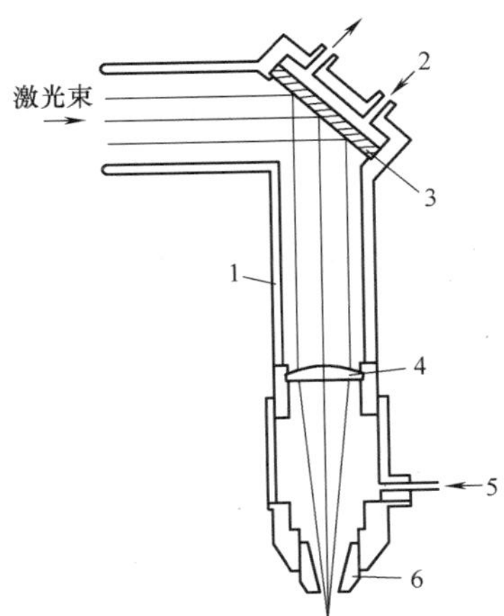

图 5-12-26　激光切割炬的结构

1—割炬体　2—冷却水通道　3—反射镜　4—聚焦透镜　5—辅助气体进口　6—喷嘴

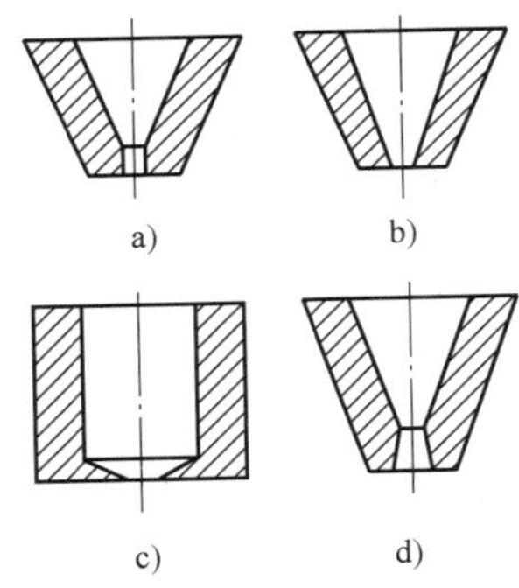

图 5-12-27　几种切割喷嘴的结构

a）收缩准直型　b）收缩型　c）准直收缩型　d）收缩扩张型

切口宽度也略有加大。

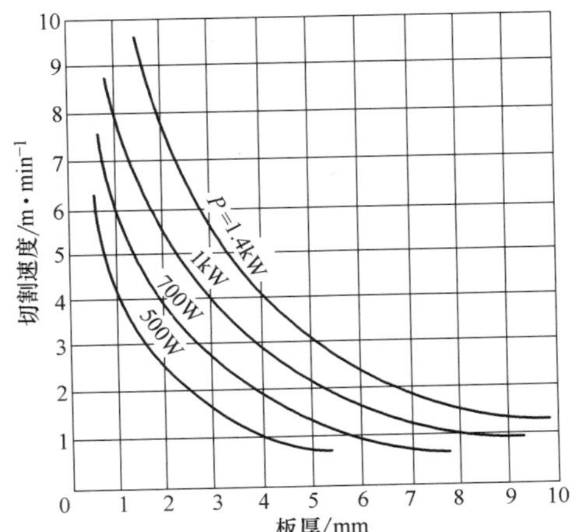

图 5-12-28　CO_2 激光功率与切割厚度和切割速度的关系（低碳钢）

研究表明，激光氧气切割所需功率比激光熔化切割小得多，或者在激光功率相同的条件下，激光氧气切割的速度比激光熔化切割快得多。

2）辅助气体的种类和压力。切割低碳钢多采用O_2作为辅助气体，以利用铁-氧燃烧反应热促进切割过程，而且切割速度快，切口质量好，可获得无挂渣的切口。切割不锈钢时，常使用O_2+N_2混合气体或双层气流。用纯O_2时切口下部易挂渣。

气体压力增大，排渣能力增强，因而可使无挂渣的切割速度加快，但压力过大，切割面反而变粗。图 5-12-29 所示为激光氧气切割时，氧气压力对切割速度的影响。从图 5-12-29 中可以看出，当板厚一定时，存在一个最佳氧气压力，使切割速度最大；在一定功率的条件下，切割氧气压力的最佳值随板厚的增加而减小。

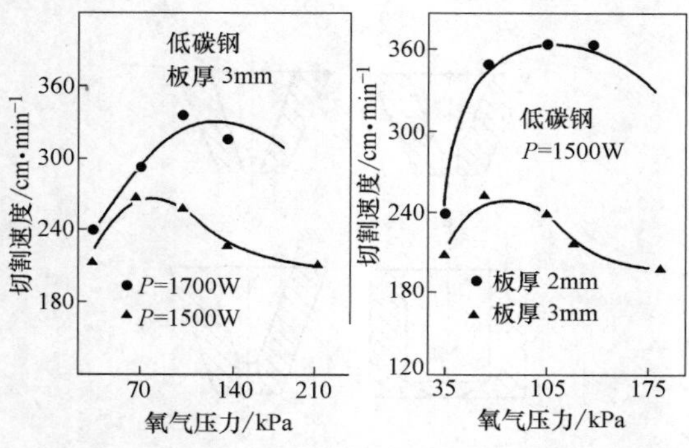

图 5-12-29　氧气压力对激光切割速度的影响

3）切割速度直接影响切割质量。图 5-12-30 所示为切割速度对切口表面粗糙度的影响。在其他条件一定的情况下，切割速度有一个最佳值，使切口的表面粗糙度值最低。

4）焦点位置（离焦量）。当切割低碳钢时，一般把聚焦的光斑设在割件的上表面，即离焦量 ΔF 为零（见图 5-3-21），也有设离焦量为+0.5mm 的。这样可以提高切口前沿的温度，以获得较高的切割速度。

5）焦点深度。当切割较厚的钢板时，应采用焦点深度大的光束，以获得垂直度较好的切割面，但焦点深度大，光斑直径也增大，功率密度随之减小，使切割速度降低。若要保持一定切割速度，则需增大激光的功率。切割薄板宜用小的焦点深度，这样光斑直径小、功率密度高，切割速度快。

6）喷嘴高度。喷嘴高度指辅助气体喷嘴端面到工件上表面的距离。喷嘴高度大，喷出辅助气流的动量易波动，影响切割质量和速度。

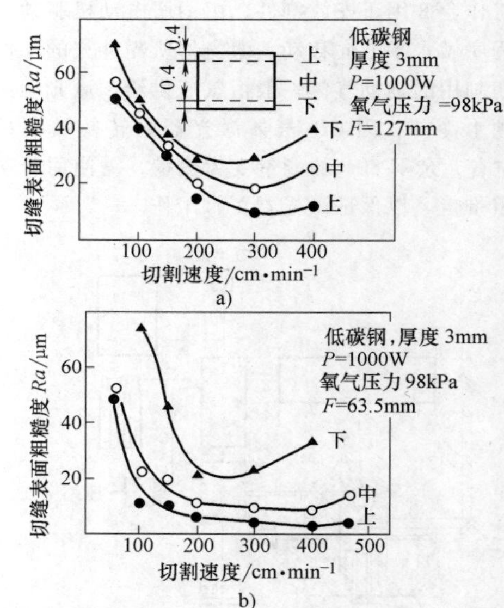

图 5-12-30　切割速度对切口表面粗糙度的影响

注：沿切割面厚度方向分上、中、下部位。

一般应尽量减小喷嘴高度，常取 0.5～2.0mm。表 5-12-22 列出了常用金属材料激光切割的切割参数。

表 5-12-22　常用金属材料激光切割的切割参数

材料	厚度/mm	激光功率/W	切割速度/cm · min⁻¹	切割气体
低碳钢板	1.5	300	300	O_2
	3.0	300	200	
	1.0	1000	900	
	6.0	1000	100	
	16.3	4000	114	
	35	4000	50	
30CrMnSi	1.5	500	200	O_2
	3.0	500	120	
	6.0	500	50	
不锈钢	0.5	250	450	O_2
	1.0	1000	800	
	1.6	1000	456	
	2.0	250	25	
	3.2	500	180	
	4.8	2000	400	
	6.0	1000	80	
	6.3	2000	150	
	12	2000	40	
钛合金	3.0	250	1300	O_2
	8.0	250	300	
	10.0	250	280	
	40.0	250	50	

2. 激光切割的质量

（1）切割零件的尺寸精度

激光切割后的零件变形很小，因此切割零件尺寸的精度主要决定于切割设备的机械精度和控制精度。连续激光切割零件的尺寸精度一般为±0.2mm，个别达到±0.1mm；脉冲激光切割零件的尺寸精度可达到微米级。

（2）切口质量

激光切割的切口质量要素如图 5-12-31 所示。

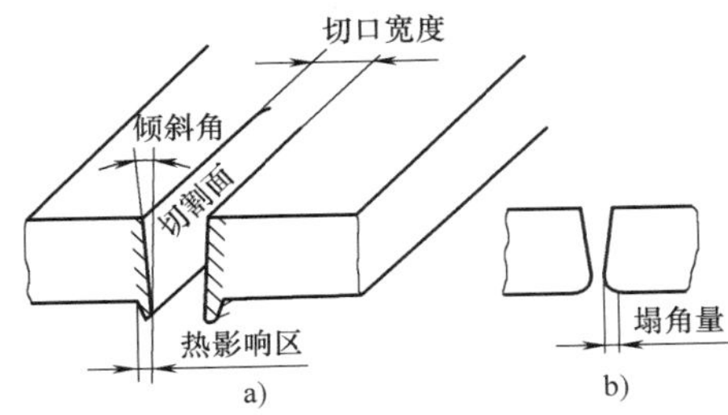

图 5-12-31　激光切割的切口质量要素

1）切口宽度与激光束模式和聚焦后光斑直径有关。切割要求激光器输出基模（TME_{00}），因其光强接近高斯分布，光束能量集中度最好，聚集后光斑直径最小，可以获得很窄的切口。根据光束模式和焦距，切口宽度一般在 0.15～0.3mm 之间。当切割低碳钢薄板时，在适当加快切割速度的情况下，因焦点设在工件上表面，故其切口大致等于光斑直径。随着板厚增大，切割速度下降，切口形成上宽下窄的楔形切口（见图 5-12-31a）。上部切口宽度一般大于光斑直径。

2）切割面的倾斜角。当切割厚板时，切口上宽下窄，切割面产生倾斜角。当切割碳素钢时，倾斜角在 0°～1°之间；当切割不锈钢时，因焦点位置常设在板表面以下部位，其倾斜角比碳素钢略大。

3）切口下缘塌角量。切口下缘出现倒 V 形塌角量（见图 5-12-31b）与激光功率密度有关。当采用高功率密度的激光束时，该塌角量就不明显。

4）切割面的表面粗糙度。影响切割面表面粗糙度的因素较多，与光束模式、切割参数、激光的功率密度、工件材质和厚度都有关。切割面沿板厚方向上的表面粗糙度值不一样，一般是上部小、下部大（见图 5-12-32 中的上、中、下）。其平均表面粗糙度值随板厚增大而变大。脉冲激光切割面的表面粗糙度值远小于连续激光切割。铝合金 CO_2 连续激光切割面的表面粗糙度值比碳素钢大得多。钛合金的 CO_2 激光切割面的表面粗糙度值 Rz 一般在 15～170μm 范围内。

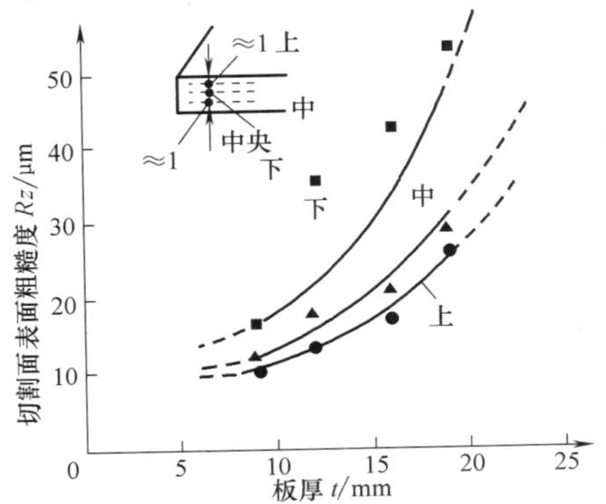

图 5-12-32　低碳钢的 CO_2 激光切割面的表面粗糙度值 Rz

注：激光功率为 3kW；辅助气体为 O_2，压力为 0.37～0.47MPa；离焦量为+0.5mm。

5）热影响区的宽度和硬度。激光切割热影响区的宽度比氧焰切割小得多。切割厚度为 10mm 碳素钢时，激光切割热影响区的宽度只有 0.075mm，而氧焰切割为 0.8mm。对于低碳钢，热影响区中越靠近切割面部位，其硬度越高；钢板上表面的硬化区的宽度比下表面窄。切割面下部的硬度高于上部；最高硬度值可达 390HV。随着板厚的增加，硬化区宽度和最高硬度值也随之增大。

3. 激光切割的安全与防护

激光切割的安全与防护技术与激光焊接完全相同。

12.6　热切割方法的比较与选择

12.6.1　主要热切割方法的技术经济性比较

气割、等离子弧切割和激光切割是现代焊接生产中钢材热切割的三大方法。表 5-12-23 较全面综合了它们之间的技术和经济性并做了对比，对正确选用这些方法很有帮助。

表 5-12-23　主要热切割方法的技术经济性比较

切割方法	气割	等离子弧切割	激光切割
切割热源的功率密度/W·cm^{-2}	5×10^4	10^5～10^6	10^6～10^9
适宜切割的材料	碳素钢、低合金钢	低碳钢、低合金钢、不锈钢、铝及铝合金等有色金属	低碳钢、低合金钢、不锈钢及有色金属，所有非金属材料（陶瓷、塑料、木材、皮革、布等）

（续）

切割方法			气割	等离子弧切割	激光切割
可能切割的最大厚度/mm			≈4000（碳素钢）	≈200（不锈钢）	≈20（钢）
切割速度①/（mm·min^{-1}）（材料：碳素钢）	板厚：/mm	≤1	—	②	>5000
		2	—	②	3500
		6	600	3700	1000
		12	500	2700	300
		25	450	1200	—
		50	300	250	—
		>100	<150	—	—
切口宽度/mm			1.5~2.5	2.5~5.0③	0.2~0.8
切割变形			大	小	极小
切割尺寸精度			较差（±1~2mm）	一般（±0.5~1mm）	很好（±0.2mm以内）
切割面的垂直度			好	差	好
切割面的表面质量			一般	很好	较好
切割面上缘熔化度			不大	较大	很小
热影响区			大	中	小
对环境的污染			一般	较大（粉尘、噪声、弧光等）	很少
设备投资			低④	高（含集尘装置）	高
切割方法			气割	等离子弧切割	激光切割
优缺点比较	优点		可采用多割炬同时切割（最多可用20把以上） 易耗零件的使用寿命长 可搬动使用	对中薄板能经济地进行高速切割 可用多割炬同时切割（最多为4把） 可搬动使用	对薄板可实现高速、高精度切割，能满足无人化操作的需要
	缺点		切割变形大，满足不了高精度切割的需要 切割开始前需预热，花费时间 多少需要操作技能 难以适应无人化操作的需要	通常，切口宽度较大 除薄板外，切割面倾斜 空气等离子弧切割碳素钢时，切割面上粘有渗氮层 难以适应无人化操作的需要	目前仅能切割厚度不大的钢板 通常，厚板打孔时间较长 不能搬动使用

① 表中所列切割速度值，气割为相应的等压式割嘴切割，等离子弧切割为切割电流230A氧等离子弧切割，激光切割为功率1kW的CO_2气体激光切割。

② 小电流空气等离子弧切割法可切割厚度小于2mm的钢板（最薄至0.1mm），其切割速度在3000~4000mm·min^{-1}之间。

③ 最近已开发出“高精度等离子弧切割法”，其切口宽度仅为0.65~0.75mm。

④ 指手工气割，若采用数控气割，则设备投资较高。

12.6.2　热切割方法的选择

正确地选择热切割方法需综合地考虑下列因素。

1. 割件的材料特点和结构特点

材料特点指被切割材料的可切割性。例如，不锈钢和有色金属不适于用一般的气割，非金属材料只能采用激光切割或非转移等离子弧切割。

结构特点主要指割件的厚度和几何形状与尺寸。每一种切割方法对每种可切割材料都有一个最佳的切割厚度范围，这是由切割方法本身的工艺特点和设备特点所决定的。气割可以切割很厚的钢材，激光切割非常适于切割薄件，而等离子弧切割最适于切割薄板和中厚板。几何形状复杂的割件往往割缝直的少，短的或曲线的多，宜选用切口宽度窄的切割方法，如激光切割法。

2. 割件的质量要求

质量要求包括割件尺寸精度、切割面表面粗糙度、割后变形以及热影响区材质变化的要求。对常用碳素钢的一般下料切割，气割和等离子弧切割已满足要求，但是对尺寸精度、表面质量要求高的割件，尤其切割后不能再精加工的精密构件，应采用激光切割。

3. 割件的品种和产量

当需切割材料的种类较多时，宜选用适应性较强的等离子弧切割；当同形零件切割的批量大时，提高切割效率是关键，宜选择切割速度快、割前割后处理时间少的切割方法。有条件的可以提高切割的机械化和自动化水平。

4. 经济成本

经济成本包括设备投资和日常使用费用。经济成本往往需综合考虑。例如，一般的气割设备投资少，但当精度要求高而且批量很大时，割后还需进行精加工，消耗大量工时。而采用激光切割，虽然一次投资较大，但切割后无须后续加工，其综合成本反而降低。

5. 环境卫生

要考虑烟尘、有害气体、噪声和光辐射对环境的影响。

12.7 切割的机械化与自动化

金属的切割现在普遍实现了机械化和自动化。切割设备也从机械控制发展到光电跟踪和数控切割。数控切割的应用改变了传统焊接生产的备料工艺过程，使企业取得了非常显著的技术经济效益。工业机器人在切割中的应用，也使中、小企业多品种生产中实现切割自动化成为可能。

12.7.1 常用机械控制切割机

机械控制的切割机指利用机械方式控制割炬沿轨道或靠模所限定的路线进行切割的机器。表 5-12-24 列出了常用的机械控制切割机的类型，可按表中所介绍的工作原理、特点和适用范围进行选用。

表 5-12-24 常用机械控制切割机的选用

类型	原理	特点	适用切割范围
小车式切割机	小车带动割炬在专用轨道上运动	轻便、灵活、搬动方便。导轨有刚性、挠性、多向	直线或缓曲线，单件小批生产
靠模式切割机	小车或门架在轨道上运动，割炬按靠模横向运动	结构简单，使用可靠，可采用多割炬	直线及非封闭曲线，成批生产
门架式切割机	门架带动数把割炬在轨道上运动，割炬可横向运动	结构简单，使用可靠，生产率高，精度高	直线，大批量生产
摇臂式切割机	由磁滚轮沿样板仿形带动割炬运动，机架与割炬为折臂铰接	结构简单、紧凑，用样板仿形	中、小工件封闭曲线（包括圆形），大批量生产
直角坐标式切割机	由磁滚轮沿样板仿形带动割炬运动，机架与割炬采用纵横向车架连接	适合切割较大工件，用样板仿形，可采用多割炬	较大工件直线或封闭曲线，大批量生产

12.7.2 光电跟踪切割机

光电跟踪切割机是利用光电头及光敏电阻电路跟踪图样，并通过联动机构带动割炬进行自动仿形切割的设备。

1. 光电跟踪切割机的种类

1）按跟踪原理分为单光点边缘跟踪光电跟踪切割机和双光点线跟踪光电跟踪切割机。

2）按跟踪装置驱动方式分为小车式光电跟踪切割机和坐标式光电跟踪切割机。

3）按切割机的结构形式分为门架式光电跟踪切割机、双臂式光电跟踪切割机和单臂式光电跟踪切割机。

对单光点边缘跟踪方式，其跟踪头只设一个光点，光点照射到样板图上，当光点的中心和直径恰好通过图形边线时，反射到光电元件上的光量相同，跟踪头不纠偏。一旦光点的中心偏离边线，光电元件上的光量出现差异，跟踪头中的检测装置就发出纠偏信号，经过放大后通过操舵电动机使跟踪头向某一方向移动，直至光点中心回到边线。

双光点线跟踪方式用两个光点同时照射到样板图上，当两光点在图形线条上的面积相等时，反射到光电元件上的光量相同，跟踪头处于相对平衡状态，不必纠偏。一旦其中一个光点脱离线条时，反射到光电元件上的两个光量不等，检测装置进行比较后，发出向左或向右的纠偏信号，经放大后由操舵电动机控制跟踪头运动，直至两个光点的反射光量相等为止。

跟踪方式不同，所用的样板图的图线不一样。双光点线跟踪是跟踪线条的中心线，故要求图形的线条粗细均匀；而单光点边缘跟踪是跟踪图线的黑白交界线，故图线要求黑而粗。图 5-12-33 所示为这两种跟踪方式所用的样板图实例。

目前，光电跟踪切割机的结构以单臂式应用最广，其跟踪装置的驱动方式则以坐标式为多。图 5-12-34所示为单臂式坐标驱动光电跟踪气割机。这种切割机跟踪 1∶1 样板图进行仿形切割，根据用户需要，在单臂上安装 4~10 把割炬，可同时切割同形零件。适用于切割多品种、批量不大的同形零件，且设备投资相对较小，占用生产场地面积也较少。新型单臂式气割机还具有自动点火，预热时火焰自动增强，割炬高度自动调节、自动起割和停车，以及拐角部位自动减速和切口宽度补偿等辅助功能，大大提高了自动化程度。

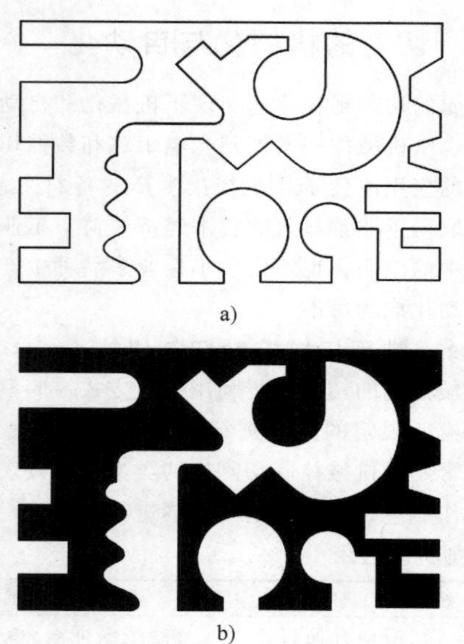

a)

b)

图 5-12-33　跟踪用样板图实例

a）双光点线跟踪样板　b）单光点边缘跟踪样板

当前，光电跟踪切割机除利用光电头跟踪图形轨迹之外，大都带有简易数控系统，将图形编程直接输入，切割出所需零件，因此具备了光电、数控两种功能。有些还配上等离子弧割炬，除可气割外，还可进行等离子弧切割，以适应单件或小批量加工钢材和有色金属材料的需要。

2. 优点与应用

光电跟踪气割机有下列优点：

1）生产效高。省去了制作号料样板和号料所需的材料和工时。能同时切割出多个同形零件，故生产率高。

2）切割精度高。若用数控绘图机绘制样板图，尺寸公差可控制在 0.5mm 以内，割后不需再进行加工。

3）与数控切割机相比，设备投资小。与机械控制气割机相比，投资虽高，但自动化程度高，减轻了劳动强度，切割质量好，生产率高。因此，很适于批量生产中切割中、小型零件的工厂使用。

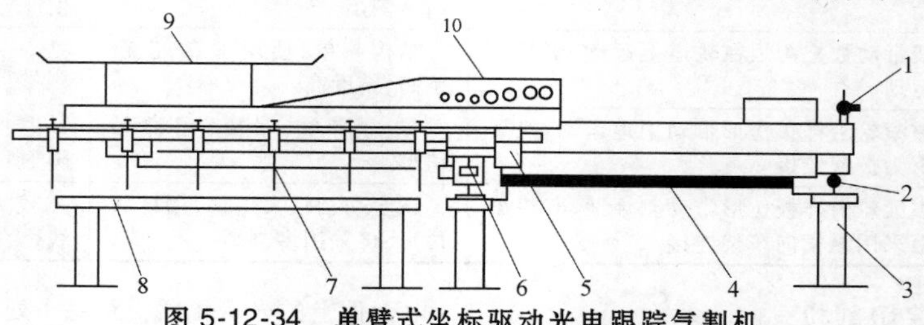

图 5-12-34　单臂式坐标驱动光电跟踪气割机

1—进气阀　2—轨道　3—轨道座　4—图样台　5—光电跟踪器　6—操纵板　7—割炬　8—气割工作台　9—气带托架　10—气体控制板

12.7.3　数控切割机

数控切割机是按数字指令规定的程序进行自动切割的机器，简称 NC 切割机。它不仅实现了切割生产的高度自动化和高效率，而且由于其切割尺寸精度高，使热切割从传统的两次加工（先热切割下料，后由机械加工保证尺寸精度）变为一次加工，即热切割一次成形加工。

但是，数控切割机设备投资大，又要求熟悉编程和机器性能的技术人员，因此主要适用于外形复杂、精度要求高的大尺寸零件的同形或同形镜像零件的切割。现在国内大中型船厂、重型机器或机床厂都采用数控切割机进行备料。

1. 工作原理

将要进行切割的零件图样预先编好程序，然后用键盘输入到控制计算机中，经控制计算机处理，再经伺服系统变换放大调制，驱动 X、Y 方向上的伺服电动机，经减速和传动机构使整个割机横梁和在横梁上的割炬小车按一定规律运动，来完成所需的钢板零件形状的切割，其工作原理如图 5-12-35 所示。

2. 控制机

控制机是切割机的核心部分，它接受外来程序指令，经过内部运算处理，然后送出控制信号，驱动切割机各部分运动。控制机应满足切割工艺的下列要求：

1）返回控制。割炬沿程序段运动时，若遇某一点未被割穿或熄灭，则由操作者或熄灭检测系统向控制机发出指令，使割炬能返回该程序段（或程序）的起点。

2）稳速控制。切割速度不稳会影响切割质量和割缝宽度，甚至钢板割不透。因此，要求割炬在沿任何曲线运动时，X、Y 方向的合成速度都应是稳定的。

3）减速控制。割机惯性大，高速画线或切割时在拐点处会有过冲现象，因此在程序段末应插入减速控制指令。

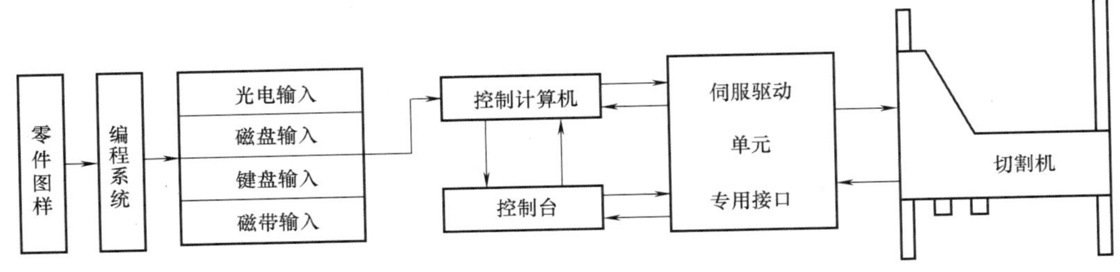

图 5-12-35 数控切割机的工作原理

4）割缝补偿控制。数控切割是控制割炬火焰中心运动轨迹的。因存在割缝，而且割缝宽度随板厚不同而不同，故控制机应具有割缝宽度自动补偿功能，补偿量范围为 0~10mm。

5）坡口切割控制。当切割厚钢板 X、Y 形坡口时，不仅要求割炬沿图形轨迹移动，而且要求割炬围绕中心轴按一定规律旋转，即需增加一轴，控制旋转割炬。这样的割炬架上，通常安装 2~3 把割炬（见图 5-12-36 中 11）。

6）切割工艺程序控制。在切割程序中需设置割炬下降、预热火焰点燃、预热时间，以及开启切割氧气阀、切割程序段结束时切割氧气阀和燃气阀的关闭及割炬提起等控制性指令。

7）自动穿孔控制。当切割厚板时，若起点不在钢板边缘，需加入自动穿孔控制程序。预热火焰要前后摆动，在给切割氧的同时，割炬要缓慢提起，以防反射的熔化金属飞溅物堵塞割嘴，穿透后割炬又要缓慢下降，以进入正常切割。

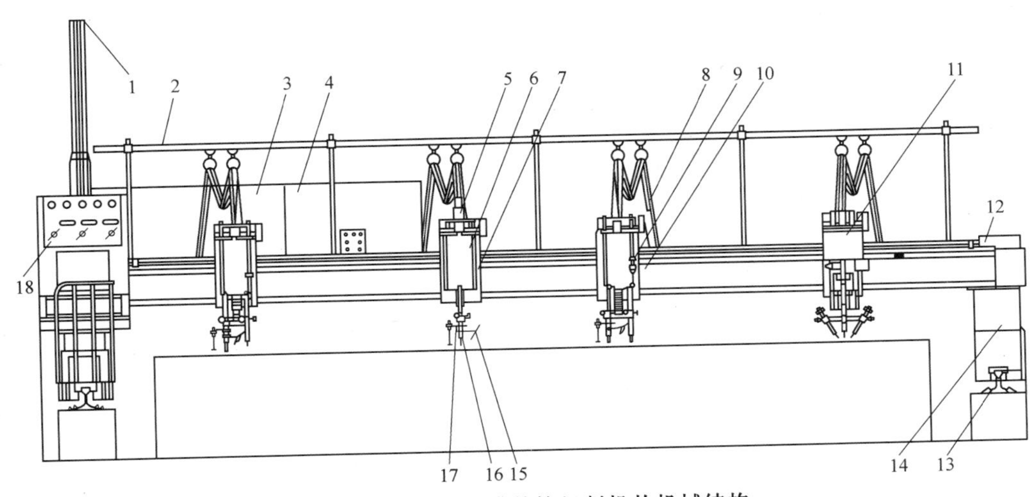

图 5-12-36 门座式数控切割机的机械结构

1—纵向挂架 2—横向挂架 3—配电箱 4—电控箱 5—横向传动装置 6—割炬升降架 7—横向移动小车 8—气路胶管 9—喷粉画线枪 10—横梁 11—旋转三割炬 12—钢带传动装置 13—导轨 14—端架 15—点火枪 16—单割炬 17—调高装置 18—控制台

8）自诊断功能。控制机一旦出现故障，应具有自动诊断功能，并在屏幕上显示出故障的范围。

3. 机械结构

图 5-12-36 所示为典型门座式数控切割机的机械结构。导轨 13 安装在能对其进行水平和直线调整的基座上。若单边驱动，则在主导轨外侧装有纵向齿条；若双边驱动，则另一导轨外侧也装有纵向齿条。横梁 10 一般为箱形结构，装有横向齿条、钢带，以便带有割炬的小车沿横向运动；端架将横梁支撑在导轨上，是切割机纵向运动的导向部件；纵、横向驱动装置由交（直）流伺服电动机驱动，通过精密齿轮减速、末端小齿轮与纵、横齿条啮合，一般还配有消除间隙装置；小车安装在横梁导轨上，小车上装有滚轮，起支撑与导向作用，前部装有割矩（单割炬或三割炬），主动小车中装有横向传动装置 5，小车后部装有钢带夹紧器；钢带传动装置 12 由滚轮、滑轮、钢带等部件组成，钢带的两端固定在主动小车后部；钢带做环状移动。变动从动小车后部的夹紧方向，可

使从动小车做对称或同轨迹运动。割炬装在用步进或伺服电动机驱动的升降装置上，按工艺需要，可由单、双或三割炬组成。一些切割辅助装置，如自动点火、自动调高、喷粉画线等，也按需要安装其上。若切割曲线坡口，还要安装按控制计算机指令规律旋转的三割炬，此时需增加一运动轴。

4. 切割辅助控制装置

切割辅助控制装置主要有：自动点火控制装置、熄火检测控制装置、割炬高度控制装置和切割图形轨迹标示装置。此外，切割薄板时需使用喷水冷却装置，它是安装在割嘴周围的带小孔的环形金属管，通以冷却水对切割件进行冷却，防止热变形。

5. 编程系统

对相同厚度不同形状的零件，在同一张钢板上如何排列才能使钢材利用率最高，这是数控切割机编程系统需完成的任务。该系统应具有下列主要功能：①用于图形的编辑；②用于工件的半自动或全自动套料；③用于圆柱、圆锥等零件图形的展开。一般由带键盘和图像显示屏幕的计算机、绘图仪、打印机和高速穿孔读带机等组成。

全自动套料系统的工作原理分为两类：一类是货柜式套料，被套料的工件包含在一个“货柜”中，“货柜”是一个尽可能小的矩形，将这个“货柜”放在板材的任意空间中，然后移动“货柜”到一个适当位置，使板材利用率最高；另一类是轮廓式（或镶嵌式）套料，当工件的外形被输入后，工件和板材空间及工件与工件之间的距离由计算机进行计算，计算结果将使工件之间的距离为最小，这时材料利用率为最高。图 5-12-37 所示为全自动套料示例。

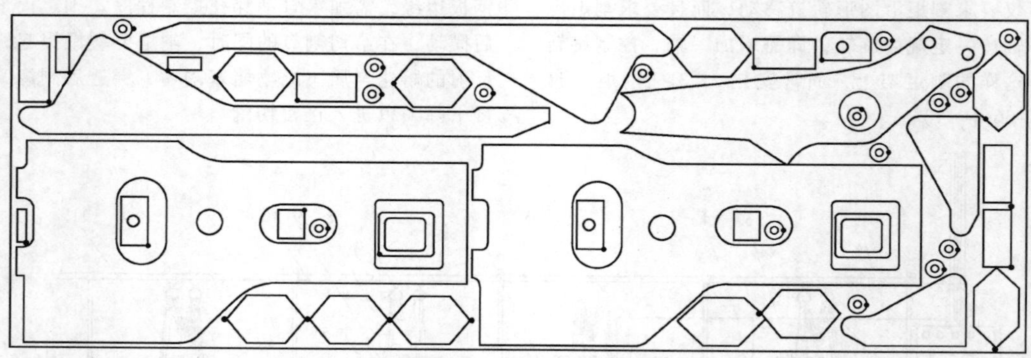

图 5-12-37　全自动套料示例

6. 数控切割机主要技术数据的选择

（1）轨距

数控切割机机架的轨距（或跨度）可按式（5-12-3）确定：

$$S=Bn+h+b \tag{5-12-3}$$

式中　S——轨距（mm）；

B——钢板宽度（mm）；

n——钢板张数；

h——机器无效行程（mm），一般 400~500mm；

b——宽程（mm），一般 200~300mm。

（2）驱动方式

根据机架轨距和驱动速度，数控切割机有以下四种驱动方式：

1）单电动机单边摩擦驱动。其最大轨距为 3m，最高速度为 $6\text{m}\cdot\text{min}^{-1}$，仅用于气体火焰切割。

2）单电动机单边齿轮齿条驱动。其最大轨距为 7m，最高速度为 $12\text{m}\cdot\text{min}^{-1}$，最大切割速度为 $6\text{m}\cdot\text{min}^{-1}$，可用于等离子弧切割和气体火焰切割。

3）单电动机双边齿轮齿条驱动。最大轨距为 9m，最高速度为 $12\text{m}\cdot\text{min}^{-1}$，最高切割速度为 $6\text{m}\cdot\text{min}^{-1}$，可用于等离子弧切割和气体火焰切割。

4）双电动机双边齿轮齿条驱动。最大轨距为 20m，最高速度为 $24\text{m}\cdot\text{min}^{-1}$，最高切割速度为 $12\text{m}\cdot\text{min}^{-1}$，可用于激光、等离子弧和气体火焰切割。

单边驱动比双边驱动造价便宜，但单边驱动时会产生抖动。气割轨距小于 5m，可选用单边驱动，轨距大于 5m 应选双边驱动。对激光切割、等离子弧切割、水射流切割，需较高切割速度的，应选用双边驱动的数控切割机。

（3）轨长

轨长可按式（5-12-4）确定：

$$L=ln+c+d \tag{5-12-4}$$

式中　L——轨长（m）；

l——钢板长度（m）；

n——钢板张数；

c——机器长度（m）；

d——余度（m），一般取 2~3m。

通常导轨是 2m 一段，因此总轨长应取双数。

(4) 割炬托架形式

托架有棒形和钢带形两种形式，如图 5-12-38 所示。棒形托架多用于多把割炬切割同一形状工件；钢带形可用于多把割炬同时切割同一形状工件，也可切割对称形工件。

(5) 割炬数

割炬数原则上根据切割工件大小和钢板尺寸来确定，通常每张钢板以配备两把割炬为宜。

(6) 辅助控制装置

每把割炬都应配置一套自动点火装置、割炬自动升降装置。当切割较薄钢板时，为了防止工件变形，还可能需要配备自动调高装置和喷水冷却装置。画线枪则是为了检验程序的正确性而设置的。

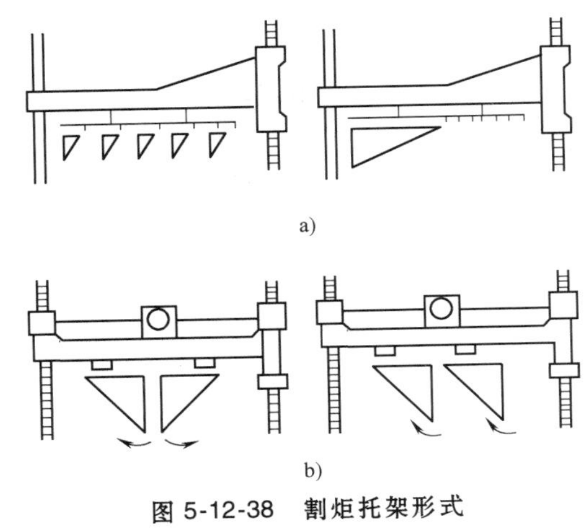

图 5-12-38 割炬托架形式

a) 棒形 b) 钢带形

第6篇

焊接材料

第1章 焊　　条

1.1 概述

1.1.1 焊条的组成及其作用

焊条是涂有药皮的供焊条电弧焊用的熔化电极，它由药皮和焊芯两部分组成，如图6-1-1所示。

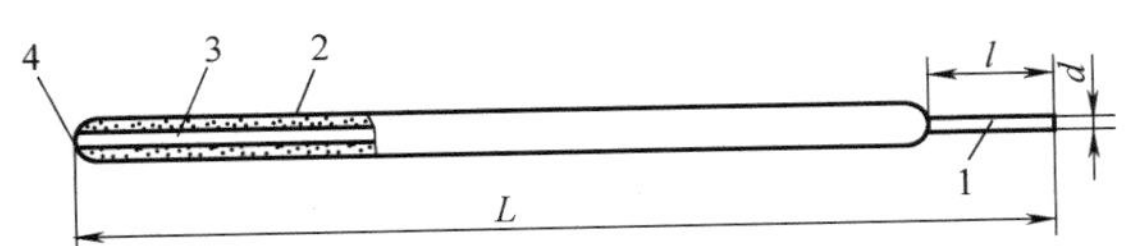

图6-1-1 焊条的组成及和部分名称

1—夹持端　2—药皮　3—焊芯　4—引弧端

L—焊条长度　*l*—夹持端长度　*d*—焊条直径

按药皮与焊芯的质量比，即药皮的质量系数 K_c 分类，当 $K_c=30\%\sim50\%$ 为厚皮焊条，$K_c=1\%\sim2\%$ 为薄皮焊条。目前广泛使用的是厚皮焊条。

1. 焊芯

1）作用。焊芯是一根实心金属棒，焊接时作为电极，熔化后过渡到焊件的熔池内，成为焊缝金属的一部分。因此，焊芯不仅要具有良好的导电性能，而且化学成分和力学性能要满足焊缝要求。

2）焊芯的规格尺寸。焊芯的长度和直径也就是焊条的长度和直径。常用直径尺寸有1.6mm、2.0mm、2.5mm、3.2mm、4.0mm、5.0mm、6.0mm和8.0mm等几种。长度一般为200~700mm，具体长度根据焊芯材质、直径、药皮组成、便用性、材料利用率和生产率等因素确定。夹持端长度为10~35mm，详细规定见GB/T 25775—2010《焊接材料供货技术条件　产品类型、尺寸、公差和标志》

3）焊芯的化学成分。焊芯采用焊接专用金属丝，其质量等级一般优于对应的母材。制造焊条时，选用何种焊丝作为焊芯，由焊条配方设计来确定。若按焊缝金属与母材同质的要求，则焊芯的化学成分大体上与母材相近，再通过药皮中的成分进行调整。

2. 药皮

药皮又称涂料，是焊条中压涂在焊芯表面上的涂覆层，主要由矿石、铁合金、纯金属、化工物料和有机物的粉末混合而成。

（1）药皮的作用

药皮在焊接过程中主要起到如下作用：

1）保护。在高温下，药皮中的某些物质分解出气体或形成熔渣，对熔滴、熔池周围和焊缝金属表面起机械保护作用，使其免受大气的侵入与污染。

2）冶金处理。与焊芯配合，通过冶金反应起到脱氧、去氢，以及排除硫、磷等杂质和向焊缝渗入合金元素的作用。

3）改善焊接工艺性能。通过药皮中某些物质使焊接过程电弧稳定、飞溅少、易于脱渣，提高熔敷率和改善焊缝成形等。

表6-1-1列出了制造药皮常用的原材料，通过这些原材料的选配才使药皮具有上述作用。

表6-1-1 制造药皮常用的原材料及其基本组成与主要作用

药皮原材料名称	基本组成	主要作用									
		稳弧	造渣	造气	脱氧	合金	稀渣	黏结	增塑	氧化	增氢
钛铁矿	$FeO\cdot TiO_2$	○	○				○			○	
金红石	TiO_2	○	○				○				
赤铁矿	Fe_2O_3	○	○							○	
锰矿	MnO_2	○	○				○			○	
大理石	$CaCO_3$	○	○	○						○	
菱苦土	$MgCO_3$	○	○	○						○	
白云石	$CaCO_3\cdot MgCO_3$	○	○	○						○	
石英砂	SiO_2		○								
长石	$SiO_2\cdot Al_2O_3\cdot K_2O$	○	○				○				
高岭土	$SiO_2\cdot Al_2O_3\cdot 2H_2O$		○						○		○
白泥	$SiO_2\cdot Al_2O_2\cdot H_2O$		○						○		○
云母	$SiO_2\cdot Al_2O_3\cdot K_2O\cdot H_2O$	○	○						○		○
花岗石	长石、石英、云母	○	○						○		○

（续）

药皮原材料名称	基本组成	主要作用									
		稳弧	造渣	造气	脱氧	合金	稀渣	黏结	增塑	氧化	增氢
萤石	CaF_2		○				○				
碳酸钾	$K_2CO_3(H_2O)$	○							○		○
纯碱	$Na_2CO_3(H_2O)$	○							○		○
木粉	C、O、H			○					○		○
淀粉	C、O、H			○					○		○
钠水玻璃	$Na_2O \cdot SiO_2 \cdot H_2O$	○	○					○			○
钾水玻璃	$K_2O \cdot SiO_2 \cdot H_2O$	○	○					○			○
铝粉	Al				○						
合金	锰、硅、钛、铬、钼等的铁合金				○	○					
纯金属	金属锰、金属铬等				○	○					
钛白粉	TiO_2	○	○				○		○		

注：○代表有这种作用。

（2）药皮的组成部分

根据表6-1-1中各原材料在药皮中的主要作用，可以归纳成以下几类：

1）稳弧剂。使焊条容易引弧并在焊接过程中保持电弧燃烧稳定。主要是以含有易电离元素的物质作稳弧剂，如水玻璃、金红石、钛白粉、大理石、钛铁矿等。

2）造渣剂。焊接时能形成具有合适物理、化学性能的熔渣，起保护焊接熔池和改善焊缝成形的作用。大理石、萤石、白云石、菱苦土、长石、白泥、石英、金红石、钛白粉及钛铁矿等属于这一类。

3）造气剂。在电弧高温下分解出气体，对电弧、熔滴和熔池进行保护，防止空气中的氧、氢侵入。碳酸盐类物质，如大理石、白云石、菱苦土、碳酸钡等，以及有机物，如木粉、淀粉、纤维素、树脂等都可作造气剂。

4）脱氧剂。在焊接过程降低焊缝金属中的氧含量，以提高焊缝质量和性能。常用的脱氧剂有锰铁、硅铁、钛铁、铝铁、铝锰合金等。

5）合金剂。用于补偿焊接过程合金元素的烧损，以及向焊缝中过渡某些合金元素，以保证焊缝金属所需的化学成分和性能。根据需要可使用各种铁合金，如锰铁、硅铁、铬铁、钼铁、钒铁、硼铁及稀土等，或纯金属粉，如金属锰、金属铬、镍粉及钨粉等。

6）增塑剂。用于改善药皮涂料向焊芯压涂过程中的塑性、滑性和流动性，提高焊条的压涂质量，使焊条表面光滑而不开裂。云母、白泥、钛白粉、滑石和白土等属于这一类。

7）黏结剂。使药皮物料牢固地黏结在焊芯上，并使焊条烘干后药皮具有一定的强度。常用白黏结剂是水玻璃，如钾、钠及锂水玻璃等，也可用酚醛树脂、树胶等。

每种物料几乎在药皮中同时起几种作用，在焊条药皮配方设计时，需注意其主要作用和附带作用。

1.1.2　焊条的分类

对焊条可从它的用途、熔渣性质、药皮主要成分或性能特征等不同角度去分类。

1. 按用途分类

我国现行的有表6-1-2所列两种分类方法，一种由国家标准规定，另一种是原机械工业部编制的《焊接材料产品样本》确定的。两者没有本质区别，不同的是表达形式，前者用型号表示，后者用商业牌号表示。后者分得稍细，而且采用已久，在许多技术资料和文献上经常出现。

表6-1-2　焊条按用途分类及其代号

焊条型号			焊条牌号			
焊条大类（按化学成分分类）			焊条大类（按用途分类）			
国家标准编号	名　称	代号	类别	名　称	代　号	
					字母	汉字
GB/T 5117—2012	非合金钢及细晶粒钢焊条	E	一	结构钢焊条	J	结
			三	低温钢焊条	W	温
GB/T 5118—2012	热强钢焊条	E	二	钼和铬钼耐热钢焊条	R	热

（续）

焊条型号			焊条牌号			
焊条大类（按化学成分分类）			焊条大类（按用途分类）			
国家标准编号	名　称	代号	类别	名　称	代号	
					字母	汉字
GB/T 983—2012	不锈钢焊条	E	四	不锈钢焊条	G	铬
					A	奥
GB/T 984—2001	堆焊焊条	ED	五	堆焊焊条	D	堆
GB/T 10044—2006	铸铁焊条及焊丝	EZ	六	铸铁焊条	Z	铸
—	—	—	七	镍及镍合金焊条	Ni	镍
GB/T 3670—1995	铜及铜合金焊条	TCu	八	铜及铜合金焊条	T	铜
GB/T 3669—2001	铝及铝合金焊条	E	九	铝及铝合金焊条	L	铝
—	—	—	十	特殊用途焊条	TS	特

2. 按熔渣性质分类

主要是按熔渣的碱度分类，焊条有酸性焊条和碱性焊条两大类。

（1）酸性焊条

药皮中含有大量 SiO_2、TiO_2 等酸性氧化物及一定数量的碳酸盐等，其熔渣碱度 B 小于 1。酸性焊条焊接工艺性能好，既可用直流也可用交流进行焊接，而且电弧柔和、飞溅小、熔渣流动性好、易于脱渣、焊缝外表美观。但因氧化性较强，焊接时合金元素烧损较多，因而熔敷金属的塑性和韧性较低；焊接时碳的剧烈氧化使熔池沸腾，有利于熔池中气体逸出，所以气孔敏感性低。钛型焊条、钛钙型焊条、钛铁矿型焊条和氧化铁型焊条均属酸性焊条。酸性焊条吸湿性较弱，焊前在 150～200℃ 烘焙 1h 即可，若不受潮，也可以不烘干。

（2）碱性焊条

碱性焊条的药皮中含有大量如大理石、萤石等的碱性造渣物，并含有一定数量的脱氧剂和合金剂。焊条主要靠碳酸盐（如大理石中的 $CaCO_3$ 等）分解出 CO_2 作为保护气体，在弧柱气氛中氢的分压较低，而且萤石中的 CaF_2 在高温时与氢结合形成氟化氢（HF），从而降低了焊缝中的含氢量，故碱性焊条又称为低氢型焊条。碱性熔渣中 CaO 数量多，熔渣脱硫能力强，熔敷金属抗热裂性能较好；由于焊缝金属中氧和氢含量低，非金属夹杂物较少，故具有较高的塑性和韧性，以及较好的抗冷裂性能。但是由于药皮中含有较多的 CaF_2，影响气体电离，所以碱性焊条一般要求采用直流电源，用反接法焊接。只有当药皮中加入稳弧剂后才可以用交流电源焊接。

碱性（低氢）焊条一般用于重要的焊接结构，如承受动载或刚性较大的结构，这是因为焊缝金属的力学性能好，尤其冲击韧度高。缺点是焊接时产生气孔的倾向较大，对油、水、铁锈等很敏感，用前需高温（300～450℃）烘干；脱渣性能较差。

3. 按药皮主要成分分类

按药皮的主要成分可以分为表 6-1-3 所列的八大类型。药皮成分不同，其熔渣特性、焊接工艺性能和焊缝金属性能有很大的差别，表 6-1-4 列出每种药皮类型的主要特点。

表 6-1-3　按药皮主要成分划分的类型

药皮类型	药皮主要成分（质量分数）
钛型	氧化钛含量≥35%
钛钙型	氧化钛含量>30%，碳酸盐含量<20%
钛铁矿型	钛铁矿含量≥30%
氧化铁型	多量氧化铁和较多锰铁脱氧剂
纤维素型	有机物含量≥15%
低氢型	含钙、镁的碳酸盐和相当量的萤石
石墨型	多量石墨
盐基型	氯盐和氟盐

表 6-1-4　焊条药皮类型及主要特点

序号	药皮类型	电源种类	主要特点
0	不属已规定的类型	不规定	在某些焊条中采用氧化锆、金红石等组成的新渣系，目前尚未形成系列
1	氧化钛型	DC（直流）、AC（交流）	含大量氧化钛，焊条工艺性能良好，电弧稳定、再引弧方便，飞溅很小、熔深较浅，熔渣覆盖性良好、脱渣容易，焊缝波纹特别美观，可全位置焊接，尤宜于薄板焊接。但焊缝塑性和抗裂性稍差。随药皮中钾、钠及铁粉等用量的变化，分为高钛钾型、高钛钠型及铁粉钛型等

（续）

序号	药皮类型	电源种类	主要特点
2	钛钙型	DC、AC	药皮中氧化钛含量大于30%（质量分数），钙、镁的碳酸盐含量小于20%（质量分数），焊条工艺性能良好，熔渣流动性好，熔深一般，电弧稳定，焊缝美观，脱渣方便，适用于全位置焊接，如J422即属此类型。它是目前碳素钢焊条中使用最广泛的一种焊条
3	钛铁矿型	DC、AC	药皮中钛铁矿含量大于30%（质量分数），焊条熔化速度快，熔渣流动性好，熔深较深，脱渣容易，焊波整齐，电弧稳定，平焊、横角焊工艺性能较好，立焊稍次，焊缝有较好的抗裂性
4	氧化铁型	DC、AC	药皮中含大量的氧化铁和较多的锰铁脱氧剂，熔深大，熔化速度快，焊接生产率较高，电弧稳定，再引弧方便，立焊、仰焊较困难，飞溅稍大，焊缝抗热裂性能较好，适用于中厚板焊接。由于电弧吹力大，适于野外操作。若药皮中加入一定量的铁粉，则为铁粉氧化铁型
5	纤维素型	DC、AC	药皮中含15%（质量分数）以上的有机物和30%（质量分数）左右的氧化钛，焊接工艺性能良好，电弧稳定，电弧吹力大，熔深大，熔渣少、脱渣容易。可用于向下立焊、深熔焊或单面焊双面成形焊接。立、仰焊工艺性好，适用于薄板结构、油箱管道、车辆壳体等焊接。随药皮中稳弧剂、黏结剂含量变化，分为高纤维素钠型（采用直流反接）、高纤维素钾型两类
6	低氢钾型	DC、AC	药皮组分以碳酸盐和萤石为主。焊条使用前需经300～400℃烘焙。短弧操作，焊接工艺性一般，可全位置焊接。焊缝有良好的抗裂性和综合力学性能。适宜于焊接重要的焊接结构。按照药皮中稳弧剂量、铁粉量和黏结剂不同，分为低氢钠型、低氢钾型和铁粉低氢型等
7	低氢钠型	DC	
8	石墨型	DC、AC	药皮中含有大量石墨，通常用于铸铁或堆焊焊条。采用低碳钢焊芯时，焊接工艺性较差，飞溅较多、烟雾较大，熔渣少，适用于平焊。采用非钢铁金属焊芯时，能改善其工艺性能，但电流不宜过大
9	盐基型	DC	药皮中含大量氯化物和氟化物，主要用于铝及铝合金焊条。吸潮性强，焊前要烘干。药皮熔点低，熔化速度快。采用直流电源，焊接工艺性较差，短弧操作，熔渣有腐蚀性，焊后需用热水清洗

4. 按焊条性能特征分类

实际上是按特殊的使用性能对焊条进行分类，如耐候钢焊条、超低氢焊条、低尘低毒焊条、向下立焊焊条、躺焊焊条、打底层焊条、盖面焊条、高效铁粉焊条、重力焊条、防潮焊条和水下焊条等。

1.1.3 焊条型号与牌号的编制方法

1. 焊条型号

（1）非合金钢及细晶粒钢焊条型号

GB/T 5117—2012《非合金钢及细晶粒钢焊条》规定，非合金钢及细晶粒钢焊条型号由五部分组成。第一部分用字母“E”表示焊条；第二部分为由两位阿拉伯数字组成的熔敷金属最小抗拉强度代号，见表6-1-5；第三部分为由两位阿拉伯数字组成的药皮类型、焊接位置和电流类型代号，见表6-1-6；第四部分与第三部分之间用半字线“-”分隔，用字母和数字组合表示熔敷金属化学成分分类代号，也可以无标记，见表6-1-7；第五部分表示焊后状态，“无标记”表示焊态，“P”表示热处理状态，而“AP”表示焊态和焊后热处理两种状态均可。除了上述强制部分外，可附加可选代号，用“U”表示规定试验温度下，冲击吸收能量可达到47J；用H5、H10或H15分别表示100g熔敷金属中扩散氢含量不超过5mL、10mL或15mL。

型号示例：

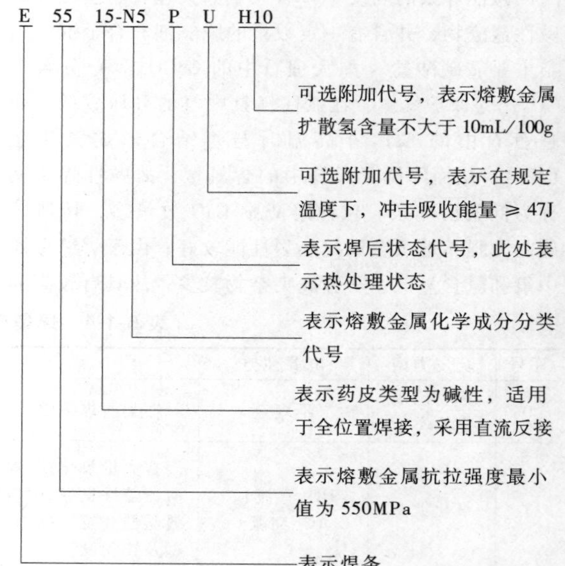

表 6-1-5 非合金钢及细晶粒钢焊条熔敷金属抗拉强度代号

代 号	最小抗拉强度/MPa
43	430
50	490
55	550
57	570

表 6-1-6 非合金钢及细晶粒钢焊条药皮类型、焊接位置和电流类型代号

代号	药皮类型	焊接位置①	焊接电流类型
03	钛型	全位置②	交流、直流正接、直流反接
10	纤维素	全位置	直流反接
11	纤维素	全位置	交流、直流反接
12	金红石	全位置②	交流、直流正接
13	金红石	全位置②	交流、直流正接、直流反接
14	金红石+铁粉	全位置②	交流、直流正接、直流反接
15	碱性	全位置②	直流反接
16	碱性	全位置②	交流、直流反接
18	碱性+铁粉	全位置②	交流、直流反接
19	钛铁矿	全位置②	交流、直流正接、直流反接
20	氧化铁	PA、PB	交流、直流正接
24	金红石+铁粉	PA、PB	交流、直流正接、直流反接
27	氧化铁+铁粉	PA、PB	交流、直流正接、直流反接
28	碱性+铁粉	PA、PB、PC	交流、直流反接
40	不做规定	由制造商规定	
45	碱性	全位置	直流反接
48	碱性	全位置	交流、直流反接

① 焊接位置见 GB/T 16672—1996,其中 PA 为平焊、PB 为平角焊、PC 为横焊、PG 为向下立焊。

② 此处"全位置"并不一定包含向下立焊,由制造商确定。

(2) 热强钢焊条型号

GB/T 5118—2012《热强钢焊条》规定，热强钢焊条型号由四部分组成。第一部分用字母"E"表示焊条；第二部分为由两位阿拉伯数字组成的熔敷金属的最小抗拉强度代号，见表 6-1-8；第三部分为由两位阿拉伯数字组成的药皮类型、焊接位置和电流类型代号，见表 6-1-9；第四部分与第三部分之间用半字线"-"分隔，用字母、数字或字母和数字的组合表示熔敷金属化学成分分类代号，见表 6-1-10。除了上述强制部分外，可附加辅助部分，用 H5、H10 或 H15 分别表示 100g 熔敷金属中扩散氢含量不超过 5mL、10mL 或 15mL。

表 6-1-7 非合金钢及细晶粒钢焊条熔敷金属化学成分分类代号

代号	主要化学成分的名义含量(质量分数,%)				
	Mn	Ni	Cr	Mo	Cu
无标记、-1、-P1、-P2	1.0	—	—	—	—
-1M3	—	—	—	0.5	—
-3M2	1.5	—	—	0.4	—
-3M3	1.5	—	—	0.5	—
-N1	—	0.5	—	—	—
- N2	—	1.0	—	—	—
- N3	—	1.5	—	—	—
-3 N3	1.5	1.5	—	—	—
- N5	—	2.5	—	—	—
- N7	—	3.5	—	—	—
- N13	—	6.5	—	—	—
- N2M3	—	1.0	—	0.5	—
-NC	—	0.5	—	—	0.4
-CC	—		0.5	—	0.4
-NCC	—	0.2	0.6	—	0.5
-NCC1	—	0.6	0.6	—	0.5
-NCC2	—	0.3	0.2	—	0.5
-G	其他成分				

型号示例：

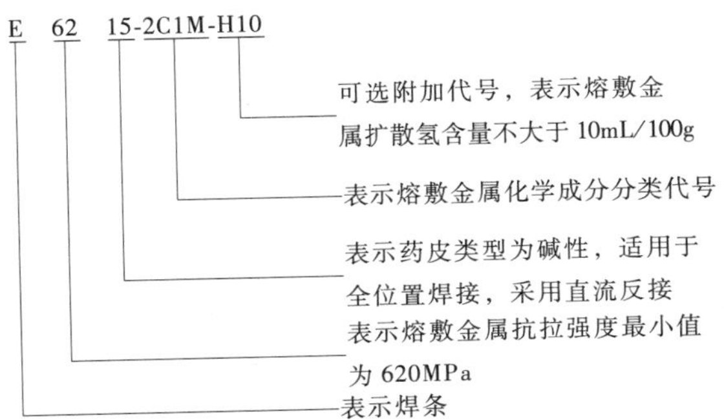

表 6-1-8 热强钢焊条熔敷金属抗拉强度代号

代号	熔敷金属抗拉强度最小值/MPa
50	490
52	520
55	550
62	620

(3) 不锈钢焊条型号

GB/T 983—2012《不锈钢焊条》规定，不锈钢焊条的型号由四部分组成。第一部分用字母"E"表示焊条；第二部分为由三位阿拉伯数字和若干个字母组成的熔敷金属的化学成分分类，其中，L 和 H 分别表示碳含量较低和较高，其他字母为化学元素符号，见表 6-1-11；第三部分为半字线"-"后面的第一位

数字，表示焊接位置，见表 6-1-12；第四部分为最后一位阿拉伯数字，表示药皮类型和电流类型，见表6-1-13。

表 6-1-9　热强钢焊条药皮类型、焊接位置和电流类型代号

代号	药皮类型	焊接位置①	焊接电流类型
03	钛型	全位置③	交流、直流正接、直流反接
10②	纤维素	全位置	直流反接
11②	纤维素	全位置	交流、直流反接
13	金红石	全位置②	交流、直流正接、直流反接
15	碱性	全位置②	直流反接
16	碱性	全位置②	交流、直流反接
18	碱性+铁粉	全位置（PG 除外）	交流、直流反接
19②	钛铁矿	全位置②	交流、直流正接、直流反接
20②	氧化铁	PA、PB	交流、直流正接
27②	氧化铁+铁粉	PA、PB	交流、直流正接
40	不做规定	由制造商规定	

① 焊接位置见 GB/T 16672—1996，其中 PA 为平焊、PB 为平角焊、PG 为向下立焊。
② 仅限于熔敷金属化学成分代号 1M3。
③ 此处“全位置”并不一定包含向下立焊，由制造商确定。

表 6-1-10　热强钢焊条熔敷金属化学成分分类代号

代号	注意化学成分的名义含量
-1M3	此类焊条中含有 Mo，Mo 是在非合金钢焊条基础上唯一添加的合金元素，数字 1 约等于名义上 Mn 含量两倍的整数，M 表示 Mo，3 表示 Mo 的名义含量大约为 0.5%（质量分数）
-×C×M×	C 表示 Cr，其前面的整数表示 Cr 的名义含量；M 表示 Mo，其前面的整数表示 Mo 的名义含量。如果含量小于 1%（质量分数），则前面的数字省略。如果还添加了 W、V、B、Nb 等合金元素，则按照此顺序标记在 Cr 和 Mo 后面。如果末尾有 L，则表示碳含量较低，最后一个字母后的数字表示成分有所改变
-G	其他成分

型号示例：

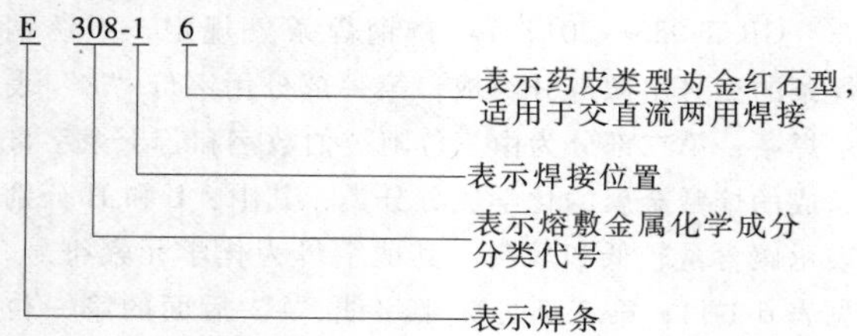

（4）堆焊焊条型号

GB/T 984—2001《堆焊焊条》规定，堆焊焊条型号编制方法是：字母“E”表示焊条，“D”表示堆焊；“D”之后用一位或两位字母、元素符号表示堆焊焊条熔敷金属化学成分的分类代号，见表 6-1-14；最后两位数字表示药皮类型和焊接电流类型，见表 6-1-15，并用半字线“-”与前面符号分开。如在同一基本型号内有几个分类时，可用数字、字母 A、B、C 等进行细分类；若再细分，则可加注数字；如 A_1、A_2 等。细分类代号也可用半字线“-”与前面符号分开。

型号示例：

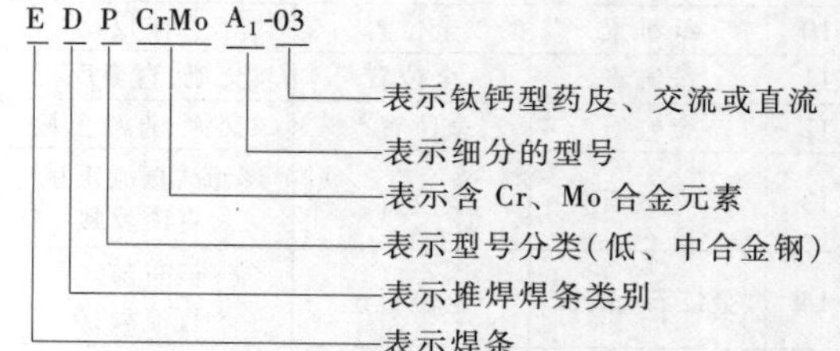

对于碳化钨管状焊条，其型号第一字母“E”表示焊条，第二字母“D”表示用于表面耐磨堆焊，后面字母“G”和元素符号“WC”表示碳化钨管状焊条，其后面的数字 1、2、3 分别表示芯部碳化钨化学成分分类代号，半字线“-”后面为碳化钨粉粒度代号，用通过筛网和不通过筛网的两个目数表示，以斜线“/”相隔。

型号示例：

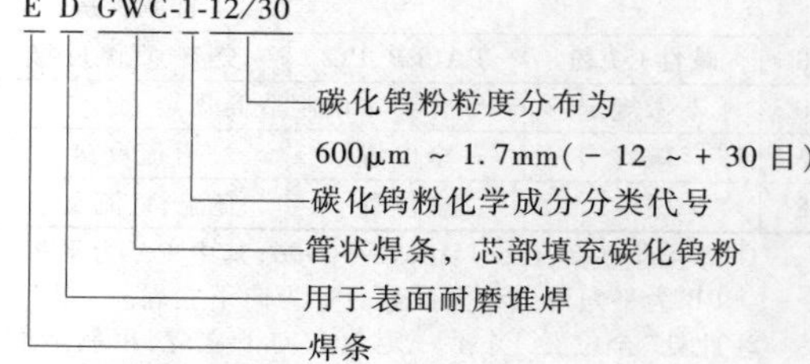

（5）铸铁焊条型号

GB/T 10044—2006《铸铁焊条及焊丝》规定，铸铁焊条型号按焊芯或熔敷金属的化学成分及用途编制。其型号的编制方法是：首字母“E”表示焊条，后接字母“Z”表示用于铸铁焊接；在“EZ”之后用熔敷金属主要化学元素符号或金属类型代号表示，见表 6-1-16；若再细分时，则用数字表示，见表 6-1-17。

型号示例：

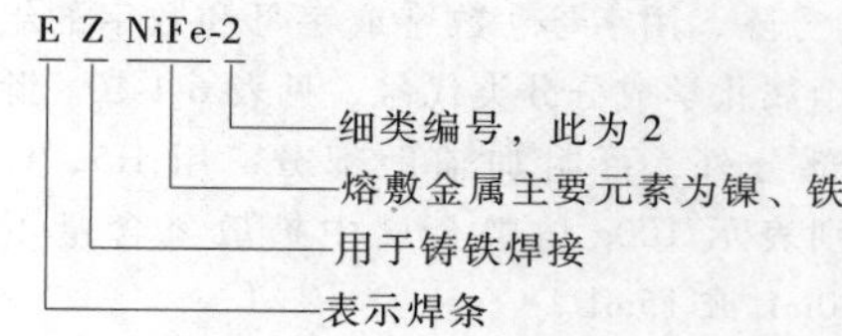

表 6-1-11　主要不锈钢焊条的型号、成分及性能

焊条型号	熔敷金属化学成分(质量分数,%)									熔敷金属力学性能		热处理
	C	Cr	Ni	Mo	Mn	Si	P	S	其　他	R_m/MPa	A_5(%)	
E209-××	0.06	20.5~24.0	9.5~12.0	1.5~3.0	4.0~7.0	1.00	0.04	0.03	Cu:0.75,N:0.10~0.30,V:0.10~0.30	690	15	
E219-××		19.0~21.5	5.5~7.0	0.75	8.0~10.0	1.00	0.04	0.03	Cu:0.75,N:0.10~0.30	620	15	
E240-××		17.0~19.0	4.0~6.0	0.75	10.5~13.5	1.00	0.04	0.03		690	25	
E307-××	0.04~0.14	18.0~21.5	9.0~10.7	0.5~1.5	3.30~4.75	1.00	0.04	0.03	Cu:0.75	590	25	—
E308-××	0.08	18.0~21.0	9.0~11.0	0.75	0.5~2.5	1.00	0.04	0.03		550	30	
E308H-××	0.04~0.08	18.0~21.0	9.0~11.0	0.75	0.5~2.5	1.00	0.04	0.03		550	30	
E308L-××	0.04	18.0~21.0	9.0~11.0	0.75	0.5~2.5	1.00	0.04	0.03		510	30	
E308Mo-××	0.08	18.0~21.0	9.0~12.0	2.0~3.0	0.5~2.5	1.00	0.04	0.03		550	30	
E308LMo-××	0.04	18.0~21.0	9.0~12.0	2.0~3.0	0.5~2.5	1.00	0.04	0.03		520	30	
E309L-××	0.04	22.0~25.0	12.0~14.0	0.75	0.5~2.5	1.00	0.04	0.03	Cu:0.75	510	25	—
E309-××	0.15	22.0~25.0	12.0~14.0	0.75	0.5~2.5	1.00	0.04	0.03	Cu:0.75	550	25	
E309H-××	0.04~0.15	22.0~25.0	12.0~14.0	0.75	0.5~2.5	1.00	0.04	0.03	Cu:0.75	550	25	
E309LNb-××	0.04	22.0~25.0	12.0~14.0	0.75	0.5~2.5	1.00	0.040	0.030	Cu:0.75,Nb+Ta:0.70~1.00	510	25	
E309Nb-××	0.12	22.0~25.0	12.0~14.0	0.75	0.5~2.5	1.00	0.04	0.03	Cu:0.75,Nb+Ta:0.70~1.00	550	25	
E309Mo-××	0.12	22.0~25.0	12.0~14.0	2.0~3.0	0.5~2.5	1.00	0.04	0.03	Cu:0.75	550	25	
E309LMo-××	0.04	22.0~25.0	12.0~14.0	2.0~3.0	0.5~2.5	1.00	0.04	0.03		510	25	—
E310-××	0.08~0.20	25.0~28.0	20.0~22.5	0.75	1.0~2.5	0.75	0.03	0.03		550	25	
E310H-××	0.35~0.45	25.0~28.0	20.0~22.5	0.75	1.0~2.5	0.75	0.03	0.03		620	8	
E310Nb-××	0.12	25.0~28.0	20.0~22.0	0.75	1.0~2.5	0.75	0.03	0.03	Nb+Ta:0.70~1.00,Cu:0.75	550	28	
E310Mo-××	0.12	25.0~28.0	20.0~22.0	2.0~3.0	1.0~2.5	0.75	0.03	0.03	Cu:0.75	550	28	
E312-××	0.15	28.0~32.0	8.0~10.5	0.75	0.5~2.5	1.00	0.04	0.03	Cu:0.75	660	15	
E316-××	0.08	17.0~20.0	11.0~14.0	2.0~3.0	0.5~2.5	1.00	0.04	0.03	Cu:0.75	520	25	
E316H-××	0.04~0.08	17.0~20.0	11.0~4.0	2.0~3.0	0.5~2.5	1.00	0.04	0.03	Cu:0.75	520	25	—

（续）

焊条型号	熔敷金属化学成分(质量分数,%)									熔敷金属力学性能		热处理
	C	Cr	Ni	Mo	Mn	Si	P	S	其 他	R_m/MPa	A_5(%)	
E316L-××	0.04	17.0~20.0	11.0~14.0	2.0~3.0	0.5~2.5	1.00	0.04	0.03	Cu:0.75	490	25	
E316LCu-××	0.04	17.0~20.0	11.0~16.0	2.0~3.0	0.5~2.5	1.00	0.04	0.03	Cu:1.00~2.50	510	25	
E316LMn-××	0.04	18.0~21.0	15.0~18.0	2.5~3.5	5.0~8.0	0.90	0.04	0.03	Cu:0.75,N:0.10~0.25	550	15	—
E317-××	0.08	18.0~21.0	12.0~14.0	3.0~4.0	0.5~2.5	1.00	0.04	0.03	Cu:0.75	550	20	
E317L-××	0.04	18.0~21.0	12.0~14.0	3.0~4.0	0.5~2.5	1.00	0.04	0.03	Cu:0.75	510	20	
E317MoCu-××	0.08	18.0~21.0	12.0~14.0	2.0~2.5	0.5~2.5	0.90	0.04	0.03	Cu:2	540	25	
E317LMoCu-××	0.04	18.0~21.0	12.0~14.0	2.0~2.5	0.5~2.5	0.90	0.04	0.03	Cu:2	540	25	
E318-××	0.08	17.0~20.0	11.0~14.0	2.0~3.0	0.5~2.5	1.00	0.04	0.03	Nb+Ta:6w(C)~1.0, Cu:0.75	550	20	
E318V-××	0.08	17.0~20.0	11.0~14.0	2.0~2.5	0.5~2.5	1.00	0.04	0.03	V:0.30~0.70, Cu:0.75	540	25	
E320-××	0.07	19.0~21.0	32.0~36.0	2.0~3.0	0.5~2.5	0.60	0.04	0.03	Nb:8w(C)~1.00, Cu:3.0~4.0	550	28	
E320LR-××	0.03	19.0~21.0	32.0~36.0	2.0~3.0	1.50~2.50	0.30	0.020	0.015	Nb:8w(C)~0.40, Cu:3.0~4.0	520	28	
E330-××	0.18~0.25	14.0~17.0	33.0~37.0	0.75	1.0~2.5	1.00	0.04	0.03	Cu:0.75	520	23	—
E330H-××	0.35~0.45	14.0~17.0	33.0~37.0	0.75	1.0~2.5	1.00	0.04	0.03		620	8	
E330MoMnWNb-××	0.20	15.0~17.0	33.0~37.0	2.0~3.0	3.5	0.70	0.035	0.030	Cu:0.75,Nb:1.0~2.0, W:2.0~3.0	590	25	
E347-××	0.08	18.0~21.0	9.0~11.0	0.75	0.5~2.5	1.00	0.04	0.03	Nb+Ta:8w(C)~1.00, Cu:0.75	520	25	
E347L-××	0.04	18.0~21.0	9.0~11.0	0.75	0.5~2.5	1.00	0.040	0.030	Nb+Ta:8w(C)~1.00, Cu:0.75	510	25	
E349-××	0.13	18.0~21.0	8.0~10.0	0.35~0.65	0.5~2.5	0.90	0.04	0.03	Nb+Ta:0.75~1.20, Cu:0.75,V:0.10~0.30, Ti≤0.15,W:1.25~1.75	690	23	
E383-××	0.03	26.5~29.0	30.0~33.0	3.2~4.2	0.5~2.5	0.90	0.02	0.02	Cu:0.6~1.5	520	28	—
E385-××	0.03	19.5~21.5	24.0~26.0	4.2~5.2	1.0~2.5	0.90	0.03	0.02	Cu:1.2~2.0	520	28	—
E409Nb-××	0.12	11.0~14.0	0.60	0.75	1.0	0.90	0.040	0.030	Cu:0.75,Nb+Ta:0.50~1.50	450	13	①
E410-××	0.12	11.0~14.0	0.70	0.75	1.0	0.90	0.04	0.03	Cu:0.75	450	15	②

E410NiMo-××	0.06	11.0~12.5	4.0~5.0	0.40~0.70	1.0	0.90	0.04	0.03	Cu:0.75	760	10	③
E430-××	0.10	15.0~18.0	0.60	0.75	1.0	0.90	0.04	0.03		450	15	①
E430Nb-××	0.10	15.0~18.0	0.60	0.75	1.0	1.00	0.040	0.030	Cu:0.75,Nb+Ta:0.50~1.50	450	13	①
E630-××	0.05	16.0~16.75	4.5~5.0	0.75	0.25~0.75	0.75	0.04	0.03	Nb+Ta:0.15~0.30, Cu:3.25~4.00	930	6	④
E16-8-2-××	0.10	14.5~16.5	7.5~9.5	1.0~2.0	0.5~2.5	0.60	0.03	0.03	Cu:0.75	520	25	—
E16-25MoN-××	0.12	14.0~18.0	22~27	5.0~7.0	0.5~2.5	0.90	0.035	0.030	Cu:0.75, N≥0.1	610	30	
E2209-××	0.04	21.5~23.5	7.5~10.5	2.5~3.5	0.5~2.0	1.00	0.04	0.03	Cu:0.75, N:0.08~0.20	690	15	
E2533-××	0.06	24.0~27.0	6.5~8.5	2.9~3.9	0.5~1.5	1.0	0.04	0.03	Cu:1.5~2.5, N:0.10~0.25	760	13	
E2593-××	0.04	24.0~27.0	8.5~10.5	2.9~3.9	0.5~1.5	1.0	0.04	0.03	Cu:1.5~3.0, N:0.08~0.25	760	13	
E2594-××	0.04	24.0~27.0	8.5~10.5	3.5~4.5	0.5~2.0	1.00	0.04	0.03	Cu:0.75, N:0.20~0.30	760	13	
E2595-××	0.04	24.0~27.0	8.5~10.5	2.5~4.5	2.5	1.2	0.03	0.025	Cu:0.4~1.5, N:0.20~0.30, W:0.4~1.0	760	13	
E3155-××	0.10	20.0~22.5	19.0~21.0	2.5~3.5	1.0~2.5	1.00	0.04	0.03	Cu:0.75, Nb+Ta:0.75~1.25, Co:18.5~21.0, W:2.0~3.0	690	15	
E33-31-××	0.03	31.0~35.0	30.0~32.0	1.0~2.0	2.5~4.0	0.9	0.02	0.01	N:0.3~0.5	720	20	

注：表中单值均为最大值。如果发现其他元素，则应进一步分析这些元素的含量，除铁外，其他元素含量不应超过0.5%。

① 加热到760~790℃，保温2h，以不高过55℃·h^{-1}的速度炉冷至595℃以下，然后空冷至室温。

② 加热到730~760℃，保温1h，以不高于110℃·h^{-1}的速度炉冷至315℃以下，然后空冷至室温。

③ 加热到595~620℃，保温1h，然后空冷至室温。

④ 加热到1025~1050℃，保温1h，空冷至室温。然后在610~630℃，保温4h，进行沉淀硬化处理，空冷至室温。

表 6-1-12　不锈钢焊条焊接位置代号

代　号	焊接位置①
-1	PA、PB、PD、PF
-2	PA、PB
-4	PA、PB、PD、PF、PG

① 焊接位置见 GB/T 16672—1996，其中 PA 为平焊、PB 为平角焊、PD 为仰角焊、PD 为向上立焊、PG 为向下立焊。

表 6-1-13　不锈钢焊条药皮类型和电流类型

代　号	药皮类型	电流类型
5	碱性	直流
6	金红石	直流和交流①
7	钛酸型	直流和交流②

① 46 型采用直流焊接。
② 47 型采用直流焊接。

表 6-1-14　堆焊焊条熔敷金属化学成分的分类代号

代　号	熔敷金属化学成分分类
P	普通低中合金钢
R	热强合金钢
Cr	高铬钢
Mn	高锰钢
CrMn	高铬锰钢
CrNi	高铬镍钢
D	高速钢
Z	合金铸铁
ZCr	高铬铸铁
CoCr	钴基合金
W	碳化钨
T	特殊型
Ni	镍基合金

表 6-1-15　药皮类型及焊接电流类型

<table>
<tr><th>代号</th><th>药皮类型</th><th>焊接电流类型</th></tr>
<tr><td>00</td><td>特殊型</td><td rowspan="2">交流或直流</td></tr>
<tr><td>03</td><td>钛钙型</td></tr>
<tr><td>15</td><td>低氢钠型</td><td>直流</td></tr>
<tr><td>16</td><td>低氢钾型</td><td rowspan="2">交流或直流</td></tr>
<tr><td>08</td><td>石墨型</td></tr>
</table>

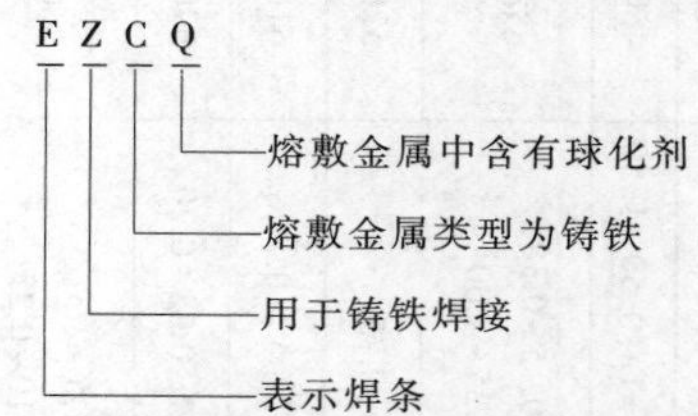

表 6-1-16　铸铁焊接用焊条的类别、名称及型号

<table>
<tr><th>类别</th><th>名称</th><th>焊条型号</th></tr>
<tr><td rowspan="2">铁基焊条</td><td>灰铸铁焊条</td><td>EZC</td></tr>
<tr><td>球墨铸铁焊条</td><td>EZCQ</td></tr>
<tr><td rowspan="4">镍基焊条</td><td>纯镍铸铁焊条</td><td>EZNi-×</td></tr>
<tr><td>镍铁铸铁焊条</td><td>EZNiFe-×</td></tr>
<tr><td>镍铜铸铁焊条</td><td>EZNiCu</td></tr>
<tr><td>镍铁铜铸铁焊条</td><td>EZNiFeCu</td></tr>
<tr><td rowspan="2">其他焊条</td><td>纯铁及碳素钢焊条</td><td>EZFe-×</td></tr>
<tr><td>高钒焊条</td><td>EZV</td></tr>
</table>

(6) 铜及铜合金焊条型号

GB/T 3670—1995《铜及铜合金焊条》规定，铜及铜合金焊条的型号按熔敷金属化学成分来编制。其型号首位用"E"表示焊条，"E"后面的字母直接用元素符号表示型号分类，见表 6-1-18。同一分类中有不同化学成分要求时，用字母或数字表示，并以半字线"-"与前面元素符号分开。

表 6-1-17　铸铁焊条型号及熔敷金属化学成分

<table>
<tr><th>型号</th><th>C</th><th>Si</th><th>Mn</th><th>S</th><th>P</th><th>Fe</th><th>Ni</th><th>Cu</th><th>Al</th><th>V</th><th>球化剂</th><th>其他元素总量</th></tr>
<tr><td>EZC</td><td>2.0~4.0</td><td>2.5~6.5</td><td>≤0.75</td><td rowspan="2">≤0.10</td><td rowspan="2">≤0.15</td><td rowspan="2">余量</td><td rowspan="2">—</td><td rowspan="2">—</td><td rowspan="2">—</td><td rowspan="2">—</td><td>—</td><td>—</td></tr>
<tr><td>EZCQ</td><td>3.2~4.2</td><td>3.2~4.0</td><td>≤0.80</td><td>0.04~0.15</td><td rowspan="11">≤1.0</td></tr>
<tr><td>EZNi-1</td><td rowspan="6">≤2.0</td><td>≤2.5</td><td>≤1.0</td><td rowspan="6">≤0.03</td><td rowspan="9">—</td><td rowspan="3">≤8.0</td><td>≥90</td><td>—</td><td>—</td><td rowspan="6">—</td><td rowspan="12">—</td></tr>
<tr><td>EZNi-2</td><td rowspan="4">≤4.0</td><td rowspan="4">≤2.5</td><td rowspan="2">≥85</td><td rowspan="5">≤2.5</td><td>≤1.0</td></tr>
<tr><td>EZNi-3</td><td>1.0~3.0</td></tr>
<tr><td>EZNiFe-1</td><td rowspan="3">余量</td><td rowspan="2">45~60</td><td>≤1.0</td></tr>
<tr><td>EZNiFe-2</td><td>1.0~3.0</td></tr>
<tr><td>EZNiFeMn</td><td>≤1.0</td><td>10~14</td><td>35~45</td><td>≤1.0</td></tr>
<tr><td>EZNiCu-1</td><td rowspan="2">0.35~0.55</td><td rowspan="2">≤0.75</td><td rowspan="2">≤2.3</td><td rowspan="2">≤0.025</td><td rowspan="2">3.0~6.0</td><td>60~70</td><td>25~35</td><td rowspan="6">—</td><td rowspan="3">—</td></tr>
<tr><td>EZNiCu-2</td><td>50~60</td><td>35~45</td></tr>
<tr><td>EZNiFeCu</td><td>≤2.0</td><td>≤2.0</td><td>≤1.5</td><td>≤0.03</td><td rowspan="4">余量</td><td>45~60</td><td>4~10</td></tr>
<tr><td>EZV</td><td>≤0.25</td><td>≤0.70</td><td>≤1.50</td><td>≤0.04</td><td>≤0.04</td><td rowspan="3">—</td><td rowspan="3">—</td><td rowspan="3">8~13</td></tr>
<tr><td>EZFe-1</td><td>≤0.04</td><td>≤0.10</td><td>≤0.60</td><td>≤0.010</td><td>≤0.015</td><td rowspan="2">—</td></tr>
<tr><td>EZFe-2</td><td>≤0.10</td><td>≤0.03</td><td></td><td>≤0.030</td><td>≤0.030</td></tr>
</table>

表 6-1-18　铜及铜合金焊条型号及其熔敷金属的化学成分

<table>
<tr><th rowspan="2">型　　号</th><th colspan="10">化学成分(质量分数,%)</th><th rowspan="2">f 成分合计</th></tr>
<tr><th>Cu</th><th>Si</th><th>Mn</th><th>Fe</th><th>Al</th><th>Sn</th><th>Ni</th><th>P</th><th>Pb</th><th>Zn</th></tr>
<tr><td>ECu</td><td>≥95.0</td><td>0.5</td><td rowspan="3">3.0</td><td>f</td><td rowspan="5">f</td><td rowspan="3">—</td><td rowspan="7">f</td><td rowspan="5">0.30</td><td rowspan="7">0.20</td><td rowspan="12">f</td><td rowspan="12">0.50</td></tr>
<tr><td>ECuSi-A</td><td>≥93.0</td><td>1.0~2.0</td><td rowspan="2">—</td></tr>
<tr><td>ECuSi-B</td><td>≥92.0</td><td>2.5~4.0</td></tr>
<tr><td>ECuSn-A</td><td rowspan="9">余量</td><td rowspan="2">f</td><td rowspan="4">f</td><td rowspan="2">f</td><td>5.0~7.0</td></tr>
<tr><td>ECuSn-B</td><td>7.0~9.0</td></tr>
<tr><td>ECuAl-A2</td><td rowspan="2">1.5</td><td>0.5~5.0</td><td>6.5~9.0</td><td>f</td><td rowspan="3">—</td></tr>
<tr><td>ECuAl-B</td><td>2.5~5.0</td><td>7.5~10.0</td><td>f</td></tr>
<tr><td>ECuAl-C</td><td>1.0</td><td>2.0</td><td>1.5</td><td>6.5~10.0</td><td rowspan="4">—</td><td>0.5</td><td rowspan="4">0.02f</td></tr>
<tr><td>ECuNi-A</td><td rowspan="2">0.5</td><td rowspan="2">2.5</td><td rowspan="2">2.5</td><td rowspan="2">Ti0.5</td><td>9.0~11.0</td><td rowspan="2">0.020</td></tr>
<tr><td>ECuNi-B</td><td>29.0~33.0</td></tr>
<tr><td>ECuAlNi</td><td rowspan="2">1.0</td><td>2.0</td><td rowspan="2">2.0~6.0</td><td>7.0~10.0</td><td>2.0</td><td rowspan="2">—</td></tr>
<tr><td>ECuMnAlNi</td><td>11.0~13.0</td><td>5.0~7.5</td><td>f</td><td>1.0~2.5</td><td>0.02</td></tr>
</table>

注：1. 表中所列单个值均为最大值。
2. ECuNi-A 和 ECuNi-B 类 S 的质量分数应控制在 0.015%以下。
3. 字母 f 表示微量元素。
4. Cu 元素中允许含 Ag。

（7）铝及铝合金焊条型号

GB/T 3669—2001《铝及铝合金焊条》规定，铝及铝合金焊条型号用字母“E”和一组阿拉伯数字表示，“E”表示焊条，后面的一组数字表示焊芯的铝或铝合金牌号。

型号示例：

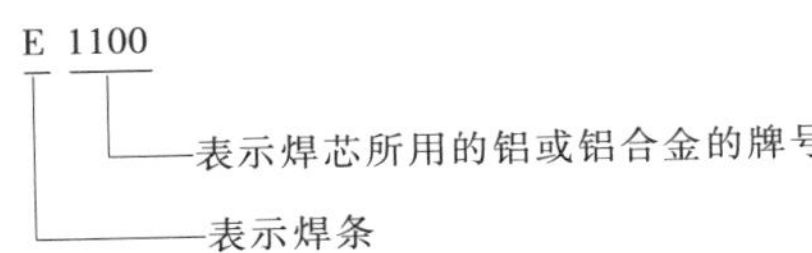

表 6-1-19 列出了常用铝合金焊条焊芯的化学成分及焊接接头力学性能。

表 6-1-19　常用铝合金焊条焊芯的化学成分及焊接接头力学性能

<table>
<tr><th rowspan="2">焊条型号</th><th colspan="10">焊芯化学成分(质量分数,%)</th><th rowspan="2">焊接接头抗拉强度 R_m/MPa</th></tr>
<tr><th>Si</th><th>Fe</th><th>Cu</th><th>Mn</th><th>Mg</th><th>Zn</th><th>Ti</th><th>Be</th><th>其他</th><th>Al</th></tr>
<tr><td>E1100</td><td colspan="2">Si+Fe:0.95</td><td rowspan="2">0.05~0.20</td><td>0.05</td><td rowspan="2">—</td><td rowspan="3">0.10</td><td rowspan="2">—</td><td rowspan="3">0.0008</td><td rowspan="3">0.15</td><td>≥99.0</td><td>≥80</td></tr>
<tr><td>E3003</td><td>0.60</td><td>0.70</td><td>1.0~1.5</td><td rowspan="2">余量</td><td rowspan="2">≥95</td></tr>
<tr><td>E4043</td><td>4.5~6.0</td><td>0.80</td><td>0.30</td><td>0.05</td><td>0.05</td><td>0.20</td></tr>
</table>

注：表中所列单个值均为最大值。

2. 焊条牌号

焊条牌号是按焊条的主要用途及性能特点进行编制的，具体编制方法：按用途将焊条分为 10 大类，如结构钢焊条（含低合金高强度钢焊条）、耐热钢焊条、不锈钢焊条等，见表 6-1-2。牌号前以大写汉语拼音字母（或汉字）表示焊条的各大类；字母后的第一、二位数字表示各大类中的若干小类，通常以主要性能或化学成分的代号表示；第三位数字表示焊条药皮类型及焊接电流类型，数字的含义见表 6-1-20。第三位数字后面按需要可加注字母符号，表示焊条的特殊性能和用途，见表 6-1-21。

（1）结构钢焊条牌号

结构钢焊条指碳素钢和低合金高强度钢用的焊条。牌号首位字母“J”或汉字“结”字表示结构钢焊条；后面第一、二位数字表示熔敷金属的强度等级（$kgf \cdot mm^{-2}$），见表 6-1-22。第三位数字表示焊条药皮类型和焊接电流类型，见表 6-1-20。

表 6-1-20　焊条牌号中第三位数字的含义

数　字	药皮类型	焊接电流类型
0	不属已规定类型	不规定
1	氧化钛型	直流或交流
2	氧化钛钙型	直流或交流
3	钛铁矿型	直流或交流
4	氧化铁型	直流或交流
5	纤维素型	直流或交流
6	低氢钾型	直流或交流
7	低氢钠型	直流
8	石墨型	直流或交流
9	盐基型	直流

表 6-1-21　焊条牌号后面加注字母符号含义

字母符号	意　义
D	底层焊条
DF	低尘低毒(低氟)焊条
Fe	铁粉焊条
Fe13	铁粉焊条,其名义熔敷率为 130%
Fe18	铁粉焊条,其名义熔敷率为 180%
G	高韧性焊条
GM	盖面焊条
GR	高韧性压力容器用焊条
H	超低氢焊条
LMA	低吸潮焊条
R	压力容器用焊条
RH	高韧性低氢焊条
SL	渗铝钢焊条
X	向下立焊用焊条
XG	管子用向下立焊用焊条
Z	重力焊条
Z15	重力焊条,其名义熔敷率为 150%
CuP	含 Cu 和 P 的耐大气腐蚀焊条
CrNi	含 Cr 和 Ni 的耐海水腐蚀焊条

牌号示例：

J 50 7 CuP

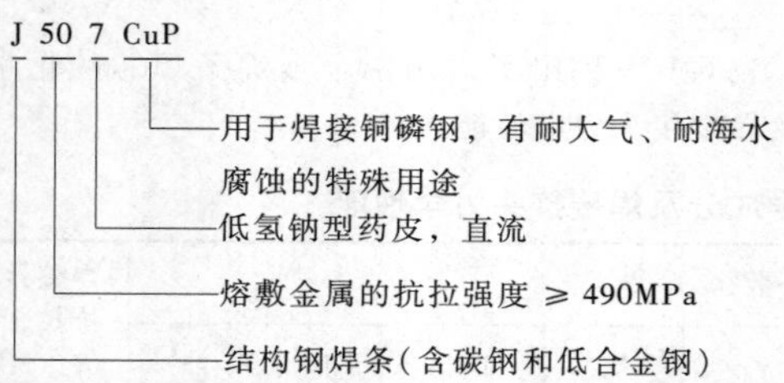

表 6-1-22　结构钢焊条熔敷金属的强度等级

焊条牌号	抗拉强度/MPa ($kgf \cdot mm^{-2}$) ≥	屈服强度/MPa ($kgf \cdot mm^{-2}$) ≥
J42×	420(43)	330(34)
J50×	490(50)	410(42)
J55×	540(55)	440(45)
J60×	590(60)	530(54)
J70×	690(70)	590(60)
J75×	740(75)	640(65)
J80×	780(80)	—
J85×	830(85)	740(75)
J10×	980(100)	—

注：表中×即牌号第 3 位数字见表 6-1-20。

（2）钼和铬钼耐热钢焊条牌号

牌号首位字母用“R”或汉字“热”字表示耐热钢焊条；后面第一位数字表示熔敷金属主要化学成分组成等级，见表 6-1-23；第二位数字表示熔敷金属主要化学成分组成等级中的不同牌号，同一组成等级的焊条，可有 10 个序号，从 0、1、2、…、9 顺序排；第三位数字表示药皮类型和焊接电流类型，见表 6-1-20。

牌号示例：

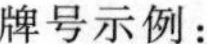

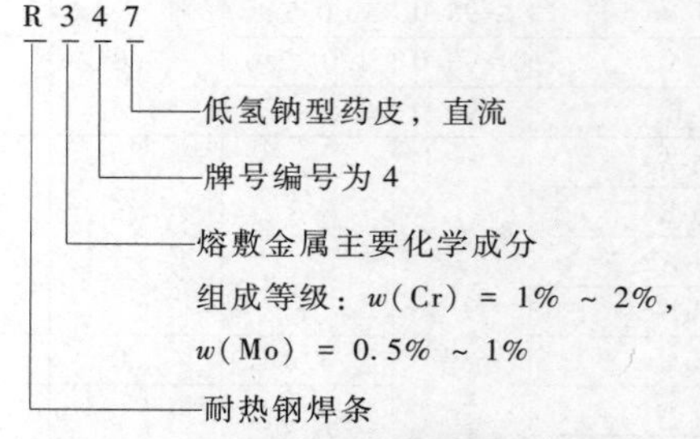

表 6-1-23　耐热钢焊条熔敷金属主要化学成分组成等级

焊条牌号	熔敷金属主要化学成分组成等级
R1××	$w(Mo) \approx 0.5\%$
R2××	$w(Cr) \approx 0.5\%, w(Mo) \approx 0.5\%$
R3××	$w(Cr) = 1\% \sim 2\%, w(Mo) = 0.5\% \sim 1\%$
R4××	$w(Cr) \approx 2.5\%, w(Mo) \approx 1\%$
R5××	$w(Cr) \approx 5\%, w(Mo) \approx 0.5\%$
R6××	$w(Cr) \approx 7\%, w(Mo) \approx 1\%$
R7××	$w(Cr) \approx 9\%, w(Mo) \approx 1\%$
R8××	$w(Cr) \approx 11\%, w(Mo) \approx 1\%$

（3）低温钢焊条牌号

首字母“W”或汉字“温”字表示低温钢焊条，后面两位数字表示焊接工作温度级别，见表 6-1-24。第三位数字表示药皮类型和焊接电流类型，见表 6-1-20。

举例：

W 70 7

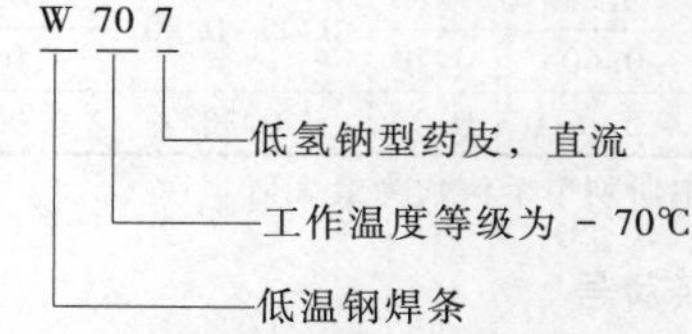

表 6-1-24　低温钢焊条工作温度级别

焊条牌号	工作温度/℃
W70×	-70
W90×	-90
W10×	-100
W19×	-196
W25×	-253

（4）不锈钢焊条牌号

牌号首位字母“G”或汉字“铬”表示铬不锈钢焊条，若为“A”或汉字“奥”，表示奥氏体铬镍不锈钢焊条；后面第一位数字表示熔敷金属主要化学成分组成等级，见表 6-1-25；第二位数字表示同一熔敷金属主要化学成分组成等级中的不同牌号，对同一等级可有10个序号，从0、1、2、…、9顺序排列；第三位数字表示药皮类型及焊接电流类型，见表6-1-20。

牌号示例：

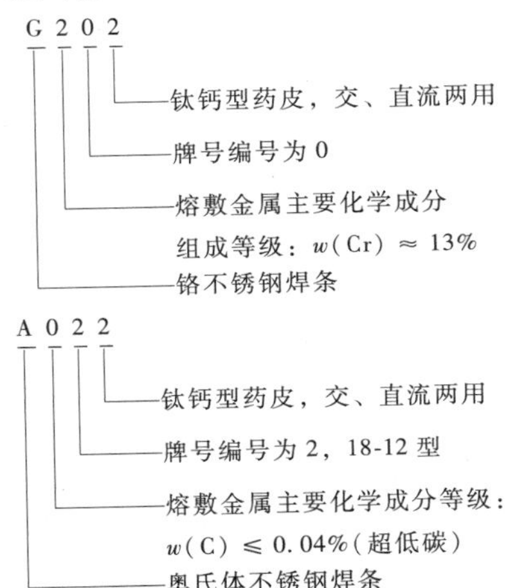

表6-1-25　不锈钢焊条熔敷金属主要化学成分组成等级

焊条牌号	熔敷金属主要化学成分组成等级
G2××	$w(Cr)\approx13\%$
G3××	$w(Cr)\approx17\%$
A0××	$w(C)\leq0.04\%$(超低碳)
A1××	$w(Cr)\approx19\%, w(Ni)\approx10\%$
A2××	$w(Cr)\approx18\%, w(Ni)\approx12\%$
A3××	$w(Cr)\approx23\%, w(Ni)\approx13\%$
A4××	$w(Cr)\approx26\%, w(Ni)\approx21\%$
A5××	$w(Cr)\approx16\%, w(Ni)\approx25\%$
A6××	$w(Cr)\approx16\%, w(Ni)\approx35\%$
A7××	Cr-Mn-N不锈钢
A8××	$w(Cr)\approx18\%, w(Ni)\approx18\%$
A9××	$w(Cr)\approx20\%, w(Ni)\approx34\%$

（5）堆焊焊条牌号

首位以字母"D"或汉字"堆"表示堆焊焊条；后面第一位数字表示焊条的主要用途或熔敷金属主要成分类型，见表6-1-26；第二位数字表示同一主要成分中的不同编号，以0、1、2、…、9顺序编排；第三位数字表示药皮类型和焊接电流类型，见表6-1-20。

牌号示例：

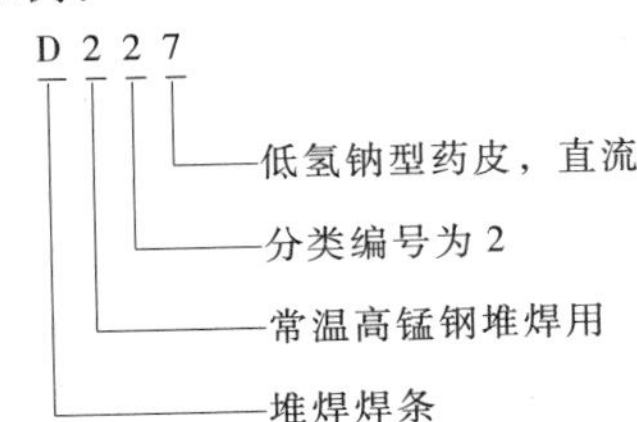

表6-1-26　堆焊焊条牌号第一位数字含义

焊条牌号	主要用途或主要成分类型
D0××	不规定
D1××	不同硬度的常温堆焊条
D2××	常温高锰钢堆焊焊条
D3××	堆焊铸钢或锻钢
D4××	刀具、工具堆焊焊条
D5××	阀门堆焊焊条
D6××	合金铸铁型堆焊条
D7××	碳化钨型堆焊焊条
D8××	钴基合金型堆焊焊条
D9××	待发展

（6）铸铁焊条牌号

首位字母"Z"或汉字"铸"表示铸铁焊条；后面第一位数字表示熔敷金属主要化学成分组成类型，见表6-1-27；第二位数字表示同一主要成分组在类型中的不同编号，以0、1、2、…、9编排。第三位数字表示药皮类型和焊接电流类型，见表6-1-20。

牌号示例：

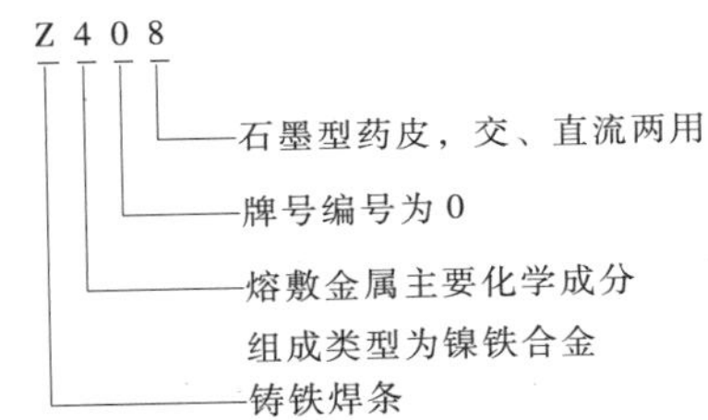

表6-1-27　铸铁焊条牌号第一位数字含义

焊条牌号	熔敷金属主要化学成分组成类型
Z1××	碳素钢或高钒钢
Z2××	铸铁(包括球墨铸铁)
Z3××	纯镍
Z4××	镍铁合金
Z5××	镍铜合金
Z6××	铜铁合金
Z7××	待发展

（7）非铁金属材料焊条牌号

非铁金属材料焊条牌号包括镍及镍合金焊条、铜及铜合金焊条和铝及铝合金焊条的牌号，分别以"Ni"或"镍"、"T"或"铜"和"L"或"铝"作首位，后面第一位数字都表示熔敷金属主要化学成分组成类型，见表6-1-28。第二位数字表示同一主要成分类型中的不同编号，均以0、1、2、…、9顺序编排。第三位数字表示药皮类型和焊接电流类型，见表

6-1-20。

牌号示例：

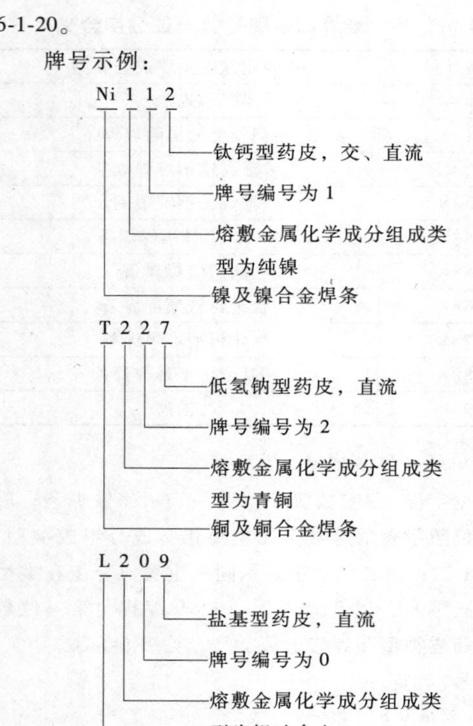

表 6-1-28　非铁金属焊条牌号第一位数字含义

焊条牌号		熔敷金属主要化学成分组成类型
镍及镍合金焊条	Ni1××	纯镍[w(Ni)≥92%]
	Ni2××	镍铜合金
	Ni3××	铬铁镍基合金[w(Cr)=15%，w(Ni)=70%]
	Ni4××	待发展
铜及铜合金焊条	T1××	纯铜
	T2××	青铜
	T3××	白铜
	T4××	待发展
铝及铝合金焊条	L1××	纯铝[w(Al)=99%]
	L2××	铝硅合金[w(Si)=5%，Al 余量]
	L3××	铝锰合金[w(Mn)=1.3%，Al 余量]
	L4××	铝镁合金[w(Mg)=3.0%，Al 余量]

（8）特殊用途焊条牌号

首位以字母“TS”或汉字“特”表示；后面第一位数字表示主要用途，见表 6-1-29；第二位数字表示同一用途中的不同编号；第三位数字的含义见表 6-1-20。

牌号示例：

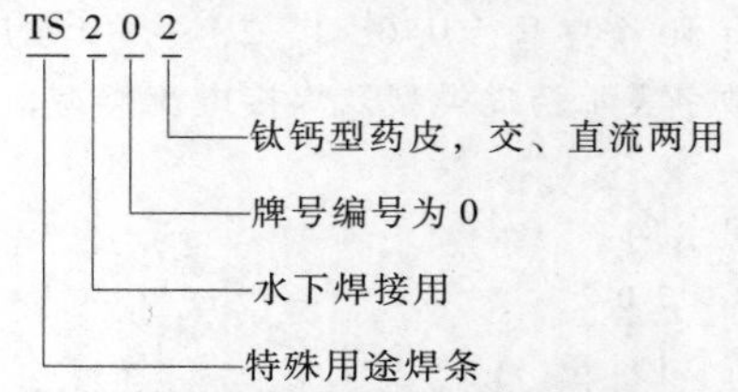

表 6-1-29　特殊用途焊条牌号第一位数字含义

焊条牌号	主要用途
TS2××	水下焊接用
TS3××	水下切割用
TS4××	开坡口用
TS5××	电渣焊用管状焊条
TS6××	铁锰铝焊条
TS7××	高硫堆焊条

必须指出，目前有些焊条生产厂家为了宣传自己的品牌产品而采用具有企业特征的焊条牌号，如在焊条统一牌号前面加上企业名称或代号，甚至不再考虑传统牌号而另行命名，但一般都会在自己产品的说明书上注明“符合国家标准”“相当于国家标准”，若不加标注，即表示与国家标准不符。用户应根据产品性能要求，对照标准去选用。

1.2　焊条的配方设计与制造

1.2.1　焊条的配方设计

1. 设计的原则和方法

焊条配方设计的基本原则：所设计的焊条在必须达到熔敷金属化学成分和力学性能要求的前提下，具有最佳的焊接工艺性能、最低的生产成本，对环境、健康和安全具有最低的不利影响。焊条的配方设计包括两方面内容：一是选定焊芯，二是确定药皮组成。

熔敷金属化学成分由焊芯和药皮共同确定，焊芯选定之后，欠缺部分通过药皮的配方来弥补。焊接工艺性能则主要靠药皮配方来实现。

焊条配方设计的基本方法是在现有原材料的基础上，按照经验并辅以理论计算，拟出初步配方，再经反复试验调整后完成。通常先选定焊芯，后确定药皮组成。

焊芯是根据焊缝金属合金系统的要求，从冶金部门提供的焊丝产品（一般都已标准化）中选取。当焊丝产品的化学成分不能满足焊条设计的要求时，可以向冶金部门订货，也可通过药皮配方来解决。在确定药皮组成初步方案的过程中，必须重视前人积累的经验，它可使设计少走弯路，减少调整配方的试验次数。经验与理论计算相配合，前者可定下需用什么样的物料和大致用量范围，后者可确定所需物料的精确数量。

一个好的药皮配方往往需通过数次甚至数百次试验才能获得。为了减少试验次数和避免盲目性，提高设计效率和质量，在现代焊条配方设计中已广泛采用正交试验设计法、计算机优化配方设计法等先进手段。

必须指出，没有一劳永逸的焊条配方，随着制造焊条所用原材料的产地、品质、成分的变化，都需做相应的调整。实验室中研制成功的焊条配方，拿到车间大批量生产时，也因生产工艺条件的不同仍需对配方做适当调整才能使用。

2. 焊条配方设计的一般程序

1）根据焊缝金属的使用性能要求，初步拟定焊缝金属的合金系统。

2）根据母材的焊接性（如抗裂性等）修订焊缝金属的合金系统。

3）按实际生产条件，确定合金化的方式，并选定焊芯。

4）根据焊缝金属合金系统的特点及使用性能要求，确定药皮类型或焊条配方的渣系。

5）根据选定的渣系性质（如碱度、氧化性等）及药皮类型、估算合金的损失，从而初步确定药皮中合金剂的种类及数量。

6）根据焊缝金属的性能、焊条工艺性能和焊条制造工艺的要求，考虑原材料的来源及经济合理性等方面情况，确定焊条药皮的初步配方。

7）试验与调整。先调整焊条的工艺性能，在工艺性能比较满意的情况下进一步调整焊缝金属的各项性能，直至各项指标达到要求为止。

3. 典型焊条药皮配方

通过对各种类型药皮组成物的分析与统计，得出表 6-1-30 所列的大致用量范围。焊条药皮中的主要成分范围见表 6-1-31。这些资料可作为初步确定配方的基础。

表 6-1-30　焊条药皮组成物的用量范围

药皮组成物（质量分数，%）	钛型	钛钙型	钛铁矿型	氧化铁型	低氢型
硅酸盐	20~35	25~40	30~45	35~45	7~23
碳酸盐	4~12	15~22	0~18	0~3	25~55
二氧化钛	45~60	30~45	0~12	0~12	0~5
铁矿石	—	—	—	29~35	—
钛铁矿	—	0~25	25~40	—	—
铁合金	10~12	10~15	13~20	24~30	15 以上
有机物	0~9	0~3	0~5	0~5	—
氟化物	—	—	—	—	15~30

表 6-1-31　焊条药皮的主要成分范围

药皮成分（质量分数，%）	钛型	钛铁矿型	氧化铁型	低氢型	纤维素型
SiO_2	15~31	23~38	35~40	5~25	20~26
TiO_2	24~48	10~18	<1	<22	11~15
MnO	5~7	10~19	16~18	2~7	6~8
FeO	4~22	7~25	30~35	2~20	2~12
MgO	5 左右	1~8	<5	<5	3~5
Al_2O_3	4~6	3~9	<4	<12	9~10
CaO	<10	4~8	<3	8~26	<2
CaF_2	—	—	—	10~23	—
挥发成分	<12	2~10	<2	<20	2~10

文献资料提供的焊条药皮配方是在一定条件下研制出来的，一般不能拿来直接套用，但是对于首次从事配方设计者来说却很有参考价值，可作为拟定初步配方方案的依据。因为成熟的配方是前人长期实践经验积累的结果。

表 6-1-32 列出了几种结构钢用典型焊条药皮的配方，均采用 H08A 焊芯。

表 6-1-32　几种结构钢用典型焊条药皮的配方

药皮成分（质量分数，%）	药皮类型						
	钛型 J421	钛钙型 J422	钛铁矿型 J423	氧化铁型 J424	纤维素型 J505	低氢钾型 J506	低氢钠型 J507
金红石	50	14	—	—	—	—	—
钛白粉	3	7	10	—	8.5	2	—
还原钛铁矿	—	19	—	—	—	—	—
二氧化锰	6	—	—	—	—	—	—
中碳锰铁	9	14	16	24	—	4	（低碳）2
大理石	—	19	4	3	—	28~32	53
白云石	—	—	—	—	—	—	—
长石	7	8	7	—	—	—	—
云母	—	5	4	9	—	5	—
白泥	18	14	12	9	—	—	—
白垩土	4	—	—	—	—	3	—
木粉	3	—	1	2	27	—	—
石英	—	—	5	12	—	8~10	9
赤铁矿	—	—	—	3	—	—	—
铁矿	—	—	—	27	—	—	—
萤石	—	—	2	3	—	23~25	18
硅铁	—	—	—	—	—	5	3
钛铁矿	—	—	35	6	36.5	—	—
菱苦土	—	—	4	2	7	—	—
锰矿	—	—	—	—	11.5	—	—
锰铁	—	—	—	—	6	—	—
钼铁	—	—	—	—	3.5	—	
铁粉	—	—	—	—	—	10	—
钛铁	—	—	—	—	—	8	15
纯碱	—	—	—	—	—	1	—
碳酸钾	—	—	—	—	—	1	—
锆石英	—	—	—	—	—	2	—

1.2.2　焊条制造简介

焊条的制造就是把按配方调好的药皮涂料，涂覆到已加工好的焊芯上。现代化焊条生产基本实现了机械化和自动化，在流水线上进行。

焊条制造的工艺流程框图如图 6-1-2 所示。图 6-1-3所示为利用液压式焊条涂料机压涂焊条药皮的工作原理。

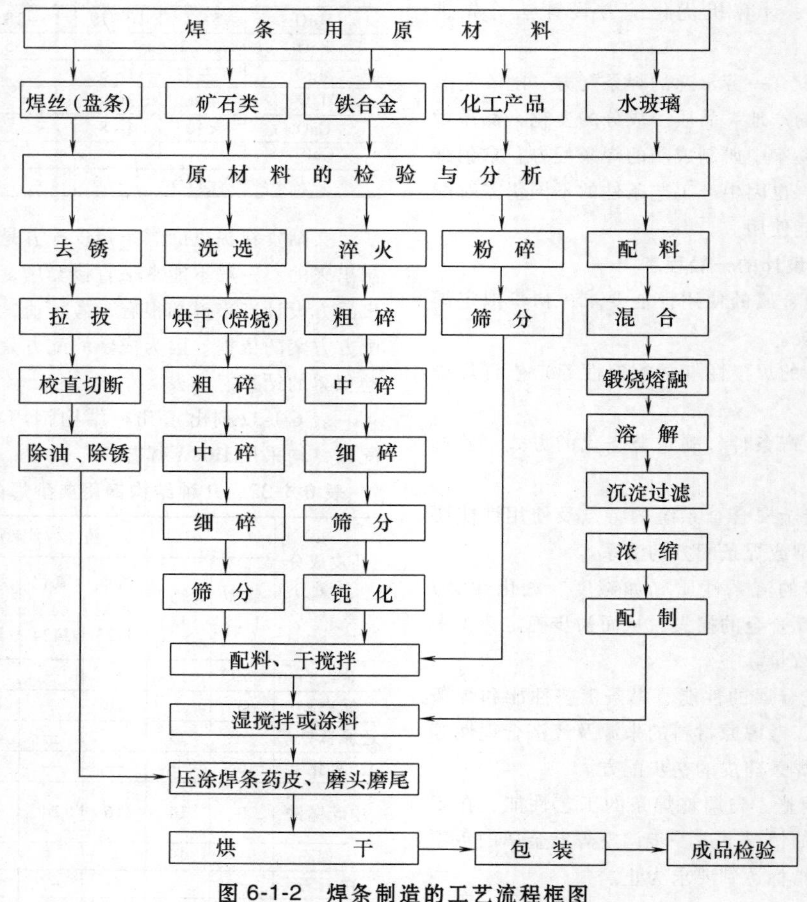

图 6-1-2　焊条制造的工艺流程框图

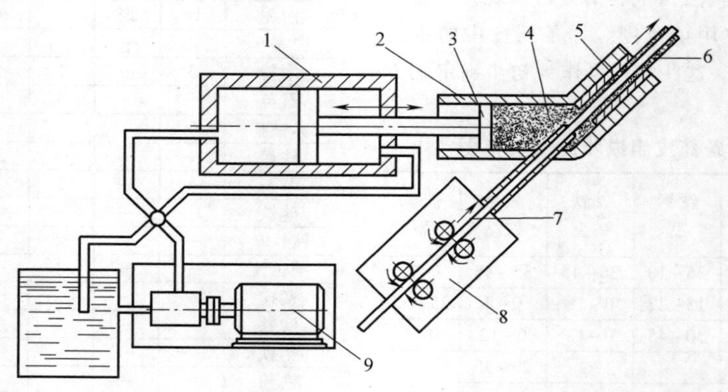

图 6-1-3　液压式焊条涂料机压涂焊条药皮的工作原理

1—液压缸　2—粉缸　3—推料帽　4—涂料　5—机头
6—焊条　7—焊芯　8—送丝机　9—液压系统

1.2.3　焊条质量及工艺性能评定

1. 焊条质量的检测

焊条生产者必须对产品进行质量检验，用户必须对焊条进行复检。焊条质量评定的依据是相关焊接标准。

焊条尺寸应符合 GB/T 25775—2010《焊接材料供货技术条件　产品类型、尺寸、公差和标志》中的规定。

焊条外观（药皮）质量、T 形接头角焊缝、熔敷金属化学成分、熔敷金属力学性能、熔敷金属焊缝射线检测、熔敷金属扩散氢含量及相关试验方法均应符合相应焊条标准（GB/T 5117—2012《非合金钢及细晶粒钢焊条》、GB/T 5118—2012《热强钢焊条》、GB/T 983—2012《不锈钢焊条》、GB/T 984—2001《堆焊焊条》、GB/T 10044—2006《铸铁焊条》、GB/T 3670— 1995《铜及铜合金焊条》和 GB/T 3669—2001《铝及铝合金焊条》等）的要求。

焊条的抗裂性在国家标准中没做规定，焊条生产厂家为了说明自己产品的抗裂性，都参照 CB 4364—2013《斜 Y 形坡口焊接裂纹试验方法》、GB/T 4675. 2—1984《焊接性试验　搭接接头（CTS）焊接裂纹试验方法》或 GB/T 4675. 4—1984《焊接性试验　压板对接（FIS CO）焊接裂纹试验方法》等标准规定的方法进行焊条抗裂性的试验，取得了较好的结果。其中有些标准已经废除了，但作为一种手段，其试验方法在还没有可替代的新标准出现的情况下，仍可参照使用。但必须指出，无论是上述哪一种试验方法，都只能对焊条的抗裂性做对比性评定，不能代表具体产品的使用情况。

2. 焊条工艺性能的评定方法

焊条的焊接工艺性能包括它的电弧稳定性、焊缝脱渣性、再引弧性、焊接飞溅率、熔化系数、熔敷率、焊接发尘量和焊条耗电量等。GB/T 25776—2016《焊接材料焊接工艺性能评定方法》。对这些工艺性能的评定方法作了规定。

1.3　焊条的主要性能、用途及其选用

1.3.1　各类焊条的主要性能与用途

1. 结构钢焊条

结构钢焊条的主要技术要求是力学性能，如抗拉强度、屈服强度、伸长率及冲击吸收能量等。表 6-1-33列出了这类焊条的型号、主要力学性能及用途，供选用时参考。表中有一些具有特殊用途的焊条。如超低氢焊条（J×××H），其熔敷金属扩散氢含量小于 5ml/100g（水银法），可以明显地提高焊接接头的抗裂性能，可降低焊前预热温度，在重要的产品中得到应用；又如高韧性焊条（J×××G）适用于那些工作运行条件复杂的大型焊接结构，如锅炉、压力容器、海洋工程、矿山机械等。这些结构对接头的韧性提出更为严格的要求。

2. 耐热钢焊条

耐热钢在高温下能抵抗氧化和其他介质的侵蚀，并具有一定强度。按化学成分和显微组织不同分为珠光体型耐热钢、马氏体型耐热钢、铁素体型耐热钢和奥氏体型耐热钢。表 6-1-34 列出了常用耐热钢焊接用焊条的型号、主要化学成分、力学性能及用途。一般按钢种和构件的工作温度来选用焊条，尽可能使焊缝金属的合金成分与母材相应指标一致；为了提高焊缝金属抗热裂能力，焊缝中的碳含量应略低于母材的碳含量。

3. 低温钢焊条

低温钢是在-40～-253℃的温度范围工作的合金钢。按化学成分来分，低温钢主要有含镍低温钢和无镍低温钢两类，我国多使用无镍低温钢。焊接低温钢时是按接头使用温度选用与之相应温度等级的焊条，其焊缝金属主要是满足低温韧性的要求，故这类焊条采用低氢型药皮。表 6-1-35 列出了部分低温钢焊条的型号、主要力学性能及用途。

4. 不锈钢焊条

不锈钢是以铬或铬镍为主加元素的铁基合金钢，其 $w(\mathrm{Cr})>12\%$。按化学成分分类，不锈钢有以铬为主的高铬型不锈钢和以铬、镍为主的高铬镍型不锈钢两类。与之相应，焊接不锈钢的焊条也有以铬为主的铬不锈钢焊条（G×××系列）和以铬镍为主的铬镍不锈钢焊条（A×××系列）两类。这两类焊条的型号主要化学成分、力学性能及用途见表 6-1-36。

一般是根据不锈钢的材质、工作条件（如工作温度、接触介质等）来选用焊条。通常选用与母材成分相同或相近的焊条。马氏体不锈钢的淬硬倾向大、焊接性较差，通常需要焊前预热，焊后需热处理。如果无法预热或焊后热处理，为防止裂纹，改善接头塑、韧性，可采用奥氏体型不锈钢焊条。高铬[$w(\mathrm{Cr})\geqslant 16\%$]铁素体不锈钢常温下韧性较低，接头刚性大时也容易产生裂纹，也常用高塑、韧性的奥氏体型不锈钢焊条焊接。

5. 堆焊焊条

堆焊是为了增大或恢复工件尺寸或使工件表面获得某种特殊性能（如耐磨、耐蚀、耐热等）的熔敷金属而进行的焊接，如焊条电弧堆焊主要用于获得耐磨层。表 6-1-37 列出了堆焊焊条的型号、堆焊层硬

表 6-1-33 结构钢焊条的型号、主要力学性能及用途（摘自 GB/T 5117—2012、GB/T 5118—2012）

牌号	型号	药皮类型	电流类型	主要力学性能 ≥				主要用途
				R_m /MPa	R_{eL} /MPa	A(%)	KV/J	
J421	E4313	高钛钾型	交、直流	430	330	17	—	用于一般低碳钢薄板结构的焊接
J421X								用于低碳钢薄板向下立焊及间断焊
J421Fe		铁粉钛型						用于一般低碳钢薄板结构的焊接，焊条效率较高
J421Fe13	E4324							低碳钢薄板结构的高效铁粉焊条
J422	E4303	钛钙型				22	27(0℃)	焊接较重要的钢结构，如 Q345 等，J422Y 宜用低电压下焊接薄板
J422GM								焊接海上平台、船舶、车辆、工程机械等表面装饰焊缝
J422Fe	E4303	铁粉钛钙型				22	27(0℃)	较重要的低碳钢结构的铁粉型焊条
J422CrCu	E4303	钛钙型						用于耐候钢及耐海水腐蚀钢的焊接
J423	E4319	钛铁矿型					27(-20℃)	焊接重要的低碳钢结构
J424	E4320	氧化铁型					—	焊接低碳钢结构
J424Fe14	E4327	铁粉氧化铁型					27(-30℃)	焊接非合金钢结构的高效铁粉焊条
J425	E4311	高纤维素钾型						用于薄板结构的对接、角接、搭接焊，可进行向下立焊
J426	E4316	低氢钾型						焊接重要的结构钢(如 Q345 等)结构
J427	E4315	低氢钠型	直流					
J427Ni							27(-40℃)	
J501Fe15	E5024	铁粉钛型	交、直流	490	400	17	27(0℃)	用于机车车辆、造船、锅炉等结构的焊接，熔敷效率 150%
J501Fe18	E5024	铁粉钛型				23	47(0℃)	适用于低碳钢及普通船用 A、D 级钢的焊接，熔敷效率 180%
J501Z1	E5024	铁粉钛型				17	27(0℃)	适用于非合金钢及细晶粒钢的船形焊，重力焊焊条
J502	E5003	钛钙型				20		焊接 Q345 及相同强度等级细晶粒钢的一般结构
J502Fe	E5003	铁粉钛钙型						
J503	E5019	钛铁矿型			400	20		焊接非合金钢及细晶粒钢的一般结构
J503Z								用于船舶、桥梁、车辆等非合金钢及细晶粒钢等结构焊接的重力焊焊条
J504Fe	E5027	铁粉氧化铁型				22	27(-30℃)	焊接非合金钢及细晶粒钢结构的高效率焊条
J504Fe14								
J505 J505G	E5010	高纤维素钾型				20、22		立向下专用焊条，底层焊可双面成形，用于 Q345 等钢管的焊接
J505MoD	E5011							专用于厚壁容器及钢管底层的打焊底
J506	E5016	低氢钾型				22	47(-20℃)	用于中碳及 Q345 等非合金钢及细晶粒钢结构的焊接
J506H	E5016-1						27(-46℃)	扩散氢低，抗裂性好，用于低合金重要产品的焊接，如海上平台、压力容器及船舶等
J506X	E5016						27(-30℃)	立向下专用焊条，用于 Q345(16Mn)、Q390(15MnTi)等角接或搭接焊缝
J506DF								低尘低毒焊条，用途同 J506，适于密闭容器及通风不良场合下焊接

J506D	E5016	低氢钾型	交、直流	490	400	22	27(-30℃)	专门用于底层打底焊接,单面焊双面成形,可免去铲根和封底焊
J506GM							47(-40℃)	用于船舶、车辆、工程机械及压力容器等表面装饰焊缝的焊接
J506Fe	E5018	铁粉低氢钾型					27(-30℃)	用于 Q345(16Mn)等非合金钢及细晶粒钢的焊接,效率较高
F506Fe-1	E5018-1	铁粉低氢钾型		490	400	23	27(-46℃)	用于 Q345(16Mn)等非合金钢及细晶粒钢的焊接,效率较高
J506Fe16	E5028					22	27(-20℃)	高效铁粉焊条,名义效率为 160%、180%,用于 Q345(16Mn)等非合金钢及细晶粒钢平焊和平角焊
J506Fe18		低氢钾型	直流					
J506LMA	E5018							耐吸潮碳素钢焊条,用于非合金钢及细晶粒钢及刚性较大的船舶结构
J507	E5015						27(-30℃)	用于 Q345(16Mn、09Mn2Si、09Mn2V)等非合金钢及细晶粒钢重要产品焊接
J507H								超低氢焊条,用于重要非合金钢及细晶粒钢焊接结构,如海洋平台、船舶、压力容器等
J507X	E5015	低氢钠型	直流	490	400	22	27(-30℃)	立向下焊条,用于 Q345(16Mn)、15MnVTi 等角接或搭接焊缝的焊接
J507DF								低尘低毒焊条,用于通风不良场合下非合金钢及细晶粒钢结构的焊接
J507XG								管子立向下焊条,用于壁厚<9mm 圆管下行焊或壁厚>9mm 圆管下行打底焊
J507D								底层焊条,用于管子及厚壁容器底层打底焊、单面焊双面成形
J507Fe	E5018	铁粉低氢型	直流,当 V_0 ≥70V,也可用交流					用于焊接重要的非合金钢及细晶粒钢结构
J507Fe16	E5028	铁粉低氢型	直流		400	22	27(-20℃)	用于焊接非合金钢及细晶粒钢的高效铁粉焊条

注：1. E5015、E5016 及 E5018 型焊条在-45℃的夏比 V 型缺口冲击吸收能量≥27J 时，焊条型号变为 E5015-1，E5016-1 及 E5018-1。

2. 药皮中加铁粉、焊条名义效率为 105%时，焊条牌号后加“Fe”；名义效率在 30%、160%及 180%时，用 Fe13、Fe16、Fe18 表示。

3. 焊条有特殊性能和用途的，在牌号后注起主要作用的元素（如 Cr、Ni、CuP 等）或代表主要用途的符号，其符号含义见表 6-1-21。

表 6-1-34 常用耐热钢焊条的型号、主要化学成分、力学性能及用途（摘自 GB/T 5118—2012）

牌号	型号	药皮类型	电流类型	主要化学成分（质量分数，%）	主要力学性能			主要用途
					R_m /MPa ≥	$R_{p0.2}$ /MPa ≥	A(%) ≥	
R200	E5540-CM	氧化钛或氧化铁型	交、直流	Cr:0.50，Mo:0.50	540	440	16	用于工作温度低于 510℃ 的 12CrMo 等珠光体耐热钢的焊接。如蒸汽管道、过热器管道等
R202	E5503-CM	钛钙型						
R207	E5515-CM	低氢钠型	直流				17	
R307	E5515-1CM	低氢钠型	直流	Cr:1.00，Mo:0.50			17	用于工作温度低于 520℃ 的 15CrMo 等珠光体耐热钢的焊接
R310	E5540-1CMV	特殊型	直流	Cr:1.00，Mo:1.50，V:0.20			16	用于工作温度低于 540℃ 的 12CrMo 等珠光体耐热钢的焊接
R317	E5515-1CMV	低氢钠型	直流				17	用于工作温度低于 540℃ 的 12Cr1MoV 等珠光体耐热钢的焊接，如高温高压锅炉管道、石油裂化设备等
R327	E5515-1CMWV			Cr:1.20，Mo:0.80，V:0.30，W:0.40				用于工作温度低于 570℃ 的 15Cr1Mo1V 等珠光体耐热钢的焊接
R337	E5515-2CM VNb			Cr:1.20，Mo:0.80 V:0.30，Nb:0.20				
R340	E5540-2CM WVB	特殊型		Cr:2.00，Mo:0.50，V:0.40，W:0.40，B:0.002				用于工作温度低于 620℃ 相应的耐热钢的焊接，如高温高压汽轮发电机组、锅炉管道等
R347	E5515-2CM WVB	低氢钠型						
R407	E6215-2C1M			Cr:2.50，Mo:1.00	590	490	15	用于 1Cr2.5Mo 等珠光体耐热钢的焊接
R417Fe	E5515-2CMVNb			Cr:2.70，Mo:0.90，V:0.40，Nb:0.50	540	440	17	用于焊接工作温度低于 620℃ 的 12Cr3MoVSiTiB 类珠光体耐热钢结构

表 6-1-35 部分低温钢焊条的型号、主要力学性能及用途（摘自 GB/T 5117—2012）

牌号	型号	药皮类型	电流类型	主要力学性能				主要用途
				R_m/MPa ≥	$R_{p0.2}$/MPa ≥	A(%) ≥	冲击试验温度（℃）	
W607	E5015-N1	低氢钠型	直流反接	490	390	20	-40	用于焊接工作温度低至-40℃的强度等级相当的低温钢
W606Ni	E5516-N3	低氢钾型	交、直流	550	460	17	-50	用于焊接工作温度低至-50℃的强度等级相当的低温钢
W606Fe	E5518-N3	铁粉低氢钾型	交、直流	550	460	17	-50	用于焊接工作温度低至-50℃的强度等级相当的低温钢
W607H	E5515-N3	低氢钠型	直流反接	550	460	17	-50	用于焊接工作温度低至-50℃的强度等级相当的低温钢
W806Ni	E5016-N5	低氢钾型	交、直流	490	390	20	-75	用于焊接工作温度低至-75℃的强度等级相当的低温钢
W806Fe	E5018-N5	铁粉低氢钾型	交、直流	490	390	20	-75	用于焊接工作温度低至-75℃的强度等级相当的低温钢
W807	E5015-N5	低氢钠型	直流反接	490	390	20	-75	用于焊接工作温度低至-75℃的强度等级相当的低温钢
W106Ni	E5016-N7	低氢钾型	交、直流	490	390	20	-100	用于焊接工作温度低至-100℃的强度等级相当的低温钢
W106Fe	E5018-N7	铁粉低氢钾型	交、直流	490	390	20	-100	用于焊接工作温度低至-100℃的强度等级相当的低温钢
W107	E5015-N7	低氢钠型	直流反接	490	390	20	-100	用于焊接工作温度低至-100℃的强度等级相当的低温钢

表 6-1-36 不锈钢焊条的型号、主要化学成分、力学性能及用途（摘自 GB/T 983—2012）

牌号	型号	药皮类型	电流类型	熔敷金属主要化学成分的质量分数(%)	主要力学性能		主要用途
					R_m/MPa≥	A(%)≥	
G202	E410-16	钛钙型	交、直流	C≤0.12, Mn≤1.0, Si≤0.90, Cr:11.0~14.0, Ni≤0.70, S≤0.03, P≤0.04, Mo≤0.75, Cu≤0.75	450	15	用于焊接 12Cr13 不锈钢结构，也可用于耐蚀、耐磨表面的堆焊
G207	E410-15	低氢型	直流				
G217	E410-15		直流		450	15	用于焊接 12Cr13、20Cr13 不锈钢结构
G302	E430-16	钛钙型	交、直流	C≤0.10, Mn≤1.0, Si≤0.90, Cr:15.0~18.0, Ni≤0.60, S≤0.03, P≤0.04, Mo≤0.75, Cu≤0.75	450	15	用于焊接耐蚀（硝酸）、耐热的不锈钢结构
G307	E430-15	低氢型	直流				
A002	E308L-16	钛钙型	交、直流	C≤0.04, Cr:18.0~21.0, Si≤1.00, Ni:9.0~12.0, Mn:0.5~2.5	550	30	用于焊接超低碳不锈钢结构
A002A	E308L-17	低氢型			550	30	适用于焊接钛稳定性奥氏体型不锈钢和同类型不锈钢
A022	E316L-16	钛钙型		Cr:17.0~20.0, Ni:11.0~14.0, C≤0.04, Mo:2.0~3.0, Si≤1.00, Mn:0.5~2.5	490	25	用于焊接尿素、合成纤维等设备以及相同类型的不锈钢结构，也可焊接耐酸钢
A032	E317LMoCu-16	钛钙型	交、直流	C≤0.04, Cr:18.0~21.0, Ni:12.0~14.0, Mo:2.0~2.5, Cu≤2.0	540	25	用于焊接在稀、中浓度硫酸介质中工作的同类型超低碳不锈钢结构，也可以焊接耐酸钢
A042	E309LMo-16			Cr:22.0~25.0, Ni:12.0~14.0, Mo:2.0~3.0, C≤0.04, Si≤1.00, Mn:0.5~2.5	510		用于相同类型的超低碳不锈钢材料及异种钢焊接等
A062	E309L-16			Cr:22.0~25.0, Ni:12.0~14.0, C≤0.04, Si≤1.00, Mn:0.5~2.5, Mo≤0.75	510		用于合成纤维、石油化工等设备制造相同类型的不锈钢结构复合钢和异种钢等构件的焊接
A101	E308-16	钛型		C≤0.08, Si≤1.00, Cr:18.0~21.0, Ni:9.0~11.0 S≤0.03, P≤0.04, Mn:0.5~2.5, Mo≤0.75, Cu≤0.75	550	30	用于焊接工作温度低于 300℃ 的耐腐蚀的不锈钢结构，A102T 为低碳钢芯，通过药皮过渡合金的不锈钢焊条，熔敷金属为 Cr19Ni10
A102A	E308-17	钛型					
A102 A102T	E308-16	钛钙型					
A107	E308-15	低氢型	直流				
A132 (A132A)	E347-16 (E347-17)	钛钙型 (钛型)	交、直流	C≤0.08, Mn:0.5~2.5, Si≤1.00, Cr:18.0~21.0, Ni:9.0~11.0, Nb+Ta:8w(C)~1.00, S≤0.03, P≤0.04	520	25	用于焊接较重要的耐腐蚀、含钛稳定的不锈钢
A137	E347-15	低氢型	直流				
A201	E316-16	钛型	交、直流	C≤0.08, Mn:0.5~2.5, Si≤1.00, Cr:17.0~20.0, Ni:11.0~14.0, Mo:2.0~3.0, S≤0.03, P≤0.04	520	25	用于焊接在有机和无机酸介质中工作的不锈钢或异种钢焊接
A202		钛钙型	交、直流				
A207	E316-16	低氢型	直流				

<table>
<tr><td>A232</td><td>E318V-16</td><td>钛钙型</td><td>交、直流</td><td rowspan="2">Cr:17.0~20.0,Ni:11.0~14.0,Mo:2.0~2.5,V:0.30~0.70,C≤0.08</td><td rowspan="2">540</td><td rowspan="2">25</td><td>可焊接一般耐热及要求耐蚀的不锈钢结构</td></tr>
<tr><td>A237</td><td>E318V-15</td><td>低氢型</td><td>直流</td><td>可焊接一般耐热及要求耐蚀的不锈钢结构的多层焊</td></tr>
<tr><td>A242</td><td>E317-16</td><td rowspan="2">钛钙型
（钛型）</td><td rowspan="2">交、直流</td><td>Cr:18.0~21.0,Ni:12.0~14.0,Mo:3.0~4.0,C≤0.08,Si≤1.00</td><td rowspan="7">550</td><td>20</td><td>用于相同类型不锈钢材料以及复合钢、异种钢的焊接</td></tr>
<tr><td>A302
（A301）</td><td>E309-16</td><td rowspan="2">Cr:22.0~25.0,Ni:12.0~14.0,C≤0.15,Si≤1.00</td><td rowspan="5">25</td><td rowspan="2">用于相同类型的不锈钢、不锈钢衬里、异种钢以及高铬钢、高锰钢等的焊接</td></tr>
<tr><td>A307</td><td>E309-15</td><td>低氢型</td><td>直流</td></tr>
<tr><td>A312
A312SL</td><td>E309Mo-16</td><td rowspan="2">钛钙型</td><td rowspan="2">交、直流</td><td>C≤0.12,Cr:22.0~25.0,Ni:12.0~14.0,Mo:2.0~3.0</td><td>用于焊接耐硫酸介质（硫氨）腐蚀同类型不锈钢容器和异种钢，A312SL为焊接渗铝钢的不锈钢焊条</td></tr>
<tr><td>A402</td><td>E310-16</td><td rowspan="2">C:0.08~0.20,Mn:1.0~2.5,Si≤0.75,Cr:25.0~28.0,Ni:20.0~22.5</td><td rowspan="2">用于在高温工作条件下工作的同类型耐热不锈钢焊接，也可用于硬化性大的铬钢及异种钢焊接</td></tr>
<tr><td>A407</td><td>E310-15</td><td>钛钙型</td><td>直流</td></tr>
<tr><td>A412</td><td>E310Mo-16</td><td>钛钙性</td><td>交、直流</td><td>C≤0.12,Cr:25.0~28.0,Ni:20.0~22.0,Mn:1.0~2.5,Mo:2.0~3.0</td><td>28</td><td>用于高温工作条件下的耐热不锈钢、不锈钢衬里、异种钢等的焊接</td></tr>
<tr><td>A432</td><td>E310H-16</td><td>钛钙性</td><td>交、直流</td><td>C:0.35~0.45,Cr:25.0~28.0,Ni:20.0~22.5,Mo≤0.75,Cu≤0.75</td><td>620</td><td>8</td><td>专用于焊接耐热钢</td></tr>
<tr><td>A502</td><td>E16-25MoN-16</td><td>钛钙性</td><td>交、直流</td><td rowspan="2">C≤0.12,Mn:0.5~2.5,Si≤0.90,Cr:14.0~18.0,Ni:22.0~27.0,Mo:5.0~7.0,N≥0.1</td><td rowspan="2">610</td><td rowspan="2">30</td><td rowspan="2">适用于焊接呈淬火状态下的低合金钢、中合金钢、异种钢及刚性较大的结构，以及相应的热强钢等</td></tr>
<tr><td>A507</td><td>E16-25MoN-15</td><td rowspan="2">低氢型</td><td rowspan="2">直流</td></tr>
<tr><td>A607</td><td>E330MoMnWNb-15</td><td>Cr:15.0~17.0,Ni:33.0~3.0,W:2.0~3.0,Nb:1.0~2.0,C≤0.20,Mn≤3.5,Mo:2.0~3.0</td><td>590</td><td>25</td><td>用于850~900℃高温长件下工作的同类型不锈钢材料的焊接</td></tr>
<tr><td>A902</td><td>E320-16</td><td>钛钙性</td><td>交、直流</td><td>C≤0.07,Si≤0.60,Cr:19.0~21.0,Ni:32.0~36.0,Mo:2.0~3.0,Cu:3.0~4.0,Nb+Ta:8w(C)~1.0</td><td>550</td><td>28</td><td>用于硫酸、硝酸、磷酸和氧化性酸介质中镍合金的焊接</td></tr>
</table>

表 6-1-37　堆焊焊条的型号、堆焊层硬度及用途（摘自 GB/T 984—2001）

牌号	型号	药皮类型	电源种类	堆焊层硬度 HRC≥	主 要 用 途
D102	EDPMn2-03	钛钙型	交、直流	22	一般用于常温及非腐蚀条件下工作的零部件的堆焊。含碳低的硬度低、韧性好，适用于承受激烈冲击载荷的部件，如车轮、轴、齿轮等磨损部件的堆焊。含碳高的硬度高、韧性差，适用于带有磨料磨损的冲击载荷条件下工作的零件，如推土机刃板、挖泥斗牙等的堆焊。
D106	EDPMn2-16	低氢钾型			
D107	EDPMn2-15	低氢钠型	直流		
D112	EDPCrMo-A1-03	钛钙型	交、直流	28	
D126	EDPMn3-16	低氢钾型			
D127	EDPMn3-15	低氢钠型	直流		
D132	EDPCrMo-A2-03	钛钙型	交、直流	30	
D146	EDPMn4-16	低氢钾型			
D167	EDPMn6-15	低氢钠型	直流	50	
D172	EDPCrMo-A3-03	钛钙型	交、直流	40	
D207	EDPCrMnSi-15	低氢钠型	直流	50	
D212	EDPCrMo-A3-03	钛钙型	交、直流	40	
D217A	EDPCrMo-A4-15	低氢钠型	直流	50	
D227	EDPCrMoV-A2-15			55	
D237	EDPCrMoV-A1-15			50	
D246	EDPCrSi-B-16	低氢钾型	交、直流	60	
D256	EDMn-A-16	低氢钾型	交、直流	170HBW	此类焊条尽管焊态下硬度不高，但加工硬化后硬度可达 450~500HBW，适用于严重冲击载荷和金属间磨损条件下工作的零部件，如破碎机颚板等的堆焊
D266	EDMn-B-16				
D276	EDCrMn-B-16	低氢钾型	交、直流	20	适用于水轮机受气蚀破坏的零件，如叶片的堆焊
D277	EDCrMn-B-15	低氢钠型	直流		
D307	EDD-D-15			55	适用于刀具、工具、成型模的堆焊，热加工及韧性好
D317	EDRCrMoWV-A3-15	低氢钠型		50	高温硬度和抗疲劳性好，主要用于锻模、冲模、热剪切机刀刃、轧辊等的堆焊
D322	EDRCrMoWV-A1-03			55	
D327	EDRCrMoWV-A1-15				
D327A	EDRCrMoWV-A2-15			50	
D337	EDRCrW-15			48	
D397	EDRCrMnMo-15			40	
D406	EDRCrMoWCo-A-16	低氢钾型	交、直流	50	适用于工作条件差的热模具和刀具的堆焊
D417	EDD-B-15	低氢钠型	直流	55	

D502	EDCr-A1-03	钛钙型	交、直流	40	堆焊层具有空淬特性，具有较高的中温硬度，耐蚀性好，常用于承受金属间磨损及受水蒸气、弱酸、气蚀等载荷的部件，如阀门密封面、轴、螺旋输送机叶片等的堆焊
D507	EDCr-A1-15	低氢钠型	直流		
D507Mo	EDCr-A2-15	低氢钠型	直流	37	
D507MoNb	EDCr-A1-15			40	
D512	EDCr-B-03	钛钙型	交、直流	45	
D516M D516MA	EDCrMn-A-16	低氢钾型		38~48	用于阀门密封面的堆焊
D517	EDCr-B-15	低氢钠型	直流	45	
D547	EDCrNi-A-15			270~320HBW	堆焊层具有较好的抗氧化性、气蚀，耐蚀性和热强性。用于堆焊工作温度在600~650℃的锅炉阀门、热锻模、热轧辊等的堆焊
D547Mo	EDCrNi-B-15			37	
D557	EDCrNi-C-15				
D567	EDCrMn-C-15			210HBW	用于阀门密封面的堆焊
D577	EDCrMn-C-15			28	
D608	EDZ-A1-08	石墨型	交、直流	55	堆焊层含有少量 Cr、Ni、Mo 或 W，具有很好的耐磨、耐热、耐蚀、抗氧化性和韧性，常用于搅拌机、高速混砂机、螺旋送料机等受磨粒磨损件的堆焊
D667	EDZ-C-15	低氢钠型	直流	48	
D678	EDZ-B1-08	石墨型	交、直流	50	
D698	EDZ-B2-08	石墨型	交、直流		
D642	EDZCr-B-03	钛钙型	交、直流	45	堆焊层具有很好的耐磨料磨损性、耐气蚀性、抗氧化性，常用于工作温度不高于500℃的高炉料钟、矿石破碎机和挖掘机等耐磨耐蚀件的堆焊
D616	EDZCr-B-16	低氢钾型	交、直流		
D687	EDZCr-D-15	低氢钠型	直流	58	
E707 E717	EDW-A-15 EDW-B-15	低氢钠型	直流	60	堆焊层中含有碳化钨颗粒，硬度高、耐磨性好，工作温度可达650℃，主要用于受岩石强烈磨损的部件，如挖掘机挖斗、混凝土搅拌机叶片、混砂箱表面等的堆焊
D802	EDCoCr-A-03	钛钙型	交、直流	40	碳含量低的这类焊条用于高温高压阀门、热锻模、热剪切机刀刃等的堆焊。而碳含量高的用于牙轮钻头轴承、锅炉旋转叶轮、螺旋送料机等磨损件的堆焊
D812	EDCoCr-B-03			44	
D822	EDCoCr-C-03			53	
D842	EDCoCr-D-03			28~35	
D007	EDTV-15	低氢钠型	直流	180HBW	用于铸铁模具的堆焊

度及用途，从中看出，堆焊焊条的药皮主要有钛钙型、低氢型和石墨型三种。为了使堆焊金属具有良好的抗裂性并减少焊条中合金元素的烧损，大多数堆焊焊条采用低氢型药皮。

选用堆焊焊条时，首先需考虑堆焊工件的工作条件，如磨损类型（磨料磨损、冲击磨损或金属间磨损等）、工作温度及介质等，其次还应考虑焊接性、堆焊层的可加工性及经济性等。

6. 铸铁焊条

铸铁焊条一般用于铸铁件的修复补焊。铸铁按其碳的存在形态可分为白口铸铁、灰铸铁、可锻铸铁、球墨铸铁和蠕墨铸铁。它们的共同特点是碳、硫、磷杂质含量高，组织不均匀，塑性低。焊接时易出现白口及淬硬组织，极易产生裂纹，属焊接性不良的材料。铸铁补焊不仅要合理选用焊条，而且还必须有正确的工艺措施配合才能取得成功。

表6-1-38列出了铸铁焊条的型号、性能及主要用途，通常是按铸铁材料、切削加工要求及修补件的重要性来选择。例如，焊接灰铸铁，若焊后要求是灰铸铁焊缝（即同质焊缝），可选用Z208、Z248焊条；若焊缝表面需切削加工，可选Z308、Z408等焊条（异质焊缝），不需加工的焊缝可选Z100、Z116、Z607等焊条。

表6-1-38 铸铁焊条的型号、性能及主要用途（摘自GB/T 10044—2006）

牌号	型号	药皮类型	电流类型	焊缝金属的类型	熔敷金属主要化学成分的质量分数(%)	主要用途
Z100	EZFe-2	氧化型	交、直流	碳钢	C≤0.10, Si≤0.03, Mn≤0.60	一般用于灰铸铁件非加工面的补焊
Z116	EZV	低氢钾型	交、直流	高钒钢	C≤0.25, Si≤0.70, V:8~13, Mn≤1.5	高强度灰铸铁件及球墨铸铁件的补焊
Z117	EZV	低氢钠型	直流	高钒钢	C≤0.25, Si≤0.70, V:8~13, Mn≤1.5	高强度灰铸铁件及球墨铸铁件的补焊
Z122Fe	EZNiFe-2	铁粉钛钙型	交、直流	碳钢	C≤2.0, Si≤4.0, Mn≤2.5	多用于一般灰铸铁件非加工面的补焊
Z208 Z248	EZC	石墨型	交、直流	铸铁	C:2.0~4.0, Si:2.5~6.5	一般灰铸铁件补焊
Z238	EZCQ	石墨型	交、直流	球墨铸铁	C:3.2~4.2, Si:3.2~4.0, Mn≤0.80, 球化剂:0.04~0.15	球墨铸铁件补焊
Z238SnCu	—	石墨型	交、直流	球墨铸铁	C:3.5~4.0, Si≈3.5, M≤0.8, Sn、Cu、Re、Mg适量	用于球墨铸铁件、蠕墨铸铁件、合金铸铁件、可锻铸铁件、灰铸铁件的补焊
Z258	EZCQ	石墨型	交、直流	球墨铸铁	C:3.2~4.2, Si:3.2~4.0, 球化剂:0.04~0.15	球墨铸铁件焊补，Z268也可用于高强度灰铸铁件的补焊
Z268	EZCQ	石墨型	交、直流	球墨铸铁	C≈3.2, Si≈4.0, 球化剂适量	球墨铸铁件焊补，Z268也可用于高强度灰铸铁件的补焊
Z308	EZNi-1	石墨型	交、直流	纯镍	C≤2.0, Si≤2.5, Mn≤1.0	重要灰铸铁薄壁件和加工面的补焊
Z408	EZNiFe-1	石墨型	交、直流	镍铁合金	C≤2.0, Si≤4.0, Ni:45~60, Fe余, Mn≤2.5	重要高强度灰铸铁件及球墨铸铁件的补焊
Z408A	EZNiFeCu	石墨型	交、直流	镍铁铜合金	C≤2.0, Si≤2.0, Fe余, Cu:4~10, Ni:45~60, Mn≤1.5	重要灰铸铁件及球墨铸铁件的补焊
Z438	EZNiFe-2	石墨型	交、直流	镍铁合金	C≤2.0, Si≤4.0, Ni:45~60, Fe余, Mn≤2.5	重要灰铸铁件及球墨铸铁件的补焊
Z508	EZNiCu-1	石墨型	交、直流	镍铜合金	C:0.35~0.55, Si≤0.75, Fe:3.0~6.0, Ni:60~70, Cu:25~35	强度要求不高的灰铸铁件补焊
Z607	—	低氢钠型	直流	铜铁混合	Fe≤30, Cu余量	一般灰铸铁件非加工面的补焊
Z612	—	钛钙型	交、直流	铜铁混合	Fe≤30, Cu余量	一般灰铸铁件非加工面的补焊

7. 非铁金属材料焊条

1）镍及镍合金焊条。镍及镍合金焊条主要用于镍及镍合金的焊接。表6-1-39列出了部分镍及镍合金焊条的型号、主要化学成分、力学性能及用途。一般是根据母材的合金类别来选用相应合金成分的焊条。当抗裂性能要求高时宜选用含有较高Mo、W的镍铬钼焊条。

表6-1-39 部分镍及镍合金焊条的型号、主要化学成分、力学性能及用途

牌号	型号	药皮类型	电流类型	熔敷金属主要化学成分（质量分数，%）	R_m/MPa ≥	A（%）≥	用途
Ni112	ENi2061A	钛钙型	交、直流	C≤0.06，Ti≤1.5，Nb≤2.5，Ni≥92.0，Si≤1.5，S≤0.015，P≤0.15	410	18	用于化工、食品、医疗器材制造用的镍基合金和双金属的焊接，也可作为异种金属焊接的过渡层材料
Ni102	ENi2061			C≤0.10，Ti：1.0～4.0，Al≤1.0，Ni≥92.0，Mn≤0.7，S≤0.015，Si≤1.20		18	
Ni202	ENi4060			C≤0.15，Ti≤1.0，Si≤1.5，Ni≥62.0，Mn≤4.0，Cu：27.0～34.0，Fe≤2.5，S≤0.015，P≤0.020	480	27	用于镍铜合金与异种钢的焊接，也可用作过渡层堆焊材料
Ni207		低氢型	直流				
Ni307A	ENi6182			C≤0.10，Mn：5.0～10.0，Fe≤10.0，Ni≥60.0，Cr：13.0～17.0，Ti≤1.0，Nb：1.0～3.5，Si≤1.0，Cu≤0.5	550	27	用于有耐热、耐蚀要求的镍基合金焊接，也可用于一些难焊合金、异种钢的焊接及堆焊
Ni307B							
Ni357	ENi6133			C≤0.10，Mn：1.0～3.5，Ni≥62.0，Cr：13.0～17.0，Nb：0.5～3.0，Mo：0.5～2.5	550	27	用于有耐热、耐蚀要求的镍基合金焊接

2）铜及铜合金焊条。铜及铜合金焊条主要用于铜及铜合金的焊接。由于铜及铜合金焊条具有良好耐磨性和耐蚀性，故也常用来堆焊轴承等受金属间摩擦零件和耐海水腐蚀零件以及铸铁件的补焊。表6-1-40列出了铜及铜合金焊条的型号、主要化学成分、力学性能及用途。

3）铝及铝合金焊条。铝及铝合金焊条主要用于纯铝、铸铝、铝锰合金和部分铝镁合金结构的焊接和补焊。表6-1-41列出了这类焊条的主要性能及用途。纯铝焊条（E1100）用于焊接对接头性能要求不高的铝及铝合金；铝硅焊条（E4043）的焊缝有较高抗热裂性能；铝锰焊条（E3003）具有较好的耐蚀性。铝及铝合金焊条熔化速度快，操作较困难，一般需采用短弧快速焊。

表6-1-40 铜及铜合金焊条的型号、主要化学成分、力学性能及用途（摘自GB/T 3670—1995）

牌号	型号	药皮类型	电流类型	熔敷金属主要化学成分（质量分数，%）	R_m/MPa≥	A（%）≥	主要用途
T107	ECu	低氢型	直流	Cu≥95，Si≤0.5，Mn≤3.0，Pb≤0.02，Fe+Al+Ni+Zn≤0.5	170	20	用于焊接导电铜排、铜制换热器、船用海水导管等铜结构件，也可用于堆焊
T207	ECuSi-B			Cu≥92，Si：2.5～4.0，Mn≤3.0，Pb≤0.02，Al+Ni+Zn≤0.50	270	20	适用于铜、硅青铜及黄铜的焊接，化工机械管道内衬的堆焊
T227	ECuSn-B			Sn：7.0～9.0，P≤0.30，Pb≤0.02，Cu余，Si+Mn+Fe+Al+Ni+Zn≤0.5	270	12	适用于焊接纯铜、黄铜、磷青铜等同种及异种金属，也可用于堆焊
T237	ECuAl-C			Al：6.5～10.0，Mn≤2.0，Si≤1.0，Fe≤1.5，Cu余，Ni≤0.50，Zn+Pb≤0.5，Pb≤0.02	390	15	用于铝青铜及其他铜合金、钢的焊接，以及铸铁件的补焊等
T307	ECuNi-B			Ni：29.0～33.0，Cu余，Si≤0.5，Mn≤2.5，Fe≤2.5，Ti：0.5，P≤0.020	350	20	主要用于焊接70-30铜镍合金，也可用于焊接铜-镍包覆钢的包覆侧，通常不需预热

8. 特殊用途焊条及专用焊条

(1) 特殊用途焊条

特殊用途焊条指具有特殊功能，可在特殊工作条件下使用的焊条，如能在水下焊接或切割用的焊条等，表 6-1-42 列出了几种国产特殊用途焊条的主要性能及用途。

表 6-1-41　铝及铝合金焊条的主要性能及用途（摘自 GB/T 3669—2001）

牌号	型号	药皮类型	电流类型	熔敷金属主要化学成分（质量分数,%）	熔敷金属主要力学性能	主要用途
L109	E1100	盐基型	直流	Cu:0.05~0.20,Zn≤0.10,Mn≤0.05,Si+Fe≤0.95,Al≥99.0	R_m≥80MPa	主要用于焊接 1100 和其他工业用的纯铝合金
L209	E4043			Mn≤0.05,Zn≤0.10,Si:4.5~6.0,Fe≤0.8,Cu≤0.30,Al 余量	R_m≥95MPa	常用于铝板、铝硅铸件的焊接，一般铝合金及锻铝、硬铝的焊接
L309	E3003			Cu:0.05~0.20,Zn≤0.10,Mn:1.0~1.5,Si≤0.6,Fe≤0.7,Al 余量	R_m≥95MPa	用于铝锰合金、纯铝及其他铝合金,如 1100 和 3003 铝合金等的焊接

表 6-1-42　国产特殊用途焊条的主要性能及用途

牌号	焊条名称	药皮类型	电源种类	熔敷金属主要化学成分（质量分数,%）	熔敷金属主要力学性能	主要用途
TS202、TS203	水下焊点	钛钙型	直流	C≤0.12,Mn:0.30~0.60,Si≤0.25	R_m 为 410~420MPa	适用于低碳钢结构的水下补焊或焊接
TS304	水下割条	氧化铁型		—	—	适用于水下切割
TS404	开槽割条		交、直流			主要用于铸铁件补焊前开坡口，也可用于挖出细晶粒钢、w(C)>0.45%的中碳钢及铜合金中缺陷部分,去掉耐磨堆焊中的疲劳层
TS500	管状焊条	锰型		C≤0.12,Mn≤1.2,Si≤0.3,Mo≤0.3	R_m≥490MPa,A≥20%,KV≥37J(常温)	电渣焊用管状焊条,适合焊接中厚板的非合金钢和细晶粒钢,如 Q390（15MnV）, Q355(16Mn)等
TS607	铁锰铝焊条	低氢型	直流	C:0.25~0.4,Si≤2.1,Mn:22~25,Al:2~3,Mo:0.4~0.7	R_m≥590MPa,A≥14%,KV≥371(常温)	可用于焊接高温耐热耐蚀含铝钢,如 15Al3MoWTi 炉管等
TSJ421 TSJ422	碳钢焊条	钛型 钛钙型	交、直流	S≤0.04,P≤0.04,	R_m≥420MPa	用于碳素钢薄板焊接,最薄可焊 0.35mm 的板材
TSA102	不锈钢焊条	钛钙型		C≤0.10,Si≤0.9,Mn:0.5~2.5,Cr:18~21,Ni:9~11	—	用于 06Cr19Ni10、06Cr18Ni11Ti 薄板焊接,最薄可焊 0.35mm 板材

（2）专用焊条

专用焊条在某些工作条件下具有更好的适应性、更高的生产率或更特殊的性能，它是在通用焊条的基础上根据生产实际需要而发展起来的。这里简要介绍几种常见的专用焊条。

1）铁粉焊条。在焊条药皮中加入30%以上的铁粉，具有更优的焊接工艺性能，熔敷效率达130%~250%，故又称铁粉高效焊条。一般只适用于平焊和船形焊。

2）向下立焊焊条。利用普通焊条进行立焊时，一般是由下向上施焊，对焊工的操作技能要求较高，焊接速度慢，焊缝成形不良。采用向下立焊焊条施焊时，可自上而下施焊，不摆动，焊接速度快，成形美观，可用较大的焊接电流。因而比通用焊条由下向上立焊可提高生产率达30%以上，并能节省材料和电能。

3）打底焊条。主要用于单面坡口多层焊的第一道焊缝焊接。这种焊条具有良好的抗裂性能和抗气孔能力，在狭窄的坡口中仍具有优良的脱渣性和单面焊双面成形的性能。

4）盖面焊条。在坡口中进行多层焊时，用此焊条施焊最后一道表面焊缝，以改善焊缝外观成形和接头性能。常用的焊条有J422GM、J506GM等。

5）高韧性焊条。这类焊条（如J506GR、J507RH等）可净化焊缝金属、细化晶粒并降低扩散氢含量，因此熔敷金属韧性比相同强度级别的普通焊条显著提高。主要用于工作条件复杂的重要或大型焊接结构，如海洋工程、压力容器、矿山机械和低温设备等的焊接。

1.3.2　焊条的选用

选用焊条的基本原则：在确保焊接结构安全、可靠的前提下，尽量选用工艺性能好和生产率高的焊条。

确保焊接结构的安全性和可靠性是选择焊条首先考虑的因素。应根据焊件的结构特点、母材类型和工作条件（如承载性质、工作温度、接触介质等）对焊缝金属提出的安全使用的各项要求，并考虑施工条件和技术经济效益，有针对性地选择焊条。必要时通过焊接性试验来选定。

在生产中，有同种金属材料焊接和异种金属材料焊接两种情况，不同情况下焊条选用所考虑的因素有所不同。表6-1-43和表6-1-44分别列出了同种钢材和异种钢材焊接时选用焊条的要点。

表6-1-43　同种钢材焊接时选用焊条的要点

选用依据	选用要点
力学性能和化学成分要求	1）对于普通结构钢，通常要求焊缝金属与母材等强度，应选用熔敷金属抗拉强度等于或稍高于母材的焊条 2）对于合金结构钢，主要要求焊缝金属力学性能与母材匹配，有时还要求合金成分与母材相同或接近，通常选用熔敷金属成分和性能与母材均相近的焊条 3）如果焊接结构刚性大、接头应力高、焊缝敏感性大，应考虑选用与母材强度低一级的焊条 4）如果母材中碳及硫、磷等元素的含量偏高，焊缝容易产生结晶裂纹，则应选用抗裂性能好的低氢焊条
焊件的使用性能和工作条件要求	1）对承受动载荷和冲击载荷的焊件，除满足强度要求外，还应保证焊缝金属具有较高的冲击韧性和塑性，可选用塑性和韧性指标较高的低氢焊条 2）对接触腐蚀介质的焊件，应根据介质的性质及腐蚀特征选用不锈钢类焊条或其他耐腐蚀焊条 3）在高温或低温条件下工作的焊件，应选用相应的耐热钢或低温钢焊条
焊件的结构特点和受力状态	1）对于结构形状复杂、刚性大及大厚度焊件，由于焊接过程中会产生很大的应力，容易使焊缝产生裂纹，故应选用抗裂性能好的低氢焊条 2）对于焊接部位难以清理干净的焊件，应选用氧化性强，对铁锈、氧化皮、油脂不敏感的酸性焊条 3）对于受条件限制不能翻转的焊件，有些焊缝处于非平焊位置，应选用适于全位置焊接的焊条
施工条件及设备	1）在没有直流电源，而焊接结构又要求必须使用低氢焊条的场合，应选用交、直流两用低氢焊条 2）在狭小或通风条件差的场合，应选用酸性焊条或低尘低毒焊条
操作工艺性能	在满足产品性能要求的条件下，尽量选用工艺性能好的酸性焊条
经济效益	在满足使用性能和操作工艺性的条件下，尽量选用成本低、效率高的焊条

表 6-1-44　异种钢材焊接时选用焊条的要点

异种金属	选 用 要 点
强度级别不同的碳素钢和低合金钢，低合金钢和低合金钢	1)一般要求焊缝金属及接头的强度不低于两种被焊金属的最低强度，因此选用的焊条应能保证焊缝及接头的强度不低于强度较低钢材的强度，同时焊缝的塑性和冲击韧性应不低于强度较高而塑性较差的钢材的性能 2)为了防止裂纹，应按焊接性较差的钢种确定焊接工艺，包括焊接参数、预热温度及焊后处理等
低合金钢和奥氏体不锈钢	1)通常按照对熔敷金属化学成分限定的数值来选用焊条，建议使用铬镍含量高于母材的，塑性、抗裂性较好的不锈钢焊条 2)对于非重要结构的焊接，可选用与不锈钢成分相应的焊条
不锈钢复合钢板	为了防止基体碳素钢对不锈钢熔敷金属产生稀释作用，建议对基层、过渡层、覆层的焊接选用三种不同性能的焊条： 1)对基层(碳素钢或低合金钢)的焊接，选用相应强度等级的结构钢焊条 2)对过渡层(即覆层和基体交界面)的焊接，选用铬、镍含量比不锈钢板高的塑性、抗裂性较好的奥氏体不锈钢焊条 3)覆层直接与腐蚀介质接触，应选用相应成分的奥氏体不锈钢焊条

应当指出，在焊接接头设计过程中，必须考虑焊缝金属与母材匹配问题。对于承载的焊接接头，最理想的接头应当是等强匹配接头，即焊缝强度与母材强度相等的接头。这种接头是按所谓等强度原则去选用焊接材料的。焊条电弧焊时，就是选择熔敷金属的抗拉强度与母材相等或相近于的焊条。

随着母材强度级别的提高，焊接时淬硬倾向增大，实现焊缝与母材等强度并不困难，但这时焊缝的塑性、韧性却不足，常常是接头发生脆性断裂的主要原因。因此，对于某些高强度合金结构，可采用低强匹配接头，即焊缝强度低于母材强度的接头。按这种低强匹配原则选择焊接材料，焊缝强度虽然降低了，但其塑性和韧性却提高了，既增强了接头的抗脆性断裂能力，又提高了焊接时的抗裂性能。因此，对于容易发生低应力脆性破坏的焊接结构，特别是厚板大型结构，最好采用等韧性原则，即按韧性选用焊接材料。如选用高韧性焊条，保证接头具有必要强度的同时，又具有高的断裂韧度。

与此相反，采用超强匹配接头，即焊缝强度高于母材强度的接头，对于承载的焊接接头并不可取。因为从断裂力学观点，强度高于母材的焊缝金属，其抗开裂性能和止裂性能都不及母材金属。在接头中出现的裂纹完全有可能沿焊缝或热影响区扩展，容易造成低应力破坏，况且高强度焊缝在焊接时具有大的冷裂倾向，增加了工艺上的难度。

1.3.3　焊条的正确使用与管理

1. 焊前再烘干

焊条在出厂前已经过高温烘干，并用防潮材料以袋、筒、罐等形式包装，可起到一定的防止药皮吸潮的作用，一般应在使用前拆封。考虑到焊条长期储运过程中难免受潮，为确保焊接质量，用前仍需按产品说明书的规定进行再烘干。

再烘干温度由药皮类型确定，一般酸性焊条取70~150℃，最高不超过250℃，保温1~1.5h；碱性焊条取300~400℃，保温1~2h。表6-1-45列出了各类焊条再烘干的工艺参数，供参考。

表 6-1-45　各类焊条再烘干的工艺参数

<table>
<tr><th rowspan="2">焊条类别</th><th rowspan="2">药皮类型</th><th colspan="5">再烘干工艺参数</th></tr>
<tr><th>温度/℃</th><th>保温时间/min</th><th>烘后允许存放时间/h</th><th colspan="2">允许重复烘干次数</th></tr>
<tr><td rowspan="5">碳素钢焊条</td><td>纤维素型</td><td>70~100</td><td>30~60</td><td>6</td><td colspan="2">3</td></tr>
<tr><td>钛型</td><td rowspan="3">75~150</td><td rowspan="3">30~60</td><td rowspan="3">8</td><td rowspan="3" colspan="2">5</td></tr>
<tr><td>钛钙型</td></tr>
<tr><td>钛铁矿型</td></tr>
<tr><td>低氢型</td><td>300~350</td><td>30~60</td><td>4</td><td colspan="2">3</td></tr>
<tr><td rowspan="3">低合金钢焊条（含高强度钢、耐热钢、低温钢）</td><td>非低氢型</td><td>75~150</td><td>30~60</td><td>4</td><td colspan="2">3</td></tr>
<tr><td rowspan="2">低氢型</td><td rowspan="2">350~400</td><td rowspan="2">60~90</td><td rowspan="2">4</td><td>E50××4、E55××2、E60××1</td><td>3</td></tr>
<tr><td>E70~100××0.5</td><td>2</td></tr>
</table>

（续）

焊条类别	药皮类型	再烘干工艺参数			
		温度/℃	保温时间/min	烘后允许存放时间/h	允许重复烘干次数
铬不锈钢焊条	低氢型	300~350	30~60	4	3
	钛钙型	200~250			
奥氏体不锈钢焊条	低氢型	250~300			
	钛型、钛钙型	150~250			
堆焊焊条	钛钙型	150~250	30~60	4	3
	低氢型（碳素钢芯）	300~350			
	低氢型（合金钢芯）	150~250			
	石墨型	75~150			
铸铁焊条	低氢型	300~350	30~60	4	3
	石墨型	70~120			
铜、镍及其合金焊条	钛钙型	200~250	30~60	4	3
	低氢型	300~350			
铝及铝合金焊条	盐基型	150	30~60	4	3

近年来出现了新的焊条包装形式，即抗吸潮的真空包装。这种包装物只要不被戳破就能放置很长时间不吸潮，用时拆封即可直接施焊，不必再烘干。通常真空包装的焊条吸潮的速度都很慢，打开包装后，只要仍在包装物内，4~8h 内不需要再烘干。为了避免开封后焊条长时间与大气接触吸潮，每个真空包装中的焊条容量都较少，每包 20~30 根，而普通包装每包高达 100~200 根。

2. 焊条的保管

焊条一怕受潮变质，二怕误用乱用。这关系到焊接质量和结构安全使用的问题，必须给予十分重视。重要产品，如锅炉压力容器的制造，一般都把焊接材料的管理列为质量保证体系中的重要一环，建立严格的分级管理制度，一级库主要负责验收、贮存与保管，二级库主要负责焊材的预处理（如再烘干等），向焊工发放和回收等。

（1）仓库中的管理

1）进厂的焊条必须包装完好，产品说明书、合格证和质量保证书等应齐全。必要时按有关国家标准进行复验，合格后才许入库。

2）焊条应存放在专用仓库内，库内应干燥（室温宜为 10~25℃，相对湿度<50%）、整洁和通风良好。不许露天存放或放在有害气体和腐蚀环境内。

3）堆放时不许直接放在地面上，一般应放在离地面和墙壁各不小于 300mm 的架子或垫板上，以保证空气流通。

4）焊条应按类别、型号、规格、批次、产地及入库时间等分类存放，并有明显标记，避免混乱。

5）焊条的药皮是一种陶质产品，不像钢焊芯那样耐冲击，所以装、卸货时应轻拿轻放；用袋盒包装的焊条，不能用挂钩搬运，以防止焊条及其包装受损。

6）要定期检查，发现有受潮、污损、错存及错发等事故时应及时处理。库存不宜过多，应先进先用，避免贮存时间过长。

7）要有严格发放制度，做好记录。焊条的来龙去脉应清楚可查，防止错发误领。

（2）施工中的管理

1）在领用或再烘干焊条时，必须核查其牌号、型号、规格等，防止出错。

2）不同类型焊条一般不能在同一炉中烘干。烘干时，每层焊条堆放不能太厚（以 1~3 层为好），以免焊条受热不均，潮气不易排除。

3）当焊接重要产品时，尤其是野外露天作业时，最好每个焊工配备一个小型焊条保温筒，施工时将烘干后的焊条放入保温筒内，保持 50~60℃，随用随取。

4）用剩的焊条，不能露天存放，最好送回烘箱内。低氢型焊条次日使用前还要再烘干（在低温烘箱中恒温保管者除外）。

（3）对存期长的焊条处理

焊条没有规定的贮存年限，如果保管条件好、受潮不严重、药皮未变质，经烘干仍可使用。存放时间长的焊条，有时在焊条表面上会出现白色结晶（发毛），这是由水玻璃引起的，结晶虽无害，但说明焊条存放时间长而受潮。所以，对存放多年的焊条应进行工艺试验，焊前按规定烘干。焊接时，如果其工艺性能没有异常变化（如药皮无成块脱落，无大量飞溅），无气孔、无裂纹等缺陷，则焊条的力学性能一般尚可保证，仍可用于一般构件焊接；对于重要构件，最好按国家标准试验其力学性能，然后再决定其取舍。

如果焊芯严重锈蚀，铁粉焊条的药皮也严重锈蚀，这样的焊条虽经再次烘干，焊接时仍会产生气孔，且扩散氢含量很高，应当报废。药皮严重受损或严重脱落的焊条也应报废。

报废的焊条清出的焊芯可以重复利用。

第2章　焊丝、焊带与焊剂

2.1　气体保护焊实心焊丝

2.1.1　焊丝的作用与分类

1. 作用

焊丝是埋弧焊、气体保护焊、电渣焊及气焊等的主要焊接材料，其主要作用是提供填充金属并传导焊接电流（气焊除外）。此外，焊丝还用来向焊缝过渡合金元素。对于自保护药芯焊丝，在焊接过程中还起到保护、脱氧和去氮等作用。

2. 分类

按焊丝的结构，焊丝分为实心焊丝和药芯焊丝两大类。根据适用的焊接方法，焊丝分为埋弧焊焊丝、气体保护焊焊丝、气焊焊丝和堆焊焊丝等几类。根据适用的金属材料，焊丝分为低碳钢焊丝、低合金钢焊丝、不锈钢焊丝、铜及铜合金焊丝、铝及铝合金焊丝、硬质合金堆焊焊丝和铸铁焊丝等。

药芯焊丝可分为外加保护和自保护两种。前者焊接时需外加气体（如 CO_2气体或混合气体）或熔渣（如埋弧焊、电渣焊）保护，后者靠药芯的造渣剂、造气剂等进行自我保护。

2.1.2　实心焊丝的型号、牌号及化学成分

1. 气体保护焊用碳钢、低合金钢焊丝的型号及化学成分

GB/T 8110—2008《气体保护电弧焊用碳钢、低合金钢焊丝》规定，这类焊丝的型号按化学成分和熔化极气体保护电弧焊熔敷金属的力学性能进行分类。

焊丝型号以字母“ER”开头，表示气体保护电弧焊用焊丝；ER后面用两位数字表示熔敷金属的最低抗拉强度；两位数字后用半字线“-”与后面的字母或数字隔开，该字母或数字表示焊丝化学成分的分类代号。如果还附加其他化学成分时，可直接用该元素符号表示，并以半字线“-”与前面的字母或数字分开。

型号示例：

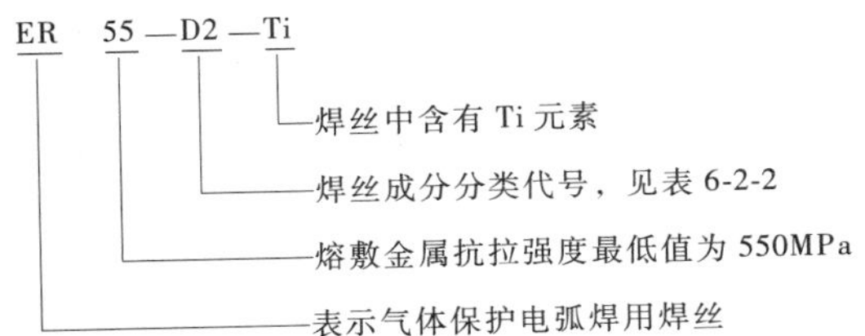

表6-2-1和表6-2-2分别为各型号焊丝的化学成分和熔敷金属的力学性能。

2. 铸铁焊丝的型号及化学成分

GB/T 10044—2006《铸铁焊条及焊丝》规定了气体保护焊铸铁焊丝、铸铁填充焊丝的型号。

（1）气体保护焊用铸铁焊丝型号及化学成分

GB/T 10044—2006《铸铁焊条及焊丝》规定，以字母“ER”表示气体保护焊焊丝，字母“Z”表示用于铸铁焊接，后面为焊丝所含的主要化学元素的符号。表6-2-3列出了气体保护焊用铸铁焊丝的型号及化学成分。

气体保护焊用铸铁焊丝型号示例：

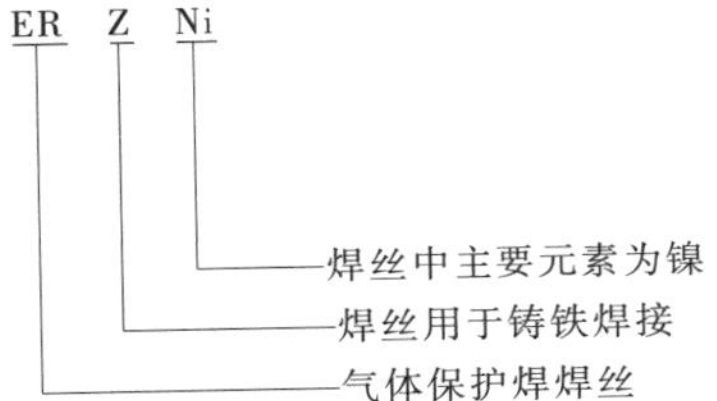

（2）铸铁填充焊丝型号及化学成分

GB/T 10044—2006《铸铁焊条及焊丝》规定，铸铁填充焊丝的型号以字母“R”表示焊丝、字母“Z”表示该焊丝用于铸铁焊接，在“RZ”字母后用焊丝主要化学元素符号或熔敷金属类型代号表示，如以“C”表示熔敷金属为灰铸铁、“CH”表示为合金铸铁、“CQ”表示为球墨铸铁。再细分时用数字表示，以半字线“-”隔开。

填充焊丝型号示例：

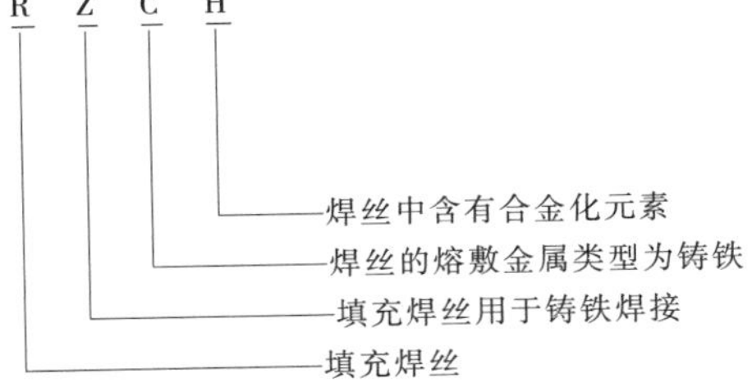

表6-2-4列出了铸铁填充焊丝的型号及化学成分。

（3）牌号及其化学成分

铸铁焊丝的牌号以“HS4××”表示，其中末两位用数字表示牌号的编号。

表6-2-5列出了铸铁焊丝的牌号及化学成分。

表 6-2-1 气体保护电弧焊用碳钢、低合金钢焊丝的型号及化学成分（摘自 GB/T 8110—2008）

焊丝型号	化学成分(质量分数,%)													
	C	Mn	Si	P	S	Ni	Cr	Mo	V	Ti	Zr	Al	Cu①	其他元素总量
碳素钢														
ER50-2	0.07	0.90~1.40	0.40~0.70	0.025	0.025	0.15	0.15	0.15	0.03	0.05~0.15	0.02~0.12	0.05~0.15	0.50	—
ER50-3	0.06~0.15		0.45~0.75							—	—	—		
ER50-4		1.00~1.50	0.65~0.85											
ER50-6		1.40~1.85	0.80~1.15											
ER50-7	0.07~0.15	1.50~2.00②	0.50~0.80											
ER49-1	0.11	1.80~2.10	0.65~0.95	0.030	0.030	0.30	0.20	—	—					
碳钼钢														
ER49-A1	0.12	1.30	0.30~0.70	0.025	0.025	0.20	—	0.40~0.65	—	—	—	—	0.35	0.50
铬钼钢														
ER55-B2	0.07~0.12	0.40~0.70	0.40~0.70	0.025	0.025	0.20	1.20~1.50	0.40~0.65	—	—	—	—	0.35	0.50
ER49-B2L	0.05													
ER55-B2-MnV	0.06~0.10	1.20~1.60	0.60~0.90	0.030		0.25	1.00~1.30	0.50~0.70	0.20~0.40					
BR55-B2-Mn		1.20~1.70					0.90~1.20	0.45~0.65	—					
ER62-B3	0.07~0.12	0.40~0.70	0.40~0.70	0.025		0.20	2.30~2.70	0.90~1.20						
BR55-B3L	0.05													
ER55-B6	0.10		0.50			0.60	4.50~6.00	0.45~0.65						
ER55-B8	0.10					0.50		0.80~1.20						
ER62-B9③	0.07~0.13	1.20	0.15~0.50	0.010	0.010	0.80	8.00~10.50	0.85~1.20	0.15~0.30			0.04	0.20	
镍　钢														
ER55-Ni1	0.12	1.25	0.40~0.80	0.025	0.025	0.80~1.10	0.15	0.35	0.05	—	—	—	0.35	0.50
ER55-Ni2						2.00~2.75	—	—	—					
ER55-Ni3						3.00~3.75	—	—	—					
锰钼钢														
ER55-D2	0.07~0.12	1.60~2.10	0.50~0.80	0.025	0.025	0.15	—	0.40~0.60	—	—	—	—	0.50	0.50
ER62-D2														
ER55-D2-Ti	0.12	1.20~1.90	0.40~0.80			—		0.20~0.50		0.20				

其他低合金钢														
ER55-1	0.10	1.20~1.60	0.60	0.025	0.020	0.20~0.60	0.30~0.90	—	—	—	—	—	0.20~0.50	0.50
ER69-1	0.08	1.25~1.80	0.20~0.55	0.010	0.010	1.40~2.10	0.30	0.25~0.55	0.05	0.10	0.10	0.10	0.25	0.50
ER76-1	0.09	1.40~1.80	0.20~0.55	0.010	0.010	1.90~2.60	0.50	0.25~0.55	0.04	0.10	0.10	0.10	0.25	0.50
ER83-1	0.10	1.40~1.80	0.25~0.60	0.010	0.010	2.00~2.80	0.60	0.30~0.65	0.03	0.10	0.10	0.10	0.25	0.50
ERXX-G	供需双方协商确定													

注：表中单值均为最大值。

① 如果焊丝镀铜，则焊丝中 Cu 含量和镀铜层中 Cu 含量之和不应大于 0.50%。

② Mn 的最大含量可以超过 2.00%，但每增加 0.05%的 Mn，最大含 C 量应降低 0.01%。

③ Nb（Cb）：0.02%~0.10%；N：0.03%~0.07%；（Mn+Ni）≤1.50%。

表 6-2-2 气体保护电弧焊用碳素钢、低合金钢焊丝熔敷金属力学性能（摘自 GB/T 8110—2008）

焊丝型号	保护气体[1]	熔敷金属拉伸试验 抗拉强度[2] R_m/MPa	屈服强度[2] $R_{p0.2}$/MPa	伸长率 A（%）	冲击试验 试验温度/℃	V 型缺口冲击吸收功/J
碳素钢						
ER50-2	CO_2	≥500	≥420	≥22	-30	≥27
ER50-3	CO_2	≥500	≥420	≥22	-20	≥27
ER50-4	CO_2	≥500	≥420	≥22	不要求	
ER50-6	CO_2	≥500	≥420	≥22	-30	≥27
ER50-7	CO_2	≥500	≥420	≥22	-30	≥27
ER49-1	CO_2	≥490	≥372	≥20	室温	≥47
碳钼钢						
ER49-A1	Ar+(1%~5%)O_2	≥515	≥400	≥19	不要求	

（续）

焊丝型号	保护气体①	抗拉强度② R_m/MPa	屈服强度② $R_{p0.2}$/MPa	伸长率 A（%）	冲击试验 试验温度/℃	冲击试验 V型缺口冲击吸收功/J
铬钼钢						
ER55-B2	Ar+(1%~5%)O_2	≥550	≥470	≥19	不要求	
ER49-B2L		≥515	≥400			
ER55-B2-MnV	Ar+20%CO_2	≥550	≥440		室温	≥27
ER55-B2-Mn				≥20		
ER62-B3	Ar+(1%~5%)O_2	≥620	≥540	≥17	不要求	
ER55-B3L		≥550	≥470			
ER55-B6						
ER55-B8						
ER62-B9	Ar+5%O_2	≥620	≥410	≥16		
镍钢						
ER55-Ni1	Ar+(1%~5%)O_2	≥550	≥470	≥24	-45	≥27
ER55-Ni2					-60	
ER55-Ni3					-75	
锰钼钢						
ER55-D2	CO_2	≥550	≥470	≥17	-30	≥27
ER62-D2	Ar+(1%~5%)O_2	≥620	≥540	≥17		
ER55-D2-Ti	CO_2	≥550	≥470	≥17		
其他低合金钢						
ER55-1	Ar+20%CO_2	≥550	≥450	≥22	-40	≥60
ER69-1	Ar+2%O_2	≥690	≥610	≥16	-50	≥68
ER76-1		≥760	≥660	≥15		
ER83-1		≥830	≥730	≥14		
ERXX-G	供需双方协商					

① 本表分类时限定的保护气体类型，在实际应用中并不限制采用其他保护气体类型，但力学性能可能会产生变化。

② 对于ER50-2、ER50-3、ER50-4、ER50-6、ER50-7型焊丝，当伸长率超过最低值时，每增加1%，抗拉强度和屈服强度可减少10MPa，但抗拉强度最小值不得小于480MPa，屈服强度最小值不得小于400MPa。

表 6-2-3　气体保护焊用铸铁焊丝的型号及化学成分（摘自 GB/T 10044—2006）

型　号	化学成分(质量分数,%)									
	C	Si	Mn	S	P	Fe	Ni	Cu	Al	其他元素总量
ERZNi	≤1.0	≤0.75	≤2.5	≤0.03	—	≤4.0	≥90	≤4.0	—	≤1.0
ERZNiFeMn	≤0.50	≤1.0	10~14	≤0.03	—	余量	35~45	≤2.5	≤1.0	≤1.0

表 6-2-4　铸铁填充焊丝的型号及化学成分（摘自 GB/T 10044—2006）

焊丝型号	化学成分(质量分数,%)									
	C	Si	Mn	S	P	Fe	Ni	Mo	Ce	球化剂
RZC-1	3.2~3.5	2.7~3.0	0.60~0.75	≤0.10	0.50~0.75	余量	—	—	—	—
RZC-2	3.2~4.5	3.0~3.8	0.30~0.80	≤0.10	≤0.50	余量	—	—	—	—
RZCH	3.2~3.5	2.0~2.5	0.50~0.70	≤0.10	0.20~0.40	余量	1.20~1.60	0.25~0.45	—	—
RZCQ-1	3.2~4.0	3.2~3.8	0.10~0.40	≤0.015	≤0.05	余量	≤0.50	—	≤0.20	0.04~0.10
RZCQ-2	3.5~4.2	3.5~4.2	0.50~0.80	≤0.03	≤0.10	余量	—	—	—	0.04~0.10

表 6-2-5　铸铁焊丝的牌号及化学成分

焊丝牌号		化学成分(质量分数,%)									
		C	Si	Mn	S	P	Fe	Ni	Mo	Ce	球化剂
HS401	气焊、热焊	3.0~4.2	2.8~3.6	0.3~0.8	≤0.08	≤0.50	余量	—	—	—	—
HS401	气焊、冷焊	3.0~4.2	3.8~4.8	0.3~0.8	≤0.08	≤0.50	余量	—	—	—	—
HS402	钇重稀土焊丝气焊	3.8~4.2	3.0~3.6	0.5~0.8	≤0.05	≤0.05	余量	—	—	—	钇基重稀土 ΣRE:0.08~0.15
HS402	轻稀土镁焊丝、气焊	3.5~4.0	3.5~3.9	0.5~0.8	≤0.10	≤0.3	余量	—	—	—	稀土镁 Mg:0.035~0.05 ΣRE:0.03~0.04

3. 不锈钢焊丝及焊带的型号及化学成分

GB/T 29713-2013《不锈钢焊丝和焊带》规定，不锈钢焊丝和焊带按照化学成分进行划分。型号由两部分组成，第一部分为首字母，用“S”表示焊丝，用“B”表示焊带；第二部分为数字或数字与字母的组合，表示化学成分分类，见表 6-2-6。其中，“L”表示含碳量较低，“H”表示含碳量较高。该标准规定的焊丝型号既适用于气体保护焊，也适用于埋弧焊。

焊丝型号示例：

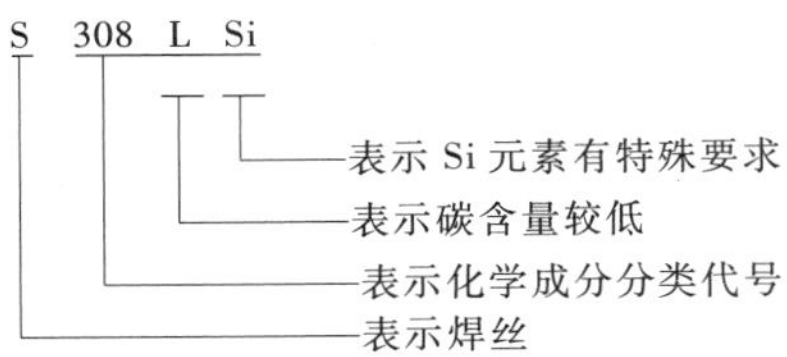

焊带型号示例：

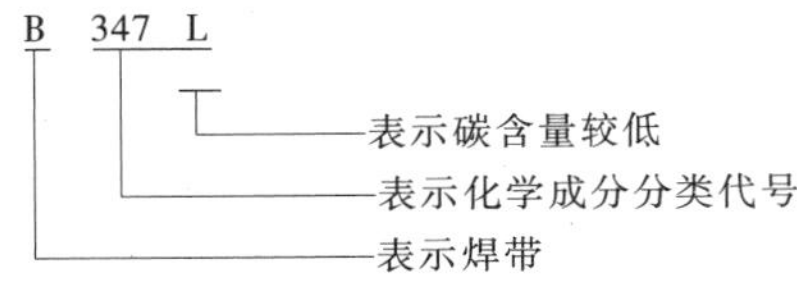

4. 铜及铜合金焊丝的型号及化学成分

GB/T 9460—2008《铜及铜合金焊丝》规定，焊丝型号由三部分组成。第一部分为字母“SCu”，表示铜及铜合金焊丝；第二部分为四位阿拉伯数字，表示焊丝型号；第三部分为可选部分，表示化学成分代号。这类焊丝既可用于气体保护焊，也可用于气焊。

表 6-2-7 列出了铜及铜合金焊丝的型号及化学成分。

5. 铝及铝合金焊丝的型号、牌号及化学成分

GB/T 10858—2008《铝及铝合金焊丝》规定，焊丝型号由三部分组成。第一部分为字母“SAl”，表示铝及铝合金焊丝；第二部分为四位阿拉伯数字，表示焊丝型号；第三部分为可选部分，表示化学成分代号。这类焊丝既可用于气体保护焊，也可用于气焊。

表 6-2-8 列出了铝及铝合金焊丝的型号及化学成分。

6. 镍基合金焊丝的型号及化学成分

GB/T 15620—2008《镍及镍合金焊丝》规定，焊丝型号由三部分组成。第一部分为字母“SNi”，表示镍金合金焊丝；第二部分为四位阿拉伯数字，表示焊丝型号；第三部分为可选部分，表示化学成分代号。这类焊丝可用于气体保护焊，也可用于埋弧焊。

表 6-2-9 列出了镍及镍合金焊丝的型号及化学成分。

7. 高温合金焊丝的牌号及化学成分

高温合金焊丝牌号的编制方法是在变形高温合金牌号的前面加“H”字母，表示焊接用的高温合金焊丝。

牌号示例：

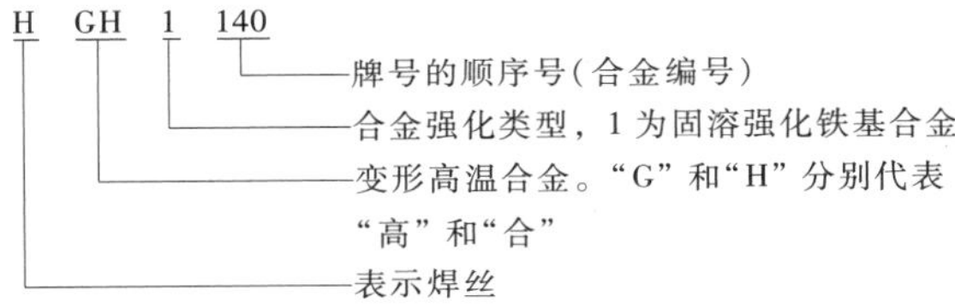

表 6-2-10 列出了焊接用高温合金焊丝的牌号及化学成分。

表 6-2-6　不锈钢焊丝和焊带的化学成分分类（摘自 GB/T 29713—2013）

化学成分分类	化学成分(质量分数,%)										
	C	Si	Mn	P	S	Cr	Ni	Mo	Cu	Nb①	其他
209	0.05	0.90	4.0~7.0	0.03	0.03	20.5~24.0	9.5~12.0	1.5~3.0	0.75	—	N:0.10~0.30 V:0.10~0.30
218	0.10	3.5~4.5	7.0~9.0	0.03	0.03	16.0~18.0	8.0~9.0	0.75	0.75	—	N:0.08~0.18
219	0.05	1.00	8.0~10.0	0.03	0.03	19.0~21.5	5.5~7.0	0.75	0.75	—	N:0.10~0.30
240	0.05	1.00	10.5~13.5	0.03	0.03	17.0~19.0	4.0~6.0	0.75	0.75	—	N:0.10~0.30
307②	0.04~0.14	0.65	3.3~4.8	0.03	0.03	19.5~22.0	8.0~10.7	0.5~1.5	0.75	—	—
307Si②	0.04~0.14	0.65~1.0	6.5~8.0	0.03	0.03	18.5~22.0	8.0~10.7	0.75	0.75	—	—
307Mn②	0.20	0.65	5.0~8.0	0.03	0.03	17.0~20.0	7.0~10.0	0.75	0.75	—	—
308	0.08	0.65	1.0~2.5	0.03	0.03	19.5~22.0	9.0~11.0	0.75	0.75	—	—
308Si	0.08	0.65~1.0	1.0~2.5	0.03	0.03	19.5~22.0	9.0~11.0	0.75	0.75	—	—
308H	0.04~0.08	0.65	1.0~2.5	0.03	0.03	19.5~22.0	9.0~11.0	0.50	0.75	—	—
308L	0.03	0.65	1.0~2.5	0.03	0.03	19.5~22.0	9.0~11.0	0.75	0.75	—	—
308LSi	0.03	0.65~1.0	1.0~2.5	0.03	0.03	19.5~22.0	9.0~11.0	0.75	0.75	—	—
308Mo	0.08	0.65	1.0~2.5	0.03	0.03	18.0~21.0	9.0~12.0	2.0~3.0	0.75	—	—
308LMo	0.03	0.65	1.0~2.5	0.03	0.03	18.0~21.0	9.0~12.0	2.0~3.0	0.75	—	—
309	0.12	0.65	1.0~2.5	0.03	0.03	23.0~25.0	12.0~14.0	0.75	0.75	—	—
309Si	0.12	0.65~1.0	1.0~2.5	0.03	0.03	23.0~25.0	12.0~14.0	0.75	0.75	—	—
308L	0.03	0.65	1.0~2.5	0.03	0.03	23.0~25.0	12.0~14.0	0.75	0.75	—	—
308LD③	0.03	0.65	1.0~2.5	0.03	0.03	21.0~24.0	10.0~12.0	0.75	0.75	—	—
308LSi	0.03	0.65~1.0	1.0~2.5	0.03	0.03	23.0~25.0	12.0~14.0	0.75	0.75	—	—
308LNb	0.03	0.65	1.0~2.5	0.03	0.03	23.0~25.0	12.0~14.0	0.75	10w(C)~1.0	—	—
308LNbD③	0.03	0.65	1.0~2.5	0.03	0.03	20.0~23.0	11.0~13.0	0.75	10w(C)~1.2	—	—

（续）

化学成分分类	化学成分（质量分数，%）									
	C	Si	Mn	P	S	Cr	Ni	Mo	Cu	Nb①	其他
309Mo	0.12	0.65	1.0～2.5	0.03	0.03	23.0～25.0	12.0～14.0	2.0～3.0	0.75	—	—
309LMo	0.03	0.65	1.0～2.5	0.03	0.03	23.0～25.0	12.0～14.0	2.0～3.0	0.75	—	—
309LMoD③	0.03	0.65	1.0～2.5	0.03	0.03	19.0～22.0	12.0～14.0	2.3～3.3	0.75	—	—
310②	0.08～0.15	0.65	1.0～2.5	0.03	0.03	25.0～28.0	20.0～22.5	0.75	0.75	—	—
310S②	0.08	0.65	1.0～2.5	0.03	0.03	25.0～28.0	20.0～22.5	0.75	0.75	—	—
310L③	0.03	0.65	1.0～2.5	0.03	0.03	25.0～28.0	20.0～22.5	0.75	0.75	—	—
312	0.15	0.65	1.0～2.5	0.03	0.03	28.0～32.0	8.0～10.5	0.75	0.75	—	—
316	0.08	0.65	1.0～2.5	0.03	0.03	18.0～20.0	11.0～14.0	2.0～3.0	0.75	—	—
316Si	0.08	0.65～1.00	1.0～2.5	0.03	0.03	18.0～20.0	11.0～14.0	2.0～3.0	0.75	—	—
316H	0.04～0.08	0.65	1.0～2.5	0.03	0.03	18.0～20.0	11.0～14.0	2.0～3.0	0.75	—	—
316L	0.03	0.65	1.0～2.5	0.03	0.03	18.0～20.0	11.0～14.0	2.0～3.0	0.75	—	—
316LSi	0.03	0.65～1.00	1.0～2.5	0.03	0.03	18.0～20.0	11.0～14.0	2.0～3.0	0.75	—	—
316LCu	0.03	0.65	1.0～2.5	0.03	0.03	18.0～20.0	11.0～14.0	2.0～3.0	1.0～2.5	—	—
316LMn②	0.03	1.0	5.0～9.0	0.03	0.02	19.0～22.0	15.0～18.0	2.5～4.5	0.5	—	N:0.10～0.20
317	0.08	0.65	1.0～2.5	0.03	0.03	18.5～20.5	13.0～15.0	3.0～4.0	0.75	—	—
317L	0.03	0.65	1.0～2.5	0.03	0.03	18.5～20.5	13.0～15.0	3.0～4.0	0.75	—	—
318	0.08	0.65	1.0～2.5	0.03	0.03	18.0～20.0	11.0～14.0	2.0～3.0	0.75	8*w*(C)～1.0	—
318L	0.03	0.65	1.0～2.5	0.03	0.03	18.0～20.0	11.0～14.0	2.0～3.0	0.75	8*w*(C)～1.0	—
320②	0.07	0.60	2.5	0.03	0.03	19.0～21.0	32.0～36.0	2.0～3.0	3.0～4.0	8*w*(C)～1.0	—
320LR②	0.025	0.15	1.0～2.5	0.015	0.02	19.0～21.0	32.0～36.0	2.0～3.0	3.0～4.0	8*w*(C)～1.0	—
321	0.08	0.65	1.0～2.5	0.03	0.03	18.5～20.5	9.0～10.5	0.75	0.75	—	Ti:9*w*(C)～1.0
330	0.018～0.025	0.65	1.0～2.5	0.03	0.03	15.0～27.0	34.0～37.0	0.75	0.75	—	—
347	0.08	0.65	1.0～2.5	0.03	0.03	19.0～21.5	9.0～11.0	0.75	10*w*(C)～1.0	—	—
347Si	0.08	0.65～1.00	1.0～2.5	0.03	0.03	19.0～21.5	9.0～11.0	0.75	10*w*(C)～1.0	—	—
347L	0.03	0.65	1.0～2.5	0.03	0.03	19.0～21.5	9.0～11.0	0.75	10*w*(C)～1.0	—	—
383②	0.025	0.50	1.0～2.5	0.02	0.03	26.5～28.5	30.0～33.0	3.2～4.2	0.7～1.5	—	—

（续）

化学成分分类	化学成分（质量分数，%）									
	C	Si	Mn	P	S	Cr	Ni	Mo	Cu	Nb①	其他
385②	0.025	0.50	1.0～2.5	0.02	0.03	19.5～21.5	24.0～26.0	4.2～5.2	1.2～2.0	—	—
409	0.08	0.8	0.8	0.03	0.03	10.5～13.5	0.6	0.50	0.75		Ti：10w(C)～1.5
409Nb	0.12	0.5	0.6	0.03	0.03	10.5～13.5	0.6	0.75	0.75	8w(C)～1.0	—
410	0.12	0.5	0.6	0.03	0.03	11.5～13.5	0.6	0.75	0.75	—	—
410NiMo	0.06	0.5	0.6	0.03	0.03	11.0～12.5	4.0～5.0	0.4～0.7	0.75	—	—
420	0.25～0.40	0.5	0.6	0.03	0.03	12.0～14.0	0.75	0.75	0.75	—	—
430	0.10	0.5	0.6	0.03	0.03	15.5～17.0	0.6	0.75	0.75	—	—
430Nb	0.10	0.5	0.6	0.03	0.03	15.5～17.0	0.6	0.75	0.75	8w(C)～1.2	—
430LNb	0.03	0.5	0.6	0.03	0.03	15.5～17.0	0.6	0.75	0.75	8w(C)～1.2	—
439	0.04	0.8	0.8	0.03	0.03	17.0～19.0	0.6	0.5	0.75	—	Ti：10w(C)～1.1
446LMo	0.015	0.4	0.4	0.02	0.02	25.0～27.5	Ni+Cu：0.5	0.75～1.50	Ni+Cu：0.5	—	N:0.015
630	0.05	0.75	0.25～0.75	0.03	0.03	16.00～16.75	4.5～5.0	0.75	3.25～4.00	0.15～0.30	—
16-8-2	0.10	0.65	1.0～2.5	0.03	0.03	14.5～16.5	7.5～9.5	1.0～2.0	0.75	—	—
19-10H	0.04～0.08	0.65	1.0～2.0	0.03	0.03	18.5～20.0	9.0～11.0	0.25	0.75	0.05	Ti:0.05
2209	0.03	0.90	0.5～2.0	0.03	0.03	21.5～23.5	7.5～9.5	2.5～3.5	0.75	—	N:0.08～0.20
2253	0.04	1.0	1.5	0.04	0.03	24.0～27.0	4.5～6.5	2.9～3.9	1.5～2.5	—	N:0.10～0.25
2594	0.03	1.0	2.5	0.03	0.02	24.0～27.0	8.0～10.5	2.5～4.5	1.5	—	N:0.20～0.30 W:0.10
33-31	0.015	0.50	2.00	0.02	0.01	31.0～35.0	30.0～33.0	0.5～2.0	0.3～1.2	—	N:0.35～0.60
3556	0.05～0.15	0.20～0.80	0.50～2.00	0.04	0.015	21.0～23.0	19.0～22.5	2.5～4.0	—	0.30	④
Z⑤	其他成分										

注：表中单值均为最大值。

① 不超过 Nb 含量总量的 20%，可用 Ta 代替。

② 熔敷金属在多数情况下是纯奥氏体，因此对微裂纹和热裂纹敏感。增加焊缝金属中的 Mn 含量可减少裂纹的发生，经供需双方协商，Mn 的范围可以扩大到一定等级。

③ 这些分类主要用于低稀释率的堆焊，如电渣焊带。

④ w(N)：0.10～0.30，w(Co)：16.0～21.0，w(W)：2.0～3.5，w(Ta)：0.30～1.25，w(Al)：0.10～0.50，w(Zr)：0.001～0.100，w(La)：0.005～0.100，w(B)：0.02。

⑤ 表中未列的焊丝或焊带可用类似的符号表示，词头加字母 Z。化成成分范围不进行规定，两种分类之间不可替换。

表 6-2-7　铜及铜合金焊丝的型号及化学成分（摘自 GB/T 9460—2008）

焊丝型号	化学成分代号	化学成分（质量分数，%）												
		Cu	Zn	Sn	Mn	Fe	Si	Ni+Co	Al	Pb	Ti	S	P	其他
铜														
SCu1897①	CuAg1	≥99.5（含 Ag）	—	—	≤0.2	≤0.05	≤0.1	≤0.3	≤0.01	≤0.01	—	—	0.01~0.05	≤0.2
SCu1898	CuSn1	≥98.0		≤1.0	≤0.50	—	≤0.5	—		≤0.02			≤0.15	≤0.5
SCu1898A	CuSn1MnSi	余量		0.50~1.0	0.1~0.4	≤0.03	0.1~0.4	≤0.1		≤0.01			≤0.015	≤0.2
黄铜														
SCu4700	CuZn40Sn	57.0~61.0	余量	0.25~1.0	—	—	—	—	≤0.01	≤0.05	—	—	—	≤0.5
SCu4701	CuZn40SnSiMn	58.5~61.5		0.2~0.5	0.05~0.25	≤0.25	0.15~0.4			≤0.02				≤0.2
SCu6800	CuZn40Ni	56.0~60.0		0.8~1.1	0.01~0.50	0.25~1.20	0.04~0.15	0.2~0.8		≤0.05				≤0.5
SCu6810	CuZn40Fe1Sn1						0.04~0.25	—						
SCu6810A	CuZn40SnSi	58.0~62.0		≤1.0	≤0.3	≤0.2	0.1~0.5			≤0.03			≤0.25	≤0.2
SCu7730	CuZn40Ni10	46.0~50.0		—	—	—	0.04~0.25	9.0~11.0		≤0.05				≤0.5
青铜														
SCu6511	CuSi2Mn1	余量	≤0.2	0.1~0.3	0.5~1.5	≤0.1	1.5~2.0	—	≤0.01	≤0.02	—	—	≤0.02	≤0.5
SCu6560	CuSi3Mn		≤1.0	≤1.0	≤1.5	≤0.5	2.8~4.0						—	
SCu6560A	CuSi3Mn1		≤0.4	—	0.7~1.3	≤0.2	2.7~3.2		≤0.05	≤0.05			≤0.05	
SCu6561	CuSi2Mn1Sn1Zn1		≤1.5	≤1.5	≤1.5	≤0.5	2.0~2.8		—	≤0.02			—	
SCu5180	CuSn5P		—	4.0~6.0	—	—	—		≤0.01				0.1~0.4	
SCu5180A	CuSn6P		≤0.1	4.0~7.0		≤0.1							0.01~0.4	≤0.2
SCu5210	CuSn8P		≤0.2	7.5~8.5				≤0.2	—					
SCu5211	CuSn10MnSi		≤0.1	9.0~10.0	0.1~0.5		0.1~0.5	—	≤0.01				≤0.1	≤0.5
SCu5410	CuSn12P		≤0.05	11.0~13.0	—	—	—		≤0.005				0.01~0.4	≤0.4
SCu6061	CuAl5Ni2Mn		≤0.2	—	0.1~1.0	≤0.5	≤0.1	1.0~2.5	4.5~5.5	≤0.02			—	≤0.5
SCu6100	CuAl7				≤0.5	—		—	6.0~8.5	—				
SCu6100A	CuAl8			≤0.1		≤0.5	≤0.2	≤0.5	7.0~9.0	≤0.02				≤0.2
SCu6180	CuAl10Fe			—	—	≤1.5		—	8.5~11.0					≤0.5
SCu6240	CuAl11Fe3		≤0.1			2.0~4.5	≤0.1		10.0~11.5					
SCu6325	CuAl8Fe4Mn2Ni2				0.5~3.0	1.8~5.0		0.5~3.0	7.0~9.0					≤0.4
SCu6327	CuAl8Ni2Fe2Mn2		≤0.2		0.5~2.5	0.5~2.5	≤0.2	0.5~3.0	7.0~9.5					
SCu6328	CuAl9Ni5Fe3Mn2		≤0.1		0.6~3.5	3.0~5.0	≤0.1	4.0~5.5	8.5~9.5					≤0.5
SCu6338	CuMn13Al8Fe3Ni2		≤0.15		11.0~14.0	2.0~4.0		1.5~3.0	7.0~8.5					
白铜														
SCu7158②	CuNi30Mn1FeTi	余量	—	—	0.5~1.5	0.4~0.7	≤0.25	29.0~32.0	—	≤0.02	0.2~0.5	≤0.01	≤0.02	≤0.5
SCu7061③	CuNi10					0.5~2.0	≤0.2	9.0~11.0			0.1~0.5	≤0.02		≤0.4

注：1. 应对表中所列规定值的元素进行化学分析。当常规分析存在其他元素时，应进一步分析，以确定这些元素是否超出“其他”规定的极限值。

2. “其他”包含未规定数值的元素总和。

3. 根据供需双方协议，可生产使用其他型号焊丝。用 SCuZ 表示，化学成分代号由制造商确定。

① As 的质量分数不大于 0.05%，Ag 的质量分数为 0.8%~1.2%。

② 碳的质量分数不大于 0.04%。

③ 碳的质量分数不大于 0.05%。

表 6-2-8　铝及铝合金焊丝型号及化学成分（摘自 GB/T 10858—2008）

焊丝型号	化学成分代号	化学成分(质量分数,%)												其他元素	
		Si	Fe	Cu	Mn	Mg	Cr	Zn	Ga、V	Ti	Zr	Al	Be	单个	合计
铝															
SAl1070	Al99.7	0.20	0.25	0.04	0.03	0.03		0.04	V0.05	0.03		99.70		0.03	
SAl1080A	Al99.8(A)	0.15	0.15	0.03	0.02	0.02		0.06	Ga0.03	0.02		99.80		0.02	—
SAl1188	Al99.88	0.06	0.06	0.005	0.01	0.01	—	0.03	Ca0.03 V0.05	0.01	—	99.88	0.0003	0.01	
SAl1100	Al99.0Cu	Si+Fe 0.95		0.05~0.20		—				—					
SAl1200	Al99.0	Si+Fe 1.00		0.05	0.05			0.10	—	0.05		99.00		0.05	0.15
SAl1450	Al99.5Ti	0.25	0.40			0.05		0.07		0.10~0.20		99.50		0.03	—
铝铜															
SAl2319	AlCu6MnZrTi	0.20	0.30	5.8~6.8	0.20~0.40	0.02	—	0.10	V0.05~0.15	0.10~0.20	0.10~0.25	余量	0.0003	0.05	0.15
铝锰															
SAl3103	AlMn1	0.50	0.7	0.10	0.9~1.5	0.30	0.10	0.20	—	Ti+Zr 0.10		余量	0.0003	0.05	0.15
铝硅															
SAl4009	AlSi5Cu1Mg	4.5~5.5		1.0~1.5		0.45~0.6									
SAl4010	AlSi7Mg					0.30~0.45				0.20			0.0003		
SAl4011	AlSi7Mg0.5Ti	6.5~7.5	0.20	0.20	0.10	0.45~0.7				0.04~0.20			0.04~0.07		
SAl4018	AlSi7Mg			0.05		0.50~0.8		0.10							
SAl4043	AlSi5		0.8		0.05	0.05	—			0.20					
SAl4043A	AlSi5(A)	4.5~6.0	0.6		0.15	0.20									
SAl4046	AlSi10Mg	9.0~11.0	0.50	0.30	0.40	0.20~0.50			—	0.15	—	余量		0.05	0.15
SAl4047	AlSi12		0.8			0.10				—			0.0003		
SAl4047A	AlSi12(A)	11.0~13.0	0.6		0.15			0.20		0.15					
SAl4145	AlSi10Cu4	9.3~10.7	0.8	3.3~4.7		0.15	0.15			—					
SAl4643	AlSi4Mg	3.6~4.6	0.8	0.10	0.05	0.10~0.30	—	0.10		0.15					

铝镁															
SAl5249	AlMg2Mn0.8Zr	0.25	0.40	0.05	0.50~1.1	1.6~2.5	0.30	0.20	—	0.15	0.10~0.20	余量	0.0003	0.05	0.15
SAl5554	AlMg2.7Mn			0.10	0.50~1.0	2.4~3.0	0.05~0.20	0.25		0.05~0.20	—				
SAl5654	AlMg3.5Ti	Si+Fe0.45		0.05	0.01	3.1~3.9	0.15~0.35	0.20		0.05~0.15					
SAl5654A	AlMg3.5Ti												0.0005		
SAl5754[①]	AlMg3	0.40	0.40	0.10	0.50	2.6~3.6	0.30			0.15			0.0003		
SAl5356	AlMg5Cr(A)	0.25			0.05~0.20	4.5~5.5	0.05~0.20	0.10		0.06~0.20					
SAl5356A	AlMg5Cr(A)												0.0005		
SAl5556	AlMg5MnlTi				0.50~1.0	4.7~5.5		0.25		0.05~0.20			0.0003		
SAl5556C	AlMg5MnlTi												0.0005		
SAl5556A	AlMg5Mn				0.6~1.0	5.0~5.5		0.20		0.15			0.0003		
SAl5556B	AlMg5Mn												0.0005		
SAl5183	AlMg4.5Mn0.7(A)	0.40			0.50~1.0	4.3~5.2	0.05~0.25	0.25					0.0003		
SAl5183A	AlMg4.5Mn0.7(A)												0.0005		
SAl5087	AlMg4.5MnZr	0.25		0.05	0.7~1.1	4.5~5.2					0.10~0.20		0.0003		
SAl5187	AlMg4.5MnZr												0.0005		

注：1. Al 的单值为最小值，其他元素单值均为最大值。

2. 根据供需双方协议，可生产使用其他型号焊丝，用 SAlZ 表示，化学成分代号由制造商确定。

① SAl5754 中 w（Mn+Cr）：0.10~0.60。

表 6-2-9 镍及镍合金焊丝的型号及化学成分（摘自 GB/T 15620—2008）

焊丝型号	化学成分代号	化学成分(质量分数,%)													
		C	Mn	Fe	Si	Cu	Ni①	Co①	Al	Ti	Cr	Nb②	Mo	W	其他③
镍															
SNi2061	NiTi3	≤0.15	≤1.0	≤1.0	≤0.7	≤0.2	≥92.0	—	≤1.5	2.0~3.5	—	—	—	—	—
镍-铜															
SNi4060	NiCu30Mn3Ti	≤0.15	2.0~4.0	≤2.5	≤1.2	28.0~32.0	≥62.0	—	≤1.2	1.5~3.0	—	—	—	—	—
SNi4061	NiCu30Mn3Nb	≤0.15	≤4.0	≤2.5	≤1.25	28.0~32.0	≥60.0	—	≤1.0	≤1.0	—	≤3.0	—	—	—
SNi5504	NiCu25Al3Ti	≤0.25	≤1.5	≤2.0	≤1.0	≥20.0	63.0~70.0	—	2.0~4.0	0.3~1.0	—	—	—	—	—
镍-铬															
SNi6072	NiCr44Ti	0.01~0.10	≤0.20	≤0.50	≤0.20	≤0.50	≥52.0	—	—	0.3~1.0	42.0~46.0	—	—	—	—
SNi6076	NiCr20	0.01~0.25	≤1.0	≤2.00	≤0.30	≤0.50	≥75.0	—	≤0.4	≤0.5	19.0~21.0	—	—	—	—
SNi6082	NiCr20Mn3Nb	≤0.10	2.5~3.5	≤3.0	≤0.5	≤0.5	≥67.0	—	—	≤0.7	18.0~22.0	2.0~3.0	—	—	—
镍-铬-铁															
SNi6002	NiCr21Fe18Mo9	0.05~0.15	≤2.0	17.0~20.0	≤1.0	≤0.5	≥44.0	0.5~2.5	—	—	20.5~23.0	—	8.0~10.0	0.2~1.0	—
SNi6025	NiCr25Fe10AlY	0.15~0.25	≤0.5	8.0~11.0	≤0.5	≤0.1	≥59.0	—	1.8~2.4	0.1~0.2	24.0~26.0	—	—	—	Y:0.05~0.12;Zr:0.01~0.10
SNi6030	NiCr30Fe15Mo5W	≤0.03	≤1.5	13.0~17.0	≤0.8	1.0~2.4	≥36.0	≤5.0	—	—	28.0~31.5	0.3~1.5	4.0~6.0	1.5~4.0	—
SNi6052	NiCr30Fe9	≤0.04	≤1.0	7.0~11.0	≤0.5	≤0.3	≥54.0	—	≤1.1	1.0	28.0~31.5	0.10	0.5	—	Al+Ti:≤1.5
SNi6062	NiCr15Fe8Nb	≤0.08	≤1.0	6.0~10.0	≤0.3	≤0.5	≥70.0	—	—	—	14.0~17.0	1.5~3.0	—	—	—
SNi6176	NiCr16Fe6	≤0.05	≤0.5	5.5~7.5	≤0.5	≤0.1	≥76.0	≤0.05	—	—	15.0~17.0	—	—	—	—

镍-铬-铁															
SNi6601	NiCr23Fe15Al	≤0.10	≤1.0	≤20.0	≤0.5	≤1.0	58.0~63.0	—	1.0~1.7	—	21.0~25.0	—	—	—	—
SNi6701	NiCr36Fe7Nb	0.35~0.50	0.5~2.0	≤7.0	0.5~2.0	—	42.0~48.0	—	—	—	33.0~39.0	0.8~1.8	—	—	—
SNi6704	NiCr25FeAl3YC	0.15~0.25	≤0.5	8.0~11.0	≤0.5	≤0.1	≥55.0	—	1.8~2.8	0.1~0.2	24.0~26.0	—	—	—	Y:0.05~0.12; Zr:0.01~0.10
SNi6975	NiCr25Fe13Mo6	≤0.03	≤1.0	10.0~17.0	≤1.0	0.7~1.2	≥14.0	—	—	0.70~1.50	23.0~26.0	—	5.0~7.0	—	—
SNi6985	NiCr22Fe20Mo7Cu2	≤0.01	≤1.0	18.0~21.0	≤1.0	1.5~2.5	≥40.0	≤5.0	—	—	21.0~23.5	≤0.50	6.0~8.0	≤1.5	—
SNi7069	NiCr15Fe7Nb	≤0.08	≤1.0	5.0~9.0	≤0.50	≤0.50	≥70.0	—	0.4~1.0	2.0~2.7	14.0~17.0	0.70~1.20	—	—	—
SNi7092	NiCr15Ti3Mn	≤0.08	2.0~2.7	≤8.0	≤0.3	≤0.5	≥67.0	—	—	2.5~3.5	14.0~17.0	—	—	—	—
SNi7718	NiFe19Cr19Nb5Mo3	≤0.08	≤0.3	≤24.0	≤0.3	≤0.3	50.0~55.0	—	0.2~0.8	0.7~1.1	17.0~21.0	4.8~5.5	2.8~3.3	—	B:0.006; P:0.015
SNi8025	NiFe30Cr29Mo	≤0.02	1.0~3.0	≤30.0	≤0.5	1.5~3.0	35.0~40.0	—	≤0.2	≤1.0	27.0~31.0	—	2.5~4.5	—	—
SNi8065	NiFe30Cr21Mo3	≤0.05	1.0	≥22.0	≤0.5	1.5~3.0	38.0~46.0	—	≤0.2	0.6~1.2	19.5~23.5	—	2.5~3.5	—	—
SNi8125	NiFe26Cr25Mo	≤0.02	1.0~3.0	≤30.0	≤0.5	1.5~3.0	37.0~42.0	—	≤0.2	≤1.0	23.0~27.0	—	3.5~7.5	—	—
镍-钼															
SNi1001	NiMo28Fe	≤0.08	≤1.0	4.0~7.0	≤1.0	≤0.5	≥55.0	≤2.5	—	—	≤1.0	—	26.0~30.0	≤1.0	V:0.20~0.40
SNi1003	NiMo17Cr7	0.04~0.08	≤1.0	≤5.0	≤1.0	≤0.50	≥65.0	≤0.20	—	—	6.0~8.0	—	15.0~18.0	≤0.50	V≤0.50
SNi1004	NiMo25Cr5Fe5	≤0.12	≤1.0	4.0~7.0	≤1.0	≤0.5	≥62.0	≤2.5	—	—	4.0~6.0	—	23.0~26.0	≤1.0	V≤0.60

（续）

焊丝型号	化学成分代号	化学成分(质量分数,%)													
		C	Mn	Fe	Si	Cu	Ni[1]	Co[1]	Al	Ti	Cr	Nb[2]	Mo	W	其他[3]
镍-钼															
SNi1008	NiMo19WCr	≤0.1	≤1.0	≤10.0	≤0.50	≤0.50	≥60.0	—	—	—	0.5~3.5	—	18.0~21.0	2.0~4.0	—
SNi1009	NiMo20WCu	≤0.1	≤1.0	≤5.0	≤0.5	0.3~1.3	≥65.0	—	1.0	—	—	—	19.0~22.0	2.0~4.0	—
SNi1062	NiMo24Cr8Fe6	≤0.01	≤0.5	5.0~7.0	≤0.1	≤0.4	≥62.0	—	0.1~0.4	—	7.0~8.0	—	23.0~25.0	—	—
SNi1066	NiMo28	≤0.02	≤1.0	2.0	≤0.1	≤0.5	≥64.0	≤1.0	—	—	≤1.0	—	26.0~30.0	≤1.0	—
SNi1067	NiMo30Cr	≤0.01	≤3.0	1.0~3.0	≤0.1	≤0.2	≥52.0	≤3.0	≤0.5	≤0.2	1.0~3.0	≤0.2	27.0~32.0	≤3.0	V≤0.20
SNi1069	NiMo28Fe4Cr	≤0.01	≤1.0	2.0~5.0	0.05	≤0.01	≥65.0	≤1.0	≤0.5	—	0.5~1.5	—	26.0~30.0	—	—
镍-铬-钼															
SNi6012	NiCr22Mo9	≤0.05	≤1.0	≤3.0	≤0.5	≤0.5	≥58.0	—	≤0.4	≤0.4	20.0~23.0	≤1.5	8.0~10.0	—	—
SNi6022	NiCr21Mo13Fe4W3	≤0.01	≤0.5	2.0~6.0	≤0.1	≤0.5	≥49.0	≤2.5	—	—	20.0~22.5	—	12.5~14.5	2.5~3.5	V≤0.3
SNi6057	NiCr30Mo11	≤0.02	≤1.0	≤2.0	≤1.0	—	≥53.0	—	—	—	29.0~31.0	—	10.0~12.0	—	V≤0.4
SNi6058	NiCr25Mo16	≤0.02	≤0.5	≤2.0	≤0.2	≤2.0	≥50.0	—	≤0.4	—	22.0~27.0	—	13.5~16.5	—	—
SNi6059	NiCr23Mo16	≤0.01	≤0.5	≤1.5	≤0.1	—	≥56.0	≤0.3	0.1~0.4	—	22.0~24.0	—	15.0~16.5	—	—
SNi6200	NiCr23Mo16Cu2	≤0.01	≤0.5	≤3.0	≤0.08	1.3~1.9	≥52.0	≤2.0	—	—	22.0~24.0	—	15.0~17.0	—	—
SNi6276	NiCr15Mo16Fe6W4	≤0.02	≤1.0	4.0~7.0	≤0.08	≤0.5	≥50.0	≤2.5	—	—	14.5~16.5	—	15.0~17.0	3.0~4.5	V≤0.3
SNi6452	NiCr20Mo15	≤0.01	≤1.0	≤1.5	≤0.1	≤0.5	≥56.0	—	—	—	19.0~21.0	≤0.4	14.0~16.0	—	V≤0.4
SNi6455	NiCr16Mo16Ti	≤0.01	≤1.0	≤3.0	≤0.08	≤0.5	≥56.0	≤2.0	—	≤0.7	14.0~18.0	—	14.0~18.0	≤0.5	—

镍-铬-钼															
SNi6625	NiCr22Mo9Nb	≤0.1	≤0.5	≤5.0	≤0.5	≤0.5	≥58.0	—	≤0.4	≤0.4	20.0~23.0	3.0~4.2	8.0~10.0	—	—
SNi6650	NiCr20Fe14Mo11WN	≤0.03	≤0.5	12.0~16.0	≤0.5	≤0.3	≥45.0	—	≤0.5	—	18.0~21.0	≤0.5	9.0~13.0	0.5~2.5	N:0.05~0.25;S≤0.010
SNi6660	NiCr22Mo10W3	≤0.03	≤0.5	≤2.0	≤0.5	≤0.3	≥58.0	≤0.2	≤0.4	≤0.4	21.0~23.0	≤0.2	9.0~11.0	2.0~4.0	—
SNi6686	NiCr21Mo16W4	≤0.01	≤1.0	≤5.0	≤0.08	≤0.5	≥49.0	—	≤0.5	≤0.25	19.0~23.0	—	15.0~17.0	3.0~4.4	—
SNi7725	NiCr21Mo8Nb3Ti	≤0.03	≤0.4	≥8.0	≤0.20	—	55.0~59.0	—	≤0.35	1.0~1.7	19.0~22.5	2.75~4.00	7.0~9.5	—	—
镍-铬-钴															
SNi6160	NiCr28Co30Si3	≤0.15	≤1.5	≥3.5	2.4~3.0	—	≥30.0	27.0~33.0	—	0.2~0.8	26.0~30.0	≤1.0	≤1.0	≤1.0	—
SNi6617	NiCr22Co12Mo9	0.05~0.15	≤1.0	≥3.0	≤1.0	≤0.5	≥44.0	10.0~15.0	0.8~1.5	≤0.6	20.0~24.0	—	8.0~10.0	—	—
SNi7090	NiCr20Co18Ti3	≤0.13	≤1.0	≤1.5	≤1.0	≤0.2	≥50.0	15.0~21.0	1.0~2.0	2.0~3.0	18.0~21.0	—	—	—	④
SNi7263	NiCr20Co20Mo6Ti2	0.04~0.08	≤0.6	≤0.7	≤0.4	≤0.2	≥47.0	19.0~21.0	0.3~0.6	1.9~2.4	19.0~21.0	—	5.6~6.1	—	Al+Ti:2.4~2.8⑤
镍-铬-钨															
SNi6231	NiCr22W14Mo2	0.05~0.15	0.3~1.0	≤3.0	0.25~0.75	≤0.50	≥48.0	≤5.0	0.2~0.5	—	20.0~24.0	—	1.0~3.0	13.0~15.0	—

注：1. “其他”包括未规定数值的元素总和，总量应不超过 0.5%（质量分数）。

2. 根据供需双方协议，可生产使用其他型号的焊丝。用 SNiZ 表示，化学成分代号由制造商确定。

① 除非另有规定，Co 含量应低于该含量的 1%（质量分数，后同）。也可供需双方协商，要求较低的 Co 含量。

② Ta 含量应低于该含量的 20%。

③ 除非具体说明，P 最高含量 0.020%，S 最高含量 0.015%。

④ w（Ag）≤0.0005%，w（B）≤0.020%，w（Bi）≤0.0001%，w（Pb）≤0.0020%，w（Zr）≤0.15%。

⑤ w（S）≤0.007%，w（Ag）≤0.0005%，w（B）≤0.005%，w（Bi）≤0.0001%。

表 6-2-10　焊接用高温合金焊丝的牌号及化学成分（摘自 GB/T 14992—2005）

新牌号	原牌号	化学成分(质量分数,%)									
		C	Cr	Ni	W	Mo	Al	Ti	Fe	Nb	V
HGH1035	HGH35	0.06~0.12	20.00~23.00	35.00~40.00	2.50~3.50	—	≤0.50	0.70~1.20	余	—	—
HGH1040	HGH40	≤0.10	15.00~17.50	24.00~27.00	—	5.50~7.00	—	—	余	—	—
HGH1068	HGH68	≤0.10	14.00~16.00	21.00~23.00	7.00~8.00	2.00~3.00	—	—	余	—	—
HGH1131	HGH131	≤0.10	19.00~22.00	25.00~30.00	4.80~6.00	2.80~3.50	—	—	余	0.70~1.30	—
HGH1139	HGH139	≤0.12	23.00~26.00	14.00~18.00	—	—	—	—	余	—	—
HGH1140	HGH140	0.06~0.12	20.00~23.00	35.00~40.00	1.40~1.80	2.00~2.50	0.20~0.60	0.70~1.20	余	—	—
HGH2036	HGH36	0.34~0.40	11.50~13.50	7.00~9.00	—	1.10~1.40	—	≤0.12	余	0.25~0.50	1.25~1.55
HGH2038	HGH38	≤0.10	10.0~12.50	18.00~21.00	—	—	≤0.50	2.30~2.80	余	—	—
HGH2042	HGH42	≤0.05	11.50~13.00	34.50~36.50	—	—	0.90~1.20	2.70~3.20	余	—	—
新牌号	原牌号	B	Ce	Si	Mn	P	S	Cu	其他		
						不大于					
HGH1035	HGH35	—	≤0.050	≤0.80	≤0.70	0.020	0.020	0.200			
HGH1040	HGH40	—	—	0.50~1.00	1.00~2.00	0.030	0.020	0.200	N:0.100~0.200		
HGH1068	HGH68	—	≤0.020	≤0.20	5.00~6.00	0.010	0.010	—			
HGH1131	HGH131	≤0.005	—	≤0.80	≤1.20	0.020	0.020	—	N:0.150~0.300		
HGH1139	HGH139	≤0.010	—	≤1.00	5.00~7.00	0.030	0.025	0.200	N:0.250~0.450		
HGH1140	HGH140	—	—	≤0.80	≤0.70	0.020	0.015	—			
HGH2036	HGH36	—	—	0.30~0.80	7.50~9.50	0.035	0.030	—			
HGH2038	HGH38	≤0.008	—	≤1.00	≤1.00	0.030	0.020	0.200			
HGH2042	HGH42	—	—	≤0.60	0.80~1.30	0.020	0.020	0.200			

（续）

新牌号	原牌号	化学成分（质量分数，%）									
		C	Cr	Ni	W	Mo	Al	Ti	Fe	Nb	V
HGH2132	HGH132	≤0.08	13.50~16.00	24.50~27.00	—	1.00~1.50	≤0.35	1.75~2.35	余	—	0.10~0.50
HGH2135	HGH135	≤0.06	14.00~16.00	33.00~36.00	1.70~2.20	1.70~2.20	2.40~2.80	2.10~2.50	余	—	—
HGH2150	HGH150	≤0.06	14.00~16.00	45.00~50.00	2.50~3.50	4.50~6.00	0.80~1.30	1.80~2.40	余	0.90~1.40	—
HGH3030	HGH30	≤0.12	19.00~22.00	余	—	—	≤0.15	0.15~0.35	≤1.00	—	—
HGH3039	HGH39	≤0.08	19.00~22.00	余	—	1.80~2.30	0.35~0.75	0.35~0.75	≤3.00	0.90~1.30	—
HGH3041	HGH41	≤0.25	20.00~23.00	72.00~78.00	—	—	≤0.06	—	≤1.70	—	—
HGH3044	HGH44	≤0.10	23.50~26.50	余	13.00~16.00		≤0.50	0.30~0.70	≤4.00	—	—
HGH3113	HGH113	≤0.08	14.50~16.50	余	3.00~4.50	15.00~17.00	—	—	4.00~7.00	—	≤0.35
HGH3128	HGH128	≤0.05	19.00~22.00	余	7.50~9.00	7.50~9.00	0.40~0.80	0.40~0.80	≤2.00	—	—
HGH3367	HGH367	≤0.06	14.00~16.00	余	—	14.00~16.00	—	—	≤4.00	—	—

新牌号	原牌号	B	Ce	Si	Mn	P	S	Cu	其他
						不大于			
HGH2132	HGH132	0.001~0.010	—	0.40~1.00	1.00~2.00	0.020	0.015	—	
HGH2135	HGH135	≤0.015	≤0.030	≤0.50	≤0.40	0.020	0.020	—	
HGH2150	HGH150	≤0.010	≤0.020	≤0.40	≤0.40	0.015	0.015	0.070	Zr:0.050
HGH3030	HGH30	—	—	≤0.80	≤0.70	0.015	0.010	0.200	
HGH3039	HGH39	—	—	≤0.80	≤0.40	0.020	0.012	0.200	
HGH3041	HGH41	—	—	≤0.60	0.20~1.50	0.035	0.030	0.200	
HGH3044	HGH44	—	—	≤0.80	≤0.50	0.013	0.013	0.200	
HGH3113	HGH113	—	—	≤1.00	≤1.00	0.015	0.015	0.200	
HGH3128	HGH128	≤0.005	≤0.050	≤0.80	≤0.50	0.013	0.013	—	Zr:0.060
HGH3367	HGH367	—	—	≤0.30	1.00~2.00	0.015	0.010	—	

（续）

新牌号	原牌号	化学成分(质量分数,%)								
		C	Cr	Ni	W	Mo	Al	Ti	Fe	Nb
HGH3533	HGH533	≤0.08	17.00~20.00	余	7.00~9.00	7.00~9.00	≤0.40	2.30~2.90	≤3.00	—
HGH3536	HGH536	0.05~0.15	20.50~23.00	余	0.20~1.00	8.00~10.00	—	—	17.00~20.00	—
HGH3600	HGH600	≤0.10	14.00~17.00	≥72.00	—	—	—	—	6.00~10.00	—
HGH4033	HGH33	≤0.06	19.00~22.00	余	—	—	0.60~1.00	2.40~2.80	≤1.00	—
HGH4145	HGH145	≤0.08	14.00~17.00	余	—	—	0.40~1.00	2.50~2.75	5.00~9.00	0.70~1.20
HGH4169	HGH169	≤0.08	17.00~21.00	50.00~55.00	—	2.80~3.30	0.20~0.60	0.65~1.15	余	4.75~5.50
HGH4356	HGH356	≤0.08	17.00~20.00	余	4.00~5.00	4.00~5.00	1.00~1.50	2.20~2.80	≤4.00	—
HGH4642	HGH642	≤0.04	14.00~16.00	余	2.00~4.00	12.00~14.00	0.60~0.90	1.30~1.60	≤4.00	—
HGH4648	HGH648	≤0.10	32.00~35.00	余	4.30~5.30	2.30~3.30	0.50~1.10	0.50~1.10	≤4.00	0.50~1.10

新牌号	原牌号	B	Ce	Si	Mn	P	S	Cu	其他
						不大于			
HGH3533	HGH533	—	—	0.30	0.60	0.010	0.010	—	
HGH3536	HGH536	≤0.010	—	1.00	1.00	0.025	0.025	—	Co:0.50~2.50
HGH3600	HGH600	—	—	0.50	1.00	0.020	0.015	0.500	Co:≤1.00
HGH4033	HGH33	≤0.010	≤0.010	0.65	0.35	0.015	0.007	0.07	
HGH4145	HGH145	—	—	0.50	1.00	0.020	0.010	0.200	
HGH4169	HGH169	≤0.006	—	0.30	0.35	0.015	0.015	—	
HGH4356	HGH356	≤0.010	≤0.010	0.50	1.00	0.015	0.010	—	
HGH4642	HGH642	—	≤0.020	0.35	0.60	0.010	0.010	—	
HGH4648	HGH648	≤0.008	≤0.030	0.40	0.50	0.015	0.010	—	

8. 硬质合金堆焊焊丝的牌号及化学成分

目前国产的硬质合金堆焊焊丝主要有高铬合金铸铁（索尔玛依特）和钴基（司太立）合金两类。因都不能锻、轧、拉拔，故一般以铸造焊丝使用。适用于气焊和气体保护焊。硬质合金堆焊焊丝的牌号按《焊接材料产品样本》统一规定，以“HS”表示焊丝，后接第一位数字“1”表示为硬质合金堆焊用焊丝，末两位数字为牌号的编号。

表 6-2-11 列出了硬质合金堆焊丝的牌号、主要化学成分、堆焊层硬度及主要用途。

表 6-2-11　硬质合金堆焊焊丝的牌号、主要化学成分、堆焊层硬度及主要用途

牌号	名　称	主要化学成分（质量分数,%）	堆焊层硬度（高温硬度为例值）	主要特性及用途
HS101	高铬铸铁堆焊焊丝（相当索尔玛依特 1 号）	C:2.5～3.3, Mn:0.5～1.5, Si:2.8～4.2, Cr:25～31, Ni:3.0～5.0, Fe 余量	常温,48～54HRC 300℃,483HV 400℃,473HV 500℃,460HV 600℃,289HV	堆焊层具有优良的抗氧化和耐气蚀性能,硬度高,耐磨性好,但工作温度不宜超过 500℃,否则硬度急剧降低。主要用于堆焊要求耐磨损、抗氧化或耐气蚀的场合,如铲斗齿、泵套、排汽叶片、气门等的堆焊
HS103	高铬铸铁堆焊焊丝(含 B)	C:3.0～4.0, Mn≤3.0, Si≤3.0, Cr:25～32, Co:4.0～6.0, B:0.5～1.0, Fe 余量	常温,58～64HRC 300℃,857HV 400℃,848HV 500℃,798HV 600℃,520HV	堆焊层具有优良的抗氧化性能,硬度高,耐磨性好,但抗冲击性能差,难以进行切削加工,只可以研磨。主要用于要求强烈耐磨损的场合,如牙轮钻头小轴、煤孔挖掘器、破碎机辊等堆焊
HS111	钴基堆焊焊丝（低碳 Co-Cr-W 堆焊合金）（司太立合金）相当 AWSRCoCr-A	C:0.9～1.4, Mn≤1.0, Si:0.4～2.0, Cr:26～32, W:3.5～6.0, Fe≤2.0, Co 余量	常温,40～45HRC 500℃,365HV 600℃,310HV 700℃,274HV 800℃,250HV	是 Co-Cr-W 堆焊合金中 C 及 W 含量最低、韧性最好的一种。能承受冷热条件下的冲击,产生裂纹的倾向小,具有良好的耐蚀、耐热和耐磨性能。主要用于要求在高温工作时能保持良好的耐磨性及耐蚀性的零部件的堆焊,如高温、高压阀门、热剪切刀刃及热锻模等
HS112	钴基堆焊焊丝铸造中碳 Co-Cr-W 合金（司太立合金）相当 AWSRCoCr-A	C:1.2～1.7, Mn≤1.0, Si:0.4～2.0, Cr:26～32, W:7.0～9.5, Fe≤2.0, Co 余量	常温,45～50HRC 500℃,410HV 600℃,390HV 700℃,360HV 800℃,295HV	在 Co-Cr-W 堆焊合金中具有中等硬度,耐磨性比 HS111 好,但塑性稍差。具有良好的耐蚀、耐热及耐磨性能,在 650℃左右高温下仍能保持这些特性。主要用于高温、高压阀门,内燃机阀,高压泵轴套和内衬套筒,热轧辊孔形等堆焊
HS113	钴基堆焊焊丝（铸造高碳 Co-Cr-W 合金）（司太立合金）	C:2.5～3.3, Mn≤1.0, Si:0.4～2.0, Cr:27～33, W:15～19, Fe≤2.0, Co 余量	常温,55～60HRC 500℃,623HV 600℃,550HV 700℃,485HV 800℃,320HV	硬度高,耐磨性非常好,但抗冲击性较差,堆焊时产生裂纹倾向大。具有良好的耐蚀、耐热、耐磨性能,在 650℃左右仍可保持这些性能。主要用于牙轮钻头轴承、锅炉的旋转叶片、粉碎机刃口、螺旋送料机等堆焊
HS114	钴基堆焊焊丝 高碳 Co-Cr-W 合金 相当 AWSRCoCr-C	C:2.4～3.0, Mn≤1.0, Si≤2.0, Cr:26～30, Ni:4.0～6.0, W:11～14, Fe≤2.0, Co 余量	常温≥52HRV 500℃,623HV 600℃,530HV 700℃,485HV 800℃,320HV	高碳 Co-Cr-W 合金堆焊焊丝,耐磨性、耐蚀性好,但冲击韧性差,主要用于牙轮钻头轴承、锅炉旋转叶片等磨损部件的堆焊

9. 钛及钛合金焊丝的型号及化学成分

根据 GB/T 30562-2014《钛及钛合金焊丝》，钛及钛合金焊丝型号由两部分组成。第一部分为“STi”，表示钛及钛合金焊丝；第二部分为四位阿拉伯数字，表示焊丝型号分类，见表 6-2-12。除了上述强制部分外，还可在后面以括号形式标注焊丝化学成分代号，代号含义见表 6-2-12。

型号示例：

STi　6402　(TiAl6V4B)

- (TiAl6V4B)——可选附加代号，表示焊丝的化学成分代号
- 6402——表示焊丝型号分类
- STi——表示钛及钛合金焊丝

表 6-2-12 钛及钛合金焊丝的型号及化学成分（摘自 GB/T 30562—2014）

焊丝型号	化学成分代号	化学成分①②(质量分数,%)																
		C	O	N	H	Fe	Al	V	Sn	Pd	Ru	Cr	Ni	Mo	Nb	Zr	Co	Si
STi0100	Ti99.8	0.03	0.03~0.10	0.12	0.005	0.080	—	—	—	—	—	—	—	—	—	—	—	—
STi0120	Ti99.6	0.03	0.08~0.16	0.015	0.008	0.12	—	—	—	—	—	—	—	—	—	—	—	—
STi0125	Ti99.5	0.03	0.13~0.20	0.02	0.008	0.16	—	—	—	—	—	—	—	—	—	—	—	—
STi0130	Ti99.3	0.03	0.18~0.32	0.025	0.008	0.25	—	—	—	—	—	—	—	—	—	—	—	—
STi2251	TiPd0.2	0.03	0.03~0.10	0.012	0.005	0.08	—	—	—	0.1~0.25	—	—	—	—	—	—	—	—
STi2253	TiPd0.06	0.03	0.03~0.10	0.012	0.005	0.08	—	—	—	0.04~0.08	—	—	—	—	—	—	—	—
STi2255	TiRu0.2	0.03	0.03~0.10	0.012	0.005	0.08	—	—	—	—	0.08~0.14	—	—	—	—	—	—	—
Sti2401	TiPd0.2A	0.03	0.08~0.16	0.015	0.008	0.12	—	—	—	0.12~0.25	—	—	—	—	—	—	—	—
STi2403	TiPd0.06A	0.03	0.08~0.16	0.015	0.008	0.12	—	—	—	0.04~0.08	—	—	—	—	—	—	—	—
STi2405	TiRu0.1A	0.03	0.08~0.16	0.015	0.008	0.12	—	—	—	—	0.08~0.14	—	—	—	—	—	—	—
STi 3401	TiNi0.7Mo0.3	0.03	0.08~0.16	0.015	0.008	0.15	—	—	—	—	—	—	0.6~0.9	0.2~0.4	—	—	—	—
STi 3416	TiRu0.05Ni0.5	0.03	0.03~0.10	0.02	0.008	0.16	—	—	—	—	0.04~0.06	—	0.4~0.6	—	—	—	—	—
STi 3423	TiNi0.5	0.03	0.13~0.20	0.012	0.005	0.08	—	—	—	—	0.04~0.06	—	0.4~0.6	—	—	—	—	—
STi 3423	TiNi0.5A	0.03	0.08~016	0.015	0.008	0.12	—	—	—	—	0.04~0.06	—	0.4~0.6	—	—	—	—	—
STi 3443	TiNi0.45Cr0.15	0.03	0.08~0.16	0.015	0.008	0.12	—	—	—	0.01~0.02	0.02~0.04	0.1~0.2	0.35~0.55	—	—	—	—	—
STi 3444	TiNi0.45Cr0.15A	0.03	0.13~0.20	0.02	0.008	0.16	—	—	—	0.01~0.02	0.02~0.04	0.1~0.2	0.35~0.55	—	—	—	—	—
STi 3531	TiCo0.5	0.03	0.13~0.20	0.015	0.008	0.12	—	—	—	0.04~0.08	—	—	—	—	—	—	0.20~0.80	—
STi 3533	TiCo0.5A	0.03	0.13~0.20	0.02	0.008	0.16	—	—	—	0.04~0.08	—	—	—	—	—	—	0.20~0.80	—
STi 4251	TiAl4V2Fe	0.05	0.20~0.27	0.02	0.010	1.2~1.8	3.5~4.5	2.0~3.0	—	—	—	—	—	—	—	—	—	—

STi 4621	TiAl6Zr4Mo2Sn	0.04	0.30	0.015	0.015	0.05	5.50~6.50	—	1.80~2.20	—	—	0.25	—	1.80~2.20	—	3.60~4.40	—	—
STi 4810	TiAl8V1Mo1	0.08	0.12	0.05	0.01	0.30	7.35~8.35	0.75~1.25	—	—	—	—	—	0.75~1.25	—	—	—	—
STi5112	TiAl5V1Sn1Mo1Zr1	0.03	0.05~0.10	0.012	0.008	0.20	4.5~5.5	0.6~1.4	0.6~1.4	—	—	—	—	0.6~1.2	—	0.6~1.4	—	0.06~0.14
STi 6321	TiAl3V2.5A	0.03	0.06~0.12	0.012	0.005	0.20	2.5~3.5	2.0~3.0	—	—	—	—	—	—	—	—	—	—
STi 6324	TiAl3V2.5Ru	0.03	0.06~0.12	0.012	0.005	0.20	2.5~3.5	2.0~3.0	—	—	0.08~0.14	—	—	—	—	—	—	—
STi 6326	TiAl3V2.5Pd	0.03	0.06~0.12	0.012	0.005	0.20	2.5~3.5	2.0~3.0	—	0.04~0.08	—	—	—	—	—	—	—	—
STi 6402	TiAl6V4B	0.05	0.12~0.20	0.030	0.015	0.22	5.50~6.75	3.50~4.50	—	—	—	—	—	—	—	—	—	—
STi 6408	TiAl6V4A	0.03	0.03~0.11	0.012	0.005	0.20	5.5~6.5	3.5~4.5	—	—	—	—	—	—	—	—	—	—
STi 64013	TiAl6V4Ni0.5Pd	0.05	0.12~0.20	0.030	0.015	0.22	5.5~6.7	3.5~4.5	—	0.04~0.08	—	—	0.3~0.8	—	—	—	—	—
STi 64014	TiAl6V4Ru	0.03	0.03~0.11	0.012	0.005	0.20	5.5~6.5	3.5~4.5	—	—	0.08~0.14	—	—	—	—	—	—	—
STi 64015	TiAl6V4Pd	0.05	0.12~0.20	0.030	0.015	0.22	5.5~6.7	3.5~4.5	—	0.04~0.08	—	—	—	—	—	—	—	—
STi 8211	TiMo15Al3Nb3	0.03	0.10~0.15	0.012	0.005	0.20~0.40	2.5~3.5	—	—	—	—	—	—	14~16	2.2~3.2	—	—	0.15~0.25
STi 8451	TiNb45	0.03	0.06~0.12	0.02	0.0035	0.03	—	—	—	—	—	—			42.0~47.0	—	—	—
STi 8641	TiV8Cr6Mo4Zr4Al3	0.03	0.06~0.10	0.015	0.015	0.20	3.0~4.0	7.5~8.5	—	—	—	5.5~6.5	—	3.5~4.5	—	3.5~4.5	—	—
STi 8646	TiV8Cr6Mo4Zr4Al3Pd	0.03	0.06~0.10	0.015	0.015	0.20	3.0~4.0	7.5~8.5	—	0.04~0.08	—	5.5~6.5	—	3.5~4.5	—	3.5~4.5	—	—
ZTi③		其他成分																

注：表中单值均为最大值。

① 合金成分的余量为 Ti。

② 残余元素的总量应不大于 0.20%（质量分数，后同），其中，除钇外的单个元素应不大于 0.05%，钇应不大于 0.005%，除乙方特殊要求外，其他残余元素不需要报告。

③ 表中未列的焊丝型号可用相类似的型号表示，词头加字母 Z。化学成分不规定，两种分类之间不可替换。

2.1.3　实心焊丝选用要点

选用何种焊丝需根据焊接方法、母材材质和对焊缝金属的要求决定。第 7 篇将给出各种金属材料的焊丝选用资料，这里只介绍选用要点。

选用气体保护焊焊丝时，要注意保护气体的性质。

（1）TIG 焊焊丝

非熔化极惰性气体（Ar）保护焊焊接薄板时通常不用填充焊丝。使用填充焊丝时，由于纯 Ar 气体无氧化性，焊丝熔化后成分基本上不发生变化，所以对焊缝金属无特殊要求时，可以采用与母材成分一致的焊丝。

（2）MIG 和 MAG 焊丝

MIG 焊是熔化极惰性气体（Ar）保护焊，主要用于焊接铝及铝合金、钛及钛合金等。当焊接低碳钢、低合金钢和不锈钢时，为了改善电弧特性及熔池的行为，需要在 Ar 气中加入适量 O_2 或 CO_2，这种方法称为 MAG 焊。当焊接低合金钢时，采用 Ar+5%（体积分数）CO_2 混合气体；当焊接低碳不锈钢时，应采用 Ar+2%（体积分数）O_2 混合气体。采用 MIG 和 MAG 焊接时，原则上都采用与母材成分相一致的焊丝，但 MAG 焊时宜选用含 Si、Mn 等脱氧元素较高的焊丝。

（3）CO_2 焊焊丝

CO_2 是活性气体，具有较强的氧化性，因此 CO_2 焊所用焊丝必须含有较高的 Mn、Si 等脱氧元素，通常是 C-Mn-Si 系焊丝，如 H08MnSiA、H08Mn2SiA 和 H04Mn2SiTiA 等。主要用于焊接碳素钢和低合金结构钢。

2.2　药芯焊丝

2.2.1　药芯焊丝的特点及分类

1. 药芯焊丝的特点

药芯焊丝是在薄钢带卷成圆形或异形钢管中填充一定成分的药粉，经拉制而成的一种焊丝，又称为管状焊丝。药粉的作用与焊条药皮相似。药芯焊丝绕制成盘状供应，易于实现机械化、自动化焊接。

与实心焊丝相比，药芯焊丝有如下优缺点。

（1）优点

1）对钢材的适应能力强。通过调整药芯的成分，就可获得所要求的焊缝金属化学成分。

2）工艺性能好，焊缝成形美观。采用气渣联合保护，获得良好成形。加入稳弧剂，可使电弧和熔滴过渡稳定、飞溅少，且飞溅颗粒细，易于清除。

3）熔敷速度快，生产率高。在相同焊接电流下，药芯焊丝的电流密度大，熔敷速度快，其熔敷效率高，生产率比焊条电弧焊高 3~5 倍。

4）可采用较大焊接电流进行全位置焊接。

（2）缺点

1）焊丝制造过程复杂。

2）焊接时，送丝较实心焊丝困难。

3）焊丝外表面容易锈蚀，粉剂易吸潮，因此对药芯焊丝保存与管理的要求更为严格。

2. 药芯焊丝的种类及其焊接特性

（1）按焊丝结构分

药芯焊丝按其结构可分为无缝焊丝和有缝焊丝两类。无缝焊丝是由无缝钢管压入所需的粉剂后，再经拉拔而成，这种焊丝可以镀铜，性能好、成本低。

有缝焊丝按其截面形状又可分为简单截面的 O 形和复杂截面的折叠形两类。折叠形又分梅花形、T 形、E 形和中间填丝形等，如图 6-2-1 所示。

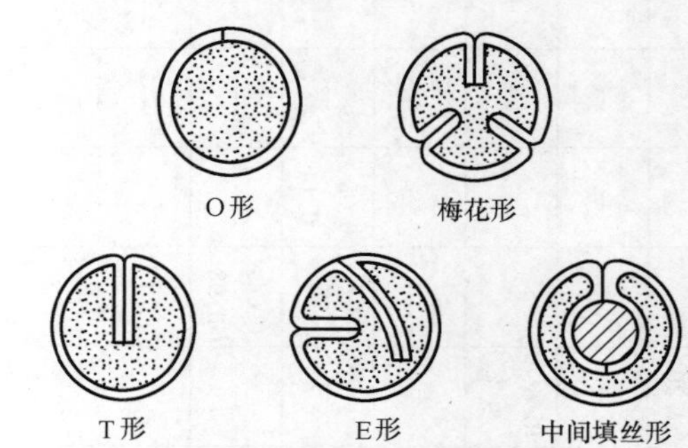

图 6-2-1　有缝药芯焊丝的截面形状

药芯截面形状越复杂、越对称，电弧越稳定，焊丝熔化越均匀，药芯的冶金反应和保护作用越充分。O 形焊丝因药芯不导电，电弧容易沿四周钢皮旋转，稳定性较差。当焊丝直径小于 2mm 时，截面形状差别的影响已不明显，因此小直径（≤2.0mm）药芯焊丝一般采用 O 形截面，大直径（≥2.4mm）则多采用折叠形复杂截面。

（2）按保护方式分

药芯焊丝按保护方式可分为外加保护药芯焊丝和自保护药芯焊丝。外加保护的药芯焊丝在焊接时需外加气体或熔渣保护。气体保护焊时多用 CO_2，也有用 Ar+25%（体积分数）CO_2 或 Ar+2%（体积分数）O_2 混合气体进行保护；熔渣保护指药芯焊丝和焊剂配合用于埋弧焊、堆焊和电渣焊。

自保护焊丝是依赖药芯燃烧分解出的气体来保护焊接区，不需外加保护气体。药芯产生气体的同时，也产生熔渣，保护了熔池和焊缝金属。

（3）按药芯性质分

药芯焊丝芯部粉剂的组分与焊条药皮相类似，一般含有稳弧剂、脱氧剂、造渣剂和合金剂等。如果粉剂中不含造渣剂，则称为无造渣剂药芯焊丝，又称“金属粉”型药芯焊丝；如果含有造渣剂，则称为有造渣剂药芯焊丝或“粉剂”型药芯焊丝。

有造渣剂的药芯焊丝，按其渣的碱度可分钛型（酸性渣）、钛钙型（中性或弱碱性渣）和钙型（碱性渣）药芯焊丝。“金属粉”型药芯中大部分是铁粉、脱氧剂和稳弧剂等。表 6-2-13 列出了几种药芯焊丝的焊接特性比较。

表 6-2-13　几种药芯焊丝的焊接特性比较

项目		填充粉类型			
		钛型	钛钙型	氧化钙-氟化钙	“金属粉”型
工艺性能	焊道外观	美观	一般	稍差	一般
	焊道形状	平滑	稍凸	稍凸	稍凸
	电弧稳定性	良好	良好	良好	良好
	熔滴过渡	细小滴过渡	滴状过渡	滴状过渡	滴状过渡（低电流时短路过渡）
	飞溅	细小、极少	细小、少	粒大、多	细小、极少
	熔渣覆盖	良好	稍差	差	渣极少
	脱渣性	良好	稍差	稍差	稍差
	烟尘量	一般	稍多	多	少
焊缝性能	缺口韧度	一般	良好	优	良好
	扩散氢含量/mL·$(100g)^{-1}$	2～10	2～6	1～4	1～3
	氧质量分数/($\times10^{-6}$)	600～900	500～700	450～650	600～700
	抗裂性能	一般	良好	优	优
	X 射线检查	良好	良好	良好	良好
	抗气孔性能	稍差	良好	良好	良好
熔敷效率(%)		70～85	70～85	70～85	90～95

2.2.2　药芯焊丝的型号与牌号

1. 药芯焊丝的型号

（1）非合金钢及细晶粒钢药芯焊丝的型号

GB/T 10045—2018《非合金钢及细晶粒钢药芯焊丝》按照熔敷金属力学性能、使用特性、焊接位置、保护类型、焊后状态和熔敷金属化学成分等对焊丝进行分类标识。

非合金钢及细晶粒钢药芯焊丝的型号由八部分组成。第一部分为“T”，表示药芯焊丝；第二部分为两位阿拉伯数字，表示多道焊时熔敷金属在焊态或焊后热处理状态下的抗拉强度代号，见表 6-2-14；或单道焊时焊接接头在焊态下的抗拉强度代号，见表 6-2-15；第三部分为一位阿拉伯数字，表示对应于 27J 冲击吸收能量的试验温度代号，见表 6-2-16 所示，仅适用于单道焊的焊丝没有该部分；第四部分为 T 加一位或两位阿拉伯数字，表示使用特性代号，见表 6-2-17；第五部分为一位阿拉伯数字，表示焊接位置代号，见表 6-2-18；第六部分表示保护气体类型代号，N 表示自保护，其他代号表示保护气体成分，见表 6-2-19；对于仅适用于单道焊的焊丝，保护类型代号后面添加字母“S”；第七部分表示焊后状态代号，“A”表示焊态，“P”表示焊后热处理状态，“AP”表示焊态和焊后热处理两种状态均可；第八部分表示熔敷金属化学成分分类，见表 6-2-20；仅适用于单道焊的焊丝没有该部分。除了以上强制部分外，后面还有两个可选部分，第一部分用“U”表示在规定试验温度下冲击吸收能量不小于 47J；第二部分用 H 加一位或二位阿拉伯数字表示熔敷金属中扩散氢的最大含量，见表 6-2-21。

多道焊焊丝型号示例：

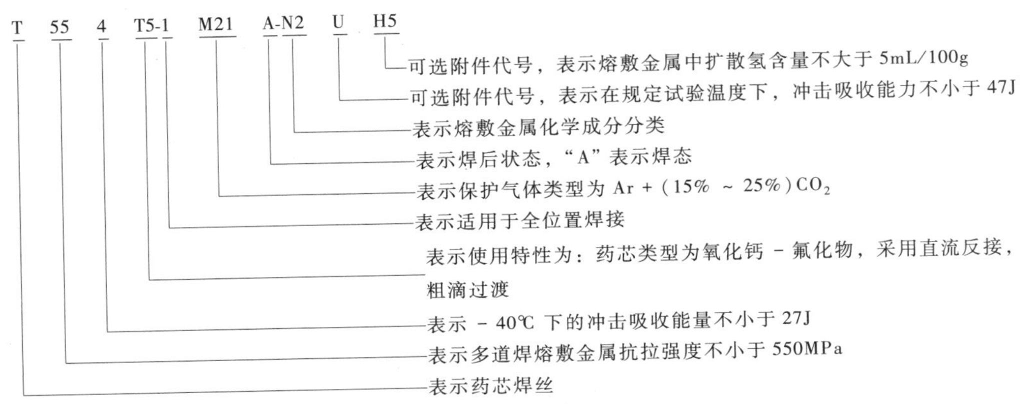

仅适用于单道焊的焊丝型号示例：

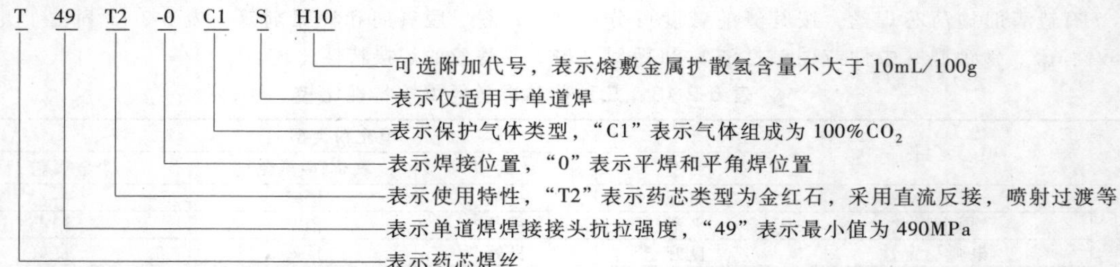

表 6-2-14 非合金钢及细晶粒钢药芯焊丝多道焊熔敷金属抗拉强度代号（摘自 GB/T 10045—2018）

抗拉强度代号	抗拉强度 R_m/MPa	屈服强度 R_{eL} 或 $R_{p0.2}$/MPa	断后伸长率 A(%)
43	430~600	≥330	≥20
49	490~670	≥390	≥18
55	550~740	≥460	≥17
57	570~770	≥490	≥17

表 6-2-15 非合金钢及细晶粒钢药芯焊丝单道焊焊接接头抗拉强度代号（摘自 GB/T 10045—2018）

抗拉强度代号	抗拉强度 R_m/MPa
43	≥430
49	≥490
55	≥550
57	≥570

表 6-2-16 冲击试验温度代号（摘自 GB/T 10045—2018）

冲击试验温度代号	冲击试验吸收能量不小于 27J 时的试验温度
Z	不要求冲击试验
Y	+20
0	0
2	-20
3	-30
4	-40
5	-50
6	-60
7	-70
8	-80
9	-90
10	-100

表 6-2-17 非合金钢及细晶粒钢药芯焊丝使用特性代号（摘自 GB/T 10045—2018）

代号	保护气体	电流类型	熔滴过渡形式	药芯类型	焊接位置①	工艺特点	焊接类型
T1	要求	DCRP	喷射	金红石	0 或 1	飞溅少，平或微凸焊道、熔敷速度高。大直径焊丝适用于平焊和横焊，小直径焊丝可用于全位置焊接	单道和多道焊
T2	要求	DCRP	喷射	金红石	0	与 T1 相似，高锰或/和硅提高性能。适用于平焊和横焊位置的角焊缝，也可用于氧化严重的钢和沸腾钢	单道焊
T3	不要求	DCRP	粗滴	不规定	0	焊接速度极高，适合于平焊、横焊和向下立焊。T 形和搭接接头时板厚不得超过 5mm，对接、角接和端接时板厚不得超过 6mm	单道焊
T4	不要求	DCRP	粗滴	碱性	0	熔敷速度极高，抗热裂性能好，熔深小，对间隙变化不敏感	单道和多道焊
T5	要求	DCRP②	粗滴	氧化钙-氟化物	0 或 1	微凸焊道，薄渣不能完全覆盖焊道，冲击性能比 T1 好，抗冷裂和抗热裂性能均较好。适用于平焊位置的多道或单道焊以及横焊位置的角焊缝，直流正接时可用于全位置焊接	单道和多道焊
T6	不要求	DCRP	喷射	不规定	0	冲击韧性好，焊缝根部熔透性好，深坡口中仍有优异的脱渣性。适用于平焊和横焊位置	单道和多道焊
T7	不要求	DCSP	细熔滴或喷射	不规定	0 或 1	熔敷速度高，抗热裂性能优异。大直径焊丝适用于平焊和横焊，小直径焊丝可用于全位置焊接	单道和多道焊
T8	不要求	DCSP	细熔滴或喷射	不规定	0	良好的低温冲击韧性。适合于全位置焊接	单道和多道焊
T10	不要求	DCSP	细熔滴	不规定	0 或 1	任何厚度材料的平焊、横焊和立焊都具有高的熔敷速度	单道焊

（续）

代号	保护气体	电流类型	熔滴过渡形式	药芯类型	焊接位置①	工艺特点	焊接类型
T11	不要求	DCSP	喷射	不规定	0 或 1	一些焊丝设计仅用于薄板焊接,制造商需要给出板厚限制。适用于全位置单道焊和多道焊	单道和多道焊
T12	要求	DCRP	喷射	金红石	0 或 1	与 T1 相似,冲击韧性高,降低了对焊缝中锰的要求,焊缝强度和硬度较低	单道和多道焊
T13	不要求	DCSP	短路	不规定	0 或 1	用于有根部间隙焊道的焊接,可用于各种壁厚管道的第一道焊缝的焊接,一般不用于其他焊道	单道焊
T14	不要求	DCSP	喷射	不规定	0 或 1	适用于全位置焊接以及涂层、镀层薄板的高速焊接;T 形和搭接接头时厚板不得超过 4.8mm,对接、角接和端接时板厚不得超过 6mm	单道焊
T15	要求	DCRP	微细熔滴或喷射	金属粉型	0 或 1	药芯含有合金和铁粉、熔渣覆盖率低、熔敷速度高,主要采用 Ar+CO_2 混合气体进行平焊和平角焊;也可在直流正接焊接下采用短路过渡或脉冲过渡进行其他位置焊接	单道和多道焊
TG	供需双方协定						

注：DCRP 表示直流反接，DCSP 表示直流正接。

① 见表 6-2-18。

② 采用 DCSP（直流正接）时可用于全位置焊接，由制造商推荐电流类型。

表 6-2-18 焊接位置代号

焊接位置代号	焊 接 位 置
0	PA、PB
1	PA、PB、PC、PD、PE、PF 和/或 PG

注：PA=平焊，PB=平角焊，PC=横焊，PD=仰角焊，PE=仰焊，PF=向上立焊，PG=向下立焊。

表 6-2-19 保护气体类型代号（摘自 GB/T 10045—2018）

保护气体类型代号		保护气体组成(体积分数,%)						一般应用条件	备注
		氧化性		惰性		还原性	低活性		
主组分	副组分	CO_2	O_2	Ar	He	H_2	N_2		
I	1			100				MIG、MAG、等离子焊,根部保护	
	2				100				
	3			其余	0.5~95				
M1	1	0.5~5		其余①		0.5~5		MAG	弱氧化性 ↓ 强氧化性
	2	0.5~5		其余①					
	3		0.5~3	其余①					
	4	0.5~5	0.5~3	其余①					
M2	0	5~15		其余①					
	1	15~25		其余①					
	2		3~10	其余①					
	3	0.5~5	3~10	其余①					
	4	5~15	0.5~3	其余①					
	5	5~15	3~10	其余①					
	6	15~25	0.5~3	其余①					
	7	15~25	3~10	其余①					
M3	1	25~50		其余①					
	2		10~15	其余①					
	3	5~50	2~10	其余①					
	4	5~25	10~15	其余①					
	5	25~50	10~15	其余①					
C	1	100							
	2	其余	0.5~30						

（续）

保护气体类型代号		保护气体组成(体积分数,%)						一般应用条件	备注
		氧化性		惰性		还原性	低活性		
主组分	副组分	CO_2	O_2	Ar	He	H_2	N_2		
R	1			其余①		0.5~15		TIG、等离子焊根部保护	
	2			其余①		15~35			
N	1						100		
	2			其余①			0.5~5		
	3			其余①			5~50		
	4					0.5~10	0.5~5		
	5					0.5~50	其余		
O	1		100						
Z②	表中未列出的保护气体类型或保护气体组成								

① 可以使用氦气部分或全部替代氩气。
② 同为Z的两种保护气体不能相互替代。

表 6-2-20 非合金钢及细晶粒钢药芯焊丝熔敷金属化学成分分类（摘自 GB/T 10045—2018）

化学成分分类	化学成分①(质量分数,%)										
	C	Mn	Si	P	S	Ni	Cr	Mo	V	Cu	Al②
无标记	0.18③	2.00	0.90	0.030	0.030	0.50④	0.20④	0.30④	0.08④	—	2.0
K	0.20	1.60	1.00	0.030	0.030	0.50④	0.20④	0.30④	0.08④	—	—
2M3	0.12	1.50	0.80	0.030	0.030	—	—	0.40~0.65	—	—	1.8
3M2	0.15	1.25~2.00	0.80	0.030	0.030	—	—	0.25~0.55	—	—	1.8
N1	0.12	1.75	0.80	0.030	0.030	0.30~1.00	—	0.35	—	—	1.8
N2	0.12	1.75	0.80	0.030	0.030	0.80~1.20	—	0.35	—	—	1.8
N3	0.12	1.75	0.80	0.030	0.030	1.00~2.00	—	0.35	—	—	1.8
N5	0.12	1.75	0.80	0.030	0.030	1.75~2.75	—	—	—	—	1.8
N7	0.12	1.75	0.80	0.030	0.030	2.75~3.75	—	—	—	—	1.8
CC	0.12	0.60~1.40	0.20~0.80	0.030	0.030	—	0.30~0.60	—	—	0.20~0.50	1.8
NCC	0.12	0.60~1.40	0.20~0.80	0.030	0.030	0.10~0.45	0.45~0.75	—	—	0.30~0.75	1.8
NCC1	0.12	0.50~1.30	0.20~0.80	0.030	0.030	0.30~0.80	0.45~0.75	—	—	0.30~0.75	1.8
NCC2	0.12	0.80~1.60	0.20~0.80	0.030	0.030	0.30~0.80	0.10~0.40	—	—	0.20~0.50	1.8
NCC3	0.12	0.80~1.60	0.20~0.80	0.030	0.030	0.30~0.80	0.45~0.75	—	—	0.20~0.50	1.8
N1M2	0.15	2.00	0.80	0.030	0.030	0.40~1.00	0.20	0.20~0.65	0.05	—	1.8
N2M2	0.15	2.00	0.80	0.030	0.030	0.80~1.20	0.20	0.20~0.65	0.05	—	1.8
N3M2	0.15	2.00	0.80	0.030	0.030	1.00~2.00	0.20	0.20~0.65	0.05	—	1.8
GX⑤	其他协定成分										

注：表中单值均为最大值。
① 如有意添加B元素，应进行分析。
② 只适用于自保护焊丝。
③ 对于自保护焊丝，$w(C) \leqslant 0.30\%$。
④ 这些元素如果是有意添加的，应进行分析。
⑤ 表中未列出的分类可用相类似的分类表示，词头加字母“G”。化学成分范围不进行规定，两种分类之间不可替换。

表 6-2-21 熔敷金属扩散氢含量代号（可选的附加代号）

扩散氢代号	扩散氢含量/$mL \cdot (100g)^{-1}$
H15	≤15.0
H10	≤10.0
H5	≤5.0
H4	≤4.0
H2	≤2.0

表 6-2-22 列出了 GB/T 10045—2018《非合金钢及细晶粒钢药芯焊丝》规定的所有药芯焊丝型号与其他相关标准型号之间的对应关系。

表 6-2-22　非合金钢及细晶粒钢药芯焊丝型号对照表（摘自 GB/T 10045—2018）

序号	GB/T 10045—2018	ISO 17632:2015（B 系列）	ANSI/AWS A5.36/A5.36M:2016	GB/T 10045—2001	GB/T 17493—2008
1	T492T1-XC1A	T492T1-XC1A	E49XT1-C1A2-CS1	E50XT-1	—
2	T492T1-XM21A	T492T1-XM21A	E49XT1-M21A2-CS1	E50XT-1M	—
3	T49T2-XC1S	T49T2-XC1S	E49XT1S-C1	E50XT-2	—
4	T49T2-XM21S	T49T2-XM21S	E49XT1S-M21	E50XT-2M	—
5	T49T3-XNS	T49T3-XNS	E49XT3S	E50XT-3	—
6	T49ZT4-XNA	T49ZT4-XNA	E49XT4-AZ-CS3	E50XT-4	—
7	T493T5-XC1A	T493T5-XC1A	E49XT5-C1A3-CS1	E50XT-5	—
8	T493T5-XM21A	T493T5-XM21A	E49XT5-M21A3-CS1	E50XT-5M	—
9	T493T6-XNA	T493T6-XNA	E49XT6-A3-CS3	E50XT-6	—
10	T49ZT7-XNA	T49ZT7-XNA	E49XT7-AZ-CS3	E50XT-7	—
11	T493T8-XNA	T493T8-XNA	E49XT8-A3-CS3	E50XT-8	—
12	T494T8-XNA	T494T8-XNA	E49XT8-A4-CS3	E50XT-8L	—
13	T493T1-XC1A	T493T1-XC1A	E49XT1-C1A3-CS1	E50XT-9	—
14	T493T1-XM21A	T493T1-XM21A	E49XT1-M21A3-CS1	E50XT-9M	—
15	T49T10-XNS	T49T10-XNS	E49XT10S	E50XT-10	—
16	T49ZT11-XNA	T49ZT11-XNA	E49XT11-AZ-CS3	E50XT-11	—
17	T493T12-XC1A-K	T493T12-XC1A-K	E49XT1-C1A3-CS2	E50XT-12	—
18	T493T12-XM21A-K	T493T12-XM21A-K	E49XT1-M21A3-CS2	E50XT-12M	—
19	T494T12-XM21A-K	T494T12-XM21A-K	E49XT1-M21A4-CS2	E50XT-12ML	—
20	T43T13-XNS	T43T13-XNS	—	E43XT-13	—
21	T49T13-XNS	T49T13-XNS	—	E50XT-13	—
22	T49T14-XNS	T49T14-XNS	E49XT14S	E50XT-14	—
23	T43ZTG-XNA	T43ZTG-XNA	E43XTG-AZ-CS1	E43XT-G	—
24	T49ZTG-XNA	T49ZTG-XNA	E49XTG-AZ-CS1	E50XT-G	—
25	T43TG-XNS	T43TG-XNS	E43XTG	E43XT-GS	—
26	T49TG-XNS	T49TG-XNS	E50XTG	E50XT-GS	—
27	T493T5-XC1P-2M3	T493T5-XC1P-2M3	E49XT5-C1P3-A1	—	E49XT5-A1C
28	T493T5-XM21P-2M3	T493T5-XM21P-2M3	E49XT5-M21P3-A1	—	E49XT5-A1M
29	T55ZT1-XC1P-2M3	T55ZT1-XC1P-2M3	E55XT1-C1PZ-A1	—	E55XT1-A1C
30	T55ZT1-XM21P-2M3	T55ZT1-XM21P-2M3	E55XT1-M21PZ-A1	—	E55XT1-A1M
31	T433T1-XC1A-N2	T433T1-XC1A-N2	E43XT1-C1A3-Ni1	—	E43XT1-Ni1C
32	T433T1-XM21A-N2	T433T1-XM21A-N2	E43XT1-M21A3-Ni1	—	E43XT1-Ni1M
33	T493T1-XC1A-N2	T493T1-XC1A-N2	—	—	E49XT1-Ni1C
34	T493T1-XM21A-N2	T493T1-XM21A-N2	—	—	E49XT1-Ni1M
35	T493T6-XNA-N2	T493T6-XNA-N2	E49XT6-A3-Ni1	—	E49XT6-Ni1
36	T493T8-XNA-N2	T493T8-XNA-N2	E49XT8-A3-Ni1	—	E49XT8-Ni1
37	T553T1-XC1A-N2	T553T1-XC1A-N2	E55XT1-C1A3-Ni1	—	E55XT1-Ni1C
38	T553T1-XM21A-N2	T553T1-XM21A-N2	E55XT1-M21A3-Ni1	—	E55XT1-Ni1M
39	T554T1-XM21A-N2	T554T1-XM21A-N2	E55XT1-M21A4-Ni1	—	E55XT1-Ni1M-J
40	T555T5-XC1P-N2	T555T5-XC1P-N2	E55XT5-C1P5-Ni1	—	E55XT5-Ni1C
41	T555T5-XM21P-N2	T555T5-XM21P-N2	E55XT5-M21P5-Ni1	—	E55XT5-Ni1M
42	T493T8-XNA-N5	T493T8-XNA-N5	E49XT8-A3-Ni2	—	E49XT8-Ni2
43	T553T8-XNA-N5	T553T8-XNA-N5	E55XT8-A3-Ni2	—	E55XT8-Ni2
44	T554T1-XC1A-N5	T554T1-XC1A-N5	E55XT1-C1A4-Ni2	—	E55XT1-Ni2C
45	T554T1-XM21A-N5	T554T1-XM21A-N5	E55XT1-M21A4-Ni2	—	E55XT1-Ni2M
46	T556T5-XC1P-N5	T556T5-XC1P-N5	E55XT5-C1P6-Ni2	—	E55XT5-Ni2C

（续）

序号	GB/T 10045—2018	ISO 17632:2015（B 系列）	ANSI/AWS A5.36/A5.36M:2016	GB/T 10045—2001	GB/T 17493—2008
47	T556T5-XM21P-N5	T556T5-XM21P-N5	E55XT5-M21P6-Ni2	—	E55XT5-Ni2M
48	T557T5-XC1P-N7	T557T5-XC1P-N7	E55XT5-C1P7-Ni3	—	E55XT5-Ni3C
49	T557T5-XM21P-N7	T557T5-XM21P-N7	E55XT5-M21P7-Ni3	—	E55XT5-Ni3M
50	T552T11-XNA-N7	T552T11-XNA-N7	E55XT11-A2-Ni3	—	E55XT11-Ni3
51	T554T5-XC1A-N2M2	T554T5-XC1A-N2M2	E55XT5-C1A4-K1	—	E55XT5-K1C
52	T554T5-XM21A-N2M2	T554T5-XM21A-N2M2	E55XT5-M21A4-K1	—	E55XT5-K1M
53	T492T4-XNA-N3	T492T4-XNA-N3	E49XT4-A2-K2	—	E49XT4-K2
54	T493T7-XNA-N3	T493T7-XNA-N3	E49XT7-A3-K2	—	E49XT7-K2
55	T493T8-XNA-N3	T493T8-XNA-N3	E49XT8-A3-K2	—	E49XT8-K2
56	T490T11-XNA-N3	T490T11-XNA-N3	E49XT11-A0-K2	—	E49XT11-K2
57	T553T1-XC1A-N3	T553T1-XC1A-N3	E55XT1-C1A3-K2	—	E55XT1-K2C
58	T553T1-XM21A-N3	T553T1-XM21A-N3	E55XT1-M21A3-K2	—	E55XT1-K2M
59	T553T5-XC1A-N3	T553T5-XC1A-N3	E55XT5-C1A3-K2	—	E55XT5-K2C
60	T553T5-XM21A-N3	T553T5-XM21A-N3	E55XT5-M21A3-K2	—	E55XT5-K2M
61	T553T8-XNA-N3	T553T8-XNA-N3	—	—	E55XT8-K2
62	T496T5-XC1A-N1	T496T5-XC1A-N1	E49XT5-C1A6-K6	—	E49XT5-K6C
63	T496T5-XM21A-N1	T496T5-XM21A-N1	E49XT5-M21A6-K6	—	E49XT5-K6M
64	T433T8-XNA-N1	T433T8-XNA-N1	E43XT8-A3-K6	—	E43XT8-K6
65	T493T8-XNA-N1	T493T8-XNA-N1	E49XT8-A3-K6	—	E49XT8-K6
66	T553T1-XC1A-NCC1	T553T1-XC1A-NCC1	E55XT1-C1A3-W2	—	E55XT1-W2C
67	T553T1-XM21A-NCC1	T553T1-XM21A-NCC1	E55XT1-M21A3-W2	—	E55XT1-W2M
68	T55XT15-XXA-N2	T55XT15-XXA-N2	—	—	E55C-Ni1
69	T496T15-XM13P-N5	T496T15-XM13P-N5	E49XT15-M13P6-Ni2	—	E49C-Ni2
70	T496T15-XM22P-N5	T496T15-XM22P-N5	E49XT15-M22P6-Ni2	—	E49C-Ni2
71	T556T15-XM13P-N5	T556T15-XM13P-N5	E55XT15-M13P6-Ni2	—	E55C-Ni2
72	T556T15-XM22P-N5	T556T15-XM22P-N5	E55XT15-M22P6-Ni2	—	E55C-Ni2
73	T55XT15-XXP-N7	T55XT15-XXP-N7	—	—	E55C-Ni3
74	T553T15-XM20A-NCC1	T553T15-XM20A-NCC1	E55XT15-M20A3-W2	—	E55C-W2
75	TXXXTX-XXX-3M2	TXXXTX-XXX-3M2	—	—	—
76	TXXXTX-XXX-CC	TXXXTX-XXX-CC	—	—	—
77	TXXXTX-XXX-NCC	TXXXTX-XXX-NCC	—	—	—
78	T494T1-XXX-NCC2	—	—	—	—
79	T494T1-XXX-NCC3	—	—	—	—
80	TXXXTX-XXX-N1M2	TXXXTX-XXX-N1M2	—	—	—
81	TXXXTX-XXX-N3M2	TXXXTX-XXX-N3M2	—	—	—

（2）热强钢药芯焊丝的型号

GB/T 17493—2018《热强钢药芯焊丝》按照熔敷金属力学性能、使用特性、焊接位置、保护气体类型和熔敷金属化学成分等对焊丝进行分类标识。

热强钢药芯焊丝的型号由六部分组成。第一部分为“T”，表示药芯焊丝；第二部分为两位阿拉伯数字，表示熔敷金属抗拉强度代号，见表 6-2-23；第三部分为 T 加一位或两位阿拉伯数字，表示使用特性代号，见表 6-2-24；第四部分为一位阿拉伯数字，表示焊接位置代号，见表 6-2-18；第五部分表示保护气体类型，N 表示自保护，其他代号表示保护气体类型代号，见表 6-2-19；第六部分表示熔敷金属化学成分分类，见表 6-2-25。除了以上强制部分外，后面还有一个可选部分，该部分为 H 加一位或两位阿拉伯数字，用于表示熔敷金属中扩散氢的最大含量，见表 6-2-21。

热强钢药芯焊丝型号示例：

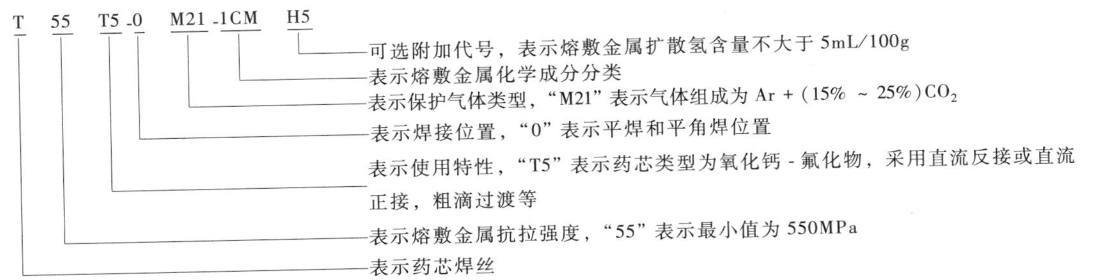

表 6-2-23　热强钢药芯焊丝熔敷金属抗拉强度代号（摘自 GB/T 17493—2018）

抗拉强度代号	抗拉强度 R_m/MPa
49	490～660
55	550～690
62	620～760
69	690～830

表 6-2-24　热强钢药芯焊丝使用特性代号（摘自 GB/T 17493—2018）

代号	保护气体	电流类型	熔滴过渡形式	药芯类型	焊接位置[①]	工 艺 特 点
T1	要求	DCRP	喷射	金红石	0 或 1	飞溅少，平或微凸焊道、熔敷速度高。大直径焊丝（直径不小于 2mm）适用于平焊和横焊，小直径焊丝（直径不大于 1.6mm）可用于全位置焊接
T5	要求	DCRP 或 DCSP	粗滴	氧化钙-氟化物	0 或 1	微凸焊道，薄渣不能完全覆盖焊道，冲击性能比 T1 好，抗冷裂和抗热裂性能均较好。适用于平焊位置的多道或单道焊以及横焊位置的角焊缝，直流正接时可用于全位置焊接
T15	要求	DCRP	微细熔滴或喷射	金属粉型	0 或 1	药芯含有合金和铁粉，熔渣覆盖率低，熔敷速度高。主要采用 $Ar+CO_2$ 混合气体进行平焊和平角焊位置，也可在直流正接焊接下采用短路过渡或脉冲过渡进行其他位置焊接
TG	供需双方协定					

① 见表 6-2-18。

表 6-2-25　热强钢药芯焊丝熔敷金属化学成分分类（摘自 GB/T 17493—2018）

化学成分分类	化学成分[①]（质量分数，%）							
	C	Mn	Si	P	S	Ni	Cr	Mo	V
2M3	0.12	1.25	0.80	0.030	0.030	—	—	0.40～0.65	—
CM	0.05～0.12	1.25	0.80	0.030	0.030	—	0.40～0.65	0.40～0.65	—
CML	0.05	1.25	0.80	0.030	0.030	—	0.40～0.65	0.40～0.65	—
1CM	0.05～0.12	1.25	0.80	0.030	0.030	—	1.00～1.50	0.40～0.65	—
1CML	0.05	1.25	0.80	0.030	0.030	—	1.00～1.50	0.40～0.65	—
1CMH	0.10～0.15	1.25	0.80	0.030	0.030	—	1.00～1.50	0.40～0.65	—
2C1M	0.05～0.12	1.25	0.80	0.030	0.030	—	2.00～2.50	0.90～1.20	—
2C1ML	0.05	1.25	0.80	0.030	0.030	—	2.00～2.50	0.90～1.20	—
2C1MH	0.10～0.15	1.25	0.80	0.030	0.030	—	2.00～2.50	0.90～1.20	—
5CM	0.05～0.12	1.25	1.00	0.025	0.030	0.40	4.0～6.0	0.45～0.65	—
5CML	0.05	1.25	1.00	0.025	0.030	0.40	4.0～6.0	0.45～0.65	—
9C1M[②]	0.05～0.12	1.25	1.00	0.040	0.030	0.40	8.0～10.5	0.85～1.20	—
9C1ML[②]	0.05	1.25	1.00	0.040	0.030	0.40	8.0～10.5	0.85～1.20	—
9C1MV[③]	0.08～0.13	1.20	0.50	0.020	0.015	0.80	8.0～10.5	0.85～1.20	0.15～0.30
9C1MV1[④]	0.05～0.12	1.25～2.00	0.50	0.020	0.015	1.00	8.0～10.5	0.85～1.20	0.15～0.30
GX[⑤]	其他协定成分								

注：表中单值均为最大值

① 化学分析应按表中规定的元素进行分析。如在分析过程中发现其他元素，这些元素的总量（除铁外）不应超过 0.50%（质量分数，后同）。

② Cu≤0.50%。

③ Nb：0.02%～0.10%，N：0.02%～0.07%，Cu≤0.25%，Al≤0.04%，(Mn+Ni)≤1.40%。

④ Nb：0.01%～0.08%，N：0.02%～0.07%，Cu≤0.25%，Al≤0.04%。

⑤ 表中未列出的分类可用相类似的分类表示，词头加字母“G”。化学成分范围不进行规定，两种分类之间不可替换。

表 6-2-26 列出了热强钢药芯焊丝熔敷金属的力学性能。表 6-2-27 列出了 GB/T 17493—2018《热强钢药芯焊丝》规定的所有焊丝型号与其他相关标准型号的对应关系。

表 6-2-26　热强钢药芯焊丝熔敷金属的力学性能（摘自 GB/T 17493—2018）

焊丝型号	抗拉强度 R_m /MPa	规定塑性延伸强度 $R_{p0.2}$/MPa	断后伸长率 A (%)	预热温度和道间温度 /℃	焊后热处理	
					热处理温度 /℃	保温时间 /min
T49TX-XX-2M3	490~660	≥400	≥18	135~165	605~635	60^{+15}_{0}
T55TX-XX-2M3	550~690	≥470	≥17	135~165	605~635	60^{+15}_{0}
T55TX-XX-CM	550~690	≥470	≥17	160~190	675~705	60^{+15}_{0}
T55TX-XX-CML	550~690	≥470	≥17	160~190	675~705	60^{+15}_{0}
T55TX-XX-1CM	550~690	≥470	≥17	160~190	675~705	60^{+15}_{0}
T49TX-XX-1CML	490~660	≥400	≥18	160~190	675~705	60^{+15}_{0}
T55TX-XX-1CML	550~690	≥470	≥17	160~190	675~705	60^{+15}_{0}
T55TX-XX-1CMH	550~690	≥470	≥17	160~190	675~705	60^{+15}_{0}
T62TX-XX-2C1M	620~760	≥540	≥15	160~190	675~705	60^{+15}_{0}
T69TX-XX-2C1M	690~830	≥610	≥14	160~190	675~705	60^{+15}_{0}
T55TX-XX-2C1ML	550~690	≥470	≥17	160~190	675~705	60^{+15}_{0}
T62TX-XX-2C1ML	620~760	≥540	≥15	160~190	675~705	60^{+15}_{0}
T62TX-XX-2C1MH	620~760	≥540	≥15	160~190	675~705	60^{+15}_{0}
T55TX-XX-5CM	550~690	≥470	≥17	150~250	730~760	60^{+15}_{0}
T55TX-XX-5CML	550~690	≥470	≥17	150~250	730~760	60^{+15}_{0}
T55TX-XX-9C1M	550~690	≥470	≥17	150~250	730~760	60^{+15}_{0}
T55TX-XX-9C1ML	550~690	≥470	≥17	150~250	730~760	60^{+15}_{0}
T69TX-XX-9C1MV	690~830	≥610	≥14	150~250	730~760	60^{+15}_{0}
T69TX-XX-9C1MV1	690~830	≥610	≥14	150~250	730~760	60^{+15}_{0}
TXXTX-XX-GX	供需双方协定					

表 6-2-27　热强钢药芯焊丝型号对照表

序号	GB/T 17493—2018	ISO 17634:2015 (B 系列)	ANSI/AWS A5.36/A5.36M:2016	GB/T 17493—2008
1	T49T5-XC1-2M3	T49T5-XC1-2M3	—	E49XT5-A1C
2	T49T5-XM21-2M3	T49T5-XM21-2M3	—	E49XT5-A1M
3	T55T1-XC1-2M3	T55T1-XC1-2M3	E55XT1-C1PZ-A1	E55XT1-A1C
4	T55T1-XM21-2M3	T55T1-XM21-2M3	E55XT1-M21PZ-A1	E55XT1-A1M
5	T55T1-XC1-CM	T55T1-XC1-CM	E55XT1-C1PZ-B1	E55XT1-B1C
6	T55T1-XM21-CM	T55T1-XM21-CM	E55XT1-M21PZ-B1	E55XT1-B1M
7	T55T1-XC1-CML	T55T1-XC1-CML	E55XT1-C1PZ-B1L	E55XT1-B1LC
8	T55T1-XM21-CML	T55T1-XM21-CML	E55XT1-M21PZ-B1L	E55XT1-B1LM
9	T55T1-XC1-1CM	T55T1-XC1-1CM	E55XT1-C1PZ-B2	E55XT1-B2C
10	T55T1-XM21-1CM	T55T1-XM21-1CM	E55XT1-M21PZ-B2	E55XT1-B2M
11	T55T5-XC1-1CM	T55T5-XC1-1CM	E55XT5-C1PZ-B2	E55XT5-B2C
12	T55T5-XM21-1CM	T55T5-XM21-1CM	E55XT5-M21PZ-B2	E55XT5-B2M
13	T55T15-XM13-1CM	T55T15-XM13-1CM	E55XT15-M13PZ-B2	E55C-B2
14	T55T15-XM22-1CM	T55T15-XM22-1CM	E55XT15-M22PZ-B2	E55C-B2
15	T55T1-XC1-1CML	T55T1-XC1-1CML	E55XT1-C1PZ-B2L	E55XT1-B2LC
16	T55T1-XM21-1CML	T55T1-XM21-1CML	E55XT1-M21PZ-B2L	E55XT1-B2LM
17	T55T5-XC1-1CML	T55T5-XC1-1CML	E55XT5-C1PZ-B2L	E55XT5-B2LC
18	T55T5-XM21-1CML	T55T15-XM21-1CML	E55XT5-M21PZ-B2L	E55XT5-B2LM
19	T49T15-XM13-1CML	—	E49XT15-M13PZ-B2L	E49C-B2L
20	T49T15-XM22-1CML	—	E49XT15-M22PZ-B2L	E49C-B2L
21	T55T1-XC1-1CMH	T55T1-XC1-1CMH	E55XT1-C1PZ-B2H	E55XT1-B2HC

（续）

序号	GB/T 17493—2018	ISO 17634:2015（B 系列）	ANSI/AWS A5.36/A5.36M:2016	GB/T 17493—2008
22	T55T1-XM21-1CMH	T55T1-XM21-1CMH	E55XT1-M21PZ-B2H	E55XT1-B2HM
23	T62T1-XC1-2C1M	T62T1-XC1-2C1M	E62XT1-C1PZ-B3	E62XT1-B3C
24	T62T1-XM21-2C1M	T62T1-XM21-2C1M	E62XT1-M21PZ-B3	E62XT1-B3M
25	T62T5-XC1-2C1M	T62T5-XC1-2C1M	E62XT5-C1PZ-B3	E62XT5-B3C
26	T62T5-XM21-2C1M	T62T5-XM21-2C1M	E62XT5-M21PZ-B3	E62XT5-B3M
27	T62T15-XM13-2C1M	T62T15-XM13-2C1M	E62XT15-M13PZ-B3	E62C-B3
28	T62T15-XM22-2C1M	T62T15-XM22-2C1M	E62XT15-M22PZ-B3	E62C-B3
29	T69T1-XC1-2C1M	T69T1-XC1-2C1M	E69XT1-C1PZ-B3	E69XT1-B3C
30	T69T1-XM21-2C1M	T69T1-XM21-2C1M	E69XT1-M21PZ-B3	E69XT1-B3M
31	T62T1-XC1-2C1ML	T62T1-XC1-2C1ML	E62XT1-C1PZ-B3L	E62XT1-B3LC
32	T62T1-XM21-2C1ML	T62T1-XM21-2C1ML	E62XT1-M21PZ-B3L	E62XT1-B3LM
33	T55XT15-XM13-2C1ML	—	E55XT15-M13PZ-B3L	E55C-B3L
34	T55XT15-XM22-2C1ML	—	E55XT15-M22PZ-B3L	E55C-B3L
35	T62T5-XC1-2C1MH	T62T5-XC1-2C1MH	E62XT5-C1PZ-B3H	E62XT5-B3HC
36	T62T5-XM21-2C1MH	T62T5-XM21-2C1MH	E62XT5-M21PZ-B3H	E62XT5-B3HM
37	T55T1-XC1-5CM	T55T1-XC1-5CM	E55XT1-C1PZ-B6	E55XT1-B6C
38	T55T1-XM21-5CM	T55T1-XM21-5CM	E55XT1-M21PZ-B6	E55XT1-B6M
39	T55T5-XC1-5CM	T55T5-XC1-5CM	E55XT5-C1PZ-B6	E55XT5-B6C
40	T55T5-XM21-5CM	T55T5-XM21-5CM	E55XT5-M21PZ-B6	E55XT5-B6M
41	T55T15-XM13-5CM	T55T15-XM13-5CM	E55T15-M13PZ-B6	E55C-B6
42	T55T15-XM22-5CM	T55T15-XM22-5CM	E55T15-M22PZ-B6	E55C-B6
43	T55T1-XC1-5CML	T55T1-XC1-5CML	E55XT1-C1PZ-B6L	E55XT1-B6LC
44	T55T1-XM21-5CML	T55T1-XM21-5CML	E55XT1-M21PZ-B6L	E55XT1-B6LM
45	T55T5-XC1-5CML	T55T5-XC1-5CML	E55XT5-C1PZ-B6L	E55XT5-B6LC
46	T55T5-XM21-5CML	T55T5-XM21-5CML	E55XT5-M21PZ-B6L	E55XT5-B6LM
47	T55T1-XC1-9C1M	T55T1-XC1-9C1M	E55XT1-C1PZ-B8	E55XT1-B8C
48	T55T1-XM21-9C1M	T55T1-XM21-9C1M	E55XT1-M21PZ-B8	E55XT1-B8M
49	T55T5-XC1-9C1M	T55T5-XC1-9C1M	E55XT5-C1PZ-B8	E55XT5-B8C
50	T55T5-XM21-9C1M	T55T5-XM21-9C1M	E55XT5-M21PZ-B8	E55XT5-B8M
51	T55T15-XM13-9C1M	T55T15-XM13-9C1M	E55XT15-M13PZ-B8	E55C-B8
52	T55T15-XM22-9C1M	T55T15-XM22-9C1M	E55XT15-M22PZ-B8	E55C-B8
53	T55T1-XC1-9C1ML	T55T1-XC1-9C1ML	E55XT1-C1PZ-B8L	E55XT1-B8LC
54	T55T1-XM21-9C1ML	T55T1-XM21-9C1ML	E55XT1-M21PZ-B8L	E55XT1-B8LM
55	T55T5-XC1-9C1ML	T55T5-XC1-9C1ML	E55XT5-C1PZ-B8L	E55XT5-B8LC
56	T55T5-XM21-9C1ML	T55T5-XM21-9C1ML	E55XT5-M21PZ-B8L	E55XT5-B8LM
57	T69T1-XC1-9C1MV	T69T1-XC1-9C1MV	E69XT1-C1PZ-B91	E69XT1-B9C
58	T69T1-XM21-9C1MV	T69T1-XM21-9C1MV	E69XT1-M21PZ-B91	E69XT1-B9M
59	T69TX-XX-9C1MV1	T69TX-XX-9C1MV1		

（3）高强钢药芯焊丝的型号

GB/T 36233—2018《高强钢药芯焊丝》按照熔敷金属力学性能、使用特性、焊接位置、保护气体类型、焊后状态和熔敷金属化学成分等对焊丝进行分类标识。

高强钢药芯焊丝的型号由八部分组成。第一部分为“T”，表示药芯焊丝；第二部分为两位阿拉伯数字，表示熔敷金属抗拉强度代号，见表 6-2-28；第三部分为一位阿拉伯数字，表示对应于不小于 27J 冲击吸收能量的试验温度代号，见表 6-2-16 所示；第四部分为 T 加一位或两位阿拉伯数字，表示使用特性代号，见表 6-2-29；第五部分为一位阿拉伯数字，表示焊接位置代号，见表 6-2-18；第六部分表示保护气体类型代号，N 表示自保护，其他代号表示保护气体成分，见表 6-2-19；第七部分表示焊后状态，“A”表示焊态，“P”表示焊后热处理状态，“AP”表示焊态和焊后热处理两种状态均可；第八部分表示熔敷金属化学成分分类，见表 6-2-30。除了以上强制部分外，后面还有两个可选部分，第一部分用“U”表示在规定试验温度下冲击吸收能量不小于 47J；第二部分用 H 加一位或两位阿拉伯数字表示熔敷金属中扩散氢的最大含量，见表 6-2-21。

高强钢药芯焊丝型号示例：

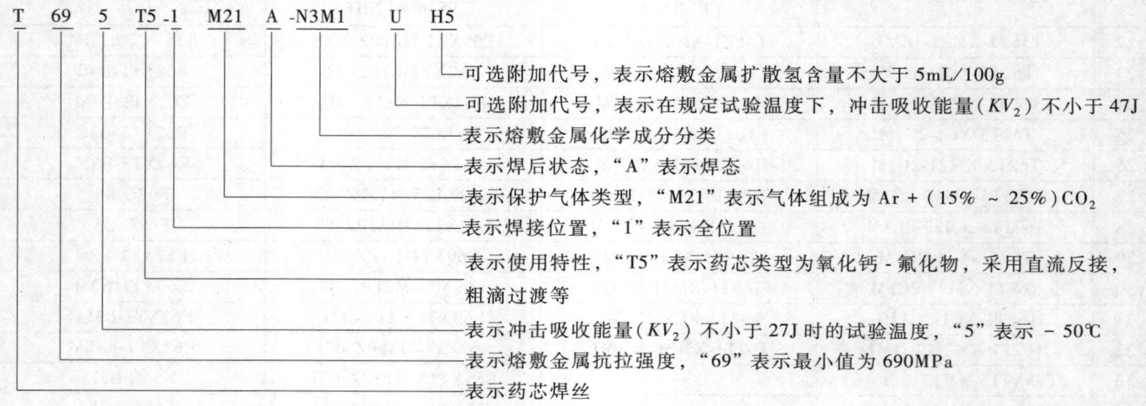

表 6-2-31 列出了 GB/T 36233—2018《高强钢药芯焊丝》规定的所有焊丝型号与其他相关标准型号的对应关系。

表 6-2-28　高强钢药芯焊丝多道焊熔敷金属抗拉强度代号（摘自 GB/T 36233—2018）

抗拉强度代号	抗拉强度 R_m/MPa	屈服强度 R_{eL} 或 $R_{p0.2}$/MPa	断后伸长率 A(%)
59	590~790	≥490	≥16
62	620~820	≥530	≥15
69	690~890	≥600	≥14
76	760~960	≥680	≥13
78	780~980	≥680	≥13
83	830~1030	≥745	≥12

表 6-2-29　高强钢药芯焊丝使用特性代号（摘自 GB/T 36233—2018）

代号	保护气体	电流类型	熔滴过渡形式	药芯类型	焊接位置[①]	工 艺 特 点
T1	要求	DCRP	喷射	金红石	0 或 1	飞溅少，平或微凸焊道、熔敷速度高。大直径焊丝适用于平焊和横焊，小直径焊丝可用于全位置焊接
T5	要求	DCRP[②]	粗滴	氧化钙-氟化物	0 或 1	微凸焊道，薄渣不能完全覆盖焊道，冲击性能比 T1 好，抗冷裂和抗热裂性能均较好。适用于平焊位置的多道或单道焊以及横焊位置的角焊缝，直流正接时可用于全位置焊接
T7	不要求	DCSP	细熔滴或喷射	不规定	0 或 1	熔敷速度高，抗热裂性能优异。大直径焊丝适用于平焊和横焊，小直径焊丝可用于全位置焊接
T8	不要求	DCSP	细熔滴或喷射	不规定	0	良好的低温冲击韧性，适合于全位置焊接
T11	不要求	DCSP	喷射	不规定	0 或 1	一般用于全位置单道焊或多道焊；无预热和道间温度控制时不推荐用于厚度大于 19mm 的钢材
T15	要求	DCRP	微细熔滴或喷射	金属粉型	0 或 1	药芯含有合金和铁粉，熔渣覆盖率低。主要采用 Ar+CO_2 混合气体进行平焊和平角焊，也可在直流正接焊接下采用短路过渡或脉冲过渡进行其他位置焊接
TG	供需双方协定					

① 见表 6-2-18。

② 采用 DCSP（直流正接）时可用于全位置焊接，由制造商推荐电流类型。

表 6-2-30　高强钢药芯焊丝熔敷金属化学成分分类（摘自 GB/T 36233—2018）

化学成分分类	化学成分[①②]（质量分数，%）								
	C	Mn	Si	P	S	Ni	Cr	Mo	V
N2	0.15	1.00~2.00	0.40	0.030	0.030	0.50~1.50	0.20	0.20	0.05
N5	0.12	1.75	0.80	0.030	0.030	1.75~2.75	—	—	—

（续）

化学成分分类	化学成分①②（质量分数，%）								
	C	Mn	Si	P	S	Ni	Cr	Mo	V
N51	0.15	1.00~1.75	0.80	0.030	0.030	2.00~2.75	—	—	—
N7	0.12	1.75	0.80	0.030	0.030	2.75~3.75	—	—	—
3M2	0.12	1.25~2.00	0.80	0.030	0.030	—	—	0.25~0.55	—
3M3	0.12	1.00~1.75	0.80	0.030	0.030	—	—	0.40~0.65	—
4M2	0.15	1.65~2.25	0.80	0.030	0.030	—	—	0.25~0.55	—
N1M2	0.15	1.00~2.00	0.80	0.030	0.030	0.40~1.00	0.20	0.50	0.05
N2M1	0.15	2.25	0.80	0.030	0.030	0.40~1.50	0.20	0.35	0.05
N2M2	0.15	2.25	0.80	0.030	0.030	0.40~1.50	0.20	0.20~0.65	0.05
N3M1	0.15	0.50~1.75	0.80	0.030	0.030	1.00~2.00	0.15	0.35	0.05
N3M11	0.15	1.00	0.80	0.030	0.030	1.00~2.00	0.15	0.35	0.05
N3M2	0.15	0.75~2.25	0.80	0.030	0.030	1.25~2.60	0.15	0.25~0.65	0.05
N3M21	0.15	1.50~2.75	0.80	0.030	0.030	0.75~2.00	0.20	0.50	0.05
N4M1	0.12	2.25	0.80	0.030	0.030	1.75~2.75	0.20	0.35	0.05
N4M2	0.15	2.25	0.80	0.030	0.030	1.75~2.75	0.20	0.20~0.65	0.05
N4M21	0.12	1.25~2.25	0.80	0.030	0.030	1.75~2.75	0.20	0.50	—
N5M2	0.07	0.50~1.50	0.60	0.015	0.015	1.30~3.75	0.20	0.50	0.05
N3C1M2	0.10~0.25	0.60~1.60	0.80	0.030	0.030	0.75~2.00	0.20~0.70	0.15~0.55	0.05
N4C1M2	0.15	1.20~2.25	0.80	0.030	0.030	1.75~2.60	0.20~0.60	0.20~0.65	0.03
N4C2M2	0.15	2.25	0.80	0.030	0.030	1.75~2.75	0.60~1.00	0.20~0.65	0.05
N6C1M4	0.12	2.25	0.80	0.030	0.030	2.50~3.50	1.00	0.40~1.00	0.05
GX	—	≥1.75③	≥0.80③	0.030	0.030	≥0.50③	≥0.30③	≥0.20③	≥0.10③

注：表中单值均为最大值。

① 化学分析应按表中规定的元素进行分析。如在分析过程中发现其他元素，这些元素的总量（除铁外）不应超过0.50%（质量分数）。

② 对于自保护焊丝，Al≤1.8%（质量分数）。

③ 至少有一个元素满足要求，其他化学成分要求应由供需双方协定。

表6-2-31 高强钢药芯焊丝型号对照表（摘自GB/T 36233—2018）

序号	GB/T 36233—2018	ISO 18276:2017（B系列）	ANSI/AWS A5.36/A5.36M:2016	GB/T 17493—2008
1	T623T8-XNA-N2	T623T8-XNA-N2	E62XT8-A3-K8	E62XT8-K8
2	T624T1-XC1A-N5	—	E62XT1-C1A4-Ni2	E62XT1-Ni2C
3	T624T1-XM21A-N5	—	E62XT1-M21A4-Ni2	E62XT1-Ni2M
4	T695T1-XC1A-N51	—	E69XT1-C1A5-K7	E69XT1-K7C
5	T695T1-XM21A-N51	—	E69XT1-M21A5-K7	E69XT1-K7M
6	T627T5-XC1P-N7	—	E62XT5-C1P7-Ni3	E62XT5-Ni3C
7	T627T5-XM21P-N7	—	E62XT5-M21P7-Ni3	E62XT5-Ni3M
8	T624T1-XC1A-3M2	T624T1-XC1A-3M2	E62XT1-C1A4-D1	E62XT1-D1C
9	T624T1-XM21A-3M2	T624T1-XM21A-3M2	E62XT1-M21A4-D1	E62XT1-D1M
10	T623T1-XC1A-3M3	T622T1-XXC1A-3M3	E62XT1-C1A3-D3	E62XT1-D3C
11	T623T1-XM21A-3M3	T622T1-XXM21A-3M3	E62XT1-M21A3-D3	E62XT1-D3M
12	T623T15-XM13A-3M3	T623T15-XM13A-3M3	E62XT15-M13A3-D2	E62C-D2
13	T623T15-XM22A-3M3	T623T15-XM22A-3M3	E62XT15-M22A3-D2	
14	T625T5-XC1P-4M2	T625T5-XC1P-4M2	E62XT5-C1P5-D2	E62XT5-D2C
15	T625T5-XM21P-4M2	T625T5-XM21P-4M2	E62XT5-M21P5-D2	E62XT5-D2M
16	T694T5-XC1P-4M2	T694T5-XC1P-4M2	E69XT5-C1P4-D2	E69XT5-D2C
17	T694T5-XM21P-4M2	T694T5-XM21P-4M2	E69XT5-M21P4-D2	E69XT5-D2M
18	TXXX-XXX-N1M2	TXXX-XXX-N1M2	EXXX-XXX-K11	—
19	TXXX-XXX-N2M1	TXXX-XXX-N2M1	—	—
20	TXXX-XXX-N2M2	TXXX-XXX-N2M2	—	—

（续）

序号	GB/T 36233—2018	ISO 18276:2017（B 系列）	ANSI/AWS A5.36/A5.36M:2016	GB/T 17493—2008
21	T622T1-XC1A-N3M1	T622T1-XC1A-N3M1	E62XT1-C1A2-K2	E62XT1-K2C
22	T622T1-XM21A-N3M1	T622T1-XM21A-N3M1	E62XT1-M21A2-K2	E62XT1-K2M
23	T625T5-XC1A-N3M1	T625T5-XC1A-N3M1	E62XT5-C1A5-K2	E62XT5-K2C
24	T625T5-XM21A-N3M1	T625T5-XM21A-N3M1	E62XT5-M21A5-K2	E62XT5-K2M
25	TXXX-XXX-N3M11	—	EXXX-XXX-K13	—
26	T692T1-XC1A-N3M2	T692T1-XC1A-N3M2	E69XT1-C1A2-K3	E69XT1-K3C
27	T692T1-XM21A-N3M2	T692T1-XM21A-N3M2	E69XT1-M21A2-K3	E69XT1-K3M
28	T695T5-XC1A-N3M2	T695T5-XC1A-N3M2	E69XT5-C1A5-K3	E69XT5-K3C
29	T695T5-XM21A-N3M2	T695T5-XM21A-N3M2	E69XT5-M21A5-K3	E69XT5-K3M
30	T762T1-XC1A-N3M2	T762T1-XC1A-N3M2	E76XT1-C1A2-K3	E76XT1-K3C
31	T762T1-XM21A-N3M2	T762T1-XM21A-N3M2	E76XT1-M21A2-K3	E76XT1-K3M
32	T765T5-XC1A-N3M2	T765T5-XC1A-N3M2	E76XT5-C1A5-K3	E76XT5-K3C
33	T765T5-XM21A-N3M2	T765T5-XM21A-N3M2	E76XT5-M21A5-K3	E76XT5-K3M
34	T625T15-XM20A-N3M2	T625T15-XM20A-N3M2	E62XT15-M20A5-K3	E62C-K3
35	T695T15-XM20A-N3M2	T695T15-XM20A-N3M2	E69XT15-M20A5-K3	E69C-K3
36	T765T15-XM20A-N3M2	T765T15-XM20A-N3M2	E76XT15-M20A5-K3	E76C-K3
37	TXXX-XXX-N3M21	—	EXXX-XXX-K12	—
38	TXXX-XXX-N4M1	TXXX-XXX-N4M1	—	—
39	TXXX-XXX-N4M2	TXXX-XXX-N4M2	—	—
40	TXXX-XXX-N4M21	TXXX-XXX-N4M21	EXXX-XXX-K10	—
41	T69XT1-XC1A-N5M2	T69XT1-XC1A-N5M2	—	E69XT1-K9C
42	T69XT1-XM21A-N5M2	T69XT1-XM21A-N5M2	—	E69XT1-K9M
43	T83ZT1-XC1A-N3C1M2	T83ZT1-XC1A-N3C1M2	E83XT1-C1AZ-K5	E83XT1-K5C
44	T83ZT1-XM21A-N3C1M2	T83ZT1-XM21A-N3C1M2	E83XT1-M21AZ-K5	E83XT1-K5M
45	T765T15-XM20A-N3C1M2	T765T15-XM20A-N3C1M2	E76XT15-M20A5-K4	E76C-K4
46	T835T15-XM20A-N3C1M2	T835T15-XM20A-N3C1M2	E83XT15-M20A5-K4	E83C-K4
47	T762T1-XC1A-N4C1M2	T762T1-XC1A-N4C1M2	E76XT1-C1A2-K4	E76XT1-K4C
48	T762T1-XM21A-N4C1M2	T762T1-XM21A-N4C1M2	E76XT1-M21A2-K4	E76XT1-K4M
49	T765T5-XC1A-N4C1M2	T765T5-XC1A-N4C1M2	E76XT5-C1A5-K4	E76XT5-K4C
50	T765T5-XM21A-N4C1M2	T765T5-XM21A-N4C1M2	E76XT5-M21A5-K4	E76XT5-K4M
51	T835T5-XC1A-N4C1M2	T835T5-XC1A-N4C1M2	E83XT5-C1A5-K4	E83XT5-K4C
52	T835T5-XM21A-N4C1M2	T835T5-XM21A-N4C1M2	E83XT5-M21A5-K4	E83XT5-K4M
53	TXXX-XXX-N4C2M2	TXXX-XXX-N4C2M2	—	—
54	TXXX-XXX-N6C1M4	TXXX-XXX-N6C1M4	—	—

（4）不锈钢药芯焊丝的型号

GB/T 17853—2018《不锈钢药芯焊丝》规定，不锈钢药芯焊丝型号根据熔敷金属化学成分、焊丝类型、保护气体类型和焊接位置进行分类标识。

不锈钢药芯焊丝的型号由五部分组成。第一部分为“TS”，表示不锈钢药芯焊丝；第二部分表示熔敷金属化学成分分类，见表 6-2-32～表 6-2-35；第三部分表示焊丝类型代号，见表 6-2-36；第四部分表示保护气体类型代号，N 表示自保护，其他代号表示保护气体成分，见表 6-2-19；第五部分表示焊接位置代号，见表 6-2-18。

非金属粉型药芯焊丝型号示例：

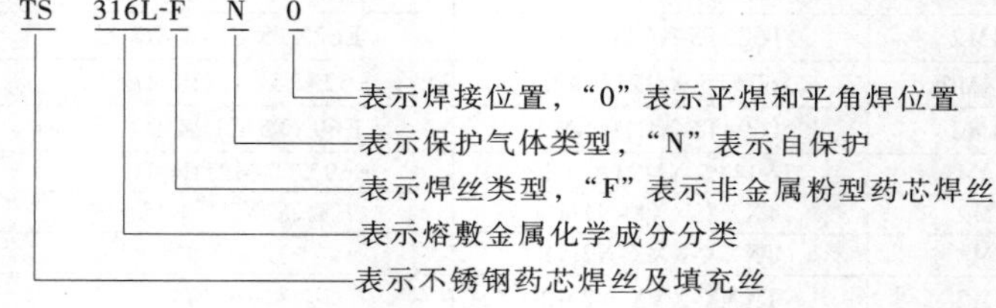

钨极惰性气体保护焊用药芯填充丝型号示例：

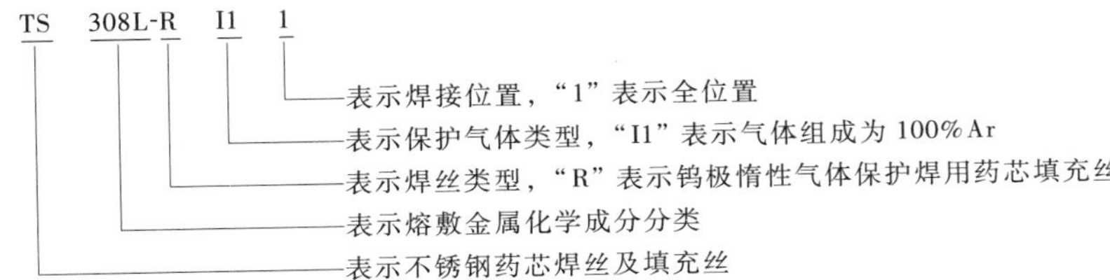

表 6-2-37 列出了不锈钢药芯焊丝熔敷金属的力学性能。

表 6-2-32　气体保护非金属粉型不锈钢药芯焊丝熔敷金属化学成分分类（摘自 GB/T 17853—2018）

化学成分分类	化学成分(质量分数,%)										
	C	Mn	Si	P	S	Ni	Cr	Mo	Cu	Nb+Ta	N	其他
307	0.13	3.30~4.75	1.0	0.04	0.03	9.0~10.5	18.0~20.5	0.5~1.5	0.75	—	—	—
308	0.08	0.5~2.5	1.0	0.04	0.03	9.0~11.0	18.0~21.0	0.75	0.75	—	—	—
308L	0.04	0.5~2.5	1.0	0.04	0.03	9.0~12.0	18.0~21.0	0.75	0.75	—	—	—
308H	0.04~0.08	0.5~2.5	1.0	0.04	0.03	9.0~11.0	18.0~21.0	0.75	0.75	—	—	—
308Mo	0.08	0.5~2.5	1.0	0.04	0.03	9.0~11.0	18.0~21.0	2.0~3.0	0.75	—	—	—
308LMo	0.04	0.5~2.5	1.0	0.04	0.03	9.0~12.0	18.0~21.0	2.0~3.0	0.75	—	—	—
309	0.10	0.5~2.5	1.0	0.04	0.03	12.0~14.0	22.0~25.0	0.75	0.75	—	—	—
309L	0.04	0.5~2.5	1.0	0.04	0.03	12.0~14.0	22.0~25.0	0.75	0.75	—	—	—
309H	0.04~0.10	0.5~2.5	1.0	0.04	0.03	12.0~14.0	22.0~25.0	0.75	0.75	—	—	—
309Mo	0.12	0.5~2.5	1.0	0.04	0.03	12.0~16.0	21.0~25.0	2.0~3.0	0.75	—	—	—
309LMo	0.04	0.5~2.5	1.0	0.04	0.03	12.0~16.0	21.0~25.0	2.0~3.0	0.75	—	—	—
309LNb	0.04	0.5~2.5	1.0	0.04	0.03	12.0~14.0	22.0~25.0	0.75	0.75	0.7~1.0	—	—
309LNiMo	0.04	0.5~2.5	1.0	0.04	0.03	15.0~17.0	20.5~23.5	2.5~3.5	0.75	—	—	—
310	0.20	1.0~2.5	1.0	0.03	0.03	20.0~22.5	25.0~28.0	0.75	0.75	—	—	—
312	0.15	0.5~2.5	1.0	0.04	0.03	8.0~10.5	28.0~32.0	0.75	0.75	—	—	—
316	0.08	0.5~2.5	1.0	0.04	0.03	11.0~14.0	17.0~20.0	2.0~3.0	0.75	—	—	—
316L	0.04	0.5~2.5	1.0	0.04	0.03	11.0~14.0	17.0~20.0	2.0~3.0	0.75	—	—	—
316H	0.04~0.08	0.5~2.5	1.0	0.04	0.03	11.0~14.0	17.0~20.0	2.0~3.0	0.75	—	—	—
316LCu	0.04	0.5~2.5	1.0	0.04	0.03	11.0~16.0	17.0~20.0	1.25~2.75	1.0~2.5	—	—	—
317	0.08	0.5~2.5	1.0	0.04	0.03	12.0~14.0	18.0~21.0	3.0~4.0	0.75	—	—	—
317L	0.04	0.5~2.5	1.0	0.04	0.03	12.0~14.0	18.0~21.0	3.0~4.0	0.75	—	—	—
318	0.08	0.5~2.5	1.0	0.04	0.03	11.0~14.0	17.0~20.0	2.0~3.0	0.75	8w(C)~1.0	—	—
347	0.08	0.5~2.5	1.0	0.04	0.03	9.0~11.0	18.0~21.0	0.75	0.75	8w(C)~1.0	—	—
347L	0.04	0.5~2.5	1.0	0.04	0.03	9.0~11.0	18.0~21.0	0.75	0.75	8w(C)~1.0	—	—
347H	0.04~0.08	0.5~2.5	1.0	0.04	0.03	9.0~11.0	18.0~21.0	0.5	0.75	8w(C)~1.0	—	—
409	0.10	0.80	1.0	0.04	0.03	0.6	10.5~13.5	0.75	0.75	—	—	Ti：10w(C)~1.5
409Nb	0.10	1.2	1.0	0.04	0.03	0.6	10.5~13.5	0.75	0.75	8w(C)~1.5	—	—
410	0.12	1.2	1.0	0.04	0.03	0.6	11.0~13.5	0.75	0.75	—	—	—
410NiMo	0.06	1.0	1.0	0.04	0.03	4.0~5.0	11.0~12.5	0.4~0.7	0.75	—	—	—
410NiTi	0.04	0.70	0.50	0.03	0.03	3.6~4.5	11.0~12.0	0.5	0.50	—	—	Ti：10w(C)~1.5

（续）

化学成分分类	化学成分(质量分数,%)										
	C	Mn	Si	P	S	Ni	Cr	Mo	Cu	Nb+Ta	N	其他
430	0.10	1.2	1.0	0.04	0.03	0.6	15.0~18.0	0.75	0.75	—	—	—
430Nb	0.10	1.2	1.0	0.04	0.03	0.6	15.0~18.0	0.75	0.75	0.5~1.5	—	—
16-8-2	0.10	0.5~2.5	0.75	0.04	0.03	7.5~9.5	14.5~17.5	1.0~2.0	0.75	—	—	Cr+Mo:18.5
2209	0.04	0.5~2.0	1.0	0.04	0.03	7.5~10.0	21.0~24.0	2.5~4.0	0.75	—	0.08~0.20	—
2307	0.04	2.0	1.0	0.03	0.02	6.5~10.0	22.5~25.5	0.8	0.50	—	0.10~0.20	—
2553	0.04	0.5~1.5	0.75	0.04	0.03	8.5~10.5	24.0~27.0	2.9~3.9	1.5~2.5	—	0.10~0.25	—
2594	0.04	0.5~2.5	1.0	0.04	0.03	8.0~10.5	24.0~27.0	2.5~4.5	1.5	—	0.20~0.30	W:1.0
GX①	其他协定成分											

注：表中单值均为最大值。

① 表中未列出的分类可用相类似的分类表示，词头加字母“G”。化学成分范围不进行规定，两种分类之间不可替换。

表 6-2-33　自保护非金属粉型不锈钢药芯焊丝熔敷金属化学成分分类（摘自 GB/T 17853—2018）

化学成分分类	化学成分(质量分数,%)										
	C	Mn	Si	P	S	Ni	Cr	Mo	Cu	Nb+Ta	N	其他
307	0.13	3.30~4.75	1.0	0.04	0.03	9.0~10.5	19.5~22.0	0.5~1.5	0.75	—	—	—
308	0.08	0.5~2.5	1.0	0.04	0.03	9.0~11.0	19.5~22.0	0.75	0.75	—	—	—
308L	0.04	0.5~2.5	1.0	0.04	0.03	9.0~12.0	19.5~22.0	0.75	0.75	—	—	—
308H	0.04~0.08	0.5~2.5	1.0	0.04	0.03	9.0~11.0	19.5~22.0	0.75	0.75	—	—	—
308Mo	0.08	0.5~2.5	1.0	0.04	0.03	9.0~11.0	18.0~21.0	2.0~3.0	0.75	—	—	—
308LMo	0.04	0.5~2.5	1.0	0.04	0.03	9.0~12.0	18.0~21.0	2.0~3.0	0.75	—	—	—
308HMo	0.07~0.12	1.25~2.25	0.25~0.80	0.04	0.03	9.0~10.7	19.0~21.5	1.8~2.4	0.75	—	—	—
309	0.10	0.5~2.5	1.0	0.04	0.03	12.0~14.0	23.0~25.5	0.75	0.75	—	—	—
309L	0.04	0.5~2.5	1.0	0.04	0.03	12.0~14.0	23.0~25.5	0.75	0.75	—	—	—
309Mo	0.12	0.5~2.5	1.0	0.04	0.03	12.0~16.0	21.0~25.0	2.0~3.0	0.75	—	—	—
309LMo	0.04	0.5~2.5	1.0	0.04	0.03	12.0~16.0	21.0~25.0	2.0~3.0	0.75	—	—	—
309LNb	0.04	0.5~2.5	1.0	0.04	0.03	12.0~14.0	23.0~25.5	0.75	0.75	0.7~1.0	—	—
310	0.20	1.0~2.5	1.0	0.03	0.03	20.0~22.5	25.0~28.0	0.75	0.75	—	—	—
312	0.15	0.5~2.5	1.0	0.04	0.03	8.0~10.5	28.0~32.0	0.75	0.75	—	—	—
316	0.08	0.5~2.5	1.0	0.04	0.03	11.0~14.0	18.0~20.5	2.0~3.0	0.75	—	—	—
316L	0.04	0.5~2.5	1.0	0.04	0.03	11.0~14.0	18.0~20.5	2.0~3.0	0.75	—	—	—
316LK	0.04	0.5~2.5	1.0	0.04	0.03	11.0~14.0	17.0~20.0	2.0~3.0	0.75	—	—	—
316H	0.04~0.08	0.5~2.5	1.0	0.04	0.03	11.0~14.0	18.0~20.5	2.0~3.0	0.75	—	—	—
316LCu	0.03	0.5~2.5	1.0	0.04	0.03	11.0~16.0	18.0~20.5	1.25~2.75	1.0~2.5	—	—	—
317	0.08	0.5~2.5	1.0	0.04	0.03	13.0~15.0	18.5~21.0	3.0~4.0	0.75	—	—	—
317L	0.04	0.5~2.5	1.0	0.04	0.03	13.0~15.0	18.5~21.0	3.0~4.0	0.75	—	—	—
318	0.08	0.5~2.5	1.0	0.04	0.03	11.0~14.0	18.0~20.5	2.0~3.0	0.75	$8w(C)$~1.0	—	—
347	0.08	0.5~2.5	1.0	0.04	0.03	9.0~11.0	19.0~21.5	0.75	0.75	$8w(C)$~1.0	—	—
347L	0.04	0.5~2.5	1.0	0.04	0.03	9.0~11.0	19.0~21.5	0.75	0.75	$8w(C)$~1.0	—	—

（续）

化学成分分类	化学成分(质量分数,%)										
	C	Mn	Si	P	S	Ni	Cr	Mo	Cu	Nb+Ta	N	其他
409	0.10	0.80	1.0	0.04	0.03	0.6	10.5~13.5	0.75	0.75	—	—	Ti：10w(C)~1.5
409Nb	0.12	1.0	1.0	0.04	0.03	0.6	10.5~14.0	0.75	0.75	8w(C)~1.5	—	—
410	0.12	1.0	1.0	0.04	0.03	0.6	11.0~13.5	0.75	0.75	—	—	—
410NiMo	0.06	1.0	1.0	0.04	0.03	4.0~5.0	11.0~12.5	0.4~0.7	0.75	—	—	—
410NiTi	0.04	0.70	0.50	0.03	0.03	3.6~4.5	11.0~12.0	0.5	0.50	—	—	Ti：10w(C)~1.5
430	0.10	1.0	1.0	0.04	0.03	0.6	15.0~18.0	0.75	0.75	—	—	—
430Nb	0.10	1.0	1.0	0.04	0.03	0.6	15.0~18.0	0.75	0.75	0.5~1.5	—	—
16-8-2	0.10	0.5~2.5	0.75	0.04	0.03	7.5~9.5	14.5~17.5	1.0~2.0	0.75	—	—	Cr+Mo：18.5
2209	0.04	0.5~2.0	1.0	0.04	0.03	7.5~10.0	21.0~24.0	2.5~4.0	0.75	—	0.08~0.20	—
2307	0.04	2.0	1.0	0.03	0.02	6.5~10.0	22.5~25.5	0.8	0.50	—	0.10~0.20	—
2553	0.04	0.5~1.5	0.75	0.04	0.03	8.5~10.5	24.0~27.0	2.9~3.9	1.5~2.5	—	0.10~0.20	—
2594	0.04	0.5~2.5	1.0	0.04	0.03	8.0~10.5	24.0~27.0	2.5~4.5	1.5	—	0.20~0.30	W：1.0
GX①	其他协定成分											

注：表中单值均为最大值。

① 表中未列出的分类可用相类似的分类表示，词头加字母“G”。化学成分范围不进行规定，两种分类之间不可替换。

表 6-2-34　气体保护金属粉型不锈钢药芯焊丝熔敷金属化学成分分类（摘自 GB/T 17853—2018）

化学成分分类	化学成分(质量分数,%)										
	C	Mn	Si	P	S	Ni	Cr	Mo	Cu	Nb+Ta	N	其他
308L	0.04	1.0~2.5	1.0	0.03	0.03	9.0~11.0	19.0~22.0	0.75	0.75	—	—	—
308Mo	0.08	1.0~2.5	0.30~0.65	0.03	0.03	9.0~12.0	18.0~21.0	2.0~3.0	0.75	—	—	—
309L	0.04	1.0~2.5	1.0	0.03	0.03	12.0~14.0	23.0~25.0	0.75	0.75	—	—	—
309LMo	0.04	1.0~2.5	1.0	0.03	0.03	12.0~14.0	23.0~25.0	2.0~3.0	0.75	—	—	
316L	0.04	1.0~2.5	1.0	0.03	0.03	11.0~14.0	18.0~20.0	2.0~3.0	0.75	—	—	—
347	0.08	1.0~2.5	0.30~0.65	0.04	0.03	9.0~11.0	19.0~21.5	0.75	0.75	10w(C)~1.0	—	—
409	0.08	0.8	0.8	0.03	0.03	0.6	10.5~13.5	0.75	0.75	—	—	Ti：10w(C)~1.5
409Nb	0.12	1.2	1.0	0.04	0.03	0.6	10.5~13.5	0.75	0.75	8w(C)~1.5	—	—
410	0.12	0.6	0.5	0.03	0.03	0.6	11.5~13.5	0.75	0.75	—	—	—
410NiMo	0.06	1.0	1.0	0.03	0.03	4.0~5.0	11.0~12.5	0.4~0.7	0.75	—	—	—
430	0.10	0.6	0.5	0.03	0.03	0.6	15.5~18.0	0.75	0.75	—	—	—
430Nb	0.10	1.2	1.0	0.04	0.03	0.6	15.0~18.0	0.75	0.75	0.5~1.5	—	—

（续）

化学成分分类	化学成分（质量分数,%）										
	C	Mn	Si	P	S	Ni	Cr	Mo	Cu	Nb+Ta	N	其他
430LNb	0.04	1.2	1.0	0.04	0.03	0.6	15.0~18.0	0.75	0.75	0.5~1.5	—	—
GX①	其他协定成分											

注：表中单值均为最大值。

① 表中未列出的分类可用相类似的分类表示，词头加字母“G”。化学成分范围不进行规定，两种分类之间不可替换。

表 6-2-35　钨极惰性气体保护焊用不锈钢药芯填充丝熔敷金属化学成分分类（摘自 GB/T 17853—2018）

化学成分分类	化学成分（质量分数,%）											
	C	Mn	Si	P	S	Ni	Cr	Mo	Cu	Nb+Ta	N	其他
308L	0.03	0.5~2.5	1.2	0.04	0.03	9.0~11.0	18.0~21.0	0.5	0.5	—	—	—
309L	0.03	0.5~2.5	1.2	0.04	0.03	12.0~14.0	22.0~25.0	0.5	0.5	—	—	—
316L	0.03	0.5~2.5	1.2	0.04	0.03	11.0~14.0	17.0~20.0	2.0~3.0	0.5	—	—	—
347	0.08	0.5~2.5	1.2	0.04	0.03	9.0~11.0	18.0~21.0	0.5	0.5	8w(C)~1.0	—	—
GX①	其他协定成分											

注：表中单值均为最大值。

① 表中未列出的分类可用相类似的分类表示，词头加字母“G”。化学成分范围不进行规定，两种分类之间不可替换。

表 6-2-36　不锈钢药芯焊丝类型代号（摘自 GB/T 17853—2018）

焊丝类型代号	特　性
F	非金属粉型药芯焊丝
M	金属粉型药芯焊丝
R	钨极惰性气体保护焊用药芯填充丝

表 6-2-37　不锈钢药芯焊丝熔敷金属的力学性能（摘自 GB/T 17853—2018）

化学成分分类	抗拉强度 R_m/MPa	断后伸长率 A(%)	焊后热处理
307	≥590	≥25	—
308	≥550	≥25	
308L	≥520	≥25	
308H	≥550	≥25	
308Mo	≥550	≥25	
308LMo	≥520	≥25	
308HMo	≥550	≥25	
309	≥550	≥25	
309L	≥520	≥25	
309H	≥550	≥25	
309Mo	≥550	≥15	
309LMo	≥520	≥15	
309LNiMo	≥520	≥15	
309LNb	≥520	≥25	
310	≥550	≥25	
312	≥660	≥15	
316	≥520	≥25	
316L	≥485	≥25	
316LK	≥485	≥25	
316H	≥520	≥25	
316LCu	≥485	≥25	
317	≥550	≥20	
317L	≥520	≥20	
318	≥520	≥20	

（续）

化学成分分类	抗拉强度 R_m/MPa	断后伸长率 A(%)	焊后热处理
347	≥520	≥25	—
347L	≥520	≥25	
347H	≥550	≥25	
409	≥450	≥15	
409Nb	≥450	≥15	①
410	≥520	≥15	①
410NiMo	≥760	≥10	②
410NiTi	≥760	≥10	②
430	≥450	≥15	③
430Nb	≥450	≥13	③
430LNb	≥410	≥13	—
16-8-2	≥520	≥25	
2209	≥690	≥15	
2307	≥690	≥15	
2553	≥760	≥13	
2594	≥760	≥13	
GX	供需双方协定		

① 加热到 730~760℃之间，保温 1h，随炉冷到 315℃，然后空冷至室温。
② 加热到 590~620℃之间，保温 1h，然后空冷至室温。
③ 加热到 760~790℃之间，保温 2h，随炉冷到 600℃，然后空冷至室温。

2. 药芯焊丝的牌号

药芯焊丝牌号的表示方法是：以字母“Y”表示药芯焊丝，第二个字母及其后的三位数字与焊条牌号编制方法相同，在牌号尾部再用一位数字表示焊接时的保护方法，并用半字线“-”与前面数字分开，见表 6-2-38。对于有特殊性能要求药芯焊丝和特殊用途的药芯焊丝，需在牌号后面加注起主要作用的元素或表示其主要用途的字母，一般不超过两个。

表 6-2-38　药芯焊丝牌号的表示方法

牌号	焊接时的保护方法
YJ×××-1	气体保护
YJ×××-2	自保护
YJ×××-3	气体保护、自保护两用
YJ×××-4	其他保护形式

药芯焊丝牌号示例：

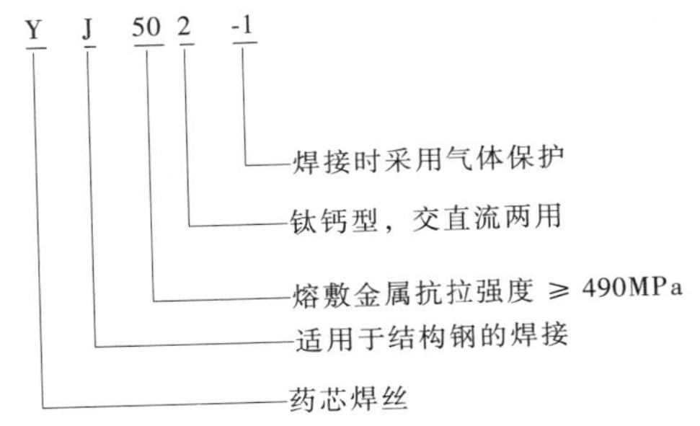

有一些生产厂家常在焊丝牌号前加上本厂的标识符号，两者之间用半字线“-”分开，如 PK-YJ502 的“PK”为北京焊条厂的标识。

2.2.3　药芯焊丝的选择与使用

药芯焊丝在工艺性能、焊缝质量和对各种金属材料的适应性等方面均优于实心焊丝，因而得到了广泛应用，并且发展迅速，有取代实心焊丝的趋势。但是，必须正确地选择和合理地使用才能发挥其优越性。

1. 药芯焊丝选用要点

药芯焊丝结合了实心焊丝和电焊条各自的优点并且避免了各自的缺点，因此选用药芯焊丝的原则与前面对这两种焊接材料所述的选用原则基本相同。例如，对于承载结构，应按等强度原则选用，以保证焊接接头强度与母材一致；对于大型刚性结构，按等韧性原则选用，以防止可能产生的低应力脆性破坏；而某些高强度合金钢宜按低强匹配原则选用药芯焊丝，以改善焊接工艺性能；当要求焊缝金属与母材同质时，则应注意使熔敷金属的化学成分与母材基本相近；对重要的焊接结构，应选用抗裂性和韧性好的碱性药芯焊丝等。

此外，选用药芯焊丝时，要注意其保护方式。通常自保护焊丝在焊接过程中焊缝金属受大气污染较大，其焊接质量比外加气体保护焊要低一些；而外加气体

保护焊中采用 $Ar+CO_2$ 混合气体，因改善了工艺性能，其焊接质量又比只用 CO_2 气体保护的好一些，因此对重要的焊接结构，宜采用 $Ar+CO_2$ 混合气体保护。

2. 使用药芯焊丝的注意事项

首先，需注意药芯焊丝与实心焊丝在工艺上的差别，以及药芯焊丝中外加气体保护焊和自保护焊的区别；其次，需注意药芯焊丝自身的药芯类型及其焊接冶金行为特点等。药芯焊丝和实心焊丝均适用于半自动焊和自动焊，但药芯焊丝比实心焊丝具有更强的适应性，除了可焊接广泛的金属材料外，还可用于耐磨、耐蚀的表面堆焊。在焊接设备方面，实心焊丝需使用直流电源，而药芯焊丝中加入稳弧剂后，交流电源和直流电源均可使用。药芯焊丝和实心焊丝对电源特性要求是相同的，细丝使用平特性电源，配备等速送丝系统；粗丝使用陡降特性电源，配电弧电压反馈的送丝机。

2.3 埋弧焊用焊剂、焊丝及焊丝-焊剂组合分类

2.3.1 焊剂

焊剂是焊接时能够熔化形成熔渣（有的也有气体）、对熔化金属起保护和冶金作用的一种颗粒状物质。焊剂与焊条的药皮作用相似，但它必须与焊丝配合使用，共同决定熔敷金属的化学成分和性能。

1. 焊剂的分类

焊剂有许多分类方法，每一种分类方法只能反映焊剂某一方面的特性。图 6-2-2 所示为钢用焊剂的分类，侧重于制造方法、化学成分和冶金特性等方面。

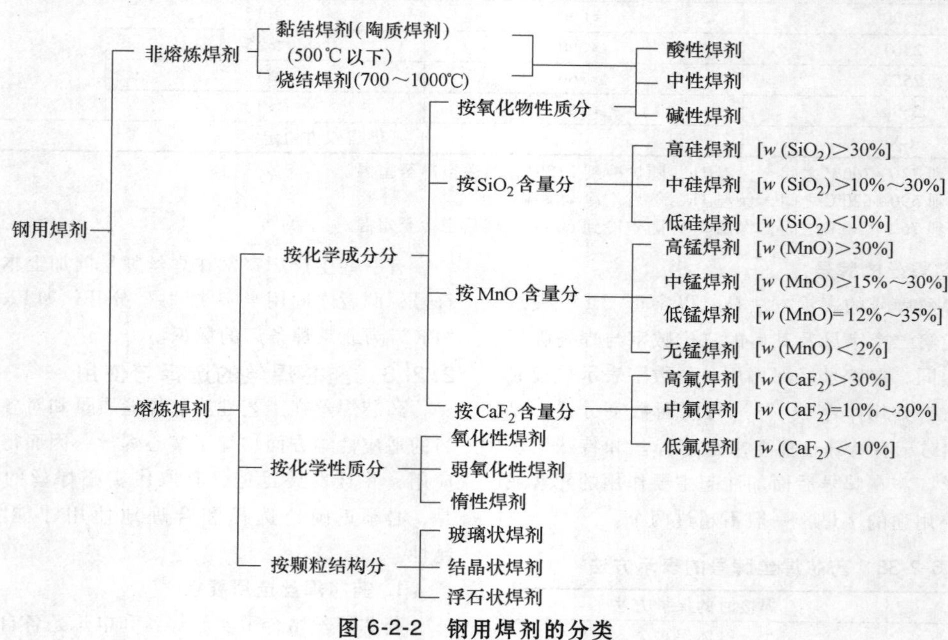

图 6-2-2 钢用焊剂的分类

（1）按制造方法分类

有熔炼焊剂和非熔炼焊剂两大类。

1）熔炼焊剂：熔炼焊剂是将一定配比的原料放在炉内熔炼，然后经水冷粒化、烘干、筛选而制成的一种焊剂。因制造过程中配料需高温熔化，故焊剂中不能加入碳酸盐、脱氧剂和合金剂；制造高碱度焊剂也很困难。根据颗粒结构不同，熔炼焊剂又分为玻璃状焊剂、结晶状焊剂和浮石状焊剂。浮石状焊剂较疏松，不及其余两种致密。

2）非熔炼焊剂：焊剂所用粉状配料不经熔炼，而是加入黏结剂后经造粒和焙烧而成。按焙烧温度不同又分为黏结焊剂和烧结焊剂两类。

黏结焊剂是将一定比例的各种粉状配料加入适量黏结剂，经混合搅拌、造粒和低温（一般在 400℃以下）烘干而制成。烧结焊剂则是将粉料加入黏结剂并搅拌之后，经高温（600～1000℃）烧结成块，然后粉碎、筛选而制成。经高温烧结后，焊剂的颗粒强度明显提高，吸潮性大为降低。

非熔炼焊剂的碱度可以在较大范围内调节，并且仍能保持良好的工艺性能；由于烧结温度低，故可以根据需要加入合金剂、脱氧剂和铁粉等，所以非熔炼焊剂适用性强，而且制造简便，近年发展很快。

表 6-2-39 列出了熔炼焊剂与非熔炼焊剂主要性能比较。

表 6-2-39　熔炼焊剂与非熔炼焊剂主要性能比较

比较项目		熔炼焊剂	非熔炼焊剂
一般特点		焊剂熔点较低,松装密度较大(一般 1.0~1.8g/cm³),颗粒不规则,但强度较高。生产中耗电多,成本高;焊接时焊剂消耗量较小	熔点较高,松装密度较小(一般 0.9~1.2g/cm³),颗粒圆滑呈球状(可用管道输送,回收时阻力小),但强度低,可连续生产,成本低;焊接时焊剂消耗较大
焊接工艺性能	高速焊接性能	焊道均匀,不易产生气孔和夹渣	焊缝无光泽,易产生气孔、夹渣
	大工艺参数焊接性能	焊道凸凹显著,易粘渣	焊道均匀,易脱渣
	吸潮性能	比较小,使用前可不必烘干	较大,使用前必须烘干
	抗锈性能	比较敏感	不敏感
焊缝性能	韧性	受焊丝成分和焊剂碱度影响大	比较容易得到高韧性
	成分波动	焊接参数变化时成分波动小、均匀	焊接参数变化时焊剂熔化不同,成分波动较大,不易均匀
	多层焊性能	焊缝金属的成分变动小	焊缝金属成分变动较大
	脱氧能力	较差	较好
	合金剂的添加	几乎不可能	容易

(2) 按化学成分分类

对于熔炼焊剂，可按照 SiO_2、MnO 和 CaF_2 单独的或组合的含量来分类。例如，单独的有高硅的、中锰的或低氟的焊剂等；组合的有高锰高硅低氟焊剂(如 HJ431)、低锰中硅中氟焊剂（如 HJ250）和中锰中硅中氟焊剂（如 HJ350）等。也可按照按焊剂所属的渣系来分类，如 $MnO\text{-}SiO_2$ 系[$w(MnO+SiO_2)>50\%$]，即硅锰型；$CaO\text{-}SiO_2$ 系[$w(CaO+MgO+SiO_2)>60\%$]，即硅钙型；$Al_2O_3\text{-}CaO-MgO$ 系[$w(Al_2O_3+CaO+MgO)>45\%$]，即高铝型和 $CaO-MnO-CaF_2-MgO$ 系，即氟碱型等。

(3) 按焊剂（熔渣）的化学性质分类

焊剂的化学性质决定了它的冶金性能，碱度和活度是常用来表征焊剂化学性质的指标。焊剂的碱度和活度变化对焊接工艺性能和焊缝金属的力学性能有很大影响，因而有按焊剂碱度（B）和按相对活度（A_f）来分类。

1）按碱度分类。常用国际焊接学会（ⅡW）推荐的公式计算焊剂碱度 B：

$$B_{\text{ⅡW}}=\frac{w(CaO)+w(MgO)+w(BaO)+w(Na_2O)+w(K_2O)+w(CaF_2)+0.5w(MnO+FeO)}{w(SiO_2)+0.5w(Al_2O_3+TiO_2+ZrO_2)} \tag{6-2-1}$$

式中各组分的含量按质量百分数计算。按计算结果对焊剂作如下分类：

① 酸性焊剂（$B_{\text{ⅡW}}<1.0$）。具有良好的焊接工艺性能，焊缝成形美观，但焊缝金属氧含量高，冲击韧度较低。

② 中性焊剂（$B_{\text{ⅡW}}=1\sim1.5$）。焊后熔敷金属的化学成分与焊丝的化学成分相近，焊缝氧含量有所降低。

③ 碱性焊剂（$B_{\text{ⅡW}}>1.5$）。焊后熔敷金属氧含量低，可获得较高的冲击韧度，但工艺性能较差。

2）按相对活度分类。为了评价焊剂由于硅、锰还原对金属氧化能力的影响，提出了计算焊剂相对活度的计算公式：

$$A_f=\frac{w(SiO_2)+0.42B_1^2w(MnO)}{100B_1} \tag{6-2-2}$$

式中的 B_1 为熔渣碱度，各组分均以质量百分数计算。按计算结果对焊剂作如下分类：$A_f>0.6$ 为高活性焊剂；$A_f>0.3\sim0.6$ 为活性焊剂；$A_f>0.1\sim0.3$ 为低活性焊剂；$A_f\leqslant0.1$ 为惰性焊剂。

熔敷金属中的氧含量随着焊剂相对活度 A_f 的增加而直线增加。

惰性焊剂的特点是当电弧电压在较大范围内变化时，熔敷金属化学成分不发生明显变化。这种焊剂主要用于多道焊，特别是厚板结构，不推荐用于单道焊接。活性焊剂中含有少量硅、锰合金，有助于改善焊剂的抗气孔和抗裂性能，主要用于单道焊，焊接缺陷很少，焊缝质量高，但它不适于多道焊。

(4) 按用途分类

有两种分类法，若按焊接方法分，则有埋弧焊用焊剂、堆焊用焊剂和电渣焊用焊剂等；若按被焊金属材料分，则有碳素钢用焊剂、低合金钢用焊剂、不锈钢用焊剂和各种非钢合金用焊剂等。

2. 焊剂的型号

GB/T 36037—2018《埋弧焊和电渣焊用焊剂》规定，焊剂型号根据适用焊接方法、制造方法、焊剂类型和适用范围等进行分类标识。

焊剂型号由四部分组成。第一部分表示焊剂适用的焊接方法，“S”表示适用于埋弧焊，“ES”表示适用于电渣焊；第二部分表示焊剂制造方法，“F”表示熔炼焊剂，“A”表示烧结焊剂，“M”表示混和焊剂；第三部分表示焊剂类型代号，见表6-2-40；第四部表示焊剂适用范围代号，见表6-2-41。

除以上强制分类代号外，焊接型号还有三个可选的附加部分。第一部分表示焊剂冶金性能代号，用数字、元素符号、元素符号和数字组合等表示焊剂导致的合金元素烧损或增加程度，见6-2-42；第二部分表示适用的电流类型代号，“DC”表示适用于直流焊接，“AC”表示适用于交流和直流焊接；第三部分为字母“H”加一到两位数字，用于表示熔敷金属中扩散氢含量的最大值，见表6-2-21。

埋弧焊用焊剂型号示例：

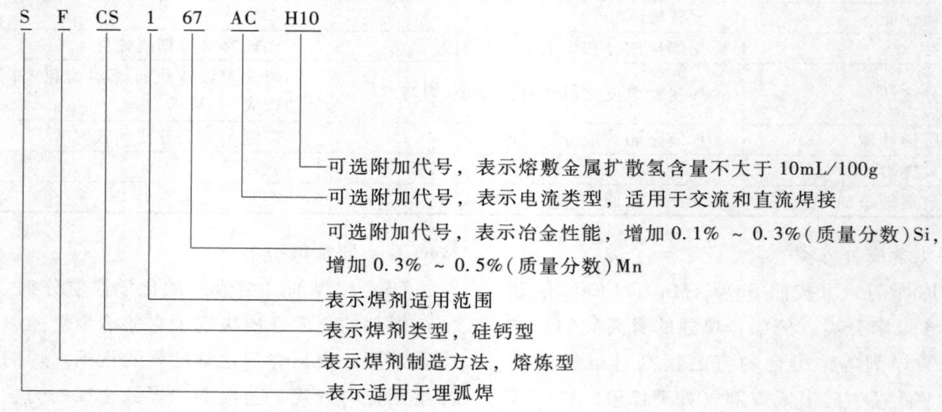

电渣焊用焊剂型号示例：

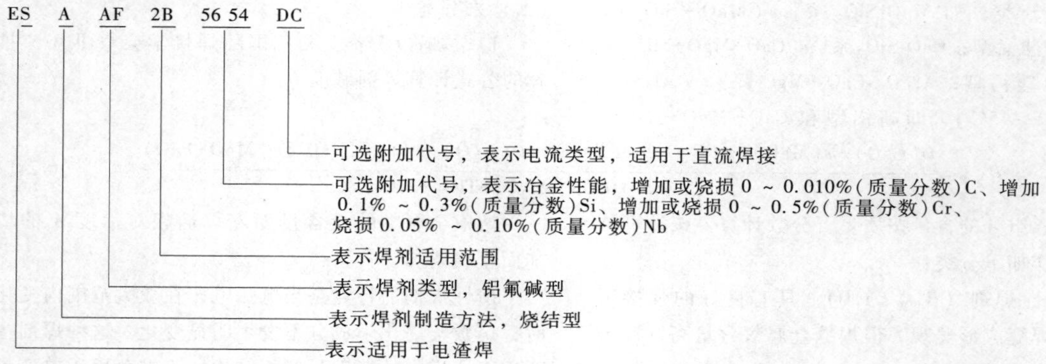

表6-2-40　焊剂类型代号、主要化学成分及特点

标记	主要化学成分	(质量分数,%)	特　点
MS (硅锰型)	$MnO + SiO_2$	≥50	具有比较高的电流承载能力,适用于薄板的高速焊接。具有好的抗气孔性,焊缝外观也很平滑,不易形成咬边。焊缝金属氧含量较高,韧性低,不适用于厚截面的多道焊焊接
	CaO	≤15	
CS (硅钙型)	$CaO + MgO + SiO_2$	≥55	酸性CS焊剂,具有最高的电流承载能力,常用于多丝焊接。随着碱性增强,焊剂的电流承载能力逐渐减弱,但焊缝外观平滑、无咬边;碱性较强的CS焊剂适用于对焊缝韧性要求高的多道焊焊接;常用于耐磨和覆层堆焊
	CaO + MgO	≥15	
CG (钙镁型)	CaO + MgO	5~50	碳酸盐较多,在焊接过程中产生CO_2气体,能降低焊缝金属中氮和扩散氢含量。该类焊剂常用于需要高冲击韧性的多道焊或高热输入场合
	CO_2	≥2	
	Fe	≤10	
CB (钙镁碱型)	CaO + MgO	40~80	碳酸盐较多,在焊接过程中产生CO_2气体,能降低焊缝金属中氮和扩散氢含量。该类焊剂常用于需要高冲击韧性的多道焊或高热输入场合
	CO_2	≥2	
	Fe	≤10	

（续）

<table>
<tr><th>标记</th><th>主要化学成分</th><th>（质量分数，%）</th><th>特　点</th></tr>
<tr><td rowspan="3">CG-I
（铁粉镁钙型）</td><td>CaO + MgO</td><td>5～45</td><td rowspan="3">碳酸盐较多，在焊接过程中产生 CO_2 气体，能降低焊缝金属中氮和扩散氢含量。该类焊剂常用于对力学性能要求不高的厚板高热输入焊接</td></tr>
<tr><td>CO_2</td><td>≥2</td></tr>
<tr><td>Fe</td><td>15～60</td></tr>
<tr><td rowspan="3">CB-I
（铁粉镁钙碱型）</td><td>CaO + MgO</td><td>40～80</td><td rowspan="3">碳酸盐较多，在焊接过程中产生 CO_2 气体，能降低焊缝金属中氮和扩散氢含量。该类焊剂常用于对力学性能要求不高的厚板高热输入焊接</td></tr>
<tr><td>CO_2</td><td>≥2</td></tr>
<tr><td>Fe</td><td>15～60</td></tr>
<tr><td rowspan="3">GS
（硅镁型）</td><td>$MgO + SiO_2$</td><td>≥42</td><td rowspan="3">添加金腐粉进行合金化，特别适用于对焊缝化学成分要求比较特殊的堆焊</td></tr>
<tr><td>Al_2O_3</td><td>≤20</td></tr>
<tr><td>$CaO + CaF_2$</td><td>≤14</td></tr>
<tr><td rowspan="2">ZS
（硅锆型）</td><td>$ZrO_2 + SiO_2 + MnO$</td><td>≥45</td><td rowspan="2">常用于洁净板材和薄板的高速、单道焊，也能够过渡合金元素</td></tr>
<tr><td>ZrO_2</td><td>≥15</td></tr>
<tr><td rowspan="2">RS
（硅钛型）</td><td>$TiO_2 + SiO_2$</td><td>≥50</td><td rowspan="2">通常匹配中锰或高锰含量的焊丝、焊带。焊缝金属氧含量相对较高，因而韧性受限。该类焊剂常用于单丝和多丝高速双面焊场合</td></tr>
<tr><td>TiO_2</td><td>≥20</td></tr>
<tr><td>AR
（铝钛型）</td><td>$Al_2O_3 + TiO_2$</td><td>≥40</td><td>冶金活性和碱度调整范围较宽，多用于单丝和多丝高速焊接，包括薄壁和角焊缝</td></tr>
<tr><td rowspan="3">BA
（碱铝型）</td><td>$Al_2O_3+CaF_2+SiO_2$</td><td>≥55</td><td rowspan="3">焊缝金属氧含量较低，在多道焊应用中可以获得良好韧性</td></tr>
<tr><td>CaO</td><td>≥8</td></tr>
<tr><td>SiO_2</td><td>≤20</td></tr>
<tr><td rowspan="2">AAS
（硅铝酸型）</td><td>$Al_2O_3+CaF_2+SiO_2$</td><td>≥50</td><td rowspan="2">特别适合于各种堆焊</td></tr>
<tr><td>CaF_2+MgO</td><td>≥20</td></tr>
<tr><td rowspan="3">AB
（碱铝型）</td><td>$Al_2O_3+CaO+MgO$</td><td>≥40</td><td rowspan="3">冶金活性范围较宽。由于 Al_2O_3 含量高，液态熔渣快速凝固，常用于各种单丝或多丝的单道和多道焊</td></tr>
<tr><td>Al_2O_3</td><td>≥20</td></tr>
<tr><td>CaF_2</td><td>≤22</td></tr>
<tr><td rowspan="3">AS
（硅铝型）</td><td>$Al_2O_3 + SiO_2 + ZrO_2$</td><td>≥40</td><td rowspan="3">碱度高，焊缝金属氧含量低，所以韧性较高，适用于各种接头和堆焊</td></tr>
<tr><td>$CaF_2 + MgO$</td><td>≥30</td></tr>
<tr><td>ZrO_2</td><td>≥5</td></tr>
<tr><td>AF
（铝氟碱型）</td><td>$Al_2O_3 + CaF_2$</td><td>≥70</td><td>主要匹配合金焊丝，适用于不锈钢和镍基合金等的接头堆焊</td></tr>
<tr><td rowspan="3">FB
（氟碱型）</td><td>$CaO + MgO + CaF_2 + MnO$</td><td>≥50</td><td rowspan="3">碱度高，焊缝金属氧含量低，所以韧较高，广泛用于单丝和多丝的接头和堆焊，包括电渣焊</td></tr>
<tr><td>SiO_2</td><td>≤20</td></tr>
<tr><td>CaF_2</td><td>≥15</td></tr>
<tr><td>G①</td><td colspan="2">其他协定成分</td><td>其化学组成范围不做规定，因此同是 G 类型的两种焊剂可能差别较大</td></tr>
</table>

① 表中未列出的焊剂类型可用相类似的符号表示，词头加字母 G，化学成分不进行规定，两种分类之间不可替换。

表 6-2-41　焊剂适用范围代号（摘自 GB/T 36037—2018）

代号①	适用范围
1	用于非合金钢及细晶粒钢、高强钢、热强钢和耐候钢，适合于焊接接头和/或堆焊。在接头焊接时，一些焊剂可应用于多道焊和单/双道焊
2	用于不锈钢和/或镍及镍合金，主要适用于接头焊接，也能用于带极堆焊
2B	用于不锈钢和/或镍及镍合金，主要适用于带极锥焊
3	主要用于耐磨堆焊
4	1 类～3 类都不适用的其他焊剂，例如铜合金用焊剂

① 由于匹配的焊丝、焊带或应用条件不同，焊剂按此划分的适用范围代号可能不止一个，在型号中应至少标出一种适用范围代号。

表 6-2-42 焊剂冶金性能代号

1类使用范围焊剂			
冶金性能	代号	化学成分差值(质量分数,%)	
		Si	Mn
烧损	1	—	>0.7
	2	—	0.5~0.7
	3	—	0.3~0.5
	4	—	0.1~0.3
中性	5	0~0.1	
增加	6	0.1~0.3	
	7	0.3~0.5	
	8	0.5~0.7	
	9	>0.7	

2类及2B类使用范围焊剂					
冶金性能	代号	化学成分差值(质量分数,%)			
		C	Si	Cr	Nb
烧损	1	>0.020	>0.7	>2.0	>0.20
	2	—	0.5~0.7	1.5~2.0	0.15~0.20
	3	0.010~0.020	0.3~0.5	1.0~1.5	0.10~0.15
	4	—	0.1~0.3	0.5~1.0	0.05~0.10
中性	5	0~0.010	0~0.1	0~0.5	0~0.05
增加	6	—	0.1~0.3	0.5~1.0	0.05~0.10
	7	0.010~0.020	0.3~0.5	1.0~1.5	0.10~0.15
	8	—	0.5~0.7	1.5~2.0	0.15~0.20
	9	>0.020	>0.7	>2.0	>0.20

3. 焊剂的牌号

《焊接材料产品样本》规定的焊剂统一牌号，在有关焊剂国家标准之前就已编制，习用至今仍很盛行。熔炼焊剂和烧结焊剂的牌号编制方法各不相同。

（1）熔炼焊剂

用汉语拼音字母“HJ”表示埋弧焊及电渣焊用熔炼焊剂；“HJ”后第一位数表示氧化锰含量，见表6-2-43；第二位数字表示二氧化硅与氟化钙含量，见表6-2-44；第三位数字为同一类型的不同编号，按0，1，2，…，9顺序排列。

当同一牌号焊剂生产两种颗粒度时，在细颗粒焊剂牌号后面加半字线“-”，再加表示“细”的汉语拼音字母“X”，有些生产厂商常在牌号前加上厂商标识的代号，中间用圆点“·”分开。

熔炼焊剂牌号例：

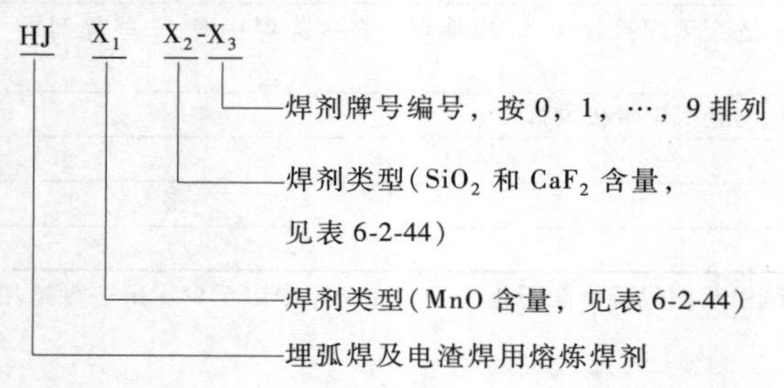

表 6-2-43 熔炼焊剂牌号中第一位数字含义

X_1	焊剂类型	$w(MnO)(\%)$
1	无锰	<2
2	低锰	2~15
3	中锰	15~30
4	高锰	>30

表 6-2-44 熔炼焊剂牌号中第二位数字含义

X_2	焊剂类型	$w(SiO_2)(\%)$	$w(CaF_2)(\%)$
1	低硅低氟	<10	<10
2	中硅低氟	10~30	
3	高硅低氟	>30	
4	低硅中氟	<10	10~30
5	中硅中氟	10~30	
6	高硅中氟	>30	
7	低硅高氟	<10	>30
8	中硅高氟	10~30	
9	其他	不规定	不规定

例如，HJ431表示此为高锰高硅低氟型埋弧焊用熔炼焊剂

（2）烧结焊剂

用汉语拼音字母“SJ”表示埋弧焊用烧结焊剂，后面第一位数字表示焊剂熔渣渣系，见表6-2-45；第二、第三位数字表示相同渣系焊剂中的不同牌号，按

01，02，……，09 顺序排列。

举例：

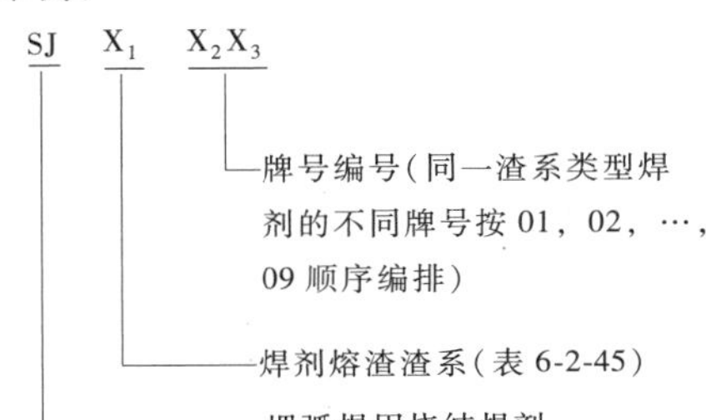

表 6-2-45　烧结焊剂熔渣渣系

X_1	熔渣渣系类型	主要化学成分（质量分数，%）
1	氟碱型	$CaF_2 \geqslant 15\%$ $CaO+MgO+MnO+CaF_2>50\%$ $SiO_2<20\%$
2	高铝型	$Al_2O_3 \geqslant 20\%$ $Al_2O_3+CaO+MgO>45\%$
3	硅钙型	$CaO+MgO+SiO_2>60\%$
4	硅锰型	$MnO+SiO_2>50\%$
5	铝钛型	$Al_2O_3+TiO_2>45\%$
6、7	其他型	不规定

4. 焊剂的制造及技术要求

（1）对焊剂的基本要求

熔炼焊剂和非熔炼焊剂都应满足下列要求。

1）应具有良好的冶金性能。在焊接时，配以适当的焊丝和合理的焊接工艺，使焊缝金属具有适宜的化学成分和良好力学性能，以符合国标或焊接产品设计要求，并有较强的抗气孔和抗裂纹性能。

2）应具有良好的工艺性能。在规定的焊接参数下焊接，电弧燃烧稳定，熔渣有适宜的熔点、黏度和表面张力，焊缝成形良好、易脱渣，产生有毒气体少等。

要达到上述要求必须正确地确定焊剂的成分，此外还必须与焊丝合理配合。

（2）焊剂的化学成分

国产各种类型焊剂的组成成分基本定型，见表 6-2-46和表 6-2-47。这些资料可以作为焊剂配方设计的依据。当原材料的化学成分已知，就可据此计算出各种原材料所需数量。通常需经若干次试验调整，才能获得符合要求的配方。

表 6-2-46　熔炼焊剂的类型及组成成分

牌号	焊剂类型	用途	组成成分（质量分数，%）
HJ130	无锰高硅低氟	埋弧焊	$SiO_2$35～40、$CaF_2$4～7、MgO14～19、CaO10～18、$Al_2O_3$12～16、$TiO_2$7～11、FeO2.0、S≤0.05、P≤0.05
HJ131	无锰高硅低氟	埋弧焊	$SiO_2$34～38、$CaF_2$2～5、CaO48～55、$Al_2O_3$6～9、R_2O≤3、FeO≤1.0、S≤0.05、P≤0.08
HJ150	无锰中硅中氟	埋弧焊	$SiO_2$21～23、$CaF_2$25～33、$Al_2O_3$28～32、MgO9～13、CaO3～7、S≤0.08、P≤0.08
HJ151	无锰中硅中氟	埋弧焊	$SiO_2$24～30、$CaF_2$18～24、$Al_2O_3$22～30、MgO13～20 其他元素总量≤8、CaO≤5、FeO≤1.0、S≤0.07、P≤0.08
HJ172	无锰低硅高氟	埋弧焊	MnO1～2、$SiO_2$3～6、$CaF_2$45～55、$Al_2O_3$28～35、CaO2～5、$ZrO_2$2～4、NaF2～3、R_2O≤3、FeO≤0.8、S≤0.05、P≤0.05
HJ230	低锰高硅低氟	埋弧焊	MnO5～10、$SiO_2$40～46、$CaF_2$7～11、$Al_2O_3$10～17、MgO10～14、CaO8～14、FeO≤1.5、S≤0.05、P≤0.05
HJ250	低锰中硅中氟	埋弧焊	MnO5～8、$SiO_2$18～22、$CaF_2$23～30、$Al_2O_3$18～23、MgO12～16、CaO4～8、R_2O≤3、FeO≤1.5、S≤0.05、P≤0.05
HJ251	低锰中硅中氟	埋弧焊	MnO7～10、$SiO_2$18～22、$CaF_2$23～30、$Al_2O_3$18～23、MgO14～17、CaO3～6、FeO1.0、S≤0.08、P≤0.05
HJ252	低锰中硅中氟	埋弧焊	MnO2～5、$SiO_2$18～22、$CaF_2$18～24、$Al_2O_3$22～28、MgO17～23、CaO2～7、FeO≤1.0、S≤0.07、P≤0.08
HJ260	低锰高硅中氟	埋弧焊	MnO2～4、$SiO_2$29～34、$CaF_2$20～25、$Al_2O_3$19～24、MgO15～18、CaO4～7、FeO≤1.0、S≤0.07、P≤0.07
HJ330	中锰高硅低氟	埋弧焊	MnO22～26、$SiO_2$44～48、$CaF_2$3～6、MgO16～20、Al_2O_3≤4、CaO≤3、FeO≤1.5、R_2O≤1、S≤0.06、P≤0.08

（续）

牌号	焊剂类型	用途	组成成分(质量分数,%)
HJ350	中锰中硅中氟	埋弧焊	MnO14~19、$SiO_2$30~35、$CaF_2$14~20、$Al_2O_3$13~18、CaO10~18、FeO≤1.0、S≤0.06、P≤0.07
HJ351	中锰中硅中氟	埋弧焊	MnO14~19、$SiO_2$30~35、$CaF_2$14~20、$Al_2O_3$13~18、CaO10~18、$TiO_2$2~4、FeO≤1.0、S≤0.04、P≤0.05
HJ360	中锰高硅中氟	电渣焊	MnO20~26、$SiO_2$33~37、$CaF_2$10~19、$Al_2O_3$11~15、MgO5~9、CaO4~7、FeO≤1.0、S≤0.10、P≤0.10
HJ430	高锰高硅低氟	埋弧焊	MnO38~47、$SiO_2$38~45、$CaF_2$5~9、CaO≤6、Al_2O_3≤5、FeO≤1.8、S≤0.06、P≤0.08
HJ431	高锰高硅低氟	埋弧焊	MnO34~38、$SiO_2$40~44、$CaF_2$3~7、MgO5~8、CaO≤6、Al_2O_3≤4、FeO≤1.8、S≤0.06、P≤0.08
HJ433	高锰高硅低氟	埋弧焊	MnO4~47、$SiO_2$42~45、$CaF_2$2~4、CaO≤4、Al_2O_3≤3、FeO≤1.8、R_2O≤0.5、S≤0.06、P≤0.08
HJ434	高锰高硅低氟	埋弧焊	MnO35~40、$SiO_2$40~45、$CaF_2$4~8、CaO3~9、$TiO_2$1~8、Al_2O_3≤6、MgO≤5、FeO≤1.5、S≤0.05、P≤0.05

表 6-2-47　烧结焊剂的类型及组成成分

牌号	焊剂类型	用途	组成成分(质量分数,%)
SJ101	氟碱型	埋弧焊	SiO_2+TiO_2 25,CaO+MgO 30,Al_2O_3+MnO 25,CaF_2 20
SJ301	硅钙型	埋弧焊	SiO_2+TiO_2 40,CaO+MgO 25,Al_2O_3+MnO 25,CaF_2 10
SJ401	硅锰型	埋弧焊	SiO_2+TiO_2 45~48,CaO+MgO 10~12,Al_2O_3+MnO 40~43
SJ501	铝钛型	埋弧焊	SiO_2+TiO 25~35,Al_2O_3+MnO 50~60,CaF_2 3~10
SJ502	铝钛型	埋弧焊	MnO+Al_2O_3 30~35,TiO_2+SiO_2 45~50,CaO+MgO 10~15,CaF_2 5~8

5. 焊剂选用要点

选择焊剂必须与选择焊丝同时进行，因为焊剂与焊丝的不同组合，可获得不同性能或不同化学成分的熔敷金属。

埋弧焊用的焊剂和焊丝，通常都是根据被焊金属材料及对焊缝金属的性能要求加以选择。一般来说，对结构钢（包括碳素钢和低合金高强度钢）的焊接，可选用与母材强度相匹配的焊丝；对耐热钢、不锈钢的焊接，可选用与母材成分相匹配的焊丝。堆焊时，应根据堆焊层的技术要求和使用性能等选定合金系统及相近成分的焊丝，然后选择既与产品结构特点相适应，又能与焊丝合理配合的焊剂。

选择焊剂时，除需考虑钢种外，还要考虑产品的各项焊接技术要求和焊接工艺等因素。因为不同类型焊剂的工艺性能、抗裂性能和抗气孔性能有较大差别。例如，当焊接强度级别高而低温韧性好的低合金钢时，就应选配碱度较高的焊剂；当焊接厚板窄坡口对接多层焊缝时，应选用脱渣性能好的焊剂。

在熔炼焊剂与非熔炼焊剂之间作选择时，一定要注意两者之间的性能特点（见表 6-2-39）。熔炼焊剂焊接时气体析出量很少，过程稳定，有利于改善焊缝成形，很适于大电流高速焊接，对焊接工艺性能要求较高时，也很适用；熔炼焊剂颗粒具有高的均匀性和较高强度，耐磨性较强，对于焊接时采用负压和风动回收焊剂具有重大意义。

非熔炼焊剂可使焊缝金属在比较广泛的范围内加入各种合金元素，这对于不能生产出与母材成分相一致的焊丝情况下，有最大的优越性。因此，广泛用于合金钢或具有特殊性能要求的钢材的焊接，尤其适于堆焊。

表 6-2-48 和表 6-2-49 分别列出了埋弧焊用的熔炼焊剂和烧结焊剂的主要用途及配用的焊丝。

表 6-2-48　埋弧焊用熔炼焊剂的主要用途及配用焊丝

焊剂牌号	焊剂类型	主要用途	配用焊丝	焊剂颗粒度(筛号)	电流类型	使用前焙烘(h×℃)
HJ130	无 Mn 高 Si 低 F	低碳钢、普低钢	H10Mn2	8~40	交、直流	2×250
HJ131	无 Mn 高 Si 低 F	Ni 基合金	Ni 基焊丝	10~40	交、直流	2×250
HJ150	无 Mn 中 Si 中 F	轧辊堆焊	H10Cr13、H3Cr2W8	8~40	直流	2×250

（续）

焊剂牌号	焊剂类型	主要用途	配用焊丝	焊剂颗粒度（筛号）	电流类型	使用前烘焙（h×℃）
HJ151	无 Mn 中 Si 中 F	奥氏体不锈钢	相应钢种焊丝	10～60	直流	2×300
HJ172	无 Mn 低 Si 高 F	含 Nb、Ti 不锈钢	相应钢种焊丝	10～60	直流	2×400
HJ173	无 Mn 低 Si 高 F	含 Mn、Al 高合金钢	相应钢种焊丝	10～60	直流	2×250
HJ280	低 Mn 高 Si 低 F	低碳钢、普低钢	H08MnA、H10Mn2	8～40	交、直流	2×250
HJ250	低 Mn 中 Si 中 F	低合金高强度钢	相应钢种焊丝	10～60	直流	2×350
HJ251	低 Mn 中 Si 中 F	珠光体耐热钢	CrMo 钢焊丝	10～60	直流	2×350
HJ252	低 Mn 中 Si 中 F	15MnV、14MnMoV、18MnMoNb	H08MnMoA、H10Mn2	10～60	直流	2×350
HJ260	低 Mn 高 Si 中 F	不锈钢、轧辊堆焊	不锈钢焊丝	10～60	直流	2×400
HJ330	中 Mn 高 Si 低 F	重要低碳钢、普低钢	H08MnA、H10Mn2SiA、H10MnSi	8～40	交、直流	2×250
HJ350	中 Mn 中 Si 中 F	重要低合金高强度钢	MnMo、MnSi 及含 Ni 高强钢焊丝	3～40、14～80	交、直流	2×400
HJ351	中 Mn 中 Si 中 F	MnMo、MnSi 及含 Ni 普低钢	相应钢种焊丝	8～40、14～80	交、直流	2×400
HJ430	高 Mn 高 Si 低 F	重要低碳钢、普低钢	H08A、H08MnA	8～40、14～80	交、直流	2×250
HJ431	高 Mn 高 Si 低 F	重要低碳钢、普低钢	H08A、H08MnA	8～40	交、直流	2×250
HJ432	高 Mn 高 Si 低 F	重要低碳钢、普低钢（薄板）	H08A	8～40	交、直流	2×250
HJ433	高 Mn 高 Si 低 F	低碳钢	H08A	8～40	交、直流	2×350

表 6-2-49 埋弧焊用烧结焊剂的主要用途及配用焊丝

焊剂牌号	焊剂类型	主要用途	配用焊丝	焊剂颗粒度（筛号）	电流类型	用前烘焙（h×℃）
SJ101	碱性（氟碱型）	重要普低钢	H08MnA、H08MnMoA、H08Mn2MoA、H10Mn2	10～60	交、直流	2×350
SJ301	中性（硅钙型）	低碳钢、锅炉钢	H08MnA、H10Mn2、H08MnMoA	10～60	交、直流	2×350
SJ401	酸性（硅锰型）	低碳钢、普低钢	H08A	10～60	交、直流	2×250
SJ501	酸性（铝钛型）	低碳钢、普低钢	H08A、H08MnA	10～60	交、直流	2×250
SJ502	酸性（铝钛型）	低碳钢、普低钢	H08A	14～60	交、直流	2×350
SJ621A	酸性	重要普低钢	H08Mn2Si、H08MnA、H10Mn2	10～60	交、直流	不烘焙

第 7 篇各章中将针对各种金属材料焊接推荐具体适用的焊剂。

6. 使用焊剂的注意事项

焊剂不能受潮、污染和渗入杂物，并能保持其颗粒度。

（1）运输与贮藏

熔炼焊剂不吸潮，因此简化了包装、运输与储藏问题；非熔炼焊剂极易吸收水分，这是引起焊缝金属气孔和氢致裂纹的主要原因。因此，出厂前经烘干的焊剂应装在防潮容器内并密封，运输过程防止破损。

各种焊剂应储藏在干燥库房内，其室温为 5～50℃，不能放在高温、高湿的环境中。

（2）用前再烘干

焊剂在使用前应按使用说明书规定的参数进行再烘干，非熔炼焊剂比熔炼焊剂的烘干温度要高些，时间也要长些。其中碱度大的焊剂烘干温度又相应高些，时间也长些。

（3）焊剂应清洁纯净

未消耗或未熔化的焊剂可以多次反复使用，但不能被锈、氧化皮或其他外来物质污染，渣壳和碎粉也应清除。被油或其他物质污染的焊剂应报废。

（4）保证颗粒度

当焊剂的颗粒小于 0.1mm 和大于 2.5mm 时不能使用。实践表明，当颗粒小于 0.1mm 时，其消耗量增加，透气性不良，粉尘大，影响环境卫生；当大于 2.5mm 时，不能很好隔绝空气去保护焊缝，而且合金元素过渡不良。因此，在储运和回收时，都应防止焊剂结块或粉化。

（5）合适的堆放高度

焊接时，焊剂堆放高度与焊接熔池表面的压力成正比。堆放过高，焊缝表面波纹粗大，凹凸不平，有“麻点”。对玻璃状焊剂，一般堆放高度以 25～45mm 为佳，高速焊时宜堆放低些，但不能太低，否则电弧外露，容易使焊缝表面变得粗糙。

2.3.2 焊丝型号与牌号

1. 埋弧焊实心焊丝的牌号

GB/T 14957—1994《熔化焊用钢丝》规定了钢焊丝的牌号编制方法：第一位符号为“H”，表示焊接用钢丝；在“H”之后的一位（千分数）或两位（万分数）数字表示碳的质量分数平均数；在碳的质量分数后面的化学元素符号及其后面的数字，表示该元素的大约质量分数，当主要合金元素的质量分数≤1%时，可省略数字只记该元素的符号。在牌号尾部的“A”或“E”，分别表示“高级优质”和“特高级优质”，后者比前者含S、P杂质更低。目前，气体保护焊已很少使用焊丝牌号，但埋弧焊仍普遍使用焊丝牌号。

实心焊丝牌号示例：

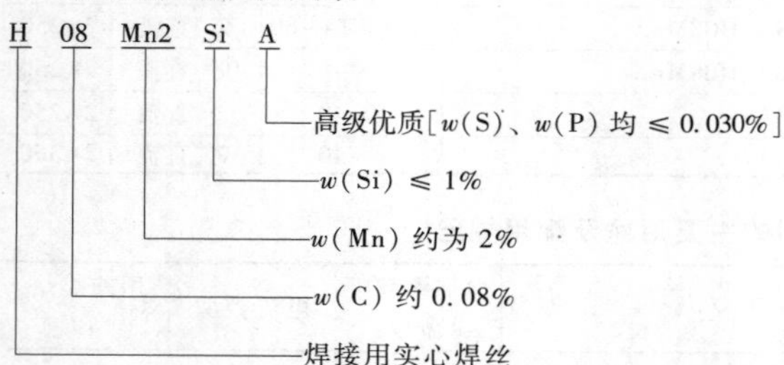

2. 埋弧焊实心焊丝的型号

GB/T 5293—2018《埋弧焊用非合金钢及细晶粒钢实心焊丝、药芯焊丝和焊丝-焊剂组合分类要求》、GB/T 12470—2018《埋弧焊用热强钢实心焊丝、药芯焊丝和焊丝-焊剂组合分类要求》及GB/T 36034—2018《埋弧焊用高强钢实心焊丝、药芯焊丝和焊丝-焊剂组合分类要求》规定，实心焊丝型号根据化学成分进行划分。

埋弧焊实心焊丝型号由两部分组成，第一部分为“SU”，表示埋弧焊实心焊丝，第二部分利用数字和字母组合，表示焊丝的化学成分。

实心焊丝型号示例：

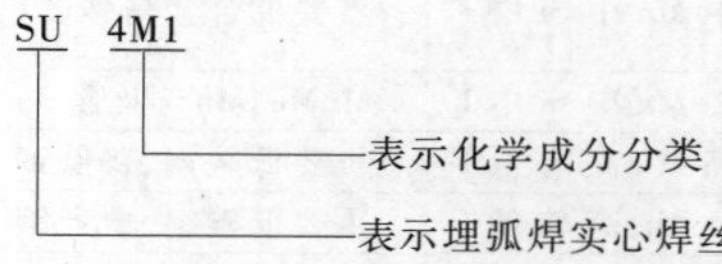

表6-2-50列出了埋弧焊用非合金钢及细晶粒钢实心焊丝的化学成分及其对应的冶金牌号。表6-2-51列出了埋弧焊用热强钢实心焊丝的化学成分及其对应的冶金牌号。表6-2-52列出了埋弧焊用高强钢实心焊丝的化学成分及其对应的冶金牌号。

表6-2-50 埋弧焊用非合金钢及细晶粒钢实心焊丝的化学成分及其对应的冶金牌号（摘自GB/T 5293—2018）

焊丝型号	冶金牌号分类	化学成分(质量分数,%)①									
		C	Mn	Si	P	S	Ni	Cr	Mo	Cu②	其他
SU08	H08	0.10	0.25~0.60	0.10~0.25	0.030	0.030	—	—	—	0.35	—
SU08A③	H08A③	0.10	0.40~0.65	0.03	0.030	0.030	0.30	0.20	—	0.35	—
SU08E③	H08E③	0.10	0.40~0.65	0.03	0.020	0.020	0.30	0.20	—	0.35	—
SU08C③	H08C③	0.10	0.40~0.65	0.03	0.015	0.015	0.10	0.10	—	0.35	—
SU10	H11Mn2	0.07~0.15	1.30~1.70	0.05~0.25	0.025	0.025	—	—	—	0.35	—
SU11	H11Mn	0.15	0.20~0.90	0.15	0.025	0.025	0.15	0.15	0.15	0.40	—
SU111	H11MnSi	0.07~0.15	1.00~1.50	0.65~0.85	0.025	0.030	—	—	—	0.35	—
SU12	H12MnSi	0.15	0.20~0.90	0.10~0.60	0.025	0.025	0.15	0.15	0.15	0.40	—
SU13	H15	0.11~0.18	0.35~0.65	0.03	0.030	0.030	0.30	0.20	—	0.35	—
SU21	H10Mn	0.05~0.15	0.80~1.25	0.10~0.35	0.025	0.025	0.15	0.15	0.15	0.40	—
SU22	H12Mn	0.15	0.80~1.40	0.15	0.025	0.025	0.15	0.15	0.15	0.40	—
SU23	H13MnSi	0.18	0.80~1.40	0.15~0.60	0.025	0.025	0.15	0.15	0.15	0.40	—

（续）

焊丝型号	冶金牌号分类	化学成分(质量分数,%)[①]									
		C	Mn	Si	P	S	Ni	Cr	Mo	Cu[②]	其他
SU24	H13MnSiTi	0.06~0.19	0.90~1.40	0.35~0.75	0.025	0.025	0.15	0.15	0.15	0.40	Ti:0.03~0.17
SU25	H14MnSi	0.06~0.16	0.90~1.40	0.35~0.75	0.030	0.030	0.15	0.15	0.15	0.40	—
SU26	H08Mn	0.10	0.80~1.10	0.07	0.030	0.030	0.30	0.20	—	0.35	—
SU27	H15Mn	0.11~0.18	0.80~1.10	0.03	0.030	0.030	0.30	0.20	—	0.35	—
SU28	H10MnSi	0.14	0.80~1.10	0.60~0.90	0.030	0.030	0.30	0.20	—	0.35	—
SU31	H11Mn2Si	0.06~0.15	1.40~1.85	0.80~1.15	0.030	0.030	0.15	0.15	0.15	0.40	—
SU32	H12Mn2Si	0.15	1.30~1.90	0.05~0.60	0.025	0.025	0.15	0.15	0.15	0.40	—
SU33	H12Mn2	0.15	1.30~1.90	0.15	0.025	0.025	0.15	0.15	0.15	0.40	—
SU34	H10Mn2	0.12	1.50~1.90	0.07	0.030	0.030	0.30	0.20	—	0.35	—
SU35	H10Mn2Ni	0.12	1.40~2.00	0.30	0.025	0.025	0.10~0.50	0.20	—	0.35	—
SU41	H15Mn2	0.20	1.60~2.30	0.15	0.025	0.025	0.15	0.15	0.15	0.40	—
SU42	H13Mn2Si	0.15	1.50~2.30	0.15~0.65	0.025	0.025	0.15	0.15	0.15	0.40	—
SU43	H13Mn2	0.17	1.80~2.20	0.05	0.030	0.030	0.30	0.20	—	—	—
SU44	H08Mn2Si	0.11	1.70~2.10	0.65~0.95	0.035	0.035	0.30	0.20	—	0.35	—
SU45	H08Mn2SiA	0.11	1.80~2.10	0.65~0.95	0.030	0.030	0.30	0.20	—	0.35	—
SU51	H11Mn3	0.15	2.20~2.80	0.15	0.025	0.025	0.15	0.15	0.15	0.40	—
SUM3[④]	H08MnMo[④]	0.10	1.20~1.60	0.25	0.030	0.030	0.30	0.20	0.30~0.50	0.35	Ti:0.05~0.15
SUM31[④]	H08Mn2Mo[④]	0.06~0.11	1.60~1.90	0.25	0.030	0.030	0.30	0.20	0.50~0.70	0.35	Ti:0.05~0.15
SU1M3	H09MnMo	0.15	0.20~1.00	0.25	0.025	0.025	0.15	0.15	0.40~0.65	0.40	—
SU1M3TiB	H10MnMoTiB	0.05~0.15	0.65~1.00	0.20	0.025	0.025	0.15	0.15	0.45~0.65	0.35	Ti:0.05~0.30 B:0.005~0.030
SU2M1	H12MnMo	0.15	0.80~1.40	0.25	0.025	0.025	0.15	0.15	0.15~0.40	0.40	—
SU3M1	H12Mn2Mo	0.15	1.30~1.90	0.25	0.025	0.025	0.15	0.15	0.15~0.40	0.40	—
SU2M3	H11MnMo	0.17	0.80~1.40	0.25	0.025	0.025	0.15	0.15	0.40~0.65	0.40	—
SU2M3TiB	H11MnMoTiB	0.05~0.17	0.95~1.35	0.20	0.025	0.025	0.15	0.15	0.40~0.65	0.35	Ti:0.05~0.30 B:0.005~0.030

（续）

焊丝型号	冶金牌号分类	化学成分(质量分数,%)[①]								
		C	Mn	Si	P	S	Ni	Cr	Mo	Cu[②]	其他
SU3M3	H10MnMo	0.17	1.20~1.90	0.25	0.025	0.025	0.15	0.15	0.40~0.65	0.40	—
SU4M1	H13Mn2Mo	0.15	1.60~2.30	0.25	0.025	0.025	0.15	0.15	0.15~0.40	0.40	—
SU4M3	H14Mn2Mo	0.17	1.60~2.30	0.25	0.025	0.025	0.15	0.15	0.40~0.65	0.40	—
SU4M31	H10Mn2SiMo	0.05~0.15	1.60~2.10	0.50~0.80	0.025	0.025	0.15	0.15	0.40~0.60	0.40	—
SU4M32[⑤]	H11Mn2Mo[⑤]	0.05~0.17	1.65~2.20	0.20	0.025	0.025	—	—	0.45~0.65	0.35	—
SU5M3	H11Mn3Mo	0.15	2.20~2.80	0.25	0.025	0.025	0.15	0.15	0.40~0.65	0.40	—
SUN2	H11MnNi	0.15	0.75~1.40	0.30	0.020	0.020	0.75~1.25	0.20	0.15	0.40	—
SUN21	H08MnSiNi	0.12	0.80~1.40	0.40~0.80	0.020	0.020	0.75~1.25	0.20	0.15	0.40	—
SUN3	H11MnNi2	0.15	0.80~1.40	0.25	0.020	0.020	1.20~1.80	0.20	0.15	0.40	—
SUN31	H11Mn2Ni2	0.15	1.30~1.90	0.25	0.020	0.020	1.20~1.80	0.20	0.15	0.40	—
SUN5	H12MnNi2	0.15	0.75~1.40	0.30	0.020	0.020	1.80~2.90	0.20	0.15	0.40	—
SUN7	H10MnNi3	0.15	0.60~1.40	0.30	0.020	0.020	2.40~3.80	0.20	0.15	0.40	—
SUCC	H11MnCr	0.15	0.80~1.90	0.30	0.030	0.030	0.15	0.30~0.60	0.15	0.20~0.45	—
SUN1C1C[④]	H08MnCrNiCu[④]	0.10	1.20~1.60	0.60	0.025	0.020	0.20~0.60	0.30~0.90	—	0.20~0.50	—
SUNCC1[④]	H10MnCrNiCu[④]	0.12	0.35~0.65	0.20~0.35	0.025	0.030	0.40~0.80	0.50~0.80	0.15	0.30~0.80	—
SUNCC3	H11MnCrNiCu	0.15	0.80~1.90	0.30	0.030	0.030	0.05~0.80	0.50~0.80	0.15	0.30~0.55	—
SUN1M3[④]	H13Mn2NiMo[④]	0.10~0.18	1.70~2.40	0.20	0.025	0.025	0.40~0.80	0.20	0.40~0.65	0.35	—
SUN2M1[④]	H10MnNiMo[④]	0.12	1.20~1.60	0.05~0.30	0.020	0.020	0.75~1.25	0.20	0.10~0.30	0.40	—
SUN2M3[④]	H12MnNiMo[④]	0.15	0.80~1.40	0.25	0.020	0.020	0.80~1.20	0.20	0.40~0.65	0.40	—
SUN2M31[④]	H11Mn2NiMo[④]	0.15	1.30~1.90	0.25	0.020	0.020	0.80~1.20	0.20	0.40~0.65	0.40	—
SUN2M32[④]	H12Mn2NiMo[④]	0.15	1.60~2.30	0.25	0.020	0.020	0.80~1.20	0.20	0.40~0.65	0.40	—
SUN3M3[④]	H11MnNi2Mo[④]	0.15	0.80~1.40	0.25	0.020	0.020	1.20~1.80	0.20	0.40~0.65	0.40	—

（续）

焊丝型号	冶金牌号分类	化学成分(质量分数,%)[①]									
		C	Mn	Si	P	S	Ni	Cr	Mo	Cu[②]	其他
SUN3M31[④]	H11Mn2Ni2Mo[④]	0.15	1.30~1.90	0.25	0.020	0.020	1.20~1.80	0.20	0.40~0.65	0.40	—
SUN4M1[④]	H15MnNi2Mo[④]	0.12~0.19	0.60~1.00	0.10~0.30	0.015	0.030	1.60~2.10	0.20	0.10~0.30	0.35	—
SUG[⑥]	HG[⑥]	其他协定成分									

注：表中单值均为最大值。

① 化学分析应按表中规定的元素进行分析。如果在分析过程中发现其他元素，这些元素的总量（除铁外）不应超过0.50%（质量分数）。

② Cu 含量是包括镀铜层中的含量。

③ 根据供需双方协议，此类焊丝非沸腾钢允许硅含量不大于 0.07%（质量分数）。

④ 此类焊丝也列于 GB/T 36034 中。

⑤ 此类焊丝也列于 GB/T 12470 中。

⑥ 表中未列出的焊丝型号可用相类似的型号表示，词头加字母“SUG”，未列出的焊丝冶金牌号分类可用相类似的冶金牌号分类表示，词头加字母“HG”。化学成分范围不进行规定，两种分类之间不可替换。

表 6-2-51　埋弧焊用热强钢实心焊丝的化学成分及其对应的冶金牌号（摘自 GB/T 12470—2018）

焊丝型号	冶金牌号分类	化学成分(质量分数,%)[①]										
		C	Mn	Si	P	S	Ni	Cr	Mo	V	Cu[②]	其他
SU1M31	H13MnMo	0.05~0.15	0.65~1.00	0.25	0.025	0.025	—	—	0.45~0.65	—	0.35	—
SU3M31[③]	H15MnMo[③]	0.18	1.10~1.90	0.60	0.025	0.025	—	—	0.30~0.70	—	0.35	—
SU4M32[③④]	H11Mn2Mo[③④]	0.05~0.17	1.65~2.20	0.20	0.025	0.025	—	—	0.45~0.65	—	0.35	—
SU4M33[③]	H15Mn2Mo[③]	0.18	1.70~2.60	0.60	0.025	0.025	—	—	0.30~0.70	—	0.35	—
SUCM	H07CrMo	0.10	0.40~0.80	0.05~0.30	0.025	0.025	—	0.40~0.75	0.45~0.65	—	0.35	—
SUCM1	H12CrMo	0.15	0.30~1.20	0.40	0.025	0.025	—	0.30~0.70	0.30~0.70	—	0.35	—
SUCM2	H10CrMo	0.12	0.40~0.70	0.15~0.35	0.030	0.030	0.30	0.45~0.65	0.40~0.60	—	0.35	—
SUC1MH	H19CrMo	0.15~0.23	0.40~0.70	0.40~0.60	0.025	0.025	—	0.45~0.65	0.90~1.20	—	0.30	—
SU1CM[⑤]	H11CrMo[⑤]	0.07~0.15	0.45~1.00	0.05~0.30	0.025	0.025	—	1.00~1.75	0.45~0.65	—	0.35	—
SU1CM1	H14CrMo	0.15	0.30~1.20	0.60	0.025	0.025	—	0.80~1.80	0.40~0.65	—	0.35	—
SU1CM2	H08CrMo	0.10	0.40~0.70	0.15~0.35	0.030	0.030	0.30	0.80~1.10	0.40~0.60	—	0.35	—
SU1CM3	H13CrMo	0.11~0.16	0.40~0.70	0.15~0.35	0.030	0.030	0.30	0.80~1.10	0.40~0.60	—	0.35	—
SU1CMV	H08CrMoV	0.10	0.40~0.70	0.15~0.35	0.030	0.030	0.30	1.00~1.30	0.50~0.70	0.15~0.35	0.35	—
SU1CMH	H18CrMo	0.15~0.22	0.40~0.70	0.15~0.35	0.025	0.030	0.30	0.80~1.10	0.15~0.25	—	0.35	—
SU1CMVH	H30CrMoV	0.28~0.33	0.45~0.65	0.55~0.75	0.015	0.015	—	1.00~1.50	0.40~0.65	0.20~0.30	0.30	—
SU2C1M[⑤]	H10Cr3Mo[⑤]	0.05~0.15	0.40~0.80	0.05~0.30	0.025	0.025	—	2.25~3.00	0.90~1.10	—	0.35	—

（续）

焊丝型号	冶金牌号分类	化学成分(质量分数,%)[1]										
		C	Mn	Si	P	S	Ni	Cr	Mo	V	Cu[2]	其他
SU2C1M1	H12Cr3Mo	0.15	0.30~1.20	0.35	0.025	0.025	—	2.20~2.80	0.90~1.20	—	0.35	—
SU2C1M2	H13Cr3Mo	0.08~0.18	0.30~1.20	0.35	0.025	0.025	—	2.20~2.80	0.90~1.20	—	0.35	—
SU2C1MV	H10Cr3MoV	0.05~0.15	0.50~1.50	0.40	0.025	0.025	—	2.20~2.80	0.90~1.20	0.15~0.45	0.35	Nb:0.01~0.10
SU5CM	H08MnCr6Mo	0.10	0.35~0.70	0.05~0.50	0.025	0.025	—	4.50~6.50	0.45~0.70	—	0.35	—
SU5CM1	H12MnCr5Mo	0.15	0.30~1.20	0.60	0.025	0.025	—	4.50~6.00	0.40~0.65	—	0.35	—
SU5CMH	H33MnCr5Mo	0.25~0.40	0.75~1.00	0.25~0.50	0.025	0.025	—	4.80~6.00	0.45~0.65	—	0.35	—
SU9C1M	H09MnCr9Mo	0.10	0.30~0.65	0.05~0.50	0.025	0.025	—	8.00~10.50	0.80~1.20	—	0.35	—
SU9C1MV[6]	H10MnCr9NiMoV[6]	0.07~0.13	1.25	0.50	0.010	0.010	1.00	8.50~10.50	0.85~1.15	0.15~0.25	0.10	Nb:0.02~0.10 N:0.03~0.07 Al:0.04
SU9C1MV1	H09MnCr9NiMoV	0.12	0.50~1.25	0.50	0.025	0.025	0.10~0.80	8.00~10.50	0.80~1.20	0.10~0.35	0.35	Nb:0.01~0.12 N:0.01~0.05
SU9C1MV2	H09Mn2Cr9NiMoV	0.12	1.20~1.90	0.50	0.025	0.025	0.20~1.00	8.00~10.50	0.80~1.20	0.15~0.50	0.35	Nb:0.01~0.12 N:0.01~0.05
SUG[7]	HG[7]	其他协定成分										

注：表中单值均为最大值。

① 化学分析应按表中规定的元素进行分析。如果在分析过程中发现其他元素，这些元素的总量（除铁外）不应超过 0.50%（质量分数，后同）。

② Cu 含量是包括镀铜层中的含量。

③ 该分类中含有约 0.5%的 Mo，不含 Cr，如果 Mn 的含量超过 1%，可能无法提供最佳的抗蠕变性能。

④ 此类焊丝也列于 GB/T 5293 中。

⑤ 若后缀附加可选代号字母“R”，则该分类应满足以下要求：S：0.010%，P：0.010%，Cu：0.15%，As：0.005%，Sn：0.005%，Sb：0.005%。

⑥ Mn+Ni≤1.50%。

⑦ 表中未列出的焊丝型号可用相类似的型号表示，词头加字母“SUG”，未列出的焊丝冶金牌号分类可用相类似的冶金牌号分类表示，词头加字母“HG”。化学成分范围不进行规定，两种分类之间不可替换。

表 6-2-52　埋弧焊用高强钢实心焊丝的化学成分及其对应的冶金牌号（摘自 GB/T 36034—2018）

焊丝型号	冶金牌号分类	化学成分(质量分数,%)[1]									
		C	Mn	Si	P	S	Ni	Cr	Mo	Cu[2]	其他
SUM3[3]	H08MnMo[3]	0.10	1.20~1.60	0.25	0.030	0.030	0.30	0.20	0.30~0.50	0.35	Ti:0.05~0.15
SUM31[3]	H08Mn2Mo[3]	0.06~0.11	1.60~1.90	0.25	0.030	0.030	0.30	0.20	0.50~0.70	0.35	Ti:0.05~0.15
SUM3V	H08Mn2MoV	0.06~0.11	1.60~1.90	0.25	0.030	0.030	0.30	0.20	0.50~0.70	0.35	V:0.06~0.12 Ti:0.05~0.15
SUM4	H10Mn2Mo	0.08~0.13	1.70~2.00	0.40	0.030	0.030	0.30	0.20	0.60~0.80	0.35	Ti:0.05~0.15
SUM4V	H10Mn2MoV	0.08~0.13	1.70~2.00	0.40	0.030	0.030	0.30	0.20	0.60~0.80	0.35	V:0.06~0.12 Ti:0.05~0.15
SUN1M3[3]	H13Mn2NiMo[3]	0.10~0.18	1.70~2.40	0.20	0.025	0.025	0.40~0.80	0.20	0.40~0.65	0.35	—

（续）

焊丝型号	冶金牌号分类	化学成分(质量分数,%)[①]									
		C	Mn	Si	P	S	Ni	Cr	Mo	Cu[②]	其他
SUN2M1[③]	H10MnNiMo[③]	0.12	1.20～1.60	0.05～0.30	0.020	0.020	0.75～1.25	0.20	0.10～0.30	0.40	—
SUN2M2	H11MnNiMo	0.07～0.15	0.90～1.70	0.15～0.35	0.025	0.025	0.95～1.60	—	0.25～0.55	0.35	—
SUN2M3[③]	H12MnNiMo[③]	0.15	0.80～1.40	0.25	0.020	0.020	0.80～1.20	0.20	0.40～0.65	0.40	—
SUN2M31[③]	H11Mn2NiMo[③]	0.15	1.30～1.90	0.25	0.020	0.020	0.80～1.20	0.20	0.40～0.65	0.40	—
SUN2M32[③]	H12Mn2NiMo[③]	0.15	1.60～2.30	0.25	0.020	0.020	0.80～1.20	0.20	0.40～0.65	0.40	—
SUN2M33	H14Mn2NiMo	0.10～0.18	1.70～2.40	0.30	0.025	0.025	0.70～1.10	—	0.40～0.65	0.35	—
SUN3M2	H09Mn2Ni2Mo	0.10	1.25～1.80	0.20～0.60	0.010	0.015	1.40～2.10	0.30	0.25～0.55	0.25	Ti:0.10 Zr:0.10 Al:0.10 V:0.05
SUN3M3[③]	H11MnNi2Mo[③]	0.15	0.80～1.40	0.25	0.020	0.020	1.20～1.80	0.20	0.40～0.65	0.40	—
SUN3M31[③]	H11Mn2Ni2Mo[③]	0.15	1.30～1.90	0.25	0.020	0.020	1.20～1.80	0.20	0.40～0.65	0.40	—
SUN4M1[③]	H15MnNi2Mo[③]	0.12～0.19	0.60～1.00	0.10～0.30	0.015	0.030	1.60～2.10	0.20	0.10～0.30	0.35	—
SUN4M3	H12Mn2Ni2Mo	0.15	1.30～1.90	0.25	—	—	1.80～2.40	—	0.40～0.65	0.40	—
SUN4M31	H13Mn2Ni2Mo	0.15	1.60～2.30	0.25	—	—	1.80～2.40	—	0.40～0.65	0.40	—
SUN4M2	H08Mn2Ni2Mo	0.10	1.40～1.80	0.20～0.60	0.010	0.015	1.90～2.60	0.55	0.25～0.65	0.25	Ti:0.10 Zr:0.10 Al:0.10 V:0.04
SUN5M3	H08Mn2Ni3Mo	0.10	1.40～1.80	0.20～0.60	0.010	0.015	2.00～2.80	0.60	0.30～0.65	0.25	Ti:0.10 Zr:0.10 Al:0.10 V:0.03
SUN5M4	H13Mn2Ni3Mo	0.15	1.60～2.30	0.25	—	—	2.20～3.00	0.20	0.40～0.90	—	—
SUN6M1	H11MnNi3Mo	0.15	0.80～1.40	0.25	—	—	2.40～3.70	—	0.15～0.40	—	—
SUN6M11	H11Mn2Ni3Mo	0.15	1.30～1.90	0.25	—	—	2.40～3.70	—	0.15～0.40	—	—
SUN6M3	H12MnNi3Mo	0.15	0.80～1.40	0.25	—	—	2.40～3.70	—	0.40～0.65	—	—
SUN6M31	H12Mn2Ni3Mo	0.15	1.30～1.90	0.25	—	—	2.40～3.70	—	0.40～0.65	—	—
SUN1C1M1	H20MnNiCrMo	0.16～0.23	0.60～0.90	0.15～0.35	0.025	0.030	0.40～0.80	0.40～0.60	0.15～0.30	0.35	—
SUN2C1M3	H12Mn2NiCrMo	0.15	1.30～2.30	0.40	—	—	0.40～1.75	0.50～0.70	0.30～0.80	—	—

（续）

焊丝型号	冶金牌号分类	化学成分(质量分数,%)①									
		C	Mn	Si	P	S	Ni	Cr	Mo	Cu②	其他
SUN2C2M3	H11Mn2NiCrMo	0.15	1.00~2.30	0.40	—	—	0.40~1.75	0.50~1.20	0.30~0.90	—	—
SUN3C2M1	H08CrNi2Mo	0.05~0.10	0.50~0.85	0.10~0.30	0.030	0.025	1.40~1.80	0.70~1.00	0.20~0.40	0.35	—
SUN4C2M3	H12Mn2Ni2CrMo	0.15	1.20~1.90	0.40	—	—	1.50~2.25	0.50~1.20	0.30~0.80	—	—
SUN4C1M3	H13Mn2Ni2CrMo	0.15	1.20~1.90	0.40	0.018	0.018	1.50~2.25	0.20~0.65	0.30~0.80	0.40	—
SUN4C1M31	H15Mn2Ni2CrMo	0.10~0.20	1.40~1.60	0.10~0.30	0.020	0.020	2.00~2.50	0.50~0.80	0.35~0.55	0.35	—
SUN5C2M3	H08Mn2Ni3CrMo	0.10	1.30~2.30	0.40	—	—	2.10~3.10	0.60~1.20	0.30~0.70	—	—
SUN5CM3	H13Mn2Ni3CrMo	0.10~0.17	1.70~2.20	0.20	0.010	0.015	2.30~2.80	0.25~0.50	0.45~0.65	0.50	—
SUN7C3M3	H13MnNi4Cr2Mo	0.08~0.18	0.20~1.20	0.40	—	—	3.00~4.00	1.00~2.00	0.30~0.70	0.40	—
SUN10C1M3	H13MnNi6CrMo	0.08~0.18	0.20~1.20	0.40	—	—	4.50~5.50	0.30~0.70	0.30~0.70	0.40	—
SUN2M2C1	H10Mn2NiMoCu	0.12	1.25~1.80	0.20~0.60	0.010	0.010	0.80~1.25	0.30	0.20~0.55	0.35~0.65	Ti:0.10 Zr:0.10 Al:0.10 V:0.05
SUN1C1C③	H08MnCrNiCu③	0.10	1.20~1.60	0.60	0.025	0.020	0.20~0.60	0.30~0.90	—	0.20~0.50	—
SUNCC1③	H10MnCrNiCu③	0.12	0.35~0.65	0.20~0.35	0.025	0.030	0.40~0.80	0.50~0.80	0.15	0.30~0.80	—
SUG④	HG④	其他协定成分									

注：表中单值均为最大值。

① 化学分析应按表中规定的元素进行分析。如果在分析过程中发现其他元素，这些元素的总量（除铁外）不应超过0.50%（质量分数）。

② Cu含量是包括镀铜层中的含量。

③ 此类焊丝也列于GB/T 5293《埋弧焊用非合金钢及细晶粒钢实心焊丝、药芯焊丝和焊丝-焊剂组合分类要求》中。当此类实心焊丝匹配相应焊剂，其熔敷金属抗拉强度能够达到本标准适用范围时，这些焊丝也适用于本标准。

④ 表中未列出的焊丝型号可用相类似的型号表示，词头加字母“SUG”，未列出的焊丝冶金牌号分类可用相类似的冶金牌号分类表示，词头加字母“HG”。化学成分范围不进行规定，两种分类之间不可替换。

2.3.3 焊丝-焊剂组合分类

1. 非合金钢及细晶粒钢焊丝-焊剂组合分类

GB/T 5293—2018《埋弧焊用非合金钢及细晶粒钢实心焊丝、药芯焊丝和焊丝-焊接组合分类要求》规定，实心焊丝-焊剂组合类型按照力学性能、焊后状态、焊剂类型和焊丝型号等进行划分，药芯焊丝-焊剂组合类型按照力学性能、焊后状态、焊剂类型和熔敷金属化学成分等进行划分。

焊丝-焊剂组合类型编号由五部分组成。第一部分用字母“S”表示埋弧焊用焊丝-焊剂组合；第二部分为两位数字和一个字母组合，表示多道焊在焊态或热处理状态下熔敷金属的抗拉强度代号，见表6-2-53；或有表示双面单道焊焊接接头的抗拉强度代号，见表6-2-54；第三部分为一到两位数字，表示冲击吸收能量不小于27J时对应的冲击试验温度代号，见表6-2-16所示；第四部分为焊剂类型代号，见表6-2-40；第五部分为实心焊丝型号，见表6-2-50；或者为药芯焊丝-焊剂组合下熔敷金属化学成分分类，见表6-2-55。

除以上强制部分外，组合类型编号中还有两个可选的附加代号，第一个是字母“U”，附加在第三部分冲击试验温度代号后面，表示冲击吸收能量不小于47J；第二部分用H加一位或两位阿拉伯数字表示熔敷金属中扩散氢的最大含量，见表6-2-21。

实芯焊丝-焊剂组合类型编号示例：

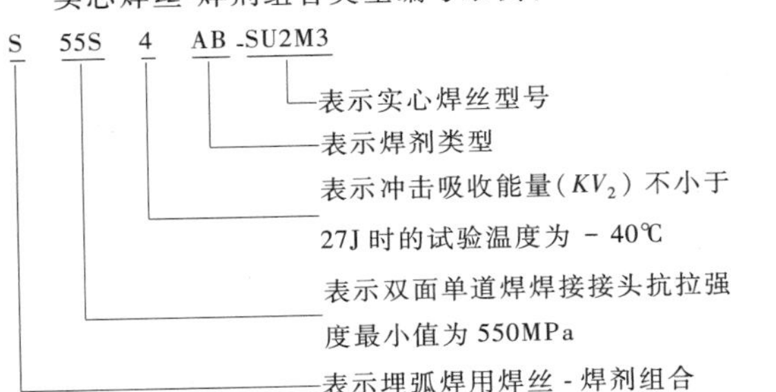

药芯焊丝-焊剂组合类型编号示例：

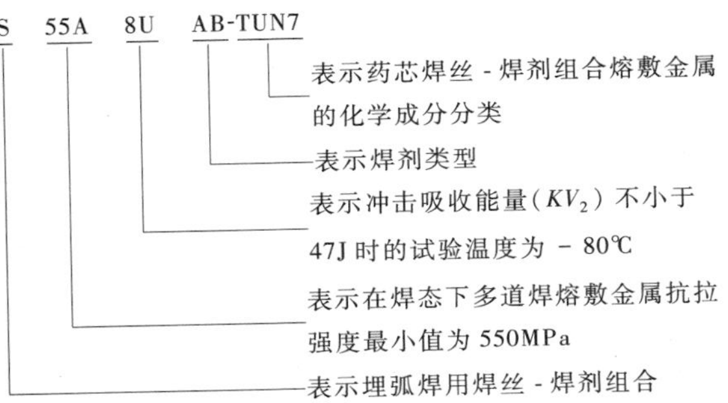

表 6-2-53　埋弧焊多道焊熔敷金属抗拉强度代号
（摘自 GB/T 5293—2018）

抗拉强度代号	抗拉强度 R_m/MPa	屈服强度 R_{eL} 或 $R_{p0.2}$/MPa	断后伸长率 A(%)
43X	430~600	≥330	≥20
49X	490~670	≥390	≥18
55X	550~740	≥460	≥17
57X	570~770	≥490	≥17

注：“X”为“A”或“P”，“A”表示焊态，“P”表示焊后热处理状态。

表 6-2-54　双面单道埋弧焊焊接接头抗拉强度代号
（摘自 GB/T 5293—2018）

抗拉强度代号	抗拉强度 R_m/MPa
43S	≥430
49S	≥490
55S	≥550
57S	≥570

表 6-2-55　药芯焊丝-焊剂组合熔敷金属化学成分分类（摘自 GB/T 5293—2018）

化学成分分类	化学成分（质量分数，%）①								
	C	Mn	Si	P	S	Ni	Cr	Mo	Cu	其他
TU3M	0.15	1.80	0.90	0.035	0.035	—	—	—	0.35	—
TU2M3②	0.12	1.00	0.80	0.030	0.030	—	—	0.40~0.65	0.35	—
TU2M31	0.12	1.40	0.80	0.030	0.030	—	—	0.40~0.65	0.35	—
TU4M3②	0.15	2.10	0.80	0.030	0.030	—	—	0.40~0.65	0.35	—
TU3M3②	0.15	1.60	0.80	0.030	0.030	—	—	0.40~0.65	0.35	—
TUN2	0.12③	1.60③	0.80	0.030	0.025	0.75~1.10	0.15	0.35	0.35	Ti+V+Zr：0.05
TUN5	0.12③	1.60③	0.80	0.030	0.025	2.00~2.90	—	—	0.35	—
TUN7	0.12	1.60	0.80	0.030	0.025	2.80~3.80	0.15	—	0.35	—
TUN4M1	0.14	1.60	0.80	0.030	0.025	1.40~2.10	—	0.10~0.35	0.35	—
TUN2M1	0.12③	1.60③	0.80	0.030	0.025	0.70~1.10	—	0.10~0.35	0.35	—
TUN3M2④	0.12	0.70~1.50	0.80	0.030	0.030	0.90~1.70	0.15	0.55	0.35	—
TUN1M3④	0.17	1.25~2.25	0.80	0.030	0.030	0.40~0.80	—	0.40~0.65	0.35	—
TUN2M3④	0.17	1.25~2.25	0.80	0.030	0.030	0.70~1.10	—	0.40~0.65	0.35	—

（续）

化学成分分类	化学成分(质量分数,%)①								
	C	Mn	Si	P	S	Ni	Cr	Mo	Cu	其他
TUN1C2④	0.17	1.60	0.80	0.030	0.035	0.40~0.80	0.60	0.25	0.35	Ti+V+Zr:0.03
TUN5C2M3④	0.17	1.20~1.80	0.80	0.020	0.020	2.00~2.80	0.65	0.30~0.80	0.50	—
TUN4C2M3④	0.14	0.80~1.85	0.80	0.030	0.020	1.50~2.25	0.65	0.60	0.40	—
TUN3④	0.10	0.60~1.60	0.80	0.030	0.030	1.25~2.00	0.15	0.35	0.30	Ti+V+Zr:0.03
TUN4M2④	0.10	0.90~1.80	0.80	0.020	0.020	1.40~2.10	0.35	0.25~0.65	0.30	Ti+V+Zr:0.03
TUN4M3④	0.10	0.90~1.80	0.80	0.020	0.020	1.80~2.60	0.65	0.20~0.70	0.30	Ti+V+Zr:0.03
TUN5M3④	0.10	1.30~2.25	0.80	0.020	0.020	2.00~2.80	0.80	0.30~0.80	0.30	Ti+V+Zr:0.03
TUN4M21④	0.12	1.60~2.50	0.50	0.015	0.015	1.40~2.10	0.40	0.20~0.50	0.30	Ti:0.03 V:0.02 Zr:0.02
TUN4M4④	0.12	1.60~2.50	0.50	0.015	0.015	1.40~2.10	0.40	0.70~1.00	0.30	Ti:0.03 V:0.02 Zr:0.02
TUNCC	0.12	0.50~1.60	0.80	0.035	0.030	0.40~0.80	0.45~0.70	—	0.30~0.75	—
TUG⑤	其他协定成分									

注：表中单值均为最大值。

① 化学分析应按表中规定的元素进行分析。如果在分析过程中发现其他元素，这些元素的总量（除铁外）不应超过 0.50%（质量分数，后同）。

② 该分类也列于 GB/T 12470 中，熔敷金属化学成分要求一致，但分类名称不同。

③ 该分类中当 C 最大含量限制在 0.10%时，允许 Mn 含量不大于 1.80%。

④ 该分类也列于 GB/T 36034 中。

⑤ 表中未列出的分类可用相类似的分类表示，词头加字母“TUG”。化学成分范围不进行规定，两种分类之间不可替换。

2. 热强钢焊丝-焊剂组合分类

GB/T 12470—2018《埋弧焊用热强钢实心焊丝、药芯焊丝和焊丝-焊接组合分类要求》规定，实心焊丝-焊剂组合类型按照力学性能、焊剂类型和焊丝型号等进行划分，药芯焊丝-焊剂组合类型按照力学性能、焊剂类型和熔敷金属化学成分等进行划分。

焊丝-焊剂组合类型编号由五部分组成。第一部分用字母“S”表示埋弧焊用焊丝-焊剂组合；第二部分为两位数字，表示焊后热处理状态下熔敷金属的抗拉强度代号，见表 6-2-56；第三部分为一到两位数字，表示冲击吸收能量不小于 27J 时对应的冲击试验温度代号，见表 6-2-16；第四部分为焊剂类型代号，见表 6-2-40；第五部分为实心焊丝型号，见表 6-2-51；或者为实心/药芯焊丝-焊剂组合熔敷金属化学成分分类，见表 6-2-57。

实心焊丝-焊剂组合类型编号示例：

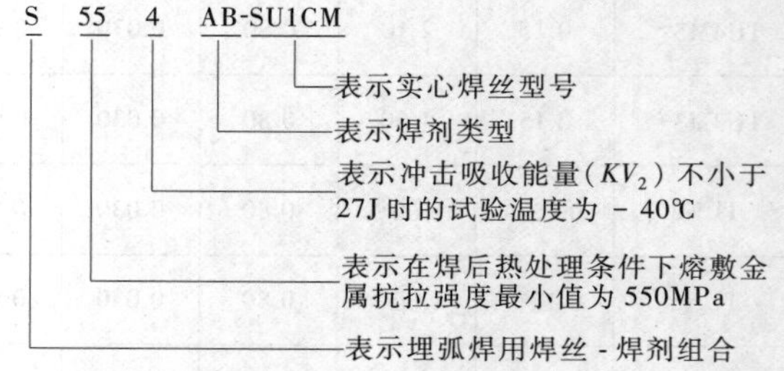

药芯焊丝-焊剂组合类型编号示例：

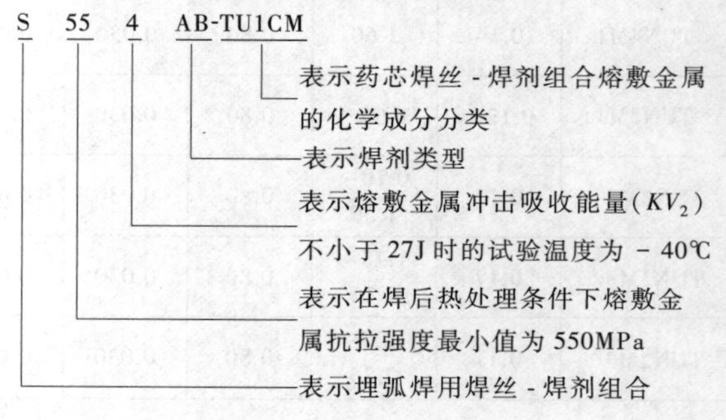

表 6-2-56　熔敷金属抗拉强度代号（摘自 GB/T 12470—2018）

抗拉强度代号	抗拉强度 R_m/MPa	屈服强度①R_{eL}/MPa	断后伸长率 A(%)
49	490～660	≥400	≥20
55	550～700	≥470	≥18
62	620～760	≥540	≥15
69	690～830	≥610	≥14

① 当屈服发生不明显时，应测定规定塑性延伸强度 $R_{p0.2}$。

表 6-2-57　实心/药芯焊丝-焊剂组合熔敷金属化学成分分类（摘自 GB/T 12470—2018）

化学成分分类①	化学成分(质量分数,%)②										
	C	Mn	Si	P	S	Ni	Cr	Mo	V	Cu	其他
XX1M31③	0.12	1.00	0.80	0.030	0.030	—	—	0.40～0.65	—	0.35	—
XX3M31③	0.15	1.60	0.80	0.030	0.030	—	—	0.40～0.65	—	0.35	—
XX4M32③ XX4M33③	0.15	2.10	0.80	0.030	0.030	—	—	0.40～0.65	—	0.35	—
XXCM XXCM1	0.12	1.60	0.80	0.030	0.030	—	0.40～0.65	0.40～0.65	—	0.35	—
XXC1MH	0.18	1.20	0.80	0.030	0.030	—	0.40～0.65	0.90～1.20	—	0.35	—
XX1CM④ XX1CM1	0.05～0.15	1.20	0.80	0.030	0.030	—	1.00～1.50	0.40～0.65	—	0.35	—
XX1CMVH	0.10～0.25	1.20	0.80	0.020	0.020	—	1.00～1.50	0.40～0.65	0.30	0.35	—
XX2C1M④ XX2C1M1 XX2C1M2	0.05～0.15	1.20	0.80	0.030	0.030	—	2.00～2.50	0.90～1.20	—	0.35	—
XX2C1MV	0.05～0.15	1.30	0.80	0.030	0.030	—	2.00～2.60	0.90～1.20	0.40	0.35	Nb:0.01～0.10
XX5CM XX5CM1	0.12	1.20	0.80	0.030	0.030	—	4.50～6.00	0.40～0.65	—	0.35	—
XX5CMH	0.10～0.25	1.20	0.80	0.030	0.030	—	4.50～6.00	0.40～0.65	—	0.35	—
XX9C1M	0.12	1.20	0.80	0.030	0.030	—	8.00～10.00	0.80～1.20	—	0.35	—
XX9C1MV⑤	0.08～0.13	1.20	0.80	0.010	0.010	0.80	8.00～10.50	0.85～1.20	0.15～0.25	0.10	Nb:0.02～0.10 N:0.02～0.07 Al:0.04
XX9C1MV1⑤	0.12	1.25	0.60	0.030	0.030	1.00	8.00～10.50	0.80～1.20	0.10～0.50	0.35	Nb:0.01～0.12 N:0.01～0.05
XX9C1MV2	0.12	1.25～2.00	0.60	0.030	0.030	1.00	8.00～10.50	0.80～1.20	0.10～0.50	0.35	Nb:0.01～0.12 N:0.01～0.05
XXG⑥	其他协定成分										

注：表中单值均为最大值。

① 当采用实心焊丝时，“XX”为“SU”。当采用药芯焊丝时，“XX”为“TU”。

② 化学分析应按表中规定的元素进行分析。如果在分析过程中发现其他元素，这些元素的总量（除铁外）不应超过 0.50%（质量分数，后同）。

③ 当采用药芯焊丝时，该分类也列于 GB/T 5293 中，熔敷金属化学成分要求一致，但分类名称不同。

④ 若后缀附加可选代号字母“R”，则该分类应满足以下要求：S：0.010%，P：0.010%，Cu：0.15%，As：0.005%，Sn：0.005%，Sb：0.005%。

⑤ Mn+Ni≤1.50%。

⑥ 表中未列出的分类可用相类似的分类表示，词头加字母“XXG”，化学成分范围不进行规定，两种分类之间不可替换。

3. 高强钢焊丝-焊剂组合分类

GB/T 36034—2018《埋弧焊用高强钢实心焊丝、药芯焊丝和焊丝-焊接组合分类要求》规定，实心焊丝-焊剂组合类型按照力学性能、焊后状态、焊剂类型和焊丝型号等进行划分，药芯焊丝-焊剂组合类型按照力学性能、焊后状态、焊剂类型和熔敷金属化学成分等进行划分。

焊丝-焊剂组合类型编号由五部分组成。第一部分用字母“S”表示埋弧焊用焊丝-焊剂组合；第二部分为两位数字和一个字母，表示焊态或焊后热处理状态下熔敷金属的抗拉强度代号，见表 6-2-58；第三部分为一到两位数字，表示冲击吸收能量不小于 27J 时对应的冲击试验温度代号，见表 6-2-16；第四部分为焊剂类型代号，见表 6-2-40；第五部分为实心焊丝型号，见表 6-2-52；或者为药芯焊丝-焊剂组合下熔敷金属化学成分分类，见表 6-2-59。

除以上强制部分外，组合类型编号中还有两个可选的附加代号，第一个是字母“U”，附加在第三部分冲击试验温度代号后面，表示冲击吸收能量不小于 47J；第二部分用 H 加一位或两位阿拉伯数字表示熔敷金属中扩散氢的最大含量，见表 6-2-21。

实心焊丝-焊剂组合类型编号示例：

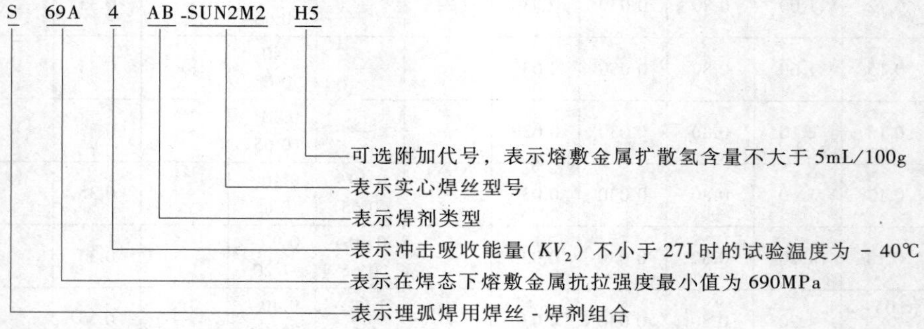

药芯焊丝-焊剂组合类型编号示例：

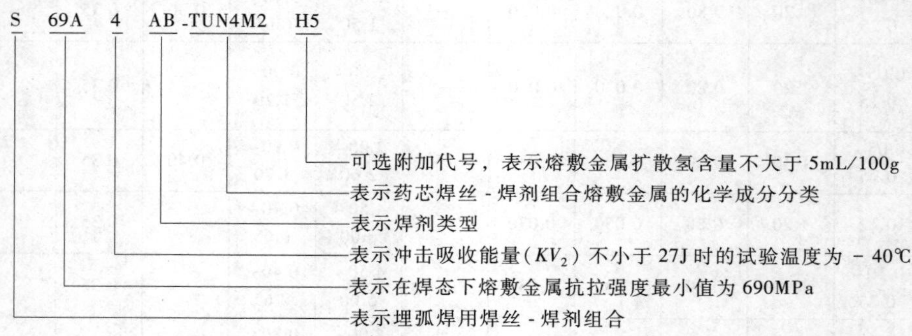

表 6-2-58 熔敷金属抗拉强度代号（摘自 GB/T 36034—2018）

抗拉强度代号	抗拉强度 R_m/MPa	屈服强度 R_{eL} 或 $R_{p0.2}$/MPa	断后伸长率 A(%)
59X	590～790	≥490	≥16
62X	620～820	≥500	≥15
69X	690～890	≥550	≥14
76X	760～960	≥670	≥13
78X	780～980	≥670	≥13
83X	830～1030	≥740	≥12

注：“X”为“A”或“P”，“A”表示焊态，“P”表示焊后热处理状态。

表 6-2-59 药芯焊丝-焊剂组合熔敷金属化学成分分类（摘自 GB/T 36034—2018）

化学成分分类①	化学成分(质量分数,%)②									
	C	Mn	Si	P	S	Ni	Cr	Mo	Cu	其他
TUN1M3	0.17	1.25～2.25	0.80	0.030	0.030	0.40～0.80	—	0.40～0.65	0.35	—

（续）

化学成分分类①	化学成分(质量分数,%)②								
	C	Mn	Si	P	S	Ni	Cr	Mo	Cu	其他
TUN2M3	0.17	1.25~2.25	0.80	0.030	0.030	0.70~1.10	—	0.40~0.65	0.35	—
TUN3M2	0.12	0.70~1.50	0.80	0.030	0.030	0.90~1.70	0.15	0.55	0.35	—
TUN3	0.10	0.60~1.60	0.80	0.030	0.030	1.25~2.00	0.15	0.35	0.30	Ti+V+Zr:0.03
TUN4M2	0.10	0.90~1.80	0.80	0.020	0.020	1.40~2.10	0.35	0.25~0.65	0.30	Ti+V+Zr:0.03
TUN4M21	0.12	1.60~2.50	0.50	0.015	0.015	1.40~2.10	0.40	0.20~0.50	0.30	Ti:0.03 V:0.02 Zr:0.02
TUN4M4	0.12	1.60~2.50	0.50	0.015	0.015	1.40~2.10	0.40	0.70~1.00	0.30	Ti:0.03 V:0.02 Zr:0.02
TUN4M3	0.10	0.90~1.80	0.80	0.020	0.020	1.80~2.60	0.65	0.20~0.70	0.30	Ti+V+Zr:0.03
TUN5M3	0.10	1.30~2.25	0.80	0.020	0.020	2.00~2.80	0.80	0.30~0.80	0.30	Ti+V+Zr:0.03
TUN1C2	0.17	1.60	0.80	0.030	0.035	0.40~0.80	0.60	0.25	0.35	Ti+V+Zr:0.03
TUN4C2M3	0.14	0.80~1.85	0.80	0.030	0.020	1.50~2.25	0.65	0.60	0.40	—
TUN5C2M3	0.17	1.20~1.80	0.80	0.020	0.020	2.00~2.80	0.65	0.30~0.80	0.50	—
TUG③	其他协定成分									

注：表中单值均为最大值。

① 此化学成分分类也列于 GB/T 5293《埋弧焊用非合金钢及细晶粒钢实心焊丝、药芯焊丝和焊丝-焊剂组合分类要求》中。

② 化学分析应按表中规定的元素进行分析。如果在分析过程中发现其他元素，这些元素的总量（除铁外）不应超过 0.50%（质量分数）。

③ 表中未列出的分类可用相类似的分类表示，词头加字母“TUG”。化学成分范围不进行规定，两种分类之间不可替换。

4. 埋弧焊用不锈钢焊丝-焊剂组合分类

GB/T 17854—2018《埋弧焊用不锈钢焊丝-焊剂组合分类要求》规定，不锈钢埋弧焊用焊丝-焊剂组合类型按照熔敷金属化学成分和力学性能进行划分。

焊丝-焊剂组合类型编号由四部分组成。第一部分用字母“S”表示埋弧焊用焊丝-焊剂组合；第二部分表示熔敷金属分类，见表 6-2-60；第三部分为焊剂类型代号，见表 6-2-40；第四部分为 GB/T 29713—2013 规定的焊丝型号，见表 6-2-6。

焊丝-焊剂组合类型编号示例：

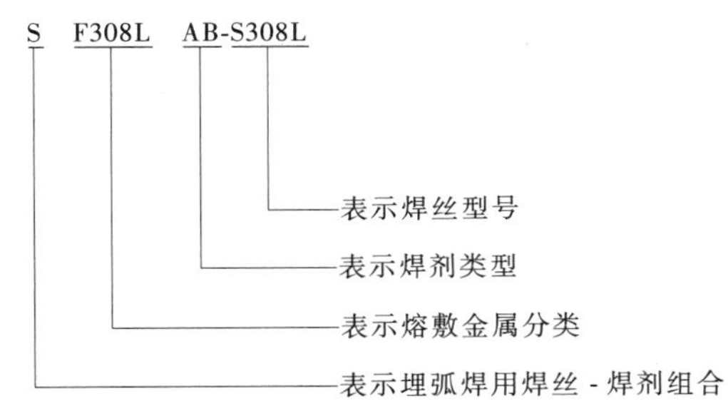

焊丝-焊剂组合熔敷金属拉伸试验结果应符合表 6-2-60 中的规定。

表 6-2-60　焊丝-焊剂组合熔敷金属拉伸试验结果

熔敷金属分类	抗拉强度 R_m/MPa	断后伸长率 A(%)
F308	≥520	≥30
F308L	≥480	≥30
F309	≥520	≥25
F309L	≥510	≥25
F309LMo	≥510	≥25
F309Mo	≥550	≥25
F310	≥520	≥25
F312	≥660	≥17
F16-8-2	≥550	≥30
F316	≥520	≥25
F316L	≥480	≥30
F316LCu	≥480	≥30
F317	≥520	≥25
F317L	≥480	≥25
F347	≥520	≥25
F347L	≥510	≥25
F385	≥520	≥28
F410①	≥440	≥15
F430②	≥450	≥15
F2209	≥690	≥15
F2594	≥760	≥13
FXXX③	供需双方协商确定	

① 试件加工前经 730~760℃加热 1h 后，以小于 110℃/h 的冷却速度炉冷至 315℃以下，随后空冷。
② 试件加工前经 760~790℃加热 2h 后，以小于 55℃/h 的冷却速度炉冷至 595℃以下，随后空冷。
③ 允许增加表中未列出的其他熔敷金属分类，其力学性能要求由供需双方协商确定，“XXX” 为焊丝化学成分分类，见 GB/T 29713。

2.4　焊带

焊带是表面自动堆焊用的填充材料，其功能与焊丝相同，只是形状为扁平等宽的连续金属带。焊带主要用于带极埋弧堆焊和带极电渣堆焊，其优点很多，如熔敷速度快，最高可达丝极堆焊的 6 倍；熔深浅，母材的稀释率很低，一般堆焊两层即可达到设计要求；焊道边缘整齐，搭接处不易产生未熔合、夹渣及咬边等缺陷；焊道表面平滑。

焊带也和焊丝一样，分实芯焊带和药芯焊带两类。焊带中合金元素和碳含量越高，加工制造就越困难，药芯焊带则解决了这个难题，因为这些合金元素可以通过药芯过渡到熔敷金属中去。

焊带的尺寸方面，国产实心焊带的厚度为 0.4~0.5mm，标准宽度有 30mm、60mm、90mm 和 120mm 等几种；进口（如日本）的厚度为 0.4mm，宽度有 25mm、37.5mm、50mm、75mm 和 150mm 等多种。药芯焊带的厚度为 1~4mm 不等，其宽度在 10~45mm 之间。

标准 NB/T 47018—2017《堆焊用不锈钢焊带和焊剂》规定的焊带型号命名方法如下：

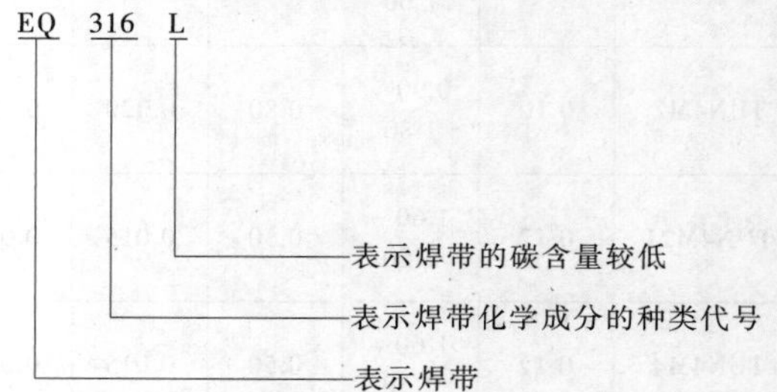

由于带极堆焊的生产率高，被广泛用于化工、核电压力容器的内表面耐蚀层堆焊，也用于轧辊、连铸辊和高炉料钟等产品的外表面大面积的耐磨堆焊，表 6-2-61 列出了承压设备堆焊用不锈钢焊带的型号及化学成分。

注意，选用焊带的同时也要选择焊剂，两者配合使用。堆焊层所要求的性能（如耐蚀性、耐热性或耐磨性等）主要是由堆焊层所含的化学成分和组织结构所决定的，其中化学成分是决定性的。因此，选用焊带时主要是按焊带所含的化学成分或熔敷金属的化学成分进行选择，见表 6-2-61。影响堆焊层化学成分的因素很多，如成分的烧损、焊剂的作用以及母材金属对熔敷金属的稀释等，其中焊剂的影响最大，这是因为焊剂既起保护作用，又能起到配合焊带调节堆焊层的化学成分的作用。

焊剂中，熔炼焊剂主要用于耐蚀钢带极堆焊，如 HJ107、HJ107Nb 和 HJ151 等，其中含 Nb 的焊剂可解决 Nb 元素的烧损问题，适于与含 Nb 的钢带相配合使用。烧结焊剂或黏结焊剂既适于耐蚀钢带极堆焊（包括埋弧堆焊和电渣堆焊），也适于耐磨钢带极堆焊，特别是当焊带成分不变而依靠焊剂调整堆焊层化学成分时，必须采用专用的配套烧结焊剂。当堆焊层成分依靠焊带合金成分来调整时，宜采用通用型烧结焊剂，如 SJ203 可配合 H12Cr13 焊带用于堆焊连铸辊等，SJ303 可配合 H06Cr21Ni10、H06Cr26Ni12 等焊带用于堆焊耐蚀不锈钢，SJ524 和 SJ606 用于超低碳不锈钢带极埋弧堆焊；SJ602 用于不锈钢带极电渣堆焊等。

表 6-2-61 承压设备堆焊用不锈钢焊带的型号及化学成分（摘自 NB/T 47018—2017《堆焊用不锈钢焊带和焊剂》）

焊带型号	化学成分(质量分数,%)										
	C	Si	Mn	P	S	Cr	Ni	Mo	Cu	N	Nb
EQ308	≤0.060	≤1.00	0.5~2.5	≤0.025	≤0.015	18.0~21.0	9.0~12.0	≤0.5	≤0.75	—	—
EQ308L	≤0.030	≤1.00	0.5~2.5	≤0.025	≤0.015	18.0~21.0	9.0~12.0	≤0.5	≤0.75	—	—
EQ309(A)	≤0.060	≤1.00	0.5~2.5	≤0.025	≤0.015	21.0~23.0	9.0~12.0	≤0.5	≤0.75	—	—
EQ309(B)	≤0.060	≤1.00	0.5~2.5	≤0.025	≤0.015	23.0~25.0	12.0~14.0	≤0.5	≤0.75	—	—
EQ309L(A)	≤0.030	≤1.00	0.5~2.5	≤0.025	≤0.015	21.0~23.0	9.0~12.0	≤0.5	≤0.75	—	—
EQ309L(B)						23.0~25.0	12.0~14.0		≤0.75	—	
EQ309LMo	≤0.030	≤1.00	0.5~2.5	≤0.025	≤0.015	21.0~25.0	9.0~14.0	2.0~3.5	≤0.75	—	—
EQ316	≤0.060	≤1.00	0.5~2.5	≤0.025	≤0.015	17.5~22.5	11.0~15.0	2.0~3.5	≤0.75	—	—
EQ316L	≤0.030	≤1.00	0.5~2.5	≤0.025	≤0.015	17.5~22.5	11.0~15.0	2.0~3.5	≤0.75	—	—
EQ317L	≤0.030	≤1.00	1.0~2.5	≤0.025	≤0.015	18.5~20.5	13.0~15.0	3.0~4.0	≤0.75	—	—
EQ347	≤0.060	≤1.00	0.5~2.5	≤0.025	≤0.015	18.0~21.0	9.0~12.0	—	≤0.75	—	8w(C)~1.0
EQ347L	≤0.030	≤1.00	0.5~2.5	≤0.025	≤0.015	18.0~21.0	9.0~12.0	—	≤0.75	—	8w(C)~1.0
EQ309LNb	≤0.030	≤1.00	0.5~2.5	≤0.025	≤0.015	21.5~25.0	9.0~14.0	—	≤0.75	—	8w(C)~1.0
EQ385	≤0.025	≤0.50	1.0~2.5	≤0.025	≤0.015	19.5~21.5	24.0~26.0	4.2~5.2	1.2~2.0	—	—
EQ2205	≤0.030	≤0.90	0.5~2.0	≤0.030	≤0.020	21.0~23.5	5.0~7.5	2.5~3.5	≤0.75	0.08~0.20	—
EQ2209	≤0.030	≤0.90	0.5~2.0	≤0.030	≤0.020	21.5~23.5	7.5~9.5	2.5~3.5	≤0.75	0.08~0.20	—

注：不超过 Nb 含量总量的 20%，可用 Ta 代替。

第 3 章　焊接用保护气体

3.1　概述

焊接用保护气体指在焊接过程中用于保护金属熔滴、焊接熔池及焊接区的高温金属免受外界有害气体侵袭的气体。

保护气体可分成惰性气体和活性气体两大类。惰性气体高温时不分解，且既不与金属起化学作用，也不溶解于液态金属，是单原子气体。常用的惰性气体有氩气（Ar）和氦气（He）两种；对于铜及铜合金，氮气（N_2）也是惰性气体，也可用作保护气体。活性气体在高温时能分解出与金属起化学反应或溶于液态金属的气体，常用的活性保护气体有 CO_2，以及含有 CO_2、O_2的混合气体等。图 6-3-1 所示为目前工业上已广泛使用气体保护的焊接方法及其所用的保护气体。

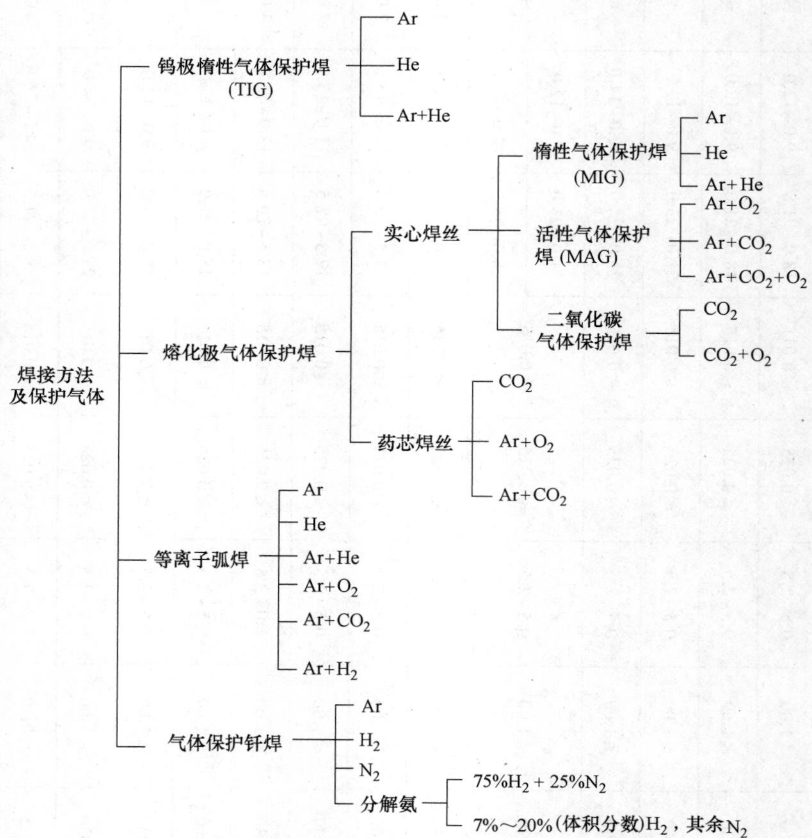

图 6-3-1　使用气体保护的焊接方法及所用的保护气体

3.2　保护气体的特性

3.2.1　保护气体的物理性能

焊接常用保护气体的物理性能见表 6-3-1。

3.2.2　保护气体的化学性能及其应用

表 6-3-2 列出了常用保护气体的主要化学性能及其在焊接中的应用。

3.2.3　保护气体在弧焊过程中的工艺特性

保护气体对电弧稳定性、熔滴过渡、焊缝成形等均具有重要的影响，见表 6-3-3。

表 6-3-1　焊接常用保护气体的物理性能

气体	Ar	He	H_2	N_2	CO_2	O_2
分子量	39.948	4.0026	2.01594	28.0134	44.011	32.00
正常沸点/℃	-185.88	-268.94	-252.89	-195.81	-78.51	-182
密度①/$kg \cdot m^{-3}$	1.656	0.1667	0.0841	1.161	1.833	1.42
比体积①/$m^3 \cdot kg^{-1}$	0.6039	5.999	11.89	0.8613	0.5405	—
比密度①(空气为 1)	1.380	0.1389	0.0700	0.9676	1.527	1.105
比热容①(压力为常数)/$J \cdot (kg \cdot K)^{-1}$	521.3	5192	1490	1041	846.9	—
比热容①(容积为常数)/$J \cdot (kg \cdot K)^{-1}$	312.3	3861	1077	742.2	653.4	—
电离电位/ev	15.760	24.5876	15.43	15.58	13.77	13.6
解离能/ev	—	—	4.4	9.8	5.5	—
压力 0.1MPa 时的露点/℃	-50 以下	-50 以下	-50 以下	-50 以下	-35 以下	-35 以下

① 在 101.325kPa 下 21℃ 测定。

表 6-3-2　常用保护气体的主要化学性能及其应用

气体	主要化学性能	在焊接中的应用
氩(Ar)	无色无味、单原子的惰性气体，化学性质很不活泼，常温和高温下不与其他元素起化学作用，也不溶于金属	在氩弧焊、等离子弧焊、热切割中作保护气体，起机械保护作用。用于焊接与切割易氧化的金属
氦(He)	无色无味、单原子的惰性气体，化学性质很不活泼，常温和高温下不与其他元素起化学作用，也不溶于金属	用途与氩气相同。由于价格昂贵，仅利用其电弧温度高、热量集中的特点，用于厚板、高热导率或高熔点的金属，以及热敏感材料和高速焊接。与 Ar 混合使用，改善电弧特性
氢(H_2)	无色无臭、可燃，常温时不活泼，高温时十分活泼，可作为金属矿和金属氧化物的还原剂。焊接时能大量溶入液态金属；冷却时析出，易形成气孔	氢原子焊时，用作还原性保护气体；炉内钎焊时，也用作还原性保护气体；熔化极气体保护焊时，少量加入与 Ar 中，可提高氩弧热功率，增加熔深，提高焊接速度
氮(N_2)	化学性质不活泼，加热能与锂、镁、钛等化合，高温时与氧、氢直接化合。焊接时溶入液态金属起有害作用。与铜基本上不起反应，可作为保护气体	氮弧焊时用氮作保护气体，可焊接铜和不锈钢。氮也常用于等离子切割，作为工作气体和外层保护气体；炉内钎焊铜及铜合金时用作保护气体
二氧化碳(CO_2)	化学性质稳定，不燃烧、不助燃，在高温时能分解为 CO 和 O_2，对金属有一定氧化性。能液化，液态 CO_2 蒸发时吸收大量热；能凝固成固态 CO_2 即干冰	焊接时配合含脱氧元素的焊丝，可作为保护气体，如 CO_2 气体保护电弧焊。与 O_2 或 Ar 混合的气体保护电弧焊，可改善焊接工艺性能，减少飞溅，稳定电弧等
氧(O_2)	无色气体，助燃，在高温下很活泼，与多种元素直接化合。焊接时，氧进入熔池氧化金属元素，起有害作用	在气焊、气割中起助燃作用，能获取高温火焰。在焊接中与氩、CO_2 等按比例混合，可进行混合气体保护焊，改善熔滴过渡和其他工艺性能

表 6-3-3　气体保护焊常用保护气体成分及其焊接工艺特性

保护气体种类	保护气体成分(体积分数)	弧柱电位梯度	电弧稳定性	熔滴过渡特性	化学性能	焊缝熔深形状	加热特性
Ar	纯度 99.995%	低	好	满意	—	蘑菇形	
He	纯度 99.99%	高	满意	满意	—	扁平形	对焊件热输入比 Ar 高
N_2	纯度 99.9%	高	差	差	会在钢中产生气孔和氮化物	扁平形	—
CO_2	纯度 99.9%	高	满意	满意，有些飞溅	强氧化性	扁平形熔深较大	—
Ar+He	Ar+≤75%He	中等	好	好	—	扁平形熔深较大	—
Ar+H_2	Ar+(5~15)%H_2	中等	好	—	还原性，H_2 体积分数>5%会产生气孔	熔深较大	对焊件热输入比纯 Ar 高

（续）

保护气体种类	保护气体成分（体积分数）	弧柱电位梯度	电弧稳定性	熔滴过渡特性	化学性能	焊缝熔深形状	加热特性
$Ar+CO_2$	$Ar+5\%CO_2$	低至中等	好	好	弱氧化性	扁平形，熔深较大（改善焊缝成形）	—
	$Ar+20\%CO_2$				中等氧化性		
$Ar+O_2$	$Ar+(1\sim5)\%O_2$	低	好	好	弱氧化性	蘑菇形，熔深较大（改善焊缝成形）	—
$Ar+CO_2+O_2$	$Ar+20\%CO_2+5\%O_2$	中等	好	好	中等氧化性	扁平形，熔深较大（改善焊缝成形）	—
CO_2+O_2	$CO_2+\leqslant20\%O_2$	高	稍差	满意	强氧化性	扁平形，熔深大	—

3.3　焊接用保护气体的技术要求

1. 国家标准的技术要求

工业用气体质量（主要是纯度）均应符合国家标准的规定。表 6-3-4、表 6-3-5 和表 6-3-6 分别列出了常用几种气体的技术要求。

表 6-3-4　纯氩、高纯氩的技术要求

（摘自 GB/T 4842—2017）

项　目		纯氩	高纯氩
氩(Ar)纯度(体积分数)/10^{-2}	≥	99.99	99.999
氢(H_2)含量(体积分数)/10^{-6}	≤	5	0.5
氧(O_2)含量(体积分数)/10^{-6}	≤	10	1.5
氮(N_2)含量(体积分数)/10^{-6}	≤	50	4
甲烷(CH_2)含量(体积分数)/10^{-6}	≤	5	0.4
一氧化碳(CO)含量(体积分数)/10^{-6}	≤	5	0.3
二氧化碳(CO_2)含量(体积分数)/10^{-6}	≤	10	0.3
水分(H_2O)含量(体积分数)/10^{-6}	≤	15	3

注：液态氩不检测水分含量。

表 6-3-5　工业液体二氧化碳的技术要求

（摘自 GB/T 6052—2011）

项　目	指　标		
二氧化碳含量①(体积分数)/10^{-2}　≥	99	99.5	99.9
油分	检验合格	检验合格	检验合格
一氧化碳、硫化氢、磷化氢及有机还原物②	—	检验合格	检验合格
气味	无异味	无异味	无异味
水分露点/℃　≤		-60	-65
游离水	无	—	—

① 焊接用二氧化碳含量应≥99.5×10^{-2}。

② 焊接用二氧化碳应检验该项目；工业用二氧化碳可不检验该项目。

表 6-3-6　工业氧的技术要求

（摘自 GB/T 3863—2008）

项　目	指　标	
氧(O_2)含量(体积分数)/10^{-2}　≥	99.5	99.2
水(H_2O)	无游离水	

2. 焊接用保护气体的一般技术要求

目前，我国还没有针对焊接用保护气体的国家标准，为了保证焊接质量，保护气体应符合表 6-3-7 所列的一般技术要求。表中也给出了对应气瓶的颜色标记，防止储运和使用中出错。表 6-3-8 列出了美国焊接学会的一个标准（AWS A 5.32）对焊接保护气体的要求，供参考。

表 6-3-7　焊接用保护气体的一般技术要求

气体	纯度要求(体积分数)≥	容器涂色标记
氩(Ar)	焊接铜及铜合金、铬镍不锈钢，99.7% 焊接铝、镁及其合金、耐热钢，99.9% 焊接钛及其合金、难熔金属，99.98%	蓝灰色
氧(O_2)	99.2%	天蓝色
氢(H_2)	99.5%	深绿色
氮(N_2)	99.7%	黑色
二氧化碳(CO_2)	99.5%	黑色

表 6-3-8　焊接保护气体的纯度和露点要求

（摘自 AWS A5.32）

气　体	最低纯度(体积分数，%)	最大湿度($\times10^5$)	在一个大气压下最大湿度的露点/℃
氩(Ar)	99.997	10.5	-60
二氧化碳(CO_2)	99.8	32	-51
氦(He)	99.995	15	-57
氢(H_2)	99.55	32	-51
氮(N_2)	99.5	32	-51
氧(O_2)	99.5	不适用	-48

3.4　保护气体选用要点

保护气体主要根据焊接方法进行选择，还要考虑母材性质、接头的质量要求、焊件厚度和焊接位置等因素。

1. 按焊接方法

焊接方法确定之后，采用何种保护气体大体已经确定（见图 6-3-1）。当有多种气体可供选用时，首先应根据每种气体的冶金特性和工艺特性选择最能满足接头质量要求的保护气体。在同样能满足接头质量的前提下，应选用来源广泛、价格便宜的气体。

例如，TIG 焊，为了减少电极烧损，必须采用惰性气体保护。在 Ar 和 He 两种惰性气体中选择时，就可以从表 6-3-9 中这两种气体的工艺性能比较中选择，也可以从这两种气体对不同金属材料的适应性进行选择，见表 6-3-10。

表 6-3-9　氩、氦保护气体的特性比较

气体种类	特　性
氩	1)电弧电压低—产生的热量较少，因此氩适用于薄金属的 TIG 焊
	2)良好的清理作用—适合焊接形成难熔氧化皮的金属，如铝、铝合金及含铝量高的铁基合金
	3)容易引弧—焊接薄件金属时特别重要
	4)气体流量小—氩比空气重，保护效果好，比氦气受空气流动的影响小
	5)适合立焊和仰焊—氩能较好地控制立焊和仰焊时的熔池，但保护效果比氦气差
	6)焊接异种金属—氩气一般优于氦气
氦	1)电弧电压高—电弧产生的热量大，适合焊接厚件金属和具有高热导率的金属
	2)热影响区小—焊接变形小，并得到较高的力学性能
	3)气体流量大—氦气比空气轻，气体流量比氩大 0.2~2 倍，氦对空气流动比较敏感，但氦对仰焊和立焊的保护效果好
	4)自动焊速度高—焊接速度大于 $66mm \cdot s^{-1}$ 时，可获得气孔和咬边比较小的焊缝

表 6-3-10　各种金属材料适用的保护气体及工艺特点

材质	适用的保护气体及工艺特点
铝合金	氩—采用交流焊接具有稳定电弧和良好的表面清理作用 氩、氦混合气体—具有良好的清理作用和较高的焊接速度和熔深，但电弧稳定性不如纯氩 氦—(直流正接)对化学清洗的材料能产生稳定的电弧和具有较高的焊接速度
铝青铜	氩—在表面堆焊中，可减少母材的熔深
黄铜	氩—电弧稳定，蒸发较少
钴基合金	氩—电弧稳定且容易控制
铜-镍合金	氩—电弧稳定且容易控制，也适用于铜镍合金与钢的焊接
无氧铜	氦—具有较大的热输入量。氦 75%+氩 25%(体积分数)的混合气体，电弧稳定，适合焊接薄件
铬铁镍基合金	氩—电弧稳定且容易控制 氦—适合高速自动焊
低碳钢	氩—适合手工操作，焊接质量取决于焊工的操作技巧 氦—适合高速自动焊，熔深比氩气保护更深
镁合金	氩—采用交流焊接，具有良好的电弧稳定性和清理作用
马氏体时效钢	氩—电弧稳定且容易控制

当既可用 Ar 也可用 He 时，则不推荐使用价格昂贵的 He。有时为了改变电弧特性以改善焊接工艺性能和焊缝成形，才在 Ar 中加入一定比例的 He，而成为混合气体保护焊。

2. 按被焊金属

易氧化金属（如铝、钛、镁、锆及其合金）的焊接应选用惰性气体，而且越容易氧化的金属所用惰性气体的纯度要求越高。当采用熔化极气体保护焊焊接碳素钢、低合金钢、不锈钢时，则不宜采用纯惰性气体，推荐选用氧化性的保护气体，如 CO_2、$Ar+O_2$ 或 $Ar+CO_2$ 等，这样既能改善焊接工艺性能，减少飞溅而且熔滴过渡稳定，还可以获得好的焊缝成形。表 6-3-11 列出了不同金属材料熔化极气体保护焊适用的保护气体。

表 6-3-11　不同金属材料熔化极气体保护焊接适用的保护气体

被焊材料	保护气体	混合比(体积分数)	化学性质	简要说明
铝及铝合金	Ar	—	惰性	直流反接，有阴极破碎作用，焊缝表面光洁、美观
	Ar+He	He 一般加到 10%	惰性	加 He 后可提高电弧温度、增大熔深、减少气孔，适于厚板焊接，但 He 不宜加入过多，否则飞溅较大
钛、锆及其合金	Ar	—	惰性	具有良好的保护效果，可获得优质焊缝
	Ar+He	75%+25%	惰性	增加输入热量，增大熔深、提高生产率

（续）

被焊材料	保护气体	混合比(体积分数)	化学性质	简要说明
铜及铜合金	Ar	—	惰性	射流过渡电弧稳定，但厚度大于5~6mm时需预热
	Ar+He	50%+50%或30%+70%	惰性	增大输入热量，可降低预热温度
	N_2	—	—	输入热量增大，可降低或取消预热，但飞溅和烟雾较大
	Ar+N_2	80%+20%	—	输入热量比纯Ar大，但有一定飞溅
不锈钢及高强度钢	Ar+O_2	O_2=1%~2%	氧化性	用于射流或脉冲电弧
	Ar+O_2+CO_2	93%+2%+5%	氧化性	用于射流电弧、脉冲电弧或短路电弧
碳素钢及低合金钢	Ar+O_2	加O_2=1%~5%或2%	氧化性	用于射流电弧及对焊缝要求较高的场合
	Ar+CO_2	(70%~80%)+(30%~20%)	氧化性	有良好熔深，可用于短路过渡或射流过渡电弧
	Ar+O_2+CO_2	80%+15%+5%	氧化性	有良好熔深，可用于短路、射流或脉冲电弧
	CO_2	—	氧化性	适用于短路电弧，有一定飞溅
镍基合金	Ar	—	惰性	对于射流、脉冲及短路电弧均适用，是焊接镍基合金的主要保护气体
	Ar+He	(85%~80%)+(15%~20%)	惰性	输入热量比纯Ar大

3. 按工艺要求

用手工TIG焊焊接极薄材料时，宜用Ar作气体保护；当焊接厚件或焊接热导率高、难熔金属，或者进行高速自动焊时，宜选用He或Ar+He作保护。铝的手工TIG焊通常采用交流电源，应选用Ar作气体保护，因与He比较，Ar的引弧性能和阴极净化作用较He好，具有很好的焊缝质量。对于熔化极气体保护焊，气体的选择不仅决定于被焊金属，而且还决定于采用熔滴过渡的形式。表6-3-12和表6-3-13分别列出了射流过渡与短路过渡时保护气体的选择。

表6-3-12 射流过渡熔化极气体保护电弧焊时保护气体的选择

金属	保护气体(体积分数)	优点
铝	氩气	厚度为0.25mm，金属过渡和电弧稳定性好，飞溅小
	75%氦+25%氩	厚度为25~76mm，热输入比氩时大
	90%氦+10%氩	厚度大于76mm，热输入大，气孔少
镁	氩气	阴极净化作用极好
碳钢	氩+3%~5%氧	电弧稳定性好，熔池金属流动性较好并且易于控制；焊缝成形好；咬边最少；可以采用更快的速度(与氩相比较)
	二氧化碳	高速机械化焊接；低成本
低合金钢	氩+2%氧	咬边最少；提供良好的韧性
不锈钢	氩+1%氧	电弧稳定性好，焊接熔池流动性好并且易于控制，焊缝成形好，较厚不锈钢焊接时咬边少
	氩+2%氧	焊接较薄的不锈钢时电弧稳定性好，焊缝成形比使用1%氧混合气体的要好，并且焊接速度也快
铜、镍及其合金	氩气	对于厚度达3.2mm的材料，润湿性好，焊接熔池控制良好
	氦+氩	50%或75%氦混合气体的较大热输入可抵消较厚板件的高热导率
活性金属(Ti、Zr、Ta)	氩气	电弧稳定性好，焊接污染最小。为了防止空气污染焊接区的背面，要求有背面惰性气体保护

表6-3-13 短路过渡熔化极气体保护电弧焊时的保护气体选择

金属	保护气体(体积分数)	优点
碳钢	氩+20%~25%CO_2	当厚度小于3.2mm时，焊接速度快，没有烧穿、变形，飞溅少，熔深良好
	氩+50%CO_2	当厚度大于3.2mm时，飞溅少，焊缝外观清洁。在立焊和仰焊位置焊接，熔池控制良好
	CO_2	熔深较大，焊接速度较快，费用低
不锈钢	90%氦+7.5%氩+2.5%CO_2	对耐蚀性能无影响，热影响区小，没有咬边，变形小，电弧稳定性良好
低合金钢	60%~70%氦+25%~35%氩+4%~5%CO_2	活性最小，韧性好，电弧稳定性、润湿性和焊道形状好，飞溅小
	氩+20%~25%CO_2	韧性一般，电弧稳定性、润湿性和焊道形状极好，飞溅小
铝、铜、镁、镍及其合金	氩和氩+氦	对于薄板金属的焊接，氩是满意的；对于较厚的金属，最好采用氩+氦混合气

第4章　电　　极

4.1　概述

电弧焊和电阻焊等使用电能的焊接方法需要使用能传导电流的电极。电弧焊用的电极有熔化的和不熔化的两种。熔化电极是焊条、焊丝及焊带等，焊接过程中既作电极又作为填充金属。不熔化电极在焊接时不允许熔化，通常选用高熔点导电材料，如钨、碳等。不熔化电极在长期高温下使用，会发生不同程度烧损、磨损或变形，经常要磨修或更换，所以在焊接生产中，电极属于消耗材料。

电阻焊用电极也属不熔化电极，焊接时不仅要传导电流，还要传递压力，常用导热、导电性好的铜及其合金。

4.2　弧焊用钨电极

TIG焊、等离子弧焊等非熔化极电弧焊对电极的基本要求是：能传导电流，是强的电子发射体，高温工作时不熔化和使用寿命长等。金属钨能导电，其熔点（3410℃）和沸点（5900℃）都很高，电子逸出功为4.5eV，发射电子能力强，是最适合作为电弧焊不熔化电极的金属材料。

4.2.1　钨极的类型

国内外常用钨极主要有纯钨、铈钨、钍钨和锆钨四种，它们的类型、牌号及化学成分见表6-4-1。

表6-4-1　常用钨极的类型、牌号及化学成分

钨极类型	牌号	化学成分(质量分数,%)							
		W	ThO_2	CeO	ZrO	SiO_2	Fe_2O_3 Al_2O_3	Mo	CaO
纯钨极	W_1	99.92	—	—	—	0.03	0.03	0.01	0.01
	W_2	99.85	总杂质成分不大于0.15						
钍钨极	WTh-7	余量	0.7~0.99	—	—	0.06	0.02	0.01	0.01
	WTh-10	余量	1.0~1.49	—	—	0.06	0.02	0.01	0.01
	WTh-15	余量	1.5~2.0	—	—	0.06	0.02	0.01	0.01
铈钨极	WCe-20	余量	—	1.8~2.2	—	0.06	0.02	0.01	0.01
锆钨极	WZr	99.2	—	—	0.15~0.40	其他≤0.5%			

纯钨极熔点和沸点高，不易熔化蒸发、烧损，但电子发射能力较其他钨极差，不利于电弧稳定燃烧。此外，电流承载能力较低，抗污染性能差。

钍钨极的电子发射能力强，允许电流密度大，电弧燃烧较稳定，寿命较长，但钍元素具有一定放射性，是国外常使用的一种。

铈钨极电子逸出功低，引弧和稳弧不亚于钍钨极，化学稳定性高，允许电流密度大，无放射性，是目前国内普遍采用的一种。

锆钨极的性能介于纯钨极和钍钨极之间。在需要防止电极污染焊缝金属的特殊条件下使用，焊接时，电极尖端易保持半球形，适于交流焊接。

4.2.2　钨极载流能力

钨极载流能力又称电流容量，指一定直径的钨极允许通过的最大电流。当钨极通过的电流超过其载流能力时，就会发生熔化，形成熔球，导致电弧漂移。载流能力取决于钨极成分、钨极直径、极性接法和电流类型等。同样直径的铈钨极比钍钨极的载流能力大，而钍钨极的载流能力比纯钨极大。直径越大，载流能力越大。直流正接时，钨极载流能力最大，直流反接时载流能力最小；交流时载流能力居于直流正接与反接之间。脉冲TIG焊时，由于在基值电流期间钨极受到冷却，所以直径相同的钨极的许用电流值明显提高。

4.2.3　钨极的形状尺寸和表面质量

钨极直径范围一般为0.25~6.4mm，长度为76~610mm。在拉拔或锻造加工后，表面经过清洗抛光或磨削。经过磨削的电极表面具有较低的表面粗糙度，能保证做到与焊枪的电极夹头最大的接触，从而可以获得最大的载流能力。如果采用化学清理，电极表面较粗糙，接触电阻会降低载流能力。

有疤痕、裂纹、缩孔、毛刺或非金属夹杂等缺陷的钨极不可使用，这些缺陷将影响其载流能力。电极表面的凹凸不平还会引起弧柱“回火”现象，即电弧沿着电极表面向上燃烧一定距离，给焊接造成困难。

4.2.4　钨极的选用

当采用TIG焊时，选用钨极主要考虑如下因素：被焊金属特性、板厚、电流类型及极性。此外，还要考虑电极使用寿命和价格等。表6-4-2列出了TIG焊接不同金属时推荐用的钨极及保护气体。必须指出，铈钨极是我国研制成功的产品，其X射线剂量及抗氧化性能比钍钨极有较大改善；而且电子逸出功比钍钨极低，故引弧容易，燃弧稳定性好。此外，其化学稳定性好，并具有阴极斑点小、压降低、烧损少等特点，完全可以取代钍钨极。

表6-4-2　TIG焊接不同金属时推荐用的钨极及保护气体

金属种类	厚度	电流类型	电极	保护气体
铝	所有厚度	交流	纯钨极或锆钨极	Ar或Ar+He
	厚件	直流正接	钍钨极或铈钨极	Ar+He或Ar
	薄件	直流反接	铈钨极、钍钨极或锆钨极	Ar
铜及铜合金	所有厚度	直流正接	铈钨极或钍钨极	Ar或Ar+He
	薄件	交流	纯钨极或锆钨极	Ar
镁合金	所有厚度	交流	纯钨极或锆钨极	Ar
	薄件	直流反接	锆钨极、铈钨极或钍钨极	Ar
镍及镍合金	所有厚度	直流正接	铈钨极或钍钨极	Ar
低碳、低合金钢	所有厚度	直流正接	铈钨极或钍钨极	Ar或Ar+He
	薄件	交流	纯钨极或锆钨极	Ar
不锈钢	所有厚度	直流正接	铈钨极或钍钨极	Ar或Ar+He
	薄件	交流	纯钨极或锆钨极	Ar
钛	所有厚度	直流正接	铈钨极或钍钨极	Ar

注：在机械化焊接应用中，铈钨极或钍钨极比纯钨极更适合，因为纯钨极消耗速度快。

4.3　电阻焊用铜电极

电阻焊的点焊、缝焊、凸焊和对焊等都需使用不熔化电极，它们的形状各不相同，但是在焊接过程中都用来向焊件传输焊接电流和焊接压力。有些焊接场合，电极还是焊模、夹具或定位装置。电极是电阻焊机的易耗零件。

电阻焊电极工作条件比较恶劣，制造电极的材料除了应有较好的导电和导热性能外，还应能承受高温和高压力的作用。目前最常用的电极材料是铜及铜合金，在特殊焊接场合，也采用钨、钼、氧化铝等耐高温的粉末烧结材料。

在电阻焊中，电极材料和电极形状的选择直接影响到焊接质量、生产成本和劳动生产率。本节以点焊电极为对象，重点介绍电极材料。关于电极形状等方面内容在第3篇第4章中有所介绍。

4.3.1　电极的功能及其损坏形式

1. 电极的功能

电极的主要功能是传导电流、传递压力和散热。

（1）传导电流

根据被焊金属性质和厚度的不同，焊接时流过电极的电流可高达数千至数万安。流过电极工作面的电流密度达数百至数千安每平方毫米。例如，点焊低碳钢的电流密度为200~300A·mm^{-2}，焊接铝及铝合金时为1000~2000A·mm^{-2}，是常用导线安全电流密度的数十至数百倍。

（2）传递压力

为了形成良好的焊点，不产生飞溅、裂纹或疏松等缺陷，以及保持焊接质量稳定，必须通过电极向焊件施加焊接压力或锻压力。根据焊件金属性质的不同，压力从几千牛到几十千牛不等。例如，低碳钢点焊的电极压强为30~140MPa，焊接高温合金的电极压强为400~900MPa。

（3）散热

点焊焊接电流流过焊件所产生的热量，有很大一部分直接施加在电极上，如果这些热量不能有效地散失，电极便会因温升而产生变形、压溃和黏附现象，熔核也难以形成。因此，要求上、下电极具有良好的散热能力。

2. 损坏形式

点焊、缝焊时，电极损坏的主要形式是变形和黏附。变形是由于电极材料在高温下的压溃，黏附是电极工作面与被焊金属间出现了扩散与合金化。选择合理的电极材料、正确的电极头部形状、加速电极的冷却和适宜的焊接参数（电流、通电时间和电极压力等），是提高电极使用寿命的主要方法。

4.3.2　电极材料

1. 对电极材料的基本要求

根据电极在电阻焊中需传导电流、传递压力和逸散焊接区热量的特点，对电极材料提出如下基本要求：

1）高的导电率和热导率，自身电阻发热少，能迅速逸散焊接区传来的热量，以延长使用寿命，改善焊件受热状态。

2）高温下具有高的强度和硬度，有良好的抗变形和抗磨损能力。

3）高温下与焊件金属形成合金化倾向小，物理性能稳定，不易黏附。

4）材料生产成本低，加工方便，变形或损坏后便于更换。

2. 电极材料分类及其典型用途

国际上将电极材料分为铜及铜合金与粉末烧结材料两大组，每组内又分为若干类。我国行业标准 JB/T 4281—1999《电阻焊电极和附件用材料》对常用电极材料的分类和性能参数做了规定，见表 6-4-3。

表 6-4-3　电阻焊电极和附件用材料的成分和性能（摘自 JB/T 4281—1999）

组	类	编号	名　　称	成分[①]（质量分数，%）	材料形式	硬度 HV（30kgf）（最小值）	电导率/S · m^{-1}（最小值）	软化温度/℃（最小值）
A	1	1	Cu-ETP	Cu:99.9（+Ag 微量）	棒≥25mm	85	56	150
					棒<25mm	90	56	
					锻件	50	56	
					铸件	40	50	
		2	CuCd1	Cd:0.7~1.3	棒≥25mm	90	45	250
					棒<25mm	95	43	
					锻件	90	45	
	2	1	CuCr1	Cr:0.3~1.2	棒≥25mm	125	43	475
					棒<25mm	140	43	
					锻件	100	43	
					铸件	85	43	
		2	CuCr1Zr	Cr:0.5~1.4，Zr:0.02~0.2	棒≥25mm	130	43	500
					棒<25mm	140	43	
					锻件	100	43	
	3	1	CuCo2Be	Co:2.0~2.8，Be:0.4~0.7	棒≥25mm	180	23	475
					棒<25mm	190	23	
					锻件	180	23	
					铸件	180	23	
		2	CuNi2Si	Ni:1.6~2.5，Si:0.5~0.8	棒≥25mm	200	18	500
					棒<25mm	200	17	
					锻件	168	19	
					铸件	158	17	
	4	1	CuNi1P	Ni:0.8~1.2，P:0.16~0.25	棒≥25mm	130	29	475
					棒<25mm	140	29	
					锻件	130	29	
					铸件	110	29	
		2	CuBe2CoM	Be:1.8~1.1，Co+Ni+Fe:0.2~0.6	棒≥25mm	350	12	—
					棒<25mm	350	12	
					锻件	350	12	
					铸件	350	12	
		3	CuAg6	Ag:6~7	锻件≤25mm	140	40	—
					铸件 25~50mm	120	40	
		4	CuAl10Fe5Ni5	Al:8.5~11.5，Fe:2.0~6.0	锻件	170	4	650
				Ni:4.0~6.0，Mn:0~2.0	铸件	170	4	

（续）

组	类	编号	名　　称	成分①（质量分数，%）	材料形式	硬度HV（30kgf）（最小值）	电导率/S·m⁻¹（最小值）	软化温度/℃（最小值）
B	10		W75Cu	Cu:25	—	220	17	1000
	11		W78Cu	Cu:23	—	240	16	1000
	12		WC70	Cu:30	—	300	12	1000
	13		Mo	Mo:99.5	—	150	17	1000
	14		W	W:99.5	—	420	17	1000
	15		W65Ag	Ag:35	—	140	29	900

① 材料的成分供参考。

（1）A组——铜和铜合金

按其成分和性能特点可分为以下四类：

1）第1类为高电导率、中等硬度的非热处理强化合金。这类材料只能通过冷作硬化提高其硬度，其再结晶温度较低。常用的电极材料有纯铜、镉铜和银铜等。

2）第2类为热处理强化合金，通过热处理和冷变形联合加工以获得良好的力学性能和物理性能。其电导率略低于第1类，而力学性能和再结晶温度则远高于第1类，是国内外应用最广泛的一种电极铜合金。典型的有铬铜和铬锆铜。

3）第3类也为热处理强化合金，其力学性能高于第2类，电导率低于上述两类，属高强度、中等导电率的电极材料。常用的有铍钴铜、镍硅铜等。

4）第4类为具有专用性能的铜合金。有些硬度很高，其电导率不很高；有的电导率高，而硬度不很高。它们之间不宜代用。这类电极材料有铍铜、*w*（Ag）为6%的银铜等。

（2）B组——粉末烧结材料

这组材料是由钨、钼金属以及它们的粉末与铜粉（或银粉）以一定比例混合后，经烧结而成的电极材料。这组材料按成分分为六类（见表6-4-3），可以归纳为以下四种情况：

1）铜和钨粉末烧结的材料。如第10类和第11类，前者钨含量低于后者。这类电极材料有高的硬度和软化温度，其电导率随钨含量的增加而降低。

2）铜和碳化钨粉末烧结的材料，即第12类。因碳化钨硬度高于钨，故这类材料硬度比上述两类高，电导率较低，软化温度相同。

3）纯钼或纯钨。分别为第13类和第14类，后者比前者硬度高很多。

4）银和钨粉末烧结的材料，即第15类。具有较好的抗氧化性能，电导率高于铜钨，其硬度和软化温度略低。

3. 电极铜和铜合金的性能

电阻焊中电极材料应用广、用量大的是铜及铜合金。铜合金是在铜中添加少量合金元素以改善铜的物理和力学性能，特别是提高其硬度和软化温度，满足焊接提出的要求。

电极铜合金中常用的合金元素有镉（Cd）、银（Ag）、铬（Cr）、锆（Zr）、镍（Ni）、硅（Si）、铍（Be）、钴（Co）和铝（Al）等，它们与铜组成二元、三元或多元合金而具有不同的性能，以适应各种金属材料焊接的需要。目前常用的电极铜合金主要有纯铜、镉铜、铬铜、锆铜、铬锆铜、铬铝镁铜、镍硅铜、铍钴铜和铍铜等。现简要介绍如下。

1）纯铜：纯铜电极利用经冷作加工的工业纯铜制造，是焊接纯铝的电极材料之一。由于冷作硬化降低了铜的再结晶温度，所以纯铜电极的工作温度不宜高于423K，否则会迅速软化，影响焊接质量。因此，纯铜电极只适于压力小、焊接温度低、产品批量不大的情况。

2）镉铜：镉铜是电极铜合金中重要的一种，镉含量通常为0.7%~1.0%（质量分数，后同），属非热处理强化合金，冷作硬化可提高其硬度（达140HV）。具有良好的导电、导热性和耐磨、耐蚀性能。冷作硬化后再结晶温度较低，故只适于温度低于473K，而且焊接时必须加强冷却，以提高其使用寿命。

3）铬铜：铬铜中的铬含量通常为0.5%~1%，属热处理强化合金，具有强度高、导电性好的特点，应用广泛。其软化温度较高，具有良好的耐热性，可在723~750K温度下安全工作。使用温度仍要防止超过软化温度并加强冷却。

在铬铜中若加入少量的银、铝、镁、硅等元素，形成多元铜合金，可以进一步提高其力学性能和软化温度，如铬银铜、铬铝镁铜等。

4）锆铜：锆铜是一种高电导率、高热导率的热处理强化铜合金。铜中加入锆能显著提高铜的力学性能和软化温度。有含Zr量为0.2%和0.4%的两种常用锆铜合金，使用性能优于铬铜和铬镉铜，但锆价格比铬贵，制造成本较高。

5）铬锆铜。铬锆铜是高强度、高电导率热处理强化铜合金中性能好的一种，兼备铬铜的时效强化性能高和锆铜的软化温度高的优点，因而在常温和高温下均有较高的硬度。Cr 含量为 0.25%～0.8%，Zr 含量为 0.08%～0.5%，还有少量的 Mg。当焊接低碳钢和镀层钢时，铬锆铜点焊电极寿命比用铬铝镁铜电极提高 5～10 倍。

6）铍铜。铍铜是铜合金中强度和硬度较高的一种。Be 含量为 2.0%的铍铜经固溶和时效热处理后，其强度和抗磨性可达高强度合金钢水平，但铍铜的电导率和软化温度较低，使用温度超过 823K 时便完全软化，因此不适用于接触面积小、焊接表面温度高的点焊或缝焊电极，否则因导电、导热性能低而引起严重黏附。

7）铍钴铜。铍钴铜属高强度、中等电导率电极铜合金的一种。Be 含量为 0.4%～0.7%，Co 含量为 2.0%～2.8%，是热处理强化合金。加入铍和钴可以形成高熔点、高硬度的金属间化合物，以显著提高铜合金的强度。同时，钴还能提高合金的沉淀硬化效果。

8）硅青铜。硅青铜属热处理强化型合金，具有高的强度和硬度，有良好耐磨性，可代替铍铜作电极材料。通常 Ni 含量为 2.4%～3.4%、Si 含量为 0.6%～1.1%。该合金在热处理时因镍和硅能形成金属间化合物并呈弥散相析出，使基体强化，所以力学性能和电导率较高。

表 6-4-4 列出了常用电极铜和铜合金的主要性能。

4. 钨、钼和粉末烧结电极材料的性能

1）钨和钼。用纯钨或纯钼制作的电极，其电导率高于铁，且熔点高、有高的硬度和抗黏附等特点。

点焊小型铜合金零件时，因焊接电流小、压力低，故可以采用钨棒作电极；在大电流、高压力下焊接时，通常是把钨棒或钨片镶嵌在铜合金电极的头部，构成复合电极，既提高电极的导电性能，又改善了钨极的散热效果，还防止了钨极在焊接时受冲击而碎裂。

钼的熔点和硬度比钨低，但韧性较好且易于加工。其他性能与钨相近，故用作电极的情况与钨相同。常与铜合金电极一起做成镶嵌式复合电极。

2）粉末烧结材料。利用铜粉或银粉与一定比例的钨粉混合，经过压制和烧结，制成一系列具有不同硬度和电导率的粉末烧结材料。材料的软化温度接近于铜或银的熔点，而硬度和电导率取决于钨粉的含量、颗粒度及其分布情况。粉末烧结材料的最大优点是能加工为不同形状和尺寸的电极，而不像纯钨或纯钼那样受到限制。此外，硬度和电导率可以通过配比调整来达到。

用来作电阻焊电极的铜-钨烧结材料中的 $w(\mathrm{W})$ ≥60%。银-钨烧结材料的性能与铜-钨相似，但其电导率和抗氧化性能优于铜-钨，抗黏附能力则不如铜-钨，其价格较贵。

铜-碳化钨是在高温下具有较强抗氧化性能的烧结材料。用作电极的接触电阻稳定，抗黏附性能好，但硬度较高，加工性能较差。表 6-4-5 列出了我国常用钨、钼和粉末烧结电极材料的主要性能。

4.3.3 电极材料选用要点

1. 熟悉电极材料的基本特性

从表 6-4-3 中可看出，电阻焊电极材料随着硬度的增加，其电导率是降低的。通常情况下，硬度高的材料耐磨，抗压能力强；电导率高的材料，其热导率也高，散热快。显然，软的电极材料是不能用于承受大的焊接压力，但其电导率高，可以用于大电流焊接。软化温度低的电极材料不耐热，只能用于冷却条件好的情况。B 组电极材料多为烧结材料，比较适合于高温、焊接通电时间长、冷却不足或压力高的场合。

2. 注意电阻焊接方法的工艺特点

电阻焊中以点焊和缝焊电极的工作条件最为恶劣，对电极材料要求苛刻，既要求导电、导热性能好，又要求耐热、耐压和耐磨，而凸焊和对焊对电极材料的要求低得多。电阻对焊的电极通常是夹钳的组成部分，与焊件接触面积较大，电流密度相对较低，而且通常离高温区较远，因此不要求电极有很高的电导率和热导率；但它除向焊件传输焊接电流和顶锻力外，还承受夹持焊件的巨大夹紧力，因此电极需有足够的强度和硬度以减少变形和磨损。

3. 了解被焊金属材料的性能特点

不同金属材料对电极要求并不一样。铝及其合金具有高的电导率和热导率、低的熔点、低的高温强度、塑性温度范围窄，点焊时要求大电流快速焊，应选用高电导率电极，而对硬度和耐高温无特别要求，因此选用表 6-4-3 中的 A1 类或纯铜作电极材料较为合适。对不锈钢点焊，因其电阻率比低碳钢高，而热导率比低碳钢低，焊接时要求比焊接低碳钢用更大的电极压力和较小的焊接电流，因此宜选用硬度较高、电导率较低的电极材料，如 A3 类材料。

4. 保证重点、兼顾其他

现有的电极材料均难以同时满足本章 4.3.2 节所述的要求。在不可兼顾的情况下，宜选择能满足对焊接质量起决定性作用的性能要求的那种电极材料，其他方面的要求可通过其他措施（如改变电极形状、加强冷却或预热等）来弥补。

表 6-4-6 是表 6-4-3 所列各类电阻焊电极材料的典型推荐用途。

表 6-4-4 常用电极铜和铜合金的主要性能

材料名称	材料牌号	主要成分(质量分数,%)	加工特征	主要性能					国外同类材料
				抗拉强度/MPa	伸长率(%)	硬度HBW	电导率/S·m^{-1}	软化温度/K	
纯铜	T2	Cu+Ag:99.90	退火状态	225~235	50	40~50	58		美国:Ampcloy99,Elkonite A,Tipaloy100 俄罗斯:M1
	T2	Cu+Ag:99.90	700~970K 退火,50%冷变形	392~490	2	80~100	57	423	
镉铜	TCd1	Cd:0.9~1.2	1070K 退火,50%冷变形	588	2~6	110~115	48~52	553	美国:Ampcoloy97,Elkaloy A 俄罗斯:MK,英国:Matthey A 法国:Soudalox 100
银铜	TAg0.15	Ag:0.2	1070K 退火,冷加工	345~441	2~4	110~115	48~52	553	俄罗斯:MC,德国:Wirbalit L
铬铜	TCr0.5	Cr:0.5~1.0	1220~1250K 淬火,冷变形 720K 时效	441~490	15	110~130	44~49	748	美国:Ampcoloy 95,Mallory3 俄罗斯:Bpx,英国:Matthey 3 法国:Soudalox 200,德国:Wirbalit N
锆铜	TZr0.2	Zr:0.15~0.25	1220K 淬火,75%冷变形,720K 时效	392~441	10	120~130	52	773	美国:Amzirc
	TZr0.4	Zr:0.30~0.50	1220K 淬火,75%冷变形,720K 时效	441~490	10	130~140	46	773	—
铬银铜	TCr0.5-0.1	Cr:0.5,Ag:0.1,Zn:0.15	1270K 淬火,60%冷变形,740K 时效	392~412	24	130	48	773	—
铬铝镁铜	TCr0.5-0.2-0.1	Cr:0.5,Al:0.2,Mg:0.1	1270K 淬火,60%冷变形,740K 时效	392~441	18	110~130	41~44	783	俄罗斯:Mn4

铬锆铜	—	Cr:0.3~0.5,Zr:0.1~0.15	1240K 淬火,50%冷变形,740K 时效	490	10	HV145	>46	823	美国:Amax-MZC,俄罗斯:Mn5,Mn5A 英国:Matthey 328,法国:CRM-16 德国:Wirbalit HF,日本:MCZ
	—	Cr:0.5~0.7,Zr:0.15~0.25	1240K 淬火,50%冷变形,740K 时效	539	10	HV150	>44	823	
	—	Zr:0.08~0.15 Cr:0.25~0.5,Te:0.1~0.2	1240K 淬火,50%冷变形,740K 时效	490	10	HV145	>46	823	—
铍钴铜	—	Be:0.4,Co:2.5	1220K 淬火,50%冷变形,720K 时效	637~735	9	180~210	23~26	773	美国:Mallory 100,英国:Matthey 100 法国:Soudalox 300,德国:WirbalitB
铍铜	TBe2	Be:1.9~2.2,Ni:0.2~0.5	1050~1060K 淬火,570~590K 时效	1176	1.5	360	13~15	573	美国:Ampcolop 83　Tipaloy T4
硅青铜	QSi1-3	Si:0.6~1.1,Ni:2.4~3.4	1170K 淬火,720K 时效	588~735	3	150~180	23~26	813	俄罗斯:33
镍硅铬铜	—	Si:0.5~0.8 Ni:2.0~3.0,Cr:0.2~0.6	1170K 淬火,50%冷变形,720K 时效	637	18	200~220	23~26	823	美国:Ampcoloy 940,Tipaloy 240
铬锆钴铜	—	Zr:0.1~0.25 Cr:0.3~0.8,Co:1.5~3.0	—	490~590	8~10	160~180	23~25	898	—
铝青铜	TAl10-4-4	Ni:3.5~5.5, Al:9.5~11.0,Fe:3.5~5.5	1220K 淬火,770K 时效	882~1078	4~5	170~220	6	923	美国:Tipaloy T5

表 6-4-5　常用钨、钼和粉末烧结电极材料的主要性能

名称	代表符号	密度/$\times10^3$kg·m^{-3}	电阻率/$\times10^{-6}\Omega\cdot$cm	布氏硬度 HBW	抗变强度/MPa
钨	W	19.3	5.5	350	176~4070
钼	Mo	10.2	5.1	140~185	1370~2450
铜-钨	Cu-W60	12.8	3.5	160	590
	Cu-W70	14.0	4.1	200	640
	Cu-W80	15.1	5.2	220	690
银-钨	Ag-W40	12.5	2.7	85	880
	Ag-W70	14.8	3.4	180	1080
铜-碳化钨	Cu-WC50	11.1	2.4	HRB90~100	—
银-碳化钨	Ag-WC40	12.0	3.6	HRB90	—
	Ag-WC60	12.9	5.5	HRB110	—

注："代表符号"列中的数值表示粉末烧结材料中 W 和 WC 的含量（质量分数，%）。

表 6-4-6　电阻焊电极材料的典型推荐用途（摘自 JB/T 4281—1999）

材料	点　焊	缝　焊	凸　焊	闪光焊或对焊	辅助设备
A1/1	焊铝电极	焊铝电极轮	—	—	无应力导电部件，叠片分路
A1/2	焊铝电极、焊镀层钢(镀锌、锡、铅)电极	焊铝电极，焊镀层钢(镀锌、锡、铜等)电极轮	—	焊低碳钢的模具或镶嵌电极	高频电阻焊或焊非铁磁金属用电极
A2/1	焊低碳钢电极、握杆、轴和衬垫材料	焊低碳钢电极轮	大型模具	焊低碳钢、碳钢、不锈钢和耐热钢用模具，或镶嵌电极	受应力导电部件、B组烧结材料的衬垫
A2/2	焊低碳钢和镀层钢电极	焊低碳钢和镀层钢电极轮	模具或镶嵌电极	—	—
A3/1	焊不锈钢和耐热钢用电极，受应力电极握杆、轴和电极臂	焊不锈钢和耐热钢用电极轮、轴和衬套	模具或镶嵌电极	高夹紧力下的模具，或镶嵌电极	受应力导电部件
A3/2	受应力电极握杆、轴和电极臂	轴和衬套	—	—	受应力导电部件
A4/1	电极握杆和弯曲电极臂	轴和衬套	—	—	受应力导电部件
A4/2	极大机械应力下的电极握杆和轴	极大机械应力下的机械臂	高电极压力下的模具和镶嵌电极	闪光焊耐用模具	—
A4/3	—	高热应力下焊低碳钢用电极轮	—	—	—
A4/4	电极握杆	低负荷下的轴和衬套	压板和模具	—	—
B10	—	—	焊低碳钢用镶嵌电极	在高应力下焊低碳钢的镶嵌电极	热铆和热压用镶嵌电极
B11	—	—	—	—	热铆和热压用镶嵌电极
B12	—	—	焊不锈钢用镶嵌电极	焊钢材用小型模具或镶嵌电极	热铆和热压用镶嵌电极
B13	焊铜基高导电材料用镶嵌电极	—	—	—	热铆和热压用镶嵌电极，电阻钎焊用镶嵌电极
B14	焊铜基高导电材料用镶嵌电极	—	—	—	热铆和热压用镶嵌电极，电阻钎焊用镶嵌电极
B15	—	—	—	—	铁磁材料高频电阻焊用电极

第7篇

金属材料的焊接

第1章　焊接性及其试验方法

1.1　焊接性

1.1.1　焊接性的概念

GB/T 3375—1994《焊接术语》关于焊接性的定义为：材料在限定的施工条件下焊接成按规定设计要求的构件，并满足预定服役的能力，焊接性受材料、焊接方法、构件类型及使用要求四个因素的影响。

从材料焊接性的定义可以看出，焊接性是材料对焊接加工的适应性，用以衡量材料在一定的焊接工艺条件下获得优质接头的难易程度，以及该接头能否在使用条件下可靠地运行。

焊接性包含工艺焊接性和使用焊接性两方面的内容。

工艺焊接性指在一定焊接工艺条件下，能否获得优良致密、无缺陷焊接接头的能力。它不是金属本身所固有的性能，而是根据某种焊接方法和所采用的具体工艺措施来进行评定的。所以，金属材料的工艺焊接性与焊接过程密切相关。对于熔焊，一般都要经历传热过程和冶金反应过程，因而又可把工艺焊接性分为“热焊接性”和“冶金焊接性”。热焊接性指焊接热循环对焊接热影响区组织性能及产生缺陷的影响程度，用以评定被焊金属对热的敏感性，如晶粒长大、组织性能变化等。它主要与被焊材料及焊接工艺有关。冶金焊接性指在一定冶金过程的条件下，物理化学变化对焊缝性能和产生缺陷的影响程度。它包括合金元素的氧化、还原、氮化、蒸发，以及氢、氧、氮的溶解等对形成气孔、夹杂、裂纹等缺陷的影响，用以评定被焊材料对冶金缺陷的敏感性。

使用焊接性指焊接接头或整个结构满足产品技术条件规定的使用性能的程度。使用性能取决于焊接结构的工作条件和设计上提出的技术要求，通常包括常规力学性能、低温韧性、抗脆断性能、高温蠕变、疲劳性能、持久强度、耐蚀性能和耐磨性能等。

从理论上来说，凡是在熔化状态下相互能形成固溶体或共晶的两种金属或合金，原则上都可以实现焊接，即具有所谓原则焊接性，又称物理焊接性，然而这种原则焊接性仅仅为材料实现焊接提供了理论依据，并不等于该材料使用任何焊接方法，都能获得满足使用性能要求的优质焊接接头。同种金属或合金之间是具有原则焊接性的，但是它们在不同的焊接工艺条件下的焊接性却表现出很大的差异。例如，铝合金2A16之间当采用氧乙炔火焰焊接时，就容易出现裂纹，或严重降低其强度和塑性，很难获得优质的焊接接头，但当采用氩弧焊时，其效果却很好。这说明2A16铝合金对气焊的适应性较差，而对氩弧焊的适应性较好。

因此，金属材料的焊接性不仅与材料本身的固有性能有关，同时也与许多焊接工艺条件有关。在不同的焊接工艺条件下，同一材料具有不同的焊接性，而且随着新的焊接方法、焊接材料或焊接工艺的开发和完善，一些原来焊接性差的金属材料，也会变成焊接性好的材料。

1.1.2　影响焊接性的因素

焊接性是金属材料的一种工艺性能。除了受材料本身性质影响外，还受到工艺因素、结构因素和使用条件的影响。

1. 材料因素

材料包括母材和焊接材料。在相同的焊接条件下，决定母材焊接性的主要因素是它本身的物理性能和化学性能。

物理性能方面，如金属的熔点、热导率、线胀系数、密度及热容量等因素，都对热循环、熔化、结晶及相变等过程产生影响，从而影响焊接性。纯铜热导率高，焊接时热量散失迅速，升温的范围很宽，坡口不易熔化，焊接时需要较强烈地加热。如果热源功率不足，就会产生熔透不足的缺陷。铜、铝等热导率高的材料，熔池结晶快，易于产生气孔。钛、不锈钢等热导率低的材料，焊接时温度梯度大，残余应力高、变形大，而且由于高温停留时间长，热影响区晶粒长大，对接头性能不利。铝和奥氏体不锈钢线胀系数大、接头的变形和应力较为严重。铝及铝合金的密度小，焊接时熔池中的气泡和非金属夹杂物不易上浮逸出，就会在焊缝中残留，形成气孔和夹渣等。

化学性能方面，主要看金属与氧的亲和力的强弱。如铝、钛及其合金的化学活泼性很强，在高温焊接下极易氧化。有些金属对氢、氮等气体很敏感，焊接时，就必须有可靠的保护，如采用惰性气体保护焊或在真空中焊接，否则焊接就难以实现。

如果是异种金属焊接，也只有其物理性能和化学性能与晶体结构接近的金属才比较容易实现焊接。

对于钢材的焊接，影响其焊接性的主要因素是所含的化学成分。其中影响最大的元素有碳、硫、磷、氢、氧和氮等，它们容易引起焊接工艺缺陷和降低接头的使用性能；其他合金元素，如锰、硅、铬、镍、钼、钛、钒、铌、铜、硼等都在不同程度上增加焊接接头的淬硬倾向和裂纹敏感性。所以，钢材的焊接性总是随着碳含量和合金元素含量的增加而恶化。

此外，钢材的冶炼轧制状态、热处理状态及组织状态等，在不同程度上都对焊接性产生影响。所以，近年来研制和发展了各种 CF 钢（抗裂钢）、Z 向钢（抗层状撕裂钢）、TMCP 钢（控轧钢）等，就是通过精炼提纯，或细化晶粒和控轧工艺等手段，来改善钢材的焊接性。

焊接材料直接参与焊接过程中一系列的化学冶金反应，决定着焊缝金属的成分、组织、性能及缺陷的形成。如果焊接材料选择不当，与母材不匹配，不仅不能获得满足使用要求的接头，还会引起裂纹等缺陷的产生和组织性能的变化。因此，正确选用焊接材料是保证获得优质焊接接头的重要冶金条件。

2. 工艺因素

工艺因素包括焊接方法、焊接参数、装焊顺序、预热、后热及焊后热处理等。其中，焊接方法对焊接性影响很大，主要表现在热源特性和保护条件两个方面。

不同的焊接方法其热源在功率、能量密度、最高加热温度等方面有很大差别。金属在不同热源下焊接，将显示出不同的焊接性能。例如，电渣焊功率很大，但能量密度很低，最高加热温度也不高，焊接时加热缓慢，高温停留时间长，使得热影响区晶粒粗大，冲击韧度显著降低，必须经正火处理才得改善。与此相反，电子束焊、激光焊等方法，功率不大，但能量密度很高，加热迅速，高温停留时间短，热影响区很窄，没有晶粒长大的危险。

调整焊接参数、采取预热多层焊和控制层间温度等其他工艺措施，可以调节和控制焊接热循环，从而改变金属的焊接性。例如，当焊接某些有淬硬倾向的高强度钢时，材料本身具有一定冷裂敏感性。如果工艺选择不当，焊接接头可能产生冷裂纹或降低接头的塑性和韧性。如果选择合适的填充材料、合理的焊接热循环，并采取焊前预热或焊后热处理等措施，则完全可能获得没有裂纹缺陷、满足使用性能要求的焊接接头。

3. 结构因素

结构因素主要指焊接结构和焊接接头的设计形式，如结构形状、尺寸、厚度、接头形式、焊缝布置及其截面形状等因素，其影响主要表现在热的传递和力的状态方面。不同的板厚、不同的接头形式或坡口形状其传热方向和传热速度不一样，从而对熔池结晶方向和晶粒成长产生影响。结构的形状、板厚和焊缝的布置等，决定接头的刚度和拘束度，对接头的应力状态产生影响。不良的结晶形态、严重的应力集中和过大的焊接应力等是形成焊接裂纹的主要根源。设计中减少接头的刚度、减少交叉焊缝，避免焊缝过于密集，以及减少造成应力集中的各种因素，都是改善焊接性的重要措施。

4. 使用条件

使用条件指焊接结构服役期间的工作温度、负载条件和工作介质等，在这些工作环境和运行条件下，要求焊接结构具有相应的使用性能。例如，在低温工作的焊接结构，必须具备抗脆性断裂性能：在高温工作的结构要具有抗蠕变性能；在交变载荷下工作的结构应具有良好的抗疲劳性能；在酸、碱或盐类介质工作的焊接容器应具有高的耐蚀性能等。总之，使用条件越苛刻，对焊接接头的质量要求就越高，材料的焊接性就越不容易保证。

1.1.3 金属焊接性的研究方法

焊接工程师经常遇到一些新材料、新结构或新的工艺方法。在正式投产之前，通常需开展焊接性研究工作，以确保所采用新的材料、结构或工艺方法能获得优质的焊接接头。研究的基本方法是先分析后试验，即在焊接性理论分析的基础上再做必要的焊接性试验。焊接性分析可以避免试验的盲目性，焊接性试验可以验证理论分析的结果。

1. 焊接性分析

焊接性分析就是运用现代焊接科学技术的理论知识和实践经验，对金属材料焊接的难易程度作出判断或预测，估计焊接过程可能出现的技术问题，分析产生问题的原因和寻找解决问题的办法。通常分析是从工艺焊接性和使用焊接性这两个方面去考察该材料对焊接的适应能力。前者是要解决该材料能焊不能焊的问题，后者是要解决焊后能不能使用的问题。

对工艺焊接性方面的分析，主要是考察金属材料在给定的工艺条件下（主要指用某种焊接方法焊接时），产生焊接缺陷的倾向性和严重性。首先应结合研究对象的特点，从影响焊接性的材料因素、工艺因素和结构因素（详见上节）等方面入手，分析和估计焊接过程中可能会产生什么缺陷，对材料的工艺焊接性做出科学的预测。焊接工艺缺陷很多，其中以裂纹的危害性最大，产生的原因多而复杂，故分析的重点通常是放在材料的抗裂性能上。按材料中合金元素及其含量间接地评估合金结构钢的焊接性是最常用的分析方法，如“碳当量法”和“裂纹敏感系（指）数法”等。此外，也可利用合金相图，或焊接 CCT 图等进行分析，合金相图可以判断热裂倾向，焊接 CCT 图估计有无冷裂的危险和焊后接头的大致性能（硬度值）。

对使用焊接性方面的分析，主要是考察金属材料在给定的焊接工艺条件下，焊成的接头或整个焊接结构是否满足使用要求，这些要求是由结构的工作条件所决定并由设计者提出，如强度、韧度、塑性、疲劳、蠕变、耐蚀或耐磨等性能要求。对于以等性能原则设计的焊接接头，则以母材的性能为依据，分别考察焊缝金属和焊接热影响区在焊接热的作用下可能引起哪些不利于使用性能的变化。对于已经建立焊接连续冷却组织转变图（即 CCT 图）的金属材料，利用该图来预测或判断焊缝或热影响区熔合线附近的组织与性能的变化极为方便。

对金属进行焊接性分析时，要有重点和针对性，表 7-1-1 列出了对不同金属材料进行焊接性分析时，应特别关注的问题。对于那些尚无把握或难以判断其焊接性的金属材料，应把可能出现的问题提出来，再通过焊接性试验方法来研究解决。

表 7-1-1　不同金属材料焊接性分析时应关注的问题

金属材料		焊接性重点分析内容
低碳钢		厚板的刚性拘束裂纹、硫致热裂纹
中碳钢、高碳钢		冷裂纹、焊接 HAZ 淬硬
低合金钢	热轧及正火钢	冷裂纹、热裂纹、再热裂纹、层状撕裂（厚大件）、HAZ 脆化（正火钢）
	低碳调质钢	冷裂纹和根部裂纹、热裂纹（含 Ni 钢）、HAZ 脆化、HAZ 软化
	中碳调质钢	热裂、冷裂、HAZ 脆化、HAZ 回火软化
	珠光体耐热钢	冷裂纹、HAZ 硬化、再热裂纹、持久强度
	低温钢	低温缺口韧性、冷裂纹
不锈钢	奥氏体型不锈钢	晶间腐蚀、应力腐蚀开裂、热裂纹
	铁素体型不锈钢	475℃脆化、σ 相脆化、热裂纹
	马氏体型不锈钢	冷裂纹、HAZ 硬化
P-A 异种钢		焊缝成分的控制（稀释率）、熔合区过渡层、熔合区扩散层、残余应力
铸铁		焊缝及熔合区“白口”、热裂纹、热应力裂纹、冷裂
铝及铝合金		氧化、气孔、热裂纹、HAZ 软化

注：HAZ 表示焊接热影响区；P-A 表示珠光体型钢和奥氏体型钢。

2. 焊接性试验

焊接性分析是以理论知识和生产经验为依据进行的，分析的结果难免与生产实际有出入。因此，对于重大工程，一般应在焊接性理论分析的基础上有针对性地做些焊接性试验加以验证。特别是对于一些尚未接触过的新金属材料、新的产品结构或新的工艺方法，更应通过较为全面的焊接性试验，以获取第一手资料。这样，既可以对材料的焊接性做出更为准确和全面的评价，同时也为制订焊接工艺提供可靠的依据。冶金部门每发展一种用于焊接结构的新材料，一般都应进行全面的焊接性试验，文献［45］在这方面做了很有意义的工作。

总之，焊接性的分析与试验是焊接性研究中的两个工作环节，相辅相成。根据研究对象的复杂性和重要性，可简可繁，有时分析与试验交叉平行进行。

1.2　焊接性试验的内容与方法分类

1.2.1　焊接性试验的内容

按材料的不同特点和不同使用要求，焊接性试验内容有以下几点：

1. 测定焊缝金属抗热裂纹的能力

热裂纹是一种较常发生又危害严重的焊接缺陷，是熔池金属结晶过程中，由于存在一些有害元素（如低熔点共晶物），并受热应力作用而在结晶末期产生的焊接裂纹。热裂纹既与母材有关，又与焊接材料有关，所以测定焊缝金属抵抗热裂纹的能力是焊接性试验的一项重要内容。

2. 测定焊缝及热影响区金属抗冷裂纹的能力

冷裂纹在低合金高强度钢焊接中是最为常见的缺陷，由于这种缺陷的发生具有延迟性，其危害更大。它是焊缝及热影响区金属在焊接热循环作用下，由于组织及性能变化，加之受焊接应力和扩散氢的共同影响而产生的。所以，测定焊缝及热影响区金属抗冷裂纹的能力是焊接性试验中很重要的、又经常做的一项试验内容。

3. 测定焊接接头抗脆性断裂的能力

对于在低温下工作的焊接结构和承受冲击载荷的焊接结构，可能经过焊接的冶金反应、结晶、固态相变等一系列过程，焊接接头会发生粗晶脆化、组织脆化、热应变时效脆化等现象，使接头韧性严重下降，即焊接接头发生脆性转变。因此，对这类焊接结构的用材，需要做抗脆性断裂（或抗脆性转变）能力的试验。

4. 测定焊接接头的使用性能

根据焊接结构使用条件对焊接性提出的性能要求来确定试验内容。使用要求是多方面的，例如，在腐蚀介质工作的焊接结构要求抗腐蚀性能，就可以确定做焊接接头的耐晶间腐蚀能力或耐应力腐蚀能力等的试验；厚板钢结构要求抗层状撕裂性能时，就需做 Z 向拉伸或 Z 向窗口试验，以测定该钢材抗层状撕裂的能力。

1.2.2 焊接性试验方法的分类

研究与评定金属材料焊接性的试验方法很多，文献［45］做了较全面的论述。根据试验的内容和特点大致归纳为图 7-1-1 所示的工艺焊接性和使用焊接性两个方面的试验，每个方面又分为直接法和间接法两种类型。直接法有两种情况：一种是仿照实际焊接的条件，通过焊接过程考察是否发生某种焊接缺陷，或发生缺陷的严重程度，直接去评价焊接性的优劣（即焊接性对比试验），也可以通过试验确定出所需的焊接条件（即工艺适应性试验），这种情况多在工艺焊接性试验中使用；另一种是直接在实际产品上进行测定其焊接性能的试验，这种情况主要用于使用焊接性方面的试验。间接法一般不需要焊出焊缝，只需对产品实际使用的材料做化学成分、金相组织或力学性能等的试验分析与测定，然后根据分析与测定的结果，对该材料的焊接性进行推测与评估。例如，碳当量法，只需从产品用的材料中测定出其化学成分，代入碳当量计算公式，利用算出碳当量的大小去判断该材料的焊接性。

1.2.3 选择或设计焊接性试验方法的原则

现有的焊接性试验方法很多，随着技术的进步和要求的提高，焊接性试验方法还会不断增加。选择已有的或设计新的焊接性试验方法时，一般应考虑以下原则：

1）可比性。只有在试验条件完全相同的情况下，两个试验的结果才具有可比性。因此，凡是国家或国际上已经颁布的标准试验方法，应优先选择，并严格按标准的规定进行试验。曾建立标准但现已废止的或尚没有建立标准的，应选择国内外同行业中较为通用的或公认的试验方法进行。若无标准可供遵循、需自行设计焊接性试验方法时，应把试验条件规定得

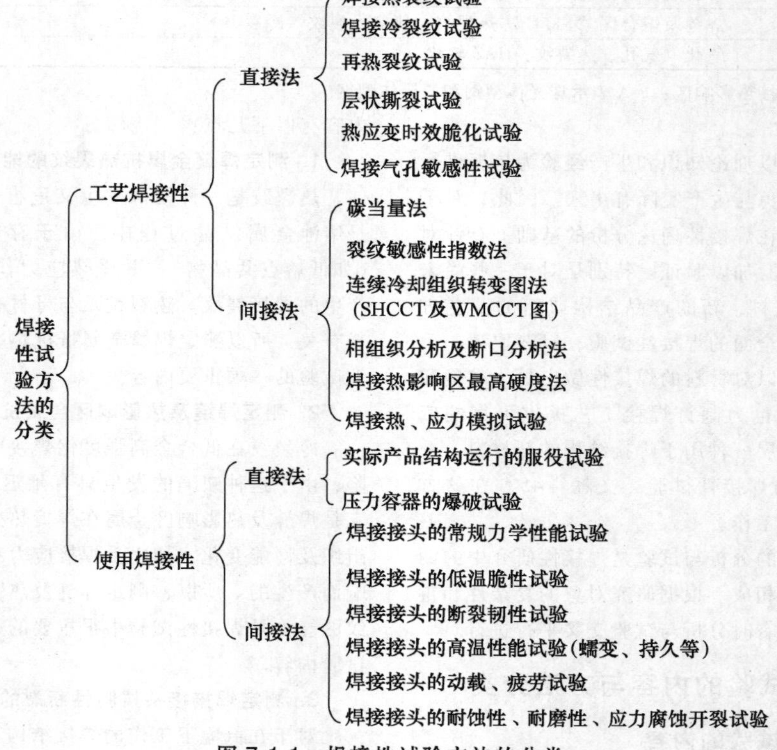

图 7-1-1 焊接性试验方法的分类

明确具体，并且要说明试验结果是在什么试验条件下得出的。

2）针对性。所选择的或自行设计的试验方法，其试验条件要尽量与实际焊接时的条件一致，这些条件包括母材、焊接材料、接头形式、接头受力状态及焊接参数等，而且试验条件还应考虑产品的使用条件，尽量使之接近。只有这样才能使焊接性试验具有良好的针对性，其试验结果才能较准确地显示出实际生产时可能发生的问题或可能出现的现象。

3）再现性。焊接性试验的结果要稳定可靠，具有较好的再现性。试验数据不可过于分散，否则难以找出变化规律和导出正确的结论。为此，试验方法应尽量减少或避免人为因素的影响，多采用自动化、机械化的操作，少用人工操作。试验条件和试验程序要规定得严格，防止随意性。

4）经济性。在符合上述原则并可获得可靠结果的前提下，力求减少人力、物力和财力支出，节省试验费用。

1.3 常用焊接性试验方法

这里介绍的试验方法，有现行国家标准规定的、曾是国家标准规定的和不是国家标准规定的三类，许多研究成果和技术数据多是采用这些方法试验得出来的，作为研究手段，它们均具有学术价值。当然，在达到同样目的的情况下，仍应优先采用现行国家标准规定的试验方法。

1.3.1 工艺焊接性的间接估算法

1. 评估钢材冷裂纹倾向的碳当量法

基于焊接热影响区的淬硬及冷裂纹倾向与钢种的化学成分有关，所以利用化学成分间接地评估钢材冷裂纹的敏感性。把钢中合金元素（包括碳）的含量，按其作用换算成碳的相当含量（以碳的作用系数为1）作为粗略评定钢材冷裂倾向的一种参考指标，即所谓碳当量法。由于世界各国和各研究单位所采用的试验方法和钢材的合金体系不同，因此都各自建立了有一定适用范围的碳当量公式，见表 7-1-2。

表 7-1-2　常用的碳当量公式及其适用范围

碳当量公式	适用范围
国际焊接学会（ⅡW）推荐 $CE(\text{ⅡW})=w(C)+\frac{w(Mn)}{6}+\frac{w(Cr)+w(Mo)+w(V)}{5}+\frac{w(Cu)+w(Ni)}{15}(\%)$	钢材：中高强度（$R_m=500\sim900\text{MPa}$）的非调质低合金高强度钢 化学成分（质量分数）：C≥0.18%
日本 JIS 标准规定： $CE(JIS)=w(C)+\frac{w(Mn)}{6}+\frac{w(Si)}{24}+\frac{w(Ni)}{40}+\frac{w(Cr)}{5}+\frac{w(Mo)}{4}+\frac{w(V)}{14}(\%)$	钢材：低碳调质低合金高强度钢（$R_m=500\sim1000\text{MPa}$） 化学成分（质量分数）：C≤0.2%；Si≤0.55%；Mn≤1.5%；Cu≤0.5%；Ni≤2.5%；Cr≤1.25%；Mo≤0.7%；V≤0.1%；B≤0.006%
美国焊接学会（AWS）推荐： $CE(AWS)=w(C)+\frac{w(Mn)}{6}+\frac{w(Si)}{24}+\frac{w(Ni)}{15}+\frac{w(Cr)}{5}+\frac{w(Mo)}{4}+\frac{w(Cu)}{13}+\frac{w(P)}{2}(\%)$	钢材：普通碳素钢和低合金高强度钢 化学成分（质量分数）：C<0.6%；Mn<1.6%；Ni<3.3%；Cr<1.0%；Mo<0.6%；Cu=0.5%~1%；P=0.05%~0.15%

注：计算某钢种的碳当量时，直接把该钢种实际的合金元素的质量分数（%）代入表中公式相应元素的符号内。若给出的是元素含量范围，则取其上限值代入。

表 7-1-2 中各公式不尽相同，却反映相同规律，即碳当量的数值越大，被焊钢材的淬硬倾向就越大，热影响区越容易产生冷裂纹。因此，就可以用碳当量（CE）的大小来评定钢材焊接性的优劣，并按焊接性的优劣提出防止产生焊接裂纹的最佳焊接条件。评定时需注意以下几点：

1）当使用国际焊接学会推荐的公式时，对于板厚小于 20mm 的钢材，若 CE（ⅡW）<0.4%，则淬硬倾向不大，焊接性良好，焊前不需预热；若 CE（ⅡW）=0.4%~0.6%，尤其是大于 0.5%时，钢材易淬硬，说明焊接性已变差，焊接时需预热才能防止焊接裂纹的产生；随着板厚增加，预热温度要相应提高。

2）当使用日本 JIS 标准的碳当量公式时，除需考虑板厚因素外，还必须同时考虑钢材的强度级别。当板厚小于 25mm，采用焊条电弧焊焊接（热输入为 $17\text{kJ}\cdot\text{cm}^{-1}$）时，规定了不产生裂纹的碳当量界限和相应的预热措施，见表 7-1-3。

表 7-1-3　按钢材强度和碳当量确定预热温度

钢材强度 R_m/MPa	CE（JIS）（%）	工艺措施
500	0.46	焊时不需预热
600	0.52	预热 75℃
700	0.52	预热 100℃
800	0.62	预热 150℃

3）当使用美国焊接学会（AWS）推荐的碳当量公式时，需根据计算出来某钢种的碳当量并结合焊件的厚度从图 7-1-2 中查出该钢材焊接性的优劣等级，再从表 7-1-4 中确定出不同焊接性钢材的最佳焊接条件。

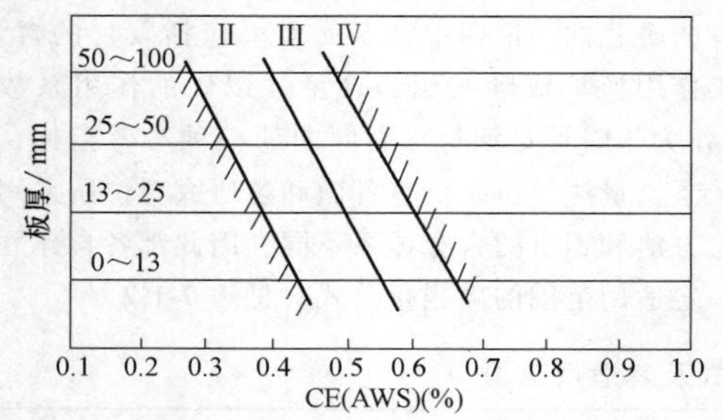

图 7-1-2　焊接性与碳当量及板厚关系

2. 低合金钢焊接冷裂纹敏感性指数法

近代大力发展了低碳微量多合金元素的低合金高强度钢，表 7-1-2 所列碳当量公式已不适用。况且仅按钢材化学成分评定钢材焊接性并不全面，因为低合金高强度钢焊接时产生冷裂纹的原因除化学成分外，还有熔敷金属中扩散氢含量及接头的拘束应力等原因。因此，日本伊藤等人采用 Y 形铁研试验对 200 多个钢种做了大量试验，提出了由化学成分、扩散氢和拘束度（或板厚）所建立的冷裂纹敏感指数等数据（公式），并用冷裂纹敏感性指数去确定防止冷裂纹所需的焊前预热温度。表 7-1-5 列出了这些数据及确定相应预热温度的计算公式。

表 7-1-4　不同焊接性等级钢材的最佳焊接条件

焊接性等级	普通酸性焊条	低氢型焊条	消除应力	敲击焊缝
Ⅰ优良	不需预热	不需预热	不需	不需
Ⅱ较好	预热 40～100℃	-10℃以上不预热	任意	任意
Ⅲ尚好	预热 150℃	预热 40～100℃	希望	希望
Ⅳ可	预热 150～200℃	预热 100℃	必要	希望

表 7-1-5　冷裂纹敏感性数据及焊接预热温度确定

冷裂纹敏感性数据公式（%）	预热温度计算公式/℃	公式的应用条件
$P_C=\text{Pcm}+\dfrac{[\text{H}]}{60}+\dfrac{\delta}{600}$	$T_o=1440P_C-392$	斜 Y 形坡口试件，适于 $w(\text{C})\leqslant 0.17\%$ 的低合金钢，$[\text{H}]=1\sim5\text{mL}\cdot(100\text{g})^{-1}$，$\delta=19\sim50\text{mm}$
$P_W=\text{Pcm}+\dfrac{[\text{H}]}{60}+\dfrac{R}{400000}$		
$P_H=\text{Pcm}+0.075\lg[\text{H}]+\dfrac{R}{400000}$	$T_o=1600P_H-408$	斜 Y 形坡口试件，适于 $w(\text{C})\leqslant 0.17\%$ 的低合金钢，$[\text{H}]>5\text{mL}\cdot(100\text{g})^{-1}$，$R=500\sim33000(\text{N/mm}\cdot\text{mm})$
$P_{HT}=\text{Pcm}+0.088\lg[\lambda H_D']+\dfrac{R}{400000}$	$T_o=1400P_{HT}-330$	斜 Y 形坡口试件，P_{HT} 考虑了氢在熔合区附近的聚集

注：Pcm—冷裂纹敏感系数（%）

$$\text{Pcm}=w(\text{C})+\frac{w(\text{Si})}{30}+\frac{w(\text{Mn})+w(\text{Cu})+w(\text{Cr})}{20}+\frac{w(\text{Ni})}{60}+\frac{w(\text{Mo})}{15}+\frac{w(\text{V})}{10}+5w(\text{B})(\%)$$

其适用范围：C=0.07%～0.22%；Si=0%～0.60%；Mn=0.40%～1.4%；Cu=0%～0.50%；Ni=0%～1.20%；Mo=0%～0.70%；V=0%～0.12%；Nb=0%～0.04%；Ti=0%～0.5%；B=0%～0.005%；以上为合金元素的质量分数。

[H]—熔敷金属中扩散氢含量 [mL·(100g)$^{-1}$]；δ—被焊金属的板厚（mm）；R—拘束度（N/mm·mm）；H_D'—有效扩散氢 [mL·(100g)$^{-1}$]；λ—有效系数（低氢型焊条 $\lambda=0.6$，$H_D'=[\text{H}]$；酸性焊条 $\lambda=0.48$，$H_D'=[\text{H}]/2$）。

我国根据国产低合金钢在插销试验基础上建立了由 Pcm、[H]、δ 和钢材抗拉强度 R_m 构成的防止冷裂纹的预热温度（T_o）计算公式

$$T_o(℃)=324\text{Pcm}+17.7[\text{H}]+0.14R_m+4.72\delta-214$$

式中　[H]——熔敷金属的扩散氢含量 [mL·(100g)$^{-1}$]（GB/T 3965—2012）；

Pcm——冷裂纹敏感系数（%），同表 7-1-5 表注公式；

R_m——被焊金属抗拉强度（MPa）；

δ——被焊金属板厚（mm）。

此公式包含钢材强度因素。

3. 热裂纹敏感指数法

考虑化学成分对焊接热裂纹敏感性的影响，在试验研究的基础上提出可预测或评估金属材料热裂纹倾向的指（系）数方法。

1）热裂纹敏感系数（简称 HCS）法，其计算公式为

$$HCS=\frac{w(C)\left[w(S)+w(P)+\frac{w(Si)}{25}+\frac{w(Ni)}{100}\right]}{3w(Mn)+w(Cr)+w(Mo)+w(V)}\times 10^3$$

当 HCS≤2 时，不会产生热裂纹。HCS 越大的金属材料，其热裂纹敏感性也越高。

2）临界应变增长率（简称 CST）法，其计算公式为

$$CST=(-19.2w(C)-97.2w(S)-0.8w(Cu)-1.0w(Ni)+3.9w(Mn)+65.7w(Nb)-618.5w(B)+7.0)\times 10^{-4}$$

当 $CST\geqslant 6.5\times 10^{-4}$ 时，可以防止裂纹。

4. 再热裂纹敏感性指数法

预测钢材焊接性时，根据合金元素对再热裂纹敏感性的影响，可采用再热裂纹敏感性指数法进行评定。下面推荐两种方法。

1）ΔG 法。

$$\Delta G=w(Cr)+3.3w(Mo)+8.1w(V)-2$$

当 $\Delta G<0$ 时，不产生再热裂纹；当 $\Delta G\geqslant 0$ 时，对再热裂纹敏感。

对于 $w(C)>0.1\%$ 的钢，上式修正为

$$\Delta G'=\Delta G+10w(C)=w(Cr)+3.3w(Mo)+8.1w(V)-2+10w(C)$$

当 $\Delta G'\geqslant 2$ 时，对再热裂纹敏感；当 $1.5\leqslant\Delta G'<2$ 时，敏感性中等；$\Delta G'<1.5$ 时，对再热裂纹不敏感。

2）P_{SR} 法。此法更全面地顾及 Cu、Nb、Ti 等对再热裂的影响，其计算公式为

$$P_{SR}=w(Cr)+w(Cu)+2w(Mo)+5w(Ti)+7w(Nb)+10w(V)-2$$

此式仅适用于：$w(Cr)\leqslant 1.5\%$，$w(Mo)\leqslant 2.0\%$，$w(Cu)\leqslant 1.0\%$，$0.10\%\leqslant w(C)\leqslant 0.25\%$，$w(V+Nb+Ti)\leqslant 0.15\%$。当 $P_{SR}\geqslant 0$ 时，对再热裂纹敏感。

5. 层状撕裂敏感性指数法

在对 500~800MPa 级低合金高强度钢的插销试验（沿板厚方向截取试棒）和窗形拘束裂纹试验的基础上，提出下列层状撕裂敏感性指数公式

$$P_L=Pcm+\frac{[H]}{60}+6w(S)$$

式中　$Pcm=w(C)+\frac{w(Si)}{30}+\frac{w(Mn+Cu+Cr)}{20}+\frac{w(Ni)}{60}+\frac{w(Mo)}{15}+\frac{w(V)}{10}+5w(B)(\%)$；

[H]——熔敷金属中的扩散氢含量（日本 JIS 法）（$mL\cdot(100g)^{-1}$）。

根据 P_L 值可以在图 7-1-3 上查出插销试验 Z 向不产生层状撕裂的临界应力 $(\sigma_z)_{cr}$ 值。

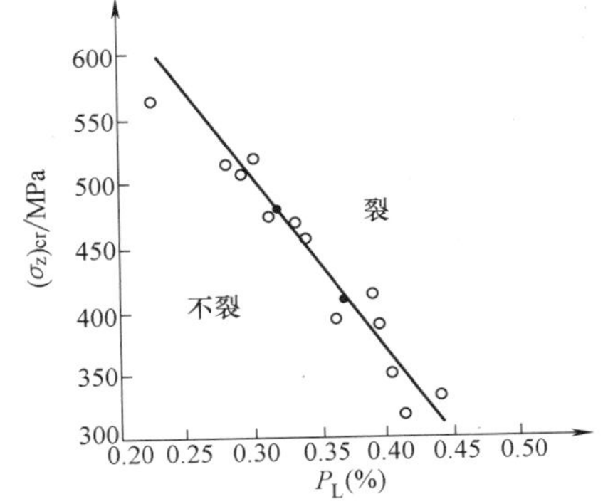

图 7-1-3　层状撕裂敏感性指数 P_L 与 $(\sigma_z)_{cr}$ 的关系

上式仅适用于焊接热影响区附近产生的层状撕裂。

6. 焊接连续冷却组织转变图法（CCT 图法）

焊接条件下的连续冷却组织转变图是利用快速膨胀仪或热模拟试验装置在模拟焊接热循环条件下建立起来的。它可以比较方便地预测焊接热影响区的组织、性能和硬度，从而可以预测某种钢材在一定焊接条件下的淬硬倾向和产生冷裂纹的可能性，同时也可作为调节焊接线能量、改进焊接工艺（如预热，后热及焊后热处理）的依据。

7. 焊接热影响区（HAZ）最高硬度法

焊接热影响区的最高硬度可以相对地评价被焊钢材的淬硬倾向和冷裂纹的敏感性，由于硬度测定的方法简单易行，已被国际焊接学会（ⅡW）采用，我国也曾制定过适用于焊条电弧焊的国家标准，至今尚有人使用，摘要如下：

1）试件制备。试件的形状和尺寸分别见图 7-1-4 和表 7-1-6。试件标准厚度为 20mm，若实际板厚超过 20mm，则用机械加工成 20mm，并保留一个轧制表面。若板厚小于 20mm，则无须加工。可用气割下料，1 号、2 号试件各备一块。

2）试验条件。焊前，清除试件表面的水、油、铁锈及过厚的氧化皮；焊接时，试件两端要支承架空，试件下面留有足够空间；1 号试件在室温，2 号

试件在预热温度下进行焊接；采用平焊位置，沿试件轧制表面的中心线焊出长为（125±10）mm 的焊缝，如图 7-1-4 所示。用直径为 4mm 焊条，焊接电流（170±10）A，焊接速度为（150±10）mm · min^{-1}施焊。焊后在静止空气中自然冷却，不进行任何热处理。

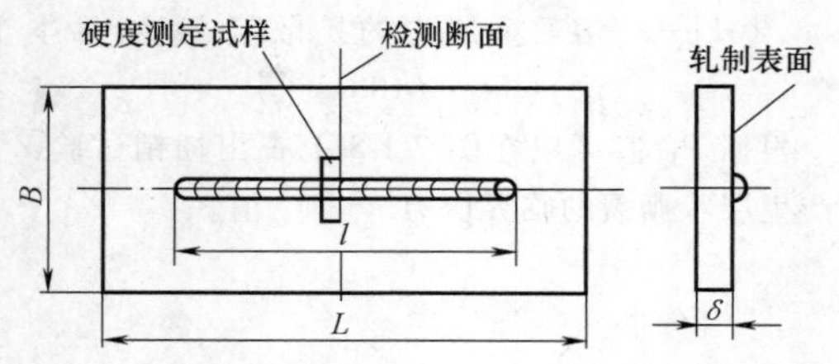

图 7-1-4　试件的形状

表 7-1-6　试件尺寸　　（单位：mm）

试件名称	L	B	l
1 号试件	200	75	125±10
2 号试件	200	150	125±10

3）硬度的测定。焊后经 12h 冷却后，在室温下用机械加工方法垂直切割焊缝中部，在此断面上取硬度测量试样，试样的检测面经研磨后再腐蚀；然后如图 7-1-5 所示，划一条既切于熔合线底部切点 O，又平行于试样轧制表面的直线。在室温下沿直线上每隔 0.5mm 测一点，用载荷为 10kg 的维氏硬度计测定。以切点 O 及其两侧各 7 个以上的点作为硬度的测定点。硬度试验应按 GB/T 4340.1—2009《金属材料　维氏硬度试验　第 1 部分：试验方法》规定执行。

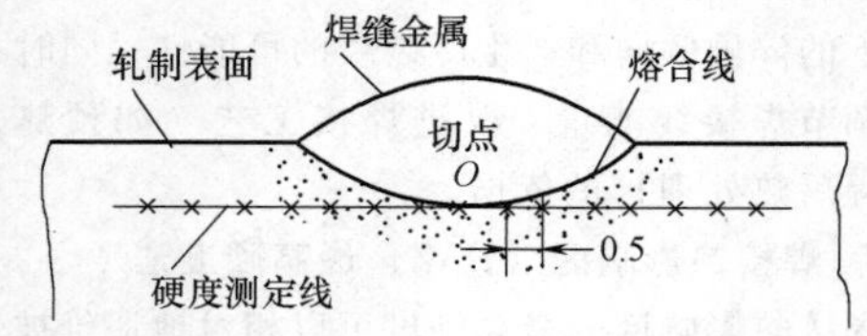

图 7-1-5　测定硬度的位置

一般焊接用的钢材都应提供其最高硬度值，表 7-1-7列出了常用低合金高强度钢允许的最高硬度值。

以上介绍七种比较简单方便且被广泛采用的间接评估焊接性的方法。这些方法的最大缺点是不能对被焊金属做出精确的焊接性评价，因为化学成分或者硬度仅仅是影响焊接性的一方面因素。

1.3.2　工艺焊接性的直接试验法

金属工艺焊接性的直接试验方法有上百种，较为常用的也有数十种，有些已标准化。在众多工艺焊接性直接试验方法中，绝大多数是针对某种钢材在焊接过程中出现某类裂纹问题而设计的。因为裂纹是最常见且危害性最大的焊接工艺缺陷。通过这些试验，可以定性或定量地评定被焊金属产生某种裂纹的倾向性的严重程度，也可以揭示产生这种裂纹的原因和影响因素，进而可寻找或确定出防止这种裂纹的最佳焊接工艺措施，包括选择焊接方法、焊接材料、焊接参数和预热温度等。

1. 焊接冷裂纹试验方法

焊接冷裂纹是在焊后冷至较低温度下产生的具有延迟性的一种常见裂纹，主要发生在低合金钢、中合金钢、中碳和高碳钢的焊缝及热影响区中。表 7-1-8 列出了低合金高强度钢常用的焊接冷裂纹试验方法及其特点。这里介绍其中应用最多的几种试验方法。

1）斜 Y 形坡口焊接裂纹试验法。此试验方法在 1984 年至 2005 年期间，曾作为国家标准来执行，对焊接科研和生产起到过重要作用。它主要用于评定碳素钢和低合金高强度钢焊接热影响区的冷裂纹敏感性。

① 试件制备。试件形状及尺寸如图 7-1-6 所示，由被焊钢材制成。板厚 δ 不做规定，常为 9~38mm，坡口用机械切削加工。每一种试验条件要制备两块以上试件。两端各在 60mm 范围内施焊拘束焊缝，采用双面焊透。要保证待焊试验焊缝处有 2mm 装配间隙和不产生角变形。

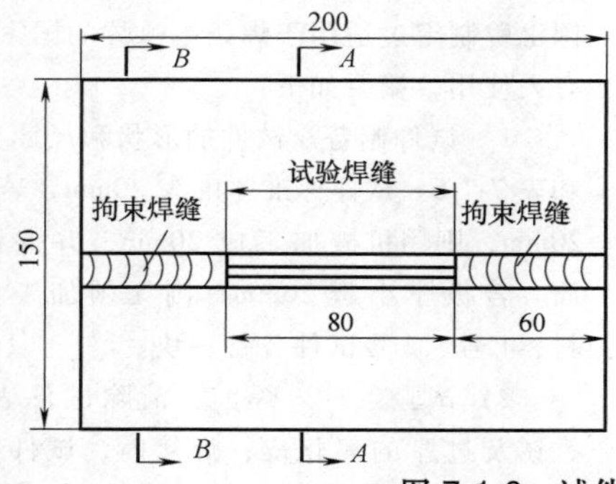

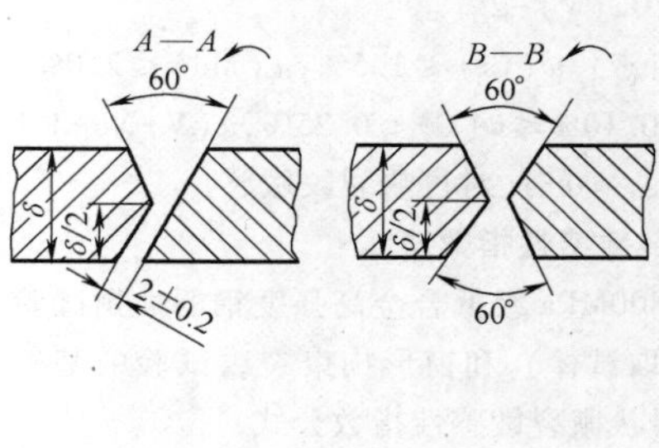

图 7-1-6　试件的形状及尺寸

表 7-1-7 常用低合金高强度钢的碳当量及允许的最大硬度

国产钢种	R_{eL} /MPa	R_m /MPa	P_{cm}		CE(ⅡW)		HV_{max}	
			非调质	调质	非调质	调质	非调质	调质
Q355(16Mn)	353	520~673	0.2485	—	0.4150	—	390	—
Q390(15MnV)	392	559~676	0.2413	—	0.3993	—	400	—
Q420(15MnVN)	441	588~706	0.3091	—	0.4943	—	410	380(正火)
14MnMoV	490	608~725	0.285	—	0.5117	—	420	390(正火)
18MnMoNb	549	668~804	0.3356	—	0.5782	—	—	420(正火)
12Ni3CrMoV	617	706~843	—	0.2787	—	0.6693	—	435
14MnMoNbB	686	784~931	—	0.2658	—	0.4593	—	450
14Ni2CrMnMo-VCuB	784	862~1030	—	0.3346	—	0.6794	—	470
14Ni2CrMnMo-VCuN	882	961~1127	—	0.3246	—	0.6794	—	480

表 7-1-8 低合金高强度钢常用的焊接冷裂纹试验方法及其特点

编号	试验方法名称	适用材料	焊接方法	焊接层数	裂纹部位	拘束形式	特点
1	Y 形坡口对接裂纹试验	低合金高强度钢	M①,CO_2 保护焊	单	焊缝、HAZ	拉伸自拘束	用于评定高强度钢第一层焊缝及 HAZ 的裂纹倾向,试验方法简便,是国际上采用较多的抗裂纹试验方法之一,也称“小铁研”试验
2	刚性固定对接裂纹试验		M,SAW,CO_2 保护焊	单、多	焊缝、HAZ		此法拘束度很大,容易产生裂纹,往往在试验中发生裂纹而在实际生产中并不出现裂纹,多用于厚大焊接件
3	窗形拘束裂纹试验		M,CO_2 保护焊	单、多	焊缝		主要用于考察多层焊时焊缝的横向裂纹敏感性
4	十字接头裂纹试验		M,MIG	单	HAZ	自拘束	主要用于测定 HAZ 裂纹敏感性
5	沟槽拘束对接裂纹试验		M	单、多	焊缝、HAZ		类似于“小铁研”试验,试板不易加工,用于评定单层或多层焊焊缝及 HAZ 的冷裂倾向
6	插销试验		M,CO_2 保护焊	单	HAZ	可变拘束	需专用设备,评定高强度钢 HAZ 冷裂倾向,简便、省材
7	刚性拘束裂纹试验(RRC 试验)		M,CO_2 保护焊	单	焊缝、HAZ		需专用设备,可用于研究冷裂机理、临界拘束应力、线能量、扩散氢含量及预热温度等对冷裂倾向的影响
8	拉伸拘束裂纹试验(TRC 试验)		M,CO_2 保护焊	单	焊缝、HAZ		需专用设备、可定量分析产生冷裂纹的各种因素,如成分、氢含量、拘束应力等

① M 为焊条电弧焊。

② 试验条件。试验焊缝用的焊条原则上与试验钢材相匹配，焊前严格烘干；根据需要可在各种预热温度下焊接；推荐采用下列焊接参数：焊条直径为4mm，焊接电流为（170±10）A，电弧电压为（24±2）V，焊接速度为（150±10）mm · min^{-1}。用焊条电弧焊时按图 7-1-7 所示施焊试验焊缝。用焊条自动送进装置施焊时按图 7-1-8 所示进行。只焊一道焊缝不填满坡口，焊后 48h 后才进行裂纹检测和解剖。

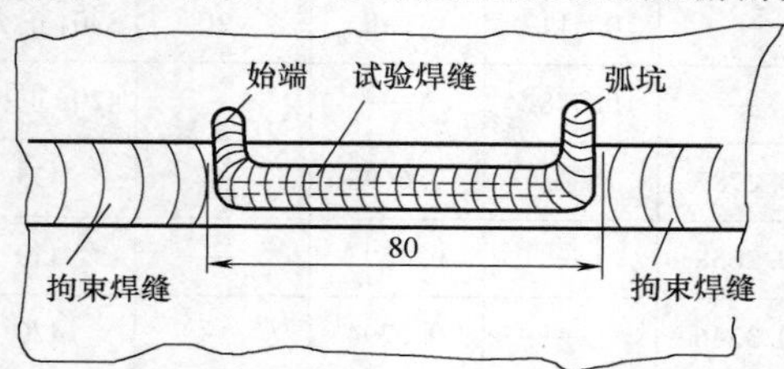

图 7-1-7　焊条电弧焊的试验焊缝

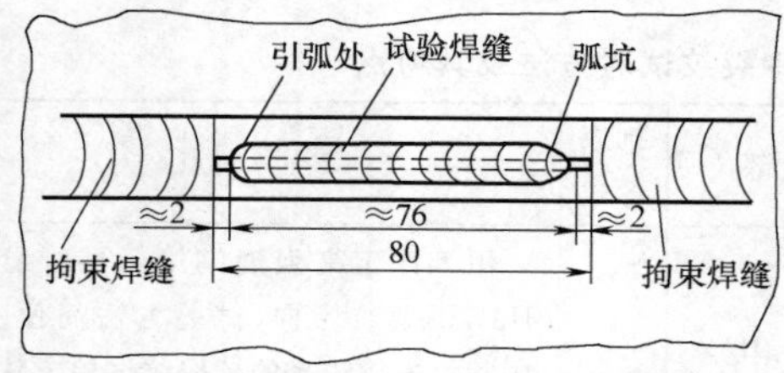

图 7-1-8　焊条自动送进的试验焊缝

③ 检测与计算。用肉眼或手持放大镜来检测焊接接头的表面和断面是否有裂纹。并按下列方法分别计算表面裂纹率、根部裂纹率和断面的裂纹率。

a. 表面裂纹率 C_f。如图 7-1-9a 所示，按下式计算：

$$C_f=\frac{\Sigma l_f}{L}\times 100\%$$

式中　Σl_f——表面裂纹长度之和（mm）；

L——试验焊缝长度（mm）。

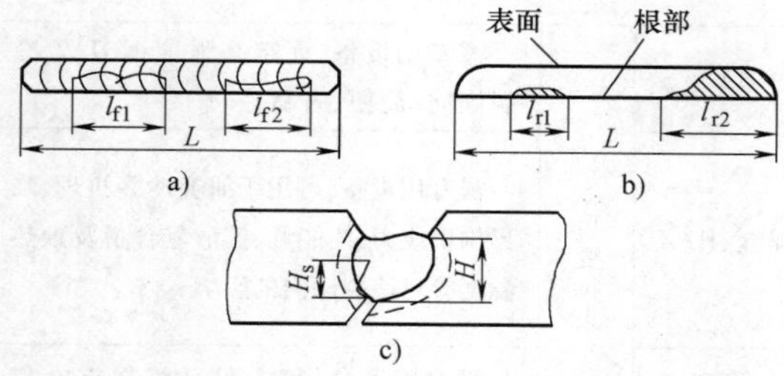

图 7-1-9　试样裂纹长度计算

a）表面裂纹　b）根部裂纹　c）断面裂纹

b. 根部裂纹率 C_r。用适当方法着色试件，然后把它拉断或弯断，按图 7-1-9b 测量根部裂纹长度。按下式计算 C_r：

$$C_r=\frac{\Sigma l_r}{L}\times 100\%$$

式中　Σl_r——根部裂纹长度之和（mm）。

c. 断面裂纹率 C_s。在试验焊缝上用机械加工等分地切出 4~6 块试样，检查五个横断面上的裂纹深度 H_s（见图 7-1-9c）。按下式计算 C_s：

$$C_s=\frac{\Sigma H_s}{\Sigma H}\times 100\%$$

式中　ΣH_s——5 个断面裂纹深度的总和（mm）；

ΣH——5 个断面焊缝的最小厚度的总和（mm）。

可以利用裂纹率进行焊接性能评定。对于低合金钢，一般认为表面裂纹率小于 20%，用于生产是安全的，但不应有根部裂纹。

如果试验用的焊接参数不变，用不同预热温度进行试验，就可以测定出防止冷裂纹的临界预热温度，作为评定钢材冷裂纹敏感性指标。

此试验方法用料省，试件易加工，不需特殊装置，试验结果可靠。所以，低合金钢多采用此方法评定其抗冷裂性能，缺点是试验周期较长。

除斜 Y 形坡口试件外，可以仿照此标准做成直 Y 形坡口的试件，用以考核焊条或异种钢焊接的裂纹敏感性，其试验程序以及裂纹率的检测与计算与斜 Y 形坡口试件相同。

2）插销试验法。此法主要是测定钢材焊接热影响区对冷裂纹敏感性的一种定量试验方法。因试验消耗钢材少，试验结果稳定可靠，在国内外都广泛应用。我国曾制定过国家标准，即 GB/T 9446—1988㊀《焊接用插销冷裂纹试验方法》。经适当改变，此法还可以用于测定再热裂纹和层状撕裂的敏感性。

①基本原理。插销试验是把被焊钢材做成直径为 8mm（或 6mm）的圆柱形试棒（即插销），插入与试棒直径相同的底板孔中，其上端与底板的上表面平齐。试棒的上端有环形或螺形缺口，然后在底板上按规定的焊接热输入熔敷一道焊缝，尽量使焊道中心线通过插销的端面中心。该焊道的熔深，应保证缺口位于热影响区的粗晶部位，如图 7-1-10 所示。在无预热条件下，焊后冷至 100~150℃ 时加载；如有预热，则应高出初始温度 50~70℃时加载。规定的载荷应在 1min 内，并在试棒冷却到 100℃或高出初始温度 50~70℃以前加载完毕。如有后热，应在后热以前加载。

㊀　GB/T 9446—1988 已经作废，仅供参考。

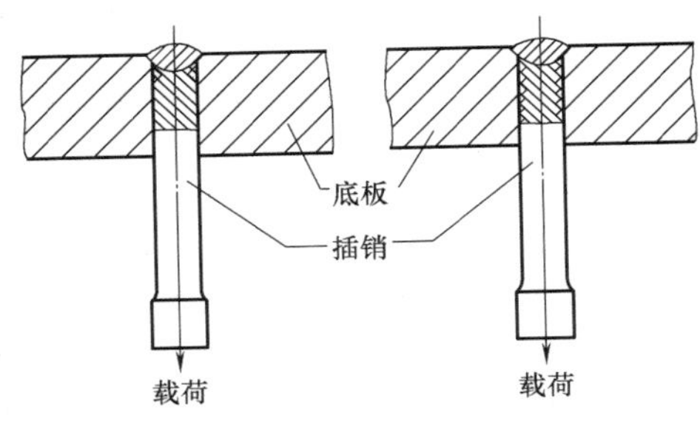

图 7-1-10　插销试棒缺口处于焊接热影响区粗晶部位

a）环形缺口试样　b）螺形缺口试样

在无预热条件下试验时，试棒载荷保持 16h 后不断裂即可卸载。如有预热或预热加后热时，载荷至少要保持 24h。

经几次调整后，即可得出试验条件下的“临界应力 σ_{cr}”。改变氢含量、焊接热输入和预热温度，σ_{cr}也随之变化。

② 试件制备。插销试棒应从被试钢材或产品（轧材、锻件、铸件、焊缝、焊接构件）中制取，需注明插销相对金属纤维的取向和相对厚度方向的位置。插销试棒的形状如图 7-1-11 所示。其尺寸见表 7-1-9。

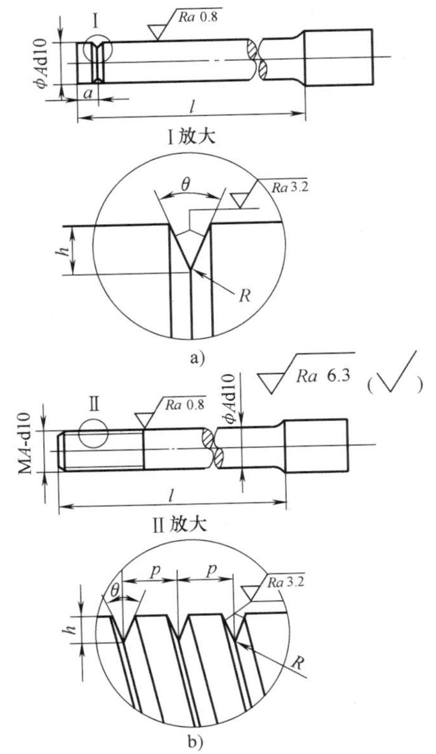

图 7-1-11　插销试棒的形状

a）环形缺口插销　b）螺形缺口插销

表 7-1-9　插销试棒的尺寸

缺口类别	A /mm	h /mm	θ	R /mm	P /mm	l /mm
环形	8，6	$0.5^{+0.05}_{-0.05}$	$40^{\circ}{}^{+2}_{-2}$	$0.1^{+0.2}_{-0.2}$	—	大于底板的厚度，一般约为 30～150
螺形					—	

对于环形缺口的插销试棒，缺口与端面的距离 a 应使焊道熔深与缺口根部所截的平面相切或相交，但缺口根部圆周被熔透的部分不得超过 20%，如图 7-1-12 所示。对于低合金钢，a 值在正常焊接参数下（$E=15\text{kJ}\cdot\text{cm}^{-1}$）为 2mm。根据焊接热输入 E 的变化可按表 7-1-10 适当调整。

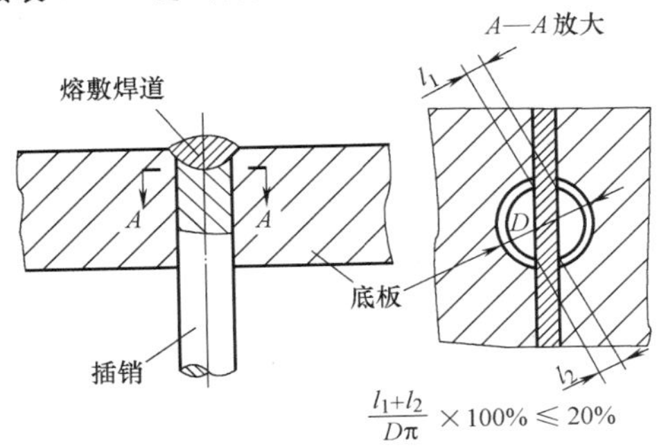

图 7-1-12　熔透比的计算

表 7-1-10　缺口位置 a 与焊接热输入 E 的关系

$E/\text{kJ}\cdot\text{cm}^{-1}$	9	10	13	15	16	20
a/mm	1.35	1.45	1.85	2.0	2.1	2.4

底板材料应与被焊钢材相同或热物理常数基本一致。厚度为 20mm，其形状及尺寸如图 7-1-13 所示。底板钻孔数小于或等于 4 个，位于底板纵向中心线上，孔间距为 33mm。插销试棒在底板孔中的配合尺寸为 $\phi A\frac{\text{H10}}{\text{d10}}$。图 7-1-14 所示为试验装置简图。

③试验程序。检查插销试棒尺寸，特别是缺口尖端的圆角尺寸是否合格；将插销试棒插入底板相应的孔内，使带缺口一端与底板表面平齐。按所选定的焊接方法，严格控制焊接参数，在底板上进行堆焊，焊接方向垂直于底板的纵向，并通过插销顶端的中心，焊道长度 L 为 100～150mm。

应使用置于焊缝或焊接热影响区的热电偶测定热循环，并记录 800～500℃ 的冷却时间 $t_{8/5}$，T_{max}～100℃ 的冷却时间 t_{100}，和 500～100℃ 的冷却时间

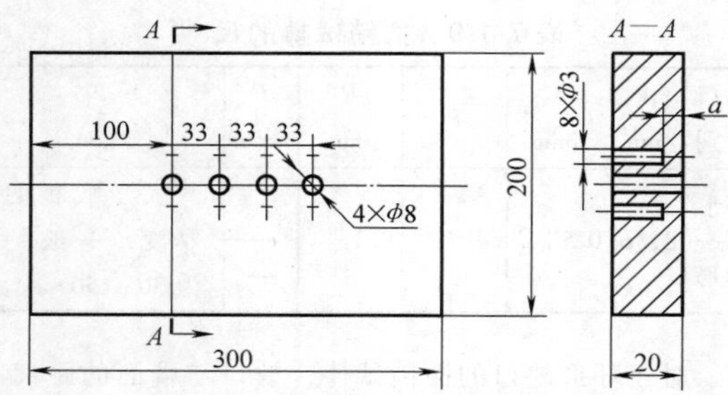

图 7-1-13　底板的形状及尺寸

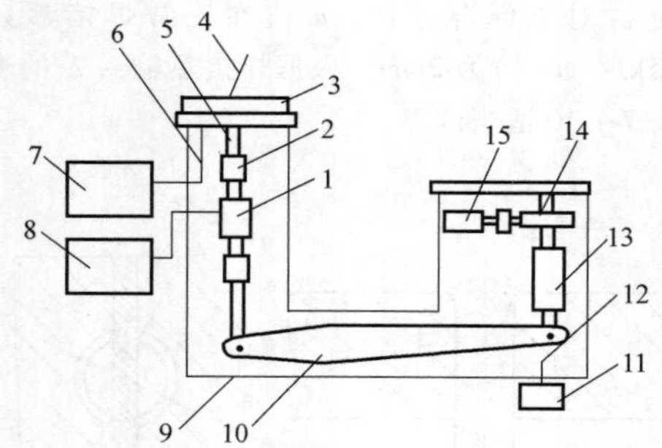

图 7-1-14　插销试验装置简图

1—传感器　2—连接套　3—底板　4—焊条　5—插销　6—热电偶　7—记录仪　8—应变仪　9—底座　10—杠杆　11—计时电钟　12—行程开关　13—缓冲器　14—蜗轮　15—电动机

$t_{5/1}$。测点的最高温度不得低于 1100℃，通常测点位于距插销两侧约 20mm、焊道下底板的盲孔端部上。盲孔一般为 $\phi3$。其深度为底板厚 $-a$，如图 7-1-13 所示。

按前述的要求加载，插销可能在载荷持续时间内发生断裂，此时应记下承载时间。如未发生断裂，载荷应保持 16h 或 24h。将试棒取下，用金相或氧化等方法检测缺口根部是否存在裂纹。

经多次改变载荷，就可求出在试验条件下不出现断裂的临界应力 σ_{cr}。临界应力 σ_{cr} 可以用启裂准则，也可以用断裂准则，但应加以注明。根据 σ_{cr} 的大小，就可以比较材料抵抗产生冷裂纹的能力。

3）拉伸拘束裂纹试验法又称 TRC 试验。它是一种大型定量评定冷裂纹敏感性的试验方法。其原理是采用恒定载荷来模拟焊接接头所承受的平均拘束应力。当试件焊接之后冷却到某一温度时，施加一拉伸载荷，并保持恒定，直至产生裂纹或断裂，以求得不产生裂纹的临界应力。

通过 TRC 试验，可以定量地分析高强度钢产生冷裂纹的各种因素，如化学成分、焊缝氢含量、拘束应力、预热、后热及工艺参数等。可以测出临界应力和裂纹的潜伏期。

图 7-1-15 所示为 TRC 试验机示意图，它包括拉力机、自动送进焊条机、电阻应变仪、热电偶、记录仪等，其吨位从 2×10^5kN 至 3×10^7kN 不等。试验用的试件形状和尺寸如图 7-1-16 所示。在试件两端各用六个高强度螺栓固定在试验机上。根据要求可制成不同形式的坡口，装配间隙为 2mm。

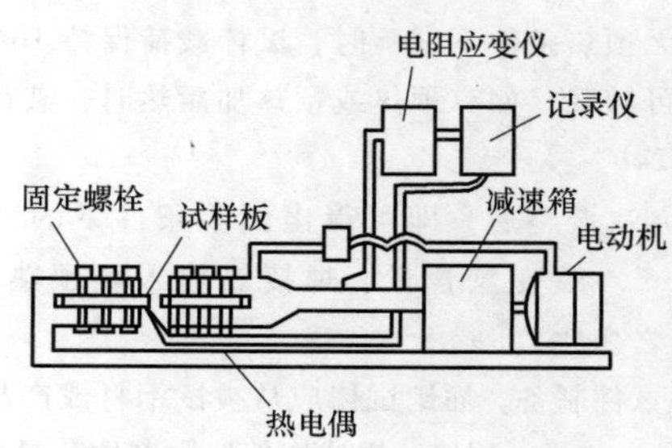

图 7-1-15　TRC 试验机示意图

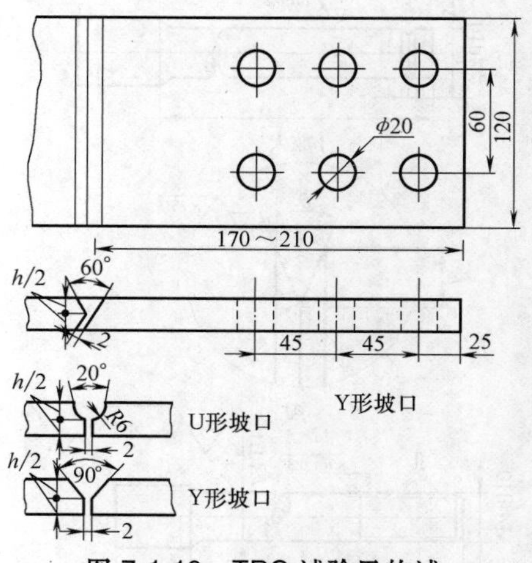

图 7-1-16　TRC 试验用的试件形状和尺寸

试验时，首先将所用焊条烘干并测其氢含量；当试件装到试验机上时要控制好装配间隙，用选定的焊接参数（一般取电流为 170A，电压为 24V，焊接速度 150mm · min^{-1}）施焊。待焊后冷至 100～150℃时，施加拉伸载荷，并在试验过程中保持恒定（一般为 24h）直至发生裂纹或断裂。当拉伸载荷等于或小于某一数值时，就不再发生裂纹或断裂，此时的应力即为临界应力，用此评估该钢材的冷裂纹倾向大小。

4）刚性拘束裂纹试验简称 RRC 试验，它是一种大型定量评定钢材冷裂纹倾向的试验方法。它的基本原理是：在焊接接头冷却过程中，靠自身收缩产生的应力为基础，模拟焊接接头承受外部拘束条件。试验过程中保持固定的拘束长度，就像两端被固定的接头一样，如图 7-1-17 所示。因此，在试件冷却过程中所产生的拘束反作用力，比较真实地反映焊接接头的受力状态。它比 TRC 试验的恒载拉伸更为完善，更接近实际情况。

RRC 试验设备简图如图 7-1-18 所示。设备右端为固定夹头，左端为移动夹头，中部装卡试件与传感器连接。此外，还装有动态应变仪、自动记录仪和位移千分表等。试验时，利用安装试件两端的定位杆选取不同的拘束距离。在一定拘束距离的试验中，所施加的拉伸拘束应力要满足保持拘束距离的要求。

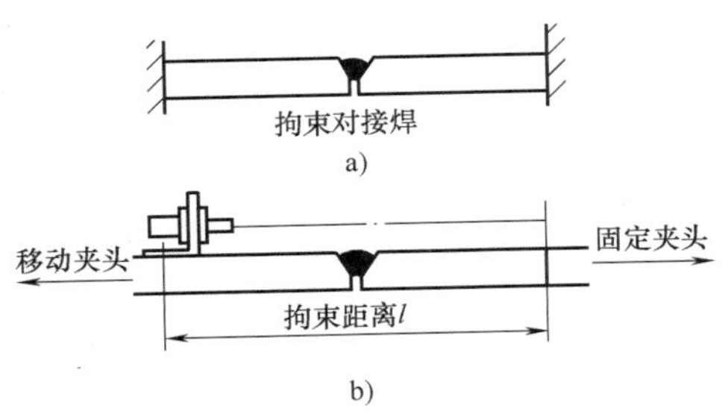

图 7-1-17　RRC 试验原理
a）两端固定的对接接头
b）限定拘束距离的对接接头

试验时，把试件装在 RRC 试验机上，要严格控制装配间隙，并拧紧夹牢试件的高强度螺栓，然后调定拘束距离，并连好位移传感器（千分表）。按选用的焊条和规定的焊接参数（$I=170\text{A}$，$U=24\text{V}$，$v=150\text{mm}\cdot\text{min}^{-1}$）对试件施焊，焊后电位移传感器给出信号，按拘束距离不变原则施加载荷。在一般情况下保持载荷 24h。如果不断，再降低拘束距离，直至得出临界拘束距离相对应的临界拘束应力（σ_{cr}）或临界拘束度（R_{cr}）为止，以此作为评定该钢材冷裂敏感性定量数据。

RRC 试验是目前测试冷裂纹敏感性较为完善的方法，但测试装置复杂，耗费试验钢材多，操作强度大，故未能广泛应用。

2. 焊接热裂纹试验方法

焊接热裂纹是在焊接过程处在高温下产生的一种裂纹，其特征大多是沿原奥氏体晶界扩展和开裂，常产生在碳素钢、低合金钢、不锈钢、铸铁、铝合金、镍合金和某些特种金属中。表 7-1-11 列出了常用的焊接热裂纹试验方法。

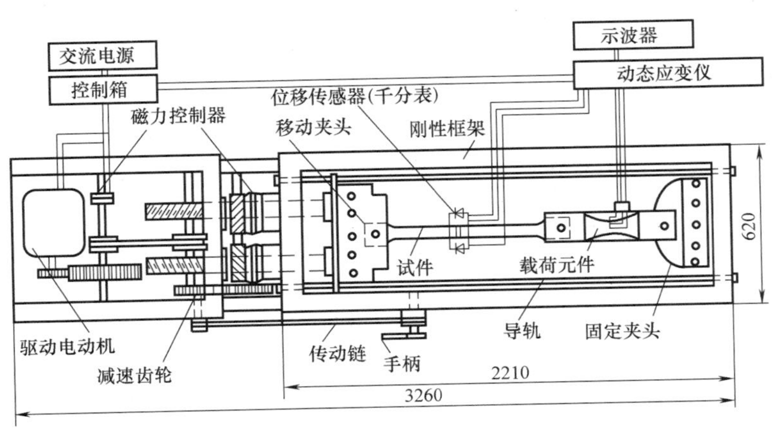

图 7-1-18　RRC 试验设备简图

表 7-1-11　常用的焊接热裂纹试验方法

编号	试验方法名称	用　途	焊接方法	拘束形式
1	可变刚性裂纹试验	测定低合金钢对接焊缝产生裂纹的倾向性	M①，CO_2 焊	可变拘束
2	T 形接头焊接裂纹试验	评定低合金钢角焊缝的热裂纹倾向	M	自拘束

（续）

编号	试验方法名称	用 途	焊接方法	拘束形式
3②	压板对接（FISCO）焊接裂纹试验	评定奥氏体型不锈钢、低合金钢的热裂纹敏感性	M	固定拘束
4	横向可调拘束裂纹试验	测定低合金钢的热裂纹敏感性	M，CO_2 焊	可变拘束
5	鱼骨状裂纹试验	测定厚度为 1~3mm 铝合金、镁合金、钛合金薄板焊缝及 HAZ 裂纹倾向	TIG	可变拘束
6	十字搭接裂纹试验	测定厚度为 1~3mm 结构钢、不锈钢、高温合金、铝、镁、钛合金薄板的裂纹倾向	M，TIG	自拘束
7	指状裂纹试验	测定耐热钢、高合金钢焊缝金属的横向裂纹敏感性	M	可变拘束
8	铸环试验	测定铝合金焊缝结晶时的热裂纹倾向	熔铸	自拘束

① M 表示焊条电弧焊。

② 也适于冷裂纹研究。

1）T 形接头焊接裂纹试验法。此法曾制订过国家标准，即 GB/T 4675.3—1984㊀《焊接性试验 T 形接头焊接裂纹试验方法》。主要用于评价碳素钢角焊缝的热裂纹倾向，也可以测定焊条及工艺参数对热裂纹的敏感性。

① 试件制备。试件的形状及尺寸如图 7-1-19 所示。立板底面应进行机械加工。

② 试验材料。原则上采用符合 GB/T 700—2006《碳素结构钢》规定的 Q235A 和 Q235AF 钢。

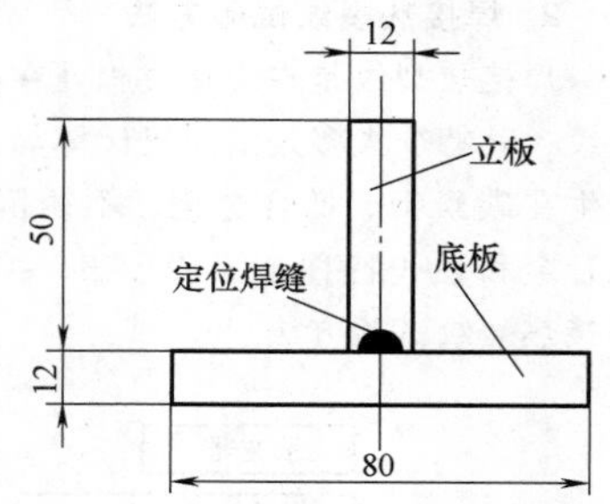

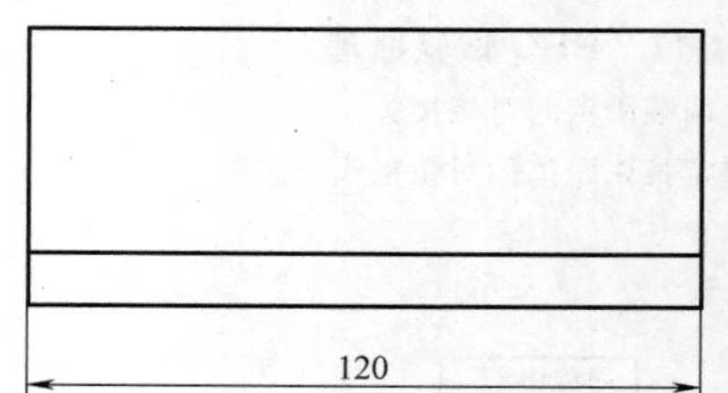

图 7-1-19 试件的形状及尺寸

③ 试验条件。用直径为 4mm 的焊条，焊接电流为规定值的上限，S_1 和 S_2 焊缝均采用船形焊位置施焊，如图 7-1-20 所示。

④ 试验步骤。将试件的立板与底板紧贴，两端点固定位。焊完一道拘束焊缝 S_1 后，立即焊一道比 S_1 焊缝厚度小的试验焊缝 S_2。S_2 的焊接方向与 S_1 的方向相反。待试件冷却后，对试验焊缝 S_2 采用肉眼或其他适当方法检查有无裂缝，并测量裂纹长度。

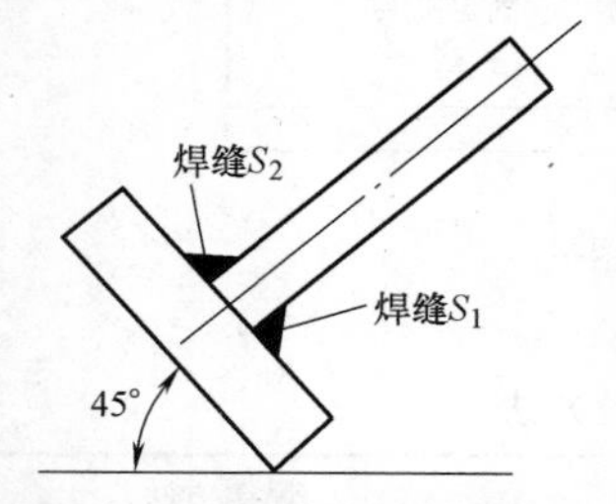

图 7-1-20 试验焊缝的焊接位置

⑤ 计算方法。按下式计算裂纹率：

$$C=\frac{\Sigma L}{120}\times 100\%$$

式中 C——表面裂纹率（%）；

ΣL——表面裂纹长度之和（mm）。

⑥ 记录。记录下试验条件、环境、试件状态，材料成分，焊条牌号、焊接参数，检测时间和方法以及裂纹长度等。

㊀ GB/T 4675.3—1984 已经作废，仅供参考。

2）压板对接（FISCO）焊接裂纹试验法。此法曾制订过国家标准 GB/T 4675.4—1984[㊀]。适用于 GB/T 5117《非合金钢及细晶粒钢焊条》、GB/T 5118《热强钢焊条》和 GB/T 983《不锈钢焊条》等所列焊条的焊接裂纹试验。主要评定焊缝金属热裂纹的敏感性，也可用于某些钢材与焊条的匹配性试验。

① 试件制备。试件的形状及尺寸见图 7-1-21。坡口形状为 I 形，采用机械切削加工，坡口附近表面要打磨干净。

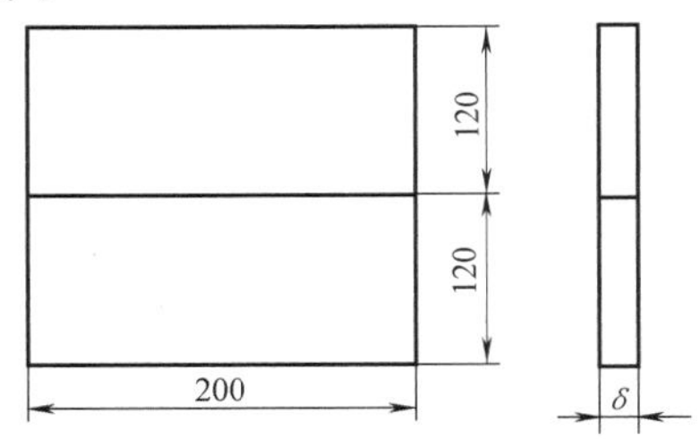

图 7-1-21　试件的形状及尺寸

② 试验装置。由 C 形拘束框架、齿形底座及紧固螺栓等组成，如图 7-1-22 所示。

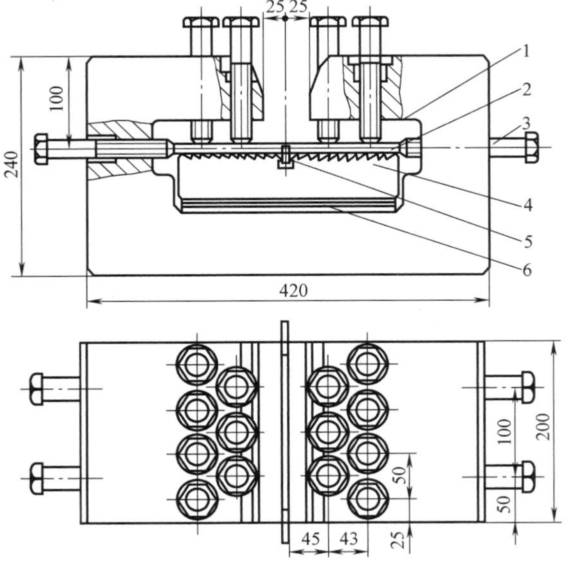

图 7-1-22　FISCO 试验装置

1—C 形拘束框架　2—试件　3—紧固螺栓　4—齿形底座　5—定位塞片　6—调节板

③ 试验步骤。将试件安装在试验装置内，在试件坡口的两端按试验要求装入相应尺寸的塞片，以保证坡口间隙，此间隙可在 0~6mm 范围内变化。将水平方向的螺栓紧固，紧到顶住试件即可，再把垂直方向的螺栓用测力扳手以 12000N · cm 的扭矩紧固好。如图 7-1-23a 所示，顺序焊接四条长约 40mm 的试验焊缝，焊接参数按生产上的要求确定，焊缝间距约 10mm，焊接弧坑原则上不填满。焊接结束后约 10min，将试件从装置上取出，待冷至室温后，沿焊缝纵向弯断，观察断面有无裂纹，并测量裂纹长度，如图 7-1-23b 所示。

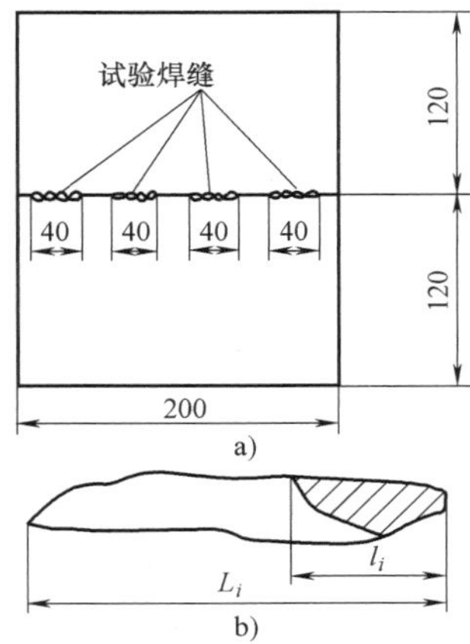

图 7-1-23　试验焊缝位置及裂纹长度计量

④ 计算方法。对四条焊缝断面上测得的裂纹长度用下式计算其裂纹率：

$$C=\frac{\Sigma l_i}{\Sigma L_i}\times 100\%$$

式中　C——裂纹率（%）；

Σl_i——四条试验焊缝的裂纹长度之和（mm）；

ΣL_i——四条试验焊缝的长度之和（mm）。

3）十字搭接裂纹试验法。此法主要适用于评定厚度为 1~3mm 的结构钢、不锈钢、高温合金、铝合金、镁合金和钛合金等薄板的热裂纹敏感性，也可测定焊条和焊丝的裂纹倾向。

试件的形状、尺寸和装配如图 7-1-24 所示。两块试件的尺寸见表 7-1-12。

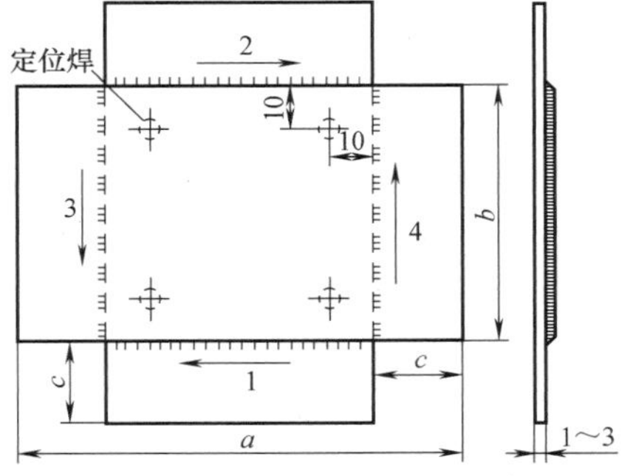

图 7-1-24　试件的形状、尺寸和装配

㊀ GB/T 4675.4—1984 已经作废，仅供参考。

表 7-1-12　十字搭接试件尺寸

被焊金属材料	试件长度 a/mm	试件宽度 b/mm	搭接长 c/mm
结构钢、不锈钢、高温合金	100	60	20
铝合金、镁合金、钛合金	200	100	50

试验前先把两块试件按图 7-1-24 所示的位置定位焊固定在一起，然后按图上的顺序和方向连续焊完 1、2、3、4 焊缝。焊后 2h 内检查焊缝及热影响区有无裂纹，根据裂纹长度的百分率评定裂纹倾向大小，取五块试件的平均值。

4）鱼骨状裂纹试验法。此法主要适用于测定铝合金、镁合金和钛合金的薄板（1~3mm）焊缝及热影响区的热裂纹敏感性。试件的形状及尺寸如图 7-1-25所示。在试件上每 10mm 加工一不同深度的沟槽，造成了该试件沿长度方向的不同拘束度。显然，沟槽的深度越大，拘束度就越小。

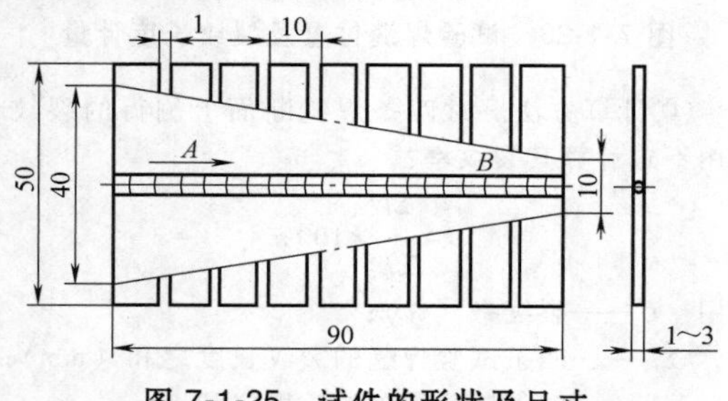

图 7-1-25　试件的形状及尺寸

用钨极氩弧焊（$I=70\sim80$A，$\nu=150\sim180$mm·min^{-1}），在带有铜垫板的专用夹具上施焊，焊接方向由 A 向 B。裂纹发生后，随着拘束度的降低，裂纹将停止扩展，测量焊缝或热影响区的裂纹长度（以五个试件的平均值确定），即可评价裂纹敏感性大小。

5）可调拘束裂纹试验法。此法主要用于研究各种类型热裂纹（结晶裂纹、液化裂纹等）。它的基本原理是在焊缝凝固后期施加不同的应变值，研究产生裂纹的规律。当外加应变值在某一温度区间超过焊缝金属或热影响区内塑性变形能力时，即产生裂纹，就以此来评定产生热裂纹的敏感性。

可调拘束裂纹试验装置简图如图 7-1-26 所示。可进行纵向试验，也可进行横向试验。对焊接区施加的应变值是由外加载荷 P 的作用下使试件弯曲变形而获得。为了保证试件变形速度均匀和试件承受应变量的准确，采用了旋转式加载机构，使加载压头始终垂直于试件表面。目前的可调拘束裂纹试验机具有快速和慢速的变形功能，采用气-液压联合作用的加载机构，加载能力为（5~10）×10^4N。

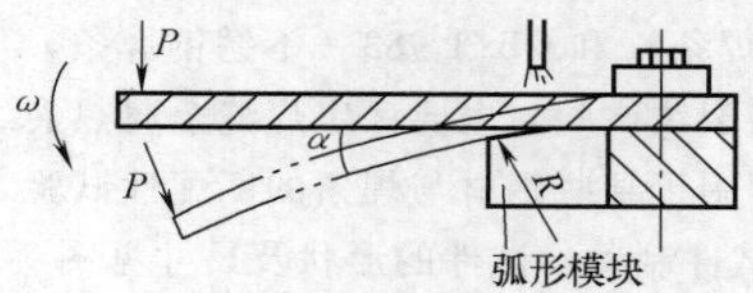

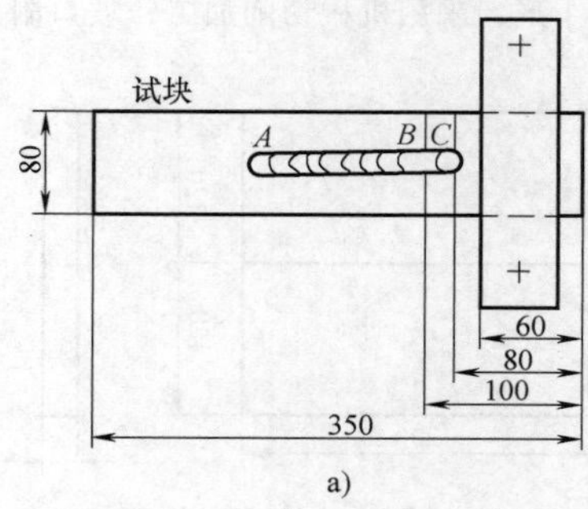

a）

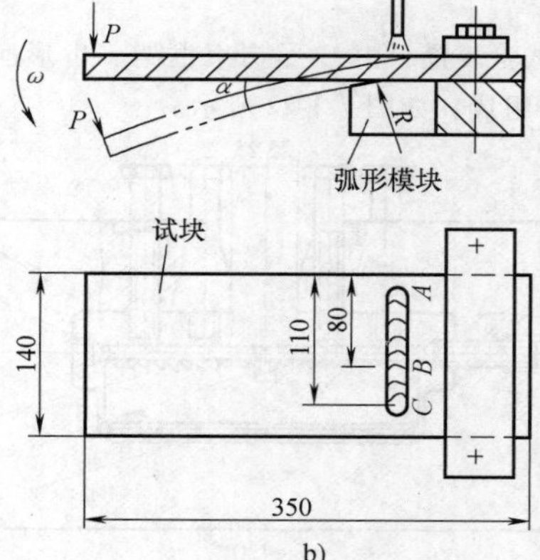

b）

图 7-1-26　可调拘束裂纹试验装置简图

a）纵向试验法　b）横向试验法

慢速变形时，采用支点弯曲的方式，应变量由加载压头下降距离 S 任意调节，应变速度约为 0.3~7.0（%·s^{-1}）。

$$S=R_o\alpha\frac{\pi}{180}\tag{7-1-1}$$

式中　S——加载压头下降的弧形位移（mm）；

R_o——加载压头的旋转半径（mm）；

α——试板的弯曲角。

快速变形时，应变量由更换弧形模块的曲率半径来控制（见图 7-1-26），可用下式简化计算：

$$\varepsilon=\frac{\delta}{2R}\times100\%\tag{7-1-2}$$

式中　ε——应变量（%）；

δ——试板厚度（mm）；

R——弧形模板曲率半径（mm）。

试验装置上配备有各种记录装置，以记录温度、时间和应变量等。

试件尺寸为(5～6)mm×(50～80)mm×(300～350)mm 的钢板，根据试验的要求选择不同曲率的模块。

用所选定的焊条，按指定的焊接参数（通常焊条直径为 4mm，焊接电流为 170A，电弧电压为 24～26V，焊接速度为 150mm · min^{-1}）施焊。如果只研究母材的热裂倾向，可采用 TIG 重熔。如图 7-1-26 所示，焊接由 A 点开始到 C 点停止。当电弧达到 B 点时，由行程开关控制，使加载压头在试件的一端突然加上 P。通过压头将试件压至与曲率模块紧贴，在试件上产生如式（7-1-2）所计算的应变量，这时电弧继续前进达 C 点停止。变换不同曲率的模块，可以造成焊缝金属发生不同的应变量 ε。当 ε 值达到某一临界值时，在焊缝或热影响区就会出现裂纹。随着 ε 的增大，出现裂纹的数量和长度均会增加，从而可以得出一系列相应的定量数据。

根据试验目的不同，可确定进行横向或纵向可调拘束裂纹试验，两者可在同一台试验机上进行。试验过程基本相同，仅焊缝所承受的应变方向不同。试验时，只需将焊接方向扭转 90°即可。用工具显微镜检测裂纹的总长度和裂纹的数量。

横向可调拘束裂纹试验法主要用于测试焊缝中的结晶裂纹和多边化裂纹，如图 7-1-27 所示。直接可测得下列数据。

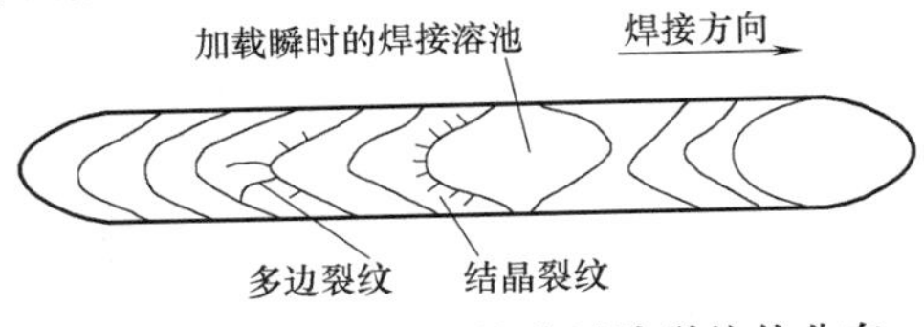

图 7-1-27　横向可调拘束试验裂纹的分布

① 材料不产生结晶裂纹所能承受的最大应变量（临界应变量）ε_{cr}。

② 某应变下的最大裂纹长度 L_{max}。

③ 某应变下的裂纹总长度 L_t。

④ 某应变下的裂纹总条数 N_t。

这些数据可作为结晶裂纹的评定指标。

纵向可调拘束裂纹试验法主要用于反映结晶裂纹和液化裂纹，如图 7-1-28 所示。可直接测得下列数据。

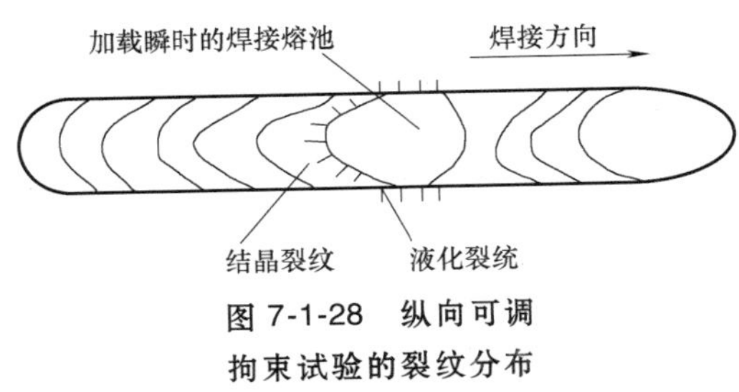

图 7-1-28　纵向可调拘束试验的裂纹分布

① 不产生结晶（或液化）裂纹的 ε_{cr}。

② 某应变下结晶（或液化）裂纹的 L_{max}。

③ 某应变下结晶（或液化）裂纹的 L_t。

④ 某应变下结晶（或液化）裂纹的 N_t。

这些数据均可作为结晶（或液化）裂纹的评定指标。

3. 再热裂纹试验方法

厚板焊接结构并采用含有沉淀强化合金元素的钢材，在进行消除应力热处理或在一定温度下运行过程中，在焊接热影响区粗晶部位发生的裂纹称为再热裂纹。

再热裂纹试验方法目前还没有统一标准，各国都根据不同产品的结构特点进行制定，均有局限性。这里仅介绍常用的几种。

1）斜 Y 形坡口再热裂纹试验法。采用与斜 Y 形坡口冷裂纹试验方法完全相同的试件形状及尺寸，试验程序及基本要求也一致，只是为了防止产生冷裂纹，在焊前应适当预热，焊后检验无裂纹后再进行消除应力热处理。处理的工艺参数一般为 500～700℃、2h，然后进行裂纹检测，一般以裂与不裂为标准。

此法简单易行，且有较好的再现性，故国内外广泛采用。

2）H 形拘束试验法。此法试件的形状及尺寸如图 7-1-29 所示。试件厚度为 35mm，焊时预热及层间温度为 150～200℃，用直径为 4mm 焊条，焊接电流为 150～180A，直流反接。焊后进行无损检测，确认无裂纹后再进行回火处理（500～700℃、2h）；然后检查是否出现再热裂纹。

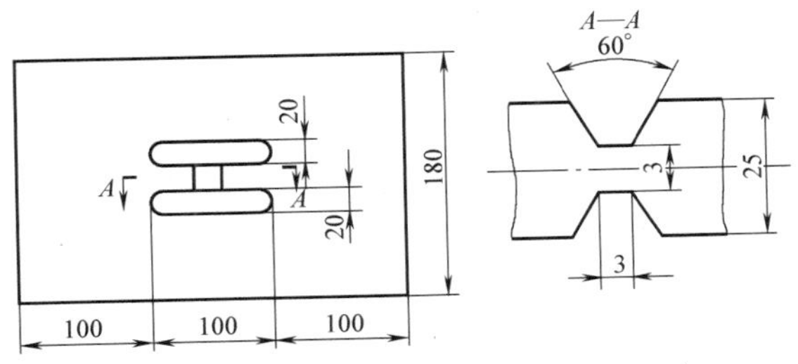

图 7-1-29　H 形拘束试件的形状及尺寸

3）插销式再热裂纹试验法。此法所用试件的形状和尺寸以及试验装置与一般冷裂纹插销试验法一样，只在焊接插销的部位安装一台加热用的电炉，如图 7-1-30 所示。

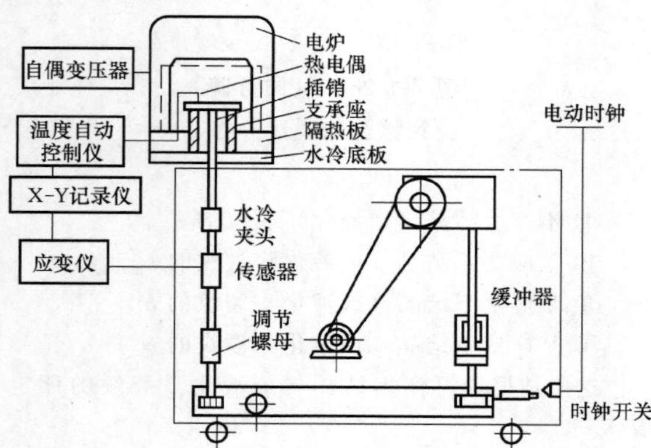

图 7-1-30　再热裂纹插销试验装置

试验时，将插销装在底板上，底板的材质应与插销试棒相同。焊条直径为 4mm，烘干 400℃、2h。焊接电流为 160A，电弧电压为 22V，焊接速度为 $150\text{mm}\cdot\text{min}^{-1}$。为了保证插销缺口部位不产生冷裂纹，焊时适当预热；焊后在室温下放置 24h，经检查无裂纹之后，再进行下步再热裂纹试验。

试验时，先将焊好的插销安装在试验机带水冷的夹头上，并留一定间隙，以保证插销在升温时能自由伸缩，处于无载荷状态；然后接通电炉，加热至消除应力热处理温度，保温一段时间（约 15min），使温度均匀；然后按下式加载：

$$\sigma_o = 0.8\sigma_s \frac{E_r}{E}$$

式中　σ_o——在 T 温度下所加的初始应力（MPa）；

σ_s——室温下插销试棒的屈服强度（MPa）；

E_r——温度 T 时的弹性模量（MPa）；

E——室温时的弹性模量（MPa）。

当加载达到 σ_o 后立即恒载，在高温保持过程中，由于蠕变的发展，施加在插销上的初始应力将逐渐减小，直至最后断裂。由于再热裂试验实质上是一种应力松弛试验，试验时，在消除应力热处理温度范围断裂时间超过 120min，就普遍认为该钢种没有再热裂倾向。根据不同温度下施加初始应力后直至断裂所需时间可以绘制出再热裂纹 SR 温度（℃）-断裂时间（s）的“C”曲线，用以评定再热裂纹倾向。

4. 层状撕裂试验法

层状撕裂是钢板平行轧制方向出现的梯形裂纹。它是属于较低温度开裂，一般低合金钢撕裂的温度不超过 400℃。其主要影响因素是轧制钢材内部存在不同程度的分层夹杂物（特别是硫化物和氧化物夹杂），在焊接时产生垂直于钢板表面的拉应力，致使热影响区附近或稍远的部位产生呈“台阶”形的层状开裂，并可穿晶扩展。

这里仅介绍较为常用两种层状撕裂试验法。

1）标准试验法。GB/T 5313—2010《厚度方向性能钢板》标准中规定了评定钢材层状撕裂的方法。

2）非标准试验法。这里仅介绍 Z 向窗口试验法，此试验是一种模拟实际层状撕裂的试验方法，如图 7-1-31所示。在拘束板（300mm×350mm×30mm）的中心开一窗口，将试板（150mm×170mm×20mm）插入此窗口内，其位置如图 7-1-31b 所示；然后按图 7-1-31c 所示顺序焊四条角焊缝，其中 1、2 为拘束焊缝，3、4 为试验焊缝。装配时，应将原始未加工表面放在试验焊缝一侧，焊后在室温下放置 24h 后再切取试样检查裂纹。其裂纹率按下式计算：

$$C = \frac{\Sigma l}{\Sigma L} \times 100\%$$

式中　Σl——各截面上撕裂长度的总和（mm）；

ΣL——各截面上焊缝厚度的总和（mm）。

此试验法在工程上得到广泛应用。

1.3.3　使用焊接性的试验方法

使用焊接性试验主要是根据焊接产品使用条件对

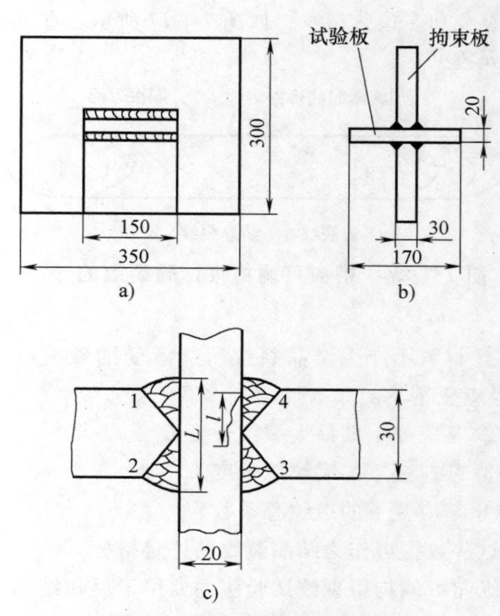

图 7-1-31　Z 向窗口试验

a）拘束板　b）试验板的位置　c）焊接顺序

焊接接头提出的要求而进行的试验。它包括焊接接头常规力学性能试验、焊接接头脆性断裂试验、焊接接头疲劳与动载试验、焊接接头高温性能试验、焊接接头耐腐蚀试验或其他有特殊性能要求的试验等。试验用的焊接接头通常是由相关标准规定的或与产品生产相同的焊接工艺在规定的试板上焊成。

1. 焊接接头常规力学性能试验

焊接接头常规力学性能试验主要是测定焊接接头在不同载荷作用下的强度、塑性和韧性。这些性能主要通过对焊接接头的拉伸、弯曲、冲击和硬度等试验方法加以确定。

我国测定焊接接头常规力学性能的试验方法基本上都制定了国家标准，见表 7-1-13。应该按标准规定的方法进行试验。

鉴于这些试验方法在焊接生产和科研中经常使用，特将标准中的主要规定摘录于后。

表 7-1-13　焊接接头常规力学性能试验方法

标准名称	标准代号	主要内容	适用范围
焊接接头冲击试验方法	GB/T 2650—2008	规定了金属材料焊接接头的夏比冲击试验方法，以测定试样的冲击吸收能量	熔焊及压焊的接头
焊接接头拉伸试验方法	GB/T 2651—2008	规定了金属材料焊接接头横向拉伸试验和点焊接头的剪切试验方法，以分别测定接头的抗拉强度和抗剪负荷	熔焊及压焊接头
焊缝及熔敷金属拉伸试验方法	GB/T 2652—2008	规定了金属材料焊缝及熔敷金属的拉伸试验方法，以测定其强度和塑性	熔焊焊缝和熔敷金属
焊接接头弯曲试验方法	GB/T 2653—2008	规定了金属材料焊接接头的横向正弯及背弯试验、横向侧弯试验，纵向正弯及背弯试验、管材压扁试验方法，以检验接头拉伸面上的塑性及显示缺陷	熔焊接头
焊接接头硬度试验方法	GB/T 2654—2008	规定了金属材料焊接接头和堆焊金属的硬度试验方法，用以测定洛氏、布氏、维氏硬度	熔焊和压焊焊接接头和堆焊金属

（1）焊接接头拉伸试验方法（摘自 GB/T 2651—2008[⊖]）。

本试验规定的拉伸试样都按 GB/T 228 的程序在环境温度为 23℃±5℃下进行试验，关键在于如何从各种试验用的焊接接头中截取试样并确定其形状及尺寸。

一般应从焊接接头垂直于焊缝轴线方向截取试样，取样的位置如图 7-1-32 所示。试样厚度一般应与母材厚度相等；当母材厚度大于 30mm 时，从接头截取若干个试样覆盖整个厚度，如图 7-1-32b 所示。对小直径管（外径小于或等于 18mm）的试样用整管。试样的形状及尺寸如图 7-1-33 和图 7-1-34 所示。

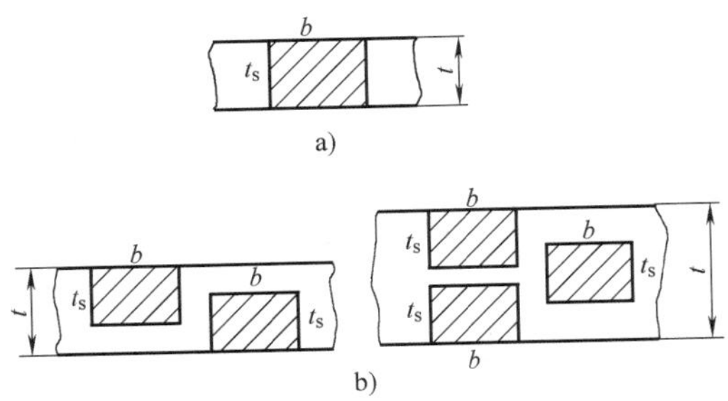

图 7-1-32　拉伸试验取样位置

a）全厚度试验　b）多试样试验

t_s—试样厚度　b—平行长度部分宽度

t—焊接接头的厚度

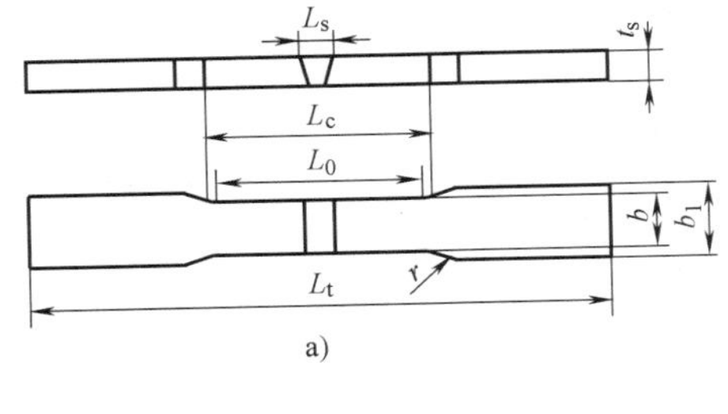

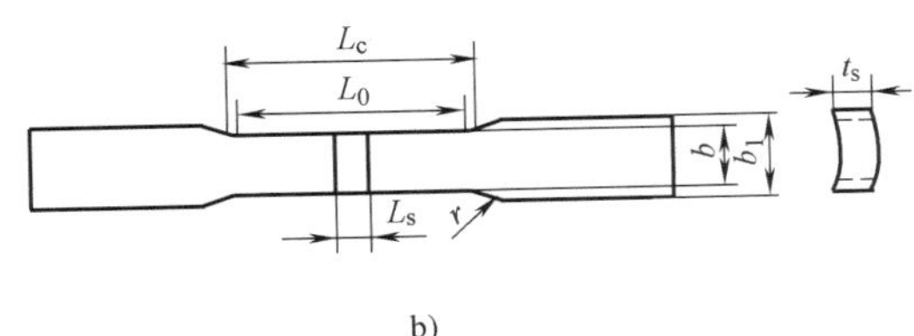

图 7-1-33　板和管板状试样的形状及尺寸

a）板接头　b）管接头

L_s—焊缝宽度　L_0—原始标距　r—过渡弧半径

L_c—平行长度　b_1—夹持端宽度

⊖ GB/T 2651—2008 中引用的部分标准已经更新，用户在引用该标准时应予以注意。

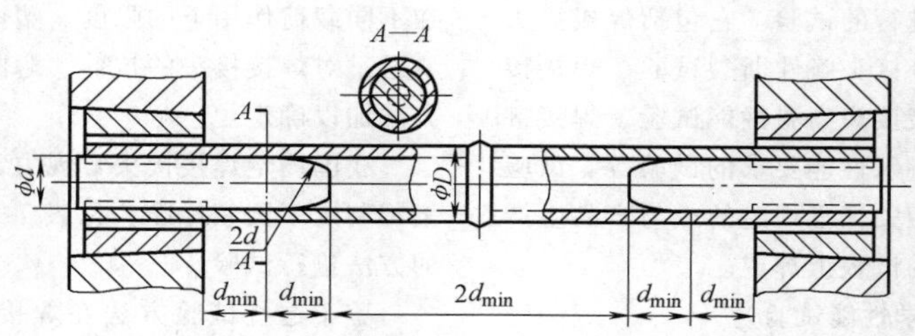

图 7-1-34　整管拉伸试样的形状及尺寸

d—管塞直径　D—管外径

板和管板状试样的尺寸见表 7-1-14。

表 7-1-14　板和管板状试样的尺寸

（摘自 GB/T 2651—2008）

（单位：mm）

名　称		符号	尺　寸
试样总长		L_t	适合于所有使用的试验机
夹持端宽度		b_1	b+12
平行部分宽度	板	b	12(t_s≤2) 25(t_s>2)
	管	b	6(D≤50) 12(50<D≤168) 25(D>168)
平行长度		L_c	≥L_s+60
过渡弧半径		r	≥25

注：1. 对于压焊及高能束焊接头而言（根据 GB/T 5185—2005，其工艺方法代号为 2、4、51 和 52）焊缝宽度为零（L_s=0）。

2. 对于某些金属材料（如铝、铜及其合金）可以要求 L_c≥L_s+100。

3. t_s 为试样厚度，D 为管外径，L_s 为加工的焊缝的最大宽度。

实心截面试样为圆柱形，如图 7-1-35 所示。试样尺寸按 GB/T 228，但 L_c≥L_0+60mm。

（2）焊缝及熔敷金属拉伸试验方法（摘自 GB/T 2652—2008[⊖]）。

焊缝及熔敷金属拉伸试验用的试样是从试件的焊缝及熔敷金属上纵向截取的，位于焊缝金属中心，如图 7-1-36 和图 7-1-37 所示。其试样的形状及尺寸符合 GB/T 228 要求，其公称直径 d 应为 10mm，无法满足要求时也不能小于 4mm。

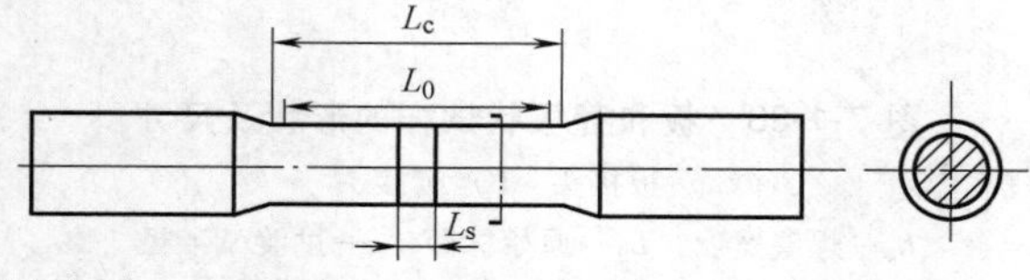

图 7-1-35　实心圆柱形试样

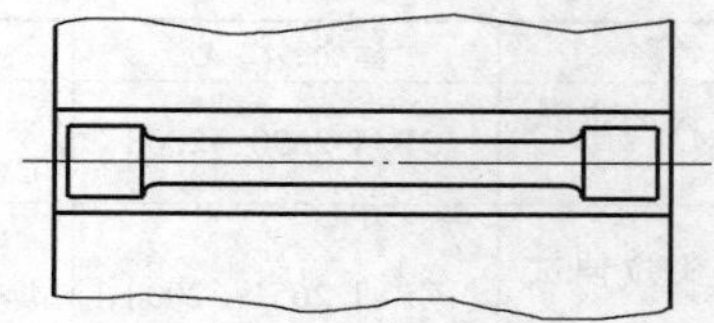

图 7-1-36　试样位置示例（纵向截面）

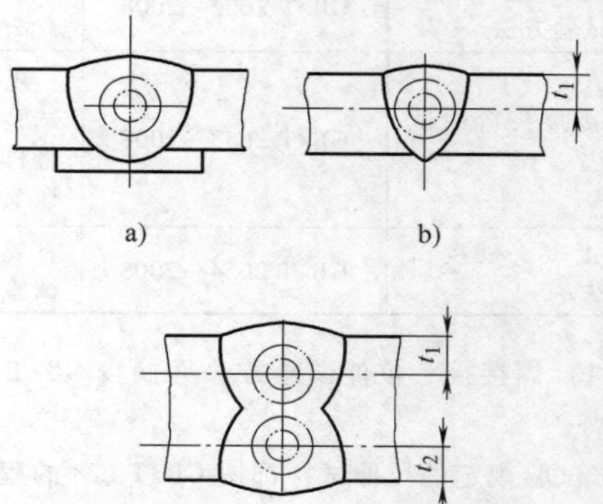

图 7-1-37　试样位置示例（横向截面）

a）用于焊接材料分类的熔敷金属试样

b）取自单面焊接头试样

c）取自双面焊接头试样

t_1、t_2—试样中心距表面的距离

制备好的试样按 GB/T 228 的程序在环境温度 23℃±5℃下进行试验。

（3）焊接接头弯曲试验方法（摘自 GB/T 2653—2008）。

焊接接头弯曲试验是了解接头力学性能，尤其是塑性变形能力很重要的手段，由于焊接接头构造的多样性及其力学性能的不均匀性，试样的设计及其取样位置的确定成为关键。GB/T 2653—2008 规定了对接接头的正弯、背弯和侧弯试验，以及带堆焊层对接接头的正弯和侧弯试验的方法。要求从焊接接头上截取横向或纵向试样，在环境温度为 23℃±5℃下进行弯

⊖　GB/T 2652—2008 中引用的部分标准已经更新，用户在引用该标准时应予以注意。

曲试验，通过弯曲使焊接接头表面或横截面产生拉伸塑性变形。

这里着重介绍各种弯曲试验用的试样的形状及尺寸，及其从接头中的截取方法。表 7-1-15 列出了试样尺寸所用的符号及其说明。

表 7-1-15　弯曲试样尺寸符号及其说明

符　号	名　　称	单　位
b	试样宽度	mm
b_1	熔合线外宽度	mm
d	压头直径	mm
D	管外径	mm
l	辊筒间距	mm
L_f	焊缝中心线与试样和辊筒接触点间初始距离	mm
L_0	原始标距	mm
L_s	加工后试样上焊缝的最大宽度	mm
L_t	试样长度	mm
r	试样棱角半径	mm
R	辊筒半径	mm
t	试件厚度	mm
t_c	堆焊层厚度	mm
t_s	试样厚度	mm
t_w	焊接接头的厚度或带有堆焊层的母材厚度	mm
α	弯曲角度	(°)

1）试样的形状。对接接头正弯试样（FBB）是焊缝表面为受拉面的试样，当双面焊时，焊缝表面是焊缝较宽面或先焊面；对接接头背弯试样（RBB）是焊缝根部为受拉面的试样；对接接头侧弯试样（SBB）是焊缝横截面为受拉面的试样。图 7-1-38 所示为对接接头横向弯曲试样，用于做正弯和背弯试验；图 7-1-39 所示为对接接头侧弯试样；图 7-1-40 所示为对接接头纵向弯曲试样，用于做正弯和背弯试验。

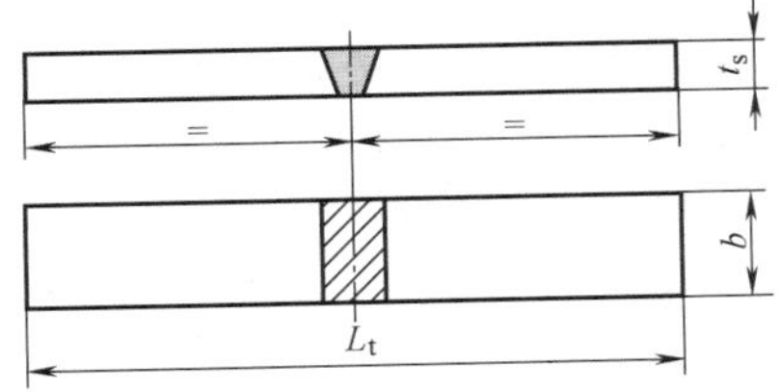

图 7-1-38　对接接头横向弯曲试样（FBB 和 RBB）

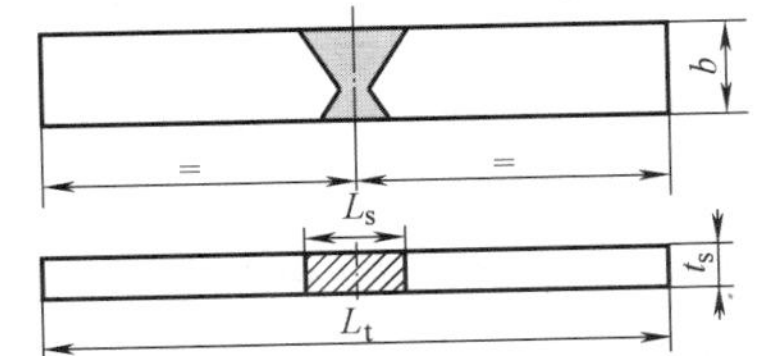

图 7-1-39　对接接头侧弯试样（SBB）

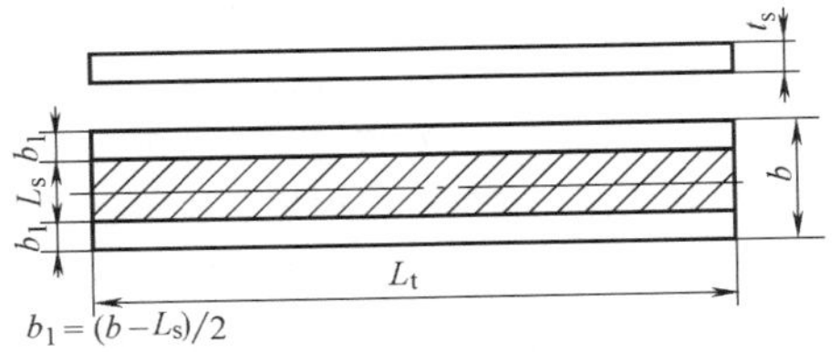

图 7-1-40　对接接头纵向弯曲试样（FBB 和 RBB）

带堆焊层的接头有四种试样：带堆焊层正弯试样（FBC），如图 7-1-41 所示；带堆焊层侧弯试样（SBC），如图 7-1-42 所示；带堆焊层对接接头正弯试样（FBCB），如图 7-1-43 所示；带堆焊层对接接头侧弯试样（SBCB），如图 7-1-44 所示。

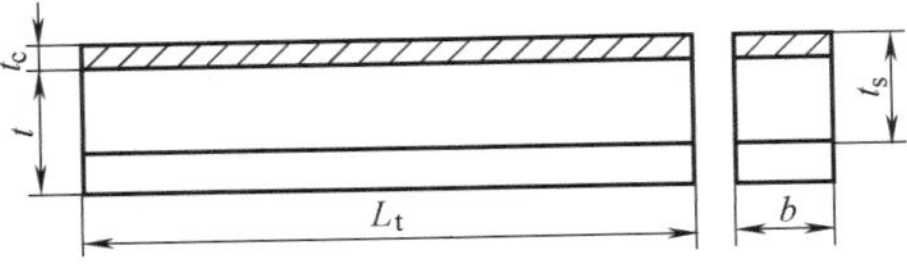

图 7-1-41　带堆焊层正弯试样（FBC）

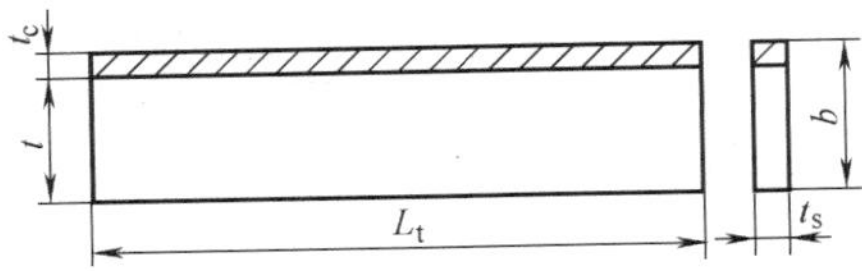

图 7-1-42　带堆焊层侧弯试样（SBC）

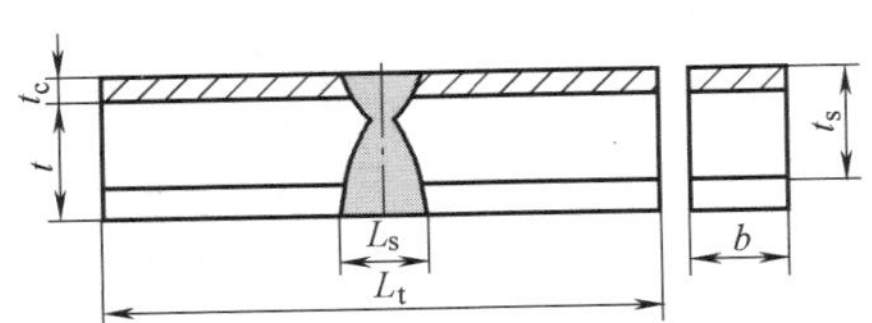

图 7-1-43　带堆焊层对接接头正弯试样（FBCB）

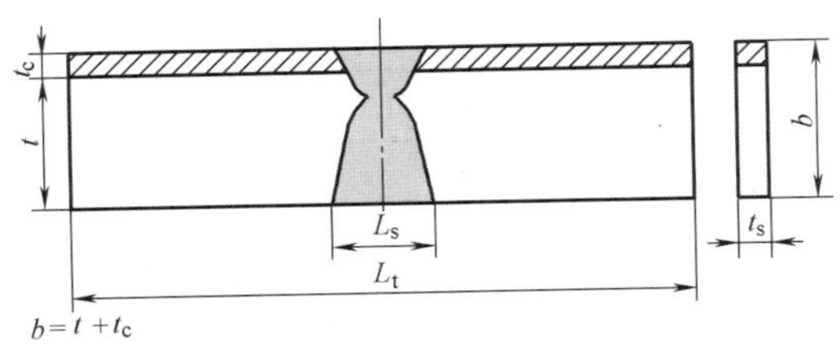

图 7-1-44　带堆焊层对接接头侧弯试样（SBCB）

2）试样的制备。对试样制备的要求是：对接接头横向弯曲试样应从产品或试件接头横向截取，需保证焊缝轴线在试样中心；对接接头纵向弯曲试样应从产品或试件接头纵向截取。带堆焊层的弯曲试样的位置和方向应符合相关标准或协议的规定。一般试件不进行热处理，需进行时，则注明热处理参数。当截取厚度大于 8mm 的钢材时，若不能剪切，可用其他切割方法，割面与试样表面的距离应大于 8mm。其他金属材料只能用机械切割。

试样的截取和试样尺寸：对接接头弯曲试样按图 7-1-45 截取，厚度一般应和母材相等；当母材厚度大于 30mm 时，可截取若干个试样覆盖整个厚度，要注明厚度方向。对接接头侧弯试样按图 7-1-46 截取，试样宽度 b 应等于焊接接头处母材的厚度，试样厚度 t_s 至少应为（10±5）mm，且 $b \geqslant 1.5t_s$；当接头厚度大于 40mm 时，允许从焊接接头截取若干个试样代替一个全厚度试样，试样宽度为 20～40mm。对接接头纵向弯曲试样按图 7-1-47 截取，试样厚度 t_s 应等于焊接接头处的母材厚度；若试件厚度 t 大于 12mm，试样厚度取（12±5）mm，且取自焊缝的正面和背面。

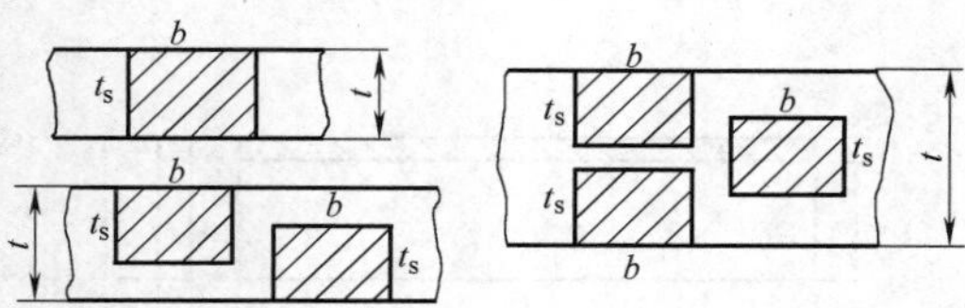

图 7-1-45　对接接头弯曲试样（FBB 和 RBB）的取样

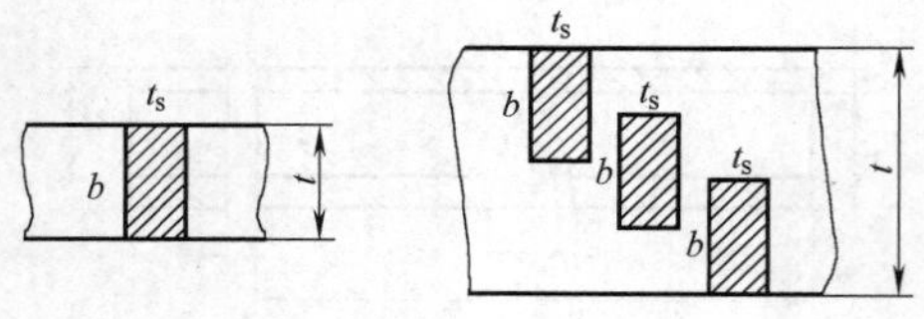

图 7-1-46　对接接头侧弯试样（SBB）的取样

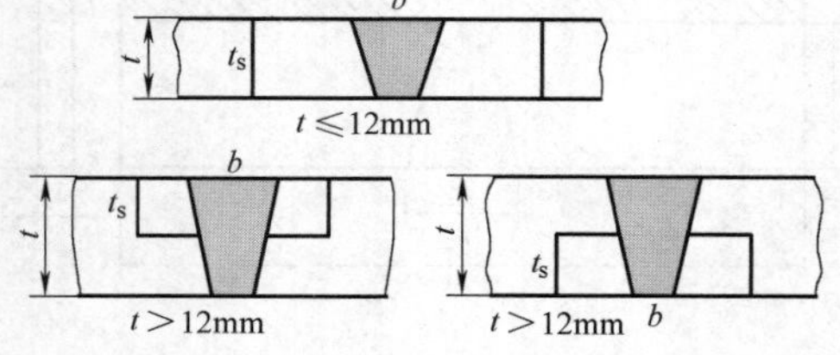

图 7-1-47　对接接头纵向弯曲试样（FBB 和 RBB）的取样

带堆焊层的正弯试样按图 7-1-48 截取，试样厚度 t_s 为基材厚度加上堆焊层厚度，最大为 30mm；当大于 30mm 时，可去除一部分基材使之达到规定的试样厚度 t_s。带堆焊层的侧弯试样按图 7-1-49 截取，试样宽度 b 为基材厚度加上堆焊层厚度，最大为 30mm，试样厚度 t_s 至少应为（10±5）mm，且 $b \geqslant 1.5t_s$，当大于 30mm 时，可去除一部分基材使之达到规定的试样宽度 b。

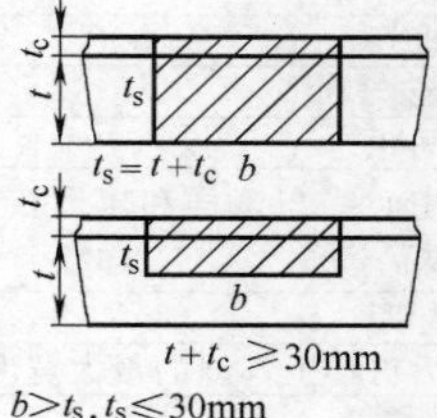

图 7-1-48　带堆焊层的正弯试样（FBC）的截取

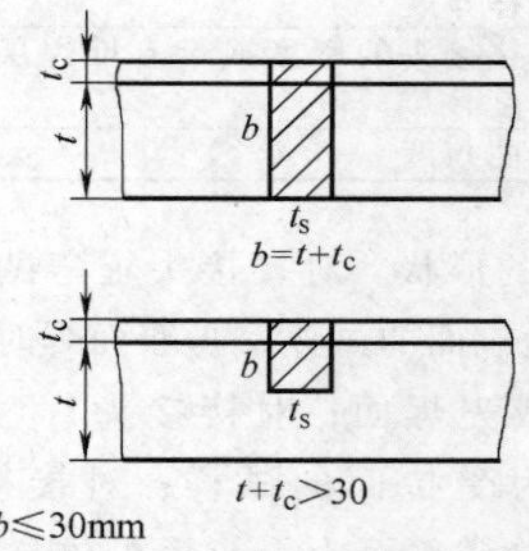

图 7-1-49　带堆焊层的侧弯试样（SBC）的截取

带堆焊层对接接头的正弯试样按图 7-1-50 截取，试样厚度 t_s 为基材厚度加上堆焊层厚度；当大于 30mm 时，可参照图 7-1-45 的原则截取若干个试样。带堆焊层对接接头的侧弯试样按图 7-1-44 截取，试样宽度 b 为基材厚度加上堆焊层厚度，试样厚度 t_s 至少应为（10±5）mm，且 $b \geqslant 1.5t_s$；当试件厚度大于 40mm 时，可参照图 7-1-46 的原则截取若干个试样。

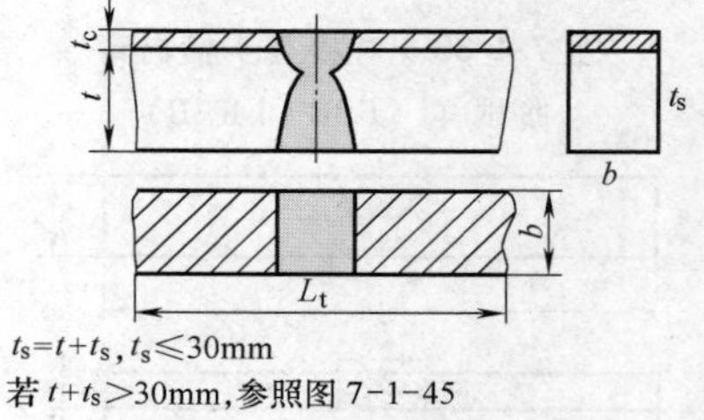

图 7-1-50　带堆焊层对接接头的正弯试样（FBCB）的截取

试样尺寸：

长度 L_t：应为 $L_t \geqslant l+2R$，式中 l 为辊筒间距，R 为辊筒半径。

厚度 t_s：试样厚度。

宽度 b。

① 横向的正弯和背弯试样。对钢板试样，b 应不小于 $1.5t_s$。最小为 20mm。对铜、铝及其合金板试样，b 应不小于 $2t_s$，最小为 20mm。对管试样，当管径≤50mm 时，b 最小应为 $t+0.1D$（不小于 8mm），其中 t 为试件厚，D 为管外径；当管径>50mm 时，b 最小应为 $t+0.05D$（不小于 8mm，最大为 40mm）。

② 侧弯试样，试样宽度一般等于焊接接头处母材厚度。

③ 纵向弯曲试样，试样宽度 b 按表 7-1-16 确定。

表 7-1-16 纵向弯曲试样宽度

（单位：mm）

材料	试样厚度 t_s	试样宽度 b（见图 7-1-40）
钢	≤20	$L_s+2\times10$
	>20	$L_s+2\times15$
铝、铜及其合金	≤20	$L_s+2\times15$
	>20	$L_s+2\times25$
其他金属材料按协议要求		

3）试验条件。

① 圆形压头弯曲。如图 7-1-51、图 7-1-52 和图 7-1-53 所示。将试样放在两个平行辊筒上，焊缝轴线应位于两轴筒间中心线的中点位置，进行三点弯曲。

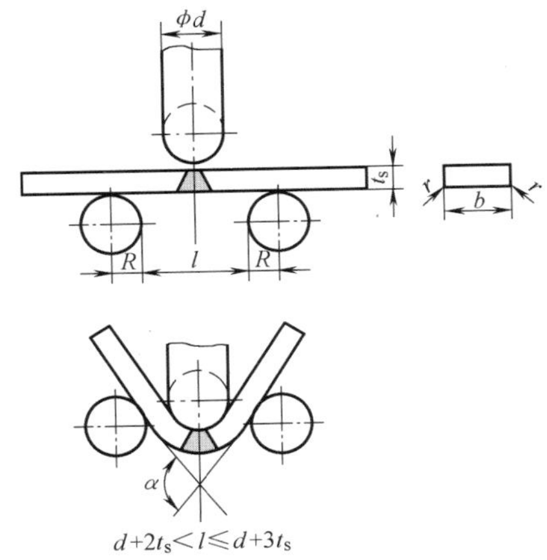

图 7-1-51 横向正弯或背弯试验

② 辊筒弯曲。按图 7-1-54 所示的方法进行，主要用于铝合金和异种材料接头的弯曲试验。

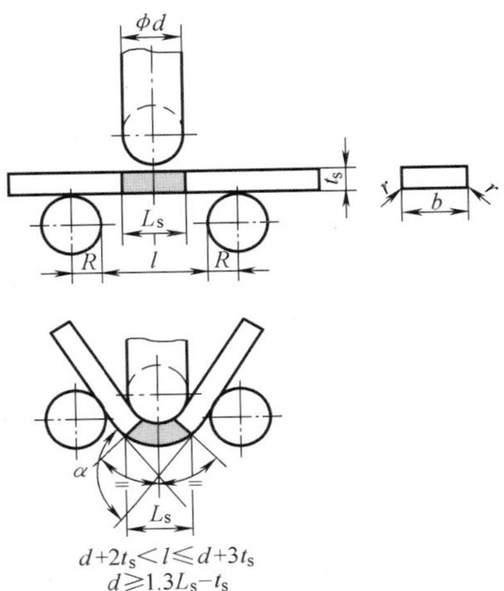

图 7-1-52 横向侧弯试验

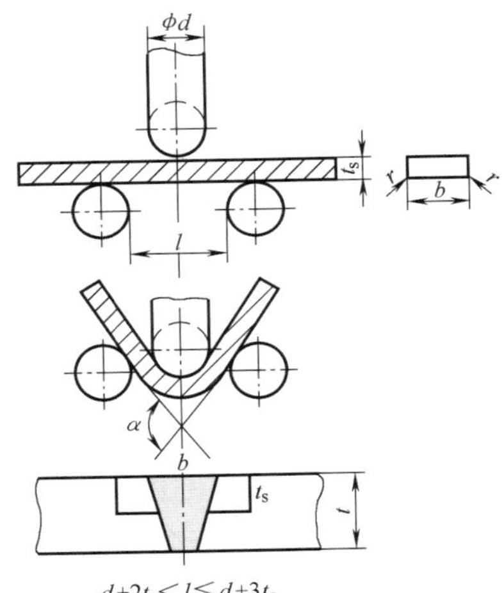

图 7-1-53 纵向弯曲试验

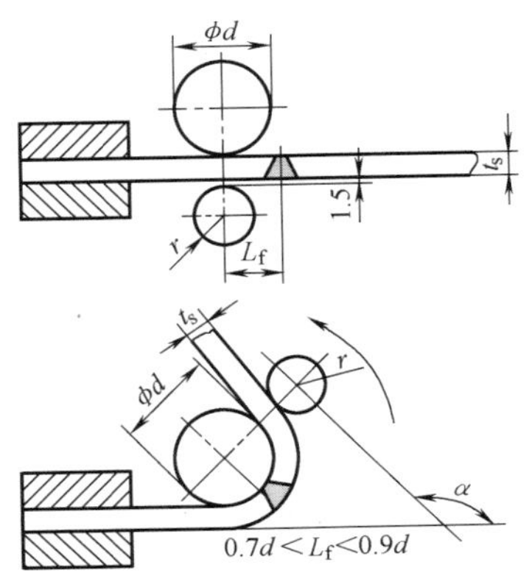

图 7-1-54 辊筒弯曲试验方法

弯曲试验的弯头直径 d 应按相关标准规定，辊筒直径至少为 20mm 或按有关规定。辊筒间距 l 应在 $d+2t_s$ 和 $d+3t_s$ 之间。弯曲角度 α 达到相关规定的值后试验即完成。

试验结果：试验结束后，都应对试样外表面和侧面进行检验，按相关标准对弯曲试样进行评定。除非另有规定，试样表面上小于 3mm 长的缺欠应判为合格。

（4）焊接接头冲击试验方法（摘自 GB/T 2650—2008）。

焊接接头冲击试验的目的是为了检测接头某些部位的韧性，金属材料的冲击试验都应按国家标准 GB/T 229—2007《金属材料　夏比摆锤冲击试验方法》规定的试样进行，该试样如图 7-1-55 所示。因此，我们必须根据焊接接头的特点确定取样的位置，特别是试样缺口方位的确定成为关键，因为该方位正是我们需要了解其韧性的部位。标准 GB/T 2650—2008《焊接接头冲击试验方法》对在焊接接头上的取样和试样缺口方向作了明确规定。

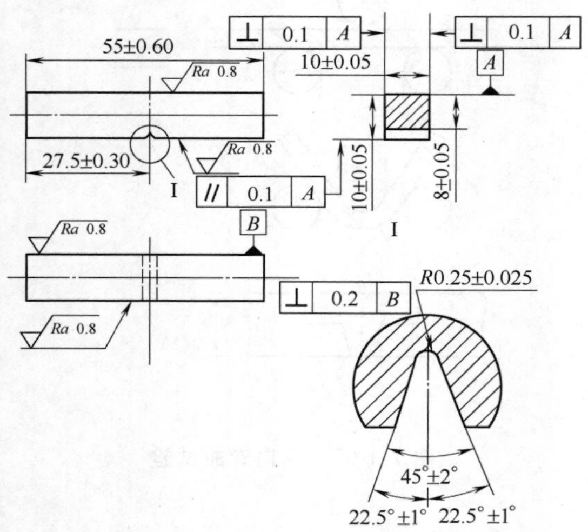

图 7-1-55　V 型缺口试样

标准对每个试样都用符号来表示，用字母表示其类型、位置和缺口方向，用数字表示缺口与参考线（*RL*）或焊缝表面的距离（单位：mm），见表 7-1-17 和表 7-1-18。图 7-1-56 所示为焊接接头冲击试样符号示例。这些符号由下列字母组成：

第一个字母：U 为夏比 U 型缺口；V 为夏比 V 型缺口。

第二个字母：W 为缺口在焊缝；H 为缺口在热影响区。

第三个字母：S 为缺口面平行于焊缝表面；T 为缺口面垂直于焊缝表面。

第四个字母：a 为缺口中心线距参考线的距离（如果缺口中心线在参考线上，则记 $a=0$）。

第五个字母：b 为试样表面距焊缝表面的距离（如果试样表面是焊缝表面，则 $b=0$）。

表 7-1-17　S 位置（缺口面平行于试件表面）试样的符号

符　号	缺口在焊缝 示　意　图
VWSa/b	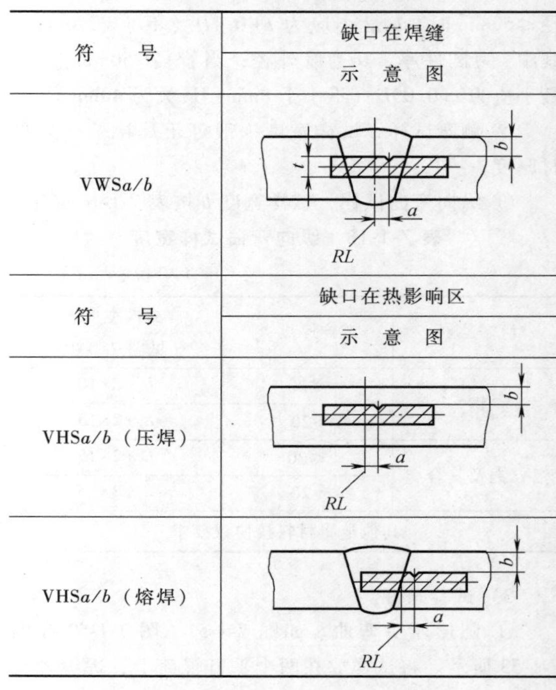
符　号	缺口在热影响区 示　意　图
VHSa/b（压焊）	
VHSa/b（熔焊）	

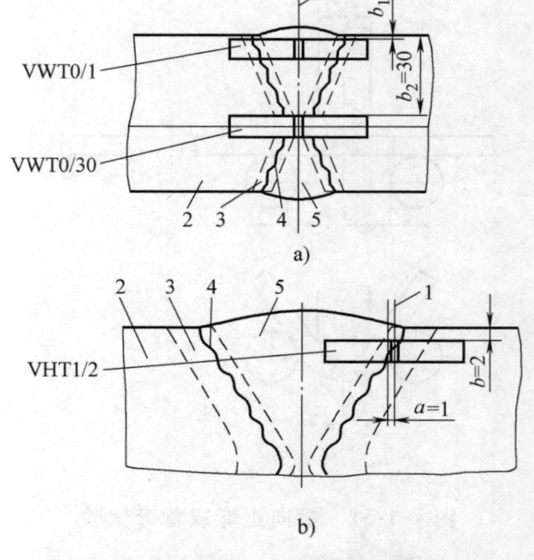

图 7-1-56　焊接接头冲击试样符号示例

1—缺口轴线　2—母材　3—热影响　4—熔合线　5—焊缝金属

表 7-1-18　T 位置（缺口面垂直于试件表面）试样的符号

符　　号	缺口在焊缝 示　意　图	符　　号	缺口在热影响区 示　意　图
VWT0/b	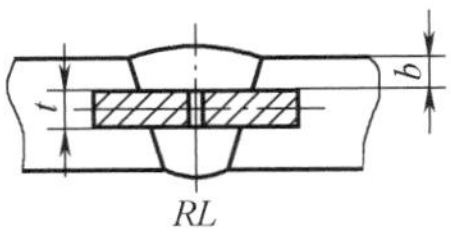 b t RL	VHT0/b	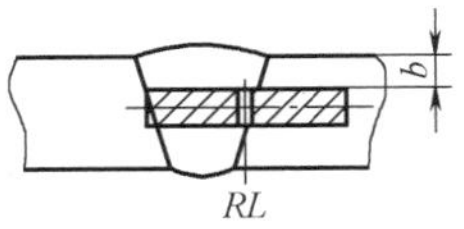 b RL
VWTa/b	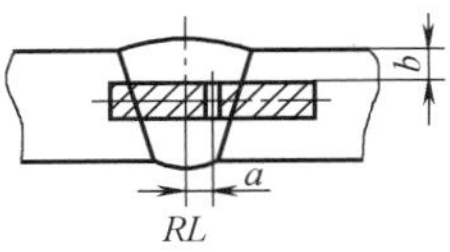 b a RL	VHTa/b	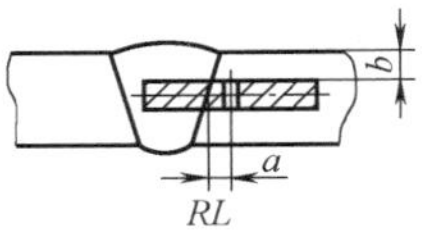 b a RL
VWT0/b	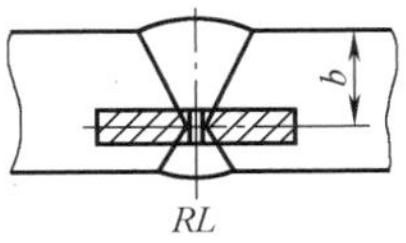 b RL		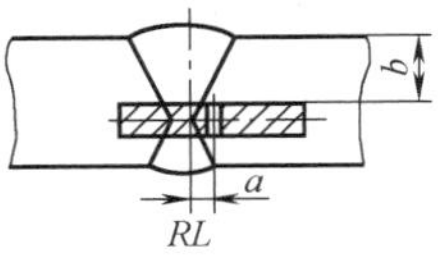 b a RL
VWTa/b	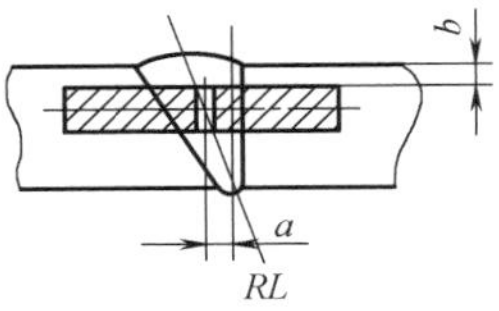 b a RL		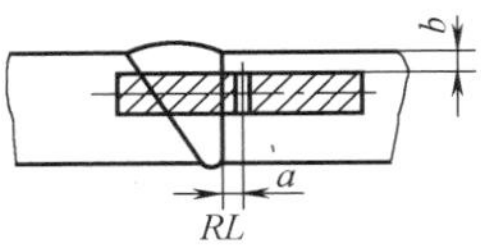 b a RL

RL 是参考线，当缺口在焊缝上时，它是试样上焊缝的中心线；当缺口在热影响区时，它是试样上的熔合线或压焊接头的结合线。

从接头上取样，试样的纵轴应与焊缝长度方向垂直。

(5) 焊接接头硬度试验方法（摘自 GB/T 2654—2008）。

焊接接头硬度试验方法适用于金属材料电弧焊接头的硬度试验，其他如压焊接头和堆焊金属也可参照该试验方法，但不适用于奥氏体不锈钢焊缝的硬度试验。

该试验方法主要规定了焊接接头上测点的部位、区域、位置和测点间距以及试样的制备等，具体的硬度试验则按 GB/T 231.1 和 GB/T 4340.1 执行，试验应在环境温度为 23℃±5℃下进行。

试件横截面应通过机械切割从焊接接头上截取，通常垂直于焊接接头。试样的制备应符合 GB/T 231.1 和 GB/T 4340.1 要求，试样被检测表面制备完后最好适当腐蚀，以便准确确定焊接接头不同区域的硬度测量位置。

根据焊接接头的特点，硬度可以用标线测定（R）和单点测定（E）两种方式测量。

图 7-1-57 所示为钢焊缝标线测定（R）示例，标明了标线距表面的距离，通过这些测点，可以对接头进行评定，必要时可增加标线或在其他位置测定。图 7-1-58 所示为铝、铜及其合金标线测定（R）示例。

测点的数量和间距应足以确定由于焊接所导致的硬化或软化区域，热影响区两个测点中心之间的推荐距离 L 见表 7-1-19。

在母材上检测时，应有足够测点以保证检测的准确性；热影响区中由于焊缝而引起硬化的区域应增加两个测点，测点中心与熔合线之间的距离小于或等于 0.5mm，如图 7-1-59、图 7-1-60 和图 7-1-61 所示。

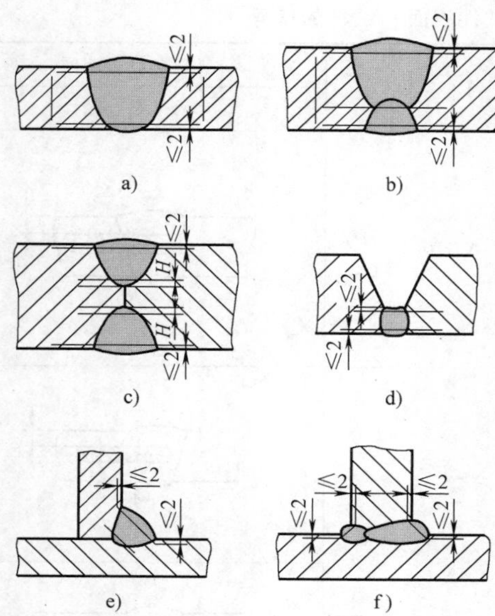

图 7-1-57　钢焊缝标线测定（R）示例

a）单面焊对接焊缝　b）双面焊对接焊缝　c）双面焊部分熔透对接焊缝（H 仅用于多道焊）　d）用于单道根部焊缝硬化程度评估　e）角焊缝　f）T 形接头

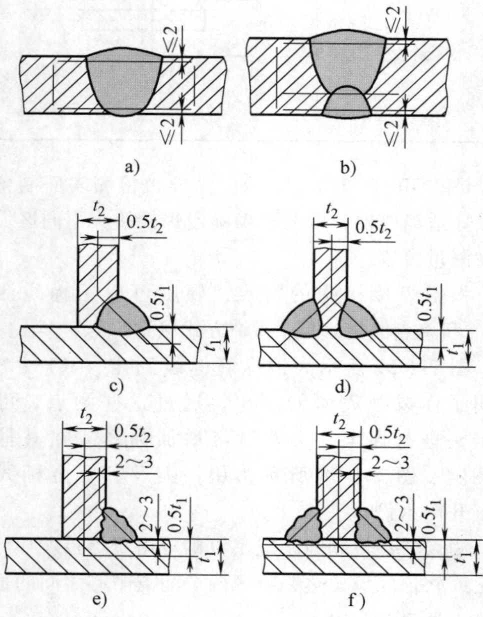

图 7-1-58　铝、铜及其合金焊缝标线测定（R）示例

a）单面焊对接焊缝　b）双面焊对接焊缝　c）单面角焊缝（单道）　d）双面角焊缝（单道）　e）单面角焊缝（多道）　f）双面角焊缝（多道）

表 7-1-19　热影响区两个测点中心之间的推荐距离 L

硬度符号	两个测点中心之间的推荐距离 L/mm①	
	钢铁材料②	铝、铜及其合金
HV5	0.7	2.5~5
HV10	1	3~5
HBW 1/2.5	不使用	2.5~5
HBW 2.5/15.625	不使用	3~5

① 任何测点中心距已检测点中心的距离应不小于 GB/T 4340.1 允许值。

② 奥氏体钢除外。

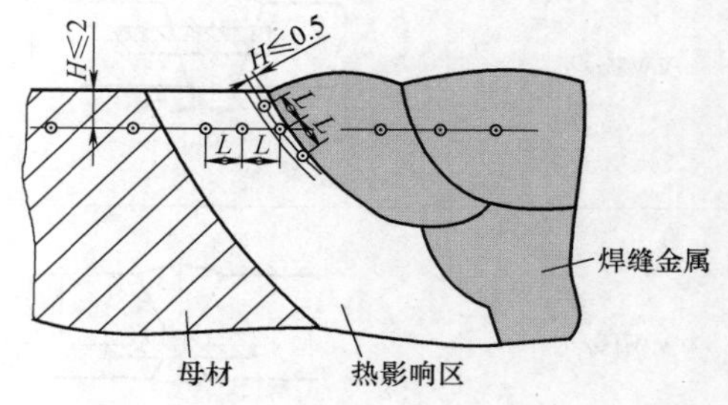

图 7-1-59　钢（奥氏体钢除外）对接焊缝的测点位置

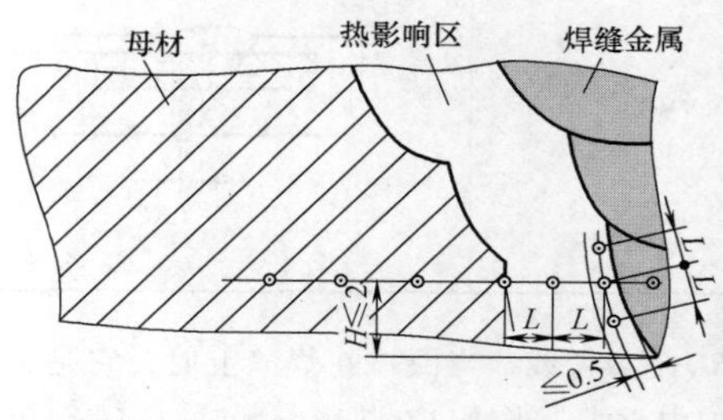

图 7-1-60　钢根部多道焊焊缝评估硬化程度的测点位置

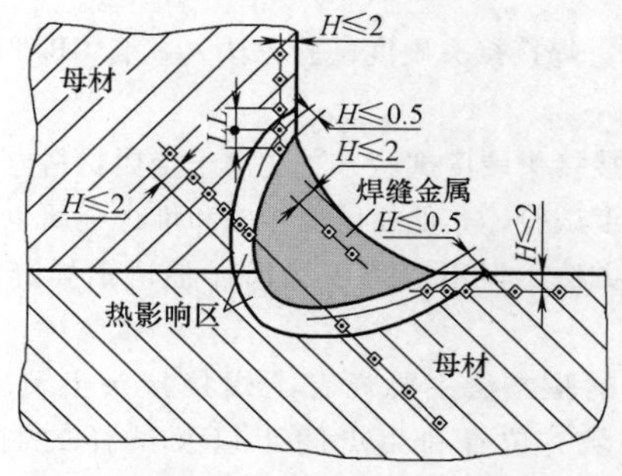

图 7-1-61　钢（奥氏体钢除外）角焊缝的测点位置

图 7-1-62 所示为单点测定（E）测点区域示例。图中①~④点表示在母材，⑤~⑩点表示在热影响

区，⑪～⑭点表示在焊缝金属。此外，还可根据金相检验确定测点位置。为了排除由测点压痕变形引起的影响，任何测点中心间的最小距离不得小于最近测点压痕的对角线或直径的平均值的 2.5 倍。热影响区中由于焊接引起的硬化区域，至少有一个测点，测点中心与熔合线之间的距离小于或等于 0.5mm。

对单点测定，测定区域应按图 7-1-62 所示予以编号，各编号所在的位置见表 7-1-20。

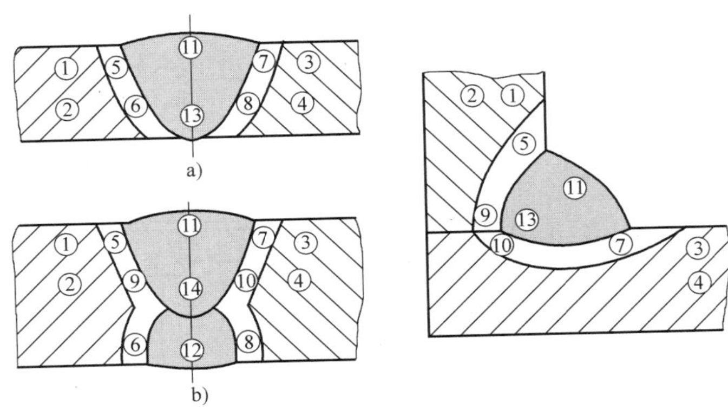

图 7-1-62　单点测定（E）区域示例

①～④—母材　⑤～⑩—热影响区　⑪～⑭—焊缝金属

表 7-1-20　单点测定（E）检测区域编号所在的位置

检测部位	检测区域	检测位置
母材	①	表层
	②	心部
	③	表层
	④	心部
热影响区	⑤	焊缝上部
	⑥	焊缝底部
	⑦	焊缝上部
	⑧	焊缝底部
	⑨	根部焊道
	⑩	根部焊道
焊缝金属	⑪	最后焊道
	⑫	最后焊道
	⑬	根部焊道
	⑭	根部焊道，内侧

（6）钎焊接头强度试验

钎焊接头力学性能试验方法主要用来测定硬钎焊和软钎焊接头的拉伸与剪切强度，适用于钢铁材料、有色金属材料及其合金的硬钎焊接头在不同温度下的瞬时抗拉、抗剪强度的测定，以及软钎焊接头在不同温度下的瞬时抗剪强度的测定。GB/T 11363—2008《钎焊接头强度试验方法》规定了硬钎焊接头常规拉伸与剪切的试验方法以及软钎焊接头常规剪切的试验方法。

1）试样制备。图 7-1-63 所示为钎焊接头拉伸和剪切用试样形状示意图。对于钎焊搭接接头可进行弯曲试验和撕裂试验，图 7-1-64 所示为钎焊接头撕裂试验的试样示意图。高温瞬时拉伸试验用的板状试样，可在拉伸夹持处钻装卡销孔。贵重金属试验时，在满足试验的条件下，试板（棒）及试样的尺寸可相应缩小。

加工的钎焊试件应平整。拉伸试板、试棒的钎焊端面应与拉伸方向成直角，试板的钎焊面应与夹持面垂直。加工后的毛刺、飞边应彻底清除。钎焊面可用 400 号碳化硅砂布沿一定方向打磨。特殊应用时，表面状态应满足实际构件的要求。待钎焊面及其周围应用适当方法清理，去除油脂及氧化物等杂质。

试验用的钎料种类按实际构件需要选择，其形状、尺寸不做具体规定，钎料表面应采用适当方法加以清理；钎料用量应保证熔化后足以填满间隙。如果必须使用钎剂、保护气体，则应保证试验的要求；使用钎剂时，应在钎焊前预先将钎剂均匀地涂覆在整个钎焊面上。

为避免钎焊时试件的偏移，应采用适当的夹具或定位焊定位。钎缝间隙 C 根据母材与钎料的性质可控制在 0.02～0.3mm，或按实际构件需要确定。钎焊件装配时要保证钎焊部位的间隙均匀一致。需要进行对比试验时，应选用相同的间隙。剪切试样的搭接长度由母材、钎料的性质及试验目的确定。

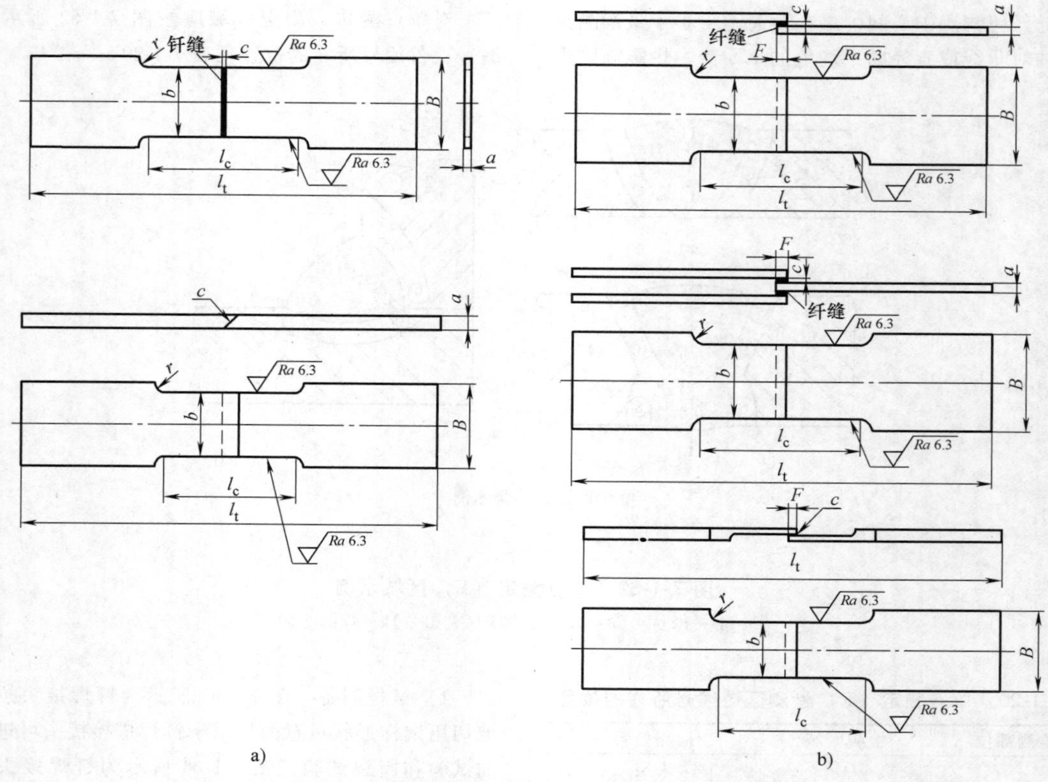

图 7-1-63　钎焊接头拉伸和剪切用试样形状示意图

a）拉伸试样　b）剪切试样

a—试样厚度　b—试样平行长度的宽度　B—试样夹持头部的宽度

c—钎缝间隙　F—钎缝搭接长度　l_c—平行长度　l_t—试样总长度　r—过渡弧半径

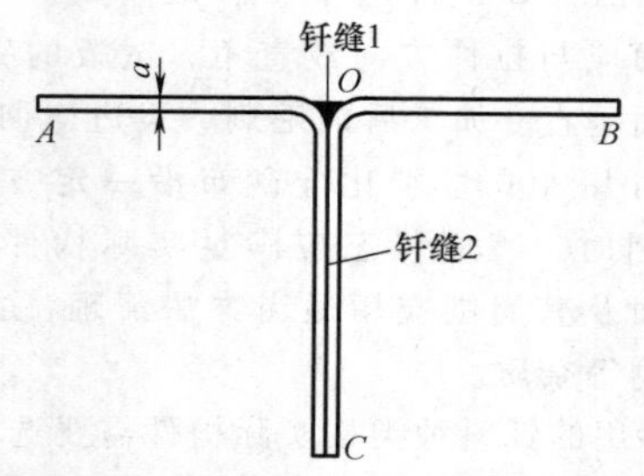

图 7-1-64　钎焊接头撕裂试验的试样示意图

a—板厚　C—间隙

同种条件下钎焊试样的数量每组至少为 3 个。拉伸试样按图加工，要求钎焊面与试样长度方向垂直。加工时应避免施加使接头变形的载荷。剪切试件的钎焊圆角及钎缝处多余的钎料应完全去除，注意清除时应避免损伤试样。

2）试验方法。对拉伸试样，测量钎焊面积时，接头宽度或直径的尺寸精确到 0.1mm；对剪切试样，测量接头宽度和搭接长度时，分别取两端部位置测量值的平均值，精确到 0.1mm。

当进行对比试验时，瞬时拉伸或剪切试验的加载速度及位移速度应一致。加载时应避免对钎焊接头产生人为的偏心载荷。对断口表面要进行检查，其结果记入报告中，如发现有严重致密性缺陷时（缺陷超过钎缝断口面积的 20%），试验结果无效。

3）强度计算

钎焊接头拉伸试验抗拉强度由下式求出：

$$R_m = \frac{F_m}{S_0}$$

式中　R_m——接头抗拉强度（N/mm^2）；

F_m——接头的破坏载荷（N）；

S_0——试样的钎焊面积（mm^2）。

钎焊接头剪切试验的抗剪强度由下式求出：

$$\tau_m = \frac{F_m}{S_0}$$

式中　τ_m——接头抗剪强度（N/mm^2）；

F_m——接头的破坏载荷（N）；

S_0——破坏前的钎焊面积（mm^2）。

2. 焊接接头脆性断裂试验

目前，评定焊接接头脆性断裂的试验方法与评定一般金属材料脆性断裂试验方法原理上是一致的，可归纳为转变温度法和断裂力学法两类。转变温度法主要有V型缺口系列冲击试验法、落锤试验法、宽板拉伸试验法等；断裂力学法主要有 K_{IC} 试验法、COD试验法和 J_{IC} 试验法等。

但要注意，用于金属材料脆性断裂的试验方法，多采用中间带缺口的小试样，一般都把金属材料看成均质材料，对试样缺口的方位要求只有轧材时才考虑其轧制方向。若这些试验方法用于焊接接头脆性断裂试验，则由于焊接接头是由焊缝金属、熔合线、热影响区和母材组成的组织与性能不均匀体，其试样缺口的方位必须按试验的目的和要求来确定。当要求测定接头中某一部位的脆性断裂性能时，就要求试样的缺口（或预制疲劳裂纹）恰好开在所需测定的部位和指定的方向上，否则试验结果很分散，或测得的只是相邻部位的性能。

（1）V型缺口系列冲击试验法

随着温度降低，金属材料由韧性状态过渡到脆性状态的温度称为脆性转变温度。脆性转变温度越低的金属材料，其抗脆性断裂性能越强。如果焊接使金属材料的脆性转变温度升高，就说明焊接降低了这种金属材料的抗脆性断裂的性能。

此试验方法是把带缺口的冲击试样冷却到不同温度下进行系列冲击试验，将所得的数据整理成冲击韧度（或冲击吸收能量）、断口特征，或变形特征与温度的关系曲线，然后确定脆性转变温度。在工程上有三种准则可以确定这种试验的脆性转变温度。

1）能量准则：是将冲击吸收能量达到某一定值时的试验温度定为脆性转变温度。比较多的做法是将达到20J（相当于15ft. lbf）时的试验温度定为脆性转变温度，也有将最大冲击吸收能量的一半所对应的试验温度定为脆性转变温度。

2）断口准则：是将冲击试样断口上解理断口或剪切 断口的百分率达到某一百分数（如50%）时所对应的试验温度定为脆性转变温度。

3）变形准则：是将冲击试样缺口根部的横向相对收缩达到某一定值（如3.8%）时的温度定为脆性转变温度。

图7-1-65a、b、c所示为分别以上述三种准则确定的脆性转变温度。从中可以看出，用不同准则所评定的脆性转变温度是不同的，因此用此种试验方法评定出焊接接头的脆性转变温度，必须注明试样缺口开在接头上的那一部位和采用什么样的准则来评定的。

V型缺口系列冲击试验方法简单易做、快速，试样尺寸小、省料，很经济，但小试样不能全面反映焊接接头的实际情况，试验结果较分散，只能知道在动载荷下的低温综合性能。

（2）落锤试验法

此试验方法按GB/T 6803—2008《铁素体钢的无塑性转变温度落锤试验方法》的规定进行，是一种动载简支弯曲试验。适用于测定材料的无塑性转变温度（NDT）。

落锤试验用的试样如图7-1-66所示。其尺寸见表7-1-21。在试样受拉伸的表面中央平行长边方向上堆焊一段长20~85mm、宽12~16mm、高3.5~5.5mm脆性焊道。采用符合GB/T 984—2001《堆焊焊条》的焊条，如EDPMn2-16（即D106），焊条直径为4~5mm；然后在堆焊道中央垂直焊缝方向锯一人工缺口。

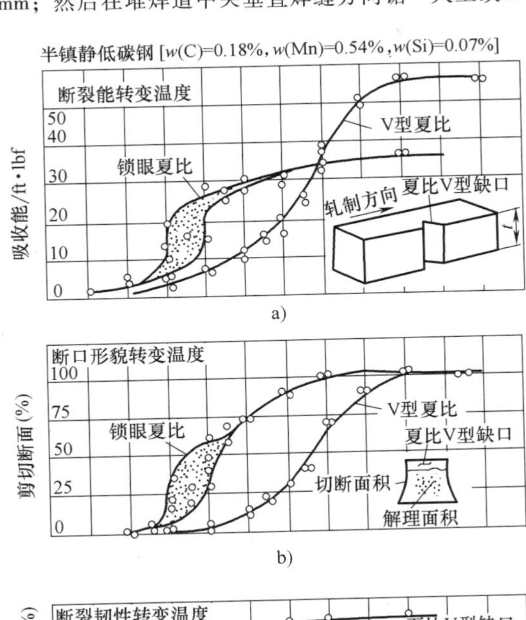

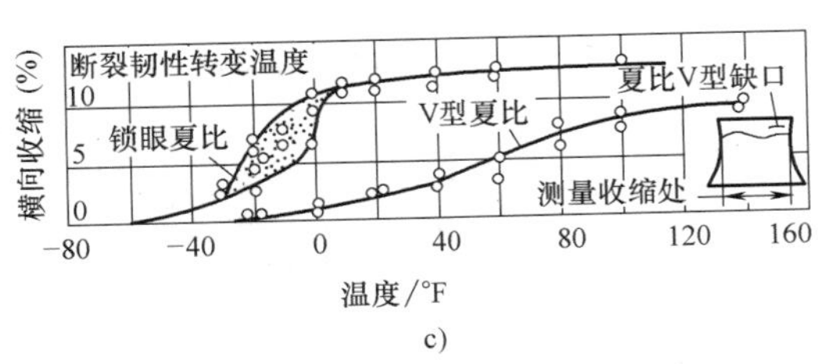

图 7-1-65　脆性转变温度

a）能量准则　b）断口准则　c）变形准则

注：1ft · 1lbf = 1.35582J。

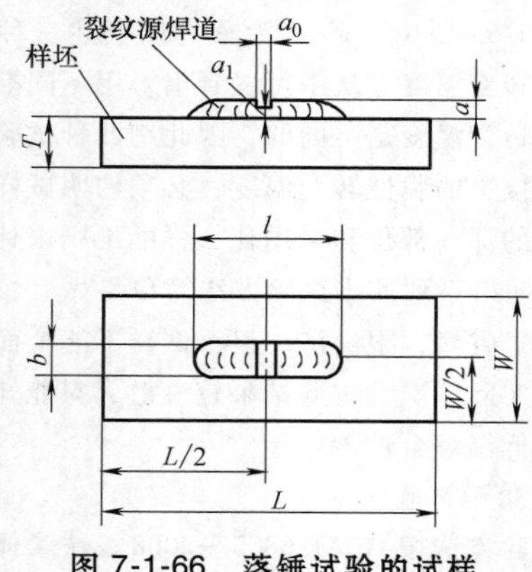

图 7-1-66　落锤试验的试样

表 7-1-21　落锤试验试样尺寸（摘自 GB/T 6803—2008）

（单位：mm）

名　称	试样型号		
	P-1	P-2	P-3
试样厚度 T	25.0±2.5	20.0±10	16.0±0.5
试样宽度 W	90.0±2	50.0±1.0	50.0±1.0
试样长度 L	360.0±5.0	130±2.5	130±2.5
焊道长度 l	40~85	20~65	20~65
焊道宽度 b	12~16	12~16	12~16
焊道高度 a	3.5~5.5	3.5~5.5	3.5~5.5
缺口宽度 a_0	≤1.5	≤1.5	≤1.5
缺口底高 a_1	1.8~2.0	1.8~2.0	1.8~2.0

落锤试验的示意图如图 7-1-67 所示。试验时，把试样的缺口朝下放在砧座的两个支点上，两支点中部有一限制试样在加载时所产生挠度的终止台（又称止挠块）。在不同温度下用锤头冲击。锤头冲击能量是根据试样型号及材料的实际屈服强度选定，它应保证试样受拉面与所匹配的砧座终止台相接触。当试件发生无延性断裂时的最高温度即为 NDT 温度。

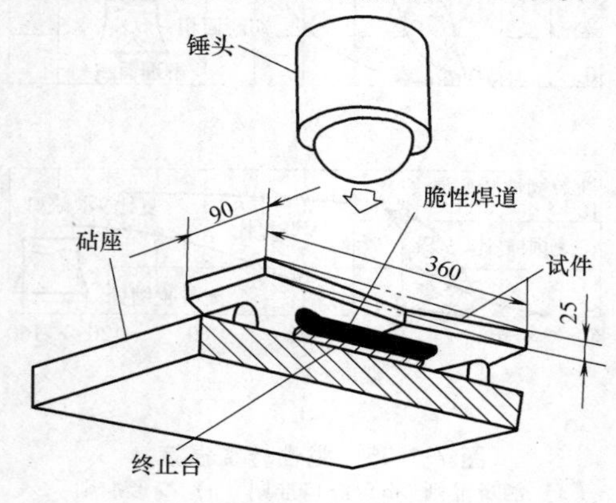

图 7-1-67　落锤试验的示意图

对接焊接头落锤试样可按板厚和考核内容选用单边 V 形、K 形和双边 V 形坡口，如图 7-1-68 所示。试板要防止焊后产生挠曲变形和平面错位，否则要进行机械加工，并去除余高。

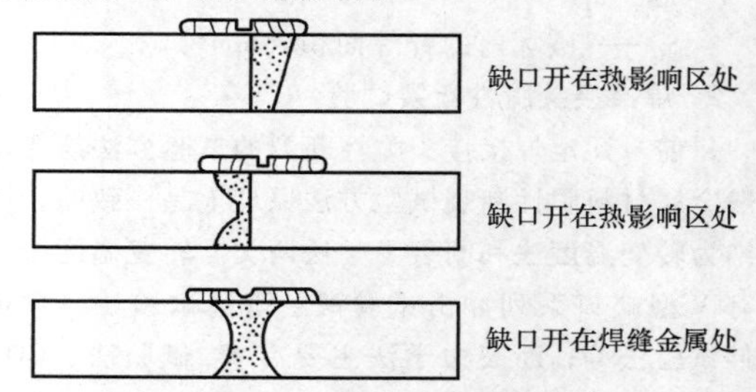

图 7-1-68　对接焊接头落锤试样

此试验方法的试样与焊接结构实际情况较接近，如有焊接内应力，冲击后产生有自然裂纹。试验反映了金属材料及其焊接接头抵抗裂纹扩展的能力（即止裂性能），而且试验结果重现性较好，它与其他试验方法所得结果能建立一定的关系。试验设备简单，方法简便，故常被采用。

（3）宽板拉伸试验法

有多种宽板拉伸试验的方法，它们都是在实验室内重现低应力脆性断裂的大型试验，对于研究焊接接头抗开裂性能及其影响因素很有效。与中、小型试验相比，它能模拟某些焊接结构的细节，使试验更接近实际情况。但这类试验耗材较多，需使用大型试验设备，试验成本高，时间长。这里仅介绍威尔斯（wells）宽板拉伸试验法。

试样的形状及尺寸如图 7-1-69a 所示。该试样由 910mm×910mm 原板厚度的板件制成。先将板件沿轧制方向切成两半，并在切口边缘处加工成双边 V 形坡口，再在板中央预先开出与坡口边缘平行的缺口（见图 7-1-69b）。

在焊接对接焊缝时，要保证缺口根部不仅处在焊接残余拉伸应力场内，而且使缺口尖端在一定温度场下产生应变集中，造成动应变时效。对于某些钢种，这种动应变时效可大大提高缺口尖端局部材料的脆性。

将制备好的系列试样通过大型拉伸机上在不同温度下进行拉伸，使其断裂，即可确定对应于某塑性应变值的断裂温度或开裂转变温度。英国 BS5500 规定，把宽板试验时 20in 标距的 0.5%塑性应变值的温度作为材料的最低使用温度。

（4）金属材料断裂韧度统一试验方法

断裂力学中用以评定金属材料抗脆性断裂性能的

指标是断裂韧性（度），主要有 K_{IC}、δ_C 和 J_{IC} 三种。它们各有不同的适用范围，而且都可以通过试验加以测定，过去曾有三个相应的国家标准规定其测定方法，现在把这三个标准统一成一个标准，即根据 GB/T 21143—2014《金属材料　准静态断裂韧度的统一试验方法》，用同样的试样对这三个韧度进行测定。

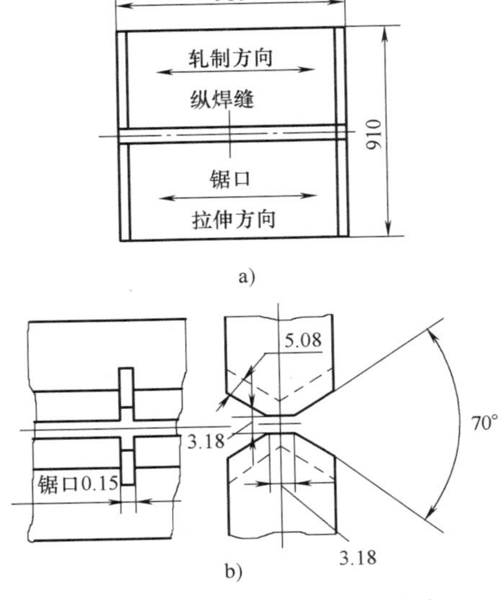

图 7-1-69　威尔斯（wells）宽板拉伸试验的试样

a）形状及尺寸　b）锯口详图

GB/T 21143—2014 所用的试样形状和主要尺寸如图 7-1-70 所示，图 7-1-70a 所示为三点弯曲试样，其试样的宽厚比（W/B）在 1~4 之间，推荐取 2，标称裂纹长度与试样宽度比（即 a/W）为 0.45~0.7；图 7-1-70b 和图 7-1-70c 所示分别为直通型和台阶型缺口紧凑拉伸试样，两者除缺口的形状和尺寸有区别外，其外形和尺寸基本相同，W/B 在 0.8~4 之间，推荐取 2，a/W 也在 0.45~0.7 之间。这三种试样对 K_{IC}、δ_C 和 J_{IC} 值的测定都适用，只是测 K_{IC} 时所用的试样厚度不同。标准给出了这个厚度的最小值，它与被测定材料的塑性延伸强度/弹性模量之比有关。

裂纹尖端张开位移 δ 是由试验时缺口张开位移 V 用相应的公式计算得到的；参数 J 的积分是根据试验时加载线位移通过计算得出的；而平面应变断裂韧度 K_{IC} 是根据试验所得的相关数据经必要计算，当其结果满足必要条件后才能判定其有效性。

（5）焊接接头疲劳试验和动载性能试验

疲劳试验用于评定焊缝金属和焊接接头的疲劳强度及焊接接头疲劳裂纹扩展速率。疲劳强度指受循环应力作用下材料的强度，通常以其疲劳极限 σ_r（$-1\leq r<1$）为计算疲劳强度的准则。疲劳试验是在专用的试验机上选用一定的应力（或应变）循环特性的载荷，如对称交变载荷、脉动载荷、拉伸变载荷，进行多次反复加载试验，测得使试样破坏所需要的加载循环次数 N，将破坏应力 σ 与循环次数 N 绘成疲劳曲线，从而获得不同循环下的疲劳强度或疲劳极限。

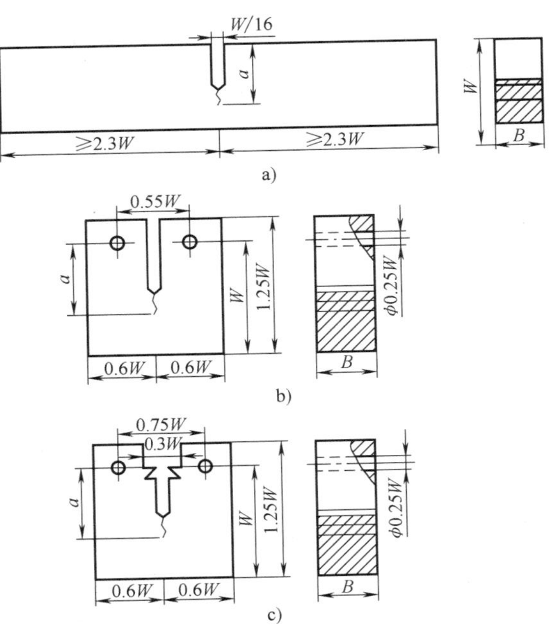

图 7-1-70　金属材料断裂韧度测定用的试样形状和主要尺寸

a）三点弯曲试样　b）直通型缺口紧凑拉伸试样　c）台阶型缺口紧拉试样

焊接接头与焊缝金属的疲劳试验法分为旋转弯曲疲劳试验法和轴向循环疲劳试验法两类，也可区分为高周疲劳（循环次数大于 10^5）和低周疲劳（循环次数 10^5 以下）两类。

1）旋转弯曲疲劳试验法。可以采用旋转弯曲疲劳试验预测焊缝金属和焊接接头的抗疲劳性能。焊接接头疲劳试验取样部位应使焊缝位于试样中间，并应去除余高。

焊接接头旋转弯曲疲劳试样如图 7-1-71 所示。试样数量不少于六个，试样的度量、对试验机的要求、试验结果计算等，按 GB/T 4337—2015《金属材料　疲劳试验　旋转弯曲方法》的规定进行。试验结果测出在对称交变载荷条件下的疲劳强度 σ_{-1} 和应力循环次数曲线。

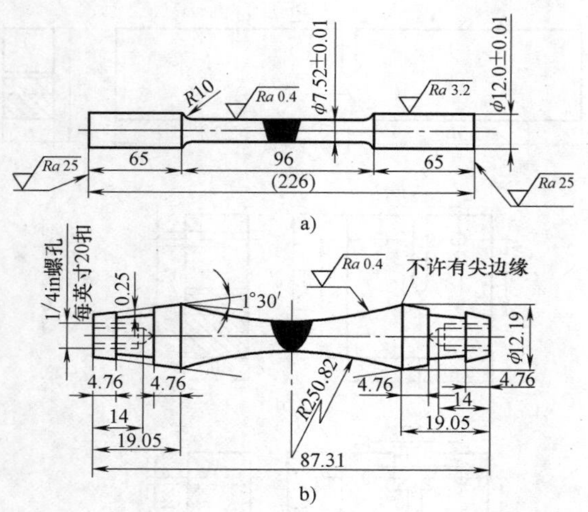

图 7-1-71　焊接接头旋转弯曲疲劳试样

a)"努"型试验机上的试样

b)"摩尔"型试验机上的试样

注：1in＝0.0254m。

2）焊接接头脉动拉伸疲劳试验法。采用轴向循环疲劳试验，适用于低合金钢电弧焊对接接头及角接头的脉动拉伸疲劳性能的测定。四种类型脉动拉伸试样分别如图 7-1-72a 和图 7-1-72b 所示。其中 1 号和 2 号试样从对接接头试件上截取，3 号试样在角焊缝试验时要传递全部载荷，4 号试样则基本不传递载荷。

试验在疲劳试验机上进行，首先对试样反复加载，最大应力应小于试验应力，最小应力一般为 39MPa。试验时，试样不应松动，加应力时要迅速加到试验应力，试验频率为 3～50Hz。

应力的计算是试验载荷除以焊缝截面积 A。对接接头焊缝面积 $A=1.4Wt$；角焊缝面积 $A=1.4WtK$。循环次数是从载荷达到额定值开始到断裂或观察到疲劳裂纹为止的循环次数。条件循环次数为 1×10^5、5×10^5、1×10^6，1×10^7 中的任何一个，S-N 曲线用双对数坐标，纵轴为应力。

应注意，环境及介质对疲劳强度有很大影响，如石油化工介质、海水、活性气体的共同作用，将促使构件早期发生疲劳破坏，称为腐蚀疲劳。有关腐蚀疲劳的试验方法按特殊的规定进行。

3. 焊接接头的高温性能试验

焊接接头在高温下性能会发生变化，其强度极限要降低，而且与载荷持续时间有关。其原因主要是金属材料在高温下发生蠕变。蠕变是金属材料在长时间的恒高温和恒应力作用下发生缓慢塑性变形的一种现象。温度越高或应力越大，蠕变现象就越显著。碳素

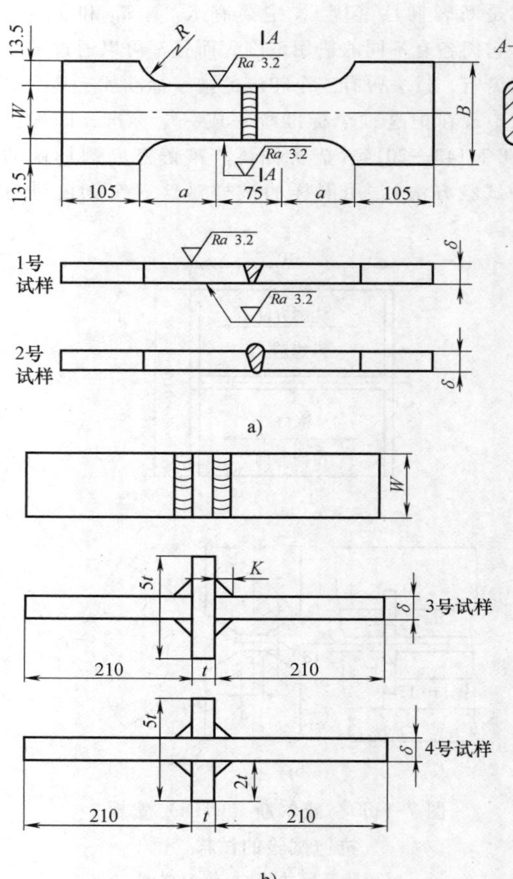

图 7-1-72　脉动拉伸试样

a）对接接头　b）十字形接头

W—母材平行部分宽度

t—母材厚度　K—焊脚长

钢及其焊接接头在 350℃以上并有应力作用下就会出现明显蠕变现象，而低合金耐热钢及其焊接接头在 450℃以上才会发生蠕变。

评定焊接接头高温性能的指标是它的高温短时拉伸强度、高温持久强度和蠕变强度。持久强度指钢材或焊接接头抗高温断裂的能力，常以持久极限表示。持久极限是试样在恒定温度 T 下达到规定的持续时间而不断裂的最大应力，用 σ_D^T 表示。例如 $\sigma_{100}^{800}=294\text{MPa}$ 表示在试验温度为 800℃，持续时间 D 为 100h 的持久极限为 294MPa。蠕变强度指试样在规定温度下引起试样在规定时间内的蠕变总伸长率或稳态蠕变速度不超过规定值的最大应力。当以伸长率确定蠕变强度时，用 $\sigma_{A/\tau}^T$ 表示，例如，$\sigma_{1/10^5}^{600}=150\text{MPa}$ 表示在试验温度 T 为 600℃、试验时间 τ 为 10 万 h，产生蠕变总伸长率 A 为 1%时的蠕变强度为 150MPa。当

以蠕变速度确定蠕变强度时，用 σ_{v}^{T} 表示。例如，$\sigma_{1\times10^{-5}}^{700}=100\text{MPa}$，表示在试验温度 T 为 700℃、蠕变速度 v 为 $(1\times10^{-5})\%\cdot h^{-1}$ 的蠕变强度为 100MPa。

测定焊接接头高温性能的试验方法基本上都参照国家标准规定的金属材料高温性能试验方法进行。

焊接接头短时高温拉伸强度试验可按 GB/T 2652—2008《焊缝及熔敷金属拉伸试验方法》及 GB/T 228.2—2015《金属材料　拉伸试验　第 2 部分：高温试验方法》的规定进行。可测得不同温度下的短时抗拉强度、屈服强度、伸长率及断面收缩率等。

焊接接头的高温持久强度试验按 GB/T 2039—2012《金属材料　单轴拉伸蠕变试验方法》的规定进行。在恒定温度和恒定拉伸力作用下，测定金属试样被拉至规定变形量或断裂的持续时间，并采用外推法确定出数万小时甚至数十万小时的持久极限。

焊接接头的蠕变强度试验也应按 GB/T 2039—2012《金属材料　单轴拉伸蠕变试验方法》的规定进行。通过试验得出应力-伸长率或应力-稳态蠕变速度关系曲线，用以确定蠕变强度。

4. 焊接接头耐蚀性能试验

不锈钢焊接接头发生的腐蚀有多种类型，其中晶间腐蚀和应力腐蚀最为常见，而且危害较大。所以评定焊接接头耐蚀性能的试验主要是做这两种腐蚀类型的试验。

（1）焊接接头晶间腐蚀试验法

奥氏体型不锈钢焊缝金属或热影响区由于受到 450~800℃加热，产生铬碳化合物的晶界析出，在某些介质中工作就会产生晶间腐蚀。评定金属材料及其焊接接头的晶间腐蚀倾向的试验方法较多，有腐蚀失重法、腐蚀深度法、弯曲法和金相法等。下面仅介绍两种。

1）硫酸-硫酸铁试验法。此法用于奥氏体型不锈钢晶间腐蚀倾向性试验，需按 GB/T 4334—2008《金属和合金的腐蚀　不锈钢晶间腐蚀试验方法》的规定进行。用腐蚀率（失重法）进行评定。把称好的试样放在硫酸-硫酸铁溶液中煮沸后，连续煮 120h，取出洗净烘干，再称蚀后质量，按下式计算腐蚀率（$g\cdot m^{-2}\cdot h^{-1}$）

$$\text{腐蚀率}=\frac{W_{\text{前}}-W_{\text{后}}}{S\cdot t}$$

式中　$W_{\text{前}}$——试验前试样质量（g）；
$W_{\text{后}}$——试验后试样质量（g）；
S——试样总面积（m^2）；
t——试验时间（h）。

2）硫酸-硫酸铜腐蚀试验法。此法应按 GB/T 4334—2008《金属和合金的腐蚀　不锈钢晶间腐蚀试验方法》的规定进行。适用于奥氏体型、奥氏体+铁素体型不锈钢晶间腐蚀倾向性能试验，用弯曲法进行评定。把试样放在盛硫酸铜和硫酸水溶液的反应器中煮沸，如果在溶液中加入铜屑，煮沸时间为 16h。腐蚀后从反应器中取出试样，洗净烘干。当试样厚度≤1mm 时，压头直径等于试样厚度；当试样厚度≥1mm 时，压头直径为 5mm。用 10 倍放大镜观察，如果有因晶间腐蚀而产生的裂纹，说明该材料抗晶间腐蚀不合格。

（2）应力腐蚀裂纹试验法

应力腐蚀是金属材料在拉应力与腐蚀介质共同作用下引起的破裂。破裂首先以裂纹形式出现，然后迅速扩展。常用的金属材料几乎在所有腐蚀介质环境中都可能产生应力腐蚀，只是敏感程度不同而已。

对于不锈钢，传统的应力腐蚀倾向试验方法是用光滑试样，按 YB/T 5362—2006《不锈钢在沸腾氯化镁溶液中应力腐蚀试验方法》的规定进行。有两种加载方式。

1）恒负载拉伸。图 7-1-73 所示为恒负载拉伸应力腐蚀试验的示意图，把光滑试样放在 42%（质量分数）氯化镁溶液中，待加热沸腾（143℃±1℃）时加载，直至试样破断，记录破断时间和负荷应力。

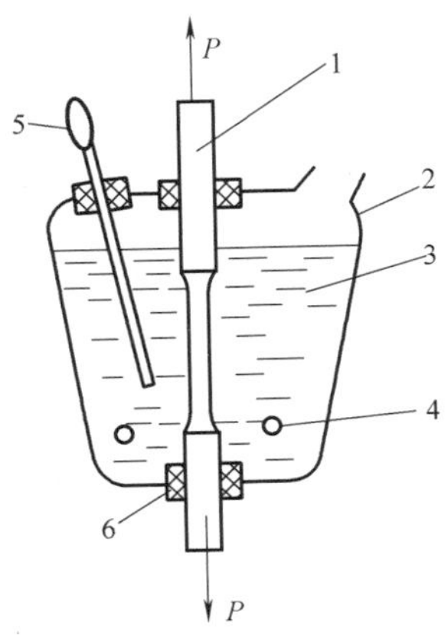

图 7-1-73　恒负载拉伸应力腐蚀试验示意图

1—试样　2—反应器（耐热玻璃）　3—腐蚀溶液　4—电炉热　5—温度计　6—硅橡胶

2）U 形弯曲。把板状试样按图 7-1-74a 所示弯成 U 形，并使两臂平行。

然后用适当夹具将两臂间的宽度 x 压缩 5mm 来施加应力（见图 7-1-74b），放入完全沸腾的溶液中，每隔一定时间取出试样检查开裂情况，记录看到宏观裂纹发生时间和裂纹贯穿时间。

由于应力腐蚀破断包括腐蚀裂纹萌生、亚临界扩展和失稳扩展三个阶段，按照断裂力学观点，只要控制住裂纹亚临界扩展，就不会发生应力腐蚀破断。因此，只需测定金属材料的 K_{ISCC} 就可以评定其抗应力腐蚀性能。K_{ISCC} 表示应力腐蚀临界断裂韧度，采用图 7-1-75 所示的悬臂梁式恒载试验装置可以测定 K_{ISCC}。把预制有疲劳裂纹 a_0 的试样放在溶液槽内，在距离裂纹 L 处的力臂端施加一恒定载荷 P，使裂纹尖端产生一个初始应力强度因子 K_{I0}。在静载荷和介质共同作用下，裂纹发生扩展，当裂纹扩展到临界尺寸 a_c 时，便发生断裂。由 a_0 扩展到 a_c 的时间即是试样在初始 K_{I0} 作用下的延迟断裂时间 T_F。K_{I0} 降低，延迟断裂时间相应增长。用一定数量的试样，可以得出 K_{I0}-T_F 的关系曲线及 K_{ISCC} 值，如图 7-1-76 所示。

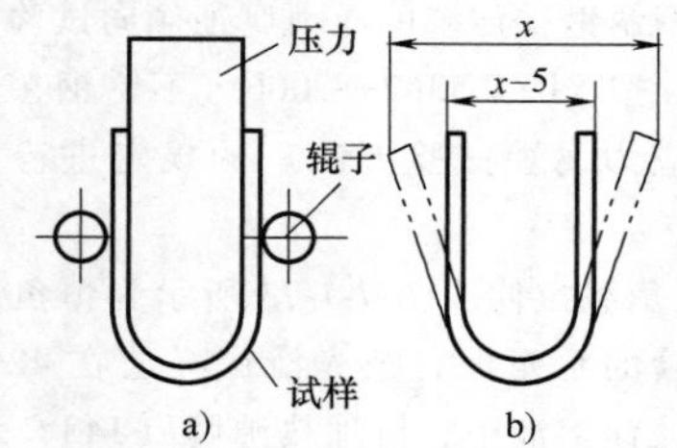

图 7-1-74　U 形弯曲应力腐蚀试验

a）弯曲试样方法　b）夹紧试样方法

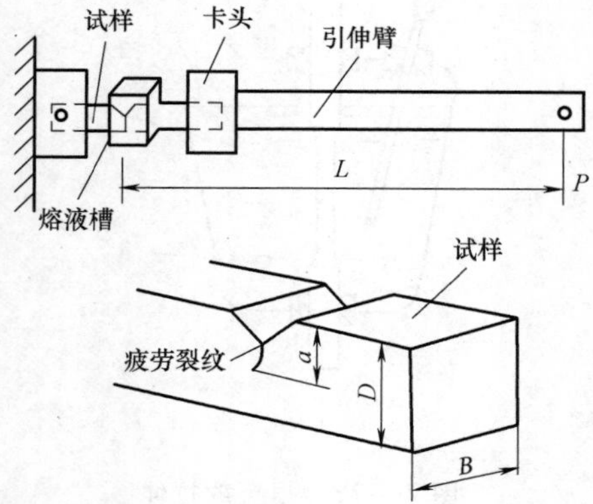

图 7-1-75　悬臂梁式恒载应力腐蚀试验原理示意图

1.3.4　焊接热（应力、应变）模拟试验技术

焊接热模拟技术已成为金属焊接性研究的重要测试手段之一，特别是在测定新钢种焊接热影响区 CCT

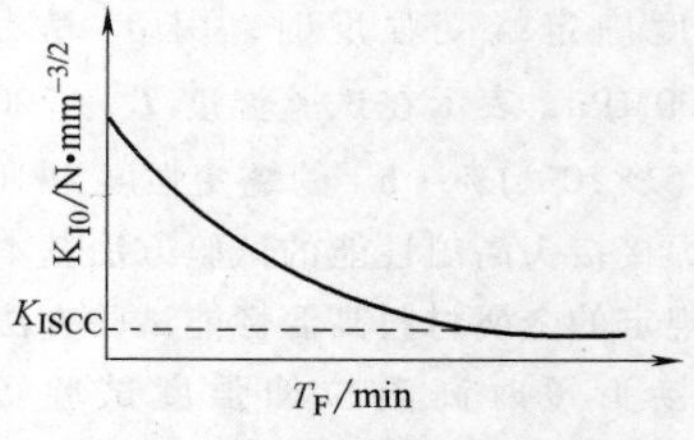

图 7-1-76　K_{I0}-T_F 关系曲线

图方面，在研究焊接冷裂纹倾向、脆化倾向以及焊接接头力学性能等方面，具有十分重要的作用。前面所介绍的常规力学性能试验方法，只能反映焊接接头（包括焊缝金属、熔合线和热影响区在内）的整体性能，无法对接头上某一关键区段（如熔合区、热影响区中的过热段等）的组织与性能进行研究，因为这些区段十分狭窄。焊接热模拟技术可以把实际焊接接头上某一区段的组织或应力、应变过程进行模拟，使之再现或几何尺寸放大，这样就可以很方便定量研究接头上任一区段的组织和性能。

能够使小型试件再现与实际焊接接头上某一点一致的热、应力及应变过程的装置，称为焊接热（应力、应变）模拟试验装置，简称为焊接热模拟试验机。

完善的焊接热模拟试验机必须能够模拟不同焊接方法和焊接参数下的主要热循环参数，如加热速度（ω_H）或加热时间（t'），最高温度（T_m）、高温停留时间（t_H）、冷却速度（ω_c）或冷却时间（$t_{8/5}$）等，同时还能模拟焊接条件下的应力、应变循环，而且控制精确，功能齐全和调节方便。目前国内自行研制的热模拟试验机有北京钢铁研究总院研制的 HRJ-2 型试验机，哈尔滨焊接研究所研制的 HRM-Ⅰ型试验机和洛阳船舶材料研制的 CKR-Ⅱ型试验机等。国外较先进的有美国的 Gleeble 1500 热/力学模拟试验机，日本的 thermorester-W 热拘束模拟试验装置，前苏联的 ИmeT-4 试验机等。这些试验机一般都由加热系统、机械系统和程序系统三大部分组成。

利用焊接热模拟试验机可以开展下列研究工作：

1）建立模拟焊接热影响区的连续冷却组织转变图（即 SH-CCT 图）。

2）研究焊接热影响区不同区段（尤其是过热区）的组织与性能。

3）定量地研究冷裂纹、热裂纹、再热裂纹和层状撕裂的形成条件及机理。

4）模拟应力、应变对组织转变及裂纹形成影响规律。

举两个例子说明其应用。

例一：对焊接热影响区粗晶区脆化的研究。

钢材焊接影响区中峰值温度在 1200℃ 以上的区段，在承受焊接热循环以后，常出现韧性变化。为了研究该区段韧性变化规律，采用 10mm×10mm 截面的试件，模拟某焊接工艺条件下的热循环（其焊接参数如 T_m，W_H，t_H 和 $t_{8/5}$ 等）对其进行加热和冷却；然后制成带缺口试样，进行冲击韧度试验或测定断裂韧度（COD）试验，进而研究其组织、性能与焊接热循环的关系。

例二：某种高强度钢做焊接再热裂纹模拟试验。

采用带缺口的试样，参照图 7-1-77 所示的焊后消除应力的试验程序进行模拟试验。先给一个峰值温度为 1350℃ 的焊接热循环，包括给定的冷却时间 $t_{8/5}$，当试样冷却到一定温度（如 1100℃）时，把试样卡盘距离保持不变，在达到规定的负载值后，转换成定应变控制；然后在试样温度达到室温时，将试样在 30min 内升到焊后热处理的温度，保持一定时间不变，此时转为定应变控制。对卸载后的试样用显微镜检查，观察有无裂纹发生。

焊接热模拟试验技术有一定局限性，主要表现在以下几个方面：

1）模拟试样是整体加热和冷却的，它的金相组织变化和晶粒长大过程是在无拘束的条件下进行，比起实际的焊接接头上相应的模拟部位有一定偏差。即使在热循环完全一致的条件下，模拟试样的晶粒度往往偏大。

2）模拟试样是处在隔离的体系中均匀加热、冷却和无应力、应变的，不像实际焊接接头那样有急剧变化的温度梯度，相邻部位之间发生元素的扩散和复杂的动态应力和应变过程。因此，在性能上并不完全反映实际焊接接头所模拟点的真实情况。

尽管如此，焊接热模拟试验技术仍然是当前进行金属焊接性研究的一种先进手段。

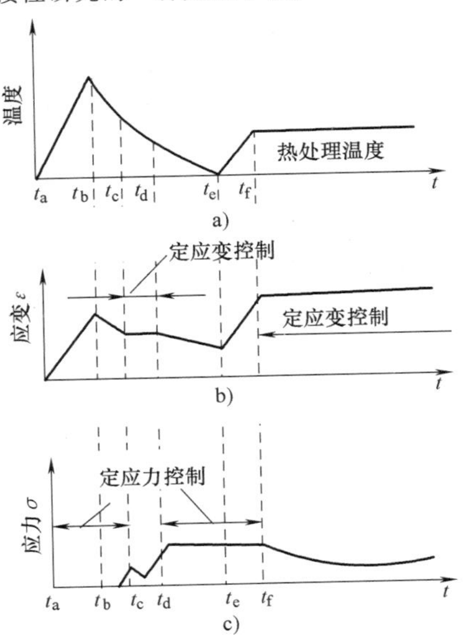

图 7-1-77　焊后热处理及再热裂纹试验程序

a）温度循环　b）应变循环　c）应力循环

第2章 碳素钢的焊接

2.1 概述

碳素钢是铁和碳合金。碳素钢中除以碳作为主要合金元素外，还有少量锰和硅有益元素。此外，还有硫、磷等有害杂质。碳素钢的性能主要取决于碳含量。

碳素钢是钢材中产量大，应用广的材料。大部分焊接结构都是用碳素钢来制造。

2.1.1 碳素钢的分类

碳素钢因有不同分类方法而有不同的名称。

1. 按碳含量分

大致分成表7-2-1所列的低碳钢、中碳钢和高碳钢三类。它们的碳含量范围没有严格的界限，有些国家在低碳钢和中碳钢之间［w(C)在0.15%~0.3%］多分出一类软钢，其典型硬度为90HRB，其焊接性能良好。

2. 按品质分

主要以有害杂质硫、磷等含量来划分。

1）普通碳素钢。含w(S)≤0.050%，w(P)≤0.045%。

2）优质碳素钢。含w(S)≤0.035%，w(P)≤0.035%。

3）高级优质碳素钢。含w(S)≤0.030%，w(P)≤0.035%。

3. 按脱氧程度分

1）沸腾钢。不完全脱氧所得的钢，氧含量高，硫、磷杂质较多，且分布不均，焊接时有产生热裂纹和气孔倾向。

2）镇静钢。脱氧彻底，故氧含量低，杂质少。

3）半镇静钢。介乎沸腾钢和镇静钢之间。

4. 按用途分

1）结构钢。用来制造各种金属构件和机器零件。

2）工具钢。用来制造各种工具，如量具、刃具、模具等。

2.1.2 碳素钢的牌号及其统一数字代号

1. 普通碳素结构钢的牌号

GB/T 700—2006《碳素结构钢》规定，普通碳素结构钢的牌号由代表屈服强度的字母、屈服强度数值、质量等级符号、脱氧方法符号四个部分按顺序组成。牌号表示方法如下：

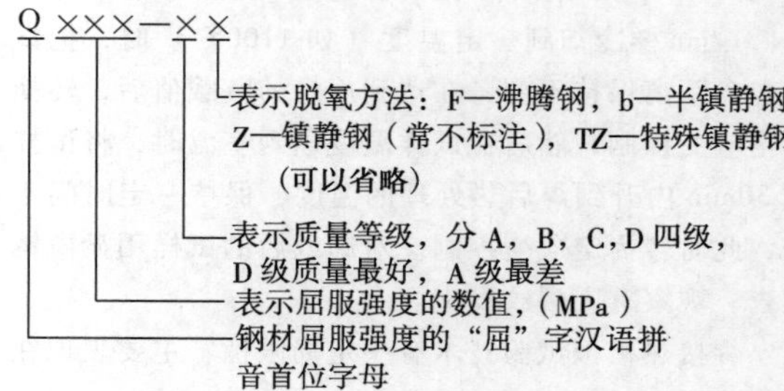

示例：Q235AF表示屈服强度为235MPa，质量等级为A级的沸腾碳素结构钢。

2. 碳素结构钢牌号的统一数字代号

我国从1998年开始对钢铁及合金产品的牌号编制统一数字代号，是按GB/T 17616—2013《钢铁及合金牌号统一数字代号体系》的规定进行，前面第一篇的表1-1-33和表1-1-34已列出代号中主要符号的含义。例如，Q235AF和Q235CZ钢属于非合金钢的类型，故钢牌号的统一数字代号分别为U12350和U12358（见表7-2-2）。

2.1.3 碳素钢的化学成分与力学性能

1. 普通碳素结构钢

GB/T 700—2006《碳素结构钢》规定，这类钢的化学成分与力学性能分别见表7-2-2、表7-2-3和表7-2-4。

表7-2-1 碳素钢按碳含量分类

名　称	w(C)(%)	典型硬度	典型用途	焊接性
低碳钢	≤0.25	60~90HRB	特殊钢板、型钢、薄板	优良
中碳钢	0.25~0.60	25HRC	机械零件和工具	中等
高碳钢	≥0.60~1.00	40HRC	弹簧、模具、导轨	差

表 7-2-2　碳素结构钢的化学成分（熔炼分析）（摘自 GB/T 700—2006）

牌号	统一数字代号①	等级	厚度(或直径)/mm	脱氧方法	化学成分(质量分数,%)　≤				
					C	Si	Mn	P	S
Q195	U11952	—	—	F、Z	0.12	0.30	0.50	0.035	0.040
Q215	U12152	A	—	F、Z	0.15	0.35	1.20	0.045	0.050
	U12155	B							0.045
Q235	U12352	A	—	F、Z	0.22	0.35	1.40	0.045	0.050
	U12355	B			0.20②				0.045
	U12358	C		Z	0.17			0.040	0.040
	U12359	D		TZ				0.035	0.035
Q275	U12752	A	—	F、Z	0.24	0.35	1.50	0.045	0.050
	U12755	B	≤40	Z	0.21			0.045	0.045
			>40		0.22				
	U12758	C	—	Z	0.20			0.040	0.040
	U12759	D		TZ				0.035	0.035

① 表中为镇静钢、特殊镇静钢牌号的统一数字，沸腾钢牌号的统一数字代号如下：

Q195F—U11950；

Q215AF—U12150，Q215BF—U12153；

Q235AF—U12350，Q235BF—U12353；

Q275AF—U12750。

② 经需方同意，Q235B 碳质量分数可不大于 0.22%。

表 7-2-3　碳素结构钢的力学（拉伸和冲击）性能（摘自 GB/T 700—2006）

牌号	等级	屈服强度①/MPa　≥						抗拉强度②/MPa	断后伸长率(%)　≥					冲击试验(V 型缺口)	
		厚度(或直径)/mm							厚度(或直径)/mm					温度/°C	冲击吸收能量(纵向)/J ≥
		≤16	>16~40	>40~60	>60~100	>100~150	>150~200		≤40	>40~60	>60~100	>100~150	>150~200		
Q195	—	195	185	—	—	—	—	315~430	33	—	—	—	—	—	—
Q215	A	215	205	195	185	175	165	335~450	31	30	29	27	26	—	—
	B													+20	27
Q235	A	235	225	215	215	195	185	370~500	26	25	24	22	21	—	—
	B													+20	27③
	C													0	
	D													-20	
Q275	A	275	265	255	245	225	215	410~540	22	21	20	18	17	—	—
	B													+20	27
	C													0	
	D													-20	

① Q195 的屈服强度值仅供参考，不作为交货条件。

② 厚度大于 100mm 的钢材，抗拉强度下限允许降低 20MPa。宽带钢（包括剪切钢板）抗拉强度上限不作为交货条件。

③ 厚度小于 25mm 的 Q235B 级钢材，如供方能保证冲击吸收能值合格，经需方同意，可不做检验。

表 7-2-4　碳素结构钢的力学（弯曲）性能
（摘自 GB/T 700—2006）

牌　号	试样方向	冷弯试验 180°　$B=2a$①	
		钢材厚度（或直径）②/mm	
		≤60	>60~100
		弯心直径/mm	
Q195	纵	0	—
	横	0.5a	
Q215	纵	0.5a	1.5a
	横	a	2a
Q235	纵	a	2a
	横	1.5a	2.5a
Q275	纵	1.5a	2.5a
	横	2a	3a

① B 为试样宽度，a 为试样厚度（或直径）。

② 当钢材厚度（或直径）大于 100mm 时，弯曲试验由双方协商确定。

2. 优质碳素结构钢

优质碳素结构钢牌号编制方法是用碳含量+化学成分符号+质量等级来表示，质量等级是以 P、S 含量大小区分，特级优质的含量为最小。

示例：

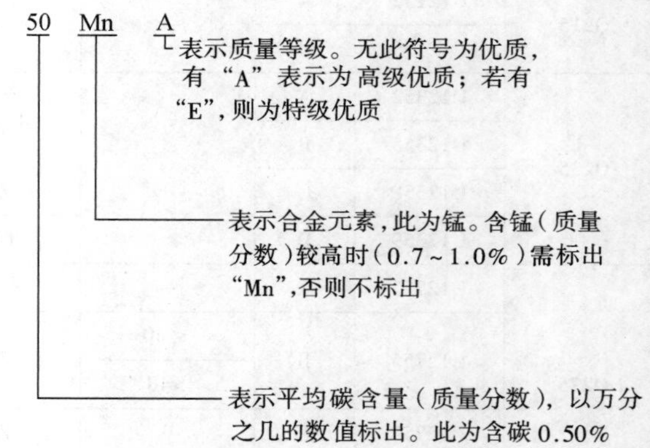

表 7-2-5 和表 7-2-6 分别列出了这类钢的牌号、化学成分和力学性能。

表 7-2-5　优质碳素结构钢的牌号及化学成分（熔炼分析）（摘自 GB/T 699—2015）

序　号	牌　号	化学成分（质量分数，%）							
		C	Si	Mn	P	S	Ni	Cr	Cu①
					≤				
1	08②	0.05~0.11	0.17~0.37	0.35~0.65	0.035	0.035	0.30	0.10	0.25
2	10	0.07~0.13	0.17~0.37	0.35~0.65	0.035	0.035	0.30	0.15	0.25
3	15	0.12~0.18	0.17~0.37	0.35~0.65	0.035	0.035	0.30	0.25	0.25
4	20	0.17~0.23	0.17~0.37	0.35~0.65	0.035	0.035	0.30	0.25	0.25
5	25	0.22~0.29	0.17~0.37	0.50~0.80	0.035	0.035	0.30	0.25	0.25
6	30	0.27~0.34	0.17~0.37	0.50~0.80	0.035	0.035	0.30	0.25	0.25
7	35	0.32~0.39	0.17~0.37	0.50~0.80	0.035	0.035	0.30	0.25	0.25
8	40	0.37~0.44	0.17~0.37	0.50~0.80	0.035	0.035	0.30	0.25	0.25
9	45	0.42~0.50	0.17~0.37	0.50~0.80	0.035	0.035	0.30	0.25	0.25
10	50	0.47~0.55	0.17~0.37	0.50~0.80	0.035	0.035	0.30	0.25	0.25
11	55	0.52~0.60	0.17~0.37	0.50~0.80	0.035	0.035	0.30	0.25	0.25
12	60	0.57~0.65	0.17~0.37	0.50~0.80	0.035	0.035	0.30	0.25	0.25
13	65	0.62~0.70	0.17~0.37	0.50~0.80	0.035	0.035	0.30	0.25	0.25
14	70	0.67~0.75	0.17~0.37	0.50~0.80	0.035	0.035	0.30	0.25	0.25
15	75	0.72~0.80	0.17~0.37	0.50~0.80	0.035	0.035	0.30	0.25	0.25
16	80	0.77~0.85	0.17~0.37	0.50~0.80	0.035	0.035	0.30	0.25	0.25
17	85	0.82~0.90	0.17~0.37	0.50~0.80	0.035	0.035	0.30	0.25	0.25
18	15Mn	0.12~0.18	0.17~0.37	0.70~1.00	0.035	0.035	0.30	0.25	0.25

（续）

序号	牌号	化学成分（质量分数，%）							
		C	Si	Mn	P	S	Ni	Cr	Cu[①]
					≤				
19	20Mn	0.17~0.23	0.17~0.37	0.70~1.00	0.035	0.035	0.30	0.25	0.25
20	25Mn	0.22~0.29	0.17~0.37	0.70~1.00	0.035	0.035	0.30	0.25	0.25
21	30Mn	0.27~0.34	0.17~0.37	0.70~1.00	0.035	0.035	0.30	0.25	0.25
22	35Mn	0.32~0.39	0.17~0.37	0.70~1.00	0.035	0.035	0.30	0.25	0.25
23	40Mn	0.37~0.44	0.17~0.37	0.70~1.00	0.035	0.035	0.30	0.25	0.25
24	45Mn	0.42~0.50	0.17~0.37	0.70~1.00	0.035	0.035	0.30	0.25	0.25
25	50Mn	0.48~0.56	0.17~0.37	0.70~1.00	0.035	0.035	0.30	0.25	0.25
26	60Mn	0.57~0.65	0.17~0.37	0.70~1.00	0.035	0.035	0.30	0.25	0.25
27	65Mn	0.62~0.70	0.17~0.37	0.90~1.20	0.035	0.035	0.30	0.25	0.25
28	70Mn	0.67~0.75	0.17~0.37	0.90~1.20	0.035	0.035	0.30	0.25	0.25

① 热压力加工用钢铜含量应不大于 0.2%（质量分数，后同）。

② 用铝脱氧的镇静钢，碳、锰含量下限不限，锰含量上限为 0.45%，硅含量不大于 0.03%，全铝含量为 0.02%~0.07%，此时牌号为 08Al。

表 7-2-6　优质碳素结构钢的牌号及力学性能（摘自 GB/T 699—2015）

序号	牌号	试样毛坯尺寸[①]/mm	推荐热处理工艺[③]/℃			力学性能					钢材交货状态硬度 HBW	
			正火	淬火	回火	R_m/MPa	R_{eL}/MPa	A(%)	Z(%)	KU_2/J	≤	
						≥					未热处理	退火钢
1	08	25	930	—	—	325	195	33	60	—	131	—
2	10	25	930	—	—	335	205	31	55	—	137	—
3	15	25	920	—	—	375	225	27	55	—	143	—
4	20	25	910	—	—	410	245	25	55	—	156	—
5	25	25	900	870	600	450	275	23	50	71	170	—
6	30	25	880	860	600	490	295	21	50	63	179	—
7	35	25	870	850	600	530	315	20	45	55	197	—
8	40	25	860	840	600	570	335	19	45	47	217	187
9	45	25	850	840	600	600	355	16	40	39	229	197
10	50	25	830	830	600	630	375	14	40	31	241	207
11	55	25	820	820	600	645	380	13	35	—	255	217
12	60	25	810	—	—	675	400	12	35	—	255	229
13	65	25	810	—	—	695	410	10	30	—	255	229
14	70	25	790	—	—	715	420	9	30	—	269	229
15	75	试样[②]	—	820	480	1080	880	7	30	—	285	241
16	80	试样[②]	—	820	480	1080	930	6	30	—	285	241
17	85	试样[②]	—	820	480	1130	980	6	30	—	302	255

（续）

序号	牌号	试样毛坯尺寸①/mm	推荐热处理工艺③/℃			力学性能					钢材交货状态硬度HBW	
			正火	淬火	回火	R_m/MPa	R_{eL}/MPa	A(%)	Z(%)	KU_2/J	≤	
						≥					未热处理	退火钢
18	15Mn	25	920	—	—	410	245	26	55	—	163	—
19	20Mn	25	910	—	—	450	275	24	50	—	197	—
20	25Mn	25	900	870	600	490	295	22	50	71	207	—
21	30Mn	25	880	860	600	540	315	20	45	63	217	187
22	35Mn	25	870	850	600	560	335	18	45	55	229	197
23	40Mn	25	860	840	600	590	355	17	45	47	229	207
24	45Mn	25	850	840	600	620	375	15	40	39	241	217
25	50Mn	25	830	830	600	645	390	13	40	31	255	217
26	60Mn	25	810	—	—	695	410	11	35	—	269	229
27	65Mn	25	830	—	—	735	430	9	30	—	285	229
28	70Mn	25	790	—	—	785	450	8	30	—	285	229

注：1. 表中的力学性能适用于公称直径或厚度不大于80mm的钢棒。

2. 公称直径或厚度大于80~250mm的钢棒，允许其断后伸长率、断面收缩率比本表的规定分别降低2%（绝对值）和5%（绝对值）。

3. 公称直径或厚度大于120~250mm的钢棒，允许改锻（轧）成70~80mm的试料取样检验。

① 当钢棒尺寸小于试样毛坯尺寸时，用原尺寸钢棒进行热处理。

② 对留有加工余量的试样，其性能为淬火+回火状态下的性能。

③ 热处理工艺允许调整范围：正火±30℃，淬火±20℃，回火±50℃；推荐保温时间：正火不少于30min，空冷；淬火不少于30min，75、80和85钢油冷，其他钢棒水冷；600℃回火不少于1h。

3. 专用碳素结构钢

根据某些行业的特殊要求及用途，对普通碳素结构钢的成分和性能做些调整，从而派生出一系列专用碳素结构钢。

1）船舶及海洋工程用结构钢。在GB/T 712—2011《船舶及海洋工程用结构钢》中把结构钢分为一般强度级、高强度级和超高强度级船舶及海洋工程结构用钢三类。一般强度级船舶及海洋工程用结构钢包括A、B、D、E四个牌号。

表7-2-7和表7-2-8分别列出了一般强度级船舶及海洋工程用结构钢的牌号、化学成分及其力学性能。

2）锅炉和压力容器用碳素钢。锅炉和压力容器受压元件所用钢板有碳素钢和低合金钢两类，其中碳素钢只有Q245R一种，其化学成分和力学性能分别见表7-2-9和表7-2-10。

表7-2-7　一般强度级船舶及海洋工程用结构钢的牌号及化学成分（熔炼分析）（摘自GB/T 712—2011）

牌号	化学成分③④（熔炼成分）（质量分数，%）					
	C	Mn	Si	P	S	Als⑤
A	≤0.21①	≥0.50	≤0.50	≤0.035	≤0.035	—
B		≥0.80②	≤0.35			—
D		≥0.60②		≤0.030	≤0.030	≥0.015
E	≤0.18	≥0.70		≤0.025	≤0.025	≥0.015

注：钢中w(Cu)≤0.35%，w(Cr)≤0.30%，w(Ni)≤0.30%。

① A级型钢的C含量最大可到0.23%（质量分数，后同）。

② B级钢材做冲击试验时，Mn含量下限可到0.60%。

③ A、B、D、E的碳当量≤0.40%。碳当量=w(C)+w(Mn)/6。

④ 添加的任何其他元素，应在质量证明中注明。

⑤ 对于厚度大于25mm的D级、E级钢材的铝含量应符合表中规定；可测定总铝含量代替酸溶铝含量，此时总铝含量应不小于0.020%。经船级社同意，也可使用其他细化晶粒元素。

表 7-2-8　一般强度级船舶及海洋工程用结构钢的力学性能（摘自 GB/T 712—2011）

牌号	拉伸试验①②			V 型冲击试验						
	上屈服强度 R_{eH}/MPa	抗拉强度 R_m/MPa	断后伸长率 A(%)	试验温度/℃	以下厚度(mm)冲击吸收能量 KV_2/J					
					≤50		>50~70		>70~150	
					纵向	横向	纵向	横向	纵向	横向
					≥					
A③	≥235	400~520	≥22	20	—	—	34	24	41	27
B④				0	27	20	34	24	41	27
D				-20						
E				-40						

① 拉伸试验取横向试样。经船级社同意，A 级型钢的抗拉强度可超上限。

② 当屈服不明显时，可测量 $R_{p0.2}$ 代替上屈服强度。

③ 冲击试验取纵向试样，但供方应保证横向冲击性能。型钢不进行横向冲击试验。厚度大于 50mm 的 A 级钢，经细化晶粒处理并以正火状态交货时，可不做冲击试验。

④ 厚度不大于 25mm 的 B 级钢、以 TMCP 状态交货的 A 级钢，经船级社同意可不做冲击试验。

表 7-2-9　锅炉和压力容器用碳素钢的化学成分（摘自 GB/T 713—2014）

牌号	化学成分(质量分数,%)												
	C	Si	Mn	Cu	Ni	Cr	Mo	Nb	V	Ti	Alt	S	P	其他
Q245R	≤0.20	≤0.35	0.50~1.10	≤0.30	≤0.30	≤0.30	≤0.08	≤0.050	≤0.050	≤0.030	≤0.020	≤0.010	≤0.025	w(Cu+Ni+Cr+Mo)≤0.7

注：牌号中“Q”为“屈”字的汉语拼音首位字母，数字代表屈服极限值，“R”表示为锅炉压力容器用钢。

表 7-2-10　锅炉和压力容器用碳素钢的力学性能（摘自 GB/T 713—2014）

牌　号	交货状态	钢板厚度/mm	抗拉强度 R_m/MPa	屈服强度 R_{eL}/MPa	伸长率 A(%)	0℃冲击吸收能量 KV_2/J	弯曲 180° d=弯曲压头直径 a=钢板厚度 $b=2a$
				≥			
Q245R	热轧、控轧或正火	3~16	400~520	245	25	34	$d=1.5a$
		>16~36		235			
		>36~60		225			
		>60~100	390~510	205	24		$d=2a$
		>100~150	380~500	185			
		>150~250	370~490	175			

3）焊接气瓶用碳素钢。焊接气瓶用的钢材中有三种属碳素结构钢，其化学成分和力学性能见表 7-2-11 和表 7-2-12。

4. 焊接结构用碳素钢铸件

有五种用于铸-焊联合结构的碳素钢铸件，其化学成分和力学性能见表 7-2-13 和表 7-2-14。

表 7-2-11　焊接气瓶用碳素结构钢的化学成分（摘自 GB/T 6653—2017）

牌　号	化学成分(质量分数,%)					
	C	Mn	Si	S	P	Als
HP235	≤0.16	≤0.80	≤0.10①	≤0.012	≤0.025	≥0.015
HP265	≤0.18	≤0.80	≤0.10①			
HP295	≤0.18	≤1.00	≤0.10①			

注：牌号中“HP”为“焊瓶”汉语拼音的缩写，数字代表屈服强度下限值（MPa）。

① 对于厚度≥6mm 的钢板或钢带，允许 w(Si)≤0.35%。

表 7-2-12　焊接气瓶用碳素结构钢的力学性能（摘自 GB/T 6653—2017）

牌号	下屈服强度/MPa ≥	抗拉强度/MPa	伸长率(%) ≥	180°弯曲试验 $b \geqslant 35$mm	冲击试验			
					温度	试样方向	尺寸/mm	-40℃冲击吸收能量（V型）/J
HP235	≥235	380～500	29	$d=1.5a$	室温	横向	10×5×55	≥18
HP265	≥265	410～520	27	$d=1.5a$				
HP295	≥295	440～560	26	$d=2.0a$			10×7.5×55	≥23

注：a 为钢材厚度，d 为弯曲压头直径。

表 7-2-13　焊接结构用碳素钢铸件的化学成分（摘自 GB/T 7659—2010）

牌号	化学成分(质量分数,%)										
	主要元素					残余元素					
	C	Si	Mn	S	P	Ni	Cr	Cu	Mo	V	总和
ZG200-400H	≤0.20	≤0.60	≤0.80	≤0.025	≤0.025	≤0.40	≤0.35	≤0.40	≤0.15	≤0.05	≤1.0
ZG230-450H	≤0.20	≤0.60	≤1.20	≤0.025	≤0.025						
ZG275-480H	0.17～0.25	≤0.60	0.80～1.20	≤0.025	≤0.025						
ZG300-500H	0.17～0.25	≤0.60	1.00～1.60	≤0.025	≤0.025						
ZG340-550H	0.17～0.25	≤0.80	1.00～1.60	≤0.025	≤0.025						

注：1. 铸钢牌号中“ZG”是“铸钢”汉语拼音首位字母。
2. 牌号末尾的“H”为“焊”字汉语拼音首位字母，表示焊接用钢。
3. 牌号中二组数字分别代表铸件金属 R_{eL} 和 R_m 值（MPa）。

表 7-2-14　焊接结构用碳素钢铸件的力学性能（摘自 GB/T 7659—2010）

牌号	拉伸性能			根据合同选择	
	上屈服强度 R_{eH} /MPa ≥	抗拉强度 R_m /MPa ≥	断后伸长率 A（%） ≥	断面收缩率 Z（%） ≥	冲击吸收能量 kV_2/J ≥
ZG200-400H	200	400	25	40	45
ZG230-450H	230	450	22	35	45
ZG270-480H	270	480	20	35	40
ZG300-500H	300	500	20	21	40
ZG340-550H	340	550	15	21	35

注：当无明显屈服时，测定规定非比例延伸强度 $R_{p0.2}$。

另外，一般工程上用的碳素钢铸件，当自身出现缺陷时常需补焊。这类铸钢件未考虑焊接性，故补焊时需多加小心。表 7-2-15 和表 7-2-16 列出了一般工程用铸造碳钢件的化学成分和力学性能。

表 7-2-15　一般工程用铸造碳钢件的化学成分（摘自 GB/T 11352—2009）

牌号	化学成分(质量分数,%)										残余元素总量
	C	Si	Mn	S	P	Ni	Cr	Cu	Mo	V	
ZG200-400	0.20	0.60	0.80	0.035	0.035	0.40	0.35	0.40	0.20	0.05	1.00
ZG230-450	0.30		0.90								
ZG270-500	0.40										
ZG310-570	0.50										
ZG340-640	0.60										

注：表中数值为最大值。

表 7-2-16　一般工程用铸造碳钢件试样力学性能（摘自 GB/T 11352—2009）

牌 号	铸件厚度 /mm	R_{eL} 或 $R_{p0.2}$ /MPa	R_m /MPa	A(%)	根据合同选择		
					Z (%)	冲击吸收能量	
						KV/J	KU/J
ZG200-400	<100	200	400	25	40	30	47
ZG230-450		230	450	22	32	25	35
ZG270-500		270	500	18	25	22	27
ZG310-570		310	570	15	21	15	24
ZG340-640		340	640	10	18	10	16

注：表中数值为最小值。

2.2　碳素钢的焊接性

碳素钢的焊接性随碳含量的增加而恶化，因为碳含量较高的钢从焊接温度快速冷却的情况下容易被淬硬。被淬硬的焊缝和热影响区因其塑性下降，在焊接应力作用下容易产生裂纹。碳素钢被淬硬主要是由马氏体组织形成而引起。马氏体是碳在 α-Fe 中过饱和的固溶体，它的硬度既和钢中碳含量有关，又和所形成的马氏体数量有关，如图 7-2-1 所示。马氏体的数量受冷却速度影响，非常快的冷却速度可以产生100%的马氏体，从而可达到最高硬度。因此，当焊接碳含量较高的碳素钢时，就应当注意减缓冷却速度，使马氏体的数量减至最少。

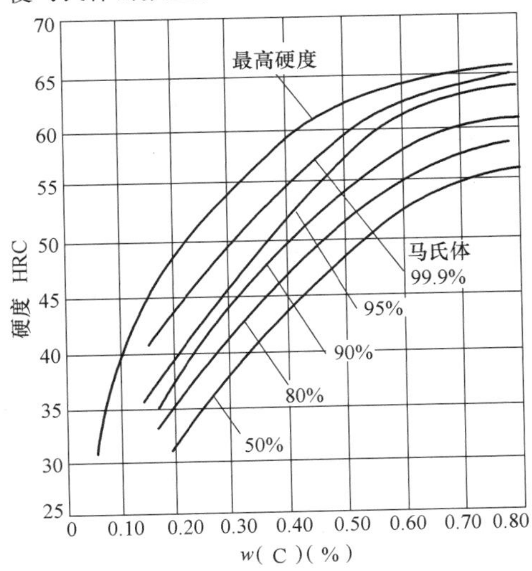

图 7-2-1　碳含量对碳素钢快速冷却产生各种马氏体含量时的硬度影响

（最高硬度曲线为小试样剧烈水淬下获得）

焊接的冷却速度受焊接热输入、母材板厚和环境温度的影响。厚板或在低温条件下焊接，其冷却速度加快；预热或加大焊接热输入，可以降低冷却速度。

碳素钢的内在质量对焊接性有很大影响。沸腾钢因脱氧不完全，其硫、磷等杂质较多，而且分布也不均匀，所以焊接时有产生热裂纹和气孔的倾向。在选择焊接材料方面，除了在成分和性能上需与母材匹配外，也应避免硫、磷等有害元素从焊接材料中带入焊缝金属中来。

碳素钢的碳质量分数增加到约 0.15%以上时，对氢致裂纹尤其敏感。因此，当焊接碳质量分数高于 0.15%的碳素钢时，需注意减少氢的来源。例如，减少焊条药皮中或埋弧焊剂中及母材上或大气中的水分，焊前对待焊部位及其附近必须清除油脂、铁锈等。焊条电弧焊时宜选用低氢型焊条，在其他焊接方法中应制造低氢环境，以减少焊缝周围环境中的氢含量。对已溶入焊缝和热影响区的氢，可采取后热措施使之向外扩散。

焊接碳素钢时产生裂纹的力学原因是结构的拘束应力和不均衡的热应力。即使是不易淬硬的低碳钢，在受拘束条件下采用了不正确的焊接程序，也会因这些应力过大而产生裂纹。

总之，对碳素钢的焊接，应根据其碳含量的不同而采取相应的工艺措施。当碳含量较低时，如低碳钢，应着重注意防止结构拘束应力和不均衡的热应力所引起的裂纹；当碳含量较高时，如高碳钢，除了防止因这些应力所引起的裂纹外，还要特别注意防止因淬硬而引起的裂纹。

2.3　低碳钢的焊接

2.3.1　低碳钢的焊接特点

低碳钢的碳含量低[$w(C) \leqslant 0.25\%$]，其他合金元素含量也较少，故是焊接性最好的钢种。采用通常的焊接方法焊接后，接头中不会产生淬硬组织或冷裂纹。只要焊接材料选择适当，便能得到满意的焊接接头。

当采用电弧焊焊接低碳钢时，为了提高焊缝金属的塑性、韧性和抗裂性能，通常都是使焊缝金属的碳含量低于母材，依靠提高焊缝中的硅、锰含量和电弧焊所具有较快的冷却速度来达到与母材等强度。因此，焊缝金属会随着冷却速度的加快，其强度会提高，而塑性和韧性会下降。为了防止过快的冷却速度，当厚板单层角焊缝时，其焊脚尺寸不宜过小；当多层焊时，应尽量连续施焊；当补焊表面缺陷时，焊缝应具有一定的尺寸，焊缝长度不得过短，必要时应采用100~150℃的局部预热。

当母材成分中碳含量偏高或在低温下焊接大刚性结构时，可能产生冷裂纹，这时应采取预热或采用低氢型焊条（焊条电弧焊时）等措施。

低碳钢弧焊焊缝通常具有较高的抗热裂纹能力，但当母材碳的质量分数已接近上限（0.25%）时，在接头设计或工艺操作上要避免焊缝具有窄而深的形状，因这样形状的焊缝最易产生热裂纹。

沸腾钢氧含量较高，板厚中心有显著偏析带，焊接时易产生裂纹和气孔，厚板焊接有一定的层状撕裂倾向，时效敏感性也较大，焊接接头的脆性转变温度也较高。因此，沸腾钢一般不用于制作受动载或在低温下工作的重要结构。

某些焊接方法热源不集中或热输入过大，如气焊和电渣焊等，引起焊接热影响区的粗晶区晶粒更加粗大，从而降低接头的冲击韧度。因此，重要结构焊后往往要进行正火处理。

2.3.2　低碳钢的焊接材料

1. 焊条电弧焊用焊条

用于焊接结构的低碳钢多是Q235钢，其抗拉强度平均约为417.5MPa，见表7-2-3。按等强度原则应选用E43××系列焊条，它的熔敷金属抗拉强度不小于420MPa，在力学性能上与母材恰好相匹配。

在GB/T 5117—2012中，E43××系列焊条按药皮类型、焊接位置和焊接电流类型分成若干种型号，其商品牌号则更多。通常根据产品结构和材料的特点、载荷性质、工作条件及施焊环境等因素进行选用。当焊接重要的或裂纹敏感性较大的结构时，常选用低氢型的碱性焊条，如E4316、E4315、E5016、E5015等，因这类焊条具有较好的抗裂性能和力学性能，其韧性和抗时效性能也很好。但这类焊条工艺性能较差，对油、锈和水很敏感，焊前需在350~400℃下烘干1~2h，并需对接头坡口做彻底清理。所以，对于一般的焊接结构，推荐选用工艺性能较好的酸性焊条，如E4303、E4313、E4320等。这些焊条虽然气体、杂质含量较高，焊缝金属的塑性、韧性及抗裂性不及碱性焊条，但一般都能满足使用性能要求。

表7-2-17列出了根据产品结构的材质、承载特点和重要性选用低碳钢焊条的示例。

此外，对于同一个强度等级的低碳钢，由于产品结构上的差别，所选用的焊条也有不同。例如，随着板厚增加，接头的冷却速度加快，促使焊缝金属硬化，接头内残余应力增大，就需要选用抗裂性能好的焊条，如低氢型焊条；厚板为了焊透，需开坡口焊接，这样填充金属量增加，为了提高生产率，就可以选铁粉焊条。表7-2-18列出了从板厚方面选择低碳钢焊条的参考资料。

同样板厚的对接接头与T形接头的散热条件各不相同，后者的角焊缝冷却快，需考虑抗裂问题；随着焊脚尺寸的加大，填充金属量是以平方数增加，也需相应选用较大的焊条直径。表7-2-19列出了按角焊缝焊脚尺寸来选用低碳钢焊条的参考资料。

表7-2-17　低碳钢焊条选用示例

牌　号	一般结构（包括壁厚不大的中、低、压容器）		动载荷、复杂和厚板结构，重要的受压容器，低温下焊接		施焊条件
	型　号	牌　号	型　号	牌　号	
Q235	E4313	J421	E4303	J422	一般不预热
Q255[①]	E4303	J422	E4319	J423	厚板结构预热150℃以上
	E4319	J423	E4320	J424	
	E4320	J424	E4311	J425	
	E4311	J425	E4316	J426	
			E4315	J427	
08、10、10、20	E4303	J422	E4316	J426	一般不预热
	E4319	J423	E4315	J427	
	E4320	J424	E5016	J506	
	E4311	J425	E5015	J507	
25	E4316	E426	E5016	E506	厚板结构预热150℃以上
	E4315	E427	E5015	E507	
20g、22g、20R	E4303	J422	E4316	J426	一般不预热
	E4319	J423	E4315	J427	

① Q255为曾用钢号，仅供参考。

表 7-2-18　按低碳钢板厚选用焊条

焊条牌号	板厚/mm				
	<10	10	20	30	40
J421	—	—			
J422	—	—	—	—	
J423、J425	—	—	—	—	
J424		—	—	—	
J426、J427	—	—	—	—	—
J422Fe、J426Fe、J427Fe	—	—	—	—	

表 7-2-19　按角焊缝焊脚尺寸选用低碳钢焊条（单层焊时）

焊条牌号	焊条直径/mm	焊脚尺寸 K/mm											
		2	3	4	5	6	7	8	9	10	11	12	13
J421、	2		—	—	—								
	2.5			—	—	—							
	3.2				—	—	—						
	4.0				—	—	—	—					
J422、J423、J426、J427	2.5			—	—	—							
	3.2				—	—	—						
	4.0				—	—	—	—	—				
	5						—	—	—	—	—		
	6							—	—	—	—	—	—
J422Fe、J426Fe、J427Fe	4									—	—	—	
	5									—	—	—	—
	6									—	—	—	—

2. 埋弧焊用焊丝和焊剂

埋弧焊时，在给定焊接参数条件下，熔敷金属的力学性能主要取决于焊丝、焊剂两者的组合。因此，选择埋弧焊用焊接材料时，必须按焊缝金属性能要求，选择匹配适当的焊剂和焊丝。选择的方法通常是：首先按接头提出的强度、韧性和其他性能的要求，选择适当的焊丝；然后根据该焊丝的化学成分选配焊剂。例如，当选用 $w(\mathrm{Si})<0.1\%$的焊丝时，如用SU08A或SU26等，必须与高硅焊剂（如HJ431）配用；若用 $w(\mathrm{Si})>0.2\%$的焊丝，则必须与中硅或低硅焊剂（如HJ350、HJ250或SJ101等）相配。此外，当接头拘束度较大时，应选用碱度较高的焊剂，以提高焊缝金属的抗裂性能；对于一些特殊的应用场合，应选配满足相应要求的专用焊剂。如厚壁窄间隙埋弧焊必须选配脱渣性良好的焊剂，如SJ101焊剂。

表 7-2-20 列出了几种低碳钢埋弧焊常用焊接材料示例。

3. 气体保护焊用焊丝

二氧化碳（CO_2）气体保护焊用焊丝分实心焊丝和药芯焊丝两大类。焊接低碳钢用的实心焊丝目前主要有SU44和SU45两种；药芯焊丝主要是钛钙型渣系和低氢型渣系两类，药芯焊丝中又分气保护、自保护和其他方式保护等。

惰性气体保护焊（如TIG、MIG）焊接低碳钢的成本较高，一般用于质量要求比较高的焊接结构或特殊焊缝。遇到焊接沸腾钢或半镇静钢时，为防止钢中氧的有害作用，应选用有脱氧能力的焊丝作填充金属，如SU45等。

表 7-2-21 列出了低碳钢气体保护焊用的焊接材料示例。

表 7-2-20　几种低碳钢埋弧焊常用焊接材料示例

牌　号	熔炼焊剂与焊丝组合		烧结焊剂与焊丝组合	
	焊　丝	焊　剂	焊　丝	焊　剂
Q235	SU08A	HJ430、HJ431	SU08A、SU08E	SJ401、SJ402（薄板、中厚板）、SJ403
Q255[①]	SU08A			
Q275	SU26			
15、20	SU08A、SU26	HJ430、HJ431、HJ330	SU08A、SU08E、SU26	SJ301、SJ302、SJ501、SJ502、SJ503（中厚板）
25	SU26、SU34			
Q245	SU26、SU44、SU34			

① Q255 为曾用钢号，仅供参考。

表 7-2-21 低碳钢气体保护焊用焊接材料示例

保护气体（体积分数）	焊丝	说明
CO_2	SU44、SU45 YJ502-1、YJ502R-1、YJ507-1 PK-YJ502、PK-YJ507	目前国产用于 CO_2 焊的实心和药芯焊丝，焊接低碳钢的焊缝金属强度略偏高
自保护	YJ502R-2、YJ507-2 PK-YZ502、PK-YZ506	自保护药芯焊丝，一般烟雾较大，适于室外作业用。有较大抗风能力
Ar+20%CO_2	SU45	混合气体保护焊，用于如锅炉水冷系统的焊接
Ar	H05MnSiAlTiZr	用于 TIG 焊，焊接锅炉集箱、换热器等打底焊缝

4. 电渣焊用焊丝和焊剂

电渣焊熔池温度较低，焊接过程中焊剂的更新量少，故焊剂中的硅、锰还原作用弱。因此，焊接低碳钢时一般采用含锰或硅、锰焊丝，依靠焊丝中的 Si、Mn 或其他元素来保证焊缝金属的强度，再选电渣焊专用的 HJ360 焊剂与之配合，有时也用 HJ252 或 HJ431 焊剂相配合。

表 7-2-22 列出了碳素钢电渣焊用的焊接材料。

表 7-2-22 碳素钢电渣焊用焊接材料

牌号	焊接材料	
	焊剂	焊丝
Q235、Q235R	HJ360、HJ252、HJ431	SU26
10、15、20、25		SU26、SU34
30、35、ZG25、ZG35		SU45、SU28、SU34

2.3.3 低碳钢的焊接工艺要点

为确保低碳钢焊接质量，在焊接工艺方面需注意以下几点。

1）焊前清除焊件表面铁锈、油脂及水分等杂质，焊接材料用前必须烘干。

2）角焊缝、对接多层焊的第一层焊缝以及单道焊缝要避免采用窄而深的坡口形式，以防止出现裂纹、未焊透或夹渣等焊接缺陷。

3）当焊接刚性大的构件时，为了防止产生裂纹，宜采取焊前预热和焊后消除应力的措施。表 7-2-23的资料可供参考。

4）在环境温度低于-10℃的情况下焊接低碳钢结构时，接头冷却速度较快，为了防止产生裂纹，应采取以下减缓冷却速度的措施：

① 焊前预热，焊时保持层间温度。

② 采用低氢型或超低氢型焊接材料。

③ 定位焊时需加大焊接电流，适当加大定位焊的焊缝截面和长度，必要时焊前也需预热。

④ 整条焊缝连续焊完，尽量避免中断。熄弧时要填满弧坑。

表 7-2-23 低碳钢焊接时预热及焊后消除应力热处理温度

牌号	材料厚度/mm	预热温度和层间温度/℃	消除应力热处理温度/℃
Q235、08、10、15、20	~50	—	—
	>50~100	>100	600~650
25、Q245R	~25	>50	600~650
	>25	>100	600~650

表 7-2-24 列出了低温下焊接时的预热温度。

表 7-2-24 低碳钢低温下焊接时预热温度

环境温度	焊件厚度/mm		预热温度/℃
	梁、柱、桁架	管道、容器	
-30℃以下	≤30	≤16	100~150
-20℃以下到-30℃	31~34	17~30	100~150
-10℃以下到-20℃	35~50	31~40	100~150
0℃以下到-10℃	51~70	41~50	100~150

2.3.4 低碳钢焊接示例

表 7-2-25 列出了低碳钢各种焊接方法示例。

表 7-2-25　低碳钢焊接示例

焊接方法	焊接产品名称	母材钢号	焊件厚度或直径/mm	接头型式	焊接材料	焊接参数 焊接电流/A	电弧电压/V	焊接速度/m·h	气体流量/L·min^{-1}	其他
焊条电弧焊	化工容器	Q245R	δ=10、20	V形坡口对接	E5015焊条 φ4mm	140~180	22~28			
焊条电弧焊	锅炉筒体、封头	Q245R	δ=10、20	V形坡口对接	E5015焊条 φ5mm	170~210	22~28			
埋弧自动焊	容器筒体	Q245R	δ=12、14、20	V形坡口对接	SU26焊丝，φ5mm；HJ431焊剂	550~650	36~40	28~34		
埋弧自动焊	锅炉膜式壁	20A管子+20钢；扁钢	管子 φ44.5×5.5；扁钢 6×108	角接	SU08A镀铜焊丝，φ2mm；HJ431焊剂	380~400	28~30	50		
手工TIG焊	锅炉集箱	Q245R	δ=13	V形坡口对接	H05MnSiAlTiZr焊丝，φ2.5mm	140~160	10~13		11~12	
CO_2焊	水冷壁	20A管子+20扁钢	φ25×6+6×10.3	正、反面角焊	SU45焊丝，φ1.2mm	170~200	25~28			
($Ar+CO_2$)保护自动弧焊	锅炉水冷系统	20A管子+20扁钢	φ25×6+6×10.3	正、反面角焊	SU45焊丝，φ1.2mm	（正）170~200	27~29		Ar：6~8	
($Ar+CO_2$)保护自动弧焊	锅炉水冷系统	20A管子+20扁钢	φ25×6+6×10.3	正、反面角焊	SU45焊丝，φ1.2mm	（反）170~200	27~29		CO_2：10~12	
焊条电弧焊打底	氨冷凝器	Q245R+16Mn	δ=20	V形坡口对接	E5015焊条，φ4mm	140~180	22~28			
埋弧自动焊	氨冷凝器	Q245R+16Mn	δ=20	V形坡口对接	SU26焊丝，φ4mm；HJ431焊剂	450~500	34~36	28~30		
手工TIG焊封底，焊条电弧焊	管子	20A	φ60×7，φ15×6.5，φ19×2.5	V形坡口对接	H05MnSiAlTiZr焊丝，φ2mm	130~150	18~20			
手工TIG焊封底，焊条电弧焊	管子	20A	φ60×7，φ15×6.5，φ19×2.5	V形坡口对接	E5015焊条，φ2.5mm	70~80	22~24			
TIG自动焊+($Ar+CO_2$)保护自动焊	管子	20A	φ51×6.5	V形坡口对接	TIG焊无焊丝	105~120	9~10	0.6 r·min^{-1}	Ar：13~14	送丝速度5.5~6m·min^{-1}
TIG自动焊+($Ar+CO_2$)保护自动焊	管子	20A	φ51×6.5	V形坡口对接	SU45焊丝，φ0.8mm	90~100	22~24	0.8~1.8 r·min^{-1}	CO_2：1.3~1.4	送丝速度5.5~6m·min^{-1}
等离子弧焊	蛇形管	20A	φ51×6.5	无坡口对接	H05MnSiAlTiZr焊丝，φ1mm	44		45	3.8/25	脉冲电流150~170A 脉冲通断比26/24
等离子弧焊	蛇形管	20A	φ51×6.5	无坡口对接	H05MnSiAlTiZr焊丝，φ1mm	44		60	1.5/25	脉冲电流150~170A 脉冲通断比26/24

2.3.5　常见焊接缺陷及防止措施

若操作技术不良或焊条、焊接参数选择不当，可能出现各种缺陷，表 7-2-26 列出了低碳钢焊条电弧焊常见的缺欠、产生的主要原因及防止措施。

表 7-2-26　低碳钢焊条电弧焊常见的缺陷产生的主要原因及防止措施

缺陷	主要原因	防止措施
咬边	过大的焊接电流；电弧过长；焊条倾斜角度不当；摆动时运条不当	减小焊接电流；电弧不要拉得过长；摆动时坡口边缘运条速度稍慢些，中间运条速度稍快些；焊条倾斜角度适当
未熔合	过小的焊接电流；过快的焊接速度；热量不够；母材坡口表面污物未清理干净	增大焊接电流；减缓焊接速度；焊条角度及运条速度要适当；清理干净表面污物
焊瘤	熔池温度过高	适当减小焊接电流；缩短电弧弧长；摆动时坡口边缘运条速度稍慢些，中间运条速度稍快些
凹坑	焊条收尾时未填满弧坑	焊条在收尾处稍多停留一会；采用断续灭弧焊
未焊透	焊接电流过小或焊接速度较快；坡口角度较小、间隙过小或钝边过大；焊条角度及运条速度不当	选择合适的坡口尺寸；选用较大的焊接电流或较慢的焊接速度；焊条角度及运条速度应适当
夹渣	母材坡口表面及附近污物未清理干净；操作不当	将电弧适当拉长些；将母材上的脏物与前道焊缝的熔渣清理干净；适当放慢速度以使熔渣浮出，将其吹走
气孔	母材坡口表面及附近污物未清理干净；焊条未按规定烘干；操作不当	焊件坡口应清理干净，焊条按规定烘干；适当加大焊接电流、减缓焊接速度；不采用偏心的焊条
裂纹	焊条质量不合格；焊缝中偶然渗入超过一定数量的铜；大刚度的部位焊时，收弧过于突然；焊接应力过大	选用合格的焊条；找出铜的来源并消除；改善收弧操作技术，将弧坑填满后收弧；减小焊接应力

注：碱性焊条不宜采用灭弧焊，以免产生气孔。

2.4　中碳钢的焊接

2.4.1　中碳钢的焊接特点

中碳钢碳含量较高，其焊接性比低碳钢差。当 w(C)接近下限（0.25%）时焊接性良好，随着碳含量增加，其淬硬倾向随之增大，在热影响区容易产生低塑性的马氏体组织。当焊接刚性较大或焊接材料、焊接参数选择不当时，容易产生冷裂纹。多层焊焊接第一层焊缝时，由于母材金属熔合到焊缝中的比例大，使其碳含量及硫、磷含量增高、容易产生热裂纹。此外，碳含量高时，气孔敏感性也增大。

2.4.2　中碳钢的焊接材料

应尽量选用抗裂性能好的低氢型焊接材料。焊条电弧焊时，若要求焊缝与母材等强，宜选用强度级别相当的低氢型焊条；若不要求等强时，则选用强度级别约比母材低一级的低氢型焊条，以提高焊缝的塑性、韧性和抗裂性能。

如果选用非低氢型焊条进行焊接，则必须有严格的工艺措施配合，如控制预热温度、减少母材熔合比等。

当焊件不允许预热时，可选用塑性优良的铬镍奥氏体型不锈钢焊条。这样可以减少焊接接头应力，避免热影响区冷裂纹产生。

表 7-2-27 列出了中碳钢焊接用焊条、预热及消除应力热处理温度。

对二氧化碳气体保护焊，当 $w(C) \leqslant 0.4\%$时仍可按低碳钢（见表 7-2-21）选用焊丝；当强度要求高时，可选用 ER50-2、ER50-3、……、ER50-7 等实心焊丝或相当等级的药芯焊丝；当用 Ar+20% CO_2（体积分数）混合保护气体时可用 GHS-60 焊丝。

2.4.3　中碳钢的焊接工艺要点

1）预热和层间温度。预热是焊接和补焊中碳钢防止裂纹的有效工艺措施。因为预热可减缓焊缝金属和热影响区的冷却速度、抑制马氏体的形成。预热温度取决于碳含量、母材厚度、结构刚性、焊条类型和工艺方法等，见表 7-2-27。最好是整体预热，若局部预热，其加热范围应为焊口两侧 150～200mm 范围内。

多层焊时，要控制层间温度，一般不低于预热的温度。

2）浅熔深。为了减少母材金属熔入焊缝中的比例，焊接接头可做成 U 形或 V 形坡口。如果是补焊铸件缺陷，所铲挖的坡口外形应圆滑。多层焊时应采用小直径焊条、小焊接电流，以减小熔深。

表 7-2-27　中碳钢焊接用焊条、预热及消除应力热处理温度

牌号	焊条						板厚/mm	预热及层间温度/℃	消除应力热处理温度/℃
	不要求等强度		要求等强度		要求高塑、韧性①				
	型号	牌号	型号	牌号	型号	牌号			
25	E4303	J422	E5016	J506			≤25	>50	600~650
	E4301	J423	E5015	J507					
30	E4316	J426	—	—			25~50	>100	600~650
	E4315	J427							
35	E4303	J422	E5016	J506			50~100	>150	600~650
	E4301	J423	E5015	J507					
ZG270-500	E4316	J426	E5516	J556	E308-16	A102			
	E4315	J427	E5515	J557	E309-16	A302			
45	E4316	J426	E5516	J556	E309-15	A307	≤100	>200	600~650
	E4315	J427	E5515	J557	E310-16	A402			
ZG310-570	E5016	J506	E6016	J606					
	E5015	J507	E6015	J607					
55	E4316	J426	E6016	J606	E310-15	A407	≤100	>250	600~650
	E4315	J427	E6015	J607					
ZG340-640	E5016	J506							
	E5015	J507							

① 用铬-镍奥氏体不锈钢焊条时，预热温度可降低或不预热。

3）焊后处理。最好是焊后冷却到预热温度之前就进行消除应力热处理，尤其是大厚度焊件或大刚性的结构更应如此。消除应力热处理温度一般在 600~650℃之间。如果焊后不能立即进行消除应力热处理，则应先进行后热，以便扩散氢逸出。后热温度约 150℃，保温 2h。

4）锤击焊缝金属。没有热处理消除焊接应力的条件时，可在焊接过程中用锤击热态焊缝金属的方法减小焊接应力，并设法使焊缝缓冷。

2.4.4　焊接常见的缺陷及防止措施

中碳钢的焊接缺陷主要是裂纹，其中热裂纹多产生于焊缝金属，特别是弧坑处；冷裂纹多产生在近缝区的母材上，有时也出现在焊缝处。焊条电弧焊焊接中碳钢常见的主要缺陷、产生原因及防止措施见表 7-2-28。

表 7-2-28　焊条电弧焊焊接中碳钢常见的主要缺陷、产生原因及防止措施

常见缺陷	产生原因	防止措施
热裂纹	焊缝碳含量偏高、硫含量偏高、锰含量偏低	减小母材在焊缝中的比例（采用小电流、开 U 形坡口）、采用碱性低氢型焊条、适当预热
冷裂纹	冷却速度太快、焊缝氢含量偏高、较大的应力	减缓近缝区冷却速度、采用碱性低氢型焊条、焊条一定要烘干
热应力裂纹	焊接区刚性过大，多层焊时第一、二道焊缝断面过薄	避免焊接区与焊件整体产生过大的温度差（可先在坡口表面堆焊隔离层防止近缝区冷裂，然后采用冷焊法），第一、二道焊接时尽量减缓焊接速度、采用碱性低氢型焊条

2.5　高碳钢的焊接

2.5.1　高碳钢的焊接特点

$w(C)>0.6\%$的高碳钢淬硬性高，很容易产生又硬又脆的高碳马氏体。在焊缝和热影响区中容易产生裂纹，难以焊接。故一般都不用这类钢制造焊接结构，而用于制造高硬度或高耐磨的部件或零件，对它们的焊接多数是破损件的补焊修理。

高碳钢零、部件的高硬度或高耐磨性能是通过热处理获得。因此，补焊这些零、部件之前应先行退

火，以减少焊接裂纹，焊后再重新进行热处理。

2.5.2　高碳钢的焊接材料

按焊缝性能要求来选用高碳钢的焊接材料，要求达到与母材完全相同的性能是比较难的。在焊条电弧焊情况下，当要求强度高时，可选用 E7015（J707）或 E6015（J607）焊条；当要求低时，选用 E5016（J506）或 E5015（J507）焊条。也可选用铬、镍奥氏体型不锈钢焊条，如 E309-16（A302）、E309-15（A307）等，这时预热温度可以降低或不需预热。在气焊情况下，对性能要求高时可用与母材成分相近的焊丝；要求不高时，可采用低碳钢焊丝。

2.5.3　高碳钢的焊接工艺要点

高碳钢焊接性差，焊接时必须注意以下几点：

1）应先退火而后焊接。

2）采用结构钢焊条时，焊前必须预热，预热温度和层间温度应高于 350℃。

3）采取与焊接中碳钢相似的工艺措施，尽量减少熔合比、小焊接电流、低焊接速度，焊接尽可能连续进行，中间不停止。

4）焊后缓冷，并应立即送入炉中进行消除应力的高温回火，随后再根据需要进行相应的热处理。

第3章　低合金钢的焊接

3.1　概述

3.1.1　低合金钢及其分类

低合金钢的全称是低合金高强度结构钢，其屈服强度范围一般在295~980MPa之间。主要在机械构件和工程结构中应用。它是在碳素钢的基础上有目的地加入少量合金元素的钢。常用的合金元素有：硅、锰、铬、镍、钼、钨、钒、钛、硼、铌等，其合金元素总量（质量分数）为1.5%~5%。

按GB/T 13304.1—2008《钢分类　第1部分　按化学成分分类》的规定，低合金钢各种合金元素含量的界限值为：$w(Si)=0.50\%\sim<0.90\%$；$w(Mn)=1.00\%\sim<1.40\%$；$w(Ni)=0.30\%\sim<0.50\%$；$w(Mo)=0.05\%\sim<0.10\%$；$w(Cr)=0.30\%\sim<0.50\%$；$w(Cu)=0.10\%\sim<0.50\%$；$w(Nb)=0.02\%\sim<0.06\%$；$w(Ti)=0.05\%\sim<0.13\%$；$w(V)=0.04\%\sim<0.12\%$；$w(Zr)=0.05\%\sim<0.12\%$。L_a系（每一种元素$=0.02\%\sim<0.05\%$。实际上，低合金高强度钢多以使用性能交货，在保证所需使用性能的前提下，允许钢厂生产这种钢时，某种或某几种合金元素含量上略有出入。在钢中加入少量合金元素的目的是提高钢的强度，改善其韧性，或使其具有特殊的物理、化学性能，如耐热、耐磨或耐蚀性能等。

低合金高强度钢的应用领域很广，种类繁多，可以从不同角度进行分类。

1. 按用途分

1）通用低合金高强度钢是属于一般用途的低合金高强度结构钢，其应用面非常广泛，故又称为普通低合金高强度钢。根据GB/T 1591—2018《低合金高强度结构钢》，把这类钢以其屈服强度平均值划分为355MPa、390MPa、420MPa、460MPa、500MPa、550MPa、620MPa和690MPa八个强度等级，每个强度等级中又按B、C、D、E、F分成三个或五个质量等级。

2）专用低合金高强度钢是某一种行业专用的低合金高强度结构钢，下面列出部分与焊接结构密切相关的行业用钢及其相应的国家标准。

船舶及海洋工程用结构钢（GB/T 712—2011）

桥梁用钢板（GB/T 714—2015）

锅炉压力容器用钢板（GB/T 713—2014）

低温压力容器用钢板（GB/T 3531—2014）

焊接气瓶用钢板和钢带（GB/T 6653—2017）

汽车大梁用热轧钢板和钢带（GB/T 3273—2015）

耐候结构钢（GB/T 4171—2008）

建筑结构用钢板（GB/T 19879—2015）

2. 按供货状态分

低合金高强度钢按供货状态分有非调质钢和调质钢两大类，前者包括热轧与正火钢、热机械轧制（TMCP）钢；后者可分成低碳调质钢和中碳调质钢。它们都是通过冶炼、轧制或热处理等工艺手段使钢材获得所需的使用性能。

1）热轧与正火钢是一种非热处理强化钢，一般是热轧、正火、正火加回火状态下供货，使用时不再进行热处理。这类钢合金元素含量较低［一般$w(Me)\leqslant3\%$］，屈服强度在295~460MPa范围。钢中主要合金元素是Mn，有些辅以Nb、V、Ti等。主要是通过固溶强化、沉淀强化和细化晶粒来提高强度和保证韧性。其显微组织主要是铁素体和珠光体。属于一般用途的低合金高强度结构钢，广泛用于各种焊接结构。

2）热机械轧制钢是近二十年来发展起来的一种非调质高强度结构钢，它是通过微合金化技术和温度-形变热机械控制过程（thermo-mechanical controlled processing，TMCP）技术生产出来的具有细晶粒、高强度和高韧性的结构钢，属微合金细晶粒钢，常简称为TMCP钢或热机械轧制钢。其显微组织是以针状铁素体或下贝氏体为主。由于这类钢性能优异，现在在我国一些重要工程的焊接结构已有采用，如油气管线、采油平台、锅炉和压力容器、船体、桥梁及高层建筑等结构。

3）低碳调质钢是一种热处理强化钢，是在淬火加回火后的状态供货。其碳含量较低，通常$w(C)\leqslant0.25\%$。钢中Mn和Mo为主要合金元素，有些辅以Cr、V、Ni、B等。这类钢只需加入少量合金元素，通过调质处理，就能使得显微组织为贝氏体及回火低碳马氏体。这类钢可以直接在调质状态下焊接，焊后不必进行调质处理，必要时可进行消除应力处理。由于这类钢强度高、韧性好，焊接热影响区淬硬倾向小，冷裂纹敏感性较低，所以在重大焊接结构中得到广泛应用。但是，这类钢焊后会在热影响区中出现软化区。

4）中碳调质钢也是一种热处理强化钢，其碳含量比低碳调质钢高，$w(C)>0.3\%$，因此淬硬性比低碳调质钢高很多。有些钢通过淬火、高温回火得到回火索氏体组织，其屈服强度可达880MPa；有些则通过淬火、低温回火得到回火马氏体组织，其屈服强度高达1196MPa。中碳调质钢常用于对强度要求很高的产品和构件，如火箭发动机壳体、飞机起落架等。由于这类钢碳含量较高，其强度和硬度很高，韧性却较低，给焊接带来较大困难，通常需在退火状态下焊接，焊后再通过整体热处理来达到所需的强度和硬度。

3. 按显微组织分

低合金高强度钢按其供货状态的显微组织分为铁素体-珠光体钢、针状铁素体钢、低碳贝氏体钢和回火马氏体钢等。它们是在冷却过程中奥氏体相变时生成，与钢的化学成分和冷却速度密切相关。不同的金相组织结构的钢材其力学性能、焊接性能有着明显的区别。

此外，按 GB/T 13304.2—2008《钢分类　第 2 部分　按主要质量等级和主要性能或使用特性的分类》规定，低合金钢按主要质量等级有以下几类：

1）普通质量低合金钢指不规定生产过程中需要特别控制质量要求的一般用途的低合金钢。不规定热处理，其硫、磷质量分数最高值≥0.040%；力学性能：抗拉强度最低值≤690MPa，屈服强度≤360MPa，伸长率最低值≤26%，冲击吸收能量（20℃，V 型）最低值≤27J 的钢都属于这一类低合金钢。例如，低合金高强度钢中屈服强度≤360MPa 的 B、C 级钢就属于普通质量类。

2）优质低合金钢指生产控制和质量要求高于普通质量低合金钢，但又不如特殊质量低合金钢严格的钢。这类钢包括可焊接的低合金高强度钢，屈服强度大于 360MPa 而小于 420MPa 的低合金高强度钢，几乎所有专用的低合金高强度钢，如锅炉压力容器用低合金钢、船舶及海洋工程结构用低合金钢和桥梁用低合金钢等都属于优质类低合金钢。

3）特殊质量低合金钢是指生产过程中需要特别严格控制质量和性能（特别严格控制硫、磷等杂质含量和纯洁度）的低合金钢。如硫、磷质量分数≤0.025%（成品分析）的，具有低温（低于-40℃）冲击性能的，具有抗层状撕裂的，或者具有屈服强度最低值≥420MPa 的可焊接低合金高强度钢等都属于这一类。如核能用低合金钢、舰艇与兵器用钢、铁道低合金车轮钢、低温压力容器用低合金钢和厚度方向性能低合金钢等。

3.1.2　低合金高强度钢的牌号和统一数字代号

低合金高强度钢的牌号是按 GB/T 221—2008《钢铁产品牌号表示方法》的规定编制。其表示方法是：前面两位数字表示平均碳质量分数的万分数，后面的元素代号表示该钢所含的合金元素，元素后面的数字表示该元素平均质量分数的百分数。若不注出数字，则表示该元素的质量分数<1.5%；若其值>1.5%则四舍五入，相应注上 2、3 等。属专门用途的钢，在尾部注专用符号。属高级优质钢，则在最后加注“A”；属特级优质钢，则加注“E”。

示例：16Mn 是平均 $w(C)=0.16\%$，$w(Mn)<1.5\%$的低合金高强度钢。

16MnR 是专门用于压力容器的 16Mn 低合金高强度钢。

06Cr19Ni10A 是 $w(C)<0.007\%$，$w(Cr)=18\%$，$w(Ni)=9\%$的高级优质不锈钢。

对于通用的低合金高强度钢的牌号，则是按 GB/T 1591—2018 和 GB/T 16270—2009 的规定，采用类似于碳素结构钢 GB/T 700—2006 的表示方法，即在钢的牌号上直接反映出它的力学性能、质量等级。例如，Q355 钢是屈服强度为 355MPa 的低合金高强度钢，16Mn 钢即属于这一种；而 Q620ME 钢则是屈服强度为 620MPa，质量等级为 E 级的低合金高强度结构钢。

专用的低合金高强度钢的牌号大部分是在通用低合金高强度钢的牌号的后面加注行业专用的符号。例如，Q345GJC 钢屈服强度为 345MPa 的高性能建筑结构（GJ）用的低合金高强度钢，其质量等级为 C 级。如果它还具有 Z25 级厚度方向性能的低合金高强度钢，则表示为 Q345GJCZ25 钢。但是，船舶及海洋工程专用的低合金高强度钢的牌号则采用国际通用的表示方法，共有三个（32、36、40）强度级别和四个（A、D、E、F）质量等级，分别表示为 A32、D32、E32、F32、A36、D36、E36、F36、A40、D40、E40、F40 等。

近年随着国民经济发展的需要，研制出许多新的低合金结构钢种，有些是按行业用途另编制牌号，如工程机械用钢有：HQ60、HQ70、…、HQ100 系列，又如油气输送用的管线钢 X52、X60、…、X100 等系列。有些则由钢厂自定的牌号，如采油平台用的 *Z* 向钢 WFG-36Z 和耐大气腐蚀钢 WSPA 等。

低合金结构钢的统一数字代号是按 GB/T 17616—2013《钢铁及合金牌号统一数字代号体系》的规定编制。

示例：

1）牌号为 Q345qD 钢，是桥梁专用的屈服强度为 345MPa 的低合金高强度钢，其质量等级为 D 级，它的统一数字代号为 L13454；注意，同是桥梁专用钢的 Q235qD 却因属非合金钢而不属于低合金高强度钢，故其统一数字代号为 U32354。

2）牌号为 30CrMnSiA 钢，是碳质量分数平均为 0.30% CrMnSi 系的优质合金结构钢，其统一数字代号为 A24303。

3.1.3　低合金高强度钢的化学成分和力学性能

这里列出焊接结构中常用的部分低合金高强度结构钢的化学成分和力学性能。

1. 通用低合金高强度钢的化学成分和力学性能

按 GB/T 1591—2018，热轧钢的牌号及化学成分（熔炼分析）见表 7-3-1，正火及正火轧制钢的牌号及化学成分（熔炼分析）见表 7-3-2，热机械轧制钢的牌号及化学成分（熔炼分析）见表 7-3-3。当要求保证厚度方向性能的钢材时，其化学成分还应符合

GB/T 5313的规定。这类钢的交货状态为热轧、正火、正火轧制或热机械轧制（TMCP）等。

表 7-3-1　热轧钢的牌号及化学成分（摘自 GB/T 1591—2018）

牌号		化学成分(质量分数,%)														
钢级	质量等级	C[1] 以下公称厚度或直径/mm ≤40[2]	C[1] 以下公称厚度或直径/mm >40	Si	Mn	P[3]	S[3]	Nb[4]	V[5]	Ti[5]	Cr	Ni	Cu	Mo	N[6]	B
		不大于		不大于												
Q355	B	0.24		0.55	1.60	0.035	0.035	—	—	—	0.30	0.30	0.40	—	0.012	—
	C	0.20	0.22			0.030	0.030									
	D	0.20	0.22			0.025	0.025								—	
Q390	B	0.20		0.55	1.70	0.035	0.035	0.05	0.13	0.05	0.30	0.50	0.40	0.10	0.015	—
	C					0.030	0.030									
	D					0.025	0.025									
Q420[7]	B	0.20		0.55	1.70	0.035	0.035	0.05	0.13	0.05	0.30	0.80	0.40	0.20	0.015	—
	C					0.030	0.030									
Q460[7]	C	0.20		0.55	1.80	0.030	0.030	0.05	0.13	0.05	0.30	0.80	0.40	0.20	0.015	0.004

① 公称厚度大于 100mm 的型钢，碳含量可由供需双方协商确定。
② 公称厚度大于 30mm 的钢材，碳含量不大于 0.22%（质量分数，后同）。
③ 对于型钢和棒材，其磷和硫含量上限值可提高 0.005%。
④ Q390、Q420 最高可到 0.07%，Q460 最高可到 0.11%。
⑤ 最高可到 0.20%。
⑥ 如果钢中酸熔铝 Als 含量不小于 0.015%或全铝 Alt 含量不小于 0.020%，或添加了其他固氮合金元素，氮元素含量不作限制，固氮元素应在质量证明书中注明。
⑦ 仅适用于型材和棒材。

表 7-3-2　正火、正火轧制钢的牌号及化学成分（摘自 GB/T 1591—2018）

牌号		化学成分(质量分数,%)													
钢级	质量等级	C	Si	Mn	P[1]	S[1]	Nb	V	Ti[3]	Cr	Ni	Cu	Mo	N	Als[4]
		不大于			不大于					不大于					不小于
Q355N	B	0.20	0.50	0.90~1.65	0.035	0.035	0.01~0.05	0.01~0.12	0.006~0.05	0.30	0.50	0.40	0.10	0.015	0.015
	C				0.030	0.030									
	D				0.030	0.025									
	E	0.18			0.025	0.020									
	F	0.16			0.020	0.010									
Q390N	B	0.20	0.50	0.90~1.70	0.035	0.035	0.01~0.05	0.01~0.20	0.006~0.05	0.30	0.50	0.40	0.10	0.015	0.015
	C				0.030	0.030									
	D				0.030	0.025									
	E				0.025	0.020									
Q420N	B	0.20	0.60	1.00~1.70	0.035	0.035	0.01~0.05	0.01~0.20	0.006~0.05	0.30	0.80	0.40	0.10	0.015	0.015
	C				0.030	0.030									
	D				0.030	0.025								0.025	
	E				0.025	0.020									
Q460N[2]	C	0.20	0.60	1.00~1.70	0.030	0.030	0.01~0.05	0.01~0.20	0.006~0.05	0.30	0.80	0.40	0.10	0.015	0.015
	D				0.030	0.025								0.025	
	E				0.025	0.020									

注：钢中应至少含有铝、铌、钒、钛等细化晶粒元素中一种，单独或组合加入时，应保证其中至少一种合金元素不小于表中规定含量的下限。
① 对于型钢和棒材，磷和硫含量上限值可提高 0.005%（质量分数）。
② w(V+Nb+Ti)≤0.22%，w(Mo+Cr)≤0.30%。
③ 最高可到 0.20%（质量分数）。
④ 可用全铝 Alt 替代，此时全铝最小含量为 0.020%（质量分数）。当钢中添加了铌、钒、钛等细化晶粒元素且含量不小于表中规定含量的下限时，铝含量下限值不限。

表 7-3-3　热机械轧制钢的牌号及化学成分（摘自 GB/T 1591—2018）

牌号		化学成分(质量分数,%)														
钢级	质量等级	C	Si	Mn	P①	S①	Nb	V	Ti②	Cr	Ni	Cu	Mo	N	B	Als③
		不大于														不小于
Q355M	B	0.14④	0.50	1.60	0.035	0.035	0.01~0.05	0.01~0.10	0.006~0.05	0.30	0.50	0.40	0.10	0.015	—	0.015
	C				0.030	0.030										
	D				0.030	0.025										
	E				0.025	0.020										
	F				0.020	0.010										
Q390M	B	0.15④	0.50	1.70	0.035	0.035	0.01~0.05	0.01~0.12	0.006~0.05	0.30	0.50	0.40	0.10	0.015	—	0.015
Q420M	B	0.16④	0.50	1.70	0.035	0.035	0.01~0.05	0.01~0.12	0.006~0.05	0.30	0.80	0.40	0.20	0.015	—	0.015
	C				0.030	0.030										
	D				0.030	0.025								0.025		
	E				0.025	0.020										
Q460M	C	0.16④	0.60	1.70	0.030	0.030	0.01~0.05	0.01~0.12	0.006~0.05	0.30	0.80	0.40	0.20	0.015	—	0.015
	D				0.030	0.025								0.025		
	E				0.025	0.020										
Q500M	C	0.18	0.60	1.80	0.030	0.030	0.01~0.11	0.01~0.12	0.006~0.05	0.60	0.80	0.55	0.20	0.015	0.004	0.015
	D				0.030	0.025								0.025		
	E				0.025	0.020										
Q550M	C	0.18	0.60	2.00	0.030	0.030	0.01~0.11	0.01~0.12	0.006~0.05	0.80	0.80	0.80	0.30	0.015	0.004	0.015
	D				0.030	0.025								0.025		
	E				0.025	0.020										
Q620M	C	0.18	0.60	2.60	0.030	0.030	0.01~0.11	0.01~0.12	0.006~0.05	1.00	0.80	0.80	0.30	0.015	0.004	0.015
	D				0.030	0.025								0.025		
	E				0.025	0.020										
Q690M	C	0.18	0.60	2.00	0.030	0.030	0.01~0.11	0.01~0.12	0.006~0.05	1.00	0.80	0.80	0.30	0.015	0.004	0.015
	D				0.030	0.025								0.025		
	E				0.025	0.020										

注：钢中应至少含有铝、铌、钒、钛等细化晶粒元素中一种，单独或组合加入时，应保证其中至少一种合金元素含量不小于表中规定含量的下限。

① 对于型钢和棒材，磷和硫含量可以提高 0.005%（质量分数，后同）。

② 最高可到 0.20%。

③ 可用全铝 Alt 替代，此时全铝最小含量为 0.020%。当钢中添加了铌、钛、钒等细化晶粒元素且含量不小于表中规定含量的下限时，铝含量下限值不限。

④ 对于型钢和棒材，Q355M、Q390M、Q420M 和 Q460M 的最大碳含量可提高 0.02%。

热轧钢的拉伸性能见表 7-3-4，正火、正火轧制钢材的拉伸性能见表 7-3-5，热机械轧制（TMCP）钢材的拉伸性能见表 7-3-6。要求钢板厚度方向性能时，钢材厚度方向的断面收缩率应按 GB/T 5313 的规定。

表 7-3-4　TMCP 钢材的拉伸性能（摘自 GB/T 1591—2018）

牌号		上屈服强度 R_{eH}①/MPa 不小于									抗拉强度 R_m/MPa			
		公称厚度或直径/mm												
钢级	质量等级	≤16	>16~40	>40~63	>63~80	>80~100	>100~150	>150~200	>200~250	>250~400	≤100	>100~150	>150~250	>250~400
Q355	B、C	355	345	335	325	315	295	285	275	—	470~630	450~600	450~600	—
	D									265②				450~600②
Q390	B、C、D	390	380	360	340	340	320	—	—	—	490~650	470~620	—	—
Q420③	B、C	420	410	390	370	370	350	—	—	—	520~680	500~650	—	—
Q460③	C	460	450	430	410	410	390	—	—	—	550~720	530~700	—	—

① 当屈服强度不明显时，可用规定塑性延伸强度 $R_{p0.2}$ 代替上屈服强度。
② 只适用于质量等级为 D 的钢板。
③ 只适用于型钢和棒材。

表 7-3-5　正火、正火轧制钢材的拉伸性能（摘自 GB/T 1591—2018）

牌号		上屈服强度 R_{eH}①/MPa 不小于								抗拉强度 R_m/MPa			断后伸长率 A(%) 不小于					
		公称厚度或直径/mm																
钢级	质量等级	≤16	>16~40	>40~63	>63~80	>80~100	>100~150	>150~200	>200~250	≤100	>100~200	>200~250	≤16	>16~40	>40~63	>63~80	>80~200	>200~250
Q355N	B、C、D、E、F	355	345	335	325	315	295	285	275	470~630	450~600	450~600	22	22	22	21	21	21
Q390N	B、C、D、E	390	380	360	340	340	320	310	300	490~650	470~620	470~620	20	20	20	19	19	19
Q420N	B、C、D、E	420	400	390	370	360	340	330	320	520~680	500~650	500~650	19	19	19	18	18	18
Q460N	C、D、E	460	440	430	410	400	380	370	370	540~720	530~710	510~690	17	17	17	17	17	16

注：正火状态包含正火加回火状态
① 当屈服不明显时，可用规定塑性延伸强度 $R_{p0.2}$ 代替上屈服强度 R_{eH}。

这类钢在焊接结构中用量很大，因此还规定了每种钢材在不同供货状态下的碳当量 CE 或焊接裂纹敏感性指数 Pcm 以保证其焊接性。

碳当量 CE 采用下列公式计算。

$$CE=w(C)+w(Mn)/6+w(Cr+Mo+V)/5+w(Ni+Cu)/15$$

当以热轧状态交货时，其最大碳当量值应符合表 7-3-7 的规定；当以正火、正火轧制状态交货时，其最大碳当量值应符合表 7-3-8 的规定；当以热机械轧制（TMCP）状态交货时，其最大碳当量值应符合表 7-3-9 的规定。

当以热机械轧制（TMCP）状态交货钢材的碳含量不大于 0.12%（质量分数）时，宜采用焊接裂纹敏感性指数 Pcm 代替碳当量评估钢材的焊接性，其计算公式为

$$\begin{aligned}Pcm=&w(C)+w(Si)/30+w(Mn)/20+\\&w(Cu)/20+w(Ni)/60+w(Cr)/20+\\&w(Mo)/15+w(V)/10+5w(B)\end{aligned}$$

Pcm 值应符合表 7-3-9 的规定。

2. 专用低合金高强度结构钢的化学成分和力学性能

1）建筑结构用低合金高强度钢。建筑钢结构，特别是大型的或高层的建筑钢结构基本上都是采用焊接连接，对结构的可靠性要求很高。因此，国家对建

表 7-3-6 热机械轧制（TMCP）钢材的拉伸性能（摘自 GB/T 1591—2018）

牌号		上屈服强度 R_{eH} ①/MPa 不小于						抗拉强度 R_m/MPa					断后伸长率 A（%）不小于
钢级	质量等级	公称厚度或直径/mm											
		≤16	>16~40	>40~63	>63~80	>80~100	>100~120②	≤40	>40~63	>63~80	>80~100	>100~120②	
Q355M	B、C、D、E、F	355	345	335	325	325	320	470~630	450~610	440~600	440~600	430~590	22
Q390M	B、C、D、E	390	380	360	340	340	335	490~650	480~640	470~630	460~620	450~610	20
Q420M	B、C、D、E	420	400	390	380	370	365	520~680	500~660	480~640	470~630	460~620	19
Q460M	C、D、E	460	440	430	410	400	385	540~720	530~710	510~690	500~680	490~660	17
Q500M	C、D、E	500	490	480	460	450	—	610~770	600~760	590~750	540~730	—	17
Q550M	C、D、E	550	540	530	510	500	—	670~830	620~810	600~790	590~780	—	16
Q620M	C、D、E	620	610	600	580	—	—	710~880	690~880	670~860	—	—	15
Q690M	C、D、E	690	680	670	650	—	—	770~940	750~920	730~900	—	—	14

注：热机械轧制（TMCP）状态包含热机械轧制（TMCP）加回火状态。

① 当屈服不明显时，可用规定塑性延伸强度 $R_{p0.2}$ 代替上屈服强度 R_{eH}。

② 对于型钢和棒材，厚度或直径不大于 150mm。

表 7-3-7 热轧状态交货钢材的碳当量（基于熔炼分析）（摘自 GB/T 1591—2018）

牌号		碳当量 CE（质量分数，%）不大于				
钢级	质量等级	公称厚度或直径/mm				
		≤30	>30~63	>63~150	>150~250	>250~400
Q355①	B	0.45	0.47	0.47	0.49②	—
	C					—
	D					0.49③
Q390	B	0.45	0.47	0.49	—	—
	C					
	D					
Q420④	B	0.45	0.47	0.48	0.49②	—
	C					
Q460④	C	0.47	0.49	0.49	—	—

① 当需要对硅含量控制时（如热浸镀锌涂层），为达到抗拉强度要求而增加其他元素如碳和锰的含量，表中最大碳当量值的增加应符合下列规定：

对于 w（Si）≤0.030%，碳当量可提高 0.02%（质量分数）。

对于 w（Si）≤0.25%，碳当量可提高 0.01%（质量分数）。

② 对于型钢和棒材，其最大碳当量可到 0.54%（质量分数）。

③ 只适用于质量等级为 D 的钢板。

④ 只适用于型钢和棒材。

表 7-3-8 正火、正火轧制状态交货钢材的碳当量（基于熔炼分析）（摘自 GB/T 1591—2018）

牌号		碳当量 CE(质量分数,%) 不大于			
钢级	质量等级	公称厚度或直径/mm			
		≤63	>63~100	>100~250	>250~400
Q355N	B、C、D、E、F	0.43	0.45	0.45	协议
Q390N	B、C、D、E	0.46	0.48	0.49	协议
Q420N	B、C、D、E	0.48	0.50	0.52	协议
Q460N	C、D、E	0.53	0.54	0.55	协议

表 7-3-9　热机械轧制或热机械轧制加回火状态交货钢材的碳当量及焊接裂纹敏感性指数（基于熔炼分析）（摘自 GB/T 1591—2018）

牌号		碳当量 CE（质量分数,%）不大于					焊接裂纹敏感性指数 Pcm(质量分数,%)不大于
		公称厚度或直径/mm					
钢级	质量等级	≤16	>16~40	>40~63	>63~120	>120~150①	
Q355M	B、C、D、E、F	0.39	0.39	0.40	0.45	0.45	0.20
Q390M	B、C、D、E	0.41	0.43	0.44	0.46	0.46	0.20
Q420M	B、C、D、E	0.43	0.45	0.46	0.47	0.47	0.20
Q460M	C、D、E	0.45	0.46	0.47	0.48	0.48	0.22
Q500M	C、D、E	0.47	0.47	0.47	0.48	0.48	0.25
Q550M	C、D、E	0.47	0.47	0.47	0.48	0.48	0.25
Q620M	C、D、E	0.48	0.48	0.48	0.49	0.49	0.25
Q690M	C、D、E	0.49	0.49	0.49	0.49	0.49	0.25

① 仅适用于棒材

筑结构用的钢材除严格规定其化学成分和力学性能外，还规定了每种钢材在不同供货状态下的碳当量 CE 或焊接裂纹敏感性指数 Pcm，以保证其焊接性。表 7-3-10 列出了 GB/T 19879—2015《建筑结构用钢板》标准规定的化学成分，表 7-3-11 列出了相应的碳当量 CEV 和焊接裂纹敏感性指数 Pcm，表 7-3-12 是标准规定的力学性能。当板厚≥15mm 且有厚度方向性能要求时，该标准给出了三个可供选择的性能级别，并规定每个级别钢的断面收缩率及其相应硫的最高含量，见表 7-3-13。

表 7-3-10　建筑结构用低合金高强度钢的化学成分（摘自 GB/T 19879—2015）

牌号	质量等级	化学成分(质量分数,%)												
		C	Si	Mn	P	S	V②	Nb②	Ti②	Als①	Cr	Cu	Ni	Mo
		≤			≤					≥	≤			
Q235GJ	B、C	0.20	0.35	0.60~1.50	0.025	0.015	—	—	—	0.015	0.30	0.30	0.30	0.08
	D、E	0.18			0.020	0.010								
Q345GJ	B、C	0.20	0.55	≤1.60	0.025	0.015	0.150	0.070	0.035	0.015	0.30	0.30	0.30	0.20
	D、E	0.18			0.020	0.010								
Q390GJ	B、C	0.20	0.55	≤1.70	0.025	0.015	0.200	0.070	0.030	0.015	0.30	0.30	0.70	0.50
	D、E	0.18			0.020	0.010								
Q420GJ	B、C	0.20	0.55	≤1.70	0.025	0.015	0.200	0.070	0.030	0.015	0.80	0.30	1.00	0.50
	D、E	0.18			0.020	0.010								
Q460GJ	B、C	0.20	0.55	≤1.70	0.025	0.015	0.200	0.110	0.030	0.015	1.20	0.50	1.20	0.50
	D、E	0.18			0.020	0.010								
Q500GJ	C	0.18	0.60	≤1.80	0.025	0.015	0.120	0.110	0.030	0.015	1.20	0.50	1.20	0.60
	D、E				0.020	0.010								
Q500GJ③	C	0.18	0.60	≤2.00	0.025	0.015	0.120	0.110	0.030	0.015	1.20	0.50	2.00	0.60
	D、E				0.020	0.010								
Q620GJ③	C	0.18	0.60	≤2.00	0.025	0.015	0.120	0.110	0.030	0.015	1.20	0.50	2.00	0.60
	D、E				0.020	0.010								
Q690GJ③	C	0.18	0.60	≤2.20	0.025	0.015	0.120	0.110	0.030	0.015	1.20	0.50	2.00	0.60
	D、E				0.020	0.010								

① 允许用全铝含量（Alt）来代替酸溶铝含量（Als）的要求，此时全铝含量 Alt 应不小于 0.020%（质量分数），如果钢中添加 V、Nb 或 Ti 任一种元素，且其含量不低于 0.015%（质量分数）时，最小铝含量不适用。

② 当 V、Nb、Ti 组合加入时，对于 Q235GJ、Q345GJ，w（V+Nb+Ti）≤0.15%，对于 Q390GJ、Q420GJ、Q460GJ，w(V+Nb+Ti)≤0.22%。

③ 当添加硼时，Q550GJ、Q620GJ、Q690GJ 及淬火加回火状态钢中的 w(B)≤0.003%。

表 7-3-11　建筑结构用钢的碳当量（CEV）和焊接裂纹敏感性指数（Pcm）的要求（摘自 GB/T 19879—2015）

牌号	交货状态①	规定厚度(mm)的碳当量 CEV(%)				规定厚度(mm)的焊接裂纹敏感性指数 Pcm(%)			
		≤50②	>50~100	>100~150	>150~200	≤50②	>50~100	>100~150	>150~200
		≤				≤			
Q235GJ	WAR、WCR、N	0.34	0.36	0.38	—	0.24	0.26	0.27	—
Q345GJ	WAR、WCR、N	0.42	0.44	0.46	0.47	0.26	0.29	0.30	0.30
	TMCP	0.38	0.40	—	—	0.24	0.26	—	—
Q390GJ	WCR、N、NT	0.45	0.47	0.49	—	0.28	0.30	0.31	—
	TMCP、TMCP+T	0.40	0.43	—	—	0.26	0.27	—	—
Q420GJ	WCR、N、NT	0.48	0.50	0.52	—	0.30	0.33	0.34	—
	QT	0.44	0.47	0.49	—	0.28	0.30	0.31	—
	TMCP、TMCP+T	0.40	双方协商	—		0.26	双方协商	—	—
Q460GJ	WCR、N、NT	0.52	0.54	0.56	—	0.32	0.34	0.35	—
	QT	0.45	0.48	0.50	—	0.28	0.30	0.31	—
	TMCP、TMCP+T	0.42	双方协商	—		0.27	双方协商	—	
Q500GJ	QT	0.52	—			双方协商	—		
	TMCP、TMCP+T	0.47	—			0.28③	—		
Q550GJ	QT	0.54	—			双方协商	—		
	TMCP、TMCP+T	0.47	—			0.29③	—		
Q620GJ	QT	0.58	—			双方协商	—		
	TMCP、TMCP+T	0.48	—			0.30③	—		
Q690GJ	QT	0.60	—			双方协商	—		
	TMCP、TMCP+T	0.50	—			0.30③			

① WAR：热轧；WCR：控轧；N：正火；NT：正火+回火；TMCP：热机械控制轧制；TCMP+T；热机械控制轧制+回火；QT：淬火（包括在线直接淬火）+回火。

② Q500GJ、Q550GJ、Q620GJ、Q690GJ 最大厚度为 40mm。

③ 仅供参考。

2）船舶及海洋工程用结构钢。按 GB/T 712—2011 规定，船舶及海洋工程用结构钢按强度等级分为一般强度级、高强度级和超高强度级船舶及海洋工程结构用钢三类。一般强度级船舶及海洋工程用结构钢的牌号、化学成分和力学性能分别见表 7-2-7 和表 7-2-8。高强度级船舶及海洋工程用结构钢的牌号和化学成分见表 7-3-14，其力学性能见表 7-3-15；超高强度级船舶及海洋工程用结构钢的牌号和化学成分见表 7-3-16，其力学性能见表 7-3-17；高强度级船舶及海洋工程用结构钢的交货状态见表 7-3-18；表 7-3-19 和表 7-3-20 分别列出了几种专门用途的低合金高强度结构钢的化学成分和力学性能。

3.1.4　低合金高强度结构钢的组织与性能

合金结构钢中低合金高强度钢是应用最为广泛的一类，在焊接生产中经常遇到的也是这类钢，掌握这类钢的组织与性能，对分析其焊接性极为重要。

低合金高强度钢的组织和性能与钢的化学成分及热处理状态密切相关。利用钢的连续冷却转变图（CCT 图）可以很方便地了解这种关系。图 7-3-1 所示为典型的低合金高强度结构钢的 CCT 图。图中 A 表示奥氏体，B 表示贝氏体，F 表示铁素体，P 表示珠光体。①、②和③表示不同冷却速度的曲线。当冷却速度大于①（即在曲线①以左）时，组织为马氏体；当冷却速度小于③（即曲线③以右）时，基本上是铁素体加珠光体；介于①、③之间时，主要为贝氏体。

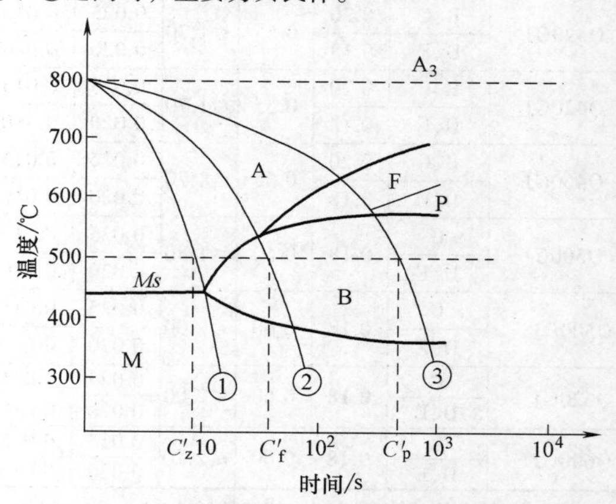

图 7-3-1　典型的低合金高强结构钢的 CCT 图

A—奥氏体　F—铁素体　P—珠光体

B—贝氏体　M—马氏体

①、②、③—冷却速度曲线

表 7-3-12　建筑结构用低合金高强度的力学性能（摘自 GB/T 19879—2015）

牌号	质量等级	拉伸试验											纵向冲击试验		弯曲试验②	
		下屈服强度 R_{eL}①/MPa					抗拉强度 R_m/MPa			屈强比 R_{eL}/R_m		断后伸长率 A(%)	温度 /℃	冲击吸收能量 KV_2/J	180° 弯曲压头直径 D	
		钢板厚度/mm													钢板厚度/mm	
		6~16	>16~50	>50~100	>100~150	>150~200	≤100	>100~150	>150~200	6~150	>150~200	≥		≥	≤16	>16
Q235GJ	B	≥235	235~345	225~335	215~325	—	400~510	380~510	—	≤0.80	—	23	20	47	$D=2a$	$D=3a$
	C												0			
	D												-20			
	E												-40			
Q345GJ	B	≥345	345~445	335~445	325~435	305~415	490~610	470~610	470~610	≤0.80	≤0.80	22	20	47	$D=2a$	$D=3a$
	C												0			
	D												-20			
	E												-40			
Q390GJ	B	≥390	390~510	380~500	370~490	—	510~660	490~640	—	≤0.83	—	20	20	47	$D=2a$	$D=3a$
	C												0			
	D												-20			
	E												-40			
Q420GJ	B	≥420	420~550	410~540	400~530	—	530~680	510~660	—	≤0.83	—	20	20	47	$D=2a$	$D=3a$
	C												0			
	D												-20			
	E												-40			
Q460GJ	B	≥460	460~600	450~590	440~580	—	570~720	550~720	—	≤0.83	—	18	20	47	$D=2a$	$D=3a$
	C												0			
	D												-20			
	E												-40			

（续）

牌号	质量等级	拉伸试验					纵向冲击试验		弯曲试验[2]
		下屈服强度 R_{eL}[1]/MPa		抗拉强度 R_m/MPa	屈强比 R_{eL}/R_m	断后伸长率 A(%)	温度/℃	冲击吸收能量 KV_2/J	180° 弯曲压头直径 D
		钢板厚度/mm							
		12~20	>20~40		≤	≥		≥	
Q500GJ	C	≥500	500~640	610~770	0.85	17	0	55	$D=3a$
	D						-20	47	
	E						-40	31	
Q550GJ	C	≥550	550~690	670~830	0.85	17	0	55	$D=3a$
	D						-20	47	
	E						-40	31	
Q620GJ	C	≥620	620~770	730~900	0.85	17	0	55	$D=3a$
	D						-20	47	
	E						-40	31	
Q690GJ	C	≥690	690~860	770~940	0.85	14	0	55	$D=3a$
	D						-20	47	
	E						-40	31	

① 如屈服现象不明显，屈服强度取 $R_{p0.2}$。

② a 为试样厚度。

表 7-3-13　厚度方向性能钢的性能级别及其断面收缩率和相应硫的含量（摘自 GB/T 19879—2015）

厚度方向性能级别	断面收缩率（%）	硫含量（质量分数,%）	厚度方向性能级别	断面收缩率（%）	硫含量（质量分数,%）
Z15	≥15	≤0.010	Z35	≥35	≤0.005
Z25	≥25	≤0.007			

注：对厚度不小于 15mm 的钢板要求厚度方向性能时，其断面收缩率（三个试样平均值）应符合表中的规定。

表 7-3-14　高强度级船舶及海洋工程用结构钢的牌号和化学成分（熔炼分析）（摘自 GB/T 712—2011）

<table>
<tr><th rowspan="2">牌号</th><th colspan="14">化学成分③④⑤（质量分数,%）</th></tr>
<tr><th>C</th><th>Si</th><th>Mn</th><th>P</th><th>S</th><th>Cu</th><th>Cr</th><th>Ni</th><th>Nb</th><th>V</th><th>Ti</th><th>Mo</th><th>N</th><th>Als②</th></tr>
<tr><td>AH32</td><td rowspan="9">≤0.18</td><td rowspan="12">≤0.50</td><td rowspan="12">0.90～1.60①</td><td rowspan="3">≤0.030</td><td rowspan="3">≤0.030</td><td rowspan="12">≤0.35</td><td rowspan="12">≤0.20</td><td rowspan="9">≤0.40</td><td rowspan="12">0.02～0.05</td><td rowspan="12">0.05～0.10</td><td rowspan="12">≤0.02</td><td rowspan="12">≤0.08</td><td rowspan="9">—</td><td rowspan="12">≥0.015</td></tr>
<tr><td>AH36</td></tr>
<tr><td>AH40</td></tr>
<tr><td>DH32</td><td rowspan="6">≤0.025</td><td rowspan="6">≤0.025</td></tr>
<tr><td>DH36</td></tr>
<tr><td>DH40</td></tr>
<tr><td>EH32</td></tr>
<tr><td>EH36</td></tr>
<tr><td>EH40</td></tr>
<tr><td>FH32</td><td rowspan="3">≤0.16</td><td rowspan="3">≤0.020</td><td rowspan="3">≤0.020</td><td rowspan="3">≤0.80</td><td rowspan="3">≤0.009</td></tr>
<tr><td>FH36</td></tr>
<tr><td>FH40</td></tr>
</table>

① 当 AH32～EH40 级钢材的厚度≤12.5mm 时，Mn 含量的最小值可为 0.70%（质量分数，后同）。

② 对于厚度大于 25mm 的 D 级、E 级钢材的铝含量应符合表中规定；可测定总铝含量代替酸溶铝含量，此时总铝含量应不小于 0.020%。经船级社同意，也可使用其他细化晶粒元素。

③ 细化晶粒元素 Al、Nb、V、Ti 可单独或以任一组合形式加入钢中。当单独加入时，其含量应符合本表的规定；若混合加入两种或两种以上细化晶粒元素时，表中细晶元素含量下限的规定不适用，同时要求 $w(Nb+V+Ti) \leq 0.12\%$。

④ 当 F 级钢中含铝时，$w(N) \leq 0.012\%$。

⑤ 添加的任何其他元素，应在质量证明中注明。

表 7-3-15　高强度级船舶及海洋工程用结构钢的力学性能（摘自 GB/T 712—2011）

<table>
<tr><th rowspan="4">牌号</th><th colspan="3">拉伸试验①②</th><th colspan="7">V 型冲击试验</th></tr>
<tr><th rowspan="3">上屈服强度 R_{eH}/MPa</th><th rowspan="3">抗拉强度 R_m/MPa</th><th rowspan="3">断后伸长率 A(%)</th><th rowspan="3">试验温度/℃</th><th colspan="6">以下厚度(mm)冲击吸收能量 KV_2/J</th></tr>
<tr><th colspan="2">≤50</th><th colspan="2">>50～70</th><th colspan="2">>70～150</th></tr>
<tr><th>纵向</th><th>横向</th><th>纵向</th><th>横向</th><th>纵向</th><th>横向</th></tr>
<tr><td></td><td></td><td></td><td></td><td></td><td colspan="6">≥</td></tr>
<tr><td>AH32</td><td rowspan="4">≥315</td><td rowspan="4">450～570</td><td rowspan="4">≥22</td><td>0</td><td rowspan="4">31</td><td rowspan="4">22</td><td rowspan="4">38</td><td rowspan="4">26</td><td rowspan="4">46</td><td rowspan="4">31</td></tr>
<tr><td>DH32</td><td>-20</td></tr>
<tr><td>EH32</td><td>-40</td></tr>
<tr><td>FH32</td><td>-60</td></tr>
<tr><td>AH36</td><td rowspan="4">≥355</td><td rowspan="4">490～630</td><td rowspan="4">≥21</td><td>0</td><td rowspan="4">34</td><td rowspan="4">24</td><td rowspan="4">41</td><td rowspan="4">27</td><td rowspan="4">50</td><td rowspan="4">34</td></tr>
<tr><td>DH36</td><td>-20</td></tr>
<tr><td>EH36</td><td>-40</td></tr>
<tr><td>FH36</td><td>-60</td></tr>
<tr><td>AH40</td><td rowspan="4">≥390</td><td rowspan="4">510～660</td><td rowspan="4">≥20</td><td>0</td><td rowspan="4">41</td><td rowspan="4">27</td><td rowspan="4">46</td><td rowspan="4">31</td><td rowspan="4">55</td><td rowspan="4">37</td></tr>
<tr><td>DH40</td><td>-20</td></tr>
<tr><td>EH40</td><td>-40</td></tr>
<tr><td>FH40</td><td>-60</td></tr>
</table>

① 拉伸试验取横向试样。经船级社同意，A 级型钢的抗拉强度可超上限。

② 当屈服不明显时，可测量 $R_{p0.2}$ 代替上屈服强度。

表 7-3-16　超高强度级船舶及海洋工程用结构钢的牌号和化学成分（熔炼分析）（摘自 GB/T 712—2011）

牌号	化学成分①②（质量分数,%）					
	C	Si	Mn	P	S	N
AH420	≤0.21	≤0.55	≤1.70	≤0.030	≤0.030	≤0.020
AH460						
AH500						
AH550						
AH620						
AH690						
DH420	≤0.20	≤0.55	≤1.70	≤0.025	≤0.025	
DH460						
DH500						
DH550						
DH620						
DH690						
EH420	≤0.20	≤0.55	≤1.70	≤0.025	≤0.025	
EH460						
EH500						
EH550						
EH620						
EH690						
FH420	≤0.18	≤0.55	≤1.60	≤0.020	≤0.020	
FH460						
FH500						
FH550						
FH620						
FH690						

① 添加的合金化元素及细化晶粒元素 Al、Nb、V、Ti 应符合船级社认可或公认的有关标准规定。

② 应采用公式 $Pcm=w(C)+w(Si)/30+w(Mn)/20+w(Cu)/20+w(Ni)/60+w(Cr)/20+w(Mo)/15+w(V)/10+5w(B)$ 计算裂纹敏感系数 Pcm 代替碳当量，其值应符合船级社认可的标准。

表 7-3-17　超高强级船舶及海洋工程用结构钢的力学性能（摘自 GB/T 712—2011）

钢级	拉伸试验①			V 型冲击试验		
	上屈服强度② R_{eH}/MPa	抗拉强度 R_m/MPa	断后伸长率 A(%)	试验温度/℃	冲击吸收能量 KV_2/J≥ 纵向	横向
AH420	≥420	530~680	≥18	0	42	28
DH420				-20		
EH420				-40		
FH420				-60		
AH460	≥460	570~720	≥17	0	46	31
DH460				-20		
EH460				-40		
FH460				-60		
AH500	≥500	610~770	≥16	0	50	33
DH500				-20		
EH500				-40		
FH500				-60		
AH550	≥550	670~830	≥16	0	55	37
DH550				-20		
EH550				-40		
FH550				-60		

（续）

钢级	拉伸试验①			V 型冲击试验		
	上屈服强度② R_{eH}/MPa	抗拉强度 R_m/MPa	断后伸长率 A(%)	试验温度/℃	冲击吸收能量 KV_2/J≥	
					纵向	横向
AH620	≥620	720~890	≥15	0	62	41
DH620				-20		
EH620				-40		
FH620				-60		
AH690	≥690	770~940	≥14	0	69	46
DH690				-20		
EH690				-40		
FH690				-60		

① 拉伸试验取横向试样。冲击试验取纵向试样，但供方应保证横向冲击性能。

② 当屈服不明显时，可测量 $R_{p0.2}$ 代替上屈服强度。

表 7-3-18　高强度级船舶及海洋工程结构用钢的交货状态（摘自 GB/T 712—2011）

钢材等级	细化晶粒元素	产品型式	交货状态（冲击试验取样批量）					
			厚度 t/mm					
			≤12.5	>12.5~20	>20~25	>25~35	>35~50	>50~150
A40	任意	板材	A(50)	N(50),CR(50),TM(50)				N(50),TM(50),QT(每热处理长度)
		型材	A(50)	N(50),CR(50),TM(50)				—
D32 D36	Nb 和/或 V	板材	A(50)	N(50),CR(25),TM(50)				N(50),CR(25),TM(50)
		型材	A(50)	N(50),CR(50),TM(50),AR＊(25)				—
	A1 或 Al 或 Ti	板材	A(50)		AR＊(25)	—		
					N(50),CR(25),TM(50)			N(50),CR(25),TM(50)
		型材	A(50)		N(50),CR(25),TM(50),AR＊(25)			—
D40	任意	板材	N(50),CR(50),TM(50)					N(50),TM(50),QT(每热处理长度)
		型材	N(50),CR(50),TM(50)					—
E32 E36	任意	板材	N(每件),TM(每件)					
		型材	N(25),TM(25),AR＊(15),CR＊(15)					
E40	任意	板材	N(每件),TM(每件),QT(每热处理长度)					
		型材	N(25),TM(25),QT(25)					—
F32 F36	任意	板材	N(每件),TM(每件),QT(每热处理长度)					
		型材	N(25),TM(25),QT(25),CR＊(15)					—
F40	任意	板材	N(每件),TM(每件),QT(每一热处理长度)					
		型材	N(25),TM(25),QT(25)					—

注：1. A-任意状态；CR-控轧；N-正火；TM（TMCP）-温度-形变控制轧制；AR＊：经船级社特别认可后，可采用热轧状态交货；CP＊经船级社特别认可后，可采用控制轧制状态交货；QT：淬火加回火。

2. 括号中的数值表示冲击试样的取样批量（单位为吨），(—) 表示不做冲击试验。

合金元素含量和晶粒大小（或奥氏体化温度）是影响转变特性的主要因素。在各种元素中，碳的影响最大，碳含量的增加提高了钢的淬硬性，使转变曲线向右移。当钢中同时存在钼、钒、钛、铌等合金元素时，碳主要以碳化物形式存在。在这里，碳是提高材料强度的主要元素。

锰和镍为固溶强化元素。锰在 α-铁中的最高质量分数可达 3%，当 w(Mn) 小于 1%时，不降低塑性。锰和镍有稳定 α 相的作用，提高锰、镍含量同样使转变曲线向右移，促进马氏体转变，但不显著改变曲线形状。镍为改善低合金钢高强度结构钢韧性的主要元素之一。

钼和铬能显著提高钢的强度和淬透性，使转变曲线向右移，并改变其形状，但两者只能使珠光体区域向右移，而不明显改变较低温度下的转变，所以倾向于促进贝氏体的形成。钼还能细化钢的晶粒，是低合金高强度结构钢中常用元素。

钒和铌为碳化物和氮化物的强烈形成元素，以细小质点从固溶体中析出，强化 α 相，并以弥散状态细化晶粒。钒和铌提高钢的强度，但塑韧性有所下

表 7-3-19 专门用途低合金高强度结构钢的化学成分

用途	牌号或钢级		化学成分(质量分数,%)										
			C	Mn	Si	Ni	Mo	Cr	Nb	Als	V	S	P
锅炉和压力容器用钢(GB 713—2014)	Q345R		≤0.20	1.20~1.70	≤0.35	≤0.30	≤0.08	≤0.30	≤0.05	≥0.020①	≤0.050	≤0.010	≤0.025
	Q370R		≤0.18	1.20~1.70	≤0.55	≤0.30	≤0.08	≤0.30	0.015~0.05	①	≤0.050	≤0.010	≤0.020
	Q420R		≤0.20	1.30~1.70	≤0.55	0.20~0.50	≤0.08	≤0.30	0.015~0.05	①	≤0.100	≤0.010	≤0.020
	13MnNiMoR		≤0.15	1.20~1.60	0.15~0.50	0.60~1.00	0.20~0.40	0.20~0.40	0.005~0.02	—	—	≤0.010	≤0.020
	18MnMoNbR		≤0.21	1.20~1.60	0.15~0.50	≤0.30	0.45~0.65	≤0.30	0.025~0.05	—	—	≤0.010	≤0.020
石油天然气工业输送钢管(GB/T 9711—2017)	L320 或 X46② L360 或 X52②		≤0.28	≤1.40	—	—	—	—	—	—	④	≤0.030	≤0.030
	L390 或 X56② L415 或 X60②		≤0.26	≤1.40	—	—	—	—	—	—	④		
	L555Q 或 X80Q③		≤0.18	≤1.90	≤0.45		—	—	—	—	④	≤0.015	≤0.025
	L690Q 或 100Q③		≤0.16	≤1.90	≤0.45	—	—	—	—	—	④	≤0.010	≤0.020
桥梁用结构钢⑤(GB/T 714—2015)	Q345q	C	≤0.14	0.90~1.60	≤0.55	≤0.30	—	≤0.30	0.010~0.090	0.010~0.045	0.010~0.080 Ti:0.006~0.030 Cu≤0.30 N≤0.0080	≤0.025	≤0.030
		D										≤0.020	≤0.025
		E										≤0.010	≤0.020
	Q370q	D		1.00~1.60	≤0.55	≤0.30	—	≤0.30	0.01~0.09	0.010~0.045	0.010~0.080 Ti:0.006~0.03 Cu≤0.30 N≤0.008	≤0.020	≤0.025
		E										≤0.010	≤0.020
	Q420q	D	≤0.11	1.00~1.70	≤0.55	≤0.30	0.20	≤0.50	0.01~0.09	0.015~0.05	0.010~0.080 Ti:0.006~0.030 Cu≤0.30 N≤0.0080	≤0.020	≤0.025
	Q460q	E					0.25					≤0.010	≤0.020
	Q500q	F				0.70	0.30	0.80				≤0.006	≤0.015
	Q500q	D E F	≤0.11	0.8~1.70	≤0.55	≤0.30	≤0.30	≤0.80	0.005~0.060	0.010~0.045	0.010~0.080 Ti:0.006~0.030 Cu≤0.30 N≤0.0080	D 级:S≤0.020, P≤0.025 E 级:S≤0.010, P≤0.020 F 级:S≤0.006, P≤0.015	
	Q550q		≤0.12										
	Q620q		≤0.14	0.8~1.70	≤0.55	≤0.30	0.20~0.50	0.40~0.80	0.005~0.090	0.010~0.045	0.010~0.080 Ti=0.006~0.030 Cu:0.15~0.55 N≤0.0080		
	Q690q		≤0.15				0.20~0.60	0.40~1.00					

注：C、D、E、F 为性能等级。
① w(Cu+Ni+Cr+Mo)≤0.70%。
② 为 t≤25mm(0.984in) 的 PSL1 钢管。
③ 为 t≤25mm(0.984in) 的 PSL2 钢管。
④ w(Nb+V+Ti)≤0.15%。
⑤ 桥梁用结构钢中可添加 w(B)为 0.0005%~0.003%；钢中 Al、Nb、V、Ti 可单独或组合加入。单独加入时，应符合表中规定；组合加入时，应至少保证一种合金元素含量达到表中下限规定。且 w(Nb+V+Ti)≤0.22%。

表 7-3-20　专门用途低合金高强度结构钢的力学性能

用途	牌号	交货状态	钢板厚度/mm	抗拉强度/MPa	下屈服强度/MPa	伸长率(%)	冲击吸收能量 KV_2/J	弯曲试验 180° $b=2a$ d=弯曲压头直径 a=试样厚度
锅炉和压力容器用钢（摘自 GB/T 713—2014）	Q345R	热轧、控扎或正火	3～16	510～640	345	21	≥41(0℃)	$d=2a$
			>16～36	500～630	325	21		$d=3a$
			>36～60	490～620	315	21		$d=3a$
			>60～100	490～620	305	20		$d=3a$
			>100～150	480～610	285	20		$d=3a$
			>150～250	470～600	265	20		$d=3a$
	Q370R	正火	10～16	530～630	370	20	≥47(-20℃)	$d=2a$
			>16～36	530～630	360			$d=3a$
			>36～60	520～620	340			
			>60～100	510～610	330			
	Q420R	正火	10～16	590～720	420	18	≥60(-20℃)	$d=3a$
			>20～30	570～700	400			
	13MnNiMoR	正火+回火	30～100	570～720	390	18	47(0℃)	$d=3a$
			>100～150		380			
	18MnMoNbR	正火+回火	30～60	570～720	400	18	47(0℃)	$d=3a$
			>60～100		390			

（续）

用途	牌号	质量等级	拉伸试验① 下屈服强度/MPa 板厚≤5mm	板厚>50~100mm	板厚>100~150mm	抗拉强度/MPa	断后伸长率(%)	冲击试验② 温度/℃	冲击吸收能量 KV_2/J
桥梁用结构钢（摘自GB/T 714—2015）	Q345q	C	≥345	≥335	≥305	≥490	≥20	0	≥120
		D						-20	
		E						-40	
	Q370q	C	≥370	≥360	—	≥510	≥20	0	≥120
		D						-20	
		E						-40	
	Q420q	D	≥420	≥410	—	≥540	≥19	-20	≥120
		E						-40	
		F						-60	≥47
	Q460q	D	≥460	≥450	—	≥570	≥18	-20	≥120
		E						-40	
		F						-60	≥47
	Q500q	D	≥500	≥480	—	≥630	≥18	-20	≥120
		E						-40	
		F						-60	≥47
	Q550q	D	≥550	≥530	—	≥660	≥16	-20	≥120
		E						-40	
		F						-60	≥47
	Q620q	D	≥620	≥580	—	≥720	≥15	-20	≥120
		E						-40	
		F						-60	≥47
	Q690q	D	≥690	≥650	—	≥770	≥14	-20	≥120
		E						-40	
		F						-60	≥47

① 拉伸试验取横向试样，当屈服不明显时，可测量 $R_{p0.2}$ 代替下屈服强度。

② 冲击试验取纵向试样。

降。钒和铌对转变曲线的影响较小。

氮的作用主要在于与钒、钛、铌等元素形成氮化物，使钢弥散强化。新型含钛微合金结构钢[w(Ti)=0.01%~0.02%]就是利用 TiN 的颗粒具有高度稳定性和溶解性，十分有效地抑制晶粒长大的作用，这对提高焊接热影响区韧性和降低冷裂纹的敏感性有着重大意义。在一定数量范围内硼[w(B)<0.005%]和钼同时加入可提高淬透性和强度，硼还能细化晶粒。

奥氏体晶粒度的大小直接影响珠光体转变，提高奥氏体化温度使晶粒变粗，减慢了珠光体转变，其作用与加入铬、钼等元素相似。对于同一组织的钢，晶粒越细，其综合性能就越好，特别是冲击韧度比较高，所以在淬火或正火处理时，加热温度一般比 Ac_3 高出 30~50℃，以利于获得较细的晶粒。具体组织则通过不同冷却速度来调节。

钢热处理的目的在于获得所要求的组织和性能，对合金结构钢来说主要是为了强化和改善韧性。其处理方式主要是正火和调质处理两种，故有正火钢和调质钢之分。

正火的目的是为了碳、氮化合物以细小质点从固溶体中沉淀析出，起沉淀强化作用，同时又起到细化晶粒作用。如 Q390（15MnV）、Q420（15MnVN）等钢通常是在正火状态下使用。对于含钼的钢如 18MnMoNb、14MnMoV 等钢通常是在正火加回火状态下使用以获得良好的塑性和韧性。

控轧控冷钢也是一种非调质结构钢，其组织和性能除了与微合金化技术有关外，还取决于轧制工艺，在轧制过程中对金属加热温度、轧制温度、变形量、变形速率、终轧温度、热轧后冷却工艺等诸多参数的合理控制，使被轧件的塑性变形与固态相变相结合，晶粒得到进一步细化，获得良好的金相组织，提高钢的强度、韧性而成为综合性能优良的钢。显然，温度和冷却速度对这类钢的组织和性能有着较大的影响。对焊接而言，热输入或焊接热循环对热影响区的作用是显而易见的，它改变了母材原来的热处理状态，在不同区域可能出现晶粒变粗而使韧性下降，或引起强度降低的软化现象。

调质的目的在于获得回火马氏体或贝氏体组织，使钢得以强化。低碳[w(C)<0.20%]回火马氏体具有最佳的综合性能，而贝氏体次之，它们的强度高、韧性好。随着碳含量的增加，调质钢的强度和硬度升高而塑性和韧性则下降。故有低碳和中碳[w(C)>0.30%]调质钢之分。后者比前者焊接性能差。

必须指出，不同强度级别和合金化系统的高强度合金钢由于具有不同的化学成分、原始组织状态和力学性能，所以焊接时在化学冶金和物理冶金过程中所表现的行为和结果不可能一致，但所有焊接用的高强度合金结构钢都是合金化程度不很高的亚共析钢，焊接性的特点大体近似，有许多共同的规律。一般来说，焊接的主要问题是在结合性能方面产生各种裂纹的问题，在使用性能方面焊缝金属成分、组织和性能控制，以及热影响区受焊接热循环作用下发生脆性、软化倾向等问题。

3.2　热轧钢和正火钢的焊接

3.2.1　热轧钢和正火钢的特点

1. 热轧钢

屈服强度为 295~390MPa 的低合金高强度结构钢基本上都属于热轧钢，是 C-Mn 或 Mn-Si 系钢种。主要通过合金元素的固溶强化获得高强度。锰是常用的合金元素，添加 V 或 Nb 起细化晶粒和沉淀强化作用。

为了保证这类钢有较好的焊接性和缺口韧性，在热轧状态下使用时，一般都控制 R_{eL} 在 340MPa 的水平。而 Q390（15MnV）钢的 R_{eL} 却达到 390MPa，它是在 Q355（16Mn）的基础上加入少量 V（质量分数为 0.04%~0.12%）来达到细化晶粒和沉淀强化的。虽然能在热轧状态下使用，但性能不稳定，厚板尤为严重。只有通过正火，使晶粒细化和碳化钒均匀弥散分布后才能获得较高的塑性和韧性，所以这种钢需在正火状态下使用。

2. 正火钢

在热轧钢的基础上进一步沉淀强化和细化晶粒而形成的一类钢，其屈服强度一般在 345~490MPa 之间。它是在 C-Mn 系或 Mn-Si 系的基础上除添加固溶强化元素之外，再添加一些碳、氮化合物形成元素，如 V、Nb、Ti 和 Mo 等，通过正火处理后形成细小的碳、氮化合物从固溶体中沉淀析出，并同时起到细化晶粒的作用，从而在提高钢材强度的同时，又改善了塑性和韧性。

有些含钼的正火钢，在正火之后还需进行回火才能保证良好的塑性和韧性。因此，正火钢又分为以下两种：

1）正火状态下使用的钢。这类钢中除 Q390N（15MnTi）外，主要是含 V、Nb 的钢。利用 V 和 Nb 的碳、氮化合物的沉淀强化和细化晶粒作用，以提高强度和改善韧性。因 Nb 和 V 的加入提高了钢的强度，就可以适当降低钢中的碳含量，这对于改变钢材的焊接性和韧性有利。Q420N（15MnVN）钢中加入氮后，形成沉淀强化作用强的氮化钒，使其屈服强度高达 420MPa，比 15MnV 高出 12.8%。

2）正火+回火状态下使用的钢。这类钢属于 Mn-Mo 系列，如 Q490N（18MnMoNb）等。钢中加入了 Mo，Mo 是中强碳化物形成元素，其碳化物稳定性强，因而提高了钢的强度，强化了晶粒，而且还提高钢材的中温性能。故这类钢适用于制造中温、厚壁压力容器。在 Mn-Mo 钢的基础上加入少量 Nb，通过 Nb 的沉淀强化和细化晶粒的作用，使其屈服强度 $R_{eL} \geqslant$ 490MPa；Nb 也能提高钢的热强性。

含钼的钢在较高的正火温度或较快的连续冷却速度下，得到上贝氏体和少量铁素体，故在正火后必须再回火，才能保证具有良好的塑性和韧性。

3.2.2　热轧钢和正火钢的焊接性

在熔焊条件下，热轧钢及正火钢随着强度级别的提高和合金元素含量的增加，焊接的难度增大。这类钢焊接的主要问题是热影响区的脆化和产生各种裂纹。

1. 热影响区脆化

1）过热区脆化。过热区指热影响区中熔合线附近母材被加热到 1100℃ 以上的区域，又称粗晶区。由于该区温度高，发生奥氏体晶粒显著长大和一些难熔质点溶入而导致了性能变化。这种变化既和钢材的类型、合金系有关，又和焊接热输入有关，因为热输入直接影响高温停留时间和冷却速度。

热轧钢是 C-Mn、Mn-Si 系的固溶强化钢，合金元素在全部固溶条件下即能保证良好的综合性能，故在热轧状态下使用。在高强结构钢中，这类钢合金元素含量最少，其淬透性也最差，焊接时在过热区一般发生马氏体转变的可能性较小，仅在焊接接头截面尺寸很大、焊接现场温度偏低，并且焊接热输入较小时，才会出现马氏体。这种马氏体碳含量低，而且转变温度较高，冷却过程中获得“自回火”，其韧性比高碳马氏体高得多。所以，热轧钢焊接时淬硬脆化倾向很小。能导致热轧钢过热区脆化的原因是：焊接热输入偏高，使该区的奥氏体晶粒严重长大，稳定性增加。使之转变产物先析铁素体和共析铁素体的延伸发展，除沿晶界析出外，还向晶内延伸，形成魏氏组织及其他塑性低的混合组织（如铁素体、贝氏体、高碳马氏体）和 M-A 组元等，从而使过热区脆化。因此，对于像 Q355（16Mn）之类固溶强化的热轧钢，焊接时，采用适当低的热输入等工艺措施来抑制过热区奥氏体晶粒长大及魏氏组织的出现，是防止过热区脆化的关键。

正火钢过热区脆化与热轧钢不同，其热过敏性比热轧钢大，这是因为两者合金化方式不同。对于 Mn-V、Mn-Nb 和 Mn-Ti 系的正火钢，除固溶强化外，还有沉淀强化作用（含 Ti、V、N 等沉淀强化元素），必须通过正火才能细化晶粒及使沉淀相得以充分析出，并弥散均匀分布于基体内，达到既提高强度又提高其塑性和韧性的目的。焊接这类钢时，如果在加热到 1100℃ 以上的热影响区内，停留时间较长（如用大线能量），就会使原来在正火状态下弥散分布的 TiC、VC 或 NC 溶解到奥氏体中，于是削弱了它们抑制奥氏体晶粒长大及细化晶粒的作用。在冷却过程中又因 Ti-V 的扩散能力很低，来不及析出而固溶在铁素体内，阻碍交叉滑移进行，导致铁素体硬度升高、韧性降低。这便是造成正火钢过热区脆化的主要原因。对含 Ti 和 V 的 15MnTi 与 Q420N（15MnVN）钢研究表明，随着焊接热输入增大，高温停留时间延长，Ti、V 溶解得越充分，其脆化就越显著。所以，用小热输入焊接是避免这类正火钢过热区脆化的有效措施。

如果为了提高正火钢焊接生产率而采用大热输入焊接，在这种情况下，焊后需采用 800~1100℃ 的正火热处理来改善接头韧性。

近年，为了满足大热输入焊接的需要，国外研制一种大热输入用的高强钢，如日本的 HT50s，在 HT50 钢中加入微量 Ti（质量分数为 0.01%~0.02%）和 B，形成微小的氮化钛（TiN）质点。这种钢即使在 200~400kJ · cm^{-1}的大热输入下焊接，过热区仍能有良好的韧性。-20℃ 的 V 型夏比冲击韧度约为 HT50 的两倍。

2）热应变脆化指钢在 200℃ ~ Ac_1 温度范围内，受到较大的塑性变形（5%~10%）后，出现断裂、韧性明显下降及脆性转变温度明显升高的现象。产生这种现象的原因主要在于钢中游离的碳、氮原子（尤其是氮原子）高温下在应变产生的位错周围迅速形成 Cottrell 气团，致使位错塞积而脆化。所以，这种热应变脆化最容易发生于一些固溶 N 含量较高的低碳钢和强度级别不高的低合金钢（如 490MPa 级的 C-Mn 钢）中。在焊接情况下，焊接区的热应变脆化是由焊接时的热循环和热应变循环引起的，特别是在焊接接头中预先存在裂纹或类裂纹平面状缺陷时，受后续焊道热及应变循环同时作用后，裂纹顶端的断裂韧性显著降低，脆性转变温度显著提高，可以导致整体结构发生脆性断裂。如果在钢中加入足够量的氮化物形成元素（如 Al、Ti、V 等），其脆化倾向将明显减弱。

对 Q355（16Mn）和 Q420（15MnVN）等钢研究表明，这些钢均具有一定的热应变脆化倾向。其中，Q420（15MnVN）的氮含量虽高，但由于 V 的固 N

作用，其热应变脆化倾向却比 Q355（16Mn）更小。

消除热应变脆化的有效措施是焊后退火处理。经 600℃左右的消除应力退火后，材料的韧性基本上能恢复到原来水平。

2. 裂纹

1）焊缝金属的热裂纹。热轧钢、正火钢一般硫含量都较低，而锰含量都较高，它们的 $w(\mathrm{Mn})/w(\mathrm{S})$ 值比较大，因而具有较好的抗热裂性能，正常情况下焊缝不会出现热裂纹。但是，当材料成分不合格，或有严重偏析，使局部的碳、硫含量偏高，其 $w(\mathrm{Mn})/w(\mathrm{S})$ 值偏低时，则易产生热裂纹。控制母材和焊接材料中的碳、硫含量，减少熔合比、增大焊缝的成形系数等都有利于防止焊缝金属产生热裂纹。

2）冷裂纹。导致钢材产生焊接冷裂纹的三个主要因素是钢材的淬硬倾向、焊缝的扩散氢含量和接头的拘束应力，其中淬硬倾向是决定性的。要分析比较不同钢材的淬硬倾向，可以用碳当量法、焊接热影响区连续冷却转变（SHCCT）曲线图法和热影响区最高硬度法进行。

利用国际焊接学会（IIW）推荐的公式计算钢材的碳当量 CE 时（详见本篇第 1 章第 1.3.1 节），一般认为，CE<0.4%的钢材焊接时基本无淬硬倾向，焊接性良好。R_{eL}=295~390MPa 的热轧钢，如 09Mn、09MnNb、12Mn 等基本属于这一类。除钢板厚度很大、环境温度很低的情况外，也和焊接低碳钢一样一般不需要焊前预热和严格控制焊接热输入，也不会引起冷裂纹。随着 CE 增加，其淬硬倾向也随之增大，Q355（16Mn）、Q390（15MnV）等热轧钢的碳当量较上述几种钢稍高，其淬硬倾向相应稍大，当冷却速度快时，有可能产生马氏体淬硬组织。在拘束应力较大和扩散氢含量较高的情况下，就必须采取适当措施，防止冷裂纹的产生。碳当量 CE=0.4%~0.6%的钢，基本上属于有淬硬倾向的钢，R_{eL}=440~490MPa 的正火钢就处于这一范围之内。当 CE 还不超过 0.5%时，淬硬尚不严重，焊接性尚好，但随着板厚增加，则需采取一定预热措施才能避免冷裂纹的产生。CE>0.5%的钢其淬硬倾向显著，容易冷裂，必须严格控制焊接热输入和采取预热和后热处理等工艺措施，以防冷裂纹的产生。

若利用钢材焊接热影响区连续冷却（SHCCT）曲线进行比较，则 SHCCT 曲线向右移的钢，一般其淬硬倾向大。这是因为钢的过冷奥氏体稳定性增加，孕育期延长，导致各种曲线都向右移。图 7-3-2 所示为三种钢材的 SHCCT 曲线。从图中比较可知，热轧钢（Q355）的淬硬倾向比低碳钢大，而正火钢（18MnMoNb）的淬硬倾向又比热轧钢（Q355）大。说明随着合金元素含量的增加，强度级别增大，其淬硬和冷裂倾向也随之增大。

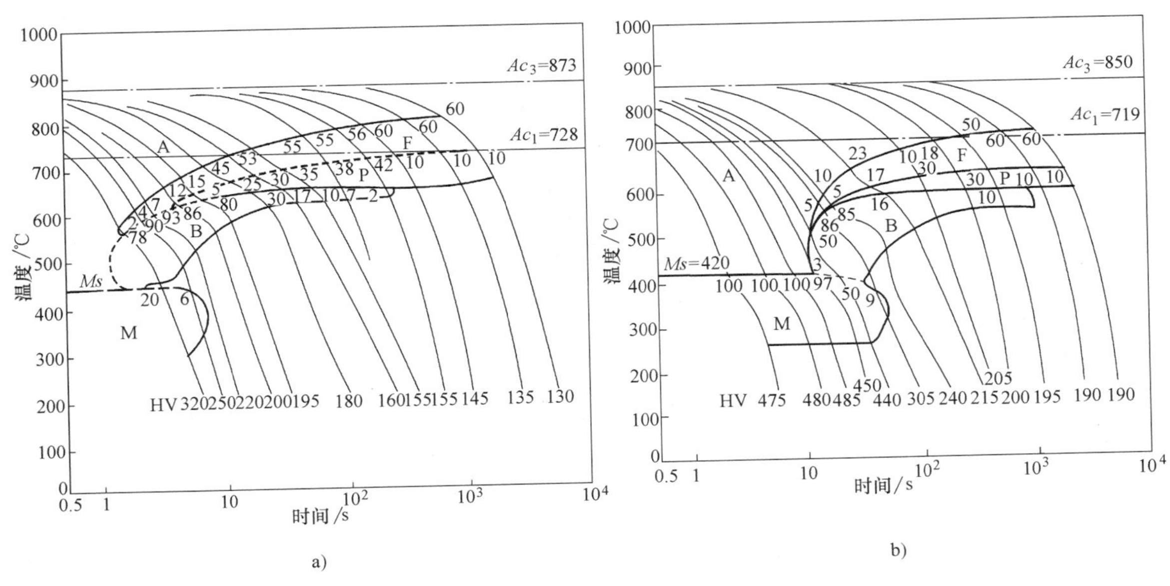

图 7-3-2　典型低合金高强度结构钢的焊接热影响区连续冷却曲线（SHCCT）

a）低碳钢　b）Q355（16Mn）钢

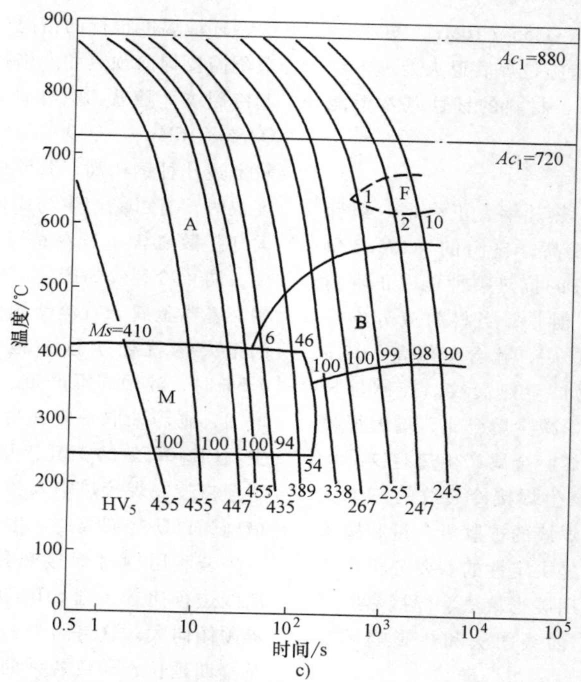

图 7-3-2 典型低合金高强度结构钢的焊接热影响区连续冷却曲线（SHCCT）（续）

c）18MnMoNb 钢

利用焊道下最高硬度值判断钢材的淬硬倾向是一种简单易行的方法。为了不产生冷裂纹，避免出现不利的淬硬组织，可以把热影响区的最高硬度控制在某一刚好不出现冷裂纹的临界值，即最高硬度允许值。有此控制指标后，就可以对被焊钢材实测它的热影响区最高硬度值，然后与允许值进行比较，即可评定该材料的冷裂倾向和确定焊前预热温度。国际焊接学会曾提出热影响区的最高硬度值 H_{max} 应小于 350HV，但现在随着各种低合金高强度钢的大量涌现，强度级别的提高，钢材正常的硬度值也相应提高，再以 $H_{max} \leqslant 350$HV 为评定指标，就显得过于保守。但作为相对评定其淬硬倾向，该指标仍然是有参考价值。

表 7-3-21 列出了 Q355 和 Q420 两种材料热影响区最高硬度试验结果。从表中可以看出，两者都具有一定淬硬倾向，其中 Q420 比 Q355 大。

3）再热裂纹。在 C-Mn 和 Mn-Si 系的热轧钢（如 Q355 等）中因不含强碳化物形成元素，对再热裂纹不敏感，在焊后消除应力热处理时不会产生再热裂纹。正火钢中一些含有强碳化物形成元素的钢材，如 14MnMoV 和 18MnMoNb 钢则有轻微的再热裂敏感性。试验证明，采取适当提高预热温度或焊后立即后热等措施，就能防止再热裂纹的产生。例如 18MnMoNb 钢，焊后立即以 180℃×2h 后热，即可防止消除应力时产生再热裂纹。

表 7-3-21 板厚为 36mm 的 Q355（16Mn）和 Q420（15MnVN）热影响区最高硬度

序号	预热温度/℃	最高硬度 HV	
		Q355(16Mn)	Q420(15MnVN)
1	室温	384	468
2	50	373	—
3	100	329	399
4	150	—	394

4）层状撕裂。层状撕裂的产生不受钢材的种类和强度级别的限制，它主要决定于钢材的冶炼条件。在一般冶炼条件下生产的热轧正火钢，都具有不同程度的层状撕裂倾向。只有经过精炼的 Z 向钢，如 D36、WFG-36Z 等，因其硫含量很低［w（S）≤0.006］，Z 向断面收缩率很高（$Z \geqslant 35\%$），才具有优异的抗层状撕裂性能。因此，当需采用一般的热轧正火钢制造较厚的焊接结构时，焊前对钢材应作 Z 向（即厚度方向）拉伸试验，尽量选择 Z_z 值高的钢种；

在设计方面，应设计出能避免或减轻 Z 向应力和应变的接头或坡口形式；在工艺方面，在满足产品使用要求的前提下，可选用强度级别较低的焊接材料，或堆焊低强度焊缝作过渡层，以及采取预热和降氢等工艺措施。

3.2.3　热轧钢和正火钢的焊接工艺

1. 焊接方法

热轧正火钢对许多焊接方法都适应，选择时主要考虑产品结构、板厚、性能要求和生产条件等因素，其中最为常用的是焊条电弧焊、埋弧焊和熔化极气体保护焊。钨极氩弧焊通常用于较薄的板或要求全焊透的薄壁管和厚壁管道等焊件的封底焊。大型厚板结构可以用电渣焊，其缺点是电渣焊缝及热影响区严重过热，焊后通常需正火热处理，导致生产周期长，成本高。可以用窄间隙的熔化极气体保护焊，其生产率高，焊接材料和能源消耗低，同时焊接热输入小，热影响区窄，更适用于焊接性较差的低合金高强度结构钢，但窄间隙气保焊具有难以完全消除坡口侧壁未焊透及夹渣等缺点。所以，近年来又发展了窄间隙埋弧焊，用 ϕ3mm 焊丝、15～35mm 的间隙。根据生产率要求，可以选择单丝或双丝，焊接钢板厚度可达 250mm。

选用电阻焊时要注意钢材的淬硬倾向。电阻点焊和缝焊的电极常需用水冷却，焊接热轧正火钢时，在熔核与热影响区中，易形成脆而硬的马氏体组织，使接头塑性下降，硬度提高，随着碳当量的增大，这种淬硬现象就越显著。当焊件厚度 δ>2mm 时，焊接更困难。通常是采用焊接时间较长的软规范进行焊接，也可采用带焊后缓冷或焊后电极间回火处理的双脉冲规范。电阻对焊时接头不用水冷，因此对淬火倾向小的热轧正火钢，只要合理选用焊接参数，即使焊后不进行热处理，其接头强度和塑性也不会低于母材。淬火倾向大一些的钢，通常焊后需缓冷和回火处理，以改善接头的韧性。

2. 焊接材料的选择

焊接热轧钢及正火钢时，选择焊接材料的主要依据是保证焊缝金属的强度、塑性和韧性等力学性能与母材相匹配，为此需注意以下问题：

1）选择相应强度级别的焊接材料。为了达到焊缝与母材的力学性能相等，选择焊接材料时应从母材的力学性能出发，而不是从化学成分出发去选择与母材成分完全相同的焊接材料。因为焊缝金属的力学性能不仅取决于化学成分，还取决于金属的组织状态。在焊接条件下，焊缝金属冷却很快，完全脱离平衡状态，如果选用与母材相同成分的焊接材料，焊后焊缝金属的强度将升高，而塑性和韧性将下降，这对于焊接接头的抗裂性能和使用性能非常不利。因此，往往要求焊缝的合金元素低于母材的含量，其中 w(C)≤0.14%。

2）工艺条件的影响。主要从焊接工艺和焊后的加工工艺两方面考虑对焊缝金属力学性能的影响。

① 坡口形状和接头形式的影响。不同坡口形状和接头形式焊接时会有不同的熔合比和冷却速度。例如，Q355（16Mn）钢不开坡口对接用埋弧焊，其熔合比大，从母材熔入焊缝金属的元素增多，这时宜采用合金成分低的 H08A 焊丝配合 HJ431 焊剂，即可满足焊缝金属的力学性能要求，但是对于厚板开坡口对接，仍用 H08A 配 HJ431 焊剂，则会因熔合比小，使焊缝的合金元素减少或强度偏低，此时应采用合金成分较高的 H08MnA、H10Mn2 焊丝与 HJ431 焊剂配合。

角接头的冷却速度比对接接头快，若采用同样的焊接材料焊接，角焊缝的强度比对接缝高，而塑性低于对接缝。因此，焊接 Q355（16Mn）钢角接时，应选用合金成分较低的焊接材料，如 H08A 焊丝和 HJ431 焊剂组合，就能获得综合力学性能较好的焊缝。

②焊后加工工艺的影响。焊后需进行冷、热加工或热处理的焊件，必须考虑焊缝金属受到这些加工后其力学性能的变化。对于焊后消除应力热处理，焊缝强度有所降低，这时宜选用合金成分稍高的焊接材料。焊接大坡口 Q390（15MnV）中厚板，若焊后进行清除应力热处理，需选用 H08Mn2Si 焊丝，若选用 H10Mn2，则焊缝强度偏低。对于焊后需冷卷或冷冲压的焊件，应使焊缝具有较高的塑性。

3）考虑结构因素的影响。对于厚板、拘束度大或冷裂倾向大的焊接结构，以及重要的产品，应选用低氢或高韧性的焊接材料。例如，厚板结构多层焊，第一层打底焊缝最易产生裂纹，这时应选用强度稍低，但塑性、韧性较好的低氢或超低氢焊接材料。又例如，核容器、海上平台、船舶等重要焊接结构，为了确保安全使用，必须选用使焊缝具有较高的低温冲击韧度和断裂韧度的焊接材料。

表 7-3-22 列出了热轧及正火钢常用焊接材料选用示例。

3. 焊接参数的选择

1）焊接热输入。热轧钢及正火钢焊接热输入的确定主要依据是防止过热区脆化和焊接裂纹两个方面。由于各种热轧钢及正火钢的脆化倾向和冷裂倾向不同，因此对热输入的要求也不同。

表 7-3-22　热轧及正火钢焊接材料选用举例

强度等级 MPa	牌号	焊条电弧焊		埋弧焊		电渣焊		气体保护焊		自保护焊丝型号
		焊条型号	焊条牌号	焊丝牌号	焊剂	焊丝牌号	焊剂牌号	实心焊丝型号	药芯焊丝型号	
295	Q295（09Mn2）、Q295（09MnV）	E4319	J423	H08A、H08MnA	HJ430、HJ431、SJ301	H08Mn2SiA、H10MnSi、H10Mn2	HJ360、HJ250、HJ270	CO_2：ER49-1、ER50-2	—	—
		E4303	J422							
		E4315	J427							
		E4316	J426							
355	Q355（16Mn）、Q355（14MnNb）、Q355（16MnRE）、EH32、EH36	E5019	J503	薄板，H08A；H08MnA	SJ501、SJ502	H08MnMoA、H10MnSi、H10Mn2、H08Mn2SiA、H10MnMo	HJ360、HJ431、HJ252、HJ171	CO_2：ER49-1、ER50-2、ER50-6	CO_2：T492T1-XC1AC（E500T-1）、T493T5-XC1A（E500T-5）、（E500T-1L）	T49T3-XNS（E500T-3）
		E5003	J502	不开坡口对接，H08A；中板开坡口对接，H08MnA、H10Mn2	HJ430、HJ431、HJ301					
		E5015	J507							
		E5015-G	J507GR							
		E5016	J506							
		E5016-G	J506G							
		E5018	J506Fe、J507Fe	厚板深坡口，H10Mn2、H08MnMoA	HJ350					
		E5028	J506Fe16、J507Fe16							
390	Q390（15MnV）、Q390（16MnNb）、EH40	E5019	J503	不开坡口对接，H08MnA；中板开坡口对接，H10Mn2、H10MnSi	HJ430 HJ431	H08MnMoA、H10MnSi、H10Mn2、H10MnMo	HJ360、HJ252、HJ431、HJ171	CO_2：ER50-2、ER50-6、ER50-7		T49T3-XNS（E500T-3）
		E5003	J502							
		E5015	J507							
		E5015-G	J507GR							
		E5016	J506							
		E5016-G	J506G							
		E5018	J506Fe、J507Fe							
		E5028	J506Fe16、J507Fe16	厚板深坡口，H08MnMoA	HJ250、HJ350、SJ101					
		E5515-G	J557							
		E5516-G	J556							

420	Q420（15MnVN）、Q420R、15MnVTiRE、14MnVTiRE	E5515-G	J557、J557Mo	H10Mn2	HJ431	H08Mn2MoVA、H10Mn2MoVA、H10Mn2NiMo、H10Mn2Mo	HJ360、HJ252、HJ170	CO_2 或 Ar+$CO_2$20%：ER49-1、ER50-2、ER55-D2	—	—
		E5516-G	J556、J556RH	H08MnMoA、H08Mn2MoA	HJ350、HJ250、HJ252、SJ101					
		E6015-D1	J607							
		E6015-G	J607Ni、J607RH							
		E6016-D1	J606							
490	14MnMoV、18MnMoNb、15MnMoVCu	E6015-D1	J607	H08Mn2MoA、H08Mn2MoVA、H08Mn2NiMo	HJ250、HJ252、HJ350、SJ101	H10Mn2MoVA、H10Mn2Mo、H08Mn2MoA	HJ360、HJ252、HJ170	CO_2 或 Ar+$CO_2$20%：ER55-D2、H08Mn2SiMoA、ER55-G、ER69-G	CO_2：（E600T-5）	（E600T-5）
		E6015-G	J607Ni、J607RH							
		E6016-D1	J606							
		E7015-D2	J707							
		E7015-G	J707Ni、J707RH、J707NiW	H0MnMoA	SJ102					
415	L415	E4310	J425XG	H08Mn2MoA	SJ101	—	—	—	—	—
		E5011	J50XG	H08MnMoA	SJ102、SJ301					
450	L450	E5015	J507XG							
		E5016	J506XG							

注：括号内为非标在用焊丝型号。

对于碳当量 CE(IIW)<0.4%的热轧钢和正火钢，如 Q295（09Mn2、09MnNb）和碳含量偏下限的 Q355（16Mn）钢等，其强度级别在 390MPa 以下，它们的过热敏感性不大，淬硬倾向也较小，故焊接热输入一般不予限制。

碳含量偏高的 Q355（16Mn）钢，其淬硬倾向增加，为防止冷裂纹，焊接时宜选用偏大一些的焊接热输入。

对于含钒、铌、钛等强度级别较低的正火钢，如 Q420（15MnVN）、15MnVTi 等。为防止沉淀相溶入和晶粒长大引起的脆化，宜选偏小的焊接热输入。焊条电弧焊推荐用 15~55kJ · cm^{-1}，埋弧焊用 20~50kJ · cm^{-1}。这类钢因碳含量偏低，用较小的热输入、快速冷却得到的是韧性较好的下贝氏体或低碳马氏体组织。

对于含碳和合金元素量较高、屈服强度又大于 490MPa 的正火钢，如 18MnMoNb 等，由于其淬硬倾向大，对过热脆化敏感，就出现焊接热输入既不能大，又不能小的情况。为了防止冷裂纹，应采用偏大的焊接热输入，但热输入增大，使冷却速度减慢，就会引起过热加剧；为了防止过热，就应采用偏小的焊接热输入，显然与防止冷裂相矛盾。在这种两者难以兼顾的情况下，通常认为采用偏小的焊接热输入并辅之以预热和后热等措施比较合理。这样既防止了晶粒过热，又因预热和后热而避免了裂纹。

文献［50］对 18MnMoNb 钢焊接，焊条电弧焊采用小于 20kJ · cm^{-1} 的热输入，埋弧焊用小于 35kJ · cm^{-1}的热输入，焊前 150~180℃预热，层间温度低于 300℃，焊后立即进行 250~350℃的后热处理，就可以防止裂纹产生，又可获得良好的接头力学性能。

2）预热。预热主要是为了防止裂纹，同时兼有一定改善接头性能作用，但预热却恶化劳动条件，延长生产周期，增加制造成本。过高的预热温度和层间温度反会使接头韧性下降。因此，焊前是否需要预热和预热温度为多少，应慎重从事。

预热温度的确定取决于钢材的化学成分、焊件结构形状、拘束度、环境温度和焊后热处理等。随着钢材碳当量、板厚、结构拘束度增大和环境温度下降，焊前预热温度也需相应提高。焊后进行热处理的可以不预热或降低预热温度。

多层焊时掌握好层间温度，本质上也是一种预热，一般层间温度等于或略大于预热温度。

表 7-3-23 列出了常用热轧钢和正火钢焊接的预热温度及焊后热处理温度。

3）后热及热处理。

① 后热又叫消氢处理，是焊后立即对焊件的全部（或局部）进行加热和保温，让其缓冷，使扩散氢逸出的工艺措施。后热的目的是防止延迟裂纹的产生，主要用于强度级别较高的钢种和大厚度的焊接结构。去氢的效果取决于后热的温度和时间。温度一般在 200~300℃范围内，保温时间与板厚有关，通常为 2~6h。对同一板厚，后热温度高，保温时间可缩短。

② 焊后热处理。除电渣焊使焊件严重过热而需要进行正火处理外，在其他焊接条件下，均须根据使用要求来确定是否需采取焊后热处理。一般情况下，热轧钢和正火钢焊后不需热处理。但是，对要求抗应力腐蚀的焊接结构、低温下使用的焊接结构及厚壁高压容器等，焊后都需要进行消除应力的高温回火。

表 7-3-23　常用热轧钢和正火钢焊接的预热温度及焊后热处理

强度等级/MPa	牌号	厚度/mm	预热温度/℃	焊后热处理	
				电弧焊	电渣焊
295	Q295(09Mn2)、Q295(09MnV)	一般无厚板	不预热	不热处理	不热处理
355	Q355(16Mn)、Q355R、EH32、EH36	≤40	不预热	不热处理或在 600~650℃回火	900~930℃正火、600~650℃回火
		>40	≥100		
390	Q390(15MnV)、14MnMoNb、EH40	≤32	不预热	不热处理或在 530~580℃回火	950~980℃正火 560~590℃或 630~650℃回火
		>32	≥100		
420	Q420(15MnVn)、14MnVTiRE	≤32	不预热	—	—
		>32	≥100		
490	18MnMoNb、14MnMoV	—	≥150	600~650℃回火	950~980℃正火 600~650℃回火

确定回火温度时要注意：不要超过母材的回火温度，以免影响母材的性能，约比母材回火温度低 30～60℃；对于含有铬、钼、钒等的低合金钢，在回火时要避开 600℃左右的温度区间，以免产生再热裂纹。例如 15MnVN 钢焊后消除应力处理温度为 550℃或 650℃。表 7-3-23 给出了几种热轧钢及正火钢焊后热处理示例。

4. 焊接新工艺

（1）组合焊接新工艺

在高强钢厚板焊接中，常规焊接是从打底焊、填充焊到盖面焊全部采用一、两种焊接方法完成。这种方法由于管理简便而广泛使用但这种焊接方法有它的局限性。以气体保护焊为例，在厚板打底焊接中，由于坡口小，焊丝伸出过长，气体保护不好而使焊缝金属产生不应有的缺陷造成返工，产生直接经济损失。打底-填充-盖面组合焊接工艺能够解决这一难题。

1）打底焊。采用焊条电弧焊（SMAW），主要有两个目的：一是解决气体保护焊焊丝伸出过长影响焊接质量的矛盾，提高打底焊缝成形质量；二是与气体保护焊相比，焊条电弧焊的焊缝稀释率相对较低，这对于提高焊缝金属的综合性能有利。

2）填充焊。采用实芯焊丝 CO_2气体保护焊，主要目的是利用气体保护焊的高效及熔深相对较大的优点，提高焊接质量和效率。

3）盖面焊。采用药芯焊丝 CO_2气体保护焊，主要是提高焊缝的表面质量，获得良好的表观效果。

从焊缝成形和内在质量看，打底焊和盖面焊是最重要的，如果厚板焊接中缺陷出现在打底焊缝（如在箱体结构中），那么返工时间是整条焊缝正常焊接时间的 3 倍以上。奥运国家体育场“鸟巢”钢结构焊接工程中提出了厚板焊缝一次合格率 100%的指标，引起各级管理人员和焊工的高度重视，保证了组合焊接工艺的有效实施，收到了良好的效果。

（2）多层多道错位焊接工艺

在高强钢的焊接中，多层焊的焊缝质量比单层焊好，多层多道焊的焊缝质量比多层焊好，特别是板厚大于 25mm 时效果更明显。因此，在厚板焊接中，首选多层多道焊技术。多层焊技术，不是一次成形，而是多层成形，焊条运条手法允许摆动，熔敷金属厚度一般不控制，适合强度较低的厚钢板结构的焊接。

多层多道错位焊接技术的显著优点是上一层次焊道对下一层次焊道进行了有效的热处理，如图 7-3-3 所示。

多层多道焊是在多层焊的基础上进行的，焊条运条手法上不允许摆动，焊接厚度有明确规定，以限制每道焊缝的热输入。一般规定，实心焊丝或药芯焊丝气体保护焊每一焊道厚度不超过 5mm（通常为 3～5mm）；焊条电弧焊用 A_V 值来确定每一焊道的厚度（A_V＝一根焊条所焊焊缝的长度/一根焊条除焊条头外的长度），通常 $A_V \geqslant 0.6$；在立焊位置允许摆动，但限制摆幅，焊条电弧焊焊缝允许宽度为焊条直径的 3 倍。

多层多道错位焊接技术是在多层多道焊技术的基础上加入焊接接头每一道次错位连接，即每一道次的接头不在一个平面内，通常错位 50mm 以上。这种技术特别适合于高强钢厚板结构的焊接。

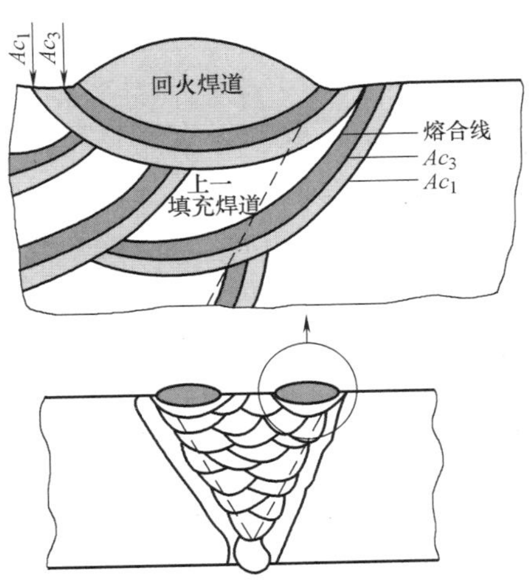

图 7-3-3　多层多道错位焊接技术

（3）高效熔化极氩弧焊

熔敷率大于 8.0kg/h 的气体保护焊被称为高效 GMAW。为了能达到这样高的熔敷率，对于直径为 1.2mm 的焊丝、单丝高效 GMAW 来说，送丝速度必须大于 15m/min，相对应的焊接电流达到 350A 以上，采用混合气体（如 $Ar+CO_2$）和较长的焊丝伸出长度。$Ar+He+CO_2$或 $Ar+He+O_2$富氩混合气体也能实现高效 GMAW。焊丝伸出长度从常用的 15～19mm 增加到 25～35mm，可进一步提高熔敷率，并使熔滴轴向喷射过渡和旋转喷射过渡更趋稳定。显然，焊接电流与电弧电压的临界范围也必须严格匹配。

双丝高效 GMAW 分为两种形式：一种是采用同一个导电嘴，以同电位的方式向焊接熔池同时送进两根焊丝，焊接电源可按要求的焊接功率分别采用单电源或双电源；另一种是将两根焊丝分别通过两个相互绝缘的导电嘴，并各自由两台焊接电源供电（称为双丝串列电弧高效 GMAW）。在这两种双丝高效 GMAW 中，后一种方法具有更高的焊接效率和更强的工艺适应性。这种双丝串列电弧高效 GMAW 焊接方法的熔敷率可高达 16kg/h 以上，在大型焊接结构和批量焊接生产中得到应用。

高效 GMAW 用于 V 形或 U 形坡口厚板对接接头，更能发挥其高熔敷率和高焊接速度的优势，而且焊接热输入可降低 30%~50%，焊缝组织相当细密。双丝串列电弧高效 GMAW 与常规 GMAW、药芯焊丝气保焊的比较见表 7-3-24，采用的是相同焊脚尺寸的角焊缝形式。可见，采用双丝高效 GMAW 时，虽然总的焊接电流大于两种单丝的气体保护焊，但由于提高了焊接速度，焊接热输入下降了约 40%，这对低合金高强度钢的焊接是十分有利的。

表 7-3-24　双丝串列电弧高效 GMAW 与常规 GMAW、药芯焊丝气保焊的比较

焊接方法	焊丝	焊接位置与焊脚尺寸/mm	焊接电流/A	电弧电压/V	焊接速度/$cm \cdot min^{-1}$	热输入/$kJ \cdot cm^{-1}$	熔敷率/$kg \cdot h^{-1}$
单丝高效 GMAW	ER70S-6, ϕ1.6mm	平角焊/8	470	31	45	19.45	8.0
常规 GMAW	ER70S-6, ϕ2.4mm	平角焊/8	500	34	41	25.0	7.3
药芯焊丝气保焊	ER70T-1	平角焊/8	435	29.5	40	19.3	7.1
双丝高效 GMAW	ER70S-6, ϕ1.2mm	平角焊/8	600	23	58	13.2	10.5

双丝串列电弧高效 GMAW 已在低合金钢焊接结构的生产中得到成功的应用。双丝高效 GMAW 的不足之处是焊枪结构特殊、焊接速度快，难以人工操作（一般采用机械化焊接），对焊接设备的技术性能要求高，设备投资大。

采用焊接电流波形控制技术的高速脉冲 GMAW 是一种特殊的短弧（低电压）脉冲 GMAW 焊接方法，特别适用于厚度为 1.5~6.0mm 低合金钢板的高速焊。板厚为 2mm 钢板搭接接头的焊接速度可达 130m/h。由于焊接电弧十分稳定，焊接飞溅明显较小，同时改善了焊缝的成形质量。

高速脉冲 GMAW 的主要特点是在短路周期内可精确地控制焊接电流波形，使短路过程在低电流下完成。这种焊接方法可以在较低的平均电压下和较快的焊接速度下进行焊接。通过对送丝速度、弧长和电流波形的精确控制，可使高速脉冲 GMAW 适应各种焊接工艺的要求。高速脉冲 GMAW 的电弧电压比常规脉冲 GMAW 约低 4V，这样可以明显减少咬边，焊接速度可平均提高 28%。

实心焊丝高速脉冲 GMAW 的焊接参数见表 7-3-25。采用 Ar90% + CO_2 10%（体积分数）混合气体，焊丝伸出长度为 19mm。

表 7-3-25　实心焊丝高速脉冲 GMAW 的焊接参数

接头形式与焊接位置	板厚/mm	焊丝与直径/mm	送丝速度/$m \cdot min^{-1}$	焊接电流/A	电弧电压/V	弧长修正系数	焊接速度/$m \cdot min^{-1}$
搭接接头平角焊	6.4	ER70S-6, ϕ1.2mm	10.2	320	21	0.85	0.9
	4.8		10.2	310	12.5	0.85	1.1
	3.2		9.4	298	19.5	0.80	1.4
	2.4		8.4	290	18	0.80	1.5
	2.0		6.9	250	17	0.85	1.5
搭接接头向下立焊	6.4	ER70S-6, ϕ1.2mm	9.1	289	21.7	0.90	0.9~1.0
	4.8		9.1	277	21.1	0.90	1.3
	3.2		7.6	260	19.1	0.90	1.3
	2.4		7.6	260	20	0.95	1.5
	2.0		7.0	250	19	0.95	1.8

3.3　TMCP 钢的焊接

3.3.1　TMCP 钢的特点及其焊接性

1. 特点

TMCP 钢是 20 世纪 70 年代发展起来的新的高强度结构钢，生产过程采用先进的精炼技术、微合金化技术、热机械处理技术和冷却技术，使这种钢材具有下列特点：①加入的合金元素量少，如 Nb、V、Ti 等，其质量分数一般小于 0.2%，能形成碳化物或氮化物，它们能细化钢材的晶粒，起到提高钢的强度和韧性作用。②通过控制轧制和控制冷却工艺的热变形，引起物理冶金因素的性能变化，晶粒进一步得到细化，达到降低碳含量和合金元素的基础上同时提高其强韧性的目的。因此，在强度级别相同的情况下，其碳当量（CE）与普通热轧的或正火的低合金结构钢相比较低，约低 0.04%~0.08%，如图 7-3-4 所示。再加上钢中硫、磷、氧、氢等杂质含量很低，对焊接冷裂、热裂、再热裂和层状撕裂都不敏感。③金相组织是以针状铁素体或下贝氏体为主，其晶粒尺寸小至 6~20μm，无珠光体，等共析铁素体和渗碳体都很少。有人把这种钢概括为具有“三超两高”的特点，即具有超细晶粒、超洁净度、超均匀性及高强度和高韧性的特点。

2. 焊接性

TMCP 钢优点非常突出，特别适用于制造重型和大型焊接结构，但是必须解决这类钢对焊接是否适应的问题。经过大量试验研究和生产实践，对这类钢的焊接性已有了基本认识。

1）焊接热影响区对焊接裂纹（包括热裂、冷裂、再热裂和层状撕裂）不敏感。这和钢材具有低碳当量、高洁净度和高均匀性有关。

2）对焊接热输入敏感。主要表现在焊接热影响区的过热区有晶粒长大倾向，原始晶粒越细，晶粒长大就越明显；晶粒长大的程度随着焊接热循环的峰值温度 T_P 的升高及冷却时间 $t_{8/5}$ 的延长而严重。当 T_P = 1350℃时，随着 $t_{8/5}$ 增加，奥氏体晶粒尺寸不断增加；当在 $t_{8/5}$ = 5s 时，随着 T_P 的增加，奥氏体晶粒尺寸也不断增大，晶粒长大的结果是导致韧性下降，特别是低温冲击韧度下降明显。

强度级别不同的 TMCP 钢对热输入敏感的程度不一样，如对 400MPa 级和 800MPa 级两种 TMCP 钢试验结果表明，在相同焊接热循环作用下，400MPa 级钢比 800MPa 级钢奥氏体晶粒长大更严重。这是因为 400MPa 级 TMCP 钢是在碳素钢基础上靠控轧控冷处理来细化晶粒而获得高的强韧性的，而 800MPa 级 TMCP 钢是以低碳贝氏体钢为原型加入有抑制晶粒长大作用的碳化物、氮化物形成元素，如 Nb、Ti、B 等，再经控轧控冷处理来获得更高的强韧性，也就是说，800MPa 级钢比 400MPa 级钢多了第Ⅱ相粒子晶粒长大的钉扎作用。

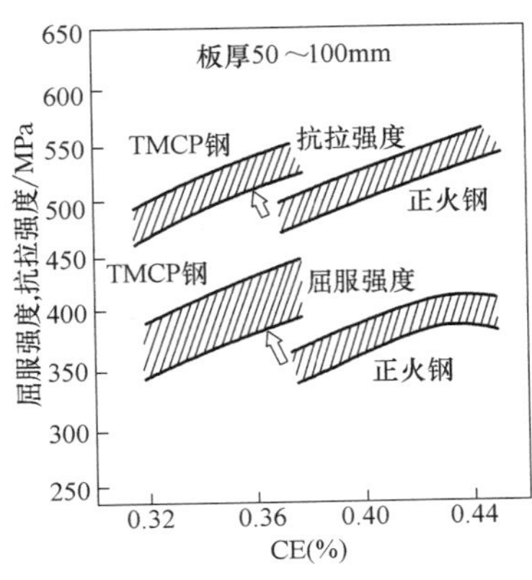

图 7-3-4　TMCP 钢与正火钢碳当量对比

注：$CE = w(C) + w(Mn)/6 + w(Cr+Mo+V)/5 + w(Ni+Cu)/15$

焊接热影响区的组织取决于钢的化学成分和焊接热输入，而热影响区的韧性又与组织相对应。400MPa 级 TMCP 钢的原始组织以针状铁素体为主，焊接这种钢时，其热影响区的粗晶区在低热输入情况下，如 $t_{8/5}$ = 3s，会产生马氏体组织；当 $t_{8/5}$ = 5s 或 12s 时就会变成下贝氏体组织；当 $t_{8/5}$ = 20s 时，则变成上贝氏体和侧板条铁素体，随着冷却时间的增加，上贝氏体的含量越来越多。而 800MPa 级 TMCP 钢的原始组织以下贝氏体为主，焊接这种钢时，其热影响区的粗晶区在快速冷却条件下，如 $t_{8/5}$ = 3~7s，会产生马氏体组织，但在相当大的范围内，热影响区组织为贝氏体，只有在 $t_{8/5}$ ≥ 500s 时，过热区才出现少量珠光体组织。

焊接热影响区的硬度主要取决于钢的化学成分和焊接时的冷却条件，不同的硬度水平反映了不同组织与性能。对于 400MPa 级 TMCP 钢，焊接热影响区的硬度也同样受焊接热循环的峰值温度 T_P 及冷却时间 $t_{8/5}$ 的影响，在 T_P = 1350℃时，随着 $t_{8/5}$ 增加，粗晶区的硬度逐渐下降并趋于平稳。当 $t_{8/5}$ = 3s 时，该区硬度最大；当 $t_{8/5}=5s$ 时，随着 T_P 的降低硬度也降低，但整个热影响区的硬度都高于母材，说明这种钢用小热输入（$t_{8/5}\leqslant 5s$）焊接，热影响区不会有软化现象，没有失强问题。而对于 800MPa 级 TMCP 钢，其硬度受焊接热输入和 $t_{8/5}$ 影响则较显著，随着焊接热输入和 $t_{8/5}$ 的增加，焊接热影响区的软化倾向逐渐明显。通过对 12mm 厚板在不同焊接方法和工艺条件下焊接的硬度测试结果表明，当热输入和 $t_{8/5}$ 分别达到 25.5kJ · cm^{-1} 和 38s 时，整个焊接热影响区都发生软化，且硬度低于母材；当热输入和 $t_{8/5}$ 低于 25.5kJ · cm^{-1} 和 38s 时，低于母材的软化区宽度则大大减小。通常软化区宽度越小，拘束效应作用越强，对接头强度的不利影响就越小。

3）对焊缝金属要求具有更高的抗裂性能并与母材具有相同的强度和韧性。TMCP 钢具有低碳当量、高洁净度和高均匀性的优良品质，若焊缝金属品质不如母材，则焊接时在同样热应力的作用下产生焊接裂纹的位置将向焊缝金属转移。因此，防止焊接过程中在焊缝上产生裂纹，将是选择焊接方法、焊接材料和焊接工艺首先考虑的问题。应选择能净化焊接熔池的焊接方法和焊接材料，焊条电弧焊和埋弧焊均属渣保护的焊接方法，宜选择碱性焊条或高碱度渣系的焊剂，以减少硫、氢、氧等元素的含量，严格控制焊材原料中的硫、磷等杂质。气体保护焊时要注意保护气体纯度，并且选用含硫、磷量低的焊丝。施焊时，应采取减少氢的来源及能降低焊接热应力的工艺措施，对厚大焊件可以适当预热。

熔焊的焊缝金属是由熔化的填充金属和熔化的母材金属混合凝成的。焊接以强韧为特征的金属材料时，都要求以等强度原则来选择焊接材料，即要求所选用的焊接材料焊后使焊缝金属具有与母材相同或相近的强度、塑性和韧性。对于普通热轧钢和正火钢的焊接，通常采用化学成分与母材化学成分相当的方法选择焊接材料即可实现这种要求，但对于具有高强韧性的 TMCP 钢焊接，焊缝金属形成过程中已没有母材的控轧控冷的强化条件，它的强韧性只能通过合金强化来达到。所以所选填充材料的合金化程度必然高于母材，其类型则由所需的强度水平和冲击韧度级别来决定。通常用硅、锰合金化的 MIG 或 MAG 焊丝焊出的焊缝金属，在-40℃仍具有较高的韧度。而对于更高强度钢及要求具有更大低温缺口韧度的结构，就必须使用具有更高合金含量的填充金属，如 Ti、Ni-Cu、Mo、Ni-Mo 等，但要注意熔合比的大小。如果是 I 形坡口、角焊缝或单道深熔埋弧焊等，当母材金属在焊缝金属中所占的比例大时，填充金属合金化程度可低些，甚至用无合金化的填充金属。

通常低合金结构钢中具有高强韧性的焊缝组织是针状铁素体、下贝氏体或低碳马氏体（即板条马氏体），如果是上贝氏体和孪晶马氏体则韧性低。这些组织的生成与合金成分（特别是主要元素的含量）和焊接工艺措施（主要是冷却速度）等因素有关。当合金元素含量少时，以生成针状铁素体为最好；合金元素较多时，以生成下贝氏体为最佳。通常冷却快有利生成针状铁素体或下贝氏体等组织；但过快又可能得到孪晶马氏体；冷却太慢易生成先共析铁素体、侧板条铁素体或上贝氏体等粗大组织；使韧性下降。对于固溶强化的焊缝金属，采用多层多道焊是有利的，既减少了热输入，又使道间互相热处理，产生再结晶，起到细化晶粒的作用；对于沉淀强化的焊缝金属，由于有第二相析出，多层多道焊未必有利，需作具体分析。

研发用于焊接 TMCP 钢的新焊接材料时，可以借鉴现代钢铁冶金新技术，如焊接熔池的净化或焊缝金属晶粒的细化以及对焊缝金相组织的调控等方法。

4）对焊接方法具有良好的适应性。原则上，凡是能调控焊接热输入在 TMCP 钢允许范围内的焊接方法都可以采用。从目前试验和生产实践的效果看，低强度级别 TMCP 钢适用的焊接方法多，如焊条电弧焊、埋弧自动焊、MIG 或 MAG 焊、等离子弧焊和激光焊等都可以采用，但应在保证接头强度的前提下在提高其低温韧度上多下功夫，如通过工艺试验来选定焊接材料和焊接参数等。目前以采用 MIG 或 MAG 焊为最多，对于板厚大于 35mm 的焊件，采用窄间隙焊就能获得好的冲击韧度，因为这种焊接工艺热输入低，且多重叠焊道的累积，使焊缝正火程度高而韧性好。

TMCP 钢焊后不能进行如正火、正火加回火或淬火加回火等的热处理，但可以进行消除应力的热处理，因为后者不会引起钢材组织和性能改变。

3.3.2　典型钢种焊接示例

我国西气东输工程中的管线用钢已广泛采用国产微合金细晶粒钢 X70，该钢经控轧控冷工艺而具有高的强韧性，还兼备有抗氢致裂纹能力和抗应力腐蚀能力。这里介绍的是用这种钢板卷焊成直径为 ϕ1016mm 的管子，壁厚为 14.6mm，在现场进行管子对接环缝焊接。

目前，我国对 X70 钢管道现场焊接的方法有焊条电弧焊、药芯焊丝半自动焊、实心焊丝半自动焊和全位置自动焊。根据壁厚多数是采用 V 形坡口单面多层焊，早期根焊采用纤维素焊条或低氢型焊条进行向下焊条电弧焊，用实心焊丝半自动 CO_2 气体保护焊填充和盖面，而现在根焊已经逐渐被实心焊丝 STT（表面张力焊接技术）半自动气体保护焊代替，填充和盖面采用全位置实心焊丝气体保护自动焊。本例介绍现在采用的焊接方法。

X70 钢的化学成分：w(C) = 0.054%，w(Si) = 0.23%，w(Mn) = 1.51%，w(S) = 0.0026%，w(P) = 0.013%，w(Cr) = 0.035%，w(Mo) = 0.22%，w(Ni) = 0.23%，w(Nb) = 0.043%，w(V) = 0.055%，w(Ti) = 0.022%，w(Cu) = 0.11%。钢的力学性能：抗拉强度为 625MPa，屈服强度为 497MPa，伸长率为 28%，硬度小于 230HV，−20℃ 冲击吸收能量大于 120J。

根据壁厚、材质和现场条件，接头开复合 V 形坡口（见图 7-3-5），根焊用国产 ϕ1.2mm 焊丝 JM-58，用 CO_2 气体保护 STT 半自动施焊，填充和盖面焊用 ϕ1.0mm 的 JM-68 焊丝，用富 Ar 气体保护全位置自动施焊。

经焊接工艺试验，确定焊前焊接区预热 100℃，层间温度 60℃，用中频感应或环形火焰加热。焊接参数见表 7-3-26。用直流反接焊。

工艺要点：根焊是关键，焊前用内对口器进行对接，用 2~3mm 铁片定位装配间隙，待焊完根焊道后才能撤走内对口器；采用向下立焊技术，允许轻微摆动，保证全位置单面焊双面成形的效果。焊缝接头用角向砂轮打磨，STT 焊时对风速敏感，要求风速 ≤ 2m · s^{-1}，否则停焊。焊后用钢丝刷清理，不用砂轮。清理后立即进入自动焊，严格控制预热温度和保证层间温度。

焊后进行 100%射线检测，一次合格率达 98%以上。评定试验测得焊接接头抗拉强度为 666~678MPa，且断于母材；弯曲 180°合格；−20℃ 焊缝冲击吸收能量，为 134~137J，热影响区的冲击吸收能量为 173~216J。

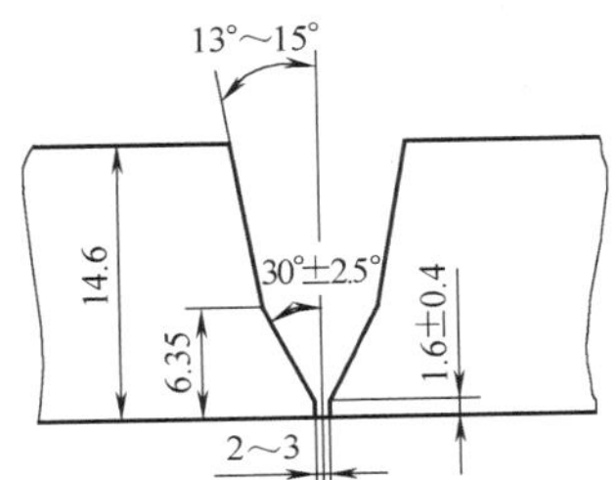

图 7-3-5 管道对接焊坡口

3.4 低碳调质钢的焊接

3.4.1 低碳调质钢的化学成分与力学性能

低碳调质钢碳含量较低，一般 w(C) ≤ 0.18%，屈服强度为 440~980MPa。通过加入不同合金元素和调质热处理，使之具有良好的综合性能和焊接性能。

表 7-3-27 和表 7-3-28 分别列出了常用低碳调质钢的化学成分和力学性能，表 7-3-29 列出了常用低碳调质钢的相变点、热处理温度和组织。

表 7-3-26 输气管道对接环缝自动焊的焊接参数

焊道	焊接电流 /A	电弧电压 /V	送丝速度 /cm · min^{-1}	焊接速度 /cm · min^{-1}	保护气体	
					气体配比(体积分数)	流量/L · min^{-1}
根焊	峰值 350~420 基值 55~77	16~25	300~460	16~25	CO_2	15~25
填充	160~240	18~25	700~1200	22~40	Ar(75%~90%) + CO_2(25%~10%)	15~25
盖面	150~230	18~24	600~1000	18~35		

表 7-3-27　常用低碳调质钢的化学成分

牌号	化学成分(质量分数,%)											Pcm (%)	CE (ⅡW) (%)	备注
	C	Si	Mn	P	S	Cr	Ni	Mo	Cu	V	其他			
15MnMoVN	0.12~0.20	0.20~0.5	1.30~1.70	≤0.035	≤0.035	—	—	0.40~0.60	—	0.10~0.20	N:0.01~0.02			
15MnMo VNRE	≤0.18	0.20~0.60	1.20~1.70	≤0.035	≤0.035	—	—	0.35~0.60	—	0.03~0.10	N:0.02~0.03 RE:0.10~0.20			
14MnMoNbB	0.12~0.18	0.15~0.35	1.30~1.80	≤0.03	≤0.03	—	—	0.45~0.70	≤0.40	—	Nb:0.02~0.07 B:0.0005~0.0030	0.275	0.56	
12Ni3CrMoV	0.07~0.14	0.17~0.39	0.30~0.60	≤0.02	≤0.015	0.90~1.20	2.60~3.00	0.20~0.27	—	0.04~0.10		0.278	0.669	
WCF-60、WCF-62	≤0.09	0.15~0.35	1.10~1.50	≤0.03	≤0.02	≤0.03	≤0.05	≤0.30	—	0.02~0.06	B≤0.003	0.226	0.40 0.47 0.42	国产低裂纹钢
HQ70A	0.09~0.16	0.15~0.40	0.60~1.20	≤0.03	≤0.03	0.30~0.60	0.30~1.0	0.20~0.40	0.15~0.50		V+Nb≤0.1 B:0.0005~0.003	0.282	0.52	国产工程机械用钢
HQ80	0.10~0.16	0.15~0.35	0.60~1.20	≤0.025	≤0.015	0.6~1.20	—	0.30~0.60	0.15~0.50	0.03~0.08	B:0.0005~0.003	0.297	0.58 0.69	
HQ100	0.10~0.18	0.15~0.35	0.80~1.40	≤0.030	≤0.030	0.60~0.80	0.70~1.50	0.30~0.60	0.15~0.50	0.05~0.08			0.65	
T-1	0.10~0.20	0.15~0.35	0.60~1.00	≤0.035	≤0.040	0.40~0.65	0.70~1.0	0.40~0.60	0.15~0.50	0.03~0.08		0.295	0.58	美国
HY-130	0.12	0.15~0.35	0.60~0.90	≤0.010	≤0.015	0.40~0.70	4.75~5.25	0.30~0.65	—	0.05~0.10		0.317	0.80	美国
WEL-TEN70	≤0.16	0.15~0.35	0.60~1.2	≤0.03	≤0.03	≤0.60	0.30~1.0	≤0.40	≤0.50	≤0.10 B≤0.006		0.291	0.57	日本
WEL-TEN80	≤0.16	0.15~0.35	0.6~1.2	≤0.03	≤0.03	0.40~0.80	0.40~1.50	0.30~0.60	0.15~0.50	≤0.10 B≤0.006		0.29	0.60	日本

表 7-3-28　常用低碳调质钢的力学性能

牌　　号	板厚/mm	拉伸性能			冲击性能		
		R_m/MPa	R_{eL}/MPa	A(%)	温度/℃	缺口型式	冲击吸收能量/J
15MnMoVN	18~40	≥690	≥590	≥15	-40	U	≥27
15MnMoVNRE	≤16	—	≥588	—	-40	U	≥23.5
14MnMoNbB	<8	≥755	≥686	≥12	-40	U	≥27
12Ni3CrMoV	<16	记录	588~745	≥16	-20	V	54
WCF-60	14~50	590~720	≥450	≥17	-20	V	≥47
WCF-62	14~50	610~740	≥490	≥17	-20	V	≥47
HQ70A	>18	≥685	≥590	≥17	-40	V	≥29
HQ80C	≤50	≥785	≥685	≥16	-40	V	≥29
HQ100	—	≥950	≥880	≥10	-25	V	≥27
T-1	5~64	794~931	≥686	≥18	-45	V	≥27
HY-130	16~100	882~1029	895	≥15	-18	V	≥68
WEL-TEN70	≤50	686~833	≥618	≥16	-17	V	≥39
WEL-TEN80	50	784~931	≥686	≥16	-15	V	≥35

表 7-3-29　常用低碳调质钢的相变点、热处理温度及其组织

牌　　号	相变点/℃				热处理温度/℃			组　　织
	Ac_1	Ac_3	Ar_1	Ar_3	奥氏体化温度	淬火介质	回火温度	
WCF-60 WCF-62	746	923	669	813	940	水	630	板条状回火马氏体+回火索氏体+贝氏体
HQ-70	724	855	616	758	920	水	600~700	具有大量亚结构的铁素体+较大的球状渗碳体
15MnMoVN	715	910	630	820	950	水	640	回火粒状贝氏体
15MnMoVNRE	736	873	674	762	930~940	水	820~830	细小均匀的铁素体+粒状贝氏体+少量上贝氏体
HQ-100	715	850	615	725	920	水	620	回火索氏体
14MnMoNbB	715	870	—	785	930	水	620	回火马氏体或回火马氏体+回火下贝氏体
12Ni3CrMoV	707	820	—	—	880	水	680	回火马氏体+回火贝氏体
HY-130	7	—	—	—	800~830	水	590	回火马氏体+回火贝氏体

3.4.2　低碳调质钢的焊接性

低碳调质钢主要用作高强度的焊接结构，在合金成分设计上已考虑到焊接性的要求，其碳含量限制得较低，要求 $w(C) \leqslant 0.22\%$，实际上都小于 0.18%，所以焊接这类钢发生的问题与正火钢基本类似。不同点在于这类钢是通过调质热处理获得强化，焊后在热影响区上除发生脆化外，还有软化问题。

1. 冷裂纹

这类钢是在低碳钢的基础上通过加入多种提高淬透性的合金元素来保证获得强度高、韧性好的低碳马氏体和部分下贝氏体的混合组织。这类钢淬透性大，本应有很大的冷裂倾向，但是由于其碳含量很低，焊

接时形成的是低碳马氏体，又加上它的转变温度 Ms 较高，如果在此温度下冷却得比较慢，此时生成的马氏体得以“自回火”，冷裂纹即可以避免，如果马氏体转变时的冷却速度很快，得不到“自回火”，其冷裂倾向必然增大。因此，在焊接高拘束度的厚板结构时，需预防冷裂纹产生。

2. 热影响区的脆化和软化

这类钢在热影响区中引起脆化的原因除了奥氏体晶粒粗化引起外，主要是由于脆性混合组织（上贝氏体和 M-A 组合）的形成。这些脆性混合组织的形成与合金化程度及 $t_{8/5}$时间的控制有关。

研究表明，这类钢都各自有最佳 $t_{8/5}$（或 $t_{8/3}$），在这一冷却速度下，其热影响区粗晶区可以获得低碳马氏体加少量下贝氏体组织，使热影响区具有良好的抗裂性能及韧性。例如，HQ70B 钢最佳 $t_{8/5}$在 23s 左右，WEL-TEN80C 和 T-1 钢最佳 $t_{8/5}$在 11s 左右。

热影响区上出现软化是因为在调质状态下焊接时，热影响区上凡是加热温度高于母材回火温度至 Ac_1 的区域，由于碳化物的积聚长大而使钢材软化。受热温度越接近 Ac_1 的区域，软化越严重。

对焊后不再进行调质处理的低碳调质钢来说，热影响区的软化就成为焊接接头一个薄弱环节。强度级别越高，这一问题越突出。由于软化程度和软化区的宽度与焊接工艺有很大关系，因此在制订这类钢的焊接工艺时需加以控制。

3.4.3　低碳调质钢的焊接工艺

在制订低碳调质钢的焊接工艺时，必须注意解决好上述冷裂纹、热影响区的脆化和软化三个问题。为防止冷裂纹的产生，要求在马氏体转变时的冷却速度不能太快，让马氏体获得“自回火”。为防止热影响区发生脆化，要求在 500~800℃之间的冷却速度大于产生脆化性组织的临界速度。热影响区软化的问题可以采用小焊接热输入等工艺措施解决。

1. 焊接方法的选择

调质状态下的钢材，只要加热温度超过它的回火温度，其性能就会发生变化。因此，焊接时由于热的作用使热影响区局部强度和韧性下降几乎是不可避免。强度级别越高，这个问题就越突出，除非焊后对焊件重新调质处理，否则就要尽量限制焊接过程中热量对母材的作用。所以，对于焊后不再调质处理的低碳调质钢，应该选择能量密度大的焊接方法，如钨极和熔化极气体保护焊、电子束焊等。特别对于 $R_{eL}>$ 980MPa 的调质钢，应采用钨极氩弧焊或电子束焊；对于 $R_{eL}\leqslant$980MPa 的调质钢，焊条电弧焊、埋弧焊、钨极或熔化极气体保护焊等均可采用。对于强度级别较低的低碳调质钢，都可采用一般焊接方法和常规工艺条件进行焊接。因为焊接接头冷却速度较快，焊接热影响区的力学性能接近钢在淬火状态下的力学性能，因而不需进行焊后热处理。当采用电渣焊时，由于焊接热输入大，母材加热时间长，所以这类钢电渣焊后必须进行调质处理。在采用埋弧焊时，不宜用大焊接电流、粗丝或多丝等焊接工艺，但是可以用窄间隙双丝埋弧焊，因所用双丝直径小，焊接热输入不大，用直流反接和加大熔敷速度，避免了母材过分受热。

2. 焊接材料的选择

由于低碳调质钢焊后一般不再进行热处理，故在选择焊接材料时，要求焊缝金属在焊态下具有接近母材的力学性能。在特殊情况下，如结构的刚度或拘束度很大，冷裂纹难以避免时，必须选择熔敷金属强度比母材稍低的焊接材料作填充金属。

由于低碳调质钢有产生冷裂纹倾向，严格控制焊接材料中的氢十分重要。因此，焊条电弧焊时应选用低氢或超低氢焊条，焊前按规定要求进行烘干。自动弧焊用的焊丝表面要干净、无油锈等污物，保护气体或焊剂也应去除水分。

表 7-3-30 列出了常用低碳调质钢焊接材料选用示例。

3. 焊接参数的选择

表 7-3-30　常用低碳调质钢焊接材料选用示例

牌　号	焊条电弧焊		埋弧焊		电渣焊		气体保护焊	
	焊条型号	焊条牌号	焊丝牌号	焊剂	焊丝牌号	焊剂牌号	气体（体积分数）	焊丝型号
WCF-60、WCF-62、HQ60	E6015-D1	J607	H08MnMoA、H10Mn2、H10Mn2Si、H08MnMoTI	HJ431、SJ201、SJ101、HJ350、SJ104	H10Mn2MoVA	HJ360、HJ431	CO_2 或 Ar+$CO_2$20%	ER55-D2、ER55-D2Ti、ER55-G、E600T-5
	E6015-G	J607Ni						
	E6016-D1	J607RN						
	E6016-G	J606						

（续）

牌　　号	焊条电弧焊		埋　弧　焊		电　渣　焊		气体保护焊	
	焊条型号	焊条牌号	焊丝牌号	焊　剂	焊丝牌号	焊剂牌号	气体（体积分数）	焊丝型号
HQ70、 14MnMoVN、 12MnCrNiMoVCu、 12Ni3CrMoV	E7015-D2	J707、 J707Ni	HS-70A、 H08Mn2NiMoVA、 H08Mn2NiMo	HJ350、 HJ250、 SJ101	H10Mn2NiMoA、 H10Mn2NiMoVA	HJ360、 HJ431	CO_2 或 Ar+$CO_2$20%	ER69-1、 ER69-3、 ER69-G、 E700T-5
	E7015-G	J707RH、 J707NiW						
14MnMoNbB、 15MnMoVNRE、 WEL-TEN70、 WEL-TEN80	E7015-D2	J707、 J707Ni	H0Mn2MoA、 H08Mn2Ni2CrMoA	HJ350	H10Mn2MoA、 H08Mn2Ni2、 H08Mn2Ni2CrMo	HJ360、 HJ431	Ar+$CO_2$20%或 Ar+$O_2$1%～2%	ER76-1、 ER83-1、 ER76-G
	E7015-G	J707RH、 J707NiW						
	E7515-G	J757、 J757Ni						
	E8015-G	J807 J807RH						
12NiCrMoV	E8015-G	J807RH、 J857、 J857Cr、 J857CrNi	—	—	—	—	—	—
T-1	E7015-D2	J707、 J707Ni	—	—	—	—	—	ER76-1、 ER83-1、 ER76-G
	E7015-G	J707RH						
	E7515-G	J757、 J757Ni						
HQ80	—	—	—	—	—	—	Ar+$CO_2$20%	ER76-G
HQ100	—	—	—	—	—	—	Ar+$CO_2$20%	ER83-G

控制焊接时的冷却速度成为防止焊接低碳调质钢产生冷裂纹和热影响区脆化的关键。快速冷却对防止脆化有利，但对防止冷裂纹不利。反之，减缓冷却速度可防止冷裂纹，却易引起热影响区的脆化。因此，必须找到两者都兼顾的最佳冷却速度，而冷却速度主要是由焊接热输入决定，但又受到焊件散热条件和预热等因素影响。

1）焊接热输入的确定。每种低碳调质钢都有各自的最佳 $t_{8/5}$，在这冷却速度下，使得热影响区具有良好的抗裂性能和韧性。$t_{8/5}$ 可以通过试验或者借助钢材的焊接 CCT 图来确定，然后根据该 $t_{8/5}$ 来确定焊接热输入。为了防止冷裂纹的产生，通常是在满足热影响区韧性要求的前提下，确定最大允许的焊接热输入。

有些情况下，如厚板的焊接，即使采用了允许的最大热输入，其冷却速度也足以引起冷裂纹，这时就得采取预热来使冷却速度降到低于不出现裂纹的极限值。表 7-3-31 列出了 HQ 系列钢的最大焊接热输入及预热温度。

2）预热温度的确定。当焊接热输入已提高到最大允许值也不能防止裂纹时，就需进行预热。预热的主要目的是降低马氏体转变时的冷却速度，通过马氏体的“自回火”作用来提高其抗裂性能。一般都采用较低的预热温度（≤200℃），若预热温度过高，又会使 500～800℃ 的冷却速度过于缓慢，出现脆性混合组织而脆化。也可通过试验，确定出防止冷裂纹的最佳预热温度范围。

表 7-3-31 HQ 系列钢的最大焊接热输入和预热温度

钢号	板厚/mm	预热温度/℃			层间温度/℃	焊接热输入/kJ · cm^{-1}
		焊条电弧焊	气体保护焊	埋弧焊		
HQ-60	6≤δ<13	不预热	不预热	不预热	≤150	≤30
	13≤δ<26	40~75	15~30	25	≤200	≤45
	26≤δ<50	75~125	25	50	≤200	≤55
HQ70	6≤δ<13	50	25	50	≤150	≤25
	13≤δ<19	75	50	50	≤180	≤35
	19≤δ<26	100	50	75	≤200	≤45
	26≤δ<50	125	75	100	≤200	≤48
HQ80C	6≤δ<13	50	50	50	≤150	≤25
	13≤δ<19	75	50	75	≤180	≤35
	19≤δ<26	100	75	100	≤200	≤45
	26≤δ<50	125	100	125	≤220	≤48
HQ100	≤32	100~150	100~150	—	≤150	≤35

3）焊后热处理的确定。低碳调质钢通常是在调质状态下焊接，在正常焊接条件下，焊缝及热影响区可以获得高强度和韧性，焊后一般不需进行热处理。只有在下列情况下才进行焊后热处理。

①焊后（如电渣焊等）使焊缝或热影响区严重脆化或软化区失强过大，这时需进行调质热处理。

②焊后需进行高精度加工，要求保证结构尺寸稳定；或者是要求耐应力腐蚀的焊件，这时需进行消除应力热处理。

为了保证材料的强度，消除应力热处理的温度应比母材原来调质处理的回火温度低 30℃左右。

4）典型钢种焊接参数举例。

表 7-3-32 列出了 HQ 系列钢推荐的焊接参数；表 7-3-33 列出了 14MnMoNbB 钢焊接推荐的焊接参数。

表 7-3-32 HQ 系列钢推荐的焊接参数

钢号	焊接方法	焊接材料		焊接电流/A	电弧电压/V	焊接速度/cm · min^{-1}	气体流量/L · min^{-1}	备注
HQ60	焊条电弧焊	E6015H	ϕ4	160~180	22~24	12~14	—	热输入 18~22kJ · cm^{-1}，层间温度 150℃
	气体保护焊	GHS-60N 焊丝 Ar80%+$CO_2$20%（体积分数）	ϕ1.6	360	34	37	—	
HQ70	焊条电弧焊	E7015G	ϕ4	175A	35V	—	—	热输入 20kJ · cm^{-1}
	气体保护焊	GHS-70 焊丝 Ar80%+$CO_2$20%（体积分数）	ϕ1.6	350	35	—	20	
HQ100	焊条电弧焊	J956	ϕ4	170~180	24~26V	15~16	—	热输入 15~17kJ · cm^{-1}
	气体保护焊	GHQ-100 焊丝 Ar80%+$CO_2$20%（体积分数）	ϕ1.6	~300	~30	—	—	热输入 10~20kJ · cm^{-1}

表 7-3-33　14MnMoNbB 钢焊接推荐的焊接参数

焊接方法	焊接材料		焊接电流 /A	电弧电压 /V	焊接速度 $/m \cdot h^{-1}$	预热温度和层间温度/℃	后热
焊条电弧焊	J857(焊条)	φ4	160～180	24～26	—	150	150℃保温 1～2h
		φ5	230～250				
埋弧焊	H08Mn2MoA(焊丝) HJ350(焊剂)	φ3	380～400	33～35	21～24	150	150℃保温 2h
		φ4	650～700	35～37	23～26		
电渣焊	H10Mn2MoA(焊丝) HJ431(焊剂)	φ3	500～550	38～42	1.4	焊后 920℃正火+920℃水淬+630℃(空冷)	

3.5　中碳调质钢的焊接

3.5.1　中碳调质钢的化学成分与力学性能

中碳调质钢的碳和其他合金元素含量较高。增加碳是为了提高强度，通常加入量为 w(C)=0.25%～0.45%。加入合金元素[w(Me)<5%]主要是为了保证淬透性和提高回火抗力。通过调质（淬火+回火）处理以获得较好的综合性能，其屈服强度为 880～1176MPa。这类钢的特点是：比强度和硬度高，淬透性大，因而焊接性较差，焊后必须通过调质处理才能保证接头的性能；热处理方式不同，尤其是回火温度有差异时，其力学性能变化很大；钢的纯度对焊接影响很大，即使 w(S)、w(P)降至 0.02%，焊时也会有裂纹发生。当钢材热处理得到很高强度水平时，S、P 的极限质量分数应低于 0.015%。为了达到这样高的纯度，焊接用的母材和填充金属均需采用真空熔炼等技术冶炼。

中碳调质钢按其合金系统可分成以下几类：

1）Cr 钢。如 40Cr，钢中加入 Cr[w(Cr)<1.5%时]能有效地提高淬透性，也能增加低温或高温回火稳定性，但有回火脆性。40Cr 是一种应用广泛的 Cr 调质钢，具有较高的淬透性和良好的综合力学性能，疲劳强度高。用于制造较重要的在交变载荷下工作的机器零件，焊接中常遇到的是用于制造齿轮和轴类。

2）Cr-Mo 系是在 Cr 钢基础上发展起来的中碳调质钢，如 35CrMoA 和 35CrMoVA 钢等。Cr 钢中加入少量 Mo[w(Mo)0.15%～0.25%]可以消除 Cr 钢的回火脆性，提高淬透性，并使钢具有较好的强度与韧性匹配。此外，Mo 还能提高钢的高温强度。V 可以细化晶粒，提高强度、塑性和韧性，增加高温回火稳定性。这类钢一般在动力设备中用以制造负荷较高、截面较大的重要零部件，如汽轮机叶轮、主轴和发电机转子等。

3）Cr-Mn-Si 系。如 30CrMnSiA、30CrMnSiNi2A 和 40CrMnSiMoVA 钢等。其中 30CrMnSiA 最典型，是我国应用最广泛的一种中碳调质钢，w(C)=0.28%～0.35%，加入 Si 能提高低温回火抗力。这种钢退火状态下的组织为铁素体和珠光体，经 870～890℃淬火，510～550℃高温回火为回火索氏体（或统称回火马氏体）。这种钢的缺点是在 300～450℃内出现第一类回火脆性，因此回火时必须避开该温度范围。另外，这种钢还有第二类回火脆性，因此高温回火时需采取快冷措施，否则冲击韧度会显著降低。

4）Cr-Ni-Mo 系。如 40CrNiMoA 和 34CrNi13MoA 钢等，钢中加入 Ni 增加淬透性以提高强度，同时，对塑性、韧性有良好作用，尤其低温冲击韧度较高。加入 Mo 进一步提高淬透性，又有助于消除对回火脆性的敏感。这类钢强度高、韧性好，淬透性大。主要用于高负荷、大截面的轴类，以及承受冲击载荷的构件，如汽轮机、喷气涡轮机轴、喷气式客机的起落架及火箭发动机的外壳等。

表 7-3-34 和表 7-3-35 分别列出了几种常用中碳调质钢的化学成分及力学性能。

表 7-3-34　中碳调质钢的化学成分

牌号	化学成分(质量分数,%)								
	C	Mn	Si	Cr	Ni	Mo	V	S	P
30CrMnSiA	0.28～0.35	0.8～1.1	0.9～1.2	0.8～1.1	≤0.30	—	—	≤0.030	≤0.035
30CrMnSiNi2A	0.27～0.34	1.0～1.3	0.9～1.2	0.9～1.2	1.4～1.8	—	—	≤0.025	≤0.025
40CrMnSiMoVA	0.37～0.42	0.8～1.2	1.2～1.6	1.2～1.5	≤0.25	0.45～0.60	0.07～0.12	≤0.025	≤0.025
35CrMoA	0.30～0.40	0.4～0.7	0.17～0.35	0.9～1.3	—	0.2～0.3	—	≤0.030	≤0.035

（续）

牌　号	化学成分(质量分数,%)								
	C	Mn	Si	Cr	Ni	Mo	V	S	P
35CrMoVA	0.30~0.38	0.4~0.7	0.2~0.4	1.0~1.3	—	0.2~0.3	0.1~0.2	≤0.030	≤0.035
34CrNi3MoA	0.3~0.4	0.5~0.8	0.27~0.37	0.7~1.1	2.75~3.25	0.25~0.4	—	≤0.030	≤0.035
40CrNiMoA	0.36~0.44	0.5~0.8	0.17~0.37	0.6~0.9	1.25~1.75	0.15~0.25	—	≤0.030	≤0.030
4340	0.38~0.40	0.6~0.8	0.2~0.35	0.7~0.9	1.62~2.00	0.2~0.3	—	≤0.025	≤0.025
45CrNiMoV (H-11)	0.3~0.4	0.2~0.4	0.8~1.2	4.75~5.5	—	1.25~1.75	0.3~0.5	≤0.01	≤0.01
D6AC	0.42~0.48	0.6~0.9	0.15~0.35	0.9~1.2	0.4~0.7	0.9~1.1	0.05~0.10	≤0.015	≤0.15
30Cr3SiNiMoV	0.32	0.70	0.96	3.10	0.91	0.70	0.11	0.003	0.019

表 7-3-35　中碳调质钢的力学性能

牌　号	热处理规范	R_{eL}/MPa	R_m/MPa	A(%)	Z(%)	a_{KV}/J · cm^{-2}	HB
30CrMnSiA	870~890℃油淬 510~550℃回火	≥833	≥1078	≥10	≥40	≥49	346~363
	870~890℃油淬 200~260℃回火	—	≥1568	≥5	—	≥25	≥444
30CrMnSiNi2A	890~910℃油淬 200~300℃回火	≥1372	≥1568	≥9	≥45	≥59	≥444
40CrMnSiMoVA	890~970℃油淬 250~270℃回火,4 小时空冷	—	≥1862	≥8	≥35	≥49	HRC≥52
35CrMoA	860~880℃油淬 560~580℃回火	≥490	≥657	≥15	≥35	≥49	197~241
35CrMoVA	880~900℃油淬 640~660℃回火	≥686	≥814	≥13	≥35	≥39	255~302
34CrNi3MoA	850~870℃油淬 580~670℃回火	≥833	≥931	≥12	≥35	≥39	285~341
40CrNiMoA	840~860℃油淬 550~650℃水或空冷	833	≥980	12	50	79	—
4340	约 870℃油淬 约 425℃回火	~1305	~1480	~14	~50	25	~435
45CrNiMoV (H-11)	980~1040℃空淬	~1725	—	—	—	—	—
	约 540℃回火 约 480℃回火	~2070					
D6AC	880℃油淬 550℃回火	≥1470	≥1570	~14	~50	25	—
30Cr3SiNiMoVA	910℃油淬 280℃回火	—	≥1666	>9	—	—	—

3.5.2　中碳调质钢的焊接性

1. 焊缝中的热裂纹

中碳调质钢碳含量及合金元素含量都较高，其结晶温度区间较大，偏析也较严重，因而具有较大的热裂纹倾向。热裂纹常发生在多道焊第一条焊道弧坑和凹形角焊缝中。为了防止热裂纹，在选择焊接材料时，应尽量选用碳含量低的、含 S、P 杂质少的填充材料。一般焊丝 w(C)限制在 0.15%以下，最高不超过 0.25%，w(S)、w(P)<0.030%～0.035%。焊接时应注意填满弧坑和良好的焊缝成形。

2. 冷裂纹

中碳调质钢对冷裂敏感性比低碳调质钢大，因为中碳调质钢碳含量较高，加入的合金元素也较多，在500℃以下温度区间，过冷奥氏体具有更大的稳定性，因而淬硬倾向十分明显。中碳钢的马氏体开始转变温度 Ms 一般都较低，在低温下形成的马氏体难以产生“自回火”效应，况且含碳量高的马氏体其硬度和脆性更大，所以冷裂纹倾向较为严重，焊接时必须采取防止冷裂纹的措施。

3. 过热区的脆化

由于中碳调质钢具有相当大的淬硬性，在焊接热影响区的过热区内很容易产生硬脆的高碳马氏体。冷却速度越快，生成高碳马氏体就越多，脆化也就越严重。

要减少中碳调质钢过热区脆化，宜采用小焊接热输入并辅之以预热、缓冷和后热等工艺措施。因为小热输入可减少高温停留时间，避免了奥氏体晶粒过热，增加了奥氏体内部成分的不均匀性，从而降低其稳定性。预热和缓冷是为了降低冷却速度，改善过热区的性能。对这类钢采用大的焊接热输入也难以避免马氏体的形成，反而会增大奥氏体过热和提高它的稳定性，形成粗大的马氏体，使过热区脆化更为严重，应尽量避免。

4. 热影响区软化

中碳调质钢在调质状态下焊接，焊后在热影响区上的软化现象比低碳调质钢更为严重，随着强度级别提高，其软化程度就越显著。该软化区便成为降低接头强度的薄弱环节。软化区的软化程度和宽度与焊接热输入有关，热输入越小，加热和冷却速度越快，受热时间越短，其软化程度和宽度就越小。因此，采用热能集中、热输入较小的焊接方法，对减小软化区有利。

3.5.3　中碳调质钢的焊接工艺

1. 退火状态下焊接的工艺

正常情况下，中碳调质钢都是在退火（或正火）状态下焊接，焊后再进行整体调质。这样，焊接时只需解决焊接裂纹问题，热影响区的性能可以通过焊后的调质处理来保证。

在退火状态下焊接中碳调质钢，对焊接方法的选择几乎没有限制，常用的焊接方法都可采用。

对焊接材料的选择，除要求不产生冷、热裂纹外，还要求焊缝金属的调质处理规范与母材一致，以保证调质后的接头性能也与母材相同。因此，焊缝金属的主要合金成分应尽量与母材相似，同时对能引起焊接热裂纹倾向和促使金属脆化的元素，如 C、Si、S、P 等，必须严格控制。

表 7-3-36 列出了焊前退火焊后再调质的常用中碳调质钢焊接材料选用示例。

焊接参数确定的原则是保证在调质处理前不出现裂纹，为此可采用较高的预热温度（200～300℃）和层间温度。如果用局部预热，预热范围距焊缝两侧应不小于 100mm。如果焊后不能立即进行调质处理，为了防止在调质处理之前产生延迟裂纹，必须在焊后及时地进行一次中间热处理。中间热处理方式根据产品结构的复杂性和焊缝数量而定。当结构简单、焊缝量少时，可做后热处理，即焊后在等于或高于预热温度下保持一段时间即可，这样有利于去除扩散氢和改善接头组织状态，以降低冷裂纹的敏感性；或者进行680℃回火处理，既能消氢和改善接头组织，也可消除应力。当产品结构复杂、有大量焊缝时，应焊完一定数量焊缝后就及时进行一次后热处理。必要时，每焊完一条焊缝都进行后热处理，目的是避免后面焊缝尚未焊完，先焊部位就已经出现延迟裂纹。

表 7-3-37 列出了几种中碳调质钢在退火状态下的焊接参数。

2. 在调质状态下焊接的工艺

必须在调质状态下焊接时，除了要防止焊接裂纹外，还要解决热影响区上高碳马氏体引起的硬化和脆化，以及高温回火区软化引起的强度降低问题。高碳马氏体引起的硬化和脆化可以通过焊后回火解决，而软化引起的强度降低，在焊后不能调质处理的情况下是无法解决的。因此，在调质状态下焊接，应集中防止冷裂纹和避免热影响区软化。

1）焊接方法。为减轻热影响区软化的程度，应选择热能集中、能量密度大的焊接方法。以气体保护焊为好，尤其是钨极氩弧焊，它的热量较易控制，焊接质量易保证。此外，脉冲钨极氩弧焊、等离子弧焊和电子束焊都是很适合的焊接方法。焊条电弧焊具有经济性和灵活性，仍然是当前应用广泛的方法，气焊和电渣焊则不宜使用。

2）焊接材料。因焊后不再进行调质处理，选择焊接材料时就没有必要考虑成分和热处理工艺与母材相匹配的问题，主要是防止冷裂纹。焊条电弧焊时，经常选用塑性和韧性好的纯奥氏体的铬镍钢焊条或镍基焊条，能使焊接变形集中在焊缝金属上，减小了近缝区所承受的应力；焊缝为纯奥氏体，可溶解更多的氢，避免了焊缝中的氢向熔合区扩散。使用这种焊条时，要注意尽量减小母材对焊缝金属的稀释，所拟定的焊接工艺使熔合比尽可能地小。

表 7-3-38 列出了几种常用中碳调质钢在调质状态下焊接用的焊条示例。

表 7-3-36　常用中碳调质钢焊接材料选用示例

牌　　号	焊条电弧焊		埋　弧　焊		气体保护焊	
	焊条型号	焊条牌号	焊丝牌号	焊剂牌号	气　体	焊丝牌号或型号
30CrMnSi	E8515-G E9815-G	J857Cr J107Cr	H20CrMoA H18CrMoA	HJ260 HJ431	CO_2	ER49-1
					Ar	H18CrMoA
35CrMo	E9815-G	J107Cr	H20CrMoA	HJ260	Ar	H20CrMoA
35CrMoV	E8515-G E9815-G	J857Cr J107Cr	—	—	Ar	H20CrMoA
40Cr	E8315-G E8815-G E9815-G	J857Gr J907Gr J107Gr	—	—	—	—

表 7-3-37　几种中碳调质钢在退火状态下的焊接参数

钢　　号	焊接方法	板厚 /mm	焊丝（焊条）直径/mm	焊接参数					备　注
				电弧电压 /V	焊接电流 /A	焊接速度 $/m \cdot h^{-1}$	焊丝速度 $/m \cdot h^{-1}$	焊剂或气体流量 $/L \cdot min^{-1}$	
30CrMnSiA	焊条电弧焊	4	3.2	20~25	90~110	—	—	—	—
	埋弧焊	7	2.5	21~38	290~400	27	—	HJ431	焊 3 层
30CrMnSiNi2A	焊条电弧焊	10	3.2	21~32	130~140	—	—	—	预热 350℃ 焊后 680℃回火
			4.0		200~220			—	
	埋弧焊	26	3.0 4.0	30~35	280~450	—	—	HJ350	焊 13 层
30CrMnSi	CO_2 气体保护焊	2	0.8	17~19	75~85	—	120~150	CO_2,7~8	短路过渡
		4			85~110	—	150~180	CO_2,10~14	
45CrNiMoV（H-11）	TIG 焊	2.5	1.6	9~12	100~200	6.75	30~52.5	Ar,10~20	预热 260℃，焊后 650℃回火
		23	1.6	12~14	250~300	4.5	30~57	Ar14，He5	预热 300℃，焊后 670℃回火

3）焊接参数。在调质状态下进行焊接，最理想的焊接热循环应是高温停留时间要短，而冷却速度要慢。前者可避免过热区奥氏体晶粒粗化，减轻了高温回火区的软化；后者使过热区获得的是对冷裂敏感性低的组织。为此，用小的焊接热输入，预热温度取低值，焊后立即后热。

由于焊后不再进行调质处理，所以焊接过程所采取的预热、层间温度、中间热处理或后热，以及焊后回火处理的温度，都应控制在比母材淬火后的回火温度低 50℃。

表 7-3-38　几种常用中碳调质钢调质状态下焊接用的焊条示例

钢　号	焊条电弧焊的焊条①	
	牌　号	焊　芯
20CrMnSiA	HT-1	HGH-30
30CrMnSiA	HT-2	HGH-41
30CrMnSiNi2A	HT-3	HICr19Ni11Si4AlTi
30CrMnSiA	A507(E1-16-25Mo6N-15)	
	A502(E1-16-25Mo6N-16)	

① HT—航空用电焊条，HGH-30 和 HGH-41 为镍基合金焊芯。

3.6　耐候钢的焊接

3.6.1　耐候钢的化学成分与力学性能

具有耐大气腐蚀性能的钢称耐候钢，主要用于制造车辆、桥梁、建筑、塔架、集装箱或其他金属结构件。国产耐候钢分为高耐候钢和焊接耐候钢两类，前者较后者具有更好的耐大气腐蚀性能，而后者较前者具有更好的焊接性能。这两类钢主要是通过添加少量合金元素如 Cu、P、Cr、Ni 等，使其在金属基体表面上形成保护层以达到耐大气腐蚀的目的。Cu 和 P 是耐大气、海水侵蚀的最有效元素，且符合我国的资源条件，故国产耐候钢以 Cu、P 合金为主，并配以 Cr、Mn、Ti、Ni、Nb 等。Cr 能提高钢的耐腐蚀稳定性，Ni 和 Cr、Cu、P 一起加入可增强耐蚀效果。为了降低含 P 钢的冷脆敏感性和改善焊接性，要求控制 $w(C)\leqslant 0.16\%$。

国家标准 GB/T 4171—2008《耐候结构钢》规定了这两类钢的牌号表示方法、化学成分和力学性能。钢的牌号由“屈服强度”“高耐候”或“耐候”的汉语拼音字母“Q”“GNH”或“NH”，屈服强度的下限值以及质量等级（A、B、C、D、E）组成。如 Q335GNHC 表示下屈服强度为 335MPa 的高耐候钢，其质量等级为 C 级。耐候结构钢的化学成分见表 7-3-39，其力学性能见表 7-3-40 和表 7-3-41。

表 7-3-39　耐候结构钢的化学成分（熔炼分析）（摘自 GB/T 4171—2008）

牌　号	化学成分(质量分数,%)								
	C	Si	Mn	P	S	Cu	Cr	Ni	其他元素
Q265GNH	≤0.12	0.10~0.40	0.20~0.50	0.07~0.12	≤0.020	0.20~0.45	0.30~0.65	0.25~0.50⑤	①②
Q295GNH	≤0.12	0.10~0.40	0.20~0.50	0.07~0.12	≤0.020	0.25~0.45	0.30~0.65	0.25~0.50⑤	①②
Q310GNH	≤0.12	0.25~0.75	0.20~0.50	0.07~0.12	≤0.020	0.20~0.50	0.30~1.25	≤0.65	①②
Q355GNH	≤0.12	0.20~0.75	≤1.00	0.07~0.15	≤0.020	0.25~0.55	0.30~1.25	≤0.65	①②
Q235NH	≤0.13⑥	0.10~0.40	0.20~0.60	≤0.030	≤0.030	0.25~0.55	0.40~0.80	≤0.65	①②
Q295NH	≤0.15	0.10~0.50	0.30~1.00	≤0.030	≤0.030	0.25~0.55	0.40~0.80	≤0.65	①②
Q355NH	≤0.16	≤0.50	0.50~1.50	≤0.030	≤0.030	0.25~0.55	0.40~0.80	≤0.65	①②
Q415NH	≤0.12	≤0.65	≤1.10	≤0.025	≤0.030④	0.20~0.55	0.30~1.25	0.12~0.65⑤	①②③
Q460NH	≤0.12	≤0.65	≤1.50	≤0.025	≤0.030④	0.20~0.55	0.30~1.25	0.12~0.65⑤	①②③
Q500NH	≤0.12	≤0.65	≤2.0	≤0.025	≤0.030④	0.20~0.55	0.30~1.25	0.12~0.65⑤	①②③
Q550NH	≤0.16	≤0.65	≤2.0	≤0.025	≤0.030④	0.20~0.55	0.30~1.25	0.12~0.65⑤	①②③

① 为了改善钢的性能，可以添加一种或一种以上的微量合金元素（质量分数）：Nb，0.015%~0.060%；W，0.02%~0.12%；Ti，0.02%~0.10%；$Al_t\geqslant 0.020\%$。若上述元素组合使用时，应至少保证其中一种元素含量达到上述化学成分的下限规定。

② 可以添加下列合金元素（质量分数）：Mo≤0.30%，Zr≤0.15%。

③ Nb、V、Ti 等三种合金元素的添加总量不应超过 0.22%（质量分数）。

④ 供需双方协商，S 的含量可以不大于 0.008%（质量分数）。

⑤ 供需双方协商，Ni 含量的下限可不做要求（质量分数）。

⑥ 供需双方协商，C 的含量可以不大于 0.15%（质量分数）。

表 7-3-40　耐候结构钢拉伸与弯曲性能（摘自 GB/T 4171—2008）

牌　号	拉伸试验①									180°弯曲试验弯心直径		
	下屈服强度/MPa　≥				抗拉强度/MPa	断后伸长率(%)≥						
	≤16	>16~40	>40~60	>60		≤16	>16~40	>40~60	>60	≤6	>6~16	>16
Q235NH	235	225	215	215	360~510	25	25	24	23	*a*	*a*	2*a*
Q295NH	295	285	275	255	430~560	24	24	23	22	*a*	2*a*	3*a*
Q295GNH	295	285	—	—	430~560	24	24	—	—	*a*	2*a*	3*a*
Q355NH	355	345	335	325	490~630	22	22	21	20	*a*	2*a*	3*a*
Q355GNH	355	345	—	—	490~630	22	22	—	—	*a*	2*a*	3*a*
Q415NH	415	405	395	—	520~680	22	22	20	—	*a*	2*a*	3*a*
Q460NH	460	450	440	—	570~730	20	20	19	—	*a*	2*a*	3*a*
Q500NH	500	490	480	—	600~760	18	16	15	—	*a*	2*a*	3*a*
Q550NH	550	540	530	—	620~780	16	16	15	—	*a*	2*a*	3*a*
Q265GNH	265	—	—	—	≥410	27	—	—	—	*a*	—	—
Q310GNH	310	—	—	—	≥450	26	—	—	—	*a*	—	—

注：*a* 为钢材厚度。

① 当屈服现象不明显时，可以采用 $R_{p0.2}$。

表 7-3-41　耐候结构钢的冲击性能

质量等级	V 型缺口冲击试验①		
	试样方向	温度/℃	冲击吸收能量 KV_2/J
A	纵向	—	—
B		+20	≥47
C		0	≥34
D		−20	≥34
E		−40	≥27②

① 冲击试样尺寸为 10mm×10mm×55mm。

② 经供需双方协商，平均冲击吸收功值可以≥60J。

3.6.2　耐候钢的焊接性

耐候钢中除含 P 钢外，焊接性与一般低合金热轧钢没有原则差别，焊接热影响区的最高硬度不超过 350HV，焊接性良好。钢中 Cu 的含量低[w(Cu)= 0.2%~0.4%]，焊接时不会产生热裂纹。含 P 钢中 w(C+P)都控制在 0.25%以下，故钢的冷脆倾向不大。所以，可与强度较低（R_{eL} = 343~292MPa）的低合金热轧钢一样拟定焊接工艺。只需注意选择焊接材料时除应满足强度要求外，还需使焊缝金属的耐蚀性能与母材相匹配。

3.6.3　耐候钢焊接要点

耐候钢的焊接性虽然与低合金热轧钢相同，但是考虑到焊缝金属与母材耐蚀性能相匹配，目前焊接方法仍然以焊条电弧焊和埋弧焊为主，也可采用 CO_2 焊、点焊和塞焊。焊条电弧焊时，可选用含磷、铜的结构钢焊条，也可以不用含磷的 J×××CrNi 焊条，通过渗 Cr、Ni 来保证耐蚀性和韧性。埋弧焊常用镀铜的含锰焊丝，见表 7-3-42。CO_2 焊可用 MG49-Ni 焊丝。

表 7-3-42　焊接耐候及耐海水腐蚀用钢气体保护焊丝及埋弧焊焊丝和焊剂

屈服强度/MPa	牌号	焊条	气体保护焊丝	埋弧焊焊丝和焊剂
≥235	Q235NH Q295NH Q295GNH Q295GNHL	J422CrCu、 J422CuCrNi、 J423CuP	H10MnSiCuCrNi11 GFA-50W① GFM-50W① AT-YJ502D② PK-YJ502CuCr③	H08A+HJ431 H08MnA+HJ431

（续）

屈服强度/MPa	牌号	焊条	气体保护焊丝	埋弧焊焊丝和焊剂
≥355	Q355NH Q345GNH Q345GNHL Q390GNH	J502CuP、J502NiCu、 J502WCu、J502CuCrNi J506NiCu、J506WCu J507NiCu、J507CuP J507NiCuP、J507CrNi J507WCu	H10MnSiCuCrNi11 GFA-50W① GFM-50W① AT-YJ502D② PK-YJ502CuCr③	H08MnA+HJ431 H10Mn2+HJ431 H10MnSiCuCrNi11+SJ101
≥450	Q460NH	J506NiCu、J507NiCu、 J507CuP、J507NiCuP、 J507CrNi	GFA-55W① GFM-55W① AT-YJ602D③	H10MnSiCuCrNi11+SJ101

① GFA-50W、GFM-50W 及 GFM-55W 分别为哈尔滨焊接研究所开发的熔渣型和金属芯型药芯焊丝。
② AT-YJ502D、AT-YJ602D 为钢铁研究总院开发的熔渣型药芯焊丝。
③ PK-YJ502CuCr 为北京宝钢焊业有限责任公司开发的耐候钢药芯焊丝。

3.7　低温钢的焊接

3.7.1　低温钢的化学成分与力学性能

低温钢指工作在-196～-10℃温度的钢，低于-196℃的称为超低温钢。主要用于制造石油化工中的低温设备，如液化石油气及液化天然气等储存与运输的容器和管道等。这类钢在低温下不仅要具有足够的强度，更重要的是还要具有足够好的韧性和抗脆性断裂的能力。

除面心立方晶格的金属材料（如奥氏体钢、铝、铜、镍等）外，凡具有体心立方晶格的金属材料均有低温变脆的现象，即金属随温度降低，其断裂从延性转为脆性。对于低温钢可以通过细化晶粒、合金化和提高纯净度等措施来改善其低温韧性。

低温钢大部分是接近铁素体型的低合金钢，其碳含量较低，主要通过加入 Al、V、Nb、Ti 及稀土（RE）等元素固溶强化和晶粒细化，再经过正火、回火处理，获得晶粒细而均匀的组织，从而得到良好的低温韧性。如果钢中加入 Ni，固溶于铁素体，既提高其强度，又使基体的低温韧性得到显著改善。为了发挥 Ni 的有利作用，在含 Ni 的钢中，在提高 Ni 含量的同时，相应降低碳含量和严格控制硫、磷的含量。

表 7-3-43 和表 7-3-44 分别列出了部分低温钢的化学成分和力学性能。表中按成分分为含镍和无镍两大类。若按钢的显微组织分，则有铁素体型、低碳马氏体型和奥氏体型三类低温钢。

1）铁素体型低温钢。这类钢的显微组织主要是铁素体加少量珠光体。其使用温度在-100～-40℃范围，如 16MnDR、09Mn2VDR、09MnTiCuReDR、Ni3.5% 和 06MnVTi 等。前面几种为低温容器专用钢，一般是在正火状态下使用。Ni3.5%钢一般采用870℃正火和 635℃的 1h 消除应力回火，其最低使用温度达-100℃。调质处理可提高其强度、改善韧性和降低其脆性转变温度，其最低使用温度可降至-129℃。

2）低碳马氏体型低温钢属于含 Ni 量较高的钢，如 Ni9%钢，经淬火的组织为低碳马氏体，正火后的组织除低碳马氏体外，还有一定数量的铁素体和少量奥氏体，具有高的强度和韧性，能用于-196℃低温。该钢经冷变形后，需进行 565℃消除应力退火，以提高其低温韧性。

3）奥氏体型低温钢。这类钢具有很好的低温性能，其中以 18-8 型铬镍奥氏体钢使用最为广泛，25-20 型铬镍奥氏体钢可用于超低温条件。我国为了节约铬、镍而研制以铝代镍的 15Mn26Al4 奥氏体钢，这种钢的使用温度不能低于马氏体相变温度，否则奥氏体转变为马氏体而使韧性下降。

有关奥氏体型低温钢的焊接，将在本篇第 5 章 5.2 奥氏体型不锈钢的焊接节中讨论。

3.7.2　低温钢的焊接性

1. 不含 Ni 的低温钢

这类钢实际上就是前面的热轧正火钢和低碳调质钢。由于碳含量低，硫、磷又限制在较低范围内，其淬硬倾向和冷裂倾向小，室温下焊接不易产生冷裂纹。板厚小于 25mm 时不需预热；板厚大于 25mm 或接头刚性拘束较大时，应考虑预热，但预热温度不要过高，否则热影响区晶粒长大。预热温度一般为 100～150℃。当板厚大于 16mm，焊后往往要进行消除应力热处理。

表 7-3-43　部分低温钢的化学成分

类别	温度等级/℃	牌　号	使用状态	化学成分(质量分数,%)							
				C	Mn	Si	S	P	V	Ti	Cu
无镍铬低温钢	-40	16MnDR①	热轧或正火	≤0.20	1.20~1.60	0.15~0.50	≤0.010	≤0.020	—	—	—
	-70	09Mn2VDR	正火	≤0.12	1.40~1.80	0.15~0.50	≤0.0125	≤0.030	0.02~0.06	—	—
	-90	06MnNbDR	正火	≤0.07	1.20~1.60	0.17~0.37	≤0.030	≤0.030	—	—	—
	-100	06MnVTi	正火	≤0.07	1.40~1.80	0.17~0.37	≤0.030	≤0.030	0.04~0.10	240②	—
	-196	20Mn23Al	固溶	0.15~0.25	21.0~26.0	≤0.50	≤0.03	≤0.030	0.06~0.12	—	0.10~0.20
	-253	15Mn26Al4	固溶	0.13~0.19	24.50~27.0	≤0.60	≤0.035	≤0.035	—	—	—
含镍铬低温钢	-80	Ni2.5%	正火	≤0.14	0.70~1.50	≤0.30	≤0.035	≤0.035	0.03~0.10	—	≤0.35
	-100	Ni3.5%	正火或调质	≤0.14	≤0.80	0.10~0.30	≤0.035	≤0.035	0.02~0.05	—	≤0.35
	-196	Ni9%	二次正火+回火或淬火+回火	≤0.10	≤0.80	0.10~0.30	≤0.035	≤0.035	0.02~0.05	—	≤0.35
	-253	18Cr9NiTi	固溶	≤0.08	≤2.00	≤1.00	≤0.025	≤0.030	—	5×w(C)~0.8	—
	-269	25Cr20Ni	固溶	≤0.08	≤2.00	≤1.50	≤0.030	≤0.04	—	—	—
类别	温度等级/℃	牌　号	使用状态	化学成分(质量分数,%)							
				Nb	Al	Cr	Ni	Mo	RE	N	B
无镍铬低温钢	-40	16MnDR	热轧或正火	—	≥0.020	—	≤0.40	—	—	—	—
	-70	09Mn2VDR	正火	—	—	—	—	—	—	—	—
	-90	06MnNbDR	正火	0.02~0.05	—	—	—	—	—	—	—
	-100	06MnVTi	正火	—	0.04~0.08	—	—	—	—	—	—
	-196	20Mn23Al	固溶	—	0.7~1.2	—	—	—	0.30②	0.03~0.08	0.001~0.005
	-253	15Mn26Al4	固溶	—	3.8~4.7	—	—	—	—	—	—
含镍铬低温钢	-80	Ni2.5%	正火	0.15~0.50	0.15~0.50	≤0.25	0.30~0.70	≤0.10	—	—	—
	-100	Ni3.5%	正火或调质	0.15~0.50	0.15~0.50	≤0.25	3.25~3.75	≤0.10	—	—	—
	-196	Ni9%	二次正火+回火或淬火+回火	0.15~0.50	0.15~0.50	≤0.25	8.0~10.0	≤0.10	—	—	—
	-253	18Cr9NiTi	固溶	—	—	17.00~19.0	9.0~11.0	≤0.50	—	—	—
	-269	25Cr20Ni	固溶	—	—	24.0~26.0	19.0~22.0	≤0.50	—	—	—

①"DR"指低温压力容器用钢；

② 表示加入量。

表 7-3-44　部分低温钢的力学性能

牌　号	板厚/mm	热处理	力学性能					备　注
			R_{eL}/MPa	R_m/MPa	A_5(%)	冲击吸收能量 试验温度/℃	冲击吸收能量 J	
16MnDR	6~16	正火	≥315	490~620	≥21	-40	47	摘自 GB 3531—2014
	>16~36		≥295	470~600				
	>36~60		≥285	460~590		-30		
	>60~100		≥275	450~580				
15MnNiDR	6~16	正火	≥325	490~620	≥20	-45	60	
	>16~36		≥315	480~610				
	>36~60		≥305	470~600				
09MnNiDR	6~16	正火	≥300	440~570	≥23	-70	60	
	>16~36		≥280	430~560				
	>36~60		≥270	430~560				
09Mn2VDR	6~16	正火	≥290	440~570	≥22	-50	34	—
	>16~36		≥270	430~560				
Ni2.5%	6~50	正火	≥270	451~588	≥24	-70	≥20.6	SL2N26 (日)(JIS)
Ni3.5%	6~50	正火	≥300	451~588	≥24	-101	≥20.6	SL3N26
	6~50	调质	≥280	539~686	≥21	-110	≥21.6	SL3N45
Ni9%	6~50	调质	≥260	686~834	≥21	-196	≥20.6	SL9N60

2. 含 Ni 较低的低温钢

如 Ni3.5%钢，虽加入 Ni 提高了淬透性，但由于碳含量低，冷裂纹倾向并不严重，焊接薄板时可以不预热，只有焊接厚板时才需进行约 100℃的预热。

3. 含 Ni 高的低温钢

如 Ni9%钢，其淬透性大，热影响区淬火组织是碳含量很低的马氏体，其冷裂倾向不大。实践表明，焊接厚度为 50mm 的 Ni9%钢时，不需预热，焊后也可不进行消除应力热处理。但是焊接 Ni9%钢时，需注意以下问题。

1）焊接材料要匹配。所选用的焊接材料必须使焊缝金属具有与母材相近的低温韧性和线胀系数。若选用与 Ni9%钢成分相近的焊缝合金系统，焊缝金属的低温韧性将比母材低得多，除了因焊缝为铸造组织外，还与焊缝中含氧量有关。通常是采用镍基合金焊接材料，焊后焊缝为奥氏体组织，虽然强度较低，但低温韧性好，而且线胀系数与 Ni9%钢较接近。

2）磁偏吹现象。Ni9%钢属强磁性材料，用直流电焊接时会产生磁偏吹现象。防止措施是避免接触强磁场、退磁、检测残留磁场，使其低于 $50A\cdot m^{-1}$，也可选用适于交流焊接的镍基合金焊条。

3）热裂纹。当采用镍基焊接材料时，焊缝金属容易产生热裂纹，尤其是弧坑裂纹。因此，应选用抗裂性能好，线胀系数与母材相近的焊接材料。在工艺上采取一些措施，如收弧时注意填满弧坑等。

3.7.3　低温钢的焊接工艺

1. 焊接材料和热输入选择

低温钢可采用焊条电弧焊、气体保护焊和埋弧焊等进行焊接。焊接时保证焊缝和过热区低温韧性是拟定低温钢焊接工艺的关键。焊缝和过热区的低温韧性既取决于焊缝金属的化学成分又和焊接热输入有关。

1）铁素体型低温钢。焊条电弧焊时可选用与母材成分相同的低碳钢和 C-Mn 钢的高韧性焊条，其焊缝金属在-30℃仍有足够冲击韧度。若选用 $w(\mathrm{Ni})=0.5\%\sim1.5\%$的低镍焊条更可靠，如 W707Ni 等，其热输入应控制在 $20kJ\cdot cm^{-1}$以下。埋弧焊时可用中性熔炼焊剂配合 Mn-Mo 焊丝或碱性熔炼焊剂配合含 Ni 焊丝，也可采用 C-Mn 钢焊丝配合碱性非熔炼焊剂，由焊剂向焊缝渗入微量 Ti、B 合金元素，以保证焊缝金属获得良好的低温韧性。焊接热输入应控制在 $25\sim50kJ\cdot cm^{-1}$之间。

2）铁素体型低镍低温钢。焊条电弧焊时，焊条镍含量应相同或略高于母材，但镍含量不能过高，因焊缝镍含量增加，回火脆性也增加，加入少量钼有利于减少回火脆性。所以，焊接 Ni3.5%钢时，常选含钼的焊条。添加 Ti 可细化晶粒，改善焊缝的低温韧性。焊接热输入对热影响区低温韧性有较大影响，应控制在较低范围。焊条电弧焊应小于 $20kJ\cdot cm^{-1}$；埋弧焊焊接 Ni3.5%钢时，可用 3.5Ni+0.3Ti 焊丝，配合烧结焊剂，其热输入应小于 $30kJ\cdot cm^{-1}$。TIG 和 MIG 焊可采用与母材相似、含碳低的 3.5Ni+0.15Mo 焊丝，热输入应小于 $25kJ\cdot cm^{-1}$。

3）低碳马氏体型低温钢。对于 Ni9%钢，应选用镍合金焊接材料。焊条电弧焊时，可选用含镍高 [w(Ni)≈40%~60%Ni] 的奥氏体型焊条，其低温韧性好，线胀系数与 Ni9%钢接近，但价格高，强度特别是屈服强度偏低，工艺性能差；也可选用含镍低的奥氏体型焊条，价格低，工艺性能好，但焊缝金属的低温韧性稍差；其线胀系数较大，屈服强度高。因此，需根据产品不同要求去选择不同类型焊条。Ni9%钢一般在调质状态下使用，焊接热输入应小于 $45kJ\cdot cm^{-1}$，过大会使热影响区低温韧性下降，多层焊层间温度应小于 150℃。

表 7-3-45 列出了常用低温钢焊接材料的选用示例。表中介绍了几种日本用于焊接含镍低温钢的焊条，其技术性能见表 7-3-46。

2. 低温钢焊接工艺要点

低温钢多用于制造低温压力容器，必须防止在制造过程中产生能引起脆性破坏的一切因素。因此，所拟定的焊接工艺必须符合国家有关钢制压力容器焊接规程的要求。施工中应特别注意以下几点：

1）焊条、焊剂使用前需在 350~400℃保温 2h 烘干；焊丝去除油锈；焊接前把坡口及其附近的水、锈、油脂等清除干净。

2）定位焊道长度≥40mm。

3）焊接电流不宜过大，采用快速焊接；焊条直线运条，多层多道焊时控制好层间温度，防止过热。

4）焊前预热。对 Ni3.5%钢当板厚大于 25mm 时，要求预热温度高于 125℃。Ni9%钢不预热，其余按340~410MPa 级低合金高强度结构钢的预热温度进行。

5）焊后消除应力热处理。对 Ni3.5%钢和其他铁素体型低温钢，当板厚或其他因素造成不利的焊接残余应力时，考虑采用 600~650℃热处理；Ni9%钢和奥氏体低温钢，一般不考虑。

6）减少应力集中。防止碰伤材料，若碰伤应打磨修理；不得任意引弧，可在焊缝或坡口内引弧，但引弧处应重熔，填满弧坑；焊缝成形应良好，避免咬边；焊缝表面应圆滑向母材过渡；纵焊缝、环焊缝、接管、人孔处的角焊缝必须焊透；当环缝不得不采用残留垫环进行单面焊时，应特别注意垫环的装配质量，并在装到内壁上后，将垫环本身的对接处焊透；装配用定位铁和楔子去除后，所留在焊件上的焊疤等，必须进行补焊并打磨光滑。返修补焊工艺的制订及施焊应特别严格，避免大面积补焊。

表 7-3-45　常用低温钢焊接材料的选用示例

牌　号	焊条电弧焊		埋弧焊	
	焊条型号	焊条牌号	焊丝牌号	焊剂牌号
16MnDR	E5015-G E5016-G	J507NiTiB J507GR J507RH J506R J506RH	H10MnNiMoA H06MnNiMoA H08MnNiA	SJ101 SJ603 HJ250
09MnTiCuReDR 09Mn2VDR	E5015-G E5015-N5 E5515-N5 E5515-G	W607 W607H W707 W707Ni W807	H08MnA H08Mn2 H08Mn2MoVA	SJ102 SJ603 HJ250
06MnNbDR 06AlNbCuR	E5515-N7 E5015-N7	W907Ni W107 W107Ni	H08Mn2Ni2A	SJ603

（续）

牌号	焊条电弧焊		埋弧焊	
	焊条型号	焊条牌号	焊丝牌号	焊剂牌号
2.5Ni 3.5Ni	E5515-N5 E5515-N7 E5015-N7	W707Ni W907Ni W107Ni NB-3N①	H08Mn2Ni2A H05Ni3A	SJ603
9Ni	—	NIC-70S① NIC-70E① NIC-IS①	Ni67Cr16Mn3Ti Ni58Cr22Mo9W	HJ131
15Mn26Al4	E315-15	A407	12Mn27Al6	HJ173

① 日本焊条，其技术性能见表 7-3-46。

表 7-3-46 焊接含 Ni 低温钢几种日本焊条的技术性能

牌号（相当标准）	焊缝金属化学成分（质量分数，%）									焊缝金属力学性能			
	C	Mn	Si	Ni	Cr	Mo	Nb	W	Fe	$R_{p0.2}$ /MPa	R_m /MPa	A (%)	冲击吸收能量 KV/J
NB-3N（AWSE7016-G）	0.04	0.94	0.33	3.20	—	0.27	—	—	余量	461	539	31	（-100℃）118
NIC-70S（JISD9Ni-1）	0.08	2.02	0.345	余量	14.3	4.0	1.7	0.6	9.8	420	690	45	（-196℃）67
NIC-70E（JISD9Ni-1）	0.09	2.58	0.22	余量	12.3	3.2	2.4	—	6.5	430	690	40	（-196℃）56
NIC-1S（JISD9Ni-2）	0.03	1.60	0.20	余量	1.9	18.3	—	2.8	7.4	440	730	46	（-196℃）79

3. 焊接参数示例

常用低温钢埋弧焊的焊接参数示例见表 7-3-47。低温钢 $Ar+O_2$ 混合气体保护焊的焊接参数见表7-3-48。9%Ni 低温钢大型储罐焊接的坡口形状和焊接参数示例见表 7-3-49。

表 7-3-47 常用低温钢埋弧焊的焊接参数示例

温度级别 /℃	牌号	焊丝		焊剂	焊接电流 /A	电弧电压 /V
		牌号	直径 /mm			
-40	Q345DR（热轧或正火）	H08A	2.0	HJ431	260~400	36~42
			5.0		750~820	36~43
-70	09Mn2V（正火） 09MnTiCuRE（正火）	H08Mn2MoVA	3.0	HJ250	320~450	32~38
-196~-253	20Mn23Al（热轧） 15Mn26Al4（固溶）	Fe-Mn-Al 焊丝	4.0	HJ173	400~420	32~34

表 7-3-48 低温钢 $Ar+O_2$ 混合气体保护焊的焊接参数

板厚 /mm	接头形式	层数	焊丝直径 /mm	焊接电流 /A	电弧电压 /V	送丝速度 $/m \cdot h^{-1}$	焊接速度 $/m \cdot h^{-1}$	气体流量 $/L \cdot min^{-1}$
3.2	对接或角接	1	1.6	300	24	251	31	18~22
4.8	对接或角接	1	1.6	350	25	351	49	18~22
6.4	角接	1	1.6	350	25	351	49	18~22
6.4	角接	1	2.4	400	26	152	49	18~22

（续）

板厚/mm	接头形式	层数	焊丝直径/mm	焊接电流/A	电弧电压/V	送丝速度/$m \cdot h^{-1}$	焊接速度/$m \cdot h^{-1}$	气体流量/$L \cdot min^{-1}$
6.4	V 形坡口对接	2	1.6	375	25	396	37	18~22
6.4	V 形坡口对接	1	2.4	325	24	320	49	18~22
9.5	V 形坡口对接	2	2.4	450	29	182	43	19~24
9.5	角接	2	1.6	350	25	351	30	19~24
12.7	V 形坡口对接	3	2.4	425	27	168	46	19~24
12.7	角接	3	1.6	350	25	351	37	19~24
19.1	双面 V 形坡口对接	4	2.4	425	27	168	37	19~24
19.1	角接	5	1.6	350	25	351	37	19~24
24.1	角接	6	2.4	425	27	168	40	19~24

表 7-3-49　9%Ni 低温钢大型储罐焊接的坡口形状和焊接参数

钢号	坡口形状	焊接材料	预热温度/℃	层间温度/℃	焊接电流/A	电弧电压/V	焊接速度/$cm \cdot s^{-1}$	热输入/$kJ \cdot cm^{-1}$
A353	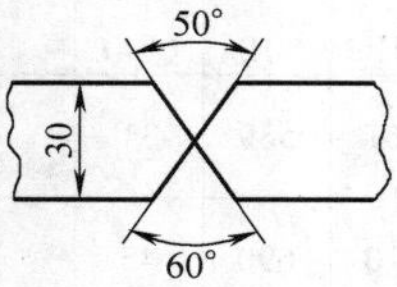 50°；30；60°	因康乃尔镍合金焊条 ϕ4mm	50	<150	135	24	0.25	13
A553	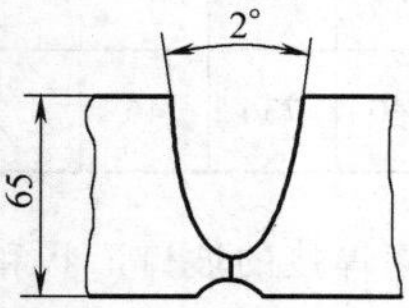 2°；65	埋弧焊镍基合金 ϕ3.2mm	50	<150	450	32	0.58	25
A522T1	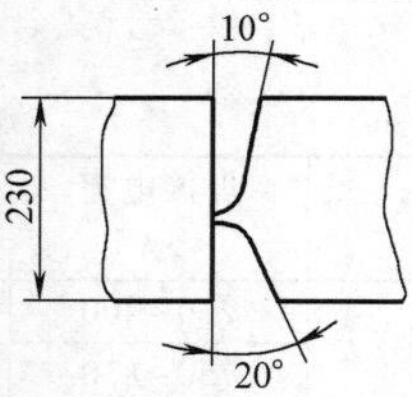 10°；230；20°	埋弧焊镍基合金 ϕ3.2mm	50	<150	450	32	0.58	25

第4章　耐热钢的焊接

4.1　概述

4.1.1　耐热钢的定义与分类

1. 定义

在高温下使用的钢称为耐热钢，实际上它是抗氧化钢和热强钢的总称。抗氧化钢又称不起皮钢或热稳定钢，它在高温下能抵抗氧化和其他介质的侵蚀，并有一定的强度，其工作温度为900~1100℃；热强钢在高温下具有较高的强韧性和一定的抗氧化性，其工作温度可高达600~800℃。

钢的耐热性主要通过合金化来实现，即在碳素钢的基础上加入可以提高抗氧化性和热强性的合金元素。提高钢抗氧化性能的有效方法是在钢中添加铬、铝、硅等合金元素，其中铬是主要的添加元素。它们的共同特点是能在高温下与氧形成致密的氧化膜，并牢固地结合在钢的表面，以防止钢继续被介质侵蚀损坏。提高钢在高温下强韧性、耐蚀性的主要方法是在钢中添加铬、钼、钨和镍等合金元素，并正确地进行热处理工艺。

有一些含有铬合金元素的不锈钢，既有高耐蚀性能，又有好的热强性，也属于耐热钢，常被称为耐热不锈钢。

耐热钢一般用于制造动力机械（如内燃机、汽轮机和燃气轮机等）、锅炉、工业炉及石油化工设备中长期在高温工作的零部件。

2. 分类

1）按用途和特性分。按用途和特性不同，耐热钢可分为抗氧化钢和热强钢两类。前者主要是用于高温下要求抗氧化或耐气体介质侵蚀的钢，对高温强度无特别要求，常用的有铬镍钢（如Cr25Ni20）和高铬钢（如Cr17、Cr25等）；后者主要是用于高温下要求具有足够强度（如持久强度和蠕变强度）的钢，同时兼有一定抗氧化性，常用的有高铬镍钢等。

2）按合金体系分有高Cr系、Cr-Mo系、Cr-Mo-V系和Cr-Ni系等。

3）按合金元素总量分有低、中、高三大类：$w(\mathrm{Me})<5\%$的都为低合金耐热钢；$w(\mathrm{Me})=5\%\sim12\%$的为中合金耐热钢，Cr-Mo系、Cr-Mo-V系等均属于这两类耐热钢；$w(\mathrm{Me})>12\%$的为高合金耐热钢，高Cr系和Cr-Ni系等属于这类钢。

4）按金相组织分。以供应状态的组织分有如下四类：

① 珠光体耐热钢。属于低中合金结构钢，主要合金元素是铬和钼。为了进一步提高钢的热强度和组织稳定性，往往添加少量的钨、钒、铌、钛、镍和稀土元素等。工作温度在350~620℃范围，主要用于锅炉、汽轮机等耐热零件。

② 马氏体耐热钢。属于高合金钢、一般在淬火+高温回火状态下使用，其组织为回火马氏体。主要用于汽轮机叶片、蒸气管道等。

③ 铁素体耐热钢。也属于高合金钢，通常都是高铬的抗氧化钢。

④ 奥氏体耐热钢。也属高合金钢，是在奥氏体不锈钢基础上发展起来的。这类钢具有很好的耐热性能，可在600~810℃范围内工作；若作为抗氧化钢，则可用至1200℃。一般用于燃气轮机、航空发动机、工业锅炉的耐高温构件。

这里的分类比较粗略，并不严格。其实，耐热钢传统的供货状态有退火、正火加回火和调质等，具有不同合金元素及数量的各种耐热钢，在这些热处理状态下所形成的金相组织较为复杂，以多相混合的组织居多，这里是以占比例最多的组织来命名，或把性能大致相近的进行归并。近代不断开发新型的耐热钢种，如通过微合金化和控轧工艺生产的细晶粒耐热钢等，使得耐热钢的分类更趋于简化，如只分成铁素体型耐热钢和奥氏体型耐热钢两大类，而把上面前三类统统归并为铁素体型耐热钢。

4.1.2　耐热钢的高温性能

1. 高温耐氧化和耐腐蚀性能

金属在高温下与大气接触极易氧化，与腐蚀介质接触则易发生化学腐蚀或电化腐蚀。提高钢材高温抗氧化和耐腐蚀性能的根本方法是合金化，即在钢中加入合金元素。一般是通过下述途径来实现。

1）使钢的表面生成一层致密的氧化膜，用以隔绝金属与氧的接触而起到保护作用。钢中加入铬、硅、铝后所生成的Cr_2O_3、SiO_2和Al_2O_3都能起保护作用，其中以铬的效果最好。

2）提高钢的电极电位。普通碳素钢的电极电位很低，易被腐蚀。加入铬使之固溶于钢中就可大大提高其电极电位，因而提高了抵御电化腐蚀的能力。

3）使钢的组织形成单相固溶体。单相组织可减少微电池的数目，而提高耐蚀性。钢中加入封闭 γ-铁区域的元素，如铬、硅、钼、钛、铌等可得单相的铁素体；加入扩大 γ-铁区域的元素，如镍、锰、氮、铜等，可形成单相奥氏体。

为了使耐热钢在高温下组织稳定，还必须防止高温下可能出现碳化物球化、石墨化、碳化物析出和聚集长大，以及固溶体中合金元素的贫化等现象。珠光体中的碳化物在高温下长期运行会发生球化，使钢的抗蠕变能力和持久强度下降。钢中加入铬、钼、钒、钨等合金元素，可阻止球化过程，减慢球化的速度，因而可提高组织的稳定性。石墨化是珠光体钢和钼钢组织不稳定的一种最危险形式，在高温和应力长期作用下，钢组织中的渗碳体分解为铁和石墨，石墨（即碳）呈游离状态聚集于钢中，使钢材强度和塑性显著下降，脆性增加。铝和硅是促进石墨化元素，因此在热力设备中使用的碳素钢和钼钢，不宜用铝、硅脱氧，钢中加入铬、钛、铌、钒等碳化物形成元素，可以有效地阻止钢的石墨化倾向，其中铬的效果最好。

在高温和应力作用下，耐热钢中由于原子扩散能力增加，会导致合金元素在固溶体和碳化物相之间重新分配，而影响钢的高温性能。通常是固溶体中的合金元素含量逐渐减少，而碳化物中的合金元素含量逐渐增加，出现了固溶体中合金元素逐渐贫化现象。钢中加入强烈形成碳化物的合金元素，如钒、钛、铌等可减缓其他合金元素在固溶体中的扩散速度，从而能有效地阻碍合金元素从固溶体向碳化物中迁移；钢中同时加入铬、钼、钨等多种可强化固溶体的元素，能有效延续扩散过程，有利于防止在固溶体中合金元素贫化现象。

2. 高温的力学性能

耐热钢的热强性主要表现在高温长期工作下抗断裂的能力（即持久强度）和抗塑性变形的能力（即蠕变极限）。

提高钢材热强性的主要措施有固溶强化、晶界强化、沉淀强化、热处理强化和变形强化等。要取得这些强化效果仍然是合金化，即需向钢中加入合金元素。

铬、钼、钨、铌等元素都能有效地增强固溶体原子之间的结合力，提高固溶体的再结晶温度，使晶格强烈畸变并提高扩散激活能。所以，在钢中加入这些合金元素，能显著提高固溶体的热强性。

晶界在高温下是薄弱环节，钢中加入微量的硼、锆或稀土元素等，可有效地提高晶界强度。因为这些微量元素能填充晶界结构上的空位等缺陷，使晶界上的原子排列较为紧密，降低晶界表面能，因而减缓了晶界处的扩散过程；同时，这些微量元素还能抑制晶界上一些不稳定相析出，使晶界处于较稳定的状态。晶界强化的主要加入的元素是硼，若和钛或铌复合加入，效果更为明显。

一般认为，钢中碳化物相沉淀于位错上，能“锁固”位错的攀移，从而能有效地提高钢的热强性。其效果取决于碳化物的稳定性、颗粒大小和分布状况等。钒、铌、钛加入形成的 V_4C_3、NbC、TiC 等碳化物，在高温下较稳定，而且不易产生聚集和长大。若能以细小、球状、弥散均匀地分布在钢的基体上，就可获得高的热强性。研究证明，如果采用多组元合金化后，在钢中可以获得两种或两种以上较为稳定的碳化物相，这样比单一碳化物相具有更好的强化作用。

3. 高温脆化

耐热钢在长期高温工作中可能产生脆化现象。除高铬铁素体钢的晶粒长大脆化及铬镍奥氏体钢沿晶界析出碳化物造成脆化外，还有如下两种脆化：

1）475℃脆性。$w(\mathrm{Cr})>12\%$ 的铁素体钢加热至 475℃附近就变脆，并使钢的耐蚀性下降。含铬量越高，脆化就越严重。$w(\mathrm{Cr})>15\%$ 的钢还伴有明显硬化现象。产生的原因是在 475℃高铬 α' 相的沉淀析出。这种脆性可通过重新加热至 540℃以上保温一定时间，然后快速冷却到室温来消除。

2）σ 相脆化。$w(\mathrm{Cr})>16.5\%$ 的钢在 500～800℃长时间加热或使用，会因 σ 相析出而变脆。σ 相是一种 $w(\mathrm{Cr})=43\%\sim50\%$ 的铁铬金属间化合物，提高钢中铁素体形成元素铬、钼和硅等的含量，会促进 σ 相的析出。σ 相可通过重新加热至 800℃以上保温而溶解。

4.1.3　对耐热钢焊接接头性能的基本要求

耐热钢焊接结构一般较复杂，在制造过程中又经常进行冷热加工和多次热处理，而且其运行条件一般都很苛刻。为了保证结构在高温、高压和各种腐蚀介质条件下，能长期安全地运行，焊接接头的性能应满足下列几点要求：

1）接头的等强性。耐热钢焊接接头不仅应具有与母材基本相等的室温和高温短时强度，而且更重要的应具有与母材相近的高温持久强度和蠕变极限。

2）接头的热稳定性。耐热钢焊接接头应具有与母材基本相同的抗氢性和高温抗氧化性；在制造过程中，以及在长期高温高压的作用下，接头各区不应产生明显组织的变化和由此而引起局部脆化或软化等。

3）接头的抗脆断性。耐热钢虽然多数是在高温下工作，但用来制造压力容器和管道等产品后，需在常温下做 1.5 倍工作压力的水压试验；在投运或检修后，都要经历冷起动过程。因此，耐热钢焊接接头应具有一定的抗脆性断裂能力。

4）接头的物理均一性。即耐热钢焊接接头应具有与母材基本相同的物理性能。如果焊缝金属的热膨胀系数和热导率与母材有较大差异，则高温运行过程中就会出现热应力。

4.2　珠光体型耐热钢的焊接

4.2.1　珠光体型耐热钢的化学成分与力学性能

珠光体型耐热钢中所加的合金元素主要是铬、钼、钒，其总质量分数一般为 5%～7%。其合金体系是 Cr-Mo 系、Cr-Mo-V 系、Cr-Mo-W-V 系、Cr-Mo-W-V-B 系和 Cr-Mo-V-Ti-B 系等。铬的主要作用是提高耐蚀性，铬的氧化物比较致密，不易分解，能有效地起到保护膜作用；铬溶于 Fe_3C 后，可使碳化物具有很大的热稳定性，阻止碳化物的分解和减缓碳在铁素体中的扩散，能有效地防止石墨化。钼是钢中主要强化元素，钼优先进入固溶体使其强化，提高钢的热强性；钼还能降低热脆敏感性。钒是强碳化物形成元素，所形成的 VC 呈弥散分布，钒的加入能促进钼全部进入固溶体，提高钢的高温强度。此外，加入微量元素 B、Ti、Re 等能吸附于晶界，延长合金元素沿晶界扩散，从而强化晶界，增加钢的热强性。

珠光体型耐热钢通常是退火状态或正火+回火供货。$w(\mathrm{Me})<2.5\%$ 时，钢的组织为珠光体+铁素体；当 $w(\mathrm{Me})>3\%$ 时，为贝氏体+铁素体（即贝氏体型耐热钢）。这类钢在 500～600℃ 具有良好的耐热性，工艺性能好，又比较经济，是动力、石油和化工部门用于高温条件下的主要结构材料，如加氢、裂解氢和煤液化的高压容器等。但这类钢在高温长期运行中会出现碳化物球化及碳化物聚集长大等现象。

表 7-4-1 列出了常用珠光体型耐热钢的化学成分，表7-4-2列出了其力学性能。

表 7-4-1　常用珠光体型耐热钢的化学成分

牌号	化学成分(质量分数,%)							
	C	Mn	Si	Cr	Mo	V	W	其他
12CrMo	0.08～0.15	0.40～0.70	0.17～0.37	0.40～0.70	0.40～0.55	—	—	—
15CrMo	0.12～0.18	0.40～0.70	0.17～0.37	0.80～1.10	0.40～0.55	—	—	—
12Cr1MoV	0.08～0.15	0.40～0.70	0.17～0.37	0.90～1.20	0.25～0.35	0.15～0.30	—	—
12Cr2MoWVTiB	0.08～0.15	0.45～0.65	0.45～0.75	1.60～2.10	0.50～0.65	0.28～0.42	0.30～0.55	Ti:0.08～0.18 B≤0.008
12Cr3MoVSiTiB	0.09～0.15	0.50～0.80	0.60～0.90	2.50～3.00	1.00～1.20	0.25～0.35		Ti:0.22～0.38 B:0.005～0.011

表 7-4-2　常用珠光体型耐热钢的室温力学性能

牌号	推荐热处理制度				抗拉强度/MPa	屈服强度/MPa	伸长率(%)	断面收缩率(%)	冲击吸收能量/J
	淬火		回火						
	加热温度/℃	冷却剂	加热温度/℃	冷却剂					
12CrMo	900	空气	650	空气	≥265	≥410	≥24	≥60	≥110
15CrMo	900	空气	650	空气	≥295	≥440	≥22	≥60	≥94
10Cr2Mo1	970	空气	750	空气	≥265	440～590	≥20	≥78.5	≥78.5
12Cr1MoV	970	空气	750	空气	≥490	≥245	≥22	≥50	≥71
15Cr1Mo1V	1020～1050	空气	730～760	空气	≥345	540～685	≥18	≥49	≥49
12Cr2MoWVTiB	1000～1035	空气	760～780	空气	≥342	≥540	≥18	—	—
12Cr3MoVSiTiB	1040～1090	空气	720～770	空气	≥440	≥625	≥18	—	—

4.2.2 珠光体型耐热钢的焊接性

珠光体型耐热钢的 $w(Me)=5\%\sim7\%$，属低、中合金钢，其焊接性与低碳调质钢相似。焊接的主要问题是冷裂纹，再热裂纹和回火脆性。

1. 冷裂纹

珠光体型耐热钢中的主要合金元素铬和钼都能显著提高钢的淬硬性，钼的作用比铬大 50 倍。它们和碳共同作用，使钢的临界冷却速度降低，奥氏体稳定性增大，冷却到较低温度时才发生马氏体转变，产生淬硬组织，使接头变脆。合金元素和碳的含量越高，淬硬倾向就越大。当焊接拘束度大，冷却速度快的厚板结构时，若又有氢的有害作用，就会导致冷裂纹。

降低碳含量可以降低钢的淬硬性，使冷裂敏感性减小，但又会引起钢的蠕变极限急剧降低，这对于使用温度范围较高的中合金铬-钼耐热钢尤为不利。为了兼顾焊接性和高温力学性能，通常中合金铬-钼钢中碳的质量分数控制在 0.10%～0.2%范围内，而低合金铬-钼钢碳含量可以更低些。

2. 再热裂纹

珠光体型耐热钢属于再热裂纹敏感的钢种，这与钢中所含合金元素铬、钼、钒有关。其敏感温度区间为 500～700℃，在焊后热处理或长期高温工作中，在热影响区熔合线附近的粗晶区内有时会发生这种裂纹。

3. 回火脆性

某些珠光体型耐热钢焊接接头长期在 371～593℃范围内工作，会发生脆化并导致焊接构件破坏，这与钢中的 P、Sb、Sn、As 等杂质和合金元素含量有关。一般认为，由于这些杂质在晶界上偏聚，而降低晶界的断裂强度。铬-钼钢中铬促进这些杂质的偏聚，而自身也发生偏聚。$w(Cr)=2\%\sim3\%$ 的钢的焊缝具有最大脆化倾向。防止脆化的主要措施是控制钢中的 Mn、Si 元素和杂质的含量。

当钢中成分能满足以下两式时，一般不会有回火脆性发生。

脆化系数 $x=(10P+5Sb+4Sn+As)\times10^2\leqslant20$

脆化指数 $j=(Mn+Si)(P+Sn)\times10^4\leqslant200$

式中的元素符号表示该元素的质量分数。

4.2.3 珠光体型耐热钢的焊接工艺

1. 焊接方法

目前，在珠光体型耐热钢焊接结构生产中实际应用的焊接方法有焊条电弧焊、埋弧自动焊、熔化极气体保护焊、电渣焊、钨极氩弧焊、电阻焊和感应加热压焊等。

埋弧自动焊的熔敷速度快、质量稳定，最适用于焊接大型的铬-钼耐热钢焊接结构，如厚壁压力容器的对接纵缝和环缝的焊接。焊条电弧焊机动灵活，能进行全位置焊，故在耐热钢管道焊接中应用极广泛，但焊条电弧焊要建立低氢条件较困难，对冷裂倾向大的铬-钼耐热钢焊接，其工艺过于复杂。钨极氩弧焊的焊接气氛具有超低氢的特点，用于焊接耐热钢可降低预热温度，但钨极氩弧焊熔敷率低、故一般用于焊接不加填充金属的铬-钼钢薄板，或只能进行单面施焊的场合，如厚壁管道的焊接，利用钨极氩弧焊焊缝背面成形好的特点、进行单面焊背面成形的打底焊，其余填充焊道由焊条电弧焊或自动弧焊来完成。对于 $w(Cr)>3\%$ 的耐热钢管，用钨极氩弧焊单面焊背面成形工艺时，焊缝背面应同时通入氩气保护，以改善焊缝成形和提高焊缝质量。

熔化极气体保护焊，采用 CO_2 或 CO_2+Ar 混合气体保护也是一种低氢焊接方法，已逐渐取代焊条电弧焊和埋弧焊。平焊时采用熔敷率高的射流过渡；全位置焊时可用脉冲射流过渡或短路过渡，适于耐热钢厚壁、大直径管道自动焊。

耐热钢厚壁压力容器直缝宜用电渣焊，因为焊接熔敷率高，焊接时产生大量热对熔池上面的母材有预热作用，尤其对淬硬倾向大的耐热钢更为合适。由于电渣焊冷却速度缓慢，有利于焊缝金属中扩散氢逸出，可省去大厚度耐热钢电弧焊时所必需的后热处理，但电渣焊的焊缝金属和高温热影响区晶粒十分粗大，对于重要焊接结构，焊后必须经正火处理，以细化晶粒，提高其韧性。

低合金耐热钢管件和棒材可采用电阻压焊和感应加热压焊，其效率高，无须填充金属，但必须严格控制焊接参数才能获得优质接头。对于合金元素含量较高的耐热钢管件，焊接时需吹送 Ar 或 H_2 气进行保护，以保证接头致密。这种焊接方法局部加热的性质导致铬-钼钢接头形成低塑性的组织，故焊后应对接头进行相应的热处理。该热处理通常是由焊后就在焊机上专设的加热系统来完成。

2. 焊接材料

综合前述对珠光体型耐热钢接头性能的基本要求，焊接材料的选择原则是保证焊缝化学成分和力学性能与母材相当。常选用焊缝的 $w(C)\leqslant0.12\%$ 的低氢型焊接材料，以提高焊接接头的抗热裂纹和抗冷裂纹的能力以及韧性。

对于经精加工后或在电站现场发现的铸钢缺陷，需要修补时，为了减小焊接变形、简化焊接工艺和焊后不热处理，常选用奥氏体不锈钢焊条，如 E16-25-Mo6N-15（奥 507）等进行补焊。

表 7-4-3 列出了常用珠光体型耐热钢焊接材料选用示例。

表 7-4-3　常用珠光体型耐热钢焊接材料选用示例

牌　　号	焊条电弧焊		埋弧焊		气体保护焊	
	焊条牌号	焊条型号	焊丝牌号	焊剂牌号	焊丝牌号和型号	气体（体积分数）
16Mo	R102	E5003-1M3	H08MnMoA	HJ350	H08MnSiMo	CO_2 或 Ar+20%CO_2 或 Ar+(1~5)%O_2
12CrMo、ZG20CrMo	R202	E5503-CM	H10MoCrA	HJ350、HJ250	H08CrMnSiMo、H08Mn2SiCrMo、ER55-B2、ER55-B2L	
	R207	E5515-CM				
	R307	E5515-1CM				
15CrMo、ZG1SCrMo	R307	E5515-1CM	H08CrMoA、H12CrMo	HJ350、HJ260、HJ250		
	A507	E-16-25Mo6N-15				
12Cr2Mo1、2G1SCr2Mo1	R407	E6015-2C1M	H08Cr2Mo1、H08Cr3MoMnSi	HJ350、HJ260、HJ250	H08Cr2Mo1A、H08Cr3MoMnSi、H08Cr2Mo1MnSi	
12CrMoV、12Cr1MoV、2G20CrMoV	R317	E5515-1CMV	H08CrMoVA	HJ350、HJ250	H08Mn2SiCrMoVA、H08CrMoVA、ER55-B2-MnV	
	A507	E16-25-Mo6N-15				
15Cr1Mo1V、2G15Cr1Mo1V	R327	E5515-1CMWV	—	—	—	
	R337	E5515-1CMVNb				
	A507	E16-25-Mo6N-15				
12Cr2MoWVTiB	R347	E5515-2CMWVB	—	—	H08Cr2MoWVNoB、ER62-B3、ER62-B3L	
12Cr3MoVSiTiB	R417	E5515-2CMVNb	—	—	—	

3. 焊接热输入

从避免热影响区金属的淬硬，减慢焊后冷却速度，防止冷裂纹产生的角度，适当增大焊接热输入是有利的，但是过大的焊接热输入，会增加焊接应力和变形，热影响区过热程度大，晶粒粗化，晶界的结合能力降低，产生再热裂纹的可能性增加，而且接头韧性也下降。综合考虑，珠光体型耐热钢焊接宜用较小的焊接热输入为好。焊接时应采用多道焊和窄焊道，不摆动或小幅度摆动电弧。

4. 焊前预热和焊后热处理

预热是防止珠光体型耐热钢焊接冷裂纹和再热裂纹的有效措施之一。预热温度应根据钢的合金成分、接头的拘束度和焊缝金属内氢含量来确定。研究表明，对于铬-钼耐热钢，预热温度并非越高越好。当 $w(C)>2\%$ 时，为防止氢致裂纹产生，规定较高预热温度是必要的，但不应高于马氏体转变终了温度 Mf。否则，当焊件完成最终的焊后热处理时，会残留部分未转变的奥氏体。若处理时冷却速度较快，残余奥氏体就可能转变成马氏体，从而失去焊后热处理的基本作用。当预热和层间温度均控制在 Mf 以下时，焊接结束后奥氏体将在控制温度范围内转变为马氏体，并在马氏体转变完后再进行焊后热处理，使马氏体得到回火而改善了韧性。

珠光体型耐热钢需焊后热处理，不仅是为了消除焊接残余应力，更重要的是为了改善接头组织，提高其综合力学性能，包括提高接头的高温蠕变极限和组织的稳定性，降低焊缝及热影响区的硬度等。在拟订焊后热处理工艺时应考虑以下几点：

1）对于含合金成分较低、厚度较薄的珠光体型耐热钢焊件，如果焊前经预热，焊时采用低碳低氢的焊接材料，焊后可不必热处理。

2）焊后热处理尽量避免在回火脆性及再热裂敏感的温度范围内进行，应规定在危险温度范围内较快的加热速度。

3）大型焊件整体在炉中热处理有困难时，可进行局部热处理，但必须保证预热区宽度大于焊件壁厚的 4 倍，且至少不能小于 150mm。

产品的最佳预热温度和焊后热处理温度，最好是根据产品材料的性质及其供应状态、结构的特点及产品运行条件对接头性能的要求，并通过焊接工艺评定试验后来确定。表 7-4-4 列出了珠光体型耐热钢焊接预热（层间）温度和焊后回火处理温度。电渣焊或气焊焊接接头可采用正火+回火处理。

表 7-4-4　珠光体型耐热钢焊接预热（层间）温度和焊后回火温度

牌　号	预热（层间）温度/℃	推荐焊后回火温度[①]/℃
12CrMo、2G20CMo	150~250、200~300	630~710
15CrMo、2G15Cr1Mo	150~250、150~300	630~710
12Cr2Mo1、ZG15Cr2Mo1	200~350	680~750
12CrMoV、12Cr1MoV、ZG20CrMoV	200~300、250~350	700~740
15Cr1Mo1V、ZG15Cr1Mo1V	300~400	710~740
12Cr2MoWVTiB	250~350	750~780
12Cr3MoVSiTiB	300~350	750~780

① 以高温抗拉强度为主，选下限温度；以持久强度为主，选中间温度；为软化焊接接头，选上限温度。

5. 工艺要点

珠光体型耐热钢有较强冷裂纹倾向，对氢要严格控制在最低程度。焊前对焊接材料应按有关规定烘干；焊丝表面不准有油脂和锈存在；焊接坡口两侧 50mm 范围内清除油、水、锈等污物；定位焊和正式焊一样都应预热；正式焊接时，应连续施焊，保证层间温度与预热温度接近。如果中途中断焊接，应有保温缓冷措施。继续焊接前，应清扫、检查，重新预热后再焊接。对刚性大的焊件应进行后热，即在 200~350℃保温0.5~2h 后再进行焊后热处理。如果预热和后热联合运用，可降低预热（层间）温度。

4.3　马氏体型耐热钢的焊接

4.3.1　马氏体型耐热钢的化学成分与力学性能

马氏体型耐热钢属高合金钢，大致可分成两类：一类是简单 Cr13 型的马氏体钢，如 12Cr13、20Cr13 等；另一类是以 Cr12 型为基的多元合金强化的马氏体钢，如 Cr12Ni2W2MoV、Cr12WMoNiB 等。前者一般用于耐腐蚀和要求一定强度的零部件，如汽轮机叶片等；后者主要用作热强钢、如火电厂的主蒸汽管道等。两者的共同特点是高温加热后空冷具有很大的淬硬倾向，一般经调质处理后才能充分发挥这类钢的性能特点。

表 7-4-5 和表 7-4-6 分别列出了部分马氏体型耐热钢的化学成分和力学性能。

表 7-4-5　部分马氏体型耐热钢的化学成分（摘自 GB/T 1221—2007，GB/T 4238—2015）

牌号	化学成分(质量分数,%)									
	C	Si	Mn	P	S	Ni	Cr	Mo	Cu	其他元素
12Cr13	0.15	1.00	1.00	0.04	0.03	(0.75)	11.5~13.00	0.5	—	—
20Cr13	0.16~0.25	1.00	1.00	0.04	0.03	(0.60)	12.0~14.0	—	—	—
13Cr13Mo	0.08~0.18	0.60	1.00	0.04	0.03	(0.60)	11.5~14.0	0.3~0.6	(0.3)	—
12Cr12Mo	0.10~0.15	0.05	0.30~0.50	0.04	0.03	0.3~0.6	11.5~13.0	0.3~0.6	(0.3)	
15Cr12WMoV	0.12~0.18	0.50	0.50~0.90	0.035	0.03	0.4~0.8	11.0~13.0	0.5~0.7	—	W:0.10~1.70 V:0.15~0.30
22Cr12NiMoWV	0.20~0.25	0.50	0.5~1.0	0.025	0.025	0.5~1.0	11.0~12.5	0.9~1.25	—	W:0.9~1.25 V:0.20~0.30
14Cr11MoV	0.11~0.18	0.50	0.60	0.035	0.03	0.6	10.0~11.5	0.5~0.7	—	V:0.25~0.40
13Cr11Ni2W2MoV	0.10~0.16	0.60	0.60	0.035	0.03	1.40~1.80	10.5~12.0	0.35~0.5	—	W:1.50~2.00 V:0.18~0.30

注：括号内值为可加入或允许含有最大值。

表 7-4-6　部分马氏体型耐热钢淬火+回火后的力学性能

（摘自 GB/T 1221—2007 和 GB/T 4238—2015）

牌号	规定塑性延伸强度/MPa	抗拉强度/MPa	断面收缩率(%)	冲击吸收能量/J	淬火回火后硬度 HBW	退火后硬度 HBW
12Cr13	≥345	≥540	≥55	≥78	≥159	≤200
20Cr13	≥440	≥640	≥50	≥63	≥192	≤223
13Cr13Mo	≥490	≥690	≥60	≥78	≥192	≤200
12Cr12Mo	≥550	≥685	≥60	≥78	217～248	≤255
15Cr12WMoV	≥585	≥735	≥45	≥47	—	—
22Cr12NiMoWV	≥735	≥885	≥25	—	≤341	≤269
14Cr11MoV	≥490	≥685	≥55	≥47	—	≤200
13Cr11Ni2W2MoV	≥735	≥885	≥55	≥71	269～321	≤269

4.3.2　马氏体型耐热钢的焊接性

马氏体型耐热钢的焊接性比珠光体型耐热钢差，主要问题是焊接冷裂倾向很大，焊接热影响区存在软化带。此外，还有回火脆性问题。

1. 冷裂纹

马氏体型耐热钢在空冷条件下即能淬硬，这类钢的导热性差，焊后残余应力较大，若有氢作用很容易产生冷裂纹。此外，对含有 Mo、W、V 等元素的 Cr12 型耐热钢还有较大的晶粒粗化倾向，焊后接头产生粗大马氏体组织，使接头塑性下降。

2. 热影响区有软化带

在调质状态下焊接时，将在热影响的上 Ac_1 温度附近出现软化带，使接头高温强度下降。焊前原始组织的硬度越高，软化程度越严重，焊后若在较高温度下回火，则软化程度更加严重，使接头持久强度降低而发生过早断裂。

3. 回火脆性

马氏体型耐热钢，如 10Cr13 钢在 550℃ 附近有回火脆性，因此，在焊接和热处理过程中都需注意。若钢中含有 Mo、W 合金元素，可以降低回火脆性。

4.3.3　马氏体型耐热钢的焊接工艺

1. 焊接方法

可采用各种焊接方法焊接马氏体型耐热钢，但由于钢的冷裂倾向大，对氢致延迟裂纹非常敏感，因此必须严格保持在低氢甚至超低氢条件下焊接，同时还应保持较慢的冷却速度。对于拘束度较大的接头，最好采用无氢源的 TIG 焊和 MIG 焊。

2. 焊接材料

为了确保接头的使用性能要求，焊缝的化学成分应力求与母材成分相接近，最好焊缝中没有铁素体存在。对于简单成分的 Cr13 型马氏体耐热钢，焊缝成分调整的余地不大，一般都选用与母材金属相同的填充金属，但必须严格控制 C、S、P 和 Si 的含量。减少碳，有利于降低淬硬性；S、P 会增大热裂和冷裂敏感性；Si 在 Cr13 型钢中会促成粗大的铁素体组织。焊缝中加入少量 Ti、N 和 Al 则有利于细化晶粒。对于以 Cr12 型为基的多元合金强化的马氏体型耐热钢，由于主要化学成分多为铁素体化元素，如 Mo、W、V、No 等，为了保证焊缝全部为均一的马氏体组织，必须加入适量的奥氏体化元素进行平衡，如 C、Ni、Mn 和 N 等，但要注意，增加 C 和 Mn 会使马氏体开始转变温度（*Ms*）明显降低，对防止冷裂纹不利，故其含量需控制在最佳范围内。

当焊件高温预热和热处理困难，且接头性能允许不同于母材时，为了防止冷裂纹产生，可选用奥氏体钢焊接材料，使焊缝金属成为奥氏体组织以提高接头的抗裂性能，但这种异质接头，在熔合区会产生较大的界面热应力。

表 7-4-7 列出了常用马氏体型耐热钢焊接材料选用示例。

3. 预热和焊后热处理

马氏体型耐热钢冷裂倾向大，焊前预热和保持层间温度是防止其产生裂纹的有效措施。预热温度应根据钢的碳含量、接头厚度和拘束度，以及焊接方法来确定。通常是在保证不裂的情况下预热温度尽可能降低。表 7-4-8 列出了常用马氏体型耐热钢焊前预热温度和焊后热处理温度。

为了降低马氏体型耐热钢焊缝金属和热影响区

的硬度、改善韧性或提高强度，同时消除焊接残余应力，焊后应进行热处理。马氏体型耐热钢一般是在调质状态下焊接，所以焊后只需回火处理，回火温度不得高于母材调质的回火温度。但得注意，焊后不能立即进行回火处理，而是焊后缓冷到 100~150℃，保温 0.5~2h，随后立即回火。这是因为在焊接过程中奥氏体可能尚未完全转变，如果焊后立即回火，会沿奥氏体晶界沉淀碳化物，并发生奥氏体向珠光体转变，这样的组织很脆。但又不能等到完全冷却到室温后再进行回火，因为这样可能产生延迟裂纹。

回火热处理的温度见表 7-4-8 所示。如果使用奥氏体钢焊接材料时，预热温度可降低 150~200℃或不预热，焊后也可不热处理。

表 7-4-7 常用马氏体型耐热钢焊接材料选用示例

牌号	焊条电弧焊		气体保护焊		埋弧焊	
	焊条型号	焊条牌号	气体	焊丝	焊丝	焊剂
12Cr12Mo、12Cr13	E410-16、E410-15	G202、G207	Ar	H1Cr13、S410NiMo	H1Cr13、H0Cr21Ni10、H1Cr24Ni13、H1Cr26Ni21	SJ601、HJ151
	E410-15	G217				
	E309-16、E410-15	A302、G307				
	E310-16、E410-15	A402、A407				
20Cr13	E410-15	G207	Ar	H1Cr13、H0Cr14	—	—
	E308-15	A107				
	E316-15	A207				
14Cr11MoV	E-11MoVNi-15①、E-11MoVNi-16①	R807、R802	—	—	—	—
	E-11MoVNiW-15①	R817				
15Cr12MoWV	E-11MoVNiW-15①	R817	Ar	HCr12WMoV	HCr12WMoV	HJ350

① 为曾用不锈钢焊条型号，仅供参考。

表 7-4-8 马氏体型耐热钢焊前预热温度和焊后热处理温度

牌 号	预热温度/℃		焊后热处理
	焊条电弧焊	TIG 焊	
12Cr12Mo、12Cr13	250~350	150~250	680~730℃回火
20Cr13	300~400	200~300	680~730℃回火
14Cr11MoV	250~400	200~250	716~760℃回火
15Cr12MoWV、22Cr12NiWMoV	350~400	200~250	730~780℃回火

4.4 铁素体型耐热钢的焊接

4.4.1 铁素体型耐热钢的化学成分与力学性能

铁素体型耐热钢属于高合金钢，钢中加入了较多的铁素体形成元素，如铬、硅或铝［w(Cr)一般为13%~30%］等，使钢失去在高温下转变为奥氏体的可能性，从高温冷却下来，组织仍然是铁素体。钢中的铬、铝或硅可在钢表面生成 Cr_2O_3、Al_2O_3 或 SiO_2 等致密的氧化膜而具有很好的抗氧化能力，故具有良好的耐蚀性和耐热性。常用于高温下要求抗氧化或耐气体介质腐蚀的场合。

铬含量较高的铁素体钢存在 475℃和 σ 相析出而产生脆性的现象，当存在这类脆性时，只需把钢分别加热到 550℃或 800℃以上，然后快冷即可消除。此外，这类钢缺口敏感性和脆性转变温度较高，钢在加热后对晶间腐蚀也较敏感。由于是单相的铁素体组织，不存在淬硬问题，但当高温停留时间长时，会引起晶粒长大。

表 7-4-9 和表 7-4-10 分别列出了部分铁素体型型耐热钢的化学成分和力学性能。

表 7-4-9　部分铁素体型耐热钢的化学成分（摘自 GB/T 1221—2007）

新牌号	旧牌号	化学成分(质量分数,%)								
		C	Si	Mn	P	S	Cr	Cu	N	其他元素
06Cr13Al	0Cr13Al	0.08	1.00	1.00	0.04	0.03	11.5~14.5	—	—	Al0.10~0.3
022Cr12	00Cr12	0.03	1.00	1.00	0.04	0.03	11.0~13.5	—	—	—
10Cr17	1Cr17	0.12	1.00	1.00	0.04	0.03	16.0~18.0	—	—	—
16Cr25N	2Cr25N	0.20	1.00	1.00	0.04	0.03	23.0~27.0	(0.3)	0.25	—

注：括号内值为可加入或允许含有最大值。

表 7-4-10　部分铁素体型耐热钢经退火处理后的力学性能（摘自 GB/T 1221—2007）

牌号	规定塑性延伸强度/MPa ≥	抗拉强度/MPa ≥	断面收缩率(%) ≥	布氏硬度 HBW ≤
06Cr13Al	175	410	60	183
022Cr12	195	360	60	183
10Cr17	205	450	50	183
16Cr25N	275	510	40	201

4.4.2　铁素体型耐热钢的焊接性

铁素体型耐热钢大部分是 $w(\mathrm{Cr})>17\%$ 的高铬钢及部分 Cr13 型钢。这类钢焊接时不发生 $\alpha\rightarrow\gamma$ 相变，无硬化倾向，但在熔合线附近的晶粒会急剧长大使焊接接头脆化。铬含量越高，在高温停留时间越长，则脆化越严重，且不能通过热处理使其晶粒细化，在焊接刚性结构时容易引起裂纹。

在焊接缓冷时，这类钢易出现 475℃ 脆性和 σ 相析出脆化而使焊接接头韧性恶化。

改善铁素体型耐热钢焊接性的方法是提高钢的纯度，并加入 Nb 和 Ti 元素来控制间隙元素（C、N）的有害作用。这种钢焊后即使不热处理仍可获得塑性和韧性良好的焊接接头。

4.4.3　铁素体型耐热钢的焊接工艺

1. 焊接方法

铁素体耐热钢对过热十分敏感，因此宜于采用焊条电弧焊和 TIG 焊等焊接热输入较低的焊接方法。也可用 MIG 和埋弧焊。电渣焊和气焊因引起晶粒粗大，不宜采用。

2. 焊接材料

铁素体型耐热钢焊接可以采用同质焊接材料，也可采用异质焊接材料，前者的化学成分与母材的相近，后者主要是采用奥氏体钢型焊接材料，往往是在不允许进行预热或后热处理的场合。对于要求耐高温腐蚀和抗氧化的焊接接头，应优先选用同质焊接材料。表 7-4-11列出了几种铁素体型耐热钢焊接材料选用示例。

表 7-4-11　几种铁素体型耐热钢焊接材料选用示例

牌　　号	焊条电弧焊		气体保护焊		埋弧焊	
	焊条型号	焊条牌号	气体	焊丝	焊丝	焊剂
06Cr11Ti、06Cr13Al	E410-16	G202	Ar	E410NiMo、ER430①	—	—
	E410-15	G207				
10Cr17、Cr17Ti	E430-16	G302		H1Cr17、ER630①	H1Cr17、H0Cr21Ni10、H1Cr24Ni13、H1Cr26Ni21	SJ601、SJ608、HJ172、HJ151
	E430-15	G307				
Cr17Mo2Ti	E430-15	G307		H0Cr19Ni11Mo3		
	E309-16	A302				
Cr25	E308-15	A107		ER26-1①、H1Cr25Ni13	H1Cr26Ni21、H1Cr24Ni13	SJ601、SJ608、SJ701、HJ172、HJ151
	E316-15	A207				
	E310-16	A402				
	E310-15	A407				
Cr25Ti	E309Mo-16	A317				
Cr28	E310-16	A402		H1Cr25Ni20、ER26-1①		
	E310-15	A407				

① ER430、ER630 和 ER26-1 是美国 AWSA.5.9 铬钢焊丝。

3. 焊接热输入

铁素体型耐热钢焊接的突出问题是接头脆化，其原因之一是过热区晶粒长大。长大程度取决于接头所达到的最高温度及其停留时间。为了避免在高温下长时间停留而导致粗晶和 σ 相析出脆化，应采用尽可能低的热输入焊接。

4. 预热和焊后热处理

焊接铁素体型耐热钢时，近缝区的晶粒急剧长大而脆化，而且高铬铁素体室温的韧性就很低，很容易在接头上产生裂纹。因此，在采用同质焊接材料焊接刚性较大的焊件时，应进行预热，但预热温度不宜过高，取既能防止过热脆化，又能防止裂纹的最佳预热温度。一般在 150~230℃之间较合适。母材铬含量越高、板越厚或拘束应力越大，预热温度需适当提高。

铁素体型耐热钢多用于要求耐蚀性的焊接结构，为了使其接头组织均匀，提高塑、韧性和耐蚀性，焊后一般需热处理。热处理应在 750~850℃进行，热处理中应快速通过 370~540℃区间，以防止 475℃脆化。对于 σ 相脆化倾向大的钢种，应避免在 550~820℃长期加热。

用奥氏体焊接材料焊接时，可不预热和热处理。为了提高塑性，对 Cr25Ti、Cr28 和 Cr28Ti 钢，焊后也可以进行热处理。

5. 焊接工艺要点

铁素体型耐热钢焊接过程既怕“热”又怕“冷”，为此必须用较低的预热温度；多层焊时要控制好层间温度，待前道焊缝冷却到预热温度后再焊下一道焊缝；焊条电弧焊时，应用小直径焊条，直线运条并短弧焊接，焊接电流宜小，焊接速度应快些。这些措施都是为了缩短焊缝及热影响区在高温停留时间、减小过热，以防止产生脆化和裂纹，以及提高耐蚀性能。

焊后焊接接头一旦出现了脆化，采取短时加热到 600℃后空冷，可以消除 475℃脆性；加热到 930~950℃后急冷，可以消除 σ 相脆性。

铁素体型耐热钢室温韧性较低，焊接接头经受不起严重撞击，因此必须注意吊运和储存。

4.5 奥氏体型耐热钢的焊接

4.5.1 奥氏体型耐热钢的化学成分与力学性能

在 18%（质量分数）铬铁素体型不锈钢中加入 Ni、Mn、N 等奥氏体形成元素，即获得金相为单一奥氏体组织的钢。它无磁性，具有高的热强性和优良的耐蚀性。若用于高温下工作，则称奥氏体型耐热钢。高铬镍钢和高铬氮钢均属此类。

在铬镍奥氏体钢中，以铬 18 镍 8（即 18-8 型钢）为代表的系列主要用于耐腐蚀的条件下；以铬 25 镍 20（即 25-20 型钢）为代表的系列，主要作为氧化钢使用。提高它们的碳含量，则可作为热强钢使用。

高铬锰氮钢是以锰或锰和氮代替部分镍而获得的奥氏体不锈钢，属节镍型钢种，可以代替 18-8 型奥氏体钢使用，其耐蚀性和抗氧化性略低，冷作硬化倾向较大。

奥氏体型耐热钢不仅具有优良的耐蚀性及抗氧化性，而且具有最佳的塑性、韧性和良好的加工成形性能，其焊接性能也比其他类型耐热钢好。通常是在固溶状态下使用。

表 7-4-12 和表 7-4-13 分别列出了部分奥氏体型耐热钢的化学成分与力学性能。

表 7-4-12 部分奥氏体型耐热钢的化学成分（摘自 GB/T 1221—2007）

新牌号	旧牌号	化学成分(质量分数,%)								
		C	Si	Mn	P	S	Ni	Cr	Mo	其他元素
06Cr19Ni10	0Cr18Ni9	0.08	1.00	2.00	0.045	0.030	8.00~11.00	18.00~20.00	—	—
06Cr23Ni13	0Cr23Ni13	0.08	1.00	2.00	0.045	0.030	12.00~15.00	22.00~24.00	—	—
06Cr25Ni20	0Cr25Ni20	0.08	1.50	2.00	0.040	0.030	19.00~22.00	24.00~26.00	—	—
06Cr17Ni12Mo2	0Cr17Ni12Mo2	0.08	1.00	2.00	0.045	0.030	10.00~14.00	16.00~18.00	2.00~3.00	—
06Cr19Ni13Mo3	0Cr19Ni13Mo3	0.08	1.00	2.00	0.045	0.030	11.00~15.00	18.00~20.00	3.00~4.00	—
06Cr18N11Ti	0Cr18Ni10Ti	0.08	1.00	2.00	0.045	0.030	9.00~12.00	17.00~19.00	—	Ti:5 w(C)~0.7
12Cr16Ni35	1Cr16Ni35	0.15	1.50	2.00	0.040	0.030	33.00~37.00	14.00~17.00	—	—
06Cr18Ni11Nb	0Cr18Ni11Nb	0.08	1.00	2.00	0.045	0.030	9.00~12.00	17.00~19.00	—	Nb:10 w(C)~1.1
16Cr25Ni20Si2	1Cr25Ni20Si2	0.20	1.50~2.50	1.5	0.040	0.030	18.00~21.00	24.00~27.00	—	—

表 7-4-13　部分奥氏体型耐热钢的力学性能（摘自 GB/T 1221—2007）

牌　号	热处理状态	规定塑性延伸强度/MPa ≥	抗拉强度/MPa ≥	断面收缩率(%) ≥	布氏硬度 HBW ≤
06Cr19Ni10	固溶处理	205	520	60	187
06Cr23Ni13	固溶处理	205	520	60	187
06Cr25Ni20	固溶处理	205	520	50	187
06Cr17Ni12Mo2	固溶处理	205	520	60	187
06Cr19Ni13Mo3	固溶处理	205	520	60	187
06Cr18Ni11Ti	固溶处理	205	520	50	187
12Cr16Ni35	固溶处理	205	560	50	201
06Cr18Ni11Nb	固溶处理	205	520	50	187
16Cr25Ni20Si2	固溶处理	295	590	50	187

4.5.2　奥氏体型耐热钢的焊接性

奥氏体型耐热钢属于奥氏体型不锈钢系列。因此，奥氏体型不锈钢焊接时可能出现的热裂纹问题、接头各种形式的腐蚀问题，以及 475℃ 脆性和 σ 相析出脆化问题，在奥氏体型耐热钢焊接时，也同样可能出现。这些问题将在本篇第 5 章 5.2 节中详细阐述。由于奥氏体型耐热钢长期工作于高温，对焊接接头具有更高的抗氧化性和热强性的要求。因此，必须注意严格控制焊缝金属中铁素体含量的问题，它关系到焊接接头的抗热裂性、σ 相脆化和热强性问题。

纯奥氏体组织比较容易产生热裂纹。从抗热裂性出发，奥氏体的焊缝金属中含有一定量的铁素体（即 δ 相）是有利的。因为这些铁素体打乱了奥氏体结晶的枝晶方向，细化晶粒，阻碍杂质的聚集，可以防止热裂纹的产生。此外，铁素体相的存在，能克服晶间贫铬，也有利于耐晶间腐蚀。但是，从防止 σ 相脆化和提高热强性考虑，则希望铁素体的含量越少越好。因为铁素体相存在，有利于 σ 相析出。铁素体越多，σ 相析出的机会越多，脆化也就越明显。加热温度越高和加热时间越长，脆化越严重。经综合考虑后认为，在高温下长期工作的奥氏体焊缝金属内应控制铁素体的体积分数在 2%～5%较为适宜。

各种不同成分的铬镍焊缝金属在焊后状态的铁素体含量可以利用 Schaeffler 相图来确定，如果考虑氮的影响，可按 Delong 组织图来确定。

4.5.3　奥氏体型耐热钢的焊接工艺

1. 焊接方法

奥氏体型耐热钢与马氏体型、铁素体型耐热钢相比，具有较好的焊接性，用于碳素钢和一般结构钢的各种焊接方法原则上都适用于奥氏体型耐热钢的焊接，但在焊接材料选用、焊接参数选择，以及焊后处理等方面，必须注意这类钢的基本特点，如低的热导率、高的电阻率和线胀系数，钢中含有大量易氧化的合金元素，对过热敏感等。

1）焊条电弧焊。因不需专门设备和灵活方便，在生产中应用仍然广泛，但焊接质量和生产率仍比气体保护焊差。其主要缺点是焊后清渣要求高，换焊条时接缝处反复受热，对耐蚀性不利，焊接参数波动大，合金过渡系数较小等。

2）氩弧焊。无论是 TIG 焊还是 MIG 焊都具有很好的保护效果，合金过渡系数高，焊缝成分均匀且稳定；热量集中，氩气对焊件有冷却作用，热影响较小，对提高接头力学性能有利。焊接时，接缝背面需要充氩保护，以保证背面成形良好和防止氧化。

3）CO_2 保护焊。CO_2 保护焊可焊接奥氏体型耐热钢，它的增碳作用对奥氏体焊缝的热强性有利，但要注意 CO_2 保护焊的氧化性，会烧损钢中的有益元素，而降低耐蚀性。

4）埋弧焊是深熔、高熔敷率的焊接方法，具有较高经济性，可焊接厚度大于 5mm 的奥氏体型耐热钢。注意，埋弧焊的热输入较大，冷却速度和凝固速度较慢，对奥氏体型耐热钢有不利影响；由于熔深大，母材对焊缝金属的稀释，影响到焊缝金属组织中铁素体含量的控制。

2. 焊接材料

奥氏体型耐热钢焊接材料的选择原则是在不致产生焊接裂纹的前提下，保证焊缝金属具有与母材基本相同的热强性，这就要求其合金成分大致与母材相匹配。此外，要考虑焊缝金属内铁素体体积分数的控制，一般不应超过 5%。在焊接 $w(\mathrm{Cr})$ 和 $w(\mathrm{Ni})$ 均大于 20%的高镍铬耐热钢时，为了获得抗裂性能高的纯奥氏体组织，可以选用 w(Mn)6%～8%的焊接材料。表 7-4-14 列出了奥氏体型耐热钢焊接材料选用示例。

3. 焊后热处理

奥氏体型耐热钢焊前不需预热，焊后视需要可进行强制冷却，以减少在高温的停留时间。对已经产生 475℃脆性和 σ 相脆化的焊接接头，可用热处理方法清除；短时间加热到 600℃以上空冷可消除 475℃脆性；加热到 930～980℃急冷可消除 σ 相脆化。如果为了提高结构尺寸稳定性，降低残余应力峰值，可进行低温（<500℃）的热处理。

表 7-4-14 奥氏体型耐热钢焊接材料选用示例

牌号	焊条电弧焊		埋弧焊		气体保护焊①	
	焊条牌号	焊条型号	焊剂	焊丝	气体(体积分数)	焊丝
06Cr19Ni10 12Cr18Ni9	A101	E308-16	SJ601 SJ605 SJ608 HJ260	H0Cr19Ni9 H0Cr21Ni10	TIG: Ar 或 Ar+He MIG: $Ar+O_2 2\%$ 或 $Ar+CO_2 5\%$	S308
	A102	E308-17				
06Cr18Ni11Ti 06Cr18Ni11Nb	A132	E347-16		H0Cr21Ni10Ti		S321
	A137	E347-15				S347
06Cr17Ni12Mo2 06Cr18Ni13Si4	A201、A202	E316-16、E318-16		H0Cr19Ni11Mo3		S316
	A232	E318-15				
06Cr19Ni13Si4	A242	E317-16		H0Cr25Ni13Mo3		S317
06Cr23Ni13	A302、A307	E309-16、E309-15		H1Cr25Ni13		S309
06Cr25Ni20 16Cr25Ni20Si2	A402	E310-16		H1Cr25Ni20		S310
	A407	E310-15				
1Cr15Ni36W3Ti②	A607	—		—		—
22Cr20Mn9Ni2Si2N 26Cr18Mn11Si2N	A402、A407	E16-25MoN-16		—		H1Cr25Ni20
	A707、A717	E16-25MoN-15、E310-16				

① 06Cr19Ni10、12Cr18Ni9 可用药芯焊丝 E308T-1 进行 CO_2 气体保护焊；06Cr18Ni11Nb 钢用 E347T-1 进行 CO_2 气体保护焊。

② 在用非标准牌号。

4. 焊接工艺要点

奥氏体型耐热钢钢的热导率低而线胀系数大，在自由状态下焊后易产生焊接变形，为此应选用焊接能量集中的焊接方法，快速进行焊接，氩弧焊应是首选的焊接方法。薄板结构宜用夹具在夹紧状态下焊接，厚板焊接采用尽可能小的焊缝截面的坡口形式，如夹角小于 60°的 V 形坡口或 U 形坡口等。

奥氏体型耐热钢电阻率较大，焊条电弧焊时为了避免焊条在焊接过程中发红、药皮开裂脱落，奥氏体型耐热钢焊条的长度要比结构钢焊条短。奥氏体型耐热钢热导率低，在同样大小焊接电流条件下，可获得比普通低合金钢更大的熔深，同时也易使焊接接头过热。为了防止过热，焊接电流要选得小些。一般比焊接低碳钢低 20%左右。

奥氏体型耐热钢母材和焊材中都含有与氧亲和力大的合金元素，如 Ti、Cr 等，为防止和减小焊接时的烧损，必须尽可能用短弧、不做横向摆动的焊接操作工艺。

奥氏体型耐热钢对过热敏感，尽量用小的焊接热输入焊接，还应避免同一部位多次重复加热或高温停留时间长。为此，多层焊时，每层焊缝的交接处应错开；每层施焊方向尽可能与前一层相反，并待前层焊缝冷至 40～50℃后再焊下一层。避免层间温度过高，必要时可以用喷水或压缩空气吹的办法强制快冷。

为了获得优质焊接接头，除了正确选择焊接材料和焊接参数外，还必须焊前对焊接材料表面和焊接区进行清理，不应在表面上有任何油脂、污渍、油漆标记和其他杂质，这些有机物在电弧高温下分解成气体而引起焊缝金属的气孔和增碳。

4.6 细晶强韧型耐热钢的焊接

4.6.1 概述

现代火力发电的发展趋势是向超临界或超超临界机组方向发展，制造这类机组的锅炉则需要使用比传统耐热钢具有耐更高蒸汽温度（≥600℃）和蒸汽压力（≥25MPa）的新型耐热钢材。从 20 世纪 80 年代初开始，欧、美、日等先进工业国家投入大量人力和物力，研发能满足这种需要的新型耐热钢，现在已经研发出适用于制造超临界或超超临界锅炉的新型细晶高强韧的耐热钢系列。先后获得应用的细晶高强韧型马氏体耐热钢[㊀]有 T23/P23、T91/P91、T92/P92 和 T122/P122 钢等；细晶高强韧型奥氏体耐热钢有 TP347HFG 和 Super304H 钢等。

所谓新型耐热钢指近代研发的细晶强韧型马氏体耐热钢和奥氏体耐热钢，与传统的耐热钢相同的是都通过化学成分调整进行钢的强化，区别是增加了新的成材加工工艺，使晶粒更细，以达到既有高的蠕变强度又有高的韧性的目的。

我国应用细晶高强韧型马氏体耐热钢较多也较早，在 20 世纪 80 年代末至 90 年代初已经把 T91/P91 钢应用到亚临界 300MW、600MW 级发电机组中，如今国产亚临界和超临界机组锅炉的高温过热器、再热器管已普遍应用了 P91 钢管，P92 钢也已用于 1000MW 级超超临界机组的主蒸汽管道。而细晶高强韧型奥氏体耐热钢的应用还很有限，焊接工艺技术尚不够成熟，故本节重点介绍细晶高强韧型马氏体耐热钢的焊接，对细晶高强韧型奥氏体耐热钢只做简要介绍。

4.6.2　细晶强韧型马氏体耐热钢的焊接

1. 细晶强韧马氏体耐热钢的基本特点

美国 ASTM 标准规定的部分细晶强韧型马氏体耐热钢的化学成分见表 7-4-15，其常温力学性能见表7-4-16。

表 7-4-15　美国 ASTM 标准规定的部分细晶强韧型马氏体耐热钢的化学成分

牌号	标准	化学成分（质量分数，%）														
		C	Si	Mn	P	S	Cr	Mo	Ti	V	W	Nb	B	N	Ni	Al
T23	ASTM A213	0.04~0.10	≤0.50	0.10~0.60	≤0.03	≤0.01	1.90~2.60	0.05~0.30	0.20~0.30	0.20~0.30	1.45~1.75	0.02~0.08	0.005~0.006	≤0.03	—	≤0.03
T24	ASTM A213	0.05~0.10	0.15~0.45	0.30~0.70	≤0.02	≤0.01	2.20~2.60	0.90~1.10	0.05~0.10	0.20~0.30	—	—	0.005~0.007	≤0.012	—	≤0.02
T91/P91	ASTM SA213/SA335	0.08~0.12	0.20~0.50	0.30~0.70	≤0.02	≤0.01	8.0~9.5	0.85~1.05	—	0.18~0.25	—	0.06~0.10	—	0.06~0.07	≤0.40	≤0.04
T92/P92（NF616）	ASTM SA213/SA335	0.07~0.13	≤0.50	0.30~0.60	≤0.02	≤0.01	8.5~9.5	0.30~0.60	—	0.15~0.25	1.50~2.50	0.04~0.09	0.001~0.006	0.03~0.07	≤0.40	≤0.04
T122/P122（HCM12A）	ASTM SA213/SA335	0.07~0.14	≤0.50	≤0.70	≤0.02	≤0.01	10.0~12.5	0.25~0.60	Cu0.30~1.70	0.15~0.30	1.50~2.50	0.04~0.10	≤0.005	0.04~0.10	≤0.50	≤0.04

注：ASTM 为美国材料与试验协会。

表 7-4-16　美国 ASTM 标准规定的部分细晶强韧型马氏体耐热钢的常温力学性能

牌　号	标　准	抗拉强度 /MPa	屈服强度 /MPa	伸长率（%）	冲击吸收能量 /J	硬度 HBW
T23	ASTM A213	>510	>400	>20	280	≤220
T24	ASTM A213	>585	>450	>20	270	≤250
T91/P91	ASTM SA213/SA335	>585	>415	>20	220	—
T92/P92(NF616)	ASTM SA213/SA335	>620	>440	>25	0℃冲击韧度 225J/cm²	250
T122/P122(HCM12A)	ASTM SA213/SA335	>620	>400	>20	≥80	—

㊀ 有些文献又称细晶高强韧型铁素体耐热钢，均包括除奥氏体耐热钢以外所有的耐热钢。

这类钢具有以下的特点：

1）低碳含量。传统耐热钢为了获得弥散分布的合金碳化物而保持碳质量分数>0.1%，而新型马氏体耐热钢碳质量分数是控制在0.1%以下的，高温、常温强度不再是依靠弥散分布合金碳化物获得。

2）高纯净度。钢中硫、磷的质量分数一般控制在0.01%以内，且对Cu、Sb、Sn等分别进行限定。

3）微合金化。加入微量Nb、Ti、Al、N、B等合金元素和较少的V，以细化晶粒和提高常温、高温力学性能。

4）经过控轧控冷。通过控轧控冷（TMCP）新工艺进一步细化晶粒，提高钢的强度和韧度。

所以，新型细晶强韧型马氏体耐热钢具有高的屈服强度，好的冲击韧度和高温蠕变断裂强度。

2. 焊接性

前文已述及，凡经控轧控冷（TMCP）而获得的高强韧性钢，由于其碳当量低，钢质纯净，塑性和韧度好，焊接时产生裂纹的倾向比相同合金系统的非控轧控冷钢小，但对于焊接热影响区，由于焊接加热不仅破坏了原先TMCP得到的性能，而且事后又不可能有条件恢复，况且焊缝金属是一种和母材成分相近的一次结晶粗大的铸造组织，它也不可能有经受控轧控冷过程的条件，因此热影响区和焊缝金属这两个区域的力学性能将不同于母材，出现接头对焊接工艺和焊接参数极为敏感的现象，存在着热影响区粗晶区韧度恶化和细晶区软化，以及焊缝金属产生裂纹及韧度远低于母材的问题。对于经受同样的控轧控冷工艺的细晶强韧型马氏体耐热钢也有类似的情况，所以对细晶强韧型马氏体耐热钢的焊接，同样需要注意热影响区的脆化和局部软化，以及焊缝金属可能产生裂纹和韧性降低等问题。此外，这种马氏体耐热钢还存在接头时效、δ相致脆和接头蠕变断裂极限降低等问题。

（1）焊接裂纹

细晶强韧型马氏体耐热钢对各种裂纹的敏感程度比传统的马氏体耐热钢为低。由于这类钢纯净，硫含量低，产生热裂纹的倾向很低。在Cr-Mo钢中加入Nb、V会增加钢对再热裂纹的敏感性。研究表明，T23钢再热裂纹的敏感性远高于T22（2.25Cr1Mo）钢，而T91对再热裂纹则不敏感，但是这类钢产生焊接冷裂纹的可能性较大，尤其是厚件更应注意。因为存在产生焊接冷裂纹的三大因素（淬硬组织、拘束度和扩散氢），细晶强韧型马氏体耐热钢淬硬倾向大，氢可能来自于母材或焊材，或者焊接过程保护不当，焊接时接头产生的拘束应力等将导致冷裂纹的产生。这类钢不能盲目套用一般碳当量和敏感性（CE、P_{cm}）公式去判断焊接性和确定防止裂纹产生的预热温度，可靠的办法是通过试验，如用斜Y形拘束试验等方法进行确定。对现有的细晶强韧型马氏体耐热钢的试验研究结果表明，其冷裂纹敏感性大致是按T23→T92→T122→T91顺序增加：焊接T23钢时可以不预热，焊接T92钢时要预热至100℃，焊接T122钢时预热150℃，焊接T91时预热至180~250℃。

（2）焊接接头的脆化

引起焊接接头脆化的主要原因是焊接热影响区粗晶区或焊缝金属的晶粒粗大。在焊接过程中的热影响区粗晶区，当奥氏体化时间较长、晶粒长大的速度较快时，冷后就得到粗大的马氏体组织，其冲击韧度低下。若焊接时采用小的焊接热输入和严格控制冷却时间$t_{8/5}$，就可以防止晶粒长大。

生产实践中，当焊件形状和尺寸确定后，$t_{8/5}$就由焊接热输入、预热温度和层间温度确定。过大热输入、过高的预热温度和过高的层间温度，都会增大$t_{8/5}$而使焊缝和热影响区韧性下降，这说明合理选择焊接参数至关重要。例如，焊接T91钢的厚壁构件时，若多层多道焊的焊道厚度小于3mm，预热温度和层间温度在200~300℃，就容易得到合格的焊缝韧度。反之，过高的预热和层间温度，以及焊道厚度大于4mm，焊缝的韧性很低。说明T91钢对焊道厚度和预热温度很敏感。

不同的焊接方法其焊接的韧性表现有很大差别。试验表明，TIG焊的韧性最好，而焊条电弧焊最差。除因两者焊接热输入有别外，也和TIG焊的焊缝含氧量低和杂质少有关。

焊缝金属的韧性可以通过调整焊缝金属化学成分来提高。适量的微合金元素Nb、Ti、N、V对提高这类钢的韧性是有利的，过多则相反，变成不利条件，但Ni却是提高韧性的有利元素。因此，焊接T91钢时，焊缝中含Nb的质量分数控制在0.05%以下，V的质量分数控制在0.2%~0.25%，N的质量分数控制在0.03%~0.04%，均比母材低，而含Ni的质量分数却在0.5%左右。其实，焊缝金属中加入少量Nb、N、V等元素是利用其碳、氮化合物析出来改善其强韧性，但这种析出是需要工艺配合的，如多层多道焊时，后焊道对前焊道加热时析出或焊后热处理中析出才能起作用。

提高焊缝金属韧性还可以从细化柱状结晶入手，如在焊接材料中加入微量元素细化一次结晶组织，或从焊接工艺方面采取措施，如用小的焊接热输入，或进行多层多道焊使柱状结晶区的一部分发生重结晶，改变自身的尺寸和形态等。

焊后对焊件进行热处理是改善其韧性的有效措施，只要温度在 Ac_1 以下，提高焊后回火温度和延长回火时间，就有利于马氏体获得充分回火而提高韧性。

(3) 热影响区的软化

因这类钢供货状态是正火+回火，即调质处理，焊接时在细晶区和临界热影响区将产生软化现象。原因是细晶区经受温度稍高于 Ac_3，临界热影响区所受温度在 Ac_1 ~ Ac_3 之间，在这区间内金属发生部分奥氏体化，沉淀强化相在这过程中不能完全溶解到奥氏体中，会发生粗化，从而造成这一区域强度降低。软化对短时高温强度影响不大，但会降低持久强度。长期高温运行后，在软化区会产生Ⅳ型裂纹。

焊接热输入和预热温度对软化影响比较大，故焊接热输入不能过大，预热温度和层间温度不能过高，尽量把软化区的宽度减到最小。因软化区越窄，其拘束强化作用越强，软化带的影响就越小。

(4) 焊缝金属的时效倾向

现有的新型强韧型铁素体耐热钢中除 T24 钢外，T23、T91、T92 和 T122 等都具有不同程度的时效倾向，其中以 T122 最明显。时效发生在 550 ~ 650℃范围内，恰是这些钢的工作温度范围。时效倾向引起韧度降幅很大，如 P92 钢时效前冲击吸收能量为 220J，时效后为 70J 左右。研究发现，时效时析出两种新相，一是由 Cr、W、Mo 等合金元素与 Fe、Si 形成的金属化合物，称为 Laves 相；另一种是数量不多的不明相，称为 Z 相。Laves 相是颗粒大的脆性析出物，严重恶化材料的韧性。

母材有此现象，与母材成分相近的焊缝金属也有同样的倾向。为了解决焊缝金属时效后韧度不足的问题，一方面可以从提高焊缝金属的原始韧度，为时效留足余量，另一方面尽量降低时效前后韧度降低的幅度。通常是对焊缝金属的化学成分进行控制。研究表明，降低焊缝金属中的 Si 和 P 含量，可减小时效后韧度下降的幅度，目前降低 P 的含量较困难，常是控制 Si 的含量。

(5) 焊缝中的 δ 相

耐热的 9Cr 和 12Cr 钢中因含有众多铁素体形成元素，扩大了高温一次结晶的铁素体——δ 铁素体区域，很容易出现 δ 相，它会明显降低材料的蠕变断裂强度和冲击韧度，是不希望出现的组织。因此，在成分控制上希望获得单一的马氏体组织，或把 δ 铁素体的数量限制在较低范围内，而化学成分与母材相近的焊缝金属也要进行同样控制，如调整合理的铬当量等。此外，焊接参数也有影响，过高的预热温度和层间温度以及过大的焊接热输入，会造成热影响区和焊缝金属形成 δ 相。

(6) 接头的蠕变断裂强度

在焊接热影响区上存在一个蠕变断裂强度降低的区域，它导致接头寿命低于母材寿命和焊缝寿命。用热模拟技术研究 T91 钢发现，发生蠕变断裂的区域是在热影响区温度为 850 ~ 1100℃的区域，最低处出现在热影响区的细晶区，它与过回火造成的软化没有直接联系，同样现象也可发生在多层多道焊缝中热影响区的相应区域。这种断裂是在低压力、高温长时间的工作条件下发生，表现为断裂时间缩短、断裂应力小和断裂塑性降低。造成热影响区细晶区蠕变断裂强度降低的原因比较复杂，既有冶金原因也有力学因素。目前的防止措施主要是：采用使热影响区窄小的焊接工艺，尽量减小细晶区的宽度；焊前对母材进行正火，消除母材原始奥氏体晶界层面上碳化物以防止其析聚；利用硼对晶界析出物的稳定作用和对蠕变孔洞的抑制作用等。

提高焊接接头的蠕变断裂强度问题尚需不断的研究和探索。国内外都在研发新的抗蠕变的金属材料。

3. 焊接工艺

(1) T23/P23 钢

1) 基本性能。ASTM SA213-T23/P23 钢与我国钢 102（12Cr2MoWVTiB）近似，属于细晶强韧型马氏体耐热钢。用于制作超超临界锅炉水冷壁和过热器部件。它是在 T22 钢（2.25Cr1Mo）的基础上加入 W，减少 Mo，降低 C，再添加 V、Nb、N、B 等微量元素，P、S 明显降低。其化学成分见表 7-4-15，是正火+回火调质状态供货，其力学性能：$R_{p0.2} \geqslant$ 400MPa，$R_m \geqslant$ 510MPa，$A \geqslant 20\%$，硬度 ≤ 220HV。0℃冲击韧度为 200 ~ 400J · cm^{-2}，脆性转变温度在 -40℃左右。在 550℃时时效倾向明显，到 600 ~ 650℃时时效倾向消失。

T23 钢是细晶强韧型马氏体耐热钢中冷裂纹倾向最小的钢，焊后空冷得贝氏体，快冷得贝氏体+马氏体，硬度 300 ~ 350HV。在 20℃室温焊接可不预热。没有热裂倾向，抗应力腐蚀能力优于 T22 钢，但再热裂倾向大于 T22 钢。一般焊后不希望热处理，若必须进行，则要注意防止产生再热裂的可能。研究表明，TIG 焊、焊条电弧焊和埋弧焊均适应，但比较而言，以 TIG 焊质量最好，焊条电弧焊的焊缝韧性略有不足，埋弧焊则必须合理选择焊接材料，并要用小的热输入（或 $t_{8/5}$），焊后需热处理。焊接接头的蠕变断裂强度与母材相同，不必为此进行热处理。

2) 焊接工艺要点。试验与实践表明，T23/P23

钢小径管焊接前不需预热，只有当施焊环境温度低于常温时，或焊接大径厚壁管时才需预热，预热温度为200~300℃，层间温度小于300℃，焊后一般也不需进行热处理。焊接大径厚壁管后，为了消除焊接应力和提高接头韧性，可按700~750℃进行热处理。管子对接焊，按壁厚可开单面V形或复合V形坡口；为了减小热输入，一般采用多层多道焊，第一层为打底焊，比较关键，宜用TIG焊、单面焊双面成形技术施焊；然后为填充焊道和最后的盖面焊道，若是薄壁管也可用TIG焊，但对厚壁管，为了提高效率和降低成本，填充焊和盖面焊宜采用焊条电弧焊。焊接材料的选用应使熔敷金属的化学成分尽可能与母材成分相近，其力学性能应达到产品的技术条件要求。国内还没有与之配套用的焊接材料供应，可以从表7-4-17中列出的部分国外焊接材料中选购，表中列出了这些焊材的熔敷金属化学成分及其常温力学性能。焊接ϕ48mm×7mm的管子，可选直径为2.4mm的焊丝或焊条。焊接热输入控制在15kJ·cm^{-1}以内，以每一焊道的厚度不超过3mm为宜。

（2）T91/P91钢

1）基本特性。T91/P91钢具有良好的高温持久强度、热稳定性和高温抗蠕变能力等，线胀系数小于奥氏体型不锈钢，还具有良好的导热性能。在电厂锅炉的过热器、再热器和主蒸汽管道上获得越来越多的应用。

T91/P91钢是在9Cr-1Mo钢的基础上采用纯净化、细晶化冶金技术，以及微合金化和控轧控冷（TMCP）等工艺开发出的新型细晶强韧型马氏体耐热钢。从化学成分（见表7-4-15）可以看出，钢中C、S、P含量降低了，加入微量Nb、V、N等进行微合金化。由于这种钢的强化机理与传统钢种有很大不同，除了固溶和沉淀强化外，还通过微合金化、控轧、形变热处理和控冷获得高密度位错和高度细化晶粒，从而具有高的强度和韧性。

T91/P91钢的供货状态是正火+回火（730~760℃），显微组织是回火马氏体。其常温力学性能见表7-4-16。该钢脆性转变温度约为-25℃，高温力学性能稳定，600℃时的屈服强度大于200MPa，在550~600℃下时效，力学性能变化不大。由于该钢含Cr高，且含有Nb，其高温抗氧化性能和耐蚀性优于P22钢，也优于T23钢和T24钢。可用于壁温低于或等于600℃的锅炉过热器和再热器，以及温度低于600℃的联箱和蒸汽管道等。

T91/P91钢属于新型细晶强韧型马氏体耐热钢，焊接中的共性问题已在前面论述，对于T91/P91钢焊接最突出的问题是容易产生焊接冷裂纹，焊接接头韧性下降，尤其是焊缝金属的韧性不易保证。此外，还有焊接热影响区软化问题。这些问题主要是通过焊接工艺来解决，其中包括合理地选择焊接方法、焊接材料和焊接参数等。

2）焊接工艺要点。以管道对接环缝焊接为例，目前采用的焊接方法较多，有TIG焊、焊条电弧焊、埋弧焊、药芯焊丝电弧焊等。以TIG焊打底+焊条电弧焊填充和盖面应用最多，也较为成熟。现介绍这种方法的一些经验和工艺要点。

① 采用正确的坡口形式和尺寸。采用TIG打底、焊条电弧焊填充和盖面的焊接工艺时，可根据管壁厚度不同选择接头坡口形式和尺寸，如图7-4-1所示。小径管道装配间隙为1.5~2.5mm，大径管道为3~4mm。间隙太大，填充量大而耗料多，若太小则不易熔透。由于材质特殊，装配定位有两种方法：一种是在坡口内侧用定位块（Q235钢）定位。此法定位前预热需用火焰加热，温度不均匀；另一方法是用专用夹具（见图7-4-2），利用对称分布的四个螺栓调整和固定，这样能保证定位焊和正式焊的工艺相同。

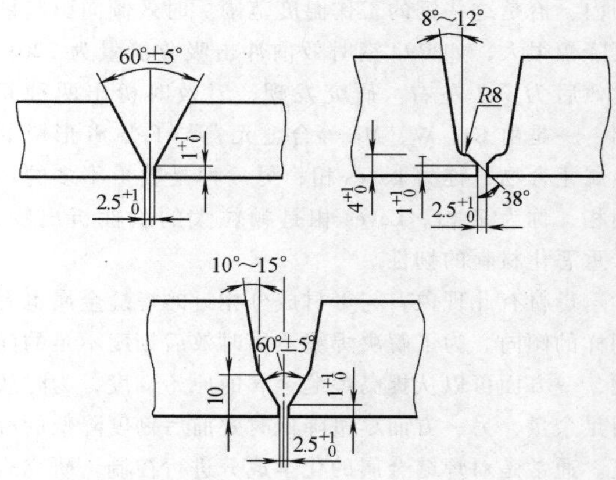

图7-4-1　管道对接接头坡口的形式和尺寸

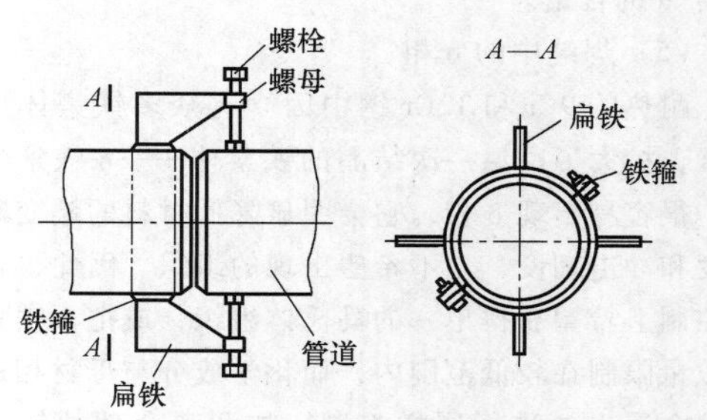

图7-4-2　管道组装用夹具

表 7-4-17　部分新型细晶粒强韧型马氏体耐热钢焊接材料及其熔敷金属化学成分和力学性能

牌号	焊接方法	焊接材料			化学成分(质量分数,%)														力学性能					
		名称	牌号	产地	C	Si	Mn	Mo	Cr	Ni	V	W	N	Cu	S	P	Nb	B	PWHT /℃×h	屈服强度 /MPa	抗拉强度 /MPa	伸长率 (%)	冲击试验 温度 /℃	冲击试验 冲击吸收能量/J
T91/P91	钨极惰性气体保护焊	焊丝	Thermanit MTS3	德国	0.10	0.30	0.50	1.00	9.00	0.70	0.20	—	0.04	—	—	—	0.06	—	760×2	530	620	17	20	50
			OE CrMo91	瑞士	0.09	0.30	1.20	0.90	9.00	0.50	0.20	—	—		<0.02	<0.01		—	750×4	480	600	—	20	70
			9CrMoV-N	英国	0.10	0.25	0.50	1.00	8.70	0.60	0.20	—	0.03	0.03	0.006	0.008	0.05	Al:0.01	760×2～3	700	800	19	20	220
	焊条电弧焊	焊条	Thermanit chromo T91	德国	0.09	0.20	0.60	1.10	9.00	0.80	0.20	—	0.04	—	—	—	0.05	—	760×4	530	620	17	20	47
			ALCROMOCORD 91	瑞士	0.10	0.30	0.70	1.0	9.0	0.4	0.20	—	0.04	—	0.01	0.01	0.05		760×4	550	680	20	20	75
																							-20	50
			Chrmet 9-B9	英国	0.10	0.25	0.50	1.0	9.0	0.3	0.20	—	0.05	0.05	0.008	0.008	0.04	—	760×2～3	530	620	15	20	75
T92/P92	钨极惰性气体保护焊	焊丝	Thermanit MTS616	德国	0.10	0.38	0.45	0.40	8.80	0.60	0.20	1.6	0.04	—	—	—	0.06		SR13	560	720	15	20	41
			FLUXO TIG 92	瑞士	0.10	0.30	1.0	0.5	9.0	—	0.25	1.7			0.01	0.01	0.07	Co:0.40	760×4	600	700	20	20	70
			9CrWV	英国	0.11	0.30	0.70	0.45	9.0	0.5	0.20	1.7	0.05	0.05	0.01	0.01	0.06	0.03 Al:0.01	760×2～4	400	620	19	20	220
	焊条电弧焊	焊条	Thermanit MTS616	德国	0.11	0.20	0.60	0.50	8.80	0.70	0.20	1.60	0.05	—	—	—	0.05		760×4	560	720	15	20	41
			ALCROMOCOR D92	瑞士	0.11	0.30	1	0.5	9	—	0.25	1.7	0.05	—	0.01	0.01	0.07	Co:0.40	760×4	600	700	20	20	70
			Chromet 92	英国	0.11	0.25	0.50	0.45	9.0	0.6	0.20	1.7	0.05	0.05	0.01	0.01	0.05	0.03 Al:0.01	760×2～4	440	620	16	20	60
T23/P23	钨极惰性气体保护焊	焊丝	Union I P23	德国	0.07	0.30	0.50		2.20	—	0.22	1.7	0.01	—	—	—	0.05	0.002	760×2	450	585	17	20	120
			OE CrMo2	瑞士	0.07	0.50	0.50	1	2.5	—	—	—	—	—	0.02	0.02	—	—	600×1	470	570	17	-29	70
			2CrWV	英国	0.07	0.30	0.60	0.2	2.3	—	—	1.6	—	—	0.01	0.01	0.03	0.001 Al:0.01	740×2	550	640	24	20	120
	焊条电弧焊	焊条	Thermanit P23	德国	0.06	0.2	0.50		2.3	—	0.22	1.5	—	—	—	—	0.04	—	750×2	520	620	19	20	130
			ALCROMO E223	瑞士	0.05	0.4	0.50	0.08	2.15	0.40	0.25	1.4	—	—	≤0.01	≤0.01	0.01	—	740×2	500	600	20	20	130
																							-29	90
			Chromet 23L	英国	0.05	0.25	0.50	0.20	2.2	0.60	0.23	1.6	0.02	—	0.01	0.01	0.03	0.001	焊态	870	940	16	20	22

注:PWHT 表示焊后热处理规范。

② 正确选择焊接材料。填充材料应是与母材基本同类的焊材，焊材的合金（尤其是 Cr 和 Mo）含量需与母材基本相同，目的是保证焊缝具有与母材相同的高温强度、高温蠕变性与高温抗氧化性和耐蚀性，以及能起到与母材同样的细化和强化作用。为了改善焊接性能，特别是提高焊缝金属的韧性，可以进行适当化学成分的调控。表 7-4-17 只列出了三种国外的焊材，可供选购参考。氩气纯度在 99.95%以上，焊条是低氢型，焊前严格按制度烘干。TIG 焊时，推荐用 ϕ2.5mm 焊丝打底，填充和盖面焊缝用 ϕ2.5mm、ϕ3.2mm 的焊条。

③选定正确的焊接参数。为了防止 TIG 打底焊道根部氧化，焊前管内需充氩气，大径管充气流量为 20~30L · min^{-1}，小径管一般为 10~15L · min^{-1}；焊前预热 200~250℃，层间温度控制在 250~300℃；TIG 打底焊道一般是焊一层，为了减小热输入可以焊两层，其焊接参数可参照表 7-4-18。

表 7-4-18　T91/P91 钢 TIG 焊接参数

钨极直径/mm	焊丝直径/mm	焊接电流/A	电弧电压/V	焊接速度/mm · min^{-1}	正面氩保护/L · min^{-1}
2.25	2.4	95~115	9~10	60~80	10~12

用焊条电弧焊填充时，推荐采用直径为 3.2mm 的焊条作多层多道焊，盖面焊可采用 ϕ4mm 的焊条。表 7-4-19 的焊接参数可供参考。严格控制层间温度。运条时注意，焊缝宽度不宜超过焊条直径的 3 倍，焊缝厚度以等于焊条的直径为宜，目的是控制焊接热输入，否则难以保证焊缝的冲击韧度；每根焊缝收弧时要注意填满弧坑，防止产生弧坑裂纹。焊道间用角磨机或钢丝刷清理熔渣和飞溅，尤其是焊缝接头处和坡口边缘处要清理干净。

表 7-4-19　T91/P91 钢焊条电弧焊的焊接参数

焊条直径/mm	2.5	3.2	4.0
焊接电流/A	80~90	110~130	140~160
电弧电压/V	20~22	20~24	20~25

焊后热处理是提高焊接接头韧性、消除焊接应力的重要环节，但注意，焊毕不能立即进行热处理，需要在 100~120℃ 保温 1h，让残留奥氏体充分地转变为马氏体后才进行热处理。热处理升温速度：当 $\delta<$ 25mm 时，取 220℃ · h^{-1}；当 $\delta \geq$ 25mm 时，取 150℃ · h^{-1}。降温速度；当 $\delta<$ 25mm 时，取 150℃ · h^{-1}；当 $\delta \geq$25mm 时，取 100℃ · h^{-1}。恒温时间可参照表 7-4-20 按壁厚范围内选取，薄的选下限，厚的选上限。恒温时间越长，对提高接头韧性越有利。最佳回火的温度是 760℃±10℃，整个焊接和热处理温度曲线如图 7-4-3 所示。

表 7-4-20　T91/P91 钢焊后热处理的恒温时间

壁厚/mm	$\delta<$12.5	12.5≤$\delta<$25	25≤$\delta<$37.5	37.5≤δ≤50
恒温时间/h	1	1.5~2	2~3	3~3.5

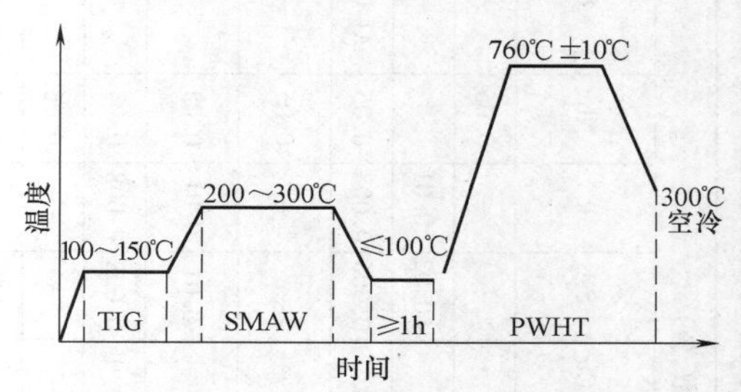

图 7-4-3　T91/P91 钢焊接和热处理温度曲线

3）大径 P91 钢管的焊接操作技法。对口装配应支撑牢固，防止在焊接过程中发生管道位移和变形。严禁在管道母材上焊接其他支撑物。支撑物应远离加热体 300~500mm。对口间隙为 4~5mm，钝边≤2mm。定位焊时采用同种材料定位焊块，长度为 10~20mm，用焊条电弧焊定位焊到 P91 钢管坡口内，待打底层完成后再用磨光机打磨掉。

试件组对前用半圆锉刀将毛刺打磨掉，然后锉出所需钝边。清除试件坡口周围 20mm 范围内的铁锈、油脂等。采取充氩措施，在 P91 钢管焊缝 600mm 长度范围内，焊缝间隙用锡箔纸封死，管端用草纸板密封堵成一个气池，在 300℃ 时草纸板焦煳，760℃ 高温回火后，草纸板变为灰烬，对接头没有影响。

① 焊接材料。采用氩弧焊丝 TGS-9Cb，焊丝直径为 2.4mm；焊条 SAF-CDV95，直径为 3.2mm 和 4.0mm。焊丝和焊条的化学成分见表 7-4-21。

表 7-4-21　P91 钢焊接用焊丝和焊条的化学成分

项目	化学成分(质量分数,%)									
	C	Mn	P	S	Si	Cr	Mo	V	Nb	Ni
TGS-9Cb	0.09	0.95	0.010	0.008	0.17	8.68	0.80	0.21	0.032	0.69
SAF-CDV95	0.086	0.90	0.013	0.007	0.40	8.60	0.90	0.22	0.038	0.50

确定了焊接材料以后，正确的焊接操作和焊后热处理是防止和减少焊接缺陷、降低接头残余应力的关键。

② 焊接方法。采用氩弧焊（GTAW）打底、焊条电弧焊（SMAW）填充和盖面的焊接工艺。

a. 控制热输入。通过控制熔池的体积和降低熔池温度，减小一次结晶的晶粒尺寸。小热输入可减少碳化物的析出和铁素体含量，防止马氏体组织粗大，提高焊缝的冲击韧性。一般控制热输入为 17～21kJ/cm。

b. 施焊中控制焊层厚度和宽度。为保证后一焊道对前一焊道起回火作用，焊接时，每层焊道厚度的控制约为焊条直径。焊条摆动的幅度最宽不得超过焊条直径的 4 倍。

c. 适当延长焊后回火处理时间。目的在于使焊缝中的 Nb、V 有更充分的析出时间，以改善焊缝的冲击韧性。

③ 焊前预热和焊后热处理。采用远红外加热，氩弧焊预热温度为 150～200℃，焊条电弧焊预热温度为 250～300℃，层间温度为 200～300℃。

焊后待接头冷却到 100～120℃ 恒温 60min 再进行回火处理。回火温度为 760±10℃，恒温时间 6h。

④ 焊接操作要点。对于水平固定管，始焊位置在时钟 6 点钟位置，焊接方向由底向上分两半部分进行焊接，可先从逆时针方向开始。对垂直固定管起焊位置不做要求。焊接参数见表 7-4-22。

表 7-4-22　P91 钢管的焊接参数

层次	焊接方法	焊丝(焊条)直径 /mm	焊接极性	焊接电流 /A	电弧电压 /V	氩气流量 /L · min^{-1}	层间厚度 /mm
1	GTAW	2.4	正接	95～110	10～14	8～9	2.0～3.0
2	SMAW	2.5	正接	95～120	20～24	8～9	2.0～3.0
3	SMAW	3.2	正接	105～130	20～24	8～10	2.5～3.5
其后各层	SMAW	4.0	正接	130～160	20～24	8～10	3.5～4.5

a. 氩弧焊打底。打底焊要求厚度≤3mm。对水平固定管，氩弧焊在管子底部仰焊位置坡口内侧空间划擦引弧，电弧引燃后在坡口根部间隙两侧用焊枪划圈预热，待坡口两侧钝边熔化形成熔孔后，由管内侧紧贴熔孔送进焊丝，如图 7-4-4 所示。

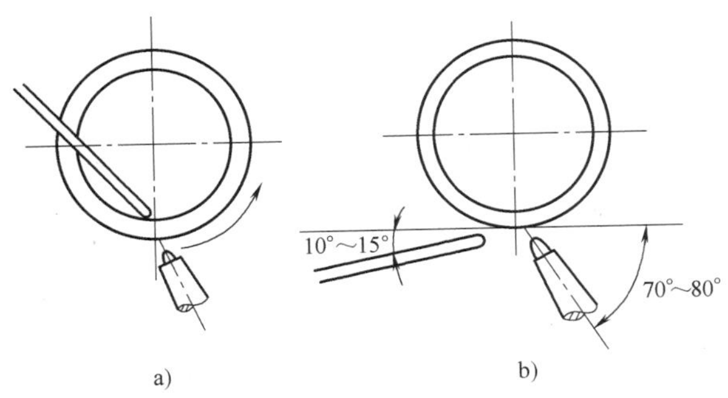

图 7-4-4　P91 钢管氩弧焊打底

a）打底焊引弧角度　b）打底焊接角度

在钝边熔化边缘两侧各送进一滴液态熔滴，通过焊枪横向摆动使之形成搭桥连接。在打底焊过程中，应根据焊接位置的不同变换填丝方式。在仰焊及仰爬坡焊位置时，采用内填丝法，焊枪与焊接方向夹角为 70°～80°，焊丝与钢管内侧周向夹角为 15°～25°；在立焊、立爬坡焊及平焊位置时，多采用外填丝法，焊枪与焊接方向夹角增加至 90°～105°，焊丝与钢管外壁焊接方向的夹角为 10°～15°。

打底焊时应注意焊枪及填充焊丝摆动方法，一般以锯齿形或月牙形摆动为宜，如图 7-4-5 所示。在电弧熔化坡口每侧 0.5～1mm 范围内，填充焊丝的送进要紧贴熔池，焊丝端部随电弧行走方向做小幅度横向摆动，摆动中注意不得使焊丝与钨极端部接触，以免烧损钨极。

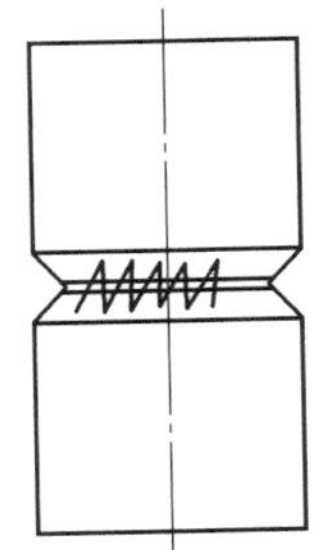

图 7-4-5　氩弧焊打底走丝

封口焊时，当焊接电弧运行至钢管顶部收弧 3～4mm 处停止送丝，先在封口处周围划圈预热，使之呈红热状态，然后将电弧拉回原熔池填丝焊接。封口后停止送丝，但继续向前施焊 5～10mm 停弧。停弧后不要立即移开焊枪，要待熔池完全凝固后再移开，并滞后关掉氩气。

后半部分按顺时针方向焊接，焊接方法与前半部分相同。打底焊缝厚度一般以 2～2.5mm 为宜。

垂直固定氩弧焊在 6 点钟坡口内侧空间引弧，焊枪与焊接方向夹角为 70°~80°，焊丝与钢管内侧周向夹角为 10°~15°。将焊枪在坡口根部做上、下划圈预热。当钝边熔化形成熔孔后，即在坡口根部上、下侧各送进一滴液态金属，摆动焊枪形成搭接连接，然后开始正常焊接。填丝时应注意，焊丝端部从上侧坡口斜拉向下侧坡口根部，保证电弧一半用来熔化金属，使之形成均匀焊缝；一半用来打开熔孔，保证背面焊缝成形。对垂直固定管打底焊时，送丝节奏要均匀，焊枪采用上、下斜拉锯齿摆动方法，尽量采用短弧。

b. 焊条电弧焊填充焊及盖面焊。焊条电弧焊时，每道焊层厚度要求小于 3mm，焊道宽度小于焊条直径的 3 倍。

水平固定管填充层及盖面层均采用焊条电弧焊，通常是将打底焊前半部分作为填充焊的后半部分，目的是将上下接头错开。填充层采用锯齿形摆动运条，从下向上焊接，操作位置不断发生变化，焊接过程中焊条角度也应随之发生变化。开始焊接时，电弧处于仰焊位置，焊条角度与焊接方向之间的夹角为 80°~90°；随着焊接位置的升高，当逐步靠近立焊位时，焊条角度与焊接方向之间的夹角应略有增大，大致为 100°~110°；当到达立焊位时，焊条逐渐向焊接方向倾斜，角度变化为 85°~90°；当到达顶部平焊位时，焊条角度为 80°~85°，如图 7-4-6 所示。

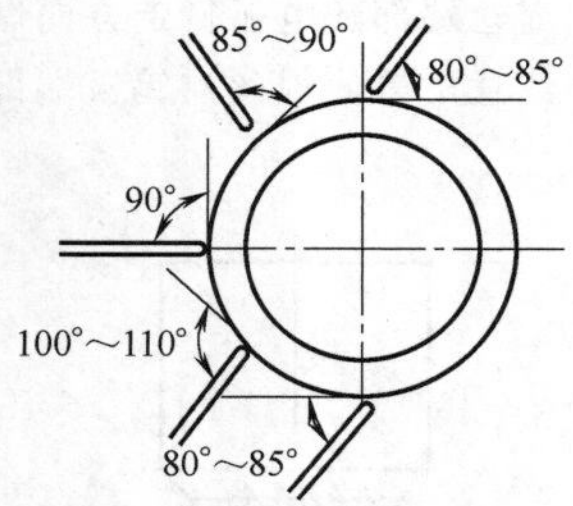

图 7-4-6 电弧焊操作角度

盖面层焊接采用月牙形运条，在焊缝坡口两侧边缘要注意停顿。焊条摆动平稳，以使焊后波纹均匀美观。引弧点要在焊接前方距熔池 10~15mm 处，电弧燃后，要拉回熔池中心处，待填满弧坑后，方能继续向前摆动焊接。

垂直固定管焊条电弧焊时，必须保证焊缝上、下两端熔合良好，不得出现未熔合和夹渣等缺陷。填充焊道采用多道焊，焊条角度如图 7-4-7 所示。焊第一道时，焊条与焊接方向夹角为 65°~75°，与坡口下端夹角为 90°~100°，运条方法为斜圆圈形。焊接过程中应使电弧中心对准上一层焊道的下边缘，向前运条时不要将坡口棱角破坏，以防盖面时影响视线。下一道焊对准上一道焊缝的上边缘，但焊条角度向下适当调整。焊条与坡口下端夹角为 75°~85°。

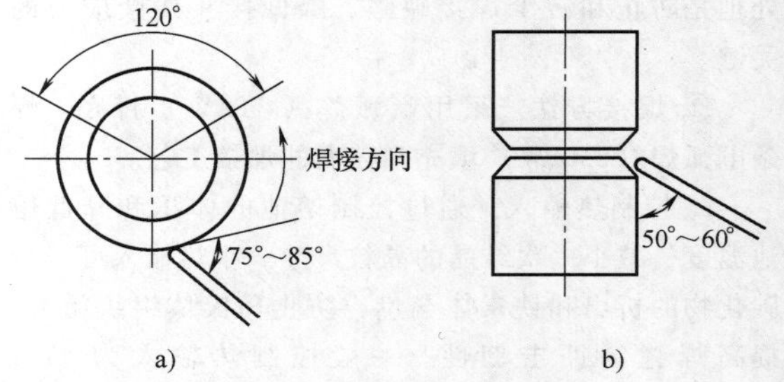

图 7-4-7 填充焊道的焊条角度

a) 焊条与焊接方向 b) 焊条与下坡口面

运条时要注意电弧覆盖焊道的情况，下侧要稍大于上一道焊缝中心，上侧要紧贴坡口边缘棱角处。盖面焊时，第一道采用直线运条方式，短弧焊接，焊接中注意坡口下边缘熔化情况，一般熔池要熔化坡口边缘 0.5~1mm；下一道焊接采用斜圆圈形运条方式，焊条摆动幅度要视剩余焊缝宽度确定，下一道焊道要压住上一道焊缝近 2/3；最后一道焊接时，根据所剩焊缝宽度选择运条方式，宽度大采用斜锯齿形摆动方式，宽度小采用直线运条方式。焊接中要适当减小热输入，减小焊接电流并缩短电弧，使熔化的液态金属和熔渣均匀覆盖在焊缝表面上，得到整齐美观的焊缝成形。

(3) T92/P92 钢

1) 基本特性。此钢是在 T91/P91 钢的基础上改进而成的，加入 1.5%~2%（质量分数）的 W，降低 Mo 含量，将材料的钼当量（Mo+0.5W）从 T91 钢的 1%提高到 1.5%，并加入微量 B。因此，与 9Cr 系列耐热钢相比，耐高温腐蚀和抗氧化性能是相似的，但高温强度和蠕变性能却提高了。也和 T91/P91 钢一样，是通过超纯净冶炼、微合金化和控轧工艺而获得的细晶强韧型马氏体耐热钢，其化学成分和常温力学性能分别见表 7-4-15 和表 7-4-16。

此钢在 600℃下的许用应力比 T91 钢高 34%，达到 TP347 奥氏体钢的水平；在 600℃、10 万 h 条件下，持久强度可达 130MPa，抗热疲劳性强于奥氏体型不锈钢，可以取代超临界和超超临界锅炉中的奥氏体型耐热钢过热器和再热器，并可用于壁温小于或等于 620℃时的主蒸汽管道。

T92/P92 钢是正火+回火状态下供货，是单一回火马氏体组织。从表 7-4-16 看出，其常温力学性能与 T91/P91 钢类似或略高。0℃时的冲击韧度为 200~250J · cm^{-2}，脆性转变温度在-60℃左右。

T92/P92 钢的物理性能大体上与 T91/P91 钢相似，有相同的抗氧化性，线胀系数比奥氏体钢小，而热导率则高于奥氏体钢等，但此钢在 550℃、600℃、650℃下有明显的时效倾向。

T92/P92 钢的焊接性也与 T91/P91 钢相似，总合金含量达 12.253%（质量分数），具有冷裂倾向，对焊接热输入很敏感，焊接热影响区软化、焊缝韧性低等特点。因此，前面焊接 T91/P91 钢的工艺原则对 T92/P92 钢基本适用，即严格执行预热、层间和焊后的热处理制度，焊接时采取小焊接热输入、小摆动、薄焊层和多层多道焊等，但此钢焊缝金属的时效和接头蠕变强度降低的问题较为突出。因此在焊缝化学成分设计上较为复杂一些，主要是对 Si、Mo、W 等化学元素的匹配与控制。

2）焊接工艺要点。T92/P92 钢在我国应用的历史较短，目前主要应用于超超临界机组的高温、高压主蒸汽管道部件，如 1000MW 机组中集箱、主蒸汽管、过热器连接管等。下面简单介绍国内一些焊接工艺试验和生产实践的一些成果。

现场进行的都是圆管对接，需单面施焊的环焊缝。目前可用的焊接方法主要有 TIG 焊和焊条电弧焊，且以 TIG 焊打底、焊条电弧焊填充和盖面的居多，因为这方面的技术比较成熟。

以 ϕ355.6mm×48mm 管道对接焊为例，当根据小焊接热输入、小摆动、薄焊层和多层多道焊的工艺原则，采用 TIG 焊打底、焊条电弧焊填充和盖面时，需对接头开坡口，如图 7-4-8 所示。

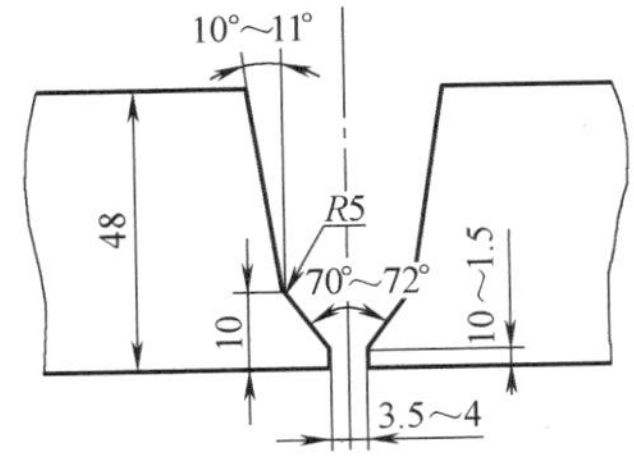

图 7-4-8　P92 钢管道对接接头的坡口

焊接材料是按熔敷金属化学成分、常温和高温力学性能与母材相当，以及熔敷金属的 Ac_1 和 Mf 温度也要与母材相当的原则去选择的，表 7-4-17 所列焊材可供参考。焊丝直径取 ϕ2mm 或 ϕ2.4mm，焊条直径取 ϕ2.5mm、ϕ3.2mm 或 ϕ4.0mm。

从防止冷裂纹、细化晶粒和提高韧性等多方面考虑，在焊口两侧约 200mm 范围内进行预热，TIG 焊预热为 100～200℃×1h，焊条电弧焊为 200℃×1h，层间温度为 200～300℃。预热恒温 1h 是为了使内外壁温差小于 15℃。焊后不能立即进行高温回火，而是焊后冷却到 90℃±10℃时保温 2h 以使得接头组织全部转变为马氏体。最后再进行 760℃×6h 的高温回火热处理，以获得韧性良好回火马氏体组织。

TIG 打底焊的焊接参数可参照表 7-4-23。焊条电弧焊填充和盖面时，也按小焊接热输入、小摆动、多层多道焊和薄层焊的原则进行操作，热输入控制在 12～20kJ·cm^{-1}。通常是规定每层填充金属厚度约等于焊条直径，每道焊缝宽度约等于焊条直径的3 倍。

表 7-4-23　P92 钢管 TIG 打底焊的焊接参数

电极直径 /mm	焊层	焊接电流 /A	电弧电压 /V	焊接速度 /mm·min^{-1}	保护气体流量 /L·min^{-1}	
					正面	背面
WCe，ϕ2.0	1	70～110	9～12	60～80	10～15	25～30
WCe，ϕ2.5	2	80～110	9～12	80～100	10～15	25～30

4.6.3　新型奥氏体型耐热钢的焊接

1. 概述

传统的奥氏体型不锈钢（如 18-8 不锈钢等）之所以被当耐热钢来使用，是因为它的蠕变断裂强度随温度升高而降低的速度远小于马氏体型耐热钢，而且其热强性稳定、抗氧化性和耐蚀性优良，但其蠕变断裂强度还是太低，用于制作锅炉蒸汽管道和集箱，其壁厚会很厚，而且 18-8 不锈钢的导热性差，线胀系数大，所以应力腐蚀和热疲劳等问题就显露出来了，因此它只能用于薄件。提高奥氏体型不锈钢的耐蚀性和蠕变断裂强度就成为发展新型奥氏体耐热钢的主要目标。

这里介绍两种 20 世纪 90 年代以后新发展起来的细晶粒奥氏体耐热钢，即 TP347HFG 钢和 Super304H 钢。表 7-4-24 列出了这两种新型奥氏体耐热钢的化学成分，为了对比也将其前身钢的化学成分列在表中。

TP347HFG 钢和 TP347H 钢的化学成分相同，区别在于 TP347HFG 钢是改变了 TP347H 钢的成材工艺而发展出来的细晶粒奥氏体耐热钢，它比原 TP347H 钢具有更高的耐高温蒸汽腐蚀性能和耐高温腐蚀性能，以及优良的抗疲劳和抗蠕变性能。2003 年起已在国内外用于制作蒸汽温度为 580～600℃，压力为 31.2MPa 的锅炉过热器和再热器管道。

Super304H 钢是在 20 世纪 80 年代 TP304H 钢的基础上推出的新型细晶粒奥氏体耐热钢。它比 TP304H 钢具有更高的抗蠕变断裂强度，在 600～650℃下许用应力比 TP304H 钢高出 30%，组织和力学性能稳定，是用于超超临界锅炉过热器和再热器的首选材料。现已用于温度为 600～610℃，压力≤25MPa的过热器和再热器。

从表 7-4-24 可以看出，Super304H 钢比 TP304H 钢碳含量略有增加，Si、Mn、Ni、Cr 含量有一定降低，但新添了 Cu、Nb 和 N。主要目的是利用 Nb 的碳化物、氮化合物起强化作用，通过 Cu 时效析出金属化合物来提高强度。所以，它比 TP304H 钢的蠕变断裂强度高，在 600℃、10 万 h 时，断裂强度比 TP304H 钢高出 80MPa。此钢时效倾向不明显，在 550～700℃ 范围内时效后，冲击韧度基本稳定，700℃长时间时效后，冲击韧度仍保持在 $100J\cdot cm^{-2}$，只是抗高温蒸汽腐蚀性能略低于 TP304H 钢。

表 7-4-24 TP347HFG 钢和 Super304H 钢的化学成分 (%)

牌号	标准	化学成分(质量分数,%)										备注
		C	Si	Mn	S	P	Cr	Ni	Cu	N	Nb	
TP347HFG	—	0.04～0.10	≤0.75	≤2.0	≤0.03	≤0.04	17.00～20.00	9.00～13.00	—	—	Nb+Ta ≥8w(C) -1.0	新成材工艺
Super304H	—	0.07～0.13	≤0.03	≤1.00	≤0.01	≤0.04	17.00～19.00	7.50～10.50	2.5～3.5	0.05～0.12	0.3～0.6	—
06Cr18Ni11Nb	GB/T 1221—2007	≤0.08	≤1.0	≤2.0	≤0.05	≤0.04	17.00～19.00	9.00～13.00	—	—	>10w(C)	—
TP347H	TPSA213-92	0.04～0.10	≤0.75	≤2.0	≤0.03	≤0.04	17.00～20.00	9.00～13.00	—	—	Nb+Ta ≥8w(C) -1.0	传统成材工艺
TP304H	ASTM A213	0.04～0.10	≤0.75	≤2.0	≤0.03	≤0.04	18.00～20.00	8.00～11.00	—	—	—	—

注：1. 表中列出 06Cr18Ni11Nb 和 TP347H 的成分是为了与 TP347HFG 钢比较。

2. 表中列出 TP304H 钢的成分是为了与 Super304H 钢比较。

2. 焊接要点

上述两种钢在供货状态下都是单一的奥氏体组织，焊接这类 Cr、Ni 纯奥氏体钢的主要问题有三个：焊接裂纹、接头腐蚀和时效脆化。

1）焊接裂纹。主要是高温裂纹。在焊缝上可能产生结晶裂纹，尤其是在焊缝收尾处和弧坑处；在热影响区的过热段上出现高温液化裂纹或高温脆性裂纹。产生这些裂纹都与材料中含 Ni、C、Si、Nb、S、P、Sn、Sb 等元素有关，除 Ni 和 Nb 必须加入外，其余都应该严格控制和限制，随着 Cr、Ni 含量提高，对这些元素限制就越严。比较而言，Super304H 钢比 TP347HFG 钢对裂纹的敏感性大些，同一个接头上焊缝比热影响区对裂纹更为敏感。

2）接头腐蚀。主要是可能发生应力腐蚀，这与接头接触的介质、应力水平、冷作变形程度和接头的化学成分有关。当高温水中溶解氧和氯离子同时存在时就会产生应力腐蚀；接头上有较大拉应力和冷作变形量大时，应力腐蚀将加剧；在高温水中，钢内的 N 和 P 对应力腐蚀有促进作用。

3）时效脆化。主要是因新型奥氏体耐热钢中加入了能提高高温蠕变断裂强度的沉淀强化元素，这些元素在强化的同时，材料的塑性和韧性随之降低，故这类钢时效脆化较明显。目前主要防止母材和焊缝金属在高温运行时析出脆性的 σ 相，避免它加重整个接头的脆化。

综上所述，焊接新型奥氏体耐热钢的工艺原则应当是：首先克服焊接裂纹，然后避免接头发生应力腐蚀和焊缝的 σ 相脆化。防止这类钢的焊缝发生高温裂纹不能采用在焊接一般 Cr-Ni 奥氏体钢时常用的增加铁素体形成元素的含量使之形成足够的 δ 相的方法，因为这种方法会增加焊缝发生 σ 相脆化的危险。因此，防止焊缝产生高温裂纹只能采用降低焊接热输入、降低层间温度的工艺方法和措施，为此应尽量采用熔池体积小的 TIG 焊工艺，以及确保层间温度低的短道焊和间断焊方法。对管径不大、管壁也不厚的小直径管的焊接，更希望采用全氩弧焊的方法焊接。熔敷金属的选择只能考虑采用与母材成分相同且杂质含量低的材料，或采用镍基焊材。为了防止发生应力腐蚀，焊接和焊后热处理以后，应避免进行冷作变形加工，从焊接到成品的生产过程中如果无法避免氯离子的作用，则需进行焊后固溶处理，以消除焊接应力。

第5章　不锈钢的焊接

5.1　概述

不锈钢指能耐空气、水、酸、碱、盐及其溶液，以及其他腐蚀介质腐蚀的、具有高度化学稳定性的钢种。这类钢除了具有优良的耐蚀性能外，还具有优良的力学性能、工艺性能，以及很大的工作温度范围（-269℃至1050℃），适于制造要求耐腐蚀、抗氧化、耐高温和超低温的零部件和设备，广泛应用于石油、化工、电力、仪表、食品、医疗、航空及核能等工业部门。

5.1.1　不锈钢中的合金元素

不锈钢的共同特点是 $w(Cr)\geq 12\%$。铬是钢能耐蚀的关键元素，随着铬的增加，钢的化学稳定性也提高。在大气中或硝酸等氧化性酸中，当 $w(Cr)>12\%$ 时，即可形成很稳定的钝化状态，但对于盐酸、硫酸等非氧化性酸，以及盐类水溶液及亚硫酸等还原性酸，由于没有氧化作用，所以很容易被侵蚀。在这种腐蚀环境下，除铬以外，还加入Ni、Mo、Cu等使腐蚀速度减慢的合金元素，以提高其耐蚀性能。此外，为了提高钢的纯净度、改变其组织、增加其强度和改善其工艺性能等还加入其他合金元素。表7-5-1列出了这些合金元素在不锈钢中的作用。

表7-5-1　合金元素在不锈钢中的作用

合金元素	对组织结构的影响			对性能的影响						
	形成铁素体	形成奥氏体	形成碳化物	防止晶间腐蚀	增加耐蚀性	防止生成高温氧化皮	增加高温强度	赋予时效硬化	改善机械加工性	细化晶粒
铝(Al)	◎					◎		◎		
碳(C)		◎	○		◎		○			
铬(Cr)	○		○			◎				
钴(Co)							◎			
铌(Nb)	○		◎	◎			◎	◎		○
铜(Cu)					◎			○		
锰(Mn)		△	△							
钼(Mo)	○		△		◎		○			
镍(Ni)		○			◎	○	○			
氮(N)		◎					○			◎
磷(P)								○	◎	
硒(Se)									◎	
硅(Si)	○				○	◎		○		
硫(S)									◎	
钽(Ta)	○		○	○			○	○		○
钛(Ti)	◎		◎	◎		○	○	○		◎
钨(W)	△		○				○			◎

注：◎—强作用　○—中等作用　△—弱作用。

5.1.2　不锈钢的分类及其特点

不锈钢种类繁多，分类方法各异。按成分来分有以铬为主和以铬镍为主两大类，即Cr系不锈钢和Cr-Ni系不锈钢。前者 $w(Cr)=12\%\sim30\%$ 之间，其基本类型为Cr13钢；后者 $w(Cr)=12\%\sim30\%$，$w(Ni)=6\%\sim12\%$ 和少量其他元素，其基本类型为Cr18Ni9

钢。以这两种类型为基础发展出一系列不锈钢和耐热钢，并且具有良好力学性能和工艺性能的钢种。

按不锈钢使用状态的金相组织分有铁素体型、马氏体型、奥氏体型、铁素体型+奥氏体型和沉淀硬化型不锈钢五类，前两类基本属于 Cr 系不锈钢，后三者是属于 Cr-Ni 系不锈钢。它们的特点简述如下。

1. 铁素体型不锈钢

这类钢 w(Cr)在 13%~30%范围内，不含镍，有些加入铁素体稳定化元素，如 Al、Nb、Mo 和 Ti 等。无相变，故不能通过热处理方法强化，存在加热时晶粒长大的不可逆性。高铬［w(Cr)= 17%~30%］铁素体型不锈钢存在 475℃和 σ 相析出而产生的脆性。钢的缺口敏感性和脆性转变温度较高，在加热后对晶间腐蚀也较敏感。

低铬铁素体不锈钢在弱腐蚀介质中，如淡水中，有良好的耐蚀性；高铬铁素体有良好的抗高温氧化能力，在氧化性酸溶液，如硝酸溶液中，有良好的耐蚀性，故其在硝酸和化肥生产中广泛使用。

2. 马氏体型不锈钢

这类钢 w(Cr)≥13%，含碳量较高［w(C)= 0.10%~0.4%］，具有同素异构转变，可采用热处理方法强化。其淬透性较高，含碳高的钢在空气中冷却也能得到马氏体。钢在淬火-回火状态下使用，有较高的强度、硬度和耐磨性。通常用于制造在弱腐蚀性介质（如海水、淡水、水蒸气等）中，其使用温度小于或等于 580℃，且受力较大的零件和工具，在汽轮机和燃气轮机中应用广泛。这类钢的焊接性能不好，一般不用作焊接件，但是经过复杂合金化的 12%铬型马氏体钢具有很高的热强性，不仅中温瞬时强度高，而且中温持久性能及抗蠕变性能也相当优越，耐应力腐蚀及冷热抗疲劳性能良好，很适于制作在 550~600℃及湿热条件下工作的承力件和焊接构件。

3. 奥氏体型不锈钢

这类钢在不锈钢中应用最广（约占 70%），它是在 18%铬铁素体型不锈钢中加入 Ni、Mn、N 等奥氏体形成元素而获得的钢种系列。根据主加元素铬、镍含量，可分为以下几种类型：

1）18-8 型奥氏体不锈钢。它是应用最多的奥氏体型不锈钢。如 w(C)≤0.03%的 022Cr19Ni10 钢可用于超低温结构；添加稳定性元素的 1Cr18Ni9Ti[⊖] 钢可用于 700~800℃以下受腐蚀介质作用的结构。这类钢由于含镍量较低，常温时所形成的奥氏体不稳定，因而冷作硬化倾向较大。

2）18-12 型奥氏体不锈钢。一般这类钢中 w(Mo)= 2%~3%，如 06Cr17Ni12Mo2 钢，在各类酸（含有机酸和无机酸）中，尤其是在还原酸中能提高其耐蚀性，故一般作为耐酸钢使用。为进一步提高在还原酸中的耐蚀性，还可加入 w(Cu)= 2%~2.5%。由于钼是缩小 γ 相区的元素，为了固溶处理后能得到单一的奥氏体组织，需将 w(Ni)提高到 12%左右。钼有明显细化晶粒的作用，能提高抗热裂能力并改善综合力学性能和耐热性能。因此，像 06Cr17Ni12Mo2 钢可作为热强钢使用。

3）25-20 型奥氏体不锈钢。这类钢的铬、镍含量都很高，如 16Cr25Ni20Si2 钢，具有很好的高温抗氧化性、组织稳定性和耐热性，可以作为高温（达 1050℃）腐蚀条件下工作的热稳定钢使用。钢中一般 w(Si)= 2%左右，以提高高温抗氧化性能和改善铸造性能。由于含镍量高，奥氏体稳定性大，但焊接热裂纹倾向也较大，也和高铬［w(Cr)>16%］铁素体钢一样，具有高温下 σ 相析出而脆化的倾向。

由上述可见，铬镍不锈钢可作为低温或超低温钢、耐蚀钢（抗大气或轻微介质腐蚀）、耐酸钢（耐化学介质腐蚀）、热强钢（<700~800℃）及热稳定钢（<1050℃）使用。

4）铬锰低镍型奥氏体不锈钢。为了节省贵重元素镍，在 Cr18Ni9 钢的基础上加入稳定奥氏体的元素锰或锰和氮代替部分镍而获得的不锈钢，如 12Cr18Mn9Ni5N 钢。这类钢也具有良好的塑性、韧性和工艺成形性能，强度较高，焊接性良好，可以代替部分 18-8 型奥氏体不锈钢使用，但耐蚀性和抗氢化性略低，冷作硬化倾向较大。

奥氏体型不锈钢的 Ms 点降到室温以下，从室温到熔点基本上是无相变的奥氏体组织。因此，也和铁素体钢一样，无淬硬性，但无磁性。其屈服强度较低，只能通过冷作硬化来提高强度。此外，这类钢具有晶间腐蚀倾向。

钢中添加钛和铌，可使碳化物稳定，提高钢的耐晶间腐蚀能力。降低钢的碳含量也有相同的效果，如 w(C)= 0.02%~0.03%的超低碳奥氏体不锈钢，不仅没有晶间腐蚀，而且不会产生含钛、铌不锈钢焊后常出现的刀状腐蚀。钢中添加 w(Mo)= 2%~3%的钼，可提高钢的钝化范围，使之在硫酸、尿素、磷酸以及含氯离子介质中也能有较好的耐蚀性，并降低钢的晶间腐蚀倾向，提高耐点蚀能力。

⊖ 1Cr18Ni9Ti 为在用非标准材料，仅供参考。

4. 铁素体-奥氏体型不锈钢

这类钢是在 18-8 型奥氏体不锈钢的基础上，添加更多的铬、钼、硅等有利于形成铁素体的元素，或降低钢的碳含量而获得。钢中铁素体 δ 相的体积分数为 60%～40%，而奥氏体 γ 相的体积分数为 40%～60%，故又称双相不锈钢。不能淬硬，有磁性，其屈服强度为奥氏体型不锈钢的两倍，焊接性良好，韧性较高，应力腐蚀、晶间腐蚀及焊接时的热裂倾向均小于奥氏体型不锈钢。缺点是在 550～900℃ 范围内使用或保温有 σ 相脆化倾向。多用于在一定温度范围下工作的焊接件，特别适用于各种工业用的换热器，能解决化工和石油化工中许多严重的腐蚀问题。

5. 沉淀硬化（PH）型不锈钢

这是一类经过时效强化处理以形成析出硬化相的高强度不锈钢。最典型的有马氏体沉淀硬化钢，如 05Cr17Ni4Cu4Nb（简称 17-4PH）；半奥氏体（奥氏体+马氏体）沉淀硬化钢，如 07Cr17Ni7Al（17-7PH）。这类钢的优点是经沉淀硬化处理后具有高的强度，耐蚀性优于铁素体型不锈钢，而略低于奥氏体型不锈钢。主要用于制造要求强度高，耐蚀的容器和构件。这类钢的缺点是热处理工艺相对复杂。

5.1.3　不锈钢的牌号

我国于 2007 年颁布并实施了国家标准 GB/T 20878—2007《不锈钢和耐热钢　牌号及化学成分》，对习用的不锈钢和耐热钢牌号做了较大改变，主要是把旧牌号中平均碳含量的标注方法改成与普通合金钢的标注方法一样。旧牌号前面标注碳含量的数值是取该钢平均碳含量的千分之几，而新牌号前面标注碳含量的数值是取该钢平均碳含量的万分之几，这样就与普通合金钢的标注方法一致了。

例如，旧标准牌号为 1Cr18Ni9 的不锈钢，它的平均碳含量实际是 ≤0.15%，新标准的牌号就改成 12Cr18Ni9；旧标准牌号为 0Cr18Ni9 的不锈钢，它的平均含碳量实际是 ≤0.08%，新标准的牌号就改成 06Cr19Ni10。

GB/T 20878—2007 除了规定新牌号外还淘汰了一些老品种和增加一些新品种，个别品种的化学成分也做了幅度不大的调整，后面将详述。

5.1.4　不锈钢的基本特性

1. 不锈钢的物理性能

不锈钢的物理性能与低碳钢相比有很大的差异，表 7-5-2 中举例做了比较。组织状态相同的钢种，其物理性能基本相同。从表中看出，合金元素含量越多，热导率 λ 就越小，而线胀系数 α 和电阻率 μ 越大。碳素钢的密度 ρ 稍大于马氏体型和铁素体型不锈钢，但却低于奥氏体型不锈钢，电阻率 μ 则按碳素型钢、铁素体钢、奥氏体钢顺序增大。奥氏体型不锈钢的电阻可达碳素钢的 5 倍，铜的 40 倍。奥氏体型不锈钢的线膨胀系数比碳素钢约大 50%，而马氏体和铁素体型不锈钢的线胀系数大体上和碳素钢相同。奥氏体型不锈钢的热导率比碳素钢低，仅为其 1/3 左右。马氏体型不锈钢和铁素体型不锈钢的热导率约为碳钢的 1/2。

不锈钢中的奥氏体型不锈钢通常是非磁性的，但当冷加工硬化产生马氏体相变时，将产生磁性，可通过热处理方法来消除这种马氏体和磁性。另外，在奥氏体的焊缝金属中，若含有铁素体则呈弱磁性。

表 7-5-2　不锈钢与碳素钢物理性能的比较

类　型	牌　号	密度 ρ (20℃) $/g\cdot cm^{-3}$	热容 C (0～100℃) $/J(g\cdot K)^{-1}$	热导率 λ (100℃) $/W\cdot(cm\cdot K)^{-1}$	线胀系数 α (0～100℃) $/10^{-6}\cdot K^{-1}$	电阻率 μ (20℃) $/\mu\Omega\cdot cm$
铁素体型不锈钢	10Cr17Mo	7.70	0.46	0.26	11.9	60
	008Cr30Mo2	7.64	0.50	0.26	11.0	64
马氏体型不锈钢	12Cr13	7.70	0.46	0.24	11.0	57
	20Cr13	7.75	0.46	0.22	10.3	55
18-8 型奥氏体钢	022Cr19Ni10	7.90	0.50	0.16	16.8	—
	12Cr18Ni9	7.93	0.5	0.16	17.3	73
	06Cr17Ni12Mo2	8.00	0.5	0.16	16.0	74
25-20 型奥氏体钢	20Cr25Ni20	7.98	0.5	0.14	15.8	78
	022Cr25Ni22Mo2N	8.02	0.5	0.12	15.8	100
碳素钢	—	7.86	0.50	0.59	11.4	13

2. 不锈钢的耐蚀性能

金属受介质的化学及电化学作用而破坏的现象称腐蚀。不锈钢在一定条件下也可能产生腐蚀，其腐蚀形式可归纳为均匀腐蚀和局部腐蚀两大类，对焊接接头危害较大的是局部腐蚀。

1）均匀腐蚀又称总体腐蚀，指接触腐蚀介质的金属表面全部产生腐蚀的现象。对于像硝酸等氧化性酸，不锈钢表面能形成富铬氧化膜，它阻止金属的离子化而产生钝化作用，故不易产生均匀腐蚀。而对于像硫酸等还原酸，只含 Cr 的马氏体钢和铁素体钢则不耐腐蚀；含有 Ni 的奥氏体型不锈钢则有良好的耐蚀性。但是如果在含氯离子（Cl^-）的介质中，铬-镍奥氏体钢也容易发生钝化膜破坏，而被腐蚀。

若钢中含有 Mo，则在各种酸中均有改善耐蚀性的作用。

2）点蚀和缝隙腐蚀。点蚀指金属表面产生小孔状或小坑状的腐蚀，其直径一般等于或小于深度；缝隙腐蚀是在金属结构的各种缝隙处产生的腐蚀。两者形成的条件不同，但产生腐蚀的机理是一样的，都是在腐蚀区产生“闭塞电池腐蚀”作用所致。点蚀主要是不锈钢在含有 Cl^- 等卤素离子的溶液中，其表面钝化膜由于某种原因发生局部破坏，在破坏点形成了腐蚀电池而发生的腐蚀。组织缺陷、各种表面机械损伤，以及焊接的各种表面缺陷等，都会加速点蚀的产生。增加材料的均匀性、晶界析出物，以及提高钝化膜的稳定性都能提高耐点蚀能力。降低含碳量，增加铬和钼以及镍的含量，有利于改善耐点蚀性能。

在氯离子环境中，由于有缝隙存在，在该处溶液流动发生迟滞，介质扩散受到限制，出现介质成分和浓度与整体有很大差别，形成了闭塞电池而产生缝隙腐蚀。由于点蚀和缝隙腐蚀具有共同性质，因此耐点蚀的钢也都有耐缝隙腐蚀的性能。改善运行条件、改变介质成分和结构设计形式是防止缝隙腐蚀的重要措施。

3）晶间腐蚀指介质从金属表面沿晶界向内部扩展，造成沿晶的腐蚀破坏。这种腐蚀具有隐蔽性，危害极大，其根源在于金属受热后晶界的物理化学状态发生变化，晶粒晶界之间构成了腐蚀电池。

晶间腐蚀常见于奥氏体型不锈钢，该钢对晶间腐蚀的敏感程度与其成分、加热温度和时间有关。图 7-5-1所示为 18-8 型奥氏体不锈钢晶间腐蚀的敏感温度-时间曲线。从图看出，18-8 型奥氏体不锈钢在 450～850℃加热后对晶间腐蚀最为敏感，通常把这一温度区间称敏化温度区间，在这区间加热的过程称敏化过程。敏感温度随钢的碳含量而改变，碳含量越高，出现晶间腐蚀的温度上限越高，反之则越低。图中影线部位是丧失耐晶间腐蚀能力区域，在曲线的左方和右方各有一块不产生晶间腐蚀的区域，分别称为一次稳定区和二次稳定区。短时间加热或较长时间加热，都不出现晶间腐蚀。敏化时间随钢的碳含量降低而延长。

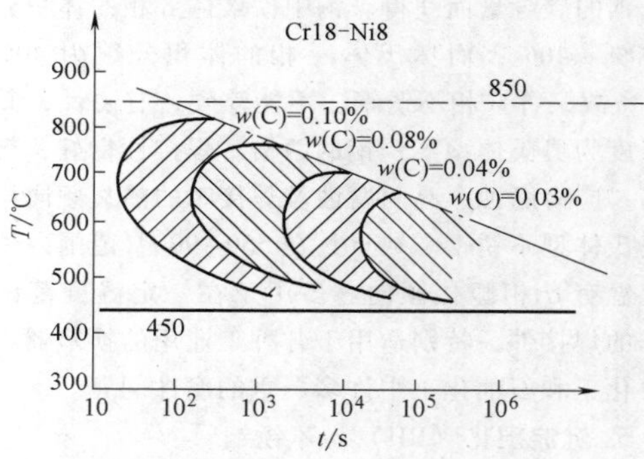

图 7-5-1　18-8 型奥氏体型不锈钢晶间腐蚀的敏感温度-时间曲线

奥氏体型不锈钢产生晶间腐蚀的原因可用贫铬理论来解释。18-8 型奥氏体钢在敏化温度作用下，原以过饱和状态存在 γ 相中的那部分碳将向晶界扩散，并与铬结合成碳化物而沉积于晶界，使 γ 相周围形成贫铬区。结果在介质作用下，正电位最大的碳化物与负电位最大的贫铬区以及与 γ 相晶粒之间，构成多极电池系统，从而在沿晶界贫铬区形成腐蚀通道。

防止晶间腐蚀的主要措施：首先是尽量降低碳含量，如 $w(C)<0.03\%$ 或更低，或添加强碳化物形成元素 Ti 或 Nb；其次调整金属相比例，使之含有体积分数为 5%左右的一次铁素体 δ 相，以消除单一组织形成的腐蚀通道。

高铬铁素体型不锈钢也会发生晶间腐蚀。将这种钢加热到 925℃以上急冷后就有晶间腐蚀倾向，但经 650～815℃短时加热便可消除。铁素体型不锈钢发生晶间腐蚀的主要原因，仍然是贫铬现象。除 C 以外，N 也是有害元素，二者在 δ 相中的溶解度都比在 γ 相中低，加上 Cr 的扩散速度在 δ 相中也比在 γ 相中快得多，所以即使由高温快速冷却，也不能避免铬的碳化物或氮化物沿晶间析出。只有当碳和氮总质量分数降低到 0.01%以下时，才能避免晶间腐蚀。

组织为 γ+δ 的双相不锈钢，特别是加 Mo 的双相钢，具有比相近碳含量的奥氏体不锈钢高得多的耐晶间腐蚀能力，在退火状态下也有良好的耐应力腐蚀能力。

晶间腐蚀试验在本篇第 1 章 1.3.3 已述及，应按 GB/T 4334—2008 进行。

4）应力腐蚀又称应力腐蚀开裂，简称 SCC。它是在拉应力与腐蚀介质共同作用下引起的破裂。这种破裂往往是在远低于材料屈服强度的低应力下和在即使很微弱的腐蚀环境中以裂纹形式出现。这种裂纹一旦形成，常以很快速度向前扩展，事先无明显征兆，故危险性很大。产生应力腐蚀有三个主要条件，即特定成分及组织的金属，特定的环境和足够的拉应力。

纯金属一般不产生应力腐蚀，应力腐蚀发生在合金中。在晶界上的合金元素偏析是引起晶间型开裂应力腐蚀的重要原因。不锈钢的应力腐蚀大部分是由氯引起，高浓度苛性碱、硫酸水溶液等也会引起应力腐蚀。表 7-5-3 列出了易引起奥氏体型不锈钢应力腐蚀的介质。

表 7-5-3　易引起奥氏体型不锈钢应力腐蚀的介质

介　质	断 裂 性 质
硫酸铝	IT
氯化铵	IT
硝酸铵	I
氯化钡	IT
氯化钙	IT
氯化钴	T
氯乙烷	IT
硅氟酸	T
氢氟酸	IT
氯化氢	T
硝酸、盐酸、氢氟酸混合酸溶液	IT
氯化锂	IT
氯化镁	T
氯化汞	IT
氯代烷(含水)	T
有机酸+氯化物	T
有机氯化物	T
氯化钾	IT
氢氧化钾	T
铝酸钠	IT
氢氧化钠	IT
硫酸钠	IT
硫酸溶液	IT
亚硫酸溶液	IT
氯化锌	T

注：I—晶间裂纹；T—贯穿晶裂纹；IT—晶间裂纹及贯穿晶裂纹。

的介质。奥氏体型不锈钢因氯化物引起的应力腐蚀开裂，主要属于阳极溶解腐蚀开裂，即 APC 型 SCC，但当有较多的 δ 相存在时，在高压加氢或含 H_2S 的介质中也会产生阴极氢脆开裂，即 HEC 型 SCC。马氏体型不锈钢和铁素体型不锈钢更易产生 HEC 型 SCC。钢的硬度越高，产生 HEC 型 SCC 越容易。

奥氏体型不锈钢耐氯化物应力腐蚀开裂性能随其含镍量的提高而增大，故 25-20 型奥氏体不锈钢比 18-8 型奥氏体不锈钢耐应力腐蚀。含钼的钢对耐应力腐蚀不利，故 18-8Ti 钢比 18-8Mo 钢耐应力腐蚀性能好。

铁素体型不锈钢比奥氏体型不锈钢具有更好的耐应力腐蚀性；在奥氏体型不锈钢中增加铁素体含量时，能增加耐应力腐蚀能力，当 φ(铁素体)>60%时，又有所下降。

应力腐蚀试验应按 YB/T 5362—2006 进行。

3. 不锈钢的力学性能

不锈钢常温的力学性能与金相组织有着密切关系，不同的组织显示不同的特性。马氏体型不锈钢退火状态下强度低，塑性、韧性好，一经淬火便硬化，显示出很高的抗拉强度，同时塑性、韧性降低。铁素体型不锈钢没有淬硬性，抗拉强度几乎与碳素钢相同，但一般韧性较低。奥氏体型不锈钢的抗拉强度高，塑性、韧性也好，但屈服强度较低。

不锈钢比碳素钢高温强度高、耐氧化性好，适于高温使用。其中，铁素体型和奥氏体型不锈钢可作为耐热钢来使用，但必须注意 σ 相析出和 475℃ 脆性等问题。马氏体型不锈钢因会发生相变，故使用温度受到限制。

在高温强度上，18-8 型奥氏体不锈钢优于马氏体型和铁素体型不锈钢，若再添加 Nb、Mo 等元素，或增加 Ni 和 Cr 含量时，则高温强度将进一步提高。

奥氏体型不锈钢与铁素体型和马氏体型不锈钢相比，显示了相当好的冲击韧度。因为奥氏体的晶粒构造是面心立方晶格，在极低的温度下也有良好的韧性，所以能用于制造液化天然气、液氮、液氧的容器设备，而马氏体型和铁素体型不锈钢的韧性低，不适于低温使用。

4. 不锈钢对各种弧焊方法的适应性

不锈钢因化学成分、组织状态、物理和力学性能等方面存在差异，因而对各种焊接方法有不同的适应性，见表 7-5-4。

表 7-5-4　不锈钢对各种弧焊方法的适应性

焊接方法	不锈钢类型			适应厚度/mm	说明
	马氏体型	铁素体型	奥氏体型		
焊条电弧焊	很少应用	较适用	适用	>1.5	薄板不易焊透，焊缝余高大
手工 TIG 焊	较适用	较适用	适用	0.5~3	大于 3mm 可多层焊，但效率不高
自动 TIG 焊	较适用	较适应	适用	0.5~3	大于 4mm 可多层焊；小于 0.5mm，操作要求严格
脉冲 TIG 焊			适用	0.5~4	焊接热输入小，焊接参数调节范围宽
				<0.5	卷边接头
MIG 焊	较适用	较适应	适用	3~8	开坡口，可单面焊双面成形
				>8	开坡口，多层焊
脉冲 MIG 焊	较适用	较适用	适用	>2	焊接热输入小，焊接参数调节范围宽
等离子弧焊　穿透法			适用	3~8	开 I 形坡口，单面焊双面成形
等离子弧焊　熔透法				≤3	同手工和自动 TIG 焊
微束等离子弧焊			适用	<0.5	卷边接头
埋弧焊	很少应用	很少应用	适用	>6	效率高、劳动条件好，但焊缝冷却速度慢

5.2　奥氏体型不锈钢的焊接

5.2.1　奥氏体型不锈钢的化学成分与力学性能

奥氏体型不锈钢的牌号及化学成分见表7-5-5。一般是固溶处理状态交货。固溶处理使奥氏体型不锈钢再结晶和软化，并使铬的碳化物固溶到奥氏体中，获得稳定的奥氏体，以改善其耐蚀性能。

表 7-5-6 列出了其固溶处理钢棒或试样的力学性能。

5.2.2　奥氏体型不锈钢的焊接性

奥氏体型不锈钢比其他不锈钢容易焊接。在任何温度下都不会发生相变，对氢脆不敏感，在焊态下奥氏体型不锈钢接头也有较好的塑性和韧性。焊接的主要问题是焊接热裂纹、脆化、晶间腐蚀和应力腐蚀等。此外，因导热性能差，线胀系数大，焊接应力和变形较大。

1. 焊接热裂纹

奥氏体型不锈钢较一般结构钢易产生焊接热裂纹，其中以焊缝的结晶裂纹为主，个别钢种在近缝区或多层焊层间也可能产生液化裂纹。焊缝的金相组织、化学成分和焊接应力是导致奥氏体型不锈钢焊接接头产生热裂纹的主要因素，分述如下。

1）焊缝金相组织的影响。奥氏体型不锈钢对热裂的敏感性主要取决于焊缝的金相组织。实践表明，与奥氏体内有少量铁素体的焊缝组织相比，单相奥氏体焊缝组织对热裂纹更为敏感。

① 焊缝组织图是表示不锈钢焊缝金属的化学成分与组织之间的关系图。不锈钢焊缝组织的类型主要取决于其合金元素的配比。在各种合金元素中，铬是典型的铁素体形成元素，而镍是典型的奥氏体形成元素，其他元素的影响都可按其作用大小折算成相应的铬或镍当量，记为 Cr_{eq} 或 Ni_{eq}。将一系列不同合金成分的铬、镍当量与其焊态组织对应起来并绘成图，就得到如图 7-5-2 所示的焊缝组织图。早期的焊缝组织图是由舍夫勒（Schaeffler）建立，故又称舍夫勒图，如图 7-5-2a 所示。舍夫勒图没有考虑氮作为奥氏体化元素的影响，其实氮的影响和碳一样强烈，一个氮就相当于 30 个镍的作用。若在镍当量中增加氮的影响，则得图 7-5-2b 所示的德龙（Delong）组织图，它起到对舍夫勒图的补充作用，故有时两图一起使用，则称为舍夫勒-德龙组织图。图中纵坐标为不锈钢的镍当量及其计算公式，横坐标为铬当量及其计算公式。

图 7-5-2 中有 A（奥氏体）、F（铁素体）、M（马氏体）等各种组织的区域范围。根据母材、填充金属的化学成分及稀释率求出焊缝金属的化学成分，按坐标上给出的公式计算出铬和镍当量，在图上即可确定出焊缝金属的组织。该图不仅方便地确定给定合金成分的焊态组织，而且可反过来按焊缝组织的要求确定对应的铬、镍当量，然后据此选择填充金属或调整焊缝成分。此图还适用于不锈钢与异种钢的焊接。

表 7-5-5　奥氏体型不锈钢的牌号及化学成分（摘自 GB/T 1220—2007）

GB/T 20878 中序号	统一数字代号	新　牌　号	旧　牌　号	化学成分（质量分数，%）										
				C	Si	Mn	P	S	Ni	Cr	Mo	Cu	N	其他元素
1	S35350	12Cr17Mn6Ni5N	1Cr17Mn6Ni5N	0.15	1.00	5.50～7.50	0.050	0.030	3.50～5.50	16.00～18.00	—	—	0.05～0.25	—
3	S35450	12Cr18Mn9Ni5N	1Cr18Mn8Ni5N	0.15	1.00	7.50～10.00	0.050	0.030	4.00～6.00	17.00～19.00	—	—	0.05～0.25	—
9	S30110	12Cr17Ni7	1Cr17Ni7	0.15	1.00	2.00	0.045	0.030	6.00～8.00	16.00～18.00	—	—	0.10	—
13	S30210	12Cr18Ni9	1Cr18Ni9	0.15	1.00	2.00	0.045	0.030	8.00～10.00	17.00～19.00	—	—	0.10	—
15	S30317	Y12Cr18Ni9	Y1Cr18Ni9	0.15	1.00	2.00	0.20	≥0.15	8.00～10.00	17.00～19.00	(0.60)	—	—	—
16	S30327	Y12Cr18Ni9Se	Y1Cr18Ni9Se	0.15	1.00	2.00	0.20	0.060	8.00～10.00	17.00～19.00	—	—	—	Se≥0.15
17	S30408	06Cr19Ni10	0Cr18Ni9	0.08	1.00	2.00	0.045	0.030	8.00～11.00	18.00～20.00	—	—	—	—
18	S30403	022Cr19Ni10	00Cr19Ni10	0.030	1.00	2.00	0.045	0.030	8.00～12.00	18.00～20.00	—	—	—	—
22	S30488	06Cr18Ni9Cu3	0Cr18Ni9Cu3	0.08	1.00	2.00	0.045	0.030	8.50～10.50	17.00～19.00	—	3.00～4.00	—	—
23	S30458	06Cr19Ni10N	0Cr19Ni9N	0.08	1.00	2.00	0.045	0.030	8.00～11.00	18.00～20.00	—	—	0.10～0.16	—
24	S30478	06Cr19Ni9NbN	0Cr19Ni10NbN	0.08	1.00	2.00	0.045	0.030	7.50～10.50	18.00～20.00	—	—	0.15～0.30	Nb:0.15
25	S30453	022Cr19Ni10N	00Cr18Ni10N	0.030	1.00	2.00	0.045	0.030	8.00～11.00	18.00～20.00	—	—	0.10～0.16	—
26	S30510	10Cr18Ni12	1Cr18Ni12	0.12	1.00	2.00	0.045	0.030	10.50～13.00	17.00～19.00	—	—	—	—
32	S30908	06Cr23Ni13	0Cr23Ni13	0.08	1.00	2.00	0.045	0.030	12.00～15.00	22.00～24.00	—	—	—	—
35	S31008	06Cr25Ni20	0Cr25Ni20	0.08	1.50	2.00	0.045	0.030	19.00～22.00	24.00～26.00	—	—	—	—
38	S31608	06Cr17Ni12Mo2	0Cr17Ni12Mo2	0.08	1.00	2.00	0.045	0.030	10.00～14.00	16.00～18.00	2.00～3.00	—	—	—

（续）

GB/T 20878 中序号	统一数字代号	新 牌 号	旧 牌 号	化学成分（质量分数，%）										
				C	Si	Mn	P	S	Ni	Cr	Mo	Cu	N	其他元素
39	S31603	022Cr17Ni12Mo2	00Cr17Ni14Mo2	0.030	1.00	2.00	0.045	0.030	10.00~14.00	16.00~18.00	2.00~3.00	—	—	—
41	S31668	06Cr17Ni12Mo2Ti	0Cr18Ni12Mo3Ti	0.08	1.00	2.00	0.045	0.030	10.00~14.00	16.00~18.00	2.00~3.00	—	—	Ti≥5C
43	S31658	06Cr17Ni12Mo2N	0Cr17Ni12Mo2N	0.08	1.00	2.00	0.045	0.030	10.00~13.00	16.00~18.00	2.00~3.00	—	0.10~0.16	—
44	S31653	022Cr17Ni12Mo2N	00Cr17Ni13Mo2N	0.030	1.00	2.00	0.045	0.030	10.00~13.00	16.00~18.00	2.00~3.00	—	0.10~0.16	—
45	S31688	06Cr18Ni12Mo2Cu2	0Cr18Ni12Mo2Cu2	0.08	1.00	2.00	0.045	0.030	10.00~14.00	17.00~19.00	1.20~2.75	1.00~2.50	—	—
46	S31683	022Cr18Ni14Mo2Cu2	00Cr18Ni14Mo2Cu2	0.030	1.00	2.00	0.045	0.030	12.00~16.00	17.00~19.00	1.20~2.75	1.00~2.50	—	—
49	S31708	06Cr19Ni13Mo3	0Cr19Ni13Mo3	0.08	1.00	2.00	0.045	0.030	11.00~15.00	18.00~20.00	3.00~4.00	—	—	—
50	S31703	022Cr19Ni13Mo3	00Cr19Ni13Mo3	0.030	1.00	2.00	0.045	0.030	11.00~15.00	18.00~20.00	3.00~4.00	—	—	—
52	S31794	03Cr18Ni16Mo5	0Cr18Ni16Mo5	0.04	1.00	2.50	0.045	0.030	15.00~17.00	16.00~19.00	4.00~6.00	—	—	—
55	S32168	06Cr18Ni11Ti	0Cr18Ni10Ti	0.08	1.00	2.00	0.045	0.030	9.00~12.00	17.00~19.00	—	—	—	Ti：5w(C)~0.70
62	S34778	06Cr18Ni11Nb	0Cr18Ni11Nb	0.08	1.00	2.00	0.045	0.030	9.00~12.00	17.00~19.00	—	—	—	Nb：10w(C)~1.10
64	S38148	06Cr18Ni13Si4①	0Cr18Ni13Si4①	0.08	3.00~5.00	2.00	0.045	0.030	11.50~15.00	15.00~20.00	—	—	—	—

注：表中所列成分除标明范围或最小值外，其余均为最大值。括号内数值为可加入或允许含有的最大值。

① 必要时，可添加上表以外的合金元素。

表 7-5-6　经固溶处理的奥氏体型不锈钢棒或试样的力学性能[①]

GB/T 20878 中序号	统一数字代号	新　牌　号	旧　牌　号	规定塑性延伸强度[②]/MPa	抗拉强度 /MPa	断后伸长率（%）	断面收缩率[③]（%）	硬度[②] HBW	HRB	HV
				≥				≤		
1	S35350	12Cr17Mn6Ni5N	1Cr17Mn6Ni5N	275	520	40	45	241	100	253
3	S35450	12Cr18Mn9Ni5N	1Cr18Mn8Ni5N	275	520	40	45	207	95	218
9	S30110	12Cr17Ni7	1Cr17Ni7	205	520	40	60	187	90	200
13	S30210	12Cr18Ni9	1Cr18Ni9	205	520	40	60	187	90	200
15	S30317	Y12Cr18Ni9	Y1Cr18Ni9	205	520	40	50	187	90	200
16	S30327	Y12Cr18Ni9Se	Y1Cr18Ni9Se	205	520	40	50	187	90	200
17	S30408	06Cr19Ni10	0Cr18Ni9	205	520	40	60	187	90	200
18	S30403	022Cr19Ni10	00Cr19Ni10	175	480	40	60	187	90	200
22	S30488	06Cr18Ni9Cu3	0Cr18Ni9Cu3	175	480	40	60	187	90	200
23	S30458	06Cr19Ni10N	0Cr19Ni9N	275	550	35	50	217	95	220
24	S30478	06Cr19Ni9NbN	0Cr19Ni10NbN	345	685	35	50	250	100	260
25	S30453	022Cr19Ni10N	00Cr18Ni10N	245	550	40	50	217	95	220
26	S30510	10Cr18Ni12	1Cr18Ni12	175	480	40	60	187	90	200
32	S30908	06Cr23Ni13	0Cr23Ni13	205	520	40	60	187	90	200
35	S31008	06Cr25Ni20	0Cr25Ni20	205	520	40	50	187	90	200
38	S31608	06Cr17Ni12Mo2	0Cr17Ni12Mo2	205	520	40	60	187	90	200
39	S31603	022Cr17Ni12Mo2	00Cr17Ni14Mo2	175	480	40	60	187	90	200
41	S31668	06Cr17Ni12Mo2Ti	0Cr18Ni12Mo3Ti	205	530	40	55	187	90	200
43	S31658	06Cr17Ni12Mo2N	0Cr17Ni12Mo2N	275	550	35	50	217	95	220
44	S31653	022Cr17Ni12Mo2N	00Cr17Ni13Mo2N	245	550	40	50	217	95	220
45	S31688	06Cr18Ni12Mo2Cu2	0Cr18Ni12Mo2Cu2	205	520	40	60	187	90	200
46	S31683	022Cr18Ni14Mo2Cu2	00Cr18Ni14Mo2Cu2	175	480	40	60	187	90	200
49	S31708	06Cr19Ni13Mo3	0Cr19Ni13Mo3	205	520	40	60	187	90	200
50	S31703	022Cr19Ni13Mo3	00Cr19Ni13Mo3	175	480	40	60	187	90	200
52	S31794	03Cr18Ni16Mo5	0Cr18Ni16Mo5	175	480	40	45	187	90	200
55	S32168	06Cr18Ni11Ti	0Cr18Ni10Ti	205	520	40	50	187	90	200
62	S34778	06Cr18Ni11Nb	0Cr18Ni11Nb	205	520	40	50	187	90	200
64	S38148	06Cr18Ni13Si4	0Cr18Ni13Si4	205	520	40	60	207	95	218

① 此表仅适用于直径、边长、厚度或对边距离小于或等于 180mm 的钢棒。大于 180mm 的钢棒，可改锻成 180mm 的样坯检验，或由供需双方协商，规定允许降低其力学性能的数值。

② 规定塑性延伸强度和硬度，仅当需方要求时（合同中注明）才进行测定，且供方可根据钢棒的尺寸或状态任选一种方法测定硬度。

③ 扁钢不适用，但需方要求时，由供需双方协商。

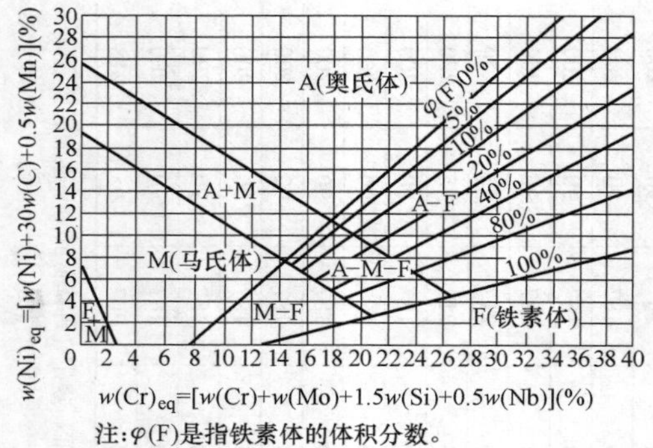

注：φ(F)是指铁素体的体积分数。

a)

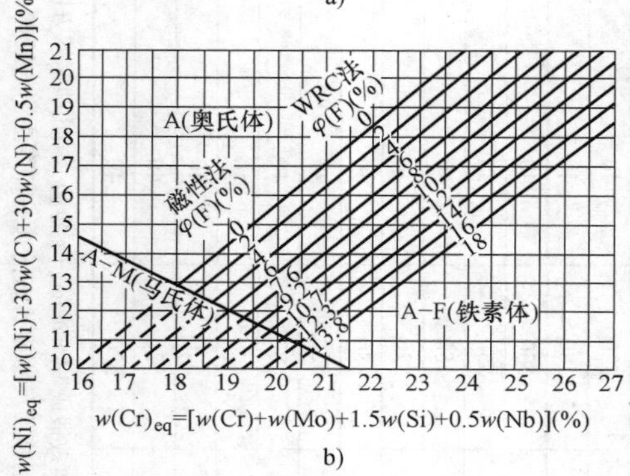

b)

图 7-5-2　焊缝组织图

a）舍夫勒（Schaeffler）组织图

b）德龙（Delong）组织图

② 单相奥氏体的焊缝组织。从图 7-5-2a 可以看出，A 的区域位于图的左上方，说明单相奥氏体的镍含量较高。随着镍含量增加，奥氏体稳定化程度提高，对硫、磷、铅、锑等杂质更为敏感，且与某些极限溶解度小的元素，如铝、硅、钛、铅、铌等，易形成低溶共晶，使金属的实际凝固温度下降，从而增大了结晶温度区间；奥氏体型不锈钢热导率小，线胀系数大，在焊接过程中易形成较大的焊接拉应力；单相奥氏体焊缝易形成方向性强的粗大柱状晶组织，有利于上述有害杂质和元素的偏析，从而形成连续的晶间液态夹层；在熔池凝固过程中，奥氏体型不锈钢中开始产生拉伸应变的温度高于一般结构钢，且该温度随焊件厚度和焊接热输入的增大而提高，因而金属在脆性温度区积累的应变量增加。在上述各因素综合影响下，单相奥氏体型不锈钢焊接接头呈现出较大的热裂敏感性。

③ 奥氏体加少量异相的焊缝组织。镍含量较低［w(Ni)<15%镍］的奥氏体型不锈钢，如 18-8 型奥氏体不锈钢，合金化程度不太高，若在焊缝中含有少量［约 φ(δ-Fe)5%左右］δ 相铁素体，则大大提高了焊缝的抗结晶裂纹能力。这是因为少量 δ 相能阻止奥氏体晶粒长大，细化凝固亚晶组织，打乱枝晶的方向性，增加晶界和亚晶界的面积，使液态薄膜更为分散地分布在晶界和亚晶界上，且被 δ 相分隔成不连续状，因而减弱了低熔点物质的有害作用。此外，δ 相能改变晶间夹层的成分和性能，起到冶金净化作用。δ 相比 γ 相能固溶更多的杂质元素，例如，硫在 δ 相中有 0.18%，而在 γ 相中只有 0.05%；磷在 δ 相中的最大溶解度为 2.8%，而在 γ 相中只有 0.25%，即减少了有害杂质的偏析。所以，为了提高低镍奥氏体钢焊缝的抗结晶裂纹性能，希望在焊缝内含有体积分数为2%～8%的 δ 相。

对于 w(Ni)>15%的奥氏体型不锈钢，则不宜采用上述 γ+δ 双相焊缝来防止结晶裂纹。因为，这类钢镍含量高，具有稳定的奥氏体组织，要获得 δ 相必须加入较多的铁素体化元素或减少镍含量，这样将造成焊缝与母材的成分有很大差别，导致性能上与母材不一致，焊缝的塑性和韧性偏低。此外，这类钢多属于长期在高温条件下工作的热稳定钢，若钢中有了足以防止结晶裂纹的 δ 相，则不能防止在高温长期工作的 δ 相析出脆化。所以，对高镍奥氏体型不锈钢，需通过别的途径来获得双相组织以改善抗热裂性能。

研究表明，使高镍奥氏体不锈钢焊缝为 $\gamma+C_1$ 或 $\gamma+B_1$ 的双相组织，既提高抗裂性又不降低焊缝的高温性能。这里 C_1 为一次碳化物，B_1 为一次硼化物。为了获得 $\gamma+C_1$ 双相组织，可适当提高焊缝碳含量和加入适量的碳化物形成元素铌，使之形成 NbC，并保持比值 w(Nb)/w(C)= 10，同时限制硅含量，使w(Nb)/w(Si)= 4~8，就能较为有效地减少热裂倾向。在焊缝中加入适量的硼，使之形成硼化物，也起到同样的效果。

2）焊缝化学成分的影响。不锈钢中可能遇到的合金元素在单相奥氏体焊缝和 γ+δ 双相焊缝中对结晶裂纹倾向的影响不完全相同，表 7-5-7 大致归纳了它们的影响。

表 7-5-7　常用合金元素对不锈钢焊缝结晶裂纹倾向的影响

元素		γ+δ 双相组织焊缝	γ 单相组织焊缝
奥氏体化元素	Ni	显著增大热裂倾向	显著增大热裂倾向
	C	增大热裂倾向	减小热裂倾向［w(C)= 0.3%~0.5%并同时有 Nb、Ti 等］
	Mn	减少热裂倾向，若使 δ 相消失，则增大热裂倾向	显著提高抗裂性［w(Mn)= 5%~7%］，有 Cu 时增大热裂倾向

（续）

元素		γ+δ 双相组织焊缝	γ 单相组织焊缝
奥氏体化元素	Cu	增大热裂倾向	影响不大（Mn 极少时）；显著增大热裂倾向[w(B)≥2%]
	N	提高抗裂性（如能保持 γ+δ 双相组织）	提高抗裂性
	B	—	万分之几时，强烈增大热裂倾向；w(B)=0.4%~0.7%减小热裂倾向
铁素体化元素	Cr	提高抗裂性[w(Cr)/w(Ni)≥1.9~2.3]	无坏作用，形成 Cr-Ni 高熔点共晶细化晶粒
	Si	减少热裂倾向[通过焊丝加入 w(Si)≤1.5%~3.5%]	显著增大热裂倾向[w(Si)≥0.3%~0.7%]
	Ti	影响不大[w(Ti)≤1.0%]或细化晶粒，减少热裂倾向	显著增大热裂倾向；当 w(Ti)/w(C)=6 时，减少热裂倾向
	Nb	易产生区域偏析，减少热裂倾向	显著增大热裂倾向；当 w(Nb)/w(C)=10 时，可减少热裂倾向
	Mo	细化晶粒，减少热裂倾向	显著提高抗裂性
	V	显著提高抗裂性（有细化晶粒和去除 S 的作用）	稍增大热裂倾向；如能形成 VC，可细化晶粒减少热裂倾向
	Al	减少热裂倾向	强烈增大热裂倾向

从表 7-5-7 中可以看出，对于低镍 [w(Ni)<15%] 奥氏体型不锈钢焊缝，增加适量的铁素体化元素可以增多焊缝中的 δ 相数量，能显著提高其抗裂性；而增加奥氏体化元素的含量，则使焊缝中的 δ 相减少甚至消失，则热裂倾向增大。对于高镍 [w(Ni)>15%] 的单相奥氏体型不锈钢焊缝，加入适量的锰 [w(Mn)=5%~7%]、钼 [w(Mo)=2%~2.5%]、钨 [w(W)=2%~2.5%]、氮 [w(N)=0.1%~0.18%] 和钒 [w(V)=0.4%~0.8%]，均可提高焊缝的抗裂性。此外，加入少量铈、锆、钽（≤0.01）等微量元素，能细化焊缝组织、净化晶界，也对单相奥氏体型不锈钢焊缝的抗裂性有显著效果。

3）焊接应力的影响。焊接应力是引起裂纹的力学因素。奥氏体型不锈钢的热导率小，而线胀系数大，在焊接热循环的作用下，焊缝在凝固过程就形成较大的焊接内应力，为热裂纹的产生创造了力学条件。

4）焊接工艺的影响。在钢的合金成分一定的条件下，焊接工艺对产生热裂纹也有一定影响。为了避免焊缝枝晶粗大和过热区晶粒粗化，以致增大偏析，应尽量采用小的焊接热输入，而且不应预热，并降低层间温度。为了减小热输入，不应过分提高焊接速度，而应适当降低焊接电流。因为过高的焊接速度，必然加快高温冷却速率，使焊缝凝固过程承受大的收缩应变。降低焊接电流可减少熔深，热裂倾向小。

合理的接头坡口设计、减少接头的拘束度和合理地安排焊接顺序，以减小焊接应力，都可以防止焊接热裂纹。焊接起弧和收弧处容易产生裂纹，有条件的应在焊缝两端加引弧板和收弧板。若不能采用收弧板，最好用衰减电流收弧，并填满弧坑。

2. 晶间腐蚀和应力腐蚀

1）晶间腐蚀。焊接奥氏体型不锈钢时，在接头上有三个部位可能发生晶间腐蚀，如图 7-5-3 所示。将在那一个部位发生晶间腐蚀，则取决于母材和焊缝的成分。

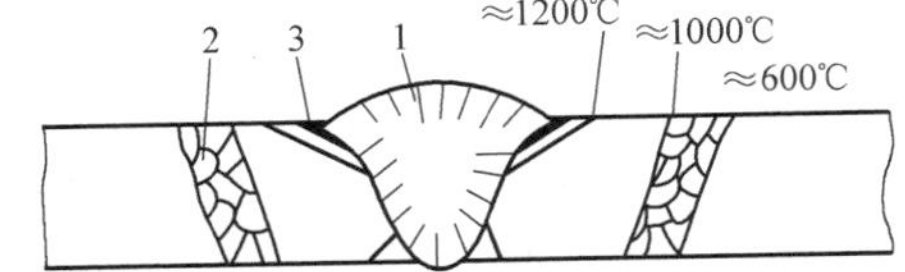

图 7-5-3 18-8 型奥氏体不锈钢焊接接头可能出现晶间腐蚀的部位

1—焊缝区 2—HAZ 敏化区 3—熔合区

① 焊缝区的晶间腐蚀。普通的 18-8 型奥氏体不锈钢在多层焊的前层焊缝热影响区达到敏化温度的区域，在晶界上容易析出铬的碳化物，形成贫铬的晶粒边界。若该区恰好露在焊缝表面并与腐蚀介质接触，则会发生晶间腐蚀。

防止焊缝区的这种晶间腐蚀的方法是通过焊接材料使焊缝金属成为超低碳 [w(C)<0.03%] 的奥氏体，但要注意，若母材不是超低碳的会因熔合比作用使焊缝增碳；选用含有 Ti 或 Nb 等稳定化元素的奥氏

体焊接材料。Ti 和 Nb 的含量取决焊缝中碳含量，一般希望 $w(\mathrm{Ti})/[w(\mathrm{C})-0.02]>8.5\sim9.5$，或 $w(\mathrm{Nb})\geqslant 8w(\mathrm{C})$；调整焊缝化学成分，使奥氏体焊缝中获得少量铁素体（δ）相。利用δ相散布在奥氏体晶粒边界上，不致形成连续的贫铬层，况且 δ 相富 Cr，有良好供应 Cr 的条件，可以减少 γ 相晶粒形成贫铬层。焊缝中最佳含 δ 相的范围是 $\varphi(\delta)=4\%\sim12\%$。

②热影响区敏化区的晶间腐蚀。焊接热影响区敏化区的温度略高于敏化热处理温度区，在 600～1000℃范围。产生晶间腐蚀的原因仍然是该区内奥氏体晶粒边界析出铬碳化物造成贫铬层所造成。

防止热影响区晶间腐蚀的关键在于母材的选择。普通 18-8 型奥氏体不锈钢，如 022Cr19Ni10，才会有敏化区存在；对于含 Ti 或 Nb 的 18-8Ti 或 18-8Nb 型奥氏体不锈钢，以及超低碳 18-8 型奥氏体不锈钢，不易有敏化区出现。在焊接工艺上应采取较小的焊接热输入，快速冷却以减少处于敏化加热的时间。

③ 熔合区的晶间腐蚀（刀蚀）。这种腐蚀的特点是沿焊接熔合线走向似刀削切口状向内腐蚀，故称刀状腐蚀，简称刀蚀。腐蚀区宽度初期只有 3～5 个晶粒，逐步扩展到 1.0～1.5mm。这种腐蚀只发生在含有 Ti 或 Nb 的 18-8Ti 和 18-8Ni 钢的熔合区中。其实质也是因在晶界有 $M_{23}C_6$ 沉淀而形成贫 Cr 层所致。

在含有 Ti 或 Nb 的奥氏体型不锈钢焊接接头的过热区内、加热温度超过 1200℃的部位，TiC 或 NbC 将全部固溶于 γ 相晶粒内，冷却时将有部分固溶的碳原子扩散并偏聚于 γ 相晶界处。在随后多层焊时加热到 600～1000℃的敏化温度区间内，上述 γ 相晶界偏聚的碳原子浓度增大，同时发生 $Cr_{23}C_6$ 型碳化物沉淀，从而造成该区晶粒边界的贫铬，在一定腐蚀介质作用下，从表面开始产生晶间腐蚀，直至形成刀状腐蚀破坏。在这里，高温过热和中温敏化相继作用是刀蚀的必要条件。

预防含 Ti、Nb 奥氏体型不锈钢刀蚀最有效的方法是降低其碳含量［$w(\mathrm{C})<0.06\%$］，超低碳不锈钢不仅不发生敏化区腐蚀，也不发生刀蚀。在工艺方面，焊接时尽量减少过热，采用小焊接热输入，避免交叉焊缝，提高焊后冷却速度。双面焊时，与腐蚀介质接触的焊缝应最后施焊。如果不能实现时，应当调整焊缝形状、尺寸和焊接参数，使第二面焊缝所产生的敏化温度区（600～1000℃）不落在第一面焊缝表面的过热区上，如图 7-5-4a 所示。如果如图 7-5-4b 所示，就会因第一面焊缝的表面过热区受到敏化加热而容易发生刀蚀。

2）应力腐蚀开裂。奥氏体型不锈钢焊接接头对

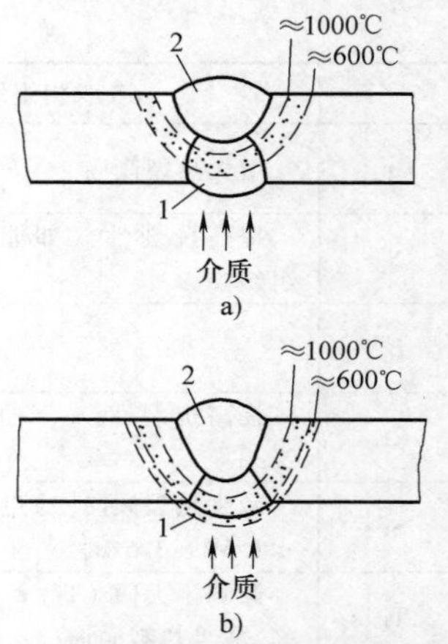

图 7-5-4　第二面焊缝的敏化区对刀蚀倾向的影响

a）可避免刀蚀　b）容易引起刀蚀

应力腐蚀更为敏感。因为钢的热导率小，线胀系数大，焊后存在较大的焊接残余应力，为应力腐蚀开裂创造了必要条件。此外，由于焊接热过程导致接头碳化物析出敏化，促进了应力腐蚀的发生。

预防应力腐蚀开裂的措施有以下几点：

① 减小或消除残余应力。消除焊接残余应力最有效的办法是退火热处理。对 18-8 型奥氏体钢，退火温度为 850～900℃，对含钼奥氏体型不锈钢为 950～1000℃。没有退火热处理条件下，通过合理设计焊接结构、焊接中尽量减小接头拘束度和合理安排施焊顺序等，都可不同程度上减小焊接残余应力。

② 选用抗应力腐蚀性能好的母材或焊接材料。可以是选择 Ni 含量高的母材及其焊接材料。下列材料对应力腐蚀的敏感性比较：022Cr19Ni10 > 10Cr18Ni12>Cr25Ni20；也可以选择铁素体含量高的奥氏体型不锈钢和焊接材料。因为铁素体 δ 相在奥氏体中能对应力腐蚀裂纹扩展起到机械屏障作用，阻止裂纹向前扩展，或改变扩展方向延缓扩展期，而且两相成分不同，其电化学行为也不同。在含 Cl^- 离子介质条件下，铁素体为阳极，对奥氏体起到电化学保护作用。

③ 表面处理。应力腐蚀裂纹总是从接触敏感介质一侧的表面开始，逐渐向内部扩展。改变焊件表面状态可以提高其耐蚀性能。常用方法有对敏感侧表面进行喷丸处理，使其产生残余压应力。利用锤击该表面，也有相同效果；对敏感侧表面进行抛光、电镀或喷涂也能提高其耐蚀性能。喷涂是利用铝、锌等金属作为牺牲阳极，用等离子弧和高速气流将这些金属粉末喷涂到不锈钢工作表面，以达到电化学防护作用。

3. 点蚀

奥氏体型不锈钢焊接接头有点蚀倾向，即使耐点蚀性优异的双相不锈钢有时也会有点蚀产生，但含 Mo 奥氏体不锈钢耐点蚀性能比不含 Mo 的钢要好，如 18-8Mo 钢就比 18-8 钢耐点蚀性能好。不锈钢点蚀问题已受到关注，因为点蚀难控制，并常成为应力腐蚀的开裂源。点蚀指数 PI 越小的钢，点蚀倾向越大。容易产生点蚀的部位是焊缝中的不完全混合区，该区化学成分与母材相同，但经历了熔化与凝固过程，应属焊缝的一部分。当焊接材料选择不当时，焊缝中心部位也会有点蚀产生，其主要原因应归结为耐点蚀成分 Cr 与 Mo 的偏析。例如，Cr22Ni25Mo 奥氏体型不锈钢中 Mo 的质量分数为 3%～12%，采用钨极氩弧焊（GTAW）时，枝晶晶界 Mo 含量与其晶轴 Mo 含量之比（即偏析度）达 1.6，Cr 偏析度达 1.25，因而晶轴负偏析部位易于产生点蚀。钨极氩弧焊自熔焊接所形成的焊缝易形成点蚀，甚至添加同质焊丝时也是如此，抗点蚀性能仍不如母材。

为提高耐点蚀性能，需减少 Cr、Mo 的偏析，采用较母材更高 Cr、Mo 含量的所谓“超合金化”焊接材料。提高 Ni 含量，晶轴中 Cr、Mo 的负偏析显著减少，因此采用高 Ni 焊丝有利。常采用所谓临界点蚀温度 CPT（critical pitting temperature）来评价耐点蚀性能，能引起点蚀的最低加热温度称为 CPT。不同焊丝 GTAW 焊接时的临界点蚀温度（CPT）如图 7-5-5 所示。图中所用母材为 00Cr20Ni18Mo6［化学成分（质量分数，%）：C≤0.02，Mn≤1.00，Ni＝17.8～18.5，Cr＝19.5～20.5，Mo＝6.0～6.5，Cu＝0.5～1.0，Si≤0.8，N＝0.18～0.22］。除了 D 为自熔钨极氩弧焊（GTAW），其余均为填丝 GTAW。

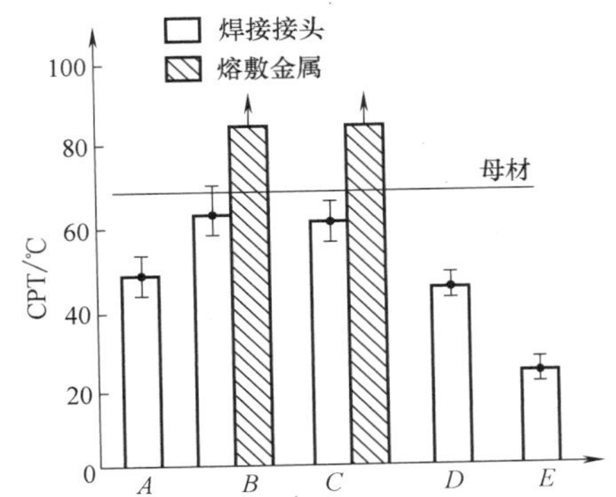

图 7-5-5　不同焊丝 GTAW 焊接时的临界点蚀温度（CPT）（6% Fe_3Cl+0.05NHCl，24h 浸蚀）

A—00Cr23Ni24Mo8.4N0.29　B—00Cr22Ni62Mo8.5N0.11
C—00Cr22Ni62Mo8.7Nb3.4　D—不填丝
E—00Cr19Ni13Mo3.7N0.03

从图 7-5-5 可见，除了采用 B、C 两种 Ni 基合金焊丝，其余情况下焊接接头的临界点蚀温度（CPT）均低于母材的 CPT 值（为 65～70℃）。自熔焊接的 GTAW 接头 D，其 CPT 刚刚达到 45℃；A 中均提高了 Mo、Ni、Cr 含量，虽已成为“超合金化”匹配，但仍达不到母材的水平。因此，为提高耐点蚀性能不能进行自熔焊接，焊接材料与母材必须“超合金化”匹配；需考虑母材的稀释作用，以保证足够的合金含量；提高 Ni 含量有利于减小微观偏析，必要时可采用 Ni 基合金焊丝。

4. 焊接接头脆化

对于在低温或高温下工作的奥氏体型不锈钢，焊接时要防止焊接接头发生脆化。

1）低温脆化。焊缝的化学成分和组织状态对低温韧性影响很大，表 7-5-8 说明了这种影响。在 18-8 型奥氏体不锈钢双相组织焊缝中，铁素体形成元素均可提高焊缝强度，但却降低了塑性和韧性，其中钛、铌最为明显。因此，为了满足低温韧性的要求，最好不采用 γ+δ 双相组织的焊缝，而使用能形成单一 γ 相焊缝组织的焊接材料。

表 7-5-8　焊缝化学成分和组织对韧性的影响

部　位	主要化学成分(质量分数,%)						组织	a_K/J·cm^{-2}	
	C	Si	Mn	Cr	Ni	Ti		+20℃	-196℃
焊缝	0.08	0.57	0.44	17.6	10.8	0.16	γ+δ	121	46
	0.15	0.22	1.50	25.5	18.9	—	γ	178	157
母材(固溶)	≤0.12	≤1.0	≤2.0	17.0～19.0	8.0～12.0	≈0.7	γ	280	230

2）高温脆化。高温下进行短时拉伸或持久强度试验表明，当奥氏体焊缝中含有较多铁素体形成元素或较多的 σ 相时，都会发生显著脆化现象。这主要是由于焊缝中的 σ 相高温下发生 σ 相析出而脆化。为了保证焊缝有必要的塑性和韧性，长期工作在高温的焊缝中所含的 σ 相的体积分数应小于 5%。

当焊件已出现 σ 相，可加热到 1050～1100℃ 保温 1h 后水淬，这样可使绝大部分 σ 相重新溶入奥氏体中，即可恢复原性能。

5.2.3 奥氏体型不锈钢的焊接工艺

1. 焊接方法

由于奥氏体型不锈钢具有优良的焊接性，几乎所有熔焊方法和部分压焊方法都可以使用，但从经济、实用和技术性能方面考虑，最好采用焊条电弧焊、惰性气体保护焊、埋弧焊和等离子弧焊等，见表 7-5-4。

1）焊条电弧焊。厚度大于 2mm 的不锈钢板仍以焊条电弧焊为主，因为焊条电弧焊热量比较集中，热影响区窄，焊接变形较小；能适应各种焊接位置与不同板厚工艺要求；所用设备简单。此外，现在所用的焊条类型、规格和品种多，且配套齐全，但是，焊条电弧焊对清渣要求高，易产生气孔、夹渣等缺陷；合金元素过渡系数较小，与氧亲和力强的元素，如钛、硼、铝等易被烧损。

2）氩弧焊。有钨极氩弧焊（TIG）和熔化极氩弧焊（MIG）两种，是焊接奥氏体型不锈钢较为理想的焊接方法。因氩气保护效果好，合金元素过渡系数大，焊缝成分易于控制；由于热源较集中，又有氩气的冷却作用，其焊接热影响区较窄，晶粒长大倾向小；焊后不需清渣，可以全位置焊接和机械化焊接。缺点是设备较复杂，一般需使用直流弧焊电源，成本较高。

TIG 焊有手工和自动两种，前者比后者熔敷率低。TIG 焊最适于厚度小于 3mm 的薄板不锈钢的焊接，在石油、化工中各种压力容器和管道的奥氏体型不锈钢管道的对接、换热器管子与管板焊接，以及厚板焊缝的封底焊等广为应用。对于厚度小于 0.5mm 的超薄板，要求用 10～15A 电流焊接，此时电弧不稳，宜用脉冲 TIG 焊。厚度大于 3mm，有时需开坡口和采用多层多道焊。通常厚度大于 13mm，考虑制造成本，不宜再用 TIG 焊。

MIG 焊有自动和半自动两种。厚板（>6mm）的奥氏体型不锈钢宜采用射流过渡形式焊接，焊丝直径通常为 0.9～1.6mm，但只适用于平焊和横焊。薄板宜用短路过渡，可以全位置焊接，常用焊丝直径为 0.8mm、0.9mm 和 1.2mm。

为防止背面焊道表面氧化和获得良好成形，底层焊道焊接时，其背面需加氩气保护。

3）埋弧焊。适于中厚板奥氏体型不锈钢的焊接，有时也用于薄板。由于此方法焊接参数稳定，焊缝成分和组织均匀，且表面光洁、无飞溅，因而接头的耐蚀性能高，但是埋弧焊的热输入大、熔池体积大，冷却速度慢、高温停留时间长，均有促进奥氏体钢元素偏析和组织过热倾向，容易产生焊接热裂纹，其热影响区耐蚀性也受到影响。因此，对热裂纹敏感的纯奥氏体型不锈钢，一般不推荐用埋弧焊。

4）等离子弧焊。是焊接厚度小于 12mm 的奥氏体型不锈钢板的理想方法。对于小于 0.5mm 的超薄板，采用微束等离子弧焊尤其合适。因为等离子弧热量集中，利用小孔效应技术可以不开坡口，不加填充金属单面焊一次成形，很适合于不锈钢管的纵缝焊接。

5）激光焊。适于薄的奥氏体型不锈钢板的焊接。因它热源集中，能量密度很大和热输入小，而奥氏体不锈钢又具有很高的能量吸收率，因此激光焊的熔化效率很高，焊接速度很快，可以减轻不锈钢焊接时的过热现象，而且焊接变形非常小，可达精密焊接水平。

2. 焊接材料

通常是根据不锈钢的材质、工作条件（工作温度、接触介质）和焊接方法来选用焊接材料。原则是选用使焊缝金属的成分与母材相同或相近的焊接材料。

1）焊条电弧焊。GB/T 983—2012《不锈钢焊条》对焊条电弧焊用不锈钢焊条熔敷金属的主要化学成分和力学性能有明确规定，应根据生产实际，结合上述原则选用。

由于碳含量对不锈钢的耐蚀性能影响很大，因此选用焊条熔敷金属碳含量不应高于母材的焊条。对于高温工作的奥氏体型耐热不锈钢，主要应选用能满足焊缝金属的抗热裂性能和接头的高温性能。例如，对 $w(\mathrm{Cr})/w(\mathrm{Ni})>1$ 的奥氏体型耐热钢，一般应选用 $\gamma+\delta$ 的不锈钢焊条，其中 $\varphi(\delta)\approx 2\%\sim 5\%$；对于 $w(\mathrm{Cr})/w(\mathrm{Ni})<1$ 的稳定型奥氏体型耐热钢，一般应选用在保证焊缝金属具有与母材化学成分大致相近的同时，增加焊缝金属中的钼、钨、锰等元素的含量，以保证焊缝金属热强性的同时，可提高其抗裂性能；对于在各种腐蚀介质中工作的耐蚀奥氏体型不锈钢，应按介质种类和工作温度来选用焊条。对于工作在 300℃ 以上，有较强腐蚀性介质的，应选用含有 Ti 或 Nb 稳定元素的或超低碳的焊条；对于含有稀硫酸或盐酸的介质，常选用含钼或钼、铜的焊条；对于常温下工作、腐蚀性弱或仅为避免锈蚀的设备，从降低生产成本的角度，可选不含 Ti 或 Nb 的不锈钢焊条。

对于要求纯奥氏体型不锈钢的焊缝或在结构刚性很大、焊缝抗裂性能差时，宜选用碱性药皮的奥氏体不锈钢焊条；对于具有双相奥氏体不锈钢的焊缝，因含有一定量的铁素体，其塑性和韧性较好，这时宜选用焊接工艺性能好的钛型或钛钙型药皮类型的焊条。

2）TIG 焊。钨极气体保护焊的焊接材料是保护气体、填充焊丝和电极。焊接奥氏体型不锈钢用的保护气体主要是氩气，有时可用 Ar+He。He 价贵，适于稍厚焊件用。由于用惰性气体保护，焊接过程合金元素很少被烧损，所以填充焊丝的成分与母材相同或相近。对于薄板的卷边接头，一般不需添加填充金属。为了保证焊接电弧稳定，电极宜选用 w(ThO) 1.7%~2.2%的(Wh-15)钍钨极，也可用铈钨极。

3）MIG 焊。厚板推荐采用射流过渡进行平焊和横焊，一般采用 Ar+2% O_2（体积分数）混合保护气体。与纯 Ar 相比，加入 O_2 有更好的润湿作用，并改善电弧稳定性，但 O_2 过大，合金元素易烧损。填充焊丝的成分应与母材相同或相近，其直径在 0.8~2.4mm 之间。薄板宜用短路过渡，熔池温度低，易于控制焊缝成形，可全位置焊接。这时的保护气体宜用 Ar+5% CO_2（体积分数），CO_2 气体含量不宜过高，否则硅、锰元素损失大，对超低碳奥氏体不锈钢会造成增碳，故难以保证焊缝质量和抗蚀性能。因此，一般不推荐用 CO_2 焊接不锈钢。

近年用药芯焊丝焊接奥氏体型不锈钢已非常广泛。焊丝直径最粗达 2.4mm，一般推荐 1.6mm。焊接时的保护有气体保护和自保护，或者这两者同时兼用等方法。气体保护焊通常用 CO_2，自保护是靠在焊缝的药芯内加入造渣、造气、脱氧和合金等药粉，焊接时像焊条一样进行自保护。药芯焊丝正在发展，表 7-5-9 列出了当前国内几种奥氏体型不锈钢用的药芯焊丝。

4）埋弧焊。用于碳钢埋弧焊的焊剂不适于焊接不锈钢，因其会引起铬的损失和锰、硅从焊剂溶入焊缝金属中。在冶金上宜用中性或碱性焊剂。焊接时，Cr、Ni 等元素的烧损可通过加入焊丝或焊剂中相应元素予以补偿。熔炼焊剂加入脱氧剂和合金元素较困难，很难调剂焊缝金属中 δ 相的含量，所以不适于奥氏体不锈钢厚板的焊接。烧结焊剂容易将脱氧剂和合金元素加到焊剂中，有利于对焊缝金属中 δ 相含量的调整和对烧损元素的补充。故烧结焊剂应用日益增多。

表 7-5-9　几种奥氏体型不锈钢用药芯焊丝

牌　号	药芯焊丝型号	保护气体
07Cr19Ni10	E308T-1	CO_2
022Cr19Ni10 06Cr18Ni11Ti	E308LT-3	自保护
06Cr18Ni11Ti	E347T1-1、E347T0-1	CO_2

5）电渣焊。大厚度奥氏体型不锈钢板可采用电渣焊，其保护效果好，基本上没有合金元素被烧损的问题，故可取与母材成分相应的焊丝，其焊剂可以是 HJ360、HJ250 或 SJ602。由于电渣焊热输入大，接头严重过热，为此焊后应进行热处理。

表 7-5-10 列出了部分奥氏体型不锈钢弧焊用焊接材料选用示例。

表 7-5-10　部分奥氏体型不锈钢弧焊用焊接材料选例

钢　号	焊条电弧焊		氩弧焊丝[①]	埋弧焊	
	焊条型号	焊条牌号		焊丝	焊剂
06Cr19Ni10	E308L-16	A002	H00Cr21Ni10	H00Cr21Ni10	HJ260　HJ151 SJ601~SJ608
06Cr18Ni11Nb 07Cr18Ni11Nb	E347-16	A132	H0Cr20Ni10Nb	H0Cr20Ni10Nb	HJ172
06Cr17Ni12Mo2Ti	E316L-16	A022	H00Cr19Ni12Mo2	H00Cr19Ni12Mo2	HJ260、HJ172、SJ601
022Cr17Ni12Mo2	E316L-16	A022	H00Cr19Ni12Mo2	H00Cr19Ni12Mo2	HJ260、HJ172 SJ601
022Cr19Ni13Mo3	E308L-16	A002	H00Cr19Ni12Mo2	H00Cr19Ni12Mo2	HJ260、HJ172 SJ601
022Cr18Ni14Mo2Cu2	E317MoCuL-16	A032	—	—	—
022Cr19Ni10	E308L-16	A002	H00Cr21Ni10	H00Cr21Ni10	SJ601

① TIG 焊时主要用纯 Ar 气体保护，焊稍厚焊件可采用 Ar+He；MIG 焊射流过渡时用 Ar+2% O_2（体积分数），短路过渡时用 Ar+5% CO_2（体积分数）。

3. 焊接工艺要点

1）热输入。焊接奥氏体型不锈钢不能用大焊接热输入，一般焊接所需的热输入比碳素钢小 20%~30%。过大焊接热输入会造成焊缝开裂、降低耐蚀性能、变形严重和接头力学性能改变。采用小电流、低电压（短弧焊）和窄焊道快速焊可使热输入减小，采取必要的急冷措施可以防止接头过热的不利影响。

2）焊缝污染。奥氏体型不锈钢焊缝受到污染，其耐蚀性能和强度变差。外来污染有碳、氮、氧、水等。碳污染能引起裂纹和改变力学性能，并降低抗蚀性能。碳来自车间尘土、油脂、油漆、作标记用的材料和工具中。因此，焊前必须对焊接区表面（坡口及其附近）做彻底的清理，清除全部碳氢化合物及其他污染物。薄的氧化膜可用浸蚀（酸性）方法清除，也可用机械方法，如利用没有使用过的不锈钢丝刷或砂轮、喷丸等工具和手段。

层间若有焊渣必须清除后再焊，以防止产生夹渣；最后焊道表面也应清渣，最好用钢丝刷或机械抛光去除。

3）焊条电弧焊。在保证焊透和熔合良好的条件下，用小电流、快焊速，使焊接熔池受热尽可能小。平焊时，弧长一般控制在 2～3mm，直线焊不做横向摆动，目的是减少熔池热量，防止铬等有利元素烧损。多层焊时，层间温度不宜过高，可待冷却到 60℃以下再清理渣和飞溅物，然后再焊。其层数不宜多，每层焊缝接头相互错开。不在非焊部位引弧，焊缝收弧一定要填满弧坑，否则产生弧坑裂纹成为腐蚀起源点，有条件的尽量使用引弧板和收弧板。

焊条为奥氏体不锈钢焊芯时，由于焊芯电阻大，热导率小，焊接时热量不易散发，加之线胀系数大，药皮跟不上焊芯的膨胀，出现焊芯发红和药皮开裂、剥落现象。通常应在焊条使用说明中规定的焊接电流许用范围内使用。若无规定，可参照表 7-5-11 选用。焊条用前必须按规定烘干。

表 7-5-11　奥氏体不锈钢焊芯的碱性焊条和适用电流

焊条直径/mm	平均焊接电流/A	最高电弧电压/V
1.6	35～45	24
2.0	45～55	24
2.4	65～80	24
3.2	90～110	25
4.0	120～140	26
5.0	160～180	27

4）TIG 焊。TIG 焊适于焊接薄板或底层焊道。为了保证第一道焊缝背面不被氧化，焊接时背面也应同时吹送保护气体。为防止薄板对接焊时的变形，宜采用图 7-5-6 所示的压紧装置（多为琴键式），背面采用带成形槽铜垫板，内通氩气进行焊缝背面保护，铜垫通水冷却，加速接头散热。

氩气纯度应大于 99.6%，重要结构甚至达 99.99%。流量一般为 10～30L · min^{-1}，过小，保护不良；过大，出现紊流，保护也不良，电弧不稳。焊时风速应小于 0.5m · s^{-1}，否则要有挡风设施。

采用恒流直流电源，正接（钨极接负极）法焊接，以减少钨极消耗。尽量用短弧焊，薄板的无间隙对接或封底焊时，经常不加填充焊丝进行焊接。

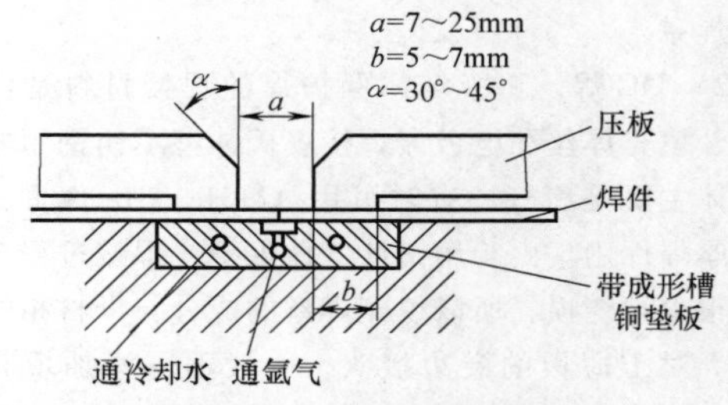

图 7-5-6　薄板对接焊压紧装置

5）MIG 焊。MIG 焊热量集中，熔敷速度大，较适合于厚板焊接。使用恒压或上升特性的直流电源。采用直流反接（焊丝接正极），正接因电弧不稳，故一般不采用。保护气体的使用要注意表 7-5-12 所列事项。其流量大小依焊接电流而不同，短路过渡一般选用大于 12L · min^{-1}，而射流过渡用大于 18L · min^{-1}。风大的地方（大于 0.5m · s^{-1}）应有挡风措施。

表 7-5-13 列出了获得良好熔滴过渡形式所用的焊接电流和电弧电压。脉冲 MIG 焊通常用的电流为 100～200A，电弧电压在 22～26V 范围内，根据所用填充材料和脉冲频率，适当调整。

在多道焊中，为防止由氧化膜而引起未焊透，可用砂轮除去氧化膜。

表 7-5-12　不锈钢 MIG 焊时保护气体的使用

保护气体	熔滴过渡方式及其应用	注意事项
$Ar+O_2$ [$\varphi(O_2)<5\%$]	射流过渡—平焊	因焊道表面有硬氧化膜，故多层焊时应清除熔渣，以防止层间未焊透。若采用高 Si 系焊丝，氧化膜能减少
	短路过渡—平、立、封底焊	
	脉冲射流过渡—全位置焊	
$Ar+CO_2$ [$\varphi(CO_2)<20\%$]	短路过渡—全位置焊	因焊缝碳含量高，对要求耐蚀的地方不宜使用，拘束大及厚板也不宜使用
	适于薄板焊接和打底焊	

表 7-5-13　良好熔滴过渡的焊接电流和电弧电压

过渡形式	焊丝直径/mm	焊接电流/A	电弧电压/V
射流过渡	1.2	250～300	24～28
	1.6	300～350	28～31
短路过渡	1.2	150～200	15～18

6）埋弧焊。埋弧焊焊接奥氏体型不锈钢既可用交流电源也可用直流电源，但细焊丝（ϕ1.6～ϕ2mm）或薄板焊接多用直流电源。焊接电流要比在碳素钢中焊类似焊缝所需电流低约 20%，用于碳素钢中的许多接头设计和焊接条件大致也适用于奥氏体型不锈钢，但由于奥氏体型不锈钢的较高电阻率和略低的熔化温度，因而在相同的焊接条件下，不锈钢焊丝的熔化速度要比碳素钢焊丝高 30%左右。这种高电阻率的焊丝其伸出长度的控制也比碳素钢严格，因为焊丝的电阻热对熔敷速度有很大的影响。

为了防止焊接热裂纹，一般要求焊缝金属中有φ(δ-Fe)=4%～10%的 δ 铁素体。δ 相量过低则抗热裂能力不足，过高则导致耐蚀性下降和 σ 相脆化。控制该含量便成为埋弧焊的关键。除了正确选择焊丝和焊剂之外，还受到母材对焊缝金属的稀释的影响，而埋弧焊母材的稀释率在 10%～75%范围变化。为此，必须在焊接参数上和接头坡口设计上控制熔深和焊道形状。一般要求母材的稀释率低于 40%。

烧结焊剂比熔炼焊剂容易吸潮，开罐后应立即使用。若开罐后放置时间较长或已吸潮时，应在 250℃×1h 的条件下烘干。

注意，焊接不锈钢的电流不能过大，否则会造成热影响区耐蚀性能降低和晶粒粗大。表 7-5-14 列出了按焊丝直径确定的电流范围。

表 7-5-14　奥氏体型不锈钢埋弧焊的焊接电流范围

焊丝直径/mm	2.4	3.2	4.0	5.0
电流范围/A	200～400	300～500	350～800	500～1000

4. 预热和焊后热处理

奥氏体型不锈钢焊接一般不进行预热。为防止热裂纹和铬碳化物析出，层间温度希望低一些，通常在低于 250℃。

焊后一般也不推荐进行热处理，只有在焊后进行冷加工或热加工场合，以及用于易发生应力腐蚀的环境时，才进行热处理。

1）固溶处理。可使铬碳化物、σ 相、焊缝金属中的铁素体固溶，以恢复耐蚀性、韧性和塑性，并可消除由加工和焊接产生的内应力。方法是：在1000～1150℃下以板厚 2min · mm^{-1}以上的比例保温后，用水（薄板可用空气）急速冷却。热处理时，在产生铬碳化物的 500～900℃温度区域内尽快地急速冷却，但是，在要求以强度为主的场合和虽然要求耐蚀性但已使用稳定化钢或低碳不锈钢的场合，一般不进行这样的热处理。

2）消除应力处理。在 800～1000℃的温度下，按板厚 2min · mm^{-1}以上的比例保温后再进行空冷的热处理。在接近 900℃的温度下消除应力效果较好。

注意，进行这种热处理应充分考虑钢种、使用条件、过去的经验等因素，除非不得已必须进行的情况外，一般以不进行为好。例如，在要求耐腐蚀性的场合和易析出 σ 相的焊缝金属（18-8Nb 系，18-12Mo 系），这种处理往往反而有害。

5. 典型焊接参数

这里提供几种最常用的焊接方法，在焊接奥氏体型不锈钢时所采用的焊接参数。目的是为初次焊接这种钢材，或在拟订焊接工艺（评定）试验方案时提供参考和依据。各厂生产条件不同，运用这些资料时应随时根据实际情况做必要调整。

1）焊条电弧焊对接焊缝平焊的坡口形式及焊接参数见表 7-5-15。

2）焊条电弧焊角焊缝的坡口形式及焊接参数见表 7-5-16。

3）埋弧焊用的坡口形式及焊接参数见表 7-5-17。

4）手工 TIG 焊对接平焊用的坡口形式及焊接参数见表 7-5-18。

5）自动 TIG 焊管子对接与管板焊接参数见表7-5-19。

6）自动脉冲 TIG 焊管子对接与管板焊接参数见表 7-5-20。

7）MIG 焊对接平焊的坡口形式及焊接参数见表7-5-21。

8）脉冲 MIG 焊对接焊的焊接参数见表 7-5-22。

9）不锈钢大电流等离子弧焊的焊接参数见表7-5-23。

10）不锈钢薄板小电流等离子弧焊的焊接参数见表 7-5-24。

11）不锈钢超薄板微束等离子弧焊的焊接参数见表 7-5-25。

12）CO_2 激光焊接奥氏体型不锈钢的焊接参数见表 7-5-26。

表 7-5-15　焊条电弧焊对接焊缝平焊的坡口形式及焊接参数

板厚/mm	坡口形式	层数	坡口尺寸 间隙 c/mm	钝边 f/mm	坡口角度 α	焊接电流 /A	焊接速度 /mm · min⁻¹	焊条直径 /mm	备注
2	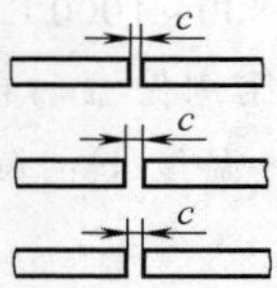	2	0~1	—	—	40~60	140~160	2.5	反面铲焊根
		1	2	—	—	80~110	100~140	3.2	加垫板
		1	0~1	—	—	60~80	100~140	2.5	—
3	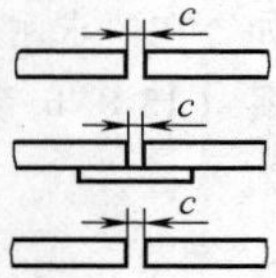	2	2	—	—	80~110	100~140	3.2	反面铲焊根
		1	3	—	—	110~150	150~200	4.0	加垫板
		2	2	—	—	90~110	140~160	3.2	—
5	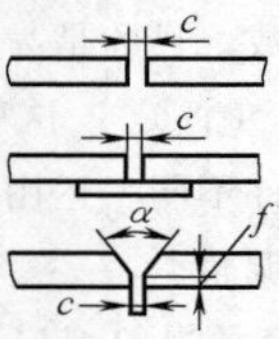	2	3	—	—	80~110	120~140	3.2	反面铲焊根
		2	4	—	—	120~150	140~180	4.0	加垫板
		2	2	2	75°	90~110	140~180	3.2	—
6	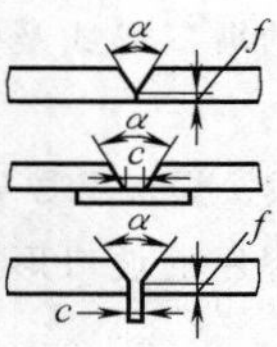	4	0	0	80°	90~140	160~180	3.2、4.0	反面铲焊根
		2	4	—	60°	140~180	140~150	4.0、5.0	加垫板
		3	2	2	75°	90~140	140~160	3.2、4.0	—
9	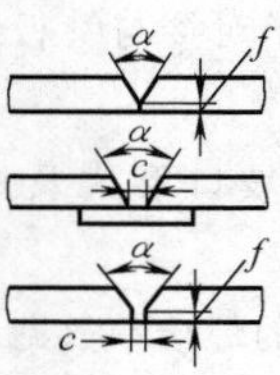	4	0	3	80°	130~140	140~160	4.0	反面铲焊根
		3	4	—	60°	140~180	140~160	4.0、5.0	加垫板
		4	2	2	75°	90~140	140~160	3.2、4.0	—
12	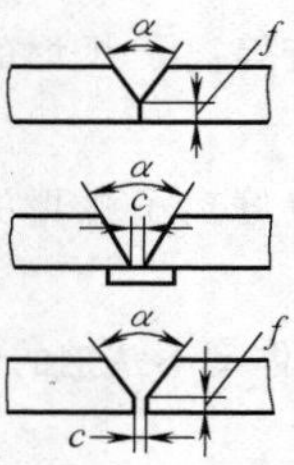	5	0	4	80°	140~180	120~180	4.0、5.0	反面铲焊根
		4	4	—	60°	140~180	120~160	4.0、5.0	加垫板
		4	2	2	75°	90~140	130~160	3.2、4.0	—

（续）

板厚/mm	坡口形式	层数	坡口尺寸			焊接电流/A	焊接速度/mm · min^{-1}	焊条直径/mm	备注
			间隙 c/mm	钝边 f/mm	坡口角度 α				
16	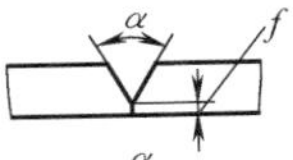	7	0	6	80°	140～180	120～180	4.0、5.0	反面铲焊根
	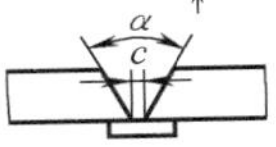	6	4	—	60°	140～180	110～160	4.0、5.0	加垫板
	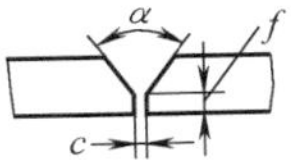	7	2	2	75°	90～180	110～160	3.2、4.0 5.0	—
22	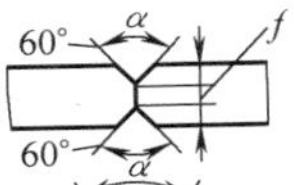	7	—	—	—	140～180	130～180	4.0、5.0	反面铲焊根
	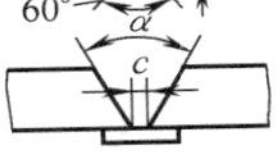	9	4	—	45°	160～200	110～175	5.0	加垫板
	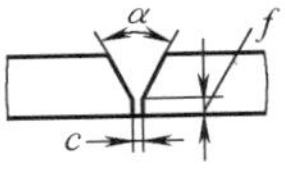	10	2	2	45°	90～180	110～160	3.2、4.0 5.0	—
32	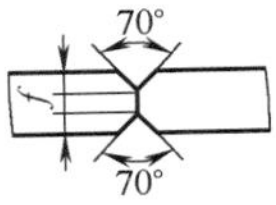	14	—	—	—	160～200	140～170	4.0、5.0	反面铲焊根

表 7-5-16　焊条电弧焊角焊缝的坡口形式及焊接参数

板厚/mm	坡口形式	焊脚 L/mm	焊接位置	焊接层数	坡口尺寸		焊接电流/A	焊接速度/mm · min^{-1}	焊条直径/mm	备注
					间隙 c/mm	钝边 f/mm				
6	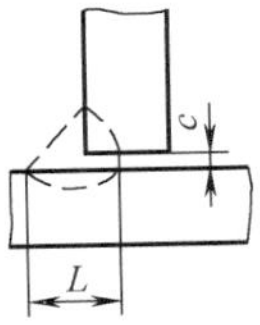	4.5	平焊	1	0～2	—	160～190	150～200	5.0	—
		6	立焊	1	0～2	—	80～100	60～100	3.2	
9		7	平焊	2	0～2	—	160～190	150～200	5.0	
12		9	平焊	3	0～2	—	160～190	150～200	5.0	
		10	立焊	2	0～2	—	80～110	50～90	3.2	
16		12	平焊	5	0～2	—	160～190	150～200	5.0	
22		16	立焊	9	0～2	—	160～190	150～200	5.0	
6	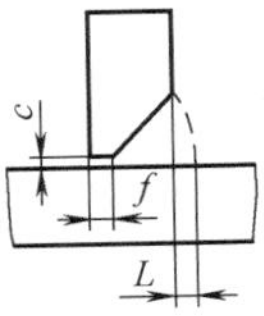	2	平焊	1～2	0～2	0～3	160～190	150～200	5.0	
		2	立焊	1～2	0～2	0～3	80～110	40～80	3.2	
12		3	平焊	8～10	0～2	0～3	160～190	150～200	5.0	
		3	立焊	3～4	0～2	0～3	80～110	40～80	3.2	
22		5	平焊	18～20	0～2	0～3	160～190	150～200	5.0	
		5	立焊	5～7	0～2	0～3	80～110	40～80	3.2、4.0	
12	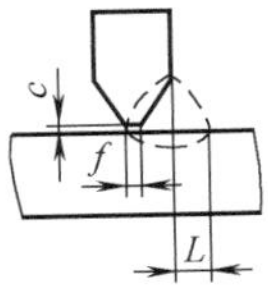	3	平焊	3～4	0～2	0～2	160～190	150～200	5.0	
		3	立焊	2～3	0～2	0～2	80～110	40～80	3.2、4.0	
22		5	平焊	7～9	0～2	0～2	160～190	150～200	5.0	
		5	立焊	3～4	0～2	0～2	80～110	40～80	3.2、4.0	

（续）

板厚/mm	坡口形式	焊脚 L/mm	焊接位置	焊接层数	坡口尺寸 间隙 c/mm	坡口尺寸 钝边 f/mm	焊接电流/A	焊接速度/mm · min^{-1}	焊条直径/mm	备注
6	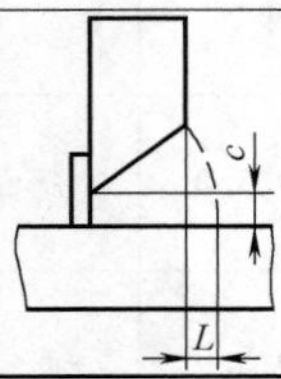	3	平焊	2~3	3~6	—	160~190	150~200	5.0	加垫板
		3	立焊	2~3	3~6	—	80~110	40~80	3.2、4.0	加垫板
12		4	平焊	10~12	3~6	—	160~190	150~200	5.0	加垫板
		4	立焊	4~6	3~6	—	80~110	40~80	3.2、4.0	加垫板
22		6	平焊	22~25	3~6	—	160~190	150~200	5.0	加垫板
		6	立焊	10~12	3~6	—	80~110	40~80	3.2、4.0	加垫板

表 7-5-17　埋弧焊用的坡口形式及焊接参数

板厚/mm	坡口形式	焊丝直径/mm	焊道 A:外面 B:里面		焊接条件 电流/A	焊接条件 电压/V	焊接条件 速度/cm · min^{-1}
6	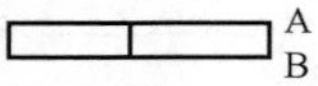	3.2	A		350	33	65
			B		450	33	65
9	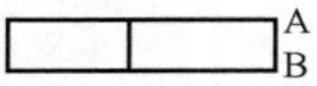	4.0	A		450	33	65
			B		520	33	65
	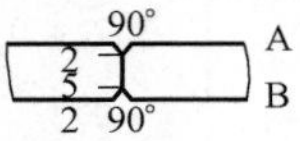 90° 2 5 2 90°	4.0	A		400	33	65
			B		520	33	65
12	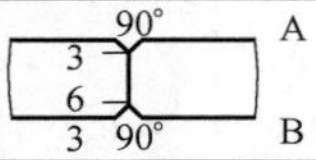 90° 3 6 3 90°	4.0	A		450	33	60
			B		550	33	50
16	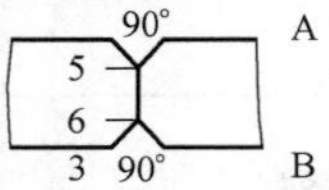 90° 5 6 3 90°	4.0	A		550	34	40
			B		650	34	47
	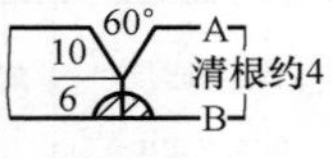 60° 10 6 清根约4	4.0	A	1	550	33	45
				2	550	33	40
			B		650	33	43
20	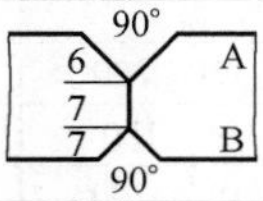 90° 6 7 7 90°	4.8	A		650	33	30
			B		800	35	35
	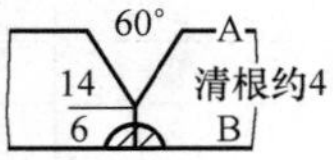 60° 14 6 清根约4	4.0	A	1	500	33	45
				2	550	35	40
				3	600	35	40
			B		650	35	35
24	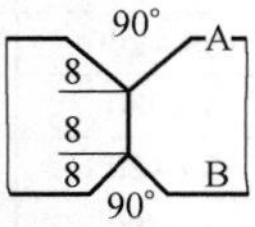 90° 8 8 8 90°	4.8	A		720	32	20
			B		950	34	27
	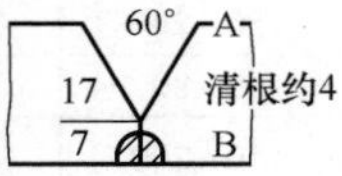 60° 17 7 清根约4	4.0	A	1	500	33	40
				2	600	34	35
				3	600	35	30
			B		700	34	35
24 以上	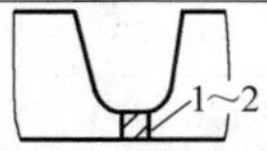 1~2 1~3层焊条电弧焊或TIG焊	4.0	—		450~600	32~36	25~50

表 7-5-18 手工 TIG 焊对接平焊用的坡口形式及焊接参数

坡口形式代号	坡口形式	板厚/mm	使用坡口形式	钨电极直径/mm	焊接电流/A	焊接速度/cm·min^{-1}	焊条直径	氩气 流量/L·min^{-1}	氩气 喷嘴直径/mm	备注
A	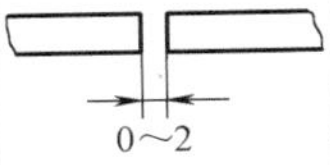 0~2	1	A(但间隙为0)	1.6	50~80	10~12	1.6	4~6	11	单面焊接气体垫
B	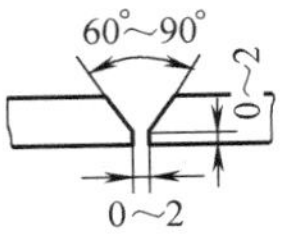 60°~90° 0~2 0~2	2.4	A(但间隙为0~1mm)	1.6	80~120	10~12	1.6	6~10	11	单面焊接气体垫
		3.2	A	2.4	105~150	10~12	1.6~3.2	6~10	11	双面焊
C	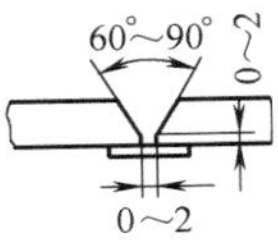 60°~90° 0~2 0~2	4	A	2.4	150~200	10~15	1.4~4.0	6~10	11	双面焊
		6	B	2.4	150~200	10~15	2.4~4.0	6~10	11	清根
			C	2.4	180~230	10~15	2.4~4.0	6~10	11	垫板
D	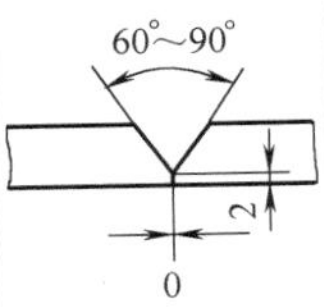 60°~90° 2 0		D	2.4	140~160	12~16	2.4~4.0	6~10	11	单面焊接气体垫
			E	1.6 2.4	110~150 150~200	6~8 10~15	2.4~3.2	6~10	11	可熔镶块焊接
E	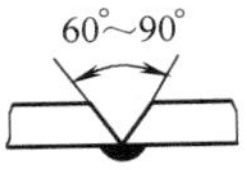 60°~90°	12	B	2.4	150~200	15~20	2.4~4.0	6~10	11	清根
			C	2.4 3.2	200~250	10~20	2.2~4.0	6~10	11~13	垫板
F	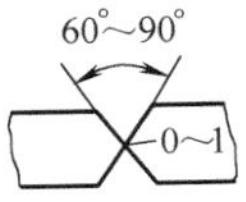 60°~90° 0~1	22	F	2.4 3.2	200~250	10~20	3.2~4.0	6~10	11~13	清根
G	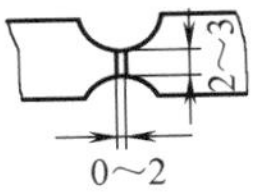 2~3 0~2	38	C	2.4 3.2	250~300	10~20	3.2~4.0	10~15	11~13	清根

表 7-5-19 自动 TIG 焊管子对接与管板焊接参数

接头种类	坡口形式	管子尺寸/mm	钨极直径/mm	层次	焊接电流/A	电弧电压/V	焊接速度 s/周	填充丝直径/mm	送丝速度/mm·min^{-1}	氩气流量/L·min^{-1} 喷嘴	氩气流量/L·min^{-1} 管内
管子对接(全位置)	管子扩口	ϕ18×1.25	2	1	60~62	9~10	12.5~13.5	—	—	8~10	1~3
		ϕ32×1.5	2	1	54~59	9~10	18.6~21.6	—	—	10~13	1~3
	V 形	ϕ32×3	2~3	1	110~120	10~12	24~28	—	—	8~10	4~6
			2~3	2~3	110~120	12~14	24~28	ϕ0.8	760~800	8~10	4~6
管材	管子开槽	ϕ13×1.25 ϕ18×1.25	2 2	1 1	65 90	9.6 9.6	14 19	—	—	7 7	—

表 7-5-20 自动脉冲 TIG 焊管子对接与管板焊接参数

接头种类	坡口形式	管子尺寸/mm	钨极直径/mm	层次	平均电流/A		频率/s^{-1}	脉冲宽度(%)	焊接速度 s/周	氩气流量/L·min^{-1}	
					基本	脉冲				喷嘴	管内
管子对接	管子扩口	ϕ8×1	1.6	1	9	36	2	50	12	6~8	1~3
		ϕ15×1.5	1.6	1	27	80	2.5	50	15	6~8	1~3
管子管板	管板开槽	ϕ13×1.25	2	1	8	70~80	3~4	50	10~15	8~10	—
		ϕ25×2	2	1	25	100~130	3~4	50~75	16~17	8~10	

表 7-5-21 MIG 焊对接平焊的坡口形式及焊接参数

坡口形式代号	坡口形式	板厚/mm	使用的坡口形式	层数	焊丝直径/mm	焊接条件			备注
						电流/A	电压/V	速度/cm·min^{-1}	
A	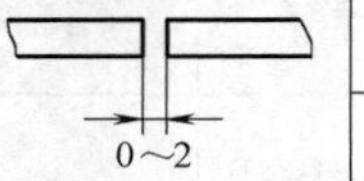 0~2	3	B	1	1.2	220~250	23~25	40~60	垫板
		4	B	1	1.2	220~250	23~25	30~50	垫板
B	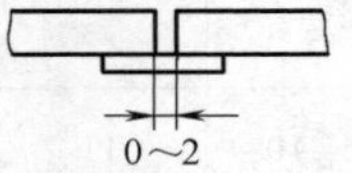 0~2	6	A	2	1.2	230~280	23~26	30~60	清根
					1.6	250~300	25~28	30~60	
C	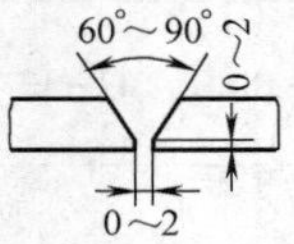 60°~90° 0~2 0~2		B	2	1.2	230~280	23~26	30~60	垫板
					1.6	250~300	25~28	30~60	
			C	2	1.2	230~280	23~26	30~60	清根
					1.6	250~300	25~28	30~60	
D	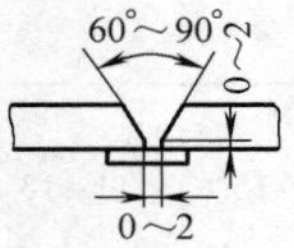 60°~90° 0~2 0~2		D	2	1.2	230~280	23~26	30~60	垫板
					1.6	250~300	25~28	30~60	
		12	C	4	1.6	280~330	27~30	25~55	清根
E	 60°~90° 3~5		D	4	1.6	280~330	27~30	25~55	垫板
			E	4	1.6	280~330	27~30	25~55	垫板
F	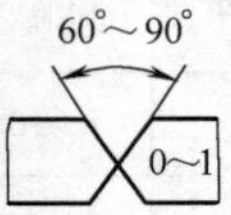 60°~90° 0~1		F	4	1.6	280~330	27~30	25~55	清根
G	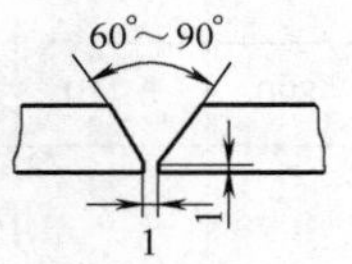 60°~90° 1	6	G	2	1.2	1层 180~200	16~18	30~50	单面打底焊
						2层 250~280	24~26	30~50	

表 7-5-22 脉冲 MIG 焊对接焊的焊接参数

板厚/mm	坡口形式	层次	焊丝直径/mm	平均电流/A		电压/V		焊接速度/$m\cdot h^{-1}$	气体流量/$L\cdot min^{-1}$	
				基本	脉冲	脉冲	电弧		Ar	CO_2
6	I形	1~2（正反各1）	1.6	40~50	120~130	34	28~29	15~18	25~29	3.5~4.0
8	V形	1~2（正反各1）	1.6	40~50	130	36	32	14~18	25~29	3.5~4.0

注：脉冲频率 $50s^{-1}$，焊丝为 06Cr19Ni10。

表 7-5-23 不锈钢大电流等离子弧焊的焊接参数

焊透方式	焊件厚度/mm	焊接电流/A	电弧电压/V	焊接速度/$mm\cdot min^{-1}$	离子气流量/$L\cdot min^{-1}$		保护气体流量/$L\cdot min^{-1}$			孔道比 l/d (mm/mm)	钨极内缩/mm	备注
					基本气流	衰减气	正面	尾罩	反面			
熔透法	1	60	—	270	0.5	—	3.5	—	—	2.5/2.5	1.5	悬空焊
穿透法	3	170	24	600	3.8	—	25	8.4	—	3.2/2.8	3	喷嘴带两个 ϕ0.8 小孔，间距 6mm
	5	245	28	340	4.0	—	27			3.2/2.8	3	
	8	280	30	217	1.4	2.9	17			3.2/2.9	3	
	10	300	29	200	1.7	2.5	20			3.2/3	3	

表 7-5-24 不锈钢薄板小电流等离子弧焊的焊接参数

焊透方式	板厚/mm	焊接电流/A	焊接速度/$cm\cdot min^{-1}$	喷嘴径/mm	离子气及其流量/$L\cdot min^{-1}$	保护气体(体积分数)及其流量/$L\cdot min^{-1}$
熔透法	0.8	25	25	0.8	Ar,0.2	Ar+1%H_2,12
	1.6	46	25	1.3	Ar,0.5	Ar+5%H_2,12
	2.4	90	25	2.2	Ar,0.7	Ar+5%H_2,12
	3.2	100	20	2.2	Ar,0.7	Ar+5%H_2,12
穿透法	1.6	25	10~15	0.8	Ar,0.4	Ar,9.5
	2.4	50		1.3	Ar,0.7	Ar,9.5
	3.2	75		1.3	Ar,0.9~1.4	Ar,9.5
	4.8	100		1.8	Ar,2.4~3.8	Ar,9.5

表 7-5-25 不锈钢超薄板微束等离子弧焊的焊接参数

接头形式	板厚/mm	焊接电流/A	焊接速度/$cm\cdot min^{-1}$	喷嘴径/mm	离子气及其流量/$L\cdot min^{-1}$	保护气体(体积分数)及其流量/$L\cdot min^{-1}$	备注
对接接头	0.025	0.3	125	0.8	Ar,0.2	Ar+1%H_2,9.5	带卷边对接
	0.075	1.6	150				
	0.125	2.4	125				
	0.255	6.0	200				
	0.760	1.0	125				
端接头	0.025	0.3	125				
	0.125	1.6	380				
	0.255	4.0	125				

表 7-5-26　CO_2 激光焊接奥氏体型不锈钢的焊接参数

接头类型	材　料	板厚/mm	焊接速度/mm · s^{-1}	熔宽/mm	深宽比	功率/kW
对接焊缝	06Cr18Ni10Ti	0.13	38.1	0.45	全熔透	5
		0.25	14.8	0.71	全熔透	5
		0.42	4.7	0.76	部分熔透	5

5.3　铁素体型不锈钢的焊接

5.3.1　铁素体型不锈钢的化学成分与力学性能

铁素体型不锈钢分普通铁素体钢和高纯铁素体钢两大类，后者是运用各种精炼技术生产出的含间隙元素（C 和 N）极低的一类铁素体钢。每一类铁素体钢中又可按 Cr 含量的高低分成若干类型。例如，普通铁素体型不锈钢低 Cr［w（Cr）12%～14%］有 06Cr13Al，中 Cr［w（Cr）= 16%～18%］有 10Cr17，高 Cr［w（Cr）= 25%～30%］有 008Cr27Mo 等；高纯铁素体型不锈钢中 w（C+N）≤0.05% 的有 022Cr18Ti，w（C+N）≤0.03% 的有 008Cr27Mo，w（C+N）≤0.01%～0.015%的有 008Cr30Mo2 等。碳是强奥氏体形成元素，故低 Cr 型钢必须低 C 才能是铁素体组织。

普通铁素体型不锈钢成本低，耐蚀性好，特别是耐应力腐蚀性优越，但塑性较差。高纯铁素体型不锈钢因 C、N 总含量很低，故其塑性和韧性显著提高，并能有效地防止晶间腐蚀。铁素体型不锈钢都存在着 475℃脆性和 σ 相析出脆化倾向，因此只能用作 300℃以下的耐蚀钢和抗氧化钢，在氧化性的酸类及大部分有机酸和有机酸盐的水溶液中具有良好的耐酸性，常用于制造化工容器。

表 7-5-27 和表 7-5-28 列出了部分铁素体型不锈钢的化学成分和力学性能。

5.3.2　铁素体型不锈钢的焊接性

1. 普通铁素体型不锈钢的焊接特点

普通铁素体型不锈钢焊接的主要问题有冷裂倾向和焊接接头的脆化。

1）冷裂倾向。焊接 w(Cr)>16%的铁素体型不锈钢时，近缝区晶粒急剧长大而引起脆化，同时常温韧性较低，当接头刚性较大时，则很容易在接头上产生冷裂纹。在使用铬钢焊接材料时，为了防止过热脆化和产生裂纹，常采用低温预热以使接头处于富韧性状态下进行焊接。

2）焊接接头的脆化。这类钢的晶粒在 900℃以上极易粗化；加热至 475℃附近或自高温缓冷至 475℃附近，在 550～820℃温度区间停留（形成 σ 相）均使接头的塑性、韧性降低而脆化。

接头中一旦出现晶粒粗化就难以消除，因为热处理无法细化铁素体晶粒。因此，焊接时应尽量采取小的热输入和较快的冷却速度，多层焊时严格控制层间温度，避免过热。若已在接头中产生 σ 相和 475℃脆化，可通过热处理方法消除。

2. 高纯铁素体型不锈钢的焊接特点

高纯铁素体型不锈钢比普通铁素体型不锈钢容易焊接，因为前者 w(C)<0.015%，w(C+N)又很低，比后者具有良好的抗裂性能和耐蚀性能，并且不再存在室温脆性问题，但要注意以下几点：

1）防止焊缝金属被污染。在焊接过程中必须防止带入 C、N、O 等杂质，最好采用带背面保护的 TIG 焊或双层气流保护焊，并用高纯度氩气保护，以获得高纯焊缝金属。有条件的还应采用尾气保护，对多层焊尤为需要。

2）正确选择焊接材料。最好选用含有 Ti、Nb 稳定化元素的高纯铁素体不锈钢焊接材料，以防止多层多道焊时产生敏化，以及焊缝金属吸收焊接气体中的 C 和 N 后造成晶间腐蚀。

3）控制焊缝中 Ni、Cu 和 Mo 的含量。退火状态的高纯铁素体型不锈钢在含 Cl^- 介质中一般不产生应力腐蚀，但是当钢或焊缝金属中 Ni、Cu 和 Mo 含量超过临界值时，会出现应力腐蚀倾向。

高纯铁素体型不锈钢也存在 475℃脆性，但与杂质（C、N、O 等）含量无关，故焊接时，也应采取小焊接热输入、窄焊道并控制层间温度等措施。

5.3.3　铁素体型不锈钢的焊接工艺

1. 焊接方法和焊接材料

铁素体型不锈钢通常采用焊条电弧焊、TIG 焊和 MIG 焊。普通铁素体型不锈钢有时也用埋弧焊，对耐蚀性和韧性要求高的高纯铁素体型不锈钢不推荐埋弧焊，以防止过热和碳、氮的污染。

所用的焊接材料有两类：同质的铁素体型和异质的奥氏体型。同质铁素体型焊接材料的优点是焊缝颜色与母材相同，线胀系数和耐蚀性大体相似，但同质焊缝的抗裂性能不高。

表 7-5-27　铁素体型不锈钢的化学成分（摘自 GB/T 1220—2007）

GB/T 20878 中序号	统一数字代号	新牌号	旧牌号	化学成分(质量分数,%)										
				C	Si	Mn	P	S	Ni	Cr	Mo	Cu	N	其他元素
78	S11348	06Cr13Al	0Cr13Al	0.08	1.00	1.00	0.040	0.030	(0.60)	11.50~14.50	—	—	—	Al:0.10~0.30
83	S11203	022Cr12	00Cr12	0.030	1.00	1.00	0.040	0.030	(0.60)	11.00~13.50	—	—	—	—
85	S11710	10Cr17	1Cr17	0.12	1.00	1.00	0.040	0.030	(0.60)	16.00~18.00	—	—	—	—
86	S11717	Y10Cr17	Y1Cr17	0.12	1.00	1.25	0.060	≥0.15	(0.60)	16.00~18.00	(0.60)	—	—	—
88	S11790	10Cr17Mo	1Cr17Mo	0.12	1.00	1.00	0.040	0.030	(0.60)	16.00~18.00	0.75~1.25	—	—	—
94	S12791	008Cr27Mo①	00Cr27Mo①	0.010	0.40	0.40	0.030	0.020	—	25.00~27.50	0.75~1.50	—	0.015	—
95	S13091	008Cr30Mo2①	00Cr30Mo2①	0.010	0.40	0.40	0.030	0.020	—	28.50~32.00	1.50~.2.50	—	0.015	—

注：表中所列成分除标明范围或最小值外，其余均为最大值。括号内数值为可加入或允许含有的最大值。

① 允许含有小于或等于 0.50%镍，小于或等于 0.20%铜，而 Ni+Cu≤0.50%，必要时，可添加上表以外的合金元素。

表 7-5-28　经退火处理的铁素体型钢棒或试样的力学性能①（摘自 GB/T 1220—2007）

GB/T 20878 中序号	统一数字代号	新牌号	旧牌号	规定塑性延伸强度②/MPa	抗拉强度/MPa	断后伸长率(%)	断面收缩率③(%)	冲击吸收功④/J	布氏硬度② HBW
				≥					≤
78	S11348	06Cr13Al	0Cr13Al	175	410	20	60	78	183
83	S11203	022Cr12	00Cr12	195	360	22	60	—	183
85	S11710	10Cr17	1Cr17	205	450	22	50	—	183
86	S11717	Y10Cr17	Y1Cr17	205	450	22	50	—	183
88	S11790	10Cr17Mo	1Cr17Mo	205	450	22	60	—	183
94	S12791	008Cr27Mo	00Cr27Mo	245	410	20	45	—	219
95	S13091	008Cr30Mo2	00Cr30Mo2	295	450	20	45	—	228

① 此表仅适用于直径、边长、厚度或对边距离小于或等于 75mm 的钢棒。大于 75mm 的钢棒，可改锻成 75mm 的样坯检验或由供需双方协商，规定允许降低其力学性能的数值。

② 规定塑性延伸强度和硬度，仅当需方要求时（合同中注明）才进行测定。

③ 扁钢不适用，但需方要求时，由供需双方协商确定。

④ 直径或对边距离小于等于 16mm 的圆钢、六角钢、八角钢和边长或厚度小于等于 12mm 的方钢、扁钢不做冲击试验。

当要求具有高抗裂性能，而且不能进行预热和焊后热处理的情况下，可采用异质的奥氏体型焊接材料，但要注意：①焊接材料应是低碳的；②焊后不可退火处理，因铁素体钢退火温度（780~850℃）正好在奥氏体型不锈钢敏化温度区间，易引起晶间腐蚀和脆化；③奥氏体型不锈钢焊缝的颜色和性能与母材不同。

表 7-5-29 列出了铁素体型不锈钢焊接材料选用示例。

2. 焊接热输入

由于铁素体型不锈钢具有强烈的晶粒长大倾向和易于在焊接过程中析出有害的中间相，因此应尽量采用小的热输入和窄焊道进行焊接，并采取适当措施，提高焊缝的冷却速度以控制接头的过热。

3. 预热与焊后热处理

普通铁素体型不锈钢有冷裂倾向，其脆性转变温度常在室温以上，韧性低，为了防止冷裂纹，焊前预热是必要的，但这种钢对过热敏感，预热温度不能高，只能低温预热，最好控制在 150℃以下，层间温度也应控制在相应水平，否则晶粒长大和可能产生 475℃脆性。

采用同质焊接材料焊接后应进行热处理（见表 7-5-29）。热处理的目的在于使接头的组织均匀化，提高其塑性和耐蚀性，同时也能消除焊接应力。热处理温度应低于使晶粒粗化或形成奥氏体的亚临界温度。必须避免在 370~570℃之间缓冷，以免产生 475℃脆性。

已产生 475℃脆性和 σ 相脆化的焊接接头，可短时加热到 600℃以上空冷消除 475℃脆性；加热到 930~980℃急冷消除 σ 相脆化。

采用奥氏体钢焊接材料时，不必预热和焊后热处理。

表 7-5-29　铁素体型不锈钢焊接材料选用示例

牌号	焊条电弧焊的焊条		氩弧焊焊丝	预热及层间温度/℃	焊后热处理	选择原则
	型号	牌号				
10Cr17	E430-16 E430-15	G302 G307	S430	70~150	700~760℃	耐蚀、耐热
	E308-15 E316-15 E309-15	A107 A207 A307	S308 S316 S309Mo	70~150	—	高塑、韧性

4. 焊接参数

由于铁素体型不锈钢具有强烈的晶粒长大、475℃脆化和 σ 相脆化的倾向，因此要求用小电流、快速度，焊条不横向摆动，多层焊，并且严格控制层间温度。一般待层间温度冷至预热温度时，再焊下一道，不宜连续施焊。厚大的焊件焊接时，可在每道焊缝焊好后，用小锤轻轻锤击焊缝，以减少焊缝的收缩应力。

铁素体型不锈钢对接焊条电弧焊的焊接参数见表 7-5-30。

表 7-5-30　铁素体型不锈钢对接焊条电弧焊的焊接参数

板厚/mm	坡口形式	层数	坡口尺寸①			焊接电流/A	焊接速度/cm·min^{-1}	焊条直径/mm	备注
			间隙 c/mm	钝边 f/mm	坡口角 α/(°)				
2	对接(不开坡口)	2	0~1	—	—	40~60	14~16	2.6	反面挑焊根
		1	2	—	—	80~110	10~14	3.2	垫板
		1	0~1	—	—	60~80	10~14	2.6	—
3	对接(不开坡口)	2	3	—	—	80~110	10~14	3.2	反面挑焊根
		1	2	—	—	110~150	15~20	4	垫板
		2	3	—	—	90~110	14~16	3.2	—
5	对接(不开坡口)	2	3	—	—	80~110	12~14	3.2	反面挑焊根
	对接(不开坡口,加垫板)	2	4	—	—	120~150	14~18	4	垫板
	对接(开 V 型坡口)	2	2	2	75	90~110	14~18	3.2	—
6	对接(开 V 型坡口)	4	0	2	80	90~140	16~18	3.2,4	反面挑焊根
		2	4	—	60	140~180	14~15	4,5	垫板
		3	2	2	75	90~140	14~16	3.2,4	—
9	对接(开 V 型坡口)	4	0	3	80	130~140	14~16	4	反面挑焊根
		3	4	—	60	140~180	14~16	4,5	垫板
		4	2	2	75	90~140	14~16	3.2,4	—

（续）

板厚/mm	坡口形式	层数	坡口尺寸① 间隙 c/mm	 钝边 f/mm	 坡口角 α/(°)	焊接电流/A	焊接速度/cm·min⁻¹	焊条直径/mm	备注
12	对接(开 V 型坡口)	5	0	4	80	140~180	12~18	4,5	反面挑焊根
		4	4	—	60	140~180	12~16	4,5	垫板
		5	2	2	75	90~140	13~16	3.2,4	—
16	对接(开 V 型坡口)	7	0	6	80	140~180	12~18	4,5	反面挑焊根
		6	4	—	60	160~200	11~16	4,5	垫板
		7	2	2	75	90~180	11~16	3.2,4,5	—
22	对接(开双面 V 型坡口)	7	—	—	—	140~180	13~18	4,5	反面挑焊根
	对接(开 V 型坡口)	9	4	—	45	160~200	11~17	5	垫板
	对接(开 V 型坡口)	10	2	2	45	90~180	11~16	3.2,4,5	—
32	对接(开双面 V 型坡口)	14	—	—	—	160~200	14~17	5	反面挑焊根

① 坡口形式见表 7-5-15。

5. 脉冲熔化极气体保护焊示例

C80B/C70 型运煤专用敞车采用 TCS345 铁素体型不锈钢制造。铁素体型不锈钢对焊接热输入较为敏感，焊接过程中近缝区晶粒急剧长大，导致热影响区的塑性、韧性大幅度降低。在保证良好焊缝成形的前提下，提高焊接速度，减小焊接热输入，缩短高温停留时间，可防止热影响区脆化。

脉冲电流熔化极气体保护焊是在平均电流下，焊接电源的输出电流以一定的频率和幅值变化来控制熔滴有节奏地过渡到熔池。可在平均电流小于临界电流值的条件下获得射流过渡，稳定地实现一个脉冲过渡一个（或多个）熔滴的理想状态——熔滴过渡无飞溅，并具有较宽的电流调节范围。适合板厚大于 1.5mm 焊件的全位置焊接，尤其对不锈钢等热敏感性较强的材料，可有效控制热输入，改善接头性能。由于脉冲电弧具有较强的熔池搅拌作用，可以改变熔池冶金性能，有利于消除气孔、未熔合等焊接缺陷。

采用脉冲 GMAW 焊接 TCS345 铁素体型不锈钢的对接接头，单面焊双面成形。

1）焊接电源。采用数字逆变脉冲-GMAW 焊机，该焊机具有三种电弧形态模式。微机自动化选择最佳的工艺参数配合，脉冲电流焊接时，熔滴过渡始终处于可控射流（射滴）状态，实现无飞溅焊接，焊接效率高，焊缝成形好，为焊接铁素体型不锈钢提供了可靠的技术保证。

2）焊接材料。针对 TCS345 铁素体型不锈钢的焊接，一般采用 308LSi 和 309LSi 实心不锈钢焊丝，焊丝直径为 1.2mm，保护气体为 97.5%（体积分数）Ar+2.5%（体积分数）CO_2 的混合气体。

3）焊接参数。气体流量为 20L/min；焊丝伸出长度为 12~15mm。脉冲焊时不需留间隙。焊接电流为 140A，电弧电压为 20V，焊接速度为 34cm/min，焊接热输入为 4.8kJ/cm，完全焊透，背面成形良好。

4）焊接操作技法。在焊接操作中可采用“左向焊接法”，即“前进法”，由右手推着向左手方向前进，同时做“往复运枪”的动作。采用这种操作方式的脉冲-GMAW 焊接电弧保护好，焊缝成形美观，尤其是对于角焊缝，凸度小，可减小应力集中，提高焊接接头的抗裂性能，改善车辆焊接接头的疲劳强度。

5.4 马氏体型不锈钢的焊接

5.4.1 马氏体型不锈钢的化学成分与力学性能

马氏体型不锈钢的 w(Cr) 一般在 12%~18% 范围内，w(Cr) 超过 15% 时，常需加入一定量的镍，或适当提高碳含量以平衡组织。

这类钢加热到高温时组织为奥氏体，冷却到室温时，转变为马氏体，故可以热处理强化。一般是在淬火-回火（调质）状态下使用。

马氏体不锈钢有下列类型。

1）普通 Cr13 钢。如 12Cr13、20Cr13、30Cr13 和 40Cr13 等最为常用钢种。这类钢经高温加热后空冷即可淬硬，淬火后的强度、硬度随碳含量增加而提高，但耐蚀性及塑、韧性却随之降低。前两种钢主要用于在中温腐蚀介质中工作，并要求中等强度的结构件；后两种钢主要用于要求高强度、高耐磨性并具有一定耐蚀性要求的零件。

2）热强马氏体型不锈钢。是以 Cr12 为基经过复杂合金化的马氏体型不锈钢，如 15Cr12WMoV、21Cr12MoV、2Cr12Ni3MoV 等。同样，高温加热后空冷也可淬硬。这类钢不仅中温瞬时强度高，而且中温持久性能及蠕变性能也相当优越，耐应力腐蚀及冷热疲劳性能良好。很适于在 500~600℃及湿热条件下工作的承力件、复杂的模锻件及焊接件。这类钢在添加 Mo、W、V 的同时，常再将 C 提高一些，因此其淬硬倾向更大，一般均经调质处理。

3）超低碳复相马氏体钢。这是一种新型马氏体高强钢，很有发展前途。其特点是 w(C)降到 0.05%以下，并添加镍[w(Ni) = 4% ~ 7%]，此外还可能加入少量 Mo、Ti 或 Si 等。经淬火及超微细复相组织回火处理，可获得高强度和高韧性，也可在淬火状态下使用，因低碳马氏体组织并无硬脆性。这类钢适用于筒体、压力容器及低温制件等。

表 7-5-31 和表 7-5-32 分别列出了马氏体型不锈钢的化学成分与力学性能。

表 7-5-31　马氏体型不锈钢的化学成分（摘自 GB/T 1220—2007）

GB/T 20878 中序号	统一数字代号	新牌号	旧牌号	化学成分(质量分数,%)										
				C	Si	Mn	P	S	Ni	Cr	Mo	Cu	N	其他元素
96	S40310	12Cr12	1Cr12	0.15	0.50	1.00	0.040	0.030	(0.60)	11.50~13.00	—	—	—	—
97	S41008	06Cr13	0Cr13	0.08	1.00	1.00	0.040	0.030	(0.60)	11.50~13.50	—	—	—	—
98	S41010	12Cr13①	1Cr13①	0.08~0.15	1.00	1.00	0.040	0.030	(0.60)	11.50~13.50	—	—	—	—
100	S41617	Y12Cr13	Y1Cr13	0.15	1.00	1.25	0.060	≥0.15	(0.60)	12.00~14.00	(0.60)	—		—
101	S42020	20Cr13	2Cr13	0.16~0.25	1.00	1.00	0.040	0.030	(0.60)	12.00~14.00	—	—	—	—
102	S42030	30Cr13	3Cr13	0.26~0.35	1.00	1.00	0.040	0.030	(0.60)	12.00~14.00	—	—	—	—
103	S42037	Y30Cr13	Y3Cr13	0.26~0.35	1.00	1.25	0.060	≥0.15	(0.60)	12.00~14.00	(0.60)	—	—	—
104	S42040	40Cr13	4Cr13	0.36~0.45	0.60	0.80	0.040	0.030	(0.60)	12.00~14.00	—	—	—	—
106	S43110	14Cr17Ni2	1Cr17Ni2	0.11~0.17	0.80	0.80	0.040	0.030	1.50~2.50	16.00~18.00	—	—	—	—
107	S43120	17Cr16Ni2		0.12~0.22	1.00	1.50	0.040	0.030	1.50~2.50	15.00~17.00	—	—	—	—
108	S44070	68Cr17	7Cr17	0.60~0.75	1.00	1.00	0.040	0.030	(0.60)	16.00~18.00	(0.75)	—	—	—
109	S44080	85Cr17	8Cr17	0.75~0.95	1.00	1.00	0.040	0.030	(0.60)	16.00~18.00	(0.75)	—	—	—
110	S44096	108Cr17	11Cr17	0.95~1.20	1.00	1.00	0.040	0.030	(0.60)	16.00~18.00	(0.75)	—	—	—
111	S44097	Y108Cr17	Y11Cr17	0.95~1.20	1.00	1.25	0.060	≥0.15	(0.60)	16.00~18.00	(0.75)	—	—	—
112	S44090	95Cr18	9Cr18	0.90~1.00	0.80	0.80	0.040	0.030	(0.60)	17.00~19.00	—	—	—	—
115	S45710	13Cr13Mo	1Cr13Mo	0.08~0.18	0.60	1.00	0.040	0.030	(0.60)	11.50~14.00	0.30~0.60	—	—	—
116	S45830	32Cr13Mo	3Cr13Mo	0.28~0.35	0.80	1.00	0.040	0.030	(0.60)	12.00~14.00	0.50~1.00	—	—	—
117	S45990	102Cr17Mo	9Cr18Mo	0.95~1.10	0.80	0.80	0.040	0.030	(0.60)	16.00~18.00	0.40~0.70	—	—	—
118	S46990	90Cr18MoV	9Cr18MoV	0.85~0.95	0.80	0.80	0.040	0.030	(0.60)	17.00~19.00	1.00~1.30	—	—	V:0.07~0.12

注：表中所列成分除标明范围或最小值外，其余均为最大值。括号内数值为可加入或允许含有的最大值。

① 相对于 GB/T 20878 调整成分牌号。

表 7-5-32　经热处理的马氏体型钢棒或试样的力学性能[1]（摘自 GB/T 1220—2007）

GB/T 20878 中序号	统一数字代号	新牌号	旧牌号	组别	经淬火回火后试样的力学性能和硬度							退火后钢棒的硬度[3]
					规定塑性延伸强度/MPa	抗拉强度 MPa	断后伸长率（%）	断面收缩率[2]（%）	冲击吸收能量[4] KU_2/J	HBW	HRC	HBW
					≥							≤
96	S40310	12Cr12	1Cr12		390	590	25	55	118	170	—	200
97	S41008	06Cr13	0Cr13		345	490	24	60	—	—	—	183
98	S41010	12Cr13	1Cr13		345	540	22	55	78	159	—	200
100	S41617	Y12Cr13	Y1Cr13		345	540	17	45	55	159	—	200
101	S42020	20Cr13	2Cr13		440	640	20	50	63	192	—	223
102	S42030	30Cr13	3Cr13		540	735	12	40	24	217	—	235
103	S42037	Y30Cr13	Y3Cr13		540	735	8	35	24	217	—	235
104	S42040	40Cr13	4Cr13		—	—	—	—	—		50	235
106	S43110	14Cr17Ni2	1Cr17Ni2		—	1080	10	—	39	—	—	285
107	S43120	17Cr16Ni2[5]		1	700	900～1 050	12	45	25（KV）	—	—	295
				2	600	800～950	14					
108	S44070	68Cr17	7Cr17		—	—	—	—	—	—	54	255
109	S44080	85Cr17	8Cr17		—	—	—	—	—	—	56	255
110	S44096	108Cr17	11Cr17		—	—	—	—	—	—	58	269
111	S44097	Y108Cr17	Y11Cr17		—	—	—	—	—	—	58	269
112	S44090	95Cr18	9Cr18		—	—	—	—	—	—	55	255
115	S45710	13Cr13Mo	1Cr13Mo		490	690	20	60	78	192	—	200
116	S45830	32Cr13Mo	3Cr13Mo		—	—	—	—	—	—	50	207
117	S45990	102Cr17Mo	9Cr18Mo		—	—	—	—	—	—	55	269
118	S46990	90Cr18MoV	9Cr18MoV		—	—	—	—	—	—	55	269

① 此表仅适用于直径、边长、厚度或对边距离小于或等于 75mm 的钢棒。大于 75mm 的钢棒，可改锻成 75mm 的样坯检验或由供需双方协商，规定允许降低其力学性能的数值。
② 扁钢不适用，但需方要求时，由供需双方协商确定。
③ 采用 750℃退火时，其硬度由供需双方协商。
④ 直径或对边距离小于等于 16mm 的圆钢、六角钢、八角钢和边长或厚度小于等于 12mm 的方钢、扁钢不做冲击试验。
⑤ 17Cr16Ni2 钢的性能组别应在合同中注明，未注明时，由供方自行选择。

5.4.2　马氏体型不锈钢的焊接性

马氏体型不锈钢的焊接性与调质的中低合金钢相似，焊接的主要问题是冷裂纹问题。

无论马氏体型不锈钢以何种状态供货，焊后接头总会形成淬硬的马氏体组织。当焊接接头刚度大或氢含量高时，在焊接应力作用下，特别当从高温直接冷至 120 ~100℃时，很容易产生冷裂纹。碳含量越高，焊缝及热影响区硬度就越高，对冷裂纹就越敏感。对于低碳、超低碳马氏体型不锈钢，冷裂纹的敏感性相对较小。

防止淬硬造成冷裂纹的最有效方法是预热和控制层间温度；为了获得最佳的使用性能和防止延迟裂纹，焊后要求热处理。

此外，要防止铁素体的产生。碳含量较高的马氏体不锈钢如 20Cr13、30Cr13 等，经加热冷却后都可以形成完全马氏体组织，但是对于含奥氏体形成元素碳或镍较少，或者含铁素体形成元素铬、钼、钨或钒较多的马氏体钢，如 10Cr13、14Cr17Ni2 等，其铁素体稳定性偏高，加热到高温后铁素体不能全部转变为奥氏体，淬火后除了得到马氏体外，还要产生一部分铁素体，在粗大铸态焊缝组织及过热区中的铁素体，往往分布在粗大的马氏体晶间（即原奥氏体晶界上），严重时可呈网状分布。这使接头对冷裂更加敏感，高温力学性能恶化。

含铁素体形成元素较高的马氏体型不锈钢具有较大的晶粒长大倾向。如果焊接时过热或冷却速度慢时，近缝区会出现粗大的铁素体和晶界碳化物，降低焊接接头塑性。

5.4.3　马氏体型不锈钢的焊接工艺

1. 焊接方法和焊接材料

马氏体型不锈钢可采用各种电弧焊方法焊接。

1）焊条电弧焊。是最为常用的方法，一般采用与母材同质的低氢型焊条，焊条在焊前须经过高达 350~400℃温度烘干。这类焊缝焊后一定要进行热处理，如果焊后不能进行热处理，则可选用铬镍奥氏体焊条。此时，相当于异种钢焊接，可运用焊缝组织图（见图 7-5-2）去合理选择焊条的奥氏体钢类型，并严格控制母材对焊缝的稀释。这类焊缝抗裂性能好。

但要注意，当焊缝金属为奥氏体组织时，焊接接头在强度上通常为低匹配，焊缝金属在化学成分、金相组织和热物理性能及力学性能等方面已与母材有很大不同，焊接残余应力难以避免。这些都会对接头的使用性能产生不利影响。例如，由于物理性能的差异，高温时就会产生热应力，焊接应力会引起腐蚀或高温蠕变破坏等。因此，在选用焊接材料时，应尽量使焊缝金属与母材的线胀系数接近，如采用镍基的焊接材料等。

2）氩弧焊。TIG 焊的焊接质量较好，常用于薄板焊接或多层焊的封底焊。用直流正接。由于裂纹倾向小，薄板焊接可不预热，厚板可预热 120~200℃。一般选用与母材成分和组织相近的焊丝，以保证与母材匹配。

3）CO_2 保护焊。接头氢含量低，其冷裂倾向比焊条电弧焊小，可用较低的预热温度焊接，可用实心焊丝（如 H1Cr13）或药芯焊丝（如 PK-YB102，PK-YB107 等）。

4）埋弧焊。马氏体不锈钢导热性差，易过热，在热影响区产生粗大组织，故不常用埋弧焊。与焊条电弧焊焊条选用原则相同，可选取同质或异质焊缝的焊接材料。均采用碱性焊剂如 SJ601 和 HJ151 等。

表 7-5-33 列出了部分马氏体型不锈钢焊条电弧焊和 TIG 焊接材料选用示例。

表 7-5-33　马氏体型不锈钢焊接材料选用示例

母材牌号	对焊接性能的要求	焊接材料						预热及层间温度/℃	焊后热处理
		焊条		实心焊丝		药芯焊丝			
		型号	牌号	焊丝	焊缝类型	型号	牌号		
12Cr13 20Cr13	抗大气腐蚀	E410-16 E410-15	G202 G207	S410	Cr13	E410T-G	GDQM410	150~300	700~730℃ 回火,空冷
	耐有机酸腐蚀并耐热	—	G211	—	Cr13Mo2	—	—	150~300	—
	要求焊缝具有良好塑性	E308-16 E308-15 E316-16 E316-15 E310-16 E310-15 E309-16 E309-15	A102 A107 A202 A207 A402 A407 A302 A307	S308 S316Mo S310 S309	Cr18Ni9 18-12Mo2 25-20 25-13	E308LT1-1 E316LT1-1 E309LT1-1	GDQA308L GDQA316L GDQA309L	不预热（厚大件预热 200 ℃）	不进行热处理

（续）

母材牌号	对焊接性能的要求	焊接材料						预热及层间温度/℃	焊后热处理
		焊条		实心焊丝		药芯焊丝			
		型号	牌号	焊丝	焊缝类型	型号	牌号		
14Cr17Ni2	—	E310-16 E310-15 E309-16 E309-15 E308-16 E308-15	A402 A407 A302 A307 A102 A107	S309 S310 S308	25-13 25-20 Cr18Ni9	E308LT1-1 E309LT1-1	GDQA308L GDQA309L	200～300	700～750℃回火，空冷
14Cr11MoV	540℃以下有良好的热强性	—	G117	—	Cr10MoNiV	—	—	300～400	焊后冷至100～200℃，立即在700℃以上高温回火
15Cr12WMoV	600℃以下有良好的热强性	E11MoVNiW-15	R817	—	Cr11WMo-NiV	—	—	300～400	焊后冷至100～200℃，立即在740～760℃以上高温回火

2. 预热与层间温度

焊接马氏体型不锈钢，尤其在使用与母材同质的焊接材料时，为防止冷裂纹，焊前需预热，预热温度通常在200～400℃范围。碳含量越高，焊件厚度越大，预热温度也越高，但最好不要高于 Ms 点。多层焊时层间温度应保证不低于预热温度，以防止在熔敷后续焊缝前就发生冷裂纹。

3. 焊后热处理

为了降低焊缝和热影响区硬度，改善其塑性和韧性，以及减少焊接残余应力，焊后应进行整体或局部高温回火（730～790℃）热处理。对于某些多元合金的马氏体型不锈钢，既不容许焊后尚处高温时立即回火，也不允许冷却至室温再回火，而应冷却到150～200℃保温2h，使奥氏体大部分转变成马氏体，然后及时地进行高温回火热处理。

如果马氏体型不锈钢是在退火状态下焊接，则焊后需进行整体调质处理，处理的规范与母材相同。

4. 焊接工艺要点

凡是能用于调质状态的低合金高强度钢的焊接工艺，原则上均适用于马氏体型不锈钢。焊接时，所用的焊接热输入应大些，以利于减少冷裂纹倾向，但热输入的增加以不使晶粒粗化为限度。

5. 焊接参数

马氏体型不锈钢对接焊条电弧焊的焊接参数见表7-5-34。

表 7-5-34　马氏体型不锈钢对焊条电弧焊的焊接参数

板厚/mm	层数	坡口尺寸			焊接电流/A	焊接速度/cm·min⁻¹	焊条直径/mm	备注
		间隙/mm	钝边/mm	坡口角/(°)				
3	2	2	—	—	80～110	10～14	3.2	反面挑焊根
	1	3	—	—	110～150	15～20	4	垫板
	2	2	—	—	90～110	14～15	3.2	—
5	2	3	—	—	80～110	12～14	3.2	反面挑焊根
	2	4	—	—	120～150	14～18	4	垫板
	2	2	2	76	90～110	14～18	3.2	—
6	4	0	2	80	90～140	16～18	3.2,4	反面挑焊根
	2	4	—	60	140～180	14～15	4,5	垫板
	3	2	2	75	90～140	14～16	3.2,4	—
9	2	0	2	80	130～140	14～16	4	反面挑焊根
	3	4	—	60	140～180	14～16	4,5	垫板
	4	2	2	75	90～140	14～16	3.2,4	—
12	5	0	4	80	140～180	12～18	4,5	反面挑焊根
	4	4	—	60	140～180	11～16	4,5	垫板
	4	2	2	75	90～140	11～16	3.2,4	—

（续）

板厚/mm	层数	坡口尺寸			焊接电流/A	焊接速度/cm·min^{-1}	焊条直径/mm	备注
		间隙/mm	钝边/mm	坡口角/(°)				
16	7	0	6	80	140~180	12~18	4,5	反面挑焊根
	6	4	—	60	140~180	11~16	4,5	垫板
	7	2	2	75	90~180	11~16	3.2,4,5	—
22	7	0	—	—	140~180	13~18	4,5	反面挑焊根
	9	4	—	45	160~200	11~17	5	垫板
	10	2	2	45	90~180	11~16	3.2,4,5	—
32	14	—	—	—	160~200	14~17	5	反面挑焊根

5.5 奥氏体-铁素体型不锈钢的焊接

奥氏体-铁素体型不锈钢是由铁素体（体积分数占40%~60%）和奥氏体（体积分数占60%~40%）两相组成的双相不锈钢，它兼备了奥氏体型不锈钢和铁素体型不锈钢的优点，故具有强度高、耐腐性好和易于焊接的特点。

这种钢中 $w(Cr)=17\%\sim30\%$ 和 $w(Ni)=3\%\sim7\%$，此外还有Mo、Cu、Ni（Ti）等元素。当碳含量较低[$w(C)\leqslant0.08\%$]时，还可加入强奥氏体形成元素N。当前已发展有Cr18型、Cr21型和Cr25型三类双相不锈钢。根据合金元素含量，可将双相不锈钢划分为低合金型双相不锈钢、中合金型双相不锈钢、高合金型双相不锈钢和超合金型双相不锈钢。

表7-5-35和表7-5-36列出这类钢的化学成分和力学性能。表7-5-37列出国外典型双相不锈钢的化学成分示例。

表7-5-35 奥氏体-铁素体型不锈钢的化学成分（摘自GB/T 1220—2007）

GB/T 20878中序号	统一数字代号	新牌号	旧牌号	化学成分(质量分数,%)										
				C	Si	Mn	P	S	Ni	Cr	Mo	Cu	N	其他元素
67	S21860	14Cr18Ni11Si4AlTi	1Cr18Ni11Si4AlTi	0.10~0.18	3.40~4.00	0.80	0.035	0.030	10.00~12.00	17.50~19.50	—	—	—	Ti:0.40~0.70 Al:0.10~0.30
68	S21953	022Cr19Ni5Mo3Si2N	00Cr18Ni5Mo3Si2	0.030	1.30~2.00	1.00~2.00	0.035	0.030	4.50~5.50	18.00~19.50	2.50~3.00	—	0.05~0.12	—
70	S22253	022Cr22Ni5Mo3N		0.030	1.00	2.00	0.030	0.020	4.50~6.50	21.00~23.00	2.50~3.50	—	0.08~0.20	—
71	S22053	022Cr23Ni5Mo3N		0.030	1.00	2.00	0.030	0.020	4.50~6.50	22.00~23.00	3.00~3.50	—	0.14~0.20	—
73	S22553	022Cr25Ni6Mo2N		0.030	1.00	2.00	0.035	0.030	5.50~6.50	24.00~26.00	1.20~2.50	—	0.10~0.20	—
75	S25554	03Cr25Ni6Mo3Cu2N		0.04	1.00	1.50	0.035	0.030	4.50~6.50	24.00~27.00	2.90~3.90	1.50~2.50	0.10~0.25	—

注：表中所列成分除标明范围或最小值外，其余均为最大值。

表7-5-36 经固溶处理的奥氏体-铁素体型钢棒或试样的力学性能[①]（摘自GB/T 1220—2007）

GB/T 20878中序号	统一数字代号	新牌号	旧牌号	规定塑性延伸强度[②]/MPa	抗拉强度/MPa	断后伸长率(%)	断面收缩率[③](%)	冲击吸收能量[④]/J	硬度[②]		
									HBW	HRB	HV
				≥					≤		
67	S21860	14Cr18Ni11Si4AlTi	1Cr18Ni11Si4AlTi	440	715	25	40	63	—	—	—
68	S21953	022Cr19Ni5Mo3Si2N	00Cr18Ni5Mo3Si2	390	590	20	40	—	290	30	300
70	S22253	022Cr22Ni5Mo3N		450	620	25	—	—	290	—	—
71	S22053	022Cr23Ni5Mo3N		450	655	25	—	—	290	—	—

（续）

GB/T 20878 中序号	统一数字代号	新牌号	旧牌号	规定塑性延伸强度②/MPa	抗拉强度/MPa	断后伸长率(%)	断面收缩率③(%)	冲击吸收能量④/J	硬度② HBW	硬度② HRB	硬度② HV
				≥					≤		
73	S22553	022Cr25Ni6Mo2N		450	620	20	—	—	260	—	—
75	S25554	03Cr25Ni6Mo3Cu2N		550	750	25	—	—	290	—	—

① 此表仅适用于直径、边长、厚度或对边距离小于或等于 75mm 的钢棒。大于 75mm 的钢棒，可改锻成 75mm 的样坯检验或由供需双方协商，规定允许降低其力学性能的数值。
② 规定塑性延伸强度和硬度，仅当需方要求时（合同中注明）才进行测定，且供方可根据钢棒的尺寸或状态任选一种方法测定硬度。
③ 扁钢不适用，但需方要求时，由供需双方协商确定。
④ 直径或对边距离小于等于 16mm 的圆钢、六角钢、八角钢和边长或厚度小于等于 12mm 的方钢、扁钢不做冲击试验。

表 7-5-37　国外典型双相不锈钢的化学成分示例

类型	牌　号	化学成分(质量分数,%) C	Cr	Ni	Mo	N	Cu	W	PREN	PREW
低合金型	UR35N（法国） SAF2304（瑞典）	0.03	23	4	0.1	0.10	0.2	—	24	—
	00Cr18Ni5Mo3Si2	0.03	18~19.5	4.5~5.5	2.5~3.0	0.10	—	—	—	—
中合金型	UR45N(法国)	0.03	22.8	6	3.3	0.18	—	—	35~36	—
	SAF2304(瑞典) S3 1803(美国)	0.03	22	5	2.8	0.15	—	—	32~33	—
	AF22(德国)	0.03	22	5.5	3	0.14	—	—	—	—
高合金型	0Cr26Ni5Mo2	0.08	23~28	3~6	1~3	—	—	—		
	00Cr25Ni5Mo3N	0.03	24~265	5~8	2.5~3.0	0.1~0.2	—	—	—	—
	UR47N（法国）	0.03	25	6.5	3	0.22	—	—	38~39	—
	S3 1260（美国）	0.03	24~26	5.5~7.5	2.5~3.5	0.1~0.3	0.2~0.8	0.1~0.5	—	—
	DP3（日本）	0.03	25	7	3	0.16	0.5	0.3	37	38
超合金型	UR52N（法国）	0.03	25	7	3.5	0.35	1.5	—	41	—
	SAF2507（瑞典）	0.03	25	7	3.8	0.28	—	—	41	—
	S3 2760(美国)	0.03	24~26	6~8	3~4	0.25~0.3	0.5~1.0	0.5~1.0	40	41.5
	DP3W(日本)	0.03	25	7	3	0.27	—	2.0	39	42.5

注：PREN（pitting resistance equivalent 的缩写，指抗点蚀当量；N 表示含氮钢）。
PREW（pitting resistance equivalent 的缩写，指抗点蚀当量；W 表示含钨钢）。

1. 焊接方法和焊接材料

双相不锈钢焊接的主要特点是：与纯奥氏体型不锈钢相比，具有较低的热裂倾向；与纯铁素体型不锈钢相比，焊后具有较低的脆化倾向，而且焊接热影响区铁素体粗化程度也较低，故焊接性较好。

1）焊接方法。除电渣焊外，所有的熔焊方法都可用于焊接奥氏体-铁素体型（双相）不锈钢。常用的方法为焊条电弧焊及氩弧焊。药芯焊丝气体保护焊由于熔敷效率高，在双相不锈钢焊接中得到越来越多的应用，推荐使用 $Ar+N_2$ 混合气体作为保护气体。埋弧自动焊可用于双相不锈钢厚板的焊接，但由于热输入大，稀释率大，对焊接接头区耐蚀性有较大影响，应用不多。激光焊、电子束焊和等离子弧焊不适于双相不锈钢的焊接。

2）焊接材料。双相不锈钢焊缝金属中有 60%~70%（体积分数）的奥氏体，具有优良的力学性能和耐蚀性。采用奥氏体相占比例大的焊接材料，提高焊接金属中奥氏体相的比例，对提高焊缝金属的塑性、韧性和耐蚀性是有益的。薄板宜用 TIG 焊，中厚板可用焊条电弧焊。焊条电弧焊时，宜选用成分与母材相近的专用焊条或碳含量低的奥氏体焊条。对于 Cr25 型双相钢也可选用镍基合金焊条。表 7-5-38 列出了部分双相不锈钢焊接材料的选用示例。

表 7-5-38　部分双相不锈钢焊接材料选用示例

钢　号	焊条电弧焊的焊条		氩弧焊的焊丝	埋弧焊	
	型　号	牌　号		焊　丝	焊　剂
00Cr18Ni5Mo3Si2 00Cr18Ni5Mo3Si2Nb	E316L-16 E309MoL-16 E309-16	A022Si A042 A302	H00Cr18Ni14Mo2 H00Cr20Ni12Mo3Nb H00Cr25Ni13Mo3	H1Cr24Ni13	HJ260 HJ172 SJ601
0Cr21Ni5Ti 1Cr21Ni5Ti 0Cr21Ni6Mo2Ti 00Cr22Ni5Mo3N	E308-16 E309MoL-16	A102 A042 或成分相近的专用焊条	H0Cr20Ni10Ti H00Cr18Ni14Mo2	—	—
00Cr25Ni5Ti 00Cr26Ni7Mo2Ti 00Cr25Ni5Mo3N	E309L-16 E308L-16 Eni-0 ENiCrMo-0 ENiCrFe-3	A072 A062 A002 Ni112 Ni307 Ni307A	H0Cr26Ni21 H00Cr21Ni10 或同母材成分焊丝或镍基焊丝	—	—

2. 焊接工艺措施

1）控制热输入。双相不锈钢要求在焊接时遵守一定的焊接工艺规程，关键的一点是要有适宜的冷却速度。这样做的目的一方面是为了避免焊后由于冷却速度过快而在热影响区产生过多的铁素体，另一方面是为了避免冷却速度过慢在热影响区形成过多粗大的晶粒和氮化铬沉淀。应根据材料的厚度，选择合适的冷却速度。如果通过适当的工艺措施，将焊缝和热影响区不同部位的铁素体含量控制在 70% 以下，则双相不锈钢焊缝的抗裂性会相当好，但当铁素体含量超过 70%时，在焊接应力很大的情况下会出现氢致冷裂纹。为避免焊缝中 Ni 含量下降过多，必须阻止 Ni 含量低的母材过多稀释。否则，铁素体含量增加会对焊缝耐蚀性、韧性和抗裂能力产生不良影响。焊接时，焊缝和热影响区的冷却时间不能太短。

过小的焊接热输入会使奥氏体的转变量减少，甚至会抑制焊后冷却过程中的铁素体向奥氏体的转变，得到单相铁素体组织，使其失去双相不锈钢的特点，使用性能大大降低；过大的热输入会使焊缝及热影响区过热区的晶粒粗大，韧性降低。因此，应选用最佳的焊接热输入并控制层间温度。当焊接厚板时，应采用稍大的热输入；当焊接薄板时，尤其是板厚小于 5mm 时，应采用较小的焊接热输入。

2）多层多道焊。采用多层多道焊时，后续焊道对前层焊道有热处理作用，焊缝金属中的铁素体进一步转变为奥氏体，成为奥氏体占优势的两相组织，毗邻焊缝的焊接热影响区组织中的奥氏体相也增多，从而使焊接接头的组织和性能得到改善。

高级双相不锈钢通常含有合金元素 N，焊缝金属中同样也要含 N，但焊缝金属中的 Ni 含量要随之增加到 8%～9%（质量分数），从而使焊缝中的 δ 铁素体含量稳定在 30%～40%（体积分数）范围。由于多道焊时，后道焊缝对前道焊缝的再热作用，使得一部分过冷铁素体又转变为奥氏体，所以与单道焊相比，多道焊焊缝中的铁素体含量要低 10%左右。

3）焊接顺序及工艺焊缝。与奥氏体型不锈钢焊接时相反，双相不锈钢接触腐蚀介质的焊缝要先焊，使最后一道焊缝移至非接触介质的一面。其目的是利用后道焊缝对先焊焊缝进行一次热处理，使先焊焊缝及其热影响区的单相铁素体组织部分转变为奥氏体组织。

如果要求接触介质的焊缝必须最后施焊，则可在焊接结束时，在焊缝表面再施焊一层工艺焊缝，便可对表面焊缝及其邻近的焊接热影响区进行所谓的热处理。工艺焊缝可在焊后经加工去除。如果附加工艺焊缝有困难，在制定焊接工艺时，尽可能考虑使最后一层焊缝处于非工作介质面上。

4）避免采用焊后热处理。双相不锈钢焊接件一般应避免焊后热处理，一是因为焊后热处理存在很多困难，生产上难以实现；二是固溶处理的温度太高（1000～1050℃），生产上也很难实现。另外，中温处理会导致脆性相析出，韧性和耐蚀性降低。

3. 含氮双相不锈钢的焊接工艺要点

20 世纪 70 年代以后发展了两相比例适宜的超低碳含氮双相不锈钢，除 Mo 外，有时还加入了 Cu、W 等进一步提高耐蚀性的元素，如 022Cr25Ni6Mo2N、022Cr25Ni7Mo4N、022Cr25Ni7Mo3WCuN 和 03Cr25Ni6-Mo3Cu2N 等。

含氮双相不锈钢的焊接工艺要点：

1）焊缝金属应用氮合金化，并且适当增加 Ni 含量。表 7-5-39 列出了含氮双相不锈钢焊缝的化学成分、δ 铁素体含量和力学性能示例。

2）焊缝及热影响区过热区的冷却时间不能太短，应根据板厚选择合适的焊接热输入；厚板的焊接热输入应大些，薄板的热输入应小一些。

3）采用富 Ni 的填充金属，低 Ni 母材的熔合比要小（熔合比小于 35% 为宜），以避免焊缝金属 Ni 含量过低，δ 铁素体含量过高。

4）如果焊接热影响区较窄，而且晶粒细小，δ 铁素体含量也不高，接头区韧性和抗蚀性应较好。

表 7-5-39 含氮双相不锈钢焊缝的化学成分、δ 铁素体含量和力学性能示例

焊接方法	化学成分(质量分数,%)						δ 铁素体含量(体积分数,%)	力学性能			
	C	Cr	Ni	Mo	N	Mn		屈服强度/MPa	抗拉强度/MPa	断后伸长率(%)	冲击吸收能量/J
SMAW	0.034	20.83	9.15	2.71	0.15	—	17～23	527	786	23.6	63
SMAW	0.036	22.21	8.81	2.81	0.13	—	29～36	622	792	23.1	59
SMAW	0.034	22.79	8.21	2.84	0.13	—	43～45	644	808	22.6	46
GMAW	0.037	22.52	8.51	3.03	0.14	—	28～37	608	809	26.8	98
SMAW	0.048	26.04	7.44	2.07	0.33	4.50	27～36	698	892	32.0	40

注：SMAW 热输入 9～11kJ/cm；GMAW 热输入 20～22kJ/cm，Ar+2.5%CO_2，不预热，层间温度 100～150℃。

5）焊接材料要按规定烘干和存放；避免焊缝金属扩散氢含量过高，以免诱发冷裂纹。

6）一般不预热，厚大件可预热 100～150℃。厚度小于 12mm 的焊件，层间温度应小于 150℃；厚度大于 12mm 的焊件，层间温度不能大于 180℃。

7）焊后一般不需要固溶处理；应在焊接过程中检测铁素体含量，以便控制。

8）不可在母材或热影响区金属上引弧，因为引弧区冷却速度快，易使铁素体含量增高（易超过 80%），导致引弧区耐蚀性降低。

9）含氮双相不锈钢与低合金钢焊接可采用双相不锈钢的填充材料；双相不锈钢与奥氏体不锈钢焊接也可采用双相不锈钢的填充材料。

4. 超级双相不锈钢的焊接工艺要点

这类钢主要是指 PREN 大于 40、含 25%（质量分数，后同）Cr 和高 Mo（>3.5%）、高 N（0.22%～0.30%）的双相不锈钢。

几种典型超级双相不锈钢的焊接要点如下。

（1）SAF2507 超级双相不锈钢

该钢是近年由瑞典开发的超级双相不锈钢（商业牌号 SAF2507），主要用于苛刻介质，尤其是含氯的环境中（如海水等）。由于钢中含有高铬、高钼和高氮，使该钢有很高的耐点腐蚀、缝隙腐蚀及应力腐蚀的能力。

1）化学成分和力学性能。该钢的化学成分：$w(Cr)=25\%$，$w(Ni)=7\%$，$w(Mo)=4\%$，$w(Mn)=1.2\%$，$w(Si)=0.8\%$，$w(N)=0.3\%$，$w(C)\leqslant 0.03\%$，$w(S)\leqslant 0.02\%$，$w(P)\leqslant 0.035\%$）。经固溶处理后，奥氏体在铁素体基体上呈岛状分布，约各占 50%（体积分数）。当固溶处理温度高于 1050℃ 时，铁素体含量稍有增加。该钢的特点为中温时效时，没有碳化物析出。表 7-5-40 列出了 SAF2507 超级双相不锈钢的室温和高温力学性能。

SAF2507 超级双相不锈钢有两个脆性区，一个在

表 7-5-40 SAF2507 超级双相不锈钢的室温和高温力学性能

牌号	钢材品种	室温力学性能				
		屈服强度/MPa	抗拉强度/MPa	断后伸长率(%)	冲击吸收能量/J	维氏硬度 HV
SAF2507	壁厚小于 20mm 钢管	≥550	800～1000	≥25	—	290
	热轧钢板	530	730	20	60	—
高温抗拉强度/MPa						
		25℃	50℃	100℃	150℃	200℃
SAF2507	钢板	≥530	—	≥450	—	≥400

600~900℃，是由 σ 相析出引起的，最脆化的温度在 850℃左右；另一个温度区在 300~500℃，是由475℃脆化引起的。SAF2507 超级双相不锈钢 σ 相析出容许量为 4%，恶化了其耐蚀性。

2）焊接特点。SAF2507 超级双相不锈钢可以用焊条电弧焊（SMAW）、气体保护焊（GTAW、GMAW）、埋弧焊（SAW）等进行焊接，选用 Cr25-Ni10-Mo4 系焊接材料。当焊接件要求高韧性时，采用 Cr25-Ni10-Mo4LB 碱性焊条。

建议采用 2~15kJ/cm 的焊接热输入。为了防止冷却速度太快，厚板焊接一般采用上限，薄板焊接多采用下限。由于超级双相不锈钢中合金元素含量较高，过慢冷却会导致脆性相析出，因此层间温度不应超过 150℃。

（2）ZERON100 超级双相不锈钢

这种双相不锈钢最初是由英国开发的，以代替耐腐蚀性不足的 Cr25-Ni6-Mo2 系双相不锈钢。其商业牌号为 ZERON100（美国相应标准牌号为 UNS 32760），主要用于高强度、耐氯化物局部腐蚀及应力腐蚀的场合。

1）化学成分和力学性能。该钢的化学成分：$w(Cr)=25\%$，$w(Ni)=7\%$，$w(Mo)=3.5\%$，$w(Cu)=0.7\%$，$w(W)=0.7\%$，$w(N)=0.25\%$，$w(C)\leqslant 0.03\%$。钢中氮含量较高，具有稳定奥氏体的作用。虽然钢中的 Cr、Mo 含量较高，但由于氮的作用，当温度高于 1050℃，奥氏体含量仍接近 50%（体积分数）。

由于 W、Cu 的加入，在 400℃以上加热时，钢更容易发生硬化，但并不明显恶化钢的耐蚀性，还能保持一定的韧性。这也是这类钢用作耐磨损、耐蚀材料（如不锈钢泵的铸件）的原因。

表 7-5-41 列出了 ZERON100 超级双相不锈钢的力学性能，作为对比，表中同时还列出了 316L 奥氏体不锈钢的力学性能。可见，ZERON100 超级双相不锈钢的屈服强度为 316L 不锈钢的 2~3 倍，这有利于减小容器和管道壁厚。表中还给出根据不同标准设计的 ZERON100 超级双相不锈钢和 316L 不锈钢的最大允许应力值。可见，ZERON100 超级双相不锈钢远优于 316L 不锈钢。

表 7-5-41　ZERON100 超级双相钢的力学性能

钢　种	力学性能			最大允许应力值	
	屈服强度 /MPa	抗拉强度 /MPa	断后伸长率（%）	ASME 标准	BS 标准
ZERON100	550	750	25	188	393
316L 不锈钢	210	500	45	125	129

2）焊接特点。ZERON100 超级双相不锈钢，可以采用焊条电弧焊（SMAW）、钨极惰性气体保护焊（GTAW）和埋弧焊（SAW）进行焊接，采用不同焊接方法的焊接参数示例见表 7-5-42。对 ZERON100 超级双相不锈钢，焊缝金属的性能要求是：-20℃的 KV >27J，平均值为 40J；硬度值不大于 28HRC；能在 6%$FeCl_3$ 的 35℃温度条件下不发生点蚀；焊缝金属中的铁素体含量控制在 35%~60%（体积分数）。

表 7-5-42　ZERON100 超级双相不锈钢采用不同焊接方法的焊接参数示例

焊接参数	焊接方法		
	氩弧焊(GTAW)	焊条电弧焊(SMAW)	埋弧焊(SAW)
焊接材料	Cr25-Ni10-Mo4 焊丝	Cr25-Ni10-Mo4 焊条	Cr25-Ni10-Mo4 焊丝
焊材直径 /mm	2.4	3.2	3.2
焊接电流 /A	80	100	330
电弧电压 /V	11	23	32
焊接速度 /cm · min^{-1}	4.5	12	450
焊道数	1	4	填满

(3) UR52N$^+$超级双相不锈钢

这种超级双相不锈钢是 20 世纪 90 年代最早由法国开发的，商业牌号为 UR52N$^+$，可以生产中厚板。这种超级双相不锈钢与 UR52N 钢的区别在于氮含量高（0.25%N），美国相应标准牌号为 UNS 32550，法国标准为 Z3CN-DU25.07AZ。

1）化学成分和力学性能：UR52N$^+$超级双相不锈钢的化学成分：w(Cr) = 25%，w(Ni) = 6.5%，w(Mo) = 3.5%，w(Cu) = 1.5%，w(N) = 0.25%，w(C) ≤ 0.03%。该钢中含有较高的氮，在 1050℃ 温度下，铁素体含量接近 50%（体积分数），而 N 含量为 0.18% 的 UR52N 钢在相同的温度下，铁素体含量比 UR25N$^+$钢多，约 60%（体积分数）。随着加热温度的升高，UR25N$^+$ 钢中铁素体含量的增多也比 UR52N 钢缓慢。

加入 Cu 不影响 800～1020℃ 温度范围金属间化合物（脆性相）的析出，但高 Cr、Mo 却可加速金属间化合物（脆性相）的析出，但这些金属间化合物在 1050～1070℃ 温度范围短时加热，析出物即可溶解。与 ZERON100 钢一样，Cu 能加速钢的硬化，这对改善钢的耐磨损、耐蚀性有利。

UR25N$^+$超级双相不锈钢的力学性能见表 7-5-43。

表 7-5-43　UR25N$^+$超级双相不锈钢的力学性能

试验温度 /℃	屈服强度 /MPa	抗拉强度 /MPa	断后伸长率 (%)	冲击吸收能量 /J	硬度 HRC
-50	—	—	—	80	—
-20	—	—	—	100	—
20	650	840	30	120	25
100	525	720	30	—	—
200	470	700	30	—	—

2）焊接特点。UR25N$^+$超级双相不锈钢可以用焊条电弧焊和氩弧焊等进行焊接，所用焊接材料的化学成分见表 7-5-44。UR25N$^+$超级双相不锈钢用焊条电弧焊和钨极氩弧焊方法焊接后的焊缝金属组织和性能见表 7-5-45。

表 7-5-44　UR25N$^+$超级双相不锈钢所用焊接材料的化学成分

焊接方法	焊接材料	化学成分(质量分数,%)				
		Cr	Ni	Mo	Cu	N
SMAW	SDSS(高 Ni)	25	10	4	—	0.30
TIG	SDSS+N(保护气中加 N)	25	6	3.3	1.6	0.25
	SDSS(高 Ni)	25	9	4	0.7	0.20
	Ni 基合金	21.5	56	13.6	W 2.8	0.06

表 7-5-45　UR25N$^+$超级双相不锈钢焊缝金属的组织和性能

焊接方法	焊接材料	焊接热输入 /kJ · cm^{-1}	铁素体含量 (体积分数,%)	冲击吸收能量(-50℃) *KV*/J	维氏硬度 HV	CPT /℃
SMAW	SDSS(高 Ni)	8	50	36	292	50
TIG	SDSS+N	14	51	69	299	≥45
	SDSS(高 Ni)	12	49	—	290	45
	Ni 基合金	7	0	114	212	≥55

注：CPT—临界点蚀温度值。

5.6　沉淀硬化型不锈钢的焊接

沉淀硬化型不锈钢是在各类不锈钢中加入一种或多种合金元素，如 Cu、Ti、Nb 和 Al，促使沉淀硬化。在固溶处理或奥氏体化期间溶解这些元素，然后在增加基体的硬度和强度的时效热处理期间产生亚显微沉淀。根据从奥氏体化温度冷却所得到的组织和性能，沉淀硬化不锈钢分为马氏体、半奥氏体和奥氏体三类。

这类钢强度高、韧性好，又有很好的耐蚀性能。一般限于在低于 318℃长期使用，短期使用的许多马氏体和半奥氏体沉淀硬化型不锈钢在使用温度高达 486℃仍有较好的力学性能。

如果焊后的结构不能进行完整的热处理，则可以在焊前进行固溶处理，然后在使用前进行时效处理。

表 7-5-46 列出了沉淀硬化型不锈钢的化学成分，表7-5-47列出了它们部分钢种的热处理工艺和力学性能。

1. 马氏体沉淀硬化不锈钢（如 05Cr17Ni4Cu4Nb）

这类钢的化学成分能使固溶处理后冷至室温均为马氏体组织。按韧性要求可选择低温回火（426~454℃）或中温回火（675℃）进行时效硬化处理。它们之间组织上有差别，中强类的组织不是纯马氏体，而是含有体积分数为 10%铁素体。

这类钢的耐蚀性与普通奥氏体型不锈钢相当，热处理后尺寸变化很小，价格较便宜，而且具有良好的焊接性能，焊接时既不需预热，也不需后热。焊接材料的选择取决于对焊缝性能的要求，若要求焊缝韧性好，可选用奥氏体型不锈钢焊接材料，因没有时效强化作用，故得到非等强的接头；为了获得等强接头，应采用与母材成分相同的焊接材料，焊后按母材热处理制度进行低温回火时效硬化，将得到没有裂纹的等强接头。多层焊时，各层焊缝和热影响区的组织和性能有差别，需经退火可消除其差别。再回火时效硬化处理，即可得等强接头。

这类钢可用焊条电弧焊和填丝或不填丝的 TIG 焊。在焊接工艺上与一般奥氏体型不锈钢的基本相似。

2. 半奥氏体沉淀硬化不锈钢（如 07Cr17Ni7Al）

这类钢的组织特点是在固溶或退火状态时具有奥氏体和 φ(δ-Fe) = 5% ~ 20% δ 铁素体组织，经过系列热处理或机械变形处理后，奥氏体转变为马氏体，再通过时效析出硬化达到所需的高强度。

这类钢通常是在退火状态下焊接，较高韧性的奥氏体组织使这类钢具有与奥氏体型不锈钢相似的焊接特性，所以具有良好的焊接性。经相变形成马氏体组织后焊接时，因是低碳的马氏体，韧性好而不会开裂，所以无论采用奥氏体型焊接材料，还是与母材成分相同的焊接材料焊接，焊缝和热影响区均不产生裂纹。只有当终止焊接的弧坑未填满时，才可能会产生弧坑裂纹。所以，可采用奥氏体型不锈钢的焊接工艺进行焊接。

当不要求等强度或等耐蚀性能的接头时，可以选用奥氏体型焊接材料焊接。

当采用焊缝与母材成分相同的焊接材料焊接时，由于焊接热循环的特点，将会引起焊接接头区铁素体含量增加，因为焊缝及近缝区加热温度远高于固溶温度，铁素体的相比例有所增加。此外，也引起焊缝及近缝区的 *Ms* 点有所降低。为了控制焊缝中的 δ 铁素体，可适当调整焊接材料成分，如降低铬或提高镍。此外，焊接时应采用惰性气体保护以防焊丝中铝的氧化。为了达到接头与母材等性能，一般焊后需进行整体复合热处理；调整处理，746℃加热 3h 空冷；低温退火，930℃加热 1h 水淬；冰冷处理，在-73℃保持 3h 以上后自然升至常温；时效硬化处理。

3. 奥氏体沉淀硬化不锈钢（如 17-10P 钢系）

这类钢的化学成分是铬、镍含量高，固溶后奥氏体极为稳定，经冷变形后仍为奥氏体组织。需高温回火（648~760℃），析出的是金属间化合物。可用于较高温度和极低温度的工作环境，在许多介质中具有 18-8 型、18-12-2Mo 型奥氏体不锈钢相似的耐蚀性能。表 7-5-48 列出了两种奥氏体沉淀硬化不锈钢的化学成分。这两种钢含有大量的硬化元素，其焊接性能都比普通奥氏体型不锈钢差，两者的表现却不完全相同。

A-286 钢中含有较高的铝、钛，在焊缝中容易产生热裂纹，若采用 TIG 或控制焊接热输入，可减轻热裂倾向。

17-10P 钢中 w(P) 高达 0.3%，在被加热到约 1175℃以上时，在晶界上形成富磷化合物，呈热脆性，所以熔焊极为困难，但适于闪光焊，因为顶锻时把热脆材料以毛刺形式被挤出去，从而形成致密的焊缝。

表 7-5-46 沉淀硬化型不锈钢的化学成分（摘自 GB/T 1220—2007）

GB/T 20878 中序号	统一数字代号	新 牌 号	旧 牌 号	化学成分(质量分数,%)										
				C	Si	Mn	P	S	Ni	Cr	Mo	Cu	N	其他元素
136	S51550	05Cr15Ni5Cu4Nb		0.07	1.00	1.00	0.040	0.030	3.50~5.50	14.00~15.50	—	2.50~4.50	—	Nb:0.15~0.45
137	S51740	05Cr17Ni4Cu4Nb	0Cr17Ni4Cu4Nb	0.07	1.00	1.00	0.040	0.030	3.00~5.00	15.00~17.50	—	3.00~5.00	—	Nb:0.15~0.45
138	S51770	07Cr17Ni7Al	0Cr17Ni7Al	0.09	1.00	1.00	0.040	0.030	6.50~7.75	16.00~18.00	—	—	—	Al:0.75~1.50
139	S51570	07Cr15Ni7Mo2Al	0Cr15Ni7Mo2Al	0.09	1.00	1.00	0.040	0.030	6.50~7.75	14.00~16.00	2.00~3.00	—	—	Al:0.75~1.50

注：表中所列成分除标明范围或最小值外，其余均为最大值。

表 7-5-47 沉淀硬化型不锈钢棒或试样的力学性能①（摘自 GB/T 1220—2007）

GB/T 20878 中序号	统一数字代号	新牌号	旧牌号	热处理			规定塑性延伸强度/MPa	抗拉强度/MPa	断后伸长率(%)	断面收缩率②(%)	硬度③	
				类型		组别	≥				HBW	HRC
136	S51550	05Cr15Ni5Cu4Nb		固溶处理		0	—	—	—	—	≤363	≤38
				沉淀硬化	480℃时效	1	1180	1310	10	35	≥375	≥40
					550℃时效	2	1000	1070	12	45	≥331	≥35
					580℃时效	3	865	1000	13	45	≥302	≥31
					620℃时效	4	725	930	16	50	≥277	≥28
137	S51740	05Cr17Ni4Cu4Nb	0Cr17Ni4Cu4Nb	固溶处理		0	—	—	—	—	≤363	≤38
				沉淀硬化	480℃时效	1	1180	1310	10	40	≥375	≥40
					550℃时效	2	1000	1070	12	45	≥331	≥35
					580℃时效	3	865	1000	13	45	≥302	≥31
					620℃时效	4	725	930	16	50	≥277	≥28
138	S51770	07Cr17Ni7Al	0Cr17Ni7Al	固溶处理		0	≤380	≤1030	20	—	≤229	—
				沉淀硬化	510℃时效	1	1030	1230	4	10	≥388	—
					565℃时效	2	960	1140	5	25	≥363	—
139	S51570	07Cr15Ni7Mo2Al	0Cr15Ni7Mo2Al	固溶处理		0	—	—	—	—	≤269	—
				沉淀硬化	510℃时效	1	1210	1320	6	20	≥388	—
					565℃时效	2	1100	1210	7	25	≥375	—

① 此表仅适用于直径、边长、厚度或对边距离小于或等于 75mm 的钢棒。大于 75mm 的钢棒，可改锻成 75mm 的样坯检验或由供需双方协商，规定允许降低其力学性能的数值。
② 扁钢不适用，但需方要求时，由供需双方协商确定。
③ 供方可根据钢棒的尺寸或状态任选一种方法测定硬度。

表 7-5-48　奥氏体沉淀硬化不锈钢的化学成分

牌　号	化学成分(质量分数,%)											
	C	Mn	P	S	Si	Cr	Ni	Mo	Al	V	Ti	B
A-286	0.05	1.45	0.030	0.020	0.50	14.75	25.25	1.30	0.15	0.30	2.15	0.005
17-10P	0.10	0.60	0.30	≤0.04	0.50	17.0	10.00	—	—	—	—	—

第6章 铸铁的焊接

6.1 概述

6.1.1 铸铁焊接的意义

铸铁与钢相比虽然强度较低、塑性较差，但却具有良好的耐磨性、吸振性、铸造性和可切削性等优点，又因制造设备简单，生产成本低，所以常用于制造机器的箱体、壳体、机身、机座等大型机件。某些受冲击不大的重要零件，如小型柴油机曲轴等多用球墨铸铁来制造。

但是，铸铁的焊接性差，限制了它在焊接结构中的应用。目前焊接在铸铁中主要应用是对铸铁件的补焊与修复，用于生产组合件的场合很少。

把铸铁生产车间生产出的有缺陷的铸铁件，通过补焊使之成为合格品，从而可以挽回因缺陷而报废所造成的经济损失。在使用过程中发生断裂或磨损已无法继续使用的铸件，当没有备件又不能及时得到替换的情况下，为了减少停机损失，采取焊接方法进行修复，便成为最快最好的选择。

将简单的铸铁件焊接成组合件，通常比铸造形状复杂的铸件更为经济。铸铁件可以与其他铸铁件以及钢、镍合金等焊接，这种情况目前在批量生产中不多见，但可以预见，随着铸造和焊接技术的不断进步，因其经济效益巨大，“制造中的铸铁焊接”会越来越多。

6.1.2 铸铁的种类及其组织

1. 铸铁的种类

铸铁是 $w(C)>2\%$ 的铁碳合金，其中还含有硅、锰及硫、磷等杂质。为了改善铸铁某些性能，常有目的地加入一些合金元素而成为合金铸铁。

按碳在铸铁中存在的状态和形式不同，可将铸铁分为白口铸铁、灰铸铁、可锻铸铁、球墨铸铁及蠕墨铸铁五类。

1）白口铸铁。碳在铁中绝大部分以渗碳体 (Fe_3C)形式存在，因其断口呈白色而得名。渗碳体硬而脆，硬度为800HBW左右。因无法机械加工，所以应用不广，主要用于轧辊或其他不需机械加工的耐磨零件。

2）灰铸铁。碳以片状石墨存在，因其断口呈暗灰色而得名。普通灰铸铁中石墨片较粗，如果在浇注之前向铁水中加入少量硅铁或硅钙等孕育剂，进行孕育处理，促使石墨的非自发成核，可使灰铸铁的粗片状石墨细化，形成孕育铸铁。

3）可锻铸铁。碳以团絮状石墨存在。它是将白口铸铁经长时间石墨化退火，使渗碳体分解析出石墨并呈团絮状分布于基体内，因具有较高韧度，故称为可锻铸铁。

4）球墨铸铁。碳以球状石墨形式存在，常简称球铁。它是在浇注前向铁液中加入如纯镁或稀土镁合金等球化剂而获得。球墨铸铁因具有较高的强度和韧性，还可通过热处理显著地改善其力学性能，故常用来制造强度较高、形状复杂的铸铁件。

目前球墨铸铁按其基体的组织不同被分为：以珠光体为基体的球墨铸铁、以铁素体为基体的球墨铸铁和以奥氏体加贝氏体为基体的球墨铸铁三种。基体组织不同其力学性能有差别，以珠光体为基体的球墨铸铁的抗拉强度可达800MPa，其伸长率只有2%；而以铁素体为基体的球墨铸铁的伸长率高达18%，但抗拉强度降为400MPa；以奥氏体加贝氏体为基体的球墨铸铁是20世纪70年代研发出来的新一代球墨铸铁，当它的抗拉强度为860~1035MPa时，其伸长率仍高达7%~8%。

5）蠕墨铸铁。碳以蠕虫状石墨存在。在浇注前向铁水加入如稀土硅铁、稀土镁钛等稀土合金的蠕化剂，促使石墨呈蠕状而成为蠕墨铸铁。

2. 铸铁的组织

铸铁的组织主要取决于化学成分与冷却速度。

在铸铁中，碳以石墨形式析出的过程称石墨化。在化学元素中，有一些是能促使碳以石墨形式析出的元素，称石墨化元素，如C、Si、Al、Cu等；另一些则是阻止石墨化的元素，如S、V、Cr等。从图7-6-1可以比较直观地看出这些元素对铸铁石墨化和白口化的影响。

冷却速度对铸铁组织影响很大。当液态铸铁以很快速度冷却时，便形成珠光体和渗碳体（为基体）构成的白口铸铁；冷却速度足够慢时，便形成以铁素体为基体，碳以片状石墨分布其中的灰铸铁；当冷却速度介于上述两者之间时，就会形成由珠光体（基体）和石墨组成的灰铸铁或由珠光体加铁素体为基体的灰铸铁。

灰铸铁的抗拉强度和硬度与它的基体组织、石墨的形态、数量及其分布密切相关。基体为铁素体组织，其强度和硬度低；以珠光体为基体的，其强度和

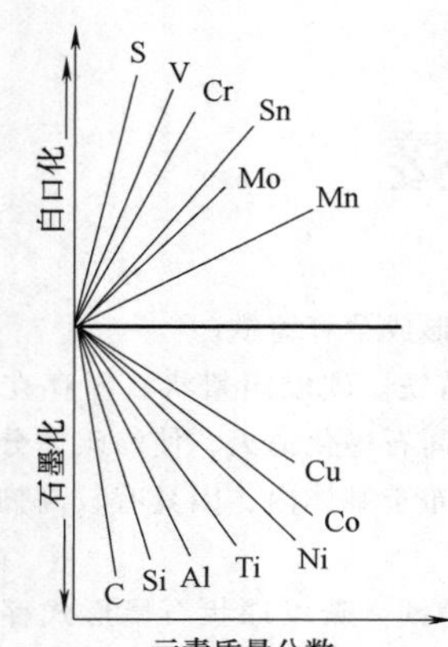

图 7-6-1　合金元素对铸铁石墨化和白口化的影响

硬度高。改变基体中铁素体和珠光体的相对含量，即可得到不同抗拉强度和硬度的灰铸铁。粗片石墨的灰铸铁，其抗拉强度要比细片石墨的低。

其他碳以石墨状态存在的铸铁，其强度和硬度变化也有类似规律。如果它们之间基体相同的话，则强度便与石墨的形态有关。片状石墨就像裂纹一样，将基体进行分割，从而削弱其抗拉强度，所以灰铸铁强度最低；球铁的石墨呈珠状均匀分布于基体上，故其强度、塑性和韧性最高，而可锻铸铁和蠕墨铸铁则介于两者之间。

从应用看，目前灰铸铁因价廉而应用最广，球墨铸铁次之。可锻铸铁因生产周期长，价高而渐被球墨铸铁所代替。蠕墨铸铁尚处在推广应用阶段，白口铸铁的应用很有限。

6.1.3　铸铁的牌号及力学性能

GB/T 5612—2008 对铸铁的名称、代号及牌号作了规定，标准中不严格规定化学成分的质量分数，仅规定其力学性能。这里仅介绍最为常用的两种铸铁的牌号及其力学性能。

1. 灰铸铁的牌号和力学性能

灰铸铁的牌号是由代号和抗拉强度两部分组成。以“灰铁”的汉语拼音第一个大写字母“HT”作代号，代号后面紧接一组数字表示它的抗拉强度值。

举例：

```
HT   250
│     └──抗拉强度为 250MPa
└────────灰铸铁代号
```

灰铸铁的力学性能与其壁厚有关，表 7-6-1 列出了部分灰铸铁的牌号、单铸试棒和不同壁厚的力学性能。

表 7-6-1　部分灰铸铁的牌号和力学性能

（摘自 GB/T 9439—2010）

牌　号	单铸试棒的抗拉强度（强制性值）	不同壁厚铸件本体预期抗拉强度	
	R_m /MPa≥	铸件壁厚 /mm	R_m/MPa
HT100	100	>5~40	—
HT150	150	>5~10 >10~20 >20~40 >40~80	155 130 110 95
HT200	200	>2.5~10 >10~20 >20~40 >40~80	205 180 155 130
HT250	250	>5~10 >10~20 >20~40 >40~80	250 225 195 170
HT300	300	>10~20 >20~40 >40~80	270 240 210
HT350	350	>10~20 >20~40 >40~80	315 280 250

2. 球墨铸铁的牌号和力学性能

球墨铸铁的牌号中以“球铁”的汉语拼音第一大写字母“QT”作代号，在其后的第一组数字表示抗拉强度值，第二组数字表示伸长率值，两组数字之间用“-”隔开。

举例：

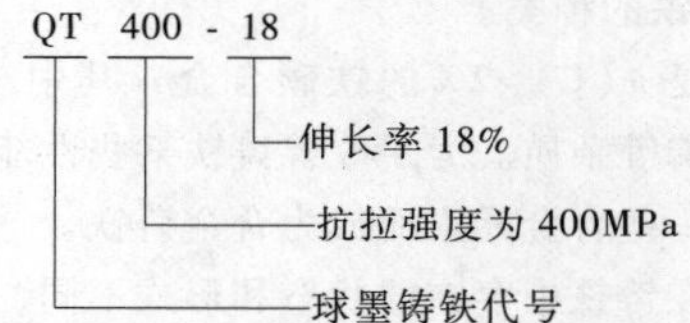

部分球墨铸铁单铸试样的力学性能见表 7-6-2。

表 7-6-2　部分球墨铸铁单铸试样的力学性能

（摘自 GB/T 1348—2009）

牌　号	R_m/MPa	$R_{p0.2}$/MPa	A(%)	HBW
QT900-2	900	600	2	280~360
QT800-2	800	480	2	245~335
QT700-2	700	420	2	225~305
QT600-3	600	370	3	190~270
QT500-7	500	320	7	170~230
QT450-10	450	310	10	160~210
QT400-15	400	250	15	120~180
QT400-18	400	250	18	120~175

6.2　灰铸铁的焊接

6.2.1　灰铸铁的基本特性

常用灰铸铁的化学成分为：w(C) = 2.6% ~ 3.6%，w(Si) = 1.2% ~ 3.0%，w(Mn) = 0.4% ~ 1.2%，w(P) ≤ 0.3%，w(S) ≤ 0.15%。灰铸铁中的碳有 80%以上是以片状石墨形式存在，除石墨外的基体为铁素体、珠光体或铁素体+珠光体。

灰铸铁的抗拉强度低（见表 7-6-1），脆性大，伸长率几乎为零。具有优良的铸造性、机械加工性，高的耐磨性和减振性。上述这些性能与基体组织及石墨的数量和形态特征密切相关。

6.2.2　灰铸铁的焊接性

灰铸铁的碳和硫、磷等杂质含量高，抗拉强度低和脆性大，几乎没有塑性变形能力等，就决定了它的焊接性差。主要问题是焊接接头易出现白口组织和淬硬组织，以及易产生裂纹。

1. 焊接接头的白口组织和淬硬组织

1）白口组织。焊接灰铸铁时，既可能在焊缝金属上，也可能在热影响区上产生白口组织，这取决于焊接时所用的焊接材料和焊后冷却速度。

① 焊缝的白口组织取决于焊接时所用的焊接材料。当采用铸铁型的焊接材料时，因焊缝与母材同质（同为灰铸铁），如果焊接熔池冷却很快，或碳、硅等石墨化元素含量较低，则 Fe_3C 来不及分解析出石墨，便以渗碳体形态存在，即产生白口组织；当采用非铸铁型的焊接材料（如钢、镍、镍铁、镍铜等）时，使焊缝与母材不同质，焊缝上就不会出现白口组织。

② 熔合区的白口组织。母材为灰铸铁，碳以片状石墨存在。焊接时靠近焊缝的熔合区，温度为 1150~1250℃，石墨全部溶解于奥氏体。焊缝冷却时，奥氏体中的碳往往来不及析出石墨，以 Fe_3C 的形态存在而成为白口组织。冷却得越快，在熔合区处就越容易产生白口组织。

当焊缝与母材同质时，如果冷却速度快，则焊缝与熔合区一样，都会产生白口组织；当焊缝与母材异质时，如果冷却速度仍然很快，则熔合区就会产生白口组织，只是随着所用焊接材料的不同或焊接工艺不同，白口组织出现的程度有所差别。目前采用纯镍焊条对铸铁冷焊时，可以使熔合区的白口组织减到最少。

无论焊缝或熔合区出现白口组织，都会引起严重后果，因为白口组织既硬又脆，其硬度在 500~800HBW 之间，极容易引发裂纹，又给机械加工带来困难。

防止焊接铸铁时接头出现白口组织的途径主要有以下几点：

a. 减小焊接过程中和焊后的冷却速度。焊前预热，焊时保温和焊后缓冷是减少和避免白口组织的有效措施。对同质焊缝，预热至 400~700℃ 一般可以避免焊缝和熔合区产生白口组织。采用异质焊缝时，通常是冷焊（即在室温下，不预热焊件的熔焊工艺），要完全避免熔合区白口组织比较困难。如果能低温预热和焊后保温缓冷，也可以减少白口的产生。

b. 利用石墨化元素，促使渗碳体分解出石墨，以减少甚至消除白口组织，同时也要限制白口化元素的含量，如图 7-6-1 所示。

当采用铸铁型焊接材料时，在焊接材料中加入强烈促进石墨化的元素（如硅、碳），使其在焊缝金属中的含量高于母材，就可以减少或避免白口组织产生；当采用非铸铁型焊接材料时，焊缝金属不能产生白口组织，只会在熔合区上产生。产生的程度与所用焊接材料有关。如果采用含镍或含铜的焊接材料，则利用镍、铜促进石墨化的作用，可以减少熔合区的白口组织。

2）淬硬组织。当采用低碳钢或某些合金钢焊条冷焊铸铁时，焊缝为非铸铁焊缝，由于母材的熔入，使焊缝金属中碳含量增加，在快速冷却下，焊缝金属就会产生高碳马氏体组织，其硬度很高（500HBW 左右），也和白口组织一样，易引发裂纹并且给切削加工带来困难。

在电弧冷焊条件下，在热影响区中的半熔化区（温度范围为 1150~1250℃）及奥氏体区（温度范围为 820~1150℃）内，由于快速冷却就会产生脆硬的渗碳体和马氏体组织。这些组织是引发裂纹的主要原因。

防止或减少淬硬组织的途径，一是降低冷却速度，这一点与防止白口组织是一致的；二是在采用钢质焊接材料时，尽量避免母材熔化过多而恶化焊缝。

2. 铸铁的焊接裂纹

铸铁焊接时很容易产生裂纹。裂纹的类型主要是冷裂纹，其次是热裂纹。

1）冷裂纹。焊接铸铁时产生冷裂纹的温度一般低于 400℃，多发生在焊缝和热影响区上。

① 产生冷裂纹的主要原因。

a. 灰铸铁强度低、塑性几乎为零，无塑性变形能力。

b. 焊件上受到不均匀的加热和冷却，产生热应力和收缩应力。焊件上温差越大，这些应力也越大。

c. 焊接接头上产生了白口组织和淬硬组织，这些组织比灰铸铁还硬还脆，尤其白口组织，不能塑性变形，最易开裂。

② 焊缝上的冷裂纹主要取决于焊缝金属的性质。

a. 铸铁型（同质）焊缝是否产生冷裂纹取决于

焊缝的组织。当焊缝中有白口铸铁时容易开裂，因为白口铸铁的收缩率（约 2.3%）大于母材（灰铸铁）的收缩率（约 1.26%），焊后产生较大的收缩应力，白口铸铁无法承受大的收缩应力。焊缝中渗碳体量越多，越容易产生裂纹；当焊缝的基体为铁素体或珠光体，而且石墨化过程进行得较充分时，焊缝就不易产生裂纹。因为石墨化过程伴随着体积膨胀，可以松弛部分收缩应力，这时能导致开裂的原因主要是石墨的形态及其分布。粗而长的片状石墨比细而短的片状石墨容易开裂，如果焊缝中的石墨呈团絮状或球状，则具有较好的抗裂性能。

b. 非铸铁型（异质）焊缝是否产生冷裂纹取决于焊缝金属的塑性和焊接工艺的合理配合。当焊缝成为奥氏体、铁素体或镍基、铜基的焊缝时，由于具有较好的塑性而不易产生冷裂纹；当采用低碳钢或其他合金钢焊条作铸铁电弧冷焊时，第一层焊缝因母材（灰铸铁）的熔入而变成高碳钢，快速冷却时就会产生淬硬组织高碳马氏体，容易产生冷裂纹。

③ 热影响区上的冷裂纹在电弧冷焊灰铸铁时，热影响区上容易产生冷裂纹。前已述及热影响区内的半熔化区（温度范围为 1150～1250℃）及奥氏体区（温度范围为 820～1150℃）在快速冷却时就容易产生渗碳体和马氏体脆硬组织，当焊接应力超过了它们的强度时就会产生裂纹。

裂纹多为纵向分布，且常出现在半熔化区与奥氏体区交界处，沿界面开裂，严重时会造成整个焊缝金属剥离下来。

当焊缝为碳钢时，半熔合区为白口组织，奥氏体区为石墨化不完全的半白口组织或马氏体组织。焊缝的收缩率约 2.17%，半熔化区约 2.3%，奥氏体区约 1.1%，冷却过程中收缩率不同的三个部分之间，必然产生很大的剪切应力，当超过材料的抗剪强度时，就会沿界面开裂，严重时会发生整个焊缝剥离。厚壁铸件冷焊时，由于坡口深，需多层焊，积累的焊接应力大也容易产生焊缝剥离；对于同质焊缝，如果焊缝强度过高，若采用高钒铸铁焊条，焊接时又不采取减少焊接应力措施的话，也很容易产生焊缝的剥离。

除上述易引起焊接冷裂纹外，当焊缝较长、补焊体积或面积过大，以及补焊部位刚性过强，都有可能引起冷裂纹。有时局部预热造成铸件温差过高也能造成过大热应力而产生裂纹。

④ 防止冷裂纹的措施。减小焊接接头的应力和避免焊接接头出现渗碳体和马氏体（即白口组织和淬硬组织）是防止灰铸铁冷裂纹的基本措施。

a. 对铸铁型焊缝，焊前预热，焊后缓冷，这样既可减小焊接应力又能避免白口等脆性组织的产生。

b. 对非铸铁型焊缝，选用使焊缝具有良好塑性的焊接材料，这样可以松弛焊接应力。

c. 当补焊厚大铸铁件时，采取开窄坡口、内填板等措施以减少焊缝体积，减小焊接应力；也可以焊前在坡口内栽丝，以分散焊接应力。

d. 在工艺上采用短段焊、断续分散焊和焊后锤击焊缝等手段，可以减小焊接应力。

2）热裂纹。铸铁的焊接热裂纹主要出现在焊缝上。铸铁型焊缝对热裂纹不敏感，因为焊缝高温时石墨析出，使体积增加，有助于减低焊接应力。在非铸铁型焊缝中，如果用碳钢焊条，则焊缝极易产生热裂纹，用镍基焊条焊灰铸铁，也有一定热裂倾向。

用低碳钢焊条焊接灰铸铁的第一层焊缝最容易发生热裂纹，因为作为母材的灰铸铁其碳、硫和磷含量高，熔入第一层焊缝的量较多，使钢质焊缝平均含碳、硫和磷量增加，而碳、硫和磷是碳素钢发生结晶裂纹的有害元素。所以，第一层焊缝产生热裂纹概率最大。

用镍基焊条焊接灰铸铁时，也因母材熔入焊缝使硫、磷有害元素增加，易生成低熔共晶物，如 Ni-Ni_3S_5 的共晶温度为 644℃，Ni-Ni_3P 的共晶温度为 880℃，故镍基焊缝也有热裂倾向。

防止焊缝金属产生热裂纹的途径是从冶金处理和焊接工艺两方面采取措施。在冶金方面，通过调整焊缝化学成分，使其脆性温度区间缩小；加入稀土元素，增强脱硫、去磷能力以减少晶间低熔物质；使晶粒细化等。在工艺方面，要正确制订冷焊操作工艺，使焊接应力降低和使母材熔入焊缝中的比例（即熔合比）尽可能小等。

6.2.3 灰铸铁的焊接工艺

铸铁属难焊的金属材料。实践表明，除了需正确选择焊接方法及其所用的焊接材料外，还需要有一套与之相适应的焊接工艺措施配合，补焊才能取得成功。

1. 灰铸铁的焊接方法

补焊灰铸铁的常用方法有电弧焊和气焊，此外还有钎焊和手工电渣焊。电弧焊中主要是焊条电弧焊，其次是气体保护焊。焊条电弧焊因其设备简单，操作灵活方便，焊条品种多且易于选购，所以在灰铸铁补焊中被广泛应用。气体保护焊有实心焊丝的 CO_2 气体保护焊和药芯焊丝自保护焊，根据焊件结构情况，可以半自动焊或自动焊。随着利用焊接方法生产铸铁组合件（铸铁件之间或铸铁件和其他金属件之间的组合）的发展，气体保护焊将会越来越多地被采用。

这里重点介绍应用很广的焊条电弧焊和气体火焰焊补焊铸铁件的工艺。

铸铁焊接产生裂纹是因铸铁强度低、塑性差，并是在焊接应力作用下引起。因此，防止焊接裂纹主要是从减小或消除焊接应力着手。国内在焊条电弧焊补焊实践中总结出冷焊法、热焊法、半热焊法和不预热焊法；气焊有热焊法、加热减应区法和不预热焊法等。合理地运用这些焊接方法都能取得好效果。

1）冷焊法是采用非铸铁型焊条，对铸铁件不预热就进行电弧焊的一种方法。此法劳动条件好，但焊缝性能和颜色与母材常有差异。

2）热焊法是采用铸铁型焊接材料作电弧焊或气焊，焊前对铸铁件整体或较大范围局部预热600~700℃（呈暗红色）左右，且在400℃以上焊接。焊后在600~700℃保温以消除焊接应力。此法效果很好，但劳动条件差。结构复杂且刚性大的铸铁件宜整体预热，局部预热只适用于结构简单、刚性小的铸铁件。

3）半热焊法与热焊法的区别在于预热温度较低，在400℃左右，也是采用铸铁型焊接材料进行焊条电弧焊或气焊。

4）不预热焊法是采用铸铁型焊接材料，大的焊接热输入，焊前对焊件不预热而进行的焊条电弧焊或气焊的方法。此法与冷焊的区别是通过大焊接热输入，使整个补焊区保持在较高温度，以减缓冷却速度和降低焊接应力。

5）加热减应区法。此法多在气焊铸铁件时采用。在焊前及焊接过程中对焊件某些能阻碍焊接区自由伸缩的部位（称减应区）加热，使之焊时与焊接区同时膨胀，冷却时和焊接区同时收缩，以达到减小焊接应力的目的。

表7-6-3列出了各种焊接方法补焊铸铁的工艺要点。选择这些焊接方法时，应考虑下列因素：

1）待焊件的材质和结构特点。需考虑待焊铸件的化学成分、组织及其力学性能；铸件的形状、大小、壁厚及其复杂程度等。

2）待焊件的缺陷情况。应了解缺陷的类型（如裂纹、气孔、砂眼、冲溃、错位等），缺陷的大小、所在部位及产生原因等。使用过程中产生的问题（如断裂和磨损等），需了解其损坏部位、断口情况和损坏程度等。

3）对焊后质量要求。主要是了解对接头的强度、硬度、切削加工性能的要求，以及对焊缝颜色与密封性等的要求，这些要求不仅决定选用什么焊接方法，也决定选用什么样的焊接材料。

4）现场条件与经济性。现场条件包括现有焊接设备、焊接材料的来源情况；对大型焊件，需考虑起重和翻身设备条件；预热、保温和缓冷等所需的设备条件等。在综合上述因素后，在保证焊接质量要求前提下，选择最简便易行、成本低的焊接工艺方法。

表7-6-3 各种焊接方法补焊铸铁的工艺要点

焊接方法	工艺要点
焊条电弧冷焊	较小的焊接电流和较快的焊速，不做横向摆动（窄焊道）、多层焊，尽量不在母材引弧，少熔化母材；短焊道（10~50mm）断续焊，层间冷却到60~70℃（预热焊时冷却到预热温度）后，再继续施焊；焊后及时充分锤击焊缝金属，一般不预热
焊条电弧半热焊	较大的焊接电流、慢焊速、中等弧长，连续焊，一般预热400℃左右并在焊后保温缓冷
焊条电弧热焊	预热500~650℃并保持焊件温度在焊接过程中不低于400℃；焊后600~650℃保温退火消除应力，连续焊，熔池温度过高时稍停顿
铸铁芯焊条不预热焊条电弧焊	坡口面积应不小于8cm²，深度应不小于7mm，周围用造型材料围筑起凸台，较大的焊接电流，长电弧连续焊，熔池温度过高时稍停顿；焊缝应高出焊件表面5~8mm，以造成熔合区缓冷的条件
预热气焊	预热600~680℃，并保持焊件温度在焊接过程中不低于400℃；焊后600~650℃保温退火消除应力，较大的火焰功率连续焊
加热减应区气焊	正确选定减应区，并将它用气焊火焰加热至600~700℃，用较大功率的气焊炬开坡口（或事先用机械法开坡口），同时保持减应区温度，缺陷处补焊后与减应区一起冷却，减小焊接热应力
不预热气焊	用较大功率的焊炬开坡口，连续施焊
钎焊	采用气焊火焰或其他热源加热焊件并进行钎焊，缺陷处事先用机械法开适当的坡口，并预热、清除油脂
气电立焊	与焊条电弧冷焊相同，焊道长度可适当大些
手工电渣焊	用造型材料造型，用碳电极建立渣池并预热；补焊时，用碳电极加热。另外，填充铸铁屑（或直接用铸铁棒电极加热并填充）、连续施焊

2. 灰铸铁的焊接材料

选择铸铁焊接材料的主要依据是对焊缝质量的要求和所用的焊接方法。

当要求焊缝与母材（灰铸铁）同质时，如果用焊条电弧焊，则选用Z208或Z248等铸铁型焊条；若用气焊则选用RZC型焊丝。

当对焊缝无同质要求时，如果是焊条电弧焊，则选择能获得良好塑性的非铸铁型焊条，如Z308、Z408等镍基或Z116钢基焊条。

表7-6-4汇集了包括球墨铸铁等在内各种铸铁焊接材料及其相应焊接方法特点，供选用时参考。

3. 铸铁补焊方法与焊接材料选用建议

表7-6-5是以机床类机械铸铁件缺陷补焊为例，根据补焊部位及要求，推荐采用的焊接方法及相应的焊接材料。

表 7-6-4　铸铁焊接材料及相应焊接方法特点

类别及名称	牌号	国标型号	焊缝合金类型	焊接方法	适应铸铁种类、接头强度 R_m/MPa	焊缝金属 R_m/MPa	熔敷金属硬度 HV	熔合区白口厚度/mm	可加工性	抗裂性和其他特点
纯镍铸铁焊条	Z308	EZNi-1 EZNi-2	镍≥90 85 硅≤2.5 4.0	电弧冷焊	灰铸铁 147~196	240~390	120~170	0~0.2 平均 0.08	好	好，但焊接球墨铸铁易裂
镍铁铸铁焊条	Z408 Z438	EZNiFe-1 EZNiFe-2 EZNiFe-3	镍 45~60 铁	电弧冷焊	球墨铸铁 294~496	390~540	150~210	0~0.25 平均 0.15	较好	好，适应多种铸铁
镍铁铜铸铁焊条	Z408A	EZNiFeCu	镍 45~60 铜 7 铁	电弧冷焊	球墨铸铁	390~540	160~190	—	较好	好，适应多种铸铁，焊芯镀铜是提高石墨型药皮保存期的方法之一
镍铜铸铁焊条	Z508	EZNiCu-1 EZNiCu-2	镍 60~70 铜 镍 50~60 铜	电弧冷焊	灰铸铁 78~167	190~390	140~180	—	较好	焊缝收缩率大、易裂，但锤击效果显著，可防止开裂
纯铁及碳素钢铸铁焊条	Z112 Z100	EZFe-1 EZFe-2	碳钢	电弧冷焊	灰铸铁	—	—	0.8~1.0	很差	易产生热裂纹及剥离，熔合性好
高钒焊条	Z116 Z117	EZV	钒 8~13 钢	电弧冷焊	高强灰铸铁、球墨铸铁	538~588	200~250	0.3~0.5	尚可	较好，焊缝不产生热裂纹，但含硅高时易脆裂
铜钢焊条	Z607 Z612	—	铜~80 钢	电弧冷焊	灰铸铁 50~147	—	110~400 很不均匀	0~0.5	勉强	好，但多层焊易产生气孔
灰铸铁焊条	Z208 Z248	EZC	灰铸铁	半热焊、热焊、不预热焊	普通灰铸铁基本等强度	170~200	150~240 与冷速有关	0~1 与工艺有关	较好、很好，与工艺有关	大刚度部位的大缺陷易裂
	Z258	EZCQ	球墨铸铁	预热焊	球墨铸铁	—	—	—	—	铸芯和药皮含钇基重稀土球化剂

球墨铸铁焊条	Z238SnCu	EZCQ	球墨铸铁	预热焊、不预热焊	多种球墨铸铁,焊后需经相应热处理,接头组织、强度、硬度匹配,焊缝塑性低			—	—	钢芯和药皮含钇基重稀土球化剂及锡、铜珠光体化元素
	Z238F	EZCQ	球墨铸铁	通常可不预热焊	较低强度球墨铸铁	≥500 $A=5\%$	—	—	可加工	较好,钢芯和药皮含铋,焊缝为铁素体,白口倾向较低
	Z268	EZCQ	球墨铸铁	通常可不预热焊	常用球墨铸铁,R_m、A 达到标准	≥600 $A=5\%$	—	—	可加工	较好,钢芯和药皮含多量钡、钙脱氧脱硫、球化稳定、白口倾向较低
蠕墨铸铁焊条	Z288	—	蠕墨铸铁	不预热焊	蠕墨铸铁 315,$A=1.6\%$	381	—	—	可加工	较好
纯镍蠕墨铸铁焊条	Z358	—	镍	电弧冷焊	蠕墨铸铁 298,$A=6\%$	352 $A=8\%$	—	—	好	好
白口铸铁底层焊条	BT-1	—	镍铁 1∶1	电弧冷焊	白口铸铁	—	—	—	—	好,线胀系数与白口铸铁相近,熔合性好,需配用特殊电弧冷焊工艺
白口铸铁工作层焊条	BT-2	—	中碳合金钢	电弧冷焊	白口铸铁	—	48~52HRC	—	—	
灰铸铁填充焊丝	HS401	RZC$_{-2}^{-1}$	灰铸铁	气焊热焊、不预热气焊	灰铸铁等强度	—	—	—	好	大刚度、长焊缝易裂
合金铸铁填充焊丝	—	RZCH	镍钼铸铁	气焊	合金铸铁	—	—	—	好	大刚度、长焊缝易裂
球墨铸铁填充焊丝	HS402	RZCQ$_{-2}^{-1}$	球墨铸铁	气焊	常用球墨铸铁接近母材	—	—	—	好	较好,不适于厚大件、大缺陷、长时间焊接,以免球化衰退
蠕墨铸铁焊丝	HS403	—	蠕墨铸铁	气焊	蠕墨铸铁 362,$A=1.7\%$	—	—	—	好	较好,冷速≤9℃·s^{-1}
黄铜钎料	HL103	BCu54Zn	黄铜	钎焊	灰铸铁 118~147	≥196	—	0	好	较好,薄壁易裂
铜锌镍锰钎料	—	—	铜锌镍锰	钎焊	灰口铸铁>196	406~554	165~199	0	好	较好,颜色近似
低碳低合金钢细焊丝	—	H08Mn2Si 等	钢	细丝 CO_2 焊	灰铸铁、球墨铸铁	—	—	0~0.25	较好	较好,采用弱规范电弧冷焊
高钒药芯焊丝	—	—	钒 8~13 钢	CO_2 焊	球墨铸铁 410~450	—	—	约 0.3	可	较好,底层焊后高温退火,可消除熔合区白口
镍铁合金焊丝	—	—	镍 45~60 铁	Ar 弧焊	球墨铸铁	—	—	—	较好	较好

表 7-6-5　机床类机械铸件补焊工艺方法和焊接材料的选用建议

补焊部位及要求			焊接方法	
			推　荐	可　用
加工面	导轨面（滑动摩擦）	铸造毛坯（有加工余量）	铸铁芯焊条，电弧焊热焊 铸铁焊丝气焊热焊	铸铁芯焊条，不预热电弧焊（刚度大的部位可能裂） EZNiCu、EZNi 或 EZNiFe 焊条冷焊或稍加预热。手工电渣焊（用于特厚大件）
		已加工（加工余量较小）	EZNiCu、EZNi 或 EZNiFe 焊条，冷焊或稍加预热	铸铁芯焊条，不预热电弧焊（刚度大的部位可能裂）
	固定结合面	铸造毛坯	铸铁芯焊条，电弧焊热焊 铸铁焊丝，气焊热焊 铸铁芯焊条，不预热电弧焊（刚度大的部位可能裂） 手工电渣焊（用于特厚大件）	EZNiCu、EZNi 或 EZNiFe 焊条，电弧焊冷焊或稍加预热
		已加工	EZNiCu、EZNi 或 EZNiFe 焊条，电弧焊冷焊或稍加预热	铸铁芯焊条，不预热电弧焊（刚度大的部位可能裂）、黄铜钎焊
	要求密封（耐水压）部位	铸造毛坯	铸铁芯焊条，电弧焊热焊 铸铁焊丝，气焊热焊 铸铁芯焊条，不预热电弧焊（刚度大的部位可能裂）	EZNiFe、或 EZNi 焊条，冷焊
		已加工	EZNiFe 或 EZNi 焊条、冷焊或稍加预热（要求耐压不高时可用 EZNiCu 焊条）	铸铁芯焊条，不预热电弧焊（刚度大的部位可能裂）、黄铜钎焊
非加工面	要求密封（耐水压部位）或要求与母材等强度		EZFeCu、EZNiCu 或自制奥氏体铁铜焊条、冷焊（要求耐压不高时） EZNiFe、EZNi 或 EZv 焊条，冷焊或稍加预热（要求耐较高压力时）	铸铁芯焊条，电弧焊热焊 铸铁焊丝，气焊热焊 铸铁芯焊条，不预热电弧焊（刚度大的部位可能裂）、黄铜钎焊
	无密封及强度要求		EZFeCu 或自制奥氏体铁铜焊条，冷焊或低碳钢焊条（E5015、E5016、E4303 等）冷焊	其他任何铸铁焊接方法

表 7-6-6 列出了汽车气缸体、缸盖铸铁件补焊方法及焊接材料的选择，表 7-6-7 列出了常见典型缺陷补焊方法及焊接材料的选择。

表 7-6-6　汽车气缸体、缸盖铸铁件补焊方法及焊接材料的选择

补焊部位		常用补焊方法及材料		也可用焊接方法及材料	
缺陷部位	特点	补焊方法	焊接材料	补焊方法	焊接材料
缸平面靠中部、缸孔内气门导管内、缸盖平面靠中部	刚度大、加工面	气焊热焊	铁基填充焊丝	—	—
		电弧冷焊	镍基铸铁焊条（EZNi、EZNiFe、EZNiCu）		
缸平面非正中部、缸盖平面非正中部	刚度较大、加工面	加热减应区气焊	铁基填充焊丝	气焊热焊	铁基填充焊丝
		电弧冷焊	镍基铸铁焊条：（EZNi、EZNiFe、EZNiCu）		
缸筒底部水道裂纹、变速箱、飞轮外壳等小件	刚度小、加工面	不预热气焊	铁基填充焊丝	—	—
		电弧冷焊	镍基铸铁焊条（EZNi、EZNiFe、EZNiCu）		
缸体侧面裂纹、缸筒外壁裂纹等	非加工面	电弧冷焊	铜铁铸铁焊条（EZFeCu）或奥氏体铁铜焊条、高钒铸铁焊条（EZV）	电弧冷焊	纯铁焊条（EZFe）或低碳钢焊条（E5016、E5017、E4303），镍基铸铁焊条（EZNi、EZNiFe、EZNiCu）

表 7-6-7 常见典型缺陷补焊方法及焊接材料的选择[2]

缺陷名称	铸铁件名称	材质	特点或焊补要求	常用焊补方法及材料	
				焊接方法	焊接材料
研伤	机床	灰铸铁	要求焊后硬度较均匀,可机械加工、无变形	电弧冷焊或稍加预热	镍基铸铁焊条(EZNiCu、EZNi)
				钎焊	银锡钎料
	大型转子、铣床	灰铸铁	要求焊后硬度较均匀,可机械加工、无变形	电弧冷焊	镍基铸铁焊条(EZNi、EZNiCu)
	龙门刨床	灰铸铁	要求焊后硬度较均匀,可机械加工、无变形	电弧冷焊	纯镍铸铁焊条(EZNiCu)
	镗床立面	灰铸铁	要求焊后硬度较均匀,可机械加工、无变形	电弧冷焊	纯镍铸铁焊条(EZNi)
断裂	机床床身、压力机、空气锤、剪床、冲床	灰铸铁	要求焊后焊缝与母材等强、变形小、残余应力小	电弧冷焊	镍基铸铁焊条(EZNi、EZNiFe)(可加工)或高钒铸铁焊条(EZV)
				电弧冷焊(加栽丝、补板等)	镍基铸铁焊条(EZNi、EZNiFe)(可加工)或高钒铸铁焊条(EZV)
				热焊(易预热、刚度不大件)	铸铁芯焊条

4. 电弧热焊灰铸铁的操作要领

1）特点与适用范围。此法的基本特点是焊前整体或较大范围局部预热至600~700℃左右，焊时也维持此高温，焊后需缓冷。优点是接头避免产生白口及淬硬组织，有很好的切削加工性能，因焊缝与母材温差小，降低了热应力，可防止裂纹的产生。用的是铁基焊接材料，使焊缝的组织，性能和颜色与母材接近。最大缺点是劳动条件恶劣，生产率低，成本高。

在下列情况下，适于用热焊法。

① 补焊区不在铸件边角部位，而在中间刚性较大部位，焊接过程中不能自由地热胀冷缩。

② 长期在高温、腐蚀条件下工作的铸件，内部已有些变质，如气缸排气孔、排气管和锅炉片等。

③ 铸件材质较差，组织疏松粗糙，若用电弧冷焊，熔敷金属难与母材熔合时。

④ 铸件厚度较大，若不预热则热量不足，难以施焊或焊速太慢。

⑤ 对焊接区有颜色、密封性要求和能承受动载荷等重要的零部件。

2）焊条。目前，常用的有两种：一种是铸铁芯石墨化型焊条（如Z248等）；另一种是钢芯石墨化型焊条（如Z208等）。前者通过焊芯和药皮向焊缝过渡C、Si等石墨化元素，后者主要通过药皮向焊缝过渡石墨化元素。铸铁芯石墨化型焊条的焊芯直径较粗，一般为6~12mm。可用较大电流焊接，故适用于较厚、较大的铸件且有较大缺陷的补焊。

3）焊前准备。主要工作是清理缺陷、开坡口和造型。铲除缺陷直至露出金属，并去除油脂；用扁铲或砂轮等开坡口，坡口要有角度，上口稍大，底面应圆滑过渡，如图7-6-2所示。对较大的或边角的缺陷需在缺陷周围造型，如图7-6-3所示。造型材料可用耐火砖、铸造型砂+水玻璃、石墨块等。若在铸件上表面造型，也可用黄坭围筑。用型砂或黄坭造型，焊前应烘干。

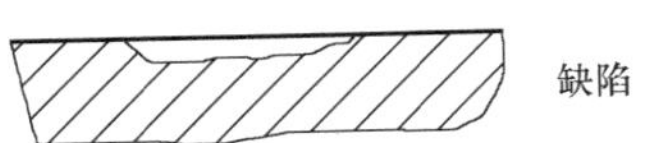

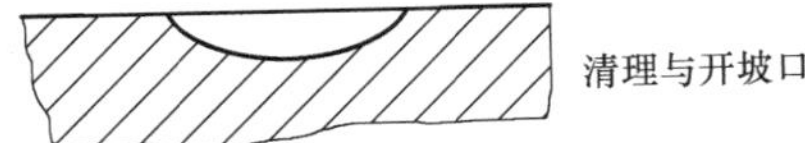

图 7-6-2 清理缺陷与开坡口

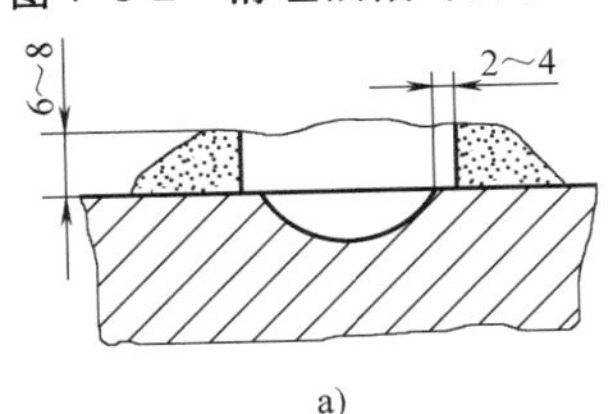

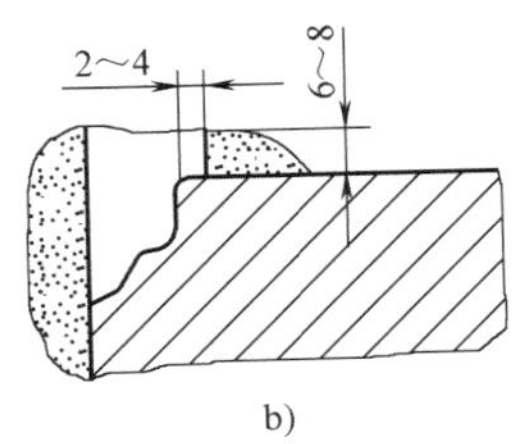

图 7-6-3 造型示意图

a）表面内较大缺陷 b）边角缺陷

4）预热。根据铸件的体积、壁厚、结构复杂程度、缺陷位置、补焊处的刚度及预热设备来决定是整体预热还是局部预热。当补焊处刚度大，壁厚、结构较复杂，采用局部预热会引起很大热应力时，必须采取整体预热。当缺陷较小，又位于边角、棱处、预热过程铸件可自由膨胀的，就可以局部预热。

预热时，加热速度不宜快。要使铸件壁厚温差尽可能小，以减小热应力，防止在加热过程中就产生裂纹。

5）焊接操作。按焊件壁厚选择焊条直径，宜选粗一些；按直径确定焊接电流，每毫米焊条直径取40~50A 电流；电弧长度比正常稍长些，使药皮中的石墨充分熔化；从缺陷中心引弧，逐渐移向边缘，小缺陷应连续填满，大缺陷逐层堆焊直至填满；电弧在缺陷边缘处不宜停留过长，以减少母材熔化量并且防止造成咬边；渣多时要及时扒渣，否则易生夹渣；焊接过程中始终保持预热温度，否则要重新加热才能继续进行焊接。

6）焊后处理。焊后需保温缓冷，常用保温材料覆盖。重要铸件最好进行消除应力热处理，焊后立即将焊件放在炉中加热至 600~700℃，保温一段时间，然后随炉冷却。

5. 电弧冷焊灰铸铁操作要领

1）特点与适用范围。主要特点是对焊件不预热，焊接区保持“冷”的状态。优点是节省燃料和能源，劳动条件好，但熔合区白口不易避免，需要有一套严格冷焊操作工艺配合，才能避免焊接裂纹。

此法适用于不允许变形的机械加工面和破坏焊件表面的铸件；体积很大，预热有困难的铸件；缺陷位于铸件边角处的、对焊缝金属无颜色要求的，或刚度大而缺陷小的铸件的补焊。

2）焊条。所选用的非铸铁型焊条的焊缝金属要有良好塑性，能经受锤击，达到降低焊接应力、避免产生焊接裂纹的目的。

焊后不需机械加工时，一般选用铜铁铸铁焊条、高钒铸铁焊条和氧化型钢芯铸铁焊条，有时也用普通低碳钢焊条，如 E4315、E5015 等。操作得当，能保证补焊区的密封性。

焊后要求机械加工时，宜选用镍基铸铁焊条，即纯镍铸铁、镍铜铸铁或镍铁铸铁焊条。这些焊条能保证密封性和机械加工性。若能对坡口做低温预热（如 200℃左右），补焊区的加工性能将更好。

3）焊前准备。

① 清理缺陷。对砂眼、缩孔等缺陷应彻底清除，对裂纹要设法查清走向、分枝及其端点，不能遗漏。在裂纹端点前方约 0~6mm 处钻止裂孔，以防止裂纹在开坡口时继续扩展。止裂孔孔径 ϕ4~ϕ6mm，如图 7-6-4 所示。

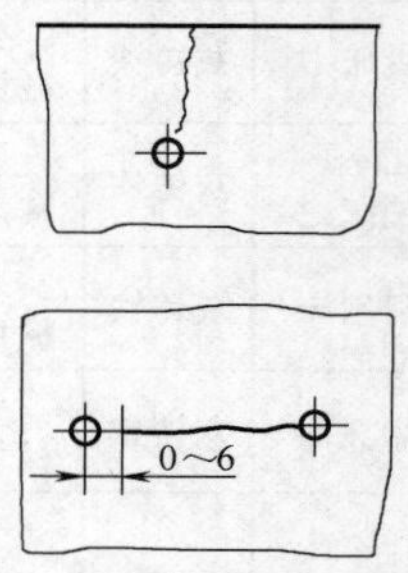

图 7-6-4　在裂纹两端钻止裂孔

② 坡口准备。常规坡口可用扁铲、砂轮等工具加工成图 7-6-5 和图 7-6-6 等形式。坡口面尽可能平整圆滑，焊前坡口及其附近的油脂、锈等应清除干净。

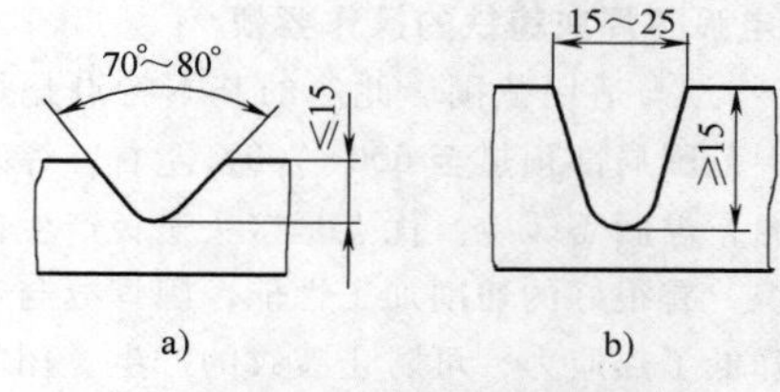

图 7-6-5　非穿透缺陷的坡口

a）浅坡口　b）深坡口

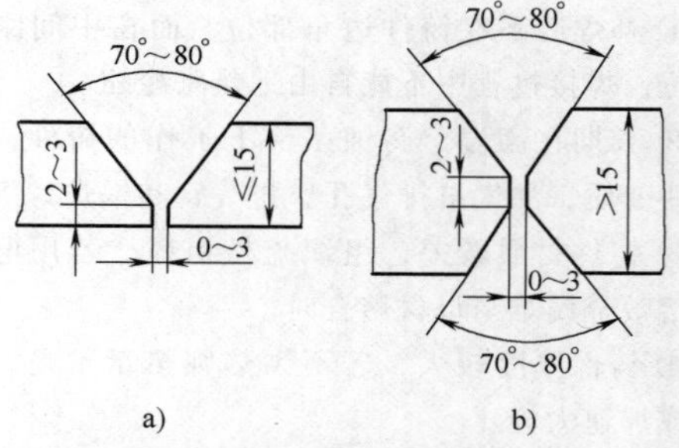

图 7-6-6　穿透缺陷的坡口

a）薄壁件坡口　b）厚壁件坡口

4）焊接操作。为了减少熔合区的白口组织、消除焊接应力、降低焊缝硬度、防止产生裂纹或焊缝剥离，需要有一套电弧冷焊操作工艺。其要领可归纳为：“短段、断续、分散焊，小电流浅熔深，锤击焊缝和运用退火焊道”。多层焊时与母材相连的第一层焊缝质量十分关键，必须特别细心施焊。

“短段、断续、分散焊”是把焊缝分段施焊，每段焊道要短，不能连续焊接，但可以分散在多处起焊，如图 7-6-7 所示。每小段的长度根据不同条件可在 10~15mm 或稍长一些范围内变化。每焊完一小段焊道就立即进行锤击，待冷却到可用手触摸（60℃）或室温时再焊下一段。这样做是为了防止焊接区局部过热，保持该区处于较低温度，以减少与整体温度差别，达到减小焊接应力的目的。

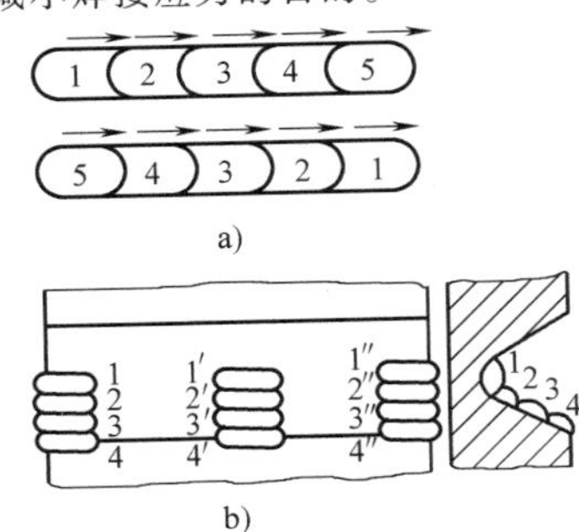

图 7-6-7 电弧冷焊操作方法

a）短段、断续焊（1~2 层）

b）短段、断续、分散焊（多层焊的第一层）

“小电流浅熔深”指采用较小的焊条直径和较小的电流焊接，在保证焊缝与母材良好熔合的前提下有较浅的熔深。一般 ϕ2.5mm 的焊条用 60~90A，ϕ3.2mm 的焊条用 80~120A。当采用分段倒退法施焊时（见图 7-6-7），采用短弧，焊速稍快以缩短高温停留时间。运条时不摇动，必要时可用挑弧焊法尽量减少熔深，以减少熔入焊缝的碳和硫、磷杂质。薄的熔合区使其中石墨来不及完全熔解而保留下来，白口组织得以减少甚至消除。若用大电流，则熔深增大，使熔合区白口层加厚，给加工带来困难，还可能造成焊缝剥离或焊缝上产生热裂纹（因熔合比大，母材过多熔入而恶化焊缝）。

“锤击焊缝”是当每一小段焊道焊后立即用带圆角的尖头小锤子锤击焊缝。先从弧坑开始，快速锤击整条焊道。当底部焊缝锤击不便时，可用圆刃扁铲轻捻。锤击力不宜大，以焊缝产生塑性变形又不损坏熔合区为限。这样既可松弛焊接应力，防止裂纹，又可锤紧焊缝微孔，增加焊缝的致密性。手锤重约 0.5~1kg，顶端圆角半径为 3~6mm。

“运用退火焊道”指当补焊加工面的线状缺陷时，如只焊一层，则该焊道底部熔合区较硬，不易机械加工。若将该焊道的上部铲去一些，再焊上一层，就使先焊一层底部受到退火作用而变得软一些，以改善补焊区的切削加工性能。

多层焊时，第一层焊后就可按图 7-6-8 所示顺序焊接后面各层以减小焊接应力。焊接各层时，也按焊接第一层的操作进行。

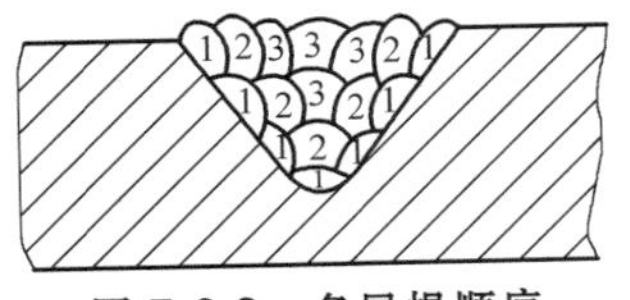

图 7-6-8 多层焊顺序

5）特殊工艺措施。这里介绍几种灰铸铁电弧冷焊时，为了某种需要而采取特殊工艺措施。

① 栽丝焊法。当母材材质差（如断口晶粒粗大、强度低等）、焊缝强度高（如用普通碳素钢焊条、高钒铸铁焊条等焊接时）、缺陷体积大而焊接层数多，或焊件受力大时，可采用如图 7-6-9 所示的栽丝焊法。在母材坡口面上钻孔攻螺纹，拧入钢质螺钉。露出部分的表面将和焊缝金属焊成一体，通过螺丝分担部分焊接应力，防止焊缝剥离和提高补焊强度。

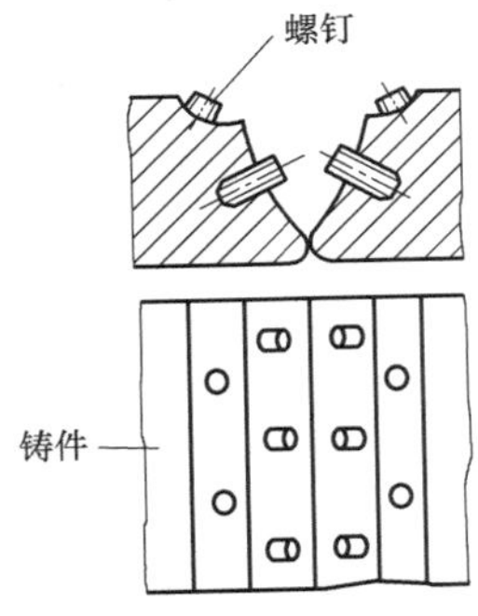

图 7-6-9 栽丝焊法

还可以用如图 7-6-10 所示的设置钢质加强肋于坡口内，用焊缝在其周围填满坡口，加强肋承受了巨大焊接和工作应力，进一步提高接头的强度和刚度。

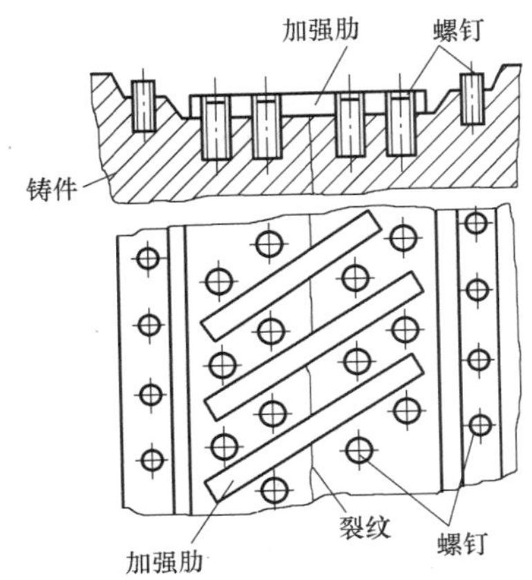

图 7-6-10 装加强肋焊法

栽丝焊法的操作要领是：螺钉直径、数量和栽入深度视坡口大小和铸件壁厚而定，厚壁大坡口用 ϕ10mm 左右的螺钉，拧入深度为 20~30mm，间距为 30~50mm，露出长度以大于螺钉直径为宜。先绕螺钉焊接，再焊螺钉之间。螺钉根部与母材要焊牢，补焊时尽可能控制螺钉少熔化。

② 加钢垫板焊法。当补焊厚大铸件且坡口较深、较大时，在坡口内放入每片厚约 4mm 的低碳钢垫板，如图 7-6-11 所示。在垫板周边用抗裂性能高且强度性能好的铸铁焊条将母材与低碳钢垫板焊在一起，在上、下垫板之间可焊上塞焊缝。此法大大减少了焊缝金属，因而又进一步减少焊接应力，有利于防止产生剥离、裂纹，还有利于缩短补焊时间并节省焊条。

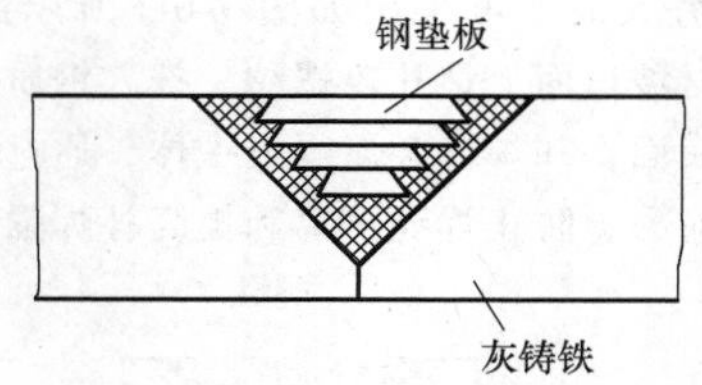

图 7-6-11　加钢垫板焊法

③ 组合焊接法。它是用两种性能不同的焊条按一定的程序补焊同一缺陷的焊接方法。通常第一层（或第一层和第二层）采用加工性和抗裂性较好的镍基焊条焊接，起到过渡层作用。以后各层采用普通低碳钢焊条填满，如图 7-6-12 所示。

此法在补焊较大缺陷时，为了节省贵重焊条而常被采用。

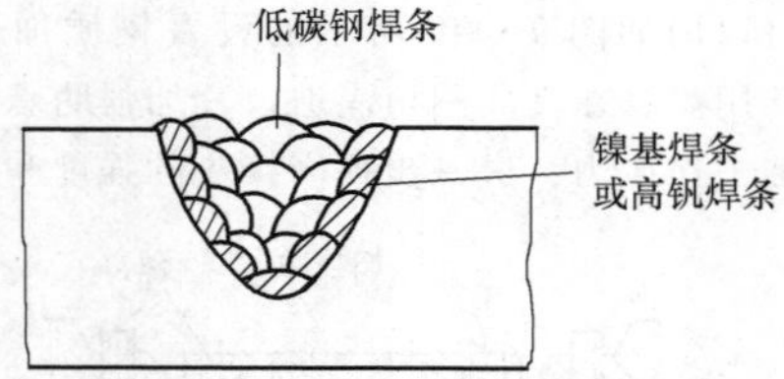

图 7-6-12　组合焊接法

6. 加热减应区法补焊灰铸铁操作要领

1）适用范围。主要用于防止焊接接头因横向拘束应力而引起裂纹的铸铁补焊。由于不能减小焊缝纵向应力，因而只能用于较短焊缝的焊接。通常当框架结构或带孔洞的箱体结构上有断裂缺陷时可用此法，对整体性强、无孔洞的铸铁件则难以采用。

2）加热方法。一般采用气体火焰加热，用大号焊炬如 H01-20。

3）加热部位。正确选择加热部位是此法成败关键。总的原则是选择那些阻碍补焊区热胀和冷缩的部位。当加热该区域时，它的热膨胀应能带动待焊处的缝隙向外张开，热源移去后随着温度下降，又能使该缝隙缩小。如果加热时，待焊处的缝隙不但不张开，反而闭合，则说明加热部位选错了。

4）加热程度。此法的实质是让焊接区在整个焊接过程中的热胀和冷缩是自由的，以达到减小拘束应力。因此，对减应区加热的面积大小和温度高低应控制在使待焊处缝隙的张开量与焊后该处的收缩量相等或相近。视壁厚不同，加热在 400 ~ 900℃ 之间。

5）同步冷却。先对减应区加热，使待焊处缝隙张开到所需的扩大量（约 1 ~ 1.5mm）后，立即快速施焊。待整个补焊完成，同时撤去减应区的热源，让减应区和补焊区一起冷却下来，若彼此收缩同步，互不拘束，将不产生应力和裂纹。

6）示例。图 7-6-13a 所示为皮带轮，对轮辐断裂修复。加热减应区选在轮缘上（有影线处），当两处同时加热时，断裂处将有 ΔL 的张开量；图 7-6-13b 所示为在轮缘处断裂，加热减应区应选在轮辐上（有影线处）。

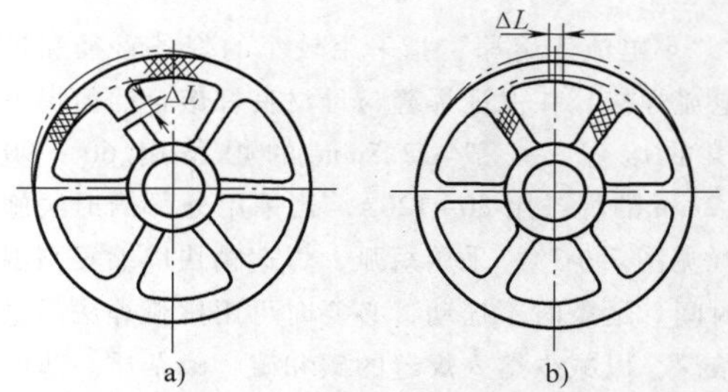

图 7-6-13　皮带轮轮缘、轮辐断裂

图 7-6-14 所示为变速箱轴承座孔间裂纹补焊时，加热减应区的位置（有影线处）。由于孔间截面较薄，加热和焊接时，其他孔间开裂可能性很大，为了避免孔间产生热应力，焊前将平面上减应区以外的部分全部用湿泥覆盖，防止其升温。

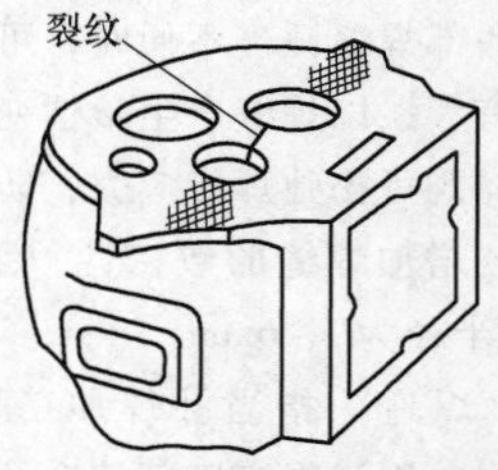

图 7-6-14　变速箱轴承座孔间裂纹

7. 气焊灰铸铁的工艺要点

1）焊丝和熔剂。铸铁气焊用的填充金属为焊丝，其型号、牌号及化学成分见表 6-2-4 和表 6-2-5。为了驱除焊接过程中生成的氧化物和改善润湿性能，常使用熔剂，又称焊粉。常用的有 CJ201 熔剂，其组成见表 5-9-2。也可使用硼砂或脱水硼砂。

2）焊前准备。准备工作与焊条电弧焊补焊基本相同，厚件需开坡口，其形状和尺寸要求不高，小缺陷可用火焰直接对缺陷进行清理和开坡口。

需选用功率大的气焊矩，否则难以消除气孔、夹杂。

常使用大号焊炬 H01-20。铸铁壁厚≤20mm 时用 ϕ2mm 的焊嘴孔径，铸铁壁厚>20mm 时用 ϕ3mm 的焊嘴孔径。

3）操作工艺。

① 火焰。焊接过程必须使用中性焰或弱碳化焰，火焰始终要覆盖住熔池，以减少碳、硅的烧损，保持熔池温度。

② 焊接。先用火焰加热坡口底部使之熔化形成熔池，将已烧热的焊丝蘸上熔剂迅速插入熔池，让焊丝在熔池中熔化而不是以熔滴状滴入熔池。焊丝在熔池中不断往复运动，使熔池内的夹杂物浮起，待熔渣在表面集中，用焊丝端部沾出排除。若发现熔池底部有白亮夹杂物（SiO_2）或气孔时，应加大火焰，减少焰芯到熔池的距离，以便提高熔池底部温度使之浮起，也可用焊丝迅速插入熔池底部将夹杂物、气孔排出。

③ 收尾。焊到最后的焊缝应略高于铸铁件表面，同时将流到焊缝外面的熔渣重熔，待焊缝温度降低至处于半熔化状态时，用冷的焊丝平行于铸件表面迅速将高出部分刮平，这样得出的焊缝没有气孔、夹渣，且外表平整。

8. 手工电渣焊灰铸铁的工艺要点

灰铸铁手工电渣焊具有热源温度低（1500～2000℃）、加热和冷却速度慢、利于避免白口的优点，能够获得硬度低、加工性能好、与母材颜色一致的接头。由于电渣焊功率大，可采用 1～3 个电极同时造渣焊接，所以适用于大型铸件的缺陷或巨大缺陷的补焊，但灰铸铁手工电渣焊需要预热，劳动条件差，准备工作和操作工艺复杂，对于焊缝金属体积大和刚度大的缺陷，易产生裂纹。

1）材料选择。填充金属可选择与母材成分相同的铸铁棒（ϕ12mm），也可选择从铸铁加工下来的切屑，铸铁屑要纯，并经 300～400℃ 加热除油。焊剂可采用 HJ230 或 HJ130，也可选用 60%（质量分数，后同）萤石、20% 镁砂（MgO）和 20% 石英砂，各过 100 号筛。机械混合后的焊剂熔点比铸铁低，不会造成夹渣及未熔合，而且导电性好，使电渣焊过程稳定，但不宜采用 HJ431。焊丝一般采用 H08Mn2SiA，直径为 0.6～1.0mm。

2）焊前准备。清理缺陷，铲除缺陷至露出纯净金属，形状规则、平坦，若有凹陷，其大小必须保证石墨电极能到达。造型，根据铸铁件具体情况选择和适当扩大造型保温面，石墨为板型的内壁，在其外面造型，保温面上填砂，压实并打气眼；预热，根据铸件的大小，将缺陷和造型保温面预热 3～5h，预热温度为 300～600℃。

3）焊接规范。采用 ϕ30～40 的石墨电极，电弧电压 25～30V，电流随缺陷面积大小而变化，一般为 700～1500A，渣池深度一般控制在 40～50mm 为宜。焊接过程中保持上述三个参数基本稳定，才能保证焊接过程和焊接质量的稳定。电极数目根据缺陷面积而定，当缺陷面积小于 100mm×200mm 时，用一个电极；小于 100mm×200mm 至 200mm×300mm 时，用两个电极；大于 200mm×300mm 时，用三个电极。

4）施焊。在缺陷坡口底部放入 5～10mm 厚的焊剂，为保证引弧造渣与起焊处质量，多选择石墨棒作电极。将石墨电极与焊剂接触并引燃电弧，熔化焊剂后，应不断加入焊剂压住电弧，并保持渣池深度为 40～50mm，使电极沿渣慢慢移动，均匀预热缺陷，待缺陷边缘和底部熔化后，开始不断地均匀加入铁屑，直至填满缺陷为止。焊接过程中还要加入少量的焊剂，补充损失以保持渣池的深度。

5）焊后处理。熔化完毕，待渣面凝固后盖上干砂，缓冷 10～15h 后拆型。

9. CO_2 气体保护焊灰铸铁的工艺要点

细丝 CO_2 气体保护焊焊丝金属熔化快，焊缝成堆积状，熔合比小，焊接参数调整灵活，通过控制焊接线能量和焊缝截面尺寸，有利于减小应力和热影响区宽度，可以防止裂纹和改善加工性能。CO_2 气体具有氧化性，烧损焊缝中的碳，有利于防止半熔化区的白口，对于多层焊效果更佳。CO_2 气体保护焊便于实现机械化焊接，提高生产率。

CO_2 气体保护焊的工艺要点：

1）焊丝一般采用 H08Mn2SiA，直径为 0.6～1.0mm。

2）采用小电流（60～90A），电弧电压为 18～20V，焊速应快些（10～12cm/s），气体压力为 0.2～0.3MPa，流量为 8～10L/min，焊丝伸出长度为 8～10mm。多层时，采用窄道焊，不摆动，每一层焊缝厚度≤3mm，焊缝截面面积≤30mm^2。对于长焊缝，采用分段、断续、分散焊接，焊缝附近母材温度应≤50℃，否则应停止焊接。注意焊接顺序，先焊坡口侧面，在焊中间连接焊缝。

3）焊后处理。焊后应充分锤击焊缝，消除应力。

6.3　球墨铸铁的焊接

6.3.1　球墨铸铁焊接的特点

球墨铸铁是在熔炼过程中加入一定量的镁、铈、钇等球化剂进行球化处理，使石墨以球状存在于基体内，与碳以片状石墨存在的灰铸铁相比，其力学性能明显提高。

球墨铸铁的焊接性有很多与灰铸铁相似，不同在于以下几点：

1）球墨铸铁的白口化倾向及淬硬倾向比灰铸铁大。因为上述球化剂有阻碍石墨化及提高淬硬临界冷却速度的作用。焊接时，铸铁型焊缝及半熔化区更易形成白口组织，奥氏体区更易出现马氏体组织。

2）由于球墨铸铁的强度、塑性与韧性比灰铸铁高，常用于较为重要的场合，因此相应地对接头的力学性能要求更高、更严格。要求焊接接头达到与各强度等级的球墨铸铁的母材相匹配，比灰铸铁更为困难。

6.3.2　球墨铸铁焊接的工艺要领

球墨铸铁焊接工艺与灰铸铁焊接基本相似，焊接方法主要是气焊和焊条电弧焊。焊接材料也分球墨铸铁（同质）型和非球墨铸铁（异质）型两种，后者多用于电弧冷焊。

1. 气焊

气焊加热和冷却过程比较缓慢均匀，球化剂损失少，有利于石墨球化，减少白口和淬硬组织的形成，对减少裂纹倾向有利。此外，气焊火焰预热焊件比较方便，适于中小缺陷的补焊。补焊大缺陷时则因生产率低而变得不经济。

气焊用焊丝可按表 6-2-4 和表 6-2-5 选用。当采用钇基重稀土球化剂的 HS402 球墨铸铁焊丝补焊时，焊缝石墨球化稳定、白口倾向较小，接头性能可满足 QT600-3、QT450-10 球墨铸铁的要求。当采用稀土镁球化剂的球墨铸铁焊丝时，为了防止球化衰退，连续补焊的时间应当缩短。

中、小型球墨铸铁件采用不预热工艺补焊，应注意焊接操作和焊后保温。厚大铸件缺陷补焊应预热 700～800℃，配合熔剂，用中性焰或弱还原焰焊接，焊后进行缓冷。具体操作与灰铸铁气焊相同。

2. 球墨铸铁型焊条电弧焊

焊接球墨铸铁用的同质焊条有两类。一类是球墨铸铁芯外涂含球化剂和石墨剂的药皮，通过焊芯和药皮共同向熔池过渡球化剂使焊缝中石墨球化如 Z258 焊条；另一类是低碳钢芯外涂含球化剂和石墨剂的药皮，通过药皮使焊缝中的石墨球化，如 Z238 焊条（见表 7-6-4）。

焊接工艺要点如下：

1）清理缺陷、开坡口。小缺陷应扩大到 ϕ30～ϕ40mm，深 8mm 以上。

2）采用大电流、连续焊工艺。焊接电流按 $I=(30\sim60)d$(A) 选择，d 为焊条直径（mm）。

3）中等缺陷应连续填满；较大缺陷应采取分段或分区填满再向前推移，保证补焊区有较大的焊接热输入量。

4）对大刚度部位较大缺陷的补焊，应采取加热减应区法或焊前预热 200～400℃，焊后需缓冷，防止产生裂纹。

5）若需焊态加工，焊后应立即用气体火焰加热补焊区至红热状态，并保持 3～5min。

3. 非球墨铸铁型焊条电弧冷焊

异质焊缝电弧冷焊用的焊条主要有镍铁铸铁焊条（如 EZNiFe）及高钒焊条（如 EZV）。用 EZNiFe 焊条焊接，接头强度接近 QT450-10 球墨铸铁，但塑性相差较大（约 1%～5%）；用高钒焊条焊接，焊缝抗拉强度和伸长率都较高，硬度小于 250HBW，但半熔化区白口较宽，接头加工性能较差，因此主要用于非加工面的补焊。若焊后退火，可降低硬度和改善加工性能。焊条电弧焊接操作要领与灰铸铁焊条电弧冷焊相同。

也可采用 CO_2 焊焊接球墨铸铁，采用 H08Mn2Si 细焊丝（ϕ0.6～ϕ1.0mm），低电压、小电流、浅熔深焊接，熔合区白口较小，接头强度有所提高。此外还可采用镍铁气体保护焊焊丝氩弧焊。

6.4　白口铸铁的焊接

白口铸铁分普通白口铸铁和合金白口铸铁，由于其耐磨性好，价格低廉，在冶金、矿山、橡胶及塑料等机械中应用较广。工业上多用冷硬铸铁，含碳硅当量较低，制造上采取激冷，使铸件表面层形成耐磨的白口铁，内部多为具有一定强度和韧性的球墨铸铁或灰铸铁。常用于制造轧辊、车轮、犁铧及锤头等。

由于白口铸铁具有硬、脆、收缩率大的特点，在铸造和使用过程中常因局部缺陷而造成整件报废。以轧钢中用的冷硬白口铸铁轧辊为例，在使用过程中因出现局部掉皮（即表面白口层局部剥离）而使整个轧辊报废，其使用寿命比正常因磨损而报废的短得多。所以，对这样的大型白口铸铁件进行补焊修复具有很大经济价值。

6.4.1 白口铸铁焊接的特点

1. 极易产生裂纹及剥离

白口铸铁是以连续渗碳体为基体，其伸长率为"零"，冲击韧度（10mm×10mm 无缺口试样）仅为 2~3J·cm^{-2}，既硬又脆，无塑性，其线收缩率为 1.6%~2.3%，约为灰铸铁的 2 倍。这样的材料焊接性极差，尤其是不预热局部冷焊，焊接区温度梯度大，极脆的白口铸铁无法承受焊接过程中产生的膨胀和收缩应力，产生裂纹几乎是不可避免。因此，防止焊接裂纹是补焊成败的关键之一。

2. 异质焊缝硬度偏低，耐磨性不及母材

为了改善焊接性，常采用塑性较高的异质焊条进行补焊，必然导致补焊区硬度和耐磨性低于母材，使用过程中该区将过早磨损。

综上所述，要成功补焊白口铸铁，必须解决焊缝金属与母材良好熔合而不会产生裂纹和剥离，以及补焊区工作表面具有与母材相同和相近的硬度和耐磨性。

6.4.2 白口铸铁补焊的工艺要领

这里以冷硬铸铁轧辊辊身掉皮缺陷补焊为例，介绍白口铸铁电弧冷焊工艺。

冷硬铸铁轧辊内部是球墨铸铁，辊身表面为白口铸铁，显微组织为在连续的硬、脆渗碳体的基体上分布着莱氏体与珠光体。轧辊在轧钢过程中承受着交变重复的热应力和机械应力作用，首先在表面引起热疲劳和机械疲劳，逐渐形成网状裂纹并扩展，最后产生局部剥离（掉皮）。

本例是对局部剥离处进行电弧冷焊修复，方法是采用专用焊条和较为独特的操作工艺。

1. 焊条

研制了两种焊条：BT-1 焊条，用于熔敷焊缝底层。其焊缝组织为奥氏体+球状石墨，与白口铸铁熔合良好；焊缝组织线胀系数小，球状石墨的析出伴随着体积膨胀，因而可减小收缩应力；又由于焊缝塑性好，焊时可以充分锤击焊缝以消除焊接应力。这些都有利于解决上述与母材良好熔合，以及不产生裂纹和剥离问题。

BT-2 焊条用于补焊工作层。其焊缝组织为马氏体+下贝氏体+残余奥氏体+碳化物质点，与白口铸铁熔合良好，冲击韧度和撕裂强度较高，硬度为 48~52HRC。用来解决补焊区工作层硬度和耐磨性问题。

上述两种焊条药皮中加入适量钾、钠等变质剂，通过冶金上的变质处理，使熔合区的网状渗碳体团球化，大大强化了熔合区，提高了抗裂性能。

2. 焊接操作要领

与传统焊条电弧冷焊铸铁工艺有较大区别。

1）开接近矩形截面坡口。轧辊掉皮部位通常尺寸较大（多在 180mm×180mm，深 15~20mm），焊前将该处凿成侧面与底面接近垂直（100°）的矩形截面坡口，与后面的操作工艺配合可减小焊接应力，有利于提高抗裂性能。

2）分块孤立堆焊。焊前将准备好的坡口划分成 40mm×40mm 若干个孤立块，各块之间及块与周围母材之间留出 7~9mm 间隙，如图 7-6-15 所示。补焊分别在各孤立块内进行，可跳跃、分散施焊，以分散应力。每块焊到要求尺寸后，再将孤立块之间间隙焊满，最后使整个焊缝成为与周边母材保持预留的"孤立体"，如图 7-6-16 所示。

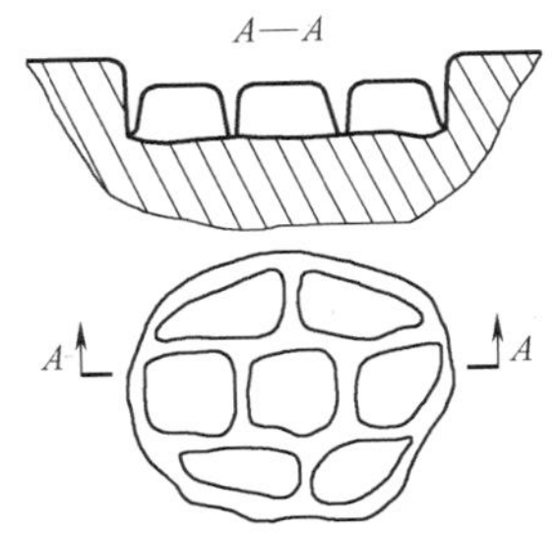

图 7-6-15 孤立块的划分及其堆焊

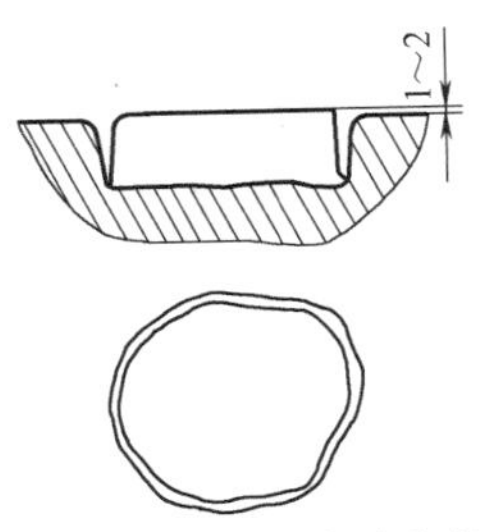

图 7-6-16 焊缝孤立体

3）焊缝金属软硬结合。在坡口底部硬的白口铸铁上用 BT-1 焊条熔敷高塑性焊缝金属软层；用 BT-2 焊条在软层上面堆焊 10~20mm 高硬度的工作层，使整个焊接接头形成"硬-软-硬"结合物，以提高焊缝的工作寿命。

4）大电流、高温重锤击、减少锤击次数。焊接电流比正常焊条电弧焊大 1.5 倍以上，如 ϕ4mm BT-1 焊条，可用 240A 焊接。大电流产生大熔深，可使母材与熔敷金属达到良好熔合，有利于降低熔合区附近的裂纹敏感性和增加结合强度。

焊后需锤击焊缝以消除应力。应在焊缝温度处于 800~500℃时进行锤击，这时焊缝金属具有较高的塑性和延展性。低于 500℃就不宜再锤击。用 1kg

重的锤子重锤 6~8 次（其锤击力比传统铸铁冷焊大 10~15 倍），次数不宜多，否则熔合区会产生冲击疲劳。随着堆焊高度的增加，锤击次数和锤击力相应减小。

5）周边焊缝最后焊。“孤立体”周边与母材之间的间隙最后焊满。先将周边划分成 a、b、c、…若干段，每段长约 40mm，补焊按 a→b→c…顺序跳跃分散进行，如图 7-6-17 所示。层间用扁凿锤击，电流应偏大，以防夹渣和未焊透。电弧始终指向“孤立体”一侧，以减少边缘熔化量和防止母材过热。焊后锤击要准确地锤在焊缝一侧，切忌锤击熔合区外白口铸铁一侧。

整个补焊面应高出母材 1~2mm，然后用手动砂轮磨平，再经机械加工后使用。

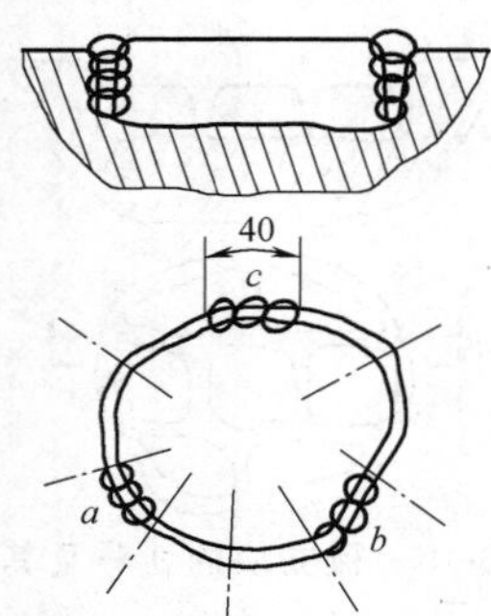

图 7-6-17　周边缝隙的跳跃分散焊示意图

6.5　其他铸铁的焊接

6.5.1　可锻铸铁的焊接

可锻铸铁在汽车上的用途很广，如汽车的后轿壳、轴头前后的钢板吊耳、刹车蹄等，这些零件的损坏一般有三种情况：磨损、裂纹及螺丝扣损坏。焊补可锻铸铁常用的方法有焊条电弧焊、钎焊和气焊，对于加工面多采用黄铜钎焊，非加工面一般采用电弧冷焊。

1. 可锻铸铁焊接的特点

可锻铸铁中的碳、硅含量比灰口铸铁低，导致同质焊缝熔焊时，焊缝及半熔化区形成白口倾向更加严重，使可锻铸铁的焊接更加困难。

2. 可锻铸铁的焊接工艺

1）电弧焊工艺

可锻铸铁电弧焊可选用 Z408 焊条（加工面补焊）、Z116 焊条（非加工面补焊）、J506 焊条和 J507 焊条。

2）气焊工艺

损坏的螺孔可用气焊修复。先将损坏的螺孔用钻头扩孔，然后用铸铁焊丝氧乙炔焰补焊，焊后再在原位置钻孔、攻丝。对磨损的可锻铸铁件，可用铸铁焊丝氧乙炔焰气焊进行表面堆焊，堆焊时也要和钎焊一样，不能使焊件熔化，而只将焊条熔化。

6.5.2　蠕墨铸铁的焊接

1. 蠕墨铸铁焊接的特点

蠕墨铸铁除含有 C、Si、Mn、S、P 外，还含有少量稀土蠕化剂，但其含量比球墨铸铁低，故其焊接接头形成白口倾向比球墨铸件小，但比灰铸铁大。在基体组织相同的情况下，蠕墨铸铁的力学性能高于灰铸铁而低于球墨铸铁，因此蠕墨铸铁的焊接性比灰口铸铁差，比球墨铸铁稍好些。蠕墨铸铁的抗拉强度为 300~500MPa，伸长率为 1%~6%，为了与蠕墨铸铁力学性能相匹配，其焊缝及焊接接头力学性能应与蠕墨铸铁相等或相近。

2. 焊接工艺

1）蠕墨铸铁的气焊工艺。表 7-6-8 列出了蠕墨铸铁的焊接工艺及接头性能。从表中可以看出，接头的力学性能与蠕墨铸铁母材相匹配，并有满意的加工性能。

表 7-6-8　蠕墨铸铁的焊接工艺及接头性能

方法	焊接材料	焊接接头性能				
		焊缝蠕墨化程度（%）	基体组织	HBW	抗拉强度/MPa	伸长率（%）
氧乙炔中性焰	铸铁焊丝+铸 201 焊剂	70	铁素体+珠光体	230	370	1.7
电弧冷焊	H08	50	铁素体+珠光体	270	390	1.5

2）同质焊缝的电弧冷焊工艺。采用 H08 低碳钢芯、外涂强石墨化药皮，并加入适量的蠕墨化剂和特殊元素，在缺陷直径大于 40mm、缺陷深度大于 8mm 的情况下，配合大电流连续焊工艺，可得到与蠕墨铸铁力学性能相匹配的接头。

3）异质焊缝的电弧冷焊工艺。采用 Z308 纯镍焊条电弧冷焊蠕墨铸铁时，具有良好的加工性，但其熔敷金属的抗拉强度仅为 238MPa 左右，达不到蠕墨铸铁的力学性能。

6.5.3　变质铸铁的补焊

长期在高温状态下工作的铸铁件，如钢锭模、锅炉排气缸和燃烧室排气口等，以及长期在化学腐蚀、锈蚀条件下工作的铸铁件，如化工厂的酸碱铸铁容器、泵壳和阀门等，铸铁的材质会逐渐产生某种程度上的变质，使铸铁原有的强度、硬度、塑性和韧性等特性降低而造成损坏，也使铸铁的焊接性变得更差。

1. 变质铸铁补焊特性分析

变质铸铁的补焊比一般铸铁件困难得多，产生裂纹、剥离、白口、气孔及熔合不良等缺陷的现象更加严重，其中熔合不良是焊接的主要困难。

1）熔合不良。变质铸铁件因表面及内部金属严重氧化，断面呈黑色，无金属光泽，组织疏松、晶粒粗糙。手工电弧焊补焊时，高温熔滴与变质铸铁不熔合，形不成熔池。有时焊条金属与母材虽然部分熔合，但由于熔合不良，在焊缝边缘母材上形成严重缺肉、咬边缺陷。

产生熔合不良的原因是由于铸铁件在长期高温工作后，基体组织由原来的珠光体+铁素体转变为纯铁素体，石墨析出量增多，并进一步聚集长大，而石墨为非金属，熔点高，故不易与焊条金属熔合。石墨聚集长大后，形成粗大的石墨片，石墨片与基体组织的交界面成为空气进入铸件内部的通道，使金属氧化，形成熔点较高的铁、硅、锰的氧化物，从而增大了熔合的难度。补焊前去除变质铸铁的表层，采用镍基铸铁焊条（加工面补焊）或铁基氧化性药皮焊条（非加工面补焊）补焊变质铸铁，可以改善焊接性。利用镍基铸铁焊条焊接变质铸铁有利于改善熔合性，其原因是镍与铁能无限互溶，形成固溶体，且镍在高温时，可以溶解较多的碳，减少石墨的析出量；利用铸100氧化性药皮焊条焊接变质铸铁，有利于改善熔合性，其原因是焊条的强氧化性可氧化掉变质铸铁中的粗大石墨。

2）热裂纹、热应力裂纹和剥离。

① 焊缝中的热裂纹。热裂纹产生是由于母材变质金属中所含的过量硫化物较多地渗入熔池中，这些硫化物、氧化物及其他共晶物熔点低，在结晶过程中偏析于晶界，形成液膜，在应力作用下就会形成热裂纹。

② 热应力裂纹和剥离。由于母材变质，金属强度、塑性均很低。当补焊过程中产生的拉应力超过母材的强度时，就会产生热应力裂纹。当焊缝金属强度和塑性超过母材时，会造成焊缝与母材沿熔合线剥离。焊缝与母材熔合不良，也会产生剥离现象。

2. 变质铸铁补焊方法

变质铸铁的补焊方法及工艺应根据铸铁变质的原因和变质程度、损坏部位，以及在构件的位置和损坏处壁厚等条件来选择。

1）过烧铸铁金属中含铁、碳少，含氧化物杂质多，补焊中熔池金属难以形成铁碳合金，熔合性很差，可选择氧乙炔火焰气焊的工艺补焊。

2）对结构复杂、加热受限制的铸件，以及厚大的变质铸铁件，可选择手工电弧焊的冷焊工艺。

3）对母材变质较严重、手工电弧焊熔合不好的厚大铸件，在加热条件允许的情况下，可采用气焊过渡层、电焊中间焊缝的焊接工艺。

4）对表面严重变质、熔合不良、内部熔合尚好的厚大铸件，可采用电焊内部、黄铜钎焊表层的焊接方法。

5）受力不大、材质严重变质的铸件，熔合性很差，可采用黄铜钎焊的方法补焊。

6）铸件大面积变质，熔合不良，在条件允许的情况下，可采用挖补镶块的方法补焊。

3. 变质铸铁补焊工艺

（1）弧焊冷焊法

1）坡口准备。坡口应开得尽量窄而深，以坡口底部焊不穿为准；坡口形式为V形或U形；坡口面及底部要求光滑平整。用火焰烧烤的方法清除坡口两侧2~3mm以内的油脂、铁锈及氧化表层，然后用钢丝刷打磨出金属光泽。对长期受火焰直烧的变质铸铁，可采用碳素钢焊条开制坡口，有利于改善焊接时的熔合性。

2）焊条的选择。长期受高温火焰烧烤的铸铁机件，其铁、碳氧化严重，应选择先焊过渡层，再焊中间焊缝的多层补焊工艺。过渡层补焊可选用低氢型低碳钢焊条（如J427、J507等），这种碳素钢焊条补焊这类铸铁的过渡层，熔合性较好，得到的焊缝金属是碳素钢，容易产生严重的白口、淬硬组织，但白口会在焊接中间焊缝时被退火消除。中间焊缝应选用塑性好、屈服强度低的镍基焊条，如Z308、Z408等，补焊后的焊缝塑性好，配合锤击工艺，不易产生裂纹和其他焊接缺陷。

3）补焊操作要点。过渡层补焊应保证熔合良好；焊缝边缘不咬边，坡口两侧过渡层应尽量不连在一起，使其处于自由状态。严格按照冷焊工艺操作，采用短段焊接、断续焊，每焊段应比一般铸铁补焊时还要短，还可以采用定位焊的方法。在补焊中，电弧不直接指向坡口未焊部分，而是指向熔池金属，使焊条倾斜一定角度，压低电弧，利用电弧吹力将熔滴贴敷到呈熔化状态的坡口母材上。采用这样的方法得到的过渡层焊缝熔深较浅，且能保证熔合。采用下坡焊可收到同样的效果。过渡层补焊中应配合锤击，锤击力要适度，避免因母材强度、塑性降低而使其剥离。

中间焊缝应覆盖两侧过渡层，但不能超出过渡层过宽，以免造成与母材新的熔合不良。补焊中要严格控制层间温度，为避免温度过高，可采用较快的焊接速度，小电流，直线运条，以获得较浅的熔深和较窄的焊缝。采用断续焊接和锤击的工艺，消除焊接应力并砸实气孔。

（2）氧乙炔火焰气焊法

对某些材质变质严重的铸铁，用手工电弧补焊，各种焊条都难于熔合。在允许加热的条件下，可采用氧乙炔气焊的补焊工艺，能有效地防止熔合不良，获得较高地补焊质量。

1）焊前准备。坡口应开得较宽，以利于补焊操作。坡口形式一般为 V 形，角度应大于 90°，深度以能熔透为准。清除坡口内及两侧油脂、铁锈、夹砂，并打磨出金属光泽。将待焊部位放置在水平位置上。选择较大功率焊炬，选用碳含量、硅含量较高的焊丝或旧活塞环（应选用气环，不用油环和镀铬环，过烧铸铁应选用低碳钢丝）。焊前将焊丝打磨干净，焊粉要选用专用铸铁焊粉或硼砂。

2）操作工艺要点。用中性火焰预热，弱碳化火焰施焊，焊毕用强碳化火焰补偿加热和渗碳。采用右向焊，使火焰始终笼罩熔池。因液态铸铁黏度大，应不断用焊丝搅动熔池，并加少量焊粉，改善液态金属的流动性，使熔池内氧化性气体充分逸出；施焊中，应不断加热前面已焊好的焊缝和加热减应区，消除因冷却形成的焊接应力。

3）碳化焰的渗碳工艺。在气焊补焊中，由于变质母材所含的氧化物、硫化物和其他杂质过多地熔于熔池，使熔池液态金属表面充满白色耀眼的浮渣，看不到纯净的铁液；焊丝熔滴滴入熔池，不能很好地熔融在一起，而是自成一体、界限分明，这时应用焊丝将浮渣刮拨掉，并迅速将火焰调成强碳化焰，对准熔池进行渗碳，同时加撒焊粉。当熔池金属冷却至暗红色（约 500~600℃）时，再次将其加热至熔化温度进行渗碳。反复使用渗碳工艺，直至熔池内铁液变得清亮、熔合良好时，开始施焊。对于氧化严重的铸铁，在渗碳后的施焊中，应适当在熔池内熔入一些低碳钢丝，增加焊缝金属的铁含量。由于氧乙炔火焰加热时间长、热量不集中、热影响区大，为防止焊后产生较大的焊接应力，造成裂纹和变形，补焊完成后，应采取必要的保温、缓冷措施。

第7章　铝及铝合金的焊接

7.1　概述

7.1.1　铝及铝合金的物理化学性能

纯铝是银白色的轻金属，密度为 $2.7g \cdot cm^{-3}$，约为钢的1/3。导电率较高，仅次于金、银、铜居第四位。热导率比钢大两倍左右。熔点为658℃，加热熔化时颜色无明显变化。具有面心立方结构组织，无同素异构转变。塑性和冷、热压力加工性能好，但强度低。

纯铝的化学活泼性强，与空气接触时，就会在其表面生成一层致密的 Al_2O_3 薄膜，这层氧化膜可防止冷的硝酸及醋酸的腐蚀，但在碱类和含有氯离子的盐类溶液中被迅速破坏而引起强烈腐蚀。纯铝中含杂质越少，形成氧化膜能力越强。随着杂质的增加，其强度增加，而塑性、导电性和耐蚀性下降。

铝合金是在纯铝中加入合金元素，如镁、锰、硅、铜、锌等后获得不同性能的金属材料。

表7-7-1列出部分铝及铝合金的物理性能。

表7-7-1　铝及铝合金与碳钢物理性能对比

牌号或代号	$\rho/g \cdot cm^{-3}$	比热容 C $/J \cdot (kg \cdot K)^{-1}$	热导率 λ $/W \cdot (m \cdot K)^{-1}$	线胀系数 α_l $/\times10^{-6}K^{-1}$	电阻率 ρ $/\times10^{-6}\Omega \cdot cm$
		373K	298	295～373K	293K
15号钢	7.85	468.9	50.24	11.16	12
1035(L4)①	2.71	946	218.9	24	2.922
5A03(LF3)	2.67	880	146.5	23.5	4.96
5A06(LF6)	2.64	921	117.2	23.1	6.73
3A21(LF21)	2.73	1009	180.0	23.2	3.45
2A12(LY12)(M)①	2.78	921	117.2	22.7	5.79
2A16(LY16)(M)	2.84	880	138.2	22.6	6.10
6A02(LD2)(M)	2.70	795	175.8	23.5	3.70
2A14(LD10)(M)	2.80	836	159.1	22.5	4.30
7A04(LC4)(M)	2.85	921	155	23.1	4.20
ZL101	2.66	879	155	23.0	4.57
ZL201	2.78	837	121	19.5	5.95

① 括号内为旧牌号，下同。(M) 为退火状态。

7.1.2　铝及铝合金的种类

铝及铝合金的种类可归纳如下：

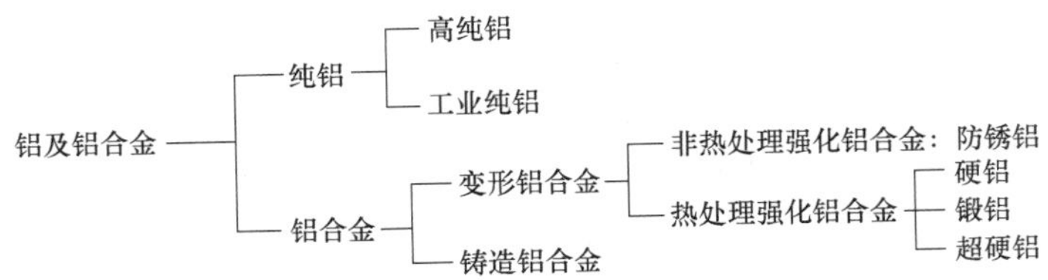

纯铝分为高纯铝和工业纯铝两大类。高纯铝主要用作导电元件和制作要求高的铝合金；工业纯铝含铝在99%以上，其中主要杂质为铁和硅，可制作电缆、电容器，铝箔可作垫片，很少直接用于制作受力结构零件。

在纯铝中加入各种合金元素后获得能提高其强度或其他性能的铝合金。按合金系列分类，铝及铝合金可分为表7-7-2所列九类合金。

表7-7-2　铝及铝合金系列分类及其牌号表示法

系列(组别)	牌号
纯铝[w(A)不小于99。00%]	1×××
以铜为主要合金元素的铝合金	2×××
以锰为主要合金元素的铝合金	3×××
以硅为主要合金元素的铝合金	4×××
以镁为主要合金元素的铝合金	5×××
以镁和硅为主要合金元素的铝合金	6×××
以锌为主要合金元素的铝合金	7×××
以其他合金元素为主要合金元素的铝合金	8×××
备用合金组	9×××

按工艺性能特点可分为变形铝合金（又称加工铝合金）和铸造铝合金两大类。变形铝合金是单相固溶体组织，它的变形能力较好，适于锻造及压延。它又分为非热处理强化铝合金和热处理强化铝合金两种类型。铸造铝合金中存在共晶组织，流动性好，因而适于铸造。

1. 非热处理强化铝合金

这种类型的铝合金主要通过锰、镁等元素的固溶强化提高合金的强度，因而有铝锰合金和铝镁合金两种。由于都具有优良的耐蚀性能，故统称为防锈铝合金。这类铝合金还具有很好的塑性、压力加工和焊接性能，所以是目前铝合金中应用广泛的一种，但这种类型的铝合金不能通过热处理提高其力学性能，只能用冷作变形强化。

2. 热处理强化铝合金

这种类型的铝合金是通过固溶、淬火及时效等工艺提高其力学性能的，分为硬铝、锻铝和超硬铝三类。

硬铝的主要成分是铝、铜、镁；超硬铝的成分则是在硬铝基础上又增添了锌，这些元素可有限地固溶于铝中，形成铝基固溶体，多余元素与铝形成一系列金属间化合物。通过淬火-时效热处理，可有效地控制合金元素在铝中的固溶度和化合物的弥散度，实现对合金力学性能控制。硬铝和超硬铝具有高强度的同时还具有较高的塑性，主要缺点是耐蚀性较差。焊接性也随着强度的提高而变差。合金中含锌量较多，则晶间腐蚀及焊接热裂纹倾向较大。

锻铝在高温下具有良好的塑性，故适于制造锻件及冲压件，可以进行淬火-时效强化。铝镁硅锻铝强度不高，但有优良的耐蚀性，没有晶间腐蚀倾向，焊接性能良好。铝镁硅铜锻铝强度较高，但耐蚀性随强度增强而变差。

铸造铝合金分铝硅、铝铜、铝镁和铝锌合金四类，其中铝硅合金用量最大。与变形铝合金相比，铸造合金的最大优点是铸造性能优良，耐蚀性较好，机械加工性能好，但塑性低，不宜进行压力加工。

7.1.3 铝及铝合金的牌号、状态、成分与力学性能

1. 铝及铝合金的牌号

GB/T 16474—2011《变形铝及铝合金牌号表示方法》规定了变形铝及铝合金的牌号表示的基本原则：① 凡是化学成分与变形铝及铝合金国际牌号体系协议命名的合金相同的所有合金，其牌号直接采用国际四位数体系牌号；② 未与国际四位数字体系牌号接轨的，采用四位字符牌号。四位字符体系牌号的第一位、第三位、第四位为阿拉伯数字，第二位为英文大写字母（C、I、L、N、O、P、Q、Z 字母除外）。第一位数字表示铝及铝合金组别，见表 7-7-2；第二位的字母表示原始（用 A 表示）纯铝或铝合金的改型（用 B~Y 表示）情况；第三、四位数字用以标识同一组中不同的铝合金或表示铝的纯度。

2. 铝及铝合金的状态及其代号

铝及铝合金的状态指铝及铝合金焊前变形强化或热处理强化的程度，这些强化的程度用代号表示，比较复杂，却很重要。如果不了解代号所反映的强化的程度，就无法了解母材焊前的工艺经历、力学性能、组织特征及焊接特性。

GB/T 16475—2008《变形铝及铝合金状态代号》规定，状态代号分基础状态代号和细分状态代号。基础状态代号用一个英文大写字母表示；细分状态代号用基础状态代号后缀一位或多位阿拉伯数字或英文大写字母表示，这些阿拉伯数字或英文大写字母表示影响产品特性的基本处理或特殊处理。

1）基础状态代号。有五个基础状态，其代号为：

F——自由加工状态。适用于在成型过程中对加工硬化和热处理条件无特殊要求的产品，这种状态的产品对力学性能不做规定。

O——退火状态。适用于经完全退火后获得最低强度的产品状态。这时合金充分软化，延性高，强度最低。

H——加工硬化状态。适用于通过加工硬化提高强度的产品。有不同硬化程度，用代号 H 后面的数字表示。

W——固溶热处理状态。适用于经固溶热处理后，在室温下自然时效的一种不稳定状态。该状态不作为产品交货状态，仅表示产品处于自然时效阶段。

T——不同于 F、O 或 H 状态的热处理状态。适用于合金固溶处理后，经过（或不经过）加工硬化达到稳定的状态。有不同的强化程度，用 T 代号后面的数字表示。

2）O 状态的细分状态代号。有如下三个状态代号：

O1——高温退火后慢速冷却状态；

O2——热机械处理状态；

O3——均匀化状态。

3）H 状态的细分状态代号。用 H 后面若干个阿拉伯数字表示，第一位数字表示获得该状态的基本工艺，用数字 1~4 表示：

H1——表示单纯加工硬化状态。

H2——表示加工硬化后不完全退火状态。

H3——表示加工硬化后稳定化处理状态。

H4——表示加工硬化后涂漆（层）处理状态。

在 H 后面第二位数字（从 1 到 9）表示产品最终加工硬化程度，如 H18 表示单纯加工硬化到硬状态，H19 表示单纯加工硬化到超硬状态。

在 H 后面第三位数字或字母表示影响产品特性的特殊处理，如 H111 表示最终退火后又进行了适量加工硬化，但其硬化程度又不及 H11 的状态；H112 表示适用于热加工成形的合金制品，对其力学性能有规定要求。

4）T 状态的细分状态代号。用 T 后面的第一位数字 1~10 表示基本处理状态，有：

T1——高温成型+自然时效至基本稳定状态。

T2——高温成型+冷加工+自然时效至基本稳定状态。

T3——固溶热处理+冷加工+自然时效至基本稳定状态。

T4——固溶热处理+自然时效至基本稳定状态。

T5——高温成型+人工时效至基本稳定状态。

T6——固溶热处理+人工时效至基本稳定状态。

T7——固溶热处理+过时效至基本稳定状态。

T8——固溶热处理+冷加工+人工时效至基本稳定状态。

T9——固溶热处理+人工时效+冷加工至基本稳定状态。

T10——高温成型+冷加工+人工时效至基本稳定状态。

T1~T10 后面附加的数字表示影响产品特性的特殊处理后的状态，例如，

T42——自 O 或 F 状态固溶处理后自然时效至充分稳定状态；

T62——自 O 或 F 状态固溶处理后再进行人工时效的状态。

若在 T 状态代号后面再加第四位或第五位数字，则表示经过不同的消除应力处理的状态。

3. 铝及铝合金的化学成分

按 GB/T 3190—2008《变形铝及铝合金化学成分》及 GB/T 1173—2013《铸造铝合金》的规定，部分变形铝及铝合金、铸造铝合金的化学成分见表 7-7-3 见表 7-7-4。

表 7-7-3　部分变形铝及铝合金的化学成分（摘自 GB/T 3190—2008）

牌号	化学成分(质量分数,%)												旧牌号
	Si	Fe	Cu	Mn	Mg	Cr	Zn	其他元素	Ti	其他 单个	其他 合计	Al	
1A90	0.06	0.06	0.01	—	—	—	0.008	—	0.01	0.01	—	99.90	LG2
1A85	0.10	0.12	0.03	0.02	0.02	—	0.03	Ca:0.03,V:0.05	0.02	0.01	—	99.85	LG1
1235	Si+Fe0.65		0.05	0.05	0.05	—	0.10	V:0.05	0.06	0.03	—	99.35	
1070	0.20	0.25	0.04	0.03	0.03	—	0.04	V:0.05	0.03	0.03	—	99.70	L1
1145	Si+Fe0.55		0.05	0.05	0.05	—	0.05	V:0.05	0.03	0.03	—	99.45	—
2017	0.20~0.80	0.70	3.5~4.5	0.40~1.00	0.4~0.8	0.10	0.25	—	0.15	0.05	0.15	余量	—
2A11	0.50	0.50	3.8~4.5	0.4~0.8	0.4~0.8	—	0.10	—	0.15	0.05	0.15	余量	LY11
2024	0.50	0.50	3.8~4.9	0.3~0.9	1.2~1.8	0.10	0.25	—	0.15	0.05	0.15	余量	—
3A21	0.60	0.70	0.20	1.0~1.6	0.05	—	0.10	—	0.15	0.05	0.15	余量	LF21
3005	0.60	0.70	0.30	1.2~1.5	0.2~0.6	0.10	0.25	—	0.10	0.05	0.15	余量	—
3105	0.60	0.70	0.30	0.3~0.8	0.2~0.8	0.20	0.40	—	0.10	0.05	0.15	余量	—
4A11	11.5~13.5	1.0	0.5~1.3	0.2	0.8~1.3	0.10	0.25	Ni:0.5~1.3	0.15	0.05	0.15	余量	LD11
4043	4.5~6.0	0.80	0.30	0.05	0.05	—	0.10	—	0.20	0.05	0.15	余量	—
5A05	0.50	0.50	0.10	0.3~0.6	4.8~5.5	—	0.20	—		0.05	0.15	余量	LF5
5005	0.30	0.70	0.20	0.20	0.5~1.1	0.10	0.25	—	—	0.05	0.15	余量	—
5083	0.40	0.40	0.10	0.4~1.0	4.0~4.9	0.05~0.25	0.25	—	0.15	0.05	0.15	余量	LT4
6005	0.60~0.90	0.35	0.10	0.10	0.40~0.60	0.10	0.10	—	0.10	0.05	0.15	余量	—
6A02	0.5~1.2	0.50	0.2~0.6	或 Cr0.15~0.35	0.45~0.90	—	0.20	—	0.15	0.05	0.15	余量	LD2
6082	0.7~1.3	0.50	0.10	0.4~1.0	0.6~1.2	0.25	0.20	—	0.10	0.05	0.15	余量	—
7049	0.25	0.35	1.2~1.9	0.20	2.0~2.9	0.10~0.22	7.2~8.2	—	0.10	0.05	0.15	余量	—
7075	0.40	0.50	1.2~2.0	0.30	2.1~2.9	0.18~0.28	5.1~6.1	—	0.20	0.05	0.15	余量	—
8011	0.5~0.9	0.6~1.0	0.10	0.20	0.05	0.05	0.10	—	0.08	0.05	0.15	余量	—
8050	0.15~0.30	1.1~1.2	0.05	0.45~0.55	0.05	0.05	0.10	—	—	0.05	0.15	余量	—

表 7-7-4　铸造铝合金的化学成分（摘自 GB/T 1173—2013）

序号	合金牌号	合金代号	主要元素(质量分数,%) Si	Cu	Mg	Zn	Mn	Ti	其他	Al
1	ZAlSi7Mg	ZL101	6.5~7.5	—	0.25~0.45	—	—	—	—	余量
2	ZAlSi7MgA	ZL101A	6.5~7.5	—	0.25~0.45	—	—	0.08~0.20	—	余量
3	ZAlSi12	ZL102	10.0~13.0	—	—	—	—	—	—	余量
4	ZAlSi9Mg	ZL104	8.0~10.5	—	0.17~0.35	—	0.2~0.5	—	—	余量
5	ZAlSi5Cu1Mg	ZL105	4.5~5.5	1.0~1.5	0.4~0.6	—	—	—	—	余量
6	ZAlSi5Cu1MgA	ZL105A	4.5~5.5	1.0~1.5	0.4~0.55	—	—	—	—	余量
7	ZAl Cu5Mn	ZL201	—	4.5~5.3	—	—	0.6~1.0	0.15~0.35	—	余量
8	ZAl Cu4	ZL203	—	4.0~5.0	—	—	—	—	—	余量
9	ZAlMg10	ZL301	—	—	9.5~11.0	—	—	—	—	余量
10	ZAlMg5Si	ZL303	0.8~1.3	—	4.5~5.5	—	0.1~0.4	—	—	余量
11	ZAlZn11Si7	ZL401	6.0~8.0	—	0.1~0.3	9.0~13.0	—	—	—	余量

注：1. 本标准中还规定了铸造铝合金杂质允许含量；

2. 铸造铝合金的牌号由“铸”的汉语拼音第一个字母“Z”和基体金属的化学元素符号、主要合金元素符号以及表明合金元素名义百分含量的数字组成，举例：

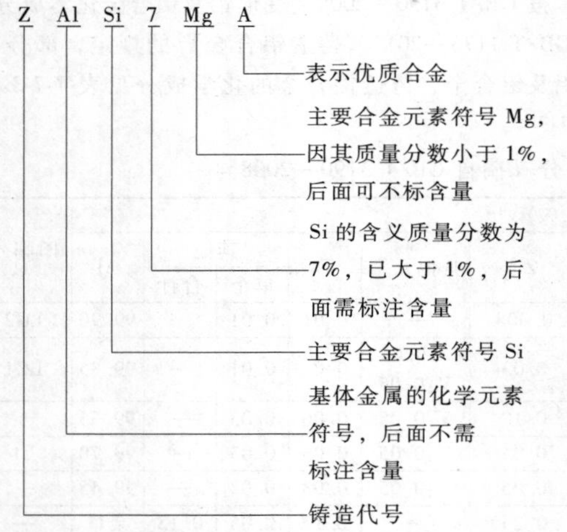

我国在 1997 年前都采用 GB/T 340—1976 规定的铝及铝合金牌号表示方法，为了方便读者阅读以往资料，这里简要介绍旧牌号的表示方法及其含义。

纯铝及铝合金旧牌号的第一个符号是用“铝”的汉语拼音第一个字母大写“L”表示，如果是工业纯铝就在“L”后直接加上该系列的顺序号表示；如果是高纯铝，则在“L”后加“G”再加上顺序号；如果是防锈铝则在“L”后加“F”，再加顺序号；其他类似，见表 7-7-5。

GB/T 3880.2—2012 规定了一般工业用铝及铝合金板和带材的力学性能，表 7-7-6 列出了部分常用铝及铝合金板和带材的力学性能。

表 7-7-5　纯铝及铝合金旧牌号（代号）的表示方法

名称	工业纯铝	高纯铝	防锈铝	硬铝	锻铝	超硬铝	特殊铝	硬钎焊铝
牌号（代号）	L	LG	LF	LY	LD	LC	LT	LQ

表 7-7-6　部分常用铝及铝合金板和带材的力学性能（摘自 GB/T 3880.2—2012）

牌号	供货状态	试样状态	厚度/mm	抗拉强度/MPa	规定塑性延伸强度/MPa	断后伸长率(%) A_{50mm}	断后伸长率(%) A	弯曲半径[①] 90°	弯曲半径[①] 180°
1050	O	O	>0.20~0.50	60~100	—	15	—	0t	—
			>0.50~0.80			20	—	0t	—
			>0.80~1.50		20	25	—	0t	—
			>1.50~6.00			30	—	0t	—
			>6.00~500			28	28	—	—
1060	H12	H12	>0.50~1.50	80~120	60	6	—	—	—
			>1.50~6.00			12	—	—	—
	H22	H22	>0.50~1.50			6	—	—	—
			>1.50~6.00			12	—	—	—
1070	H14	H14	>0.20~0.30	85~120	—	1	—	0.5t	—
			>0.30~0.50			2	—	0.5t	—
			>0.50~0.80			3	—	0.5t	—

（续）

牌号	供货状态	试样状态	厚度/mm	抗拉强度/MPa	规定塑性延伸强度/MPa	断后伸长率(%)		弯曲半径①	
						A_{50mm}	A	90°	180°
1070	H14	H14	>0.80～1.50	85～120	65	4	—	1.0t	—
			>1.50～3.00			5	—	1.0t	—
			>3.00～6.00			6	—	1.0t	—
1070A	H26	H26	>0.20～0.50	11～150	80	3	—	0.5t	—
			>0.50～1.50			3	—	1.0t	—
			>1.50～4.00			4	—	1.0t	—
1200	H22	H22	>0.20～0.50	95～135	65	4	—	0t	0.5t
			>0.50～1.50			5	—	0t	0.5t
			>1.50～3.00			6	—	0.5t	0.5t
			>3.00～6.00			10	—	1.0t	1.0t
2A14	O	O	0.50～10.00	≤215	≤110	12	—	0.5t	0.5t
	T6	T6	0.50～10.00	430	340	—	—	1.0t	1.0t
	T1	T62	>4.50～12.50	430	340	—	12	1.5t	1.5t
			>12.50～40.00	430	340	15	—	—	—
	F	—	>4.50～150.00	—	—	—	—	—	—
2A12	T1	T42	>4.50～10.00	410	265	12	—	—	—
			>10.00～12.50	420	275	7	—	—	—
			>12.50～25.00	420	275	—	7	—	—
			>25.00～40.00	390	255	—	5	—	—
			>40.00～70.00	370	245	—	4	—	—
			>70.00～80.00	345	245	—	3	—	—
3003	H28	H28	>0.20～0.50	190	160	2	—	1.5t	—
			>0.50～1.50			2	—	2.5t	—
			>1.50～3.00			3	—	3.0t	—
3004	H19	H19	>0.20～0.50	270	240	1	—	—	—
			>0.50～1.50			1	—	—	—
	H112	H112	>4.50～12.50	160	60	7	—	—	—
			>12.50～40.00			—	6	—	—
			>40.00～80.00			—	6	—	—
3A21	H14	H14	>0.80～1.30	145～215	—	6	—	—	—
			>1.30～4.50			6	—	—	—
	H24	H24	>0.20～1.30	145	—	6	—	—	—
			>1.30～4.50			6	—	—	—
5A06	O	O	0.50～4.50	315	155	16	—	—	—
	H112	H112	>4.50～10.00	315	155	16	—	—	—
			>10.00～12.50	305	145	12	—	—	—
			>12.50～25.00	305	145	—	12	—	—
			>25.00～50.00	295	135	—	6	—	—
5050	O H111	O H111	>0.20～0.50	130～170	45	16	—	0t	0t
			>0.50～1.50			17	—	0t	0t
			>1.50～3.00			19	—	0t	0.5t
			>3.00～6.00			21	—	1.0t	—
			>6.00～12.50			20	—	2.0t	—
			>12.50～50.00			—	20	—	—
5052	H12	H12	>0.20～0.50	210～260	160	4	—	—	—
			>0.50～1.50			5	—	—	—
			>1.50～3.00			6	—	—	—
			>3.00～6.00			8	—	—	—

（续）

牌号	供货状态	试样状态	厚度/mm	抗拉强度/MPa	规定塑性延伸强度/MPa	断后伸长率(%)		弯曲半径①	
						A_{50mm}	A	90°	180°
5052	H22 H32	H22 H32	>0.20~0.50	210~260	160	5	—	0.5t	1.5t
			>0.50~1.50			6	—	1.0t	1.5t
			>1.50~3.00			7	—	1.5t	1.5t
			>3.00~6.00			10	—	1.5t	—
5083	O H111	O H111	>0.20~0.50	275~350	125	11	—	0.5t	1.0t
			>0.50~1.50			12	—	1.0t	1.0t
			>1.50~3.00			13	—	1.0t	1.5t
			>3.00~6.00			15	—	1.5t	—
6A02	O	O	>0.50~4.50	≤145	—	21	—	—	—
			>4.50~10.00			16	—	—	—
		T62	>0.50~4.50	295	—	11	—	—	—
			>4.50~10.00			8	—	—	—
	T4	T4	>0.50~0.80	195	—	19	—	—	—
			>0.80~2.90			21	—	—	—
			>2.90~4.50			19	—	—	—
			>4.50~10.00	175		17	—	—	—
	T6	T6	>0.50~4.50	295	—	11	—	—	—
			>4.50~10.00			8	—	—	—
6061	O	O	0.40~1.50	≤150	≤85	14	—	0.5t	1.0t
			>1.50~3.00			16	—	1.0t	1.0t
			>3.00~6.00			19	—	1.0t	—
			>6.00~12.50			16	—	2.0t	—
			>12.50~40.00			—	16	—	—
	T4	T4	>0.40~1.50	205	110	12	—	1.0t	1.5t
			>1.50~3.00			13	—	1.5t	2.0t
			>3.00~6.00			16	—	3.0t	—
			>6.00~12.50			18	—	4.0t	—
			>12.50~40.00			—	15	—	—
			>40.00~80.00			—	14	—	—
7075	T76	T76	>1.50~3.00	500	425	7	—	—	—
			>3.00~6.00	500	425	8	—	—	—
			>6.00~12.50	490	415	7	—	—	—
	T73	T73	>1.50~3.00	460	385	7	—	—	—
			>3.00~6.00	460	385	8	—	—	—
			>6.00~12.50	475	390	7	—	—	—
			>12.50~25.00	475	390	—	—	—	—
			>25.00~50.00	475	390	—	6	—	—
			>50.00~60.00	455	360	—	5	—	—
			>60.00~80.00	440	340	—	5	—	—
			>80.00~100.00	430	330	—	5	—	—
8011	H14	H14	>0.20~0.50	125~165	—	2	—	—	—
	H24	H24	>0.20~0.50	125~165	—	3	—	—	—
	H16	H16	>0.20~0.50	130~185	—	1	—	—	—
	H26	H26	>0.20~0.50	130~185	—	2	—	—	—
	H18	H18	0.20~0.50	165	—	1	—	—	—

① 弯曲半径中的 t 表示板材厚度。对表中既有 90°弯曲也有 180°弯曲的产品，当需方未指定采用 90°弯曲或 180°弯曲时，弯曲半径由供方任选一种。

7.2　铝及铝合金焊接的特点

铝及铝合金可以焊接，但必须掌握其焊接特点及可能出现的问题，以便选择合适的焊接方法和相应的工艺措施。

1）极易氧化。铝与氧亲和力极大，任何温度下都会氧化，在母材表面生成氧化铝（Al_2O_3）薄膜，其厚度为 0.1~0.2μm，熔点高（≈2050℃），组织致密，保护着母材表面。焊接时该氧化膜妨碍母材的熔化和熔合，易出现未焊透缺陷；氧化膜密度（约为铝的 1.4 倍）大，不易浮出熔池表面，容易在焊缝中形成夹渣缺陷。

此外，氧化膜电子逸出功低，易发射电子使电弧漂移不定。因此，焊前必须清除氧化膜，焊时需加强保护以防止焊接区被氧化，并不断破除可能新生的氧化膜。

2）需强热源焊接。铝及铝合金的热导性、电导性好，热容量大，其热导率约为钢的 4 倍，焊接时比钢的热损失大。因此，要求用能量集中的强热源焊接。

若要达到与钢相同的焊接速度，则需焊接热输入约为钢的 2~4 倍。由于电导性好，电阻焊时比钢需要更大容量的电源。

3）易产生气孔。液态铝可溶解大量氢气，固态时几乎不溶解。因此，氢在焊接熔池快速冷却、凝固结晶过程中，来不及逸出熔池表面，就会在焊缝中形成气孔。

4）易形成热裂纹。铝高温强度低、塑性差（纯铝在 640~656℃间的伸长率<0.69%），线胀系数和结晶收缩率却比钢大一倍。焊接时在焊件中会产生较大热应力和变形，在脆性温度区间内易产生热裂纹。这是铝合金，尤其高强度铝合金焊接中常见缺陷之一。此外，焊后内应力大，将影响结构长期使用的尺寸稳定性。

5）合金元素易蒸发和烧损。铝合金含的低沸点合金元素，如镁、锌、锰等，在焊接电弧和火焰作用下，极易蒸发和烧损，从而改变了焊缝金属的化学成分和性能。

6）固、液态无色泽变化。铝及铝合金从固态转变为液态时，无明显颜色变化，加上高温下强度和塑性低，使操作者难于掌握加热温度，有时会引起熔池金属的塌陷与焊穿。

7）焊接热对基体金属的影响。非热处理强化铝合金若在冷作硬化状态下焊接，热影响区的峰值温度超过再结晶温度（200~300℃），冷作硬化效果消失而出现软化；热处理强化铝合金无论是退火状态还是时效状态下焊接，焊后不经热处理，其接头强度均低于母材。这种弱化在焊缝、熔合区和热影响区都可能产生。焊接热输入越大，性能降低的程度也越严重。

焊接热对不同铝合金焊接接头强度降低的程度不相同。一般而言，工业纯铝的防锈铝在退火状态下焊接，焊接接头强度可达到母材的 95%以上，但在冷作硬化状态下焊接时，接头强度只有母材的 70%~85%，焊前母材冷作硬化程度越高，软化越严重；热处理强化的铝合金，除 Al-Zn-Mg 合金外，在固溶加时效状态下焊接时，接头强度一般只能达到母材的 60%~70%；超硬铝的接头只有母材的 50%左右。所以，铝及铝合金的焊接宜选用能量集中的焊接方法和较小的焊接热输入以减小接头软化区的宽度和软化程度。

前面所述焊接时可能出现的问题大多是对熔焊来说的，很多问题都是因为熔焊时温度高而引起的，而固相焊接的方法，如变形（冷）焊、摩擦焊和扩散焊等因焊接过程温度低，可能出现的问题少得多或没有那么严重。因此，比较而言，铝及铝合金对固相焊的适应性要好于熔焊。当然，铝合金的不同组别（合金系）因所含合金元素不同，对各种焊接方法的适应性是有区别的。

尽管铝及铝合金焊接时有上述特点和易产生的问题，但总的来说，纯铝、非热处理强化的变形铝合金的焊接性良好，只是热处理的变形铝合金焊接性较差。只要针对这些问题和特点，正确地选择焊接方法和填充材料，采用合适的工艺措施，完全能够获得质量良好的焊接接头。

7.3　铝及铝合金焊接方法的选择

能焊铝及铝合金的方法很多，各具特色和适用场合。常用的焊接方法有气焊、焊条电弧焊、钨极氩弧焊（TIG）、熔化极氩弧焊（MIG）、等离子弧焊、摩擦焊、电阻焊和钎焊等，而真空电子束焊、超声波焊、储能焊、激光焊、爆炸焊和电渣焊等则多在特殊情况下采用。值得注意的是，近代新研发的搅拌摩擦焊（FSW）首先是在铝及铝合金中成功应用的，已显示出强大的生命力，有逐渐替代熔焊方法生产各种铝合金焊接结构的趋势。

在选择上述各种焊接方法时必须综合地考虑母材的牌号（化学成分）、焊件厚度、接头形式、生产条件、使用要求和经济条件等因素。表 7-7-7 列出了常用铝及铝合金对几种主要焊接方法的适应性。

从表中可以看出，熔焊中凡是热功率大、能量集中和保护效果好的焊接方法都对铝及铝合金焊接最为合适。作为生产手段，气焊和焊条电弧焊已经逐渐被氩弧焊（TIG 和 MIG）取代，而仅用于补焊修复和焊接不重要的结构。将来具有节能环保优点的搅拌摩擦焊在铝及铝合金结构的焊接中可能占主要地位。

表 7-7-7　常用铝及铝合金的焊接性

焊接方法	材料牌号及其相对焊接性					适用厚度范围/mm	
	工业纯铝	铝-锰合金	铝-镁合金		铝-铜合金		
	1070A(L1) 1035(L4) 1200(L5)	3A21(LF21)	5A05(LF5) 5A06(LF6)	5A02(LF2) 5A06(LF6)	2A12(LY12) 2A16(LY16)	适用范围	一般界限
钨极氩弧焊	好	好	好	好	差①	1~10	0.9~25②
钨极脉冲氩弧焊	好	好	好	好	尚可	1~10	0.9~25②
熔化极氩弧焊	好	好	好	好	尚可	≥1	≥1
熔化极脉冲氩弧焊	好	好	好	好	尚可	≥2	≥0.8
电阻焊（点焊、缝焊）	较好	较好	好	好	较好	—	铝箔~4
气焊	较好	较好	差	尚可	差	0.5~10	0.3~25
炭弧焊	较好	较好	差	差	差	1~10	—
焊条电弧焊	较好	较好	差	差	差	3~8	—
电子束焊③	好	好	好	好	较好	3~75	—
等离子弧焊	好	好	好	好	尚可	1~10	—
搅拌摩擦焊	好	好	好	好	好	1.2~7.5	—

① 特殊情况下，要求采取特殊工艺措施，改善其焊接质量。

② 厚度大于 10mm 时，推荐采用熔化极氩弧焊。

③ 焊接过程可在真空室中或在氦气保护气氛中进行。

7.4　铝及铝合金焊接材料

焊接铝及铝合金用的焊接材料与所用的焊接方法有关。

7.4.1　焊条

焊条电弧焊焊接铝及铝合金所用的焊条种类较少，GB/T 3669—2001《铝及铝合金焊条》中规定了三种型号 E1100、E3003 和 E4043，它们焊芯的化学成分和焊接接头的力学性能的规定见表 6-1-19。焊条的药皮是采用碱土金属及碱土金属的氯化物和氟化物为主的盐基型药皮。

焊条 E1100 主要用于焊接 1100 及其他工业用的钝铝合金；焊条 E3003 主要用于焊接铝锰合金、纯铝和其他铝合金；焊条 E4043 用于焊接纯铝件、铝硅铸件、一般铝合金及锻铝、硬铝等，但不宜焊接铝镁合金。

使用焊条时要注意：盐基型的焊条药皮易吸潮，应把焊条储存在干燥的容器内，焊前需将焊条在 150℃左右烘干 1~2h。焊件在焊前必须清除油脂、氧化物，以防止焊缝产生夹杂和气孔。焊后需去除焊渣，并用热水冲刷清洗焊缝及其四周以免产生腐蚀。

7.4.2　焊丝

气焊、氩弧焊和等离子弧焊用的填充金属，一般为铝棒和光铝焊丝。目前常用的焊丝有与母材成分相近的标准型号（牌号）焊丝，见表 6-2-9。在缺乏标准型号焊丝时，可以从母材上切下狭条代用，其长度为 500~700mm，厚度与母材相同。

纯铝焊丝中铁与硅之比应大于 1，以防止形成热裂纹。对具有一定耐蚀要求的纯铝接头，应选用纯度与母材高一级的纯铝焊丝。

较为通用的铝焊丝是 SAlSi-1（即 HS311），该焊丝液态金属流动性好，凝固时收缩率小，故具有较好抗热裂性能，还能保证其力学性能，常用于焊接除铝镁合金外的其他各种铝合金。注意，当用 SAlSi-1 焊丝焊接硬铝、超硬铝、锻铝等高强度铝合金时，焊缝虽具有一定抗裂性能，但接头强度只有母材的 50%~60%。因此，当接头强度要求较高时，宜选用与母材成分相近或特殊牌号的焊丝。

焊接铝镁合金时，常选用比母材中 $w(\mathrm{Mg})$ 高 1%~2%的合金作焊丝。用 SAlMg5Ti 焊接铝镁合金，所得焊缝金属具有较高的强度和韧性。焊丝中加入少量钛、钒、锆等合金元素可作为变质剂，细化焊缝组织。

在一般情况下，焊丝选用可参考表 7-7-8。焊丝的性能表现及其适用性应与其预定用途联系起来，以便针对不同材料和主要的（或特殊的）性能要求来选择焊丝，见表 7-7-9。

表 7-7-8　一般用途焊接时焊丝选用指南

母材之一 / 母材之二	7005	6A02 6061 6063	5083 5086	5A05 5A06	5A03	5A02	3A21 3003	2A16 2B16	2A12 2A14	1070 1060 1050
	与母材配用的焊丝①、②、③									
1070 1060 1050	SAlMg-5④	SAlSi-1④	ER5356⑩	SAlMg-5 LF14	SAlMg-5④	SAlMg-5④	SAlMn⑤	—	—	SAl-1 SAl-2 SAl-3
2A12 2A14	—	—	—	—	—	—	—	—	SAlSi-1⑨ BJ-380A	
2A16 2B16	—	—	—	—	—	—	—	SAlCu		
3A21 3003	SAlMg-5⑧	SAlSi-1	SAlMg-5⑥	SAlMg-5⑥	SAlMg-5⑥	SAlSi-1⑥	SAlMn SAlMg-3			
5A02	SAlMg-5⑧	SAlMg-5⑦	SAlMg-5⑥	SAlMg-5 LF14	SAlMg-5⑥	SAlMg-5⑧				
5A03	SAlMg-5⑥	SAlMg-5⑥	SAlMg-5⑥	SAlMg-5 LF14	SAlMg-5⑥					
5A05 5A06	SAlMg-5⑥ LF14	SAlMg-5⑥	SAlMg-5 LF14	SAlMg-5 LF14						
5083 5086	SAlMg-5⑥	SAlMg-5⑥	SAlMg-5⑥							
6A02 6061 6063	SAlMg-5 SAlSi-1⑧	SAlSi-1⑧								
7005	X5180⑨									

注：LF14 为旧牌号，对应的新牌号为 5B06。

① 不推荐 SAlMg-3、SAlMg-5、ER5356、SAlMg2 在淡水或盐水中，接触特殊化学物质或持续高温（超过 65℃）的环境下使用。

② 本表中的推荐意见适用于惰性气体保护焊接方法。氧燃气火焰气焊时，通常只采用 SAl-1、SAl-2、SAl-3、SAlSi-1。

③ 本表内未填写焊丝的母材组合不推荐用于焊接设计或需通过试验选用焊丝。

④ 某些场合可用 SAlMg-3。

⑤ 某些场合可用 SAl-1 或 SAl-2、SAl-3。

⑥ 某些场合可用 SAlMg-3。

⑦ 某些场合可用 SAlSi-1。

⑧ 某些场合也可采用 SAlMg-1、SAlMg-2、SAlMg-3，它们或者可在阳极化处理后改善颜色匹配，或者可提供较高的焊缝延性，或者可提供较高的焊缝强度。SAlMg-1 适于在持续的较高温度下使用。

⑨ X5180 焊丝的成分（质量分数）见表 7-7-9。

⑩ ER5356 为美国铝合金焊丝型号。

表 7-7-9　针对不同的材料和性能要求选择焊丝

材　　料	按不同性能要求推荐的焊丝				
	要求高强度	要求高延性	要求焊后阳极化后颜色匹配	要求抗海水腐蚀	要求焊接时裂纹倾向低
1100	SAlSi-1	SAl-1	SAl-1	SAl-1	SAlSi-1
2A16	SAlCu	SAlCu	SAlCu	SAlCu	SAlCu
3A21	SAlMn	SAl-1	SAl-1	SAl-1	SAlSi-1
5A02	SAlMg-5	SAlMg-5	SAlMg-5	SAlMg-5	SAlMg-5
5A05	5B06	5B06	SAlMg-5	SAlMg-5	5B06
5083	ER5183①	ER5356	ER5356	ER5356	ER5183
5086	ER5356	ER5356	ER5356	ER5356	ER5356

（续）

材　料	按不同性能要求推荐的焊丝				
	要求高强度	要求高延性	要求焊后阳极化后颜色匹配	要求抗海水腐蚀	要求焊接时裂纹倾向低
6A02	SAlMg-5	SAlMg-5	SAlMg-5	SAlSi-1	SAlSi-1
6063	ER5356	ER5356	ER5356	SAlSi-1	SAlSi-1
7005	ER5356	ER5356	ER5356	ER5356	X5180②
7039	ER5356	ER5356	ER5356	ER5356	X5180

① ER5183 为美国铝合金焊丝型号，其主要化学成分（质量分数）：Si = 0.4%，Fe = 0.4%，Cu = 0.1%，Mn = 0.5% ~ 0.1%，Mg = 4.3% ~ 5.2%，Cr = 0.05% ~ 0.25%，Zn = 0.25%，Ti = 0.15%，其他 = 0.15%，Al = 余量。

ER5356 为美国铝合金焊丝型号，其主要成分（质量分数）：Si = 0.25%，Fe = 0.40%，Cu = 0.10%，Mn = 0.5% ~ 0.20%，Mg = 4.5% ~ 5.5%，Cr = 0.05% ~ 0.20%，Zn = 0.10%，Ti = 0.06% ~ 0.20%，其他 = 0.15%，Al = 余量。

② X5180 焊丝的成分（质量分数）：Mg = 3.5% ~ 4.5%，Mn = 0.2% ~ 0.7%，Cu ≤ 0.1%，Zn = 1.7% ~ 2.8%，Ti = 0.06% ~ 0.20%，Zr = 0.08% ~ 0.25%，其余 Al。

7.4.3　熔剂

在气焊和炭弧焊过程中需采用熔剂，目的是去除焊接时熔池中生成的氧化膜及其他杂质，以保证焊缝质量。对于铝及铝合金的焊接，一般熔剂应具有如下作用：

1）溶解和彻底清除覆盖在铝板及熔池表面上的 Al_2O_3 薄膜，并在熔池表面形成一层熔融及挥发性强的熔渣，可保护熔池免受连续氧化。

2）排除熔池中的气体、氧化物及其他杂质。

3）改善熔池金属的流动性，以保证焊缝成形良好。

通常熔剂是各种钾、钠、锂、钙等元素的氯化物和氟化物的粉末混合物。表 7-7-10 列出了气焊、炭弧焊常用熔剂的配方。

表 7-7-10 中含锂的熔剂熔点低，其熔渣黏度也较低，能大量溶解氧化膜，焊缝表面清渣容易，适用于薄板全位置焊，但易吸潮，且价贵。不含锂的熔剂适于较厚的板焊接时使用。

焊接角接或搭接接头时，清渣较困难，建议用表 7-7-10 中 8 号熔剂。焊接铝镁合金时，不宜用含有钠的组成物，可选用 9、10 号熔剂。

熔剂的使用方法是：先把熔剂用洁净蒸溜水调成糊状（每 100g 熔剂加入约 50mL 水），然后涂于焊丝表面及焊件坡口两侧，厚度为 0.5 ~ 1.0mm。或用灼热的焊丝端部直接蘸上干的熔剂施焊，这样可以减少熔池中水的来源，避免产生气孔。调好的熔剂应在 12h 内用完。

7.4.4　保护气体

焊接铝及铝合金用的惰性气体主要是氩（Ar）和氦（He）。由于氦比氩贵，故应用氩最为广泛。从表 6-3-9 和表 6-3-10 看出，氩弧具有良好清理（氧化膜）作用，且引弧容易，很适于铝及铝合金的焊接，但是氩弧产生热量较少，适于焊接薄板；且氩气比空气重，立焊和仰焊的保护效果不及氦气。所以，当焊接厚铝板或仰焊或立焊时，常采用氩、氦混合气体或纯氦气作保护。可参照表 6-3-11、表 6-3-12 选用。

焊接铝及铝合金用的氩气纯度 ≥ 99.9% 即满足要求。

表 7-7-10　气焊、炭弧焊用的熔剂配方（质量分数，%）

序号	铝块晶石	氟化钠	氟化钙	氯化钠	氯化钾	氯化钡	氯化锂	硼砂	其他	备注
1		7.5 ~ 9		27 ~ 30	49.5 ~ 52		13.5 ~ 15			CJ401
2			4	19	29	48				
3	30			30	40					
4	20			40	40					
5		15		45	30		10			
6				27	18			14	硝酸钾 41	
7		20		20	40	20				
8				25	25			40	硫酸钠 10	
9	4.8		14.8			33.3	19.5	氯化镁 2.8	氟化镁 24.8	
10		氟化锂 15				70	15			
11				9	3			40	硫酸钾 20	硝酸钾 28
12	45			40	15					
13	20			30	50					

7.5　铝及铝合金的焊前准备及焊后清理

7.5.1　铝及铝合金的焊前准备

焊前准备工作主要是坡口准备和焊前的清理，根据需要，有时要做工装准备和预热等。这里重点介绍焊前清理。

1. 焊前清理

焊前必须严格清除焊接区和焊丝表面的氧化膜和油脂等。生产上常用化学清洗和机械清理两种方法。

按 GB 50236—2011《现场设备、工业管道焊接工程施工规范》对焊件坡口的要求，首先用丙酮等有机溶剂除去表面的油脂，两侧坡口的清理范围不应小于 50mm。清除油脂后，坡口及两侧（包括焊接垫板等）表面应采用锉削、刮削或铣削，也可用不锈钢丝刷（轮）清理至露出金属光泽，使用的钢丝刷应定期进行脱脂处理。

对焊丝去油脂后，应采用化学方法去除氧化膜。可用浓度为 5%～10%的 NaOH 溶液，在温度为 70℃下浸泡 30～60s，然后水洗，再用浓度为 15%左右的 HNO_3 在常温下浸泡 2min，然后用温水洗净，并使其干燥。

清理好的焊件和焊丝不得有水迹、碱迹或被沾污。

经清理后的焊件和焊丝应尽快投入焊接使用，因存放过程中表面又会重新产生氧化膜。如果在气候潮湿情况下，应在清理后 4h 内施焊，若存放时间过长，需重新清理。

2. 焊缝衬垫（板）

铝及铝合金在高温时强度低，液态流动性能好，单面对接平焊时焊缝金属容易下塌。为了在保证焊透的同时又不致引起塌陷，焊前在接头反面采用带槽的衬垫（板），以便焊接时能托住熔化金属及附近金属。垫板可用石墨、纯铜或不锈钢等制成，垫板的形式和尺寸如图 7-7-1 所示。

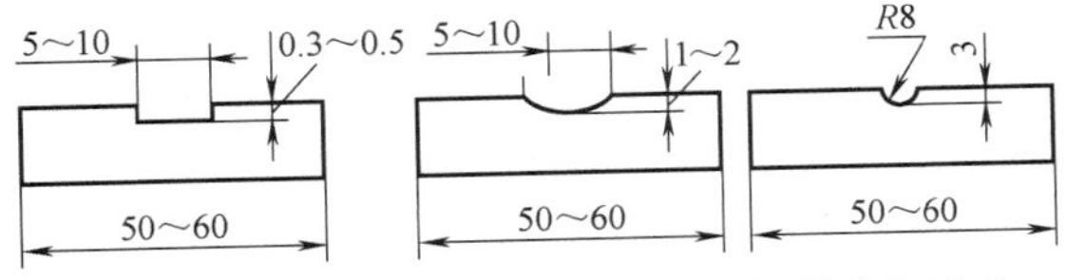

图 7-7-1　气焊铝及铝合金用的垫板形式和尺寸

3. 预热

薄小铝焊件一般不必预热；厚度大于 5～10mm 的厚大铝件，适当预热可以减少焊接所需热输入，对大型复杂焊件还可以减少其焊接应力，防止裂纹和气孔的产生。预热温度不宜过高，一般为 100～300℃，多数不高于 150℃。$w(Mg)=3\%\sim5.5\%$的铝合金预热温度不应高于 120℃，其层间温度也不应高于 150℃，否则会降低其耐应力腐蚀性能。预热方法可用氧乙炔火焰或喷灯对焊件局部加热。

7.5.2　铝及铝合金的焊后清理

焊后残留在焊缝表面及其附近两侧的熔剂、熔渣会在使用中继续破坏铝板表面上的氧化膜保护层，从而引起接头的严重腐蚀。因此，焊后应及时将这些残留物清除干净。清理的方法和步骤如下：

1）将焊件浸在 40～50℃的热水中用硬毛刷仔细刷洗焊接接头。

2）在温度为 60～80℃、浓度为 2～3 的铬酐水溶液或重铬酸钾溶液中浸洗 5～10min，并用硬毛刷洗刷。

3）在热水中再冲刷洗涤。

4）风干、烘干或自然干燥。

7.6　铝及铝合金的焊接工艺

7.6.1　铝及铝合金的气焊

气焊主要用于焊接厚度较小、形状复杂、并对质量要求不高的焊接结构和铸件的补焊。在没有氩气供应的地区或不便于使用氩弧焊时，可以采用气焊。主要缺点是火焰温度低，热量分散，因此焊接热影响区宽，焊接速度慢，焊接变形大，接头晶粒粗大等。

气焊时，除上节所述外，还需做好以下工作：

1. 接头形式和坡口准备

优先选用国家标准 GB/T 985.3—2008《铝及铝合金气体保护焊的推荐坡口》中的接头坡口形式和尺寸，在没有标准遵循时，下述资料可供参考。

气焊铝及铝合金最适于采用对接，避免采用搭接。必须采用T形接头或角接头时，一定要保证角焊缝能熔透，否则把角焊缝改成对接焊缝，因为这些接头易残留熔剂和熔渣而无法清除。薄板一般不开坡口，有时采用卷边接头。采用卷边接头时，其背面应熔透、焊匀。若背面有凹坑，缝隙也易残留熔剂和熔渣。图 7-7-2 所示为厚度在 3～5mm 的接头形式。当厚度大于 5mm 时宜开坡口，表 7-7-11 列出了气焊铝板接头的坡口准备。图 7-7-3 所示为角焊缝改成对接焊缝的示例。

表 7-7-11　气焊铝板接头的坡口准备

板厚/mm	坡口准备
1.5～2.0	用卷边接头
3～5	用I形坡口，间隙 $b=1$mm 左右
5～18	可用单边 Y 形坡口，坡口角度 $a=60°\sim70°$，钝边 $p\leqslant3$mm，间隙 $b\approx3$mm
>8	可用双边 Y 形坡口，$a=60°\sim70°$，$p\leqslant3$mm，$b\approx3$mm 或 U 形坡口

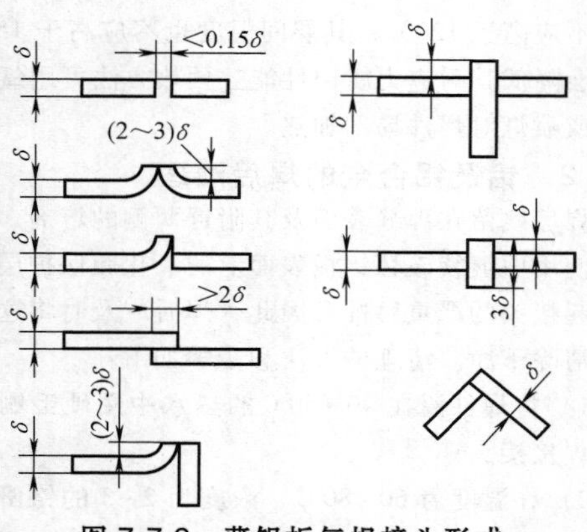

图 7-7-2 薄铝板气焊接头形式

注：δ=3~5mm，δ 为板厚。

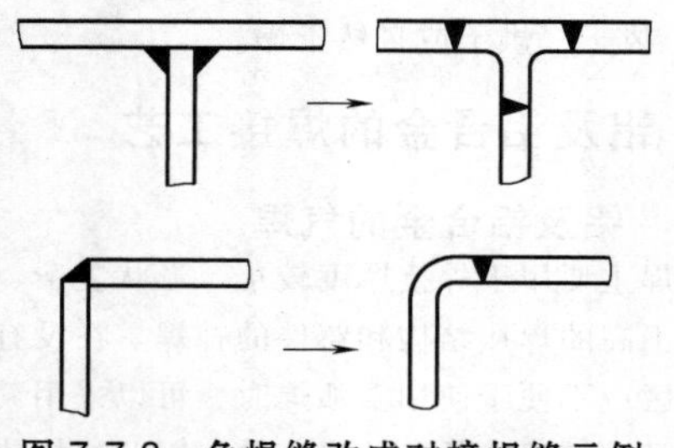

图 7-7-3 角焊缝改成对接焊缝示例

2. 火焰与焊嘴的选择

氧乙炔焰应取中性焰或轻微碳化焰。若用氧气过多的氧化焰会使铝强烈氧化；而乙炔过多，会促使焊缝产生气孔。焊嘴大小按焊件厚度来选用。薄铝板易烧穿，要选择比焊同样厚度的钢板小一些的焊嘴；厚大铝焊件因散热快，要选择比焊钢件大一些的焊嘴。表 7-7-12 所列资料供参考。

3. 操作要领

1）焊嘴与焊丝的倾角。焊薄板时，焊嘴倾角为 30°~45°，焊丝倾角为 40°~50°，如图 7-7-4 所示；焊厚板时，焊嘴倾角应在 50°左右，焊丝倾角为 40°~50°。起焊时，焊件冷，焊嘴倾角宜大些；终焊时已处高温状态，倾角应小一些。避免倾角过大，否则吹不开熔渣。

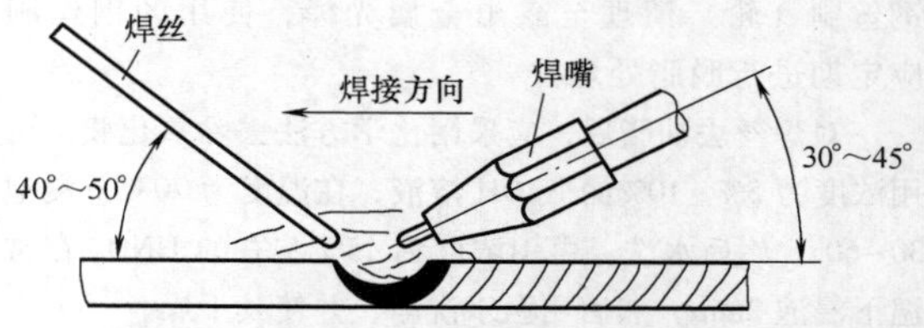

图 7-7-4 焊嘴、焊丝与焊件之间夹角

表 7-7-12 气焊铝板厚度与焊炬规格、乙炔消耗量的关系

板厚/mm	1.2	1.5~2.0	3.0~4.0	5.0~7.0	7.0~10.0	10.0~20.0
焊丝直径/mm	1.5~2.0	2.0~5.0	2.0~3.0	4.0~5.0	5.0~6.0	5.0~6.0
射吸式焊炬型号	H01~6	H01~6	H01~6	H01~12	H01~12	H01~20
焊嘴号码	1	1~2	3~4	1~3	2~4	4~5
焊嘴孔径/mm	0.9	0.9~1.0	1.1~1.3	1.4~1.8	1.6~2.0	3.0~3.2
乙炔气消耗量/L·h^{-1}	75~150	150~300	300~500	500~1400	1400~2000	2000~2500

2）定位焊。焊前用定位焊将焊件的相对位置固定。表 7-7-13 列出了按焊件厚度确定定位焊的参考数据。可以用比焊接时稍大的火焰焊接。焊嘴倾角为 50°左右。

3）焊接方向。薄铝板宜采用左向焊法，如图 7-7-4所示，有利于防止熔池过热和热影响区晶粒长大。焊接厚度大于 5mm 的焊件则用右向焊法，右向焊法允许用较高的温度加热焊件，以加速熔化，也便于观察熔池和操作。

4）焊嘴和焊丝的运作。焊嘴和焊丝密切配合是获得良好焊缝形成和内外质量的关键。焊接时，焊炬一边前进，一边上下跳动。当运动到下方时，火焰加热母材使其熔化，并利用火焰吹力形成熔池；当运动到上方时，火焰加热焊丝，使端头熔化形成熔滴。这样，焊丝与坡口处的母材周期性地受热、熔化，从而形成焊缝。送丝时，焊丝末端应插入熔池前部，并随即将其向熔池外拖出，靠外加焊丝时的机械作用去破坏熔池表面的氧化膜，搅拌熔池金属，使杂质排出，并使熔滴金属与熔池金属熔合。

当厚度不同或熔点不同的材料焊在一起时，应将火焰指向厚度大的或熔点高的一侧。焊前也应将厚大零件用焊炬预热到适当温度后再施焊。

7.6.2 铝及铝合金的钨极氩弧焊

钨极氩弧焊已成为焊接铝及铝合金的主要方法。有手工钨极氩弧焊和自动钨极氩弧焊两种。可以焊接 1~20mm 的重要焊接结构。其主要优点是热量集中，电弧稳定、焊缝成形美观、组织致密，接头强度和塑性高，可获得优质接头。如果采用脉冲氩弧焊，可以实现对电弧功率和焊缝成形的控制，使焊接变形更小，热影区更窄，可以焊接更薄的铝板和进行全位置焊接。

有关钨极氩弧焊接的工艺和设备在第 3 篇第 4 章已详细介绍，这里针对铝及铝合金焊接特点，介绍 TIG 焊的应用要点。

1. 接头形式和坡口准备

钨极氩弧焊铝及铝合金的接头形式有对接、搭接、角接和 T 形接等，接头几何形状与焊接钢材相似，但因铝及铝合金的流动性更好并且焊枪喷嘴尺寸较大，因而一般都采用较小的根部间隙和较大的坡口角度。

表 7-7-14 列出了钨极氩弧焊的坡口形式及尺寸。

坡口加工方法包括剪切、锯切、机械加工、电弧切割、磨削、凿和锉等。厚度小于 12mm 铝板可剪切，但剪切刃应保持清洁和锋利，以提供清洁光滑的边缘。

板边可用等离子弧切割，其切割速度高且精确。用水喷射等离子切割更是如此。碳弧只可进行气刨，不适于切割。因表面质量差，且有残余碳，必须用钢丝刷清除。

对复杂的坡口，如 T 形或 U 形用机械加工，如铣或靠模铣等。锉仅用于去除表面过于粗糙或局部修理。

坡口角度、钝边高和间隙三者相互关联，当厚度相同，而坡口角度较小时，间隙就要增大；当坡口角度较大、钝边较小时，间隙应适当减小，以防止烧穿。

2. 焊接电流种类

钨极氩弧焊可用交流电或直流电。

交流电有正弦交流（50Hz）、方波交流和脉冲交流；直流电有普通直流和脉冲直流。焊接铝及铝合金用得最多的是交流电。

用直流电焊接铝，当电极接正（即反接法）时，铝表面产生去除氧化膜的净化（即阴极破碎）作用，但熔深不大。相反，当电极接负（即正接法）时，熔深良好，但没有净化作用，两者不可同时兼得。所以，TIG 焊一般不用直流电焊接铝及铝合金。

表 7-7-13　气焊各种厚度铝板定位焊的参考数据

板厚/mm	<1.5	1.5~2.0	3~4	5~7	7~10	10~16	>16
定位焊间距/mm	10~30	30~50	50~70	80~100	100~120	120~180	180~240
定位焊缝长度/mm	5~8	6~10	10~15	20~30	30~40	40~50	50~60
焊缝高度/mm	1~1.2	1.2~2	2.5~3	3~5	3~5	5~7	6~8

表 7-7-14　钨极氩弧焊的坡口形式及尺寸

焊件厚度/mm	坡口形式	坡口尺寸			备注
		间隙 b/mm	钝边 p/mm	角度 α/(°)	
1~2	R_2, b, p, δ	<1	2~3	—	不加填充焊丝
1~3	b, δ	0~0.5	—	—	双面焊，反面铲焊根
3~5		1~2	—	—	
3~5	α, δ, p, b	0~1	1~1.5	70±5	
6~10		1~3	1~2.5	70±5	
12~20		1.5~3	2~3	70±5	
14~25	α_1, p, δ, b, α_2	1.5~3	2~3	α_1:80±5 α_2:70±5	双面焊，反面铲焊根，每面焊两层以上
管子壁厚≤3.5	a, δ	1.5~2.5	—	—	用于管子可旋转的平焊
3~10(管子外径30~300)	α, p, δ, b	<4	<2	75±5	管子内壁可用固定垫板

（续）

焊件厚度/mm	坡口形式	坡口尺寸			备　注
		间隙 b/mm	钝边 p/mm	角度 α/(°)	
4~12		1~2	1~2	50±5	共焊 1~3 层
8~25		1~2	1~2	50±5	每面焊两层以上

如果采用交流电焊接铝及铝合金，由于电极正负交替，就可以在获得良好净化作用的同时又获得满意的熔深，但是用正弦波交流电，其设备需有消除直流分量的隔直装置。若采用方波交流电，尤其是采用可变频率和可变脉冲宽度的方波交流电时，就可以不需隔直装置和稳弧装置，焊接时电弧稳定而且热效率高，根据需要可以调节净化作用和所需熔深。若采用脉冲电流，更能精确地控制电弧能量及其分布，可以达到对焊接熔池的控制，对薄板或全位置焊接很有利。

3. 焊接工艺要点

1）手工钨极氩弧焊。操作方式与气焊类似。根据焊件厚度和接头形式，有加填充焊丝的和不加焊丝的两种操作。

① 焊接参数。包括钨极直径、焊丝直径、焊接电流、电弧电压、氩气流量、喷嘴直径、钨极伸出长度、喷嘴与焊件间距离等。表 7-7-15 列出了手工 TIG 焊接钝铝和铝镁合金的参考焊接参数。

② 操作要领。注意焊嘴、焊丝与焊件三者处于正确的空间位置，如图 7-7-5 所示。平板对接焊时，焊嘴与焊件间的角度为 70°~80°；角接时为 35°~45°。焊丝与焊件间的角度约 10°左右。一般采用左向焊法，焊枪均匀平稳地向前直线移动。弧长应恒定，不加焊丝对接焊时，弧长为 0.5~2.0mm；加焊丝时，弧长为 4~7mm。

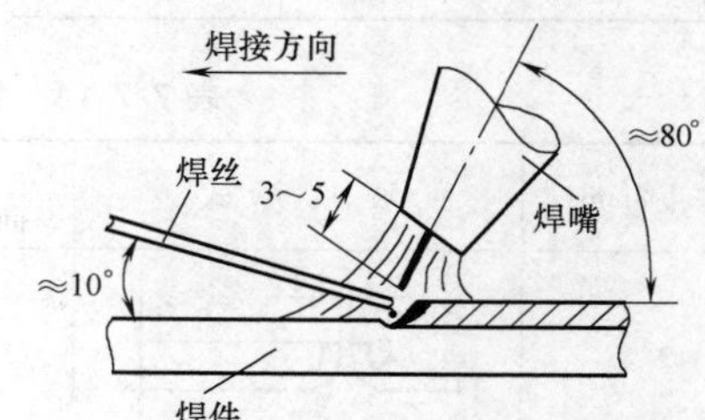

图 7-7-5　手工 TIG 焊焊嘴、焊丝与焊件间的位置

表 7-7-15　手工 TIG 焊接纯铝和铝镁合金的参考焊接参数

板材厚度 /mm	焊丝直径 /mm	钨极直径 /mm	预热温度 /℃	焊接电流 /A	氩气流量 /L · min^{-1}	喷嘴孔径 /mm	焊接层数（正面/反面）	备　注
1	1.6	2	—	45~60	7~9	8	正 1	卷边焊
1.5	1.6~2.0	2	—	50~80	7~9	8	正 1	卷边或单面对接焊
2	2~2.5	2~3	—	90~120	8~12	8~12	正 1	对接焊
3	2~3	3	—	150~180	8~12	8~12	正 1	V 形坡口对接
4	3	4	—	130~200	10~15	8~12	1~2/1	V 形坡口对接
5	3~4	4	—	180~240	10~15	10~12	1~2/1	V 形坡口对接
6	4	5	—	240~280	16~20	14~16	1~2/1	V 形坡口对接
8	4~5	5	100	260~320	16~20	14~16	2/1	V 形坡口对接
10	4~5	5	100~150	280~340	16~20	14~16	3~4/1~2	V 形坡口对接
12	4~5	5~6	150~200	300~360	18~22	16~20	3~4/1~2	V 形坡口对接
14	5~6	5~6	180~200	340~380	20~24	16~20	3~4/1~2	V 形坡口对接
16	5~6	6	200~220	340~380	20~24	16~20	4~5/1~2	V 形坡口对接
18	5~6	6	200~240	360~400	25~30	16~20	4~5/1~2	V 形坡口对接
20	5~6	6	200~260	360~400	25~30	20~22	4~5/1~2	V 形坡口对接
16~20	5~6	6	200~260	300~380	25~30	16~20	2~3/2~3	双边 V 形坡口对接
22~25	5~6	6~7	200~260	360~400	30~35	20~22	3~4/3~4	双边 V 形坡口对接

焊丝和焊嘴的运作需协调配合。母材尚未达到熔化温度时，焊丝端部应处在电弧附近的氩气保护层内预热待焊，当熔池形成并具有良好流动性时，立即从熔池边缘送进焊丝，焊丝熔化而滴入熔池形成焊缝。

当可旋转的铝管对接平焊时，焊嘴应处于上坡焊的位置，如图 7-7-6 所示，以利于焊透。厚壁管子焊接第一层时不填丝，直接用焊炬熔透根部，以后几层再填充焊丝。

焊接结束时，在没有引出板的情况下，要注意填满弧坑才能断弧，否则易引起弧坑裂纹。有些焊接设备设有焊接电流衰减装置，能很好解决此问题，当按住停焊按钮（或松开按钮）后，焊接电流逐渐减小，使弧坑处再补充少量焊丝金属。当无电流衰减装置时，在接近熄弧处加块焊接速度和送丝速度，将弧坑填满后逐渐拉长电弧而实现熄弧。表 7-7-16 列出了铝合金管对接手工 TIG 焊的参考焊接参数。

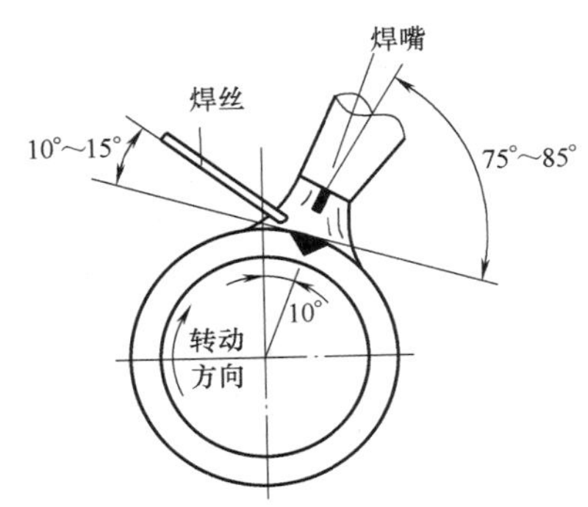

图 7-7-6　管子对接焊时，焊嘴、焊丝与管子之间的位置

表 7-7-16　铝合金管对接手工 TIG 焊的参考焊接参数

管子尺寸/mm 外径	管子尺寸/mm 壁厚	衬环厚度/mm	焊件位置	焊接层数	焊接电流/A	钨极直径/mm	焊丝直径/mm	氩气流量/L·min^{-1}	喷嘴直径/mm
ϕ25	3	2.0	水平旋转	1~2	100~115	ϕ3.0	ϕ2	10~12	ϕ12
			水平固定	1~2	90~110	ϕ3.0	ϕ2	12~16	ϕ12
			垂直固定	1~2	95~115	ϕ3.0	ϕ2	10~12	ϕ12
ϕ50	4	2.5	水平旋转	1~2	125~150	ϕ3.0	ϕ3	12~14	ϕ14
			水平固定	1~2	120~140	ϕ3.0	ϕ3	14~18	ϕ14
			垂直固定	2~3	125~145	ϕ3.0	ϕ3	12~14	ϕ14
ϕ60	5	2.5	水平旋转	2	140~180	ϕ3.0	ϕ3~4	12~14	ϕ16
			水平固定	2	130~150	ϕ3.0	ϕ3~4	14~18	ϕ16
			垂直固定	3~4	135~155	ϕ3.0	ϕ3~4	12~14	ϕ16
ϕ60	5	2.5	水平旋转	2	170~210	ϕ4.0	ϕ4	14~15	ϕ8
			水平固定	2	160~180	ϕ4.0	ϕ4	16~20	ϕ8
			垂直固定	3~4	165~185	ϕ4.0	ϕ4	14~16	ϕ8
ϕ150	7	4.5	水平旋转	2	210~250	ϕ4.0	ϕ4	14~16	ϕ18
			水平固定	2	195~205	ϕ4.0	ϕ4	16~20	ϕ18
			垂直固定	3~5	200~220	ϕ4.0	ϕ4	14~16	ϕ18
ϕ300	10	5.0	水平旋转	2~3	250~290	ϕ5.0	ϕ4~5	14~16	ϕ20
			水平固定	2~3	245~255	ϕ5.0	ϕ4~5	16~20	ϕ20
			垂直固定	3~5	250~270	ϕ5.0	ϕ4~5	14~16	ϕ20

注：采用交流电。

2）自动钨极氩弧焊。焊枪是由焊接小车自动行走时带其移动，焊丝由送丝机构从氩弧前方自动送进。

① 焊接参数。自动 TIG 焊比手工 TIG 焊增加了送丝速度和焊接速度两项焊接参数。对同样厚度的铝板，自动 TIG 焊比手工 TIG 焊所用的焊接电流、喷嘴孔径、氩气流量和焊接速度大。

表 7-7-17 列出了铝合金自动钨极氩弧焊的焊接参数。

表 7-7-17　铝合金自动钨极氩弧焊的焊接参数

板厚/mm	坡口形式	钨极直径/mm	焊丝直径/mm	焊接电流/A	焊接速度/m·h^{-1}	送丝速度/m·h^{-1}	氩气流量/L·min^{-1}	焊接层数
2	I	ϕ3~4	ϕ1.6~2.0	170~180	19	18~22	16~18	1
3	I	ϕ4~5	ϕ2	200~220	15	20~24	18~20	1
4	I	ϕ4~5	ϕ2	210~235	11	20~24	18~20	1
6	V(60°)	ϕ4~5	ϕ2	230~260	8	22~26	18~20	2
8~10	V(60°)	ϕ5~6	ϕ3	280~300	7~6	25~30	20~22	3~4

注：采用交流电。

② 操作要领。因焊枪自动移行，故对装配质量要求更高，而且要保证焊嘴与焊件之间相对位置恒定，并与焊缝轴线严格对中。焊前应将钨极尖端调节在焊缝中心线上，它与焊件间的距离保持在 0.8~2mm 的范围内，钨极伸出焊嘴长度为 6~10mm，如图 7-7-7 所示。

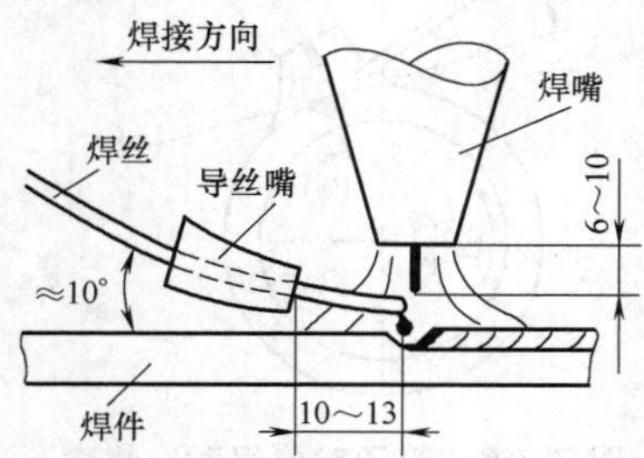

图 7-7-7　自动 TIG 焊焊嘴、焊丝和焊件间的位置

按焊件厚度和工艺要求，可选择加入焊丝或不加焊丝。对卷边接头、端接接头或厚板第一层焊缝，一般不加焊丝，只是焊炬自动前移熔化一次，后面各层均需加入焊丝。焊丝与焊件夹角 10°左右，焊丝伸出长度约 10~13mm（见图 7-7-7）。送丝速度应等于焊丝熔化速度，且焊丝端部恰好位于氩气保护区内。随着焊件厚度增加，焊接速度适当减慢；随着焊接速度加快，应适当加大氩气流量。

3）交流脉冲钨极氩弧焊。对铝及铝合金薄板焊接，单面焊背面成形焊、立焊、仰焊、管子全位置焊，以及在装配条件下的定位焊，很适于采用脉冲钨极氩弧焊。通过调节脉冲特征参数，如脉冲电流、基值电流、脉宽比等能有效地控制焊缝成形；由于热输入量小，故焊接热影响区窄，焊件变形小。实践表明，脉冲钨极氩弧焊对提高铝合金接头强度、塑性和改善热裂纹有显著作用。如果是采用方波交流电源，利用可变极性的原理，即对正负两半波参数做非对称变化和调节，就能实现既充分发挥阴极清理作用，又能减轻钨极受热烧损的最佳效果。此法被称为变极性氩弧焊。

脉冲钨极氩弧的焊接参数除脉冲电流及其维持时间、脉宽比$\left(\text{脉宽比}=\dfrac{\text{脉冲时间}}{\text{脉冲周期}}\right)$、脉冲频率外，均与一般钨极氩弧焊相同。选择这些参数时应注意：脉冲电流增大，可增强穿透能力，获得较大熔深，但过大电流会使钨极过早烧损，通常取等于或稍大于普通连续钨极氩弧焊所需的焊接电流作脉冲电流；维弧电流影响熔池金属的冷却与结晶，当焊接铝薄板时，为了减小焊接变形和防止焊漏，宜选较小的维弧电流。脉宽比的选择以热输入足够为限，过小，电弧不稳定；过大，就失去脉冲焊的意义，焊接铝及铝合金一般取 30%~40%较合适。脉冲频率的选取必须与焊接速度相匹配，因为脉冲焊缝是焊点的连续搭接而成，要使焊缝连续和致密，必须使焊点之间有一相互重叠量。表 7-7-18 列出了脉冲钨极氩弧焊常用的脉冲频率范围。

表 7-7-19 列出了两种铝合金交流脉冲 TIG 焊的焊接参数。

表 7-7-18　脉冲钨极氩弧焊常用的脉冲频率范围

焊接方法	手工焊	自动焊焊接速度/mm·min⁻¹			
		200	283	366	500
脉冲频率/Hz	1~2	3	4	5	6

表 7-7-19　两种铝合金交流脉冲 TIG 焊的焊接参数

材料	厚度/mm	焊丝直径/mm	脉冲电流/A	基值电流/A	脉冲频率/Hz	脉宽比(%)	电弧电压/V	气体流量/L·min⁻¹
5A03(LF3)	1.5	2.5	80	45	1.7	33	14	5
5A03(LF3)	2.5	2.5	95	50	2	33	15	5
5A06(LF6)	2.0	2	83	44	2.5	33	10	5

注：括号内为旧牌号。

7.6.3　铝及铝合金的熔化极氩弧焊

熔化极氩弧焊有自动焊和半自动焊两种形式，前者由自动焊接小车带焊枪移动完成焊接，后者由焊工手持焊枪操作，焊丝均从送丝机构经由焊枪自动送进。主要用于中等厚度以上铝及铝合金的焊接，自动焊适于形状规则的纵缝或环缝且处于水平位置的焊接；半自动焊较机动灵活，适于短焊缝、断续焊缝或较复杂结构的全位置焊缝的焊接。

铝及铝合金自动焊接对焊接参数控制要求严格，否则容易引起烧穿、未熔透等工艺缺陷。能否对自动焊机进行调控很大程度决定于所用的电源，过去使用直流电源焊丝接正极的焊法，可控参数少，不易保证焊接质量。若采用直流脉冲电源，则可以实现对焊丝熔化和熔滴过渡进行控制，既可改善电弧稳定性，又可在小于平均焊接电流下，实现熔滴喷射过渡和全位置焊接。现在有了 IGBT 逆变方波电源，就可以采用交流脉冲 MIG 焊，可以对焊接参数进行全面控制，并能实现机器人铝及铝合金薄板焊接。

半自动焊多用小直径焊丝，这时应采用恒压（即平特性）电源和等速送丝。通过调节送丝速度来获得所需的焊接电流，以达到很好的熔合和熔深；通过调节电弧电压来达到焊丝熔滴的喷射过渡。

大直径焊丝只能用于平焊位置的自动焊，这时应采用恒流（陡降特性）电源和变速送丝。焊接时主要调节电流大小，而送丝速度是由自动系统维持弧长进行调节。

如果是采用交流脉冲电源，可通过对 EN 比率⊖的调节与控制，来解决铝及铝合金薄板焊接易烧穿、变形大等技术难题。

1. 坡口准备

铝板厚度小于 6mm 不需开坡口，间隙应小于 0.5mm；厚度大于 6mm 需加工成 V 形或双边 V 形坡口；自动焊时，钝边较大，这时坡口角度应加大达 100°左右，或采用窄间隙等特殊坡口和焊接工艺。自动焊的装配质量要高于半自动焊，间隙大于 1mm 时可用半自动焊预堆一层焊缝，以免引起焊穿。

2. 焊接工艺要点

1）自动 MIG 焊。自动 MIG 焊的主要焊接参数有焊丝直径、焊接电流、电弧电压、送丝速度、焊接速度、喷嘴孔径和氩气流量等。通常是先根据焊件厚度选择坡口形式和尺寸，再选焊丝直径和焊接电流。

为了获得优质焊接接头，自动熔化极氩弧焊焊接铝合金时，一般采用较低的电弧电压（27~31V）和较大的电流，使熔滴呈亚喷射状过渡，即介乎喷射过渡与短路过渡之间的一种过渡形式。一般认为这种过渡形式可使电弧稳定、飞溅少，熔深大，阴极破碎区宽，焊缝成形美观等。由于焊接电流和焊接速度较大，氩气流量也相应加大。

表 7-7-20 列出了纯铝和部分铝合金自动熔化极氩弧焊的焊接参数。

在平板对接或筒体纵缝的焊接前，应在接缝两端焊上与母材成分和厚度相同的引弧板和引出板。焊接时，喷嘴端部至焊件间的距离应保持在 12~22mm 之间。距离过大，气体保护不良；过小则会恶化焊缝成形。焊接环焊缝时收弧处可与起弧处重叠 100mm 左右，这种重熔起弧处有利于排除可能存在的缺陷。收弧处过高的部分用风铲修平。

2）半自动 MIG 焊。半自动 MIG 焊的焊接参数除焊接速度由操作者控制外，其余与自动 MIG 焊相似。表 7-7-21 列出了铝及铝合金半自动 MIG 焊的焊接参数。对于相同厚度的铝锰、铝镁合金，焊接电流应降低 20~40A，而氩气流量应增大 10~15L · min^{-1}。

表 7-7-20　纯铝、铝镁合金、硬铝的自动熔化极氩弧焊焊接参数

板材牌号	焊丝牌号	板材厚度/mm	坡口形式	坡口尺寸			焊丝直径/mm	喷嘴孔径/mm	氩气流量/L · min^{-1}	焊接电流/A	电弧电压/V	焊接速度/m · h^{-1}	备注
				钝边/mm	坡口角度/(°)	间隙/mm							
5A05(LF5)	SAlMg5	5	—	—	—	—	2.0	22	28	240	21~22	42	单面焊双面成形
1060(L2)、1050A(L3)	1060(L2)	6	—	—	—	0~0.5	2.5	22	30~35	230~260	26~27	25	正反面均焊一层
		8	V 形	4	100	0~0.5	2.5	22	30~35	300~320	26~27	24~28	
		10	V 形	6	100	0~1	3.0	28	30~35	310~330	27~28	18	
		12	V 形	8	100	0~1	3.0	28	30~35	320~340	28~29	15	
		14	V 形	10	100	0~1	4.0	28	40~45	380~400	29~31	18	
		16	V 形	12	100	0~1	4.0	28	40~45	380~420	29~31	17~20	
		20	V 形	16	100	0~1	4.0	28	50~60	450~500	29~31	17~19	
		25	V 形	21	100	0~1	4.0	28	50~60	490~550	29~31	—	
		28~30	双 V 形	16	100	0~1	4.0	28	50~60	560~570	29~31	13~15	
5A02(LF2)、5A03(LF3)	5A03(LF3)、5A05(LF5)	12	V 形	8	120	0~1	3.0	22	30~35	320~350	28~30	24	
		18	V 形	14	120	0~1	4.0	28	50~60	450~470	29~30	18.7	
		20	V 形	16	120	0~1	4.0	28	50~60	450~700	28~30	18	
		25	V 形	16	120	0~1	4.0	28	50~60	490~520	29~31	16~19	
2A11(LY11)	SAlSi5	50	双 V 形	6~8	75	0~0.5	4.2	28	50	450~500	24~27	15~18	也可采用双面 U 形坡口，钝边 6~8mm

注：1. 正面焊完后必须清根，然后进行反面焊接。
2. 焊炬向前倾斜 10°~15°。

⊖ EN 比率是交流脉冲 MIG 焊工艺中的一个重要控制参数，指在 EN（焊丝为负极）期间的电流的积分面积与整个脉冲周期的电流积分面积的比值，以百分比表示。

表 7-7-21 铝及铝合金半自动 MIG 焊的焊接参数

板厚/mm	坡口形式			焊丝直径/mm	氩气流量/L · min^{-1}	焊接电流(直流反接)/A	电弧电压/V	焊道数
	形式	钝边/mm	间隙/mm					
3.2	I	—	0~3	1.2	14	110	20	1
4.8	60°V 形	1.6	0~1.6	1.2	14	170	20	1
6.4	60°V 形	1.6	0~3	1.6	19	200	25	1
9.5	60°V 形	1.6	0~4	1.6	24	290	25	2
12.7	60°V 形	1.6	0~3	2.4	24	320	25~31	2
19	60°V 形	1.6	0~4.8	2.4	28	350	25~29	4
25.4	90°V 形	3.2	0~4.8	2.4	28	380	25~31	6

半自动熔化极氩弧焊的焊接速度，即焊枪向前移前进速度，与板厚、焊接电流和电弧电压等有关。焊枪移动速度应使电弧永远保持在熔池上面，移动过快易熔合不良，过慢易烧穿或熔宽过大。一般采用左向焊法，焊枪喷嘴略向前倾，倾角为 15°~20°，如图 7-7-8 所示。

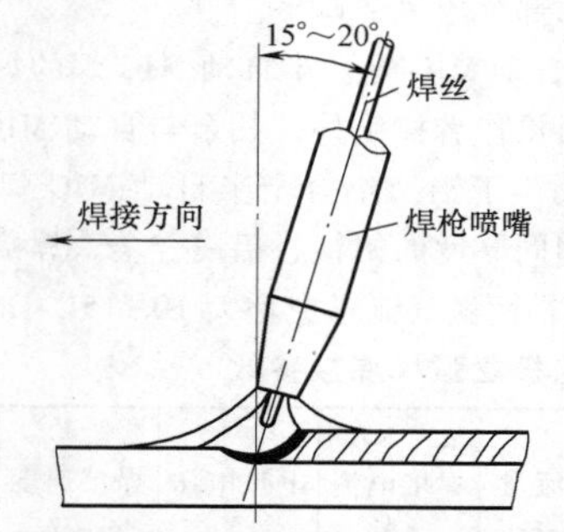

图 7-7-8 半自动 MIG 焊焊枪喷嘴倾角

焊接厚板时角度小些，几近于垂直，以获得较大熔深；焊接薄板时角度宜大些。喷嘴端部与焊件间的距离宜保持在 8~20mm 之间，焊接铝镁合金时宜小，以减小镁合金的烧损。焊丝伸出导电嘴的长度为 10~25mm。

3）脉冲 MIG 焊。脉冲 MIG 焊和脉冲 TIG 焊原理上是相似的。脉冲特征参数也相同。脉冲 MIG 焊可以用直流脉冲，也可以用交流脉冲，后者能更好地实现氧化膜清理和焊丝熔化速度的调控。

采用脉冲 MIG 焊，除了可实现对焊丝熔化及熔滴过渡的控制、改善电弧稳定性、可用小的平均焊接电流实现熔滴喷射过渡、可以进行全位置焊接外，脉冲 MIG 焊还有一重要优点，即可用粗焊丝焊接薄铝板。例如，普通 MIG 焊焊接 2mm 厚的铝板时，一般使用 ϕ0.8mm 的铝细焊丝，这样的焊丝刚性小，送丝很困难，焊接过程不稳定，而脉冲 MIG 焊可用 ϕ1.6mm 的粗铝焊丝焊接，实现了稳定送丝要求，况且粗丝比细丝焊接气孔倾向小。

脉冲熔化极氩弧焊可对 0.5~6mm 厚的铝板实现 I 形坡口单面焊双面成形工艺，厚度大于 6mm 的铝板（或铝管）一般需开坡口。

脉冲 MIG 焊的焊接参数主要有脉冲电流、基值电流、脉冲通电时间、脉冲休止时间、焊丝直径、送丝速度、焊接速度和氩气流量等。选择这些参数时需考虑母材的种类、厚度、焊缝的空间位置及熔滴过渡形式等。MIG 焊以喷射过渡为主要熔滴过渡形式，为此焊接电流一定要大于喷射过渡临界电流值，才能实现稳定的焊接过程。在脉冲焊接情况下，无论脉冲电流是什么样的波形，其脉冲峰值电流一定要大于在此条件下喷射过渡的临界电流值。脉冲电流和脉冲通电时间都是决定焊缝形状和尺寸的主要参数，随着脉冲电流增大和脉冲通电时间的延长，焊缝熔深和熔宽增大，调节这两个参数，就可以获得不同的焊缝熔深和熔宽。基值电流主要是用以维持电弧稳定燃烧，在脉冲 MIG 焊中还可用以调节焊接热输入，以控制预热和冷却速度。平焊对接焊缝时，宜用较大基值电流；空间位置焊时宜用较低的基值电流。脉宽比宜选 25%~50%之间；对空间位置焊缝应选择较小的脉宽比，以保证电弧有一定的挺直度；对热裂倾向大的铝合金，也宜选用较小的脉宽比。根据实现稳定的喷射过渡要求，脉冲频率可在 30~120 次/s 范围选取。

表 7-7-22 列出了纯铝、铝镁合金半自动脉冲 MIG 焊的焊接参数。

表 7-7-22 纯铝、铝镁合金半自动脉冲 MIG 焊的焊接参数

合金牌号	板厚/mm	焊丝直径/mm	基值电流/A	脉冲电流/A	电弧电压/V	脉冲频率/Hz	氩气流量/L · min^{-1}	备注
1035(L4)	1.6	1.0	20	110~130	18~19	50	18~20	焊丝牌号 1053(L4)，喷嘴孔径 16mm
1035(L4)	3.0	1.2	20	140~160	19~20	50	20	焊丝牌号 1053(L4)

（续）

合金牌号	板厚/mm	焊丝直径 /mm	基值电流 /A	脉冲电流 /A	电弧电压 /V	脉冲频率 /Hz	氩气流量 /L·min^{-1}	备注
5A03(LF3)	1.8	1.0	20~25	120~140	18~19	50	20	喷嘴孔径 16mm，焊丝 5A03(LF3)
5A05(LF5)	4.0	1.2	20~25	160~180	19~20	50	20~22	喷嘴孔径 16mm，焊丝 5A05(LF5)

注：括号内为旧牌号。

7.6.4 铝及铝合金的搅拌摩擦焊

搅拌摩擦焊在我国应用的历史还不长，生产经验和成熟资料还很有限，这里只简要地介绍搅拌摩擦焊在铝及铝合金应用中所遇到的主要问题以及解决的基本方法。

1. 焊接特点

搅拌摩擦焊属于固相塑化焊接的一种，最适用于铝及铝合金的焊接。因为在焊接过程中，摩擦产生的热不足以使焊缝及热影响区金属发生熔化，不会出现熔焊时极易产生的气孔、裂纹、烧穿等问题。熔焊难焊的 6×××系、2×××系和 7×××系铝合金等，用搅拌摩擦焊则很容易实现。

铝及铝合金采用搅拌摩擦焊时，在搅拌头的摩擦碾压作用下，连接区的塑性金属发生动态回复与再结晶等冶金过程，细化了焊缝的组织，提高了接头的强度。整个焊接过程不需要保护气体和填充金属。目前可焊铝及铝合金板材的厚度在 1.2~75mm 范围，常用的接头形式有对接、搭接、T 形接和角接等。

搅拌摩擦焊的最大的缺点是焊接工艺缺乏柔性，即不够方便灵活，对具有复杂焊缝的金属结构不太适应。由于焊接过程搅拌头对焊件施加相当大的顶锻力和向前驱动力，需要有足够刚性的焊接设备和焊件夹紧装置，接头背面需有衬板；焊后搅拌针和台肩同时回抽时，在焊缝尾部留下针孔，为此需使用“引焊板”和“出焊板”，否则应采用特殊设计的搅拌头；当焊缝出现焊接缺陷时，要保证相同质量的焊缝，需用固相焊接方法进行补焊。

2. 焊接工艺要点

1）确定搅拌头。在确定焊接参数之前，应按铝合金的种类和板厚选定搅拌头的材质和形状尺寸。搅拌焊时，热量主要来自搅拌头轴肩和焊针与焊件之间的摩擦，当焊针尺寸过大时，焊接区断面积增大，热影响区变宽，同时焊针向前移动时阻力增大；当焊针尺寸过小时，摩擦产生的热量不足，焊接区热塑性材料的流动性差，搅拌焊针向前移动时所产生的侧向挤压力减小，不利于形成致密的焊缝组织。研究表明，当搅拌焊针的直径为焊件厚度的 0.9~1.1 倍时，焊缝质量较好；当搅拌头肩部直径与焊针直径之比为 3：1时，在适宜的焊接参数下施焊，容易获得较高质量的焊缝。常用搅拌头的材料有马氏体型不锈钢、中碳钢、高碳钢和工具钢等。目前搅拌头的形状有圆柱形、圆锥形和螺旋形，螺旋形搅拌头在旋转的同时，可产生向下的顶锻力，更有利于焊缝金属的焊合。

2）选定焊接参数。在本书第五篇第 4 章的 4.3.2 节中已有详细叙述，这里只强调以下三个主要参数对焊接质量的影响。

① 旋转速度 n。指搅拌头的旋转速度。若转速过低，则焊接区出现孔洞，焊缝组织疏松，强度低；提高转速可得致密焊缝，接头强度可以提高。以 2024 铝合金为例，当转速增到 1000r·min^{-1}时，接头的强度系数（焊接接头强度与母材强度的比值）可达 0.74。

② 焊接速度 v。指搅拌头沿焊缝方向向前移动的速度。当搅拌头的转速一定时，若焊接速度过慢，则焊接区组织过热，晶粒长大；若焊接速度过快，则热输入不足不能形成好的焊缝、组织疏松，或存在空洞等缺陷。如焊接 2024 铝合金时，用 1000r·min^{-1}转速，采用 30mm·min^{-1}的焊接速度焊接质量好。

③ 焊接压力 F。指搅拌头肩台作用于焊件上的轴向焊接压力。它关系到焊接所需热量和对焊缝金属的挤压，当该力选得过小时，热塑性金属会向上挤出，而焊缝底部得不到填充，易形成孔洞或组织疏松；若压力过大，则被压的表面层金属发生强烈热塑性变形，沿肩台边溢出，形成焊缝表面凹进和两侧有飞边和毛刺。对不同的铝合金，需采用不同的焊接压力，如对 2A12 焊接，控制压入材料表面深度 0.1~0.2mm 的压力较为合适。

为了获得焊接所需的热量以保证焊缝质量，上述旋转速度 n、焊接速度 v 和焊接压力 F 之间存在一定的比例关系，例如，对 2119 铝合金搅拌摩擦焊试验后认为，在一定的焊接压力下，n/v 取 5~8 为最佳，若搅拌头转速取在 700~1200r·min^{-1}范围，这时焊接速度取 87.5~240mm·min^{-1}为较为理想。

7.6.5 铝及铝合金的熔化极氩弧定位焊

熔化极氩弧焊设备稍经改装即可用作熔化极氩弧

点焊，可用于强度要求不高、厚度在0.5~6mm铝合金薄板搭接，只需单面进行焊接。其接头强度优于铆接，成本仅为铆接的一半，且生产率高。

所有能用普通熔化极氩弧焊焊接的铝合金均适于采用熔化极氩弧定位焊。定位焊时需更换普通熔化极氩弧焊焊枪的喷嘴，并增设控制电路以对送丝、电弧和通气时间进行自动控制。按焊件厚度和所要求的熔深去调整焊接电流、送丝速度和其他操作条件后，将喷嘴与焊件的上板接触并施以足够压力，使上、下两板贴紧；接着起动焊接，送进焊丝，引燃电弧。电弧熔透上板，直达下板从而形成焊点。弧坑的填补由自动控制完成。为了可靠引弧，最好采用拉丝式送丝并有慢速送进控制。停焊时，先停止送丝，再切断电流的延时控制，这样可防止在切断电源时焊丝凝固在焊接熔池中。一个焊点的焊接时间通常为1s或更少。

最好采用平特性直流电源，用直流反接（焊丝接正极），不推荐用垂降特性电源，因灭弧时铝焊丝端部易结球。

当上面焊件厚度等于或小于3mm时，不需做特殊准备，当大于3mm时，预先钻一导通孔。下板的厚度最好等于或大于上板，最理想的是大于上板厚度的2~3倍。下板厚度小于0.8mm时要用衬垫。

表7-7-23列出了各种厚度铝合金熔化极氩弧定位焊的焊接参数。

表7-7-23　各种厚度铝合金熔化极氩弧定位焊的焊接参数

板厚/mm		不熔透				熔透			
上板	下板	空载电压/V	送丝速度/$m \cdot h^{-1}$	焊接电流/A	焊接时间/s	空载电压/V	送丝速度/$m \cdot h^{-1}$	焊接电流/A	焊接时间/s
0.5	0.8	—	—	—	—	28	450	150	0.3
0.8	0.8	25.5	428	143	0.3	28	495	165	0.3
0.8	1.6	30	540	180	0.3	31	675	225	0.3
1.6	1.6	32	630	210	0.4	32	825	275	0.5
1.6	3.2	32.5	975	325	0.5	34.5	1015	337	0.5
1.6	6.4	39	1162	387	0.5	41	1200	400	0.5
3.2	3.2	39.5	1200	400	0.5	41	1275	425	0.6
3.2	6.4	41	1350	450	1.0	—	—	—	—

注：焊丝直径1.2mm，其成分为：$w(Mg)=2.4\%\sim3.0\%$，$w(Cr)=0.05\%\sim0.2\%$，$w(Ti)=0.05\%\sim0.2\%$，$w(Mn)=0.5\%\sim1\%$，$w(Si)=0.4\%$，余Fe。

7.6.6　铝及铝合金的电阻焊

对热处理型和非热处理型铝合金，不管是变形的或铸造的都可以用电阻焊焊接，但铝合金与钢相比，物理化学特性差别大，其电阻焊设备和工艺与钢的电阻焊显著不同，需根据铝合金的基本特性对电阻焊的影响来确定电阻焊的设备和工艺。这里以电阻点焊和缝焊为例，分析其影响。

1. 影响电阻焊的因素

1）电导率和热导率。铝合金的电导率为低碳钢的两倍以上，这样高的电导率就需要高的电流密度以产生足够高的热来熔化铝合金和形成焊点。因此，需采用能提供大焊接电流的大容量焊机。点焊时，为了减小分流，采用比钢材大得多的点距；铝合金高的热导率需要采用快速焊接，以避免热量散失到焊件上。通常铝点焊用的焊接电流大约为钢的3倍，通电时间只有钢的十分之一。

2）上升的温度。当电阻焊温度增加时，铝合金软化比钢快，而且软化温度较低，因而需要用低惯性焊接机头，使电极能快速（在2~5ms内发生）移动以保持焊接压力和焊件的接触。

3）塑性范围。铝合金焊点塑性范围窄，为了形成合适的熔核，必须精确地控制热输入量。

4）冷却时的收缩。铝合金从液相到固相冷却过程中会产生很大的收缩，尤其是热处理强化铝合金，这种特性很显著，故易产生裂纹，而非热处理铝合金产生裂纹倾向小些。为此，电极对熔核要保持适当的压力，防止收缩可能引起缩孔和裂纹。焊接铝合金用的焊机一般除了具有低惯性的机头外，还应具有在熔核凝固时增加电极压力的装置。以提高焊点的致密性。

5）表面氧化膜。铝合金在大气中就可产生一种高电阻且分布不均匀的铝氧化膜，它影响电阻焊接过程中产生的热量。为了获得优质接头，焊前应清除这些氧化膜或改变成电阻均匀的氧化膜。若焊件表面不清理，则电极易发生黏附，使用寿命会降低，造成焊缝质量不稳和形状不均匀。

2. 焊接设备

根据铝合金上述电阻焊接特性，所用的电阻焊机应具有如下特点：

1）能在短的焊接通电时间内提供大的焊接电流。

2）具有能精确控制焊接通电时间和焊接电流的

同步电子控制装置。

3）具有可迅速随动电极压力的低惯性焊机机头。

4）具有电流递增和递减控制装置（用于单相焊机）。

5）具有多种电极压力系统，以便锻压熔核和修理电极。

为此，铝合金用的电阻焊机多为三相低频、直流脉冲或二次整流焊机。这些焊机的电流波形缓升缓降，焊机加压机构的气缸多为薄膜式，惯性力与摩擦力较小，机头的随动性好，电极力作用效果也好。焊机的压力循环具有多种形式，可按需要进行选择，以免产生飞溅和裂纹。焊接铝合金时，为了焊出一致的点焊熔核和缝焊焊缝，电极材料和电极端部形状的选择，以及对电极的冷却相当重要。一般都选用电导率和热导率高的电极材料，如 A 组第 1 类和第 2 类铜合金材料，见第六篇表 6-4-6，如纯铜和金属铜等。在大多数铝合金点焊中，在焊件的一面或两面采用端部为球面形的电极，其球面半径一般大于电极本体直径。这种电极与平面电极相比，容易对中，焊接电流集中，且电极容易清理和维修。

直电极和偏心电极都适用于铝的点焊，每种电极的详细结构如图 7-7-9 所示。冷却水的流量至少应为 $3.8\text{L}\cdot\text{min}^{-1}$，最好在 $5.7\sim7.6\text{L}\cdot\text{min}^{-1}$ 之间，这样能保证电极温度低于铝与铜产生合金化造成电极黏附的温度。

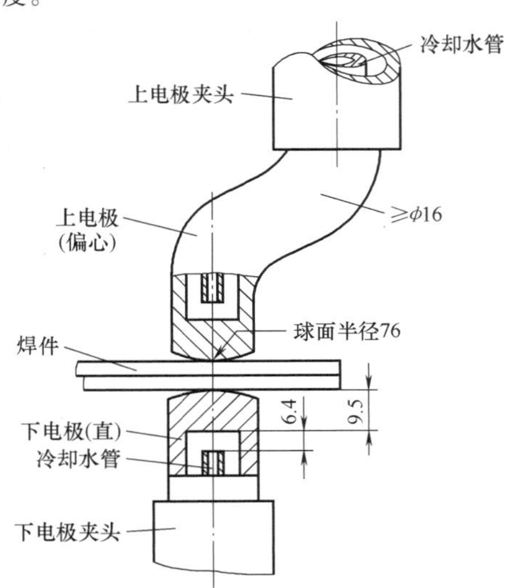

图 7-7-9　铝合金电阻点焊直的和偏心电极结构

3. 焊接工艺

1）点焊工艺要点。在一般应用场合对焊前表面不做任何准备，有时也能焊出满意的熔核，但并不能保证质量均匀、不产生裂纹和缩孔等焊接缺陷。因此，对于重要产品，如飞机结构等，不论是什么铝合金，焊前除需检查表面接触电阻外，还必须最大程度地清理和清除氧化膜。清除方法也和熔焊前一样，先去油脂，后清除氧化膜。清理氧化膜也分化学清理和机械消理。

经过良好清理的铝合金的接触电阻大约为 10～200μΩ，而未经清理的接触电阻为 1000μΩ 或更大。对于要求不严格的焊件，接触电阻为 200～500μΩ 就令人满意；对军工产品，接触电阻应在 50μΩ 左右。

焊接时，要注意调节和控制焊接电流、通电时间、电极力和焊点距离等主要焊接参数。焊接电流要比焊接相同厚度的低碳钢大 2～4 倍。焊接电流越大，熔核形成就越快。反之，熔核形成时间越长，从而在周围区域产生过热和翘曲，但是电流过大，容易形成缩孔和喷溅，降低熔核强度。

在一定通电时间的范围内，通电时间与焊接强度成正比。若通电时间过短，不能形成熔核；若过长就引起焊接区过热，反而降低熔核强度。

电极力一般高于焊接相同厚度钢的压力。焊接低强度铝合金所需压力一般应低于高强度铝合金。若压力不足，接触电阻大，需加大焊接电流，而且会导致熔核喷溅、内部缺陷、表面烧损和电极黏附过大；若压力过大，将出现过深压痕、翘离或焊件变形等。在阶梯形电极力循环中，在较低的电极力下焊接，在随后维持时间中施加较高的电极力，以便为熔核的凝固过程提供顶锻力。必须掌握好施加顶锻力的时间，若施加过早，接触电阻会降低过大，熔核可能不致密；若施加锻力过迟，则在凝固后才锻压，已失去作用。

为了最大程度地减少分流影响，铝合金板的最小熔核距离一般不小于板厚 t 的 8 倍（即 $\geqslant 8t$）。如果熔核距离必须小于 $8t$ 时，则在焊接第一个熔核后，可增加焊接电流，以补偿分流的损失。

表 7-7-24 列出了推荐的用于铝合金电阻点焊接头的最小搭接宽度、熔核距离和排间距离。

通常把铝合金按其电阻率与高温屈服强度的不同，分成 A、B 两种类型。A 类铝合金具有较高的电阻率和高的屈服强度，如 5A06（LF6）、2A12（LY12）CZ、7A04（LC4）CS 等。这类合金焊接时，产生裂纹与飞溅的倾向大，焊接性较差，通常要求采用缓升缓降的电流波形和较高的顶锻力；B 类合金电阻率与高温屈服强度较低，如 5A03（LF3）M、3A21（LF21）M、2A12（LY12M）、7A04（LC4M）等。这类合金焊接性稍好。焊件厚度不大时，一般可不采用提高顶锻力。

表 7-7-25 列出了用交流焊机点焊铝合金的焊接参数。

表 7-7-26 列出了用直流脉冲焊机点焊铝合金的焊接参数。

表 7-7-27 列出了用电容储能焊机点焊铝合金的焊接参数。

表 7-7-24 铝合金电阻点焊的最小搭接宽度、熔核距离和排间距离（推荐）

最薄板厚度/mm	接头最小搭接宽度①/mm	最小熔核距离②/mm	最小排间距离③/mm
0.41	7.9	9.5	6.4
0.51	9.5	9.5	6.4
0.64	9.5	9.5	7.9
0.81	12.7	12.7	7.9
1.02	14.3	12.7	9.5
1.30	15.9	15.9	9.5
1.63	19.1	15.9	9.5
1.83	20.6	19.1	11.1
2.06	22.2	19.1	12.7
2.31	23.8	22.2	12.7
2.59	25.4	25.4	12.7
3.18	28.6	31.8	15.9

① 熔核到板边的最小边距等于接头最小搭接宽度的一半。

② 两个熔核的中心距离。

③ 交错熔核最小排间距离。

表 7-7-25 交流焊机点焊铝合金的焊接参数

材料厚度/mm	A 类合金			B 类合金		
	电极力/N	焊接电流/kA	焊接时间/s	电极力/N	焊接电流/kA	焊接时间/s
0.5+0.5	2200	17	0.08	1300	16	0.08
0.8+0.8	3500	19	0.10	1900	18	0.10
1.0+1.0	4500	24	0.12	2500	22	0.12
1.5+1.5	6500	30	0.16	3500	27	0.14
2.0+2.0	8000	35	0.20	5000	32	0.18

表 7-7-26 直流脉冲焊机点焊铝合金的焊接参数

材料厚度/mm	规范特点	A 类铝合金								B 类铝合金				
		加压方式	电极力参数			电流脉冲				加压方式	电极力 F_ω/N	焊接电流/kA	焊接时间/s	顶锻力 F_f/N
			电极力 F_ω/N	顶锻力 F_f/N	锻压时间 t_f/s	主脉冲		缓冷脉冲						
						I_ω/kA	t_ω/s	I_{PO}/kA	t_{PO}/s					
0.8+0.8	硬规范	Ⅱ	3500	5000	0.06	26	0.04			Ⅰ	2000	25	0.04	
1.0+1.0		Ⅱ	4000	8000	0.06	29	0.04			Ⅰ	2500	29	0.04	
1.5+1.5		Ⅱ	5000	14000	0.08	41	0.06			Ⅰ	3500	35	0.06	
2.0+2.0		Ⅱ	7000	19000	0.12	51	0.10			Ⅰ	5000	45	0.10	
2.5+2.5		Ⅱ	9000	26000	0.16	59	0.14			Ⅰ	65000	49	0.14	
3.0+3.0		Ⅱ	12000	32000	0.20	64	0.16			Ⅰ	8000	57	0.18	
0.5+0.5		Ⅱ	2000			20	0.02	12	0.04					22000N $t_f=0.2$s
0.8+0.8		Ⅱ	3000	7000	0.06	25	0.04	15	0.08					
1.0+1.0		Ⅱ	4000	8000	0.08	29	0.04	18	0.08					
1.5+1.5		Ⅱ	5000	11000	0.12	40	0.06	20	0.12					
2.0+2.0		Ⅱ	8000	18000	0.14	55	0.08	25	0.16					
2.5+2.5		Ⅱ	12000	28000	0.18	64	0.10	32	0.2					
3.0+3.0		Ⅱ	15000	36000	0.20	73	0.12	37	0.24					
1.5+1.2	软规范	Ⅱ	4000	10000	0.16	31	0.15							
2.0+2.0		Ⅱ	6000	16000	0.24	34	0.20							
2.5+2.5		Ⅱ	8000	22000	0.28	40	0.24							—
3.0+3.0		Ⅱ	10000	30000	0.34	45	0.28							

注：加压方式Ⅰ为不变压力；Ⅱ为阶形变化的压力。

表 7-7-27 电容储能焊机点焊铝合金的焊接参数

最薄板厚度 /mm	电极直径 /mm	电极球面半径 /mm	电极力/N		电容器容量 /μF	电容器充电电压 /V	变压比	总能量 /W·s^{-1}	熔核直径 /mm
			焊接	顶锻					
0.51	15.9	7.62	1670	3080	240	2150	300 : 1	555	3.2
0.81	15.9	7.62	2580	5780	240	2700	300 : 1	875	4.1
1.02	15.9	7.62	3030	7080	360	2550	300 : 1	1172	4.6
1.30	15.9	7.62	3960	9340	600	2560	300 : 1	1952	5.3
1.63	15.9	7.62	4800	11920	720	2700	300 : 1	2622	6.3
1.83	15.9	7.62	5470	14010	960	2750	450 : 1	3630	7.0
2.06	22.2	7.62	6990	17790	1440	2700	450 : 1	5250	7.6
2.31	22.2	7.62	8140	20730	1920	2650	450 : 1	6750	8.4
2.59	22.2	7.62	9010	27690	2520	2700	450 : 1	9180	9.1

2）缝焊工艺要点。缝焊接头的形成与点焊本质相同，气密的缝焊焊缝由每个焊点连续重叠所构成。缝焊时，由于点距小，分流现象十分严重，削弱了对焊接区的加热。因此，焊接电流要比点焊时提高15%～25%。作为电极的焊轮，焊接时连续滚动，与一般点焊过程比，加在焊接区的预压力与顶锻力明显不足，所以连续滚动缝焊时，焊前产生飞溅和焊后产生收缩性缺陷的倾向增大。因此，电极力也比点焊提高约5%～10%。如果采用步进式间歇滚动的缝焊时，由于焊轮做断续滚动，在其停歇时通电焊接，这就使得焊缝上每一个焊点的形成过程都是在焊轮固定不动的条件下完成，这时的焊接过程和质量与点焊时完全相同，所以重要的铝合金缝焊宜采用步进式缝焊机。

表 7-7-28 列出了铝合金缝焊的焊接参数。

3）闪光对焊工艺要点。铝及铝合金具有熔点较低，导电、导热性较好及易氧化等特点。闪光对焊时，焊机所需的变压器容量比钢的闪光焊机大得多。为了获得最好的结果，在焊件保持紧密接触而不产生电弧的情况下，焊机必须能提供155A·mm^{-2}的电流密度，二次电压为2～20V，还必须采取较高的闪光和顶锻速度。最大闪光速度为20mm·s^{-1}，顶锻速度不小于150mm·s^{-1}，顶锻力为150～300MPa。在顶锻力作用下，铝及铝合金接头容易产生夹层、撕裂或疏松等缺陷。为了消除这些缺陷，有时采用强制成形的顶锻方式，如图 7-7-10 所示。夹钳初始的间距取决于焊件厚度或直径，对于薄壁管和薄板，夹钳初始间距取13mm左右。焊接直径为ϕ19mm铝合金棒时，可取25mm。

表 7-7-29 列出了焊接直径为9.5mm铝合金棒材闪光对焊的焊接参数，其余见第四篇第6章。

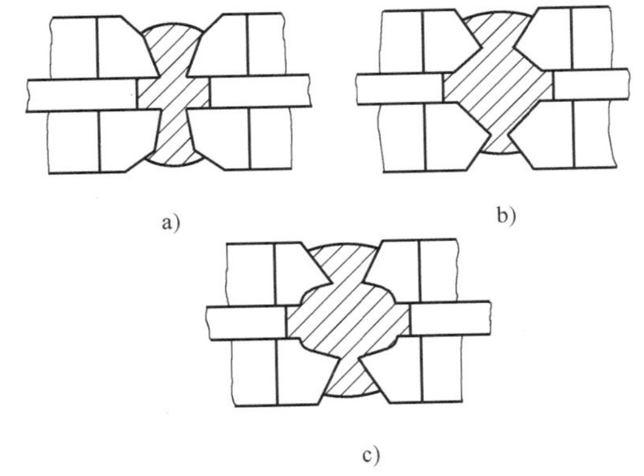

图 7-7-10 强制成形的顶锻方式

a）附加切除毛刺 b）、c）强制成形

表 7-7-28 铝合金缝焊的焊接参数

焊机类型	材料厚度 /mm	焊接电流/kA		焊接时间 /s	电极力/N		焊点点距 /mm	每分钟通电次数
		A类铝合金	B类铝合金		A类铝合金	B类铝合金		
直流脉冲焊机	1+1	43	42	0.08	5000	3000	1.5	180～150
	1.5+1.5	50	57	0.08	5500	3500	2.5	180～150
	2+2	55	53	0.12	7500	6500	3.5	125～100
	2.5+2.5	58	56	0.14	9000	7500	4.2	105～95
单相交流缝焊机	0.5+0.5		19	0.04		2000		200
	0.8+0.8		21	0.04		2200		200
	1+1		26	0.06		2400		150
	1.2+1.2		32	0.08		3000		150
	1.5+1.5		35	0.10		3300		120

表 7-7-29 铝合金棒材闪光对焊的焊接参数

直径 /mm	伸出长度 /mm	闪光留量 /mm	顶锻留量 /mm	闪光速度 /mm·s^{-1}	顶锻速度 /mm·s^{-1}	闪光时间 /s	顶锻时间 /s	二次空载电压/V	顶锻力 /N	夹紧力 /N
9.5	9.7	12.7	6.4	6.4	127	2	0.05	12.6	14234	28913

第 8 章　镁及镁合金的焊接

8.1　概述

8.1.1　镁及镁合金的物理化学性能

镁和铝有很多类似的地方，同为有色金属和轻金属，镁比铝还轻，熔点和沸点也比铝为低。镁的晶格为密排六方晶格，和氧亲和力大，粉状和条状的纯镁在空气中易燃烧。纯镁强度低，一般不用作结构材料，但经合金化和热处理后强度可提高而被利用。表 7-8-1 列出了纯镁的物理和力学性能。

表 7-8-1　纯镁的物理和力学性能

物理性能					
密度 ρ /g · cm^{-3}	熔点 T_m/℃	线胀系数 α（0~100℃）/10^{-6} · K^{-1}		热导率 λ/W · cm^{-1} · K^{-1}	比热容 C/J · g^{-1} · K^{-1}
1.738	651	26.1		0.031	0.102
力学性能					
状态	抗拉强度 R_m/MPa	屈服强度 $R_{p0.2}$/MPa	断后伸长率 A /%	硬度	
				HRE	HBW
砂型铸造	90	21	2~6	16	30
挤压成形	165~205	69~105	5~8	26	35
硬轧板	180~220	115~140	2~10	48~54	45~47

镁合金的比强度和比刚度较高，并具有很强的抗振和冲击能力，其切削加工、铸造、锻造性能好，无磁性、电磁屏蔽能力强，散热性好，是一种有利于减重和节能的材料，在航空、航天、汽车、电子和电信工业中具有重要应用价值。

但是，镁合金在潮湿大气中的耐蚀性较差，缺口敏感性较大。镁在水及大多数酸性溶液中易腐蚀，但在氢氟酸、铬酸、碱及汽油中比较稳定。

镁合金是以主要合金元素 Mn、Al、Zn、Zr 和 RE 为基础组成的合金系。按成形工艺分，镁合金有铸造镁合金和变形镁合金两大类，两者无严格区别，有些铸造镁合金也可作为锻造镁合金。铸造镁合金主要有 Mg-Al、Mg-Zn、Mg-RE、Mg-Gd、Mg-Y、Mg-Zr 和 Mg-Ag 系列；变形镁合金有 Mg-Al、Mg-Zn、Mg-Mn、Mg-RE、Mg-Gd、Mg-Y、Mg-Zr 和 Mg-Li 系列。

8.1.2　镁及镁合金的牌号、化学成分与力学性能

GB/T 5153—2016《变形镁及镁合金牌号和化学成分》对变形镁及镁合金的旧牌号进行了重新命名，规定如下：

1）纯镁的牌号。它是以“Mg+数字”形式表示，Mg 后面的数字为 Mg 的质量分数。如 Mg99.50 表示含 99.50%质量分数的纯镁，即旧标准的 Mg1。

2）镁合金的牌号。它是以“英文字母+数字+英文字母”形式表示，前面的一个或两个英文字母是其最主要的合金组成元素的代号（见表 7-8-2），若由两合金元素以上组成则两字母按含量高低顺序排列；字母后面的数字表示该镁合金最主要的合金组成元素质量分数的大致含量；最后面的英文字母为标识代号，如 A、B、C、D、E 等，用以表识各具体组成元素相异或元素含量有微小差别的不同合金。

牌号示例 1（三元合金系 Mg-Al-Zn）：

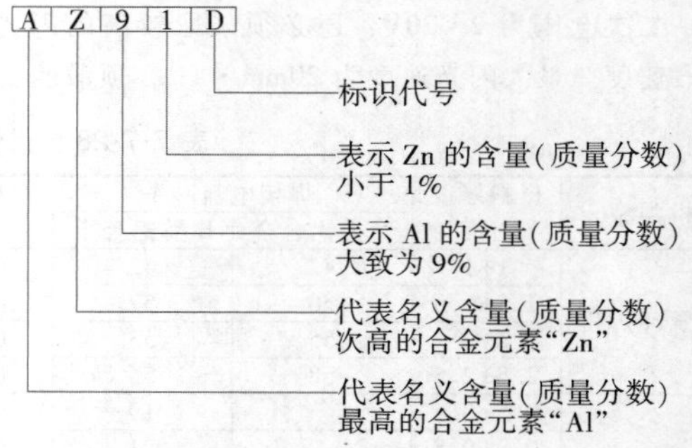

牌号示例 2（二元合金系 Mg-Mn）

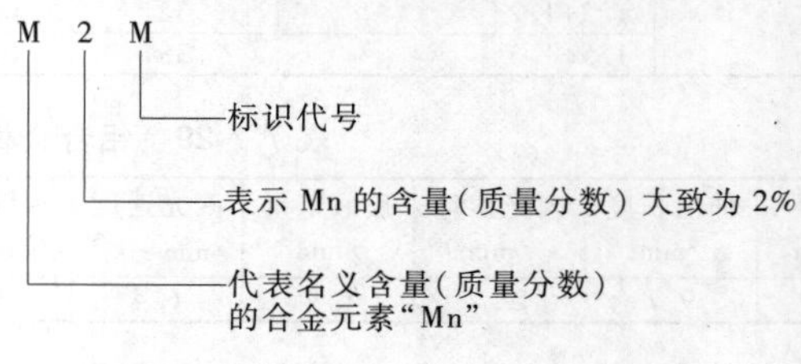

表 7-8-2　镁合金牌号中合金元素代号

元素代号	元素名称	元素代号	元素名称
A	铝(Al)	M	锰(Mn)
B	铋(Bi)	N	镍(Ni)
C	铜(Cu)	P	铅(Pb)
D	镉(Cd)	Q	银(Ag)
E	稀土(RE)	R	铬(Cr)
F	铁(Fe)	S	硅(Si)
G	钙(Ca)	T	锡(Sn)
H	钍(Th)	V	钆(Gd)
J	锶(Sr)	W	钇(Y)
K	锆(Zr)	Y	锑(Sb)
L	锂(Li)	Z	锌(Zn)

3）部分变形镁及镁合金的化学成分见表 7-8-3。

4）部分铸造镁合金的化学成分见表 7-8-4。

表 7-8-3　部分变形镁及镁合金的化学成分（摘自 GB/T 5153—2016）

合金牌号	化学成分(质量分数,%)									其他元素	
	Al	Zn	Mn	Zr	Si	Cu	Ni	Fe	Mg	单个	总计
M2M(MB1)	0.20	0.30	1.3～2.5	Be:0.01	≤0.10	≤0.05	≤0.007	≤0.05	余量	0.01	0.20
AZ40M(MB2)	3.0～4.0	0.20～0.8	0.15～0.50	Be:0.01	≤0.10	≤0.05	≤0.005	≤0.05	余量	0.01	0.30
AZ41M(MB3)	3.7～4.7	0.8～1.4	0.30～0.6	Be:0.01	≤0.10	≤0.05	≤0.005	≤0.05	余量	0.01	0.30
AZ61M(MB5)	5.5～7.0	0.50～1.5	0.15～0.50	Be:0.01	≤0.10	≤0.05	≤0.005	≤0.05	余量	0.01	0.30
AZ80M(MB7)	7.8～9.2	0.20～0.8	0.15～0.50	Be:0.01	≤0.10	≤0.05	≤0.005	≤0.05	余量	0.01	0.30
ZK61M(MB15)	0.05	5.0～6.0	0.10	0.3～0.9 Be:0.01	≤0.05	≤0.05	≤0.005	≤0.05	余量	0.01	0.30

注：1. 括号内为旧牌号。
2. 其他元素指 GB/T 5153—2016 中列出了元素符号却未规定极限数值含量的元素。

表 7-8-4　部分铸造镁合金的化学成分（摘自 GB/T 19078—2016）

合金牌号	化学成分(质量分数,%)										其他元素	
	Zn	Al	Zr	RE(稀土)	Mn	Si	Cu	Fe	Ni	Mg	单个	总计
ZK51A(ZM1)	3.6～5.5	—	0.50～1.0	—	—	—	0.10	—	0.01	余量	—	0.30
ZE41A(ZM2)	3.5～5.0	—	0.4～1.0	0.8～1.8	0.15	0.01	0.10	0.01	0.005	余量	0.01	—
EZ30M(ZM3)	0.20～0.8	—	0.4～1.0	2.3～4.0	—	—	0.10	—	0.01	余量	0.01	0.30
EZ33A(ZM4)	2.0～3.1	—	0.5～1.0	2.5～4.0	0.15	0.01	0.03	0.01	0.005	余量	0.01	—
AZ91B(ZM5)	0.35～1.0	8.3～9.7	—	—	0.13～0.50	0.50	0.35	—	0.03	余量	—	0.30
EZ30Z(ZM6)	0.10～0.8	Ca:0.50	0.4～1.0	2.0～3.7	0.10	0.01	0.03	0.01	0.005	余量	0.01	0.30
AZ91S(ZM10)	0.30～1.0	8.0～10.0	—	—	0.10～0.6	0.30	0.20	0.03	0.01	余量	0.05	—

注：1. 括号内为旧牌号。
2. 表中单值为大值。
3. 其他元素指表中列出了元素符号却未规定极限数值含量的元素，见 GB/T 19078—2016。

5）部分镁合金板材室温力学性能见表7-8-5。

表7-8-5 部分镁合金板材室温力学性能（摘自GB/T 5154—2010）

牌号	供应状态	板厚/mm	抗拉强度/MPa	规定塑性延伸强度 $R_{p0.2}$/MPa	断后伸长率(%) A_{50mm}
M2M	O	0.80~3.00	190	110	6.0
		>3.00~5.00	180	100	5.0
		>5.00~10.00	170	90	5.0
	H112	8.00~12.50	200	90	4.0
		>12.50~20.00	190	100	—
		>20.00~70.00	180	110	—
AZ40M	O	0.80~3.00	240	130	12.0
		>3.00~10.00	230	120	12.0
	H112	8.00~12.50	230	140	10.0
		>12.50~20.00	230	140	—
		>20.00~70.00	230	140	—
AZ41M	H18	0.40~0.80	290	—	2.0
	O	0.50~3.00	250	150	12.0
		>3.00~5.00	240	140	12.0
		>5.00~10.00	240	140	10.0
	H112	8.00~12.50	240	140	10.0
		>12.50~20.00	250	150	—
		>20.00~70.00	250	140	—
ME20M	H18	0.40~0.80	260	—	2.0
	H24	0.80~3.00	250	160	8.0
		>3.00~5.00	240	140	7.0
		>5.00~10.00	240	140	6.0
	O	0.40~3.00	230	120	12.0
		>3.00~10.00	220	110	10.0
	H112	8.00~12.50	220	110	10.0
		>12.50~20.00	210	110	—
		>20.00~32.00	210	110	—
		32.00~70.00	200	90	—

注：供货状态代号与铝合金相同。

6）镁合金铸件的力学性能。镁合金铸件的力学性能与成形方式有关，其成形方式有砂型铸造和永久型铸造、压铸、锻造、挤压、片板和板材等，表7-8-6仅列举两种镁合金铸件在三种不同成形方式的力学性能。

表7-8-6 部分镁合金铸件的力学性能（摘自GB/T 19078—2016）

铸造工艺	牌号	状态代号	拉伸试验结果 抗拉强度 R_m/MPa	规定塑性延伸强度 $R_{p0.2}$/MPa	伸长率 A(%)	布氏硬度 HBW A5mm球径
			≥			
砂型铸造	AZ81A、AZ81S	F	160	90	2.0	50~65
		T4	240	90	8.0	50~65
	AZ91D	F	160	90	2.0	55~70
		T4	240	90	6.0	55~70
		T6	240	150	2.0	60~90
永久型铸造	AZ81A	F	160	90	2.0	50~65
		T4	240	90	8.0	50~65
	AZ91D	F	160	90	2.0	55~70
		T4	240	90	6.0	55~70
		T6	240	150	2.0	60~90

（续）

铸造工艺	牌号	状态代号	拉伸试验结果			布氏硬度 HBW A5mm 球径
			抗拉强度 R_m/MPa	规定塑性延伸强度 $R_{p0.2}$/MPa	伸长率 A(%)	
			≥			
高压压铸	AZ81S	F	200~250	140~160	1.0~7.0	60~85
	AZ91D	F	200~260	140~170	1.0~6.0	65~85

注：F 为铸态，适用于没有经过硬变强化或热处理而直接通过铸造过程获得的产品。T4 为固溶热处理后自然时效状态；适用于固溶热处理后不再进一步处理的产品；T6 为固溶热处理后人工时效状态；适用于固溶热处理后进行人工时效的产品。

8.2　镁及镁合金组织性能的改善与提高

8.2.1　镁的合金化

纯镁室温性能很差，通过合金化、热处理、复合材料和晶粒细化等措施，其性能可大为改善和提高。镁的合金化就是在纯镁中加入不同的合金元素，以改变镁合金共晶化合物或第二相的组成、结构，以及形态和分布，从而获得组织和性能完全不同的镁合金。对镁而言，Al、Zn、Mn 为有利元素，而 Fe、Ni、Cu 为有害元素。

铝（Al）在镁中有较大的固溶度，室温固溶度为 2%，极限固溶度为 12.7%，且随温度降低显著减小。在铸造镁合金中，Al 含量可达 7%~9%（质量分数，后同），可改善铸件的铸造性，提高其硬度和强度，但在晶界上析出的 $Mg_{17}Al_{12}$，会降低抗蠕变性能。在变形镁合金中，Al 含量可达 3%~5%，含量越高耐蚀性越好，但应力腐蚀敏感性也随之增大。

锌（Zn）具有固溶强化和时效强化作用，在镁中的固溶度约为 6.2%，随温度降低逐渐减小；Zn 可提高铸件的抗蠕变性能和疲劳极限，当含有量大于 2.5%时，对耐蚀性不利，也降低流动性。

锰（Mn）在镁中极限固溶度为 3.4%，在镁中加入 Mn 对合金力学性能影响不大，但降低塑性，加入的目的是提高合金的抗应力腐蚀倾向和改善合金的焊接性。Mn 能细化晶粒和提高韧性，与 Fe 形成高熔点 Al-Fe-Mn 化合物沉淀，降低了杂质铁对耐蚀性的影响。

锆（Zr）有强的固溶强化作用，可细化晶粒，降低应力腐蚀敏感性，能减少热裂倾向。

表 7-8-7 列出了一些其他合金元素对镁合金性能的影响。

表 7-8-7　合金元素对镁合金性能的影响

元素	对镁合金的影响		
	冶金性能	力学性能	腐蚀性能
Al	改善铸造性能，有形成显微疏松的倾向	提高强度，低温下（<120℃）沉淀硬化；对蠕变性能不利	提高耐蚀性，增加应力腐蚀敏感性
Ca	有效的晶粒细化作用，可抑制熔融金属的氧化	改善蠕变性能	对耐蚀性不利
Cu	易形成金属玻璃的合金系，改善铸造性能	—	对耐蚀性不利，必须限制
Fe	Mg 与低碳钢坩埚几乎不反应	—	对耐蚀性不利，必须限制
Li	增大蒸发及燃烧危险，只能在有保护的及密封的炉中熔炼	降低密度，增加延性	强烈降低耐蚀性，Mg-Li-Al 合金在空气中也产生应力腐蚀
Mn	以沉淀 FeMnAl 化合物来控制 Fe 含量，细化沉淀产物	提高韧性，增大蠕变抗力	由于控制 Fe 的作用而提高耐蚀性，过量的 Mn 增加腐蚀速度
Ni	易形成非晶态的合金系	—	对耐蚀性不利，必须限制
RE	改善铸造性能，减少显微疏松，细化晶粒	在室温和高温下固溶强化和沉淀硬化；改善高温抗拉及蠕变性能	提高耐蚀性，提高应力腐蚀敏感性
Si	降低铸造性能，与许多其他合金元素形成稳定的硅化物，与 Al、Zn 及 Ag 相溶，弱的晶粒细化剂	改善蠕变性能	有害

（续）

元素	对镁合金的影响		
	冶金性能	力学性能	腐蚀性能
Zn	增加熔体流动性，弱的晶粒细化剂，有形成显微疏松和热裂的倾向	沉淀硬化，改善室温强度；如不加入Zn则有脆化及热脆倾向	较小影响，增加应力腐蚀敏感性；加入足量的Zn可补偿Cu的有害影响
Zr	有效的晶粒细化剂，与Si、Al及Mn不相容，从熔体中清除Fe、Al及Si	稍改善室温抗拉强度	提高耐蚀性，降低应力腐蚀敏感性

8.2.2 镁合金的强化

利用固溶强化、析出强化和弥散强化等来提高镁合金的常温和高温力学性能。

向镁中加入可固溶于镁的合金元素如Al和Zn等，由于这类合金元素与基体元素镁的原子半径和弹性模量的差异，镁晶格产生很大的畸变，引发应力场，阻碍位错运动，从而使基体强化。能否热处理强化则取决于固溶度是否随温度变化。合金元素Al和Zn在镁中的固溶度是随温度下降而减少的，可以产生时效强化。镁合金的热处理工艺大致分为退火和固溶时效两大类，退火是为了降低镁合金铸件的内应力，提高工件的尺寸稳定性；而固溶时效是为形成过饱和固溶体及有效析出物，由析出物起强化作用。因此，含Al和Zn的镁合金可以进行析出（沉淀）强化。如果在镁中加入的合金元素如硅（Si），在镁从液体的凝固过程中形成熔点相当高的弥散相，它在镁基固溶体中溶解度低，则具有高的热稳定性，当产生塑性变形时，这些弥散相质点阻碍位错运动，于是该镁合金在较高温度下就具有相当高的强度，改善了蠕变性能，实现弥散强化。

细化晶粒能提高金属材料的力学性能，镁合金细化晶粒的方法主要是向液体中加入锆（Zr）增加异质晶核以及快速凝固来实现；加入稀土（RE）、钙（Ca）和硼（B）等也有效。此外，热加工等热塑性变形，如热挤压或轧制过程中产生动态再结晶也会使晶粒细化。

8.3 镁及镁合金的焊接性

8.3.1 镁合金系焊接性的基本分析

1）Mg-Mn系镁合金。M2M（MB1）属于此系列，具有较好的耐蚀性和焊接性，其结晶温度区间窄，产生焊接结晶裂纹倾向小，能适应多种焊接方法。熔焊时可采用与母材相同成分的焊丝。此合金的析出相为纯锰，故仅可变形强化；焊接时近缝区母材的晶粒受热易长大，甚至以柱状晶伸入焊缝内，尤其是在补焊或电弧经常中断而重复加热的部位，故接头多断裂在近缝区。为了改善合金力学性能而加入少量铈（Ce），却因铈与镁生成金属间化合物，易组成低熔共晶物于焊缝的固溶体晶粒边界上，可能引起焊接结晶裂纹，为此可在合金或焊缝加入适量铝（Al）以降低热裂纹倾向。

2）Mg-Al-Zn系镁合金。此系列镁合金有较多的牌号，如AZ81A、AZ91D、AZ63A等。由于Al和Zn在Mg中溶解度较大，此类镁合金的强度较高，耐蚀性较好，而且随Al含量的增加，受热时晶粒长大倾向小。最大的问题是Al和Zn能与Mg分别生成低溶共晶，且合金的结晶温度区间很宽，焊时生成焊接热裂纹的倾向很高。Zn的加入能提高强度，却降低了断后伸长率，从而增加热裂敏感性，使焊接性变差。

3）Mg-Zn-Zr系镁合金。Mg-Zn合金结晶温度区间约300℃，产生结晶裂纹倾向极大且晶粒粗大，加入少量Zr后晶粒度明显减小，但其结晶裂纹倾向仍很大，难以用于焊接结构，若向Mg-Zn合金内添加稀土元素可稍微改善其焊接性，降低热裂倾向。

8.3.2 镁合金焊接的困难和适用的焊接方法

综合上述，结合镁合金的物理化学特性及焊接性分析，镁合金的焊接具有很多类似铝合金焊接的特点，可以焊但难度较大。相对而言，用压焊比用熔焊困难要少一些。

熔焊时的困难表现在：镁的活性高，在镁合金表面易生成MgO薄膜，其熔点高（2500℃）密度大（$3.2g/cm^3$），阻碍焊接进行；熔池中温度较高时也会生成氧化膜，易在焊缝中形成细小片状夹渣，影响焊缝成形和内在质量；若焊接时保护不当，镁还可能与空气中的氮反应生成MgN_2，导致接头变脆；镁在空气中易燃烧，其沸点低（1100℃），高温下还会以镁蒸气的形式蒸发，污染环境，并在熔池中留下孔隙，形成焊接缺陷。焊接镁合金薄件时，镁的熔点低，而氧化镁的熔点很高，两者不能熔合；温度升高，熔池的颜色没有显著变化，焊接操作时难以观察焊缝的熔化过程，极易发生烧穿和塌陷现象。

镁合金属于典型的共晶型合金，在脆性温度区间内极易形成热裂纹。其热导率高，线胀系数大，易引起较大的焊接内应力，从而增大裂纹倾向。镁焊接时还易产生氢气孔，因氢在镁中的溶解度随温度的降低而急剧减小，氢的来源越多，生成气孔的可能性越大。

因此，用熔焊方法焊接镁合金时易产生焊接热裂纹，易氧化、蒸发生成气孔和烧穿缺陷，以及易过热引起晶粒粗大降低接头性能。针对这些问题，宜选择输入热量少却又能高速焊接的方法，其中以能量密度较为集中的热源并具有较强保护措施的焊接方法较为合适，如惰性气体保护的电弧焊、等离子弧焊、电子束焊和激光焊等。非熔化焊因焊接过程没有高温所引起上述的许多问题而易于实现，目前主要应用的是电阻点焊、搅拌摩擦焊和钎焊。

8.4 镁合金的焊接工艺

8.4.1 镁及镁合金的钨极氩弧焊

钨极氩弧焊（TIG）是目前焊接镁合金常用的方法，对所有镁合金包括铸造的和变形的都适应。焊接薄板时，交流电和直流电都可使用，用直流电则采取反极性接法，可利用其阴极雾化作用去除母材表面的氧化膜，以减少或避免焊缝氧化物夹杂。厚度大于5mm 时最好用交流电焊接以获得较大熔深。较多的是手工操作，根据焊件情况可以用或不用填充金属。电极的选择取决于所用电源的类型和焊接电流的大小，直径在 0.25~6.35mm 之间的纯钨、锆钨或钍钨棒均可。对镁合金氩弧焊所用的氩气纯度要求较高，宜用一级纯氩（Ar≥99.99%）。由于焊接热量较集中，热影响区小，特别适于焊接薄板。接头形式有对接、角接、T 字接和搭接，对厚板对接焊，为了焊透需开坡口。镁合金氩弧焊所用的填充金属是焊丝，其选择决于母材的化学成分，原则上与母材成分相同，小批量补焊可以取母材的边角料作焊丝，大批量生产应用挤压成形的焊丝。表 7-8-8 列出了镁合金氩弧焊常用焊丝的化学成分。焊接变形镁合金时是根据焊件厚度和接头形式来选择焊接参数，表 7-8-9 列出了变形镁合金手工和自动 TIG 的焊接参数。对铸造镁合金焊接或补焊前，也应根据焊件情况开出适当的坡口，如图 7-8-1 所示。铸造镁合金补焊时的焊接参数见表 7-8-10。

为了防止腐蚀，镁及镁合金通常进行过氧化处理，使其表面有一层起防蚀作用的氧化膜，此膜却严重影响焊接过程，因此焊前应将它从焊接区彻底清除，表面油脂也应清除。局部清除可用机械法，即用刮刀或直径为 0.15~0.25mm 的不锈钢丝刷从正面将焊接区 25~30mm 范围内的杂物、油脂和氧化膜除掉。当板厚小于 1mm 时，其背面的氧化膜可不清除，它能防止烧穿和避免发生焊缝的塌陷。填充金属同样也需清除其表面，数量较大的焊丝宜用化学清理法，一般是将焊丝浸入浓度为 20%~25% 硝酸溶液浸蚀 2min，然后在 50~90℃ 的热水中冲洗，再进行干燥。清理后的焊丝一般应在当天用完。

表 7-8-8　镁合金氩弧焊常用焊丝的化学成分

牌号	化学成分(质量分数,%)							
	Al	Mn	Zn	Zr	RE（稀土）	Cu	Si	Mg
ERAZ61A	5.8~7.2	≥0.15	0.4~1.5	—	—	≤0.05	≤0.05	余量
ERAZ101A	9.5~10.5	≥0.13	0.75~1.25	—	—	≤0.05	≤0.05	余量
ERAZ92A	8.3~9.7	≥0.15	1.7~2.3	—	—	≤0.05	≤0.05	余量
ERAZ33A	—	—	2.0~3.1	0.45~1.0	2.5~4.0	—	—	余量

表 7-8-9　变形镁合金手工和自动 TIG 的焊接参数

焊接方法	板材厚度/mm	接头形式	焊接层数	钨极直径/mm	喷孔直径/mm	焊丝直径/mm	焊接电流/A	氩气流量/L·min^{-1}
手工 TIG	1~1.5	不开坡口对接	1	2	10	2	60~80	10~12
	1.5~3		1	3	10	2~3	80~120	12~14
	3~5		2	3~4	12	3~4	120~160	16~18
	6	V 形坡口对接	2	4	14	4	140~180	16~18
	18		2	5	16	4	160~250	18~20
	12		3	5	18	5	220~260	20~22
	20	双边 V 形坡口对接	4	5	18	5	240~280	20~22
自动 TIG	2	不开坡口对接	—	—	—	2	75~110	8~10
	3		—	—	—	3	150~180	12~14
	5		—	—	—	3	220~250	16~18
	6		—	—	—	4	250~280	18~20
	10	V 形坡口对接	—	—	—	4	280~320	20~22
	12		—	—	—	4	300~340	22~25

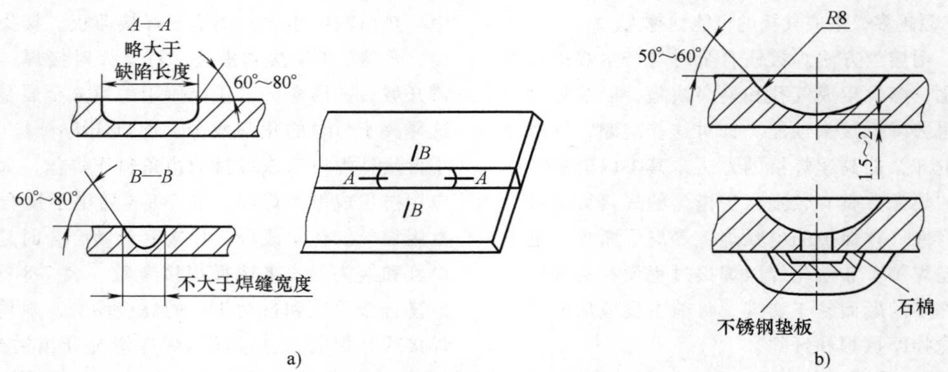

图 7-8-1　铸造镁合金补焊修复用的坡口

a）不带钝边　b）带钝边

表 7-8-10　铸造镁合金补焊焊接参数

厚度 /mm	缺陷深度 /mm	焊接层数	钨极直径 /mm	喷嘴直径 /mm	焊丝直径 /mm	焊接电流 /A	氩气流量 $/L\cdot min^{-1}$
<5	≤5	1	2～3	8～10	3～5	60～100	7～9
>5～10	≤5	1	3～4	8～10	3～5	90～130	7～9
	5.1～10	1～3					
>10～20	≤5	1	3～5	8～11	3～5	100～150	8～11
	5.1～10	1～3					
	10.1～20	2～5					
>20～30	≤5	1	4～6	9～13	5～6	120～180	10～13
	5.1～10	1～3					
	10.1～20	2～5					
	20.1～30	3～8					
>30	≤5	1	5～6	10～14	5～6	150～250	10～15
	5.1～10	1～3					
	10.1～20	2～5					
	20.1～30	3～8					
	>30	>6					

手工 TIG 施焊时，板厚小于 5mm 宜用左焊法，板厚大于 5mm 用右焊法。平焊时，焊炬轴线与成形的焊缝成 70°～90°角，焊枪与焊丝轴线所在平面应与焊件表面垂直。焊丝应贴近焊件表面送进，焊丝与焊件间的夹角为 5°～15°。焊丝端部不得浸入熔池，但可借助焊丝端头破坏熔池表面的氧化膜。施焊过程中，尽量压低电弧以充分发挥电弧的阴极雾化作用，并使熔池受到搅拌，便于气体逸出熔池。

为了减少过热，防止烧穿，焊接时尽可能快速施焊，接头背面可用不锈钢垫板，既防止烧穿，又保证背面成形。由于镁合金的线膨胀系数大，焊件易变形，通常要使用焊接夹具，这时要注意防止因拘束应力引起裂纹，可采取适当调整焊接顺序、焊接速度和焊接前后热处理等措施。

近年来气体保护焊设备和工艺有了很大的发展，新的焊接技术也在镁合金焊接中得以应用，例如，对于镁合金厚板焊接，为了获得较大熔深，可以采用活性 TIG 焊，如 A1TIG 法，焊前在待焊表面涂敷单一活性剂 TO_2 或氯化物（如 LiCl、$CaCl_2$、$CeCl_2$ 等），然后施焊。其熔深比常规 TIG 焊约大 2 倍，接头微观组织与未涂敷焊接的无明显区别，也无裂纹、气孔、夹渣等缺陷，这是因为添加活性剂可提高电弧电压和电弧温度，电弧变宽，热流重新分布。

TIG 焊接镁合金所用的设备，既可用直流电源也可用交流电源，交流电源更适合大厚度焊件的焊接，最好是方波交流，无须附加高频脉冲装置也能保证焊接过程电弧稳定，而且通过调节正负半周时间、占空比和幅值大小可实现改变熔深和阴极雾化作用效果。

对应力腐蚀敏感的镁合金，焊后应进行消除应力热处理，表 7-8-11 列出了镁合金焊后消除应力的热处理工艺参数，供参考。

表 7-8-11 镁合金焊后消除应力的热处理工艺参数

合金	温度/℃	时间/min
薄板		
AZ31B-O②	260	15
AZ31B-H24②	150	60
HK31A-H24④	315	30
HM21A-T8④	370	30
HM21A-T81④	400	30
ZE10A-O	230	30
ZE10A-H24	135	60
挤压件		
AZ10A-F	260	15
AZ31B-F③	260	15
AZ61A-F②	260	15
AZ80A-F②	260	15
AZ80A-T5②	205	60
HM31A-T5①④	425	60
AZCOML④	260	15
铸件③		
AM100A	260	60
AZ63A	260	60
AZ81A	260	60
AZ91C	260	60
AZ92A	260	60

注：表中 O—退火状态；H24—加工硬化后部分退火到50%硬度状态；T8—固溶处理后经冷加工，然后进行人工时效状态；F—加工状态；T5—时效后自然冷却。
① 除 HM31A-T5 外所有的合金经热处理后将能消除约80%~95%的应力；对 HM31A-T5，只能消除 70%的应力。
② 焊后需热处理，以免腐蚀开裂。
③ 焊后需热处理，以获得最大强度。
④ 为美国 ASTM 牌号。

8.4.2 镁及镁合金的熔化极氩弧焊

为了提高焊接生产率，可以采用熔化极氩弧焊（MIG）代替钨极氩弧焊进行镁及镁合金的焊接，即利用可熔化且连续的焊丝代替钨极在氩气保护下焊接，焊丝选用原则与 TIG 焊相同。焊接时，焊丝由专门的送丝机构自动送进，只要保护得好就可以用与母材相同成分的焊丝进行焊接。

焊丝既是电极又是填充材料，在焊接过程中受热熔化，以不同形态的熔滴过渡到熔池中。镁合金焊接实践表明，宜用短路过渡、脉冲过渡和喷射过渡这三种形式，分别焊接薄板、中薄板和较厚板，不推荐滴状过渡。若用直流电则用反极性焊接，可获得阴极雾化作用以清除焊接区的表面氧化膜。由于熔敷速度高，焊缝金属流动性大，故只适用平焊、横焊和向上立焊。

表 7-8-12 列出了镁合金对接接头熔化极氩弧焊的焊接参数。焊接前后处理工作与 TIG 焊相同。

8.4.3 镁及镁合金的搅拌摩擦焊

搅拌摩擦焊属固相连接技术，是利用不同形状的搅拌头深入焊件中的待焊区，通过搅拌头在高速旋转时与焊件之间产生的摩擦热使金属产生塑性流动，在搅拌头的压力作用下从前端向后端塑性流动，从而形成焊接接头。整个过程金属不发生熔化，说明焊接时

表 7-8-12 镁合金对接接头熔化极氩弧焊的焊接参数

板厚/mm	坡口形式	焊道	焊丝直径 /mm	送丝速度 /cm · min^{-1}	焊接电流 /A	电弧电压 /V	氩气流量 /L · min^{-1}
短路过渡							
0.6	I形①	1	1.0	356	25	13	18.8~28.3
1.0	I形①	1	1.0	584	40	14	18.8~28.3
1.6	I形①	1	1.6	470	70	14	18.8~28.3
2.4	I形①	1	1.6	622	95	16	18.8~28.3
3.2	I形②	1	2.4	343	115	14	18.8~28.3
4.0	I形②	1	2.4	420	135	15	18.8~28.3
4.8	I形②	1	2.4	521	175	15	18.8~28.3
脉冲过渡③							
1.6	I形①	1	1.0	914	50	21	18.8~28.3
3.2	I形①	1	1.6	711	110	24	18.8~28.3
4.8	I形①	1	1.6	1207	175	25	18.8~28.3
6.4	V形60°④	1	2.4	737	210	29	18.8~28.3
喷射过渡⑤							
6.4	V形④	1	1.6	1321	240	27	23.7~37.7
9.6	V形④	1	2.4	724~757	320~350	24~30	23.7~37.7
12.5	V形④	1	2.4	813~914	360~400	24~30	23.7~37.7
16	双边V形⑥	1	2.4	838~940	370~420	24~30	23.7~37.7
25	双边V形⑥	1	2.4	838~940	370~420	24~30	23.7~37.7

注：焊接速度（61~66cm/min）。
① 不留间隙。
② 间隙 2.3mm。
③ 除板厚 4.8mm 的脉冲电压 52V 外，其他脉冲电压均为 55V。
④ 钝边 1.6mm，不留间隙。
⑤ 也可用于等厚的角焊缝。
⑥ 钝边 3.2mm，不留间隙。

温度较低，很适合熔点较低的镁合金的焊接。由于焊接过程中镁合金不发生熔化，就避免了熔焊时焊缝金属凝固结晶过程带来如气孔、裂纹、夹杂等诸多缺陷。此外，搅拌摩擦焊无须添加填充金属，也不需要惰性气体保护，焊接变形小，对接焊接接头上下表面光滑，无余高。

搅拌摩擦焊的焊接参数主要是搅拌头的转速和焊接速度，表 7-8-13 列出了其焊接镁合金 AZ31A 搅拌摩擦焊试验焊接参数及其接头弯曲试验结果；表 7-8-14列出了其焊接接头其他力学性能示例。

表 7-8-13　镁合金 AZ31A 搅拌摩擦焊试验焊接参数及其接头弯曲试验结果

试样号	焊接参数		弯曲角度 α /(°)	跨距 l/min	抗弯强度 σ_{bb}/MPa
	搅拌头转速 v_r/r · min^{-1}	焊接速度 v /cm · min^{-1}			
1	600	11.8	30,背弯	70	233.2
2	750	75	85,背弯	70	279.9
3	1500	30	80,正弯	70	303.8

表 7-8-14　镁合金 AZ31A 搅拌摩擦焊焊接接头力学性能示例

材料	屈服强度 /MPa	抗拉强度 /MPa	断后伸长率 (%)	强度系数 (%)
AZ31 镁合金	80	225	17.5	—
AZ31 焊缝	60	200	12	89

注：强度系数为焊缝与母材抗拉强度的百分比。

镁合金搅拌摩擦焊易产生背面未焊透、空洞和表面沟槽。当焊接压力较小时，易形成空洞和背面未熔合；若压力过大，则表面成形不良。当摩擦热量不足时，接头部位材料塑性流动不充分，不能有效填满空洞，易形成表面沟槽。这些缺陷都与搅拌头、焊接参数的选择有关。

第 9 章 铜及铜合金的焊接

根据新国标，将“8.1 铜及铜合金的种类和性能”小节原有表格进行替换，内容重写如下：

9.1 铜及铜合金的种类与性能

铜及铜合金是有色金属。在纯铜中加入合金元素后就成为铜合金。根据金属的颜色和成分，铜及铜合金可分为纯（紫）铜，黄铜（铜-锌合金）、青铜（铜-锡合金、铜-铝合金等）、白铜（铜-镍合金）四大类。

9.1.1 纯铜

1. 特性

纯铜是 Cu 含量不低于 99.7% 的工业用金属铜。纯铜密度为 8.94g · cm^{-3}，熔点为 1083℃，具有面心立方晶格的晶体结构，它有优良的导电性和导热性，在大气、海水中有良好的耐蚀性，同时具有良好的常温和低温塑性。纯铜一般不用作结构元件，主要用于制造导线和导电元件，以及散热器、换热器中的传热元件。

纯铜的性能与所含杂质有关，即使含铅、铋量很少，也会使铜产生热脆性，在焊接过程中极易形成裂纹；硫和氧在铜中形成脆性化合物，如硫化铜（Cu_2S）和氧化亚铜（Cu_2O），大大降低了铜的塑性，使铜在热加工和焊接时产生困难。所有杂质都会降低铜的导电性，其中磷最为显著，但磷却是铜及铜合金的良好脱氧剂。

所以，在用于制造焊接构件的铜材中，一般要求其杂质 $w(Pb)<0.03\%$，$w(Bi)<0.003\%$，$w(O)<0.03\%$，$w(S)<0.01\%$。

2. 牌号、化学成分和性能

纯铜的牌号（代号）与用途是根据其含氧量不同划分的，有工业纯铜、磷脱氧铜和无氧铜等。普通工业纯铜的牌号以“T”为首，后接级别数字，如 T1、T2、T3 等，其纯度随顺序号增加而降低，其 $w(O)$ 在 0.02% ~ 0.05% 之间；磷脱氧铜的牌号以“TP”为首，后接顺序号，如 TP1、TP2 等，是以磷、硅、锰等元素作脱氧剂。其 $w(O)<0.002\%$；无氧铜的牌号以“TU”为首，后接顺序号，如 TU1、TU2 等。是用高纯度铜经真空熔炼而获得，其 $w(O)<0.003\%$。

表 7-9-1 列出了纯铜的化学成分。

表 7-9-2 列出了纯铜的物理性能。从表中可以看出，纯铜在退火状态（软态）具有高的塑性，但强度低；经冷加工后（硬态）能提高强度，但塑性下降很多。

表 7-9-1 纯铜的化学成分（摘自 GB/T 5231—2012）

组别	代号	牌号	化学成分(质量分数,%)												
			Cu+Ag	P	Ag	Bi	Sb	As	Fe	Ni	Pb	Sn	S	Zn	O
纯铜	T10900	T1	99.95	0.001	—	0.001	0.002	0.002	0.005	0.002	0.003	0.002	0.005	0.005	0.02
	T11050	T2	99.90	—	—	0.001	0.002	0.002	0.005	—	0.005	—	0.005	—	—
	T11090	T3	99.70	—	—	0.002	—	—	—	—	0.01	—	—	—	—
无氧铜	C10100	TU00	Cu 99.99	0.0003	0.0025	0.0001	0.0004	0.0005	0.0010	0.0010	0.0005	0.0002	0.0015	0.0001	0.0005
			Se≤0.0003, Te≤0.0002, Mn≤0.00005, Cd≤0.0001												
	T10130	TU0	99.97	0.002	—	0.001	0.002	0.002	0.004	0.002	0.003	0.002	0.004	0.003	0.001
	T10150	TU1	99.97	0.002	—	0.001	0.002	0.002	0.004	0.002	0.003	0.002	0.004	0.003	0.002
	T10180	TU2	99.95	0.002	—	0.001	0.002	0.002	0.004	0.002	0.003	0.002	0.004	0.003	0.003
	T10200	TU3	99.95	—	—	—	—	—	—	—	—	—	—	—	0.0010
磷脱氧铜	C12000	TP1	99.90	0.004~0.012	—	—	—	—	—	—	—	—	—	—	—
	C12200	TP2	99.90	0.015~0.040	—	—	—	—	—	—	—	—	—	—	—
	T12100	TP3	99.90	0.01~0.025	—	—	—	—	—	—	—	—	—	—	0.01
	T12400	TP4	99.90	0.040~0.065	—	—	—	—	—	—	—	—	—	—	0.002

9.1.2 黄铜

黄铜是铜和锌组成的二元合金，因表面颜色随锌含量增加由黄红色变成淡黄色，故称黄铜。它的强度、硬度和耐蚀性都比纯铜高，并能进行冷、热加工，因而在工业上应用广泛。

表 7-9-2　纯铜的力学与物理性能

性能指标	力学性能		物理性能							
	抗拉强度 R_m/MPa	断后伸长率 A(%)	密度 /g·cm^{-3}	熔点 T_m/℃	弹性模量 E/MPa	热导率 λ /W·(m·K)$^{-1}$	比热容 C/J·(g·K)$^{-1}$	电阻率 ρ /10^{-8} Ω·m	线胀系数 $\alpha_l/10^{-6}$ K^{-1}	表面张力/10^{-5}N·cm^{-1}
软态	196~235	50	8.94	1083	128700	391	0.384	1.68	16.8	1300
硬态	392~490	6								

铜中只含锌的称为简单（普通）黄铜，当 w(Zn)= 30%时，为单一的 α 相组织，塑性最好；当 w（Zn)>39%时，就出现金属间化合物β相，这时强度提高而塑性下降。为了进一步提高黄铜的力学性能、耐蚀性能、铸造或切削的工艺性能，在简单黄铜中再加入少量的锡、锰、铝、硅、铁等元素，就获得系列多元铜合金，称为复杂（特殊）黄铜。所加入的 w（Me）≤4%，且大都固溶在铜中，因而没有改变黄铜的基本组织。

按工艺性能、力学性能和用途不同，可将黄铜分为加工黄铜和铸造黄铜两类。

常用加工黄铜的牌号、化学成分、力学性能及用途见表 7-9-3，常用铸造黄铜的牌号、化学成分、力学性能及用途如表 7-9-4。

表 7-9-3　常用加工黄铜的牌号、化学成分、力学性能及用途（摘自 GB/T 5231—2012）

组别	牌号	化学成分(质量分数,%)		力学性能			用途
		Cu	其他[①]	R_m/MPa	A(%)	HBW	
铜锌合金	H95	94.0~96.0	Zn:余量	450	2		冷凝管、散热器管及导电零件
	H90	89.0~91.0	Zn:余量	480	4	130	奖章、双金属片、供水和排水管
	H85	84.0~86.0	Zn:余量	550	4	126	虹吸管、蛇形管、冷却设备制件及冷凝器管
	H80	78.5~81.5	Zn:余量	640	5	145	造纸网、薄壁管
	H70	68.5~71.5	Zn:余量	660	3	150	弹壳、造纸用管，机械和电气用零件
	H68	67.0~70.0	Zn:余量	660	3	150	复杂的冷冲件和深冲件，散热器外壳、导管
	H65	63.5~68.5	Zn:余量	700	4	—	小五金、小弹簧及机械零件
	H62	60.5~63.5	Zn:余量	500	3	164	销钉、铆钉、螺母、垫圈导管、散热器
	H59	57.0~60.0	Zn:余量	500	10	103	机械、电器用零件，焊接件，热冲压件
铜锌铅合金	HPb63-3	62.0~65.0	Pb:2.4~3.0, Zn:余量	650	4	—	钟表、汽车、拖拉机及一般机器零件
	HPb63-0.1	61.5~63.5	Pb:0.05~0.3, Zn:余量	600	5	—	钟表、汽车、拖拉机及一般机器零件
	HPb62-0.8	60.0~63.0	Pb:0.5~1.2, Zn:余量	600	5	—	钟表零件
	HPb61-1	58.0~62.0	Pb:0.6~1.2, Zn:余量	610	4	—	结构零件
	HPb59-1	57.0~60.0	Pb:0.8~1.9, Zn:余量	650	16	140	适于热冲压及切削加工零件，如销子、螺钉、垫圈等
铝黄铜	HA167-2.5	66.0~68.0	Al:2.0~3.0, Fe:0.6, Pb:0.5, Zn:余量	650	12	170	船舶冷凝器管及其他耐蚀零件
	HAl60-1-1	58.0~61.0	A1:0.70~1.50, Fe:0.70~1.50, Mn:0.1~0.6, Zn:余量	750	8	180	齿轮、蜗轮、衬套、轴及其他耐蚀零件
	HA159-3-2	57.0~60.0	Al:2.5~3.5, Ni:2.0~3.0, Fe:0.5, Zn:余量	650	15	150	船舶电动机等常温下工作的高强度耐蚀零件

（续）

组别	牌号	化学成分(质量分数,%)		力学性能			用途
		Cu	其他[①]	R_m/MPa	A(%)	HBW	
锡黄铜	HSn90-1	88.0~91.0	Sn:0.25~0.75,Zn:余量	520	5	148	汽车、拖拉机弹性套管等
	HSn62-1	61.0~63.0	Sn:0.7~1.1,Zn:余量	700	4	—	船舶、热电厂中高温耐蚀冷凝器管
	HSn60-1	59.0~61.0	Sn:1.0~1.5 Zn:余量	700	4	—	与海水和汽油接触的船舶零件
	HFe59-1-1	57.0~60.0	Fe:0.6~1.2,Mn:0.5~0.8,Sn:0.3~0.7,Zn:余量	700	10	160	在摩擦及海水腐蚀下工作的零件,如垫圈、衬套等
锰黄铜	HMn58-2	57.0~60.0	Mn:1.0~2.0,Zn:余量	700	10	175	船舶和弱电用零件
硅黄铜	HSi80-3	79.0~81.0	Si:2.5~4.0,Fe:0.6,Zn:余量	600	8	160	耐磨锡青铜的代用品
镍黄铜	HNi65-5	64.0~67.0	Ni:5.0~6.5,Zn:余量	700	4	—	压力计管,船舶用冷凝管

① 本项中元素含量为单值（不是表示为范围）者，均为允许的最大值。

表 7-9-4　常用铸造黄铜的牌号、化学成分、力学性能及用途（摘自 GB/T 1176—2013）

牌号	化学成分(质量分数,%)		铸造方法	力学性能(不低于)			用途
	Cu	其他		R_m/MPa	A(%)	HBW	
ZCuZn38	60.0~63.0	Zn:余量	S	295	30	590	一般结构件和耐蚀零件,如法兰、阀座、支架、手柄和螺母等
			J	295	36	685	
ZCuZn25Al6Fe3Mn3	60.0~66.0	Al:4.5~7.0,Fe:2.0~1.0 Mn:2.0~4.0,Zn:余量	S	725	10	1570	高强、耐磨零件,如桥梁支承板、螺母、螺杆、耐磨板、滑块和蜗轮等
			J	740	7	1665	
ZCuZn26Al4Fe3Mn3	60.0~66.0	Al:2.5~5.0,Fe:2.0~4.0,Mn:2.0~4.0,Zn:余量	S	600	18	1175	要求强度高、耐蚀的零件
			J	600	18	1275	
ZCuZn31Al2	66.0~68.0	Al:2.0~3.0,Zn:余量	S	295	12	785	适用于压力铸造,如电动机、仪表等压铸件,以及造船和机械制造业的耐蚀零件
			J	390	15	885	
ZCuZn38Mn2Pb2	57.0~65.0	Pb:1.5~2.5 Mn:1.5~2.5 Zn:余量	S	245	10	685	一般用途的结构件、船舶、仪表等外型简单的铸件,如套筒、衬套、轴瓦、滑块等
			J	315	18	785	
ZCuZn40Mn2	57.0~60.0	Mn:1.0~2.0 Zn:余量	S	345	20	785	在空气、淡水、海水蒸气(<300℃)和各种液体燃料中工作的零件,以及阀体、阀杆、泵、管接头等
			J	390	25	885	

（续）

牌　号	化学成分（质量分数，%）		铸造方法	力学性能（不低于）			用　途
	Cu	其他		R_m /MPa	A (%)	HBW	
ZCuZn40Mn3Fe1	53.0～58.0	Mn：3.0～4.0，Fe：0.5～1.5 Zn：余量	S	440	18	980	耐海水腐蚀的零件，以及在低于 300℃ 工作的管配件，制造船舶螺旋桨等大型铸件
			J	490	15	1080	
ZCuZn16Si4	79.0～81.0	Si：2.5～4.5，Zn：余量	S	345	15	885	接触海水工作的管配件，以及水泵、叶轮、旋塞和在空气、淡水中工作的零部件
			J	390	20	980	

注：S—砂模铸造；J—金属型铸造。

加工黄铜的牌号，简单黄铜用“H”加基体元素铜的平均含量表示。如 H68 表示平均 w(Cu) = 68%的黄铜；复杂（三元以上）黄铜用“H”加第二个主要添加元素符号及除锌以外的成分数字组表示，如 HMn58-2 表示平均 w(Cu) = 58%，w(Mn) = 2%的复杂黄铜。铸造黄铜牌号的表示方法，与所有铸造非铁合金牌号表示方法相同，由“Z”和基体金属的化学元素符号、主要合金化学元素符号以及表明合金化元素名义百分含量的数字组成。下面以铸造铝黄铜为例说明其标准规则。

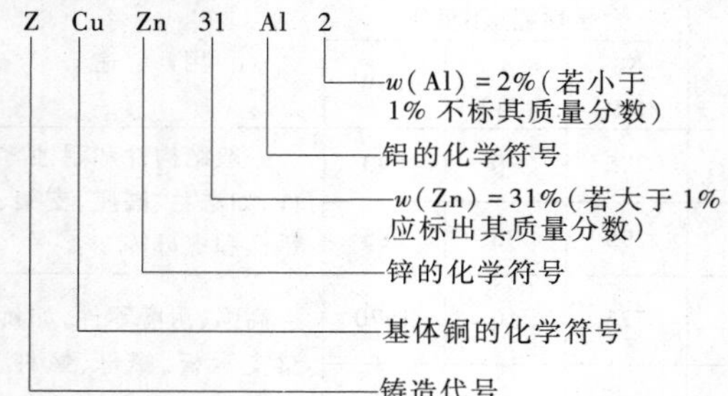

9.1.3　青铜

除铜-锌、铜-镍合金外，所有铜合金统称为青铜。按加入铜中的主要合金元素分有锡青铜、铝青铜、硅青铜等。如果在此基础上再加入少量其他合金元素，就会获得某些特殊性能的青铜。

青铜的主要特点如下：

1）所加入的合金元素含量都控制在 α 铜的溶解范围内，所得的合金基体是单相组织，在加热和冷却过程中无同素异构转变。

2）与纯铜和黄铜相比，具有较高的强度、耐磨性、耐蚀性和铸造性能，并保持一定的塑性。

3）青铜的导热性比纯铜和黄铜低很多，并具有较窄的结晶区间，因而具有较好的焊接性。

由于青铜的上述特点，在机械制造业中应用很广泛。

青铜也可分为加工青铜和铸造青铜两类；在工业上用得较多的是铸造青铜，常用来铸造各种耐磨、耐蚀（耐酸、碱、蒸气等）的零件，如轴瓦、轴套、阀体、泵壳及蜗轮等。

加工青铜牌号是用“Q”加第一个主加合金元素符号及除基体元素铜外的成分数字组表示。例如，QSn4-3 表示锡平均 w(Sn) = 4%和锌平均 w(Zn) = 3%的锡青铜，QAl9-2 表示铝平均 w(Al) = 9%和锰平均 w(Mn) = 2%的铝青铜。铸造青铜的牌号表示方法与铸造黄铜相类似。

常用加工青铜的牌号、化学成分、力学性能及用途见表 7-9-5，常用铸造青铜的牌号、化学成分及力学性能见表 7-9-6。

表 7-9-5　常用加工青铜的牌号、化学成分、力学性能及用途（摘自 GB/T 5231—2012）

组别	牌号	化学成分（质量分数，%）					力学性能			用　途
		主加元素	其他				R_m/MPa	A(%)	HBW	
锡青铜	QSn4-3	Sn：3.5～4.5	Zn：2.7～3.3	Cu：余量			550	4	160	弹性元件，化工机械耐磨零件和抗磁零件
	QSn4-4-2.5	Sn：3.0～5.0	Zn：3.0～5.0	Pb：1.5～3.5	Cu：余量		600	2～4	160～180	航空，汽车、拖拉机用承受摩擦的零件，如轴套等
	QSn4-4-4	Sn：3.0～5.0	Zn：3.0～5.0	Pb：3.5～4.5	Cu：余量		600	2～4	160～180	航空，汽车、拖拉机用承受摩擦的零件，如轴套等
	QSn6.5-0.1	Sn：6.0～7.0	P：0.10～0.25	Cu：余量			750	10	160～200	弹簧接触片，精密仪器中的耐磨零件和抗磁元件

（续）

组别	牌号	化学成分（质量分数，%）				力学性能			用途
		主加元素	其他			R_m/MPa	A(%)	HBW	
锡青铜	QSn6.5-0.4	Sn：6.0~7.0	P：0.26~0.40	Cu：余量		750	7.5~12	160~180	金属网，弹簧及耐磨零件
铝青铜	QAl5	Al：4.0~6.0	Cu：余量			750	5	200	弹簧
	QAl7	Al：6.0~8.5	Cu：余量			980	3	154	弹簧
	QAl9-2	Al：8.0~10.0	Mn：1.5~2.5	Zn：1.0	Cu：余量	700	4~5	160~180	海轮上的零件，在 250℃ 以下工作的管配件和零件
	QAl9-4	Al：8.0~10.0	Fe：2.0~4.0	Zn：1.0	Cu：余量	900	5	160~200	船舶零件及电气零件
	QAl10-3-1.5	Al：8.5~10.5	Fe：2.0~4.0	Mn：1.0~2.0	Cu：余量	800	9~12	160~200	船舶用高强度耐蚀零件，如齿轮，轴承等
	QAl10-4-4	Al：9.5~11.0	Fe：3.5~5.5	Ni：3.5~5.5	Cu：余量	1000	9~15	180~200	高强度耐磨零件和 400℃ 以下工作的零件，如齿轮、阀座等
	QAl11-6-6	Al：10.0~11.5	Fe：5.0~6.5	Ni：5.0~6.5	Cu：余量				高强度耐磨零件和 500℃ 以下工作的零件
硅青铜	QSi3-1	Si：2.7~3.5	Mn：1.0~1.5	Cu：余量		700	1~5	180	弹簧，耐蚀零件以及蜗轮、蜗杆、齿轮、制动杆等
	QSil-3	Si：0.6~1.1	Ni：2.4~3.4	Mn：0.1~0.4	Cu：余量	600	8	150~200	发动机和机械制造中结构零件，300℃ 以下的摩擦零件

表 7-9-6　常用铸造青铜的牌号、化学成分及力学性能（摘自 GB/T 1176—2013）

合金牌号	主要化学成分（质量分数，%），其余为 Cu								铸造方法	力学性能，≥			
	Sn	Zn	Pb	P	Ni	Al	Fe	Mn		抗拉强度 R_m/MPa（/kgf · mm^{-2}）	屈服强度 $R_{p0.2}$/MPa（/kgf · mm^{-2}）	断后伸长率 A(%)	布氏硬度 HBW
ZCuSn10Pbl	9.0~11.5			0.8~1.1					S	220(22.4)	130(13.3)	3	80
									J	310(31.6)	170(17.3)	2	90
ZCuSnl0Zn2	9.0~11.0	1.0~3.0							S	240(24.5)	120(12.2)	12	70*
									J	245(25.0)	140(14.3)	6	80*
ZCuSn3Zn8Pb6Nil	2.0~4.0	6.0~9.0	4.0~7.0		0.5~1.5				S	175(17.8)		8	60
									J	215(21.9)		10	70
ZCuSn5Pb5Zn5	4.0~6.0	4.0~6.0	4.0~6.0						S、J	200(20.4)	90(9.2)	13	60
									Li、La	250(25.5)	100(10.2)*	13	65*
ZCuPbl5Sn8	7.9~9.0		13.0~17.0						S	170(17.3)	80(8.2)	5	60*
									J	200(20.4)	100(10.2)	6	65*
ZCuAl9Mn2						8.0~10.0		1.5~2.5	S	390(39.8)	150	20	85
									J	440(44.9)	160	20	95
ZCuAll0Fe3Mn2						9.0~11.0	2.0~4.0	1.0~2.0	S	490(50.0)		15	110
									J	540(55.1)		20	120

注：1. 有"*"符号的数据为参考值。

2. S—砂模铸造；J—金属型铸造；Li—离心铸造；La—连续铸造。

9.1.4　白铜

白铜是铜和镍的合金，因镍的加入使铜从紫色变为白色而得名。镍无限固溶于铜，使白铜具有单一的 α 相组织。单由铜和镍组成的白铜称为普通白铜，如果加入锰、铁、锌、铝等，相应就称为锰白铜、铁白铜、锌白铜和铝白铜等。

白铜的牌号用"B"加镍含量表示，三元以上的白铜则用"B"加第二个主加合金元素符号及除基体元素铜以外的成分数字表示，例如，B30 表示平均 w(Ni+Co) = 30% 的普通白铜，BA113-3 为平均 w(Ni+Co) = 13%，w(Al) = 3%的铝白铜。

表 7-9-7 列出常用加工白铜的牌号和主要化学成分，表 7-9-8 列出加工白铜的力学性能。

表 7-9-7　常用加工白铜的牌号和主要化学成分（摘自 GB/T 5231—2012）

分类	牌号	主要化学成分(质量分数,%)						
		Ni+Co	Fe	Mn	Al	Zn	Cu	杂质总量
白铜	B5	4.4~5.0	≤0.20	—	—	—	余量	≤0.5
	B19	18.0~20.0	≤0.5	≤0.5	—	≤0.3		≤1.8
铁白铜	BFe10-1-1	9.0~11.0	1.0~1.5	0.5~1.0	—	≤0.3		≤0.7
	BFe30-1-1	29.0~32.0	0.5~1.0	0.5~1.2	—	≤0.3		≤0.7
锰白铜	BMn3-12	2.0~3.5	0.20~0.50	11.5~13.5	≤0.2	Si:0.1~0.3		≤0.5
锌白铜	BZn15-20	13.5~16.5	≤0.5	—	—	余量	62.0~65.0	≤0.9
铝白铜	BAl6-1.5	5.5~6.5	≤0.50	≤0.20	1.2~1.8	—	余量	≤1.1
	BAl13-3	12.0~15.0	≤1.0	≤0.50	2.3~3.0	—	余量	≤1.9

表 7-9-8　常用加工白铜的力学性能

牌　号	半成品种类	尺寸/mm	材料状态	R_m/MPa≥	$A_{11.3}$(%)≥
B5	冷轧板	0.5~10	软(M)	220	32
			硬(Y)	380	10
B19	冷轧板	0.5~10	软(M)	300	30
			硬(Y)	400	3
BFe10-1-1	管材	外径 10~35 壁厚 0.75~30	软(M)	300	25
			硬(Y_2)	340	8
BFe30-1-1	管材		软(M)	372	25
			硬(Y_2)	490	6
BMn3-12	冷轧板	0.5~10	软(M)	353	25
BZn15-20	冷轧板	0.5~10	软(M)	343	35
			硬(Y_2)	441~568	5
BA16-1.5	冷轧板	0.5~12	硬(Y)	539	3
BAl13-3	冷轧板	0.5~12	淬火后人工时效	637	5

镍可提高铜的强韧性、耐蚀性和比电阻，以及降低电阻温度系数，是优良的电阻材料。通常应用于结构和电工两个方面，其中力学性能和耐蚀性能较好的白铜广泛用于制造精密机械、化工机械和船舶零件。

白铜导热性接近碳素钢、变得易于焊接而不必预热，但白铜对硫、磷很敏感，易形成热裂纹，故应严格控制杂质含量。

9.2　铜及铜合金的焊接性

铜及铜合金具有独特的物理性能，因而它的焊接性有别于钢和铝。熔焊主要问题如下：

1. 难熔合，焊缝成形能力差

铜的热导率在 20℃ 时比铁大 7 倍多，1000℃ 时大 11 倍多。焊接时热量迅速从加热区传出去，使加热范围扩大，焊件厚度越大，散热越严重，焊接区难以达到熔化温度，所以母材和填充金属难熔合。为此，焊接时需使用大功率的热源，焊前常需预热。

铜在熔化时，表面张力比铁小 1/3，流动性比钢大 1~1.5 倍。因此，表面成形能力差，当用大功率熔化极气体保护焊或埋弧焊时，熔化金属易流失。为此，单面焊时，背面需使用衬垫（板）等成形装置。

2. 焊接应力与变形大

铜的线胀系数比铁大 15%，而收缩率比铁大 1 倍以上；又由于铜的导热能力强、冷却凝固时，变形量大。当焊接刚性大的焊件或焊接变形受阻时，就会产生很大的焊接应力，成为导致焊接裂纹的力学原因。

3. 易产生热裂纹

在焊缝和热影响区上都可能产生热裂纹。主要原因是铜在液态下易氧化生成氧化亚铜（Cu_2O），它溶于液态铜而不溶于固态铜，冷凝过程中与铜生成熔点略低于铜的 Cu_2O+Cu 共晶（熔点为 1064℃）；铜中若有杂质铋（Bi）和铅（Pb）等，在熔池结晶过程中也生成低熔点共晶 Cu+Bi（熔点 270℃）、Cu+Pb（熔点 326℃），这些共晶物分布在焊缝金属的枝晶间或晶界处。当焊缝处于高温时，热影响区的低熔共晶物重新熔化，在焊接应力作用下，在焊缝或热影响区上就会产生热裂纹。又因铜及铜合金在加热过程中无同素异构转变，晶粒易长大，有利于低熔点共晶薄膜的形成，从而增大了热裂倾向。

为了防止热裂纹，从冶金方面需严格限制铜中杂质的含量，增强对熔池的脱氧能力；若有可能可选用获得双相组织的焊接材料，以破坏低熔共晶薄膜的连续性，打乱柱状晶的方向。另外，从力学方面需减小焊接应力的作用。

4. 易产生气孔

铜及铜合金熔焊时，焊缝产生的气孔比焊接钢时严重得多，这与铜及铜合金的冶金特性和物理特性有关。

在冶金特性方面，焊接时，铜中存在有溶解性气体和氧化还原反应产生的气体。氢在铜中的溶解度与温度有关，随温度升降而增减，当铜处于液-固态转变时，有一突变，如图 7-9-1 所示。说明冷凝过程要析出大量扩散性氢；熔池中的 Cu_2O 在凝固时因不溶于铜而析出，便与氢或 CO 反应生成水蒸气或 CO_2 气体，因不溶于铜而逸出。

$$Cu_2O+2H \rightarrow 2Cu+H_2O\uparrow$$

$$Cu_2O+CO \rightarrow 2Cu+CO_2\uparrow$$

在物理特性方面，铜的热导率比铁大 7 倍以上，焊缝金属的结晶速度很快，在这种条件下氢的扩散逸出和 H_2O、CO_2 上浮极为困难，往往是来不及逸出和上浮便形成了气孔。减少或防止铜焊缝中的气孔，主要是减少氢和氧的来源，以及采用预热等方法延长熔池存在时间，使这些气体易于逸出。加强对焊接区的保护和在焊接材料中加入脱氧剂，都可减少气孔的产生。

5. 接头性能下降

1）接头塑性显著下降。因铜及铜合金一般不发生相变，焊缝和热影响区晶粒易长大；各种脆性低熔共晶出现于晶界，其结果是使接头的塑性和韧性显著降低。

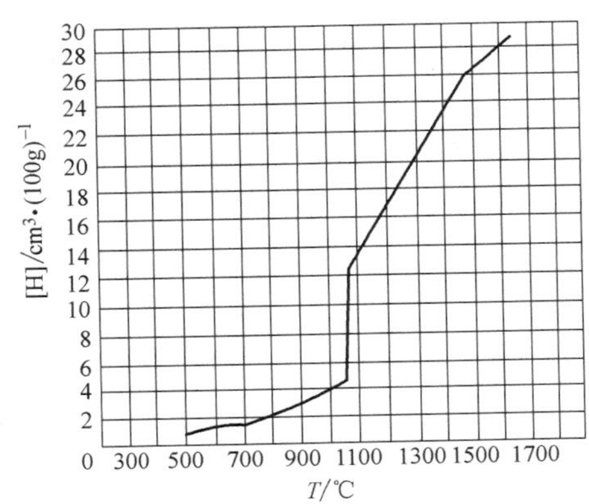

图 7-9-1 氢在铜中的溶解度与温度的关系（$p_{H_2}=10^5$Pa）

2）导电性能下降。铜越纯其导电性能就越好，焊接过程中任何杂质和合金元素的加入，都导致电导率降低。

3）耐蚀性变差。铜合金的耐蚀性是依赖于锌、铝、锰、镍等合金元素的加入，而这些元素在焊接过程中蒸发、烧损，都不同程度上使接头的耐蚀性能下降。焊接应力的存在会使得那些对应力腐蚀较敏感的高锌黄铜、铝青铜、镍锰青铜的焊接接头在腐蚀环境中过早失效。

改善接头性能的主要措施是控制杂质含量；加强焊接区的保护以减少合金元素的烧损；通过合金化对焊缝进行变质处理；减少热的作用和焊后消除应力处理等。

必须指出，铜及铜合金的种类繁多，其成分和性能差别很大，因而焊接性表现各异。例如，黄铜是铜锌合金，锌是低沸点元素，焊接时有锌极易蒸发的问题，所以在进行焊接性分析时，除注意上述共性问题外，还应针对铜合金的不同类型及其对各种焊接方法的适应性做出具体评价。表 7-9-9 列出了铜及铜合金对几种常用的熔焊方法适应性比较，可供选择焊接方法参考。

表 7-9-9 铜及铜合金对熔焊方法的适应性比较

焊接方法（热效率 η）	纯铜	黄铜	锡青铜	铝青铜	硅青铜	白铜	简要说明
	适应性						
钨极气体保护焊（0.65～0.75）	好	较好	较好	较好	较好	好	用于薄板（小于 12mm），纯铜、黄铜、锡青铜、白铜采用直流正接，铝青铜采用交流，硅青铜采用交流或直流

（续）

焊接方法（热效率 η）	纯铜	黄铜	锡青铜	铝青铜	硅青铜	白铜	简要说明
	适应性						
熔化极气体保护焊（0.70~0.80）	好	较好	较好	好	好	好	板厚大于 3mm 可用，板厚大于 15mm 优点更显著，电源极性为直流反接
等离子弧焊（0.80~0.90）	较好	较好	较好	较好	较好	好	板厚在 3~6mm 可不开坡口，一次焊成，最适合 3~15mm 中厚板焊接
焊条电弧焊（0.75~0.85）	差	差	尚可	较好	尚可	好	采用直流反接，操作技术要求高，适用板厚为 2~10mm
埋弧焊（0.80~0.90）	较好	尚可	较好	较好	较好	—	采用直流反接，适用于 6~30mm 中厚板
气焊（0.30~0.50）	尚可	较好	尚可	差	差	—	易变形、成形不好、用于厚度小于 3mm 的不重要结构中
炭弧焊（0.50~0.60）	尚可	尚可	较好	较好	较好	—	采用直流正接，电流大、电压高、劳动条件差，目前已逐渐被淘汰，只用于厚度小于 10mm 的铜件

铜及铜合金也和铝及铝合金一样，因具有较好塑性，相对于熔焊较易于实现固相焊的冷变形焊和摩擦焊，母材不需熔化的钎焊和扩散焊也很适应。但对于电阻焊则因铜及铜合金的电导率和热导率高而变得较为困难。

9.3　铜及铜合金的焊接方法与焊接材料

9.3.1　铜及铜合金的焊接方法

铜及铜合金的焊接方法很多，几乎包括了熔焊、电阻焊，软、硬钎焊和其他特殊焊接方法。比较而言，熔焊是最为常用的焊接方法，其次是钎焊、摩擦焊和扩散焊。电阻焊仅适于有限范围的铜及铜合金，而其他焊接方法多用于特殊场合。熔焊中主要是电弧焊和气焊，而电弧焊中又以钨极氩弧焊（TIG）和熔化极惰性气体保护焊（MIG）应用广泛，效果显著，见表7-9-9。选择焊接方法时，仍然需要针对被焊材料的成分、性能特点、焊件厚度、结构复杂程度，以及对接头使用性能的要求，结合各种焊接方法的工艺特点和现场设备条件进行综合考虑。

1. 电弧焊

电弧焊是焊接铜及铜合金的主要方法，它包括焊条电弧焊、炭弧焊、TIG 焊、MIG 焊、等离子弧焊和埋弧焊等。以惰性气体保护的弧焊方法，即 TIG 焊和 MIG 焊，几乎对任何铜和铜合金的焊接都能获得满意的结果。它们具有强的局部热输入和对焊接区的良好保护。TIG 焊便于控制，可进行全位置焊接，也易于实现自动化焊接。可焊厚度达 12mm，但最为常用的是小于 3mm，再薄的铜焊件可采用能控制热输入的脉冲 TIG 焊。厚度大于 3mm 就可以选用高熔敷速度的熔化极惰性气体保护焊（MIG 焊）。在非平焊位置焊接时，最好采用脉冲 MIG 焊。等离子弧焊是从 TIG 焊演变出来的焊接方法，其热源更集中，很适于焊接高热导率和对过热敏感的铜及铜合金。由于能微型化，如微束等离子弧焊，可以进行精密作业。喷嘴寿命是应用这一技术必须考虑的关键因素。

焊条电弧焊简便灵活，能达到难以接近的接头进行焊接，因而仍然被采用。由于焊缝质量不如 TIG 焊和 MIG 焊那样好，而且当焊件厚度大于 3mm 时需预热 250℃或更高的温度，劳动条件差。所以，多用于焊接不重要的焊件和少量的修复作业。埋弧焊需使用焊剂，保护效果较好，生产率高，质量较稳定，但只适于平焊位置、较规则的焊缝和较厚的焊件。

2. 气焊

用氧乙炔火焰可焊接各种铜及铜合金。由于火焰热量不集中，散热快，达到熔点时间长，所以焊接速度比电弧焊慢。当焊接热导率高的铜合金或厚截面的铜焊件时，需要较高的预热温度，以补偿热的散失。由于气焊保护效果不很好，除焊接无氧铜外，一般都需使用焊接熔剂。气焊通常用于没有电弧焊设备、焊接工作量不大（如局部补焊）或要求不严格的场合。

3. 电阻焊

含铅和其他易切削的铜合金很少使用电阻焊。电阻点焊和缝焊主要用于厚度≤1.5mm 板材，而且是电导率和热导率较低的铜合金。电导率低于铜的

30%的铜合金，才可点焊和缝焊。对于纯铜或高铜合金，因其电导率和热导率高，焊接变得很困难。原因是需要很高的焊接电流密度，这样高的电流密度，电极容易过热并产生粘连，损坏很快，所以一般不推荐采用。铜或大多数黄铜不宜采用凸焊，因为凸点强度不足以承受电极压力而过早被压溃。闪光对焊几乎可以焊接所有铜及铜合金的棒材、管材、板材或型材，其焊接工艺过程与钢的焊接相似，只是焊接参数需较为准确地控制。

4. 钎焊

只要选用合适的钎料和钎剂（包括保护气氛），用软、硬钎焊都很容易地连接铜及铜合金，而且可以采用任何一种加热方式。

5. 摩擦焊

铜及铜合金可以用摩擦焊进行连接，相同的和不相同的铜合金都可以焊接，而且铜合金和铝合金或与钢也能焊接。焊接时并不需要焊接材料和气体保护。管材和棒材的对接主要是用普通摩擦焊，所用设备和工艺比较简单，易于实现。板材的连接则采用新的搅拌摩擦焊方法，实现焊接所需的设备和焊接工艺程序较为复杂。保证焊接质量的关键是焊接参数的合理选配，接头的强度系数一般都在 0.75 以上。

除上述一些常用焊接方法外，铜及铜合金还可以采用电子束焊、激光焊、冷压焊、扩散焊、热压焊、超声波焊和高频电阻焊等，它们都有特殊的应用场合。

9.3.2　铜及铜合金的焊接材料

铜及铜合金熔焊时用的焊接材料有焊丝（棒）、焊条、焊剂和熔剂等，钎焊时用的是钎料和钎剂，此外是保护气体。

1. 焊丝

焊丝是气焊、炭弧焊、TIG 焊、MIG 焊和埋弧焊等使用的填充金属。铜及铜合金焊接用的焊丝，除必须满足焊缝金属的性能和焊接工艺性能方面的要求外，还应能控制杂质含量和提高脱氧性能。

铜及铜合金焊丝的牌号、化学成分和技术要求在国家标准中已作了规定，见 GB/T 9460—2008。圈状焊丝的直径有 1.0mm、1.5mm、2.0mm 和 2.5mm；直焊丝长 1m，直径有 3mm、4mm、5mm 和 6mm。通常是选择与母材化学成分相近的焊丝使用。

在铜及铜合金焊丝中加入硅、锰、磷、钛或铝等元素，是为了加强脱氧，减少焊缝中的气孔。其中钛和铝除脱氧外，还能细化焊缝晶粒，提高焊缝金属的塑、韧性，但脱氧剂加入量不宜过多，否则焊缝会形成过多的高熔点氧化夹杂；硅在焊接黄铜时可防止锌的蒸发、氧化，降低焊接时的烟雾，而且还能提高焊缝金属的流动性、抗裂性和耐蚀性；加入锡可提高焊缝耐蚀性，也可提高焊缝金属流动性，改善工艺性能；加入铁可提高焊缝强度和耐蚀性，但塑性会降低。

焊丝中铋、铅、硫等杂质必须严格控制，其质量分数均应小于 0.01%。磷虽然能脱氧，但含量过多后会使接头导电性能下降。因此，对导电性能要求高的铜及铜合金，不宜选用含磷的焊丝。

2. 焊条

焊接铜及铜合金用的焊条，GB/T 3670—1995《铜及铜合金焊条》对其熔敷金属的化学成分和力学性能都有具体的规定。为了减少焊缝中的气孔，所有焊条均采用低氢型药皮、直流反接（焊条接正极）。通常在焊条的涂料中加入硅铁、锰铁、钛铁、铝铁及铝铜等，目的是向焊接熔池中过渡硅、锰、钛、铝等脱氧元素，以获得良好的焊缝金属力学性能。

ECu 类为纯铜焊条，对大气、海水等介质有良好耐蚀性，可用来焊接脱氧铜及无氧铜。ECuSi 类和 ECuSn类分别为硅青铜和锡青铜焊条，具有一定的通用性，除了可焊接与之相应的铜合金外，还可以用来焊接铜和黄铜。这两种焊条都使焊缝具有一定的强度，良好的塑性和韧性，以及耐磨性和耐蚀性。

ECuAl 类为铝青铜焊条、其熔敷金属合金元素总含量高，是强度、耐磨性和耐蚀性最高的一种铜合金焊条。其通用性较大，用于焊接铝青铜及其他铜合金制造的各种化工机械、海水散热器、阀门等机件，也可用于水泵、气缸堆焊及船舶螺旋桨的修补，还可用于铜合金与钢的焊接以及铸铁补焊。

ECuNi 类为铜-镍合金焊条，其工艺性能好，具有较好的强度和良好的塑性、韧性和耐蚀性。主要用于焊接导电铜排、铜制换热器，冷凝器、船舶核容器用的耐海水腐蚀导管等构件，也用于耐海水腐蚀的碳素钢零件的堆焊和其他要求耐蚀的镍基合金的焊接。

3. 焊剂与熔剂

埋弧焊和电渣焊焊接铜及铜合金用的焊剂可借用焊接低碳钢的焊剂，如 HJ431、HJ260 和 HJ150 等。其中 HJ431 为高锰高硅焊剂，其工艺性能好，但氧化性较强、容易向焊缝过渡 Si、Mn 等元素，使接头导电性，耐蚀性和塑性下降。HJ260 和 HJ150 氧化性较弱，与 HS201（牌号）焊丝配合使用，可以获得塑性较高的焊缝金属。

气焊和炭弧焊铜及铜合金需采用熔剂，以去除熔池金属中的氧化物和防止焊缝金属受到氧化。所选用的熔剂必须能改善熔池金属的流动性以获得良好的焊缝成形；它的熔点必须低于母材和填充焊丝的熔点；焊接时所形成的熔渣其密度应小于液体金属，否则浮不出来而形成焊缝夹渣缺陷；此外，不吸潮，且腐蚀性要小等。

气焊和炭弧焊通用的熔剂主要由硼酸盐、卤化物或它们的混合物组成，见表 7-9-10。其中硼砂熔点只有 743℃，在液态下有很强的化学去膜能力，能迅速与氧化铜、氧化锌等反应生成硼酸的复盐变成熔渣而浮于熔池表面，如

$$Na_2B_4O_7+CuO \longrightarrow 2NaBO_2 \cdot Cu(BO_2)_2$$

硼酸（H_3BO_3）的熔点为 580℃，经加热脱水后变成硼酐（B_2O_3）。它是很强的酸性氧化物，容易与铜合金熔池中的碱性氧化物反应生成复盐（如 $ZnO \cdot B_2O_3$、$CuO \cdot B_2O_3$、$2FeO_3 \cdot 3B_2O_3$ 等），也浮于熔池表面成渣而被清除。熔剂中的卤化物对熔池中氧化物（如 Al_2O_3）起着物理溶解作用，是一些活性很强的去膜剂。此外，还起到调节熔剂的熔点，提高流动性和脱渣性的作用。但是，焊接铝青铜用的 CJ401 和非标准 4 号焊剂（见表 7-9-10）是呈碱性的，虽能有效地破坏 Al_2O_3 薄膜，但这种熔剂吸湿、潮解性强，容易引起接头腐蚀。因此，焊后必须将焊缝表面上及其两侧的焊渣、残留熔剂彻底清除干净。

4. 保护气体

铜及铜合金电弧焊用的保护气体主要是惰性气体氩（Ar）和氦（He）。氮（N_2）高温时与铜不发生反应也可作保护气体，但是铜在氮气中焊接，熔池金属流动性降低，焊缝易生气孔，故主要在钎焊中采用。

表 7-9-10　铜及铜合金气焊、炭弧焊用熔剂

牌号		化学成分（质量分数，%）						熔点/℃	应用范围
		$Na_2B_4O_7$	H_3BO_3	NaF	NaCl	KCl	其他		
标准	CJ301	17.5	77.5	—	—	—	$AlPO_4$5	650	铜及铜合金气焊、钎焊
	CJ401	—	—	7.5~9.0	27~30	49.5~52	LiAl13.5~15	560	青铜气焊
非标准	1	20	70	10	—	—	—	—	铜及铜合金气焊及炭弧焊通用
	2	56	—	—	22	—	—	—	
	3	68	10	—	20	—	—	—	
	4	LiCl　15	—	KF　7	30	30	45	—	铝青铜气焊用

氩气和氦气在物理性能上存在着差别，用作电弧焊铜及铜合金的保护气体表现出不同的电弧特性。在相同的焊接电流下，氦弧的功率比氩弧大约 1.5 倍，其穿透能力比氩弧大 3~5 倍。图 7-9-2 所示为这两种保护气体在焊接熔深上的比较，以及预热温度对氩弧熔深的影响。显然，当焊接纯铜或高热导率铜合金、不允许预热或要求获得较大熔深（如焊厚铜板）时，采用氦气保护最适宜，但是氦气价格昂贵，而且其密度较小，要获得良好保护效果，消耗的气体量比氩气增加 1~2 倍，成本太高，所以应用的不多。有时利用氩加入体积分数为 25%~75%的氦作为混合保护气体，兼顾了氦气的熔透特性和氩气的电弧稳定特性，进行较厚板的焊接，或平焊以外的位置焊接。

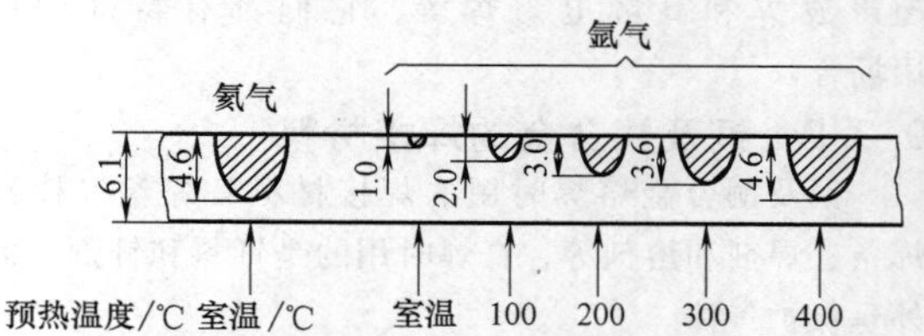

图 7-9-2　TIG 焊保护气体和预热温度对熔深影响（I=300A，焊速 3.4mm · s^{-1}）

9.4　纯铜熔焊工艺

9.4.1　纯铜的焊接特点

纯铜中以无氧铜比较易焊，含氧铜焊接性略差。厚度小于 6mm 的焊件多用气焊、焊条电弧焊、TIG 焊和等离子弧焊，大厚度多用 MIG 焊和埋弧焊。因纯铜对氢和氧敏感，焊前需将填充金属和待焊的表面清理干净。接头主要是对接接头，因为搭接接头和 T 形接头散热快，很少应用。为防止铜液流失，焊缝背面常用衬垫，如铜垫、石墨垫、石棉垫或黏结软垫等。因铜热导率高，焊前通常需预热 300℃ 以上。

9.4.2　纯铜的气焊

1. 焊前准备

按铜板厚度开不同坡口，见表 7-9-11。经清理后进行定位焊，定位焊缝长度取 20~30mm，间距为 150~300mm。定位焊所用焊丝与焊接时相同，焊前应在坡口间隙内涂一层熔剂，火焰功率比焊接时稍大。对大焊件定位焊宜用分段对称定位焊法，焊缝余高不得超过坡口深度的 2/3。

表 7-9-11　气焊纯铜对接接头的坡口形式与尺寸

板厚/mm	坡口形式与尺寸
<3	0~2
3~10	60°~90°；2~4
10~20	60°~90°；2~4

为了减少焊接应力，防止出现气孔、裂纹和未焊透等缺陷，焊前需预热，薄板、小尺寸焊件取 400~500℃，厚大件预热取 600~700℃。小件进行整体预热；大件可局部预热；局部预热用氧乙炔焰或煤气火焰等进行。

2. 焊丝和熔剂

用 SCu1898（即牌号为 HS201）型焊丝。如果接头不要求具有良好的导电性和导热性，则采用青铜焊丝，如 SCu6560 和 SCu5210。采用 CJ301 熔剂，如果采用一般纯铜丝或从母材上切条，则应在熔剂中加入脱氧剂。

熔剂的用法是用水把焊剂调成糊状涂在焊道或焊丝上，用火焰烤干后即可施焊。

3. 工艺要点

1）焊接参数。纯铜热导率高，一般用比焊碳素钢大 1~2 倍的火焰能量进行焊接。火焰能量是通过选用焊炬及其焊嘴号和调节可燃气体流量来达到。表 7-9-12 列出了磷脱氧铜气焊的焊接参数。

表 7-9-12　磷脱氧铜气焊的焊接参数

板厚/mm	焊丝直径/mm	根部间隙/mm	乙炔气流量/L · min^{-1}	预热气流量/L · min^{-1}	焊炬及焊嘴号
1.5	1.6	无	4	无	H01~2 焊炬，4~5 号焊嘴
3.0	2.0	1.5	6	无	H01~6 焊炬，3~4 号焊嘴
4.5	3.0	2.0	8	12	H01~12 焊炬，1~2 号焊嘴
6.0	4.0	3.0	12	12	H01~12 焊炬，2~3 号焊嘴
9.0	5.0	4.5	14	16	H01~12 焊炬，3~4 号焊嘴
12.0	6.0	4.5	16	16	H01~12 焊炬，3~4 号焊嘴

2）操作技术。用中性焰。氧化焰会使熔池氧化和合金元素的烧损；碳化焰会产生一氧化碳和氢气，进入熔池易形成气孔。

气焊纯铜多为薄平板对接，一般采用左向焊法，这有利于防止金属过热和晶粒长大倾向；当焊件厚度大于 6mm 时，宜采用右向焊法，以得到较厚的焊道，又能防止铜液流到熔池前方，减少夹渣倾向。

焊接过程中要控制好熔池温度，可以通过改变焊炬与焊件的距离及焊炬倾斜的角度来调节。为了提高火焰能量的利用和增加熔深，焰芯离焊件不大于 6mm。焊炬运动要快，火焰绕熔池上下左右运动、划圈，靠火焰吹力防止铜液流散。焊接速度宜快，每条焊缝最好单道焊，一次焊完。若多次焊接加热，会使接头晶粒粗大和增加变形。中断焊接和终焊时，火焰应缓慢离开熔池，防止熔池过快冷却而产生裂纹。长焊缝宜采用逆向分段退焊法以减少焊接应力和变形。

3）焊后处理。纯铜气焊后力学性能比母材低，脱氧铜焊后可达母材退火状态的强度，含氧铜焊后只能达母材的 70%~80%。为了改善接头性能，可以对接头进行锤击或热处理。对厚度小于 5mm 的焊件，在冷态下锤击，用球形或平面铁锤沿焊缝两侧约 100mm 范围内均匀锤击；厚度大于 5mm 的焊件可在 250~350℃间锤击。锤后再加热焊件到 550~650℃，在水中急冷。

9.4.3　纯铜的焊条电弧焊

1. 焊前准备

按铜板厚度制备不同的坡口。厚度小于 5mm 的不开坡口；厚度大于 5mm 可开 V 形或双边 V 形坡口，见表 7-9-13。其他准备工作如定位焊和坡口清理与气焊基本相同。当板厚大于 3mm 时，焊前必须预热，预热温度一般为 400~600℃，随板厚和外形尺寸增大而相应提高，最高可达 750~800℃。为了控制焊缝背面成形，接头背面常用衬垫。

铜焊条都是碱性低氢型的，用前需经 350~400℃、1~2h 烘干。

2. 焊条电弧焊工艺要点

可选用 ECu（即 T107）焊条，也可选用 ECuSn-B（即 T227）焊条。电流为直流反接，焊条接正极。表 7-9-14 列出了纯铜焊条电弧焊的推荐焊接参数。随着预热温度的提高，焊接电流相应取小值。

表 7-9-13　纯铜焊条电弧焊对接接头的坡口形式与尺寸

板厚/mm	坡口形式与尺寸
2~4	0~2
5~10	60°~70°，1~2，0~2
10~20	60°~80°，1~2，0~2

表 7-9-14　纯铜焊条电弧焊的推荐焊接参数

板厚/mm	焊条直径/mm	焊接电流/A
2	3.2	110~150
3	3.2 或 5	120~200
4	4	150~220
5	4 或 5	180~300
6	5~7	200~350
8	5~7	250~380
10	5~7	250~380

焊接时应用短弧，焊条不宜做横向摆动，可沿焊缝做往复直线运动，使熔池存在时间较长，有利气体逸出。长焊缝应采用逆向分段退焊法，焊接速度尽可能快，以减少焊件变形和接头过热。更换焊条的动作要快，应在熔池后（距弧坑 10~20mm 处）重新引弧，然后逐渐填满弧坑再向前焊接。多层焊时应彻底清除层间熔渣。结束时要缓慢熄弧以填满弧坑。焊后最好用平头锤锤击焊缝，以消除焊接应力和改善接头性能。

焊接场地要空气流通或有人工通风设施，以排除焊接烟尘及有害气体。

9.4.4　纯铜的 TIG 焊

TIG 焊纯铜有手工和自动两种，自动只适用于焊缝规则的焊件如纵缝和环缝等。

1. 焊前准备

TIG 焊受钨极载流能力限制，焊接电流增大是有限度的，故主要用于薄板和厚件底层焊道的焊接。对接板厚小于 3mm 时，不开坡口；板厚在 4~10mm 时，一般开 V 形坡口；板厚大于 10mm 开双边 V 形坡口，见表 7-9-15。其他准备工作同焊条电弧焊。

表 7-9-15　纯铜 TIG 焊的坡口形式与尺寸

板厚/mm	坡口形式与尺寸
≤3	0~2
4~10	70°~80°，1~2，0~3
≥10	80°~90°，1~2，1~3

2. 手工 TIG 焊工艺要点

一般选用 SCu1898（即 HS201）焊丝作填充金属，如果采用不含脱氧元素的普通纯铜丝作填充金属，焊时需用 CJ301 熔剂，焊前用无水乙醇（酒精）调成糊状，刷涂于待焊表面。使用恒流（陡降特性）直流电源。为了减少电极烧损、保证电弧稳定和有足够熔深，通常采用直流正接（钨极接负）。小于 1mm 的薄纯铜件可用直流脉冲电源，如 WSM-250 脉冲 TIG 焊机。

表 7-9-16 列出了纯铜手工 TIG 焊的焊接参数。

表 7-9-16　纯铜手工 TIG 焊的焊接参数

板厚/mm	钨极直径/mm	焊丝直径/mm	电流/A	Ar 气流量/L · min^{-1}	预热温度/℃	备　注
0.3~0.5	1	—	30~60	8~10	不预热	卷边接头
1	2	1.6~2.0	120~160	10~12	不预热	—
1.5	2~3	1.6~2.0	140~180	10~12	不预热	—
2	2~3	2	160~200	14~16	不预热	—
3	3~4	2	200~240	14~16	不预热	单面焊双面成形
4	4	3	220~260	16~20	300~350	双面焊
5	4	3~4	240~320	16~20	350~400	双面焊
6	4~5	3~4	280~360	20~22	400~450	—
10	5~6	4~5	340~400	20~22	450~500	—
12	5~6	4~5	360~420	20~24	450~500	—

通常采用左向焊法，焊前用高频振荡器引弧或在炭块、石墨块上接触引弧，然后移入坡口区焊接。操作时注意不同焊缝情况下焊炬、焊丝和焊件之间的位置，如图 7-9-3、图 7-9-4 和图 7-9-5 所示。喷嘴与焊

件之间的距离以 10～15mm 为宜，既便于操作、观察、又获得良好保护。加焊丝时，弧长取 2～5mm，焊丝一般不离开溶池，但不能接触钨极，钨极表面沾了铜会影响电弧稳定。厚板多层焊的层数不宜过多，底层焊道必须熔合良好，防止产生孔、裂纹等缺陷。层间温度不应低于预热温度。焊下一层前，要用钢丝刷清理焊缝表面的氧化物。

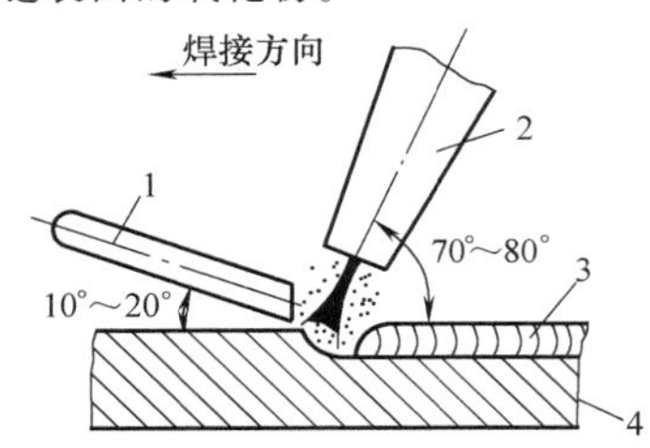

图 7-9-3　手工钨极氩弧焊平焊操作示意图

1—焊丝　2—焊炬　3—焊缝　4—焊件

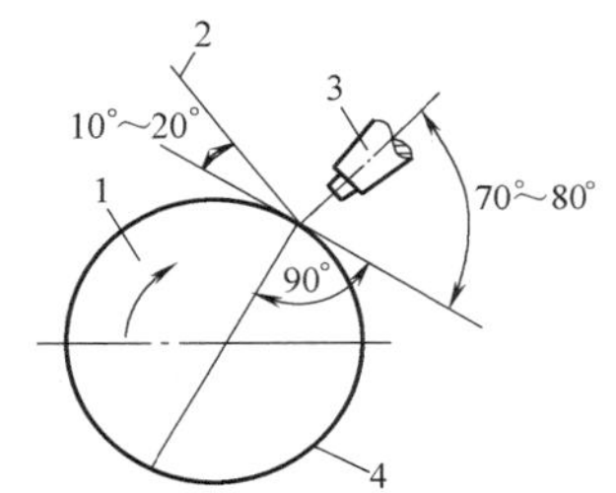

图 7-9-4　环缝焊接示意图

1—焊件转动方向　2—焊丝　3—焊炬　4—焊件

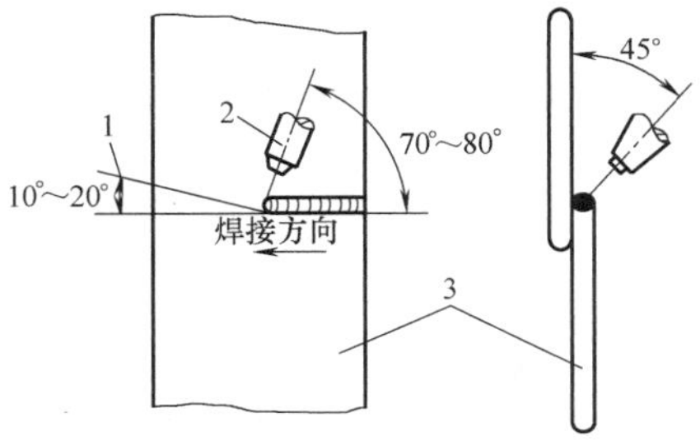

图 7-9-5　搭接横焊示意图

1—焊丝　2—焊炬　3—焊件

9.4.5　纯铜的 MIG 焊

对厚度大于 12mm 的纯铜，一般都采用熔化极氩弧焊(MIG 焊)。MIG 焊可用更大的焊接电流，因而电弧功率大、熔敷率高、熔深大。

MIG 焊的坡口形式与 TIG 焊相似，由于 MIG 焊的穿透力强，不开坡口的厚度极限尺寸及钝边尺寸比 TIG 焊可增大，坡口角度可减小，一般不留间隙。

应选用含脱氧元素的纯铜焊丝 SCu1898（即 HS201）。为提高焊接效率，一般采用大电流高焊速的焊接参数。与 TIG 焊相比，焊接同样厚度的纯铜件，焊接电流增加 30%以上，焊速可提高 1 倍，由于熔池增大，氩气流量也相应加大。表 7-9-17 列出了推荐的纯铜 MIG 焊的焊接参数。通常采用恒压（平特性）电源，直流反接。

MIG 焊熔滴过渡形式与电流密度有关，随着电流密度增大，熔滴过渡从短路转为喷射。表 7-9-18 列出了达到纯铜 MIG 焊喷射过渡的最低的焊接参数。只有喷射过渡才能获得稳定的电弧，较大的熔深和良好的焊缝成形，通常用于平焊和横角焊位置的焊接，而滴状和短路过渡适于立焊或仰焊。

9.4.6　纯铜的等离子弧焊

等离子弧焊比 TIG 焊和 MIG 焊具有更高的能量密度和温度，很适合具有高热导率纯铜的焊接。厚度为 6～8mm 的焊件对接可不预热和开坡口，且一次焊成，其质量达到母材水平。厚度为 10～16mm 时需加工成 60°～70°的 V 形坡口，钝边 2～3mm。

通常采用氩气作等离子气和保护气体。采用转移型电弧，钨极接负极（直流正接）。焊接纯铜常用熔透（即非穿透）法，因纯铜传热快，不用穿透法，仅靠熔融金属的热传导也易达到焊透。纯铜液表面张力小、自重大，铜液极易流失，为防止烧穿，常用平面石墨衬垫于焊缝背面施焊。

可以采用自动焊和手工焊，前者主要用于平直焊缝或环缝焊接，后者的操作与手工 TIG 焊相似。手工等离子弧焊时弧长变动范围较大，若添加焊丝时，弧长可在 6～10mm 间变化。

表 7-9-19 列出了纯铜等离子弧焊的焊接参数。

超薄（0.1～1mm）的纯铜件宜用微束等离子弧焊，因能量高度集中，可使变形减到最小。

等离子弧焊接除要求焊接参数稳定外，对焊件坡口加工精度、装配精度以及薄件所用夹具的精度要求很高，焊件越薄要求就越严格。这与等离子束很细、能量密度大有关，通常对接间隙的均匀性、错边和背面垫板紧贴度，其误差一般不允许超过 1mm，薄件不超过 0.3～0.5mm。

9.4.7　纯铜的埋弧焊

1. 焊前准备

许多准备工作与焊接钢件相同。铜的埋弧焊通常是采用单道焊，厚度小于 20～25mm 的可不开坡口、单面焊或双面焊，厚度更大的焊件最好开 U 形坡口，钝边取 5～7mm。厚度在小于 20mm 可不预热焊，大于 20mm 的可以局部预热 300～400℃进行焊接。

埋弧焊使用较大的热输入，焊缝熔化金属量大，为防止铜液流失和获得良好反面成形，单面焊或双面焊的第一面，焊前均应在反面使用反面衬垫，如石墨

表 7-9-17　推荐的纯铜 MIG 焊的焊接参数

板厚 /mm	坡口形式及尺寸				焊丝直径 /mm	电流/A	电压/V	Ar 气流量 /L · min^{-1}	焊速 /m · h^{-1}	层数	预热温度 /℃
	形式	间隙/mm	钝边/mm	角度 α/(°)							
3	I	0	—	—	1.6	300~350	25~30	16~20	40~45	1	—
5	I	0~1	—	—	1.6	350~400	25~30	16~20	30	1~2	100
6	V	0	3	70~90	1.6	400~425	32~34	16~20	30	2	250
6	I	0~2	—	—	2.5	450~480	25~30	20~25	30	1	100
8	V	0~2	1~3	70~90	2.5	460~480	32~35	25~30	25	2	250~300
9	V	0	2~3	80~90	2.5	500	25~30	25~30	21	2	250
10	V	0	2~3	80~90	2.5~3	480~500	32~35	25~30	20~23	2	400~500
12	V	0	3	80~90	2.5~3	550~650	28~32	25~30	18	2	450~500
12	X	0~2	2~3	80~90	1.6	350~400	30~35	25~30	18~21	2~4	350~400
15	X	0	3	30	2.5~3	500~600	30~35	25~30	15~21	2~4	450
20	V	1~2	2~3	70~80	4	700	28~30	25~30	23~25	2~3	600
22~30	V	1~2	2~4	80~90	4	700~750	32~36	30~40	20	2~3	600

表 7-9-18　纯铜 MIG 焊喷射过渡最低焊接参数（SCu1898 焊丝）

焊丝直径/mm	最小焊接电流/A	电弧电压/V	送丝速度/mm · s^{-1}	最小电流密度/A · mm^{-2}
0.9	180	26	146	296
1.1	210	25	106	208
1.6	310	26	63	157

表 7-9-19　纯铜等离子弧焊的焊接参数

铜材厚度 /mm	钨极直径 /mm	钨极内缩量 /mm	喷嘴孔径 /mm	保护罩与焊件间的距离 /mm	保护气流量 /L · min^{-1}	离子气流量 /L · min^{-1}	焊接电流/A	备　注
6	5	3~3.5	4	8~10	12~14	正：4~4.5 反：4.5~5	正：140~170 反：160~190	开 I 形坡口的对接焊，正反面各焊 1 层
10	5	3~3.5	4	8~10	20~22	正：4~4.5 反：4.5~5	正：210~220 反：220~240	V 形坡口，角度 60°，钝边 2±0.5mm，正反面各焊 3 层
16	6	3~3.5	4	8~10	21~23	5~5.5	正：210~240 反：240~260	正面焊 4 层 反面焊 3 层

垫板、不锈钢垫板、型槽焊剂垫或布带焊剂垫等。垫板属刚性件，需按焊缝尺寸要求开成形槽，垫板与铜板的接触面要很吻合，它适于厚度不大和具有较短的直线焊缝使用；厚度较大或环焊缝适于用柔性的焊剂垫，使用时务必与铜件底面紧密贴合。宜选用颗粒稍粗的焊剂（约 2~3mm）作垫剂层，其厚度一般不应小于 30mm。

为了保证始末端焊缝质量，也与其他金属埋弧焊一样，焊前在焊缝两端焊上铜引弧板和引出板，也有采用石墨板的。引弧板和收弧板与焊件接合要好，间隙不大于 1mm，其尺寸一般取 100mm×100mm 见方，厚度与母材相同。

2. 焊接工艺

焊接纯铜可用 HJ431、HJ260、HJ150 等焊剂。高硅高锰的 HJ431 工艺性能较好，但氧化性强，易向焊缝过渡硅、锰。使接头导电性能降低；若对接头导电性能要求高时，可选用氧化性小些的 HJ260 并和纯铜焊丝配合。焊接纯铜的焊丝主要是 SCu1898（即 HS201），也可以用硅青铜焊丝，如 SCu6560 等。

由于纯铜的热导率高和热容量大，埋弧焊时宜选用大电流、高电压的焊接参数，以改善焊缝的冷却条件，让熔池有一定时间进行还原反应以获得良好的焊缝质量。表 7-9-20 列出了纯铜埋弧焊的焊接参数。

表 7-9-20　纯铜埋弧焊的焊接参数

板厚 /mm	坡口形式及尺寸				焊丝牌号	焊丝直径 /mm	焊接层数	焊接电流 /A	电弧电压 /V	焊接速度 /m · h^{-1}	备　注
	坡口形式	间隙 /mm	钝边 /mm	角度 /(°)							
3~4	对接	1	—	—	HS201	2.5~3	1	320~380	34~36	23~26	采用垫板的单面单层焊
5~6	对接	2.5	—	—	HS201	2.5~3	1	380~420	34~38	22~24	采用垫板的单面单层焊
8	V 形	2.5	3	60~70	HS201	4	2	460~500	34~38	18~23	在焊剂垫上进行双面自动焊
10	V 形	2.5~3.0	3	60~70	HS201	4	2	460~540	34~38	18~20	在焊剂垫上进行双面自动焊
12	V 形	0~3	3	60~70	T1	4	1	510~580	40~42	17~19	采用单面单层焊，也可采用双面焊
14	V 形	0~3	3	60~70		4	1	530~620	40~42	18~20	
16	V 形	2~3	3	60~70	HS201	4	1	580~650	40~42	14~18	采用垫板的单面单层焊，也可开 I 形坡口进行焊接
21~25	V 形	1~3	4	80	HS201	4~5	3~4	650~700	36~42	18~22	采用垫板，预热温度 400~500℃
20	双边 V 形	1~2	2	60~65	—	4~5	3~4	600~650	40~42	12~16	预热温度 400~500℃，可开 I 形坡口进行焊接
35~40	U 形	0~1.5	1.5~3	5~15	—	5	7~8	680~720	40~42	—	U 形坡口加工较困难，为便于加工也可采用双面双边 V 形坡口

埋弧焊机一般选用陡降外特性的直流电源，反接法，焊件接负极。焊丝伸出长度为 35~40mm。焊丝与焊件表面互相垂直，为了提高熔透度，也可将焊丝向前倾斜 10°。焊件常置于水平或倾斜（5°~10°）位置。在倾斜位置采用上坡焊，这时铜液略向下流，电弧易深入熔池底部，有利根部焊透。

9.5　黄铜的焊接工艺

9.5.1　黄铜的焊接特点

黄铜焊接的主要问题除前面第 2 节所述外，就是焊接时锌的蒸发和烧损。锌沸点低，仅为 904℃，在焊接高温下大量蒸发。气焊时蒸发量达 25%，焊条电弧焊达 40%。焊缝锌含量减少，会引起接头耐蚀性和力学性能下降；锌的蒸发易使焊缝产生气孔；锌蒸气氧化成白色烟雾状的氧化锌，妨碍焊接操作，且对人体有害，焊接时要求有较好通风条件。

锌是有效脱氧剂且易蒸发，于是焊接黄铜时氢的溶解和熔池金属的氧化问题不突出。由于黄铜的结晶区间小，在焊接过程中不易引起偏析及低熔点共晶，所以形成热裂纹的倾向比纯铜和青铜小，但黄铜线胀系数大，易引起较大的焊接应力和变形，焊接厚大焊件或在刚性拘束下焊接易引起冷裂纹。黄铜焊后在海水或氨气等腐蚀性介质中工作，会产生应力腐蚀。因此，这类焊件焊后需加热到 350 ~400℃退火处理，以消除焊接应力。

黄铜热导率比纯铜小，焊时预热温度比纯铜低得多。黄铜的导热性随锌含量的增加而变差。因此，焊接高锌黄铜要求的预热温度比低锌黄铜低，但前者锌的蒸发比后者严重。

铅黄铜不适于焊接，因具有热脆性，焊接裂纹几乎不可避免。

黄铜焊接的坡口形式，焊前清理所用设备、操作方法等与纯铜焊接相似。

9.5.2　黄铜的气焊

气焊黄铜可以减少和防止锌的蒸发和烧损，因而被广为应用。

气焊黄铜用的填充焊丝有 SCu4700、SCu6800 和 SCu6810A，相当于统一牌号 HS220、HS222 和 HS221。焊丝中若含有少量合金元素硅，焊接时形成氧化硅薄膜覆盖在熔池表面，可以阻止锌的蒸发，同时又可防止氢的溶入，减少气孔的生成。若硅含量过多（如>0.7%），氧化硅薄膜过厚，反而妨碍熔池中氢的逸出而产生气孔。

气焊黄铜用的熔剂有粉状和气状两种。粉状熔剂以硼砂为主，常用的配方（质量分数）有：①硼砂 94%，镁粉 6%；②硼砂 95%，磷酸氢钠 5%；③氯化钾 50%，氯化钠 12.5%，冰晶粉 35%，木炭粉 2.5%。焊前用水玻璃将熔剂涂于焊丝上。

气体熔剂是硼酸甲酯[$(CH_3)_3BO_3$]66%～75%和甲醇(CH_3OH)25%～34%的混合液，放在发生器内汽化成蒸气，并与流过的乙炔混合。焊接时由乙炔气带此蒸气进入焊炬再与氧气混合，经燃烧后在火焰内形成硼酐蒸气（B_2O_3）凝聚到母材金属和焊丝上，与金属氧化物起作用而生成硼酸盐，如 $CuO \cdot B_2O_3$ 及 $ZnO \cdot B_2O_3$ 等，以薄膜形式浮在熔池表面、有效地防止锌的蒸发及熔池金属被氧化。气体熔剂的优点是送入熔池均匀，保护效果好，防止了锌的蒸发和空气侵入，使焊接过程稳定，焊缝表面光滑，接头质量高；省去焊后清渣工序及降低预热温度。缺点是需配备一套由发生器、防止倒流器、干燥器等部件组成的装置。

一般厚度大于 12mm 的黄铜焊件才需要预热，温度为 300～450℃；厚度大于 16mm 或较大焊件的预热温度应提高到 500～550℃。直接用氧乙炔焰焊炬垂直于焊件，在始焊端往复来回移动加热。

焊接时使用轻微的氧化焰，以使熔池表面形成一层氧化锌薄膜，防止熔池中锌进一步蒸发和氧化。使用气体熔剂时也可用中性焰。采用左向焊法，焰芯与焊件表面距离为 6～10mm。所用焊炬功率比焊纯铜的小，在保证焊透的前提下，应尽可能采用快的焊接速度，减少锌的蒸发。

表 7-9-21 和表 7-9-22 分别列出了气焊黄铜的接头坡口形式和焊接参数。

9.5.3 黄铜的电弧焊

1. 焊条电弧焊

焊条电弧焊黄铜是用青铜焊条，如 ECuSi-B (T207)、ECuSn-B(T227)或 ECuAl-C(T237)等，这些焊条焊接时熔滴不存在锌的蒸发与烧损问题。为了减少熔池上锌的蒸发，建议采用焊条与焊件基本垂直，短弧、小电流快速焊，尽量不做横向及前后摆动。黄铜流动性好，故尽量采取平焊位置。表 7-9-23 列出了黄铜焊条电弧焊的参考焊接参数。

2. 氩弧焊

用惰性气体保护电弧焊接黄铜较普遍，小焊件多用 TIG 焊，厚度较大的焊件用 MIG 焊，焊接工艺与焊接纯铜基本相同。为了减少锌的蒸发及烟雾对保护气体的影响，最好选用不含锌的焊丝。对普通黄铜宜采用锡青铜焊丝 SCu5210；对高强度黄铜宜采用硅青铜或铝青铜焊丝如 SCu6560 和 SCu6100A 等。

TIG 焊用直流正接或交流，用交流焊接时锌的蒸发比直流正接少些。MIG 焊用直流反接。薄焊件一般不预热，厚度大于 10mm 时需预热。低锌黄铜推荐用 100～300℃预热，高锌黄铜预热温度可低些。预热还可以减少焊接电流，提高焊接速度，有利于减少锌的蒸发。焊接时焊丝尽量置于电弧与母材之间，避免电弧对母材直接加热，母材主要靠熔池金属的传热来加热熔化，目的也是减少锌的蒸发。尽可能单层焊，板厚<5mm 的接头，最好一次焊成。表 7-9-24 和表 7-9-25分别列出了 TIG 和 MIG 焊接黄铜的焊接参数。

表 7-9-21 黄铜对接接头的气焊坡口形式与尺寸

板厚/mm	接头形式	坡口形式与尺寸
<2	卷边(不加填丝)	1～2
1～3	I 形坡口(单面焊)	1～2
3～6	I 形坡口(双面焊)	3～4
6～15	Y 形坡口	70°～90° 2～4 1.5～3
15～25	双 Y 形坡口	70°～90° 2～4 2～4 70°～90°

表 7-9-22 黄铜气焊的焊接参数

板厚/mm	焊接层数	焊丝直径/mm	焊炬型号	乙炔气流量/$L \cdot h^{-1}$	
				焊嘴	预热嘴
1～2.5	1	2	H01-2	100～150	—
3～4	2	3	H01-2 或 H01-6	100～300	—
4～5	2	4	H01-6	225～350	225～350
6～10	正面 2 层,反面补 1 层	4	H01-12	500～700	500～700
>12	正面 3 层,反面 1 层	4	H01-12	750～1000	750～1000

表 7-9-23　黄铜焊条电弧焊的参考焊接参数

板厚/mm	接头间隙/mm	焊条直径/mm	焊接电流/A	电弧电压/V	备　注
2.0	0.5~0.6	2.5	42~46	23	后面衬以垫板
2.5	0.8~1.0	2.5	65~70	25	
3	1.0	3.2	70~75	24~25	
3	0	3.2	70~75	24~25	

表 7-9-24　黄铜 TIG 焊的焊接参数

板厚/mm	坡口形式	焊丝		焊接电流(直流正接)/A	氩气流量/L·min^{-1}	预热温度/℃	备注
		型号	直径/mm				
<1	I 形	SCu6560 SCu5210	1.6	170~190	10~12	不预热	单面焊

表 7-9-25　黄铜 MIG 焊的焊接参数

板厚/mm	坡口形式	焊丝		焊接电流(直流正接)/A	电弧电压/V	氩气流量/L·min^{-1}	预热温度/℃
		牌号	直径/mm				
3~6	V	SCu6560 或 SCu5210	1.6	270~300	25~28	12~14	不预热
9~12	V		1.6	270~300	25~28	12~14	不预热

9.6 青铜的焊接工艺

青铜种类很多，化学成分和性能差别甚大。总体来说，由于青铜导热性比纯铜小，合金蒸发烧损比黄铜弱，故其焊接性比纯铜和黄铜好。

9.6.1 硅青铜焊接要点

硅青铜是铜合金中最易焊接的一种，因导热性比其他铜合金差，焊前不需预热；液态金属流动性好，且硅还具有良好的脱氧作用。但是，硅青铜在 815 ~ 955℃温度区间具有热脆性，若在此区间受到过大应力作用可能引起裂纹。

气焊时，应选用硅青铜焊丝 SCu6560 作填充金属，采用中性焰或轻微氧化焰。焊时需使用熔剂，焊剂配方（质量分数）有：①硼砂 90%，氯化钠 10%；②硼砂 72%，磷酸钠 15%，氯化钠 13%。

焊条电弧焊时，一般选用硅青铜焊条 ECuSi-B（即 T207），也可选用铝青铜焊条 ECuAl-C（即 T237）。焊接时保持短弧、小熔池、细焊道快速施焊，以防止过热。多层焊时注意清渣和焊道表面的氧化物。

手工 TIG 焊时用硅青铜焊丝 SCu6560 作填充金属，有时也可用 SCu6100A。一般采用直流正接或交流电源。用交流电源时，在负半周时有阴极破碎作用，可去除覆盖熔池表面的氧化硅薄膜。焊接时用左向焊法，尽可能采取小熔池快速焊。多层焊时也需清除焊道表面的氧化膜层。当焊件厚度>6mm 时，宜采用 MIG 焊以提高效率和焊接质量。

表 7-9-26 和表 7-9-27 分别列出了手工 TIG 焊和手工 MIG 焊焊接硅青铜的焊接参数。

表 7-9-26　手工 TIG 焊硅青铜的焊接参数

板厚/mm	坡口形式	焊丝		钨极直径/mm	焊接电流		氩气流量/L·min^{-1}	备　注
		型号	直径/mm		种类	范围/A		
1.6	I	SCu6560	1.6	1.6	交流	100~120	7	不预热
3.2	I				直流正接	130~150		
6.4	I		3.2	3.2		250~350	9	
9.5	V					230~280		
12.7	V					250~300		

表 7-9-27　手工 MIG 焊硅青铜的焊接参数

板厚/mm	坡口形式	钝边/mm	间隙/mm	焊丝直径/mm	焊接电流/A	氩气流量/L·min^{-1}	焊接层数	备　注
3.0	I 形	2.0	2.0	1.6~2.0	180~200	18~20	1	电弧电压 26~27V
5~6	V 形 60°~70°	2.0~2.5	2.0	2.0~2.5	280~340	20~25	2	反面用铜衬垫
12	V 形 60°	4~5	2~3	2.5	320~340	22~26	2~3	电弧电压 27~28V
20	不对称双边 V 形	4~5	2~3	2.5	350~380	26~30	3~5	

9.6.2　锡青铜焊接要点

锡青铜液-固温度范围宽，偏析较严重，易生成粗大而脆弱的枝晶组织，使焊缝疏松，甚至构成气孔。此外，锡青铜高温强度和塑性低，具有较大热脆性，故焊接时易产生热裂纹。

一般不推荐用气焊，因接头过热区宽、冷却速度慢，易产生裂纹。需用气焊时，应用中性焰，火焰功率与焊碳素钢相同。选用 SCu5210 焊丝或与母材成分相近的青铜棒，但锡含量应比母材高 1% ~2%，以补偿焊接时锡的烧损。所用熔剂与焊接纯铜相同。

焊条电弧焊时选用 ECuSn-B（即 T227）焊条。补焊厚壁或刚性大的锡青铜铸件前应预热 100 ~ 200℃，表 7-9-28 的焊接参数可供参考。焊接时焊条不宜做横向摆动，以窄焊道施焊，要保持层间温度在 150 ~200℃ 范围。

表 7-9-28　锡青铜焊条电弧焊的焊接参数

焊件厚度/mm	焊条直径/mm	焊接电流/A	电弧电压/V
1.5	3.2	60~100	20~24
3.0	3.2 或 4.0	80~160	22~26
4.5	3.2 或 4.0	160~280	24~28
6.0	4.0~5.0	280~320	26~30
12	6.0	380~400	28~32

当采用手工 TIG 焊焊接锡青铜时，选用与气焊相同的焊丝作填充金属。可以采用交流或直流正接，焊前预热 170~200℃。焊接时尽可能保持小熔池和快速施焊，对多层焊每焊一道进行热锤击，可减少焊接应力和防止产生裂纹。焊接厚截面或大型焊件时，宜选用 MIG 焊，用直流反接。

表 7-9-29 和表 7-9-30 分别列出了 TIG 焊和 MIG 焊锡青铜的焊接参数。

表 7-9-29　TIG 焊锡青铜的焊接参数

板材厚度/mm	钨极直径/mm	焊丝直径/mm	焊接层数	氩气流量/$L \cdot min^{-1}$	焊接电流/A
3	3	3	1	12~14	100~150
5	4	3	1	14~16	160~240
7	4	4	2	16~20	240~250
12	5	5	2	20~24	260~340
19	5	6	3~4	22~26	310~380
25	6	6	4~6	26~30	400~450

表 7-9-30　MIG 焊锡青铜的焊接参数

金属厚度/mm	接头设计		焊丝直径/mm	电弧电压/V	焊接电流/A
	坡口形式	根部间隙/mm			
1.5	I 形坡口	1.3	0.8	25~26	130~140
3.3	I 形坡口	2.3	0.9	26~27	140~160
6.4	V 形坡口	1.5	1.1	27~28	165~185
12.7	V 形坡口	2.3	1.6	29~30	315~335
19	双边 V 形或双 U 形坡口	0~2.3	2.0	31~32	365~385
25.4	双边 V 形或双 U 形坡口	0~2.3	2.4	33~34	440~460

9.6.3　铝青铜焊接要点

焊接铝青铜的主要困难是铝的氧化，生成致密而难熔的 Al_2O_3 薄膜覆盖在熔滴和熔池表面，易在焊缝中产生夹渣、气孔和未熔合等缺陷。清除铝的氧化物和防止铝的氧化成为焊接铝青铜成败的关键。此外，$w(Al)<7\%$的单相铝青铜具有热脆性，在热影响区易产生裂纹，比较难焊。$w(Al)\geqslant 7\%$ 的单相合金和双相合金，采取一些防裂措施是可以焊接的。

一般不推荐采用气焊，因为很难完全消除铝的氧化物的有害作用。如果必须采用气焊，则需对焊丝、焊接坡口做彻底清理，使用含氯化盐和氟化盐的熔剂，严格采用中性焰等措施。

焊条电弧焊一般用于铝青铜锻件或铸件的补焊。采用 ECuAl-C（即 T237）焊条。除薄件（≤3mm）外，需采用 70°~90°的 V 形坡口；薄件常不预热，对于 $w(Al)<10\%$的合金，预热和层间温度一般不应超过 150℃；焊接 $w(Al)=10\%\sim13\%$的铝青铜，厚焊件推荐预热和层间温度约 260℃，焊件宜快速冷却。采用直流反接，短弧和窄焊道施焊。多层焊时层间必须彻底清渣。表7-9-31 列出了铝青铜焊条电弧焊的焊接参数。

表 7-9-31　铝青铜焊条电弧焊的焊接参数

板厚/mm	焊条直径/mm	焊接电流/A
2	3.2	80~120
3	3.2~4.0	120~200
4	3.2~4.0	160~240
5	5.0	280~340
6	5.0~6.0	300~360
7	5.0~7.0	320~400
12	6.0~7.0	340~420

对焊接质量要求高的推荐采用 TIG 焊。可以用稳定的交流或直流电源焊接，交流电弧有净化作用，可去除坡口氧化物。使用 SCu6100A 焊丝作填充金属。铝青铜热导率较低，接近碳素钢，焊接时不需要很高的热输入。厚度≤6mm 的一般不用预热，其余同上述焊条电弧焊的预热情况。表 7-9-32 列出了铝青铜 TIG 焊的焊接参数。

当厚度大于 12mm 时应采用 MIG 焊，以提高效率。由于熔化焊缝金属表面张力较大，且母材热导率较低，可以进行各种位置的焊接。立焊或仰焊时，采用滴状或短路过渡形式。表 7-9-33 列出了铝青铜 MIG 焊的焊接参数。

表 7-9-32　铝青铜 TIG 焊的焊接参数

板厚/mm	坡口形式	焊丝		焊接电流/A	氩气流量/$L \cdot min^{-1}$	备注
		型号	直径/mm			
<1.6	I 形	SCu6100A	1.6	交流 25~80	10~12	不预热，单面焊
3~6	V 形		3~4	交流 150~250	12~16	不预热，单面多层焊
9~12	V 形		4~5	交流 250~350	12~16	预热 150℃ 单面多层焊，反面封底焊

表 7-9-33　铝青铜 MIG 焊的焊接参数

板厚/mm	坡口形式	焊丝		焊接电流/A	电弧电压/V	氩气流量/$L \cdot min^{-1}$	预热温度/℃
		型号	直径/mm				
3~6	V 形	SCu6100A	1.6	280~300	27~30	16~20	不预热
9~12	V 形			300~320			
>16	V，双边 V 形			300~350			150~200

9.7　铜及铜合金的搅拌摩擦焊工艺

搅拌摩擦焊初期主要用于较易实现的铝及铝合金的焊接，现已逐渐扩展到其他金属。由于铜及铜合金一些物理性质与铝及铝合金相近，同是面心立方晶格类型，具有很好的延性，对摩擦焊有很好的适应性。与铝及铝合金不同，铜及铜合金的熔点较高，不如铝那样易被氧化，导热性能也比铝好。因此，在搅拌头的材料和形状尺寸选择上，以及焊接参数的选用上，都与焊接铝及铝合金的有区别。

目前国内尚没有用搅拌摩擦焊生产铜及铜合金产品的报道，但在实验室试验研究成功的资料则比较多，这里介绍两个典型例子。可以相信，用搅拌摩擦焊生产铜及铜合金产品是指日可待。

例一：纯铜 T2+T2 对接搅拌摩擦焊工艺。

板厚为 3mm，搅拌头选用 GH4169（镍基高温合金），其轴肩直径为 10mm，搅拌针为锥形，根部直径为 4mm，长度为 2.5mm；获得内外质量良好焊接接头的主要焊接参数是：搅拌头的转速 950 ~1200r · min^{-1}，焊接速度（搅拌头向前移动速度）47.5 ~75mm · min^{-1}，焊接（轴向）压力 13 ~39MPa。焊后接头抗拉强度达母材的 80%，焊缝硬度比母材低，有软化现象。

例二：黄铜 H62+H62 对接搅拌摩擦焊工艺。

板厚为 5mm，按铜合金特性选定搅拌头的材料，搅拌针长度比板厚小 0.2 ~0.3mm，当搅拌头转速为 400 ~900r · min^{-1}，焊接速度为 35 ~100mm · min^{-1}，以压入焊件表面 0.1 ~0.2mm 的焊接压力焊接时，都能焊出成形良好的焊缝。

第10章 钛及钛合金的焊接

10.1 概述

钛及钛合金具有很多优良性能，是航空、航天工业的重要结构材料。在石油、化工和船舶工业中也越来越多地得到应用。

10.1.1 钛的基本特性

1. 物理特性

纯钛呈银白色，是有色金属。密度小，属轻金属类。表7-10-1列出了它与几种常用金属物理性能的比较。从表中看出，钛的突出特点是熔点高、导热性差、线胀系数小，密度比铁低，电阻率大。

表7-10-1 钛与几种常用金属物理性能的比较

性能	Ti	Fe	Cu	Al
密度(20℃)/g·cm^{-3}	4.5	7.8	8.9	2.7
熔点/℃	1668	1579	1083	660
比热容(0~500℃)/J·(g·K)$^{-1}$	0.54	0.46	0.38	0.89
热导率(20℃)/W·(m·K)$^{-1}$	15	67.4	384	200.8
电阻率(20℃)/$10^{-6}\Omega$·cm	42.1	9.7	1.72	2.68
线胀系数(0~100℃)/$10^{-6}K^{-1}$	8.2	11.9	16.5	24.3
弹性模量/GPa	109.2	196	120	71.1

2. 化学性能

钛化学性质活泼，与氧有很强的亲和力，室温下清洁的表面也会迅速形成稳定而坚韧的氧化膜。由于氧化膜的保护作用，钛及钛合金在海水及大多数酸，碱、盐的介质中具有优良的耐蚀性能，因此在化学工业和造船工业中得到应用。

钛的化学活性随温度升高而增强，高温下其表面氧化层厚度增加，当温度高于648℃时，钛的抗氧化能力急剧下降。

钛在固态下能吸收气体，当加热至300℃时，就开始吸收氢，加热至400℃可以吸收氧，在600℃时可以吸收氮。钝钛中含有这些气体元素，使其强度显著提高，而塑性急剧下降，所以氧、氮、氢是钛的有害杂质。

3. 力学性能

纯钛的塑性、韧性很好，特别是低温韧性非常好。在550℃时其性能仍保持不变，具有很好的热稳定性。

纯钛的抗拉强度不高，但可以通过加入合金元素进行强化。经合金强化而得到的钛合金，具有比钢和铝都大的比强度（抗拉强度/密度），见表7-10-2。比强度是评价航空及航天工业用材的一个重要指标，所以钛合金在航空、航天工业中被广泛采用。

表7-10-2 工业合金的比强度

合金材料	抗拉强度 R_m/MPa	密度 ρ/g·cm^{-3}	R_m/ρ（比强度）
铝合金	490~588	2.7	181~218
镁合金	245~274	1.9	129~144
超高强度钢	1274~1470	7.8	163~188
钛合金	980~1372	4.5	218~305

4. 物理冶金特性

钛在低于885℃时具有密排六方晶体结构，称为α钛；高于885℃将发生同素异构转变，成为体心立方晶体结构，称为β钛。随着钛中合金元素及杂质含量不同，同素异构转变温度也不同。根据对钛的同素异构转变温度的影响，可把常用的合金元素分为三类。

第一类是α稳定元素，它们能提高α钛的稳定性。随着其含量增加，β⇌α转变温度升高，α相区扩大。铝属于这一类元素，铝以置换方式固溶于钛中，使钛强化。它是各种钛合金中都含有的基本合金元素，质量分数最高达7%。氧、氮、碳也是α稳定元素，它们以间隙方式固溶于钛中，在强化钛的同时，又导致显著脆化，故属有害杂质元素，其含量要严格限制。

第二类是β稳定元素，它们能提高β钛的稳定性。随着其含量增加，β⇌α转变温度降低，β相区扩大。在这类元素中有一些在β钛中无限固溶，而在α钛中却有限固溶，如V和Mo等。它们和钛形成置换固溶，可以使强度提高而不显著降低塑性；另一

些元素在 β 钛和 α 钛中均为有限固溶，并发生共析转变，生成化合物，如 Co、Cr、Mn、Fe、Cu、Si 等。它们都和钛形成置换固溶，前面四种元素使共析转变迟缓，在通常冷却速度下，共析转变不可能发生。而后两种 Cu、Si 使共析转变迅速进行。氢也属 β 稳定元素，以间隙方式溶入钛中，并促进共析转变。它以片状或针状氢化钛（TiH_2）析出能引起严重的脆化，故属有害杂质。

第三类是中性元素，它们在 α 钛和 β 钛中都能无限固溶，对 β⇌α 转变温度影响不大，但对钛能起强化作用，如 Sn、Zr 和 Hf 等。

10.1.2　钛及钛合金的种类与性能

钛及钛合金分类有多种方法。按生产工艺特性分为变形、铸造和粉末冶金三大类，目前工业上应用最广的是变形钛和钛合金。

按照钛的同素异构体或退火组织可分为 α 型、近 α 型、β 型、近 β 型和 α-β 型三类钛及钛合金。国家标准分别用“TA”代表 α 型和近 α 型钛及钛合金、“TB”代表 β 型和近 β 型钛及钛合金、“TC”代表 α-β 型钛及钛合金的牌号类型，在其后用阿拉伯数字代表合金号数。在 α 型钛中按杂质或合金元素又细分为工业纯钛（如 TA1、TA2、TA3 等）和 α 型钛合金（TA5、TA6、TA7、TA8 等）三种。

表 7-10-3 列出了部分钛及钛合金的牌号和化学成分；表 7-10-4 列出了室温下的力学性能。

1. 工业纯钛

工业纯钛为不含合金元素的 α 钛，不能通过热处理强化。有 TA0、TA1GEL1、TA1、TA1G、TA1G-1、TA2GEL1、TA2、TA2G、TA3GEL1、TA3、TA4GEL1、TA4 等多个牌号，它们之间的区别在于氧、氮、碳、氢等杂质含量不同。工业纯钛常温强度较低，但塑性、韧性好，特别是低温冲击韧度很好，而且有优良的耐蚀性能，很适于工作在低于 350℃、强度要求不高的耐蚀场合。又由于焊接性能良好，在石油、化工、船舶等工业上被广为应用，也常被用作其他钛合金焊接的填充金属。工业纯钛一般只在退火状态下焊接而不在冷作硬化状态下焊接。

工业纯钛的屈服强度和抗拉强度偏低，为了提高强度，获得更高的比强度，在工业纯钛的基础上有目的地加入不同种类和数量的合金元素，就发展了以下所述的各种高强度钛合金。

2. α 型钛合金

α 型钛合金是含有 α 稳定元素铝和中性强化元素锡等的钛合金。铝以置换固溶形式存在于 α 型钛中。这类合金利用生成固溶体达到强化目的，热处理不能强化。冷作硬化略能提高强度，但会导致塑性降低。铝能提高同素异构转变温度，扩大 α 相区范围，增大 α 相的稳定性。铝除提高耐热性能和力学性能外，还能扩大氢在钛中的溶解度，减少形成氢脆敏感性的作用。铝不宜加入过多，否则会出现 Ti_3Al 而脆化，一般 $w(Al)<7\%$。氮、氧、碳也属 α 型稳定元素，也能使 α 型钛强化，但会导致塑性严重下降而变脆。

TA7 钛合金中加入 $w(Sn)=2\%\sim3\%$ 的锡，用以提高合金的常温强度和热强性，具有较高抗蠕变能力。此外，低温冲击韧度、压力加工性能及焊接性能良好。

α 型钛合金只能进行低温退火，目的是消除冷作硬化的影响和焊接应力。

所以，α 型钛合金具有优良的热稳定性，蠕变强度、组织稳定性、低温力学性能和焊接性能。

3. β 型钛合金

β 型钛合金含有高比例的 β 稳定化元素如 Mo 和 V 等，β⇌α 的转变进行很缓慢，在一般的工艺条件下，其组织几乎全为 β 相。通过时效热处理，β 型钛合金强度增高，这主要是因 α 相或化合物沉淀而强化。

β 型钛合金在单一相条件下加工性能良好，具有优良的加工硬化特性；其缺点是低温脆性大，焊接性能差。

4. α-β 型钛合金

α-β 型钛合金的组织是由 α 型钛为基的固溶体和 β 型钛为基的固溶体两相组织构成。其特点是：①可以通过热处理强化获得高强度；②耐热性高，热稳定性好；③当 α 相比例高时，加工性能变差，而当 β 相比例高时，则焊接性能变差。

α-β 型钛合金在退火状态时断裂韧度高，在淬火-时效热处理状态下比强度大，故其力学性能可在较宽范围内变化。

α-β 型钛合金的典型牌号是 TC4（即 Ti-6Al-4V），其综合性能良好，焊接性在 α-β 型钛合金中属最好，是航空、航天工业中应用最多的一种钛合金。

10.2　钛及钛合金的焊接特点

1. 易受气体等杂质污染而脆化

常温下，钛及钛合金比较稳定，与氧生成致密的氧化膜，具有高的耐蚀性能，但在 540℃ 以上高温生成的氧化膜则不致密，随着温度升高，容易被空气、水分、油脂等污染，吸收氧、氮、氢、碳等，降低焊接接头的塑性和韧性，在熔化状态下尤其严重。因此，焊接时对熔池及温度超过 400℃ 的焊缝和热影响区（包括熔池背面）都要加以妥善保护。

表 7-10-3　部分钛及钛合金的牌号和化学成分（摘自 GB/T 3620.1—2016）

牌号	名义化学成分	主要化学成分(质量分数,%)										杂质(质量分数,%)≤						
		Ti	Al	Sn	Mo	V	Cr	Mn	Si	Nb	B	Fe	C	N	H	O	其他元素 单一	其他元素 总和
TA1	工业纯钛	余量	—	—	—	—	—	—	—	—	—	0.25	0.10	0.03	0.015	0.20	0.1	0.4
TA2	工业纯钛	余量	—	—	—	—	—	—	—	—	—	0.30	0.10	0.05	0.015	0.25	0.1	0.4
TA3	工业纯钛	余量	—	—	—	—	—	—	—	—	—	0.30	0.10	0.05	0.015	0.30	0.1	0.4
TA4G	工业纯钛	余量	—	—	—	—	—	—	—	—	—	0.50	0.08	0.05	0.015	0.40	0.10	0.40
TA5	Ti-4Al-0.005B	余量	3.3~4.7	—	—	—	—	—	—	—	0.005	0.30	0.08	0.04	0.015	0.15	0.10	0.40
TA6	Ti-5Al	余量	4.0~5.5	—	—	—	—	—	—	—	—	0.30	0.08	0.05	0.015	0.15	0.10	0.40
TA7	Ti-5Al-2.5Sn	余量	4.0~6.0	2.0~3.0	—	—	—	—	—	—	—	0.50	0.08	0.05	0.015	0.20	0.10	0.40
TB2	Ti-5Mo-5V-8Cr-3Al	余量	2.5~3.5	—	4.7~5.7	4.7~5.7	7.5~8.5	—	—	—	—	0.30	0.05	0.04	0.015	0.15	0.10	0.40
TB5	Ti-15V-3Al-3Cr-3Sn	余量	2.5~3.5	2.5~3.5	—	14.0~16.0	2.5~3.5	—	—	—	—	0.25	0.05	0.05	0.015	0.15	0.10	0.30
TB8	Ti-15Mo-3Al-2.7Nb-0.25Si	余量	2.5~3.5	—	14.0~16.0	—	—	—	0.15~0.25	2.4~3.2	—	0.40	0.05	0.05	0.015	0.17	0.10	0.40
TC1	Ti-2Al-1.5Mn	余量	1.0~2.5	—	—	—	—	0.7~2.0	—	—	—	0.30	0.08	0.05	0.012	0.15	0.10	0.40
TC2	Ti-4Al-1.5Mn	余量	3.5~5.0	—	—	—	—	0.8~2.0	—	—	—	0.30	0.08	0.05	0.012	0.15	0.10	0.40
TC3	Ti-5Al-4V	余量	4.5~6.0	—	—	3.5~4.5	—	—	—	—	—	0.30	0.08	0.05	0.015	0.15	0.10	0.40
TC4	Ti-6Al-4V	余量	5.50~6.75	—	—	3.5~4.5	—	—	—	—	—	0.30	0.08	0.05	0.015	0.20	0.10	0.40

表 7-10-4　部分钛及钛合金板材室温下的力学性能（摘自 GB/T 3621—2007）

<table>
<tr><th>牌号</th><th>状态</th><th>厚度/mm</th><th>抗拉强度/MPa</th><th>规定塑性延伸强度/MPa</th><th>断后伸长率（%）≥</th><th>弯曲角/(°)</th></tr>
<tr><td>TA1</td><td>M</td><td>0.3～25.0</td><td>≥240</td><td>140～310</td><td>30</td><td rowspan="4">105</td></tr>
<tr><td>TA2</td><td>M</td><td>0.3～25.0</td><td>≥400</td><td>275～450</td><td>25</td></tr>
<tr><td>TA3</td><td>M</td><td>0.3～25.0</td><td>≥500</td><td>380～550</td><td>20</td></tr>
<tr><td>TA4</td><td>M</td><td>0.3～25.0</td><td>≥580</td><td>485～655</td><td>20</td></tr>
<tr><td rowspan="4">TA5</td><td rowspan="4">M</td><td>0.5～1.0</td><td rowspan="4">≥685</td><td rowspan="4">≥585</td><td>20</td><td rowspan="4">60</td></tr>
<tr><td>>1.0～2.0</td><td>15</td></tr>
<tr><td>>2.0～5.0</td><td>12</td></tr>
<tr><td>>5.0～10.0</td><td>12</td></tr>
<tr><td rowspan="4">TA6</td><td rowspan="4">M</td><td>0.8～1.5</td><td rowspan="4">≥685</td><td rowspan="4">—</td><td>20</td><td>50</td></tr>
<tr><td>>1.5～2.0</td><td>15</td><td rowspan="3">40</td></tr>
<tr><td>>2.0～5.0</td><td>12</td></tr>
<tr><td>>5.0～10.0</td><td>12</td></tr>
<tr><td rowspan="4">TA7</td><td rowspan="4">M</td><td>0.8～1.5</td><td rowspan="4">735～930</td><td rowspan="4">≥685</td><td>20</td><td rowspan="2">50</td></tr>
<tr><td>>1.5～2.0</td><td>15</td></tr>
<tr><td>>2.0～5.0</td><td>12</td><td rowspan="2">40</td></tr>
<tr><td>>5.0～10.0</td><td>12</td></tr>
<tr><td rowspan="2">TB2</td><td>ST</td><td rowspan="2">1.0～3.5</td><td>≤980</td><td>—</td><td>20</td><td>120</td></tr>
<tr><td>STA</td><td>1320</td><td></td><td>8</td><td></td></tr>
<tr><td rowspan="2">TB5</td><td rowspan="2">ST</td><td>0.8～1.75</td><td rowspan="2">705～945</td><td rowspan="2">695～835</td><td>12</td><td rowspan="2">105</td></tr>
<tr><td>>1.75～3.18</td><td>10</td></tr>
<tr><td rowspan="2">TB8</td><td rowspan="2">ST</td><td>0.3～0.6</td><td rowspan="2">825～1000</td><td rowspan="2">795～965</td><td>6</td><td rowspan="2">105</td></tr>
<tr><td>>0.6～2.5</td><td>8</td></tr>
<tr><td rowspan="4">TC1</td><td rowspan="4">M</td><td>0.5～1.0</td><td rowspan="4">590～735</td><td rowspan="4">—</td><td>25</td><td>100</td></tr>
<tr><td>>1.0～2.0</td><td>25</td><td>70</td></tr>
<tr><td>>2.0～5.0</td><td>20</td><td rowspan="2">60</td></tr>
<tr><td>>5.0～10.0</td><td>20</td></tr>
<tr><td rowspan="4">TC2</td><td rowspan="4">M</td><td>0.5～1.0</td><td rowspan="4">≥685</td><td rowspan="4">—</td><td>15</td><td>80</td></tr>
<tr><td>>1.0～2.0</td><td>15</td><td>60</td></tr>
<tr><td>>2.0～5.0</td><td>12</td><td rowspan="2">50</td></tr>
<tr><td>>5.0～10.0</td><td>12</td></tr>
<tr><td rowspan="3">TC3</td><td rowspan="3">M</td><td>0.8～2.0</td><td rowspan="3">≥880</td><td rowspan="3">—</td><td>12</td><td>35</td></tr>
<tr><td>>2.0～5.0</td><td>10</td><td rowspan="2">30</td></tr>
<tr><td>>5.0～10.0</td><td>10</td></tr>
<tr><td rowspan="4">TC4</td><td rowspan="4">M</td><td>0.8～2.0</td><td rowspan="4">≥895</td><td rowspan="4">≥830</td><td>12</td><td>105</td></tr>
<tr><td>>2.0～5.0</td><td>10</td><td></td></tr>
<tr><td>>5.0～10.0</td><td>10</td><td></td></tr>
<tr><td>>10.0～25.0</td><td>8</td><td></td></tr>
</table>

注：表中 M—退火状态，ST、STA—固溶状态。

在焊接工业纯钛时，为了保证焊缝质量，一般认为，焊缝最高允许 $w(O)=0.15\%$，$w(N)=0.05\%$，$w(H)<0.015\%$，$w(C)<0.1\%$。焊接钛合金时，杂质的有害影响与工业纯钛具有基本相同的规律，对杂质的控制均应小于国家现行技术条件（见表 7-10-3）规定钛合金母材的杂质含量。

2. 焊接接头晶粒易粗化

由于钛的熔点高、热容量大，导热性差，焊缝及近缝区容易产生晶粒长大，引起塑性和断裂韧度降低。因此，焊接时对焊接热输入要严格控制，一般宜用小电流，快速焊。

3. 焊缝有形成气孔倾向

气孔是较为常见的缺陷。形成的因素很多，也很复杂，O_2、N_2、H_2、CO 和 H_2O 都可能引起气孔，但一般认为氢气是引起气孔的主要原因。气孔多集中在熔合线附近，有时也发生在焊缝中心线附近。氢在钛中的溶解度随温度升高而降低，在凝固温度处有跃变。熔池中部比熔池边缘温度高，故熔池中部的氢易向熔池边缘扩散富集。

防止焊缝气孔的关键是杜绝有害气体的一切来源，防止焊接区被污染。

4. 易形成冷裂纹

由于钛及钛合金中硫、磷、碳等杂质很少，低熔点共晶难在晶界出现，而且结晶温度区窄和焊缝凝固时收缩量小等，所以很少会产生热裂纹。但是，焊接钛及钛合金时极易受到氧、氢、氮等杂质污染，当这些杂质含量较高时，焊缝和热影响区变脆，在焊接应力作用下易产生冷裂纹。其中氢是产生冷裂纹的主要原因。氢从高温熔池向较低温度的热影响区扩散，当该区氢富集到一定程度将从固溶体中析出 TiH_2 使之脆化；随着 TiH_2 析出，将产生较大的体积变化而引起较大的内应力。这些因素促使冷裂纹的生成，而且具有延迟性质。

防止钛及钛合金产生焊接裂纹的措施，主要是避免氢的有害作用，减少和消除焊接应力。

10.3　钛及钛合金的焊接工艺

钛及钛合金性质非常活泼，与氧、氮、氢的亲和力大，普通焊条电弧焊、气焊及 CO_2 气体保护焊都不适用于钛及钛合金的焊接。应用最多的是惰性气体保护焊。近年来，等离子弧焊、真空电子束焊、电阻焊、钎焊和扩散焊都有应用。

10.3.1　钛及钛合金的钨极氩弧焊

TIG 焊最适用于厚度小于 3mm 的钛及钛合金焊接。分敞开式焊接和箱内焊接两种类型，它们又各自分为手工 TIG 焊和自动 TIG 焊。敞开式焊接即在大气环境下的普通钨极氩弧焊，是利用焊枪喷嘴、拖罩和背面保护装置通以适当流量的氩气或氩氦混合气体，把焊接高温区与空气隔开，以防止空气侵入而沾污焊接区的金属，这是一种局部气体保护焊接方法。当焊件结构复杂，难以实现拖罩或背面保护时，则宜采用箱内焊接。焊前，箱体（或操作室）先抽真空，然后充氩气或氩氦混合气体，焊件在箱体内处于惰性气氛下施焊，属整体的气体保护。

1. 焊前准备

1）接头形式和尺寸。选择接头形式应在有利于气体保护和保证焊接质量前提下，尽可能减少焊缝层数和填充金属量。像搭接接头，因其背面保护困难，而且接头受力条件差，应尽可能不用，一般也不采用永久性垫板对接。

对母材厚度小于 2.5mm 的 I 形坡口对接接头，可不加填充焊丝进行焊接。

对更厚的母材，则需开坡口并加填充金属。尽量采用平焊位置施焊。用机械方法加工坡口，接头的装配要求必须比焊接其他金属的高，因为接头内可能截留空气。

表 7-10-5 列出了钛及钛合金电弧焊用的典型焊接接头形式和尺寸。

2）焊前清理。钛及钛合金的焊接质量很大程度上取决于对母材和填充焊丝的焊前清理。

① 去氧化皮。经轧制、锻造、模锻或非保护气氛热处理的焊件，其表面在 600℃ 以上形成的氧化皮较厚，焊前往往需采用喷丸、喷砂等机械方法去除，然后再进行酸洗。

表 7-10-5　钛及钛合金电弧焊用的典型焊接接头形式和尺寸

接头坡口形式	厚度 δ/mm	坡口角度 (°)	根部间隙 /mm	钝边 /mm
I 形	0.25~2.3	—	0	—
	0.8~3.2	—	0~0.1δ	—
V 形	1.6~6.4	30~60	0~0.1δ	0.10~0.25δ
	3.0~13	30~90		
双边 V 形	6.4~38	30~90		
U 形	6.4~25	15~30		
双 U 形	19~51	15~30		

② 表面酸洗。表面酸洗的作用是去除表面氧化膜。用于钛及钛合金的酸洗液有多种配方，其中一种是硝酸 40%、氢氟酸 2%、水 58%，在室温下浸泡

15~20min，然后用水冲洗干净并烘干。

对于酸洗后的焊丝，一般需经真空脱氢处理。临焊前对焊丝和焊接坡口及其附近应再用丙酮或酒精擦洗脱脂。凡经清理后的焊件和焊丝必须在 4h 内焊完，否则需重新清理。

3）气体保护措施。基于钛及钛合金对空气中的氧、氮、氢等气体具有强的亲和力，必须确保焊接熔池及温度超过 400℃ 的热影响区（包括正、反面）与空气隔绝。表 7-10-6 列出了氩弧焊焊接钛及钛合金的两类气体保护措施及其适用范围。

平薄板对接采用局部保护焊时，焊枪喷嘴直径宜大些，一般为 16~18mm，喷嘴到焊件距离应小些。为提高保护效果和保证焊炬的可达性，可采用双层气体保护的焊炬；对于稍厚的焊件，常采用带尾拖罩焊枪，焊缝背面都用气体保护垫板进行保护。图 7-10-1a所示为拖罩和背面气保护的示意图。拖罩的尺寸按焊件厚度来确定，一般宽度为 25~60mm，手工 TIG 焊时长度取 40~100mm；自动 TIG 焊时长度取 60~200mm。罩内筛网或多孔板到焊件距离约 8mm 左右，若过大，则保护效果不好；若过小，则拖罩过热。自动焊时，常用流动水冷却的拖罩。背面气保护垫板一般用纯铜制造，铜垫板上开有成形槽，槽内有通气孔，孔径为 1.0mm，孔距为 10mm；槽的深度在 1mm 左右，宽度在 2~8mm 之间。

管子对接、T 形接头和角接头焊接时的局部气体保护可以采用如图 7-10-1b、c、d 所示的装置。

表 7-10-6 氩弧焊焊接钛及钛合金的气体保护措施及其适用范围

类别	保护位置	保护措施	适用范围
局部保护	熔池及其周围	采用保护效果好的圆柱形或椭圆形喷嘴，相应增加氩气流量	适用于焊缝形状规则、结构简单的焊件，灵活性大，操作方便
	温度≥400℃的焊缝及热影响区	1）附加保护罩或双层喷嘴 2）焊缝两侧吹氩 3）适应焊件形状的各种限制氩气流动的挡板	
	温度≥400℃的焊缝背面及热影响区	1）通氩垫板或焊件内腔充氩 2）局部通氩 3）紧靠金属板	
充氩箱保护	整个工件	1）柔性箱体（尼龙薄膜、橡胶等），不抽真空用多次充氩，提高箱内氩气纯度，焊接时仍需喷嘴保护 2）刚性箱体或柔性箱体带附加刚性罩，抽真空（10^{-2}~10^{-4}Torr，1Torr=133.322Pa）再充氩	适用于结构形状复杂的焊件，焊接可达性较差
增强冷却	焊缝及热影响区	1）冷却快（通水或不通水） 2）用适应焊件形状的工装导热 3）减小热输入	配合其他保护措施以增强保护效果

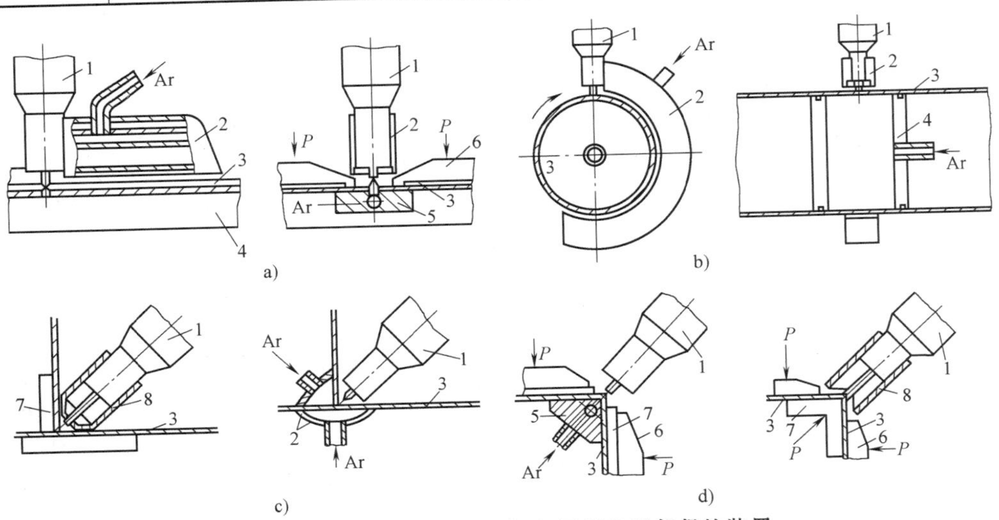

图 7-10-1 钨极氩弧焊的焊炬尾罩和局部保护装置

1—焊炬 2—气保护罩 3—焊件 4—挡板 5—气保护衬垫 6—压板 7—冷却块 8—玻璃罩

箱内焊接用的箱体分为刚性箱体和柔性箱体两种，前者多用不锈钢制造，后者可用橡胶、透明塑料等制造。刚性焊接箱体用前先抽真空到 1.3×10^{-2}Pa，然后充氩气或氩氦混合气体，借助箱体上手套孔口，在箱内进行操作焊接。在焊接过程中，需不断向箱体内输送保护气体，以保持箱体内为正压。这时焊枪可以不送保护气，也不用拖罩，但需水冷却。柔性焊接箱体可用抽真空法或多次折叠法排除箱体内空气，然后通入保护气体，通常排气不易彻底，常需通入流量较大的保护气体，把空气吹走，以保证焊接所需保护气的纯度。这时的焊枪仍需输送保护气体。

焊接时，评定氩气保护效果的最简单方法是用肉眼观察焊后焊缝及热影响区表面上的颜色。一般银白色的保护优良，几乎不存在有害气体的污染；淡黄色、金黄色焊缝对力学性能影响不大；紫蓝色、深蓝色，表示已被有害气体污染，在静载、低压结构中是允许的。如果表面呈灰黑色、灰色、灰白色，表示保护不好，已被严重污染，这样的接头已变脆，不能使用。

2. 焊接工艺要点

1）焊接材料。焊接钛及钛合金用的氩气纯度必须≥99.99%。焊接过程中当氩气瓶压力降至 1MPa 时应停止使用。

填充焊丝一般是采用与母材同质的材料。为改善接头的塑性，可以采用比母材合金化程度稍低的焊丝，如焊接 TC4 时可用 TC3 焊丝。当焊缝金属的塑性比强度更重要时，可用工业纯钛或强度较低的钛合金作填充金属，这时的接头效率将低于 100%。在低温应用场合，常采用间隙元素杂质极低的母材，这时也必须采用间隙元素杂质含量极低的填充金属。

注意，填充焊丝的夹杂及其表面的脏物、油脂和拉丝润滑剂可能成为焊缝金属的污染源，且焊丝的表面积和体积比率大，故焊前必须彻底清理。

2）焊接参数。焊接钛及钛合金时，由于有晶粒粗化倾向，尤其是 β 钛合金的焊接，应尽量采用较小的焊接热输入，最好是使温度刚好高于形成焊缝所需达到的最低温度。如果热输入量过高，则焊缝被污染、变形和变脆的可能性增大。表 7-10-7、表 7-10-8 和表7-10-9 分别列出了手工 TIG 焊、自动 TIG 焊和自动脉冲 TIG 焊的参考焊接参数。

表 7-10-7　钛及钛合金手工 TIG 焊的参考焊接参数

板厚/mm	坡口形式	钨极直径/mm	焊丝直径/mm	焊接层数	焊接电流/A	氩气流量/L · min^{-1}			喷嘴孔径/mm	备　注
						主喷嘴	拖罩	背面		
0.5	开 I 形坡口对接	1.5	1.0	1	30~50	8~10	14~16	6~8	10	对接接头间的间隙为 0.5mm，也可不加钛丝，间隙为 1.0mm
1.0		2.0	1.0~2.0	1	40~60	8~10	14~16	6~8	10	
1.5		2.0	1.0~2.0	1	60~80	10~12	14~16	8~10	10~12	
2.0		2.0~3.0	1.0~2.0	1	80~110	12~14	16~20	10~12	12~14	
2.5		2.0~3.0	2.0	1	110~120	12~14	16~20	10~12	12~14	
3.0	V 形坡口对接	3.0	2.0~3.0	1~2	120~140	12~14	16~20	10~12	14~18	坡口间隙为 2~3mm，钝边为 0.5mm，焊缝反面衬有钢垫板，坡口角度为60°~65°
3.5		3.0~4.0	2.0~3.0	1~2	120~140	12~14	16~20	10~12	14~18	
4.0		3.0~4.0	2.0~3.0	2	130~150	14~16	20~25	12~14	18~20	
4.5		3.0~4.0	2.0~3.0	2	200	14~16	20~25	12~14	18~20	
5.0		4.0	3.0	2~3	130~150	14~16	20~25	12~14	18~20	
6.0		4.0	3.0~4.0	2~3	140~180	14~16	25~28	12~14	18~20	
7.0		4.0	3.0~4.0	2~3	140~180	14~16	25~28	12~14	20~22	
8.0		4.0	3.0~4.0	3~4	140~180	14~16	25~28	12~14	20~22	
10.0	对称双边 V 形坡口	4.0	3.0~4.0	4~6	160~200	14~16	25~28	12~14	20~22	坡口角度为 60°，钝边为 1mm
13.0		4.0	3.0~4.0	6~8	220~240	14~16	25~28	12~14	20~22	
20.0		4.0	4.0	12	200~240	12~14	20	10~12	18	坡口角度为 55°，钝边为 1.5~2.0mm
22		4.0	4.0~5.0	6	230~250	15~18	18~20	18~20	20	
25		4.0	3.0~4.0	15~16	200~220	16~18	26~30	20~26	22	坡口角度为 55°，钝边为 1.5~2.0mm，间隙为 1.5mm
30		4.0	3.0~4.0	17~18	200~220	16~18	26~30	20~26	22	

表 7-10-8　钛及钛合金自动 TIG 焊的参考焊接参数（对接接头）

板厚 /mm	坡口形式	成形槽的垫板尺寸		钨极直径 /mm	焊丝直径 /mm	焊接电流 /A	电弧电压 /V	焊接速度 /m·h^{-1}	氩气流量/L·min^{-1}			焊接层数
		宽度/mm	深度/mm						主喷嘴	拖罩	反面	
1.0	—	5	0.5	1.6	1.2	70~100	12~15	18~22	8~10	12~14	6~8	1
1.2	—	6	0.7	2.0	1.2	100~120	12~15	18~22	8~10	12~14	6~8	1
1.5	—	5	0.7	2.0	1.2~1.6	120~140	14~16	22~24	10~12	14~16	8~10	1
2.0	—	6	1.0	2.5	1.6~2.0	140~160	14~16	20~22	12~14	14~16	10~12	1
3.0	—	7	1.1	3.0	2.0~3.0	200~240	14~16	19~21	12~14	16~18	10~12	1
4.0	留 2mm 间隙	8	1.3	3.0	3.0	200~260	14~16	19~20	14~16	18~20	12~14	2
6.0	V 形 60°	—	—	4.0	3.0	240~280	14~18	18~22	14~16	20~24	14~16	3
10.0	V 形 60°	—	—	4.0	3.0	200~260	14~18	9~12	14~16	18~20	12~14	3
13.0	双边 V 形 60°	—	—	4.0	3.0	220~260	14~18	20~25	14~16	18~20	12~14	4

表 7-10-9　钛及钛合金自动脉冲 TIG 焊的参考焊接参数

板厚 /mm	焊接电流/A		钨极直径 /mm	脉冲通电时间 /s	休止时间 /s	电弧电压 /V	弧长 /mm	焊接速度 /m·h^{-1}	氩气流量 /L·min^{-1}
	脉冲	基值							
0.8	55~80	4~5	2	0.1~0.2	0.2~0.3	10~11	1.2	18~25	6~8
1.0	66~100	4~5	2	0.14~0.22	0.2~0.34	10~11	1.2	18~25	6~8
1.5	120~170	4~5	2	0.16~0.24	0.2~0.36	11~12	1.2	16~24	8~10
2.0	160~210	4~5	2	0.16~0.24	0.2~0.36	11~12	1.2~1.5	14~22	10~12

3）操作技术。对使用具有陡降（恒流）特性直流弧焊电源，用直流正接，它比直流反接能获得较大熔深和较窄的焊道。手工 TIG 焊时不能用接触法引弧，以防止钨极对焊缝污染，故电源应有高频引弧装置。若在大气中焊接，电源也应有熄弧控制，利用电流衰减的方法可以填满弧坑，利用氩气延时输送，可以在切断焊接电流后焊枪继续供给保护气体，以防止空气污染热态的焊缝金属。

焊接过程有加焊丝和不加焊丝的操作，多层焊时，第一层一般不加焊丝，从第二层起加焊丝。焊丝应平稳而均匀地送进，已烧热的一端必须总保持在气体喷嘴下面，受到保护而不被污染。

在不影响视线和加焊丝的情况下，应尽量降低喷嘴与焊件之间的距离，一般取 6~10mm，最大弧长约等于钨极直径 1.5 倍。

焊接速度应控制在确保高于 400℃ 的焊接高温区置于氩气保护之下。焊炬尽量不做横向摆动，必须摆动时，其频率要低，幅度要小，防止熔池脱离氩气保护。

焊接层数不宜过多，必须多层焊时，层间温度尽可能低，最好待前一层焊缝已冷至室温后再焊下一层焊缝，以防过热。

3. 焊后处理

钛及钛合金焊后在接头上存在残余应力，会引发冷裂纹；使用过程中降低尺寸的稳定性；增大接头对应力腐蚀开裂的敏感性和降低接头的疲劳强度。所以，大多数钛及钛合金焊后都需进行消除应力处理。对于尚需大量焊接的和强力夹紧而受拘束的组件，在总装焊接前需要将已焊的那部分焊件做中间性消除应力处理。

表 7-10-10 列出了几种常用钛及钛合金焊后消除应力处理的工艺参数。

表 7-10-10　几种常用钛及钛合金焊后消除应力处理的工艺参数

材料	工业纯钛	TA7	TC4	TC10
温度/℃	482~593	533~649	538~593	482~649
保温时间/h	0.5~1	1~4	2~1	1~4

对于工业纯钛和 α 型钛合金，必须控制消除应力时的温度和时间，以防晶粒长大。

消除应力处理前，焊件表面必须无污垢、手印、油脂或其他残余物，而是经过彻底清除后，在惰性气氛中进行。如果在真空中进行热处理，还可以降低焊件中氢的含量。

4. 活性剂氩弧焊

钛合金氩弧焊时，在焊件表面涂覆一层碱金属-碱土金属卤化物，是消除焊接气孔的有效手段。这种方法不仅使焊接气孔明显减少，而且焊缝宽度减半，熔深增加一倍以上。这种能增加氩弧焊熔深的盐类和氧化物称为活性剂，涂覆活性剂的氩弧焊方法称为活性剂氩弧焊（A-TIG）。

与常规氩弧焊方法相比，在相同焊接参数条件下，钛合金 A-TIG 焊可大幅度增加熔深（甚至可达 3 倍），这就明显提高了生产率，降低了成本（减小坡口尺寸和填充金属量），减少了焊接变形，细化晶粒，还可减少焊接气孔，提高焊接质量。电弧收缩和改变熔池流动方向是 A-TIG 焊增加熔深的主要原因。活性剂不同，被焊材料不同，电弧收缩和改变熔池流动方向对增加熔深的贡献也不同。例如，钛合金焊接时，氟化物以电弧收缩为主，氧化物以改变熔池流动方向为主。

虽然 SiO_2、TiO_2、Cr_2O_3 等氧化物都能大幅度增加钛合金的焊接熔深，但会增加焊缝中的氧含量，故钛合金焊接时一般不单独使用上述氧化物作活性剂。碱金属卤化物由于熔点和沸点太低，一般也不宜单独用作活化剂。可采用碱土金属卤化物（如 $MgCl_2$、MgF_2、$AlCl_3$ 等），或多种碱金属-碱土金属卤化物的混合物，或上述混合物加少量 TiO_2 等氧化物作为钛合金氩弧焊的活性剂。

厚度为 2.5mm 的 Ti-6Al-4V 合金 TIG 焊和 A-TIG 焊的焊接参数见表 7-10-11，填充焊丝为直径 1.2mm 的 TA2。在获得良好焊缝成形和熔透条件下，A-TIG 焊的热输入仅为 TIG 焊的 34%。这对减小焊接变形和焊接接头粗晶倾向非常有利。对焊接气孔，A-TIG 焊比 TIG 焊明显减少，直径小于 0.3mm 的气孔数分别为1～2 个和 15～30 个。

表 7-10-11　厚度为 2.5mm 的 Ti-6Al-4V 合金 TIG 焊和 A-TIG 焊的焊接参数

焊接方法	焊接电流 /A	电弧电压 /V	焊接速度 /$m \cdot h^{-1}$	热输入 /$J \cdot mm^{-1}$
TIG	175	11.2～11.3	12	593.9
A-TIG	95	8.9～9.0	15	203.6

不同焊接方法焊接的 Ti-6Al-4V 合金接头的力学性能见表 7-10-12。可见，Ti-6Al-4V 合金 A-TIG 焊焊接头的力学性能明显优于 TIG 焊接头。A-TIG 焊焊接头的疲劳寿命比 TIG 焊提高 5 倍以上，这与 A-TIG 焊焊缝气孔明显少于 TIG 焊和 A-TIG 焊焊接头的力学性能更好有关。

表 7-10-12　Ti-6Al-4V 合金焊接接头的力学性能

焊接方法	抗拉强度/MPa	屈服强度/MPa	断后伸长率(%)	断面收缩率(%)	断裂位置	弯曲角/(°)
TIG	1014	911	7.5	9.8	焊缝	30
A-TIG	1039	949	10.0	11.5	焊缝、母材	34

在焊接熔透过程中，由于缺少等离子弧焊时离子气的吹力，在电弧收缩作用不很强的情况下，A-TIG 焊一般不会出现电弧穿孔现象，即 A-TIG 焊焊缝成形机制一般为熔透成形，而不是小孔成形。因此，A-TIG焊的焊缝成形，特别是环缝收尾时的焊缝成形比等离子弧焊更容易获得满意的结果。

10.3.2　钛及钛合金的熔化极氩弧焊

厚度大于 3mm 或更厚的钛及钛合金，一般采用熔化极惰性气体保护焊（即 MIG 焊），因其熔敷速度高于 TIG 焊。

熔化极惰性气体保护焊时，熔滴是在高温下以细颗粒过渡的，因而使填充金属在电弧气氛中受污染的机会增大。由于目前多在大气中焊接，故焊枪设计和辅助保护要加强。鉴于焊接速度较快，焊道较宽而且冷却较慢，因此所用的后拖保护装置必须比钨极氩弧焊的长得多，有时还需水冷却。

焊接材料的选用与 TIG 焊相同，但气体的纯度和焊丝的清洁度与均匀性很重要，焊前对焊丝必须彻底清理干净。

在平焊和横焊位置焊接厚板时，最好用喷射过渡以充分利用其热输入和熔敷速度高的优点；脉冲喷射过渡属于热输入较低的喷射过渡，适于薄板和平焊以外的各种位置的焊接；短路过渡可用于各种位置的薄板焊接，但因其热输入低，焊接厚板时可能出现未熔合缺陷；不推荐粗滴过渡，因飞溅过大和易产生未熔合。无论用哪一种过渡形式，都需要后拖罩气体保护，只是短路过渡时，拖罩尺寸可以短些和窄些。

表 7-10-13 列出了 TC4 钛及钛合金自动 MIG 焊典型焊接参数。

10.3.3　钛及钛合金的等离子弧焊

等离子弧焊非常适用于钛及钛合金的焊接，因为具有能量集中，单面焊双面成形、弧长变化对熔透程度影响小，无钨夹杂、气孔少和接头性能好等优点。穿透法等离子弧焊和熔透法等离子弧焊都可应用。由于钛及钛合金密度小，重力作用也小，而且液态钛的表面张力大，所以有利于形成“小孔效应”。穿透法可获得较大熔深，一次焊透的适合厚度为 2.5 ~15mm 的钛板，特别适用于焊接这样厚度而不开坡口的 I 型对接接头。熔透法等离子弧焊适于各种厚度，但一次焊透的厚度较小。厚度大于 3mm 的需开坡口并填丝多层焊。

等离子弧焊接时的保护方式与氩弧焊相同，一般都使用类似氩弧焊那样的拖罩（厚度小于 0.5mm 时，可以不用拖罩）。背面也需气体保护。当用穿透法等离子弧焊接时，为了保证小孔的稳定，不能使用背面垫板，背面充气沟槽的宽和深一般各为 20 ~30mm，背面保护气流量要加大。

厚度大于 15mm 的钛板焊接时，通常是开 V 形或 U 形坡口，钝边取 6 ~8mm，先用穿透法等离子弧焊封底，然后用 TIG 焊、埋弧焊或熔透法等离子弧焊填满坡口。这样比用 TIG 焊封底（其钝边仅 1mm 左右）可减少填充金属量和焊接变形，而生产率大为提高，成本大为降低。

表 7-10-14 列出了钛及钛合金等离子弧焊的焊接参数。

表 7-10-13　TC4 钛及钛合金自动 MIG 焊典型焊接参数

材料	焊丝直径 /mm	焊接电流 /A	电弧电压 /V	焊接速度 /cm · min^{-1}	送丝速度 /mm · s^{-1}	焊枪至焊件距离/mm	坡口形式	氩气流量/L · min^{-1}			根部间隙 /mm
								焊枪	尾罩	背面	
纯钛	φ1.6	280 ~ 300	30 ~ 31	60	144	27	Y 形 70°	20	20 ~ 30	30 ~ 40	1
钛合金	φ1.6	280 ~ 300	31 ~ 32	50	144	25	Y 形 70°	20	20 ~ 30	30 ~ 40	1

注：焊件厚度为 5mm。

表 7-10-14　钛及钛合金等离子弧焊的焊接参数

厚度 /mm	喷嘴孔径 /mm	焊接电流 /A	电弧电压 /V	焊接速度 /m · h^{-1}	焊丝直径 /mm	送丝速度 /m · h^{-1}	氩气流量/L · min^{-1}			
							离子气	保护气	拖罩	背面
0.2	0.8	5	16	7.5	—	—	0.25	10	—	2
0.4	0.8	6	16	7.5	—	—	0.25	10	—	2
1	1.5	35	18	12	—	—	0.5	12	15	4
3	3.0	150	24	23	1.6	60	4	15	20	6
6	3.0	160	30	18	1.6	68	7	25	25	15
8	3.0	170	30	18	1.6	72	7	25	25	15
10	3.5	230	38	9	1.6	42	6	25	25	15

注：均为 I 形坡口，直流正接，厚度为 0.2mm，0.4mm 用熔透法等离子弧焊，其余均用穿透法等离子弧焊。

10.3.4　钛及钛合金的真空电子束焊

真空电子束焊非常适用于钛及钛合金的焊接，因为在真空中焊接，焊缝和近缝区不受空气、水分和粉尘等的污染；能量高度集中，焊缝窄，深宽比大，即使很厚的钛及钛合金板也可一道焊成，且焊接角变形小；焊缝和热影响区晶粒细，接头性能好。其缺点是焊缝成形不如等离子弧焊，焊件尺寸受真空室限制等。

确保焊件清洁和接头良好装配是焊前重要的准备工作，表面污染物会使焊缝产生气孔。

焊接时，使电子束摆动可以改善焊缝成形、细化晶粒和减少气孔。为了改善焊缝向母材的过渡，提高其疲劳强度，可以焊两道，第一道用高功率密度电子束保证熔深，第二道用低功率密度电子束作修饰焊。对焊缝进行重熔可以预防或减少焊接气孔。

表 7-10-15 列出了钛和钛合金真空电子束焊的焊接参数。

表 7-10-15　钛及钛合金真空电子束焊的焊接参数

板厚/mm	电压/kV	束流/mA	焊接速度/mm · s^{-1}
0.7	90	4	25.2
1.3	100	5	53.2
3	60	28	11.2
5	60	16	5.6
10	60	50 ~ 70	16.7 ~ 19.4
13	40	100	17.7
20	40	150	20.2
55	60	390 ~ 480	16.7 ~ 19.4
75	60	480	6.7
80	55	400	4.6
150	60	800	4.2

10.3.5 钛及钛合金的埋弧焊

钛及钛合金埋弧焊的关键在于采用专用无氧焊剂，这主要是因为钛具有特殊的物理、化学性质和很强的活性。无氧焊剂除了具备一般焊剂的共同性质外，还具有良好的隔绝空气的保护作用，使钛及钛合金在焊接过程中不吸收氧、氢、氮等气体。

无氧焊剂焊前应进行 200 ~300℃ 烘干，尤其是在直流反接时，焊缝成形更为良好。焊丝应与母材化学成分相同。由于钛合金焊丝电阻系数较大，焊丝伸出长度要小。

焊接接头的背面保护可在母材上割下一块作为垫板，焊后可留在接头上，若板厚小于 1. 5mm 时，也可用铜或钢质垫板。埋弧自动焊后，必须在焊缝冷却到低于 300℃ 时，方可清渣。钛板埋弧焊（采用无氧焊剂）的焊接参数见表 7-10-16。

表 7-10-16 钛板埋弧焊（采用无氧焊剂）的焊接参数

板厚 /mm	接头形式	焊丝直径 /mm	焊接电流 /A	电弧电压 /V	送丝速度 /m · h^{-1}	焊接速度 /m · h^{-1}
1.5 ~ 1.8	对接	2.0	160 ~ 180	30 ~ 34	150	50
2.0 ~ 2.5	对接	2.0	190 ~ 220	34 ~ 36	162 ~ 175	50
2.8 ~ 3.0	对接	2.0	220 ~ 250	34 ~ 38	175 ~ 221	50
2.8 ~ 3.0	对接	2.5	230 ~ 260	32 ~ 34	189 ~ 204	50
4.0 ~ 4.5	对接	2.0	300 ~ 320	34 ~ 38	221 ~ 239	50
4.0 ~ 5.0	对接	2.5	310 ~ 340	30 ~ 32	139 ~ 150	50
4.0 ~ 5.0	对接	3.0	310 ~ 340	30 ~ 32	95 ~ 111	50
3.0 ~ 5.0	对接	2.5 ~ 3.0	160 ~ 250	30 ~ 34	—	50 ~ 60
3.0 ~ 5.0	搭接	2.0 ~ 2.5	250 ~ 300	30 ~ 34	—	45 ~ 50
3.0 ~ 5.0	角接	2.5 ~ 3.0	250 ~ 300	30 ~ 34	—	45 ~ 50
8.0 ~ 12.0	对接	3.0 ~ 4.0	400 ~ 580	34 ~ 36	—	40 ~ 45

10.3.6 钛及钛合金的扩散焊和扩散钎焊

钛及钛合金也适于采用扩散焊和扩散钎焊，其接头性能有时比熔焊好。与熔焊相比，扩散焊和扩散钎焊时，焊缝受大气污染最小，焊件几乎没有变形，可以采用不产生晶粒长大和相变的温度进行焊接，因而不会影响焊件的力学性能。焊缝的耐蚀性与母材相当。扩散焊可以在不同成分的钛合金之间焊接，又可以用于钛及钛合金与其他金属之间的焊接，但扩散焊和扩散钎焊对待焊表面的清洁度要求很高，因为采用这两种焊接方法时，并不产生熔化和金属流动；也不能清除残留在接头中的杂质。待焊表面还必须平整光滑，这样才可以不需很大的压力便能获得紧密而均匀的接触。对工业纯钛扩散焊时，待焊面若经抛光就可比精车减少 1/2 的压力和降低焊接温度达 300℃。

钛及钛合金是在惰性气氛保护下或在真空中进行扩散焊的，表 7-10-17 列出了钛及钛合金扩散焊的焊接参数。

扩散钎焊是在钛或钛合金的连接面上插入或镀上中间层，中间层的材料有铜、镍或 Ti-Zr-Cu 合金等。利用它们与钛形成液相共晶而进行的焊接。当采用铜片进行扩散钎焊时，其焊接参数为：900℃、4. 9 ~ 9. 8MPa、5min，然后在 900℃ 保温 1 ~ 4h，以降低成分梯度。

表 7-10-17 钛及钛合金扩散焊的焊接参数

母　材	温度/℃	时间/h
TA7（Ti-5Al-2. 5Sn）	900 ~ 960	1
TC4（Ti-6Al-4V）	960	2
TC4（Ti-6Al-4V）	900	2 ~ 3
Ti-5WCrCo 硬质合金	800 ~ 1000	0. 5 ~ 2
压力/MPa	**气氛**	**表面处理**
5 ~ 10	Ar	脱脂
2. 9	真空(10^{-3}Pa)	酸洗
15	真空($2 \sim 4 \times 10^{-2}$Pa)	脱脂
3	Ar	酸洗
2	真空	—

扩散钎焊的优点是所用压力小，只需保持接合面均匀接触即可，而且对表面粗糙度要求不高，很适于大面积复杂结构或钛与其他金属之间的焊接。

10.3.7 钛及钛合金的电阻焊

钛的电阻率大而热导率小，故电阻焊比铝、低碳钢等容易进行。点焊和缝焊时，焊接面的表面粗糙度和清洁度是影响焊接质量的主要因素。用机械的或化学的方法清理可以降低表面电阻。当用不锈钢丝刷清理时，可获得接触电阻约 100μΩ 的表面；用酸洗可以降至 50μΩ。钛与氧亲和力很强，清理后的工件接触电阻随着存放时间延长而增加，故储存时间不应超过 48h。

1. 点焊

钛板电阻点焊一般不需要惰性气体保护，因为焊前待焊面已在压力作用下接触紧密，焊接时通电时间很短（一般<0.2s）而且冷却很快。不致引起大气污染。由于钛的电导率和热导率较小，因此所需焊机功率比点焊铝和许多碳素钢的小。可以用交流或直流电阻焊机，对电极力和电极形状敏感性较小。

点焊工业纯钛可以采用焊接不锈钢相似的焊接参数，因它们的热导率和电阻率大致相同；但是钛合金的热导率和电阻率与不锈钢不同（见表 7-10-18），其焊接参数需做相应的调整，一般焊接电流要比不锈钢小 20%~30%，表 7-10-19 列出了两种钛合金点焊的焊接参数。

点焊电极推荐采用 A3/1（铍钴铜合金），见表 6-4-3。电极端头为球面形，这样的电极易于散热并易于压固熔核。

与铝和钢相比，钛合金的电导率较低，分流较小，所以熔核距离可小些。

表 7-10-18　钛、钛合金、铝合金和不锈钢热物理性能

材料	密度 /g · cm^{-3}	线膨胀系数 /10^{-6} · K^{-1}	热导率 /W · (m · K)$^{-1}$	电阻率 /10^{-6} Ω · cm
1Cr18Ni9Ti①	7.85	10.3	16.329	75
工业纯钛	4.6	8.4	16.329	42
TA7	4.42	8.3	8.792	133
TC4	4.43	8.4	8292	160
2A70	2.7	19.6	142.351	5.5

① 1Cr18Ni9Ti 为在用非标准材料，仅供参考。

表 7-10-19　两种钛合金点焊的焊接参数

材料	厚度 /mm	电流 /kA	焊接时间 /s	电极力 /N	电极端面半径/mm
TA7	1.5+1.5	10	0.17	6860	75
	2.5+2.5	12	0.30	6860	75
TC4	0.8+0.8	5.5	0.11	2650	75
	0.5+1.5	6~8	0.13	1760	100
	1.5+1.5	10.6	0.17	6860	75
	1.0+1.5	8~9	0.17	2650	100

2. 缝焊

钛板缝焊需用惰性气体保护，因焊缝从两滚轮电极之间离开后仍然处于高温。一般将保护罩安装在接头的两侧，其装置与电弧焊用的相似，罩的长度取决于焊接速度。滚轮电极的焊接面应为圆弧形，其直径同点焊电极的端面直径。在焊接同样厚度的钛板条件下，缝焊所需的电极力和焊接电流略高于点焊。若采用步进式缝焊则有利于提高接头的强度。钛及钛合金电阻缝焊的焊接参数见表 7-10-20。

3. 闪光焊

钛及钛合金也易于闪光焊接。闪光对焊比电弧焊、点焊和缝焊更适于高强度和可热处理强化的钛合金的焊接。焊接时最好采用惰性气体保护，对于管件或空心件，在焊前应用惰性气体置换其内部空气。接头设计与一般金属闪光焊相似。薄板和厚度小于 6mm 的钛板对焊可用平端面，厚板有时端面微加工斜边。闪光和顶锻留量比焊相同厚度钢板的略小些。

焊接钛及钛合金的焊机容量与焊接钢的相同，只是顶锻力没有焊接钢时那样大。为了减少焊缝污染，宜采用快的闪光速度和短的闪光时间。表 7-10-21 列出了钛及钛合金闪光焊的焊接参数。

表 7-10-20　钛及钛合金电阻缝焊的焊接参数

板厚/mm	滚轮球面直径 /mm	焊接电流 /kA	时间/s		电极压力 /kN	焊接速度 /m · min^{-1}	焊缝宽度 /mm
			通电	间歇			
0.3+0.3	15~25	5.0~5.5	0.08~0.10	0.12~0.14	0.98~1.5	1.0~1.2	2.5
0.5+0.5	25~50	5.5~6.0	0.10~0.12	0.14~0.16	2.0~2.45	0.9~1.0	3.0
0.6+0.6	50~75	5.5~6.0	0.10~0.12	0.14~0.16	2.5~2.94	0.9~1.0	3.5
0.8+0.8	50~75	6.0~6.5	0.12~0.14	0.16~0.18	2.94~3.4	0.8~0.9	4.0
1.0+1.0	75~100	6.5~7.0	0.14~0.16	0.20~0.22	3.43~3.9	0.7~0.8	5.0
1.5+1.5	100~150	8.0~9.0	0.18~0.20	0.30~0.34	4.4~4.9	0.6~0.7	6.0
2.0+2.0	100~150	10.0~10.5	0.20~0.22	0.36~0.40	5.4~6.4	0.5~0.6	7.0
2.5+2.5	150~200	11.0~11.5	0.24~0.26	0.32~0.44	6.9~8.3	0.4~0.5	8.0
3.0+3.0	150~200	12.0~13.0	0.28~0.32	0.34~0.48	8.8~10.8	0.3~0.4	9.5

表 7-10-21　钛及钛合金闪光焊的焊接参数

焊件断面面积 /mm^2	顶锻力/MPa	焊件伸出长度/mm	留量/mm		闪光速度/$mm \cdot s^{-1}$		闪光电流/kA
			闪光	顶锻	开始	终结	
150	2.9~3.9	25	8	3	0.5	6.0	1.5~2.0
250	4.9~7.9	35	10	6	0.5	6.0	2.5~3.0
500	9.8~14.7	45	10	6	0.5	6.0	5.0~7.0
1000	19.6~24.5	50	12	10	0.5	5.0	5
2000	39.2~98.1	65	18	12	0.5	5.0	10
4000	147~294	110	24	15	0.5	4.0	20
6000	343~490	140	28	15	0.5	3.5	30
8000	343~589	165	35	15	0.5	3.0	40
10000	490~981	200	40	15	0.5	2.5	50

第 11 章　异种金属的焊接

11.1　概述

当需要制作一个在不同工作部位上具有不同工作性能的机件，却找不到一种同时都能满足这些性能要求的金属材料时，最合理而又经济的做法是：如果那个部位最需要具有某种工作性能，就在该部位使用最具这种工作性能的金属材料，然后用焊接方法把这些各具特殊性能的金属材料连接成一个整体机件。这种把化学性能或物理性能有差异的金属焊接在一起的工艺过程称为异种金属的焊接。

异种金属焊接的意义在于充分利用金属的特殊性能，扬长避短和物尽其用，达到节约稀贵金属，减轻结构重量和降低制造成本等目的，这也是充分发挥了焊接技术在机械制造中的特殊作用。

11.1.1　异种金属焊接的组合类型

金属种类繁多、性能各异，按工程实际需要，它们之间的组合极其多样。若按材料种类归纳，有如下三种组合类型：

1）异种钢的焊接。又称异种钢铁材料的焊接。如珠光体钢和奥氏体钢组合的焊接等。

2）异种有色金属的焊接。如铜和铝组合的焊接等。

3）钢铁材料和有色金属的焊接。如钢和铝的焊接等。

若按接头组成归纳，也可分成三种组合类型：

1）只有两种不同金属材料组合的接头。可表示为“A+B”。如铜与铝摩擦焊；用纯镍焊条补焊铸铁缺陷；在碳素钢基体上堆焊不锈钢层；用奥氏体钢焊条作中碳调质钢对接焊等。

2）由三种或三种以上不同金属材料组合的接头。应用最多的是利用第三种金属材料把另外两种不同金属（母材）焊接成整体。可表示为“A+C+B”。第三种金属 C 多是用来改善异种金属（母材）的焊接性和提高接头质量与性能的，在接头中起到中间过渡、隔离或“缓冲”作用，有时也是填充金属。例如，用奥氏体钢焊条对珠光体钢与铁素体钢作焊条电弧焊接；钢和铝扩散焊时使用铜或镍作中间层；异种金属钎焊等。

3）复合钢板（即双金属）结构的接头。典型的例子是以珠光体结构钢为基层，以奥氏体不锈钢为覆层的复合钢板焊接接头。这类接头上既有同种金属焊接，又有异种金属的焊接。

11.1.2　异种金属的焊接性

异种金属的焊接要比同种金属焊接困难和复杂。既有因不同母材之间和母材与填充金属之间相互作用不同而带来冶金上的困难，又有因物理性能上的差异带来焊接工艺上的困难。

1. 物理性能差异带来的焊接问题

表 7-11-1 为常用金属元素的物理性能。当两种金属在下列物理性能上存在很大差别而需组合焊接时，将给焊接工艺带来一些困难。

表 7-11-1　金属元素的物理性质

金　属	熔点/℃	比热容 /J·(g·K)$^{-1}$ (20℃)	密度 /g·cm^{-3} (20℃)	线胀系数 /10^{-6}K^{-1} (20℃)	热导率 /W·(m·K)$^{-1}$ (20℃)	电阻率 /10^{-6}Ω·cm (20℃)
Ag	960.80	0.2339	10.49	19.68	418.3(0℃)	1.59
Al	660	0.8996	2.699	23.6	222	2.6548
Co	1495±1	0.4142	8.85	13.8	69	6.24
Cr	1875	0.4002	7.19	6.2	67	12.9(0℃)
Cu	1083.0±0.1	0.3849	8.96	16.5	394	1.673
Fe	1536.5±1	0.4602	7.87	11.76	75	9.71
Mg	650±2	1.025	1.74	27.1	—	4.45
Mo	2610	0.276	10.22	4.9	154	5.2(0℃)

（续）

金　　属	熔点/℃	比热容 /J·(g·K)$^{-1}$ (20℃)	密度 /g·cm^{-3} (20℃)	线胀系数 /10^{-6}K^{-1} (20℃)	热导率 /W·(m·K)$^{-1}$ (20℃)	电阻率 /10^{-6}Ω·cm (20℃)
Nb	2468±10	0.271	8.57	7.31	52(0℃)	12.5(0℃)
Ni	1453	0.439	8.902	13.3	92	6.84
Pb	327.4	0.129	11.36	29.3	35(0℃)	20.846
Sn	231.912	0.226	7.2984	23	62.8(0℃)	11(0℃)
Ta	2996±50	0.142	16.6	6.5		12.45(25℃)
Ti	1668±10	0.519	4.507	8.41	17.2	42
V	1900±25	0.498	6.1	8.3	30.9(100℃)	24.8~26.0
W	3410	0.138	19.3	4.6	166(0℃)	5.65(27℃)
Zn	419.5	0.383	7.133	39.7	113(25℃)	5.916
Zr	1852	0.280	6.489	5.85		40

1）熔点。熔焊时，两种母材都需熔化，若两者熔化温度接近（相差100℃以内），通常的焊接方法和工艺都能顺利进行。当两者熔化温度相差很大时，就会因它们熔化不同步，低熔点金属过早熔化而发生流淌，或者与高熔点金属产生未熔合。此外，熔点高的金属凝固和收缩早，会使尚处于部分凝固和薄弱状态的低熔点金属产生应力，可能导致裂纹。

2）热导率和比热容。这是影响焊件热循环、温度场分布和结晶过程的重要因素。当两种金属热导率和比热容相差很大时，会导致热输入失衡、熔化量不均，以及改变焊缝及其两侧的结晶条件。例如，热导率高的金属热影响区宽，冷却速度快，容易淬硬，而热导率低的金属则发生过热。遇到这种情况往往是对热导率高的金属预热或焊接热源略为偏向该侧。

3）线胀系数。线胀系数差别较大的异种金属焊接在一起时，由于彼此间冷却收缩不一致，便会引起较大的焊接应力，严重时能导致焊接裂纹。焊成的接头在高温应用时，将产生热应力。如果受到周期性热循环，就成为交变应力，使接头因热疲劳而过早破坏。这种热应力是无法消除的。在工程上常选用线胀系数介于两母材之间的金属作填充金属（即前面所说的第三种金属）进行焊接，以减少母材之间线胀系数差所造成的热应力。

4）磁场作用。有磁性金属和无磁性金属组合，当采用直流电弧或电子束方法焊接时，会因磁场的作用，使电弧偏吹或电子束偏离其轴线（偏向磁铁体一侧），其后果是磁铁体金属熔化量过大，产生过分稀释，或无磁性金属根部未熔合等缺陷。遇到这种情况常采取以下措施，如改用交流电弧焊接，电子束焊利用电磁偏转技术来克服等。

显然，上述异种金属物理性能差别越大，焊接的难度也越大。

2. 异种金属的相容性

异种金属之间能否进行焊接，决定于这两种金属在焊接条件下，它们合金元素之间的相互作用。常利用金属学中二元或多元相图进行分析。

当两种金属元素之间不但在液态而且在固态下都互相溶解，能形成一种新相——固溶体，那么这两种金属元素之间便具有了冶金学上的“相容性”，原则上是可以焊接的。因为固溶体组织均匀，塑性和韧性好，是理想的焊缝金相组织。

但是，合金元素之间相容是有条件的，即：①两者晶格类型相同（如同为体心立方晶体）；②原子大小相近（即原子半径相差不大）；③元素周期表中位置相邻（即电化学性质相差小）。若同时能满足这三个条件，则能无限制地溶解，所形成的固溶体称为无限固溶体，又称连续固溶体。如果只是部分地满足上述条件，则只能有限地溶解，这样的固溶体称为有限固溶体。有限固溶的限度称为溶解度，它受温度的影响，大部分是随温度降低而减小，当有限固溶体的溶质金属量超过了溶解度（即已达饱和），就可能出现两种情况：一是从该固溶体中析出另一种固溶体，从而形成两相混合物；二是从该固溶体中析出金属间化合物。金属间化合物的性质硬而脆，常称为脆性相，它不能用于连接金属，在焊缝金属中不希望出现这种组织。如果在固溶体焊缝中出现了金属间化合物，则接头的塑性和韧性下降，其影响程度决定于它的类型，数量、形态及其分布。若焊缝中金属间化合物越多，且在晶界上呈网状分布，则接头的性能就越差。因此，对有可能形成金属间化合物的异种金属焊接时，应设法避免或控制金属间化合物的形成。由于金属间化合物形成一般需要一定孕育时间，而且与温度有关。若能采用在较低的温度下焊接或加热时间很短，就有可能不产生金属间化合物。所以异种金属大多数的组合，选用固态焊接方法比用熔化焊接方法更易实现。

如果两金属在液态、固态下互不相溶，又不形成金属间化合物，则在液态时便会按比重分层，冷却时各自独立结晶。对这类无相容性的金属组合是不能直接焊接的。需要对这两种金属焊接时，只能寻找与这两者都具有相容性的第三种金属作中间层（过渡层）才有可能进行焊接。

总之，合金元素之间可能发生不同的相互作用；或相互溶解形成固溶体；或相互反应形成金属间化合物；或互溶和反应兼有，形成混合物或其他复杂组织。对焊接而言，无限固溶的异种金属之间具有很好的相容性，其焊接性最好；有限固溶的异种金属焊接性较差；能形成金属间化合物而相互间又不作用的异种金属焊接性最差。

表 7-11-2 列出了固态下常用金属间相互作用的特性。根据表中的资料，可以大致判断各种金属组合的焊接性能。

以上简单地按二元合金状态进行分析，实际上焊接的两种金属多数都不是纯金属，而是合金，它们之间的相互作用更为复杂。

11.1.3　焊缝金属的稀释

1. 稀释及稀释率计算

稀释是熔焊时熔敷金属受母材或先前焊道的熔入而引起化学成分含量降低的现象。在设计或选用异种金属焊接的填充金属材料时，必须考虑此现象，否则所得的焊缝金属达不到预期的使用性能要求。熔敷金属被稀释的程度用稀释率来表示，它和熔合比有关。通常用母材金属或先前焊道的焊缝金属在整个焊道中所占的比例来确定。图 7-11-1 所示为异种金属焊缝稀释率的计算，其算法与熔合比相同。

受母材 A 的稀释率

$$D_A=\frac{F_A}{F_A+F_B+F_1+F_2}\times100\%$$

受母材 B 的稀释率

$$D_B=\frac{F_B}{F_A+F_B+F_1+F_2}\times100\%$$

总稀释率 $D_{(A+B)}=D_A+D_B$

式中　F_A——母材 A 熔入焊缝的面积；

F_B——母材 B 熔入焊缝的面积；

F_1——焊缝正面熔敷金属的面积；

F_2——焊缝反面熔敷金属的面积。

2. 焊缝金属化学成分平均含量计算

当母材和熔敷金属的化学成分已知时，就可以按实际焊接时的稀释率来计算焊缝金属中某合金元素的平均质量分数；其计算公式如下：

$$C_W=D_AC_A+D_BC_B+(1-D_{A+B})C_F$$

式中　C_W——某合金元素在焊缝金属中的平均质量分数（%）；

D_A——母材 A 引起的稀释率（以小数表示）；

D_B——母材 B 引起的稀释率（以小数表示）；

D_{A+B}——母材 A 和母材 B 引起的总稀释率（以小数表示）；

C_A——某合金元素在母材 A 中的质量分数（%）；

C_B——某合金元素在母材 B 中的质量分数（%）；

C_F——某合金元素在熔敷金属 F 中的质量分数（%）。

举例：低合金钢与不锈钢组合，用镍-铬合金作填充金属进行惰性气体保护焊，各自化学成分见表 7-11-3。假设总稀释率为 35%，其中低合金钢的质量分数为 15%，不锈钢的质量分数为 20%，则 Cr、Ni 和 Mo 在焊缝中的平均含量为：

$w(Cr)=0.15\times2.5+0.20\times17+0.65\times20=16.8\%$

$w(Ni)=0.20\times12+0.65\times72=49.2\%$

$w(Mo)=0.15\times1+0.20\times2.5=0.65\%$

上述计算的是元素在焊缝金属中的平均含量。实际上焊缝金属上的化学成分分布并不均匀，通常焊缝中部成分较为均匀，因熔池中部温度比边缘高，加上热源的搅动，相互混合程度高，而熔池边缘则因温度低，流动性差，混合不充分，所以该处的成分介于相邻母材和熔敷（或填充）金属之间，呈现出很大的浓度梯度。这个成分不均匀区很小，电弧焊时在 0.2~0.6mm 之间，但对焊缝的组织和性能产生影响。多道焊时，每道焊缝的成分是比较均匀的，但各焊道之间也存在着前焊道对后焊道的稀释而出现成分差异。

表 7-11-2　固态下常用金属间相互作用的特性

元素	温度/°C		晶格类型	原子半径 /×10⁻¹⁰m	晶格参数 /×10⁻¹⁰m	固溶体		化合物	共晶混合物	不起作用的元素
	熔点	晶型转变				无限	有限			
Fe	1536	910	α—体心立方 γ—面心立方	1.241	2.8608 3.564	αV、αCrγMn、γCo、γNi、γPd、γPt	Cu、Au、Al、C、Si、Ti、Zr、γV、Nb、Ta、γCr、Mo、W、(α、δ)Mn、(α、δ)Co、αNi、αPd、αPt	Ti、Zr、V、Nb、Ta、Cr、Mo、W、Mo、Co、Ni、Pd、Pt、Al、C、Si、Ge	C	Mg、Ag、Pb
Co	1485	417	α—稠密立方 β—面心立方	1.248	2.501 4.066 3.548	γMn、γFe、Ni、Pd、Pt	Mg、Ti、Zr、V、Nb、Ta、Cr、Mo、W、(α、β)Mn、Cu、αFe、Au、Al、C、Si、Ge	Mg、Ti、Zr、V、Nb、Ta、Cr、Mo、W、Mn、Fe、Ni、Pt、Al、Ge	Ag	Pb
Ni	1453	—	面心立方	1.245	3.517	γMn、γFe、Co、Pd、Pt、Cu、Au	Mg、Ti、Zr、V、Nb、Ta、Cr、Mo、W、Al、α-βMn、Si、αFe、C	Mg、Ti、Zr、V、Nb、Ta、Cr、Mo、W、Mn、Fe、Co、Pt、Cu、Al、Si、C、Ge	—	Ag、Pb
Al	660	—	面心立方	1.431	4.0414		Ti、Zr、Nb、Mn、Cu、Ni、Mg、V、Ta、Cr、Mo、W、Fe、Co、Pd、Pt、Ag、Au、Si、Ge	Mg、Ti、Zr、V、Nb、Ta、Cr、Mo、W、Mn、Fe、Co、Ni、Pd、Pt、Cu、Ag、Au、C	Sn	Pb
Mg	650	—	稠密立方	1.598	$a=3.203$ $c=5.2002$		Ti、Zr、Nb、Mn、Cu、Ni、Pd、Ag、Au、Al、Si、V	Cu、Ni、Pd、Pt、Ag、Au、Al、C、Si、Pb、Ge	—	Mo、W、Fe
Cu	1083	—	面心立方	1.278	$a=3.6077$	Mn、Ni、Pd、Pt	Mg、Ti、Zr、V、Nb、Cr、Fe、Co、Ag、Al、Si、Mn、Ge	Mg、Ti、Zr、Mn、Ni、Pd、Pt、Au、Al、Si、Ge	—	Ta、Mo、W、Pb
Cr	1875	—	体心立方	1.249	2.885	βTi、V、Mo、W、αFe	αTi、Zr、Nb、Ta、Mn、γFe、Co、Ni、Pd、Pt、Cu、Ag、Au、Al、Si、Mo	Ti、Zr、Ta、Nb、Mn、Fe、Co、Ni、Pd、Pt、Al、Au、C、Si	Th	Pb、Sn
Mo	2620	—	体心立方	1.36	3.1466	βTi、V、Nb、Ta、Cr、W	αTi、Zr、Mn、Fe、Co、Ni、Pd、Pt、Au、Al、C、Si、Cr	Zr、Mn、Fe、Co、Ni、Pd、Pt、Al、C、Si、Ge	—	Mg、Cu、Ag
W	3380	—	体心立方	1.367	3.1648	V、Nb、Ta、Cr、W	Ti、Zr、Fe、Co、Ni、Pd、Pt、C、Si	Zr、Fe、Ni、Pt、Al、Si、C	Th	Mg、Mo、Cu、Ag、Zn、Pb
Si	1412	—	金刚石型	1.175	5.4198	Ge	Ti、Zr、V、Nb、Ta、Cr、Mo、W、Mn、Fe、Co、Ni、Pt、Cu、Al	Mg、Ti、Zr、V、Nb、Ta、Cr、Mo、W、Mn、Fe、Co、Pt、Cu、Ni、Pd	Mg、Ag、C、Au	Zn
Mn	1245	α-β742 β-γ1095	α、β—体心立方 γ—面心立方 δ—体心立方	1.12	63 3.774 3.533 3.72	γFe、γCo、γNi、Cu	Mg、Ti、Zr、V、Nb、Ta、Cr、Mo、(α、β)Fe、(α、β)Co(α、β)Ni、Pd、Pt、Ag、Au、Al、C、Si	Mg、Ti、Zr、V、Nb、Ta、Cr、Mo、W、Mn、Fe、Co、Ni、Pd、Pt、Cu、Ag、Au、C	—	W、Pb
V	1919	—	体心立方	1.316	3.0338	βTi、Nb、Ta、Cr、Mo、αFe、W	Zr、Mn、γFeCu、Ni、Pd、Pt、Cr、Al、Au、C、Si、Ge	Cu、Ni、Pd、Pt、Ag、Au、Al、C、Si、Ge、Pb	—	Ag、Hg
Nb	2468	—	体心立方	1.426	3.2941	βTi、βZr、V、Mo、W、Ta	Mg、αTi、αZr、Cr、Mn、Fe、Co、Ni、Pd、Pt、Cu、Al、C、Si	Ti、Zr、Ta、Nb、Mn、Fe、Co、Ni、Pd、Au、Al、C、Si	—	—
Ti	1668	882	α—稠密立方	1.444	$a=2.9446$ $c=4.6694$	αZr、βV、βNb、βTa、βCr、βMn	Mg、αV、αNb、αTa、αCr、W、αMo、Mn、Fe、Co、Ni、Pd、Pt、Cu、Ag、Au、Al、Ge、Si、C、Pb	Mg、Zr、Mn、Ni、Pd、Pt、Au、Al、Si、Ge	—	—
			β—体心立方		$a=3.3132$					

注：括号中的α、β、γ、δ是指左边第一列元素的同素异构。

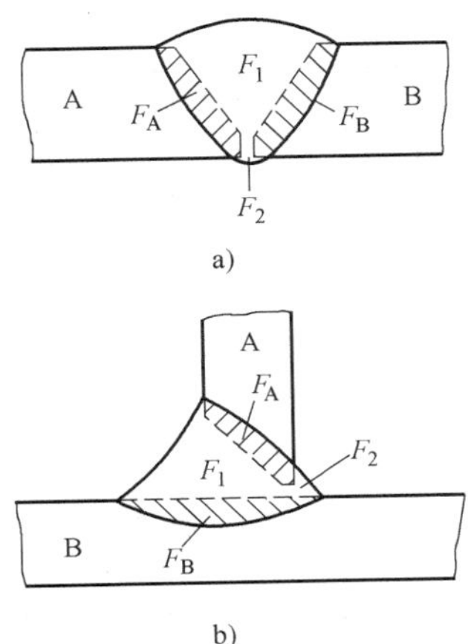

图 7-11-1　异种金属焊缝稀释率的计算

a）对接焊缝　b）角焊缝

表 7-11-3　母材与填充金属的化学成分

元　素	名义质量分数(%)		
	低合金钢	不锈钢	填充金属
Cr	2.5	17	20
Ni	—	12	72
Mo	1	2.5	—
Fe	95.5	63	3

11.1.4　异种金属的焊接方法和焊接材料

1. 焊接方法

可以用各种焊接方法焊接异种金属，但由于每一种焊接方法都有自身的工艺特点，例如，热源集中程度（或温度高低）、焊接速度及对焊接区的保护程度等，都会对被焊金属产生不同的影响。异种金属组合的多样性，要选择一种使两种性能差异很大的金属都能适应的焊接方法都是比较难的。表 7-11-4 列出了常见异种金属组合对常用焊接方法的适应性。从表 7-11-4中不难发现，焊缝中不形成任何金属间化合物的异种金属组合，如钢和铜，对各种焊接方法的适应性最强；而形成大量金属间化合物的异种金属组合，如钛和铜，对各种焊接方法的适应性最差。此外，在能形成金属间化合物的各种异种金属的组合中，如钢和铝、铜和铝等，对压焊方法的适应性好于对熔焊的适应性，说明压焊较适于异种金属的焊接。

在选择焊接方法时，既要注意冶金方面的适应性，还要注意工艺方面的可能性。因为每一种焊接方法都有它的适用范围和局限性。

1）熔焊。焊接时，两种母材均需熔化，焊缝金属不可避免受母材稀释。为减少稀释，应选用熔深小的焊接方法和工艺。同一焊接方法，采取工艺措施不同，其稀释率可在较大范围变化。因为焊接热输入、弧长、坡口形状和尺寸、焊丝的摆动、熔滴过渡的形式等都对熔深有影响。焊条电弧焊的稀释率可高达 30%；熔化极气体保护焊在 10%～50%范围，其中喷射过渡的稀释率最大，而短路过渡最小；埋弧焊熔深较大，其稀释率在 10%～75%变动。无论选用哪一种焊接方法，都应尽可能把稀释率控制到最小且均匀。

在异种金属熔焊中，经常采用能减少稀释的方法是堆焊过渡层（又叫隔离层）法。图 7-11-2 示意地说明了这种方法的工艺过程。图中两种母材 A 和 B，利用与 A 相同的材料作填充金属在母材 B 坡口表面上堆焊过渡层。堆焊时尽量减少熔深或增加堆焊层次，使过渡层表面稀释减少，基本上属于 A 金属。最后正式熔焊时，就变成同种 A 金属之间的焊接。用于堆焊过渡层的填充金属，在不影响与母材 A 焊接质量的前提下，可以根据母材 B 的稀释率来调整成分。

表 7-11-4　常见异种金属组合、焊接方法及焊缝中的形成物

被焊金属	焊接方法		焊缝中的形成物	
	熔　焊	压　焊	溶液(质量分数)	金属间化合物
钢+铝及铝合金	电子束焊、氩弧焊	冷压焊、电阻焊、扩散焊、摩擦焊、爆炸焊	在 α-Fe 中 Al:0%～33%	FeAl、Fe_2Al_3、Fe_2Al_7
钢+铜及铜合金	氩弧焊、埋弧焊,电子束焊,等离子弧焊、电渣焊	摩擦焊、爆炸焊	在 γ-Fe 中 Cu:0%～8% 在 α-Fe 中 Cu:0%～14%	—
钢+Ti	电子束焊、氩弧焊	扩散焊、爆炸焊	在 α-Ti 中 Fe:0.5% 在 β-Ti 中 Fe:0%～25%	FeTi、Fe_3Ti

（续）

被焊金属	焊接方法		焊缝中的形成物	
	熔　焊	压　焊	溶液（质量分数）	金属间化合物
钢+Mo	—	扩散焊	在 α-Fe 中 Mo 含量可达 6.7%	FeMo、Fe_3Mo_2、Fe_7Mo_8
钢+Nb			在 α-Fe 中 Nb 可达 1.8% 在 γ-Fe 中 Nb 可达 1.0%	FeNb、Fe_2Nb、Fe_5Nb_5
钢+V			连续系列	V_nC_m 型碳化物
钢+Ta	电子束焊		有限溶解	Fe_2Ta
Al+Cu	氩弧焊	冷焊、电阻焊、爆炸焊、扩散焊	Al 在 Cu 中溶解到 9.8% 以下	$CuAl_2$
Al+Ti	埋弧焊	扩散焊、摩擦焊	Al 在 α-Ti 中溶解到 6% 以下	TiAl、$TiAl_3$
Ti+Ta	电子束焊	—	连续系列	—
Ti+Cu	氩弧焊		Cu 在 α-Ti 中溶解到 2.1%，在 β-Ti 中溶解到 17%以下	Ti_2Cu、TiCu、Ti_2Cu_3、$TiCu_2$、$TiCu_3$
Cu+Mo	电子束焊	扩散焊	—	—
Cu+Ta				—

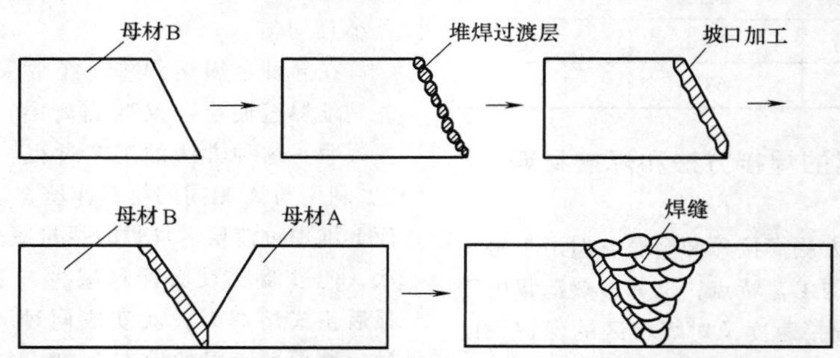

图 7-11-2　异种金属熔焊时堆焊隔离层的示意图

2）压焊。大多数压焊方法是对母材加热至塑性状态或不加热，在一定压力下完成焊接的，一般不存在稀释问题。其中冷压焊、超声波焊、扩散焊等方法在接缝处温度低，一般也不发生金属间化合物，这对异种金属焊接很有利。即使有些焊接方法，如闪光对焊、摩擦焊等，其接合面焊接时发生熔化，但在顶锻阶段便把局部熔化的金属或金属间化合物挤压出去了。只有电阻点焊和缝焊的焊缝上有熔核存在。

压焊的最大缺点是对焊接接头有一定要求。例如，电阻点焊、缝焊、超声波焊等必须采用搭接接头；普通摩擦焊时焊件之间要产生相对高速旋转，至少有一个焊件能转动；爆炸焊只适用于较大面积的连接等。于是，压焊的应用范围受到很大限制，新近发明的搅拌摩擦焊使异种金属焊接的范围得以扩大。

3）钎焊是异种金属常用的焊接方法。实质上，钎料与母材之间就是异种金属的焊接，其特点是两母材都不熔化，熔化的是熔点比母材低的钎料。焊接过程是母材向钎料溶解，钎料向母材扩散，相互作用的结果就在母材界面区和钎缝中形成固溶体而连接成一体。如果选用的钎料与母材相互作用形成金属间化合物，则接头强度将受到影响。正确选择钎料和钎焊工艺，尤其是控制好加热温度和时间是异种金属钎焊成败的关键，详见第 5 篇第 10 章。

4）熔焊-钎焊是一种为了解决异种金属间没有相容性或极易生成金属间化合物而采取的一种焊接技术。实质是在一个异种金属接头上对最难焊接的金属采取钎焊，而对较易焊接的金属采取熔焊，或者对低熔点金属的一侧用熔焊，高熔点金属的一侧用钎焊。简易的做法是先钎焊、后熔焊。若能控制焊接温度，也可在熔焊的同时完成钎焊。例如，不锈钢与铌之间用 TIG 进行焊接时，铌的熔点高，焊接时钨极偏向不锈钢一侧，利用熔融的不锈钢对固态铌有良好的浸润性而实现钎焊。

2. 焊接材料

异种金属焊接时，应力求减少两种金属之间不希望有的冶金反应，如形成金属间化合物或低熔点共晶等。除合理选择焊接方法外，填充金属的正确选用也是关键。对填充金属的要求如下：

1）能够承受母材的稀释而不产生裂纹、气孔、夹杂物，以及有害的金属间化合物。

2）形成的焊缝金属其组织和性能保持稳定。在使用条件下不会产生元素的迁移、脆性相析出等不良现象。

3）具有与母材相适应的物理性能，如线胀系数应介于两母材之间；热导率和电导率尽可能相近等。

4）所形成的焊缝金属，在使用条件下其强度和塑性至少与两母材中的一种相同；其耐蚀性也应等于或超过两母材的耐蚀性。在具体选择中遇到两种母材熔化温度相差很大时，宜选择常用于焊接低熔点母材的那种填充金属。如果用了高熔点填充金属就可能受到低熔点母材的过分稀释；当两母材线胀系数相差较大时，除了选用线胀系数介于两母材之间的填充金属外，也可以考虑选用具有高塑性的填充金属，这样可以缓解因温度变化时所产生的热应力。

此外。所选用的焊接材料应是经济、易得到的材料。

11.2　异种钢的焊接

常用钢材按其金相组织大致可分为三种类型，即珠光体钢、铁素体和铁素体-马氏体钢以及奥氏体和奥氏体-铁素体钢。每一类型按其合金化程度不同又分为多种类别，见表 7-11-5。

异种钢焊接基本上就是表 7-11-5 中三种类型的钢相互之间组合的焊接，因此可以归纳为金相组织相同、仅合金化程度不同的异种钢焊接和金相组织不相同的异种钢焊接两种情况。

表 7-11-5　异种钢的分类

金相类型	类别	牌号
珠光体钢	Ⅰ	低碳钢：Q195、Q215、Q255、08、10、15、20、25 破冰船用低温钢、锅炉钢 Q245R
	Ⅱ	中碳钢和低合金钢： Q275、15Mn、20Mn、25Mn、30Mn、30、15Cr、20Cr、30Cr
	Ⅲ	高强度中碳钢和低合金钢 35、40、45、50、55、35Mn、40Mn、45Mn、50Mn、40Cr、45Cr、50Cr、35Mn2、40Mn2、45Mn2、50Mn2、30CrMnTi、40CrMn、40CrV、25CrMnSi、30CrMnSi、35CrMnSi
	Ⅳ	铬钼热稳定钢：15CrMo、30CrMo、35CrMo、12CrMo、38CrMOA1A、20CrMo
	Ⅴ	铬钼钒：12Cr1MoV、
铁素体和铁素体-马氏体钢	Ⅵ	高铬不锈钢：06Cr13、12Cr13、20Cr13、30Cr13
	Ⅶ	高铬耐酸耐热钢：10Cr17
	Ⅷ	高铬热强钢：14Cr11MoV
奥氏体和奥氏体-铁素体钢	Ⅸ	奥氏体耐酸钢： 06Cr19Ni10、12Cr18Ni9、17Cr18Ni9、06Cr18Ni11Nb、06Cr17Ni12Mo2Ti
	Ⅹ	奥氏体高强度耐酸钢：0Cr18Ni12TiV①、Cr18Ni22W2Ti2①
	Ⅺ	奥氏体耐热钢：11Cr23Ni18、16Cr20Ni14Si2
	Ⅻ	奥氏体热强钢：45Cr14Ni14W2Mo
	ⅩⅢ	铁素体-奥氏体高强度耐酸钢：12Cr21Ni5Ti

① 为非标在用材料。

11.2.1　金相组织相同的异种钢的焊接

由于金相组织相同，它们之间热物理性能没有很大差异，仅仅是异种钢中合金化程度不同。所以，为了获得优质焊接接头，一般是按异种钢中合金化程度较高的钢（一般也是焊接性较差的钢）来选择焊接方法和制订相应的工艺措施。常选择与母材金相组织相同的金属作填充材料，其化学成分接近异种钢中合金成分较少的那一种钢。其焊前预热或焊后热处理的工艺参数，按异种钢中合金化程度较高者选用。

1. 不同珠光体钢的焊接

珠光体钢焊接时，遇到的主要问题是易产生淬硬组织和焊接冷裂纹。

碳（或碳当量）是决定珠光体钢在焊接时淬火倾向的主要因素，一般应按异种钢中碳含量（或碳当量）较低的钢来选择焊接材料。对于与高温工作的铬钼耐热钢焊接时，为了保证接头的热强性，则选用耐热的焊接材料。焊前是否预热，视异种钢中碳（或碳当量）较高的钢及其厚度来决定。淬火倾向大的珠光体钢除焊前需预热外，焊后还需热处理，以防止焊接裂纹和改善焊缝及热影响区的组织和性能，同时也是为了消除焊接残余应力。若产品不允许预热和焊后热处理，则采用获得奥氏体钢焊缝的焊接材料。

表 7-11-6 列出了焊接不同珠光体钢时，选择焊接材料以及确定预热和回火温度的参考资料。

表 7-11-6　不同珠光体钢焊接时的焊接材料及预热和回火温度

母材组合	焊接材料		预热温度/℃	回火温度/℃	备　注
	焊　条	焊　丝			
Ⅰ+Ⅱ	J427	H08A H08MnA	100~200	600~650	—
Ⅰ+Ⅲ	J426 J427	H08A	200~250	600~650	焊后立即热处理
	A402 A407	H1Cr21Ni10Mn6	不预热	不回火	焊后不能热处理时选用
Ⅰ+Ⅳ	J427 R207 R407	—	200~250	640~670	焊后立即热处理
Ⅰ+Ⅴ	J427 R207	—	200~250	640~670	焊后立即热处理
Ⅱ+Ⅲ	J506 J507	H08Mn2SiA	200~250	600~650	—
	A402 A407	H1Cr21Ni10Mn6	不预热	不回火	—
Ⅱ+Ⅳ	J506 J507	H08Mn2SiA	200~250	640~670	—
Ⅱ+Ⅴ	R317	—	200~250	640~670	—
Ⅲ+Ⅳ	J707	—	200~250	640~670	焊后立即热处理
	A507	—	不预热	不回火	
Ⅲ+Ⅴ	J707	—	200~250	670~690	焊后立即热处理
	A507	—	不预热	不回火	
Ⅳ+Ⅴ	R207 R407	—	200~250	700~720	焊后立即热处理
	A507	—	不预热	不回火	—

注：母材组合中代号的含义见表 7-11-5。

2. 不同的铁素体钢和铁素体-马氏体钢的焊接

这类钢中含有强烈的碳化物形成元素铬，且含量较高。焊接时要防止焊接熔池受大气作用，避免铬和其他合金元素氧化烧损。宜选用低氢型焊条。当焊接纯铁素体钢时，要注意铁素体晶粒过分长大使接头韧性下降，因为单相组织无法用热处理细化晶粒。低碳的铁素体钢焊前可不预热，但焊接热输入应尽量小，层间温度应低于 100℃。碳含量较高的铁素体钢其组织内有相当数量的马氏体，焊接时要注意近缝区马氏体脆化而引起裂纹。通常是焊前需预热，焊后立即高温回火。当受条件限制而不能预热和焊后热处理时，可以采用奥氏体钢焊缝，但这时焊缝金属的强度大大低于母材，需慎重。

表 7-11-7 列出了不同铁素体钢和铁素体-马氏体钢焊接材料及预热、回火温度。

3. 不同奥氏体钢的焊接

各种奥氏体钢无论如何组合，几乎都可以用各种焊接方法进行焊接。因为具有单相奥氏体组织的钢在任何温度下不会发生相变，而且这种组织具有良好的塑性和韧性。目前仍以焊条电弧焊焊接不同奥氏体钢组合的为多，除了焊条电弧焊适应性强外，奥氏体钢焊条的品种多，能满足不同组合的需要，也是原因之一。它们主要是奥氏体的耐酸、耐热和热强钢之间组合的焊接。

奥氏体不锈钢焊接可能出现的问题，在不同奥氏体钢组合的焊接中也同样存在。因此，焊接时仍然须注意防止热裂纹问题，晶间腐蚀问题和 σ 相析出脆化问题等。必须根据母材的化学成分和对接头使用（耐酸或耐热）性能的要求，正确地选择焊接材料、焊接参数以及采取相应的工艺措施。例如，要严格控制焊缝金属含碳量和硫、磷等杂质；限制焊接热输入及高温停留时间；添加稳定化元素；采用双相组织的焊缝；进行固溶处理或稳定化热处理等。为了减少铬及其他合金元素被烧损，应选用碱性焊条。焊接时一般都不需要预热，当需要消除焊接残余应力时，焊后要作回火处理。

表 7-11-8 列出几种不同奥氏体钢组合焊接时，焊条预热和焊后回火温度的选择。

表 7-11-7　不同铁素体钢和铁素体-马氏体钢焊接材料及预热、回火温度

母材组合	焊接材料	预热温度/℃	回火温度/℃	备注
Ⅵ+Ⅶ	G207,H1Cr13	200~300	700~740	
	A307,H1Cr25Ni13	不预热	不回火	
Ⅵ+Ⅷ	G207,R817,R827	350~400	700~740	焊后保温缓冷后立即回火
	A307	不预热	不回火	
Ⅶ+Ⅷ	G307,R817,R827	350~400	700~740	焊后保温缓冷后立即回火
	A312	不预热	不回火	

注：母材组合中类别代号见表 7-11-5。

表 7-11-8　焊接不同奥氏体钢时，焊条预热和焊后回火温度的选择

母材组合	焊条型号	焊后回火温度	备注
Ⅸ+Ⅺ	E318V-15(A237)	不回火或在780~920℃回火	需要消除焊接残余应力时才回火 在不含硫的气体介质中,在 750~800℃具有热稳定性
Ⅸ+Ⅻ	E316-16(A202)	不回火或在 950~1050℃奥氏体稳定化处理	用于温度低于 360℃的非氧化性液体介质中,焊后状态或奥氏体稳定化处理后,具有耐晶间腐蚀性能
	E347-15(A137)	不回火或在870~920℃回火	用于氧化性液体介质中,经过奥氏体稳定化处理后,可通过试验,在低于 610℃时具有热强性
	E318V-15(A237)		用于无浸蚀性的液体介质中,在低于 600℃时具有热强性能
Ⅺ+Ⅻ	E309-16(A302) E309-15(A307)		在不含硫化物介质中或无浸蚀性液体介质中,在温度低于 1000℃时具有热稳定性,焊缝不耐晶间腐蚀
	E347-15(A137)		用于 w(Ni)<16%的钢。在低于 650℃时具有热强性。在不含硫的气体介质中,温度在 750~800℃具有热稳定性
	E318V-15(A237)		用于 w(Ni)<16%的钢材,600℃以下具有热强性,在温度 750~800℃的不含硫的气体中具有热稳定性
	E16-25MoN(A507)		适用于 w(Ni)<35%,而不含 Nb 的钢材。700℃以下具有热强性

注：母材组合代号见表 7-11-5。括号内为焊条牌号。

11.2.2 金相组织不同的异种钢的焊接

被焊两种钢因金相组织不同，无论是否使用填充金属，焊后所形成的焊缝金属其化学成分和金相组织至少与其中的一种钢不相同。这种差异必然影响到焊接接头的工作性能。因此，当使用填充金属时，应选择那些在焊接过程中所产生的过渡层小而塑性、韧性好的材料；焊前是否需要预热，取决于焊缝金属的合金化程度；焊时所选用的焊接参数应使熔合比尽量小，以减少稀释；焊后是否需要热处理要慎重，因为金相组织不同的钢其热物理性能差异较大，进行热处理可能对改善接头的性能有利，但对残余应力未必能消除，有些反而会增加。

1. 珠光体钢与铁素体钢的焊接

珠光体钢与铁素体钢进行异种钢焊接时，既可用珠光体焊条也可用铁素体钢焊条，但都不很理想。因在焊缝过渡层产生脆性组织，有较大裂纹倾向。往往需焊前预热和焊后回火处理，当条件不允许预热和焊后热处理时，需采用奥氏体焊条焊接。当与 $w(\mathrm{Cr}) \geqslant 17\%$ 铁素体钢焊接时，必须使用奥氏体钢焊条。焊接时要用小的热输入。多层焊时层间温度应控制在低于100℃，防止过热。

表 7-11-9 列出了部分珠光体钢与铁素体钢组合焊接的焊接材料、预热和回火温度。

2. 珠光体钢和奥氏体钢的焊接

珠光体钢和奥氏体钢组合的异种钢焊接最为多见，复合钢板的焊接，也多属这种类型。

1）焊接的主要问题。

① 焊缝成分的稀释。异种钢焊缝成分是由填充金属成分、母材成分及其熔合比所确定的。焊接珠光体钢和奥氏体钢组合的接头，通常是使用含高铬、镍的奥氏体钢或镍基合金等作填充金属。熔焊时，母材的熔入使填充金属受到稀释，经热源的搅拌后所形成的焊缝金属其成分大体是均匀的。利用 Schaeffler（舍夫勒）镍铬当量组织图就可以确定出稀释后焊缝的金相组织。通常过度稀释的焊缝金属中就会形成脆性的马氏体组织，有产生裂纹的可能。

② 形成脆化过渡层。在紧邻珠光体一侧熔合线附近的奥氏体焊缝中，存在一个窄的低塑性过渡带（层），宽度一般为 0.2~0.6mm。它们的存在会严重影响接头的冲击韧度。出现这一过渡层的原因是熔化的母材金属和熔化的填充金属，在熔池内部和熔池边缘相互混合情况不同，在熔池靠近边界的这一区为不完全混合，在化学成分分布上有很大的浓度梯度。越靠近熔合线，稀释率越高，铬、镍含量极低，用 Schaeffler 组织图估算，该区可能是硬度很高的马氏体或奥氏体加马氏体。这一过渡层的存在对珠光体钢与奥氏体钢焊接接头的抗裂性能影响很大。提高填充金属中奥氏体形成元素镍的含量，该过渡层的宽度就可以减小。

表 7-11-9 部分珠光体钢与铁素体钢组合焊接的焊接材料、预热和回火温度

母材组合	焊条牌号	预热温度/℃	回火温度/℃	备 注
Ⅰ+Ⅵ	G207(E410-15)	200~300	650~680	焊后立即回火
	A302(E309-16)、A307(E309-15)	不预热	不回火	
Ⅰ+Ⅶ	G307	200~300	650~680	焊后立即回火
	A302、A307	不预热	不回火	
Ⅱ+Ⅵ	G207	200~300	650~680	焊后立即回火
	A302、A307	不预热	不回火	
Ⅱ+Ⅶ	A302、A307	不预热	不回火	
Ⅲ+Ⅵ	R202(E5503-CM)、R207(E5503-CM)	200~300	620~660	焊后立即回火
Ⅲ+Ⅶ	A302、A307	不预热	不回火	
Ⅳ+Ⅵ	R307(E5515-1CM)	200~300	680~700	焊后立即回火
Ⅳ+Ⅶ	A302、A307	不预热	不回火	
Ⅳ+Ⅷ	R817(E11MoVNiW-15)、R827(E11MoVNiW-15)	350~400	720~750	焊后保温缓冷并回火
Ⅴ+Ⅵ	R307、R317(E5515-1CMV)	350~400	720~750	焊后立即回火
Ⅴ+Ⅶ	A302、R307	不预热	不回火	
Ⅴ+Ⅷ	R817、R827	350~400	720~750	焊后立即回火

注：母材组合中代号含义见表 7-11-5。括号内为焊条型号。

2）焊接工艺要点。焊接这类异种钢应选择熔合比小、稀释率低的焊接方法和焊接参数。熔焊中以焊条电弧焊、钨极氩弧焊和熔化极气体保护弧焊比较合适。采用埋弧焊需注意控制热输入。焊接材料的选择需考虑焊接接头的使用要求、稀释作用、碳迁移、抗热裂和残余应力等问题。表 7-11-10 列出了珠光体钢和奥氏体钢组合焊接的焊接材料及其预热和回火温度。

3）形成碳的扩散迁移层。异种钢接头在焊后热处理或在高温条件下工作时，在熔合线的珠光体钢一侧的碳，通过焊缝边界向奥氏体钢焊缝一侧扩散迁移。结果在珠光体钢一侧产生脱碳层，在相邻的奥氏体焊缝侧形成增碳层。脱碳层硬度低，质软，晶粒粗大；增碳层中的碳以碳化物形态析出，硬度高。其后果是接头的高温持久强度和耐腐蚀性能下降，脆性增大，使接头可能沿熔合区产生破坏。这一扩散迁移层的宽度随加热温度提高和加热时间增长而增大。

如果在珠光体中减少碳含量，增加碳化物形成元素（如 Cr、Mo、V、Ti 等），而在焊缝金属中减少这些元素，或提高镍的含量，则可以阻止碳的迁移。接头工作温度越高，焊缝金属中含镍量应越高。

表 7-11-10　珠光体钢和奥氏体钢组合焊接时的焊接材料及其预热和回火温度

被焊材料类别	焊接材料	焊前预热/℃	焊后热处理/℃	附注
Ⅰ+Ⅸ	A402(E310-16)，A407(E310-15)	不预热	不回火	不耐晶间腐蚀，工作温度不超过 350℃
	A502(E16-25MoN-15)，A507(E16-25MoN-15)			不耐晶间腐蚀，工作温度不超过 450℃
	A202(E316-16)			用来覆盖 A507 焊缝，可耐晶间腐蚀
Ⅰ+Ⅹ	A502，A507			不耐晶间腐蚀，工作温度不超过 350℃
	A212(E318-16)			用来覆盖 A507 焊缝，可耐晶间腐蚀
Ⅰ+Ⅻ	A502，A507			不得在含硫气体中工作，工作温度不超过 450℃
	Ni307①(ENiCrFe-0)			用来覆盖 A507 焊缝，可耐晶间腐蚀
Ⅰ+ⅩⅢ	A502，A507			不耐晶间腐蚀，工作温度不超过 350℃
Ⅱ+Ⅸ Ⅱ+Ⅹ	A402，A407			不耐晶间腐蚀，工作温度不超过 350℃
	A502，A507			不耐晶间腐蚀，工作温度不超过 450℃
	A202、A212			用 A402、A407、A502、A507 覆盖的焊缝表面可以在腐蚀性介质中工作
Ⅱ+Ⅻ	A502，A507			工作温度不超过 450℃
	Ni307①			在淬火珠光体钢坡口上堆焊过渡层
Ⅱ+ⅩⅢ	A502，A507			不耐晶间腐蚀，工作温度不超过 300℃
Ⅲ+Ⅸ Ⅲ+Ⅹ	A502，A507	200～300		不耐晶间腐蚀，工作温度不超过 450℃
	Ni307①	200～300		在淬火钢坡口上堆焊过渡层
Ⅲ+Ⅻ	A502，A507	200～300		不耐晶间腐蚀，工作温度不超过 450℃
	Ni307①			在淬火钢坡口上堆焊过渡层
Ⅲ+ⅩⅢ	A502，A507	200～300	不回火	不耐晶间腐蚀，工作温度不超过 300℃
	Ni307①	200～300	不回火或720～750	在珠光体淬火钢坡口上堆焊过渡层
Ⅳ+Ⅸ Ⅳ+Ⅹ	A302(E309-16)，A307(E309-15)	不预热或200～300	不回火	工作温度不超过 400℃，$w(\mathrm{C})<0.3\%$者，焊前可不预热
	A502，A507			工作温度不超过 450℃，$w(\mathrm{C})<0.3\%$者，焊前可不预热
	Ni307①			用于珠光体淬火钢坡口上堆焊过渡层，工作温度不超过 500℃
	A212	不预热		如要求 A502、A507、A302、A307 的焊缝耐腐蚀，用 A212 焊条焊一道盖面焊道

（续）

被焊材料类别	焊接材料	焊前预热/℃	焊后热处理/℃	附注
Ⅳ+Ⅶ	A302,A307	不预热或200~300	不回火	不耐硫腐蚀,工作温度不超过 450℃
	A502,A507			不耐硫腐蚀,工作温度不超过 500℃
	Ni307①			工作温度不超过 550℃,在珠光体钢坡口上堆焊过渡层
Ⅳ+Ⅷ	A502,A507	不预热或200~300		不耐晶间腐蚀,工作温度不超过 350℃
Ⅴ+Ⅸ Ⅴ+Ⅹ	A302,A307	不预热或200~300		不耐晶间腐蚀,工作温度不超过 520℃,w(C)<0.3%可不预热
	A502,A507			不耐晶间腐蚀,工作温度不超过 550℃,w(C)<0.3%可不预热
	Ni307①			工作温度不超过 570℃,用来堆焊珠光体钢坡口的过渡层
	A212	不预热		用来在 A302、A207、A502、A507 焊缝上堆焊覆面层,可耐晶间腐蚀
Ⅴ+Ⅻ	A302,A307	不预热或200~300		不耐晶间腐蚀,工作温度不超过 520℃,w(C)<0.3%可不预热
	A502,A507			工作温度不超过 550℃
	Ni307①			工作温度不超过 570℃,用来堆焊珠光体钢坡口上的过渡层
Ⅴ+ⅩⅢ	A502,A507	不预热或200~300		不耐晶间腐蚀,工作温度不超过 300℃

注：被焊材料类别代号见表 7-11-5。括号内为焊条型号。

① Ni307 为在用非标焊条，仅供参考。

必须指出，在珠光体钢和奥氏体钢焊接时，通常都采用奥氏体型填充金属，形成的也是奥氏体型焊缝组织。这样，上述马氏体过渡层和碳扩散的迁移层都在珠光体钢母材一侧的熔合线附近形成。这一侧熔合线就是整个接头的最薄弱部位，焊接缺陷和使用中的破坏，多在这一部位发生。两者形成部位虽相同，但其成因和影响却不同。马氏体过渡层是珠光体钢（母材）对奥氏体钢焊缝稀释不均，在快速凝固中形成的，对接头抗裂性能、冲击性能产生影响；而碳扩散迁移是由于熔合线两侧金属对碳的溶解度及亲和力存在差别所致，多在高温时发生，对高温使用性能（持久强度）发生影响。

4）热应力及其影响。奥氏体钢的线胀系数比珠光体钢大 30%~40%，而热导率只有珠光体钢的 1/3。这种异种钢接头在焊后冷却、热处理和运行中将产生热应力。在周期性加热和冷却条件下工作时，在熔合区珠光体钢侧，尤其在脱碳层，可能产生热疲劳裂纹，引起接头过早断裂。采用线胀系数与珠光体钢较为接近的高镍基焊条（如 ENi6182）堆焊过渡层，就可减小热应力及热疲劳应力的不利影响。

为了减小熔合比，接头坡口角宜大些，焊条或焊丝直径小一些。采用小电流、高电弧电压和快速焊。遇到淬火倾向大的珠光体钢时，焊前需对它进行预热。

3. 铁素体钢与奥氏体钢的焊接

铁素体钢与奥氏体钢的焊接工艺和珠光体钢与奥氏体钢的焊接工艺基本相同。无论采用高铬钢焊条还是奥氏体钢焊条，其焊缝金属的金相组织与熔敷金属的金相组织相同，故都可以采用。为了防止碳的迁移，也可采用镍基合金为焊接材料。

表 7-11-11 列出了铁素体钢与奥氏体钢组合焊接用的焊接材料及其预热和回火温度。

表 7-11-11　铁素体钢与奥氏体钢组合焊接时的焊接材料及其预热和回火温度

被焊材料	焊接材料	焊前预热/℃	焊后热处理/℃	工作条件
Ⅵ+Ⅸ	A302(E309-16) A307(E309-15)	不预热或150~250	720~760	在无液态浸蚀性介质中工作,焊缝不耐晶间腐蚀,在无硫气氛中工作温度可达 650℃
Ⅵ+Ⅹ	A202(E316-16)	150~250	不回火	在浸蚀性气体介质中的工作温度≤350℃
	A217①	150~250		
	A237(E318V-15)	150~250	720~760	无液态浸蚀性介质,焊缝不耐晶间腐蚀,在无硫气氛中工作温度可达 650℃

（续）

被焊材料	焊接材料	焊前预热/℃	焊后热处理/℃	工作条件
Ⅵ+Ⅻ	A507 (E16-25MoN-15)	不预热或 150~250	720~760	w(Ni)=35%而不含 Nb 的钢，不能在液态浸蚀性介质中工作，工作温度可达 540℃
	A137(E347-15)			w(Ni)<16%的钢，可在液态浸蚀性介质中工作，未经热处理的焊缝不耐晶间腐蚀，工作温度可达 570℃
Ⅵ+ⅩⅢ	A122①	250~300	750~800	在液态浸蚀性介质中的工作温度可达 300℃，回火后快速冷却的焊缝耐晶间腐蚀
Ⅶ+Ⅸ	A122①	不预热	720~750	回火后快速冷却的焊缝耐晶间腐蚀，但不耐冲击载荷
Ⅶ+Ⅹ	A202	不预热	不回火	回火后快速冷却的焊缝耐晶间腐蚀，但不耐冲击载荷
	A217①			
Ⅶ+Ⅺ	A302 A307			无液态浸蚀性介质，焊缝不耐晶间腐蚀，在无硫气氛中工作温度可达 1000℃
Ⅶ+Ⅻ	A507	不预热	不回火	w(Ni)=35%而不含 Nb 的钢，不能在液态浸蚀性介质中工作，不耐冲击载荷
	A137		不回火或 720~800	w(Ni)<16%的钢，可在液态浸蚀性介质中工作，焊后的焊缝耐晶间腐蚀，但不耐冲击载荷
Ⅶ+ⅩⅢ	A122①	不预热	720~760	在液态浸蚀性介质中的工作温度可达 300℃，回火后速冷，焊缝耐晶间腐蚀，不能承受冲击载荷
Ⅷ+Ⅸ	A302 A307	150~200	750~800	不能在液态浸蚀性介质中工作，焊缝不耐晶间腐蚀，工作温度可达 580℃
Ⅷ+Ⅹ	A202	150~200	不回火	在液态浸蚀性介质的工作温度可达 360℃，焊后的焊缝耐晶间腐蚀
	A217①	150~200	不回火	
	A237	150~200	720~760	
Ⅷ+Ⅺ	A302 A307	150~200	720~760	不能在液态浸蚀性介质中工作，不耐晶间腐蚀，在无硫气氛中，工作温度可达 650℃
Ⅷ+Ⅻ	A507	150~200	720~760	w(Ni)>35%而不含 Nb 的钢，不能在浸蚀性介质中工作；工作温度可达 580℃
	A137	150~200	750~800	w(Ni)<16%的钢，可在液态浸蚀介质中工作，焊后的焊缝耐晶间腐蚀
Ⅷ+ⅩⅢ	A122①	250~300	750~800	在液态浸蚀性介质中的工作温度可达 300℃，回火后快速冷却的焊缝耐晶间腐蚀

注：被焊材料代号含义见表 7-11-5。括号内为焊条型号。

① 为在用非标焊条，仅供参考。

11.3　异种有色金属的焊接

11.3.1　不同质的铝合金的焊接

AA8009[⊖] 和 2618 同是耐热的铝合金，但两者的化学成分和力学性能差别较大，见表 7-11-12。均是 3mm 板材，需对接焊，由于熔焊难度大，可采用搅拌摩擦焊，在 FSW-3LM-006 龙门式数控搅拌摩擦焊机上进行。考虑到焊接时温度升高，2618 铝合金将软于 AA8009，所以对接焊时采取 2618 铝合金位于前进侧，而 AA8009 位于后退侧。焊接参数为：搅拌头

⊖ AA8009 为美国牌号。

转速 750r · min^{-1}，焊接压力 4000N，焊接速度 2.5mm · s^{-1}。焊后焊缝对称，没有飞边。接头力学性能见表 7-11-13。表中也列出了 2618 铝合金位于后退侧，而 AA8009 位于前进侧的结果，其焊接接头强度系数低于 2618 铝合金位于前进侧。可以看出，力学性能差别较大的异种金属材料进行搅拌摩擦焊时必须重视焊件位于焊接方向哪一侧的位置。

11.3.2 铝与铜的焊接

1. 铝与铜的焊接特点

铝与铜可以用熔焊、压焊和钎焊，其中以压焊应用广泛。

熔焊的主要困难是铝和铜的熔点相差很大（达 423℃），焊接时很难同时熔化。高温下铝强烈氧化，焊接时需有防止氧化措施和清除熔池中的氧化物。铝和铜在液态下无限互溶，在固态下有限固溶。铝和铜能形成多种以金属间化合物为主的固溶体相，其中有 $AlCu_2$、Al_2Cu_3、AlCu、Al_2Cu 等。当铝铜合金中的铜含量小于 12%（质量分数）时，综合性能最好。因此，熔焊时应设法控制焊缝金属的铝铜合金中铜的含量不超过 12%（质量分数），或者采用铝基合金。

铝和铜均为塑性很好的金属，因此两者很适于用压焊焊接，尤其是冷压焊、摩擦焊和扩散焊等。表 7-11-14列出了几种铝-铜压焊方法的比较。

表 7-11-12　AA8009 和 2618 铝合金的化学成分（质量分数）　（%）

材　料	Fe	V	Si	Mg	Cu	Ni	Al
AA8809	8.5	1.3	1.7	—	—	—	余量
2618	1.0	—	0.1	1.5	2.0	1.0	余量

注：AA8809 的 $R_{p0.2}=380MPa$，2618 的 $R_m=325MPa$。

表 7-11-13　AA8009 和 2618 铝合金搅拌摩擦焊接头力学性能

序　号	前进侧	后退侧	R_m/MPa	$R_{p0.2}$/MPa	A(%)	焊缝系数(%)	
						2618	AA8809
1	2618	AA8809	278	265	2.45	88	74
2	AA8809	2618	210	128	1.42	65	55

表 7-11-14　铝-铜压焊方法的比较

焊接方法	闪光对焊	摩擦焊	储能对焊	冷压焊
焊接质量	好(有脆性层、但不影响使用)	很好(无脆性层)	好(有脆性层，但不影响使用)	很好(无脆性层)
常焊面积	250~1600mm^2	ϕ6~ϕ40mm	0.5~10mm^2	0.5~200mm^2
断面形状	矩形	焊接时:圆形棒料	线材、管材	不限，实心件
生产率(平均)	60 件/h	80~120 件/h	自动 300 件/h 半自动 150 件/h	自动 120 件/h
焊前准备工作	需严格退火，表面清理一般，端面要求不高	需退火，端面要求平整，不能有油脂、水等脏物	硬铜件需退火，对清理要求也较高	硬铜线要退火，表面清理一般，对端面要求不高
焊后工作	去毛刺加工量不太大	车削去飞边，通常需锻扁或机械加工	锉去或砂轮磨去飞刺，管件清理内壁	—
材料消耗	铜烧掉 4.5~6mm 铝烧掉 15~18mm 不易收回	铜:6~7mm 铝:4~10mm 能收回	铝:线径的 1~1.5 倍 铜:线径的 1.5~2 倍 不易收回	为焊件直径或厚度的 2.5~3 倍 易收回
附加设备	电源变压器、空压机、抽风机	锻压机、机械加工设备	砂轮机	—

（续）

焊接方法	闪光对焊	摩擦焊	储能对焊	冷压焊
主要应用场合	由专业厂或车间制造大截面铝-铜过渡接头	由专业厂或车间制造中型断面铝-铜过渡接头	线材、管材等铜-铝过渡接头	适于制造相当于 ϕ2～ϕ13mm 的铝-铜过渡接头
常用设备	UN9-200 型铝铜闪光对焊机 LQ-200 型对焊机 LQ-300 型对焊机 改装 MCMY-150 型闪光对焊机	自制设备	各厂自制设备 UR2-800 型电容储能自动对焊机 UR3-1200 型电容储能半自动对焊机	LHJ-15 型冷压焊机 QL-25 型冷压焊机，手焊钳

2. 焊接工艺要点

1）熔焊。铝与铜组合最好采用氩弧焊。焊时电弧中心要偏向铜板一侧，偏移量相当于厚度的 1/2，以达到两侧同时熔化。可采用纯铝或铝-硅作填充焊丝。焊缝金属中加入合金元素可改善铝铜熔焊接头质量，加入锌、镁能限制铜向铝中过渡；加入钙、镁能使表面活化、易于填满树枝状结晶的间隙；加入钛、锆、钼等难熔金属有助于细化组织；加入硅、锌能减少金属间化合物。加入方法，可在焊前将其涂到铜的待焊表面上。

采用埋弧焊时，接头形式如图 7-11-3 所示。电弧与铜件坡口上缘的偏离值 $l=(0.5\sim0.6)\delta$，δ 为焊件厚度。铜侧开 J 形坡口，铝侧为直边。在 J 形坡口内预置 ϕ3mm 的铝焊丝。当焊件厚度为 10mm 时，采用焊丝直径 ϕ2.5mm，送丝速度 332m · h^{-1}，焊接电流 400～420A，电弧电压 38～39V，焊接速度 21m · h^{-1}。焊后焊缝金属中 $w(\mathrm{Cu})$ 在 8%～10% 范围，可得到满意的接头力学性能。

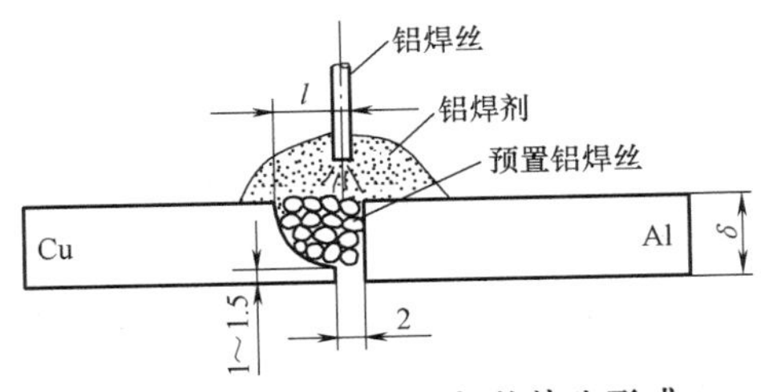

图 7-11-3 铜铝埋弧焊的接头形式

表 7-11-15 为几种不同厚度铝与铜埋弧焊的焊接参数。

2）压焊。表 7-11-14 中已给出了常用几种铝与铜压焊的焊前准备工作，这里补充说明一些工艺要点。

① 摩擦焊。棒料对接时，焊前需对焊件退火，锉平接合表面，并尽快焊接，以免沾污或重新生成氧化膜。摩擦焊加热温度应低于铝-铜共晶温度（548℃），一般控制在 460～480℃。这样既能防止产生脆性的金属间化合物，又能保证具有足够的塑性变形。表7-11-16列出了供参考的摩擦焊的焊接参数。

板料对接可以采用搅拌摩擦焊，只要焊接参数选择合适，也能获得良好的焊接接头。以板厚为 2mm 的铝合金 5A06(LF6)+纯铜 T1 对接焊为例，在搅拌头转速为 375～1180r · min^{-1}，焊接速度为30～150mm · min^{-1}较宽范围内焊接都能获得良好的焊缝成形。其中以转速为 1180r · min^{-1}，焊接速度为 30mm · min^{-1} 时的接头抗拉强度最高，达到 297.62MPa，是铝合金 5A06（314MPa）的 95%。

另一例子颇有特色，板厚为 4mm 的 5A05+T2 对接搅拌摩擦焊，焊接时把纯铜 T2 位于前进侧，搅拌头的搅拌针偏向铝合金 5A05 侧 0.9mm，焊前预热 200℃，以搅拌头转速为 1250r · min^{-1}，焊接速度为 40mm · min^{-1}进行焊接，同样获得良好的焊缝成形。

② 电阻闪光焊和储能对焊。铝-铜闪光对焊和电容储能对焊都是依靠提高顶锻速度和足够大的顶锻力，同时严格控制有电顶锻时间，将已形成的金属间化合物随液态金属一起挤出接口之外，使脆性层尽量的薄和不连续，来保证接触面处产生较大塑性变形。例如，闪光对焊时，采用大电流（比焊钢时大 1 倍）、高送料速度（比焊钢时高 4 倍），高压快速顶锻（100～300mm · s^{-1}）和极短的通电顶锻时间（0.02～0.04s）。

有时为了防止产生脆性化合物，事先在铜表面上镀上锌、铝或银钎料。

3）真空扩散焊。铝-铜真空扩散焊可获得导电、导热性能都很好的牢固接头。焊时不需加中间过渡层，其主要焊接参数为：真空度 6.67×10^{-3}Pa，焊接温度 500～520℃，压力 9.8MPa，时间 10min。详见第 5 篇第 5 章。

4）钎焊。在电器元件制造中经常采用铝-铜钎焊。详见第 5 篇第 10 章。

表 7-11-15　铝与铜埋弧焊的焊接参数

焊件厚度 /mm	焊丝直径 /mm	焊接电流 /A	电弧电压 /V	焊接速度 /m·h^{-1}	焊丝偏离 /mm	焊道数目	焊剂层	
							密度/mm	高度/mm
8	2.5	360~380	35~38	24.4	4~5	1	32	12
10	2.5	380~400	38~40	21.5	5~6	1	38	12
12	2.6	390~410	39~42	21.5	6~7	1	40	12
20	3.2	520~550	40~44	18.6	8~12	3	46	14

表 7-11-16　铝与铜摩擦焊的焊接参数

焊件直径/mm	6	8	10	12	14	16	18	20	22	24	26	30	36	40
主轴转速/r·min^{-1}	1030	840	540	450	385	320	300	270	245	225	208	180	170	160
焊前预压力/MPa	2~3	2~3	4~5	5~6	7~8	9~10	11~12	13~14	15~16	17~18	19~20	21~22	23~24	25~26
摩擦时间/s	4	4	4	4	4	4	4	4	4	4	4	4	4	4
摩擦压力/MPa	137	147	167	186	186	196	216	235	245	265	274	294	323	343
顶锻力/MPa	588	490	441	392	392	392	392	392	392	392	392	392	392	392
持压时间/s	2	2	2	2	2	2	2	2	2	2	2	2	2	2
铜伸出长度/mm	10	10	13	13	20	20	20	20	20	24	24	24	26	28
铝伸出长度/mm	1	1	2	2	2	2	2	2	2	2	2	2	2	2
床轴给进速度/mm·s^{-1}	1.4	1.4	2.1	2.1	3.2	3.2	3.2	3.2	3.2	3.7	3.7	3.7	3.7	3.7

5）熔焊-钎焊。这是熔焊和钎焊联合用于铝-铜接头的一种焊接技术。通常是对铜用钎焊，即在铜的待焊表面先搪一层锌基钎料，或镀一层 50~60μm 的锌层；然后与铝进行熔焊，只熔化铝一侧。如果用气焊，则用 CJ401 焊剂和纯铝焊丝进行焊接；用钨极氩弧焊时，只需填充铝焊丝。

11.3.3　钛与铝的焊接

钛与铝不能直接用熔焊，因为两者物理化学性能、力学性能差别很大，而且电子结构和原子半径等也明显不同；铝的熔点比钛低 1160℃；钛在铝中的溶解度极小，室温下只有 0.07%；在不同温度条件下分别能形成 TiAl 型和 $TiAl_3$ 型化合物，当温度超过 900℃时，又会形成 $TiAl_3$，这时钛尚未熔化。所以，最好采用钛不熔化而铝熔化的熔焊-钎焊法，控制铝的温度不超过 800~850℃。

钛和铝最适于用固态焊。焊时加热温度不超过 500℃，一般不会在界面上产生金属间化合物。

1）扩散焊。TA7 与 5A03 是钛合金和铝合金之间进行扩散焊的典型示例，焊时需用工业纯铝 1035（L4）作中间层或镀铝，以保证接头的强度和塑性。表 7-11-17 列出了 TA7（即 Ti-5Al-2.5Sn）与 5A03（即铝镁合金 LF3）扩散焊的焊接参数及其接头性能。

2）铝管和钛管冷压焊。图 7-11-4 所示为铝管和钛管冷压焊示意图。在管口处预先加工成环状的沟槽和凸台，当钢制压环 3 沿轴向压下而使钢环 4 和 5 进入给定位置时，铝管 1 受挤压而进入钛管 2 上的沟槽中相互贴紧形成接头。此工艺适于内径为 10~100mm，壁厚为 1~4mm 的铝钛管接头焊接。

表 7-11-17　钛-铝扩散焊的焊接参数及接头性能

镀铝工艺数		中间层		焊接参数		接头情况	
温度/℃	时间/s	厚度/mm	材料	温度/℃	时间/s	抗拉强度/MPa	断裂部位
780~820	35~70	—	—	520~540	30	210	铝镀层上、5A03 上
—	—	0.4	1035	520~550	60	181	1035 中间层上
—	—	0.2	1035	520~550	60	221	1035 中间层上、5A03 上

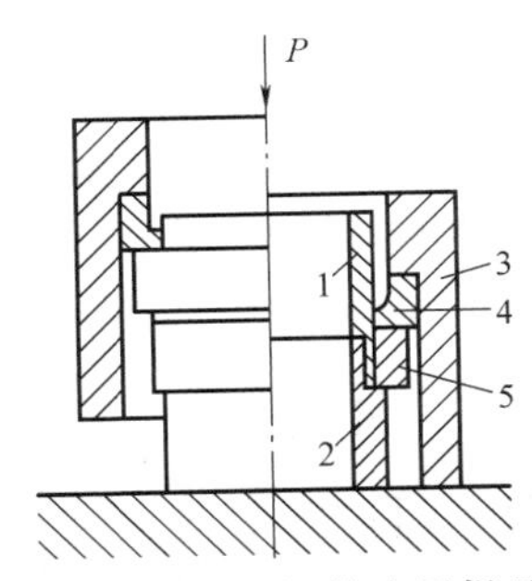

图 7-11-4　钛管与铝管冷压焊示意图

1—铝管　2—钛管　3—钢制压环　4、5—钢环

11.3.4　钛与铜的焊接

钛与铜焊接的主要问题是两者之间互溶性很小，能形成多种脆性金属间化合物，如 $TiCu_2$、TiCu、$TiCu_4$ 等。此外，还形成多种共晶体，其中熔点最低的 $TiCu_2+TiCu_4$ 共晶只有 860℃。

熔焊时常加入含有钼、铌或钽的钛合金过渡段，目的使 $\alpha \rightleftharpoons \beta$ 转变温度降，低以获得与铜组织相近的单相 β 的钛合金。这样与铜焊接可以得到较为满意的焊接接头。表 7-11-18 列出了 TB2（β 型钛合金）与 T2（2 号纯铜）熔焊的焊接参数及接头性能。

固态焊很适于钛与铜的焊接，冷压焊和爆炸焊可以使钛与铜直接相焊，但 α 型钛合金与纯铜爆炸焊时，为了获得高而稳定的接头力学性能，需在两者之间加入铌中间层，这样可以防止和减少产生金属间化合物。

扩散焊时，也需加入钼、铌等中间层，因为这些中间层与钛和铜都不会形成低熔共晶体和脆性金属间化合物。表 7-11-19 列出了钛合金与铜扩散焊的焊接参数及接头强度。从表 7-11-19 中看出，加入中间层并在电炉中加热，扩散焊效果最好。

表 7-11-18　TB2 钛合金与 T2 铜熔焊的焊接参数及接头性能

母材组合	板厚/mm	焊接电流/A	电弧电压/V	填充材料		电弧偏离/mm	接头抗拉强度/MPa
				牌号	直径/mm		
TB2+T2	3	250	10	QCr0.8	1.2	2.5	192
	5	400	12	QCr0.8	2.0	4.5	191

表 7-11-19　TC2（钛合金）和 T2（纯铜）扩散焊的焊接参数及接头强度

中间层材料	焊接参数			加热方式	抗拉强度/MPa
	温度/℃	时间/min	压力/MPa		
不加中间层	800	30	4.9	高频感应	63
	800	300	3.9	电炉	144~157
钼（喷镀）	950	30	4.9	高频感应	78.4~113
	980	300	3.9	电炉	186~216
铌（喷镀）	950	30	4.9	高频感应	71~103
	980	300	3.9	电炉	186~216
铌（0.1mm 箔片）	950	30	4.9	高频感应	91
	980	300	3.9	电炉	216~267

11.4　钢与有色金属的焊接

11.4.1　钢与铝及铝合金的焊接

1. 焊接性

钢与铝熔焊困难，压焊较易。在冶金方面，铝能与钢中的铁、锰、铬、镍等元素形成有限固溶体，但也会形成金属间化合物，还能与钢中的碳形成化合物，这些化合物对接头性能有不利影响；在工艺方面，由于两种金属物理性能相差很大（见表 7-11-20），给焊接造成下列困难：

1）两者熔点相差达 800~1000℃，同时达到熔化很困难。

2）热导率相差 2~3 倍，同一热源很难加热均匀。

3）线胀系数相差 1.4~2 倍，在接头界面两侧必然产生热应力，无法通过热处理消除。

4）铝及铝合金表面受热能迅速生成氧化膜，给金属熔合造成困难。

表 7-11-20 钢、铝及其合金的物理性能

材料		熔点 /℃	热导率 /W·(m·K)$^{-1}$	线膨胀系数 /$10^{-6}K^{-1}$
钢	碳钢	1500	77.5	11.76
	1Cr18Ni9Ti①不锈钢	1450	16.3	16.6
铝及铝合金	1060 纯铝	658	217.3	24.0
	5A03(LF3)防锈铝	610	146.5	23.5
	5A06(LF6)防锈铝	580	117.2	24.7
	5A12(LF12)防锈铝	690	163.3	23.2
	2A12(LY12)硬铝	502	121.4	22.7
	2A14(LD10)硬铝	510	159.1	22.5

①1Gr18Ni9Ti 为在用非标准材料，仅供参考。

2. 熔焊工艺要点

熔焊宜采用钨极氩弧焊。焊前在钢表面镀上一层与铝相匹配的第三种金属作中间层。碳素钢或低合金钢中间层多为锌、银等，对奥氏体型不锈钢最好渗铝。对接焊时，宜使用 K 形坡口，坡口开在钢板一侧。采用交流电源。钨极直径为 2~5mm，用含少量硅的纯铝焊丝。对氩弧与焊丝的操作是使铝为熔焊，而钢为钎焊。熔化的铝漫流到已镀层的钢表面上。焊接电流按板厚确定，一般板厚 3mm 取 110~130A，6~8mm 取 130~160A。若在钢的坡口表面先镀一层铜或银，然后再镀锌，效果更好，能提高接头强度。

3. 压焊工艺要点

压焊是钢和铝焊接较适用的方法，尤其是冷压焊、超声波焊和扩散焊等，一般焊接界面都不形成金属间化合物。

1）冷压焊。焊前连接表面必须清洁；焊时接头处需有足够塑性变形量，铝及铝合金的最小变形量在 60%~80%。对于塑性差别很大的异种金属冷压对接焊，为了增加接头的连接面积，常把较硬的焊件加工成尖楔形，焊接时把它压入较软的焊件中。图 7-11-5所示为铝或钛管与钢管冷压对焊楔形接头的示意图。

2）扩散焊。为了防止接合界面产生金属间化合物，最好焊前在钢表面电镀上铜、镍中间层，接合表面加工至表面粗糙度为 3.2~6.3μm。主要焊接参数：焊接温度 550℃，压力 7.5~14MPa，时间 5~20min，真空度 0.133Pa。

3）摩擦焊。接头多为对接，且其中一个焊件需旋转。连接面经摩擦升温，可能形成金属间化合物。因此，摩擦焊时，在保证获得足够塑性变形量的前提下，尽可能缩短摩擦加热时间并施加较大的顶锻力，将可能形成的金属间化合物挤出。表 7-11-21 列出了纯铝与低碳钢摩擦焊的焊接参数。

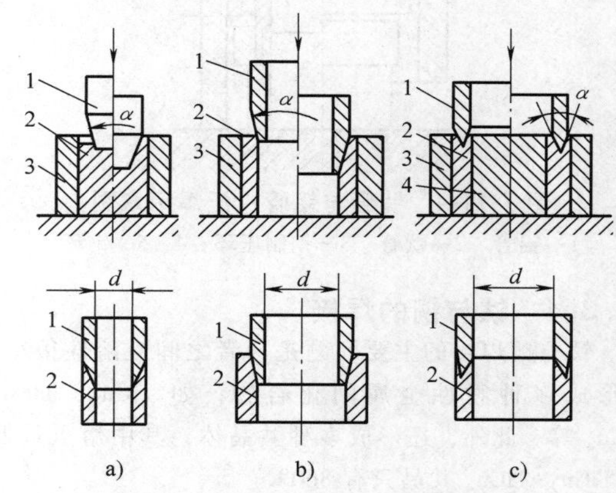

图 7-11-5 铝或钛管与钢管冷压对焊楔形接头的示意图

a) $\alpha=20°$ $d<20$mm b) $\alpha=20°$ $d=20\sim50$mm c) $\alpha=4°$ $d>50$mm

1—钢 2—铝或钛 3—钢压模 4—铜垫块

11.4.2 钢与铜及铜合金的焊接

1. 焊接性

钢与铜焊接性较好，因为铜与铁不形成脆性化合物，相互间有一定溶解度，晶格类型相同，晶格参数相近，但由于两者熔点、热导率、线胀系数等热物理性能差别大，加上铜在高温时极易氧化和吸收气体等，给熔焊工艺带来许多困难。主要是铜一侧熔合区易产生气孔和母材晶粒长大；由于存在低熔点共晶和较大热应力，故有裂纹倾向；钢一侧熔合区经常发生液态铜向钢晶粒之间渗透导致形成热裂纹。含镍、铝、硅的铜合金焊缝金属对钢的渗透较少，而含锡的青铜则渗透较严重。液态铜能浸润奥氏体却不能浸润铁素体，所以铜与奥氏体型不锈钢焊接易发生热裂纹，与奥氏体-铁素体双相钢则不易生热裂纹。焊缝金属的塑性随铁的含量增加而下降，因此要求铁的含量控制在 $w(Fe)<20\%$。铜母材氧含量应尽量低。填充金属除与单相奥氏体钢焊接外，一般是选用铜或铜合金焊丝。

铜与钢采用摩擦焊、扩散焊、爆炸焊等固态焊，均能获得优良的焊接接头。

2. 熔焊工艺要点

大多数熔焊方法都可用于钢与铜及其合金的焊接。这里介绍常用的几种焊接方法。

表 7-11-21　Q235 钢与纯铝摩擦焊的焊接参数

焊件直径/mm	钳口处伸出长度/mm	转速/r · min^{-1}	压力/MPa		加热时间/s	顶锻量/mm		接头弯曲角/(°)
			加热	顶锻		加热	总量	
30	15	1000	5	12	4	10	14	180
30	16	750	6	5	4.5	10	15	180
40	20	750	5	5	5	12	13	180
50	26	400	5	12	7	10	15	100～180

1）焊条电弧焊。当板厚大于 3mm 时需开坡口，坡口形状和尺寸与焊钢时大体相同。双边 V 形坡口一般不留钝边，以保证焊透。焊前严格清理待焊表面油脂和水分。选用低氢型药皮的铜焊条。单道焊缝施焊时，焊条偏向铜侧，必要时对铜件适当预热。表 7-11-22列出了低碳钢与纯铜焊条电弧焊的焊接参数。

表 7-11-22　低碳钢与纯铜焊条电弧焊的焊接参数（用 ECu 焊条）

材料组合	接头形式	母材厚度/mm	焊条直径/mm	焊接电流/A	电弧电压/V
Q235A+T1	对接	3+3	3.2	120～140	23～25
Q235A+T1	对接	4+4	4.0	150～180	25～27
Q235A+T2	对接	2+2	2.0	80～90	20～22
Q235A+T2	对接	3+3	3.0	110～130	22～24
Q235A+T3	T 形接	3+8	3.2	140～160	25～26
Q235A+T3	T 形接	4+10	4.0	180～210	27～28

2）埋弧焊。板厚大于 3mm 就可以采用埋弧焊。当厚度大于 10mm 时，需开 V 形坡口，坡口角为 60°～70°。由于钢与铜导热性能差别大，坡口角可不对称，铜侧略大。焊接时，焊丝要偏向铜侧 5～8mm（见图 7-11-6），目的是控制热量和焊缝铁含量。一般在坡口中放置铝丝可以脱氧、减小液态铜向钢侧晶界渗入的倾向。此外，Al 与 Fe 形成微小的 $FeAl_3$ 质点，使铜的晶粒细化。

表 7-11-23 列出了钢与铜不预热单面焊双面成形埋弧焊的焊接参数。

3）钨极氩弧焊。主要适用于薄件焊接，也常用在纯铜-钢的管与管，板与板、管板的焊接，以及在钢上衬纯铜的焊接。焊前焊件必须彻底清理，通常铜要酸洗，而钢件要去油脂。

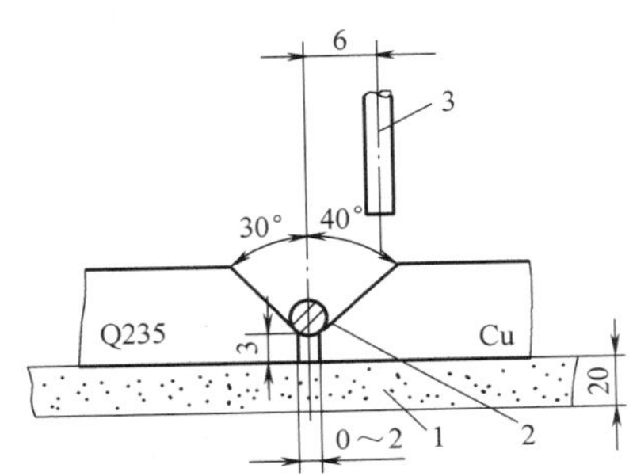

图 7-11-6　钢-铜埋弧焊示意图

1—焊剂垫　2—填充铝丝　3—焊丝

当纯铜与低碳钢焊接时，可选用低磷纯铜焊丝 HS202 作填充金属；纯铜与不锈钢焊接时，可用 B30 白铜丝或 QAl9-2 铝青铜焊丝。用直流正接焊，电弧偏向铜侧。

3. 压焊工艺要点

1）摩擦焊。摩擦焊在钢与铜及其合金对接焊中广泛应用，其接头质量一般高于闪光对焊。表7-11-24 列出了两种棒状的铜合金与钢摩擦焊的焊接参数。

钢与有色金属也可以采用搅拌摩擦焊。由于两种材料熔点、热强度、热导率和塑性流动特性相差很大，因此必须注意：搅拌头的材料及其设计，这两种材料相对位置和搅拌针偏向哪一侧等问题。以板厚为 4mm 的 Q235 钢与 T2 纯铜对接焊为例，采用高温合金作搅拌头材料，轴肩直径为 18mm，搅拌针直径为 6mm，焊接时纯铜板在前进侧，搅拌针偏向钢侧 0.8mm，取搅拌头转动速度为 750r · min^{-1}，焊接速度为 75mm · min^{-1}时，就能获得内外无缺陷的焊接接头。

表 7-11-23　Q235 钢与 T2 铜不预热单面焊双面成形埋弧焊的焊接参数

母材及厚度/mm	焊丝材料及直径/mm	焊剂	焊接电流/A	电弧电压/V	焊接速度/m · min^{-1}	焊丝伸出长度/mm	极　性
Q235，$\delta=12$；T2，$\delta=12$	T1，$\phi4$；填充铝丝 1 根，$\phi3$	F4A2	650～700	40～42	0.2	35～40	直流反接

表 7-11-24 棒状铜合金与钢摩擦焊的焊接参数

接头材料	棒料直径 /mm	旋转速度 /r·min^{-1}	压力/MPa		顶锻量 /mm	焊接时间 /s
			加热时	顶锻时		
铝青铜(QAl9-2)+20 钢	20	1500	24.5	24.5	6~8	8~9
锰黄铜(HMn58-2)+20 钢	30	1500	24.5	24.5	6~8	8

2）扩散焊。钢-铜扩散焊可获得优质接头。当低碳钢和纯铜扩散焊时，其主要焊接参数为：焊接温度900℃，焊接压力 4.9MPa，焊接时间 20min，真空度 $1.333\times40^{-1}\sim1.333\times10^{-2}$Pa。

为了提高接头强度，常用镍片作为中间扩散层，因为镍与铁、铜都能形成无限固熔体。

3）电阻对焊及闪光对焊。钢与纯铜、黄铜等都可以进行电阻对焊和闪光对焊。焊接时，注意调整焊件在钳口处的伸出长度：闪光对焊时，钢的烧损比铜大，故装夹焊件时，钢 $l=3.5d$，黄铜 $l=1.5d$，纯铜 $l=1.0d$，式中 d 为焊件直径，l 为伸出长度；电阻对焊时，钢 $l=2.5d$，黄铜 $l=1.0d$，纯铜 $l=1.5d$。顶锻力都取 9.8~14.7MPa。顶锻时应把接口处的熔化金属和杂质全部挤出，并使该处产生一定塑性变形。

11.5 钢与难熔金属的焊接

钢与 Nb、Mo、W 等难熔金属的焊接性很差，在高温下易氧化和氮化，出现焊接裂纹以及焊缝金属和热影响区的脆化。

1. 焊缝金属和热影响区的脆化

焊接热循环使 Nb、Mo、W 及其合金的晶界上经加热已破碎的脆性膜重新固溶，并在随后的冷却过程中沿晶界析出；同时，晶粒长大使晶界总面积减少，晶界上的杂质含量增加，使焊缝金属和热影响区发生脆化、塑性降低、塑-脆转变温度上升。如果焊接时保护不好，焊缝金属中的氧、氢量增加，也会引起焊缝金属的脆化。C、Si、S 等杂质元素进入焊缝金属，也会引起类似氧、氮的作用。

2. 焊接裂纹和气孔

Nb、Mo、W 的弹性模量及焊接应力大，焊接接头易脆化，所以当杂质含量较高、拘束度较大时，极易产生焊接裂纹。减少裂纹倾向的措施有：防止杂质对焊缝金属的污染；尽量降低焊接接头的拘束度；焊前进行高于母材塑-脆转变温度的预热，焊后立即进行低于母材再结晶温度的后热；采用脉冲焊以破坏焊缝金属结晶的方向性。

3. 应力集中的敏感性

由于 Nb、Mo、W 及其合金的塑-脆转变温度高，对应力集中十分敏感。因此，焊接时应避免产生咬边、未焊透等缺陷，焊后将焊缝表面的波纹去除，并使焊缝与母材的过渡区平滑，有利于防止焊接接头的脆断。

钢与 Nb、Mo、W 的焊接性主要取决于 Nb、Mo、W 的性能。这些难熔金属在高温下与空气中的氧发生强烈反应，在焊接过程中易产生气孔、接头脆化和裂纹等缺陷。金属中的杂质对其力学性能、变形加工性以及焊接性有很大的影响。Nb、Mo、W 等金属对气体的吸附、溶解与扩散，以及相互作用而生成的氧化物、氮化物、氢化物，使焊接接头发生严重的脆化现象，明显降低了焊接接头的力学性能。

Nb 的焊接性较为良好，而 Mo、W 的焊接性较差。例如，钼中仅含有 $w(O_2)=0.002\%$，$w(C)=0.003\%$，$w(N_2)=0.008\%$时，这些杂质析出与金属形成氧化物、氮化物和碳化物等脆性相，这些脆性相多分布于晶界处，在焊接应力作用下极易产生结晶裂纹。

Nb、Mo、W 与 Fe、Ni、Co 等材料焊接时，由于它们之间的物理与化学性能相差较大，对 Nb、Mo、W 金属的溶解度均降低，多以有限互溶存在，且能形成一系列的脆性化合物，而且它们之间的熔点和线胀系数相差很大，在焊接过程中易产生很大的热应力和焊接缺陷，也会增大裂纹敏感性。

钢与 Nb、Mo、W 等难熔金属焊接时，必须在焊缝中加入适当的合金元素，使它既能与 Nb、Mo、W，又能与钢中的主要元素形成无限互溶或溶解度较大的固溶体；同时可以加入塑性好并与 Nb、Mo、W 和钢焊接性好的中间金属层。采用只对钢熔焊而对 Nb、Mo、W 实行钎焊连接的熔焊-钎焊工艺，最为有效。

11.6 铸铁与钢的焊接

铸铁的焊接性很差，铸铁与钢焊接的主要问题在铸铁一侧，其焊接性和焊接工艺主要考虑铸铁的焊接特点，而钢一侧几乎可不考虑。根据铸铁与钢的化学成分、填充金属类型、接头形式和结构强度要求等选择合适的焊接方法。铸铁结构与钢的焊接，在生产中主要是各种钢与灰铸铁、可锻铸铁、球墨铸铁的焊接。

铸铁与钢焊接时，填充金属按表 7-11-25 选择。可以先在铸铁待焊面用小直径的镍基或铸铁焊条堆焊过渡层，堆焊要分段、间隔、交错进行；再用 E5015 焊条等在过渡层上堆焊中间层；最后用 E5015 将钢与铸铁焊接起来，焊接时应将电弧指向碳素钢母材。

表 7-11-25　铸铁与钢焊接时填充金属的选择

被焊材料	焊条电弧焊	CO_2气体保护焊	氩弧焊	钎焊	
				钎料	钎剂
低碳钢+灰铸铁	AWSENi-CL-A(95%Ni)、ENi6182、EZ116	ER49-1 53Ni-45Fe 药芯焊丝	ENi0	H62、SCu4701、SCu6800、BCu58ZnFeSn	硼砂，硼酸盐
低碳钢+可锻铸铁	EZCQ、EZNi-1、EZNiFe-1、EZNiFeCu、EZNiCu-1、E5015、E4303、E4319		ENi6182 ENi-Cl-A(95%Ni) ENi-Cl(93%Ni)	BAg50CuZnCdNi、BAg-3(AWS)、BAg-4(AWS)	QJ101 或 QJ102
低碳钢+球墨铸铁	EZNi-1、EZNiFe-1、EZNiFeCu、ENi6182、ENi-C1-A、E5015		—	35Sn-30Pb-35Zn 软钎料	—

11.6.1　灰铸铁与碳素钢的焊接

1. 焊接特点

灰铸铁与碳素钢的焊接在机床床身、底座、机架、齿轮箱及发动机缸体上应用较多。在灰铸铁与碳素钢的焊接中，铸铁中的碳以片状石墨形式存在，分布在铁素体、珠光体或珠光体+铁素体基体上。石墨片相当于孔洞和裂纹，割裂基体的连续性，降低了接头的力学性能。当焊接接头承受拉应力时，容易在片状石墨尖角处产生应力集中，因而裂纹倾向增加，并容易产生气孔；接头承受压应力时，石墨割裂基体和造成的应力集中很小，因此具有较高的抗压强度。灰铸铁与碳素钢的焊缝中石墨数量越多、越粗大、越呈片状分布，割裂基体作用越大，力学性能也就越差。由于铸铁中碳含量高，杂质多，焊接接头容易产生白口组织，在焊接应力作用下极易产生裂纹和断裂。总之，灰铸铁与碳素钢的焊接性差，必须选择合适的焊接方法及填充材料，采取特殊的焊接工艺措施，才能获得优良的焊接接头。

2. 焊接工艺

灰铸铁与碳素钢焊接时，所采用的焊接方法主要是手工电弧焊（包括热焊法、冷焊法）。此外，还可以采用 CO_2气体保护焊、氩弧焊（TIG、MIG）、等离子弧焊、钎焊和扩散焊等方法。

1）电弧热焊。所谓电弧热焊，就是焊前将铸铁母材被焊部位预热到 400～700℃（暗红色），然后进行焊接，焊后再进行缓冷的焊接方法。施焊前去除铸铁和钢表面的氧化皮、油脂、水分。焊条可选用 EZC、EZNiFe-1 或结构钢焊条 E4303、E5015。

电弧热焊前将铸铁件被焊部位加热到 400～600℃，此时铸铁的屈服强度很大，内应力很小，可以大大减少产生裂纹倾向，防止出现白口组织。选用铸铁芯焊条（在焊芯外面涂石墨化药皮），通过焊芯和药皮向焊缝过渡碳、硅等石墨化元素，也可选用钢芯石墨化药皮焊条（EZC），通过药皮向焊缝过渡石墨化元素。热焊时，电弧稍倾向铸铁母材金属侧，焊接过程中两种母材金属温度不低于 400℃，否则易出现裂纹。采用直径为 4mm 的 EZC 焊条焊接时，电弧长度为 3～5mm；采用直径为 10mm 的铸铁芯焊接焊接时，电弧长度为 8～10mm。焊接坡口根部和边缘时，不要用电弧直接加热，让热量通过熔池金属传至坡口使之熔化，这样既可保证焊缝的熔合比，又能避免产生咬边或熔合不良等缺陷。

焊后进行消除应力热处理，将冷却至 100～200℃的焊接接头加热到 600～620℃，每 25.4mm 保温 1h，然后缓冷（冷却速度 28℃/h），以防止产生裂纹，降低硬度，也可采用石棉垫或草木灰覆盖，缓冷至常温。

2）电弧冷焊。所谓电弧冷焊，就是焊前对铸铁被焊部位不预热，或低温预热（<400℃）再进行焊接的方法。电弧冷焊与电弧热焊相比，焊前母材金属不预热，减少了工艺过程，节省了焊接时间，具有一定的推广价值，焊接生产中应用较多；焊件形状和大小不受限制，易于大批量生产。

电弧冷焊前认真清理灰铸铁与碳素钢的接头表面，使之露出纯净的基体金属。焊接坡口参照碳素钢的坡口形式及尺寸。采用对接接头时，灰铸铁一侧开 35°～45°的单面 V 形坡口；碳钢侧开 15°～25°的 V 形坡口；搭接时，灰铸铁一侧开 20°～25°的 V 形坡口。

灰铸铁与碳素钢装配时，装配间隙要尽量小，通常为 0.5～2.0mm。为了提高焊接接头的强度，可在坡口上钻孔、攻丝及拧上螺钉，螺钉可装在坡口一侧或两侧。

焊接有白口倾向的铸铁和刚度大的碳素钢时，先对被焊接头进行退火或回火处理，以便消除残余应力。

当用电弧冷焊法对灰铸铁与碳素钢进行焊接时，宜选用高镍、镍铁等焊条。电弧冷焊焊条的选择见表 7-11-26。填充材料必须进行 150～200℃烘干，保温时间为 1～2h。

表 7-11-26　灰铸铁与碳素钢电弧冷焊焊条的选择

焊条种类	焊条牌号	焊条型号	主要特点
钢芯铸铁焊条	Z100	EZFe-1	低碳钢芯，氧化性药皮
	Z116	EZV	钢芯钒合金化药皮，抗裂性好
	Z208	EZC	强石墨化药皮，抗裂性较差，成本低
镍基焊条	Z308	EZNi	纯镍芯，强还原性石墨型药皮，抗裂性好，机械加工性好
	Z408	EZFeNi-1	镍铁合金焊芯，石墨型药皮，抗裂性好，强度高
	Z508	EZNiCu-1	镍铜焊芯，石墨型药皮，收缩率大，抗裂性较差，易加工
铜芯铸铁焊条	Z607	—	铜芯铁粉
	Z616	—	铜芯铁皮
结构钢焊条	J422	E4303	工艺性能优良，适于全位置焊接，交、直流两用
	J423	E4301	电弧稳定，脱渣性好，适于全位置焊接，交、直流两用
	J507	E5015	抗裂性好，力学性能优良，适于全位置焊接

电弧冷焊时，通常先在铸铁一侧坡口上堆焊过渡层，在过渡层上堆焊一层中间层，以利于与碳素钢的连接；然后用碳素钢焊条将中间层与碳素钢连接起来。施焊过程中应采用小电流、短弧、小线能量和窄焊道，以及锤击焊道以松弛应力等工艺措施。电弧冷焊过程中，灰铸铁一侧的热量应占 20%，碳素钢一侧的热量应占 25%，焊条热量占 30%，电弧热量占 25%。

电弧冷焊后的焊接接头必须缓慢冷却，出现裂纹等缺陷时用电弧吹掉，重新焊接。

3）钎焊。采用钎焊方法时，在 454～510℃催化的熔融盐池中清除石墨、表面氧化物等，改善钎料在铸铁表面的润湿性。钎焊时母材不熔化，不参与冶金反应，因而不会产生白口层，不易产生裂纹。钎焊温度低，接头应力很小，不会产生淬火组织，这对铸铁焊接非常有利。

灰铸铁与 Q235 低碳钢钎焊，多采用氧乙炔焰作热源，有时也采用氩弧（TIG）作为热源。多采用铜基钎料，一般铜为 52%～56%，其余为锌。这种钎料接头强度低（117.6～147MPa），焊后钎缝颜色为黄色，与铸铁颜色相差太大。若要求钎缝颜色与铸铁、钢表面颜色相近，可以采用如下钎料：$w(\mathrm{Cu})=48\%\sim50\%$，$w(\mathrm{Mn})=9.5\%\sim10.5\%$，$w(\mathrm{Ni})=3.5\%\sim4.5\%$，$w(\mathrm{Sn})=0.3\%\sim0.7\%$，$w(\mathrm{Al})=0.2\%\sim0.4\%$，其余为 Zn。钎剂一般采用硼砂作为钎剂。

钎焊前，清理焊件表面，利用喷砂或火焰清除灰铸铁表面上的石墨。为提高钎焊缝的强度，钎焊后可在 700～750℃退火处理 20min，以利于增强钎料与母材互相扩散。

11.6.2　可锻铸铁与碳素钢的焊接

可锻铸铁与碳素钢焊接的最大问题是可锻铸铁焊接加热时一经熔化，就容易造成白口，可锻铸铁一侧未熔化区形成白口层，容易产生焊接裂纹。此外，当焊接区中任何部位的温度高于 850℃时，急冷后都会出现使可锻铸铁返回白口铸铁组织的可能性。

可锻铸铁与碳素钢焊接时，由于碳素钢热导率比可锻铸铁大，线胀系数也有较大差别，因此焊接接头的应力较大，容易产生裂纹。可锻铸铁与碳素钢焊接常用的方法有手工电弧焊（包括热焊与冷焊）、氧乙炔气焊、钎焊、CO_2气体保护焊和真空扩散焊等。

1. 电弧热焊和冷焊

采用电弧热焊和冷焊焊接可锻铸铁与碳素钢时，操作技术和焊接工艺与灰口铸铁和碳素钢的电弧热焊和冷焊相似。焊接参数可根据可锻铸铁与碳素钢两种母材的物理特性、化学成分及对结构强度的要求来确定。

可锻铸铁与碳素钢的手工电弧焊多采用电弧冷焊，尽量选择焊缝金属的线胀系数与可锻铸铁相近的焊条，这样有利于减小焊接应力，防止产生裂纹。严格控制焊接电流，即要选用小直径焊条，采用短弧、小电流，熔深要浅，焊接电弧始终倾向于碳素钢一侧，尽可能使可锻铸铁一侧半熔化区及热影响区窄小，避免半熔化区出现白口或淬硬组织。降低焊缝的熔合比，焊接速度要快，焊接时不摆动，窄道多层焊，焊后轻击焊缝消除应力。焊接时严格控制温度在 850℃以上的停留时间，避免可锻铸铁返回白口铸铁；采用镍基焊条可使可锻铸铁成分在焊缝中的比例减小。

2. CO_2气体保护焊

生产中常采用细丝CO_2气体保护焊焊接可锻铸铁与碳素钢，这样可获得良好的焊接接头。以可锻铸铁KTH350-10与35钢的焊接为例，汽车工业生产中，越野车备胎拖架与螺栓的连接即属于此种情况。焊接时，可选择0.6～1.0mm的ER49-1，也可选用EZNiCu-1焊条电弧焊。可锻铸铁KTH350-10与35钢焊接的焊接参数见表7-11-27。

表 7-11-27　可锻铸铁 KTH350-10 与 35 钢焊接的焊接参数

焊接方法	空载电压 /V	电弧电压 /V	焊接电流 /A	焊速 /cm·s^{-1}	气压 /MPa	气体流量 /L·min^{-1}	焊丝伸出长度 /mm	送丝速度 /m·min^{-1}
焊条电弧焊	80	22	100	1	—	—	—	—
	80	20	130	1	—	—	—	—
CO_2气体保护焊	26.2	21.5	98	2	0.294	11	8～10	5
	27.2	23	95	2	1.47	11	8～10	5
	26.3	22	96	2	147	11	8～10	6

可锻铸铁与碳素钢CO_2气体保护焊过程中要特别注意，焊接起弧处和收弧处最容易出现缺陷，一是起弧要搭接，二是要填满弧坑，同时要保证CO_2气体纯度，使用预热气能有效保证低氢性的特点。尽量使用0.6～0.8mm的细焊丝，少用1.0mm的焊丝，这样能保证铸铁件的质量。

11.6.3　球墨铸铁与碳素钢的焊接

球墨铸铁中的石墨呈球状，对基体的割裂作用和应力集中比灰铸铁小得多，因而基体抗拉强度可达400～600MPa，但是球墨铸铁中的球化剂（如镁、稀土及硅钙合金等）起阻碍石墨化作用，所以球墨铸铁白口化倾向更大。球墨铸铁与碳素钢焊接时，半熔区更容易形成白口层，奥氏体区更容易形成马氏体组织，由此引起更大的裂纹倾向。另外，球墨铸铁的强度高，对焊缝金属强度的要求也相应提高。

球墨铸铁与碳素钢的物理性能、化学成分有很大差别，焊接时在碳素钢一侧熔合区附近会集聚很大的应力，因此焊接接头容易产生裂纹，严重时焊缝与母材金属可出现“剥离”现象。

球墨铸铁与碳素钢焊接时必须预热，一般预热温度为500～700℃，焊接过程要保温，焊后要缓冷。常用的焊接方法有焊条电弧焊、氧乙炔气焊、CO_2气体保护焊、真空扩散焊和钎焊等。

1. 焊条电弧焊

对球墨铸铁，焊前准备时可用喷丸方法去除铸铁表面的氧化皮。为保证接头质量，往往采用电弧热焊法，焊前预热500～700℃。

如果选择塑性好、抗裂性高的镍基合金焊条时，球墨铸铁与碳素钢焊接也可采用电弧冷焊法。

采用电弧冷焊的主要特点是生产率高，但是电弧冷焊冷却速度快，球墨铸铁中的球化剂严重阻碍石墨化过程，焊缝容易出现白口组织；电弧冷焊时出现的白口组织不仅影响机械加工，而且收缩率大，焊接变形大，在焊接应力作用下，焊缝极易产生裂纹，靠近球墨铸铁母材一侧的焊缝裂纹倾向尤为严重。为防止焊缝出现白口组织，通常选用高钒焊条和镍铁焊条，如选用EZFeNi-1焊条，焊缝的抗裂性能和机械加工性能明显地得到改善。

焊前选用直径为1.0mm的ER49-1焊丝，先在球墨铸铁坡口上堆焊过渡层。堆焊过渡层的焊接参数为：焊接电压18～20V，焊接电流95～105A，焊接速度0.278～0.333cm·s^{-1}。为了确保堆焊层质量，两个相邻堆焊焊道的宽度以重叠1/3为佳。

电弧冷焊时，将堆焊好的球墨铸铁件与碳素钢件严格定位，接头根部间隙为3～8mm。然后用E5016或E5015焊条进行焊接，为了防止焊接接头处产生角变形，应进行双面焊。

球墨铸铁焊后应立即放入593～649℃的加热炉中，升温到899℃，保温2～4h；冷却到704℃时保温5h，再炉冷到593℃；最后在空气中冷却，有利于获得好的效果。

图7-11-7所示为球墨铸铁与碳素钢的焊接接头，先用镍基焊条在球墨铸铁侧坡口上堆焊过渡层；然后

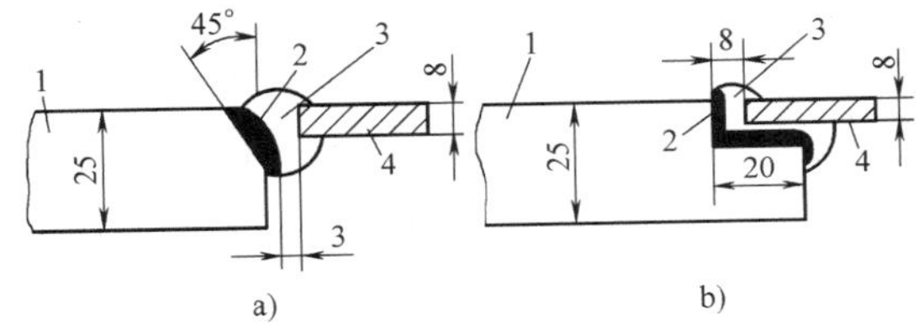

图 7-11-7　球墨铸铁与碳素钢的焊接接头

a）间隙 3mm　b）间隙 8mm

1—球墨铸铁　2—过渡层　3—焊缝　4—碳素钢

将碳素钢板与之装配，留有足够间隙；最后采用E5016焊条将焊缝填满。

2. CO_2气体保护焊

球墨铸铁与钢的连接可采用管状药芯焊丝CO_2气体保护焊方法施焊。首先堆焊过渡层，采用含钒的小直径铸铁焊条（如EZV），小电流、浅熔深，严格控制熔合比；然后用CO_2气体保护焊将坡口焊满，采用直径为0.6~0.8mm的管状药芯焊丝（焊丝为ER49-1）；最后对接头进行热处理并随炉缓冷。

11.7 复合钢板的焊接

复合钢板也称“双层钢”。通常是以珠光体钢（如碳素钢或普通低合金高强度钢等）作基层材料，以满足复合钢板强度、刚度和韧性等力学性能的要求，其厚度一般小于40mm；覆层材料则根据需要，一般有不锈钢（如奥氏体型不锈钢或铬不锈钢等）、铝及铝合金、铜及铜合金和钛及钛合金等，其厚度一般只占复合钢板厚度的10%~20%，多为1~5mm。覆层主要是满足耐蚀性、导电性或其他特殊性能要求。

复合钢板的制造方法有爆炸焊（见第5篇第7章）、复合轧制、堆焊或钎焊等。它是一种制造成本低、具有良好综合性能的金属材料，广泛应用于石油、化工、食品、医药、海水淡化和核工业等领域。很有发展前途。

11.7.1 复合钢板焊接的一般原则

为了保证复合钢板不因焊接而失去原有优良的综合性能，通常都是对基层和覆层分别进行焊接，即把复合钢板接头的焊接分为基层的焊接、覆层的焊接和基层与覆层交界处过渡区的焊接三个部分。这样，基层和覆层的焊接工艺就和单独地焊接这两类材料的工艺相同。其焊接性、焊接材料选择和焊接工艺等由基层、覆层材料决定；过渡区的焊接就属于异种金属的焊接，其焊接性主要决定于基层和覆层的化学物理性能、接头形式和填充金属等。前面所述各种异种金属熔焊工艺原则上是适用的。如果过渡区异种金属之间缺乏相溶性，尚没有成熟的焊接工艺和焊接材料时，可以不焊过渡区，只分别焊接基层和覆层，焊接覆层时尽量不让基层熔入。

11.7.2 复合钢板的焊接方法和焊接材料

1. 焊接方法

鉴于基层有力学性能要求，所以基本上都是采用焊接性能较好的结构钢，如碳素钢和普通低合金钢等作基层材料，其厚度相对较厚，一般采用焊条电弧焊、埋弧焊和CO_2气体保护焊；对不锈钢的复合钢板，其覆层目前应用较多的是奥氏体型不锈钢，其次是铁素体型不锈钢，所以对这种覆层及过渡区的焊接常用焊条电弧焊和氩弧焊；而对于以铜、铝等为覆层的复合钢板焊接，应选择电弧功率较高的惰性气体保护焊，如He+Ar混合气体保护焊、He弧焊等。

2. 焊接材料

基层用的焊接材料务必保证接头具有预期所需要的力学性能，一般按等强度原则来选用。表7-11-28列出了复合钢板基层焊接用的焊接材料。

覆层焊接用的焊接材料原则上与覆材相同或相近。焊接过渡区用的焊接材料按异种金属焊接特点来选用，必须考虑基层焊缝对过渡区焊缝的稀释作用。表7-11-29列出了复合钢板过渡区和覆层各自焊接用的焊接材料，供参考。

表7-11-28 复合钢板基层焊接用的焊接材料

基层材料	焊条电弧焊	埋弧焊		气体保护焊	
	焊条	焊丝	焊剂	焊丝	气体
Q235、20、20g、20R、22g、3C	E4303、E4315、E4316	H08A、H08MnA	F4A2、F5A2	H08Mn2Si、H10Mn2、ER49-1	CO_2或CO_2+Ar
Q355、16MnR、16Mng	E5003、E5015、E5016	H08MnA、H10Mn2、H10MnSi、H08Mn2SiA、H08Mn2MoA	F4A2、HJ430、HJ350、F5A2、SJ301	H08Mn2SiA、H08Mn2MoA、H10MnSi	CO_2或CO_2+Ar
Q390、15MnVR、15MnVN、15CrMo	E5003、E5015、E5016、E5501-G、E5515-G、E5516-G				

注：焊剂列中的HJ430、HJ350、SJ301对应为GB/T 5293—1999中的焊剂F4A2。

表7-11-29 复合钢板过渡区和覆层焊接用的焊接材料

覆层金属	过渡区		覆层	
	焊条	裸焊条和焊丝	焊条	裸焊条和焊丝
奥氏体Cr-Ni不锈钢				
06Cr19Ni10	E309、E309L	S309、S309L	E308、E308L	S308、S308L
06Cr23Ni13	E309L	S309L	E309L	S309L

（续）

覆层金属	过渡区		覆层	
	焊条	裸焊条和焊丝	焊条	裸焊条和焊丝
奥氏体 Cr-Ni 不锈钢				
06Cr25Ni20	E310、E310Nb	S310	E310、E310Nb	S310
06Cr17Ni12Mo2	E309Mo	S309	E316、E316L、E318	S316、S316L、S318
022Cr17Ni14Mo2	E309L、E309Mo	S309L	E316L、E318	S316L、S318
06Cr19Ni13Mo3	E309Mo	S309	E317、E317L	S317、S317L
022Cr19Ni13Mo3	E309L、E309Mo	S309L	E317L	S317L
06Cr18Ni11Nb	E309Nb	S309L	E347	S347
铬不锈钢				
06Cr13Al 10Cr17 10Cr15	ENi6133 或 ENi6182① E309① E310① E430②	SNi6062 或 SNi7092①③ S309① S310① S430②	ENi6133 或 ENi6182① E309① E310① E430②	SNi6062 或 SNi7092①③ S309① S310① S430②
12Cr13 06Cr13	ENi6133 或 ENi6182① E309① E310① E430②	SNi6062 或 SNi7092①③ S309① S310① S430②	ENi6133 或 ENi6182① E309① E310① E410② E410NiMo②、E430②	SNi6062 或 SNi7092①③ S309① S310① S410② S410NiMo② S430②
镍合金				
镍 镍-铜 镍-铬-铁	ENi2061 ENi4060 ENi6062、 ENi6133 或 ENi6182	SNi2061 SNi4060 SNi6062	ENi2061 ENi4060 ENi6062 或 ENi6182	SNi2061 SNi4060 SNi6062
铜合金				
铜	ENi4060	SNi4060		SCu1898
铜	ECuAl-A2	SCu6180		
铜	ENi2061	SNi2061		
铜-镍	ENi4060	SNi4060 SNi2061	ECuNi	S7158
铜-铝	ECuAl-A2	SCu6180	ECuAl-A2	SCu6180
铜-硅	ECuSi	SCu6560	ECuSi	SCu6560
铜-锌	ECuAl-A2	SCu6180	ECuAl-A2	SCu6180
铜-锡-锌	ECuSn-A	SCu5180	ECuSn-A	SCu5180

① 不推荐在温度低于 10℃ 的材料上进行焊接。

② 推荐最小预热温度为 150℃，尤其是厚度大于 12.7mm 的钢板更是如此。

③ SNi7092 焊缝金属可时效硬化。

11.7.3　复合钢板的焊接接头设计

复合钢板焊接接头设计除应遵循一般接头设计原则外，还必须考虑便于分别对基层、覆层及过渡区的焊接施工，以及避免或减少焊接第一焊道时被稀释的问题。

GB/T 985.4—2008《复合钢的推荐坡口》已给出了一般熔焊用的坡口形式和尺寸，应优先选用。在没有标准遵循时，下述一些实践资料可参考。

图 7-11-8 所示为不锈钢复合钢板、铜及铜合金复合钢板对接接头常用的坡口形式，图 7-11-9 所示为钛及钛合金或铝及铝合金复合钢板对接接头常用的坡口形式。图 7-11-10 所示为复合钢板角接头常用的坡口形式。

对接接头尽可能采用双边 V 形坡口双面焊。先焊基层、再焊过渡（括号内的尺寸供埋弧焊用）层，最后焊覆层，以保证覆层焊缝具有较好的耐蚀性能；同时考虑过渡层的焊接特点，尽量减少覆层一侧的焊接工作量。当焊接位置受限，需单面焊时，可用单面 V 形坡口，尽量先焊覆层，再焊过渡层，最后焊基层，要使覆层中少熔入基层成分。

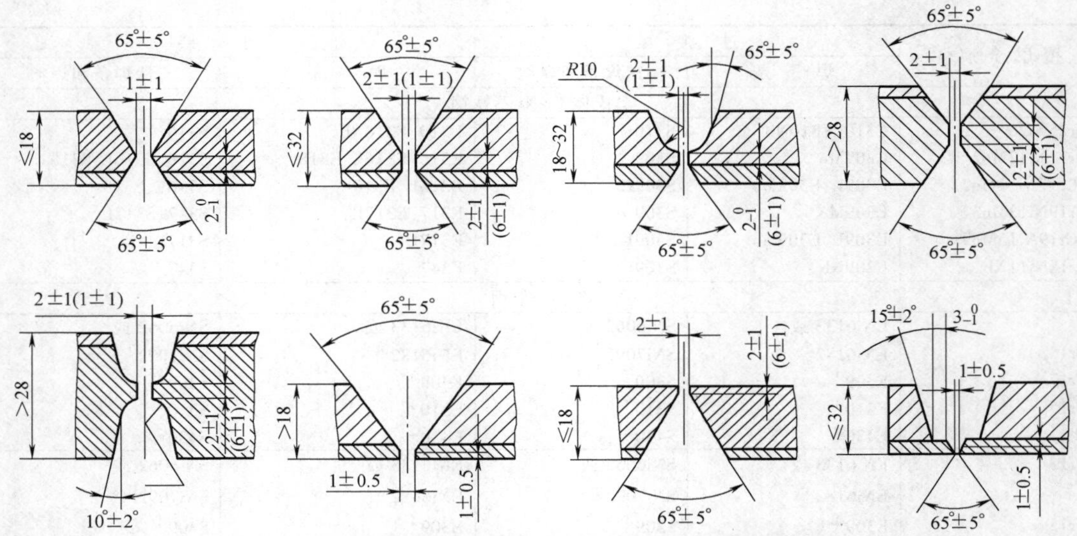

图 7-11-8 不锈钢复合钢板、铜及铜合金复合钢板对接接头常用的坡口形式（括号内的尺寸供埋弧焊用）

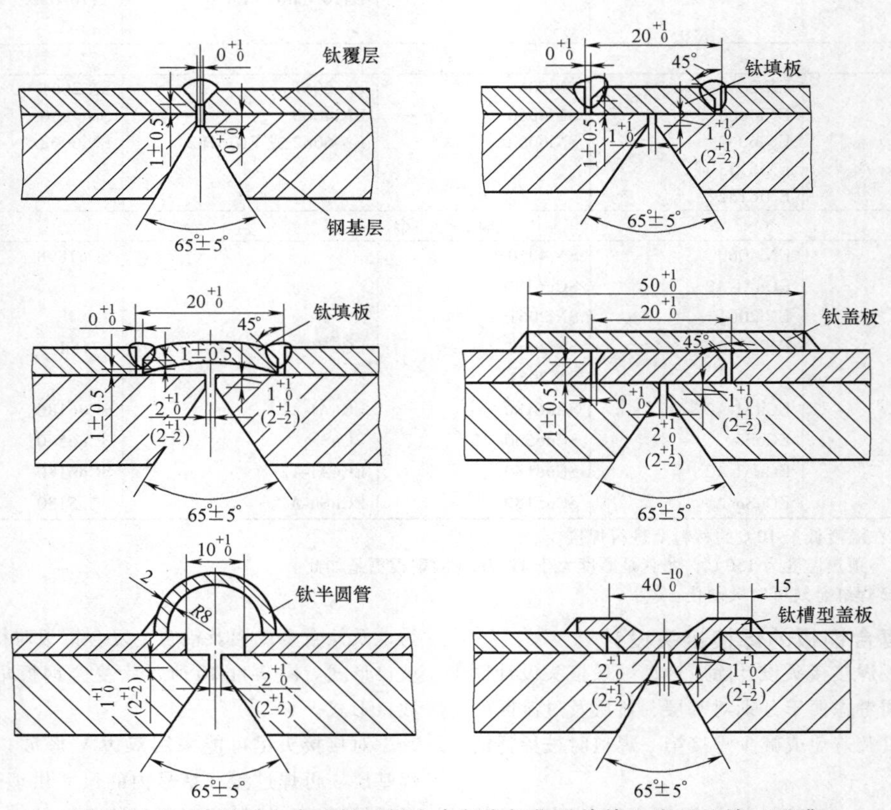

图 7-11-9 钛及钛合金或铝及铝合金复合钢板对接接头常用的坡口形式

角接头的覆层无论位于内侧或外侧，均先焊基层。覆层位于内侧时，在焊接覆层前，应从内角对基层焊缝进行清根；覆层位于外侧时，应对基层最后焊道表面进行修光。焊覆层时，可先焊过渡层，也可直接焊覆层，视复合钢板厚度而定。

钛及钛合金或铝及铝合金覆层与钢基层冶金上相

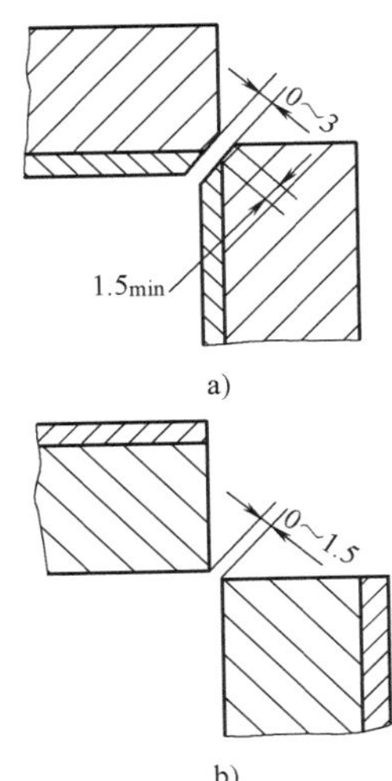

图 7-11-10　复合钢板角接头常用的坡口形式

a）覆层位于内侧　b）覆层位于外侧

容性差，因此在接头设计上尽量避免或减少基层金属熔入覆层金属。所以，在构造上与不锈钢复合钢板有较大区别，如图 7-11-9 所示。

11.7.4　复合钢板的焊接工艺要点

1）一般情况下焊接程序是先焊基层，且经清根，并按规定质量要求检验合格后，再焊过渡区，最后焊覆层，如图 7-11-11 所示。

2）焊接基层时，应防止覆层的过热和熔化，最好采用低氢的焊接工艺。

3）可以用碳弧气刨、铲削或磨削法进行清根，焊过渡层前必须清除清根后遗留在坡口内的所有异物。

4）焊接过渡层时，应尽量减小稀释率。如用小直径焊条和窄焊道；采用合金元素含量比覆层更高的填充金属，以备稀释。

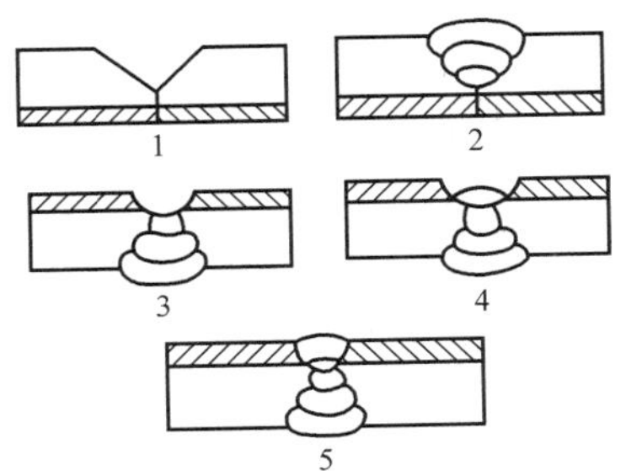

图 7-11-11　复合钢板焊接顺序

1—装配　2—焊基层　3—清焊根开覆层坡口
4—焊过渡层　5—焊覆层

5）焊接覆层时，焊缝表面应平整、成形美观。

6）需要焊后热处理清除焊接残余应力时，最好在焊完基层焊缝后进行，然后焊过渡层，再焊覆层。选择热处理工艺时应考虑下列因素：基层与覆层热处理工艺参数上的差异；对覆层耐蚀性能的影响；基层和覆层界面间元素扩散是否会产生脆性相，导致复合钢板性能恶化；因基层与覆层间物理性能差异，热处理冷却过程产生残余应力，导致覆层产生应力腐蚀开裂等。一般热处理温度宜取下限，适当延长保温时间。对覆层喷丸处理也有利于降低应力。

7）当不锈钢复合钢板总厚度≤10mm 时，在不影响接头力学性能和耐蚀性的前提下，采用与焊接覆层相同的填充金属焊接整个接头，可能更经济。

第 12 章　金属材料的堆焊

12.1　概述

堆焊是为了增大或恢复焊件尺寸，或使焊件表面获得具有特殊性能的熔敷金属层而进行的焊接。它是焊接技术领域的一个重要分支，又是表面工程中的一个主要技术手段。它的最大优点是充分发挥金属材料的优越性能，达到节约用材和延长机件使用寿命等目的。在矿山机械、冶金、石油化工、交通运输及农业机械等工业部门应用广泛。

应用堆焊技术，必须解决好下面两个主要问题。

1）正确选用堆焊金属（或合金）。为此，必须弄清被焊机件的材质、工作条件及对堆焊金属使用性能的要求，同时又要熟悉现有的堆焊金属的种类、性能及其适用范围。

2）选定合适的堆焊方法及相应的堆焊工艺。为此，必须掌握所选堆焊方法的工艺特点及其在堆焊时可能出现的技术问题，尤其要解决好堆焊金属与母材之间异种金属焊接的问题。

12.1.1　堆焊的主要用途

1. 零件的修复

机器零件经过一段时间运行后总会发生磨损、腐蚀等，使其工作性能和效率下降，甚至失效。利用堆焊方法能很快地修复，并继续使用，起到延长机件使用寿命的作用。修复所花费用，往往比制造或购买新机件的费用低得多。由于修复的及时，可以减少停机的损失。

2. 零件的制造

利用堆焊工艺作为生产手段去制造具有综合性能的双金属机器零件。例如，水轮机的叶片，用碳素钢制成基体，在可能发生气蚀部位（多在叶片背面下半段）堆焊一层不锈钢，使之成为耐气蚀的双金属叶片；在金属切削刀具的制造中，刀体要求强韧，用来源容易、价格便宜的碳素钢制造，而刀刃要求坚硬锋利，使用硬质合金，用堆焊方法把这种硬质合金焊到刀体刃口部位上，这样就可以节约大量贵重的硬质合金。

12.1.2　堆焊的类型

按使用目的分，堆焊有下列几个类型。

1）耐蚀堆焊或称包层堆焊，是为了防止腐蚀而在工作表面上熔敷一定厚度具有耐蚀性能金属层的焊接方法。

2）耐磨堆焊是为了减轻工作表面磨损和延长其使用寿命而进行的堆焊。

3）增厚堆焊是为了恢复或达到工件所要求的尺寸，需熔敷一定厚度金属的焊接方法。多属于同质材料之间的焊接。

4）隔离层堆焊。在焊接异种金属材料或有特殊性能要求的材料时，为了防止母材成分对焊缝金属的不利影响，以保证接头性能和质量，而预先在母材表面（或接头的坡口面上）熔敷一定成分的金属层（称隔离层）。熔敷隔离层的工艺过程称为隔离层堆焊。

上述以耐蚀堆焊和耐磨堆焊应用最多也最广，是本章介绍的主要内容。

12.1.3　堆焊的特点

从物理本质看，堆焊的热过程、冶金过程，以及堆焊金属层的凝固结晶和相变过程与普通熔焊工艺是相同的，但是，堆焊是以获得具有特殊性能的表面层为目的，因此需注意堆焊过程中可能影响达到这个目的的一些特点。

1）堆焊时，熔敷金属因母材的熔入而被稀释。因此，在选择堆焊金属时，既要考虑与母材之间相容性问题，又要充分估计这种稀释给堆焊层的性能带来影响，尤其是在修复工作中，母材的材质复杂，几乎包括了所有类型的金属，也许待堆焊面原先就是堆焊层，必须对其化学成分弄清楚；在选择堆焊方法和制订堆焊工艺时，应以减小稀释率为主要选择原则。

2）由于基体与堆焊层合金成分和物理性能存在差别，焊接过程或焊后使用过程中将会出现类似异种金属焊接中所呈现的特殊现象。例如，在堆焊层的熔合区上可能出现延性下降的脆性层；在高温条件下工作，熔合区上可能出现碳迁移层；由于线胀系数差别大，堆焊后的冷却、热处理和运行过程中产生的热应力，严重时可能导致堆焊层开裂或剥离；在钢质基体上堆焊有色金属时，有色金属将受到铁的污染等。

因此，在选择堆焊金属时，尽量选择与母材金属有相近的性能。不然，就需考虑预置中间（过渡）层，以减小化学成分和物理性能上的差别。

3）当多道或多层堆焊时，先焊焊道受多次热循环作用，其化学成分、金相组织变得不均匀；晶粒可能粗化；碳化物或 σ 相可能析出；由于热应力作用而引起热疲劳、应变时效等。这些均影响堆焊层的工作性能。

4）在制造业中，当工件采用堆焊结构时，母材（即基体）是可以选择的。选择时，除需满足结构设计（通常是强度和刚度）和成形方式的要求外，还需考虑与堆焊金属的焊接性和匹配性问题。如果工件的堆焊层性能是主要的，而对母材没特殊要求，这时宜选择易焊的金属材料作母材，如 $w(\mathrm{C})=0.2\%\sim0.45\%$ 的碳素钢。若兼顾焊接性和强度，则宜选用中碳钢，或者是碳当量较低的普通低合金高强度钢。对有高韧性要求的工件，可以考虑选用奥氏体高锰钢作母材。

12.2　堆焊金属的使用性能

堆焊金属（又称堆焊合金）必须能满足机件工作表面使用性能的要求，这些要求主要是耐磨、耐蚀、耐冲击和耐高温等。

12.2.1　堆焊金属的耐磨性及其磨损类型

堆焊金属的耐磨性指堆焊金属表面抵抗各种磨损的能力。磨损是材料在使用过程中，由于表面被固体、液体或气体的机械作用引起的材料脱离或转移而造成的损伤。

磨损主要有四种类型：黏着磨损、磨料磨损、冲击浸蚀和微动磨损。了解各种磨损的过程、本质和特点，可以正确地选择堆焊材料。

1. 黏着磨损

摩擦副相对运动时，由于黏着作用使材料由一表面转移到另一表面所引起的磨损，又称金属间磨损。按作用应力大小又分为：氧化磨损，金属性磨损、撕脱或“咬死”等。

氧化磨损又称轻微磨损，是外加载荷较小时产生的一种黏着磨损。由于摩擦热的作用，滑动表面产生一层氧化膜，能减少滑动表面产生黏着。所以，这种磨损速度小，磨屑细，磨损表面呈匀细磨痕。

金属性磨损又称严重磨损。当外加载荷较大时，滑动表面之间因黏着而引起严重的磨损。表面形成细而浅的犁痕式破坏，磨屑为较大的碎片或颗粒状，磨损速度快。

当表面出现宽而深的犁痕式破坏时称为撕脱；严重时使相对运动停止，称为“咬死”。这些都是由于装配时应力太大造成的。

黏着磨损约占工程磨损损失总重中的 15%。常用于抗黏着磨损的堆焊金属有铜基合金、钴基合金和镍基合金等。铁基合金在阀门行业中应用较多。

2. 磨料磨损

磨料磨损是由于外来的金属或非金属磨料粒子的切削造成的磨损。根据作用应力大小可分为低应力磨料磨损、高应力磨料磨损和凿削式磨料磨损等类型。

低应力磨料磨损时，作用应力小于磨料的压溃强度，材料表面产生微小切削痕，磨损表面形态为表面擦伤。磨料的硬度、尺寸、尖锐程度对这种磨损速度影响很大。由于应力较低，对堆焊材料抗冲击性能和韧性要求不高。因此，高硬度的马氏体合金铸铁和高铬合金铸铁都可以作为抗低应力磨料磨损的堆焊金属。

高应力磨料磨损是在外加应力大于磨料的压溃强度时发生的。工件表面受到很高的局部应力，对于一般的金属材料会被拉伤，对韧性材料会产生塑性变形或疲劳，而对脆性材料则发生碎裂或剥落。可采用具有高屈服强度（以利于吸收高的接触应力）和高硬度（以抗磨料的磨损）的堆焊合金，如高铬马氏体铸铁、碳化钨等。高锰钢由于具有优异的加工硬化性能，也适于耐高应力磨料磨损的堆焊金属。

当磨料较粗大，对材料表面产生高应力碰撞，使磨料切入工件表面，而凿削下大颗粒的金属，形成肉眼可见的深凿槽，便成为凿削式磨料磨损。对这种磨损，宜采用硬度高而韧性好的堆焊合金，如高锰钢等。

对于磨料磨损，堆焊层的耐磨性能取决于该层经磨损一段时间后的硬度和磨料硬度的比值。若磨料硬度远高于堆焊层的硬度，则发生快速磨损，反之，则磨损率很低。实践表明，当两者硬度相当时，适当提高堆焊层的硬度，对提高耐磨性最有意义。

3. 冲击浸蚀

含有硬颗粒的流体对固体表面高速冲击，使固体表面产生的磨损称为冲击浸蚀。其破坏程度取决于质点的大小、形状、浓度、速度和冲击角等。在小冲击角时，冲击浸蚀是由质点的切削作用产生，其浸蚀速度取决于工作表面的硬度。采用含有大量硬质相的过共晶合金，如合金铸铁堆焊层等，能有效地减缓这种冲击浸蚀；在大冲角时，质点的冲撞使工作表面发生变形，从而导致剥离或凹痕，因此宜采用能吸收较多冲击能而不产生变形或开裂的材料作堆焊金属。

4. 微动磨损

机械零件配合较紧的部位，在载荷和一定频率振动条件下，使零件表面产生微小滑动而引起的磨损，称为微动磨损，如紧配合轴颈的磨损。

12.2.2　堆焊金属的耐蚀性

金属受周围介质作用而引起的损坏称为腐蚀。按腐蚀机理可分化学腐蚀和电化学腐蚀。化学腐蚀是金属与介质发生化学反应而引起的损坏。腐蚀产物在金属表面形成表面膜。如果该表面膜致密、完整，强度和塑性好，线胀系数与金属相近，膜与金属的黏着力强等，则表面膜就能对金属提供有效的保护。铝、铬、锌、硅等能生成这样的氧化膜，因而能减缓金属的腐蚀。

电化学腐蚀是金属与电解质溶液相接触时，由于形成原电池而使其中电位低的部位遭受的腐蚀，如金属在潮湿大气中的大气腐蚀、不同金属接触处的电偶腐蚀等均属电化学腐蚀。

常用的耐腐蚀堆焊合金有铜基、镍基、钴基合金和奥氏体型不锈钢等。

12.2.3　堆焊金属的抗冲击性

金属表面由于外来物体的连续高速度地冲击而引起的磨损称为冲击磨损。一般表现为表面变形、开裂和凿削剥离。常和磨料磨损同时出现。按金属表面所受应力大小及造成损坏情况分为三类。

1）轻度冲击。动能被吸收，金属表面的弹性变形可恢复。

2）中度冲击。金属表面除发生弹性变形外，还发生部分塑性变形。

3）严重冲击。金属破裂或严重变形。

堆焊金属的抗冲击性与它的抗压强度、延性和韧性有关。一种材料的耐冲击性和耐磨性有矛盾，往往两者不可兼得。表 7-12-1 列出了几种堆焊金属耐磨料磨损与冲击韧度的比较。

表 7-12-1　几种堆焊金属耐磨料磨损与冲击韧度的比较

堆焊金属	磨料磨损量[①]		冲击韧度
	在湿石英砂中	在干石英砂中	
管装粒状碳化钨（气焊）	0.20	0.60	低
高铬合金铸铁（气焊）	—	0.03	↓
铬钨马氏体合金铸铁（气焊）	0.35~0.40	0.02	
铬镍或铬钼马氏体合金铸铁（气焊）	0.35~0.40	0.04	
马氏体低合金钢（弧焊）	0.65~0.7	—	
铬钼或 5%（质量分数）铬马氏体钢（弧焊）	—	0.40	
珠光体钢（气焊）	0.8	0.06	
高锰奥氏体钢（弧焊）	0.75~0.80	—	高

① 以 20 钢磨损量为 1 来计算。

12.2.4　堆焊金属的耐气蚀性

气蚀发生在零件与液体接触并有相对运动条件下，在表面上不断发生气穴，在气穴随后的破灭过程中液体对金属表面产生强烈的冲击力，如此反复作用，使金属表面产生疲劳而脱落，形成许多小坑（麻点）。小坑会成为液体介质的腐蚀源，当其表面保护膜遭破坏后腐蚀尤为严重。气蚀往往不单纯是机械力所造成破坏，液体的化学及电化学作用，液体中含有磨料等均可加剧这一破坏过程。水轮机转轮叶片、船舶螺旋桨、水泵等常发生气蚀。气蚀成因复杂，既有冲击磨损、磨料磨损又有腐蚀问题，因此宜选用既有较好耐蚀性又有较高强度和韧性的堆焊金属。表 7-12-2 列出了常用材料耐气蚀性能比较。

表 7-12-2　常用材料耐气蚀性能比较

材料名称	耐气蚀性
斯太立钴基合金	高
尼龙	↑
镍铝青铜	
奥氏体型不锈钢	
铬不锈钢	
蒙乃尔合金	
锰青铜	
铸钢（低碳低合金钢）	
青铜	
铸铁	低

12.2.5　堆焊金属的耐高温性能

金属在高温下工作，可能引起氧化或起皮；组织因回火或相变而软化；高温长期工作而产生蠕变破坏；承受反复加热和冷却而导致热疲劳破坏等。在高温下也会加剧磨损和腐蚀的破坏。因此，在高温下工作的堆焊金属应具有抗氧化性、热强性、热硬性、抗热疲劳性、抗高温磨损和耐高温腐蚀等性能，像镍基合金、钴基合金和高铬合金铸铁等都是典型的高温堆焊材料。

12.3　堆焊金属的类型及其特性

12.3.1　堆焊金属的类型

1. 按堆焊材料的形状分类

按堆焊材料的形状分类，有丝状、铸条状、带状和粉粒状等。它们是根据材料的可加工性及堆焊方法的工艺特点来决定的。

1）丝状和带状是由可轧制和拉拔的堆焊材料制成。它们均可做成实心的和药芯的，这样有利于实现堆焊的机械化和自动化。丝状堆焊材料可供气焊、埋弧焊、气体保护焊和电渣焊用，带状主要用于埋弧堆焊和电渣堆焊，其熔敷率高。

2）铸条状。当材料的轧、拔加工性不好，如钴基、镍基合金和合金铸铁等，一般做成铸条状。可以直接供气焊、TIG 焊和等离子弧焊等堆焊时作熔敷金属材料用。

铸条、光焊丝和药芯焊丝等，外涂药皮后即可制成堆焊焊条，专供焊条电弧堆焊使用。由于适应性强、灵活方便，可以全位置施焊，所以应用很广泛。

3）粉状。把所需的各种合金制成粉末，按一定配比混合成合金粉末，供等离子弧或氧乙炔火焰堆焊和喷熔使用。其最大优点是方便了对堆焊层成分的调整，拓宽了堆焊材料的适用范围。

表 7-12-3 列出了堆焊材料的形状及其适用的焊接方法。

表 7-12-3　堆焊材料的形状及适用的焊接方法

堆焊材料形状	适用的焊接方法
丝（实心）状 （直径 d=0.5~5.8mm）	氧乙炔焰堆焊,气体保护电弧堆焊、埋弧堆焊、等离子弧堆焊及振动堆焊
带状 （厚度 t=0.4~0.8mm） （宽度 B=30~300mm）	埋弧堆焊、电渣堆焊
铸条状 （直径 d=2.2~8.0mm）	氧乙炔焰堆焊、钨极氩弧堆焊及等离子弧堆焊
粉（粒）状	等离子弧堆焊,氧乙炔焰堆焊
堆焊用焊条 （钢芯、铸芯、药芯）	焊条电弧堆焊
药芯焊丝	气体保护弧堆焊、自保护电弧堆焊、埋弧堆焊、氧乙炔焰堆焊、钨极氩弧堆焊及等离子弧堆焊

2. 按堆焊层的化学成分和组织结构分类

1）铁基堆焊金属。它又分为下面几类：

① 珠光体类堆焊金属。

② 马氏体类堆焊金属。包括低碳、中碳、高碳马氏体钢，高速钢、工具钢和高铬不锈钢等。

③ 奥氏体类堆焊金属。包括奥氏体高锰钢、铬锰奥氏体钢和铬镍奥氏体不锈钢等。

2）合金铸铁类堆焊金属。包括马氏体合金铸铁、奥氏体合金铸铁和高铬合金铸铁三大类。

3）镍基堆焊金属。按其强化相不同又分为含硼化物合金、含碳化物合金和含金属间化合物三大类。

4）钴基堆焊金属。主要是钴铬钨合金，即所谓斯太立（stellite）合金，其堆焊层的金相组织是奥氏体+共晶组织。

5）铜基堆焊金属。包括纯铜、黄铜、青铜和白铜四类。

6）碳化钨堆焊金属。碳化钨堆焊层是由胎体材料和嵌在其中的碳化钨颗粒组成的。胎体材料可由铁基、镍基、钴基和铜基合金构成。堆焊用的碳化钨有铸造碳化钨和以钴为黏结金属的烧结碳化钨两类。

12.3.2　堆焊金属的主要成分与性能特征

选用堆焊金属时，必须全面了解它的性能特点和适用范围。一般应注意：所选堆焊金属主要含什么合金元素，其含量大约多少；堆焊层的金相组织；它的硬度、塑性和韧性、耐磨、耐蚀和耐热性能；它的焊接性、冷热加工性和热处理性；适用何种堆焊方法；主要用途等。

表 7-12-4 列出了常用堆焊金属的牌号、主要成分、性能特征和主要应用举例，供选用时参考。

表 7-12-4　常用堆焊金属的牌号、主要成分、性能特征及应用示例

类型	牌　　号	主要成分（质量分数，%）	性能特征	主要应用示例
珠光体钢	焊条：D102、D106、D107、D112、D126、D127、D132、D146、D156	C<0.5，其他合金总量<6.5，主要是 Mn、Cr、Mo、Si	价廉，抗裂性好，可机械加工，硬度较低（20~38HRC），耐磨性不高	过渡层或恢复尺寸堆焊，也可堆焊轴类、车轮、齿轮等
马氏体钢	焊条： 低碳：广堆 1~4、D217A、DM-742 中碳：D172、D167、D212、D237 高碳：D207、D227	C：0.1~1.0，最高可达 1.5。其他合金总量<12，个别可达 14，主要是 Mn、Cr、Ni、Mo、Si	硬度、耐磨性、耐冲击性，不同牌号差别大，25~65HRC，低碳的韧性好，中碳的能耐中度冲击，含碳和合金量高的耐磨性高，但焊接性较差，必须预热和后热	低碳马氏体钢主要作过渡层，也可堆焊轴、齿轮等。中、高碳马氏体钢可堆焊铲斗、搅拌机叶片等

(续)

类型	牌 号	主要成分(质量分数,%)	性 能 特 征	主要应用示例
工具钢	焊条: 高速钢:D307 冷工具钢:D317、D322、D327、D327A、D017、D027、D036 热锻模钢:D337、D397	高速钢碳含量>0.8,其他钢种含碳较低,其他合金元素有 Cr、Mo、W、V、Co、Si 等	高速钢、工具钢堆焊层硬度≥55HRC。热锻模、热轧辊钢含碳较低,能耐中度冲击,有的有较好耐冷热疲劳性。多种材料有较高热强性和红硬性	金属切削刀具、热锻模、热轧辊、冷冲模、农机、矿山机械及磨煤机锤头等
高铬不锈钢	焊条:G202、G207、G217、D502、D507、D507Mo、D507-MoNb、D512、D517 合金粉末:F321	Cr:13,其他合金总量<13,主要是 Mo、Nb、W 等	有空气淬硬特性,堆焊层硬度≥38HRC。有适度的耐磨性、耐蚀性、耐热性和耐冲击性	耐中温(300~600℃)金属间磨损零件,如阀门密封面、螺旋输送叶片、搅拌桨等
铬镍不锈钢	焊条:A002、A042、A062、A102、A202、A302、A402、D547、D547Mo、D557 合金粉末:F311、F312、F322、F327A、F327B	Cr>17,Ni>7,其他合金总量<10,主要是 Mo、W、Si 等。个别还含 V、Nb、B 等	韧性、耐热性好。有冷作硬化性,冷作后可达 40HRC。低碳和超低碳的耐蚀性好。含碳较高的耐高温磨损。加硼的耐磨性更好	常作高铬钢堆焊的过渡层。低碳的用于化工设备耐蚀堆焊,高碳的用于阀门密封面和炉内零件
奥氏体锰钢和铬锰奥氏体钢	焊条:D256、D266、D276、D277、D516M、D516MA、D567、D577 合金粉末:F326	奥氏体锰钢,C<1.1,Mn:13。还含少量 Cr、Mo、V、Ni 等,总量<10。铬锰奥氏体钢除高锰外,Cr>10,还含 W、Mo、Ni、V、Si 等	奥氏体锰钢韧性好,耐冲击,在重冲击时冷作硬化效果显著,可达 450HBW。只能电弧焊,且焊时焊件必须冷却,工作温度不能高于 200℃。在碳素钢上堆焊需过渡层。铬锰奥氏体钢性能与高锰钢相似,但耐磨性更好,没有碳化物脆化问题	高冲击条件下金属间磨损和磨料磨损的工件,如铁路道岔、铁轨、机床夹具、破碎机、推土机、阀门密封面等
合金铸铁	焊条:D608、D678、D698、D618、D628、D642、D646、D667、D687 合金粉末:F323、F323A、F324、F325 焊丝:HS101、HS103	C:1.5~6,马氏体型 Cr<10,奥氏体型 Cr:12~28,高铬合金型 Cr>28,此外含 W、Mo、V、Ti、Ni、B 等	硬度高,45~64HRC,抗磨料磨损性好,堆焊时易裂。一般需预热和后热。奥氏体型能抗轻度冲击,但抗高应力磨料磨损性较差。马氏体型的抗高应力磨料磨损性好,但抗冲击性差,含铬高的耐热性、耐蚀性、抗氧化性都较好	矿山冶金机械、农业机械、泥浆泵、粉碎机辊、挖掘机、挖泥机、磨煤机、制砖机、螺旋输送器、混合器叶片及水轮机叶片等
镍基合金	焊条:Ni112、Ni307、Ni307B、Ni337 合金粉末:F121、F122、F113	Ni:70,Cr:15,还含 Mo、Nb、Fe、Mn 等元素 镍铬硅硼系 无硼的镍铬钨硅系	抗裂性较好。Ni337 抗黏着磨损、耐蚀性、耐热性都较好(硬度 250HBW) 耐热、抗氧化、在 650℃ 以下环境中有良好耐磨、耐蚀性能。中硬的 F121 硬度 40~50HRC。高硬的 F122>55HRC 耐磨、耐热、耐蚀性都超过 Stellite No.6,是理想的代钴材料	Ni337 作核容器密封面,Ni307 在异种钢上堆焊,Ni112 主要作过渡层,模具、轴类、耐高温、耐蚀阀门密封面 核容器密封面、热剪刀刃、热模具、汽轮机叶片等

（续）

类型	牌号	主要成分(质量分数,%)	性能特征	主要应用示例
钴基合金	焊条：D802、D812、D822、D842 合金粉末：F221,F221A,F222,F223 焊丝：HS111、HS112、HS113、HS114	钴铬钨合金，Cr20～33,C:0.5～3.3,W:3～21,还含少量 Fe、Si、B 等元素	高温（650℃）硬度、抗蠕变性、耐磨性、抗氧化性都很好 抗黏着磨损性能良好。高碳型（D822、HS113）的脆，但抗磨料磨损性好。低碳型（D802、HS111）韧性好，抗氧化性好	用于高温腐蚀、高温磨损环境中工作的工件，如高温高压阀门密封面、热剪刀刃、热锻模、高压泵轴套等
铜基合金	焊条：T107(纯铜)	Cu>99,Si<0.5,Mn<0.5	对大气、海水有良好耐蚀性	耐海水腐蚀的碳素钢零件表面堆焊
	T207(硅青铜)	Si:2.4～4,Mn≤1.5,Sn≤1.5,其余 Cu	对硝酸以外大部分酸及海水有良好耐蚀性	化工机械管道内衬堆焊
	T237(铝青铜)	Al:7～9,Mn≤2,Si≤1,Fe≤1.5,其余 Cu	有优良的耐黏着磨损和耐蚀性	轴承、滑道、化工设备内衬、阀门密封面
	T227(磷青铜)	Sn:7.9～9,P:0.03～0.3,其余 Cu	有一定强度，良好的塑性，耐冲击性、耐磨性和耐蚀性	磷青铜轴衬，船舶推进器叶片，铸铁件修补和堆焊
	合金粉：F422（锡磷青铜）	Sn:9.0～11.0,P:0.10～0.50,Cu 余量	良好的耐黏着磨损性和耐蚀性，硬度低（80～120HBW），易切削加工	轴和轴承的修复和预防性保护
	焊丝：HS222(铁黄铜)	Sn:0.7～1.0,Fe:0.35～1.2,Si:0.05～0.15,Mn:0.03～0.09,Cu:57～59,Zn 其余	良好的耐黏着磨损性和耐蚀性	轴承和耐腐蚀表面堆焊
碳化钨堆焊层	焊条：D707(碳钢芯) D717（管装粒状铸造碳化钨芯） YZ 型（管装粒状铸造碳化钨芯） YD 型（烧结型、胎体为“镍银”合金） YZ、YD 均为气焊堆焊焊条	C:15～3,W:40～50 C:1.5～4,W:50～70,其余为 Cr、Mo、Ni、Mn、Si 等	硬度≥60HRC，不能机械加工，耐磨料磨损性好、堆焊层易产生裂纹 碳化钨易崩裂、脱落，高温抗氧化性差，工作温度不能超过650℃，耐磨料磨损性好，韧性比铸造碳化钨好	混凝土搅拌叶片、风机叶片、挖泥机叶片、牙轮钻头爪尖等强烈磨损件 石油钻井、修井及打捞工具，如钻杆接头、耐磨带、铣鞋、磨鞋等

12.3.3 堆焊金属的选择

1. 选择原则

堆焊金属种类很多，选用时应遵循下列原则：

1）满足零件在工作条件下使用的性能要求。这是首要的，保证了零件能正常使用和耐用。为此，首先了解被焊零件的工作条件（温度、介质、载荷等），明确在运行过程中损伤的类型，然后选取最适于抵抗这种损伤类型的堆焊合金。例如，挖掘机的斗齿属于受强烈冲击的凿削式磨料磨损，应选用能抗冲击磨损的高锰钢等堆焊合金；而推土机的铲刃属低应力磨料磨损，若也选用高锰钢就会因硬度不足而磨损很快，这时应选用合金铸铁或碳化钨等堆焊合金。

2）具有良好的焊接性。所选堆焊材料在现场条件下应易于施焊并获得与基体结合良好而无缺陷的堆焊层。需注意，堆焊金属与基体的相容性，尤其是在修复工作中，基体很可能原先就是堆焊层，应对其成分、组织状态和性能有所了解，充分估计到基体稀释对堆焊层性能的影响。当基体碳当量较高时，为防止裂纹，可考虑预热，保温缓冷的工艺。若不可行时，可考虑利用过渡层去解决。

3）考虑堆焊的经济性。在选择堆焊金属时要综合全面地考虑其经济性。所选的堆焊合金不仅在使用性能相同的多种堆焊合金中是价格最低廉的一种，同时也应当是焊接工艺最简单、加工费用最少的一种。此外，还必须从堆焊件投入使用后的经济效益考虑，尤其在重大修复工作中，可能材料成本或加工成本高一些，但由于缩短了修复时间，而减少了停机的经济损失，或由于延长了机件的使用寿命而带来巨大的经济效果。

2. 选择的方法和步骤

正确选择堆焊金属的方法是经验与试验相结合。因为被焊零件工作条件的多样性对堆焊层提出各种不同的使用要求，而堆焊金属虽然品种多且性能各异，但与使用要求之间却没有一一对应关系，很难一次选择即达要求。通常都是参考已有资料（前人经验）和个人实践的经验进行初选，经反复多次试验验证后才能确定。

一般选择步骤如下。

1）分析工作条件，确定可能的破坏类型及对堆焊金属的要求。

2）参考表 7-12-4 和表 7-12-5 等资料列出的几种可供选择的堆焊金属。

表 7-12-5 堆焊金属选择的一般指南

工作条件	堆焊用合金
高应力金属间磨损	亚共晶钴基合金、含金属间化合物的钴基合金
低应力金属间磨损	堆焊用低合金钢
金属间磨损+腐蚀或氧化	大多数钴基或镍基合金
低应力磨料磨损、冲击浸蚀、磨料浸蚀	高合金铸铁
低应力严重磨料磨损、切割刃	碳化物
气蚀浸蚀	钴基合金
严重冲击	高合金锰钢
严重冲击+腐蚀+氧化	亚共晶钴基合金
高温下金属间磨损	亚共晶、含金属间化合物钴基合金
凿削式磨料磨损	奥氏体锰钢
热稳定性、高温蠕变强度（540℃）	钴基合金、碳化物型镍基合金

3）分析待选材料和基体的相容性，初步选定堆焊材料的形状和拟订堆焊工艺。

4）进行样品堆焊，焊后工件在模拟工作条件下做运行试验，并进行评定。

5）综合考虑使用寿命和成本，最后选定堆焊金属。

6）确定堆焊方法和制订堆焊工艺。

12.4 堆焊方法与工艺

12.4.1 堆焊方法的选择

熔焊、钎焊、热喷涂和喷熔等方法均可用于堆焊，其中熔焊在堆焊工作中用得较多。选择堆焊方法时，应着重考虑下列因素：

1）有低的稀释率。

2）有高的熔敷速度和效率。

3）焊件尺寸、形状复杂程度和批量大小。

4）与堆焊材料形状相适应（见表 7-12-3）。

5）低的综合成本。

表 7-12-6 列出了几种常用堆焊方法的特点比较。

12.4.2 焊条电弧堆焊

1. 特点

焊条电弧堆焊是目前主要的堆焊方法。其优点是设备简单、轻便和机动灵活，适于现场堆焊；适应性强，可以在任何位置焊接；可达性好，小型或形状不规则零件尤为适合。其缺点是生产率低，稀释率较高，不易得到薄而均匀的堆焊层，劳动条件差。焊条电弧堆焊用的堆焊条多以冷拔焊丝作焊芯，也可用铸芯或管芯。药皮主要有钛钙型、低氢型和石墨型三种。为了减少合金元素烧损和提高堆焊金属抗裂性，多采用低氢型药皮。我国表面耐磨堆焊用的焊条已有国家标准，即 GB/T 984—2001《堆焊焊条》，它规定了各种用途焊条堆焊层的化学成分和硬度。其型号和牌号见第 6 篇 1.1.3 节，焊条的主要性能与用途见表 6-1-33。

表 7-12-7 列出了根据被焊工件的工作条件和所需堆焊合金类型来选用堆焊焊条的参考资料。

2. 堆焊工艺要点

应尽量减小稀释和保持电弧稳定，使堆焊层质量均匀。常通过调节焊接电流、电弧电压，焊接速度、运条方式和弧长等焊接参数控制熔深，以达到降低稀释率的目的。推荐采用直流反接，这样稀释率低，电弧较稳定。电流不宜大，否则熔深增加，稀释率高；弧长不能太大，因合金元素易烧损。大面积堆焊时，注意调整堆焊顺序，以控制焊件变形。

由于焊条电弧堆焊熔深较大，稀释率较高，其堆焊层硬度和耐磨性下降，所以一般需焊 2~3 层，但层数多时，易导致开裂和剥离。为此，常对焊件预热和缓冷。预热温度由堆焊金属的成分、基体材质、堆焊面积大小及堆焊部位的刚性等因素确定。堆焊金属为珠光体钢时，焊件预热温度常按碳当量来估算，见表 7-12-8。当该温度与焊件材质和刚性要求的预热温度有矛盾时，则采用其中高的预热温度。

表 7-12-6　几种堆焊方法特点比较

堆焊方法		稀释率①(%)	熔敷速度/kg·h⁻¹	最小堆焊厚度/mm	熔敷效率(%)
氧乙炔焰堆焊	手工送丝	1~10	0.5~1.8	0.8	100
	自动送丝	1~10	0.5~6.8	0.8	100
	粉末堆焊	1~10	0.5~1.8	0.8	185~95
焊条电弧堆焊		10~20	0.5~5.4	3.2	65
钨极氩弧堆焊		10~20	0.5~4.5	2.4	98~100
熔化极气体保护电弧堆焊		10~40	0.9~5.4	3.2	90~95
其中:自保护电弧堆焊		15~40	2.3~11.3	3.2	80~85
埋弧堆焊	单丝	30~60	4.5~11.3	3.2	95
	多丝	15~25	11.3~27.2	4.8	95
	串联电弧	10~25	11.3~15.9	4.8	95
	单带极	10~20	12~36	3.0	95
	多带极	8~15	22~68	4.0	95
等离子弧堆焊	自动送粉	5~15	0.5~6.8	0.8	85~95
	手工送丝	5~15	0.5~3.6	2.4	98~100
	自动送丝	5~15	0.5~3.6	2.4	98~100
	双热丝	5~15	13~27	2.4	98~100
电渣堆焊		10~14	15~75	15	95~100

① 指单层堆焊结果。

表 7-12-7　堆焊焊条的选用

工作条件			典型零件	堆焊合金类型	堆焊材料
黏着磨损	常温		轴类、车轮	低碳低合金钢(珠光体钢)	D107(1Mn3Si)、D127(2Mn4Si)
			齿轮	中碳低合金钢(马氏体钢)	D172(4Cr2Mo)、D217(4Cr9Mo3V)
			冲模剪刃	中碳中合金钢(马氏体钢)	D322(5CrW9Mo2V)、D377(1Cr12V)
			轴瓦、低压阀密封面	铜基合金	T237(A18Mn2)、T227(Sn8P0.3)
	中温		阀门密封面	高铬钢	D502、D507(1Cr13)
	高温		热锻模	中碳低合金钢(马氏体钢)	D397(5CrMnMo)
			热剪刃、热拔伸模	中碳中合金钢(马氏体钢) 钴基合金	D337(3Cr2W8) D802(Co30W5)、D812(Co30W8)
			热轧辊	中碳中合金钢	D337
			阀门密封面	铬镍合金钢(奥氏体钢)	D557(Cr18Ni8Si5Mn) D547Mo(Cr18Ni12Si4Mo4)
				镍基合金	Ni337、Ni112
				钴基合金	D802、D812
黏着磨损+磨料磨损			压路机链轮	低碳低合金钢	D107(1Mn3Si)、D112(2Cr15Mo)
			排污阀	高碳低合金(马氏体钢)	D207(7Mn2Cr3Si)、D212(5Cr2Mo2)
磨料磨损	常温	高应力	推土机机板	中碳中合金钢	D212(5Cr3Mo),D207(7CrMn2Si)
			铲斗齿	合金铸铁	D608(Cr4Mo4),D667(Cr28Ni4Si4)
		低应力	混凝土搅拌机	合金铸铁	D642(Cr27),D678(W9B)
			螺旋输送机	碳化钨	D707(W45MnSi4)
			水轮机叶片	中碳中合金钢	D217
	高温		高炉装料设备	高铬合金铸铁	D642,D667
磨料磨损+冲击磨损			颚式破碎机	中碳中合金	D207,D212,D217
			挖掘机斗齿	高锰钢(奥氏体钢)	D256(Mn13),D266(Mn13Mo2)
冲击磨损	常温		铁道岔,履带板	高锰钢	D256,D266
	高温		热剪机	高锰钢	D256,D266
耐腐蚀	低温	海水	船舶螺旋桨	铜基合金	T237,T227
	中温	水蚀	锅炉,压力容器	铬镍钢(奥氏体钢)	A062

（续）

工作条件			典型零件	堆焊合金类型	堆焊材料
耐腐蚀	高温	耐蚀	内燃机排气阀	钴基合金 镍基合金	D812(Co基 Cr30W8) D822(Co基 Cr30W12)
		耐氧化	炉子零件	镍基合金	Ni307
气蚀	常温		水轮机叶片	铬镍不锈钢 钴基合金	D547(Cr18Ni8Si5) D802(Co基 Cr30W5)

表 7-12-8　堆焊金属碳当量与预热温度关系

碳当量①(%)	0.4	0.5	0.6	0.7	0.8
预热温度/℃	100	150	200	250	300

① 碳当量 $=w(\mathrm{C})+\frac{1}{6}w(\mathrm{Mn})+\frac{1}{24}w(\mathrm{Si})+\frac{1}{5}w(\mathrm{Cr})+\frac{1}{4}w(\mathrm{Mo})+\frac{1}{15}w(\mathrm{Ni})$。

12.4.3　氧乙炔焰堆焊

1. 特点

氧乙炔焰是具有多种用途的堆焊热源，可进行熔焊、钎焊，也可采用合金粉末进行喷涂和喷熔。

氧乙炔焰堆焊有以下优点：

1）稀释率低。主要是火焰温度较低（3050～3100℃），而且可以调整火焰能率，其熔深可控制到 0.1mm 以下。

2）碳化焰有渗碳作用。虽然会降低堆焊层的韧性，但可提高以碳化物为主要抗磨相堆焊层的耐磨性。

3）不受堆焊材料形状的限制，甚至边角料也能使用。

4）易于操作，可见度好，复杂小件，任何空间位置均可施焊。

5）设备简单，使用灵便。可与气焊、气割设备使用，只是焊炬的喷嘴孔径比气焊用的大些。

所以氧乙炔焰堆焊成本低。

氧乙炔焰堆焊的缺点是手工操作，劳动强度大，生产率低，对焊工操作技能要求高。

氧乙炔焰堆焊主要用于表面要求光洁、质量高、精密零件堆焊，以及批量小，中、小型零件上小面积的堆焊。在阀门和农业机械中的易损件中得到广泛采用。

2. 堆焊工艺要点

关键在于火焰的运用与能率的控制，很大程度上取决于焊工的操作技能。除镍基合金外一般应采用碳化焰，乙炔过量的大小，视堆焊金属而定。铁基合金宜用二倍的乙炔过剩焰（内焰与焰心长度比为 2）；高铬铸铁或钴基合金，其碳含量高、熔点较低，可用三倍乙炔过剩焰；用碳化钨堆焊金属时，所用的火焰由基体材料的成分决定。镍基合金通常用中性焰。

预热和缓冷能减少裂纹，预热后可用较小火焰能率，有利于减小稀释率。小件直接用焊炬加热，大件需在炉中加热，尽量使温度均匀。每层堆焊最大厚度以 1.6mm 为宜，再厚可用多层堆焊。为提高质量和改善表面成形，堆焊后可以用氧乙炔焰重熔。

氧乙炔焰堆焊用的填充焊丝，其牌号和成分详见第 6 篇第 2 章 2.1.2 节。其中镍基合金焊丝，高温合金焊丝和硬质合金堆焊焊丝分别见表 6-2-10、表 6-2-11和表 6-2-12。

12.4.4　埋弧堆焊

1. 特点

埋弧堆焊无飞溅和电弧辐射，劳动条件好，堆焊层成形光滑，易实现机械化和自动化，生产率高，堆焊层成分稳定。热输入较大，故稀释率比其他电弧焊高（见表 7-12-6）。为了降低稀释率和提高熔敷速度，已发展为图 7-11-1 所示的多种埋弧堆焊的形式。埋弧堆焊熔池大，并需焊剂覆盖，故只能在水平位置堆焊。适用于形状规则且堆焊面积大的机件，如在轧辊、车轮轮缘、曲轴、水轮机转轮叶片、化工容器和核反应压力容器衬里等大、中型零部件上堆焊得到大量应用。

2. 堆焊材料

需使用焊剂和兼作电极的填充金属。焊剂有熔炼焊剂和烧结（或黏结）焊剂两种，填充金属有丝状和带状两种，而且均可做成实心和药芯的。它们的选用取决于堆焊层合金化的方式：一种是主要通过填充金属向堆焊层过渡（渗入）合金元素，这种方式堆焊层成分均匀、可靠，合金元素损失少，但只适用于能轧制和拉拔成丝状或带状的堆焊合金；另一种主要是通过焊剂或药芯向堆焊层过渡合金元素，这种方式采用的焊剂一般都是烧结（或黏结）的，把堆焊层所需的合金元素加入到焊剂内。这样只需用一种标准成分（如 H08A）的焊丝（或带极）就可以得到不同成分的堆焊层，但是这种合金化方式堆焊层成分稳定性较差；另一种合金化方式如图 7-11-1e 所示。堆焊前在焊剂层下先铺一层合金粉末，焊时熔入熔池形成堆焊层。这种方式的堆焊层成分受粉末层高度、堆焊参数的影响而波动较大，故对堆焊条件要求严格。

埋弧堆焊用的实心、药芯焊丝和焊带，见第 6 篇第 2 章。

3. 单丝埋弧堆焊（见图 7-12-1a）

单丝埋弧堆焊熔深大、稀释率高达 30%～60%，常需堆焊 2～3 层才能保证所需性能，因此，在应用上受到了限制。为减小稀释率，可采用下坡堆焊，增加电弧电压、降低焊接电流、减小焊接速度、电弧向前吹和增大焊丝直径等措施。还可以摆动电极使焊道加宽、稀释率下降，并改善与相邻焊道的熔合。

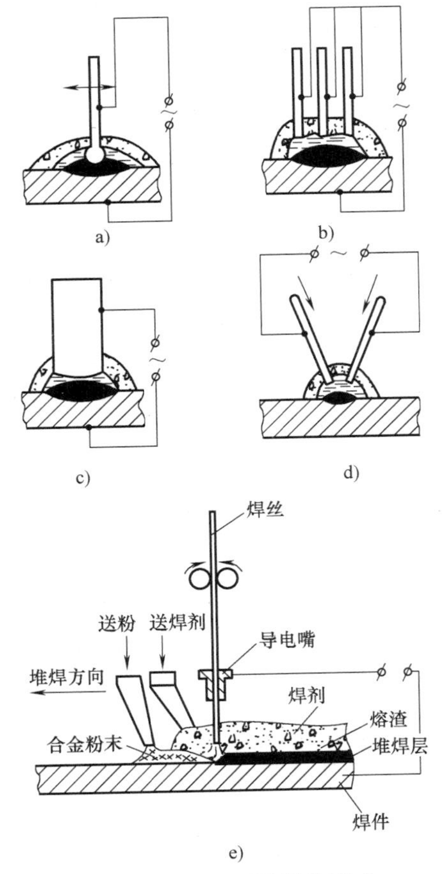

图 7-12-1 埋弧堆焊的形式

a）单丝埋弧堆焊 b）多丝埋弧堆焊 c）带极埋弧堆焊 d）串联电弧埋弧堆焊 e）粉末埋弧堆焊

焊丝直径为 1.6～4.8mm，焊接电流为 160～500A，交直流电源均可，直流时用反接法（焊丝接正极）。

4. 多丝埋弧堆堆焊（见图 7-12-1b）

多丝埋弧堆焊采用两根或两根以上的焊丝并列地接在电源的一个极上，同时向焊接区送进。电弧将周期地从一根焊丝转移到另一根焊丝。这样，每次起弧都有很高的电流密度，可获得较大熔敷率。电弧位置的不断变动，也实现了较浅熔深及较宽的堆焊焊道。

还可以采用双丝双弧堆焊法，即两根焊丝沿堆焊方向前后排列。这两根焊丝可用一个或两个电源分别供电。前一个电弧用小焊接电流以少量熔化母材；后一电弧用大电流，起堆焊作用，以提高生产率。

5. 带极埋弧堆焊（见图 7-12-1c）

带极埋弧焊熔敷率高、熔深浅而均匀，稀释率小，焊道宽而平整。一般带板厚为 0.4～0.8mm，宽约 60mm。若采用外加磁场来控制电弧，则带极宽可达 180mm。所用设备可用一般埋弧焊机改装，也可用专用设备。如国产 MU1-1000-1 型自动带极堆焊机，为小车式，适用带极厚度为 0.4～0.6mm、宽度为30～80mm，堆焊电流为 400～1000A，堆焊速度为 7.5～35m · h^{-1}。MU2-1000 型悬臂式带极自动埋弧焊机的技术性能也大体相似，主要用于堆焊内径大于 1.5m 的大型管道、容器、油罐及锅炉等大型专用设备。

随着生产的发展还可采用双带极、多带极、加入冷带等堆焊技术，大大提高熔敷率。

6. 串联电弧埋弧堆焊（见图 7-12-1d）

电弧在两焊丝端部之间燃烧，电弧热量主要用于熔化焊丝，对母材是间接加热，热输入量很少，因而熔深更浅。两焊丝是边熔化边送进，为了使两焊丝均匀熔化，宜采用交流电源。两根焊丝所在平面垂直于堆焊方向，焊丝之间的夹角约 45°。此法稀释率小，熔敷率高。

7. 添加合金粉末埋弧堆焊（图 7-12-1e）

堆焊时，电弧摆动，电弧熔化焊丝和合金粉末而形成堆焊层。对于不能加工成丝极或带极的合金材料，宜采用此法堆焊。所添加粉末质量为熔化焊丝质量的 1.5～3 倍。绝大多数采用的是低碳钢焊丝（如 H08A），这样在不增加焊接电流的情况下，其熔敷率约为单丝埋弧焊的 4 倍，一般都大于 45kg · h^{-1}，且熔深浅、稀释率小，但需严格控制堆焊过程，尤其是粉末堆放量要均匀和焊接参数要稳定，才能达到预期的要求。

12.4.5 钨极氩弧堆焊

钨极氩弧堆焊的特点是可见度好，电弧稳定，飞溅少。由于是惰性气体保护，堆焊层质量优良，适用于不锈钢和有色金属的堆焊。有手工堆焊和自动堆焊两种方法。按其使用电源的不同，分为钨极交流氩弧堆焊和钨极直流氩弧堆焊。在实际工作中，根据堆焊材料和基体材料的不同适当选择。钨极氩弧堆焊的应用范围见表 7-12-9。

表 7-12-9　钨极氩弧堆焊的应用范围

堆焊材料	基体材料	氩气纯度(%)	电源种类
HS111 焊丝及其他钴基材料	碳素钢、低合金钢、不锈钢等	99.7	直流正接
镍及镍合金焊丝	碳素钢、低合金钢、不锈钢等	99.7	直流正接
铝锰青铜等铜合金	碳素钢、不锈钢等	99.8	交 流
1Cr18Ni9Ti① 等不锈钢	碳素钢、低合金钢等	99.7	直流正接

① 1Cr18Ni9Ti 为在用非标准材料，仅供参考。

手工钨极氩弧堆焊焊件吸热少、熔深浅，堆焊层形状易控制，可进行全位置堆焊，变形小，常用来代替氧乙炔焰堆焊。稀释率比氧乙炔焰堆焊大，但比其他电弧堆焊小，缺点是熔敷率低，不适于大批量生产。宜堆焊小而质量要求高且形状较复杂的零件，如汽轮机叶片上堆焊很薄的钴基合金等。

自动钨极氩弧堆焊因能控制焊接参数，可获得性能稳定、质量高的堆焊层。堆焊材料有实心焊丝、药芯焊丝或铸条等，也可用粉粒状堆焊材料，焊时输送到电弧区内。适用于形状规则、堆焊面积大的零件。

钨极氩弧堆焊用的填充焊丝有实心和药芯的。实心焊丝与氧乙炔焰堆焊用的相同。钨极氩弧堆焊的填充焊丝要均匀地加入熔池中，不能扰乱氩气流。焊丝端部应始终处于氩气保护区内，以免氧化。堆焊即将结束时应多填充焊丝，然后慢慢拉开电弧，直至熄弧，以防止产生过深的弧坑。堆焊完毕和切断电弧后，不应立刻将焊炬抬起，必须在 3~5s 内继续送氩气，直到钨极及熔池区稍冷却后再停止输送氩气，并抬起焊炬。若气阀关闭过早，则会引起炽热的钨极及堆焊层表面氧化。

12.4.6　熔化极气体保护和自保护电弧堆焊

熔化极气体保护电弧堆焊用的气体有 CO_2、Ar 及混合气体，与一般熔化极气体保护焊工艺没有区别。实心焊丝气体保护焊主要用于合金含量较低的、金属与金属磨损的零件堆焊。对于高合金的堆焊金属，可采用药芯焊丝堆焊。

CO_2气体保护电弧堆焊成本低，但堆焊质量较差，只适合堆焊性能要求不高的工件。

自保护电弧堆焊采用专制的药芯焊丝。堆焊时，不外加保护气体。由于设备简单、操作方便，并可以获得多种成分的合金，这是一种值得推广的堆焊方法。自保护电弧堆焊前应先了解堆焊部件的工作条件及磨损情况，分析磨损原因，根据部件的服役要求，选择合适的管状药芯焊丝。必要时开出合适的槽口，然后装上所需要堆焊的。直径 2.8mm 的管状焊丝，一般适用的电流为 250~400A。大电流适用于大件和要求熔敷速度快的地方，小电流适用于不希望有变形和稀释的小件。

在引弧前，调整好焊丝伸出长度。引弧靠焊丝擦划堆焊表面来实现。焊丝与焊件表面呈 70°夹角，堆焊时以圆形运条方式比较合适。焊丝的伸出长度（焊枪导电嘴端部到焊丝端部的距离）直接影响堆焊的熔敷速度和堆焊层的稀释率。在同等电流情况下，焊丝伸出长度长，堆焊的熔敷速度就快，而堆焊层的稀释率就越小。管状焊丝堆焊的焊接电流参数见表 7-12-10。不锈钢自保护管状焊丝堆焊的焊接参数见表 7-12-11。

表 7-12-10　管状焊丝堆焊的焊接电流参数

焊丝①	直径 /mm	极性	大焊接电流 /mm	小焊接电流 /mm
3110	2.8	直流正接	350~375	250
3205	2.8	直流正接	350~375	250
4415	2.8	直流正接	350~375	250
4601	2.8	直流正接	350~375	250
4625	2.8	直流正接	350~375	250
3220	2.8	直流正接	350~375	250
4923	2.8	直流正接	320~400	250~300

① 焊丝为德国 Castolin TeroMatec 系列。

表 7-12-11　不锈钢自保护管状焊丝堆焊的焊接参数

焊丝数（直径 2.4mm）	平特性电源（额定电流）/A	堆焊电流 /A	电弧电压 /V	堆焊速度 $/cm \cdot min^{-1}$	熔敷速度 $/kg \cdot h^{-1}$	稀释率（%）	摆动频率 $/次 \cdot min^{-1}$
1	400	300	27	51	5.4	20	0
2	800	600	27	11	13.6	12	20
3	1200	900	27	10	20.4	12	20
6	2×1200	1800	27	9	38.6	12	20

熔化极惰性气体保护电弧堆焊用的填充焊丝，详见第 6 篇第 2 章 2.1 节。

12.4.7　等离子弧堆焊

等离子弧堆焊是利用等离子弧温度高、热量集中的特点实现难熔材料的堆焊，并且堆焊效率和质量高。在堆焊过程中，由于堆焊材料的送进和等离子弧的焊接参数是分别独立控制的，所以熔深和表面形状容易控制。改变电流、送丝（粉）速度、堆焊速度和等离子弧摆动幅度等就可以使稀释率、堆焊层尺寸在较大范围内变化。稀释率最低为 5%，堆焊层厚度为 0.8~6.4mm，宽度为 4.8~38mm，所以等离子弧堆焊是一种低稀释率和高熔敷速度的堆焊方法，因而被广泛应用。

等离子弧堆焊按堆焊材料的形状分有填丝等离子堆焊和粉末等离子堆焊两种形式，其中粉末等离子堆焊发展较快，应用较广。

1. 填丝等离子弧堆焊

填丝等离子弧堆焊又分冷丝和热丝两种等离子弧堆焊。冷焊丝既可手工送进，也可自动送进。焊丝可以单根也可以数根并排送进，在等离子弧摆动过程中熔敷成堆焊层。焊丝可以是实心或药芯的。还可把堆焊合金制成环状或其他形状，预置在被焊表面，然后用等离子弧熔化进行堆焊。如柴油机排气阀等零件，常采用填丝等离子弧堆焊方法。采用热丝填充可以提高熔敷效率，用独立交流电源预热填充焊丝，并连续将其熔敷在等离子弧前面，随后等离子弧将它与焊件熔合在一起。热丝等离子弧堆焊送进焊接区的焊丝是热的，且必须自动送进。用热丝的目的是提高熔敷速度和降低稀释率，热丝表面进行去氢处理，堆焊层气孔较少。

热丝等离子堆焊综合了热丝钨极氩弧焊（TIG）及等离子弧焊的特点。焊机由一台直流电源、一台交流电源、送丝机、控制箱、焊枪以及机架等组成。直流电源用作焊接电源，用于产生等离子电弧，加热并熔化母材和填充焊丝。交流电源作为预热电源，在自动送入的焊丝中通以一定的加热电流，以产生电阻热，从而提高熔敷效率并降低对熔敷金属的稀释程度。对于单丝堆焊焊机，预热电源的两极分别接焊丝和焊件；对于双丝堆焊焊机，电源的两个电极分别接两根焊丝，堆焊时应选择合适的预热电流，使焊丝在恰好送入到熔池时被电阻热所熔化，同时两根焊丝间又不产生电弧。图 7-12-2 所示为双热丝等离子弧堆焊示意图。焊丝由单独的预热电源 8 进行电阻预热。因采用热丝，稀释率很低（约 5%），并大大提高了熔敷速度（可达 13~27kg · h^{-1}）。而且热丝表面已去氢，所以堆焊层气孔也很少。

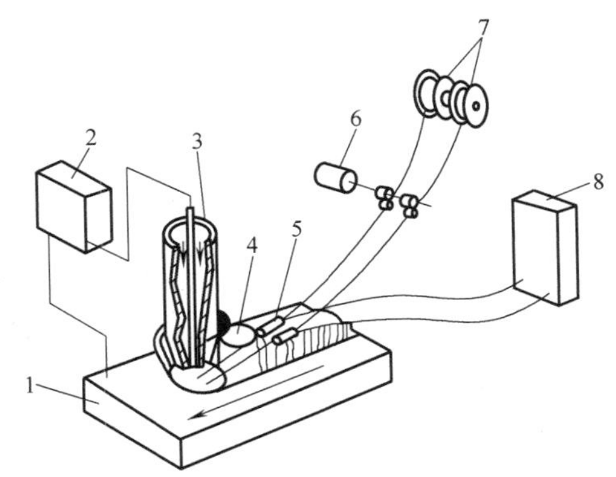

图 7-12-2　双热丝等离子弧堆焊示意图

1—焊件　2—等离子弧电源（直流）　3—等离子弧焊枪　4—气体保护拖罩　5—焊丝预热接头　6—电动机　7—填充焊丝　8—预热电源（交流）

热丝等离子堆焊主要用于在表面积较大的焊件上堆焊不锈钢、镍基合金、铜及铜合金等。双热丝等离子弧堆焊的焊接参数见表 7-12-12。

表 7-12-12　双热丝等离子弧堆焊的焊接参数

焊丝直径 /mm	焊接电流 /A	电弧电压 /V	气体流量 /L · min^{-1}	堆焊速度 /cm · min^{-1}	熔敷速度 /kg · h^{-1}	稀释率 /%	预热电流 /A
1.6	400	38	23.4	20	18~23	8~12	160
1.6	480	38	23.4	23	23~27	8~12	180
1.6	500	39	23.4	23	27~32	8~15	200
2.4	500	39	23.6	25	27~32	8~15	240

2. 粉末等离子弧堆焊

粉末等离子弧堆焊是将合金粉末自动送入等离子弧区实现堆焊的方法，如图 7-12-3 所示。由于各种成分的堆焊合金粉末制造比较方便，因此堆焊合金成分的要求易于满足。堆焊工作易于实现自动化，能获得稀释率低的薄堆焊层，且平滑整齐，不加工或稍加工即可使用，因而可以降低贵重材料的消耗。所以，在我国发展很快，应用很广。适于在低熔点材质的焊件上进行堆焊，特别是大批量和高效率的堆焊新零件更为方便。

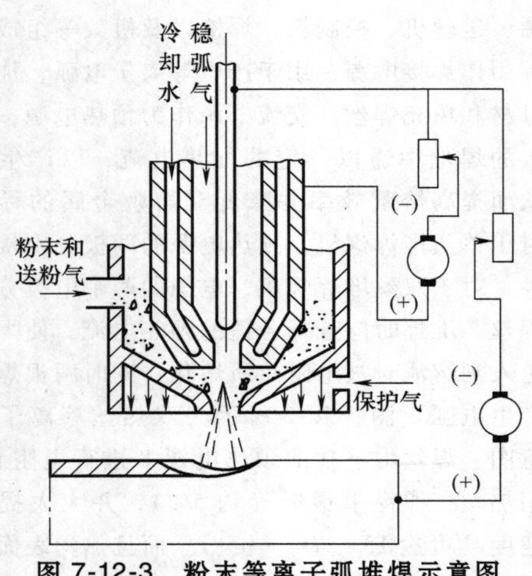

图 7-12-3　粉末等离子弧堆焊示意图

国产粉末等离子弧堆焊机有多种型号，例如，LUF4—250 型粉末等离子弧堆焊机可以用来堆焊各种圆形焊件的外圆或端面，也可进行直线堆焊。最大焊件直径达 500mm，直线长度达 800mm。一次堆焊的最大宽度为 50mm。可用于各种阀门密封面的堆焊、高温排气阀门堆焊，以及对轧辊、轴磨损后进行修复等。

等离子弧堆焊用的合金粉末有镍基、钴基、铁基和铜基粉末，见表 7-12-13。镍基合金粉末主要是镍铬硼硅合金，熔点低、流动性好，具有良好的耐磨、耐蚀、耐热和抗氧化等综合性能，用于堆焊阀门、泵柱塞、转子、密封环和刮板等耐高温、耐磨零件；钴基合金粉末耐磨、耐腐蚀，比镍基合金粉末具有更好的红硬性、耐热性和抗氧化性，但价格昂贵，主要用于堆焊高温高压阀门、锻模、热剪切刀具和轧钢机导轨等；铁基合金粉末是为降低成本而研制的，耐磨并有一定的耐蚀、耐热性能，用于堆焊受强烈磨损的零件，如破碎机辊、挖掘机铲齿、泵套、排气叶片和高温中压阀门等。此外，还有铜基合金粉末，减磨性好，耐金属间磨损。

表 7-12-14 列出了几种堆焊合金粉末等离子弧堆焊的焊接参数。阀门等离子弧粉末堆焊钴基合金的焊接参数见表 7-12-15。堆焊设备为 DP-500 型粉末等离子弧堆焊机，采用 LFH 型等离子弧焊枪。

表 7-12-13　等离子弧堆焊用合金粉末

类别	牌号	化学成分(质量分数,%)									硬度 HRC
		C	Cr	Si	W	B	Fe	Ni	Co	Mo	
镍基	F121	0.3~0.7	8.0~12.0	2.5~4.5	—	1.8~2.6	<4	余量	—	—	40~50
	F122	0.6~1.0	14.0~18.0	3.5~5.5	—	3.0~4.5	<5	余量	—	—	≥55
钴基	F221	0.5~1.0	24.0~28.0	1.0~3.0	4.0~6.0	0.5~1.0	<5	—	余量	—	40~45
	F221A	0.6~1.0	26~32	1.5~3.0	4~6		<5	—	余量	—	40~45
	F222A	0.3~0.5	19~23	1~3	4~6	1.8~2.5	<5	—	余量	—	
	F222	0.5~1.0	19.0~23.0	1.0~3.0	7.0~9.0	1.5~2.0	<5	—	余量	—	48~54
	F223	0.7~1.3	18.0~20.0	1.0~3.0	7.0~9.5	1.2~1.7	<4	11.0~15.0	余量	—	35~45
	F224	1.3~1.8	19.0~23.0	1.0~3.0	13.0~17.0	2.5~3.5	<5	—	余量	—	≥55
铁基	F321	<0.15	12.5~14.5	0.5~1.5	—	1.3~1.8	余量	—	—	—	40~50
	F322	<0.15	21.0~25.0	4.0~5.0	—	1.5~2.0	余量	12.0~15.0	—	—	36~45
	F323	2.5~3.5	25.0~32.0	2.8~4.2	—	0.5~1.0	余量	3.5~5.0	—	—	≥55
	F323A	0.8~1.2	16~18	3.4~4.0	—	3~4	余量	3~5	—	—	≥60
	F324	2~3	27~33	3~4	—	2.5~3.5	余量	—	—	—	≥58
	F325	4.0~5.0	25.0~31.0	1.0~2.0	—	1.0~1.5	余量	—	—	—	≥55
	F326	<0.2	17~19	2~3	—	1~2	余量	—	—	1.5~2.0	36~45
	F327A	0.1~0.18	18~21	3.5~4.0	1~2	1.4~2.0	余量	10~13	—	4~4.5	36~42
	F327B	0.1~0.2	18~21	4.0~4.5	1~2	1.7~2.5	余量	10~13	—	4~4.5	40~45
铜基	F422	Sn:9.0~11.0			P:0.10~0.50			Cu 余量			80~120 (HBW)

表 7-12-14　几种堆焊合金粉末等离子弧堆焊的焊接参数

堆焊材料	转移弧		非转移弧		稳弧气 /$m^3 \cdot h^{-1}$	送粉气 /$m^3 \cdot h^{-1}$	保护气 /$m^3 \cdot h^{-1}$	送粉量 /$g \cdot min^{-1}$	焊接速度 /$cm \cdot min^{-1}$	摆频 /min^{-1}	堆焊宽度 /mm	堆焊厚度 /mm	稀释率 (%)
	焊接电流 /A	电弧电压 /V	焊接电流 /A	电弧电压 /V									
CoCrWb 合金	130	27	150	14	0.254	0.425	无	15	12.7	100	16	0.4	3
CoCrW 合金	135	33	55	13	0.143	0.368	1.75	15	12.7	190	14	0.4	3
NiCrBSi 合金	130	27	55	13	0.143	0.368	1.75	25	25.4	150	16	1.2	3
高碳铬铸铁	150	30	80	14	0.170	0.198	无	11	132	无	2.4	0.4	50
铜	110	29	55	13	0.143	0.368	1.75	24	12.7	150	16	2.0	1
Cu90%+Al10%（质量分数）	130	35	55	13	0.143	0.368	1.75	25	20.3	150	17.5	1.6	2

注：基体材料为低碳钢，内喷嘴直径为 4.8mm、长度为 6.4mm，气体均为纯氩。

表 7-12-15　阀门等离子弧粉末堆焊钴基合金的焊接参数

项目		1	2	3	4
产品	阀门型号	Z941Y-200 DN 225	Z941Y-200 DN 225	Z941Y-200 DN 225	Z941Y-200 DN 225
	堆焊部位	闸板	阀座	阀瓣	闸板
	基体材料	20CrMo	20CrMo	20Cr13	1Cr18Ni9Ti①
合金粉末	牌号	F221	F221	F221	F221
	粒度/目	60~200	60~200	60~140	60~140
非转移弧	电弧电压/V	24	24	24	24
	堆焊电流/A	90~100	90~100	90~100	90~100
转移弧	电弧电压/V	36	36	34	36
	堆焊电流/A	180~200	160~180	140~160	160~180
	衰减时间/s	15	13	10	13
氩气流量	离子气/$L \cdot h^{-1}$	400	400	350	400
	送粉气/$L \cdot h^{-1}$	600	600	500	600
摆动	频率/次 · min^{-1}	40	50	60	50
	幅度/mm	18	14	8	14
转台一周所需的时间/min		4′30″	3′30″	1′10″	3′40″
送粉量/$g \cdot min^{-1}$		42	40	25	40
喷嘴与焊件距离/mm		12	12	10	12
堆焊层	高/mm	5	4	4	5
	宽/mm	20	18	10	18
工艺措施	预热/℃	400~450	400~450	300	250~300
	焊后	炉内缓冷	炉内缓冷	全退火	炉内缓冷

① 1Cr18Ni9Ti 为在用非标准材料，仅供参考。

12.4.8　电渣堆焊

电渣堆焊是熔敷率高、一次堆焊厚度很大的堆焊方法。可以采用实心焊丝、药芯焊丝和板（带）极，丝极可以多丝同时送进，板极最宽可达 300mm。因此，堆焊层比埋弧堆焊更宽。熔深均匀，稀释率不大，熔敷率（板极）可高达 $150kg \cdot h^{-1}$，而焊剂消耗比埋弧焊少。除电极外，还可把合金粉末涂到电极上，或直接加入到熔渣池中进行渗合金，因而易于调整堆焊层的成分。所用的焊剂必须使熔渣有合适的黏度和电导率，以保证渣池稳定，一般采用含氟化物高的焊剂，其氧化性小，可避免合金元素烧损。典型熔炼焊剂成分（质量分数）为：CaF_2，49%；CaO，21%；SiO_2，21%和 Al_2O_3，9%。

垂直位置堆焊，需使用水冷滑块成形，堆焊层厚度范围为 15~90mm。不能太薄，否则不能建立稳定的电渣过程。

带极电渣堆焊可以在水平面上做大面积堆焊。其堆焊形式与带状埋弧堆焊相似，但过程有本质区别，如图 7-12-4 所示。施焊时，要求焊件有 0.5 左右的倾斜度，焊剂厚度依带极宽度、焊接电流和焊剂类型而定，一般在 15~30mm 之间。带极越宽，电流越大，焊剂厚度应越厚；烧结焊剂的厚度比熔炼焊剂大 5mm 左右。对于不锈钢带极（厚 0.4mm，宽 150mm），用焊接电流 2400A（直流反接），电弧电压为 26V，焊接速度为 15cm · min^{-1}。

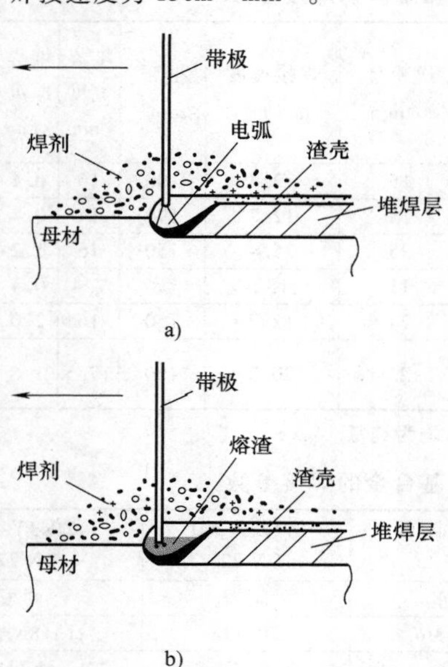

图 7-12-4 埋弧型与电渣型带极堆焊示意图

a）埋弧型 b）电渣型

与带极埋弧堆焊一样，当带极宽度大时，在电渣堆焊层两边有咬边现象，这是由于熔池涡流电所产生的磁场力作用的结果，如图 7-12-5a 所示。采用如图 7-12-5b 所示的磁控法可以消除此现象。

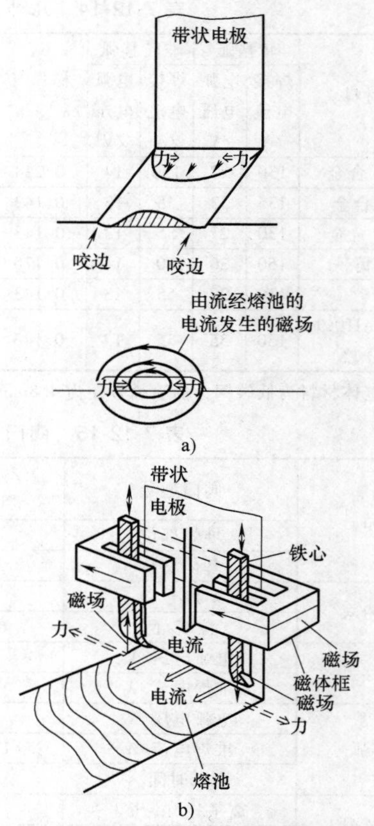

图 7-12-5 发生咬边的原理和磁控原理

a）发生咬边 b）磁控

12.4.9 喷熔

1. 特点

喷熔是以气体火焰为热源，将喷涂材料（自熔性合金粉末）喷涂在母材上，然后再用高于涂层熔点，但低于母材熔点的温度将涂层熔化，使其与母材表面形成具有钎焊接头结合特点的方法。喷熔与喷涂的区别在于喷层的内部结构，以及与母材的结合形态。喷涂层与母材主要是机械结合，层内粉粒之间也主要是机械堆叠，存在有许多孔隙；喷涂层经重熔后形成的喷熔层与母材形成牢固的冶金结合，层内孔隙消失。因此，喷熔层性能优于喷涂层，但是只有采用自熔性合金粉末的喷涂层才能用重熔方法转为喷熔层。

喷熔的工艺过程是先喷涂再对喷涂层重熔，因此常用的喷熔方法有一步法或二步法。一步法是喷涂与重熔几乎同时进行，即采用同一把喷枪喷粉后随即重熔。此法对焊件热输入量较小，但堆层表面光滑，平整度稍差。适用于小型工件或大件上小面积喷熔；二步法是喷涂与重熔分开进行，先喷涂所需的合金后，再采用喷枪或专门的重熔枪对喷涂层进行重熔，也可以用高频或中频感应加热设备及炉中加热等办法使喷涂层重熔。此法主要用于对喷熔层要求厚度均匀，光滑平整的工件，特别适用于大尺寸零件、圆柱面零件以及大面积的表面喷熔。

喷熔用自熔性合金粉末的成分及喷熔层硬度和用途见表 7-12-16。

2. 工艺要点

进行喷熔时，需注意下列几点：

1）焊件表面清理。用喷砂、打磨或酸洗等方法去除氧化皮，用碱水等去油脂，用烘烤去除水分。对旧焊件表面的油脂也须清除。喷砂法使焊件表面粗糙，有利于与粉层结合。

2）预热是为了去除焊件表面水分，提高粉层在重熔前与焊件的结合质量；减少粉层与焊件表面的温度差，避免重熔前粉层与焊件脱离。预热温度一般为 200~300℃，预热火焰选用中性焰或轻微碳化焰。火焰喷嘴与焊件距离为 100~250mm。务必使焊件表面温度均匀。小件可不预热。

3）操作。一步法喷熔时，焊件经预热并喷上薄的预保护粉末涂层后，开始局部加热。当预保护粉末层熔化并润湿焊件表面时，以喷粉、停止喷粉、重熔、

表 7-12-16　喷熔用自熔性合金粉末的成分及喷熔层硬度和用途

序号	名称	牌号	自熔合金粉末的化学成分(质量分数,%)										喷熔层硬度 HRC	粉末熔化温度/℃(近似)	用途
			C	Cr	Si	B	W	Fe	Ni	Co	Cu	Mo			
1	镍基	FNi-01	<0.10	—	3.0~4.0	1.0~2.0	—	<1.5	余	—	—	—	20~30	—	玻璃模具、塑料橡胶模具表面喷熔
2	镍基	FNi-02	<0.10	—	2.8~3.7	1.9~2.6	—	<2.0	余	—	—	—	30~35	—	同上
3	镍基	F101	0.30~0.70	8.0~12.0	2.5~4.5	1.8~2.6	—	≤4	余量	—	—	—	40~50	1000	泵转轮、柱塞、阀门座、阀门球体、玻璃刀、搅拌机部件及玻璃模具的棱部分喷熔
4	镍基	F102	0.60~1.0	14.0~18.0	3.5~5.5	3.0~4.5	—	≤5	余	—	—	—	≥55	1000	耐蚀、耐高温阀门、模具、泵转子及柱塞等喷熔
5	镍基	F103	≤0.15	8.0~12.0	2.5~4.5	1.3~1.7	—	≤8	余	—	—	—	20~30	1050	修复和预防性保护在高温或常温条件下的铸铁件,如玻璃模具、发动机气缸及机床导轨等喷熔
6	镍基	F104	0.60~1.0	14.0~18.0	3.5~5.5	3.5~4.5	—	≤5	余	—	2.0~4.0	2.0~4.0	≥55	1050	对形状不规则和要求喷熔层厚度超过2.5mm的零件较为适宜,如耐蚀泵零件、柱塞及耐蚀阀门等的喷熔
7	镍基	F106	≤0.15	8.0~12.0	2.5~4.5	1.7~2.1	—	≤8	余	—	—	—	30~40	1050	气门、齿轮及受冲击滑块等的喷熔
8	镍基	F109	0.40~0.90	14.0~16.0	3.5~5.0	3.0~4.0	—	≤15	余	—	24.0~26.0	—	≥50	1000	需摩擦无火花且耐磨的起重、装卸机械,如铲车铲脚、挂钩等,以及防磨、耐蚀零件的喷熔
9	钴基	F202	0.50~1.0	19.0~23.0	1.0~3.0	1.5~2.0	7.0~9.0	≤5	—	余	—	—	48~54	1080	要求在700℃具有良好耐磨、耐蚀性能的零件,如热剪刀片、内燃机阀头或凸轮及高压泵封口圈等的喷熔

(续)

序号	名称	牌号	自熔合金粉末的化学成分(质量分数,%)										喷熔层硬度 HRC	粉末熔化温度/℃(近似)	用途
			C	Cr	Si	B	W	Fe	Ni	Co	Cu	Mo			
10	钴基	F203	0.70~1.3	18.0~20.0	1.0~3.0	1.2~1.7	7.0~9.5	≤4	11.0~15.0	余	—	—	35~45	1080	各种高温、高压阀门,热鼓风机的加热交错部位等的喷熔
11	钴基	F204	1.3~1.8	19.0~23.0	1.0~3.0	2.5~3.5	13.0~17.0	≤5	—	余	—	—	≥55	1080	受强烈磨损的高温高压阀门、密封环等的喷熔
12	铁基	F301	0.40~0.80	4.0~6.0	3.0~5.0	3.5~4.5	—	余	28.0~32.0	—	—	—	40~50	1100	农机、建筑机械和矿山机械易磨损部位,如齿轮、刮板铧犁、车轴等的喷熔
13	铁基	F302	1.0~1.5	8.0~12.0	3.0~5.0	3.5~4.5	—	余	28.0~32.0	—	—	4.0~6.0	≥50	1100	农机、建筑和矿山机械易磨损零件,如耙片、锄齿、刮板、车轴等的喷熔
14	铁基	F303	0.40~0.80	4.0~6.0	2.5~3.5	1.0~1.6	—	余	28.0~32.0	—	—	—	26~30	1100	受反复冲击的或硬度要求不高的零件,如铸件修补、齿轮修复等的喷熔
15	铁基	F306	0.40~0.60	5.0~7.0	3.0~4.0	1.5~2.0	—	余	38.0~42.0	—	—	2.0~4.0	30~40	1050	小能量、多冲击条件下的零件,如枪械、齿轮、气门等的喷熔
16	铁基	F307	0.40~0.80	4.0~6.0	2.5~3.5	1.1~1.6	—	余	28.0~32.0	—	—	—	26~30	1100	铁路钢轨擦伤、低塌等缺陷的修复
17	含碳化钨型	F105Fe	F102+35%WC							—	—	—	≥55	1000	抗磨料磨损零件,如导板、刮板、风机叶片等的喷熔
18	含碳化钨型	F105	F102+50%WC							—	—	—	≥55	1000	抗强烈磨料磨损零件,如导板、刮板、风机叶片等的喷熔
19	含碳化钨型	F108	F102+80%WC							—	—	—	≥55	1000	抗强烈磨损和无须加工的零件,如挖泥船耙齿、风机叶片刮板等的喷熔
20	含碳化钨型	F205	F204+35%WC							—	—	—	≥55	1080	在700℃抗强烈磨损的零件的喷熔
21	含碳化钨型	F305	F302+25%WC							—	—	—	≥50	1100	农机、建筑机械和矿山机械中承受土砂磨损的零件,如犁刀、刮板、铲齿等的喷熔

移动、再喷粉的交替动作来进行。喷粉时，焰心尖端与焊件表面距离一般保护在 25mm 左右，重熔时宜为 6~7mm。通过喷粉持续时间和移动速度调整喷熔层厚度；二步法喷熔时，常在预热未达预定温度（150~200℃）时，向待喷熔表面喷一层厚为 0.1~0.2mm 的自熔性合金粉末做预保护层，然后再继续预热到预定的温度进行喷涂。一般情况下，喷嘴端部与焊件表面距离在 120~250mm 范围。采用多次薄层喷涂，每薄层厚度以 0.2mm 为宜。重熔时，宜用中性焰或微碳化焰。加热温度控制在液-固相温度范围。每喷熔一层的厚度最大为 1~1.5mm。若厚度不足，可以清除表面氧化膜和渣后，再次喷涂并重熔，直至达到要求为止。

4）冷却。喷熔后是否需保温缓冷取决于母材的材质与刚性。母材为低碳钢、中碳钢和奥氏体型不锈钢时，除形状复杂的大件外，一般喷熔后可在空气中自然冷却。母材为马氏体型不锈钢时，喷熔后应入炉并在 700℃保温一段时间后炉冷；母材为高速钢时，应在 760℃保温后炉冷；母材为高碳钢，可在石棉灰或干砂中缓冷。

第8篇

焊接结构

第1章　焊接应力与变形

第2章　焊接接头

第3章　焊接结构的破坏

第4章　焊接结构设计

第1章 焊接应力与变形

焊接应力与变形是由焊接时不均匀加热引起的，它影响着产品的制造质量和使用性能。焊接结构破坏事故许多由焊接应力和变形所引起。了解焊接应力与变形的产生和存在的一些基本规律，对于减小、控制乃至防止焊接应力与变形有重要意义。

1.1 焊接应力与变形的特点和分类

1.1.1 焊接应力的特点和分类

1. 特点

在没有外力作用的情况下，平衡于物体内的应力称为内应力。引起内应力的原因很多，由焊接而产生的内应力称为焊接应力。

焊接应力也和其他原因引起的内应力一样，有一个基本特点，即在整个焊件内构成一个平衡力系，其内力与内力矩的总和都为零。

$$\int \sigma_x \mathrm{d}F = 0 \qquad (8\text{-}1\text{-}1)$$

$$\int \sigma_x y \mathrm{d}F = 0 \qquad (8\text{-}1\text{-}2)$$

因此，在焊件横截面上内应力的分布（见图 8-1-1），总是既有拉应力，又有压应力，是双值同时出现的。而且应力分布图上拉应力的面积（见图 8-1-1 中用⊕表示的影线面积）等于压应力的面积（见图 8-1-1 中用⊖表示的影线面积）。

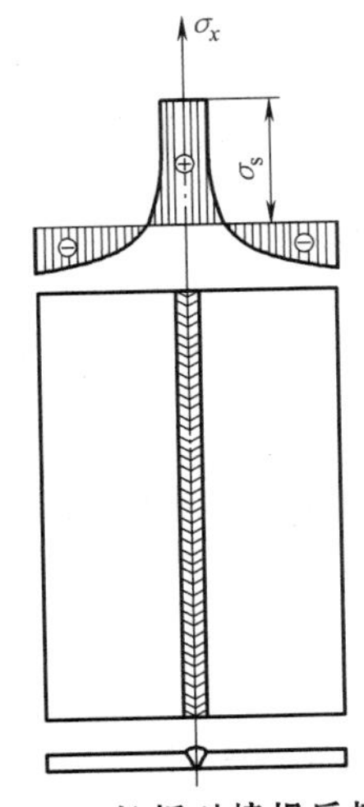

图 8-1-1 长板对接焊后横截面上的纵向应力 σ_x 的分布

2. 分类

（1）按应力在焊件内的空间位置分类。

1）一维空间应力，即单向（或单轴）应力。应力沿焊件一个方向作用。

2）二维空间应力，即双向（或双轴）应力。应力在一个平面内不同方向上作用。常用平面直角坐标表示，如 σ_x、σ_y。

3）三维空间应力，即三向（或三轴）应力。应力在空间所有方向上作用。常用三维空间直角坐标表示，如 σ_x、σ_y、σ_z。

厚板焊接时出现的焊接应力是三向的。随着板厚减小，沿厚度方向的应力（习惯指 σ_z）相对较小，可忽略而看成双向应力 σ_x 和 σ_y。薄长板条对接焊（见图 8-1-1）时，也因垂直焊缝方向的应力 σ_y 较小而忽略。主要考虑平行于焊缝轴线方向的纵向应力 σ_x。

（2）按产生应力的原因分类

1）热应力。它是在焊接过程中，焊件内部温度有差异所引起的应力，故又称为温差应力。它随着温差的消失而消失。热应力是引起热裂纹的力学原因。

2）相变应力。它是焊接过程中，局部金属发生相变，其比容增大或减小而引起的应力。

3）塑变应力。它是指金属局部发生拉伸或压缩塑性变形后所引起的内应力。对金属进行剪切、弯曲、切削、冲压、锻造等冷热加工时常产生这种内应力。焊接过程中，在近缝高温区的金属热胀和冷缩受阻时便产生这种塑性变形，从而引起焊接的内应力。

（3）按应力存在的时间分类

1）焊接瞬时应力。它是指在焊接过程中某一瞬时的焊接应力，随时间而变化。它和焊接热应力没有本质区别，当温差也随时间而变时，热应力也是瞬时应力，统称为暂时应力。

2）焊接残余应力。它是焊完冷却后残留在焊件内的应力，图 8-1-1 所示的即为残余应力。残余应力对焊接结构的强度、腐蚀和尺寸稳定性等使用性能有影响。

1.1.2 焊接变形的特点和分类

1. 特点

焊件由于焊接而产生的变形称为焊接变形。焊接变形与焊件形状尺寸、材料的热物理性能及加热条件等因素有关。如果是简单的金属杆件在自由状态下均匀地加热或冷却，该杆件将按热胀冷缩的基本规律在长度上产生伸长或缩短的变形。焊接是不均匀加热过程，热源只集中在焊接部位，且以一定速度向前移动。局部受热金属的膨胀能引起整个焊件发生平面内或平面外的各种形态的变形。变形从焊接开始时便产生，并随焊接热源的移动和焊件上温度分布的变化而变化。一般情况下，一条焊缝正在施焊处受热发生膨胀变形，后面开始凝固和冷却处发生收缩。膨胀和收缩在这条焊缝上不同部位分别产生。直至焊接结束并冷至室温，变形才停止。

2. 分类

焊接过程中随时间而变的变形称为焊接瞬时变形，它对焊接施工过程产生影响。焊完冷后，焊件上残留下来的变形称为焊接残余变形，它对制品的质量和使用性能产生影响。

人们关心最多的是焊接残余变形，因为它直接影响焊接结构的使用性能。所以在没有特别说明的情况下，一般所说的焊接变形，多指焊接残余变形。按变形后的形态分，焊接残余变形可归纳成表 8-1-1 所列的几种类型。它们与焊件的形态、尺寸、焊缝在焊件上的位置、焊缝坡口的几何形状等因素有关。

表 8-1-1 焊接变形的分类

类型		示意图	说明
板平面内的变形	横向收缩	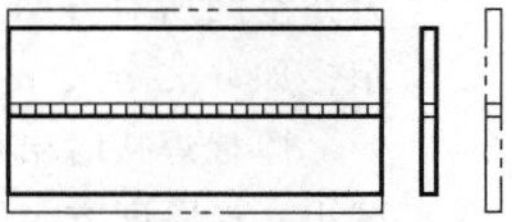	垂直焊缝轴线方向的收缩
	纵向收缩	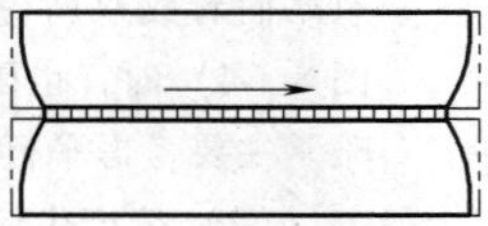	沿焊缝轴线方向的收缩
	回转变形	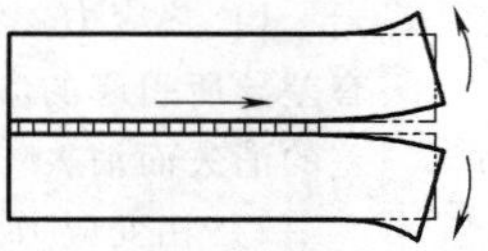	在平板条对接焊过程中坡口间隙在板平面内时而张开时而闭合的变形。在热源前方完全没有拘束的情况下，连续焊接坡口间隙常常是张开的。焊接速度越大，张开量越大
	横向弯曲变形（角变形）		因焊接而使板厚方向温度分布不均匀时，沿板厚横向收缩不同，引起板件绕焊缝中心线发生弯曲变形，又叫角变形
板平面外的变形	纵向弯曲变形	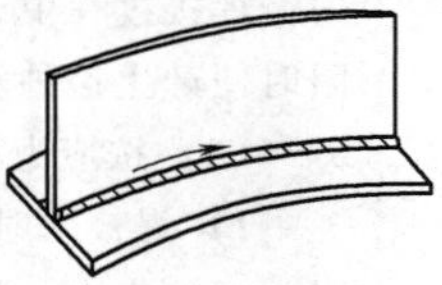	细长构件的纵向焊缝沿焊接方向偏心收缩，引起的弯曲变形
	波浪变形	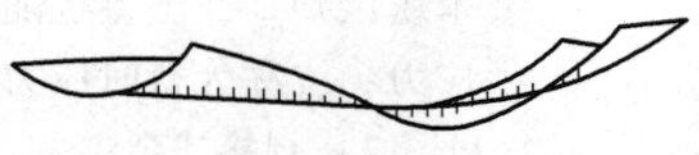	在薄板焊接时，由于焊接产生的压缩残余应力，使板件出现因弯曲形成的波浪变形
	扭曲变形	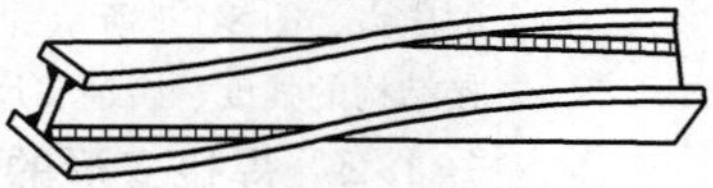	细长构件，纵向焊缝的横向收缩不均匀或备料与组装质量不良，使构件绕自身轴线扭转

1.2 焊接应力与变形的形成机理

焊接应力与变形的成因极为复杂，因为直接影响应力与变形的金属材料的力学性能和热物理性能随温度而变，而起决定性作用的焊接温度场又随焊接接头的形状和尺寸、焊接参数的变化而变化，这些变化也都是非线性的。

为了揭示焊接应力与变形产生的原理和本质，这里采用传统的焊接应力与变形的分析方法，即从最简单的一维问题（单向应力和单向变形）入手，以图解方式，运用材料力学的理论，模拟焊接从室温到高温再到室温的热循环过程，去分析研究低碳钢构件应力和变形的产生和演变，以此去建立焊接应力与变形的基本概念并找出焊接应力与变形的基本规律，最终目的也是为其他金属材料或更复杂焊接构件的焊接应力与变形的定性分析和数值计算奠定基础。

1.2.1　金属在高温下性能的变化

1. 力学性能的变化

以焊接结构应用最多的低碳钢为例。常温下对它进行拉伸和压缩试验，可得出图 8-1-2 所示的应力-应变曲线。在不同高温下进行短时拉伸试验，会得出图 8-1-3 所示的各种力学性能随温度变化的曲线。图 8-1-3说明，随着温度的升高，低碳钢的屈服强度 R_{eL}、抗拉强度 R_m 和弹性模量 E 均下降，大约在 600~700℃以上就失去弹性，很小的力就能引起塑性变形。

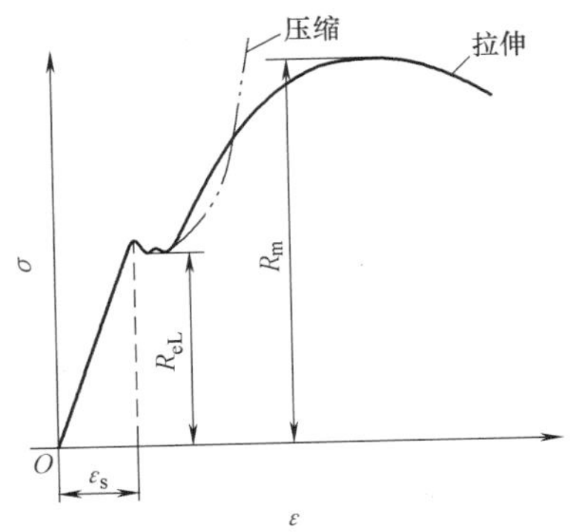

图 8-1-2　低碳钢拉伸及压缩的应力-应变曲线

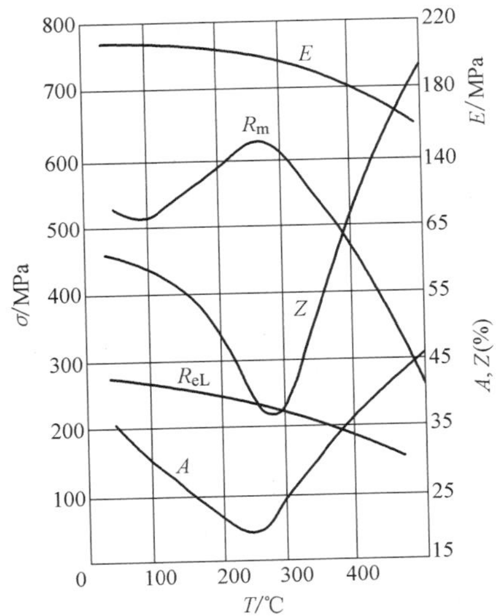

图 8-1-3　温度对低碳钢力学性能的影响

研究焊接应力与变形时，为了简便，常把图 8-1-3 中低碳钢屈服强度 R_{eL} 与温度 T 的关系曲线进行如图 8-1-4 虚线所示的简化，即认为低碳钢在 0~500℃ 温度范围内弹性不消失，屈服强度 R_{eL} 保持不变；从 500℃上升到 600℃，R_{eL} 呈线性下降至零，弹性消失，已变成塑性材料。反之，从高温冷至 600℃开始恢复弹性，并有了抗变形能力，冷至 500℃弹性完全恢复。

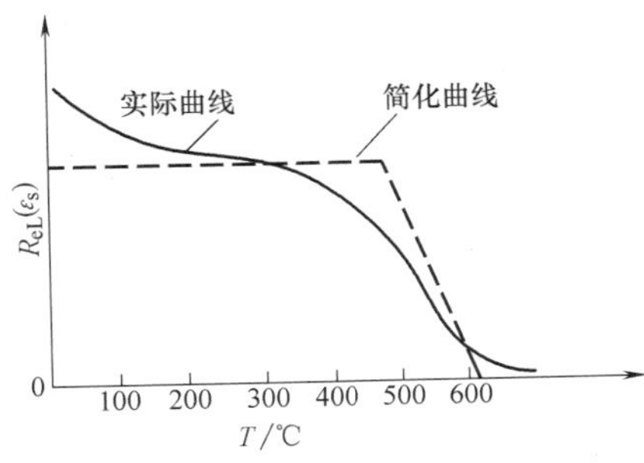

图 8-1-4　R_{eL}（ε_s）-T 曲线的简化

$$\left(\varepsilon_s=\frac{R_{eL}}{E}\right)$$

2. 物理性能的变化

金属的热物理性能并非常数，而是随加热温度的变化而变化的。图 8-1-5 所示为低碳钢高温物理性能随温度的变化。由图 8-1-5 可以看出，随着温度升高，其热导率 λ 和热扩散率 a 在 700℃以下时是降低的；热容 C 和熔化潜热 S 是增大的；其中 C 和 a 在 700~800℃相变时有突变；C 和 S 在金属熔化时有突变。图中没示出线胀系数 α_l 和密度 ρ 随温度变化的曲线，其值分别由 100℃时的 $12.72\times10^{-6}K^{-1}$ 和 $7.82g\cdot cm^{-3}$ 基本上随温度呈线性变化到 700℃时的 $17.9\times10^{-6}K^{-1}$ 和 $7.63g\cdot cm^{-3}$，前者为上升，后者为下降。

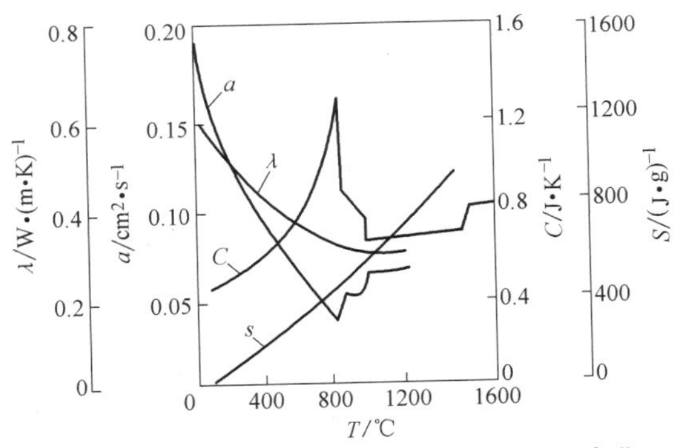

图 8-1-5　低碳钢高温物理性能随温度的变化

上述这些变化在进行焊接应力与变形的数值分析时必须加以考虑，但做粗略分析时，常取一定温度范围内的平均值，变成与温度无关的常数。表 8-1-2 所列为常用材料的热物理性能。

表 8-1-2　常用材料的热物理性能（从 0℃至 T_{max} 间的平均值）

材料	线胀系数 $\alpha_l/10^{-6}K^{-1}$	热导率 $\lambda/W\cdot(m\cdot K)^{-1}$	容积比热容① $/10^{-3}J\cdot(mm^3\cdot K)^{-1}$	热扩散率② $a/mm^2\cdot s^{-1}$	最高温度 T_{max}/℃
低碳钢和低合金钢	12～16	0.038～0.042	4.9～5.2	7.5～9.0	500～600
Cr-Ni 奥氏体型不锈钢	16～20	0.025～0.033	4.4～4.8	5.3～7.0	600
铝合金	23～27	0.27	2.7	100	300
钛合金	8.5	0.017	2.8	6	700

① 容积比热容是比热容 c［$J\cdot(g\cdot K)^{-1}$］和密度 ρ（$g\cdot mm^{-3}$）的乘积。

② 热扩散率表示温度传播速度，$a=\frac{\lambda}{c\rho}$。

3. **相变时性能的变化**

低碳钢在加热和冷却过程中发生相变时，由于晶体结构的改变，其物理性能也随之发生变化。表 8-1-3所列为不同金属组织的物理性能。其中比容的变化就意味着金属容积的改变。图 8-1-6 所示为低碳钢从加热到冷却一个循环热过程，容积变化的曲线。图 8-1-6 中曲线 I 为低碳钢加热时容积的变化，曲线Ⅱ为低碳钢冷却时容积的变化。在 Ac_1 和 Ac_3 之间约 700℃时发生奥氏体向铁素体和珠光体的转变，这时金属没有弹性，对焊接应力与变形不发生影响。若冷却速度很快或碳及合金元素增加时，奥氏体转变温度可能降低，转变为马氏体。如图 8-1-6 中的曲线Ⅲ所示，在 400℃以下发生体积变化，这时金属已恢复弹性。如果这种相变只发生在金属的局部，就会产生相变应力。

表 8-1-3　不同金属组织的物理性能

特　性	组织类型				
	奥氏体	铁素体	珠光体	渗碳体	马氏体
密度 $\rho/g\cdot cm^{-3}$	7.843	7.864	7.778	7.67	7.633
比体积/$cm^3\cdot g^{-1}$	0.123～0.125	0.127	0.1286	0.130	0.127～0.131
线胀系数 $\alpha_l/10^{-6}K^{-1}$	23.0	14.5	—	12.5	11.5
体胀系数 $\alpha_V/10^{-6}K^{-1}$	70.0	43.5	—	37.5	35.0
晶体类型	面心立方体	体心立方体	体心立方体	斜方体	正方体

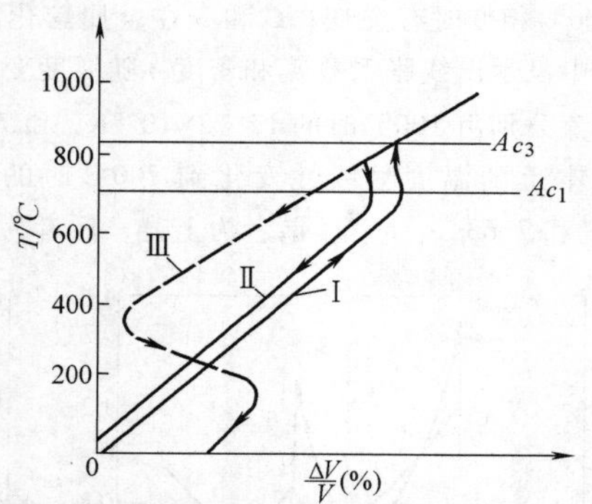

图 8-1-6　碳钢加热和冷却时的膨胀和收缩曲线

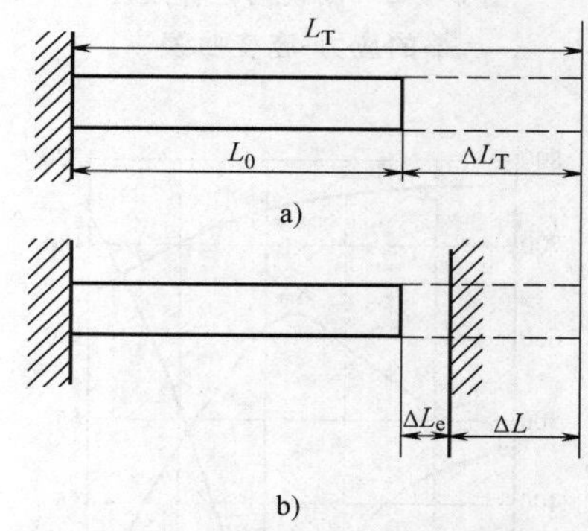

图 8-1-7　金属杆件均匀加热的变形

a）变形自由　b）变形不完全自由

1.2.2　均匀受热杆件的变形与应力

物体在外界条件（如力、温度）的影响下，其形状和尺寸将发生变化，即所谓变形。图 8-1-7 所示为一根等截面的低碳钢杆件，对它均匀加热，使其温度 $T>T_0$，T_0 为原始温度，观察该杆件在不同条件下产生的变形和应力。

1. **变形自由时**（见图 8-1-7a）

杆件从原始长度 L_0 自由地热伸长到 L_T，其变形量用式（8-1-3）确定。

$$\Delta L_T=\alpha L_0(T-T_0) \tag{8-1-3}$$

式中　α——金属线胀系数（$10^{-6}K^{-1}$），见表 8-1-2；

ΔL_T——自由（热）变形量（mm）。

若用单位长度上的变形量（即变形率）表示，则自由（热）变形率 ε_T 为

$$\varepsilon_T=\frac{\Delta L_T}{L_0}=\alpha(T-T_0) \tag{8-1-4}$$

当原始温度 $T_0=0$℃时，$\varepsilon_T=\alpha T$。

由于杆件热伸长过程中不受任何阻碍，故内部不产生应力。

2. **变形不完全自由时**（见图 8-1-7b）

杆件加热从 T_0 到达 T 时，应当伸长 ΔL_T，但只看到它伸长了 ΔL_e。ΔL_e 称为可见变形或外观变形，其可见变形率 ε_e 为

$$\varepsilon_e=\frac{\Delta L_e}{L} \tag{8-1-5}$$

实际上该杆件由于受到阻挡，尚有 ΔL 的伸长没表现出来，它就相当于被压缩了这个变形量，故称 ΔL 为内部变形，在数值上是自由变形 ΔL_T 和可见变形 ΔL_e 之差，因受压缩故为负值。其表达式为

$$\Delta L=-(\Delta L_T-\Delta L_e)=\Delta L_e-\Delta L_T \tag{8-1-6}$$

其内部变形率 ε 用式（8-1-7）表示

$$\varepsilon=\frac{\Delta L}{L_0}=\frac{\Delta L_e-\Delta L_T}{L_0}=\varepsilon_e-\varepsilon_T \tag{8-1-7}$$

杆件在热伸长过程中，从受阻开始内部即产生压缩变形和应力。其内部变形率 ε 称为压缩应变，随温度升高而增大。当 $|\varepsilon|<|\varepsilon_s|$ 时，按图 8-1-2 用胡克定律确定压应力，即

$$\sigma=E\varepsilon=E(\varepsilon_e-\varepsilon_T) \tag{8-1-8}$$

若继续加热到 $T'(>T)$，使得 $|\varepsilon|>|\varepsilon_s|$ 时，杆内不但产生达到屈服强度 R_{eL} 的压应力，同时还产生了压缩塑性应变 ε_p，其数值为

$$\varepsilon_p=\varepsilon_e-\varepsilon_T-\varepsilon_s \tag{8-1-9}$$

若在此时，让杆件从 T' 冷却，恢复到原始温度 T_0，杆件就会收缩，最后长度比原始长度缩短了 $\Delta L_p=\varepsilon_p L$。

3. **应力和应变变化过程分析**

变形不能自由时（见图 8-1-8a）意味着杆件受刚性拘束，是在没有可见变形（即 $\varepsilon_e=0$）的条件下进行均匀加热和冷却。假定 $T_0=0℃$，加热最高温度 T_m（<500℃），然后从 T_m 冷却到 0℃。现运用图 8-1-4 中的 $R_{eL}(\varepsilon_e)-T$ 简化曲线，以图解法去分析该低碳钢杆件内部的应力和应变变化过程。

如图 8-1-8b 所示，令横坐标代表温度 T，纵坐标代表杆的内部应力 σ 和应变 ε，并按图 8-1-4 把 $R_{eL}(\varepsilon_s)-T$ 简化曲线画出。横坐标上方表示拉伸引起的应变和应力，下方表示压缩引起的应变和应力。

1）加热过程。由于是刚性拘束，故从加热开始，杆件的热伸长就被阻，杆内即产生压应变和压应力，其值随温度升高沿 Oa（箭头所示）方向增大。当加热至 T_s 时，杆内压应力和应变已达该温度下的屈服极限值，即 R_{eL} 和 ε_s（在图 8-1-8b 中的 a 点）。低碳钢的 $T_s\approx100℃$。继续加热，杆内的屈服应力

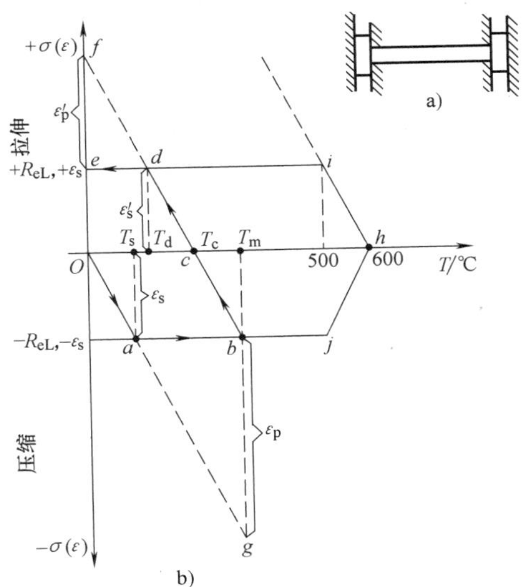

图 8-1-8　低碳钢杆件在刚性拘束条件下均匀加热和冷却所产生的应力和变形

（0℃<T_m<500℃）

a）被刚性拘束的条件　b）图解杆内的应力与变形

R_{eL} 和应变 ε_s 沿 ab 保持不变，但从 a 点开始杆内（沿 ag）产生压缩塑性应变。当加热到最高温度 T_m 时，压缩塑性应变达到 ε_p。此时杆内的压应力和弹性应变仍为 R_{eL} 和 ε_s（图中 b 点），其总压应变为 $\varepsilon_s+\varepsilon_p$。

2）冷却过程。从 T_m 开始冷却，杆件立即开始反向收缩，表现为压应力开始松弛，从 R_{eL} 开始沿 bd（平行 Oa）方向降低。冷至 T_c（图 8-1-8b 中的 c 点）时，压应力降为零，压弹性应变也消失。从 T_c 继续冷却，杆件继续收缩。但因刚性拘束，收缩不自由。于是从 T_c 冷却开始，杆内出现了拉伸应变和应力，且随着温度下降，而沿 cd 增大。当冷至 T_d 时，杆内拉应力已达拉伸屈服强度 R_{eL}，相应拉伸应变也达 ε_s（图 8-1-8b 中的 d 点）。继续冷至 0℃时，杆内拉应力和弹性应变（沿 de）仍为 R_{eL} 和 ε_s。但从 T_d 起，杆内（沿 df）还产生了拉伸塑性应变，冷至 0℃时达到 ε'_p。

刚性拘束的低碳钢杆件，经过上述的加热与冷却热循环，杆内产生的应力和弹性应变随温度升降而沿图 8-1-8b 中的 $Oabcde$ 变化，加热过程杆内产生的是压应力，最高达到屈服强度 R_{eL}。冷却过程压应力逐渐消失，如果加热最高温度超过 T_s，冷后杆内就会产生拉应力和拉伸应变。拉应力最高时达到 R_{eL}。

如果加热最高温度 $T_m=600℃$，杆内的应力将沿图 8-1-8b 中 $Oabjhide$ 变化，最后杆内拉应力仍为 R_{eL}，拉伸应变 $\varepsilon=\varepsilon'_s+\varepsilon'_{0p}=\alpha\times600℃$。

从图 8-1-8b 中看到一个现象，即 $bg=fO$。bg 代表着加热到最高温度 T_m 时，杆内发生过的压缩塑性应变量 ε_p。而 fO 是表示该杆件冷却到原始温度 0℃时，杆件内发生的拉伸应变量 ε'。于是得出一个很重要的结论：杆件加热过程中内部产生过多少压缩塑性应变（或变形），冷却后杆件内便产生同样多的拉伸应变（或变形），即 $\varepsilon_p=\varepsilon'=\varepsilon'_s+\varepsilon'_p$。

在图 8-1-8b 所示的例子中，当冷却至 0℃时，若去除拘束，则该杆件便产生数值为 ε_s 的缩短，拉应力随之消失；如果当加热温度到达 T_m 后立即去除拘束，让杆件自由冷却，冷后杆件就会产生数值达 αT_m 的缩短，它大于 ε_s。由于冷缩自由，故杆内也无应力。上述均匀加热引起的应力与变形并不全符合焊接的实际情况。但产生的现象和规律却是分析焊接应力与变形的基础，也是火焰矫正和应用焊接夹具减少变形的理论基础。

1.2.3　焊接引起的应力与变形

1. 焊接加热过程的特点

（1）不均匀的加热

焊接时热源（如焊接电弧）集中作用在焊件某一局部上，由于热传导的存在，在热源周围的金属上形成一个温度场，如图 8-1-9 所示。该温度场的温度梯度大，在焊缝区最高温度达材料的沸点，在离焊缝不远处温度急剧降至室温。温度场的形状、大小及其稳定性除与焊接热输入大小有关外，还和金属材料的热物理性质、焊件形状与尺寸等因素密切相关。

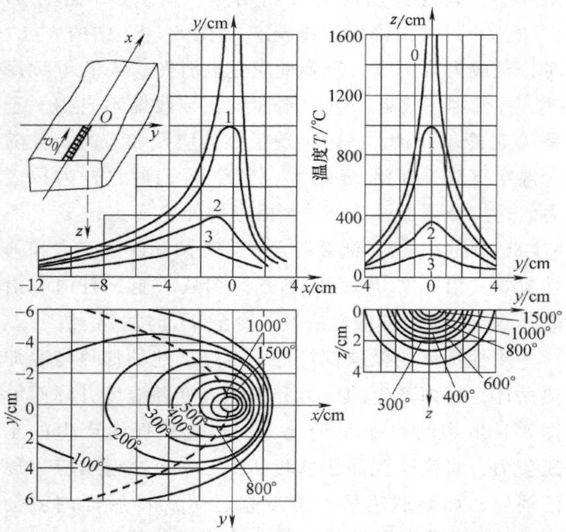

图 8-1-9　半无限体上的移动点热源周围的温度场（在运动坐标 x、y、z 上呈准稳定极限状态）

（2）每个受热点经历了各自的热循环

焊接时热源在移动，因此焊接温度场也随着热源移动。于是在近缝区上受热作用的各点，其温度随时间而变化，经受着从室温到最高温度，又从最高温度降到室温的热循环，如图 8-1-10 所示。每个点上的最高温度与它相对于热源的位置有关。在图 8-1-9 中，左下方的等温线的视图上有一条虚线，虚线上所对应的点正处在该点的最高温度，它是各等温线宽度最大处的连线，表明这是一条近缝区中温度上升和下降的分界线，线的右侧的各点都处在加热过程中，左侧各点都处在冷却过程中。

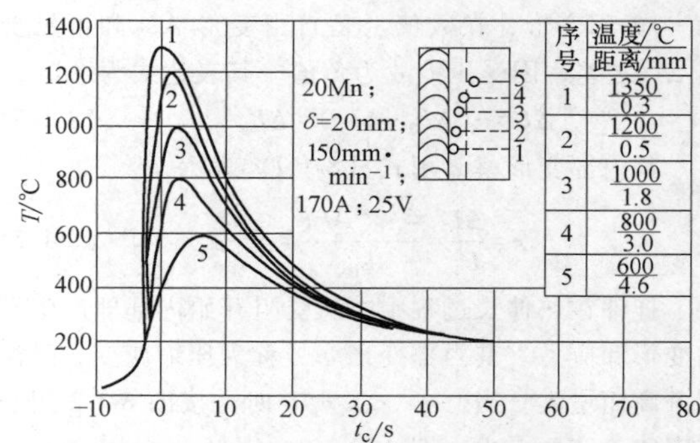

图 8-1-10　距离焊缝不同各点的焊接热循环

以上两个特点充分说明焊接是一个不均匀加热的过程，在近缝区上受热各点的温度随时间而变化，在不同的点上都经历着不同的加热和冷却的热循环。

2. 分析焊接应力与变形的主要假定

前面分析简单杆件均匀加热和冷却引起的应力与变形时，为了简化而做了金属的热物理性能与温度无关以及力学性能与温度的简单关系（见图 8-1-4 虚线）的假定，由于分析不均匀加热焊接件的应力与变形时问题变得更加复杂，所以还需再增加以下假定。

1）线状热源和热极限状态假定。所研究的焊件为厚度较薄的低碳钢板，采用电弧焊并做等速直线移动。这样被认为沿板厚方向的温度是均匀的；电弧为一线状热源；除开始和结束区段外，温度场稳定，均处于热极限状态；在垂直焊缝的横截面上的热过程都相同。

2）平截面假定。材料力学的平截面假设在这里也适用，即认为平板受到纵向力或平面弯矩作用而变形时，原来的横截面是平面，变形后仍然保持是平面。

3）忽略相变的影响。必须指出，上述假定对了解焊接应力与变形的形成机理变得简单和容易，但用来计算，其结果是有误差的。做数值分析时不必做此假定。

3. 平板条中心焊接的应力与变形

在一块低碳钢薄平板条的纵向中心线作电弧堆焊，研究其纵向应力和变形的形成过程，只观察某一截面加热过程中的某一瞬时和焊完冷后两种情况。

在焊接过程中出现一个温度场。在接近热源600℃等温线最宽处取一横截面 O-O′（见图 8-1-11b），在该截面上的温度分布如图 8-1-11a 中曲线 OPS 和 RQO′所示，由于自由热应变 ε_T是温度 T 的函数，当原始温度 $T_0=0$℃时，$\varepsilon_T=\alpha T$，故该曲线也代表了该截面上各点的 ε_T分布。它说明原来 O-O′截面上各点若能自由热膨胀，该截面就变成曲面 OPS 和 RQO′了。但是组成平板条上各质点之间都是相互牵连和约束的整体，正如平截面假定那样，O-O′变形后仍应保持一个平面，故平移到 m-m′平面。显然，m-m′线就代表了可见变形 ε_e，也就是说，在加热过程中，板条整体是纵向伸长的。按 $\varepsilon=\varepsilon_e-\varepsilon_T$的关系，曲线 ε_T和直线 ε_e之间的差距，就是 O-O′截面上各点的内部应变 ε 值，根据本章 1.2.2 节所述在不同温度下的弹塑性变形的基本规律以及内力和为零的特点就可以确定该截面上的应力和变形的分布（左右对称，只看左半边）。

图 8-1-11a 所表示的可见应变和内部应力，就是焊接瞬时变形和应力。随着电弧往前移动和热传导，O-O′截面上的温度将随时间而重新分布，相应地 ε_T、ε_e和 σ 也随之重新分布，处于新的平衡。这种演变过程一直到整个截面完全冷却才停止。

图 8-1-11c 所示为 O-O′截面完全冷却后形成的应力和变形情况，图中 OP′和 Q′O′为加热时板两侧的 L_1区（见图 8-1-11a），是完全弹性区，冷却后这两区不会发生缩短；P′Q′区为加热过程中产生了压缩塑性变形区，根据本章 1.2.2 节的结论：加热时发生过多少压缩塑性变形量，冷却后就会缩短相同的变形量。所以，如果允许自由收缩，则该区的金属就应沿 P′S′R′Q′曲线收缩（注意，这里 P′S′R′Q′P′所包围的面积应等于图 8-1-11a 中 PSRQP 所包围的面积）。也即 OP′S′R′Q′O′曲线为冷却后的自由应变 $\varepsilon_T'(T)$ 曲线。由于质点之间的相互牵连和约束，故按平截面假定，O-O′平面只能平行地缩短至 n-n′平面，n-n′直线即为冷却后的可见应变线 $\varepsilon_e'(T)$。按 $\varepsilon=\varepsilon_e-\varepsilon_T$的关系，O-O′截面上各点的内部应变 ε'就是 $\varepsilon_T'(T)$ 曲线和 $\varepsilon_e'(T)$ 直线之间的差距。显然，OP′区和 Q′O′区本不应缩短的却被压缩了 $\varepsilon_e'(T)$，于是产生了压应力；而 P′Q 区本应按 P′S′R′Q′曲线缩短的，只能缩短 $\varepsilon_e'(T)$，而大部分被拉长了，所以 P′Q′区基本上是产生拉应力。由于在中心区域的 $\varepsilon'>\varepsilon_s'$，所以该区的拉应力已达 R_{eL}，并发生了拉伸塑性变形。

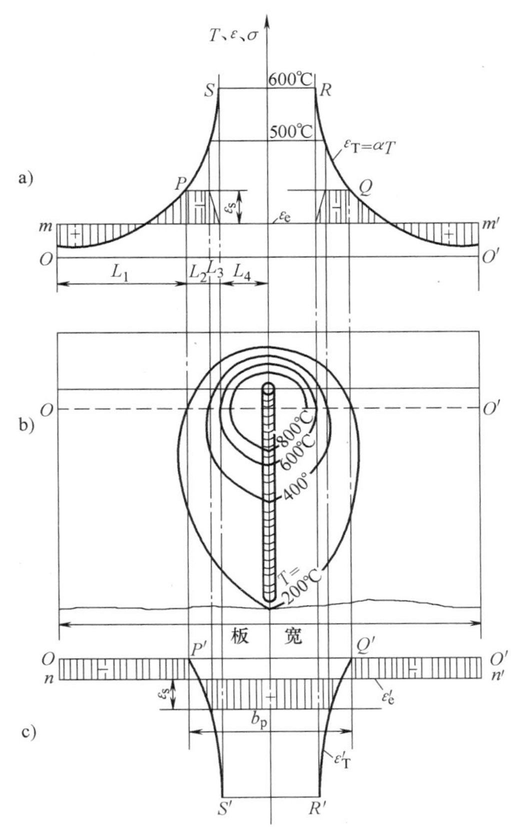

图 8-1-11　平板条中心堆焊的应力与变形

a）焊接时　b）焊件上的温度场（等温线部分）　c）焊完冷后

注：1. L_1为完全弹性区，$\varepsilon<\varepsilon_s$，没有发生塑性变形。内应力 $\sigma=E\varepsilon$，有拉有压，用影线表示，每点影线的垂直长度代表该点的应力或应变大小（因为前者是后者的函数）。P 点的压应力已达 R_{eL}。

L_2为 $T_p<T<500$℃区，这时 $\varepsilon>\varepsilon_s$，内压应力仍为 R_{eL}，产生了压缩塑性变形。

L_3为 500℃<T<600℃区，这时 $\varepsilon>\varepsilon_s'$（$\varepsilon_s'$指相应温度下的屈服应变），内压应力从 500℃的 R_{eL}，降到 600℃时为零，该区压缩塑性变形继续增大。

L_4为 T>600℃区，弹性已消失，内应力为零，ε 全部为压缩塑性应变。

2. 该截面加热时发生的压缩塑性应变分布在图 8-1-11a 中 PSRQP 所包围的面积上。

n-n′平面［即 $\varepsilon_e'(T)$ 直线］的位置必须根据内应力的基本特点，即横截面上内力与内力矩总和为零进行确定，在做应力分布图时，两侧压应力的影线总面积应等于中间拉应力的影线面积。

图 8-1-11c 所表示的应力就是平板条中心堆焊后，

存在于板条横截面上的残余内应力。可见应变 ε_e' 即 On 距离就是该平板条焊后的残余变形，其纵向总缩短 $\Delta l_e = \varepsilon_e' L_0$（$L_0$为纵向焊缝长度）。

前面研究的是焊缝轴线方向（习惯称纵向）的应力与变形。实际上平板在垂直焊缝轴线的方向（习惯称横向）也会产生应力和变形，其形成机理比纵向应力和变形要复杂得多。但有一点是共同的，即被加热的近缝区金属在横向膨胀而受阻时，只要内部产生了横向压缩塑性变形，冷却后该部位必然产生横向收缩。所以如图 8-1-11 所示平板条中心堆焊后，该板条不仅存在有纵向残余内应力和纵向缩短，同时也有残余的横向内应力和横向缩短（宽度变窄），见表 8-1-1。

4. 平板条边缘堆焊的应力与变形

运用前述的原理和方法，也可以分析平板条边缘堆焊的应力与变形。图 8-1-12a 所示为在平板条边缘用电弧以等速向前堆焊，取距电弧不远，温度场中 600℃ 等温线最宽的横截面 O-O'，研究该截面当时的应力和变形。这时截面上的温度分布如图 8-1-12b 中 RQO' 曲线，实际上它又代表该截面自由变形 ε_T 曲线，说明近缝区须按 ε_T 曲线膨胀。按平截面假定，O-O' 变形后仍应保持平面，所以变形后 O-O' 转移到 m-m' 平面，mm' 直线即可见变形 ε_e 线。它和 ε_T 曲线之间的距离即为内部应变 ε。在 L_1 区为完全弹性区，L_2 区为弹塑性区，L_3 区为完全塑性区，$mSRQm$ 所包面积表示所产生的压缩塑性变形分布情况，只在 L_1 区和 L_2 区产生内应力（影线所示）。m-m' 的位置通过力平衡条件确定。这时 O-O' 平面已偏转到 m-m' 的位置，说明该板条发生了平面内的弯曲变形，焊缝侧外凸。

随后冷却过程，O-O' 截面的温度分布发生改变，相应地内应力和变形也发生演变。完全冷却后，如图 8-1-12c 所示，O-O' 截面已偏转到 n-n' 位置。原因是 L_2 和 L_3 区力图按 $S'R'Q'$ 曲线缩短所致，图中 $OS'RQ'O$ 包围的面积等于加热时产生压缩塑性变形的面积，它近似地等于 $mSRQm$ 的面积。最后的残余内应力在焊缝及近缝区处为拉应力，高达 R_{eL}，并产生拉伸塑性变形；中部为压应力，无缝侧为拉应力。整个板条产生了与加热时完全相反方向的平面弯曲残余变形，有焊缝侧内凹。

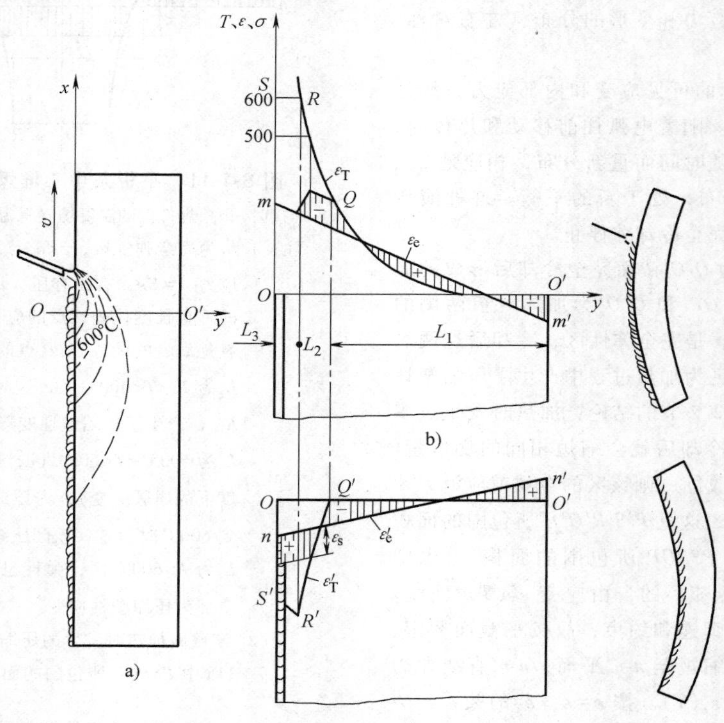

图 8-1-12　平板条边缘堆焊的应力与变形

a）焊件　b）加热时　c）焊完冷后

以上是在本章 1.2.2 小节的理论基础上再对焊件简化之后进行定性分析的，这种分析逻辑概念清晰明确，所引出的结论是正确的，与实际发生的现象也是一致的。但由于过分简化而显得粗糙，精度不高。近代对较为复杂的焊接结构的应力与变形问题都采用数值分析，虽然缺乏直观性，但能解决解析方法无法解决的复杂问题。

1.3　焊接应力与变形的数值分析方法简介

求解任意一个实际结构中由焊接引起的应力与变形问题，并不像前面所分析的薄板条中间堆焊或板边堆焊那样简单，在那里已经把许多实际存在的影响因素都忽略了，如传热、应力和应变原本是二维或三维的问题，都简化为一维问题了；金属的力学性能与温度的关系本是非线性关系，也简化为线性关系了；金属受热会发生相变，这一现象也被忽略了；直接影响应力与变形的焊接温度场也被认为在焊接过程中不因边界条件改变而变了等。如果不做这些简化，全部将其如实地考虑到分析中来，将会导出一个高阶的、非线性的和随时间而变的偏微分方程，这就很难甚至无法用解析法求解。随着计算机技术和现代工程数学的发展，今天对这类复杂的问题就可以用数值法求得其近似解，其中应用最多的是有限元分析法。

数值法是定量分析的一种工具和手段，用它既可以解决解析法无法求解的焊接热过程计算问题，用以确定不同焊接条件下的温度场，同样也可用来解决焊接热弹性、热塑性应力应变动态过程的复杂问题，能够更全面地考虑上面所述各种影响因素的动态变化，分析和计算的结果能够描述焊接全过程焊件产生应力和应变的状态，包括残余应力和变形。

掌握和运用数值分析法需要具备下列基本知识：数学方面，如微积分学、线性代数（包括矩阵及其运算）、有限元法等；工程力学方面，如材料力学、弹性力学和塑性理论等；工程热学方面主要是传热学。此外还需有计算机操作方面的知识和技能，会运用各种数值分析的计算机软件。

由于焊接应力与变形数值分析过程中必须先把焊接时的温度场计算出来，所以通常都是把求温度场和求应力场采用同样的有限元网格进行分析，把求温度场的结果直接用于求应变和应力场。整个分析结果的准确程度则取决于所建立的物理数学模型是否正确地反映了实际焊件的物理现象；同时，也决定于焊接热源参数（如热源有效利用率）和材料的热物理特性与力学特性（尤其是焊接高温区）的选取是否正确，以及计算采用的网格划分和所需费用等。

焊接是一个极为复杂的过程，焊接时局部高温超过熔点，材料性能随温度剧烈变化，由于热源的移动，整个焊件的温度、应力应变随时间和空间急剧变化，同一时刻存在加热和冷却、加载和卸载现象。此外，还需要对焊接坡口、填充金属和多层焊做特殊处理等。整个焊接问题包含着材料性能随温度剧烈变化和大变形等高度非线性因素，要获得高的计算精度和保证解的收敛性相当困难。一些学者提出了改善有限元分析精度的若干途径，如采用稳定可靠的计算方法，首先保证焊接温度场的计算精度；采用修正的弹性到塑性时的加权系数；对材料性能在高温时的特殊处理；计算时减小温度步长和合理的网格划分等。

详细数值分析的理论和方法参阅［123］、［168］等。

1.4　焊接残余应力

1.4.1　焊接残余应力的分布

焊接结构上的残余应力可以通过理论分析、数值计算和实际测量等手段加以确定。这里把已知残余应力分布的一些基本特点和规律做简要介绍。习惯上令平行焊缝轴线方向的应力称为纵向残余应力 σ_x，垂直焊缝轴线的应力称为横向残余应力 σ_y，厚度方向的残余应力为 σ_z。薄板焊接结构，σ_z 一般较小，而被忽略。

1. 纵向残余应力

焊缝位于中心的低碳钢板对接，纵向残余应力分布的基本规律是焊缝及其附近处为拉应力，一般都达到 R_{eL} 附近（钛为 0.5~0.8R_{eL}，铝为 0.6~0.8R_{eL}），两侧为压应力。整个横截面上保持着内力平衡。但是，在长焊缝中两端部的纵向应力分布与中部有区别，如图 8-1-13 所示。短焊缝中间稳定区将减小，或不出现。宽板对接与窄板对接的纵向应力分布也有区别，宽板对接平截面假定已不适用，因此表现出两侧压应力离焊缝越远越小，甚至为零，如图 8-1-14 所示。

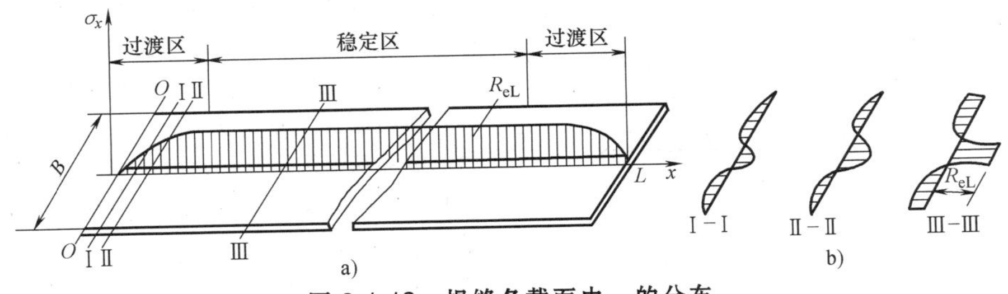

图 8-1-13　焊缝各截面中 σ_x 的分布

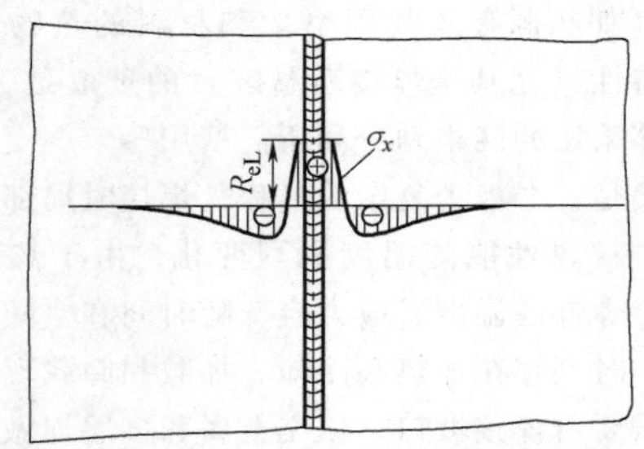

图 8-1-14　宽板对接纵向残余应力分布

圆筒环焊缝所引起的纵向（圆筒的切向）残余应力 σ_x 分布规律与平板直缝略有不同，它取决于圆筒直径、厚度和焊接压缩塑性变形区的宽度，其应力峰值随着圆筒直径 D 的增大和板厚 δ 的减小而增大，其应力分布状态逐渐与平板对接的接近。当直径较小或压缩塑性变形区宽度增大时，σ_x 有所降低，如图 8-1-15所示。

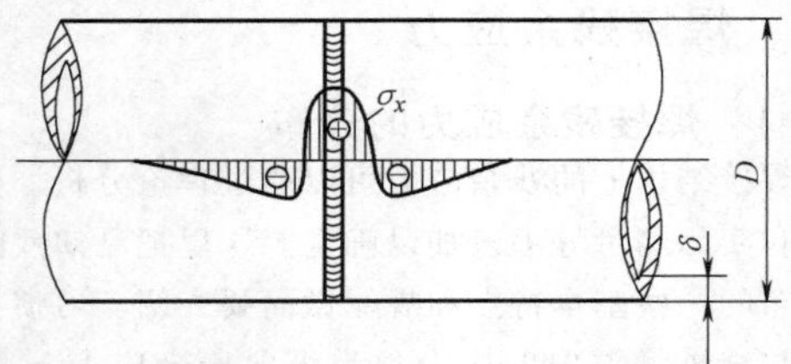

图 8-1-15　圆筒环焊缝的纵向残余应力分布

焊接型材内的纵向残余应力分布如图 8-1-16 所示。对 T 形焊接梁，立板可看成是平板条边缘堆焊；翼板看成是平板条中心堆焊，整个梁横截面的纵向残余应力分布就是这两种情况（见图 8-1-11c 和图 8-1-12c）的应力分布的合成，在焊缝及其附近处存在较大的纵向拉应力，如图 8-1-16a 所示；H 形梁和箱形梁的腹板以及箱形梁的上、下盖板，都可以看成平板条两外边缘堆焊，因受热的对称性，故其纵向残余应力也对称，两边为较大的拉应力，中部为压应力，如图 8-1-16b 和图 8-1-16c 所示。上述三种型材均为等截面且长度较大的梁，所以横截面上都是在焊缝及其附近处的金属存在较大的纵向拉伸残余内应力。

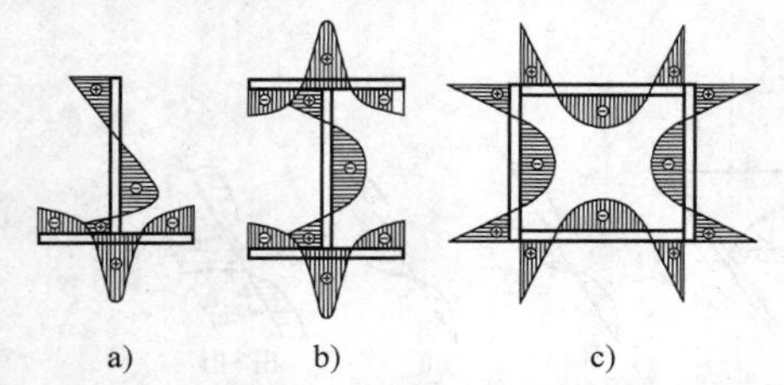

图 8-1-16　各种焊接型材内典型残余应力的分布
a）T 形梁　b）H 形梁　c）箱形梁

2. 横向残余应力

横向残余应力的形成原因较复杂。直接原因来自焊缝冷却的横向收缩，间接原因来自焊缝的纵向收缩。此外，表面和内部不同冷却过程，以及可能局部相变过程也是影响因素。焊件最后横向应力的分布都是这些因素引起横向应力叠加的结果。

对于自由状态下平板对接焊缝（见图 8-1-17a）的横向残余应力，主要起因于受拘束的纵向收缩。如果焊缝冷却没有横向拘束，两块板间瞬时完成的焊缝由于它的纵向收缩，引起两块板反向弯曲变形，于是在焊缝长度的中部截面处产生间隙（见图 8-1-17b）。实际情况是焊缝冷却有横向连接，必然使焊缝中部受到横向拉伸，而两端受到压缩。其横向残余应力如图 8-1-17c 所示，其压应力最大值比拉应力大得多。这种由纵向收缩引起的横向残余应力的分布受焊缝长度的影响，如图 8-1-18 所示，长焊缝中部拉应力有所下降。

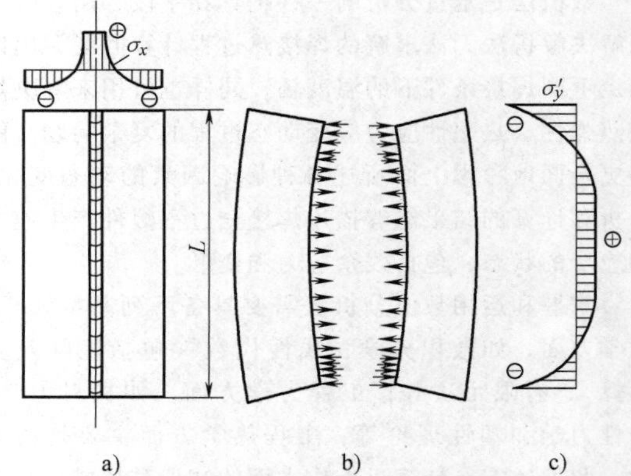

图 8-1-17　纵向应力 σ_x 引起的横向应力 σ'_y 的分布

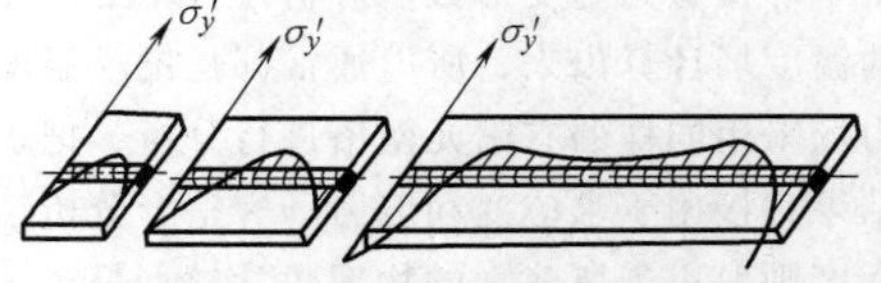

图 8-1-18　不同长度平板对接时 σ'_y 的分布

沿焊缝横向收缩不同步，是引起横向应力的另一原因。在焊接温度场上的降温区金属在收缩，右侧升温区的金属在膨胀。彼此的制约形成了应力，胀的被压，缩的被拉。温度场向前移动，曾升温膨胀过的金属开始降温收缩，它的收缩受到了比它先冷却的金属限制，而同时又受到了正在升温膨胀金属的限制。结果最后冷却的金属总是产生拉应力，与之相邻的金属产生压应力。焊后沿整条焊缝轴线的纵截面上内力须保持平衡而形成最终的横向应力分布。所以焊接方向和顺序对这种横向应力的分布发生影响。图 8-1-19 所示为同样的平板条对接，由中心向两端施焊和由两端向中心施焊，其横向残余应力分布完全不同。只有终焊处为拉应力是共同的。

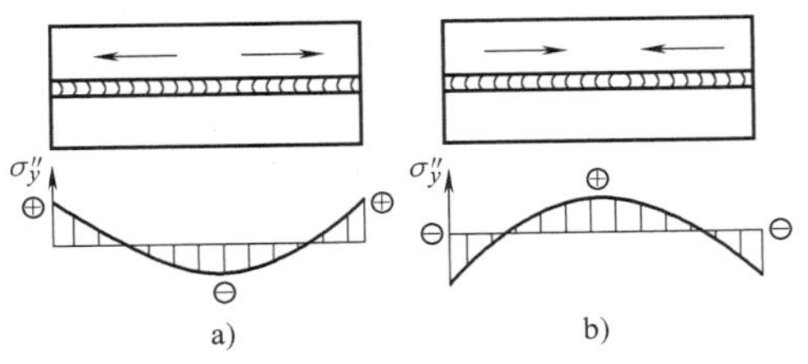

图 8-1-19 不同焊接方向时 σ_y'' 的分布

a）由中心向两端焊 b）由两端向中心焊

图 8-1-20 所示为两块 25mm×910mm×1000mm 板对接后横向残余应力分布，自动焊和焊条电弧直通焊的分布基本相同。焊条电弧分段焊出现正负反复，其拉应力峰值较直通焊高。两端产生压应力说明焊缝区纵向收缩引起的横向应力作用较大。

3. 厚板的焊接残余应力

厚板焊接接头中除有纵向和横向残余应力外，在厚度方向还有较大的残余应力 σ_z。它在厚度上的分布不均匀，主要受焊接工艺方法的影响。图 8-1-21 所示为厚 240mm 的低碳钢电渣焊缝中心线上的应力分布。该焊缝中心存在三向均为拉伸的残余应力，且均为最大值，这与电渣焊工艺特点有关。因电渣焊时，焊缝正、背面装有水冷铜滑块，表面冷却速度快，中心部位冷却较慢，最后冷却的收缩受周围金属制约，故中心部位出现较高的拉应力。

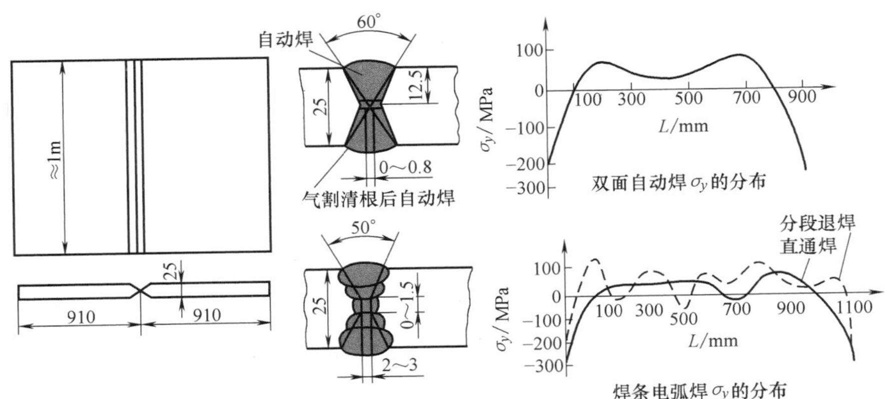

图 8-1-20 平板对接的横向应力 σ_y

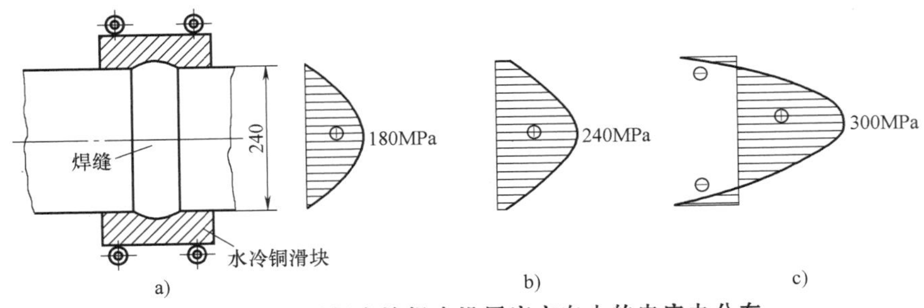

图 8-1-21 厚板电渣焊中沿厚度方向上的内应力分布

a）σ_z 在厚度方向上的分布 b）σ_x 在厚度方向上的分布 c）σ_y 在厚度方向上的分布

图 8-1-22 所示为厚 80mm 的低碳钢厚板 V 形坡口对接接头多层焊后，沿焊缝厚度方向上的残余内应力分布。焊缝表面上的 σ_x 和 σ_y 比中心部位大；σ_z 的数值较小，可能为压应力也可能为拉应力。其中在根部第一道焊缝上的 σ_y 大大超过了屈服强度，这是由于每焊一层就产生一次角变形，在该处多次拉伸塑性变形的积累，造成应变硬化，使应力不断上升。严重时可能导致根部开裂。

4. 在拘束状态下焊接的残余应力

焊件在拘束状态下焊接引起的残余应力与自由状态下焊接显著不同。图 8-1-23 所示为一金属框架，它的中心构件上有一条对接焊缝，这条焊缝焊接时横向收缩受到框架拘束，于是在中心构件上产生垂直焊缝轴线方向的横向拉应力 σ_f。该应力并不在该截面中平衡，而是在整个框架截面上平衡，故 σ_f 称为反作用内应力。该焊缝纵向收缩在 n-n 截面上引起纵向残余应力 σ_x，在垂直焊缝轴线上引起 σ_y，两者均在各自截面内平衡。最后在中心构件焊缝轴线上的横向残余应力为 $\sigma_y+\sigma_f$。焊后若在 m-m 处截断，则 σ_f 消失，σ_y 仍存在，中心构件将发生横向缩短。反作用内应力是拉应力，且分布范围大，对结构影响较大，因此在结构设计和施工中应尽量减小或避免。此外，利用夹具焊接时，也要防止松夹过程中，因反作用内应力释放而伤人。

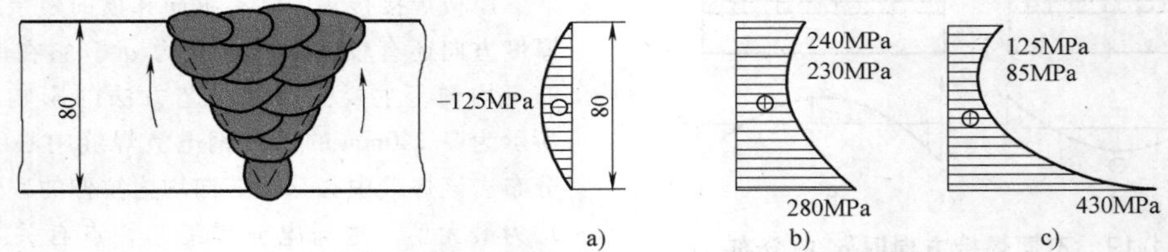

图 8-1-22　厚板多层焊中沿厚度方向上的内应力分布

a）σ_z 在厚度方向上的分布　b）σ_x 在厚度方向上的分布　c）σ_y 在厚度方向上的分布

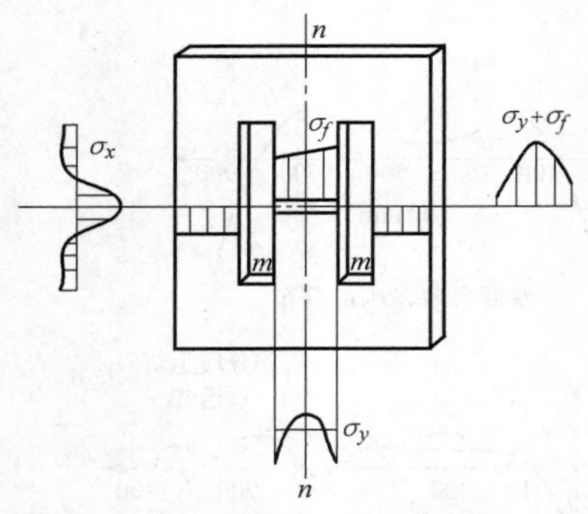

图 8-1-23　拘束状态下的焊接内应力

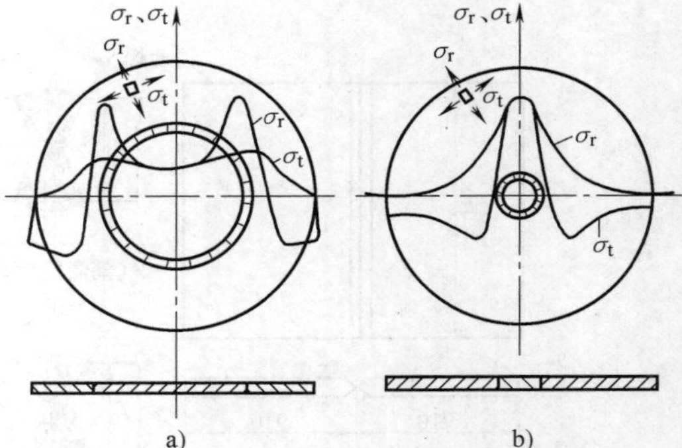

图 8-1-24　圆盘镶块封闭焊缝引起的内应力

a）大镶块　b）小镶块

5. 封闭焊缝的残余应力

在板壳结构中经常遇到接管、镶块和人孔等构造。这些构造上都有封闭焊缝，它们是在较大拘束下焊接的，内应力都较大。其大小与焊件和镶入体本身的刚度有关，刚度越大，内应力也越大。图 8-1-24 所示为圆盘中焊入镶块后的残余应力分布，纵向应力（对环焊缝为切向应力）σ_t 在焊缝附近为拉应力，最高可达屈服强度，由焊缝向外侧逐渐下降为压应力。焊缝向中心拉应力逐渐下降并趋于均匀值；横向应力（即径向应力）σ_r 为拉应力。在镶块中都有一个均匀双轴拉应力场，且切向应力和径向应力相等。镶块直径 d 相对于圆盘外径 D 越小，拘束度越大，镶块中的内应力也越大。

塞焊、电铆焊和点焊的残余内应力的分布与镶块直径很小时（见图 8-1-24b）相似。接管因本身的刚度较小，其内应力一般比镶块的小。

6. 相变应力

相变应力是因相变时比体积发生变化而引起。当相变温度发生在金属的塑性温度 T_p（指金属已失去弹性，屈服强度为 0 时的温度）以上时，比体积的变化并不影响残余应力的分布。如果是在冷却到远低于 T_p 才发生相变，则对残余应力发生影响。例如奥氏体转变为铁素体或马氏体时，比体积增大，它不但能抵消一部分压缩塑性变形，减小拉残余应力，还可能出现较大的压应力。因此，在焊接高强度结构钢或异种钢时可能在热影响区或焊缝金属（其化学成分与母材不同或相近）中发生低温相变，产生相变应力。图 8-1-25 所示为焊接相变时对纵向残余应力分布影响的两个例子。图 8-1-25a 所示为焊缝金属为奥氏体钢，焊接过程不发生相变。但母材热影响区却发生低温（$<T_p$）相变（奥氏体转变为马氏体）的情况。焊后横截面的残余应力为 σ_{mx} 和 σ_x 的叠加，σ_{mx} 为热影响区发生相变引起的相变应力，σ_x 为不均匀塑性变形引起的残余应力。图 8-1-25b 所示为焊缝金属成分与母材相近，焊后焊缝金属和近缝区发生低温相变的残余应力分布。

相变引起的是体积膨胀，既有纵向的膨胀也有厚度方向的膨胀，这两个方向上的膨胀会在某些部位引起相当大的横向拉应力，它是导致焊接冷裂纹的原因

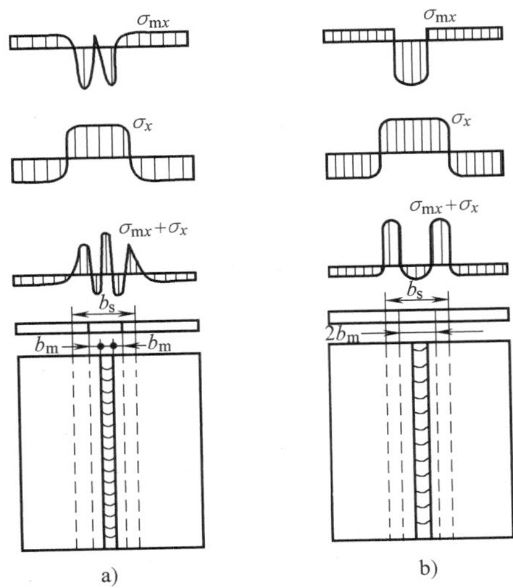

图 8-1-25　焊接相变对残余应力的影响

a）焊缝金属为奥氏体钢　b）焊缝成分与母材相近

注：σ_{mx}为相变应力；σ_x为不均匀塑性变形引起的焊接应力；$\sigma_{mx}+\sigma_x$为最终的残余应力；b_m为相变区的宽度；b_s为塑性变形区的宽度。

之一。

1.4.2　焊接残余应力的影响

1. 对静载强度的影响

没有严重应力集中的焊接结构，只要材料具有一定的塑性变形能力，焊接内应力并不影响结构的静载强度。但是，当材料处在脆性状态时，焊接拉内应力和外载引起的拉应力叠加有可能使局部区域的应力首先达到断裂强度，导致结构早期破坏。

曾有许多低碳钢和低合金结构钢的焊接结构发生过低应力脆断事故，经大量试验研究表明，在工作温度低于材料的脆性临界温度的条件下，拉伸内应力和严重应力集中的共同作用，将降低结构的静载强度，使之在远低于屈服强度的外应力作用下就发生脆性断裂。焊接结构上的应力集中多是结构设计不合理或焊接工艺缺陷造成的。

2. 对疲劳强度的影响

光滑试样受“无数次”应力循环而不发生破坏时的最大应力值，称为材料的疲劳极限，它与循环特征 r、平均应力 σ_m和应力幅 σ_a密切相关。图 8-1-26 所示为疲劳强度与 R_{eL}、σ_m的关系，图中 ACB 曲线上各点的纵、横坐标值之和就等于疲劳极限，$\sigma_r=\sigma_m+\sigma_a$。在 ACB 线以内任意点的应力（如 E_2点）下工作不会发生疲劳破坏，超过此线（如 E_1点）工作则发生疲劳破坏，在 E_0点工作已达到疲劳极限。

没有残余应力时，若构件受交变载荷在 σ_{m0}和

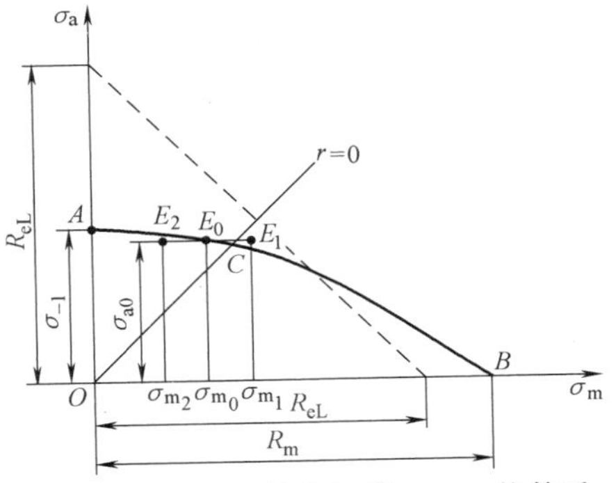

图 8-1-26　疲劳强度与 R_{eL}、σ_m的关系

σ_{a0}（见图 8-1-26 中的 E_0点）工作，构件已达疲劳极限。如果构件内有残余应力，则在同样交变载荷作用下，应力循环发生偏移，它改变了平均值 σ_{m0}，而不改变应力幅值 σ_{a0}。在内应力为拉应力处，其平均应力从 σ_{m0}增加为 σ_{m1}，而 σ_{a0}不变，故在 E_1点（见图 8-1-26）工作，它落在 ACB 线以外，该处很快发生疲劳破坏；在内应力为压应力处，其平均应力从 σ_{m0}减小为 σ_{m2}，因 σ_{a0}不变，故在 E_2点工作，它落在 ACB 线以内，该处不会发生疲劳破坏。这里说明了构件上拉残余应力对疲劳强度有不利影响，它能降低构件的疲劳强度，而压残余应力则对疲劳强度起有利的作用，它能提高疲劳强度。

这从简单疲劳裂纹扩展的力学原因也很容易理解，裂纹的张开和闭合直接与垂直裂纹面所作用内应力的方向（性质）有关，拉内应力使裂纹张开，显然助长了裂纹扩展而对疲劳强度不利，而压内应力是使裂纹闭合，是抑制裂纹扩展而对疲劳强度是有利的。

焊接残余应力在构件内是拉应力与压应力同时并存，如果用热处理消除应力，则在消除了拉应力的不利影响的同时，也消除了压应力的有利影响。因此，最好的作法是对焊接残余应力场进行调整和控制，使构件表面或危险部位（如应力集中点）处在压残余应力状态，这样就能提高构件的疲劳强度。

3. 对结构刚度的影响

当外载产生的应力 σ 与结构中某区域的内应力叠加之和达到屈服强度 R_{eL}时，这一区域的材料就会产生局部塑性变形，丧失了进一步承受外载的能力，造成结构的有效面积减小，结构的刚度也随之降低。

焊接结构除焊接引起残余内应力外，火焰矫正后也在结构上产生较大范围的内应力。加载时，刚度可能有明显下降，发生较大变形，卸载后回弹量也可能减小，出现残余变形。因此，对尺寸精度和稳定性要

求高的结构内应力不容忽视。

4. 对受压杆件稳定性的影响

当外载引起的压应力与内应力中的压应力叠加之和达到 R_{eL} 时，则这部分截面就丧失了进一步承受外载的能力，于是削弱了杆件的有效截面，使压杆的失稳临界应力 σ_{er} 下降，对压杆的稳定性有不利影响。

压杆内应力对稳定性影响的大小与压杆的截面形状和内应力分布有关，若能使有效截面远离压杆的中性轴，如图 8-1-27 所示的 H 形焊接柱，则可以改善其稳定性。图 8-1-27a 所示为用气割翼板外边缘，图 8-1-27b 所示为翼板上加盖板在边缘进行焊接，均使边缘存在较大的拉内应力。这样的结构内应力状态其失稳临界应力 σ_{er} 比一般的焊接 H 形焊接柱高。

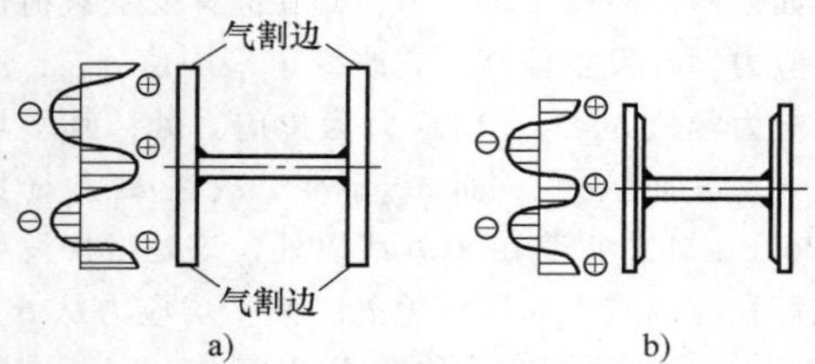

图 8-1-27　带气割边及带盖板的焊接杆件的内应力

5. 对焊件加工精度和尺寸稳定性的影响

焊件上的内应力在机械加工时，因一部分金属从焊件上被切除而破坏了它原来的平衡状态，于是内应力重新分布以达到新的平衡，同时产生了变形，于是加工精度受到了影响，所以焊后需精加工的构件宜消除应力处理后再加工。

焊接结构内的残余应力具有不稳定性，会随时间而变化。不同材料中的残余应力不稳定程度有较大差别。Q235 钢在室温（20℃）下的原始残余应力为 240MPa，经 2 个月存放，就下降了 2.5%。在 100℃经 2 个月，残余应力下降比 20℃时大 5 倍，其原因是蠕变和应力松弛所致。30CrMnSi 钢焊后存放一段时间后内应力降低也较多，其原因是焊缝区存在残留奥氏体，在室温存放过程中不断转变为马氏体，马氏体体积膨胀使残余应力降低。35 钢和 40Cr13 钢等焊件在室温或稍高温度下存放发生残余应力增加现象，这是在焊后产生的淬火马氏体逐渐转变为回火马氏体过程中，体积有所缩小所致。上述组织的不稳定导致内应力的不稳定，而内应力的变动就会引起构件形状和尺寸的改变。

6. 对应力腐蚀开裂的影响

金属受到内外拉应力和特定腐蚀介质的共同作用后出现的脆性断裂，称为应力腐蚀开裂。应力腐蚀开裂所需的时间与应力大小有关。拉应力越大，应力腐蚀开裂的时间越短。控制应力腐蚀开裂最有效的方法是对金属进行消除应力处理。此外，对金属进行轧制、喷丸、球磨等，使金属表面层产生残余压应力，也能抵御应力腐蚀开裂。有时还可利用电化学保护方法等。

1.4.3　焊接残余应力的调节与控制

焊接内应力是可以通过结构设计和焊接工艺措施等进行调节与控制的，如降低残余应力的峰值，避免在大面积内产生较大的拉内应力等。

1. 设计措施

1）尽量减少结构上焊缝的数量和焊缝尺寸。多一条焊缝就多一处内应力源；过大的焊缝尺寸，焊接时受热区加大。使引起残余应力与变形的压缩塑性变形区或变形量增大。

2）避免焊缝过分集中，焊缝间应保持足够的距离。焊缝过分集中不仅使应力分布更不均匀，而且可能出现双向或三向复杂的应力状态。压力容器设计规范在这方面要求严格，容器接管焊缝如图 8-1-28 所示。

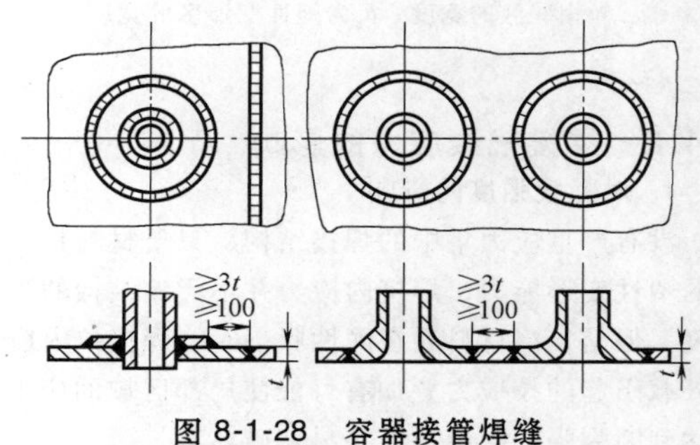

图 8-1-28　容器接管焊缝

3）采用刚性较小的接头形式。例如，图 8-1-29 所示为容器与接管之间连接接头的两种形式，插入式连接的拘束度比翻边式的大，插入式的焊缝上可能产生双向拉应力，且达到较高数值；翻边式的焊缝上主要是纵向残余应力。

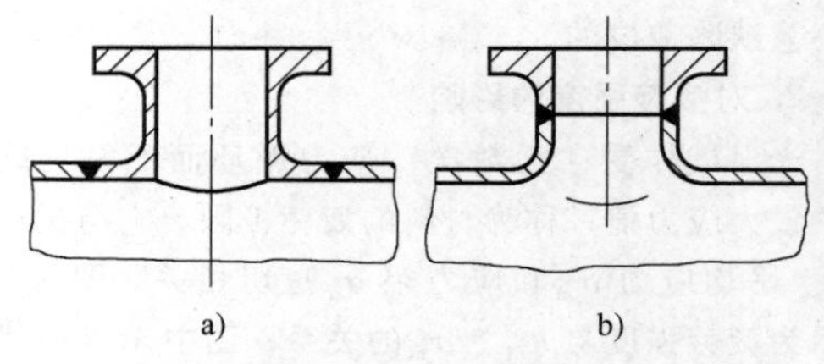

图 8-1-29　焊接管连接

a）插入式　b）翻边式

图 8-1-30 所示为减小接头刚性措施，左边设计刚度大，焊接时引起很大拘束应力而极易产生裂纹；

右边的接头已削弱了局部刚性，焊接时不会开裂。

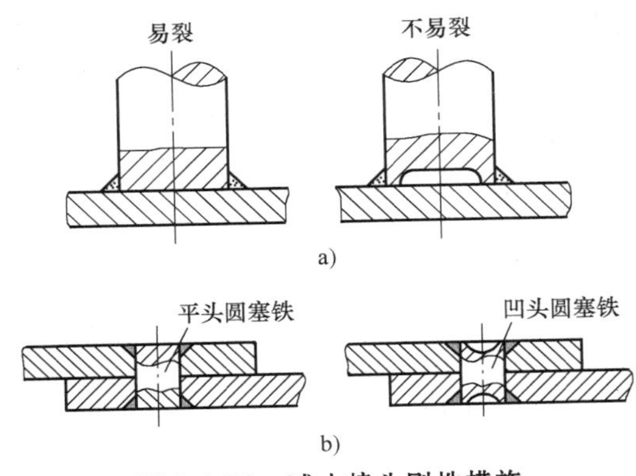

图 8-1-30　减小接头刚性措施

a）圆棒 T 形焊　b）铆焊

2. 工艺措施

（1）采用合理的焊接顺序

焊接应力是焊缝区金属纵向和横向收缩不自由引起的，因此要减小焊接应力就需根据产品结构特点和焊缝的分布情况等确定最合理的装配和焊接顺序。其原则是减少拘束，尽量使每条焊缝能自由地收缩。多种焊缝时，应先焊收缩量大的焊缝；长焊缝宜从中间向两头焊，避免从两头向中间焊。

图 8-1-31 所示为对接焊缝与角焊缝交叉。对接焊缝 1 的横向收缩量大，必须先焊，后焊角焊缝 2。如果反之，先焊角焊缝 2，则焊接对接焊缝 1 时，其横向收缩不自由，极易产生裂纹。图 8-1-32 所示为大面积平板拼接，按焊缝 1、2、3 顺序施焊是合理的，若按 3、2、1 顺序焊接，则焊接 2、1 焊缝时，它们的横向收缩就受到先焊的缝 3 拘束，必然产生较大的残余应力，严重时在焊缝 1、2 上会产生裂纹，或整个拼板凸起，构成波浪变形。因此，交错布置的焊缝（即 T 形焊缝）应先焊交错的短焊缝，后焊直通的长焊缝。

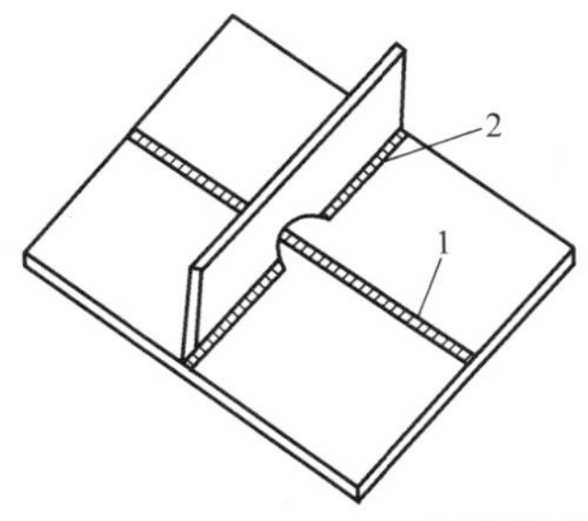

图 8-1-31　对接焊缝与角焊缝交叉

（2）降低焊缝的拘束度

平板上镶板的封闭焊缝焊接时拘束度大，焊后焊缝纵向和横向拉应力都较高，极易产生裂纹。为了降低残余应力，应设法减小该封闭焊缝的拘束度。图 8-1-33所示为焊前对平板或镶板的边缘适当翻边，作出角反变形状，焊接时翻边处拘束度减小。若镶板收缩余量预留得合适，焊后残余应力可减小且镶板与平板平齐。

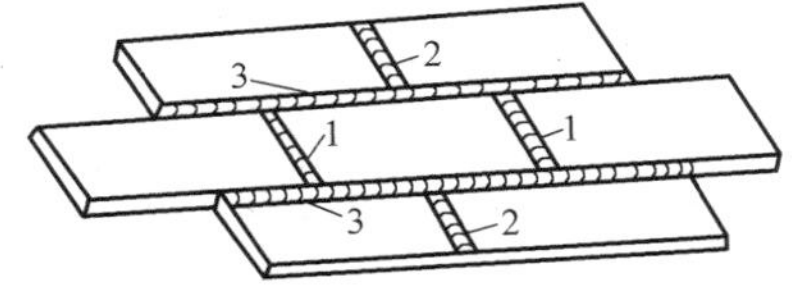

图 8-1-32　拼板时选择合理的焊接顺序

1、2—短焊缝　3—长焊缝

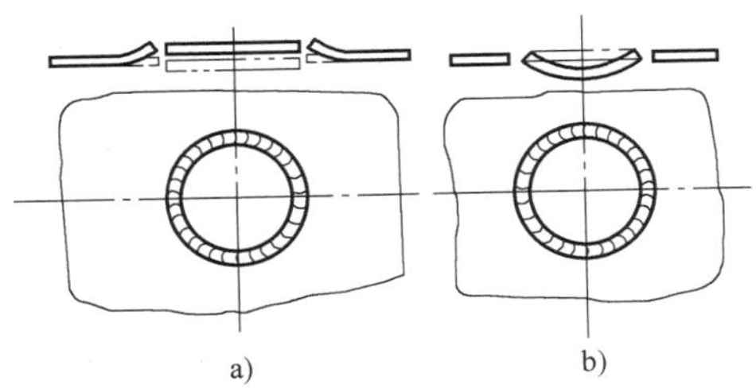

图 8-1-33　降低局部刚度减少内应力

a）平板少量翻边　b）镶块压凹

（3）锤击焊缝

利用圆头小锤锤击焊缝，使焊缝金属延展，抵消一些焊缝区的收缩，以降低内应力。此法在焊接强度高、塑性差的材料时（尤其在修理工作中）应用十分有效，但要掌握锤击时机、锤击力大小和锤击次数，目前仍以手工操作为主，要依靠个人的经验技巧。在时机上一般以拉应力已开始形成，温度较高（500~800℃）时锤击为好。这时金属具有较高的塑性和延展性。对碳及合金含量高的材料，低于500℃，则不宜再锤击。锤击力要适度，过度会开裂，一般以表面薄层获得延展即可。脆性材料锤击的次数宜少、不宜多，一般不锤击第一层和表面层。

（4）加热减应区

焊接时加热那些阻碍焊接区自由伸缩的部位（称为减应区），使之与焊接区同时膨胀和同时收缩，起到减小焊接应力的作用，此法称为加热减应区法。图 8-1-34 所示为加热减应区法的原理。这里的框架中心构件已断裂，需修复。若直接焊接断口处，焊缝横向收缩受阻，在焊缝中受到相当大的横向应力。若焊前在两侧构件的减应区（见图 8-1-34a 中的影线区域）处同时加热（一般用气焊炬），两侧受热膨胀，使中心构件断口间隙增大。此时对断口处进行焊接，焊后两侧也停止加热。于是焊缝和两侧加热区同时冷却收缩，互不阻碍，从而减小了焊接应力。

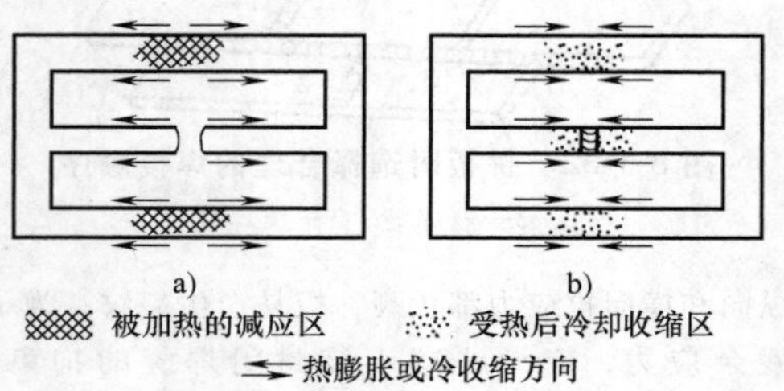

图 8-1-34　加热减应区法的原理

a）加热过程　b）冷却过程

此法在铸铁补焊中应用得最多，也最有效。方法成败的关键在于正确选择加热部位，选择的原则是只加热阻碍焊接区膨胀或收缩的部位。检验加热部位是否正确的方法：用气焊炬在所选处试加热一下，若待焊处的缝隙是张开的，则表示选择正确，否则不正确。图 8-1-35 所示为典型焊件加热减应区的选定。

（5）碾压法

碾压法又称滚压法，是焊后用窄滚轮碾压焊缝和近缝区表面，使被碾压部位产生塑性延伸变形，以达到调节和消除焊接应力与变形的目的。此法适用于薄板对接焊缝。碾压焊缝调节和消除残余应力的原理如

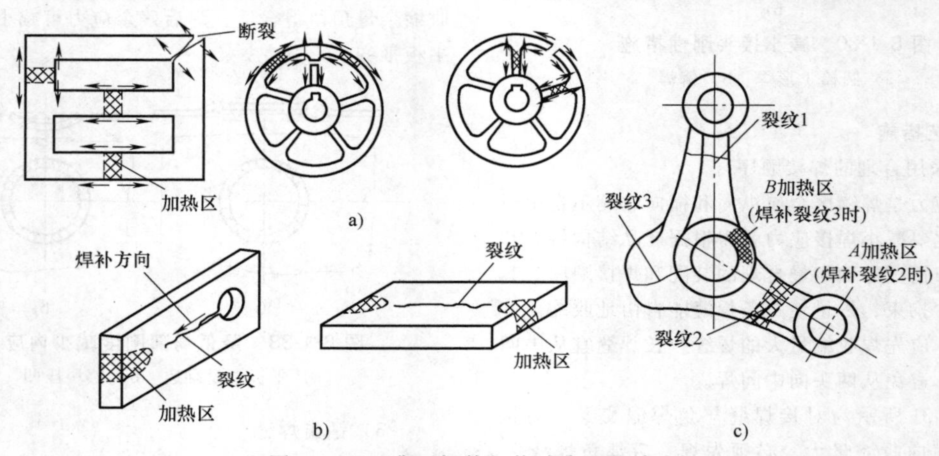

图 8-1-35　典型焊件加热减应区的选定

a）框架与杆系类构件加热区　b）以边、角、棱等处作加热区

c）机车摇臂断裂补焊加热区

图 8-1-36 所示。通常是机械操作，滚轮的压力可以调节和控制，一般在滚轮压力下，能使焊缝纵向的塑性延伸量为（1.7~2）ε_s 即可补偿因焊接所造成压缩塑性变形的目的，因为这样碾压时会引起焊接残余应力重新分布。

碾压所用滚轮的宽度和所碾压的部位不同，引起的应力重新分布不一样，残余应力消除效果各异，如图 8-1-37 所示，以拉伸残余应力被降到最低甚至为零时效果最好。

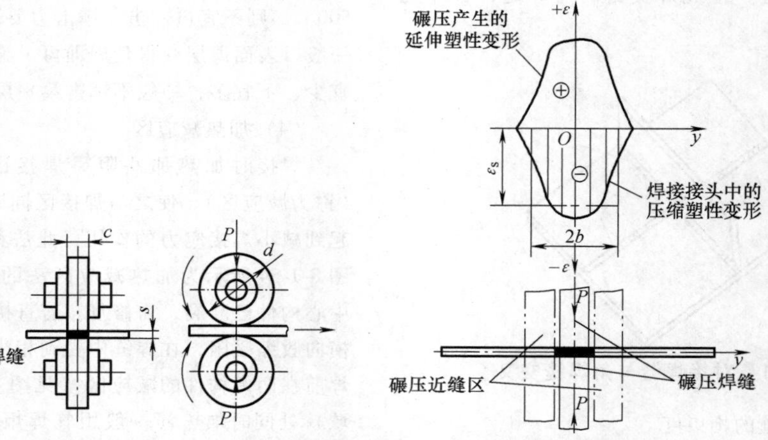

图 8-1-36　碾压焊缝调节和消除残余应力的原理

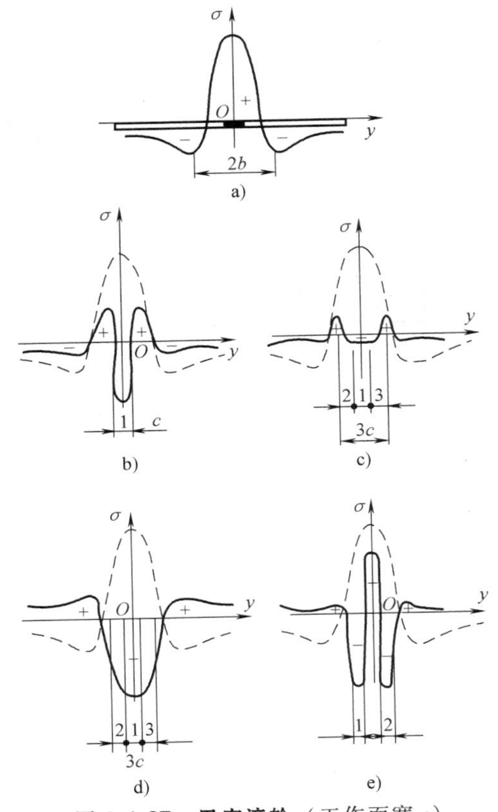

图 8-1-37　用窄滚轮（工作面宽 c）碾压焊缝使残余应力场重新分布

使焊缝中心残余应力峰值降至接近于零值的滚轮压力 P，可按式（8-1-10）近似计算。

$$P=c\sqrt{\frac{10.1dtR_{eL}^{3}}{E}} \tag{8-1-10}$$

式中　P——滚轮的压力（N）；

c——滚轮的工作面宽度（mm）；

d——滚轮的直径（mm）；

t——焊件的厚度（mm）；

R_{eL}——材料的屈服强度（MPa）；

E——材料的弹性模量（MPa）。

1.4.4　消除焊接残余应力的方法

1. 消除残余应力的必要性

焊接后是否需要消除残余应力，通常由设计部门根据钢材的性能、板厚、结构的制造及使用条件等多种因素综合考虑后决定。任何产品，最好是通过必要的科学试验，或者分析同类产品在国内外长期使用中所出现过的问题来确定是否消除内应力。在下列情况一般应考虑消除内应力。

1）在运输、安装、起动和运行中可能遇到低温，有发生脆性断裂危险的厚截面焊接结构。

2）厚度超过一定限度的焊接压力容器。例如，GB150.4—2011《压力容器　第 4 部分：制造、检验和验收》规定，碳素钢、Q345R、16MnDR 等厚度大于 32mm 的，20MnMoD 设计温度不低于-30℃厚度大于 20mm 的或低于 -30℃ 的任意厚度的，18MnMoNbR、15CrMoR 等钢任意厚度的焊接容器，焊接后都应进行去应力热处理。

3）焊接后机械加工量较大，不消除残余应力难以保证加工精度的结构。

4）对尺寸稳定性要求较高的结构，如精密仪器和量具座架、机床床身、减速器箱体等。

5）有应力腐蚀危险的结构。

2. 消除残余应力的方法

（1）整体高温回火

整体高温回火又称去应力退火。将整个焊件加热到一定温度，然后保温一段时间，最后缓慢冷却。消除内应力的效果主要取决于加热的温度、材料的成分和组织、应力状态和保温时间等。同一材料，回火温度越高，时间越长，应力消除得越彻底。图 8-1-38 所示为低碳钢在不同温度下经过不同的保温时间后的内应力消除效果。

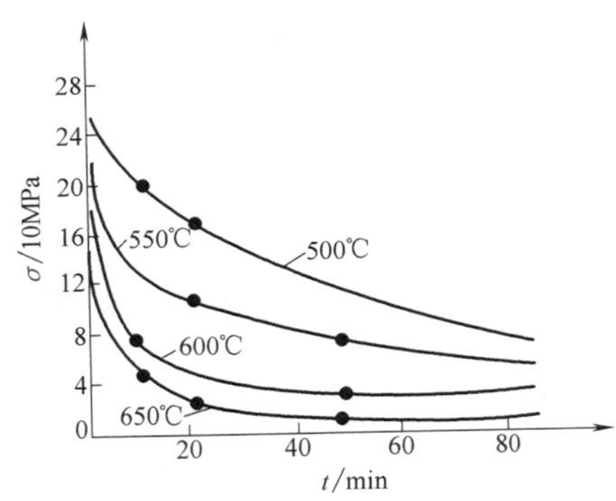

图 8-1-38　低碳钢在不同温度下经过不同的保温时间后的内应力消除效果

热强性好的材料消除内应力所需的回火温度比热强性差的高。在同样的回火温度和时间下，单轴拉应力的消除效果比双轴和三轴的效果好。表 8-1-4 所列为常用金属材料消除内应力的回火温度。保温时间一般按焊件厚度确定。内应力消除效率随时间增长迅速降低，故不必过长时间处理。通常钢材按每毫米厚保温 1~2min 来计算总保温时间，但不宜低于 30min，不必高于 3h。加热速度取决于焊件板厚 δ：一般 $\delta\leqslant 10$mm 的，取 5℃ · min^{-1}；$\delta\geqslant 50$mm 的，取 1℃ · min^{-1}。冷却速度应取加热速度的一半。

表 8-1-4　常用金属材料消除内应力的回火温度

材料	碳钢及低、中合金钢①	奥氏体钢	铝合金	镁合金	钛合金	铌合金	铸铁
回火温度/℃	580~680	850~1050	250~300	250~300	550~600	1100~1200	600~650

① 含钒低合金钢在 600~620℃ 回火后，塑性、韧性下降，回火温度宜选在 550~560℃。

对具有再热裂纹倾向的钢材（多属于含有 Cr、Mo、V 等合金元素的高强度结构钢）的焊接结构，消除内应力回火时应注意控制加热速度和加热时间。

一些重要的焊接结构，如锅炉和化工压力容器等，对消除内应力热处理规范有专门的规程予以规定。表 8-1-5 列举了国外标准对焊后热处理工艺的若干规定。

表 8-1-5　国外标准对焊后热处理工艺的若干规定

项目	日本特定设备检查规则		美国 ASME 标准		英国 BS 标准	
升温速度	$200℃ \cdot h^{-1} \times 25/\delta$（$\delta$ 为板厚）	最大为 $200℃ \cdot h^{-1}$；最小为 $55℃ \cdot h^{-1}$	$222℃ \cdot h^{-1} \times 25.4/\delta$（$\delta$ 为板厚）	最大为 $222℃ \cdot h^{-1}$；最小为 $55℃ \cdot h^{-1}$	$200℃ \cdot h^{-1} \times 25.4/\delta$（$\delta$ 为板厚）	最大为 $200℃ \cdot h^{-1}$；最小为 $50℃ \cdot h^{-1}$
升温中被加热物各部分的温度差	被加热各部在 4500mm 范围内温度差不超过 100℃		被加热各部在 4600mm 范围内温度差不超过 130℃		被加热各部在 4600mm 范围内温度差不超过 150℃	
保温时间	每 25.4mm 板厚为 1h		每 25.4mm 板厚为 1h。当超过 50mm 或 127mm 时，超过部分每 25.4mm 板厚加 15min		每 25.4mm 板厚为 1h	
局部热处理时，为确保等温区所必需的加热范围	环缝为距焊缝边缘 4 倍板厚，人孔、接管为在距焊缝边缘 6 倍板厚的宽度内沿圆周均匀地加热				环缝时，在以焊缝轴线为中心的 $5\sqrt{R\delta}$ 的范围内均匀加热，使在距焊缝中心 $2.5\sqrt{R\delta}$ 处能达到最高加热温度的 1/2以上	

整体热处理一般在炉内进行，遇到大型结构（如大型罐、塔等）无法在炉内处理时，可采用在容器外壁覆盖保温层，在容器内部用火焰或电阻加热等办法来处理。图 8-1-39 所示为用气体火焰在现场对大型球罐进行整体热处理的示意图。把球罐当成一个加热炉来进行热处理，从下部人孔处插入超高速燃烧喷嘴，以液化石油气或城市煤气作燃料，以 150~300$m \cdot s^{-1}$燃气速度喷入罐内，利用热风强制对流，使燃气擦着罐子内壁回旋，均匀地加热罐壁。温度通过控制燃气流量、风量、喷射角度和排气闸门的开启来调节。烟气从顶部开孔处排放。罐体外表设保温层，防止热扩散。在球壳外表面每隔 4~5m 布置一个热电偶监测球壁温度。

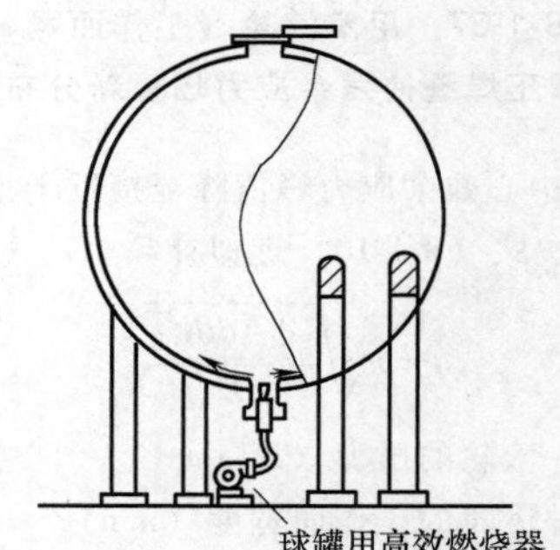

图 8-1-39　用气体火焰在现场对大型球罐进行整体热处理

直立细长容器（塔容器）的现场热处理，也可采取同样办法，如图 8-1-40 所示。由于该容器细高，要达到加热温度均匀分布较困难，故适当增加燃烧器的数量，并让热风从插入的中心分配管小孔中喷出。

（2）局部高温回火

局部高温回火是只对焊缝及其附近的局部区域进行加热，其消除应力效果不如整体处理好，多用于比较简单的、拘束度较小的焊接接头，如长的圆筒容器、管道接头、长构件的对接接头等。为了取得较好的降低应力的效果，应保证有足够的加热区宽度 B（见图 8-1-41）。

加热热源有气体火焰、红外线、间接电阻热或工频感应加热等。

焊后局部热处理能在一定程度上控制应力状态，如降低局部应力峰值，改善焊缝的显微组织，降低焊缝区产生脆性断裂的可能性等。但不适用于改善尺寸的稳定性，因为多数情况下残余应力在局部热处理之后仅仅移位而已。因此，对复杂结构进行局部热处理，其加热与冷却，尽可能对称，以避免产生大面积

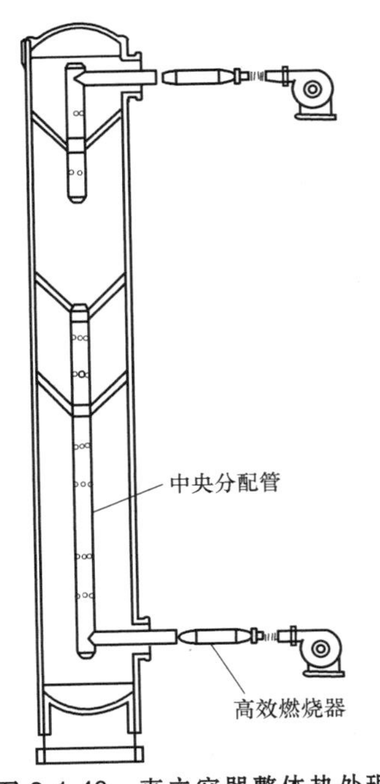

图 8-1-40　直立容器整体热处理

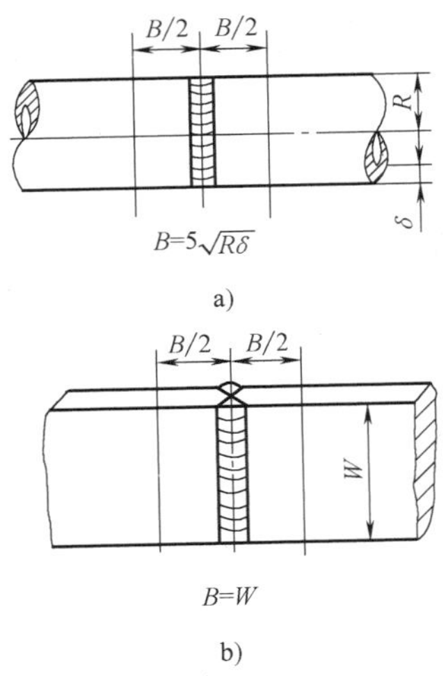

图 8-1-41　局部热处理加热区宽度

a）环焊缝　b）长构件对接焊缝

B—加热区宽度　R—管道容器半径

δ—壁厚　W—构件宽度

较高的新残余应力，以及可能产生较大的反作用内应力。

（3）机械拉伸法

机械拉伸法是对有残余内应力的焊接结构进行加载，使焊接压缩塑性变形区得到拉伸，从而减少由焊接引起的局部压缩塑性变形量，使内应力降低的一种处理方法。经过这一加载和卸载过程，消除掉的内应力数值可按式（8-1-11）计算

$$\Delta\sigma = \sigma_0 + \sigma - R_{eL} \tag{8-1-11}$$

式中　σ_0——内应力；

σ——加载时的应力；

R_{eL}——材料的屈服强度。

在焊接结构中，一般 $\sigma_0 = R_{eL}$，故 $\Delta\sigma = \sigma$，说明被消除应力的值恰好等于加载时引起的应力值。该值越大，消除的效果越好。当 $\sigma = R_{eL}$ 时，卸载后残余应力全部消除。

焊接压力容器的机械拉伸是通过液压试验来实现的。液压试验采用一定的过载系数，用水作试验介质。试验时介质的温度必须高于金属材料的脆性临界温度，以免在加载时发生脆性断裂。在确定加载压力时，必须充分估计工作时可能出现的各种附加应力，务必使加载时的应力高于实际工作时的应力。试验时，采用声发射进行监测，以防止脆性断裂事故的发生。

（4）温差拉伸法

温差拉伸法又称低温消除应力法。它在焊缝两侧各用一个适当宽度的氧乙炔火焰加热，在焰炬后一定距离处喷水冷却。焰炬和喷水管以相同的速度向前移动，这样可造成一个两侧高（峰值约为 200℃），而焊缝区低（约为 100℃）的温度场，如图 8-1-42 所示。两侧的金属因受热膨胀就对温度较低的焊缝区进行拉伸，使之产生拉伸塑性变形，以抵消原来的压缩塑性变形，从而消除内应力。

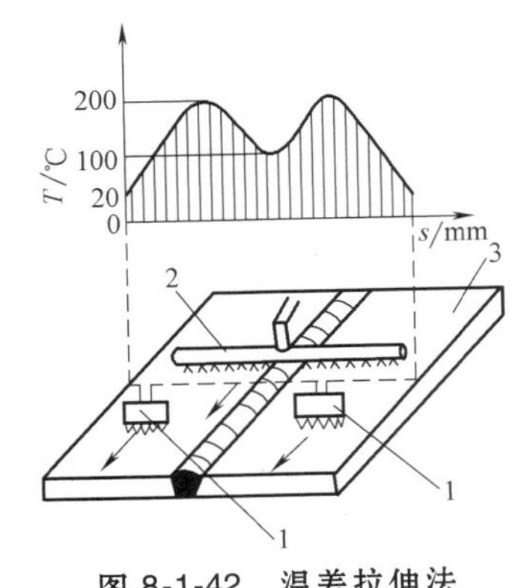

图 8-1-42　温差拉伸法

1—氧乙炔加热炬　2—喷水排管　3—焊件

此法消除应力的原理在本质上仍属于机械拉伸法。区别在于此法不是整体加载，而是局部造成温差，产生一个使焊接压缩塑性区得到拉伸的作用力。如果参数选择适当，此法可以取得较好的效果，效率也较高。对于焊缝比较规则、厚度不大（<40mm）的板壳结构具有一定的实用性。

(5) 振动法

振动法又称振动时效法或振动消除应力法(VSR)。它采用偏心轮和变速电动机组成的激振器，使结构发生共振，利用共振所产生的循环应力来降低内应力。其效果取决于激振器、焊件支点位置、激振频率和时间。振动法所用设备简单、价廉，节省能源，处理费用低，时间短（从数分钟到几十分钟），也没有高温回火时金属表面氧化等问题，故目前在焊接构件、铸件、锻件中，为了提高尺寸稳定性较多地采用此法。

振动消除内应力的机理：振动给焊件施加了附加应力，当附加应力与残余应力叠加后，达到或超过金属材料的屈服强度时，在焊件内部发生了微观和宏观的塑性变形，使其残余应力降低和均匀化。

振动消除应力的设备在国内已有专业厂家生产，已基本定型，且日趋完善。并先后制订了设备和工艺方面的国家标准和行业标准：GB/T 25712—2010《振动时效工艺　参数选择及效果评定方法》、JB/T 10375—2002《焊接构件振动时效工艺　参数选择及技术要求》，JB/T 5926—2005《振动时效效果　评定方法》和 GB/T 25713—2010《机械式振动时效装置》等。在运用时要注意正确选择振动设备和参数。

设备和参数选择如下：

1）设备的选择。最经济而高效的方法是共振处理。为了达到共振条件，首先要求被振焊件的固有频率在振动设备的激振器所能达到的频率范围之内。定型的激振器其频率范围是一定的，若被振焊件固有频率超出此范围，则难以达到预期效果。其次，所用振动设备应能使焊件内产生的最大动应力为工作应力的 1/3～2/3。此外设备应能打印扫频曲线和时效曲线等。

2）激振器、传感器和支垫的安装位置。当对焊件进行振动时，其振动值最大处称为波峰，最小处称为波节。激振器应刚性夹持在焊件波峰处，支垫点选在波节处，传感器（拾振器）则放在另一波峰处，如图 8-1-43 所示。激振器安装在焊件振动的波峰处就能以最小能量激发焊件产生较大的振动；焊件的支承点尽可能选在节点（线）处，避免焊件和支垫在振动时因相互撞击而消耗能量和产生噪声；支垫以橡胶、轮胎或专用橡胶垫等弹性物为宜。传感器放置在另一波峰处有利于振动信号的拾取，因传感器所拾取的信号一般需经放大器放大后才能进行后续处理。

3）激振力的确定。激振力是以焊件上最大动应力来确定的，而动应力是消除残余应力的必要条件。

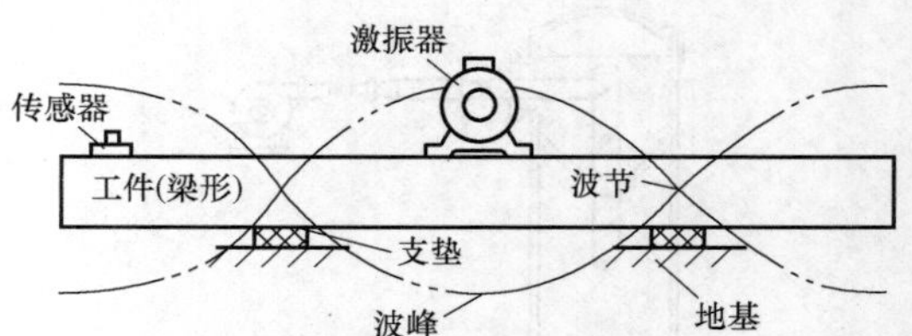

图 8-1-43　激振器、传感器和支垫的安装位置

另外，最大动应力与最大残余应力之和大于焊件材料的屈服强度时，残余应力才能得以消除，因此动应力是振动时效工艺一项最主要的参数。从消除残余应力的角度来讲，在一定范围内动应力越大，焊件上产生的应力释放量也越大，消除应力的效果也越好，但动应力过大则有可能造成焊件损伤或降低疲劳寿命，根据 JB/T 5926—2005 的要求，动应力为焊件工作应力的 1/3～2/3。

4）振动频率的选择。激振频率的选择原则是以较小的能耗产生较大的振幅，即共振情况要好，激振频率的选择与焊件本身的形状、自重、材质和刚度等因素有关。振动时效设备可在一定的频率范围内通过扫频测出数个共振频率，一般在亚共振区内选择主振峰峰值的 1/3～2/3 所对应的频率为主振频率，这样不仅不会对焊件造成疲劳损伤，相反还可能提高疲劳寿命。研究表明，在亚共振区振动比在共振峰处振动的效果好，且噪声小。

5）振动时间的确定。在振动时效处理过程中，随着残余应力的降低和均化，焊件的振动频率和振幅等均随之发生变化，振动时间可根据上述参数的变化情况确定，以振幅-时间曲线为例，在实际工作中，一般可取振幅-时间曲线升高变平后的 3～5min 为振动处理结束时间。振幅-时间曲线的“升高”是残余应力下降，结构阻尼减小的反映；而振幅-时间曲线的“变平”表明振动附加动应力与残余应力的叠加已不能引起任何部位的塑性变形。延长 3～5min 的目的是为了使残余应力得到进一步释放以稳定振动处理效果。在工程实际中可根据焊件的结构、材质和自重等来确定振动时间，一般多以焊件的自重来确定，表 8-1-6 为振动消除残余应力的振动时间。

表 8-1-6　振动消除残余应力的振动时间

焊件质量/kg	振动时间/min
<1000	10～20
1000～4500	20～30
>4500	30～45

6）效果的评定。振动时效的效果是指焊件经时效后残余应力消除和均化的程度、抗变形能力的提高

及尺寸精度的稳定性等。目前广泛采用 GB/T 25712—2010 和 JB/T 5926—2005 规定的几种方法，即参数曲线观测法、残余应力测量法和精度稳定性检验法。参数曲线观测法是定性的，适合现场作出初步判定，后两者是定量检测。

参数曲线观测法，是根据振动时效中设备打印出来的时效曲线（a-t 曲线）或振后扫频曲线（a-n 曲线）相对振前扫频曲线的变化来监测的。如果这些曲线出现下列情况之一者，即可判断焊件已达到时效效果了。

① a-t 曲线上升后变平。

② a-t 曲线上升后下降然后变平。

③ a-n 曲线振后加速度峰值比振前升高。

④ a-n 曲线振后的共振频率比振前变小。

⑤ a-n 曲线振后的带宽比振前的变窄。

⑥ a-n 曲线共振峰有裂变现象发生。

（6）爆炸法

爆炸法是通过布置在焊缝及其附近的炸药带引爆产生的冲击波与残余应力的交互作用，使金属产生适量的塑性变形，残余应力因而得到松弛的内应力消除方法。根据焊件厚度和材料性能，选定恰当的单位焊缝长度上的炸药量和布置方式是取得良好消除效果的决定性因素。图 8-1-44 所示为用于大型中厚板焊接结构爆炸消除应力法炸药布置方式。平板对接多在焊接残余拉应力区布药，曲面板对接的接头，如容器或管道上的焊缝，可以在内外表面上布药。研究表明，在曲板内表面残余拉应力区布药的效果比在外表面布药更显著。当内表面布药有困难时，在外表面焊缝两边的适当位置上布药爆炸，也能取得降低残余应力的效果。一般使用条状橡胶炸药，其爆炸速度为 5000m · s^{-1}，用雷管引爆。

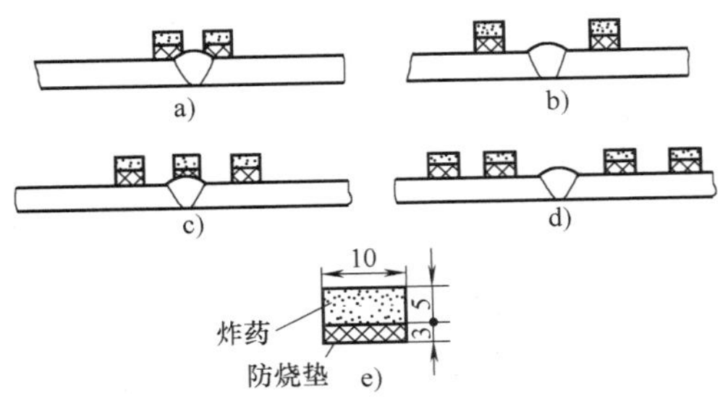

图 8-1-44　爆炸消除应力法炸药布置方式

爆炸消除焊接应力方法已在国内压力容器、化工反应塔、管道、水工结构和箱形梁等结构中得到应用。但爆炸施工作业必须严格按国家有关条例执行。严格操作规程，并控制好每次的炸药用量，以确保安全。

1.4.5　测量焊接残余应力的方法

焊接残余应力的大小及其分布既可以通过理论分析和计算来获得，也可以通过实际测量来确定，但理论计算的结果需要实际测量进行检验。测量残余应力的方法很多，且还在发展中，大致上可以把它们归纳成应力释放型和物性变化型两类：

应力释放型，这类方法对焊件造成轻微破坏甚至全破坏。它们是利用切割或钻（套）孔使构件中的残余应力得到部分或全部释放，再根据释放的应变变化求出相应的残余应力的大小的。此类方法多数利用电阻应变片作为测量敏感元件，测量精度较高。例如，全释放应变法将构件彻底切割破坏，使应力得以全部释放，对于应力梯度不大的情况，可以获得十分精确的结果；不通孔法属于半破坏性方法，它要在构件表面钻一不通孔（一般 ϕ1.5mm×2.0mm），在工程上应用较广。这类方法的共同特点是具有破坏性，不受材料组织结构控制，对大应力梯度的测量有较大误差。

物性变化型，这类方法利用材料在应力作用下物理性能发生变化的特点来测定残余应力，对焊件无损害。例如，X 射线衍射法利用材料的晶格常数在应力作用下发生变化形成不同的衍射峰来测定残余应力；磁性法利用材料在应力诱导下产生磁致伸缩效应来测定残余应力。这类方法的共同特点是无损，即非破坏性，但是对材料组织结构却过分依赖。

由于压痕应变法的出现，在测量残余应力方法的分类中是否增加应力叠加法类型是值得探讨的。该方法和应力释放法相反，采用特定的压头压入材料表面，通过压痕获得附加应力场和原有的残余应力场叠加，再根据叠加应力场引起的应变增量来计算原始的残余应力。本质上，压痕应变法甚至小孔释放法等也具有应力叠加的性质。

选用测量残余应力的方法时必须考虑以下因素：

1）允许焊件受损伤的程度。

2）对测量质量的要求，如测量精度要求、应力方向和大小的要求、是表面应力还是内部应力、是单轴应力还是双轴或三轴应力等。

3）现场应用的可能性。

4）费用和时间。

焊接残余应力测量是一种随当代科学技术发展而发展的技术，有一些测量方案（或原理）虽然早已提出，却因当时不具备条件而无法实现，而今新的科学理论与先进的测量仪器和设备的出现才使它们得以实现。过去只能在实验室进行的，如 X 射线测残余应力法，现在有了很轻便的设备，可以方便地在现场使用；无损检测残余应力法过去实际应用得不多，现在逐渐多起来了，如超声法和磁性法等。

1. 用电阻应变仪的板材分割法

这是破坏性测量方法，只能测出焊件表面上单轴或双轴残余应力的大小和分布，方法可靠，原理简单，精确度高，可以在实验室使用。

基本做法：在具有残余应力的试验板件、结构或试样的表面上，按事先确定的位置和方向粘贴电阻应变片，然后把包含有应变片的一小块金属从结构上切取下来，该小块金属的残余应力得到释放，就会发生弹性应变，于是引起电阻片的电阻变化，通过测量电阻值在切割前后的变化便得到应变值。残余应力值就由该释放的应变值根据胡克定律求得。注意，必须采用冷切割，保持小块金属恒定温度（室温），这对精确测量是绝对重要的。

（1）单向焊接残余应力的测量

以薄平板对接纵向残余应力 σ_x 测量为例，如图 8-1-45 所示。沿图中所示两电阻应变片之间用锯条分割成梳状小条，这样每小条的应力获得释放，从而发生相应的变形。分别测出每小条的应变值 ε_x，就可以用式（8-1-12）求出该小条在未切割前的残余应力值。

$$\sigma=-E\varepsilon_x \tag{8-1-12}$$

式中　σ——焊接残余应力；

E——焊件材料的弹性模量；

ε_x——释放应变。

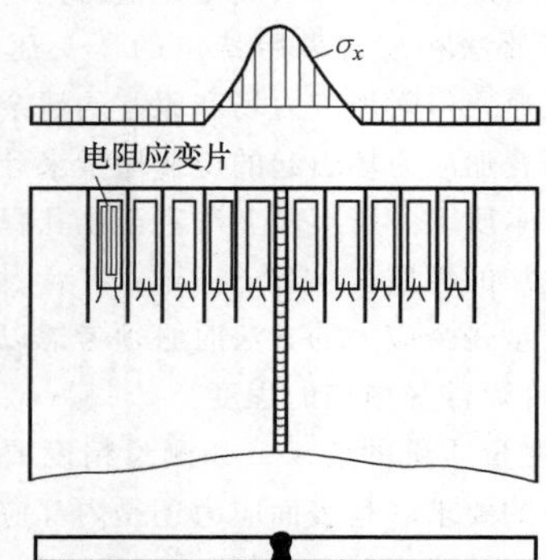

图 8-1-45　全破坏应力释放法测焊接残余应力

式（8-1-12）右边的前面加上“-”，是因残余应力为拉应力时，切下的小条长度发生缩短，测出的应变值为负值，故需修正。根据每小条测出的残余应力值就可以画出该截面上纵向残余应力的分布图。

（2）双向焊接残余应力的测量

以图 8-1-46 所示的平板对接为例。在待测截面上各测点处相互垂直地粘贴电阻应变片，然后进行纵、横切割，把每个测点的小方块金属分割下来，测出每个小方块金属分割前后的应变变化值 ε_x 和 ε_y。按式（8-1-13）和式（8-1-14）算出双轴残余应力。

$$\sigma_x=-\frac{E}{1-\nu^2}(\varepsilon_x+\nu\varepsilon_y) \tag{8-1-13}$$

$$\sigma_y=-\frac{E}{1-\nu^2}(\varepsilon_y+\nu\varepsilon_y) \tag{8-1-14}$$

式中　ν——焊接材料的泊松比。

若要确定主应力大小及方向，至少需用三个应变片测三个不同方向应变量。

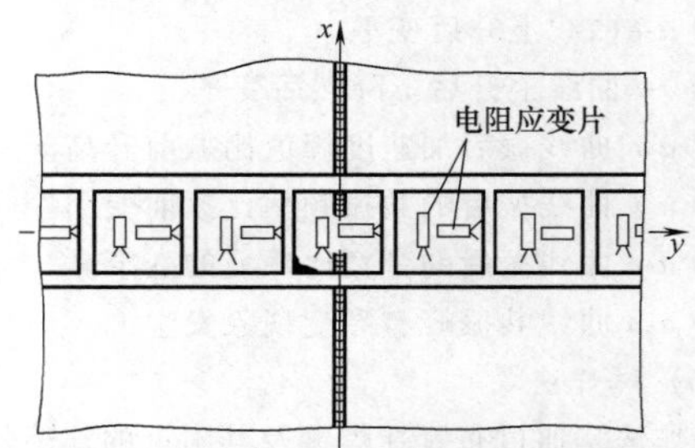

图 8-1-46　双向残余应力测量板材分割法

2. 小孔释放法

此法在被测构件待测残余应力的表面上加工一个小孔，小孔处原有残余应力被释放，在孔附近引起线应变，测量出该线应变便可换算出小孔原有的残余应力值，故此法又称钻孔法，若小孔没钻透则称不通孔法。它是目前较为成熟和可靠的方法，由于可以在现场产品上直接测量，测点对结构整体损伤小，经适当处理不影响使用，故国内外应用最多。

我国已制定了相应的国家标准 GB/T 31310—2014《金属材料　残余应力测定　钻孔应变法》，可以遵照标准的规定进行测定。按钻孔转速不同分成 A、B 两法，A 法称为高速钻测法，用高转速（>10000r · min^{-1}）钻孔，其加工应变小，可通过有限元分析得出残余应力运算中所需的应力标定常数；B 法称为低速钻测法，用低转速（1000~10000r · min^{-1}）钻孔，其加工应变较大，对测量精度影响不能忽略，需通过标定试验得到应力标定常数，进行残余应力计算。下面介绍的是 B 法，即低速钻测法。钻孔可用传统的手工钻。

低速钻测法的具体做法如图 8-1-47 所示，在板平面上以所选定的测点为圆心，作一个比孔径 d_0 大的圆环，圆环直径为 d，一般按 $2.5<d/d_0<3.4$ 取。在圆环上按相隔 45°的角度粘贴三个应变片，测量基线长度为 1.5mm；或者采用已按上述要求把三个应变片制成的专用应变花，直接粘贴到待测点上，然后

对准测点钻孔。一般取孔径 $d_0 = 1 \sim 2$mm，孔深 $h = (1 \sim 1.2)d_0$。用电阻应变仪测出钻孔前后这三个应变片的应变变化值 ε_{00}、ε_{45} 和 ε_{90}（各下标表示该应变片与 x 轴的夹角）。按带孔无限板的弹性力学理论导出的公式计算钻孔处的内应力。

$$\sigma_{1,2} = \frac{\varepsilon_{90}+\varepsilon_{00}}{4A} \pm \frac{\sqrt{2}}{4B}\sqrt{(\varepsilon_{90}-\varepsilon_{45})^2+(\varepsilon_{45}-\varepsilon_{00})^2} \tag{8-1-15}$$

$$\tan 2\beta = \frac{\varepsilon_{00}-2\varepsilon_{45}+\varepsilon_{90}}{\varepsilon_{00}-\varepsilon_{90}} \tag{8-1-16}$$

$$A = -\frac{1+\nu}{2E}\left(\frac{d_0}{d}\right)^2 \tag{8-1-17}$$

$$B = -\frac{1+\nu}{2E}\left[\frac{4}{1+\nu}\left(\frac{d_0}{d}\right)^2 - 3\left(\frac{d_0}{d}\right)^4\right] \tag{8-1-18}$$

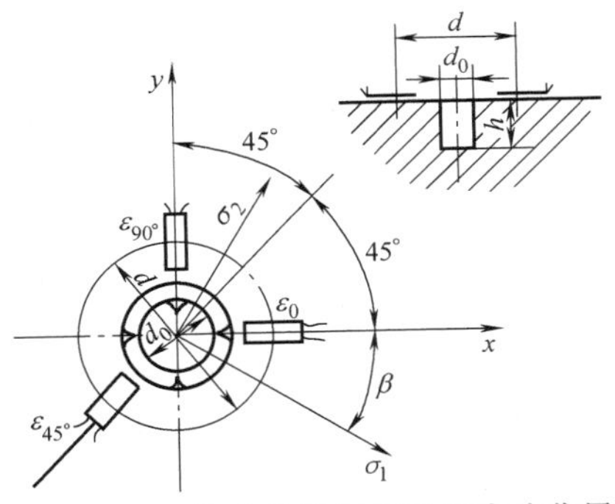

图 8-1-47 钻孔法孔径与三应变片位置

A、B 系数理论上与被测材料的弹性模量 E、泊松比 ν、孔径 d_0 和电阻应变片的尺寸有关，可以按式（8-1-17）和式（8-1-18）计算，但钻孔过程中钻具切削所产生的加工应变没有反映到 A、B 系数中，因此准确的数值需要通过试验进行标定。取相同材料的板作成拉伸试样，在普通拉力机上进行拉伸，试验前在试样上贴上与主应力平行和垂直的两个电阻应变片。用同样的钻具和钻速钻孔，测出钻孔前后应变变化值按式（8-1-19）和式（8-1-20）计算。

$$A = \frac{\varepsilon_{00}+\varepsilon_{90}}{2\sigma} \tag{8-1-19}$$

$$B = \frac{\varepsilon_{00}-\varepsilon_{90}}{2\sigma} \tag{8-1-20}$$

式中 σ——标定试样受载时的平均应力；

ε_{00}、ε_{90}——标定试样在 σ 作用下钻孔前后的应变差。

标定试验必须采用与实测残余应力时同样的应变片（花）和钻测参数。

影响小孔法测量精度的因素较多，除上述钻孔过程中钻具切削对孔壁所产生的加工应变对精度发生影响外，孔与三个应变片的相对位置的准确性和钻孔时的对中程度都有影响，故最好采用专用的应变花和专用的钻孔装置。

所需设备主要是静态电阻应变仪、钻孔装置和手电钻等。国产 ZDL-1 型钻孔装置的对中精度达 ±0.025mm，并能容易地固定到产品的表平面和曲面上。

测量薄板的残余应力可钻通孔，厚板钻不通孔，既是产品所要求，也是考虑精度需要。孔深以孔径 d_0 的 1~1.2 倍为宜，沿此深度可认为应力是均匀的。沿板厚残余平面应力若呈梯度分布，可以采用图 8-1-48 所示的钻阶梯形孔法，测量深层的平面残余应力。

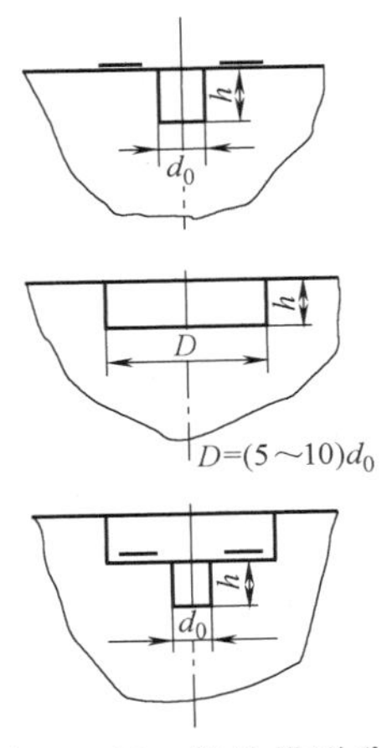

图 8-1-48 钻阶梯形孔法

3. X 射线衍射测定应力法

由金属学可知，金属材料是由按一定点阵排列的晶体组成的，而晶体内某一取向的晶面之间的距离 d（见图 8-1-49）是一定的，当金属材料受到应力作用时，这个晶面间距即发生变化，其变化量与所受应力成正比。

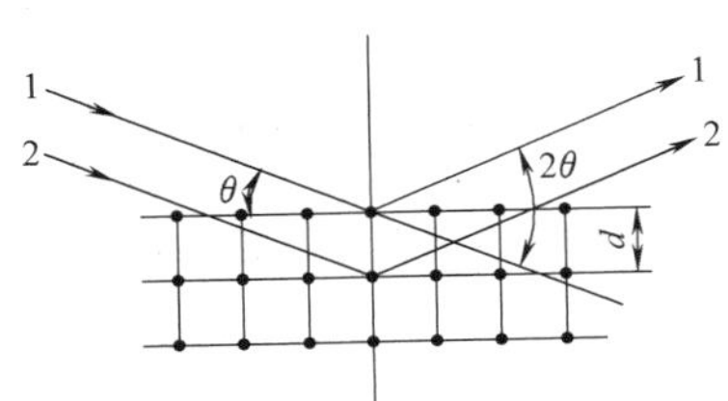

图 8-1-49 X 射线衍射测定应力法的原理

如果能测出无应力状态下的晶面间距与某一应力作用下的晶面间距的差值，就能计算出该作用应力的大小。而晶面间距 d 的测量是采用 X 射线衍射效应来实现的。在图 8-1-49 所示的晶体中，当用一束单色 X

射线以一定掠角 θ 入射到晶面上时就会发生衍射，当 X 射线 1 和 2 的光程差是波长 λ 的整倍数时就会发生干涉，此时这些参数之间的关系为

$$2d\sin\theta = n\lambda$$

由于 X 射线的波长 λ 已知，衍射角 2θ 通过测试装置量出，于是晶面间距 d 可求得。

根据上述原理已制作出各种形式的 X 射线表面残余应力分析仪，国家也相应制定了标准 GB/T 7704—2017《无损检测　X 射线应力测定方法》。

此法最大的优点是非破坏性，缺点是只能测表面应力，对被测表面要求较高，被测材料晶粒较大时会影响测量精度，而且设备价格比较高。

4. 压痕应变测残余应力方法

压痕应变法是利用球形压痕周围弹性应变场的变化信息求取构件内部（残余）应力场的方法。此法极小破坏构件表面，便捷、精确、成本低。测试技术基本成熟，国家已制定了标准 GB/T 24179—2009《金属材料　残余应力测定　压痕应变法》。

（1）原理

通过采用冲击或加压的方法在焊件表面形成一定尺寸的球冠形压痕产生外加应力场，根据这个外加应力场和焊件原有的残余应力场叠加所引起的应变增量计算出残余应力。

压痕应变法采用电阻应变花作为测量用的敏感元件，在应变栅轴线中心点通过机械加载造成一定尺寸的压痕（见图 8-1-50），通过应变仪记录应变增量数值，利用事先对所测材料标定得到的弹性应变与应变增量的关系而得到残余应变大小，再利用胡克定律求出残余应力。

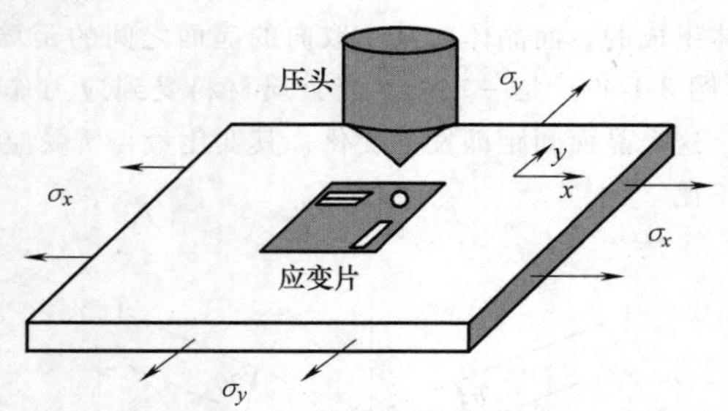

图 8-1-50　压痕应变法测量残余应力

（2）操作方法

此方法与不通孔释放法相似，操作过程和步骤也基本相同。区别是在测点处不是钻不通孔，而是用硬质小钢球压出很小的印痕，所用的设备不是钻孔装置而是压痕产生装置（用静压力或冲击功产生），因此压痕法全过程包括：被测构件表面准备、应变片粘贴、压痕产生和数据处理。此外，在正式测残余应力前也需做标定试验，以确定计算残余应力时需用的标定系数。全部操作中的细节在 GB/T 24179—2009 中都有规定。

此法所用压头（钢球）直径为 1.0~3.0mm，其压痕直径为 0.8~1.5mm，压痕深度为 0.1~0.3mm 对构件力学性能不构成影响。它是无损检测的好方法，然而测量精度上受影响的因素也较多，如设备本身误差、应变计对中误差和压痕尺寸误差等。材料表面硬度是在一定范围内分布的，在施加力一定的情况下会影响压痕尺寸的一致性。此外，测的是表面残余应力，构件测前表面准备质量要求也比较高。

5. 超声波测残余应力方法

超声波法测残余应力是利用材料的声弹性效应，即施加在材料上的应力变化引起超声波传播速度的变化，其大小取决于超声波的波形、传播方向、材料组织和应力状态等，通过准确测定超声波在构件内传播速度的变化从而求出应力大小的。此法属于无损检测，无公害，使用安全。仪器、设备轻便，可携带到现场检测。

有多种超声波检测法，这里介绍较为成熟且已有专用检测仪器并有可执行的国家标准 GB/T 32073—2015《无损检测　残余应力　超声临界折射纵波检测》的检测法。图 8-1-51 所示为超声临界折射纵波检测法测试装置的工作原理。

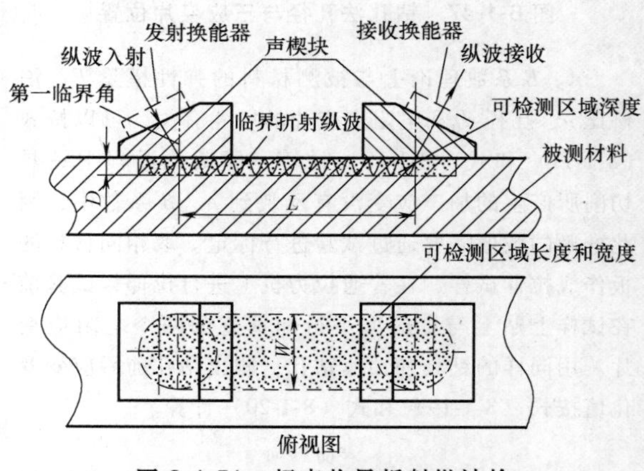

图 8-1-51　超声临界折射纵波检测法测试装置的工作原理

图 8-1-51 中发射换能器和接收换能器之间的距离 L 在检测时是固定的，为纵波的声程。当发射换能器以第一临界角斜入射到被检件表面时，就在被检件内部产生超声临界折射纵波，并传播到接收换能器而被接收。根据声弹性原理，材料中的残余应力会影响超声波传播速度，当残余应力方向与纵波方向一致时，拉应力使超声纵波传播速度变慢或传播时间 t 延

长，压缩应力使超声纵波传播速度加快或传播时间缩短。因此，在激励和接收两换能器之间的距离 L 保持不变的情况下，若测得零应力 σ_0 对应的超声传播时间 t_0，被测件残余应力 σ 对应的超声传播时间 t，就可按式（8-1-21）计算出残余应力值 σ：

$$\Delta\sigma = K\Delta t \qquad (8\text{-}1\text{-}21)$$

式中 $\Delta\sigma$——残余应力变化值，$\Delta\sigma=\sigma-\sigma_0$；

Δt——传播时间的变化值，即声时差，$\Delta t=t-t_0$；

K——应力系数，与被测件的材料和探头间距有关，可通过拉伸试验标定获得。

超声临界折射纵波检测法测出的是被测材料表层下材料内部三维空间区域内沿声波传播方向的残余应力的平均值。检测时要注意待测面的清洁，应使其表面粗糙度 $Ra\leqslant 10\mu m$。此外，环境温度变化会影响声波传播速度，造成测量误差，应按标准要求做温度补偿。

1.5 焊接残余变形

1.5.1 焊接残余变形的预测与估算

焊前对焊件焊后可能产生的残余变形进行的预测与估算实际上就是做定性和定量分析。定性分析只要求对可能发生残余变形的性质和趋势做估计和判断，如焊后产生的是平面弯曲变形还是角变形；如果是弯曲变形，就要求判断是朝哪个方向变形，是上拱还是下挠等。定性分析的目的是供制订焊接工艺措施参考，在精度上没有过高的要求。这种分析，凡是对焊接应力与变形产生的原因和规律有所认识，在焊接生产中有丰富经验者，一般都能做到。定量分析则不仅要求出产生残余变形的性质和趋势，还要求出焊后残余变形较为精确的具体数值。理论上解析法和数值法都可以做定量分析。简单的焊件用解析法，不重要的焊件可以用经验公式计算，复杂而又重要的焊件则宜用数值法。但是，在施工过程中影响焊接应力与变形的因素很多，很难把这些因素都考虑到计算中来，计算时忽略的因素越多，计算的误差也越大，所以计算结果都是相对精确的。

由于数值法已在本章 1.3 节中已介绍，那里所做的焊接应力与变形热弹、塑性分析的结果就包含了焊接残余应力与变形的内容，这里重点介绍工程中经过简化的实用估算方法，这种方法是建立在一维条件下残余塑变理论基础上的。

一维条件下引起焊接残余应力与变形的残余塑变理论认为，焊接加热过程中焊缝和近缝区的金属热膨胀应变受到周围较冷金属的拘束，从而产生压缩塑性应变，焊接冷却过程中，该压缩塑性应变被拉伸抵消一部分，但仍残余部分压缩塑性应变，称之为残余压缩塑性应变。该应变被认为是产生焊接残余应力和变形的根源，并可用来分析和预测焊接残余应力和变形。

从材料力学可知，外力是引起材料变形的根源，而且已导出一系列人们十分熟悉的计算公式。在这里引起焊件产生焊接残余变形的根源是残余压缩塑性应变，于是就可以认为外力与残余压缩塑性应变引起变形的效果是一样的，如果把焊接的残余压缩塑性应变转化成外力，就可以套用材料力学中的经典公式去估算焊接残余变形了，后面介绍的一些用假想外力法来计算焊接残余变形就是这种思路。同理，也可以把残余压缩塑性应变转化成线位移或角位移，再套用材料力学相关公式进行焊接残余变形的估算。

1. 纵向变形

焊接纵向残余变形主要是指焊后沿焊缝轴线方向的缩短的变形。例如，焊缝位于平板中心的对接，焊后由于焊缝及其附近金属纵向收缩，就引起了平板的纵向变形，如图 8-1-52 所示。这个纵向缩短的变形可以认为是由一个收缩力 F 引起的。该假想的收缩力 F 可以由收缩中起主导作用的压缩塑性变形量来确定。

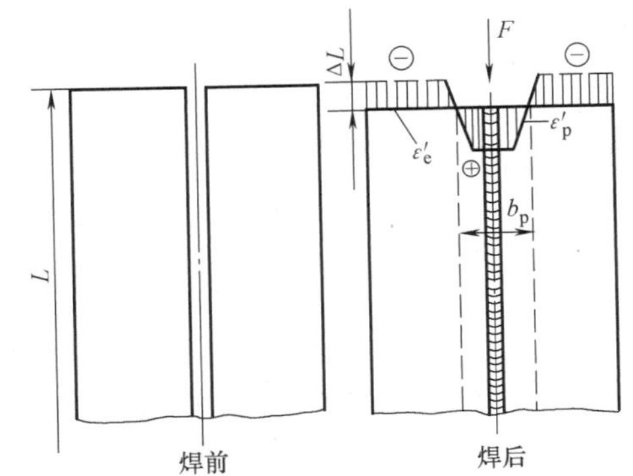

图 8-1-52 假想收缩力 F 作用下的纵向收缩变形

$$F = E\int A_p \varepsilon_p \mathrm{d}A \qquad (8\text{-}1\text{-}22)$$

式中 E——材料的弹性模量；

ε_p——压缩塑性应变；

A_p——压缩塑性区面积。

上述焊件在收缩力 F 作用下的纵向缩短 ΔL 为

$$\Delta L = \frac{FL}{EA} = \frac{L\int A_p \varepsilon_p \mathrm{d}A}{A} \qquad (8\text{-}1\text{-}23)$$

式中 L——焊件长度（焊缝贯穿全长）；

A——焊件横断面积。

从式（8-1-23）可知，纵向变形 ΔL 取决于焊缝长度 L、焊件横断面积 A 和压缩塑性变形量 $\int A_p \varepsilon_p \mathrm{d}A$ 三个因素。其中 $\int A_p \varepsilon_p \mathrm{d}A$ 与焊接参数、焊接方法、焊接顺序及材料热物理参数有关。在这些参数中，焊接热输入是主要的。一般情况下，$\int A_p \varepsilon_p \mathrm{d}A$ 与热输入成正比。对于给定尺寸的焊件，由于 ε_p 的分布变化较小，压缩塑性变形量可近似地用塑性变形区面积 A_p 来衡量。

当一条焊缝用一层焊满时，压缩塑性变形区面积 A_p 与焊缝的横断面积 A_w 是成正比的。因此，为了进一步简化计算，也可以用 A_w 代替 A_p，其误差部分通过系数进行修正。于是对于钢制细长构件（如梁、柱等结构）纵向收缩变形量可用式（8-1-24）估算。

$$\Delta L=\frac{k_1 A_w L}{A} \tag{8-1-24}$$

式中　A_w——焊缝横断面积；

A——构件横断面积；

ΔL——纵向收缩变形；

L——构件长度；

k_1——修正系数，它与焊接方法和材料有关，见表 8-1-7。

表 8-1-7　纵向变形计算修正系数 k_1

焊接方法	CO_2 气体保护焊	埋弧焊	焊条电弧焊	
材料	低碳钢		低碳钢	奥氏体钢
k_1	0.043	0.071～0.072	0.048～0.057	0.076

当多层焊时，将式（8-1-24）中的 A_w 改为一层焊缝的横断面积，并将计算的纵向收缩量再乘以系数 k_2 即可。

$$k_2=1+85\varepsilon_s n \tag{8-1-25}$$

式中　ε_s——屈服开始时对应的应变，$\varepsilon_s=R_{eL}/E$；

n——焊缝层数。

对于两边有角焊缝的 T 形接头构件，由式（8-1-25）计算得到的纵向收缩量再乘以 1.15～1.40，即为该构件的纵向收缩量。注意，式（8-1-24）中的 A_w 是指一条角焊缝的横断面积。

2. 横向变形

横向残余变形的成因较为复杂，影响因素很多，必须对具体情况进行具体分析。

（1）堆焊引起的横向变形

在平板上进行堆焊时，如图 8-1-53 所示，近缝高温区金属在横向的热膨胀中受到附近温度较低金属阻碍，被挤压而产生了横向的压缩塑性变形，冷后使整个接头产生了横向收缩的变形 ΔB。如果沿厚度方向上温度分布不均匀，横向收缩沿厚度上也是不均匀的，即高温侧收缩量大于低温侧，于是焊件不仅产生横向收缩的残余变形 ΔB，也同时产生了两边翘起的角变形 α。

堆焊引起的横向变形受到焊接热输入和板厚的影响。对 δ=6～20mm，200mm×200mm 的平板气体保护堆焊研究得出如图 8-1-54 所示的结果，当单位体积焊缝金属热输入 $\frac{Q}{\delta^2}>20.9\times10^6\mathrm{J\cdot mm^{-3}}$ 时，有如下数量关系。

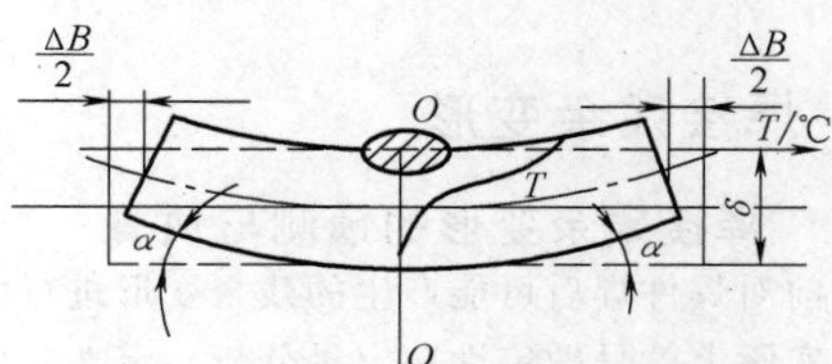

图 8-1-53　平板表面堆焊的变形

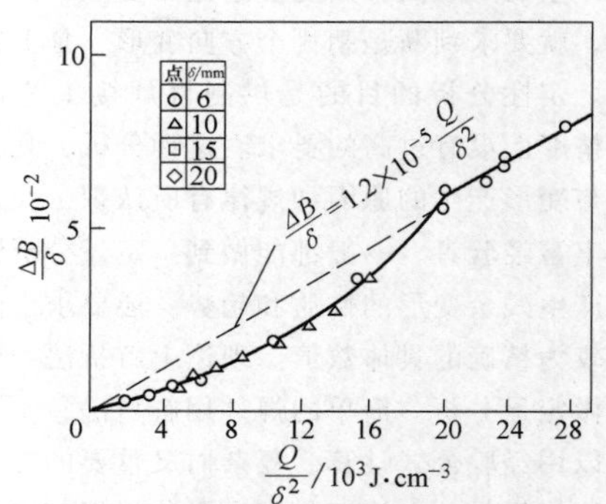

图 8-1-54　横向收缩与热输入和板厚的关系

$$\Delta B=1.2\times10^{-5}\frac{Q}{\delta} \tag{8-1-26}$$

式中　ΔB——横向变形量；

Q——焊接热输入[⊖]；

δ——板厚。

（2）对接焊引起的横向变形

对接接头焊前对缝处有无间隙都能引起横向变形。

⊖ 焊接热输入 $Q=\frac{IU\eta}{v}$，I 为焊接电流，U 为电弧电压，v 为焊接速度，η 为电弧热效率。

1）对缝有间隙时，焊后产生的横向变形由两部分组成，一部分是焊时母材对接边缘受热自由膨胀，焊后处在连接状态下冷却收缩而引起的横向变形，其数量大体等于热自由膨胀量；另一部分是焊缝（液态）金属凝固收缩，它的数值较小，占总横向变形量的 1/10 以下。

2）对缝没有间隙时，母材对接边缘的热膨胀受阻，产生横向压缩塑性变形，焊后是该压缩塑性变形引起横向收缩，再加上焊缝金属自身的凝固收缩，构成了整个接头横向变形。

一般情况是没有间隙对接比有间隙对接横向变形小。

3）影响对接横向变形的因素。焊接时的热输入是最主要的影响因素，一般焊接热输入越大，横向变形也越大；接头的坡口形式对横向变形也有影响，同一厚度的平板对接，凡是填充金属量大的坡口，横向变形也大；大坡口多层焊时，开头几层焊接引起的横向变形较大，后面一些层数引起的变形量逐渐减小，这与接头刚性增大有关，故厚板多层对接焊的横向变形基本上决定于最初几层。

不定位也不夹紧情况下对接焊，装配间隙对横向变形的影响较复杂。如果只由母材横向热变形引起横向收缩，则如前述，间隙越大，其横向残余变形也越大。但是，当考虑母材纵向热变形的作用时，情况可能相反。如图 8-1-55 所示，把平板对接看成是同时对两平板条边缘堆焊。在焊接过程中，在电弧 A 附近的母材被加热而发生纵向膨胀，使左右两平板条未焊部分向两侧偏转，导致间隙加大。而电弧后面的焊缝金属因降温而发生纵向收缩，AB 段仍处于高温塑性状态，B 点后面已恢复弹性，阻碍间隙加大。如果焊接速度较慢（表现在图 8-1-55 中 Δl_p 变短），则可能出现后面已焊的焊缝纵向的收缩快于前面纵向的膨胀，反而使间隙变小的现象。所以，焊接速度的快慢也对横向变形产生影响，快速焊使间隙扩大，慢速焊使间隙减小，甚至两平板向内偏转。

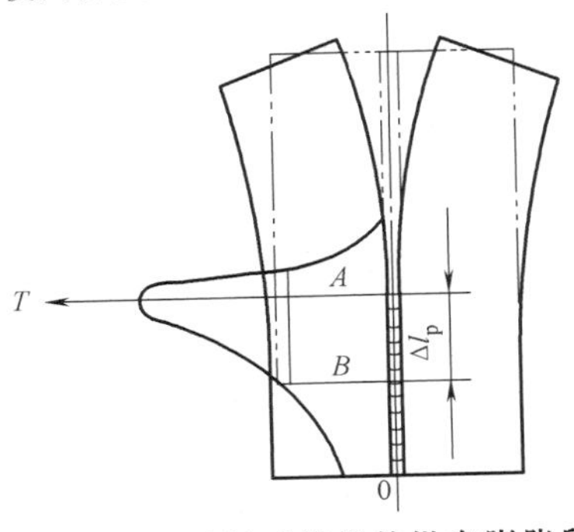

图 8-1-55　平板对接焊的纵向膨胀所引起的横向变形

此外，横向变形还与拼装后的定位和装夹情况有关，定位焊越大越密或装夹越刚固，则越接近厚板堆焊情况，其横向变形越小。

横向变形受多种因素影响，有些是相互矛盾的，最终的变形应是各种因素综合的结果。

4）对接焊缝横向变形的估算。有许多估算对接焊缝横向收缩变形量的经验公式，几乎都是从各自试验或长期经验积累整理出来的。这里推荐一个建立在试验基础上的简单公式。

图 8-1-56 所示为 Y 形和 X 形坡口对接接头，用焊条电弧焊和气焊焊接得出横向收缩变形 ΔB 与板厚 δ 的关系。由于焊缝截面积 A_w 是板厚 δ 的函数，故根据图 8-1-54 中的结果可归纳出下列估算对接焊缝横向变形的通式。

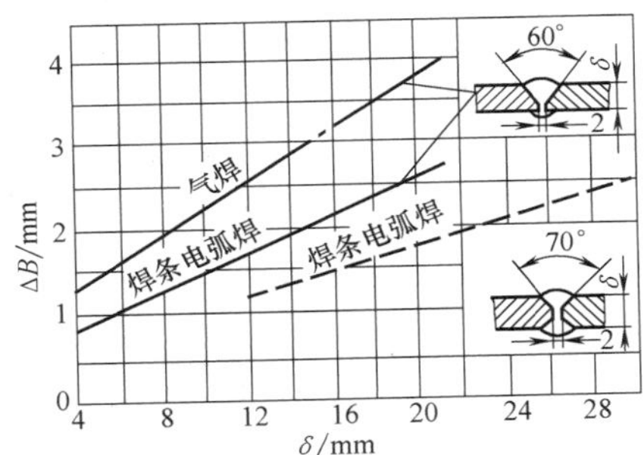

图 8-1-56　Y 形和 X 形坡口对接接头的横向收缩变形 ΔB 与板厚 δ 的关系

$$\Delta B = k\frac{A_w}{\delta} \tag{8-1-27}$$

式中　ΔB——对接焊缝的横向变形量（mm）；

A_w——焊缝的横截面积（mm^2）；

δ——焊件的厚度（mm）；

k——系数。V 形坡口时，气焊 $k=0.26$，焊条电弧焊 $k=0.2$；X 形坡口焊条电弧焊时，$k=0.12$。

必须指出，任何一个估算公式都是在一定范围内适用，简单的公式往往忽略了许多影响因素，因而给出的变形量只能是一个大致数值。

（3）角焊缝引起的横向变形

T 形接头和搭接接头上的角焊缝引起的横向收缩变形，在实质上和堆焊相似。变形量的大小与角焊缝尺寸和板厚有关。图 8-1-57 所示为 T 形接头横向收缩量与焊缝尺寸及平板厚的关系曲线，根据焊脚尺寸和平板厚按相应曲线可大致确定平板的横向变形。

由于在 T 形接头的平板上焊两条角焊缝和

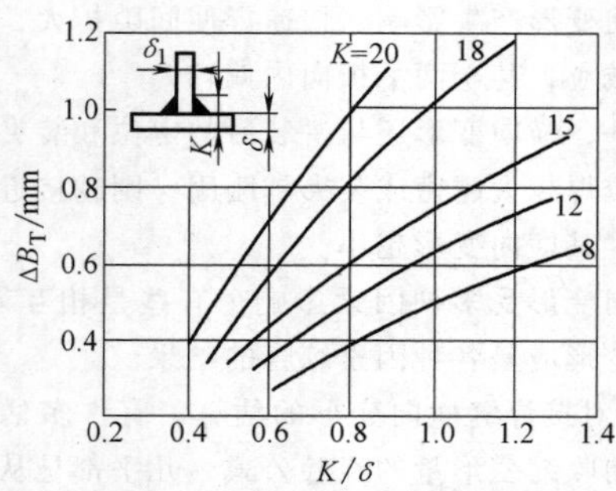

图 8-1-57 T 形接头的横向收缩量 ΔB_T

图 8-1-53所示的在平板上堆焊一条焊缝引起的横向变形在本质上相似，所以也可用式（8-1-28）估算 T 形接头平板的横向变形，但必须注意两者热输入的区别。T 形接头由于立板在焊接两条角焊缝时吸走了部分热量，因而平板上的热输入相对减少了，所以 T 形接头平板的横向收缩比厚度相同的平板堆焊要小。搭接接头由于盖板也吸走部分热量，故情况基本相似。因此采用此式估算时式中平板的热输入量 Q 可按 $2\delta_H Q_1/(2\delta_H+\delta_V)$ 估算，这里的 δ_H 和 δ_V 分别为平板厚度和立板厚度，Q_1为一条角焊缝焊接热输入。

$$\Delta B = 1.2\times10^{-5}\frac{Q}{\delta} \tag{8-1-28}$$

3. 弯曲变形

焊接弯曲变形多发生在细长的焊接构件上，如焊接梁、柱和管道等。产生弯曲变形的主要原因是焊缝在结构上布置不对称。集中在结构的一侧，形成偏心收缩。此外，焊缝布置对称的结构，也会因施焊程序不当或焊接参数发生变动，而产生弯曲变形。

（1）焊缝纵向收缩引起的弯曲变形

T 形梁焊后产生弯曲变形最典型。如图 8-1-58 所示，两条纵向角焊缝位于 T 形截面的下侧，偏离梁截面中性轴的距离为 e（简称偏心距）。焊后在焊缝及其附近金属纵向收缩，所以产生了挠度为 f 的弯曲变形。这种变形与有一假想收缩力 F 沿焊缝轴线作用引起的弯曲变形一样。按材料力学理论，该 T 形梁产生的弯曲变形可用式（8-1-29）表示：

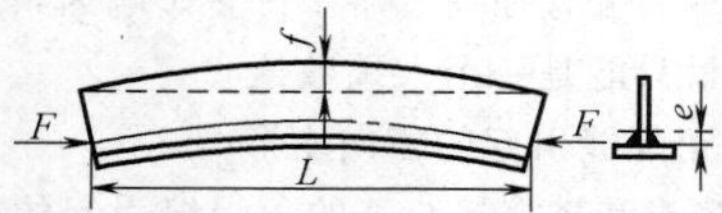

图 8-1-58 T 形梁由纵向收缩引起的弯曲变形

$$f=\frac{FeL^2}{8EI} \tag{8-1-29}$$

式中 f——梁弯曲变形的挠度（mm）；

F——假想的纵向收缩力（N）；

e——焊缝截面重心到梁中性轴的距离（mm）；

L——梁的总长度（mm）；

E——梁材料的弹性模量（MPa）；

I——T 形梁的截面惯性矩（mm^4）。

与前面分析焊缝纵向收缩问题一样，收缩力 F 与焊缝及其附近金属产生压缩塑性变形的面积 A_p 有关，而 A_p 与焊缝截面积 A_w 成正比，故式（8-1-29）可以简化为

$$f=\frac{k_1A_weL^2}{8I} \tag{8-1-30}$$

式中 A_w——单道角焊缝的截面积（mm^2）；

k_1——系数，可查表 8-1-7。

若为多层焊和双面角焊缝，则式（8-1-30）应再乘以系数 k_2。

（2）焊缝横向收缩引起的弯曲变形

图 8-1-59a 所示的焊接工字梁最为典型。短肋板都集中在梁的上侧，它与上翼板、腹板连接的角焊缝对于工字梁是横向焊缝，每一对位置相同的角焊缝的横向收缩量 ΔB 都引起整个梁产生一个弯曲角度 φ。取其中一对肋板分析，如图 8-1-59b 所示。该对肋板与翼板之间的角焊缝横向收缩量 ΔB_1 引起收缩力 P_y 为

$$P_y=\frac{\Delta B_1EA_y}{I} \tag{8-1-31}$$

式中 A_y——上翼板断面积。

由 P_y引起的弯曲角 φ 为

$$\varphi_1=\frac{P_yh_yl}{EI}=\frac{\Delta B_1A_yh_y}{I}=\Delta B_1\frac{S_1}{I} \tag{8-1-32}$$

式中 S_1——上翼板对梁中性轴的静矩，$S_1=A(h/2-\delta_1/2)$；

I——工字梁的惯性矩。

同理，每一对肋板与腹板之间的角焊缝的横向收缩量 ΔB_2引起梁的弯曲角 φ_2 为

$$\varphi_2=\Delta B_2\frac{S_2}{I} \tag{8-1-33}$$

式中 S_2——高度为 h_f的一部分腹板对梁断面水平中性轴的静矩，$S_2=h_f\delta_2e$；

e——肋板与腹板间的焊缝中心至梁断面中性轴的距离。

每一对肋板引起梁的弯曲角 $\varphi=\varphi_1+\varphi_2$，整个梁的总下挠度按式（8-1-34）估算（见图 8-1-59c）：

$$f=\frac{n(n+1)}{2}\varphi l \tag{8-1-34}$$

式中 n——肋板对数，本例 $n=5$。

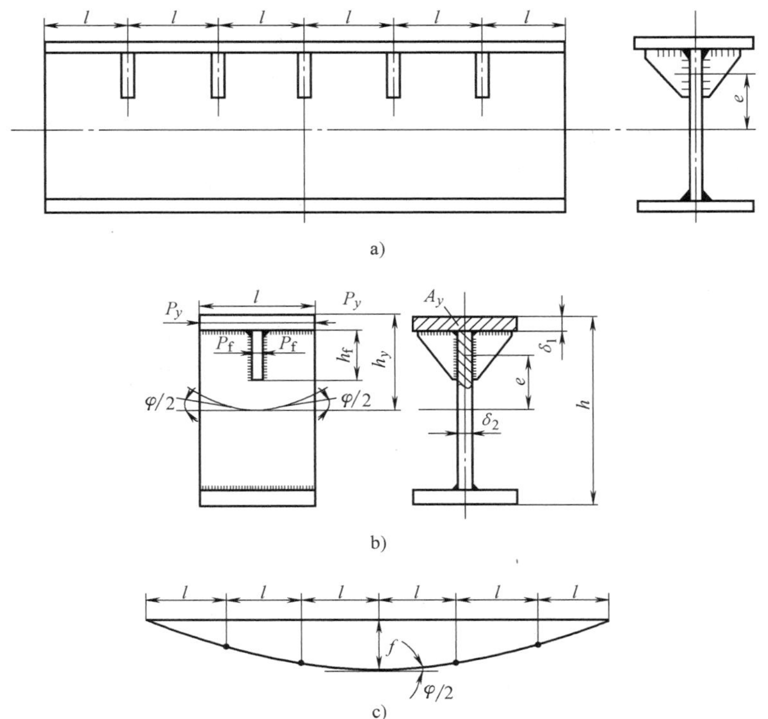

图 8-1-59　工字梁短肋板横向收缩引起的弯曲变形

4. 角变形

焊接时，由于焊接区沿板厚方向不均匀的横向收缩而引起的回转变形称为角变形。图 8-1-60 所示为堆焊、对接、搭接和 T 形接产生的角变形。

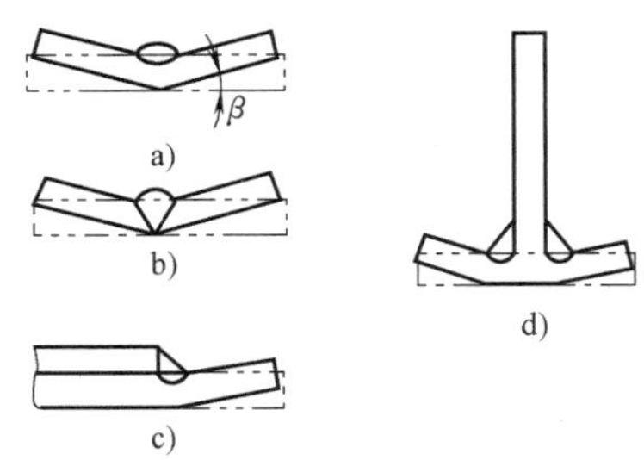

图 8-1-60　角变形

a）堆焊　b）对接　c）搭接　d）T 形接

（1）堆焊引起的角变形

平板堆焊引起的角变形主要是因为焊接正面温度高于背面，正面膨胀产生的压缩塑性变形大于背面，造成了正面横向收缩大于背面。如果堆焊时沿板厚温度一致，则只有横向收缩变形而不会产生角变形。图 8-1-61 所示为角变形与热输入和板厚的关系。影响堆焊角变形的因素主要是焊接热输入 Q 和焊件厚度 δ。当厚度一定时，角变形随热输入的增加而增大，但当增加到某一定值（见图 8-1-61 中 $\frac{Q}{\delta^2}\geqslant 10.5\times10^{-3}\text{J}\cdot\text{mm}^{-3}$）后，热输入再增加，角变形反而减小。在这里热输入 Q 是引起角变形的主要因素，而板厚既是抑制角变形的因素，同时也是造成沿厚度温差的因素。厚板时刚度增大，抑制角变形起主要作用。

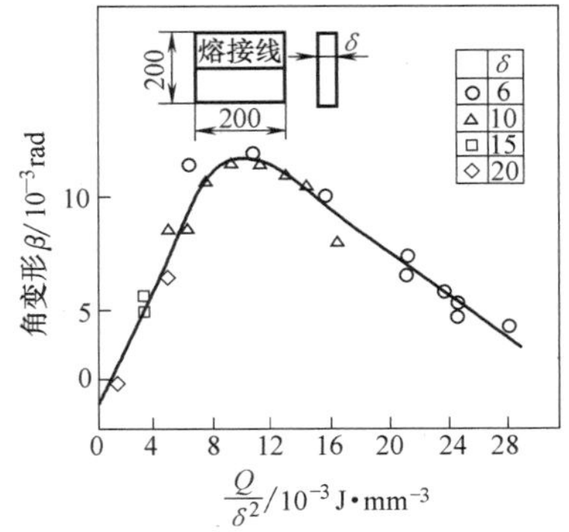

图 8-1-61　角变形与热输入和板厚的关系

堆焊引起的角变形也和引起横向收缩变形一样，始焊端变形量较小，沿焊缝长而逐渐增大。

（2）对接焊引起的角变形

对接接头产生角变形是下述因素综合作用的结果。

1）焊缝截面形状。不同焊接方法，其焊缝成形不同，图 8-1-62 所示为焊缝截面形状对角变形的影响，从左向右依次减小。

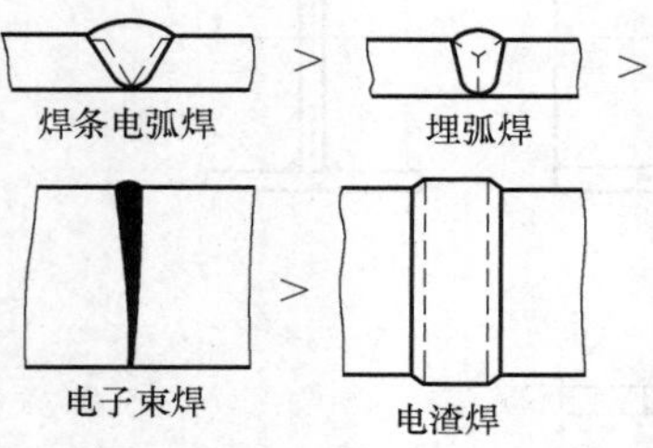

图 8-1-62　焊缝截面形状对角变形的影响

2）焊缝坡口形状。对于厚度相同的对接接头，坡口形状对角变形有很大影响。图 8-1-63 所示为对接接头坡口形式对角变形的影响。单面 V 形坡口的角变形比单面 U 形坡口的大；沿板厚两侧对称的双面 V 形或双面 U 形坡口，一般不会产生角变形。因为正反面焊接引起的角变形能相互抵消。

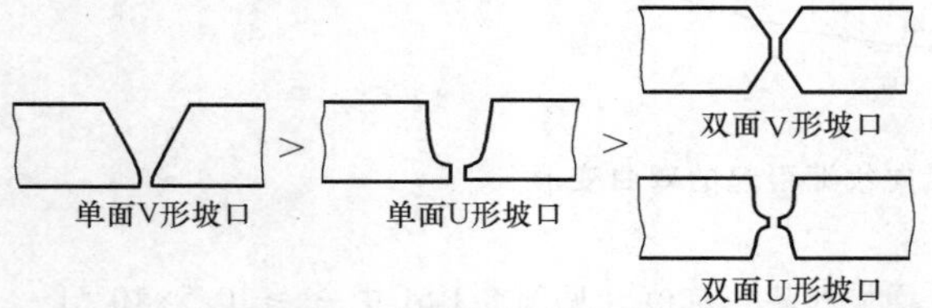

图 8-1-63　对接接头坡口形式对角变形的影响

3）焊缝的层数和道数。相同板厚的单边 V 形坡口焊缝，随着焊接层数或道数的增加其角变形也增大；多层焊比多道焊的角变形小。

4）焊接顺序。开双面 V 形或双面 U 形的对称坡口，由于两面不能同时施焊，便产生焊接先后的问题。必须先焊第一面后再焊另一面。若焊接参数相同，焊第二面时产生的角变形，不能完全抵消第一面的角变形，因而出现了角变形。原因是先焊面焊缝已形成，接头刚度大大增加，后焊面所引起的角变形必然减小。解决的办法是两面分层交替焊。例如，第一面分两层，先焊第一层，接着翻转焊件焊第二面，第二面不分层一次焊满，然后再翻转焊第一面的第二层。总之，掌握了焊接顺序对变形影响规律才可以灵活运用它去控制变形。

（3）角焊缝引起的角变形

T 形接头上的角焊缝引起的角变形是由两部分构成，如图 8-1-64 所示。图 8-1-64a 所示为焊前状态，立板垂直平板，立板两边与平板互成 90°角；焊接单面角焊缝后，立板由于角焊缝横向收缩，发生 β' 的角变形，如图 8-1-64b 所示；平板由于表面堆焊了角焊缝，上面横向收缩大于下面，发生了两边绕角焊缝回转，每边发生 $\beta''/2$ 的角变形，如图 8-1-64c 所示。综合的结果焊后的状态如图 8-1-64d 所示，破坏了立板与平板的垂直度。

β' 与焊缝夹角有关，若立板端开坡口，并减小焊缝夹角，如图 8-1-65a 所示，可降低 β' 的数值。用小焊脚尺寸，即减小焊缝金属量，可以降低 β' 的数值。

采用双面角焊缝的 T 形接头，如图 8-1-65b 所示，优点是焊后变形得到一定改善，因为先焊面引起的 β' 变形在焊接后焊面的角焊缝时能减小或抵消，使立板基本保持垂直状态。平板的 β'' 角变形却不能抵消，而是加大了，只是使左、右两侧的 β'' 变形趋于对称。

因此，采取增加平板厚度（刚性）或减小角焊缝尺寸，只能使平板角变形减小而不能消除。要消除这种角变形的最好办法是采用反变形法。

5. 波浪变形

波浪变形是薄平板焊接后产生像水中波浪那样凹凸不平的变形而得名。实质是薄平板焊后在压应力区内因压应力已超过其失稳临界应力而产生的失稳变形，又称压曲变形。

薄板产生波浪变形不仅影响产品外观，更重要的是失去了承载能力，必须加以重视。

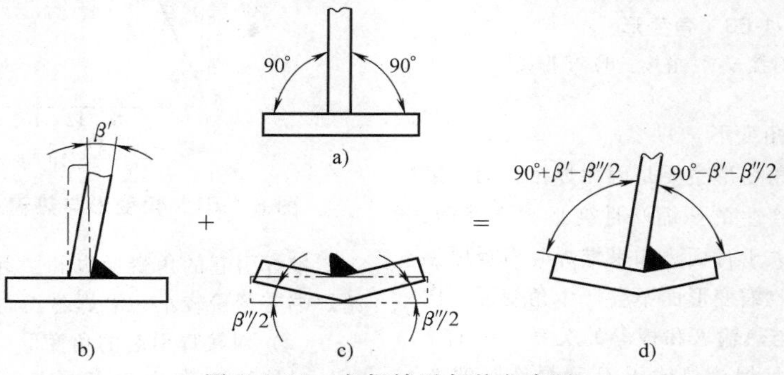

图 8-1-64　角焊缝引起的角变形

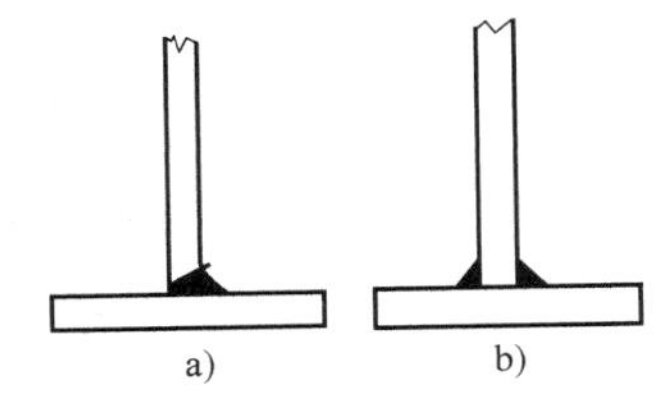

图 8-1-65　改善角变形的 T 形接头设计

a）开坡口单面焊　b）双面焊

大面积平板拼接，如船体甲板、大型油罐底板等极易产生波浪变形；船体舱口周围和箱形梁腹板的中部，均因局部压应力过大而产生这种变形。图 8-1-66 所示为周围有框架的薄板结构的残余应力和波浪变形。

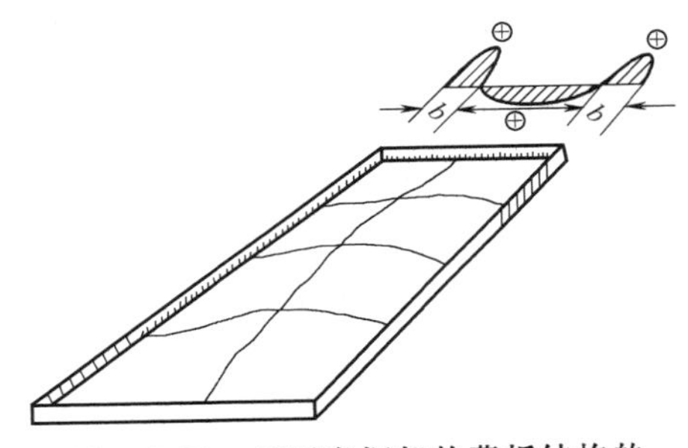

图 8-1-66　周围有框架的薄板结构的残余应力和波浪变形

防止波浪变形可以从降低压应力和提高临界应力两方面着手。前者是用小的焊接热输入，减小受热区面积，如用焊条电弧焊代替气焊、用 CO_2 气体保护焊代替焊条电弧焊、用断续焊代替连续焊、用点焊代替弧焊等；后者是增加板厚或减小板的自由幅面等。

注意，焊接角变形也可能产生类似的波浪变形，如图 8-1-67 所示。采用大量肋板的结构，每块肋板的角焊缝引起的角变形，连贯起来就造成波浪变形。这种波浪变形与失稳的波浪变形有本质的区别，要有不同的解决办法。

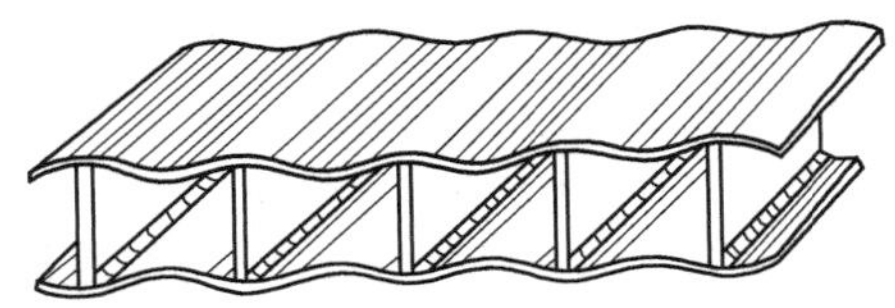

图 8-1-67　焊接角变形引起的波浪变形

6. 扭曲变形

扭曲变形又称螺旋形变形，主要发生在细长的焊接构件，如 T 形梁、工字梁或箱形梁等。这些构件上一般都有较长的纵向角焊缝，由于组装不当或焊接顺序和方向不正确，焊缝的角变形沿长度上不均匀引起像麻花一样的变形。

T 形梁在组装前，若平、立板剪切下料后已经扭曲，未经矫平就组装，结果平板不水平，立板不垂直，如图 8-1-68 所示，焊后必然产生扭曲。因此，装配前必须对平、立板矫平，组装时严格保证几何公差要求。

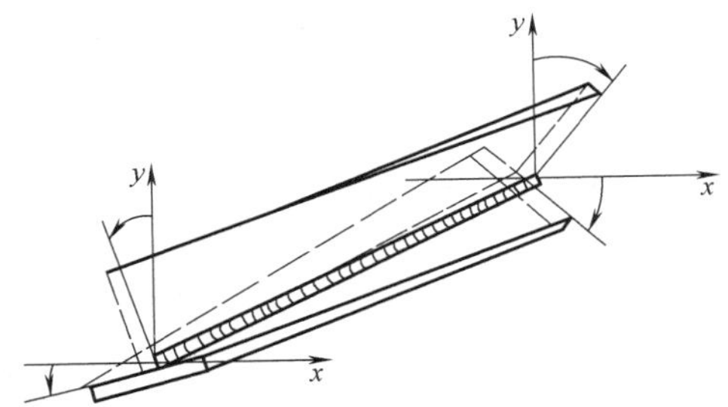

图 8-1-68　T 形梁不正确组装和焊接引起的扭曲变形

如果焊前组装是正确的，如图 8-1-69a 所示的工字梁，若四条纵向角焊缝焊接方向如图 8-1-69b 中箭头所示，而且是直通焊，就会因角变形沿焊缝长度逐渐增大而产生扭曲变形。如果把两条相邻的角焊缝同时以同一方向施焊，即能克服这种扭曲变形。

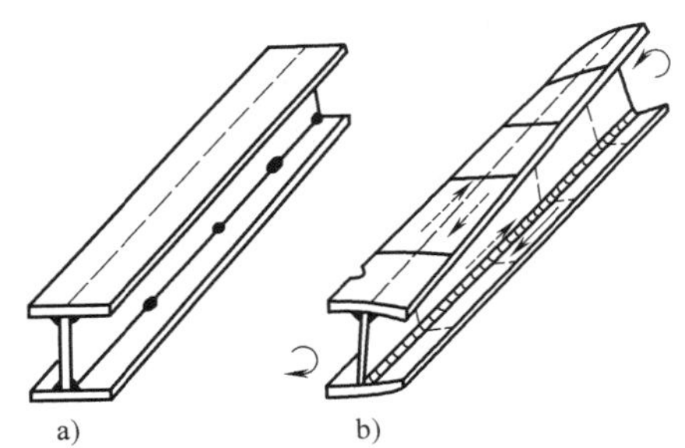

图 8-1-69　工字梁的扭曲变形

a）焊前　b）焊后

1.5.2　焊接残余变形的预防与控制

1. 设计措施

（1）选择合理的焊缝形状和尺寸

1）选择最小的焊缝尺寸。在保证结构有足够承载能力的前提下，应采用尽量小的焊缝尺寸。尤其是角焊缝尺寸，最容易盲目加大。焊接结构中有些仅起联系作用或受力不大，并经强度计算尺寸甚小的角焊缝，应按板厚选取工艺上可能的最小尺寸。

对受力较大的 T 形或十字接头，在保证强度相同的条件下，采用开坡口的焊缝比不开坡口而用一般角焊缝可减少焊缝金属，对减小角变形有利，如图 8-1-70 所示。

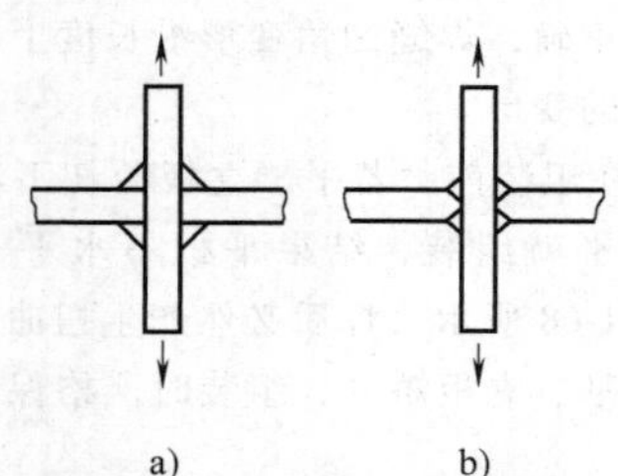

图 8-1-70　相同承载能力的十字接头

a）不开坡口　b）开坡口

2）选择合理的坡口形式。相同厚度平板对接，开单面 V 形坡口的角变形大于双面 V 形坡口。因此，具有翻身条件的结构，宜选用两面对称的坡口形式。T 形接头立板端开半边 U 形（J 形）坡口比开半边 V 形坡口角变形小，如图 8-1-71 所示。

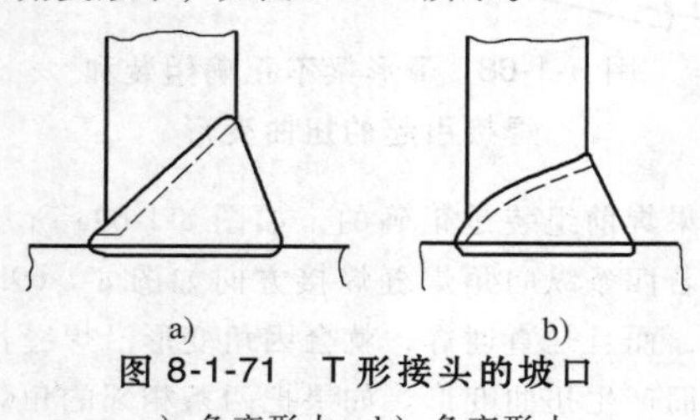

图 8-1-71　T 形接头的坡口

a）角变形大　b）角变形小

（2）减少焊缝的数量

只要允许，多采用型材冲压件；焊缝多且密集处采用铸-焊联合结构，就可以减少焊缝数量。

此外，适当增加壁板厚度，以减少肋板数量，或者采用压型结构代替肋板结构，都对防止薄板结构的变形有利。

（3）合理安排焊缝位置

梁、柱等焊接构件，常因焊缝偏心配置而产生弯曲变形。合理的设计应尽量把焊缝安排在结构截面的中性轴上或靠近中性轴，力求在中性轴两侧的变形大小相等、方向相反，起到相互抵消的作用。

图 8-1-72 所示为箱形结构的焊缝安排，图 8-1-72a 所示的焊缝集中于中性轴一侧，弯曲变形大，图 8-1-72b、c所示的焊缝安排合理。图 8-1-73a 所示的肋板设计，使焊缝集中在截面中性轴下方，肋板焊缝的横向收缩集中在下方，将引起上拱的弯曲变形，改成图 8-1-73b 所示的设计就能减小和防止这种变形。

2. 工艺措施

（1）反变形法

焊前使焊件具有一个与焊后变形方向相反、大小相当的变形，以便恰好能抵消焊接时产生的变形，这种方法称为反变形法。反变形法很有效，但必须准确地估计焊后可能产生的变形方向和大小，并根据焊件

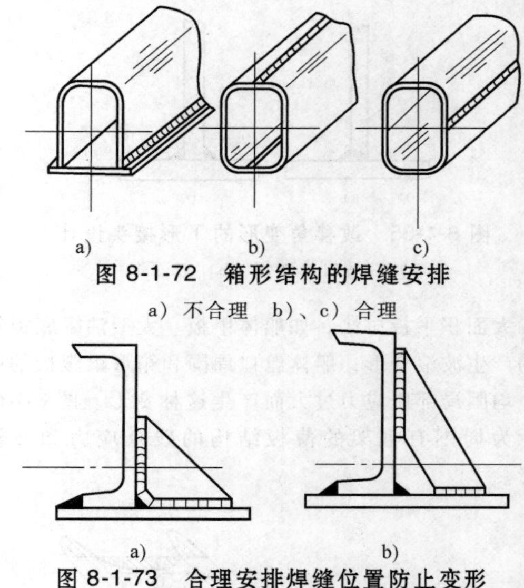

图 8-1-72　箱形结构的焊缝安排

a）不合理　b）、c）合理

图 8-1-73　合理安排焊缝位置防止变形

a）不合理　b）合理

的结构特点和生产条件灵活地运用。

1）无外力作用下的反变形法。平板对接焊产生角变形时，可按图 8-1-74a 所示方法控制焊接残余变形；电渣焊产生终焊端横向变形大于始焊端问题，可以在安装定位时使对缝的间隙下小上大，如图 8-1-74b 所示。

T 形接头焊后平板产生角变形，可以预先把平板压制成形，使之具有反方向的变形，然后进行焊接，如图 8-1-74c 所示；薄壁壳体与法兰对接从外侧单面焊时，产生接头向内凹的变形，可以预先在对接边缘作出向外弯边的变形下进行焊接，如图 8-1-74d 所示。

留收缩余量本质上也属于反变形，例如桥式吊车箱形梁，上盖板与大小肋板焊接时，如图 8-1-74e 所示，若每条肋板角焊缝横向收缩 0.5mm，有 20 条角焊缝，则上盖板在备料时在长度上必须预留出 10mm 的余量，并均摊到各肋板距之间。为了克服该箱形梁后期加工引起下挠变形问题，在预制腹板时，就做出如图 8-1-74f 所示的预上拱度 f 的变形，该上拱度大于成品验收时的上拱度。

2）在外力作用下的反变形法。利用焊接胎具或夹具使焊件处在反向变形的条件下施焊，焊后松开胎夹具，焊件回弹后其形状和尺寸恰好达到技术要求。

图 8-1-75 所示为利用简单夹具做出平板的反变形以克服工字梁焊接引起的角变形；图 8-1-76a、b、c、d 所示的空心构件，均因焊缝集中于上侧，焊后将产生弯曲变形。采用如图 8-1-76e 所示的转胎，使两根相同截面的构件“背靠背”，两端夹紧中间垫高，于是每根构件均处在反向弯曲情况下施焊。该转胎使施焊方便，而且还能提高生产率。

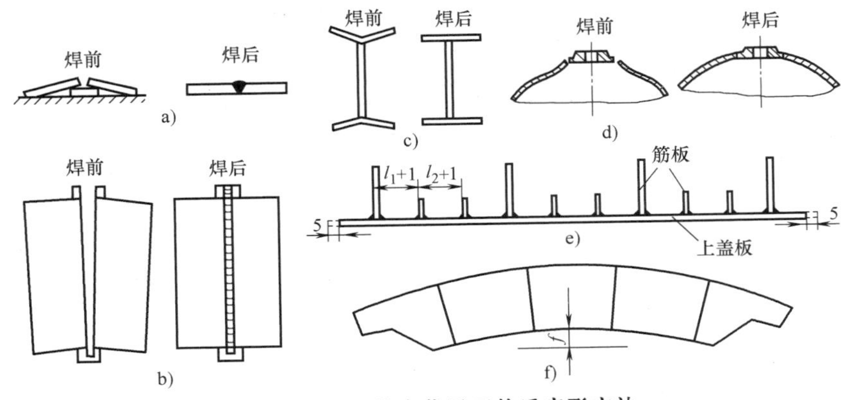

图 8-1-74　无外力作用下的反变形方法

a）平板对接焊　b）电渣对接立焊　c）工字梁翼板塑性预弯　d）壳体防局部塌陷

e）吊车箱形梁上盖板预留收缩余量　f）吊车箱形梁腹板预制上拱度

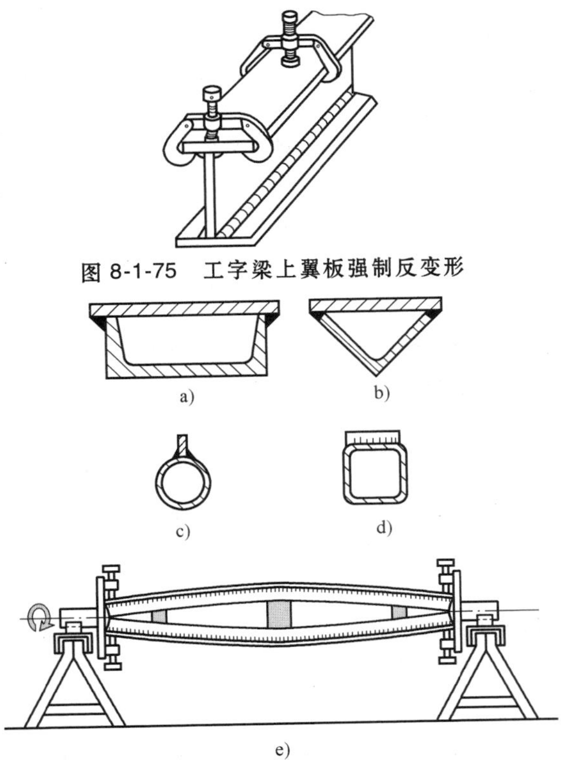

图 8-1-75　工字梁上翼板强制反变形

图 8-1-76　弹性支撑法

a）、b）、c）具有单面纵向焊缝的空心梁

d）具有单面横焊缝的空心梁　e）在焊接转胎上焊接

运用外力作用下的反变形法需注意两个问题：

① 安全问题。所需外力应足够大，因此所用的胎夹具必须保证强度和刚度。焊件是处在弹性状态下反变形，焊后仍处于弹性状态。松夹时焊件必然回弹，一定要防止回弹伤人。

② 反变形量的控制最可靠的办法是用通常的焊接参数，在自由状态下试焊，测出其残余变形量。以此变形量作为反变形量的依据，结合焊件的反弹量作适当调整。做到焊件反弹后的形状和尺寸恰好就是焊件技术要求的形状和尺寸。

③ 薄板焊接预伸长法。这是在薄壁焊接结构中为防止焊后壁板产生波浪变形而灵活应用反变形法的例子。在薄壁平板内侧焊上一个由型材构成的框架，焊后因周边焊缝收缩使框架内的薄板产生压应力达到或超过其失稳临界应力而失稳，出现波浪变形。如果在可能产生缩短的区域，预先用机械拉伸法或加热的方法使其伸长，然后与框架进行正式组装和焊接，焊后再把预拉伸或加热去除，薄壁板恢复初始状态，就能有效降低残余应力，达到防止壁板波浪变形产生的目的。表 8-1-8 列出了三种实施方案：拉伸法（SS 法）、加热法（SH 法）和两者并用法（SSH 法）。拉伸法需要用专门设计的机械装置；加热法可以用电流通过壁板，靠自身电阻直接加热取代加热器间接加热。

（2）刚性固定法

焊件被夹紧，处于不能自由变形的条件下施焊，这样可减小焊后变形。通常是利用简单夹具把焊件装夹到与之相适应的胎具或工作台上，胎具和工作台的刚性足以抑制焊接时的变形。有时可以充分利用焊件的结构特点，通过夹具等方法组装成一个能相互制约的构件进行施焊。

图 8-1-77 所示为刚性固定法焊接 T 形梁方案。图 8-1-77a 是把平板刚固到工作平台上进行焊接，可以减小角变形；根据 T 形梁的结构特点，可以把两根 T 形梁组装成图 8-1-77b 所示的十字形构件，两平板在刚性夹紧下施焊，也能起到减小角变形的作用；还

可以把立板高度增加一倍，组装成工字梁进行焊接。焊后再从腹板中间切割开，使之成为两根 T 形梁。这样可以减小弯曲变形，而且生产率可提高一倍，如图 8-1-77c 所示。

表 8-1-8　用预伸长法防控薄壁板焊接失稳变形的实施方案

序号	方法名称	示意图	
1	拉伸法 （SS 法）	组装焊接　框架　夹头　壁板	σ　焊缝
2	加热法 （SH 法）	组装焊接　加热器　框架　壁板　隔底底座	热膨胀
3	拉伸法+加热法 （SSH 法）	组装焊接　加热器　框架　夹头　壁板	σ　拉伸 + 热膨胀

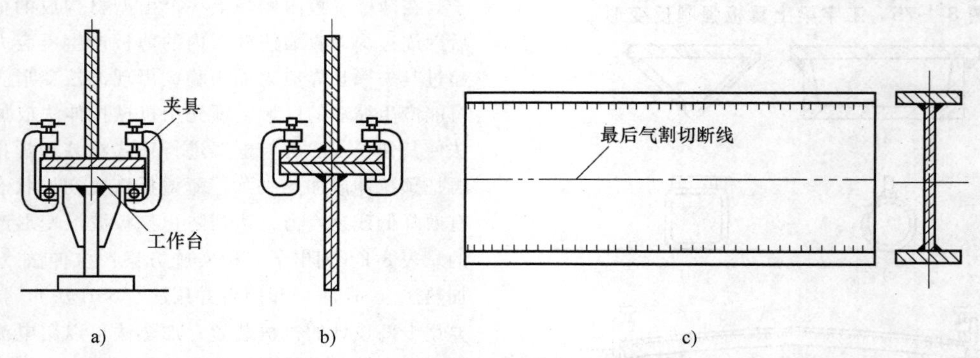

图 8-1-77　刚性固定法焊接 T 形梁方案

a）、b）可减小角变形和弯曲变形　c）可减小弯曲变形

刚性固定法的优点：夹固后可以自由施焊而不必考虑焊接顺序。缺点是只能减小变形，因为去除夹固后，焊件仍有回弹的变形。所以若能将刚性固定法与反变形法同时配合使用，效果最好。

（3）选择合理的焊接方法和焊接参数

能量集中和热输入较低的焊接方法，可有效地降低焊接变形。用 CO_2 气体保护焊焊接中厚钢板的变形比用气焊和焊条电弧焊小得多，更薄的板可以采用脉冲钨极氩弧焊、激光焊等方法焊接。电子束焊的焊缝很窄，变形极小，一般经精加工的焊件焊后仍具有较高的精度。

焊接热输入是影响变形量的关键因素，当焊接方法确定后，可通过调节焊接参数来控制热输入。在保证熔透和焊缝无缺陷的前提下，应尽量采用小的焊接热输入。根据焊件结构特点，可以灵活地运用热输入对变形影响的规律控制变形。例如具有对称截面形状或焊缝布置对称的焊件，焊接每一条焊缝时焊接热输入应一致。如果焊缝分布不对称，则对于远离焊件横截面形心或中性轴的焊缝，采用分层焊接，每层用小热输入，把它对构件变形的影响降到最小。

（4）选择合理的装配和焊接顺序

在无法使用胎夹具情况下施焊，一般都需选择合理的装配和焊接顺序，使焊接变形减至最小。焊接结构的多样性和处理方法的灵活性，往往同一个问题可能有多种解决方案。这里根据焊接残余应力与变形形成的基本规律提出下列选择装配和焊接顺序的建议：

1）大型而复杂的焊接结构，只要条件允许，把它分成若干个结构简单的部件单独进行焊接，然后再总装成整体。这种“化整为零，集零为整”的装配焊接方案其优点是：部件的尺寸和刚性已减小，利用胎夹具克服变形的可能性增加；交叉对称施焊要求焊件翻身与变位也变得容易；更重要的是，可以把影响总体结构变形最大的焊缝分散到部件中焊接，把它的不利影响减小或清除。注意，所划分的部件应是易于控制焊接变形，部件总装时焊接量要少，同时也要便于控制总变形。

2）对称结构上的对称焊缝，最好由多名焊工对称地同时施焊，获得正反两方向变形得以抵消的效果。若条件不允许，只能先焊一侧，后焊另一侧。这时要注意，用同样的焊接参数施焊，先焊侧引起的变形总比后焊侧大一些。因此建议把先焊侧改为多层多道焊，并降低每层（道）焊接热输入，再利用两面交替施焊顺序，让每侧引起的变形最后都获得抵消。

3）当焊缝在结构上分布不对称时，如果焊缝位于焊件中性轴两侧，则有可能通过前面所述调节焊接热输入和交替施焊的顺序进行控制变形；如果焊缝位于中性轴一侧，则施焊顺序不再起作用，只能从减小焊接热输入或其他工艺措施去解决。

图 8-1-78 所示为桥式吊车箱形梁。梁中所有焊缝按其所在位置，焊后发生的纵向（或横向）收缩都对梁的纵向缩短和弯曲（上拱、下挠或旁弯）变形发生影响。尤其是梁内许多大小肋板与上盖板连接的角焊缝，都集中于梁中性轴上侧，焊后对梁下挠变形影响很大。合理的装配与焊接顺序应当是：上、下盖板和左、右腹板单独预先拼接好，把上盖板拼焊时产生的横向收缩不对梁的弯曲变形发生影响；同样，把大、小肋板与上盖板的角焊缝，在总装前就单独焊好，如图 8-1-79 所示。这样，把对梁下挠变形影响最大的因素消除掉。给后面组装和焊接中控制变形变得简单容易。

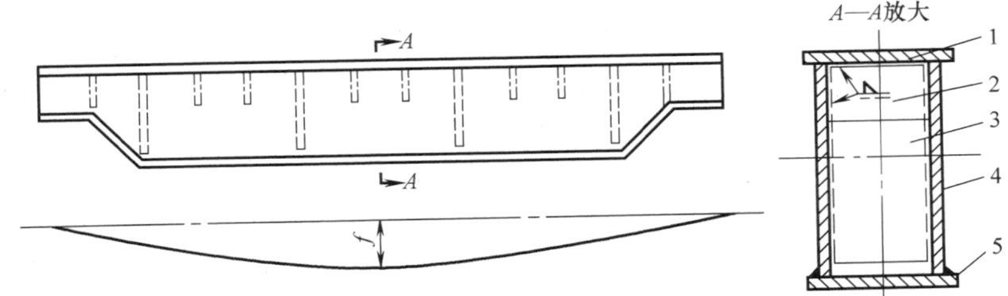

图 8-1-78　桥式吊车箱形主梁，焊接接法结构示意图

1—上盖板　2—小肋板　3—大肋板　4—腹板　5—下盖板

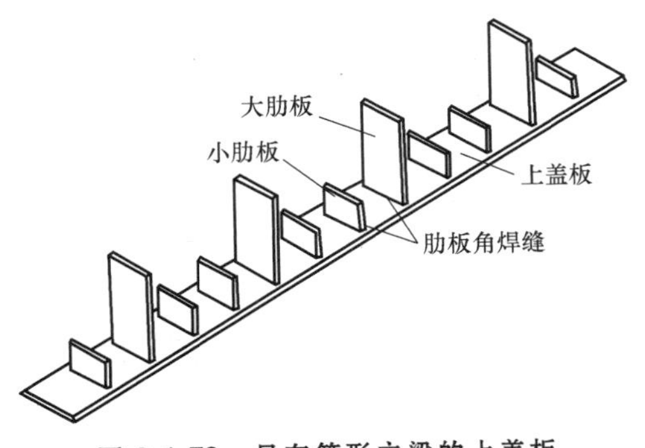

图 8-1-79　吊车箱形主梁的上盖板与大小肋板的焊接

由两翼板和一腹板构成对称的工字梁，不能采取先焊成 T 字梁再焊成工字梁的装焊顺序，而应先组装成工字梁并定位后，再按一定顺序焊接四条角焊缝，如图 8-1-80 所示。

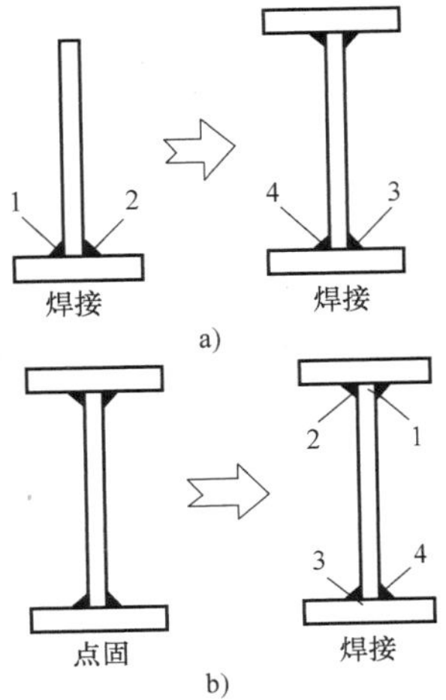

图 8-1-80　工字梁的装配与焊接顺序

a）不合理　b）较合理

这里再举两个大面积拼接接焊缝的合理装配和焊接顺序的例子。这样的结构主要是防止焊后产生波浪变形。

图 8-1-81 所示为储罐焊接底板的接头设计与焊接顺序。先焊内部底板的横向焊缝（顺序 1），后焊纵向长焊缝（顺序 2），因为薄板波浪变形是焊接残余应力引起，只有减小焊接残余应力，才能防止波浪变形。6 块边板均具有开坡口的径向焊缝，先只焊一半（顺序 4），待壳体对底板的角焊缝（顺序 5）完成之后再焊满（顺序 6）。边板需厚于内板，以便减轻其角变形并加强壳体接边。对接焊缝下的垫板既可保证焊缝成形也起加强作用。

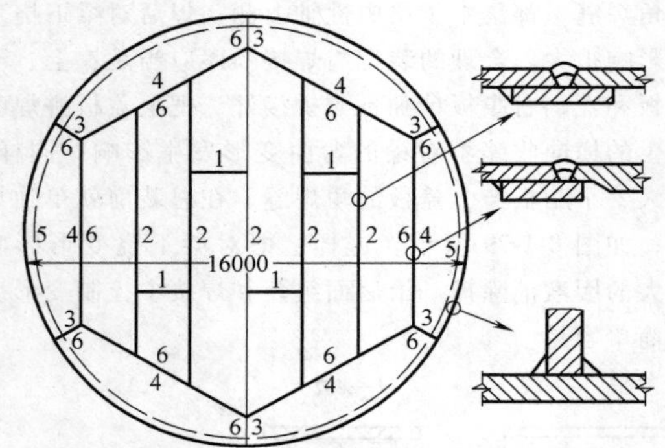

图 8-1-81　储罐焊接底板的接头设计与焊接顺序

图 8-1-82 所示为八角形拼板的焊接。每一条径向焊缝均在下一条径向焊缝做定位之前，以分段退焊法完成，这样使得每一条径向焊缝的横向收缩不受拘束。这对防止波浪变形极为重要。当焊缝横向收缩或纵向收缩引起其他变形时，可在装焊下一块板之前用锤击焊缝等措施予以矫平。

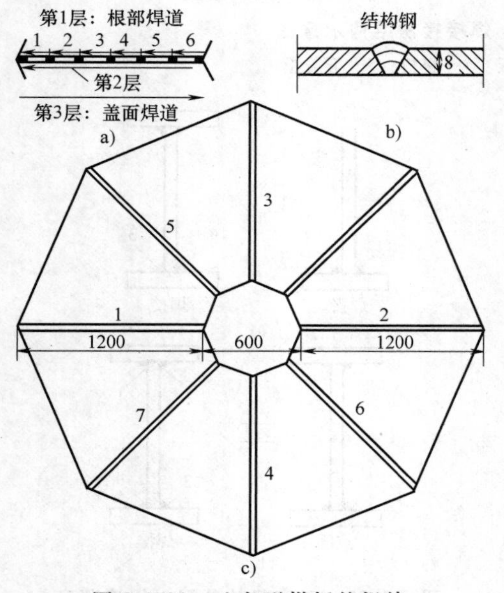

图 8-1-82　八角形拼板的焊接

a）焊层次序　b）接头设计　c）焊接顺序

1.5.3　薄板低应力无变形的焊接方法

低应力无变形的焊接方法是在焊接薄板过程中通过调节与控制焊接温度场来降低焊接残余应力和变形的一种焊接工艺措施。目前有两种方法可以实现。

1）低应力无变形焊接法（LSND 焊接法）。通常薄板对接焊为了减少焊接变形，多在琴键式夹具下进行焊接。焊后由于残余应力无法消除，仍然会产生波浪变形。图 8-1-83 所示为薄壁壳体纵向焊缝引起的失稳翘曲变形。LSND 焊接法就是在琴键式夹具的背面铜衬垫上设计一套冷热系统，如图 8-1-84a 所示，使其中间冷却，两侧加热。这样在夹紧焊件时，焊件的横截面上就预置了一个两侧温度高、中间温度低的温度场，如图 8-1-84b 中的 T 曲线，最高温度 T_{max} 离焊缝中心线的距离为 H。该温度场就造成了中间是拉应力、两侧是压应力的应力场，相当于预先给焊接收缩区施加拉伸，如图 8-1-84b 中的 σ 曲线。图 8-1-84 中在焊缝两侧用双支点力 P_1 和 P_2 压紧焊件，P_2 离开焊缝中心的距离为 G，防止在加热和焊接过程中的瞬态面外失稳变形，保证在焊接高温区的预拉伸效应。图 8-1-84c 所示为实际焊接温度场。此法焊后其残余拉应力峰值比常规焊接的降低 2/3 以上，图 8-1-84d 所示为两种方法残余应力分布曲线比较；焊后其残余塑性应变如图 8-1-84e 所示，LSND 焊接法（曲线 2）比常规焊接的残余塑性应变（曲线 1）小得多。根据要求，调整预置温度场，还可以在焊缝中造成压应力，使残余应力场重新分布。随着焊缝中拉应力水平的降低，两侧的压应力也降到临界失稳应力水平以下，焊件不再失稳。因此，焊后的焊件没有焊接残余变形，保持焊前的平直状态。

LSND 焊接法适用于各种材料，如铝合金、不锈钢、钛合金、高温合金等。预置温度场中的最高温度

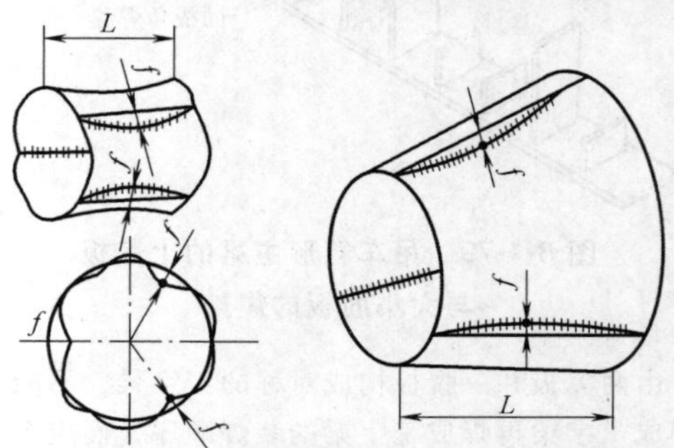

图 8-1-83　薄壁壳体纵向焊缝引起的失稳翘曲变形

（f 表示最大挠度）

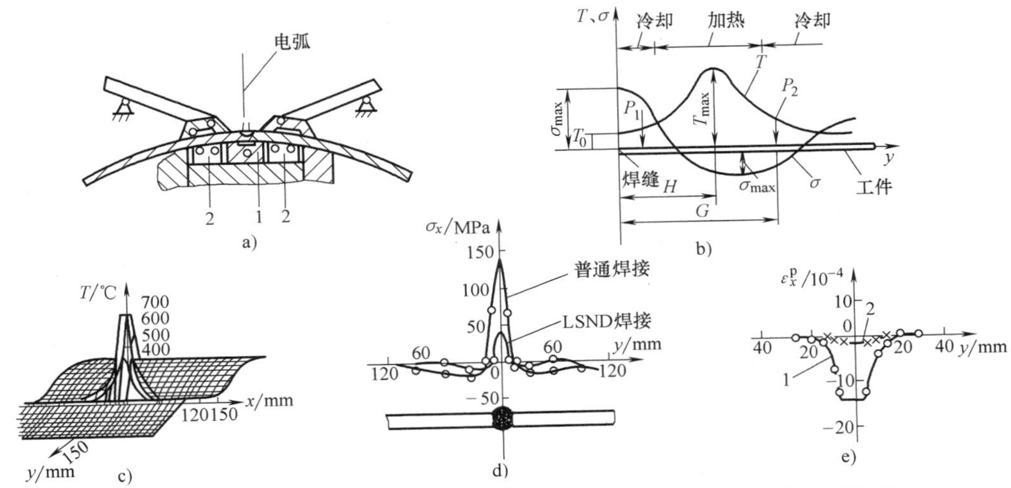

图 8-1-84　LSND 焊接法的原理和工艺实施方案及其在铝合金上实测结果

a）LSND 焊接示意图

b）预置温度场和拉伸效应　c）实际温度场　d）LSND 控制应力的效果

e）常规焊（曲线 1）和 LSND 焊（曲线 2）后残余塑性应变的对比

1—铜垫板　2—加热元件

因材料和结构而异，一般为 100~300℃，可按待焊件优选确定。

2）动态控制低应力无变形焊接法（DC-LSND 焊接法）以 LSND 焊接法为基础，不再依赖于预置“静态”温度场，而是利用一个有急剧冷却作用的热沉（冷源）紧跟在焊接热源（电弧）之后，焊接时与热源同步移动，其焊接装置如图 8-1-85a 所示。在热源和热沉之间有极陡的温度梯度，如图 8-1-85b、c 所示，高温金属在急冷中被拉伸，补偿接头区的塑性变形。焊后在薄膜板上同样可以达到完全无变形的效果，在焊缝中的残余应力甚至可转变为压应力，如图 8-1-86 所示。图 8-1-86a 所示为低碳钢上实测的结果，图 8-1-86b 所示为不锈钢上实测的结果。与常规方法焊后残余应力分布（曲线 1）相比，热沉参数变化（曲线 2、3、4）明显影响残余应力的重新分布。显然，DC-LSND 焊接法比 LSND 焊接法更具良好的工艺柔性。

1.5.4　焊接变形的矫正

焊后结构产生超过技术要求的变形应进行矫正。目前生产中应用的变形矫正方法可归纳为机械矫正法和火焰矫正法，两者矫正的实质都是设法造成一个新的变形去抵消已经发生的变形。

1. 机械矫正法

机械矫正法利用外力使构件产生与焊接变形方向相反的塑性变形，从而使两者互相抵消。图 8-1-87 所示为工字梁焊后变形的机械矫正。工字梁翼板角变形可以利用图 8-1-88 所示的辊压机进行矫正。

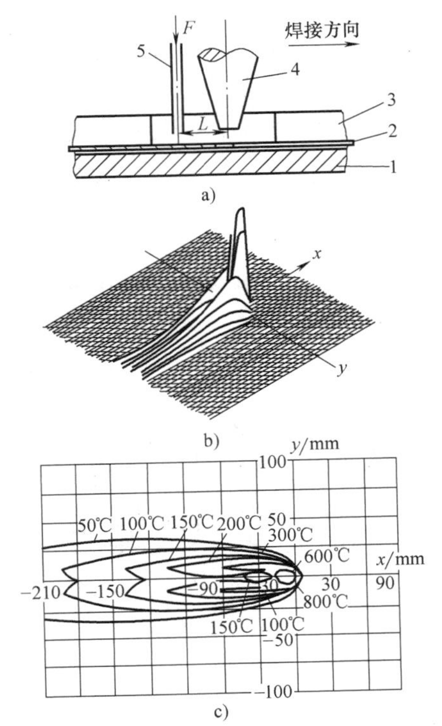

图 8-1-85　DC-LSND 焊接法

a）焊接装置　b）三维温度场　c）等温线

1—衬垫　2—焊件　3—夹具　4—焊枪　5—冷却喷嘴

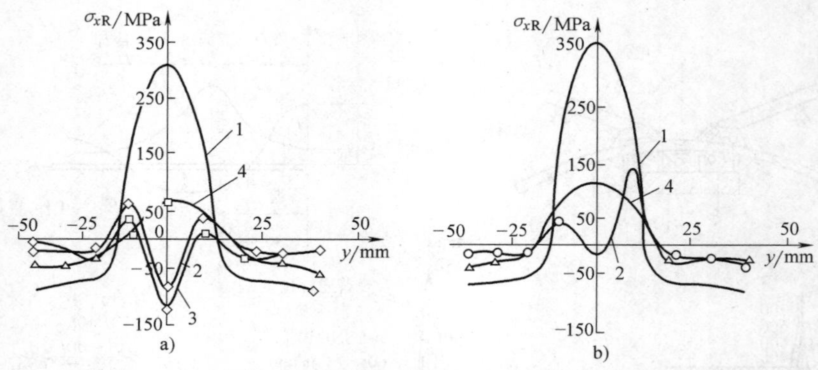

图 8-1-86 热源—热沉控制低应力无变形的效果

a）低碳钢 b）不锈钢

注：曲线 1 为常规焊后的残余应力；曲线 2、3、4 为采用不同热沉参数焊后的残余应力。

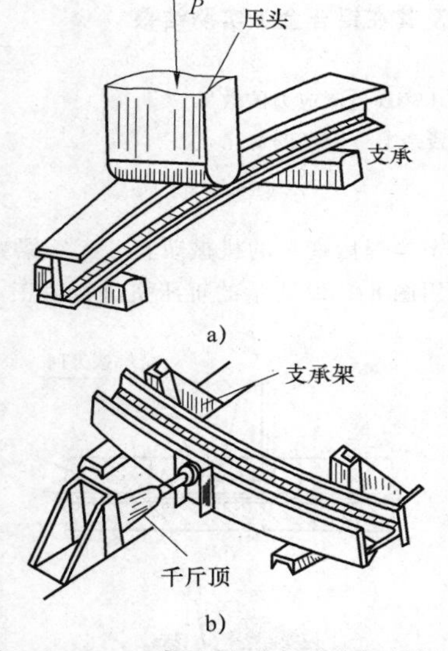

图 8-1-87 工字梁焊后变形的机械矫正

a）压力机矫正 b）千斤顶矫正

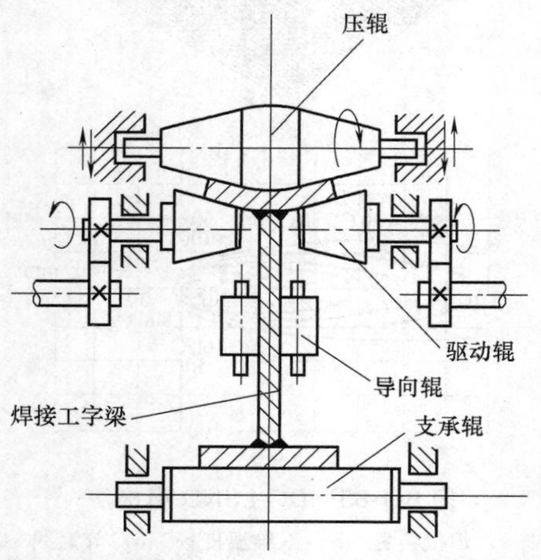

图 8-1-88 用辊压机矫正焊接工字梁的角变形

焊后变形主要是由焊缝及其附近区域收缩引起的，若沿焊缝区锻打或辗压，使该区得到塑性延伸就能补偿焊接时产生的塑性变形，达到消除变形的目的。小焊件且数量少的一般用锤子锻打。对具有规则焊缝的薄板结构，可采用辗压设备对焊缝及其附近辗压，能收到很好的技术效果和经济效果。图 8-1-89 所示为用辗压机矫正铝制筒体纵向焊缝焊后弯曲变形，改变压辊方向该辗压机也可辗压环焊缝。辗压式锻打焊缝不仅能消除焊接残余变形，还能消除焊接残余应力。

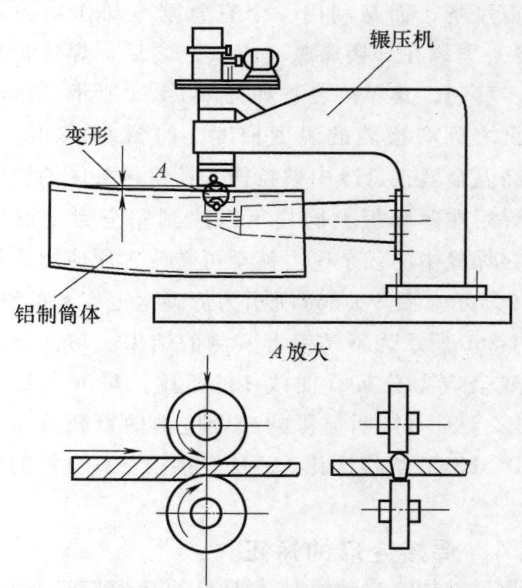

图 8-1-89 用辗压机矫正铝制筒体纵向焊缝焊后弯曲变形

机械矫正法只适于结构简单的中、小型焊件。

2. 火焰矫正法

火焰矫正法以火焰为热源对金属局部进行加热，使之产生压缩塑性变形，冷却时该金属发生收缩，利用此收缩所产生的变形去抵消焊接引起的残余变形。

火焰法一般使用的是气焊炬，不需要专门设备，操作简单方便，机动灵活，可以在大型复杂结构上进行矫正。

（1）火焰矫正的三要素

决定火焰矫正效果有三个主要因素：加热位置、加热温度和加热区的形状。

1）加热位置。它是火焰矫正成败的关键因素。加热位置不正确，不仅起不到矫正作用，反而会加重已有的变形。因此，所选的加热位置必须使它产生变形的方向与焊接残余变形方向相反，起到抵消作用。

产生弯曲或角变形的原因主要是焊缝集中于焊件中性轴的一侧，要矫正这两种变形，加热位置就必须选在中性轴的另一侧，如图 8-1-90 所示。加热位置距中性轴越远，矫正的效果就越好。

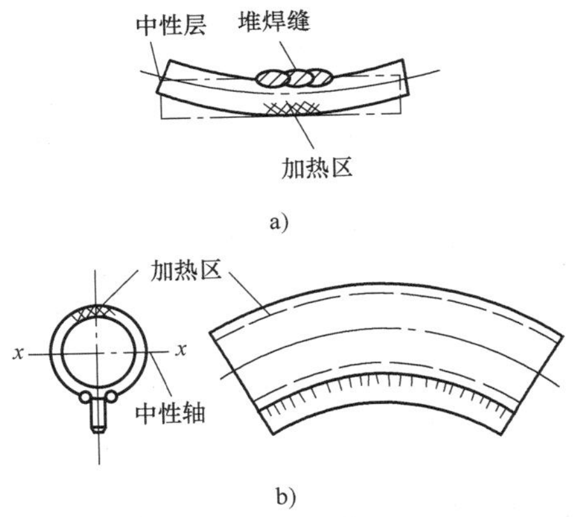

图 8-1-90　火焰矫正的加热位置

a）堆焊角变形　b）鳍管弯曲变形

2）加热温度。加热部位的温度必须高出相邻未加热部位，且使得受热金属热膨胀受阻，产生压缩塑性变形。对于厚碳素钢板或刚性大的焊接构件，局部加热温度高于 100℃ 就能产生压缩塑性变形。生产中对结构钢火焰矫正加热的温度一般控制在 600～800℃。现场测温不方便，一般是用眼睛观察加热部位的颜色来判断加热的大致温度。表 8-1-9 列出了加热过程中钢板表面颜色及其相应的温度。

表 8-1-9　钢板表面颜色及其相应的温度

颜色	温度/℃	颜色	温度/℃
深褐红色	550～580	亮樱红色	830～960
褐红色	580～650	橘黄色	960～1050
暗樱红色	650～730	暗黄色	1050～1150
深樱红色	730～770	亮黄色	1150～1250
樱红色	770～800	白黄色	1250～1300
淡樱红色	800～830	—	—

3）加热区的形状。加热区的形状有点状、条状和三角形三种，如图 8-1-91 所示。

① 点状加热。它是集中在金属表面的一个圆点上加热的加热方式。加热后可以获得以点为圆心的均匀径向收缩效果。它非常适合薄壁板波浪变形的矫平用。板薄加热时正背面温度基本相同，故易于矫平。单点加热效果很有限，变形量大时可以采取多点加热，常以梅花状均匀分布，如图 8-1-92 所示。一般加热点直径 $d \geqslant 15$mm，厚板时应适当加大；点间距离 a 为 50～100mm，变形量大时取小值。为了提高效率，常在每加热完一个点后，立即用锤子锻打加热点及其周围区域，以增加压缩塑性变形（薄板锻打时，背面须设垫底），并浇水冷却。

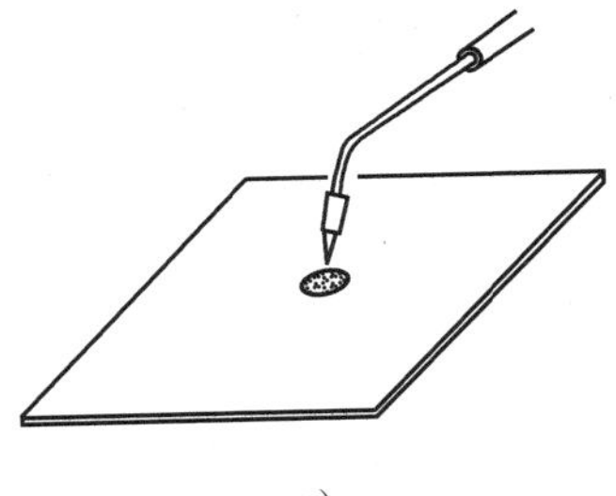

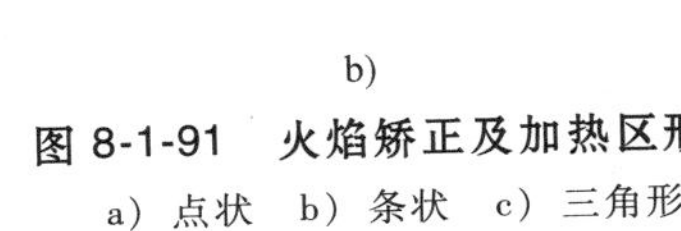

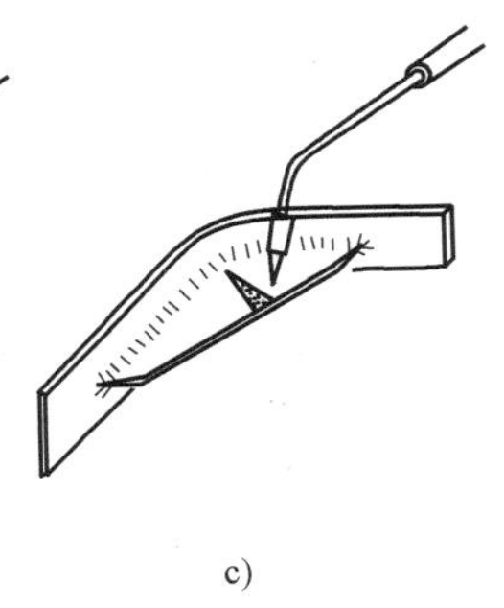

图 8-1-91　火焰矫正及加热区形状

a）点状　b）条状　c）三角形

② 条状加热。火焰沿直线方向移动，连续加热金属表面，形成一条加热线，若在移动过程中做适当横向摆动，就形成有一定宽度的加热带。条状加热的横向收缩量一般大于纵向收缩量，应充分利用此特点去安排加热位置。薄板矫平一般不做横向摆动的线状加热，需扩大加热面积时，从中间向两侧平行地增加加热线数，线间距视变形程度而定。变形量大宜密些。厚板矫正主要采用带状加热。

条状加热多用于矫正变形量较大或刚性较大的结构。

③ 三角形加热，又称楔状加热。加热区呈三角形，可以获得三角形底边横向收缩大于顶端横向收缩的效果。用于矫正发生弯曲变形的焊接构件很有效，图 8-1-93 中 T 形梁弯曲变形用三角形加热矫正的作用大于图 8-1-91b 所示的条状加热。因此，刚性大和变形量大的焊件发生弯曲变形时常用这种加热方式。根据构件的特点和变形情况，条状加热和三角形加热可以联合采用，如图 8-1-94 所示的工字梁上拱变形的矫正。

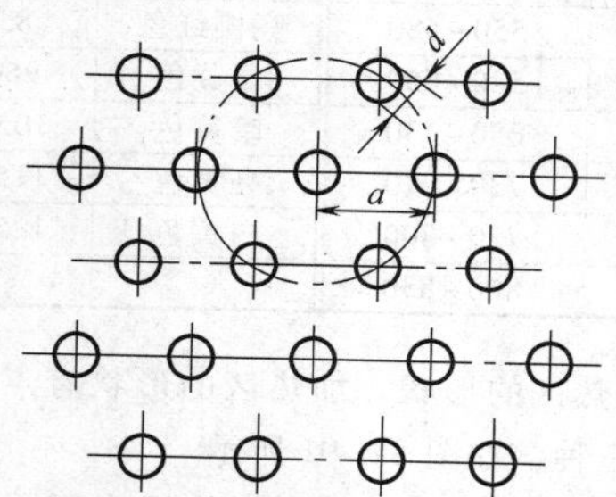

图 8-1-92　多点加热梅花状分布

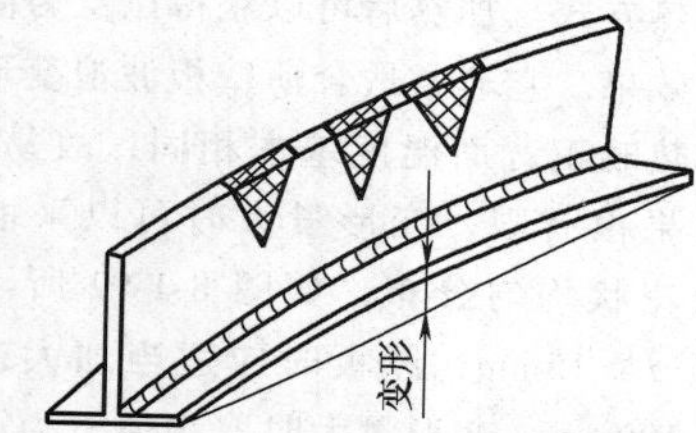

图 8-1-93　T 形梁三角形加热矫正弯曲变形

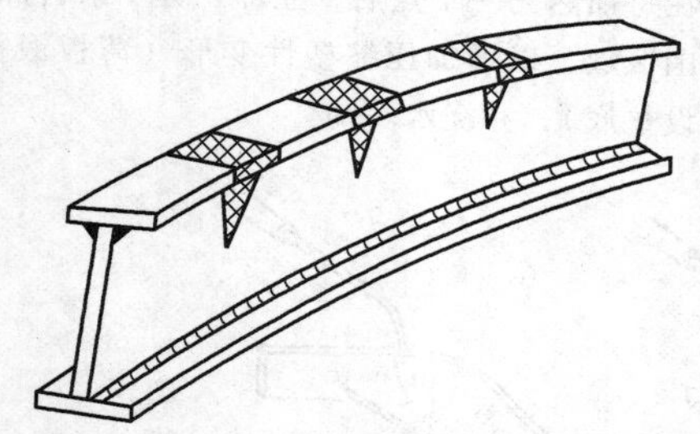

图 8-1-94　工字梁上拱弯曲变形的条状和三角形火焰加热矫正

火焰局部加热可以用来矫正变形，使构件平直。也可以反过来，利用火焰把平直的钢板弯曲成各种曲面，此时它就变成了一种成形工艺，火焰成形。

(2) 火焰矫正的注意事项

1) 了解被矫正构件的材质。焊接性好的材料一般都能采用火焰矫正，如低碳钢、强度较低的常用低合金钢（如 Q355 等）不仅可以用火焰矫正，而且板厚不大时还可以浇水急冷，提高矫正效率。表 8-1-10 所列为部分常用低合金结构钢火焰矫正的试验结果。

表 8-1-10　部分常用低合金结构钢火焰矫正的试验结果

牌　号	试验结论及注意事项
14MnNb	对焊接疲劳梁进行火焰矫正试验表明，火焰矫正对钢材性能影响不大
Q355(16Mn)	具有良好的火焰矫正和水火弯板① 的性能。水火弯板加热温度在 650℃ 左右时，力学性能几乎不受影响，即使在 850~900℃ 加热后，仍具有足够的强度和塑性
Q390(15MnV)	可以用氧乙炔焰局部加热矫正，不影响钢材的力学性能
Q420	可以用氧乙炔焰局部加热矫正，不影响钢材的力学性能
14MnVTiXt	可以用氧乙炔焰局部加热矫正，不影响钢材的力学性能
10MnPNbXt	可以用氧乙炔焰局部矫正，不影响钢材的力学性能
Q390(15MnTi)	可以用氧乙炔焰进行矫正，薄钢板还可用水火弯板
08MnPXt②	用局部火焰烘烤来矫正变形时，温度以 600~700℃ 为宜。因为该钢在 600~700℃ 时晶粒开始长大，700~800℃ 就出现魏氏组织
Q355 (09MnCuPTi)	薄板在 900℃ 晶粒仍较细，在 900~1000℃ 时出现魏氏组织，因此局部烘烤矫正时温度以 700~800℃ 为宜，避免采用水火矫正

① 水火弯板是船体制造中一个工序名称。过程和实质与火焰矫正完全相同，它利用火焰局部加热钢板获得所需的变形，在加热过程中有水急冷。

② 在用旧牌号。

2) 火焰矫正过程用水急冷的目的是限制热膨胀的范围；增加对加热区的挤压作用；可以立即看到矫正效果，不必等待。但对于有淬火倾向或刚性很大（如厚板结构）的焊件，不宜使用。

3) 加热温度不宜超过 800℃，否则引起加热区过热。也不是加热面积越大越好，尤其是薄板加热。钢材温度一般宜冷却到失去红色时才可浇水。

4) 加热火焰一般采用中性焰，如果加热深度要求小，则可用氧化焰。和气焊一样要注意操作安全。

5) 矫正前应仔细观察和分析变形情况，弄清变形成因，以便正确地确定加热位置。同时也要周密考虑矫正步骤。例如，T 形梁焊后可能同时产生翼板的角变形和整梁的弯曲变形，合理的顺序应先矫正角变形，再矫正旁弯，最后矫正上拱或下挠的变形，而不是相反。

6) 火焰矫正时，要考虑到下道工序的需要或对下道工序的影响。若后面工序是焊接或气割，可以在火焰矫正过程中做出后工序所需的反变形量。

7) 火焰矫正的加热位置通常都远离焊缝，矫正后焊缝处的焊接残余应力状态基本保持不变。

第2章　焊接接头

2.1　概述

焊接接头是指用焊接方法把金属材料连接起来的部位，简称接头。它是组成焊接结构的最基本要素，在某些情况下，它又是焊接结构的薄弱环节，掌握焊接接头的构造特点、工作性能，对正确设计、制造和使用焊件具有重要意义。

本章主要介绍熔焊中的弧焊接头，其他焊接方法常用的接头将在相应篇章中介绍。

2.1.1　熔焊接头的基本类型

焊接结构上的接头，按被连接构件之间的相对位置及其组成的几何形状，可以归纳为图 8-2-1 中所示的五种类型。

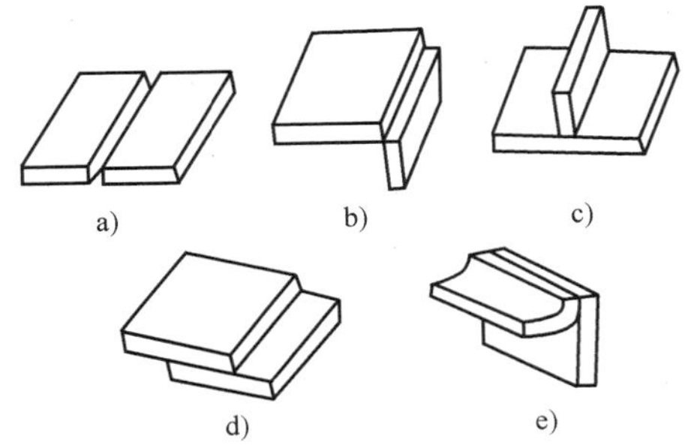

图 8-2-1　焊接接头的基本类型

a）对接接头　b）角接接头　c）T 形接头　d）搭接接头　e）卷边接头

2.1.2　熔焊接头的组成

经熔焊所形成的各种接头，都是由焊缝、熔合区、热影响区及其邻近的母材组成，如图 8-2-2 所示。

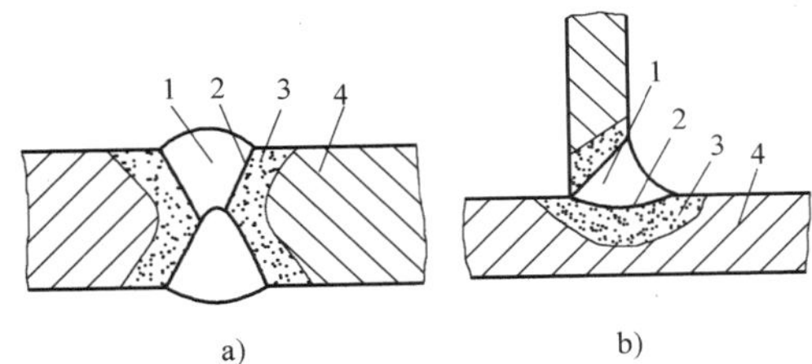

图 8-2-2　焊接接头的组成

a）对接接头　b）T 形接头

1—焊缝　2—熔合线　3—热影响区　4—母材

1. 焊缝

焊缝在接头中起着连接金属和传递力的作用，它是在焊接过程中由填充金属（当使用时）和部分母材熔合后凝固而成。焊缝金属的性能决定于两者熔合后的成分和组织。

熔焊接头中的焊缝，按其焊前准备和工作特性可归纳成表 8-2-1 所示的坡口焊缝和角焊缝两大类。

1）坡口焊缝。根据设计或工艺需要，将焊件待焊部位加工并装配成一定几何形状的沟槽称为坡口。在焊接过程中用填充金属填满坡口而形成的焊缝称为坡口焊缝。合理设计坡口焊缝可以做到使厚板熔透，改善（或简化）力的传递、节省填充金属和调节焊接变形等。

表 8-2-1　熔焊接头中的焊缝类型

坡口焊缝	对接接头	
	T 形接头	
	角接头	

（续）

角　焊　缝	搭接接头	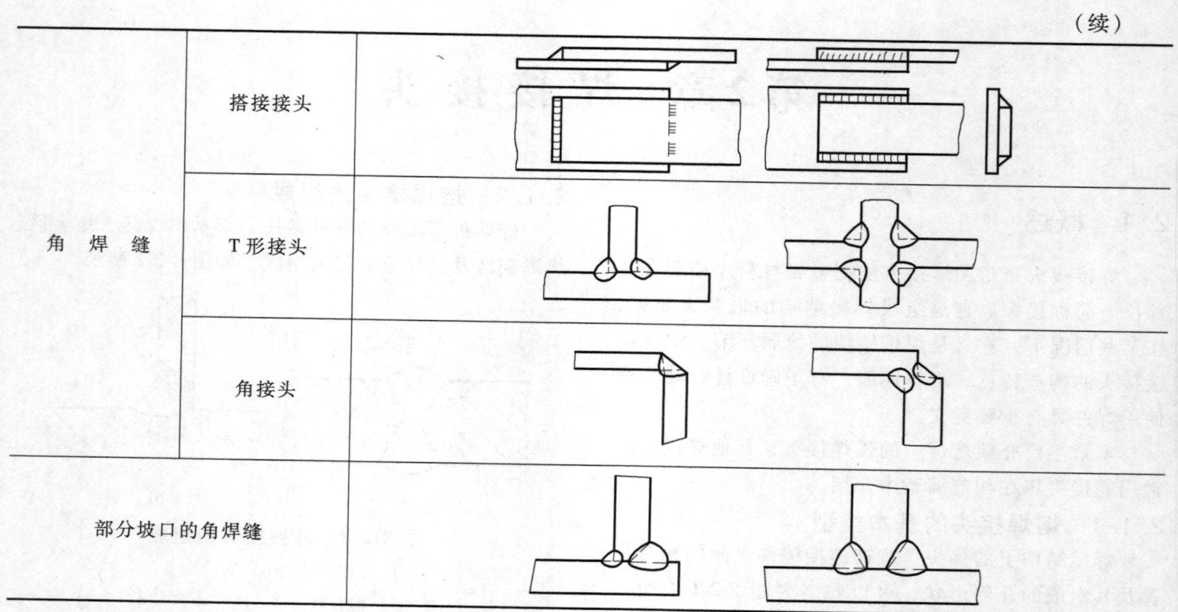
	T形接头	
	角接头	
部分坡口的角焊缝		

2）角焊缝。两焊件接合面构成直交角或接近直交角，并用填充金属填满交角而形成的焊缝称为角焊缝，又称为贴角焊缝或填角焊缝。角焊缝焊前的准备工作最简单，不必作特殊加工，而且装配也较为容易。但它不是理想的传力焊缝，其力的传递线是弯曲的，如图 8-2-3 所示。工作应力复杂，应力集中因素多。

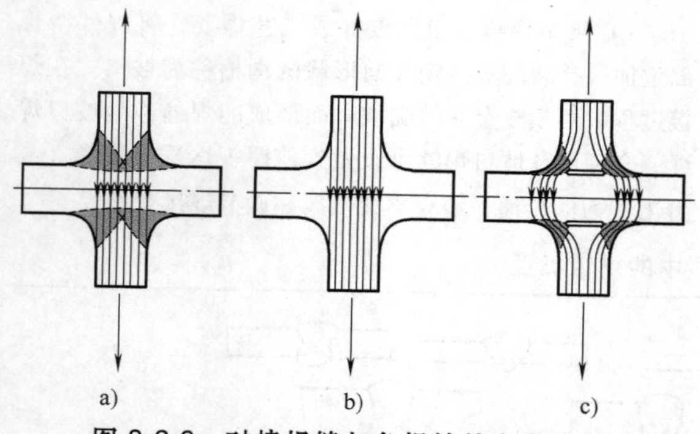

图 8-2-3　对接焊缝与角焊缝传力的比较

a）对接焊缝（坡口熔透）　b）无焊缝　c）角焊缝（不熔透）

图 8-2-4 所示为坡口焊缝和角焊缝的典型形状及各部分名称。

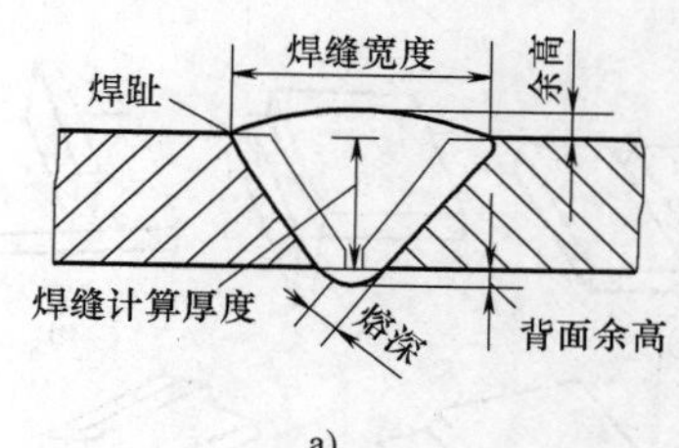

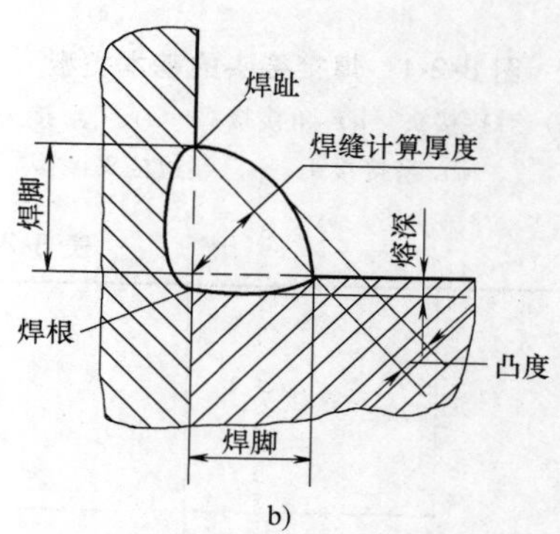

图 8-2-4　坡口焊缝和角焊缝的典型形状及各部分名称

a）坡口焊缝　b）角焊缝

2. 熔合区

熔合区是接头中焊缝与热影响区之间过渡的区域，是焊缝边界上固液两相交错地共存而又凝固的部分。此区很窄，低碳钢和低合金钢的熔合区为 0.1～0.5mm，但却是接头中最薄弱的地带，许多焊接结构破坏的事故，常因该处的某些缺陷引起，如冷裂纹、脆性相、再热裂纹、奥氏体型不锈钢的刀状腐蚀等均源于此。这与该区经历热、冶金和结晶等过程，造成化学成分和物理性能极不均匀有关。

3. 热影响区

热影响区是母材受焊接热的影响（但未熔化）

而发生金相组织和力学性能变化的区域。它的宽度与焊接方法及热输入量大小有关。它的组织和性能的变化与材料的化学成分、焊前热处理状态以及焊接热循环等因素有关。焊后热影响区上有可能产生脆化、硬化和软化的不利现象。图 8-2-5 所示为两种钢材热影响区强度、塑性和韧性的分布示意图。从图中可以看出热影响区上的力学性能是不均匀的。

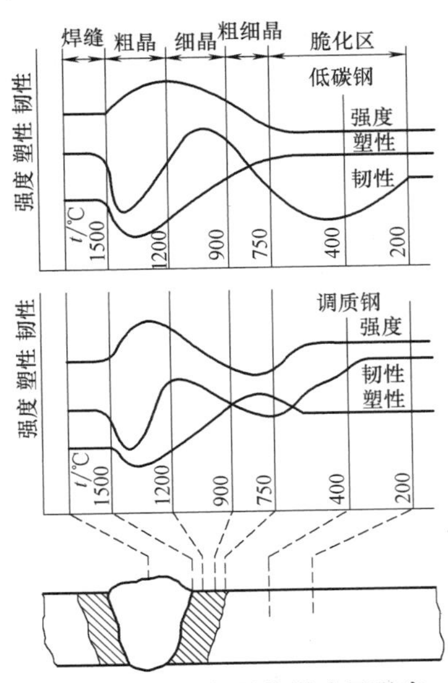

图 8-2-5 两种钢材热影响区强度、塑性和韧性的分布

2.1.3 熔焊接头的基本特点

根据前述熔焊接头的基本类型、接头的组成、焊缝的形式以及熔焊工艺的特点，熔焊接头具有以下特点。

(1) 几何不连续

当接头位于结构几何形状和尺寸发生变化的部位时，该接头就是一个几何不连续体，工作时传递着复杂的应力。即使是对接接头，只要有余高存在，在焊趾处也会出现不同程度的应力集中。制造过程中发生的错边、焊接缺陷、角变形等，都将加剧应力集中，使接头工作应力分布更加复杂。

(2) 性能不均匀

焊缝金属与母材在化学成分上常存在差异，再经受不同的焊接热循环和热应变循环，必然造成焊接接头各区域的金属组织存在着不同程度的差异，导致了焊接接头在力学性能、物理性能、化学性能及其他性能的不均匀性。

(3) 有残余应力和变形

焊接过程热源集中作用于接头部位，不均匀的温度场下产生了较高的焊接残余应力和变形，使接头的区域过早地达到屈服强度和强度极限，同时也会影响结构的刚度、尺寸稳定性及结构的其他使用性能。

2.2 常用焊接接头的工作特性

2.2.1 对接接头

对接接头用于连接在同一平面的金属板。其传力效率最高，应力集中较低，并易保证焊透和排除工艺缺陷，具有较好的综合性能，是重要零件和结构连接的首选接头。其缺点是焊前准备工作量大，组装费工时，而且焊接变形也较大。

对接接头工作应力分布较均匀，如图 8-2-6 所示。应力集中产生在焊趾处。应力集中系数 K_T（$=\sigma_{max}/\sigma_m$）与焊缝余高 h、焊缝向母材的过渡角 θ，以及焊趾处的过渡圆弧半径 r 有关。增大 h，减小 r，或减小 θ，则 K_T增大，这是不利的。如果在焊趾处加工成较大的过渡圆弧半径，则 K_T显著降低；若削平焊缝余高 h，则没有应力集中，均可提高接头的疲劳强度。

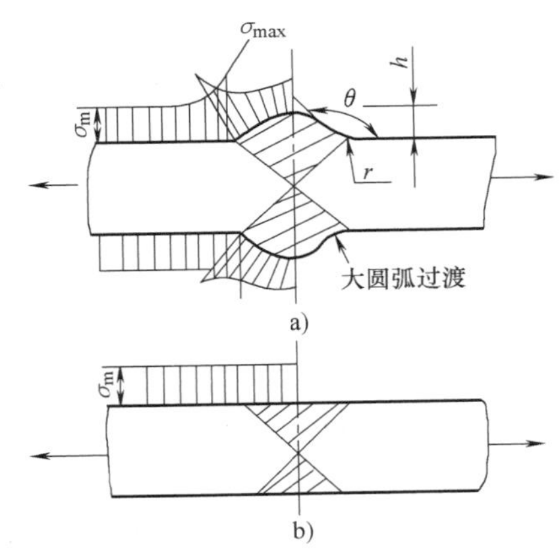

图 8-2-6 对接接头的应力分布
a) 一般接头及焊趾处加工成圆弧过渡
b) 削平焊缝余高接头

单面焊的对接接头，若采用保留垫板形式，如图 8-2-7 所示，虽然在工艺上可以克服未焊透，但根部仍存在相当严重的应力集中，且易在垫板与母材的间隙处发生腐蚀。因此，这种接头不宜用于承受较大动载荷或腐蚀介质中。

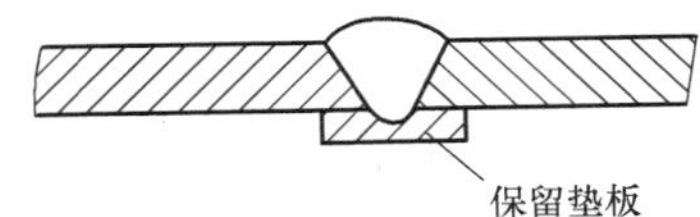

图 8-2-7 背面保留垫板的单面焊对接接头

当两块被连接板的厚度相差较大时，按 GB/T 985.1～4—2008，需将厚板削薄至与薄板厚度相同时

再焊接。为了防止因板厚不同引起作用力偏心传递，两块板的中心线应尽可能重合，如图 8-2-8 所示。

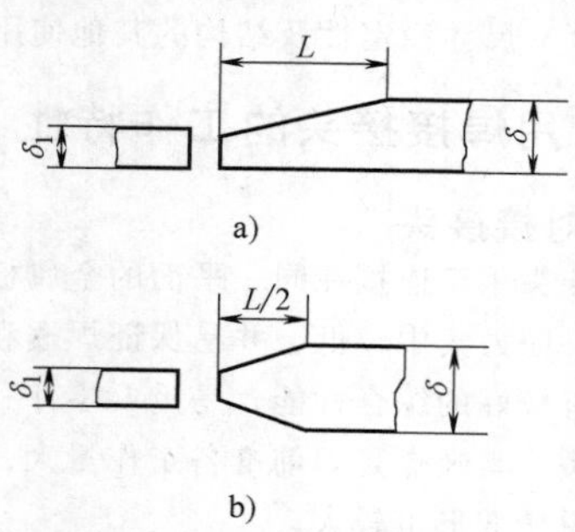

图 8-2-8　不同厚度钢板对接接头设计（$L \geqslant 3\delta - \delta_1$）

焊接接头力学性能是不均匀的，不能简单地认为对接焊接接头的强度 σ_J 等于母材的强度 σ_B 或焊缝金属的强度 σ_W。焊接接头的强度与母材和焊缝金属两者的强度组（匹）配有关，下面分析一下这两者不同组配的对接接头工作特性。

众所周知，不均质的钢材表现出各向异性。如厚板作抗拉强度试验时常规定按图 8-2-9 所示的三个方向取样。拉力与轧制方向相同的 L 试样，测出纵向抗拉强度 σ_{BL}；拉力与轧制方向垂直的 T 试样，测出横向抗拉强度 σ_{BT}；沿板厚方向抗拉的 Z 试样，测出厚度方向的抗拉强度 σ_{BZ}。通常是纵向抗拉强度最高，厚度方向强度最低，即 $\sigma_{BZ}<\sigma_{BT}<\sigma_{BL}$。显然，承载构件的工作应力小于最小的抗拉强度就认为是安全的。

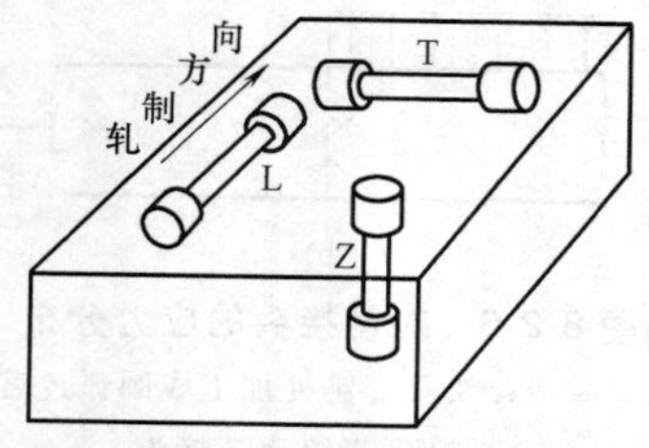

图 8-2-9　厚板抗拉强度试验三种方向取样

在考察平板对接熔焊焊接接头的抗拉强度时，如图 8-2-10 所示，拉伸试样取向不同也得出不同的结果。试样 1 和试样 2 取自母材互相垂直的两个方向，测出母材这两个方向的抗拉强度最小者为 σ_B；试样 3 沿焊缝轴线取自焊缝金属，测出焊缝金属的抗拉强度 σ_W；试样 4 垂直焊缝取样，它包含了母材、热影响区和焊缝三部分，拉伸试验时每一部分都传递着相同的拉力，因截面相同，故其应力都处在同一水平上，代表了具有工作焊缝的对接接头抗拉强度试验，测出接头的抗拉强度 σ_{JG}。试样 5 沿焊缝轴线取样，它包含了母材和焊缝，代表了具有联系焊缝的对接接头抗拉强度试验，测出接头的抗拉强度 σ_{JL}。

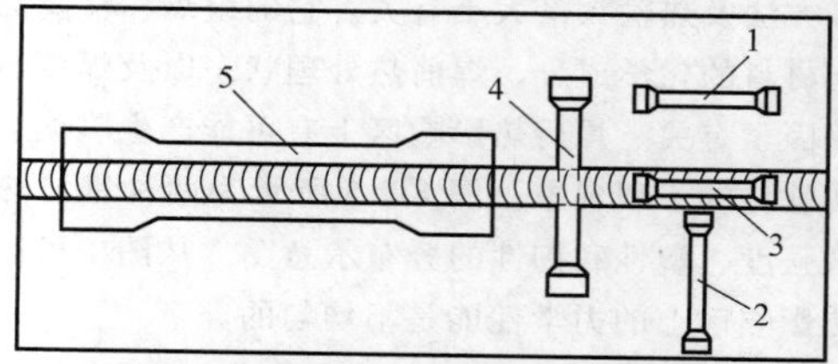

图 8-2-10　对接接头抗拉强度试验试样取样

显然，当焊缝金属的抗拉强度等于母材金属的抗拉强度（即 $\sigma_W=\sigma_B$）时，就属于等强度组配的对接接头；当焊缝金属的抗拉强度高于母材金属的抗拉强度（即 $\sigma_W>\sigma_B$）时，则属于高强度组配的对接接头；当 $\sigma_W<\sigma_B$时，则为低强度组配的对接接头。原则上等强度组配最合理，因而成为选择焊接材料的基本原则，即所选用的焊接材料应使得焊缝金属的抗拉强度等于母材金属的抗拉强度。但是，从综合考虑接头的安全性和工艺性出发，有时选择高强度组配或低强度组配可能更为有利。

图 8-2-11 所示为不同强度组配的对接接头在拉伸试验时表现的应力应变关系。

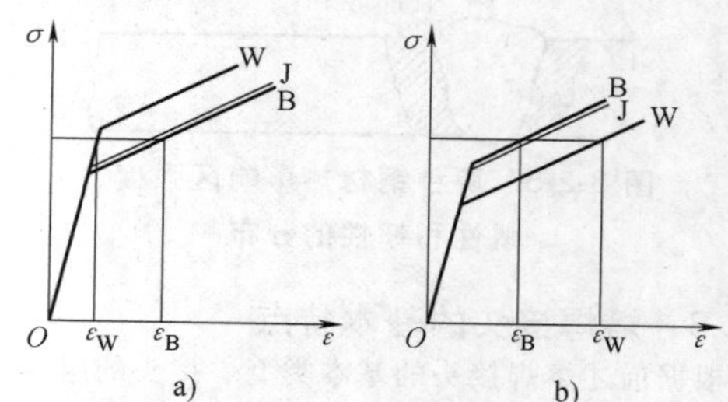

图 8-2-11　对接接头不同强度组配的应力应变关系

a）高强度组配　b）低强度组配

W—焊缝　B—母材　J—接头

对于具有工作焊缝的试样 4，拉伸时组成接头的三部分都在同一个应力水平，如果是高强度组配接头，拉伸试验时母材首先屈服，开始产生塑性变形，从图 8-2-11a 看出，母材的应变 $\varepsilon_B>\varepsilon_w$，达到接头抗拉强度极限 σ_{JG}时，一般断在母材上；如果是低强度组配接头，拉伸试验时焊缝金属首先屈服，开始产生塑性变形，从图 8-2-11b 看出母材的应变 $\varepsilon_B<\varepsilon_w$，达到接头抗拉强度极限 σ_{JG}时，一般断在焊缝金属上。显然，这时的低强度组配接头的强度 σ_{JG}是低于母材强度 σ_B的。但是进一步研究发现，低强度组配的对接接头抗拉强度 σ_{JG}与焊缝金属的相对厚度 H/h 和宽厚比 W/h 有关，当 H/h 越小，W/h 越大，则接头强度就越高，如图 8-2-12 所示。这是因为焊缝金属产

生塑性变形时受到强度较高的母材拘束的缘故。因此，采用低强度组配对接接头，需选择合适的相对厚度和宽厚比，接头的抗拉强度才有可能接近母材。从工艺上，由于采用低强度焊缝，提高了抗裂性能，就可以降低高强度结构钢焊接所需的预热温度，改善劳动条件。但对抗断裂研究发现，用比母材略高的高强度组配接头构成的软夹硬的系统却具有较高的极限裂纹尺寸。

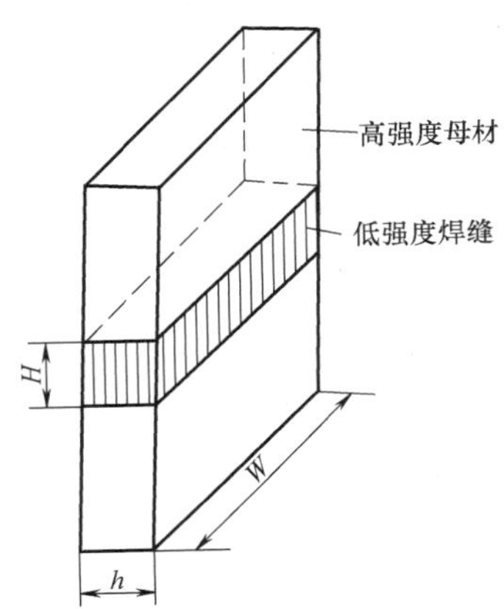

图 8-2-12　低强度组配对接接头的尺寸

对于具有联系焊缝的试样 5，拉伸时组成接头的三部分都在同一个应变水平，无论是高强度组配还是低强度组配的接头，断裂首先发生在强度高而塑性变形能力差的金属上。

值得注意的是，焊接结构断裂有两种基本形式：由材料静载强度控制的塑性失稳断裂，其断裂条件是 $\sigma \geqslant \sigma_b$（或 σ_s）；另外一种断裂形式是由材料韧性控制的裂纹失稳扩展断裂，其断裂条件是 $K_I \geqslant K_{IC}$。若要保证结构安全可靠运行，必须同时满足这两个条件才算合理。由于实际金属材料的韧性是随着强度增加而不断下降，所以在选择焊接材料时还需要同时考虑焊缝金属与母材的强度匹配和韧性匹配。

对于中低强度钢由于母材和焊缝都有较高的韧性储备，选择高强度组配的焊接接头是合理的，即便焊缝韧性与母材相比有所降低，也不会影响到整个结构的安全性。而且当横向载荷使结构发生弹性变形时，由于焊缝区比母材发生的应变小（见图 8-2-11a），焊缝区相当于受到保护，这样的高强度组配接头的抗脆性断裂安全性甚至更高。而对于超高强度结构钢，由于强度提高其韧性下降，其韧性储备显著降低，若仍采用高强度组配的焊接接头，焊缝韧性进一步降低就可能因焊缝韧性不足引起低应力脆性破坏，所以对超高强度结构钢焊接，应采取等韧性原则，选择韧性不低于母材的低强度组配的焊接接头为合理。因为如果这样的接头工作应力处在弹塑性区，焊缝将比母材承受更大的工作应变（见图 8-2-11b），有可能导致接头抗脆性断裂能力下降，这时宜选择比母材具有更高韧性的焊缝金属，才能保证结构整体抗脆性断裂能力提高。

2.2.2　搭接接头

搭接接头是两平板部分地相互搭置，用角焊缝进行连接的接头。该接头使构件形状发生较大变化，所以应力集中比对接接头复杂；母材和焊接材料的消耗量较大；接头的动载强度较低；搭接面间有间隙，若外露易发生腐蚀，若封闭则不能在高温工作。但搭接接头焊前准备工作量较少，装配较容易，对焊工技术水平要求较对接接头为低，且焊接的横向收缩量也较小。因此，广泛用于工作环境良好、不重要的结构中。图 8-2-13 所示为搭接接头的基本形式。

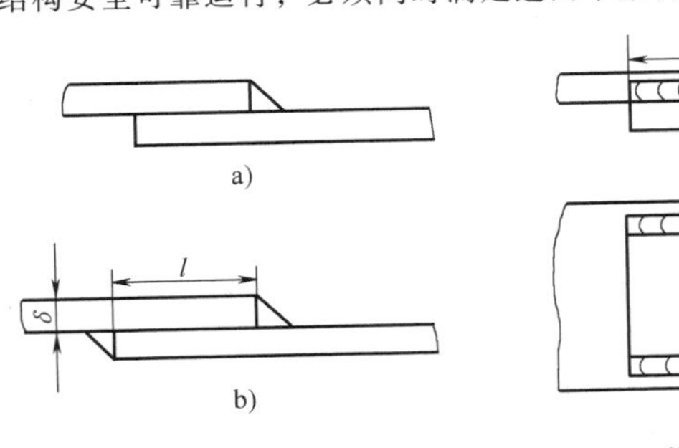

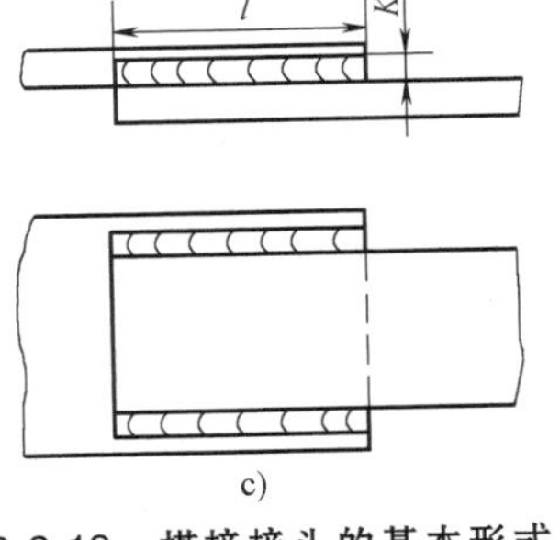

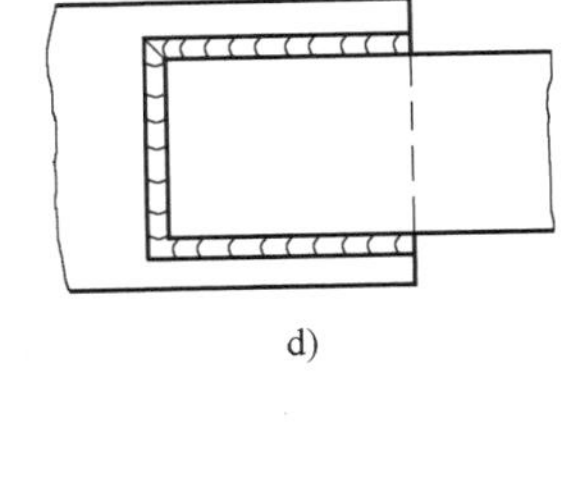

图 8-2-13　搭接接头的基本形式

a）单面正面角焊缝　b）双面正面角焊缝　c）侧面角焊缝　d）联合角焊缝

搭接接头受到轴向力（拉或压）作用时，垂直作用力方向的角焊缝称为正面角焊缝，平行作用力方向且位于板侧的角焊缝称为侧面角焊缝，介于两者之间的称为斜角焊缝。受力方向不同的角焊缝，其工作应力分布有明显差别。

搭接接头正面角焊缝的应力分布如图 8-2-14 所示，以焊趾和焊根处的应力集中最大。减小 θ 角和增加根部熔深可降低应力集中。

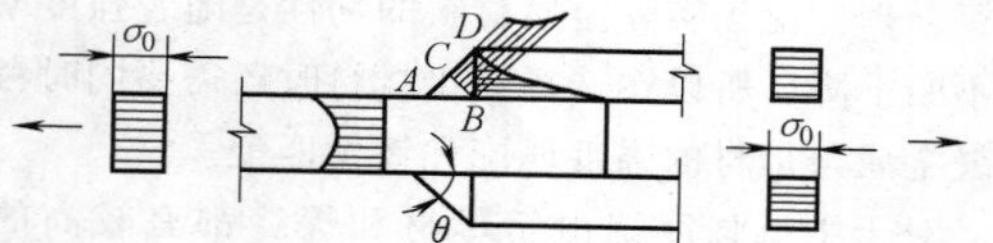

图 8-2-14　搭接接头正面角焊缝的应力分布

只有一条正面角焊缝的搭接接头，如图 8-2-13a 所示，强度低，应在背面加焊一条焊缝，如图 8-2-13b 所示。当背面无法焊接第 2 条焊缝时，可采用锯齿状焊缝，如图 8-2-15 所示，有助于提高接头强度。图 8-2-13b所示搭接接头，正面角焊缝与作用力偏心，承受拉力时接头上产生附加弯曲应力，使应力集中加剧。为了减少弯曲应力，两条正面角焊缝之间的距离应不小于其板厚的 4 倍，如图 8-2-16 所示。

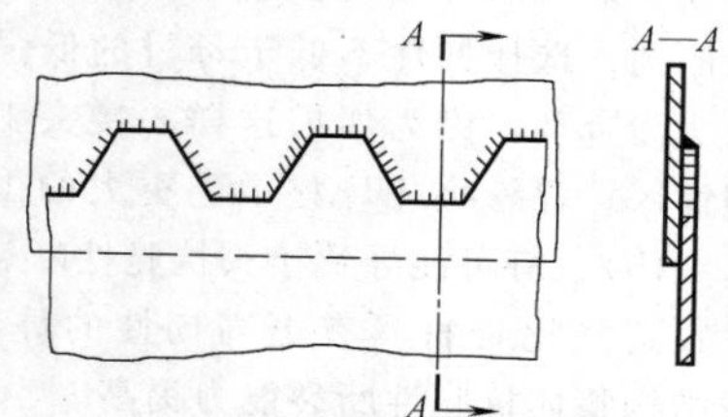

图 8-2-15　锯齿状焊缝搭接接头

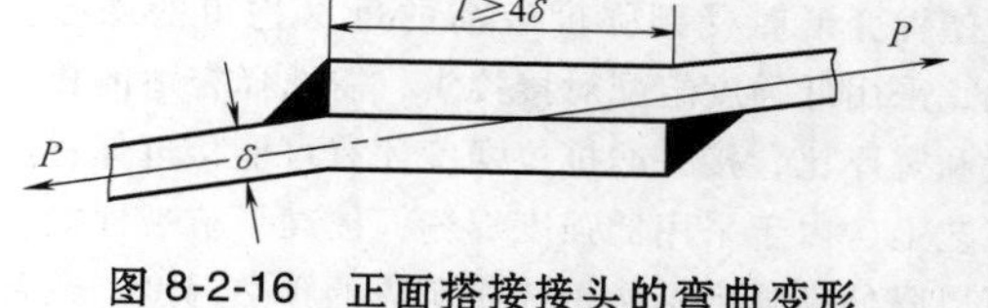

图 8-2-16　正面搭接接头的弯曲变形

侧面角焊缝搭接接头受轴向力作用时，如图 8-2-17a所示，焊缝上的切应力 τ 呈不均匀分布，应力的最大值在焊缝的两端。应力集中系数 K_T 的大小与 l/K 和 σ/τ 有关。l/K 和 σ/τ 越大，应力集中越严重。所以侧面角焊缝搭接接头设计，其搭接长度 l 不宜大于 40K（动载时）或 60K（静载时），K 为侧面角焊缝的焊脚尺寸。

正面和侧面角焊缝同时使用的联合搭接接头，如图 8-2-17b 所示，有助于改善接头应力分布不均匀的现象。在 A—A 截面上母材正应力分布较只有侧面角焊缝时的均匀，焊缝最大切应力 τ_{max} 也降低。正面角焊缝比侧面角焊缝刚度大，变形小，它分担大部分外力，故有了正面角焊缝，侧面角焊缝的长度可缩短。但增加正面角焊缝，对提高接头的疲劳强度作用不大，有时还会降低。

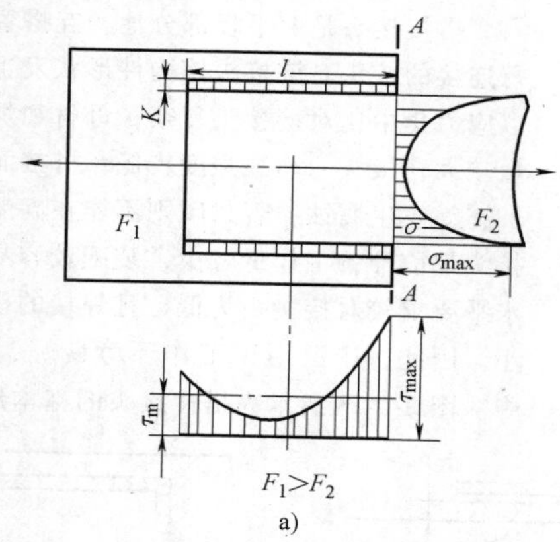

b)

图 8-2-17　侧面和联合角焊缝搭接接头的应力分布

两平板通过与盖板搭接来实现对接的接头，称盖板接头，分为单面盖板接头和双面盖板接头。这是模仿铆钉和螺栓联接的接头形式，对于焊接来说不推荐采用这种接头，尤其在动载荷下疲劳强度极低。图 8-2-18所示为加盖板接头的应力分布。可以看出，仅有侧面角焊缝的盖板接头应力分布极不均匀，增加了正面角焊缝使应力分布得到改善。

2.2.3　T形接头和十字接头

一板件的端面与另一板件的表面构成直角或近似直角的接头，称为 T 形接头，又称丁字接头。三件板件相交组成十字形的接头，称为十字接头。这两种接头的工作特性相似，焊缝向母材过渡急剧，接头在外力作用下力线扭曲很大，造成极不均匀的应力分布，在角焊缝的根部和过渡处都有很大的应力集中，如图 8-2-19a 所示。立板开坡口并焊透的接头，应力集中大大降低。这时焊缝由角焊缝转变为坡口焊缝，立板在轴向拉力作用下焊缝中的应力由以切应力为主转变为以正应力为主，可以大大提高接头强度，如图 8-2-19b所示。因此，对重要结构，尤其是在动载下工作的 T 形或十字接头应开坡口或用深熔焊使之焊透。

部分熔透的 T 形接头，焊缝根部的应力集中依然存在（见图 8-2-20）。但是当熔深较大时，作用在立板上的轴向力几乎不通过角焊缝区而直接从坡口焊缝传递到横板上，因而可提高接头强度。对于计算厚度相同的T形接头或十字接头，采用部分熔透接头是有利的，或者对于强度相同的T形接头或十字接头，部分熔透接头所用的焊缝尺寸（或填充金属量）可以减小。

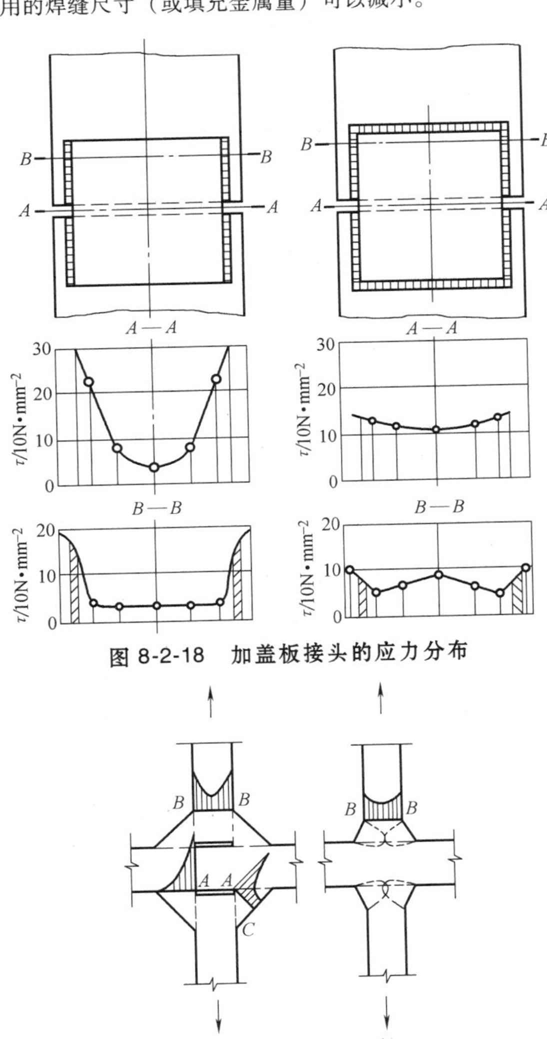

图 8-2-18 加盖板接头的应力分布

图 8-2-19 十字接头的应力分布

a）未开坡口不熔透 b）开坡口熔透

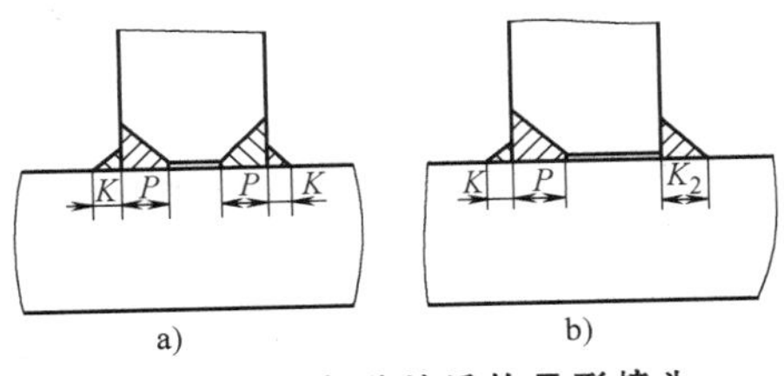

图 8-2-20 部分熔透的T形接头

a）对称焊缝 b）不对称焊缝

角焊缝的几何形状和尺寸对焊趾处（见图 8-2-19a 中 B 点）的应力集中系数有很大影响，图 8-2-21 的关系说明对于工作焊缝该处的应力集中随焊趾角度 θ 的减小而减小，也随焊脚尺寸 K 的增大而减小。而对于联系焊缝在 B 点的应力集中则随焊脚尺寸 K 的增大而增大。

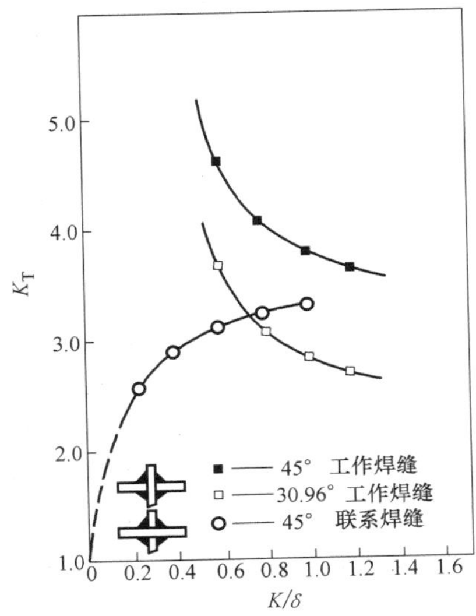

图 8-2-21 角焊缝的几何形状、尺寸与应力集中的关系

T形接头或十字接头应尽量避免在其板厚方向承受高的拉应力，因为轧制的板材常有夹层缺陷，尤其厚板更易产生层状撕裂，所以应将其工作焊缝转化为联系焊缝，如图 8-2-22 所示。如果两个方向都受拉力，则宜采用圆形、方形或特殊形状的轧制、锻制插入件，如图 8-2-23 所示。

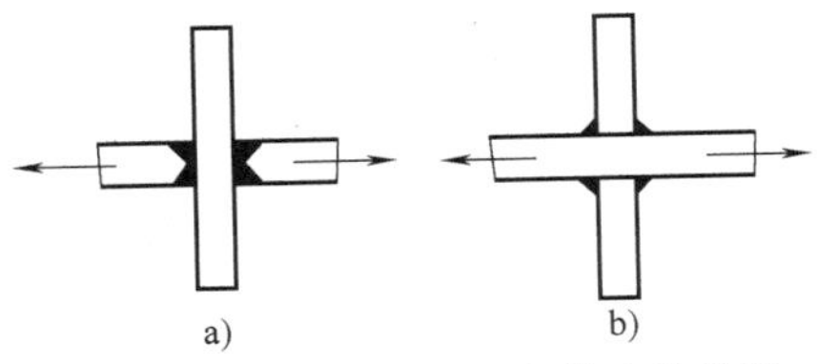

图 8-2-22 单向受拉十字接头的设计

a）工作焊缝（不合理） b）联系焊缝（合理）

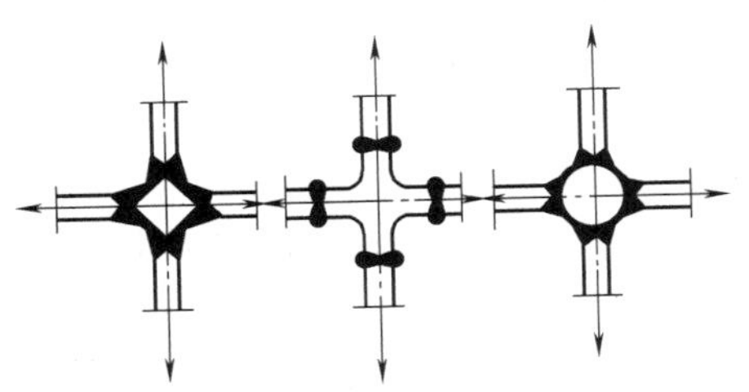

图 8-2-23 双向受拉十字接头的设计

2.2.4　角接接头

角接接头独立使用的承载能力很低，一般都用它组成箱体结构、容器结构后起作用。常用角接接头的形式如图 8-2-24 所示。图 8-2-24a 为最常见的形式，装配方便，省工时，是最经济的角接接头；图 8-2-24a、b、c 只有单面焊缝的角接接头，不能承受箭头方向的弯矩；图 8-2-24d、e、f 具有双面焊缝的角接接头才有较大的抗弯能力；图 8-2-24g 多用于厚板，焊缝尺寸小，外观平整；图 8-2-24h、i、j 用于不等厚板的角接接头；图 8-2-24b、d、e、j、k 具有整齐的棱角；图 8-2-24c、e、f 具有良好的抗层状撕裂性能；图 8-2-24k 不但保证接头有正确的直角，而且接头刚性也较大，焊缝避开拐角处的应力集中区；图 8-2-24l 具有圆滑的圆角和较大的刚性，大型结构可用圆管代替实心圆棒；图 8-2-24m、n、o 等接头适用于薄板结构。重要结构尤其是压力容器最好采用图 8-2-24m 的接头，使焊缝远离弯曲部位。图8-2-24p的接头刚性大，抗扭能力强，但存在较大的应力集中，应慎重采用。

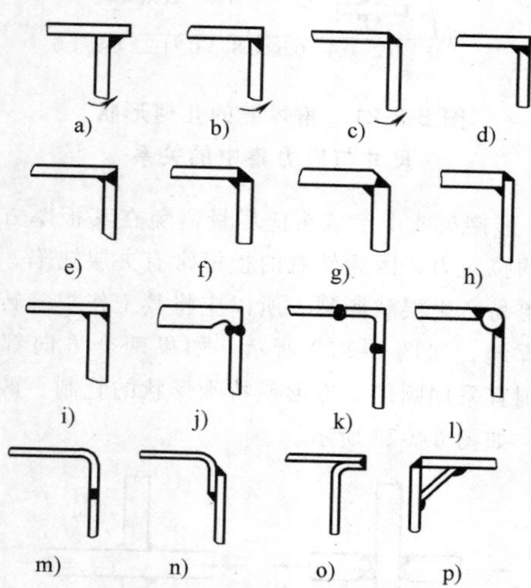

图 8-2-24　常用角接接头的形式

2.2.5　电阻点焊接头

常用的电阻点焊接头有搭接接头和加盖板的接头，如图 8-2-25 所示，这些接头上焊点主要承受切应力。在单排搭接点焊的接头中，除受切应力外，还承受由于偏心力引起的拉应力。采用多排点焊时，这种拉应力较小。

在焊点区域沿板厚的应力分布是不均匀的，如图 8-2-26 所示。这样的接头应力集中系数比弧焊搭接接头更为严重。

在多排点焊接头中，各点承受的载荷不同，如图 8-2-27 所示，两端焊点受力最大，中间的点受力最小。排数越多，这种分布越不均匀。因此，焊点的排数不宜过多。试验证明焊点排数多于 3 排就不合理了，因为多于 3 排并不能增加承载能力。

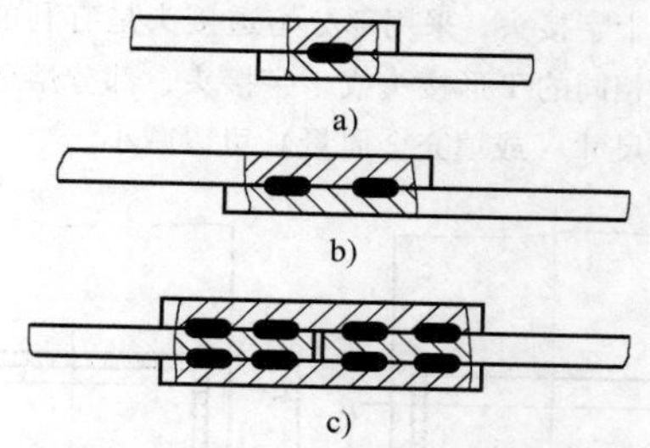

图 8-2-25　电阻点焊常用接头

a）单排点焊　b）多排点焊　c）加盖板点焊

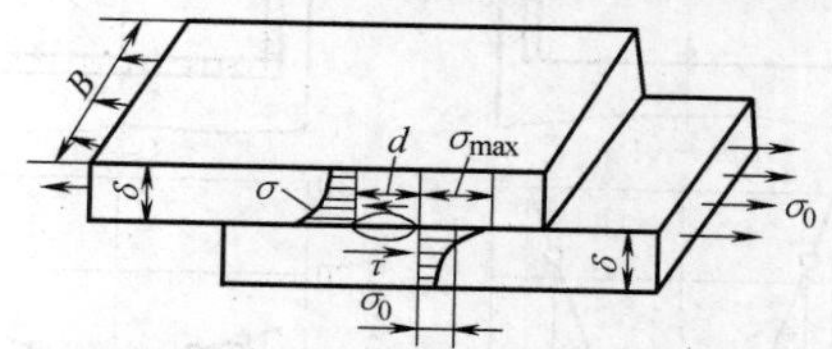

图 8-2-26　点焊接头沿板厚方向的应力分布

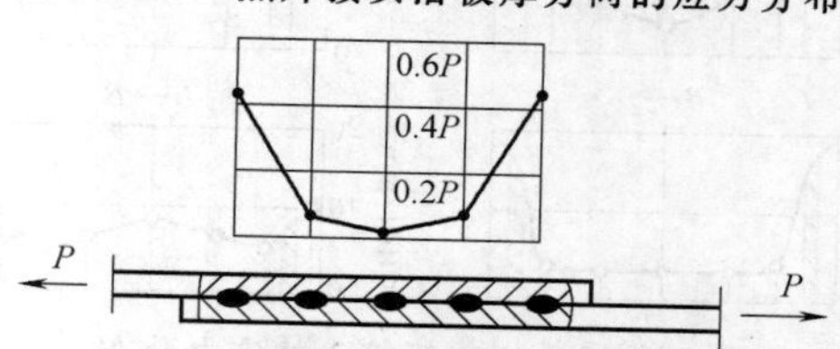

图 8-2-27　多排点焊接头焊点的受力情况

在单排点焊接头中，焊点附近的应力较密集，如图 8-2-28 所示。密集程度与 t/d 有关。t/d 越大，则应力分布越不均匀。从降低应力集中考虑，缩小焊点间距 t 有利，但点焊时焊接分流大，反而降低焊点的强度。单排焊点的接头是不可能达到与母材等强度的，所以通常都用多排点焊。在多排中宜交错地排列焊点。

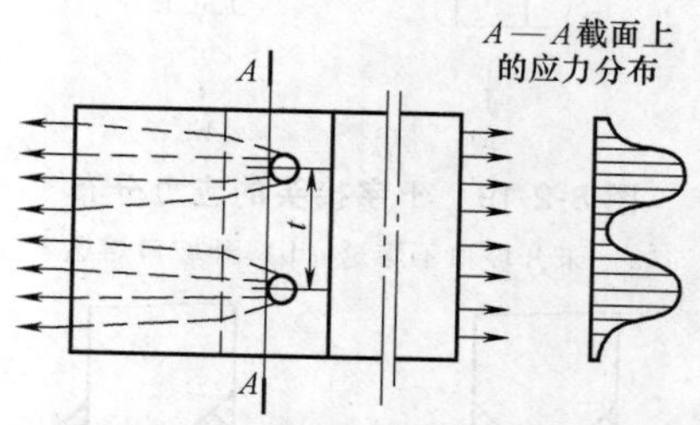

图 8-2-28　单排点焊接头宽度方向的应力分布

点焊接头的焊点承受拉力时，焊点周围产生极严重的应力集中，如图 8-2-29 所示。说明其抗拉能力比抗剪能力低，所以设计点焊接头时，要避免受这种载荷。

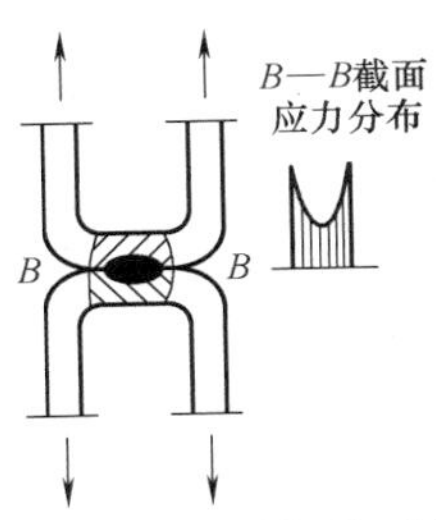

图 8-2-29　点焊焊点受撕拉时的应力分布

2.3　焊接接头构造的设计与选择

2.3.1　设计与选择焊接接头需考虑的因素

焊接接头有图 8-2-1 所示的基本形式，需正确地设计或选择。由于焊接结构及焊接方法的多样性和结构几何尺寸、施工条件等的多变性，使得焊接接头形式及几何尺寸的选择有极大差异。合理的接头设计与选择不仅能保证结构的局部强度和整体强度，还可以简化生产工艺，节省制造成本；反之，则可能影响结构的安全使用，甚至无法施焊。例如，相同板厚的对接接头，焊条电弧焊和埋弧焊的坡口形式完全不同；两块板相连接，用对接形式和搭接形式，其强度(应力分布)、备料、焊接要求和制造成本有显著不同。因此，需要从技术和经济效果综合考虑。下列为设计与选择接头形式时常须考虑的几个因素：

1）产品的结构形状、尺寸、材质及技术要求。

2）焊接方法及其接头的基本特性。

3）接头承受载荷的性质、大小，如拉伸、压缩、弯曲、交变载荷和冲击等。

4）接头的工作环境，如温度、腐蚀介质等。

5）焊接变形与控制，以及施焊的难易程度。

6）接头焊前的准备和焊接所需的费用。

2.3.2　坡口的设计与选择

1. 设计与选择坡口的原则

对接接头、T 形接头和角接接头中为了保证焊透常在焊前对待焊边缘加工出各种形状的坡口，表 8-2-2 列出了常用坡口的类型。设计和选择这些坡口，主要取决于被焊构件的厚度、焊接方法、焊接位置和焊接工艺程序。此外，还应尽量做到以下几点：

1）填充材料应最少。例如，同样厚度的平板对接，双面 V 形坡口比单面 V 形坡口省约一半的填充金属材料。

2）具有好的可达性。例如，有些情况不便或不能两面施焊时，宜选择单面 V 形或 U 形坡口。

3）坡口容易加工，且费用低。V 形和双 V 形坡口可以气割，而 U 形坡口一般要机械加工，成本较高。

4）要有利于控制焊接变形。双面对称坡口角变形小；单面 V 形坡口角变形比单面 U 形坡口的大。

表 8-2-3 为熔焊接头坡口设计不当的例子。

2. 焊缝设计

熔焊焊缝分角焊缝和坡口焊缝，以及两者组合的焊缝。坡口焊缝的设计实际上就是坡口的设计。

1）角焊缝设计。实际应用的角焊缝大致有图 8-2-30所示的几种断面形状。图中 K 为焊脚尺寸，可用专用工具测出。a 为计算厚度，是角焊缝中面积最小的断面，受载时被认为该断面的应力最大，是危险断面，强度设计时，称它为计算断面。a 是根据焊缝断面的几何形状按焊脚尺寸 K 导出。

表 8-2-2　常用坡口的类型

坡口名称	I 形坡口	V 形坡口	Y 形坡口	双 Y 形坡口	单边 Y 形坡口	双单边 V 形坡口
图形						
符号	‖	V	Y	X	Y	K
坡口名称	卷边	U 形坡口	U 形坡口带钝边	双 U 形坡口带钝边	J 形坡口带钝边	双 J 形坡口带钝边
图形						
符号	⌒⌒	U	Y	X	Y	K

表 8-2-3　熔焊接头坡口设计不当的例子

接头	圆 棒 对 接	厚板与薄板角接	法兰角接	三板 T 形接
不合理			ϕ	

（续）

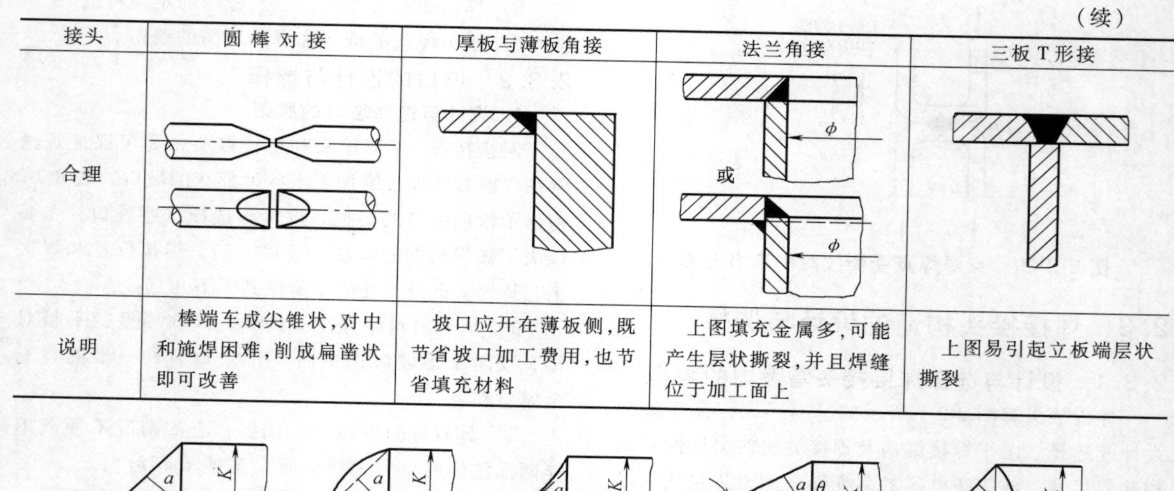

接头	圆 棒 对 接	厚板与薄板角接	法兰角接	三板 T 形接
合理			或	
说明	棒端车成尖锥状，对中和施焊困难，削成扁凿状即可改善	坡口应开在薄板侧，既节省坡口加工费用，也节省填充材料	上图填充金属多，可能产生层状撕裂，并且焊缝位于加工面上	上图易引起立板端层状撕裂

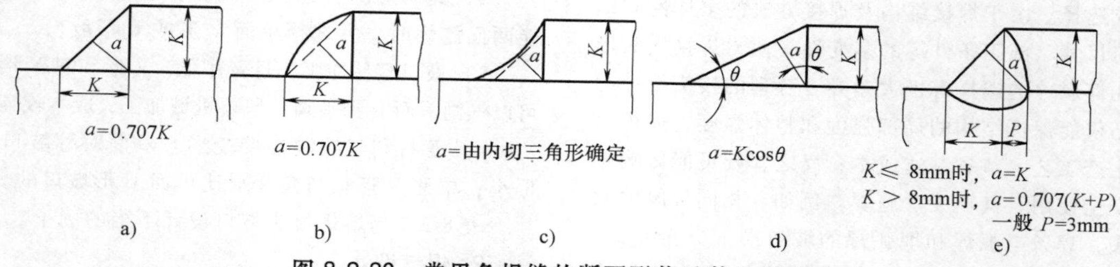

图 8-2-30　常用角焊缝的断面形状及其计算断面

a）标准角焊缝　b）外凸角焊缝　c）内凹角焊缝　d）不等腰角焊缝　e）深熔角焊缝

K—焊脚尺寸　a—计算厚度　P—熔入母材深度

等腰直角平表面的角焊缝，腰角为 45°，常称为标准角焊缝（见图 8-3-30a）。由于在相同的静载强度下，它最省填充金属，故一般都设计此种角焊缝。外凸的角焊缝（见图 8-2-30b）有凸度，它是施焊中的工艺允差。虽然凸度能提高焊缝静载强度，但在计算时并不考虑它的增强作用。这种角焊缝在焊趾处应力集中严重，在动载下不应设计为这种焊缝；在动载下最好采用有凹度的角焊缝（见图 8-2-30c），在“船形”位置焊接角焊缝时容易获得这种外形的角焊缝。也可以从有凸度的角焊缝或标准的角焊缝中用砂轮等工具打磨成这种有凹度的角焊缝。它在焊趾处向母材是圆滑过渡的，应力集中很小。这种角焊缝成本较高，要获得同样的计算厚度，耗材较大；不等腰角焊缝（见图 8-2-30d）可改善在长腰上焊趾的应力集中，对提高接头疲劳强度有利。随着 θ 角的减小，疲劳强度就越高。这种角焊缝在静载下不宜采用，因为增加焊脚长度并不能提高静载强度，反而增加填充金属量。深熔角焊缝（见图 8-2-30e）是采用深溶焊条或埋弧焊工艺获得，在不增加填充金属量情况下可提高焊缝的工作截面，从而提高其承载能力，所以其计算断面要适当增加。但并不是所有金属材料都允许用深宽比大的角焊缝形状，尤其是有热裂倾向的材料要慎重。

2）坡口焊缝设计。采用坡口焊缝的主要目的是为了保证接头能焊透而不出现工艺缺陷。在设计或选择坡口焊缝时，必须注意施焊的可达性，其中主要考虑坡口角度、根部间隙、钝边和根部半径等参数。

焊条电弧焊时，为了保证焊条能够接近接头根部，并能在多层焊时侧边熔合良好，坡口角度与根部间隙之间要有一定关系。当减小坡口角度时，根部间隙必须增大。注意，前者减小，可用较少的填充金属量。而后者增大，却增加填充金属量。图 8-2-31 所

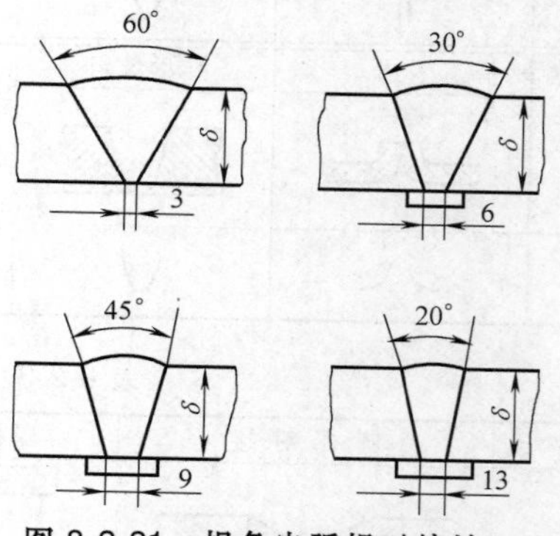

图 8-2-31　焊条电弧焊对接坡口角度与根部间隙的关系

示为焊条电弧焊对接坡口角度与根部间隙的关系。研究发现，板厚 $\delta<20$mm 时，用大坡口角度而用小根部间隙，板厚 $\delta>20$mm 时，用小坡口角度、大根部间隙的坡口形式才是经济的。

根部间隙过小，根部难以熔透，并须采用较小规格的焊条，从而减慢焊接过程；若根部间隙过大，虽然应用衬垫可保证焊接质量，但需较多的填充金属，从而提高焊接成本，并增大焊接变形。

熔化极气体保护焊由于焊丝细，且使用特殊导电嘴，可以实现厚板（>200mm）I 形坡口窄间隙（<10mm）的对接焊。

开坡口的接头，不留钝边的坡口称为锐坡口，背面无衬垫情况下焊接第一层焊道时极易烧穿，而且需用较多的填充金属，故一般都留钝边。钝边的高度以既保证熔透又不至烧穿为度。焊条电弧焊 V 形或 U 形坡口的钝边一般取 0~3mm，双面 V 形或 U 形坡口取 0~2mm。埋弧焊的熔深比焊条电弧焊的大，故钝边可适当加大以减小填充金属。留钝边的接头，根部间隙的大小主要决定于焊接工艺与焊接位置。在保证焊透的前提下，间隙尽可能小。平焊时，可允许用较大的焊接电流，根部间隙可为零；立焊时根部间隙宜大些，焊厚板时可在 3mm 以上。在单面焊背面成形操作工艺中，根部间隙一般留得较大，约与所用焊条的直径相当。背面有永久性衬垫时，应取消钝边，因为这时的钝边会减小接头根部与衬垫之间的熔合。

J 形或 U 形坡口上常作出根部半径尺寸的钝边，主要是为了在深坡口内焊条或焊丝能接近焊缝根部，并降低第一层焊道的冷却速度，以保证根部良好的熔合和成形。焊条电弧焊时，根部半径一般取 $R=6$~8mm，随板厚度增加和坡口角度减小而适当增大。

若条件允许，厚板结构宜设计或选用双面开坡口的焊缝，图 8-2-32 所示为板厚相同的单面 V 形坡口焊缝和双面 V 形坡口焊缝填充金属需要量的比较。双面 V 形焊缝不仅比单面 V 形焊缝少用一半的填充材料，而且可作两面交替焊接，把焊接角变形控制到最小。

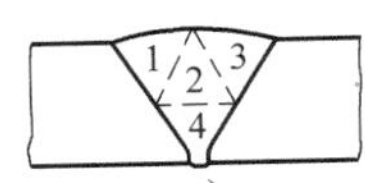

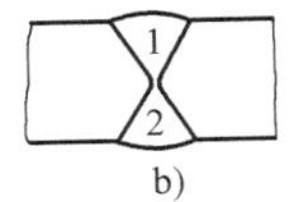

图 8-2-32　单面 V 形与双面 V 形坡口接头填充金属需要量比较

a）单面 V 形　b）双面 V 形

背面无衬垫的对接接头，在钝边部位常有未焊透或夹杂等缺陷，一般都要求从背面进行清根。现广泛采用碳弧气刨方法清根。清根深度应确保露出无缺陷的焊缝金属，而且清根后的沟槽轮廓形状也应便于运条施焊。

3）T 形接头的焊缝设计。T 形（或十字）接头的焊缝可以是角焊缝、坡口焊缝或两者的组合。选择何种焊缝决定于强度要求和制造成本。在静载等强度条件下，成本便成为考虑的主要因素。图 8-2-33 所示为 T 形接头角焊缝与坡口焊缝的比较。这三种焊缝截面积（填充金属量）以开双面 V 形坡口焊缝最省填充金属。但这种接头需额外的坡口加工，而且焊接时要求用小直径焊条和较小的焊接电流打底以防根部烧穿。因此，这种坡口焊缝只在较厚板的 T 形接头中采用才是经济的。不开坡口的角焊缝（见图 8-2-33a）需消耗最多的填充金属，其优点是焊件不需特殊加工，同时可以用直径大的焊条，以大电流施焊，熔敷率高。由于贴角焊缝的填充金属量随板厚的平方而增加，所以它适用于小厚板的 T 形接头。图 8-2-34 所示为与板厚等强度的焊缝相对成本，也说明了上述结论。单面 V 形坡口焊缝（见图 8-2-33c）在经济上无

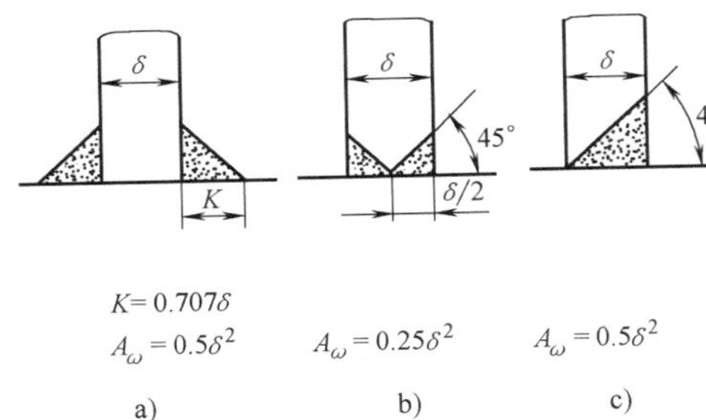

图 8-2-33　T 形接头角焊缝与坡口焊缝的比较

δ—板厚　K—焊脚尺寸　A_ω—焊缝总截面积

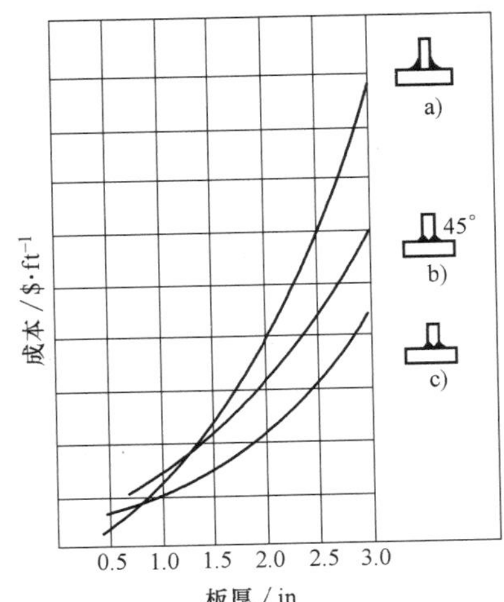

图 8-2-34　与板厚等强度的焊缝相对成本

a）角焊缝　b）45°双面 V 形坡口焊缝

c）60°双面 V 形坡口焊缝

（1ft=0.3048m，1in=25.4mm）

优越性，唯一的优点是当另一侧施焊有困难时，可以选用。它比单面贴角焊缝要安全、可靠得多，T 形接头不推荐用这种单面贴角焊缝。

必须指出，只承受压载荷的 T 形（或十字）接头，如端面接触良好（磨平顶紧），大部分载荷会由端面直接传递，焊缝所承受的载荷减小，故焊缝可以不焊透，角焊缝尺寸也可减小。

4）部分熔透接头的焊缝设计。重型机器的焊接结构，往往为了保证具有足够的刚度而增加钢板的厚度，其实际工作应力却很小。在这种情况下构件之间连接的焊缝一般并不需要全部熔透，而是在满足强度要求的前提下，正确地设计焊缝的形状和尺寸。

对于对接接头，按强度要求确定出焊缝的有效厚度 a 后，采用两面对称焊的对接接头，如图 8-2-35a 所示。

对于 T 形接头，如果是联系焊缝，则按图 8-2-35b 所示，取最小的焊脚尺寸 K，参考表 8-2-4 选用。如果是工作焊缝，在厚钢板的情况下，建议采用图 8-2-35c 所示的两面开小坡口的部分熔透的角焊缝，其尺寸通过强度计算确定。

T 形接头部分熔透的焊缝实际上是坡口焊缝与角焊缝组合的焊缝。在同样的承载能力下，它比图 8-2-35b 所示两面不开坡口的角焊缝节省大量的填充金属。当背面施焊有困难时，可采用图 8-2-35d 所示单面开小坡口的角焊缝背面只焊一道角焊缝，并且焊缝尺寸按最小焊脚尺寸确定，见表 8-2-4[⊖]。

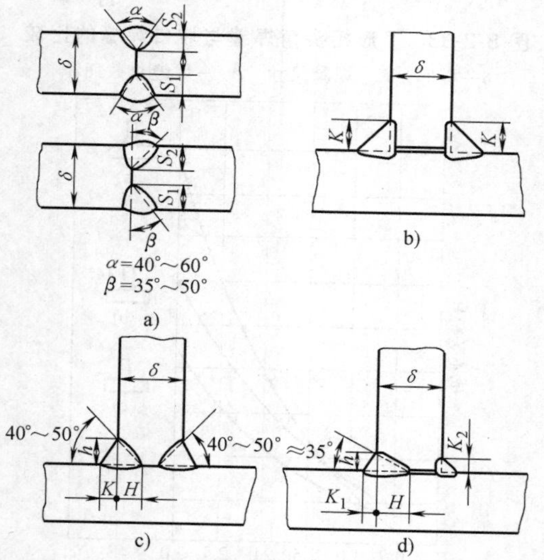

图 8-2-35 厚钢板部分熔透的焊接接头设计

表 8-2-4 角焊缝的最小焊脚尺寸

接头中较厚板的厚度 δ/mm	最小焊脚尺寸 K/mm
$\delta \leqslant 6.5$	3.5
$6.5<\delta \leqslant 13$	5
$13<\delta \leqslant 19$	6.5
$19<\delta \leqslant 38$	8
$38<\delta \leqslant 57$	10
$57<\delta \leqslant 152$	13
$\delta>152$	16

注：最小焊脚尺寸 K 不得超过较薄钢板的厚度。

计算部分熔透 T 形接头焊缝的工作应力时，焊缝的计算厚度 a 应按图 8-2-36 所示确定。当计算工作应力有困难时，可参考一些经验数据。如图 8-2-35c 的接头，取 $H \approx 0.3\delta$，$K=\frac{1}{3}h$；如图 8-2-35d 的接头，取 $H \approx 0.4\delta$，$K_1=\frac{1}{3}h$，k_2 按最小焊脚尺寸确定。

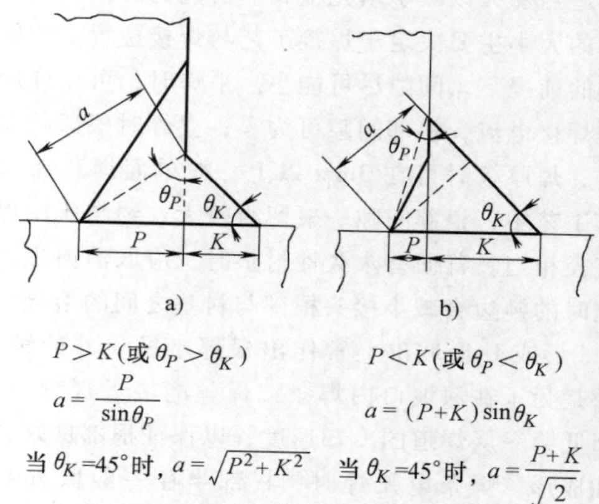

$P>K$（或 $\theta_P>\theta_K$）
$a=\dfrac{P}{\sin\theta_P}$
当 $\theta_K=45°$ 时，$a=\sqrt{P^2+K^2}$

$P<K$（或 $\theta_P<\theta_K$）
$a=(P+K)\sin\theta_K$
当 $\theta_K=45°$ 时，$a=\dfrac{P+K}{\sqrt{2}}$

图 8-2-36 部分熔透角焊缝的计算厚度 a 的确定

3. 标准的坡口形状和尺寸

我国于 2008 年颁布实施了下列四份金属材料熔焊焊接接头坡口形式和尺寸的新标准。

1）GB/T 985.1—2008《气焊、焊条电弧焊、气体保护焊和高能束焊的推荐坡口》。

2）GB/T 985.2—2008《埋弧焊的推荐坡口》。

3）GB/T 985.3—2008《铝及铝合金气体保护焊的推荐坡口》。

4）GB/T 985.4—2008《复合钢的推荐坡口》。

前两者替代了 GB/T 985—1988 和 GB/T 986—1988

⊖ 最小焊脚尺寸是对联系焊缝中角焊缝尺寸的确定。它是指焊接过程中不出现工艺缺陷（如裂纹等）的最小焊脚尺寸。表 8-2-4 中的规定，$\delta>152$mm 最小焊脚尺寸为 16mm，对于焊条电弧焊而言，必须多层多道焊。第一层散热快，仍能产生裂纹。这时应用低氢焊条和较大的热输入施焊。

两个标准，后两个标准是新增的适用于铝及铝合金 TIG 或 MIG 焊接接头和复合钢熔焊接头坡口的设计。

四个标准均按完全熔透的原则规定了对接接头的坡口形式和尺寸，对于不完全熔透的对接接头允许采用其他形式的焊接坡口；所推荐的坡口均按单面焊和双面焊进行划分，每一种坡口都是根据金属材料的性质、焊件厚度和焊接方法的工艺特点给出了与之相适应的形状和尺寸。因此，读者可以按焊件的材料及其厚度和所用的焊接方法直接从标准中选用。这里仅介绍这些标准中三种应用最广的焊接方法（焊条电弧焊、熔化极气体保护焊和埋弧焊）焊接钢材所常用的焊接坡口的推荐形式和尺寸。

读者可根据焊件的厚度和所用的焊接方式和方法从表 8-2-5 中确定接头的坡口形状，再根据所定的坡口形状从表 8-2-6 中选定其坡口尺寸。

表 8-2-7 是钢结构中角焊缝气焊、焊条电弧焊和气体保护焊用的接头形式和尺寸，表 8-2-8 是钢材窄间隙 TIG 热丝焊和埋弧焊坡口的形状和尺寸。

表 8-2-5　钢材常用熔焊方法的标准坡口形状及其适用厚度范围（摘自 GB/T 985.1、2—2008）

坡口形状	符号	横截面示意图	施焊方式	适用厚度范围 t/mm			
				焊条电弧焊	熔化极气体保护焊		埋弧焊
					TIG	MIG 或 MAG	
卷边			单面焊	≤2	≤2	—	—
I 形			单面焊	≤4	≤4	3~8	3~12
			双面焊	≤8	≤8	≤8	3~20
V 形			单面焊	3~10	3~10	3~10	10~20
			双面焊	3~40	3~40	3~40	—
				>10	>10	>10	10~35
陡边			单面焊	>16	—	>16	>20
U 形			单面焊	>12	>12	>12	≥30 带衬垫
			双面焊	>12	>12	>12	≥30
V 形组合			单面焊	>12	>12	>12	>12
U 形组合			单面焊	>12	>12	>12	≥12

（续）

坡口形状	符号	横截面示意图	施焊方式	适用厚度范围 t/mm			
				焊条电弧焊	熔化极气体保护焊		埋弧焊
					TIG	MIG 或 MAG	
单边 V 形		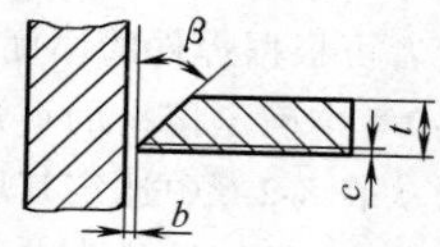	单面焊	3~10	3~10	3~10	3~16 带衬垫
		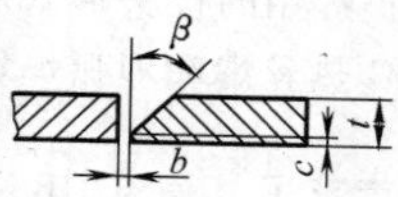	单面焊	3~10	3~10	3~10	3~16 带衬垫
			双面焊	3~30	3~30	3~30	<12
单边陡边带垫		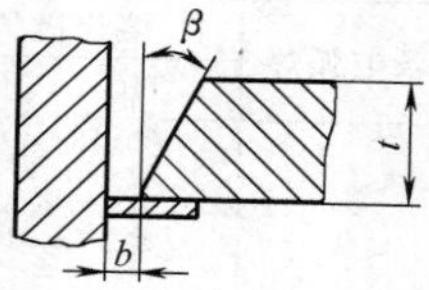	单面焊	>16	>16	>16	≥16
J 形		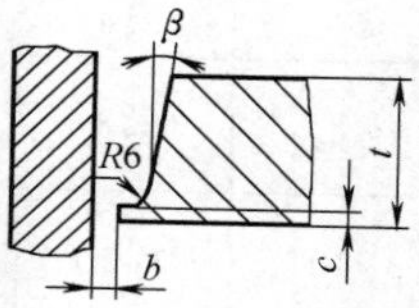	单面焊	>16	>16	>16	≥16
			双面焊	>16	>16	>16	≥20
双 V 带钝边	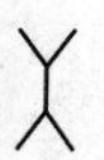	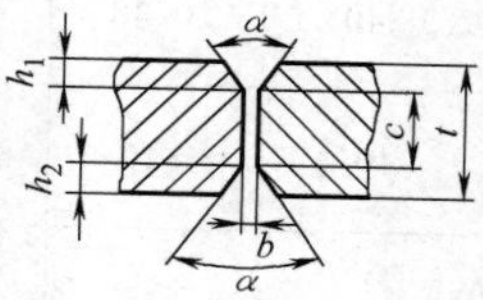	双面焊	>10	>10	>10	≥16
双 V 形		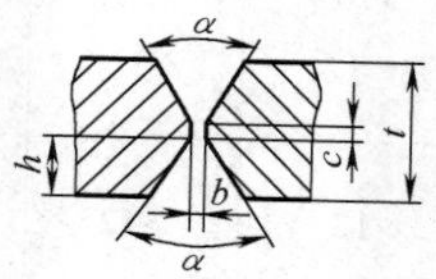	双面焊（含非对称）	>10	>10	>10	—
K 形		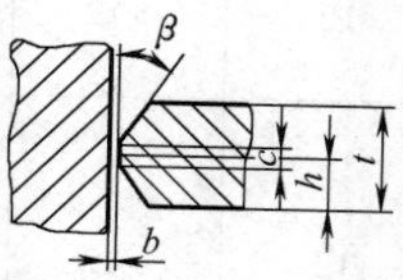	双面焊	>10	>10	>10	—
双 J 形	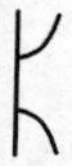	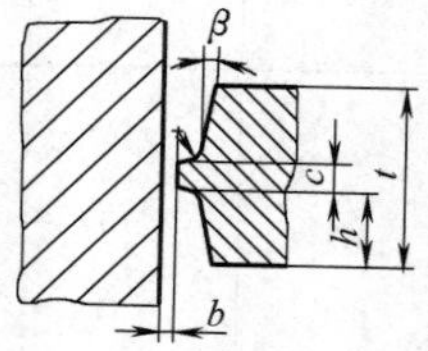	双面焊	>30	>30	>30	≥30 单道焊，≤12 多道焊>12

表 8-2-6　钢材常用熔焊方法的标准坡口形状和尺寸（摘自 GB/T 985.1、2—2008）

坡口形状		坡口尺寸						
			单面焊			双面焊		
符号	横断面形状	符号	焊条电弧焊	熔化极电弧焊	埋弧焊	焊条电弧焊	熔化极电弧焊	埋弧焊
	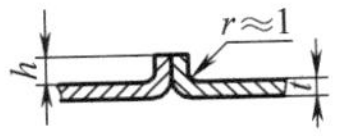	r	≈t	—	—	—	—	—
		h	≤t+1	—	—	—	—	—
	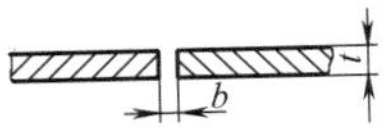	b	2t	3≤b≤8	b≤0.5t 最大 5	≈t/2	≈t/2	b≤2
	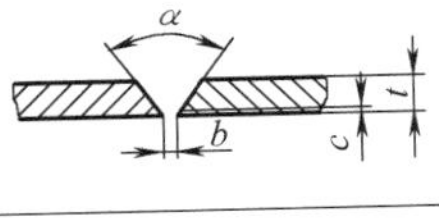	α	40°≤α≤60°	40°≤α≤60°	30°≤α≤50°	≈60°	40°≤α≤60°	30°≤α≤60°
		b	≤4	≤4	4≤b≤8	≤3	≤3	≤4
		c	≤2	≤2	—	≤2	≤2	4≤c≤10
		—	—	—	—	—	—	封底
	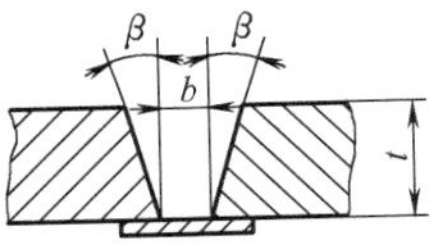	β	5°≤β≤20°	5°≤β≤20°	4°≤β≤10°	—	—	—
		b	5≤b≤15	5≤b≤15	16≤b≤25	—	—	—
	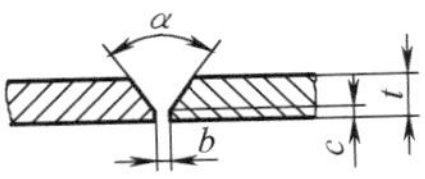	α	≈60°	≈60°	—	≈60°	—	—
		b	1≤b≤4	1≤b≤4	—	1≤b≤3	1≤b≤3	—
		c	2≤c≤4	2≤c≤4	—	2≤c≤4	2≤c≤4	—
		—	—	—	—	封底	封底	—
	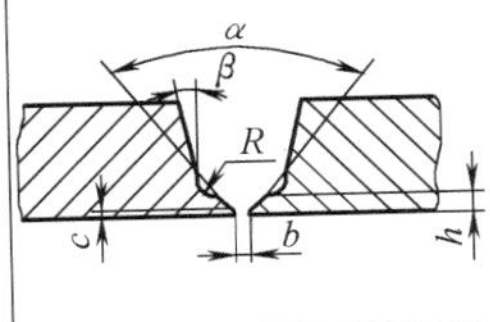	α	60°≤α≤90°	60°≤α≤90°	60°≤α≤70°	—	—	—
		β	8°≤β≤12°	8°≤β≤12°	4°≤β≤10°	—	—	—
		b	1≤b≤3, 6≤R≤9	1≤b≤3, 6≤R≤9	1≤b≤4, 5≤R≤10	—	—	—
		c	—	—	0≤c≤3	—	—	—
		h	≈4	≈4	4≤h≤10	—	—	—
	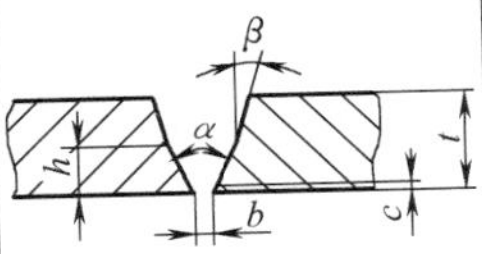	α	60°≤α≤90°	60°≤α≤90°	60°≤α≤70°	—	—	—
		β	10°≤β≤15°	10°≤β≤15°	4°≤β≤10°	—	—	—
		b	2≤b≤4	2≤b≤4	1≤b≤4	—	—	—
		c	>2	>2	0≤c≤3	—	—	—
		h	—	—	4≤h≤10	—	—	—
	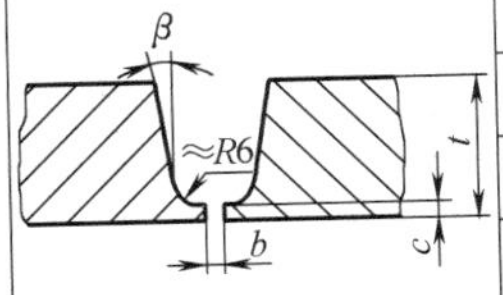	β	8°≤β≤12°	8°≤β≤12°	4°≤β≤10°	8°≤β≤12°	8°≤β≤12°	5°≤β≤10°
		b	≤4	≤4	1≤b≤4	1≤b≤3	1≤b≤3	≤4
		c	<3	<3	2≤c≤3	≈5	≈5	4≤c≤10
		—	R≈6	R≈6	5≤R≤10	封底	封底	封底
	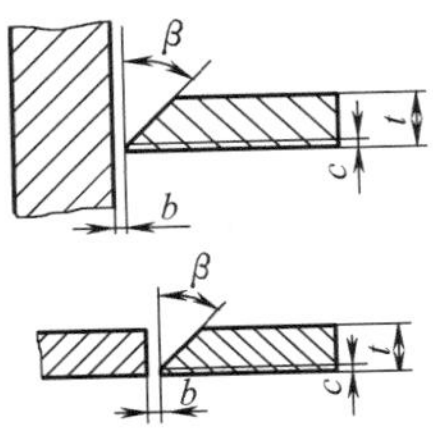	β	35°≤β≤60°	35°≤β≤60°	30°≤β≤50°	35°≤β≤60°	35°≤β≤60°	30°≤β≤50°
		b	2≤b≤4	2≤b≤4	1≤b≤4	1≤b≤4	1≤b≤4	≤4
		c	1≤c≤2	1≤c≤2	≤2	≤2	≤2	≤2
		—	—	—	带厚至少 0.5t 或 5mm 的垫板	封底	封底	封底

（续）

坡口形状		坡口尺寸						
符号	横断面形状	符号	单面焊			双面焊		
			焊条电弧焊	熔化极电弧焊	埋弧焊	焊条电弧焊	熔化极电弧焊	埋弧焊
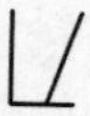	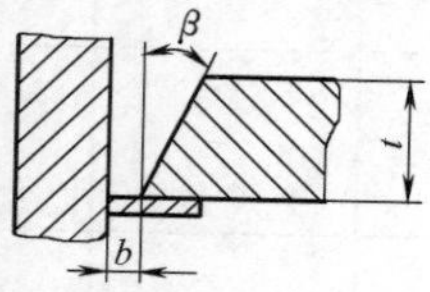	β	$15^\circ \leqslant \beta \leqslant 60^\circ$	$15^\circ \leqslant \beta \leqslant 60^\circ$	$8^\circ \leqslant \beta \leqslant 10^\circ$	—	—	—
		b	$6 \leqslant b \leqslant 12$	≈ 12	$5 \leqslant b \leqslant 15$	—	—	—
		—	带垫板，厚度至少：$0.5t$ 或 5mm	—	—	—	—	—
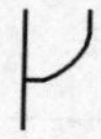 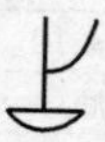	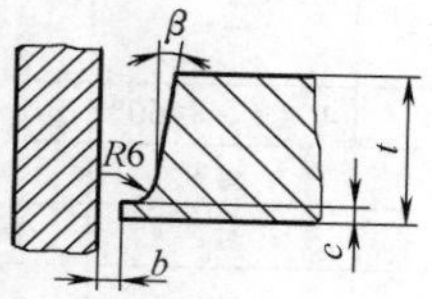	β	$10^\circ \leqslant \beta \leqslant 20^\circ$	$10^\circ \leqslant \beta \leqslant 20^\circ$	$4^\circ \leqslant \beta \leqslant 10^\circ$	$10^\circ \leqslant \beta \leqslant 20^\circ$	$10^\circ \leqslant \beta \leqslant 20^\circ$	—
		b	$2 \leqslant b \leqslant 4$	$2 \leqslant b \leqslant 4$	$2 \leqslant b \leqslant 4$	$1 \leqslant b \leqslant 3$	$1 \leqslant b \leqslant 3$	—
		c	$1 \leqslant c \leqslant 2$	$1 \leqslant c \leqslant 2$	$2 \leqslant c \leqslant 3$	$\geqslant 2$	$\geqslant 2$	—
		R	—	—	$5 \leqslant R \leqslant 10$ 带厚至少 $0.5t$ 或5mm的垫板	封底	封底	—
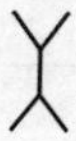	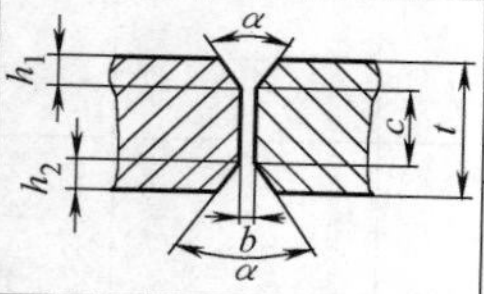	α	—	—	—	$\approx 60^\circ$	$40^\circ \leqslant \beta \leqslant 60^\circ$	$30^\circ \leqslant \beta \leqslant 70^\circ$
		b	—	—	—	$1 \leqslant b \leqslant 4$	$1 \leqslant b \leqslant 4$	$\leqslant 4$
		c	—	—	—	$2 \leqslant c \leqslant 6$	$2 \leqslant c \leqslant 6$	$4 \leqslant c \leqslant 10$
		h	—	—	—	$h_1 = h_2 \approx (t-c)/2$	$h_1 = h_2 \approx (t-c)/2$	$h_1 = h_2$
	对称 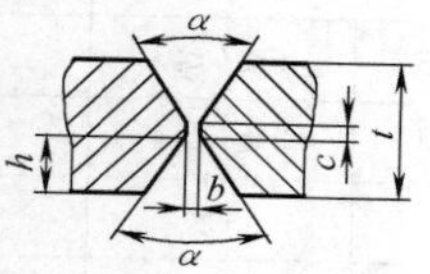	α	—	—	—	$\approx 60^\circ$	$40^\circ \leqslant \beta \leqslant 60^\circ$	—
		b	—	—	—	$1 \leqslant b \leqslant 3$	$1 \leqslant b \leqslant 3$	—
		c	—	—	—	$\leqslant 2$	$\leqslant 2$	—
		h	—	—	—	$\approx t/2$	$\approx t/2$	—
	非对称 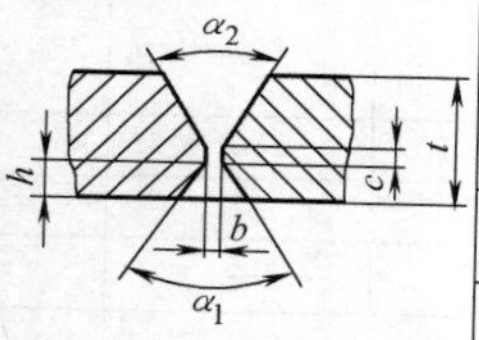	α_1	—	—	—	$\approx 60^\circ$	$40^\circ \leqslant \beta \leqslant 60^\circ$	—
		α_2	—	—	—	$\approx 60^\circ$	$40^\circ \leqslant \beta \leqslant 60^\circ$	—
		b	—	—	—	$1 \leqslant b \leqslant 3$	$1 \leqslant b \leqslant 3$	—
		c	—	—	—	$\leqslant 2$	$\leqslant 2$	—
		h	—	—	—	$\approx t/3$	$\approx t/3$	—
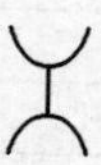	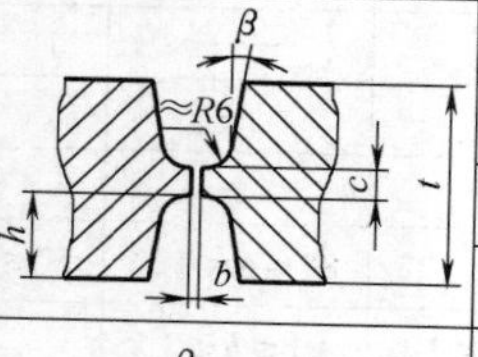	β	—	—	—	$8^\circ \leqslant \beta \leqslant 12^\circ$	$8^\circ \leqslant \beta \leqslant 12^\circ$	$5^\circ \leqslant \beta \leqslant 10^\circ$
		b	—	—	—	$\leqslant 3$	$\leqslant 3$	$\leqslant 4$
		c	—	—	—	≈ 3	≈ 3	$4 \leqslant c \leqslant 10$
		h	—	—	—	$\approx (t-c)/2$	$\approx (t-c)/2$	$0.5(t-c)$
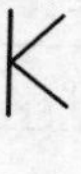	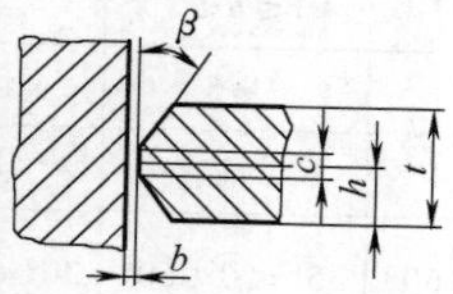	β	—	—	—	$35^\circ \leqslant \beta \leqslant 60^\circ$	$35^\circ \leqslant \beta \leqslant 60^\circ$	$30^\circ \leqslant \beta \leqslant 50^\circ$
		b	—	—	—	$1 \leqslant b \leqslant 4$	$1 \leqslant b \leqslant 4$	$\leqslant 4$
		c	—	—	—	$\leqslant 2$	$\leqslant 2$	$4 \leqslant c \leqslant 10$
		h	—	—	—	$\approx t/2$ 或 $t/3$	$\approx t/2$ 或 $t/3$	—
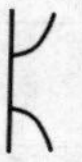	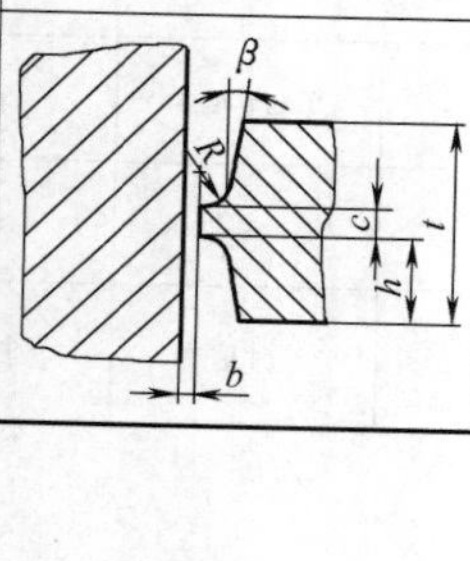	β	—	—	—	$10^\circ \leqslant \beta \leqslant 20^\circ$	$10^\circ \leqslant \beta \leqslant 20^\circ$	$5^\circ \leqslant \beta \leqslant 10^\circ$
		b	—	—	—	$\leqslant 3$	$\leqslant 3$	$\leqslant 4$
		c	—	—	—	$\leqslant 2$	$\leqslant 2$	$2 \leqslant c \leqslant 7$
		h	—	—	—	$\approx t/3$	$\approx t/3$	—

表 8-2-7　钢结构中角焊缝气焊、焊条电弧焊和气体保护焊用的接头形式和尺寸（摘自 GB/T 985.1—2008）

焊接方式	母材厚度 t/mm	接头形式			尺寸	
		名称	符号	横断面示意图	角度 α/(°)	间隙 b/mm
单面焊	$t_1>2$ $t_2>2$	T 形接头	◺	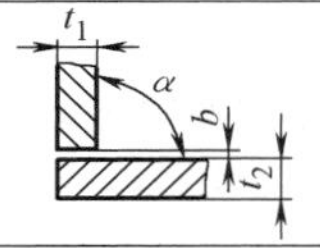	$70\leqslant\alpha\leqslant100$	$\leqslant2$
	$t_1>2$ $t_2>2$	搭接接头		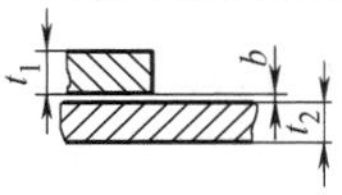	—	$\leqslant2$
	$t_1>2$ $t_2>2$	角接接头		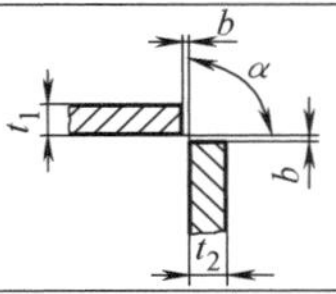	$60\leqslant\alpha\leqslant120$	$\leqslant2$
双面焊	$t_1>3$ $t_2>3$	角接接头	 ⊳	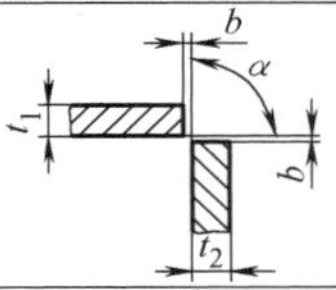	$70\leqslant\alpha\leqslant100$	$\leqslant2$
	$t_1>2$ $t_2>5$			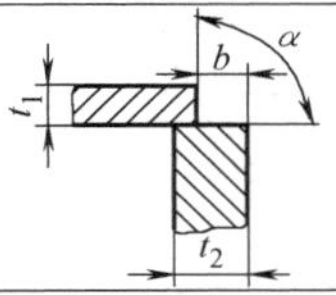	$60\leqslant\alpha\leqslant120$	—
	$2\leqslant t_1\leqslant4$ $2\leqslant t_2\leqslant4$	T 形接头		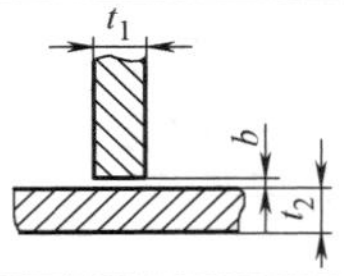	—	$\leqslant2$
	$t_1>4$ $t_2>4$				—	—

表 8-2-8　钢材窄间隙 TIG 热丝焊和埋弧焊坡口的形状和尺寸（摘自 GB/T 985.1、2—2008）

焊接方法	母材厚度 t/mm	坡口种类	符号	横断面示意图	坡口尺寸/mm			
					α 或 β	b	c	h
TIG 热丝焊	$20\leqslant t\leqslant150$	U 形		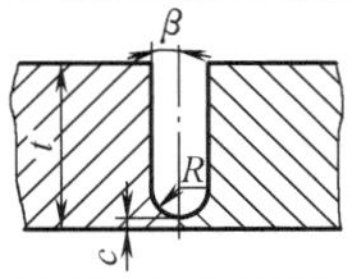	$1°\leqslant\beta\leqslant1.5°$	—	≈2	—
埋弧焊	$\geqslant30$	UY 形		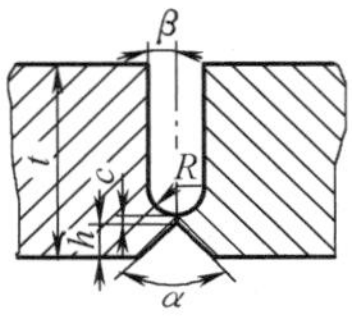	$1°\leqslant\beta\leqslant1.5°$, $85°\leqslant\alpha\leqslant95°$	$0\leqslant b\leqslant2$	≈2	$4\leqslant h\leqslant10$
				小坡口面角用于环缝，大坡口面角用于纵缝纫；V 形坡口侧用焊条电弧焊封底	$1.5°\leqslant\beta\leqslant2°$, $85°\leqslant\alpha\leqslant95°$	$0\leqslant b\leqslant2$	≈2	$4\leqslant h\leqslant10$
	$\geqslant30$	陡边 V 形		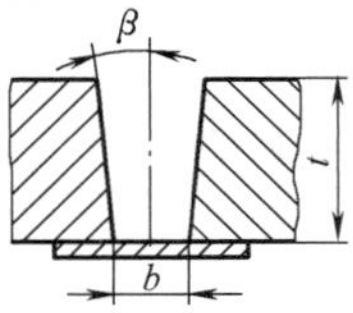	$1.5°\leqslant\beta\leqslant2°$	≈29	—	—

2.4　焊接接头的静载强度计算

2.4.1　概述

焊接接头的强度计算实际上是对连接各种焊接接头的焊缝进行工作应力分析和计算，然后按不同准则建立强度条件，满足这些条件就认为该接头工作安全可靠。

目前工程结构静载强度设计法有许用应力设计法和极限状态设计法两种，这里只介绍这两种设计方法在接头强度设计和计算中的具体应用。许用应力设计法沿用已久，人们较为习惯，极限状态设计法目前在建筑钢结构设计中经常使用，铁道、公路、港口和水利水电等工程结构也将采用。两者在接头上的应力分析和计算中没有本质的区别，在强度表达式上也很类似，但取值的方式和方法却不相同。

1. 工作焊缝与联系焊缝

在焊接结构中的焊缝，按其所起的作用可分为工作焊缝和联系焊缝两种，如图 8-2-37 所示。

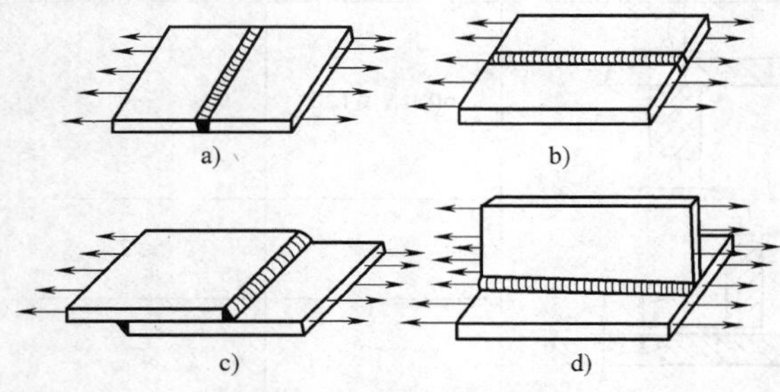

图 8-2-37　工作焊缝与联系焊缝

a）承受工作应力的对接焊缝　b）承受联系应力的对接焊缝　c）承受工作应力的角焊缝　d）承受联系应力的角焊缝

工作焊缝又称承载焊缝，它与被连接材料是串联的，它承担着传递全部载荷的作用，焊缝上的应力为工作应力，一旦焊缝断裂，结构立即失效；联系焊缝又称非承载焊缝，它与被连接材料是并联的，它传递很小的载荷，主要起构件之间相互联系的作用。焊缝上的应力为联系应力。焊缝一旦断裂，结构不会立即失效。

设计焊接结构时，对工作焊缝必须进行强度计算，对联系焊缝不必计算。对于既有工作应力又有联系应力的焊缝，则只计算工作应力而忽略联系应力。

2. 强度条件

强度条件就是用什么标准（或指标）来判定受力构件强度足够，使用时是安全可靠的。

（1）许用应力设计法

许用应力设计法又称安全系数设计法，它的强度条件如下。

$$\sigma \leqslant [\sigma]$$

或者

$$n \geqslant [n]$$

式中　σ——工作应力；

$[\sigma]$——许用应力；

n——安全系数，$n=\dfrac{\sigma_k}{\sigma}$；

σ_k——失效应力；

$[n]$——许用安全系数。

对于焊接接头强度计算来说，就是通过对焊接接头受力焊缝的应力分析，求出焊缝危险断面或危险点的工作应力 σ，与该焊缝允许承受的应力 $[\sigma]$ 进行比较，只要小于或等于这个许用的应力，则该接头的强度是足够的，运行是安全可靠的。或者，求出焊缝危险截面或危险点的工作应力 σ 与该焊缝金属失效时的应力 σ_k 进行比较，得出的安全系数 n 大于或等于允许的安全系数 $[n]$，则该接头就是安全可靠的。

工作应力一般是采用工程力学的理论和方法进行分析和计算得出；对重要而复杂接头的局部应力计算有困难时可以采用有限元法进行分析计算。接头的失效应力是通过对焊接接头强度试验来确定。

许用应力 $[\sigma]$ 或许用安全系数 $[n]$ 一般由国家工程主管部门根据安全与经济原则，按材料的强度、载荷、环境条件、加工质量、计算精确度和构件的重要性等加以确定。我国锅炉和压力容器、起重机、桥梁和铁路车辆等行业都在各自设计规范中确定了各种材料和焊缝的许用应力或许用安全系数。

（2）极限状态设计法

极限状态设计法是以概率理论为基础的可靠性设计法在工程结构中的具体应用，考虑到传统设计的习惯，该方法导出以分项系数表达的强度判别式作为强度条件。以建筑钢结构为例，按承载能力极限状态设计时应符合下列要求。

$$\gamma_S S_K \leqslant \frac{R_K}{\gamma_R}$$

上式左项为载荷作用效应，它是按各种载荷的设计值（标准载荷 S_K 乘以分项系数 γ_S）算得的结构内力总和，它应小于或等于右项。右项是按材料设计强度（标准强度 R_K 除以抗力分项系数 γ_R）算得的结构设计抗力。

若转换成应力表达式，则为

$$\sigma \leqslant f$$

式中　σ——各种载荷设计值 $\gamma_S S_K$ 在计算横断面中产生的应力；

f——强度设计值，$f=\dfrac{f_K}{\gamma_R}$；

f_K——钢材强度标准值，普通结构钢为屈服强度 f_y。

此表达式在形式上与许用应力设计法极为相似，只是左右两项的含义和取值方法不同。

2.4.2　焊接接头的许用应力设计法

1. 熔焊接头的静载强度计算

（1）简易的焊接接头强度计算法

1）熔焊接头静载强度计算的假定。焊接接头在外力作用下焊缝上的工作应力分布往往不均匀，特别是角焊缝，在焊趾和焊根处都出现不同程度的应力集中，要精确地计算焊缝上的应力比较困难，常根据理论研究的结果和实际使用经验，对接头作些简化和假定。然后利用工程力学的理论和方法对焊缝最小断面进行应力分析和计算。

在静载条件下，当焊缝金属和母材均具有较好塑性时，可作如下假定。

① 焊接残余应力对接头强度没有影响。

② 由于几何不连续而引起局部应力集中，对接头强度没有影响；认为焊缝上的工作应力是均匀分布，以平均应力进行计算。

③ 忽略焊缝的余高和少量熔深，以焊缝中最小的截面为计算截面（又称危险断面），图 8-2-38 所示为对接焊缝的计算厚度 a。

④ 认为角焊缝都是在切应力作用下破坏，一律按切应力计算其强度。

⑤ 正面角焊缝和侧面角焊缝在强度上无差别。

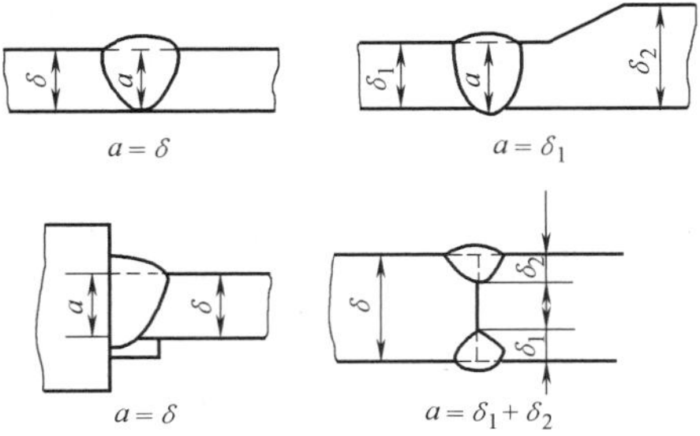

图 8-2-38　对接焊缝的计算厚度 a

2）坡口焊缝静载强度计算公式。基于上述假定，熔透的坡口焊缝的静载强度计算得到了简化，表 8-2-9 给出了计算公式。

表 8-2-9　对接焊缝接头静载强度计算公式

名称	简　　图	计 算 公 式	备　　注
对接接头		受拉：$\sigma=\dfrac{P}{l\delta}\leqslant[\sigma'_1]$	$[\sigma'_1]$—焊缝的许用拉应力 $[\sigma'_a]$—焊缝的许用压应力 $[\tau']$—焊缝的许用切应力 $\delta\leqslant\delta_1$
		受压：$\sigma=\dfrac{P}{l\delta}\leqslant[\sigma'_a]$	
		受剪：$\tau=\dfrac{Q}{l\delta}\leqslant[\tau']$	
		平面内弯矩 M_1：$\sigma=\dfrac{6M_1}{l^2\delta}\leqslant[\sigma'_1]$	
		平面外弯矩 M_2：$\sigma=\dfrac{6M_2}{l\delta^2}\leqslant[\sigma'_1]$	
开坡口熔透T形接头或十字接头		受拉：$\sigma=\dfrac{P}{l\delta}\leqslant[\sigma'_1]$	
		受压：$\sigma=\dfrac{P}{l\delta}\leqslant[\sigma'_a]$	
		受剪：$\tau=\dfrac{Q}{l\delta}\leqslant[\tau']$	
		平面内弯矩 M_1：$\sigma=\dfrac{6M_1}{l^2\delta}\leqslant[\sigma'_1]$	
		平面外弯矩 M_2：$\sigma=\dfrac{6M_2}{l\delta^2}\leqslant[\sigma'_1]$	

表 8-2-9 中熔透对接接头焊缝的静载强度计算公式与母材的静载强度计算公式完全相同，焊缝的计算厚度取被连接的两板中较薄的厚度。焊缝长度一般取焊缝的实际长度；熔透的 T 形接头和十字接头按对接焊缝进行强度计算，焊缝的计算厚度取立板的厚度。

一般情况下，按等强度原则选择焊缝填充金属的优质碳素结构钢和低合金结构钢全熔透的坡口焊缝，可以不进行强度计算。

3）角焊缝静载强度计算公式。经上述简化后得出由角焊缝组成接头的静载强度计算公式，见表 8-2-10。表中角焊缝的计算长度一般取每条焊缝实际长度减去 10mm，计算厚度 a 取内接三角形的最小高度。在设计计算角焊缝时，一般应遵循下列原则和规定。

① 侧面角焊缝或正面角焊缝的计算长度不得小

于 8K（K 为焊脚尺寸），并不小于 40mm。

② 角焊缝的最小焊脚尺寸不应小于 4mm，当焊件厚度小于 4mm 时，可与焊件厚度相同。

③ 因构造上需要的非承载角焊缝，其最小焊脚尺寸可根据焊件厚度及焊接工艺要求确定，可参照表 8-2-4。

④ 在承受静载的次要焊件中，如果计算出的角焊缝的焊脚尺寸小于规定的最小值，可采用断续焊缝。断续焊缝的焊脚尺寸可根据折算方法确定。断续焊缝之间的距离在受压构件中不应大于 15δ，受拉构件中一般不应大于 30δ，δ 为被焊构件中较薄件的厚度。在腐蚀介质下工作的构件不应采用断续焊缝。

表 8-2-10 角焊缝接头静载强度基本计算公式

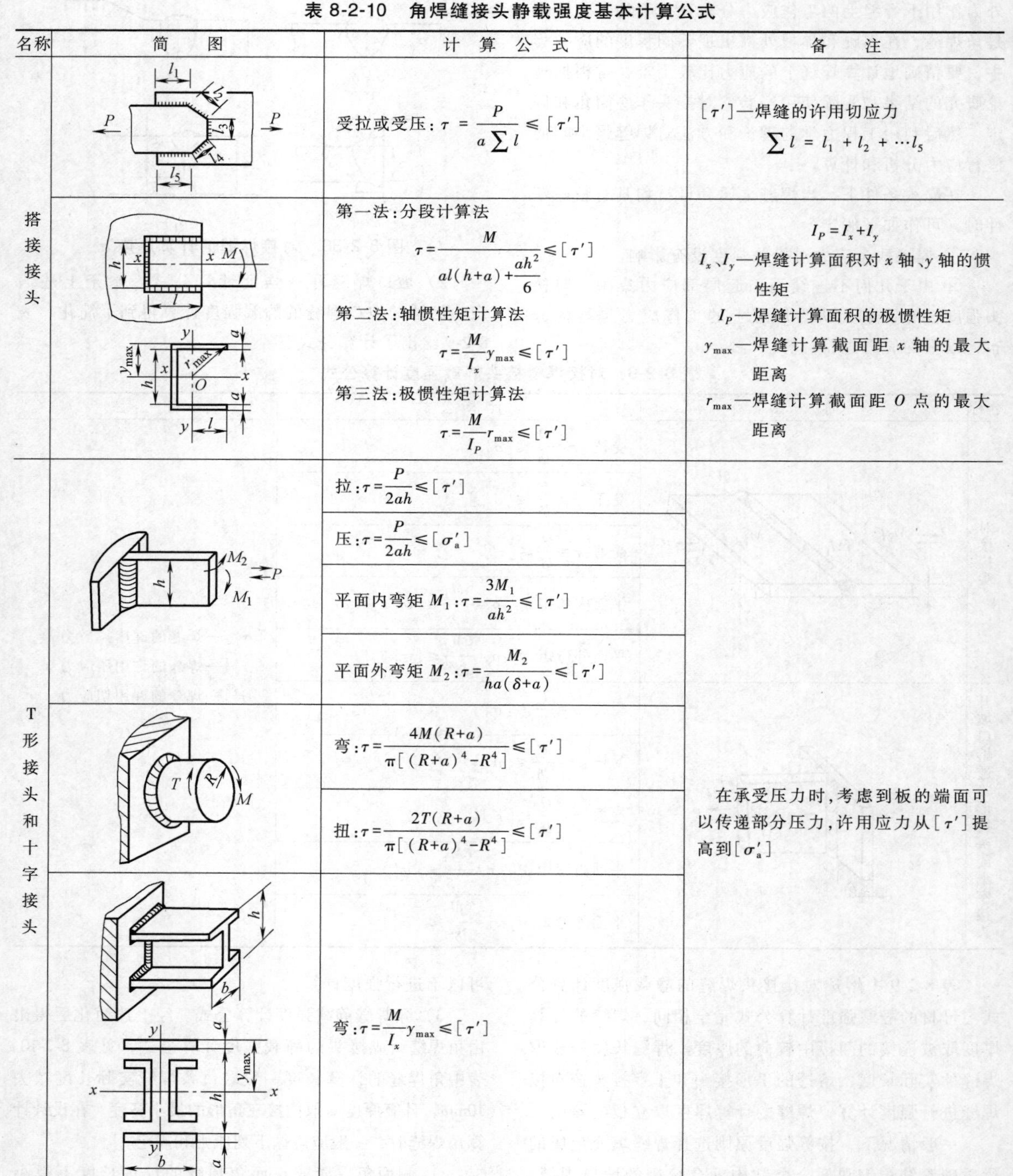

名称	简图	计算公式	备注
搭接接头		受拉或受压：$\tau=\dfrac{P}{a\sum l}\leqslant[\tau']$	$[\tau']$—焊缝的许用切应力 $\sum l=l_1+l_2+\cdots l_5$
		第一法：分段计算法 $\tau=\dfrac{M}{al(h+a)+\dfrac{ah^2}{6}}\leqslant[\tau']$ 第二法：轴惯性矩计算法 $\tau=\dfrac{M}{I_x}y_{max}\leqslant[\tau']$ 第三法：极惯性矩计算法 $\tau=\dfrac{M}{I_P}r_{max}\leqslant[\tau']$	$I_P=I_x+I_y$ I_x、I_y—焊缝计算面积对 x 轴、y 轴的惯性矩 I_P—焊缝计算面积的极惯性矩 y_{max}—焊缝计算截面距 x 轴的最大距离 r_{max}—焊缝计算截面距 O 点的最大距离
T形接头和十字接头		拉：$\tau=\dfrac{P}{2ah}\leqslant[\tau']$	在承受压力时，考虑到板的端面可以传递部分压力，许用应力从$[\tau']$提高到$[\sigma'_a]$
		压：$\tau=\dfrac{P}{2ah}\leqslant[\sigma'_a]$	
		平面内弯矩 M_1：$\tau=\dfrac{3M_1}{ah^2}\leqslant[\tau']$	
		平面外弯矩 M_2：$\tau=\dfrac{M_2}{ha(\delta+a)}\leqslant[\tau']$	
		弯：$\tau=\dfrac{4M(R+a)}{\pi[(R+a)^4-R^4]}\leqslant[\tau']$	
		扭：$\tau=\dfrac{2T(R+a)}{\pi[(R+a)^4-R^4]}\leqslant[\tau']$	
		弯：$\tau=\dfrac{M}{I_x}y_{max}\leqslant[\tau']$	

4）部分熔透接头的静载强度计算公式。部分熔透T形接头或十字接头的焊缝静载强度计算公式同角焊缝的计算公式（见表 8-2-10）。焊缝的计算厚度 a 应按图 8-2-36 所示来确定。部分熔透的对接接头，其焊缝强度也按角焊缝计算，所用公式见表 8-2-11。

表 8-2-11　部分熔透对接接头焊缝强度计算公式

名称	简图	计算公式	备　注
部分熔透对接接头		拉：$\tau=\dfrac{P}{2al}\leqslant[\tau']$	V 形坡口： $\alpha\geqslant60°$时，$a=S$ $\alpha<60°$时，$a=0.75S$ U 形、J 形坡口： $\alpha=S$ $I_x=al(\delta-a)^2$ l—焊缝长度
		剪：$\tau=\dfrac{Q}{2al}\leqslant[\tau']$	
		弯：$\tau=\dfrac{M}{I_x}y_{\max}\leqslant[\tau']$	

5）承受复杂载荷的焊接接头的静载强度计算。当焊接接头承受复杂载荷时，应分别求出各载荷所引起的应力，根据各应力的方向、性质和位置，确定合成应力最大的点，即危险点，并算出该点的合成应力。当危险点难以确定时，应选几个大应力点计算其合成应力，以最大值的点为危险点。最大正应力和最大切应力不在同一点时，偏于安全的做法是以最大正应力和平均切应力计算其合成应力。

例如，图 8-2-39 所示，同时承受轴向力 N 和横向力 P 作用的工字型钢的 T 形接头，用相同断面尺寸的角焊缝连接。由于横向力 P 的作用除产生一个力矩 $M=PL$ 外，还产生一个剪力 $Q=P$。在这种情况下，力矩 M 及轴向力 N 由全部焊缝承担，而剪力 Q 仅由垂直的腹板焊缝承担。于是应验算工字钢翼板外侧和腹板上端两个地方的合成应力。

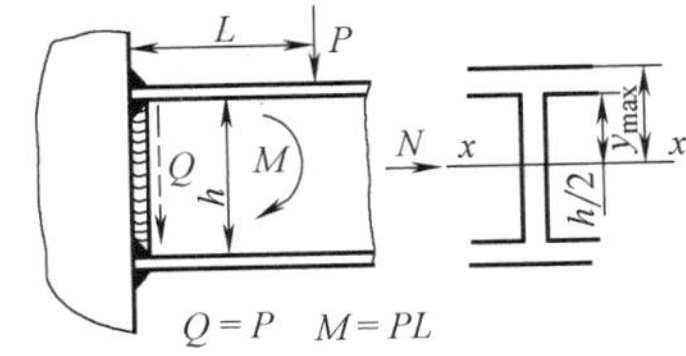

图 8-2-39　承受复杂载荷的型钢焊接接头

① 翼板外侧的应力。

轴向力 N 引起的应力：$\tau_N=\dfrac{N}{A}$

力矩 M 引起的应力：$\tau_M=\dfrac{M}{I_x}y_{\max}=\dfrac{PL}{I_x}y_{\max}$

合成应力：$\tau=\tau_N+\tau_M=\dfrac{N}{A}+\dfrac{PL}{I_x}y_{\max}\leqslant[\tau']$

② 腹板上端的应力。

轴向力 N 引起的应力：$\tau_N=\dfrac{N}{A}$

力矩 M 引起的应力：$\tau_M=\dfrac{PL}{I_x}\times\dfrac{h}{2}=\dfrac{PLh}{2I_x}$

剪力 Q 引起的应力：$\tau_Q=\dfrac{P}{A_F}$

合成应力 $\tau=\sqrt{(\tau_N+\tau_M)^2+\tau_Q^2}$

$$=\sqrt{\left(\frac{N}{A}+\frac{PLh}{2I_x}\right)^2+\left(\frac{P}{A_F}\right)^2}\leqslant[\tau']$$

式中　A——全部角焊缝的计算面积；

A_F——腹板角焊缝的计算面积；

I_x——全部角焊缝计算面积对 x 轴的惯性矩；

$[\tau']$——焊缝金属的许用切应力。

（2）国际焊接学会（IIW）推荐的角焊缝静载强度计算方法

表 8-2-10 所列计算角焊缝的公式虽然简捷方便，但因作了较多的简化和假定，从而使得计算结果不够精确，通常导致比实际强度所需的焊脚尺寸大得多的结果，这意味着要多消耗填充金属量。国际焊接学会第 XV 委员会在 1976 年推荐了一个建立在理论分析和试验研究基础上的角焊缝静载强度计算公式，即

$$\sigma_{zh}=\beta\sqrt{\sigma_\perp^2+3(\tau_\perp^2+\tau_\parallel^2)}\leqslant[\sigma_1']$$

式中　σ_{zh}——折合应力；

β——因材料屈服强度 R_{eL} 而异的系数：

$R_{eL}=240\text{N}\cdot\text{mm}^{-2}$时，$\beta=0.7$，

$R_{eL}=360\text{N}\cdot\text{mm}^{-2}$时，$\beta=0.85$，

其他钢种可按 R_{eL} 值用插值法确定。

$\sigma_\perp$——垂直于计算断面上的正应力，如图 8-2-40所示；

$\tau_\parallel$——计算断面上与焊缝平行的切应力；

$\tau_\perp$——计算断面上与焊缝垂直的切应力；

$[\sigma_1']$——焊缝金属的许用拉应力。

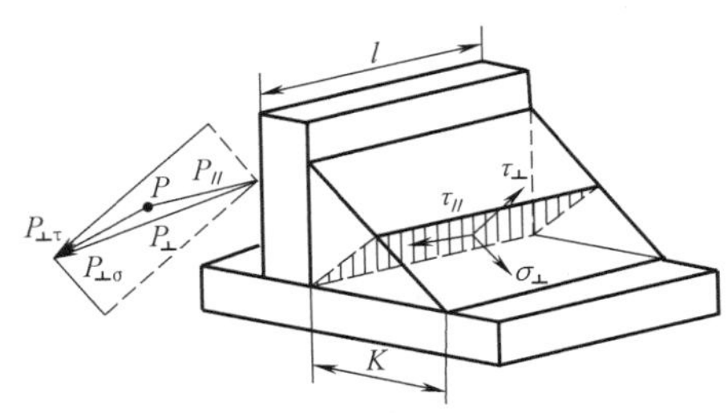

图 8-2-40　角焊缝的受力分析

例如，图 8-2-41 所示的 T 形接头，承受的偏心力 P，除产生一偏心力矩 M 外，还产生一个剪力 Q。

$$M=PL，\ Q=P$$

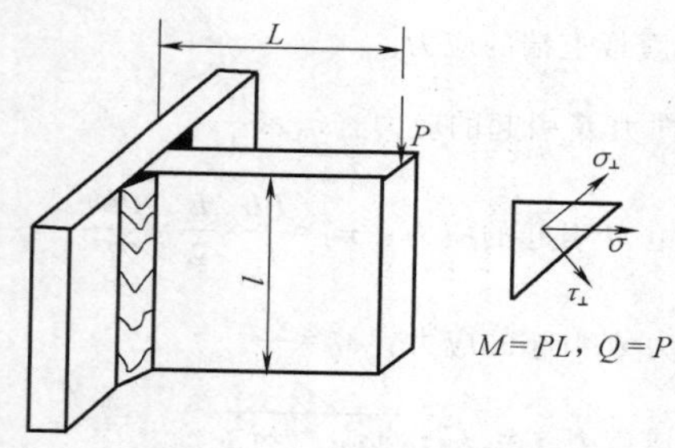

图 8-2-41　T形接头受力分析

力矩 M 引起的最大弯曲正应力为

$$\sigma=\frac{3PL}{al^2}$$

在计算断面上 σ 分解为

$$\sigma_{\perp}=\sigma\cos45^\circ=\frac{3PL}{al^2}\times\frac{\sqrt{2}}{2}=\frac{3\sqrt{2}PL}{2al^2}$$

$$\tau_{\perp}=\sigma\sin45^\circ=\frac{3PL}{al^2}\times\frac{\sqrt{2}}{2}=\frac{3\sqrt{2}PL}{2al^2}$$

剪力 Q 引起的切应力为

$$\tau_{\parallel}=\frac{Q}{2al}=\frac{P}{2al}$$

折合应力为：

$$\sigma_{zh}=\beta\sqrt{\sigma_{\perp}^2+3(\tau_{\perp}^2+\tau_{\parallel}^2)}\leqslant[\sigma_1']$$

（3）按刚度设计选择角焊缝尺寸

按刚度设计的焊接结构，如焊接机床床身、底座、立柱和横梁等大件，一般工作应力较低。若按工作应力来设计角焊缝尺寸，其值都很小；若按等强度原则来选择焊缝，则尺寸将很大，不仅增加制造成本，而且也增大了焊接残余应力与变形。因此，这类角焊缝不宜用强度条件来确定焊脚尺寸，而应按刚度条件来确定。这里推荐经验作法：以被焊件中较薄件强度的33%、50%和100%作为焊缝强度来确定焊脚尺寸。以T形接头的双面角焊缝为例，其焊脚尺寸 K 与立板厚度 δ 的关系如下。

100%强度焊缝：$K=3/4\delta$

50%强度焊缝：$K=3/8\delta$

33%强度焊缝：$K=1/4\delta$

100%强度的角焊缝就是等强度焊缝，它主要用于集中载荷作用的部位，如导轨的焊接；50%强度的角焊缝用于焊接箱体中，若为单面角焊缝，则焊脚尺寸要加倍，即 $K=3/4\delta$；33%强度的角焊缝主要用于不承载的角焊缝。当它小于最小焊脚尺寸时，则取最小焊脚尺寸。

2. 电阻点焊和缝焊接头的静载强度计算

（1）点焊接头

点焊接头的工作特点：熔核具有较高的抗剪能力，而抗撕裂能力低。故设计时应使熔核受剪而避免受撕拉。根据接头传递载荷的大小，可设计成单点搭接和多点搭接。为了保证多点搭接接头上熔核的焊接质量尽可能地均匀，要注意熔核直径和焊接点排列。

1）熔核直径 d。按母材厚度确定，表 8-2-12 给出几种常用金属材料的最小熔核直径的参考值。也可按 $d=5\sqrt{\delta}$ 估算，式中 δ 为较小板厚。

表 8-2-12　几种常用金属材料的最小熔核直径的参考值

板厚①/mm	焊点直径/mm		
	低碳钢、低合金钢	不锈钢、耐热钢、钛合金	铝合金
0.3	2.0	2.5	—
0.5	2.5	2.5	3.0
0.6	2.5	3.0	—
0.8	3.0	3.5	3.5
1.0	3.5	4.0	4.0
1.2	4.0	4.5	5.0
1.5	5.0	5.5	6.0
2.0	6.0	6.5	7.0
2.5	6.5	7.5	8.0
3.0	7.0	8.0	9.0
4.0	9.0	10.0	12.0

① 指被焊板中的较薄者。

2）熔核中心距 t。熔核过密时，焊接分流大而影响质量，一般 $t\geqslant3d$。点焊接头的设计如图 8-2-42 所示。

3）熔核边距 e。为了防止熔核沿板边缘处撕开，熔核中心至板端距离 $e_1\geqslant2d$；为了防止熔核被挤出，熔核中心至板侧距离 $e_2\geqslant1.5d$。

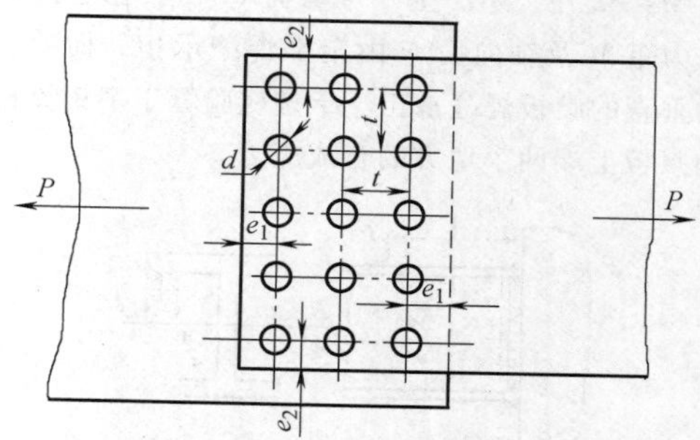

图 8-2-42　点焊接头的设计

4）最小搭接量，根据熔核排数确定。单排要大于边距的 2 倍。

精确计算熔核上的工作应力较困难，为了简化计算，作如下假定。

① 每个熔核都在切应力作用下破坏。

② 忽略因搭接造成作用力偏心而引起的附加应力。

③ 熔核上的应力集中对静载强度没影响。

④ 同一个搭接接头上的熔核，受力是均匀的。

基于上述假定，得出表 8-2-13 所列电阻焊接头静载强度计算公式。

(2) 缝焊接头

设计缝焊接头主要注意焊接可达性和搭接宽度。一般先根据焊件材质和板厚确定滚轮压痕的宽度，然后再确定搭接宽度。表 8-2-14 给出常用材料的滚轮压痕宽度和搭接宽度。

缝焊工作时焊缝受剪，其静载强度按下式验算（见图 8-2-43）。

表 8-2-13　电阻焊接头静载强度计算公式

简　图	计 算 公 式	备　注
单面剪切 双面剪切	受拉或压： 单面剪切 $\tau=\dfrac{4P}{ni\pi d^2}\leqslant[\tau_0']$ 双面剪切 $\tau=\dfrac{2P}{ni\pi d^2}\leqslant[\tau_0']$	$[\tau_0']$—熔核的许用切应力 i—熔核的排数 n—每排的熔核个数 d—熔核的直径 y_{max}—熔核距 x 轴的最大距离 y_j—j 熔核距 x 轴的距离
	受弯： 单面剪切 $\tau=\dfrac{4My_{max}}{i\pi d^2\sum\limits_{j=1}^{n}y_j^2}\leqslant[\tau'_0]$ 双面剪切 $\tau=\dfrac{4My_{max}}{n\pi d^2\sum\limits_{j=1}^{n}y_j^2}\leqslant[\tau'_0]$	

表 8-2-14　常用材料的滚轮压痕宽度和搭接宽度　（单位：mm）

板厚	滚轮压痕宽度 b			最小缝焊搭接宽度 L			备　注
	结构钢	不锈钢	铝合金	结构钢	不锈钢	铝合金	
0.3+0.3	3.0~4.0	3.0~3.5	—	8	7	—	
0.5+0.5	3.5~4.5	3.5~4.0	5.0~5.5	9	8	10	
0.8+0.8	4.0~5.5	5.5~6.0	5.5~6.0	11	12	12	
1.0+1.0	5.0~6.5	6.0~7.0	6.0~6.5	13	14	13	
1.2+1.2	—	—	6.5~7.0	—	—	14	
1.5+1.5	6.0~8.0	8.0~9.0	7.0~8.0	16	18	16	
2.0+2.0	8.0~10.0	9.0~10.0	8.0~9.0	20	20	18	
2.5+2.5	9.0~11.0	10.0~11.0	10.0~11.0	22	22	22	
3.0+3.0	10.0~12.0	11.0~12.5	11.0~12.0	24	25	25	
3.5+3.5	—	—	12.0~13.0	—	—	26	

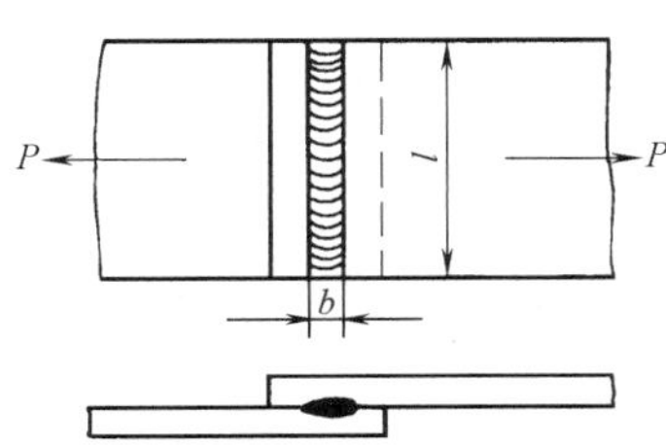

图 8-2-43　缝焊焊缝强度计算

$$\tau=\frac{P}{bl}\leqslant[\tau'_0]$$

式中　b——焊缝宽度，可取滚轮压痕宽度；

l——焊缝长度；

$[\tau'_0]$——焊缝许用切应力。

电阻点焊和缝焊的许用切应力均按 $[\tau'_0]=0.3\sim0.5[\sigma_1]$ 选用，$[\sigma_1]$ 为低碳钢、低合金钢或铝合金的许用拉应力。抗撕拉应力为 $[\sigma'_0]=0.25\sim0.3[\sigma_1]$。

2.4.3　焊接接头的极限状态设计法

我国建筑行业中，按 GB 50017—2003《钢结构设计规范》规定，工业与民用房屋和一般构筑物的钢结构设计，除疲劳强度计算外，应采用以概率理论为基础的极限状态设计法，并用分项系数的设计表达式进行计算。

该规范对各种形式焊接接头的强度计算归纳为对接焊缝和角焊缝的强度计算，计算焊缝强度的表达式在形式上和许用应力设计法相似，但含义和取值不同。载荷数值采用的是载荷设计值，它等于载荷标准值乘以载荷分项系数；位于不等号右侧的是焊缝强度设计值，而不是焊缝的许用应力值。

1. 弧焊接头的强度计算

(1) 对接焊缝的强度计算

对接焊缝内部熔透（见图 8-2-44），不存在缝隙，其受力与母材相似，故可以按母材强度公式计算这类焊缝的强度。

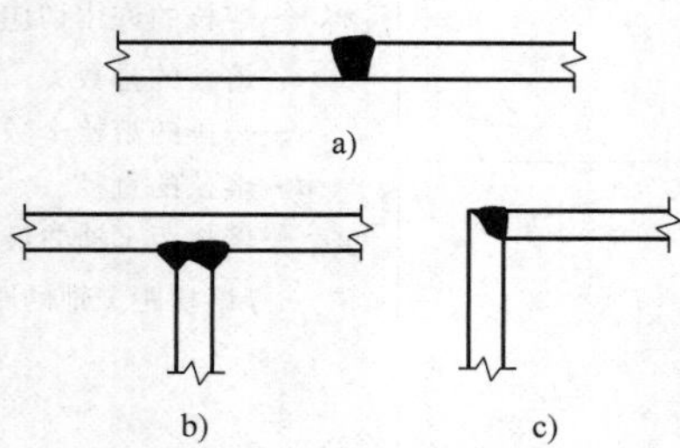

图 8-2-44　对接焊缝接头形式

a) 对接接头　b) T 形接头　c) 角接接头

1) 对接焊缝的基本计算公式。

① 在对接接头和 T 形接头中，垂直于轴心拉力或轴心压力的对接焊缝，其强度应按下式计算。

$$\sigma = \frac{N}{l_w t} \leqslant f_t^w \text{或} f_c^w \tag{8-2-1}$$

式中　N——轴心拉力或轴心压力；

l_w——焊缝的计算长度。有引弧板和引出板时，取焊缝的实际长度；否则，计算中应将每条焊缝的长度各减去 $2t$；

t——在对接接头中为连接件的较小厚度，在 T 形接头中为腹板的厚度；

f_t^w、f_c^w——对接焊缝的抗拉强度、抗压强度设计值。

当承受轴心力的板件用斜对接焊缝（见图 8-2-45）时，焊缝与作用力间的夹角 θ 符合 $\tan\theta \leqslant 1.5$（即 $\theta \leqslant 56.3°$）时，其强度可以不计算。

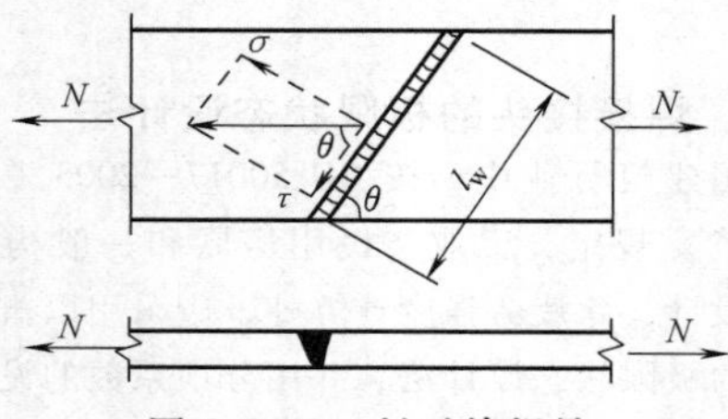

图 8-2-45　斜对接焊缝

② 在对接接头和 T 形接头中，承受弯矩和剪力共同作用的对接焊缝，其正应力 σ 和切应力 τ 应分别进行计算。计算公式为

$$\sigma = \frac{M}{W_w} \leqslant f_t^w \tag{8-2-2}$$

$$\tau = \frac{VS_w}{I_w t} \leqslant f_v^w \tag{8-2-3}$$

式中　M、V——弯矩和剪力；

W_w——焊缝截面模量；

S_w——焊缝截面的最大面积距；

I_w——焊缝截面惯性矩；

f_v^w——对接焊缝的抗剪强度设计值。

但在同时受有较大正应力和切应力处（如梁腹板横向对接焊缝的端部），应按下式计算折算应力

$$\sqrt{\sigma^2 + 3\tau^2} \leqslant 1.1 f_t^w \tag{8-2-4}$$

式中　σ、τ——接头中同一点处的正应力和切应力。

2) 对接焊缝的常用计算公式。

表 8-2-15 给出了对接焊缝接头的强度计算公式。

(2) 角焊缝的强度计算

角焊缝按两焊脚边夹角的不同分为直角角焊缝（见图 8-2-46）和斜角角焊缝（见图 8-2-47）两类，其中以直角角焊缝应用最多。角焊缝接头中（见图 8-2-48），在被连接的两母材之间存在缝隙，力的传递比熔透的对接焊缝复杂得多，所以其强度常按近似方法计算。

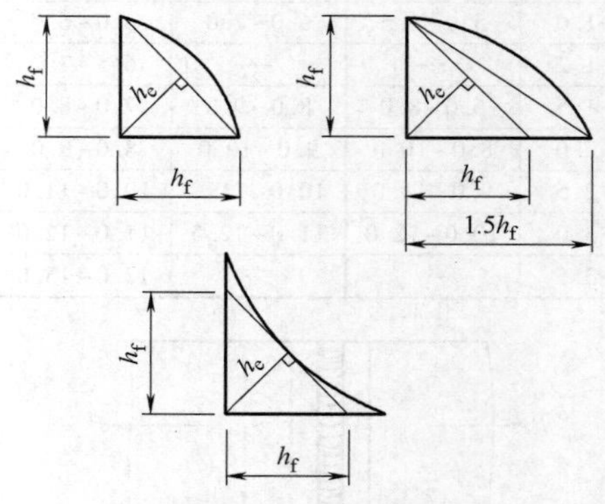

图 8-2-46　直角角焊缝截面

1) 直角角焊缝强度计算。

① 在通过焊缝形心的拉力、压力或剪力作用下，应力按下面方法计算。

正面角焊缝（作用力垂直于焊缝长度方向）为

$$\sigma_f = \frac{N}{h_e l_w} \leqslant \beta_f f_f^w \tag{8-2-5}$$

表 8-2-15　对接焊缝接头的强度计算公式

序号	连接形式及受力情况	计算内容	计 算 公 式	备　注
1	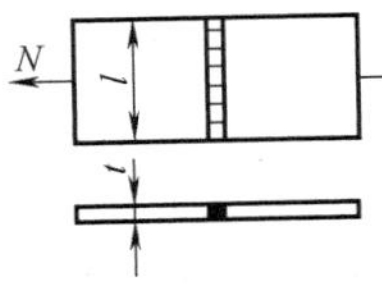	拉应力	$\sigma=\dfrac{N}{l_w t}\leqslant f_t^w$	当承受轴心力的板件用斜焊缝对接，焊缝与作用力间的夹角 θ 符合 $\tan\theta\leqslant1.5$ 时，其强度可以不计算
2	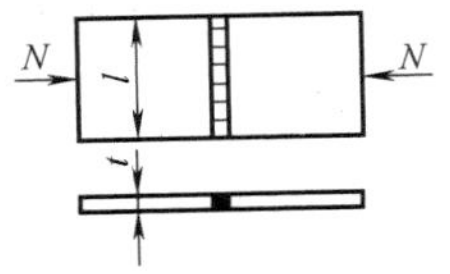	压应力	$\sigma=\dfrac{N}{l_w t}\leqslant f_c^w$	
3	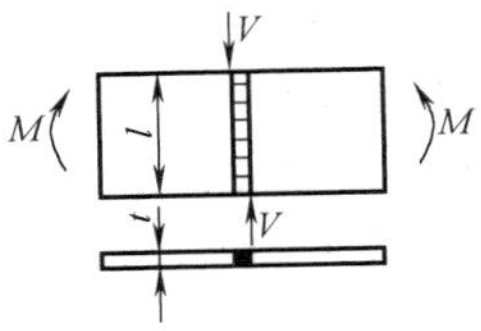	正应力 切应力	$\sigma=\dfrac{6M}{l_w^2 t}\leqslant f_t^w$ $\tau=\dfrac{1.5V}{l_w t}\leqslant f_v^w$	—
4	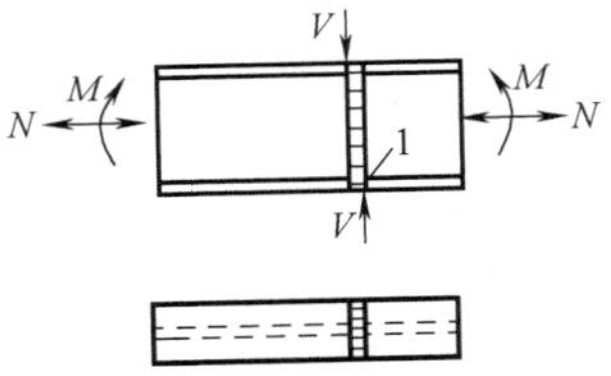	正应力 切应力 折算应力	$\sigma=\dfrac{N}{A_w}+\dfrac{M}{W_w}\leqslant f_t^w$或$f_c^w$ $\tau=\dfrac{VS_w}{l_w t}\leqslant f_v^w$ $\sqrt{\sigma_1^2+3\tau_1^2}\leqslant1.1f_t^w$ 式中　$\sigma_1=\dfrac{N}{A_w}+\dfrac{My_1}{I_w}$ $\tau_1=\dfrac{VS_{w1}}{I_w t}$	在正应力和切应力均较大的地方才需验算折算应力，如图中 1 点处
5	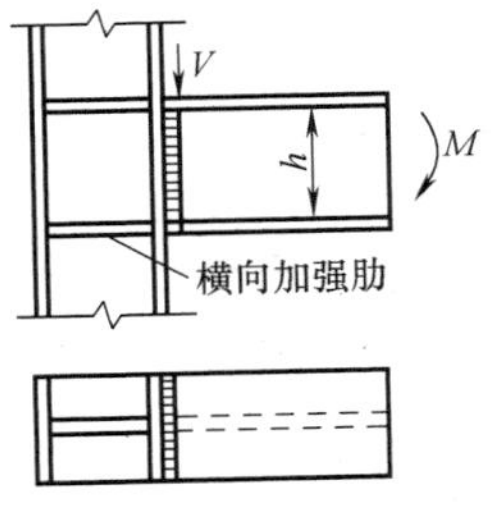 横向加强肋	正应力 切应力 折算应力	$\sigma=\dfrac{M}{W_w}\leqslant f_t^w$ $\tau=\dfrac{V}{ht}\leqslant f_v^w$ $\sqrt{\sigma_1^2+3\tau_1^2}\leqslant1.1f_t^w$ 式中　$\sigma_1=\dfrac{My_1}{I_w}$ $\tau_1=\dfrac{V}{ht}$	如梁翼缘在柱翼缘的连接处无横向加强肋加强时，W_w 按下式计算 $W_w=\dfrac{h^2t}{6}$

注：A_w、W_w、I_w、S_w—焊缝截面的面积、抵抗矩、惯性矩和最大面积矩；N、M、V—作用于连接处的轴心力、弯矩和剪力；l_w—焊缝的计算长度；t—焊缝的厚度；S_{w1}—焊缝截面中，计算点 1 以上（或以下）的面积对中心轴的面积矩；y_1—计算点 1 到中性轴的距离；h—竖直焊缝的长度（牛腿截面的高度）；f_t^w、f_c^w、f_v^w—对接焊缝的抗拉强度、抗压强度和抗剪强度设计值。

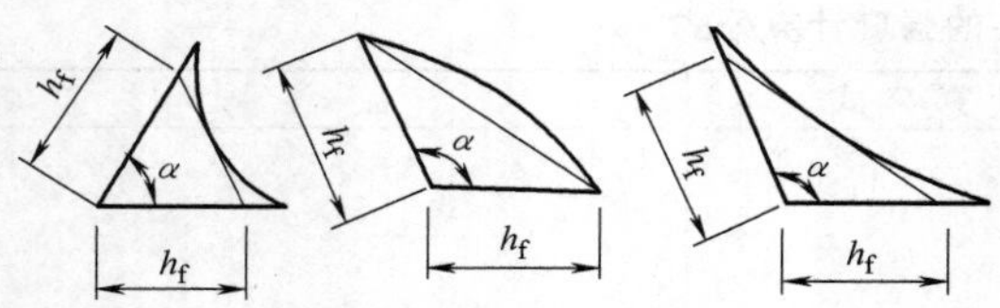

图 8-2-47　斜角角焊缝截面

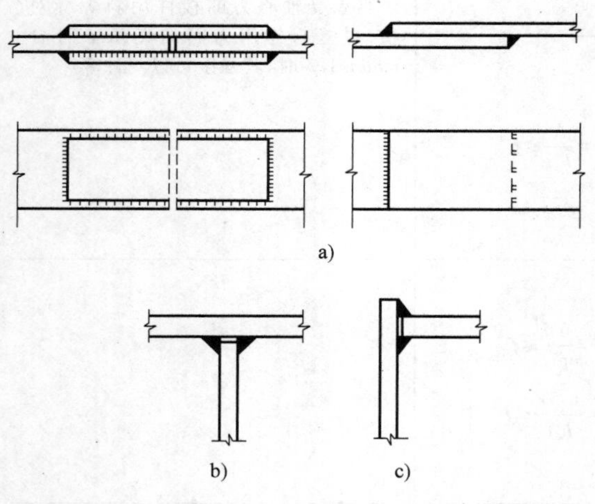

图 8-2-48　角焊缝接头的形式

a）搭接接头　b）T 形接头　c）Γ 形接头

侧面角焊缝（作用力平行于焊缝长度方向）为

$$\tau_f = \frac{N}{h_e l_w} \leqslant f_f^w \tag{8-2-6}$$

② 在各种力综合作用下，σ_f 和 τ_f 共同作用处为

$$\sqrt{\left(\frac{\sigma_f}{\beta_f}\right)^2 + \tau_f^2} \leqslant f_f^w \tag{8-2-7}$$

式中　σ_f——按焊缝有效截面（$h_e l_w$）计算，垂直于焊缝长度方向的应力；

τ_f——按焊缝有效截面计算，沿焊缝长度方向的切应力；

h_e——角焊缝的计算厚度，对直角角焊缝等于 $0.7h_f$，h_f 为焊脚尺寸，如图 8-2-46 所示；

l_w——角焊缝计算长度，对每条焊缝取其实际长度减去 $2h_f$；

f_f^w——角焊缝的强度设计值；

β_f——正面角焊缝的强度设计值增大系数，对承受静力载荷和间接承受动力载荷的结构，$\beta_f = 1.22$，对直接承受动力载荷的结构，$\beta_f = 1.0$。

表 8-2-16 给出了常用接头中直角角焊缝的强度计算公式。

表 8-2-16　直角角焊缝的强度计算公式

序号	连接形式及受力情况	计 算 公 式	备　　注
1	N　N	$\tau_f = \dfrac{N}{h_e \sum l_w} \leqslant f_f^w$	$\sum l_w$ 为连接一侧的焊缝计算长度之和
2	N　N	$\sigma_f = \dfrac{N}{h_e \sum l_w} \leqslant \beta_f f_f^w$	—
3	N　1　2　N	$\dfrac{N}{h_e(\sum \beta_f l_{w1} + \sum l_{w2})} \leqslant f_f^w$	$\sum l_{w1}$、$\sum l_{w2}$ 分别为连接一侧的焊缝 1 和焊缝 2 的计算长度之和
4	N　N　h_{f2}　h_{f1}	$\sigma_f = \dfrac{N}{(h_{e1} + h_{e2}) l_w} \leqslant \beta_f f_f^w$	h_{f1} 和 h_{f2} 相差不宜过大

（续）

序号	连接形式及受力情况	计算公式	备　注
5	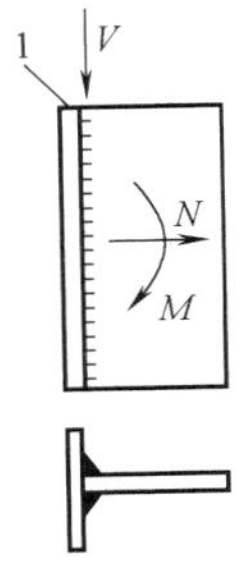 1 V N M	$\sqrt{\left(\frac{\sigma_f}{\beta_f}\right)^2+\tau_f^2}\leqslant f_f^w$ 式中　$\sigma_f=\frac{N}{A_w}+\frac{M}{W_w}$；$\tau_f=\frac{V}{A_w}$	验算应力最大的 1 点的强度。对图示焊缝情况 $A_w=2h_el_w$； $W_w=\frac{1}{3}h_el_w^2$
6	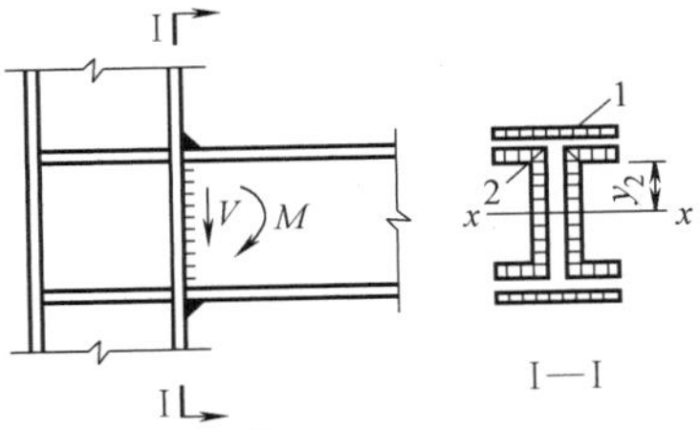 I V M I 1 2 y_2 x x I—I	$\sigma_{f1}=\frac{M}{W_w}\leqslant\beta_f f_f^w$ $\sqrt{\left(\frac{\sigma_{f2}}{\beta_f}\right)^2+\tau_f^2}\leqslant f_f^w$ 式中　$\sigma_{f2}=\frac{M}{I_{wx}}y_2$；$\tau_f=\frac{V}{A'_w}$	验算 1 点和验算 2 点的强度，如连接在翼缘处无柱中横向加强肋加强时，则只有梁腹板处的竖直焊缝传力，此时，焊缝可按项次 5 的情况计算
7	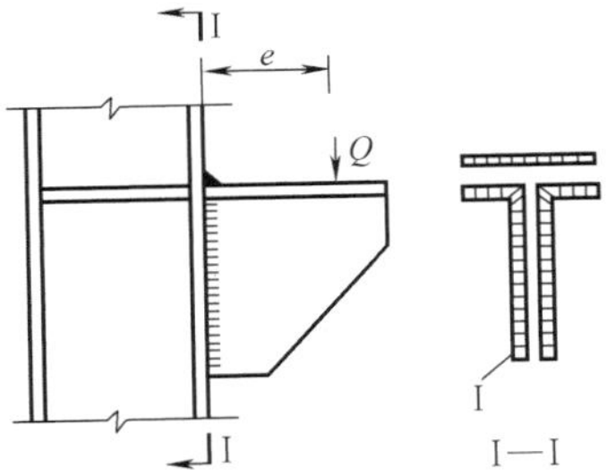 I e Q I I I—I	$\sqrt{\left(\frac{\sigma_f}{\beta_f}\right)^2+\tau_f^2}\leqslant f_f^w$ 式中　$\sigma_f=\frac{Qe}{W_{w1}}$；$\tau_f=\frac{Q}{A'_w}$	—
8	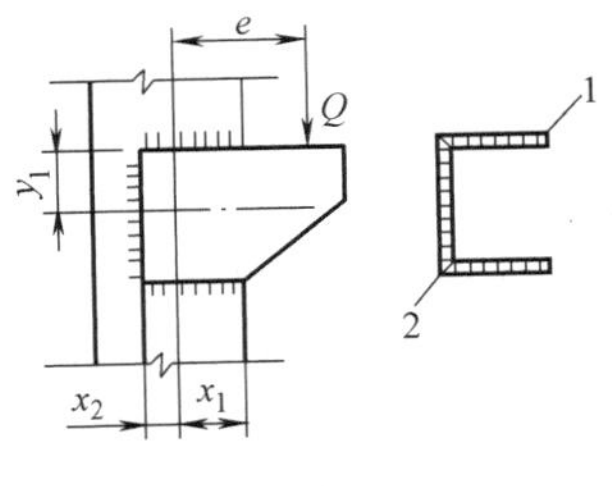 e Q y_1 x_2 x_1 1 2	焊缝 1 点处 $\sqrt{\left(\frac{\sigma_{f1}}{\beta_f}\right)^2+\tau_{f1}^2}\leqslant f_f^w$ 式中　$\sigma_{f1}=\frac{Q}{A_w}+\frac{Qex_1}{I_{wp}}$； $\tau_{f1}=\frac{Qey_1}{I_{wp}}$ 焊缝 2 点处 $\sqrt{\left(\frac{\sigma_{f2}}{\beta_f}\right)^2+\tau_{f2}^2}\leqslant f_f^w$ 式中　$\sigma_{f2}=\frac{Qey_1}{I_{wp}}$； $\tau_{f2}=\frac{Q}{A_w}+\frac{Qex_2}{I_{wp}}$	—
9	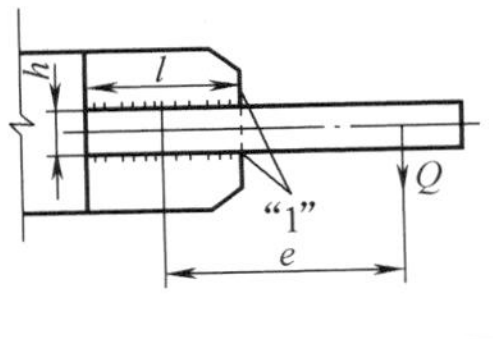 h l "1" Q e	$\sigma_{f1}=\frac{Qe}{W_w}+\frac{Q}{A_w}\leqslant\beta_f f_f^w$	验算右侧两角点 以下各项次中的焊缝几何特性如下： $A_w=2h_el_w$； $W_w=\frac{1}{3}h_el_w^2$

（续）

序号	连接形式及受力情况	计算公式	备注
10		$\tau_f=\dfrac{Q}{A_w}\left(1+\dfrac{2e}{h}\right)\leqslant f_f^w$	验算右侧焊缝
11	若$l\geqslant 3h$时	$\sqrt{\left(\dfrac{\sigma_{f1}}{\beta_f}\right)^2+\tau_f^2}\leqslant f_f^w$ 式中 $\sigma_{f1}=\dfrac{Qe}{W_w}$； $\tau_f=\dfrac{Q}{A_w}$	验算 4 个角点
12	若$h\geqslant 3l$时	$\sqrt{\left(\dfrac{\sigma_f}{\beta_f}\right)^2+\tau_f^2}\leqslant f_f^w$ 式中 $\sigma_f=\dfrac{2Qe}{hA_w}$； $\tau_f=\dfrac{Q}{A_w}$	验算 4 个角点

注：h_e（h_{e1}、h_{e2}）—角焊缝的有效厚度，等于 $0.7h_f$（$0.7h_{f1}$、$0.7h_{f2}$）；h_f（h_{f1}、h_{f2}）—角焊缝的较小焊脚尺寸（见图 8-2-46）；l_w——条焊缝的计算长度；W_w、W_{w1}—焊缝有效截面对边缘和对 1 点的抵抗矩；A_w、A'_w—焊缝有效截面面积和腹板连接焊缝（竖直焊缝）有效截面面积；I_{wp}—焊缝有效截面对其形心 O 的截面二次极矩，其值为 $I_{wp}=I_{wx}+I_{wy}$；I_{wx}、I_{wy}—焊缝有效截面绕 x 轴或 y 轴的惯性矩；y_2—计算点 2 到中心轴的距离；β_f、σ_f、τ_f、f_f^w—同前述。

2）斜角角焊缝强度计算。

两焊脚边夹角为 α（$60°\leqslant\alpha\leqslant 135°$）的 T 形接头，其斜角角焊缝的强度计算公式与直角角焊缝相同，取 $\beta_f=1.0$，其计算厚度为

$$h_e=\begin{cases} h_f\cos\dfrac{\alpha}{2}, \\ b、b_1 \text{ 或 } b_2\leqslant 1.5 \text{ 时} \\ \left[h_f-\dfrac{b\ (\text{或 } b_1、b_2)}{\sin\alpha}\right]\cos\dfrac{\alpha}{2}, \\ 1.5<b、b_1 \text{ 或 } b_2\leqslant 5 \text{ 时} \end{cases} \tag{8-2-8}$$

式中　b、b_1或 b_2——根部间隙（mm），如图 8-2-49 所示。

（3）部分熔透对接焊缝的强度计算

部分熔透的对接焊缝（见图 8-2-50），其工作情况与角焊缝类似，故按角焊缝的式（8-2-5）~式（8-2-7）计算强度。但取 $\beta_f=1.0$（即不考虑应力方向），在垂直于焊缝长度方向的压力作用下，取 $\beta_f=1.22$（因内力可以通过焊件直接传递一部分）；而焊缝的计算厚度应采用：

1）V 形坡口：当 $\alpha\geqslant 60°$时，$h_e=s$；当 $\alpha<60°$时，$h_e=0.75s$。前者因焊缝根部可以焊满，后者是考虑焊缝根部不易焊满和在熔合线上强度较低的情况。

2）单边 V 形和 K 形坡口：当 $\alpha=45°\pm 5°$时，$h_e=s-3$。

3）U 形、J 形坡口：$h_e=s$。

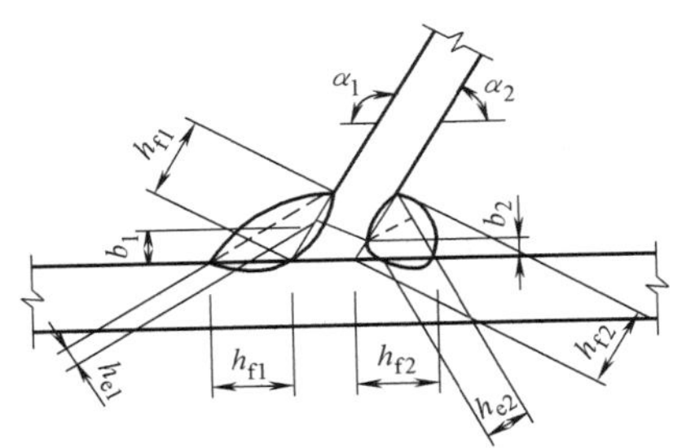

图 8-2-49　T 形接头的根部间隙和焊缝截面

s 为坡口深度，即根部至焊缝表面（不考虑余高）的最短距离（mm）；α 为 V 形、单边 V 形或 K 形坡口的角度。

当熔合线处焊缝截面边长等于或接近于最短距离 s 时（见图 8-2-50b、c、e），抗剪强度设计值应按角焊缝的强度设计值乘以 0.9。

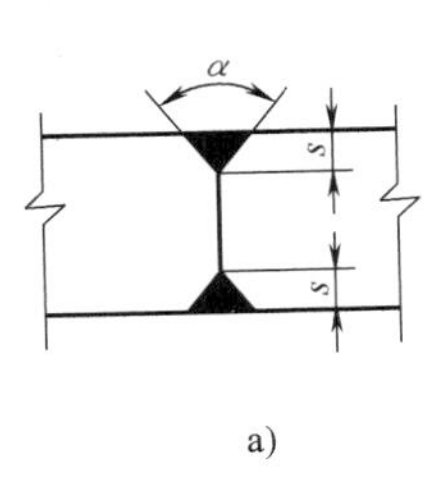

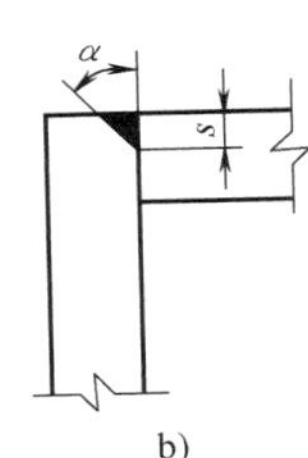

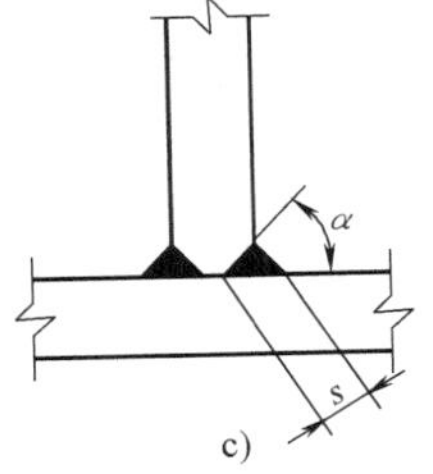

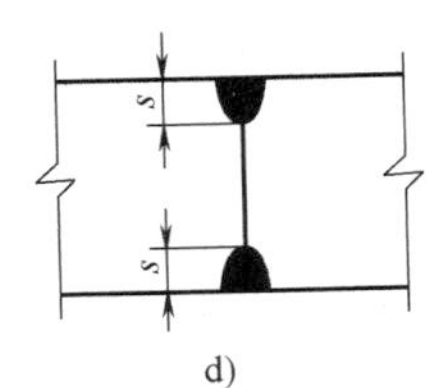

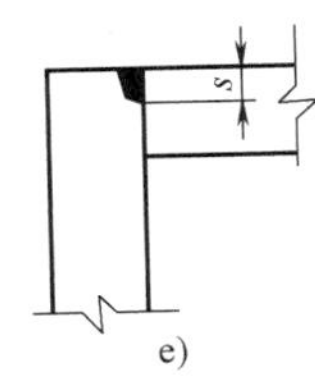

图 8-2-50　部分熔透对接焊缝接头

a）V 形坡口　b）单边 V 形坡口　c）K 形坡口　d）U 形坡口　e）J 形坡口

（4）圆钢和钢管的角焊缝计算

1）圆钢与平板、圆钢与圆钢连接的角焊缝。

焊缝强度按式（8-2-6）计算，焊缝计算厚度 h_e 分别按下式计算：

圆钢与平板连接（见图 8-2-51）：$h_e = 0.7h_f$。

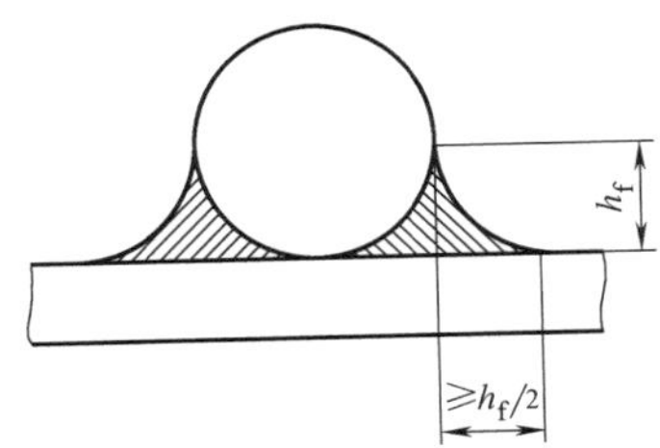

图 8-2-51　圆钢与平板的连接焊缝

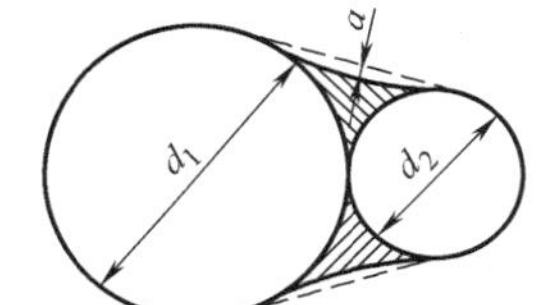

图 8-2-52　圆钢与圆钢的连接焊缝

圆钢与圆钢连接（见图 8-2-52）：$h_e = 0.1(d_1 + 2d_2) - a$。

式中　d_1——大圆钢直径（mm）；

d_2——小圆钢直径（mm）；

a——焊缝表面至两个圆钢公切线的距离（mm）。

2）钢管与钢管连接的角焊缝。

在管结构中，支管与主管的连接焊缝可视为全周角焊缝，按式（8-2-5）进行计算，取 $\beta_f = 1$。角焊缝的计算厚度沿支管周长是变化的，当支管轴心受力时，平均计算厚度可取 $0.7h_f$。

① 在圆管结构中（见图 8-2-53），取支管与主管相交线的长度为

$$l_w = \begin{cases} (3.25d_i - 0.025d)\left(\dfrac{0.534}{\sin\theta_i} + 0.466\right), \\ d_i/d \leqslant 0.65 \text{ 时} \\ (3.81d_i - 0.389d)\left(\dfrac{0.534}{\sin\theta_i} + 0.466\right), \\ d_i/d > 0.65 \text{ 时} \end{cases} \tag{8-2-9}$$

式中　d、d_i——主管和支管外径；

θ_i——支管轴线与主管轴线夹角。

② 在矩形管结构中（见图 8-2-54），支管与主管相交焊缝的计算长度按下列规定计算。

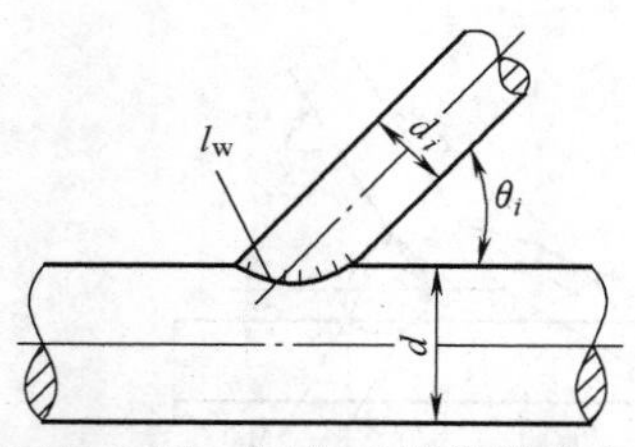

图 8-2-53　圆管直接焊接节点

对于有间隙的 K 形和 N 形节点有

$$l_w=\begin{cases}2h_i/\sin\theta_i+b_i,\theta_i\geqslant 60° \text{ 时}\\ 2h_i/\sin\theta_i+2b_i,\theta_i\leqslant 50° \text{ 时}\end{cases} \tag{8-2-10}$$

当 $50°<\theta<60°$ 时，l_w 按插值法确定。

对于 T 形、Y 形和 X 形节点有

$$l_w=2h_i/\sin\theta_i \tag{8-2-11}$$

式中　h_i、b_i——支管的截面高度和宽度。

当支管为圆管、主管为矩形管时，焊缝计算长度取为支管与主管的相交线长度减去 d_i。

（5）喇叭形焊缝的强度计算

喇叭形焊缝指连接圆角与圆角或圆角与平板间隙处的焊缝，如图 8-2-55 所示。对于冷弯薄壁型钢结构，其喇叭形焊缝的强度应按下列公式计算。

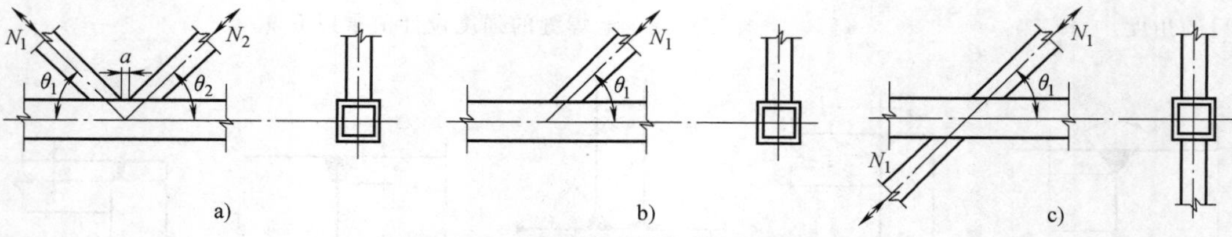

图 8-2-54　矩形管直接焊接平面管节点

a）有间隙的 K 形、N 形节点　b）T 形、Y 形节点　c）X 形节点

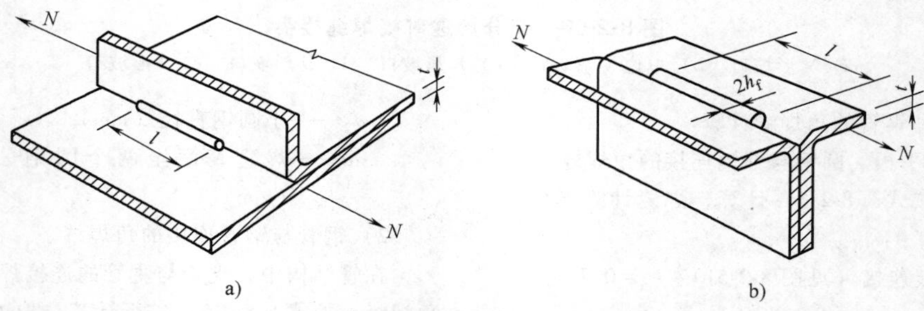

图 8-2-55　纵向受剪的喇叭形焊缝

a）单边喇叭形焊缝　b）喇叭形焊缝

1）当连接板件的最小厚度 $t\leqslant 4$mm 时，轴力 N 平行于焊缝轴线方向作用的焊缝（见图 8-2-55）的抗剪强度应按下式计算。

$$\tau=\frac{N}{l_w t}\leqslant 0.7f \tag{8-2-12}$$

轴力 N 垂直于焊缝轴线方向作用的焊缝（见图 8-2-56）的抗剪强度应按下式计算。

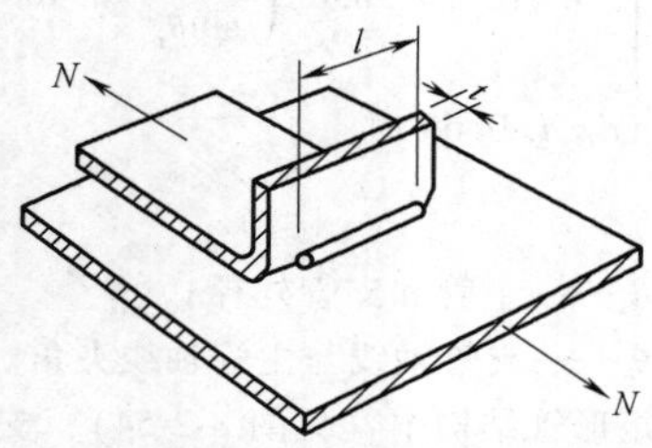

图 8-2-56　端缝受剪的单边喇叭形焊缝

$$\tau=\frac{N}{l_w t}\leqslant 0.8f \tag{8-2-13}$$

式中　t——连接钢板的最小厚度；

l_w——焊缝计算长度之和，每条焊缝的计算长度均取实际长度 l 减去 $2h_f$，h_f 应按图 8-2-57确定；

f——连接钢板的抗拉强度设计值（MPa），对 Q235 钢取 205MPa，对 Q355 钢取 300MPa。

2）当连接板件的最小厚度 t>4mm 时，纵向受剪的喇叭形焊缝的强度除按式（8-2-12）计算外，尚应按式 8-2-6 做补充验算，但 h_f 应按图 8-2-55 或图 8-2-57确定，$h_e=0.7h_f$。

2. 电阻电焊接头的计算

电阻电焊接头多用于薄壁构件或薄板间的连接，

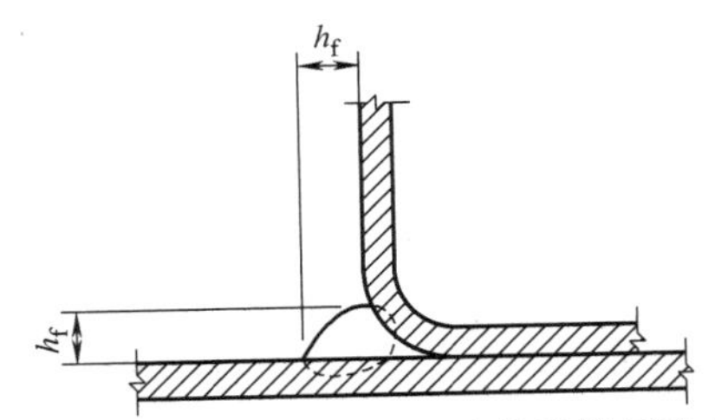

图 8-2-57　单边喇叭形焊缝的计算厚度 h_f

图 8-2-58 给出了最常用的点焊接头形式。点焊接头中的熔核主要承受剪力，其抗拉强度较低。

电阻点焊连接中，每个熔核所承受的最大剪力不得大于规定的抗剪承载力设计值。点焊接头的基本计算公式见表 8-2-17。

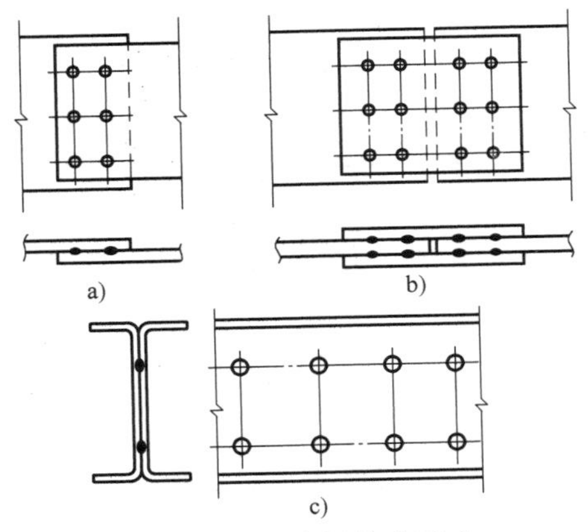

图 8-2-58　点焊接头形式

a）搭接接头　b）带盖板对接接头　c）构件组合连接

表 8-2-17　点焊接头的基本计算公式

序号	连接形式及受力情况	计算公式	备注
1		$\frac{N}{n} \leqslant N_v^S$	图中 $n=6$
2		$\frac{N}{2n} \leqslant N_v^S$	n 指连接一侧熔核数，图中 $n=6$
3		$N_1^M = \frac{Mr_1}{\sum x_i^2 + \sum y_i^2} \leqslant N_v^S$ 式中　$r_1 = \sqrt{x_1^2 + y_1^2}$ 当 $y_1 > 3x_1$ 时 $N_1^M = \frac{My_1}{\sum y_i^2}$	四个角点处的熔核受力最大

（续）

序号	连接形式及受力情况	计算公式	备注
4		$\sqrt{(N_{1x}^{M}+N_{1x}^{N})^{2}+(N_{1y}^{M}+N_{1y}^{N})^{2}} \leqslant N_{v}^{S}$ 式中 $N_{1x}^{N}=\dfrac{N}{n}$ $N_{1y}^{N}=\dfrac{V}{n}$ $N_{1x}^{M}=\dfrac{My_1}{\Sigma x_i^2+\Sigma y_i^2}$ $N_{1y}^{M}=\dfrac{Mx_1}{\Sigma x_i^2+\Sigma y_i^2}$	图中 $n=15$ 点 1 处的熔核受力最大 N_{1x}^{M}和 N_{1y}^{M}的作用位置和方向见本表序号 3 的附图

注：N、V、M—接头所受的轴力、剪力和弯矩；n—连接的熔核数；x_1、y_1、x_i、y_i—分别为接头中受力最大的熔核的坐标和各熔核的坐标；N_1^M—由弯矩引起的熔核 1 处的内力；N_{1x}^{N}、N_{1y}^{N}—由轴力 N 和剪力 V 在熔核 1 处引起的内力；N_{1x}^{M}、N_{1y}^{M}—由弯矩 N 在熔核 1 处引起的沿 x 和 y 方向的内力分量；N_1—由弯矩 M、轴力 N 和剪力 V 在熔核 1 处引起的合力；N_v^S—一个熔核的抗剪承载力设计值。

由两薄壁槽钢（或卷边薄壁槽钢）通过点焊连接而成的组合工字形截面（见图 8-2-59），其熔核的最大纵向间距 $a_{\max}$ 应按表 8-2-18 的规定采用。

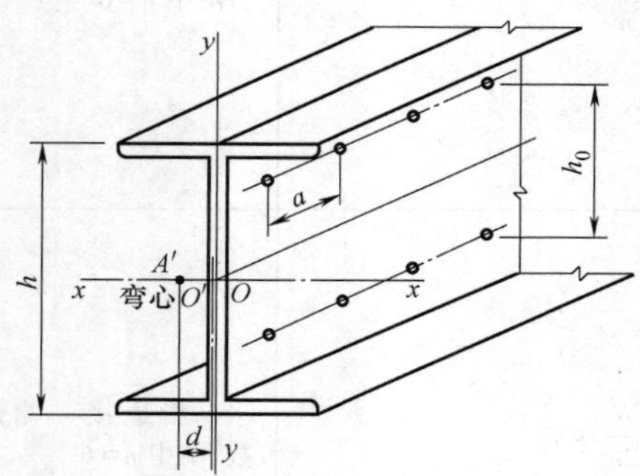

图 8-2-59　点焊连接的组合工字形截面

A'—单个槽钢的弯心　O'—单个槽钢腹板中心线与对称轴 x 的交点

表 8-2-18　用于构件组合的点焊连接焊点的最大纵向间距 $a_{\max}$（摘自 GB 50018—2002）

序号	组合构件的受力特点	计算公式
1	压弯构件	$a_{\max}=\dfrac{n_1 N_v^S I_y}{VS_y}$ $a_{\max}=\dfrac{li_1}{2i_y}$ 取两式算得的较小者
2	受弯构件	$a_{\max}=\dfrac{2N_t^f h_0}{dq_0}$

注：N_v^S、N_t^f——一个熔核的抗剪、抗拉承载力设计值，$N_t^f=0.3N_v^S$；n_1—同一截面处的熔核数；I_y—组合工字形截面对平行于腹板的重心轴 y 的惯性矩；S_y—单个槽钢对 y 轴的截面二次矩；l—构件支承点之间的长度；i_1—单个槽钢对其自身平行于腹板重心轴的回转半径；i_y—组合工字形截面对 y 轴的回转半径；h_0—最靠近上、下翼缘的两排熔核间的垂直距离；d—单个槽钢的腹板中面至其弯心的距离；q_0—等效载荷集度，按下列规定采用：对于分布载荷应取实际载荷集度的 3 倍；对于集中载荷或反力，应将集中力除以载荷分布长度或熔核的纵向间距，取其中的较大值；V—剪力，取实际剪力与按下式算得的剪力中较大者。

$$V=\frac{fA}{80}\sqrt{\frac{f_y}{235}}$$

式中　f——钢材强度设计值，按表 8-4-11 查得；

A——构件所有单肢毛截面面积之和；

f_y——钢材的屈服强度，Q235 钢的 $f_y=235\text{MPa}$，Q355 钢的 $f_y=345\text{MPa}$。

2.5　焊缝符号及其在图样上的标注

在焊接结构图样上焊缝的形状尺寸和工艺要求，既可以用技术制图方法表示，也可用焊缝符号来表示。对大型而复杂的焊接结构当采用缩小比例来绘制图样时，焊接接头处的焊缝采用代表它的符号来说明其形状尺寸和工艺要求，就可以达到简化图样的目的。焊缝符号在这里起着传递焊接有关信息的作用。

焊缝符号现已成为设计者与制造者之间及工程科技人员之间相互沟通与交流的一种技术语言。各国均以标准化的方式将焊缝符号使用和表达的规则予以确定，形成各自的焊缝符号标准。我国1964年颁布了焊缝符号国家标准，统一了焊缝符号在国内工程技术上的应用。随着国际技术交流日益频繁，焊缝符号标准也趋于全球统一。从1980年起我国先后三次参照当时的国际标准进行修订，形成了现行的标准GB/T 324—2008《焊缝符号表示法》。与之配套，还颁布了GB/T 5185—2005《焊接及相关工艺方法代号》等标准。基本内容在第1篇第1章1.6.2中列出。

常用熔焊的各种坡口焊缝的符号参见GB/T 985.1~4—2008，其中1为气焊、焊条电弧焊、气体保护焊和高能束焊的推荐坡口，2为埋弧焊的推荐坡口，3为铝及铝合金气体保护焊的推荐坡口，4为复合钢的推荐坡口。

第3章　焊接结构的破坏

3.1　概述

3.1.1　焊接结构的失效类型

焊接结构也和其他机械产品一样，在服役期间可能因丧失其规定功能而失效。失效的类型大致可归纳为以下几类。

1）过量变形失效。它包括过量弹性变形失效和过量塑性变形失效两种，均因变形量已超过了允许值而不能继续使用。如桥式吊车焊接主梁工作一段时间后发生过量下挠变形，锅炉管道产生过量的蠕变变形等。

2）断裂失效。它包括塑性断裂、脆性断裂、疲劳断裂和蠕变断裂等失效。这一类属于破坏失效，有些具有突发性，易造成灾难性后果。由于在焊接结构中时有发生，故是本章介绍的主要内容。

3）表面损伤失效。它包括腐蚀失效和磨损失效。腐蚀失效又分应力腐蚀、腐蚀疲劳、氢脆、点蚀、缝隙腐蚀等失效形式，有些腐蚀的最终断裂也具有瞬时性，易造成严重后果；磨损失效是相互接触并作相对运动的构件由于机械作用而造成的表面破坏，又分粘着磨损、磨料磨损、接触疲劳磨损、微动磨损、气蚀等失效形式。在焊接堆焊和喷涂产品工作过程中常遇到此类失效。

引起焊接结构失效的原因是多方面的，它涉及结构用材、构造设计、制造工艺和服役条件等因素。表8-3-1列举了几种焊接结构常见的失效形式。

表8-3-1　几种焊接结构常见的失效形式

结构种类	常见的失效形式
桥梁	疲劳，脆性断裂，挠曲变形，大气腐蚀
船舶	低周疲劳，脆性断裂，腐蚀和应力腐蚀
海洋结构	腐蚀疲劳，低温脆性断裂，节点部位层状撕裂
一般压力容器	脆性断裂，泄漏，腐蚀和应力腐蚀
化工工艺流程设备	一般腐蚀和应力腐蚀，蠕变
电站锅炉	应力腐蚀，蠕变，泄漏，低周疲劳
原子能核电站设备	中子辐射引起的脆化，蠕变，应力腐蚀，低周疲劳

3.1.2　结构完整性与合于使用

近年来在专业出版物上常遇到两个词（或术语）："结构完整性"和"合于使用"，它们是由外来词翻译而成。这两个词在后面章节可能用到，在这里就它们的含义和用法作点介绍和说明。

1．"结构完整性"

"结构完整性"没有统一的定义，全凭各人的领会和解读。下面是作者的见解：

"结构完整性"这个词需注意使用场合。使用前应交代清楚所指的完整性是那方面的完整性，怎样才算完整。显然强调结构完整性实质是强调重视产品结构的质量问题，确切地说是结构的安全可靠性问题。产品在建期间所说的结构完整性和在服役期间所说的结构完整性其含义是有区别的。

1）在建期间的结构完整性。根据安全可靠性的概念，凡是在规定时间内和规定的条件下能完成预定功能的焊接结构应该认为是完整的结构，即具有结构完整性。不同的产品结构由于其服役环境和条件不一样，所要求具备的功能是有区别的，设计时提出的功能要求不管是多还是少，只要全部达到或实现了，其结构就是完整的。所以结构完整性也可作为对新产品结构设计的总目标或总要求提出，且贯彻在整个建造结构阶段。结构的完整性是靠正确选材、合理构造、精心制作、严格检验等一系列措施逐渐形成和获得。在建造过程中不可避免地产生不同程度的缺陷，按产品技术要求和相关标准或规程对产品作严格的质量检验和质量评定，超标缺陷必须经过处理，最后需通过竣工验收，证明合格可用，该产品的结构完整性才得到确认。

2）在服役期间的结构完整性。新建产品结构经竣工验收合格，投入使用，若正常运行，就证明该产品结构是完整的。经过一段时间运行后就会因载荷、介质等各种复杂因素长期作用和影响，原来没超标的缺陷可能变成超标的了，还会萌生新的缺陷，如腐蚀、疲劳裂纹、蠕变、材质退化、机械损伤等，破坏了产品服役前的结构完整性（或称既定完整性），对结构的安全使用造成威胁，必须进行及时处理。显然，在这个时期所强调的结构完整性是针对有无缺陷或损伤来说的，有缺陷或损伤就破坏了结构完整性，没有缺陷或损伤就是结构原来所具有的完整性。服役期间缺陷和损伤是影响结构既定完整性的最主要因素。因此，在此期间强调"完整无缺"，"无缺则完整"是合理的。

于是用户在使用产品结构过程中必须保障和维护结构既有的完整性。这一要求可以作为基本原则写进安全监察规程、规范或标准中，共同遵守执行。

应该说，如果把结构完整性作为对产品结构的总目标来追求，则必须贯彻于产品全寿命周期内，也就是说焊接结构在建造期内是形成结构完整性的过程，千方百计要求达到使之实现；在服役期内则是维护或保证已具有的结构完整性的过程，千方百计要求防止缺陷或损伤的发生。

现实情况是，在长期服役中总会有不同程度的缺陷和损伤发生，一旦发现就必须处理，或进行风险评估，或进行安全评定，能否继续使用，可按“合于使用”原则来确定。

2. “合于使用”

“合于使用”简单的理解是：在用含缺陷的结构，经证明该缺陷无害，结构就可以继续使用。

建造一座复杂的焊接结构，作为目标始终追求结构具有完整性，但在实际中能不能全都实现，那是另一回事了。因为在建造过程中不可避免地存在不同程度的缺陷。通常是按产品技术要求和相关标准或规程对产品作严格的质量检验和质量评定来解决，超标缺陷必须经过处理，一般是返修，这种返修比服役后进行来得容易和经济。最后通过评定合格和竣工验收，该结构就应该认为是合格品可以放心使用的结构。产品服役后，会因载荷、介质等各种复杂因素长期作用和影响，原来没超标的缺陷可能变成超标的了，还会萌生新的缺陷，如腐蚀、材质退化、机械损伤等，破坏了产品已有的结构完整性，如果过度强调结构安全和结构完整性，不允许任何缺陷存在，立即停机修理或提前退役报废，那是不经济的；如果不加分析任其存在，则是有危险的，从表 8-3-1 所列的焊接结构曾发生过的各类失效和破坏事故分析，基本上都是由这些缺陷或损伤未能及时处理，逐渐扩展所诱发。另外，理论和实践又证明，并非所有超标缺陷都导致结构破坏，关键的是要对存在的缺陷加以区别，进行必要的分析评估，区分各种缺陷对结构危害的程度，消除那些带有潜在危险的缺陷，而对安全没有威胁的缺陷则予以保留，或者对结构在监控前提下降级使用。不必要的返修和盲目的报废都会造成巨大的经济损失。用什么办法来证明或区分缺陷的危险程度呢？为此，工程界提出了基于“合于使用”原则的结构安全评定方法。

“合于使用”原则的结构安全评定方法是以断裂力学、材料力学、弹塑性力学和可靠性工程为基础用来判断缺陷对结构安全影响程度的一种科学方法，通过应力分析、断裂分析、材料试验、质量检验、无损检测等科学手段就能把存在于结构上各类缺陷的危险程度进行区分，即那些缺陷并不导致结构的失效破坏，那些缺陷会对结构造成严重威胁。

“合于使用”评定方法将缺陷的危险性分为：

1）不影响结构安全可靠性的缺陷，则允许其继续存在。

2）对安全可靠性不造成危害，但缺陷在服役期间可能会继续扩展，必须进行寿命预测，并允许在监督下使用。

3）影响安全可靠性，但是如果结构降级使用可以保证安全要求的，则可降级使用。

4）对结构安全可靠性构成严重威胁的缺陷，应立即采取措施进行处理，或停机返修或停止使用。

“合于使用”的原则承认焊接结构具有构件形状差异、材料性能偏差和缺陷及损伤存在的事实。正确面对，运用科学的方法和手段，区分缺陷对结构影响的程度，为建立处理缺陷的原则和方法提供依据。实践证明，“合于使用”的原则在技术上和经济上都已取得很好的效果，广被接纳。

通过上面对“结构完整性”和“合于使用”两个词的理解，对如何处理焊接结构的安全可靠性问题的思路就有了较清晰的认识：首先对产品结构提出严格的结构完整性的要求，实在做不到，有了破坏结构完整性的缺陷或损伤存在，则用“合于使用”的原则和方法对这些缺陷或损伤进行安全评定，根据评定结果进行正确处理。

3.1.3　焊接结构的强度

强度要求是构件设计的一个基本要求。强度是指材料、构件抵抗外力而不失效的能力。它包括材料强度和结构强度两个方面。强度有两层含义：狭义强度问题是指各种断裂和塑性变形过大的问题，广义的强度问题是包括强度、刚度、稳定性问题，有时还包括振动问题等。这里主要介绍与断裂有关的强度问题。

1. 材料强度

材料强度是指材料在不同影响因素下的各种力学性能指标。影响因素包括材料的化学成分、加工工艺、热处理制度、应力状态、载荷性质、加载速率、温度和介质等。材料强度可根据材料特性、载荷性质和环境条件进行分类，每一类都有相应的用以进行强度计算的指标。

（1）按材料特性分

1）脆性材料强度。如铸铁等脆性材料，受载后突然断裂，几乎没有塑性变形。以其强度极限 R_m（拉伸或压缩）为计算强度标准。

2）塑性材料强度。如低碳钢等塑性材料，断裂前先屈服后有较大的塑性变形，断后有残余变形。以其屈服强度 R_{eL} 为计算强度标准。对于没有屈服强度的塑性材料，取与0.2%的塑性变形相对应的应力为名义屈服强度，用 $\sigma_{0.2}$ 表示。

3）带裂纹材料强度。用断裂力学方法确定，是以材料的断裂韧度 K_{IC}、δ_C、J_{IC} 等为计算强度标准。

（2）按载荷性质分

1）静载强度。材料在静载荷作用下的强度。按上述材料性质分别以 R_{eL}、R_m、K_{IC}、δ_C、J_{IC} 等作为计算强度的标准。

2）冲击强度。在很短的时间内以较高速度作用于构件上的载荷称为冲击载荷。抵抗冲击破坏的能力为冲击强度。材料受冲击时，其屈服极限和强度极限都有所提高，但对缺口敏感性却增大。其强度计算比静载复杂，通常是引入一动载系数后按静载强度计算，并提高安全系数。必须指出，标准试样冲击试验的冲击吸收功 A_K 或冲击韧度 a_K 是用来评定材料韧性和脆性程度的，不能直接用于设计计算。

3）疲劳强度。受循环应力作用下材料的强度，通常以其疲劳极限 σ_r（$-1 \leqslant r<1$）为计算强度的标准。

（3）按环境条件分

1）高温强度。金属在高温和应力作用下逐渐产生塑性变形的现象称为蠕变。高温强度包括蠕变强度和持久强度，当主要考虑变形量时，以材料的蠕变强度 $\sigma_{\delta/\tau}^T$ 为计算强度的标准；当主要考虑材料在长期使用的破坏抗力时，以持久极限 σ_τ^T 作计算强度标准。

2）腐蚀强度。受环境介质的影响而发生的应力腐蚀和腐蚀疲劳等材料的强度。应力腐蚀可以用材料在应力腐蚀条件下的断裂韧度 K_{ISCC} 进行强度校核和裂纹容限分析的标准；腐蚀疲劳是以腐蚀疲劳极限作为计算疲劳强度的标准。

2. 结构强度

结构强度是指零件或构件的强度。它涉及力学模型简化、应力分析方法、材料强度、强度准则和安全系数等。

按照结构的形状，构件的强度问题可简化为杆、杆系、板、壳块和无限大体等力学模型来研究，不同力学模型的强度问题有不同的力学计算方法。例如，材料力学一般研究杆的强度问题，结构力学分析杆系的内力与变形，其他形状物体属于弹性、塑性力学的研究对象。

解决结构强度问题，除应力分析外，还要考虑材料强度和强度准则，并研究它们之间的关系。例如，循环应力作用下构件的疲劳强度，既与材料的疲劳强度有关，又与构件的尺寸大小、应力集中系数和表面状态等因素有关。当循环载荷不规则变化时，还要考虑载荷谱以及载荷顺序的影响。复合应力情况下要用应力强度理论。有宏观裂纹情况时要采用断裂分析。某些零件往往需要同时考虑几种强度准则，加以比较才能确定最能出现的失效方式。

解决大部分结构强度问题，一般都是先确定结构形式，然后根据外载荷进行应力分析和强度校核。

3. 强度理论与脆性断裂准则

（1）强度理论

根据构件在静载下破坏的大量现象而提出各种关于材料破坏原因的假设，称为强度理论（强度准则）。目前常用的强度理论有表8-3-2所列五种。

表8-3-2 强度理论及其相当应力的表达式

强度理论名称	基本假定	相当应力表达式	强度条件
第一强度理论（最大拉应力理论）	最大拉应力 σ_{max} 是引起材料破坏的原因	$\sigma_{r1}=\sigma_1$	$\sigma_{r1} \leqslant [\sigma]$
第二强度理论（最大伸长线应变理论）	最大伸长线应变 ε_{max} 是引起材料破坏的原因	$\sigma_{r2}=\sigma_1-\mu^{①}(\sigma_2+\sigma_3)$	$\sigma_{r2} \leqslant [\sigma]$
第三强度理论（最大切应力理论）	最大切应力 τ_{max} 是引起材料破坏的原因	$\sigma_{r3}=\sigma_1-\sigma_3$	$\sigma_{r3} \leqslant [\sigma]$
第四强度理论（形状改变比能理论）	形状改变比能② U_ϕ 是引起材料破坏的原因	$\sigma_{r4}=\sqrt{\sigma_1^2+\sigma_2^2+\sigma_1^2-\sigma_1\sigma_2-\sigma_2\sigma_3-\sigma_3\sigma_1}$ $=\sqrt{\frac{1}{2}[(\sigma_1-\sigma_2)^2+(\sigma_2-\sigma_3)^2+(\sigma_3-\sigma_1)^2]}$	$\sigma_{r4} \leqslant [\sigma]$
莫尔理论（修正后的第三强度理论）	决定材料塑性破坏或断裂的原因主要是由于某一截面上切应力达到某一极限，同时还与该截面的正应力有关	$\sigma_M=\sigma_1-v\sigma_3$ ③	$\sigma_M \leqslant [\sigma]$

① μ—泊松比。

② 比能—单位体积的弹性变形能。

③ $v=\frac{抗拉强度}{抗压强度}$。

强度理论只适用于非裂纹体。它的选用与材料的性质、受力情况、变形速度以及温度等因素有关。选用强度理论的参考范围见表 8-3-3。

表 8-3-3　选用强度理论的参考范围

<table>
<tr><th colspan="2" rowspan="2">应力状态</th><th rowspan="2">塑性材料（低碳钢，非淬硬中碳钢，退火球墨铸铁、铜、铝等）</th><th rowspan="2">极脆材料（淬硬工具钢等）</th><th colspan="2">抗拉强度与抗压强度不等的脆性材料或低塑性材料（铸铁，淬硬高强度钢等）</th></tr>
<tr><th>精确计算</th><th>简化计算</th></tr>
<tr><td>单向应力状态</td><td>简单拉伸</td><td rowspan="5">第三强度理论或第四强度理论</td><td rowspan="5">第一强度理论</td><td rowspan="5">莫尔强度理论</td><td rowspan="3">第一强度理论</td></tr>
<tr><td rowspan="5">二向应力状态</td><td>二向拉应力（如薄壁压力容器）</td></tr>
<tr><td>一向拉伸，一向压缩，其中拉应力较大（如拉伸和扭转或弯曲与扭转等联合作用）</td></tr>
<tr><td>拉应力与压应力相等（如圆轴扭转）</td><td rowspan="2">近似采用第二强度理论</td></tr>
<tr><td>一向拉伸，一向压缩，其中压应力较大（如压缩和扭转联合作用）</td></tr>
<tr><td>二向压应力</td><td colspan="4">第三强度理论或第四强度理论</td></tr>
<tr><td rowspan="2">三向应力状态</td><td>三向拉应力（如拉伸具有能产生应力集中的尖锐沟槽的杆件）</td><td colspan="4">第一强度理论</td></tr>
<tr><td>三向压应力（如点接触或线接触的接触应力）</td><td colspan="4">第三强度理论或第四强度理论</td></tr>
</table>

（2）脆性断裂准则

常用的强度理论均将材料看成均匀连续体，而未考虑材料内部可能存在局部缺陷的影响。因此，有些结构如焊接容器、低温设备等，虽然完全符合常规的强度设计要求，却出现了低应力的脆性断裂。这种脆性断裂与材料的局部缺陷有关。考虑材料缺陷对强度的影响，引入裂纹尺寸作为一个主要参数，通过对裂纹尖端局部区域的应力与变形分析，提出裂纹与外载间的规律，并决定带裂纹构件的承载能力，此种抗断设计方法，称为断裂力学方法。

断裂力学中，以线弹性体作为研究对象的称线弹性断裂力学；以弹-塑性体作研究对象的称弹塑性断裂力学，两者均建立有供设计计算用的断裂准则。

1）线弹性断裂准则。线弹性断裂力学通过对裂纹尖端附近的应力应变场分析，得出一个反映该弹性应力与变形场强弱程度的应力强度因子 K_{I}，当应力 σ 增大或裂纹长度 a 增大，或两者同时增大时，K_{I}也随之增大。当 K_{I}增大到某一临界值 K_{IC}时，裂纹就发生失稳扩展，导致脆性断裂。K_{IC}是材料固有的一种力学性能，称为断裂韧度。它是反映材料强度和韧性的综合性指标，在一定条件下它是个常数。因此，可按 K_{I}来建立构件产生脆性断裂的条件，又称脆性断裂判据，即

$$K_{\mathrm{I}}=K_{\mathrm{IC}}$$

式中　K_{I}——构件中 I 形裂纹的应力强度因子[㊀]。它和构件受力状态，裂纹的位置、形状和尺寸有关，可用解析法或数值法、试验方法求解。常用的应力强度因子计算表达式已汇编成册，可参考文献［40］、［68］。K_{I}的量纲为应力和长度平方根的乘积，其单位为 $\mathrm{MN\cdot m^{-3/2}}$或 $\mathrm{MPa\cdot m^{1/2}}$；

K_{IC}——材料的平面应变断裂韧度。按 GB/T 4161—2007《金属材料　平面应变断裂韧度 K_{IC}试验方法》的规定测定。

利用这个判据就可以进行脆性断裂分析与设计。

2）弹塑性断裂准则。当材料裂纹尖端塑性区尺寸远小于裂纹尺寸（小范围屈服）时，线弹性力学的结论可推广应用。只需将裂纹尺寸 a 用有效裂纹尺寸 $a+r_0$代替即可，r_0为塑性区尺寸。

对于中、低强度钢（大部分焊接结构用钢），裂纹发生临界扩展前，裂纹尖端塑性区尺寸接近或超过裂纹尺寸，通常称这种情况为大范围屈服或全面屈服。此时线弹性断裂力学已不适用，需采用弹塑性断裂力学方法解决。这里仅介绍 COD 法和 J 积分法的断裂判据。

㊀　裂纹按它在外力作用下扩展的方式分：Ⅰ形（张开形）、Ⅱ形（滑移形）和Ⅲ形（撕裂形）三种，其中以Ⅰ形裂纹为最多见。当标注Ⅰ形裂纹尖端的应力强度因子时，记为 K_{I}。

① COD 法。裂纹体受力后，在原裂纹尖端沿垂直裂纹方向产生的位移称裂纹尖端张开位移，其英文词头缩写为 COD，一般用 δ 表示。在 COD 法中，用裂纹尖端的张开位移 δ 作为描述大范围屈服下裂纹尖端应力应变场强度的参数，把裂纹尖端钝化后开裂的时刻定为临界点，此时的张开位移 δ_C 称为材料的断裂韧度。按 COD 值建立的断裂准则，又称 δ 判据，即

$$\delta=\delta_C$$

式中 δ——裂纹尖端张开位移量（mm）；

δ_C——材料裂纹尖端张开位移的临界值。

对带有中心穿透裂纹受均匀拉伸的板，其裂纹尖端张开位移表达式为

$$\delta=\frac{8R_{eL}a}{\pi E}\text{lnsec}\frac{\pi\sigma}{2R_{eL}}$$

当应力 σ 较低时，$\text{lnsec}\frac{\pi}{2}\frac{\sigma}{R_{eL}}\approx\frac{1}{2}\left(\frac{\pi\sigma}{2R_{eL}}\right)^2$，则

$$\delta=\frac{\sigma^2\pi a}{ER_{eL}}$$

当应力 σ 较大且接近 R_{eL} 时，δ 达无限大，已属全面屈服情况，上表达式不能用，需用全面屈服公式，即

$$\delta=2\pi ae$$

式中 e——平均应变，$e=\frac{\sigma}{E}$；

a——穿透裂纹半长。

COD 判据在压力容器抗断设计中已得到广泛应用。例如我国的《压力容器缺陷评定规范 CVDA》就是以 COD 为主要依据的。

② J 积分法。环绕裂纹尖端作能量线积分，与路径无关的积分值 J_I 决定了裂纹尖端附近应力应变场强度，一旦积分 J_I 达到临界值 J_{IC}，裂纹尖端附近的应力应变场即达临界状态，裂纹失稳扩展。因此其断裂条件或断裂判据为

$$J_I=J_{IC}$$

式中 J_I——裂纹尖端附近的 J 积分（$N\cdot mm^{-1}$）；

J_{IC}——裂纹尖端附近 J 积分的临界值，是材料的断裂韧度。

断裂力学所建立起来的断裂判据，把构件的裂纹尺寸（a）、应力（σ）或应变（e）水平及材料特性（K_{IC}、δ_C、J_{IC} 等）三者定量地联系起来，为安全设计、合理选材、研制新材料、制定正确的无损检验标准提供了科学的定量依据。

必须指出，在断裂力学中作为评定金属材料抗断裂性能指标的断裂韧度，是材料固有的一种力学性能，通过试验可以测定。但它的值却受到各种外界条件，如温度、加载速率、板厚、周围介质、金属合金纯度等的影响。一般而言，降低温度往往能提高材料的强度，但却降低断裂韧度；例如，K_{IC} 是指静态的断裂韧度，用缓慢加载测得；如果加载速度 $\frac{da}{dt}$ 增加，断裂韧度要发生变化，其趋势是开始时略有下降，随后又随 $\frac{da}{dt}$ 增大而增大；测中 K_{IC} 试样的厚度至少为 $2.5\left(\frac{K_{IC}}{R_{eL}}\right)^2$，$R_{eL}$ 为材料的屈服强度。这样才能在厚板中间处于平面应变状态，即处于三向拉伸的应力场中。如果板较薄，裂纹尖端处于平面应力状态，容易产生塑性变形，这时测得的是材料平面应力断裂韧度 K_C，它比 K_{IC} 高。

断裂力学对材料作抗断评定时，是根据材料特性、载荷性质和环境条件采用不同的评定指标。在静载下，对脆性材料或裂纹尖端只有小范围屈服的高强度钢材等使用 K_{IC}，对中、低强度钢等具有大范围屈服或全面屈服的弹塑性材料则用 δ_C、J_{IC}；在循环载荷下用材料的疲劳裂纹扩展速率 $\frac{da}{dN}$ 和疲劳裂纹扩展的门槛值 ΔK_{th}；在腐蚀介质中用材料抗应力腐蚀的界限应力强度因子 K_{ISCC} 和材料的应力腐蚀速率 $\frac{da}{dt}$；在高温条件下则用材料高温断裂韧度和蠕变裂纹扩展速率 $\frac{da}{dt}$ 等。

3.1.4 金属断裂的性质与基本特征

1. 金属断裂的分类

根据金属断裂过程的一些现象，以及断后断口的宏观和微观形貌特征，从不同角度进行分类，见表 8-3-4。

表 8-3-4 断裂的分类及其特征

分类方法	名 称	断裂示意图	特 征
按照断裂前塑性变形大小分类	脆性断裂（$\psi\leqslant5\%$）		断裂时没有明显的塑性变形，吸收的能量小，断口形貌是光亮的结晶状
	延性断裂（$\psi\geqslant5\%$）		断裂时有明显的塑性变形，吸收的能量大，断口形貌是灰暗色，纤维状

（续）

分类方法	名　称	断裂示意图	特　征
按照断裂面的取向分类	正断	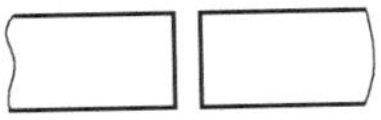	断裂的宏观表面垂直于 σ_{max} 方向
	切断		断裂的宏观表面平行于 τ_{max} 方向
按照裂纹扩展路径分类	穿晶断裂	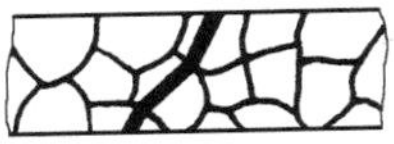	裂纹穿过晶粒内部
	晶界断裂	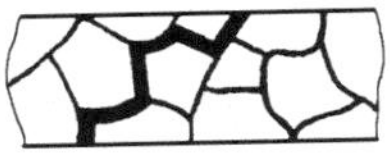	裂纹沿晶界扩展
按照断裂机制分类	解理断裂	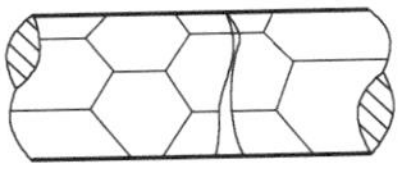	无明显塑性变形，沿解理面分离，穿晶断裂
	空穴聚积形断裂	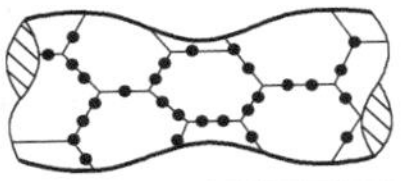	沿晶界空穴聚合，沿晶断裂
		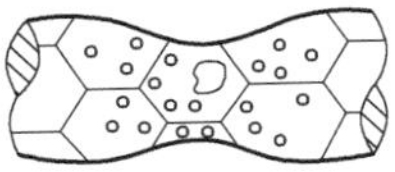	沿晶内空穴聚合，穿晶断裂
	纯剪切断裂	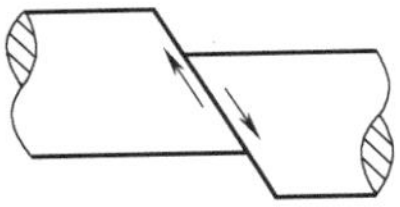	沿滑移面分离剪切断裂（单晶体）
			通过缩颈导致最终断裂（多晶体、高纯金属）

在分析研究金属的断裂性质时，经常是按表 8-3-4中第一栏以断裂前塑性变形量大小来划分成脆性断裂和延性断裂两大类。表 8-3-4 中其他类型的断裂只不过是这两类断裂的不同表现形式。例如表 8-3-4 中的解理断裂、晶界断裂和大部分正断都因无明显塑性变形而归为脆性的断裂，而切断、纯剪切断裂及大部分空穴聚积形断裂基本上属于延性断裂。

2. 金属脆性断裂的基本特征

1）断裂时没有明显的塑性变形、断口平直，一般与主应力垂直，边缘无剪切唇，断后断块能拼凑起来，两断口吻合得很好。

2）断裂过程消耗能量小，断裂速度快，具有突发性。

3）断口的颜色光亮，呈晶粒状。

4）断口的宏观外貌上有裂纹扩展时留下的人字形线纹或放射性线纹。人字线纹顶点和放射纹源为裂纹源，线纹方向为裂纹扩展方向，如图 8-3-1 所示。

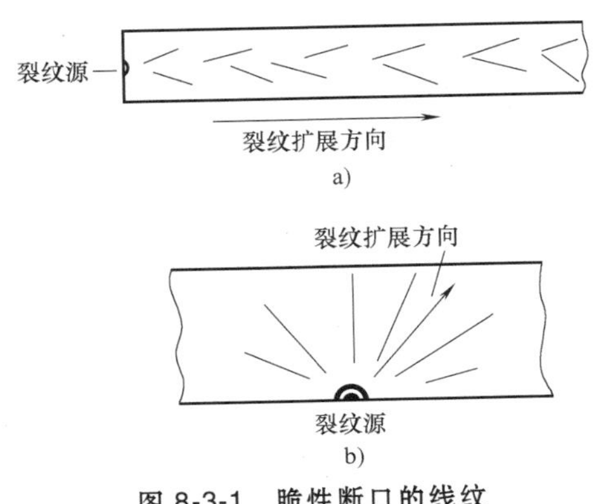

图 8-3-1　脆性断口的线纹

a）人字形线纹　b）放射性线纹

5）微观断口（电子金相分析）为解理断口、准解理断口或沿晶断口。

解理是指金属材料沿某些严格晶体晶系面开裂的现象，属于穿晶断裂。解理断裂通常易在体心立方和密排六方结构的金属中发生，其解理面分别为{100}和{0001}，有时也沿基体和形变孪晶之间的界面{112}面发生。解理断口微观形态有解理台阶、河流花样、舌状花样等特征。图8-3-2所示为解理台阶和河流花样的示意图。前者是沿相互平行、位于不同高度的晶面扩展的裂纹，故呈台阶状。后者是裂纹扩展过程中台阶不断汇合，形成貌似河流一般的花样。图8-3-3所示为典型解理断口的微观金相图。

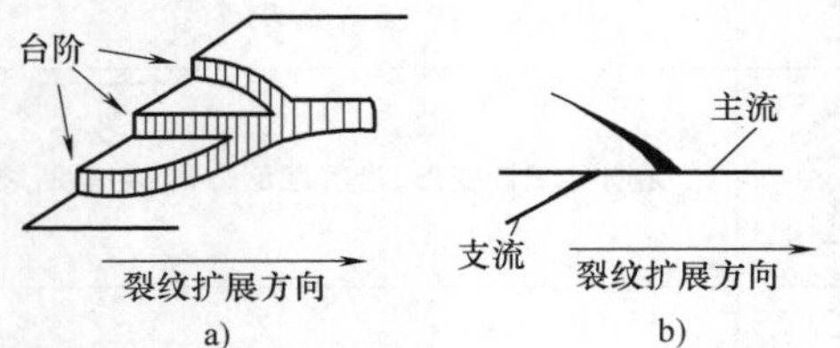

图8-3-2 解理断口微观形貌

a）解理台阶 b）河流花样

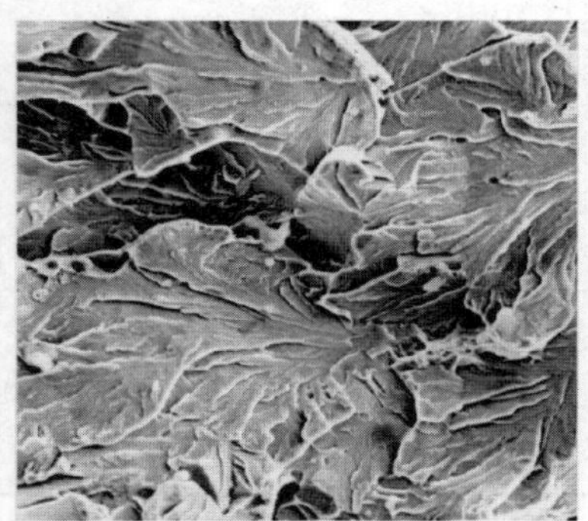

图8-3-3 金属解理断口微观金相

准解理断裂与解理断裂的区别在于前者断裂过程中伴随着一定的塑性变形，是介乎解理断裂与韧窝断裂之间的一种断裂形式，也属穿晶断裂，断口也有河流花样，但一般河流较短且弯曲，多从断面中心向四周发散。

沿晶断口是指金属材料沿晶粒边界所形成的断口，其显微特征是冰糖状。一般是由晶界化学元素偏聚，或由片状、薄膜状脆性第二相沿晶界析出所致。它包括氢脆断口、应力腐蚀断口、回火脆性断口、液态金属脆性断裂断口、淬火裂纹断口等。

3. 金属延性断裂的基本特征

1）延性断裂之前金属发生明显的宏观塑性变形，断后两断口合不拢，即恢复不到原形。

2）断口附近有缩颈现象，边缘有呈45°剪切唇。

3）断口颜色灰暗，呈纤维状。

4）断裂过程是从弹性变形开始，到达屈服极限即发生屈服，产生塑性变形，当应力达到金属的强度极限时断裂才产生。整个断裂过程需消耗较大的能量。

5）塑性断口微观形态特征为韧窝。

当塑性变形时，金属内部第二相、夹杂物、晶界、亚晶界和其他塑性流变不连续的地方发生位错塞积，造成应力集中，进而形成微孔。随着应变不断增加，微孔随之扩大并相互连接、吞并、聚合，直至断裂，形成空穴聚积形断裂。结果在断口表面上留下许多微孔状的坑（或迭波），称之为韧窝。韧窝的形状与材料断裂时的受力状态有关。在正应力作用下形成等轴韧窝，而在切应力或撕裂应力作用下形成椭圆形或抛物线状拉长韧窝。韧窝的大小和深浅与材质、外加应力、加载速度等很多因素有关。一般韧窝越大、越深，说明材料的韧性、塑性越好。图8-3-4所示为典型韧窝的微观金相图。

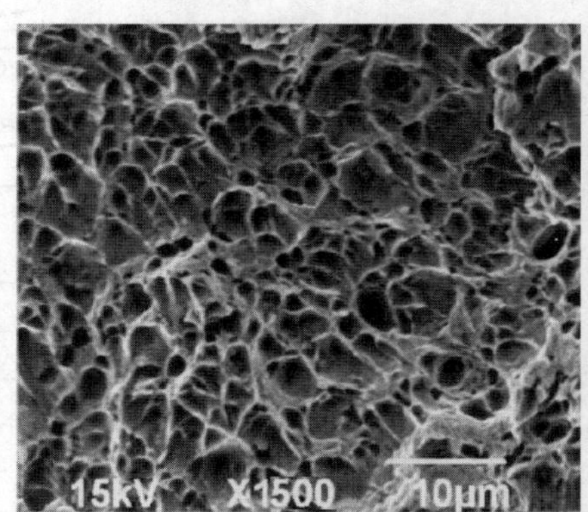

图8-3-4 典型韧窝的微观金相

塑性变形主要是通过滑移和孪生两种方式进行，其中滑移是最基本的塑性变形方式。滑移是晶体的一部分对于另一部分沿一定晶面（滑移面）和晶向（滑移方向）发生相对滑动。滑移面和滑移方向通常是原子最密集的晶面和晶向。每一种滑移面与其上的一种滑移方向组成一个滑移系，金属晶体中的滑移系越多，其塑性越好。面心立方和体心立方金属的滑移系多于密排六方金属，故其塑性比后者为优。单晶体受外力作用时，只有当外力在滑移面上沿滑移方向的分切应力 τ 达到临界分切应力 τ_k 时才发生滑移，如图8-3-5所示。也就是切应力是引起塑性变形的力学原因。

金属材料实际的断裂比较复杂，它受到应力状态、材质和介质等很多因素共同影响，常常不是单一

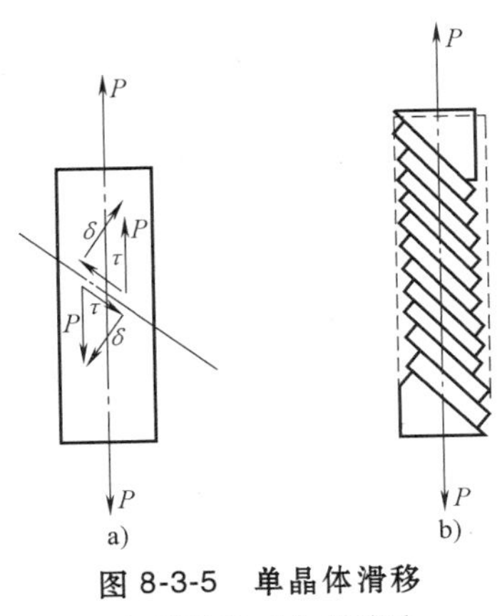

图 8-3-5　单晶体滑移

a）滑移前　b）滑移后

的纯延性断裂或纯解理断裂机制，有时却是多种机制的混合断裂。

3.2　焊接结构的脆性破坏

焊接结构应用以来，曾发生过一些脆性断裂事故。这些事故无征兆，是突然发生的，一般都有灾难后果，必须高度重视。引起焊接结构脆性断裂的原因是多方面的，它涉及材料选用、构造设计、制造质量和运行条件等。防止焊接结构脆性断裂是一个系统工程，光靠个别试验或计算方法是不能确保安全使用的。

3.2.1　焊接结构脆性断裂的基本现象和特点

通过大量焊接结构脆性断裂事故分析发现有下述一些现象和特点。

1）多数脆性断裂是在环境温度或介质温度降低时发生，故曾称为低温脆性断裂。

2）脆性断裂的名义应力较低，通常低于材料的屈服强度，往往还低于设计应力。故又称为低应力脆性破坏。

3）破坏总是从焊接缺陷处或几何形状突变、应力和应变集中处开始的。

4）破坏时没有或极少有宏观塑性变形产生，一般都有断裂碎片散落在事故周围。断口是脆性的平断口，宏观外貌呈人字纹和晶粒状，根据人字纹的尖端可以找到裂纹源。微观上多为晶界断裂和解理断裂。

5）脆性断裂时，裂纹传播速度极高，一般是当地声速的 1/3 左右，在钢中可达 $1200 \sim 1800\text{m} \cdot \text{s}^{-1}$。当裂纹扩展进入更低的应力区或材料的高韧性区时，裂纹就停止扩展。

6）若模拟断裂时的温度，对断口附近材料做韧性试验，则发现其韧性均很差，对离断口较远材料进行力学性能复验，其强度和断后伸长率往往仍符合原规范要求。

上述现象和特点，可以作为判断断裂性质的依据。

3.2.2　焊接结构脆性断裂的原因

对各种焊接结构脆性断裂事故分析和研究，发现焊接结构发生脆性断裂是材料（包括母材和焊材）、结构设计和制造工艺三方面因素综合作用的结果。就材料而言，主要是在工作温度下韧性不足；就结构设计而言，主要是造成极为不利的应力状态，限制了材料塑性的发挥；就制造工艺而言，除了因焊接工艺缺陷造成严重应力集中外，还因为焊接热的作用改变了材质（如热影响区的脆化）和焊接残余应力与变形等。

1. 影响金属材料脆性断裂的主要因素

研究表明，同一种金属材料由于受到外界因素的影响，其断裂的性质会发生改变，其中最主要的因素是温度、加载速度和应力状态，而且这三者往往共同起作用。

（1）温度的影响

温度对材料断裂性质影响很大，图 8-3-6 所示为热轧低碳钢的温度与拉伸性能关系曲线。从图中可看出，随着温度降低，材料的屈服应力 σ_s 和断裂应力 σ_b 增加。而反映材料塑性的断面收缩率 ψ 却随温度降低而降低，约在 −200℃ 时为零。这时对应的屈服应力与断裂应力接近相等，说明材料断裂的性质已从延性转化为脆性。图中屈服应力 σ_s 与断裂应力 σ_b 汇交处所对应的温度或温度区间，被称为材料从延性向脆性转变的温度，又称临界温度。其他钢材也有类似规律，只是脆性转变温度的高低不同。因此，可以用来衡量材料抗脆性断裂的指标。脆性转变温度受试验条件影响，如带缺口试样的转变温度高于光滑试样的转变温度。

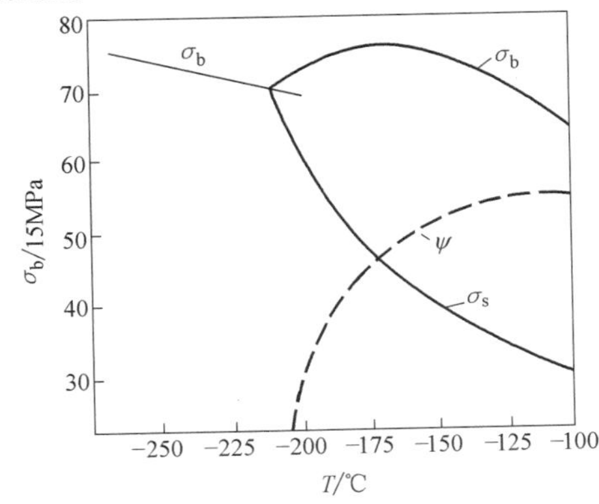

图 8-3-6　$w(\text{C})=0.2\%$钢的温度与拉伸性能关系

温度不仅对材料的拉伸性能有影响，也对材料的冲击韧度、断裂韧度发生类似的影响。图 8-3-7 所示为温度对不同材料冲击吸收能量的影响，图 8-3-8 所示为温度对 Ni-Cr-Mo-V 钢断裂韧度的影响，图 8-3-9 所示为温度对 Mn-Cr-Mo-V 钢 δ_C 的影响。可看出随着温度降低，其韧性和韧度都下降，也都可以通过试验确定其脆性转变温度。

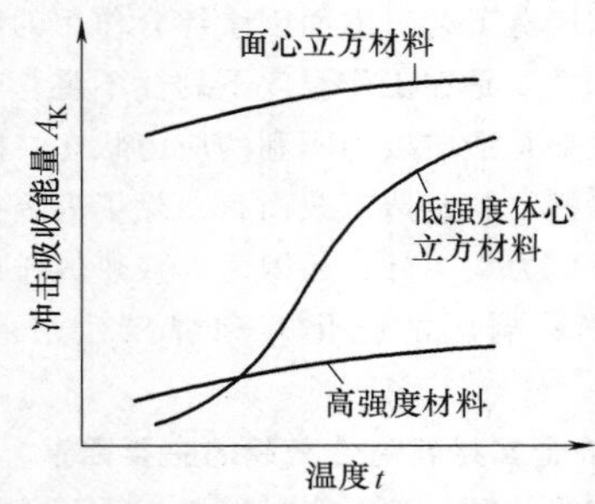

图 8 3-7 温度对不同材料冲击吸收能量的影响

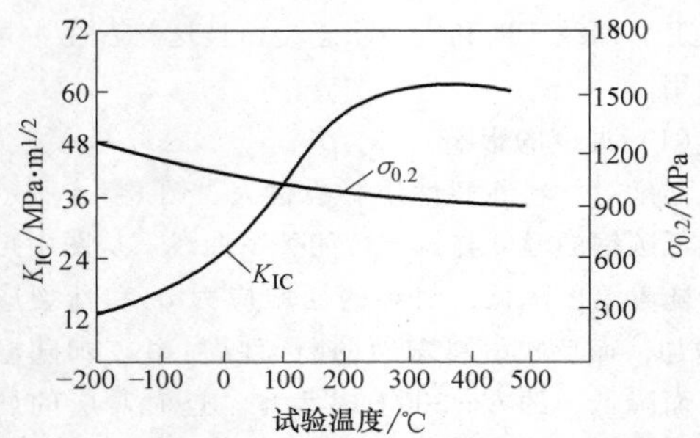

图 8-3-8 温度对 Ni-Cr-Mo-V 钢断裂韧度的影响

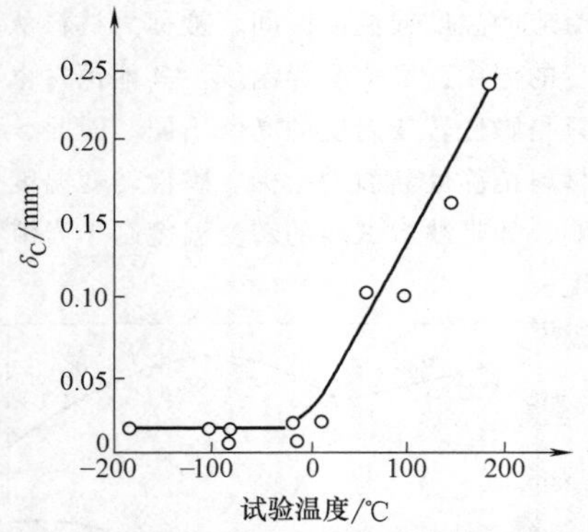

图 8-3-9 温度对 Mn-Cr-Mo-V 钢 δ_C 的影响

(2) 加载速度的影响

试验证明，钢的屈服强度 R_{eL} 随着加载速度提高而提高，如图 8-3-10 所示。说明了钢材的塑性变形抗力随加载速度提高而加强，促进了材料脆性断裂。提高加载速度的作用相当于降低温度。

(3) 应力状态的影响

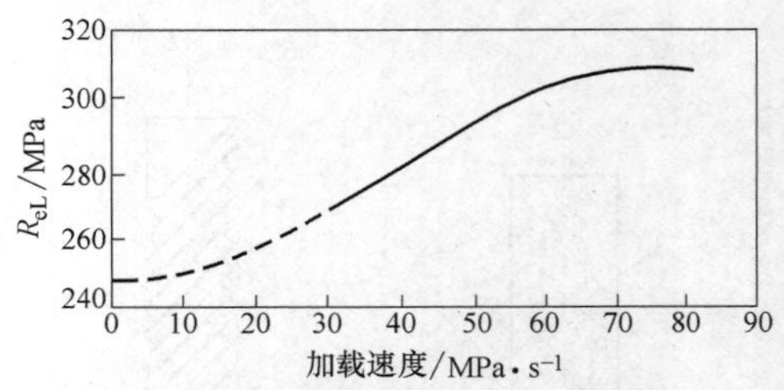

图 8-3-10 加载速度对 R_{eL} 的影响

前已述及，塑性变形主要是由于金属晶体内沿滑移面发生滑移，引起滑移的力学因素是切应力。因此，金属内有切应力存在，滑移才有可能发生，如图 8-3-5 所示。

物体受外载时，在不同截面上产生不同的正应力 σ 和切应力 τ。在主平面上作用有最大正应力 σ_{max}，另一与之垂直的主平面上作用着最小主应力 σ_{min}，与主平面成 45°角的平面上作用着最大的 τ_{max}。当 τ_{max} 达到屈服强度后产生滑移，表现为塑性变形。若 τ_{max} 先达到材料的切断抗力，则发生延性断裂。若最大拉正应力 σ_{max} 首先达到材料的正断抗力，则发生脆性断裂。因此，发生断裂的性质，既与材料的正断抗力和切断抗力有关，又与 $\frac{\tau_{max}}{\sigma_{max}}$ 的比值有关。后者描述了材料的应力状态。显然比值增大，塑性断裂可能性大。反之，脆性断裂可能性大。$\frac{\tau_{max}}{\sigma_{max}}$ 的比值与加载方式和材料的形状尺寸有关，杆件单轴拉伸时，$\frac{\tau_{max}}{\sigma_{max}}=\frac{1}{2}$；圆棒纯扭转时，$\frac{\tau_{max}}{\sigma_{max}}=1$；前者发生脆性断裂可能性大于后者。厚板结构易出现三向拉应力状态，若 $\sigma_1=\sigma_2=\sigma_3$，则 $\frac{\tau_{max}}{\sigma_{max}}=0$。这时塑性变形受到拘束，必然发生脆性断裂。裂纹尖端或结构上其他应力集中点和焊接残余应力容易出现三向应力状态。

(4) 材料状态的影响

前述三个因素均属引起材料脆性断裂的外因。材料本身的质量则是引起脆性断裂的内因。

1) 厚度的影响。厚度增大，发生脆性断裂的可能性增大。一方面原因已如前所述，厚板在缺口处容易形成三向拉应力，沿厚度方向的收缩和变形受到较大的限制而形成平面应变状态，约束了塑性的发挥，使材料变脆；另一方面是因为厚板相对于薄板受轧制次数少，终轧温度高，组织较疏松，内外层均匀性差，抗脆性断裂能力较低。不像薄板轧制的压延量大，终轧温度低，组织细密而均匀，具有较高的抗断能力。

2）晶粒度的影响。对于低碳钢和低合金钢来说，晶粒度对钢的脆性转变温度影响很大，晶粒度越细，转变温度越低，越不易发生脆性断裂。

3）化学成分的影响。碳素结构钢，随着碳含量增加，其强度也随之提高，而塑性和韧性却下降，即脆性断裂倾向增大。其他如 N、O、H、S、P 等元素会增大钢材的脆性。而适量加入 Ni、Cr、V、Mn 等元素则有助于减小钢的脆性。

必须指出，金属材料韧性不足而发生脆性断裂既有内因，又有外因，内因通过外因起作用。但是上述三个外因的作用往往不是单独的，而是共同作用相互促进。同一材料光滑试样拉伸若发生纯脆性断裂，其温度一般都很低（见图 8-3-6 低碳钢约为 -200℃）。如果是带缺口的试样，则发生脆性断裂的温度将大大提高。缺口越尖锐，提高脆性断裂的温度幅度就越大。这说明不利的应力状态提高了脆性转变温度。如果厚板再加上带有尖锐的缺口（如裂纹的尖端），在常温下也会产生脆性断裂。提高加载速度（如冲击）也同样使材料的脆性转变温度大幅度提高。

2. 影响结构脆性断裂的设计因素

焊接结构是根据焊接工艺特点和使用要求而设计的。设计上，有些不利因素是这类结构的固有特点造成的，因而比其他结构更易于引起脆性断裂。有些则是设计不合理而引起脆性断裂，这些因素如下。

1）焊接连接是刚性连接。焊接接头是通过焊缝把两母材熔合成连续的、不可拆卸的整体，两母材之间已没有任何相对松动的可能。结构一旦开裂，裂纹很容易从一个构件穿越焊缝传播到另一构件，继而扩展到结构整体，造成整体断裂，铆钉连接和螺栓连接不是刚性连接，接头处两母材是搭接，金属之间不连续，靠搭接面的摩擦传递载荷。遇到偶然冲击时，搭接面有相对位移的可能，起到吸收能量和缓冲作用。万一有一构件开裂，裂纹扩展到接头处因不能跨越而自动停止，不会导致整体结构的断裂。

2）结构的整体性，因而其刚性大。焊接结构这一特点，导致对应力集中因素特别敏感。

3）构造设计上存在有不同程度的应力集中因素。焊接接头中的搭接接头、T 形（或十字）接头和角接头，本身就是结构上的不连续部位。连接这些接头的角焊缝，在焊趾和焊根处便是应力集中点。对接接头是最理想的接头形式，但也随着余高的增加，使焊趾的应力集中趋于严重。

4）结构细部设计不合理。焊接结构设计，重视选材和总体结构的强度与刚度计算是必需的，但构造设计不合理，尤其是细部设计考虑不周，也会导致脆性断裂的发生。因为焊接结构的脆性断裂总是从焊接缺陷处或几何形状突变、应力和应变集中处开始的。下面列举几种不妥的构造设计，它可能成为脆性断裂的诱因。

① 断面突变处不作过渡处理。

② 造成三向拉应力状态的构造设计，如用过厚的板，焊缝密集，三向焊缝汇交，造成在拘束状态下施焊，复杂的残余应力分布等。

③ 在高工作应力区布置焊缝。

④ 在重要受力构件上随便焊接小附件，而又不注意焊接质量。

⑤ 不便于施焊的构造设计。这样的设计最容易引起焊缝内外缺陷。

3. 影响结构脆性断裂的工艺因素

焊接结构在生产过程中一般要经历下料、冷（或热）成形、装配、焊接、矫形和焊后热处理工序。金属材料经过这些工序其材质可能发生变化，焊接可能产生缺陷，焊后产生残余应力和变形等，都对结构脆性断裂有影响。

（1）应变时效对结构脆性断裂的影响

钢材随时间发生脆化的现象称时效。钢材经一定塑性变形后发生的时效称为应变时效。焊接结构生产过程中有两种情况可以产生应变时效，一种是当钢材经剪切、冷成形或冷矫形等工序产生了一定塑性变形（冷作硬化）后经 150~450℃ 温度加热而产生的应变时效。另一种是焊接时，由于加热不均匀，在近缝区的金属受到不同的热循环作用，并引起了不同程度的热塑性变形循环。尤其是当近缝区上有某些尖锐刻槽或在多层焊的先焊焊道中存在有缺陷，便会在刻槽和缺陷处形成焊接应力-应变集中，产生了较大的塑性变形。结果在热循环和塑性变形同时作用下产生了应变时效。这种时效称为热应变时效，或动应变时效。

研究表明，许多低强度结构钢应变时效引起局部脆化非常严重，它大大降低了材料延性，提高了材料的脆性转变温度，使材料的缺口韧性和断裂韧度值下降。研究还表明，热（动）应变时效对脆性的影响比冷作硬化后的应变时效来得大，即前者的脆性转变温度高于后者。

焊后热处理（550~560℃）可消除这两类应变时效对碳素钢和某些合金钢的影响，恢复其韧性。因此，对应变时效敏感的钢材，焊后热处理是必要的，既消除焊接残余应力，也改善这种局部脆化，对防止结构脆性断裂有利。

(2) 焊接接头非均质性的影响

焊接接头中焊缝金属与母材之间有强度匹配问题，以及焊接的快速加热与冷却，使焊缝和热影响区发生金相组织变化问题。这种非均质性对结构脆性断裂有影响。

1) 焊缝金属与母材性能不匹配。目前结构钢焊接在选择焊接填充金属时，总是以母材强度为依据。由于焊接材料供应或焊接工艺需要等原因，可能有三种不同强度匹配（又称组配）的情况，即焊缝金属强度略高于母材金属强度的高匹配、等于母材强度的等匹配和略低于母材的低匹配。这三者只考虑了强度问题，忽略了对脆性断裂影响最大的延性和韧性匹配问题，因而不够全面。通常强度组别高的钢材其延性和韧性相对较差。相反，强度级别较低的钢材其延性和韧性都较好。很难做到既等强度又等韧性的理想匹配。

通过对不同强度级别钢材以不同强度匹配的焊接接头抗断裂试验研究发现，焊缝强度高于母材的焊接接头（高匹配）对抗脆性断裂较为有利。这种高匹配接头的极限裂纹尺寸 a_{cr} 比等匹配和低匹配的接头来得大，而且焊缝金属的止裂性能也较高。这种现象被认为是高匹配的焊缝金属受到周围软质母材的保护，变形大部分发生在母材金属上。

采用高匹配并不意味着可放低焊缝金属塑性和韧性的要求。因为焊接工艺方面和焊缝金属抗开裂方面对塑性、韧性的基本要求也应满足。因此认为，要求焊缝和母材具有相同的塑性，而强度稍高于母材是最佳的匹配方案。

2) 接头金相组织发生变化。焊接局部快速加热和冷却的特点，使焊缝和热影响区发生一系列金相组织的变化，因而相应地改变了接头部位的缺口韧性，图 8-3-11 所示为碳锰钢焊条电弧焊后焊缝金属、热影响区和母材 COD 试验的结果。在这种情况下焊缝金属具有最高转变温度，这可能与焊缝的铸造组织有关。热影响区主要由粗晶区和细晶区组成，三者缺口韧性相差很多，粗晶区是焊接接头的薄弱环节之一。有些钢的试验表明，它的临界转变温度可比母材提高50~100℃。

热影响区的显微组织主要取决于母材的原始显微组织、材料的化学成分，焊接方法和焊接热输入。对于一定的钢种和焊接方法来说，主要取决于焊接热输入。实践表明，对高强度钢的焊接，用过小的热输入，接头散热快，造成淬火组织并易产生裂纹；过大热输入造成过热、晶粒粗大而脆化，降低材料的韧性。通常需要通过工艺试验，确定出最佳的焊接热输入。采用多层焊可获得较满意的接头韧性，因为每道焊缝可以用较小的焊接参数，且每道焊缝的焊接热循环对前一道焊缝和热影响区起到热处理作用，有利于改善接头韧性。

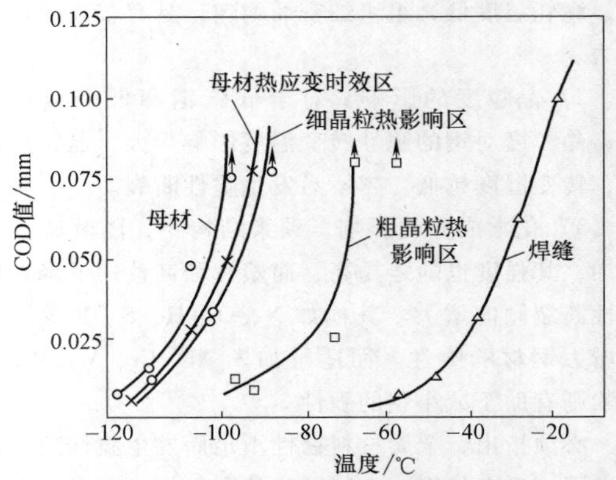

图 8-3-11　焊接接头不同部位的韧性

(3) 焊接残余应力的影响

焊接残余应力对结构脆性断裂的影响是有条件的。在材料的开裂转变温度以下（材料已变脆）时，焊接拉伸残余应力有不利影响，它与工作应力叠加，可以形成结构的低应力脆性破坏；而在转变温度以上时，焊接残余应力对脆性破坏无不利影响。宽板拉伸试验的资料充分说明上述结论的正确性。

焊接拉伸残余应力具有局部性质，一般只限于焊缝及其附近部位，离开焊缝区其值迅速减小，峰值残余拉应力有助于断裂产生。若在峰值残余拉应力处存在有应力集中因素则是非常不利的。

焊接残余应力会改变脆性裂纹的走向。图 8-3-12 所示的具有斜焊缝的均温止裂（ESSO）试验表明，如试样未经退火，试验时也不施加外力，冲击引发裂纹后，则裂纹在残余应力作用下，将沿平行焊缝方向

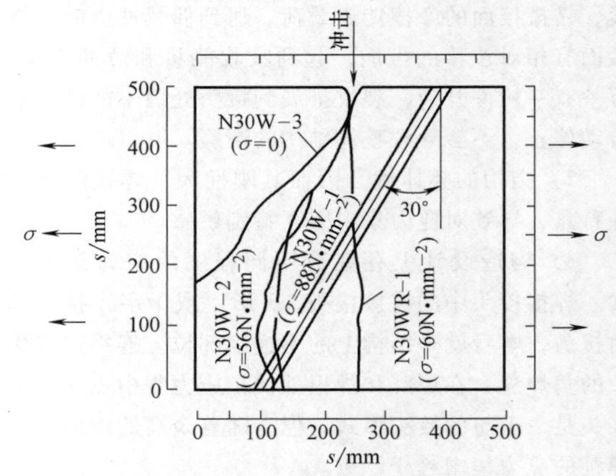

图 8-3-12　裂纹扩展路径

扩展（见 N30W-3），随外加应力 σ 增大，开裂路径越来越接近与外加应力方向垂直的试样中心线。如果试样经退火完全消除残余应力，则开裂路径与试样中心线重合（N30WR-1）。

（4）焊接工艺缺陷的影响

焊接接头中，焊缝和热影响区是最容易产生焊接缺陷的地方。美国对第二次世界大战中焊接船舶脆性断裂事故调查表明，40%的脆性断裂事故是从焊缝缺陷处引发的。可以把缺陷和结构几何不连续性划分为三种类型。

平面缺陷：包括未熔合、未焊透、裂纹以及其他类裂纹缺陷。

体积缺陷：气孔、夹渣和类似缺陷，但有些夹渣和气孔（如线性气孔）常与未熔合有关，这些缺陷可按类裂纹缺陷处理。

成形不佳：焊缝太厚、角变形、错边等。

这三类缺陷中以平面缺陷对结构断裂影响最为严重，而平面缺陷中又以裂纹缺陷影响为甚。裂纹尖端应力应变集中严重，最易导致脆性断裂。裂纹的影响程度不但与其尺寸、形状有关，而且与其所在位置有关。若裂纹位于高值拉应力区，就更容易引起低应力破坏。若在结构的应力集中区（如压力容器的接管处、钢结构的节点上）产生焊接缺陷，则很危险。因此，最好将焊缝布置在结构的应力集中区以外。

体积缺陷也同样是削减工作截面而造成结构不连续，也是产生应力集中的部位，它对脆性断裂的影响程度决定于缺陷的形态和所处的位置。

试验表明，焊接角变形越大，破坏应力也越低；对接接头发生错边，就与搭接接头相似，会造成载荷与重心不同轴，产生附加弯曲应力。图 8-3-13 所示为接头角变形与错边造成附加弯矩。焊缝有余高，在焊趾处易产生高值的应力集中，导致在该处开裂。通常采取打磨焊趾处，使焊缝与母材圆滑过渡，也可在焊趾处作氩弧重熔或堆焊一层防裂焊缝。

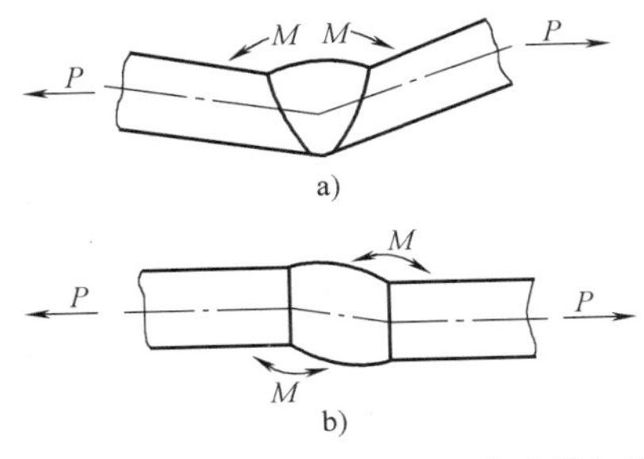

图 8-3-13　接头角变形与错边造成附加弯矩

a）角变形　b）错边

3.2.3　焊接结构抗脆性断裂性能的评定

焊接结构的抗脆性断裂性能，按裂纹的产生、扩展和终止过程可以分为抗开裂性能和止裂性能。前者说明结构在工作条件下，即使有裂纹存在也具有抵抗开（启）裂的能力，后者是说明结构对正在扩展的裂纹具有阻止其继续扩展的能力。这两种性能都可以通过一定的试验手段和评判准则进行评价。

1. 转变温度法

为了评定结构抗脆性断裂性能，通常是将结构材料按标准要求做成试样，然后冷却至不同温度进行破坏试验，由此得出材料的由延性到脆性的转化曲线，根据此曲线确定出材料的脆性转变温度。由于材料的脆性转化是在一个温度区间内逐渐完成的，为对比方便，可按一定的准则来确定出这个脆性转变温度，并按此温度的高低来评价材料的抗脆性断裂性能。由于脆性转变温度强烈地依赖于试样类型和判定准则，所以同一材料在不同试验中的脆性转变温度相差很大，且其物理含义也不相同。

国内外应用较多的评定韧性和抗脆性断裂性能的转变温度试验方法有以下三种。

（1）夏比冲击试验法

试验采用具有 V 形缺口的小标准试样。V 形缺口模拟了实际结构可能存在的应力集中；让试样处在简支梁状态下施以冲击载荷，模拟了实际结构可能遇到的高加载速度。试样的制备，对母材的试验，应符合 GB/T 229—2007《金属材料　夏比摆锤冲击试验方法》的要求；对焊接接头应符合 GB/T 2650—2008《焊接接头冲击试验方法》要求。试验也按 GB/T 229—2007 的规定，在一系列温度下进行。

经系列冲击试验得出不同温度下的冲击吸收能量 A_K，并作出图 8-3-14 所示的系列冲击曲线（实线）。它是一条断裂吸收能量与温度的关系曲线，反映了材料从低温下的脆性性能（下平台）向高温下的韧性性能（上平台）的转变；也可以按试样断口表面形貌不同作出与温度关系的曲线（见图 8-3-14 中虚线），它反映了材料从低温的 100% 解理断口（脆性断裂）向高温下无解理（纤维状）断口（延性断裂）转变。从图 8-3-14 中发生转变的区段内按不同准则就可确定出相应的脆性转变温度。

可以看出，同一种材料的低温冲击试验，由于脆性评定准则不同，得出含义各异的脆性转变温度。在比较不同材料之间抗脆性断裂性能优劣时，上述 5 种转变温度都可以作为衡量抗脆性断裂性能的指标，但是必须采用含义完全相同的转变温度才可以进行比较。

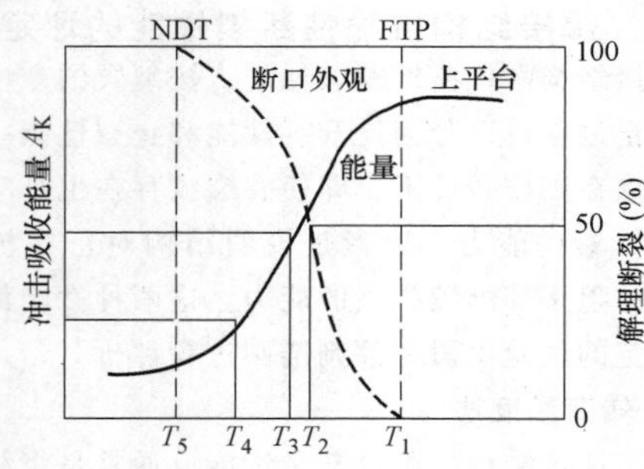

图 8-3-14 材料的系列冲击曲线

NDT—无延性转变温度 FTP—延性断裂转变温度 T_1—按延性断裂准则评定的脆性转变温度（FTP） T_2—按断口形貌转变准则（50%解理）评定的脆性转变温度 T_3—按平均能量准则评定的脆性转变温度 T_4—按确定能量值（如 20.34J）的准则评定的脆性转变温度 T_5—按无延性（100%解理）转变准则评定的脆性转变温度（NDT）

脆性转变温度为正确选材提供了依据，设计时要求材料的脆性转变温度低于结构的工作温度即可。但是，采用上述哪一种含义的脆性转变温度作为评定指标才能更符合结构实际，目前仍然是凭经验。还应注意到，实际结构件与试样的尺寸、应力集中、载荷等条件并不相同，夏比冲击试验的转变温度与实际结构是不一致的。需要靠调查、类比和实际经验，去估计出对夏比冲击试验上所需达到哪一种转变温度的要求。

夏比冲击试验法不宜用于低韧性高强度材料抗脆性断裂性能的评定，因为这种材料的脆性转变温度极难确定，从能量观点看，上平台并不比下平台大多少，且这一差值遍及整个温度范围，如图 8-3-15 所示。结果使转变温度的概念几乎没有意义。但夏比冲击试验是历史悠久的标准化试验，已积累了大量可供参考的数据，加之试验简单，耗材少，试验设备普及，目前仍不失为一种评定材料低温韧性的重要方法。

（2）落锤试验法

落锤试验属于止裂性能试验。用标准试样在一系列温度下进行动载简支弯曲，测定材料无塑性转变温度 DNT。我国已颁布了 GB/T 6803—2008《铁素体钢的无塑性转变温度落锤试验方法》标准。试样制备和试验方法严格按标准进行。标准规定，在落锤冲击下，试样产生的裂纹扩展到它的受拉面两个棱边或一个棱边才算断裂，这时的最高试验温度为 NDT。

由材料的 NDT，再利用其他大型试验的结果和

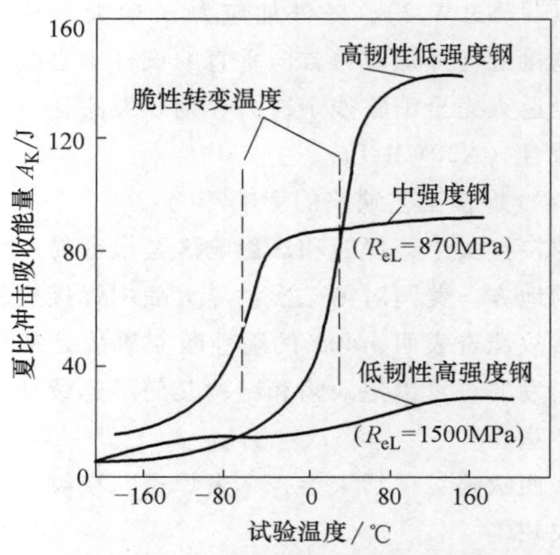

图 8-3-15 低强度钢、中强度钢、高强度钢的系列冲击曲线

已知的经验，就可以建立起应力、缺陷和温度之间关系的断裂分析图（FAD 图），如图 8-3-16 所示。该图明确提供了钢板开裂、裂纹传播和止裂的条件。图中 FTE 为弹性断裂转变温度，FTP 为延性断裂转变温度，均需通过爆破鼓突试验后得到，但大量试验已建立起它们与 NDT 的经验关系。

当板厚在 50mm 以下时，

FTE = NDT+33℃

FTP = NDT+67℃

当板厚大于 75mm 时，

FTE = NDT+72℃

FTP = NDT+94℃

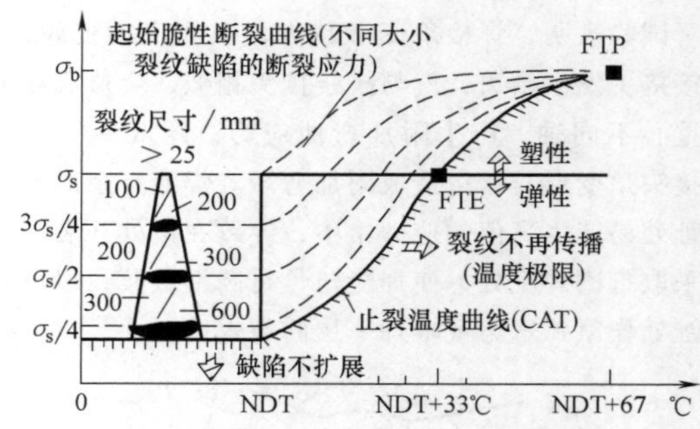

图 8-3-16 断裂分析图（FAD 图）

图 8-3-16 反映了很多实际破坏的情况，因此它在设计和选材中有重要的应用价值。该图提供了防止脆性破坏的不同设计准则。

1）无塑性转变温度 NDT 设计准则。要求构件板材的 NDT 低于最低工作温度。这样，不同长度裂纹在图 8-3-16 所示的相应虚线所对应的限定应力以下工作时都不会使裂纹扩展而引起脆性断裂。如小于

25mm 的裂纹可在接近于 σ_s应力下工作，小于 200mm 的裂纹可在接近于 $3/4\sigma_s$应力下工作。

2）NDT+16.5℃设计准则。把工作应力等于 $1/2\sigma_s$时的止裂温度作为依据，要求构件的最低工作温度必须高于这个温度。这一准则是针对大部分压力容器均为 $1/2\sigma_s$处工作的。由图 8-3-16 可知，在这种工作应力下，当缺陷小于 300mm 时，不会发生脆性开裂，纵然开裂了，也能止裂，脆性断裂就不会发生。

3）NDT+33℃的设计准则。要求构件的工作温度高于 FTE，以使裂纹不是在弹性区而是在塑性区扩展。这样，增大了裂纹扩展的阻力，防止脆性断裂破坏。这一准则应用于核反应堆等要求较高的压力容器设计中。

4）NDT+67℃的设计准则。要求材料的 FTP 温度要低于构件的最低工作温度，使脆性裂纹在塑性区内不扩展，只能呈现完全剪切破坏，在塑性超载条件下能保证最大抗力。这一准则应用于潜艇及其他重要工程中。

图 8-3-16 是用 25.4mm 厚的钢板试验作出，超过此厚度要作修正，它对气体容器设计适用性差。

实践证明，NDT 与压力容器的使用有很好的对应关系。由于落锤试验的试样制备简单、操作方便，结果重现性好，又模拟了焊接结构实际存在焊接缺陷、热影响和残余应力等因素，故被广泛应用。

（3）宽板试验

宽板试验是在实验室中重现低应力脆性断裂的大型试验，由于它能够对结构的一些参数如材料板厚、焊接工艺影响（冶金损伤和残余应力）、载荷和应变量、整体尺寸、裂纹部位（尖锐度和尺寸）、加载速率等一系列因素进行实际模拟，所以宽板试验在研究焊接接头抗开裂和止裂性能以及研究各种影响因素等方面是行之有效的试验方法。这里仅介绍两个典型的宽板试验方法。

1）一般宽板拉伸试验。这属于抗开裂性能试验，用以确定裂纹发生的转变温度。试样形状和尺寸如图 8-3-17 所示，它由 900mm×900mm×25mm 的钢板制成，焊前先将钢板沿轧制方向（即随后试验中的拉伸方向）切成两半，并在切口边缘处加工成供焊接用的坡口，焊前在板中央预先开出和坡口边缘平行的缺口，其宽度为 0.152mm，深度为 5.08mm。施焊这道焊缝时，要保证缺口根部不但在焊接残余拉应力场内，而且缺口尖端在一定温度场下产生应变集中，即发生动应变时效。对于某些钢来说，这种动应变时效大大提高了缺口尖端局部材质的脆性。在开裂试验中，它起着决定性作用，使接头的抗开裂性能大大降低。将试样在不同温度下进行拉伸，使其断裂，即可确定出对应于某塑性应变值的断裂温度或开裂转变温度。英国 BS5000 规定，把宽板试验时 20in（508mm）标距的 0.5%塑性变形值的温度作为材料的最低使用温度。

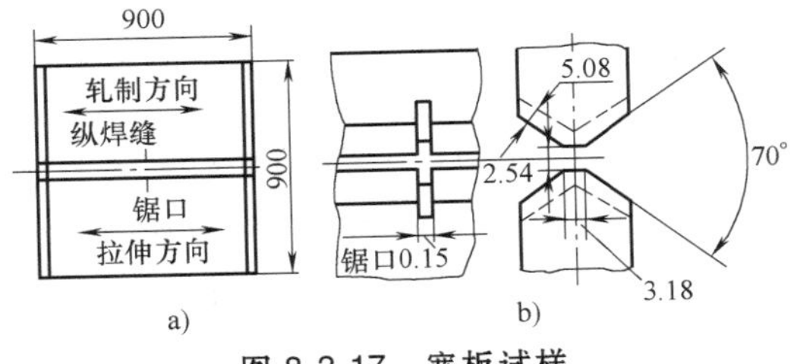

图 8-3-17　宽板试样

a）试样　b）焊缝锯口处放大图

2）双重拉伸试验。这属于止裂性能试验，采用如图 8-3-18 所示的双重拉试样，该试样分为主体部分（裂纹传播部分）和附加部分（有缺口使产生脆性裂纹部分）。试验时，把主体部分装在大型拉力试验机上，加上一个均匀的拉应力场（应力低于材料的 σ_s），并加一均匀温度场（也有加一个沿宽度方向按线性分布的温度场），降低附加部分温度，并加载使缺口产生脆性裂纹，使它直接进入主体部分。对于均匀温度场试验中，对一组试样进行试验后（只变更每块试样的温度），根据裂纹通过或不通过试样，把裂纹不通过试样整个断面的临界试验温度定为裂纹

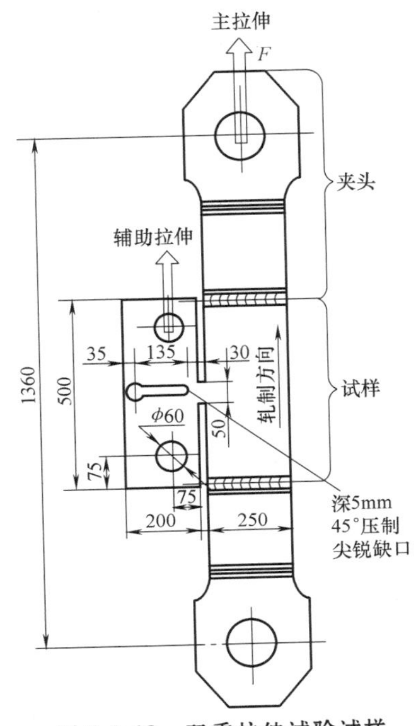

图 8-3-18　双重拉伸试验试样

的止裂温度；对于有梯度的温度场试验，把止裂后试样中心裂纹尖端所对应的临界试验温度，定为该试验的止裂温度。

双重拉伸试验的最大优点是传播部分给定的应力场，几乎不受引发裂纹载荷的影响。运用这一结果一方面可以控制结构的使用温度必须高于裂纹止裂转变温度，以便使结构在发生脆性开裂的情况下能止裂。另一方面，试验可以作为材料的选择和质量验收依据。在双重拉伸试验的应力和温度曲线上，由设计应力所确定的转变温度必须限制在最低使用温度以下。

宽板试验的最大优点是可以模拟焊接结构许多实际情况，得出的结果是比较接近实际的。它不仅可以用于测定钢材的抗脆性断裂的（抗开裂和止裂）性能，还可以研究各种因素对抗脆性断裂性能的影响，而且也是选择材料的一个重要手段。但是这类试验方法耗费大，需使用大容量的拉伸设备。用于选择或验收材料时，经济的作法是把宽板试验和标准夏比冲击试验联系起来，以确定选材或验收时所需的夏比冲击韧度 C_V。

2. 断裂力学法

断裂力学法是研究带裂纹的材料、零件和构件中裂纹开始扩展的条件和扩展规律的力学分析方法，用以评定裂纹体抗断裂性能最为科学。与转变温度法相比，断裂力学法的最大优点是不仅能较全面地评定材料和构件的抗断裂性能，而且把这个性能与裂纹尺寸和载荷（或应力）之间建立了定量关系，如前面 3.1.2 节所述的断裂判据，就可以用于结构的设计与计算。

利用断裂力学试验方法测定出某一构件材料的断裂韧度 K_{IC}、δ_C 和 J_{IC} 等，即是该构件材料的抗开裂性能。测定的试验方法参见以下标准。

1）GB/T 4161—2007《金属材料　平面应变断裂韧度 K_{IC} 试验方法》，用于测 K_{IC}。

2）GB/T 21143—2014《金属材料　准静态断裂韧度的统一试验方法》，用于测 δ_C 和 J_{IC}。

选用何种试验方法必须根据材料特性、载荷性质和环境条件来选择。在静载条件下，对于脆性材料或裂纹尖端只有小范围屈服的高强度钢材应测定其 K_{IC}，因为 K_{IC} 的试验对试样厚度 B 的要求是：$B \geqslant 2.5\left(\frac{K_{IC}}{\sigma_s}\right)^2$，只有这样才能保证试样上裂纹尖端处于三向拉伸的平面应变条件，高强度材料的屈服极限 σ_s 大，而断裂韧度 K_{IC} 小，于是要求测 K_{IC} 的试样尺寸小，易于实现，故适合用 K_{IC} 试验。对于中、低强度材料则因 σ_s 小而 K_{IC} 大，要求测 K_{IC} 的试样尺寸很大，以致难于加工（包括预制疲劳裂纹）和试验。这时应采用 COD（δ_C）试验或 J_C 试验。利用 J 积分概念时，测定 J_{IC} 所需试样尺寸比 K_{IC} 试样小得多。因此，常通过测得 J_{IC} 后利用下列关系推算出 K_{IC} 值。

$$K_{IC}=\sqrt{\frac{E}{1-\mu^2}J_{IC}}$$

式中　E——弹性模量；

μ——泊松比。

3.2.4　防止焊接结构脆性破坏的措施

材料在工作条件下韧性不足，结构上存在严重应力集中（包括设计上和工艺上）和过大的拉应力（包括工作应力、残余应力和温度应力）是造成结构脆性破坏的主要因素。若能有效地解决其中一方面因素所存在的问题，则发生脆性断裂的可能性将显著减小。通常是从选材、设计和制造三方面来防止结构的脆性破坏。

1. 正确选用材料

所选钢材和焊接填充金属材料应保证在使用温度下具有合格的缺口韧性。

1）在结构工作条件下，焊缝、热影响区、熔合线的最脆部位应有足够的抗开裂性能，母材应具有一定的止裂性能。也就是，首先不让接头处开裂，万一开裂，母材能够制止裂纹的传播。

2）钢材的强度和韧度要兼顾，不能片面追求强度指标。

通常是从缺口韧性和断裂韧度两方面进行材料选定。

（1）按缺口韧性试验选择材料

冲击试验简单易行，且已积累了较多的经验，故仍然是目前广泛采用的选用、验收和评定材料韧性的试验方法。由于冲击韧度（A_K 或 a_K）不能与包括设计应力在内的计算结合起来，因此只能间接地凭经验和见解去估计它们对构件强度及安全可靠性的影响。所以对某一用途的钢材，在什么温度下，用什么冲击试样以及冲击值应达到多少才符合设计要求，各个国家和部门都有标准和规定。例如，美国在二次世界大战后，对 100 多艘损坏了的船上钢板作夏比 V 型缺口冲击试验发现，裂纹源处的材料在破坏温度下的冲击吸收能量为 6.9ft · lb(9.3J)，而止裂处或不裂的板的冲击吸收能量为 15.6ft · lb（21J），于是，认为夏比 V 型缺口冲击试样冲击吸收能量在最低工作温度下不低于 10ft · 1b（13.5J），则脆性破坏很少发生。据此定出了在-60℃下（船体的使用温度）冲击吸收能量为 15ft · lb（20J）的标准，并被广泛采用。后来发现，该标准只适用于厚度从 12.5mm 到 32mm，含 w

(C) = 0.25%，w(Mn) = 0.45%的沸腾钢和半镇静钢，不能任意推广到其他钢种。

表 8-3-5 介绍了几种国外标准对钢材和焊缝金属的缺口韧性要求，表 8-3-6 为国产常用钢材和焊接材料对缺口韧性的要求。选用表中的材料时，其工作温度必须高于其相应的试验温度。

表 8-3-5　国外标准对钢材和焊缝金属的缺口韧性要求

板材与焊缝金属	标准和等级		夏比 V 型缺口冲击试验	
			最低冲击吸收能量/J	温度/℃
板材	国际船用钢标准	D 级	45	0
		E 级	60	-10
	美国海洋 HY—80 钢	板厚≤50mm	77	-85
		板厚>50mm	40	-85
	美国劳氏船级社船用钢	AH	20[①] (ft · lb)	0
		DH	$35/\sqrt{K}$ (ft · lb)	0
		EH	$45/\sqrt{K}$ (ft · lb)	-10
	德、日船用钢（GM、NK 规范）	D 级	34	-20
		E 级		-40
焊缝金属（涂料焊条）	国际船用钢标准	连接 A 级钢	46	20
		连接 B、C、D 级钢	46	0
		连接 E 级钢	58	-20
	国际焊接学会(ⅡW)第Ⅱ委员会		46	17
	焊缝金属抗拉强度：429~471MPa	质量Ⅰ级 平焊	38	20
		质量Ⅰ级 立焊	60	20
		质量Ⅱ级 平焊	52	20
		质量Ⅱ级 立焊	74	20
		质量Ⅲ级 平焊	68	20
		质量Ⅳ级 立焊		

① 对强度级别较高的船用钢（屈服强度为 353MPa），须用低碳钢冲击吸收能量乘以系数 $1/\sqrt{K}$ 修正。

$K=\frac{709}{u+y}$，u—平均抗拉强度，y—材料屈服强度上限（$kgf \cdot mm^{-2}$，$1kgf \cdot mm^{-2}=9.80665MPa$）。

表 8-3-6　国产常用钢材和焊接材料对缺口韧性的要求

板材与焊缝金属	标准和等级	夏比 V 型缺口冲击试验	
		最低冲击吸收能量/J	温度/℃
板材	碳素结构钢(GB/T 700—2006)		
	Q235 A	—	—
	Q235 B	27	20
	Q235 C	27	0
	Q235 D	27	-20
	低合金高强度结构钢(GB/T 1591—2018)		
	Q355(16Mn) B	—	—
	Q355(16Mn) C	34	20
	Q355(16Mn) D	34	0
	Q355(16Mn) E	35	-20
	Q355(16Mn) F	27	-40
	Q420(15MnVN) B	—	0
	Q420(15MnVN) C	35	20
	Q420(15MnVN) D	34	0
	Q420(15MnVN) E	34	-20
	Q420(15MnVN) F	27	-40
	低温压力容器用低合金钢钢板(GB/T 3531—2014)		

(续)

板材与焊缝金属	标准和等级	夏比V型缺口冲击试验 最低冲击吸收能量/J	夏比V型缺口冲击试验 温度/℃
板材	δ=		
	16MnDR 0~60mm	47	-40
	16MnDR 60~100mm	47	-30
	15MoNiNbDR 10~60mm	60	-50
	08Ni3DR 6~100mm	60	-100
	桥梁用钢(GB/T 714—2015)		
	Q345q C	120	0
	Q345q D	120	-20
	Q345q E	120	-40
	Q420q D	120	-20
	Q420q E	47	-40
	Q420q F		-60
	Q620q D	120	-20
	Q620q E	47	-40
	Q620q F		-60
	焊接气瓶用钢板(GB/T 6653—2008) HP125、HP265	14	-40
	焊接气瓶用钢板(GB/T 6653—2008) HP295	17	-40
	焊接气瓶用钢板(GB/T 6653—2008) HP325、HP395	20	-40
	船体用结构钢板(GB/T 712—2011)		
	一般强度结构钢 A	—	—
	一般强度结构钢 B	27	0
	一般强度结构钢 D	27	-20
	一般强度结构钢 E(δ≤50mm 纵向)	27	-40
	高强度结构钢 AH420	42	0
	高强度结构钢 DH420	42	-20
	高强度结构钢 EH420	42	-40
	高强度结构钢 FH420	42	-60
焊缝金属	非合金钢及细晶粒钢焊条(GB/T 5117—2012)		
	E4303, E5003-NC, E5016-NC, E5028-NC, E5716-NC, E5728-NC, E5003-CC, E5016-CC, E5716-CC, E5716-NCC	≥57	0
	—		
	E4319, E4328, E5019, E5024-1, E5728, E5516-NCC1, E5518-NCC1, E5016-NCC2, E5018-NCC2	≥57	-20
	E4310, E4311, E4315, E4318, E4327, E5010, E5011, E5015, E5016, E5027, E5048, E5716, E5010-P1, E5510-P1, E5518-P2, E5545-P2	≥57	-30
	E5015-N1, E5016-N1, E5018-N1, E5515-N1, E5516-N1, E5528-N1, E5015-N2, E5016-N2, E5018-N2, E5515-N2, E5516-N2, E5518-N2M3	≥57	-40
	E5016-1, E5018-1	≥57	-45
	E5518-3M2, E5515-3M3, E5516-3M3, E5518-3M3, E5515-N3, E5516-N3, E5518-N3	≥57	-50
	E5028-N5, E5515-N5, E5516-N5, E5518-N5	≥57	-60
	E5015-N5, E5016-N5, E5018-N5, E5515-N7, E5516-N7, E5518-N7	≥57	-75
	E5015-N7, E5016-N7, E5018-N7, E5515-N13, E5516-N13	≥57	-100
	埋弧焊用低碳钢焊丝和焊剂(GB/T 5293—1999)		
	F××0-H×××[①]	≥27	0
	F××2-H×××	≥27	-20
	F××3-H×××	≥27	-30
	F××4-H×××	≥27	-40
	F××5-H×××	≥27	-50
	F××6-H×××	≥27	-60

（续）

板材与焊缝金属	标准和等级	夏比 V 型缺口冲击试验	
		最低冲击吸收能量/J	温度/℃
焊缝金属	埋弧焊用低合金钢焊丝和焊剂（GB/T 12470—2003） F×××0-H×××[②] F×××2-H××× F×××3-H××× F×××4-H××× F×××5-H××× F×××6-H××× F×××7-H××× F×××10-H××× F×××Z-H×××	≥27 不要求	0 -20 -30 -40 -50 -60 -70 -100 —
	气体保护焊用碳钢和低合金钢焊丝（GB/T 8110—2003） ER55-B2-Mn，ER55-B2-MnV ER50-3 ER50-2，ER50-6，ER50-7，ER55-D2，ER62-D2，ER55-D2-Ti ER55-1 ER55-Ni1 ER69-1，ER70-1，ER83-1 ER55-Ni2 ER55- Ni3	≥27 ≥27 ≥27 ≥60 ≥27 ≥68 ≥27 ≥27	室温 -20 -30 -40 -45 -50 -60 -75
	碳钢用药芯焊丝（GB/T 10045—2001） E50×T-1，E50×T-1M E50×T-5，E50×T-5M，E50×T-6，E50×T-8，E50×T-9，E50×T-9M，E50×T-12，E50×T-12M	≥27 ≥27	-20 -30
	低合金钢用药芯焊丝（GB/T 17493—2008） 标准中除 E69×T1-K9C，E69×T1-K9M 外其余所列型号的药芯焊丝（包括非金属粉型和金属粉型，试样的焊态或焊后热处理态）	≥27	标准规定的

① $F\times_1\times_2\times_3$-H×××为焊剂牌号，$\times_3$是对冲击韧度值的要求，H×××为焊接试板用的焊丝。

② $F\times_1\times_2\times_3\times_4$-H×××为焊剂型号，$\times_3$是对冲击韧度值的要求。H×××同上。

（2）按断裂韧度来选择材料

断裂韧度 K_{IC}、δ_C、J_{IC}等是评定材料抗断性能的指标，同样也可作为选择材料的依据。但是当选择某一用途的结构材料时，必须综合考虑强度和韧度两方面的要求。图 8-3-19 说明常用金属材料普遍存在着屈服强度与断裂韧度成反比的关系。K_{IC}/R_{eL}的比值称为抗裂比，抗裂比大的材料（韧性好而强度低的材料）容易因强度不够而失效，这属于传统强度条件解决的问题。抗裂比小的材料（高强度材料），则容易因断裂韧度不足而引起低应力的脆性断裂，而使强度未得到充分发挥。所以选材最理想的情况是同时满足传统的强度条件和断裂力学断裂准则，这样确定材料的屈服极限可达到最优的强度水平。

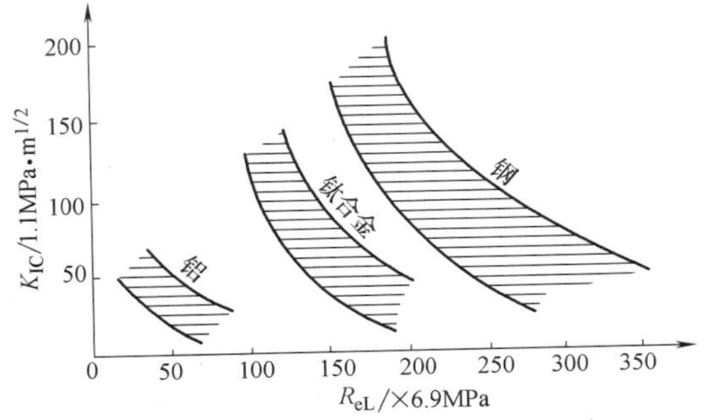

图 8-3-19　常温下一些材料的 K_{IC}和 R_{eL}之间的变化范围

由于温度对材料的断裂韧度有显著影响，所选材料其工作温度应高于断裂韧度的试验温度。

2. 合理的结构设计

设计有脆性断裂倾向的焊接结构，应注意以下几个原则。

（1）减少结构或焊接接头部位的应力集中

1）应尽量采用应力集中系数小的对接接头，避免采用搭接接头。若有可能把 T 形接头或角接头改成对接接头，如图 8-3-20 所示。

2）尽量避免断面有突变。当不同厚度的构件对接时，应尽可能采用圆滑过渡，如图 8-3-21 所示。同样，宽度不同的板拼接时，也应平缓过渡，避免出

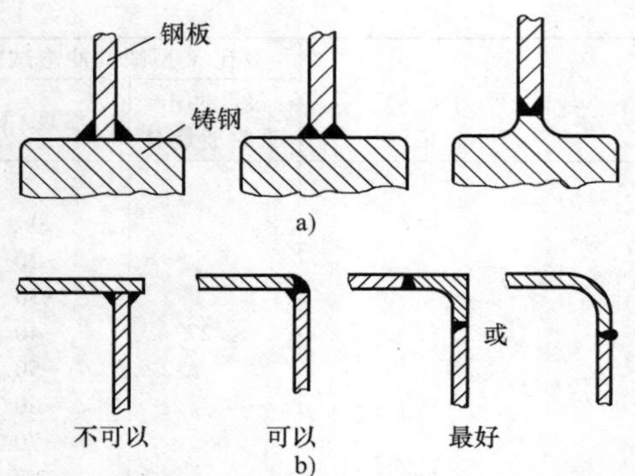

图 8-3-20　T 形接头和角接头的设计方案

现急剧转角，如图 8-3-22 所示。

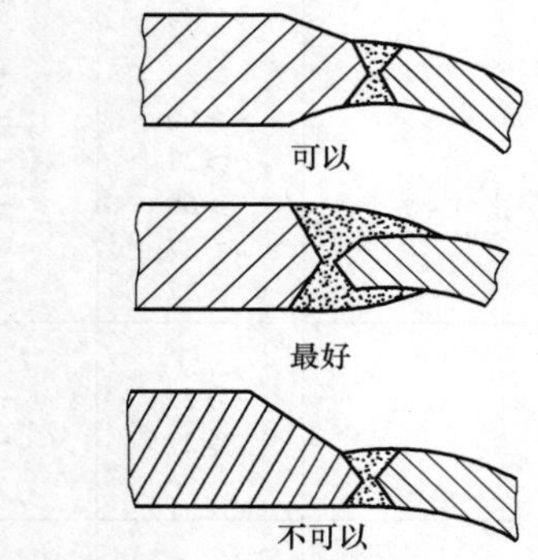

图 8-3-21　不同板厚的接头设计方案

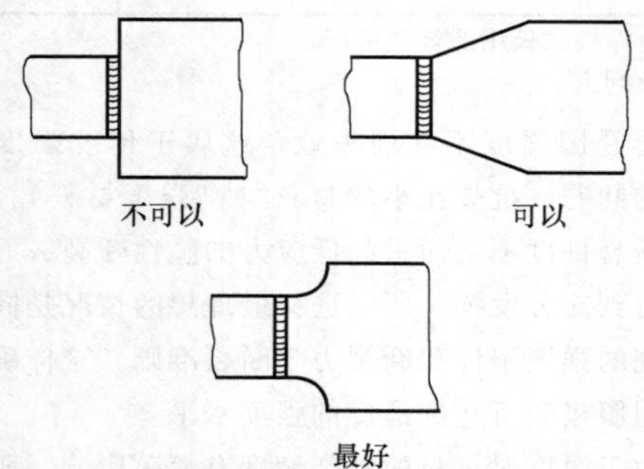

图 8-3-22　不同宽度钢板拼接设计方案

3）避免焊缝密集，焊缝之间应保持一定的距离，如图 8-3-23 所示。

4）焊缝应布置在便于施焊和检验的部位，以减少焊接缺陷。

（2）减小结构刚度

在满足使用要求下，尽量减小结构的刚度。刚度过大会引起对应力集中的敏感性和大的拘束应力。

（3）避免过厚截面

不采用过厚的截面，厚截面结构容易形成三向拉应力状态，约束塑性变形，而降低断裂韧度并提高脆

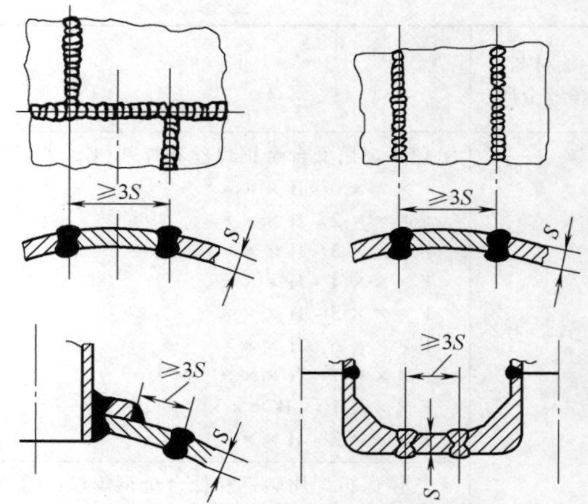

图 8-3-23　焊接容器中，焊缝之间的最小距离

度转变温度，增加了脆性断裂危险。此外，厚板的冶金质量也不如薄板。

（4）重视附件或不受力的焊缝设计

对附件或不受力的焊缝设计给予足够重视。应和主要承力构件或焊缝一样对待，精心设计，因为脆性裂纹一旦从这些不受重视的部位产生，就会扩展到主要受力的构件中，使结构破坏。

3. 制造

有脆性断裂倾向的焊接结构制造应注意以下几点。

1）对结构上任何焊缝都应看成是“工作焊缝”，焊缝内外质量同样重要。在选择焊接材料和制定焊接参数方面应同等看待。

2）在保证焊透的前提下减少焊接热输入，或选择热输入量小的焊接方法。因为焊缝金属和热影响区过热会降低冲击韧度，尤其是焊接高强度钢时更应注意。

3）充分考虑应变时效引起局部脆性的不利影响。尤其是结构上受拉边缘，要注意加工硬化，一般不用剪切而采用气割或刨边机加工边缘。若焊后进行热处理则不受此限制。

4）减小或消除焊接残余内应力。焊后热处理可消除焊接残余应力，同时也能消除冷作引起的应变时效和焊接引起的动应变时效的不利影响。

5）严格生产管理，加强工艺纪律，不能随意在构件上打火引弧，因为任何弧坑都是微裂纹源；减少造成应力集中的几何不连续性，如错边、角变形、焊接接头内外缺陷（如裂纹及类裂纹缺陷）等。凡超标缺陷需返修，补焊工作须在热处理之前进行。

为防止重要焊接结构发生脆性破坏，除采取上述措施外，在制造过程中还要加强质量检查，采用多种

无损检测手段，及时发现焊接缺陷。在使用过程中也应不间断地进行监控，如用声发射技术监测。发生不安全因素及时处理，能修复的须及时修复。在役的结构修复要十分慎重，有可能因修复引起新的问题。

3.2.5　带缺陷焊接结构的安全性评定简介

1. 评定的必要性

应用于核能、化工、运输、宇航、海洋等领域大型工程的焊接结构，由于受材料、加工制造和在役使用等复杂因素的影响，其结构内外不可避免产生类型各异的缺陷和损伤，显然这与结构完整性的要求是不符的。于是就有使用前发现缺陷如何验收，使用后发生损伤能否不经修复就继续使用或立即报废等问题需要解决。如果过低估计这些缺陷或损伤对结构完整性的影响，有可能导致结构的破坏、人员伤亡的重大事故；如果过高地估计这些缺陷和损伤的危害作用，将导致结构提前退役，或进行不必要的停机修理，造成巨大的经济损失。既为了安全，又顾及经济，正确的做法是对实际存在的缺陷和损伤进行分析和评定，根据评定结果作出正确处理。因此，数十年来国内外均已建立了适用于焊接结构的“合于使用”原则的安全评定标准或法规，这些标准和法规基本上都是建立在断裂力学的理论基础之上。

2. 简单回顾

裂纹体的强度问题是用断裂力学分析方法解决的，建立带缺陷结构的安全评定规范也都是建立在断裂力学的理论基础之上，随着断裂力学的发展，一些评定标准和规范也随之在不断地修订和完善。最早是基于 K_{IC}准则和 COD 准则的评定规范，产生于 20 世纪 70 年代，已得到应用，国际焊接学会（IIW）早在 1975 年就发表了按脆性断裂观点来评判的缺陷评定标准草案，1990 年发布了《焊接结构合于使用评定指南》（IIW/IIS—SST—1157—90）。我国在 1984 年由压力容器学会等若干学术团体联合编制《压力容器缺陷评定规范》（CVDA—1984），主要用于在役压力容器的缺陷评定。

现阶段国际普遍采用的是以 J 积分理论代替了裂纹尖端张开位移（COD）理论，以双判据（脆性断裂与塑性失稳）失效评定图（FAD）代替 COD 设计曲线。我国于 1991 年开始立项列入“八五”攻关项目以及在“九五”国家重点科技攻关课题中对在役含缺陷压力容器和管道安全评定进行研究，结合国情又参考了国外先进方法，提出了《在役含缺陷压力容器安全评定规程》（SAPV）的报批稿，于 2004 年国家颁布了《在用含缺陷压力容器安全评定》（GB/T 19624—2004）的标准。适用于在用钢制含有超标缺陷压力容器的安全评定，锅炉和管道以及其他金属材料制容器中的承压元件也可参照使用。

3. 基于双判据准则的结构失效评定方法

（1）双判据及其失效评定图

前面 3.1.3 中介绍了材料强度分析的各种判据，如断裂力学的 K 判据、COD 判据和 J 判据等，各有适用范围。此外还有流变应力判据，是以屈服应力或流变应力为极限应力的常规判据，适用于完全塑性材料。

K 判据和流变判据是针对低韧性和完全塑性两种极端情况建立起来的，只适用于这两种情况，而对于大多数介于两种极端情况之间的一般金属结构，单独使用这两个判据中的某一个都是不适宜的。

1977 年，英国中央电业局（CEGD）的研究者提出双判据法，假设当外加载荷达到根据线弹性断裂力学引起的脆性破坏的载荷；或者由流变应力和几何形状决定的失稳载荷中的较小者时就发生破坏，并对两极端情况间的过渡区提出了破坏评定曲线（FAC），建立了 R6 第一版的失效评定图（FAD）。后来 R6 经多次修订，1999 年第四次修订建立了严格的 J 积分基础上的 FAD 图（见图 8-3-24），用该图对含缺陷结构的安全进行评定。

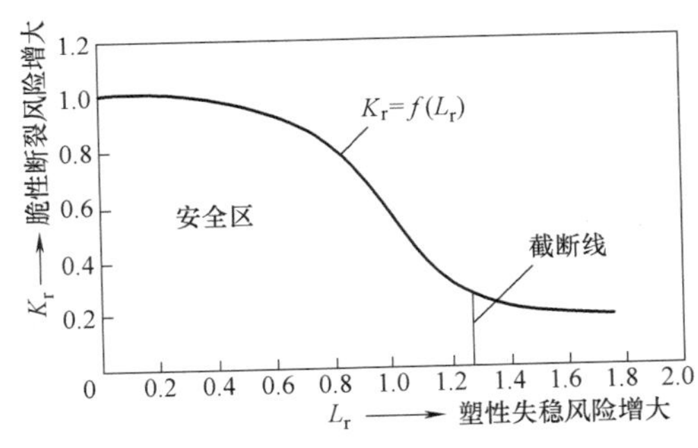

图 8-3-24　CEGD R6 失效评定图（FAD）

图中纵坐标轴和横坐标轴分别代表断裂驱动力与断裂韧度的比率（K_r）以及施加载荷与塑性失稳载荷的比率（L_r），即

$$K_r=\frac{K}{K_c}$$

$$L_r=\frac{P}{P_c(\sigma_r)}$$

式中　K——断裂驱动力；

K_c——断裂阻力；

P——作用载荷；

P_c——含缺陷的极限载荷。

K_r 和 L_r 取决于施加载荷、材料性能以及裂纹形

状尺寸等几何参数。

采用上述方法对有缺陷构件进行失效分析时，需要按有关规范要求对缺陷进行规则化处理，然后分别计算 K_r 和 L_r 并标在失效评定图上作为评定点，如果评定点 A（K_r，L_r）位于坐标轴与失效评定曲线之间，则结构是安全的，并根据评定点的位置可评估缺陷的危险程度；如果评定点位于失效曲线之外的区域，则结构是不安全的；若评定点落在失效曲线上，则结构处于临界状态。根据评定点所处的区域，可判断结构断裂的模式（见图 8-3-25）。

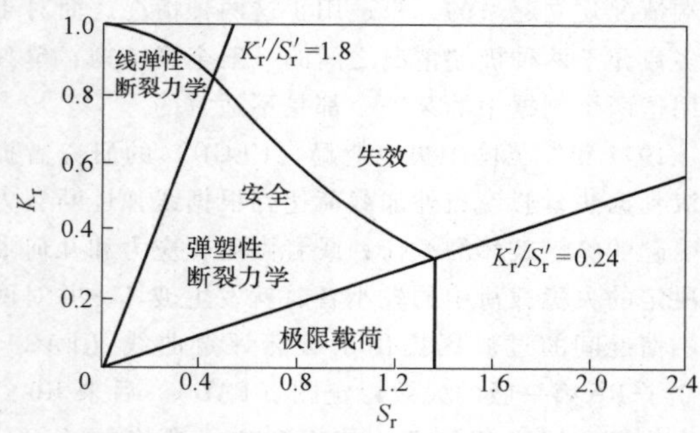

图 8-3-25　失效评定图和断裂模式

评定曲线根据已知材料、载荷数据的不同，共有三种评定选择。当仅知道屈服应力时，可用选择 1；选择 2 评定则需要材料的应力-应变关系曲线。选择 3 相对复杂些，要有材料性能、裂纹尺寸等详细数据，但可大大降低评定结果的保守性。

上述方法理论严格，技术先进，不仅可以进行安全评定，还可以进行起裂评定和失稳评定，已为国际上广泛使用的方法，为多国含缺陷安全评定规程所采纳，包括我国的 SAPV-95 规范和国家标准 GB/T 19624—2004。

（2）含缺陷压力容器安全评定方法

这里主要介绍 GB/T 19624—2004《在用含缺陷压力容器安全评定》，只介绍其中平面缺陷常规评定方法。

国内外制定的“合于使用”评定标准中都要考虑应力、类裂纹缺陷和断裂韧度三个要素，虽然不同标准在处理方法上有些差异，但总思路上差别不大。我国“合于使用”评定标准的基本思路是：通过无损检测获得缺陷的性质、形状、位置和尺寸大小并进行规格化，即转换成等效的（又称当量的）贯穿裂纹（半长）尺寸 $\bar{a}$，然后根据应力应变分析及材料的断裂韧度（K_{IC}、δ_C 或 J_C 等）进行断裂评定。GB/T 19624—2004 标准主要是用失效评定图（FAD）进行评定，当然也可以用裂纹容限进行评定。

评定的主要工作一般在评定标准或法规中有明确规定，归纳起来大体上有如下三个主要工作，即采集数据、缺陷的表征和断裂评定。

1）采集数据。

通过无损检测、性能测定和应力分析等手段，采集到下列必要的数据资料：

① 缺陷或类缺陷的大小、位置、方向。

② 缺陷存在的部位、构造形状或焊缝形状。

③ 缺陷存在部位及无缺陷时的应力。

④ 缺陷存在部位材料的断裂韧度如 K_{IC}、δ_C 或 J_C 等。

⑤ 母材和接头的化学成分及其力学性能。

⑥ 结构的使用温度。

2）缺陷的表征。

首先根据采集到的缺陷分类，如平面缺陷、凹坑缺陷、气孔和夹渣缺陷等，分别进行评定，这里只介绍平面缺陷的常规评定。

缺陷的表征又叫缺陷规格化，即把结构实际存在的未熔合、未焊透、咬边和裂纹等平面类缺陷简化成相当于（或等效于）断裂力学中所规定的裂纹形状和尺寸，以便能利用断裂力学的理论和方法对这些缺陷进行安全评定。

通常把上述平面类缺陷归纳为穿透的、内部的和表面的三类，然后把内部的和表面的缺陷都换算成穿透裂纹的半长度 $\bar{a}$。利用图 8-3-26 和图 8-3-27 就可以容易地进行这种换算。

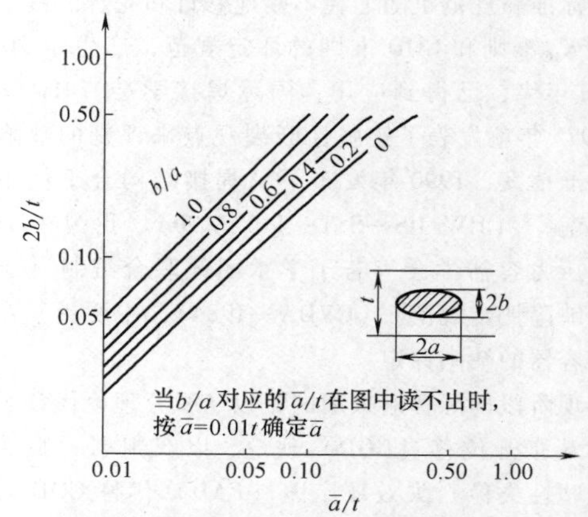

图 8-3-26　内部缺陷尺寸（a 及 b）与等效裂纹尺寸 $\bar{a}$ 的换算曲线

3）断裂评定。

按图 8-3-28 所示的通用失效评定图进行评定，为此需做好如下工作：

① 应力确定，如一次应力和二次应力，P_m、

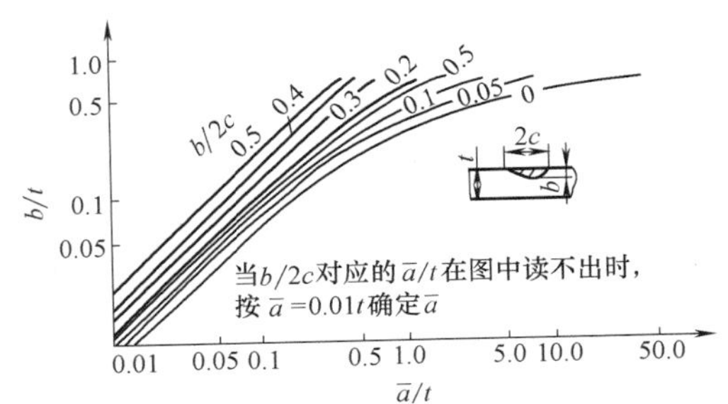

图 8-3-27　表面缺陷尺寸（b 及 c）与等效裂纹尺寸 $\bar{a}$ 的换算曲线

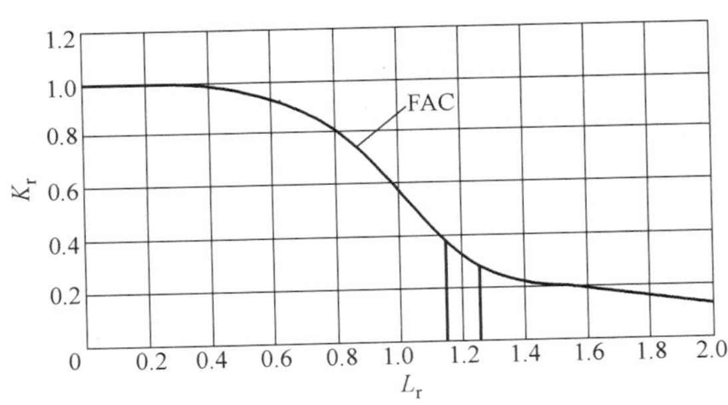

图 8-3-28　通用失效评定图（GB/T 19624—2004）

P_b、Q_m、Q_b 等。

② 材料性能数据确定，如 R_{eL}、R_m、J_{IC}、K_c 等。

③ 应力强度因子 K_1^P 和 K_1^Q 的计算。

④ K_r 的计算。

⑤ L_r 的计算。

⑥ 安全评定。

最后作安全评价，根据计算得到的 K_r 值和 L_r 值所构成的评定点（K_r，L_r）绘在图 8-3-28 所示的通用失效评定图（FAD）中。如果该评定点位于安全区内，则认为缺陷经评定是安全的或可以接受的；否则，认为不能保证安全或不可接受。

更多操作细节及其他类型缺陷的评定方法，见标准 GB/T 19624—2004。

3.3　焊接结构的疲劳破坏

3.3.1　疲劳的基本概念

1. 疲劳破坏的基本特征和类型

（1）疲劳破坏的基本特征

金属材料、零件和构件在循环应力或循环应变作用下经过较长时间而发生断裂的现象称为疲劳。从许多疲劳破坏现象中观察与研究，发现有以下共同特征。

1）疲劳断裂都经历裂纹萌生、稳定扩展和失稳扩展三个阶段。对于焊接结构，裂纹多起源于焊接接头表面几何不连续、引起应力集中的部位，如焊趾、弧坑、火口、咬边、单面焊根未焊透、角变形或错边等。少数起源于接头内部较大的焊接缺陷，如气孔、夹渣、未熔合等。首先，从裂纹源处形成微裂纹，随后逐渐稳定地扩展。当裂纹扩展到某一临界尺寸后，构件剩余断面不足以承受外载时，裂纹失稳扩展而发生突然断裂。

2）疲劳裂纹宏观断口呈脆性，无明显塑性变形。在断口上可观察到裂纹源、光滑或贝壳状的疲劳裂纹扩展区和粗糙的瞬断区，如图 8-3-29 所示。它们与断裂三阶段一一对应。扩展区的微观特征是：对塑性材料可观察到明显、清晰、整齐的疲劳条纹；对脆性材料或变形能力受限制的材料，条纹形状模糊不清，仅在很少孤立晶粒中观察到很不确定的条纹，而周围晶粒中只有杂乱的滑移痕迹，变形特别小的晶粒中则可能不形成疲劳条纹。断裂区具有宏观脆性特征，多数情况是粗晶断口。根据上述断口特征，可判断裂纹的性质和破坏的原因。

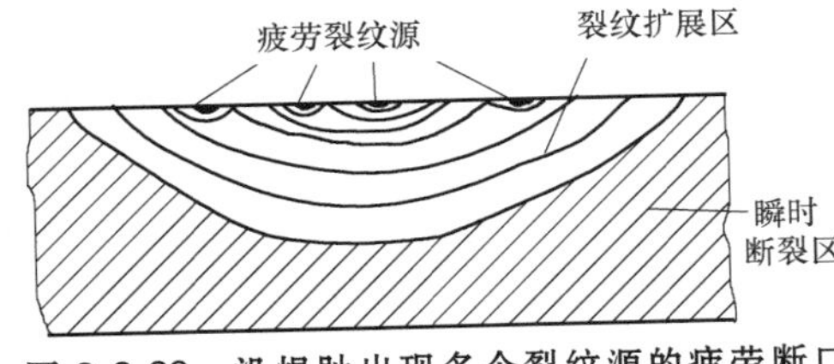

图 8-3-29　沿焊趾出现多个裂纹源的疲劳断口

3）疲劳破坏具有突发性和灾难性。疲劳裂纹的萌生和稳定扩展不易发现，失稳扩展（断裂）则是突然发生的，没有预兆，难以预防。

（2）疲劳破坏的基本类型

导致疲劳破坏的交变应力或应变主要是由变动载荷、温度变化、振动、超载试验、开停工、检修、周期性接触等引起。而疲劳的寿命则与交变应力或应变的变化幅度、频率和循环次数，应力集中，残余应力，缺陷的性质、尺寸大小和方位，环境温度和介质，材料特性等因素有关。根据结构不同的工况条件疲劳可分为下列基本类型。

1）高周疲劳是指低应力、高循环周次的疲劳。其破坏应力常低于材料的屈服强度，应力循环周次在 10^5 以上，交变应力幅 σ_a 是决定高周疲劳寿命的主要因素。高周疲劳是最常见的一种疲劳破坏类型。

2）低周疲劳是指高应力、低循环周次的疲劳。其工作应力接近或高于材料的屈服强度，应力循环周

次在 $10^4 \sim 10^5$ 以下。每一次循环中材料均产生一定量的塑性应变，而且该交变的塑性应变在这种疲劳中起着主要作用，故又称塑性疲劳或应变疲劳。压力容器、炮筒、飞机起落架等高应力水平的零件，常发生这种疲劳。

3）热疲劳是在温度变化所产生的反复热应力作用下而引起的疲劳破坏。如涡轮机的转子、热轧轧辊和热锻模等常产生这种疲劳。热疲劳破坏是塑性变形损伤积累的结果，具有与低周疲劳相似的应变-寿命规律，可看成是温度周期变化下的低周疲劳。

当工作温度高于材料的蠕变温度时，在材料产生蠕变现象的同时，也会因温度变化而产生热疲劳，出现蠕变-疲劳的交互作用，形成蠕变疲劳或高温疲劳。

4）腐蚀疲劳是在交变载荷和腐蚀介质（如酸、碱、海水和活性气体等）共同作用下产生的疲劳破坏。如船用螺旋桨、涡轮机叶片、蒸汽管道、海洋金属结构等常产生这种疲劳。

5）接触疲劳是机件的接触表面在接触应力反复作用下出现麻点剥落或表面压碎剥落，从而造成机件失效的破坏。

本节重点介绍恒幅循环应力作用下构件高周疲劳的一般规律。

2. 循环应力的基本参数

在周期性等幅交变载荷作用下，构件内产生的循环应力可用表 8-3-7 所列的基本参数描述。几种典型的循环应力变化规律见表 8-3-8。

表 8-3-7 循环应力的基本参数

序号	名称	符号	定义	图示
1	应力循环	—	交变应力在两个应力极值间变化一次的过程	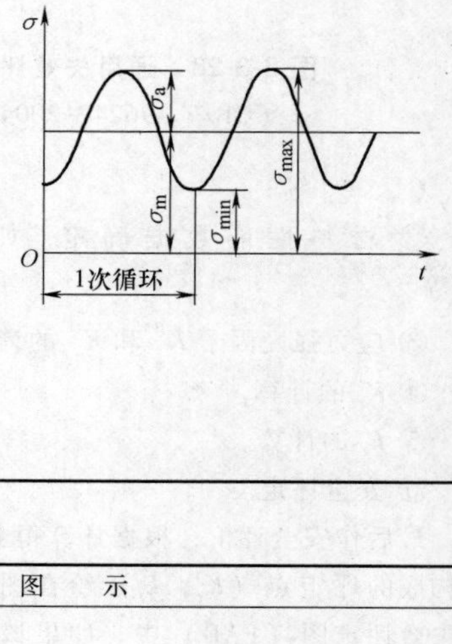 σ, O, t, σ_a, σ_{max}, σ_m, σ_{min}, 1次循环
2	最大应力	σ_{max}	循环中代数值最大的应力	
3	最小应力	σ_{min}	循环中代数值最小的应力	
4	平均应力	σ_m	$\sigma_m=\dfrac{\sigma_{max}+\sigma_{min}}{2}$ 相当于循环中应力不变部分	
5	应力幅	σ_a	$\sigma_a=\dfrac{\sigma_{max}-\sigma_{min}}{2}$ 相当于循环中应力变动部分	
6	循环特征（不对称系数、应力比）	r	$r=\dfrac{\sigma_{min}}{\sigma_{max}}$ 表示交变应力的不对称程度，其值为 $1 \geqslant r \geqslant -1$	

表 8-3-8 几种典型的循环应力变化规律

序号	循环名称	循环特征	应力特点	图示
1	对称循环	$r=-1$	$\sigma_{max}=-\sigma_{min}$ $\sigma_m=0$ $\sigma_a=\sigma_{max}=-\sigma_{min}$	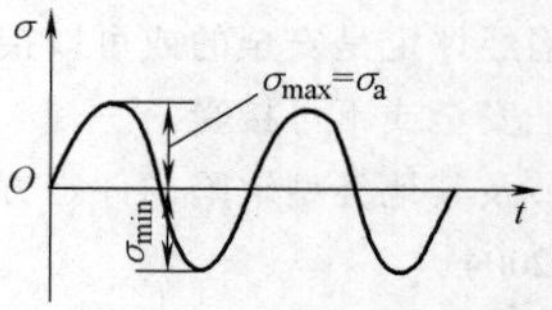 σ, O, t, $\sigma_{max}=\sigma_a$, σ_{min}
2	脉动循环	$r=0$	$\sigma_{max}\neq 0$ $\sigma_{min}=0$ $\sigma_m=\sigma_a=\dfrac{1}{2}\sigma_{max}$	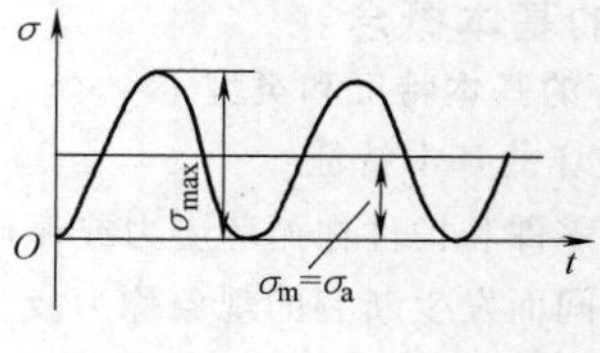 σ, O, t, σ_{max}, $\sigma_m=\sigma_a$

（续）

序号	循环名称	循环特征	应力特点	图　示
3	不对称循环	$1>r>-1$	$\sigma_{max}=\sigma_m+\sigma_a$ $\sigma_{min}=\sigma_m-\sigma_a$	
4	静载荷	$r=1$	$\sigma_{max}=\sigma_{min}=\sigma_m$ $\sigma_a=0$	

3. 疲劳寿命和疲劳极限

用以表征材料或零件疲劳抗力的指标中，最常用的有疲劳寿命和疲劳极限两种。

（1）疲劳寿命

假设材料没有初始裂纹，经过一定的应力循环后，由于疲劳损伤的积累而形成裂纹。裂纹在应力循环下继续扩展，直至发生全截面脆性断裂。裂纹形成前的应力循环次数，称为疲劳的无裂纹寿命，裂纹形成后直到疲劳断裂的应力循环次数称为疲劳的裂纹扩展寿命。材料的总疲劳寿命为两者之和。

（2）疲劳极限

用一组试样进行疲劳试验，试样受“无数次”应力循环而不发生疲劳破坏的最大应力值，称为材料的疲劳极限，也称无限寿命疲劳强度，以 σ_r 表示。脚标 r 表示该试验应力的循环特征，如工程上最常用的弯曲对称循环疲劳极限，以 σ_{-1} 表示。

（3）疲劳曲线与疲劳图

1）疲劳曲线。

①S-N 曲线。根据标准疲劳试验结果，以应力 σ 为纵坐标，以达到疲劳破坏的应力循环次数 N 为横坐标，绘出一组试样在某一循环特征下的应力-寿命（σ-N）曲线，称为疲劳曲线，又称 S-N 曲线。随着所取坐标的不同，有 σ-N、σ-$\frac{1}{N}$、σ-$\lg N$、$\lg\sigma$-$\lg N$ 曲线，其中应用广泛的是半对数坐标的 σ-$\lg N$ 曲线。

图 8-3-30a 所示为 20 钢对称循环疲劳曲线。试验表明，随着应力的减小，N 相应增加，当 $N>10^7$ 时曲线接近水平，故对钢材一般规定 $N\geqslant10^7$ 时的应力定为疲劳极限；对于铝合金等有色金属的疲劳曲线，无明显水平段，如图 8-3-30b 所示，一般规定 $N\geqslant(5\sim10)\times10^7$ 时的应力为疲劳极限，称为名义疲劳极限。

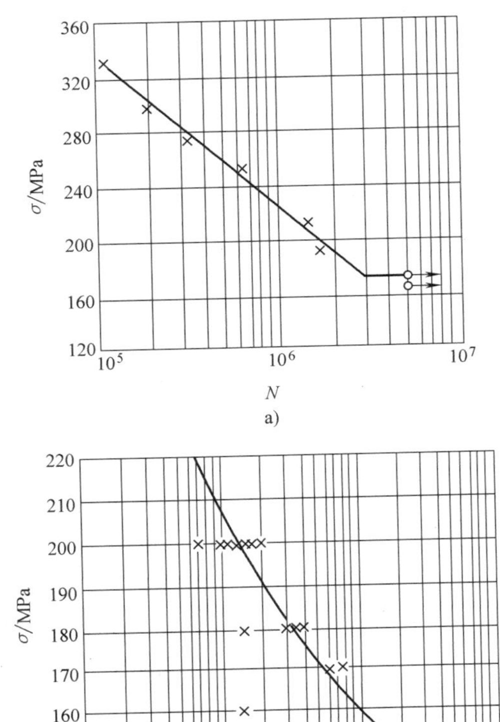

图 8-3-30　材料疲劳曲线图

a）20 钢疲劳曲线　b）LY11 硬铝合金疲劳曲线

不同循环特征 r，不同的受力情况和试验方法，疲劳极限的数值均不相同。常用钢材的弯曲疲劳极限值见表 8-3-9。根据大量试验结果，常用材料的疲劳极限与静强度之间有一定的近似关系。

表 8-3-9 几种常用国产钢材的疲劳极限 σ_{-1}

材料	热处理	强度极限 σ_b /MPa	疲劳极限		
			平均值 σ_{-1}/MPa	标准差 $S_{\sigma-1}$/MPa	变异系数 $\nu_{\sigma-1}$
Q235A	热轧态	449.3	213.0	8.1	0.038
Q355(16Mn)	热轧态	585.9	280.8	8.4	0.030
20 钢	正火	460.6	250.1	5.1	0.020
45 钢	正火	623.6	249.3	5.3	0.021
40MnB	调质	970.3	436.2	19.8	0.045
41Cr	调质	939.6	421.7	10.3	0.024
12Cr13	调质	720.8	374.2	13.0	0.035

注：使用光滑试样。

② p-S-N 曲线。以应力 σ 为纵坐标，以存活率 p 下的疲劳寿命 N 为横坐标，所绘出的一族存活率-应力-寿命曲线，称为 p-S-N 曲线，如图 8-3-31 所示。在进行疲劳设计时，可根据所需的存活率，利用与其相应的 S-N 曲线进行设计。前面的 S-N 曲线（见图 8-3-30）应看作是图 8-3-31 中在存活率 p 为 50% 的 p-S-N曲线。p-S-N 曲线代表了更全面的应力-寿命关系，比 S-N 曲线有更广泛的用途。

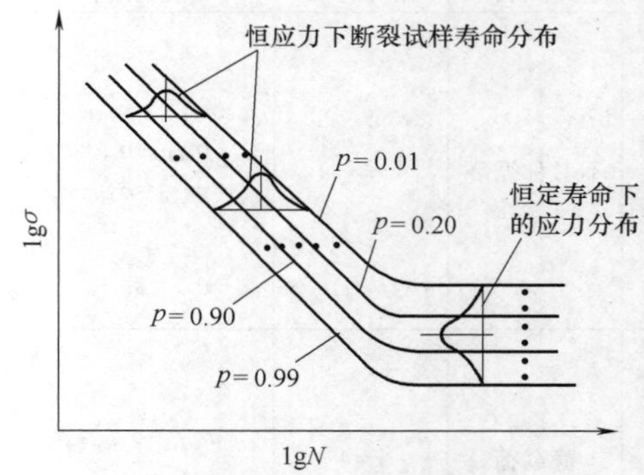

图 8-3-31 p-S-N 曲线

用标准试样测出的 p-S-N 曲线称为材料的 P-S-N 曲线，曲线斜线部分一般用下面的公式表达。

$$\lg N_P = a_p + b_p \lg\sigma$$

几种常用国产钢材的旋转弯曲 p-S-N 曲线参数见表 8-3-10。

表 8-3-10 几种常用国产钢材的旋转弯曲 p-S-N 曲线参数

材料	热处理	强度极限 σ_b/MPa	试样形式	不同存活率 p 下的 a_P 和 b_P				
				p(%)	50	90	95	99
Q235A	热轧态	455	漏斗形试样	a_P	41.1782	39.1860	38.6199	37.5595
				b_P	−14.6745	−13.8996	−13.6793	−13.2668
Q345 (16Mn)	热轧态	571		a_P	37.7963	33.2235	31.9285	29.5020
				b_P	−12.7395	−11.0021	−10.5100	−9.5881
20 钢	正火	460.5		a_P	53.6613	47.3995	45.6260	42.2997
				b_P	−19.6687	−17.1916	−16.4920	−15.1749
45 钢	正火	624		a_P	35.4815	32.6372	31.7149	29.5823
				b_P	−12.0804	−10.9915	−10.6356	−9.8094
40MnB	调质	970	光滑试样	a_P	26.1130	25.2717	25.8889	28.5391
				b_P	−7.6879	−7.4421	−7.6893	−8.7042
40Cr	调质	940		a_P	23.9454	23.7437	23.6894	23.5835
				b_P	−6.8775	−6.8610	−6.8753	−6.8490
12Cr13	调质	595.3		a_P	36.5348	32.7814	31.7185	29.7247
				b_P	−11.7659	−10.4010	−10.0146	−9.2905

2）疲劳图。在各种循环特征下对材料进行疲劳试验，可测得一系列疲劳极限 σ_r，选取一定坐标绘出的曲线图，即为疲劳图，又称材料的疲劳极限曲线。由于曲线上各点的疲劳寿命相等，故又称为等寿命曲线。这里介绍两种常用的疲劳图，利用这种图很容易根据应力的循环特征 r 确定出材料的疲劳极限，或进行疲劳强度设计。

① σ_m-σ_a曲线，是以平均应力 σ_m 为横坐标，应力幅 σ_a 为纵坐标作出的疲劳图，如图 8-3-32 所示。图中 ACB 为试验曲线，曲线上任一点的纵坐标、横坐标之和就等于该点相应循环特征的疲劳极限，即 $\sigma_r=\sigma_m+\sigma_a$。A 点为对称循环的疲劳极限（$\sigma_{-1}$）；B 点为 σ_a 接近于零的疲劳极限，它等于材料的静载强度（$\sigma_{+1}=\sigma_b$）；C 点为脉动循环的疲劳极限（σ_0）。在曲线 ACB 以内的任意点，表示不发生疲劳破坏。在曲线以外的点，表示经一定的应力循环数后发生疲劳破坏。

若已知某循环特征 r，可自坐标原点 O 按 $\tan\alpha=\frac{\sigma_a}{\sigma_m}=\frac{1-r}{1+r}$ 作倾角为 α 的射线，交 ACB 线于 E 点，该点

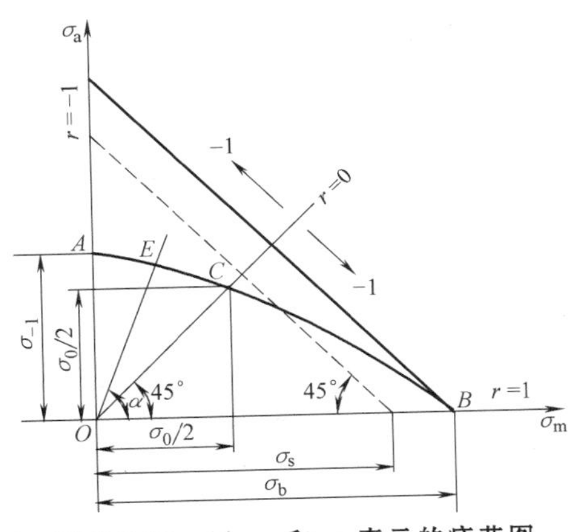

图 8-3-32　用 σ_m 和 σ_a 表示的疲劳图

纵坐标、横坐标之和即为该循环特征下的疲劳极限（$\sigma_r=\sigma_{rm}+\sigma_{ra}$）。

② σ_{max}-r 曲线，是以 r 为横坐标，以 σ_{max} 为纵坐标绘出的疲劳图，如图 8-3-33 所示。该图直观明了，直接将 σ_{max} 与 r 的关系表示出来，ACB 曲线上任一点的纵坐标即该点所对应循环特征 r 的疲劳极限。

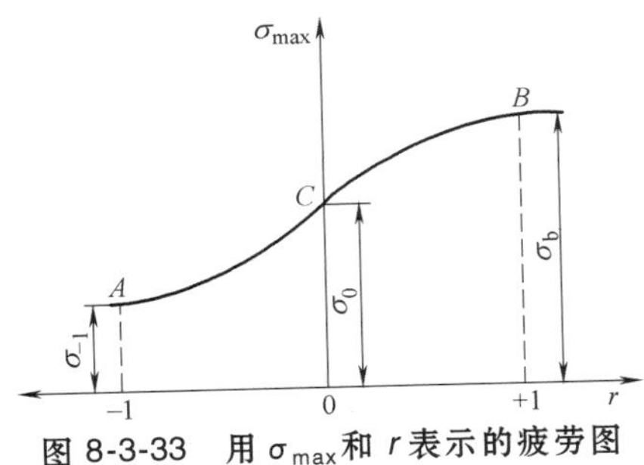

图 8-3-33　用 σ_{max} 和 r 表示的疲劳图

4. 疲劳裂纹扩展的规律

研究材料疲劳的传统方法是建立在用光滑（无裂纹）的标准试样作大量疲劳试验基础之上，然后通过 S-N 曲线或疲劳图来确定材料的疲劳强度和寿命。但无法对已有裂纹构件的疲劳强度和寿命作出评定。运用断裂力学的理论和分析方法，可以研究带裂纹构件在交变载荷作用下裂纹的扩展规律，从而达到对其疲劳寿命作出估计。

构件上的裂纹有的是在冶炼、冷加工和热加工（如焊接）过程中产生的；有的是在使用过程中形成的。对于这些含裂纹构件，把在交变应力作用下，裂纹尺寸由初始尺寸 a_i 缓慢扩展到断裂时的临界尺寸 a_c 的过程，为疲劳裂纹的亚临界扩展。

在不同应力幅下，裂纹扩展长度与循环周次的关系如图 8-3-34 所示。a-N 曲线上各点切线的斜率表示该点的裂纹扩展速率 $\mathrm{d}a/\mathrm{d}N$。试验表明，裂纹扩展速率 $\mathrm{d}a/\mathrm{d}N$ 主要取决于试件裂纹端部应力强度因子幅度 ΔK。根据试验结果和理论分析提出了如下指数幂定律的经验公式（又称 Paris 公式）

$$\frac{\mathrm{d}a}{\mathrm{d}N}=C(\Delta K)^m$$

式中　$\frac{\mathrm{d}a}{\mathrm{d}N}$——每一循环的应力变化中裂纹发生亚临界扩展的量，即裂纹扩展速率（mm · 次$^{-1}$）；

ΔK——每一循环中应力强度因子变化幅度，由应力变化幅度 $\Delta\sigma$ 算出（MPa · m$^{1/2}$）；

C——与平均载荷、应力变化、频率、材料性能有关的常数；

m——与材料有关的系数，对于高强度结构钢 $m=2\sim7$，多数材料 $m=2\sim4$。

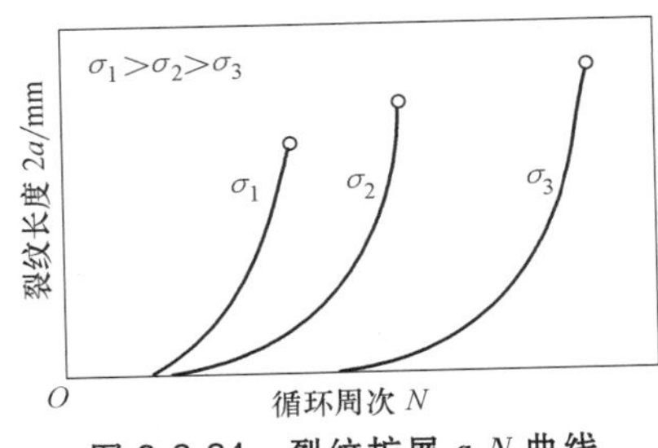

图 8-3-34　裂纹扩展 a-N 曲线

$\frac{\mathrm{d}a}{\mathrm{d}N}$-$\Delta K$ 的关系如图 8-3-35 所示。按曲线的变化可分成三个区域：

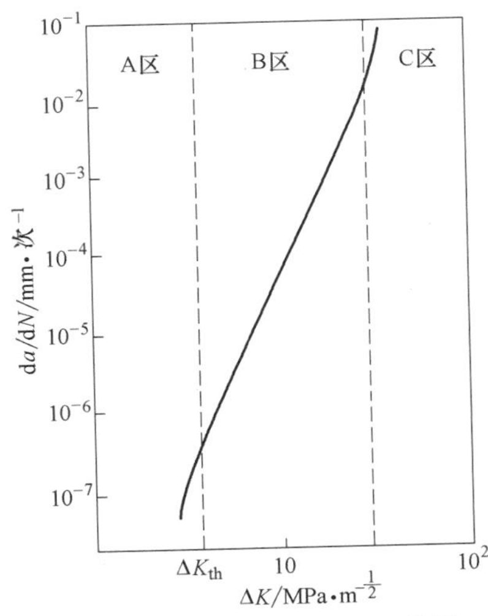

图 8-3-35　$\mathrm{d}a/\mathrm{d}N$-ΔK 关系曲线

A 区（裂纹扩展速率接近于零）为裂纹不扩展区。在 $\frac{\mathrm{d}a}{\mathrm{d}N}$-$\Delta K$ 下端存在一个应力强度因子幅度的界

限值 ΔK_{th}，又称疲劳裂纹扩展的“门槛值”。当外加应力强度因子幅度 $\Delta K<\Delta K_{th}$时，循环应力不能使已存在的裂纹扩展；当 $\Delta K>\Delta K_{th}$时，裂纹开始扩展。一般材料的裂纹扩展速率为$\frac{da}{dN}=10^{-6}\sim10^{-7}$mm·次$^{-1}$时，所对应的 ΔK 值即可认为是该材料的 ΔK_{th}值。

B 区为裂纹的亚临界扩展区。在此区域中$\frac{da}{dN}-\Delta K$在对数坐标上呈直线关系，Paris 公式适用于此区域。不论试样几何形状和加载方式如何，所有试验点均落在同一条直线上。可见疲劳裂纹扩展过程中起控制作用的主要参数是裂纹尖端的应力强度因子幅度 ΔK，因而就有可能把从试样上测得的$\frac{da}{dN}-\Delta K$ 关系的数据直接用于计算零件的剩余寿命。该直线的斜率即为 Paris 公式中的指数 m 值。在这个区域所对应的裂纹扩展速率$\frac{da}{dN}$范围为 $10^{-6}\sim10^{-3}$mm·次$^{-1}$。

C 区为裂纹急剧扩展区（或失稳扩展区）。当 ΔK 增大到一定数值，直线发生转折，线段的斜率变大，裂纹发生快速失稳扩展。当 K_{max}达到材料的断裂韧度 K_{IC}（或 K_C）时，即产生断裂。

Paris 公式没有考虑平均应力的影响。因此，福曼（Forman·R·G）提出修正公式

$$\frac{da}{dN}=\frac{C(\Delta K)^m}{(1-r)K_{IC}-\Delta K}$$

式中 K_{IC}——材料的断裂韧度（MPa·m$^{1/2}$）；

r——循环特征，即应力比；

C、m——材料常数。

上式引入了考虑平均作用应力的循环特征 r，就可以在任何 r 的载荷条件下更好地描述疲劳裂纹扩展规律。同时上式还反映出$\frac{da}{dN}$值不仅取决于 ΔK 值的大小，并且它还是材料本身 K_{IC}值的函数。即材料的断裂韧度越高，裂纹扩展速率就越小。此外，r 越大，$\frac{da}{dN}$也越高。

掌握了疲劳裂纹扩展的规律，就可以对带裂纹体的疲劳寿命进行评估，见后面 3.3.3 节。

3.3.2 影响焊接结构疲劳强度的因素

母材是焊接接头的组成部分，凡是对母材疲劳强度有影响的因素，如应力集中、表面状态、截面尺寸、加载情况、介质等，同样对焊接结构的疲劳强度有影响。除此之外，焊接结构自身的一些特点，如接头性能的不均匀性、焊接残余应力、焊接缺陷等，都对焊接结构疲劳强度有影响。

（1）应力集中和表面状态

结构上几何不连续的部位都会产生不同程度的应力集中。金属材料表面的缺口和内部的缺陷可造成应力集中。焊接接头本身就是个几何不连续体，不同的接头形式和不同的焊缝形状，就有不同程度的应力集中，其中具有角焊缝的接头应力集中较为严重。

构件上缺口越尖锐，应力集中越严重（即应力集中系数 K 越大），疲劳强度降低也越大。不同材料或同一材料因组织和强度不同，缺口的敏感性（或缺口效应）是不相同的。高强度结构钢较低强度结构钢对缺口敏感，即具有同样的缺口情况下，高强度结构钢的疲劳强度比低强度结构钢降低很多。焊接接头中，承载焊缝的缺口效应比非承载焊缝强烈，而承载焊缝中又以垂直焊缝轴线方向的载荷对缺口最敏感。

图 8-3-36㊀是对三种强度不同结构钢的轧制表面光滑试件、对接接头和十字接头（均未加工）的疲劳极限与应力比 r 的关系曲线（疲劳图）。图中说明，表面光滑（无应力集中）、强度高的材料，其疲劳强度也高；对接接头有了应力集中，这三种材料的疲劳强度都降低。强度越高疲劳强度降低的幅度也越大；十字接头因具有更严重的应力集中，这三种材料的疲劳强度都降低很多，且都在一个应力水平上。说明在疲劳载荷下由于应力集中的存在使高强度结构钢失去了其静载强度方面的优势。

图 8-3-37 所示为低、中强度结构钢焊接接头脉动疲劳强度与缺口效应的关系。图中横坐标表示自左向右的构件其缺口效应增大，说明缺口效应越强，其疲劳强度越低。

图 8-3-38 所示为低碳钢搭接接头疲劳试验结果比较。图 8-3-38a 中只有侧面焊缝的搭接接头，其疲劳强度只达母材的 34%；焊脚为 1∶1 正面焊缝的搭接接头见图 8-3-38b，其疲劳强度比只有侧面焊缝的接头略高一些，但仍然很低。增加正面焊缝焊脚比例，如 1∶2，应力集中获得改善，疲劳强度有所提高，但效果不大，见图 8-3-38c。如果在焊缝向母材过渡区进行表面机械加工，见图 8-3-38d，也不能显著地提高接头的疲劳强度。只有当盖板的厚度比按强度条件所要求的增加一倍，焊脚比例为 1∶3.8 并经机械加工使焊缝向母材平滑地过渡，见图 8-3-38e，

㊀ 图 8-3-36、图 8-3-37 中 St37、St52、St60 钢分别相当于我国的 Q235、Q275、Q304 钢。

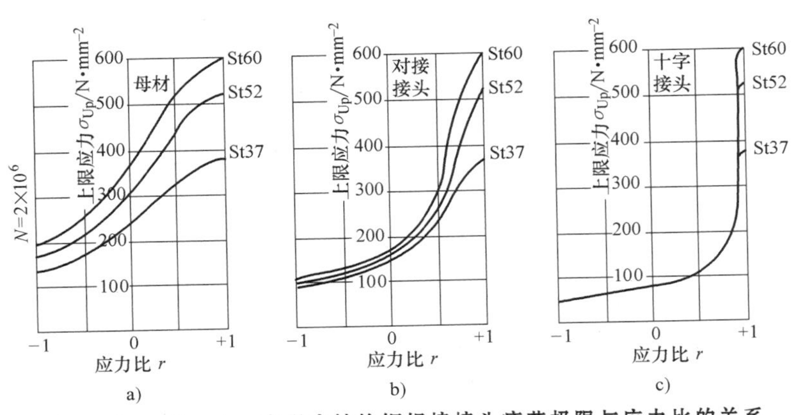

图 8-3-36　低、中、高强度结构钢焊接接头疲劳极限与应力比的关系

a）轧制板材　b）中等质量对接接头　c）中等质量十字接头

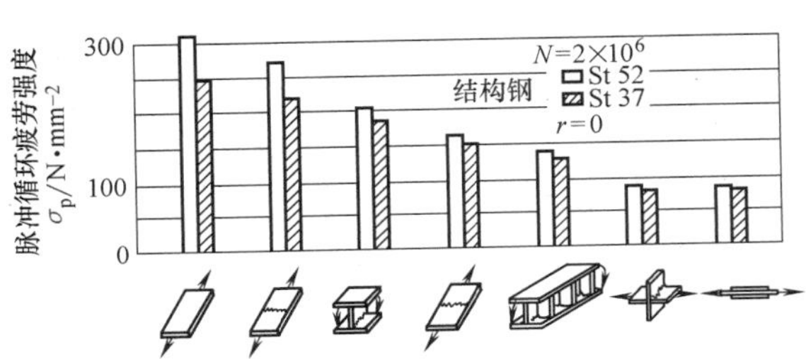

图 8-3-37　低强度结构钢和中强度结构钢焊接接头脉动疲劳强度

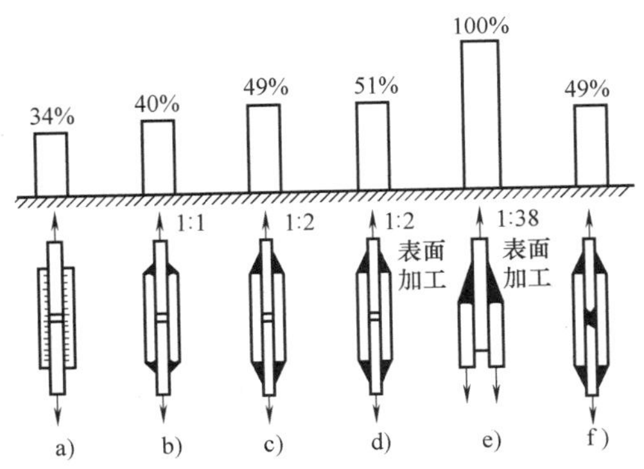

图 8-3-38　低碳钢搭接接头的疲劳极限对比

才可提高到与母材一样的疲劳强度。但这样的接头成本太高，不宜采用。图 8-3-38f 是在对接接头上加盖板，这种接头极不合理，把原来疲劳强度较高的对接接头大大地削弱了。

表面状态粗糙相当于存在很多微缺口，这些缺口的应力集中导致疲劳强度下降。表面越粗糙，疲劳极限降低就越严重。材料的强度水平越高，表面状态的影响也越大。焊缝表面波纹过于粗糙，对接头的疲劳强度是不利的。

（2）焊接残余应力

焊接结构的残余应力对疲劳强度是有影响的。本篇第 1 章 1.3.2 节已说明焊接残余应力的存在，改变了平均应力 σ_m 的大小，而应力幅 σ_a 却没有改变。在残余拉应力区使平均应力增大，其工作应力有可能达到或超出疲劳极限而破坏，故对疲劳强度有不利影响。反之，残余压应力对提高疲劳强度是有利的。对于塑性材料，当循环特征 $r>1$ 时，材料是先屈服后才疲劳破坏，这时残余应力已不发生影响。

由于焊接残余应力在结构上是拉应力与压应力同时存在。如果能调整到残余压应力位于材料表面或应力集中区，则是十分有利；如果在材料表面或应力集中区存在的是残余拉应力，则极为不利，应设法消除。

（3）焊接缺陷

焊接缺陷对疲劳强度影响的大小与缺陷的种类、尺寸、方向和位置有关。片状缺陷（如裂纹、未熔合、未焊透）比带圆角的缺陷（如气孔等）影响大；表面缺陷比内部缺陷影响大；与作用力方向垂直的片状缺陷的影响比其他方向的大；位于残余拉应力场内的缺陷，其影响比在残余压应力场内的大；同样的缺陷，位于应力集中场内（如焊趾裂纹和根部裂纹）的影响比在均匀应力场中的影响大。

3.3.3　疲劳设计方法简介

对于高周疲劳，其疲劳设计是对承受疲劳载荷的构件进行强度或寿命的设计与计算，并确定各构件截面尺寸和构造细节等，以确保构件能安全可靠地工作。随着科学技术的发展，疲劳设计方法也随之发展。

目前的疲劳设计方法可归纳为许用应力设计法、断裂力学设计法和可靠性设计法三类。其中以许用应力设计法最为成熟，国内外许多现行设计标准和规范大部分都是基于许用应力设计法而制定的。

1. 许用应力设计法

许用应力设计法是把构件的试验疲劳强度（又称材料的疲劳强度）考虑了各种影响因素并除以一安全系数作为许用应力，使设计载荷引起的应力最大值不超过其许用应力，从而确定构件截面尺寸的设计方法。其强度条件为

$$\sigma_{max} \leqslant [\sigma_r]$$

式中　σ_{max}——设计载荷引起构件的最大应力值；

$[\sigma_r]$——许用应力。以试验的疲劳强度为基础考虑了各种影响因素和安全系数后确定。

试验的疲劳强度可能是无限寿命的疲劳极限、有限寿命的疲劳极限和随机载荷引起的疲劳极限。由于试验条件与实际构件的工作条件不同，如果试验用的是光滑小标准试样，其试验的疲劳强度并不能代表实际构件的疲劳强度（又称零件的疲劳强度），它只能作为确定许用应力的基础。对于影响实际结构疲劳强度的各种因素，如循环特征、几何不连续所引起的应力集中、截面尺寸、材质特性、制造工艺、检验方法等，包括安全系数在内，以适当的形式考虑到疲劳许用应力 $[\sigma_r]$ 中去。

（1）普通机器零件的疲劳许用应力

一般机件对称循环疲劳许用应力 $[\sigma_r]$ 可按下式确定。

$$[\sigma_{-1}] = \frac{\varepsilon\beta}{[n]K}\sigma_{-1}$$

式中　ε——尺寸系数，是考虑尺寸效应影响的修正系数，一般小于 1；

β——表面状态系数，考虑表面加工、腐蚀、强化的影响，小于 1；

K——有效应力集中系数，考虑缺口效应的影响，大于 1；

$[n]$——许用疲劳安全系数，大于 1；

σ_{-1}——弯曲、拉压对称循环的材料疲劳极限。

（2）起重机金属结构的疲劳许用应力

对于焊接结构或接头的疲劳许用应力，在我国是由各相关行业根据行业产品载荷条件和工作环境等特点，在本行业的设计规范中作出规定。

例如，起重机金属结构构件设计中受拉伸的焊接对接接头的疲劳许用应力 $[\sigma_{rt}]$ 是按下式确定的（摘自 GB/T 3811—2008）。

当 $-1 \leqslant r \leqslant 0$ 时，

$$[\sigma_{rt}] = \frac{5}{3-2r}[\sigma_{-1}]$$

式中　r——循环特征，$r=\frac{\sigma_{min}}{\sigma_{max}}$（带正、负号）；

$[\sigma_{-1}]$——疲劳许用应力基本值。它是根据试验的疲劳极限，考虑了安全系数、结构的工作等级、应力集中情况等级和材质（Q235 或 Q355）等因素综合确定的，见表 8-3-11。

表 8-3-11　拉伸和压缩疲劳许用应力的基本值 $[\sigma_{-1}]$

（单位：$N \cdot mm^{-2}$）

构件工作级别	焊接件构件连接的应力集中情况等级				
	K_0	K_1	K_2	K_3	K_4
	Q235 或 Q355				
E_1	(316.9)	(323.1)	271.4	193.9	116
E_2	(293.8)	262.3	220.3	157.4	94.4
E_3	238.4	212.9	178.8	127.7	76.6
E_4	193.5	172.7	145.1	103.7	62.2
E_5	157.1	140.3	117.8	84.2	50.5
E_6	127.6	113.6	95.6	68.3	41.0
E_7	103.5	92	77.6	55.4	33.3
E_8	84.0	75.0	63.0	45.0	27.0

表 8-3-11 中构件工作级别是综合考虑了构件的使用级别（由使用期内总的应力循环次数决定）和应力状态级别（由应力谱系数决定）而确定的级别，共分为 $E_1 \sim E_8$ 8 个级；构件的应力集中情况等级是考虑了各种焊接接头的应力集中情况对疲劳强度的影响程度而划分的，为 $K_0 \sim K_4$ 5 个等级。随着应力集中情况等级递增，构件疲劳强度递减。焊接接头的应力集中情况与接头的构造形式、焊缝的内外质量、焊缝受力特点等因素有关，因此 GB/T 3811—2008 把焊接分为对接焊和角焊，把焊接质量分为普通质量（O. Q）和特殊质量（S. Q）两类，每类质量的焊缝都规定了焊缝内外质量要求和检验要求，见表8-3-12。然后把对疲劳强度具有相同影响程度的不同构造形式的焊接接头（含焊缝内外质量要求和受力特点）归为同一个应力集中情况等级，表 8-3-13 是从 GB/T 3811—2008 中选取的几种典型接头不同构造、不同制造质量和受力情况下的应力集中情况等级。

（3）钢结构的疲劳容许应力幅

GB 50017—2014《钢结构设计规范》规定：直接承受动力载荷重复作用的钢结构构件及其连接，当应力变化的循环次数 $\geqslant 5 \times 10^4$ 次时，应采用容许应力幅法进行疲劳计算。

应力按弹性状态计算，容许应力幅则按构件和连接的类型以及应力循环次数确定。在应力循环中，不出现拉应力的部位可以不计算疲劳。

表 8-3-12　焊接质量分类（摘自 GB/T 3811—2008）

焊接形式	焊接质量	焊接方式	代　号	焊接检验	代　号
全深范围内的对接焊	特殊质量（S. Q）	在封焊之前，焊根要刮光（或修光）；焊缝在平行于受力方向与被连接板磨平，无端头焊口	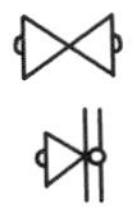	焊缝全长（100%）进行检验（例如，用 X 射线）	P100
	普通质量（O. Q）	在封焊之前，焊根要刮光（或修光）；无端头焊口	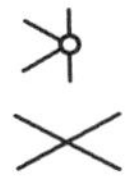	如果计算应力大于 0.8 倍许用应力，焊缝全长进行检验	P100
				否则，至少抽检焊缝长度的 10%	P10
在两连接件所形成的角落中进行的 K 形焊。其中一个连接件在焊缝处开有坡口	特殊质量（S. Q）	在另一侧焊接前，焊根要刮光（或修光）；焊缝边缘无咬边，必要时打磨；完全焊透		进行拉伸检验，垂直于受力方向的钢板在拉伸载荷下不发生层状撕裂	D
	普通质量（O. Q）	两条焊缝间未熔透的宽度≤3mm 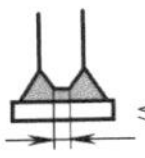 ≤3mm			
在两连接件所形成的角落中进行的角焊	特殊质量（S. Q）	焊缝的边缘无咬边，必要时打磨		进行拉伸检验，垂直于受力方向的钢板在拉伸载荷下不发生层状撕裂	D
	普通质量（O. Q）	—		—	—

表 8-3-13　几种典型接头不同构造、不同制造质量和受力情况下的应力集中情况等级（摘自 GB/T 3811—2008）

等级	示意图	焊接质量	检验要求
K_0		S. Q	P100
		O. Q	
		O. Q	P100 或 P10
	1/8～1/4 1/3	S. Q	P100
K_1		O. Q	P100 或 P10
		S. Q	
		—	
	1/3 1/2	O. Q	P100 或 P10

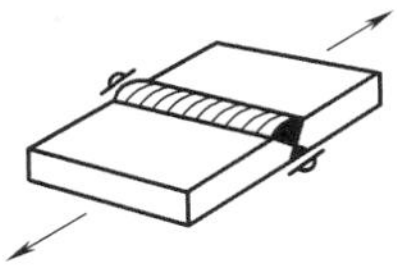

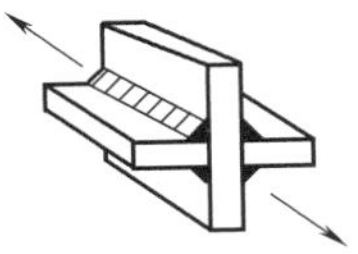

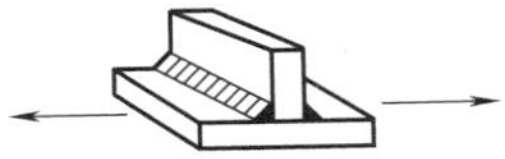

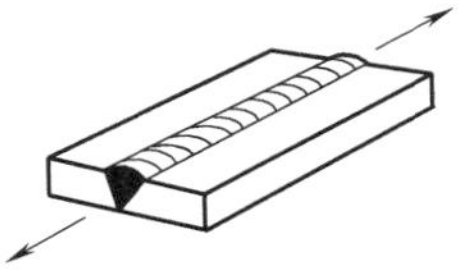

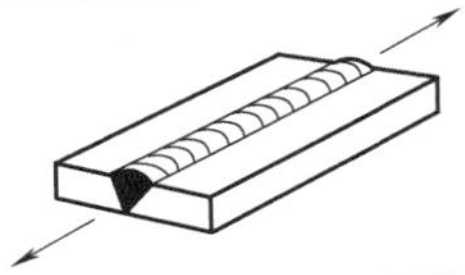

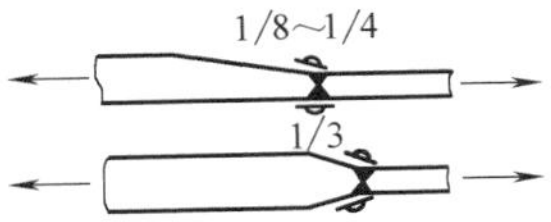

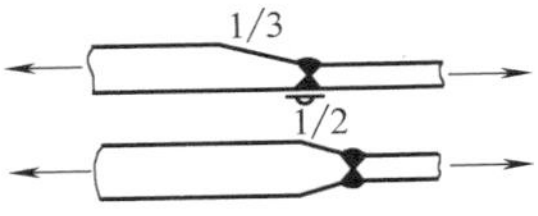

（续）

等级	示意图	焊接质量	检验要求	等级	示意图	焊接质量	检验要求
K_2	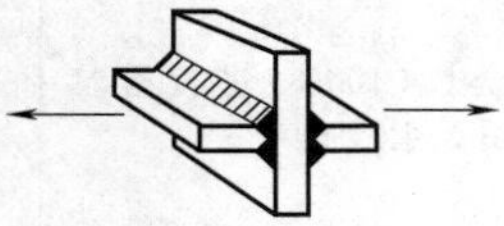	S. Q	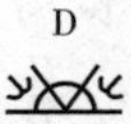 D	K_4	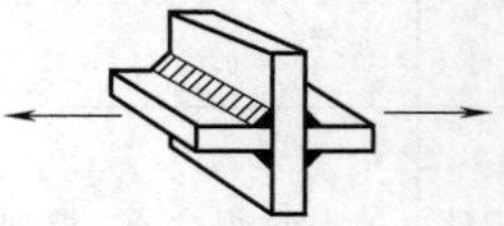	O. Q	 D
	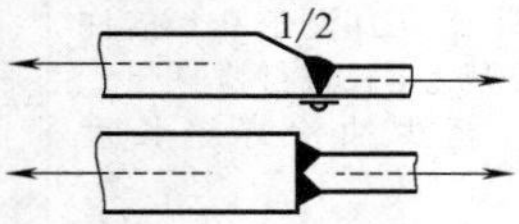 1/2	O. Q	 P100 或 P10				
K_3	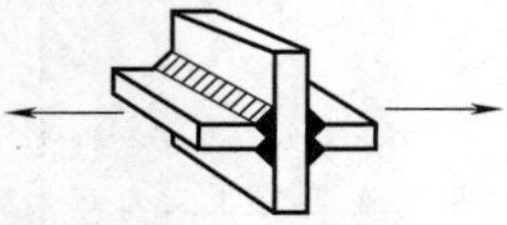	O. Q	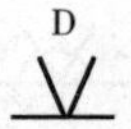 D			O. Q	
	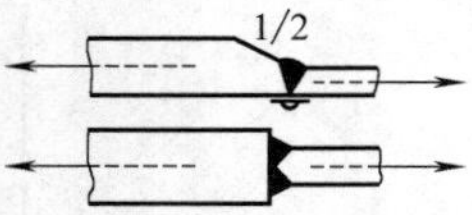 1/2	O. Q	 P100 或 P10				

对常幅疲劳，按下式进行计算。

$$\Delta\sigma \leqslant [\Delta\sigma]$$

式中 $\Delta\sigma$——对焊接部位为应力幅，$\Delta\sigma=\sigma_{max}-\sigma_{min}$；对非焊接部位为折算应力幅，$\Delta\sigma=\sigma_{max}-0.7\sigma_{min}$；

σ_{max}——计算部位每次应力循环中的最大拉应力（取正值）；

σ_{min}——计算部位每次应力循环中的最小拉应力或压应力（拉应力取正值，压应力取负值）；

$[\Delta\sigma]$——常幅疲劳的容许应力幅（MPa），应按下式计算。

$$[\Delta\sigma]=\left(\frac{C}{n}\right)^{1/\beta}$$

式中 n——应力循环次数；

C，β——参数，按表 8-3-14 和表 8-3-15 确定。

表 8-3-14 不同类别构件和连接的 C 和 β（摘自 GB 50017—2014）

构件和连接类别	1	2	3	4	5	6	7	8
C	1940×10^{12}	861×10^{12}	3.26×10^{12}	2.18×10^{12}	1.47×10^{12}	0.96×10^{12}	0.65×10^{12}	0.41×10^{12}
β	4	4	3	3	3	3	3	3

表 8-3-15 疲劳计算的构件和连接分类（摘自 GB 50017—2014）

项次	简图	说明		类别
1	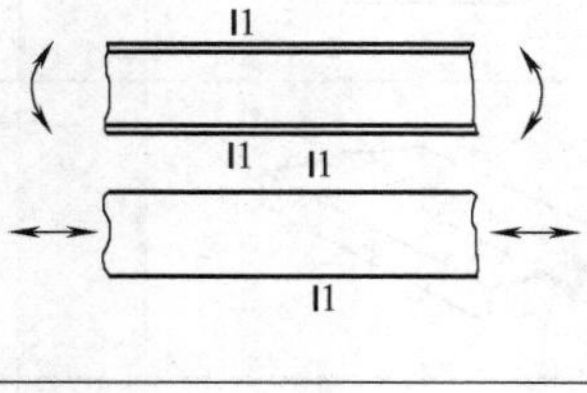 I1 I1 I1 I1	无连接处的主体金属 1. 轧制工字钢 2. 钢板 两边为轧制边或刨边 两侧为自动、半自动切割边（切割质量标准应符合《钢结构工程施工及验收规范》一级标准）		 1 1 2
2	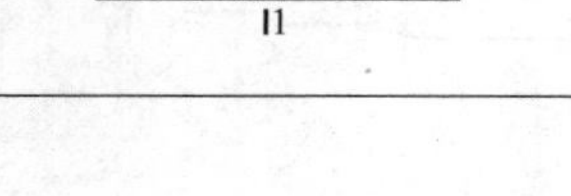 I1 I1	横向对接焊缝附近的主体金属	1. 焊缝经加工、磨平及无损检验（符合《钢结构工程施工及验收规范》一级标准）	2
			2. 焊缝经检验，外观尺寸符合一级标准	3

（续）

项　次	简　图	说　明	类别
3	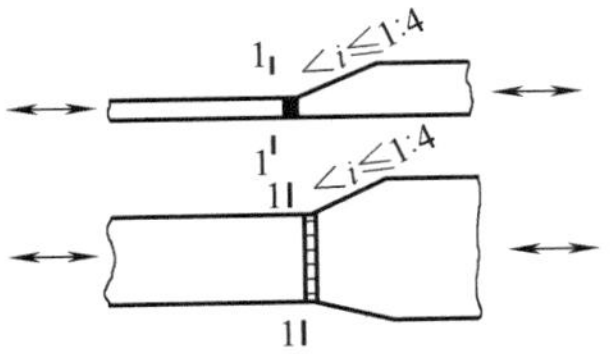	不同厚度（或宽度）横向对接焊缝附近的主体金属，焊缝加工成平滑过渡并经无损检验符合一级标准	2
4	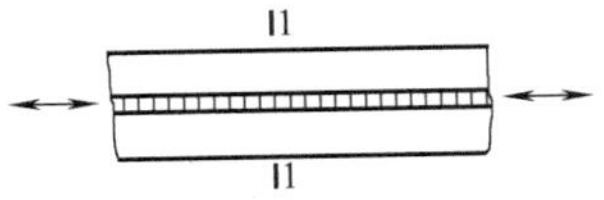	纵向对接焊缝附近的主体金属，焊缝经无损检验及外观尺寸检查均符合二级标准	2
5	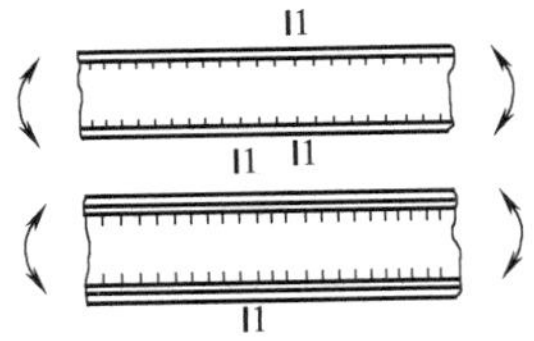	翼缘连接焊缝附近的主体金属（焊缝质量经无损检验符合二级标准） 1. 单层翼缘板　自动焊 　　　　　　　焊条电弧焊 2. 双层翼缘板	 2 3 3
6	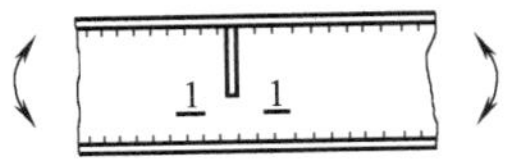	横向加强肋端部附近的主体金属 1. 肋端不断弧（采用回焊） 2. 肋端断弧	 4 5
7	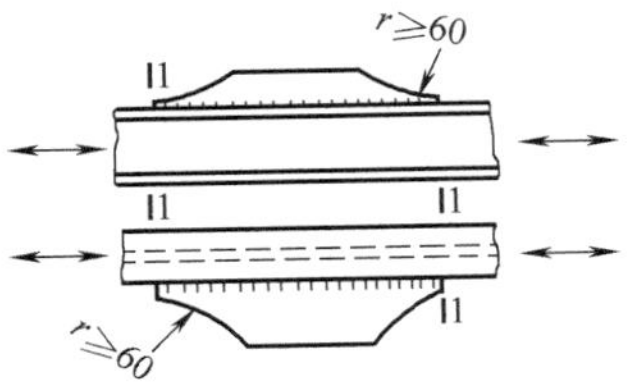	梯形节点板对接于梁翼缘、腹板以及桁架构件处的主体金属，过渡处在焊后铲平、磨光、圆滑过渡，不得有焊接起弧、灭弧缺陷	5
8	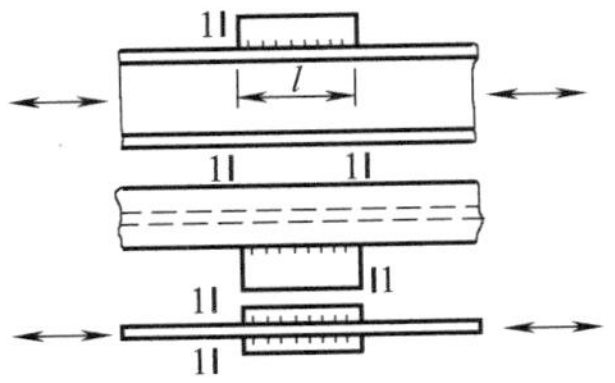	矩形节点板焊接于构件翼缘或腹板处的主体金属，l>150mm	7
9	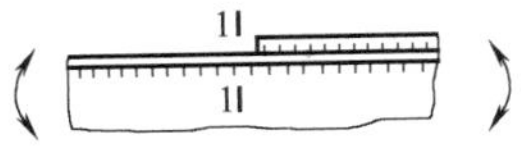	翼缘板中断处的主体金属（板端有正面焊缝）	7
10	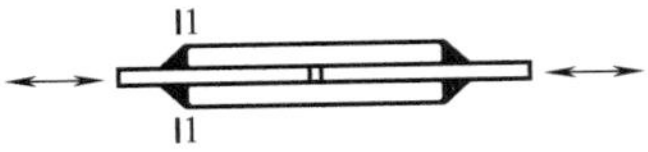	向正面角焊缝过渡处的主体金属	6
11	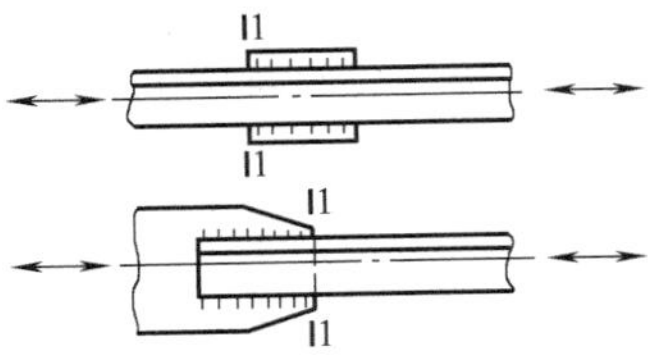	两侧面角焊缝连接端部的主体金属	8

（续）

项　次	简　　图	说　　明	类别
12		三面围焊的角焊缝端部主体金属	7
13		三面围焊或两侧面角焊缝连接的节点板主体金属（节点板计算宽度按扩散角 θ 等于 30°考虑）	7
14		K 形对接焊缝处的主体金属，两板轴线偏离小于 0.15t，焊缝经无损检验且焊趾角 $\alpha \leqslant 45°$	5
15		十字形接头角焊缝处的主体金属，两板轴线偏离小于 0.15t	7
16	角焊缝	按有效截面确定的切应力幅计算	8

注：1. 所有对接焊缝均需焊透。

2. 角焊缝截面形式应满足 GB 50017—2003 的要求。

3. 项次 16 中的切应力幅 $\Delta\tau=\tau_{max}-\tau_{min}$，其中 τ_{min} 的正负值为：与 τ_{max} 同方向时取正值，与 τ_{max} 反方向时取负值。

（4）变幅应力下的有限寿命设计

许多焊接结构承受的载荷多为随机的变幅载荷。在变幅载荷下，必须按损伤积累去估算疲劳寿命，进行有限疲劳寿命设计。

工程上在变幅应力下有限寿命设计的一般步骤如下。

1）分析确定构件的载荷谱和应力谱。

2）测定或计算构件的 S-N 曲线。

3）按一定的累积损伤理论进行疲劳强度校核。

4）按一定的累积损伤理论估算疲劳寿命。

5）进行验证性疲劳试验。

承受随机载荷的构件进行寿命估算时，首先进行载荷谱分析。载荷谱就是构件承受的载荷随时间变化的历程。当得出构件的载荷谱后，就可以用材料力学公式换算出名义应力谱。

我国 GB 50017—2014《钢结构设计规范》的作法是，如果能预测结构在使用寿命期间各种载荷的频率分布，应力幅水平以及频次分布总和所构成的设计应力谱，则可将其折算为等效的常幅疲劳，按下式进行计算：

$$\Delta\sigma_e \leqslant [\Delta\sigma]$$

式中　$\Delta\sigma_e$——变幅疲劳的等效应力幅，按下式确定：

$$\Delta\sigma_e=\left[\frac{\sum n_i(\Delta\sigma_i)^{\beta}}{\sum n_i}\right]^{\frac{1}{\beta}}$$

$\sum n_i$——以应力循环次数表示的结构预期使用寿命；

n_i——预期寿命内应力幅水平达到 $\Delta\sigma_i$ 的应力循环次数。

2. 断裂力学设计法

断裂力学设计法又称疲劳裂纹扩展寿命估算法，是把材料或结构视为具有初始裂纹或类裂纹的情况；用断裂力学方法求得从初始裂纹 a_0 扩展到临界裂纹尺寸 a_c 的疲劳裂纹扩展寿命 N。利用前述的 Paris 公式可得

$$\frac{da}{dN}=c(\Delta K)^m$$

将 $\Delta K=\Delta\sigma\sqrt{\pi a}\,y$ 代入，积分后得：

当 $m\neq 2$ 时

$$N=\frac{2}{(m-2)cy^m\pi^{\frac{m}{2}}(\Delta\sigma)^m}\left[a_0^{\frac{m-2}{2}}-a_c^{\frac{m-2}{2}}\right]$$

当 $m=2$ 时

$$N=\frac{1}{cy^m\pi^{\frac{m}{2}}(\Delta\sigma)^m}\ln\frac{a_c}{a_0}$$

式中　$\Delta\sigma$——应力变化幅度（MPa）；

m、c——与材料有关的常数，由试验测定；

a_0——初始裂纹长度，由无损检测确定（mm）；

a_c——临界裂纹长度，由材料的断裂判据确定（mm）；

y——取决于构件形状、载荷情况、裂纹几何尺寸的修正系数。无限大板穿透裂纹受均匀拉伸作用时 $y=1$；

N——由初始裂纹 a_0 扩展至临界裂纹尺寸 a_c 所需循环次数（疲劳寿命）。

当确定使用年限和裂纹的容限尺寸后，也可以利用上式求出应力大小，进行构件断面尺寸的设计。

此外，若材料的应力强度因子的门槛值 ΔK_{th} 已知，则在高周疲劳载荷作用下，结构设计必须满足带裂纹构件的 $\Delta K<\Delta K_{th}$。这里有

$$\Delta K=K_{max}-K_{min}$$

对碳素钢和碳锰钢，可由下式保守地估计门槛值。

$$\Delta K_{th}=190-144R(\text{N}\cdot\text{mm}^{-\frac{3}{2}})$$

式中　R——载荷比，$R=\dfrac{P_{min}}{P_{max}}$。

对于未经热处理的焊接结构，因有残余应力，故用下式估计。

$$\Delta K_{th}=\frac{46}{1-\dfrac{144}{\sigma_s\sqrt{\pi a}}}(\text{N}\cdot\text{mm}^{-\frac{3}{2}})$$

3. 可靠性设计

传统疲劳设计方法都是按应力和疲劳强度的平均值进行设计。而实际上，应力和疲劳设计数据都有一定的分散性，因而仅仅按照平均值进行设计是不安全的，要进一步提高设计精度就必须使用疲劳可靠性设计。

可靠性设计是保证构件满足给定的可靠性指标的一种设计方法。它把与设计有关的载荷、强度、尺寸和寿命等数据，如实地当作具有一定分布状态的随机变量，运用了概率理论和数理统计的方法进行处理。它比传统的定值设计方法复杂得多，这里介绍比较简单的对称循环下的疲劳可靠性设计，其他非对称循环下的和变幅应力下的疲劳可靠性设计可以见参考文献[74]、[75]等。

假定构件的工作应力 x_l 和疲劳强度 x_s 都是随机变量，二者均服从正态分布。若构件工作应力的分布曲线 $f_1(x_l)$ 在左侧，构件疲劳强度的分布曲线 $f_2(x_s)$ 在右侧，如图 8-3-39 所示。当两分布曲线不相交时（见图 8-3-39a），构件不发生疲劳破坏；当两分布曲线相交（即发生干涉）时（见图 8-3-39b），构件以一定的概率发生疲劳破坏。构件疲劳强度 x_s 小于工作应力 x_l 的概率称为破坏率，构件疲劳强度 x_s 大于工作应力 x_l 的概率称为可靠度。破坏率一般用 F 表示，可靠度用 R 表示。两者之间有如下关系

$$R=1-F$$

在正态分布下，可以推导出可靠度 R 的计算公式，即

$$R=\frac{1}{\sqrt{2\pi}}\int_{-\infty}^{z}e^{-\frac{t^2}{2}}\mathrm{d}t \tag{8-3-1}$$

积分上限 z 的表达式为

$$z=\frac{\bar{x}_s-\bar{x}_l}{\sqrt{S_{xs}^2+S_{xl}^2}} \tag{8-3-2}$$

式中　$\bar{x}_s$、S_{xs}——构件疲劳强度的平均值与标准差；

$\bar{x}_l$、S_{xl}——构件工作应力的平均值与标准差。

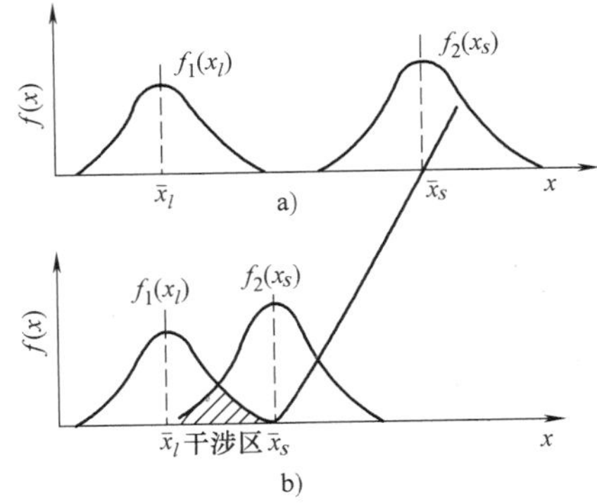

图 8-3-39　应力-干涉模型

a）应力分布曲线与强度分布曲线不相交

b）应力分布曲线与强度分布曲线相交

式（8-3-2）称为联结方程，z 称为联结系数或可靠性系数，它把构件的疲劳强度（$\bar{x}_s$、S_{xs}）、工作应力（$\bar{x}_l$、S_{xl}）和可靠度 R 联系起来了。故式（8-3-2）成为构件可靠性设计的重要公式。由构件工作应力和疲劳强度的平均值与标准差计算出联结系数 z 以后，就可以从可靠性设计文献附表中的标准正态分布表查

出可靠度 R。反之，若给定可靠度 R，就可从该表中查出联结系数 z，用式（8-3-2）来进行结构设计。表 8-3-16 列出几个典型的 z 与 R 的对应关系。可以看出，z 越大，可以靠度 R 越高。

表 8-3-16　联结系数 z 与可靠度 R 的对应关系

z	1.0	1.5	2.0	2.5	3.0	3.5	4.0	4.5
R	0.8413	0.9332	0.9792	0.9938	0.9987	0.99977	0.999968	0.999997

联结方程中的分布参数 $\bar{x}_l$ 可用相应的材料力学公式计算：在简单循环下，$\bar{x}_s$ 用构件的疲劳强度 σ_{-1D}，若用材料疲劳强度 σ_{-1}（见表 8-3-9），就必须考虑缺口效应、尺寸效应和表面状态的影响而适当降低；S_{xl}和 S_{xs}的计算需使用随机变量函数的标准差公式计算。有些钢材的 S_{xs}通过试验后给出，见表8-3-9。

变幅应力下的疲劳可靠性设计，用得较多的是线性累积损伤理论（Miner 法则）。一般步骤如下：

1）分析确定构件的载荷谱和应力谱。

2）测定或计算构件的 p-S-N 曲线。

3）按 Miner 法则计算构件的可靠度。

3.3.4　低周疲劳

由反复塑性应变所造成的破坏属低周疲劳破坏。其特点是循环应力很高，接近或超过材料的屈服极限；在每次循环中，材料都产生一定量的塑性应变；加载频率不是很高（通常为 0.2~5Hz）；断裂时的循环周次较低，在 10^4以下，塑性应变对低周疲劳起着主要作用。

构件在服役过程中，有的应力水平很高，超过了屈服强度；有的是循环应力与机械应力复合作用使构件关键部位进入塑性应变范围工作；有的整体名义应力不高，但由于存在应力集中或残余应力，使局部应力超过材料屈服而产生循环塑性应变。对这些构件都应按低周疲劳的规律来判断其安全性和估计其寿命。

1. 材料的循环应力-应变曲线

低周疲劳下材料的应力-应变行为可用图 8-3-40 所示的滞后回归线（滞后环）来表征。每一应力循环产生的总应变为

$$\Delta\varepsilon_T=\Delta\varepsilon_e+\Delta\varepsilon_P$$

式中　$\Delta\varepsilon_T$——总应变幅度；

$\Delta\varepsilon_e$——弹性应变幅度；

$\Delta\varepsilon_P$——塑性应变幅度。

同一材料，应变幅度不同就会得到不同的稳定滞后环。

2. 低周疲劳的循环硬化与软化

循环硬化是指金属材料在应变保持一定的情况下，形变抗力在循环过程中不断提高的现象；循环软化是指材料的形变抗力在循环过程中下降，产生该应变所需的应力逐渐减少。金属材料在低周疲劳初期是

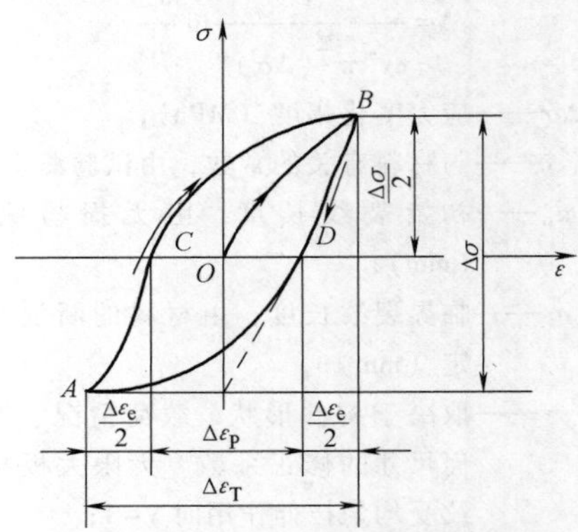

图 8-3-40　低周疲劳的应力-应变曲线

属循环硬化还是软化，决定于材料的原始状态、组织结构、应变幅度和温度等条件。通常退火状态的塑性金属材料往往表现为循环硬化，而冷加工硬化的金属材料往往表现为循环软化。研究发现，当材料 $\sigma_b/\sigma_{0.2}$>1.4 时，表现为硬化；当 $\sigma_b/\sigma_{0.2}$<1.2 时，表现为软化。当 $\sigma_b/\sigma_{0.2}$在 1.2~1.4 之间时，材料倾向不定，但其性能较稳定。不论硬化或软化，经一定循环周数后，形变抗力均趋于稳定并保持一恒定值，即进入稳定状态，形成一稳定不变的滞后环。多数材料在循环周数为总寿命的 20%~50%以后即达稳定状态。

3. 材料的应变-寿命（ε-N_f）曲线

为了研究材料在低周疲劳条件下的力学行为，以及对承受应变零件的疲劳寿命的估算，须进行低周疲劳试验。试验分恒应力和恒应变两种，其中以恒应变试验的规律明显。所以材料低周疲劳抗力常用应变幅对应于疲劳寿命的 ε-N_f曲线表示。

1）$\Delta\varepsilon_p$-N_f曲线。由曼森-柯芬（Manson-Coffin）提出的在对称恒应变条件下塑性应变幅 $\Delta\varepsilon_P$与疲劳寿命 N_f的关系式是

$$\Delta\varepsilon_p N_f^m=C$$

式中　m——疲劳塑性指数，一般工程材料 m=0.2~0.8，常取 m=0.5；

C——疲劳塑性系数，C=(0.5~1.0)ε_f，ε_f为单轴静拉伸下真实断裂伸长率，可由断面收缩率 ψ 按 $\varepsilon_f=\ln\dfrac{1}{1-\psi}$估算。

2）$\Delta\varepsilon_T$-N_f曲线。当材料的疲劳寿命在 5×10^3~

5×10^5次范围内时，斯托特（Stout）等提出全应变幅度 $\Delta\varepsilon_T$与疲劳寿命 N_f之间的关系式为

$$\Delta\varepsilon_T N_f^m = C$$

式中　m、C——材料常数。对低碳钢 $m=0.42$，$C=0.44$，对低合金钢（Mn、Cr、Mo 等合金元素总质量分数<1.5%）$m=0.27$，$C=0.10$；对特殊钢（Ni、Cr、Mo 等合金元素总质量分数为 2.5%~4.0%）$m=0.21$，$C=0.06$。

曼森（Manson）认为，$\Delta\varepsilon_T$-N_f曲线可由 $\Delta\varepsilon_e$-N_f曲线和 $\Delta\varepsilon_P$-N_f曲线合成。前者是弹性应变幅与寿命的关系，后者为塑性应变幅与寿命的关系，两者在双对数坐标上均为直线，如图 8-3-41 所示。他用 29 种材料作低周疲劳试验得出塑性应变与疲劳寿命关系曲线的斜率（指数 b）为-0.6，弹性应变与寿命关系曲线的斜率（指数 c）为-0.12，因此得出关系式

$$\Delta\varepsilon_T = 3.5\frac{R_m}{E}(N_f)^{-0.12}+\varepsilon_f'(N_f)^{-0.6}$$

式中　ε_f'——疲劳延性系数，对许多材料 ε_f'约等于静拉伸时的断裂真应变 ε_f；

R_m——材料的抗拉强度；

E——材料的弹性模量。

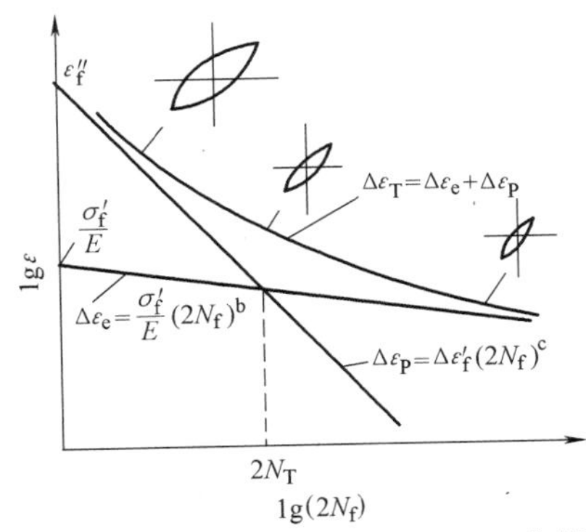

图 8-3-41　应变-寿命（ε-$2N_f$）曲线

3）兰格（Langer）关系式。他将曼森-柯芬关系式中的应变幅用虚拟应力幅来表示，并取 $C=\varepsilon_f/2$，$m=0.5$，得

$$\sigma_a=\frac{E}{4\sqrt{N_f}}\ln\frac{1}{1-\psi}+\sigma_{-1p}$$

式中　σ_a——虚拟应力幅度，$\sigma_a=1/2$（$E\Delta\varepsilon_f$）（MPa）；

σ_{-1p}——对称拉压疲劳极限（MPa）；

ψ——真实断面收缩率（%）。

上式在低周和高周疲劳均适用，因此，在压力容器疲劳设计中广泛应用。

4. 低周、高周疲劳间的联系与区别

从图 8-3-41 中看出，弹性线与塑性线的交点对应的寿命 $2N_T$，是区分高周与低周疲劳的分界点。在 $2N_f<2N_T$处，塑性应变幅占主导地位，属低周疲劳区；在 $2N_f>2N_T$处，弹性应变幅占主导地位，属高周疲劳区。由于两种疲劳过程的特点不同，为了获得高的疲劳抗力，对材料性能的要求也有所不同。在低周疲劳区应首先考虑材料的塑性和韧性因素，因为这时疲劳裂纹萌生很早，疲劳寿命是由裂纹扩展过程所决定的，塑性好的材料，塑变容易，使应力得到重新分布，延缓裂纹的扩展；而高周疲劳区，强度对疲劳抗力起主导作用，因为这时裂纹萌生期已占较大比重。材料性能不同，$2N_T$有较大差别。一般强度提高使 $2N_T$向左移，塑性提高使 $2N_T$向右移。$2N_T$向左移，材料的缺口敏感性也随之增加。

由于高周和低周疲劳对材料的强度和塑性有着完全相反的要求，而材料一般又难同时兼有高的强度和高的塑性。所以当无法同时兼备高的低周疲劳抗力和高周疲劳抗力时，须根据构件的实际服役条件，有目的地选择材料和制造工艺。

3.3.5　提高焊接结构疲劳强度的措施

1. 降低应力集中

疲劳裂纹源于焊接接头和结构上的应力集中点，消除或降低应力集中的一切手段，都可以提高结构的疲劳强度。

1）采用合理的结构形式。优先选用对接接头，尽量不用搭接接头；重要结构最好把 T 形接头或角接头改成对接接头，让焊缝避开拐角部位；必须采用 T 形接头或角接头时，希望采用全熔透的对接焊缝。

尽量避免偏心受载的设计，使构件内力的传递流畅、分布均匀，不引起附加应力。

减小断面突变，当板厚或板宽相差悬殊而需对接时，应设计平缓的过渡区；结构上的尖角或拐角处应作成圆弧状，其曲率半径越大越好。

避免三向焊缝空间汇交；焊缝尽量不设置在应力集中区，尽量不在主要受拉构件上设置横向焊缝；不可避免时，一定要保证该焊缝的内外质量，减小焊趾处的应力集中。

只能单面施焊的对接焊缝，在重要结构上不允许在背面放置永久性垫板；避免采用断续焊缝，因为每段焊缝的始末端有较高的应力集中。

综上所述，在常温静载下工作的焊接结构和在动载或低温下工作的焊接结构，在构造设计上有着不同的要求，后者更要重视细部设计。表 8-3-17 列出两

种承载下构造设计上的差别。

表 8-3-17 常温下承受静载荷与交变载荷的焊接结构在细部设计上的区别

序号	静载荷下工作	变载荷下工作
1	≤10 ≥10	1:2.5 1:2.5
2		1:2.5
3		
4		
5		
6		
7		
8		

（续）

序号	静载荷下工作	变载荷下工作
9	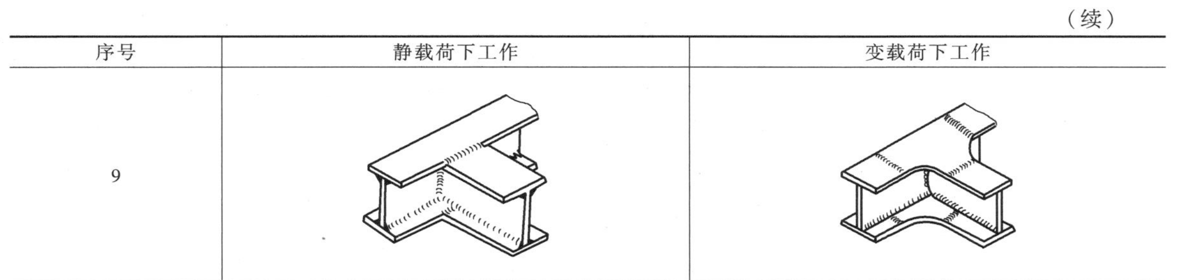	

2）正确的焊缝形状和良好的焊缝内外质量。对接接头焊缝的余高应尽可能小，焊后最好能刨（或磨）平而不留余高；T 形接头最好采用带凹度表面角焊缝，不用有凸度的角焊缝；焊缝与母材表面交界处的焊趾应平滑过渡，必要时对焊趾进行磨削或氩弧重熔，以降低该处的应力集中。

任何焊接缺陷都有不同程度的应力集中，尤其是片状焊接缺陷如裂纹、未焊透、未熔合和咬边等对疲劳强度影响最大。因此，在结构设计上要保证每条焊缝易于施焊，以减少焊接缺陷，同时发现超标缺陷必须清除。

2. 调整残余应力场

残余压应力可提高疲劳强度，而拉应力则降低疲劳强度。因此，若能调整构件表面或应力集中处存在压残余应力，就能提高疲劳强度。例如，通过调整施焊顺序、局部加热等都有可能获得有利于提高疲劳强度的残余应力场。图 8-3-42 所示工字梁对接，对接焊缝 1 受弯曲应力最大且与之垂直。若在接头两端预留一段角焊缝 3 不焊，先焊焊缝 1，再焊腹板对接焊缝 2，焊缝 2 的收缩，使焊缝 1 产生残余压应力。最后焊预留的角焊缝 3，它的收缩使缝 1 与缝 2 都产生残余压应力。试验表明，这种焊接顺序比先焊焊缝 2 后焊焊缝 1 疲劳强度提高 30%。图 8-3-43 所示为纵向焊缝连接节点板，在纵缝端部缺口处是应力集中点，采取点状局部加热，只要加热位置适当，就能形成一个残余应力场，使缺口处获得有利的残余压应力。

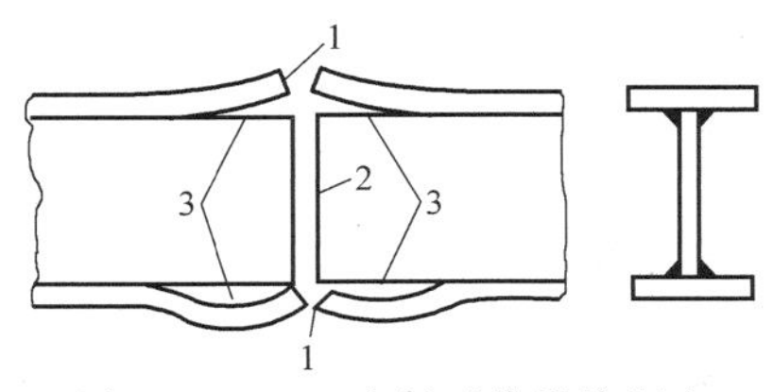

图 8-3-42　工字梁对接焊接顺序

此外，还可以采取表面形变强化，如滚压、锤击或喷丸等工艺使金属表面塑性变形而硬化，并在表层产生残余压应力，以达到提高疲劳强度的目的。

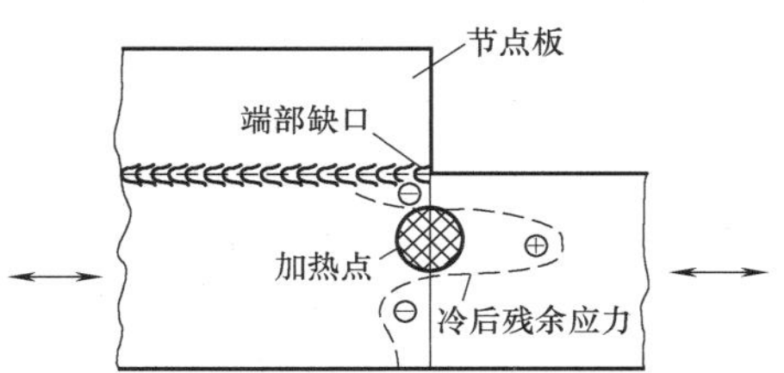

图 8-3-43　节点板局部加热的残余应力

对有缺口的构件，采取一次性预超载拉伸，可以使缺口顶端得到残余压应力。因为在弹性卸载后，缺口残余应力的符号总是与（弹塑性）加载时缺口应力的符号相反。此法不宜用弯曲超载或多次拉伸加载。它常与结构验收试验结合，如压力容器作水压试验时，起到预超载拉伸作用。

3. 改善材料的组织和性能

提高母材金属和焊缝金属的疲劳抗力还应从材料内在质量考虑。应提高材料的冶金质量、减少钢中夹杂物。重要构件可采用真空熔炼、真空除气，甚至电渣重熔等冶炼工艺的材料，以保证纯度；在室温下细化晶粒钢可提高高周和低周疲劳寿命；通过热处理可以获得最佳的组织状态，应当在提高（或保证）强度的同时，也能提高其塑性和韧性。回火马氏体、低碳马氏体（一般都有自回火效应）和下贝氏体等组织都具有较高的抗疲劳能力。

强度、塑性和韧性应合理配合。强度是材料抵抗断裂的能力，但高强度材料对缺口敏感。塑性的主要作用是通过塑性变形，可吸收变形功、削减应力峰值，使高应力重新分布。同时，也使缺口和裂纹尖端得以钝化，裂纹的扩展得到缓和甚至停止。塑性能保证强度作用充分发挥。所以对于高强度结构钢和超高强度结构钢，设法提高一点塑性和韧性，将显著改善其抗疲劳能力。

3.4 焊接结构的蠕变断裂

3.4.1 蠕变及蠕变曲线

长期在高温条件下工作的焊接构件要注意可能发生蠕变破坏。蠕变是母材金属或焊缝金属在一定温度和静载荷长时间的作用下，发生缓慢塑性变形的现象。蠕变在较低温度下也会发生，但只有当温度高于 $0.3T_m$（T_m是以热力学温度表示的熔点）时才显著起来，这时就须予以注意。如碳钢温度超过 300℃，合金钢温度超过 400℃时，在一定静载荷作用下，都会产生蠕变。温度越高，蠕变现象越显著。

蠕变可在单一应力（拉、压或扭等），也可在复合应力作用下产生，实际的构件往往承受的是复合应力。通常的蠕变试验是在拉伸恒载条件下进行的。通过蠕变试验可获得蠕变变形量 ε 与时间 t 的关系曲线，称蠕变曲线，它描述了金属材料蠕变的基本规律和断裂过程。典型的蠕变曲线如图 8-3-44 所示。图中 Oa 为开始加载后所引起的瞬时变形 ε_0，如果应力超过金属在该温度下的弹性极限，则 Oa 由弹性变形 Oa'加塑性变形 $a'a$ 组成。ab 为蠕变第Ⅰ阶段，在此阶段，蠕变的速率随时间的增加而逐渐减小，又称不稳定阶段。bc 为蠕变的第Ⅱ阶段，蠕变速率基本不变，属蠕变的稳定阶段。通常以曲线倾角 α 的正切值来表示材料的蠕变速率。cd 为蠕变的第Ⅲ阶段，在此阶段蠕变加速进行，直到 d 点断裂为止。

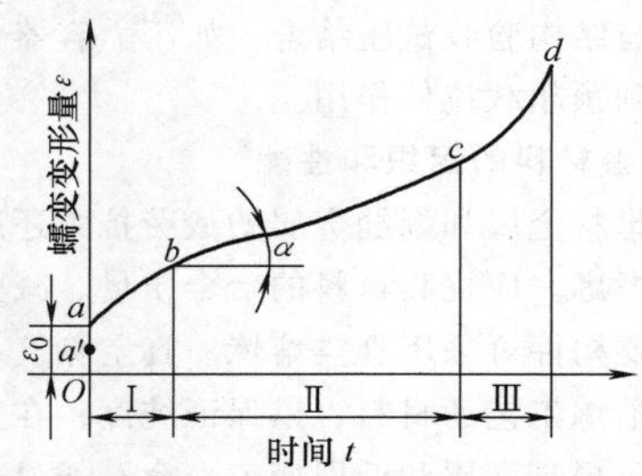

图 8-3-44　典型的蠕变曲线

不同材料在相同条件下得到不同的蠕变曲线，同一种材料的蠕变曲线也随应力和温度不同而异，但仍保持蠕变三阶段的特点，只是各个阶段的持续时间有了很大改变。当应力减小或温度降低时，蠕变第Ⅱ阶段增长，甚至第Ⅲ阶段不发生；当应力或温度升高时，蠕变第Ⅱ阶段随之缩短，甚至没有，只有第Ⅰ阶段和第Ⅲ阶段，试样将在很短的时间内发生断裂。

金属材料蠕变断裂按其性质分，有蠕变延性断裂和蠕变脆性断裂两种形式。蠕变延性断裂的特征是断裂前有大量塑性变形，断裂后伸长率高，往往形成缩颈，断口呈韧性状态，系穿晶断裂。蠕变脆性断裂的特征是断裂前塑性变形很小，断裂后伸长率甚低，缩颈极小或无缩颈，系晶间断裂，在晶体内部常发现有大量微裂纹。

蠕变断裂形式的变化与温度、应力、缺口、晶内强度与晶界强度随温度的变化率等因素有关，常用等强度温度（即晶内强度与晶界强度相等时的温度）来描述，如图 8-3-45 所示。高温低应力时发生晶间型蠕变脆性断裂；低温高应力时发生穿晶型蠕变延性断裂。等强度温度与应变速率、冶金因素等有关。

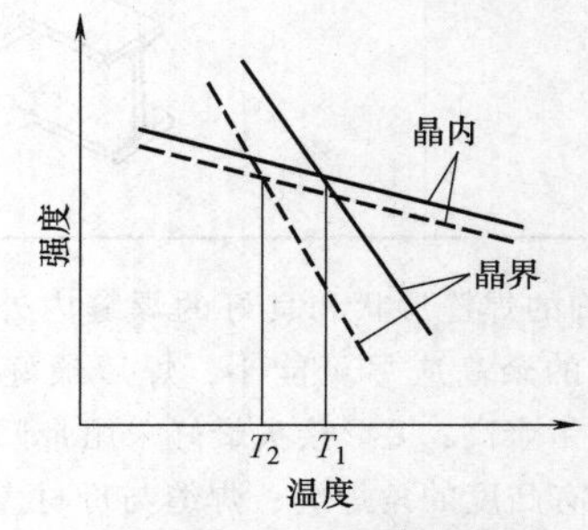

图 8-3-45　等强度温度

———高应变速率　-----------低应变速率

蠕变脆性断裂在高温蠕变断裂中较普遍，在低合金耐热钢、奥氏体钢和镍基合金中均会发生。

理想的材料其蠕变曲线应是具有很小的第Ⅰ阶段和在第Ⅱ阶段有低的蠕变速率，以便延长产生 1%变形量的时间。同时也应有一个明显的第Ⅲ阶段，以保证构件损坏前有明显预兆，断裂时有一定的塑性。

在较高温度下具有抗蠕变能力的钢称为热强钢，具有抗氧化能力的钢称为热稳定钢，同时具有这两种能力的钢常称耐热钢。在高温工作的焊接结构用钢一般均为热强钢或耐热钢。电站锅炉和化工炼油设备等焊接受压元件，通常都采用这些金属材料制造。

3.4.2　金属材料的高温力学性能

高温强度包括蠕变强度和持久强度，均是评定材料高温抗断能力的主要指标。此外，持久塑性是用以衡量材料蠕变脆性的重要指标。

1. 蠕变强度

蠕变强度是试样在一定温度下和在规定的持续时间内产生蠕变总变形量或蠕变速率等于某规定值时的最大应力，用符号 $\sigma^t_{\delta/\tau}$或 $\sigma^t v_{H/\tau}$表示。其中 σ 为极限应力（MPa），t 为试验温度（℃），τ 为试验时间（h），δ 为变形量（%），v_H 为恒定蠕变速率（%·h^{-1}）。例如 $\sigma^{700}_{1/10000}$ 表示在 700℃时，持续时间为 10000h，产生蠕变总变形量为 1%的蠕变强度。

2. 持久强度

持久强度是试样在一定温度和规定的持续时间内，引起断裂的最大应力值，以符号 σ^t_τ（MPa）表示。其中 t 为试验温度（℃），τ 为试验持续时间（h）。例如 $\sigma^{600}_{100}=300$MPa，表示在 600℃时，持续时间为 100h，持久强度极限值为 300MPa。

蠕变强度和持久强度的区别在于：蠕变强度主要

考虑变形量，如汽轮机叶片在长期运行中，只允许产生一定的变形量，设计时就得考虑蠕变强度：持久强度主要考虑材料在长期使用下的强度（抗断能力），如锅炉管道，对蠕变强度要求不严，但必须保证使用期内不破坏。这时须用持久强度进行设计。

3. 持久塑性

持久塑性是通过持久强度试验，用试样在断裂后的伸长率和断面收缩率来表示材料的塑性性能。很多材料在高温长期工作后，伸长率就大为降低，往往发生脆性破坏。持久塑性随着试验时间的增加而下降，但有时在某时间范围内出现最低值，以后随时间的增加持久塑性又再上升。这时应以最低持久塑性值 δ_{min} 来评定蠕变脆性。最低值出现的时间还与试验温度有关。

持久塑性影响着材料的缺口敏感性、低周疲劳及抗裂纹扩展能力等，随着持久塑性的降低，缺口敏感性增加，低周疲劳性能及裂纹抗扩展能力随之降低。一般要求持久伸长率不小于 3%，也有人认为要大于 5%。

3.4.3　影响材料和焊缝金属持久强度的因素

材料的蠕变和持久性能主要取决于合金的化学成分，并与热处理、冶炼等工艺密切相关。此外受温度、形状尺寸和缺口等因素的影响。

1. 冶炼工艺

材料的冶炼质量对热强性有很大影响。冶炼时存在的非金属夹杂和某些冶金缺陷会使材料的持久强度降低。因而高温合金对杂质元素和气体含量要求严格，常有杂质除 S、P 外，还有 Pb、Sn、As、Sb、Bi 等，这些元素即使只含十万分之几，也使热强性急剧降低，加工塑性变坏。通常低合金耐热钢采用普通电弧炉或普通感应炉冶炼，高合金耐热钢采用真空感应炉或真空电弧炉冶炼。采用定向凝固技术，可以大幅度提高铸造合金的持久强度和持久塑性，因这种技术使柱状晶沿受力方向生长，消除横向晶界，能提高蠕变寿命。

2. 热处理工艺

在给定材料成分的情况下，可通过热处理获得所要求的组织状态，以确保材料具有最佳的高温使用性能。

低合金铬钼钢和铬钼钒钢中珠光体-铁素体组织具有较高的持久塑性，贝氏体组织的持久塑性最低，而马氏体组织则介于两者之间。当钢中出现上下贝氏体组织时，使钢呈现蠕变脆性。

热处理时的奥氏体化温度提高，会引起低合金耐热钢中细小的碳化物在晶内沉淀析出，使晶内强化，相对削弱了晶界强度，易诱发晶间裂纹，并降低持久塑性。热处理回火温度提高，晶内碳化物颗粒尺寸增大，减小了碳化物对晶内的强化作用，从而改善了钢的持久塑性。因此，通过调节热处理制度可以改变晶粒大小，以改善蠕变性能。

3. 晶粒度

晶粒大小对材料的高温性能有很大影响，这与材料的等强温度有关。当使用温度低于等强度温度时，细晶粒钢有较高的强度，而当使用温度高于等强温度时，粗晶粒有着较高的蠕变抗力和持久强度。但一般使用温度均在等强温度以上，对长时间使用的金属均为晶界处断裂。由于较粗晶粒钢晶界所占比例较小，故稍大的晶粒对蠕变、持久强度有利。但晶粒过大又使蠕变、持久强度降低。故要根据具体使用条件、温度、时间和应力选择一个最佳晶粒度。如 GH36 型合金平均晶粒尺寸在 0.15mm 时，600℃ 的持久性能最好。

在耐热钢和高温合金中晶粒度不均匀是很不利的，它会显著降低高温性能，因为大小晶粒交界处出现应力集中，裂纹易在边界产生，引起过早断裂。改变这种状态通常需进行热处理。

4. 温度

试验表明，蠕变和持久强度对温度十分敏感，温度升高 5~6℃，蠕变速率增加约一倍，持久寿命比原值减少 1/3 左右。高温工作的构件常常是在温度波动的情况下工作，像动力设备零件的温度偏差，一般在 20~50℃，而且温度变化的周期很不一致。在设计上必须考虑到可能的偏差，并以温度波动的上限温度来进行设计。

从金属内部组织看，在高温长期应力作用下，耐热钢内部组织因温度变化而变化，从而影响耐热钢的蠕变脆性。对于低合金耐热钢，在高温长期应力作用下铁素体晶粒内会析出细小的针状碳化物 M_2C，使晶内强化；同时，在铁素体晶界上有 $M_{23}C_6$ 析出，削弱了晶界强度，使钢的持久塑性下降。对于含有少量铁素体的奥氏体型不锈钢焊缝，在 650~850℃ 长期应力作用下会在晶界上析出 σ 相，使钢呈现出显著的蠕变脆性。晶粒粗大（约 120μm）时，在晶界上沉淀析出粗的连续的 σ 相；而晶粒细（约 10μm）时，σ 相断续分布在晶界上，故晶粒度增加，钢的蠕变脆性倾向也增大。

5. 应力集中

高温时材料的应力集中敏性系数比室温低，但对低合金钢的应力集中敏性系数，随温度升高而增加，在 300~400℃时，出现极大值，出现极大值后又随温度升高而降低。

3.4.4 焊接接头高温下的强度设计

传统的高温零部件设计是建立在经典强度理论基础之上，其强度条件为

$$\sigma \leqslant [\sigma]$$

式中 σ——设计应力；

$[\sigma]$——许用应力。

许用应力 $[\sigma]$ 原则上是持久强度极限（或蠕变强度）除以安全系数 n。但不同行业产品的设计，通常由相应的设计标准来确定。这里以水管锅炉受压元件强度设计为例，对钢材在高温下工作的焊接接头的许用应力按下式计算。

$$[\sigma]=\eta[\sigma]_J$$

式中 $[\sigma]_J$——材料的基本许用应力；

η——基本许用应力修正系数。

材料的基本许用应力 $[\sigma]_J$取决于材料的强度性能和安全系数，并与使用温度有关。对于焊缝金属，通常按等强度原则选择焊接材料，故焊缝的 $[\sigma]_J$与母材相同，但应考虑焊接方法及焊缝形式的减弱系数。基本许用应力取下列三个数值中的最小值。

$$[\sigma]_J \leqslant \frac{\sigma_b^{20}}{n_b}$$

$$[\sigma]_J \leqslant \frac{\sigma_s^{t}}{n_s}$$

$$[\sigma]_J \leqslant \frac{\sigma_\tau^{t}}{n_\tau}$$

σ_b^{20}、σ_s^t 和 σ_τ^t 分别为材料或焊接接头在 20℃ 时的抗拉强度、在计算温度下的屈服强度和在计算温度下 10 万 h 的持久强度。计算时，σ_b^{20} 和 σ_s^t 取材料或焊接接头大量试验结果的统计下限值；σ_τ^t 则取大量试验结果 10 万 h 持久强度的平均值。

n_b、n_s和 n_τ 分别为对应于抗拉强度的安全系数，屈服强度的安全系数和 10 万 h 持久强度的安全系数。按 GB/T 16507.1～16507.8—2013《水管锅炉》规定取 $n_b=2.7$，$n_s=1.5$，$n_\tau=1.5$。这里取 $n_b=2.7$ 可防止单纯追求屈强比高的材料而带来脆化的危险；n_τ 是为了保证钢材和焊接接头在预估工作期内不发生蠕变断裂。

低碳钢、低碳锰钢、低碳锰钒钢在 350℃ 以下，其他低合金热强钢在 400℃ 以下，计算时可不考虑持久强度值。

基本许用应力的修正系数 η 是根据元件的结构特点和工作条件选取，不受热的取 1；对烟温 ≤600℃ 的锅筒和集箱筒体及其焊接接头等取 0.95；烟温>600℃ 的取 0.9。

在计算锅炉锅筒和压力容器的理论壁厚时，应考虑焊缝的减弱系数 ψ_n。这时实际许用应力值应为 $[\sigma]'=\psi_n[\sigma]$。按 GB/T 16507.4—2013 规定，ψ_n 值可按表 8-3-18 选取。

表 8-3-18 焊缝减弱系数 ψ_n

（摘自 GB/T 16507.4—2013）

焊缝形式	无损检测（超声波或射线）范围	ψ_n
双面坡口焊缝	100%	1.00
	局部	0.90
单面坡口焊缝	100%	0.90
	局部	0.80

3.5 焊接结构的腐蚀破坏

3.5.1 概述

1. 腐蚀及其分类

材料（含保护层）与所处环境中的介质之间因发生化学或电化学作用而引起的破坏和失效现象称腐蚀。金属或非金属材料都会发生腐蚀，但金属的腐蚀最为突出。

腐蚀一般是按腐蚀机理、环境状态或破坏形式分类。按腐蚀机理分有化学腐蚀和电化学腐蚀；按腐蚀环境分有自然环境（如在大气、海水或土壤中）腐蚀和工业环境（如在酸、碱、盐、工业水中）腐蚀；按产生破坏形式分有全面腐蚀和局部腐蚀。

2. 腐蚀机理

（1）化学腐蚀

金属的化学腐蚀是指金属与周围介质单纯因化学作用而引起的腐蚀。如钢铁在高温下与空气中的氧气作用而生成氧化层。在 150～570℃ 之间以生成 Fe_3O_4 为主，大于 570℃ 时以生成 FeO 为主。

（2）电化学腐蚀

金属的电化学腐蚀是指金属与电解质溶液接触时，由电化学作用而引起的腐蚀，它是因形成了腐蚀原电池而引起的。

不同金属在与电解质溶液相接触中，由于它们的电极电位不同，便构成了腐蚀原电池。电极电位较低的金属发生氧化反应而首先失去电子，以正离子溶解形式进入溶液，成为腐蚀电池的阳极。阳极上过剩的电子经两种金属的界面流入电位较正的金属（阴极），并和溶液中能吸收电子的物质（去极化剂）结合，发生还原反应。所以在腐蚀电池中，阳极进行氧化过程而被溶解，而阴极进行还原过程。

腐蚀电池有宏观腐蚀电池和微观腐蚀电池。宏观

腐蚀电池主要是两种或两种以上金属构成的腐蚀电池，称为异种金属电池，如铜与铁在潮湿空气中就构成了这种电池。铜电位较正是电池的阴极，铁电位较负是电池的阳极而不断地被溶解。此外，同一金属的不同部位与含氧量不同的溶液接触，产生了电位的高低差，也会构成宏观腐蚀电池，又称氧浓差电池。例如，盛水金属容器，水线下氧浓度相对较低，上部电位较正，成阴极；下部电位较负，成阳极。故水线下部位容易锈蚀。

微观腐蚀电池主要发生在含有杂质的金属上，这些杂质造成电化学不均匀性，与电解质溶液接触时就会形成许多微小的原电池。一般来说，杂质比基体金属的电位高，是阴极。此外，金属表面化学成分不均匀，金相组织的差异，内应力大小等，都有可能产生电位不等，从而形成微电池。奥氏体型不锈钢在 400~850℃ 加热后出现晶间腐蚀，就是微观腐蚀电池作用的结果。因加热过程中晶界上大量析出 $Cr_{23}O_6$，使靠近晶界的区域含铬量大幅度下降，两者电位的差异构成了无数微电池，使晶界区发生选择性溶解，形成晶间腐蚀。当金属表面上有氧化膜保护或镀层时，若氧化膜或镀层有孔隙或小破损，在电解介质中同样构成微观电池而发生腐蚀。

3. 常见的金属腐蚀类型

工业生产中常见的金属腐蚀类型见表 8-3-19。应力腐蚀和腐蚀疲劳是结构在使用过程中经常发生，且具有脆性断裂性质，后果较严重。

表 8-3-19　工业生产中常见的金属腐蚀类型

腐蚀类型	主要特点	举　例
均匀腐蚀	金属的全部表面以相近的速度腐蚀	钢材的大气腐蚀，碳钢和低合金钢在海水中全浸腐蚀，金属的氧化，金属在某些酸中的溶解
电偶腐蚀	在电解质溶液中两种金属相接触形成腐蚀电池，在接触部位的附近表面上，电位较低的金属出现沟槽、凹坑等局部腐蚀现象	热交换器铜管与铸铁或钢制管板的连接处，管板的加速腐蚀
缝隙腐蚀	金属与金属（或非金属）形成缝隙，使介质能进入而又处于停滞状态，结果缝隙内外氧的浓度不同，或由于其他浓度差异构成的腐蚀	与垫圈接触的法兰面，搭接接头缝隙内所发生的局部腐蚀，金属或有机涂层下面（如罐头壁）发生的线状腐蚀，是缝隙腐蚀的特殊形式
点腐蚀	腐蚀微电池的阳极面积甚小而阴极面积大，使腐蚀集中在个别点上，严重者穿孔	在海水中的不锈钢、铝合金等构件表面上出现的腐蚀小坑
晶间腐蚀	腐蚀沿晶粒边缘进行，金属可以在外形上变化不大时即严重丧失力学性能	18-8 不锈钢在 400~850℃ 受热后缓冷，Al-Cu（质量分数为 4%）合金都易产生晶间腐蚀
选择性腐蚀	合金中某元素或某组织选择性地优先腐蚀	黄铜脱锌，灰铸铁的石墨腐蚀
磨损腐蚀	金属与腐蚀性流体相对运动产生的加速破坏	泵的叶片，铜冷凝管，尤其在水流方向转弯处的腐蚀
微动腐蚀（振蚀）	两种固体接触，其一或二者都是金属，且作相对滑动或振动，在界面上产生破坏	通过陆路运输的成叠的铝板，继电器触点
空泡腐蚀（气蚀）	运动的液体于金属界面上形成气泡，气泡反复形成及溃灭引起的金属破坏	水轮机或舰船推进器上产生的一系列点蚀或蜂窝状腐蚀
应力腐蚀开裂	张应力与特定腐蚀介质的共同作用而引起脆性开裂	煤气厂中焊接钢件的开裂，黄铜的季裂
腐蚀疲劳	交变应力与腐蚀介质共同作用所引起	海船螺旋桨的轴及汽车弹簧的腐蚀疲劳
氢脆、氢裂	氢原子进入金属内部使金属失去延展性（氢脆）甚至开裂（氢裂）	含硫气田的有关设备的氢脆及氢裂

3.5.2　焊接结构的应力腐蚀破坏

金属受到内外拉应力和腐蚀介质的共同作用后出现的脆性断裂，称应力腐蚀破坏。焊接结构用的许多材料对应力腐蚀都很敏感，如锅炉钢的碱脆、低碳钢的硝脆、奥氏体型不锈钢的氯脆等。这种破坏涉及国防、石油、化工、电力、运输、海洋开发和原子能等工业部门的腐蚀失效问题。

1. 应力腐蚀断裂的宏观过程

应力腐蚀断裂过程从宏观上大致分为腐蚀裂纹萌生、亚临界扩展和失稳扩展三个阶段。第一阶段又称孕育阶段，首先在材料表面上产生腐蚀斑点，形成应力集中（裂纹源），达到一定程度，即开裂。在此阶段经历的时间决定于金属的表面状况和承受的应力水平，有时可达总断裂时间的 90%。裂纹一旦形成，就以几乎稳定的速度向前扩展，即进入亚临界扩展阶段，直至最后失稳扩展而断裂。根据不同的材料-介质组合和应力水平，亚临界扩展阶段的扩展速度差别很大，为 10^{-5} ~ 10mm · h^{-1}。可见实际结构的应力腐蚀破坏可以在很短时间内发生，也可以在若干年以后才发生。这里关键在于孕育期的长短，若材料表面有缺陷时，孕育期缩短，甚至没有孕育期。若是容器，通常没有第三阶段，因裂纹穿透时，即泄漏，压力下降。

2. 金属材料的耐应力腐蚀性能及其评定试验

常用金属材料几乎在所有腐蚀环境中都可能产生应力腐蚀，只是敏感程度不等而已。评定金属材料或焊接接头在应力状态下的腐蚀抗力的方法有常规力学方法和断裂力学方法。常规力学法主要有恒载拉伸法试验、插销法试验等，通过试验可以获得断裂应力与断裂时间关系曲线。在规定时间内试样不发生断裂的最大应力被定义为在该介质中的临界应力，记为 σ_{SCC}。用插销法试验的临界应力记为 $\sigma_{Imp\,scc}$；断裂力学法是采用标准试样在应力腐蚀条件下测定临界断裂韧度 K_{ISCC} 或 J_{ISCC}，以及应力腐蚀裂纹的亚临界扩展速率 da/dt。

临界应力 σ_{SCC}、$\sigma_{Imp\,scc}$ 和断裂韧度，K_{ISCC}㊀、J_{ISCC}，以及应力腐蚀裂纹扩展速率 da/dt 都可作为评定金属材料在腐蚀介质中应力腐蚀抗力的性能指标，并用于工程设计和寿命估算。比值 $\dfrac{\sigma_{SCC}}{\sigma_s}$ 和 $\dfrac{K_{ISCC}}{K_{IC}}$ 可以作为衡量材料应力腐蚀的敏感性指标，这里 σ_s 和 K_{IC} 分别为材料在空气中的屈服强度和断裂韧度。

目前国家标准的应力腐蚀试验方法都是用于均质材料的，尚未有适于焊接接头的试验标准。对焊接接头各部位的应力腐蚀性能的测定多采用热模拟技术来制备试样。表 8-3-20 列出现行应力腐蚀试验国家标准。

表 8-3-20 现行应力腐蚀试验国家标准

类别	标准代号与名称	备注
常规力学法	GB/T 4157—2006《金属在硫化氢环境中抗特殊形式环境开裂实验室试验》	有恒负荷拉伸试验和 U 形弯曲试验两种方法
断裂力学法	GB/T15970. 6—2007《金属和合金的腐蚀 应力腐蚀试验第 6 部分:恒载荷或恒位移下的预裂纹试样的制备和应用》	本标准共有 9 部分,这里只列出第 6 部分名称

3. 焊接接头应力腐蚀的一般特点

熔焊接头是由母材、焊缝和热影响区组成的一个成分、组织和性能的不均匀体。对接头各区分别进行腐蚀试验，结果表明各区的应力腐蚀抗力差别很大。焊接材料对接头应力腐蚀的影响显著。表 8-3-21 为 20g 钢焊条电弧焊接头各区在两种腐蚀介质中应力腐蚀试验的结果；表 8-3-22 为不同方法焊接的 20g 钢接头各区的临界值比较。从这两表可得出中低强度钢接头在硝盐和碱溶液中应力腐蚀的一般特点是：①焊缝的应力腐蚀以用焊条 E4303 焊接的为最低，用 E4315 的也不高，只有用 E5015 的焊缝才能与裂纹面垂直于轧制方向的母材相匹配；②多层焊时，热影响区各部位的应力腐蚀抗力以细晶区为最高，熔合区其次，混晶区最低；单层焊时细晶区仍然最高，但熔合区最低；③Q235A 钢的应力腐蚀抗力低于 20g 钢，沿轧制方向的抗力比垂直方向低得多；④接头在硝盐溶液中的抗力比在碱溶液中差得多，后者 σ_{SCC} 高于母材的屈服强度；⑤均为沿晶型开裂，腐蚀裂纹沿铁素体界面扩展，断口呈冰糖状形貌。Q355（16Mn）钢焊接接头也有类似规律，但应力腐蚀抗力远高于 20g 钢的接头，见表 8-3-23。

高强度结构钢的应力腐蚀倾向很大，由于它对焊接热循环很敏感，接头各区的组织变化十分复杂，故焊态下接头各区的应力腐蚀抗力有显著差别。表 8-3-24是 HG80 钢热模拟焊接接头各区在硝盐溶液中的试验结果，除焊缝很好外，其他各区包括母材的耐蚀性都极差，说明高强度结构钢不宜在腐蚀介质中工作，即使在工业大气中也应采取适当保护措施。

表 8-3-21 20g 钢焊条电弧焊接头各区在两种腐蚀介质中应力腐蚀试验的结果

部位	在硝盐溶液中		在碱溶液中	
	σ_{SCC} /MPa	J_{ISCC} /MN · m^{-1}	σ_{SCC} /MPa	J_{ISCC} /MN · m^{-1}
E4303 焊缝	265. 3	0. 98	407. 2	6. 50
E4315 焊缝	269. 5	1. 20	442. 3	9. 41
E5015 焊缝	—	8. 65	—	>9. 41①
熔合区	324. 8	3. 46	—	—
细晶区	419. 7	7. 24	—	—
混晶区	300. 2	2. 25	450. 9	—
20g 母材	231. 2①	5. 06③	375. 9②	—
Q235-A 母材	—	4. 58③	—	—

① 200h 未断。
② T—S 向。
③ L—T 向。

㊀ K_{ISCC}——代表了在规定截止时间内不发生延迟断裂的最大初始应力强度因子，又称为材料在应力腐蚀条件下的断裂韧度（MPa · $m^{1/2}$）。

表 8-3-22　不同方法焊接的 20g 钢接头各区的临界值的比较

焊接方法	临界值	熔合区	细晶区	混晶区	母材①
单道插销焊	σ_{ImpSCC}/MPa	260	419	349	256(∥)
单道埋弧焊	σ_{SCC}/MPa	274	420	359	288(∥)
多道焊条电弧焊	σ_{SCC}/MPa	324.8	491.7	300.2	231.2(∥)
	J_{ISCC}/MN · m^{-1}	3.46	7.24	3.25	5.06(⊥)

① ∥裂纹平行于轧制方向，⊥裂纹垂直于轧制方向。

表 8-3-23　Q355（16Mn）钢接头热影响区各部位在沸腾硝盐溶液中的临界值

临界值	熔合区	细晶区	混晶区	母　材
σ_{ImpSCC}/MPa	347	644	528	300(∥)，394(⊥)

表 8-3-24　HG80 钢热模拟焊接接头各区在硝盐溶液中的试验结果

区域	焊缝①	粗晶区	细晶区		混晶区	母　材
			焊态	580℃回火		
σ_{SCC}/MPa	750	85	75	200	505	251
σ_{SCC}/σ_S	0.87	0.10	0.09	0.23	0.59	0.29

① Ni—Mo 钢焊丝混合气体保护焊，组织为粒状贝氏体。

奥氏体型不锈钢焊接接头应力腐蚀性能的变化规律与普通结构钢接头完全不同。表 8-3-25 为 0Cr18Ni9Ti 钢焊接接头用热模拟各区在沸腾质量分数为 42% 的 $MgCl_2$ 溶液中试验的临界值。各区应力腐蚀临界抗力，以焊缝金属最高，依次为母材-低温敏化区-高温敏化区-高温区-过热区。过热区晶粒粗大，说明不锈钢应力腐蚀敏感性随晶粒的粗化而增大。焊缝金属具有高应力腐蚀抗力是由于有适量 δ 铁素体对防止晶粒长大和改善碳化物沿晶析出状态起作用的结果。

表 8-3-25　0Cr18Ni9Ti 钢焊接接头用热模拟各区在沸腾质量分数为 42%的 $MgCl_2$ 溶液中试验的临界值
（单位：MPa）

焊　缝①	过热区（1350～1150℃）	高温区（1150～1000℃）	高温敏化区（1000～750℃）	低温敏化区（750～600℃）	母材（L—S 向）<600℃
245.0	98.0	122.5	161.7	166.6	210.7

① 用 E347-16（A132）焊条多层焊。

奥氏体型不锈钢接头在 $MgCl_2$ 溶液中的破裂是穿晶型，断口形貌呈脆性准解理特征。

4. 预防焊接结构应力腐蚀的措施

1）根据环境介质情况选用抗应力腐蚀性能较好的结构材料和与之相匹配的焊接材料。结构材料一般从腐蚀手册中均可查到，用于腐蚀条件下的焊接材料目前尚无系统资料。为了稳妥，应经过焊接接头的腐蚀试验评定后确定。

2）构件或接头的强度计算应以本材料-介质组合下的临界值应力或断裂韧度为依据；结构形状和焊缝布置应避免造成应力集中；尽量不在高应力区布置焊缝；尽量降低对腐蚀特别敏感部位的刚度和拘束度。

3）在制造工艺上避免在成形、装配和焊接过程中产生表面划痕、缺口及缺陷；消除或调整残余应力，重要结构需用热处理或振动方法等消除应力；或在受拉应力部位表面进行喷丸、滚压、锤击等处理，以造成表面压应力。

4）在结构使用中对介质或环境进行处理或控制，如去除溶液中的有害介质或加入缓蚀剂等。

5）采用表面保护方法，如渗氮或覆盖保护层，以提高表面的耐蚀性。必要时采用电化学保护，如阴极保护等。

3.5.3　焊接结构的腐蚀疲劳

金属材料或构件在交变循环应力和腐蚀性介质共同作用下所引起的破坏称为腐蚀疲劳，是电化学腐蚀与机械疲劳联合作用的结果，但其破坏性远较机械疲劳和腐蚀作用的单纯叠加严重。在海洋工程中的焊接结构最容易引起腐蚀疲劳。

1. 腐蚀疲劳的特征

1）腐蚀疲劳一般没有明显的疲劳极限，即 σ-N 曲线无水平部分，如图 8-3-46 所示。通常用条件疲劳极限来表征。腐蚀性越强，σ-N 曲线下降越甚，故腐蚀疲劳极限系在某一寿命下的条件疲劳极限。

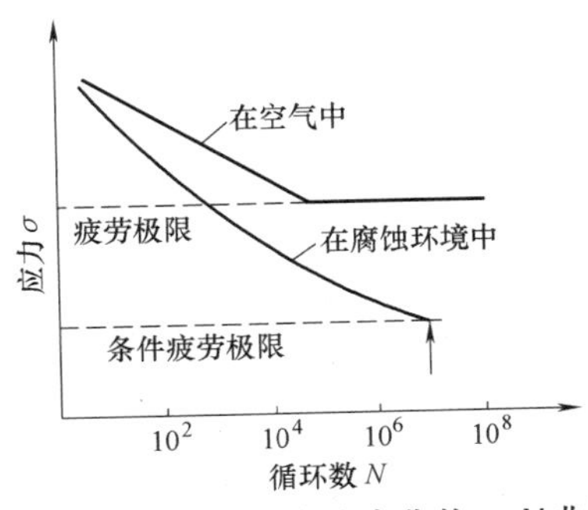

图 8-3-46　疲劳与腐蚀疲劳的 σ-N 曲线

2）与应力腐蚀不同，纯金属也会发生腐蚀疲劳，对腐蚀介质没有选择性。

3）与材料静拉强度不存在比例关系，增加强度极限，不能提高腐蚀疲劳强度。

4）腐蚀疲劳裂纹多起源于表面腐蚀坑或表面缺陷，往往成群出现。疲劳裂纹主要是穿晶型，但也有沿晶或混合型。断口为脆性断裂，发生时无明显预兆，在裂纹扩展区疲劳条纹不再连续出现，常伴有网状裂纹和腐蚀痕迹。

5）腐蚀疲劳强度对应力循环有强烈的频率效应。

2. 影响腐蚀疲劳的因素

（1）力学因素

平均应力的大小和应力振幅的大小都对腐蚀疲劳产生影响。就交变形式而言，对称应力易于产生腐蚀疲劳，而单向交变应力次之；交变频率对腐蚀疲劳影响很大，频率降低时，腐蚀疲劳强度及其寿命随之降低，即所谓频率效应。而在空气中频率小于 1000Hz，对疲劳强度基本无影响。表面缺口引起应力集中，容易诱发裂纹，故对腐蚀疲劳初期影响较大。

（2）环境因素

介质温度升高，材料耐腐蚀疲劳性能下降；介质的腐蚀性能越强，腐蚀疲劳强度就越低。

介质状态不同对腐蚀疲劳影响也不同，由于电化学腐蚀过程的存在，使流体介质对腐蚀疲劳强度的影响要比氧化严重得多，也复杂得多，见表 8-3-26。

表 8-3-26　几种材料在不同介质中的疲劳强度

材　　料	疲劳强度 5×10^7/MPa		
	空气	淡水（滴注）	盐水 [w(NaCl) = 3%]
低碳钢	255	143	56
w(Ni)3.5%钢	347	158	112
w(Cr)15%钢	393	255	143
w(C)0.5%钢	377	—	41
18-8 奥氏体型不锈钢	393	362	255

（3）材料因素

提高材料的强度极限并不能提高其腐蚀疲劳强度，但一般耐蚀性较高的材料其腐蚀疲劳敏感性小，耐蚀性差的材料，腐蚀疲劳敏感性大；钢中加入 $w(\text{Me})\leqslant5\%$ 的合金元素对退火状态的条件腐蚀疲劳极限影响很小，只有加入大量合金元素形成不锈钢，才能使腐蚀疲劳明显提高；组织状态对大气和腐蚀介质中的疲劳强度有着完全不同的影响。高、中温回火得到的索氏体和托氏体组织具有最高的条件腐蚀疲劳极限，而马氏体组织则对腐蚀介质最为敏感，见表8-3-27。

表 8-3-27　组织状态对 45 钢疲劳极限的影响

组织状态	疲劳极限/MPa			
	空气中	$\sigma_{-1C}(2\times10^7)$		
		自来水	w(NaCl) 3%盐水	H_2S 水溶液
铁素体-珠光体	285	175	120	105
索氏体	425	225	135	135
托氏体	715	250	170	160
马氏体	640	95	55	0

3. 提高腐蚀疲劳强度的措施

1）改进结构设计，减少应力集中，加大危险断面尺寸。焊接接头上焊趾处是应力集中点，是疲劳源。打磨焊趾使焊缝与母材之间平滑过渡，对在空气中的接头提高疲劳强度的效果十分显著，对在腐蚀介质中，有一定效果，但不明显。对海上石油平台用钢，其板状焊接接头海水腐蚀疲劳试验研究表明，对焊趾进行 TIG 熔修是一种有效提高焊接接头腐蚀疲劳性能的方法。其原因除了可降低应力集中系数外，更主要是消除了表面缺陷，改善了材质。

2）改善材料表面特性。如进行表面强化，包括表面淬火、表面滚压或喷丸等均能提高钢的腐蚀疲劳抗力，而且随介质活性增加，强化效果也增加；又如表面扩散渗金属（Cr 等）或非金属（渗碳、渗氮等）都可以提高腐蚀疲劳强度。

3）进行电镀。电镀的效果决定于电镀时表面形成的应力状态和电化学性能。碳素钢上电镀（如 Cr、Ni、Cu 等）高熔点金属在镀层中产生 300～500MPa 的残余拉应力，且这些金属对于碳素钢又是阴极，结果促进了腐蚀疲劳破坏。如果碳素钢表面镀 Zn，则表面产生较小的残余压应力，且 Zn 在所有介质中对碳素钢都是阳极，故镀 Zn 总是提高腐蚀疲劳。若电镀后用喷丸和滚压强化等工艺，可进一步改善腐蚀疲劳强度。

4）隔离保护。把工作材料与腐蚀介质隔离。隔离层可以是有机材料（如涂料），也可以是无机材料，如玻璃、陶瓷等。

5）采用耐腐蚀性能好的材料。可以是单一的耐蚀金属材料，也可以是复合（双层）金属材料，与腐蚀介质接触的一面为耐蚀材料。

3.5.4　耐腐蚀的结构设计

影响金属腐蚀的因素可概括为材料的内在因素和环境介质的外部因素。设计在腐蚀介质中工作的焊接结构，首先应选择具有耐腐蚀性能的金属材料，以保证具有良好耐腐蚀的内在质量。有时为了满足强度、刚度或某方面要求，所用材料耐腐蚀性能较差时，通常是采取在基体材料上施加保护层或表面合金化处理，以达到对基体材料的腐蚀保护。如起阻隔作用的有机涂层或无机涂层等；起电保护作用的电镀、喷镀等。对于焊接结构来说还可以采用在基体表面堆焊耐蚀合金或覆盖耐蚀金属薄板（容器结构称为衬里），或者直接利用复合（双金属）钢板。图 8-3-47 所示为容器设计中常用复合钢板的焊接接头。没有复合钢板时，可采用衬里，图 8-3-48 所示为衬里的接头形式。有些衬里材料如铝、锌、铅等不能与基体焊接，这时宜采用如图 8-3-49 所示的接头形式。

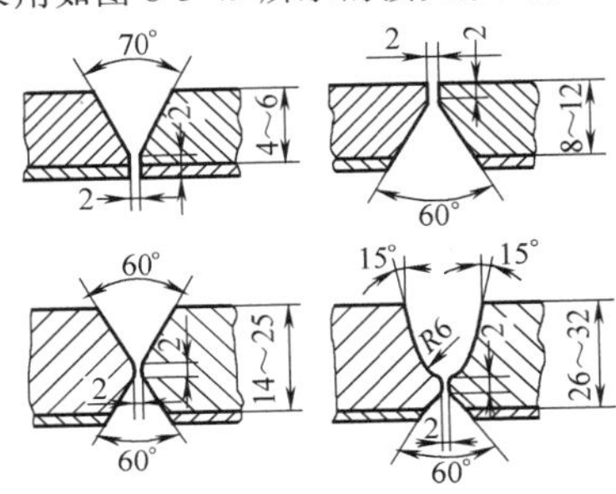

图 8-3-47　复合钢板焊接接头

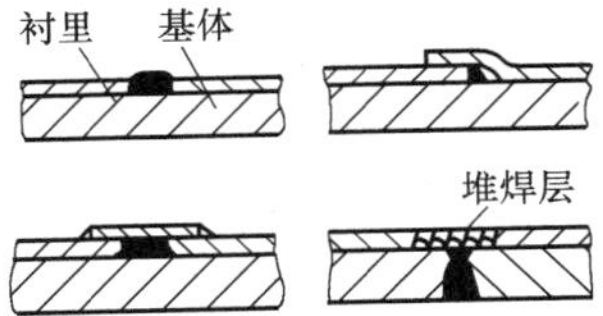

图 8-3-48　衬里能与基体直接焊接的接头形式

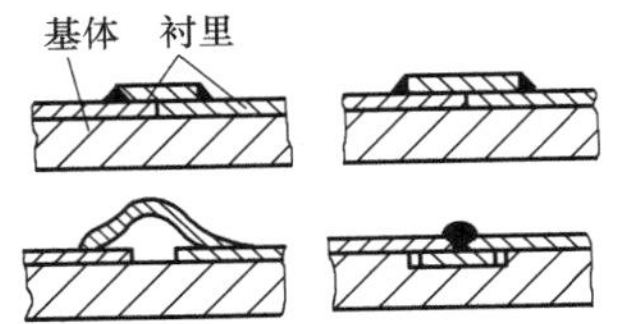

图 8-3-49　衬里不能与基体直接焊接的接头形式

对直接与腐蚀介质接触的焊接结构设计时应注意以下几点：

1）避免或减少结构不连续处的应力集中。对于接管，不同板厚之过渡区，应采取设计措施使局部应力尽量小，如采用渐变厚度法，焊缝表面向母材圆滑过渡。必要时，对工艺提出打磨焊缝表面、对焊趾进行 TIG 重熔等要求。此外，要严格控制焊接缺陷，限制角变形和错边量，以避免产生局部应力集中或因产生附加弯矩而增大接头区的应力水平。

2）避免容器结构中的“缝隙”与“死角”。若容器结构内有“缝隙”与“死角”就会造成溶液的浓聚、积滞，为腐蚀创造条件。图 8-3-50 所示为抗应力腐蚀焊接设计。

3）肋板角焊缝的布置应采用不留或不露间隙的焊缝、连续焊缝或扇形切割的间断焊缝（端部需围焊），如图 8-3-51 所示。

4）容器筒体或管道的对接焊缝应焊透，最好两面焊（见图 8-3-52c），尽量不用带永久衬环的接头（见图 8-3-52a），更不许用图 8-3-52b 所示的盖板接头。

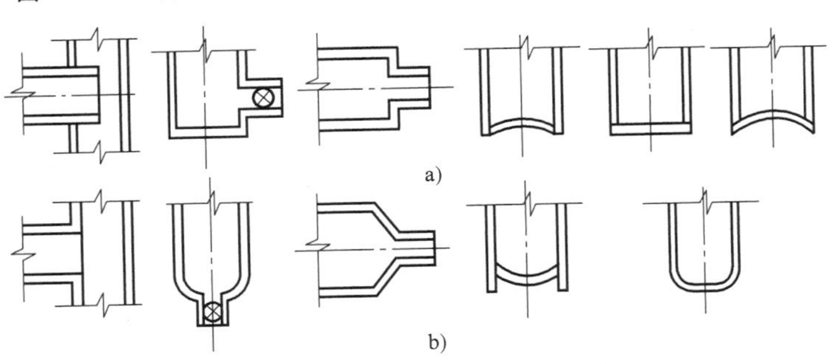

图 8-3-50　抗应力腐蚀焊接设计
a）不合理的结构设计　b）合理的结构设计

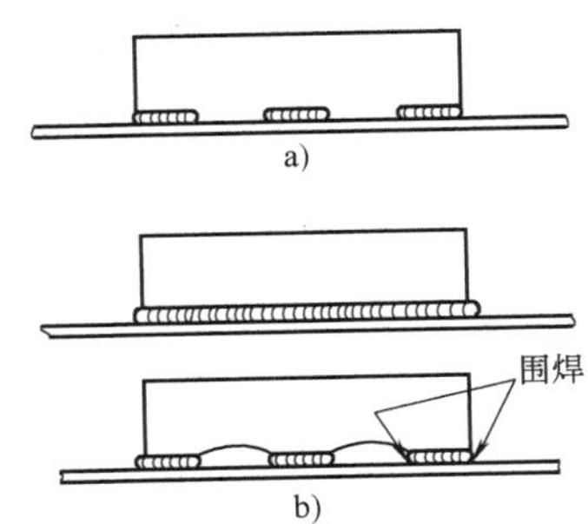

图 8-3-51　肋板角焊缝抗腐蚀设计
a）不合理　b）合理

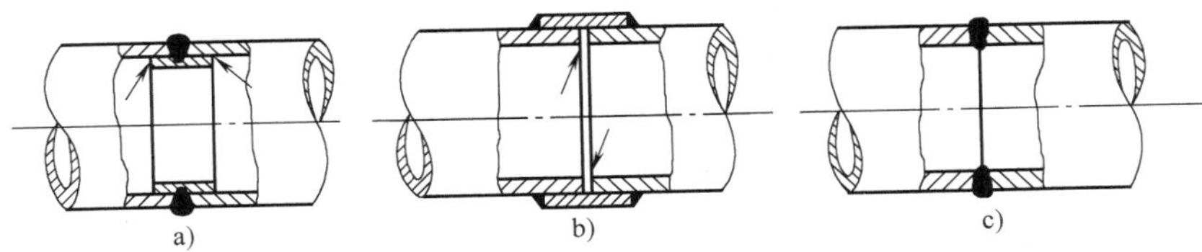

图 8-3-52　防止腐蚀的筒体或管道结构设计
a）、b）不合理设计（箭头所指处易腐蚀）　c）合理设计

第 4 章　焊接结构设计

4.1　概述

4.1.1　焊接结构设计的基本要求

所设计的焊接结构应满足以下基本要求：

1）实用性。结构必须达到产品所要求的使用功能和预期效果。

2）安全可靠性。结构在使用期内必须安全可靠。因此，结构受力必须合理，能满足工作环境和承载条件所提出的强度、刚度、稳定、抗脆性断裂、抗疲劳、抗振、耐腐蚀或抗蠕变等性能方面的要求。

3）工艺性。应该是能够焊接施工的结构，其中包括焊前预加工、焊后处理、所选用的金属材料具有良好的焊接性、结构具有焊接与检验的可达性等。此外，该结构应易于实现机械化和自动化焊接。

4）经济性。制造该结构时，所消耗的原材料、能源和工时应最少，其综合成本低。

此外，尽可能使结构的造型美观。

能满足上述基本要求的结构，属理想的焊接结构，或者是完整的结构。

4.1.2　焊接结构设计的基本原则

为了达到上述设计的基本要求，在设计过程中应遵循以下原则。

1）合理选择和利用材料。所选用的金属材料必须同时满足使用性能和加工性能的要求，使用性能包括强度、韧度、耐磨性、耐蚀性、抗蠕变性等性能；加工性能主要是焊接性能，其次是其他冷、热加工的性能，如热切割、冷弯、热弯、金属切削及热处理等性能。

在结构上有特殊性能要求的部位，可采用特种金属材料，其余采用能满足一般要求的廉价材料。如有防腐蚀要求的结构，可采用以普通碳素钢为基体，以不锈钢为工作面的复合钢板或者在基体上堆焊耐蚀层；又如有耐磨性要求的结构，可在工作面上堆焊耐磨合金或热喷涂耐磨层等。充分发挥异种金属材料能进行焊接的特点。

尽可能选用轧制的标准型材和异型材。通常轧制型材表面光洁平整、质量均匀可靠；使用时不仅减少许多备料工作量，还可减少焊缝数量。由于焊接量减少，焊接变形易于控制。

在划分结构的零、部件时，要考虑到备料过程中合理排料的可能性，以减少余料，提高材料的利用率。

2）合理设计结构形式。能满足前述基本要求的结构形式都被认为是合理的结构设计，也就是可从实用、可靠、可加工和经济等方面对结构设计是否合理进行评价。设计时，一般应注意下面几点。

① 根据强度或刚度要求，以最理想的受力状态去确定结构的几何形状和尺寸。切忌仿效铆接、铸造、锻造结构的结构形式。

② 既要重视结构的整体设计，也要重视结构的细部处理。这是因为焊接结构属刚性连接的结构，结构的整体性意味着任何部位的构造都同等重要，许多焊接结构的破坏事故起源于局部构造不合理的薄弱环节处。对于应力复杂或应力集中部位都要慎重处理，如结构中的节点、断面变化部位、焊接接头形状变化处等。

③ 要有利于实现机械化和自动化焊接。为此，应尽量采用简单、平直的结构形式，减少短而不规则的焊缝；要避免采用难以弯制或冲压的具有复杂空间曲面的结构。

3）减少焊接量。除了前述尽量多选用轧制型材，减少焊缝外，还可以利用冲压件代替一部分焊件；结构形状复杂，角焊缝多且密集的部位，可用铸钢件代替；必要时，可以适当增加壁厚，以减少或取消加强肋板，从而减少焊接工作量。对于角焊缝，在保证强度要求的前提下，尽可能用最小的焊脚尺寸，因为焊缝面积与焊脚高的平方成正比。对于坡口焊缝，在保证焊透的前提下选用填充金属量最少的坡口形式。

4）合理布置焊缝。有对称轴的焊接结构，焊缝宜对称地布置，或接近对称轴处，这有利于控制焊接变形；要避免焊缝汇交和密集；在结构上焊缝汇交时，使重要焊缝连续，让次要焊缝中断，这有利于重要焊缝实现自动焊接，保证其质量；尽可能使焊缝避开高工作应力部位、应力集中处、机械加工面和需变质处理的表面等。

5）施工方便。必须使结构上每条焊缝都能方便施焊和方便质量检验，焊缝周围要留有足够焊接和质量检验的操作空间；尽量使焊缝都能在工厂中焊接，减少工地焊接量；减少手工焊接量，扩大自动焊接量；对双面焊缝，操作方便的一面用大坡口，施焊条件差的一面用小坡口，必要时，改用单面焊双面成形的接头坡口形式和焊接工艺。尽量减少仰焊或立焊的焊缝，这样的焊缝劳动条件差，不易保证质量，且生产率低。

6）有利于生产组织与管理。经验证明，大型焊接结构采用部件组装的生产方式有利于工厂的组织与管理。因此，设计大型焊接结构时，要进行合理分段。分段时，一般要综合考虑起重运输条件、焊接变形的控制、焊后处理、机械加工、质量检验和总装配等因素。

4.1.3　焊接产品设计的一般程序

在我国机械工业中，新产品设计是指从市场调研到新产品定型投产的全过程。它的基本程序一般包括决策、设计、试制、定型生产和持续改进五个阶段。这里仅介绍设计阶段的一般程序。

设计阶段的工作内容主要是根据设计任务书，对设计对象进行具体结构设计和计算，以及作必要的试验，并完成图样绘制和设计文件的编制等。大型复杂的设计一般又分初步设计、技术设计和工作图设计三个工作程序。表 8-4-1 为机械产品设计基本程序。

表 8-4-1　机械产品设计基本程序（摘自 JB/T 5055—2001）

阶　段	工　作　程　序	工　作　内　容
初步设计	1）总体方案设计（设计和开发输入）	编制技术（设计）任务书 绘制总图（草图）、简图（草图）
	2）研究试验	根据提出的攻关项目及需要编制研究试验大纲，进行新材料、新结构、新原理试验 编写研究试验报告
	3）初步设计和开发评审	对初步设计进行评审并予记录
技术设计	1）研究试验	根据需要提出研究试验大纲，进行主要零部件结构、材料、关键工艺试验 编写研究试验报告
	2）设计计算	根据需要，进行设计计算（如零部件的结构强度、应力、电磁等），并编写计算书
	3）技术经济分析	根据需要，进行技术经济分析，并编写技术经济分析报告
	4）修正总体方案	修正并绘制总图、简图，提出技术设计说明书
	5）主要零、部件设计	绘制主要零部件草图 进行早期故障分析，并编写早期故障分析报告
	6）提出特殊外购件和特殊材料	编制特殊外购件清单和特殊材料清单
	7）技术设计和开发评审	对技术设计进行评审并予记录
工作图设计（设计和开发输出）	1）全部零部件设计及编制设计文件	提出全部产品工作图样、包装图样及设计文件 进行产品质量特性重要度分级 进行早期故障分析并采取措施，编写早期故障分析报告
	2）图样及设计文件审批	按规定程序对图样及设计文件进行会签、审批。包括标准化审查、产品结构工艺性审查。如需要，进行工作图设计和开发评审并予记录
	3）工艺规程及工装设计	工艺规程设计，编制工艺文件 必要的工装设计

1）初步设计又称方案设计，是根据设计任务书的要求进行的，其中心任务是通过产品功能分析和方案论证确定总体方案，提出技术任务书和产品总图（草图）等。具体工作有：确定产品的基本参数及主要技术性能指标；确定总体布局及主要零部件的结构；确定各零部件的连接关系等。按需要对准备采用的新材料、新结构和新工艺进行试验和验证。

2）技术设计是将初步设计确定的方案具体化。通过设计和计算进一步确定具体的构造、所用材料及基本尺寸。主要工作有：根据需要对关键零部件的结构、功能及可靠性进行试验，为设计提供依据，对重要零部件进行强度、刚度、可靠性等的设计与计算，并编制出计算书；进行技术经济分析并写出分析报告；修正总体方案并绘制出总图，提出技术设计说明书。

3）工作图设计又称施工设计，是完成全部生产用的图样设计。主要工作有：从总装配图拆成部件图和零件图，并充分考虑加工工艺要求，标注技术条件，编写设计说明书等一系列技术文件。

上述三段设计法实质上是由抽象到具体，由概略到详细的设计过程。其中初步设计侧重于全局性和整体考虑；而技术设计侧重于解决具体技术问题，如材料选定，构造设计和尺寸的确定等，常常伴随着各种计算和试验；工作图设计是技术设计的进一步具体化，是为产品制造、安装和使用提供依据。

重大产品设计在每一个设计阶段结束后都要进行一次会审，审查通过后才能进入下一个设计阶段，这样可以避免返工，防止造成人力、物力和时间的浪费。但对于结构简单而又不重要的产品或零部件的设计，可以省略某些程序和工作内容。如把初步设计和技术设计合并或者省去初步设计直接进入技术设计和工作图设计。此外，设计过程是一种创造和优化过程，各个设计阶段和步骤之间不可避免会发生相互交叉、渗透和重叠，采用现代设计法更是如此，故要灵活地运用设计各程序。

4.1.4　焊接结构设计的一般方法

这里介绍技术设计阶段中用以确定产品的结构形状和尺寸设计的基本方法。

工程的设计与计算方法总是随着科学技术的发展而发展，从简单到复杂、从低水平到高水平，从手工设计到计算机辅助设计。现代化设计中就已经采用计算机软件 CAD㊀ 直接从事产品的图形绘制与结构设计；利用计算机软件 CAE 对所设计的产品结构进行物理性能和力学性能分析等，其设计速度和设计质量均随着设计方法的改进和完善而不断提高。较为先进的企业不仅在结构设计阶段内采用了计算机辅助设计，而且在工艺设计阶段中用到 CAPP、在制造阶段中用到 CAM、在质量控制中用到 CAQ 等计算机辅助设计技术。随着科学技术的进步，还将进一步把这一系列计算机辅助设计技术加以集成，而成为计算机集成制造系统（CIMS），从订货到加工，直至发货全部过程的各步骤都可以由计算机辅助技术来完成，而且它们之间能及时地获得彼此的信息。这种设计变革大大缩短了企业产品的研制周期和生产成本。

对于在技术设计阶段中的强度设计方法，从发展角度来分，有许用应力设计法和可靠性设计法两大类。前者历史悠久，且沿用至今，故又称传统设计法，焊接结构设计目前大量采用的仍然是这种设计方法；后者是近代发展起来的设计方法，应用的历史不长，应用面还不广。但它是现代先进设计方法之一，正在发展和完善中。我国建筑钢结构设计已率先采用这种设计方法，现已逐渐扩大到铁道、公路、港口和水利水电部门。

1. 许用应力设计法

许用应力设计法是以满足工作能力为基本要求的一种设计方法，对于一般用途的构件，设计时需满足的强度条件和刚度条件分别为

工作应力≤许用应力

工作变形≤许用变形

或者为

$$\text{安全系数}=\frac{\text{失效应力}}{\text{工作应力}}\geqslant\text{许用安全系数}$$

这里的失效应力，如果为屈服准则，则为材料的屈服极限；如果为断裂准则，则为强度极限；在疲劳设计中为疲劳极限。

对于含裂纹构件的强度设计，除要满足上述常规的强度条件外，还要同时满足断裂力学的强度条件。其安全系数与无裂纹构件抗断设计的安全系数有类似的表达式。例如，对弹塑性体有

$$\text{安全系数}=\frac{\text{材料裂纹尖端张开位移的临界值 }\delta_c}{\text{材料裂纹尖端张开位移 }\delta}\geqslant\text{许用安全系数}$$

可以看出，无论是强度条件还是刚度条件其表达式都是一个模式，即用不等式的右项去限制或控制左项，左项不允许超过右项，否则失效，“许用”是共性。因此，凡以不等式建立的失效判据，都可列入许用应力设计法的范畴。

强度设计时强度条件是由所采用的强度理论而建立起来的。而强度理论是人们推测造成结构失效主要原因的一种假说，常被采用的强度理论有第一强度理论、第二强度理论、第三强度理论和第四强度理论四种。每种都建立了相应的强度条件，其统一表达式为

$$\sigma_r\leqslant[\sigma]$$

式中　σ_r——相当应力，又称应力强度。若是第一强度理论则记为 σ_{r1}，第二强度理论、第三强度理论、第四强度理论记法类似。

$[\sigma]$——结构材料的许用应力。

相当应力是由实际载荷作用下结构内部危险点主应力（σ_1、σ_2、σ_3）的不同组合而成。

许用应力是以试验为基础确定的，通过对材料进行破坏试验测出其失效（断裂、屈服）时的极限应力再除以安全系数得到。由于许用应力或许用安全系

㊀ 英文缩略词的原文：CAD—Computer Aided Design，CAE—Computer Aided Engineering，CAPP—Computer Aided Process Planning，CAM—Computer Aided Manufacturing，CAQ—Computer Aided Quality，CIMS—Computer Integrated Manufacturing System。

数取值的大小关系到结构的安全和经济成本，通常不是个人自行决定。在我国一般是由国家工程主管部门根据安全与经济原则，按强度、载荷、环境、加工质量、计算精度和构件的重要性等加以确定。如我国在锅炉和压力容器、动力机械、起重机、船舶等部门中都在各自设计规范内规定了各种材料的许用应力、许用变形或许用安全系数值，可以直接查用。

强度设计的基本过程就是把实际载荷作用下结构内部危险点所产生的应力大小及其分布求出，根据该点的应力状态确定其主应力，再按所用的强度理论给出的公式算相当应力，然后去和材料的许用应力进行比较。可以看出，设计的大量工作是对结构进行应力的分析和计算。

许用应力设计法之所以使用历史很长，至今在许多工业设计部门中仍在采用，就是因为它具有应力分析与计算简明和方便的优点。早期的许用应力设计法，是以弹性失效为准则采用第一强度理论，不允许构件工作超出弹性范围，所要求计算的基本应力用材料力学和线弹性力学的理论和方法就能解决，不涉及复杂费时的弹塑力学理论分析与计算。此外，为了安全把设计中所作的假设简化，或被忽略了的各种不利因素（如应力集中、内应力等）统统以加大安全系数或者降低许用应力的办法来解决。经长期使用证明此法用于设计一般中小型的不很复杂的焊接结构是安全有效的。

随着科学技术的进步，人们对结构失效的原因和机理有了更深入的认识，发现以弹性失效准则为基础用较大而且是同一安全系数的许用应力设计法不尽合理，过于保守，没有充分发挥和利用材料的潜能。已经不再适应现代重大设备设计的要求，须要对这种所谓传统的许用应力设计法进行改进和提高，以满足时代发展的新需求。

我国在钢制压力容器设计上已经制定了两个设计规范，GB 150《压力容器》采用的就是前面所述的许用应力设计法，被称为常规设计法；JB 4732《钢制压力容器分析设计标准》采用的是经改进得更为合理的许用应力设计法，称为分析设计法。两个方法本质一样，其思路都是利用许用应力对工作应力进行限（或控）制。只是采用的失效准则和强度理论不同，应力分析和计算的深广度以及对应力的处理和评定上有较大差别。表8-4-2列出了这两种设计方法的基本差别。

在具体作法上，分析设计法须对结构作全面而详尽的应力分析，运用各种分析计算手段和测试技术把实际载荷作用下结构各部位产生的应力大小及其分布

表8-4-2　钢制压力容器中常规设计法和分析设计法的比较

比较项目	常规设计	分析设计
设计准则	弹性失效 只允许存在弹性变形	塑性失效，弹塑性失效 允许出现局部的、可控的塑性变形
载荷	静载荷	静载荷，交变载荷
分析方法	薄膜理论，材料力学方法 简化公式加经验系数	板壳理论，弹性或塑性力学分析（理论方法、数值方法和试验方法）
应力评定	应力不分类 同一的许用应力 用第一强度理论 基本安全系数较大	应力分类 用应力强度对各类应力进行评定 用第三强度理论 基本安全系数较小
材料	常规要求	优质、延性好、性能稳定
制造、检验	常规要求	整体性、连续性、相贯处圆滑过渡、全焊透、100%探伤

进行确定，根据应力的大小及其分布确定各种应力综合作用下的危险点位置，将危险点的应力进行分类，然后确定各类应力的主应力并分别计算其相当应力（又称应力强度），最后去与各自的许用应力进行比较。

采取应力分类，然后分别限制，这种区别对待，使整个结构实现了“等安全裕度”的分析设计方法比传统（常规）设计法合理得多，充分地发挥材料的承载潜力。由于采用较小的安全系数，可以减小容器壁厚，因而节约用材，实践证明比用常规设计可省材料20%~30%。具有科学性、安全性和经济性。但是，分析设计法有局限：要做详尽的应力分析与计算，时间长、经费多、设计成本高，用材品质、制造工艺水平和检测技术要求高等。所以只能设计高参数且重要的容器时才采用这种设计法。对于一般常规容器，长期实践证明采用常规设计法完全可以满足容器的安全性要求。所以我国颁布实施了两个设计标准（GB 150和JB 4732），可以根据不同情况选用。但因两者失效准则不同，而不能混用。

无论使用常规设计法还是分析设计法，如果发现设计不能满足强度或刚度要求，如工作应力大于许用应力时，必须修改结构。主要是改变结构形状、尺寸或其他参数以降低工作应力，也可以改变结构材料或选用确保质量的加工方法和检测方法等以提高许用应

力。修改到满足要求为止。

上述许用应力设计法所用的参量，如载荷、强度、几何尺寸等都看成是确定量，故又称定值设计法。这种设计法所用的表达式简单明了，使用方便，已经沿用了很长时间，积累的资料和数据完整，故至今仍在许多工程设计中采用。但是，这种设计法中所用的许用应力或安全系数是根据设计经验来确定的，不够科学。实际上，设计与计算用的参量，如载荷、强度等都是随机变量，存在不确定性，许用应力设计法无法加以考虑。为了保证设计安全可靠，往往选取较低的许用应力或较高的安全系数，因而导致结构尺寸大，在技术与经济上变得不合理。

2. 可靠性设计法

可靠性设计法又称为可靠度设计法。在机械工程中这种设计法是保证机械及零部件满足给定的可靠性指标的一种机械设计方法。与上述传统的定值设计法不同，可靠性设计法是把与设计有关的载荷、强度、尺寸和寿命等数据如实地作为随机变量，运用概率理论和数理统计的方法处理，从而进行结构设计的方法。这种设计方法设计的结果与实际更相符，能做到既安全可靠而又经济。对重要机械和可靠性要求高的构件，只要条件具备，都应尽量采用这种先进的设计方法。

但是，可靠性设计在一般工程中应用的历史不长，目前在机械制造行业中的结构可靠性设计的应用还不普及，较多的是处在试用阶段，主要原因是设计所需的呈分布状态的各种数据还不足，有的还需试验、采集和积累。近似的可靠性设计法在我国建筑部门的结构件设计中首先应用，称之为极限状态设计法。后来扩大到铁道、公路、港口和水利水电等部门，已共同编制了 GB 50153—2008《工程结构可靠性设计统一标准》。工程结构宜采用分项系数表达的以概率理论为基础的极限状态设计法。虽然还不属于全概率设计法，但说明可靠性设计法的应用已成为一种发展趋势。随着可靠性深入的研究以及工程资料和数据的积累，可靠性设计方法将会不断发展和完善，其应用范围也将日渐扩大。

本节概要地介绍机械强度可靠性设计法的基本原理和方法，同时也对在建筑部门已应用的钢结构极限状态设计法作摘要介绍。

(1) 可靠度及其计算

机械强度可靠性设计的核心工作是计算出设计对象的可靠度，并使之达到目标值。为此，需建立可靠度的基本概念并掌握其计算方法。

结构可靠性是指结构在规定的时间内和规定的条件下完成预定功能的能力，它包括结构的安全性、适用性和耐久性。当以概率来度量这种能力时，则称为可靠度。可靠度与时间有关，是时间的函数，常记为 $R(t)$，因它是一个概率，故其取值范围是

$$0 \leqslant R(t) \leqslant 1 \tag{8-4-1}$$

结构在规定的条件下和规定的时间内丧失规定功能的概率称为不可靠度，或称为失效概率，也是时间的函数，常记为 $F(t)$。因可靠与失效是互相对立事件，按概率互补定理，两者有如下关系。

$$R(t) = 1 - F(t) \tag{8-4-2}$$

因此，知道结构的失效概率 $F(t)$，也就知道结构的可靠度 $R(t)$。失效概率 $F(t)$ 可以从结构失效统计所得到的失效概率密度函数来确定，其关系是

$$F(t) = \int_0^t f(t)\,\mathrm{d}t \tag{8-4-3}$$

因此，$F(t)$ 又称为积累失效概率，或称为失效分布函数。显然，求结构可靠度的关键是获得结构的失效概率密度函数 $f(t)$。$R(t)$、$F(t)$ 和 $f(t)$ 三者的关系如图 8-4-1 所示，$f(t)$ 的分布规律（即曲线形状）就决定了 $R(t)$ 和 $F(t)$ 的分布。

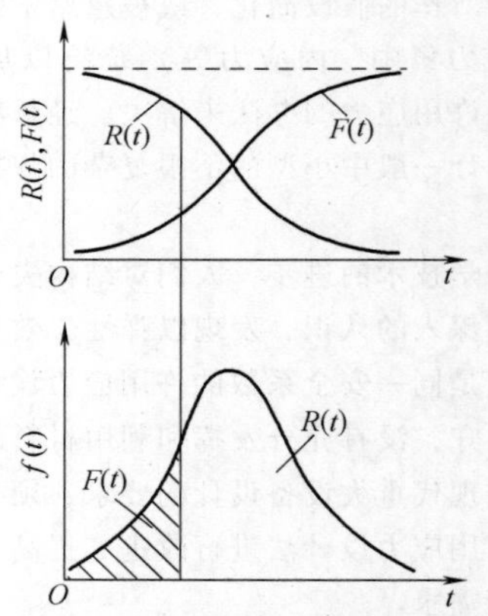

图 8-4-1　$R(t)$、$F(t)$ 和 $f(t)$ 的关系

在可靠性分析中，随机变量的概率分布有各种类型，如正态分布、对数正态分布和威布尔分布等。用来描述这些分布类型的特征参数主要是数学期望（均值）和标准差或变异系数等，它们是由样本试验的数据经数理统计确定的。工程结构设计中的随机变量以服从正态分布的居多。

在简单的设计场合，如果以 C 代表结构抗力（如强度、刚度、断裂韧度等），以 S 代表载荷对结构的综合效应，简称载荷效应（如应力、应变、变形等），而且它们都是服从一定分布的随机变量，则结构的功能函数 Z 为

$$Z = C - S \tag{8-4-4}$$

当 $Z=C-S>0$ 时，结构处于可靠状态；

当 $Z=C-S=0$ 时，结构处于极限状态；

当 $Z=C-S<0$ 时，结构处于失效状态。

当结构抗力 C 和载荷效应 S 为任意分布时，用 $f(C)$ 和 $f(S)$ 分别表示它们的概率密度函数，则可靠度被定义为结构抗力大于载荷效应的概率，即

$$
\begin{aligned}
R(t) &= P(C>S) \\
&= P(C-S>0) \\
&= P(C-S>1)
\end{aligned}
$$

图 8-4-2 表示载荷效应-结构抗力分布与时间的关系。当 $t=0$ 时，两个分布之间有一定的安全裕度，不会发生失效。但随着时间推移，由于材料和环境等因素的影响，结构抗力下降，在时间达某 t 时，结构抗力分布和载荷效应分布发生干涉（图中影线所示），这时将发生失效。

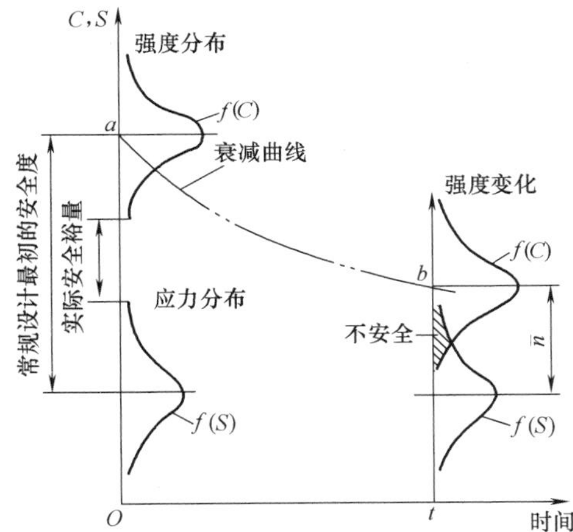

图 8-4-2　载荷效应-结构抗力分布与时间的关系（应力-强度干涉模型）

分析时间为 t 时的载荷效应分布和结构抗力分布干涉模型（见图 8-4-3），当结构抗力 C 大于载荷效应 S 时，不会发生失效，这时结构可靠度 R 的计算式为

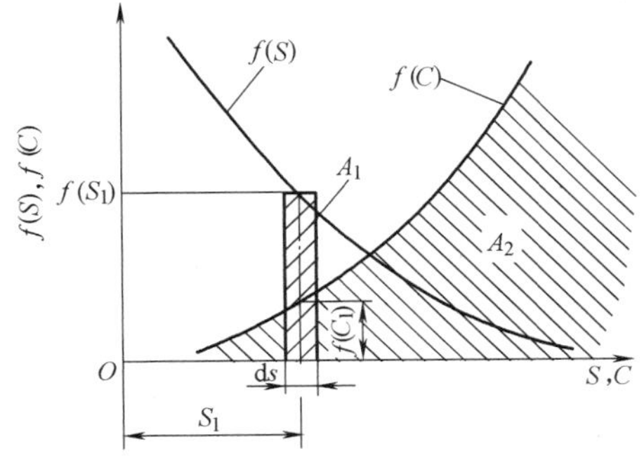

图 8-4-3　载荷效应-结构抗力干涉模型分析

$$
R(t) = \int_{-\infty}^{\infty} f(S)\left[\int_{s}^{\infty} f(C)\,\mathrm{d}C\right]\mathrm{d}S \tag{8-4-5}
$$

因此，在知道结构抗力概率密度函数 $f(C)$ 和载荷效应概率密度函数 $f(S)$ 后，即可按式（8-4-5）求得结构的可靠度。在这里结构抗力可以是静强度、疲劳强度、断裂韧度或其他的材料抗力指标；而载荷效应，则可以是静应力、交变应力、应力强度因子或其他形式的外作用参数。例如，当计算的是含裂纹构件的可靠度时，则 $C=K_{1c}S=K_1$。它的可靠度为

$$
R = \int_{-\infty}^{\infty} f(K_1)\left[\int_{K_1}^{\infty} f(K_{1c})\,\mathrm{d}K_{1c}\right]\mathrm{d}K_1
$$

当结构抗力 C 和载荷效应 S 均服从正态分布时，它们的概率密度函数分别为

$$
f(C)=\frac{1}{\sigma_c\sqrt{2\pi}}\exp\left[-\frac{1}{2}\left(\frac{c-\mu_c}{\sigma_c}\right)^2\right]
$$

$$
f(S)=\frac{1}{\sigma_s\sqrt{2\pi}}\exp\left[-\frac{1}{2}\left(\frac{s-\mu_s}{\sigma_s}\right)^2\right]
$$

式中 μ_c、μ_s 分别为结构抗力 C 和载荷效应 S 的数学期望（均值）；σ_c、σ_s 分别为结构抗力 C 和载荷效应 S 的标准差，它们都是根据样本数据 C_i、S_i 数理统计确定。

鉴于结构抗力 C 和载荷效应 S 均为正态分布，其干涉随机变量 $Y=C-S$ 也服从正态分布，相应的概率密度函数为

$$
f(Y)=\frac{1}{\sigma_y\sqrt{2\pi}}\exp\left[-\frac{1}{2}\left(\frac{y-\mu_y}{\sigma_y}\right)^2\right]
$$

按正态分布减法定理，式中 $\mu_y=\mu_c-\mu_s$，$\sigma_y=\sqrt{\sigma_c^2+\sigma_s^2}$。

当 $C>S$ 时，结构是可靠的，其可靠度为

$$
R=P(Y>0)=\int_0^{\infty}\frac{1}{\sigma_y\sqrt{2\pi}}\exp\left[-\frac{1}{2}\left(\frac{y-\mu_y}{\sigma_y}\right)^2\right]\mathrm{d}y
$$

令 $Z=\dfrac{y-\mu_y}{\sigma_y}$，则 $\mathrm{d}z=\dfrac{\mathrm{d}y}{\sigma_y}$，上式便转化为标准正态分布，其可靠度写成

$$
R = \int_{-\beta}^{\infty}\frac{1}{\sqrt{2\pi}}\exp\left[-\frac{z^2}{2}\right]\mathrm{d}z \tag{8-4-6}
$$

式中 β 称为联结系数，又称可靠指标，由分布参数确定。

$$
\beta=\frac{\mu_y}{\sigma_y}=\frac{\mu_c-\mu_s}{\sqrt{\sigma_c^2+\sigma_s^2}} \tag{8-4-7}
$$

式（8-4-7）称为联结方程，通过可靠指标 β 把结构抗力和载荷效应与可靠度 R 联系起来了，它成为构件可靠性设计的重要公式。

从式（8-4-6）看出，β 和 R 有一一对应关系，

可从正态分布表中查到，表 8-4-3 列出可靠指标 β 与可靠度 R 的对应关系。β 越大，可靠度 R 越高。当所设计构件的结构抗力和载荷效应已知时，即 μ_c、μ_s、σ_c、σ_s 等分布参数已确定，就可按式（8-4-7）求出可靠指标 β，然后查表 8-4-3，即可求得该设计的可靠度 R。最后把它与规定的目标可靠度（或称许用可靠度）比较，若大于或等于目标可靠度，则该设计可以接受，否则需调整设计参数，使之满足为止。目标可靠度 R 一般是根据结构的重要性、破坏性质和失效后果以优化方法确定。有些工程结构设计不直接用可靠度 R，而用直接反映结构可靠度的可靠指标 β。若作为目标值则称为目标可靠指标 β，它便成为结构可靠度设计的依据。在许多设计规范中都规定了各种结构具体条件下的这个指标。

表 8-4-3　可靠指标 β 与可靠度 R 的对应关系

β	1.0	1.5	2.0	2.5
R	0.8413	0.9332	0.9772	0.9938
β	3.0	3.5	4.0	4.5
R	0.9987	0.99977	0.999968	0.999997

（2）机械强度可靠性设计的一般程序

机械强度可靠性设计的一般过程，大致可分为以下三个阶段。

1）搜集结构随机变量的观测或试验资料，用数理统计方法进行统计分析，求出其分布规律，及相应的分布参数作为可靠度计算的依据。

与结构有关的随机变量很多，可归纳为外来作用（如载荷等）、材料性质和结构的几何尺寸三类，应分别求出其分布规律，确定其分布类型及其相应的分布参数。对于常见的正态分布类型，其分布参数有均值 μ，标准差 σ，变异系数 $v(=\sigma/\mu)$ 等。

2）用力学的方法计算结构的载荷效应，再通过试验与统计获得结构抗力，从而建立结构的失效标准。

载荷效应是指载荷作用下结构中的内力、应力、位移、变形等量值，它们可用力学方法求解。结构抗力是指结构抵抗破坏或变形的能力，如材料的屈服极限、强度极限，容许的变形和位移等，它们由试验或资料统计获得。然后根据载荷效应大于或等于结构抗力作为结构失效的标准，即以载荷效应分布和结构抗力分布发生干涉作为失效的判据。建筑等工程结构的设计目前用极限状态设计，其破坏标准用极限状态表示。

3）用概率理论计算满足结构失效标准下结构的可靠度。

图 8-4-4 给出了机械强度可靠性设计的一般程序框图。

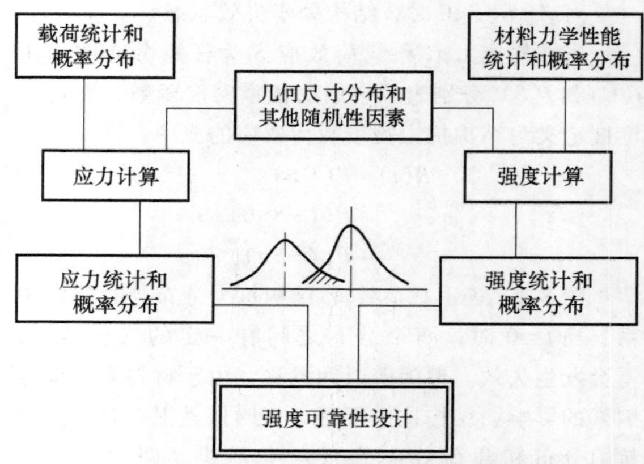

图 8-4-4　机械强度可靠性设计的一般程序框图

（3）建筑钢结构的极限状态设计法

这是可靠性设计法在我国建筑钢结构设计中的具体应用。根据 GB 50153《工程结构可靠性设计统一标准》的规定，建筑行业考虑了自身现实情况和特点建立了 GB 50068《建筑结构可靠度设计统一标准》、GB 50009《建筑结构荷载规范》和 GB 50017《钢结构设计规范》等国家标准。明确了工业与民用房屋和一般构筑物的钢结构设计，除疲劳强度计算外，采用以概率理论为基础的极限状态设计法，并用分项系数的设计表达式进行计算。

这种极限状态设计法是一种近似概率设计方法，又称一次二阶矩法。该方法是以可靠指标 β 作为结构可靠度的尺度，在计算 β 时，对非正态分布的随机变量只采用其分布特征值，即一阶原点矩（均值）和二阶中心矩（方差）；对非线性函数，用泰勒级数展开只取其线性项；对于设计要求达到的可靠指标 β，则采用校准法来确定，即通过对现有结构构件的可靠度分析，并考虑使用经验和经济因素等加以确定。

分项系数的设计表达式由式（8-4-7）演变而来，使之符合传统设计习惯。在分项系数中已考虑了目标可靠指标和随机变量变异等因素。

下面摘要介绍这几个国家标准中与焊接结构设计有关部分：

（1）主要规定

GB 50068《建筑结构可靠度设计统一标准》规定：结构可靠度采用以概率理论为基础的极限状态设计方法分析确定。结构的极限状态是指结构或构件能满足设计规定的某一功能要求的临界状态，超过这一状态结构或构件便不再满足设计要求；计算结构可靠度，对一般的工业与民用建筑物规定的设计使用年限为50年，根据结构破坏可能产生的后果划分3个安全等级，见表8-4-4。

表8-4-4　建筑结构的安全等级

安全等级	破坏后果	建筑物类型
一级	很严重	重要的工业与民用建筑物
二级	严重	一般的工业与民用建筑物
三级	不严重	次要的建筑物

对承重的结构要按承载能力极限状态和正常使用极限状态设计。

承载能力极限状态是结构或构件达到最大承载能力或达到不适于继续承载的变形时的极限状态。当结构或构件出现下列状态之一时，即认为超过了承载能力极限状态。

1）整个结构或结构的一部分作为刚体失去平衡（如滑移或倾覆等）。

2）结构构件或连接因其应力超过材料强度而破坏（包括疲劳破坏），或因过度的塑性变形而不适于继续承载。

3）结构转变为机动体系而丧失承载能力。

4）结构或构件因达到临界载荷而丧失稳定（如压曲等）。

正常使用极限状态是指结构或构件达到使用功能上允许的某一限值的极限状态。当结构或构件出现下列状态之一时，即认为超过了正常使用极限状态。

1）影响正常使用或外观的变形。

2）影响正常使用的局部损坏。

3）影响正常使用的振动。

4）影响正常使用的其他特定状态。

结构设计时，通常是按承载能力极限状态设计，以保证其安全性，再按正常使用极限状态进行校核，以保证其适用性。

为了应用简便并符合人们长期以来的设计习惯，规定设计表达式应根据各种极限状态的设计要求，采用有关的载荷代表值、材料性能标准值、几何参数标准值以及各种分项系数来表达。这些分项系数应根据结构功能函数的基本变量的统计参数和概率分布类型以及按表8-4-5中规定结构构件的可靠指标β，通过计算分析并考虑工程经验确定。

表8-4-5　建筑结构构件极限状态设计时采用的可靠指标β

破坏类型	安全等级		
	一级	二级	三级
延性破坏	3.7	3.2	2.7
脆性破坏	4.2	3.7	3.2

经校准分析，钢结构的各种构件，β值为3.2左右，属于延性破坏，安全等级为二级。

（2）钢结构设计表达式

根据建筑结构上述三个国家标准，确定了下面钢结构构件或连接按不同极限状态设计的表达式。

1）承载能力极限状态设计表达式。

按承载能力极限状态设计时，应考虑载荷效应的基本组合（可变载荷为主的组合和永久载荷为主的组合），必要时尚应考虑载荷效应的偶然组合。

① 基本组合。

载荷效应的基本组合按下列设计表达式中的最不利值确定。

由可变载荷效应控制的组合。

$$\gamma_0\left(\gamma_G\sigma_{Gk}+\gamma_{Q1}\sigma_{Q1k}+\sum_{i=2}^{n}\gamma_{Qi}\Psi_{Ci}\sigma_{Qik}\right)\leqslant f \tag{8-4-8}$$

式中　γ_0——结构重要性系数，对安全等级为一级或设计使用年限为100年及100年以上的结构件取1.1；对安全等级为二级或设计使用年限为50年的结构件取1.0；对安全等级为三级或设计使用年限为5年的结构件取0.90；对设计使用年限为25年的结构件取0.95；

γ_G、γ_{Q1}、γ_{Qi}——永久载荷、第一个可变载荷和其他第i个可变载荷的分项系数（见表8-4-6）；

σ_{Gk}——按永久载荷标准值在结构构件截面或连接中产生的应力；

σ_{Q1k}——起控制作用的第一个可变载荷标准值在结构构件截面或连接中产生的应力，该值使计算结果为最大；

σ_{Qik}——其他第i个可变载荷标准值在结构构件截面或连接中产生的应力；

Ψ_{Ci}——第i个可变载荷Q_i的组合值系数（见表8-4-6）；

n——参与组合的可变载荷数；

f——钢材或连接的强度设计值，它是钢材屈服强度f_y（即σ_s或$\sigma_{0.2}$）除以抗力分项系数γ_R的商。对Q235钢和Q355钢，γ_R取1.087，Q390钢取1.111。各种钢材和连接的强度设计值见表8-4-10～表8-4-13。

表 8-4-6　与载荷有关的系数

载荷类型	载荷分项系数 γ_G 和 γ_Q			组合值系数 ψ_{Ci}			
				屋面雪载荷	屋面积灰载荷	起重机载荷	风载荷
永久载荷	对结构不利时	可变载荷效应控制组合	1.20	—	—	—	—
		永久载荷效应控制组合	1.35				
	对结构有利时		1.0				
可变载荷	倾覆滑移或漂浮验算		0.9	0.70	0.90	0.7(0.95)①	0.6
	一般情况		1.4				
	工业房屋楼面 $Q_k>4\mathrm{N}\cdot\mathrm{m}^{-2}$		1.3				

① 括号内 0.95 用于硬钩起重机和 A8 级软钢起重机。

由永久载荷效应控制的组合

$$\gamma_0\left(\gamma_G\sigma_{Gk}+\sum_{i=1}^{n}\gamma_{Qi}\psi_{Ci}\sigma_{Qik}\right)\leqslant f \qquad (8\text{-}4\text{-}9)$$

对于一般排架、框架结构，可采用简化式计算。

由可变载荷效应控制的组合

$$\gamma_0\left(\gamma_G\sigma_{Gk}+\psi\sum_{i=1}^{n}\gamma_{Qi}\sigma_{Qik}\right)\leqslant f \qquad (8\text{-}4\text{-}10)$$

式中　ψ——简化式中采用的载荷组合值系数，一般情况下取 0.9；当只有一个可变载荷时，取 1.0。

由永久载荷效应控制的组合，仍按式（8-4-9）进行计算。

② 偶然组合。

对于偶然组合，极限状态设计表达式宜按下列原则确定：偶然的代表值不乘以分项系数；与偶然组合同时出现的可变载荷，应根据观测资料和工程经验采用适当的代表值；具体的设计表达式及各种系数，应符合专门规范的规定。

2）正常使用极限状态表达式。

按 GB 50068《建筑结构可靠度设计统一标准》规定要求，分别采用载荷的标准组合、频遇组合和准永久组合进行设计，并使变形等设计值不超过相应规定的限值。

钢结构设计主要是控制变形和挠度，只考虑载荷的标准组合，其表达式为

$$v_{GK}+v_{Q1K}+\sum_{i=2}^{n}\psi_{Ci}v_{QiK}\leqslant[v] \qquad (8\text{-}4\text{-}11)$$

式中　v_{GK}——永久载荷标准值在结构或构件中产生的变形值；

v_{Q1K}——第一个可变载荷的标准值在结构或构件中产生的变形值（该值大于其他任意第 i 个可变载荷标准值产生的变形值）；

v_{QiK}——第 i 个可变载荷标准值在结构或构件中产生的变形值；

$[v]$——结构或构件的容许变形值，具体规定见表 8-4-15 和表 8-4-16。

4.1.5　许用应力、安全系数和强度设计值

1. 母材的许用应力和安全系数

在传统的强度设计中，为了构件能安全可靠地工作，不致发生断裂，必须使构件的实际工作应力小于或等于其许用应力。许用应力是构件工作时允许的最大应力值。在静载条件下，焊接结构中母材的许用应力是根据材料的极限强度除以安全系数确定。即

$$[\sigma]=\frac{\sigma_c}{n_c}$$

式中　$[\sigma]$——许用应力；

σ_c——材料的极限强度（对于塑性材料为屈服强度，对于脆性材料为抗拉强度）；

n_c——安全系数。

确定安全系数须考虑以下因素：

1）载荷的性质以及它的确定性。如载荷是否恒定，在工作过程中是否有超载或冲击等情况。

2）材料的质量。材料是否均质，其强度的分散性如何。

3）构件的重要性。看发生破坏可能造成伤亡事故、设备事故或停工损失的严重程度。

4）环境条件对强度的影响。如低温、腐蚀、磨损等。

5）应力分析与计算的精确程度。

6）制造工艺质量对结构强度的影响。

我国在锅炉压力容器、起重机、动力机械、船舶等工业部门的设计规范或规程中都明确规定有在本行业范围内金属结构设计用的安全系数或由其确定的许用应力，设计时可直接按规定选用。例如，钢制压力容器设计用的母材安全系数按 GB 150 的规定选用；起重机金属结构设计用的母材安全系数和许用应力按 GB/T 3811 的规定选用。如果设计某金属构件时，没有相应的设计规范或规程可遵循，则安全系数的取值范围可参考表 8-4-7。

表 8-4-7　机械设计中安全系数取值范围

序号	适用场合	安全系数
1	可靠性很高的材料，如中低强度高韧性结构钢，强度分散性小，载荷恒定，设计时以减轻结构质量为主要出发点时	1.25～1.5
2	常用的塑性材料，在稳定的环境和载荷下工作的构件	1.5～2.0
3	一般质量的材料，在通常的环境和能够确定的载荷下工作的构件	2.0～2.5
4	较少经过试验的材料或脆性材料，在通常的环境和载荷下工作的构件	2.5～3.5
5	未经试验，因而其强度不确定的材料以及环境和载荷不确定情况下的构件	3～4

2. 焊缝的许用应力

对焊接结构中的焊缝强度计算，使用的是焊缝许用应力。焊缝许用应力的确定与焊接方法、焊接材料和焊接检验的精确程度有关。

用电弧焊接普通的结构钢时，通常要求选用与母材具有相同强度等级的焊接材料进行焊接。因此，确定焊缝许用应力方法之一是按母材的许用应力乘以一个系数，该系数根据影响焊缝质量和可靠程度而取不同的值。其取值范围≤1。对于熔透的对接焊缝，经质量检验符合设计要求时，系数可取 1。这意味着焊缝的许用应力与母材相同，该焊缝可以不进行强度验算。

一般机器焊接构件的焊缝许用应力可按表 8-4-8 中选用。

表 8-4-8　一般机器焊接构件的焊缝许用应力

焊缝种类	应力状态	焊缝许用应力	
		用 E43 及 E50 系列焊条的焊条电弧焊	用低氢型焊条的焊条电弧焊、自动或半自动埋弧焊或气体保护焊
对接焊缝	拉应力	0.9[σ]	[σ]
	压应力	[σ]	[σ]
	切应力	0.6[σ]	0.65[σ]
角焊缝	切应力	0.6[σ]	0.65[σ]

注：1. 本表适用于低碳钢及低合金高强度结构钢的焊接结构。
2. [σ] 是母材的许用应力。

我国有些行业的主管部门为了方便和技术上的统一，根据本行业的产品特点、工作条件、所用材料、工艺过程和质量检验方法等，制定出适用于本行业产品设计用的焊缝许用应力值。例如，起重机行业按 GB/T 3811《起重机设计规范》的规定，静载下金属结构焊缝的许用应力应按表 8-4-9 选取；焊接压力容器在受压元件强度计算的公式中是采用焊接接头系数去反映焊缝强度与母材强度的不一致性，以及焊缝形式对受压元件强度的影响。由于钢制焊接压力容器是按等强度原则选择焊接材料的，生产时还要通过焊接工艺评定证实焊缝强度不低于母材强度的下限值，所以焊接接头系数实际上只与焊缝形式及焊缝无损检验的百分率有关。设计时可按表 8-4-10 选取。

3. 强度设计值和变形允许值

在 GB 50017《钢结构设计规范》中规定，工业与民用房屋和一般构筑物的钢结构设计，除疲劳强度计算外，应采用以概率理论为基础的极限状态设计方法，并用分项系数的设计表达式进行计算。按承载能

表 8-4-9　起重机金属结构焊缝许用应力（摘自 GB/T 3811—2008）

焊缝种类	应力种类	用普通方法检查的焊条电弧焊	自动焊或用精确方法检查的焊条电弧焊
对接焊缝	拉应力、压应力	0.8[σ]	[σ]
对接或角接焊缝	切应力	$0.8[\sigma]/\sqrt{2}$	$[\sigma]/\sqrt{2}$

注：[σ]—母材的许用应力。

表 8-4-10　压力容器焊接接头系数 φ（摘自 GB 150.1—2011）

焊缝形式	无损检测要求		
	全部	局部	不检测
双面焊或相当于双面焊的全熔透对接焊缝	1.0	0.85	—
单面焊的对接焊缝，沿焊缝根部全长具有紧贴基本金属的垫板	0.9	0.8	—

注：此表的系数仅适用于厚度不超过 16mm，直径不超过 600mm 的壳体环向焊缝。

力极限状态设计时其表达式是为了保证所设计的构件能满足预期的可靠度要求，必须使载荷引起在构件截面或连接中的应力效应小于或等于其强度设计值，见式（8-4-8）。

式中的强度设计值f是由钢材的屈服强度f_y除以抗力分项系数γ_R确定。该规范已给出了钢材（指母材）的强度设计值和焊缝的强度设计值，见表8-4-11～表8-4-13。同时，还给出了电阻点焊抗剪承载力设计值，见表8-4-14。

表8-4-11　钢材强度设计值　（单位：MPa）

钢材		抗拉强度、抗压强度和抗弯强度	抗剪强度	端面承压(刨平顶紧)强度
牌号	厚度或直径/mm			
Q235	≤16	215	125(120)	325
	>16～40	205	120	
	>40～60	200	115	
	>60～100	190	110	
Q355	≤16	310(300)	180(175)	400
	>16～35	295	170	
	>35～50	265	155	
	>50～100	250	145	
Q390	≤16	350	205	415
	>16～35	335	190	
	>35～50	315	180	
	>50～100	295	170	
Q420	≤16	380	220	440
	>16～35	360	210	
	>35～50	340	195	
	>50～100	325	185	

注：1. 表中厚度是指计算点的钢材厚度，对轴心受力构件是指截面中较厚板件的厚度。

2. 括号内数值适用于薄壁型钢。

表8-4-12　铸钢件的强度设计值　（单位：MPa）

钢号	抗拉强度、抗压强度和抗弯强度	抗剪强度	端面承压(刨平顶紧)强度
ZG200-400	155	90	260
ZG230-450	180	105	290
ZG270-500	210	120	325
ZG310-570	240	140	370

表8-4-13　焊缝强度设计值　（单位：MPa）

焊接方法与焊条型号	构件钢材		对接焊缝				角焊缝
	牌号	厚度或直径/mm	抗压强度	焊缝质量为下列等级时，抗拉强度		抗剪强度	抗拉强度、抗压强度和抗剪强度
				一级、二级	三级		
自动、半自动埋弧焊、气体保护焊和E43型焊条电弧焊	Q235	≤16	215(205)	215(205)	185(175)	125(120)	160
		>16～40	205	205	175	120	
		>40～60	200	200	170	115	
		>60～100	190	190	160	110	
自动、半自动埋弧焊或气体保护焊和E50型焊条电弧焊	Q355	≤16	310(300)	310(300)	265(255)	180(175)	200
		>16～35	295	295	250	170	
		>35～50	265	265	225	155	
		>50～100	250	250	210	145	
自动、半自动埋弧焊或气体保护焊和E55型焊条电弧焊	Q390	≤16	350	350	300	205	220
		>16～35	335	335	285	190	
		>35～50	315	315	270	180	
		>50～100	295	295	250	170	

（续）

焊接方法与焊条型号	构件钢材		对接焊缝				角焊缝
	牌号	厚度或直径 /mm	抗压强度	焊缝质量为下列等级时,抗拉强度		抗剪强度	抗拉强度、抗压强度和抗剪强度
				一级、二级	三级		
自动、半自动埋弧焊或气体保护焊和 E55 型焊条电弧焊	Q420	≤16	380	380	320	220	220
		>16~35	360	360	305	210	
		>35~50	340	340	290	195	
		>50~100	325	325	275	185	

注：1. 自动和半自动埋弧焊或气体保护焊采用的焊丝和焊剂，应保证其熔敷金属抗拉强度不低于相应于焊条电弧焊焊条的数值。

2. 焊缝质量等级应符合 GB 50205—2001《钢结构工程施工质量验收规范》的规定。

表 8-4-14　电阻点焊的抗剪承载力设计值

相焊板件中外层较薄板件的厚度 t/mm	每个熔核的抗剪承载力设计值 N_V^S/kN	相焊板件中外层较薄板件的厚度 t/mm	每个熔核的抗剪承载力设计值 N_V^S/kN
0.4	0.6	2.0	5.9
0.6	1.1	2.5	8.0
0.8	1.7	3.0	10.2
1.0	2.3	3.5	12.6
1.5	4.0	—	—

此外，《钢结构设计规范》也给出了按正常使用极限状态设计时应控制的变形值，见表 8-4-15 和表 8-4-16。

表 8-4-15　受弯构件挠度允许值

项次	构件类别	挠度允许值	
		[v_T]	[v_Q]
1	吊车梁和吊车桁架(按自重和起重量最大的一台起重机计算挠度)	—	—
	1)手动吊车和单梁起重机(含悬挂起重机)	l/500	—
	2)轻级工作制桥式起重机	l/800	—
	3)中级工作制桥式起重机	l/1000	—
	4)重级工作制桥式起重机	l/1200	—
2	手动或电动葫芦的轨道梁	l/400	—
3	有重轨(质量等于或大于 38kg · m^{-1})轨道的工作平台梁	l/600	—
	有轻轨(质量等于或大于 24kg · m^{-1})轨道的工作平台梁	l/400	—
4	楼(屋)盖梁或桁架、工作平台梁(第 3 项除外)和平台板	—	—
	1)主梁或桁架(包括设有悬挂起重设备的梁和桁架)	l/400	l/500
	2)抹灰顶棚的次梁	l/250	l/350
	3)除 1)、2)款外的其他梁(包括楼梯梁)	l/250	l/300
	4)屋盖檀条	—	—
	支承无积灰的瓦楞铁和石棉瓦屋面者	l/150	—
	支承压型金属板、有积灰的瓦楞铁和石棉瓦等屋面者	l/200	—
	支承其他屋面材料者	l/200	—
	5)平板台	l/150	—
5	墙架构件	—	—
	1)支柱	—	l/400
	2)抗风桁架(作为连续支柱的支承时)	—	l/1000
	3)砌体墙的横梁(水平方向)	—	l/300
	4)支承压型金属板、瓦楞铁和石棉瓦墙面的横梁(水平方向)	—	l/200
	5)带有玻璃窗的横梁(竖直和水平方向)	l/200	l/200

注：1. l 为受弯构件的跨度（对悬臂梁和伸臂梁为悬伸长度的 2 倍）。

2. [v_T] 为全部载荷标准值产生的挠度（如有起拱应减去拱度）的允许值。

[v_Q] 为可变载荷标准值产生的挠度的允许值。

表 8-4-16 柱水平位移的计算允许值

项次	位移(挠度)的种类	按平面结构图形计算	按空间结构图形计算
1	厂房柱的横向位移(A7、A8)	$H_c/1250$	$H_c/2000$
2	露天栈桥柱的横向位移(A4~A8)	$H_c/2500$	—
3	厂房(A6)露天栈桥柱的纵向位移(A4~A8)	$H_c/4000$	—
4	吊车梁或其制动结构水平挠度(A7、A8)	$l/2200$	—

注：1. H_c为基础顶面至起重机梁或起重机桁架顶面的高度。

2. 计算厂房或露天栈桥柱的纵向位移时，可假定起重机的纵向水平制动力分配在温区段内所有柱间支撑或纵向框架上。

3. 在设有 A8 起重机的厂房中，厂房柱的水平位移允许值应减小 10%。

4. 以上均取一台最大起重机水平载荷（按建筑结构载荷规范取值）所产生的位移或挠度。

4.2 焊接结构设计基础

焊接结构设计的理论基础是工程力学，如材料力学、结构力学、弹性或弹塑性力学和断裂力学等。我们的任务是运用这些基础理论结合焊接结构和工艺的特点，去解决受力构件设计中的选材、选形和连接等技术问题。

4.2.1 材料的选择

选材是焊接结构设计的一个重要内容，选材不当是造成结构破坏的原因之一。选材包括母材和焊接材料的选择。

选择母材的基本原则应当是根据产品的设计要求，综合考虑材料的工作性能、加工性能和经济性，使所选材料来源容易，结构质量小，易于制造和服役期内安全可靠。具体选择时考虑以下几点。

（1）材料的工作性能

工作性能是指材料能承受各种工作载荷的性能和适应各种工作环境的性能。

1）注意载荷条件。首先应按承载条件选材。若承受静载的结构，应主要以满足强度要求来选取。承受交变载荷的结构，若属于高应力低循环周次的低周疲劳，在保证一定强度条件下，着重考虑材料的塑性和韧性；若属于低应力高循环周次的高周疲劳，这时强度对疲劳抗力起主导作用，应选用强度较高的材料。承受冲击载荷的结构，所选材料应具有足够的延性和韧性。按刚度条件设计的结构，其工作应力一般都比较小，但其壁厚较大，这时，所选材料不应是高强度材料，而应当是塑性和韧性好的一般强度材料。

焊接结构多用轧制板材，通常具有方向性。如果在厚度方向受到拉伸载荷，应选择层状夹杂少、厚度方向塑性好的材料，以防止产生层状撕裂。

2）注意环境条件。环境条件是指结构的工作环境，如工作温度、介质和辐照等。

工作温度对材料性能影响很大，它的变化会引起材料组织和性能的变化。因此，对在高温工作的结构应选用具有足够的高温强度、良好的抗氧化性和组织稳定性的耐热材料。对高温刚度要求严格的宜选用蠕变强度高的材料；对高温强度要求高时，要选用持久强度好的材料。工作温度范围在−296~−20℃之间的结构通常属于低温工作结构，所选材料应具有低温工作性能，其中主要是低温韧度和延性。材料的脆性转变温度应低于工作温度。

焊接结构的工作介质种类很多，受介质的影响也很复杂。气体介质有工业环境大气、水蒸气、海洋湿气、石油气、天然气、氨气、氢气、氧气、氮气、氯气等；液体介质如海水、酸或碱及其水溶液，各种化学溶液等；固体介质有硫化物、氯化物、溴化物等化学产品，这些介质对结构材料有不同性质和不同程度的腐蚀作用。如均匀腐蚀、点蚀、缝隙腐蚀、电偶腐蚀、晶间腐蚀、应力腐蚀、气蚀等，这些腐蚀会影响结构的使用寿命，有些能导致脆性断裂和容器的泄漏等。因此，必须针对不同介质及其腐蚀特性选择能抵抗其腐蚀作用的材料。通常耐腐蚀的金属材料价格较高，为了节省材料，可以采用复合材料，这种材料只有工作表面耐蚀，其基体为保证强度的便宜金属；或者选用一般钢材，只在工作表面上堆焊或喷涂耐蚀层。

在核辐照环境中工作的焊接结构，由于中子辐照的作用，会导致材料变脆，其屈服强度提高，延性下降，脆性转变温度升高，韧性降低，缺口敏感性增加等，在高温下还会出现辐照蠕变脆性。对此，应选用耐辐照的金属材料。

（2）材料的加工性能

所选用的材料必须能进行加工，而且不会因加工而改变所需的性能。焊接结构用的金属材料必须具有良好的焊接性，其次是焊前备料过程的各种冷、热加工性能和焊后热处理性能。

1）金属的焊接性是指所选材料对焊接加工的适应性，它包含工艺焊接性和使用焊接性。前者要求所选材料必须焊接性较好，焊时不易产生焊接缺陷，尤其不能产生焊接裂纹。后者要求所选材料焊后其焊接接头或整个焊接结构能满足使用性能，如强度、韧度、抗疲劳、耐蚀或耐磨等要求。因此，对焊后不再热处理的结构，应选择那些在焊接热的作用下，其焊缝金属和热影响区不会引起不利于使用性能变化的金属材料。

评估金属材料焊接性能有各种方法，常用的碳素钢是以含碳量作为评价指标，低合金钢常以其碳当量或裂纹敏感性指数等为其评价指标。对于从来没有焊接过的新金属材料，选用前应做焊接性试验。试验结果不符合设计要求的不能选用。

2）冷、热加工性能。在焊前的备料过程中常对母材进行如矫平、调直、剪切、冲孔、铣、刨等冷机械加工，冷或热的冲压与弯曲成形，以及热切割加工等。选材时一定要注意对这些冷、热加工的适应性。有些材料如低强度结构钢经冷加工后呈现严重应变时效脆性倾向，应引起注意。

3）热处理性能。焊接结构制造过程中，若需要进行消除应力热处理或最终恢复性能的热处理时，则需注意热处理过程中的加热温度、保温时间、升温速度和冷却速度等工艺参数对材料性能的影响。焊后需热处理的金属结构宜选用具有较低回火脆性倾向和较低再热裂纹敏感性的金属材料。

（3）经济性

在满足结构工作性能和加工性能的前提下，尽量选用来源容易、价格便宜的金属材料。但要注意，强度等级较低的钢材，其价格一般都较低，其焊接性能也较好，可是当在重载情况下使用，会导致结构尺寸加大、耗材增多，其综合成本未必下降；而且大尺寸的结构，其工艺性和抗脆性断裂性变差。而强度等级较高的钢材，虽然价格较高，焊接难度较大，但可省材料，减小产品尺寸和质量，其综合成本未必上升。

4.2.2　结构形状的选定与设计

当结构材料选定之后，即需解决受力构件的选形问题。选形问题实质上就是选定或设计同时能满足强度、刚度和稳定性要求的结构形状和尺寸。

结构形状的选定和设计的过程，就是解决在外力作用下如何使所选材料的性能得到最有效利用的过程。设计的基本原则是满足结构使用性能的前提下其制造成本最低。而决定制造成本的两个因素是：用材量多少和是否易于制造。

结构几何形状和尺寸的确定与承载条件密切相关，在静载条件下和在动载条件下的结构设计有区别，因为两者的力学行为不完全相同。

1. 静载条件下的结构设计

在静载条件下决定构件强度、刚度和稳定性的因素，一是构件的材料性能，如抗拉强度或屈服强度，抗弯和抗剪弹性模量；二是构件的截面性能，如构件的截面面积、惯性矩、惯性半径和截面弹性模量等。若材料已选定，提高构件的强度和刚度的措施就是设计出能获得最佳截面性能的截面形状和尺寸。焊接结构的最大特点是设计的自由度大，受制造工艺的限制较少，基本上可以按最合理的受力情况进行构造设计。这样的设计可能有各种不同的方案，我们可以从技术和经济两方面优选出最佳的设计方案。

（1）保证静载强度的结构设计

结构设计的静载强度条件是

$$\sigma_{\max} \leqslant [\sigma] \text{或} \tau_{\max} \leqslant [\tau]$$

此表达式说明，作用于构件横截面上危险点的最大应力——正应力、切应力或相当应力不应超过许用应力，否则不能满足强度要求。显然，降低危险点最大应力的一切措施，对提高构件的强度都是有效的。以简单受力构件为例，其横截面上的最大应力可按表 8-4-17 所列的基本公式计算。从表中公式可以看出，减小载荷（P、V、M、M_t）或增大构件的截面性能（A、W_b、I_x、W_t、I_t）都可以降低应力，即能提高其强度。当载荷给定，即可通过结构设计提高这些截面性能来达到提高其强度的目的。值得注意的是，决定受弯和受扭构件强度的截面性能是 W_b、I_x、W_t和 I_t，而和构件的截面积 A 无直接关系。这说明截面的几何形状和尺寸对结构抗弯和抗扭的能力有很大的影响，而横截面积 A 仅反映材料的消耗或结构的质量。因此，最合理的设计应当是用最少的截面积（即材料消耗）来达到最大的抗弯和抗扭的截面性能。表 8-4-18列举了截面积相同而截面形状各异的抗弯和抗扭截面的性能比较，从这些资料中就可以根据实际需要来选择最佳的截面形状。

1）受拉或受剪构件。受拉或受剪的构件设计最为简单，只需增加其工作面积即可提高其静载强度，而与其截面形状无关。面积足够就可以按其他要求来选择截面形状。无其他要求时，可以选用结构较为紧凑的截面形状，如图 8-4-5 所示。设计拉杆时要注意，沿其长度拉力不变或变化不大时，宜设计成等截面直杆，以便于制造。只有当拉力沿长度变化较大时按等强度设计才是经济的。这时注意使截面变化处应有圆滑过渡，以减小应力集中。此外，要设法使拉力通过拉杆的轴心，若偏心受拉，将会产生附加弯矩，需按拉弯构件进行强度计算；设计受剪构件时，应使方向相反的两切力垂直距离尽可能的小，以减小因此而产生的弯矩。

表 8-4-17　构件静载强度计算的基本公式

载荷类型	计算公式	备　注
拉伸或压缩	$\sigma_{\max}=\dfrac{P}{A_{\min}}$	$\sigma_{\max}$—最大正应力(MPa) $\tau_{\max}$—最大切应力(MPa) P—轴向力(N) V—剪切力(N) M—弯矩(N · m) M_t—扭矩(N · m) $A_{\min}$—受力构件最小横截面积(mm^2) W_b—抗弯截面模量(mm^3) $S_{\max}$—中性轴(X)以上或以下面积对该轴的静距(mm^3) I_x—截面对中性轴(X)的惯性矩(mm^4) b—矩形截面宽度(mm) W_t—抗扭截面模量(mm^3) $t_{\max}$—非圆截面的厚度(mm) I_t—非圆截面抗扭惯性矩(mm^4)
剪切	$\tau_{\max}=\dfrac{V}{A_{\min}}$	
弯曲 (矩形截面)	$\sigma_{\max}=\dfrac{M}{W_b}$ $\tau_{\max}=\dfrac{QS_{\max}}{I_x b}$	
扭转	圆截面： $\tau_{\max}=\dfrac{M_t}{W_t}$	
	非圆截面： $\tau_{\max}=\dfrac{M_t t_{\max}}{I_t}$	

表 8-4-18　各种截面形状的惯性矩比较（各面积约 10000mm^2）

序号	截面形状	抗弯惯性矩 I_b/cm^4	抗弯惯性矩 相对值	抗扭惯性矩 I_t/cm^4	抗扭惯性矩 相对值
1	 $\phi113$	800	1	1600	1
2	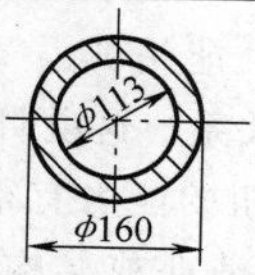 $\phi113$　$\phi160$	2420	3.03	4833	3.02
3	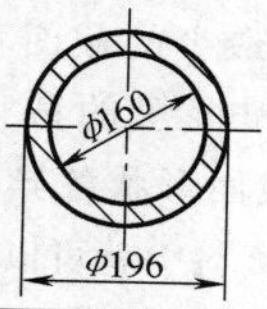 $\phi160$　$\phi196$	4030	5.04	8074	5.05
4	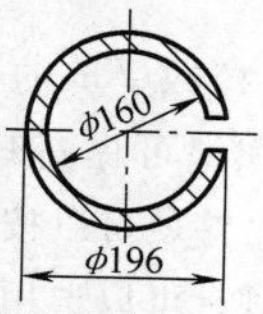 $\phi160$　$\phi196$	—	—	108	0.07
5	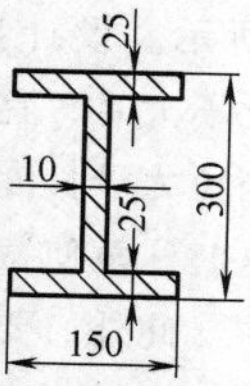 25　10　25　300　150	15520	19.4	143	0.09
6	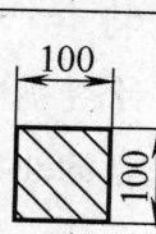 100　100	834	1.04	1400	0.88

（续）

序号	截面形状	抗弯惯性矩 I_b/cm^4	抗弯惯性矩相对值	抗扭惯性矩 I_t/cm^4	抗扭惯性矩相对值
7	200 50	3333	4.17	703	0.44
8	100 100 148 148	3164.9	3.96	4576	2.86
9	148 148 184 184	5554	6.94	8234	5.15
10	50 200 235 85	5860	7.32	2647	1.65

图 8-4-5 轴向受力构件常用截面形式

2）受压构件。受压构件的强度设计方法决定于它的长细比，对短而粗的受压构件，其强度设计与受拉构件完全相同，强度不足增加其截面积即可。当偏心受压时需按压弯构件进行强度计算。对于细而长的受压构件（常称为压杆），应考虑可能有压杆稳定问题，需进行稳定性的计算。其截面性能不仅要求有足够的面积，还要有最小的惯性半径（又称回转半径），其截面形状和尺寸对压杆稳定性影响较大。

3）受弯构件。受弯的构件常称为梁，梁的设计需同时解决强度、刚度和稳定性等问题，它们之间相互制约。受横向载荷的梁，其强度问题必须同时满足正应力强度条件和切应力强度条件。但是，长的梁往往弯矩 M 很大，这时主要考虑正应力强度条件，切应力强度条件只作校核或忽略。当梁很短时，梁内弯矩不很大，而剪切力 V 比较大，这时就不能忽略切应力强度条件了。横向弯曲时，梁横截面上除距中性轴最远的点外，其余各点上均为复杂应力状态（薄壁梁除外），对这些点的强度计算时，必须计算其主应力，然后按相应的强度理论进行计算。

考虑正应力强度条件时，决定强度的截面性能是抗弯截面模量 W_b 或抗弯惯性矩 I_b，可以参照表 8-4-17的资料进行选择或设计所需的截面结构。从该表中看出，面积相同的矩形截面梁和正方形截面梁相比，只要矩形截面梁竖放（高大于宽），则矩形截面梁的强度比方形截面梁高。面积相同的矩形截面梁，其高度越大越经济。但过高的梁须防止弯曲时可能发生侧向失稳问题。

从经济方面考虑，在满足强度的前提下，横截面积 A 越小越好。在梁高相同的情况下，圆形截面梁不及矩形截面梁经济；矩形截面梁又不及工字型钢或槽钢经济，主要原因是前者材料没能充分利用。图 8-4-6a为矩形截面梁横截面上应力的分布规律，远离中性轴处正应力最大。该处应该配置最多的材料。中性轴处正应力为零，切应力最大，但它的值一般很小，可以少配置材料。说明矩形截面梁中性轴处的材料没能发挥作用。工字型截面梁是把较多的材料配置在翼缘上，如图 8-4-6b 所示，去承受最大的正应力，再用较少的材料配置在腹板上，承受数值不大的切应力，这样材料都得到了充分的利用。所以经济合理的梁，其截面结构设计应尽可能把材料远离中性轴配置。

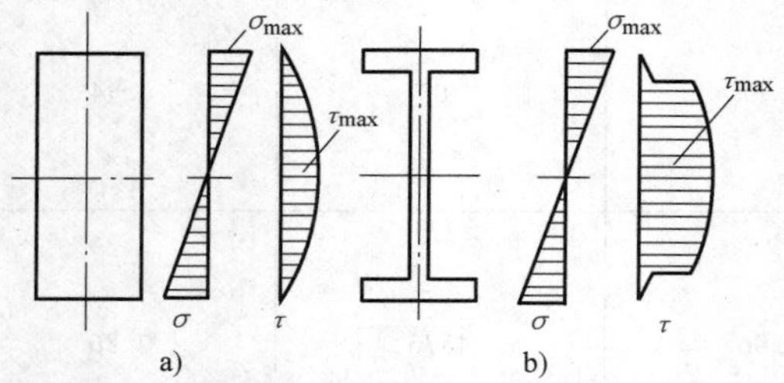

图 8-4-6　矩形和工字形截面梁横截面上应力分布

为便于制造，受弯的焊接构件应尽可能设计成直梁，短梁宜设计成等截面梁；当跨度较大时，为了节省材料和减小质量可设计成等强度梁，即变截面梁；当材料的拉和压许用应力相同时，选用双轴对称且其形心在梁中央的横截面形状最为合理，如矩形、箱形、十字形和工字形截面等。其次是单轴对称的，如T形、槽形和Ⅱ形截面等。尽量避免非对称的截面形状。无论采用哪一种截面的梁，设计时都要设法使横向力的合力通过梁截面的弯曲中心，否则该梁除发生弯曲以外，还会发生扭转。对这种弯扭组合梁的强度，就必须作更多更复杂的计算。梁截面弯曲中心的位置一般是：具有两个对称轴或反对称轴（如Z字形）的截面，其弯曲中心与形心重合：只有一个对称轴的截面，其弯曲中心在对称轴上。双轴均不对称截面的弯曲中心需按实际截面的形状和尺寸通过计算才能确定。

4）受扭构件。受扭构件的强度计算比较复杂，因为截面上的切应力分布受截面形状影响很大，往往需具体结构具体分析。构件截面的外形可归纳为圆形截面和非圆形截面两类，这两类截面的构件具有不同的变形特性，故其应力计算公式不同（见表 8-4-17），而且后者是近似的。从表 8-4-18 看出，外形相同的杆件，实心的和空心的截面其抗扭截面性能不同；空心截面的杆件，其截面封闭与否，其抗扭截面性能差别很大，表中序号 3 和序号 4 同为圆管状截面，后者因不封闭（常称为开式截面），它的抗扭惯性矩还不到闭式的 1.4%。显然，受扭构件截面的设计应优先采用空心闭式结构。在开式截面杆件中，切应力的大小，不仅与截面形状有关，而且与壁厚有关。如果是薄壁杆件，还和杆端的拘束程度有关。

受扭的圆轴，最大切应力位于轴表面，其大小与轴直径的三次方成反比。只需增大轴的直径即能提高其强度。由于轴心的切应力为零，说明若用实心轴，则材料没有被充分利用。因此，对大型的圆轴经济合理的设计应当是用空心轴，即把材料远离形心配置。或者说，用同样数量的材料设计成空心截面轴，其抗扭截面模量可以增加，从而可以提高轴的承载能力。分析比较还表明，同是空心截面的圆管与正方形管比较，在同长、同质、同厚度和同面积的情况下，受同样的扭矩作用时，圆管的应力比正方管小 21.5%。说明受扭构件宜设计成圆形。

5）复杂受力构件。复杂受力的构件一般产生组合变形。其横截面上最多有六个内力，即 N_x、Q_x、Q_y、M_x、M_y和 M_t等，它们分别对应于轴向拉伸或压缩（N_x）、剪切（Q_x和 Q_y）、弯曲（M_x和 M_y）和扭转（M_t）等四种基本变形。当构件同时有两种以上基本变形时，在材料服从胡克定律和小变形条件下，可以根据力的独立作用原理，分别对各种基本变形进行计算，然后叠加，即可得到组合变形时的应力。对于简单应力状态的组合变形，如斜弯曲、拉伸或压缩与弯曲的组合、偏心拉伸或压缩等，可以直接进行强度验算。对于复杂应力状态的组合变形，如弯曲与扭转的组合，则应按相应的强度理论进行强度计算。强度不足时，同样应从提高构件的截面性能入手，改变截面的形状或尺寸。组合变形中，若弯曲变形是主要的，则主要提高其抗弯惯性矩；若扭转变形是主要的，则主要是提高其抗扭惯性矩。

（2）保证刚度的结构设计

结构设计的刚度条件是：工作变形不超过许用变形。超过了许用变形，就意味着结构的刚度不足。

高工作精度的机器，对其承载构件刚度的要求比强度更为重要，这些构件通常是按刚度进行结构设计。待结构截面形状和尺寸确定之后，再进行强度或稳定性校核。

刚度是指在恒定载荷下或在交变载荷下构件抵抗变形的能力。前者称静刚度，后者称动刚度。常说的刚度设计主要指静刚度设计，广义的静刚度定义为

$$\text{静刚度}=\frac{\text{静载荷}}{\text{载荷方向的位移}}$$

根据构件承载类型不同，静刚度有不同的表达式，见表 8-4-19。

构件的静刚度是与所用材料的弹性模量（E 或 G）和它的截面特性值（F、I 或 I_t）乘积成正比，而与材料的强度无关。因此，在刚度设计中应选择高弹性模量的钢材，而不是高强度结构钢。鉴于焊接用钢的弹性模量相差不大，所以焊接结构静刚度设计的主要工作是确定构件的截面形状和尺寸。尽可能做到用最少的材料来达到最大的截面性能。

表 8-4-19 静刚度计算表达式

载荷类型		表达式	单位						
拉伸或压缩	变形	$\Delta l=\dfrac{Pl}{EA}$	符号	Δl	l	P	E	A	
			单位	mm	mm	N	$N\cdot mm^{-2}$	mm^2	
	静刚度	$K=\dfrac{P}{\Delta l}=\dfrac{EA}{L}$	符号	K					
			单位	$N\cdot mm^{-1}$					
弯曲	变形	$f=\dfrac{Pl^3}{CEI_b}$	符号	f	l	P	C	E	I_b
			单位	mm	mm	N	—	$N\cdot mm^{-2}$	mm^4
	静刚度	$K_b=\dfrac{P}{f}=\dfrac{CEI_b}{l^3}$	符号	K_b					
			单位	$N\cdot mm^{-1}$					
扭转	变形	$\varphi=\dfrac{M_t l}{GI_t}$	符号	φ	l	M_t	G	I_t	
			单位	rad	mm	$N\cdot mm$	$N\cdot mm^{-2}$	mm^4	
	静刚度	$K_t=\dfrac{M_t}{\varphi}=\dfrac{GI_t}{l}$	符号	K_t					
			单位	$N\cdot mm\cdot rad^{-1}$					

注：K 为静刚度，其下标 b 表示弯曲，t 表示扭转；C 为与支承条件有关的常数。

1）抗拉或抗压构件截面形状的设计。轴心受拉伸或压缩的构件，其横截面上的正应力未超过材料的比例极限时，则杆的变形（伸长或缩短）Δl 与轴向力 P 及杆长 l 成正比，而与横截面面积 A 成反比。因此，提高这类杆件刚度的结构措施是，减小杆件的长度或增加其横截面面积，而与截面的形状无关。也就是轴心受力的杆件，应当是短而粗，而不是细而长。但要注意，受压杆件有稳定问题，它对结构截面形状、面积、壁厚等有特殊要求。

2）抗弯构件截面形状的设计。梁是焊接结构中最基本的构件，工作时主要承受弯曲载荷。梁的抗弯刚度是与材料的弹性模量 E 和截面抗弯惯性矩 I_b 的乘积成正比。材料选定后，梁的抗弯刚度主要取决于截面抗弯惯性矩 I_b 的大小。在截面积相同（即质量相同）的情况下可以设计出不同断面形状的梁。空心截面的抗弯惯性矩比实心的大；方形截面的抗弯刚度比圆形的大，外形尺寸大而壁薄的截面，其抗弯刚度比外形尺寸小而壁厚的高。所以提高构件的抗弯刚度，首先应加大截面的轮廓尺寸，而不是壁厚，其次是尽可能把结构材料配置在远离中性轴处。工字梁和箱形梁的设计就是典型的例子。

3）抗扭构件截面形状的设计。承受扭转载荷的构件，必须具有足够的抗扭刚度。构件工作截面的抗扭刚度与材料的剪切弹性模量 G 和截面的抗扭惯性矩 I_t 的乘积成正比。材料选定后，构件的抗扭刚度取决于抗扭惯性矩 I_t 的大小。抗扭惯性矩的计算比较复杂，不同的截面形状须采用不同的计算公式。从表8-4-18列出具有相同截面积的各种简单截面形状的抗扭惯性矩 I_t 比较可以得出：空心截面比实心截面的抗扭惯性矩大；空心截面中，封闭截面比不封闭（又称开式）截面抗扭惯性矩大很多；空心封闭的各种截面中，圆筒形截面比方箱形的抗扭惯性矩大；空心封闭正方形截面具有抗弯和抗扭惯性矩均较高的综合性能。因此，受扭转构件截面形状的设计原则，刚度设计和强度设计基本一致，即只要条件允许，都应选择空心封闭的截面；优先选择圆筒形截面，其次是箱形截面。选用箱形截面的构件，在扭矩作用下，在截面的四个拐角处将发生不能保持直角的变形，称截面畸变。解决这种畸变的办法最常用的是在箱体内部合理地设置肋板。

4）肋板的设置。提高结构刚度，除合理设计截面形状外，还可以合理地利用隔板或肋板来实现。尤其是受扭构件当无法采用封闭的截面时，隔板或肋板的作用非常明显。为了叙述方便，在这里把能提高结构整体或局部刚度的附加板件统称为肋板。

肋板之所以能提高结构的整体或局部刚度，在于它能把作用在结构上的局部载荷传递给其他构件，使它们能均衡地承载；也能把垂直于板壁的弯曲变形转化为肋板平面内的拉伸、压缩或弯曲变形，而这类变形的数值很小，因而可使主体壁板减薄；利用肋板可以把壁板的幅值由大分隔成小，因而能提高其抗压、抗弯曲性能；横向肋板可以连接箱形构件的四壁作为一个整体起作用，当扭转时，可以减少截面畸变。

肋板的作用效果主要不是依靠它的数量多少，而在于正确地配置。肋板能否发挥作用，要看它的受力方向，如果所设置的肋板使它受到垂直方向的力或成一定角度的力作用，则发挥作用极小。如图 8-4-7a 所示的力系作用在肋板的平面内，引起的是平面弯曲，恰好是肋板抗弯惯性矩 I_b最大的方向，其抗弯能力最强，结果引起的挠曲变形很小，对提高结构刚度是有用的；图 8-4-7b 所示的肋板受到垂直板平面的四个力，且构成扭矩，而该肋板的截面为开式截面，抗扭惯性矩 I_t很低，因而引起很大的扭转变形，起不到提高刚度的作用。图 8-4-8 虚线所示为机架，视为刚体。当受扭时，在其上表面任一点的切应力状态如图中 m 点所示。与之对应，在下表面的切应力状态则相反。如果框架内有三块不同位置的肋板，则在纵向肋板 1 和横向肋板 2 上作用的力是垂直的，其抗扭能力弱。只有呈 45°角布置的斜肋板 3 上，因切应力 a 和 b 的合力使它受到板平面内（上拉下压）的弯矩，这时它具有很强的抗弯能力。说明：受扭的机架，设置斜肋板才能提高抗扭刚度，如果斜 45°且交叉地布置，则效果最佳。而纵向和横向的肋板基本上没有抗扭作用。同理，当一根箱形梁，受到横向弯曲时，内部设置平行梁轴线的纵向肋板才能提高梁的抗弯刚度，而垂直梁轴线的横向肋板，则没有抗弯能力。如果箱形梁受到扭矩，纵、横肋板均无助于提高抗扭刚度，但横向肋能抑制箱形梁的畸变。

（3）等价截面的结构设计

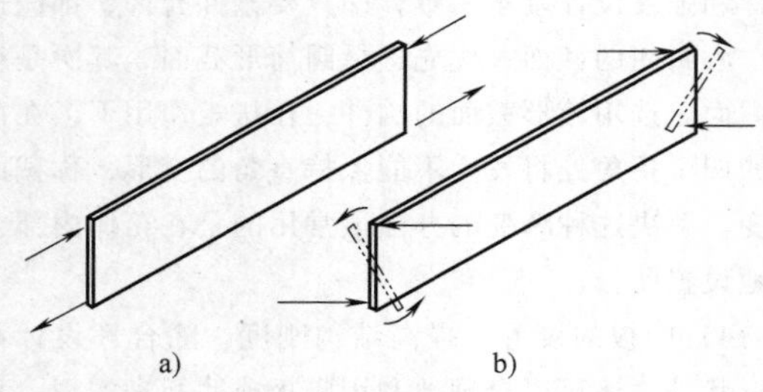

图 8-4-7　肋板受力分析

a）受力合理　b）受力不合理

原有的机器零部件因变换材料而需要重新设计时，常用等价截面设计法。它是使新设计的构件截面具有与原构件截面相同强度或刚度的一种设计方法。

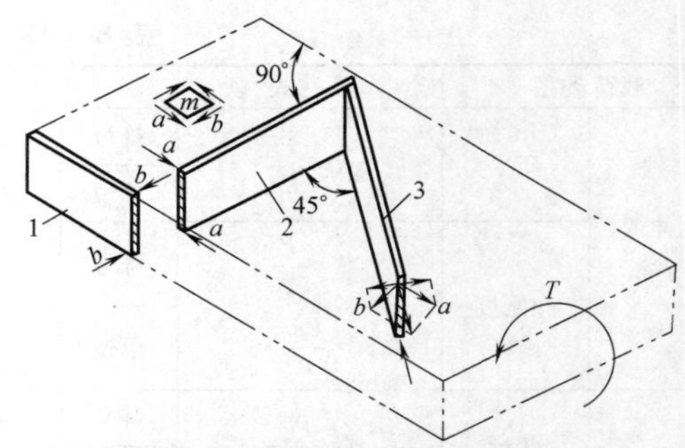

图 8-4-8　机架受扭时，肋板的受力分析

1—纵向肋板　2—横向肋板　3—斜（45°）肋板（a、b 为剪切力，T 为扭矩）

当要求强度相同时，按等强度原则进行设计；要求刚度相同时，按等刚度原则进行设计。

采用等价截面设计法必须知道原构件所用材料及其性能，以及原构件工作截面的形状与尺寸的大小。至于原构件承载性质及其大小知道与否并不重要，但原构件必须是一直安全可靠地使用着，并已经证明原构件具有足够的承载能力。

1）原理。一个构件的强度可以用它的强度系数来表达，强度系数等于反映材料性能的许用应力和截面特性值的乘积；一个构件的刚度可以用它的刚度系数来表达，刚度系数等于反映材料性能的弹性模量和截面特性值的乘积。对于承受不同载荷类型的构件，其强度系数和刚度系数的表达式列于表 8-4-20 中。

令新设计构件的材料为 A，原构件的材料为 B，若按等强度原则设计时，则使两个构件的强度系数相等；按等刚度原则设计时，使两个构件的刚度系数相等。于是得出表 8-4-21 中所列的等价截面设计用的计算公式。

表 8-4-20　强度系数与刚度系数表达式

载荷类型	强度系数	刚度系数
	材料性能×截面性能	材料性能×截面性能
拉伸或压缩	$[\sigma_1]\times F$	$E\times F$
剪切	$[\tau]\times F$	$G\times F$
弯曲	$[\sigma_t]\times W$	$E\times I_b$
	$[\sigma_y]\times W$	
扭转	$[\tau]\times W_t$	$G\times I_t$

注：$[\sigma_1]$ $[\sigma_y]$ $[\tau]$ 分别为材料的拉伸、压缩、剪切的许用应力（10^4 Pa）；E 为材料的拉伸弹性模量（10^4 Pa）；G 为材料的剪切弹性模量（10^4 Pa）；F 为构件截面积（cm^2）；W 为构件的抗弯截面模量（cm^3）；W_t为构件的抗扭截面模量（cm^3）；I_b为构件的抗弯惯性矩（cm^4）；I_t为构件的抗扭惯性矩（cm^4）。

表 8-4-21　等价截面设计计算公式

载荷类型	等强度设计	等刚度设计	
拉伸	$F_A=\frac{[\sigma_1]_B}{[\sigma_1]_A}F_B$	$F_A=\frac{E_B}{E_A}F_B$	
压缩	$F_A=\frac{[\sigma_y]_B}{[\sigma_y]_A}F_B$	短柱	$F_A=\frac{E_B}{E_A}F_B$
		长柱	$I_A=\frac{E_B}{E_A}I_B$
弯曲	$W_A=\frac{[\sigma_1]_B}{[\sigma_1]_A}W_B$	$I_A=\frac{E_B}{E_A}I_B$	
扭转	$W_{tA}=\frac{[\tau]_B}{[\tau]_A}W_{tB}$	$I_{1A}=\frac{G_B}{G_A}I_{1B}$	

注：表中下标 A 和 B 分别代表两种不同材料。

2）设计步骤。等价截面设计的大致步骤如下。

① 通过结构分析，确定所设计构件承受载荷的类型，并明确是按等强度原则设计还是按等刚度原则设计。

② 根据原构件所用的材料和截面形状与尺寸，确定相应的材料性能和计算其截面特性值。

③ 考虑了新材料相应的性能，用表 8-4-21 中有关的公式求出新构件所需的截面特性值。

④ 按求出的截面特性值确定新构件的断面形状和尺寸。

进行等价截面的结构设计时要注意由于材质的改变，可能出现以下新问题。

① 焊接性。新构件用的材料必须是可焊的金属材料。

② 屈曲（失稳）问题。当新构件用的材料强度比原构件强度高很多时，按等强度原则设计的新结构必然质量轻，尺寸小，构件壁厚会变薄。这时要注意防止产生薄壁屈曲（失稳）问题，尤其是受压构件，应进行校核。必要时适当增加壁厚或设置肋板以提高抗失稳能力。

（4）抗失稳的结构设计

要保证构件的稳定性，必须同时满足整体稳定和局部稳定。前者通过限制构件的长细比来控制，后者是通过控制其宽厚比来实现。

轴心受压构件整体稳定条件是工作应力小于失稳的许用应力。而失稳的许用应力是以构件的失稳临界应力为依据，考虑了稳定安全系数后确定的。

在比例极限内压杆稳定的失稳临界应力为

$$\sigma_{cr}=\frac{\pi^2E}{\lambda^2}$$

式中　σ_{cr}——压杆截面失稳临界压力；

E——材料的弹性模量；

λ——压杆的长细比，又称压杆的柔度。

$$\lambda=\frac{\mu l}{i_{min}}$$

式中　μ——考虑压杆两端支承条件的长度系数；

l——压杆实际长度，常令 $l_0(=\mu l)$ 为计算长度；

i_{min}——最小惯性半径，$i_{min}=\sqrt{\frac{I_{min}}{A}}$；

I_{min}——构件横截面的最小抗弯惯性矩；

A——压杆的横截面积。

上式的适用范围是 $\sigma_{cr}<\sigma_p$（σ_p 为材料的比例极限），或 $\lambda\geqslant\lambda_p$（$\lambda_p$ 为临界长细比，对 Q235A 钢，$\lambda_p\approx100$）。

提高构件失稳临界应力的一切结构措施，都可以提高受压构件的稳定性。从上式看出，选用高弹性模量 E 的金属材料是有效的，但对焊接用钢来说选择余地有限；最主要也是最有效的措施是减小压杆的长细比 λ，因为 σ_{cr} 与 λ 的平方成反比。具体设计时，可以是缩短压杆的长度、改变杆端的支承条件或扩大截面的最小惯性半径 i_{min}。后者是把材料远离中性轴布置，以最少的截面积 A 去获得尽可能大的最小惯性矩 I_{min}。

在工程中，常采用以应力表达的稳定条件来进行结构设计，即

$$\sigma=\frac{P}{A}\leqslant\varphi[\sigma]\ \text{或}\ \sigma=\frac{P}{\varphi A}\leqslant[\sigma]$$

式中　σ——压杆横截面上的压应力；

P——轴向压缩力；

A——横截面积；

$[\sigma]$——材料的许用压应力；

φ——随构件长细比 λ 而变化的折减系数，可按图 8-4-9 的 φ-λ 曲线查得。

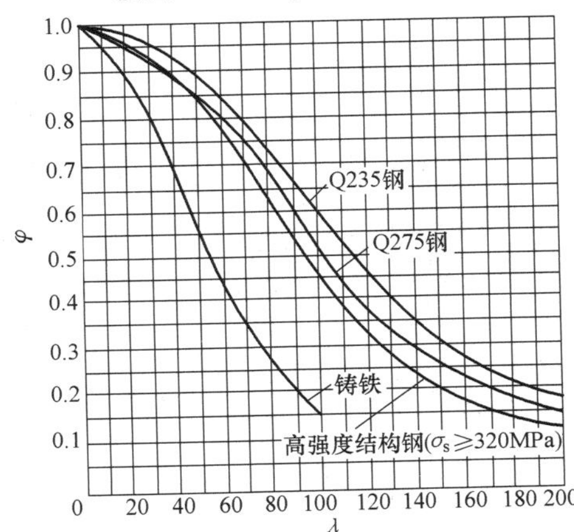

图 8-4-9　几种材料的 φ-λ 曲线

在应用上式计算压杆的截面积时，因 φ 与 A 有关，故需采用逐次渐近法。通常第一次试算取 $\varphi_1=0.5\sim0.6$，代入上式求出毛面积 A 和选择相应的截面形式，按该截面计算 $I_{\min}$、$i_{\min}$ 和 λ 值，即可求得实际的 φ_1' 值，如果 φ_1' 和 φ_1 差别不大，则一次成功，否则取这两者之间的平均值进行第二次试算。按此，一般试算 2~3 次即可成功。

局部失稳多发生在结构局部板壁过薄部位。这种失稳与杆件整体失稳不同，杆件的临界载荷即破坏载荷，而薄板中面所受载荷可以超过临界载荷而不破坏，需用弹性理论解决。工程设计中常用该部位的宽厚比进行控制。

2. 动载条件下的结构设计

载荷的大小、作用方向和作用点随时间而变化的，称为动载荷。短时快速作用的称冲击载荷；随时间作周期性变化的称周期载荷，否则为非周期变化的随机载荷，统称交变载荷。承受这些不同性质载荷的构件，它与静载荷的结构设计有较大区别。

（1）保证疲劳强度的结构设计

受交变载荷作用的构件需进行疲劳强度设计。疲劳强度设计的方法有许用应力设计法、断裂力学设计法和可靠性设计法等。目前仍以许用应力设计法应用最为普遍，其强度条件是

$$\sigma_{\max}\leqslant[\sigma_r]$$

式中 $\sigma_{\max}$——设计载荷引起的最大应力值；

$[\sigma_r]$——许用应力。以试验的疲劳强度为基础考虑了各种影响因素和安全系数后确定。

上式说明了疲劳强度设计也和静载强度设计一样，仍然是以构件上的最大工作应力不超过规定值为安全。而最大工作应力的分析与计算也和静载强度设计是一样的，它与载荷大小成正比，与截面性能（截面积、截面模量或惯性矩等）成反比。因此，凡能获得截面性能值大的截面形状和尺寸的设计，都可降低该构件的最大工作应力，也就提高了它的疲劳强度。所以确定构件截面形状的方法与前述静载条件下确定截面形状和尺寸的方法是一样的。

但是，影响构件疲劳强度的因素比静载强度要复杂得多。两者破坏的力学行为不同，疲劳破坏首先是从有应力集中点开裂，经逐渐扩展后而发生。因此，要提高结构的疲劳强度，除了用上述增大它的截面性能以降低其最大工作应力的重要措施外，还需采取一些措施去提高它的许用应力 $[\sigma_r]$，其中最有效的方法是减少或消除结构上可能产生应力集中的一切因素。如在结构的选形上，要避免用截面有突变的构造形式；或在截面变化处采用较大圆滑过渡的结构；降低构件表面和焊缝表面的粗糙度等。

（2）保证冲击强度的结构设计

在很短的时间内以较高速度作用于构件上的载荷，称为冲击载荷。金属材料、零件和构件抵抗冲击破坏的能力称为冲击强度。对受冲击构件有两种设计方法：一种是确定受冲击最大力，引入一动载系数，然后按静载强度进行计算；另一种是能量法，即计算构件吸收冲击能量后所产生的应力，以不超过最大许用应力为安全。后一种设计方法较为精确。

用能量法对几种常用构件在不同受载条件下进行应力分析表明：提高冲击强度的结构措施仍然是增加其截面性能。设计要点如下：

1）把构件设计成一个能量吸收系统，即要用尽可能大的材料体积来承受最大的工作应力，这样有助于吸收能量。

2）对于给定截面的构件，要用最大的面积承受最大的工作应力，也要使构件沿整个长度承受此应力。

3）提高受拉构件的截面性能是增加它的体积（AL，A 为截面积，L 为长度），这样可以减少拉伸冲击应力。

4）提高简支梁的截面性能是增加它的 $\sqrt{I_bL/c^2}$ 或 $\dfrac{i}{c}\sqrt{AL}$（式中，I_b 为抗弯惯性矩；L 为梁的跨度；c 为梁截面中性轴到外缘的距离；i 为回转半径；A 为梁截面积），可以减少弯曲冲击应力。

5）对简支梁，减少其跨度（L）会减少静态应力，但却增加冲击应力。

6）增加截面不变的受拉构件的长度（L），并不会改变静应力，但却减少冲击应力。

根据上述设计要点可以看出图 8-4-10 示出两种承载条件相同的拉杆和简支梁的结构设计，图左边的设计是合理的。它们的共同特点是，沿整个长（跨）度外缘上都分布了同一的最大应力，比右边的设计节省材料和耐冲击。

注意，受冲击的构件对表面缺口敏感，它影响构件对冲击能量的吸收，应尽量避免。同时也应把应力集中减到最小，如避免采用截面有突然变化的结构等。

（3）抗振的结构设计

机器在运行过程中的振动是由机器本身的固有振动和外来的强制振动所组成。当两者产生共振时，由于振幅增大，机器的工作精度会下降，产生噪声，而且由于交变应力增大，还会引起构件破坏的危险。

解决机器振动问题：一是避免共振，二是抑制

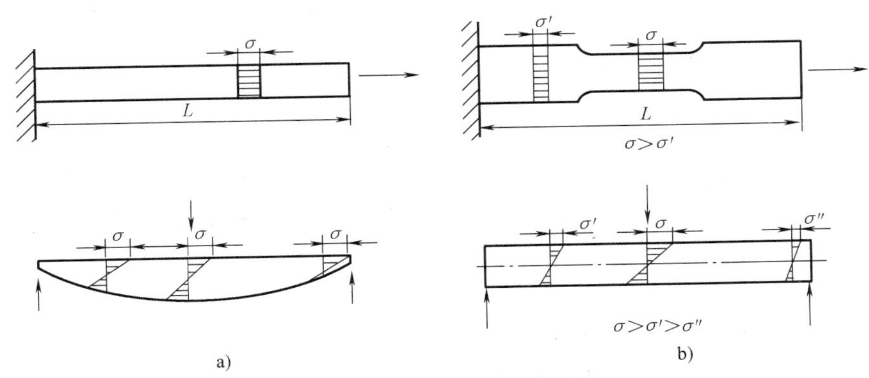

图 8-4-10　受冲击载荷构件的设计

a）合理　b）不合理

共振。

共振是由于外来的激振频率 f 和机器本身的固有频率 f_n 相等或接近而引起。如果机器没有减振能力（如阻尼作用），则共振时其振幅是无限大的。要避免共振就必须使 f 和 f_n 不相等或不接近，通常是提高机器的固有频率或同时也降低激振频率，使两者差值加大。前者是借助于机器的结构设计来达到。

1）提高固有频率的结构措施。从物理学得知，物体的固有频率为

$$f_n = \frac{1}{2\pi}\sqrt{\frac{K}{m}}$$

式中　K——物体的静刚度；

m——物体的质量。

上式说明，要提高物体固有频率的结构措施是在提高其静刚度的同时也降低其质量。

以梁构件弯曲振动为例，其固有频率由下式确定。

$$f_n = C\sqrt{\frac{EI_b}{AL^4}}$$

式中　C——与梁的支承条件有关的常数；

E——梁材料的弹性模量；

I_b——梁的抗弯惯性矩；

A——梁的截面积；

L——梁的非支承长度。

因此，提高梁固有频率的设计是：提高梁的抗弯惯性矩 I_b；使用高弹性模量 E 的材料；减少梁的截面积 A，它相当于减轻结构的质量；减少梁的非支承长度 L，如在梁的中间设置一个支承或一块肋板就能使非支承长度减少一半，固有频率可增加 4 倍。

所以梁类构件的结构多采用轮廓尺寸较大、带肋板的薄壁结构，如箱格结构，对抗振是有利的。对抗振要求高的大型构件，其壁板设计成双层壁板较为合理，因为这种结构质量小、静刚度大，其固有频率比单层壁可提高 2~5 倍。设计双层壁结构的关键是两薄壁之间正确布置肋板，肋板的作用是提高壁板的静刚度和减小自由面积（即非支承长度）。

2）提高减振能力的结构措施。

① 适当提高钢结构的应力水平。在相同的应力下，灰铸铁的阻尼作用比钢大，表现出良好的吸振能力。但是，在一定条件下钢的吸振能力却比铸铁高。研究发现，当钢的工作应力比灰铸铁高 2.5 倍时，钢的吸振能力反而比铸铁高 5.3 倍。由于钢材强度比铸铁高，在相同载荷下完全可以通过结构设计（如适当减少所需的惯性矩），使钢件承受高于铸铁件的工作应力，就可以使钢结构件的减振能力高于铸铁件。

由于钢材的弹性模量 E 比铸铁的高近一倍，适当减少钢结构的惯性矩 I_b 并不会因此而降低它的刚度和固有频率。而且还可以在结构上适当增设肋板以缩短其非支承长度，达到提高结构的固有频率和减少振动的振幅的效果。

② 改善和提高结构的阻尼特性。研究发现，受压接触面的微小相对运动所产生的摩擦具有良好的减振作用，因为这种摩擦可以耗散振动能量，能使振幅迅速衰减下来。灰铸铁的阻尼值之所以比钢材高，这和铸铁内部有片状石墨存在，从而构成内摩擦阻尼有关。所以要改善和提高钢制焊接结构的阻尼特性，主要靠有效的结构设计来达到。

图 8-4-11 所示为外形尺寸相同但材质和构造各异的试件作阻尼比较试验的结果。图 8-4-11 上方是各试件开始振动后振幅随时间衰减的情况。可以看出：因灰铸铁的阻尼比大于钢，所以 1 的振幅衰减快于 2，说明灰铸铁具有较大的吸振能力；由于结合面产生摩擦阻尼作用，所以 4 的减振能力达到了灰铸铁

的水平；靠环焊缝使两钢板叠合得很好的 5 结构，其减振能力比灰铸铁高 30 多倍；3 的两钢板因不接触而没有摩擦阻尼作用。此试验说明了通过结构设计是可以改善和提高焊接钢结构的阻尼特性的。

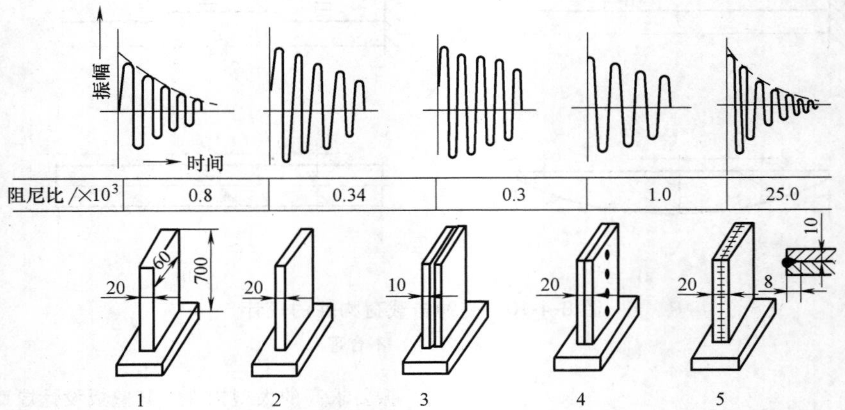

图 8-4-11　材料阻尼与结构性阻尼的比较（弯曲振动，振幅 $A \leqslant 50\mu m$）

1—灰铸铁　2—钢板　3—两钢板不接触　4—通过点焊使两钢板构成接触面
5—两钢板叠合接触后沿周边环焊

研究表明，用两面未熔透的角焊缝连接的 T 形接头，具有一定的吸振作用。因焊后焊缝金属收缩造成未焊透的结合面之间产生接触压力，振动时该接触面微小的相对移动就发生摩擦阻尼。研究还证明，断续角焊缝的吸振能力优于连续角焊缝。因此，在强度、刚度允许的前提下，对抗振的焊接结构尽可能采用断续角焊缝。

图 8-4-12 所示为利用摩擦阻尼的减振作用而设计的 U 形接头，这种接头如果能在结合面处预先磨平再在两侧施焊，则效果更好。结合面宽时，可用电阻点焊或塞焊连接，靠熔核和两侧焊缝的收缩在结合面间产生一定的接触压力。图 8-4-13 所示为大型焊接结构中为了抗振而采用的双层壁板。它的内外壁板与肋板之间就是利用这种 U 形接头进行连接的。这种双层壁不仅具有很好的抗振能力，而且刚度大、质量轻、局部和整体稳定性都很好。

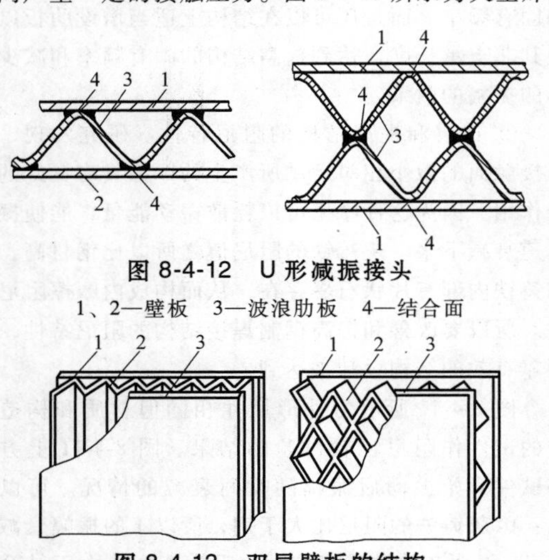

图 8-4-12　U 形减振接头

1、2—壁板　3—波浪肋板　4—结合面

图 8-4-13　双层壁板的结构

1—外壁板　2—肋板　3—内壁板

4.3　考虑可达性的结构设计

应当避免给施工带来很大困难和增加很高制造成本的结构设计。焊接结构上每一条焊缝都应该能很方便地施焊，需质量检验的焊缝应该能顺利地进行检测。好的可达性是指焊成后不给后续工序的进行带来困难。

4.3.1　焊接的可达性

要使每条焊缝都能施焊，必须保证焊工或焊接机头能接近焊缝，并在焊缝周围有供焊工自由操作和焊接装置正常运行的条件。不同的焊接方法和用不同的焊接装置，要求的条件是不同的。

例如，设计采用埋弧焊的焊接结构，焊缝的设计必须是平直长焊缝或环形焊缝，而且能处于平（俯）焊位置；沿焊缝有供自动机头（或机械手）和焊件之间相对运动所需的空间以及能安置相应辅助装置的位置。

设计用半自动 CO_2 气体保护焊的焊接结构要考虑焊枪必须有正确的操作位置和空间才能保证获得良好的焊缝成形。焊枪的位置是根据焊缝形式、焊枪的形状和尺寸（如喷嘴的外径尺寸等）、焊丝伸出长度和接头坡口角度大小来确定。图 8-4-14 所示为几种接头焊接时，焊枪的正常位置。

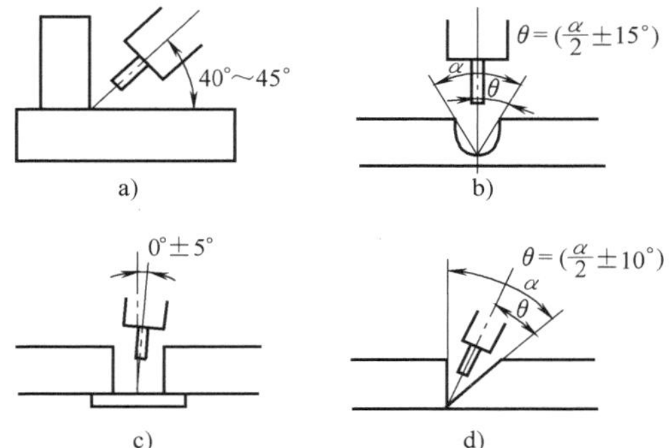

图 8-4-14　半自动 CO_2 气体保护焊焊枪位置

a）角缝水平焊　b）V 形或 U 形坡口对接平焊　c）窄间隙工形坡口对接平焊　d）半边 V 形坡口对接平焊

设计由焊条电弧焊焊接的结构，应使焊工能接近每一条焊缝，并保证焊工在操作过程中能看清焊接部位且运条方便自如；避免焊工处于不正常的姿势下焊接。

图 8-4-15 所示为具有两个以上平行的 T 形焊接接头的结构，要保证该结构焊条电弧焊角焊缝的质量，就必须考虑两立板之间的距离 B 和高度 H，以保证可以倾斜一定角度 α 和具有足够运条空间。这个 α 角与平板和立板的厚度有关。图 8-4-15a 因焊条倾角 α 无法保证，两立板之间至少有一条角焊缝无法施焊。如果尺寸 B 和 H 不能改变，可以改变接头的焊缝设计，如图 8-4-15b 所示，后装配和焊接的立板采用从外侧单面坡口焊，为防止烧穿，背面可设置永久垫板。若能改变结构尺寸，则如图 8-4-15c 所示，把 B 加大为 B'，以保证焊条必需的倾角 α。或如图 8-4-15d所示，把 H 降低为 H'。

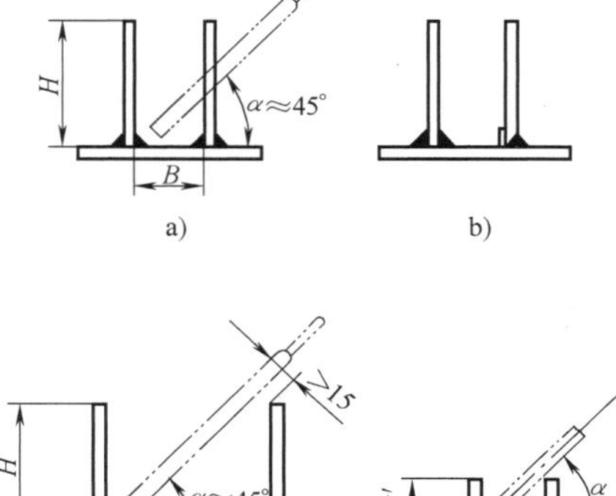

图 8-4-15　焊条电弧焊焊接时的操作空间

图 8-4-16a 为小直径管子对接的接头设计，该接头错误地采用 X 形坡口，内侧的焊缝无法施焊。应采用单面施焊的 V 形或 U 形坡口，内侧采用衬环可以保证焊透，如图 8-4-16b 所示。其缺点是衬环增加管内流体的阻力，且耐蚀性差。最好是采用单面焊背面成形焊接技术，这时可设计成图 8-4-16c 的坡口形式。

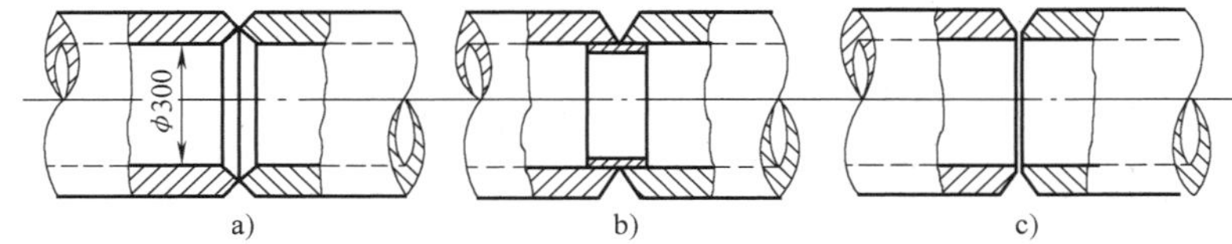

图 8-4-16　小直径管子对接接头的设计

a）错误的设计　b）用内衬环的设计　c）单面焊背面成形的设计

图 8-4-17 所示为由型材组合的焊接结构。图中左边的结构是最容易犯的设计错误，有部分焊缝无法施焊。应改成右边的结构设计。

4.3.2　焊接质量检验的可达性

焊接结构上需要作质量检验的焊缝，其周围必须创造可以检测的条件。采用不同的检测方法相应有不同的要求，表 8-4-22 列出焊接生产中常用几种焊缝检测所要求的条件，在进行结构设计时应充分考虑。

（1）适于射线检测的焊接接头

目前 X 射线检测中以照相法应用最多。为了获得一定的穿透力和提高底片上缺陷影像的清晰度，对于中厚板一般焦距在 400~700mm 范围内调节。据此，

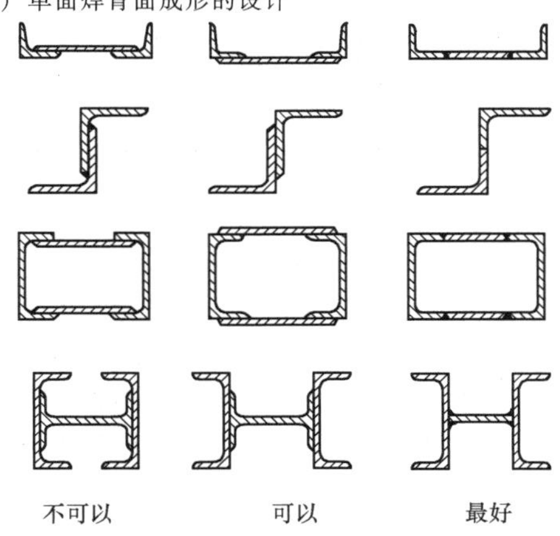

图 8-4-17　考虑焊缝可施焊的型材组合结构

表 8-4-22 各种检测方法要求的条件

检测方法	对检测空间位置的要求	对检测表面的要求	对检测部位背面的要求
射线检测	要有较大的空间位置以满足射线机头的放置和调整焦距的要求	表面不需机械加工，只需清除影响显示缺陷的东西；要有放置铅字码、铅箭头和透度计的位置	能放置暗盒
超声波检测	要求较小的空间位置，只需放置探头和探头移动的空间	要有探头移动的表面范围，尽可能作表面加工，以利于声波耦合	用反射法检测时，背面要求有良好的反射面
磁粉检测	要有磁化检测部位撒放磁粉和观察缺陷的空间位置	清除影响磁粉聚积的氧化皮等污物，要有探头工作的位置	—
渗透检测	要有涂布检测剂和观察缺陷的空间	要求清除表面污物	若用煤油检测，背面要求有涂煤油的空间，并要求清除妨碍煤油渗透的污物

可以确定机头到焊件检测面的距离以预留焊缝周围的操作空间。

为了充分暴露接头内部缺陷的存在情况，检测前需根据焊件的几何形状和接头形式选择照射方向，并按此方向正确地放置暗盒（俗称贴底片）。

一般来说，对接接头最适合于射线检测，通常一次照射即可；而T形接头和角接头的角焊缝有时需要从不同方向多次照射才不致漏检。图 8-4-18 中左面所示的接头对 X 射线检测并不适应，如果改成右面所示的接头，则最理想。

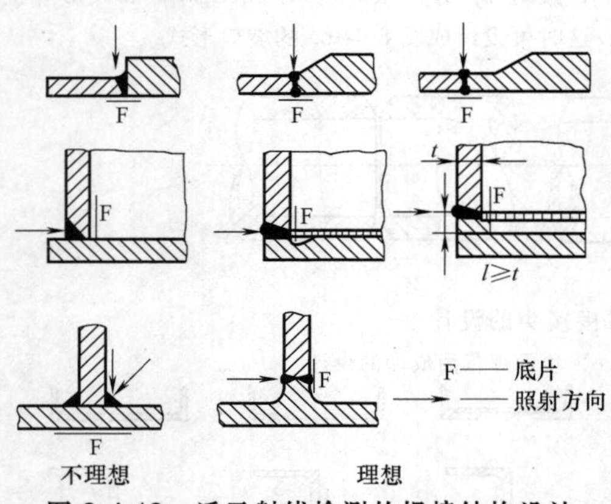

图 8-4-18 适于射线检测的焊接结构设计

(2) 适于超声波检测的焊接接头

在焊接生产的超声波检测中，以接触法应用最多。按需要可以使用（纵波的）直探头或（横波的）斜探头。检测时，探头放在检测表面上通过耦合剂声波进入焊件内，按反射情况来判断缺陷的存在。这种检测方法对检测面要求较高，其表面粗糙度 Ra 不大于 20μm。探头在面上移动，需按焊件厚度确定探头移动区的大小。对图 8-4-19 所示的对接接头，其探头移动区尺寸由表 8-4-23 中的公式确定。

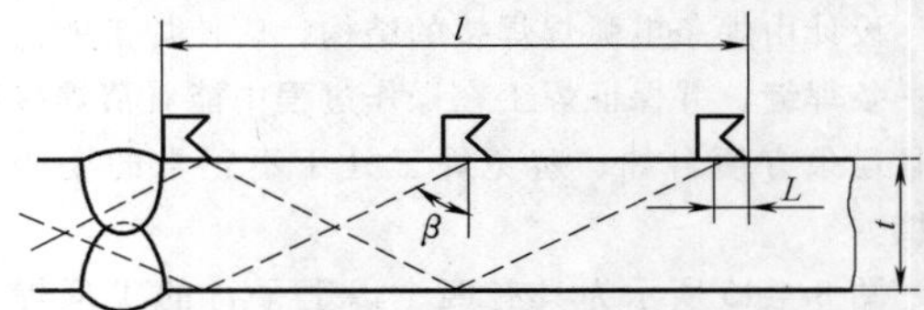

图 8-4-19 对接接头超声波检测的探头移动区

表 8-4-23 超声波检测探头移动区尺寸的确定

板厚范围 /mm	探头移动区尺寸计算公式		说 明
8~46	$l \geqslant 2tK+L$		检测面在内壁或外壁焊缝的两侧
>46~120	$l \geqslant tK+L$		检测面在内外壁焊缝的两侧
板厚 t / mm	8~25	>25~46	>46~120
K 值	2.0~3.0	1.5~2.5	1.0~2.0

注：l 为探头移动区尺寸（mm）；t 为被探件厚度（mm）；L 为探头长度，一般为 50mm；K 为斜探头折射角 β 的正切值。

对于不同厚度两焊件对接焊缝的检测，如图 8-4-20所示的接头设计，其探头移动区最小尺寸 l 可参照表 8-4-24 中确定。对于图 8-4-21 所示的接头其最小的探头移动区尺寸 l 可按表 8-4-25 确定。

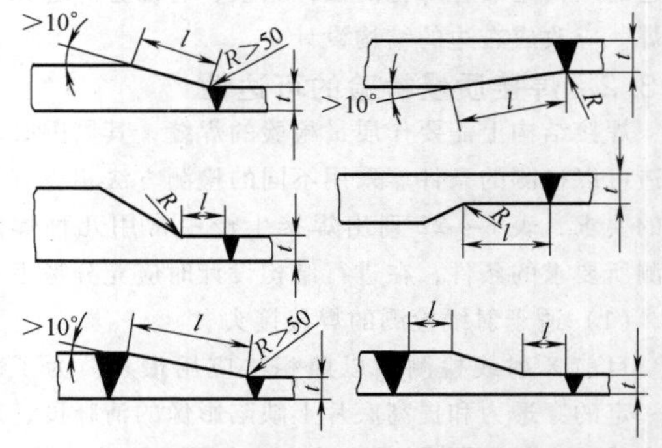

图 8-4-20 不同厚度对接接头超声波检测的探头移动区

表 8-4-24　不同厚度板对接接头焊缝超声波检测探头移动区的最小尺寸

板厚 t/mm		$10\leqslant t<20$	$20\leqslant t<40$	$t\geqslant 40$
探头折射角 β/(°)		70	60	45,60
探头移动区尺寸 l/mm	$l_{外面}$	$5.5t+30$	$3.5t+30$	$3.5t+50$
	$l_{里面}$	$0.7l_{外面}$	$0.7l_{外面}$	$0.7l_{外面}$

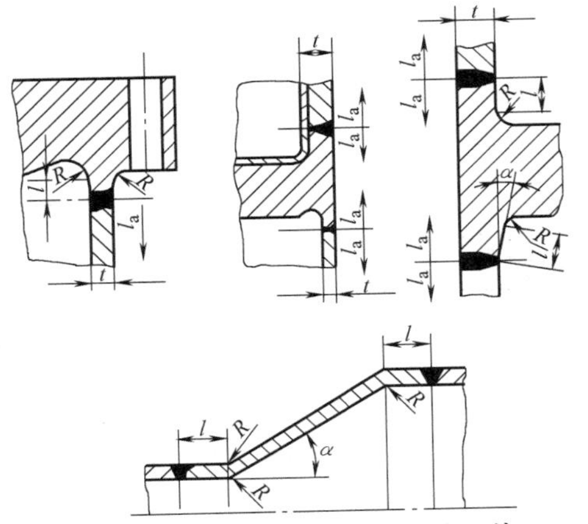

图 8-4-21　几个压力容器筒体焊接接头超声波检测的探头移动区

表 8-4-25　压力容器筒体焊缝超声波检测探头移动区尺寸

板厚 t/mm	$R+l$	l	l_a
≤40	$1.5t$	$1.0t$	$3t$
>40	$1.0t$	$0.7t$	$2t$

4.4　焊接结构设计中的细部处理

在焊接结构设计过程中，除了必须重视结构的总体设计外，还必须认真地进行结构的细部处理。这是由于焊接结构自身特点所决定的，也是大多数焊接结构破坏事故的经验教训中得出的结论。焊接接头是一个性能的不均匀体，与母材相比它仍然是薄弱环节。设计必须认真地考虑焊缝的布置，只要有可能都应避开结构上的危险断面和危险点；焊接是刚性连接，对应力集中特别敏感，而焊接结构中造成应力集中的因素很多，在确定构件形状和尺寸的强度和刚度计算中，常常为了简便忽略了应力集中，而按平均应力计算。焊接结构的断裂破坏多数就是从被忽略的应力集中点开始的。因此，减少或消除应力集中的细部设计与一般强度计算同样重要。焊后未经消除残余应力的结构对脆性断裂、腐蚀和疲劳等有影响，而在一般结构强度和刚度计算时残余应力的影响也被忽略了。因此，设计在焊态下使用的焊接结构时，应注意焊缝不能过于密集，减小结构的局部刚性，避免在拘束状态下焊接的焊缝等。

焊接结构设计细部处理不仅可以提高结构使用的安全性，而且也可简化制造工艺，节约用材和降低制造成本，从而取得更高的经济效益。下面从不同角度举一些例子，有些例子是从正、反两方面作比较。

4.4.1　焊接接头设计中的细部处理

这里介绍接头设计中的一些细节，尤其是受动载荷情况下在减小和消除接头的应力集中的措施中常被忽视的细部处理。

（1）对接接头的细部处理

1）对接焊缝表面形状的处理。弧焊对接接头焊后的焊缝通常有图 8-4-22 所示的三种表面形状，图 8-4-22a 是表面与母材平齐的焊缝，称为平面焊缝，是最理想的焊缝。焊缝的有效截面等于母材的厚度，承载时其应力集中几乎为零，但这种焊缝在工艺上不易实现，图 8-4-22b 是表面下凹的焊缝，称为凹面焊缝，由于焊缝的有效截面小于母材，无论承受静载还是动载都是不允许的。图 8-4-22c 是表面上凸的焊缝，称凸面焊缝。高于母材那部分称为焊缝余高。有余高的焊缝，在工艺上容易实现，它实际上属于操作工艺的允差，故又被称为正常对接焊缝。由于焊缝的有效截面比母材大，对承受静载有一定的加强作用，故是普通静载焊接结构经常选用的焊缝。但焊缝表面与母材表面交点的焊趾处有应力集中，而且随着余高的增加应力集中就越严重，这对承受动载或在低温环境下工作的结构是不利的。对于重要的焊接结构，为了减小或消除这个不利的应力集中因素，可以采取图 8-4-23所示的三种措施进行处理。一种是铲除余高（见图 8-4-23b），使它成为平面焊缝；另一种是用砂轮打磨焊趾（见图 8-4-23c），使该处圆滑地过渡；再一种是氩弧重熔焊趾（见图 8-4-23d），既消除该处的焊接缺陷和改善材质，又使之平滑过渡。

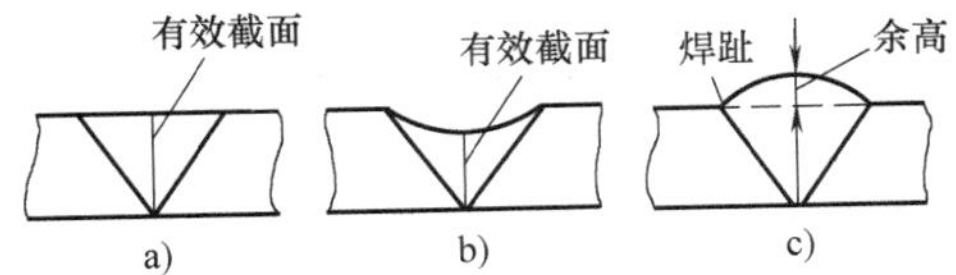

图 8-4-22　对接接头焊缝的表面形状

a）平面焊缝　b）凹面焊缝　c）正常焊缝

2）对不等厚或不等宽板对接接头的细部处理。GB/T 985.1～4—2008 的规定，当对接的两板厚度差超过表 8-4-26 的值时，须把较厚板的接边处单面或双面削薄，使之变成等厚板对接，并按薄板厚度去选择坡口形式，如图 8-4-24 所示。图中给出了两种削

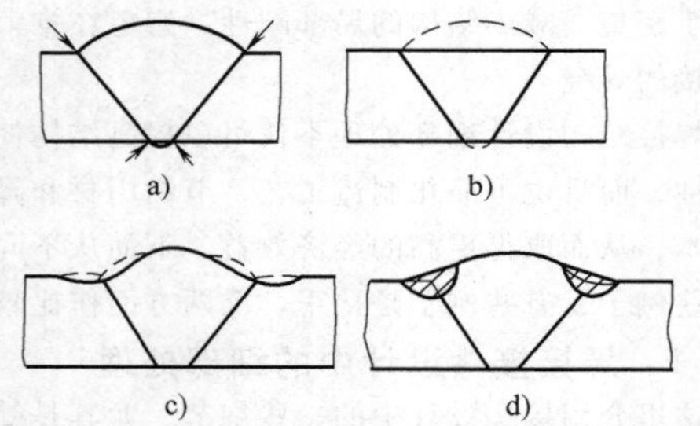

图 8-4-23　降低对接焊缝焊趾应力集中的措施

a）产生应力集中点　b）铲除余高
c）打磨焊趾　d）氩弧重熔焊趾

薄范围 L 的公式，前者是上述标准的规定值（相当于斜度 1∶3），后者是标准 GB 50017—2003 和 AWS 2006《钢结构焊接规范》的规定值（相当于斜度 1∶2.5）。后者削薄量少一些，对应力集中影响不大，建议采用。

表 8-4-26　不等厚板对接允许的厚度差

较薄板厚度 t_1	≥2~5	>5~9	>9~12	>12
允许厚度差 $(t-t_1)$	1	2	3	4

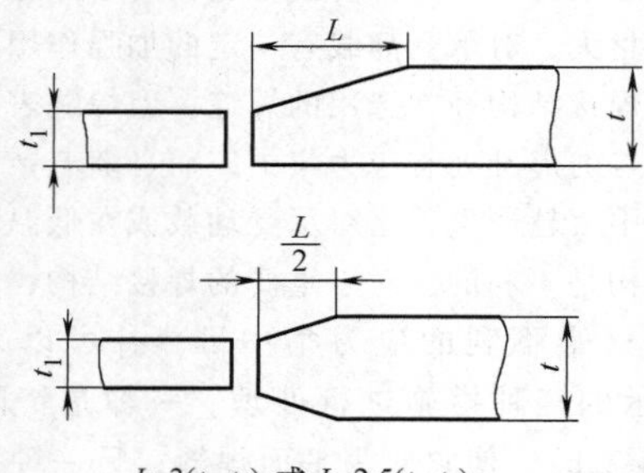

图 8-4-24　不等厚度钢板对接接头的设计

对较厚板削薄是为了设置过渡段，以减小接头处截面突变，达到降低应力集中的目的。过渡段的加工，建议采用图 8-4-25 所示的工艺方法。当厚度差不超过表 8-4-26 中允许范围，则不必对较厚板削薄（见图 8-4-25a）；若已超出，但超出不多时，焊前也不削薄，焊后再用砂轮等工具削出所需斜度（见图 8-4-25b）；当超出较大时，则应焊前进行削薄加工（见图 8-4-25c）。

（2）角焊缝的细部处理

1）搭接接头。搭接接头的基本特点是两构件互相搭叠一部分，然后用直角角焊缝进行连接，两构件的轴线不在一条直线上。如果接头传递轴向力，则因偏心而引起附加弯矩。

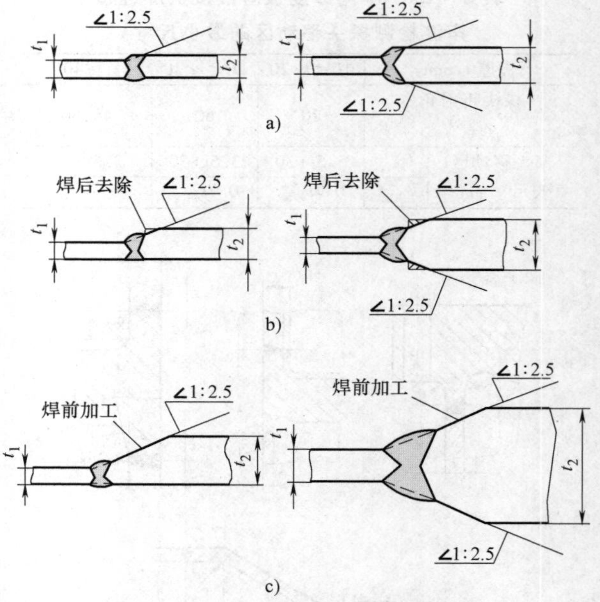

图 8-4-25　不等厚度钢板对接接头过渡段的处理

最简单也最常见的是平板搭接接头（见图 8-4-26a），其次是桁架结构中杆件与节点板之间连接的搭接接头（见图 8-4-26b）。

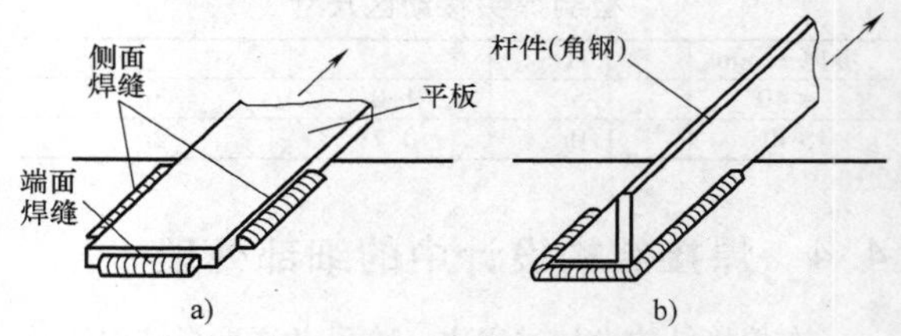

图 8-4-26　常见的搭接接头

a）平板搭接接头　b）桁架杆件与节点板搭接接头

由于搭接接头多是传递轴向力，因此连接搭接接头的角焊缝通常是按焊缝轴线与传力方向的相对位置来命名。如焊缝轴线与外力作用方向垂直的称正面角焊缝，由于它常位于构件的端面，故又称端面角焊缝；若焊缝位于构件两侧且其轴线和外力作用方向平行，则称侧面角焊缝，焊缝轴线与外力作用方向斜交则称斜角焊缝。此外还有在盖板上开出较大的槽或孔用角焊缝连接的槽角焊缝等。在设计连接这样接头的角焊缝时常有一些细节易被忽视。

① 正面角焊缝。标准角焊缝的横截面如图 8-4-27a所示，是等腰的直角角焊缝，即互相垂直的焊脚尺寸均为 K，余高为工艺允差。这样的焊缝施焊

容易，在承受静载的结构中被普遍采用，故又称正常角焊缝。

标准角焊缝的焊脚尺寸 K 按下面的原则取值，当较薄板厚 $t\leqslant6$mm 时，取 $K\leqslant t$；当 $t>6$mm 时，取 $K\leqslant t-(1\sim2)$mm。

正面角焊缝传递与焊缝轴线垂直的外力时，力线偏转，接头的刚度大，塑性变形能力小，其强度与角焊缝的横截面形状密切相关。在焊趾和焊根处有应力集中，特别在焊趾处随着余高的增大应力集中就越严重。对于承受动载的正面角焊缝建议采用图 8-4-27b、c、d 所示的三种角焊缝的截面形状，图 8-4-27b 是标准角焊缝去掉余高的平面角焊缝，其焊缝的有效截面没有减少，但焊趾处的应力集中比有余高的低。从减小应力集中角度看，最理想的是图 8-4-27c 所示的凹面角焊缝，因为焊趾处焊缝表面向母材过渡平滑，几乎没有应力集中。但这种角焊缝工艺上不易实现，对焊条电弧焊来说，须把焊件调整到“船形”位置俯焊才易获得，而且在焊脚尺寸相同的情况下比标准角焊缝的有效截面要小。对承受动载的正面角焊缝，较多的是采用图 8-4-27d 所示的不等腰角焊缝，其长边顺内力的方向。随着长边增大，焊缝表面向母材过渡就越平滑，应力集中就越小。对于承受交变载荷的重要结构长边取 $4K$ 最为理想，但实践表明长边过长施焊工艺难度大，故建筑钢结构中对不须作疲劳计算的不等腰角焊缝取长边为 $1.5K$。

对已焊成图 8-4-27a 所示的正常角焊缝，若要求降低或减少其焊趾处的应力集中，则参照图 8-4-23 所示对对接焊缝焊趾处理一样的方法进行角焊缝焊趾的处理。

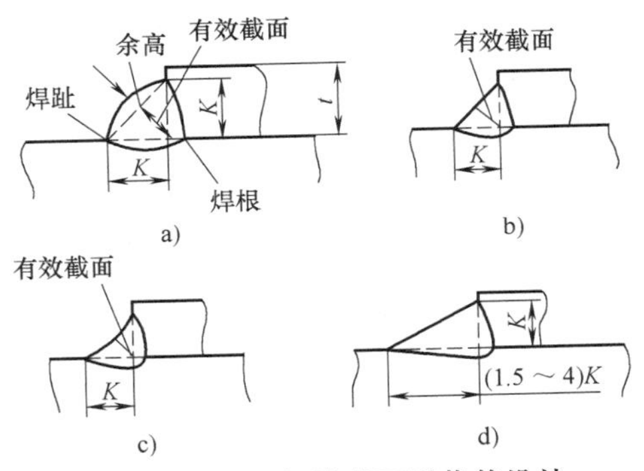

图 8-4-27　角焊缝截面形状的设计

a）正常角焊缝　b）平面角焊缝　c）凹面角焊缝　d）不等腰角焊缝

仅有正面角焊缝的搭接接头上，通常有图 8-4-28 所示的几种角焊缝的配置。承载的搭接接头必须正反面都有角焊缝（见图 8-4-28a），不允许只在单面设置一条焊缝。焊缝的长度和焊脚尺寸通常由强度计算确定。由于每条焊缝始焊端和终焊端质量不易保证，因此，不设有起弧板和引出板的情况下不宜采用图 8-4-28b所示的焊缝长度与板端宽相同的接头设计。建议采用图 8-4-28c 所示的设计，即焊缝两端留出一段 n 不焊。一般取 $n\geqslant K$。或者采用图 8-4-28d 所示的处理方法，即焊缝长度和板端宽 b 相等，但在焊缝的起端和终端采取绕焊。一般绕焊长度取 $2K\leqslant m\leqslant4K$。绕焊时不能在转角处熄弧或起弧，必须连续施焊。

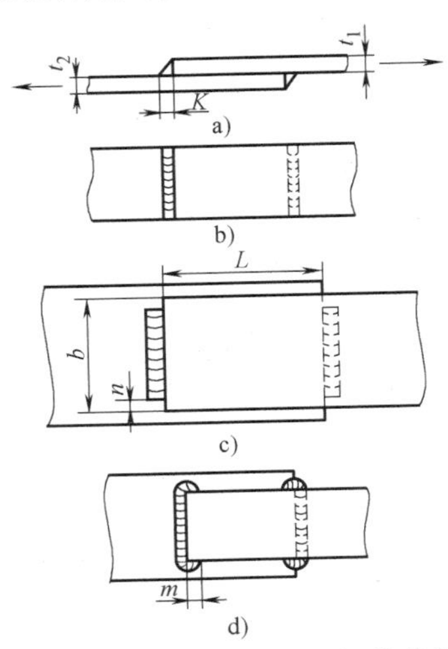

图 8-4-28　仅有正面角焊缝的搭接接头设计

搭叠长度 L 越长耗材越多，但也不能太短，因为两板轴线有偏心距 e（见图 8-4-29a），受轴向力时产生附加变矩，随着 L 缩短附加弯矩增大，而使应力集中加剧，还会产生图 8-4-29b 所示的变形。一般设计规范都规定 $L\geqslant5t_{min}$。t_{min}为较薄板的厚度，但 L 不得小于 25mm。

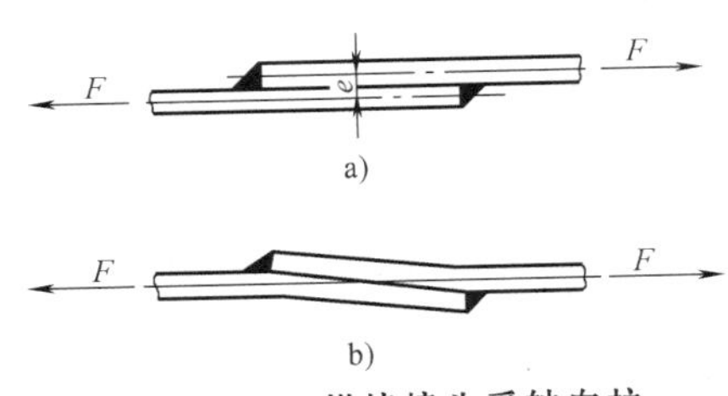

图 8-4-29　搭接接头受轴向拉力时引起的变形

② 侧面角焊缝。仅有侧面角焊缝的搭接接头传递轴向力时，焊缝轴线与力方向平行，接头刚性小，塑性变形能力大。接头强度与侧面焊缝的长度及焊脚尺寸有关，而与焊缝截面形状关系不大，通常是采用等腰的标准角焊缝。

图 8-4-30 所示为两种只有侧面角焊缝的搭接接头，其中图 8-4-30b、d 最为常用。在轴向力作用下，沿侧面角焊缝轴线上的切应力分布是不均匀的，两端高而中间低，随着焊缝长度的增大这种不均匀性就越严重。因此，侧面角焊缝的有效长度 L_W 不宜大于 $60K$。但 L_W 又不能太短，一般应大于 $8K$，且不能小于 40mm。搭接板的宽度 b 不能太大，应小于 L_W，否则焊缝收缩易引起板件向外拱。一般要求：当较薄板厚度 $t>12$mm 时，$b \leqslant 16t$；或当 $t \leqslant 12$mm 时，$b \leqslant 190$mm。若仍不能满足此要求，就加正面角焊缝、塞焊缝或槽焊缝等。

侧面角焊缝始端和终端质量不易保证，一般都不焊到板端处，距板端约 $2K$ 处停焊（见图 8-4-30b、d），或者如图 8-4-30c 所示，把侧面角焊缝延长到板端绕焊，绕焊长度不小于 $2K$，但不大于 $4K$。

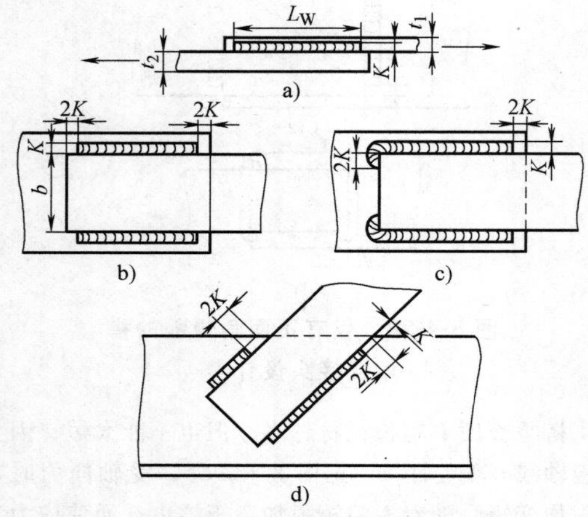

图 8-4-30 仅有侧面角焊缝的搭接接头

在次要构件或次要连接的角焊缝，可采用断续角焊缝。每段断续角焊缝的长度不得小于 $10K$ 或 50mm，其净距对受压构件不得大于 $15t$，对受拉构件不大于 $30t$，t 为较薄焊件的厚度。

③ 组合角焊缝。在搭接接头上根据需要，可以正面角焊缝、侧面角焊缝，甚至还有斜角焊缝或槽角焊缝等组合使用。应用最多的是正面和侧面焊缝的组合，又称三面围焊或两面围焊，如图 8-4-31 所示。

如果搭接接头的上盖板宽度 b 比较大，为防止盖板上拱可以采用均布塞焊缝、圆孔角焊缝或槽孔角焊缝等连接，如图 8-4-32 所示。

2）T 形和十字接头的焊缝。十字形接头是 T 形接头的对称，两者工作性质无原则区别，在构造设计上是类似的，故以 T 形接头为代表介绍其连接焊缝的设计细节。

连接 T 形接头的焊缝有贴角角焊缝、全熔透的焊

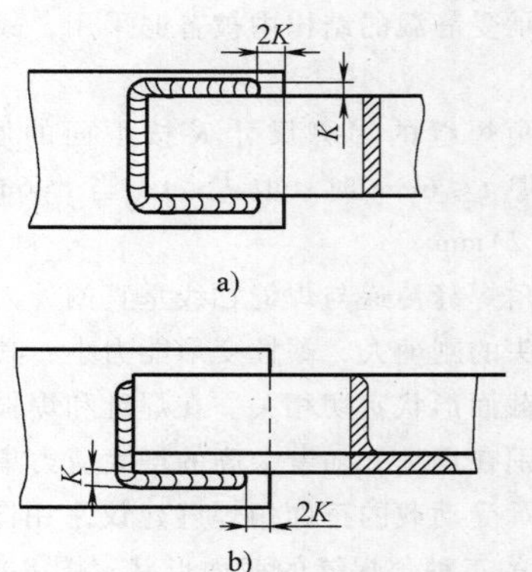

图 8-4-31 用组合角焊缝的搭接接头

a）三面围焊 b）两面围焊

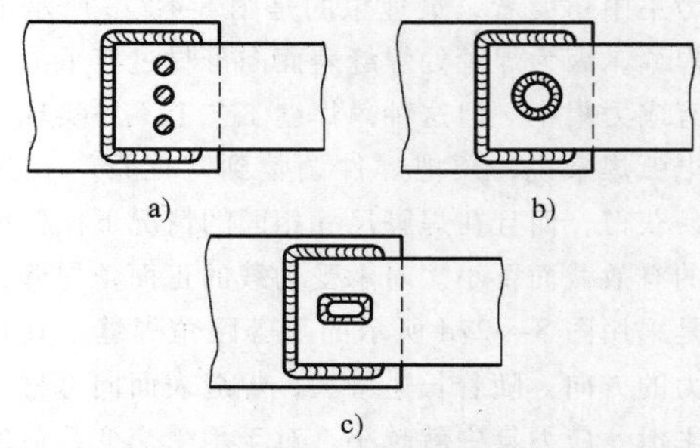

图 8-4-32 搭接接头防止盖板上拱的措施

a）均布塞焊缝 b）圆孔角焊缝 c）槽孔角焊缝

缝（CJP）和部分熔透的焊缝（PJP）之分，如图 8-4-33 所示。强度计算时全熔透的焊缝按对接（或坡口）焊缝计算，其余则按角焊缝进行计算。

图 8-4-33a 所示的 T 形接头，其贴角角焊缝和搭接接头的角焊缝一样，其横截面是直角三角形。不传载的或只传递静载的 T 形接头采用的都是这种等腰三角形的标准角焊缝，其熔深很浅，属于不熔透的接头。立板受垂直的轴向力时，角焊缝轴线与外力垂直，它相当于搭接接头的正面角焊缝。在焊趾 A、C 处和焊根 B 处产生应力集中。承受交变载荷时裂纹首先从这些点开裂。所以，受动载情况下不推荐采用这种焊缝。如果采用深熔焊工艺或焊前开坡口使之全熔透，则立板与平板间的间隙已不存在，就可消除焊根 B 处的应力集中，如图 8-4-33b、c、d 和 e。图 8-4-33e是凹面角焊缝，它同时消除了 A、C 两处的应力集中，是最理想的焊缝设计，通常采用“船形”位置施焊即可实现。也可用图 8-4-23 所示对对接焊缝焊趾处理一样的方法进行角焊缝焊趾 A、C 处的处理。图 8-4-33c、d 是为了全熔透而焊前开不同坡口的焊缝设计，坡口形式由焊接可达性和减少填充金属量等因素确定。

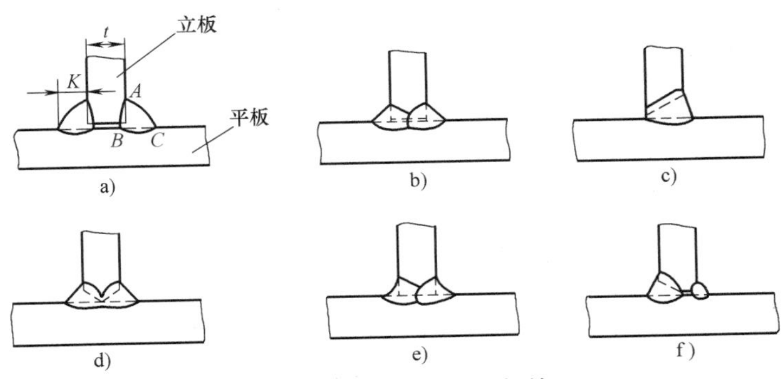

图 8-4-33　T 形接头的焊缝

a）角焊缝　b）、c）、d）、e）全熔透焊缝　f）部分熔透焊缝

图 8-4-33f 所示是部分熔透的 T 形接头之一，由于内部有未熔透的间隙存在，焊趾和焊根的应力集中不可避免，这种接头多在重型机械焊接结构的厚板 T 形接头中采用，被连接的构件主要是按刚度进行设计的，接头的工作应力较小，不影响使用寿命。采用这样的设计可以减少焊接填充金属量。

设计不承受载荷的贴角焊缝时要注意，这种联系焊缝的焊脚尺寸不是由强度计算确定的，它主要是根据立板厚度和焊接工艺等因素确定。为了防止采用过小的焊脚尺寸，一般设计规范给出最小焊脚尺寸的数据，或按下列公式确定

$$K \geqslant 1.5\sqrt{t_{max}}$$

式中　t_{max}——较厚焊件的厚度（mm）。

对立板受垂直压力的贴角焊缝进行设计时要注意，如果立板与水平板之间有间隙（见图 8-4-34a），则此两条角焊缝为工作焊缝，须进行强度计算来确定焊脚尺寸。如果焊前对接边进行刨平加工，装配和焊接时能顶紧（见图 8-4-34b），则工作时压力基本上由接触面传递，两条贴角焊缝变成联系焊缝，而不需进行计算，其焊脚尺寸一般按上述的最小焊脚尺寸的公式来确定。

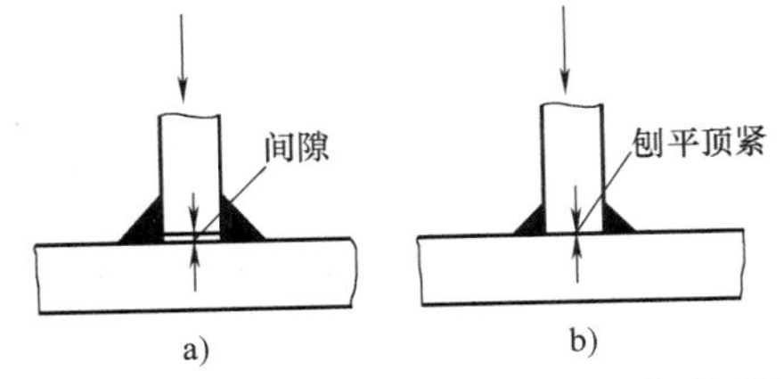

图 8-4-34　传递压力的 T 形接头角焊缝设计

a）工作角焊缝　b）联系角焊缝

设计厚板结构的 T 形和十字接头时，要注意有可能发生层状撕裂的危险。

4.4.2　考虑受力合理的结构细部处理

结构上集中力作用点需考虑让该力合理地传递（或分散）到整体结构上，使之整体承载。增加局部刚性和增大传力面积是最基本的结构措施。

（1）局部刚性不足引起变形

图 8-4-35 所示为在工字梁上设置吊耳的不同结构处理。图中在上面所示的设计不合理，工作时会引起局部变形（图中虚线）。图下面为改进设计，力的传递得到改善。

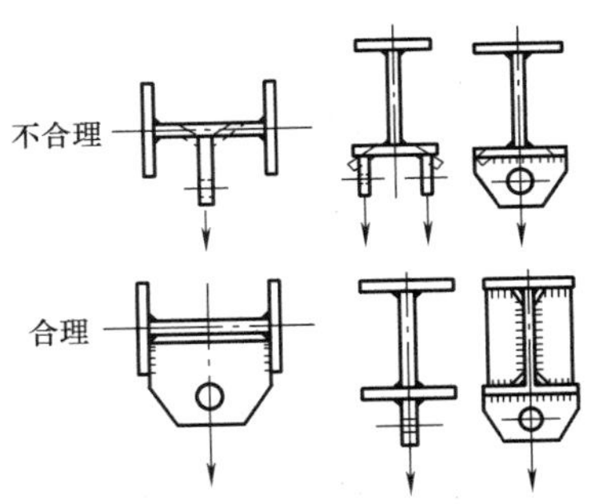

图 8-4-35　工字梁上吊耳的设置

图 8-4-36 所示为工字柱与工字梁垂直连接的两种连接结构，在力矩 M 的作用下，图 8-4-36a 的设计会引起工字柱翼板局部变形（图中虚线），A 点出现拉应力峰值，可能开裂。图 8-4-36b 的设计比较合理，只需在局部变形处增设肋板，并把受拉的梁上翼板与柱连接的 T 形接头改为熔透焊缝，以改善焊缝受力。

图 8-4-37a 所示为薄壁容器支座的设计，因局部刚性不足，易引起像虚线所示的局部变形。图 8-4-37b 在支座上方增加一块厚度较大的垫板，既增加了局部刚性，又使力的传递分散和均匀。

（2）改善焊缝受力的设计

焊接结构设计时，避免焊缝受力是一条基本原

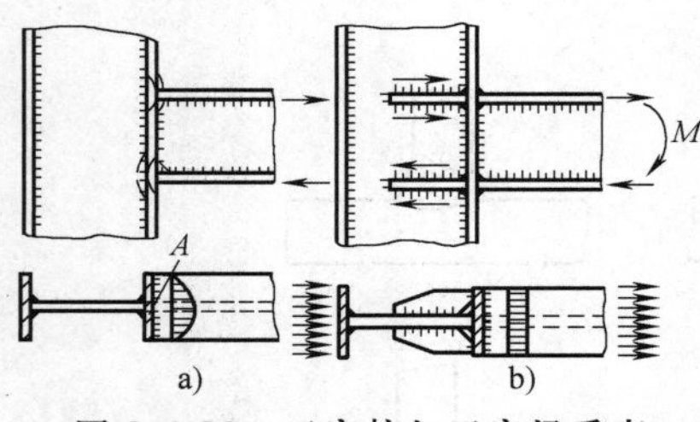

图 8-4-36　工字柱与工字梁垂直连接的结构设计

a）设计不合理　b）设计较合理

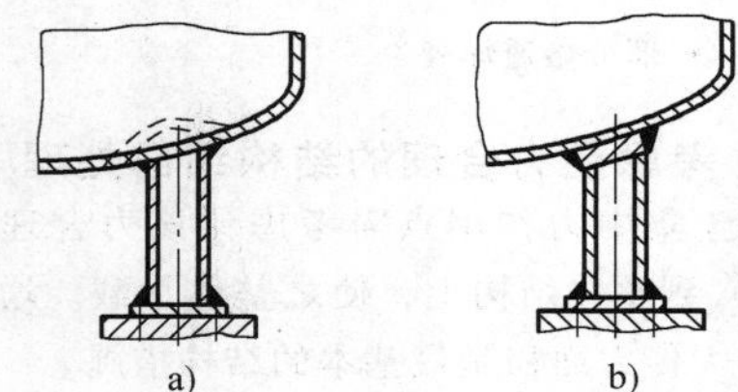

图 8-4-37　薄壁容器支座的设计

则。不可避免时，也应力求减少或改变其受力的性质。

1）尽可能地把焊缝布置在工作应力最小的地方。工字梁（或箱形梁）上下翼（盖）板长度不足时，通常用对接焊缝接长，其焊缝位置一般应避免恰好落在弯矩最大的截面上。若腹板也有对接焊缝，也不宜所有对接焊缝都位于同一截面上，而应当相互错开。图 8-4-38a 所示为受力的工字梁，应避免图 8-4-38b 的设计，图 8-4-38c 的焊缝布置比较好。

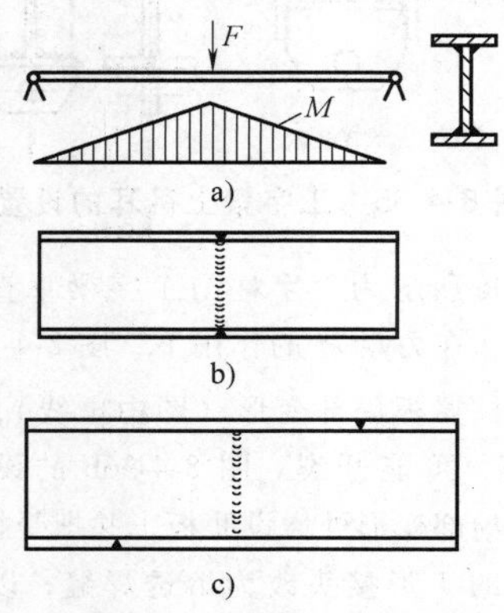

图 8-4-38　焊接工字梁对接焊缝的布置

2）改变焊缝受力的性质或大小。能把工作焊缝改变成联系焊缝这是最理想的设计。对于工作焊缝，应尽可能根据结构的具体情况去改变它的受力性质和大小。通常焊缝金属的承载能力，最好是受压，其次是受拉，最弱的是受剪切。因此，只要有可能，要避免焊缝单纯受剪切。

图 8-4-39 所示为两根槽钢组焊成的方形截面梁，根据梁截面上的工作应力分布（见图 8-4-39a），两条对接焊缝的位置应设置在上下（见图 8-4-39b），而不是在左右两侧（见图 8-4-39c）。因为焊缝处于上下时是联系焊缝。位于左右两侧则为工作焊缝，受到最大的切应力。

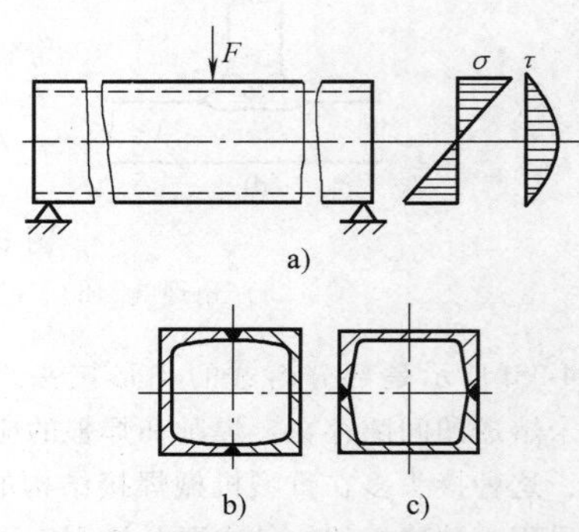

图 8-4-39　方形空心截面梁焊缝布置

图 8-4-40 所示为轮体上轮辐与轮毂连接的 T 形接头设计的三种方案。工作时，轮辐除受到径向力外，还受到图中箭头所示的轴向作用力。图 8-4-40a 的设计，左右两条环形角焊缝需传递全部轴向力，属工作焊缝，需进行强度计算；图 8-4-40b 为较好的设计，在轮毂上预先加工一个台肩。工作时台肩直接传递了部分轴向力，因而两条角焊缝的负担减轻，其焊脚尺寸可减小。这种设计还具有装配定位方便的优点。注意，采用这种设计时，一定要保证台肩必须正对轴向力；图 8-4-40c 所示的设计，使两条角焊缝变成联系焊缝，因而可以采用最小焊脚尺寸。从承载角度这是最合理的设计，但零件多，制造工艺比较复杂。

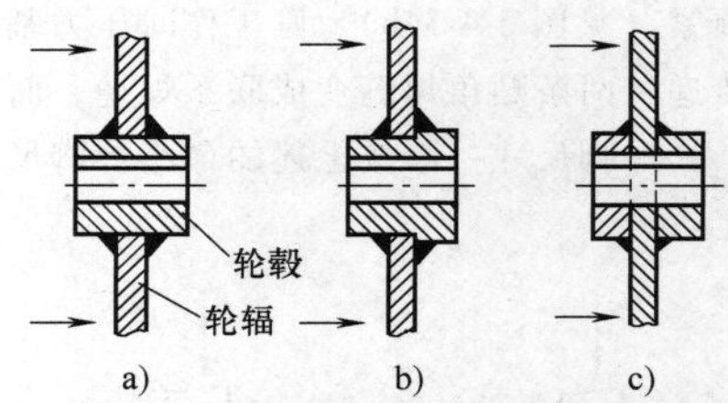

图 8-4-40　轮辐与轮毂的焊接接头设计

4.4.3　避免或减小结构应力集中的细部处理

焊接接头以外的结构不连续、截面出现突变或力流在构件内发生转折，也都是应力集中点。在脆性转变温度以上工作的一般受静载的焊接结构，可以不必对这些应力集中点作特意处理。但由强度高、对缺口很敏感的材料制作的焊接结构、厚壁的或低温工作的焊接结构，以及在动载荷下工作的焊接结构，它们发生的破坏一般不是由于平均应力，而是由局部应力引起。因此，必须从结构设计上，以及在焊接工艺上避免或降低应力集中。本篇第 3 章的表 8-3-17 中列举了常温下受静载荷与交变载荷的焊接结构在细部设计上区别的一些例子。表中右面所采取避免或减少应力集中的细部处理例子对防止脆性破坏的焊接结构设计同样适用。

4.4.4　肋板设计的细部处理

在焊接结构中肋板可以提高结构的整体刚性和局部刚性，可以改善力在结构上的传递等，因而被广泛采用。但是，由于肋板不是结构上的主体构件，通常又不做强度计算，极容易忽视它的细节处理。常因一些细节处理不当，引发始料不到的问题。

肋板的细节处理主要是对它的形状和尺寸的确定，以及与主板之间连接的角焊缝（常称肋板焊缝）的设计。肋板通常是垂直于被加强的主板平面上，构成 T 形接头，由两条贴角焊缝连接。肋板厚度一般按被加强主板厚度的 60% 左右来确定，角焊缝的焊脚尺寸约取肋板厚度的 70%。

图 8-4-41 所示为两种肋板的设计，图 8-4-41a 为不合理的设计，问题在于图中箭头所指部位处理不当。图中肋板 1 和肋板 2 的制备困难，尤其肋板 2，即便用数控切割制出，要制成与角钢形线吻合的边缘也是很困难的，因为角钢以及它与平板连接的两条角焊缝的形状和尺寸具有不确定性，很难保证肋板的装配质量；具有尖锐棱角的肋板，尖端处焊接时很难保证质量，在结构上该处易于形成应力集中；两条肋板焊缝与主板角焊缝构成互相垂直汇交的三向焊缝，汇交点焊接质量难以保证，还构成该点处于三向应力状态。图 8-4-41b 的设计，主要把肋板上的锐角切钝，留出立边，使直角处倒角避开主体的角焊缝或圆角。这样的肋板既易于剪切，也易于气割备料。当焊接肋板焊缝时，可以在端部立边处进行围焊，避免应力集中。表 8-4-27 为三角形肋板的尺寸。

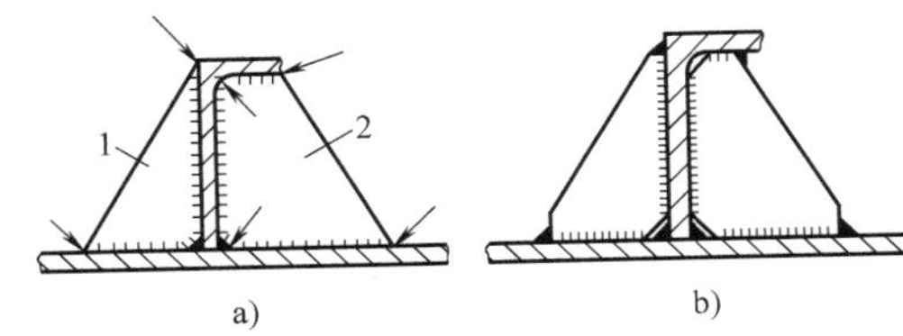

图 8-4-41　肋板设计中的细节

a）不合理的设计　b）合理的设计

表 8-4-27　三角形肋板的尺寸　　（单位：mm）

肋板厚 t	l	m	n
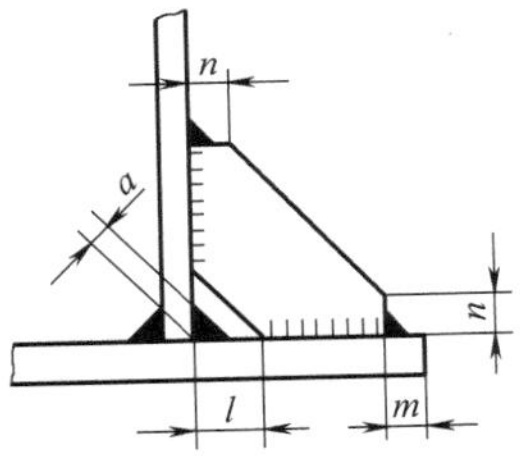 $t<6$	$a+2t$		
$6\leqslant t<12$	$a+1.5t$	$\geqslant 1.5a$	t
$t\geqslant 12$	$a+t$		

工字梁工作时通常上部受压，下部受拉，为了防止翼板和腹板失稳通常使用横向肋板加强，如图 8-4-42a所示。在静载下，肋板可以按该图所示的设计。如果承受交变载荷，如起重机梁，则肋板设计要考虑防止疲劳破坏问题。起重机工作时，下翼板承受拉应力，不存在压曲失稳情况。但肋板与下翼板之间的角焊缝与该拉应力垂直，对疲劳强度有不利的影响。为了消除这种不利因素，通常肋板与下翼板之间不焊，如图 8-4-42b 所示。重要结构为了提高局部刚性，可以采用图 8-4-42c 的结构，在肋板与下翼板之间加一块小垫板。它与肋板焊接，与下翼板不焊。工字梁支座处的横向肋板与梁中部的横向肋板要求不同，因为它传递较大的支反力，故肋板与下翼板接触的端面应刨平顶紧并用角焊缝焊牢，如图 8-4-43 所示。

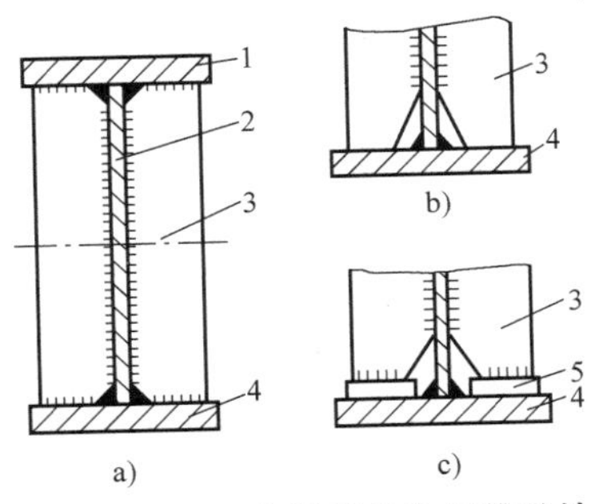

图 8-4-42　工字梁横向肋板的设计

1—上翼板　2—腹板　3—横向肋板
4—下翼板　5—小垫板

箱形梁内需设置横向肋板时，也应按上述相同的原则进行设计。

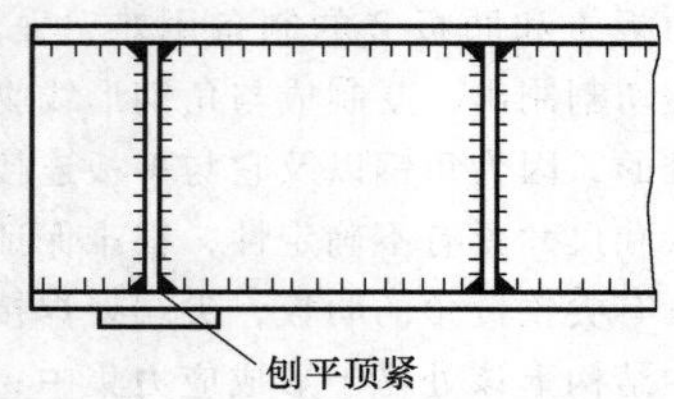

图 8-4-43　梁支座的横向肋板

4.4.5　防止层状撕裂的结构措施

层状撕裂主要是在焊接过程中产生，多发生在厚板 T 形或十字接头，以及角接头的热影响区或远离热影响区的母材金属中。裂纹呈阶梯状，基本平行钢板轧制表面，如图 8-4-44 所示。这种裂纹从外观上难以察觉，有时用超声波检查也不易发现，具有潜在危险。

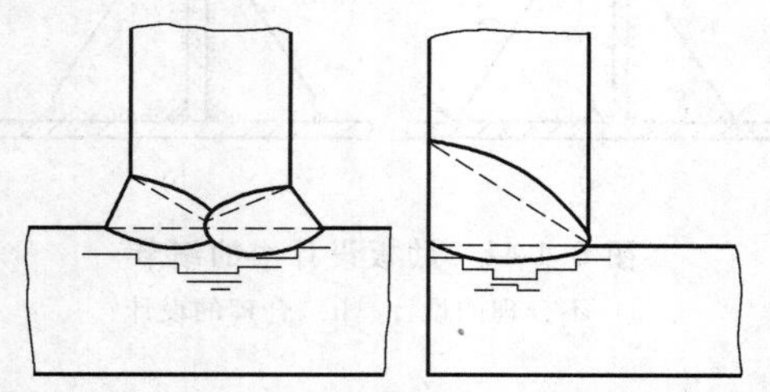

图 8-4-44　焊接接头的层状撕裂形态特征

引起层状撕裂的原因主要是钢材存在有层状夹杂物，尤其含硫量较高，造成厚度方向（常称 Z 向）塑性低；其次是厚度方向拉力过大，该拉力多因焊接时受拘束时引起。因此，防止层状撕裂需要从选材、结构设计和焊接工艺三方面采取措施。前者是治本的，后两者是治标的。

首先应选用具有较好抗层状撕裂性能的钢材，即厚度方向性能钢（简称 Z 向钢），现国内外都在发展焊接专用的这种钢。我国在 GB/T 5313—2010《厚度方向性能钢板》中，把这种钢分为三个等级。划分这三个等级的指标是钢材 Z 向拉伸时的断面收缩率及其相应的硫含量，一般是按板厚和结构的重要性来选用。普通焊接结构选用 Z15 级已满足要求，但像采油平台、船用高强度结构钢板则要求较高，宜选用 Z25 级或 Z35 级，国产的 WFG-36Z、WFG-E40、D36 等钢其 Z 向断面收缩率都在 40%以上，已满足要求。

如果 Z 向钢供应有困难，须以其他钢代用时，可以从结构设计和焊接工艺两方面防止或降低产生层状撕裂的可能性。

在结构设计和焊接工艺方面防止层状撕裂的措施，主要是设法避免和缓解焊接时沿母材板厚方向的收缩应力（或拘束应力）。表 8-4-28 列举了一些易产生层状撕裂的结构设计及其改进的设计。

表 8-4-28　防止层状撕裂的结构措施

序 号	易产生层状撕裂的结构	可改善的结构	说　明
1			箭头所示的方向为焊接时可能出现拘束应力作用的方向
2		(0.3～0.5)t t	通过开坡口或改变焊缝的形状来减少厚度方向的收缩应力,一般应在承受厚度方向应力的一侧开坡口
3			避免板厚方向受焊缝收缩力的作用
4			在保证焊透的前提下,坡口角度尽可能小;在不增加坡口角度的情况下尽可能增大焊脚尺寸,以增加焊缝受力面积,降低板厚方向的应力值
5			为了减少接管在厚度方向的拘束应力
6			这是压力容器中接管与壳体的连接,采用镶入件进行开孔补强的结构,同时也可避免层状撕裂和减少焊缝处的应力集中

（续）

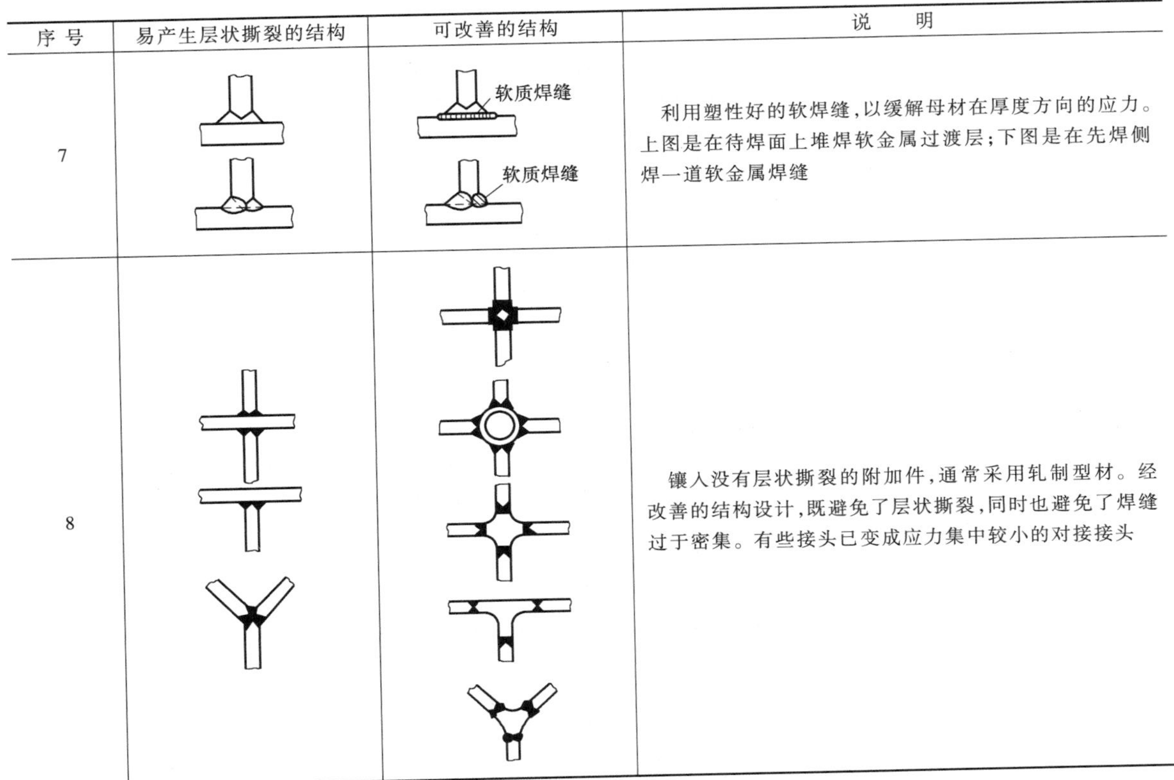

序 号	易产生层状撕裂的结构	可改善的结构	说　明
7			利用塑性好的软焊缝，以缓解母材在厚度方向的应力。上图是在待焊面上堆焊软金属过渡层；下图是在先焊侧焊一道软金属焊缝
8			镶入没有层状撕裂的附加件，通常采用轧制型材。经改善的结构设计，既避免了层状撕裂，同时也避免了焊缝过于密集。有些接头已变成应力集中较小的对接接头

综上所述，根治焊接结构的层状撕裂问题的方向，应当是提高钢材冶炼质量。如果供应焊接结构用的厚钢板都是 Z 向钢，将给结构设计很大的自由度，而焊接施工也将变得简单和容易。

4.5　设计评审

在产品设计的程序中每个设计阶段结束之后都须对该阶段设计成果进行一次质量评议和审查。这是技术控制的重要一环。目的是保证设计质量，符合计划任务书或合同要求，设计与制造出用户满意的产品。

设计评审工作不局限在设计阶段，它要持续到产品试制之后大批量投产之前。因为设计阶段的成果，仍停留在图样上，只有通过试生产，变成成品后才能对整个产品设计作出全面的评价。

评审是由不直接参与产品设计的或不直接承担设计责任的企业中各方面的专家和有丰富实践经验的人员组成的评审委员会进行。作为焊接工程师如果是产品设计者，必须接受每次评审；如果不是设计者也经常被邀请参加评委会对别人的设计进行评审。

4.5.1　设计评审的分类

设计评审通常分为以下四类：

1）初步设计评审是在初步设计结束，完成总体方案设计后，对技术任务书及总图（草图）与相应的简图的评审，确认计划任务书或合同的要求是否得到满足，是否具备了满足要求的条件。

2）技术设计评审是在完成修正总体方案及主要零部件设计后，对产品的总图（包括简图）、主要零部件（草图）及设计计算书等进行检查，确认设计的正确性与合理性。

3）最终设计评审是在样机试制鉴定后，对经试制、试验、试用与鉴定所提出的设计改进方案进行检查，以及对影响整机质量的有关项目的评审。确认设计改进方案的正确性与完善程度，以及是否具备批量试制或试生产的条件。

4）工艺方案评审是在小批试制开始，工艺方案设计结束后，对工艺方案进行评审。确认工艺方案设计的正确性、合理性和完整性。上述分阶段评审就可以及时发现设计中的缺陷和不足并能及时得以纠正，使设计顺利快速地进行。

4.5.2　设计评审的内容

企业可根据各设计阶段的特点和要求，确定评审的项目和内容。表 8-4-29 列出各类设计评审的对象和内容。

表 8-4-29 各类设计评审的对象和内容（摘自 JB/T 5055—2001）

评审类别	评审对象	评审内容
初步设计评审	技术任务书(建议书),总图(草图)	1. 满足用户要求的程度,与产品标准(国标、行标)的符合性 2. 新技术、新结构、新材料、新原理采用的必要性与可能性 3. 总体结构的合理性、工艺性、可靠性、耐用性、可维修性及安全与环境保护 4. 操作方便性、人性化及外观与造型 5. 产品在正常使用条件和环境条件下的工作能力,误用的自动保护能力及措施 6. 产品技术水平与同类产品性能的对比 7. 产品总体方案设计的正确性和经济性 8. 实现标准化综合要求的可能性 9. 是否符合政府有关法令、法规、国际标准与公共惯例
技术设计评审	设计计算书,技术设计说明书,总图,主要零部件图(草图)及简图等	技术设计评审首先应说明初步设计评审意见及建议处理情况 1. 设计计算的正确性 2. 主要零部件结构的继承性、经济性、工艺性、合理性 3. 特殊外购件、原材料采购供应的可能性,特殊零部件外协加工的可行性 4. 设计的工艺性,装配的可行性,主要装配精度的合理性,主要参数的可检查性,可试验性 5. 故障分析及措施 6. 产品标准化程度的落实措施
最终设计评审	设计改进方案及设计文件	1. 设计改进的正确与完善,以及对产品质量的影响 2. 改进部分的工艺性 3. 产品包装、储存、搬运的要求,储存期限的正确、合理与完善 4. 各种标牌、标志应合理、齐全,质量问题的可追溯性,使用说明书的正确与完善 5. 抽样验收产品的接收和拒收准则 6. 故障分析与措施 7. 是否具备产品定型的条件
工艺方案评审	工艺方案、工序控制及检验规程	1. 工艺方案、工艺流程的合理性(包括技术经济分析) 2. 检验方法的合理性、检验手段的适应性(包括特殊检验用设备和仪器) 3. 工装设计及设备选型的合理性、可行性 4. 工序质量控制的正确性(控制点设置及工序质量因素分析) 5. 外购件、原材料的可用性及供应质量保证能力 6. 工序能力满足设计要求的程度

4.5.3 设计评审的工作要点

1）评审重点。设计评审是一项设计控制的技术活动，其目的是完善设计，纠正设计中的缺点和不足，提高用户对产品的满意程度。因此，评审的重点应是产品性能、可靠性、可维修性、安全性、寿命、成本、工艺性等方面的内容。并以贯彻实施有关标准、法规、法令为制约条件。

2）评审组织。设计评审工作一般由评审小组或评审委员会进行，由企业技术负责人组织，成员由不直接参与评审产品开发设计的、不直接承担设计责任的企业中各方面（如设计、工艺、检验、标准化、质量、销售、供应、计划、财会等）专家和有丰富实践经验的人员组成。也可邀请用户代表参加。

3）评审要求。设计评审属于设计咨询活动，评审者应充分发扬民主，群策群力，从不同角度检查设计的质量及实施的可行性。评审中提出的问题与改正建议的采纳与否，其决定权在设计人员和工艺人员，但评审组有监督的责任。在每次设计评审会上，设计人员应对上次设计评审会议的意见向评审组汇报处理结果，对不能采纳的问题应阐明理由。

每次评审的意见与结论应整理成设计评审报告，送主管设计部门并归档备查。

4.6 现代设计法中的 CAD 技术简介

4.6.1 传统设计法和现代设计法

在我国机械工业中新产品的开发是从市场调研到新产品定型投产的全过程。一般包括决策、设计、试制、定型生产和持续改进五个阶段，每个阶段的工作内容和所需时间视产品的生产规模、结构复杂程度和重要性而定。对大型、大规模生产的重要产品，传统的做法是这五个阶段按先后顺序由不同机构独立地完成，互相是串联关系，每个阶段工作结果通常是通过会议形式进行评议和审查，最后由业务主管部门审批。现代的做法是把现代的先进科学技术如计算机技术、数字技术、信息技术和网络技术等应用到这五个工作阶段中。

本章前面所阐述的焊接结构设计的内容基本上都属于传统设计法的范畴。传统设计法是以经验总结为基础，运用长期设计实践和理论计算而形成的经验公式、图表、设计手册等作为设计的依据，通过经验公式、近似系数或类比等方法进行产品结构设计。这种设计方法在长期运用中得到不断完善和提高，是符合当代技术水平的有效设计方法。但是，设计的每个环节基本上是靠设计者手工方式来完成的，设计方案的拟定很大程度上取决于设计人员的个人经验，即便同时拟定几个方案，也难于获得最优方案。由于分析计算受人工计算条件限制，只能用线性的、近似的方法，参考数据偏重于经验概括和总结，往往忽略了一些难解的或非主要因素，因而造成设计结果近似性较大，有时不符合客观实际。此外，信息处理、经验知识的存储和重复使用方面还没有一个理想的办法，解算和绘图也多用手工完成，这不仅影响设计速度和设计质量的提高，也难以做到精确和优化的效果。总之，传统设计法是一种以静态分析、近似计算、经验设计、手工劳动为特征的设计方法。随着现代科学技术的飞速发展、生产技术有高的需求和市场的激烈竞争，传统的设计方法难以满足当今时代的要求，从而迫使设计领域不断研究和发展新的设计方法和技术，实现设计方法走向现代化的方向发展。

现代设计法是在传统设计法的基础上发展起来的，是传统设计法的延伸、丰富和完善，逐渐从量变到质变的过程向前发展。随着设计实践经验积累，设计理论的发展，以及科学技术的进步，特别是计算机技术高速发展和应用，设计方法产生了质的飞跃。为了区别过去常用的传统设计方法，把这些新兴的设计理论和方法统称为现代设计法。

发展至今，现代设计法的含义已扩展，成为以满足市场产品的质量、性能、时间、成本、价格等综合效益最优为目的，以计算机辅助设计为主体，以理论知识为依据，以多种学科方法及技术为手段，研究、改进、创造产品活动过程所用到的技术群体的总称。现代设计法不仅仅指设计方法的更新，也包括了新技术的引入和产品的创新，目前的现代设计法所指的新兴理论和方法主要包括：优化设计、可靠性设计、设计方法学、计算机辅助设计、动态设计、有限元法、人机工程、并行工程、价值工程、反求工程设计、模块设计、虚拟设计、绿色设计等。

现代设计法具有继承性，即继承传统设计的精华，克服传统设计中的不足。两种设计方法在一定时间内会共存，随着科学技术发展和环境条件的具备，必然会不断变革和淘汰相对落后的方法和技术。

4.6.2　计算机辅助设计（CAD）

计算机辅助设计（computer aided design，CAD），是现代设计法中最主要的技术，用于产品开发过程中结构设计阶段，解决结构设计中的技术问题，如图 8-4-45所示。

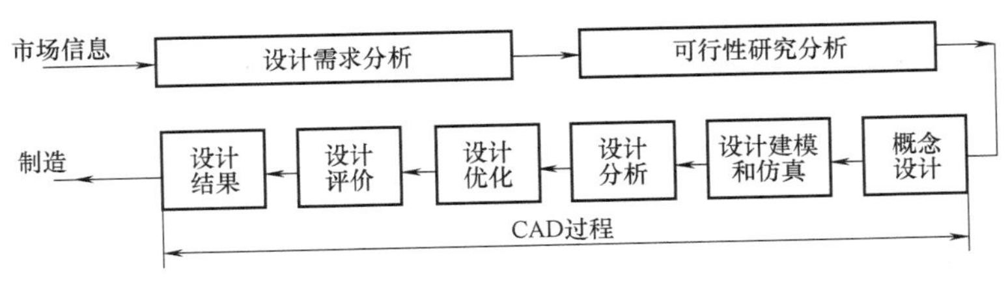

图 8-4-45　结构设计阶段的 CAD 过程

所谓计算机辅助设计，是指利用计算机的软件、硬件系统辅助工程技术人员对产品或工程进行设计、分析、修改以及交互式显示输出的一种方法（手段），是一门多学科的综合性应用技术。

CAD 系统具有四大功能：几何建模、工程分析、模拟仿真和自动绘图。它是由科学计算系统、图形系统和工程数据库三大部分组成。科学计算系统主要是进行工程分析，如有限元分析、可靠性分析、动态分析、优化设计及产品常规分析等，统称计算机辅助工程分析（CAE）；图形系统用于几何造型、自动绘图、动态仿真等设计过程；工程数据库是对设计过程中使用或产生的数据、图形、文档等信息进行存储和管理。整个运作过程是在产品概念设计的基础上进行产品的几何造型分析，完成产品几何模型的建立，然后对模型进行工程分析和计算，根据计算结果决定是否对设计结果进行修改，修改满意后编辑全部文档，输出工程图。从CAD系统的功能、组成和运作过程可以看出，该系统的工作范围基本上都涵盖了本章前面所述焊接结构设计的基本内容，因此只需选购或自行创建适合焊接结构设计用的CAD软件系统并配备必要的硬件系统就可进行现代化的焊接结构设计了。

实践已经证明，运用CAD系统进行产品设计具有以下优点：

1）提高设计效率，缩短设计周期，减少设计费用。

2）为产品最优设计提供了有效途径和可靠保证。

3）便于修改设计。

4）利于设计工作的规范化、系列化和标准化。

5）可为计算机辅助制造（CAM）和检测（CAT）提供数据准备。

6）有利于设计人员创造性的充分发挥。

现代的计算机技术不仅可以用于辅助产品结构设计，而且也可以用于辅助工艺人员制定产品的生产工艺（CAPP）、辅助产品的制造（CAM）和辅助产品质量检测（CAT）等。如果运用现代的信息技术、网络技术、智能技术和集成技术，把这些计算机辅助系统集成，建立一个计算机集成制造系统（CIMS），则新产品开发从市场调研到产品定型投产的全过程都可以由计算机辅助技术来完成，而且各设计环节可以并行地进行，彼此之间能信息交换和分享。

第9篇

焊接结构生产

第1章　焊接工艺过程设计

1.1　概述

新开发的焊接产品，当产品设计完成之后即进入焊接生产设计。它包括：焊接工艺过程设计、焊接工艺装备设计和焊接车间设计等。这些都属于产品投产前需做的技术准备工作。

焊接工艺过程设计是根据产品的生产性质、图样和技术要求，结合现有条件，运用现代焊接技术知识和先进生产经验，确定产品的加工方法和程序的过程。它是焊接生产设计的先行部分和关键环节。焊接工艺过程设计的好坏将直接影响产品制造质量、劳动生产率和制造成本，而且是组织与管理生产、设计焊接工装和焊接车间的主要依据。

老厂（或车间）第一次生产的焊接产品，在生产准备之前，同样须进行焊接工艺过程设计。

焊接结构生产的一般工艺过程如图9-1-1所示。焊接是整个过程中的核心工序，焊前准备和焊后处理的各种工序都是围绕着获得符合焊接质量要求的产品而做的工作。质量检验是贯穿在整个生产过程，是为了控制和保证焊接生产的质量。每个工序的具体内容，由产品的结构特点、复杂程度、技术要求和产量大小等因素决定。

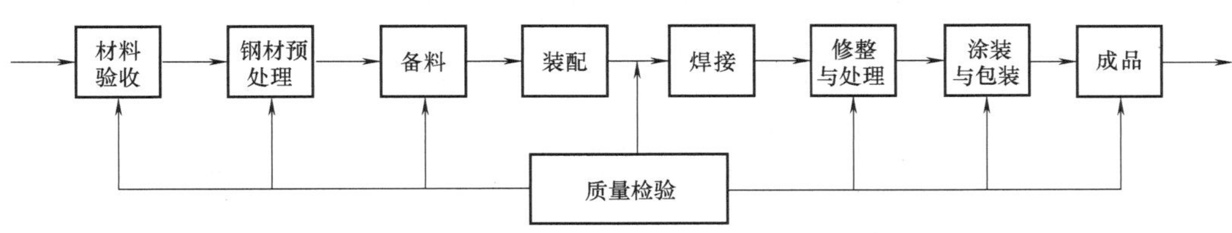

图9-1-1　焊接结构生产的一般工艺过程

现代化焊接生产企业多已采用计算机辅助焊接工艺过程设计，建立CAPP系统。这种系统可以大大减轻焊接技术人员工作的繁锁程度，提高工作效率，而且有利于企业工艺设计文件的标准化及工艺文件的管理现代化，同时也为适应当前日趋信息化的现代制造环节的需要，以及为计算机集成制造系统（CIMS）创造必要的技术条件。但是，任何计算机辅助设计系统，无论其先进程度如何，都是在本章所阐述的基本内容的基础上建立起来的。

1.1.1　焊接工艺过程设计的内容

焊接工艺过程设计的主要内容如下。

1）确定产品各零部件的加工方法、相应的焊接参数和工艺措施。

2）确定产品的合理生产过程，包括各工序的工步顺序。

3）决定每一加工工序所需用的设备、工艺装备及其型号规格，对非标准设备提出设计要求。

4）计算产品的工艺定额，包括金属材料、辅助材料、填充材料的消耗定额和劳动消耗定额等。进而决定各工序所需工人数量及其技术等级，以及各种动力的消耗等。

工艺过程设计的结果是编制出一套指导与管理生产用的工艺文件，主要有工艺方案、产品零部件工艺路线图（或工艺流程图）和工艺规程等。

1.1.2　焊接工艺过程设计的依据

1）产品图样及有关技术条件。

2）产品生产纲领，即在计划期内应当生产产品的数量和进度计划。

3）产品的生产性质和生产类型。生产性质是指属样机试制还是属于批量试制，或者属正式批量生产。生产类型是指企业（或车间、工段、工作地）根据生产专业化程度划分的生产类别，一般分为大量生产、成批（大批、中批、小批）生产和单件生产三种类型。

4）本企业现有生产条件。

5）有关技术政策及本企业发展目标。

1.1.3　焊接工艺过程设计的程序

我国机械工业的工艺管理标准JB/T 9169.2—1998中规定了产品工艺工作程序，如图9-1-2所示，其工作内容也作了原则规定，具体执行时仍应根据企业实际情况灵活调整，大致可归纳如下：

（1）设计准备

1）汇集设计所需的原始资料，包括有关的国家标准、行业标准和设计规范等。前述各项设计依据应

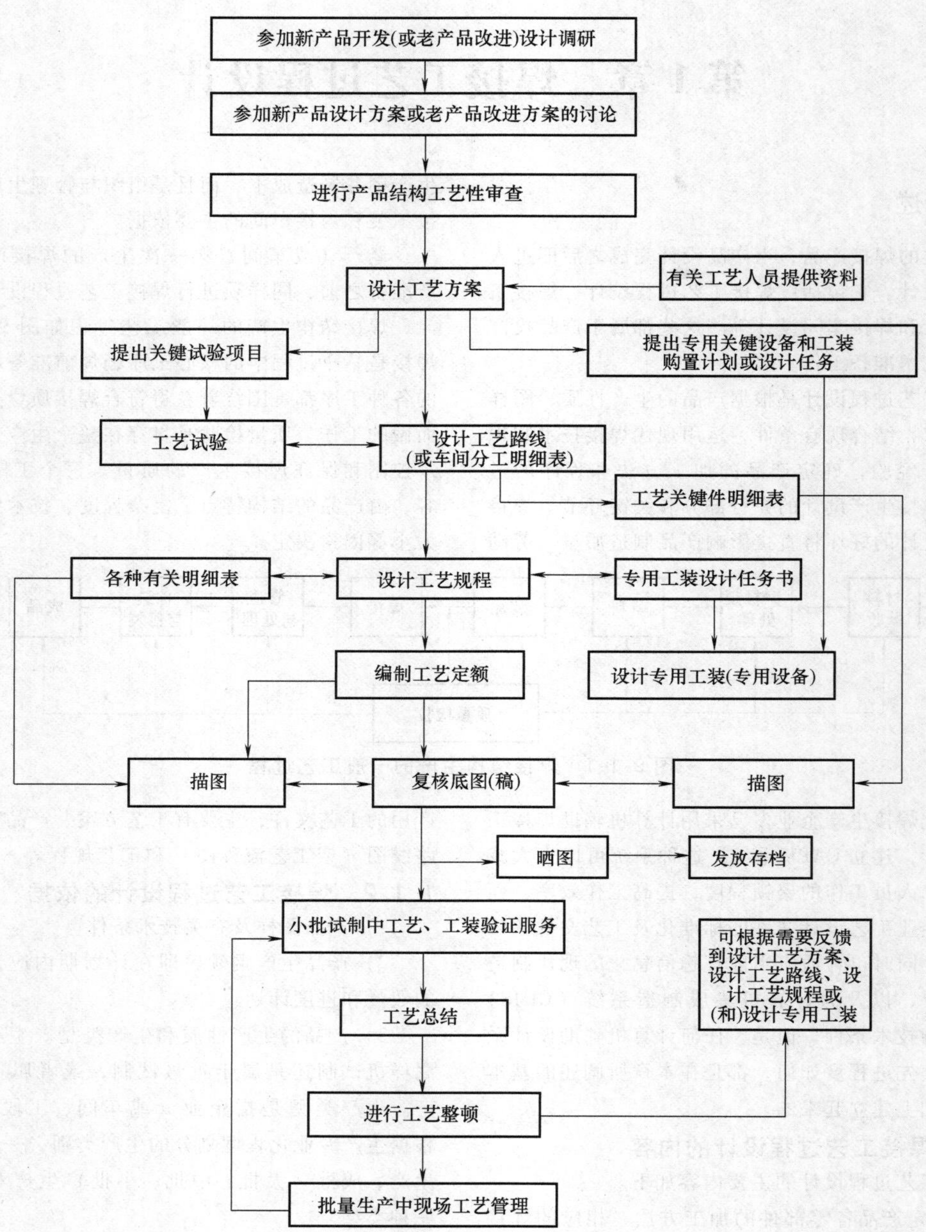

图 9-1-2　产品工艺过程设计的工作程序

收集齐全。

2）分析研究生产纲领，并根据生产性质和类型决定生产工艺的技术水平。

3）研究产品图样和技术要求，以掌握产品的结构特点，了解产品设计意图和质量要求。

4）掌握国内外同类产品的生产现状和发展趋势。

（2）工艺过程分析

工艺过程分析主要是对产品结构特点及其技术要求进行深入分析，探求产品（包括各零部件）从原材料到成品整个制造过程的工艺方法，研究和解决加工制造中可能出现的技术难题。

（3）拟订工艺方案

综合工艺过程分析的结果，提出制造产品的工艺原则和主要技术措施，对重大问题作出明确规定。

工艺过程分析与拟订工艺方案往往是平行交叉进

行，对于第一次焊接的金属材料，需作焊接性试验和其他工艺试验。工艺方案可能不止一个，须经论证比较后选出最佳方案。

（4）编制工艺文件

编制工艺文件是把经审批的工艺方案进行具体化，编写出管理和指导生产用的工艺文件，其中最主要的是工艺规程。

在生产受劳动部安全监督的焊接结构或生产产品的企业中，焊接工艺规程必须以相应的工艺评定报告为依据来编写。

1.1.4　焊接工艺过程设计的要求

（1）保证生产过程的“四性”要求

1）生产过程的连续性。要使产品生产过程的各个阶段、各个工序之间紧密衔接、连续不断地进行。

2）生产过程的平行性。要使生产过程的各个阶段、各个工序平行作业、交叉进行，以缩短生产周期，节省整体作业时间。

3）生产过程的比例性。要使基本生产与辅助生产之间、各工艺阶段之间、各工序之间的生产能力保持一定的比例，克服薄弱环节。

4）生产过程的均衡性。要使产品的生产，从投料到最后完工，能够按计划、有节奏地进行，工作地负荷均衡，完成任务均衡。

（2）采用先进工艺

采用先进工艺的目的是保证产品质量，提高生产率，改善劳动条件和降低生产成本。因此，所采用的先进工艺或设备应能满足产品技术条件和质量要求，而且该先进工艺或设备应该是成熟可靠的，在生产时确保质量稳定；所采用的工艺应该是不污染或少污染环境，即使有污染也是可以治理的；所采用的先进工艺应该具有一定的灵活性和柔性，以适应产品改型和发展，避免生产发生变化时造成浪费和损失；在受到各种条件限制而不能全面采用新工艺时，可分出轻、重、缓、急，有取有舍，有重点地采用新工艺、新设备。在保证总体先进的工艺水平下，使先进技术与一般技术结合，同时满足总体目标要求。

（3）采用先进的生产方式

如采用成组技术、流水生产线、柔性生产单元和生产线、准时生产制等生产方式，以缩短生产周期，减少储存或缩短运输路线。

1.1.5　生产类型及其特点

（1）生产类型的划分

在进行工艺过程设计之前，必须明确本产品的生产属何种生产类型，因它是选择生产组织形式、工艺与设备的先进水平，以及车间（或工段）平面布置的主要依据。前已述及，生产类型一般分大量生产、成批（大批、中批、小批）生产和单件生产三种。划分的依据是设计任务书中的生产纲领（见表 9-1-1）。

表 9-1-1　生产类型的划分

（摘自 JB/T 9165.1—1998）

生产类型	按生产产品的年产量分①/台	按工作地负担的工序数分
单件生产	1~10	不作规定
小批生产	>10~150	>20~40
中批生产	>150~500	>10~20
大批生产	>500~5000	>1~10
大量生产	>5000	1

① 年产量按企业产品具体情况而定。

（2）各种生产类型的特点

由于受生产期限和生产数量的规定，便形成了各种生产类型的生产特点，表 9-1-2 是它们之间的特点比较。

表 9-1-2　各种生产类型的特点比较

比 较 项 目	生 产 类 型①		
	大量、大批生产	中批生产	单件、小批生产
产品特点	品种单一	品种较多	品种很多
工作地工序数目	很少	较多	很多
生产设备	多用高效专用设备	部分用专用设备，又用通用设备	大多用通用设备
生产设备的布置	按对象原则排列，组成不变流水线或自动线	既按对象原则又按工艺原则排列，组成可变流水线或生产线	按工艺原则排列，一般不能组成流水线
技术工作的精确程度	产品“三化②”程度高，零件互换性强，工艺规程按工序细分制订	产品“三化”程度较低，零件在一定范围内互换，工艺规程较粗	产品“三化”程度低，零件互换性差，工艺规程简略
工艺装备	采用高效专用工装	专用与通用工装并存	主要采用通用工装
工艺装备系数	大	较大	小

（续）

比较项目	生产类型①		
	大量、大批生产	中批生产	单件、小批生产
工人的技术水平	调整工较高，操作工较低	较高	高，且适应性强
设备利用率	高	较高	低
劳动生产率	高	较高	低
产品生产周期	短	较长	最长
计划管理工作特点	比较简单	比较复杂	复杂多变
适应市场变化能力	差	较好	好
产品成本	低	中	高
经济效果	最好	较好	最差

① 成批生产中，大批与大量生产特点相近；小批与单件生产的特点相近，故合并列出。

② 产品"三化"，即标准化、系列化和通用化。

1.2 焊接工艺过程分析

焊接工艺过程分析是焊接工艺过程设计的核心内容，是形成产品生产工艺方案必经的重要环节，它决定着焊接生产设计的成败。分析的目的是寻找一种既能保证产品质量，又能取得最好经济效果的制造程序和方法。分析的方法就是找出生产中可能出现的问题，然后针对问题提出解决的办法。分析首先应从影响产品质量方面入手，因为保证产品质量是一切工作的前提；其次再从采用先进工艺技术的可能性方面去分析和采用先进生产组织形式方面去分析；最后综合分析结果，形成制造该产品的工艺方案。

1.2.1 对产品技术要求的分析

焊接产品的技术要求一般在产品图样上或技术文件中提出，从中可归纳为下列两个方面的要求。

1）焊接接头方面的质量要求。它与金属材料的焊接性密切相关。

2）产品结构几何形状和尺寸方面的质量要求。它与备料、装配、焊接、热处理等工艺环节有关，其中焊接应力与变形是影响这方面质量要求的主要因素。

必须综合运用焊接的科技知识和生产经验对产品上述两个方面的质量要求进行分析研究。生产问题错综复杂，分析时要抓主要矛盾，即制造过程中最难达到质量要求的那个问题，该问题若不解决，则产品无法生产出来或生产出来不能使用，其他问题也就无法解决。

（1）对焊接接头质量的分析

一般焊接接头的质量要求是接头的工作性能等于或略高于母材。为达到这种要求，须从母材的焊接性分析入手，寻找能保证达到这个要求的办法。

首先，分析母材的工艺焊接性。从焊接冶金和焊接热循环作用两方面，再结合产品结构特点和材料的化学成分及供应状态，分析用什么焊接方法才能获得成形最好的焊接接头（包括焊缝金属和热影响区），而且产生的焊接工艺缺陷最少。接着根据所选定的焊接方法的工艺特点，探求是否可以通过调整焊接参数或采取一些特殊措施，把可能产生的问题（如缺陷）解决。最后，分析母材的使用焊接性。好的焊缝成形，尽管无内外缺陷，也未必能保证接头的使用性能符合设计要求。因此，还必须估计所焊成接头的使用性能，如强度、韧性、耐蚀性、耐磨性、导电性等，是否接近或超过母材的使用性能或是否符合设计要求。若达不到要求，则找出原因，提出解决办法。为此，不排除重新选择焊接方法、焊接材料或改变某些焊接参数的做法，直至达到要求为止。当分析过程中遇到没有把握的问题，如没有现成参考资料或从没有焊接过的新金属材料等，应进行工艺试验，其中主要是焊接性试验。

（2）对焊接结构形状和尺寸的分析

在焊接产品图样及技术文件中，常以公差等形式规定了产品（或零部件）的几何形状与位置精度和尺寸精度方面的要求。焊接生产过程中，几乎每一个加工环节都有可能引起零部件变形。作为工艺纪律，通常规定上一道工序质量不符合要求的焊件不允许转移到下一道工序。因此，必须从每一道工序加工过程可能引起的变形作分析，若变形超标则须寻找解决的办法。焊件在备料过程中引起零部件形状和尺寸的变化，相对焊接来说较为简单和有规律，通常配备平板机、调直机等矫形设备，容易控制和解决。难以控制和解决的是焊后产生的焊接应力和变形，因此重点是对产品焊后可能产生的变形作出分析和估计。主要从影响焊接应力与变形的结构因素和工艺因素两方面进行分析。

1）结构因素。结构刚度不足，接头的坡口形状、焊缝在焊件上的分布位置等对焊接变形有着显著影响。因此，须从产品结构上这些方面去估计可能产生什么样的变形，以及寻找对策。例如，薄板结构，垂直板平面方向的刚性弱，焊后易产生波浪变形；细长杆件焊接结构，焊后易引起弯曲或扭曲的变形；单面V形坡口的对接接头焊后比双面V形坡口的对接接头角变形大；T形截面的焊接梁，由于焊缝在截面上集中于一侧（即偏心分布），焊后将产生弯曲变形等。有些焊接变形可以通过改变结构设计来减少和避免，但必须是不影响产品的工作性能为前提。否则只能采取工艺措施去克服和消除。

2）工艺因素。焊接方法、焊接参数、装配-焊接顺序、直通焊或逆向分段焊、刚性固定（用胎具或夹具）焊或反变形状态下施焊等，都是影响焊接变形的工艺因素。针对产品结构特点，正确地选择与调节，合理地利用和控制这些因素，一般都能把变形控制在允许范围之内。

若从结构和工艺两方面都难以解决焊后变形问题，只要不影响结构的安全使用，又能减小制造成本，可以采取焊时不控制变形，焊后进行矫形的办法。

1.2.2 对先进工艺技术应用的分析

在焊接工艺过程分析中解决每一个技术问题时，都应首先考虑采用更先进技术的可能性，如用先进的焊接方法、先进的焊接设备和先进的质量检测手段等。在操作方法上，应尽量减少手工操作，以提高机械化和自动化水平；在制造程序上，应是用最少工序或最短流程即能完成整个制造过程，以缩短生产周期。

现阶段焊接生产中使用的基本加工方法和适用范围见表9-1-3。表中大部分工序都列出若干种可供选择的加工方法，它们的机械化和自动化程度不相同。可以根据每一加工方法的特点和适用范围，结合产品的结构特点、产量和技术要求进行选用。选用的基本原则是在保证产品制造质量（即符合产品的技术要求）的前提下，选择其中技术最先进、经济最合理的工艺方法和设备。此外，还必须满足前面1.1.4节所述的设计要求。

表9-1-3 焊接生产中的基本加工方法和适用范围

工序类别	工序名称	加工方法	特点及适用范围	设备
备料	钢材预处理	抛丸除锈、涂装、烘干	钢板、型钢、部件三合一的预处理线。预热到40℃，抛丸除锈、吹净、自动涂装，60℃烘干，自动化程度高，适用于年产量1万t以上的焊接车间	2m和3m钢材预处理生产线装置
	钢材矫正	压力机矫正	板材、管材、型钢的局部矫正	型钢矫直机、压力机、摩擦压力机
		辊式矫正	板材矫正、角钢矫正、管子矫正	板料矫平机、角钢矫直机、管子矫直机
	火焰切割下料	数控火焰切割	实现切割数控化、自动化，切割质量好，效率高，套料节材，适用于中厚板切割下料	数控精密气割机
		光电跟踪火焰切割	适用于中、小零件切割下料。一次性投资省，质量好	光电跟踪自动切割
		靠模仿型自动切割	适用于批量生产的小零件的切割	折臂式自动气割机
		管子全位置切割	管子垂直端、斜端、T形接头端等的切割，管子缺口、坡口的切割	管子全位置气割机
	电弧切割下料	数控等离子弧切割	有空气等离子弧、氧等离子弧、水再压缩等离子弧、纯氮等离子弧切割等，适用于不锈钢，铝、钛等金属，也可切割碳素钢	数控等离子切割机
		激光切割	主要用于普通方法难以加工的金属，如钛合金、弹簧钢、高碳钢、不锈钢薄板、非金属材料等	数控激光切割机
	水（刀）切割下料	超高压水射流切割	属冷和非接触式切割，无应力、变形、氧化、热影响区和环境污染等问题。可切割任何材料，尤其是合金钢、有色金属和合成材料等。很适合薄件内部开孔及曲直线切割	数控水刀切割机

（续）

工序类别	工序名称	加工方法	特点及适用范围	设备
备料	机械剪切下料	剪切	板料直线、折线等剪切，但精度较差	龙门式剪板机
		圆盘剪	剪切厚度6mm以下圆形或曲线形零件，也可用于中、小件压制后修边	双盘剪边机
		联合冲剪	小板料直线切断，型钢、棒料切断，但精度较差	联合冲剪机
		步冲	利用样板仿形或数控编程，带冲模库来步冲任意所需形状和孔的薄板件，并可翻边，折叠等，是薄板下料最理想的设备	仿形步冲机、数控步冲机、数控回转头压力机
	锯切下料	带锯	对型钢、管子可实现自动锯切下料、精度好、效率高	自动、半自动卧式、立式带锯床
		圆盘锯	切割型钢、管子，效率较高	圆盘锯床
	边缘加工	热切割	用数控气割、等离子弧切割坡口	数控切割机
		车削	封头，筒体等边缘或坡口加工	车床、立车
		斜切	利用滚剪刀或刨刀等加工坡口	坡口斜切机、刨边机
	弯曲成形	折弯	利用通用模折弯各种形状，通用性强，适用于多品种生产	折弯压力机、数控折弯压力机
		板料卷圆	钢板在对称或不对称三辊、四辊卷板机、立式卷板机上冷、热卷圆	三辊、四辊卷板机
		型钢弯曲	型钢冷弯曲，效率高，节能	型钢弯曲机
		管子弯曲	无芯冷弯，应用较广，适用于$\phi32\sim\phi108$mm管子，中频弯管适用于大直径管	液压弯管机、数控弯管机、中频弯管机
	冲压成形	冲形	高效，精确，适用于薄板冷成形	机械压力机
		压形	适用于中厚板冷热成形，模具费用大	液压机
		旋压成形	适用于板厚≤32mm的封头成形，对单件小批，薄壁大直径封头最理想，省模具	旋压机
	制孔	钻孔	钻圆孔，可用钻模或程控、数控编程钻孔	摇臂钻床、数控钻床
		冲孔	冲圆孔、方孔、椭圆孔，但孔径一般都应大于板厚	机械压力机、步冲机
装焊	装配	划线装配	划线进行组装，单件小批生产中常用	装配平台
		定位装配	用专用胎具、定位器、组合夹具等进行拼装，适用于成批生产	专用装配胎夹具
		流水线装配	在流水线上，按节拍在专用胎具中装零件，效率高，适用于大批量生产	专用流水生产线
焊接	焊接	焊条电弧焊	操作灵活，设备简单，可全位置焊接	各种电焊机
		气体保护焊	CO_2气体保护焊，适用于碳素钢、低合金钢；MIG焊适用于不锈钢、耐热合金、铝合金；TIG焊适用于不锈钢、铝钛薄板	气体保护焊机、旋转氩弧焊机
		埋弧焊	适用于拼接长缝，管道的纵环缝等，效率较高，质量可靠	埋弧焊机
		窄间隙焊	有埋弧和气体保护两种，适用于厚板压力容器，目前MIG窄间隙焊可焊到300mm、埋弧窄间隙焊可焊到670mm厚板	窄间隙焊机
		等离子弧焊	适用于不锈钢、耐热钢、钛合金等难熔金属，还可堆焊、喷焊，如堆焊阀门	等离子弧焊机
		真空电子束焊	可焊接通常电弧焊不能焊的异种金属，但焊件尺寸受真空室限制	真空电子束焊机

（续）

工序类别	工序名称	加工方法	特点及适用范围	设　　备
焊接	焊接	激光焊	热量高度集中且可控，焊接速度快，溶深浅，热影响区小，适于薄板焊接，可焊很多金属，特别是难焊金属和异种金属	激光焊机
		电阻焊	点焊主要用于薄板搭接	点焊机
			缝焊适用于气密性高的连续缝件	缝焊机
			对焊适用于管子、棒料、型钢等	对焊机
			凸焊适用于大面积焊件、螺母、螺栓与平板焊等	凸焊机
		摩擦焊	有焊件旋转摩擦焊和搅拌摩擦焊，前者适于同种和异种金属棒对接焊；后者焊件为板状，可对接或T形接，目前主要用于塑性较好的金属，如有色金属和轻金属的焊接	普通摩擦焊机、搅拌摩擦焊机
		钎焊	适用于异种金属连接，如铝、铜等	钎焊机、钎焊炉
		堆焊	目前带极堆焊效率最高，还有丝极堆焊、高频感应堆焊等	带极、丝极堆焊机
焊后矫正	矫正	机械矫正	适用于结构较复杂的梁类，架体等	龙门移动式液压机、单臂油压机
		火焰矫正	适用于各类构件，但对工人技术等级要求较高	专用焊炬
焊接检验	焊缝非破坏性检验	水压试验	检验焊缝的致密性	试压泵
		无损检测	常用的无损检测法有：着色、荧光，磁粉，超声波及射线检验等	磁粉检测仪、超声波检测仪、X光机、直线加速器

焊接是整个生产工艺过程的核心工序，因此，首先应分析产品采用先进焊接技术的可能性。只有焊接方法及其机械化和自动化水平确定后，与之相适应的焊前备料与装配和焊后处理等工艺方法及其先进性才大致可以确定。

目前焊接工艺技术已经发展到较高的水平，基本上能实现机械化、自动化和机器人焊接，可以有较多的选择余地。选用何种焊接方法，既要看产品结构的适用性，又要考虑采用的必要性。前者是技术问题，后者是经济问题。任何一种先进技术的应用都是有条件的，若不满足这些条件它的先进性便发挥不出来。以自动熔焊为例，对焊缝的要求是：产品结构上可焊到的焊缝数量要多、焊缝应长且直或很有规则（如环焊缝）；对焊前备料和装配要求是：焊接位置清理必须干净，零件加工或成形、坡口的制备、装配质量等都应符合形位公差和尺寸精度的要求，否则不能施焊；对辅助装置的要求是：除专用焊机外，通用的自动焊机或半自动焊机常需有焊接变位机、操作机、滚轮架等辅助装置密切配合。只有这些要求都能满足，采用自动焊才有可能。至于先进的程度，或者机械化、自动化的水平，则取决于产量大小和重复性程度，最后归结为经济效益。

例如，锅炉制造中膜式水冷壁的生产，它是由许多钢管和扁钢拼焊而成，其拼接接头如图 9-1-3 所示。从结构看，每一组成单元都有四条长而直的角焊缝，具备了采用埋弧焊和 CO_2 气体保护焊的可能条件。根据产量和工厂条件，既可以采用通用自动或半自动焊机，也可以设计专用的全自动焊机。专用自动焊机可设计成单焊头或多焊头的。埋弧焊只能平焊，因此焊件必须翻身，若场地受限，可以采用更为先进的多头两面同时施焊的 CO_2 气体保护焊。最后选用哪一种焊接方法则由技术经济效果来确定。显然批量越大，采用更为先进的焊接技术，在经济上就越合理。

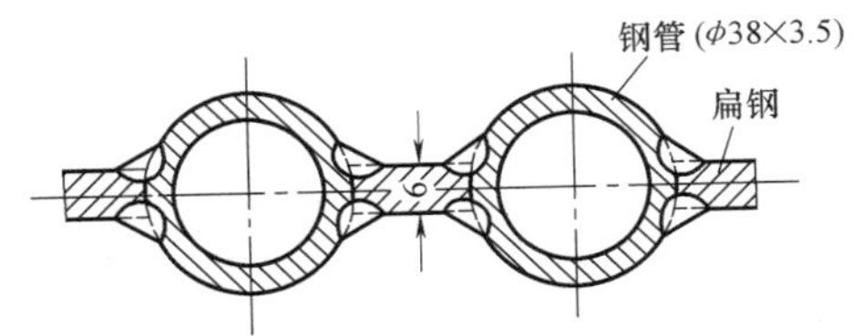

图 9-1-3　锅炉膜式水冷壁焊接接头

为了使产品能适应某种先进焊接工艺，在不影响产品使用功能的前提下，可以改变其结构设计。例如，锅炉膜式水冷壁可以改用鳍片管拼焊的结构，如图 9-1-4 所示。与前面图 9-1-3 所示的结构相比，产品功能不变，少了扁钢，也少了两条焊缝，且变成对接焊缝。这样的结构易于实现机械化和自动化装配及焊接，且生产率大大提高，如图 9-1-5 所示。但这种结构须解决鳍片管的来源，一般须专门订货，或自行生产，如用高频焊把鳍片焊到管子上。

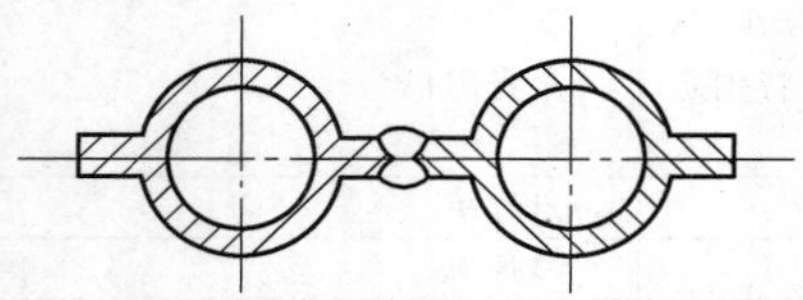

图 9-1-4　锅炉膜式水冷壁鳍片管拼接的焊接接头

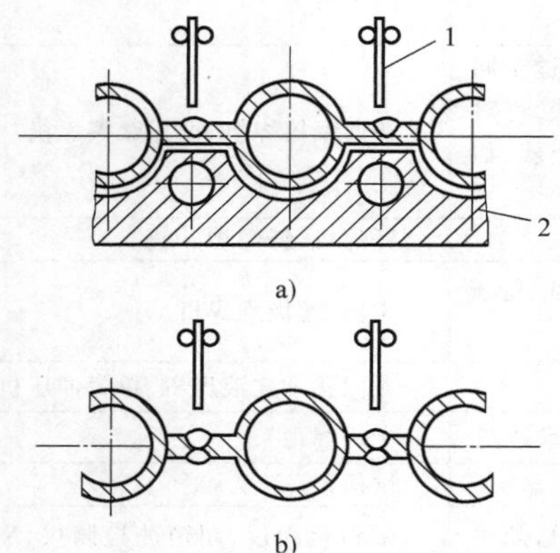

图 9-1-5　锅炉膜式水冷壁鳍片管拼接多头单面自动焊

a）焊第一条焊缝　b）焊第二条焊缝

1—焊接机头　2—水冷铜垫块

图 9-1-6a 为农机用转轴，原设计为熔焊结构，先后焊两条环状焊缝，生产率低。把它改用摩擦焊的焊接结构，如图 9-1-6b 所示。可以一次焊成，不仅省工时，还省焊接材料。

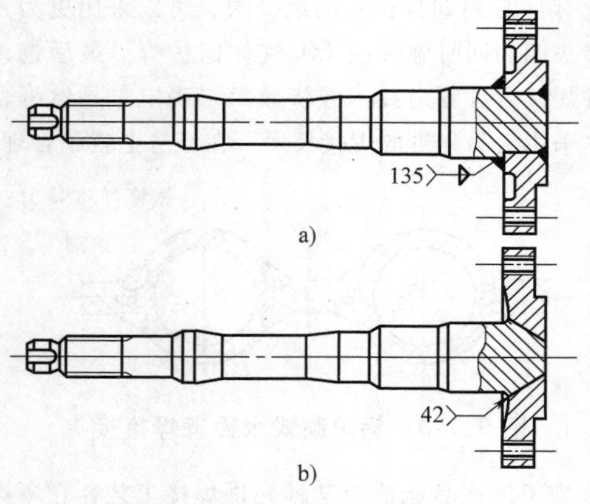

图 9-1-6　农机用转轴两种焊接结构

a）电弧焊结构　b）摩擦焊结构

随着焊接方法自动化程度的提高，对焊前备料和装配的质量要求也越严格。零部件的形状和尺寸要求十分精确。手工划线和手工气割下料已经不能满足自动弧焊的要求。现代焊接车间备料工段一般都应配备数控精密气割工艺及其设备，尤其是形状复杂的中、厚板焊件的下料，它可以不必预先划线，就能直接从板料上切割出所需形状和尺寸的零件，一般不再机械加工就能投入装配和焊接。通过数控套料可以提高材料利用率，节约材料。薄板下料可以采用激光切割或数控步冲机等，不仅精度高，变形小，而且生产率很高。成形工艺现代已向数控、全液压方向发展。如板料卷圆，若三辊或四辊卷板机满足不了技术要求，可以考虑选用数控全液压卷板机。管子弯曲可选用数控弯管机，折弯用数控折弯压力机等。

焊前钢板清理去锈对提高焊接质量极为重要。手工、砂轮除锈已经不适于批量生产和重要焊接的要求。一般焊接产量较大（万 t/年以上）的车间宜采用能够抛丸除锈的钢板预处理装置，这种工艺及设备清理彻底，又利于环境保护，而且生产率又很高。批量越大，选用这种预处理工艺及设备，经济上就越合理。

总之在进行工艺过程分析时，不能因循守旧，应大胆地采用先进工艺技术，但同时又要实事求是地作综合分析和论证，使所选工艺既有高的技术水平，又有好的经济效益和社会效益。

1.2.3　工艺方案的确定

工艺方案是根据产品设计要求、生产类型和企业的生产能力，提出工艺技术准备工作的具体任务和措施的指导性文件。它是经过工艺过程分析，对生产中的重大技术问题有了解决的办法和意见之后，进行综合归纳和整理出来的。方案可能不止一个，一般须经评议和审批，确定最优方案。方案的内容主要有以下几点。

1）关键质量问题的解决原则和方法，包括关键零部件的加工方法，重大工艺措施。

2）提出工艺试验（包括焊接工艺评定）的项目和工艺装备的配置，提出专用工装的设计原则和设计要求。

3）提出生产组织形式和工艺路线的安排原则和意见。

4）指出工艺规程制订原则，形式和繁简程度。

工艺方案经评议通过并经上级审批，即成为生产的指导文件，是编写各种工艺文件的依据。

1.3　工艺规程的编制

工艺方案只规定产品制造中重大技术问题的解决办法和指导原则，要具体实施，须编制成指导工人操作和用于生产管理的各种技术文件，常称工艺文件，如产品零部件明细表、产品零部件工艺路线表、工艺流程图、工艺规程及专用工艺装备设计任务书等。

对受劳动部安全监督生产的焊接产品，在编写工艺规程之前，还需按有关规定进行焊接工艺评定，经评定合格的工艺才能编入工艺规程中去。

本节仅介绍工艺规程的编制，因它是规定产品或零部件制造工艺过程和操作方法等的重要工艺文件。它反映了工艺设计的基本内容，是用以指导产品加工的技术规范，是企业安排生产计划，进行生产调度、技术检验、劳动组织和材料供应等工作的主要技术依据。编写工艺规程是工艺人员的主要工作内容之一。

工艺规程有各种文件形式，但须包含以下内容：规定产品或零部件制造工艺的具体过程、质量要求和操作方法；指定加工用的设备和装备；给出产品的材料、劳动和动力消耗定额；确定工人的数量及其技术等级等。

1.3.1　工艺规程的文件形式和格式

（1）文件形式

为了便于生产和管理，工艺规程有各种文件形式，见表 9-1-4，可按生产类型、产品复杂程度和企业条件等选用。

表 9-1-4　工艺规程常用文件形式

文件形式	特　　点	适用范围
工艺过程卡片	以工序为单位，简要说明产品或零部件的加工或装配过程	单件小批生产的产品
工艺卡片	按产品或零部件的某一工艺阶段编制，以工序为单元详细说明各工序名称、内容、工艺参数、操作要求及所用设备与工装	各种批量生产的产品
工序卡片	在工艺卡片基础上，针对某一工序而编制，比工艺卡片更详尽，规定了操作步骤、每一工步内容、设备、工艺参数、工艺定额等，常有工序简图	大批量生产的产品和单件小批生产中的关键工序
工艺守则	按某一专业工种而编制的基本操作规程，具有通用性	单件、小批、多品种生产

（2）文件格式

为了标准化，便于企业管理和便于工人使用，文件应有统一的格式，JB/T 9165.2—1998《工艺规程格式》规定了 30 多种文件的格式，无特殊要求的都应采用。这里只介绍工艺规程表头、表尾的格式（见表 9-1-5）、焊接工艺卡片（见表 9-1-6）、装配工艺过程卡片（见表 9-1-7）、装配工序卡片（见表 9-1-8）和工艺守则（见表 9-1-9）。

有一些行业因产品制造工艺复杂或有特殊要求，统一格式难以表达时，可以在行业范围内或本企业内部建立统一格式，限在本行业或企业范围内使用。

1.3.2　工艺规程编写的基本要求

编写工艺规程并不是简单地填写表格，而是一种创造性的设计过程。须把工艺方案的原则具体化，同时要解决工艺方案中尚未解决的具体施工问题。如确定加工的详细顺序、选用设备的型号规格，确定工艺要求、加工余量、工艺参数、材料消耗、工时定额等，是一件细致、繁重的工作。现在已逐渐用计算机来编制。

编制时，除必须考虑前述设计原则外，还应达到下列要求：

1）工艺规程应做到正确、完整、统一和清晰。

2）规程的格式、填写方法、使用的名词术语和符号均应按有关标准规定，计量单位全部采用法定计量单位。

3）同一产品的各种工艺规程应协调一致，不得互相矛盾，结构特征和工艺特征相似的零部件，尽量设计具有通用性的典型工艺规程。

4）每一栏目中填写的内容应简要、明确，文字规范化、字体端正，笔画清楚，排列整齐。难以用文字说明的工序或工步内容，应绘制示意图，并标明加工要求。

1.3.3　编写工艺规程的方法和步骤

首先应根据产品的生产性质、类型和产品的复杂程度确定该产品应具备的工艺文件种类。在标准 JB/T 9165.1—1998《工艺文件完整性》中对必备的和酌情自定的文件作了规定。如单件和小批生产的简单产品，有了工艺过程卡片和关键工艺的工艺卡片即可；复杂产品需要有工艺方案、工艺路线表、工艺过程卡片、工艺卡和关键工序的工序卡片等。对于大批量生产则要求文件齐全完整，内容相对的要详尽而具体。

文件类型确定后就可以按相应的格式进行编写。填写的内容在各格式中有明确规定。一般编写过程如下。

（1）熟悉与掌握编写工艺规程所需的资料

除前述设计依据、工艺方案和工艺流程图外，还

表 9-1-5 工艺规程幅面、表头、表尾及附加栏格式

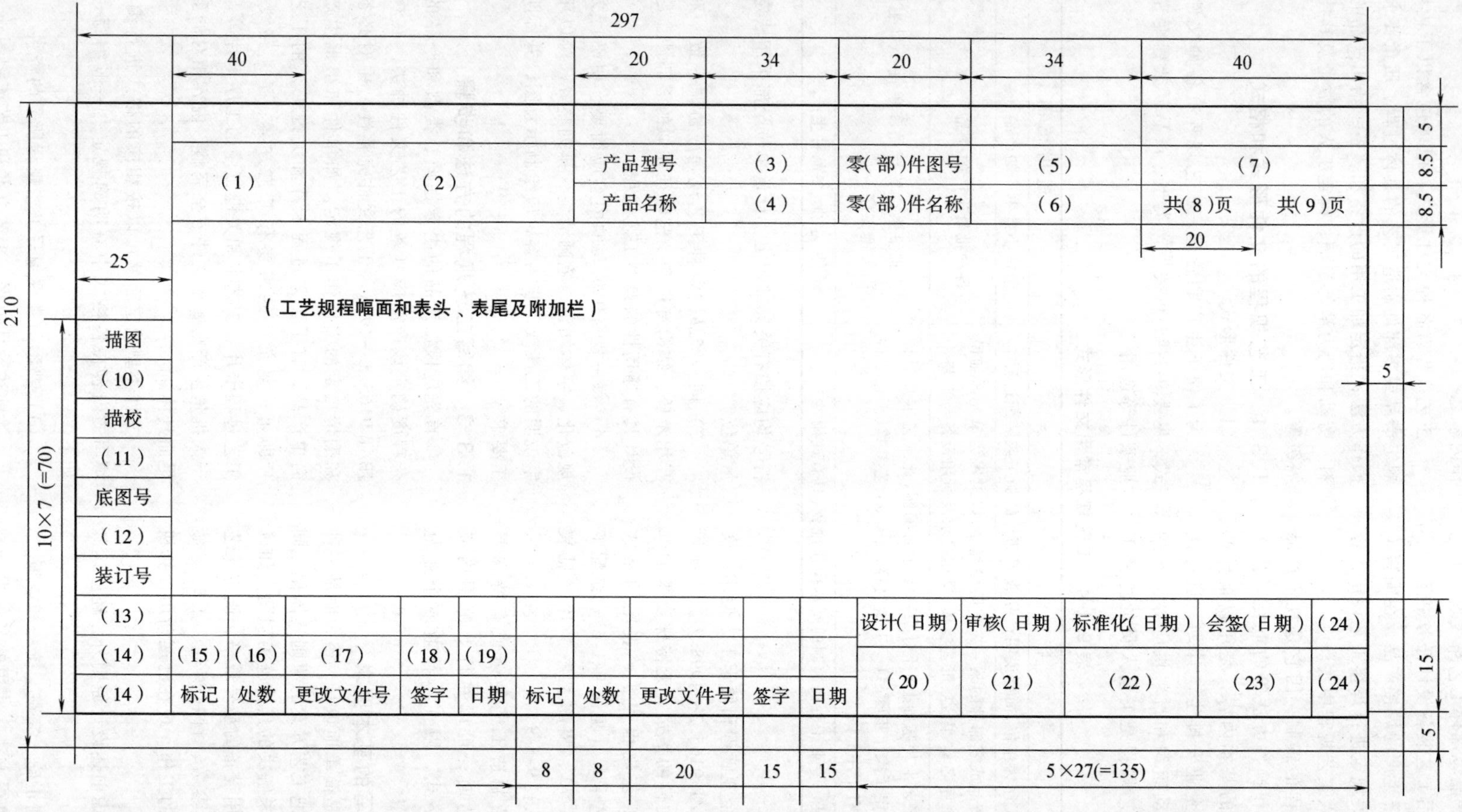

297

(1)	(2)	产品型号	(3)	零(部)件图号	(5)	(7)	
		产品名称	(4)	零(部)件名称	(6)	共(8)页	共(9)页

40　20　34　20　34　40　20　5　8.5　8.5

（工艺规程幅面和表头、表尾及附加栏）

210　25　10×7(=70)　5

描图
(10)
描校
(11)
底图号
(12)
装订号
(13)

(14)											设计(日期)	审核(日期)	标准化(日期)	会签(日期)	(24)
(14)	(15)	(16)	(17)	(18)	(19)						(20)	(21)	(22)	(23)	(24)
(14)	标记	处数	更改文件号	签字	日期	标记	处数	更改文件号	签字	日期					

8　8　20　15　15　5×27(=135)　15　5

表中（　）填写内容：

(1) 企业名称；

(2) 文件名称；

(3)～(6)按产品图样中的规定填写；

(7) 按 JB/Z 254 规定填写文件编号；

(8)～(9)分别用阿拉伯数字填写每个零件卡片的总页数和顺页数；

(10)～(11)分别由描图员和校对者签字；

(12)～(13)分别填写底图号和装订编号；

(15) 填写每次更改所使用的标记，一律用ⓐ、ⓑ、ⓒ、…；

(16) 填写同一次更改处数，一律用 1、2、3、…填写；

(17) 填写更改通知单的编号；

(18) 更改人签字；

(19) 填写更改日期；

(20)～(23)责任者签字并注明日期；

(14)、(24)可根据需要填写。

表 9-1-6　焊接工艺卡片格式

	焊接工艺卡片	产品型号		零件名称			
		零件图号		零件名称		共　页	第　页

简图：

(17)

88

主要组成件				
序号	图号	名称	材料	件数
(1)	(2)	(3)	(4)	(5)
10	26	20	26	14

	工序号	工 序 内 容	设备	工艺装备	电压或气压	电流或焊嘴号	焊条、焊丝、电极		焊剂	其他规范	工时
							型号	直径			
	(6)	(7)	(8)	(9)	(10)	(11)	(12)	(13)	(14)	(15)	(16)
描图											
描校											
底图号											
	8		20	24	15	15	15	15	15	45	10
装订号											

										设计（日期）	审核（日期）	标准化（日期）	会签（日期）
标记	处数	更改文件号	签字	日期	标记	处数	更改文件号	签字	日期				

21×8（=168）　8

表中（　）填写内容：

（1）序号用阿拉伯数字 1、2、3、…填写；

（2）~（5）分别填写焊接的零部件图号名称、材料牌号和件数，按设计要求填写；

（6）工序号；

（7）每个工序的焊接操作内容和主要技术要求；

（8）、（9）设备和工艺装备分别填写其型号或名称，必要时写其编号；

（10）~（16）可根据实际需要填写；

（17）绘制焊接简图。

表 9-1-7　装配工艺过程卡片格式

装配工艺过程卡片			产品型号		零件图号		
			产品名称		零件名称		共　页　第　页

工序号	工序名称	工 序 内 容	装配部门	设备及工艺装备	辅助材料	工时定额/min
（1）	（2）	（3）	（4）	（5）	（6）	（7）
8	12	8；19×8（=152）	12	60	40	10

描图
描校
底图号
装订号

标记	处数	更改文件号	签字	日期	标记	处数	更改文件号	签字	日期	设计（日期）	审核（日期）	标准化（日期）	会签（日期）

表中（　）填写内容：

（1）工序号；

（2）工序名称；

（3）各工序装配内容和主要技术要求；

（4）装配车间、工段或班组；

（5）各工序所使用的设备和工艺装备；

（6）各工序所需使用的辅助材料；

（7）各工序的工时定额。

表 9-1-8 装配工序卡片格式

10 10 20

装配工序卡片	产品型号		零件图号		
	产品名称		零件名称		共 页 第 页

工序号	（1）	工序名称	（2）	车间	（3）		（4）	设备	（5）	工序工时	（6）

8 60 10 20 10 20 10 40 25

简图：

（7）

工步号	工步内容	工艺装备	辅助材料	工时定额/min
（8）	（9）	（10）	（11）	（12）

16 8 8 8×8(=64) 50 50 10

描图
描校
底图号
装订号

										设计（日期）	审核（日期）	标准化（日期）	会签（日期）	
标记	处数	更改文件号	签字	日期	标记	处数	更改文件号	签字	日期					

表中（ ）填写内容：

（1）工序号；
（2）装配本工序的名称；
（3）执行本工序的车间名称或代号；
（4）执行本工序的工段名称或代号；
（5）本工序所使用的设备型号名称；
（6）本工序所需工时；
（7）绘制装配简图或装配系统图；
（8）工步号；
（9）各工步名称、操作内容和主要技术要求；
（10）各工步所需使用的工艺装备型号名称或其编号；
（11）各工步所需使用的辅助材料；
（12）工时定额。

表 9-1-9　工艺守则格式

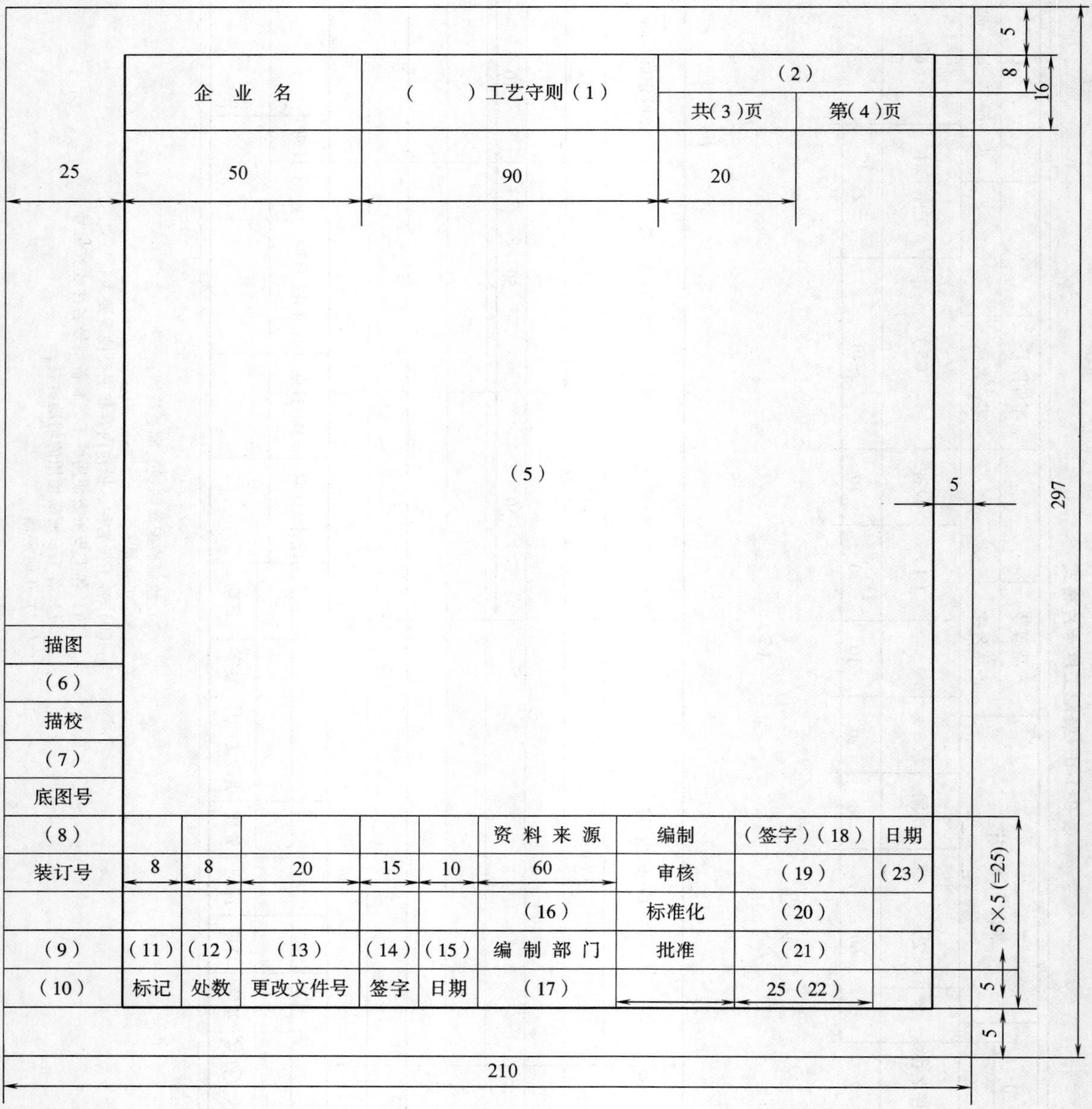

企 业 名	（　　）工艺守则（1）	（2）	
		共（3）页	第（4）页
50	90	20	

25　　5　　8　　16　　5　　297

（5）

描图									
（6）									
描校									
（7）									
底图号									
（8）						资 料 来 源	编制	（签字）（18）	日期
装订号	8	8	20	15	10	60	审核	（19）	（23）
						（16）	标准化	（20）	
（9）	（11）	（12）	（13）	（14）	（15）	编 制 部 门	批准	（21）	
（10）	标记	处数	更改文件号	签字	日期	（17）		25（22）	

5×5（=25）　　5　　5

210

表中（　　）填写内容：

（1）工艺守则的类别，如“焊接”“热处理”等；

（2）工艺守则的编号；

（3）~（4）该守则的总页数和顺页数；

（5）工艺守则的具体内容；

（6）~（15）填写内容同“表头、表尾及附加栏”的格式中的（9）~（18）；

（16）编写该守则的参考技术资料；

（17）编写该守则的部门；

（18）~（22）责任者签字；

（23）各责任者签字后填写日期。

应汇集有关工艺标准、加工设备和工艺装备的资料以及国内外同类产品的相关工艺资料。

（2）选择毛坯形式及其制造方法

在工艺方案已确定后，关键零件的毛坯制造方法一般要在这时确定。焊接结构件多用型材和板材，要确定其下料方法（如剪切、气割、锯、冲裁等）。有时要用到铸件、锻件或冲压件，并要确定相应的铸造或锻压的方法。

（3）确定较详细的工艺过程

根据加工方法确定各工序中工步的操作内容和顺序；提出工序的技术要求或验收标准。

（4）选择工艺材料、设备和工艺参数

1）选择焊接材料和辅助材料，标明它们的牌号和规格等。

2）选择加工或检验用的设备、工具或工艺装备，注明其型号、规格或代号。

3）选择或确定各工艺条件和参数，弧焊时的工艺条件如预热、层间温度、单道焊或多道焊等，参数如焊接电流、电弧电压、焊接速度、焊丝直径等。

4）计算与确定工艺定额，包括材料（母材、焊接材料、其他辅助材料等）的消耗定额、劳动定额（工时定额或产量定额）和动力（电、水、压缩空气等）消耗定额。

完成上述工作后就可以把结果按文件格式填入相应栏目的空格内。

在编制过程中需要使用非标准设备或工装时，则须提出非标设备或专用工装设计任务书及外购件（工具）明细表等文件。

1.3.4　工艺过程设计的工艺选择

在工艺过程分析时，须对制造各工序的加工方法做出选择；在编写工艺文件时，须明确定出各工序的技术要求，选定加工的设备以及相应的加工工艺参数，这项工作统称工艺选择。

1. 备料工作中工艺选择及其质量要求

在焊接生产过程中，把装配所需零件的一切准备工作统称备料。备料工作中的各种工序一般都有若干种加工的工艺方法，工艺设计者必须对这些加工方法及其所用设备做出选择，并针对被加工件的材质和结构特点，定出加工的工艺参数、质量要求等。选择的要领有以下几点。

1）必须熟悉每一种加工方法的工作原理、加工特点、加工精度和适用范围等。例如氧-火焰切割与等离子弧切割，其工作原理不同，因此，其适用范围是有区别的。

2）确定工序技术要求时，必须掌握每一种工艺所遵循的标准、规程和技术要求，也包括搜集与之有关的经验数据等，这些都是制订工艺时的主要依据。

3）选择加工设备时，必须掌握所用设备的型号、规格和技术性能。最简便的办法是查阅有关产品目录或样本。如在《锻压机械产品样本》中对压力机、剪板机、卷板机、平板机等焊前备料常用设备均有详细介绍，可根据实际需要从中选择。

表 9-1-10 列出部分与焊接结构制造有关的国家标准和行业标准，在这些标准中对焊接生产的主要工艺都给出了技术要求和质量标准。其中行业标准是针对本行业产品的特殊要求而规定的质量标准，可能与其他行业产品存在着差异，但加工的基本内容和方法则是相似的，可以互相借鉴。

表 9-1-10　部分与焊接结构制造有关的国家标准和行业标准

标准名称	标准编号和颁布年份
《焊接结构的一般尺寸公差和形位公差》	GB/T 19804—2005
《钢结构工程施工质量验收规范》	GB 50205—2001
《现场设备、工业管道焊接工程施工规范》	GB 50236—2011
《锅炉钢结构制造技术规范》	NB/T 47043—2014
《压力容器焊接规程》	NB/T 47015—2011
《钢结构焊接规范》	GB 50661—2011
《电力钢结构焊接通用技术条件》	DL/T 678—2013

下面重点介绍国家标准 GB 50205—2001《钢结构工程施工质量验收规范》中与焊接结构备料相关的内容，该标准主要是针对建筑钢结构的制造与施工而提出的技术要求和验收标准，由于具有普遍性，对其他非建筑的钢结构焊接生产中相同的工艺具有参考作用。

（1）钢材的矫正与成形

备料工作中，有两种情况需要进行矫正：一种是在轧制、运输和存储过程中造成的各种变形，不平的钢材须矫平，不直的须调直，属一次矫正；另一种是随后备料加工（如剪切、火焰切割、拼焊等）过程中产生的各种变形需要矫正，属二次矫正。目前矫正方法主要是机械法和火焰法，机械法有冷矫正和热矫正；另外，备料中的成形工艺（如钢板卷圆、型材弯曲等）中也根据焊件的材质和形状尺寸，采用冷成形或热成形。在制订矫正与成形这两种工艺时，应考虑在保证加工质量的同时既不因矫正与成形而改变焊件的材质，也不因矫正而损伤所使用的设备。GB 50205—2001《钢结构工程施工质量验收规范》对碳素结构钢和低合金结构钢进行冷矫正与冷成形时作了如下规定。

1）碳素结构钢在环境温度低于-16℃，低合金结构钢在环境温度低于-12℃时，不得进行冷矫正或冷成形。

2）对碳素结构钢和低合金结构钢进行热矫正时，加热温度不超过 900℃，不低于 600℃；低合金结构钢热矫正后应缓慢冷却。

3）冷矫正和冷弯零件时的最小曲率半径和最大弯曲矢高应符合表 9-1-11 的规定。

4）矫正后钢材的表面不应有明显的凹坑或损伤，划痕深度不得大于 0.5mm，钢材冷矫正后允许的尺寸偏差应符合表 9-1-12 的规定。

表 9-1-11　冷矫正和冷弯零件时的最小曲率半径和最大弯曲矢高允许值

（摘自 GB 50205—2001）

钢材类别	图例	对应轴	矫正		弯曲	
			r	f	r	f
钢板、扁钢	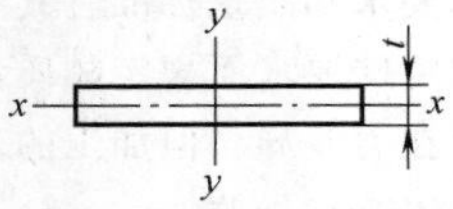	x-x	$50t$	$l^2/400t$	$25t$	$l^2/200t$
		y-y（仅对扁钢轴线）	$100b$	$l^2/800b$	$50b$	$l^2/400b$
角钢	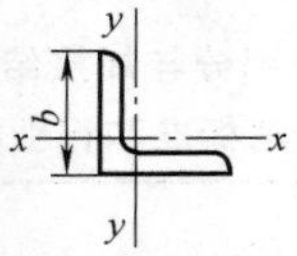	x-x	$90b$	$l^2/720b$	$45b$	$l^2/360b$
槽钢	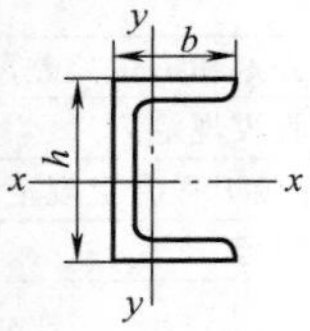	x-x	$50h$	$l^2/400h$	$25h$	$l^2/200h$
		y-y	$90b$	$l^2/720b$	$45b$	$l^2/360b$
工字钢	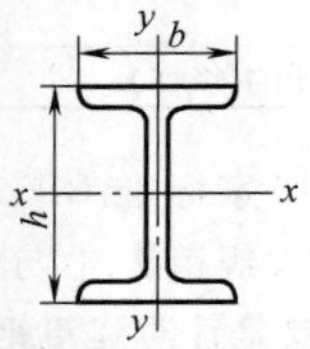	x-x	$50h$	$l^2/400h$	$25h$	$l^2/200h$
		y-y	$50b$	$l^2/400b$	$25b$	$l^2/200b$

注：r 为曲率半径；f 为弯曲矢高；l 为弯曲弦长；t 为钢板厚度。

表 9-1-12　钢材冷矫正后允许的尺寸偏差（摘自 GB 50205—2001）　（单位：mm）

项目	允许偏差		图例
钢板局部平面度 Δ	$t \leq 14$	1.5	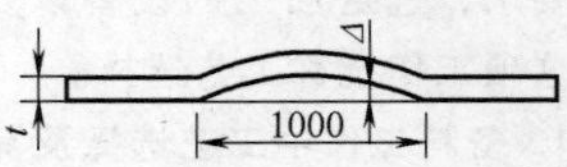
	$t>14$	1.0	
型钢弯曲矢高	$l/1000$ 但不大于 5.0		
角钢肢的垂直度 Δ	$b/100$ 双肢栓接角钢的角度不得大于 90°		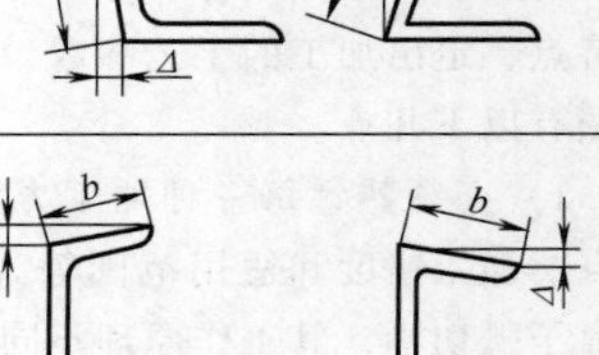
槽钢翼缘对腹板的垂直度	$b/80$		

（续）

项　目	允许偏差	图　例
工字钢、H 形钢翼缘对腹板的垂直度	$b/100$ 但不得大于 2.0	

5）钢材热成形的温度应控制在 900～1000℃ 范围内，碳素结构钢的温度下降到 700℃ 之前，低合金结构钢下降到 800℃ 之前应停止成形加工。加工后低合金结构钢焊件应缓慢冷却。

6）热成形件的检查应采用弧形样板。当零件弦长≤1500mm 时，样板弦长不应小于零件弦长的 2/3；零件弦长>1500mm 时，样板弦长不应小于 1500mm。成形件与样板的间隙不得大于 2mm。

（2）钢材的划线、放样和号料

下料前需要做划线、放样和号料工作。划线是指在原材料上或经初加工的坯料上，按设计图样以1：1 的比例绘制下料线、加工线、中心线、各种基准线和检验线等。对于成批生产的零件或标准件可采用样板进行划线，称为号料。对于复杂的部件应预先放样，即按设计图样在放样平台上以 1：1 的比例划出结构部件或零件的图形和平面展开尺寸。放样的目的，一是检验设计图样的正确性，二是为制作样板提供实样图形，包括钣金工展开图。

在钢板、型材和管材放样和号料时应按下料工艺留出加工余量和焊接收缩余量。GB 50205—2001 标准对放样尺寸和样板的允许偏差给出表 9-1-13 的规定；对使用样板号料时，号料尺寸的允许偏差应符合表 9-1-14 的规定。

表 9-1-13 放样尺寸和样板的允许偏差

（单位：mm）

项　目	允许偏差
平行线距离和分段尺寸	±0.5
对角线差	1.0
宽度、长度	±0.5
孔距	±0.5
样板角度	±20′

表 9-1-14 号料尺寸的允许偏差

（单位：mm）

项　目	允许偏差
零件外形尺寸	±1.0
孔距	±0.5

（3）钢材下料和边缘加工

钢材的下料分为机械切割和热切割两种方法。对于有冷作硬化或有淬硬倾向的金属材料，在机械切割或热切割后，有些需对切割边缘作进一步机械加工，厚的待焊边缘也须作坡口加工。GB 50205—2001 标准对采用机械剪切下料的零件尺寸规定了表 9-1-15 所列的允许偏差；对气割下料的零件尺寸规定了表 9-1-16 所列的允许偏差。对边缘加工也给出了规定：加工量不小于 2mm，边缘加工的尺寸允许偏差应符合表 9-1-17 的值。

表 9-1-15 机械剪切零件尺寸的允许偏差

（单位：mm）

项　目	允许偏差
零件宽度（长度）	±3.0
边缘缺棱	1.0
型钢端部垂直度	2.0

表 9-1-16 气割零件尺寸的允许偏差

（单位：mm）

项　目	允许偏差
零件宽度、长度	±3.0
切割面平面度	$0.05t$，且不大于 2.0
割纹深度	0.2
局部缺口深度	1.0

注：t 为切割面厚度。

表 9-1-17 边缘加工的尺寸允许偏差

（单位：mm）

项　目	允许偏差
零件宽度、长度	±1.0
加工边缘的直线度	$l/3000$ 且不大于 2.0
相邻两边夹角	±6′
加工面的垂直度	$0.025t$ 且不大于 0.5mm
加工面的表面粗糙度值	$R_z=50\mu m$

2. 装配工作中工艺选择及其质量要求

在焊接生产中装配是把加工好的零部件按图样和技术要求组合成部件或整个产品的过程，它是焊前很重要的一道工序。装配的质量和装配顺序直接影响焊接工艺、产品质量和劳动生产率，不可忽视。尤其是采用自动化焊接时，很多焊接质量问题都源于装配质量不合格。此外，要注意焊接生产过程经常是装配和焊接工序交叉地进行，除正确选择装配方法外，还需对各零部件装配先后顺序做出选择。

（1）选择要领

1）形状和尺寸不合格的零部件不投入装配。

2）须有可靠的定位与紧固措施，保证装配后各零部件之间的形状和位置准确。

3）装配顺序和焊接顺序必须同时考虑，因为装配顺序和焊接顺序共同对焊接质量（尤其是焊接应力与变形）有影响，可以通过交叉进行的方法以达到控制焊接质量的目的。为此，在选择装配-焊接顺序时力求做到以下几点。

① 有利于施焊和质量检查，使所有焊缝能方便焊接和检验。

② 有利于控制焊接应力与变形。

③ 有利于生产组织与管理，能提高生产率。

④ 避免强力装配。

表9-1-18列出焊接生产中一般的装配方式和方法，可根据产品结构特点、生产性质与类型选择。

表9-1-18　焊接生产中的装配方式与方法

方式与方法			特　点	适用范围
定位方式	划线定位装配法		按事先划好的装配线确定零部件的相互位置,使用普通量具和通用工夹具在工作平台上实现对准定位与紧固 效率低,质量不稳定	大型的或单件生产的焊接结构
	工装定位装配法		按产品结构设计专用装配胎夹具,零件靠事先安排好的定位元件定位和夹紧器夹紧而完成装配 效率高,质量稳定,有互换性,成本较高	批量生产的焊接结构
装配-焊接顺序	零件组装法	随装随焊（边装边焊）	先装若干件后接着正式施焊。再装若干件后再施焊,直至全部零件装焊完毕。在一个工作位置上,装配工和焊工交叉作业	单件小批生产或复杂结构
		整装整焊（先装后焊）	把全部零件按图样要求装配成整体,然后转入正式焊接工序焊完全部焊缝 装配和焊接可以在不同的工作位置进行	结构简单,零件数量少的焊件
	部件组装法		将整个结构划分成若干个部件,每个部件单独装焊好后再把它们总装焊成整个结构	大型的复杂焊接结构
装配地点	焊件固定装配法		在固定工作位置上装配完全部零部件	大型的或重型的焊接结构
	焊件移动装配法		按工艺流程焊件顺着既定的工作地点移动,在每个工位上只完成部分零件的装配	流水线生产的产品

（2）部件组装法

大型复杂的焊接结构应采用部件组装法。

1）优点。

① 可提高装配和焊接工作质量，因把整体结构分成若干部件后其质量轻，尺寸小，形状简单，操作变得方便，很容易把原需立焊、仰焊或横焊的焊缝调整到便于施焊的平焊位置。

② 容易控制或减少焊接应力与变形。利用部件的划分，可把对变形影响最大的焊缝在部件施焊时就获得控制或减少，而且部件发生变形后的矫正工作比整体结构发生变形后的矫正工作要简单和容易。

③ 可缩短生产周期，因各部件生产可以平行进行，避免了工种之间的相互影响和等待，大大提高了生产率。

④ 可以简化工装，降低工装制造成本。

但是，部件组装法的优越性的发挥，需要通过正确的部件划分、严格的生产管理和协调的各部件生产进度等来加以保证。此外，还需要较大的作业面积。

2）部件的划分。大型焊接结构最好在结构设计时就考虑到制造和运输的需要而合理地划分成若干部件。对于已经定型的焊接结构，若要按工艺需要进行划分，则必须取得设计部门的同意。在进行划分部件时要注意以下几点。

① 各部件之间的连接处尽可能避开结构上应力最大的部位，即不能因划分而削弱结构强度。

② 部件本身最好是较为完整的结构件，如梁、柱、机座等相对独立的单元，便于各部件间的最后总装。

③ 最大限度地发挥部件组装法的优点，使装配、焊接、控制变形、质量检验工作更为方便，更易达到

技术要求。

④ 应与现场生产能力和条件相适应，如起重运输能力、场地面积、焊后热处理条件等。

（3）定位焊、装配间隙和位置偏差

1）定位焊是在装配过程中为了固定焊件的位置而在接头上进行的短段焊缝的焊接。定位焊缝只起暂时固定焊件的作用，但它又是正式焊缝的一部分，因是先于正式焊缝的焊接，极易产生焊接缺陷，为此应注意以下几点。

① 所用焊条或焊丝与正式焊接相同，按正式焊缝的工艺条件施焊，焊接电流比正式焊接时高10%～15%。

② 按规定的焊缝尺寸和位置施焊。一般可参照表 9-1-19 确定。

表 9-1-19　定位焊缝参考尺寸

（单位：mm）

焊件厚度	焊缝高度	焊缝长度	间　距
≤4	<4	5～10	50～100
4～12	3～6	10～20	100～200
>12	4～6	15～50	100～300

③ 在交叉焊缝处或焊缝方向急剧变化处不进行定位焊，应离开 50mm 左右。

2）装配间隙在坡口接头上称为根部间隙，是焊前在接头根部之间预留的间隙，须通过装配来保证。根部间隙对焊缝成形、填充材料消耗和焊接变形产生影响。其他条件不变的情况下，根部间隙过小，则焊缝根部不易熔透；根部间隙过大，则易烧穿，且填充材料消耗大，焊接变形也增加。当坡口的钝边减小或没有钝边时，以及采用穿透力强的焊接方法时，根部间隙可减小至零，单面焊背面带永久性衬板的接头，装配间隙可放宽，以熔透为度。因此，必须根据接头坡口准备实际情况和焊接工艺条件在工艺规程中规定装配间隙。GB/T 985.1—2008 和 GB/T 985.2—2008 分别对气焊、焊条电弧焊、气体保护焊和埋弧焊的各种焊缝坡口的根部间隙范围作了规定，可以在给定范围内在保证熔透又不致烧穿的前提下进行调节。也可以按表 9-1-20 提供的在一定板的厚度范围内给出根部间隙的名义尺寸，然后给出偏差值的要求。

3）装配的允许偏差。可以参照 GB 50205—2001 的规定，见表 9-1-21。

表 9-1-20　坡口焊缝的根部间隙

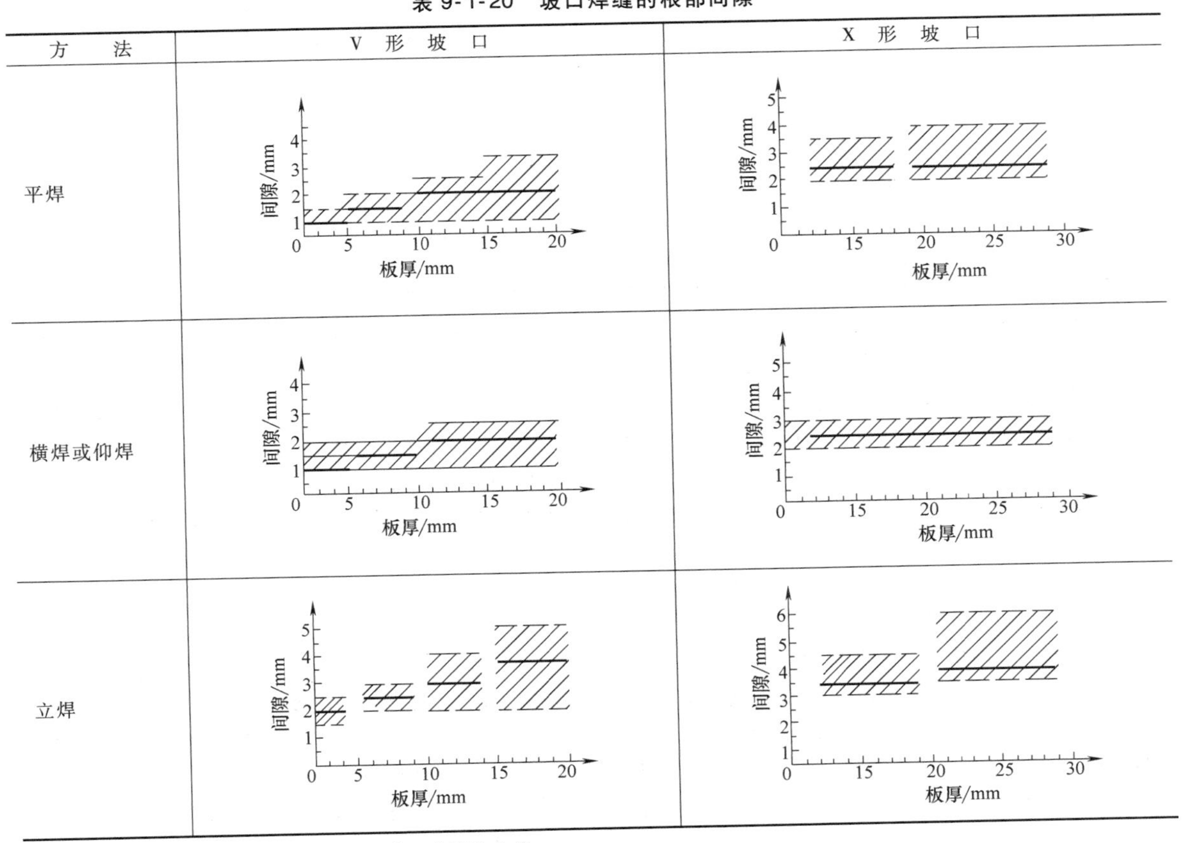

注：图中实线为根部间隙的名义尺寸，虚线为允差。

表 9-1-21 焊接接头组装尺寸的允许偏差 (单位：mm)

项目	允许偏差		图例
对接错边 Δ 间隙 b	$\delta/10$ 且不大于 3.0 ±1.0		
搭接长度 a	±5.0		
间隙 Δ	最大 1.5		
高度 h	±2.0		
垂直度 Δ	$b/100$ 且不大于 3.0		
中心偏移 e	±2.0		
型钢错位 Δ	结合面	1.0	
	其他部位	2.0	
箱形截面高度 h	±2.0		
宽度 b	±2.0		
垂直度 Δ	$b/200$ 且不大于 3.0		

3. 焊接工作中的工艺选择

制定焊接工艺时，需要选定下列内容。

1）焊接方法及其相应的焊接材料。

2）焊接参数，如焊接电流、电弧电压、焊接速度、焊条（丝）直径等。

3）热工艺参数，如焊前预热和层间温度以及焊后热处理规范等。

4）焊接顺序、方向、施焊人数及其技术等级。

5）焊接用的设备和工艺装备。

6）焊缝内外的质量要求及其检验方法。

具体进行焊接工艺选择时一般是先选定焊接方法，再选择焊接设备（主要是电源类型），最后确定焊接参数。选定焊接方法是关键，必须综合考虑焊接结构特点、母材性质、工作量等因素后再通过前述的工艺过程分析的方法来确定。

4. 热处理工艺参数的选择

在焊接生产过程中，为了防止焊接裂纹等缺陷的产生，改善焊接接头的力学性能，降低或消除焊接应力等，需对焊件进行预热、后热或焊后热处理。编制这些热处理工艺时，需根据焊件的材质和结构特点对加热方式、加热速度、加热温度、保温时间、冷却速度等参数做出选择。

这里仅对这些热工艺参数的选取及注意事项作概括性介绍。

1）预热。焊前对焊件预热的目的是改变焊接温度场，减小焊接接头的温度梯度和降低冷却速度，延长在 500~800℃ 区间的冷却时间（即 $t_{5/8}$），以达到改善焊缝金属和热影响区的显微组织，避免淬硬组织产生的目的，并且还有利于氢的逸出，防止冷裂纹的产生。预热参数主要是预热温度，选择的依据是母材的性质及其厚度，预热温度可根据钢材的强度和碳当量来确定，也可按钢材的冷裂纹敏感系数通过计算公式来确定。有些行业标准针对本行业常用钢材规定了预热温度，见表9-1-22为钢制压力容器按钢材类别焊接时所规定的预热温度，如果两种不同类别钢材相焊时，则按要求高的钢材选用。

对初次焊接的金属材料，可靠的做法是通过焊接工艺试验来确定预热温度。

表9-1-22 钢制压力容器按钢材类别选择的焊接预热温度（摘自NB/T 47015—2011）

钢材类别	预热条件	最低预热温度/℃
Fe-1	1)规定的抗拉强度下限值大于或等于490MPa,且接头厚度大于25mm	80
	2)除1)外的其他材料	15
Fe-2	—	—
Fe-3	1)规定的抗拉强度下限值大于490MPa,或接头厚度大于16mm	80
	2)除1)外的其他材料	15
Fe-4	1)规定的抗拉强度下限值大于410MPa,或接头厚度大于13mm	120
	2)除1)外的其他材料	15
Fe-5A Fe-5B-1	1)规定的抗拉强度下限值大于410MPa	200
	2)规定最低铬含量大于6.0%(质量分数)且接头厚度大于13mm	
	3)除1)、2)外的其他材料	150
Fe-6	—	200
Fe-7	—	不预热
Fe-8	—	不预热
Fe-9B	—	150

2）后热。后热是焊后立即对焊接接头进行加热并保温一定时间的过程。大多是对焊后容易产生延迟裂纹的钢材采用这一工艺措施。其主要目的是使焊缝金属和热影响区中的氢能充分的逸出。后热的工艺参数主要是加热温度和保温时间，后热温度一般在200~350℃之间，保温时间看后热温度和焊缝厚度而定。NB/T 47015—2011《压力容器焊接规程》规定加热温度为200~250℃，一般不小于0.5h。

如果焊后立即进行焊后热处理，则可不进行后热。

3）焊后热处理。焊后热处理的目的是：①消除和降低焊接残余应力，以消除它对结构工作性能的不利影响（如引起结构尺寸不稳定性、脆性破坏、应力腐蚀等）；②改善焊接接头的组织与性能，如细化晶粒、提高韧性等；③促使残余氢的逸出，可防止延迟裂纹的产生。

焊后对焊接构件进行高温回火热处理即能实现上述目的。

焊后热处理有整体热处理和局部热处理，通常整体热处理是把整个焊件放入炉内进行，加热易均匀，温度易控制，效果好。但结构形状和尺寸受炉体容积限制，有一些大型焊接结构可以在炉外进行焊后热处理，整体热处理难以实现时可以分段热处理或局部热处理。

整体热处理的参数主要是：进炉温度、升温速度、保温速度、保温时间以及冷却速度等。选择这些参数的主要依据是焊件的材质与形状尺寸。今以钢制压力容器为例，NB/T 47015—2011《压力容器焊接规程》中对常用钢种焊后热处理温度作了表9-1-23的规定。

当低碳钢和某些低合金钢焊后热处理温度低于表9-1-23规定的最低保温温度时，其最短保温时间按表9-1-24来选定。

此外还规定：调质钢焊后热处理温度应低于调质处理时的回火温度；不同钢号相焊时焊后热处理温度按焊后热处理温度较高的钢号执行，但温度不应超过两者中任一钢号的下临界点 Ac_1；对低碳钢和低合金钢，当采用气电立焊的任一焊道厚度大于38mm时，接头应进行细化晶粒热处理；钢制压力容器焊后热处理应在压力试验前进行等。

NB/T 47015—2011标准对钢制压力容器焊后热处理工艺规定：

① 焊件进炉时，炉内温度不得高于400℃。

② 焊件升温至400℃后，加热区升温速度不得超过 $5500/\delta_{PWHT}$（$℃\cdot h^{-1}$），且不得超过 $220℃\cdot h^{-1}$，最小可为 $55℃\cdot h^{-1}$。

③ 焊件升温期间，加热区内任意长度为4600mm内温度差不得大于120℃。

④ 焊件保温期间，加热区内最高温度与最低温度之差不得大于80℃。

⑤ 升温和保温期间应控制加热区气氛，防止焊件表面过度氧化。

表 9-1-23　钢制压力容器焊后热处理推荐规范

<table>
<tr><td colspan="2">钢质母材类别</td><td>Fe-1</td><td>Fe-2</td><td>Fe-3</td><td>Fe-4</td><td>Fe-5A
Fe-5B-1
Fe-5C</td><td>Fe-5B-2</td><td>Fe-6</td><td>Fe-7</td><td>Fe-8</td><td>Fe-9B</td><td>Fe-10H</td><td>Fe-10I</td></tr>
<tr><td colspan="2">最低保温温度/℃</td><td>600</td><td>—</td><td>600</td><td>650</td><td>680</td><td>730
（最高保温温度 775℃）</td><td>760</td><td>730</td><td>—</td><td>600</td><td>—</td><td>730</td></tr>
<tr><td rowspan="3">在相应焊后热处理厚度下，最短保温时间/h</td><td>≤50mm</td><td colspan="5">$\frac{\delta_{PWHT}}{25}$，最少为 15min</td><td rowspan="3">≤125mm $\frac{\delta_{PWHT}}{25}$，最少为 30min；
>125mm
$5+\frac{\delta_{PWHT}-125}{100}$</td><td colspan="2">$\frac{\delta_{PWHT}}{25}$，最少为 15min</td><td rowspan="3">—</td><td rowspan="3">≤25mm
$\frac{\delta_{PWHT}}{25}$，最少为 15min；
>25mm
$1+\frac{\delta_{PWHT}-25}{100}$</td><td rowspan="3">—</td><td>$\frac{\delta_{PWHT}}{25}$，最少为 15min</td></tr>
<tr><td>>50mm ~125mm</td><td colspan="4" rowspan="2">$2+\frac{\delta_{PWHT}-50}{100}$</td><td>$\frac{\delta_{PWHT}}{25}$</td><td colspan="2" rowspan="2">$2+\frac{\delta_{PWHT}-50}{100}$</td><td rowspan="2">$\frac{\delta_{PWHT}}{25}$</td></tr>
<tr><td>>125mm</td><td>$5+\frac{\delta_{PWHT}-125}{100}$</td></tr>
</table>

注：1. Fe-1、Fe-3 类别钢材，当不能按本表规定的最低保温温度进行焊后热处理时，可按表 9-1-24 的规定降低保温温度，延长保温时间；Fe-9 B 类钢材保温温度不得超过 635℃，当不能按本表规定的最低保温温度进行焊后热处理时，可按表 9-1-24 的规定降低保温温度（最多允许降低 55℃），延长保温时间。

2. Fe-5 A 类、Fe-5 B-1 组的钢材，当不能按本表规定的最低保温温度进行焊后热处理时，最低保温温度可降低 30℃，降低最低保温温度焊后热处理最短保温时间：①当 δ_{PWHT}（焊后热处理厚度）≤50mm 时，为 4h 与（4×δ_{PWHT}/25）h 中的最大者；②当 δ_{PWHT}>50mm 时，为表 9-1-24 中最短保温时间的 4 倍。

3. Fe-6、Fe-7 中的 06 Cr13，06 Cr13 Al 型不锈钢，当同时具备下列条件时，无需进行焊后热处理：①钢中含碳质量分数不大于 0.08%；②用能产生铬镍奥氏体熔敷金属或非空气淬硬的镍-铬-铁熔敷金属的焊条施焊；③焊接接头母材厚度不大于 10mm 或母材厚度为 10mm~38mm 且保持 230℃ 预热温度；④焊接接头 100% 射线透照检测。

4. Fe-8、Fe-10 H 类钢的焊接接头既不要求，也不禁止采用焊后热处理。

5. 焊件温度高于或等于 650℃ 时，冷却速度不大于 55℃/h，低于 650℃ 后快速冷却，冷却速度应足以防止脆化。

6. Fe-5 B-2 类钢焊后热处理保温温度与焊缝金属成分密切相关，表中所列数值尚需调整。

表 9-1-24　焊后热处理温度低于规定最低保温温度时的保温时间

比表 9-1-23 规定最低保温温度再降低温度数值/℃	降低温度后最短保温时间/h	备　注
30	2	①
55	4	①
80	10	①②
110	20	①②

① 最短保温时间适用于焊后热处理厚度 δ_{PWHT} 不大于 25mm 的焊件，当 δ_{PWHT} 大于 25mm 时，厚度每增加 25mm，最短保温时间则应增加 15min。

② 适用于 Fe-1-1 和 Fe-1-2 组。

⑥ 焊件温度高于 400℃ 时，加热区降温速度不得超过 7000/δ_{PWHT}（℃ · h^{-1}），且不得超过 280℃ · h^{-1}，最小不低于 55℃ · h^{-1}。

⑦ 焊件出炉时，炉温不得高于 400℃，出炉后在静空气中冷却。

还规定：低温容器、有应力腐蚀容器和装极毒、高危介质容器返修后要重新焊后热处理。

5. 对焊缝内外质量的要求

产品图样上的焊接接头形式和焊缝的几何形状与尺寸是由结构设计和强度计算确定的，同时设计者会根据结构的重要性、载荷特性、焊缝形式、工作环境，以及应力状态确定每条焊缝的质量等级，标明在产品图样上或技术条件中。每一种质量等级的焊缝都对应有其内外质量要求，焊接工艺设计时应将这些质量要求编入工艺文件中。

以钢结构焊接工艺为例，GB 50205—2001《钢结构工程施工质量验收规范》对钢结构中的各类焊缝质量由高到低定为一、二、三级，并有如下规定。

1）在需要进行疲劳强度计算的构件中，凡是对接焊缝均应焊透，而且对作用力垂直于焊缝长度方向的横向对接焊缝或 T 形对接与角接组合焊缝，受拉时应定为一级，受压时定为二级；作用力平行于焊缝长度方向的纵向对接焊缝应定为二级。

2）在不需进行疲劳强度计算的构件中，凡要求与母材等强度的对接焊缝应焊透，受拉的焊缝不应低于二级，受压的应为二级。

3）重级工作制和起重量 $Q \geqslant 50t$ 的中级工作制的起重机梁的腹板与上翼缘之间，以及起重机桁架上弦杆与节点板之间的 T 形接头的焊缝均要求焊透，焊缝形式一般为对接与角接的组合焊缝，其质量等级不应低于二级。

4）不要求焊透的 T 形接头采用角焊缝，部分焊透的对接与角接组合焊缝，以及搭接连接采用的角焊缝，其质量等级为：对直接承受动力载荷且需要验算疲劳强度的结构和起重机起重量 $Q \geqslant 50t$ 的中级工作制起重机梁，其焊缝的外观质量应符合二级；其他结构，焊缝外观质量可为三级。

上述三个质量等级焊缝的质量标准见表 9-1-25。

表 9-1-25　焊缝质量等级及缺陷分级　（单位：mm）

焊缝质量等级		一级	二级	三级
超声波检测	评定等级	Ⅱ	Ⅲ	—
	检验等级	B 级	B 级	—
	检测比例	100%	20%	—
外观缺陷检查	未焊满	不允许	$\leqslant 0.2+0.02t$，且小于或等于 1.0	$\leqslant 0.2+0.04t$，且小于或等于 2.0
			每 100mm 焊缝内缺陷总长小于或等于 25.0	
	根部内凹	不允许	$\leqslant 0.2+0.02t$，且小于或等于 1.0	$\leqslant 0.2+0.04t$，且小于或等于 2.0
			长度不限	
	咬边	不允许	$\leqslant 0.05t$ 且小于或等于 0.5 连续长度小于或等于 100，且焊缝两侧咬边总长小于或等于 10%焊缝全长	$\leqslant 0.1t$ 且小于或等于 1.0，长度不限
	裂纹	不允许		
	弧坑裂纹	不允许	不允许	允许个别长度小于或等于 5.0
	电弧擦伤	不允许	不允许	允许个别电弧擦伤
	飞溅	清除干净		
	接头不良	不允许	缺口深度小于或等于 $0.05t$，且小于或等于 0.5	缺口深度小于或等于 $0.1t$，且小于或等于 1.0
			每米焊缝不得超过 1 处	
	焊瘤	不允许		
	表面夹渣	不允许	不允许	深度 $\leqslant 0.2t$，长 $\leqslant 0.5t$，且小于或等于 20
	表面气孔	不允许	不允许	每 50mm 长焊缝内允许直径小于或等于 $0.4t$ 且小于或等于 3.0 气孔 2 个 气孔间距大于等于 6 倍气孔直径

（续）

焊缝质量等级		一级	二级	三级
外观缺陷检查	角焊缝厚度不足	—	—	≤3.0+0.05t且小于或等于2.0 每100mm长焊缝内缺陷总长小于或等于25
	角焊缝焊脚不对称	—	—	差值≤2+0.2h

注：1. 超声波检测用于全焊透焊缝，其检测比例按每条焊缝长度计，且不小于200mm。局部检测的焊缝存在不允许的缺陷时，应在该缺陷两端延长部位增加检测长度，其长度不应小于该焊缝长度的10%，且不应小于200mm。如仍有不允许的缺陷，应对该焊缝作100%的检测。

2. 除注明角焊缝缺陷外，其余均为对接焊缝、角焊缝通用。

3. 咬边如经磨削修整并平滑过渡，则只按焊缝最小允许厚度值评定。

4. 表中t为连接处较薄的板厚。

此外，相关标准中的各种规定也可作为制订焊缝外在质量要求的依据。

质量检验是贯彻在整个生产过程中的。因此，在编制工艺过程中对每一道工序，都应根据该工序的质量要求选定检验方法，其中包括预先检验、中间检验和最后检验中的检验方法。成品后还有完工（或成品）检验等，并给出验收标准。

1.4 计算机辅助工艺过程设计（CAPP）简介

1.4.1 工艺过程设计的发展

焊接工艺过程设计是在产品设计完成之后正式焊接生产之前进行的生产准备工作。基本任务是根据产品设计图样的要求进行工艺过程分析，选定产品的加工方法、所需要的加工设备和工艺装备，编排好加工顺序，确定各加工过程的工艺参数、消耗定额、质量要求和检验标准等，最后编写出指导和管理生产用的全部工艺文件。目前工艺过程设计的方法有两种，一种是历来的设计方法，这里称为传统工艺过程设计法，基本特点是设计过程的工作全部由具有专业知识和丰富实践经验的工艺设计人员手工来完成。这种做法存在如下缺点：①人工编制，劳动强度大，效率低，而且多是繁锁重复的工作；②对工艺设计人员要求高，而且设计质量主要取决于工艺设计人员的水平，一致性差，质量不稳定，很难做到最优化和标准化；③设计周期长；④不便于将工艺专家经验的收集和充分利用，而且工艺专家被大量繁复工作所累而无法创新；⑤不适应多品种小批量及柔性制造系统发展的需要；由于属串行式设计，信息不能与产品的设计和制造这两个阶段共享，也就无法实现现代的集成制造。由于现在是商品经济，市场竞争激烈，产品更新换代频繁，多品种小批量生产是将来的发展趋势。因此，改变传统的工艺过程设计方法势在必行。又因现代的计算机技术的飞速发展和广泛应用，利用计算机先进技术辅助工艺过程设计的方法——CAPP就应运而生。虽然这种能辅助工艺过程设计的现代设计方法目前在国内还只是少数生产企业在使用，但由于其优点突出、效益显著，相信会很快得到普及。

1.4.2 CAPP的概念及其意义

CAPP（computer aided process planning）译为计算机辅助工艺过程设计，是借助计算机软、硬件技术辅助工艺设计人员根据产品设计要求制订出其工艺规程的一种技术。利用计算机的软件系统进行工艺路线确定、工序设计、加工方法选择、工艺参数选取、工时定额计算、工装夹具方案选定等，且能生成用于管理和指导生产的工艺文件。整个CAPP系统几乎能完成传统工艺过程设计的全部工作。从集成化角度看，CAPP系统也是将产品设计数据转换为产品制造数据的一个重要环节，是连接产品设计和制造之间的桥梁。

企业采用CAPP软件系统后基本上克服了上述传统工艺设计法的缺点，具有如下重要意义：

1）可以将工艺设计人员从繁锁和重复的劳动中解放出来，转而从事新产品及新工艺开发等创造性的工作。

2）可以大大缩短工艺设计周期，提高产品在市场上的竞争力。

3）有利于对工艺设计人员的宝贵经验进行总结和继承。

4）有利于工艺设计的优化和标准化。

5）为实现计算机集成制造系统（CIMS）创造条件。

现在，应用计算机辅助工艺过程设计的必要性已越来越多地被企业所认识，选取或创建一个适合本企业生产及管理环境的CAPP系统，不仅为企业取得高的经济效益，提高企业产品市场竞争力，而且能为企业数据信息的集成及管理打下良好基础，为实现企业生产自动化和柔性化创造条件。

1.4.3 CAPP系统的工作原理

CAPP系统是将经过标准化或优化的构件㊀制造工艺，或者编制工艺的逻辑思想（积累的知识和经验），存入计算机内。在进行工艺设计时，CAPP软件首先读取待加工构件的信息，然后识别并检索出一个标准工艺或相关工艺，经过编辑修改或按工艺决策逻辑进行推理自动生成待加工构件的工艺。

在CAPP系统内需将产品的特征信息以代码或数据的形式输入计算机建立信息数据库；将工艺设计人员编制工艺的经验、工艺知识和逻辑思想以及工艺决策规则等以适当的形式输入计算机建立工艺决策规则库（知识库）；把制造资源和工艺参数以适当的形式输入计算机建立制造资源和工艺参数库。再通过程序设计，充分利用计算机的计算、逻辑分析判断，以及逻辑查询功能来生成新构件的工艺规程。

1.4.4 CAPP系统的分类

若按工作原理分，有检索式CAPP系统、派生式CAPP系统、创成式CAPP系统和混合式CAPP系统等类型。

（1）检索式CAPP系统

检索式CAPP系统是将设计好的各种构件标准工艺编号，存储在计算机内，当制定新构件的工艺规程时，系统根据输入的构件信息进行检索查找，将同类构件的标准工艺规程调出并进行适当修改即可。此类系统适用于生产批量较大，构件品种变化不大且相似程度较高的场合。属于最简单而又实用的CAPP系统，适用于工艺规程较为稳定的工厂，但因系统功能弱，自动决策能力差，局限性大，采用的不多。

（2）派生式CAPP系统

派生式CAPP系统又称变异式、修订式CAPP系统，是利用成组技术原理，将构件按几何形状及工艺相似性分类、归族，每一族有一个典型样件，根据此样件建立典型的工艺文件，存入计算机的工艺文件库中。当需要设计一个新构件的工艺规程时，按照其成组编码确定其所属构件族，由计算机检查出相应构件族的典型的工艺。再根据构件的具体要求，对此典型工艺进行修改，最后得到所需的工艺规程。这种系统的优点是功能比检索式的强，程序设计较简单，开发周期短，易于实现。缺点是以企业现有工艺规程为基础，具有浓厚的企业色彩，针对性强（需样板工艺文件），有局限性，不易移植。不过现在生产中成功使用的多属这种系统。

（3）创成式CAPP系统

创成式CAPP系统是一种能综合运用构件加工信息，自动地为一个新构件生成一个工艺规程的系统。在计算机软件中收集大量的工艺数据和加工知识，并在此基础上建立了一系列决策逻辑，形成了工艺知识库和各种工艺数据库。当编制新构件工艺规程时，首先输入该构件有关信息，然后系统在没人干预下自动产生构件所需的各个工序，自动提取制造知识，自动完成设备与工装选择和加工优化；运用决策逻辑，模拟工艺设计人员的决策过程，自动生成新构件的工艺规程。此系统的优点是人工干预较少，自动化程度高，易于保证工艺的一致性。由于通过逻辑推理，自动决策生成的构件工艺文件具有较高的柔性，适应范围广，便于与CAD系统和CAM系统集成。但是，因工艺设计的复杂性，建立这样的系统难度大，工作量很大，成本高，周期长；用计算机模拟人的思维过程，还有许多技术难题，仍处在研发阶段。目前在生产中实用的还不多，但这种系统是CAPP的发展方向。后面介绍的专家系统（ES）就是由此发展而成的。

（4）混合式CAPP系统

混合式CAPP系统是将派生式CAPP系统和创成式CAPP系统相结合，发挥各自的优点。对新构件的工艺进行设计时，先通过计算机来检索所属构件族的标准工艺，再根据构件的具体情况对标准工艺进行增删，而工步设计时，则采用自动决策产生，把派生式CAPP系统和创成式CAPP系统有机融合、渗透，取每种方法的优点，而避开派生式的局限性和创成式的难度。由于此系统易于实现，目前应用较多。

CAPP技术是随着科学技术发展而发展的，总的趋势是向着集成化、智能化、工具化和并行化等方向发展。但作为一个企业选用或自行开发CAPP系统时，不能盲目追求先进性和自动化，而是需与企业的技术基础和环境条件结合考虑，最好是先从低端逐步向高端发展。如从派生式CAPP系统向创成式CAPP系统发展；由孤立的CAPP系统向CAD/CAPP/CAM集成方向发展；从专用的CAPP系统向通用的CAPP系统方向发展等。

㊀ 这里称“构件”，是指由两个或两个以上零件经组焊成所需产品的名称；若它是从一件毛坯经加工（如车、铣等）后成所需的产品，则称“零件”。——编者注

1.5　专家系统（ES）及其在焊接中的应用

1. 定义及应用领域

专家系统（expert system，ES）是一个或一组能在某些特定领域内，应用大量的专家知识和推理的方法求解复杂问题的一种人工智能计算机程序。这是现代计算机技术在各种领域中实际应用的一种工具。如果它是一个专门用来解决焊接领域中某一类技术问题的，例如，解决金属压力容器焊接工艺过程设计问题用的，则简称压力容器焊接工艺过程设计的专家系统。焊接用的专家系统不一定是由焊接专业人员来创建，而主要是由熟悉计算机编程的知识工程师从具有专家水平的专家那里获取的专业知识和经验中建立起来的。

专家系统是一种模拟人类专家解决领域问题的计算机程序系统。它应用人工智能技术和计算机技术，根据某领域一个或多个专家提供的知识和经验进行推理和判断，模拟人类专家的决策过程，求解需要专家才能解决的困难问题。专家系统产生于20世纪60年代中期，由于应用面很广而又很实用，发展很快，至今已经发展到第四代了。其应用领域已经渗透到数学、物理、化学、医疗、军事、地质、气象、农业、化工、机械、艺术、空间技术和环保科学等方面。发挥着巨大的经济效益和社会效益。焊接是机械工程领域中金属材料热加工的一门工艺技术，由于焊接过程的复杂性而难以量化，很多技术难题，常需焊接专家用其知识和经验去分析、判断和决策，并指出问题的解决办法。因此焊接被认为是应用专家系统的理想领域，所以20世纪80年代在国内外获得较大的发展，我国开始研发时多在焊接生产方面，其中以创建焊接工艺设计的专家系统居多。CAPP系统分类中的“创成式CAPP系统”实质上就是焊接工艺过程设计的专家系统。其实在焊接结构设计、设备设计、金属材料焊接性、焊接质量管理等方面，都可以应用专家系统。

2. 专家系统的特点

专家系统具有很多特点，其中主要是具有启发性，即能运用专家的知识和经验进行推理、判断和决策；具有透明性，即能解释本身推理过程和回答用户提出的问题，让用户了解推理过程，提高对专家系统的信赖感；具有灵活性，即能不断地修改原有知识、增添新知识。

3. 专家系统的类型

专家系统有各种各样的类型，若按其特性和功能分有预测型、解释型、诊断型、设计型、规划型、控制型、教学型、监视型和维护型等。

4. 专家系统的一般结构

专家系统的一般结构如图9-1-7所示。主要由知识库、综合数据库、推理机、解释器、知识获取程序和人机接口六部分组成。其功能与作用是：

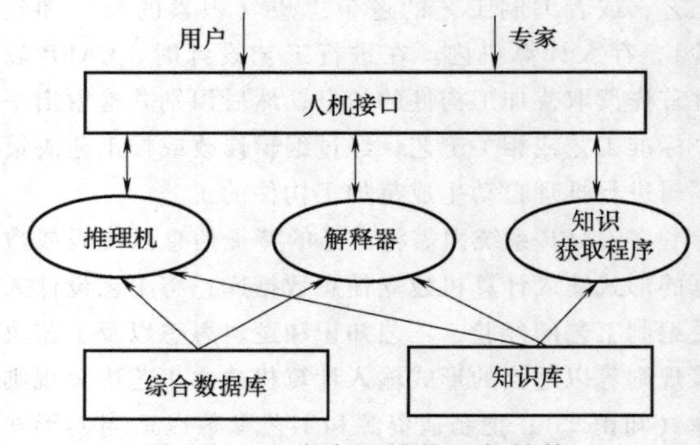

图9-1-7　专家系统的一般结构

1）知识库。用于存储某领域专家的专门知识，包括事实、可行性操作与规则。

2）综合数据库。又称总数据库，用于存储领域或问题的初始数据和推理过程中得到的中间数据（信息），即被处理对象的一些当前事实。

3）推理机。用于记忆所采用的规则和控制策略的程序。使整个专家系统能够以逻辑方式协调的工作，能根据知识进行推理和导出结论，而不是简单地搜索现成的答案。

4）解释器。它能向用户解释专家系统的行为，包括解释推理结论的正确性以及系统输出其他候选解的原因。

5）知识获取程序。在建造知识库过程中，用以部分代替知识工程师进行专门知识的获取，实现专家系统自学习功能。

6）人机接口。又称人机界面，它能使系统与用户进行对话，使用户能输入必要的数据、提出问题和了解推理过程及推理结果等。系统则通过接口要求“用户服务”回答用户提出的问题，并进行必要的解释。

5. 专家系统的优点

专家系统有如下优点：

1）能高效、准确、周到、迅速和不知疲倦地工作。

2）解决实际问题时不受外界环境影响，不会发生遗漏和忘记。

3）使人类专家的专长和能力，不受时间和空间限制，以便推广珍贵、稀缺人类专家的知识和经验。

4）促进各领域发展，传播专家知识和经验。

5）能汇集多领域专家的知识经验和解决问题的能力，使之拥有渊博的知识和工作能力。

6. 专家系统的作用和意义

专家系统所起的作用及其意义有：

1）专家系统是计算机科学和应用发展的需要。

2）作为一种实用工具，为人类专家宝贵知识的保存、传播、使用等提供有效的手段。

3）可以延伸人类专家的能力。

4）能汇集问题领域多个专家的知识和经验。

5）专家系统的研制和推广应用具有巨大的经济效益和社会效益，能促进整个科技发展，对人工智能的多个领域发展起促进作用，对科技、经济、社会、人民有深远的影响。

7. 专家系统在焊接中的应用

焊接工艺过程极为复杂，难以量化，处理很多技术问题，更多地需要专家知识做出决定，所以认为焊接是应用专家系统最理想的领域。现在已经进入焊接领域的多个方面，例如，压力容器用钢焊接工艺设计咨询专家系统，船用钢埋弧焊工艺专家系统，焊接裂纹预测及诊断专家系统，焊接变压器设计专家系统，焊机故障诊断专家系统等。可以把各种焊接专家系统大致归纳成以下类型：

1）焊接工艺选择与制订类。

2）焊接裂纹预测与缺陷诊断类。

3）焊接设备故障诊断类。

4）焊接过程实时控制类。

5）焊接结构的安全评定类。

6）焊接结构 CAD/CAM 类。

7）与焊接相关的标准解释系统类。

8）焊接考试与评定类。

目前我国焊接领域专家系统的推广应用还不普及，上述类型中比较集中在焊接生产工艺过程方面，其他方面还很薄弱。而且多是企业自行开发的专用型软件，通用型的专家系统应用少，还不能做到商品化，智能化程度还不是很高，还没有充分利用网络技术、通信技术和数据库技术等让专家系统数据共享，协同处理焊接领域的综合问题等。这些多属于发展中存在的问题，就当前我国科技发展速度和水平，这些问题会很快解决的。而且会向着技术集成化、达到商品化，以及充分利用网络技术使专家系统数据共享，协同解决焊接领域的综合性问题。而对焊接工程师来说最主要的是熟悉焊接专家系统，了解其构成、基本原理及其主要功能，能做到会选用和会使用即可。

第2章　焊接工艺评定

2.1　概述

焊接工艺评定是焊接结构生产质量控制的一个重要步骤和环节。为了保证生产者能制造出合乎质量要求的焊接结构，生产者在实际生产前必须对准备用于指导产品生产的焊接工艺进行评定，经评定合格后才能用于指导实际生产。

20世纪90年代初，我国借鉴国外先进的质量管理经验，结合国情，首先在受国家安全监督的焊接结构制造单位，如锅炉压力容器制造厂中实行焊接工艺评定制度，后又扩展到普通钢结构制造单位。先后颁布实施了相应的标准，如JB 4708—1992《钢制压力容器焊接工艺评定》和JB/T 6963—1993《钢制件熔化焊工艺评定》。这两个标准主要是参照美国AWS D1.1《钢结构焊接规范》第5章“焊接评定”和ASME《锅炉压力容器规范》第9卷“焊接与钎焊评定”编制的。由于国情不同（如我国的母材金属系列和焊接材料金属系列与美国存在较大差别），而且我国实行焊接工艺评定的历史不长，需有逐渐完善和积累经验的过程。现在国家标准正在逐渐与国际接轨，方向是对ISO标准进行等同转化。从2005年开始颁布与焊接工艺评定相关的通用标准，如：

1）GB/T 19866—2005《焊接工艺规程及评定的一般原则》（等同采用ISO 15607：2003）。

2）GB/T 19868.1—2005《基于试验焊接材料的工艺评定》（等同采用ISO 15610：2003）。

3）GB/T 19868.2—2005《基于焊接经验的工艺评定》（等同采用ISO 15611：2003）。

4）GB/T 19868.3—2005《基于标准焊接规程的工艺评定》（等同采用ISO 15612：2004）。

5）GB/T 19868.4—2005《基于预生产焊接试验的工艺评定》（等同采用ISO 15613：2004）。

6）GB/T 19869.1—2005《钢、镍及镍合金的焊接工艺评定试验》（等同采用ISO 15614—1：2004）等。

这个系列焊接工艺评定国家标准适用范围广，不针对具体产品。为了减少焊接工艺评定试验工作量，标准列出五种工艺评定的方法可供选择，见表9-2-1。

表9-2-1　焊接工艺评定的方法（摘自GB/T 19866—2005）

评定方法	应用说明
焊接工艺评定试验	应用普遍。当焊接接头的性能对应用结构具有关键影响时，一般都采用此法。可参照标准GB/T 19869.1—2005规定的对钢、镍及镍合金进行工艺评定的试验方法
焊接材料试验	仅限于使用焊接材料的那些焊接方法。适用于焊接不会明显降低热影响区性能的那些母材。焊接材料的试验应包括生产中使用的母材。有关材料和其他参数的更多限制由GB/T 19868.1—2005规定
焊接经验	限于过去用过的焊接工艺，许多焊缝在接头和材料方面相似。只有从以前经验中获知焊接工艺确实可靠时才能用此法。具体要求参见GB/T 19868.2—2005
标准焊接规程	与焊接工艺评定试验相似。该规程是在按照相关标准的焊接工艺评定试验基础上，以WPS形式颁布的规程，且经考评考官或考试机构同意。其限定范围参见GB/T 19868.3—2005
预生产焊接试验	原则上可经常使用，但要求在生产条件下制作试件。适合于批量生产。具体要求参见GB/T 19868.4—2005

目前国家针对各行业焊接产品生产特点制订了相应的焊接工艺评定的专用标准。例如，实行焊接工艺评定最早的锅炉、压力容器行业，国家能源局在总结前期实践经验的基础上先后对旧标准JB 4708—1992、2000《钢制压力容器焊接工艺评定》进行了修订，现改为NB/T 47014—2011（JB 4708）《承压设备焊接工艺评定》，修订后的标准适用范围扩大了，产品已从钢制压力容器扩大到锅炉、压力容器和压力管道，金属材料也从钢材扩大到钛材、铝材、铜材和镍材，焊接方法增加了等离子弧焊、气电立焊、螺柱焊和摩擦焊等。标准的内容基本上和原标准JB 4708—2000《钢制压力容器焊接工艺评定》没有原则区别，但更完善和规范了。此标准实际上就是表9-2-1中的第一种方法，即必须通过工艺评定试验的方法进行评定，

和国家标准 GB/T 19869.1—2005《钢、镍及镍合金的焊接工艺评定试验》规定一致，其基本做法和程序大体相同，只是针对承压设备特点在焊接试件制备和试验取样、替代（认可）范围上有较大的区别。鉴于承压设备这个行业产品典型，很具代表性，故本章以 NB/T 47014—2011（JB 4708）《承压设备焊接工艺评定》的规定为主要内容介绍焊接工艺评定方法，同时也吸取文献［85］和文献［86］中的一些实践经验和资料。另外，针对焊接钢结构的生产特点，国家也制订了《钢结构焊接规范》(GB 50661—2011)专用标准，其中规定了焊接工艺评定的内容和方法。因此生产焊接钢结构的企业进行焊接工艺评定时就可以执行此标准。

2.2　焊接工艺评定的总原则和一般程序

任何焊接结构产品生产单位凡需进行焊接工艺评定的，都应执行国家对本行业产品生产所制订的焊接工艺评定标准。除此以外，还应符合标准规定范围内产品自身的相应标准和技术文件的要求；而且焊接工艺评定都应在产品生产单位内进行；所用生产单位的设备、仪表均处于正常状态；金属材料和焊接材料符合相应标准；应由该生产单位操作技能熟练焊接人员使用本单位的设备来焊接用于工艺评定的试件。

焊接工艺评定的一般过程是：根据金属材料的焊接性，按照设计文件规定和制造工艺拟定预焊接工艺规程（PWPS）、施焊试件和制取试样、检测焊接接头是否符合规定要求，并形成焊接工艺评定报告（PQR），对预焊接工艺评定规程进行评价。

焊接工艺评定的最终目的是得出能直接指导生产用的焊接工艺规程（WPS），它的依据就是评定合格的焊接工艺评定报告（PQR）。图 9-2-1 所示为焊接工艺规程流程图。

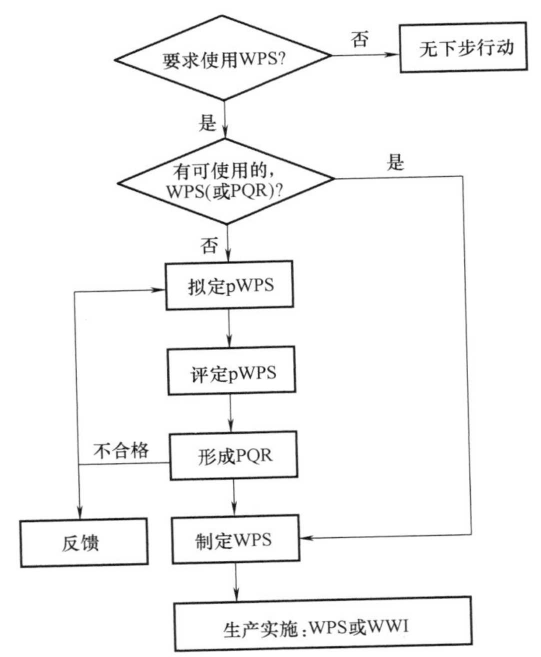

图 9-2-1　焊接工艺规程流程图
（NB/T 47014—2011）

在具体运作过程可因各企业生产管理系统不同而有差别，生产单位进行焊接工艺评定时，必须结合本单位的实际情况灵活地进行规划。下面介绍某些企业的具体做法。

1）焊接工艺评定立项。通常由生产单位的设计或工艺技术管理部门根据新产品结构、材料、接头形式、所采用的焊接方法和钢板厚度范围，以及老产品在生产过程中因结构、材料或焊接工艺的重大改变，需重新编制焊接工艺规程时，提出需要焊接工艺评定的项目。

2）下达焊接工艺评定任务书。所提出的焊接工艺评定项目经过一定审批程序后，根据有关法规和产品的技术要求编制焊接工艺评定任务书。其内容包括：产品订货号、接头形式、母材金属牌号与规格、对接头性能要求、检验项目和合格标准，其推荐格式见表 9-2-2。

3）编制焊接工艺指导书，即预焊接工艺规程（PWPS），由焊接工艺工程师根据金属材料的焊接性，按照焊接工艺评定任务书提出的条件和技术要求进行编制，推荐的格式见表 9-2-3。

4）编制焊接工艺评定试验执行计划。计划内容包括为完成所列焊接工艺评定试验的全部工作，试件备料、坡口加工、试件组焊、焊后热处理、无损检测和理化检验等的计划进度，费用预算，负责单位、协作单位分工及要求等。

5）试件的准备和焊接。试验计划经批准后即按焊接工艺指导书领料、加工试件、组装试件、焊接材料烘干和焊接。试件的焊接应由考试合格的熟练焊工，按焊接工艺指导书（即 PWPS）规定的各种焊接参数焊接。焊接全过程在焊接工程师监督下进行，并记录焊接参数的实测数据。如试件要求焊后热处理，则应记录热处理过程的实际温度和保温时间。

6）试件的检验。试件焊完后先进行外观检查，后进行无损检测，最后进行接头的力学性能试验。如检验不合格，则分析原因，重新编制焊接工艺指导书，重焊试件。

表 9-2-2　焊接工艺评定任务书推荐格式

任务书编号＿＿＿＿

任务来源			
产品名称		产品令号	
部(组)件名称		部(组)件图号	
零件名称		焊接方法	

被评接头	母材钢号	母材类组别	规　格	接头形式	

母材力学性能

	钢号	试件规格	屈服强度 R_{eL}/MPa	抗拉强度 R_m/MPa	冲击吸收能量/J	伸长率 A (%)	断面收缩率 Z (%)	冷弯角/(°) ($D=3S$)	标　准
产品									
试件									

评定标准

试件无损检查项目　外观　□MT　□PT　□RT　□UT

试件理化性能试验项目

项目	拉伸		弯曲			冲击	金相		硬度	化学分析	
	接头	全焊缝	面弯	背弯	侧弯		宏观	微观			
试样数量											

补充试验项目(不作考核)

性能试验合格标准(按试件母材)

要求完成日期：

制订＿＿＿＿＿＿日期＿＿＿＿＿＿校对＿＿＿＿＿＿日期＿＿＿＿

表 9-2-3　焊接工艺指导书推荐格式（即 PWPS）

单位名称＿＿＿＿＿＿＿＿　　　　批准人签字＿＿＿＿＿＿＿＿

焊接工艺指导书编号＿＿＿＿＿＿＿日期＿＿＿＿＿＿焊接工艺评定报告编号＿＿＿＿＿＿

焊接方法＿＿＿＿＿＿＿＿机械化程度（手工、半自动、自动）＿＿＿＿＿＿＿＿

焊接接头：

坡口形式＿＿＿＿＿＿＿＿

垫板(材料及规格)＿＿＿＿＿＿＿＿

其他＿＿＿＿＿＿＿＿

应当用简图、施工图、焊缝代号或文字说明接头形式、坡口尺寸、焊缝层次和焊接顺序

母材：

类别号＿＿＿＿＿＿组别号＿＿＿＿＿＿与类别号＿＿＿＿＿＿组别号＿＿＿＿＿＿相焊

或标准号＿＿＿＿＿＿钢号＿＿＿＿＿＿与标准号＿＿＿＿＿＿钢号＿＿＿＿＿＿相焊

厚度范围：

母材：对接焊缝＿＿＿＿＿＿角焊缝＿＿＿＿＿＿

管子直径、壁厚范围：对接焊缝＿＿＿＿＿＿角焊缝＿＿＿＿＿＿组合焊缝＿＿＿＿＿＿

焊缝金属＿＿＿＿＿＿

其他

（续）

焊接材料：
焊条类别＿＿＿＿＿＿其他＿＿＿＿＿＿
焊条标准＿＿＿＿＿＿牌号＿＿＿＿＿＿
填充金属尺寸＿＿＿＿＿＿
焊丝、焊剂牌号＿＿＿＿＿＿
焊剂商标名称＿＿＿＿＿＿

焊条（焊丝）、熔敷金属化学成分（质量分数，%）

C	Si	Mn	P	S	Cr	Ni	Mo	V	Ti

注：对每一种母材与焊接材料的组合均需分别填表。

焊接位置：
对接焊缝的位置＿＿＿＿＿＿
焊接方向：向上＿＿＿＿＿＿向下＿＿＿＿＿＿
角焊缝位置＿＿＿＿＿＿

焊后热处理：
加热温度＿＿＿＿＿＿℃　升温速度＿＿＿＿＿＿
保温时间＿＿＿＿＿＿　冷却方式＿＿＿＿＿＿

预热：
预热温度（允许最低值）＿＿＿＿＿＿℃
层间温度（允许最高值）＿＿＿＿＿＿℃
保持预热时间＿＿＿＿＿＿
加热方式＿＿＿＿＿＿

气体：
保护气体＿＿＿＿＿＿
混合气体组成＿＿＿＿＿＿
流量＿＿＿＿＿＿

电特性：
电流种类＿＿＿＿＿＿极性＿＿＿＿＿＿
焊接电流范围/A＿＿＿＿＿＿　电弧电压/V＿＿＿＿＿＿

（应当对每种规格的焊条所焊位置和厚度分别记录电流和电压范围，这些数据列入下表中）

焊缝层次	焊接方法	填充金属		焊接电流		电弧电压范围/V	焊接速度/cm · min^{-1}	热输入
		牌号	直径/mm	极性	电流/A			

钨极规格及类型（钍钨极或铈钨极）＿＿＿＿＿＿
熔化极气体保护焊熔滴过渡形式（喷射过渡、短路过渡等）＿＿＿＿＿＿
焊丝送进速度范围＿＿＿＿＿＿

技术措施：
摆动焊或不摆动焊＿＿＿＿＿＿
摆动参数＿＿＿＿＿＿
喷嘴尺寸＿＿＿＿＿＿
焊前清理或层间清理＿＿＿＿＿＿
背面清根方法＿＿＿＿＿＿
导电嘴至焊件距离（每面）＿＿＿＿＿＿
多道焊或单道焊（每面）＿＿＿＿＿＿
多丝焊或单丝焊＿＿＿＿＿＿
锤击＿＿＿＿＿＿
其他（环境温度、相对湿度）＿＿＿＿＿＿

编制		日期		审核		日期	

7）编写焊接工艺评定报告（即 PQR）。所要求评定的项目经检验全部合格后，即可编写焊接工艺评定报告。报告内容大体分成两大部分：第一部分是记录焊接工艺评定试验的条件，包括试件材料牌号、类

别号、接头形式、焊接位置、焊接材料、保护气体、预热温度、焊后热处理制度、焊接能量参数等；第二部分是记录各项检验结果，其中包括拉伸、弯曲、冲击、硬度、宏观金相、无损检验和化学成分分析结果等，其推荐格式见表 9-2-4。报告由完成该项评定试验的焊接工程师填写并签字，内容必须真实完整。

表 9-2-4 焊接工艺评定报告推荐格式（即 PQR）

单位名称＿＿＿＿＿＿ 批准人签字＿＿＿＿＿＿

焊接工艺评定报告编号＿＿＿＿＿＿ 日期＿＿＿＿＿＿ 焊接工艺书编号＿＿＿＿＿＿

焊接方法＿＿＿＿＿＿ 机械化程度（手工、半自动、自动）＿＿＿＿＿＿

接头：

用简图画出坡口形式、尺寸、垫板、焊缝层次和顺序等

母材： 钢材标准号＿＿＿＿＿＿ 钢号＿＿＿＿＿＿ 类、组别号＿＿＿＿＿＿与类、组别号＿＿＿＿＿＿相焊 厚度＿＿＿＿＿＿ 直径＿＿＿＿＿＿ 其他＿＿＿＿＿＿	焊后热处理： 温度＿＿＿＿＿＿ 保温时间＿＿＿＿＿＿ 气体＿＿＿＿＿＿ 气体种类＿＿＿＿＿＿ 混合气体成分＿＿＿＿＿＿
填充金属： 焊条标准＿＿＿＿＿＿ 焊条牌号＿＿＿＿＿＿ 焊丝钢号、尺寸＿＿＿＿＿＿ 焊剂牌号＿＿＿＿＿＿ 其他＿＿＿＿＿＿	电特性： 电流种类＿＿＿＿＿＿ 极性＿＿＿＿＿＿ 焊接电流/A＿＿＿＿＿＿ 电压/V＿＿＿＿＿＿ 其他＿＿＿＿＿＿
焊接位置： 对接焊缝位置＿＿＿＿＿＿方向（向上、向下） 角焊缝位置＿＿＿＿＿＿ 预热： 预热温度/℃＿＿＿＿＿＿ 层间温度/℃＿＿＿＿＿＿ 其他＿＿＿＿＿＿	技术措施： 焊接速度＿＿＿＿＿＿ 摆动或不摆动＿＿＿＿＿＿ 摆动参数＿＿＿＿＿＿ 多道焊或单道焊（每面）＿＿＿＿＿＿ 单丝焊或多丝焊＿＿＿＿＿＿ 其他＿＿＿＿＿＿

焊缝外观检查：

＿＿＿＿＿＿

＿＿＿＿＿＿

＿＿＿＿＿＿

无损检测：

着色检测（标准号、结果）＿＿＿＿＿＿ 超声波检测（标准号、结果）＿＿＿＿＿＿

磁粉检测（标准号、结果）＿＿＿＿＿＿ 射线检测（标准号、结果）＿＿＿＿＿＿

其他＿＿＿＿＿＿

拉伸试验 报告编号：

试样号	宽	厚	面积	断裂载荷	抗拉强度/MPa	断裂特点和部位

弯曲试验 报告编号：

试样编号及规格	试样类型	弯轴直径	试验结果

（续）

冲击试验				报告编号：
试样号	缺口位置	缺口形式	试验温度	冲击吸收能量/J

角焊缝试验和组合焊缝试验
检验结果：
焊透＿＿＿＿＿＿未焊透＿＿＿＿＿＿＿＿
裂纹类型和性质：（表面）＿＿＿＿＿＿＿＿＿＿（金相）＿＿＿＿＿＿＿＿
两焊脚尺寸差＿＿＿＿＿＿＿＿＿＿＿＿＿＿＿＿＿＿
其他检验：
检查方法（标准、结果）＿＿＿＿＿＿＿＿＿＿＿＿＿＿＿＿
焊缝金属化学成分分析（结果）＿＿＿＿＿＿＿＿＿＿＿＿＿＿
其他＿＿＿＿＿＿＿＿＿＿＿＿＿＿＿＿＿＿＿＿＿＿＿
结论：本评定按 GB×××—××规定焊接试件检验试样，测定性能，确认试验记录正确，评定结果（合格、不合格）＿＿＿＿＿＿＿＿＿＿＿＿

施　焊	（签字）	焊接时间	标记
填　表	（签字）	日期	
审　核	（签字）	日期	

焊接工艺评定报告经审批后，一般要复印两份，一份交企业质量管理部门供安全技术监督部门或用户核查，一份交焊接工艺部门，作为编制焊接工艺规程（即 WPS）的依据。评定报告原件存企业档案部门。

2.3　焊接工艺评定规则（以承压设备为例）

各种标准的评定规则因产品类型不同而有差别，但基本上是对评定的条件、何种情况需进行评定和评定结果的适用（或替代）范围等作出规定。这里主要介绍 NB/T 47014—2011《承压设备焊接工艺评定》中钢制锅炉和压力容器焊接工艺评定的规则，重点介绍对接焊缝和角焊缝焊接工艺评定部分。

2.3.1　焊接工艺评定因素及其类别划分

鉴于钢制锅炉和压力容器有别于其他焊接结构，它们多在高温、低温、高压和腐蚀介质等较苛刻环境和条件下工作，所选用的金属材料和焊接材料种类较多和复杂，所用到的焊接方法也是多种多样的，而且焊后对母材金属与焊接接头的化学和物理性能有特别要求，对这样的焊接产品进行焊接工艺评定的工作非常复杂和繁重，为了简化和减轻焊接工艺评定工作又能避免重复或遗漏。NB/T 47014—2011 先把影响焊接质量的各种因素按其性质进行分类，然后针对生产中这些焊接工艺评定因素的变化而作出规定。

1. 通用焊接工艺评定因素及分类

（1）焊接方法及分类

焊接方法的类别为：气焊、焊条电弧焊、埋弧焊、钨极气体保护焊、熔化极气体保护焊（含药芯焊丝电弧焊）、电渣焊、等离子弧焊、摩擦焊、气电立焊和螺柱电弧焊。

（2）金属材料及分类

根据金属材料的化学成分、力学性能和焊接性，将焊制承压设备用的母材进行分类、分组，钢材部分见表 9-2-5。

表 9-2-5　焊制承压设备用母材（钢材部分）的分类分组（摘自 NB/T 47014—2011）

母材		牌号、级别、型号	标　准
类别	组别		
Fe-1	Fe-1-1	10	GB/T 699、GB/T 711、GB 3087、GB 6479、GB/T 8163、GB 9948、GB/T 12459
		15	GB/T 710、GB/T 711、GB/T 13237
		20	GB/T 699、GB/T 710、GB/T 711、GB 3087、GB 6479、GB/T 8163、GB 9948、GB/T 12459、GB/T 13237、NB/T 47008
		20G	GB 5310、GB/T 12459
		Q195	GB/T 700
		Q215A	GB/T 700、GB/T 3091
		Q235A. F	GB/T 3274

（续）

母材		牌号、级别、型号	标准
类别	组别		
Fe-1	Fe-1-1	Q235A	GB/T 700、GB/T 912、GB/T 3091、GB/T 3274、GB/T 13401
		Q235B	GB/T 700、GB/T 912、GB/T 3091、GB/T 3274、GB/T 13401
		Q235C	GB/T 700、GB/T 912、GB/T 3274
		Q235D	GB/T 700、GB/T 3274
		Q245R	GB/T 713
		Q295	GB/T 1591、GB/T 8163
		L175	GB/T 9711. 1
		L210	GB/T 9711.1
		L245	GB/T 9711.1、GB/T 12459
		L290	GB/T 9711.1
		L245NB	GB/T 9711.2
		L245MB	GB/T 9711.2
		L290NB	GB/T 9711.2
		L290MB	GB/T 9711.2
		10MnDG	GB/T 12459、GB/T 18984
		20MnG	GB/T 5310、GB/T 12459
		WCA	GB/T 12229
		ZG 200-400	GB/T 11352
		25	GB/T 699
		HP295	GB/T 6653
	Fe-1-2	HP325	GB/T 6653
		HP345	GB/T 6653
		Q345	GB/T 1591、GB/T 8163、GB/T 12459
		Q345R	GB/T 713
		Q390	GB/T 1591
		L320	GB/T 9711.1
		L360	GB/T 9711.1
		L390	GB/T 9711.1
		L415	GB/T 9711.1
		L360QB	GB/T 9711.2
		L360MB	GB/T 9711.2
		L415NB	GB/T 9711.2
		L415QB	GB/T 9711.2
		ZG 230-450	GB/T 11352
		ZG 240-450BD	GB/T 16253
		09MnD	GB/T 150.2
		16Mn	GB/T 6479、GB/T 12459、NB/T 47008
		25MnG	GB/T 5310、GB/T 12459
		16MnD	NB/T 47009
		16MnDG	GB/T 12459、GB/T 18984
		16MnDR	GB/T 3531、GB/T 13401
		09MnNiD	GB 150.2、NB/T 47009
		09MnNiDR	GB/T 3531、GB/T 13401
		15MnNiDR	GB/T 3531
		WCB	GB/T 12229
		WCC	GB/T 12229

（续）

母材		牌号、级别、型号	标准
类别	组别		
Fe-1	Fe-1-3	HP365	GB/T 6653
		Q370R	GB/T 713
		L450	GB/T 9711.1
		L450QB	GB/T 9711.2
		L450MB	GB/T 9711.2
		15MnNiNbDR	GB/T 150.2
	Fe-1-4	07MnMoVR	GB/T 19189
		07MnNiVDR	GB/T 19189
		07MnNiMoDR	GB/T 19189
		12MnNiVR	GB/T 19189
		08MnNiMoVD	NB/T 47009
		L485	GB/T 9711.1
		L555	GB/T 9711.1
		L485MB	GB/T 9711.2
		L555MB	GB/T 9711.2
		L485QB	GB/T 9711.2
		L555QB	GB/T 9711.2
Fe-2	—	—	—
Fe-3	Fe-3-1	15MoG	GB/T 5310
		20MoG	GB/T 5310
		12CrMo	GB 6479、GB 9948、JB/T 9626
		12CrMoG	GB/T 5310
	Fe-3-2	20MnMo	NB/T 47008
		20MnMoD	NB/T 47009
		10MoWVNb	GB/T 6479、GB/T 12459
		12SiMoVNb	GB/T 6479
	Fe-3-3	20MnNiMo	NB/T 47008
		20MnMoNb	NB/T 47008
		13MnNiMoR	GB/T 713
		18MnMoNbR	GB/T 713
Fe-4	Fe-4-1	09CrCuSb	GB/T 150.2
		14Cr1Mo	NB/T 47008
		14Cr1MoR	GB/T 713、GB/T 13401
		15CrMo	GB/T 3077、GB/T 6479、GB/T 9948、GB/T 12459、JB/T 9626、NB/T 47008
		15CrMoG	GB/T 5310
		15CrMoR	GB/T 713、GB/T 12459、GB/T 13401
		ZG15Cr1MoG	GB/T 16253
		ZG20CrMo	JB/T 9625、JB/T 10087
	Fe-4-2	12Cr1MoV	GB/T 3077、JB/T 9626、NB/T 47008
		12Cr1MoVG	GB/T 5310
		12Cr1MoVR	GB/T 713
		ZG15Cr1Mo1V	JB/T 9625、JB/T 10087
		ZG20CrMoV	JB/T 9625、JB/T 10087
Fe-5A	—	08Cr2AlMo	GB/T 150.2
		12Cr2Mo	GB/T 6479、GB/T 12459
		12Cr2MoG	GB/T 5310、GB/T 12459
		12Cr2Mo1	GB/T 150.2、NB/T 47008
		ZG12Cr2Mo1G	GB/T 16253
		12Cr2Mo1R	GB/T 713、GB/T 13401

（续）

母材		牌号、级别、型号	标准
类别	组别		
Fe-5B	Fe-5B-1	1Cr5Mo	GB/T 6479、GB/T 9948、GB/T 12459、NB/T 47008
		ZG16Cr5MoG	GB/T 16253
	Fe-5B-2	10Cr9Mo1VNb	GB/T 5310
Fe-5C	—	12Cr2MoWVTiB	GB/T 5310
		12Cr2Mo1VR	GB/T 150.2
		12Cr2Mo1V	NB/T 47008
		12Cr3Mo1V	NB/T 47008
		12Cr3MoVSiTiB	GB/T 5310
Fe-6	—	06Cr13(S41008)	GB/T 3280、GB/T 14976、GB/T 20878
		12Cr13	GB/T 3280
		20Cr13	GB/T 3280
Fe-7	Fe-7-1	06Cr13(S11306)	GB/T 24511、NB/T 47010
		06Cr13Al	GB/T 24511
	Fe-7-2	1Cr17	GB/T 13296
		10Cr17	GB/T 3280
		019Cr19Mo2NbTi	GB/T 24511
Fe-8	Fe-8-1	12Cr18Ni9	GB/T 3280
		022Cr19Ni10 (S30403)	GB/T 12771、GB/T 24511、GB/T 24593、NB/T 47010
		06Cr19Ni10 (S30408)	GB/T 12771、GB/T 24511、GB/T 24593、NB/T 47010
		07Cr19Ni10 (S30409)	GB/T 24511、NB/T 47010
		06Cr18Ni11Nb	GB/T 3280、GB/T 4237
		06Cr18Ni11Ti (S32168)	GB/T 12771、GB/T 24511、GB/T 24593、NB/T 47010
		022Cr17Ni12Mo2 (S31603)	GB/T 12771、GB/T 24511、GB/T 24593、NB/T 47010
		06Cr17Ni12Mo2 (S31608)	GB/T 12771、GB/T 24511、GB/T 24593、NB/T 47010
		022Cr19Ni13Mo3 (S31703)	GB/T 24511、NB/T 47010
		06Cr19Ni13Mo3	GB/T 24511
		06Cr17Ni12Mo2Ti (S31668)	GB/T 24511、NB/T 47010
		07Cr17Ni12Mo2 (S31609)	NB/T 47010
		0Cr18Ni9	GB/T 12459、GB/T 12771、GB/T 13296、GB/T 13401、GB/T 14976
		1Cr18Ni9	GB/T 5310、GB/T 12459
		1Cr19Ni9	GB/T 13296、GB/T 9948
		00Cr19Ni10	GB/T 12459、GB/T 12771、GB 13296、GB/T 13401、GB/T 14976
		0Cr18Ni10Ti	GB/T 12459、GB/T 12771、GB 13296、GB/T 13401、GB/T 14976
		1Cr18Ni9Ti	GB/T 13296
		1Cr18Ni11Ti	GB/T 13296

（续）

母材		牌号、级别、型号	标　　准
类别	组别		
Fe-8	Fe-8-1	0Cr18Ni11Nb	GB/T 12459、GB/T 12771、GB/T 13296、GB/T 13401、GB/T 14976
		1Cr19Ni11Nb（S34779）	GB/T 5310、GB/T 9948、GB/T 12459、GB/T 13296、NB/T 47010
		00Cr17Ni14Mo2	GB/T 12459、GB/T 12771、GB/T 13296、GB/T 13401、GB/T 14976
		0Cr17Ni12Mo2	GB/T 12459、GB/T 12771、GB/T 13296、GB/T 13401、GB/T 14976
		1Cr17Ni12Mo2	GB/T 13296
		00Cr19Ni13Mo3	GB/T 13296、GB/T 14976
		0Cr19Ni13Mo3	GB/T 13296、GB/T 14976
		0Cr18Ni12Mo2Ti	GB/T 13296、GB/T 14976
		1Cr18Ni12Mo2Ti	GB/T 13296
		1Cr18Ni12Mo3Ti	GB/T 13296
		0Cr18Ni13Si4	GB/T 13296
		015Cr21Ni26Mo5Cu2（S39042）	NB/T 47010
		CF3	GB/T 12230
		CF3M	GB/T 12230
		CF8	GB/T 12230
		CF8M	GB/T 12230
		CF8C	GB/T 12230
	Fe-8-2	06Cr23Ni13	GB/T 4237
		0Cr23Ni13	GB/T 12459、GB/T 12771、GB/T 13296、GB/T 13401、GB/T 14976
		2Cr23Ni13	GB/T 13296
		06Cr25Ni20（S31008）	GB/T 24511、NB/T 47010
		0Cr25Ni20	GB/T 12459、GB/T 12771、GB/T 13296、GB/T 13401、GB/T 14976
		2Cr25Ni20	GB/T 13296
Fe-9B	—	10Ni3MoVD	NB/T 47009
		06Ni3MoDG	GB/T 12459、GB/T 18984
		ZG14Ni4D	GB/T 16253
		08Ni3DR	GB/T 150. 2
		08Ni3D	NB/T 47009
Fe-10I	—	00Cr27Mo	GB/T 13296
Fe-10H	—	022Cr19Ni5Mo3Si2N（S21953）	GB/T 21832、GB/T 21833、GB/T 24511、NB/T 47010
		022Cr22Ni5Mo3N（S22253）	GB/T 21832、GB/T 21833、GB/T 24511、NB/T 47010
		022Cr23Ni5Mo3N（S22053）	GB/T 21832、GB/T 21833、GB/T 24511、NB/T 47010
		022Cr25Ni7Mo4N	GB/T 21833
Al-1	—	1050A	GB/T 3880.2、GB/T 4437.1、GB/T 6893
		1060	GB/T 3880.2、GB/T 4437.1、GB/T 6893
		1200	GB/T 3880.2、GB/T 4437.1、GB/T 6893
		3003	GB/T 3880.2、GB/T 4437.1、GB/T 6893、JB/T 4734
Al-2	—	3004	GB/T 3880.2
		5052	GB/T 3880.2、GB/T 4437.1、GB/T 6893
		5454	GB/T 4437.1
		5A03	GB/T 3880.2、GB/T 6893

（续）

母材		牌号、级别、型号	标准
类别	组别		
A1-3	—	6061	GB/T 4437.1、GB/T 6893、JB/T 4734
		6063	GB/T 4437.1、GB/T 6893
		6A02	GB/T 3880.2、GB/T 4437.1、GB/T 6893
A1-4			
A1-5	—	5083	GB/T 3880.2、GB/T 4437.1、GB/T 6893、JB/T 4734
		5086	GB/T 3880.2、GB/T 4437.1
		5A05	GB/T 3880.2、GB/T 6893
Ti-1	—	TA0	GB/T 3621、GB/T 3624、GB/T 3625、GB/T 16598
		TA1	GB/T 3621、GB/T 3624、GB/T 3625、GB/T 16598
		ZTi1	GB/T 6614
		TA1-A	GB/T 14845
		TA9	GB/T 3621、GB/T 3624、GB/T 3625、GB/T 16598
Ti-2	—	TA2	GB/T 3621、GB/T 3624、GB/T 3625、GB/T 16598
		TA3	GB/T 3621、GB/T 16598
		TA10	GB/T 3621、GB/T 3624、GB/T 3625、GB/T 16598
		ZTi2	GB/T 6614
Cu-1	—	T2	GB/T 1527、GB/T 2040、GB/T 4423、GB/T 17791
		TP1	GB/T 1527、GB/T 2040、GB/T 17791
		TP2	GB/T 1527、GB/T 2040、GB/T 17791
		TU2	GB/T 2040、GB/T 17791
Cu-2	—	H62	GB/T 1527、GB/T 2040
		HSn62-1	GB/T 1527、GB/T 2040
		HSn70-1	GB/T 1527、GB/T 8890
		HA177-2	GB/T 8890
Cu-3	—	QSi3-1	GB/T 4423
Cu-4	—	B19	GB/T 2040
		BFe10-1-1	GB/T 2040、GB/T 8890
		BFe30-1-1	GB/T 2040、GB/T 4423、GB/T 8890
Cu-5	—	QAl5	GB/T 2040
		QAl9-4	GB/T 1528
		ZCuAl10Fe3	GB/T 1176
Ni-1	—	N5	GB/T 2054
		N6	GB/T 2054、GB/T 2882、GB/T 4435、GB/T 12459、YB/T 5264
		N7	GB/T 2054
Ni-2	—	NCu30	GB/T 2054、GB/T 12459、NB/T 47046、NB/T 47047、JB 4743
Ni-3	—	NS312	GB/T 2882、GB/T 12459、GB/T 15008、YB/T 5353、YB/T 5354
		NS315	GB/T 15008
		NS334	GB/T 2882、GB/T 12459、GB/T 15008、YB/T 5353、YB/T 5354
		NS335	GB/T 15008、YB/T 5264、YB/T 5353、YB/T 5354
		NS336	GB/T 15008、YB/T 5353、YB/T 5354
Ni-4	—	NS321	GB/T 15008、YB/T 5353、YB/T 5354
		NS322	GB/T 15008、YB/T 5353、YB/T 5354
Ni-5	—	NS111	GB/T 2882、GB/T 12459、GB/T 15008、YB/T 5264、YB/T 5353、YB/T 5354
		NS112	GB/T 2882、GB/T 12459、GB/T 15008、YB/T 5264、YB/T 5353、YB/T 5354
		NS142	GB/T 15008、YB/T 5353、YB/T 5354
		NS143	GB/T 15008
		015Cr21Ni26Mo5Cu2	GB/T 24511、NB/T 47010

（3）焊接材料及分类

焊接材料有焊条、焊丝、填充丝、焊带、焊剂、预置填充金属、金属粉、板极、熔嘴等。

焊条分类见表 9-2-6；气焊、气体保护焊、等离子弧焊用焊丝和填充丝分类见表 9-2-7；埋弧焊用焊丝分类见表 9-2-8；埋弧焊用焊剂分类见表 9-2-9。

表 9-2-6　焊条分类（摘自 NB/T 47014—2011）

分类代号	分类依据	标准及型号示例	
FeT-1-1	熔敷金属抗拉强度≥420MPa,用于焊接 Fe-1-1 组的 E43 系列焊条	NB/T 47018.2	E43××
FeT-1-2	熔敷金属抗拉强度≥490MPa,用于焊接 Fe-1-2 组的 E50 系列焊条	NB/T 47018.2	E50×× E50××-×
FeT-1-3	熔敷金属抗拉强度≥540MPa,用于焊接 Fe-1-3 组的 E55 系列焊条	NB/T 47018.2	E55××-×
FeT-1-4	熔敷金属抗拉强度≥590MPa,用于焊接 Fe-1-4 组的 E60 系列焊条	NB/T 47018.2	E60××-D1
FeT-2	—	—	
FeT-3-1	熔敷金属公称成分与 Fe-3-1 组钢材类似,用于焊接 Fe-3-1 组的低合金钢焊条	NB/T 47018.2	E55××-B1
FeT-3-2	熔敷金属公称成分与 Fe-3-2 组钢材类似,用于焊接 Fe-3-2 组的低合金钢焊条	NB/T 47018.2	E55××-G
FeT-3-3	熔敷金属公称成分与 Fe-3-3 组钢材类似,用于焊接 Fe-3-3 组的低合金钢焊条	NB/T 47018.2	E60××-D1
FeT-4	熔敷金属公称成分与 Fe-4 类钢材类似,用于焊接 Fe-4 类钢的低合金钢焊条	NB/T 47018.2	E55××-B2 E55××-B2-V
FeT-5A	熔敷金属公称成分与 Fe-5A 类钢材类似,用于焊接 Fe-5A 类钢的低合金钢焊条	NB/T 47018.2	E60××-B3
FeT-5B	熔敷金属公称成分与 Fe-5B 类钢材类似,用于焊接 Fe-5B 类钢的低合金钢或不锈钢焊条	NB/T 47018.2	E5MoV-15
FeT-5C	熔敷金属公称成分与 Fe-5C 类钢材类似,用于焊接 Fe-5C 类钢的低合金钢焊条	—	
FeT-6	熔敷金属为马氏体组织的不锈钢焊条	NB/T 47018.2	E410-××
FeT-7	熔敷金属为铁素体组织的不锈钢焊条	—	
FeT-8	熔敷金属为奥氏体组织的不锈钢焊条	NB/T 47018.2	E308-×× E347-×× E316L-××
FeT-9B	熔敷金属含 Ni 质量分数不小于 3.5%,用于焊接 Fe-9B 类钢的低温钢焊条	—	
FeT-10I	熔敷金属公称成分与 Fe-10I 相类似,用于焊接 Fe-10I 类钢的不锈钢焊条	—	
FeT-10H	熔敷金属为奥氏体-铁素体组织的不锈钢焊条	—	
CuT-1	纯铜类焊条	GB/T 3670 ECu	
CuT-2	青铜类的铜硅合金焊条	GB/T 3670 ECuSi-A、ECuSi-B	
CuT-3	青铜类的铜锡合金焊条	GB/T 3670 ECuSn-A、ECuSn-B	
CuT-4	白铜类的铜镍合金焊条	GB/T 3670 ECuNi-A、ECuNi-B	

（续）

分类代号	分类依据	标准及型号示例
CuT-6	青铜类的铜铝合金焊条	GB/T 3670 ECuAl-A2、ECuAl-B、ECuAl-C
CuT-7	青铜类的铜镍铝合金焊条	GB/T 3670 ECuAlNi、ECuMnAlNi
NiT-1	纯镍焊条	GB/T 13814 ENi 2061
NiT-2	镍铜合金焊条	GB/T 13814 ENi 4060
NiT-3	镍基类镍铬铁合金焊条和镍铬钼合金焊条	GB/T 13814 ENi 6062、ENi 6133 ENi 6182、ENi 6093 ENi 6002、ENi 6625 ENi 6276、ENi 6275 ENi 6620、ENi 6455
NiT-4	镍基类镍钼合金焊条	GB/T 13814 ENi 1001、ENi 1004、ENi 1066
NiT-5	铁镍基类镍铬钼合金焊条	GB/T 13814 ENi 6985

表 9-2-7 气焊、气体保护焊、等离子弧焊用焊丝和填充丝分类（摘自 NB/T 47014—2011）

分类代号	分类依据	标准及型号示例	
FeS-1-1	熔敷金属抗拉强度≥420MPa,用于焊接 Fe-1-1 组的焊丝、填充丝	—	
FeS-1-2	熔敷金属抗拉强度≥490MPa,用于焊接 Fe-1-2 组的焊丝、填充丝	NB/T 47018.3 ER50-6	ER49-1
FeS-1-3	熔敷金属抗拉强度≥540MPa,用于焊接 Fe-1-3 组的焊丝、填充丝	NB/T 47018.3 ER55-D2-Ti	ER55-D2
FeS-1-4	熔敷金属抗拉强度≥590MPa,用于焊接 Fe-1-4 组的焊丝、填充丝	—	
FeS-2	—	—	
FeS-3-1	熔敷金属公称成分与 Fe-3-1 组钢材类似,用于焊接 Fe-3-1 组钢的低合金钢焊丝、填充丝	—	
FeS-3-2	熔敷金属公称成分与 Fe-3-2 组钢材类似,用于焊接 Fe-3-2 组钢的低合金钢焊丝、填充丝	—	
FeS-3-3	熔敷金属公称成分与 Fe-3-3 组钢材类似,用于焊接 Fe-3-3 组钢的低合金钢焊丝、填充丝	—	
FeS-4	熔敷金属公称成分与 Fe-4 类钢材类似,用于焊接 Fe-4 类钢的低合金钢焊丝、填充丝	NB/T 47018.3	ER55-B2 ER55-B2-MnV
FeS-5A	熔敷金属公称成分与 Fe-5A 类钢材类似,用于焊接 Fe-5A 类钢的低合金钢焊丝、填充丝	NB/T 47018.3	ER62-B3 ER62-B3L
FeS-5B	熔敷金属公称成分与 Fe-5B 类钢材类似,用于焊接 Fe-5B 类钢的低合金钢或不锈钢焊丝、填充丝	—	
FeS-5C	熔敷金属公称成分与 Fe-5C 类钢材类似,用于焊接 Fe-5C 类钢的低合金钢焊丝、填充丝	—	

（续）

分类代号	分类依据	标准及型号示例
FeS-6	熔敷金属为马氏体组织的不锈钢焊丝、填充丝	—
FeS-7	熔敷金属为铁素体组织的不锈钢焊丝、填充丝	—
FeS-8	熔敷金属为奥氏体组织的不锈钢焊丝、填充丝	—
FeS-9B	熔敷金属含 Ni 质量分数不小于 3.5%，用于焊接 Fe-9B 类钢的低温钢焊丝、填充丝	NB/T 47018.3　　ER55-C3
FeS-10I	熔敷金属公称成分与 Fe-10I 相类似，用于焊接 Fe-10I 类钢的不锈钢焊丝、填充丝	—
FeS-10H	熔敷金属为奥氏体-铁素体组织的不锈钢焊丝、填充丝	—
AlS-1	纯铝焊丝和填充丝	NB/T 47018.6 ER 1100、R 1100 ER 1188、R 1188
AlS-2	铝镁焊丝和填充丝	NB/T 47018.6 ER 5183、R 5183 ER 5356、R 5356 ER 5554、R 5554 ER 5556、R 5556 ER 5654、R 5654
AlS-3	铝硅焊丝和填充丝	NB/T 47018.6 ER 4145、R 4145 ER 4043、R 4043 ER 4047、R 4047
TiS-1	纯钛焊丝和填充丝	NB/T 47018.7 ER TA1ELI ER TA2ELI ER TA3ELI ER TA4ELI
TiS-2	公称成分为 Ti-Pd 的焊丝和填充丝	NB/T 47018.7 ER TA9
TiS-4	公称成分为 Ti-0.3Mo-0.8Ni 的焊丝和填充丝	NB/T 47018.7 ER TA12
CuS-1	纯铜类焊丝和填充丝	GB/T 9460 SCu 1898
CuS-2	青铜类的铜硅合金焊丝和填充丝	GB/T 9460 SCu 6560
CuS-3	青铜类的铜锡合金焊丝和填充丝	GB/T 9460 SCu 5210
CuS-4	白铜类的铜镍合金焊丝和填充丝	GB/T 9460 SCu 7158
CuS-6	青铜类的铜铝合金焊丝和填充丝	GB/T 9460 SCu 6100A
CuS-7	青铜类的铜镍铝合金焊丝和填充丝	GB/T 9460 SCu 6325
NiS-1	纯镍焊丝和填充丝	GB/T 15620 SNi 2061

（续）

分类代号	分类依据	标准及型号示例
NiS-2	镍铜合金焊丝和填充丝	GB/T 15620 SNi 4060
NiS-3	镍基类镍铬钼合金和镍铬铁合金焊丝及填充丝	GB/T 15620 SNi 6082 SNi 6062、SNi 7092 SNi 6002、SNi 6625 SNi 6276、SNi 6455
NiS-4	镍基类镍钼合金焊丝和填充丝	GB/T 15620 SNi 1001、SNi 1003 SNi 1004、SNi 1066
NiS-5	铁镍基类镍铬钼合金和镍铬铁合金焊丝及填充丝	GB/T 15620 SNi 6975 SNi 6985 SNi 8065

表 9-2-8　埋弧焊用焊丝分类（摘自 NB/T 47014—2011）

分类代号	分类依据	标准及牌号示例	
FeMS-1-1	熔敷金属抗拉强度≥415MPa，用于焊接 Fe-1-1 组的埋弧焊焊丝	NB/T 47018.4	H08A H08MnA
FeMS-1-2	熔敷金属抗拉强度≥480MPa，用于焊接 Fe-1-2 组的埋弧焊焊丝	NB/T 47018.4	H08MnA H10Mn2 H10MnSi
FeMS-1-3	熔敷金属抗拉强度≥550MPa，用于焊接 Fe-1-3 组的埋弧焊焊丝	NB/T 47018.4	H08MnMoA H10Mn2 H10MnSi
FeMS-1-4	熔敷金属抗拉强度≥620MPa，用于焊接 Fe-1-4 组的埋弧焊焊丝	NB/T 47018.4	H08Mn2MoA H08Mn2MoVA H08MnMoA
FeMS-2	—	—	
FeMS-3-1	熔敷金属公称成分与 Fe-3-1 组钢材类似，用于焊接 Fe-3-1 组钢的低合金钢埋弧焊焊丝	NB/T 47018.4	H08CrMoA H13CrMoA
FeMS-3-2	熔敷金属公称成分与 Fe-3-2 组钢材类似，用于焊接 Fe-3-2 组钢的低合金钢埋弧焊焊丝	NB/T 47018.4	H08MnMoA H10Mn2 H10MnSi
FeMS-3-3	熔敷金属公称成分与 Fe-3-3 组钢材类似，用于焊接 Fe-3-3 组钢的低合金钢埋弧焊焊丝	NB/T 47018.4	H08Mn2MoA H08Mn2MoVA
FeMS-4	熔敷金属公称成分与 Fe-4 类钢材类似，用于焊接 Fe-4 类钢的低合金钢埋弧焊焊丝	NB/T 47018.4	H08CrMoVA H08CrMoA H13CrMoA
FeMS-5A	熔敷金属公称成分与 Fe-5A 类钢材类似，用于焊接 Fe-5A 类钢的低合金钢埋弧焊焊丝	—	
FeMS-5B	熔敷金属公称成分与 Fe-5B 类钢材类似，用于焊接 Fe-5B 类钢的低合金钢或不锈钢埋弧焊焊丝	—	
FeMS-5C	熔敷金属公称成分与 Fe-5C 类钢材类似，用于焊接 Fe-5C 类钢的低合金钢埋弧焊焊丝	—	
FeMS-6	熔敷金属为马氏体组织的不锈钢埋弧焊焊丝	NB/T 47018.4	H12Cr13
FeMS-7	熔敷金属为铁素体组织的不锈钢埋弧焊焊丝	NB/T 47018.4	H10Cr17

（续）

分类代号	分类依据	标准及牌号示例
FeMS-8	熔敷金属为奥氏体组织的不锈钢埋弧焊焊丝	NB/T 47018.4　H08Cr21Ni10 H03Cr21Ni10 H08Cr19Ni12Mo2 H03Cr19Ni12Mo2 H08Cr20Ni10Nb
FeMS-9B	熔敷金属含 Ni 质量分数不小于 3.5%，用于焊接 Fe-9B 类钢的低温钢焊丝	—
FeMS-10I	熔敷金属公称成分与 Fe-10I 相类似，用于焊接 Fe-10I 类钢的不锈钢埋弧焊焊丝	—
FeMS-10H	熔敷金属为奥氏体-铁素体组织的不锈钢埋弧焊焊丝	—

表 9-2-9　埋弧焊用焊剂分类

（摘自 NB/T 47014—2011）

类别代号	焊剂型号、类型	焊剂标准
FeG-1	F4××-H×××	NB/T 47018.4 （限 GB/T 5293）
FeG-2	F5××-H×××	
	F48××-H×××	NB/T 47018.4 （限 GB/T 12470）
FeG-3	F55××-H×××	
FeG-4	F62××-H×××	
FeG-5	熔炼焊剂	NB/T 47018.4 （限 GB/T 17854）
FeG-6	烧结焊剂	

（4）焊后热处理及分类

对于钢材类焊后热处理的类别有：

1）不进行焊后热处理。

2）低于下转变温度进行焊后热处理。

3）高于上转变温度进行焊后热处理（如正火）。

4）先在高于上转变温度，而后在低于下转变温度进行焊后热处理（正火或淬火后回火）。

5）在上下转变温度之间进行焊后热处理。

2. 每种焊接方法的专用焊接工艺评定因素及分类

每种焊接方法的专用焊接工艺评定因素分为重要因素、补加因素和次要因素。重要因素是指影响焊接接头力学性能和弯曲性能（冲击韧性除外）的焊接工艺评定因素；补加因素是指影响焊接接头冲击韧性的焊接工艺评定因素，当规定进行冲击试验时，需增加补加因素；次要因素是指对要求测定的力学性能和弯曲性能无明显影响的焊接工艺评定因素。

每种焊接方法的专用焊接工艺评定因素及分类，见表 9-2-10。

表 9-2-10　每种焊接方法的专用焊接工艺评定因素及分类（摘自 NB/T 47014—2011）

类别	焊接工艺评定因素	重要因素									补加因素									次要因素								
		气焊	焊条电弧焊	埋弧焊	熔化极气体保护焊	钨极气体保护焊	等离子弧焊	气电立焊	螺柱电弧焊	摩擦焊	气焊	焊条电弧焊	埋弧焊	熔化极气体保护焊	钨极气体保护焊	等离子弧焊	气电立焊	螺柱电弧焊	摩擦焊	气焊	焊条电弧焊	埋弧焊	熔化极气体保护焊	钨极气体保护焊	等离子弧焊	气电立焊	螺柱电弧焊	摩擦焊
接头	1）改变坡口形式	—	—	—	—	—	—	—	—	—	—	—	—	—	—	○	—	—	—	○	○	○	○	○	○	○	—	—
	2）增加或取消衬垫	—	—	—	—	—	—	—	—	—	—	—	—	—	—	—	—	—	—	○	—	—	—	—	—	—	—	—
	3）改变衬垫的公称成分	—	—	—	—	—	—	—	—	—	—	—	—	—	—	—	—	—	—	○	—	—	—	—	—	—	—	—
	4）改变坡口根部间隙	—	—	—	—	—	—	—	—	—	—	—	—	—	—	—	—	—	—	○	○	○	○	○	○	○	—	—
	5）取消单面焊时的衬垫（双面焊按有衬垫的单面焊考虑）	—	—	—	—	—	—	—	—	—	—	—	—	—	—	—	—	—	—	—	○	○	○	—	—	—	—	—

（续）

类别	焊接工艺评定因素	重要因素									补加因素									次要因素								
		气焊	焊条电弧焊	埋弧焊	熔化极气体保护焊	钨极气体保护焊	等离子弧焊	气电立焊	螺柱电弧焊	摩擦焊	气焊	焊条电弧焊	埋弧焊	熔化极气体保护焊	钨极气体保护焊	等离子弧焊	气电立焊	螺柱电弧焊	摩擦焊	气焊	焊条电弧焊	埋弧焊	熔化极气体保护焊	钨极气体保护焊	等离子弧焊	气电立焊	螺柱电弧焊	摩擦焊
接头	6）增加或取消非金属或非熔化的焊接熔池金属成形块（或焊缝背面成形块）	—	—	—	—	—	—	○	—	—	—	—	—	—	—	—	—	—	—	—	○	○	○	○	○	—	—	—
	7）增加衬垫，或改变衬垫的公称成分	—	—	—	—	—	—	—	—	—	—	—	—	—	—	—	—	—	—	—	—	—	—	○	○	—	—	—
	8）改变螺柱焊端部的尺寸和形状	—	—	—	—	—	—	—	○	—	—	—	—	—	—	—	—	—	—	—	—	—	—	—	—	—	—	—
	9）改变电弧保护套圈型号或焊剂型号	—	—	—	—	—	—	—	○	—	—	—	—	—	—	—	—	—	—	—	—	—	—	—	—	—	—	—
	10）两工件端部焊接平面与旋转轴线夹角变化大于评定值±10°	—	—	—	—	—	—	—	—	○	—	—	—	—	—	—	—	—	—	—	—	—	—	—	—	—	—	—
	11）焊接接头横截面积的变化大于评定值 10%，或两工件相焊处，从实心截面改变为空心截面，或反之	—	—	—	—	—	—	—	—	○	—	—	—	—	—	—	—	—	—	—	—	—	—	—	—	—	—	—
	12）管-管相焊处的外径变化超出评定试件±10%	—	—	—	—	—	—	—	—	○	—	—	—	—	—	—	—	—	—	—	—	—	—	—	—	—	—	—
填充金属	1）改变焊条直径	—	—	—	—	—	—	—	—	—	—	—	—	—	—	—	—	—	—	—	○	—	—	—	—	—	—	—
	*2）焊条的直径改为大于 6mm	—	—	—	—	—	—	—	—	—	—	○	—	—	—	—	—	—	—	—	—	—	—	—	—	—	—	—
	3）改变焊丝直径	—	—	—	—	—	—	—	—	—	—	—	—	—	—	—	—	—	—	—	—	○	○	—	—	○	—	—
	4）改变混合焊剂的混合比例	—	—	○	—	—	—	—	—	—	—	—	—	—	—	—	—	—	—	—	—	—	—	—	—	—	—	—
	5）增加或取消填充金属	—	—	—	—	○	○	—	—	—	—	—	—	—	—	—	—	—	—	—	—	—	—	—	—	—	—	—
	6）添加或取消附加的填充丝；与评定值比，其体积改变超过 10%	—	—	○	○	—	—	—	—	—	—	—	—	—	—	—	—	—	—	—	—	—	—	—	—	—	—	—
	7）改变填充金属横截面尺寸	—	—	—	—	—	—	—	—	—	—	—	—	—	—	—	—	—	—	○	—	—	—	○	○	—	—	—
	8）实芯焊丝、药芯焊丝、金属粉之间变更	—	—	—	○	○	○	○	—	—	—	—	—	—	—	—	—	—	—	—	—	—	—	—	—	—	—	—
	9）增加或取消可熔性嵌条	—	—	—	—	—	—	—	—	—	—	—	—	—	—	—	—	—	—	—	—	—	—	○	○	—	—	—

（续）

类别	焊接工艺评定因素	重要因素									补加因素									次要因素								
		气焊	焊条电弧焊	埋弧焊	熔化极气体保护焊	钨极气体保护焊	等离子弧焊	气电立焊	螺柱电弧焊	摩擦焊	气焊	焊条电弧焊	埋弧焊	熔化极气体保护焊	钨极气体保护焊	等离子弧焊	气电立焊	螺柱电弧焊	摩擦焊	气焊	焊条电弧焊	埋弧焊	熔化极气体保护焊	钨极气体保护焊	等离子弧焊	气电立焊	螺柱电弧焊	摩擦焊
填充金属	10)若焊缝金属合金含量主要取决于附加填充金属时，当焊接工艺改变引起焊缝金属中重要合金元素超出评定范围	—	—	○	○	—	○	—	—	—	—	—	—	—	—	—	—	—	—	—	—	—	—	—	—	—	—	—
焊接位置	1)与评定试件相比，增加焊接位置	—	—	—	—	—	—	—	○	—	—	—	—	—	—	—	—	—	—	○	○	○	○	○	○	—	—	—
	2)需做清根处理的根部焊道向上立焊或向下立焊	—	—	—	—	—	—	—	—	—	—	—	—	—	—	—	—	—	—	—	○	—	○	○	○	—	—	—
	*3)从评定合格的焊接位置改变为向上立焊	—	—	—	—	—	—	—	—	—	—	○	—	○	○	○	—	—	—	—	—	—	—	—	—	—	—	—
预热、后热	1)预热温度比已评定合格值降低 50℃以上	—	○	○	○	○	○	—	○	○	—	—	—	—	—	—	—	—	—	○	—	—	—	—	—	○	—	—
	*2)道间最高温度比经评定记录值高 50℃以上	—	—	—	—	—	—	—	—	—	—	○	○	○	○	○	—	—	—	—	—	—	—	—	—	—	—	—
	3)施焊结束后至焊后热处理前，改变后热温度和保温时间	—	—	—	—	—	—	—	—	—	—	—	—	—	—	—	—	—	—	—	○	○	○	—	—	—	—	—
气体	1)改变可燃气体种类	○	—	—	—	—	—	—	—	—	—	—	—	—	—	—	—	—	—	—	—	—	—	—	—	—	—	—
	2)改变气体保护方式（如真空、惰性气体等）	—	—	—	—	—	—	—	—	○	—	—	—	—	—	—	—	—	—	—	—	—	—	—	—	—	—	—
	3)改变单一保护气体种类；改变混合保护气体规定配比；从单一保护气体改用混合保护气体或反之；增加或取消保护气体	—	—	—	○	○	—	○	○	—	—	—	—	—	—	—	—	—	—	—	—	—	—	—	—	—	—	—
	4)当类别号为 Fe-10I、Ti-1、Ti-2、Ni-1 ~ Ni-5 时，取消焊缝背面保护气体，或背面保护气从惰性气体改变为混合气体	—	—	—	○	○	○	—	—	—	—	—	—	—	—	—	—	—	—	—	—	—	—	—	—	—	—	—

（续）

类别	焊接工艺评定因素	重要因素									补加因素									次要因素								
		气焊	焊条电弧焊	埋弧焊	熔化极气体保护焊	钨极气体保护焊	等离子弧焊	气电立焊	螺柱电弧焊	摩擦焊	气焊	焊条电弧焊	埋弧焊	熔化极气体保护焊	钨极气体保护焊	等离子弧焊	气电立焊	螺柱电弧焊	摩擦焊	气焊	焊条电弧焊	埋弧焊	熔化极气体保护焊	钨极气体保护焊	等离子弧焊	气电立焊	螺柱电弧焊	摩擦焊
气体	5）当焊接Fe-10I、Ti-1、Ti-2类材料时，取消尾部保护气体；尾部保护气从惰性气体改变为混合气体；或尾部保护气体流量比评定值减少10%或更多	—	—	—	○	○	○	—	—	—	—	—	—	—	—	—	—	—	—	—	—	—	—	—	—	—	—	—
	6）改变喷嘴和保护气体的流量和组成	—	—	—	—	—	○	—	—	—	—	—	—	—	—	—	—	—	—	—	—	—	—	—	—	—	—	—
	7）增加或取消尾部保护气体或改变尾部保护气体成分	—	—	—	—	—	—	—	—	—	—	—	—	—	—	—	—	—	—	—	—	—	○	○	○	—	—	—
	8）保护气体流量改变超出规定范围	—	—	—	—	—	—	—	—	—	—	—	—	—	—	—	—	—	—	—	—	—	○	○	—	○	—	—
	9）增加或取消背面保护气体，改变背面保护气体规定的流量和组成	—	—	—	—	—	—	—	—	—	—	—	—	—	—	—	—	—	—	—	—	—	○	○	○	—	—	—
电特性	1）改变电流种类或极性	—	—	—	—	—	—	—	—	—	—	○	○	○	○	○	○	○	—	—	○	○	○	○	○	—	○	—
	*2）增加线能量或单位长度焊道的熔敷金属体积超过评定合格值	—	—	—	—	—	—	—	—	—	—	○	○	○	○	○	○	—	—	—	—	—	—	—	—	—	—	—
	3）改变焊接电流范围，除焊条电弧焊、钨极气体保护焊外改变电弧电压范围	—	—	—	—	—	—	—	—	—	—	—	—	—	—	—	—	—	—	—	○	○	○	○	○	○	○	—
	4）在直流电源上叠加或取消脉冲电流	—	—	—	—	—	—	—	—	—	—	—	—	—	—	—	—	—	—	—	—	—	—	○	—	—	—	—
	5）钨极的种类或直径	—	—	—	—	—	—	—	—	—	—	—	—	—	—	—	—	—	—	—	—	—	—	○	○	—	—	—
	6）从喷射弧、熔滴弧或脉冲弧改变为短路弧，或反之	—	—	—	○	—	—	—	—	—	—	—	—	—	—	—	—	—	—	—	—	—	—	—	—	—	—	—
	7）与评定值相比，改变电弧时间超过±0.1s	—	—	—	—	—	—	—	○	—	—	—	—	—	—	—	—	—	—	—	—	—	—	—	—	—	—	—
	8）与评定值相比，改变电流超过±10%	—	—	—	—	—	—	—	○	—	—	—	—	—	—	—	—	—	—	—	—	—	—	—	—	—	—	—
	9）改变焊接电源类型	—	—	—	—	—	—	—	○	—	—	—	—	—	—	—	—	—	—	—	—	—	—	—	—	—	—	—

（续）

类别	焊接工艺评定因素	重要因素									补加因素									次要因素								
		气焊	焊条电弧焊	埋弧焊	熔化极气体保护焊	钨极气体保护焊	等离子弧焊	气电立焊	螺柱电弧焊	摩擦焊	气焊	焊条电弧焊	埋弧焊	熔化极气体保护焊	钨极气体保护焊	等离子弧焊	气电立焊	螺柱电弧焊	摩擦焊	气焊	焊条电弧焊	埋弧焊	熔化极气体保护焊	钨极气体保护焊	等离子弧焊	气电立焊	螺柱电弧焊	摩擦焊
技术措施	1）从氧化焰改为还原焰，或反之	—	—	—	—	—	—	—	—	—	—	—	—	—	—	—	—	—	—	○	—	—	—	—	—	—	—	—
	2）左焊法或右焊法	—	—	—	—	—	—	—	—	—	—	—	—	—	—	—	—	—	—	○	—	—	—	—	—	—	—	—
	3）不摆动焊或摆动焊	—	—	—	—	—	—	—	—	—	—	—	—	—	—	—	—	—	—	○	○	○	○	○	○	—	—	—
	4）改变焊前清理和层间清理方法	—	—	—	—	—	—	—	—	—	—	—	—	—	—	—	—	—	—	○	○	○	○	○	○	○	—	—
	5）改变清根方法	—	—	—	—	—	—	—	—	—	—	—	—	—	—	—	—	—	—	—	○	○	○	○	○	—	—	—
	6）机动焊、自动焊时，改变电极（焊丝、钨极）摆动幅度、频率和两端停留时间	—	—	—	—	—	—	—	—	—	—	—	—	—	—	—	—	—	—	—	—	○	○	○	○	○	—	—
	7）改变导电嘴至工件的距离	—	—	—	—	—	—	—	—	—	—	—	—	—	—	—	—	—	—	—	—	○	○	—	—	○	—	—
	*8）由每面多道焊改为每面单道焊	—	—	—	—	—	—	—	—	—	—	○	○	○	○	○	○	—	—		○	○	○	○	○	○	—	—
	*9）机动焊、自动焊时，单丝焊改为多丝焊，或反之	—	—	—	—	—	—	○	—	—	—	—	○	○	○	○	—	—	—	—	—	○	○	○	○	—	—	—
	10）机动焊、自动焊时，改变电极间距	—	—	—	—	—	—	—	—	—	—	—	—	—	—	—	—	—	—	—	—	○	○	○	○	○	—	—
	11）从手工焊、半自动焊改为机动焊、自动焊，或反之	—	—	—	—	—	—	—	—	—	—	—	—	—	—	—	—	—	—	—	○	○	○	○	—	—	—	—
	12）有无锤击焊缝	—	—	—	—	—	—	—	—	—	—	—	—	—	—	—	—	—	—	○	○	○	○	○	○	○	—	—
	13）喷嘴尺寸	—	—	—	—	—	—	—	—	—	—	—	—	—	—	—	—	—	—	—	—	—	○	○	○	—	—	—
	14）改变螺柱焊枪型号；与评定变化值相比，提升高度变化超过 0.8mm	—	—	—	—	—	—	—	○	—	—	—	—	—	—	—	—	—	—	—	—	—	—	—	—	—	—	—
	15）与评定值相比，工件外表面线速度变化量大于评定值±10%	—	—	—	—	—	—	—	—	○	—	—	—	—	—	—	—	—	—	—	—	—	—	—	—	—	—	—
	16）顶锻压力变化量大于评定值±10%	—	—	—	—	—	—	—	—	○	—	—	—	—	—	—	—	—	—	—	—	—	—	—	—	—	—	—
	17）转动能量变化量大于评定值±10%	—	—	—	—	—	—	—	—	○	—	—	—	—	—	—	—	—	—	—	—	—	—	—	—	—	—	—
	18）顶锻变形量变化量大于评定值±10%	—	—	—	—	—	—	—	—	○	—	—	—	—	—	—	—	—	—	—	—	—	—	—	—	—	—	—

（续）

类别	焊接工艺评定因素	重要因素									补加因素									次要因素								
		气焊	焊条电弧焊	埋弧焊	熔化极气体保护焊	钨极气体保护焊	等离子弧焊	气电立焊	螺柱电弧焊	摩擦焊	气焊	焊条电弧焊	埋弧焊	熔化极气体保护焊	钨极气体保护焊	等离子弧焊	气电立焊	螺柱电弧焊	摩擦焊	气焊	焊条电弧焊	埋弧焊	熔化极气体保护焊	钨极气体保护焊	等离子弧焊	气电立焊	螺柱电弧焊	摩擦焊
技术措施	19）填丝焊改为小孔焊，或反之，或改为两者兼有	—	—	—	—	—	—	—	—	—	—	—	—	—	—	○	—	—	—	—	—	—	—	—	—	—	—	—
	20）对于纯钛、钛铝合金、钛钼合金，在密封室内焊接，改变为密封室外焊接	—	—	—	—	○	○	—	—	—	—	—	—	—	—	—	—	—	—	—	—	—	—	—	—	—	—	—

注：1. 符号“○”表示该焊接工艺评定因素对于该焊接方法为评定因素，符号“—”表示焊接工艺评定因素对该焊接方法不作为评定因素。

2. 符号“*”为当经高于上转变温度的焊后热处理或奥氏体母材焊后经固溶处理时不作为补加因素。

3. 药芯焊丝电弧焊焊接工艺评定因素与熔化极气体保护焊相同。

2.3.2 对接焊缝和角焊缝焊接工艺评定规则

焊接生产中用于焊接新产品的焊接工艺，是必须按 NB/T 47014—2011 规定进行焊接工艺评定合格后才能使用。如果正在正常生产的焊接产品，当某一焊接工艺因素发生改变，是否需要对改变的工艺因素进行重新评定，NB/T 47014—2011 对此也作出了明确规定。此外，NB/T 47014—2011 也规定了某些工艺评定合格项目（即结果）的适用（或替代）范围；也提出了免于焊接工艺评定的前提和条件等。下面是针对对接焊缝和角焊缝焊接工艺评定的主要规则：

1. 各种焊接方法的通用评定规则

1）焊接方法的评定规则：凡是改变焊接方法，必须重新进行焊接工艺评定。

2）母材的评定规则：

① 钢材类别的评定规则（螺柱焊、摩擦焊除外），当钢材的类别号改变，必须重新进行焊接工艺评定；采用焊条电弧焊、埋弧焊、熔化极气体保护焊或钨极气体保护焊和等离子弧焊使用填丝工艺，对 Fe-1～ Fe-5A 类别母材进行焊接工艺评定时，高类别号母材相焊评定合格的焊接工艺，适用于该高类别母材与低类别号母材相焊；除此以外，当不同类别号的母材相焊时，即使母材各自的焊接工艺都已评定合格，其焊接接头仍需重新进行焊接工艺评定。当规定对热影响区进行冲击试验时，两类（组）别号母材之间相焊，所拟定的预焊接工艺规程（PWPS），与他们各自相焊评定合格的焊接工艺相同，则这两类（组）别号母材之间相焊，不需要重新进行焊接工艺评定。两类（组）别号母材之间相焊，经评定合格的焊接工艺也适用于这两类（组）别号母材各自相焊。

② 钢材组别号的评定规则（螺柱焊、摩擦焊除外），某一母材评定合格的焊接工艺，适用于同类别号、同组别号的其他母材；在同类别号中高组别号母材评定合格的焊接工艺，适用于该高组别号母材与低组别号母材相焊；组别号为 Fe-1-2 的母材评定合格的焊接工艺，适用于组别号为 Fe-1-1 的母材。除上述规定以外，母材组别号改变时都要重新进行焊接工艺评定。

③ 摩擦焊时母材的评定规则，当母材公称成分或抗拉强度等级改变时，要重新进行焊接工艺评定；若两种不同的公称成分或抗拉强度等级的母材组成焊接接头即便母材各自焊接工艺都已评定合格，其焊接接头仍需重新进行焊接工艺评定。

3）填充金属的评定规则：变更填充金属类别号的，需重新进行焊接工艺评定。但当用强度级别高的类别填充金属代替强度级别低的类别填充金属焊接 Fe-1、Fe-3 类母材时，可以不需要重新进行焊接工艺评定。

埋弧焊、熔化极气体保护焊、等离子弧焊的焊缝合金含量若主要取决于附加填充金属时，当焊接工艺改变引起焊缝金属中主要合金元素成分超出评定范围的情况，需重新进行焊接工艺评定。

埋弧焊、熔化极气体保护焊时，增加、取消附加填充金属或改变其体积超过 10%者，需重新进行焊接工艺评定。

在同一类别填充金属中，当规定进行冲击试验时，则用非低氢型药皮焊条代替低氢型（含 EXX10、EXX11）药皮焊条及用冲击试验合格指标较低的填充金属代替较高的填充金属（冲击试验合格指标较低时仍符合设计文件规定的除外），同为补加因素，要重新进行焊接工艺评定。

当 Fe-1 类钢材埋弧多层焊时，改变焊剂类型（中性焊剂、活性焊剂），需重新进行焊接工艺评定。

4）焊后热处理的评定规则：改变焊后热处理类别，需重新进行焊接工艺评定。除气焊、螺柱电弧焊、摩擦焊外，当规定进行冲击试验时，焊后热处理的保温温度或保温时间范围改变后，要重新进行焊接工艺评定。试件的焊后热处理应与焊件在制造过程中的焊后热处理基本相同，低于下转变温度进行焊后热处理时，试件保温时间不得少于焊件在制造过程中累计保温时间的 80%。

5）试件厚度与焊件厚度的评定规则：

① 对接焊缝试件评定合格的焊接工艺，适用于焊件厚度的有效范围按表 9-2-11 或表 9-2-12 规定。

② 用焊条电弧焊、埋弧焊、钨极气体保护焊、熔化极气体保护焊、等离子弧焊和气电立焊等焊接方法完成的试件，当规定进行冲击试验时，焊接工艺评定合格后，若试件厚度 $T \geqslant 6$mm，适用于焊件母材厚度的有效范围最小值为试件厚度 T 与 16mm 两者中的最小值；当 $T<6$mm 时，适用于焊件母材厚度的最小值为 $T/2$。如试件经高于上转变温度的焊后热处理或奥氏体材料焊后经固溶处理时，仍按表 9-2-11 或表 9-2-12 的规定。

③ 当厚度大的母材焊件属于表 9-2-13 所列的情况时，评定合格的焊接工艺适用于焊件母材厚度的有效范围最大值按表 9-2-13 的规定。

④ 当试件符合表 9-2-14 所列的焊接条件时，评定合格的焊接工艺适用于焊件的最大厚度按表 9-2-14 的规定。

⑤ 对接焊缝试件评定合格的焊接工艺用于焊件角焊缝时，焊件厚度的有效范围不限；角焊缝试件评定合格的焊接工艺用于非受压焊件角焊缝时，焊件厚度的有效范围不限。

表 9-2-11　对接焊缝试件厚度与焊件厚度规定

（试件进行拉伸试验和横向弯曲试验）　（单位：mm）

试件母材厚度 T	适用于焊件母材厚度的有效范围		适用于焊件焊缝金属厚度(t)的有效范围	
	最小值	最大值	最小值	最大值
<1.5	T	$2T$	不限	$2t$
$1.5 \leqslant T \leqslant 10$	1.5	$2T$	不限	$2t$
$10<T<20$	5	$2T$	不限	$2t$
$20 \leqslant T<38$	5	$2T$	不限	$2t(t<20)$
$20 \leqslant T<38$	5	$2T$	不限	$2T(t \geqslant 20)$
$38 \leqslant T \leqslant 150$	5	200①	不限	$2t(t<20)$
$38 \leqslant T \leqslant 150$	5	200①	不限	200①$(t \geqslant 20)$
>150	5	$1.33T$①	不限	$2t(t<20)$
>150	5	$1.33T$①	不限	$1.33T$①$(t \geqslant 20)$

① 限于焊条电弧焊、埋弧焊、钨极气体保护焊、熔化极气体保护焊，其余按表 9-2-13、表 9-2-14 或 $2T$、$2t$。

表 9-2-12　对接焊缝试件厚度与焊件厚度规定

（试件进行拉伸试验和纵向弯曲试验）　（单位：mm）

试件母材厚度 T	适用于焊件母材厚度的有效范围		适用于焊件焊缝金属厚度(t)的有效范围	
	最小值	最大值	最小值	最大值
<1.5	T	$2T$	不限	$2t$
$1.5 \leqslant T \leqslant 10$	1.5	$2T$	不限	$2t$
>10	5	$2T$	不限	$2t$

表 9-2-13　焊接在所列条件试件母材厚度与焊件母材厚度规定　（单位：mm）

序号	焊件条件	试件母材厚度 T	适用于焊件母材厚度的有效范围	
			最小值	最大值
1	焊条电弧焊、埋弧焊、钨极气体保护焊、熔化极气体保护焊和等离子弧焊用于打底焊，当单独评定时	≥13	按表 9-2-11、表 9-2-12 相关规定执行	按继续填充焊缝的其余焊接方法的焊接工艺评定结果确定
2	部分焊透的对接焊缝焊件	≥38		不限
3	返修焊、补焊	≥38		不限
4	不等厚对接焊缝焊件，用等厚的对接焊缝试件来评定	≥6（类别号为 Fe-8、Ti-1、Ti-2、Ni-1、Ni-2、Ni-3、Ni-4、Ni-5 的母材，不规定冲击试验）		不限（厚边母材厚度）
		≥38（除类别号为 Fe-8、Ti-1、Ti-2、Ni-1、Ni-2、Ni-3、Ni-4、Ni-5 的母材外）		不限（厚边母材厚度）

表 9-2-14　试件在所列焊接条件时试件厚度与焊件厚度规定　（单位：mm）

序号	试件的焊接条件	适用于焊件的最大厚度	
		母　材	焊缝金属
1	除气焊、螺柱电弧焊、摩擦焊外，试件经超过上转变温度的焊后热处理	1.1T	按表 9-2-11、表 9-2-12 中相关规定执行
2	试件为单道焊或多道焊时，若其中任一焊道的厚度大于 13mm	1.1T	
3	气焊	T	
4	短路过渡的熔化极气体保护焊，当试件厚度小于 13mm	1.1T	
5	短路过渡的熔化极气体保护焊，当试件焊缝金属厚度小于 13mm	按表 9-2-11、表 9-2-12 中相关规定执行	1.1t

2. 各种焊接方法的专用评定规则

1）当变更任何一个重要因素时，都要重新进行焊接工艺评定。

2）增加或变更任一补加因素时，则按增加或变更的附加因素，增焊冲击韧性用试件进行试验。

3）当增加或变更次要因素时，不需重新进行焊接工艺评定，但需重新编制预焊接工艺规程。

2.4　焊接工艺评定方法

通过工艺试验方法进行焊接工艺评定时，需按焊接工艺指导书，即预焊接工艺规程（PWPS）要求准备试件，按规定的焊接方法、焊接位置和给定的焊接参数对试件进行焊接，按规定的要求进行热处理和焊缝内外质量检查，按规定从试件上截取力学性能检测用的各种试样并对其进行检测试验，把检测的结果与合格的标准作对比，符合标准要求则评为合格。若有不合格的，则需改变焊接工艺，重新进行试验，直至全部合格为止。最后把评定合格的工艺记录、检测结果写成焊接工艺评定报告（即 PQR），整个焊接工艺评定试验工作才算完成。下面介绍过程中几个主要环节。

（1）试件制备

根据钢制压力容器焊接结构的特点，焊接工艺评定用的试件主要分板状和管状两种形式，如图 9-2-2 所示。对接焊缝试件只有板状对接和管状对接两种，而角焊缝试件有板状角接、管与板角接和管与管角接三种。摩擦焊试件接头形式应与产品规定一致。

（2）适用范围

评定对接焊缝预焊接工艺规程时，采用对接焊缝试件，对接焊缝试件评定合格的焊接工艺，适用于焊件中的对接焊缝和角焊缝；评定非受压角焊缝预焊接工艺规程时，仅用角焊缝试件。

板状对接焊缝试件评定合格的焊接工艺，适用于管状焊件的对接焊缝，反之亦可。任一角焊缝试件评定合格的焊接工艺，适用于所有形式的焊件角焊缝。

当同一条焊缝使用两种或两种以上焊接方法或重要因素、补加因素不同的焊接工艺时，可按每种焊接方法（或焊接工艺）分别进行评定；也可使用两种或两种以上焊接方法（或焊接工艺）焊接试件进行组合评定。

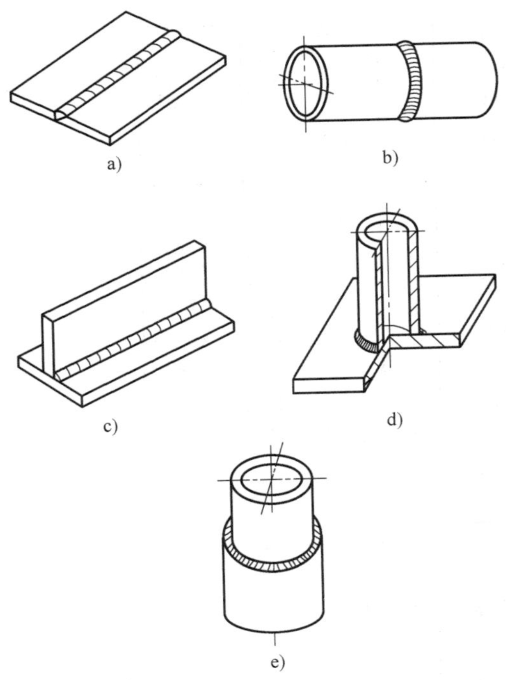

图 9-2-2　对接焊缝和角焊缝试件形式

a）板状对接焊缝试件　b）管状对接焊缝试件
c）板状角焊缝试件　d）管与板角焊缝试件
e）管与管角焊缝试件

组合评定合格的焊接工艺用于焊件时，可以采用其中一种或几种焊接方法（或焊接工艺），但应保证其重要因素、补加因素不变。只需其中任一种焊接方法（焊接工艺）所评定的试件母材厚度来确定组合评定试件适用于焊件母材厚度的有效范围。

（3）对试件制备的要求

所制备焊接工艺评定用的试件必须满足如下要求：

① 母材、焊接材料和试件的焊接都必须符合拟定的预焊接工艺规程（即 PWPS）的要求。

② 试件的数量和尺寸应满足制备试样的要求，试样也可直接在焊件上切取。

③ 对接焊缝试件厚度应充分考虑适用于焊件厚度的有效范围。

因此，试件的材质、形状和尺寸大小是根据产品结构和生产的特点在综合了整个评定过程中所需做的全部检验和测试项目之后才能确定。

2.5　检验要求和结果评定

2.5.1　对接焊缝试件和试样的检验

1）检验的项目有：外观检查、无损检测、力学性能试验和弯曲试验，当规定进行冲击试验时，只对焊接接头作夏比 V 冲击试验。

2）外观检查和无损检测（按 JB/T 4730）的结果不得有裂纹。

3）力学性能试验和弯曲试验项目与取样数量除另有规定外，应符合表 9-2-15 的规定。

4）当试件采用两种或两种以上焊接方法（或焊接工艺）时，拉伸试样和弯曲试样的受拉面应包括每一种焊接方法（或焊接工艺）的焊缝区和热影响区；当规定做冲击试验时，对每一种焊接方法（或焊接工艺）的焊缝区和热影响区，都要经受冲击试验的检验。

拉伸试样和弯曲试样的尺寸，根据相关标准和技术文件规定允许公差。

5）对力学性能试样和弯曲试验试样的取样要求：①取样时，一般要用冷加工方法，当用热加工方法取样时，则应去除其热影响区；②允许避开焊接缺陷制取试样；③试样去除焊缝余高前，允许对试样进行冷校平；④板状对接焊缝试件上试样取样位置，如图 9-2-3 所示；管状对接焊缝试件上试样取样位置，如图 9-2-4 所示。

表 9-2-15　力学性能试验和弯曲试验项目与取样数量

试件母材的厚度 T/mm	拉伸试验/个	弯曲试验②/个			冲击试验④⑤/个	
	拉伸①	面弯	背弯	侧弯	焊缝区	热影响区④
$T<1.5$	2	2	2	—	—	—
$1.5\leqslant T\leqslant 10$	2	2	2	③	3	3
$10<T<20$	2	2	2	③	3	3
$T\geqslant 20$	2	—	—	4	3	3

① 一根管接头全截面试样可以代替两个带肩板形拉伸试样。

② 当试件焊缝两侧的母材之间或焊缝金属和母材之间的弯曲性能有显著差别时，可改用纵向弯曲试验代替横向弯曲试验。纵向弯曲时，取面弯和背弯试样各 2 个。

③ 当试件厚度 $T\geqslant 10$mm 时，可以用 4 个横向侧弯试样代替 2 个面弯和 2 个背弯试样。组合评定时，应进行侧弯试验。

④ 当焊缝两侧母材的代号不同时，每侧热影响区都应取 3 个冲击试样。

⑤ 当无法制备 5mm×10mm×55mm 小尺寸冲击试样时，免做冲击试验。

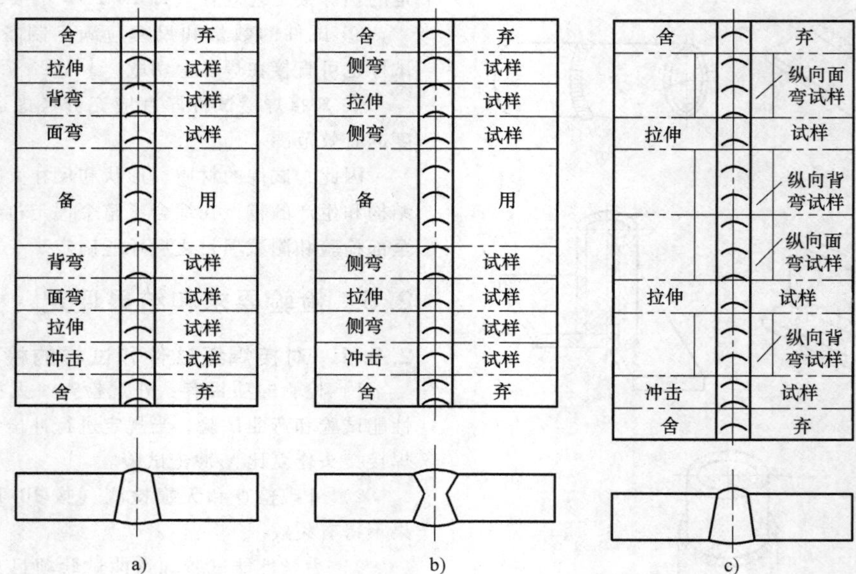

图 9-2-3 板状对接焊缝试件上试样位置

a）不取侧弯试样时 b）取侧弯试样时 c）取纵向弯曲试样时

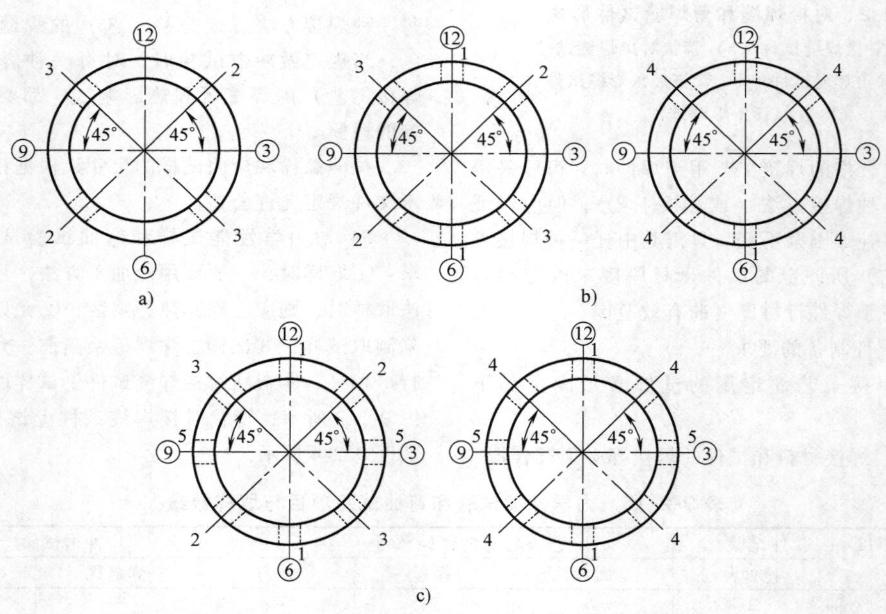

图 9-2-4 管状对接焊缝试件上试样位置

a）拉伸试样为整管时弯曲试样位置 b）不要求冲击试验时 c）要求冲击试验时

1—拉伸试样 2—面弯试样 3—背弯试样 4—侧弯试样 5—冲击试样

③⑥⑨⑫—钟点记号，表示水平固定位置焊接时的定位标记。

(1) 拉伸试验

1) 试样形式。紧凑型板接头带肩板形拉伸试样（见图 9-2-5）适用于所有厚度板状的对接焊缝试件；紧凑型管接头带肩板形拉伸试样形式Ⅰ（见图 9-2-6）适用于外径大于 7mm 的所有壁厚状的对接焊缝试件；紧凑型管接头带肩板形拉伸试样形式Ⅱ（见图 9-2-7）

适用于外径小于或等于 76mm 管状对接焊缝试件；管接头全截面拉伸试样（见图 9-2-8）适用于外径小于或等于 76mm 的管状对接焊缝试件。

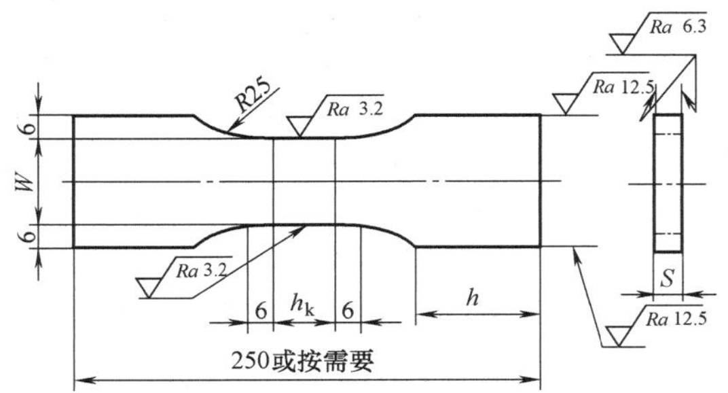

图 9-2-5　紧凑型板接头带肩板形拉伸试样

S—试样厚度，单位为 mm　W—试样受拉伸平行侧面宽度，大于或等于 20mm　h_k—S 两侧面焊缝中的最大宽度，单位为 mm　h—夹持部分长度，根据试验机夹具而定，单位为 mm

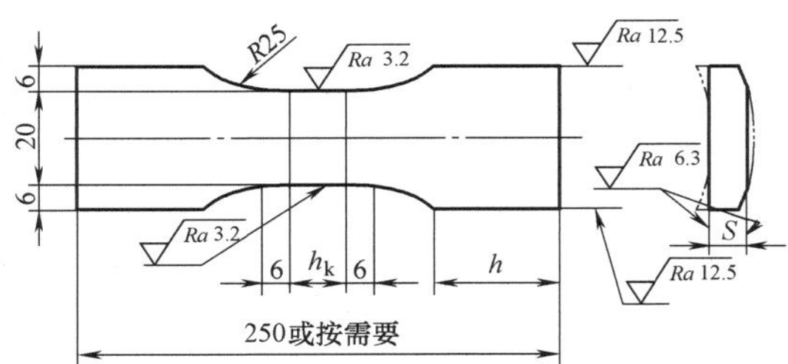

图 9-2-6　紧凑型管接头带肩板形拉伸试样形式 I

注：为取得图中宽度为 20mm 的平行平面，壁厚方向上的加工量应最少。

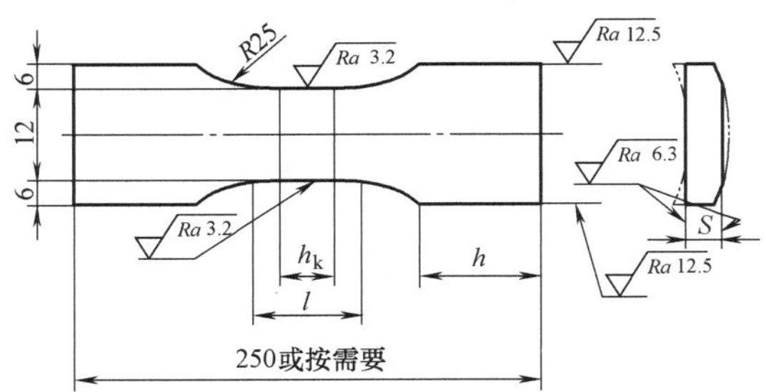

图 9-2-7　紧凑型管接头带肩板形拉伸试样形式 Ⅱ

l—受拉伸平行侧面长度，大于或等于 h_k+2S，单位为 mm。

2）取样及其加工要求。试样的焊缝余高应以机械方法去除，使之与母材齐平；厚度小于或等于 30mm 的试件，采用全厚度试样进行试验，试样厚度应等于或接近试件母材厚度 T；当试验机受能力限制不能进行全厚度的拉伸试验时，则可将试件在厚度方向上均匀分层取样，等分后制取试样厚度应接近试验机所能试验的最大厚度。等分后的两片或多片试样试验代替一个全厚度试样的试验。

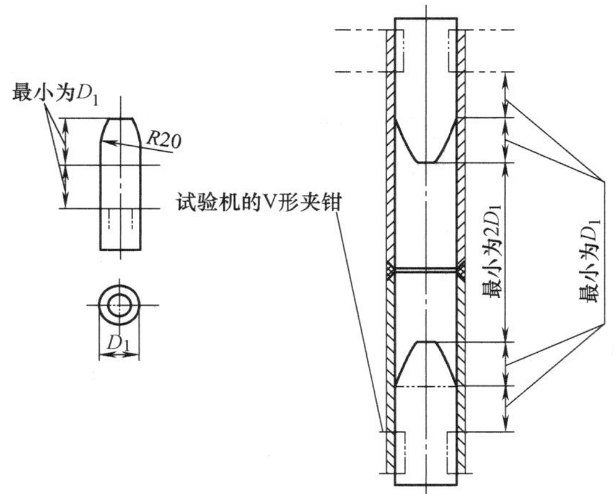

图 9-2-8　管接头全截面拉伸试样

3）试验方法。拉伸试验按 GB/T 228 规定的试验方法测定焊接接头的抗拉强度。

4）合格标准。①当试样母材为同一金属材料代号时，每个（片）试样的抗拉强度应不低于标准规定的母材抗拉强度最低值，对钢质母材即等于其标准规定的下限值；②当试样母材为两种金属代号时，每个（片）试样的抗拉强度应不低于本标准规定的两种母材抗拉强度的最低值中的较小值；③若规定使用室温抗拉强度低于母材的焊缝金属，则每个（片）试样的抗拉强度应不低于焊缝金属规定的抗拉强度最低值；④上述试样如果断在焊缝或熔合线以外的母材上，其抗拉强度值不得低于本标准规定的母材抗拉强度最低值的 95%可认为试验符合要求。

（2）弯曲试验

1）对试样加工的要求。弯曲试验用的试样其焊缝余高应采用机械方法去除。面弯、背弯试样的拉伸面应加工齐平。试样受拉伸表面不得有划痕和损伤。

2）试样的形式。①面弯和背弯试样如图 9-2-9 所示。当试件母材厚度 $T>10$mm 时取 $S=10$mm，从试样受压面去除多余厚度；当 $T<10$mm 时取 S 尽量接近 T；板状及外径 $\phi>100$mm 管状试件，试样宽度 $B=38$mm；当管状试件外径 ϕ 为 50～100mm 时，则 $B=\left(s+\frac{\phi}{20}\right)$ mm，且 8mm $\leqslant B\leqslant$ 38mm；10mm $\leqslant\phi\leqslant$ 50mm 时，则 $B=\left(s+\frac{\phi}{20}\right)$ mm，且最小为 8mm；或 $\phi\leqslant$ 25mm 时，则将试件圆周方向上四等分取样。②横向侧弯试

样如图 9-2-10 所示。当试件厚度 10mm<T<38mm 时，试样宽度 B 等于或接近于试件厚度，试样厚度为 10mm；当试件厚度 T>38mm 时，允许沿试件厚度方向分层切成宽度为 20～38mm 等分的两片或多片试样代替一个全厚度侧弯试样的试验，或者试样在全宽度下弯曲。

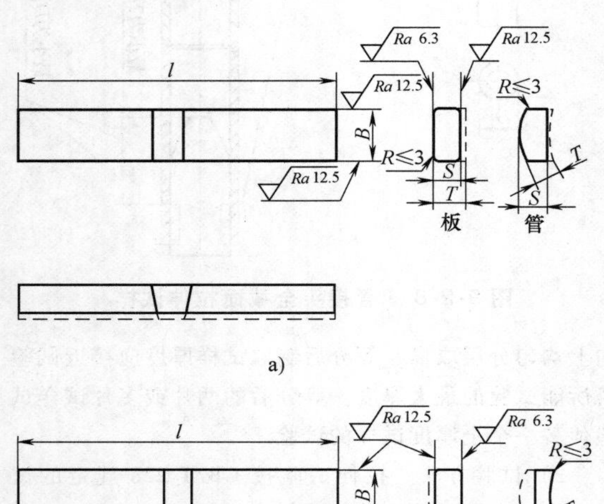

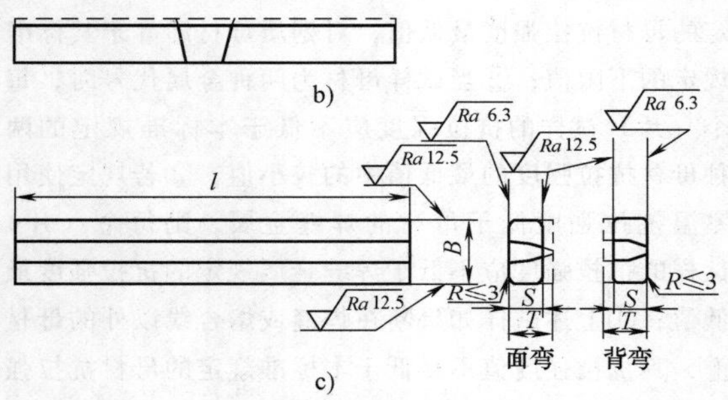

图 9-2-9 面弯和背弯试样

a）板状和管状试件的面弯试样

b）板状和管状试件的背弯试样

c）纵向面弯和背弯试样

注：1. 试样长度 $l \approx D+2.5S+100$，单位为 mm。

2. 试样拉伸面棱角 $R \leqslant 3$mm。

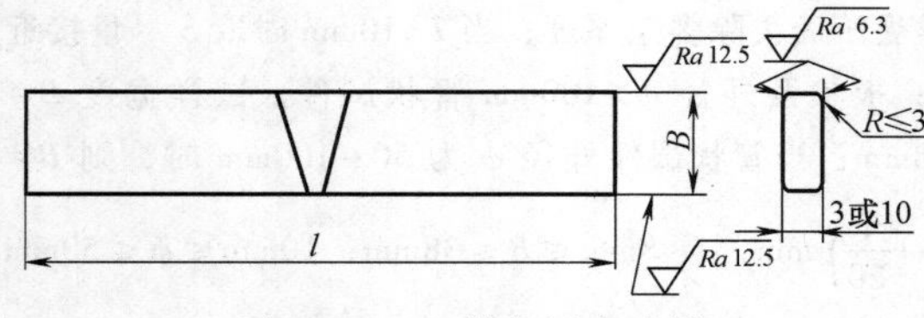

图 9-2-10 横向侧弯试样

注：1. B—试样宽度（此时为试件厚度方向）。

2. $l \geqslant 150$mm。

3）试验方法。弯曲试验按 GB/T 2653 和下面的试验条件与参数进行测定焊接接头的完整性和塑性。当 $S=10$mm 时，弯心直径 D 取 40mm，支承辊之间距离为 63mm；当 $S<10$mm 时，弯心直径 $D=4S$，支承辊之间距离为 $6S+3$，弯曲角度均为 180°。试样的焊缝中心应对准弯心轴线；侧弯试验时，若试样表面存在缺陷，则以缺陷较严重一侧作为拉伸面；弯曲角度应以试样承受载荷时测量为准；对于断后伸长率 A 标准规定值下限小于 20%的母材，若弯曲试验不合格，而其实测值小于 20%，则允许加大弯心直径重新进行试验，此时的弯心直径等于 $\frac{S(200+A)}{2A}$（A 为断后伸长率的规定值下限乘以 100）；支座间距等于弯心直径加($2S+3$)mm；横向弯曲试验时，焊缝金属和热影响区应完全位于试样的弯曲部分内。

4）合格指标。对接焊缝试件的弯曲试样弯曲到规定的角度后，其拉伸面上的焊缝和热影响区内，沿任何方向不得有单条长度大于 3mm 的开口缺陷；试样的棱角开口缺陷一般不计，但由于未熔合、夹渣或其他内部缺陷引起的棱角开口缺陷应计入；若采用两片或多片试验时，每片试样都应符合上述要求。

（3）冲击试验

1）试样的制备。取样时注意试样的位置、取向和试样缺口的位置。①试样纵轴线应垂直于焊缝轴线，缺口轴线垂直于母材表面；②试样在试件厚度上的取样位置，如图 9-2-11 所示；③焊缝区试样的缺

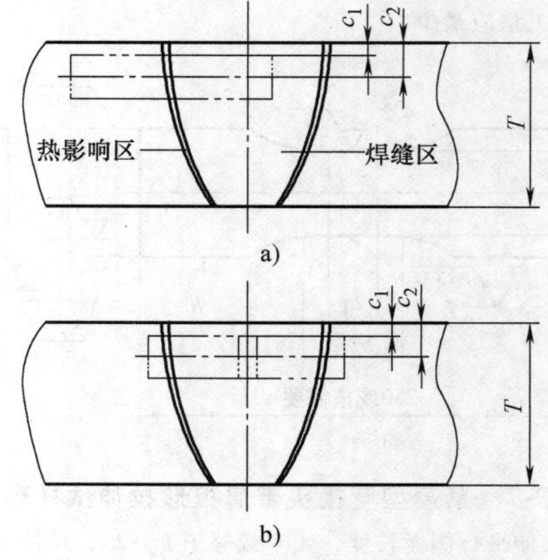

图 9-2-11 冲击试样位置

a）热影响区冲击试样位置

b）焊缝区冲击试样位置

注：1. c_1、c_2 按材料标准规定执行。当材料标准没有规定时，$T \leqslant 40$mm，则 $c_1 \approx 0.5$～2mm；T>40mm，则 $c_2=T/4$。

2. 双面焊时，c_2 从焊缝背面的材料表面测量。

口轴线应位于焊缝中心线上，热影响区试样的缺口轴线到试样纵轴线与熔合线交点的距离 $K>0$，且应尽可能多的通过热影响区，如图 9-2-12 所示。

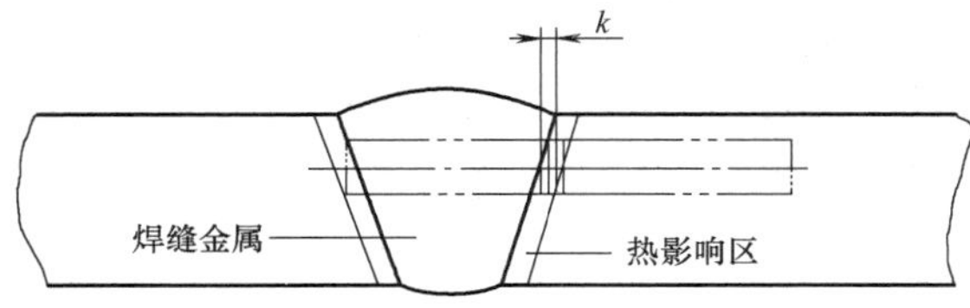

图 9-2-12　热影响区冲击试样缺口轴线位置

2）试样形式、尺寸和试验方法。应符合 GB/T 229 的规定。当试件尺寸无法制备标准试样（宽度为 10mm）时，则应依次制备宽度为 7.5mm 或 5mm 的小尺寸冲击试样；试验温度应不高于钢材标准规定的试验温度。

3）合格指标。钢质焊接接头每个区 3 个标准试样为一组的冲击吸收能量平均值应符合设计文件或相关技术文件规定，且不应低于表 9-2-16 中规定值，至多允许有一个试样的冲击吸收能量低于规定值，但不得低于规定值的 70%；宽度为 7.5mm 或 5mm 的小尺寸冲击试样的冲击吸收能量指标，分别为标准试样冲击吸收能量指标的 7.5%或 5%。

表 9-2-16　钢材及奥氏体型不锈钢焊缝的冲击吸收能量最低值

材料类别	钢材标准抗拉强度下限值 R_m/MPa	3 个标准试样冲击吸收能量平均值 KV_2/J
碳素钢和低合金钢	≤450	≥20
	>450~510	≥24
	>510~570	≥31
	>570~630	≥34
	>630~690	≥38
奥氏体不锈钢焊缝	—	≥31

2.5.2　角焊缝试件和试样的检验

检验的项目包括外观检验和金相检验（宏观）。

1）角焊缝试件及试样尺寸：板状角焊缝试件和试样尺寸见表 9-2-17 和图 9-2-13，管状角焊缝试件和试样尺寸如图 9-2-14 所示。这两者的金相试样尺寸，只要都包括全部焊缝、熔合区和热影响区即可。

表 9-2-17　板状角焊缝试件尺寸

（单位：mm）

翼板厚度 T_1	腹板厚度 T_2
≤3	T_1
>3	≤T_1，但不小于 3

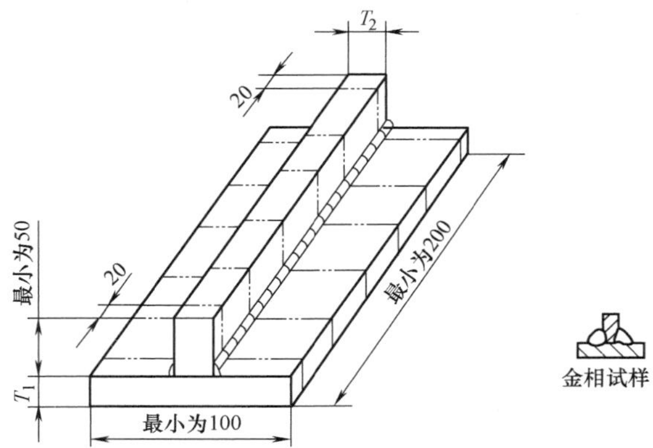

图 9-2-13　板状角焊缝试件及试样

注：最大焊脚等于 T_2，且不大于 20mm。

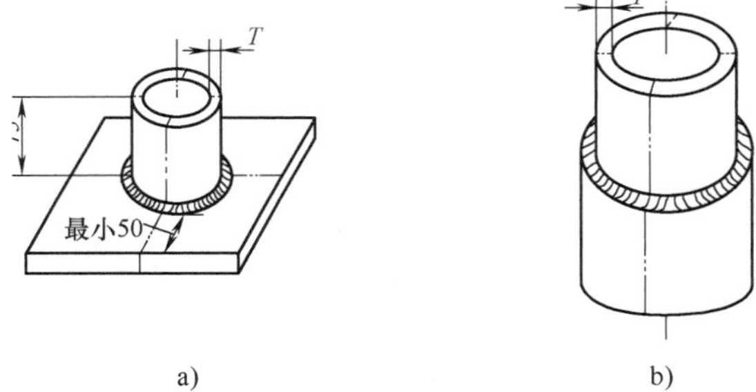

图 9-2-14　管状角焊缝试件

a）管-板角焊缝试件

注：1. T 为管壁厚。

2. 底板母材厚度不小于 T。

3. 最大焊脚等于管壁厚。

4. 图中双点划线为切取试样示意线。

b）管-管角焊缝试件

注：1. T 为内管壁厚。

2. 外管壁厚不小于 T。

3. 最大焊脚等于内管壁厚。

4. 图中双点划线为切取试样示意线。

2）试件外观检查不允许有裂纹。

3）金相宏观检验，对板状角焊缝试样在试件两端各舍去 20mm，然后沿试件纵向等分切取 5 块试样，每块试样取一个面进行金相检验，任意两检验面不得为同一切口的两侧面；对管状角焊缝试样是将试件等分切取 4 块试样，焊缝的起始和终了位置应位于试样焊缝的中部。每块试样取一个面进行金相检验，任意两检验面也不得为同一切口的两侧面。

4）检验的合格指标是：焊缝根部应焊透，焊缝金属和热影响区不允许有裂纹、未熔合，角焊缝两焊脚之差不大于 3mm。

本章是以典型产品——钢制压力容器的焊接工艺评定来介绍焊接工艺评定的基本概念、目的、内容、程序和方法。依据是《承压设备焊接工艺评定》NB/T 47014—2011。该标准除钢制的压力容器外还有铝、钛、镍、铜等金属或合金制的压力容器的焊接工艺评定，也包括耐蚀堆焊工艺评定、复合金属材料焊接工艺评定、换热管与管板焊接工艺评定和螺柱电弧焊工艺评定等内容。除承压设备外，如面广量大的焊接钢结构的焊接工艺评定也有了相关国家标准，在《钢结构焊接规范》(GB 50661—2011) 中就有焊接工艺评定的规定，其评定的原则、方法与程序基本相同，但在具体做法上有较大的区别。

第3章　焊接工艺装备及其设计

3.1　概述

焊接工艺装备是指在焊接结构生产的装配和焊接过程中起配合或辅助作用的工夹具、变位机械、焊剂送收装置等的总称。因为它们都是为装配与焊接工艺服务的，故又称装配—焊接工艺装备，简称焊接工装。

本章将从设计角度介绍各种典型的焊接工艺装备的结构、工作原理和主要作用力的分析与计算。

3.1.1　使用焊接工艺装备的目的

在焊接结构生产中使用工艺装备的目的主要如下。

1）保证和提高产品的质量。

2）提高劳动生产率和降低制造成本。

3）扩大焊机的使用范围。

4）减轻工人的劳动强度。

当在装配与焊接过程中若不使用工艺装备就不足以保证产品质量时，就必须在投产前采购或自行设计和制造这种装备。除此之外，则是根据经济和效益来决定是否采用焊接工艺装备。

3.1.2　焊接工艺装备的分类与组成

（1）分类

焊接工艺装备种类繁多，简单的像工具，复杂的像一台机器。一般按其功能、适用范围或动力源进行分类，见表9-3-1。

表9-3-1　焊接工艺装备的分类

<table>
<tr><th>分类</th><th colspan="2">名　称</th><th>特点与适用场合</th></tr>
<tr><td rowspan="5">按功能分</td><td colspan="2">装配—焊接夹具</td><td>功能单一，主要起定位和夹紧作用；结构较简单，多由定位元件、夹紧元件和夹具体组成，一般没有连续动作的传动机构；手动的工夹具可携带和挪动，适于现场安装或大型金属结构的装配和焊接场合下使用</td></tr>
<tr><td rowspan="3">焊接变位机械</td><td>焊件变位机</td><td>又称焊接变位机。焊件被夹持在可变位的台或架上，该变位台或架由机械传动机构使之在空间变换位置，以适应装配和焊接需要，适于结构比较紧凑、焊缝短而分布不规则的焊件装配和焊接时使用</td></tr>
<tr><td>焊机变位机</td><td>又称焊接操作机。焊机或焊接机头通过该机械实现平移、升降等运动，使之到达施焊位置并完成焊接。多用于焊件变位有困难的大型金属结构的焊接。可以和焊件变位机配合使用</td></tr>
<tr><td>焊工变位机</td><td>又称焊工升降台。由机械传动机构实现升降，将焊工送至施焊部位，适用于高大焊接产品的装配、焊接和检验等工作</td></tr>
<tr><td colspan="2">焊接辅助装置</td><td>一般不与焊件直接接触，但又密切为焊接服务的各种装置，如焊剂输送和回收装置、焊丝去锈缠绕装置等</td></tr>
<tr><td rowspan="4">按适用范围分</td><td colspan="2">专用装备</td><td>只适于一种焊件的装配或焊接使用，换另一种焊件则不适用。多在有特殊要求或大批量生产场合下使用</td></tr>
<tr><td colspan="2">通用装备</td><td>又叫万能工装，一般不须调整即能适用于各种焊件的装配或焊接。其结构简单，功能单一，如定位器、夹紧器等</td></tr>
<tr><td colspan="2">半通用装备</td><td>介乎专用与通用之间，有一适用范围，如适用于同一系列但不同规格产品的装配或焊接，用前须作适当调整</td></tr>
<tr><td colspan="2">组合式装备</td><td>具有万能性质，但必须在使用前将各夹具元件重新组合才能适用于另一种产品的装配和焊接</td></tr>
</table>

（续）

分类	名 称	特点与适用场合
按动力源分	手动装备	靠工人手臂之力去推动各种机构实现焊件的定位、夹紧或运动，适于夹紧力不大、小件、单件或小批量生产场合
	气动装备	用压缩空气作动力源，气压一般在1MPa（$10kgf\cdot cm^{-2}$）以内，传动力不大，适用于快速夹紧和变位场合
	液动装备	用液体压力作动力源，传动力大、平稳，但速度较慢、成本高，宜短距离控制，适用于传动精度高、工作要求平稳、尺寸紧凑的场合
	磁力装备	利用电磁铁产生的磁力作动力源来夹紧焊件，用于夹紧力小的焊件
	电动装备	利用电动机的扭矩作动力去驱动传动机构，实现各种动作，它效率高、省力、易实现自动化，适于批量生产
	真空装备	利用真空盘的吸力夹持焊件，适用于薄板件的装配与焊接

（2）组成

焊接工艺装备的构造是由它的用途和所实现的功能而定。

装配-焊接夹具主要起定位和夹紧工件的作用，一般是由定位器件（或装置）、夹紧器件（或装置）和夹具体组成。夹具体起安置各定位器和夹紧器的作用，有时还起支承焊件的作用。

当装配-焊接夹具和变位机械组合成一整体时，就构成焊件变位机；焊接机头和变位机械组合，就构成焊机变位机，即焊接操作机。

焊接变位机械本身就是一台机器，和普通机器一样，由原动机、传动装置和工作机三个基本职能部分组成，并通过机体把它们连接成整体。由电力拖动的焊接变位机械其原动机为电动机；传动装置是传递原动机的动力、变换其运动参数以实现工作机要求的传动机械。它是机器的主要组成部分，它的构成由所选择的传动方式决定；工作机是实现装备功能的执行机构，对于焊件变位机的工作机就是支承与夹持焊件的工作台或框架等，它带着焊件翻转、回转或倾斜而实现变位。

3.1.3 焊接工艺装备设计的原则与方法

1. 设计原则与要求

在国内一些大型或较复杂的焊接工艺装备已有专业厂生产，可根据生产需要选购或订购。若市场上没有所需的装备，则需自行设计和制造。焊接工艺设备设计就是一种机械设计，但这种机械设计必须充分考虑焊接工艺的基本特点，并满足装配和焊接工艺的特殊要求。一般的设计原则与要求如下。

（1）工艺原则

工艺原则即所设计的装备应能满足产品的下述装配和焊接工艺要求。

1）焊接产品总是由两个以上的零部件组成，出于施焊方便或易于控制焊接变形等原因，装配和焊接两道工序可能是先装完后再焊，也可能是边装边焊，所设计的装备应能适应这种情况。

2）焊接是局部加热过程，不可避免产生焊接应力与变形，在装备上设置定位器和夹紧器件时要充分考虑焊接应力和变形的方向。通常在焊件平面内的伸缩变形不作限制，通过焊件留收缩余量方法让其自由地伸缩；而焊件面外的焊接变形，如角变形、弯曲变形或波浪变形等应用夹具加以控制；有时还要利用夹具作出反变形的工艺措施，这些都要求用定位和夹紧器件来实现。

3）用电作热源的焊接方法，一般都要求焊件本身作为焊接回路中的一个电极，就可能要求焊接装备具有导电或绝缘功能。当焊接电流很大时，导电部分还需有散热措施；真空电子束焊接所用的夹具不得用磁性材料制作，也不得带有剩磁，以免影响电子束聚焦等。

4）明弧焊接时，难免产生烟尘、金属或熔渣的飞溅物，它们会损坏工装上外露的光滑工作面，需有遮掩措施等。

（2）安全可靠原则

安全可靠原则指装备在使用期内绝对安全可靠，凡是受力构件都应具有足够的强度和刚度，足以承受焊件重力和因限制焊接变形而引起的各方向的反作用力等。夹紧时不破坏焊件的既定位置；夹紧后既不让焊件松动滑移，又不使焊件的拘束度过大，以免产生较大的拘束应力；夹紧机构应能自锁等。

（3）方便原则

装备必须便于操作与施工，能使装配和焊接过程简化，工人劳动强度降到最低，工件装上或卸下方便；有供焊枪、面罩、焊接机头等进出和摆动的空间，以及工人自由操作的位置，能使焊缝处于最方便施焊的位置，也便于中间进行质量检测；装备上各种机件操作要轻巧灵便；定位、夹紧和松开过程要省力而快速；对易损零部件便于维修或更换等。

（4）经济原则

所设计的装备必须易于制造，投资少，制造成本低，回收期短。尽量选用通用化、标准化零部件；在一个夹具上定位器件和夹紧机构的结构形式不宜过多，也不应过于复杂；使夹具和机械具有较好的制造工艺性能和较高的机械效率；装备在使用时能源消耗和管理费用少等。

2. 设计的程序和方法

一般新焊接产品进行焊接工艺过程设计时，根据工艺需要先提出焊接装备设计任务书，经审批后就可以进行设计。由于焊接工艺装备设计就是机械设计，所以完全可以按通常机械设计的程序和方法进行，即采用方案设计、技术设计和施工图设计三阶段设计法。对焊接工艺装备设计来说，关键在于方案设计。因为在拟订焊接工艺装备的结构方案时，除了必须使装备具有所需的功能，如定位、夹紧、翻转、回转、平移、升降等外，还必须充分满足装配-焊接工艺特点所提出的各项技术要求。一旦设计方案确定，就可以运用工程力学、机械原理、机械零件、机械制图等理论和知识进行后两个阶段的设计和计算。根据装备的繁简程度，设计程序可以灵活。下列的程序与方法供参考。

1）准备。主要是研究原始资料、明确设计任务和进行必要的调查研究。原始资料包括以下几点。

① 焊接工艺装备设计任务书。

② 焊接产品的生产纲领，主要是年产量和生产类型。

③ 产品的图样及技术要求。

④ 产品的装配和焊接的工艺文件。

⑤ 车间生产条件，如起重运输能力，作业面积，气、电、水供应和生产技术水平等。

分析研究上述原始资料，可了解对装备的基本要求，从而明确设计任务。在此基础上可到市场、同类工厂、用户和科技情报部门进行调研和搜集有关技术资料。技术资料包括夹具零部件标准、夹具结构图册、产品样本等。

2）方案设计。主要对下列内容进行构思和选择。

① 装备的机械化程度和自动化水平。

② 通用性，即确定是设计专用装备还是万能装备，并确定其适用范围。

③ 为实现所需功能，拟采用的原理和相应的机构。如定位与夹紧的方式和机构；使焊件翻转或回转、使焊接机头平移或升降等动作，应选择何种传动方式或传动机构，以及用何种动力源等。

④ 装备的基本构成和总体布局，主要零部件的基本结构形式。

⑤ 初步确定主机、主要元件或构件的基本参数和技术性能，如功率、承载、速度、行程或调节幅度、外形尺寸等。

通常提出几种不同方案，从技术和经济两方面比较论证，选择最理想的方案。

3）绘制总装配图。根据经审定的设计方案进行总装配图设计。绘制装配-焊接工艺装备总图与绘制一般机械装备图略有不同，需要把被加工件的轮廓画出。绘制的方法和顺序是：先用红色细实线或黑色双点画线画出工件的轮廓和主要表面，如定位基准面、夹紧表面、焊缝部位等。视工件为透明体，它不影响各夹具元件的绘制。然后按总布局从定位元件、夹紧机构和传动装置等顺序画出各自的具体结构。最后绘出夹具体和连接件，把装备上各组成元件和装置连成一体。

在绘制过程中须进行必要的计算，如几何关系计算、初步误差分析、夹紧力计算、传动计算、受力元件的强度和刚度计算等。

在总装配图上要标注各部分尺寸和技术要求。凡是影响精度的尺寸都应标注公差。技术要求的内容主要是位置精度要求，以及在视图上无法表达的有关装配、调整、检验、润滑、维护等方面的要求。

4）绘制装备的零件图。主要绘制装备中的非标准零件的工作图。

5）编制装备设计计算书和使用说明书。

3.2　装配-焊接夹具

装配-焊接夹具是指结构比较简单，在装配与焊接过程中主要起定位与夹紧作用的器具，一般没有变位功能。完整的夹具应当由定位器、夹紧器和夹具体三者组成，由于装配和焊接工艺的特殊性，有些定位器和夹紧器可以独立使用。

定位器使被装零件获得确定位置，夹紧器使该零件保持其既定的位置，两者共同完成零件的装配过程。焊接时夹具中定位器和夹紧器还应具有阻止焊件变形的功能。

无论是设计或使用装配-焊接夹具，都必须处理好焊件在夹具中的定位与夹紧两个问题，它关系到夹具的准确性和可靠性。

3.2.1　焊件在夹具中的定位

在装配过程中把待装零部件的相互位置确定下来的过程称定位。通常的作法是先根据焊件的特点和工艺要求选择它的定位基准，然后考虑它的定位方法。

划线定位是定位的原始方法，费时费力，且精度低，只在单件生产、精度要求不高的情况下采用。在夹具上装配时，常使用定位元件进行定位，既快速又准确。定位元件是夹具上用以限定工件位置的器件，如支承钉、挡铁、插销等。它们必须按定位原理、工件的定位基准和工艺要求预先在夹具体上精确布置好，然后每个待装零部件按一定顺序“对号入座”地安放在定位元件所规定的位置上（彼此必须发生接触）即完成定位。

1. 定位基准的选择

确定位置或尺寸的依据叫基准。基准可以是点、线或面。按用途分有设计基准和工艺基准。工艺基准又分为定位基准、装配基准和测量基准。定位基准按定位原理分为主要定位基准、导向定位基准和止推定位基准。

在夹具上定位时，工件上的定位基准必须与夹具上的定位元件相接触或重合。正确选择工件上的定位基准可以获得准确、稳定和可靠的定位，而且还影响到整个装配和焊接工艺过程，以及夹具设计的结构方案的确定。

按实践经验，常以产品图样上或工艺规程上已经规定好的定位孔或定位面作定位基准；若图样上没有规定出，则尽量选择图样上用以标注各零部件位置尺寸的基准作为定位基准，如边线、中心线等；当零件或部件的表面上既有平面又有曲面时，优先选择平面作为主要定位基准面；若工件上所有表面都是平面，例如图 9-3-1 所示的正长方形工件，则选择其中最大的平面 *ABCD* 作主要定位基准面；选择具有窄而长的平面 *AEFB* 为导向定位基准面，具有窄而短的平面 *BFGC* 作止推定位基准面；尽量利用零部件上经过加工的表面或孔等作定位基准，或者以上道工序的定位基准作为本道工序的定位基准等。

2. 定位元件的布置

每个待装零件在夹具上定位需用多少个定位元件，这些元件如何布置的问题，须灵活地运用定位原理来解决。

（1）刚体的六点定位原理

当工件在不受任何条件约束时，其位置是任意的和不确定的。设工件为一理想刚体，并抽象成正长方体，以一个空间直角坐标系作为参照来观察它的位置变动，如图 9-3-2 所示。由理论力学可知，在空间处于自由状态的刚体，具有六个自由度，即沿 *x*、*y*、*z* 三个坐标轴的移动，和绕着这三个坐标轴的转动，分别用符号 $\overleftrightarrow{x}$、$\overleftrightarrow{y}$、$\overleftrightarrow{z}$ 和 $\overset{\curvearrowright}{x}$、$\overset{\curvearrowright}{y}$、$\overset{\curvearrowright}{z}$ 表示。当刚体受到外界条件约束时，它的某些自由度就被限制。因此，工件定位的实质就是从加工要求出发，限制其应该限制的自由度。

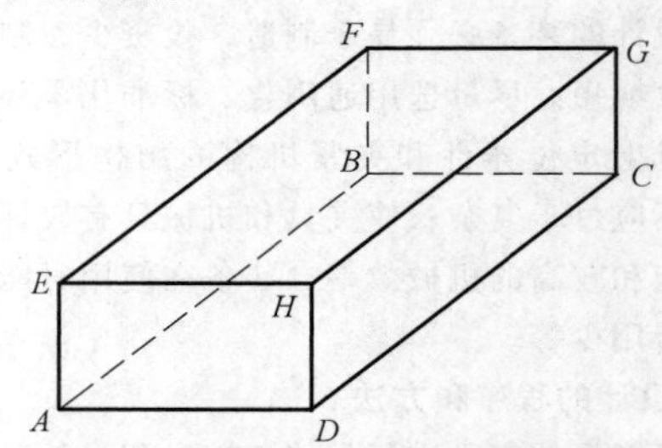

图 9-3-1　正长方形工件定位基准的选择

ABCD—主要定位基准面
AEFB—导向定位基准面
BFGC—止推定位基准面

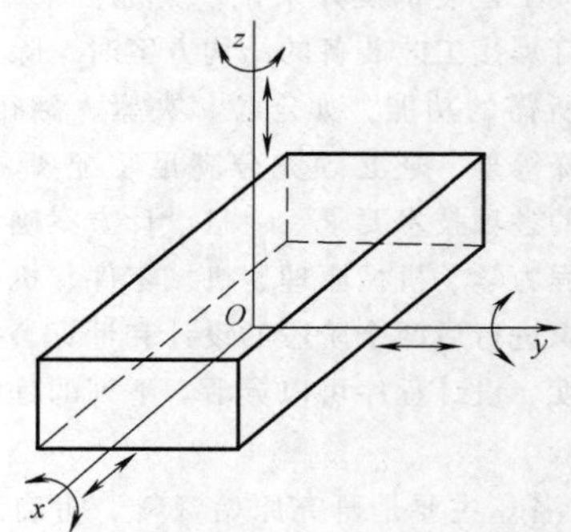

图 9-3-2　刚体在空间的六个自由度

限制工件自由度的典型方法是在夹具上按一定规律设置六个支承点（可由支承钉实现），工件安装在夹具上就与这些支承点相接触，每个支承点对应地限制一个自由度。如图 9-3-3 所示，工件的底平面 *ABCD*（即主要定位基准面）与夹具的三个支承点（1、2、3）相接触，限制了 $\overset{\curvearrowright}{x}$、$\overset{\curvearrowright}{y}$、$\overleftrightarrow{z}$ 三个自由度；侧平面 *AEFB*（即导向定位基准面）与两个支承点（4、5）接触，限制 $\overleftrightarrow{y}$、$\overset{\curvearrowright}{z}$ 两个自由度；另一端面 *BFGC*（即止推定位基准面）与一个支承点（6）接触，限制了 $\overleftrightarrow{x}$ 一个自由度。这样，用六个支承点限制了工件的六个自由度，使工件在夹具中的位置完全确定，这就是刚体六点定位原理。

虽然六点定位原理是从矩形工件的定位中抽象出

来的，但具有普遍意义。说明任何一种形状工件的位置完全确定，都应遵守六点定位原理，所不同的是支承点分布方式上有差别。

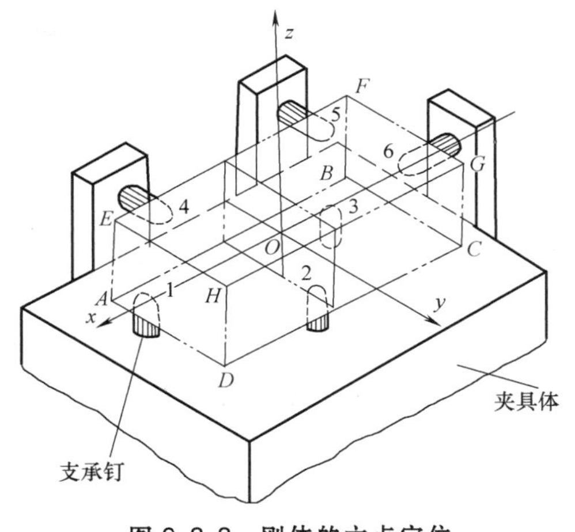

图 9-3-3 刚体的六点定位

(2) 定位原理的运用

刚体定位所需的六个支承点必须合理分布才能起作用和稳定牢靠。图 9-3-3 中主要定位基准面 *ABCD* 上三个支承点（1、2、3）必须分散分布，呈三足鼎立才能稳定；导向基准面 *AEFB* 上两个支承点（4、5）应尽量位于刚体重心的水平面上并互相远离，若两点靠得很近，就变成一个支承点，只限制 $\overleftrightarrow{y}$ 自由度，$\overset{\frown}{z}$ 没能限制；在止堆基准面 *BFGC* 上的一个支承点（6）应尽量位于刚体重心的 x 轴线上。

被视为刚体的工件与定位元件之间除了靠点接触定位外，还可以通过线或面相接触定位。两点决定一条直线，以直线相接触就可以代替两个支承点的作用，能限制工件两个自由度；三点决定一个平面，以平面相接触就可以代替三个支承点的作用，能限制工件的三个自由度。运用时，常根据工件定位基准形状特点而定。表 9-3-2 列出几种典型的工件与定位元件接触状况所能限制的自由度。

表 9-3-2 各种定位形式所能限制的自由度

工件与定位元件接触状况	定位形式简图	所能限制的自由度
点	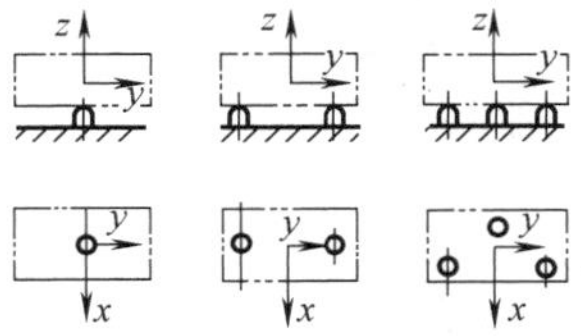 a) b) c)	a) $\overleftrightarrow{z}$ b) $\overleftrightarrow{z}$、$\overset{\frown}{x}$ c) $\overleftrightarrow{z}$、$\overset{\frown}{x}$、$\overset{\frown}{y}$
一条直线	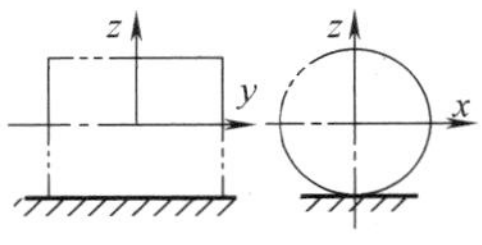	$\overleftrightarrow{z}$、$\overset{\frown}{x}$
两条平行直线	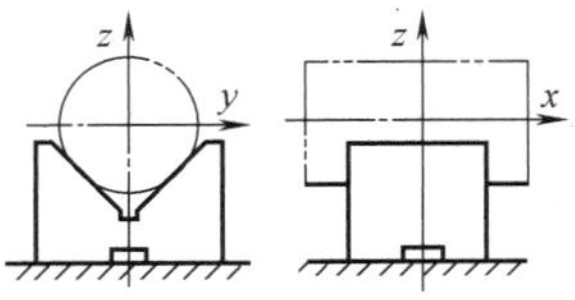	$\overleftrightarrow{y}$、$\overleftrightarrow{z}$、$\overset{\frown}{y}$、$\overset{\frown}{z}$
平面内一条曲线	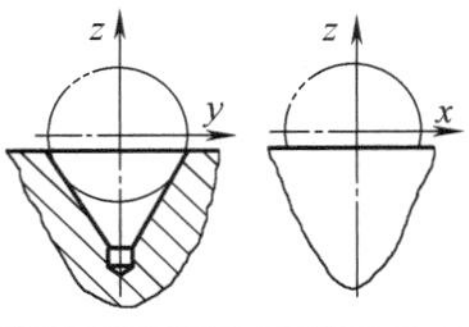	$\overleftrightarrow{x}$、$\overleftrightarrow{y}$、$\overleftrightarrow{z}$
一个平面	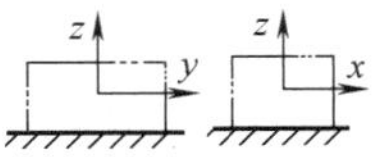	$\overleftrightarrow{z}$、$\overset{\frown}{x}$、$\overset{\frown}{y}$

（续）

工件与定位元件接触状况	定位形式简图	所能限制的自由度
一个圆柱面		$\vec{x}$、$\vec{z}$、$\overset{\frown}{x}$、$\overset{\frown}{z}$
一个圆锥面		$\vec{x}$、$\vec{y}$、$\vec{z}$、$\overset{\frown}{y}$、$\overset{\frown}{z}$

工件的六个自由度均被限制的定位称完全定位；工件被限制的自由度少于六个，但仍能保证加工要求的定位称不完全定位或部分定位。在焊接夹具中有时采用部分定位，因焊接过程中不可避免要产生焊接应力与变形，为了调整和控制焊接应力与变形，有些自由度是不宜限制的；按加工要求应限制的自由度而没有被限制的定位称欠定位，这在夹具设计中是不允许的；一个或几个自由度被重复限制的定位称过定位，它引起工件位置不确定，一般也是不允许的。如在工件上以形状精度和位置精度很低的毛坯表面作定位基准时，就不允许过定位；但是，为了提高工件定位时的稳定性和刚性，可以有条件地采用过定位。例如焊接结构中的零件多为轧制的薄平板，而且常选板平面作主要定位基准面，由于垂直板平面方向的刚性小，而且该平面经过轧制，平整光洁，在这种情况下，常采用一个平面代替三个支承点进行定位。这里以定位元件上的平面与工件接触进行的定位，就是一种过定位。

由于焊件在夹具中的装配与点固是按顺序进行的，各零件之间都有确定的位置关系。因此，可以利用先装好的零件作为后装配零件的定位基点，这样可以大大地减少定位器的数量，如图 9-3-4 所示 T 形板，在支承平台上装配，先安装零件 1，支承平台表面代替三个支承点，因此，只需（1，2，3）三个定位挡铁即满足六点定位。后装零件 2 时，再需两个定位挡铁（图中 4 和 5）就够了，因为零件 1 的右侧边缘已起到零件 2 止推定位基准所要求的那个定位挡铁的作用而支承平台表面又起到三个支承点作用。

通常在工艺文件或技术文件的零件图样上用符号“$\vee_n$”表示所选定的定位基准，其中数字 n 表示该基准需限制的自由度数，即定位点数，如图 9-3-4a 所示。

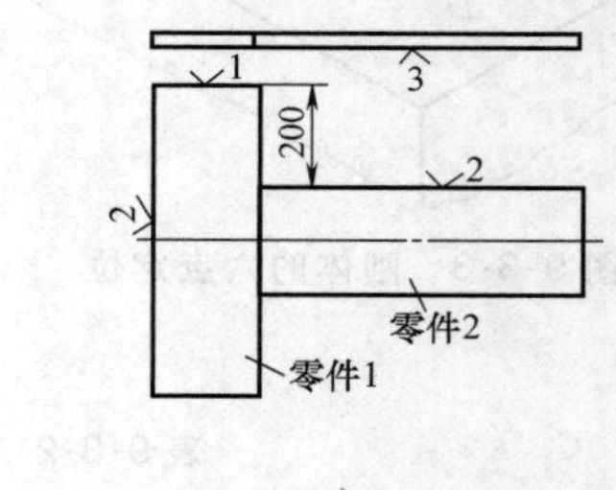

a)

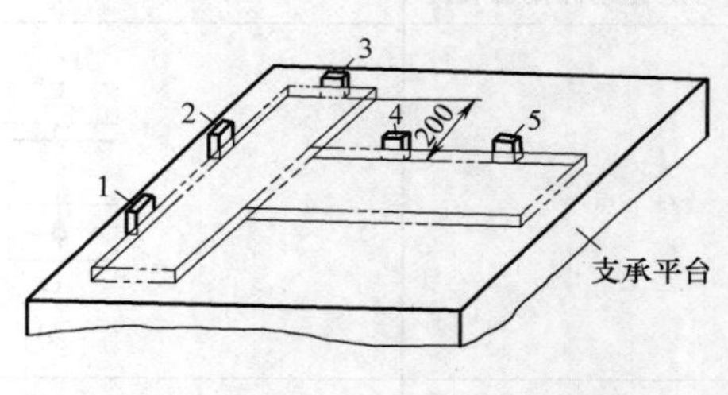

b)

图 9-3-4　T 形板的定位

a）T 形板　b）平台上挡铁定位

3. 定位元件的选用与设计

选用或设计定位元件时，要考虑与工件定位基准的状况相适应。工件的形状是多样的，但它们的基本结构不外乎是由平面、圆柱面、圆锥面及各种成形面所组成。这些面都可能被选为定位基准。因此，可按不同形状的定位基准去选择或设计相应的定位元件。

（1）平面定位元件

工件以平面作定位基准时，常使用的定位元件是挡铁和支承钉等。按实际需要可设计成表 9-3-3 所示的各种形式。

（2）圆孔表面定位元件

焊件以机械加工过的圆孔内表面作定位基准时，多采用定位销作定位元件，见表 9-3-4 所示形式。

（3）外圆表面定位元件

圆柱形焊件以其外圆柱面定位时，最常用的定位元件是 V 形块，有时也用圆套或半圆套定位件，见表 9-3-5。

V 形块的优点较多，应用广泛，因而其结构形式也较多。V 形块上两斜面的夹角 α 一般选用 60°、90°和 120°三种。最常用的是 90°，其结构和尺寸有国家标准（见表 9-3-5）。需根据工件定位要求自行设计时，可参照表 9-3-6 进行尺寸计算。

表 9-3-3　工件以平面定位用的定位元件

名称与形式		结构简图	特点与使用说明
挡铁	固定式	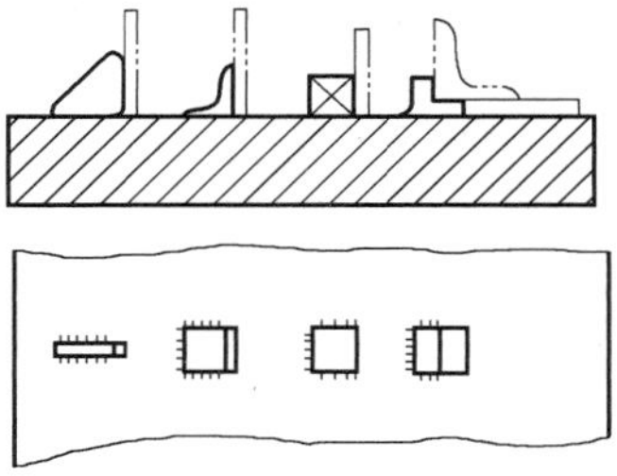	挡铁焊在夹具体或装配平台上，高度不低于被定位件截面重心线，可使工件在水平面或垂直面内固定，它用于单一产品且批量较大的生产中
	可拆式	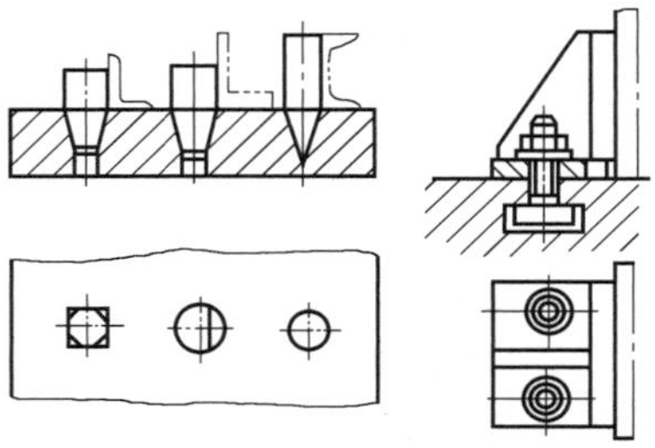	挡铁直接插入夹具体或装配平台的锥孔上，不用时可以拔除，也可用螺栓固定在平台上，它适用于单件或多品种焊件的装配
	可退出式	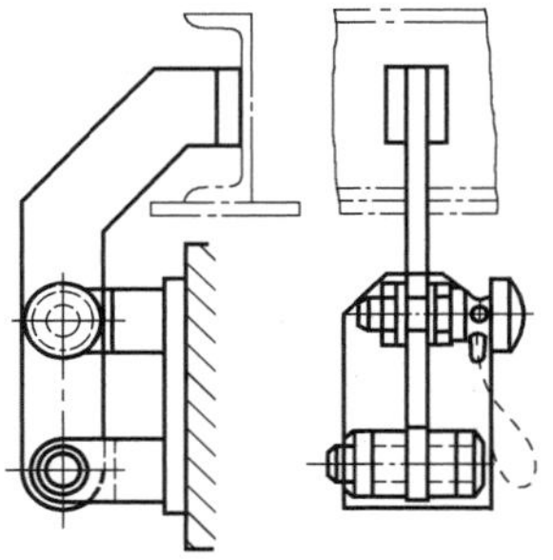	为了便于工件装上或卸下，通过铰链结构使挡铁用后能退出
支承钉	固定式	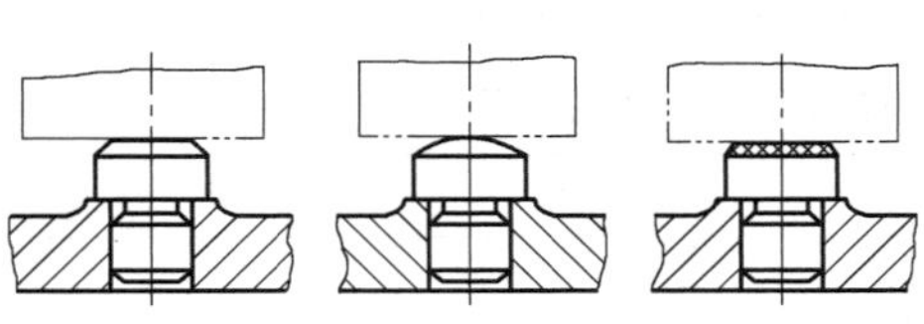 a)　b)　c)	固定安装在夹具体上，配合为$\frac{H7}{r6}$或$\frac{H7}{n6}$，用于刚性较大的工件定位。当工件以加工过的平面定位时，用平头的支承钉；以粗糙不平的毛坯面定位时，用球头支承钉；带齿纹头的支承钉多用在工件侧面，增大摩擦因数，防止工件滑动。支承钉已标准化，详见 JB/T 8029. 2—1999
	可调式	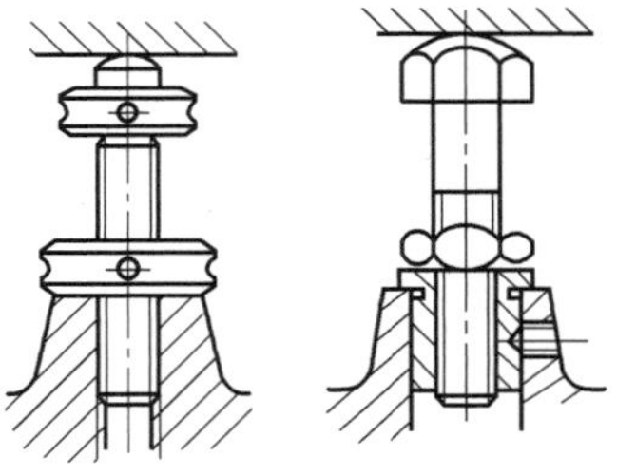	装配形状相同而规格不同的焊件，常须调整定位元件。这类支承钉的高度可按需要调整，调好后即锁死，防止使用时发生松动

表 9-3-4 以圆柱孔定位用的定位销

形式	结构图	工作特点与使用说明
固定式	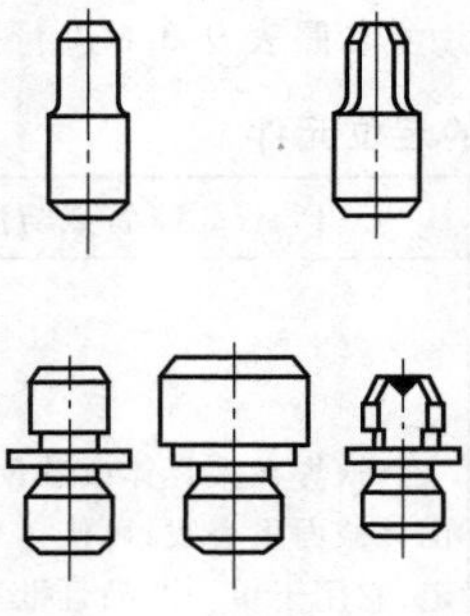	定位销装在夹具体上,配合为$\frac{H7}{r6}$或$\frac{H7}{n6}$,工作部分的直径按工艺要求和安装方便,按 g5,g6,f6,f7 制造。头部有15°倒角。已标准化,见 JB/T 8014.1—1999 和 JB/T 8014.2—1999
可换式	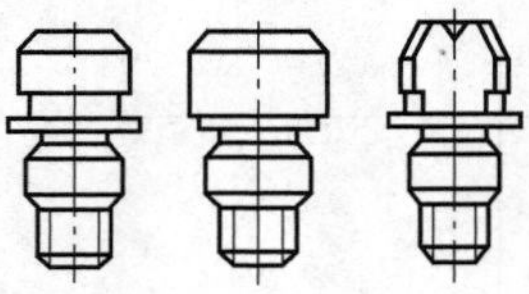	大批量生产时,定位销磨损快,为保证精度须定期维修或更换,见 JB/T 8014.3—1999
可拆式(插销)	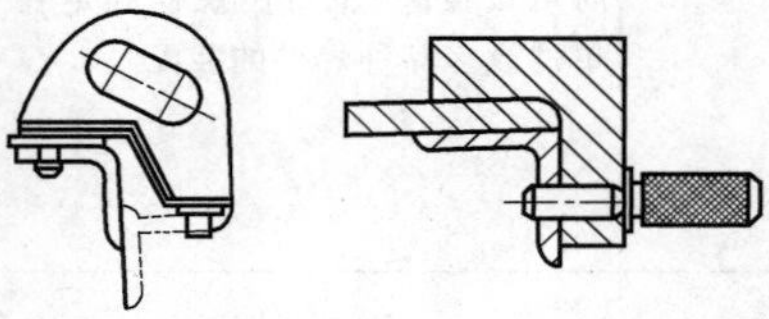	零件之间靠孔用定位销来定位,定位焊后须拆除该定位销才能进行焊接,这时应使用可拆式定位销,见 JB/T 8015—1999
可退出式	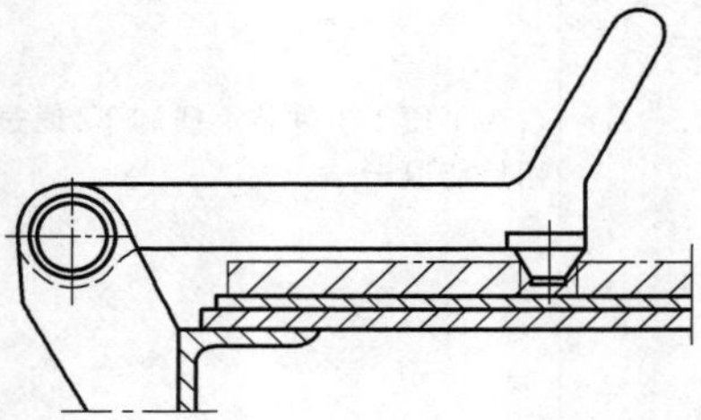	通过铰链使圆锥形定位销用后可以退出,让工件能装上或卸下

表 9-3-5 以外圆柱面定位时的定位元件

名称		结构图	工作特点与使用说明
V形块	固定式	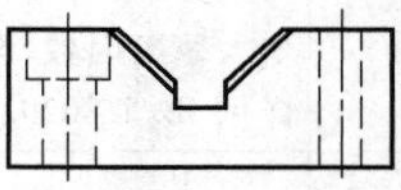 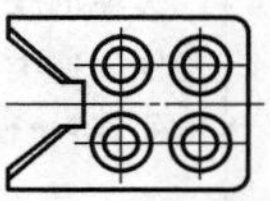 JB/T 8018.1—1999	对中性好,能使工件的定位基准轴线在 V 形块两斜面的对称平面上,而不受定位基准直径误差的影响,并且安装方便,粗、精基准均可使用,已标准化
		JB/T 8018.2—1999	

（续）

名称		结构图	工作特点与使用说明
V形块	调整式	JB/T 8018.3—1999	用于同一类型但尺寸有变化的工件，或用于可调整夹具中
	活动式	JB/T 8018.4—1999	用于定位夹紧机构中，起消除一个自由度的作用，常与固定 V 形块配合使用
定位套			将定位孔单独做在一个零件上，然后再将它固定在夹具体上，易于制造和更换
			定位元件为半圆形衬套，上半圆起夹紧作用，下半圆孔的最小直径应取工件定位基准外圆的最大直径，它适用于大型轴类或管类工件

表 9-3-6 V 形块尺寸的计算

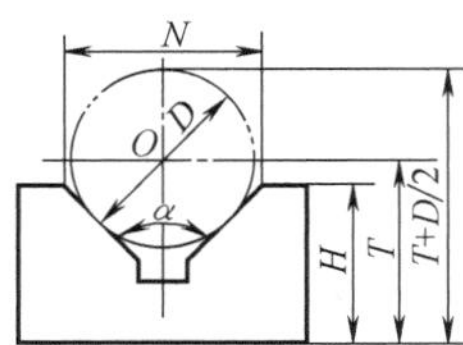

两斜面夹角	α	60°	90°	120°
标准定位高度	T	$T=H+D-0.866N$	$T=H+0.707D-0.5N$	$T=H+0.577D-0.289N$
开口尺寸	N	$N=1.15D-1.15a$	$N=1.41D-2a$	$N=2D-3.46a$
参数	a	$a=(0.14\sim0.16)D$		

注：D—工件定位基准直径（mm）。

H—V 形块的高度（mm），用于大直径时，取 $H\leqslant0.5D$，用于小直径时，取 $H\leqslant1.2D$。

计算公式：$T=H+\dfrac{1}{2}\left(\dfrac{D}{\sin\dfrac{a}{2}}-\dfrac{N}{\tan\dfrac{a}{2}}\right)$

$$N=2\tan\frac{a}{2}\left(\frac{D}{2\sin\dfrac{a}{2}}-a\right)$$

(4) 定位样板

根据焊件上各待装零件间的位置关系，借助它们的圆孔、边缘、凸缘等作基准制作样板，然后利用样板进行定位。样板的结构形状因产品不同而异，一般用薄钢板制成，其厚度在满足刚度前提下尽可能薄。在非定位的部位开孔或槽以减轻样板质量，便于提携。图 9-3-5a 所示为用于确定肋板的位置；图 9-3-5b 所示为确定隔板的位置。

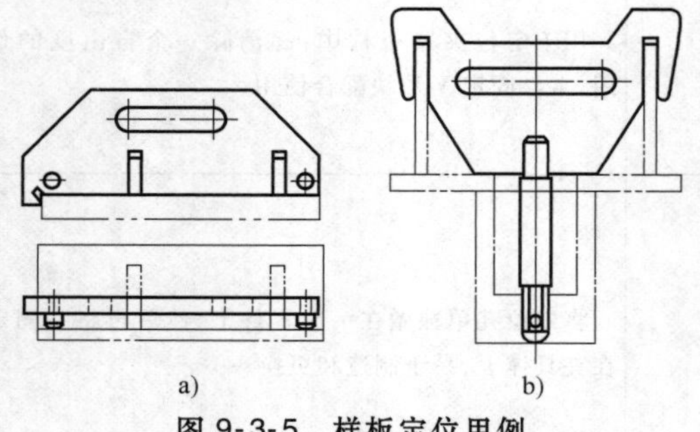

图 9-3-5 样板定位用例

(5) 注意事项

设计定位元件时应注意以下几点。

1) 定位元件的工作表面常与工件接触摩擦，应耐磨，以保持定位精度。通常硬度在 40~65HRC 之间，可通过选择材料及热处理方法获得。磨损或损坏后应易于修复或更换。

2) 定位元件一般不应作受力构件，以免损伤其精度。但在焊接过程中与夹紧元件配合工作时，就会受到夹紧力；控制焊接变形时，会引起拘束力；焊件翻转或回转时，会受到重力和惯性力等。因此，凡受力的定位元件一般要进行强度和刚度计算。

3) 定位元件应有好的加工性能，其结构简单，易于制造和安装。

4) 定位元件上的限位基准应具有足够的精度。为此，须保证加工误差、表面粗糙度。定位元件之间相关尺寸和相互位置的公差一般取工件上相应公差的 1/5~1/2，常取 1/3~1/2。定位销工作直径的公差带一般取 f7，表面粗糙度 $Ra \leqslant 0.4\mu m$；与夹具体配合直径公差取 r6，表面粗糙度 $Ra \leqslant 0.8\mu m$。

3.2.2 焊件在夹具中的夹紧

在夹具上被定好位置的工件，必须进行夹紧，否则无法维持它的既定位置，即始终使工件的定位基准与定位元件紧密接触。为此，夹紧所需的力应能克服操作过程中产生的各种力，如工件的重力、惯性力、因控制焊接变形而产生的拘束力等。

如何确定夹紧力，这是夹具方案设计中一个重要内容。通常是从力的三要素入手，先确定力的作用方向，再选择力的作用点，然后计算所需夹紧力的大小，最后选择或设计能实现该夹紧力的夹紧装置。

1. 确定夹紧力的作用方向

1) 夹紧力应指向定位基准。特别是指向主要定位基准面，因该面的面积较大，限制自由度多，定位稳定牢靠，还可以减少工件的夹紧变形。

2) 夹紧力的指向应有利于减小夹紧力。因为夹紧力的大小是根据夹紧时力的静平衡条件来确定的。焊接时，夹具常遇到工件重力、控制焊接变形所需的力、工件移动或转动引起的惯性力和离心力等。这些力的方向取决于焊件在夹具上所处的位置、所需控制焊接变形的方向和焊件运动的方向等。通常夹紧力的方向与这些力的方向一致，便能减小夹紧力，否则夹紧力要增大。

2. 选择力的作用点

夹紧力作用在工件上的位置，视工件的刚性大小和定位支承的情况而定。当定位元件是以点与工件接触进行定位时，要注意以下几点。

1) 作用点应正对定位元件的支承点或在它的附近，以保持工件定位稳定，不致引起工件位移、偏转或发生局部变形。图 9-3-6a 因力作用点不正确，而引起虚线所示的位置变动。

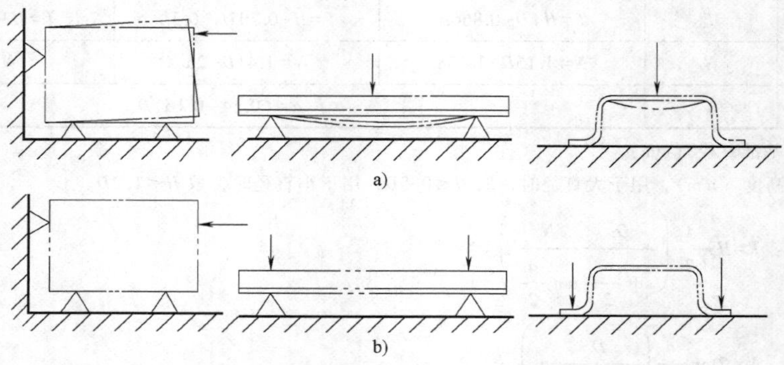

图 9-3-6 不同夹紧力作用点的比较

a) 不正确 b) 正确

2）夹紧力作用点应落在工件刚性较好的部位，以减小夹紧变形，如图 9-3-7 所示。被夹紧工件的背面应避免悬空，最好背面有腹板、隔板或加强肋等支承着。遇到背面没有支承的薄壁件，应减小压强，即夹紧元件与该薄板的接触面积适当加大。

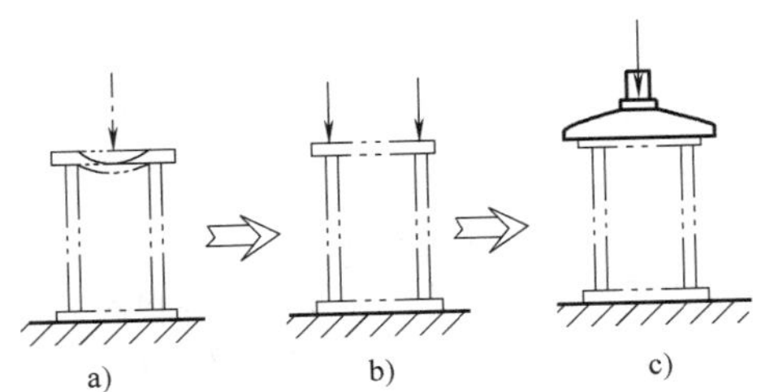

图 9-3-7　减小夹紧变形的力作用点

a）不正确　b）可以　c）理想

3）用于控制平板对接角变形时，对于薄板（$\delta \leq$ 2mm）的夹紧力作用点应靠近焊缝，且沿焊缝长度方向上多点均布，板越薄点距应越密。对于厚板，则因其刚性大，力作用点可适当远离焊缝，以减小夹紧力，如图 9-3-8 所示。

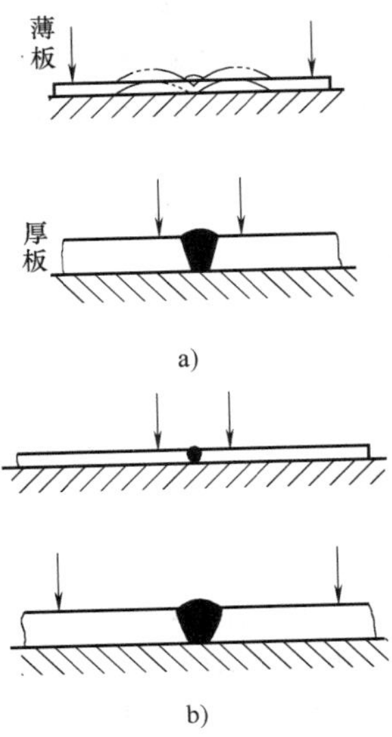

图 9-3-8　控制焊接角变形夹紧力的作用点

a）不正确　b）正确

3. 夹紧力大小的估算

计算夹紧力的大小时，常把夹具和工件看成是一个刚性系统，根据工件在装配或焊接过程中产生最为不利的瞬时受力状态，按静力平衡原理计算出理论夹紧力，最后为了保证夹紧安全可靠，再乘一个安全系数作为实际所需夹紧力的数值，即

$$F_K = KF$$

式中　F_K——实际所需的夹紧力（N）；

F——在一定条件下由静力平衡计算出的理论夹紧力（N）；

K——安全系数，一般 $K=1.5\sim3$。夹紧条件比较好，取低值；否则取高值。例如手工夹紧、操作不方便、工件表面毛糙等，应取高值。

专供装配用的夹具，因只装不焊，其理论夹紧力的计算比较容易，仅考虑重力、支承反作用力和摩擦力；而专供焊接用的夹具或装配与焊接合用的夹具，除考虑上述各种力外，还须考虑因控制焊接变形而引起的拘束力，而这个拘束力既与拘束方向及拘束程度有关，又与施焊工艺有关，很难作精确计算。通常是按生产经验进行估算，必要时，通过试验测定。如果仅是控制焊件的角变形或弯曲变形，所需的夹紧力可用材料力学有关理论公式进行估算。表 9-3-7 是几个典型夹紧形式的夹紧力计算。

控制焊接变形的夹紧力计算实际上就是焊接时变形受到限制而引起拘束力的计算。

（1）控制焊接角变形的夹紧力计算

两等厚平板对接，开 V 形坡口，焊后会产生角变形 α，如图 9-3-9 所示。若在焊缝中心线两侧距离均为 l 处用夹紧元件挡住工件，防止工件上翘变形，则两者之间将产生拘束力，该力应由夹紧元件承受，即

$$q = \frac{E\delta^3 \tan\alpha}{4l^2}$$

式中　q——拘束角变形所需的单位长度（焊缝）夹紧力（$N \cdot cm^{-1}$）；

E——焊件材料的弹性模量，对钢 $E = 21\times10^6$（$N \cdot cm^{-2}$）；

δ——焊件厚度（cm）；

α——在自由条件下焊件引起的角变形（°），由焊接变形理论计算或实际中测定；

l——夹紧力作用点到焊缝中心线距离（cm）。

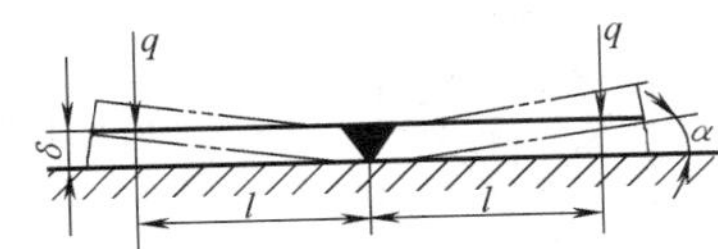

图 9-3-9　控制焊接角变形的夹紧力

表 9-3-7 典型夹紧形式的夹紧力计算

形式	计算简图	计算公式	说明
平托	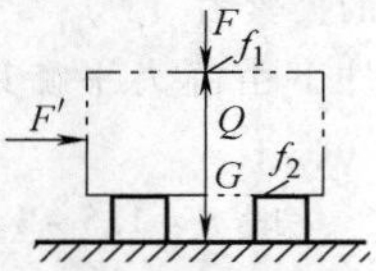	$F=\dfrac{F'+Qf_2}{f_1+f_2}$	
侧夹	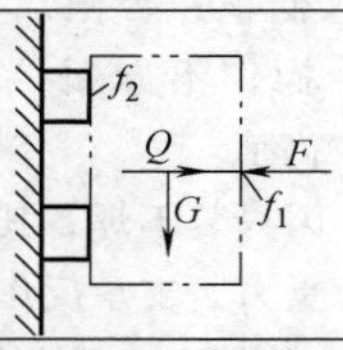	$F=\dfrac{G+Qf_2}{f_1+f_2}$	F—夹紧力(N) G—重力(N) F'—干扰力(N) Q—焊接变形拘束力(N) f_1—夹紧元件与工件之间的摩擦因数 f_2—工件与支承件之间的摩擦因数
仰顶	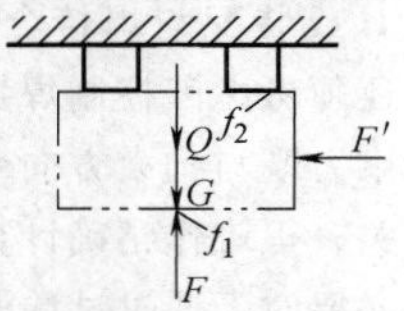	$F=\dfrac{F'+(Q+G)f_2}{f_1+f_2}$	
定心夹紧	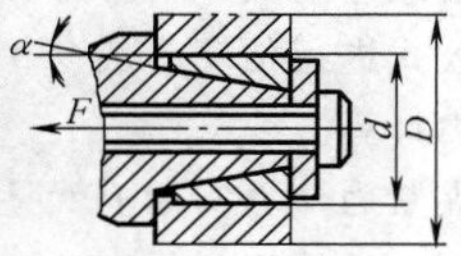	$F=\dfrac{PD}{d\tan\varphi_2}[\tan(\alpha+\varphi)+\tan\varphi_1]$	F—夹紧力(N) D—工件外径(cm) d—工件内径(cm) P—作用在工件外表面的圆周力(N) α—斜角(°) φ—斜面上的摩擦角(°) $\tan\varphi_1$—工件与心轴的轴向摩擦因数 $\tan\varphi_2$—工件与心轴圆周向摩擦因数 T—作用扭矩(N·cm) f_1—夹爪与工件之间的摩擦因数 n—夹爪数
卡盘夹紧	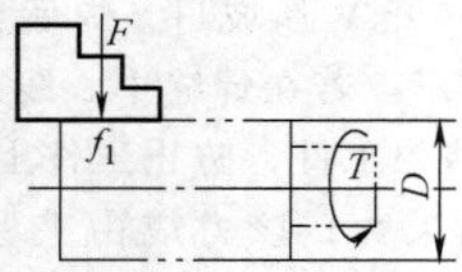	$F=\dfrac{2T}{nDf_1}$	
V 形块定位压板夹紧	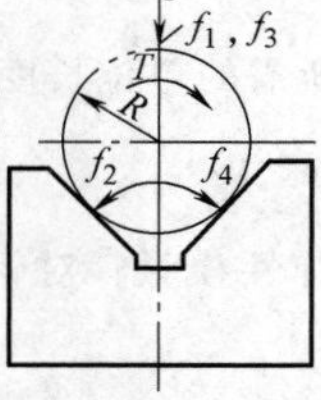	防止工件转动 $F=\dfrac{T\sin\dfrac{\alpha}{2}}{f_1R\sin\dfrac{\alpha}{2}+f_2R}$ 防止工件移动 $F=\dfrac{F'\sin\dfrac{\alpha}{2}}{f_3\sin\dfrac{\alpha}{2}+f_4}$	F—夹紧力(N) R—工件半径(cm) α—V 形块斜面夹角(°) F'—轴向干扰力(N) f_1—工件与夹紧元件周向摩擦因数 f_2—工件与 V 形块周向摩擦因数 f_3—工件与夹紧元件轴向摩擦因数 f_4—工件与 V 形块轴向摩擦因数 T—转矩(N·cm)
V 形块定位和夹紧	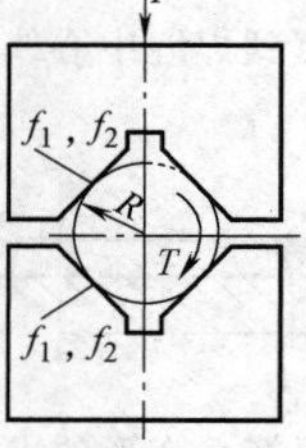	防止工件转动 $F=\dfrac{T\sin\dfrac{\alpha}{2}}{2Rf_1}$ 防止工件移动 $F=\dfrac{F'\sin\dfrac{\alpha}{2}}{2f_2}$	

(2) 控制焊件弯曲变形的夹紧力计算

以T形梁为例，如图9-3-10所示。若在自由状态下焊接角焊缝，会因焊缝与梁断面重心线不重合，焊缝的纵向收缩（假想有一个收缩力 F 作用）引起弯曲变形，在梁的中部上拱 f。为了能控制该变形，假定在梁中部设一夹紧元件，焊接时该元件阻挡T形梁上拱，因而产生拘束力，由该夹紧元件承受，其大小为

$$Q=\frac{6Fe}{L}$$

式中 Q——阻挡弯曲变形所需的夹紧力（N）；

e——焊缝截面重心到梁截面重心线的距离（cm）；

L——梁的长度（cm）；

F——焊缝纵向收缩的假想收缩力（N），$F=mK^2$，K 为角焊缝的焊脚（cm）；m 为系数，碳素钢单道焊时按下表选取。

焊接方法	m	
	一条角焊缝	两条角焊缝
埋弧焊	51×10^4	58.7×10^4
焊条电弧焊	68×10^4	78.2×10^4

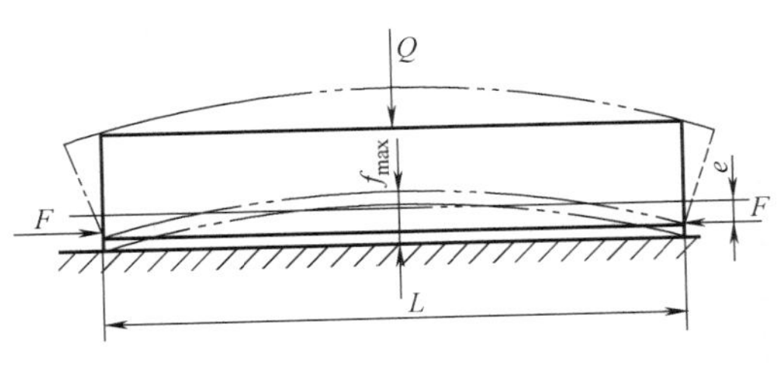

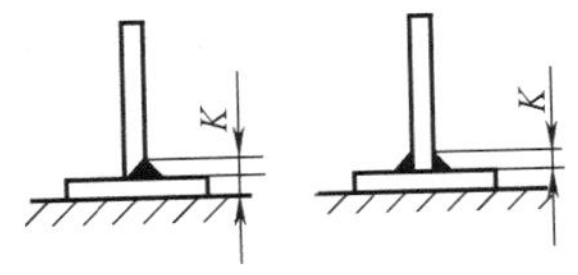

图9-3-10 控制T形梁焊接弯曲变形的夹紧力

3.2.3 夹紧器

1. 夹紧器的组成与分类

(1) 组成

在装配与焊接过程中用以夹紧工件的各种器具称夹紧器，又称夹紧装置。一般由三部分组成。

1) 动力装置是产生原始力的部分，是指机动夹紧器中的气压、液压、磁力或电动机等动力装置，手动夹紧器没有这部分。

2) 中间传动机构即中间传力部分，是用以接受原始力并将它传递或转换为夹紧力的机构。

3) 夹紧元件是夹紧器的最终执行元件，通过它与工件受压面直接接触而完成夹紧。

传动机构和夹紧元件合起来便构成夹紧机构。

(2) 分类

夹紧器种类很多，有多种分类法。

1) 按夹紧机构分有简单夹紧器和组合夹紧器两大类。简单夹紧器将原始力转换为夹紧力的机构只有一个，按力的传递与转变方法不同又分成：斜楔式、螺旋式、偏心式和杠杆式等夹紧器；组合夹紧器是由两个或更多个简单夹紧机构组合而成，按其组合方法不同又分成：螺旋-杠杆式、螺旋-斜楔式、偏心-杠杆式、偏心-斜楔式、螺旋-斜楔-杠杆式等夹紧器。

2) 按动力源分有手动的、气压的、液压的、磁力的、真空的和电动的六类，其中以手动的和气动的应用最广。

3) 按夹紧器位置变动情况分有携带式和固定式。前者是指多能独立使用的手动夹紧器，其功能单一、结构简单轻便，用时可搬到使用地点；后者安装在夹具体的预定位置上，而夹具体在车间的位置是固定的。

此外，还有按动作速度快慢分类、按通用（万能）和专用分类等。

2. 各类夹紧机构的工作特点

在机械原理中对上述各类夹紧机构的工作原理都有详细阐述。当把它们用作装配-焊接夹具上的夹紧器时，表现出下列一些特点。

(1) 斜楔式夹紧器

利用斜面移动产生的压力夹紧工件。楔的斜面可以直接或间接压紧工件。斜楔式夹紧器在焊接生产中，特别在现场组装大型金属结构时，获得广泛应用。斜楔结构简单，易于制造，既能独立使用（见图9-3-11），又能与其他机构组合使用（见表9-3-8）。但斜楔夹紧力不大，效率低，夹紧行程小，手工操作费力；独立使用时，零件较多，有些须预先焊到工件上，如图9-3-11b、c所示用例。用后还得铲掉。手动斜楔夹具多为携带式，主要在单件小批生产或现场大型金属的装配与焊接中使用。它与其他机构组合使用时，常以气压或液压作动力源。

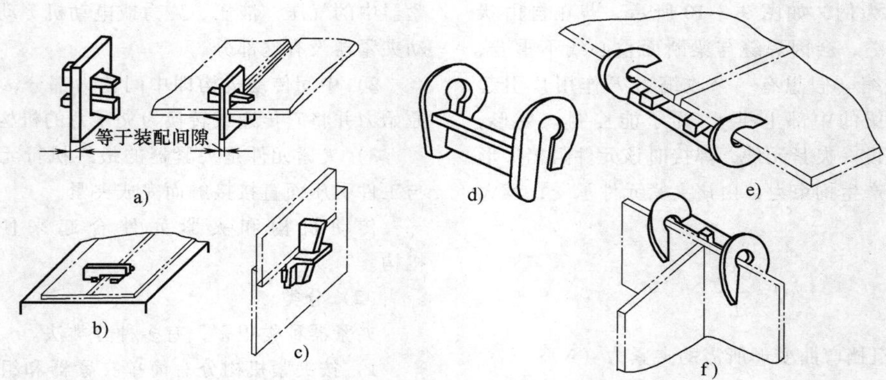

图 9-3-11　斜楔在焊接生产中用例

a)、b)、c) 在装配中使用　d)、e)、f) 控制焊接角变形用

表 9-3-8　组合夹紧器中典型夹紧机构及其原动力的计算公式

类型	夹紧机构	受力简图	原动力计算公式
斜楔-杠杆			$Q=F_{K}[\tan(\alpha+\varphi_1)+\tan\varphi_2]\frac{l_2}{l_1}\frac{1}{\eta_0}$
	夹紧		$Q=F_{K}\tan(\alpha+\varphi_1)$
			$Q=F_{K}\frac{\tan(\alpha+\varphi_{1d})+\tan\varphi_{2d}}{1-\tan(\alpha+\varphi_{1d})\tan\varphi_3}\times\frac{l_2}{l_1}\frac{1}{\eta_0}$
螺旋-杠杆			$M_{Q}=F_{K}[r'\tan\varphi_1'+r_z\tan(\alpha'+\varphi_2'')]\frac{L-l}{l}\frac{1}{\eta_0}$ $F=F_{K}\frac{L-l}{L}\frac{1}{\eta_0}$

（续）

类型	夹紧机构	受力简图	原动力计算公式
螺旋-杠杆	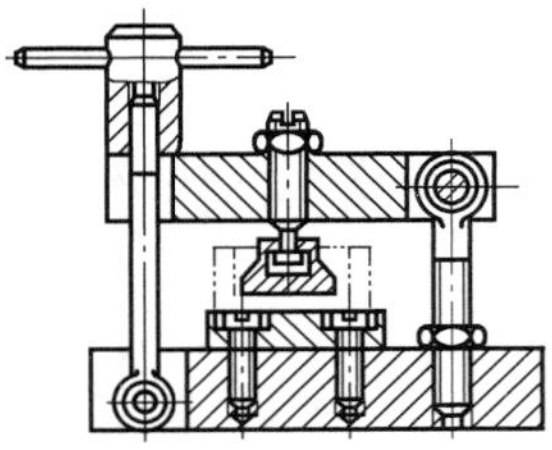	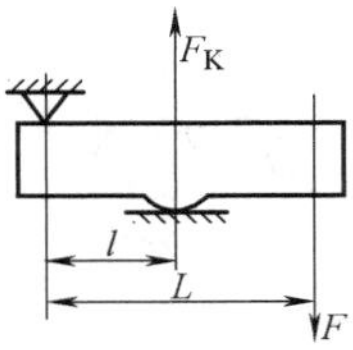	$M_Q=F_K[r'\tan\varphi_1'+r_z\tan(\alpha'+\varphi_2'')]\frac{1}{L}\frac{1}{\eta_0}$ $F=F_K\frac{1}{L}\frac{1}{\eta_0}$
	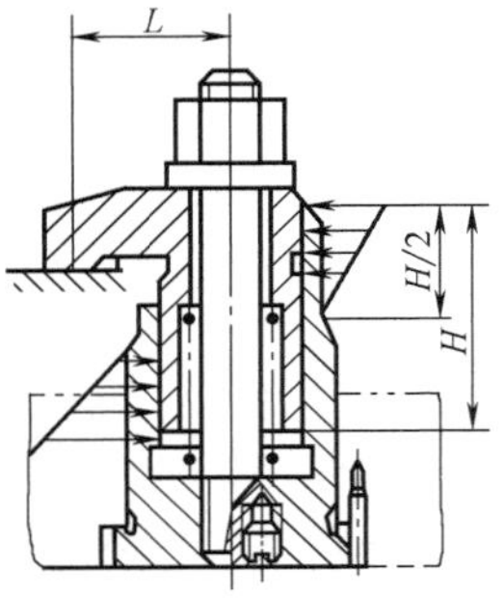	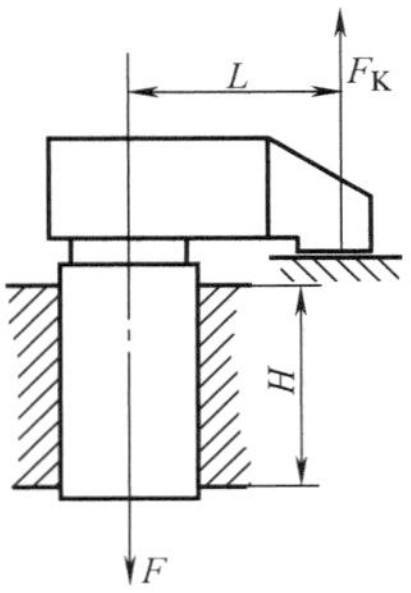	$M_Q=F_K\left(1+\frac{3L\mu}{H}\right)\times[r'\tan\varphi_1'+r_z\tan(\alpha'+\varphi_2'')]$
	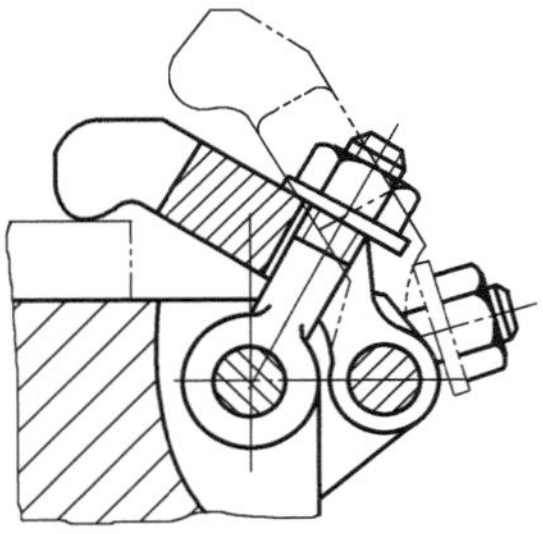	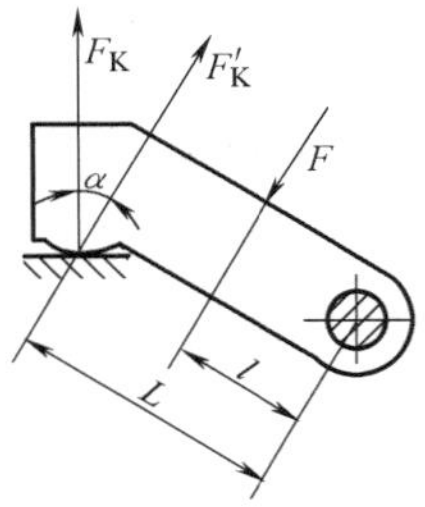	$M_Q=\frac{F_K}{\cos\alpha}r'\tan\varphi_1+r_z\tan(\alpha'+\varphi_2'')\frac{L}{l}\frac{1}{\eta}$ $F=\frac{F_K}{\cos\alpha}\frac{1}{l}\frac{1}{\eta_0}$
偏心-杠杆	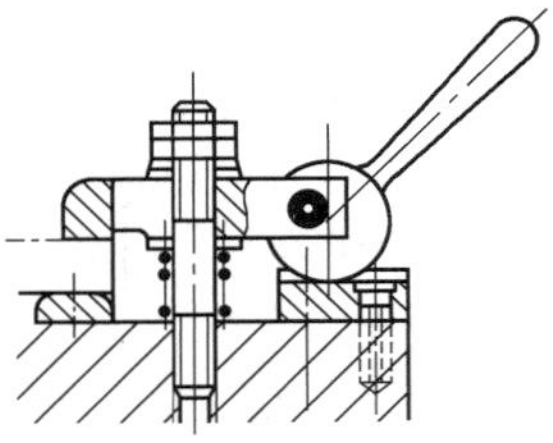	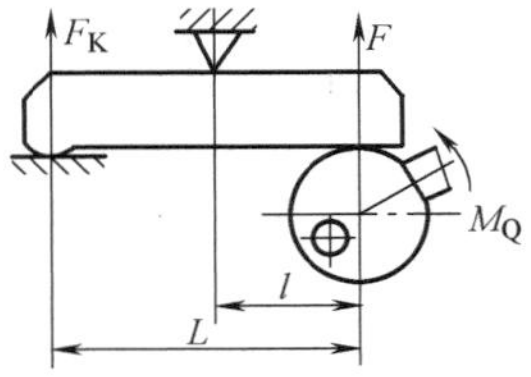	$M_Q=F_K[\mu(R+r)e(\sin\gamma-\mu\cos\gamma)]\times\frac{L-l}{l}\frac{1}{\eta}$ $F=F_K\frac{L-l}{l}\frac{1}{\eta_0}$
	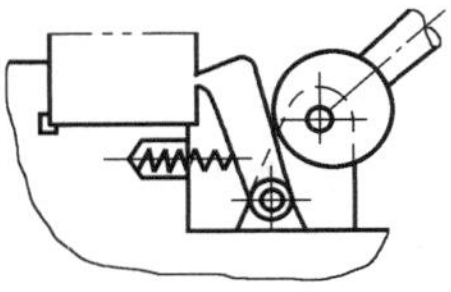	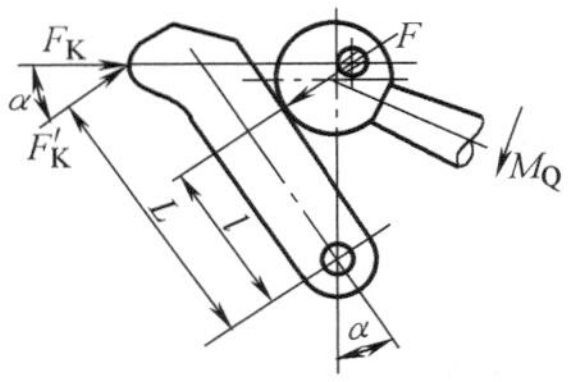	$M_Q=\frac{F_K}{\cos\alpha}[\mu+(R+\gamma)e(\sin\gamma-\mu\cos\gamma)]$ $\times\frac{L}{l}\frac{1}{\eta_0}$

（续）

类型	夹紧机构	受力简图	原动力计算公式
偏心-杠杆		F_K F M_Q l L	$M_Q=F_K[\mu(R+r)+e(\sin\gamma-\mu\cos\gamma)]\frac{L-l}{l}\frac{1}{\eta_0}$ $F=F_K\frac{L-l}{l}\frac{1}{\eta_0}$

注：Q—组合夹紧机构所需外力（N）；

F_K—实际工件所需的夹紧力（N）；

F—夹紧机构产生的夹紧力（N）；

M_Q—夹紧机构上所需的力矩（N · mm）；

α—斜楔夹紧机构的斜楔升角（°）；

φ_1—平面摩擦时，作用在斜楔面上的摩擦角（°）；

φ_2—平面摩擦时，作用在斜楔基面上的摩擦角（°）；

η_0—效率，取 0.85~0.95；

φ_{1d}—滚子作用在斜楔面上的当量摩擦角（°） $\left[\tan\varphi_{1d}=\frac{d}{D}\varphi_1\right.$，$d$—滚子转轴直径（mm），$D$—滚子外径（mm）]；

φ_{2d}—滚子作用在斜楔基面上的当量摩擦角（°） $\left[\tan\varphi_{2d}=\frac{d}{D}\tan\varphi_2\right]$；

r'—螺杆端部与工件间的当量摩擦半径（mm）；

r_z—螺纹中径之半（mm）；

γ—偏心轮几何中心与转动中心的连线和几何中心与夹紧点连线间的夹角（°）；

R—偏心轮半径（mm）；

r—偏心轮转轴半径（mm）；

e—偏心量（mm）；

φ_1'—螺杆端部与工件间的摩擦角（°）；

α'—螺纹升角（°）；

φ_2''—螺旋副的当量摩擦角（°）。$\varphi_2''=\tan^{-1}\frac{\tan\varphi_2'}{\cos\beta}$，$\varphi_2'$为螺旋副的摩擦角（°），$\beta$ 为螺旋牙形半角（°），三角螺纹为 30°，梯形螺纹为 15°，方形螺纹为 0°；

φ_3—移动柱塞双头导向时，导向孔对移动柱塞的摩擦角（°） [$\tan\varphi_3=\frac{hl}{3l}\tan\varphi_3'$，$l$ 为移动柱塞导向孔的中心至斜楔面的距离（mm），h 为移动柱塞导向孔长（mm），φ_3'为移动柱塞单头导向时，导向孔对移动柱塞的摩擦角（°）]；

μ—摩擦因数，取 0.1~0.15。

设计斜楔时，要保证夹紧工件后能自锁，一般斜楔升角 α 手动夹紧时取 $\alpha=6°\sim8°$；气动或液动夹紧时，取 $\alpha=11°\sim30°$，不考虑自锁。

（2）螺旋式夹紧器

利用旋转的螺杆与螺母的相对轴向移动夹紧工件。对工件既可用螺杆夹紧，又可用螺母夹紧，以螺杆夹紧最为常用。结构简单，增力大，自锁性能好，行程不受限制。但夹紧动作慢，效率低；人力夹紧体力消耗大，易疲劳；当螺旋靠近焊接区时，需有保护螺纹措施。用途很广，可以设计成独立使用的夹紧、拉紧和推撑等器具，如图 9-3-12 所示。图 9-3-12a、c 的螺杆头部都设计一个活动的压块，它的细部构造如图 9-3-13 所示。工作时，螺杆转动而压块不随之转动，这样可以避免螺杆端头直接与工件接触而损伤工件表面，或螺杆旋转时，也带着工件一起旋转而破坏工件既定的位置；又由于压块与工件接触面积较大，有利于减少工件局部变形。

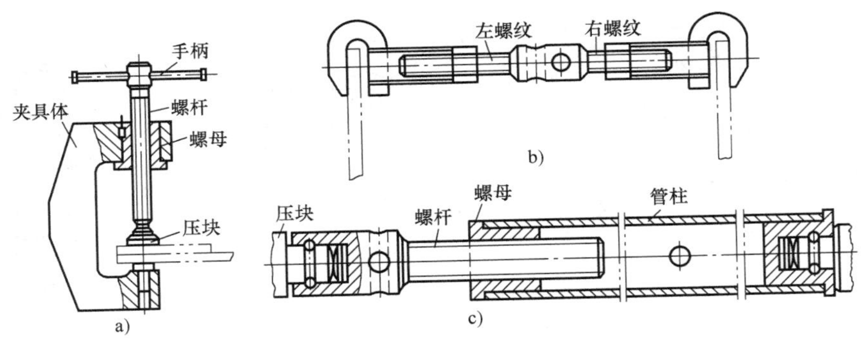

图 9-3-12　独立使用的螺旋式夹具

a）夹紧器　b）拉紧器　c）推撑器

图 9-3-13a 的压块适用于压紧经加工过的光面，图 9-3-13b 的压块端面有齿纹，适用于压紧未经加工的毛坯面。

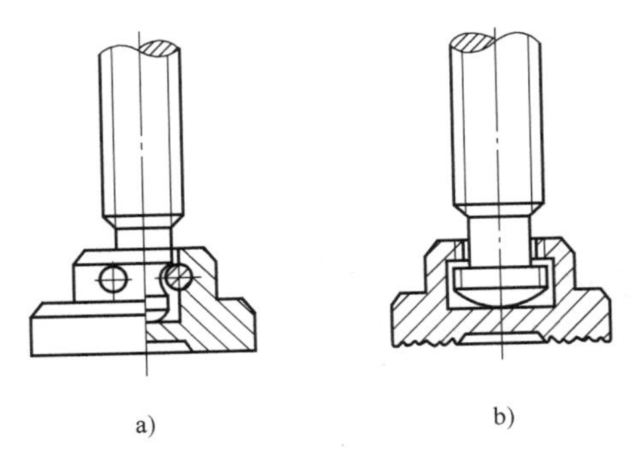

图 9-3-13　活动压块

安装在大型夹具体上的螺旋夹紧器一般都设计成可退出的，这样不会妨碍工件的装上和卸下，图 9-3-14 所示为两种快速退出的夹紧器结构。

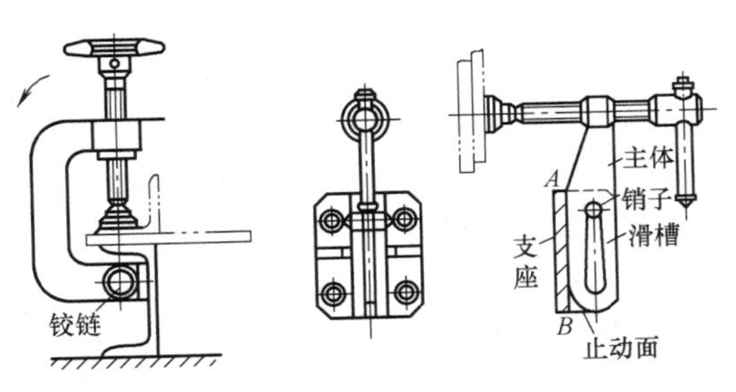

图 9-3-14　快速退出的螺旋夹紧器

螺旋可以与杠杆、偏心、斜楔等机构组合使用，以达到提高效率、改变受力方向或增力等目的。

（3）偏心夹紧器

利用转动中心与几何中心相偏移的偏心轮或偏心轴作夹紧元件的机构称偏心夹紧，其中以偏心轮应用最广，它的结构简单，易于制作。使用时动作迅速，有一定的自锁作用。但行程短，夹紧力不大，怕振动。故一般用于小行程，无振动的场合。单独使用的偏心轮其自锁条件为 $D \geqslant (14 \sim 20)e$，$D$ 为偏心轮直径，e 为偏心距。直接利用偏心件压紧工件的情况较少，通常都是和其他机构组合使用。图 9-3-15 所示为简单用例。

（4）杠杆夹紧器

杠杆是最简单的一种机械，它必须由三个点和两个臂组成，改变三个点的相互位置和两臂长短的比值（L/L_1），可以达到省力、省时或改变力作用的方向的目的，如图 9-3-16 所示，第一类杠杆夹紧力 F_K 与外力 Q 不同向，即可改变力作用方向，夹紧力的大小决定于 L/L_1 比值；第二类杠杆夹紧力 F_K 总大于外力 Q，即能增力，两力同向；第三类杠杆夹紧力，总小于外力 Q，即不省力，但动作迅速，两力同向。单独使用的杠杆夹紧器，多为手动，采用第一类、二类杠杆，以便省力。由于杠杆自身没有自锁作用，手动夹紧时整个加工过程不能松手，所以手动夹紧只能在夹紧力不大的短时装配或定位焊情况下使用。通常都与其他机构，如螺旋、斜楔、偏心轮等组合使用，以气压或液压为动力源。图 9-3-17 所示为一些简易用例，较复杂的见表 9-3-8。

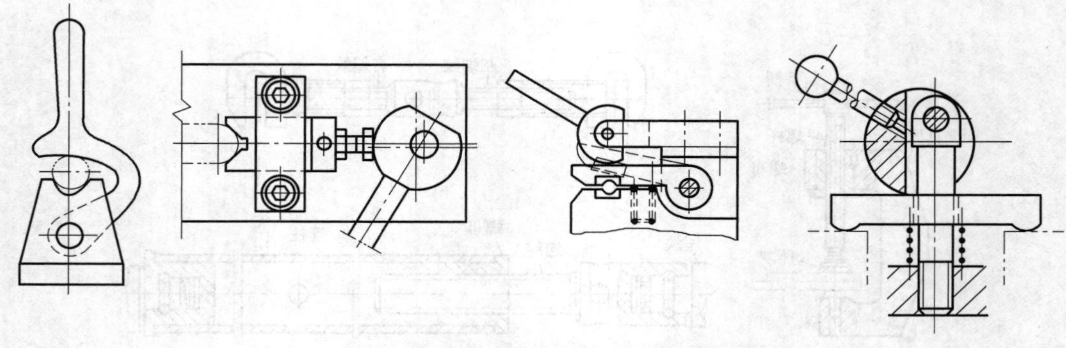

图 9-3-15　手动偏心夹紧器用例

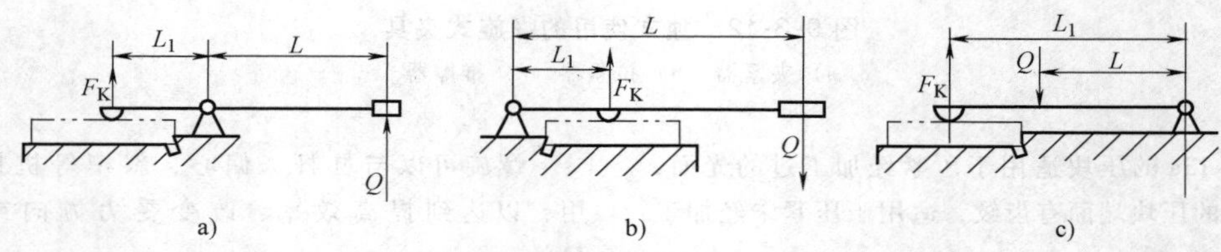

图 9-3-16　杠杆夹紧的三种类型

a）第一类杠杆　b）第二类杠杆　c）第三类杠杆

（Q—外力，F_K—工件对杠杆的反作用力，夹紧力与其等值反向）

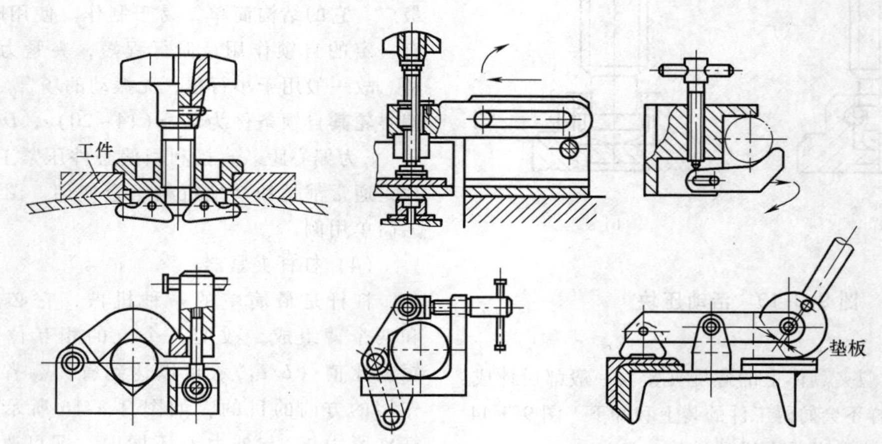

图 9-3-17　杠杆式夹紧器简易用例

（5）铰链式夹紧器

铰链式夹紧器是利用铰链把若干个杆件连接起来实现夹紧工件的机构。在焊接生产中常用的有两类：一类是以快速夹紧为主要目的的连杆式夹紧器，又叫肘节式夹紧器。图 9-3-18 列出部分手动连杆式夹紧器，它们的共同特点是包括支座在内组成一个铰链四连杆机构，在夹紧和松开过程中，这几个杆件都在垂直铰链轴线的平面内运动。夹紧和松开快速，但夹紧力有限，多用于夹紧薄件。

另一类是以改变作用力方向和大小为目的的臂杆夹紧机构。常与杠杆组合，用气压或液压作动力源。图 9-3-19 所示为气（液）动铰链夹紧机构的扩力传动示意图。根据其几何关系可以求得夹紧力 F_K 和原动力 Q 的关系。

3. 典型夹紧机构及其原动力的计算公式

这里介绍较为常用的组合夹紧器中一些较典型夹紧机构及其原动力的计算公式，见表 9-3-8。

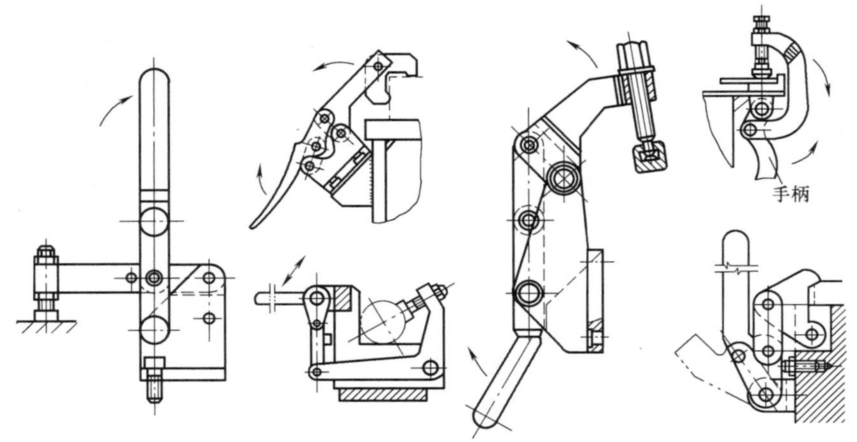

图 9-3-18　各种手动连杆式夹紧器

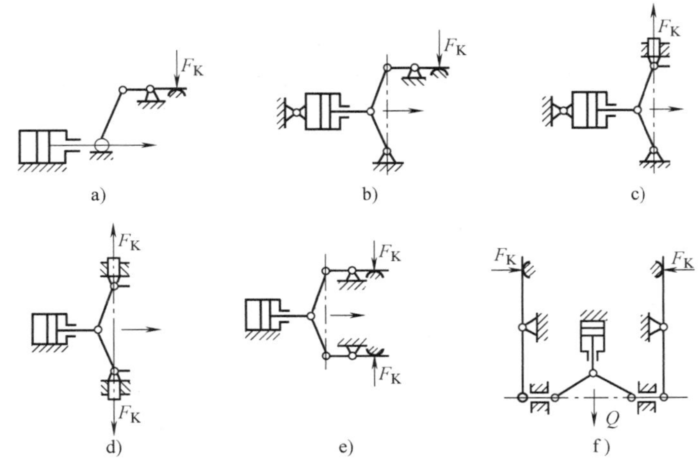

图 9-3-19　铰链夹紧机构扩力传动示意图

a)、b)、c) 单向作用　d)、e)、f) 双向作用

4. 夹紧器的动力源

夹紧机构加上动力源就构成完整的夹紧器。同一类型的夹紧机构并不因更换动力源而改变该夹紧机构的工作原理和工作特点。但是由于动力源出力的大小、速度和作用方式不同，在夹紧器结构设计上、制造上和使用维修上有区别。

(1) 手动夹紧器

固定式夹紧器的手柄操作高度以 0.8～1m 为宜；操作力应在 150N 以下，短时功率应控制在 120W 以内。当处在压夹状态下，应有可靠的自锁性能。携带式夹紧器其质量应在 10kg 以内。

(2) 气动夹紧器

1) 气缸式夹紧器。利用压缩空气在气缸内产生的轴向力去带动夹紧机构以实现夹紧工件。压缩空气的工作压力一般在 0.4～0.6MPa 之间。在装配—焊接夹具中气动夹紧器的气缸有两种形式，即活塞式气缸和薄膜式气缸（又叫气室），如图 9-3-20 所示。从气缸进气情况分有单向作用和双向作用两种方式，单向作用式是从单面进气推动活塞（或薄膜）工作，当松夹排气时，靠弹簧推动活塞（或薄膜）退回原位。双向作用式是利用活塞两侧气体压力差进行工作，缸体内无弹簧。活塞式气缸和薄膜式气缸输出轴向力的计算，分别见表 9-3-9 和表 9-3-10 中的公式。

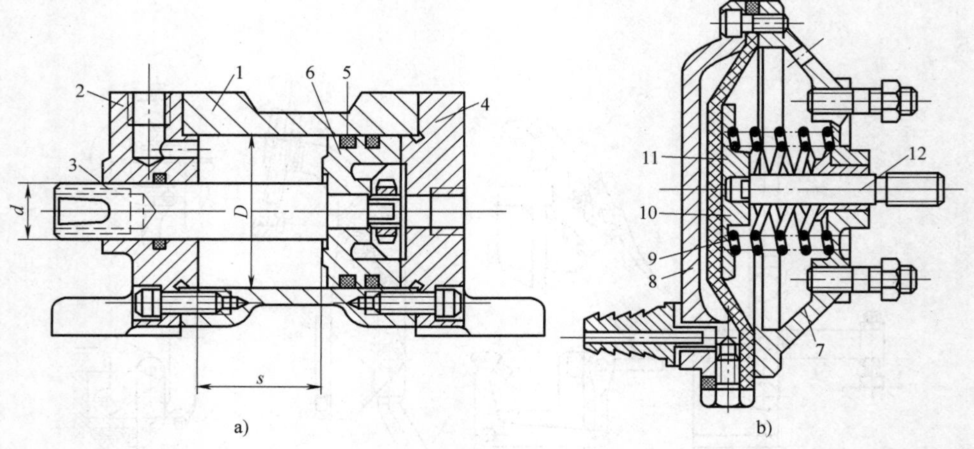

图 9-3-20 典型气缸内部结构

a）双向作用活塞式气缸 b）单向作用薄膜式气缸

1、7、8—缸体 2、4—缸盖 3—活塞杆 5—密封圈 6—活塞

9—弹簧 10—托盘 11—薄膜 12—推杆

表 9-3-9 活塞式气缸输出轴向力计算公式

类型	简图	工作情况	输出轴向力计算公式	符号含义
单向作用	D d F	输出推力 F	$F=\frac{\pi}{4}D^2p\eta-R$	p—气缸工作压力（Pa 表压） η—气缸的机械效率，通常 $\eta=0.8$ d—活塞杆直径（m） D—气缸内径（m） R—弹簧阻力（N） $R=C(L+S)$ L—弹簧预压缩量（cm） S—活塞行程（cm） C—弹簧刚度系数（$N\cdot cm^{-1}$），粗算可取 $C=1.5\sim3.5$
双向作用	D d F F′	输出推力 F	$F=\frac{\pi}{4}D^2p\eta$	
		输出拉力 F'	$F'=\frac{\pi}{4}(D^2-d^2)p\eta$	

表 9-3-10　薄膜式气缸输出轴向力计算公式

膜片形式	材　料	推杆行程范围	推杆位置	轴向力的计算公式
蝶形膜片	夹布橡胶 耐油橡胶	—	起始位置 $s=0$	$F=\frac{\pi p}{4}D_p^2$　$F=\frac{\pi p}{16}(D+D_0)^2$ $F'=\frac{\pi p}{16}[(D-D_0)^2-4d^2]$
	夹布橡胶	$(0.22\sim0.35)D$	接近终端位置 $s=0.3D$	$F=\frac{0.75\pi p}{16}(D+D_0)^2$ $F'=\frac{0.75\pi p}{16}[(D+D_0)^2-4d^2]$
圆板形膜片	夹布橡胶	$(0.06\sim0.07)D$ （单面）	$s=0.07D$	
	耐油橡胶 夹布橡胶	—	$s=0$	$F=\frac{\pi}{4}D_0^2p$ $F'=\frac{\pi}{4}(D_0^2-d^2)p$
	膜片上下 均有托盘	$(0.17\sim0.22)D$ （单面）	$s=0.22D$	$F=\frac{0.9\pi}{4}D_0p$ $F'=\frac{0.9\pi}{4}(D_0^2-d^2)p$

注：1. F—推杆输出轴向推力（N）；

D_0—托盘直径（m）；

F'—推杆输出轴向拉力（N）；

p—工作压力（Pa）；

s—推杆行程（m）；

D_p—膜片环形部分的平均直径（m）；

$$D_p=\frac{D+D_0}{2}$$

D—膜片有效直径（m）；

d—推（拉）杆直径（m）。

2. 表中公式只适用于双向作用的气缸，若为单向作用气缸，作用力中应减去弹簧阻力 R（见表 9-3-9 单向作用活塞式气缸部分）。

图 9-3-21 所示为几种典型的气缸式夹紧器。

各种类型的气缸现已标准化和系列化，它们的轴向力（推力或拉力）以及各结构参数等都可以在各类机械设计手册中查到。在工装设计时，一般是先根据工作情况选定气缸的类型，再根据工件所需夹紧力确定气缸需要输出的推力（或拉力），然后直接从手册或产品样本中选用。有特殊要求，通过计算确定气缸的直径及其他参数。

2）软管式气动夹紧器是利用向橡胶软管通入压缩空气发生膨胀去推动夹紧机构而工作的夹紧器。在焊接生产中这类夹紧器应用较多，图 9-3-22 所示为其中几个典型例子。

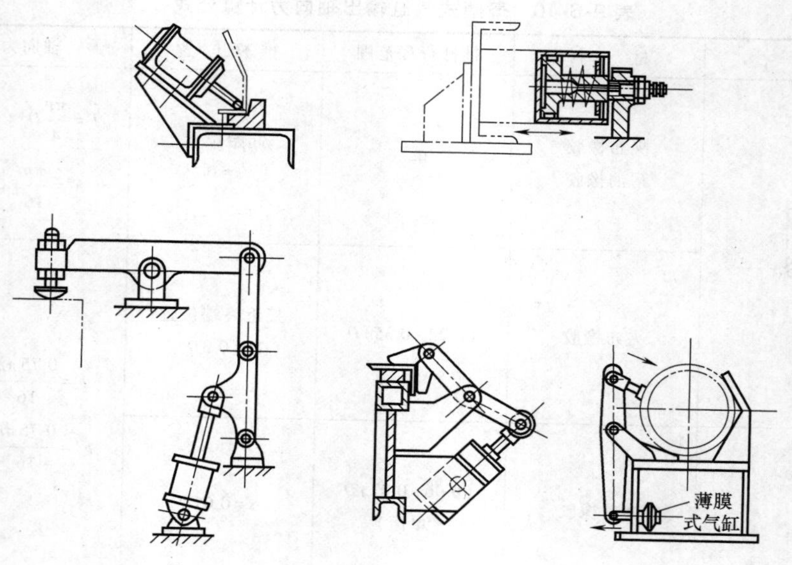

图 9-3-21　典型气动夹紧装置

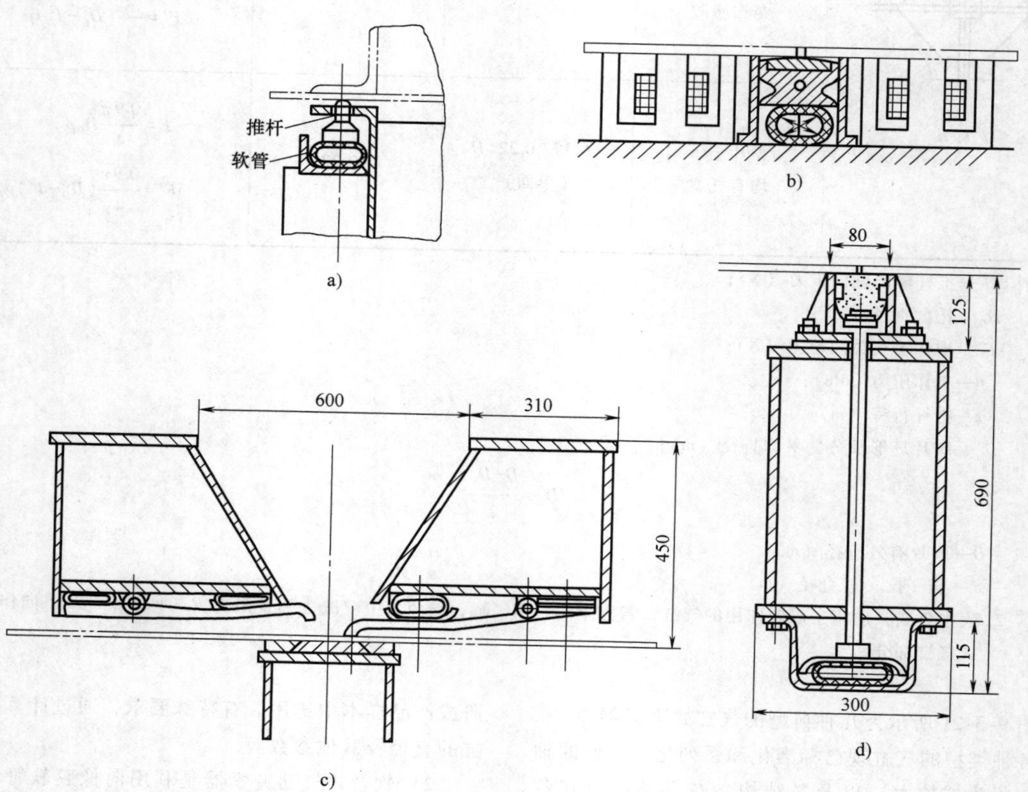

图 9-3-22　软管式气动装置用例

a）按钮式装置　b）电磁平台铜垫装置　c）琴键式夹紧装置　d）焊剂垫装置

图 9-3-23 所示为软管工作的原理图，当软管通入压缩空气而膨胀时，托板上升，在推杆上输出轴向推力，其值按下式计算。

$$F=\frac{\pi}{2}(d-h-e)p-F'$$

式中　F——单位长度软管输出推力（$N\cdot mm^{-1}$）；

p——气体工作压力（$N\cdot mm^{-2}$）；

d——软管内径（mm）；

h——推杆行程（mm）；

e——原始高度（mm），一般 $e=3\sim5mm$；

F'——单位长度阻力（$N\cdot mm^{-1}$），如推杆自重，摩擦和弹簧回程力等，按经验，在 $p=0.4\sim0.5N\cdot mm^{-2}$下可取 $F'=0.05F$。

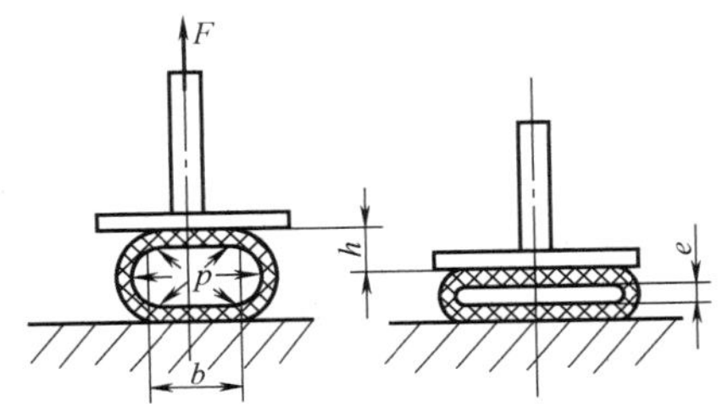

图 9-3-23　软管式气动装置工作原理图

可以看出，推杆输出轴向力随行程而变化，而行程大小受软管直径限制，必须小于软管直径。所以软管式气动夹紧装置最适用于行程小、压力不大的薄板装配和焊接，或要求在焊缝附近沿其长度方向上作均匀夹紧的场合。软管多选用消防水龙带。

（3）液动夹紧器

液动夹紧器是利用液压缸产生的轴向力带动夹紧机构对工件夹紧的动力装置。压力油的工作压力一般在 1.96~7.84MPa，最高可达 9.8MPa，比压缩空气高得多。因此，在同样输出力的情况下，液压缸尺寸较气缸小，惯性也小，结构紧凑；液体有不可压缩性，故夹紧刚性较高；工作平稳，油有吸振能力，便于频繁换向。但液压系统结构复杂，制造精度要求高，成本较高；控制部分复杂，不适合远距离操纵；因油的黏度大，动作缓慢，且受温度变化影响，在低温和高温下工作不易正常；维修比较困难。适用于夹紧力大，并需精密控制，以及空间较小的场合。

设计液压传动装备时，一般是根据装备结构方案和动作要求先选定液压缸的类型及安装方式，再根据作用力的需要确定液压缸输出的轴向力，然后计算缸径和其他结构参数。或者根据已定的缸径和液压缸工作压力计算其输出轴向力。

1）液压缸的类型与安装方式。按运动形式分，液压缸有直线运动式和摆动式两大类。在焊接机械装备中主要使用直线运动式，因它输出的是轴向力。在直线运动类的液压缸中有表 9-3-11 所示常用的一些形式。

液压缸按设计需要可采用不同的安装方式，表 9-3-12列出缸体固定而活塞杆运动的各种安装方式。

表 9-3-11　直线运动类液压缸常用形式

名　称		示　意　图	说　　明
单作用	活塞式		活塞只能单向运动，其反向运动须由外力来完成
	柱塞式		基本上同活塞式，但其行程一般较活塞式液压缸大
	伸缩套式		有多个依次运动的活塞，各活塞逐次运动时，其输出速度和输出力是变化的
双作用	单活塞杆式		活塞双向运动产生推、拉力，活塞在行程终了时有不减速的和可减速的（即有缓冲和无缓冲的）两种
	双活塞杆式		活塞两端有杆，且杆径相同，活塞正、反向运动速度和推力相同

表 9-3-12　液压缸常用的安装方式

外形特点	安 装 方 式
通用外形	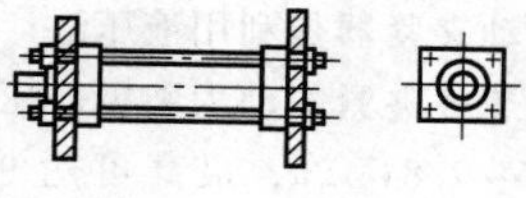
切向底座	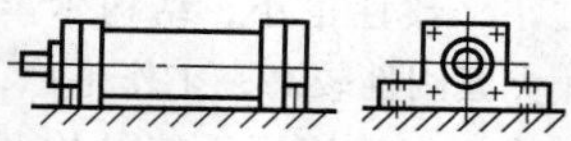
轴向底座	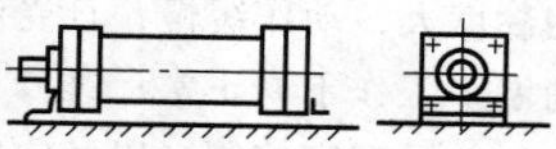
外部外法兰	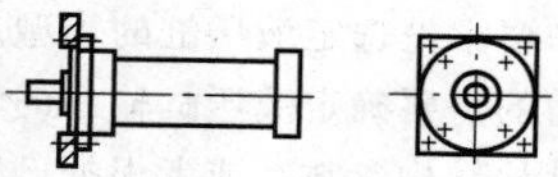
内部外法兰	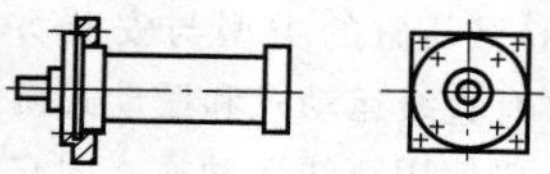
尾部外法兰	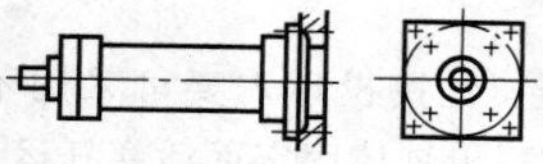
头部轴销	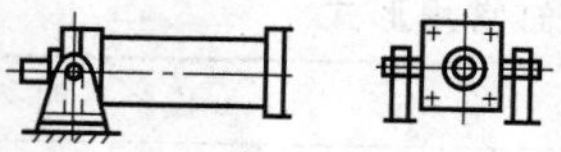
尾部轴销	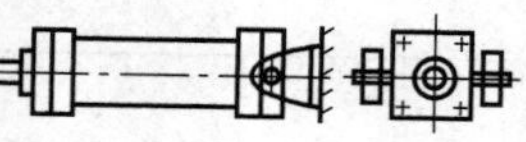
中部轴销	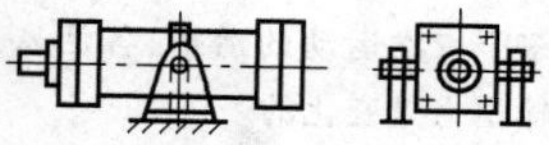
尾部轴销	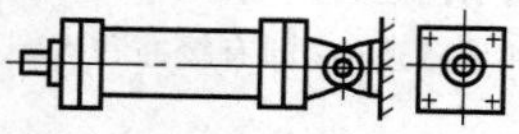

2）液压缸输出轴向力的计算。输出轴向力是指压力油推动活塞使活塞杆产生推力或拉力。现以最常用的双向作用单活塞杆式液压缸（见图 9-3-24）为例进行计算。

$$F=F_h-F_m-F_b\pm F_g$$

式中　F——液压缸的输出轴向力（N）；

F_h——活塞上的推力（N）；

F_m——摩擦阻力（N），与密封方式有关，粗略计算时按 $F_m=F_b$ 估算；

F_b——排油阻力（N），$F_b=p_b\cdot A$，p_b 为排油侧的油液压力（背压力）（Pa），有背压阀时 $p_b=200\sim600\text{kPa}$，无背压阀时视为 $p_b=0$，A 为排油侧活塞的承压面积（m^2）；

F_g——惯性力（N），$F_g=ma=m\dfrac{dv}{dt}$，粗略计算时忽略。

F_h 的计算，因活塞两侧的承压面积不等，故产生的推力也不相等。

当活塞杆外伸时，则

$$F_h=p\frac{\pi D^2}{4}$$

当活塞杆内缩时，则

$$F_h=p\frac{\pi}{4}(D^2-d^2)$$

式中　D——活塞直径（m）；

d——活塞杆直径（m）；

p——液压缸工作压力（Pa），考虑到液压缸和管道阻力损失，它应等于或小于液压泵额定压力的 80%。

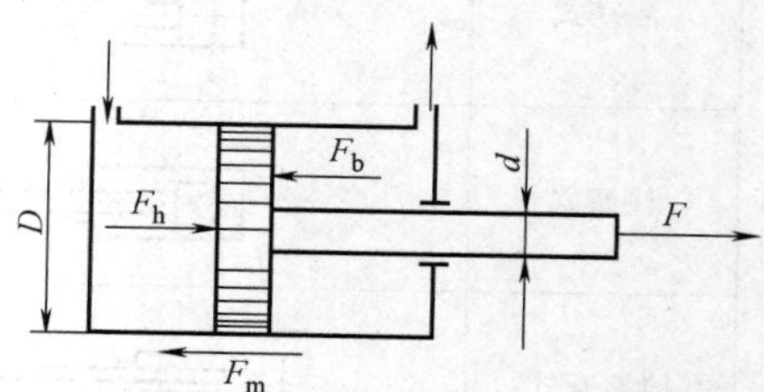

图 9-3-24　双向作用活塞杆式液压缸轴向力计算

如果所需推力 F_h 和液压缸工作压力 p 已知，用上式可计算液压缸的内径、壁厚等结构参数。

因液压缸已经标准化和系列化，没有特殊要求，不必进行计算，可以从有关手册或产品样本中按所需活塞杆的推力（或拉力）查出相应的液压缸直径和其他结构参数，或根据液压缸的直径等查出活塞杆的轴向力大小。

3.2.4　夹具体

夹具体是夹具的基础件，在它上面安装组成夹具所需的各种元件、机构和装置等，起着支承、连接作用。其形状和尺寸取决于工件的外廓尺寸、各类元器件与装置的布置情况以及加工的性质。

（1）设计的基本要求

1）具有足够强度和刚度，保证夹具体在装配或焊接过程中正常工作，在夹紧力、焊接变形拘束力、重力和惯性力等作用下不致产生不允许的变形和振动。

2）结构简单、轻便，在保证强度和刚度前提下结构尽可能简单紧凑，体积小，质量轻和便于工件装卸；在不影响强度和刚度的部位可开窗口、凹槽等，以减轻结构质量，特别是手动式或移动式夹具，其质量一般不超过 10kg。

3）安装稳定牢靠。夹具体可安放在车间的地基上或安装在变位机械的工作台（架）上。为了稳固，其重心尽可能低。若重心高，则支承面积相应加大，在底面中部一般挖空，让周边凸出。

4）结构的工艺性好，应便于制造、装配和检验。夹具体上各定位基面和安装各种元件的基面均应加工。若是铸件应铸出 3~5mm 的凸台，以减少加工面积。不加工的毛面与工件表面之间应保证有一定的空隙，常取 8~15mm，以免与工件发生干涉；若是光面，则取 4~10mm。

5）尺寸要稳定且具有一定精度。对铸造的夹具体要进行时效处理，对焊接的夹具体要进行退火处理。各定位面、安装面要有适当的尺寸和形状精度。

6）清理方便。在装配和焊接过程不可避免有飞溅、烟尘、渣壳、焊条头、焊剂等杂物掉进夹具体内，应便于清扫。

（2）毛坯制造

夹具体毛坯的制造方法，应以结构合理性、工艺性、经济性和工厂具体条件综合考虑后确定。表 9-3-13列出了常用的几种。

（3）形状与尺寸的确定

夹具体一般不作复杂计算，常参照类似夹具结构按经验类比法估计。实际上在绘制夹具总图时，根据工件、定位元件、夹紧装置，及其他辅助机构等在总体上的配置，夹具体的形状和尺寸便大体上可以确定，然后根据强度和刚度要求选择断面的结构形状和壁厚尺寸。受到集中力的部位可以用肋板加强。按经验，铸造夹具体的壁厚一般取 8~25mm，焊接夹具体取 6~10mm，加强肋的厚度一般取 0.7~0.9 倍的壁厚。加强肋高度，铸造的一般不大于壁厚的 5 倍。

在夹具体上要考虑有供携带、吊运和安装的结构，一般可以从机械设计手册的结构要素中查取。

3.2.5　夹具公差配合与技术条件的制订

（1）制订的依据

1）产品图样应以被装配、焊接的零件图样上标注的尺寸、公差和技术条件为依据。必要时，还要参考部件装配图样，即部件装配后的尺寸、公差和技术要求。

2）工艺规程是指装配-焊接工艺文件。若因工艺需要而改动零件的某些公差时（如考虑焊接变形余量），这时夹具公差应按工艺规程中所规定的公差来制订。

3）设计任务书。在夹具设计任务书中一般都提出定位、夹紧、生产率方面的设计要求，对一些特殊问题也有说明，制订夹具公差时应予以注意。

（2）制订时的注意事项

1）为了保证装配、焊接精度，应使夹具的定位、夹紧、制造、调整等误差的总和满足误差计算不等式[㊀]，一般不超过工序公差的 1/3。

2）夹具中与工件尺寸有关的尺寸公差，不论工件尺寸公差是单向的还是双向的，都应化为双向对称分布的公差。如工件尺寸公差 $50^{+0.1}$ mm，应化为 (50.05 ± 0.05) mm；$70^{+0.8}_{+0.2}$ mm 化为 (70.5 ± 0.3) mm，并以工件的平均尺寸作为夹具的基本尺寸。然后按工件公差规定该尺寸的制造公差。

3）当工件的加工尺寸未注公差时，则视工件公差 δ_g 为 IT12~IT14 级，夹具上相应的尺寸公差按 IT9~IT11 制订；工件上的位置要求未注公差时，工件位置公差 δ_g 视为 9~11 级，夹具上相应位置公差按 7~9 级制订。

㊀ 在夹具误差分析中，为了保证产品符合尺寸要求而不出废品，要求在原始尺寸方向上各种因素引起误差的总和小于相应原始尺寸的公差，即不等式为 $\sum\delta_i<\delta_g$，式中 δ_g 为原始尺寸公差或工序公差，$\sum\delta_i$ 为包括定位、夹紧、加工等各种误差之和。

表 9-3-13 夹具体毛坯的制造方法

制造方法	特 点	常用材料	适用场合
铸造	能铸出复杂结构形状，抗压和抗振性能好，易于加工。但制造周期长，单件生产成本高	HT150 HT200	小型、复杂、批量大的夹具体和有振动的场合
锻造	可用强度较高的钢材，常用自由锻方法制成，其加工量较大	低碳钢或中碳钢	形状简单、尺寸不大，对强度和刚度要求高的场合
焊接	可用钢板、管材和型材组合成刚性大的夹具体，生产周期短，成本低，质量轻	Q235A 等	单件、小批、大型的夹具体或新产品试制用的夹具体

4）就地加工、调整和修配的夹具零件，其制造公差可以适当放宽。

5）为保证夹具有一定的使用寿命，防止夹具因磨损而过早报废，常留出一定的精度储备量 τ_c，即 $\sum\delta_i<\delta_g-\tau_c$。$\sum\delta_i$ 为制造误差的总和。

（3）夹具总图上应标注的尺寸和公差

1）最大轮廓尺寸。若有活动部分，应用双点画线画出最大活动范围，或标出活动部分的尺寸范围。

2）影响定位精度的尺寸公差。主要指工件与定位元件及定位元件之间的尺寸和公差。如定位基面与限位基面的配合尺寸；圆柱销和菱形销的尺寸及销间距的尺寸及公差等。

3）影响定位元件的夹具体上安装精度的尺寸和公差。

4）影响夹具精度的尺寸与公差。主要指定位元件、安装基面之间位置尺寸和公差。

5）其他重要尺寸与公差。即一般机械设计中应标注的尺寸和公差。

（4）公差值的确定

夹具总装图上标注定位元件之间的相关尺寸和相关位置的公差，一般取工件相应公差的 1/5～1/2，最常用的是 1/3～1/2。各组成元件工件表面相互位置精度，常采用 0.01/100、0.02/100、0.03/100 和 0.05/100。

表 9-3-14 和表 9-3-15 是按照工件公差确定夹具相应公差的参考数据，表 9-3-16 是夹具上常用的配合。

夹具零件图上应按夹具总图的要求确定其尺寸、公差及技术要求。表 9-3-17 提供的夹具零件尺寸公差可供参考。表 9-3-18 给出夹具零件主要表面的粗糙度（Ra）可参照选用。

对于夹具主要零件用的材料及其热处理要求，可参照表 9-3-19 选择。

在夹具总图上或零件图上无法用符号标注而又必须说明的问题，可作为技术要求（又叫技术条件）用文字写在图样的空白处。

表 9-3-14 按照工件的直线尺寸公差确定夹具相应尺寸公差的参考数据

（单位：mm）

工件尺寸公差		夹具尺寸公差
由	至	
0.008	0.01	0.005
0.01	0.02	0.006
0.02	0.03	0.010
0.03	0.05	0.015
0.05	0.06	0.025
0.06	0.07	0.030
0.07	0.08	0.035
0.08	0.09	0.040
0.09	0.10	0.045
0.10	0.12	0.050
0.12	0.16	0.060
0.16	0.20	0.070
0.20	0.24	0.08
0.24	0.28	0.09
0.28	0.34	0.10
0.34	0.45	0.15
0.45	0.65	0.20
0.65	0.90	0.30
0.90	1.30	0.40
1.30	1.50	0.50
1.50	1.80	0.60
1.80	2.00	0.70
2.00	2.50	0.80
2.50	3.00	1.00

表 9-3-15 按照工件的角度公差确定夹具相应角度公差的参考数据

工件角度公差		夹具角度公差	工件角度公差		夹具角度公差
由	至		由	至	
0°00′50″	0°01′30″	0°00′30″	0°20′	0°25′	0°10′
0°01′30″	0°02′30″	0°01′00″	0°25′	0°35′	0°12′
0°02′30″	0°03′30″	0°01′30″	0°35′	0°50′	0°15′
0°03′30″	0°04′30″	0°02′00″	0°50′	1°00′	0°20′
0°04′30″	0°06′00″	0°02′30″	1°00′	1°30′	0°30′
0°06′00″	0°08′00″	0°03′00″	1°30′	2°00′	0°40′
0°08′00″	0°10′00″	0°04′00″	2°00′	3°00′	1°00′
0°10′00″	0°15′00″	0°05′00″	3°00′	4°00′	1°20′
0°15′00″	0°20′00″	0°08′00″	4°00′	5°00′	1°40′

表 9-3-16 夹具上常用的配合

工作形式	精度要求		示例
	一般精度	较高精度	
定位元件与工件定位基准之间	$\frac{H7}{h6}$,$\frac{H7}{h6}$,$\frac{H7}{17}$	$\frac{H9}{h5}$,$\frac{H6}{g5}$,$\frac{H6}{15}$	定位销与工件基准孔
有引导作用,并有相对运动的元件之间	$\frac{H7}{h6}$,$\frac{H7}{h6}$,$\frac{H7}{17}$ $\frac{H7}{h6}$,$\frac{G7}{h6}$,$\frac{F7}{h6}$	$\frac{H6}{h5}$,$\frac{H6}{g5}$,$\frac{H6}{15}$ $\frac{H6}{h5}$,$\frac{G6}{h5}$,$\frac{H6}{h5}$	滑动定位元件
无引导作用,但有相对运动的元件之间	$\frac{H7}{f9}$,$\frac{H9}{d9}$	$\frac{H7}{d8}$	滑动夹具底座板
没有相对运动的元件	无紧固件:$\frac{H7}{n6}$,$\frac{H7}{p6}$,$\frac{H7}{r6}$,$\frac{H7}{s6}$,$\frac{H7}{u6}$,$\frac{H7}{t7}$ 有紧固件:$\frac{H7}{m6}$,$\frac{H7}{k6}$,$\frac{H7}{js6}$,$\frac{H7}{m7}$,$\frac{H8}{k7}$		固定支承钉、定位销

表 9-3-17 夹具零件的尺寸公差

夹具零件的尺寸(角度)	公差数值
相应于工件无尺寸公差的直线尺寸	±0.1mm
相应于工件无角度公差的角度	±10′
相应于工件有尺寸公差的直线尺寸	(1/5~1/2)工件尺寸公差
紧固件用的孔中心距公差	±0.1mm $L<150$mm ±0.15mm $L>150$mm
夹具体上找正基面与安装元件的平面间的垂直度	不大于 0.01mm
找正基面的直线度与平面度	0.005mm
夹具体、挡铁、定位心轴等零件的平面之间,平面与孔之间,孔与孔之间的平行度、垂直度、同轴度	取工件相应公差之半

表 9-3-18　夹具零件主要表面的粗糙度（*Ra*）　　（单位：μm）

<table>
<tr><th>表面形状</th><th colspan="2">表 面 名 称</th><th>精度等级</th><th>外圆或外侧面</th><th>内孔或内侧面</th><th>举　例</th></tr>
<tr><td rowspan="15">平
面</td><td rowspan="5">有相对运动的配合表面</td><td rowspan="3">一般平面</td><td>7</td><td colspan="2">0.4
(0.5,0.63)</td><td>T 形槽</td></tr>
<tr><td>8,9</td><td colspan="2">0.8
(1.0,1.25)</td><td>活动 V 形块、叉形偏心轮、铰链两侧面</td></tr>
<tr><td>11</td><td colspan="2">1.6
(2.0,2.5)</td><td>叉头零件</td></tr>
<tr><td rowspan="2">特殊配合</td><td>精确</td><td colspan="2">0.4
(0.5,0.63)</td><td>燕尾导轨</td></tr>
<tr><td>一般</td><td colspan="2">16
(2.0,2.5)</td><td>燕尾导轨</td></tr>
<tr><td colspan="2" rowspan="2">无相对运动的表面</td><td>8,9</td><td>0.8
(1.0,1.25)</td><td>1.6
(2.0,2.5)</td><td>定位键侧面</td></tr>
<tr><td>特殊配合</td><td>0.8
(1.0,1.25)</td><td>1.6
(2.0,2.5)</td><td>键两侧面</td></tr>
<tr><td colspan="2" rowspan="2">有相对运动的导轨面</td><td>精确</td><td colspan="2">0.4
(0.5,0.63)</td><td>导轨面</td></tr>
<tr><td>一般</td><td colspan="2">1.6
(2.0,2.5)</td><td>导轨面</td></tr>
<tr><td rowspan="6">无相对运动</td><td rowspan="3">夹具体基面</td><td>精确</td><td colspan="2">0.4
(0.5,0.63)</td><td>夹具体安装面</td></tr>
<tr><td>中等</td><td colspan="2">0.8
(1.0,1.25)</td><td>夹具体安装面</td></tr>
<tr><td>一般</td><td colspan="2">1.6
(2.0,2.5)</td><td>夹具体安装面</td></tr>
<tr><td rowspan="3">安装夹具零件的基面</td><td>精确</td><td colspan="2">0.4
(0.5,0.63)</td><td>安装元件的表面</td></tr>
<tr><td>中等</td><td colspan="2">1.6
(2.0,2.5)</td><td>安装元件的表面</td></tr>
<tr><td>一般</td><td colspan="2">3.2
(4.0,5.0)</td><td>安装元件的表面</td></tr>
<tr><td rowspan="7">圆
柱
面</td><td colspan="2" rowspan="4">有相对运动的配合表面</td><td>6</td><td colspan="2">0.2
(0.25,0.32)</td><td>快换钻套、手动定位销</td></tr>
<tr><td>7</td><td>0.2
(0.25,0.32)</td><td>0.4
(0.5,0.63)</td><td>导向销</td></tr>
<tr><td>8,9</td><td colspan="2">0.4
(0.5,0.63)</td><td>衬套定位销</td></tr>
<tr><td>11</td><td>1.6
(2.0,2.5)</td><td>3.2
(4.0,5.0)</td><td>转动轴颈</td></tr>
<tr><td colspan="2" rowspan="2">无相对运动的配合表面</td><td>7</td><td>0.4
(0.5,0.63)</td><td>0.8
(1.0,1.25)</td><td>圆柱销</td></tr>
<tr><td>8,9</td><td>0.8
(4.0,5.0)</td><td>1.6
(2.0,2.5)</td><td>手柄</td></tr>
<tr><td colspan="2">—</td><td>自由尺寸</td><td colspan="2">3.2
(4.0,5.0)</td><td>活动手柄、压板</td></tr>
</table>

（续）

表面形状	表面名称		精度等级	外圆或外侧面	内孔或内侧面	举　　例
锥形表面	顶尖孔		精确	0.4 (0.5,0.63)		顶尖、顶尖孔、铰链侧面
			一般	1.6 (2.0,2.5)		导向定位件导向部分
	无相对运动	安装刀具的锥柄和锥孔	精确	0.2 (0.25,0.32)	0.4 (0.5,0.63)	工具圆锥
			一般	0.4 (0.5,0.63)	0.8 (1.0,1.25)	弹簧夹头、圆锥销、轴
		固定紧固用	—	0.4 (0.5,0.32)	0.8 (1.0,1.25)	锥面锁紧表面
紧固件表面	螺钉头部		—	3.2 (4.0,5.0)		螺栓、螺钉
	穿过紧固件的内孔面		—	6.3 (8.0,10.0)		压板孔
密封性配合	有相对运动		—	0.1 (0.125,0.16)		缸体内表面
	无相对运动	软垫圈	—	1.6 (2.0,2.5)		缸盖端面
		金属垫圈	—	0.8 (1.0,1.25)		缸盖端面
定位面	—		精确	0.4 (0.5,0.63)		定位件工作表面
	—		一般	1.6 (2.0,2.5)		定位件工作表面
孔面	径向轴承		*D*,*E*	0.4 (0.5,0.63)		安装轴承内孔
			G,*F*	0.8 (1.0,1.25)		安装轴承内孔
端面	推力轴承		—	1.6 (2.0,2.5)		安装推力轴承端面
孔面	滚针轴承		—	0.4 (0.5,0.63)		安装轴承内孔
刮研平面	20～25 点/25×25mm^2		—	0.05 (0.063,0.080)		结合面
	16～20 点/25×25mm^2		—	0.1 (0.125,0.16)		结合面
	13～16 点/25×25mm^2		—	0.2 (0.25,0.32)		结合面
	10～13 点/25×25mm^2		—	0.4 (0.5,0.63)		结合面
	8～10 点/25×25mm^2		—	0.8 (1.0,1.25)		结合面

注：括弧中的数值为第二系列。

表 9-3-19　夹具主要零件用的材料及其热处理要求

零件种类	零件名称	材　料	热处理要求
夹具体	铸铁机座、平台	HT200	时效
	铸钢机架、平台	ZG200—400H	时效
	焊接机体、平台,支架框架	Q235A	尺寸稳定性要求高时,焊后退火消除应力
定位元件	挡铁、支承钉、V 形块	45	淬火 41~48HRC
	定位销、插销	T8A(D≤35mm) 45(D>35mm)	淬火 55~60HRC 淬火 40~45HRC
夹紧零件	斜楔、卡爪、钳口	20	渗碳,淬火,回火,50~60HRC,渗碳深度 0.5~1.2mm
	压板、虎钳丝杠螺旋、螺母	45	淬火,回火,35~45HRC
	弹性夹头	65Mn	夹工件部分淬火、回火,56~61HRC;弹性部分 43~48HRC
其他零件	活动零件用导板	45	淬火,回火,35~40HRC
	靠模、凸轮	20	渗碳,淬火,回火,54~60HRC,渗碳深度 0.8~1.2mm
	低速运转的轴承衬套和轴瓦 高速运转的轴承衬套和轴瓦	ZCuSn10Pb1 ZCuPb10Sn8	—
	把手、扶手	Q235A	表面发蓝或其他防锈处理
	手柄	45,30	—
	铰链轴	45	淬火,回火,35~40HRC

3.2.6　典型装配-焊接夹具

(1) 工字梁装配用的液动夹具

焊接的工字梁由上、下翼板和腹板组成，其结构特点是腹板宽、翼板窄、长度长。组装时，必须保证翼板和腹板的对称性和垂直度。相互之间必须靠近并用定位焊固定。

图 9-3-25 所示为高度不大工字梁装配用的夹具，图 9-3-25a 为定位与夹紧方案示意图，图 9-3-25b 为实际夹具的结构。因梁很长，在梁的长度方向每隔 1~1.5m 设置一个定位支架（图中示出其中两个）。每个支架上平面为安装基准，支承上、下翼板；按要求调整两个支承钉高度，以支承腹板兼定位；按梁高调整可移动支座的位置并固定，成为定位挡铁。液压缸的活塞杆从固定支座中间推出夹紧工件。

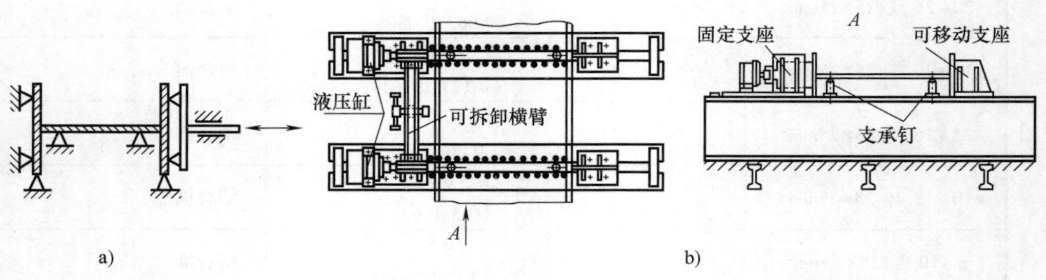

图 9-3-25　工字梁装配用定位支架

调整可移动支座位置和两个支承钉高度就可以装配不同规格的工字梁。图 9-3-26 所示为装配高度较大的工字梁（如桥梁结构的大跨度梁）用的龙门式装配夹具。定位与夹紧方案如图中 9-3-26a 所示，实际夹具结构如图 9-3-26b 所示，采用更多垂直方向的液压夹紧机构，以保证在定位焊时尺寸精确。只需一台龙门架，沿长步进式夹紧与定位焊。

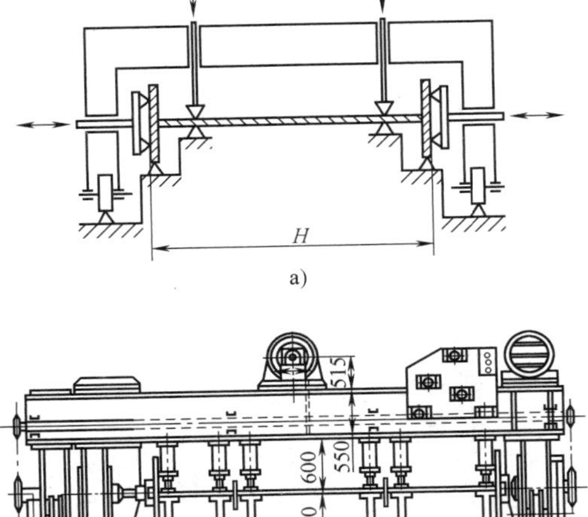

图 9-3-26　工字梁装配的龙门定位架

（2）箱形梁装配用液压与电磁组合夹具

该夹具以底座上平面和侧柱内平面为定位基准，两侧电磁夹具保证了工件宽度尺寸，液压式杠杆夹紧机构实现方便夹紧与退出，如图 9-3-27 所示。

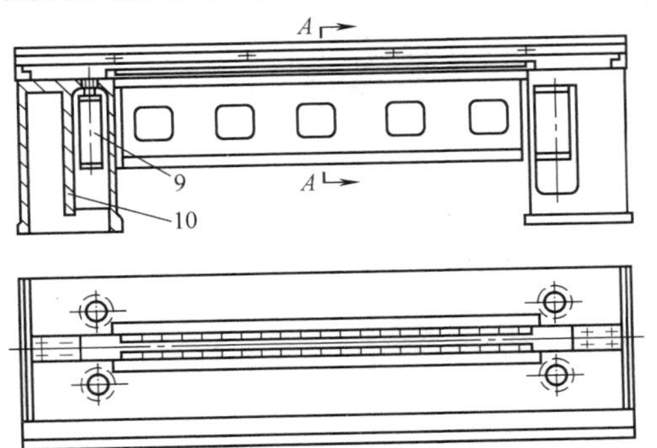

（3）琴键式纵缝焊接夹具

这类夹具适用于薄、中厚板拼接和圆筒体纵缝焊接。

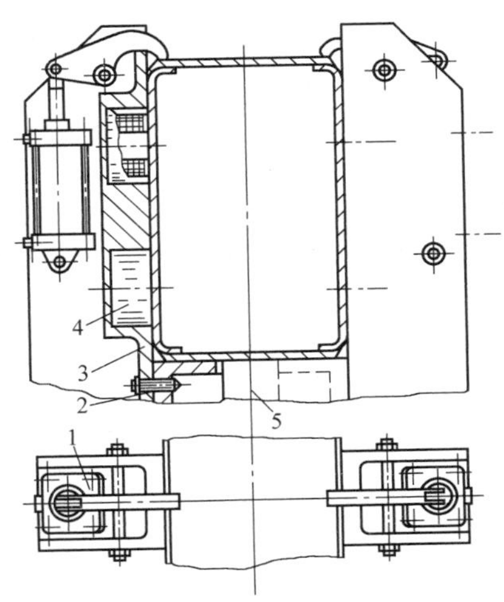

图 9-3-27　液压夹具与电磁夹具的组合在专用胎架上的应用

1—液压夹具　2—胎架底座　3—胎架侧柱　4—电磁夹具　5—顶出焊件油缸

图 9-3-28 所示为平板拼接单面焊双面成形的琴键式气动夹具。焊接时，软管 3 充气使压板 2 压紧焊件（钢或铝件），焊后软管排气，压板由弹簧 4 复位。夹具因采用软管和琴键式压板，使工件压紧均匀，与背面衬垫板严密贴紧。这样焊件变形小，焊缝背面成形和保护良好。为便于焊后拱曲焊件退出，压板梁 1 由气（液压）缸 9 提升和锁紧。压板可分别单边压紧，便于装配。这类夹具适用于氩弧焊、等离子弧焊和 CO_2 气体保护焊。主要技术性能：工作气压 0.6MPa，单边压紧力 2.4MPa，拼接板厚 1～6mm，焊缝长度 3000mm，压板梁顶升高 30mm。

A—A 放大

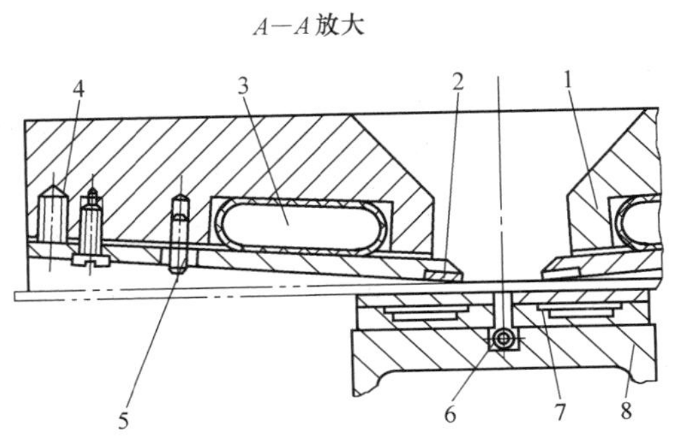

图 9-3-28　琴键式拼板夹具

1—压板梁　2—琴键压板　3—软管　4—弹簧　5—导向销　6—背面气体保护喷管　7—水冷　8—衬垫梁　9—气（液压）缸　10—底座

图 9-3-29a 所示为薄壁圆筒纵缝的装配与单面焊背面成形焊工艺用的琴键式气动夹具，其工作部分的截面结构如图 9-3-29b 所示。（工件未标出）筒体边缘用固定在梁 5 上的琴键式压板 1 压紧在带有衬垫 3 的托座 2 上。琴键上的压力由软管 4 传递。筒体边缘（对缝）的定位与压紧按下列顺序进行（见图 9-3-29c）：转动偏心轴 6，从衬垫 3 中伸出定位棒 7，然后从右面把工件第一边推向支承，在软管中输入空气，把边缘压紧。接着退出定位棒 7，然后把工件第二边推向已经压紧的第一边支承处，再压紧第二边。这样就可获得焊接接头沿衬垫轴线的精确定位。

（4）气钢瓶筒体专用装配夹具

气钢瓶筒体卷圆后由于筒体有弹性而错边，纵缝的组对比较麻烦和困难。用图 9-3-30 所示气动的专用装配夹具，可以很快地把筒体定径、整圆、对中和定位焊。由 V 形铁 2 支承筒体保证同心，利用气缸 11 的轴向力作动力源，通过杠杆 10 改变作用力方向，经滑杆 7 推动顶盘 3 从两端向筒体夹紧。能把筒体定径、整圆和对中的关键在于顶盘 3 上开有环状 V 形沟槽 a，它限定了圆筒体的直径、装配间隙和端面与轴心垂直度。只要对筒体夹紧，组对即完成，可以进行定位焊。防护罩 5 是防止飞溅损伤滑杆 7；当筒体长度改变时，调整 V 形铁 2 和支柱 8 的位置；筒体直径改变需更换 V 形铁 2 和顶盘 3。

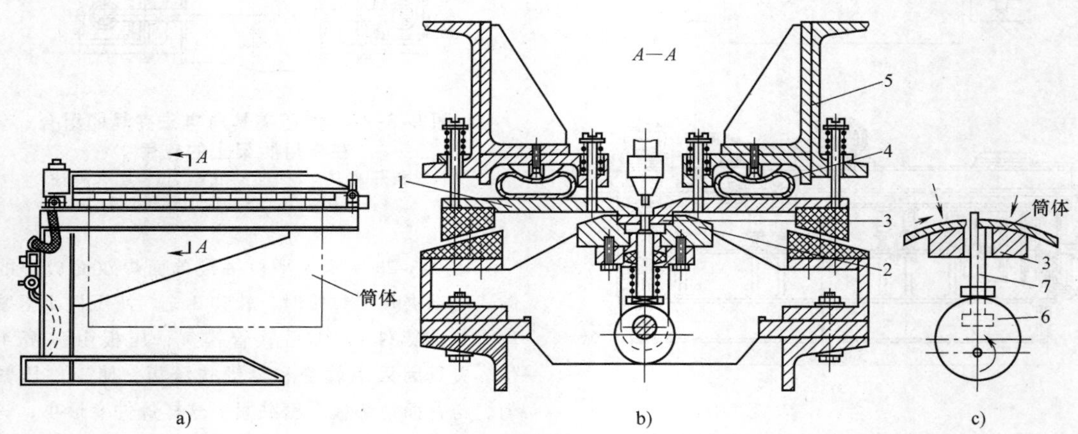

图 9-3-29　薄壁容器筒体纵缝琴键式装配-焊接夹具

1—压板　2—托座　3—衬垫　4—软管　5—梁　6—偏心轴　7—定位棒

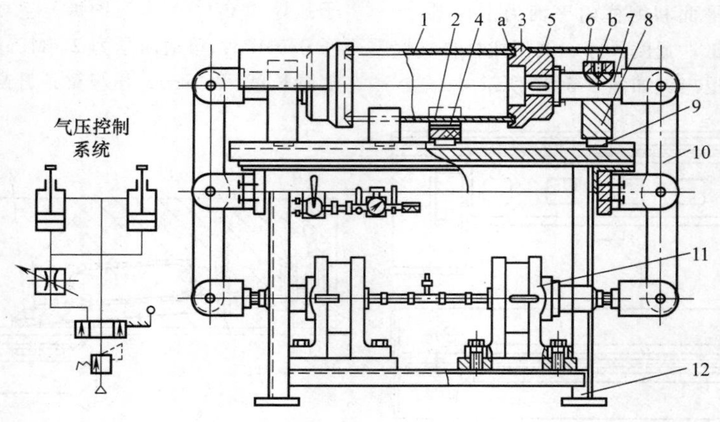

图 9-3-30　气钢瓶筒体专用气动装配夹具

1—气钢瓶筒体　2—V 形铁　3—顶盘　4、9—滑链　5—防护罩　6—盖　7—滑杆　8—支柱　10—杠杆　11—气缸　12—金属架

3.3　焊接变位机械

3.3.1　焊接变位机械的分类与要求

焊接变位机械是用来改变焊件、焊机（机头）或焊工的位置以完成机械化、自动化焊接的各种机械装置。使用焊接变位机械可缩短焊接的辅助时间，提高劳动生产率、减轻工人的劳动强度，改善焊接质量，并可充分发挥各种焊接方法的效能。

（1）分类

焊接变位机械分类如下：

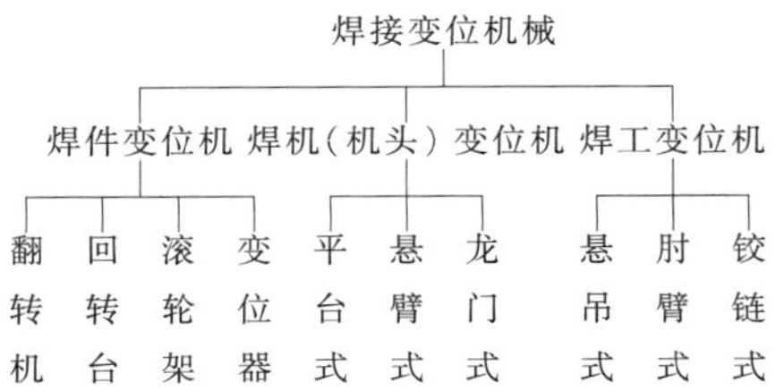

各种焊接变位机械可以单独使用，但多数情况是联合使用，已成为机械化、自动化焊接生产线的重要组成部分。

（2）要求

具有一定通用性的焊接变位机械现已逐步标准化和系列化，由专业工厂生产，用户可按规格和技术性能进行选购。专用机或有特殊要求的，通常由用户自行设计和制造。对焊接变位机械设计的一般要求如下。

1）结构简单合理，有足够的刚度和强度，调速范围大，焊接速度稳定，工作时无颤振和噪声。

2）动作灵活，调整和操作方便，使用安全可靠，一些动作要自锁，回程速度快，避免产生冲击和振动。

3）与焊接机器人配合或有特殊要求的焊件变位机的到位精度（点位控制）和运行轨迹精度（轮廓控制）应控制在 0.1~1mm 之间。

4）具有良好的导电、导水和导气装置，以及散热和通风性能。

5）变位机的工作台面应方便地安装各种定位器和夹紧机构。

6）结构布置要避免焊接飞溅的损伤，且方便清除焊渣、药皮等异物。

7）各种动作有利于集中程序控制。

8）对应用于电子束、等离子弧、激光、钎焊等焊接时，应注意在导电、隔磁、绝缘等方面的材料要求。

3.3.2　焊件变位机

1. 翻转机

翻转机能实现焊件的翻转或倾斜，其运动特点是工件绕水平轴旋转。表 9-3-20 列出这类变位机械的基本形式。图 9-3-31 所示为其中两个典型示例。双支座式（又叫头尾架式）翻转机用得最广泛，表 9-3-21 列出该机已定型的技术数据。

表 9-3-20　焊接翻转机的形式

形式			示意图	变位速度	驱动方式	特点与适用场合
单支座式（悬臂式）				可调	电力	卡盘夹持工件，处于悬臂状态下回转。适于短、轻焊件焊接使用。若轴作成中空，则可用于焊接管材、管法兰等
双支座	卡盘式	固定		可调	电力	两支座固定，其中一个卡盘为主动，另一个为从动。适于大型结构、断面对称、刚度大、尺寸固定的焊件焊接用
		可移		可调	电力	带主动卡盘的支座固定，带从动卡盘的支座可随工件长短而移动，适于长度有变化的刚性较好的构件焊接
	框架式			恒定	电力或液压	支承与夹持工件的是框架，为了转动平衡，要求框架和工件合成重心线与枢轴中心线重合，适于长度较大的板结构、桁架、框架结构用

（续）

形式	示 意 图	变位速度	驱动方式	特点与适用场合
链式		恒定	电力	由主动链轮带动链条，链条带动工件翻转，用于已定位好的梁、柱等刚性和长度较大的构件翻转
支承环式		恒定	电力	由两个半圆环夹持工件组成一个支承环，经驱动滚轮架带动下回转，适于非圆柱形、刚性较大的长构件的翻转用
推举式		恒定	液压	利用液压推举，使工件在 0°～90°间变位，多用于小型车架、机架等非长形的板结构倾斜或直立变位用

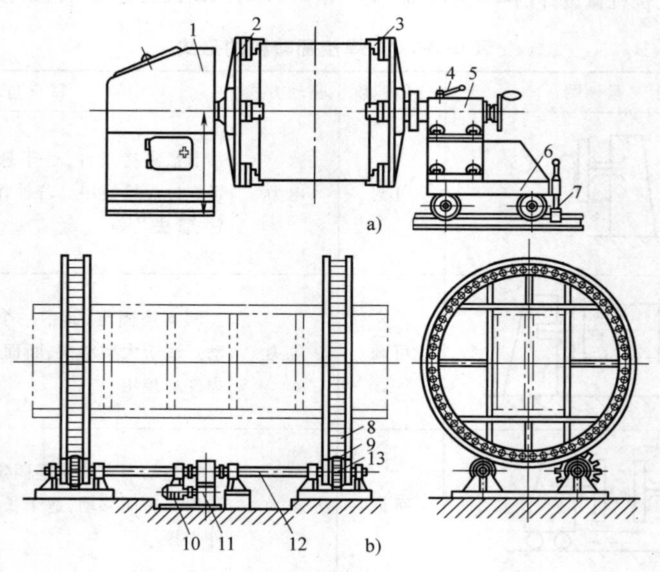

图 9-3-31　焊接翻转机典型示例

a）双支座式翻转机　b）支承环式翻转机

1—头架　2、3—卡盘　4—锁紧装置　5—调节装置　6—尾架台车　7—制动装置
8—支承架　9—星形轮　10—电动机　11—减速器　12—传动轴　13—支承滚子

表 9-3-21　双支座式翻转机的技术数据

参　数	型　号					
	FZ-2	FZ-6	FZ-10	FZ-20	FZ-50	FZ-100
载重量/kg	2000	6000	10000	2000	50000	100000
卡盘转速/r · min^{-1}	0.1～1.0	0.15～1.5	0.1～1.0	0.05～0.5	0.05～0.5	0.03～0.5
回转转矩/N · m	3450	8280	13800	27600	40000	46000
允许焊接电流/A	1500	2000	2000	2000	3000	3000
卡盘尺寸/mm	800×800	1200×1200	1200×1200	1500×1500	1500×1500	2500×2500
中心高度/mm	705	915	915	1270	1270	1830
电动机功率/kW	0.6	2.2	3	3	7.5	7.5
头架质量/kg	1000	3500	3800	4500	7500	20000
尾架质量/kg	900	3450	3750	3950	6900	17000

2. 回转台

回转台能使工件绕垂直轴或倾斜轴旋转，主要用于回转体工件上环形缝的焊接、堆焊或切割。其转速一般要求连续可调，故多用直流电动机驱动。为了传动平稳，减轻主轴受力，常在大型垂直轴式回转平台的背（下）面设支承滚轮（见图 9-3-49）；倾斜轴式回转台夹持大型圆柱（锥）体工件时，则在工件外表面设支承滚轮。图 9-3-32 所示为两种回转台示例。表 9-3-22 是已定型回转台的技术数据。

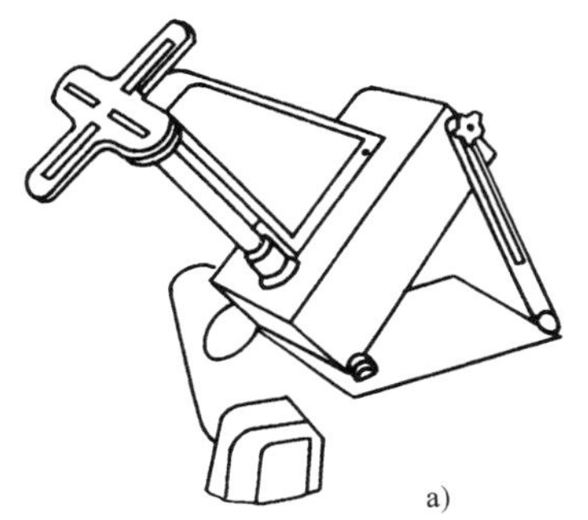
a)

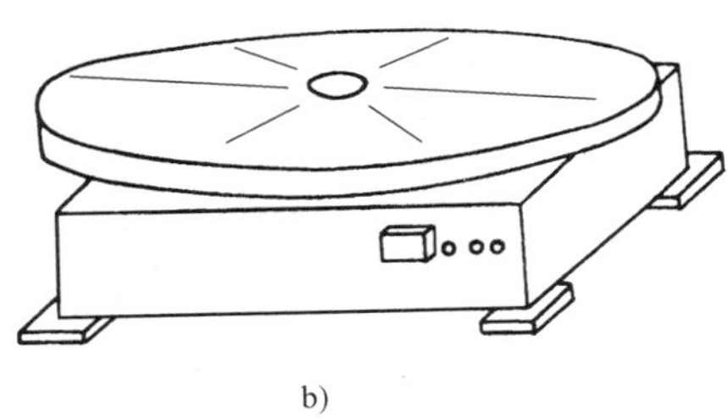
b)

图 9-3-32　焊接回转台示例

a）转轴倾斜角度可调　b）转轴垂直不可调

表 9-3-22　焊接回转台技术数据

参　数	型　号				
	ZT—0.5	ZT—3	ZT—5	ZT—10	ZT—50
（载重量/偏心距）/kg · mm^{-1}	500/150	3000/300	50000/300	100000/300	500000/300
工件台转速/r · min^{-1}	0.02～0.2	0.02～0.2	0.1～1.0	0.05～0.5	0.03～0.3
允许焊接电流/A	1000	2000	2000	2000	2000
工作台直径/mm	ϕ1000	ϕ1500	ϕ1800	ϕ2000	ϕ2500
工作台高度/mm	600	1000	1200	1500	1800
机体尺寸（长×宽）/mm	920×920	1000×1000	1000×1000	1200×1200	2600×2000
电动机功率/kW	0.6	1.5	2.2	2.2	5.5
质量/kg	880	2100	3500	7500	38000

3. 滚轮架

滚轮架是用两排滚轮支承回转体形状工件并使其绕自身轴线旋转的机械装置。回转体的旋转是由主动滚轮带动，靠它们之间的摩擦力而实现的。除可用于回转体工件的装配和焊接外，还可用于非回转体工件的装配和焊接，这时工件须夹持在支承环内，由滚轮架带动支承环而实现旋转（见图 9-3-31b）。主动滚轮通常由电力驱动并能调节转速，按支承滚轮之间的排列组合和动力传入方式分，滚轮架有整体式和组合式两类。

1）整体式。一排或两排滚轮由长轴串联成整体，动力从一侧或两侧同步传入，如图 9-3-33a、b 所示。若只一排是主动滚轮（见图 9-3-33a），则另一排是从动滚轮，它可设计成可移动的，能调节两排滚轮的中心距，以适应一定直径范围工件使用；若两排均为主动滚轮（见图 9-3-33b），则可减轻因工件重心和回转中心不重合时偏心距引起打滑的现象，从而提高旋转的平稳性。

整体式滚轮架适用于产品较单一，且批量较大的场合。由于中间很少调节，就能保证传动精度。但设备位置固定，占地面积大。

2）组合式。两排滚轮中左右两个滚轮结对安装在同一个支架上，而一套完整的滚轮架则由两个以上相互独立的支架组成，如图 9-3-33c 所示。每个支架上两个滚轮的中心线距可以按工件不同，对其直径进行调节。因为每个支架各自独立，它们之间的间距以及数量可按工件的长短进行增减。调整支架高度，可适用于圆锥体工件。组合式滚轮架的主动滚轮只能在其中的一个支架上并由电力传动装置驱动，其余支架上的均为从动滚轮。

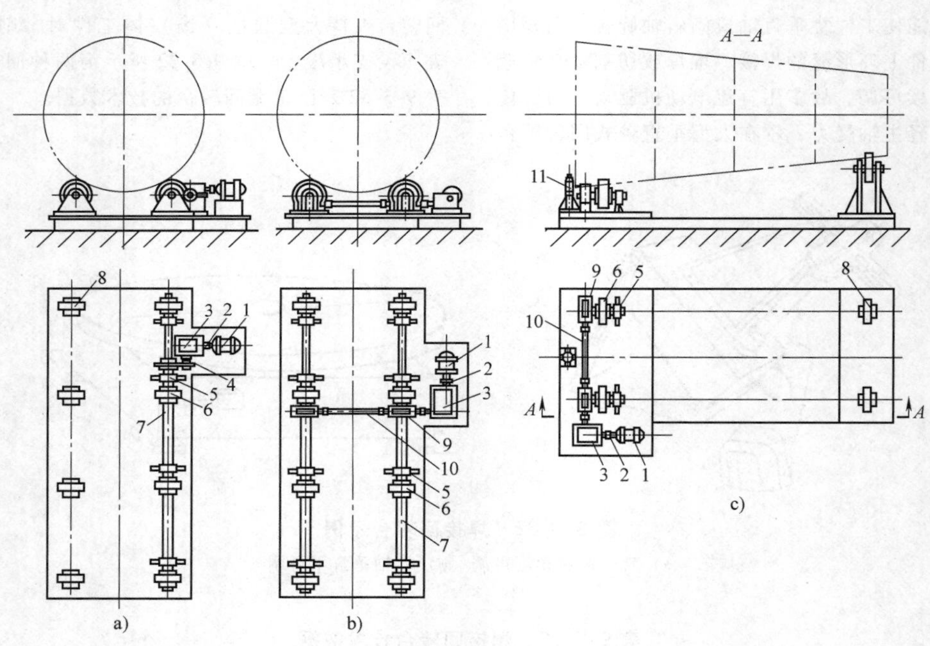

图 9-3-33　滚轮架的类型及电力传动方式

a)、b) 整体式　c) 组合式

1—电动机　2—联轴器　3—减速器　4—齿轮对　5—轴承　6—主动滚轮　7—公共轴　8—从动滚轮　9—蜗轮蜗杆　10—连动轴　11—止推辊

组合式滚轮架机动性好，故适用范围宽，但传动不够平稳，调整工作量大，适于多规格的、长度不大的圆柱体或圆锥体工件的装配和焊接用。为了减少因工件直径变更频繁而需耗费大量调整左右轮距的时间，可设计成摆动式的（见图 9-3-34）或自调式的（见图 9-3-35）。摆动式滚轮架结构简单，但调节范围有限，而且当工件直径变化时，其中心线位置也变化。自调式克服了这些缺点，但结构复杂，制造成本高。

我国已颁布焊接滚轮架的行业标准，见 JB/T

9187—1999，对滚轮架和滚轮形式进行了分类并作了一些规定，设计时可参照执行。

设计滚轮架应注意使传动平稳、省力、能防止工件发生轴向窜动。中心角 α（见图 9-3-34）的大小影响着传动平稳与受力，宜在 45°~120°之间选用。防止工件轴向窜动的问题较复杂，受很多因素影响。简单的作法是在窜动方向上设一止推辊（见图 9-3-33c 中 11）。表 9-3-23 是自调式焊接滚轮架技术性能。

支承滚轮分主动滚轮和从动滚轮，两者在结构上的区别是在主动滚轮旁多附一个蜗轮蜗杆减速器，如图 9-3-36 所示。去掉减速器即为从动滚轮。摆动式滚轮支架的从动滚轮结构如图 9-3-37 所示。自调式滚轮的结构如图 9-3-38 所示。所有支承滚轮都是在轮心外表面上贴合了橡胶以增加摩擦兼起绝缘的作用，其直径为 350~500mm；轮宽随承载增大而加宽，一般在 120~300mm 之间。

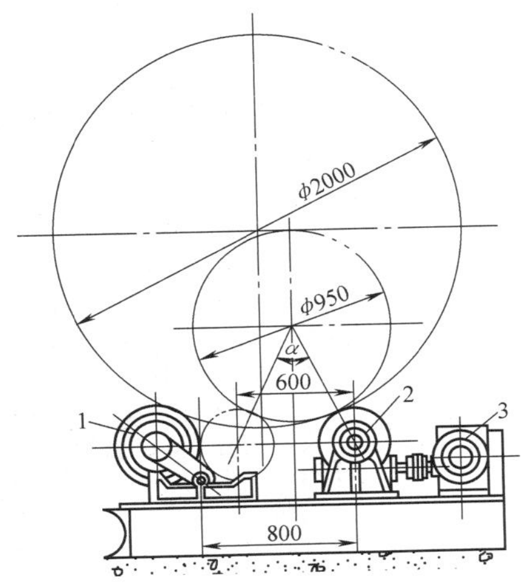

图 9-3-34　摆动式滚轮架

1—摆轮（从动）座　2—主动滚轮座　3—电力驱动装置

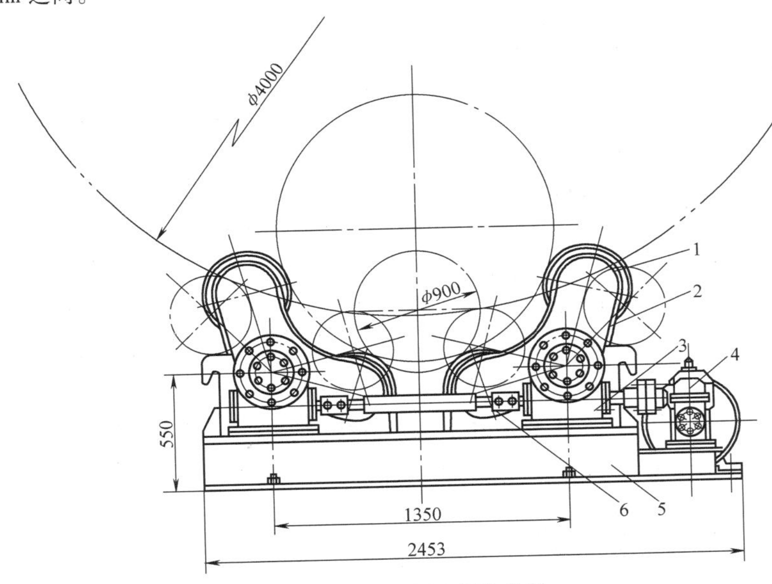

图 9-3-35　自调式滚轮架

1—橡胶滚轮　2—摆动滚轮托架　3—蜗杆箱　4—电力驱动装置　5—机座　6—可换传动轴

表 9-3-23　自调式焊接滚轮架技术性能

额定载荷/t	5	10	20	30	50
工件直径范围/mm	ϕ500~ϕ3500	ϕ600~ϕ3500	ϕ800~ϕ4000	ϕ800~ϕ4000	ϕ800~ϕ4000
滚轮线速度/$m \cdot h^{-1}$	6~60	6~60	6~60	6~60	6~60
滚轮规格(直径×宽)/mm	ϕ350×ϕ120	ϕ406×ϕ180	ϕ406×ϕ230	ϕ406×ϕ230	ϕ500×ϕ300
摆轮中心高/mm	350	420	420	500	600
电动机功率/kW	0.75	1.5	2.2	2.2	3
外形尺寸(主动滚轮架)/mm	2160×800 ×933	2450×930 ×1110	2700×990 ×1010	2660×1120 ×1098	2780×1269 ×1169
质量/t	2.6	2.8	3.2	4.2	6.8

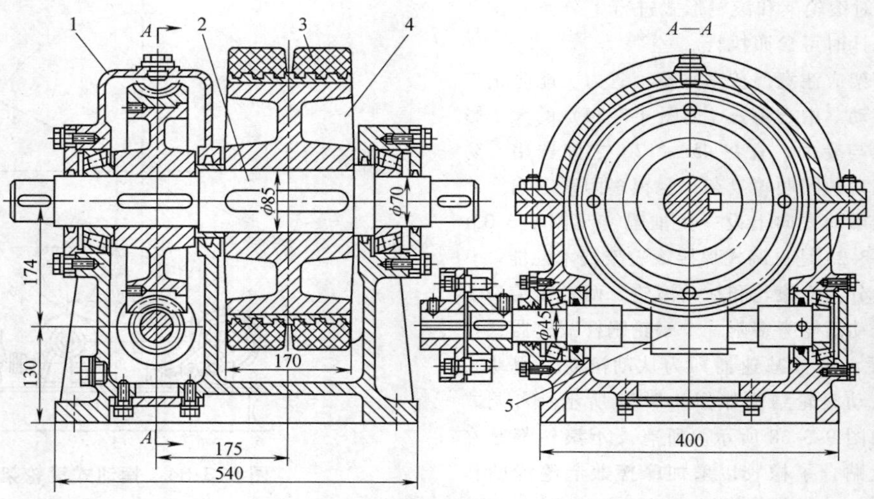

图 9-3-36 主动支承滚轮常用结构

1—减速器外壳 2—传动轴 3—支承滚轮（橡胶） 4—轮心 5—蜗杆

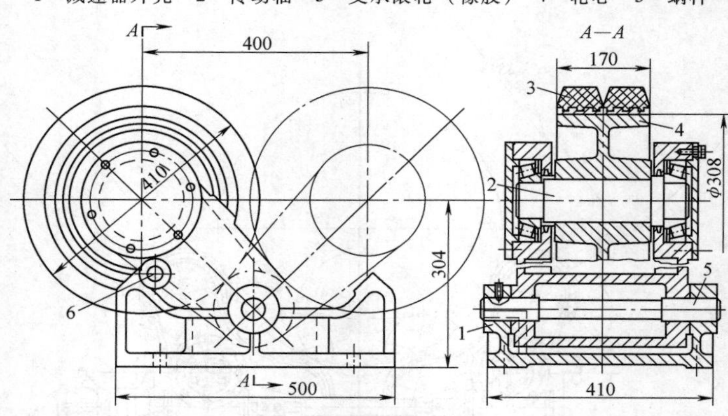

图 9-3-37 摆动式滚轮的结构

1—基座 2—轴 3—橡胶轮 4—轮心 5—铰轴 6—限位销

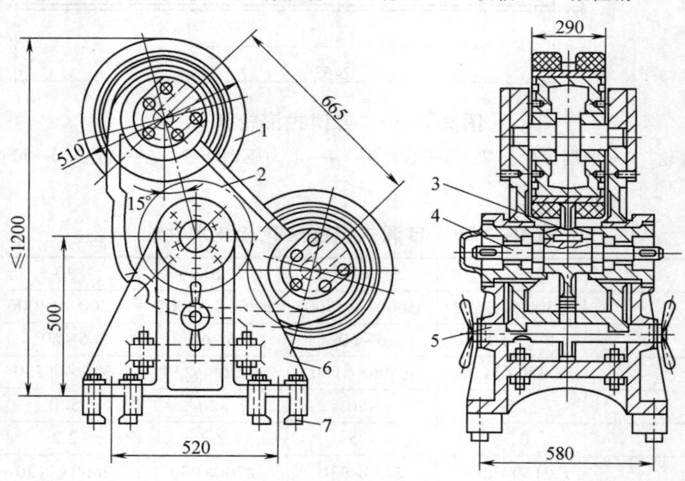

图 9-3-38 自调式支承滚轮的结构

1—滚轮 2—摆体 3—齿轮 4—动轴 5—定位销 6—支座 7—夹扣式固定螺栓

4. 变位器

变位器是集翻转（或倾斜）和回转功能于一身的变位机械。翻转和回转分别由两根轴驱动。夹持工件的工作台除能绕自身轴线回转外，还能绕另一根轴作倾斜或翻转，如图 9-3-39 所示。它可以将焊件上各种位置的焊缝调整到水平的或船形的易焊位置施焊，故适用于框架形、箱形、盘形和其他非长形机件的焊接，如减速器箱体、机座、齿轮、法兰、封头等。

通常变位器回转动作的速度要求连续可调，这样可以焊接环形焊缝，故多用电力驱动；翻转或倾斜动作的速度，一般无特殊要求，既可用电力传动，也可用液压传动实现。

表 9-3-24 列出焊接变位器的基本类型，图 9-3-40 是派生出来的各种形式的示意图。

我国已颁布了座式焊接变位器的行业标准（JB/T 8833—2001）规定了载重量等数值系列，要求回转驱动实现无级调速，可以逆转等。表 9-3-25 是部分这类型号的技术数据。

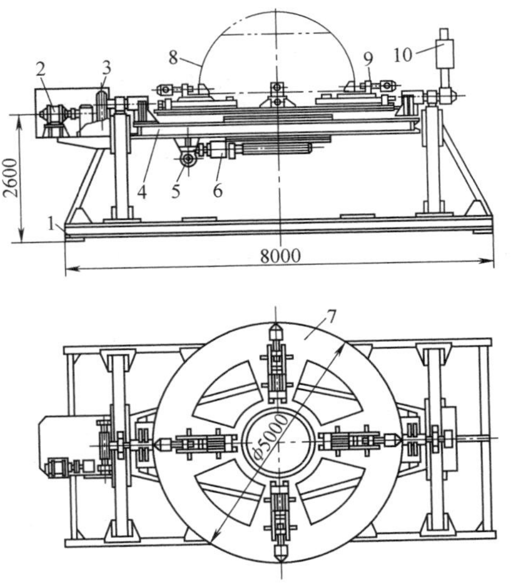

图 9-3-39　双支座式焊接变位器

1—机架　2、5—电动机　3—翻转传动机构　4—翻转框架　6—回转传动机构　7—工作台　8—工件（封头）　9—定位与夹紧装置　10—平衡重

表 9-3-24　焊接变位器的基本类型

类型	示　意　图	结构特点与性能	适 用 范 围
伸臂式		工作台 1 在伸臂 2 端部绕自身轴线回转，伸臂则绕斜轴线 3 翻转；焊件变位幅度大，稳定性较差	质量在 1t 以下的中、小型工件焊接时的变位用
座式		工作台 1 的回转轴与翻转轴 2 互相垂直，使工作台回转的传动装置由位于两侧的翻转轴 2 支承着，通过扇形齿轮传动装置 3 使翻转轴在 0°～140°范围内倾斜或翻转，整机稳定性好	质量在 1～50t 的工件焊接时变位使用，最适于与焊接操作机或机器人联机使用
双支座式		工作台 1 及回转装置 2 安装在一个元宝梁 3 上，元宝梁两端装有翻转轴，由两个支座 4 支承，用传动装置 5 实现翻转 若元宝梁和工件合成重心与翻转轴线重合，则可减少翻转的偏心距，降低驱动功率，使工件平稳	50t 以上大型或大尺寸工件的翻转变位和焊接时用，可与大型操作机或机器人联机使用

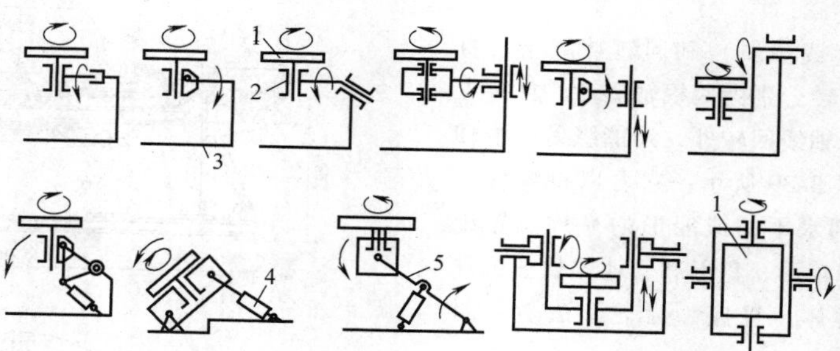

图 9-3-40 焊接变位器的派生形式示意图

1—工件台 2—轴承 3—机座 4—推举液压缸 5—伸臂

表 9-3-25 座式焊接变位器技术数据

型号	技术参数						
	最大负荷 /kg	偏心距 /mm	重心距 /mm	台面高度 /mm	回转速度 /r·min^{-1}	焊接额定电流 /A	倾斜角度 /(°)
HB-25	25	≥40	≥63	—	0.5~16.0	315	≥135
HB-50	50	≥50	≥80	—	0.25~8.0	500	≥135
HB-100	100	≥63	≥100	—	0.1~3.15	500	≥135
HB-500	500	≥160	≥400	≤1000	0.05~1.6	1000	≥135
HB-1000	1000	≥250	≥400	≤1250	0.05~1.6	1000	≥135
HB-8000	8000	≥200	≥400	≤1600	0.025~0.8	1600	≥135
HB-40000	40000	≥160	≥800	≤3150	0.010~0.315	2000	≥105
HB-50000	50000	≥160	≥1000	≤3150	0.010~0.315	2000	≥105

3.3.3 焊机变位机

焊机变位机械又称焊接操作机，其主要功能是实现焊机或焊接机头的水平移动和垂直升降，使其达到施焊部位，多在大型焊件或无法实现焊件移动的自动化焊接的场合下使用。其适应性决定于它在空间的活动范围。按结构特征焊机变位机械可归纳为平台式、悬臂式和龙门式三种类型。

1. 平台式焊机变位机

平台式焊机变位机由平台、立架（柱）和台车组成，如图 9-3-41 所示。焊接机头在平台上可作水平移动，平台沿立架能垂直升降，立架安在台车上，台车沿轨道行走。为防止倾覆，单轨式需在车间的墙上或柱上设置另一轨道；双轨式需在台车上或立架上放置配重。升降与行走均由电力驱动。

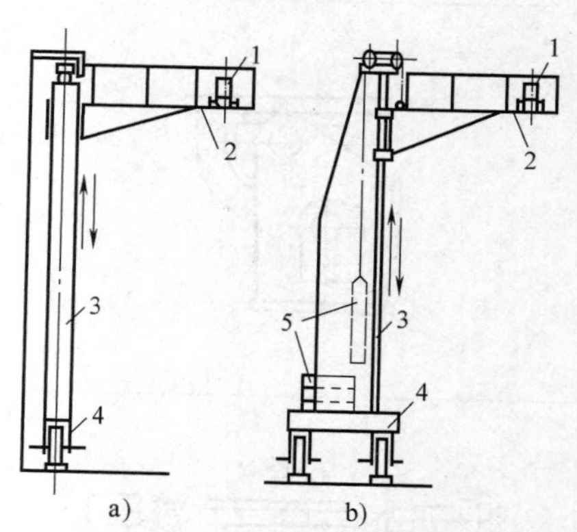

图 9-3-41 平台式焊机变位机示意图

a）单轨式 b）双轨式

1—焊接机头 2—平台 3—立架（柱） 4—台车 5—配重

2. 悬臂式焊机变位机

图 9-3-42 所示为悬臂式焊机变位机的两种基本形式的示意图。悬臂和立柱是基本构成，若增加台车，则活动范围加大。

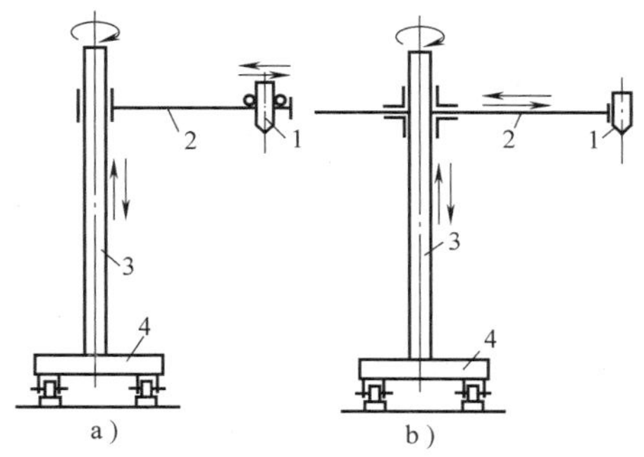

图 9-3-42　悬臂式焊机变位机示意图

a）摇臂式　b）伸缩臂式

1—焊接机头　2—悬臂　3—立柱　4—台车

摇臂式焊机变位机的臂长不变，能绕立柱旋转和沿立柱升降，机头可沿臂上的导轨作水平移动；伸缩臂式操作机的机臂是通过滑座能在水平方向伸缩其长短，又能绕立柱轴线旋转和沿垂直升降，这样固定于臂端的焊接机头活动范围大，适应性强，在锅炉压力容器制造行业中广为应用。图 9-3-43 是其中的实例。该机机臂的伸缩和升降以及台车的行走分别由三个电动机驱动，台车行走速度连续可调，供直缝焊接用。其主要技术性能如下。

伸缩臂可调高度范围　1800～3800mm

伸缩臂可伸缩长度范围　1100～2000mm

伸缩臂上升速度　2.0m · min^{-1}

伸缩臂伸缩速度　1.0m · min^{-1}

台车行走速度　空车时　13m · min^{-1}

焊接时　19～77m · h^{-1}

升降电动机功率　1.7kW　n=1400r · min^{-1}

伸缩电动机功率　0.18kW　n=1400r · min^{-1}

台车行走电动机功率 1.0kW　n=1700r · min^{-1}

外形尺寸　长×宽×高

2520mm×2380mm×4900mm

质量　2150kg

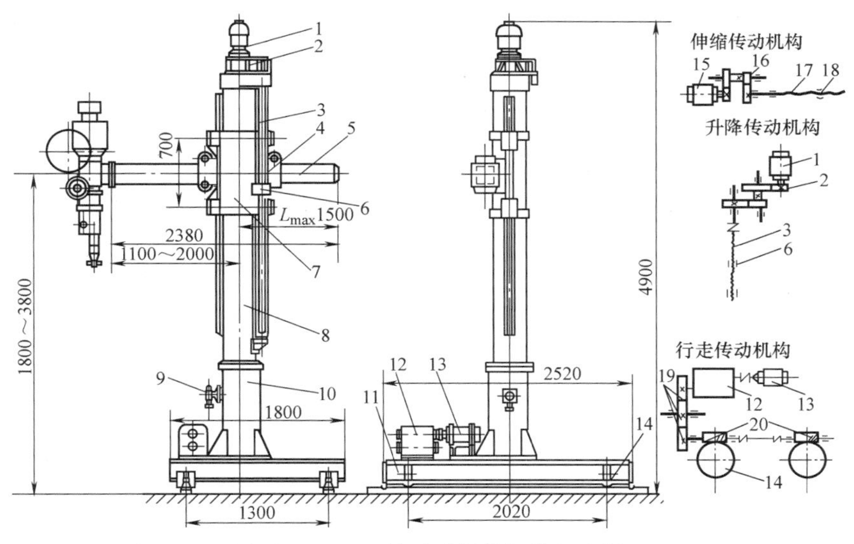

图 9-3-43　伸缩臂式焊接操作机实例

1—升降用电动机　2、12—减速器　3、17—丝杆　4—导向装置　5—伸缩臂　6、18—螺母　7—滑座　8—立柱　9—定位器　10—柱套　11—台车　13—行走用电动机　14—走轮　15—伸缩用电动机　16—双级齿轮传动装置　19—齿轮　20—蜗杆

3. 龙门式焊机变位机

龙门式焊机变位机分为桥式和门式两种类型，图 9-3-44 是它们的示意图。桥式焊机变位机是由梁和两个起支承和行走作用的台车组成，焊接机头可沿梁作横向移动，台车 3 沿轨道可作纵向移动。门式焊机变位机比桥式的多一门架，焊接机头可在门梁上作横向移动，或者在另设的可沿门柱上下升降的横梁上作横向移动，后者可用于不同高度焊接结构的焊接。桥式焊机变位机适用于大面积平板拼接或船体板架结构的焊接。图 9-3-45 是实例。该桥架的纵向移动是靠

人力搬动手轮使走轮沿轨道行走而实现。

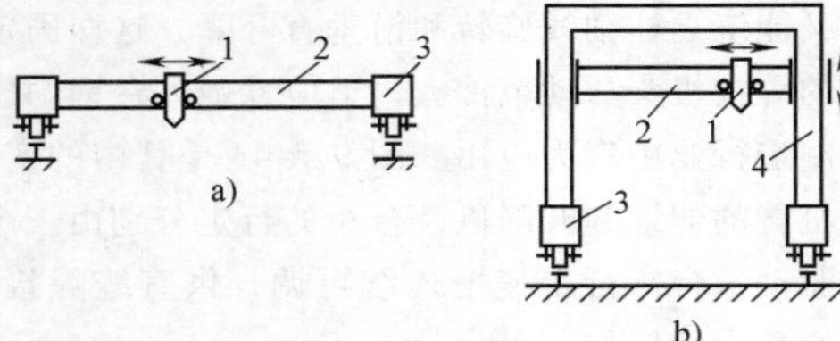

图 9-3-44　门桥式焊机变位机示意图

a）桥式　b）门式

1—焊接机头　2—横梁　3—台车　4—门架

3.3.4　焊工变位机

焊工变位机按其动作分为平移和升降两类，以升降者居多，故常称升降台。两者都是将工人（焊工、检验工等）和施焊（或检测）用的器材送到施工部位的机械装置。它们主要在高大的焊接结构施工时用，可免去搭临时手脚架和跳板等，生产既安全又迅速。按升降机构不同，焊工升降台分成悬吊式、肘臂式和铰链式等种类，图 9-3-46、图 9-3-47 和图 9-3-48 分别是其典型例子。

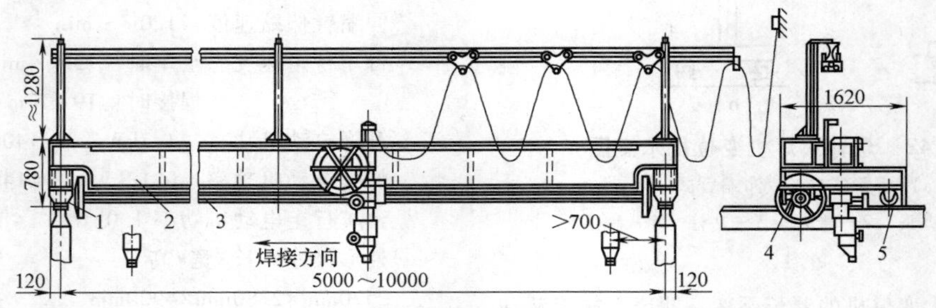

图 9-3-45　桥式焊机变位机实例

1—手轮　2—梁　3—连接轴　4—主动走轮　5—从动走轮

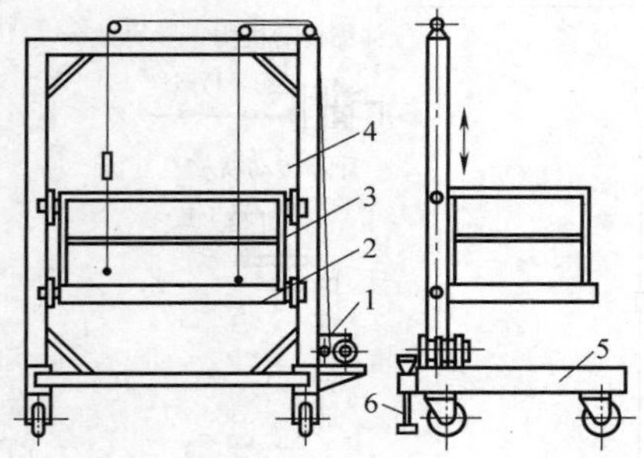

图 9-3-46　悬吊式焊工升降台

1—卷扬机　2—升降工作平台　3—护栏　4—支架　5—底架（小车）　6—制动装置

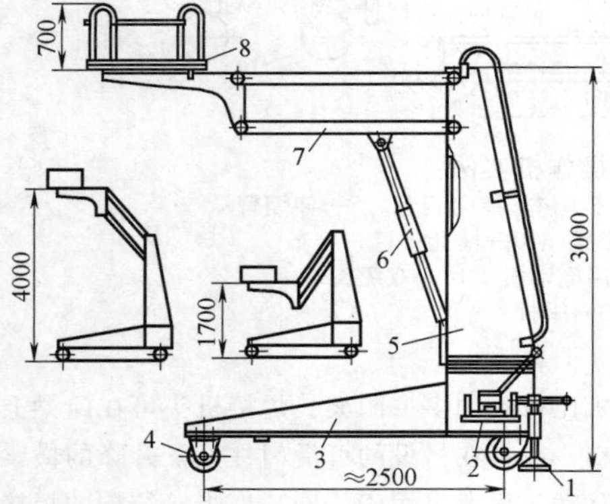

图 9-3-47　肘臂式焊工升降台

1—支腿　2—油泵　3—底架　4—走轮　5—立柱　6—柱塞式油缸　7—肘臂　8—工作台

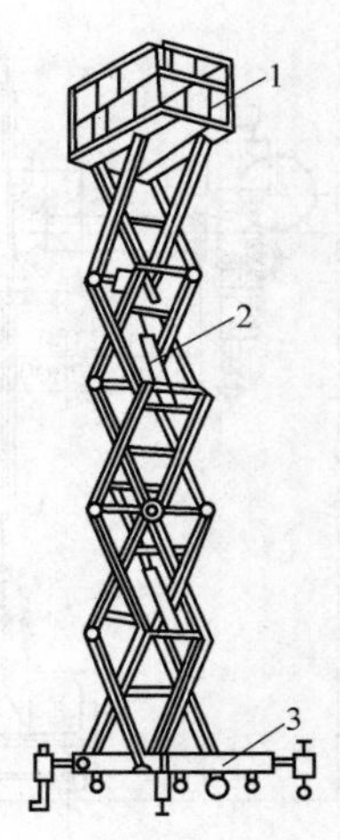

图 9-3-48　铰链式焊工升降台

1—工作台　2—推举液压缸　3—底架

悬吊式焊工升降台利用卷扬提升机构使工作台升降。肘臂式和铰链式均靠液压缸推杆的伸缩实现工作台升降。整个升降机构都安装在有走轮的底架上，底架上一般增设有可伸缩的支腿，工作时伸出承载并扩大支撑范围，使整机工作更稳定。

肘臂式升降台升高范围有限，一般在 1.5～4m 之间，若立柱设计成伸缩式则升高可达 8m。铰链式升降台垂直升降较平稳，其载重量一般为 200～500kg，升高在 4～8m 之间，工作台有效面积为 1～3m²。一般设置两套液压操作系统，一套在底架上，一套在工作平台上。

3.3.5　变位机械中驱动力和力矩的计算

选择变位机械用的驱动电动机时，必须让电动机输出的动力足以克服变位机械运动时可能产生的最大阻力 F 或阻力矩 T。该阻力或阻力矩的计算是根据变位机械具体结构、负载大小和运行状态等进行的。

1. 焊接翻转机驱动力矩的计算

焊接翻转机主要是通过主轴的旋转而作功，故一般都是分析和计算主轴旋转过程中的全部阻力矩。其驱动功率是根据总阻力矩、主轴转速和整个传动系统的总效率来确定。表 9-3-26 是几种典型焊接翻转机驱动力矩 T 的计算公式。

表 9-3-26　焊接翻转机计算公式

结构形式			传动装置	计算公式
双支座式翻转机	用摩擦力夹紧工件	滑动轴承	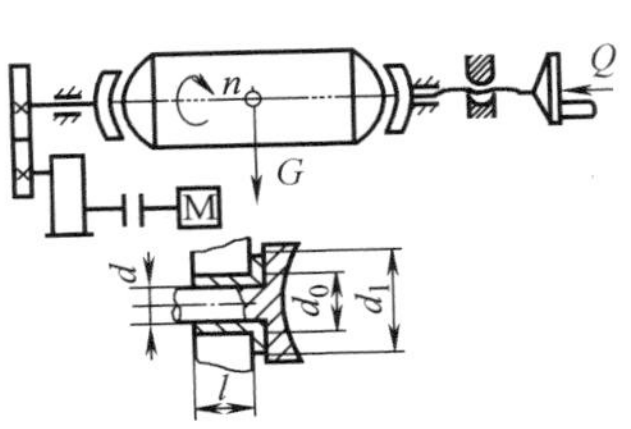	$T=Gf\frac{d}{2}+\frac{2}{3}f_1\frac{\left(\frac{d_1}{2}\right)^3-\left(\frac{d_0}{2}\right)^3}{\left(\frac{d_1}{2}\right)^2-\left(\frac{d_0}{2}\right)^2}Q$ $Q=\frac{pld}{1.27}$
		滚动轴承	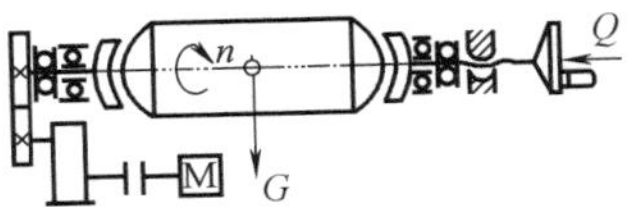	$T=1.3\mu G\left(1+\frac{D_0}{d'}\right)+\frac{\mu D}{d'}Q$ $Q=\frac{pld}{1.27}$
	用卡盘夹紧工件	滑动轴承	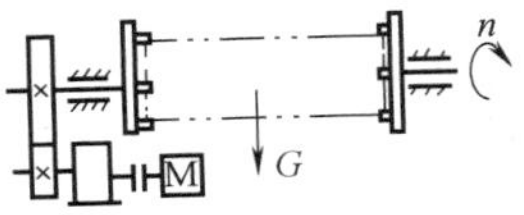	$T=Gf\frac{d}{2}$
		滚动轴承	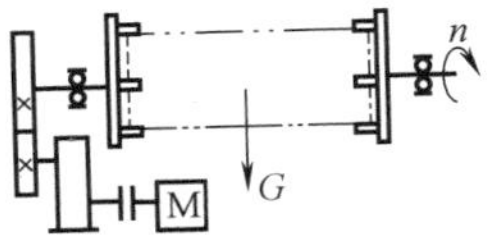	$T=1.3\mu G\left(1+\frac{D_0}{d'}\right)$
框架式翻转机		滑动轴承	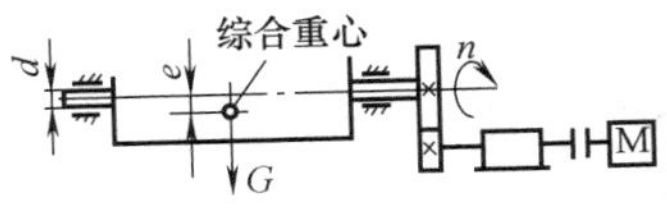	$T_1=Gf\frac{d}{2}$ $T_2=Ge$ $T=K(T_1+T_2)$

注：T—驱动力矩（N·mm）；G—工件和机器翻转部分重力（N）；f—轴颈处滑动摩擦因数；d—轴径（mm）；f_1—止推轴颈处滑动摩擦因数；d_1—卡盘摩擦外径（mm）；d_0—卡盘摩擦内径（mm）；Q—轴向夹紧力（N）；p—单位夹紧力（MPa），其中钢与钢为 13～20MPa，铜与钢为 6～9MPa，钢与铸铁为 1.5～2.5MPa；l—轴颈长度；μ—滚动摩擦因数（mm）；D_0—向心轴承内圈外径（mm）；d'—轴承滚球直径（mm）；D—推力轴承座圈的中径（mm）；e—偏心距（mm）；T_1—轴颈处的滑动摩擦阻力矩（N·mm）；T_2—偏心阻力矩（N·mm）；K—考虑惯性力的系数，一般取 1.2～1.3。

2. 焊接回转台的驱动力矩计算

焊接回转台按主轴工作时所处的位置分为图 9-3-49所示的三种形式，其中主轴水平位置的回转台实际上就是悬臂式翻转机。回转台的阻力矩主要有轴承处的摩擦力矩和因工件偏心安置引起的偏心力矩等，而摩擦力矩与支反力有关。表 9-3-27 给出它们的阻力矩计算公式。

3. 焊接滚轮架驱动力矩的计算

圆柱状焊件直接支承在滚轮架的两排滚轮上，靠焊件与主动滚轮的摩擦使焊件回转。主动滚轮的驱动力矩 T 必须足以克服滚轮架上全部阻力矩。

假定所有滚轮直径、轴线高度均相同，工件的重心与回转中心线不重合，有偏心矩 e，如图 9-3-50 所示，求主动滚轮的驱动力矩及驱动电动机功率。

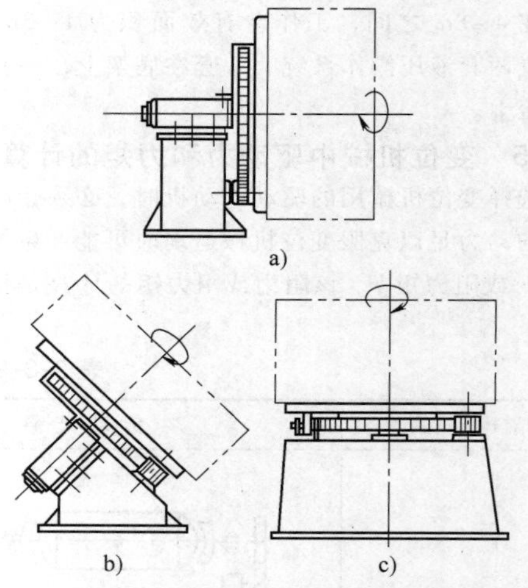

图 9-3-49　焊接回转台的形式

a）主轴水平位置　b）主轴倾斜位置　c）主轴垂直位置

表 9-3-27　焊接回转台的计算公式

类　型	受力简图	计算公式
悬臂式回转台		$T_P=Ge$ $T'_{TP}=\frac{1}{2}f(d_AQ_A+d_BQ_B)$ $T=K(T_P+T'_{TP})$ $Q_A=\frac{G(l+h)}{l}$ $Q_B=\frac{Gh}{l}$
倾斜式回转台		$T_P=Ge\sin\alpha$ $T'_{TP}=\frac{1}{2}f(d_AQ_A+d_BQ_B)$ $T''_{TP}=f_Cd_CQ_C$ $T=K(T_P+T'_{TP}+T''_{TP})$ $Q_A=\frac{G(l+h)}{l}(\sin\alpha+\cos\alpha)$ $Q_B=\frac{Gh}{l}(\sin\alpha+e\cos\alpha)$ $Q_0=G\cos\alpha$

（续）

类　型	受力简图	计算公式
水平式回转台		$T'_{TP}=-\frac{1}{2}f(d_AQ_A+d_BQ_B)$ $T''_{TP}=f_Cd_CQ_C$ $T=K(T'_{TP}+T''_{TP})$ $Q_A=\frac{Ge}{l},Q_B=\frac{Ge}{l},Q_C=G$

注：1. 计算径向支反力 Q_A、Q_B 时，忽略了圆周力作用在大齿轮节圆上的影响。

2. T_p—偏心力矩（N·mm）；G—工件和卡盘的重力（N）；e—综合重心到主轴中心线的偏心距（mm）；T'_{TP}—径向摩擦力矩（N·mm）；T''_{TP}—轴向摩擦力矩（N·mm）；f—轴颈处滑动摩擦因数；d_A，d_B—分别为 A、B 处轴径（mm）；Q_A，Q_B—分别为 A、B 处的支反力（N）；T—主轴阻力矩（N·mm）；K—考虑惯性力的系数，取 1.2～1.3；f_C—推力轴承滑动摩擦因数；d_C—止推轴颈直径（mm）；Q_C—C 点轴向支反力（N）；l—主轴 A、B 段长度（mm）；h—工件和卡盘综合重心至 A 点距离（mm）；α—倾斜轴线与垂线夹角（°）。

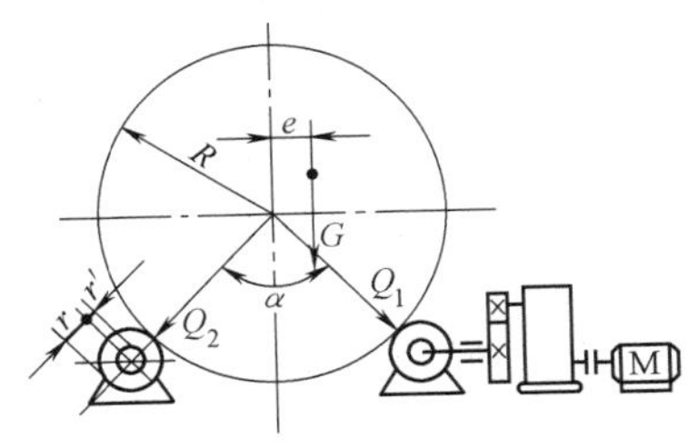

图 9-3-50　焊接滚轮架工作原理图

1）主动滚轮与工件之间的滚动摩擦力矩 T'_1，其单位为 N·cm。

$$T'_1=\beta Q_1\mu\left(\frac{R}{r}+1\right)$$

式中　Q_1——全部主动滚轮上支承的总载荷（N）；

β——考虑打滑系数，取 $\beta=1.2\sim1.4$；

μ——滚动摩擦因数（cm），对钢轮 $\mu=0.06\sim0.08$cm，对橡胶轮 $\mu=0.15\sim0.35$cm；

R——工件半径（cm）；

r——滚轮半径（cm）。

2）从动滚轮与工件之间的滚动摩擦力矩 T'_2，其单位为 N·cm。

$$T'_2=\beta Q_2\mu\left(\frac{R}{r}+1\right)$$

式中　Q_2——作用在全部从动滚轮上的总载荷（N）。

3）主动滚轮的滑动摩擦力矩 T''_1，其单位为 N·cm。

$$T''_1=Q_1f\frac{r'_1}{r}R$$

式中　f——主动滚轮轴颈的滑动摩擦因数，滑动轴承 $f=0.1$，圆锥滚子轴承 $f=0.02$；

r_1'——主动滚轮的轴颈半径（cm）。

4）从动滚轮的滑动摩擦力矩 T''_2，其单位为 N·cm。

$$T''_2=Q_2f\frac{r'_2}{r}R$$

式中　r'_2——从动滚轮的轴颈半径（cm）。

5）由于静不平衡而产生的力矩 T_3，其单位为 N·cm。

$$T_3=Ge$$

式中　G——工件（或包括支承在内）的重力（N）；

e——重心偏离回转中心线的偏心距（cm）。

6）由惯性力产生的力矩 T_4，当工件的质量和尺寸很大时，即具有很大的飞轮质量时，必须考虑惯性对滚轮架驱动的影响。这种影响在启动、制动时特别显著。由于理论计算比较复杂，一般用惯性力系数 K 来修正，常取 $K=1.2\sim1.3$。

7）驱动力矩 T，根据滚轮架主动滚轮上的总驱动力矩应等于或大于全部阻力矩，则

$$T=K(T'_1+T'_2+T''_1+T''_2)+T_3$$

如果工件为薄壁圆筒体，主动滚轮在一根公共轴上与从动滚轮大小相同且左右对称布置，则在每一个滚轮上的载荷是均匀分配的，即 $Q_1=Q_2=\dfrac{G}{2\cos\alpha}$，$T'_1=T'_2$，$T''_1=T''_2$，且 $T_3=0$，这时主动滚轮的驱动力矩为

$$T=K(2T'_1+2T''_1)=K\frac{G}{\cos\alpha}\left[\beta\mu\left(\frac{R}{r}+1\right)+f\frac{r'}{r}R\right]$$

从上式可看出，中心角 α 的取值对驱动力矩影响很大。α 越大，则 T 越大；α 越小，则 T 越小，但工件回转趋于不稳固，故推荐 $\alpha=45°\sim120°$ 之间选用。

8）驱动电动机功率 P_d，其单位为 kW。

$$P_d=\frac{Tn}{955000\eta}$$

式中 n——主动滚轮转速（$r\cdot min^{-1}$），$n=\dfrac{v}{60\pi d}$；

式中 v 为工件（外径）线速度，即筒体外环缝焊接速度（$cm\cdot h^{-1}$），d 为主动滚轮直径（cm）；

T——主动滚轮总驱动力矩（N · cm）；

η——从电动机到驱动滚轮传动系统总效率。

4. 焊机变位机的驱动力计算

焊机变位机主要是使焊机或焊接机头平移或升降，均属直线运动。若用电动机驱动，则输出的动力应足以克服运动过程全部阻力。

（1）行走式焊机变位机的阻力计算

1）走轮支反力的计算。图 9-3-51 所示为各种行走式变位机的受力状态。表 9-3-28 给出了行走式焊机变位机支反力计算公式。

2）行走机构阻力计算。

$$F=\sum_{i=1}^{n}K_f Q_i\frac{fd+2\mu}{D}$$

式中 F——行走机构总阻力（N）；

Q_i——作用在各个走轮上的载荷（N）；

f——走轮轴承的滑动摩擦因数，滑动轴承 $f=0.01$，滚动轴承 $f=0.015$，圆锥滚子轴承 $f=0.02$；

μ——走轮与导轨的滚动摩擦因数（cm），可按表 9-3-29 选取；

D——走轮直径（cm）；

d——走轮轴承处的轴径（cm）；

K_f——走轮与导轨侧面摩擦附加系数，一般取 $K_f=2.5$；

n——走轮的个数。

3）行走机构电动机驱动功率的计算。

$$P_d=\frac{Fv}{60000\eta}$$

式中 P_d——电动机驱动功率（kW）；

v——行走速度（$m\cdot min^{-1}$）；

η——从电动机至走轮轴总传动效率。

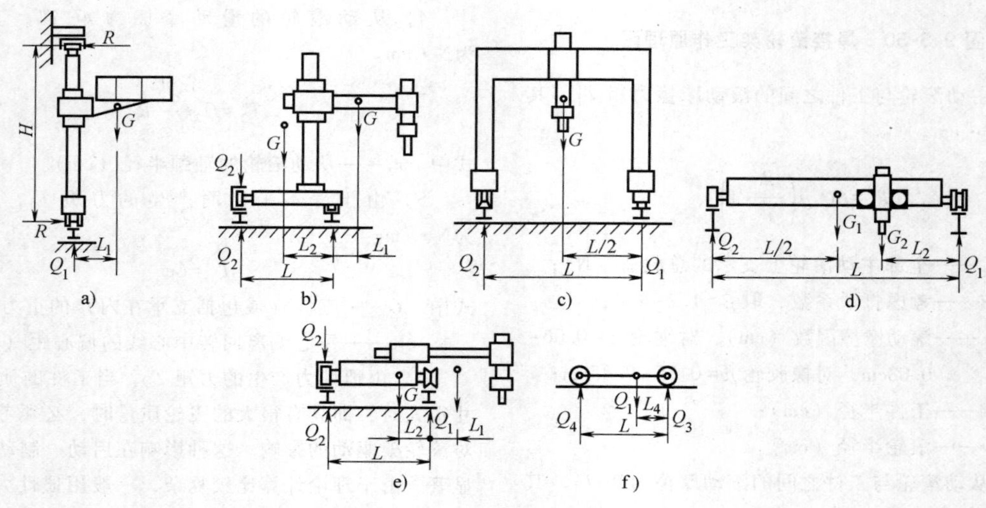

图 9-3-51 焊机变位机的受力状态

a）平台式 b）悬臂或伸缩臂式 c）门式
d）桥式 e）台式 f）走轮受力分布

表 9-3-28　行走式焊机变位机支反力计算公式

形　式	R	Q_1	Q_2	Q_3	Q_4
平台式(见图 9-3-51a)	$\dfrac{GL_1}{H}$	G	—	$\dfrac{Q_1(L_3-L_4)}{L_3}$	$\dfrac{Q_1L_4}{L_3}$
悬臂式(见图 9-3-51b、e)	—	重心在实线位置时 $G(L+L_1)/L$ 重心在虚线位置时 $G(L-L_2)/L$	重心在实线位置时 GL_1/L 重心在虚线位置时 GL_2/L		
门式(见图 9-3-51c)	—	$0.5G$	$0.5G$		
桥式(见图 9-3-51d)	—	$G_1+G_2\dfrac{L-L_{2\min}}{L}$	$G_1+G_2\dfrac{L_{2\max}}{L}$		

表 9-3-29　走轮与导轨之间滚动摩擦因数 μ

（单位：cm）

走轮直径/mm	圆柱形轮缘的钢轮	球面形轮缘的钢轮
200～300	0.03	0.04
400～500	0.05	0.06

（2）焊机变位机升降机构的阻力计算

若按图 9-3-51a、b 形式，悬臂通过滑座沿立柱升降，其提升力 F（见图 9-3-52）用下式计算。

当滑座与立柱之间用滚轮时，则

$$F=G_1\left[1+\frac{2K_f(L+l)(f_1d+2\mu)}{hD}\right]$$

当滑座与立柱之间用滑套时，则

$$F=G_1\left[1+\frac{2(L+l)}{h}f_2\right]$$

式中　F——提升力（N）；

G_1——悬臂提升总重力（N）；

f_1——滚轮轴承摩擦因数；

K_f——侧面摩擦附加系数，一般取 $K_f=1.5\sim2$；

μ——滚动摩擦因数（cm）；

D——滚轮直径（cm）；

d——滚轮轴径（cm）；

f_2——滑套与立柱之间的滑动摩擦因数 $f_2=0.1$。

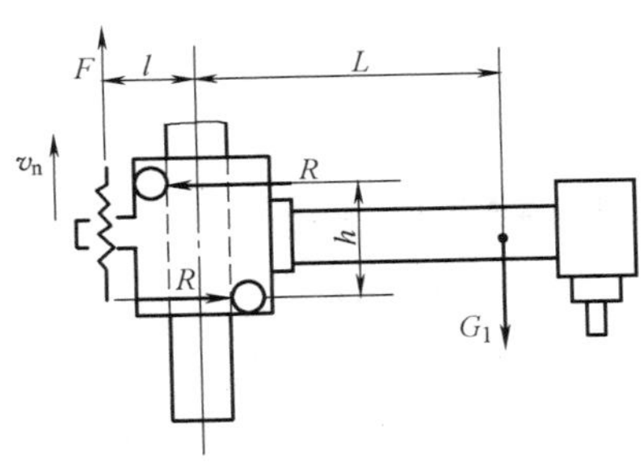

图 9-3-52　焊机变位机升降机构受力状态图

提升电动机驱动功率 P_d（kW）按下式计算，即

$$P_d=\frac{Fv_n}{60000\eta}$$

式中　v_n——提升速度（m · min^{-1}）；

η——提升机构总传动效率。

（3）焊机变位机伸缩机构的阻力计算

图 9-3-51b、e 所示的伸缩臂，工作时其受力状态如图 9-3-53 所示。其伸缩阻力按下式计算。当滚动接触时，则

$$F=G_1K_f\frac{(2l_1+l_2)(f_1d+2\mu)}{l_2D}$$

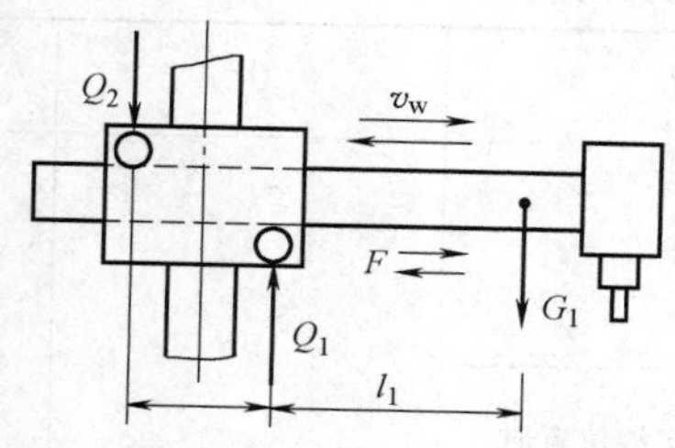

图 9-3-53　焊机变位机中伸缩臂机构受力状态图

当滑动接触时，则

$$F=G_1\frac{2l_1+l_2}{l_2}f_2$$

式中　F——伸缩阻力（N）；

G_1——伸缩臂重力（N）；

f_2——伸缩臂与导轨之间的滑动摩擦因数。

伸缩机构电动机驱动功率 P_d（kW）按下式计算，则

$$P_d=\frac{Fv_w}{60000\eta}$$

式中　v_w——伸缩速度（$m\cdot min^{-1}$）；

η——伸缩机构总传动效率。

3.4　焊接辅助机械装置

埋弧焊在中等厚度钢板焊接中具有优质、高效的优点而被广泛采用。但埋弧焊工艺自身的特点，要求采用较多的焊接辅助装置才能发挥它的效能。本节着重介绍埋弧焊常用的辅助机械装置。

3.4.1　埋弧焊焊剂垫

埋弧焊熔深大，为了防止焊缝烧穿或使背面成形，常在焊缝背面垫上衬垫。衬垫有焊剂的、纯铜的、石棉的、石墨的，其中以焊剂垫最常用。

（1）纵缝焊接用的焊剂垫

1）橡皮膜式焊剂垫（见图 9-3-54）。利用压缩空气推动橡皮膜将焊剂压向工件。此焊剂垫只适用于纵缝焊接，简单易行，但其工作长度不能超过 2m。

2）软管式焊剂垫。利用压缩空气使软管膨胀，将焊剂压向工件。图 9-3-55 所示为最简易的一种，沿缝压力均匀，适用于较长的缝焊焊接。焊缝背面可成形。软管式焊剂垫经常与电磁夹紧机构组合使用，构成平板拼接的专用焊接夹具。图 9-3-56 所示为功能比较完备且能横向移动的具有焊剂垫的电磁-软管式拼板装置。该装置可用于拼接大面积平板，如铁路油槽车罐体，卷圆前的拼接，船体甲板和桥面板的拼接等。可焊纵缝长度达 10m。整个装置由两个小车 1 支承，可沿轨距为 6m 的钢轨作横向移动以适应不同部位纵缝的焊接。通过小车保证焊缝对中的横向调整；当软管 10 通入压缩空气使支承辊子 2 和 8 升起时，平钢板可作纵、横向位置的适当调整；对缝位置确定后，用电磁铁（吸力不小于 $20kN\cdot m^{-1}$）进行固定，并对软管 12 通入压缩空气，使焊剂压向工件，即可进行纵缝焊接。

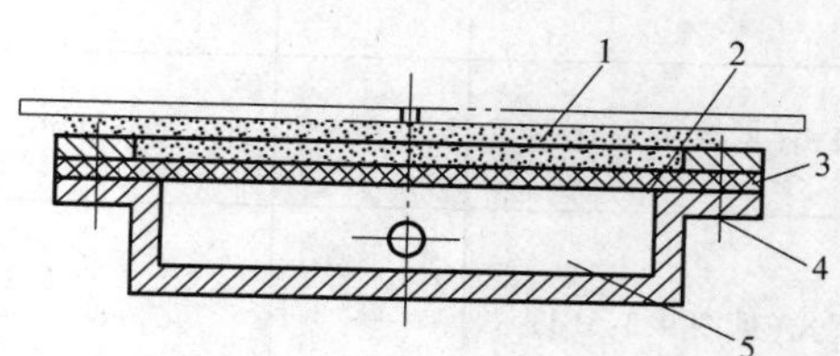

图 9-3-54　橡皮膜式焊剂垫

1—焊剂　2—盖板　3—橡皮膜　4—螺栓　5—气室

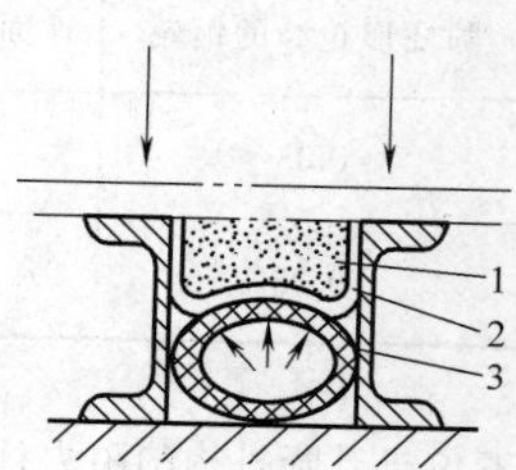

图 9-3-55　软管式焊剂垫

1—焊剂　2—帆布　3—软管

图 9-3-57 所示为大直径筒体焊接内纵缝时使用的软管式焊剂垫。其特点是利用软管 6 充气时把槽体 5 压紧工件，再向软管 3 充气把焊剂压向工件，保证焊剂有足够的压力，又防止焊剂外溢。

（2）筒体内环缝焊接用的焊剂垫

常用的有圆盘式和皮带式两种类型。

1）圆盘式焊剂垫。简易的如图 9-3-58 所示，它是用装满焊剂的圆盘，在气缸作用下压向工件，并由工件带动回转。该装置焊剂用量大，在回转过程中焊剂易撒落，需及时补充。

图 9-3-59 所示为环槽式焊剂垫，工作原理和上述相同，区别在于圆盘 3 上装有一弹性环形槽 6，槽内装满焊剂，在气缸 4 作用下压向工件，也靠工件带动回转。

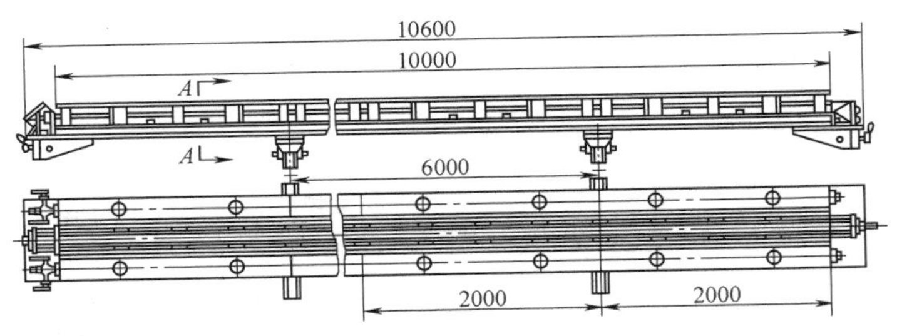

A—A

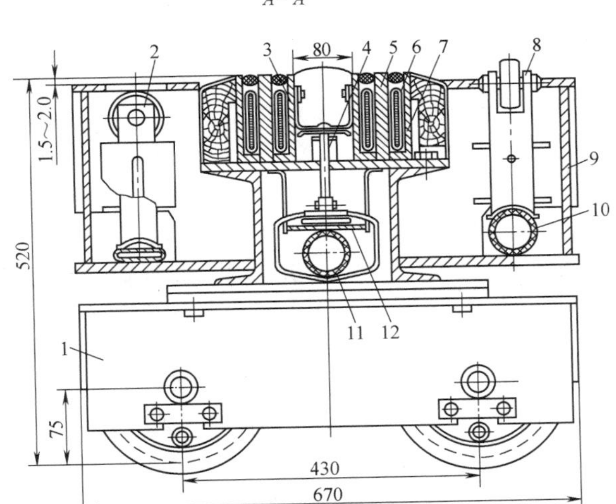

图 9-3-56　电磁-软管式焊剂垫

1—小车　2、8—辊子　3—装焊剂帆布槽　4—推杆　5—电磁铁心　6—电磁线圈　7—线圈壳体　9—枕梁　10、11、12—软管（$\phi50\sim\phi65$mm）

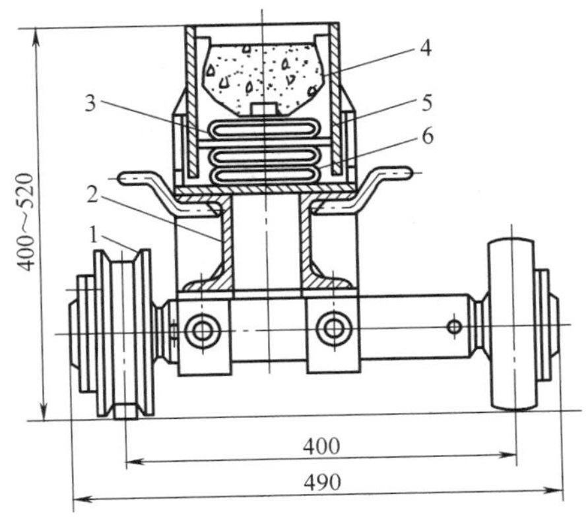

图 9-3-57　筒体内纵缝用焊剂垫

1—钢轮　2—小车　3—软管　4—帆布槽　5—钢槽体　6—使槽体上升的软管

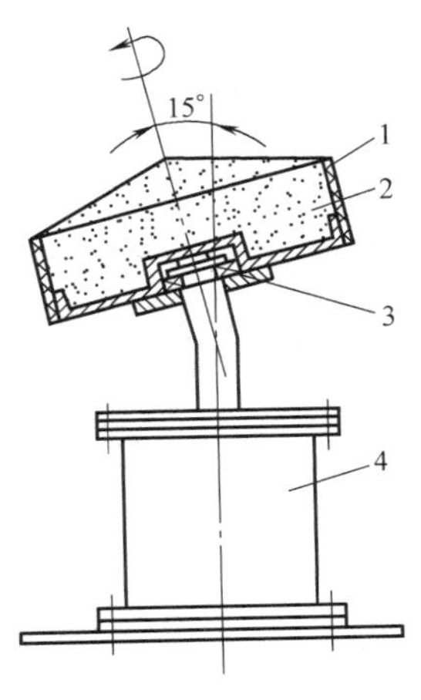

图 9-3-58　圆盘式焊剂垫

1—橡胶带　2—焊剂　3—滚动轴承　4—气缸

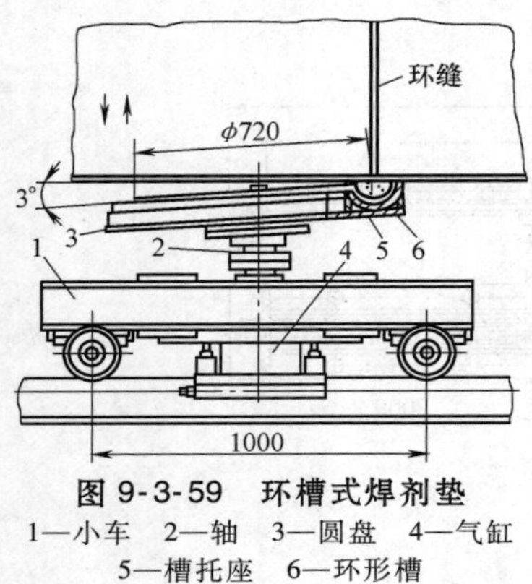

图 9-3-59　环槽式焊剂垫
1—小车　2—轴　3—圆盘　4—气缸
5—槽托座　6—环形槽

2）皮带式焊剂垫。工作原理如图 9-3-60 所示，铺满焊剂的传动带在焊件重力或气缸作用下压紧工件，并由工件带动回转。图 9-3-61 为实际使用的皮带式焊剂垫结构。这类结构坚固，使用可靠，维修方便，焊剂厚度均匀，压力适当，不易破碎，粒度易控制。但焊剂易洒落地面，移动范围小，不能用于窄小空间。

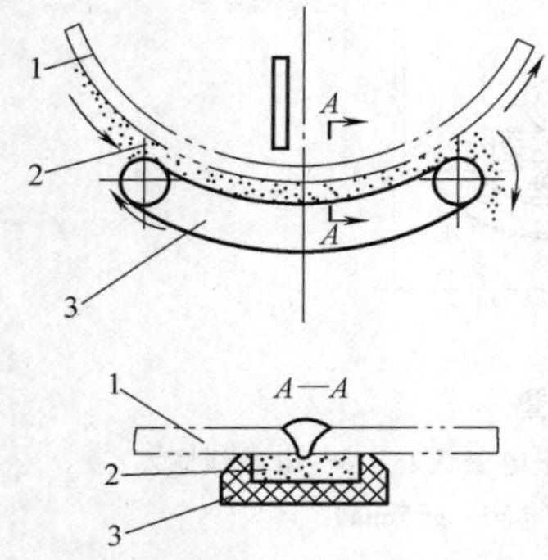

图 9-3-60　皮带式焊剂垫工作原理
1—筒体（工件）　2—焊剂　3—传动带

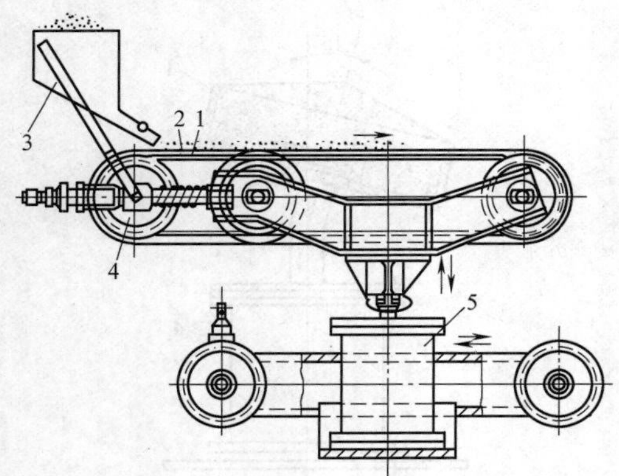

图 9-3-61　皮带式焊剂垫结构
1—传动带　2—焊剂　3—漏斗
4—张紧轮　5—气缸

（3）软衬垫

利用热固化树脂和石英砂等材料制成软衬垫，用粘接带贴在焊缝背面，或用磁性夹具压向工件，图 9-3-62 所示为其构造。由于外形尺寸小，故宜用于狭窄部位的直缝及曲面焊缝（含环缝）。当坡口间隙在 3mm 以内，钝边在 2mm 以内，均可保证单面焊背面成形。缺点是使用时需在坡口中填充一定合金成分的金属颗粒，且软衬垫制造工艺复杂。

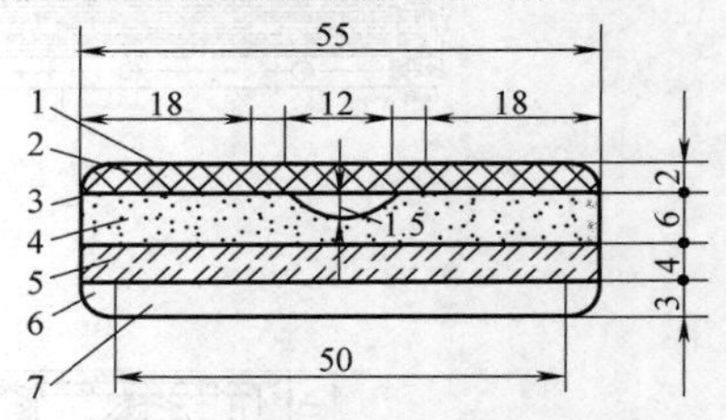

图 9-3-62　软衬垫
1—塑面隔离纸　2—双面粘接带　3—玻璃纤维带
4—热固化树脂石英砂垫　5—石棉泥板垫
6—热收缩薄膜　7—瓦楞纸衬

3.4.2　焊剂输送和回收装置

埋弧焊接过程必须不断地向焊接区输送焊剂，焊后未熔化的焊剂又必须回收再利用。于是需要有焊剂输送和回收的装置。根据生产需要，焊剂的输送与回收两者可合起来构成一个循环系统，焊接时两者同时工作，使焊剂不断地回收，接着又送回来使用。也可以使两者分开，即焊剂输送装置和回收装置可单独工作。

1. 焊剂循环系统

（1）固定式焊剂循环系统

图 9-3-63 所示为一台螺旋管焊接机的焊剂循环系统。焊剂靠自重落下，用斗式提升机 2 将焊剂回收上来再投入焊剂漏斗 1 继续使用。

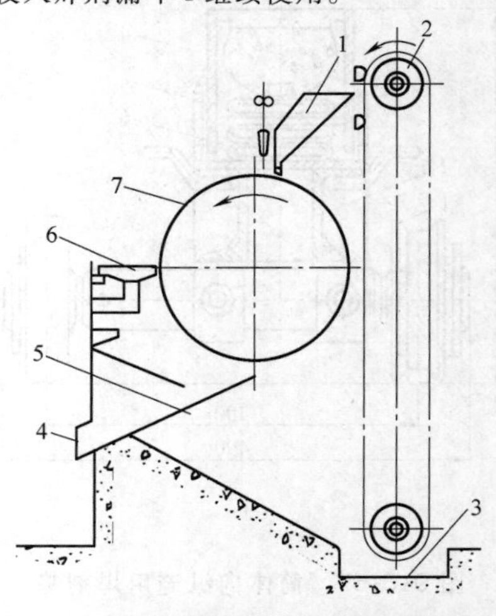

图 9-3-63　螺旋管焊接机焊剂循环系统
1—焊剂漏斗　2—斗式提升机　3—焊剂槽　4—渣出口
5—筛网　6—清渣刀　7—被焊管（螺旋管）

（2）移动式焊剂循环系统

图 9-3-64 所示为移动式焊剂循环系统的示意图，把焊剂输送回收装备安装在焊接机头 5 上，随着焊接小车（也可以是焊接操作机伸缩臂）移动。工作时，焊剂从储罐 3 经导管 4 送到电弧前，焊后在距电弧约 300mm 处由吸管 1 回收未熔化的焊剂，经导管 2 进入储罐 3 内。

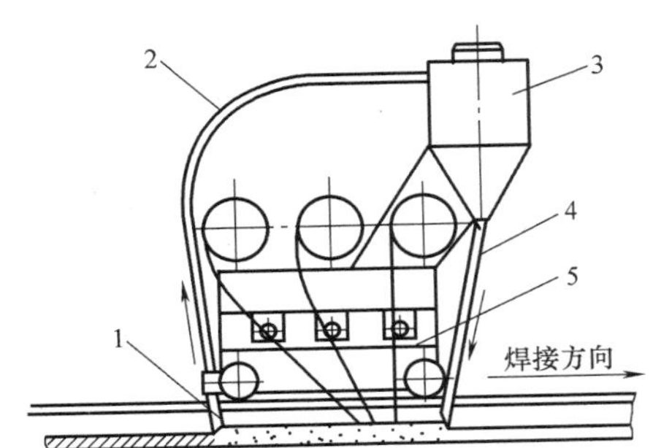

图 9-3-64　移动式焊剂循环系统示意图

1—吸管　2、4—导管　3—储罐　5—机头（小车）

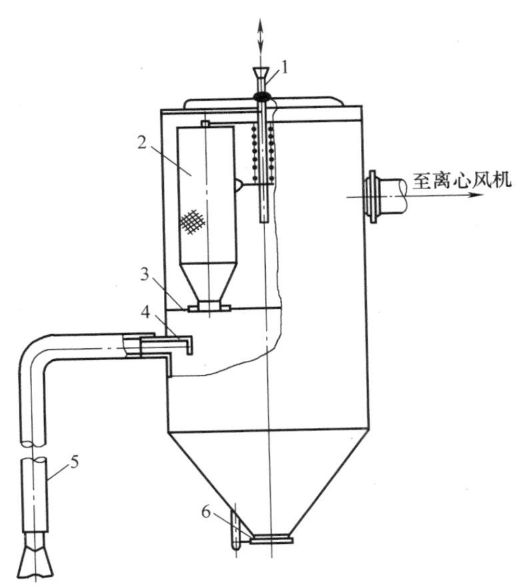

图 9-3-65　电动吸入式焊剂回收装置

1—振动杆　2—滤尘袋　3—隔板　4—耐热橡胶挡板　5—软管及吸嘴　6—焊剂出口

2. 焊剂回收装置

大部分焊剂回收装置都是利用吸入方式把焊剂吸进储罐内。其动力源有电动的和气动的，以气动的应用最多。

（1）电动吸入式焊剂回收装置

图 9-3-65 所示的电动焊剂回收装置是利用电动离心风机造成焊剂罐内负压，焊剂被空气流带入罐中。优点是吸力较大，可用于较远距离回收，焊剂不和压缩空气接触，不被污染。但焊剂有破碎现象，设备内壁有磨损。若用于同时输送，则因罐内为负压，输送距离短。

（2）气动吸入式焊剂回收装置

图 9-3-66 所示为气动吸入式焊剂回收装置。它利用上部拉瓦尔喷嘴喷出的气流，在密封的焊剂罐内造成负压，焊剂被空气流带入储罐中。焊剂也不和压缩空气接触，不被污染。但焊剂同样有破碎现象，和造成内壁磨损等。这种装置结构简单，回收完全，使用工厂的压缩空气网很方便。或同时用于输送时，也因是负压输送，距离较短，故宜直接装在焊机上。

（3）混合式焊剂回收装置

图 9-3-67 所示为混合式焊剂回收装置，它是由吸入式回收器和正压式输送器组成。当气动阀门 3 打开时，回收器内的焊剂落入输送器内。这样焊剂可连续回收，周期地输送，实现回收与输送合一。

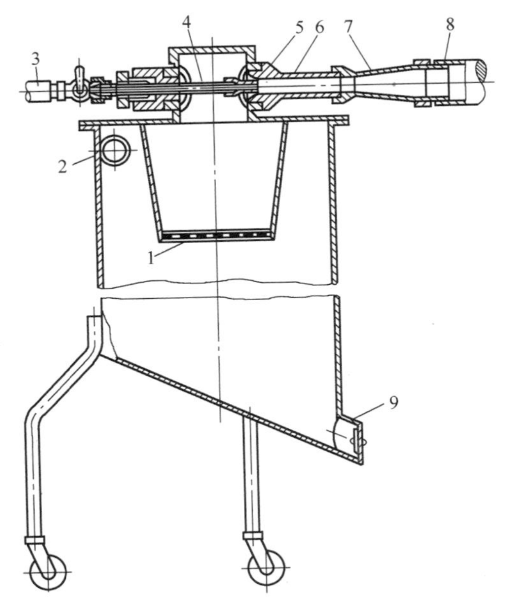

图 9-3-66　气动吸入式焊剂回收装置

1—铜网过滤筛　2—焊剂吸入管　3—压缩空气进口　4—喷射管　5—喷嘴　6—等压管　7—扩压管　8—压缩空气出口　9—放出管

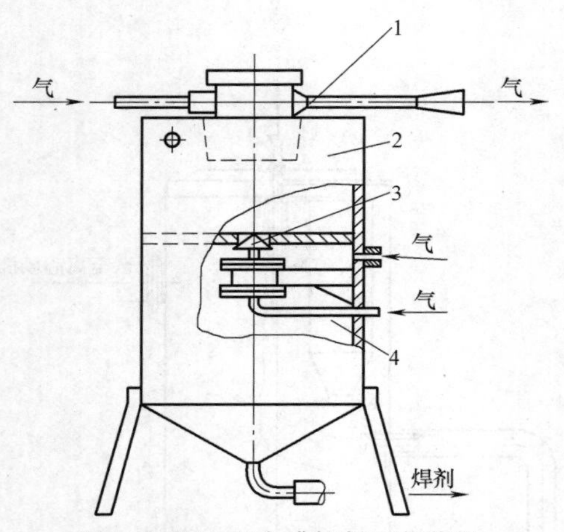

图 9-3-67　混合式焊剂回收装置

1—喷射器　2—回收器　3—气动阀门　4—输送器

因罐内是正压输送，故输送可靠，距离较长，较适合于固定场合。

3. 焊剂输送装置

焊剂输送装置是指输送距离长的专用装置。这时必须利用压缩空气对焊剂加压，使之伴随空气经由管道流到所需部位，如送到自动焊机头的漏斗内，或直接送到半自动焊枪上。除在储罐内加压外，出口处常设增压器，当输送距离较长时，为了更加可靠，可在输送管路上增设增压器，以克服管道摩擦。图 9-3-68 所示为典型的焊剂输送装置的结构。图中焊剂出口管径 D = 21.25mm 时，取 a = 16mm，d_1 = 22mm，d_C = 8mm，适用于颗粒较粗的焊剂；焊剂颗粒不大于 2.5mm 时，D 可减小到 16mm；小于 1.5mm 时 D 可取 13mm，其他尺寸相应减小。

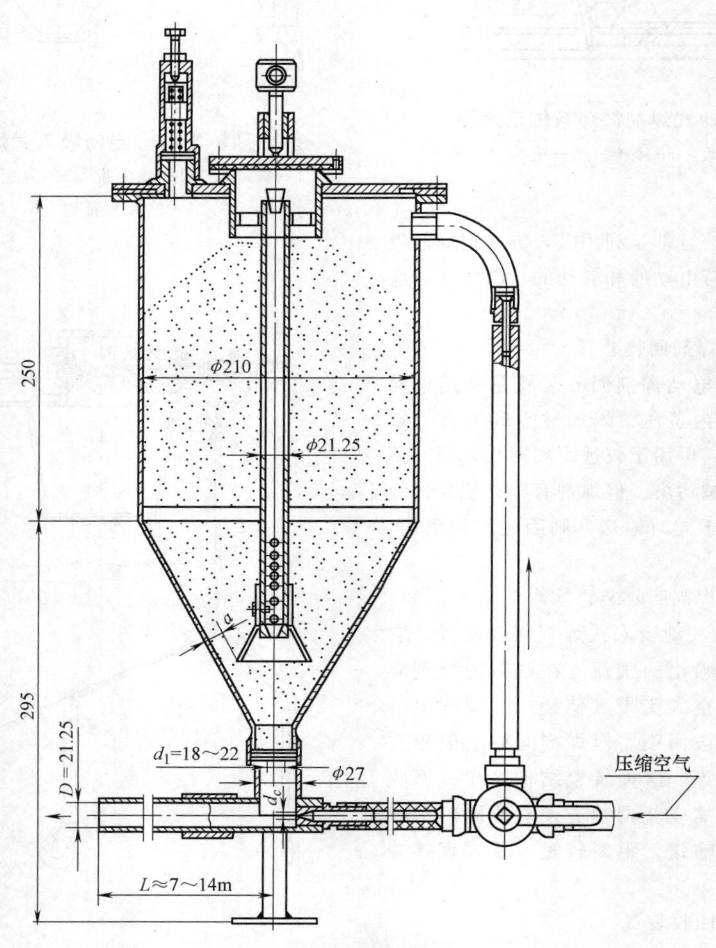

图 9-3-68　典型焊剂输送装置

第4章 焊接生产的机械化和自动化

4.1 概述

在焊接生产中，纯焊接时间仅占焊接结构生产总时间的20%~30%，其余均为焊前准备、装配、焊件运输、变位等辅助工作时间。为了提高生产率、保证焊接质量及改善劳动条件，一方面在生产管理上须采用合理的生产组织形式，另一方面在技术上须提高焊接生产全过程的机械化与自动化水平。

生产组织形式主要由生产规模、类型和产品结构特点等因素确定，此外也受环境条件的影响。按年生产纲领把生产类型划分为大批生产、中批生产和单件小批生产。以什么样的生产模式对这几种生产类型进行生产呢？不同历史时期和不同社会环境条件是不一样的。

我国在经济建设初期，工业基础薄弱，社会上商品供应严重不足，处于卖方市场情况下，为了满足社会的需要，对大批量生产普遍采用刚性生产模式。因为大批量生产的产品单一，品种很少而数量很大，为了提高生产率，节约成本，生产设备是以部件或产品为对象，采用的是专用的设备，组成一条条生产流水线，生产过程要求稳定、连续和有节奏地进行，可以具有较高的机械化和自动化水平。这样做生产率高，单件产品成本低，能为社会提供大量产品。而单件小批生产，则是产品品种很多，产量很小，为了适应多品种生产和减少设备投资，节约成本，所用设备多为通用的，生产组织按工艺特征进行，具有专业加工和装配的车间或工段。这样做其产品的单件成本高、生产周期长。两相比较，工厂企业追逐的是大批量生产，轻视单一小批生产。

刚性的生产模式，无疑对我国经济建设和社会发展，满足人们物质生活的需要，起到非常重要的作用。但是随着时代的不断发展和科学技术的进步，人们在经济建设上、物质生活上不仅解决了有无问题，而且产品变得越来越丰富，甚至产生过剩。于是开始对产品追求越来越个性化和多样性，对质量要求也越来越高，产品的生命周期在缩短，更新换代在加快。现在全球包括我国的经济，极其丰富的产品让世界正步入买方市场。开始对生产部门大批量生产的需求越来越少，而单件小批生产的需求却越来越多。刚性生产模式已经不再适应新的发展需要，针对这一发展特点，企业界开始推行柔性生产模式。

生产柔性包含两方面的含义：一是“质”的柔性，即生产系统能适应不同的产品或零件的加工要求，系统能加工的品种（种类）越多，则生产制造的柔性越好；二是“时间”上的柔性，即生产系统在不同的零件之间的转换时间越短，系统的柔性制造越强。柔性是针对刚性而言的，传统的刚性自动生产线主要实现单一品种的大批量生产，其优点是生产效率高，由于使用专用设备所以设备利用率也很高，单件产品成本低，但专用设备价格高，且只能加工一种或几种相似零件，难以应付多品种中、小批量的生产要求。

柔性制造与其说是一种生产方式，还不如说是一种全新的制造理念。任何生产类型都可以采用。现代的柔性制造系统（FMS）㊀，是由数字控制加工设备、物料储运系统和信息控制系统组成，能根据制造任务和生产品种变化迅速进行调整的自动化系统。它的规模可以做得很小，做成柔性制造单元（FMC），由1~2台加工中心、工业机器人、数控设备及物料储运设备构成。特点是实现单机柔性化和自动化，具有适应加工多品种产品的灵活性。随着批量的增大，其规模可扩大为柔性制造线（FML），在这条生产线上既有通用设备也有专用设备，对通用设备和公用动力设施，一次性投入，永久使用，每次更换品种时，只需增减部分专用设备，改造预置的通用设备和调试各种共用化程序，避免了重复投资，缩短了转产时间，这样就可以在同一条生产线上同时满足多个品种的生产。我国现在年产纲领30万辆小汽车的车身焊装自动生产线已经采用了类似的柔性制造系统，可以适应4种车型车身的生产。一条现代化的柔性自动生产线

㊀ 柔性制造系统（FMS）是利用计算机控制系统和物料输送系统，把若干台设备联系起来，形成没有固定加工顺序和节拍，在加工完一定批量的某种工件后，能在不停机调整的情况下，自动地向另一种工件转换的自动化制造系统（摘自GB/T 4863—2008）。

是一种技术复杂、高度自动化的系统，它将微电子学、计算机和系统工程等技术有机地结合起来。生产大型而结构复杂产品的现代化工厂，也可以将厂内多条柔性制造系统连接起来，配以自动化立体仓库，用计算机系统进行联系，建立柔性制造工厂（FMF）。所以今后企业的生产模式都会在生产过程的点、线、面上实现柔性化和自动化。

本章介绍的是我国在现代化焊接生产中，当产品品种较多，或批量较小时，采用柔性制造系统所建立集约化工段和机械化焊接中心；当大批大量生产时，仍可采用具有一定柔性的机械化流水线、自动化生产线等组织生产。为了适应不同生产类型的需要，实现焊接过程机械化和自动化也有各种形式，如广泛采用焊接自动机、焊接中心、焊接生产线和焊接机器人等。

4.2　焊接自动机

焊接自动机是一台专门用于自动焊接某一种或某一类（规格可不同）焊件的机器。它比通用焊机的功能更完善，机械化和自动化程度更高。一般都把定位、夹紧、变位等机构和焊机融为一体。

例 1：液化气钢瓶焊接自动机。民用液化气钢瓶通常由两个带直边的模压封头组成，中间有一条环焊缝；它批量大，又有较高的技术要求。目前该环缝是内部加永久衬垫后用埋弧焊完成。图 9-4-1 所示为该环缝的埋弧焊接自动机。焊前先由气缸 4 和 13 夹紧工件，再由电动机 18 通过变速箱 6 带动工件按焊接速度旋转施焊，工件的装卸由挡块 17、19 控制。当工件直径及长度不同时，可由气缸 15 及手轮 1 调节提升高度及夹紧气缸的位置。

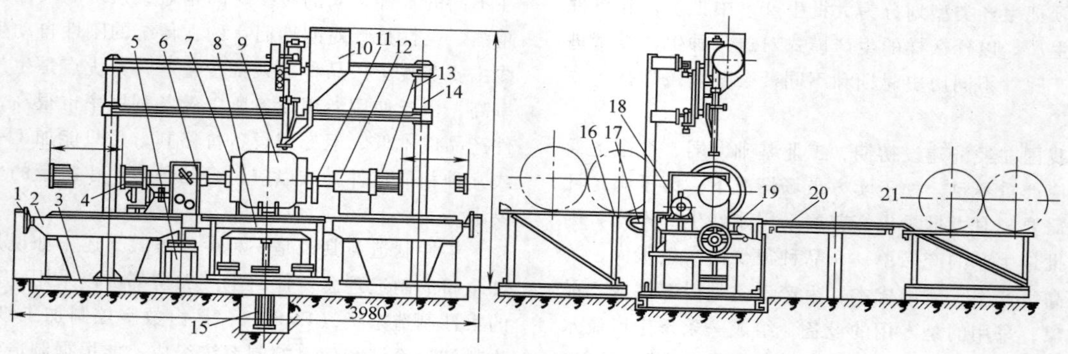

图 9-4-1　液化气钢瓶环缝埋弧焊接自动机

1—调节夹紧气缸位置的手轮　2—机身　3—基础座　4、13—夹紧气缸　5—电磁铁　6—变速箱　7—夹具　8—升降台　9—气瓶　10—焊剂漏斗　11—导电板　12—尾架　14—立柱　15—升降气缸　16—上料平台　17、19—电磁挡块　18—电动机　20—平台　21—卸料架

例 2：箱形梁 4 极 CO_2 焊接自动机（见图 9-4-2）。为便于同时焊接 4 条纵向焊缝，把箱形梁的焊缝设计成横焊位置。用液压缸或其他机械装置推动活动工作平台使工件按焊接速度移动，用固定在龙门架上的四个 CO_2 焊头同时焊接四条纵向焊缝。

例 3：锅炉膜式壁焊接自动机。现代电站锅炉广泛采用光管加扁钢焊制的膜式壁管屏（又称膜式水冷壁，其结构见图 9-1-3）。过去主要采用埋弧焊和 CO_2 气体保护焊工艺，由于受到这些方法自身特点和不能实现仰焊的限制，正反面不能同时施焊，故需翻转工件和校正焊接变形，使生产周期变长。为了满足大型锅炉机组的特殊要求，现已采用 4 极或 12 极同时上下两面施焊的膜式管屏焊接自动机。使用脉冲 MAG 焊；（$Ar+CO_2$）混合气体保护，已制造出高质量、高精度和高生产率的锅炉膜式壁产品。

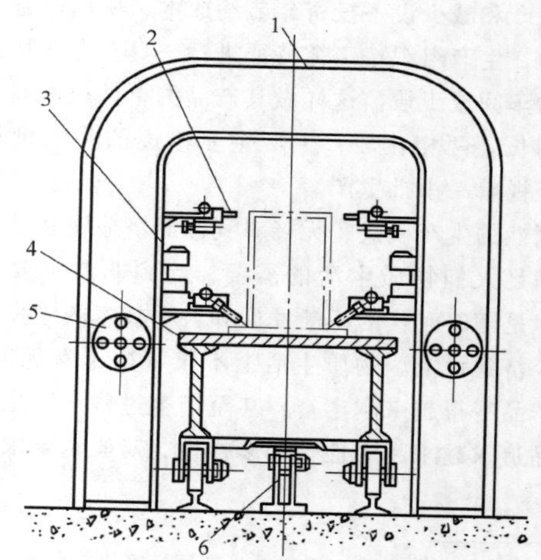

图 9-4-2　箱形梁 4 极 CO_2 焊接自动机

1—龙门架　2—焊接机头及调整机构　3—送丝机构　4—活动工作台　5—焊丝盘　6—工作台驱动装置

图 9-4-3 所示为 12 极锅炉膜式壁焊接自动机的示意图。由一台 12 极焊机、12 极焊机前辊道、碳化钨导向块和 12 极焊机后辊道、混合供气系统和电气控制系统组成。该设备采用上下各 6 个焊头，同时焊接 4 根扁钢与 5 根钢管（包括 2 根工艺管）或 3 根扁钢与 4 根管子的双面角焊缝，一次成形。焊接时工件用 5 组压紧轮压紧，上 6 支焊枪分成两群，下 6 支焊枪边也分成两群同时焊接。从而取消了管屏的装配、定位、翻身和变形矫正等许多工序，简化了制造工艺流程，大大地缩短了生产周期。该机电气控制部分均采用可编程序控制，共有 512 个 I/O 接点，因此，工作可靠，有利于全自动程序控制。配有工业计算机，它由主机（内存 384KB）、双驱动磁盘机、点阵式打印机等组成；可记录和显示焊接过程的彩色图形和工艺参数；使用晶体管式脉冲 MAG 弧焊电源；该机可焊的管径为 ϕ25.4～76.2mm，管壁厚为 3.5～9.0mm，管子长最大为 25m；扁钢宽为 12.4～110mm，扁钢厚为 5～9mm；焊件宽度最大达 1500mm；焊接速度为 300～1400mm · min^{-1}。

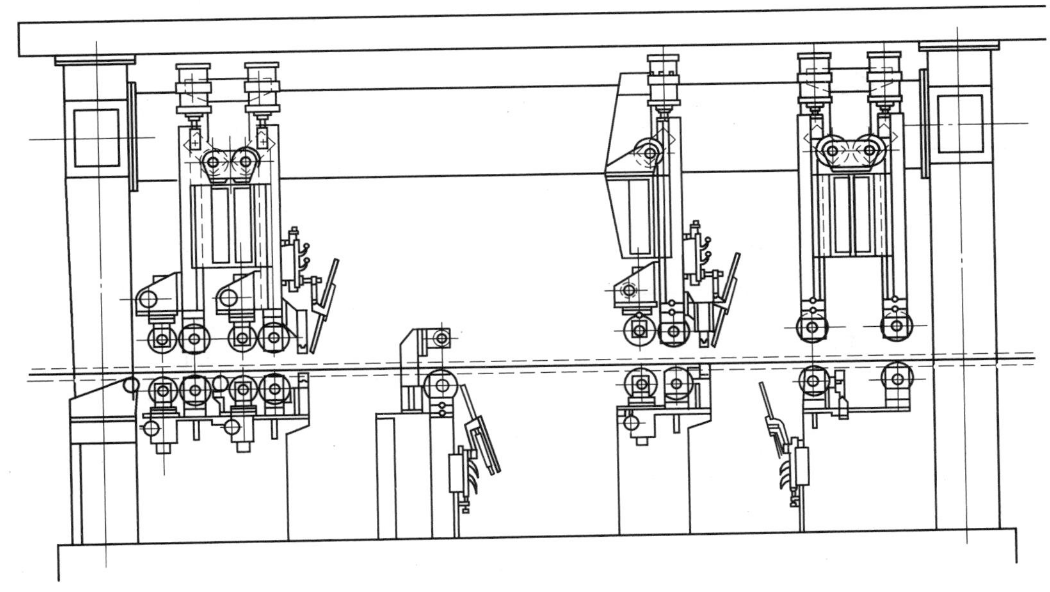

图 9-4-3　12 极锅炉膜式壁焊接自动机

4.3　焊接中心

焊接中心尚无统一定义。一般认为是以相似的焊接构件中某一关键焊接工艺为核心，把完成该焊接工艺所需用的焊接设备（包括电源、焊机或机头、送丝机等）、焊接机械装备（如焊件变位器、焊机变位机-操作机等）、焊接辅助机械（如焊剂垫、焊剂输送与回收装置等）、焊件传输装置（包括上料、传送及卸料机构等）、焊缝自动跟踪和焊丝伸出长度自动调节装置及其综合电气控制系统等，按该焊接工艺的典型工艺程序进行集中排列与组合，构成了完成该焊接工艺的工作场所。又称焊接工作站。

焊接中心与焊接自动机的区别在于后者是以产品为对象，专用性较强，在一台机器上自动地完成加工任务，而焊接中心则是以某一焊接工艺（如容器筒体外纵缝自动焊或内环缝自动焊）为对象，把完成该焊接工艺所需的焊接设备和辅助装备组织起来，通过联机来实现生产过程。只要产品结构相似、工艺相同，都可以进行焊接。

焊接中心适应了中小企业产品品种较多、批量不大、资金少的生产需要。在焊接中心可以采用专业化程度较高的成套生产设备及工艺装备（包括焊接自动机或焊接机器人），因为它发挥了工艺专业化生产的设备利用率高、系统柔性强的长处。由于设备布置合理，可缩短运输路线，生产周期短，生产率高。

焊接中心也在大批大量生产中采用，这时的产品单一，工艺可进一步简化，易于保证生产节拍，常将其设置在生产流水线上。

例 1： 细长管体内环缝焊接中心。内环缝的焊接必须把焊接机头伸到管体内，为防止移位、焊接过程中伸出臂或机头抖动，影响焊接过程正常实施，对细长管体内环缝的焊接，宜采取机头固定不动，而让管体移动的方法使机头到位。图 9-4-4 所示为细长管体内环缝焊接中心。它由悬臂式焊接操作机、三维机头调整机构、焊接机头、自动跟踪和焊丝伸出长度自动调整传感器及其控制系统、焊接滚轮架、内环缝的焊剂垫台车、自动找正装置、焊接电源和电气控制系统等组成。

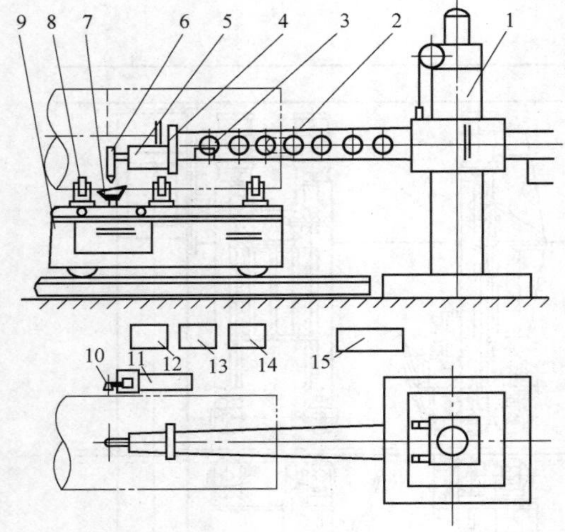

图 9-4-4 细长管体内环缝焊接中心

1—悬臂式焊接操作机 2—送丝机构 3—自动跟踪控制系统 4—三维机头调整机构 5—传感器 6—焊枪 7—内环缝的焊剂垫台车 8—焊接滚轮架 9—焊接滚轮架台车 10—焊缝找正装置 11—主操作盘 12—自动跟踪控制箱 13—主控制箱 14—焊接电源 15—混合气

该焊接中心适用的产品范围：直径≥400mm，管体长 $L\leqslant 13\text{m}$，板厚 $\delta=6\sim14\text{mm}$，可以施焊多条内环缝，焊接方法为 MAG 焊。可以实现焊枪自动寻找和跟踪焊缝，能自动调整焊枪高度、按照合适程序自动引弧；收弧时，系统具有电流自动衰减、延时熄弧、延时闭气及焊枪自动抬起等功能。焊接全过程实现程序控制。焊接时，焊工只需按动启动、停止、台车左右移动四个按钮，就能控制焊接中心完成管体内环缝的焊接工作。工件直径改变时，则需启动滑座升降按钮，调整悬臂高度。

滚轮架的转速即焊接速度，要求平稳可调，它由直流电动机驱动，闭环调节和多极放大的晶闸管调速电路，既可以焊接速度无级调节，又有很强的补偿能力，即使负载或网路有很大变动，也能保证焊接速度平稳。

例 2：汽车车轮合成焊接中心。汽车车轮合成环缝有两种焊接工艺：第一种，采用压配合成时，同时自动定位焊外圈，而内圈采用 CO_2 气体保护焊，如图 9-4-5 所示；第二种，采用压配合成后，焊条电弧定位焊，然后用 CO_2 气体保护焊分别施焊内外环缝，图 9-4-6 所示为内环缝焊接中心示意图。内环缝焊完后移出该焊接中心，翻转 180° 后再进入外环缝焊接中心。

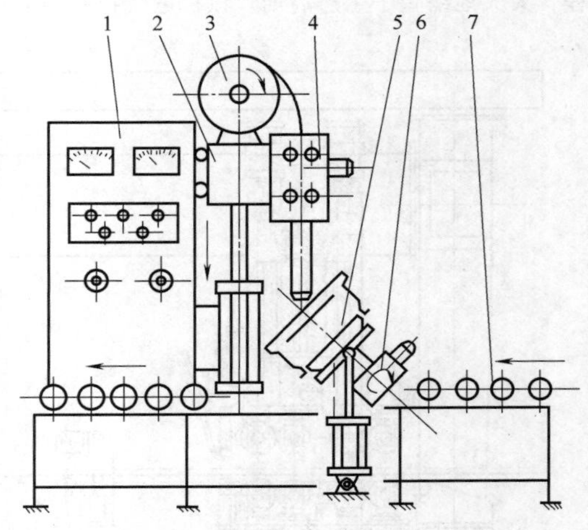

图 9-4-5 CA141 车轮合成内环缝焊接中心

1—操纵盘 2—机头调整机构 3—焊丝盘 4—送丝机构 5—车轮合成 6—车轮合成变位机 7—车轮合成辊道

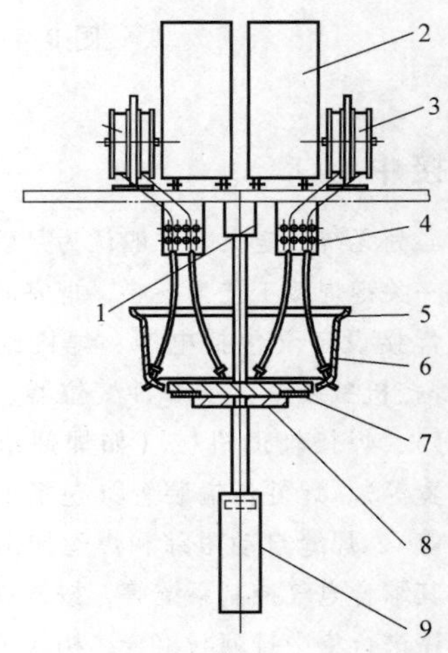

图 9-4-6 EQ140 车轮合成环缝焊接中心

1—焊件回转台减速机 2—焊接电源 3—焊丝盘 4—送丝机 5—车轮合成 6—刚性送丝管 7—定位夹盘 8—升降夹盘 9—升降气缸

车轮合成的批量很大，按年产汽车 10 万辆计，班产车轮合成约 1300~1500 件，其生产节拍约 3 件/min。这样高的生产节奏，一般都把焊接中心设置在车轮合成生产流水线上。

4.4　焊接生产线

焊接生产线是把焊接生产所需的各种加工设备（包括备料、装配、焊接、矫形、质量检测和热处理等）和辅助机械，以及上料、卸料、焊件传输装置等，按产品加工工艺程序进行有机地排列组合而形成一条作业线。

焊接生产线应根据产品的生产类型（批量大小）、结构特点和工艺特点采取不同的生产线形式。通常单一品种大量生产的焊件都采用连续流水线和自动线；非单一产品但产品固定的大量生产，可用成组产品连续流水线；单一品种但结构复杂，工序间不均衡，有中间积存的大批量生产，宜采用单一产品间歇流水生产线；中、小批量多品种生产，宜采用柔性生产线，在这种生产线上采用加工中心、机械手、机器人或无人运输小车等设备，没有强制性的生产节拍。无论采用何种生产线，都必须保证焊接生产有序地进行，加工工序尽可能的少、加工过程中在制品尽量不出现往返运输和中途停滞积存，运行路线尽可能短和直线化。

例 1： 中小直径筒（管）体焊接生产线。在石油、化工和能源工业中，大量应用各种直径管线和筒体，这些管线和筒体基本上都是由焊接管节拼焊而成。由于需要量大，同时也为了确保焊接质量，减轻工人劳动强度，提高生产率，焊接管（筒）体一般都进行机械化和自动化生产。

这里介绍一条少品种成批生产的筒（管）体焊接生产线，其生产的筒（管）直径 = 400 ~ 1200mm，壁厚 $\delta = 6 \sim 14$mm，筒（管）体长 $L \leqslant 13$m，材料为低碳钢和低合金钢。通常先把钢板卷圆并焊接内外纵缝使之成为焊接筒（管）节，然后再进行节与节之间内外环缝拼焊，使之成为所需长度的筒（管）体。具体工艺流程如下。

进厂钢板质量检查→钢板矫平→数控切割下料→筒节卷圆并定位焊→筒节内纵缝自动焊→筒节移位→筒节外纵缝自动焊→筒节移位→筒节焊缝质量检验→（返修）→筒体装配与定位焊（$L \leqslant 13$m）→筒体内环缝自动焊→筒体外环缝自动焊→筒体环缝质量检验→（返修）→装配与定位加强肋板→肋板自动焊接→总装→产品质量检验。

图 9-4-7 所示为中小直径筒（管）体焊接生产线平面布置，从图中可以看出，该焊接生产线主要由各种备料设备、内外纵缝和环缝焊接中心、无损检测中心等组成。生产过程全部设备配套，下料、成形装配、焊接和焊缝质量检验等均实现了集约化和机械化生产；生产线上各专项技术配套，内外纵缝的焊接中心和内外环缝的焊接中心均配备有焊接滚轮架和操作机。图 9-4-8 所示为中小直径筒（管）节内、外纵缝焊接中心的示意图，图中示出了主要设备的配置和两中心间的物料传输，两者构成生产线中的一个部分。

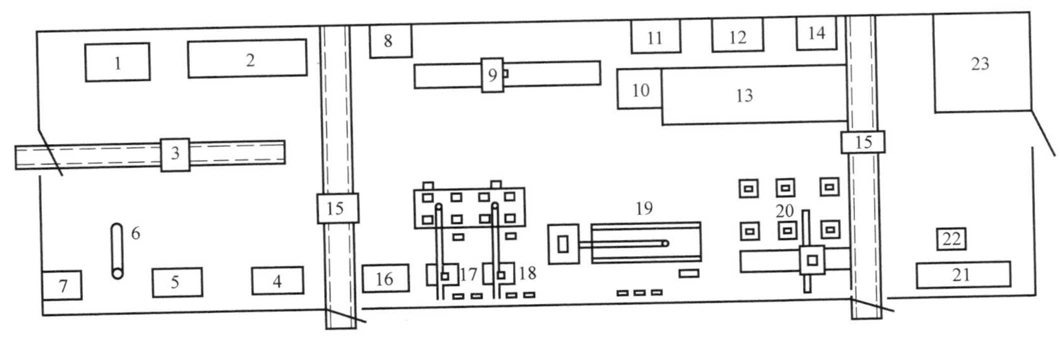

图 9-4-7　中小直径筒（管）体焊接生产线平面布置

1—钢板矫平机　2—半自动切割下料区　3—进出料车　4、5—剪板机　6—钻床
7—砂轮机　8—数控切割机控制间　9—数控切割机　10、16—卷板机
11—焊接电源　12—CO_2 焊接电源　13—装配工位　14—马鞍形切割机
15—进出料车　17—内纵缝焊接中心　18—外纵缝焊接中心
19—筒体内环缝焊接中心　20—筒体外环缝焊接中心
21、22—筒（管）体加强肋装焊中心　23—筒（管）体工业电视无损检测中心

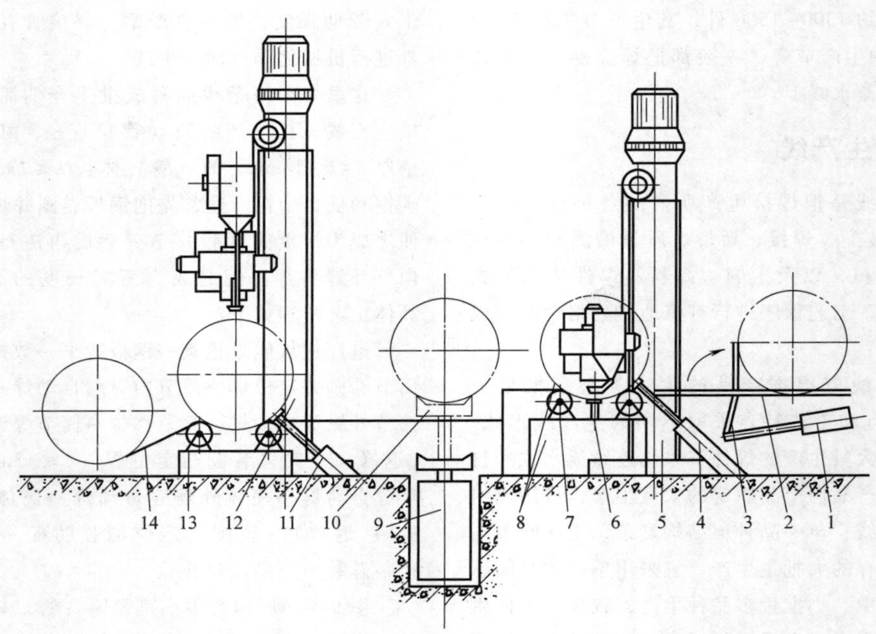

图 9-4-8 中小直径筒（管）节内、外纵缝焊接中心

1—挡料气缸 2—存料架 3—挡料架 4—内纵缝推料气缸 5—筒（管）节内纵缝焊接操作机 6—内纵缝焊剂垫及气缸 7—内纵缝焊接滚轮架 8—筒（管）件 9—卸料气缸 10—卸料架 11—外纵缝推料架 12—筒（管）节外纵缝焊接操作机 13—外纵缝滚轮架 14—滚料架

例 2：汽车车轮合成自动装焊生产线。车轮合成由轮辐与轮毂焊接而成，如图 9-4-9a 所示。在车轮合成自动装焊生产线上采用等厚轮辐和四头 CO_2 气体保护焊，其生产线如图 9-4-9b 所示。焊件的传送采用无随行夹具的往复步进运动。由滑架带动车轮前进，并停止在相应工位上。当焊件需定位及焊接时，由固定在底架上的升降台将车轮托起，使之离开滑架。焊接时，滑架空程复位、准备送下一个车轮。在焊完内缝后翻转机械手将车轮夹紧并翻转 180°，再进行外缝的定位焊接。

采用四头 CO_2 专用焊机焊接，每个机头旋转 90°。焊机保证四机头同时引弧，并在起弧后有一段停留时间；熄弧时有电流电压衰减控制，并在小的焊接参数电弧下反向焊接，以填满弧坑。机头与焊缝的对准采用焊缝跟踪装置。

车轮合成装焊生产线各工位、工序见表 9-4-1。

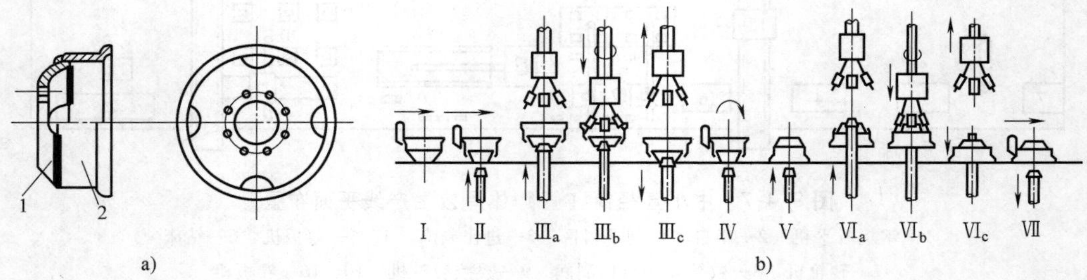

图 9-4-9 车轮合成自动装焊生产线

a）车轮合成 b）装焊生产线

1—轮辐 2—轮毂

表 9-4-1　车轮合成装焊生产线各工位、工序

工　位	工　序
Ⅰ	上料、计数
Ⅱ	提升定位
Ⅲ	a. 焊件上升 b. 焊接机头下降及焊接 c. 回程复位
Ⅳ	翻转
Ⅴ	提升定位
Ⅵ	a. 焊件上升 b. 焊接机头下降及焊接 c. 回程复位
Ⅶ	卸料

例 3：钢丝网装焊生产线。平面钢丝网用途广、需求量大，如用于钢筋混凝土网、筛网、禽笼壁等，这些金属网一般是用电阻点焊把纵横正交的钢丝焊成网状。由于每一交点需焊一个熔核，手工装配和焊接不但生产质量难以保证，而且生产率低，劳动强度大。所以宜采用以多头电阻点焊工艺为核心所组成钢丝网装焊生产线进行生产。图 9-4-10a 所示为生产线示意图。其工艺流程为：Ⅰ（纵向钢丝矫直）—Ⅱ（装横向钢丝）—Ⅲ（焊接）—Ⅳ（切断）。具体运行程序是：纵向钢丝从钢丝盘 1 穿过矫直机构 2 和导向机构 3；经过矫直的横向钢丝从横向输送机构 9 中单根地送到纵向钢丝上，相互垂直；焊机的气压缸放下上电极，在每一个纵横的交叉点上把接点压紧；焊接电流从单面送往下部固定的电极。利用电极压下量 h（见图 9-4-10b）来控制焊接参数；拖板 6 上的钩子卡住已焊后的横向钢丝，借助于两个液压缸 4 把已焊成整体的网栅向前移动一个给定的步长。液压缸 4 的牵引力应保证能把所有钢丝拉过矫直机构 2 并从钢丝盘上松开。在剪切机 7 上切成给定长度的产品 8。

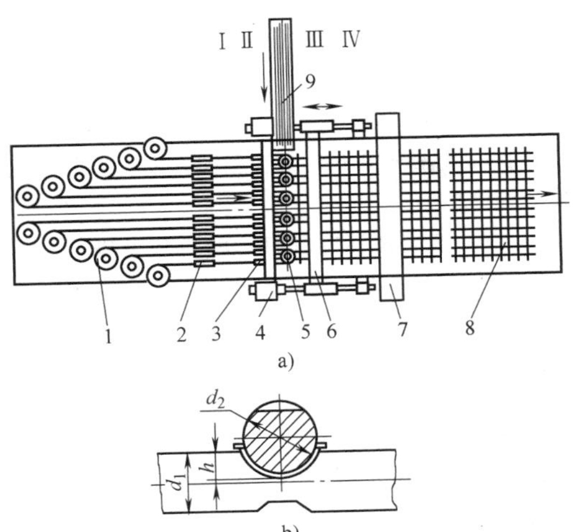

图 9-4-10　钢丝网装焊生产线

a）生产线示意图　b）点焊接头

1—钢丝盘　2—矫直机构　3—导向机构

4—传动机构（液压缸）　5—点焊机

6—钢丝网拖板　7—剪切机

8—产品　9—横向钢丝输送机构

4.5　焊接机器人

焊接机器人是工业机器人中的一种，是能自动控制、可重复编程、多功能、多自由度的焊接操作机。目前在焊接生产中使用的主要是点焊机器人、弧焊机器人、切割机器人和喷涂机器人。

4.5.1　焊接机器人的优点

采用焊接机器人代替手工操作或一般机械操作已成为现代焊接生产中的一个发展方向，它具有下列优点。

1）稳定和提高焊接质量，且保证其均一性。

2）提高生产率，一天可 24h 连续生产。

3）改善工人的劳动条件，可在有害环境下长期工作。

4）降低对工人操作技术的要求。

5）缩短产品改型换代的准备周期，减少相应的设备投资。

6）可实现小批量产品焊接自动化。

7）为焊接柔性生产线提供技术基础。

应用焊接机器人是焊接自动化的革命性进步，它突破了焊接刚性自动化传统方式，开拓了一种柔性自动化新方式。刚性的焊接自动化设备，由于一般都是专用的，只适用于大、中批量产品的自动化生产，因而在中、小批量产品焊接生产中，焊条电弧焊仍然是主要焊接方式。焊接机器人使小批量产品自动化焊接生产成为可能；由于机器人的示教再现功能，只需给它做一次示教，它就能精确地再现示教的每一步操作。若要机器人去做另一项工作，无须改变任何硬件，只要对它再做一次示教即可。因此，在一条焊接机器人生产线上可以自动生产若干种焊件。

4.5.2　工业机器人的构成与分类

（1）机器人的构成

一台工业机器人一般由操作机、控制装置和驱动单元三部分构成，如图 9-4-11 所示。

1）操作机。它是具有和人手臂相似的动作功能，可在空间抓放物体或进行其他操作的机械装置，由机座、手臂、手腕、末端执行器等构成。

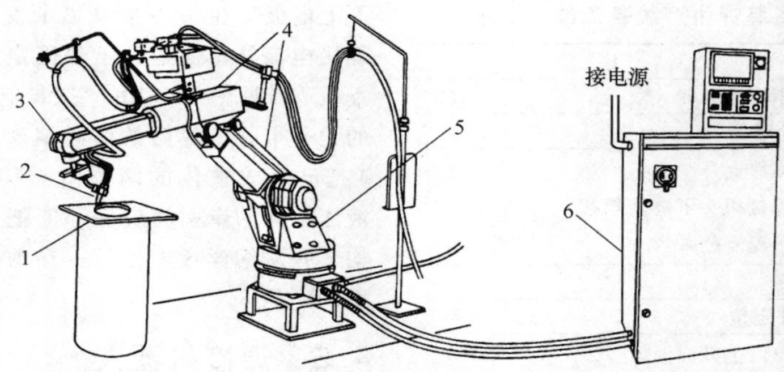

图 9-4-11　工业机器人的构成

1—工件　2—末端执行器　3—手腕　4—手臂　5—操作机座　6—控制系统

① 机座为机器人机构中相对固定、并承受相应力的基础部件。

② 手臂由操作机的动力关节和连接杆件等构成，用于支承和调整手腕和末端执行器位置的部件，又称主轴。

③ 手腕是支承和调整末端执行器姿态的部件，又称次轴。

④ 末端执行器是操作机直接执行工作的装置，如弧焊枪、点焊钳、切割矩、喷枪等。

有些机器人还带有使操作机移动的机械装置，如移动机构和行走机构等。

2）控制装置。它是由人操作起动、停机及示教机器人的一种装置。机器人控制装置一般由计算机控制系统、伺服驱动系统、电源装置及操作装置（如操作面板、显示器、示教盒和操纵杆等）组成。

机器人控制系统一般应具有下列基本功能：记忆功能、示教功能、与外围设备联系功能、坐标设置功能、位置伺服功能、故障诊断安全保护功能以及人机接口、传感器接口等。

3）驱动单元。由驱动器、减速器及检测元件等组成的组件。

① 驱动器是将电能或液体能等转换成机械能的动力装置。按动力源分有电动驱动、液压驱动和气动驱动。焊接机器人多采用电动驱动器，个别重负载点焊机器人有采用液压驱动器。

电动驱动器所用的电动机主要是直流（DC）伺服电动机、交流（AC）伺服电动机和直接驱动（DD）电动机等，均可采用位置闭环控制。优点是控制精度高、功率较大，能精确定位，反应灵敏，可实现高速、高精度的连续轨迹控制，变速范围大，伺服特性好。但控制系统复杂，除 DD 电动机外，难以进行直接驱动，一般需配置减速器。DD 电动机属新型伺服电动机，具有极高的精度和运行速度，无减速装置，用于高速、高精度要求的机器人中。电动驱动器比较适合中、小负载，要求具有较高的位置控制精度和轨迹控制精度，以及速度较高的机器人中。

液压驱动器输出功率很大，压力范围为 50～1400N · cm^{-2}，液体无压缩性，控制精度也较高，可无级调速，反应灵敏，但液压系统易漏油，对环境有污染，液压驱动源需单独成一部件，占地面积大，一般适用于重载、低速驱动的机器人中。

② 减速器。除 DD 电动机外，用其他电动机驱动时需使用减速器，其传动机构与一般机械传动机构相类似。

③ 检测元件是检测机器人自身运动状态的元件，如位置、速度、加速度和平衡传感器等。

作为机器人系统，除了上述各构成部分外，还包括机器人进行作业所要求的外围设备。如弧焊机器人必须有焊枪、弧焊电源、焊件变位机和送丝机等。

（2）机器人的分类

工业机器人尚在不断发展和完善中，目前尚无统一的分类标准。

1）按功能完善程度分有示教再现型机器人、感觉控制型机器人和智能机器人三类。这三类都随着技术进步而形成，具有发展年代特征，后者比前者高级。目前广泛应用的焊接机器人多属示教再现型机器人，它是一种能按示教编程输入工作程序、自动重复地进行工作的机器人，它对环境变化没有应变能力；感觉控制型机器人则具有感知功能（有视觉和触觉等），利用感觉信息进行动作控制，对环境变化有应变能力；智能机器人则由人工智能决定行动的机器人，能理解人的命令、感知周围环境、识别操作对象，并能自行规划操作顺序以完成赋予的任务，属于功能更完善、更接近人的高级机器人。

2）按动作机构分有下列四种类型的机器人，其操作机运动模型如图 9-4-12 所示。

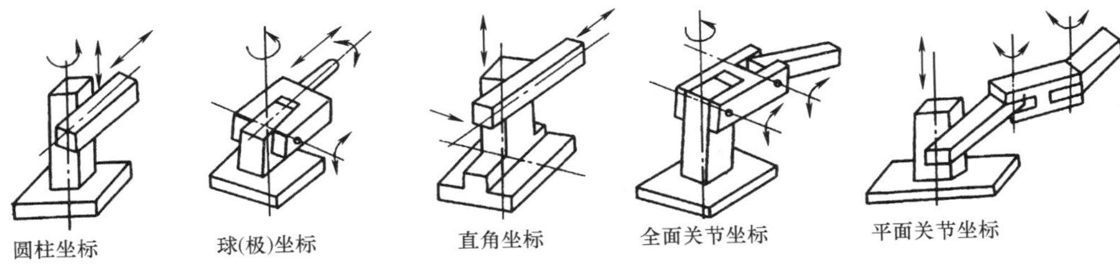

图 9-4-12　按动作形态分类的机器人模型

① 直角坐标型机器人。操作机的手臂具有三个直线运动关节，并按直角坐标形式动作。其运动学模型简单，控制精度易于提高，但结构较庞大，占地面积多，工作空间小，操作灵活性差，运动速度较低。简易的和专用焊接机器人常用这类操作机动作类型。

② 圆柱坐标型机器人。在水平转台上装有立柱，水平臂可沿立柱上下运动并可在水平方向伸缩，其操作范围较大，运动速度较高，但随着水平臂沿水平方向伸长，其线位移分辨精度越来越低。

③ 球（极）坐标型机器人。工作臂不仅可绕垂直轴旋转，还可绕水平轴作俯仰运动，且能沿手臂轴作伸缩运动。它比圆柱坐标型机器人更为灵活，但旋转关节反映在末端执行器上的线位移分辨力是一个变量。

④ 关节型机器人。由多个关节连接的机座、大臂、小臂和手腕等构成。分全面关节和平面关节两种，如图 9-4-12 所示。全面关节型机器人末端执行器全部由旋转运动实现，其特点是机构紧凑，灵活性最好，占地面积小，工作空间大，运动速度较高。但精度受手臂位置和姿态的影响，实现高精度运动较困难。目前的焊接机器人主要采用这种形式。图 9-4-13 所示为这种形式弧焊机器人操作机的动作形态。平面关节型机器人的运动机构特点是上下运动由直线运动构成，其他运动均由旋转运动构成。这种机构垂直方向刚度大，水平方向十分灵活，较适合以装插为主的装配作业。

4.5.3　焊接机器人的主要技术指标

为了正确地选择、购买和使用焊接机器人，必须全面和确切地了解它的技术性能及其指标。焊接机器人的主要技术指标可分成工业机器人的通用指标和焊接机器人的专用指标。

（1）通用技术指标

1）自由度。自由度是表示工业机器人动作灵活程度的参数，一般以沿轴线移动和绕轴线转动的独立运动数来表示。一般有三个自由度数即可达到机器人工作空间任何一点，但由于焊接有方向性，焊枪（焊钳或割炬）不仅要到达某一位置，而且要确定它的空间姿态。因此，弧焊和切割机器人至少需要 5 个自由度，点焊机器人需要 6 个自由度。

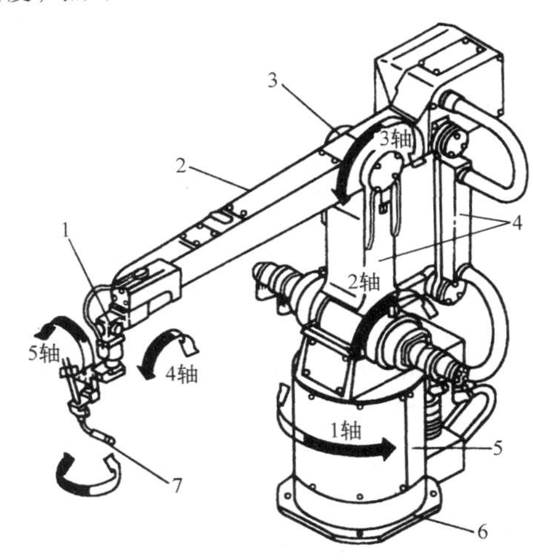

图 9-4-13　全关节型弧焊机器人操作机动作形态
1—手腕　2—小臂　3—肘　4—大臂
5—腰　6—机座　7—焊枪

2）负载。负载是机器人所承受重量、惯性力矩和静态力与动态力的一种功能，在规定的速度和加速度条件下，用沿各运动轴方向作用于末端执行器处的力和转矩来表示。对焊接机器人来说，焊枪及其电缆、割炬及其气管、焊钳及电缆、冷却水管等，都属负载。弧焊和切割机器人的负载能力为 6～10kg；点焊机器人若焊钳和变压器为一体式，为 60～80kg，分离式焊钳为 40～50kg。

3）工作空间。机器人正常运行时，手腕参考点能在空间活动的最大范围，常用图形表示，厂家给出的工作空间是机器人未装任何末端执行器时的最大可达空间。用户装上焊枪后实际可达焊接空间可能比厂家给出的小一些，应注意。

4）最大速度指工业机器人在额定负载，匀速运动过程中，机械接口（手腕末端处）中心或工具中心的最大速度。它是影响生产效率的重要指标。对焊接机器人因焊接速度要求较低，故最大速度只影响焊枪的到位、空行程和结束返回的时间。一般最高速度达 1~1.5m · s^{-1}已满足要求。切割机器人速度视切割方法而定。

5）点到点重复精度是机器人最重要的性能指标。它是在相同的条件下，相同方法操作时，重复多次所测得的同一点的不一致程度。从工艺要求出发，对点焊机器人其精度应达到焊钳电极直径的$\frac{1}{2}$以下，即±1~±2mm；对弧焊机器人，则应小于焊丝直径的$\frac{1}{2}$，即±0.2~±0.4mm。

6）轨迹重复精度是弧焊机器人和切割机器人十分重要的性能指标，是指机械接口中心沿同一轨迹运动，重复多次所测得的轨迹的不一致程度。对弧焊机器人和切割机器人，其精度应小于焊丝直径或割炬孔径的$\frac{1}{2}$，一般应在±0.3~±0.5mm 以下。

除上述六项外，还应注意机器人用户内存容量、插补功能、语言转换功能、自诊断功能和自保护及安全保障功能等。

（2）焊接机器人专用技术指标

1）适用的焊接方法和切割方法。一般弧焊机器人只适用熔化极气体保护焊，不存在高频引弧会对机器人的控制和驱动系统干扰问题。能否用于钨极氩弧焊，则决定于该机器人有没有特殊抗干扰措施。

2）摆动功能。弧焊机器人有此要求。现有弧焊机器人的摆动功能差别很大。最好是选用能在空间（x—y—z）范围内任意设定摆动方式和参数的机器人。

3）焊接 P 点示教功能。对机器人示教是先示教焊缝上某一点的位置，后调整该点焊枪（或焊钳）的姿态。当调整姿态时，原示教点的位置应保持不变。也就是机器人应能自动补偿因调整姿态所引起的 P 点位置的变化，确保 P 点坐标，以方便示教操作者。

4）焊接工艺故障自检和自处理功能。焊接时常出现一些工艺故障，如弧焊时的粘丝、断丝，点焊时的粘电极等，若不及时采取措施，则会发生损坏机器人或报废工件等大事故。机器人必须具有检出这类故障并实时自动停车警告的功能。

5）引弧和收弧功能。为了确保焊接质量，引弧和收弧时，需改变焊接参数，机器人在示教时应能设定和修改。

4.5.4　点焊机器人

（1）点焊机器人操作机的结构

点焊机器人的操作机应能满足点焊工艺如下两个主要要求。

1）焊钳要到达每个焊点。

2）焊点的质量应达到技术要求。

第一个要求，点焊机器人操作机应具有足够的运动自由度和适当长的手臂。目前应用较广的点焊机器人，其本体型式为直角坐标型和全关节型两种。前者可具有 1~3 个自由度，焊件及熔核位置受到限制；后者具有 5~6 个自由度，且分 DC 伺服和 AC 伺服两种形式，能在可达的工作区内任意调整焊钳姿态，以适应多种结构形式的焊件焊接。

第二个要求，点焊机器人焊钳所需的工作电流（一般都很大）应能安全可靠地送达手臂端部，而且焊钳工作压力应达到相应要求。供电直接关系到点焊钳与点焊电源（点焊变压器）的结合形式，而不同结合形式又对机器人的承载能力提出不同的要求。

目前点焊机器人焊钳与点焊变压器的结合形式有分离式、内藏式和一体式三种，因而就有这三种形式的点焊机器人系统，表 9-4-2 分别列出了它们的基本特点。

表 9-4-2　点焊机器人及焊接系统的分类

系统类型	分离式点焊机器人系统	内藏式点焊机器人系统	一体式点焊机器人系统
系统图示	功率变压器	二次电缆 点焊变压器	功率变压器
机器人载重要求(腕)	中	小	大
点焊电源功耗	大	大	小
机器人通用性	好	差	中
系统造价	高	中	低

分离式点焊机器人焊钳与点焊变压器是通过二次电缆相连，点焊所需 10kA 以上的大电流不仅需要粗大的电缆线，而且还需要用水冷却。所以这种电缆一般较粗，且质量大。点焊变压器无论装在机器人上还是在机器人的边上，对焊钳来说都要影响其运动的灵活性和范围。一般把点焊变压器悬挂在机器人上方，可在轨道上沿机器人手腕移动方向移动。为了补偿长电缆能量损耗，必须加大变压器容量，效率较低；内藏式点焊机器人的二次电缆大为缩短，变压器容量可减小。这种机器人本体设计需与变压器统一考虑，使结构变得复杂；一体式焊钳机器人是焊钳与点焊变压器安装在一起，共同固定在机器人手臂末端，省掉了粗大的二次电缆，这样节省能量。同样输出 12000A 电流，分离式焊钳需用 75kV · A 的变压器，而一体式焊钳只需 25kV · A。但一体式焊钳质量显著增大，要求机器人本体承载能力大于 60kg，这样会增加机器人造价。所以发展轻小型一体式焊钳是方向，如逆变式焊钳近年的研究发展很快。

表 9-4-3 是对 20 余种点焊机器人统计的机械结构参数。

表 9-4-3　点焊机器人机械结构参数

结构形式	大量为关节型，少量是直角坐标型、极坐标型和组合式，近年发展门式
轴数	大量为 6 轴，其余 1~10 轴不等，6 轴以上其余为附加轴
重复性	大多为±0.5mm，范围为±(0.1~1)mm
负载	大多为 588~980N，范围为 49~24500N
速度	$2m \cdot s^{-1}$左右
驱动方式	绝大多数为 AC 伺服，少量为 DC 伺服，极少量为电液伺服

(2) 点焊机器人的控制系统

点焊机器人的控制系统主要有如下三种结构形式。

1) 中央结构型。它将焊接控制部分作为一个模块与机器人本体控制部分共同安排在一个控制柜内，由主计算机统一管理并为焊接模块提供数据，焊接过程控制由焊接模块完成。这种结构的优点是设备集成度高，便于统一管理。

2) 分散结构型是将焊接控制器与机器人本体控制柜分开，二者采用应答式通信联系，主计算机给出焊接信号后，其焊接过程由焊接控制器自行控制，焊接结束后给主机发出结束信号，以便主机控制机器人移位，进入下一个焊接循环。这种控制系统应具有通信接口，能识别机器人本体及手控盒的各种信号，并做出相应的反应。分散结构型的优点是调试灵活，焊接系统可以单独使用，但需要一定距离通信，集成度不高。

3) 群控系统是将多台点焊机器人焊机（或普通点焊机）与群控计算机相连，以便对同时通电的数台焊机进行控制。实现部分焊机的焊接电流分时交错，限制电网瞬时负载，稳定电网电压，保证熔核质量。有了群控系统可以使车间供电变压器容量大大下降。此外，当某台机器人出现故障，群控系统启动备用的点焊机器人工作，以保证焊接生产正常进行。

为了适应群控需要，点焊机器人焊接系统都应增加“焊接请求”及“焊接允许”信号，并与群控计算机相连。

需要指出，点焊机器人的工作特点虽然是点到点（PTP）的作业，但由于在许多工业应用场合是多台机器人同时作业，而它们的工作空间又互相交叉，为了防止碰撞，必须对它们的作业轨迹进行合理规划。因此机器人需有连续轨迹控制功能。

此外，焊接控制系统应能对点焊变压器过热、晶闸管过热、晶闸管短路与断路、气网失压、电网电压超限、粘电极等故障进行自诊断及自保护，除通知本体停机外，还应显示故障种类。

(3) 点焊机器人的选择要点

选用或购买点焊机器人时，还应注意以下几点。

1) 点焊机器人实际可达到的工作空间应大于焊接所需的工作空间，该工作空间由焊点位置及其数量确定。

2) 点焊速度应与生产线速度相匹配，点焊速度应大于或等于生产线速度。

3) 按工件形状、焊缝位置等选用焊钳，垂直及近似于垂直的焊缝宜选 C 型焊钳；水平及水平倾斜的焊缝选用 X 型焊钳。

4) 应选用内存容量大、示教功能全、控制精度高的点焊机器人。

4.5.5　弧焊机器人

机器人是一种高度柔性化的应用设备，当机器人的末端执行器是弧焊焊枪时，它就成为一台高度柔性化的弧焊机器人。目前生产上多为熔化极或非熔化极气体保护电弧焊机器人，焊接结构钢和铬镍钢时主要是熔化极 CO_2 气体保护焊和 MAG 焊，焊接铬镍钢、铝及铝合金时为 MIG 焊。

(1) 弧焊机器人系统的构成

单独一台弧焊机器人是不能用于生产的，为了充分发挥其功能，需在机器人的周边配备必要的设备，使之构成一个系统，互相协调地工作，成为弧焊柔性制造单元，俗称弧焊机器人工作站，如图 9-4-14 所示。

弧焊机器人工作站由弧焊机器人操作机 1、焊件变位器 2、控制盒 3、焊接设备（包括焊枪、弧焊电源、送丝机和气瓶等）4 和控制柜 5 等组成。实际上该系统就是一个焊接中心（或焊接工作站）。图中操作机固定在基座上（也可根据需要作成移动的），为了更经济地使用机器人，至少应有两个工位轮番进行焊接。图中配了两台焊件变位器，变位器的安装必须使工件变位均处在机器人工作范围之内。选用什么形式的焊件变位器，取决于工件的结构特点和工艺程序。通常要合理地分解焊枪（操作机）和焊件变位器各自职能，使两者按照统一的程序进行作业。这样，不但简化了机器人的运动和自由度，而且还降低了对控制系统的要求。图 9-4-15 所示为另外几种可供配套用的双工位焊件变位器。图 9-4-16 所示为具有两工位回转工作台的变位器配置例子。这套系统的操作者和焊接机器人同时工作，两者之间用弧光-飞溅隔离屏隔开。操作者将工件装配好后，由回转台送入焊接工位。已焊完的工件同时转回原位，经检查补焊后从工作台上卸下。这种配置使工装的运用得到简化，并能焊接很复杂的工件，生产率大为提高。

弧焊机器人一般应具有如图 9-4-17 所示的电弧摆动方式的功能，才能满足弧焊工艺的需要。

为了提高焊接（特别是长焊缝）的精度，近年来发展了一种先进的三维激光焊缝识别及跟踪装置，如图 9-4-18 所示。其工作原理是将轻巧紧凑的跟踪装置安装在弧焊机器人焊枪之前，点弧前该装置的激光发射器对焊接起始处进行扫描。引弧后，边向前移动焊接，边作横向跨接缝扫描。由激光传感器获取焊缝的有关数据（如坡口形式及走向、焊缝横截面各处深度等），将数据输入机器人控制装置中进行处理，并与存入数据库中的焊缝模型数据进行比较，把实时测得数据与模型数据之差值作为误差信号，从而去驱动机器人运动，修正焊枪的轨迹，以提高焊接精度。

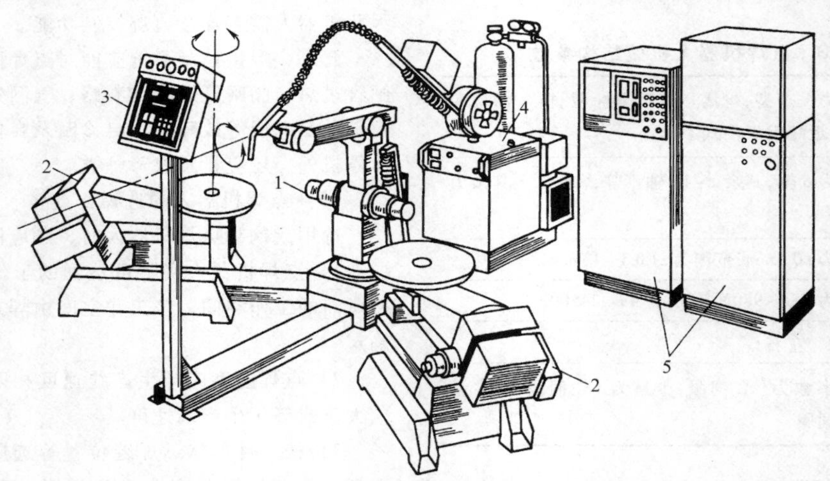

图 9-4-14　弧焊机器人工作站

1—操作机　2—焊件变位器　3—控制盒　4—焊接设备　5—控制柜

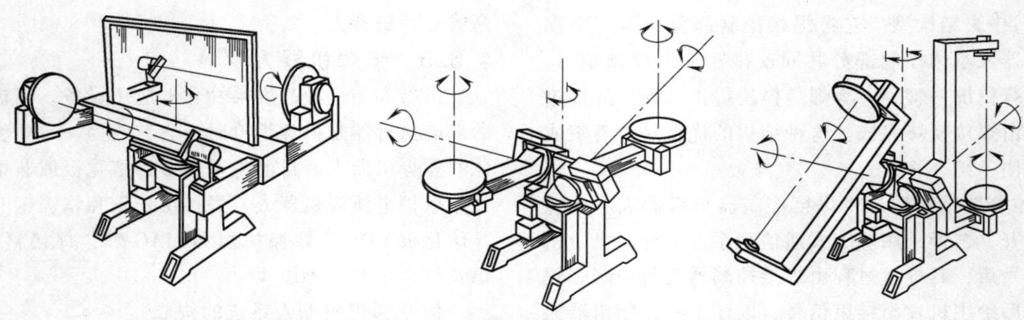

图 9-4-15　与弧焊机器人配套用的双工位焊件变位器

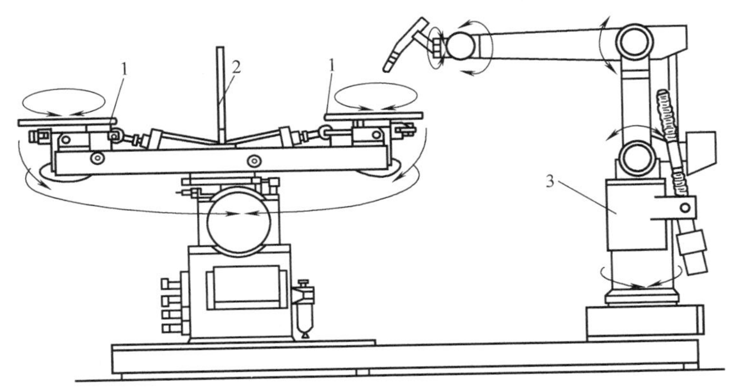

图 9-4-16　配备具有两工位回转工作台的焊件变位器

1—工作台　2—弧光-飞溅隔离屏　3—机器人操作机

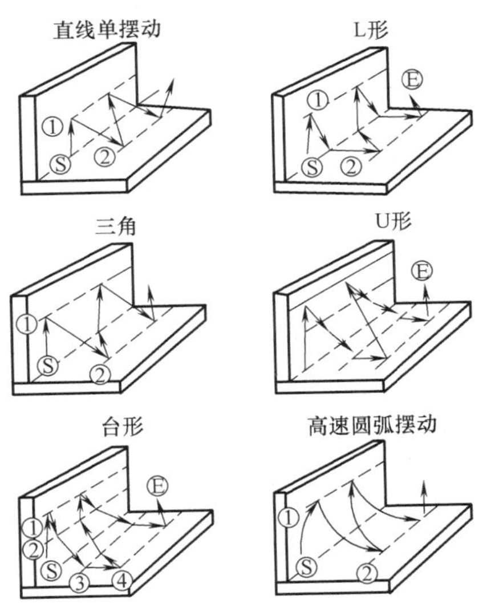

图 9-4-17　弧焊机器人摆动方式

Ⓢ—起始点　Ⓔ—结束点　①~④—工步

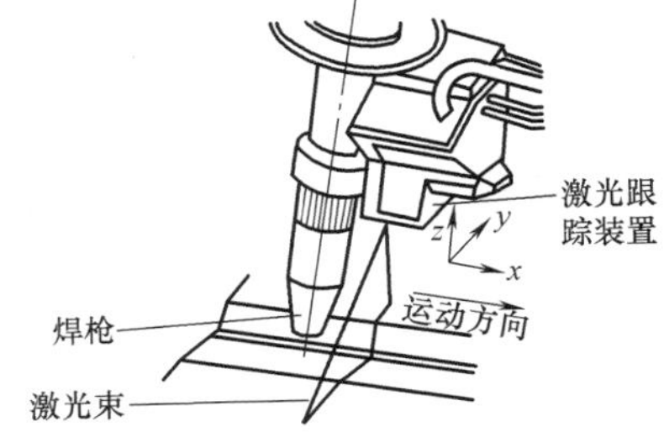

图 9-4-18　三维激光焊缝识别跟踪装置示意图

(2) 弧焊机器人控制系统

弧焊机器人控制系统在控制原理、功能及组成上和通用型机器人基本相同。目前最流行的是采用分级控制的系统结构。一般分为两级：上级负责管理、坐标变换、轨迹生成等，下级由若干处理器组成，每一处理器负责一关节的动作控制。这样实时性好，易于实现高速、高精度控制，还易于扩展。控制方式一般是点位控制（PTP）或连续路径控制（CP），前者只控制运动所达到的位置和姿态，而不控制其路径；后者不仅要控制行程的起点和终点，而且控制其路径。弧焊机器人周边设备的控制，如工件上料速度及定位夹紧、变位、送丝速度、电弧电压、焊接电流、保护气体供断等的调控，设有单独的控制装置，可以单独编程，同时又和机器人控制装置进行信息交换。由机器人控制系统实现全部作业的协调控制。

(3) 弧焊机器人及其周边设备的选择要点

在全面了解焊接机器人的功能和技术指标的基础上进行选择，需注意以下几点。

1) 选择能满足弧焊工艺所需的自由度，一般具有 6 个自由度的机器人可以保证焊枪的任意空间轨迹和姿态。全面关节型操作机适于焊接直线和弧形等各种空间曲线焊缝，直角坐标型操作机宜焊接长的直线焊缝。在选择时还需根据与焊件变位器匹配的情况来确定机器人所需的自由度数。

2) 弧焊机器人的一般机械参数见表 9-4-4，可以根据产品结构和工艺需要以及技术要求来选择。要注意示教再现型弧焊机器人的重复轨迹精度，它不仅是说明该弧焊机器人的技术（性能）水平，同时也是对用户焊前装配的定位与夹紧以及变位质量提出相应的要求。只有焊件焊前装配与变位造成的轨迹误差小于弧焊机器人示教轨迹重复精度，才能发挥机器人该精度的优势。否则机器人的重复精度再高也无意义，故需互相适应。

表 9-4-4　弧焊机器人的一般机械参数

轴数	一般 5~6 轴，最多达 12 轴（6 个附加轴）
重复精度	在±0.01~±0.5mm 范围，多为±0.1~±0.2mm
负载	在 24.5~24500N 范围，多为 49~147N
速度	在 0.09~11.8m · s^{-1}范围，以 1m · s^{-1}左右居多
驱动方式	以 DC 伺服较多，AC 伺服驱动近年来大有发展

通常弧焊机器人对周边设备的技术要求是确保工件上焊缝的到位精度达到±0. 2mm。若市售周边设备达不到此要求，则需专门设计和制作。

3）用于工业机器人的焊接电源及送丝设备，由于其参数选择必须由机器人控制器直接控制，因此，选购的焊接设备也需与弧焊机器人相适应。电源在其功率和接通持续时间上必须与自动过程相符合；必须安全可靠地引燃电弧，并无故障地工作。通常都采用可控硅整流电源、晶体管脉冲电源和逆变弧焊电源等。现在有些焊接设备制造厂为工业机器人设计专用的弧焊电源，采用微处理机控制，以便与工业机器人控制系统交换信号。

送丝系统必须保证送丝稳定，速度能调节。为了机器人能自由移动和减轻机器人负载，送丝机构应单独安置，并采用软管输送，软管应尽量短。

（4）弧焊机器人用例

弧焊机器人在我国已经在汽车、自行车、电气机械、工程机械等行业应用。有些是采用进口机器人，也有用国产机器人。这里介绍使用国产 GJR—GI 弧焊机器人焊接自行车前三角架的例子。图 9-4-19 所示为该弧焊机器人及其周边设备简图，表 9-4-5 为机器人的主要技术参数。该机采用具有 6 个自由度的多关节型操作机，示教再现的操作方法。焊件变位器是具有双工位的回转台，可手动操作回转 180°。台上中间加隔板，工人在一边上、下料，另一边是机器人施焊。利用气动定位锁紧，回转台夹具出现误动作时，机器人不动作，以保安全。焊接工艺的要点是，焊枪起弧后快速移到起焊点并延时，以防虚焊；熄弧时电流逐渐衰减至零。用直流电，电弧电压为 16~44V，焊接电流为 60~400A，焊接速度为 5~20mm · s^{-1}，混合气体比例 CO_2 : Ar 为 1 : 4。

由于采用弧焊机器人，由弧焊工艺代替了旧的管接头连接的盐浴钎焊工艺，降低了能耗，减轻了工人的劳动强度，改善了劳动环境，产品质量得到提高，一次合格率从旧工艺的 93%上升到 99%；生产率也从原来每件需 29min 减到每件 20min；金属材料定额也从 13. 26kg/辆下降到 9. 45kg/辆，按年产 40 万辆自行车计，则节约原材料 1500t，每年节约工时 32 人 · 年；以往产品更新需一年时间，而使用弧焊机器人后，两个月即可推出一种新车型，增强了产品竞争力。

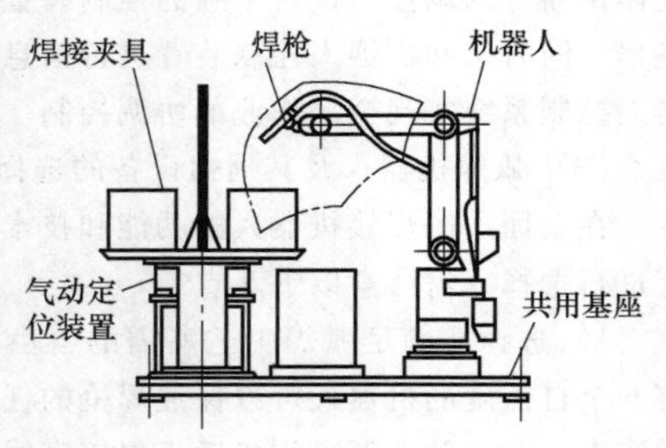

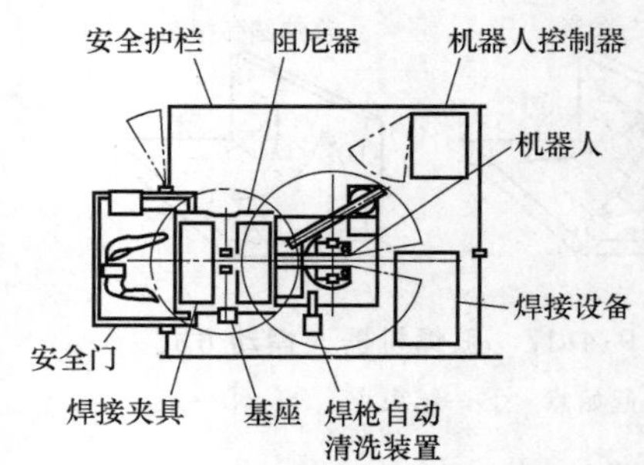

图 9-4-19　自行车前三角架弧焊机器人系统

表 9-4-5　GJR—GI 机器人技术参数

结构形式	自由度数	腕部最大负载	驱动方式	位置重复性	操作方法	位置控制方式
空间多关节式	6	49N	直流伺服电动机	±0.2mm	示教再现	PTP CP

第5章 焊接检验

5.1 概述

5.1.1 焊接检验的作用与意义

现代化生产要求全面质量管理，即要求产品从设计、制造一直到出厂后的销售服务等所有环节都实行质量保证和质量控制。作为生产过程中质量保证和质量控制重要手段之一的质量检验，则要求贯穿在整个生产过程的始终。

焊接生产的质量检验简称焊接检验，它是指根据产品的有关标准和技术要求，对焊接生产过程中的原材料、半成品、成品的质量以及工艺过程进行检查和验证，目的是保证产品符合质量要求，防止废品的产生。

焊接检验既关乎企业的经济效益，也关乎社会效益。

1）生产过程中若每一道工序都进行检验，就能及时发现问题、及时进行处理，避免最后发现大量缺陷，难以返修而报废，造成时间、材料和劳力浪费，使制造成本增加。

2）新产品在试制过程中通过焊接检验就可以发现设计和工艺中存在的问题，从而进行有针对性的改进，使产品的质量得以保证和提高，进而为社会提供适用而安全可靠的新产品。

3）产品在使用过程中定期进行焊接检验，可以发现在使用过程产生、但尚未导致破坏的缺陷，从而及时消除发现的缺陷防止事故发生，延长产品的使用寿命。

焊接检验对于生产者，是保证产品质量的手段；对于主管部门，是对企业进行质量评定和监督的手段；对于用户，则是对产品进行验收的重要手段。检验结果是产品质量、安全和可靠性评定的依据。

5.1.2 产品质量检验的依据

在检验工作中，确定产品制造过程的检验内容、方式和方法时必须有依据；当检测结果出来后，评定该制造环节是否符合质量要求，或者制订验收标准时，也需要有依据。

1. 产品的施工图样

图样规定了产品加工制造后必须达到的材质特性、几何特性（如形状、尺寸等），以及加工精度（如公差等）的要求等。

2. 技术标准

技术标准包括国家的、行业的或企业的有关标准和技术法规。在这些标准或法规中规定了产品的质量要求和质量评定的方法。

3. 产品制造的工艺文件

如工艺规程等，在这些文件中根据工艺特点提出必须满足的工艺要求。

4. 订货合同

在订货合同中有时对产品提出附加要求，作为图样和技术文件的补充规定，同样是制造和验收的依据。

目前，在我国焊接生产中已经颁布的可作为检验依据的部分标准如下：

1）GB/T 985.1—2008《气焊、焊条电弧焊、气体保护焊和高能束焊的推荐坡口》。

2）GB/T 985.2—2008《埋弧焊的推荐坡口》。

3）GB/T 19804—2005《焊接结构的一般尺寸公差和形位公差》。

4）GB 50205—2001《钢结构工程施工质量验收规范》。

5）GB/T 19418—2003《钢的弧焊接头 缺陷质量分级指南》。

6）GB/T 3323—2005《金属熔化焊焊接接头射线照相》。

7）GB/T 11345—2013《焊缝无损检测 超声检测 技术、检测等级和评定》。

8）GB/T 12605—2008《无损检测 金属管道熔化焊环向对接接头射线照相检测方法》。

9）NB/T 47013.1～14—2012～2016《承压设备无损检测》。

10）GB/T 15830—2008《无损检测 钢制管道环向焊缝对接接头超声检测方法》。

11）GB/T 26952—2011《焊缝无损检测 焊缝磁粉检测 验收等级》。

12）GB/T 26953—2011《焊缝无损检测 焊缝渗透检测 验收等级》。

此外，按合于使用准则评价含缺陷的焊接产品合用性，国内外已经制定出数种标准，经实践证明是可行的。这些标准的理论依据是断裂力学。

我国于2004年颁布了GB/T 19624—2004《在用

含缺陷压力容器安全评定》。适用于在用钢制含有超标缺陷压力容器的安全评定。

5.1.3　产品质量检验方式

产品在生产过程中可以采用各种检验方式来达到质量保证与质量控制的目标。有些产品在标准或技术要求中就明确规定了检验方式，有些产品需在检验设计时根据需要和可能性选定。表9-5-1列出了质量检验方式的分类及其基本特征。

表9-5-1　质量检验方式的分类及其基本特征

分　类	检验方式	基本特征
按工艺流程	预先检验	在加工之前对原材料、外协件或外购件的检验
	中间检验	加工过程中完成每道工序后或完成数道工序后进行的检验
	最后检验	完成全部加工或装配后对成品进行的完工检验
按检验地点	定点检验	在固定检验点(或站)进行的检验
	在线现场检验	在产品生产线上现场对产品进行的检验
按检验频次	全数检验	对检查对象逐件检验,即百分之百进行的检验
	抽样检验	在批量生产中按原先规定的百分比抽检
按预防性	首件检验	对改变加工对象或改变生产条件后生产出的前几件产品进行的检验
	统计检验	运用数理统计和概率原理进行的检验
按检验制度	自行检验	由生产操作人员在工序完成后自行的检验
	专人检验	由质量检验部门派出专职检验人员进行的检验,通常是检验手段或技术比较复杂的检验
	监督检验	由制造、订货以外的第三方监督部门进行的检验

重型或大型复杂的焊接结构，多是单件或小批量生产，为了及时发现制造过程中的质量问题，避免出现废品，一般对每一道关键工序都采取预先检验、中间检验和最后检验的方式。在批量生产过程中，在下列情况下宜采用全检，即100%的产品检验。

1）产品价值很高，出现一个废品能带来很大的经济损失时。

2）产品质量的好坏会给人们的生命安全带来很大的危害时。

3）条件允许的检验，如焊接的表面缺陷等。

4）抽检后发现不合格品较多或整批不合格时。

为了缩短生产周期，减少检验费用，在下列情况下可考虑采用抽检，即部分产品检验。

1）在产品上有相同类型的焊缝，且在同一工艺条件下焊接的，可抽检部分焊缝。

2）产品数量很多，而加工设备优良，质量比较稳定、可靠时，可抽检其中部分产品。

3）被检对象是生产线上的连续性产品，如高频焊管、压制涂料焊条等。

4）对产品的力学性能和物理性能要作破坏性试验时，或对特殊产品作爆破试验时，如液化石油气钢瓶、乙炔钢瓶等产品。

抽检的对象必须有代表性，抽检百分比视加工设备完好程度、工艺水平高低和产品的重要性等因素综合确定。

5.1.4　焊接检验方法及其分类

焊接质量检验的方法，按其特点和内容可归纳为表9-5-2所列的三大类。

表9-5-2　焊接检验方法的分类

类　别	特　点	内　容	
破坏性检验	检验过程中需破坏被检对象的结构	力学性能试验	包括:拉伸、弯曲、冲击、硬度、疲劳、韧度等试验
		化学分析与试验	化学成分分析、晶间腐蚀试验、铁素体含量测定
		金相与断口的分析试验	宏观组织分析、微观组织分析、断口检验与分析
非破坏性检验	检验过程中不破坏被检对象的结构和材料	外观检验	包括:母材、焊材、坡口、焊缝等表面质量检验,成品或半成品的外观几何形状和尺寸的检验
		强度试验	水压强度试验、气压强度试验
		致密性试验	气密性试验、吹气试验、载水试验、水冲试验、沉水试验、煤油试验、渗透试验、氦检漏试验

（续）

类　别	特　点	内　容	
非破坏性检验	检验过程中不破坏被检对象的结构和材料	无损检测试验	射线检测、超声波检测、磁粉检测、渗透检测、涡流检测
工艺性检验	在产品制造过程中为了保证工艺的正确性而进行的检验	材料焊接性试验，焊接工艺评定试验，焊接电源检验，工艺装备检验，辅助机械及工具检验，结构的装配质量检验，焊接参数检验，预热、后热及焊后热处理检验	

5.1.5 焊接缺欠及其分类

焊接结构在制作过程中受各种因素影响，生产出每一件产品都不可能完美无缺，不可避免地产生焊接缺欠，它的存在不同程度地会影响产品的质量和安全使用。焊接检验目的之一就是运用上述各种检验方法把焊件上产生的各种缺欠检查出来，并按有关标准对它进行评定，以决定对缺欠的处理。

1. 焊接缺欠与焊接缺陷

缺欠与缺陷本无原则区别，均表征产品不完整或有缺损。但对于焊接结构而言，基于合于使用准则，有必要对缺欠和缺陷赋予不同的含义。

在焊接接头中的不连续性、不均匀性以及其他不健全等的欠缺，统称焊接缺欠。不符合焊接产品使用性能要求的焊接缺欠，称焊接缺陷。也就是说，焊接缺陷是属于焊接缺欠中不可接受的那一种缺欠，该缺欠必须经过修补处理才能使用，否则就是废品。

判别焊接缺陷的标准是焊接缺欠的容限。国际焊接学会（ⅡW）第Ⅴ委员会从质量管理角度提出了两个质量标准 Q_A 和 Q_B，如图 9-5-1 所示。Q_A 是用于正常质量管理的质量水平，它是生产厂家的努力目标，必须按 Q_A 进行管理生产，Q_A 也是用户的期望标准；Q_B 是根据合于使用准则确定出反映缺欠容限的最低质量水平，只要产品质量不低于 Q_B 水平，该产品即使有缺欠，也能满足使用要求，不必返修就可投入使用。如果达不到 Q_B 的质量水平，则该产品所存在的缺欠只能经修补处理后才能使用，否则报废。

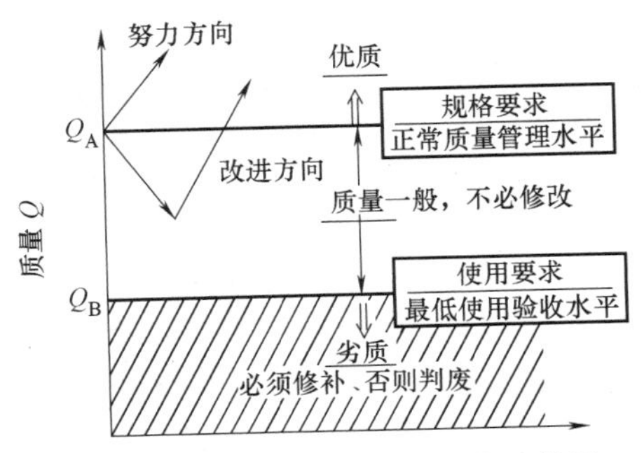

图 9-5-1　ⅡW-Ⅴ的质量标准示意图

这样，达不到 Q_A 标准的焊接产品便是有焊接缺欠的产品，达不到 Q_B 标准的焊接产品为有焊接缺陷的产品；处于 Q_A 和 Q_B 标准之间的产品就属于虽有缺欠但可使用的一般质量的产品。这里 Q_B 的质量水平便成为产品验收的最低标准。

必须指出，焊接缺陷对每一结构，甚至每一结构中的每一构件都不相同。通常通过测试、计算和相关判据才能确定。

2. 焊接缺欠的分类

焊接缺欠的种类很多，有不同的分类方法。如熔焊接头就可以按表观上分或按主要成因分，如图 9-5-2和图 9-5-3 所示。若从影响断裂机制分，则有平面缺欠和非平面缺欠，前者包括裂纹、未熔合和线状夹渣等，后者包括气孔和圆形夹渣等。

GB/T 6417.1—2005《金属熔化焊接头缺欠分类及说明》和 GB/T 6417.2—2005《金属压力焊接头缺欠分类及说明》则根据缺欠的性质和特征将缺欠分成如下六大类：

第一类为裂纹；第二类为孔穴；第三类为固体夹杂；第四类为未熔合（和未焊透）；第五类为形状和尺寸不良；第六类为其他缺欠。

每一大类中又按缺欠存在的位置及状态分为若干小类。为了方便使用和管理，标准采用缺欠代号表示各种焊接缺欠。表 9-5-3 给出了熔焊接头各类焊接缺欠的代号、分类及说明，表 9-5-4 给出了压焊接头各类焊接缺欠的代号、分类及说明。

当需要在技术文件中对焊接缺欠进行标注时，应采用下列方式标注：

缺欠+标准号+代号

例如：熔焊接头裂纹 100，可标记为：缺欠 GB/T 6417.1-100；压焊接头裂纹 P1001，可标记为：缺欠 GB/T 6417.2-P1001。

为了更完整地表示裂纹性质，标注裂纹时可组合使用表 9-5-3 的代号和表 9-5-5 所列的参照代码，该代码是国际焊接学会（ⅡW）用于评估射线底片的。

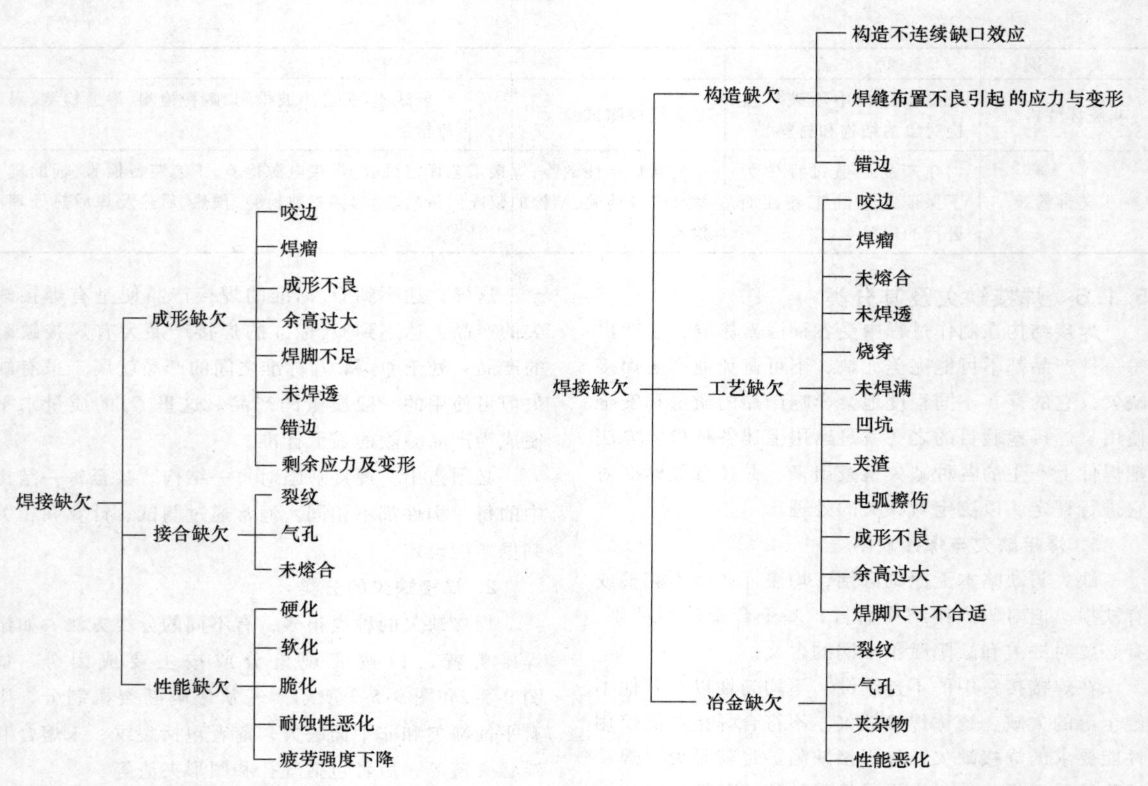

图 9-5-2　按表观上分类的缺欠　　　图 9-5-3　按主要成因分类的缺欠

表 9-5-3　熔焊接头各类焊接缺欠的代号、分类及说明（摘自 GB/T 6417.1—2005）

代号		名称及说明			示意图
第 1 类　裂纹					
100		裂纹		一种在固态下由局部断裂产生的缺欠，它可能源于冷却或应力效果	—
101	1011	纵向裂纹	基本与焊缝轴线相平行的裂纹	焊缝金属中的纵向裂纹	1014 1011 1013 1012
	1012			熔合线上的纵向裂纹	
	1013			热影响区中的纵向裂纹	
	1014			母材中的纵向裂纹	
102	1021	横向裂纹	基本与焊缝轴线相垂直的裂纹	焊缝金属中的横向裂纹	1021 1024 1023
	1023			热影响区中的横向裂纹	
	1024			母材中的横向裂纹	
104	1045	弧坑裂纹	在焊缝弧坑处的裂纹	纵向的弧坑裂纹	1045
	1046			横向的弧坑裂纹	1046
	1047			放射状的（星形裂纹）弧坑裂纹	1047

（续）

代　号	名称及说明		示　意　图
	第 2 类　孔穴		
201	气孔	残留气体形成的孔穴	—
2011	球形气孔	近似球形的孔穴	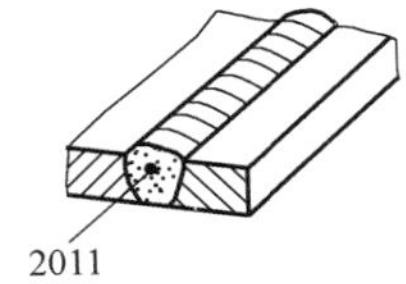
2013	局部密集气孔	呈任意几何分布的一群气孔	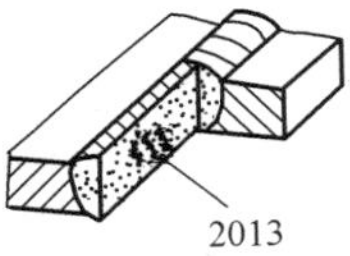
2014	链状气孔	与焊缝轴线平行的一串气孔	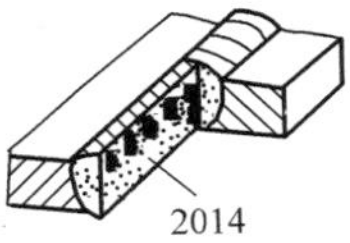
2017	表面气孔	暴露在焊缝表面的气孔	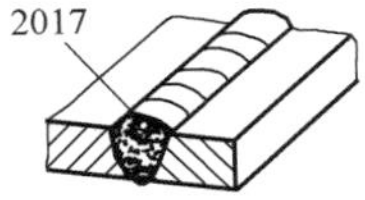
202	缩孔	由于凝固时收缩造成的孔穴	—
2021	结晶缩孔	冷却过程中在树枝晶之间形成的长形收缩孔，可能残留有气体。这种缺欠通常可在焊缝表面的垂直处发现	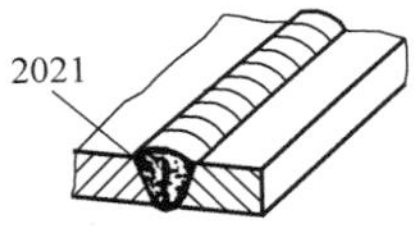
2024	弧坑缩孔	焊道末端的凹陷孔穴，未能被后续焊道消除	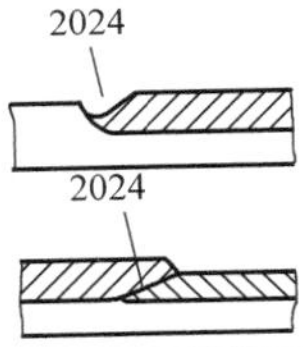
2025 *	末端弧坑缩孔	减少焊缝横截面的外露缩孔	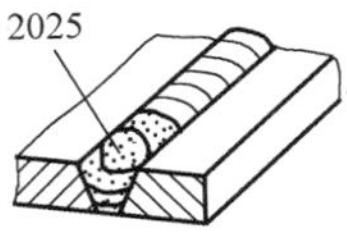
	第 3 类　固体夹杂		
301	夹渣	残留在焊缝金属中的熔渣。根据其形成的情况	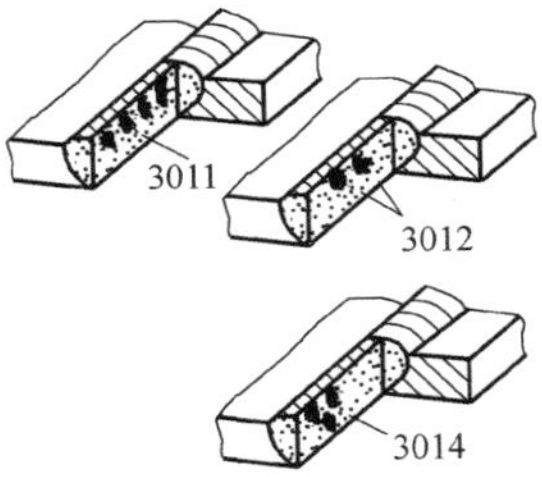
3011		线状的夹渣	
3012		孤立的夹渣	
3014 *		成簇的夹渣	

（续）

代号		名称及说明			示意图
第 4 类 未熔合及未焊透					
401	4011	未熔合	焊缝金属和母材或焊缝金属各焊层之间未结合的部分	侧壁未熔合	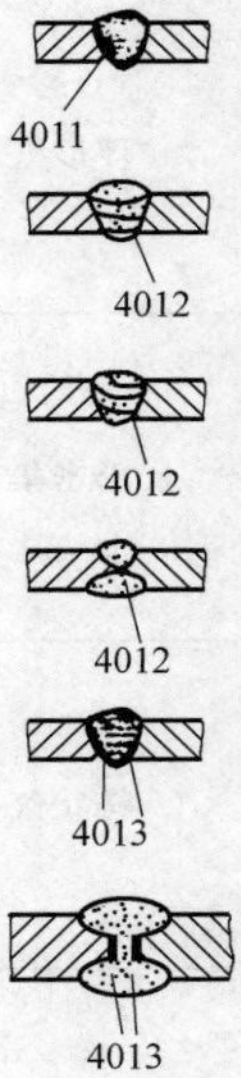
	4012			焊道间未熔合	
	4013			根部未熔合	
402		未焊透		实际熔深与公称熔深之间的差异	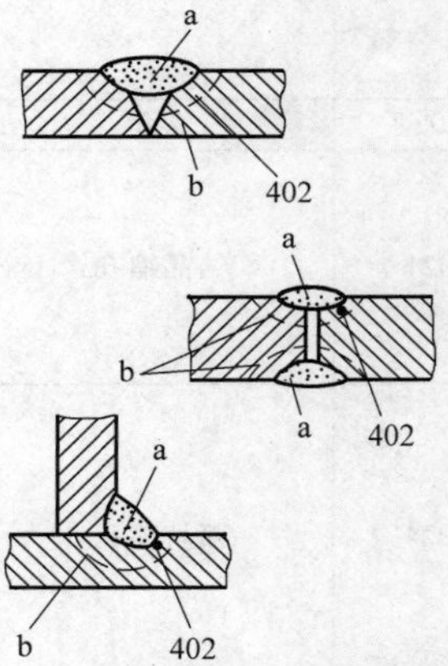 a—实际熔深 b—公称熔深
4021 *		根部未焊透		根部的一个或两个熔合面未熔化	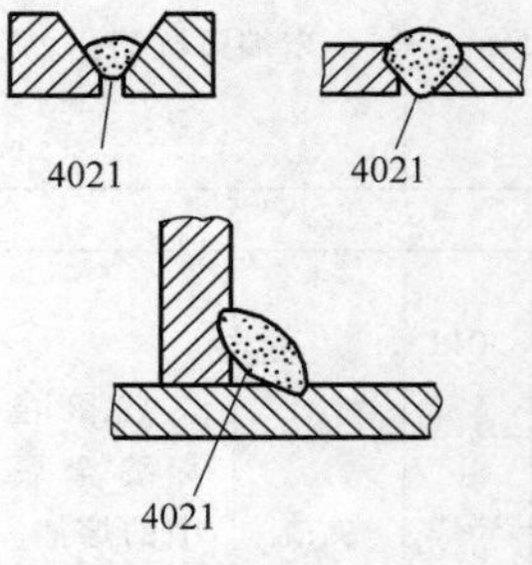
第 5 类 形状和尺寸不良					
501 *		咬边		母材（或前一道熔敷金属）在焊趾处因焊接而产生的不规则缺口	—

（续）

代号		名称及说明			示意图
第 5 类　形状和尺寸不良					
5011		连续咬边		具有一定长度且无间断的咬边	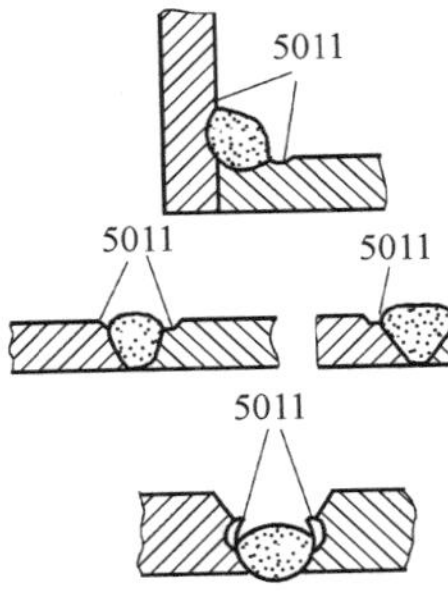
5012		间断咬边		沿着焊缝间断、长度较短的咬边	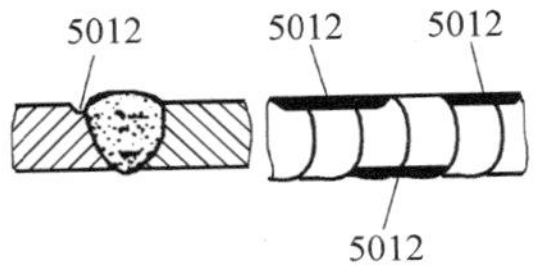
502		焊缝超高		对接焊缝表面上焊缝金属过高	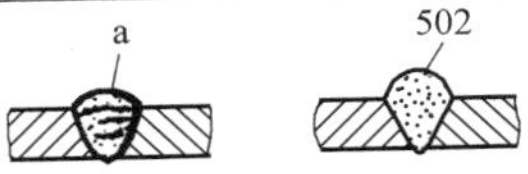 a—公称尺寸
503		凸度过大		角焊缝表面上焊缝金属过高	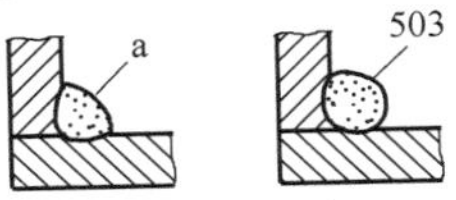 a—公称尺寸
504	5041	下榻	过多的焊缝金属伸出到了焊缝的根部	局部下榻	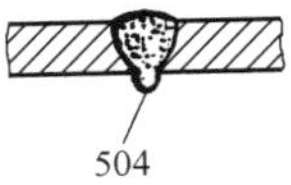
	5042 *			连续下榻	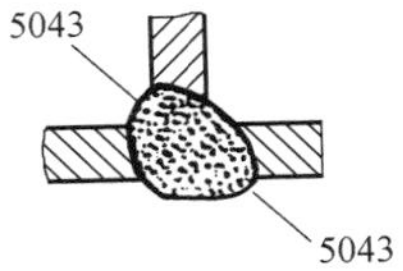
	5043 *			熔穿	
505		焊缝形面不良		母材金属表面与靠近焊趾处焊缝表面的切面之间的夹角 α 过小	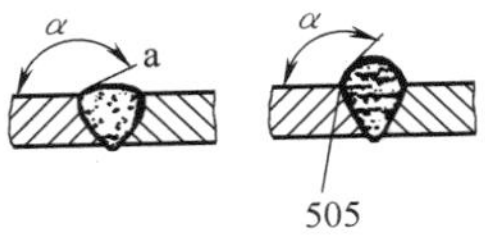 a—公称尺寸
506	5061 *	焊瘤	覆盖在母材金属表面，但未与其熔合的过多焊缝金属	焊趾焊瘤，在焊趾处的焊瘤	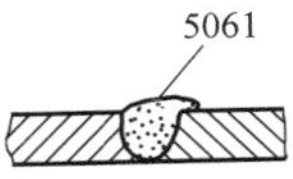
	5062 *			根部焊瘤，在焊缝根部的焊瘤	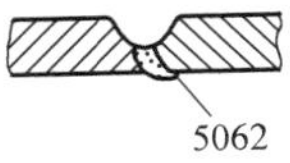

（续）

代　号		名称及说明			示　意　图
第5类　形状和尺寸不良					
507	5071*	错边	两个焊件表面应平行对齐时，未达到规定的平行对齐要求而产生的偏差	板材的错边，焊件为板材	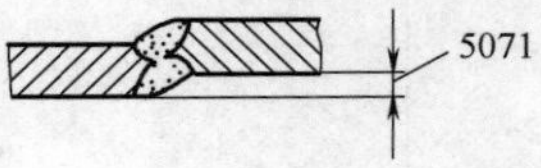
	5072*			管材的错边，焊件为管子	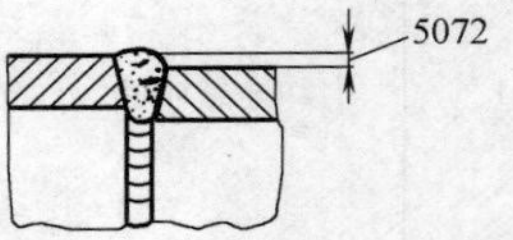
508		角度偏差		两个焊件未平行（或未按规定角度对齐）而产生的偏差	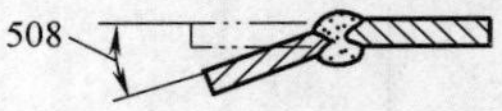
509	5091	下垂	由于重力而导致焊缝金属塌落	水平下垂	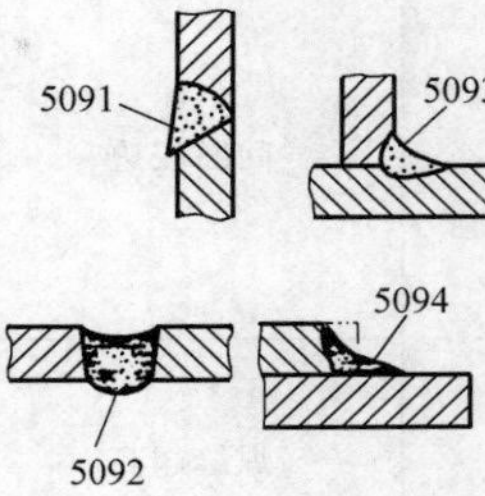
	5092			在平面位置下垂	
	5093			角焊缝下垂	
	5094			焊缝边缘熔化下垂	
510		烧穿		焊接熔池塌落导致焊缝内的孔洞	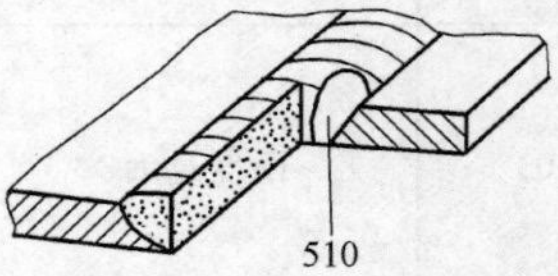
511		未焊满		因焊接填充金属堆敷不充分，在焊缝表面产生纵向连续或间断的沟槽	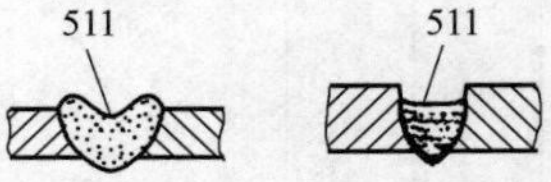
512		焊脚不对称			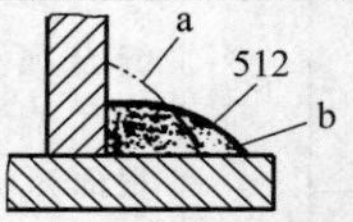 a—正常形状　b—实际形状
第6类　其他缺欠					
600		其他缺欠		从第1类~第5类未包含的所有其他缺欠	—
601		电弧擦伤		由于在坡口外引弧或起弧而造成焊缝邻近母材表面处局部损伤	—
602		飞溅		焊接（或焊缝金属凝固）时，焊缝金属或填充材料迸溅出的颗粒	—
608*		双面焊道错开		在接头两面施焊的焊道中心线错开	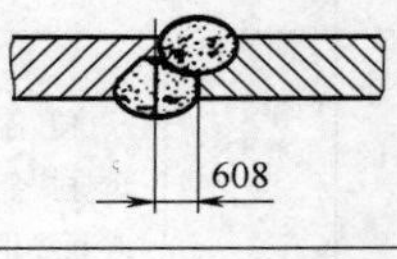
610*		回火色（可观察到氧化膜）		在不锈钢焊接区产生的轻微氧化表面	—
613*		表面鳞片		焊接区严重的氧化表面	—
614*		焊剂残留物		焊剂残留物未从表面完全消除	—

（续）

代　号	名称及说明		示　意　图
第 6 类　其他缺欠			
615*	残渣	残渣未从焊缝表面完全消除	—
617*	角焊缝的根部间隙不良	被焊部分之间的间隙过大或不足	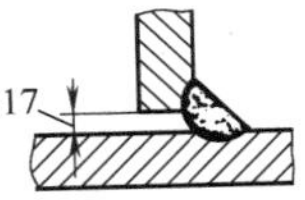
618*	膨胀	凝固阶段保温时间加长使轻金属接头发热而造成的缺欠	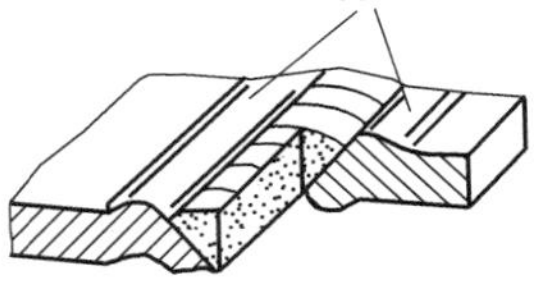

注：带“*”的为新列入的缺欠种类。

表 9-5-4　压焊接头各类焊接缺欠的代号、分类及说明（摘自 GB/T 6417.2—2005）

代　号		名称及说明			示意图
第 1 类　裂纹					
P100		裂纹		一种在固态下由局部断裂产生的缺欠，通常源于冷却或应力	—
P101	P1011	纵向裂纹	基本与焊缝轴线相平行的裂纹	焊缝中的纵向裂纹	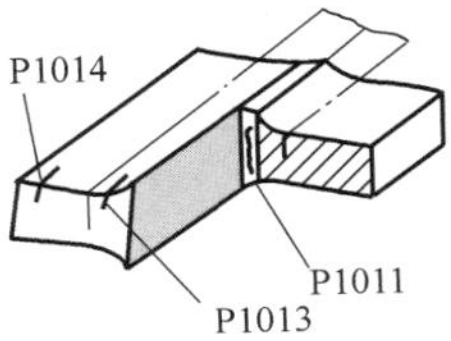
	P1013			热影响区中的纵向裂纹	
	P1014			未受影响的母材中的纵向裂纹	
P102	P1021	横向裂纹	基本与焊缝轴线相垂直的裂纹	焊缝中的横向裂纹	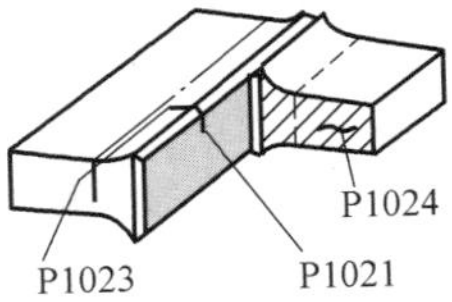
	P1023			热影响区中的横向裂纹	
	P1024			未受影响的母材中的横向裂纹	
P1100		星形裂纹		从某一公共中心点辐射的多个裂纹，通常位于熔核内	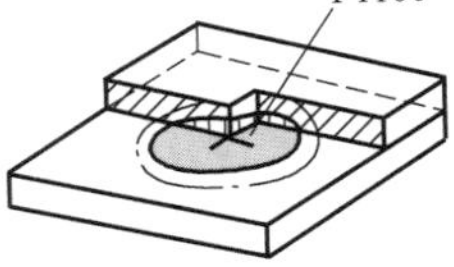
P1400		热影响区裂纹			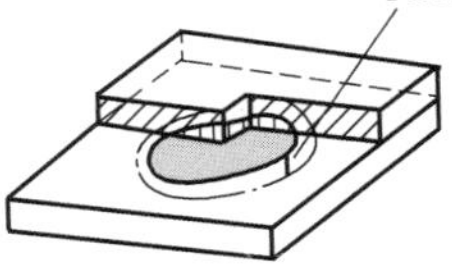
P1600		表面裂纹		在焊缝区表面裂开的裂纹	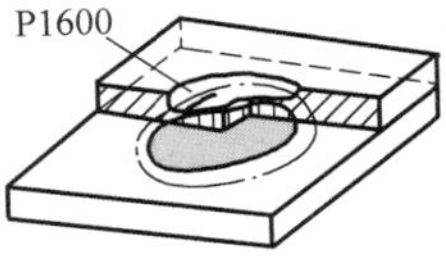

（续）

代　号	名称及说明		示　意　图
	第2类　孔穴		
P200	孔穴		—
P201	气孔	熔核、焊缝或热影响区残留气体形成的孔穴	—
P2011	球形气孔	近似球形的孔穴	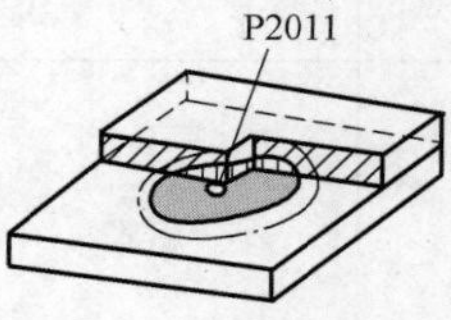 P2011
P2013	局部密集气孔	均匀分布的一群气孔	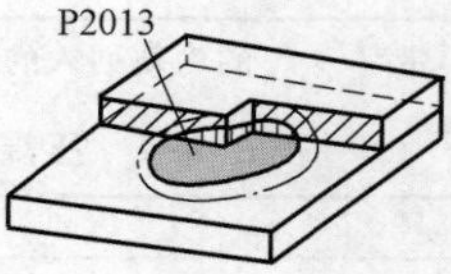 P2013
P2016	虫形气孔	因气体逸出而在焊缝金属中产生的一种管状气孔穴。通常这种气孔成串聚集并呈鲱骨形状	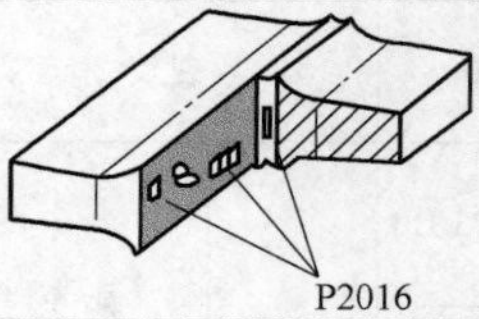 P2016
	第3类　固体夹杂		
P301	夹渣	残留在焊缝中的非金属夹杂物（孤立的或成簇的）	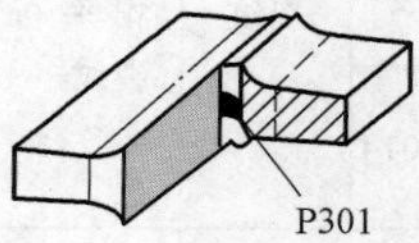 P301
P303	氧化物夹杂	焊缝中细小的金属氧化物夹杂（孤立的或成簇的）	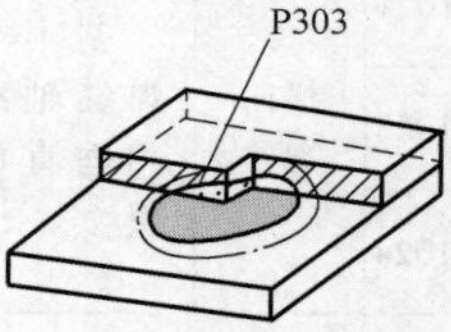 P303
	第4类　未熔合		
P403	熔合不足	贴合面仅部分连接或连接不足	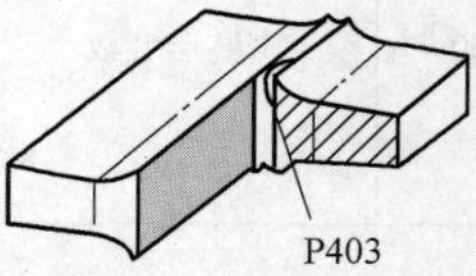 P403
	第5类　形状和尺寸不良		
P500	形状缺欠	与要求的接头形状有偏差	—
P501	咬边	焊接在表面形成的沟槽	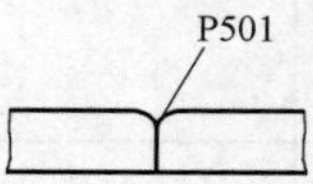 P501
P502	飞边超限	飞边超过了规定值	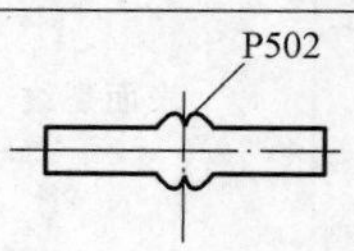 P502

（续）

代　号	名称及说明		示　意　图
	第 5 类　形状和尺寸不良		
P503	组对不良	在压平缝焊时因组对不良而使焊缝处的厚度超标	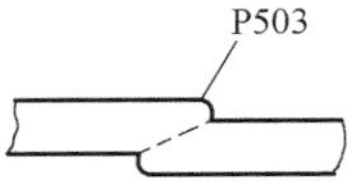 P503
P507	错边	两个焊件表面应组成同一平面时，未达到平面要求而产生的偏差	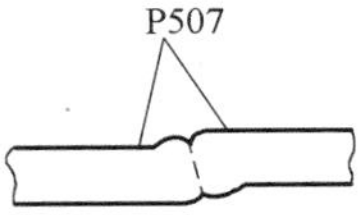 P507
P5211	熔核或飞边厚度不足	熔核熔深或焊接飞边太小	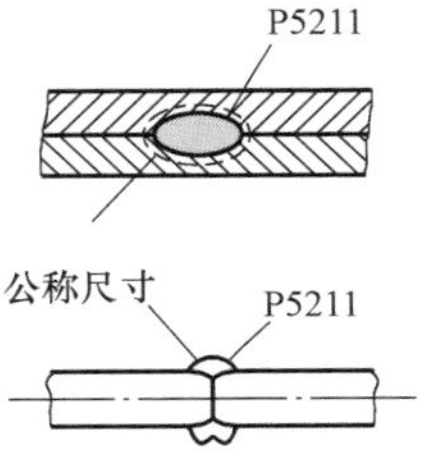 P5211 公称尺寸 P5211
P5212	熔核厚度过大	熔核比要求的限值大	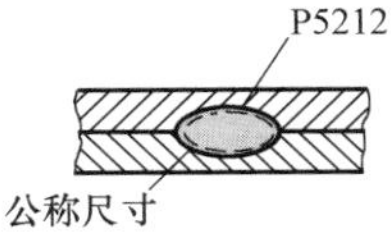 P5212 公称尺寸
P5213	熔核直径太小	熔核直径小于要求的限值	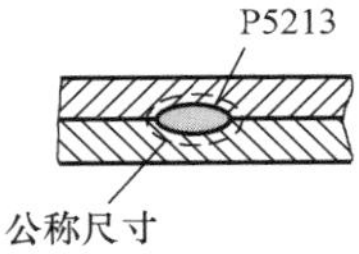 P5213 公称尺寸
P5214	熔核直径太大	熔核直径大于要求的限值	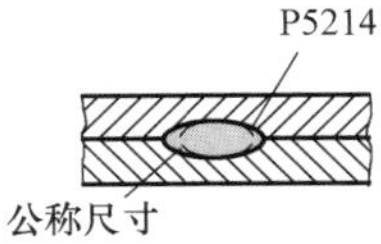 P5214 公称尺寸
P5215	熔核或焊缝飞边不对称	熔核或飞边量的形状或位置不对称	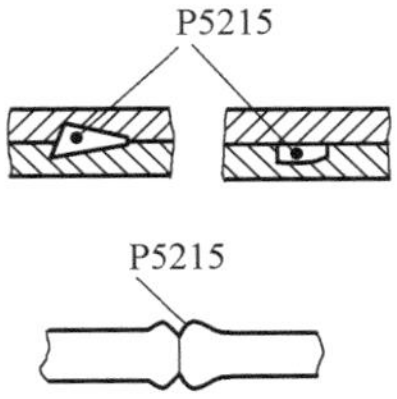 P5215 P5215
P5216	熔核熔深不足	从焊件的连接面测得的熔深不足	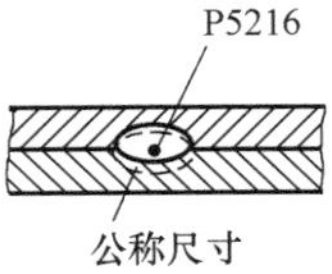 P5216 公称尺寸

（续）

代号	名称	说明	示意图
第 5 类 形状和尺寸不良			
P525	薄板间隙过大	焊件之间的间隙大于允许的上限值	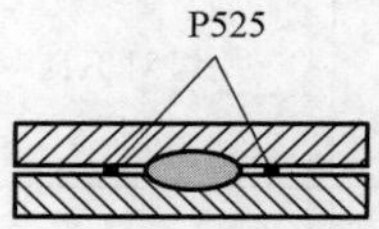 P525
P526	表面缺欠	焊件表面在焊后状态呈现不合要求的偏差	—
P5261	凹坑	在电极实压区焊件表面的局部塌坑	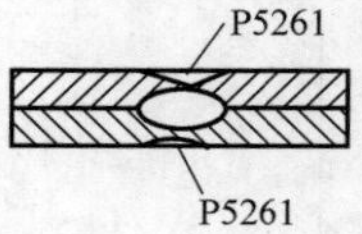 P5261 P5261
P5263	黏附电极材料	电极材料黏附在焊件表面	—
P5264	电极压痕不良	电极压痕尺寸偏离规定要求	—
P52641	压痕过大	压痕直径或宽度大于规定值	—
P52642	压痕深度过大	压痕深度超过规定值	—
P52643	压痕不均匀	压痕深度或直径或宽度不规则	—
P5267	夹痕	夹具导致焊件表面的机械损伤	—
P527	熔核不连续	焊点未充分搭接形成连续的焊缝	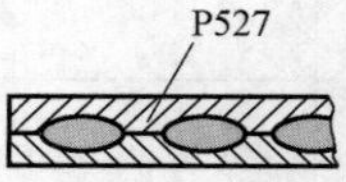 P527
P528	焊缝错位		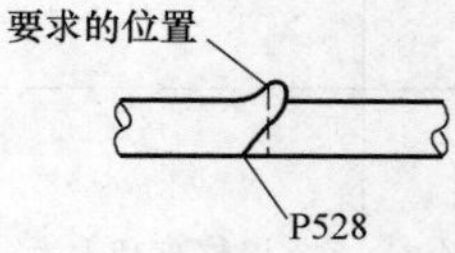 要求的位置 P528
P530	弯曲接头（“钟形”）	焊管在焊缝区产生变形	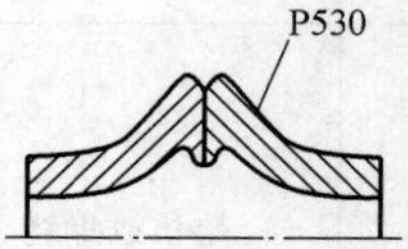 P530
第 6 类 其他缺欠			
P602	飞溅	附着在焊件表面的金属颗粒	—
P612	材料挤出物（焊接喷溅）	从焊接区域挤出的熔化金属（包括飞溅或焊接喷溅）	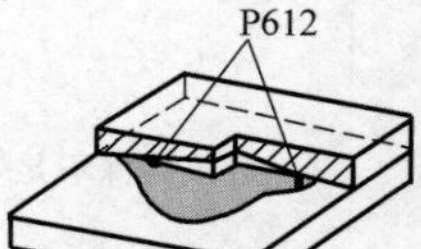 P612

表 9-5-5 焊接裂纹种类及说明（摘自 GB/T 6417.1—2005）

参照代码		名称及说明		参照代码		名称及说明	
E	Ea	焊接裂纹	热裂纹	E	Eg	焊接裂纹	脆性裂纹
	Eb		凝固裂纹		Eh		收缩裂纹
	Ec		液化裂纹		Ei		氢致裂纹
	Ed		沉淀硬化裂纹		Ej		层状撕裂
	Ee		时效硬化裂纹		Ek		焊趾裂纹
	Ef		冷裂纹		El		时效裂纹(氮扩散裂纹)

3. 产生焊接缺欠的原因分析

当产品的焊接缺欠被检出来后，除对它进行评定并做出处理外，还有一项更为重要的工作，即对产生该焊接缺欠产生的原因进行分析。找出产生该缺欠的真正原因才能对症下药，进行根治，防止缺欠再次发生。

事实上有许多焊接缺欠都可以从材料、结构和工艺三方面查找原因。表 9-5-6 所列为钢材熔焊常见焊接缺欠产生的主要原因。

表 9-5-6 焊接缺欠产生的主要原因（以钢结构为例）

类别	名　称	材料因素	结构因素	工艺因素
热裂纹	凝固裂纹	1)钢中易熔杂质偏析 2)钢中或焊缝中 C、S、P 含量高,Ni 含量高 3)焊缝中 Mn 与 S 的含量比太小	1)焊缝附近的刚度较大(如大厚度、高拘束度的构件) 2)接头形式不合适,如熔深较大的对接接头和各种角焊缝(包括搭接接头、丁字接头和外角接焊缝)抗裂性差 3)接头附近的应力集中(如密集、交叉的焊缝)	1)焊接热输入过大,使近缝区的过热倾向增加,晶粒长大,引起结晶裂纹 2)熔深与熔宽比过大 3)焊接顺序不合适,焊缝不能自由收缩
	液化裂纹	钢中杂质多而易熔	1)焊缝附近的刚度较大,如大厚度、高拘束度的构件 2)接头附近的应力集中,如密集、交叉的焊缝	1)热输入过大,使过热影响区晶粒粗大,晶界熔化严重 2)熔池形状不合适,凹度太大
	高温失延裂纹	单相奥氏体组织		热输入过大,使温度过高,容易产生裂纹
冷裂纹	氢致裂纹	1)钢中的 C 或合金元素含量过高,使淬硬倾向增大 2)焊接材料中的含氢量较高	1)焊缝附近的刚度较大(如材料的厚度大,拘束度高) 2)焊缝布置在应力集中区 3)坡口形式不合适(如 V 形坡口的拘束应力较大)	1)接头熔合区附近的冷却时间(800~500℃)小于出现铁素体(800~500°)临界冷却时间,热输入过小 2)未使用低氢焊条 3)焊接材料未烘干,焊口及焊件表面有水分、油污及铁锈 4)焊后未进行保温处理
	淬火裂纹	1)钢中的 C 或合金元素含量过高,使淬硬倾向过大 2)对于多组元合金的马氏体钢,焊缝中出现块状铁素体	—	1)对冷裂倾向较大的材料,其预热温度未作相应的提高 2)焊后未立即进行高温回火 3)焊条选择不合适
	层状撕裂	1)焊缝中出现片状夹杂物(如硫化物、硅酸盐和氧化铝等) 2)母材基体组织硬脆或产生时效脆化 3)钢中的含硫量过多	1)接头设计不合理,拘束应力过大(如 T 形角焊、角接头和贯通接头) 2)拉应力沿板厚方向作用	1)热输入过大,使拘束应力增加 2)预热温度较低 3)由于焊根裂纹的存在导致层状撕裂的产生

（续）

类别	名 称	材料因素	结构因素	工艺因素
再热裂纹	再热裂纹	1）焊接材料的强度过高 2）母材中 Cr、Mo、V、B、S、P、Cu、Nb、Ti 的含量较高 3）热影响区粗晶区域的组织未得到改善（未减少或消除马氏体组织）	1）结构设计不合理造成应力集中（如对接焊缝和角焊缝重叠） 2）坡口形式不合适导致较大的拘束应力	1）回火温度不够，持续时间过长 2）焊趾处形成咬边而导致应力集中 3）焊接次序不对，使焊接应力增大 4）焊缝的余高导致近缝区的应力集中
气孔	气孔	1）熔渣的氧化性增大时，由 CO 引起气孔的倾向增加；当熔渣的还原性增大时，则产生氢气孔的倾向增加 2）焊件或焊接材料不清洁（有铁锈、油类和水分等杂质） 3）与焊条、焊剂的成分及保护气体的气氛有关 4）焊条偏心，药皮脱落	仰焊、横焊易产生气孔	1）当电弧功率不变，焊接速度增大时，增加了产生气孔的倾向 2）电弧电压太高（电弧过长） 3）焊条、焊剂在使用前未进行烘干 4）使用交流电源易产生气孔 5）气体保护焊时，气体流量不合适
夹渣	夹渣	1）焊条和焊剂的脱氧、脱硫效果不好 2）渣的流动性差 3）在原材料的夹杂中含硫量较高及硫的偏析程度较大	立焊、仰焊易产生夹渣	1）电流大小不合适，熔池搅动不足 2）焊条药皮成块脱落 3）多层焊时层间清渣不够 4）电渣焊时焊接条件突然改变，母材熔深突然减小 5）操作不当
未熔合	未熔合	—	—	1）焊接电流小或焊接速度快 2）坡口或焊道有氧化皮、熔渣及氧化物等高熔点物质 3）操作不当
未焊透	未焊透	焊条偏心	坡口角度太小，钝边太厚，间隙太小	1）焊接电流小或焊接速度太快 2）焊条角度不对或运条方法不当 3）电弧太长或电弧偏吹
形状缺欠	咬边	—	立焊、仰焊时易产生咬边	1）焊接电流过大或焊接速度太慢 2）在立焊、横焊和角焊时，电弧太长 3）焊条角度和摆动不正确或运条不当
	焊瘤	—	坡口太小	1）焊接参数不当，电压过低，焊接速度不合适 2）焊条角度不对或电极未对准焊缝 3）运条手法不正确
	烧穿和下塌	—	1）坡口间隙过大 2）薄板或管子的焊接易产生烧穿和下塌	1）电流过大，焊接速度太慢 2）垫板托力不足
	错边	—	—	1）装配不正确 2）焊接夹具质量不高

（续）

类别	名 称	材料因素	结构因素	工艺因素
形状缺欠	角变形	—	1)角变形程度与坡口形状有关(如对接焊缝V形坡口的角变形大于X形坡口) 2)角变形与板厚有关,板厚为中等时角变形最大,厚板、薄板的角变形较小	1)焊接顺序对角变形有影响 2)在一定范围内,热输入增加,则角变形也增加 3)反变形量未控制好 4)焊接夹具质量不高
形状缺欠	焊缝尺寸、形状不符合要求	1)熔渣的熔点和黏度太高或太低都会导致焊缝尺寸、形状不合要求 2)熔渣的表面张力较大,不能很好地覆盖焊缝表面,使焊纹粗、焊缝高、表面不光滑	坡口不合适或装配间隙不均匀	1)焊接参数不合适 2)焊条角度或运条手法不当
其他缺欠	电弧擦伤	—	—	1)焊工随意在坡口外引弧 2)接地不良或电气接线不好

5.2 焊接接头质量要求及其缺陷分级

5.2.1 钢结构焊缝外形尺寸要求

焊接接头质量要求通常是以相关的标准、法规或产品设计的技术要求为依据。在没有这些依据时，下面介绍的内容可供参考。

为了获得符合要求的焊缝外形尺寸，焊前的坡口准备应符合 GB/T 985.1～4—2008 的有关规定，焊后焊缝的外形应均匀，焊道与焊道、焊道与基本金属之间应平滑过渡。

I 形坡口对接焊缝（包括 I 形带垫板对接焊缝）如图 9-5-4 所示。它的焊缝宽度 $c=b+2a$，余高 h 值应符合表 9-5-7 的规定。

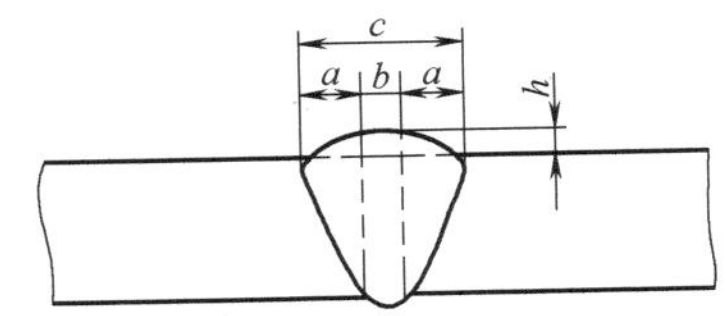

图 9-5-4 I 形坡口

表 9-5-7 余高 h 值

焊接方法	焊缝形式	焊缝宽度 c/mm		焊缝余高 h/mm
		c_{min}	c_{max}	
埋弧焊	I 形焊缝	$b+8$	$b+28$	0～3
	非 I 形焊缝	$g+4$	$g+14$	
焊条电弧焊及气体保护焊	I 形焊缝	$b+4$	$b+8$	平焊:0～3
	非 I 形焊缝	$g+4$	$g+8$	其余:0～4

注：1. 表中 b 值应符合 GB/T 985.1—2008、GB/T 985.2—2008 标准要求的实际装配值。

2. g 值计算结果若带小数时，可利用数字修约法计算到整数位。

非 I 形坡口对接焊缝（GB/T 985.1—2008、GB/T 985.2—2008 中除 I 形坡口外的各种坡口形式的对接焊缝）如图 9-5-5 所示。其焊缝宽度 $c=g+2a$，余高 h 也应符合表 9-5-7 的规定。g 值（见图 9-5-6）按下式计算

V 形 $\quad g=2\tan\beta(\delta-p)+b$

U 形 $\quad g=2\tan\beta(\delta-R-p)+2R+b$

焊缝最大宽度 c_{max} 和最小宽度 c_{min} 的差值，在任意 50mm 焊缝长度范围内不得大于 4mm，整个焊缝长度范围内不得大于 5mm。

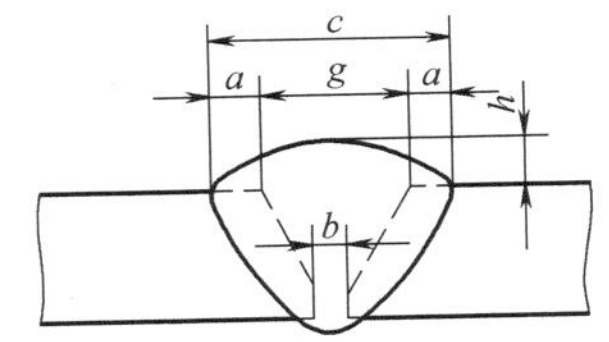

图 9-5-5 非 I 形坡口

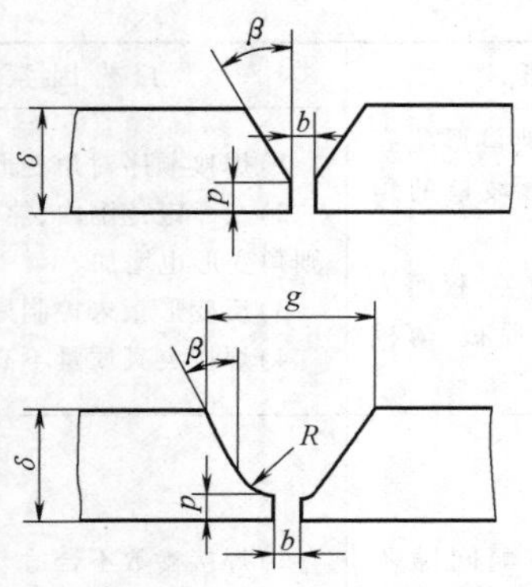

图 9-5-6　V形、U形坡口 g 值的计算

在任意300mm连续焊缝长度内，焊缝边缘沿焊缝轴向的直线度 f 如图 9-5-7 所示，其值应符合表 9-5-8 的规定。

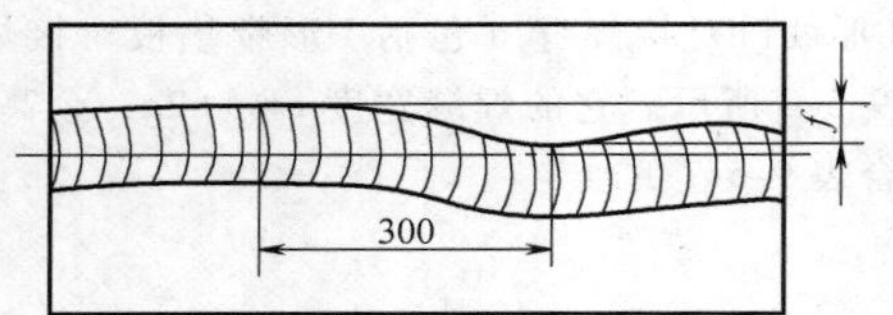

图 9-5-7　焊缝边缘直线度

表 9-5-8　焊缝边缘直线度 f 值

焊 接 方 法	焊缝边缘直线度 f / mm
埋弧焊	≤4
焊条电弧焊及气体保护焊	≤3

焊缝表面凹凸，在焊缝任意25mm长度范围内焊缝余高 $h_{max}-h_{min}$ 的值不得大于2mm，如图 9-5-8 所示。

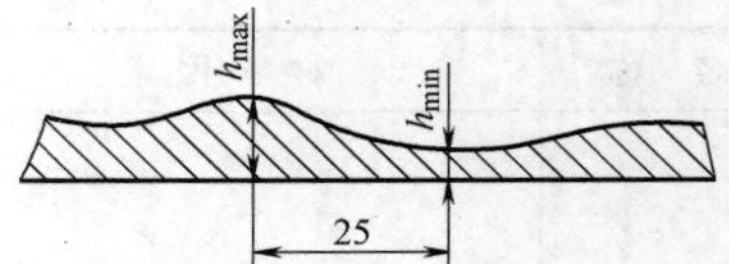

图 9-5-8　焊缝余高差

角焊缝的焊脚尺寸 K 值由设计或有关技术文件注明，其焊脚尺寸 K 值的偏差应符合表 9-5-9 的规定。

表 9-5-9　焊脚尺寸 K 值偏差

焊 接 方 法	尺寸偏差/mm	
	$K<12$	$K\geqslant12$
埋弧焊	+4	+5
焊条电弧焊及气体保护焊	+3	+4

焊缝外形尺寸经检验超出上述规定时，应进行修磨或按一定工艺进行局部补焊。返修后应符合标准中规定，且补焊的焊缝应与原焊缝间保持圆滑过渡。特殊要求的焊缝外形尺寸，可参照有关标准和技术条件执行。

5.2.2　钢熔焊接头缺陷分级

钢熔化焊接头缺陷分级实质上就是缺陷容限的分级。这里介绍 GB/T 19418—2003《钢的弧焊接头缺陷质量分级指南》，它等同于国际标准 ISO 5817：1992。

该标准适用于厚度为3～63mm的钢材，用弧焊方法在所有焊接位置上焊接的对接焊缝和角焊缝以及支管接头。焊接接头缺陷质量分为 D（一般）、C（中等）和 B（严格）三个等级。每个等级对焊接接头缺陷限值作了统一规定，见表 9-5-10。

表 9-5-10　焊接缺陷质量分级的限值（摘自 GB/T 19418—2003）

序号	缺陷名称	GB/T 6417.1～2—2005 代号	说　明	缺陷质量分组限值		
				D(一般)	C(中等)	B(严格)
1	裂纹	100	除显微裂纹($hl\leqslant1mm^2$)、弧坑裂纹(见序号2)以外的所有裂纹	不允许		
2	弧坑裂纹	104	—	允许	不允许	
3	气孔及密集气孔	2011 2012 2014 2017	缺陷必须满足下列条件及限值： a)投影区域或断裂面内缺陷总和的最大尺寸 b)单个气孔的最大尺寸 对接焊缝 角焊缝 c)密集气孔的最大尺寸	4% $d\leqslant0.5s$ $d\leqslant0.5a$ 5mm	2% $d\leqslant0.4s$ $d\leqslant0.4a$ 4mm	1% $d\leqslant0.3s$ $d\leqslant0.3a$ 3mm

（续）

序号	缺陷名称	GB/T 6417.1~2—2005 代号	说　　明	缺陷质量分组限值		
				D（一般）	C（中等）	B（严格）
4	局部密集气孔	2013	密集气孔的整个区域应合计并计算下述两个区域（即包含所有气孔的封闭区或以焊缝宽度为直径的圆）中面积较大者的百分比 多孔区应当是局部性的，应当考虑隐藏其他种类缺陷的可能性 缺陷必须满足下列条件和限值： a）投影区域或断裂面内缺陷总和的最大尺寸 b）单个气孔的最大尺寸 对接焊缝 角焊缝 c）局部密集气孔的最大尺寸	16% $d \leqslant 0.5s$ $d \leqslant 0.5a$ 4mm	8% $d \leqslant 0.4s$ $d \leqslant 0.4a$ 3mm	4% $d \leqslant 0.3s$ $d \leqslant 0.3a$ 2mm
5	条形气孔 虫形气孔	2015 2016	长缺陷 对接焊缝 角焊缝 任何条件下，条形气孔、虫形气孔的最大尺寸	$h \leqslant 0.5s$ $h \leqslant 0.5a$ 2mm	不允许	不允许
			短缺陷 对接焊缝 角焊缝 任何条件下，条形气孔、虫形气孔的最大尺寸	$h \leqslant 0.5s$ $h \leqslant 0.5a$ 4mm	$h \leqslant 0.4s$ $h \leqslant 0.4a$ 3mm	$h \leqslant 0.3s$ $h \leqslant 0.3a$ 2mm
6	固体夹杂（铜夹杂除外）	300	长缺陷 对接焊缝 角焊缝 任何条件下，固体夹杂的最大尺寸	$h \leqslant 0.5s$ $h \leqslant 0.5a$ 2mm	不允许	不允许
			短缺陷 对接焊缝 角焊缝 任何条件下，固体夹杂的最大尺寸	$h \leqslant 0.5s$ $h \leqslant 0.5a$ 4mm	$h \leqslant 0.4s$ $h \leqslant 0.4a$ 3mm	$h \leqslant 0.3s$ $h \leqslant 0.3a$ 2mm
7	铜夹杂	3024	—	不允许		
8	未熔合	401	—	允许，但只能是间断性的，而且不得造成表面开裂	不允许	
9	未焊透	402	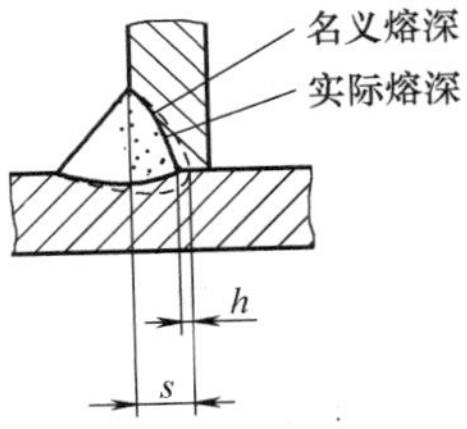 名义熔深 实际熔深 h s a)	长缺陷不允许		不允许
				短缺陷： $h \leqslant 0.2s$ 最大 2mm	短缺陷： $h \leqslant 0.1s$ 最大 1.5mm	—

（续）

序号	缺陷名称	GB/T 6417.1~2—2005代号	说明	缺陷质量分组限值 D(一般)	C(中等)	B(严格)
				长缺陷不允许		不允许
9	未焊透	402	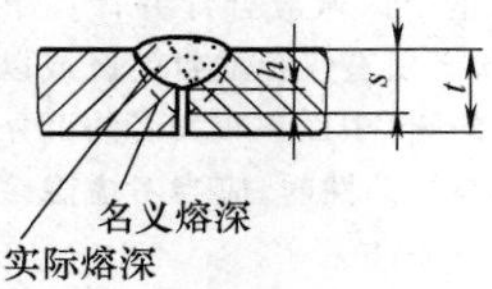 b) 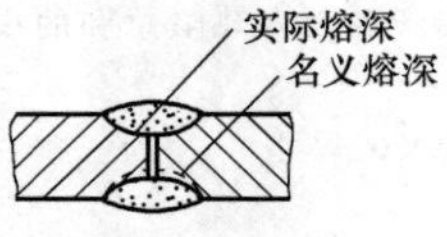 c)	短缺陷： $h\leqslant0.2s$ 最大2mm	短缺陷： $h\leqslant0.1s$ 最大1.5mm	—
10	角焊缝装配不良	—	被焊件之间的间隙过大或不足 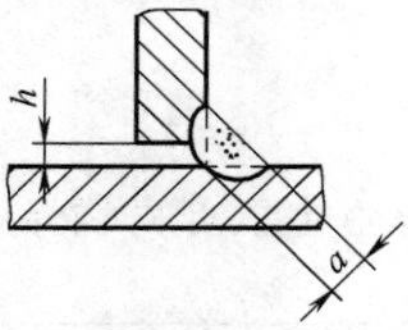 在有些场合下，间隙超过适当限值可能导致喉厚增加	$h\leqslant1+0.3a$ 最大4mm	$h\leqslant0.5+0.2a$ 最大3mm	$h\leqslant0.5+0.1a$ 最大2mm
11	咬边	5011 5012	要求平滑的过渡 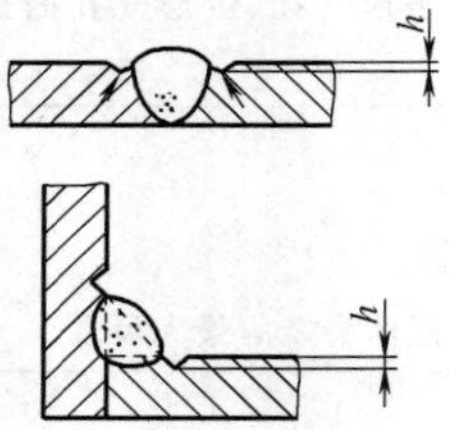 	$h\leqslant1.5$mm	$h\leqslant1.0$mm	$h\leqslant0.5$mm
12	焊缝超高	502	要求平滑的过渡 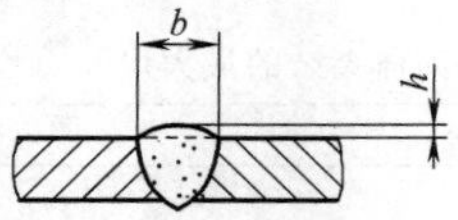 	$h\leqslant1+0.25b$ 最大10mm	$h\leqslant1+0.15b$ 最大7mm	$h\leqslant1+0.1b$ 最大5mm
13	凸度过大	503	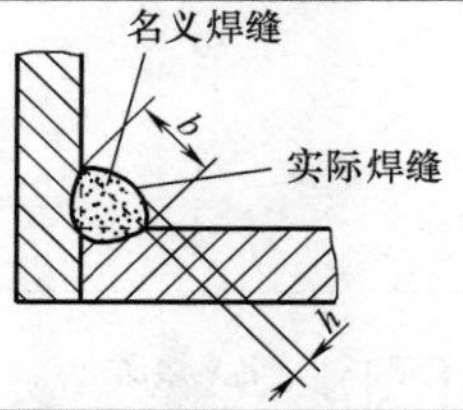	$h\leqslant1+0.25b$ 最大5mm	$h\leqslant1+0.15b$ 最大4mm	$h\leqslant1+0.1b$ 最大3mm
14	角焊缝喉厚超过公称尺寸值	—	对于许多应用而言，喉厚超过公称尺寸不算缺陷 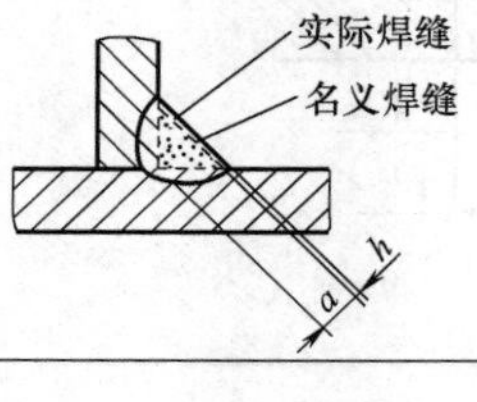 	$h\leqslant1+0.3a$ 最大5mm	$h\leqslant1+0.2a$ 最大4mm	$h\leqslant1+0.15a$ 最大3mm

（续）

序号	缺陷名称	GB/T 6417.1~2—2005 代号	说　明	缺陷质量分组限值		
				D(一般)	C(中等)	B(严格)
15	角焊缝喉厚小于公称尺寸值	—	如果实际喉厚经更大的熔深补偿而与公称值相当，则外形上喉厚小于规定值的角焊缝不应看成是缺陷 名义焊缝　实际焊缝　h　a	长缺陷不允许 短缺陷： $h \leqslant 0.3+0.1a$ 最大2mm	长缺陷不允许 短缺陷： $h \leqslant 0.3+0.1a$ 最大1mm	不允许 —
16	下塌	504	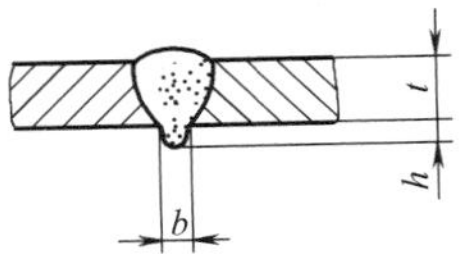 t　h　b	$h \leqslant 1+1.2b$ 最大5mm	$h \leqslant 1+0.6b$ 最大4mm	$h \leqslant 1+0.3b$ 最大3mm
17	局部凸起	5041		允许	允许偶然性的局部凸起	
18	错边	507	这些限值涉及偏离正确位置。除非另有规定，正确位置就是指中心线对齐一致 t为较小的厚度 a) b)	a)板材及纵向焊缝 $h \leqslant 0.25t$ 最大5mm b)环缝 $h \leqslant 0.5t$ 最大4mm	a)板材及纵向焊缝 $h \leqslant 0.15t$ 最大4mm b)环缝 $h \leqslant 0.5t$ 最大3mm	a)板材及纵向焊缝 $h \leqslant 0.1t$ 最大3mm b)环缝 $h \leqslant 0.5t$ 最大2mm
19	未焊满下垂	511 509	要求圆滑过渡 b　h　t	长缺陷不允许 短缺陷 $h \leqslant 0.2t$ 最大2mm	长缺陷不允许 短缺陷 $h \leqslant 0.1t$ 最大1mm	长缺陷不允许 短缺陷 $h \leqslant 0.05t$ 最大0.5mm
20	角焊缝焊脚不对称	512	假设规定角焊缝应对称 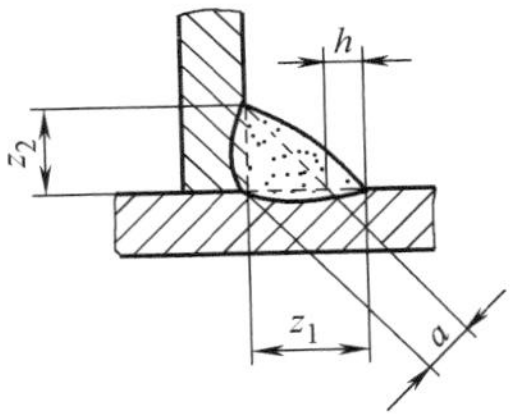 h　z_2　z_1　a	$h \leqslant 2+0.2a$	$h \leqslant 2+0.15a$	$h \leqslant 1.5+0.15a$

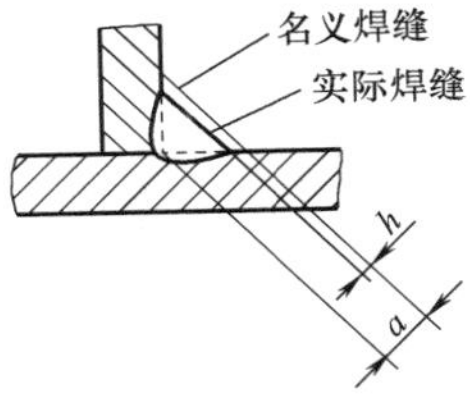

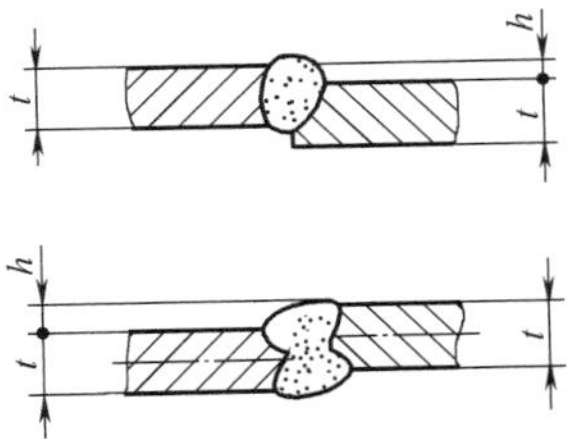

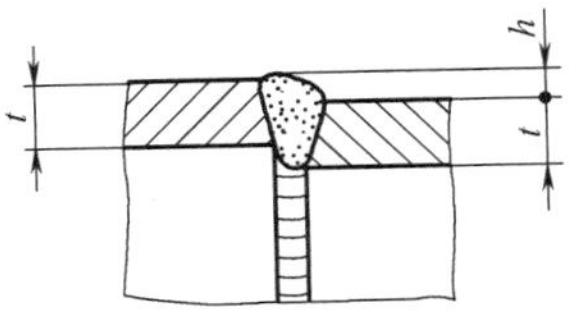

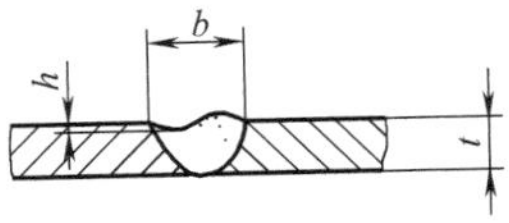

（续）

序号	缺陷名称	GB/T 6417.1~2—2005代号	说明	缺陷质量分组限值		
				D（一般）	C（中等）	B（严格）
21	根部收缩缩沟	515 5013	要求圆滑过渡 h	$h \leqslant 1.5$mm	$h \leqslant 1$mm	$h \leqslant 0.5$mm
22	焊瘤	506		短缺陷允许	不允许	
23	接头不良	517	—	允许	不允许	
24	电弧擦伤	601	—	验收准则可能受热处理影响。是否允许取决于母材种类，特别是母材对裂纹的敏感性		
25	飞溅	602	—	允许	不允许	
26	任一截面内的多重缺陷	—	h_1 h_2 h_3 h_4 h_5 $\leqslant \Sigma h$ h_1 h_2 h_3 h_4 h_5 $h_6 \leqslant \Sigma h$	短缺陷高度的最大总和 Σh 0.25*s* 或 0.25*a* 最大10mm	0.2*s* 或 0.2*a* 最大10mm	0.15*s* 或 0.15*a* 最大10mm

注：*a*—角焊缝的公称喉厚（角焊缝厚度）；*b*—焊缝余高的宽度；*d*—气孔的直径；*h*—缺陷尺寸（高度或宽度）；*l*—缺陷长度；*s*—对接焊缝公称厚度（或在不完全焊透的场合下规定的熔透深度）；*t*—壁厚或板厚；*z*—角焊缝的焊脚尺寸（在直角等腰三角形截面中 $z=\sqrt{2}a$，国内许多行业用 *K* 表示焊脚尺寸）。

这个分级标准可以作为焊接结构生产和焊接工艺试验时质量评定或验收的依据。

5.3 破坏性检验

破坏性检验是从焊件或试件上切取试样，或以产品（或模拟体）的整体破坏做试验，以检验其各种力学性能、化学成分和金相组织等的试验方法。

必须指出破坏性检验中的许多试验方法和焊接性试验中所使用的试验方法是一样的，仅仅是试验的目的和要求有些差别。

5.3.1 焊缝金属及焊接接头力学性能试验

1. 拉伸试验

拉伸试验用于评定焊缝或焊接接头的强度和塑性性能。抗拉强度和屈服强度的差值（R_m-R_{eL}）能定性说明焊缝或焊接接头的塑性储备量。断后伸长率（δ）和断面收缩率（ψ）的比较可以看出塑性变形的不均匀程度，能定性说明焊缝金属的偏析和组织不均匀性，以及焊接接头各区域的性能差别。

焊缝金属的拉伸试验应按 GB/T 2652—2008《焊缝及熔敷金属拉伸试验方法》进行。焊接接头的拉伸试验应按 GB/T 2651—2008《焊接接头拉伸试验方法》进行。

2. 弯曲试验

弯曲试验用于评定焊接接头的塑性并可反映出焊接接头各个区域的塑性差别，暴露焊接缺陷，考核熔合区的接合质量。弯曲试验可分为横弯、纵弯、正弯、背弯和侧弯。侧弯试验能评定焊缝与母材之间的结合强度、双金属焊接接头过渡层及异种钢接头的脆性、多层焊的层间缺陷等。

焊接接头的弯曲试验应按 GB/T 2653—2008《焊接接头弯曲试验方法》进行。

3. 冲击试验

冲击试验用于评定焊缝金属和焊接接头的韧度和缺口敏感性。试样为 V 形缺口，缺口应开在焊接接头的最薄弱区，如熔合区、过热区、焊缝根部等。缺口表面的粗糙度、加工方法对冲击值均有影响。缺口加工应采用成形刀具，以获得真实的冲击值。V 形缺口冲击试验应在专门的试验机上进行。根据需要可以作常温冲击试验、低温冲击试验和高温冲击试验。后两种试验需把冲击试样冷却或加热至规定温度下进行。

冲击试样的断口情况对接头是否处于脆性状态的判断很重要，常常将其用于宏观断口分析和微观断口分析。

焊接接头冲击试验应按 GB/T 2650—2008《焊接接头冲击试验方法》进行。

4. 硬度试验

硬度试验用于评定焊接接头的硬化倾向，并可间接考核焊接接头的脆化程度。硬度试验可以测定焊接接头的洛氏硬度、布氏硬度和维氏硬度，以对比焊接接头各个区域性能上的差别，找出区域性偏析和近缝区的淬硬倾向。硬度试验也用于测定堆焊金属的表面硬度。

焊接接头和堆焊金属硬度试验应按 GB/T 2654—2008《焊接接头硬度试验方法》进行。

5.3.2　焊接金相检验

焊接金相检验是把截取的焊接接头上的金属试样经加工、磨光、抛光和选用适当的方法显示其组织后，用肉眼或在显微镜下进行组织观察，并根据焊接冶金、焊接工艺、金属相图与相变原理和有关技术文件，对应照相的标准和图谱，定性或定量地分析接头的组织形貌特征，从而判断焊接接头的质量和性能，查找接头产生缺陷或断裂的原因，以及与焊接方法或焊接工艺之间的关系。金相检验包括光学金相检验和电子金相检验。光学金相检验包括宏观组织检验和显微组织检验两种。

1. 宏观组织检验

宏观组织检验也称低倍检验，直接用肉眼或通过 20~30 倍以下的放大镜来检查经侵蚀或不经侵蚀的金属截面，以确定其宏观组织及缺陷类型。能在一个很大的视域范围内，对材料的不均匀性、宏观组织缺陷的分布和类别等进行检测和评定。

对于焊接接头主要观察焊缝一次结晶的方向、大小、溶池的形状和尺寸，各种焊接缺陷如夹杂物、裂纹、未焊透、未熔合、气孔、焊道成形不良等，焊层断面形态，焊接熔合线，焊接接头各区域（包括热影响区）的界限尺寸等。

2. 显微组织检验

利用光学显微镜（放大倍数为 50~2000）检查焊接接头各区域的微观组织、偏析和分布。通过微观组织分析，研究母材、焊接材料与焊接工艺存在的问题及解决的途径。例如，对焊接热影响区中过热区组织形态和各组织百分数相对量的检查，可以估计出过热区的性能，并可根据过热区的组织情况来进行对焊接工艺的调整，或者评价材料的焊接性等。

5.3.3　断口分析

断口分析是对试样或构件断裂后的破断表面形貌进行研究，了解材料断裂时呈现的各种断裂形态特征，探讨其断裂机理和材料性能的关系。

断口分析的目的：①判定断裂性质，寻找破断原因；②研究断裂机理；③提出防止断裂的措施。因此，断口分析是事故（失效）分析中的重要手段。在焊接检验中主要了解断口的组成、断裂的性质（塑性或脆性）、断裂的类型（晶间、穿晶或复合）、组织与缺陷及其对断裂的影响等。断口来源于冲击、拉伸、疲劳等试样的断口和折断试验法的断口，此外是产品破裂、失效的断口等。

断口分析一般包括宏观分析和微观分析两方面。宏观分析指用肉眼或 20 倍以下的放大镜分析断口；微观分析指用光学显微镜或电子显微镜研究断口。宏观分析和微观分析不可分割，互相补充，不能互相代替。

宏观断口分析主要是看金属断口上纤维区、放射区和剪切唇三者的形貌、特征、分布，以及各自所占的比例（面积），从中判断断裂的性质和类型。如果是裂纹，就可以确定裂纹源的位置和裂纹扩展的方向等。

微观断口分析的目的是为了进一步确认宏观分析的结果，它是在宏观分析的基础上，选择裂纹源部位、扩展部位、快速破断区，以及其他可疑区域进行微观观察。

光学显微镜使用方便，设备简单，常用立式显微镜直接观察断口。由于光学显微镜的景深和物镜的工作距离较小，观察粗糙的断口较困难，只能在几十倍下观察。更高倍数观察常被现代的电子显微镜代替。

透射电子显微镜（TEM）的景深大，分辨能力和放大倍数很高，对于观察粗糙断口的细节也很有效。因而可获得更多的有用信息，且得到的断口图像清晰。用透射电子显微镜研究断口必须采用复型法，复型的制取方法有一次复型和二次复型两种。由于采用复型方法，因此不必切割试样，这为一些体积庞大的断口分析提供了便利。

扫描电子显微镜（SEM）的景深大，可直接观察断口，不需制备复型，图像清晰，且能从低倍到高倍连续定点观察，这对寻找裂源、跟踪断裂途径及研究细节很有效，故被广泛采用。但断口试件不能很大（ϕ20 以下），分辨率较低（约 100A）。扫描电子显微镜还常配有 X 射线波长色散谱仪和 X 射线能量色散谱仪，可用来分析断口上的微区化学成分，对断口表面的夹杂物、腐蚀产物等进行分析，这对分析断裂失效原因很有用。

为能顺利地进行断口分析，必须保护断口清洁和不受损伤，否则就会影响分析和判断，甚至会得出错误的结论。为防止断口的氧化和腐蚀，可将失效件置于干燥器内，或与干燥剂同置于密封箱内。需长期保存者，常涂层保护并与硅胶同时装入塑料袋内封存。

清除断口上的锈迹和附着物时应慎重，因它常反映所处的环境情况。最好先作化学分析、X 射线结构或能谱分析，再清洗断口。取样时，不应损伤断口。如采用火焰切割，应防止热的影响和熔化金属飞溅；如用锯或砂轮片切割，宜干切，或先加涂层保护再切。断口上的灰尘及散落物，可用压缩空气或小毛刷清除，油脂可用丙酮等溶剂清洗。断口清洗后，用酒精淋洗并热风吹干后即可观察。

表 9-5-11 为几种主要断裂方式的断口特征，供判断断裂性质时参考，表 9-5-12 为焊接裂纹的断口特征。

表 9-5-11　几种主要断裂方式的断口特征

断裂方式	延性断裂		脆性断裂		疲劳断裂	
	切断型	正断型（纤维区）	缺口脆性断裂	低温脆性断裂	低周疲劳	高周疲劳
放射花样	不出现 高强度钢有时出现	不出现	明显	稍不明显	较不明显，极粗，近于平行的人字纹	明显，极细
弧形迹线	不出现	不出现	不出现	不出现	贝纹线，应力幅大时明显	贝纹线，应力幅小时不明显
断口粗糙度	比较光滑	粗糙 呈齿状	极粗糙	粗糙	较光滑，粗糙度与裂纹扩展速度成正比	极光滑，粗糙度与裂纹扩展速度成正比
色彩	较弱的金属光泽	灰色、熟丝状光泽	白亮色，接近金属光泽	结晶状金属光泽	白亮色	灰黑色，扩展越大越白
与最大正应力的交角	45℃	宏观断口呈直角（平）	直角（平）	直角（平）	扩展小时呈直角，扩展速度大时近 45°	直角
缺陷断口形态	菊花状平断口	无区别	不出现	不出现	不很明显，有时呈延性断口	有裂纹核心区，扩展中有时明显出现

表 9-5-12　焊接裂纹的断口特征

裂纹类型	裂纹形式	主要成因	断口特征
热裂纹（晶间裂纹）	凝固（结晶）裂纹	焊缝金属结晶发生偏析，在晶界形成低熔点化合物所致	在断口上可看到低熔点化合物存在，低碳钢、低合金钢多为硫、磷等杂质，如α-MnS、NbC、Fe_3O_4、Fe_2O_3、TiC、Mo_2C 等，通过电子衍射可以鉴定这些化合物

（续）

裂纹类型	裂纹形式	主要成因	断口特征
热裂纹（晶间裂纹）	液化裂纹（热影响区热撕裂）	靠近熔合线的母材上发生，晶界上的低熔点化合物发生局部熔化，形成液态薄膜而弱化	在晶界上析出第二相，多为硫化夹杂，碳化物（NbC、Mo_2C、TiC_3），硼化物（如 M_3B、Ni_4B_3）等。 在铝合金中有一些金属间化合物
	高温低延性裂纹	由于金属自身在高温下延性丧失导致的裂纹	因形成温度较低（800～1200℃），断口洁净，无低熔化合物膜存在，常看见滑移带和热刻面花样
冷裂纹	氢脆延迟裂纹	由焊缝金属中氢的扩散聚集造成氢脆而开裂，与氢的浓度、负载应力的大小有关	与氢脆断口相似，可以是微坑型、准解理或晶间断裂，或三者均存在。应力越高，多为微坑型；应力不大时，为准解理；应力低时，裂纹传播慢，氢聚集量增多，使晶界弱化，导致晶间断裂
	层状撕裂	在常温下母材金属存在层状夹杂，其中硫化物影响最严重。在垂直层状夹杂面上受到较大的拉应力	裂纹呈台阶状发展，两断口分平台和剪切墙两部分，平台部分由等轴微坑组成，坑内有各种夹杂物，多为 MnS，剪切墙由拉长的切变微坑组成。若受扩散氢影响，则在平台或剪切墙局部地方导致准解理断口
再热裂纹		含 Cr、Mo 或 V 的高强度钢焊后消除应力退火过程中产生。发生在热影响区的粗晶段，沿晶界断裂	在晶界上形成许多细小微坑，坑中有明显的热刻面构成的波纹

5.3.4　化学分析与试验

1. 化学成分分析

主要是对焊缝金属的化学成分进行分析。从焊缝金属中钻取试样是关键，除应注意试样不得氧化和沾染油污外，还应注意取样部位在焊缝中所处的位置和层次。不同层次的焊缝金属受母材的稀释作用不同。一般以多层焊或多层堆焊的第三层以上的成分作为熔敷金属的成分。

2. 扩散氢的测定

熔敷金属中扩散氢的测定有45℃甘油法、水银法、热导法三种。过去多用甘油法，而现在已被精度更好的水银法和热导法取代，按 GB/T 3965—2012《熔敷金属中扩散氢测定方法》的规定进行。

3. 腐蚀试验

焊缝金属和焊接接头的腐蚀破坏有总体腐蚀、晶间腐蚀、刀状腐蚀、点腐蚀、应力腐蚀、海水腐蚀、气体腐蚀和腐蚀疲劳等。其中以固溶态奥氏体型不锈钢经焊接或热成形加工后，晶间腐蚀倾向大。表 9-5-13 列出了奥氏体型不锈钢常用的晶间腐蚀试验方法。晶间腐蚀倾向的评定方法各不相同，草酸电解浸蚀法按表 9-5-13；硫酸-硫酸铜试验法是以弯曲试验后是否出现裂纹为评定依据；其余多为用腐蚀速率，即单位时间、单位面积上的质量损失[$g \cdot (m^2 \cdot h)^{-1}$]或年腐蚀深度（$mm \cdot a^{-1}$）来评定㊀。

不锈钢点蚀电位测量方法按标准进行；缝隙腐蚀试验按 GB/T 10127—2002《不锈钢三氯化铁缝隙腐蚀试验方法》进行。

表 9-5-13　常用的晶间腐蚀试验方法

试验方法	标　　准	溶液组成	试验操作方法	评定方法	适用钢种及检测对象
草酸电解浸蚀试验	GB/T 4334—2008	$w(H_2C_2O_4)$为10%的草酸（100g$H_2C_2O_4 \cdot 2H_2O$）+900mL 蒸馏水	20～50℃在1A·cm^2电流密度下，阳极浸蚀1.5min	在200～500倍显微镜下观察（按规定评定标准分类）	奥氏体型不锈钢，检测各种碳化物

㊀ 腐蚀速率和年腐蚀深度的换算关系：$1g \cdot (m^2 \cdot h)^{-1} = 8.76/\rho (mm \cdot a^{-1})$，$\rho$—金属的密度（$g \cdot cm^{-3}$）。

（续）

试验方法	标　准	溶液组成	试验操作方法	评定方法	适用钢种及检测对象
硫酸-硫酸铁试验	GB/T 4334—2008	$w(H_2SO_4)$为50%的H_2SO_4，600mL+25g$Fe_2(SO_4)_3$	暴露于沸腾溶液中120h	腐蚀率g·$(m^2·h)^{-1}$	奥氏体型不锈钢的贫铬区及某些合金的σ相
硝酸腐蚀试验	GB/T 4334—2008	$w(HNO_3)$为65%±0.2%	48h沸腾试验为1个周期，共计5个周期	5个周期的平均腐蚀率g·$(m^2·h)^{-1}$或mm·a^{-1}	奥氏体型不锈钢，检测贫铬区、σ相及碳化物
硝酸-氢氟酸腐蚀试验	GB/T 4334—2008	$w(HNO_3)$ 10%+$w(HF)$3%	暴露于70℃的试验溶液中，2h为1个周期，共计2个周期	同种材料交货状态与实验室热处理状态下腐蚀率的比值	含钼奥氏体型不锈钢的贫铬区
硫酸-硫酸铜腐蚀试验	GB/T 4334—2008	100mL H_2SO_4+100g $CuSO_4$+蒸馏水稀释至1000mL+铜屑	暴露于沸腾溶液中16h	弯曲180°（铸钢件90°）后观察有无裂纹	奥氏体型不锈钢及奥氏体-铁素体型不锈钢的贫铬区

5.4　非破坏性检验

非破坏性检验是不破坏被检对象的结构和材料的检验方法，它包括外观检验、压力（强度）试验、致密性试验和无损检测试验等。

5.4.1　外观检验

外观检验是用肉眼或借助样板或用低倍放大镜观察焊件，以发现表面缺陷以及测量焊缝的外形尺寸的方法。

焊件表面缺陷主要是：未熔合、咬边、焊瘤、裂纹、表面气孔等。在多层焊时，应重视根部焊道的外观质量。因为根部焊道最先施焊，散热快，最易产生根部裂纹、未焊透、气孔、夹杂等缺陷，而且还承受着随后各层焊接时所引起的横向拉应力；对低合金高强度结构钢焊接接头宜进行两次检查，一次在焊后即检查，另一次隔15~30天后再检查，看是否产生延迟裂纹；对含Cr、Ni和V元素的高强度结构钢或耐热钢若需作消除应力热处理，处理后也要观察是否产生再热裂纹。

焊接接头外部出现缺陷，通常是产生内部缺陷的标志，须待内部检测后才最后评定。

焊缝外形及其尺寸的检查，通常借助样板或量规进行，如图9-5-9和图9-5-10所示。其评定标准有GB/T 985.1~2—2008和相关产品设计技术要求等，焊缝宽度、余高及余高差，焊缝边缘直线度、焊脚尺寸偏差等见表9-5-7~表9-5-9。

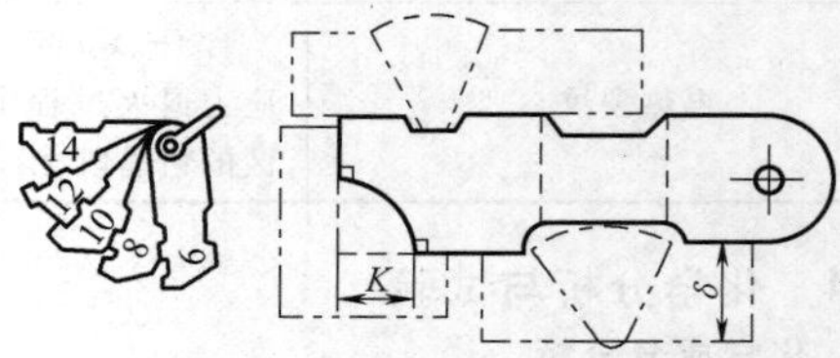

图9-5-9　样板组和焊缝的测量

5.4.2　压力试验

压力试验又称耐压试验，它包括水压试验和气压试验。用于评定锅炉、压力容器、管道等焊接构件的整体强度性能、变形量大小及有无渗漏现象。

1. 水压试验

水压试验是以水为试验介质，使用的仪表设备有高压水泵、阀门和两个同量程的压力表等。做水压试验时需注意以下几点：

1）焊接构件内的空气必须排尽。

2）焊接构件上和水泵上应同时装有校验合格的压力表。

3）试验环境温度不得低于5℃。

4）试验压力应按规定逐级上升。

5）试验场地应有防护措施。

水压试验应按《蒸汽锅炉安全技术监察规程》和《压力容器安全技术监察规程》进行。

2. 气压试验

气压试验一般用于低压容器和管道的检验。此外，对于不适合做液压试验的容器，如容器内不允许有微量残留液体或由于结构原因不能充满液体的容器也可采用气压试验。

气压试验是以气体为试验介质，使用高压气泵、阀门、缓冲罐（稳压罐）、安全阀、两个同量程并经

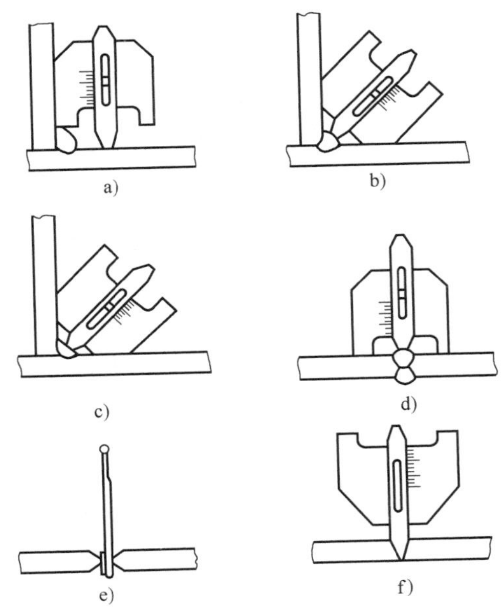

图 9-5-10　万能量规及其用法

a）测量焊脚　b）角焊缝凸度的测量
c）角焊缝凹度的测量　d）测量对接焊缝余高
e）坡口间隙的测量　f）坡口角度的测量

矫正的压力表等。由于气压试验的危险性比水压试验大，进行试验时必须按《压力容器安全技术监察规程》进行，应着重注意以下几点：

1）试验场地应有可靠的防护措施，最好能在隔离场地进行。

2）在输气管道上需设一个缓冲罐，其出入口均装有气阀，以保证供气稳定。焊接构件上和气源上均应同时安装同量程压力表、安全阀。

3）所用气体应是干燥而洁净的空气、氮气或其他惰性气体，气温不得低于 15℃。

4）采取逐级升压，每升一级保持一定时间。升压期间工作人员不能检查。第一级升压至试验压力的 10%，保持 10min 对所有焊缝和连接处进行初次检查；合格后继续升压到试验压力的 50%，其后按试验压力的 10% 递增；当升到试验压力后，保持 10～30min，然后降到工作压力，保持 30min，最后进行检查。检查时关闭输气阀门，停止加压。

5）在试压下，不能对构件进行敲击或振动。

检查方法是涂肥皂水检漏，或检查工作压力表数值变化。如果没有发现漏气或压力表数值稳定，则为合格。

5.4.3　致密性检验

致密性检验又称密封性检验，是检查焊缝有无漏水、漏气和漏油等现象。

1. 气密性试验

气密性试验是将压缩空气压入焊接容器内，利用容器内外气体压力差，检查有无泄漏的试验方法。为了提高试验灵敏度，还可以使用氨、氟利昂、氦和卤素气体等。

检验小容积的压力容器时，把容器浸于水槽中充气，若焊缝金属致密性不良，则水中呈现气泡；检验大容积的压力容器时，容器充气后，在焊缝处涂肥皂水检验渗漏。

2. 氨气试验

对被检压力容器充以含有 10%（体积分数）氨气的混合压缩空气，不必把容器浸入水槽里，只在焊缝外面贴一条比焊缝宽约 20mm 的浸过 5%（体积分数）硝酸汞水溶液的试纸，若焊缝区有泄漏，则试纸上的相应部位将呈现黑色斑纹。

3. 煤油试验

煤油试验适用于敞开的容器和储存液体的大型储器上的焊缝检漏。具体做法是在焊缝便于观察和补焊的一侧的焊缝和热影响区表面上涂刷石灰水溶液或白垩水溶液，干燥后在焊缝的另一侧涂刷煤油，一般刷 2～3 次，持续 15min～3h。若有穿透性缺陷，则煤油会渗透缝隙使涂有白色底基的粉面上呈现黑色斑痕。在规定的时间内没有发现油斑痕即为合格。

5.5　无损检测

无损检测又称无损探伤（NDT），是属于非破坏性检验的一类。它是不损被检查材料或成品的性能和完整性而检测其缺陷的方法。现代无损检测技术，不仅能判断缺陷是否存在，而且对缺陷的性质、形状、大小、位置、取向等做出定性、定量的评定。还能借此分析缺陷的危害程度。这是一项使用非常方便、检验速度快而又不损伤成品的有用技术。

凡能对材料或构件实行无损检测的各种力、声、光、热、电、磁、化学、电磁波或核辐射等方法，广义上都可认为是无损检测方法。目前最常用的无损检测方法及其基本特点见表 9-5-14。

通常，人们将超声、射线、磁粉、渗透、涡流这五种方法称为常规无损检测法；此外，正在不断发展的其他无损检测新技术有：声发射、工业 CT、金属磁记忆、红外热成像、超声相控阵和激光全息等。

5.5.1　超声波检测

超声波检测法（UT）是利用超声波探测材料表层和内部缺陷的无损检测方法。

表 9-5-14　常用无损检测（NDT）方法的适用性和特点

序号	检测方法	缩写	适用的缺陷类型	基本特点
1	超声波检测法	UT	表面与内部缺陷	速度快,平面形缺陷灵敏度高
2	射线检测法	RT	内部缺陷	直观,体积形缺陷灵敏度高
3	磁粉检测法	MT	表面缺陷	仅适于铁磁性材料的构件
4	渗透检测法	PT	表面开口缺陷	操作简单
5	涡流检测法	ET	表层缺陷	适于导体材料的构件
6	声发射检测法	AE	缺陷的萌生与扩展	动态检测与监测

超声波一般是指频率高于20kHz人耳不易听到的机械波。高频的超声波波束具有与光学相近的指向性，能在介质中传播，当传播中遇到不同质界面时，具有反射特性，这些物理现象可用于缺陷探测。

1. 超声波检测原理

焊缝检测时常用脉冲反射法超声波检测。它是利用焊缝中的缺陷与正常组织具有不同的声阻抗和声波在不同声阻抗的异质界面上会产生反射的原理来发现缺陷的。检测过程由探头中的压电换能器（其压电效应是可逆的）发射脉冲超声波，通过声耦合介质（水、油、甘油或浆糊等）传播到焊件中，遇到缺陷后产生反射波，经换能器转换成电信号，放大后显示在荧光屏上或打印在纸带上。根据探头位置和声波的传播时间（在荧光屏上回波位置）可求得缺陷位置；观察反射波的幅度可以近似地评估缺陷的大小，如图9-5-11所示。近年来已开发出多种缺陷显示方法，如数字显示，彩色显像等。

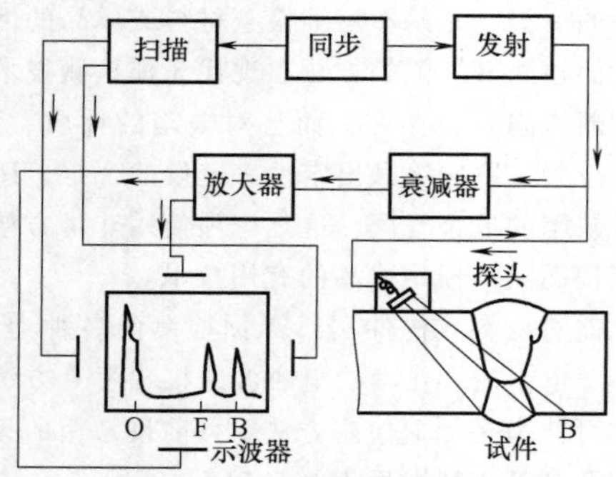

图 9-5-11　A型显示脉冲反射式焊缝超声波检测方框图

2. 超声波检测仪、探头与试块

（1）超声波检测仪

它是利用超声波在介质中的传播特性对材料缺陷进行无损检测的一种仪器。它的作用是产生电振荡并加于换能器—探头，激励探头发射超声波；同时将探头接收反射回来的声波信号转换成电信号并进行放大，通过一定方式显示出来，从而判断被测焊件内部有无缺陷以及获得缺陷位置和大小等信息。

工业用的超声波检测仪因检测对象、目的、场合和条件不同而有各种类型。若按声波连续性分：有连续波、脉冲波和调频波等检测仪；按缺陷显示方式分有A型显示、B型显示和C型显示等检测仪。A型显示为幅度显示，可以显示缺陷的有无和位置，并由其幅度估算缺陷的大小，这是目前应用最广的一种显示方式。B型和C型均为图像显示，前者显出内部缺陷侧断面图形，后者显出横断面图形；按声波的通道分有单通道和多通道两类检测仪，前者由一个（或一对）探头单独工作，后者由多个（或多对）探头交替地工作，适于自动化检测。

目前在工业检测中应用最广泛的是A型脉冲反射式超声波检测仪，这种仪器自身发射超声波，发射的是脉冲波，荧光屏采用A型显示方式，可以确定缺陷位置和估计其大小，属于单通道的检测仪，其电路方框图如图9-5-11所示。国产CTS-22、CTS-23等均属于A型显示脉冲反射式检测仪。新型数字化超声波检测仪将逐渐取代模拟电路的仪器，这种以单片或单板机为基础的数字超声波检测仪，多数都具有存储检测参数和缺陷波形，计算缺陷坐标位置，以及打印检测结果等功能。其中利用场致发光或LCD显示屏幕的超小型数字超声波检测仪，其体积和质量比常规示波管（CRT）仪器减小很多，屏幕亮度很高且与检测厚度无关，这样更方便于手工检测操作。表9-5-15为国产和部分国外超声波检测仪的主要技术参数。

（2）超声波探头

在超声波检测中，超声波的产生和接收过程是能量转换的过程，这种转换是通过探头实现的。探头起着将电能转换为超声能（发射超声波）和将超声能转换为电能（接收超声波）的作用。所以探头是一种声电换能器，它由压电晶片、透声楔块和吸收阻尼组成。有各种形式的探头，若按在被检测材料中的传播的波形分有直立的纵波探头，简称直探头，以及斜角的横波、表面波、板波探头，即斜探头；按与被探材料的耦合方式分有直接接触式探头和液（水）浸探头。此外，还按工作的频谱分有宽频谱的脉冲波探头和窄频谱的连续波探头，以及在特殊条件下使用的探头，如高温探头，狭窄检测面用的微型探头等。图 9-5-12 所示为直探头和斜探头的结构。

表 9-5-15　常用的脉冲反射式超声波检测仪的主要参数

特征参数	仪器型号							
	CTS22	CTS23	CTS2000	USK7	USIP12	USN52	EPOC-Ⅲ	SONIC1200
检测频率/MHz	0.5~10	0.5~20	0.5~20	0.5~10	0.5~25	0.3~12	0.5~15	1~20
增益或衰减/dB	80	90	110	104	120	110	100	110
近表面分辨力/mm	≥3	≥2	≥1.5	≥2	≥1.3	≥1.5	≥1.5	≥1.5
薄板分辨力/mm	—	1~1.2	0.6	1~1.5	0.5	0.6	0.6	0.6
检测范围/mm	10~1200	5~5000	0~5000	10~1000	5~15000	5~5000	4~5000	5~5000
屏幕尺寸(长×宽)/mm	68×55 CRT	68×55 CRT	96×72 CRT	70×55 CRT	100×80 CRT	146×67 场致发光	67×60 场致发光	60×66 场致发光
尺寸（宽×高×长或厚）/mm	254×110 ×335	254×140 ×335	226×172 ×50	240×95 ×300	360×195 ×450	250×133 ×146	156×289 ×48	241×140 ×90
质量/kg	6.2	7.2	1.6	5.1	18	2.7	1.2~2.2	1.6~2.7

注：仪器 CTS：中国汕头；US：德国 Krautkramer 公司；EPOC：美国 PANAMETRICS 公司；SONIC：美国 STAVELEY 公司。

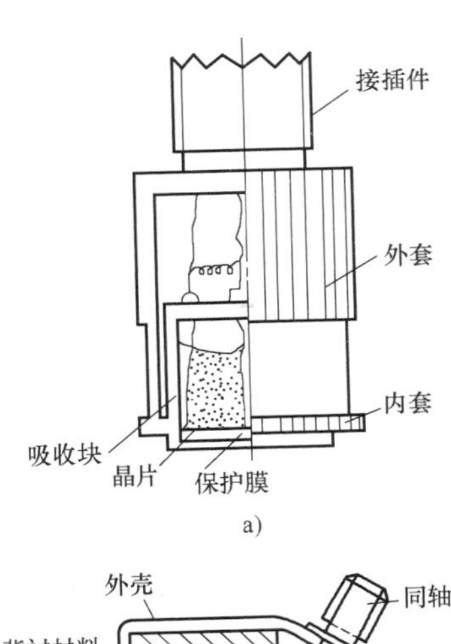

a)

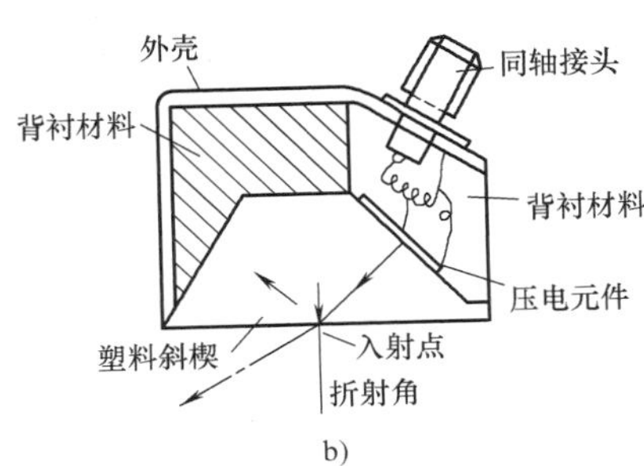

b)

图 9-5-12　超声波检测探头的结构

a）直探头　b）斜探头

1）直探头。波束垂直于被测焊件表面入射的探头。它用来发射和接收纵波，一般用于手工操作接触法检测，既适用于单探头反射法，也适用于双探头穿透法。由于纵波在技术上发射和接收都较容易，且穿透能力强，故适用于厚件，如钢坯、铸件和锻件的内部缺陷检测用。

2）斜探头是利用透声楔块使声束倾斜于焊件表面入射的探头。斜探头分别有横波探头、表面波探头和板波探头。探头上的压电晶片产生的是纵波，再用不同的斜楔块角度折射成横波、表面波或板波。横波多用于焊缝检测；表面波对表面缺陷非常敏感，分辨力也优于横波和纵波；板波能整体地检测薄板或带。

焊缝检测的基本方法有纵波检测法和横波检测法，但经常使用的是横波斜探头检测法，因为焊缝有一定的余高且表面凹凸不平，纵波直探头检测，探头难以放置，必须在焊缝两侧的母材上用斜角入射的方法进行检测。另外，焊缝中危险性缺陷大多垂直于焊缝表面，用斜角检测容易发现。

横波斜探头按入射角和折射角不同有下列三种标称方式。

① 以纵波入射角标称，常用的入射角有 30°、45°、50°和 55°等。

② 以钢中的横波折射角标称，常用的折射角有 40°、45°、50°、60°、70°等。

③ 过去曾以钢中折射角的正切值 k（$k=\tan\beta$）标称，常用的 k 值探头有 1、1.5、2、2.5 和 3 等。

（3）试块

按一定用途设计制作的具有简单形状人工反射体

的试件称为试块。它和检测仪器、探头一样，同是超声波检测的重要设备。它的作用主要有以下几点：

1）确定和检验检测灵敏度。因为超声波检测的灵敏度是以发现与焊件同厚度、同材质对比试块上最小的人工缺陷来判定的。

2）调节检测范围，确定缺陷位置。

3）评价缺陷大小，对被检测焊件评级和判废。

4）测量材质衰减和确定耦合补偿等。

试块分标准试块和对比试块两类。

标准试块由权威机构规定，它的形状、尺寸和材质均由该机构统一规定。如国际焊接学会的 IIW-1 和 IIW-2，我国 GB/T 23905—2009《无损检测　超声检测用试块》中规定的 CSK-IA 试块作为标准试块，如图 9-5-13 所示。具体用途如下：

1）利用 R100mm 圆弧面测定探头入射点和前沿长度，利用 ϕ50mm 孔的反射波测定斜探头的折射角（又称 K 值）。

2）校验检测仪的水平线性和垂直线性。

3）利用 ϕ1.5mm 横孔的反射波调整检测灵敏度，利用 R100mm 圆弧调整检测范围。

4）利用 ϕ50mm 圆孔估测直探头盲区和斜探头前后扫查声速特性。

5）采用测试回波幅度或反射波宽度的方法，可测定远场分辨力。

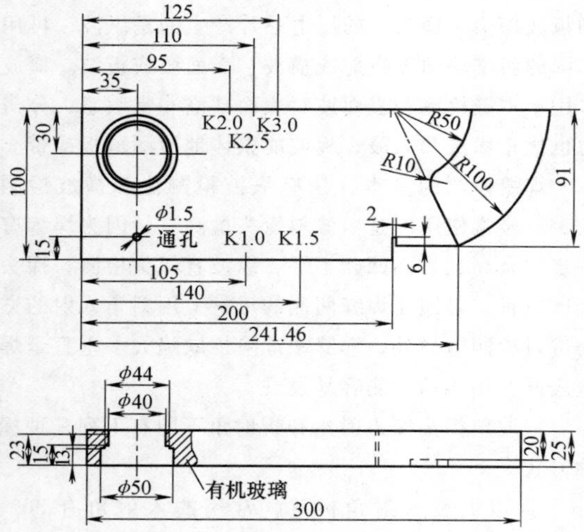

图 9-5-13　标准试块 CSK-IA 的形状和尺寸

对比试块又称参考试块，它由各部门按某些具体检测对象规定的试块。GB/T 23905—2009 也规定了三种对比试块 RB-1、RB-2 和 RB-3，如图 9-5-14 所示。主要用于调整检测范围，确定检测灵敏度和评价缺陷大小，它是对焊件进行评价和判废依据。

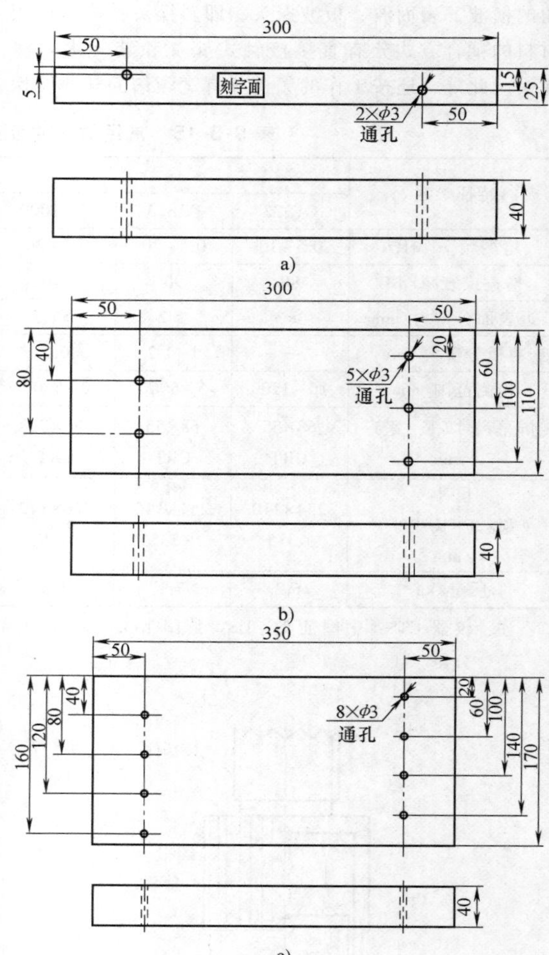

图 9-5-14　对比试块的形状和尺寸
（摘自 GB/T 23905—2009）

a）RB-1 试块（适用于 8~25mm 板厚）

b）RB-2 试块（适用于 8~100mm 板厚）

c）RB-3 试块（适用于 8~150mm 板厚）

注：1. 尺寸公差±0.1。

2. 各边垂直。

3. 表面粗糙度值不大于 6.3μm。

4. 标准孔与加工面的平行度不大于 0.05。

（4）检测仪器和探头的选择

通常是根据焊件结构形状、加工工艺和技术要求来选择。

1）检测仪器的选择。选择时应注意检测要求和现场条件，一般有以下几点：

① 对定位要求高时，应选择水平线性误差小的仪器。

② 对定量要求高时，应选择垂直线性好、衰减

器精度高的仪器。

③ 对大型焊件检测应选择灵敏度余量高、信噪比高、功率大的仪器。

④ 为了有效地发现表面缺陷和区分相邻缺陷，应选择盲区小、分辨力好的仪器。

⑤ 对于生产现场检测，应选择质量小、荧光屏亮度好、抗干扰能力强的携带式仪器。

此外，也应选择性能稳定、重复性好和可靠性高的仪器。

2）探头的选择。包括探头的形式、频率、晶片尺寸和斜探头的折射角（即 K 值）的选择。

① 探头类型是根据焊件可能产生缺陷的部位和方向、焊件的几何形状和探测面情况进行选择。焊缝通常选用斜探头横波检测。对锻件、中厚钢板，应以纵波直探头直接接触法检测，使声束尽量与缺陷反射面垂直；管材、棒材一般用水浸法聚焦探头检测；薄板（$\delta \leqslant 6$mm）以板波检测为主。平行于检测面的近表面缺陷宜用分割式双探头进行检测。

② 探头频率。超声波检测频率在 0.5~10MHz 之间选择。频率高、灵敏度和分辨力高、指向性好、对检测有利。但频率高、近场区长度大、衰减大、对检测不利。因此，选择原则是在保证灵敏度的前提下尽可能选用较低的频率。

对于晶粒较细的锻件、轧制型材、板材和焊件等一般选用较高的频率，常用 2~5MHz；对于晶粒较粗的铸件，奥氏体钢等宜选用较低的频率，常用 0.5~2.5MHz。

③ 探头晶片尺寸选择。探头圆晶片的尺寸一般为 $\phi 6 \sim \phi 20$mm。检测面积大时，为提高检测效率宜用大晶片探头；检测厚度大的焊件时，为了有效地发现远距离缺陷，宜选用大晶片；检测小型焊件时，为了提高缺陷定位、定量精度，宜选用小晶片探头；检测表面不平整、曲率较大的焊件时，为了减小耦合损失宜选用小晶片探头。

④ 横波斜探头 K 值（即折射角）的选择。K 值影响检测的灵敏度、声束轴线方向和一次波的声程。一般当焊件厚度较小时宜选用较大的 K 值，以便增加一次波声程，避免近场区检测；当焊件厚度较大时，宜用较小的 K 值，以减小声程过大引起的衰减，便于发现深度较大处的缺陷。在焊缝检测中要保证主声束能扫查整个焊缝截面，对单面焊根部未焊透还要考虑端角反射问题，应使 $K=0.7 \sim 1.5$。低于或高于此值，端角反射率很低，容易引起漏检。按标准 GB/T 11345—2013《焊缝无损检测 超声检测 技术、检测等级和评定》时不再用 K 值，改用折射角大小，检测时规定在 35°~70°之间。

3. 钢熔焊焊缝超声波检测要点

（1）超声波检测的一般程序

超声波检测过程大致分检前准备和现场检测两部分，其一般程序如图 9-5-15 所示。

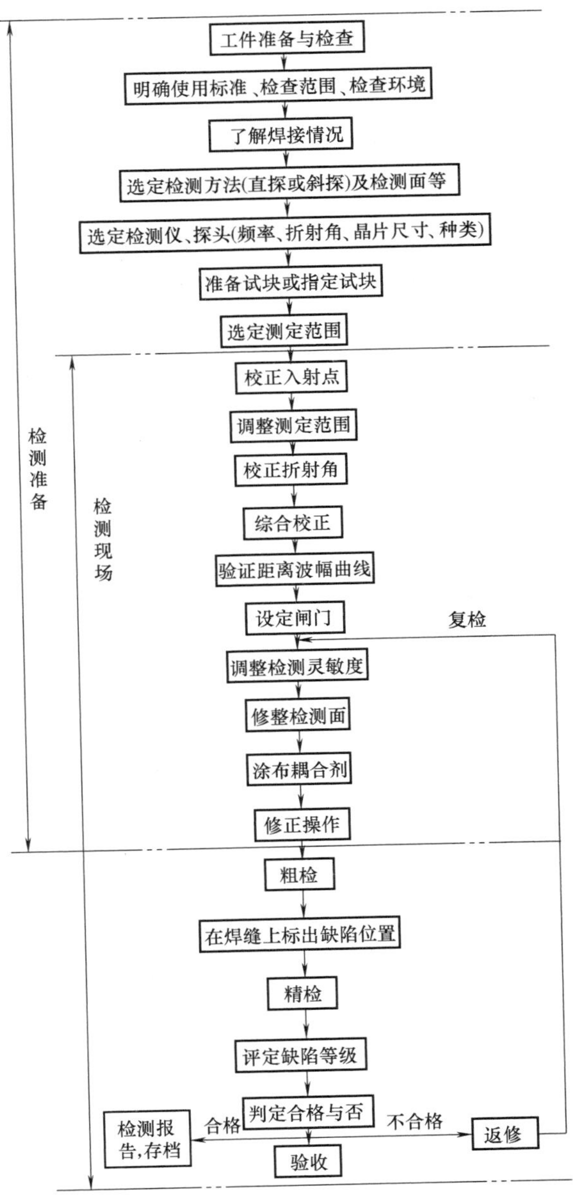

图 9-5-15 焊缝超声波检测的一般程序

（2）检测等级

这里先介绍 GB/T 11345—1989《钢焊缝手工超声波探伤方法和探伤结果分级》（已作废）的一些规定，根据焊缝质量要求，把超声波检测等级分为 A、

B、C三级。检测工作的完善程度，A级最低，B级一般，C级最高；其难度系数按A、B、C顺序逐级增高。各级的检测范围如下。

A级检测。采用一种角度的探头在焊缝的单面单侧进行检测，只对允许扫查到的焊缝截面进行检测。一般不要求作横向缺陷的检测。母材厚度大于50mm时，不得采用A级检测。

B级检测。原则上采用一种角度探头，在焊缝的单面双侧进行检测，对整个焊缝截面进行检测。受几何条件的限制，可在焊缝的双面单侧采用两种角度探头进行检测。母材厚度大于100mm时，采用双面双侧检测。条件允许时，应作横向缺陷的检测。

C级检测。至少要采用两种角度探头在焊缝的单面双侧进行检测，同时要做两个扫查方向和两种探头角度的横向缺陷检测。母材厚度大于100mm时，采用双面双侧检测。其他附加要求是：对接焊缝余高要磨平，以便探头在焊缝上做平行扫查；焊缝两侧斜探头扫查过的母材部分，要用直探头做检测；焊缝母材厚度大于或等于100mm，窄间隙焊缝母材厚度大于或等于40mm时，一般要增加串列式扫查。

各级中的检测面、检测侧和探头角度见图9-5-16和表9-5-16。

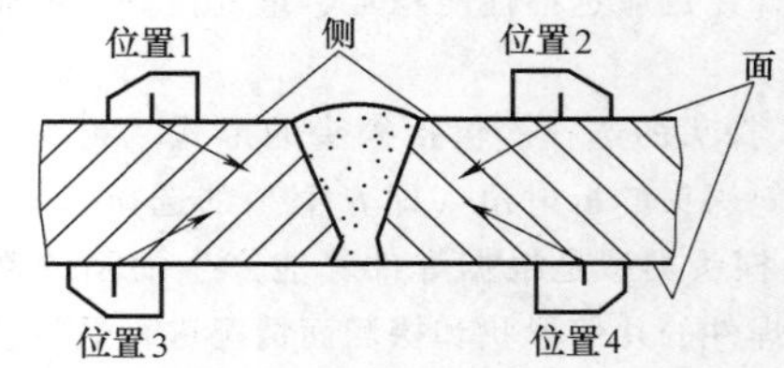

图9-5-16 检测面和检测侧

表9-5-16 检测面、检测侧和使用探头折射角

板厚/mm	检测面			检测方法	使用的探头折射角或K值
	A	B	C		
<25	单面单侧	单面双侧（1和2或3和4）或双面单侧（1和3或2和4）		直射法及一次反射法	70°（K2.5、K2.0）
>25~50				直射法	70°或60°（K2.5、K2.0、K1.5）
>50~100	—				45°或60°；45°和60°，45°和70°并用（K1或K1.5；K1和K1.5，K1和K2.0并用）
>100	—	双面双侧			45°和60°并用（K1和K1.5或K2并用）

应按照焊件的材质、结构、焊接方法、使用条件及承受载荷的不同，合理选定检测等级。一般说来，A级检测适用于普通钢结构，B级检测适用于压力容器，C级检测适用于核容器与管道。

GB/T 11345—2013《焊缝无损检测 超声检测 技术、检测等级和评定》在GB/T 11345—1989的基础上规定了A、B、C、D四个检测等级。除D级属特殊等级适于特殊应用外，前三个也是难度逐级增高，而且要求更细、更严，增加了检测的覆盖范围（如增加扫查次数和检测移动区等），以提高缺陷检出率。把焊接结构的焊接接头归纳成7个类型，分别对其检测和扫查作出规定和要求。现以板-板和管-管对接类型接头检测为例，介绍其对A、B、C三个检测等级的具体要求和规定，见图9-5-17和表9-5-17。其他六种带有角焊缝的接头类型的检测也作出了类似的要求和规定，可参见GB/T 11345—2013中的附录A。

表9-5-17 板-板和管-管对接接头的检测要求

检测等级	母材厚度/mm	纵向显示						横向显示			
		数量要求				合计扫查次数	备注	数量要求		合计扫查次数	备注
		探头角度	探头位置	探头移动区宽度	探头位置			探头角度	探头位置		
		L-扫查			N-扫查			T-扫查			
A	8≤t<15	1	A或B	1.25p	—	2	①	1	(X和Y)或(W和Z)	4	⑤
	15≤t<40	1	A或B	1.25p	—	2	①	1	(X和Y)或(W和Z)	4	③
B	8≤t<15	1	A或B	1.25p	—	2	①	1	(X和Y)或(W和Z)	4	③
	15≤t<40	2⑥	A或B	1.25p	—	4	②,⑤	1	(X和Y)或(W和Z)	4	③

（续）

检测等级	母材厚度/mm	纵向显示						横向显示			
		数量要求				合计扫查次数	备注	数量要求		合计扫查次数	备注
		探头角度	探头位置	探头移动区宽度	探头位置			探头角度	探头位置		
		L-扫查			N-扫查			T-扫查			
B	$40\leqslant t<60$	2	A 或 B	1.25p	—	4	②	2	(X 和 Y)或(W 和 Z)	8	③
	$60\leqslant t\leqslant 100$	2	A 或 B	1.25p	—	4	②	2	(C 和 D)或(E 和 F)	4	③,④
C	$8\leqslant t<15$	1	A 或 B	1.25p	G 或 H	3	④	1	(C 和 D)或(E 和 F)	2	④
	$15\leqslant t\leqslant 40$	2	A 或 B	1.25p	G 或 H	5	②,④	2	(C 和 D)或(E 和 F)	4	④
	>40	2	A 或 B	1.25p	G 或 H	5	②,④	2	(C 和 D)或(E 和 F)	4	④

注：1. L-扫查：使用斜探头扫查纵向显示。

2. N-扫查：使用直探头扫查。

3. T-扫查：使用斜探头扫查横向显示。

4. p：全跨距。

① 可由检测合同限制为单面一次扫查。

② 附加串列检测技术由检测合同特别规定。

③ 仅由检测合同特别规定。

④ 焊缝表面可要求磨平，单面环焊缝只磨外表面即可。

⑤ 如果只进行单面扫查，应选用 2 个角度的探头。

⑥ 在 15mm<$t\leqslant$25mm 范围内，如果选用低于 3MHz 的频率，1 个角度的探头扫查即可。

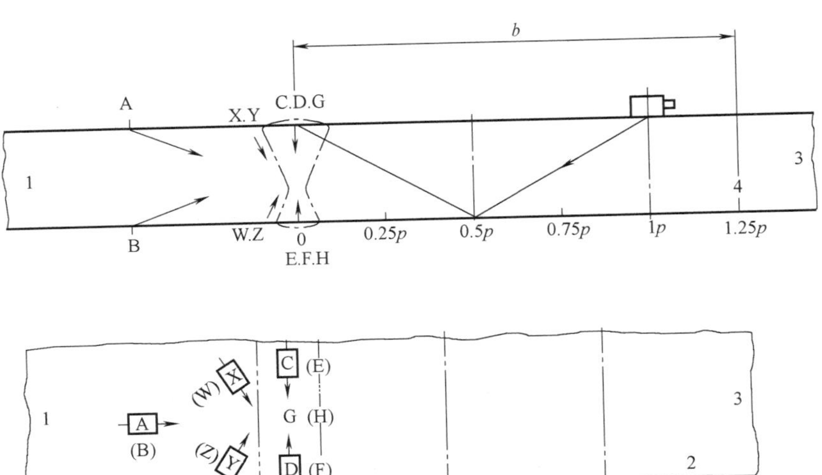

图 9-5-17　板-板和管-管对接接头的检测示意图

1—位置 1　2—位置 2　3—位置 3　4—位置 4　A，B，C，D，E，F，G，H，W，X，Y，Z—探头位置

b—与跨距（p）相关的探头移动区宽度（SZW）　p—全跨距

（3）超声波检测灵敏度

超声波检测灵敏度是指在确定的检测范围内的最大声程处发现最小缺陷的能力。要想发现更小的缺陷，就越要提高检测仪的灵敏度。但检测灵敏度选择也不宜过高，否则出现一些杂波和始波展宽使检测困难。而且还会造成产品不必要的返修。而灵敏度选得

过低，将会产生漏检。一般应根据焊件使用目的，被检焊件的材质、形状、受力状态和有关这方面的标准确定灵敏度。

调节检测灵敏度的常用方法有试块调节法和焊件底波调节法。利用试块确定灵敏度法是根据焊件对灵敏度的要求，选择相应的试块，通过调整检测仪有关控制灵敏度的旋钮，把试块上人工缺陷的反射波调到规定的高度。这种方法可直观地比较相互检测的结果。利用焊件底波确定灵敏度法，不需试块，而是以被检焊件的底面反射波为基准来调整灵敏度。焊缝检测使用斜探头，适于采用试块调节灵敏度。不同检验级别的焊缝其检测灵敏度的规定方法可以通过取 $\phi3$ 孔反射波幅度的一定百分比来实现，例如16%、20%等。另一方面，超声波检测灵敏度很高，可以发现很细小的焊接缺陷，几乎不受焊件厚度的限制，但对于焊缝宏观质量控制来说，只有当缺陷尺寸超过毫米数量级时才有实际意义。因此有些标准对超声波检测灵敏度的规定采用了三档，即评定线灵敏度、定量线灵敏度和判废线灵敏度。当缺陷反射波幅度超过评定线时应评定其性质，超过定量线时应测定其长度，超过判废线时判为不合格。距离波幅曲线的灵敏度见表9-5-18。表中DAC代表不同深度 $\phi3$mm 孔反射波的高度在距离波幅坐标系中的连线，如图9-5-18所示。

表 9-5-18　距离波幅曲线的灵敏度

检验级别 / 板厚/mm / 灵敏度 DAC	A	B	C
板厚/mm	8~50	8~300	8~300
判废线	DAC	DAC-4dB	DAC-2dB
定量线	DAC-10dB	DAC-10dB	DAC-8dB
评定线	DAC-16dB	DAC-16dB	DAC-14dB

（4）检测技术要点

检测前应了解被检焊件的材质、结构、厚度、曲率、坡口形式、焊接方法和焊接过程等资料。

检测灵敏度应调到不低于评定线；检测过程探头移动速度不大于 150mm·s^{-1}，相邻两次探头移动间隔至少有探头宽度10%的重叠；为了使波束尽可能地垂直于缺陷，探头移动过程中还应做10°~15°的摆动。为了发现焊缝中的横向裂纹，B级以上检测还应使探头作平行或近于平行于焊缝的检测扫查。板厚大于40mm的窄间隙焊缝，还应做串列扫查，以发现边界未熔合等垂直于表面的缺陷。

1）检测区域，是指焊缝和焊缝两侧至少10mm宽母材或热影响区宽度（取两者较大值）的内部区域，如图9-5-19所示。在任何情况下，声束扫查应覆盖整个检测区域。或者折射角不能满足要求时，可以更换超声波检测技术或增加其他无损检测方法，如有可能，宜磨平焊缝余高。

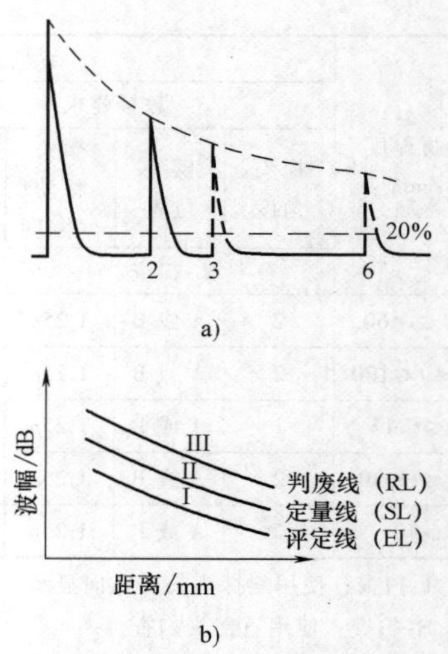

图 9-5-18　距离波幅曲线

a）仪器荧光屏上的DAC线　b）坐标线上的DAC线

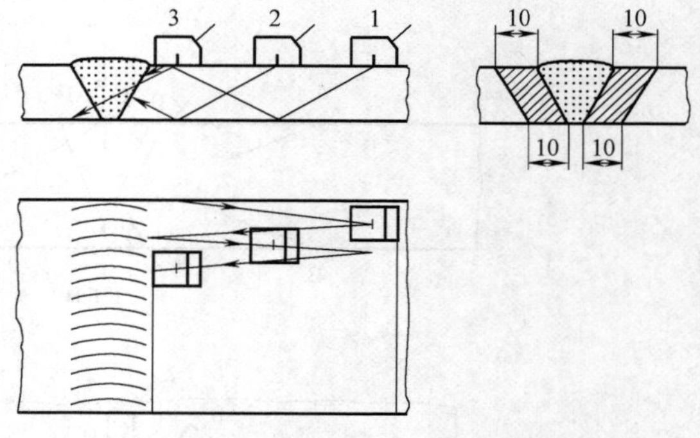

图 9-5-19　扫查焊缝纵向缺陷时的检测区域

1—位置1　2—位置2　3—位置3

2）探头移动区，要有足够宽，其探测面应平整、光滑、清除飞溅物、氧化皮、油垢及锈蚀等，若有不平不应引起探头和焊件的接触间隙超过0.5mm，若超过应修整。检测面的修整宽度 B（探头移动区）应

$$B>P+H$$

式中　P——探头垂直于焊缝移动的最小距离；

H——探头长度或取 $H=50$，P 值按下式确定（见图9-5-20）。

薄板：$P=1.5W$

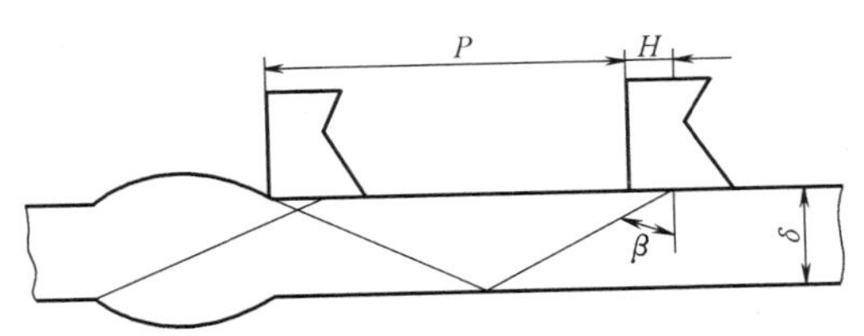

图 9-5-20　探头移动区的确定

中板：$P=2\delta\tan\beta-a$

厚板：（用直探头）$P=\delta\tan\beta-a$

式中　W——焊缝宽度；

a——入射点到探头前沿的距离；

β——探头折射角；

δ——被探件厚度。

GB/T 11345—1989 规定：一次反射法或串列式扫查检测时，探头移动区（即 B）应大于 1.25P；采用直射法时，应大于 0.75P，取 $P=2\delta\tan\beta$。

3）探头扫查方法，对于平板对接焊缝的检测，为探测纵向缺陷，斜探头垂直于焊缝中心线放置在探测面上，作锯齿形扫查，如图 9-5-21a 所示。探头前后移动范围应保证扫查到全部焊缝截面及热影响区。在保持探头垂直焊缝作前后移动的同时，还应作 10°～15°的左右摆动。为检测焊缝及热影响区的横向缺陷应进行平行和斜平行扫查，对 B 级检测时可在焊缝两侧边缘使探头与焊缝中心线成 10°～20°作斜平行扫查，如图 9-5-21b 所示。C 级检验时，可将探头放在焊缝及热影响区上作两个方向的平行扫查，如图 9-5-21c 所示。焊缝母材厚度超过 100mm 时，应在焊缝的两面作平行扫查或者采用两种角度探头（45°和 60°或 45°和 70°并用）作单面两个方向的平行扫查，也可用两个 45°探头作串列式平行扫查。为了确定缺陷的位置、方向、形状，观察缺陷反射波的动态波形或区分是否为伪信号，在发现的缺陷波处可以采用前后、左右、转角和环绕等四种探头扫查方式，如图 9-5-21d所示。

4）缺陷信号的特征及测量，在焊缝超声波检测中是通过对缺陷的反射信号进行分析和评定，以确定焊接缺陷的尺寸、位置等参数。其评定的准确性，直接影响焊接质量。在对缺陷信号评定时，应注意以下几点：①应保证声束与缺陷相垂直，以获得最大的反射；②精确地判定缺陷的位置；③了解产品焊接方法和操作过程的稳定性；④探头以不同角度环绕缺陷扫查，以便观察缺陷的静态和动态波形，从而确定缺陷的性质，其中典型缺陷的静、动态波形如图 9-5-22 所示。

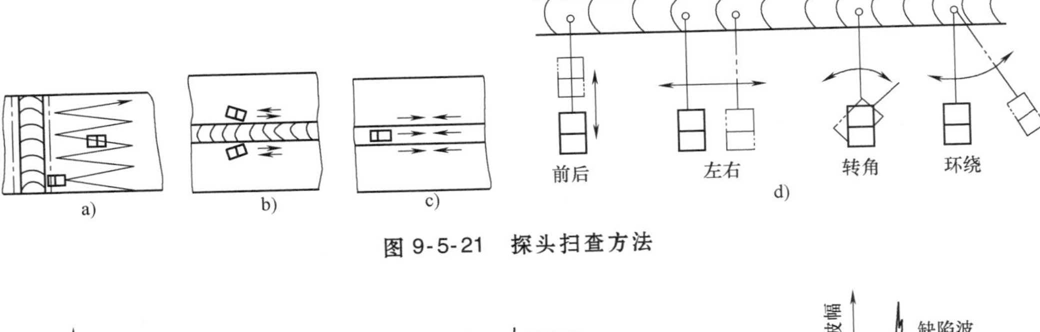

图 9-5-21　探头扫查方法

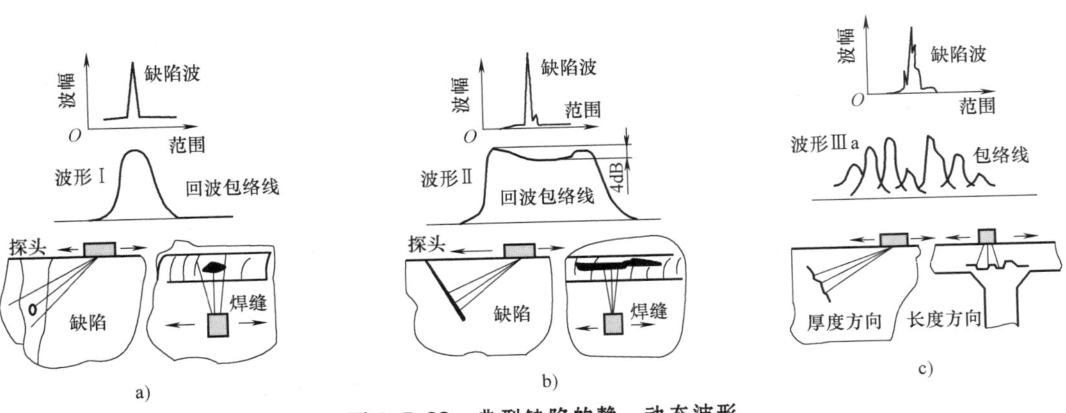

图 9-5-22　典型缺陷的静、动态波形

a）点状缺陷波峰窄，包络线光滑　b）近平面缺陷波峰高，包络线宽　c）粗糙倾斜缺陷波峰多叉，包络线起伏

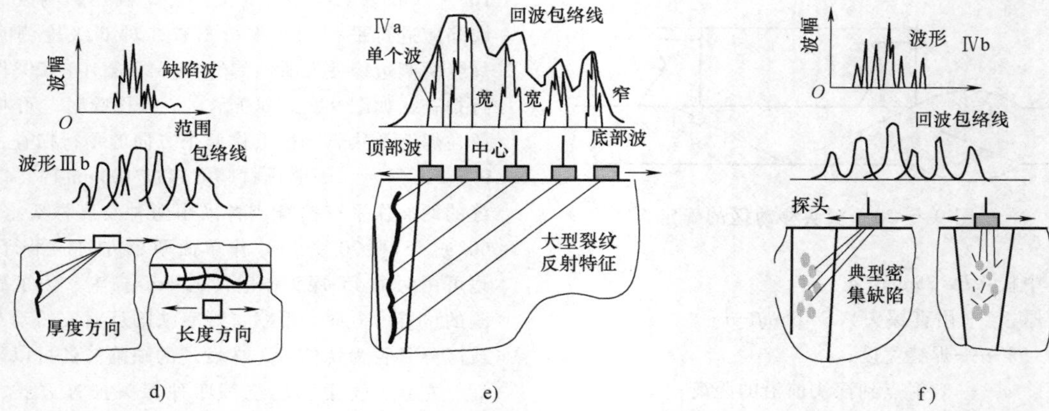

图 9-5-22　典型缺陷的静、动态波形（续）

d）粗糙垂直缺陷波峰宽，开叉多　e）粗糙表面大缺陷波峰宽而高，单个波峰窄

f）密集缺陷多个波集聚一起，波峰在包络线内滚动

缺陷的尺寸参数主要是指缺陷的波幅及其指示长度。在脉冲反射式超声波检测中测定缺陷指示长度若用 GB/T 11345—1989 则主要有两种方法：当缺陷反射波只有一个高点或高点起伏小于 4dB 时，采用降低 6dB 相对灵敏度法测长，如图 9-5-23a 所示；当缺陷反射波峰起伏变化，有多个高点时，采用端点峰值法测长，如图 9-5-23b 所示。

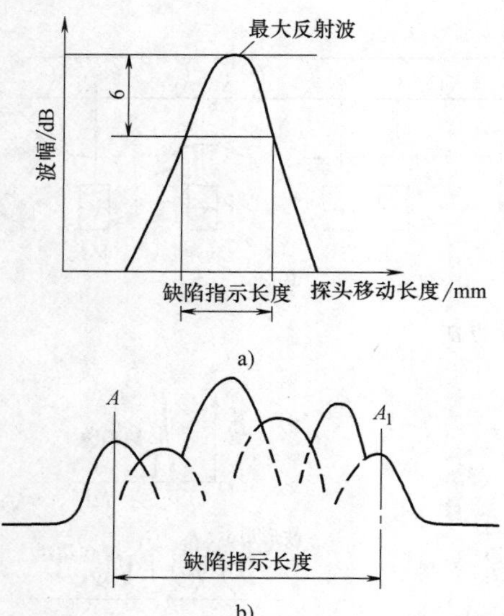

图 9-5-23　缺陷指示长度的测定方法

（相对灵敏度法）

a）单峰值　b）多峰值

GB/T 29712—2013《焊缝无损检测　超声检测　验收等级》采用的是绝对灵敏度法测长，测量时，将探头左右移动使波幅降低到评定级，以此测定指示长度，如图 9-5-24 中的位置 1 和位置 2。

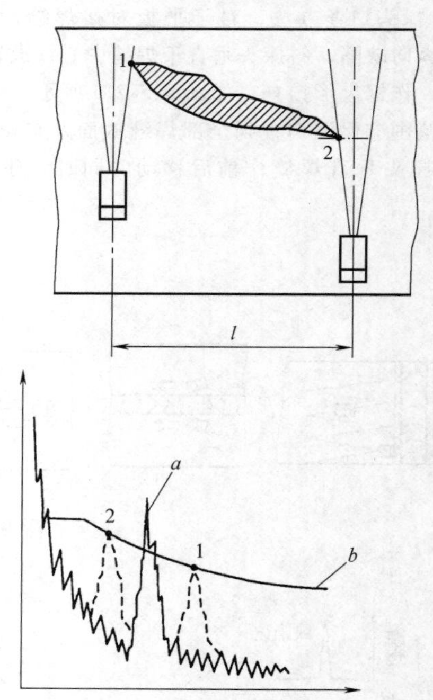

图 9-5-24　缺陷指示长度的测定方法

（绝对灵敏度法）

l—显示的水平长度　1、2—回波幅度等于评定等级的位置　a—最高回波

b—评定等级

4. 缺陷评定与焊缝质量等级

超声波检测的结果是缺陷的最大反射回波波幅及其指示长度，根据相关标准规定的焊缝质量等级对这

些结果进行评定。

GB/T 11345—1998 把焊缝质量等级分为Ⅰ、Ⅱ、Ⅲ、Ⅳ四级。首先规定：超过评定线（见图 9-5-18 的坐标线上的 DAC 曲线）的信号应注意它是否具有裂纹等危害性缺陷特征。如有怀疑时，应采取改变探头角度、增加检测面、观察动态波形，结合结构工艺特征做判定。如对波形不能准确判断时，应辅以其他检测作综合判定。

当最大反射波幅位于Ⅱ区的缺陷，其指示长度小于 10mm 时，按 5mm 计；当相邻两缺陷各向间距小于 8mm 时，两缺陷指示长度之和作为单个缺陷的指示长度。

最大反射波幅位于Ⅱ区（定量线以上）的缺陷，根据缺陷指示长度按表 9-5-19 的规定予以评级；最大反射波幅不超过评定线的缺陷，均评为Ⅰ级；最大反射波幅超过评定线的缺陷，检验者判定为裂纹等危害性缺陷时，无论其波幅和尺寸如何，均评为Ⅳ级；反射波幅位于Ⅰ区的非裂纹性缺陷，均评为Ⅰ级；反射波幅位于Ⅲ区的缺陷，无论其指示长度如何，均评定为Ⅳ级。

也就是说，基于缺陷最大回波波幅和指示长度的原则进行评定的。只有最大反射波幅位于Ⅱ区时需要考虑缺陷的指示长度，并按表 9-5-19 的规定进行评级。

不合格的缺陷应予以返修，返修区域修补后，返修部位及补焊受影响的区域，应按原检测条件进行复验，复检部位的缺陷也按上述方法评定。

表 9-5-19　缺陷的等级分类（摘自 GB/ T 11345—1989）

检验等级		A	B		C	
板厚/mm		8~50	8~300		8~300	
评定等级	Ⅰ	$\frac{2}{3}\delta$ 最小 12	$\frac{\delta}{3}$	最小 10 最大 30	$\frac{\delta}{3}$	最小 10 最大 30
	Ⅱ	$\frac{3}{4}\delta$ 最小 12	$\frac{2}{3}\delta$	最小 12 最大 50	$\frac{\delta}{2}$	最小 10 最大 30
	Ⅲ	$<\delta$ 最小 20	$\frac{3}{4}\delta$	最小 16 最大 75	$\frac{2}{3}\delta$	最小 12 最大 50
	Ⅳ	超过Ⅲ级者				

注：1. δ 为坡口加工侧母材板厚，母材板厚不同时，以较薄侧板厚为准。

2. 对管座角焊缝，δ 为焊缝截面中心线高度。

GB/T 11345—2013《焊缝无损检测　超声检测　技术、检测等级和评定》在缺陷评定和焊缝质量等级的做法上与 GB/T 11345—1989 有较大的区别，比 GB/T 11345—1989 复杂得多。把 GB/T 11345—1989 中焊缝缺陷的评定和质量等级部分分出，另独立制定两个评定与验收的标准，即 GB/T 29712—2013《焊缝无损检测　超声检测　验收等级》和 GB/T 29711—2013《焊缝无损检测　超声检测　焊缝中的显示特征》，它们与 GB/T 11345—2013 配合使用。取消了三线（评定线、定量线和判废线）和三区（Ⅰ区、Ⅱ区、Ⅲ区）的定义，新定义了四个等级：参考等级、评定等级、记录等级和验收等级。规定了设置参考等级的四种技术方法，如其中用横孔技术制作距离-波幅曲线（DAC），令其为基准线（记为 H_0）。评定等级由 GB/T 29712—2013 给出，针对这四种不同的参考等级设置技术方法，以表格形式规定了评定等级的具体参数，规定所有等于或超过评定等级的显示，均应予以评定。记录等级是对应的验收等级 -4dB，其主要作用是当单位焊缝长度内存在单个或多个间断缺陷，记录缺陷的累计长度。规定验收等级为两级，即验收 2 级和验收 3 级，由 GB/T 29712—2013 给出。验收等级的灵敏度设定比较复杂，它是根据焊缝母材厚度、缺陷显示长度与板厚之间的倍数关系而变化的。

现以横孔技术的评定等级方法为例：

首先确定验收等级是 2 级还是 3 级，若是 2 级时评定等级应为 H_0-16dB；若是 3 级，对应为 H_0-10dB，见表 9-5-20。然后确定母材厚度 t，t 以 15mm 为分界线，8mm $\leqslant t <$ 15mm 为一种情况，15mm $\leqslant t <$ 100mm 为另一种情况。接着根据回波波幅 H(dB) 以及缺陷显示长度 l 与板厚 t 之间的倍数 n，确定验收等级和记录等级。

以验收等级 2 级为例，看记录等级、验收等级的设定，如图 9-5-25 所示。设焊缝母材厚度为 t，缺陷显示长度为 l，缺陷显示长度与板厚之间的倍数 $n = l/t$。

表 9-5-20　横孔技术的验收等级 2 级和验收等级 3 级（摘自 GB/T 29712—2013）

技术（按 GB/T 11345）	评定等级		验收等级 2（AL2）		验收等级 3（AL3）	
	验收等级 2	验收等级 3	8mm≤t<15mm	15mm≤t<100mm	8mm≤t<15mm	15mm≤t<100mm
1（横孔）	H_0-14dB	H_0-10dB	1≤t 时：H_0-4dB 1>t 时：H_0-10dB	1≤0.5t 时；H_0 0.5t<1≤t 时，H_0-6dB 1>t 时：H_0-10dB	1≤t 时：H_0 1>t 时：H_0-6dB	1≤0.5t 时，H_0+4dB 0.5t<1≤t 时：H_0-2dB 1>t 时：H_0-6dB

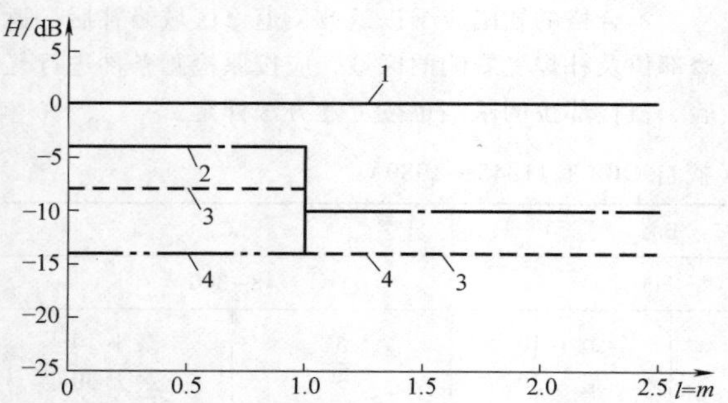

图 9-5-25　板厚 8~15mm 横孔技术的等级

1—参考等级　2—验收等级 2
3—记录等级　4—评定等级
H—回波幅度　l—显示长度

当 8mm≤t<15mm 时

若 n≤1 时，验收等级为 H_0-4dB，此时的记录等级为 H_0-8dB；

若 n>1 时，验收等级为 H_0-10dB，此时的记录等级为 H_0-14dB。

总之，GB/T 11345—2013 综合考虑了检测母材的板厚、缺陷回波波幅、显示长度、累计长度等因素进行等级评定，比 GB/T 11345—1989 更为复杂、合理，对检测人员的标准熟悉度要求更高。

5.5.2　射线检测

射线检测（RT）是一种采用射线照射焊接接头，检查其内部缺陷的无损检测的方法。可用的射线较多，如 X 射线、γ射线、α射线、β射线、电子射线和中子射线等，其中易于穿透物质的是 X 射线、γ 射线和中子射线三种。在射线检测的方法中，目前应用的主要有射线照相法、透视法（荧光屏直接观察法）和实时成像检测法。其中灵敏度较高且应用最广泛的是射线照相法，是本节介绍的主要内容。

1. 射线照相检测法原理

利用射线透过焊件时，缺陷（如气孔、非金属夹杂等）与无缺陷部分对射线吸收程度的不同来检验焊缝内部的缺陷，如图 9-5-26 所示。透过有缺陷部位的射线强度高于无缺陷部位的射线强度，在射线感光胶片上对应有缺陷部位将接受较多的射线，从而在底片上形成黑度较大的缺陷影像。根据相关标准，观察底片上缺陷的形状、大小和分布，并评定其危害程度。

射线照相检测法对体积型缺陷很敏感，其缺陷影像清晰并能永久保存，故在工业中得到广泛应用。

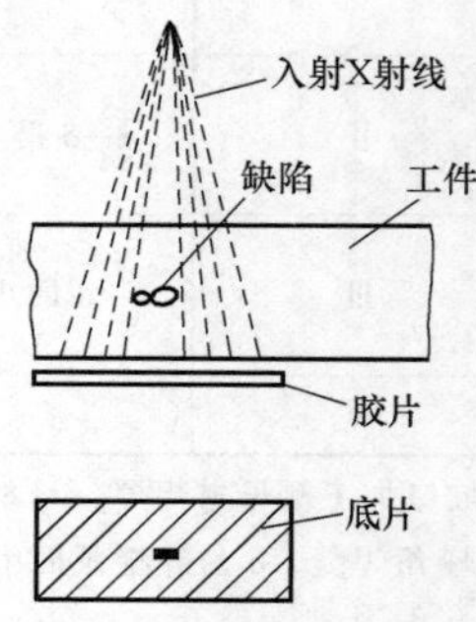

图 9-5-26　射线照相检测法原理

2. 射线源的选择

焊缝射线照相检测法是利用 X（或 γ）射线源发出的具有穿透性的辐射线，穿透焊缝后使胶片感光的。射线的能量和射线源的尺寸是射线照相检测法的主要参数，射线能量决定着穿透焊件的厚度，能量越大穿透焊件的厚度越大，表 9-5-21 列出 γ 和 1Me · V 以上 X 射线对钢、铜和镍基合金材料所适用的穿透厚度范围。射线源的尺寸决定着底片上缺陷影像的清晰程度，尺寸越小缺陷影像越清晰。

一般是在能保证穿透焊件使胶片感光的前提下，尽量选用低的射线能量，以提高缺陷影像的反差。

3. 射线检测用胶片

胶片的质量可用乳胶剂中的银盐粒度（清晰度）、感光速度和反差系数来表达。一般要求反差高、清晰度高和灰雾少。常用的工业射线检测用胶片

表 9-5-21　γ 和 1Me · V 以上 X 射线对钢、铜和镍基合金材料所适用的穿透厚度范围

（摘自 GB/T 3323—2005）

射线种类		穿透厚度 w/mm	
		A 级	B 级
Tm170		$w \le 5$	$w \le 5$
Yb 169①		$1 \le w \le 15$	$2 \le w \le 12$
Se75②		$10 \le w \le 40$	$14 \le w \le 40$
Ir192		$20 \le w \le 100$	$20 \le w \le 90$
Co60		$40 \le w \le 200$	$60 \le w \le 150$
X 射线/Me · V	1~4	$30 \le w \le 200$	$50 \le w \le 180$
	>4~12	$w \ge 50$	$w \ge 80$
	>12	$w \ge 80$	$w \ge 100$

① 对铝和钛的穿透厚度为：A 级时，$10\text{mm} < w < 70\text{mm}$；B 级时，$25\text{mm} < w < 55\text{mm}$。

② 对铝和钛的穿透厚度为：A 级时，$35\text{mm} \le w \le 120\text{mm}$。

按银盐粒度大体分为六个类别四个等级，见表 9-5-22。银盐粒度越小缺陷影像越真切，但感光速度变慢，曝光量会成倍地增加。因此，只有目的在于检测细小裂纹等缺陷时才选用微粒或超微粒的胶片。一般要求的选用Ⅲ级胶片；Ⅳ级胶片用于感光速度快、照相质量要求不高的情况。

4. 增感屏及其选用

为了在检测时增加曝光量和减少曝光时间，提高检测速度，常采用增感屏。增感屏分荧光、金属荧光和金属箔三种，前两种在焊缝检测中已基本不采用，广泛应用的是金属增感屏。对增感屏的要求是：厚度均匀，杂质少，增感效果好；表面平整光滑，无划伤、皱折及污物；有一定的刚性，不易损伤。金属增感屏的尺寸应与胶片尺寸相同，其厚度则按表 9-5-23 和表 9-5-24 的规定进行选择。

表 9-5-22　工业 X 射线胶片的分类和特性

胶片系统等级和类别		粒度/μm	感光度	对比度	对应胶片					适 用 范 围
					天津	Agfa	Kodak	Fuji	Do Pont	
C1	T1	很细 0.07~0.25	很慢 4.1~10.1	很高 4.0~8.0	—	D2 D3	SR DR R	25 50	NDT 35 45	检查铝合金，铅屏增感或不增感
C2										
C3	T2	细 0.27~0.46	慢 1.6~2.85	高 3.7~7.5	Ⅴ	D4 D5	M MX T	59 80	NDT 55	检查细裂纹，也用来检查轻金属
C4										
C5	T3	中 0.57~0.66	中 1.0	中 3.5~6.8	Ⅲ	D7 C7	AX AA CX	100	NDT 65 70	检查钢焊缝
C6	T4	粗 0.67~1.05	快 0.6~0.7	低 3.0~6.0	Ⅱ	D8 D10	RP	150 400	NDT 75 89	采用荧光增感检验厚件，弥补射线穿透能力不足

表 9-5-23　钢、铜和镍基合金射线照相所适用的胶片系统类别和金属增感屏

（摘自 GB/T 3323—2005）

射线种类	穿透厚度 w/mm	胶片系统类别①		金属增感屏类型和厚度/mm	
		A 级	B 级	A 级	B 级
X 射线≤100kV	—	C5	C3	不用屏或用铅屏（前后）≤0.03	
X 射线>100~150kV				铅屏（前后）≤0.15	
X 射线>150~250kV			C4	铅屏（前后）0.02~0.15	
Yb169	$w < 5$	C5	C3	铅屏（前后）≤0.03，或不用屏	
Tm170	$w \ge 5$		C4	铅屏（前后）0.02~0.15	
X 射线>250~500kV	$w \le 50$	C5	C4	铅屏（前后）0.02~0.2	
	$w > 50$		C5	前铅屏 0.1~0.2②；后铅屏 0.02~0.2	
Se75	—	C5	C4	铅屏（前后）0.1~0.2	
Ir192	—	C5	C4	前铅屏 0.02~0.2②	前铅屏 0.1~0.2②
				后铅屏 0.02~0.2	

（续）

射线种类	穿透厚度 w/mm	胶片系统类别①		金属增感屏类型和厚度/mm	
		A 级	B 级	A 级	B 级
Co60	$w\leqslant100$	C5	C4	钢或铜屏（前后）0.25~0.7③	
	$w>100$		C5		
X 射线 1~4Me · V	$w\leqslant100$	C5	C3	钢或铜屏（前后）0.25~0.7③	
	$w>100$		C5		
X 射线>4~12Me · V	$w\leqslant100$	C4	C4	铜、钢或钽前屏≤1④	
	$100<w\leqslant300$	C5	C4		
	$w>300$		C5	铜或钢后屏≤1，钽后屏≤0.5④	
X 射线>12Me · V	$w\leqslant100$	C4	—	钽前屏≤1⑤	
	$100<w\leqslant300$	C5	C4	钽后屏不用	
	$w>300$		C5	钽前屏≤1⑤，钽后屏≤0.5	

① 也可使用更好的胶片系统类别。

② 只要在焊件与胶片之间加 0.1mm 附加铅屏，就可使用前铅屏≤0.03mm 的真空包装胶片。

③ A 级，也可使用 0.5~2mm 铅屏。

④ 经合同各方商定，A 级可用 0.5~1mm 铅屏。

⑤ 经合同各方商定可使用钨屏。

表 9-5-24　铝和钛射线照相所适用的胶片系统类别和金属增感屏（摘自 GB/T 3323—2005）

射线种类	胶片系统类别①		金属增感屏类型和厚度/mm
	A 级	B 级	
X 射线≤150kV	C5	C3	不用屏或铅前屏≤0.03；后屏≤0.15
X 射线>150~250kV			铅屏（前后）0.02~0.15
X 射线>250~500kV			铅屏（前后）0.1~0.2
Yb169			铅屏（前后）0.02~0.15
Se75			铅前屏 0.2②，后屏 0.1~0.2

① 也可使用更好的胶片系统类别。

② 可用 0.1mm 铅屏附加 0.1mm 滤光板取代 0.2mm 铅屏。

使用时必须将增感屏与胶片贴紧，否则会降低增感效果，或因接触程度不同，会产生底片黑度不均匀和增加底片灰雾度；增感屏应存放在干燥地方，用前要检查表面有无尘埃、污点、伤痕，使用中小心爱护，保持整洁，经常用脱脂棉蘸纯酒精擦拭。

5. 射线照相的透照方式

在射线照相检测中，为了彻底反映焊接接头内部缺陷的存在情况，应根据焊件的几何形状和尺寸、射线源、被检焊缝和胶片之间的位置关系等来采取不同的透照方式，或称透照布置。GB/T 3323—2005《金属熔化焊焊接接头射线照相》规定了如图 9-5-27 所示的各种透照布置。

6. 射线照相的像质计和检验级别

为了评定射线照相技术对缺陷影像质量的影响，习惯上在焊件的表面放置一个钢丝型或阶梯孔型的像质计进行透照，然后通过观察所得到的底片黑度均匀区域内可识别的最小钢丝直径或孔径的影像来衡量射线照相技术与底片处理过程的质量，简称像质计数值或像质计灵敏度。

底片上影像的质量与射线照相技术和器材有关，按照采用的射线源种类及其能量的高低、胶片类型、增感方式、底片黑度、射源尺寸和射源与胶片距离等参数，可以把射线照相技术划分为若干个质量级别。例如 GB/T 3323—2005《金属熔化焊焊接接头射线照相》中就把射线照相技术的质量分为 A 级和 B 级，质量级别顺次增高，因此可根据产品的检验要求来选择合适的检验级别，其中 A 级为普通级、B 级为优化级，当 A 级灵敏度不能满足检测要求时，应采用 B 级透照技术。标准中规定，不同检验级别和透照厚度的像质计数值应达到表 9-5-25 和表 9-5-26 的要求。

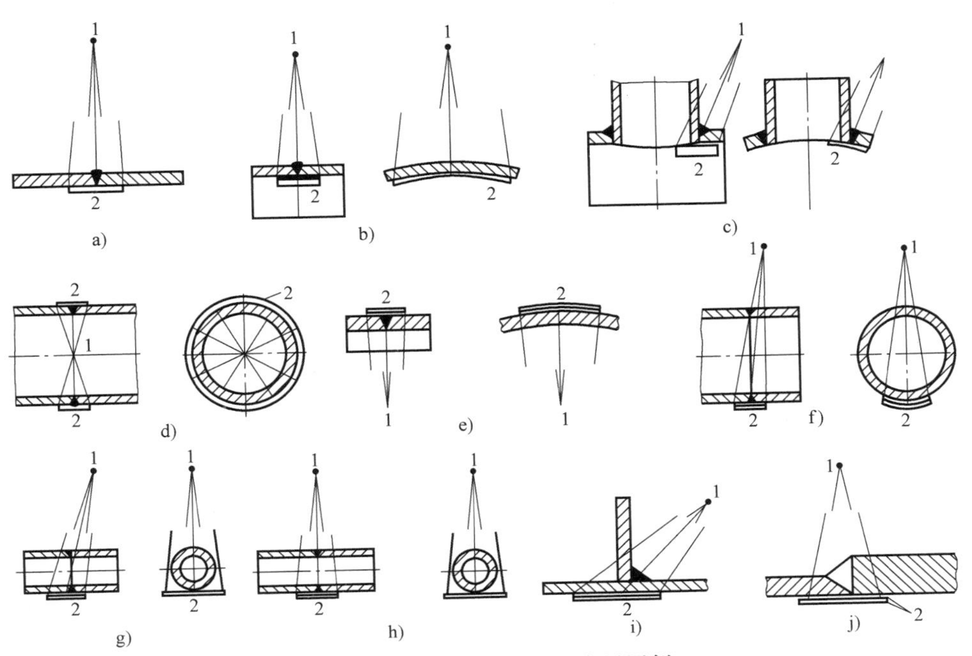

图 9-5-27 射线照相透照布置图例

a）纵缝单壁透照布置 b）环缝单壁外透法透照布置 c）插入式管座焊缝单壁外透法透照布置
d）环缝周向曝光透照布置 e）环缝单壁偏心内透法透照布置 f）环缝双壁双影椭圆透照布置
g）环缝双壁双影垂直透照布置 h）环缝双壁单影法的透照布置（像质计位于胶片侧）
i）角焊缝透照布置 j）不等厚对接焊缝多胶片透照布置
1—射线源 2—胶片

表 9-5-25 不同检验级别和透照厚度应达到的线型像质计数值（摘自 GB/T 3323—2005）

像质计数值		公称厚度 t/mm		穿透厚度 w/mm			
应识别的丝号	应识别的孔径/mm	单壁透照（A级）	单壁透照（B级）	双壁双影（A级）	双壁双影（B级）	双壁单影或双影（A级）	双壁单影或双影（B级）
		像质计（IQI）置于射源侧		像质计（IQI）置于射源侧		像质计（IQI）置于胶片侧	
W19	0.050	—	$t \leqslant 1.5$	—	$w \leqslant 1.5$	—	$w \leqslant 1.5$
W18	0.063	$t \leqslant 1.2$	$1.5<t \leqslant 2.5$	$w \leqslant 1.2$	$1.5<w \leqslant 2.5$	$w \leqslant 1.2$	$1.5<w \leqslant 2.5$
W17	0.80	$1.2<t \leqslant 2.0$	$2.5<t \leqslant 4.0$	$1.2<w \leqslant 2.0$	$2.5<w \leqslant 4.0$	$1.2<w \leqslant 2.0$	$2.5<w \leqslant 4.0$
W16	0.100	$2.0<t \leqslant 3.5$	$4.0<t \leqslant 6.0$	$2.0<w \leqslant 3.5$	$4.0<w \leqslant 6.0$	$2.0<w \leqslant 3.5$	$4.0<w \leqslant 6.0$
W15	0.125	$3.5<t \leqslant 5.0$	$6.0<t \leqslant 8.0$	$3.5<w \leqslant 5.0$	$6.0<w \leqslant 8.0$	$3.5<w \leqslant 5.0$	$6.0<w \leqslant 12$
W14	0.16	$5.0<t \leqslant 7.0$	$8.0<t \leqslant 12$	$5.0<w \leqslant 7.0$	$8.0<w \leqslant 15$	$5.0<w \leqslant 10$	$12<w \leqslant 18$
W13	0.20	$7.0<t \leqslant 10$	$12<t \leqslant 20$	$7.0<w \leqslant 12$	$15<w \leqslant 25$	$10<w \leqslant 15$	$18<w \leqslant 30$
W12	0.25	$10<t \leqslant 15$	$20<t \leqslant 30$	$12<w \leqslant 18$	$25<w \leqslant 38$	$15<w \leqslant 22$	$30<w \leqslant 45$
W11	0.32	$15<t \leqslant 25$	$30<t \leqslant 35$	$18<w \leqslant 30$	$38<w \leqslant 45$	$22<w \leqslant 38$	$45<w \leqslant 55$
W10	0.40	$25<t \leqslant 32$	$35<t \leqslant 45$	$30<w \leqslant 40$	$45<w \leqslant 55$	$38<w \leqslant 48$	$55<w \leqslant 70$
W9	0.50	$32<t \leqslant 40$	$45<t \leqslant 65$	$40<w \leqslant 50$	$55<w \leqslant 70$	$48<w \leqslant 60$	$70<w \leqslant 100$
W8	0.63	$40<t \leqslant 55$	$65<t \leqslant 120$	$50<w \leqslant 60$	$70<w \leqslant 100$	$60<w \leqslant 85$	$100<w \leqslant 180$
W7	0.80	$55<t \leqslant 85$	$120<t \leqslant 200$	$60<w \leqslant 85$	$100<w \leqslant 170$	$85<w \leqslant 125$	$180<w \leqslant 300$
W6	1.00	$85<t \leqslant 150$	$200<t \leqslant 350$	$85<w \leqslant 120$	$170<w \leqslant 250$	$125<w \leqslant 225$	$w>300$
W5	1.25	$150<t \leqslant 250$	$t>350$	$120<w \leqslant 220$	$w \geqslant 250$	$225<w \leqslant 375$	—

（续）

像质计数值		公称厚度 t/mm		穿透厚度 w/mm			
应识别的丝号	应识别的孔径/mm	单壁透照（A级）	单壁透照（B级）	双壁双影（A级）	双壁双影（B级）	双壁单影或双影（A级）	双壁单影或双影（B级）
		像质计（IQI）置于射源侧		像质计（IQI）置于射源侧		像质计（IQI）置于胶片侧	
W4	1.60	$t>250$	—	$220<w\leqslant380$	—	$w>375$	—
W3	2.00	—	—	$w>380$	—	—	—
W2	2.50	—	—	—	—	—	—
W1	3.20	—	—	—	—	—	—

表 9-5-26 不同检验级别和透照厚度应达到的阶梯孔型像质计数值（摘自 GB/T 3323—2005）

像质计数值		公称厚度 t/mm		穿透厚度 w/mm			
应识别的孔号	应识别的孔径/mm	单壁透照（A级）	单壁透照（B级）	双壁双影（A级）	双壁双影（B级）	双壁单影或双影（A级）	双壁单影或双影（B级）
		像质计（IQI）置于射源侧		像质计（IQI）置于射源侧		像质计（IQI）置于胶片侧	
H1	0.125	—	—	—	—	—	—
H2	0.160	—	$t\leqslant2.5$	—	$w\leqslant1.0$	—	$w\leqslant2.5$
H3	0.200	$t\leqslant2.0$	$2.5<t\leqslant4.0$	$w\leqslant1.0$	$1.0<w\leqslant2.5$	$w\leqslant2.0$	$2.5<w\leqslant5.5$
H4	0.250	$2.0<t\leqslant3.5$	$4.0<t\leqslant8.0$	$1.0<w\leqslant2.0$	$2.5<w\leqslant4.0$	$2.0<w\leqslant5.0$	$5.5<w\leqslant9.5$
H5	0.320	$3.5<t\leqslant6.0$	$8.0<t\leqslant12$	$2.0<w\leqslant3.5$	$4.0<w\leqslant6.0$	$5.0<w\leqslant9.0$	$9.5<w\leqslant15$
H6	0.400	$6.0<t\leqslant10$	$12<t\leqslant20$	$3.5<w\leqslant5.5$	$6.0<w\leqslant11$	$9.0<w\leqslant14$	$15<w\leqslant24$
H7	0.500	$10<t\leqslant15$	$20<t\leqslant30$	$5.5<w\leqslant10$	$11<w\leqslant20$	$14<w\leqslant22$	$24<w\leqslant40$
H8	0.630	$15<t\leqslant24$	$30<t\leqslant40$	$10<w\leqslant19$	$20<w\leqslant35$	$22<w\leqslant36$	$40<w\leqslant60$
H9	0.800	$24<t\leqslant30$	$40<t\leqslant60$	$19<w\leqslant35$	—	$36<w\leqslant50$	$60<w\leqslant80$
H10	1.000	$30<t\leqslant40$	$60<t\leqslant80$	—	—	$50<w\leqslant80$	—
H11	1.250	$40<t\leqslant60$	$80<t\leqslant100$	—	—	—	—
H12	1.600	$60<t\leqslant100$	$100<t\leqslant150$	—	—	—	—
H13	2.000	$100<t\leqslant150$	$150<t\leqslant200$	—	—	—	—
H14	2.500	$150<t\leqslant200$	$200<t\leqslant250$	—	—	—	—
H15	3.200	$200<t\leqslant250$	—	—	—	—	—
H16	4.000	$250<t\leqslant320$	—	—	—	—	—
H17	5.000	$320<t\leqslant400$	—	—	—	—	—
H18	6.300	$t>400$	—	—	—	—	—

7. X射线检测设备与器材

（1）X射线检测机的主要技术参数

1）管电压。X射线的最大穿透能力（或检测厚度）主要取决于X射线管的管电压。在工业检测中，X射线的产生是利用X射线管中的高速电子去撞击阳极靶，电子运动突然被制止，其动能大部分变为热能，小部分（1%~2%）变为X射线能。X射线管中电子的高速运动是利用阳极、阴极间的电压形成的。电压越高，发射出的X射线能量就越大，其穿透能力就越强，见表9-5-27。因此，管电压或穿透厚度就成为选用X射线检测机的主要技术性能指标。由于管电流很小（以毫安计），故管电压也反映检测机的能量。

表 9-5-27 X射线的最大穿透能力

管电压峰值/kV	最大穿透能力
50	大多数金属薄件，小的电子元件或塑料件
150	125mm 铝构件、25mm 钢构件
300	75mm 钢构件
400	90mm 钢构件
1000	125mm 钢构件
8~25MeV①	250mm 钢构件

① 8~25MeV 电压，要用直线加速器来产生。

2）X射线管的焦点大小。影响X射线透照清晰度和灵敏度的是X射线管的焦点大小。X射线管的焦点有实际焦点和有效焦点，前者是指阳极靶上产生X射线的面积范围，即射线源的大小；后者是实际焦点在透照方向上的投影，它的面积比实际焦点小。一般所说的X射线管焦点，指的是有效焦点。焦点越小，缺陷成像越清晰，透照灵敏度就越高。因此，焦点的大小是X射线管光学性能好坏的重要标志。

（2）探伤机的类型与选用

国产X射线探伤机已系列化，其管电压有50kV、100kV、150kV、200kV、250kV、300kV、450kV等，其射线管的焦点一般在2～4mm。基本上分成移动式和携带式两大类，两者在构造上和应用上有一些区别。

1）移动式X射线探伤机。X射线管放在充满冷却、绝缘油的射线柜内；高压发生器油浸在高压柜内，它的阴阳极两端通过高压电缆与X射线柜的阴极、阳极两端相连接；X射线管用强制循环油进行冷却，循环油还要进行水冷；控制柜（操作台）要放在防射线的操作室内，用低压电缆与高压发生器相连接，控制柜除了用来调节透照电压（kV）、电流（mA）、时间（min）外，还装有过载、过电流、过热等保护装置。

移动式X射线机一般体积和质量都较大，适合实验室、车间等固定场地使用。由于管电压和管电流可做得较大，故可透照较厚焊件并能节省透照时间。

2）携带式X射线机。为了便于搬动，通常把X射线管和高压发生器放在一个射线柜内，没有高压电缆和整流装置，故携带式X射线只有控制器和射线柜两部分组成。由于体积小、质量轻，所以适于流动性检验或大型金属结构的现场使用。

3）X射线探伤机的选择。应根据透照对象、灵敏度要求、工作场地等因素选择。一般着重考虑穿透能力、X射线管焦点大小、管电流大小、X射线束的形状和可搬动性等。

① 穿透能力。一般密度越大的物质，对射线吸收的能力就越大，故射线穿过轻金属易，重金属难。因此，用于透照重金属应选择较高额定管电压的X射线机；被检材料越厚，射线经过路径越长，能量吸收越多，故测厚件也应选管压高的X射线机。

② X射线焦点大小。从缺陷成像清晰度和透照灵敏度考虑应尽量选择焦点小的X射线机，尤其对质量要求高的焊件。但焦点小的X射线机的管电流较小，会增加透照时间。

③ X射线束的形状。一般X射线机射线束约成40°圆锥角放出，也有周向360°放射的全境拍照X射线机。前者适用于一般小范围照相，后者对筒体环焊缝检测特别适宜，一次可透照整条环焊缝，效率高。

④ 可搬动性。移动式X射线机较重，组件多，一般只能在实验室或固定场所使用，被检焊件需送到固定的X射线检测室透照；属于流动性检验，如船舶、水电站、大型储罐等焊接结构，在现场安装和制造的焊缝检测，宜选用携带式X射线机。

表9-5-28和表9-5-29分别为国产携带式和移动式X射线机的主要技术数据。

表9-5-28　国产携带式X射线机主要技术数据

序号	项目		型号				
			TX-1005	TX-1505	TX-2005	TX-2505	TX-3005
1	输入	电压/V	220	220	220	220	220
		频率/Hz	50	50	50	50	50
		相数	单相	单相	单相	单相	单相
		最大容量/kV·A	1	1.2	1.5	1.8	2.5
2	输出	X射线管两端高压峰值/kV	100	150	200	250	300
		阳极电流（平均值）/mA	5	5	5	5	5
3	射线管	型号	3BEYI-100,5mA	x1505	x2005	x2505	x3005
		焦点面积/mm^2	2.3×2.3	2.5×2.5	3×3	3×3	3×3
		射线角度/（°）	38	38	40	40	40
		冷却方式	油浸自冷	油浸自冷	油浸自冷	油浸自冷	油浸自冷

（续）

序号	项目		型号				
			TX-1005	TX-1505	TX-2005	TX-2505	TX-3005
4	时间	最大容量最长连续工作时间/min	5	5	5	5	5
5	厚度	射线最大穿透厚度（钢铁）①/mm	12	30	43	54	62
6	体积	控制箱（长/mm×宽/mm×高/mm）	385×305×179				
		射线柜/mm	ϕ246×406	270×205×600	420×260×650	420×260×670	480×310×865
7	质量	控制箱/kg	22				
		射线柜/kg	23	35	55	63	97

① X 射线透照焊件时的条件：焦距为 600mm，I=5mA，上海牌胶片 4F，双面荧光增感纸相对黑度为 0.8。

表 9-5-29 国产移动式 X 射线机主要技术数据

项目	型号				
	TY0530-1	TY1512/4-1	TY2020-1	TY2515	TY4010/4-2
管电压/kV	50	150	200	250	400
管电流/mA	30	12（大焦点） 4（小焦点）	20	15	10（大焦点） 4（小焦点）
焦点尺寸/mm	1.5×1.5 或 1.8×1.2	2.5×2.5 1.0×1.0	ϕ10 或 6×6	4×4	4×4 1.8×1.8
射线角度/(°)	40±1	—	40±1	40	40±1
穿透厚度/mm	30(Al)	20（Fe 铅箔增感） 30（Fe 荧光增感）	60(Fe)	74(Fe) 200(Al)	100（Fe 铅箔增感） 120（Fe 荧光增感）
外形尺寸（长/mm×宽/mm×高/mm）	1830×650 ×1810	1750×1000 ×1200	2200×2500 ×850	1500×750 ×650	1510×780 ×1940
总质量/kg	250	2500	800	500	1800

8. 焊缝射线照相检测一般程序和缺陷影像的识别

（1）一般程序

通常是先根据焊件的材质、几何尺寸、焊接方法等确定检验要求和验收标准，然后选择射线源、胶片、增感屏和像质计等，并确定透照方式和几何条件。图 9-5-28 所示为焊缝射线检测的一般程序。

（2）缺陷影像的识别

焊缝的常见缺陷有裂纹、气孔、夹渣、未熔合和未焊透等，它们在 X 射线照相底片上的影像一般具有表 9-5-30 所列的特征。

9. 金属熔化焊焊接接头射线检测的焊缝质量评级

GB/T 3323—2005《金属熔化焊焊接接头射线照相》对焊接接头的质量作了如下规定。

（1）按缺陷性质和数量进行分级

1）Ⅰ级焊接接头。应无裂纹、未熔合、未焊透和条形缺陷。

2）Ⅱ级焊接接头。应无裂纹、未熔合、未焊透。

3）Ⅲ级焊接接头。应无裂纹、未熔合，以及双面焊和加垫板的单面焊中的未焊透。

4）Ⅳ级焊接接头。焊接接头中缺陷超过Ⅲ级者。

（2）圆形缺陷的评级

长宽比小于或等于 3 的缺陷定义为圆形缺陷。它们可以是圆形、椭圆形、锥形或带有尾（在测定尺寸时应包括尾部）等不规则形状，包括气孔、夹渣和夹钨。圆形缺陷用评定区进行评定，它应选在缺陷最严重的部位，评定区域的大小按评定厚度 T（一般指母材厚度或角焊缝理论厚度）确定，见表 9-5-31。

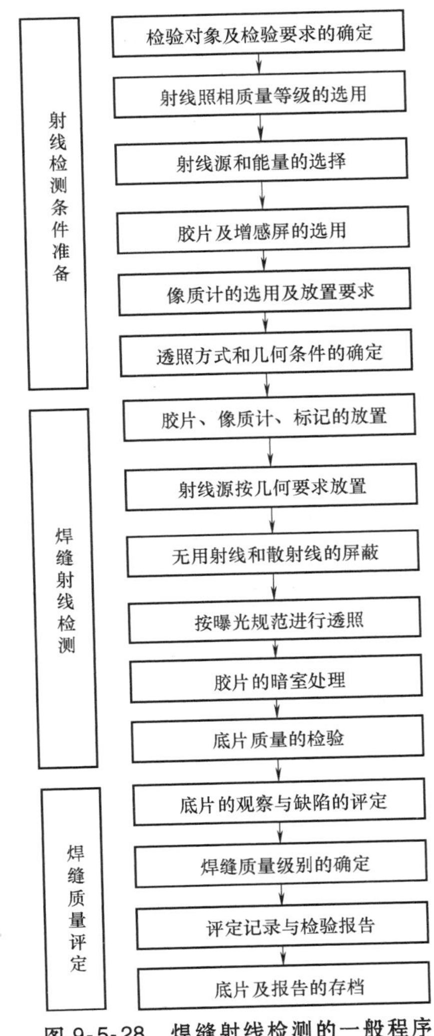

图 9-5-28 焊缝射线检测的一般程序

表 9-5-30 常见焊接缺陷影像特征

缺陷种类	缺陷影像特征
气孔	多数为圆形、椭圆形黑点，其中心处黑度较大，也有针状、柱状气孔。其分布情况不一，有密集的，单个和链状的
夹渣	形状不规则，有点状、条块状等，黑度不均匀。一般条状夹渣都与焊缝平行，或与未焊透、未熔合混合出现
未焊透	在底片上呈现规则的，甚至直线状的黑色线条，常伴有气孔或夹渣。在 V 形、X 形坡口的焊缝中，根部未焊透都出现在焊缝中间，K 形坡口则偏离焊缝中心
未熔合	坡口未熔合影像一般一侧平直另一侧有弯曲，黑度淡而均匀，时常伴有夹渣。层间未熔合影像不规则，且不易分辨
裂纹	一般呈直线或略带锯齿状的细纹，轮廓分明，两端尖细，中部稍宽，有时呈现树枝状影像
夹钨	在底片上呈现圆形或不规则的亮斑点，且轮廓清晰

表 9-5-31 圆形缺陷评定区尺寸

（单位：mm）

评定厚度 T	≤25	>25～100	>100
评定区尺寸	10×10	10×20	10×30

评定圆形缺陷时应将缺陷尺寸按表 9-5-32 转换成缺陷点数，而不计点数的缺陷尺寸，见表 9-5-33。

表 9-5-32 缺陷点数换算表

缺陷长径 /mm	≤1	1～2	2～3	3～4	4～6	6～8	>8
点数	1	2	3	6	10	15	25

表 9-5-33 不计点数的缺陷尺寸

（单位：mm）

评定厚度 T	缺陷长径
≤25	≤0.5
25～50	≤0.7
>50	≤1.4%T

圆形缺陷分级见表 9-5-34。

表 9-5-34 圆形缺陷分级

评定区		10mm×10mm			10mm×20mm	10mm×30mm	
评定厚度 T/mm		≤10	10～15	15～25	25～50	50～100	>100
质量等级	Ⅰ	1	2	3	4	5	6
	Ⅱ	3	6	9	12	15	18
	Ⅲ	6	12	18	24	30	36
	Ⅳ	点数超过Ⅲ级者					

注：表中的数字是允许缺陷点数的上限。当圆形缺陷长径大于 1/2T 时评为Ⅳ级。

（3）条状缺陷的评级

长宽比大于 3 的气孔、夹渣和夹钨等缺陷定义为条形缺陷。条形缺陷的分级见表 9-5-35。

（4）未焊透的评级

不加垫板的单面焊中未焊透的允许长度应按表 9-5-35 条形缺陷的Ⅲ级评定；角焊缝的未焊透是指角焊缝的实际熔深未达到理论熔深值，也应按表 9-5-35 条形缺陷的Ⅲ级评定。设计焊缝系数小于等于 0.7 的钢管根部未焊透的分级按表 9-5-36 评定。

（5）根部内凹和根部咬边缺陷的评级

钢管根部内凹和根部咬边缺陷的分级，见表 9-5-37。

（6）综合评级

表 9-5-35 条形缺陷的分级 （单位：mm）

质量等级	评定厚度	单个条形缺陷长度	条形缺陷总长
Ⅱ	$T \leqslant 12$ $12<T<60$ $\geqslant 60$	4 $1/3T$ 20	在平行于焊缝轴线的任意直线上，相邻两缺陷间距均不超过 $6T$ 的任意一组缺陷，其累计长度在 $12T$ 焊缝长度内不超过 T
Ⅲ	$T \leqslant 9$ $9<T<45$ $\geqslant 45$	6 $2/3T$ 30	在平行于焊缝轴线的任意直线上，相邻两缺陷间距均不超过 $3T$ 的任意一组缺陷，其累计长度在 $6T$ 焊缝长度内不超过 T
Ⅳ	大于Ⅲ级者		

表 9-5-36 未焊透的分级

质量等级	未焊透的深度		长度/mm
	占壁厚的百分数(%)	深度/mm	
Ⅱ	≤15	≤1.5	≤15%周长
Ⅲ	≤20	≤2.0	≤20%周长
Ⅳ	大于Ⅲ级者		

表 9-5-37 根部内凹和根部咬边缺陷的分级

质量等级	根部内凹的深度		长度/mm
	占壁厚的百分数(%)	深度/mm	
Ⅰ	≤10	≤1	不限
Ⅱ	≤20	≤2	—
Ⅲ	≤25	≤3	
Ⅳ	大于Ⅲ级者		

在圆形缺陷评定区内，同时存在圆形缺陷和条形缺陷（或未焊透、根部内凹和根部咬边）时，应各自评级，将两种缺陷所评级别之和减 1（或三种缺陷所评级别之和减 2）作为最终级别。

5.5.3 磁粉检测

利用在强磁场中铁磁性材料表层缺陷产生的漏磁场吸附磁粉的现象而进行的无损检测方法称为磁粉检测（MT）。

1. 磁粉检测的原理

对铁磁材质（铁、钴、镍）试件，当其表面或近表层有缺陷时，一旦被强磁化，就会有部分磁力线外溢形成漏磁场，如图 9-5-29 所示。它对施加到试件表面的磁粉产生吸附作用。从而显示出缺陷的痕迹。根据磁粉痕迹（简称磁痕）来判定缺陷位置、取向和大小。

缺陷漏磁场的强度和分布，取决于缺陷的长度、取向、位置和被测面的磁化强度。当缺陷取向与磁化方向垂直时，检测灵敏度最高；当缺陷取向与磁化方向互相平行时，则可能无磁痕显示。

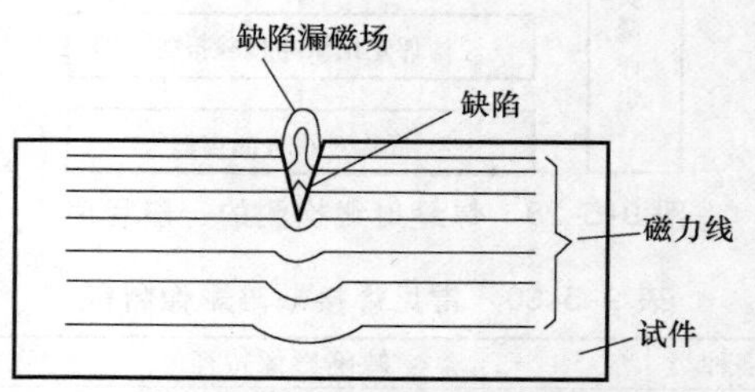

图 9-5-29 磁力线弯曲外溢形成漏磁场

2. 磁粉检测的应用范围及基本程序

（1）应用范围

磁粉检测对表面缺陷具有较高的检测灵敏度，因此适用于以下几个方面：

1）施焊前坡口面检查。

2）焊接过程中焊道表面检查。

3）焊缝成形表面检查。

4）焊后经热处理、压力试验后的表面检查。

5）临时定位件去除后的表面检查。

（2）基本程序

1）用磁粉检测设备对被检部位进行磁化。

2）在被磁化区域内施加磁粉或磁悬液。

3）对施加过磁粉或磁悬液的部位进行磁痕的观察、分析和评定。

3. 磁化方法

对焊件进行磁化时，应根据各种磁粉检测设备的特性，焊件的磁特性、形状、尺寸、表面状态、缺陷性质等，确定合适的磁场方向和磁场强度，然后选定磁化方法、磁化电流等参数。确定磁场方向和磁场强度时，可使用磁场指示计与灵敏度试片进行检验。

（1）磁化方法及其选用

磁化方法有表9-5-38中所列各种，它们各有特点和适用范围。

表9-5-38 磁化方法

磁化方法	示意图	特点
通电法		将零件夹于检测机两极之间，电流从零件上通过形成周向磁场，适用于中小型零件，主要发现与电流平行的缺陷
穿棒法		将导体穿入空心零件中，电流从导体上流过，形成周向磁场，适用于管状焊件，主要发现轴向缺陷
线圈法		焊件放于通电线圈中磁化，形成纵向磁场，有利于发现与线圈轴线垂直的缺陷（周向缺陷）
触头法		用支杆触头接触焊件表面，电流从支杆导入零件，适用于焊缝或大型部件的局部检查
磁轭法		电磁轭或永久磁铁将焊件表面两磁极间的区域磁化，常用于对接或角接焊缝的检验，适于局部磁化
旋转磁场法		零件上的磁化方向随时间连续变化形成旋转磁场，一次便可检查出任意方向的缺陷，检测速度快，适用于各种接头形式的焊缝检验

选用磁化方法时要注意以下几点：

1）磁场方向应尽可能与预计的缺陷方向垂直。焊缝检验一般规定每个区域应进行两次磁化方向垂直的单独检验，或使用旋转磁场法。

2）磁场方向应尽量与检测面平行。

3）应减少反磁场。

4）不允许烧损检测面时，应选择不直接对焊件通电的磁化方法。

（2）磁化电流

磁化电流可以使用直流电或全波整流电、半波整流电和交流电。

为了检测埋藏深度较大的缺陷，应使用直流电或全波整流电；当焊缝位于形状复杂、尺寸变化大的焊件上时，应使用交流电或半波整流电；在干法检测中以及检测后需退磁的焊缝检测中，也以使用交流电或半波整流电为好；在剩磁法检测中，如需使用交流电或半波整流电时，应加间断电相位器，把断电时间控制在 $\pi/2 \sim \pi$ 和 $3\pi/2 \sim 2\pi$ 之间。

磁化时的电流值可用下面各式确定

1）用通电法进行焊缝整体磁化时

$$I = HD/0.32$$

式中　I——磁化电流值（A）；

D——圆形焊件直径（m）；

H——磁场强度，可在 $2400 \sim 4800\text{A} \cdot \text{m}^{-1}$ 之间选用。

2）用线圈法进行焊缝整体磁化时

$$NI = \frac{45000D}{L}$$

式中　N——线圈匝数；

I——磁化电流（A）；

L/D——长径比，$L/D<3$ 时，此式不适用；当 $L/D \geqslant 15$ 时，取 15。

3）用触头法进行焊缝局部磁化时

焊件厚度 $\delta \leqslant 19\text{mm}, I_1 = (3.5 \sim 4.5\text{A} \cdot \text{mm}^{-1})s$

焊件厚度 $\delta > 19\text{mm}, I_2 = (4 \sim 5\text{A} \cdot \text{mm}^{-1})s$

式中　I_1、I_2——磁化电流值（A）；

s——支杆触头间距（mm）。

4. 磁粉探伤设备与器材

（1）磁粉探伤机

磁粉探伤机有携带式、移动式和固定式三种类型，见表 9-5-39。可根据检测现场、焊件大小和需要发现焊件表面缺陷的深浅程度等选用。

表 9-5-39　磁粉探伤机（摘自 JB/T 8290—2011）

类　型	额定周向磁化电流/A	磁化电流种类	夹头间距/mm
携带式	500、1000、1500、2000	交流、直流、半波整流	—
移动式	500、1000、2000、3000、4000、5000、6000、7000、8000	交流、直流、半波整流、全波整流	—
固定式	1000、1500、2000	交流、直流、半波整流、全波整流	0～1000
	3000、4000		0～1500
	5000、6000、7000		0～2500
	8000、9000、10000		0～3500

焊缝磁粉探伤机应符合 JB/T 8290—2011 的规定。用于磁轭法检测的交流电磁铁，在其最大磁极间距上的提升力应大于 44N，直流电磁铁的提升力应大于 177N。

（2）磁粉检测灵敏度试片

为验证被检焊件是否达到所要求的检测灵敏度，应采用灵敏度试片。在灵敏度试片上刻有人工缺陷，能用磁粉显示，显示的磁痕直观、使用简便。用它可以考查磁化方法与规范、磁粉和磁悬液性能、操作方法正确与否等综合指标。常用灵敏度试片见表 9-5-40 和图 9-5-30。

表 9-5-40　常用灵敏度试片

试片型号	人工缺陷基本参数	主 要 用 途
A 型 GB/T 15822.1～2—2005	试片厚度为 100μm 人工缺陷槽深：15μm、30μm、60μm 三种	检查探伤装置、磁粉、磁悬液综合性能及磁场方向、探伤有效范围等
B 型 GB/T 15822.1～2—2005	孔径为 φ 1.0mm 孔深分别为 1mm、2mm、3mm、4mm 四种	检查探伤装置、磁粉及磁悬液综合性能
C 型	试片厚度为 50μm 人工缺陷槽深为 8μm	几何尺寸小，可用于狭小部位，作用同 A 型试片
试板	人工缺陷槽深由 0.125～1.25mm 共 10 种深度、长均为 3mm	检查磁粉、磁悬液及检验系统的性能、灵敏度

（续）

试片型号	人工缺陷基本参数	主要用途
ASME SE709 板型	槽深为 5~50μm 槽宽为(5±1)μm	用来比较磁粉性能、灵敏度或整个系统性能
ASME SE709 环型	孔径为 ϕ 0.7mm 孔深 $D=(0.07\sim0.84)\times25.4$mm	比较磁粉性能、灵敏度及全面性能

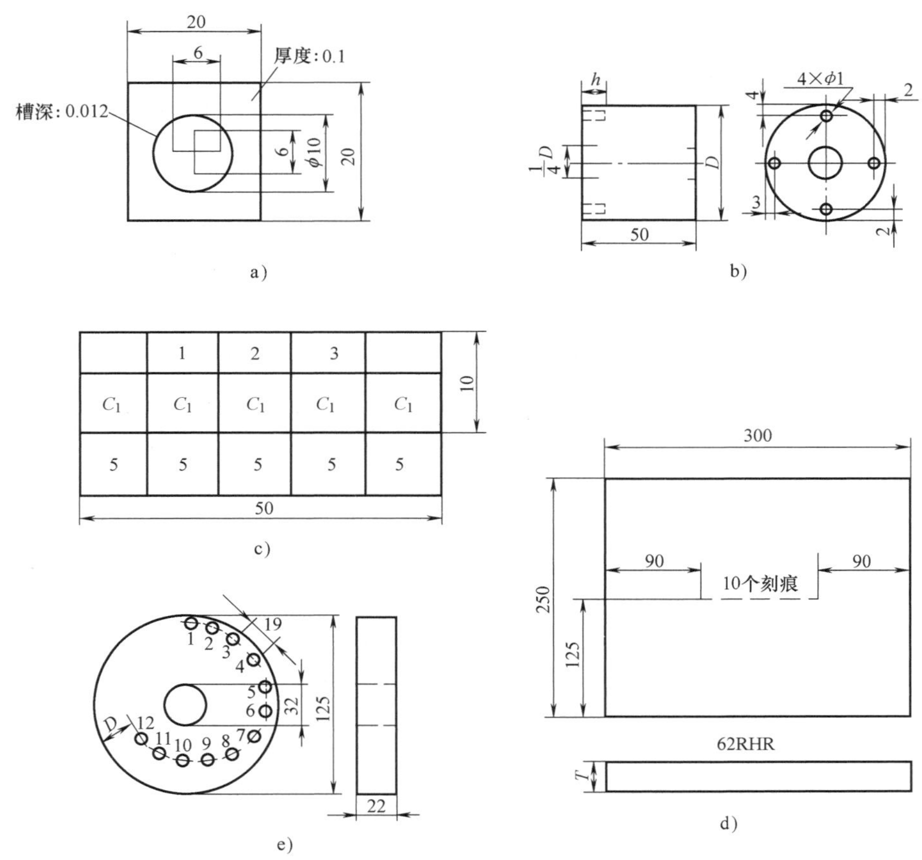

图 9-5-30 常用磁粉检测灵敏度试片

a）A 型灵敏度试片 b）B 型对比试片 c）C 型标准试片 d）磁粉系统性能试验板 e）人工近表面缺陷试环

（3）磁粉和磁悬液

1）磁粉。它是磁粉检测用的显示介质。有非荧光磁粉和荧光磁粉两大类。非荧光磁粉一般有黑色、红色或灰色，选用时应尽量使得磁粉的颜色与被检表面之间产生明显的对比度（反差）；荧光磁粉在紫外线照射下能发出黄绿色的荧光。检测用的磁粉的性能应符合 JB/T 6063—2006《无损检测 磁粉检测用材料》的规定。在白炽光强烈照射的室内或有自然光强烈照射的野外场合检测焊缝时，宜用非荧光磁粉。在检测场地较阴暗以及夜间检测时，宜用荧光磁粉。

2）磁悬液。含有磁粉的悬浮液称为磁悬液。常用油剂或含有添加剂的水作悬浮液。水磁悬液施加到焊缝表面时应具有良好的润湿、消泡和防锈作用；用油剂悬浮液配制荧光磁粉的磁悬液时，应优先选用无味煤油；用水剂配制荧光磁粉的磁悬液时，应使用磁粉厂指定的悬浮液，防止荧光粉在液中结团或溶解等现象。磁悬液的浓度：非荧光磁粉为 $10\sim25\text{g/L}^{-1}$，荧光粉为 $1\sim2\text{g}\cdot\text{L}^{-1}$。

在检验表面被油污染过的焊缝时，宜用油悬液；对不得有油污染或有防火要求的焊缝检验，宜用水悬液。

5. 缺陷磁痕等级分类

磁粉检测是根据缺陷磁痕的形状和大小进行评定和质量等级分类的。

为了与国际接轨，我国参照 ISO 23278 制定了 GB/T 26952—2011《焊缝无损检测 焊缝磁粉检测 验收等级》，将缺陷显示类型分为线状显示和非线状显示，见表 9-5-41。

表 9-5-41 磁粉检测的显示验收水平

显示类型	验收水平[①]		
	1	2	3
线状显示（l=显示长度）	$l \leqslant 1.5$mm	$l \leqslant 3$mm	$l \leqslant 6$mm
非线状显示（d=主轴长度）	$d \leqslant 2$mm	$d \leqslant 3$mm	$d \leqslant 4$mm

注：线状显示是长度大于 3 倍宽度的显示；非线状显示是长度小于或等于 3 倍宽度的显示。

① 验收水平 2 和 3 可规定用一个后缀“X”，表示所检测出的所有线状显示按 1 级进行评定。但对于小于原验收水平所表示的显示，其可探测性可能偏低。

5.5.4 渗透检测

利用某些液体的渗透性等物理特性来发现和显示缺陷的无损检测法称为渗透检测（PT）。可检测表面开口缺陷，几乎适用于所有材料和各种形状的表面检查。因为此法设备简单、操作方便、检测速度快、适用范围广而被广泛采用。

1. 渗透检测原理和过程

（1）原理

渗透检测原理是以物理学中液体对固体的润湿能力和毛细现象为基础，先将含有染料且具有高渗透能力的液体为渗透剂，涂敷到被检焊件表面，由于液体的润湿作用和毛细作用，渗透液便渗入表面开口缺陷中，然后去除表面多余渗透剂，再涂一层吸附力很强的显像剂，将缺陷中的渗透剂吸附到焊件表面上来，在显示剂上便显示出缺陷的迹痕，通过对迹痕进行观察，做出对缺陷的评定。

（2）过程

渗透检测的基本过程如下：

1）渗透清理。去除被检焊件表面的油污、氧化皮、锈蚀、涂层、焊渣和飞溅物等，可以打磨、酸洗、碱洗或溶剂洗。清洗后必须烘干，尤其缺陷内部更要烘干。

2）涂敷渗透剂。为了使液体充满缺陷，渗透时间应足够长，一般应大于 10min。

3）清除多余渗透剂。对于自乳化型渗透剂，用布擦后再用清洗剂清洗；对于后乳化型渗透剂，还要增加乳化剂的乳化工序，而后水洗。此过程宜快速进行，一般不超过 5min，以防干燥和过洗。

4）涂敷显像剂。要求涂层薄而均匀。

5）检查评定。对于着色法，用肉眼直接观察，而细小缺陷可借助 3~10 倍放大镜观察；对于荧光法，则借助紫外线光源的照射，使荧光物发光后才能观察。

2. 渗透检测方法分类及其特点与应用

渗透检测方法按渗透剂种类分类见表 9-5-42，按显像方法分类见表 9-5-43。各种渗透检测方法的特点及应用范围见表 9-5-44。

表 9-5-42 渗透检测方法按渗透剂种类分类

方法名称	渗透剂种类	方法代号
荧光渗透检测	用水洗型荧光渗透剂	FA
	用后乳化型荧光渗透剂	FB
	用溶剂去除型荧光渗透剂	FC
着色渗透检测	用水洗型着色渗透剂	VA
	用后乳化型着色渗透剂	VB
	用溶剂去除型着色渗透剂	VC

表 9-5-43 渗透检测方法按显像方法分类

方法名称	显像剂种类	方法代号
干式显像法	用干式显像剂	C
湿式显像法	用湿式显像剂	W
	用快干式显像剂	S
无显像剂显像法	不用显像剂	N

表 9-5-44 渗透检测方法的特点及应用范围

类别		特点和应用范围
荧光法	水洗型荧光	零件表面上多余的荧光渗透液可直接用水清洗掉。在紫外线灯下有明亮的荧光，易于水洗，检查速度快，广泛用于中、小型零件的批量检查
	后乳化型荧光	零件上的荧光渗透液要用乳化剂乳化处理后，方能用水洗掉。有极明亮的荧光，灵敏度高于其他方法，适用于质量要求高的零件
	溶剂去除型荧光	零件表面上多余的荧光渗透液用溶剂清洗，检验成本比较高，一般情况下不采用
着色法	水洗型着色	与水洗型荧光相似，不需要紫外线灯
	后乳化型着色	与后乳化型荧光相似，不需要紫外线光源
	溶剂去除型着色	一般装在喷罐内使用，便于携带，广泛用于焊缝，大型焊件的局部检查，高空及野外和其他没有水电的场所

3. 探伤剂

渗透检测用的液体统称探伤剂，它包括渗透剂、去除（或清洗）剂和显像剂等。

（1）渗透剂

渗透剂是含有着色染料或荧光物质又具有强渗透能力的液体。常用着色渗透剂见表 9-5-45；固体荧光渗透剂见表 9-5-46，在固体荧光物质中加入活化剂能增大发光强度；液体荧光渗透剂见表 9-5-47。

表 9-5-45　着色渗透剂

成　　分	1 号	2 号	3 号	4 号
乳百灵(体积分数)	10%	10%	10%	10%
苯馏酚(体积分数)	70%	60%	—	—
170～200℃蒸馏汽油(体积分数)	20%	—	20%	30%
丙酮(体积分数)	—	—	50%	30%
苯甲酸甲酯(体积分数)	—	—	20%	20%
变压器油(体积分数)	—	—	—	10%
60～130℃蒸馏汽油(体积分数)	—	30%	—	—
蜡红	$20g \cdot L^{-1}$	$20g \cdot L^{-1}$	—	$100g \cdot L^{-1}$
玫瑰红	—	—	$80g \cdot L^{-1}$	—

表 9-5-46　固体荧光渗透剂

基本物质	活化剂	发光颜色	最大发光波长/nm	激发光波长/nm
CaS	Mn	绿色	510	420
CaS	Ni	红色	780	420
CaS	Ni	蓝色	475	420
ZnS	Mn	黄绿色	555	420
ZnS	Cu	蓝绿色	535	420

表 9-5-47　液体荧光渗透剂

序　号	配方(质量分数,%)	发光颜色	发光波长/nm
1	25%石油+25%航空油+50%煤油	天蓝色	460
2	变压器油与煤油成 1：2 混合后加 5%鱼油	鲜明天蓝色	50
3	2 号配方中加 0.11%蒽油	玫瑰色	600
4	苯甲酸甲酯 70%+甲苯、丙酮、正己烷各 10%混合后加 PEB 增白 0.3%	乳白色	—

（2）去除（清洗）剂

去除剂用来清洗表面多余的渗透剂。表 9-5-48 为去除剂的类型及其成分。

表 9-5-48　去除剂

类　　型	成　　分
水洗型	水
后乳化型	乳化剂、水
溶液去除型	有机溶剂,如酒精、丙酮等

（3）显像剂

显像剂是为了把渗透到缺陷中的液体吸出来并显示出缺陷迹痕所施加的液体。表 9-5-49 为常用显像剂的类型及其成分。

表 9-5-49　显像剂

类　　型	成　　分
干式显像剂	氧化锌、氧化钛、高岭土粉末
湿式显像剂	氧化锌、氧化钛、高岭土粉末和火棉胶（80L 火棉胶加质量分数为 20%的粉末）
快干式显像剂	粉末加挥发性有机溶剂

4. 渗透检测方法的选择

选用渗透检测方法时，应考虑试件的材质、尺寸、检测数量和表面粗糙度、预计缺陷种类和大小，同时还应考虑能源、探伤剂性能、操作特点及经济性，见表 9-5-50。

表 9-5-50　渗透方法的选择

条件		渗透剂	显像剂
根据缺陷选定	宽深比大的缺陷	后乳化型荧光	湿式或快干式,缺陷较长也可用干式
	深度在 10μm 以下的缺陷		
	深度在 30μm 左右的缺陷	水洗型荧光、溶剂去除型荧光或着色渗透剂	湿式、快干式、干式(仅适用于荧光法)
	深度在 30μm 以上的缺陷		
	密集缺陷及缺陷表面形状的观察	水洗型荧光、后乳化型荧光	干式显像
按被检焊件选择	批量小焊件的检测	水洗型荧光、后乳化型荧光	湿式、干式
	少量而不定期的焊件	溶剂去除型荧光或着色渗透剂	快干式显像
	大型焊件及构件的局部检测		
根据表面粗糙度值选择	螺纹等的根部	水洗型荧光或着色法	湿式、快干式、干式(仅适用于荧光法)
	铸件、锻件等粗糙表面(*Ra* 为 300μm 左右)		
	机加工表面(*Ra* 为 5 ~ 100μm)	水洗型荧光、溶剂去除型荧光或着色法	干式(仅适用于荧光法)、湿式、快干式显像剂
	打磨、抛光表面(*Ra* 为 0.1 ~ 6μm)	后乳化型荧光法	
	焊波及其他较平缓的凹凸表面	水洗型荧光、溶剂去除型荧光或着色法	
	无法得到较暗的条件	着色法	湿式、快干式
	无电源及水源的场合	溶剂去除型着色法	快干式
	高空作业、携带困难		

5. 渗透检测缺陷显示迹痕的等级分类

渗透检测是根据缺陷显示迹痕的形状和大小进行评定和质量等级分类的。根据缺陷迹痕的形态，把它分为圆形和线形两类，凡长轴与短轴之比小于 3 的缺陷迹痕属圆形迹痕，长轴与短轴之比大于或等于 3 的称线形迹痕。然后根据缺陷显示迹痕的类型、长度、间距和缺陷性质分为 3 个验收水平，1 级质量最高，3 级质量最低。

当同一条焊缝上出现不同类型或者不同性质的缺陷时，可选用不同的等级进行评定，也可选用相同的等级进行评定，评定为不合格的缺陷，在不违背焊接工艺规定的情况下，允许进行返修，返修后的检验和质量评定与返修前相同。

5.5.5　涡流检测

(1) 涡流检测原理

涡流检测法是以电磁感应原理为基础。当检测线圈流过交变电流时，会在其中产生同频率的交变磁场，如果该磁场靠近金属焊件表面，则在焊件中能感应出同频率的电流，简称涡流。涡流的大小与金属材料的导电性、导磁性、几何尺寸及其中的缺陷形态有关。涡流本身也会产生同频率的磁场，其强度取决于涡流的大小，其方向与线圈电流磁场相反，它与线圈磁场叠加后形成线圈的交流阻抗，如图 9-5-31 所示。由于有表面缺陷而发生涡流磁场变化会引起线圈阻抗的变化，测出该阻抗变化的幅值与相位即能间接地测量出焊件表面缺陷尺寸，此即涡流检测（ET）。

因交变电流在导体表层有趋肤效应故涡流检测的有效范围也仅限于导体的表面和表层。趋肤深度随工作频率增加而减小。与超声波检测法相比，涡流法不需耦合剂和与焊件的直接接触，因此，检测速度高，并便于实现高温检测。

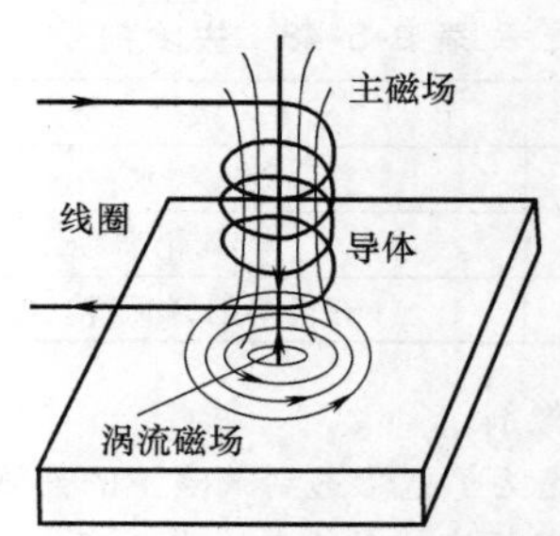

图 9-5-31　磁场线圈与涡流磁场

（2）涡流检测过程

涡流检测法所用的频率通常为 1～25kHz，可检出管材中的裂纹、缩孔、未焊合、夹渣和接头错边等缺陷；可检测各种金属管（直径为 3～400mm）上的高频焊焊缝，检测速度为 0.75～150m · min^{-1}，能与焊管速度匹配，可在生产线上直接连续检测。图 9-5-32 所示为三种涡流检测示意图。

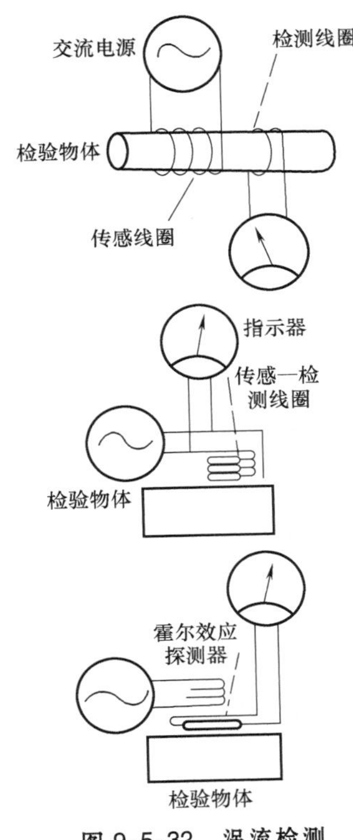

图 9-5-32　涡流检测

1）优点。可检测多层结构，如含有涂层、绝缘层、不锈钢堆焊层等的金属材料；检测线圈无需与焊件接触，反应速度快，易实现自动化检验并能实时显示检测结果；对表层缺陷有很高的灵敏度，也可提供缺陷深度信息，其穿透深度大于磁粉检测。

2）缺点。涡流检测理论复杂，往往仅能通过试验来开发；涡流变化与很多因素有关，排除干扰因素较难；铁磁性材料需涡流检测时，需在饱和磁化后才能进行。

（3）涡流检测的应用

目前，焊缝的涡流检测主要采用多频涡流或脉冲涡流检测方法，并已成功地应用于核反应堆中不锈钢管道焊缝与堆焊层缺陷的检测。也应用于海洋采油平台钢结构焊缝疲劳裂纹的检测以及油气输送管道内外壁腐蚀与裂纹的检测。

5.5.6　常规无损检测方法的比较与选择

前面所述的射线（照相）检测、超声波检测、目视检测、磁粉检测、渗透检测、涡流检测六种无损检测方法在焊接生产中应用最早也最多，为了与后面将要介绍的近年来开发的新无损检测方法区分，这里把它们统称为常规的无损检测方法，或称为传统的无损检测方法。为了对它们有个综合认识，并能在焊接生产中正确选择，现从工作原理、所需的设备仪器、优点、局限性和适用范围等方面进行比较，见表 9-5-51。其中射线检测可检焊件的厚度，见表 9-5-52；若考虑缺陷所在位置时，可参照表 9-5-53 进行选择；考虑到被测材料的性质时，可参照表 9-5-54 进行选择。

表 9-5-51　常规无损检测方法的比较

检测方法	所需的设备仪器	工作原理	优点	局限性	适用范围
X 射线检测（RT）	射线源、电源、暗盒、胶片、胶片处理设备、观片灯、射线剂量装置等	利用阴极灯丝产生的电子高速轰击靶所产生的电磁波穿透焊件，完好部位与缺陷部位透过剂量有差异，从而在底片上形成缺陷影像	可得到直观长久的影像记录，功率可调，照相质量比 γ 射线高	一次投入大，不易携带，需要电源，对检测人员素质要求高，无法测量缺陷的深度，焊缝需双面靠近，不易发现裂纹和未焊透缺陷	适用于检出夹渣、气孔、未焊透等体积型缺陷。对与射线方向相一致的缺陷有较高的检出率
γ 射线检测（RT）	γ 源、暗盒、胶片、胶片处理设备、观片灯、辐射监控设备等	利用放射性物质在衰变过程中产生的电磁波穿透焊件，完好部位与缺陷部位透过剂量有差异，从而在底片上形成缺陷影像	工作效率高，可定位于管道或容器内部一次成像，可得到直观、长久的影像记录	放射性危险大，射线源要定期更换，能量不能调节，成本高，对检测人员素质要求高，焊缝需双面靠近，不易发现裂纹和未焊透缺陷	最适用于检出厚壁内体积型缺陷

（续）

检测方法	所需的设备仪器	工作原理	优点	局限性	适用范围
超声波检测（UT）	超声波探伤仪、探头、耦合剂、试块等	利用弹性波遇到与声波相垂直的缺陷，会形成反射或衍射的原理，提取缺陷信号，并显示在示波屏上	对面状缺陷敏感，穿透力强，不受厚度限制，易携带，对操作人员无损害 焊缝只需单面靠近，检测时间短，成本低	对被检焊件表面状态要求高，不易测出细小裂纹，对检测人员素质要求高，不适用于形状复杂和表面粗糙的焊件 厚度小于8mm时要求用特殊检测方法，奥氏体粗晶焊缝检测困难	有利于检出裂纹类面积型缺陷
目视检测（VT）	放大镜、内窥镜、彩色增强器、直尺、千分卡尺、光源等	利用人的肉眼或肉眼与各种低倍简易放大装置结合，对焊件表面进行直接观察	经济、方便、快速、直观，适用于各种材料，对检测人员只需稍加培训即可	只能检测表面缺陷，必要时应对表面进行清理，要求检测人员视力好	检测表面缺陷、焊缝的外观和尺寸
磁粉检测（MT）	磁粉探伤机、电源、磁粉、试片（块）等，荧光磁粉检测则需紫外线灯	经磁化的焊缝，利用缺陷部位的漏磁通可吸附磁粉的原理，能形成缺陷痕迹	经济简便、快速直观，缺陷性质容易辨认 涂装与电镀面基本不影响检测灵敏度，但应做灵敏度的试验	不适用于非磁性材料，难以确定缺陷深度，某些情况下要求检测后退磁	可检测表面与近表面的缺陷
渗透检测（PT）	荧光或着色渗剂、显像剂、清洗剂及清洗装置、标准试块等 荧光渗透检测则需紫外线灯	利用毛细作用，将带有颜色的渗透液喷涂在焊缝表面上，使其渗入缺陷内，清洗后施加显像剂，显示缺陷彩色痕迹	适用于各种金属和非金属材料，设备轻便，投入少，操作简便，缺陷性质容易辨认	不适用于疏松多孔性材料，对环境温度要求高，检测前后必须清洁焊缝表面，难以确定缺陷深度	可检测表面开口缺陷
涡流检测（ET）	涡流检测仪、标准对比试块	利用探头线圈内流动的高频电流，可在焊缝表面感应出涡流的效应，通过测出因缺陷而改变的涡流磁场所引起的线圈输出（如电压或相位）变化来反映缺陷	经济简便、不需耦合、检测速度快、可以自动对准焊件检测，探头不接触焊件，可用于高温检测	不适用于非导电材料，穿透能力弱，检测参数控制相对困难，缺陷种类难判断	可检测各种导电材料焊缝缺陷和堆焊层表面与近表面缺陷

表 9-5-52　不同能量射线检验厚度

射线种类	能源类别	钢材厚度/mm	射线种类	能源类别	钢材厚度/mm
X射线	50kV	0.1~0.6	高能射线	1MV 静电加速器	25~130
	100kV	1.0~5.0		2MV 静电加速器	25~230
				24MV 电子感应加速器	60~600
	150kV	≤25	γ射线	镭	60~150
	250kV	≤60		钴	60~150
				铱 192	1.0~65

表 9-5-53　考虑缺陷位置检测方法的选择

缺陷位置	检测方法和对象	特　　点	检 验 条 件
表面和近表面(数 mm 内)缺陷	超声波表面波法和板波法——适用于金属材料	能发现表面裂纹(如疲劳裂纹),板波法还能发现板内的分层等	要求焊件表面粗糙度较小,并去除油污及其他附着物
	磁粉法——适用于铁磁性材料	能发现表面上细小的磨削裂纹、淬火裂纹、折叠、夹杂物、发纹等,有时也能发现近表面的较大缺陷	焊件表面粗糙度值小则检测灵敏度也高,如有紧贴的氧化皮或薄层涂装,仍可检测,对焊件形状的限制不严
	渗透法(包括着色法和荧光法)——适用于各种金属和非金属材料	能发现与表面连通的裂纹、折叠、疏松、气孔等	焊件表面粗糙度值小则检测灵敏度也高,对焊件形状无限制,但要求完全去除油污及其他附着物
	涡流法——适用于管、棒、线等型材	对表面缺陷较敏感,能发现裂纹、折叠、夹杂物、凹痕等,也能发现近表面的缺陷	要求焊件截面形状固定,组织均匀;由机械装置传送焊件通过测量线圈,或使探头环绕焊件表面旋转,作螺旋形检查
内部缺陷	射线照相法——适用于一般金属和非金属材料	较易发现铸件和焊缝中的气孔、夹渣、焊透等体积型缺陷,不易发现极薄的层状缺陷和裂纹,故不适用于锻件及轧制的或拉制的型材	对焊件表面无特殊要求,但对形状和厚度有一定限制;对钢材的最大透射厚度:用一般 X 射线时约为 100mm,用 γ 射线时约为 200mm,用高能加速器时约为 300mm
	超声纵波法——适用于一般金属、部分非金属材料和粘合层	能发现锻件中的白点、裂纹、夹渣、分层,以及非金属材料中的气泡、分层,粘合层中的粘合不良	表面一般需加工至 Ra 为 1.6~6.3,以保证同探头有良好的声耦合,但平整而仅有薄氧化层者也可检测;如采用浸液或水层耦合法则可检查表面粗糙的焊件;可测钢材厚(深)度为 1~1.5m
	超声横波法——适用于焊缝、管、棒、锻件等	易发现焊缝中较大的裂纹、未焊透和夹渣等,其次为气孔、点状夹渣等;能发现管、棒和锻件中与表面成一定角度的缺陷	光滑无锈的钢板焊缝,经清除飞溅物后即可检测,通常可检测的厚度为 6mm 以上;管、棒等型材大多需用浸液法,并用机械装置使探头围绕焊件作螺旋形扫查;表面粗糙度值小则检测灵敏度也高;最小可探直径约 6mm

表 9-5-54　考虑不同材质焊缝的无损检测方法的选择

检测对象		目视检测	射线检测	超声波检测	磁粉检测	渗透检测	涡流检测
铁素体钢焊缝	内部缺陷	×	◎	◎	×	×	—
	表面缺陷	◎	△	△	◎	◎	△
奥氏体钢焊缝	内部缺陷	×	◎	△	×	×	—
	表面缺陷	◎	△	△	×	◎	△
铝合金焊缝	内部缺陷	×	◎	◎	×	×	—
	表面缺陷	◎	△	△	×	◎	△
其他金属焊缝	内部缺陷	×	◎	—	×	×	—
	表面缺陷	◎	△	—	—	◎	△
塑料焊接接头		○	○	△	×	○	×

注：◎—很合适；○—适合；△—有附加条件时适合；×—不适合；— —不相关。

5.6　无损检测新技术

这里把近代新发展的并已在焊接工程中得到应用的工业 CT、金属磁记忆、红外热成像和声发射四种无损检测技术统称为无损检测新技术。对它们的工作原理、基本特点和适用范围作简要介绍。

5.6.1　实时成像检测技术和工业 CT 检测技术简介

实时成像检测技术和工业 CT 检测技术是射线检测技术中发展出来的两种新方法，它们之间的区别主要表现在对焊件透射和显示的方式不同，传统的射线检测技术是采用胶片射线照相方式，把透照焊件后出来的射线感光在胶片上；而实时成像检测技术是把透照焊件出来的射线通过实时摄像把它显示在电视屏幕上；工业 CT 检测技术则是采用面状射线束透射焊件的每一个层面，把各层面上缺陷的信息转换成图像显示出来。

采用胶片射线照相方式虽有较好的分辨率与较高的对比度，以及底片黑度动态范围大等特点，但由于胶片感光时，胶片吸收射线的效率低，从而导致曝光时间增加，又需要后续的显影、定影与干燥处理等，使得从照相到底片可观察的时间变得很长，成本因而增加，另外，也难以实现检测过程的自动化，因此其应用范围受到一定限制，而逐渐被实时成像检测技术和工业 CT 检测技术代替。

1. 实时成像检测技术简介

实时成像检测技术之所以能实现缺陷影像实时显示，主要因为有 X 射线图像增强器系统。它由 X 射线机、图像增强器、光学镜头、摄像机、图像采集卡、计算机主机（包括模拟量/数学量转换系统）、显示器、图像采集和评定及处理软件、图像存储系统等组成。它采用一种可以把 X 射线转化为光线的图像转换增强器，放在待检焊件后面，缺陷影像经过增强后亮度很高，增强系数达 100~1000 倍，但尺寸缩小近 10 倍。缺陷的光学影像再经过大广角透镜组投射到摄像机上，然后传给计算机和显示器，如图 9-5-33 所示。

实时成像检测技术目前已进入工业焊接产品检测的实际应用。

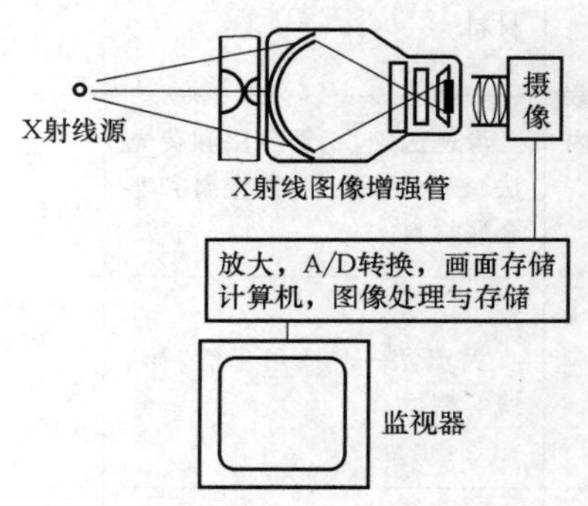

图 9-5-33　射线照相实时显示图像增强系统

2. 工业 CT 检测技术简介

工业 CT 检测技术是采用面状射线束透射焊件的一个层面，检测器阵列与射线束处于同一平面，通过机械驱动装置对焊件形成一定的扫描透射，采集射线束穿过该层面的相关信息，并重建该层面图像，这样就可直接观察到缺陷的位置、形状和大小，从而实现对这一层面的检测。

工业 CT 系统一般由射线源、机械扫描系统、探测器与数字采集系统和计算机系统四部分构成，如图 9-5-34 所示。其射线源主要采用低能 X 射线源、γ 射线源和高能 X 射线源三种。工业 CT 图像质量是通过测试卡进行控制，测试卡分空间分辨率测试卡和密度分辨率测试卡两类，如图 9-5-35 所示。

3. 三种射线检测技术的比较

胶片射线照相检测技术、缺陷实时成像检测技术和工业 CT 检测技术之间的比较，见表 9-5-55。

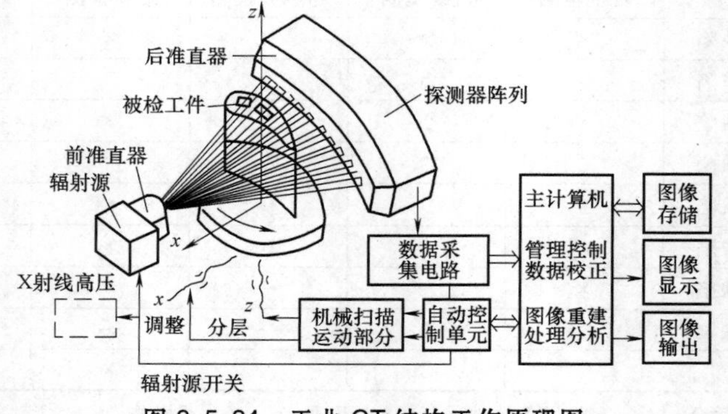

图 9-5-34　工业 CT 结构工作原理图

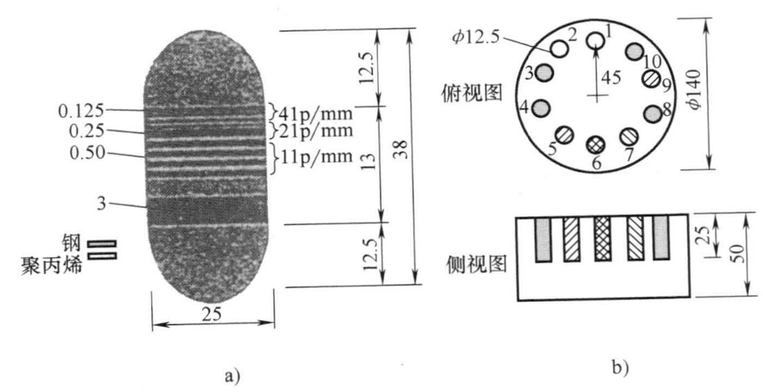

图 9-5-35　工业 CT 图像质量测试卡

a）空间分辨率试样　b）密度分辨率试样

表 9-5-55　三种射线检测技术的比较

射线检测技术	射线光谱吸收因数			空间分辨力	动态范围	数字图像处理能力
	80kV	420kV	2Me · V			
胶片照相	≈0.05	≈0.02	≈0.005	>5	2~10	需胶片扫描器
实时成像	≈0.2	≈0.08	≈0.02	≈2.5	5~20	典型为 8bit 数据
CT 技术	≈0.99	≈0.95	≈0.8	0.2~4.5	$\approx 10^4$	典型为 16bit 数据

5.6.2　金属磁记忆无损检测技术简介

金属磁记忆（Metal Magnetic Menory，MMM）技术是 20 世纪末俄罗斯科学家提出来的无损检测的新技术，它能准确地检测出被测对象上以应力集中为特征的危险构件或部位，已成为对磁性金属构件进行早期诊断唯一行之有效的无损检测方法。

该技术是基于磁记忆效应原理而研发出来的。当铁磁性金属（常见的钢铁等）构件在工作时，由于受工作载荷和地球磁场的共同作用，在应力和变形集中区域发生具有磁致缩性质的磁畴定向和不可逆的重新取向，这种磁状态的不可逆变化在工作载荷消除后不仅会保留，而且还与曾经有过的最大作用应力有关。构件受工作载荷作用后，其残余磁性发生改变和重新分布，并在构件表面形成漏磁场。在应力和变形集中区域形成的是最大漏磁场 H_p。这种漏磁状态记忆着微观缺陷或应力集中区的位置，这就是磁记忆效应。此时的表面漏磁场的切向分量 $H_p(x)$ 具有最大值，而法向分量 $H_p(y)$ 有方向性且具有零值点，如图 9-5-36 所示。

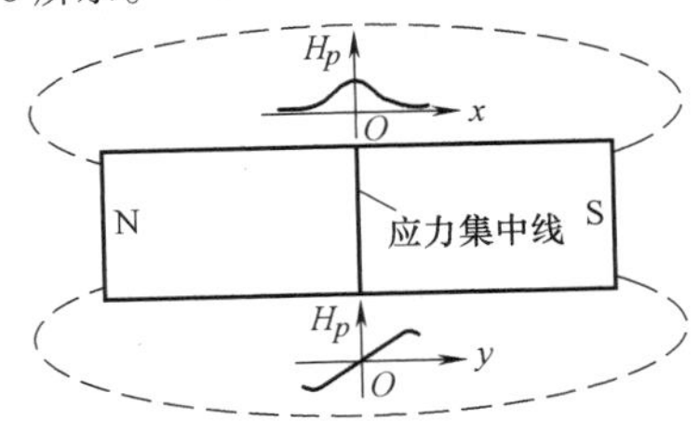

图 9-5-36　磁记忆效应检测原理图

通过对构件上漏磁场的场强法向分量 $H_p(y)$ 的测定，便可准确地推断出构件的应力集中区或缺陷所在的位置。

基于金属磁记忆效应面制作的检测仪器，其工作过程如图 9-5-37 所示。

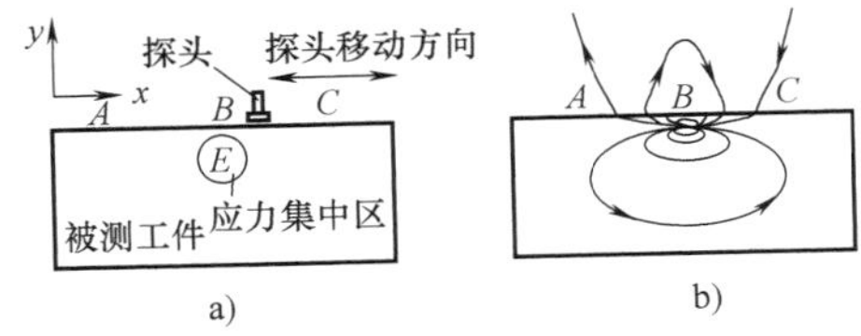

图 9-5-37　磁记忆无损检测工作过程示意图

a）焊件表面磁场检测示意图

b）应力集中区的磁畴在焊件内外引起的磁场分布

图 9-5-37a 表示焊件在 x 方向被拉伸，在 E 区出现应力集中，即在该区的应力大于其他地方。该区的磁畴发生不可逆的重新取向，其产生的磁场经过焊件表面形成漏磁场。当载荷消除，即不再拉伸时，这种漏磁场仍然保留，其磁场分布如图 9-5-37b 所示。图中磁力线的疏密反映了磁场的强弱，箭头方向表示磁场方向，该漏磁场的特点是，在应力集中附近（图中 B 点）磁场的切向分量具有最大值，而法向分量有方向性且具有零值点。对漏磁场法向分量的测定如图 9-5-37 所示，将探头的检测面平行于焊件表面，两者无需接触，沿图示方向移动进行扫描，记录各测点的磁场强度沿焊件表面的法向分量，一旦检测到磁场强度为零，且左右磁场方向相反，就说明该处是应

力集中区，其内部有缺陷或损伤。

磁记忆无损检测的主要诊断设备是磁记忆检测仪，目前国内已有生产，如 EMS—2000 及其配套的数据处理软件系统 M3DPS 等，国外有俄罗斯开发的 TSC—1M 型应力集中磁指示仪及其配套的数据处理软件系统 MM—CYSTEM。该设备功能较强、灵敏度较高、适用性强，软件有较丰富的图形显示和灵敏的打印功能。

磁记忆无损检测技术最大的优点是能对铁磁性金属构件进行早期诊断，找出潜在的危险部位，对焊件检测表面无需特殊清理，探头和焊件表面有小范围间隙不影响检测结果；它对环境不会造成任何污染，对检测人员的身体健康没有任何影响，是一种“绿色环保”型无损检测技术。它设备轻巧、操作简便、不需专门的磁化、劳动强度低、检测速度快、工期短、不依赖于人的经验、测试结果重复性和可靠性好，可以降低检测成本。但是，该检测技术也有局限性，目前只能发现缺陷的部位，还不能判定缺陷的性质，所以只用于早期诊断或作为一般性普查，以便及时发现缺陷及其所在位置。

由于此新技术研发和应用时间不长，有很多理论和实践问题尚须进一步研究和完善。例如，机理研究尚未达到十分透彻和系统的程度，焊件中的应力场和磁记忆场之间的关系、表面缺陷和应力分布之间的关系、缺陷大小形状和磁记忆参数之间的关系等还不是十分清楚；工程应用中还不能独立地进行检测，对缺陷只能证明其存在，而无法进行定性和定量描述，尚须建立明确的检测技术标准供工程上应用。

5.6.3 红外热成像无损检测技术简介

红外热成像无损检测（红外辐射检测）技术的实质是利用物体辐射红外线的特点进行非接触的红外温度记录法。从物理学可知，任何温度高于绝对零度（-273.15℃）以上的物体都是红外辐射源，通过其外表面向周围空间辐射出红外线，其辐射能量的大小及其分布与它的表面温度有着十分密切的关系。当物体内部存在缺陷时，它将改变物体的热传导，使物体表面的温度分布发生变化，通过红外检测仪可以测量出物体表面温度的这种变化，从而推断该缺陷的存在及其所在的位置。

现代的红外检测仪具有热成像功能，它集光电成像技术、计算机技术和图像处理技术于一身，通过接收物体辐射来的红外线，将其热像显示在荧光屏上，可以实时观察和记录物体表面温度分布情况，从而准确地判断出缺陷位置。

图 9-5-38 所示为红外线检测物体表面温度变化示意图；图 9-5-39 所示为红外热成像检测仪检测系统框图。

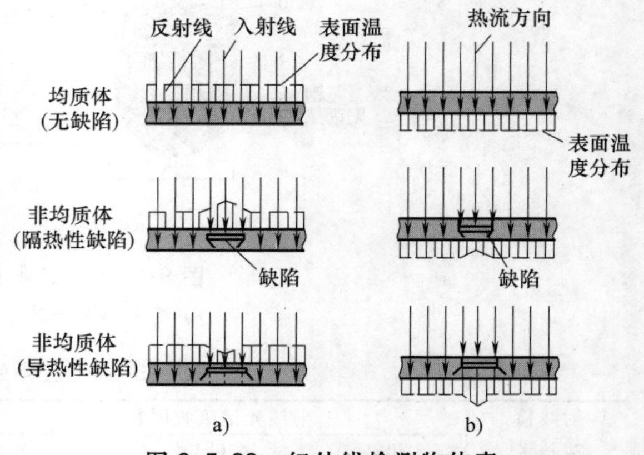

图 9-5-38 红外线检测物体表面温度变化示意图（主动式）
a）正面检测 b）背面检测

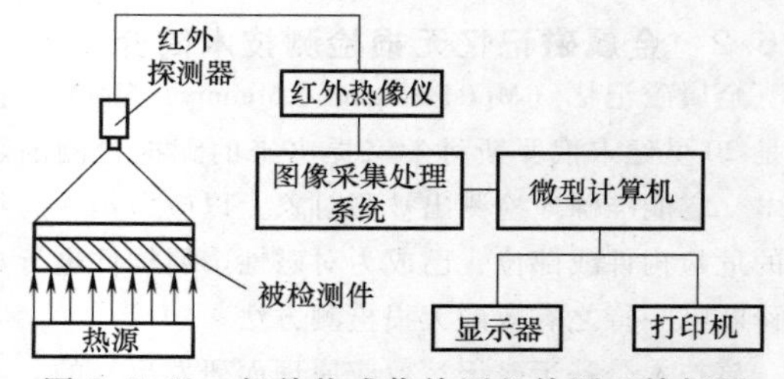

图 9-5-39 红外热成像检测仪检测系统框图

红外热成像检测法分成两大类，一类是主动式，即人工向焊件注入一定的热量，经过一段时间延迟后，检测其表面因热辐射所形成的温度分布，如图 9-5-38 所示；另一类是被动式，它不需要外加热量，是对依靠焊件自身的热辐射而在其表面形成的温度场进行检测的。目前最常用的是被动式，如在工业上用于设备和构件检测，在军事上用于红外夜视仪、红外瞄准镜，在医学上用于检测体内温度异常点等。

主动式检测方法中又分正面检测和背面检测。前者是加热和检测在焊件的同一面进行，又称单面法，如图 9-5-38a 所示；后者是在焊件表面加热，在其背面进行检测，又称双面法，如图 9-5-38b 所示。此外，按被检焊件加热状态分有稳态和非稳态之分，按焊件表面温度分则有热图法、温度分布曲线法和逐点测温法三类。

红外热成像检测法的优点是能非接触遥控测量，直接显示实时图像，灵敏度高，测速快，热像仪结构简单，使用安全，信息数据处理速度快，并能自动检测和永久性记录，受焊件表面粗糙度影响小等。但存在局限性，因检测灵敏度与热辐射率相关，故受表面及背面辐射的干扰，受缺陷的大小、深度影响，对厚焊件分辨率差，不能精确测定缺陷的形状、尺寸和位置，检测结果解释比较复杂，需要有参考标准，操作人员要培训等。

红外热成像检测仪类型较多，有进口的和国产的，在市场上可以按需选购。其主要技术指标是：测温范围为-20~2000℃；工作波长，一般是 3~5μm 或 8~12μm；分辨率，0.05℃或 0.1℃；此外，还有工作环境温度（℃）、响应时间（μs）等。

红外热成像检测法在焊接生产中的应用主要是对焊接缺陷的无损检测，用以确定缺陷的位置，生产时能及时地把有缺陷的焊件区别开来。

5.6.4　声发射无损检测技术简介

固体材料在外力或内力作用下材料内局部源迅速释放能量而产生瞬态弹性波向周围传播的现象称为声发射。在金属中的声发射起源于裂纹的萌生和扩展，某些塑性变形区或相变区；在复合材料的构件中，它起源于界面破坏（脱开）、纤维断裂或基体断裂等活性缺陷。

许多材料的声发射信号强度很弱，人耳不能直接听到，需要借助灵敏的电子仪器才能检测出来。用仪器探测、记录、分析声发射信号和利用这些信号推断声发射源的技术称为声发射检测技术。由于整个检测过程不损坏被测物的完整性，故属无损检测的方法之一。此检测方法已经在压力容器、常压储罐、压力管道和阀门、转动机械、机械加工、航空航天、大型水坝、大型变压器、复合材料、木质材料和岩石等方面有所应用。

声发射无损检测技术的基本原理是利用耦合在材料表面上的压电陶瓷探头将材料内声发射产生的弹性波转变为电信号，然后用电子设备将电信号进行放大和处理，使之特性化，并予以显示和记录，从而获得材料和发射源的动态信息，通过检测过程中所获得的信号特征和各种统计数据的分析，就可以推知材料内部缺陷状态和严重程度。图 9-5-40 所示为声发射无损检测技术原理示意图。

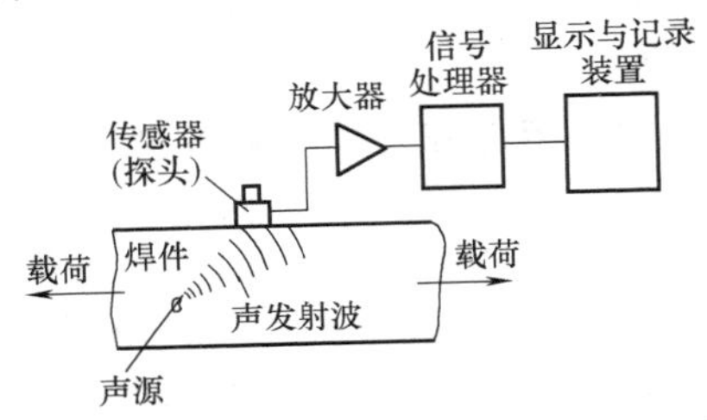

图 9-5-40　声发射无损检测技术原理示意图

如果用多个探头（传感器）在不同部位同时检测，就可以测出声发射信号到达各探头的时间差，以此来确定声发射源的位置。

声发射无损检测技术有以下特点：

1）它是一种动态无损检测技术。其检测到的声源能量是来自被测构件活性缺陷本身的，因此具有实时、在线的特点。

2）除极少数材料外，黑色金属、有色金属、复合材料、塑料、木材、岩石、混凝土等固体材料等都有声发射现象，且频率范围很宽，都可进行声发射无损检测。

3）它是一种整体检测技术，适用于工业过程在线监控和早期及临近破坏预报。

4）对线性缺陷较为敏感，能检测到外加结构应力下这些缺陷的活动情况，而稳定性缺陷不产生声发射信号。

5）对被测构件的几何形状无特殊要求，可用于形状复杂的构件活性缺陷检测与评价，也适于在难以接近的情况下检测，如高低温、核辐射、易燃易爆及剧毒等环境。

6）对于在役设备定期检测，可提供活性缺陷随载荷、时间和温度等参量而变化的实时或连续信息。可缩短停机时间或不停机检测。

7）对于非活性缺陷（又叫静缺陷）不能检测，需要给予外力或温度激活后才有可能检测。此外，探头（传感器）与焊件接触要良好，通常需使用耦合剂；检测时不能有噪声进入检测系统。

用于检测的设备是声发射检测仪，有各种类型，在市场上可以按需选购。按通道分有单通道、双通道和多通道之分，单通道声发射检测仪功能单一，较适合于实验室试样粗略检测或现场构件局部检测；双通道声发射检测仪具有两个传感器（探头）有一维源定位功能，较适合于实验室试样精密检测和管道、焊缝等一维源定位检测；多通道声发射检测仪的通道数可扩展到十几个甚至数十个通道，具有二维源定位功能，具有多参数分析、多种信号鉴别、及时和事后分析功能。通常配备有计算机，用于数据采集、分析、定位计算、储存和显示。功能齐全，能综合和精确分析，但价格高，操作复杂。适用于金属、复合材料等多种材料的检测，可用于实验室和现场开发与应用，以及大型构件的结构完整性评价。此外，还有工业专用的声发射检测仪，多为小型机，功能单一，适合于现场实时指示或报警，如用于刀具破损监视、泄漏监视和旋转机械异常监视等。所以总的选用原则是实验室研究选用通用型、大型金属结构选用多通道型，而对过程监视则选用专用型。此外，还需考虑检测仪的工作频率，声发射信号的频域、幅度、频度特性随材料类型有很大不同，例如，金属材料的频域约为数 kHz 至数 MHz，复合材料约为数 kHz 至数百 kHz，岩石和混凝土约为数百 Hz 至数百 kHz。对不同材料需考虑不同的工作频率；选传感器时要考虑频响、灵敏度、使用温度、环境和尺寸等；选择通道数时要考虑被检焊件尺寸和传播衰减，确定源定位时要考虑是否要定位，是区域定位还是时差定位等。

我国对声发射检测技术在工程中的应用已颁布了以下标准：GB/T 12604.4—2005《无损检测　术语　声发射检测》，GB/T 18182—2012《金属压力容器声发射检测及结果评价方法》。

5.6.5　衍射时差法超声波检测（TOFD）技术简介

这是一种很适合用于检测对接焊缝缺陷的超声波检测技术，它是利用超声波在缺陷端部发生衍射所产生的衍射波导致的传播时间差来进行缺陷检测和定量的方法，其原理示意图如图 9-5-41 所示。

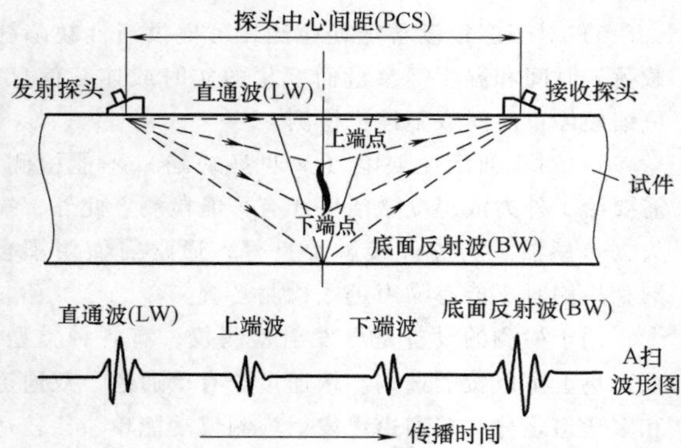

图 9-5-41　衍射时差法超声波检测原理示意图

检测时采用两个分离的宽带窄脉冲纵波斜入射探头，一发一收相对放置在被检对接焊缝两侧组成探头对，固定于扫查装置上。检测时通过探头的扫查使声束覆盖检测区域。发射探头发出的声波在焊件传播过程中遇到焊接缺陷时产生反射波和衍射波，接收探头具有很高的灵敏度接收衍射波，通过精确测量沿焊件表面传播的直通波和缺陷上端或下端的衍射波的传播时间差 $t_{D上}$ 或 $t_{D下}$，只要已知焊件纵波声速 C 和两探头间距 PCS，按几何关系用下式即可分别求出缺陷上端部或下端部的埋藏深度 $d_上$ 或 $d_下$。

$$d=\frac{1}{2}[t_D^2C^2+4t_DCS]^{\frac{1}{2}}$$

式中　S——当两探头对焊缝中心线对称布置时 $S=\frac{1}{2}PCS$。

缺陷自身高度 $h=d_下-d_上$。

可以看出，衍射时差法需要测量的唯一变量是声波传播时间差 t_D，无需像常规的横波斜探头波幅法那样要把探头在焊件表面作前后左右或转动扫查来找到缺陷的位置和大小。故此法检测精度好、可靠度高。

衍射时差法检测时探头扫查有两种类型，一类是平行扫查，探头垂直焊缝轴线方向（Y 方向）移动的称平行扫查，所得图像称 B 扫图像，其扫查方向与声束方向平行，可以对缺陷深度作更精确的定量，且有利于对缺陷宽度及倾角判断；另一类是非平行扫查，探头沿焊缝轴线方向（X 方向）移动的称非平行扫查，扫查方向与声束方向垂直，在仪器上显示的图像称 D 扫图像。主要用于缺陷定位和长度方向定量；实际应用的主要是 D 扫，但 D 扫时缺陷位于两探头之间的中线才是最精准的，往往很难做到，所以常常需要在 D 扫基础上加适当的 B 扫动作，即将两探头（间距保持不变）对着被检焊缝作适当移动，目的是使缺陷慢慢地移至两探头的中间，以减少检测误差。

衍射时差法检测的优点：一次扫查几乎能覆盖整个焊缝区域（除上下表面盲区外），可实现高速检测；可靠性好，对焊缝中部检出率高；能检出各种类型的缺陷；采用 D 扫描成像，缺陷判读直观；对缺陷垂直方向的定量和定位准确，精度误差小于 1mm；若和脉冲反射法相结合时，检测效果更好，覆盖率达 100%。但此法有局限性：近表面存在盲区，对该区检测可靠性差；对横向缺陷检出较困难；对缺陷难以定性，对图像判读要有丰富经验；对复杂几何形状焊件难测量；不适于 T 形接头焊缝的检测等。

我国对衍射时差法超声波检测已制订了标准《承压设备无损检测　第 10 部分：衍射时差法超声检测》（NB/T 47013.10—2015），对适用范围、检测人员、检测设备和器材、检测技术等级、检测工艺、缺陷评定和质量等级等给予了明确规定，工程应用时务必按标准执行。

5.6.6　超声相控阵无损检测技术

超声相控阵无损检测技术是超声波无损检测技术之一，也和前面 5.5.1 所介绍的常规（传统）超声波检测一样，是利用超声波在介质中的传播特性对材料缺陷进行无损检测，采用的仍然是超声脉冲回波法。两者最大的区别是超声相控阵无损检测技术利用了当代最新科学技术对具有多晶片的探头（声电换能器）发射或接收的声束进行精确有效的调节和控制，形成了多种特有的扫查方式，可在不移动或少移动探头的情况下，对零件进行全面和高效的检测，从而使检测更灵活、检测速度更快、分辨率更高、更适用于形状复杂的零件检测。此技术已在我国西气东输工程和核电工程焊缝无损检测中应用，可以预期不久的将来会在一般焊接工程取代传统的超声波检测法。

相控阵的概念起源于电子雷达天线电磁波技术，超声相控阵技术已有近20年的发展历史，初期主要用于医疗领域的超声成像中。由于仪器设备制作技术复杂，成本高昂，在工业无损检测中其应用受到限制。近年来随着微电子、计算机等新技术的进步和快速发展，相控阵仪器设备的制造变得容易，降低了成本，超声相控阵逐渐应用于工业无损检测领域。

常规超声波检测的探头采用一个压电晶片来产生超声波，只能产生一个固定的波束，其波形是预先设计的且不能更改。而超声相控阵则是由按一定序列排列的多个小的压电晶片组成，每一个小晶片为一个单元，称阵元。使用时仪器按预定的规则和时序对探头中的一组或全部晶片分别进行激活，即在不同时间内相继激发探头中的多个晶片，每个激活晶片发射的超声波束相互干涉形成新的波束，波束的形状、轴线偏转角度和焦点位置等可以通过调整激发晶片的数量、时间等参数来控制，以获得所需的扫查方式，如线性扫查、波束偏转扇形扫查和变深聚焦扫查等。

常用相控阵探头晶片阵列有线阵、环阵、矩阵和扇形阵等，如图9-5-42所示，其中一维线阵的探头制作最简单，而且应用最成熟。目前已有多达256个晶片的探头，可满足多数情况的应用。图9-5-43所示为一维线阵的探头，在相位延时控制下获得波束偏转和聚焦。矩阵和扇形阵为二维阵列，可在三维方向实现聚焦，能大幅度提高成像质量，但太复杂，制造成本很高，目前应用不多，却是今后发展的方向。

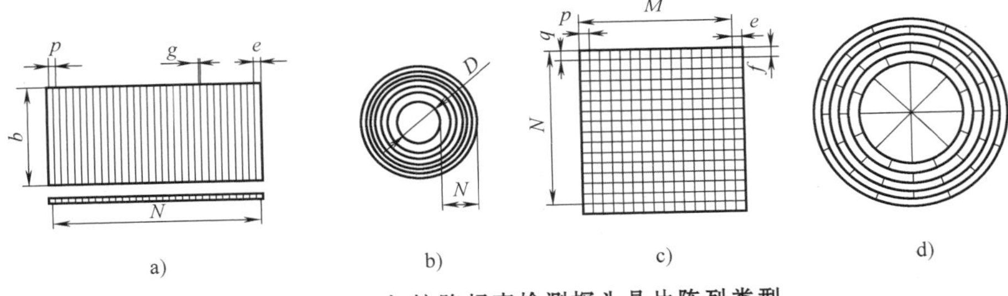

图9-5-42 相控阵超声检测探头晶片阵列类型

a）线阵 b）环阵 c）矩阵 d）扇形阵

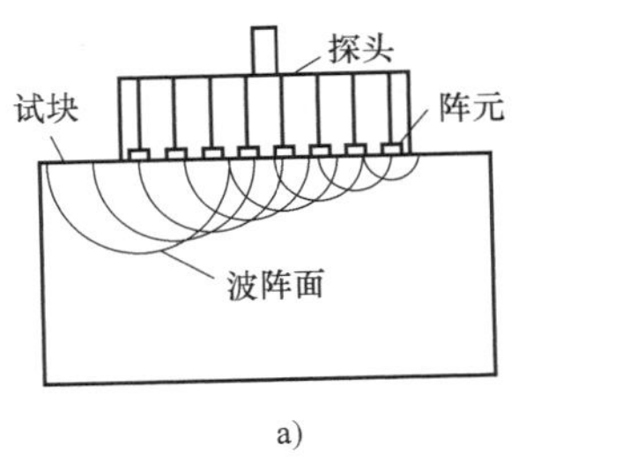

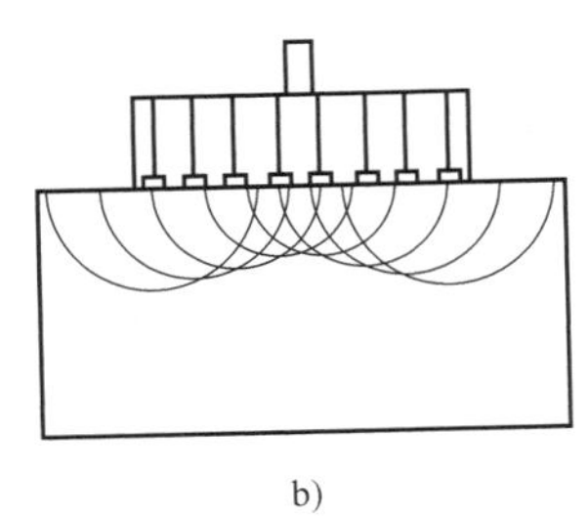

图9-5-43 一维线阵探头相位延时控制下的波束偏转和聚焦

a）相控偏转 b）相控聚焦

由于通过计算机同步延时控制各阵元发射和接收相位延时，干涉叠加合成各种预期的波阵面和声束，所以不仅能有效地控制超声波束的形状和方向，还可实现复杂的动态聚焦和实时电子扫描。图9-5-44所示为超声相控阵无损检测三种基本波形扫描方式。

由于超声相控阵最大的特点是可灵活、便捷而有效地控制声束形状和声压的分布，其声束角度、焦点尺寸和位置在一定范围内连续、动态可调，而且探头内可快速平移声束。因此，与常规超声波检测相比，有如下优势：①检测速度快，因采用的是电子线性扫查，比常规探头的机械扫查快得多；②不移动探头或少移动探头，可100%扫查厚大焊件和形状复杂焊件

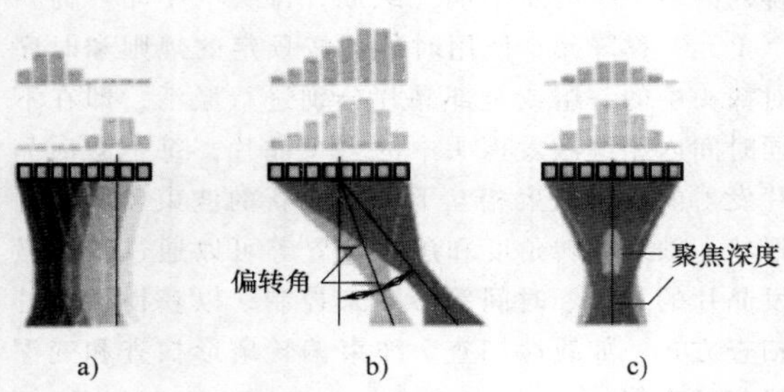

图 9-5-44 超声相控阵无损检测三种基本波形扫描方式
a）线性扫描 b）扇形扫描 c）变深聚焦扫描

的各个区域，解决了常规超声波探测可达性差和空间受限问题；③不需要复杂的扫查装置，不需要更换探头，就可以非常灵活、方便地实现整个体积或所关心区域的多角度和多方向扫查；④检测可靠性高，常规超声波探测重复性差和有漏检可能，利用斜伤探头检测斜向缺陷时，仅对某一固定取向敏感，而相控阵探头中多晶片的快速顺序激励，其辐射声场相当于单晶片探头连续机械位移和转向，所以避免了横伤和斜伤的漏检；⑤操作简便，因用电子扫查代替了机械扫查，既减少了探头的磨损，又避免了设备机构的调整等。但超声相控阵无损检测也有局限，最大的缺点是探头制造复杂，制造成本高，过去仪器设备靠进口，现在国内已有研制，但还没商品化；目前探头尺寸仍较大，其应用常受现场条件限制；此外对检测人员要求高。

随着设备制造技术的进步与发展，制造成本不断降低，超声相控阵检测技术将可能成为无损检测技术的主流。

5.6.7 几种无损检测新技术的比较

为了正确选用检测方法，本书对近年来采用的声发射、工业 CT、金属磁记忆和红外热成像四种无损检测新技术，从工作原理、所用设备、优点、局限性和适用范围等方面进行了比较，列于表 9-5-56。

表 9-5-56 几种无损检测新技术的比较

检测方法	声发射	工业 CT	金属磁记忆	红外热成像
设备	声发射换能器、放大和信号处理电路，以及信号分析系统等	工业 CT 机（射线源、机械扫描系统、检测系统、计算机系统等）	磁记忆诊断仪	热源、红外探测器、热像仪、图像采集处理系统等
原理	利用材料在塑性变形和断裂时，会以弹性波的形式释放应变能的现象，通过换能器来接收声信号，并分析声信号，以确定声发射源	通过接收 X 射线投影，并根据所得横断面的一组数据，经过计算机系统的处理，来获得焊缝的横断面的图像	由于焊接缺陷会导致磁畴异常，并以漏磁场的形式延伸至焊缝表面，通过检测焊缝表面的磁场分布就可进行缺陷检测	利用缺陷区和完好区热扩散率不同原理，通过注入恒定热流，并由探测器扫描获得表面温度分布状态，以确定内部缺陷的部位和形态
优点	可对役前和在役容器进行整体检测评定，效率高、速度快，受材料影响小，可连续监控检测	可获得二维灰度图像，且图像清晰直观，分辨率高，不受焊件几何形状的限制	检测速度快、效率高、非接触，不需专门磁化装置，无需对检测表面进行处理，对缺陷可早期诊断	非接触、检测速度快、对人无伤害
局限性	不能检测静态缺陷，被检焊件须处于应力状态下，换能器应与焊件接触良好，不能有噪声进入检测系统，设备投入大	设备投入大、可移动性差	不适用于非铁磁性材料，尚不能对缺陷的形状、大小和性质进行定量、定性分析，须与常规方法结合使用	受材料的热导率、缺陷的几何尺寸、焊缝厚度和均匀性及热流的注入方向等因素影响
适用对象	适用于检测动态裂纹、裂纹的产生和扩展率等	适用于缺陷检测、密度分布分析、缺陷的综合定性	适用于焊接缺陷定位、应力集中区域的确定	适用于检测气孔、夹渣、裂纹及腐蚀缺陷等

第 6 章　焊接生产的安全与劳动保护

6.1　概述

焊接生产在安全与劳动保护工作中必须贯彻“安全第一，预防为主”的方针，从而保障焊接作业人员的安全和健康，预防伤亡事故和职业病的发生。

本章主要介绍焊接生产中的安全技术和工业卫生技术两方面的内容。

6.1.1　焊接生产中的危险因素和有害因素

在工业生产过程中，把影响生产安全的因素称为危险因素，而把影响人体健康的因素称为有害因素，两者合称为危害因素。由于焊接工艺和设备上的特点，在焊接和切割过程中存在有危险因素和有害因素，若不消除和预防就可能产生表 9-6-1 所列的事故和职业病。

6.1.2　与焊接安全卫生相关的法规与标准

我国行政主管部门根据工业生产情况，先后颁布了多个安全卫生方面的法规和标准，必须贯彻执行。

表 9-6-2 列出了与焊接安全有关的规程、规范，表 9-6-3 列出了焊接安全与卫生方面的标准。

表 9-6-1　焊接生产中的危害因素与可能的事故及职业病

危险因素	主要事故	有害因素	主要职业病
1)易燃易爆气体 2)压力容器和燃料容器 3)带电设备、电器 4)明火 5)登高、金属容器内、水下或窄小空间里操作	1)爆炸 2)火灾 3)触电 4)灼烫 5)急性中毒 6)高空坠落 7)物体打击	1)电焊烟尘 2)有害气体 3)弧光辐射 4)射线 5)热辐射 6)噪声	1)电焊尘肺 2)慢性中毒 3)血液疾病 4)焊工金属热 5)皮肤疾病 6)电光性眼病

表 9-6-2　与焊接安全有关的规程、规范

名　　称	主 要 内 容
工厂安全卫生规程	厂院、工作场所、机械设备、电气设备、锅炉和气瓶、供水、生产辅助设施、个人防护用品等安全卫生
建筑安装工程安全技术规程	施工的一般要求、施工现场、机电设备和安装、拆除工程、防护用品等安全技术
工人职员伤亡事故报告规程	工人职员伤亡事故如何进行调查、登记、统计和报告
关于加强企业生产中安全工作的几项规定(简称 5 项规定)	1)关于安全生产责任制的规定
	2)关于安全技术措施计划的规定
	3)关于安全生产教育的规定
	4)关于安全生产的定期检查的规定
	5)关于伤亡事故的调查和处理的规定
气瓶安全技术监察规程	气瓶的设计、制造、充装、运输、使用及检验的安全技术要求
乙炔站设计规范	乙炔站的布置、工艺设备选择、建筑、给排水、通风和乙炔管道的设计规定
溶解乙炔气瓶安全监察规程	溶解乙炔气瓶的设计、制造、充装、使用及检验的安全技术要求
特种作业人员安全技术考核管理规则	确定金属焊接(气割)等 11 种作业为特种作业，规定特种作业人员应具备的条件、培训、考核和发证、复审、工作变迁、奖惩等事宜

表 9-6-3　焊接安全与卫生方面的标准

标　准　号	标 准 名 称	标　准　号	标 准 名 称
GB 9448—1999	焊接与切割安全	GB 2811—2007	安全帽
GB 10235—2012	弧焊电源　防触电装置	GB 6095—2009	安全带
GB 12011—2009	足部防护　电绝缘鞋	GB/T 3805—2008	特低电压(ELV)限值
LD4—1991	焊接防护鞋	GBZ 1—2010	工业企业设计卫生标准

（续）

标 准 号	标 准 名 称	标 准 号	标 准 名 称
GB 12624—2009	手部防护　通用技术条件及测试方法	GBZ 2.1—2007	工作场所有害因素职业接触限值　第 1 部分:化学有害因素
GB/T 3609.1—2008	职业眼面部防护　焊接防护　第 1 部分:焊接防护具	GBZ 2.2—2007	工作场所有害因素职业接触限值　第 2 部分:物理因素
GB 2626—2006	呼吸防护用品——自吸过滤式防颗粒物呼吸器	GB 3095—2012	环境空气质量标准
GB 11375—1999	金属和其他无机覆盖层　热喷涂操作安全	GB 18083—2000	以噪声污染为主的工业企业卫生防护距离标准
GB/T 7144—2016	气瓶颜色标志	GB 18871—2002	电离辐射防护与辐射源安全基本标准
GB 50033—2013	建筑采光设计标准	GB 50034—2013	建筑照明设计标准

6.2　焊接安全技术

6.2.1　气焊与气割安全技术要点（见表 9-6-4）

表 9-6-4　气焊与气割安全技术要点

项目	安 全 技 术 要 点
一般安全要求	1)乙炔最高工作压力禁止超过 147kPa 表压 2)禁止使用纯铜、银或 w(Cu)超过 70%的铜合金制造与乙炔接触的仪表、管子等零件 3)乙炔发生器、回火保险器、氧气和液化石油气瓶、减压器等均应采取防止冻结措施，一旦冻结应用热水解冻，禁止采用明火烘烤或用棍棒敲打解冻 4)气瓶、容器、管道、仪表等连接部位应采用涂抹肥皂水方法检漏，严禁使用明火检漏 5)气瓶、溶解乙炔瓶等均应稳固竖立，或装在专用胶轮的车上使用 6)禁止使用电磁吸盘、钢绳、链条等吊运各类焊接与切割用气瓶 7)气瓶、溶解乙炔瓶等，均应避免放在受阳光暴晒，或受热源直接辐射及易受电击的地方 8)氧气、溶解乙炔气等气瓶，不应放空，气瓶内必须留有不小于 98kPa($1kgf \cdot cm^{-2}$)表压的余气 9)气瓶漆色的标志应符合国家颁发的《气瓶安全监察规程》的规定，禁止改动，严禁充装与气瓶漆色标志不符的气体(氧气瓶为天蓝色，溶解乙炔气瓶为白色，液化石油气瓶为银灰色) 10)气瓶应配置手轮或专用扳手启闭瓶阀 11)工作完毕、工作间隙、工作点转移之前都应关闭瓶阀，拧上瓶帽 12)禁止使用气瓶作为登高支架和去承重物的衬垫 13)留有余气需要重新灌装的气瓶，应关闭瓶阀，旋紧瓶帽，标明空瓶字样或记号 14)氧气、乙炔的管道，均应涂上相应气瓶漆色规定的颜色和标明名称，便于识别
乙炔发生器	1)乙炔发生器与回火保险器的设计、制造应符合乙炔发生器标准和国家颁发的《压力容器安全监察规程》相应的要求 2)乙炔发生器、回火保险器，必须经主管部门会同行业归口等有关单位鉴定合格，报国家劳动安全部门批准后，才能生产。禁止自制、仿制或改装乙炔发生器与回火保险器。维修后的乙炔发生器应经主管各部门或指定的有关单位鉴定合格后，方准使用 3)中压、低压乙炔发生器都必须设有相应的回火保险器、安全阀、爆破片以及相应的压力表等安全装置和防止超压爆炸时的卸压装置 4)固定式乙炔发生器应按安全主管部门的规定安装、使用 5)应根据乙炔发生器的技术性能要求选用爆破片，爆破片应定期检查更换 6)乙炔发生器电石分解区的最高水温不应超过 95℃，经过冷却的乙炔出口温度不应超过 40℃，当环境气温较高时，允许出口温度高于环境温度 10℃ 7)乙炔发生器内的活动部件，不得与器内其他结构摩擦、碰撞而产生火花

（续）

项目	安全技术要点
乙炔发生器	8）定期检查乙炔压力表与安全阀的准确性 9）乙炔发生器禁止在超过乙炔最高工作压力或超负荷以及供水不足的情况下使用 10）电石粒度要符合乙炔发生器技术性能的要求，禁止使用不符合乙炔发生器技术性能规定的电石 11）乙炔发生器在使用前必须装够规定的水量，及时排出气室积存的灰渣。每班应补充或换新水，保证发气室内冷却良好 12）乙炔发生器新装入电石产气后，应先排放器内及管路中留存的乙炔-空气混合气 13）乙炔导管必须从回火保险器出口接出，禁止直接与乙炔发生器出口连接 14）工作结束，必须排除乙炔发生器中的灰渣和积污 15）使用中的乙炔发生器与明火、火花点、高压电线等的水平距离不得小于 10m 16）禁止将移动式乙炔发生器放在风机、空气压缩机站、制氧站等处的吸气口和避雷针接地引线导体附近，以及放置在电气回路的轨道或金属构件接地体上 17）使用中的乙炔发生器，应防止暴晒以及来自高处的飞散火花或坠落物件等引起的危害 18）禁止使用浮筒式乙炔发生器
回火保险器	1）根据乙炔发生器及操作条件选用符合安全要求的回火保险器 2）水封式回火保险器必须设有卸压孔、爆破片，并且要便于检查、易于排除和清洗器内的积污 3）水封式回火保险器要竖直安装，与乙炔导管的连接必须严密不漏气 4）每一把焊炬或割炬，都必须与独立的、合格的岗位回火保险器配用 5）每班工作前都应先检查回火保险器，保持密封性良好和逆止阀动作灵活可靠 6）水封式回火保险器，每班工作中必须保持器内规定的水位 7）干式回火保险器每月应检查一次并清洗残留在器内的烟灰和污迹，以保证气流畅通、工作可靠
电石	1）电石运输、储存、破碎、电石室（库）以及渣坑等，应按照相关的规定执行 2）桶装电石应存放在地面干燥、空气流通、不漏雨水的室内，地面应高于路面，以免进水 3）禁止采用滚滑装卸、搬运电石桶，以免电石与桶壁撞击发生火花 4）每次取电石后，应盖桶盖 5）禁止在乙炔发生器室、电石室用铁锤敲打电石 6）粉状粒度过小的电石应有专人负责分批投入渣坑，用水彻底分解以妥善处理 7）电石渣坑上口应是敞开的，渣坑内的灰浆和灰水不得排入暗沟。出渣时应防止铁制工具、器件碰撞而产生局部火花 8）电石和乙炔混合气着火时应采用干沙、二氧化碳或干粉灭火器扑灭。禁止使用水或泡沫灭火器及四氯化碳灭火器等灭火
溶解乙炔气瓶	1）溶解乙炔气瓶的充装、检验、运输、储存等均应符合《溶解乙炔气瓶安全监察规程》和《气瓶安全监察规程》的规定 2）乙炔气瓶搬动、装卸、使用时都应竖立放稳，严禁在地面上卧放并直接使用。一旦要使用已卧放的乙炔气瓶，必须先直立后，静止 20min 再连接乙炔减压器后使用 3）开启乙炔气瓶瓶阀时应缓慢，不要超过 1.5r，一般情况只开启 3/4r 4）禁止在乙炔瓶上放置物件、工具或缠绕悬挂胶管及焊、割炬等
液化石油气	1）用于气割、气焊的液化石油气钢瓶的制造和充装量都应符合《液化石油气钢瓶标准》规定。瓶阀必须密封严实，瓶座、护罩（护手）应齐全 2）采用液化石油气瓶集中供气的储存气瓶室和汇流排室的设计、管道设置，应符合 GB 50016—2014《建筑设计防火规范》以及 GB 50028—2006《城镇燃气设计规范》的规定 3）室内必须设有通风换气孔，保证室内下部不滞留液化石油气 4）室内地面要平整，不应同外界地沟（坑）或地漏孔连通 5）室内照明必须采用防爆型灯具和开关，严禁明火采暖 6）液化石油气管道连接宜采用焊接。切割、焊接所使用导管的连接口应密封严实。连接软管，应采用耐油胶管，胶管的爆破压力不应小于最大工作压力的 4 倍，胶管的长度要尽量短 7）液化石油气用量比较集中的场所、车间或气瓶组站可将三瓶以上液化石油气连接，由汇流排导出，在汇流排总导出管上应装总减压器和回火保险器，单个液化石油气瓶应在出口处加装减压器 8）液化石油气瓶组站，除供现场直接使用气瓶外，站内储存周转实瓶超过 330kg（6 瓶）时，应设专用气瓶储藏室 9）液化石油气瓶将要用完时，瓶内应留有余气，便于充装前检查气样和防止其他气体进入瓶内

（续）

项目	安全技术要点
液化石油气	10)液化石油气瓶应严格按有关规定充装,禁止超装 11)在室外使用液化石油气瓶气割、焊接或加热时,气瓶应平稳放置在空气流通的地面上,同明火(火星飞溅、火花)与热源距离必须在5m以上 12)液化石油气瓶应加装减压器,禁止用胶管同液化石油气瓶阀直接连接 13)当气瓶阀着火时,应立即关闭瓶阀。如果无法靠近可用大量冷水喷射,使瓶体降温,然后关闭瓶阀,切断气源灭火,同时防止着火的瓶体倾倒 14)当不能阻止气瓶阀门泄漏时,应把瓶体移至室外安全地带让气体自己逸出,直到瓶内气体排尽为止。有缺陷的瓶和瓶阀应标明记号,并送专业部门修理,经试验合格后,才可重新使用 15)液化石油瓶内剩余残液应退回充气站处理,禁止随便倾倒
氧气瓶	1)氧气瓶应符合国家颁布的《气瓶安全监察规程》和GB 50030—2013《氧气站设计规范》的规定。应定期进行技术检查,气瓶使用期满和送检未合格的气瓶,均不准继续使用 2)采用氧气汇流排(站)供气的车间,应执行GB 50030—2013有关规定 3)氧气汇流排输出的总管上,应装有防止可燃气体进入的单向阀 4)使用氧气瓶前,应稍打开瓶阀,吹出瓶阀上黏附的细屑或脏污后立即关闭,然后接上减压表再使用 5)开启瓶阀,操作者应站在瓶阀气体喷出方向的侧面并缓慢开启。避免氧气流朝向人体、易燃气体或火源喷出 6)禁止在带压力的氧气瓶上以拧紧瓶阀和垫圆螺母的方法消除泄漏 7)严禁让粘有油、脂的手套、棉纱和工具等同氧气瓶、瓶阀、减压器及管路等接触 8)操作中氧气瓶距离乙炔发生器、明火或热源应大于5m 9)禁止单人肩扛氧气瓶。气瓶无防震圈或在气温-10℃以下时,禁止用转动方式搬氧气瓶 10)禁止用手托瓶帽来移动氧气瓶 11)氧气瓶不应停放在人行通道,如电梯间、楼梯间等附近,防止被撞击、碰倒。如果躲避不开,应采用妥善的防护措施 12)禁止使用氧气代替压缩空气吹净工作服、乙炔管道,或用作试压和气动工具的气源 13)禁止用氧气对局部焊接部位通风换气
气体减压器	1)氧气、氢气、溶解乙炔气、液化石油气等的减压器,必须选用符合气体特性的专用减压器。禁止在焊接、切割设备上使用未经检验合格的减压器 2)各种气体专用的减压器,禁止换用或替用 3)减压器在专用气瓶上应安装牢固。采用螺纹连接时,应拧足5个螺纹以上,采用专门夹具压紧时,装卡应平整牢靠 4)同时使用两种不同的气体进行焊接时,不同气瓶减压器的出口端都应各自装有单向阀,防止相互倒灌 5)减压器接通气源后,如发现表盘指针迟滞不动或有误差,应由当地劳动、计量部门批准的专业部门修理,禁止焊工自行调整 6)禁止用棉、麻绳或一般橡胶等易燃物料作为氧气减压器的密封垫圈 7)液化石油气和溶解乙炔气瓶、液体二氧化碳气瓶等用的减压器必须保证减压器位于瓶体最高部位,防止瓶内液体流出 8)减压器卸压的顺序是:先关闭高压气瓶的瓶阀,然后放出减压器内的全部余气,放松压力调节杆使表针降到0位 9)不准在高压气瓶或集中供气的汇流导管的减压器上挂放任何物件,如焊炬、电焊钳、胶管、电焊电缆等
气焊气割用胶管	1)焊接与切割中使用的氧气胶管为黑色,乙炔胶管为红色 2)乙炔胶管与氧气胶管不能相互换用,不得用其他胶管代替 3)氧气、乙炔气胶管与回火保险器、汇流排等导管连接时,管径必须互相吻合,并用管卡严密固定 4)乙炔胶管管段的连接,应使用铜质量分数小于70%的铜管、低合金钢管或不锈钢管 5)工作前应吹净胶管内残存的气体,再开始工作 6)焊接、切割工作前,应检查胶管有无磨损、扎轧、刺孔、老化、裂纹等情况,并及时修理或更换 7)禁止使用回火烧损的胶管
焊炬与割炬	1)焊炬和割炬应符合JB/T 7947—2017《气焊设备　焊接、切割及相关工艺用炬》的要求 2)焊炬和割炬内腔要光滑、气路通畅、阀门严密、调节灵敏,连接部位紧密不泄漏 3)焊工在使用焊炬、割炬前应检查焊炬、割炬的气路通畅、射吸能力、气密性等技术性能。此外,还应做定期检查维护

（续）

项目	安全技术要点
焊炬与割炬	4）禁止在使用中把焊炬、割炬的嘴头与平面摩擦来清除嘴头堵塞物 5）焊炬和割炬零件烧损、磨损后，要用符合标准的合格零件更换 6）设置在切割机上的电气开关应与切割机头上的割炬气阀门隔离，以防被电火花引爆 7）装在切割机上的燃气开关箱（阀），应使空气流通并保证气路连接处紧密不泄漏，以防可燃气聚集引爆 8）大功率焊炬、割炬，应采用摩擦点火器或其他专用点火器，禁止用普通火柴点火，以防止烧伤

6.2.2　电焊安全技术要点（见表 9-6-5）

表 9-6-5　电焊安全技术要点

项目	安全技术要点
电焊机	1）电焊机必须符合现行有关焊机标准规定的安全要求 2）如果电焊机的空载电压高于现行相应焊机标准规定的限值，而又在有触电危险的场所作业，则必须对电焊机采加装空载自动断电装置等防止触电的安全措施 3）电焊机的工作环境应与其技术说明书上的规定相符。如在气温过低或过高、湿度过大、气压过低以及在腐蚀性或爆炸性等特殊环境中作业，应使用适合特殊环境条件性能的电焊机，或采取防护措施 4）防止电焊机受到碰撞或剧烈振动（特别是整流式焊机）。室外使用的电焊机必须有防雨雪的防护设施 5）电焊机必须装有独立的专用电源开关，其容量应符合要求。当电焊机超负荷时，应能自动切断电源。禁止多台电焊机共用一个电源开关 6）电源控制装置应装在电焊机附近人手便于操作的地方，周围留有安全通道 7）采用起动器起动的电焊机，必须先合上电源开关，再起动电焊机 8）电焊机的一次电源线，长度一般不宜超过 3m，当有临时任务需要较长的电源线时，应沿墙或立柱用瓷瓶隔离布设，其高度必须距地面 2.5m 以上，不允许将电源线拖在地面上 9）电焊机外露的带电部分应设有完好的防护（隔离）装置，电焊机裸露接线柱必须设有防护罩 10）使用插头插座连接的电焊机，插销孔的接线端应用绝缘板隔离，并装在绝缘板平面内 11）禁止连接建筑物金属构架和设备等作为焊接电源回路 12）接入电源网路的电焊机不允许超负荷使用。电焊机运行时的温升，不应超过相应焊机标准规定的温升限值 13）必须将电焊机平稳地安放在通风良好、干燥的地方，不准靠近高热以及易燃、易爆、危险的环境 14）要特别注意对整流式弧焊机硅整流器的保护和冷却 15）禁止在电焊机上放置任何物件和工具，起动电焊机前，焊钳与焊件不能短路 16）采用连接片改变焊接电流的电焊机，调节焊接电流，应先切断电源 17）电焊机必须经常保持清洁。清扫灰尘必须断电进行。焊接现场有腐蚀性、导电性气体或飞扬粉尘时，必须对电焊机进行隔离防护 18）电焊机受潮后，应当用人工方法进行干燥。受潮严重的，必须进行检修 19）每半年应进行一次电焊机维修保养。当发生故障时，应立即切断电焊机电源，及时进行检修 20）要经常检查旋转式直流电焊机的电刷和换向器的接触情况，要求电刷对换向器表面压力均匀，使所有电刷所通过的电流一致。电刷磨损或损坏时，必须及时更换 21）经常检查和保持电焊机电缆与电焊机的接线柱接触良好，保持螺母紧固 22）工作完毕或临时离开工作场地时，必须及时切断电焊机电源 23）各种电焊机（交流、直流）、电阻焊机等设备或外壳、电气控制箱、焊机组等，都应保证可靠地接地，防止触电事故 24）电焊机的接地装置必须经常保持连接良好，定期检测接地系统的电气性能 25）禁用氧气管道和乙炔管道等易燃易爆气体管道作为接地装置的自然接地极，防止由于产生电阻热或引弧时冲击电流的作用，产生火花而引爆 26）电焊机组或集装箱式电焊设备都应安装接地装置 27）专用的焊接工作台架应与接地装置连接
焊接电缆	1）焊机用的软电缆线应采用多股细铜线电缆，其截面要求应根据焊接需要载流量和长度，按焊机配用电缆标准的规定选用 2）电缆外皮必须完整、绝缘良好、柔软、绝缘电阻不得小于 1MΩ，电缆外皮破损时应及时修补完好 3）连接电焊机与焊钳必须使用软电缆线，长度一般不宜超过 30m 4）焊机的电缆线应使用整根导线，中间不应有连接接头。当工作需要接长导线时，应使用接头连接器牢固连接，连接处应保持绝缘良好

（续）

项目	安全技术要点
焊接电缆	5)焊接电缆线要横过马路或通道时，必须采取保护套等保护措施，严禁搭在气瓶、乙炔发生器或其他易燃物品的容器和材料上 6)禁止利用厂房的金属结构、轨道、管道、暖气设施或其他金属物体搭接起来作电焊导线电缆 7)禁止焊接电缆与油、脂等易燃物料接触
电焊钳	1)电焊钳必须有良好的绝缘性与隔热性能，手柄要有良好的绝缘层 2)电焊钳的导电部分应采用纯铜材料制成。电焊钳与电焊电缆的连接应简便牢靠，接触良好 3)焊条位于水平、45°、90°等方向时电焊钳应都能夹紧焊条，并保证更换焊条安全方便 4)电焊钳应保证操作灵便、焊钳的质量不得超过600g 5)禁止将过热的焊钳浸在水中冷却后使用
埋弧焊	1)埋弧焊用电缆必须符合焊机额定焊接电流的容量，连接部分要拧紧，要经常检查焊机各部分导线接触点良好，绝缘性能可靠 2)在焊接中应保持焊剂连续覆盖，以免焊剂中断露出电弧。灌装、清扫、回收焊剂应采取防尘措施，防止焊工吸入焊剂粉尘 3)埋弧焊机控制箱外壳与接线板上的罩壳必须盖好 4)半自动焊的焊接手把应安放妥当，防止短路 5)在调整送丝机构及焊机工作时，手不得触及送丝机构的滚轮 6)在埋弧自动焊机或半自动焊机发生电气故障时，必须切断电源由电工修理
气体保护焊	1)在移动焊机时，应取出焊机内易损电子器件单独搬运 2)焊机内的接触器、断电器的工作元件，焊枪夹头的夹紧力以及喷嘴的绝缘性能等，应定期检查 3)高频引弧焊机或装有高频引弧装置时，焊接电缆都应有铜网编织屏蔽套并可靠接地 4)焊机使用前应检查供气、供水系统，不得在漏水、漏气的情况下运行 5)气体保护焊机作业结束后，禁止立即用手触摸焊枪导电嘴，避免烫伤 6)盛装保护气体的高压气瓶应小心轻放竖立固定，防止倾倒。气瓶与热源的距离应大于3m 7)采用电热器使二氧化碳气瓶内液态二氧化碳充分汽化时，电压应低于36V，外壳接地可靠。工作结束立即切断电源和气源 8)排除施焊过程中产生的臭氧、氮氧化物等有害物质，应采取局部通风措施，或供给焊工新鲜空气 9)焊工打磨钍钨极，应在专用的有良好通风装置的砂轮上或在抽气式砂轮上进行，并穿戴好个人防护用品。打磨完毕，立即洗净手和脸
等离子弧焊与切割	1)等离子弧割炬应保持电极和喷嘴同心，要求供气供水系统密封严密，不漏气、不漏水 2)应保证工作气体和保护气体供给充足，并设有气体流量调节装置 3)等离子弧焊、切割作业点，应设有工作台并采用有效的局部排烟和净化装置，或设水浴工作台等 4)等离子弧焊、切割用电源的空载电压较高，尤其是手工操作，为防止电击，电源必须可靠接地，焊枪或割枪枪体与手触摸部分必须可靠绝缘 5)等离子弧光辐射比电弧更强，尤其是紫外线强度大，作业时必须戴上良好的面罩、手套等，面罩上除有黑色的目镜外，最好加上吸收紫外线的镜片 6)焊接和切割过程伴随有大量汽化的金属蒸气、臭氧、氮化物等，由于气体流量大，灰尘大量扬起，故必须采取通风措施。切割时，在栅格工作台下宜装排风装置。最好在水下切割
碳弧气刨	1)气刨时的电流较大，要防止焊机过载发热 2)在容器或舱室内使用碳弧气刨时，应采取局部通风措施，应有专人监护，并安排工间休息 3)气刨喷吹出来的熔融金属易烧损物品，应有防护和防火措施
电阻焊	1)装有电容储能装置的电阻焊机，在密封的控制箱门上应有连锁机构，当开门时应使电容短路，手动操作开关也应附加电容短路安全措施 2)复式、多工位操作的焊机，应在每个工位上装有紧急制动按钮 3)手提式焊机的构架，应能经受操作中产生的振动，吊挂的变压器应有防掉落的保险装置，并应经常检查 4)焊机的脚踏开关，应有牢固的防护罩，防止意外开动 5)电阻焊机作业点，应设有防止工作火花飞溅的防护挡板或防护屏 6)施焊时，焊机控制装置的柜门必须关闭

（续）

项目	安全技术要点
电阻焊	7）控制箱装置的检修与调整应由专业人员实施 8）缝焊作业，焊工必须注意电极的转动方向。防止滚轮切伤手指 9）焊机放置的场所应保持干燥，地面应铺防滑板，外水冷式焊机的焊工作业时应穿绝缘靴 10）焊接工作结束，切断电源，冷却水应延长 10min 再关闭。在气温低时还应排除水路的积水，防止冻结

6.3 焊接劳动保护

6.3.1 焊接的有害因素

焊接有害因素分化学有害因素和物理有害因素两大类。前者主要是焊接烟尘和有害气体，后者有电弧辐射、热辐射、高频电磁场、放射线和噪声等。伤害面最广的是焊接烟尘和有害气体。

焊接烟尘和有毒气体的产生及其成分与所用的焊接方法和焊接材料密切相关。下面是产生焊接烟尘和有毒气体的基本情况。

1）高温焊接热源使熔化金属或金属化合物蒸发、凝结和氧化而产生烟尘，其强烈程度与热源集中或热输入有关。

2）焊件表面存在的涂层或镀层（如含锌或镀铬等），会产生相应的烟尘。

3）钢材的焊条电弧焊、CO_2气体保护焊，以及自保护焊丝电弧焊产生较大的烟尘和有害气体。烟尘的主要成分是铁、硅、锰，其中主要毒物是锰。采用镀铜焊丝的气体保护焊的烟尘中还存在毒物铜。采用低氢型焊条，烟尘中的主要成分和毒物是氟，特别是可溶性氟。

4）焊条电弧焊的烟尘中含有较多量的 Fe_2O_3，毒性不大，颗粒较细，一般≤5μm，但长期接触可能形成电焊尘肺（铁尘肺）。

5）碳弧气刨时烟尘较大，其中还存在有毒成分铜，它来自镀铜电极。

6）毒性气体主要是臭氧（O_3）和氮氧化物（NO_x，主要是 NO 和 NO_2）。它们是由电弧的紫外线辐射作用于环境空气中的氧和氮而产生的。臭氧的浓度与焊接材料、保护气体和焊接参数有关。

7）铝和铝合金氩弧焊的有毒气体主要是臭氧和氮氧化物，其中熔化极氩弧焊的臭氧含量最高。其他非铁金属（如铜、铅、镍、镁及其合金等）的氩弧焊，也存在有相应的金属烟尘。

8）CO_2气体保护焊起弧时 CO 含量较高，在封闭空间内焊接时应引起注意，一般需采取通风措施。一般而言，烟尘越多，电弧辐射越弱，有毒气体含量越低；反之，电弧辐射越强，有毒气体含量越高。

表 9-6-6 所列为几种焊接方法的发尘量，表 9-6-7 所列为常用结构钢焊条烟尘的化学成分。

表 9-6-6　几种焊接方法的发尘量

焊接方法		施焊时每分钟的发尘量/$mg \cdot min^{-1}$	每千克焊接材料的发尘量/$g \cdot kg^{-1}$
焊条电弧焊	低氢型焊条（J507，ϕ4mm）	350~450	11~16
	钛钙型焊条（J422，ϕ4mm）	200~280	6~8
自保护焊	药芯焊丝（ϕ3.2mm）	2000~3500	20~25
CO_2气体保护焊	实心焊丝（ϕ1.6mm）	450~650	5~8
	药芯焊丝（ϕ1.6mm）	700~900	7~10
氩弧焊	实心焊丝（ϕ1.6mm）	100~200	2~5
埋弧焊	实心焊丝（ϕ5mm）	10~40	0.1~0.3

表 9-6-7　常用结构钢焊条烟尘的化学成分

焊条牌号	烟尘的化学成分（质量分数，%）										
	Fe_2O_3	SiO_2	MnO	TiO_2	CaO	MgO	Na_2O	K_2O	CaF_2	KF	NaF
J421	45.31	21.12	6.97	5.18	0.31	0.25	5.81	7.01	—	—	—
J422	48.12	17.93	7.18	2.61	0.95	0.27	6.03	6.81	—	—	—
J507	24.93	5.62	6.30	1.22	10.34	—	6.39	—	18.92	7.95	13.71

6.3.2 焊接卫生标准

1. 关于化学有害物质的卫生标准

目前各工业发达国家，都已制定了劳动环境的卫生标准，要求劳动环境中的各种有害物质不得超过标准规定的允许值。美国、日本等国家用“容许浓度（TLV）”表示，其含义是每周工作 5~6 天，每天工作 7~8h，作业环境所能允许的不致伤害人体健康的有害物质的平均浓度。我国采用“最高容许浓度（MAC）”，其含义是作业环境中有害物质在长期多次有代表性的采样测定中，均不允许超过的数值。作业环境卫生标准是为保证职工而得出的卫生要求的具体化，是评价作业环境质量的依据，也是进行卫生监测工作、判断防护措施是否正确的依据。

为了确定焊接作业空气中有害物质的最高容许浓度，我国卫生部曾组织了“电焊烟尘卫生标准研究”，经大量研究后，提出焊接车间空气中电焊烟尘的最高容许浓度（MAC）规定为 6mg/m^3。除此之外，其他各种有害物质的容许浓度，均一律按标准 GBZ 2.1—2007《工作场所有害因素职业接触限值 第 1 部分：化学有害因素》执行。表 9-6-8 列出了工作场所空气中化学物质容许浓度，表 9-6-9 列出工作场所空气中粉尘容许浓度。

表 9-6-8 工作场所空气中化学物质容许浓度（摘自 GBZ 2.1—2007） （单位：mg/m^3）

化学物质名称			最高容许浓度（MAC）	时间加权平均容许浓度（PC-TWA）
氨			—	20
氯			1	—
臭氧			0.3	—
汞-金属汞（蒸气）			—	0.02
二氧化氮			—	5
二氧化硫			—	5
二氧化碳			—	9000
氟化物			2	—
硫化氢			10	—
氯化氢及盐酸			7.5	—
锰及其无机化合物			—	0.15
金属镍与难溶性镍化合物			—	1
可溶性镍化合物			—	0.5
铅尘			—	0.05
铅烟			—	0.03
氢氧化钾			2	—
氢氧化钠			2	—
液化石油气			—	1000
一氧化氮			—	15
一氧化碳	非高原		—	20
	高原	（海拔<3000m）	20	—
		（海拔>3000m）	15	—
氧化钙			—	2
氧化锌			—	3

表 9-6-9 工作场所空气中粉尘容许浓度（摘自 GBZ 2.1—2007） （单位：mg/m^3）

粉尘名称	粉尘[①]容许浓度（PC-TWA）	粉尘名称	粉尘[①]容许浓度（PC-TWA）
白云石粉尘	8	活性炭粉尘	3
沉淀 SiO_2（白发黑）	5	铝金属、铝合金粉尘	3
大理石粉尘	8	氧化铝粉尘	4
电焊烟尘	4	煤尘	4
二氧化钛粉尘	8	玻璃棉粉尘	3
硅藻土粉尘	6	石膏粉尘	8
滑石粉尘	3	石棉粉尘	0.8

（续）

粉尘名称	粉尘①容许浓度（PC-TWA）	粉尘名称		粉尘①容许浓度（PC-TWA）
石墨粉尘	4	砂轮磨尘		8
稀土尘	2.5	矽尘	10%≤游离 SiO_2的质量分数≤50%	1
云母粉尘	2		50%≤游离 SiO_2的质量分数≤80%	0.7
萤石混合性尘	1		游离 SiO_2的质量分数>80%	0.5

① 总粉尘，指可进入整个呼吸道的粉尘。

2. 物理有害因素的卫生标准

工作场所中工作人员常遇到的物理有害因素有高频电磁辐射、放射性物质、噪声和高温等，我国也制定了作业环境所能允许的不致伤害人体健康的物理有害因素的标准，GBZ 2.2—2007《工作场所有害因素职业接触限值　第 2 部分：物理因素》，规定了职业接触限值。

（1）超高频辐射

超高频辐射指频率为 30～300MHz 或波长为 1～10m 的电磁辐射，包括脉冲波和连续波。在电磁辐射作用下作业人员经受一定强度和一定的时间，会有不适反应，故标准对工作场所超高频辐射职业接触规定了限值，见表 9-6-10。

工作场所工频电场职业接触限值，频率为 50Hz，电场强度为 $5kV \cdot m^{-1}$。

（2）紫外辐射

紫外辐射是指受波长为 100～400nm 的电磁辐射，标准对工作场所紫外辐射职业接触限值，见表 9-6-11。

（3）噪声

噪声对人体的主要危害是致使听力下降，严重的可致耳聋。车间内的噪声卫生标准见表 9-6-12。

表 9-6-10　工作场所超高频辐射职业接触限值

接触时间/h	连续波		脉冲波	
	功率密度/$10^{-7}W \cdot m^{-2}$	电场强度/$V \cdot m^{-1}$	功率密度/$10^{-7}W \cdot m^{-2}$	电场强度/$V \cdot m^{-1}$
8	0.05	14	0.025	19
1	0.1	19	0.03	14

表 9-6-11　工作场所紫外辐射职业接触限值

紫外光谱分类	8h 职业接触限值	
	辐照度/$10^{-10}W \cdot m^{-2}$	照射量/$10^{-7}J \cdot m^{-2}$
中波紫外线（280nm<λ≤315nm）	0.26	3.7
短波紫外线（100nm<λ≤280nm）	0.13	1.8
电焊弧光	0.24	3.5

表 9-6-12　噪声卫生标准

每个工作日接触噪声时间/h	新建、扩建、改建企业允许噪声	现有企业暂时放宽允许噪声/dB(A)
8	85	90
4	88	93
2	91	96
1	94	99
最高不得超过 115dB(A)		

（4）气温

作业场所温度过高或过低，均将影响操作人员的身体健康，妨碍正常操作，降低工作效率。《工业企业设计卫生标准》对生产车间的防暑和防寒卫生标准作了以下规定：

1）当室外实际出现的温度等于夏季通风室外计算温度时，车间内作业地带的空气温度应符合下列要求：

① 每小时散热量小于 $83.6kJ \cdot m^{-2}$（$20kcal \cdot m^{-2}$）的车间，不得超过室外温度 3℃。

② 每小时散热量为 83.6～$418kJ \cdot m^{-2}$（20～$100kcal \cdot m^{-2}$）的车间，不得超过室外温度的 5℃。

③ 每小时散热量大于 418kJ · m^{-2}（100kcal · m^{-2}）的车间，不得超过室外温度 7℃。

2）车间内工作地点的夏季空气温度，应按车间内外温差计算，不得超过表 9-6-13 的规定，表中所列当地夏季通风室外计算温度，按现行的《工业企业采暖，通风和空气调节设计规范》执行。我国部分城市的夏季通风室外计算温度见表 9-6-14。

表 9-6-13　车间内工作地点的夏季空气温度规定

当地夏季通风室外计算温度/℃	工作地点与室外温差/℃
≤22	≤10
23~28	相应地≤9、8、7、6、5、4
29~32	≤3
≥33	≤2

表 9-6-14　我国部分城市的夏季通风室外计算温度

城市	夏季通风室外计算温度/℃	城市	夏季通风室外计算温度/℃
齐齐哈尔	28	济　南	31
哈尔滨	27	南　京	32
长　春	28	上　海	32
吉　林	27	合　肥	32
沈　阳	29	杭　州	32
大　连	27	福　州	32
包　头	28	郑　州	31
乌鲁木齐	28	汉　口	32
兰　州	28	长　沙	33
西　宁	23	南　昌	33
西　安	32	南　宁	31
北　京	30	广　州	31
天　津	30	成　都	30
石家庄	30	重　庆	33
太　原	29	昆　明	23

3）设计集中采暖车间时，车间内工作地点的冬季空气温度：轻作业时不低于 15℃；中作业时不低于 12℃；重作时不低于 10℃。一般焊接属于中作业工种。

6.3.3　焊接卫生措施

可以从焊接工艺、焊接材料、通风和个人防护等方面改善安全卫生条件。

（1）焊接工艺措施

1）提高焊接机械化、自动化程度。这不仅能提高焊接生产率与产品质量，而且有效地改善劳动条件，减少焊接烟尘和有害气体对操作者的危害。

2）推广采用单面焊双面成形工艺。容器、管道采用单面焊双面成形工艺，可避免操作者在狭窄空间内施焊，极大地改善了劳动卫生条件。

3）推广采用重力焊工艺。重力焊又称滑轨式焊接工艺，它采用专用的铁粉型高效长焊条，一人可同时操作 2~10 台重力焊装置，既提高了焊接效率，又改善了劳动条件。

4）氩弧焊工艺中，可在氩气中加入少量的一氧化氮，施焊时两者可发生反应，使电弧周围的臭氧含量降低。等离子弧切割中提高电压，降低电流，可降低臭氧含量。

5）采用水槽式等离子弧切割台，或采用水弧切割，即以一定角度和流速的水均匀地向等离子弧喷射，可使部分烟尘及有害气体溶入水中，减少作业场所污染程度。

6）扩大压焊使用范围。压焊，如电阻焊、摩擦焊、真空扩散焊等对环境的污染较小，且焊接质量好，易于实现焊接自动化作业。

（2）焊接材料措施

1）选用低尘、低毒焊条。通过调整焊条药皮成分，在保证焊条基本性能的条件下，尽量降低加入药皮材料中的烟尘及有毒气体的发生量，如低毒低氢型焊条，控制发尘量和氟、锰含量；不锈钢低尘低毒焊条，控制烟尘中可熔性铬的含量等。

2）在焊条标准中做出规定，限制各类焊条发尘量不允许超过规定的最大值。

3）采用低尘的药芯焊丝。

（3）通风措施

焊接通风是防止焊接烟尘和有害气体对人体造成危害最重要的措施，也是降低焊接热影响的主要措施。凡在车间内各种容器及舱室内进行焊接作业时，都应采取通风措施，以保证作业人员的身体健康。通风的方法按换气范围分有局部通风和全面通风两类，前者是直接从焊接工作点捕集烟尘，经净化后排放，效果好；后者对整个车间进行通风换气，它不受焊接工艺影响。按推动空气流动的动力分有机械通风和自然通风两类，前者以风机作为动力，换气量稳定，风压较大；后者不需动力，受环境变化影响较大，换气量不够稳定。

全面通风可采用全面自然通风和全面机械通风。全面自然通风通过车间侧窗及天窗实现通风换气；全面机械通风则通过管道及风机等组成的通风系统实现全车间的通风换气，其方法可以是上抽排烟、下抽排烟和横向排烟等。全面通风应保持每个焊工的通风量不小于 57m^3 · min^{-1}。

局部通风主要通过局部排风设备进行，它可分固定式局部排风系统和可移式小型排烟除尘机组两类。局部排风系统由排烟罩风管、净化装置和风机等组成。局部排风时，焊接烟尘和有毒气体刚一发生便被近距离的排风罩口迅速吸走，因此所需风量小，且不污染环境，不影响焊工，通风效果好。若焊接工作点附近的风速控制在 30m · min^{-1}以内，则不会破坏焊接的气体保护。局部通风软管直径与风量可按表 9-6-15 选取。

表 9-6-15　局部通风软管直径与风量

排风罩离电弧或焊炬的距离/mm	风机最小风量/$m^3 \cdot h^{-1}$	软管直径①/mm
100～150	144	38
	260	76
100～200	470	90
200～250	720	110
250～300	1020	140

① 按管内风速 100～120m/min 确定。

（4）个人防护措施

作业人员必须佩戴个人防护用品。焊工的防护用品主要有：工作服、工作帽、电焊面罩（或送风头盔）、护目镜、电焊手套、口罩、防毒面具、绝缘鞋、鞋套、套袖等。进行高空焊接作业时，还必须佩戴安全帽、安全带等。

所有防护用品必须是符合国家标准的合格产品，如焊工护目镜必须符合 GB/T 3609.1—2008《职业眼面部防护　焊接防护　第 1 部分：焊接防护具》的规定，可按表 9-6-16 选用合乎作业条件的遮光镜片。

表 9-6-16　焊工护目遮光镜片的选用

焊接、切割种类	镜片遮光号			
	焊接电流/A			
	≤30	>30～75	>75～200	>200～400
电弧焊	5～6	7～8	8～10	11～12
碳弧气刨	—	—	10～11	12～14
焊接辅助工	3～4			

6.3.4　焊接与切割劳动保护技术

（1）个人保护技术要点（见表 9-6-17）

（2）焊接作业的通风与防火技术要点（见表 9-6-18）

表 9-6-17　个人保护技术要点

项目	劳动保护技术要点
焊接与切割操作	1)焊接与切割工人应身体健康,经过安全教育,并接受专业安全理论和实际训练,经考试合格并持有证书后方可上岗 2)从事电焊的工作人员,应了解所操作焊机的结构和性能,能严格执行安全操作规程,正确使用防护用品,并掌握触电急救的方法 3)焊接与切割盛装过易燃易爆物料(油、漆料、有机溶剂、脂等)、强氧化物或有毒物料的各种容器(桶、罐、箱等)、管段、设备,必须遵守《化工企业焊接与切割中的安全》标准相应章节的规定,采取安全措施,并获得本企业和消防管理部门的动火证明后,才能进行焊接和切割工作 4)工作地点应有良好的天然采光和局部照明,并应符合 GB 50034—2013《建筑照明设计标准》的有关规定,保证工作面照度达到 50～100lx 5)在狭窄和通风不良的地沟、坑道、检查井、管段、容器、半封闭地段等处进行气焊、气割工作应在地面上进行调试焊割炬混合气,并点好火,禁止在工作地点调试和点火,焊炬、割炬都应随人进出 6)在封闭容器、罐、桶、舱室中焊接、切割,应先打开施焊工作物的孔、洞,使内部空气流通,以防焊工中毒、烫伤,必要时应有专人监护,工作完毕和暂停时,焊割炬和胶管等都应随人进出,禁止放在工作点 7)禁止在带压力或带电压以及同时带有压力、电压的容器、罐、柜、管道、设备上进行焊接或切割工作。在特殊情况下,需要在不可能泄压、切断气源工作时,应向上级主管安全部门申请,批准后方可动火 8)应防止由于焊接、切割中的热能传到结构或设备中,使工程中的易燃保温材料,或滞留的易燃爆气体发生着火、爆炸 9)登高焊接、切割,应根据作业高度和环境条件,定出危险区的范围,禁止在作业下方及危险区内存放可燃、易爆物品和停留人员 10)焊工在高处作业,应备有梯子、带有栏杆的工作平台、标准安全带、安全绳、工具袋及完好的工具和防护用品 11)焊接、切割现场禁止把焊接电缆、气体胶管、钢绳混绞在一起 12)焊工在多层结构或高空构架上进行交叉作业时,应戴有符合有关标准规定的安全帽 13)焊接、切割用的气体胶管和电缆应妥善固定。禁止缠在焊工身上使用 14)在已停车的机器内进行焊接与切割,必须彻底切断机器(包括主机、辅机、运转机构)的电源和气源,锁住启动开关,并应设置“修理施工禁止转动”的安全标志或由专人负责看守 15)直接在水泥地面上切割金属材料可能发生爆炸,应有防火花喷射造成烫伤的措施 16)悬挂在起重机吊钩上的焊件和设备禁止电焊或切割。如果必须这样做,应采取可靠的安全措施,并经企业安全技术部门批准后才能进行 17)焊接、切割使用的气瓶或换下来用完的气瓶,应避免被现场杂物遮盖掩埋 18)露天作业遇到六级大风或下雨时,应停止焊接、切割工作

（续）

项目	劳动保护技术要点
防护眼镜与面罩	1）防止焊接弧光和火花烫伤的危害，应按 GB/T 3609.1—2008 要求从表 9-6-16 中选用适合作业条件的遮光镜片 2）焊工用面罩有手持式和头戴式两种，面罩和头盔的壳体应选用难燃或不燃的且无刺激皮肤的绝缘材料制成。罩体应遮住脸面和耳部，结构牢靠，无漏光 3）头戴式面罩，用于各类电弧焊或登高焊接作业，质量不应超过 560g 4）辅助焊工应根据工作条件，选戴遮光性能相适应的面罩和防护眼镜 5）气焊、气割作业，应根据焊接、切割焊件板的厚度选用相应型号的防护眼镜片 6）焊接、切割的准备、清理工作，如打磨焊口、清除焊渣等，应使用镜片不易破碎成片的防渣眼镜
工作服	1）焊工工作服应根据焊接与切割工作的特点选用 2）从事一般焊接、切割工作的操作工应穿戴棉帆布工作服，工作服的颜色为白色 3）气体保护焊在紫外线作用下进行，会产生臭氧等气体，应选用粗毛呢或皮革等面料制成的工作服，以防焊工在操作中被烫伤或体温增高 4）全位置焊接工作的焊工应配用皮制工作服 5）在进行仰焊、切割时，为了防止火星、熔渣从高处溅落到操作者头部和肩上，操作者应在颈部围毛巾，穿着用防燃材料制成的护肩、长袖套、围裙和鞋盖等 6）焊工穿用的工作服不应潮湿。工作服的口袋应有袋盖，上身应遮住腰部，裤长应罩住鞋面。工作服上不应有破损、孔洞和缝隙，不允许沾有油、脂 7）焊接与切割作业的工作服，不能用一般合成纤维织物制作
手套	1）焊工手套应选用耐磨、耐辐射热的皮革或棉帆布和皮革合制材料制成，其长度不应小于 300mm，要缝制结实。焊工不应戴有破损和潮湿的手套 2）焊工在可能导电的焊接场所工作时，所用的手套应该用具有绝缘性能的材料（或附加绝缘层）制成，并经耐电压 5000V 试验合格后方能使用
防护鞋	1）焊工防护鞋应具有绝缘、隔热、不易燃、耐磨损和防滑的性能 2）电焊工穿用防护鞋的橡胶鞋底，应经耐电压 5000V 的试验合格。如果在易燃易爆场合焊接时，鞋底不应有鞋钉，以免产生摩擦火星 3）在有积水的地面焊接切割时，焊工应穿用经过耐电压 6000V，试验合格的防水橡胶鞋
其他防护用品	1）电焊、切割工作场所，由于弧光辐射、溶渣飞溅，影响周围视线，应设置弧光防护室或护屏。护屏应选用不燃材料制成，其表面应涂上黑色或深灰色涂装，高度不应低于 1.8m，下部应留有 25cm 流通空气的空隙 2）焊工登高或在可能发生掉落的场所进行焊接、切割作业时所用的安全带，应符合 GB 6095—2009《安全带》的要求。安全带上安全绳的挂钩应挂牢 3）焊工用的安全帽应符合 GB 2811—2007《安全帽》的要求 4）焊工使用的工具袋，桶应完好无孔洞。焊工常用的锤子、渣铲、钢丝刷等工具应连接牢固 5）焊工所用的移动式照明灯具的电源线，应采用 YQ 或 YQW 型橡胶套绝缘电缆，导线完好无破损，灯具开关无漏电，电压应根据现场情况确定或用 12V 的安全电压，灯具的灯泡应有金属网罩防护

表 9-6-18 焊接作业的通风与防火技术要点

项目	技术要点
通风	1）应根据焊接作业环境、焊接工作量、焊条（剂）种类、作业分散程度等情况，采取不同的通风排烟尘措施（如全面通风换气、局部通风、小型电焊排烟机组等）或采用各种送气面罩，以保证焊工作业点空气质量达到 GBZ 2.1—2007 中的有关规定 2）当焊工作业室内高度（净）低于 4m 或每个焊工工作空间小于 $200m^3$ 时，当工作间（室、舱、柜等）内部结构影响空气流动，而使焊接工作的烟尘及有害气体浓度超过表 9-6-8 的规定时，应采取全面通风换气 3）采用局部通风或小型通风机组等换气方式，其罩口风量、风速应根据罩口至焊接作业点的控制距离及控制风速计算。罩口的控制风速应大于 $0.5m \cdot s^{-1}$，并使罩口尽可能接近作业点，使用固定罩口时的控制风速不小于 $1m \cdot s^{-1}$。罩口的形式应结合焊接作业点的特点选择 4）当采用下抽风式工作台时，使工作台上网格筛板上的抽风量均匀分布，并保持工作台面积抽风量大于 $3600m^3 \cdot h^{-1} \cdot m^{-2}$ 5）焊炬上装的烟气吸收器应能连续抽出焊接烟气

（续）

项目	技术要点
通风	6）在狭窄、局部空间内焊接、切割时，应采取局部通风换气，防止焊接空间积聚有害或窒息气体，同时，还应有专人负责监护工作 7）焊接、切割等工作，如遇到粉尘和有害烟气又无法采用局部通风措施时，应采用送风呼吸器 8）选用低噪声通风除尘设施，保证工作地点环境机械噪声值不超过声压 85dB（A）
防火	1）在企业规定的禁火区内不准焊接。需要焊接时，必须把焊件移到指定的动火区内或在安全区进行 2）焊接作业的可燃、易燃物料，与焊接作业点火源距离不应小于 10m 3）焊接、切割作业时，如果附近墙体和地面上留有孔、洞、缝隙以及运输传送带连通孔口等部位留有孔洞，都应采取封闭或屏蔽措施 4）焊接、切割工作地点有以下情况时禁止焊接与切割作业 ①堆存大量易燃物料（如漆料、棉花、硫酸、干草等），而又不可能采取防护措施时 ②可能形成易燃易爆蒸气或积聚爆炸性粉尘时 5）在易燃易爆环境中焊接、切割时，应按化工企业焊接、切割安全专业标准有关的规定执行 6）焊接、切割车间或工作地区必须配有 ①足够的水源、干砂、灭火工具和灭火器材。存放的灭火器材应经过检验是合格的、有效的 ②应根据扑救物料的燃烧性能，选用灭火器材，见表 9-6-19 7）焊接、切割工作完毕应及时清理现场，彻底消除火种，经专人检查确认完全消除危险后方可离开现场

表 9-6-19　灭火器性能及使用方法

种　类	泡沫灭火器	二氧化碳灭火器	1211 灭火机	干粉灭火机	红卫九一二灭火机
药　剂	装碳酸氢钠发沫剂和硫酸铝溶液	装液态二氧化碳	装二氟氯一溴甲烷	装小苏打或钾盐干粉	装二氟二溴液体
用　途	扑灭油类火灾	扑救贵重仪器设备，不能用于扑救钾、钠、镁、铝等物质火灾	扑救各种油类、精密仪器高压电器设备	扑救石油产品、有机溶剂、电气设备、液化石油气、乙炔气瓶等火灾	扑救天然气石油产品和其他易燃爆化工产品等火灾
注意事项	冬季防冻结，定期更换	防喷嘴堵塞	防受潮，防日晒，半年检查一次，充装药剂	干燥、通风、防潮，半年称重一次	在高温下分解产生毒气，注意现场通风和呼吸道防护

参 考 文 献

[1] 中国机械工程学会焊接学会. 焊接手册：第1、2、3卷[M].3版. 北京：机械工业出版社，2008.

[2] 美国焊接学会. 焊接手册：第1、2、3、4卷 [M]. 清华大学焊接教研组，译. 7版. 北京：机械工业出版社，1985.

[3] 曾乐. 现代焊接技术手册 [M]. 上海：上海科学技术出版社，1993.

[4] 傅积和，等. 焊接数据资料手册 [M]. 北京：机械工业出版社，1994.

[5] 美国金属学会. 金属手册：第六卷 [M]. 9版. 北京：机械工业出版社，1994.

[6] 周振丰，等. 焊接冶金与金属焊接性（修订本）[M]. 北京：机械工业出版社，1988.

[7] 陈伯蠡. 焊接冶金原理 [M]. 北京：清华大学出版社，1991.

[8] 陈伯蠡. 金属焊接性基础 [M]. 北京：机械工业出版社，1982.

[9] 天津大学焊接教研室. 金属熔焊原理及工艺：上册 [M]. 北京：机械工业出版社，1980.

[10] 张文钺. 焊接传热学 [M]. 北京：机械工业出版社，1989.

[11] K 依斯特林格. 焊接物理冶金导论 [M]. 唐慕尧，等译. 北京：机械工业出版社，1989.

[12] 陈楚，等. 数值分析在焊接中的应用 [M]. 上海：上海交通大学出版社，1985.

[13] 佐滕邦彦，等. 溶接變形・殘留心力 [M]. 東京：產報出版株式会社，1979.

[14] 邹莱莲. 焊接理论及工艺基础 [M]. 北京：北京航空航天大学出版社，1992.

[15] 郑宜廷，等. 弧焊电源 [M]. 北京：机械工业出版社，1988.

[16] Howard B Cary. Modem Welding Technology [M]. 3th ed. AWS，1989.

[17] 溶接学会. 溶接便覧 [M]. 改订3版. 東京：丸善株式会社，1977.

[18] 姜焕中. 电弧焊及电渣焊（修订本）[M]. 北京：机械工业出版社，1988.

[19] Peter Houldcroft，Robert John. Welding and Cutting [M]. New York：Industrial Pres Inc，1989.

[20] Jeam Cornu. Advanced Welding Systems：3 TIG and Related Processes [M]. Springer-Varlag，1988.

[21] Peter W Muncaster. Practical TIG（CTA）Welding [M]. Cambridge，1991.

[22] Jean Cornu. Advanced Welding Systems：2Consumoble electrode processes [M]. Springer-Varlag，1988.

[23] Davies A C. The Science and Practice of Welding：Volume 2 The Pactice of Welding [M]. 9th ed. Cambridge，1989.

[24] John P Stewart. The Welder's Handbook [M]. Peston，Virginia，1981.

[25] Larry Jeffus. Welding-Principles and Application [M]. 3th ed. New York：Delmar Publishers Inc，1993.

[26] 益本功，等. 半自動・自動ク-ケ溶接 [M]. 東京：產報出版株式会社，1978.

[27] 焊接学会方法委员会. 窄间隙焊接 [M]. 君士科，等译. 北京：机械工业出版社，1988.

[28] 俞尚智. 焊接工艺人员手册 [M]. 上海：上海科学技术出版社，1991.

[29] 王震澂，等. 气体保护焊工艺和设备 [M]. 北京：国防工业出版社，1982.

[30] 张修智，等. 气体保护焊 [M]. 北京：中国电力出版社，1982.

[31] 中国焊接学会电阻焊（Ⅲ）专业委员会. 电阻焊理论与实践 [M]. 北京：机械工业出版社，1994.

[32] 中村孝，等. 抵抗溶接 [M]. 東京：產報出版株式会社，1979.

[33] 毕惠琴. 焊接方法及设备：第三分册 [M]. 北京：机械工业出版社，1981.

[34] D 拉达伊. 焊接热效应 [M]. 熊第京，等译. 北京：机械工业出版社，1997.

[35] 张文钺. 焊接冶金学（基本原理）[M]. 北京：机械工业出版社，1995.

[36] 武传松. 焊接热过程数值分析 [M]. 哈尔滨：哈尔滨工业大学出版社，1990.

[37] 顧钰熹，等. 焊接连续冷却转变图及其应用 [M]. 北京：机械工业出版社，1990.

[38] 天津大学，等. 工程焊接冶金学 [M]. 北京：机械工业出版社，1993.

[39] 姜焕中. 焊接方法及设备：第一分册电弧焊 [M]. 北京：机械工业出版社，1981.

[40] 机械工程手册编辑委员会. 机械工程手册：第Ⅰ~Ⅴ卷，第Ⅶ卷，第Ⅸ卷，[M]. 2版. 北京：机械工业出版社，1996.

[41] 铃木春義，等. 焊接金属学 [M]. 严鸢飞，等译. 北京：机械工业出版社，1982.

[42] 哈尔滨焊接研究所. 焊缝裂缝金相分析图谱 [M]. 哈尔滨：黑龙江科技出版社，1981.

[43] 哈尔滨焊接研究所. 国产低合金钢 焊接CCT图册 [M]. 北京：机械工业出版社，1990.

[44] 中国机械工程学会焊接学会，等. 焊工手册：手工焊

接与切割［M］. 修订版. 北京：机械工业出版社，1991.
［45］ 吴世初. 金属的可焊性试验［M］. 上海：上海科学技术出版社，1983.
［46］ 王永达，等. 低合金钢焊接基本数据［M］. 北京：冶金工业出版社，1998.
［47］ 张子荣，等. 焊接材料简明选用手册［M］. 北京：机械工业出版社，1997.
［48］ 钱昌黔. 耐热钢焊接［M］. 北京：水利电力出版社，1988.
［49］ 周振丰. 焊接冶金（金属焊接性）［M］. 北京：机械工业出版社，1995.
［50］ 吴祖乾，等. 低合金钢厚壁压力容器焊接［M］. 上海：上海科学技术文献出版社，1982.
［51］ 郑承炎. 中日焊接技术交流资料［M］. 中国石油化工总公司供应制造公司，1987.
［52］ 张一公. 常用工程材料选用手册［M］. 北京：机械工业出版社，1998.
［53］ 贺运佳. 金属材料焊接工艺［M］. 西安：西北工业大学出版社，1988.
［54］ 苏仲鸣. 焊剂的性能与使用［M］. 北京：机械工业出版社，1989.
［55］ 颜曾迪，等. 有色金属焊接［M］. 2 版. 北京：机械工业出版社，1995.
［56］ 梁桂芳. 切割技术手册［M］. 北京：机械工业出版社，1997.
［57］ 薛迪甘. 焊接概论（修订本）［M］. 北京：机械工业出版社，1987.
［58］ 张启运，等. 钎焊手册［M］. 北京：机械工业出版社，1999.
［59］ 邹僖，等. 焊接方法及设备：第四分册钎焊和胶接［M］. 北京：机械工业出版社，1982.
［60］ 邓键. 钎焊［M］. 北京：机械工业出版社，1979.
［61］ 印有胜. 钎焊手册［M］. 哈尔滨：黑龙江科学技术出版社，1989.
［62］ 舍瓦尔兹 M M. 金属焊接手册［M］. 袁主钊，等译. 北京：国防工业出版社，1988.
［63］ 赵家瑞. 逆变焊接与切割电源［M］. 北京：机械工业出版社，1996.
［64］ 机械工业部. 电焊机产品样本［M］. 北京：机械工业出版社，1996.
［65］ Б Д 奥尔洛夫. 接触焊工艺和设备［M］. 陈幼松，译. 北京：国防工业出版社，1980.
［66］ 刘代祥，等. 袖珍机械公式手册［M］. 重庆：重庆出版社，1985.
［67］ 机械设计手册联合编写组. 机械设计手册［M］. 2 版. 北京：化学工业出版社，1979.
［68］ 中国航空研究院. 应力强度因子手册［M］. 增订版. 北京：科学出版社，1993.
［69］ 霍立兴. 焊接结构工程强度［M］. 北京：机械工业出版社，1995.
［70］ A Neumann. Schwei β techninsches Handbuch für Konstrukteure［M］. Teil I. DVS Berlin，1985.
［71］ 益本功，アレヅキス，ノイマン. 溶接構造論［M］. コロナ社，1973.
［72］ 田锡唐. 焊接结构［M］. 北京：机械工业出版社，1990.
［73］ D 拉达伊. 焊接结构疲劳强度［M］. 郑朝云，等译. 北京：机械工业出版社，1994.
［74］ 徐灝. 机械强度的可靠性设计［M］. 北京：机械工业出版社，1984.
［75］ 赵少汴，等. 疲劳设计［M］. 北京：机械工业出版社，1992.
［76］ 洪其麟. 机械结构可靠性［M］. 北京：航空工业出版社，1993.
［77］ 牟致忠. 机械零件可靠性设计［M］. 北京：机械工业出版社，1988.
［78］ 章燕谋. 锅炉压力容器用钢［M］. 西安：西安交通大学出版社，1984.
［79］ O W 勃劳杰. 焊件设计［M］. 张伟昌，等译. 北京：机械工业出版社，1984.
［80］ 增淵興一. 焊接结构分析［M］. 张伟昌，等译. 北京：机械工业出版社，1985.
［81］ 焦馥杰. 焊接结构分析基础［M］. 上海：上海科学技术文献出版社，1991.
［82］ 董秀中，等. 爆炸法消除曲面板对接接头焊接残余应力研究［C］//.第六届全国焊接学术会议论文集. 第4集（H-X-014-90）1990.
［83］ J Ruge. Handbuch der Schwei β technik Band Ⅲ knostruktive Gestaltung der Bauteile［M］. Springer-Verlag. Berlin，1985.
［84］ 库尔金 C A，等. 焊接结构生产工艺：机械化与自动化图册［M］. 关桥，等译. 北京：机械工业出版社，1995.
［85］ 陈裕川. 焊接工艺评定手册［M］. 北京：机械工业出版社，2000.
［86］ 中国机械工程学会压力容器学会，等. 压力容器制造质量控制指南［M］. 合肥：压力容器杂志社，1988.
［87］ 中国机械工程学会焊接分会. 焊接词典［M］. 2 版. 北京：机械工业出版社，1998.
［88］ 东北重型机械学院，等. 机床夹具设计手册［M］. 2 版. 上海：上海科学技术出版社，1990.
［89］ 王政，等. 焊接工装夹具及变位机械图册［M］. 北京：机械工业出版社，1992.
［90］ Г А ВЕСТNРЕЕВ，И С ВЕРЕНИNКО-В. Средства Механизадии сварочного лрои-зводства［M］. МОСК-ВА：Машиноетроение，1977.
［91］ 陈祝年. 焊接设计简明手册［M］. 北京：机械工业

出版社，1997.

[92] 贾安东. 焊接结构及生产设计［M］. 天津：天津大学出版社，1989.

[93] 周浩森. 焊接结构生产及设备［M］. 北京：机械工业出版社，1982.

[94] 梁启涵. 焊接检验［M］. 北京：机械工业出版社，1980.

[95] 陈伯蠡. 焊接工程缺欠分析与对策［M］. 北京：机械工业出版社，1998.

[96] 上海交通大学. 金属断口分析［M］. 北京：国防工业出版社，1979.

[97] 吕德林，等. 焊接金相分析［M］. 北京：机械工业出版社，1987.

[98] 云庆华，等. 无损探伤［M］. 北京：劳动出版社，1983.

[99] 王文翰. 焊接技术手册［M］. 郑州：河南科学技术出版社，2000.

[100] 李生田，等. 焊接结构现代无损检测技术［M］. 北京：机械工业出版社，2000.

[101] 佐藤邦彦. 溶接强度ハソドブック［M］. 東京：理工学社，1988.

[102] 尹士科. 焊接材料手册［M］. 北京：中国标准出版社，2000.

[103] 张子荣，等. 电焊条［M］. 北京：机械工业出版社，1996.

[104] 徐滨士，等. 表面工程的理论与技术［M］. 北京：国防工业出版社，1999.

[105] 曲敬信，等. 表面工程手册［M］. 北京：化学工业出版社，1998.

[106] 美国焊接学会. 热喷涂原理与应用技术［M］. 麻毓璜，等译. 成都：四川科学技术出版社，1987.

[107] 王宝. 焊接电弧物理与焊条工艺性设计［M］. 北京：机械工业出版社，1998.

[108] 上海船舶工业设计研究院，等. 焊接设备选用手册（修订本）［M］. 北京：机械工业出版社，1987.

[109] 黄石生. 现代焊接电源设备［M］. 广州：华南理工大学出版社，1994.

[110] 卓泽华. 电焊机维修技术［M］. 北京：石油工业出版社，1989.

[111] 焊接技术编写组. 焊接技术：上、下册［M］. 北京：国防工业出版社，1980.

[112] 邹增大，任登义. 白口铸铁轧辊焊补的研究［J］. 山东工业大学学报，1989（4）：7-15.

[113] 任登义，邹增大. 白口铸铁轧辊的补焊［J］. 焊接，1989（10）：13-17.

[114] 何康生，等. 异种金属焊接［M］. 北京：机械工业出版社，1986.

[115] 刘中青，等. 异种材料焊接技术指南［M］. 北京：机械工业出版社，1997.

[116] 赵熹华. 焊接检验［M］. 北京：机械工业出版社，1993.

[117] 机械设计手册编委会. 机械设计手册（新版）：第1卷［M］. 北京：机械工业出版社，2004.

[118] 中国机械工程学会中国机械设计大典编委会. 中国机械设计大典：第1卷［M］. 南昌：江西科学技术出版社，2002.

[119] 中国机械工程学会中国材料研究会中国材料工程大典编委会. 中国材料工程大典：第22、23卷［M］. 北京：化学工业出版社，2006.

[120] 孙兰凤、梁艳书. 工程制图［M］. 北京：高等教育出版社，2004.

[121] 陈东祥. 机械制图及CAD基础［M］. 北京：机械工业出版社，2004.

[122] 杨胜强. 现代工程制图［M］. 北京：清华大学出版社，2004.

[123] 汪建华. 焊接数值模拟技术及其应用［M］. 上海：上海交通大学出版社，2003.

[124] 黄石生. 新型弧焊电源及其智能控制［M］. 北京：机械工业出版社，2000.

[125] 成都电焊机研究所，等. 焊接设备选用手册［M］. 北京：机械工业出版社，2006.

[126] 郈尚利，等. 单面焊双面成形技术［M］. 北京：机械工业出版社，2002.

[127] 中国机械工程学会焊接学会，机械工业部哈尔滨焊接研究所. 焊工手册：埋弧焊、气体保护焊、电渣焊、等离子弧焊［M］. 北京：机械工业出版社，1998.

[128] 吴成材，等. 建筑钢结构焊接技术［M］. 北京：机械工业出版社，2006.

[129] 陈彦宾. 现代激光焊接技术［M］. 北京：科学出版社，2005.

[130] 朱光照. 超高层建筑箱形柱的熔化嘴电渣焊［C］//. 第六届全国焊接学术会议论文集：第7集，1990.

[131] 陈丙森. 计算机辅助焊接技术［M］. 北京：机械工业出版社，1999.

[132] 顾纪清，等. 管道焊接技术［M］. 北京：化学工业出版社，2005.

[133] 马福临. 电弧螺柱焊理论基础与应用［M］. 北京：北京理工大学出版社，2002.

[134] 尹士科. 焊接材料实用基础知识［M］. 北京：化学工业出版社，2004.

[135] 顾纪清. 实用焊接器材手册［M］. 上海：上海科学技术出版社，2004.

[136] 薛松柏，等. 焊接材料手册［M］. 北京：机械工业出版社，2006.

[137] 郭福，等. 无铅钎焊技术与应用［M］. 北京：科学出版社，2006.

[138] 杨富，等. 新型耐热钢焊接［M］. 北京：中国电力出版社，2006.

[139] 范长信，等. 超超临界机组锅炉用新型耐热钢的焊接[J].电力设备，2006（4）：11-14.

[140] 王淦刚，等. P92 新型耐热钢焊接接头的力学性能研究及其工程应用[J].电力设备，2007，8（5）：1-5.

[141] 孙咸. T91/P91 钢的焊接性及其焊接工艺[J].机械工人（热加工），2006（10）：28-32.

[142] 赵海鸿，等. 西气东输用 X70 钢的自动焊焊接工艺[J].焊接技术，2004（3）：20-21.

[143] 注建华，等. 搅拌摩擦焊接的传热和力学计算模型[J].焊接学报，2000，21（4）：61-64.

[144] 曹朝霞，等. 搅拌摩擦焊工艺探索与研究[J].大连铁道学院学报，2002，23（4）：67-70.

[145] 周万盛，姚君山，等. 铝及铝合金的焊接［M］. 北京：机械工业出版社，2006.

[146] 邹家祥. 现代机械设计理论与方法［M］. 北京：科学出版社，1990.

[147] 吴世伟. 结构可靠度分析［M］. 北京：人民交通出版社，1990.

[148] 金伟娅，等. 可靠性工程［M］. 北京：化学工业出版社，2005.

[149] 上海市焊接学会，上海市焊接协会. 现代焊接生产实用手册［M］. 北京：机械工业出版社，2005.

[150] 刘小文，等. 铜板搅拌摩擦焊接工艺优化[J].焊接，2003（12）：9-12.

[151] 宫文彪，等. H62 黄铜搅拌摩擦焊接头微观结构及性能[J].焊接学报，2014，35（2）：83-86.

[152] 魏少锋，等. AA8009 合金与 2618 合金搅拌摩擦焊接头组织性能研究[J].焊接技术，2007，36（4）：19-21.

[153] 张启运，庄鸿寿. 钎焊手册［M］. 2 版. 北京：机械工业出版社，2008.

[154] 蹇兴亮. 金属磁记忆无损检测技术[J].现代物理知识，2005，17（6）：33-34.

[155] 严春研，等. 金属磁记忆（MMM）检测方法[J].焊接技术，2005，34（3）：1-3.

[156] 莫乾觊，等. 异种钢焊接接头的金属磁记忆检测技术[J].吉林电力，2003（2）：4-6.

[157] 李晓刚. 红外热像检测与诊断技术［M］. 北京：中国电力出版社，2006.

[158] 杨春，等. 红外热成像技术在炼油化工装置设备诊断中的应用［J］. 石油化工设备技术，2008（6）：30-32.

[159] 徐军，等. 红外热成像技术在研究金属疲劳断裂过程中的应用[J].红外技术，1989，11（2）.

[160] 戴光. 声发射检测技术在中国[J].无损检测，2008（7）：68-71.

[161] 刘国光，等. 声发射技术及其在金属材料领域的应用[J].上海金属，2001，23（6）：35-41.

[162] 崔丽娜. 声发射技术在储罐检测中的应用[J].压力容器，2008，25（6）：59-62.

[163] 郑远谋. 爆炸焊接和爆炸复合材料的原理及应用［M］. 长沙：中南大学出版社，2007.

[164] 邵丙璜，等. 爆炸焊接原理及其工程应用［M］. 大连：大连工学院出版社，1987.

[165] 中国焊接学会. 焊接手册：第 1~3 卷［M］. 3 版. 北京：机械工业出版社，2014.

[166] 中国焊接学会. 焊接科学基础——焊接方法与过程控制基础［M］. 北京：机械工业出版社，2010.

[167] 中国焊接学会. 焊接科学基础——材料焊接科学基础［M］. 北京：机械工业出版社，2012.

[168] 上海市焊接协会，上海焊接学会. 焊接先进技术［M］. 上海：上海科学技术文献出版社，2010.

[169] 史耀武，等. 新编焊接数据资料手册［M］. 北京：机械工业出版社，2014.

[170] 许祖泽. 新型微合金钢的焊接［M］. 机械工业出版社，2004.

[171] 胡绳荪，等. 焊接自动化技术及其应用［M］. 2 版. 北京：机械工业出版社，2015.

[172] 殷树言. 气体保护焊基础［M］. 北京：机械工业出版社，2007.

[173] 周万盛，姚君山. 铝及铝合金的焊接［M］. 北京：机工工业出版社，2006.

[174] 方洪渊，等. 焊接结构学［M］. 北京：机械工业出版社，2008.

[175] 张彦华. 焊接强度分析［M］. 西安：西北工业大学出版社，2011.

[176] 张彦华. 焊接结构疲劳分析［M］. 北京：化学工业出版社，2013.

[177] 林三宝，等. 高效焊接方法［M］. 北京：机械工业出版社，2011.

[178] 龙伟民，等. 焊接材料手册［M］. 北京：机械工业出版社，2014.

[179] 吴树雄. 电焊条选用指南［M］. 4 版. 北京：化学工业出版社，2010.

[180] 吴树雄. 焊丝选用指南［M］. 2 版. 北京：化学工业出版社，2011.

[181] 何少卿，等. 药芯焊丝及应用［M］. 北京：化学工业出版社，2000.

[182] 尹士科. 焊接材料实用基础知识［M］. 2 版. 北京：化学工业出版社，2015.

[183] 李亚江，等. 焊接材料选用指南［M］. 北京：中国建材工业出版社，1997.

[184] 冯砚厅，等. 超（超）临界机组金属材料焊接技术［M］. 北京：中国电力出版社，2010.

[185] 张义，等. 螺柱焊焊接技术及其应用［M］. 北京：

机械工业出版社，2009.

[186] 李亚江，等. 轻金属焊接技术［M］. 北京：国防工业出版社，2011.

[187] 邹增大，李亚江，孙俊生. 焊接材料、工艺及设备手册［M］. 北京：化学工业出版社，2001.

[188] 史亦伟，等. 超声检测［M］. 北京：机械工业出版社，2005.

[189] 夏纪真. 工业无损检查技术（超声检测）［M］. 广州：中山大学出版社，2011.

[190] 张俊哲. 无损检测技术及其应用［M］. 2 版. 北京：科学出版社，2010.

[191] 魏坤霞，等. 无损检测技术［M］. 北京：中国石化出版社，2016.

[192] 胡绳荪. 现代弧焊电源及其控制［M］. 2 版. 北京：机械工业出版社，2015.